EUROPA LEHRMITTEL

EUROPA-FACHBUCHREIHE
für elektrotechnische
und elektronische Berufe

Fachkunde

Büro- und Informationselektronik

mit Radio-, Fernseh- und Medientechnik

7. völlig neubearbeitete Auflage

Bearbeitet von Lehrern und Ingenieuren an beruflichen Schulen
und Fertigungsbetrieben (siehe Rückseite)

Ihre Meinung interessiert uns.
Teilen Sie uns Ihre Verbesserungsvorschläge, Ihre Kritik aber auch Ihre Zustimmung zum Buch mit.
Schreiben Sie uns an die E-Mail-Adresse: **lektorat@europa-lehrmittel.de**

Die Autoren und der Verlag Europa-Lehrmittel, im Frühjahr 2009

VERLAG EUROPA-LEHRMITTEL · Nourney, Vollmer GmbH & Co. KG
Düsselberger Straße 23 · 42781 Haan-Gruiten

Europa-Nr.: 32513

Autoren des Buches Büro- und Informationselektronik

Elmar Dehler,	Studiendirektor	Laupheim, Ulm
Ulrich Freyer,	Dipl.-Ing., Analyst für Medientechnik	Köln
Klaus Günter,	Oberstudienrat	Leonberg
Gregor Häberle,	Dr.-Ing., Abteilungsleiter	Tettnang
Waldemar Löbel,	Gew.-Fachlehrer	Memmingen
Hermann Münch,	Studiendirektor	Stuttgart
Bernd Schiemann,	Dipl-Ing.	Stuttgart
Willi Schleer,	Dipl-Ing., Oberstudienrat	Überlingen

Bildbearbeitung:
Zeichenbüro des Verlags Europa-Lehrmittel GmbH & Co. KG, Ostfildern

Lektorat:
Dipl.-Ing. Bernd Schiemann

Das vorliegende Buch wurde auf der **Grundlage der neuen Rechtschreibregeln** erstellt.

7. Auflage 2009
Druck 5 4 3 2 1

Alle Drucke derselben Auflage sind parallel einsetzbar, da sie bis auf die Behebung von Druckfehlern untereinander unverändert sind.

ISBN 978-3-8085-3287-4

Diesem Buch wurden die neuesten Ausgaben der DIN-Blätter und der VDE-Bestimmungen zugrunde gelegt. Verbindlich sind jedoch nur die DIN-Blätter und VDE-Bestimmungen selbst.

Die DIN-Blätter können von der Beuth-Verlag GmbH, Burggrafenstraße 4–7, 10787 Berlin 30, und Kamekestraße 2–8, 50672 Köln, bezogen werden.
Die VDE-Bestimmungen sind bei der VDE-Verlag GmbH, Bismarckstraße 33, 10625 Berlin, erhältlich.

Satz und Layout: RK Text, 42799 Leichlingen
Druck: Media-Print Informationstechnologie, 33100 Paderborn

Wo finde ich in diesem Buch ...?

Allgemeine Inhalte

Inhalte nach Lernfeldern

Elektronik

Computertechnik

Bürotechnik

Betrieb

Netze

Multimediatechnik und Kommunikationstechnik

Prüfungsaufgaben

Vorwort zur 7. Auflage

Das Buch „Fachkunde Büro- und Informationselektronik“ ist ein Lehrbuch für die Erstausbildung in den IT-Berufen Informationselektroniker/Informationselektronikerin mit den Schwerpunkten Bürosystemtechnik und Geräte- und Systemtechnik sowie für den Elektroniker Fachrichtung Informations- und Telekommunikationstechnik.

Auch für den Unterricht an Informationstechnischen Gymnasien, Fachgymnasien, Fachoberschulen und Berufsoberschulen wird das Buch empfohlen. Als grundlegende Einführung in das gesamte Fachgebiet ist dieses Buch gleichzeitig nützlich für Schüler an Berufskollegs und Studierende an Fachschulen, Berufsakademien und Fachhochschulen.

Inhalte des Buches:

- Elektronik
- Computertechnik
- Bürotechnik
- Betrieb und sein Umfeld
- Netztechniken
- Multimediatechnik
- Kommunikationstechnik

Neu für die Prüfungsvorbereitung ist das Kapitel Prüfungsaufgaben.

Die Projektaufgaben sind bestens zur Prüfungsvorbereitung geeignet. Für jede Aufgabe gibt es einen Lösungsteil.

Besonderer Wert wurde auch darauf gelegt, Funktionszusammenhänge und Funktionsabläufe durch zahlreiche mehrfarbige Bilder, Diagramme und Tabellen zu veranschaulichen.

Frühjahr 2009 Die Verfasser

Inhaltsverzeichnis

Informationselektroniker/Informationselektronikerin

Die Ausbildung dauert 3,5 Jahre. Sie findet an der Lernorten Betrieb und Berufsschule statt und erfolgt zu knapp einem Drittel der Ausbildugszeit in einem der beiden Schwerpunkte:

Bürosystemtechnik **Geräte- und Systemtechnik**

Im Schwerpunkt Bürosystemtechnik werden vorzugsweise Informationssysteme konzipiert, installiert und instandgesetzt sowie Anwendungsprogramme erstellt.

Im Schwerpunkt Geräte- und Systemtechnik werden vorzugsweise Geräte und Systeme zum Aufheben, Übertragen, Verteilen, Speichern, Verarbeiten und Wiedergeben von Bild, Ton und Daten konzipiert, installiert und instandgesetzt.

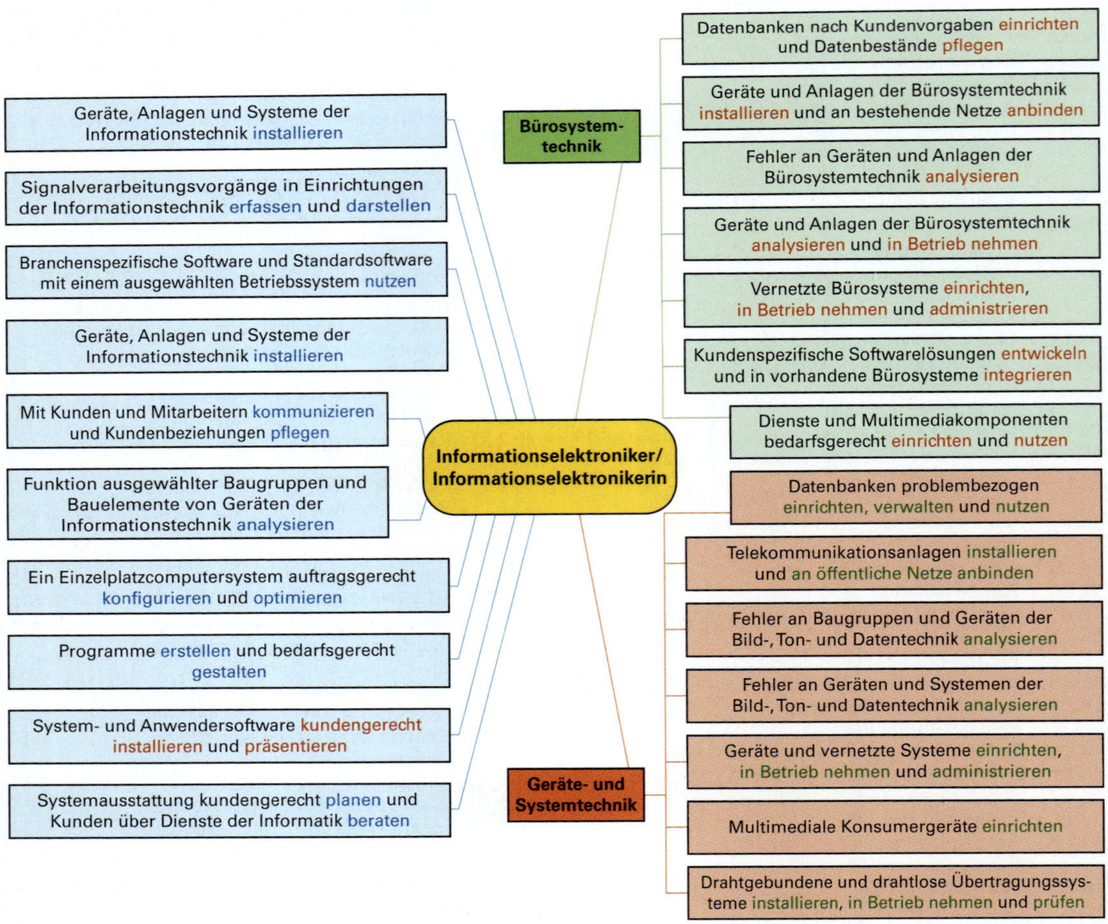

1 Geräte, Anlagen, Systeme

1.1 Elektrische Größen

Elektrische Größen verwendet man zur Kennzeichnung von elektrischen Vorgängen.

1.1.1 Physikalische Grundlagen

Zur Beschreibung der elektrotechnischen Vorgänge sind physikalische Begriffe unentbehrlich.

Kraftfelder

Auf einen Körper kann durch *unmittelbare Berührung* eine Wirkung ausgeübt werden, z.B. eine Kraft. Die Wirkung kann aber oft auch *aus der Ferne* erfolgen, z.B. durch die Anziehungskraft der Erde auf einen Satelliten **(Bild 1)**.

Körper üben aufeinander eine Anziehungskraft aus, die auch aus der Ferne wirkt. Diese Anziehungskraft ist umso größer, je größer die Massen der Körper sind und je kleiner ihr Abstand voneinander ist.

Tritt eine Wirkung aus der Ferne ein, so sagt man, dass ein *Feld* zwischen der Ursache der Wirkung und dem Körper ist. Ist mit der Wirkung eine Kraft verbunden, so spricht man von einem *Kraftfeld.*

Jeder Raum kann von Kraftfeldern erfüllt sein.

Um stromdurchflossene elektrische Leiter treten ein *elektrisches Feld* und ein *magnetisches Feld* auf. Um Magneten ist ein *magnetisches Feld* wirksam. Sich rasch ändernde elektrische bzw. magnetische Felder sind immer miteinander verknüpft.

Masse und Kraft

Die Angabe der *Masse* eines Körpers gibt Auskunft darüber, ob es leicht oder schwer ist, die Bewegung des Körpers zu ändern. Die Masse ist unabhängig von Ort und Umgebung. Die Einheit der Masse ist das Kilogramm (kg).

Die Masse eines Körpers ist an jedem Punkt der Erde und außerhalb der Erde gleich groß.

Infolge des Schwerefeldes der Erde wirkt auf jede Masse auf der Erde oder nahe der Erde eine Kraft.

Beim Kraftmesser tritt unter der Wirkung der Kraft eine Verformung der Feder ein, deren Größe ein Maß für die Kraft ist **(Bild 2)**. Die Einheit der Kraft ist das Newton[1] mit dem Einheitenzeichen N.

Ein Körper mit der Masse 1 kg wiegt auf der Erde etwa 10 N.

[1] Newton (sprich Njutn), engl. Physiker, 1643 bis 1727

- Größen und Einheiten beschreiben Zustände und Vorgänge in der Natur.
- Formelzeichen kürzen diese Größen ab.

Bild 1: *Wissenschaftssatellit beim Aussetzen durch die Weltraumfähre im Schwerefeld der Erde*

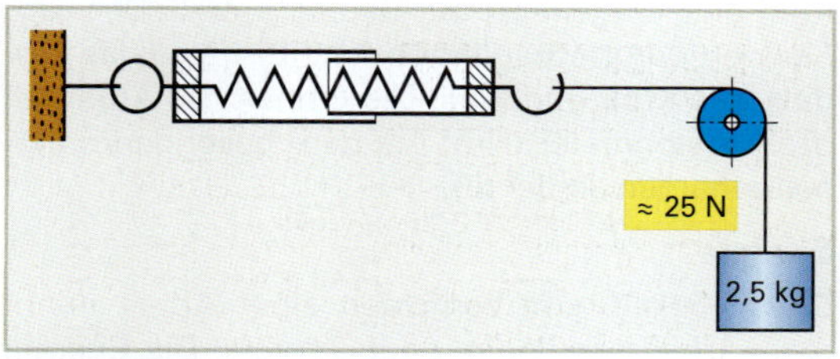

Bild 2: *Kraftmessung*

Basisgrößen, Einheiten und abgeleitete Einheiten

Physikalische Größen sind messbare Eigenschaften von Körpern, physikalischen Zuständen oder physikalischen Vorgängen, z.B. Masse, Länge, Zeit, Kraft, Geschwindigkeit, Stromstärke, Spannung oder Widerstand. Jeder spezielle Wert einer Größe kann durch das Produkt von Zahlenwert und Einheit angegeben werden, z.B. 10 kg. Der spezielle Wert einer Größe wird *Größenwert* und in der Messtechnik *Messwert* genannt.

Formelzeichen verwendet man zur Abkürzung von Größen, insbesondere bei Berechnungen.

Physikalische Größen, aus denen man die anderen Größen ableiten kann, nennt man Basisgrößen **(Tabelle 2, folgende Seite)**.

Tabelle 1: Vorsätze zu den Einheiten, Vorsatzzeichen, Bedeutung

Atto	Femto	Piko	Nano	Mikro	Milli	Zenti	Dezi	Kilo	Mega	Giga	Tera	Peta	Exa
a 10^{-18}	f 10^{-15}	p 10^{-12}	n 10^{-9}	µ 10^{-6}	m 10^{-3}	c 10^{-2}	d 10^{-1}	k 10^{3}	M 10^{6}	G 10^{9}	T 10^{12}	P 10^{15}	E 10^{18}

Vektoren nennt man Größen, zu denen eine Richtung und ein Betrag gehört, z.B. ist die Kraft ein Vektor.

Formeln sind kurzgefasste Anweisungen, wie ein Größenwert zu berechnen ist.

Einheiten

Die meisten physikalischen Größen haben Einheiten. Die Einheit ist oft aus einem Fremdwort entstanden, z.B. Meter vom griechischen Wort für Messen. Oft sind aber Einheiten auch zu Ehren von Wissenschaftlern benannt, z.B. das Ampere[1]. Einheiten der Basisgrößen sind die Basiseinheiten (Tabelle 2).

Vorsätze geben bei sehr kleinen oder sehr großen Zahlenwerten die Zehnerpotenz an, mit welcher der Zahlenwert einer Größe zu multiplizieren ist **(Tabelle 1)**.

Arbeit

Eine Arbeit wird aufgewendet, wenn infolge einer Kraft eine Wegstrecke zurückgelegt wird. Der Größenwert der mechanischen Arbeit ist also das Produkt aus Kraft und Weg. Die Einheit der Arbeit ist das Newtonmeter (Nm) mit dem besonderen Einheitennamen Joule[2] (J).

Energie

Die Fähigkeit zum Verrichten einer Arbeit nennt man *Arbeitsvermögen* oder *Energie.* Die Energie hat dasselbe Formelzeichen und dieselbe Einheit wie die Arbeit. Arbeit und Energie stellen also dieselbe physikalische Größe dar. Jedoch drückt der Begriff Arbeit den *Vorgang* aus, der Begriff Energie dagegen den *Zustand* eines Körpers oder eines Systems aus mehreren Körpern. Meist ändert sich die Energie durch Arbeitsaufwand **(Bild 1).**

Energie ist Arbeitsvermögen. Arbeit bewirkt Energieänderung.

Außer der mechanischen Energie gibt es weitere Energiearten. In brennbaren Stoffen ist *chemische Energie* gespeichert. Diese lässt sich durch Verbrennung in *Wärmeenergie* umwandeln. Die in Atomkernen gespeicherte Energie nennt man *Kernenergie* oder auch *Atomenergie.* Die von der Sonne als Wärmestrahlung oder als Lichtstrahlung ausgesandte Energie nennt man *Sonnenenergie.*

Tabelle 2: Basisgrößen

Größe	Formelzeichen	Basiseinheiten	Einheitenzeichen
Länge	l	Meter	m
Masse	m	Kilogramm	kg
Zeit	t	Sekunde	s
Stromstärke	I	Ampere	A
Temperatur	T	Kelvin	K
Lichtstärke	I_V	Candela	cd
Stoffmenge	n	Mol	N

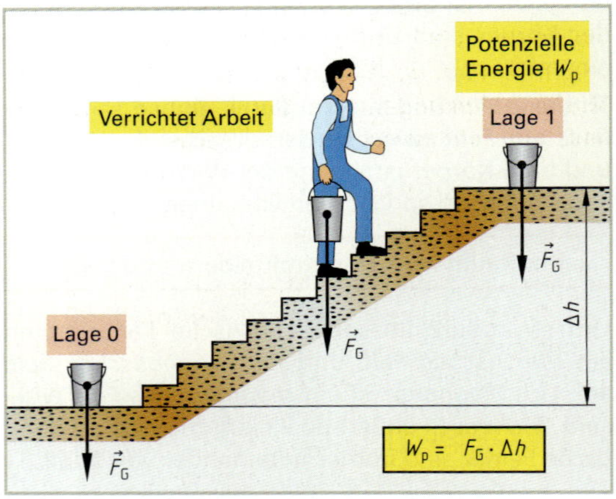

Bild 1: Änderung der Energie durch Arbeit

Arbeit = Wegstrecke wird infolge einer Kraft zurückgelegt.

Energie = Fähigkeit, Arbeit zu verrichten.

Energie lässt sich nicht erzeugen, sondern nur umwandeln.

Potenzielle Energie (von lat. potentia = Vermögen, Macht) oder Energie der Lage (Bild 1) ist die in einem System gespeicherte Energie, z.B. in einer Masse, die sich im Schwerefeld der Erde befindet.

Kinetische Energie ist in einer bewegten Masse gespeichert. Die kinetische Energie ist unabhängig von einer Bezugslage. Sie hängt nur von der Masse und deren Geschwindigkeit ab.

[1] Ampère, franz. Physiker, 1775 bis 1836
[2] Joule, engl. Physiker, 1818 bis 1889

1.2 Elektrotechnische Grundgrößen

1.2.1 Ladung

Jeder Körper ist im normalen Zustand an der Oberfläche elektrisch neutral. Durch Reiben an einem anderen Körper kann dieser Zustand geändert werden.

Stäbe aus Isolierstoffen, wie z.B. Hartgummi, Acrylglas, Polystyrol, die man mit einem Wolltuch reibt, üben aufeinander Abstoßungskräfte **(Bild 1)** oder Anziehungskräfte **(Bild 2)** aus. Dafür sind die elektrischen Ladungen an der Oberfläche verantwortlich.

> Gleichartige Ladungen stoßen sich ab, ungleichartige Ladungen ziehen sich an.

Die Ladung des Acrylglasstabes bezeichnet man als *positive Ladung* (Plusladung), die Ladung des Polystyrolstabes oder des Hartgummistabes als *negative Ladung* (Minusladung). Ladungen üben Kräfte aufeinander aus. Der Ladungszustand ist aus dem Aufbau der Stoffe erklärbar.

> ⊕ positive Ladung +Q
> ⊖ negative Ladung −Q

Enthält der Kern eines Atoms so viele Protonen, wie Elektronen um den Kern kreisen, so ist das Atom elektrisch neutral **(Bild 3).** Nach außen tritt keine elektrische Ladung in Erscheinung. Kreisen dagegen um den Atomkern mehr oder weniger Elektronen, als Protonen im Kern vorhanden sind, so ist das Atom im ersten Fall negativ, im zweiten Fall positiv geladen. Man nennt es Ion (griech. ion = wandernd).

Die elektrische Ladung ist von der Stromstärke und von der Zeit abhängig. Sie hat die Einheit Amperesekunde (As) mit dem besonderen Einheitennamen Coulomb[1] (C).

Jedes Elektron ist negativ geladen, jedes Proton ist positiv geladen. Beide tragen die so genannte *Elementarladung.* Die Elementarladung eines Elektrons beträgt –0,1602 aC, die Elementarladung eines Protons beträgt +0,1602 aC.

1.2.2 Spannung

Zwischen positiven und negativen Ladungen wirkt eine Anziehungskraft **(Bild 4).** Werden diese Ladungen voneinander entfernt, so muss gegen die Anziehungskraft eine Arbeit verrichtet werden. Diese Arbeit ist nun als Energie in den Ladungen gespeichert. Dadurch besteht zwischen den Ladungen eine *Spannung.*

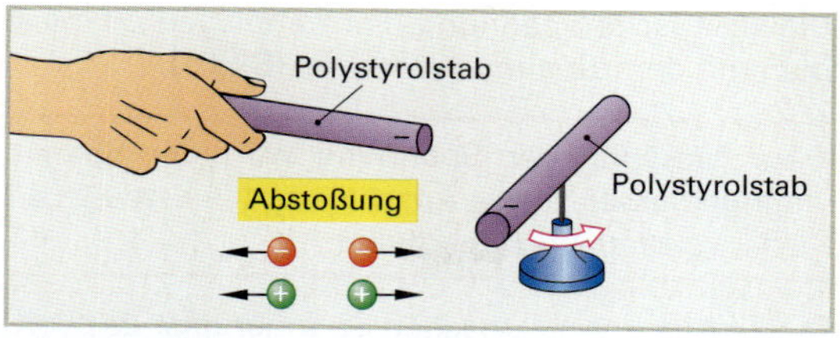

Bild 1: Abstoßung gleichartiger Ladungen

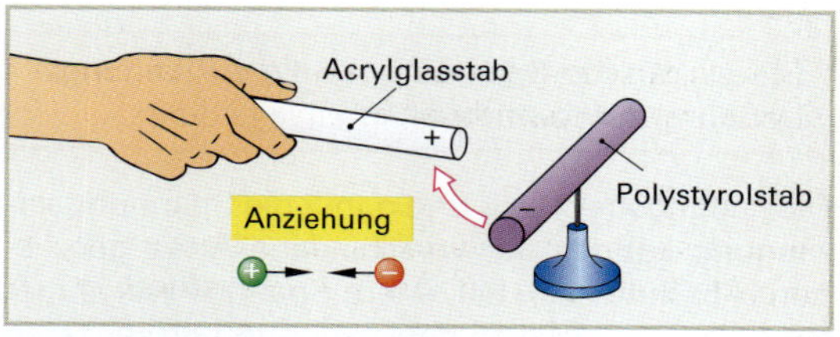

Bild 2: Anziehung ungleichartiger Ladungen

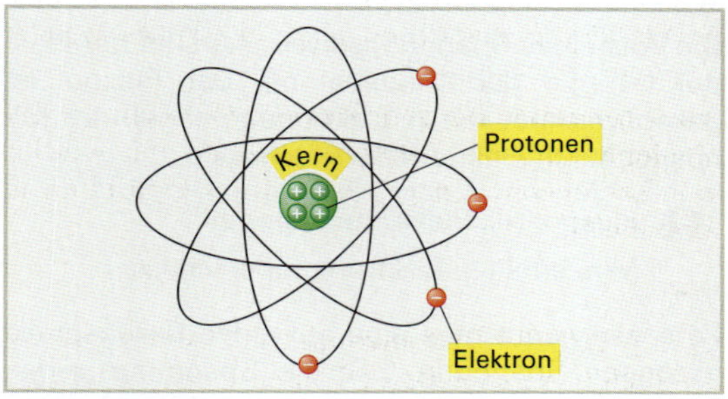

Bild 3: Atommodell

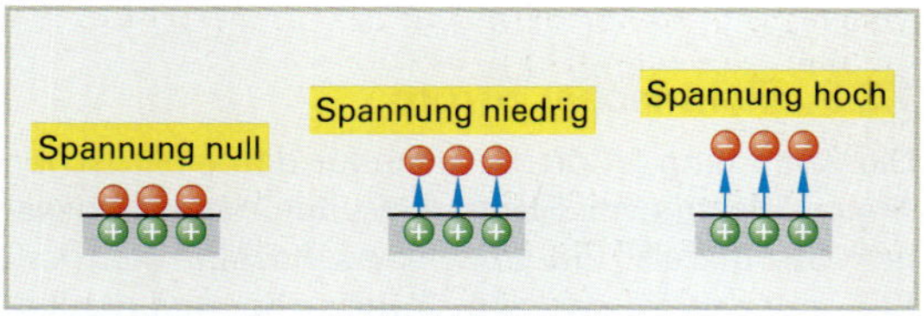

Bild 4: Spannung durch Ladungstrennung

$[Q] = \text{As} = \text{C}$	$Q = I \cdot t$
Q Ladung; I Stromstärke; t Zeit	

> Spannung entsteht durch Trennung von Ladungen.

Die Ladungstrennung ist nicht ohne Arbeitsaufwand möglich. Je höher die erzeugte Spannung ist (Bild 4), desto größer ist das Bestreben der Ladungen sich auszugleichen. Elektrische Spannung ist also auch das Ausgleichsbestreben von Ladungen.

[1] Coulomb, französischer Physiker, 1736 bis 1806

Die elektrische Spannung (Formelzeichen U) misst man mit dem *Spannungsmesser* **(Bild 1).**

> Zur Messung der Spannung wird der Spannungsmesser an die Anschlüsse des Erzeugers oder Verbrauchers geschaltet.

Die Einheit der elektrischen Spannung ist das Volt[1] mit dem Einheitenzeichen V, $[U] = \text{V}$ (sprich: Einheit von U).

> Die elektrische Spannung ist die zur Ladungstrennung aufgewendete Arbeit je Ladung.

Die Ladungstrennung und damit die Spannungserzeugung können auf verschiedene Arten geschehen (Abschnitt 1.5). Bei einem Spannungserzeuger liegt die Spannung an den zwei Anschlüssen. Man nennt derartige Einrichtungen mit zwei Anschlüssen einen *Zweipol.*

Die Pole eines Spannungserzeugers sind der Pluspol (+) und der Minuspol (–). Der Pluspol ist gekennzeichnet durch Elektronenmangel, der Minuspol durch Elektronenüberschuss.

> Pluspol (+): Elektronenmangel
> Minuspol (–): Elektronenüberschuss

Potenzial nennt man eine auf einen Bezugspunkt bezogene Spannung, z.B. die Spannung gegen Erde. Spannung kann deshalb als Differenz zweier Potenziale aufgefasst werden.

1.2.3 Elektrischer Strom

Die Spannung ist die Ursache für den *elektrischen Strom.* Elektrischer Strom fließt nur im geschlossenen Stromkreis. Ein *Stromkreis* besteht aus dem Spannungserzeuger, dem Verbraucher und der Leitung zwischen Erzeuger und Verbraucher **(Bild 2).** Mit dem Schalter kann man den Stromkreis öffnen und schließen.

Metalle haben Elektronen, die im Inneren des Metalls frei beweglich sind. Man bezeichnet diese als freie Elektronen. Sie bewegen sich von der Stelle mit Elektronenüberschuss zur Stelle mit Elektronenmangel.

Gute Leiter, wie z.B. Kupfer oder Silber, haben etwa gleich viele freie Elektronen wie Atome.

Der Spannungserzeuger übt eine Kraft auf die freien Elektronen aus. Diese Kraftwirkung breitet sich nach dem Schließen eines Stromkreises fast mit Lichtgeschwindigkeit aus. Die Elektronen im Leiter bewegen sich dagegen mit sehr geringer Geschwindigkeit (nur wenige mm/s).

[1] Volta, italienischer Physiker, 1745 bis 1827

$$[U] = \frac{\text{Nm}}{\text{As}} = \frac{\text{J}}{\text{C}} = \text{V} \qquad U = \frac{W}{Q}$$

U Spannung; W Arbeit; Q Ladung

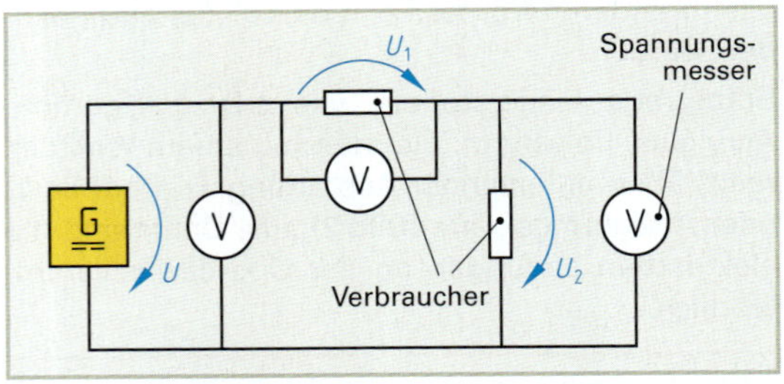

Bild 1: Spannungsmessung

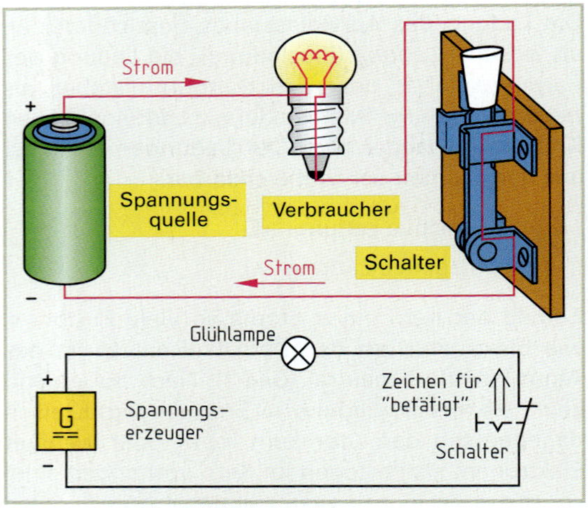

Bild 2: Elektrischer Stromkreis

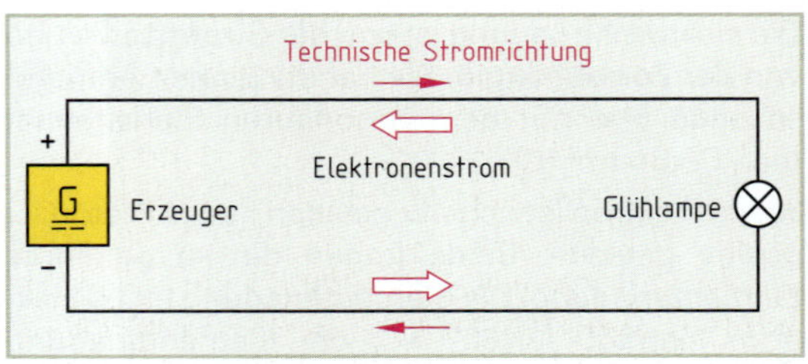

Bild 3: Stromrichtung

Der Grund dafür sind die als Hindernis wirkenden Atomrümpfe des Leiters. Bei der Festlegung der technischen Stromrichtung ging man von der Bewegungsrichtung positiver Ionen in Flüssigkeiten aus **(Bild 3).**

> Die technische Stromrichtung ist der Elektronenstromrichtung entgegengesetzt.

Tabelle 1: Stromwirkungen

Wärmewirkung immer	Magnetwirkung immer	Lichtwirkung in Gasen, in manchen Halbleitern	Chemische Wirkung in leitenden Flüssigkeiten, Gelen	Wirkung auf Lebewesen, bei Menschen und Tieren
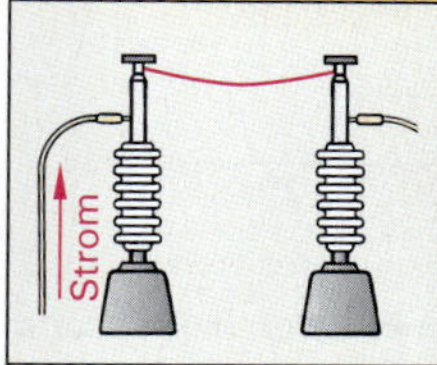			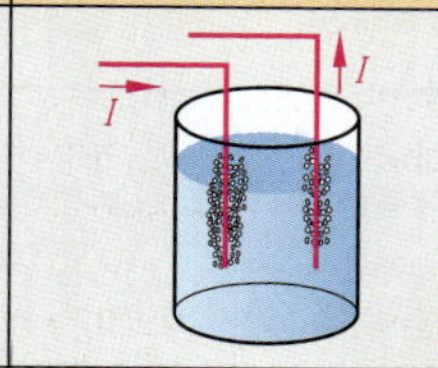	
Heizung, Lötkolben, Schmelzsicherung	Relaisspule, Türöffner	Glimmlampe, Leuchtstofflampe LED	Ladevorgang bei Akkumulatoren, belastete Elemente	Isolationsdefekte, Tod, Herzschrittmacher

Der elektrische Strom hat verschiedene Wirkungen **(Tabelle 1).** Die Wärmewirkung und die Magnetwirkung treten immer auf. Lichtwirkung, chemische Wirkung und Wirkung auf Lebewesen treten nur in bestimmten Fällen auf.

Den elektrischen Strom (Formelzeichen I) misst man mit dem Strommesser **(Bild 1).** Die Einheit der elektrischen Stromstärke ist das Ampere (A).

> Zur Messung der Stromstärke wird ein Strommesser in den Stromkreis geschaltet.

Im Schaltzeichen des Strommessers steht A oder I.

Bei *Gleichstrom* bleibt der Strom bei gleicher Spannung konstant **(Bild 2).** Die Elektronen fließen im Verbraucher vom Minuspol zum Pluspol. Das Kurzzeichen für Gleichstrom ist DC (von Direct Current = gerichteter Strom, Gleichstrom).

Bei *Wechselstrom* ändert die Spannung ständig ihre Richtung und damit auch der Strom. Das Kurzzeichen für Wechselstrom ist AC (von Alternating Current = wechselnder Strom).

Mischstrom entsteht durch die Addition (Überlagerung) von Gleichstrom und Wechselstrom **(Bild 2).** Wird der Gleichstrom ① zu dem Wechselstrom ② addiert, so erhält man den Stromverlauf des Mischstroms ③.

> Mischstrom enthält einen Gleichstromanteil und einen Wechselstromanteil.

Das Kurzzeichen für Mischstrom ist UC (von Universal Current = allgemeiner Strom). Ein gleichgerichteter Wechselstrom enthält Gleichstrom und Wechselstrom (siehe Abschnitt 2.1.1).

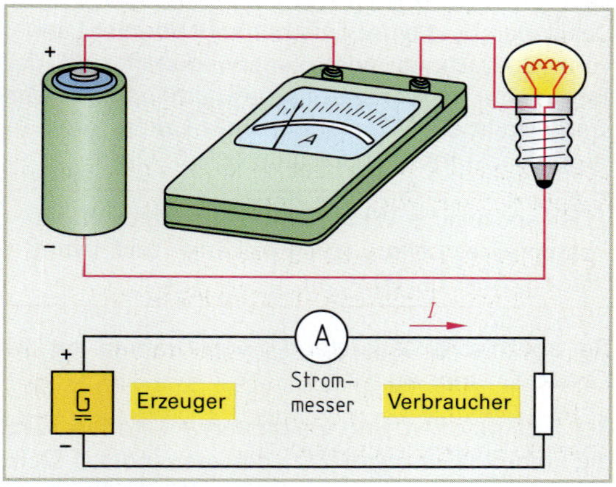

Bild 1: Strommessung

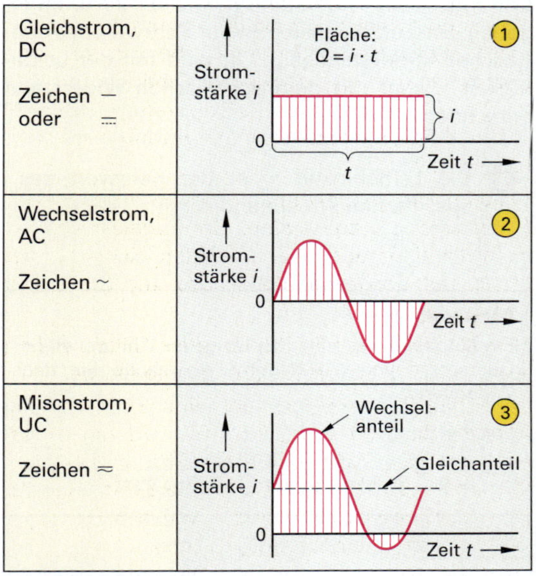

Bild 2: Stromarten

1.2.4 Elektrischer Widerstand

Der Widerstand, auch *Resistanz* genannt (Formelzeichen R), hat die Einheit Ohm[1] (Ω). $[R] = \Omega$. Den Kehrwert des Widerstandes nennt man Leitwert oder *Admittanz*. Der Leitwert (Formelzeichen G) hat die Einheit Siemens[2] (S).

Beispiel 1:

Ein Widerstandswert beträgt 200 Ω. Wie groß ist der Leitwert?

Lösung:

$$R = \frac{1}{G} \Rightarrow G = \frac{1}{R} = \frac{1}{200\,\Omega} = \mathbf{5\,mS}$$

Leiterwiderstand

Der Widerstand eines Leiters hängt von der Länge, vom Querschnitt, vom Leiterwerkstoff und der Temperatur ab. Der *spezifische* (= *arteigene*) *Widerstand* ϱ gibt den Widerstand eines Leiters von 1 m Länge und 1 mm² Querschnitt bei 20 °C an.

Der spezifische Widerstand ϱ gibt den Widerstand eines Leiters von 1 m Länge und 1 mm² Querschnitt bei 20 °C an.

Der spezifische Widerstand ϱ von Drähten hat die Einheit $\Omega \cdot mm^2/m$.

Bei Isolierstoffen und Halbleiterwerkstoffen wird die Einheit $\Omega \cdot cm^2/cm = \Omega \cdot cm$ verwendet. 1 Ωcm entspricht dem Widerstand eines Würfels mit der Kantenlänge 1 cm.

Der spezifische Widerstand ϱ wird für 20 °C angegeben. Die Leitfähigkeit γ ist der Kehrwert des spezifischen Widerstandes ϱ. Oft wird mit der Leitfähigkeit γ statt mit dem spezifischen Widerstand gerechnet.

Die Leitfähigkeit γ ist der Kehrwert des spezifischen Widerstandes ϱ.

Beispiel 2:

Ein Aluminiumdraht hat die Länge $l = 2$ m und einen Querschnitt von 0,0785 mm². Berechnen Sie den Widerstand.

Lösung:

$$R = \frac{l}{\gamma \cdot A} = \frac{2\,m}{35{,}38\,m/(\Omega \cdot mm^2) \cdot 0{,}0785\,mm^2} = \mathbf{0{,}72\,\Omega}$$

[1] Georg Simon Ohm, deutscher Physiker, 1789 bis 1854
[2] Werner von Siemens, deutscher Erfinder, 1816 bis 1892

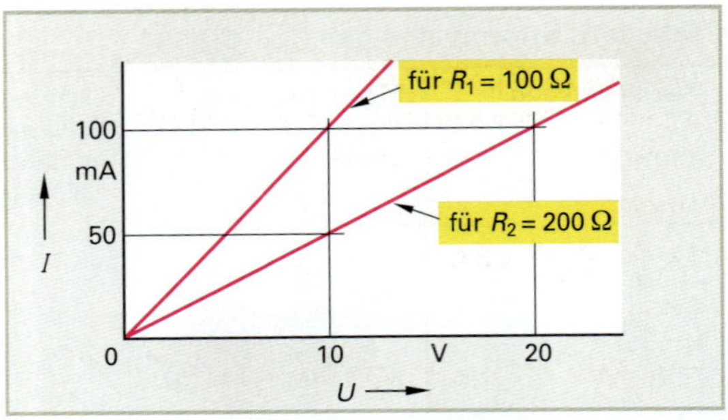

Bild 1: I als Funktion von U beim linearen Widerstand

$[R] = \Omega$; $[G] = S$

$$R = \frac{1}{G}$$

$$\gamma = \frac{1}{\varrho} \qquad R = \frac{\varrho \cdot l}{A} \qquad R = \frac{l}{\gamma \cdot A}$$

R	Widerstand (Resistanz)
G	Leitwert (Admittanz)
γ	Leitfähigkeit (γ griech. Kleinbuchstabe Gamma) $\gamma_{Al} = 35{,}38 \frac{m}{\Omega \cdot mm^2}$; $\gamma_{Cu} = 56 \frac{m}{\Omega \cdot mm^2}$
ϱ	spezifischer Widerstand (ϱ griech. Kleinbuchstabe Rho)
l	Länge des Leiters
A	Querschnitt des Leiters

1.2.5 Ohm'sches Gesetz

Bei konstantem Widerstand nimmt die Stromstärke linear mit der Spannung zu. Zeichnet man I in Abhängigkeit von U auf, so erhält man eine Gerade **(Bild 1)**.

Wenn $I \sim U$ (sprich: I ist proportional U) ist, so spricht man von einem linearen Widerstand. Die Gerade verläuft umso steiler, je kleiner der Widerstand ist. Mit zunehmendem Widerstand nimmt also die Stromstärke ab.

Das Ohm'sche Gesetz beschreibt den Zusammenhang von Stromstärke, Spannung und Widerstand.

Bei konstanter Spannung nimmt die Stromstärke im umgekehrten Verhältnis zum Widerstand ab. Zeichnet man I in Abhängigkeit von R auf **(Bild 1, folgende Seite)**, so erhält man eine *Hyperbel*.

$I \sim 1/R$ (sprich: I ist umgekehrt proportional zu R).

Beispiel 1:
Wie groß ist die Stromstärke in einer Glühlampe, die an 4,5 V angeschlossen ist und im Betrieb einen Widerstand von 1,5 Ω hat?

Lösung:
$I = \frac{U}{R} = \frac{4{,}5\ \text{V}}{1{,}5\ \Omega} = \mathbf{3\ A}$

1.2.6 Widerstand und Temperatur

Der Widerstand der Leiterwerkstoffe ist von der Temperatur abhängig. Kohle und die meisten Halbleiter leiten in heißem Zustand besser als in kaltem Zustand. Diese Stoffe nennt man deshalb auch *Heißleiter.* Wenige Halbleiterstoffe, z.B. Bariumtitanat, leiten dagegen in kaltem Zustand besser. Man nennt sie *Kaltleiter.* Ihr Widerstand nimmt bei Temperaturerhöhung zu. Auch der Widerstand von Metallen nimmt mit Temperaturerhöhung zu. Der Widerstand von Heißleitern, z.B. Kohle, nimmt bei Temperaturerhöhung ab. Der *Temperaturkoeffizient* α gibt die Größe der Widerstandsänderung an **(Tabelle 1).** Man nennt ihn auch Temperaturbeiwert.

Der Temperaturkoeffizient α gibt an, um wie viel Ohm der Widerstand 1 Ω bei 1 K Temperaturerhöhung größer oder kleiner wird.

Kelvin[1] (K) ist die Einheit des Temperaturunterschieds ΔT, gemessen in der Celsiusskala oder in der Kelvinskala. Der Temperaturkoeffizient von Heißleitern ist *negativ,* da ihr Widerstand mit zunehmender Temperatur abnimmt. Der Temperaturkoeffizient von Kaltleitern ist *positiv,* da ihr Widerstand mit zunehmender Temperatur zunimmt.

Die Widerstandsänderung bei Erwärmung ist vom Widerstand bei der Anfangstemperatur, dem Temperaturkoeffizient und der Temperaturzunahme abhängig.

Beispiel 2:
Welche Widerstandsänderung erfährt ein Kupferdraht mit R_1 = 100 Ω, wenn die Temperatur sich um ΔT = 100 K ändert?

Lösung:
$\Delta R = \alpha \cdot R_1 \cdot \Delta T = 3{,}9 \cdot 10^{-3}\ 1/\text{K} \cdot 100\ \Omega \cdot 100\ \text{K} = \mathbf{39\ \Omega}$

Bei Abkühlung von Leitern nimmt ihr Widerstand ab. In der Nähe des absoluten Nullpunktes (–273 °C) haben einige Stoffe keinen Widerstand mehr. Sie sind *supraleitend* geworden.

[1] Kelvin, engl. Physiker Thompson, wurde zu Lord Kelvin geadelt

$[I] = \frac{[U]}{[R]} = \frac{\text{V}}{\Omega} = \text{A}$

$I = \frac{U}{R}$

$\Delta T = \vartheta_2 - \vartheta_1$

$\Delta R = \alpha \cdot R_1 \cdot \Delta T$

$R_2 = R_1 + \Delta R$

$R_2 = R_1\,(1 + \alpha \cdot \Delta T)$

I Stromstärke; U Spannung
R Widerstand
ΔT Temperaturunterschied (Δ griech. Großbuchstabe Delta, Zeichen für Differenz)
ϑ_1 Anfangstemperatur; ϑ_2 Endtemperatur (ϑ griech. Kleinbuchstabe Theta)
ΔR Widerstandsänderung
α Temperaturkoeffizient (α griech. Kleinbuchstabe Alpha)
R_1 Widerstand bei Temperatur ϑ_1
R_2 Widerstand bei Temperatur ϑ_2

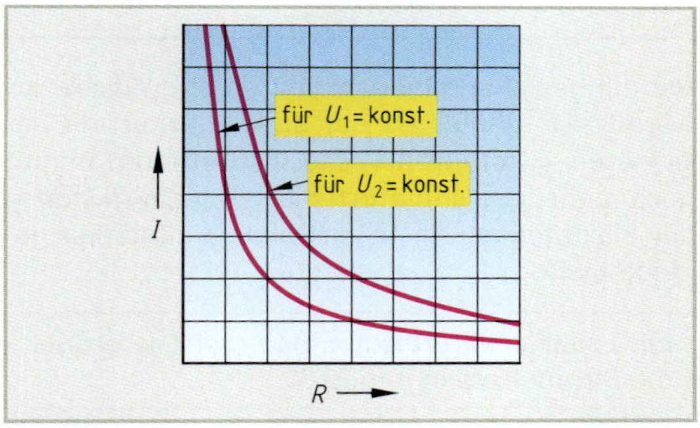

Bild 1: *I* als Funktion von *R* beim linearen Widerstand

Tabelle 1: Temperaturkoeffizient α in 1/K

Stoff	α in 1/K	Stoff	α in 1/K
Kupfer	$3{,}9 \cdot 10^{-3}$	Nickelin	$0{,}15 \cdot 10^{-3}$
Aluminium	$3{,}8 \cdot 10^{-3}$	Manganin	$0{,}02 \cdot 10^{-3}$
Die Werte gelten für 20 °C.			

- Heißleiter, $\alpha < 0$, leiten in heißem Zustand besser.
- Kaltleiter, $\alpha > 0$, leiten in kaltem Zustand besser.

1.2.7 Stromdichte

In einem Stromkreis fließt der gleiche Strom durch jeden Leiterquerschnitt und also auch die gleiche Zahl von Elektronen in der Sekunde.

Bei verschieden großen Querschnitten, z.B. in der Leitung zu einer Glühlampe und im dünnen Glühfaden in der Glühlampe **(Bild 1)**, bewegen sich die Elektronen im Leiter mit kleinerem Querschnitt schneller als im Leiter mit großem Querschnitt. Deshalb ist auch die Erwärmung im kleinen Querschnitt größer.

> Die Stromstärke je mm² Querschnitt nennt man Stromdichte J (Einheit A/mm²).

Beispiel 1:

Durch die Glühlampe (Bild 1) fließt ein Strom von 0,2 A. Wie groß ist die Stromdichte a) in der Zuleitung mit 0,2 mm² Querschnitt, b) im Glühfaden mit 0,0004 mm² Querschnitt?

Lösung:

a) $J = \frac{I}{A_1} = \frac{0{,}2\text{ A}}{0{,}2\text{ mm}^2} = \mathbf{1\ A/mm^2}$

b) $J = \frac{I}{A_2} = \frac{0{,}2\text{ A}}{0{,}0004\text{ mm}^2} = \mathbf{500\ A/mm^2}$

Der dünne Leiter mit der größeren Stromdichte erwärmt sich stärker als der dickere Leiter mit der kleineren Stromdichte. Die Erwärmung nimmt noch mehr zu, wenn durch die Art des Werkstoffes der Elektronenstrom beim Durchgang stärker gehindert wird.

> Ein Leiter erwärmt sich umso mehr, je größer die Stromdichte in ihm ist.

Bei Installationsleitungen sind den genormten Querschnitten höchstzulässige Stromstärken zugeordnet **(Bild 2)**. Die zulässige Stromdichte ist dabei bei kleineren Querschnitten größer als bei größeren Querschnitten, weil dünne Drähte eine größere Oberfläche im Vergleich zum Querschnitt haben und daher schneller abkühlen. Bei der Verlegung der Leitungen in Installationsrohren oder Installationskanälen auf Wänden, Decken oder Fußböden (Verlegeart B2, Bild 2) ist die zugelassene Stromdichte kleiner als bei der Verlegung isolierter Leitungen direkt in der Wand oder im Putz (Verlegeart C, **Tabelle 1**).

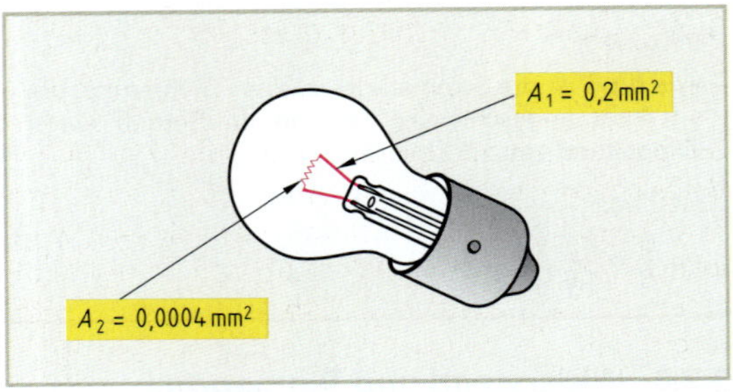

Bild 1: Glühlampe

> Große Stromdichten können Leiter zum Glühen bringen.

$$[J] = \frac{\text{A}}{\text{mm}^2} \qquad J = \frac{I}{A}$$

J Stromdichte
I Stromstärke
A Leiterquerschnitt

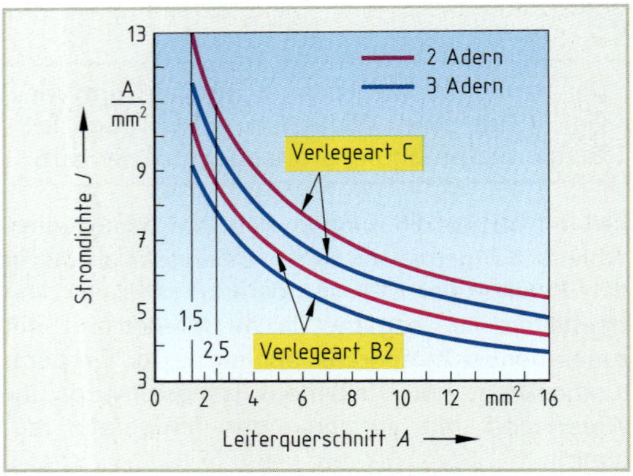

Bild 2: Strombelastbarkeit isolierter Leitungen

Tabelle 1: Zulässige Strombelastbarkeit I_{zu} zweier Leiter bei ϑ_U = 30 °C

Leiterquerschnitt in mm²	1,5	2,5	4	6	10	16	25
Bei B2 I_{zu} in A	16,5	23	30	38	52	69	90
Bei C I_{zu} in A	19,5	27	36	46	63	85	112

Wiederholung und Vertiefung

1. **Wie verhalten sich gleichartige Ladungen und wie verschiedenartige Ladungen zueinander?**
2. **Wie ist die Spannung festgelegt?**
3. **Woraus besteht ein elektrischer Stromkreis?**
4. **Wie ist der spezifische Widerstand festgelegt?**
5. **Welchen Zusammenhang drückt das Ohm'sche Gesetz aus?**
6. **Was gibt der Temperaturkoeffizient an?**

1.3 Grundschaltungen

1.3.1 Bezugspfeile

Bei physikalischen Größen ist es zweckmäßig, die Vorzeichen + und − zu gebrauchen. Dies ist bei Zweipolen besonders wichtig, wenn diese sowohl aktive Zweipole, z.B. Akkumulatoren beim Entladen, als auch passive Zweipole, z.B. Akkumulatoren beim Laden, sein können. Gibt man einen Zweipol als *Verbraucher* an, so nimmt dieser Energie auf. Über seine beiden Anschlüsse wird ihm z.B. die Energie von +1 J zugeführt **(Bild 1).**

Ist dagegen die Energie dieses Zweipols mit −1 J angegeben, so nimmt er keine Energie auf, sondern er gibt Energie ab. Die Energierichtung ist umgekehrt. Nimmt man einen Zweipol als *Erzeuger* an (Bild 1), so gibt dieser bei der Angabe W = 1 J Energie ab. Bei der Angabe W = −1 J dagegen nimmt der Zweipol Energie auf. Die Energieangabe allein sagt also noch nichts über die Art des Zweipols aus, nämlich ob dieser aktiv oder passiv ist. Deshalb hat man vereinbart, durch einen Bezugspfeil die positive Energierichtung anzugeben (Bild 1).

Energiebezugspfeile geben die positive Energierichtung an.

Strombezugspfeile (Bild 2) geben die Richtung an, in der Ströme positiv gezählt werden. Sind Stromrichtung und Bezugspfeil *gleich* gerichtet, so liegt ein *positiver* Strom vor. Bei *verschiedener* Richtung ist der Strom *negativ.*

Spannungsbezugspfeile (Bild 3) werden gebogen oder gerade zwischen die Punkte gesetzt, deren Spannung angegeben werden soll.

Positive Spannungsangabe bedeutet eine Spannungsrichtung von + nach −.

Der Pluspol liegt bei positiver Spannung immer am Beginn des Spannungsbezugspfeils, der Minuspol an der Bezugspfeilspitze (Bild 3). Die Zählrichtung der Spannung kann anstelle eines Bezugspfeils auch durch Indizes hinter dem Formelzeichen angegeben werden. Die positive Spannungsrichtung geht dabei immer vom Anschluss des ersten indizierten Buchstabens aus.

Die Angabe von Stromstärke und Spannung ist nur vollständig, wenn für sie ein Bezugspfeil gesetzt wird.

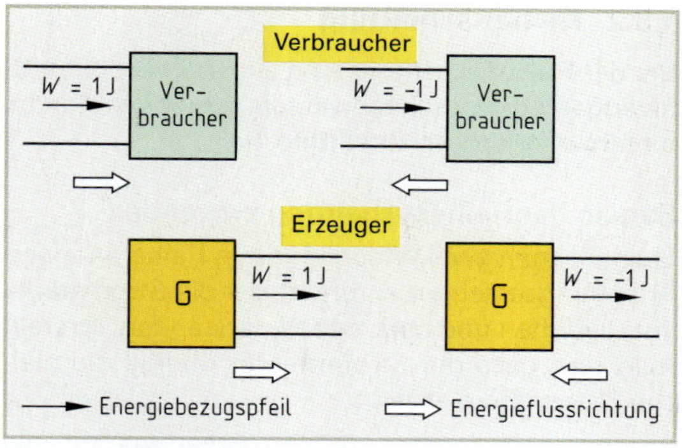

Bild 1: Energiebezugspfeile

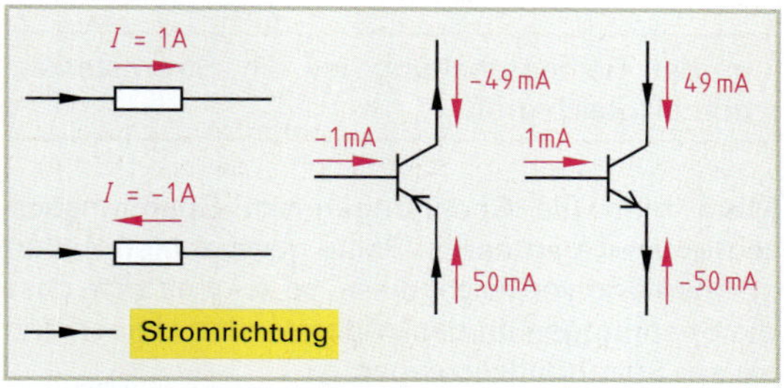

Bild 2: Strombezugspfeile

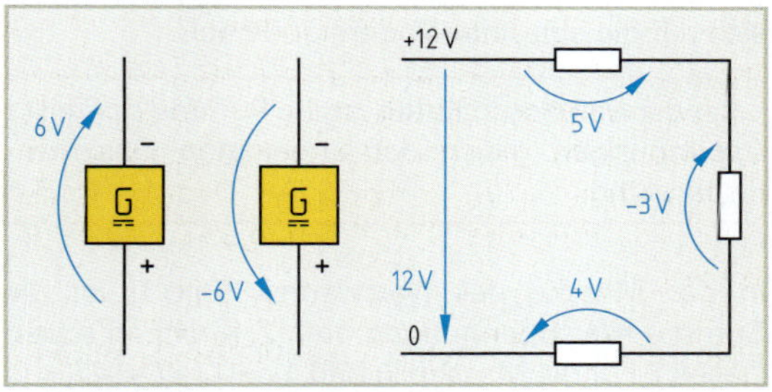

Bild 3: Spannungsbezugspfeile

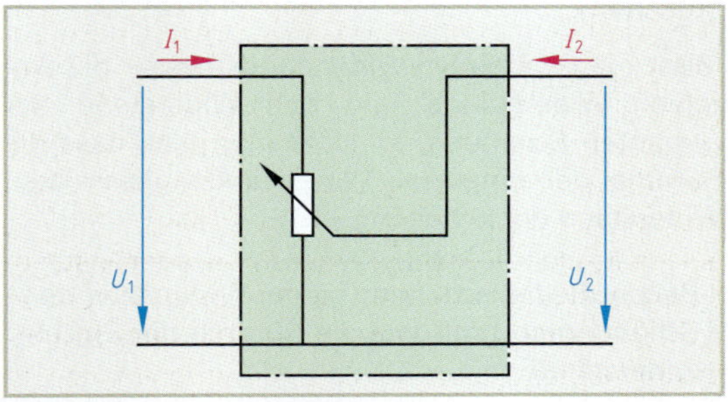

Bild 4: Vierpol mit Bezugspfeilen (Verbraucher-Bezugspfeilsystem)

Vierpole sind Energiewandler mit zwei Anschlüssen auf der Eingangsseite und mit zwei Anschlüssen auf der Ausgangsseite **(Bild 4).** Man setzt die Strompfeile so, dass sie in den Vierpol hineinzeigen (Bezugspfeilsystem für Verbraucher).

1.3.2 Reihenschaltung

Bei der Reihenschaltung sind aktive Zweipole, z.B. Erzeuger, oder passive Zweipole, z.B. Widerstände, hintereinandergeschaltet **(Bild 1).**

Regeln der Reihenschaltung anwenden

Schließt man zwei Widerstände in Reihe an einen Spannungserzeuger an und misst die Stromstärke vor, zwischen und nach den Widerständen, so stellt man fest, dass der Strommesser überall die gleiche Stromstärke anzeigt.

In einem geschlossenen Stromkreis werden alle Widerstände vom gleichen Strom durchflossen, da keine Verzweigungen vorhanden sind.

> In der Reihenschaltung ist die Stromstärke überall gleich groß.

Misst man die Spannungen am Spannungserzeuger sowie an den in Reihe geschalteten Widerständen und vergleicht diese, so zeigt es sich, dass die Spannungen an den Widerständen kleiner sind als am Spannungserzeuger.

Bei der Reihenschaltung liegt an jedem Widerstand nur eine Teilspannung. Die Gesamtspannung teilt sich auf die einzelnen Widerstände auf.

> Bei der Reihenschaltung ist die Summe der Teilspannungen gleich der angelegten Gesamtspannung.

In der Masche des Netzwerkes (Bild 1) ist die Summe aller Spannungen null (2. Kirchhoff'sches[1] Gesetz). Für die Masche in Bild 1 gilt $U - U_2 - U_1 = 0$, d.h., die Summe aller erzeugten Spannungen ist gleich der Summe aller Spannungen an den Verbrauchern.

Misst man mit einem Widerstandsmesser die einzelnen Widerstände und den Widerstand der gesamten Schaltung, so stellt man fest, dass die Summe der einzelnen Widerstände gleich dem Widerstand der Schaltung ist.

> Bei der Reihenschaltung ist der Widerstand der Schaltung so groß wie die Summe der Einzelwiderstände.

Dieser Widerstand der Schaltung heißt *Ersatzwiderstand*. Er nimmt die gleiche Stromstärke auf wie die in Reihe geschalteten Widerstände. Sind die Teilwiderstände gleich groß, so ist bei n gleichen Widerständen der Ersatzwiderstand $R = n \cdot R_1$.

[1] Kirchhoff, deutscher Physiker, 1824 bis 1887

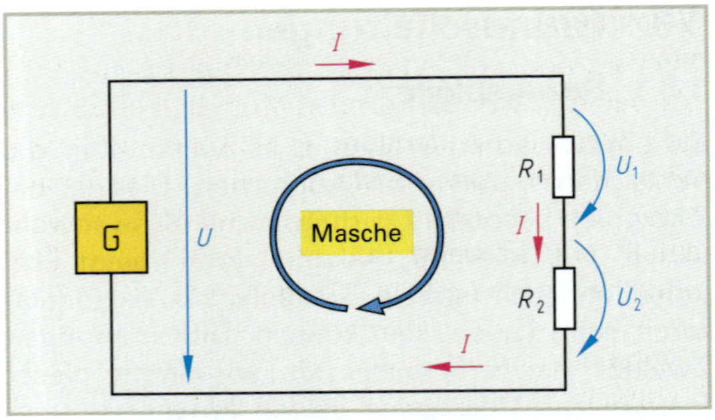

Bild 1: Reihenschaltung zweier Widerstände

$$U = U_1 + U_2 + \ldots \qquad R = R_1 + R_2 + \ldots$$

$$\frac{U_1}{U} = \frac{R_1}{R} \qquad \frac{U_1}{U_2} = \frac{R_1}{R_2}$$

U	Gesamtspannung
U_1, U_2	Teilspannungen
R	Ersatzwiderstand
R_1, R_2	Einzelwiderstände

Beispiel 1:

Die Widerstände $R_1 = 50\ \Omega$ und $R_2 = 70\ \Omega$ sind in Reihe an eine Spannung von 12 V gelegt. Berechnen Sie den Ersatzwiderstand, die Stromstärke, die Teilspannungen, das Verhältnis der Teilspannungen und das Verhältnis der einzelnen Widerstände. Vergleichen Sie die Verhältniszahlen.

Lösung:

$$R = R_1 + R_2 = 50\ \Omega + 70\ \Omega = \mathbf{120\ \Omega}$$

$$I = \frac{U}{R} = \frac{12\,\text{V}}{120\ \Omega} = \mathbf{0{,}1\ A}$$

$$U_1 = I \cdot R_1 = 0{,}1\ \text{A} \cdot 50\ \Omega = \mathbf{5\,V}$$

$$U_2 = I \cdot R_2 = 0{,}1\ \text{A} \cdot 70\ \Omega = \mathbf{7\,V}$$

$$\frac{U_1}{U_2} = \frac{5\,\text{V}}{7\,\text{V}} = \frac{\mathbf{5}}{\mathbf{7}}; \qquad \frac{R_1}{R_2} = \frac{50\ \Omega}{70\ \Omega} = \frac{\mathbf{5}}{\mathbf{7}}$$

Am größeren Widerstandswert liegt die größere Teilspannung.

> Bei der Reihenschaltung verhalten sich die Teilspannungen wie die zugehörigen Widerstände.

Bauelemente sind in Reihe geschaltet, wenn die zulässige Betriebsspannung eines einzelnen Bauelementes kleiner ist als die Gesamtspannung.

Vorwiderstände

Ein Verbraucher kann an einer höheren Spannung als seiner Bemessungsspannung betrieben werden, wenn ein Widerstand in Reihe vorgeschaltet wird. Dieser *Vorwiderstand* muss so bemessen sein, dass an ihm die überschüssige Spannung abfällt und er beim Bemessungsstrom des Verbrauchers noch funktionsfähig bleibt.

Vorwiderstände werden z.B. bei Glimmlampen verwendet, ferner bei Z-Dioden und LEDs.

Legt man die Reihenschaltung **(Bild 1)** aus einer Glühlampe mit 6 V/0,3 A und einem Stellwiderstand von 100 Ω an eine Spannung von 24 V und stellt den Widerstand so ein, dass die Glühlampe ihre Bemessungsspannung erhält, fallen am Vorwiderstand 18 V ab.

Vorwiderstände schützen Bauelemente vor Überspannung.

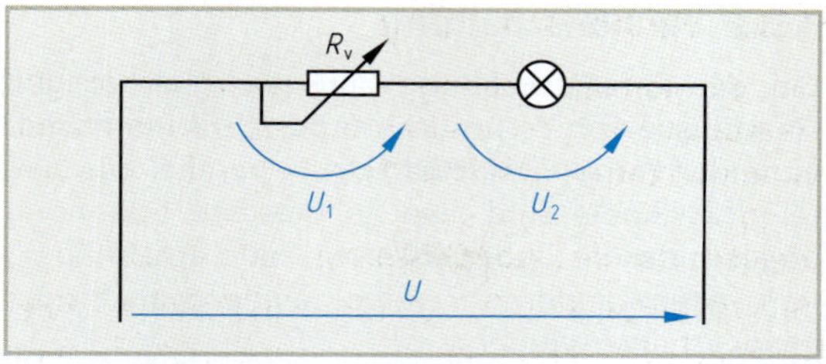

Bild 1: Schaltung mit Vorwiderstand

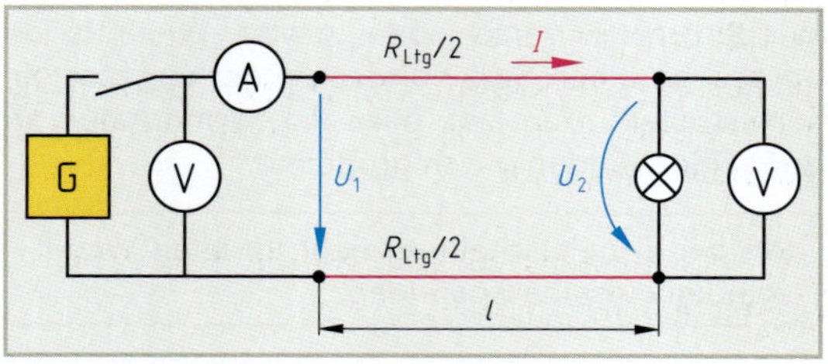

Bild 2: Versuchsschaltung zum Spannungsfall

$$\Delta U = U_1 - U_2 \qquad \Delta U = I \cdot R_{Ltg}$$

ΔU	Spannungsfall
U_1	Spannung am Leitungsanfang
U_2	Spannung am Leitungsende
I	Stromstärke
R_{Ltg}	Leitungswiderstand

Spannungsfall an Leitungen

In jedem Stromkreis sind Hinleitung, Verbraucher und Rückleitung in Reihe geschaltet. Da die Leitung einen Widerstand R_{Ltg} besitzt, stellt jeder Verbraucheranschluss eine Reihenschaltung dar. Die Spannung, die an diesen Leitern abfällt, der Spannungsfall, geht dem Verbraucher verloren.

Schließt man eine Glühlampe über eine lange Klingeldrahtleitung an einen Spannungserzeuger an und misst die Spannungen am Spannungserzeuger und am Verbraucher, so stellt man fest, dass die Spannung am Verbraucher kleiner ist als die Spannung am Spannungserzeuger **(Bild 2).**

An jedem stromdurchflossenen Leiter entsteht ein Spannungsfall.

Fließt ein größerer Strom, so wird die Verbraucherspannung kleiner. Eine größere Stromstärke ruft an den Leitungen einen größeren Spannungsfall hervor.

Der Spannungsfall an der Leitung wird umso größer, je größer Stromstärke und Leiterwiderstand sind.

Der Spannungsfall an der Leitung verursacht Energieverluste, die in Wärme umgewandelt werden. Deswegen muss der Spannungsfall möglichst klein gehalten werden. Er wird oft in Prozent (%) der Bemessungsspannung angegeben.

Beispiel 1:

Eine Glühlampe 4,5 V/1 A ist an einen Spannungserzeuger über eine Leitung mit dem Leitungswiderstand $R_{Ltg} = 2\ \Omega$ angeschlossen.

a) Berechnen Sie den Spannungsfall.

b) Berechnen Sie den Spannungsfall in Prozent.

Lösung:

a) $\Delta U = I \cdot R_{Ltg} = 1\ \text{A} \cdot 2\ \Omega = \mathbf{2\ V}$

b) $\Delta U_{\%} = \frac{\Delta U}{U} = \frac{2\ \text{V}}{4{,}5\ \text{V}} \cdot 100\ \% = \mathbf{44{,}4\ \%}$

Wiederholung und Vertiefung

1. **Welcher Unterschied besteht zwischen einem aktiven Zweipol und einem passiven Zweipol?**
2. **Welche Aufgabe haben Strombezugspfeile?**
3. **Mit welcher Formel wird bei der Reihenschaltung der Gesamtwiderstand errechnet?**
4. **Wie verhalten sich die Spannungen und Widerstände bei der Reihenschaltung?**
5. **Welche Aufgabe hat ein Vorwiderstand?**
6. **Von welchen Größen hängt der Spannungsfall einer Leitung ab?**

1.3.3 Parallelschaltung

Bei der Parallelschaltung sind die gleichartigen Anschlüsse von Verbrauchern oder Erzeugern miteinander verbunden **(Bild 1)**. Alle parallel geschalteten Zweipole sind also an dieselbe Spannung angeschlossen. Jeder Zweipol kann unabhängig von jedem anderen Zweipol eingeschaltet oder ausgeschaltet werden.

Regeln der Parallelschaltung anwenden

Werden zwei verschieden große Widerstände parallel an einen Spannungserzeuger angeschlossen, so stellt man fest, dass die Spannungen an den Widerständen gleich groß sind.

> Bei der Parallelschaltung liegt an allen Widerständen dieselbe Spannung.

Misst man die Stromstärken in den beiden Widerständen und die Gesamtstromstärke, so stellt man fest, dass die Gesamtstromstärke größer ist, als der Strom durch jeden der beiden Widerstände.

> Bei der Parallelschaltung ist die Gesamtstromstärke gleich der Summe der Teilstromstärken.

In einem Knoten (Bild 1) innerhalb einer Schaltung ist die Summe der zufließenden Ströme gleich der Summe der abfließenden Ströme (1. Kirchhoff'sches Gesetz). Für den Knotenpunkt in Bild 1 gilt also $I = I_1 + I_2$. I ist der zufließende Strom, I_1 und I_2 sind die abfließenden Ströme.

Sind n gleiche Widerstände vorhanden, wird die Gesamtstromstärke $I = n \cdot I_1$.

Bei nicht gleichen Widerständen fließt der stärkere Strom durch den Widerstand mit dem kleineren Wert, durch den mit dem größeren Widerstandswert der schwächere Strom.

> Bei der Parallelschaltung verhalten sich die Teilstromstärken umgekehrt wie die zugehörigen Widerstände.

Beim Parallelschalten weiterer Widerstände nimmt die Gesamtstromstärke zu und der Widerstand der Schaltung ab.

> Bei der Parallelschaltung ist der Ersatzwiderstand kleiner als der kleinste Einzelwiderstand.

Der Leitwert G wird also bei der Parallelschaltung größer.

> Bei der Parallelschaltung ist der Ersatzleitwert gleich der Summe der Einzelleitwerte.

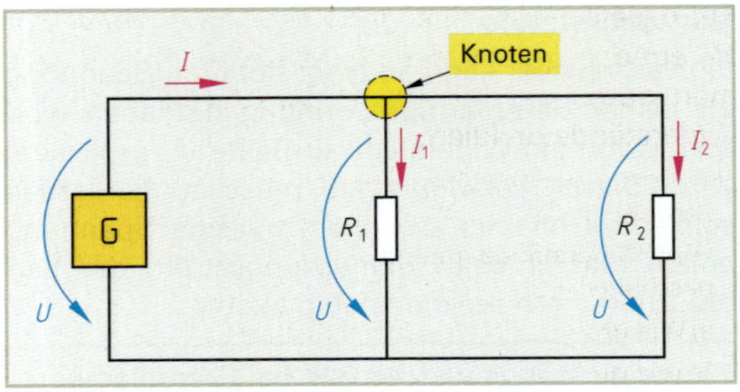

Bild 1: Parallelschaltung

$$I = I_1 + I_2 + \ldots \qquad \frac{I_1}{I_2} = \frac{R_2}{R_1}$$

$$\frac{1}{R} = \frac{1}{R_1} + \frac{1}{R_2} + \ldots \qquad G = \frac{1}{R} \qquad G = G_1 + G_2 + \ldots$$

Bei n gleichen Widerständen:

$$R = \frac{R_1}{n}$$

Bei 2 Widerständen:

$$R = \frac{R_1 \cdot R_2}{R_1 + R_2}$$

I	Gesamtstromstärke
I_1, I_2	Teilstromstärken
R	Ersatzwiderstand
R_1, R_2	Einzelwiderstände
G	Ersatzleitwert
G_1, G_2, ...	Einzelleitwerte
n	Anzahl der gleichen Widerstände

Beispiel 1:

Berechnen Sie den Ersatzwiderstand der Parallelschaltung von $R_1 = 10\ \Omega$ und $R_2 = 20\ \Omega$.

Lösung:

$$G_1 = \frac{1}{R_1} = \frac{1}{10\ \Omega} = 0{,}1\ \text{S}; \qquad G_2 = \frac{1}{R_2} = \frac{1}{20\ \Omega} = 0{,}05\ \text{S}$$

$$G = G_1 + G_2 = 0{,}1\ \text{S} + 0{,}05\ \text{S} = 0{,}15\ \text{S}$$

$$R = \frac{1}{G} = \frac{1}{0{,}15\ \text{S}} = \mathbf{6{,}67\ \Omega}$$

Anstelle der Leitwerte kann man auch die Kehrwerte der Widerstandswerte einsetzen. Bei nur zwei parallel geschalteten Widerständen lässt sich die Formel für den Ersatzwiderstand vereinfachen.

Beispiel 2:

Berechnen Sie den Ersatzwiderstand der parallel geschalteten Widerstände $R_1 = 10\ \Omega$ und $R_2 = 20\ \Omega$.

Lösung:

$$R = \frac{R_1 \cdot R_2}{R_1 + R_2} = \frac{10\ \Omega \cdot 20\ \Omega}{10\ \Omega + 20\ \Omega} = \frac{200\ \Omega^2}{30\ \Omega} = \mathbf{6{,}67\ \Omega}$$

Bei n gleichen, parallel geschalteten Widerständen R_1 errechnet man den Ersatzwiderstand, indem man durch die Anzahl der parallel geschalteten Widerstände dividiert.

Beispiel 1:

Fünf Widerstände mit je R_1 = 60 Ω sind parallel geschaltet.

a) Wie groß ist der Ersatzwiderstand?

b) Wie groß ist der Ersatzleitwert?

Lösung:

a) $R = \frac{R_1}{n} = \frac{60\ \Omega}{5} = \mathbf{12\ \Omega}$

b) $G_1 = \frac{1}{R_1} = \frac{1}{60\ \Omega}$

$G = n \cdot G_1 = \frac{5}{60\ \Omega} = \mathbf{0{,}0833\ S}$

Der Ersatzwiderstand der Parallelschaltung kann auch zeichnerisch bestimmt werden **(Bild 1)**.

Anwenden der Parallelschaltung

Verbraucher, z.B. Glühlampen, elektrische Haushaltsgeräte oder Elektromotoren werden meistens parallel an das Netz geschaltet, da sie alle die gleiche Spannung erhalten müssen. Auch Spannungserzeuger mit gleicher Spannung schaltet man parallel, wenn der geforderte Strom von einem Erzeuger allein nicht geliefert werden kann. Durch Parallelschaltung eines Nebenwiderstandes (= Shunt) zum Messwerk eines Strommessers kann sein Messbereich erweitert werden.

Wiederholung und Vertiefung

1. **Wie schaltet man Verbraucher parallel?**
2. **Welche Spannung liegt an parallel geschalteten Widerständen?**
3. **Mit welcher Formel berechnet man die Gesamtstromstärke aus den Teilstromstärken?**
4. **Wie verhalten sich Teilströme und Teilwiderstände zueinander?**
5. **Wie groß ist der Ersatzwiderstand der Parallelschaltung im Vergleich zu den Einzelwiderständen?**
6. **Nennen Sie Anwendungsbeispiele der Parallelschaltung.**

1.3.4 Gemischte Schaltungen

Eine Schaltung, in der Verbraucher sowohl in Reihe als auch parallel geschaltet sind, bezeichnet man als *gemischte Schaltung* (Gruppenschaltung). Im einfachsten Fall besteht die gemischte Schaltung aus drei Widerständen. Diese kann man auf zwei Arten schalten **(Bild 2, Bild 3)**.

Den Ersatzwiderstand einer gemischten Schaltung bestimmt man, indem man die Reihen- bzw. Parallelschaltungen durch entsprechende Ersatzwiderstände ersetzt (Bild 2, Bild 3). Diese Vereinfachung führt man so lange durch, bis die gemischte Schaltung aus einer einfachen Reihen- bzw. Parallelschaltung besteht.

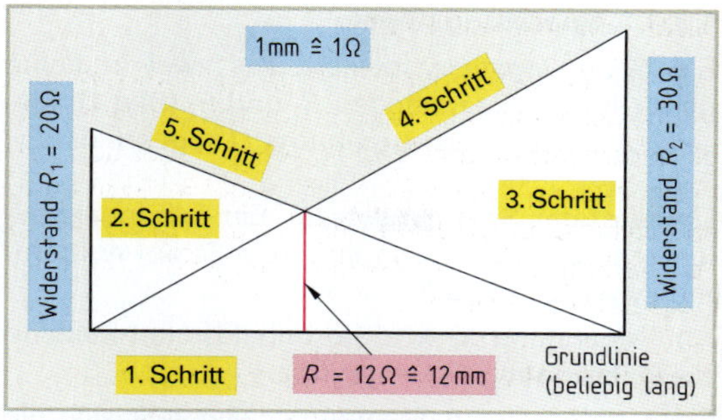

Bild 1: Zeichnerische Bestimmung des Ersatzwiderstandes

Gemischte Schaltungen enthalten
- Parallelschaltungen und
- Reihenschaltungen.

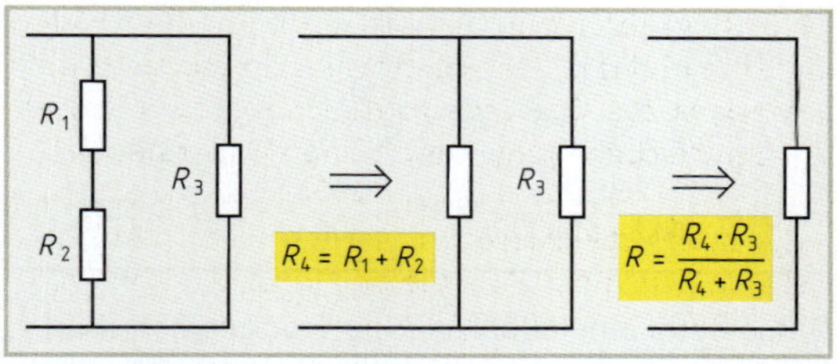

Bild 2: Gemischte Schaltung 1 mit drei Widerständen

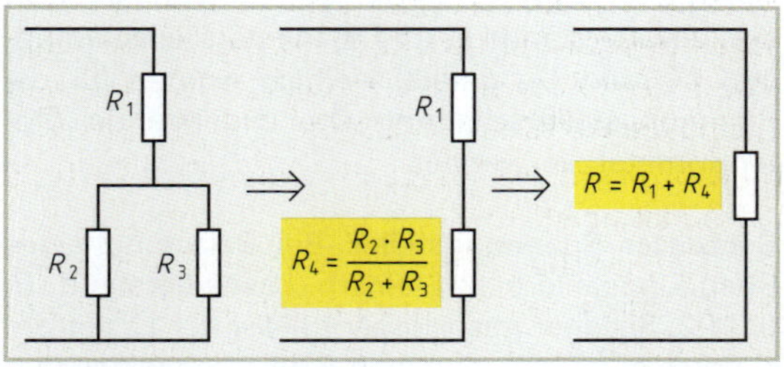

Bild 3: Gemischte Schaltung 2 mit drei Widerständen

Beispiel 2:

Die Widerstände R_1 = 50 Ω, R_2 = 60 Ω und R_3 = 40 Ω bilden eine gemischte Schaltung nach Bild 2. Bestimmen Sie den Ersatzwiderstand R.

Lösung:

$R_4 = R_1 + R_2 = 50\ \Omega + 60\ \Omega = 110\ \Omega$

$R = R_4 \cdot R_3 / (R_4 + R_3)$
$= (110\ \Omega \cdot 40\ \Omega)/(110\ \Omega + 40\ \Omega) = \mathbf{29{,}3\ \Omega}$

1.3.4.1 Spannungsteiler

Ein *Spannungsteiler* besteht aus zwei in Reihe geschalteten Widerständen R_1 und R_2 **(Bild 1).** Diese sind an die Gesamtspannung U angeschlossen.

Unbelasteter Spannungsteiler. Ein Spannungsteiler ist unbelastet, wenn ihm kein Strom entnommen wird **(Bild 2,** Schalter offen).

Am Widerstand R_2 wird im unbelasteten Zustand die Teilspannung U_{20} abgegriffen.

Beim unbelasteten Spannungsteiler teilt sich die Gesamtspannung U in die Teilspannungen U_{10} und U_{20} auf. Die Spannungen verhalten sich wie die zugehörigen Widerstände.

Beispiel 1:

Ein Spannungsteiler mit den Teilwiderständen R_1 = 50 Ω und R_2 = 250 Ω liegt an einer Gesamtspannung U = 90 V. Wie groß ist die Teilspannung an R_2?

Lösung:

$$\frac{U_{20}}{U} = \frac{R_2}{R_1 + R_2} \Rightarrow U_{20} = \frac{R_2}{R_1 + R_2} \cdot U$$

$$U_{20} = \frac{250\ \Omega}{50\ \Omega + 250\ \Omega} \cdot 90\ \text{V} = \frac{250\ \Omega}{300\ \Omega} \cdot 90\ \text{V} = \mathbf{75\ V}$$

Mit einem einstellbaren Spannungsteiler (Bild 1) lässt sich die Teilspannung an R_2 (oder R_1) stufenlos von null bis zur Gesamtspannung U einstellen. Durch den Schleifer ist der Gesamtwiderstand in die Teilwiderstände R_1 und R_2 mit den Teilspannungen U_{10} und U_{20} geteilt. Vielfach werden für die Spannungsteilerschaltung Drehwiderstände (Potenziometer) verwendet.

Belasteter Spannungsteiler. Bei Belastung eines Spannungsteilers mit einem Lastwiderstand R_L (Bild 2, Schalter geschlossen) fließt der Laststrom I_L durch den Lastwiderstand R_L und der so genannte Querstrom I_q durch den Teilwiderstand R_2. Durch den Teilwiderstand R_1 fließt der Gesamtstrom $I = I_L + I_q$.

Die Stromaufnahme des Spannungsteilers wird bei Belastung größer, weil der Ersatzwiderstand R_p der Parallelschaltung von R_2 und R_L kleiner wird als R_2. Damit wird aber auch der Ersatzwiderstand des Spannungsteilers kleiner als im unbelasteten Zustand.

Die Ausgangsspannung des Spannungsteilers ist lastabhängig.

Beim belasteten Spannungsteiler wirkt R_1 als Vorwiderstand. Die Lastspannung weicht umso weniger von der Leerlaufspannung ab, je größer der Lastwiderstand R_L gegenüber dem Teilwiderstand

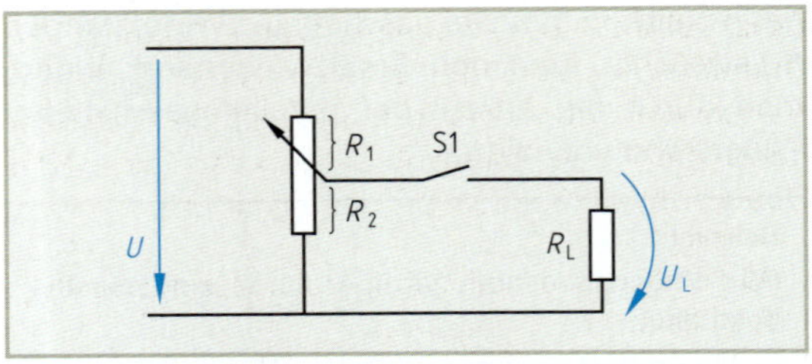

Bild 1: Unbelasteter und belasteter Spannungsteiler

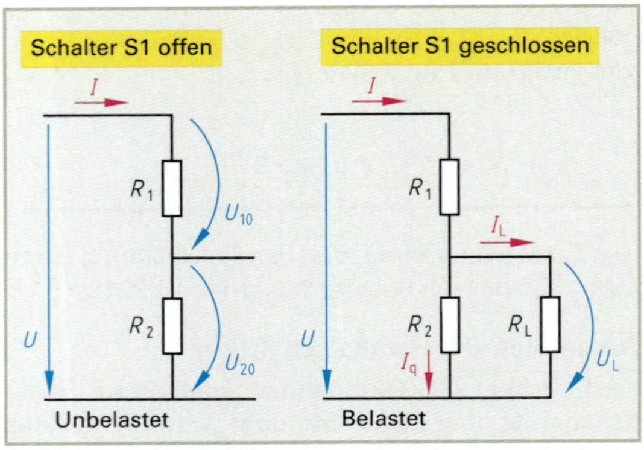

Bild 2: Ersatzschaltungen zum Spannungsteiler Bild 1

Beim unbelasteten Spannungsteiler:

$$\frac{U_{20}}{U} = \frac{R_2}{R_1 + R_2} \qquad \frac{U_{20}}{U_{10}} = \frac{R_2}{R_1}$$

Beim belasteten Spannungsteiler:

$$R_p = \frac{R_2 \cdot R_L}{R_2 + R_L} \qquad \frac{U_L}{U} = \frac{R_p}{R_1 + R_p}$$

$$U_2 = U_L \qquad q = \frac{I_q}{I_L} = \frac{R_L}{R_2}$$

$$R_1 = \frac{U - U_L}{I_L + I_q} \qquad R_2 = \frac{U_L}{I_q}$$

U_{10}, U_{20}	*Teilspannungen*
R_p	Ersatzwiderstand von R_2 und R_L
R_L	Lastwiderstand
R_1, R_2	Spannungsteilerwiderstände
U_L	Lastspannung
U	Gesamtspannung
U_2	Spannung an R_2
q	Querstromverhältnis
I_q	Querstrom
I_L	Laststrom

R_2 ist (Bild 2, vorhergehende Seite). Dann ist der Querstrom I_q wesentlich stärker als der Laststrom I_L. Schwankt der Laststrom und soll die Lastspannung möglichst konstant bleiben, so muss der Querstrom stärker sein als der Laststrom.

Der Querstrom soll wenigstens das Doppelte des Laststromes betragen.

Die Berechnung eines Spannungsteilers kann auch mit dem Querstromverhältnis erfolgen. Unter dem *Querstromverhältnis* versteht man das Verhältnis Querstrom zu Laststrom. Das Querstromverhältnis wird zwischen 2 und 10 gewählt.

Beispiel 1:

Ein Spannungsteiler hat bei der Gesamtspannung U einen Laststrom von 20 mA. Die Lastspannung beträgt 6 V. Das Querstromverhältnis beträgt $q = 6$.

Wie groß sind a) der Querstrom, b) der Lastwiderstand, c) die Widerstände R_2 und R_1?

Lösung:

a) $I_q = q \cdot I_L = 6 \cdot 20\ \text{mA} = \mathbf{120\ mA}$

b) $R_L = \frac{U_2}{I_L} = \frac{6\ \text{V}}{20\ \text{mA}} = \mathbf{300\ \Omega}$

c) $R_2 = \frac{U_2}{I_q} = \frac{6\ \text{V}}{120\ \text{mA}} = \mathbf{50\ \Omega}$

$R_1 = \frac{U - U_2}{I_L + I_q} = \frac{20\ \text{V} - 6\ \text{V}}{20\ \text{mA} + 120\ \text{mA}}$

$= \frac{14\ \text{V}}{140\ \text{mA}} = \mathbf{100\ \Omega}$

1.3.4.2 Widerstände durch Strom- und Spannungsmessung bestimmen

Zur indirekten Widerstandsbestimmung verwendet man die Spannungsfehlerschaltung oder die Stromfehlerschaltung **(Bild 1)**.

Bei der Spannungsfehlerschaltung wird die Stromstärke im Widerstand genau gemessen. Der Spannungsmesser zeigt eine Spannung an, die um den Spannungsfall an R_{iA} zu groß ist. Bei der Berechnung ist der Widerstandswert zu groß.

Die Spannungsfehlerschaltung verwendet man zur Bestimmung großer Widerstände.

Bei der *Stromfehlerschaltung* wird die Spannung, die am Widerstand liegt, genau gemessen. Der Strommesser dagegen zeigt eine Stromstärke an, die um die Stromstärke durch den Spannungsmesser zu groß ist. Bei der Berechnung des Widerstandes nach dem Ohm'schen Gesetz ergibt sich also ein zu kleiner Wert.

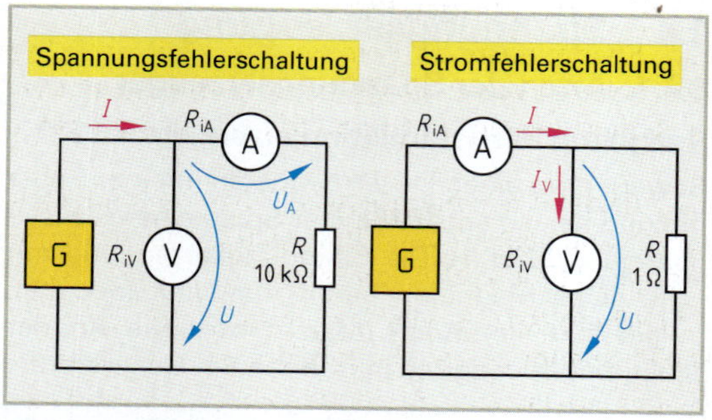

Bild 1: Indirekte Widerstandsmessung für große und kleine Widerstände

- Die Spannungsfehlerschaltung misst den Strom richtig!
- Die Stromfehlerschaltung misst die Spannung richtig!

Spannungsfehlerschaltung:	Stromfehlerschaltung:
$R = \frac{U}{I} - R_{iA}$	$R = \frac{U}{I - I_V}$

R Widerstand
U gemessene Spannung
I gemessene Stromstärke
R_{iA} Innenwiderstand des Strommessers
I_V Stromstärke im Spannungsmesser

Ist die Stromstärke durch den Spannungsmesser wesentlich kleiner als die Stromstärke durch den Widerstand, so ist der Fehler gering. Dies ist der Fall, wenn der zu messende Widerstand sehr viel kleiner als der Innenwiderstand des Spannungsmessers ist.

Die Stromfehlerschaltung verwendet man zur Bestimmung kleiner Widerstände.

Wiederholung und Vertiefung

1. **Wie berechnet man die Ausgangsspannung an einem unbelasteten Spannungsteiler?**
2. **Wie beeinflusst der Lastwiderstand die abgegriffene Lastspannung beim belasteten Spannungsteiler?**
3. **Welche Größe muss der Querstrom haben, wenn die Lastspannung möglichst konstant bleiben soll?**
4. **Bei welchen Widerständen verwendet man die Spannungsfehlerschaltung?**
5. **Bei welchen Widerständen wird die Stromfehlerschaltung angewendet?**

1.4 Spannungserzeugung

1.4.1 Arten der Spannungserzeuger

Spannung durch Induktion erzeugen

Bewegt man einen Dauermagneten in einer Spule hin und her, so entsteht in der Spule eine Wechselspannung **(Bild 1)**. Die Spannungserzeugung mit Hilfe eines Magneten nennt man *Induktion* (lat. inducere = einführen). Man nützt diese Art der Spannungserzeugung in rotierenden Generatoren.

> Die wichtigste Art der Spannungserzeugung ist die Spannungserzeugung durch Induktion.

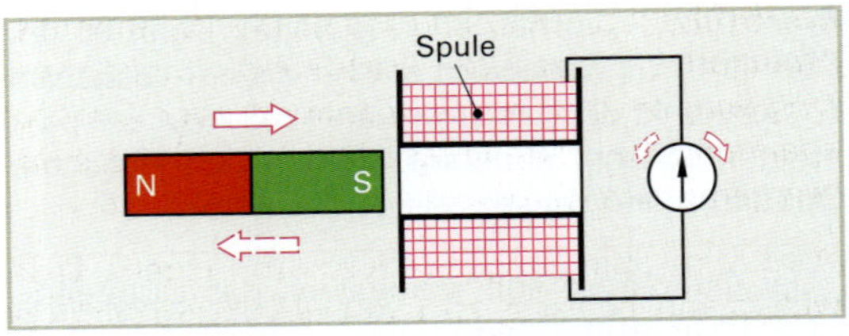

Bild 1: Spannungserzeugung durch Induktion

Spannung durch Wärme erzeugen

Verbindet man einen Kupferdraht mit einem Konstantandraht an einem Ende und erwärmt die Verbindungsstelle der Drähte, so kann man an den freien Drahtenden eine Spannung im mV-Bereich messen **(Bild 2)**. An den freien Drahtenden tritt eine Gleichspannung auf, solange die Verbindungsstelle warm ist.

Einen derartigen Spannungserzeuger nennt man *Thermoelement* (griech. thermos = warm). Man verwendet Thermoelemente z.B. als Temperaturfühler zur Temperaturmessung.

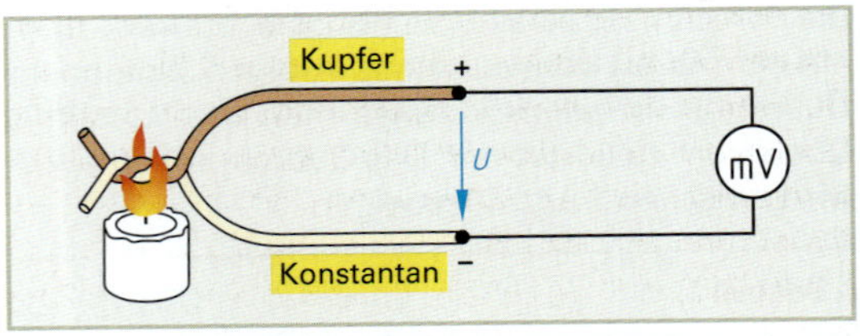

Bild 2: Spannungserzeugung durch Wärme

Spannung durch Licht erzeugen

An einem *Fotoelement* (Foto von griech. phos = Licht, Helligkeit) entsteht zwischen Grundplatte und Kontaktring bei Lichteinfall eine kleine Spannung **(Bild 3)**. Die Grundplatte wird dabei zum positiven Pol, der Kontaktring zum negativen Pol. Fotoelemente verwendet man z.B. als Spannungserzeuger von Taschenrechnern, Uhren oder Satelliten.

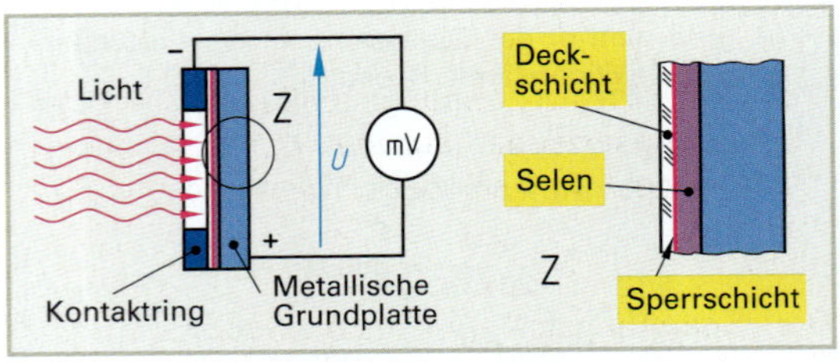

Bild 3: Spannungserzeugung durch Licht

Spannung durch chemische Wirkung erzeugen

Zwischen unterschiedlichen Metallen in einer leitenden Flüssigkeit entsteht eine Gleichspannung. Platten und leitende Flüssigkeiten bilden ein *elektrolytisches Element.*

Spannung durch Kristallverformung (Piezo-Elektrizität) erzeugen

Schließt man bestimmte Kristalle an einen hochohmigen elektronischen Spannungsmesser an und drückt auf diese senkrecht zum Spannungsabgriff, so stellt man fest, dass der Spannungsmesser eine Spannung anzeigt, wenn die Druckkraft zunimmt oder abnimmt.

Solche Kristalle bezeichnet man als Piezokristalle (Piezo, sprich pi-ezo, von griech. piedein = drücken).

Wirkt auf einen Piezokristall, z.B. Quarz oder geeigneter Halbleiterwerkstoff, eine Kraft, so tritt im Inneren eine Ladungsverschiebung auf (piezoelektrischer Effekt). Dadurch entsteht an den leitenden Belägen am Kristall eine Spannung.

Piezoelektrische Spannungserzeuger sind z.B. in Kristallmikrofonen, piezoelektrischen Gasanzündern und manchen Druckfühlern enthalten.

Spannung durch Reiben von Isolierstoffen erzeugen

Beim Reiben von Isolierstoffen können unterschiedliche elektrische Ladungen erzeugt werden. Man kann die elektrostatischen Aufladungen beseitigen, indem man z.B. das metallische Gerätegehäuse erdet.

> Spannungserzeugung erfolgt durch
> - Induktion,
> - Licht,
> - Reibung,
> - Wärme,
> - chemische Wirkung,
> - Kristallverformung.

1.4.2 Belasteter Spannungserzeuger

Urspannung und Spannung an den Anschlüssen

Im unbelasteten Zustand eines Spannungserzeugers fließt kein Strom. An seinen Anschlüssen steht die vom Erzeuger gelieferte Spannung voll zur Verfügung. Diese im Inneren des Spannungserzeugers vorhandene Spannung nennt man *Urspannung* U_0, Leerlaufspannung oder *Quellenspannung.* Sie kann im Leerlauf an den Anschlüssen gemessen werden.

Wird ein Spannungserzeuger mit einem Lastwiderstand belastet, so fließt ein Strom und die Spannung an den Anschlüssen wird kleiner **(Bild 1).** Ein Teil der Urspannung wird also im Inneren des Erzeugers verbraucht. Jeder Spannungserzeuger besitzt einen *Innenwiderstand* R_i, der bei Belastung den inneren Spannungsfall verursacht. Untersucht man das Verhalten eines Spannungserzeugers bei verschiedenen Belastungen, so denkt man sich den Innenwiderstand als Vorwiderstand zum widerstandslosen Spannungserzeuger.

Die Darstellung in **Bild 2** ist eine *Ersatzschaltung* des Spannungserzeugers, die *Ersatzspannungsquelle.*

Bei der Ersatzspannungsquelle besteht der Spannungserzeuger aus der Reihenschaltung von Urspannungserzeuger und Innenwiderstand.

Der Spannungsfall am Innenwiderstand eines Spannungserzeugers ist meist unerwünscht, aber nicht vermeidbar.

Bei Spannungserzeugern nimmt die Spannung an den Anschlüssen mit zunehmendem Laststrom ab.

Leerlauf und Kurzschluss eines Spannungserzeugers

Beim Leerlauf eines Spannungserzeugers ist an seinen Anschlüssen kein Verbraucher angeschlossen. Es fließt also kein Strom, sodass am Innenwiderstand keine Spannung abfallen kann. Dadurch ist diese Leerlaufspannung so groß wie die Urspannung. Die Leerlaufspannung kann z.B. mit einem elektronischen Spannungsmesser gemessen werden.

Die Leerlaufspannung ist gleich der Urspannung.

Beim *Kurzschluss* eines Spannungserzeugers sind seine Anschlüsse widerstandslos verbunden. Der Lastwiderstand ist also gleich null. Die gesamte Urspannung liegt am Innenwiderstand des Spannungserzeugers. Bei vielen Spannungserzeugern ist der Innenwiderstand sehr klein. Es fließt dann ein großer Kurzschlussstrom.

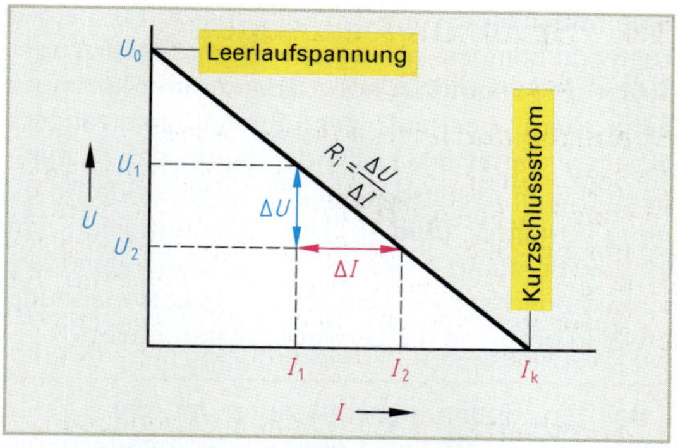

Bild 1: Kennlinie eines belasteten Spannungserzeugers

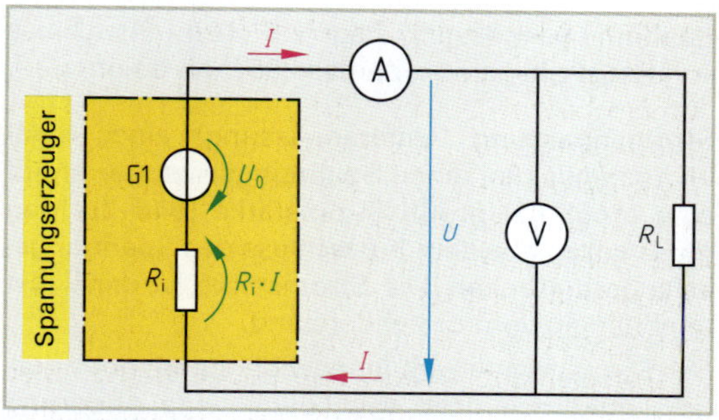

Bild 2: Ersatzschaltung eines Spannungserzeugers

Allgemein:	Bei Leerlauf:	Bei Kurzschluss:
$U = U_0 - R_i \cdot I$	$U = U_0$	$I_k = \frac{U_0}{R_i}$

U Spannung an den Anschlüssen
U_0 Urspannung, Quellenspannung, Leerlaufspannung
$R_i \cdot I$ Spannungsfall am Innenwiderstand
I_k Kurzschlussstrom
R_i Innenwiderstand

1.4.3 Anpassung

Ein Spannungserzeuger gibt an einen angeschlossenen Lastwiderstand eine Spannung, einen Strom und damit eine Leistung ab. Der Lastwiderstand kann zum Innenwiderstand so bemessen sein, dass die Spannung möglichst groß und unabhängig vom Laststrom ist. Dann spricht man von *Spannungsanpassung.* Der Lastwiderstand kann auch so zum Innenwiderstand bemessen sein, dass die Stromstärke möglichst unabhängig vom Lastwiderstand ist. Es liegt *Stromanpassung* vor. Schließlich kann der Lastwiderstand auch so bemessen sein, dass die abgegebene Leistung möglichst groß ist. Dann liegt *Leistungsanpassung* vor.

Spannungsanpassung (Überanpassung) eines Lastwiderstandes an einen Spannungserzeuger ergibt eine möglichst hohe Spannung. Man muss nahe dem Leerlauf des Spannungserzeugers arbeiten, damit die Lastwiderstände dabei unabhängig vom Laststrom annähernd dieselbe Spannung erhalten **(Bild 1)**. Der Spannungsfall am Innenwiderstand muss bei der Spannungsanpassung möglichst klein sein, damit die Lastspannung etwa so groß wie die Leerlaufspannung wird.

> Bei der Spannungsanpassung ist der Lastwiderstand sehr viel größer als der Innenwiderstand.

Spannungsanpassung liegt z.B. beim Anschluss von Haushaltsgeräten an das 230-V-Netz vor.

Stromanpassung (Unteranpassung) eines Lastwiderstandes an einen Spannungserzeuger ergibt eine möglichst große Stromstärke **(Bild 2)**. Man muss dazu nahe dem Kurzschluss des Spannungserzeugers arbeiten. Die Stromstärke ist dann fast unabhängig vom Lastwiderstand.

Der Spannungsfall am Innenwiderstand muss deshalb möglichst groß sein, damit eine Änderung des Lastwiderstandes nur eine kleine Stromänderung bewirkt.

> Bei der Stromanpassung ist der Lastwiderstand sehr viel kleiner als der Innenwiderstand.

Da bei der Stromanpassung der Strom stets annähernd gleich ist, nennt man ihn auch eingeprägten Strom. Soll der Strom unabhängig vom Widerstand der Last sein, z.B. bei Gasentladungslampen, so wendet man die Stromanpassung an.

Leistungsanpassung eines Lastwiderstandes an den Innenwiderstand des Spannungserzeugers ermöglicht die größtmögliche Leistungsentnahme **(Bild 1, folgende Seite)**.

> Die Leistungsabgabe eines Spannungserzeugers ist am größten, wenn der Lastwiderstand gleich dem Innenwiderstand ist.

Beispiel 1:

Ein Spannungserzeuger hat eine Leerlaufspannung von $U_0 = 10\ \text{V}$ und einen Innenwiderstand $R_i = 100\ \Omega$. Berechnen Sie die Abgabeleistung P_{max} bei Leistungsanpassung.

Lösung:

$R_L = R_i = 100\ \Omega$; $P_{max} = \frac{U_0^2}{4 \cdot R_i} = \frac{10^2\ \text{V}^2}{4 \cdot 100\ \Omega} = \mathbf{0{,}25\ W}$

Es gibt drei Fälle von Anpassung:
- Spannungsanpassung, bei $R_L \gg R_i$,
- Stromanpassung, bei $R_L \ll R_i$,
- Leistungsanpassung, bei $R_L = R_i$.

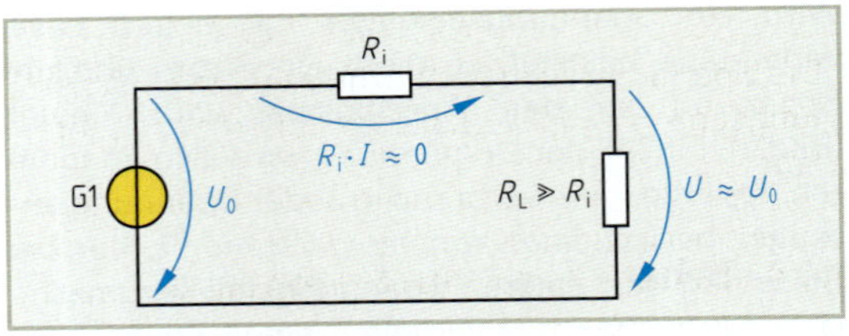

Bild 1: Spannungsanpassung

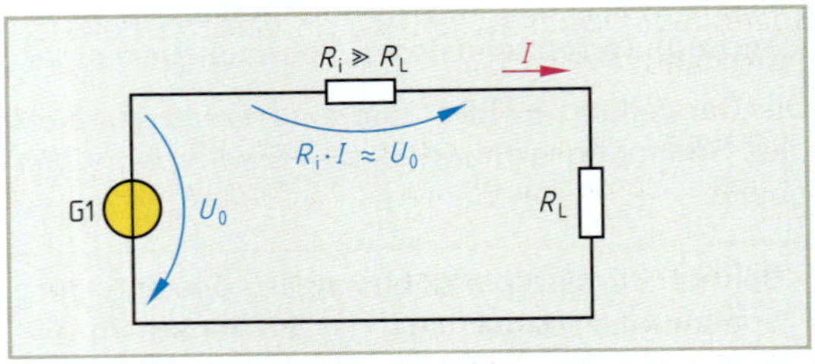

Bild 2: Stromanpassung

Bei Spannungsanpassung:	Bei Stromanpassung:
$R_L \gg R_i$	$R_L \ll R_i$

Bei Leistungsanpassung:

$R_L = R_i$	$P_{max} = \frac{U_0^2}{4 \cdot R_i}$
$R_i = \frac{U_1 - U_2}{I_2 - I_1}$	$R_i = \frac{\Delta U}{\Delta I}$

R_L Lastwiderstand; R_i Innenwiderstand
P_{max} maximale Leistung; U_0 Leerlaufspannung
U_1 Spannung im Lastfall 1
U_2 Spannung im Lastfall 2
I_1 Stromstärke im Lastfall 1
I_2 Stromstärke im Lastfall 2
Δ Differenzzeichen

Aus der $U = f(I)$-Kennlinie (Bild 1, vorhergehende Seite) eines Spannungserzeugers kann die Steigung der Kennlinie bestimmt werden. Die Steigung der Kennlinie ist ein Maß für den Innenwiderstand R_i des Spannungserzeugers.

Sind bei einem Spannungserzeuger zwei Lastfälle bekannt, so kann aus den gemessenen Größen U_1, I_1 und U_2, I_2 der Innenwiderstand berechnet werden.

Der Wirkungsgrad ist bei Leistungsanpassung nur 50 %. Die Leistungsanpassung wird daher nur bei kleinen Leistungen verwendet, z.B. zur Anpassung von Lautsprechern an Verstärker, Empfängereingängen an Antennen und Verstärkern an Mikrofone.

Die Spannung an den Anschlüssen ist bei Leistungsanpassung nur halb so groß wie bei Leerlauf.

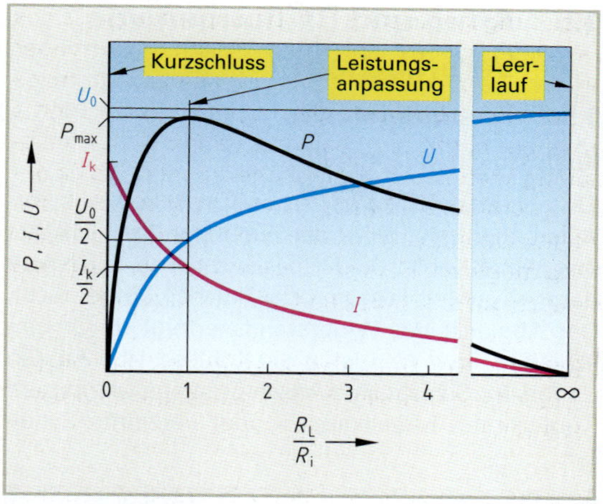

Bild 1: Leistungsanpassung

1.4.4 Schaltungen von Spannungserzeugern

Reihenschaltung. Bei der Reihenschaltung von Spannungserzeugern gelten die Gesetze der Reihenschaltung **(Bild 2)**.

Erzeuger werden in Reihe geschaltet, um eine höhere Bemessungsspannung zu erzielen.

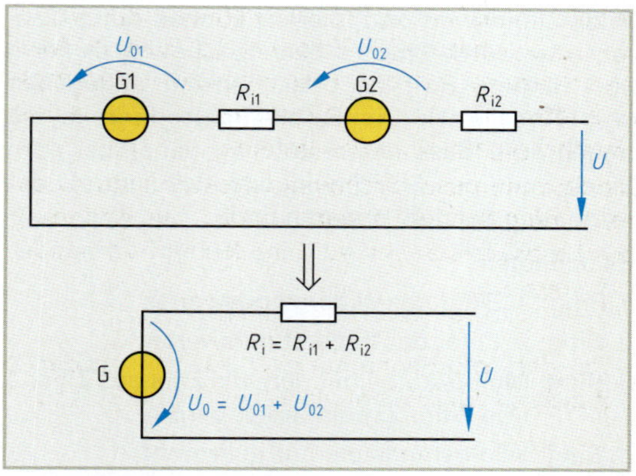

Bild 2: Reihenschaltung von Spannungserzeugern

Schaltet man Spannungserzeuger mit verschiedenen Bemessungsströmen in Reihe, so werden die Erzeuger mit dem kleineren Bemessungsstrom im Betrieb überlastet und eventuell zerstört.

$U_0 = U_{01} + U_{02} + ...$	$R_i = R_{i1} + R_{i2} + ...$
U_0	Leerlaufspannung, Urspannung
$U_{01}, U_{02}, ...$	Einzel-Leerlaufspannungen
R_i	Ersatzinnenwiderstand
$R_{i1}, R_{i2}, ...$	Einzel-Innenwiderstände

Parallelschaltung. Bei der Parallelschaltung von Spannungserzeugern ist die Gesamtstromstärke so groß wie die Summe der Einzelstromstärken **(Bild 3)**. Die Parallelschaltung von Spannungserzeugern gestattet die Entnahme eines starken Stromes. Der gesamte Innenwiderstand der Schaltung ist kleiner als der kleinste Innenwiderstand der parallel geschalteten Spannungserzeuger. Schaltet man Spannungserzeuger mit verschiedenen Spannungen parallel, so fließen im Inneren der Gesamtschaltung *Ausgleichsströme* vom Erzeuger mit höherer Einzelspannung zum Erzeuger mit niederer Einzelspannung.

Es dürfen nur Spannungserzeuger mit gleicher Einzelspannung parallel geschaltet werden.

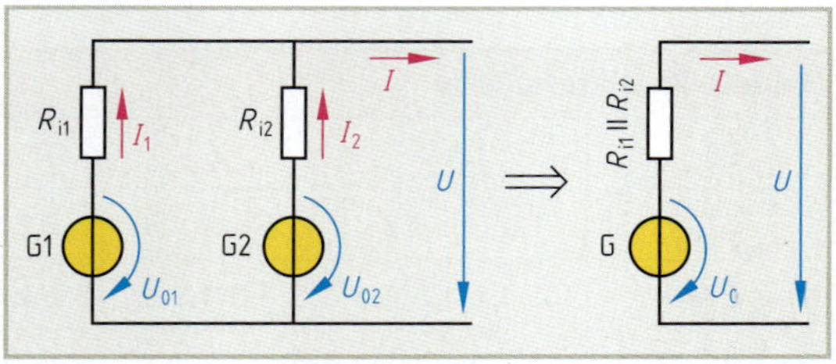

Bild 3: Parallelschaltung von Spannungserzeugern

1.4.5 Ersatzspannungsquelle

Zur Berechnung aufwändiger Schaltungen, die Spannungserzeuger, feste Widerstände und veränderliche Widerstände enthalten, verwendet man als Ersatzschaltungen die Ersatzspannungsquelle oder die Ersatzstromquelle.

Die Leerlaufspannung und damit die Ersatzspannung U_0' erhält man durch Messung oder Berechnung der Spannung an den Anschlüssen der Ersatzspannungsquelle. Den Innenwiderstand R_i' erhält man, indem man sich die Leerlaufspannung kurzgeschlossen denkt und den Widerstand der Schaltung von den Anschlüssen des Lastwiderstandes her berechnet.

1.5 Arten und Bauformen von Verbrauchern

1.5.1 Festwiderstände

Kohleschichtwiderstände

Ein zylindrischer, keramischer Körper, z.B. aus Porzellan, dient als Träger der Widerstandsschicht aus kristalliner Kohle. Die Kohleschicht wird durch Aufdampfen unter Vakuum oder Tauchen aufgebracht. Der Abgleich des Widerstands erfolgt durch Einschleifen einer Wendel in die Kohleschicht. An den Enden der Schicht sind Anschlüsse aus verzinntem Kupferdraht, Metallkappen oder verzinnte Schellen.

Kohleschichtwiderstände haben als Widerstandswerkstoff eine dünne Kohleschicht.

Widerstandswert und Toleranz können durch Zahlen oder durch eine Farbkennzeichnung in Form von Ringen, Strichen oder Punkten angegeben sein **(Tabelle 1)**. Die Farbkennzeichnung ist so angebracht, dass der erste Ring näher bei dem einen Ende des Schichtwiderstandes liegt als der letzte Ring bei dem anderen Ende.

Es bedeuten:

1. Ring: 1. Ziffer des Widerstandswertes
2. Ring: 2. Ziffer des Widerstandswertes
3. Ring: Multiplikator, mit dem die Zahl aus Ziffer 1 und Ziffer 2 multipliziert wird
4. Ring: Widerstandstoleranz in Prozent

Sofern Widerstände mit 5 Farbringen gekennzeichnet werden, bilden die ersten 3 Ringe die Ziffern des Widerstandswertes, der 4. Ring gibt den Multiplikator und der 5. Ring die Widerstandstoleranz an.

Beispiel 1:

Ein Kohleschichtwiderstand hat, von links nach rechts betrachtet, die Farbringe Rot-Violett-Braun-Gold. Wie groß sind Widerstandswert und Toleranz?

Lösung:

Rot	Violett	Braun	Gold
2	7	10^1	± 5 %

$\Rightarrow$ $27 \cdot 10^1\ \Omega \pm 5\ \% = \mathbf{270\ \Omega \pm 5\ \%}$

Tabelle 1: Farbschlüssel für Widerstände

Kennfarbe	Widerstandswert in Ω 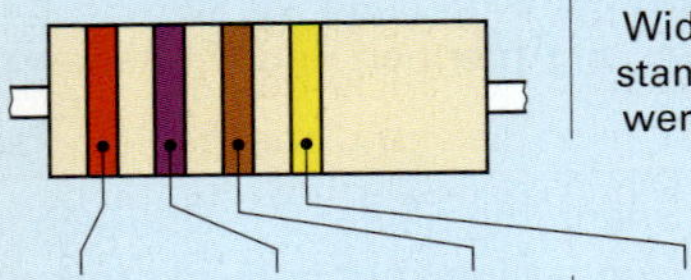			Toleranz des Widerstandswertes
	1. Ziffer	2. Ziffer	Multiplikator	
Keine	–	–	–	±20%
Silber	–	–	10^{-2}	±10%
Gold	–	–	10^{-1}	±5%
Schwarz	–	0	10^0	–
Braun	1	1	10^1	±1%
Rot	2	2	10^2	±2%
Orange	3	3	10^3	–
Gelb	4	4	10^4	–
Grün	5	5	10^5	±0,5%
Blau	6	6	10^6	–
Violett	7	7	10^7	–
Grau	8	8	10^8	–
Weiß	9	9	10^9	–

Manche Metallschichtwiderstände, und zwar *Präzisions-Metallfilmwiderstände,* haben 6 Farbringe.

Der 6. Ring gibt den Temperaturkoeffizienten α an. Den Zahlenwert von α erhält man, wenn man die dem Farbring entsprechende Ziffer von Tabelle 1 mit 10^{-6} multipliziert.

Für übliche Widerstände gelten die IEC-Reihen (IEC von **I**nternational **E**lectrotechnical **C**ommission = Internationale Elektrotechnische Kommission) E6, E12 und E24 **(Tabelle 2)**. Für spezielle Anwendungen mit feinerer Unterteilung gelten die Reihen E48, E96 und E192.

Widerstandsreihen geben die zu bevorzugenden Widerstandswerte an.

Die IEC-Reihen gelten auch für die Bemessungswerte anderer Bauelemente, z.B. von Kondensatoren und Z-Dioden.

Tabelle 2: Widerstände — IEC-Reihen E6, E12 und E24

E6	1,0				1,5				2,2				3,3				4,7				6,8			
E12	1,0		1,2		1,5		1,8		2,2		2,7		3,3		3,9		4,7		5,6		6,8		8,2	
E24	1,0	1,1	1,2	1,3	1,5	1,6	1,8	2,0	2,2	2,4	2,7	3,0	3,3	3,6	3,9	4,3	4,7	5,1	5,6	6,2	6,8	7,5	8,2	9,1

Werte für Widerstände in Ω, kΩ, MΩ

Metalloxid-Schichtwiderstände

Die Widerstandsschicht besteht aus einem Metalloxid, welches auf einen keramischen Träger aufgedampft wird. Anschließend überzieht man den Widerstand mit Silikonzement. Dadurch wird die Schicht sehr hart und mechanisch fast unzerstörbar. Metalloxid-Schichtwiderstände sind induktionsarm und haben eine wesentlich größere Belastbarkeit als Kohleschichtwiderstände gleicher Abmessungen.

Metallschichtwiderstände

Metallschichtwiderstände haben eine Edelmetallschicht als Widerstandswerkstoff. Die Schicht wird entweder als Paste auf einen Keramikträger aufgetragen und eingebrannt (Dickschichttechnik) oder durch eine Maske aufgedampft (Dünnschichttechnik).

SMD-Metallschichtwiderstände

SMD-Metallschichtwiderstände (SMD von **S**urface **M**ounted **D**evice = auf der Oberfläche befestigtes Bauelement) sind besonders zur Oberflächenbestückung von gedruckten Schaltungen geeignet. Als Bauformen werden die zylindrische Form als MELF-Widerstand (MELF von **Me**tal **EL**ectrode **F**aced bonding = Metallschichtoberflächenkontakt) und die rechteckige Form als Chip-Widerstand **(Bild 1)** verwendet.

Die SMD-Technik bietet die Vorteile der Miniaturisierung, Kostenreduzierung, geringeren Bestückungskosten und verbesserten HF-Eigenschaften.

Wegen der geringen Oberfläche werden die Werte von SMD-Widerständen mit einem Codeaufdruck versehen. Es gibt den **Zweizeichencode** und den **Dreizeichencode.**

Der **Zweizeichencode** besteht aus einem Buchstaben und einer Zahl, die Wertangabe erfolgt in Ohm. Der Buchstabe wird anhand einer Codetabelle **(Tabelle 1)** in einen Zahlenwert gewandelt, der Zahlenwert gibt den Exponenten der Zehnerpotenz an.

> **Beispiel 1:**
> Ein SMD-Widerstand mit Zweizeichencode hat den Aufdruck W3. Welchen Widerstandswert hat der Widerstand?
> *Lösung:* W3 = $6{,}8 \cdot 10^3\ \Omega$ = **6,8 kΩ**

Beim **Dreizeichencode** werden drei Zahlen oder zwei Zahlen und ein R von links nach rechts gelesen.

Die Hersteller benutzen bei SMD-Widerständen den W-Code:

Für Werte bis 9,9 Ω:
WRW, das erste W bildet die erste Zahl, das R die Kommastelle und das zweite W die Zahl nach dem Komma.

> Widerstandswerkstoffe für Schichtwiderstände sind Kohle, Metalle oder Metalloxide.

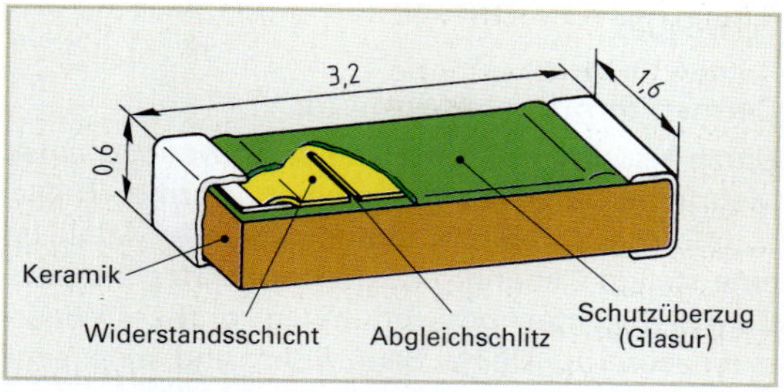

Bild 1: SMD-Widerstand als Chipwiderstand

Tabelle 1: SMD-Codes

Zahlenwert	Code	Zahlenwert	Code
1	A	5,1	T
1,1	B	5,6	U
1,2	C	6,2	V
1,3	D	6,8	W
1,5	E	7,5	X
1,6	F	8,2	Y
1,8	G	9,1	Z
2,0	H	2,5	a
2,2	J	3,5	b
2,4	K	4,0	d
2,7	L	4,5	c
3,0	M	5,0	f
3,3	N	6,0	m
3,6	P	7,0	n
3,9	Q	8,0	t
4,3	R	9,0	y
4,7	S		

Für Werte von 10 Ω bis 99 Ω:
WWR, beide W bilden Zahlen, das R steht symbolisch für das Komma nach den Zahlen.

Für Werte ab 100 Ω:
WWP, beide W bilden Zahlen, das P steht für den Exponenten.

> **Beispiel 2:**
> Ein SMD-Widerstand mit W-Code hat den Aufdruck 473. Welchen Widerstandswert hat der Widerstand?
> *Lösung:* WWP $\Rightarrow$ 473 $\mathrel{\widehat{=}}$ $47 \cdot 10^3\ \Omega$ = **47 kΩ**

Drahtwiderstände

Drahtwiderstände haben bei gleicher Belastbarkeit kleinere Abmessungen als Schichtwiderstände. Ein Nachteil ist die Frequenzabhängigkeit des Widerstandes wegen der Induktivität. Durch besondere Wicklungsausführung kann die Induktivität herabgesetzt werden.

1.5.2 Veränderbare Widerstände

Als veränderbare Widerstände werden hauptsächlich Drehwiderstände (Potenziometer, Trimmer) verwendet.

Cermet-Trimmpotenziometer

Durch kreisförmige oder lineare Bewegung eines Mehrfingerschleifers auf einer Cermet-Widerstandsschicht (**Cer**amic **met**al = Keramik-Metall) ist eine stetige Änderung des Widerstandes möglich. Cermet-Trimmer besitzen einen großen Widerstandsbereich, kleine Baugrößen und eine sehr genaue Einstellbarkeit (+ 0,01 %).

Schicht-Drehwiderstände

Schicht-Drehwiderstände besitzen als Widerstandswerkstoff eine leitende Kohleschicht, die auf einen Träger aus Schichtpressstoff oder Keramik aufgebracht ist. Der Anschluss erfolgt über Lötfahnen oder Stifte. Von der Bedienungsseite aus gesehen liegt die Endlötfahne links, die Schleiferlötfahne rechts.

Draht-Drehwiderstände

Die Draht-Drehwiderstände mit geradliniger oder kreisförmiger Schleiferbahn bestehen aus einem zylindrischen Isolierstoffring, z.B. aus Keramik, der die Widerstandswicklung trägt.

1.5.3 Heißleiterwiderstände

Heißleiterwiderstände haben einen großen negativen Temperaturkoeffizienten (TK). Ihr Widerstand nimmt mit zunehmender Temperatur stark ab **(Bild 1)**. Man nennt Heißleiterwiderstände auch NTC-Widerstände (NTC von **N**egative **T**emperature **C**oefficient).

Heißleiterwiderstände bestehen aus Mischungen von Metalloxiden und oxidierten Mischkristallen, die mit einem Zusatz von Bindemitteln gesintert werden. Je nach Anwendungszweck verwendet man verschiedene Bauformen **(Bild 2)**.

Der Temperaturkoeffizient ist temperaturabhängig. Als Kaltwiderstand gibt man den Widerstand bei Nenntemperatur (Bemessungstemperatur), z.B. $\vartheta_N = 20\,°C$, an. Ist die Erwärmung des Heißleiters durch den Strom gering, so bleibt der Widerstand vom Strom unabhängig und die Spannung nimmt geradlinig mit der Stromstärke zu.

Heißleiter, die von kleinen Strömen durchflossen werden, arbeiten als fremderwärmte Heißleiter.

- Eigenerwärmung
  ⇒ Strom erwärmt den Halbleiter.
- Fremderwärmung
  ⇒ Die Umgebung erwärmt den Halbleiter.

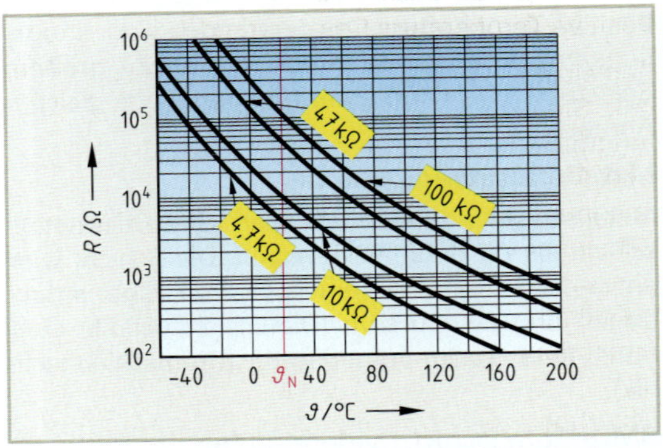

Bild 1: Kennlinien von Heißleiterwiderständen (NTC)

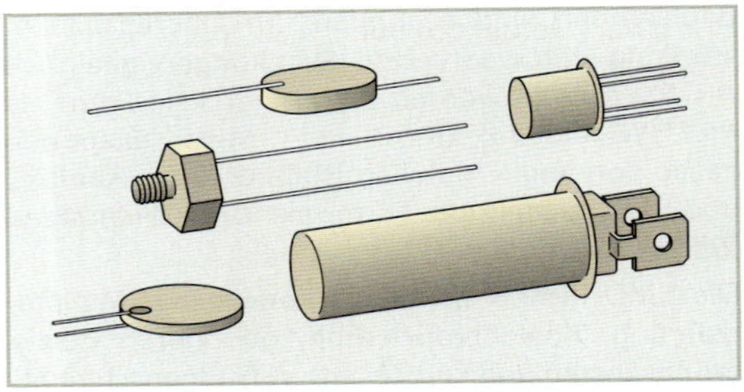

Bild 2: Bauformen von Heißleiterwiderständen und Kaltleiterwiderständen

Je größer die Stromstärke ist, desto mehr gehen der Widerstand und damit die Spannung des Heißleiters wegen der Eigenerwärmung zurück.

Eigenerwärmte Heißleiter werden durch den Strom erwärmt.

Anwendungen

Fremderwärmte Heißleiter benutzt man als *Messheißleiter,* z.B. zur Temperaturmessung und zur Temperaturregelung. Messheißleiter haben kleine Abmessungen, damit sie sich den Temperaturschwankungen der Umgebung rasch anpassen können. Zum Ausgleich der Temperaturabhängigkeit von Bauelementen mit positivem Temperaturkoeffizienten verwendet man fremderwärmte Heißleiter als *Kompensationsheißleiter.*

Eigenerwärmte Heißleiter werden als Sensoren bei Flüssigkeitsstandregelung, z.B. Überlaufsicherungen, verwendet.

1.5.4 Kaltleiterwiderstände

Kaltleiterwiderstände haben in einem bestimmten Temperaturbereich einen sehr großen positiven Temperaturkoeffizienten. Ihr Widerstand nimmt in diesem Bereich bei Erwärmung stark zu **(Bild 1)**. Man nennt sie auch PTC-Widerstände (PTC von **P**ositive **T**emperature **C**oefficient).

Kaltleiter sind Halbleiter aus eisenhaltiger Keramik. Sie bestehen aus einer Mischung von gesintertem Bariumtitanat mit Zusatz von Metalloxiden und Metallsalzen. Die Kaltleiter werden wie die spannungsabhängigen Widerstände meist in Scheibenform hergestellt.

Kaltleiter erhöhen ihren Widerstand mit zunehmender Temperatur.

Mit zunehmender Temperatur nimmt der Widerstand des Kaltleiters stark zu. Je nach Widerstandstyp beträgt der positive Temperaturkoeffizient 0,07/K bis 0,6/K. *Fremderwärmte Kaltleiter* werden durch den Messstrom nur unmerklich erwärmt.

Bei der Bemessungstemperatur ϑ_N hat der Kaltleiter den im Datenblatt angegebenen Widerstand R_N (Bild 1).

Fremderwärmte Kaltleiter werden z.B. zur Temperaturmessung in kleinen Temperaturbereichen oder als thermischer Überlastungsschutz verwendet. Eigenerwärmte Kaltleiter eignen sich als Flüssigkeitsstandfühler und Zeitschalter, ferner zur Konstanthaltung des Stromes.

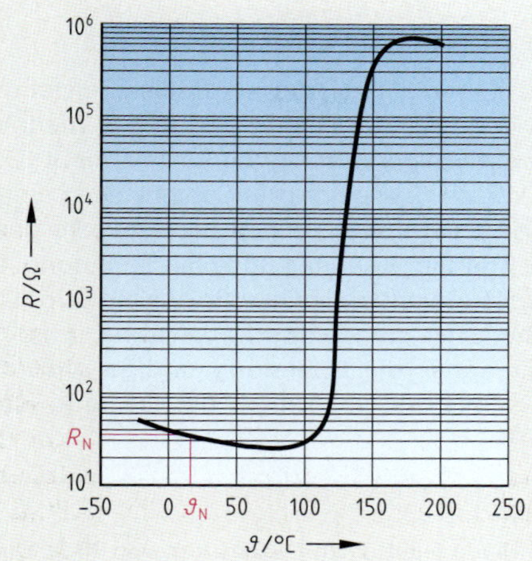

Bild 1: Widerstands-Temperaturkennlinie eines Kaltleiterwiderstandes (PTC)

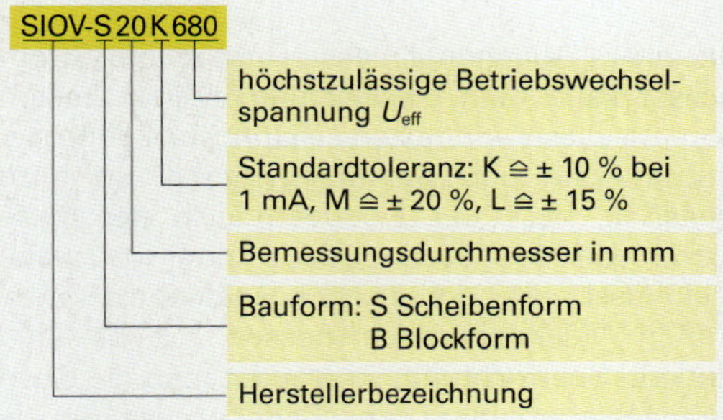

Bild 2: Kennwerte eines VDR

1.5.5 Spannungsabhängige Widerstände

Bei spannungsabhängigen Widerständen nimmt der Widerstand bei wachsender Spannung stark ab. Handelsbezeichnungen sind VDR (von **V**oltage **D**ependent **R**esistor = spannungsabhängiger Widerstand) und Varistor.

Bei spannungsabhängigen Widerständen sinkt der Widerstandswert mit zunehmender Spannung.

Spannungsabhängige Widerstände bestehen aus einem Metalloxidpulver oder aus Siliciumkarbidpulver, das zusammen mit einem Bindemittel in Formen gepresst und bei hohen Temperaturen gesintert wird. Der verwendete Werkstoff ist feinkörnig, porös und sehr hart.

Spannungsabhängige Widerstände werden z.B. in Scheibenformen oder in Blockformen hergestellt. Der Anschluss erfolgt über zwei Drähte oder Schraubklemmen.

Die Spannungsabhängigkeit des Widerstandes beruht auf dem veränderlichen Kontaktwiderstand der einzelnen Metalloxidkörner oder Siliciumkarbidkörner.

Aus der aufgedruckten Bezeichnung kann man die Kennwerte ablesen **(Bild 2)**.

Spannungsabhängige Widerstände verwendet man zur Verhinderung hoher Überspannungen an gefährdeten Bauteilen, z.B. an Spulen und Schaltern. Dazu muss der spannungsabhängige Widerstand parallel zu dem zu schützenden Bauteil geschaltet werden. Ferner werden spannungsabhängige Widerstände zum Stabilisieren von Spannungen verwendet.

Wiederholung und Vertiefung

1. **Nennen Sie die Kennfarben für Widerstandswerte.**
2. **Welche Arten von Festwiderständen unterscheidet man?**
3. **Bei welcher Temperatur hat der Kaltleiter den Widerstand R_N?**

1.6 Leistung, Arbeit, Wärme

1.6.1 Elektrische Leistung

Die Turbine in einem Wasserkraftwerk leistet umso mehr, je größer die Fallhöhe ist und je mehr Wasser in der Sekunde durch die Turbine fließt. Der in 1 kg Wasser gespeicherten potenziellen Energie entspricht beim elektrischen Erzeuger die gespeicherte Energie je Ladung, also die Spannung. Dem Wasserstrom entspricht der elektrische Strom. Entsprechend ist die elektrische Leistung umso größer, je höher die Spannung und je größer die Stromstärke ist. Die Einheit der Leistung ist das Watt[1] (W).

Beispiel 1:
Eine Diode leitet einen Gleichstrom von 10 A. Dabei liegt an ihr eine Spannung von 0,8 V. Wie viel W beträgt die Leistungsaufnahme der Diode?

Lösung:
$P = U \cdot I = 0{,}8\,\text{V} \cdot 10\,\text{A} = \mathbf{8\,W}$

Mit einem Spannungsmesser und einem Strommesser kann man die Leistung indirekt bestimmen. Bei dieser *indirekten Leistungsmessung* sind Strommesser und Spannungsmesser so anzuschließen, dass der Eigenverbrauch der Messinstrumente das Messergebnis möglichst wenig beeinflusst. Ist die Leistungsaufnahme eines großen Widerstandes zu messen, z.B. bei einer Diode in Sperrrichtung, so wendet man die Spannungsfehlerschaltung an. Dagegen ist für die Messung der Leistungsaufnahme eines kleinen Widerstandes, z.B. bei einer Diode in Durchlassrichtung, die Stromfehlerschaltung zweckmäßig **(Bild 1)**.

Bei Glühlampen und bei anderen elektrischen Betriebsmitteln, z.B. Lötkolben, Rundfunkgeräten, Motoren, stimmt die tatsächliche Leistung meist nicht mit der angegebenen Leistung (Bemessungsleistung, Nennleistung) überein, weil bei der Herstellung Maßschwankungen (Toleranzen) zugelassen werden müssen.

Die Bemessungsleistung gibt an, welche Leistung ein Bauelement bei den angegebenen Betriebsbedingungen aushalten kann.

Mit einem *Leistungsmesser* kann man die Leistung *direkt* messen **(Bild 2)**. Die Anzeige des Leistungsmessers hängt von der Spannung und der Stromstärke ab. Deshalb hat das Messinstrument je zwei Anschlüsse für Spannungsmessung und Strommessung, zusammen also vier. Der Teil des Leistungsmessers, an dem die zu messende Spannung liegt, wird *Spannungspfad* genannt. Der Teil, durch den der zu messende Strom fließt, wird *Strompfad* genannt.

Beim Leistungsmesser wird der Strompfad wie ein Strommesser angeschlossen, der Spannungspfad wie ein Spannungsmesser.

$[P] = \text{V} \cdot \text{A} = \text{VA} = \text{W}$

Bei Gleichstrom:

$$P = U \cdot I$$

P Leistung
U Spannung
I Stromstärke

1 W ist die Leistung eines Gleichstromes von 1 A bei einer Gleichspannung von 1 V.

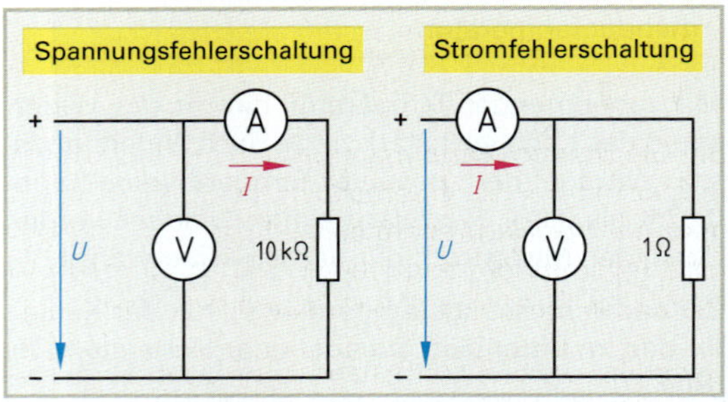

Bild 1: Indirekte Leistungsmessung bei großen und bei kleinen Widerständen

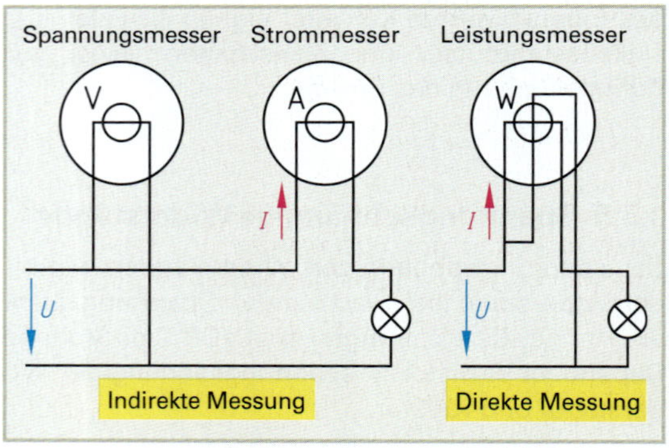

Bild 2: Leistungsmessung an einer Glühlampe

[1] James Watt, engl. Ingenieur, 1736 bis 1819

Bei der Wahl des Messbereiches eines Leistungsmessers ist nicht nur auf die höchstzulässige Leistung zu achten, sondern auch auf die höchstzulässige Stromstärke und die höchstzulässige Spannung, damit Spannungspfad und Strompfad nicht überlastet werden.

Die Leistungsaufnahme eines Bauelementes kann durch direkte oder indirekte Leistungsmessung bestimmt werden.

Direkte und indirekte Leistungsmessung führen zum gleichen Ergebnis.

Messungsarten:

- direkt, Messwert am Messgerät ablesbar,
- indirekt, Messwert muss durch Berechnung ermittelt werden.

Bei Gleichstrom kann man die elektrische Leistung immer mit $P = U \cdot I$ berechnen, bei Wechselstrom aber nur bei Wärmegeräten und Glühlampen. Der Leistungsmesser zeigt auch bei Wechselstrom immer die elektrische Wirkleistung in W an.

Die elektrische Leistung kann auch über die Resistanz (Widerstandswert) berechnet werden. Setzt man in $P = U \cdot I$ für U nach dem Ohm'schen Gesetz $R \cdot I$ ein, so erhält man:

$$P = U \cdot I = R \cdot I \cdot I = R \cdot I^2$$

Setzt man U/R für I, so bekommt man:

$$P = U \cdot I = U \cdot \frac{U}{R} = \frac{U^2}{R}$$

Es ist also möglich, die Leistung zu berechnen, wenn entweder nur Stromstärke und Widerstand oder nur Spannung und Widerstand bekannt sind.

Beispiel 1:

Auf einem Drahtwiderstand ist angegeben: 1 kΩ, 10 W. Welche Spannung darf höchstens an den Widerstand gelegt werden?

Lösung:

$$P = \frac{U^2}{R} \Rightarrow U = \sqrt{P \cdot R} = \sqrt{10\,\text{W} \cdot 1000\,\Omega} = \mathbf{100\,V}$$

Beispiel 2:

Auf einem Schichtwiderstand ist angegeben: 125 kΩ, 2 W. Welcher Strom darf höchstens durch den Widerstand fließen?

Lösung:

$$P = I^2 \cdot R \Rightarrow$$

$$I = \sqrt{\frac{P}{R}} = \sqrt{\frac{2\,\text{W}}{125\,000\,\Omega}} = 0{,}004\,\text{A} = \mathbf{4\,mA}$$

$$P = I^2 \cdot R \qquad P = \frac{U^2}{R}$$

$$[P] = \text{A}^2 \cdot \Omega = \text{W} \qquad [P] = \frac{\text{V}^2}{\Omega} = \text{W}$$

P Leistung; R Widerstand

I Stromstärke; U Spannung

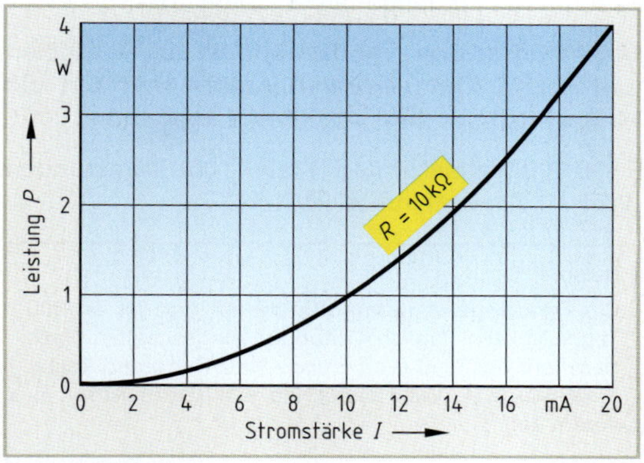

Bild 1: Abhängigkeit der Leistung von der Stromstärke

Die Leistung nimmt bei einem Verbraucher mit gleich bleibendem Widerstand mit dem Quadrat der Stromstärke oder mit dem Quadrat der Spannung zu. Bei doppelter Stromstärke ist demnach die Leistung des Verbrauchers viermal so groß, ebenso bei doppelter Spannung **(Bild 1)**.

Andererseits ist bei halber Spannung oder bei halber Stromstärke die Leistung nur ein Viertel der Leistung bei voller Spannung oder voller Stromstärke.

Die Leistung ändert sich mit dem Quadrat der Stromstärke oder mit dem Quadrat der Spannung, wenn der Widerstand gleich bleibt.

Wiederholung und Vertiefung

1. **Von welchen Größen hängt die elektrische Leistung ab?**
2. **Wie kann man die elektrische Leistung indirekt bestimmen?**
3. **Wie viele Anschlüsse hat ein Leistungsmesser?**
4. **Wie werden Strompfad und Spannungspfad eines Leistungsmessers angeschlossen?**
5. **Worauf muss man bei der Wahl des Messbereiches eines Leistungsmessers achten?**
6. **Welchen Wert darf ein an 50 V angeschlossener Widerstand für 1/4 W höchstens haben?**
   ***Lösung:* 10 kΩ**
7. **Wie ändert sich die Leistung eines Verbrauchers mit gleich bleibendem Widerstand bei doppelter Spannung?**

1.6.2 Elektrische Arbeit

Die Spannung ist der Quotient Energie durch Ladung bzw. Arbeit W durch Ladung Q.

$$U = \frac{W}{Q} \quad \Rightarrow \quad W = U \cdot Q = U \cdot I \cdot t = P \cdot t$$

Die elektrische Arbeit ist umso größer, je größer die Leistung und je länger die Zeitdauer dieser Leistung ist. Die Einheit Wattsekunde (Ws) hat den besonderen Einheitennamen Joule (J).

Die *Arbeitskosten* sind das Produkt aus Tarifkosten und Arbeit. Die *Verbrauchskosten* sind um die Mehrwertsteuer höher als die Arbeitskosten.

3 600 000 Wattsekunden (Ws) = 1 000 Wattstunden (Wh) = 1 Kilowattstunde (kWh).

Beispiel 1:

Ein Fernsehgerät nimmt 100 W auf und ist an 300 Tagen im Jahr täglich 4 Stunden eingeschaltet. Nach dem Tarif des VNB (Verteilungs-Netz-Betreiber) kostet 1 kWh 0,16 €. Was kostet die elektrische Arbeit in einem Jahr?

Lösung:

$W = P \cdot t = 100\,\text{W} \cdot 300 \cdot 4\,\text{h} = 120\,000\,\text{Wh} = 120\,\text{kWh}$

$K = k \cdot W = 0{,}16\,\frac{€}{\text{kWh}} \cdot 120\,\text{kWh} = \mathbf{19{,}20\,€}$

Die elektrische Arbeit kann man *indirekt* bestimmen, wenn Leistung und Zeit gemessen werden. Meist wird aber die Arbeit mit einem direkt anzeigenden Messgerät gemessen, dem kWh-Zähler.

Die elektrische Arbeit wird vom kWh-Zähler gemessen.

Die kWh-Zähler sind wie Leistungsmesser geschaltet, sie besitzen *Strompfade* und *Spannungspfade* **(Bild 1)**. Durch die magnetischen Wirkungen der Spannungsspule und der Stromspule wird eine Zählerscheibe in Drehung versetzt. Die Umdrehungen werden von einem Zählwerk gezählt, welches die elektrische Arbeit meist direkt in kWh anzeigt. In Niederspannungsanlagen ist der Strompfad mit dem Spannungspfad durch eine Brücke verbunden, um den Anschluss zu vereinfachen (Bild 1).

kWh-Zähler haben Spannungspfade und Strompfade. Der Anschluss des Zählers entspricht dem Anschluss eines Leistungsmessers, ist aber vereinfacht.

Energiekostenmessgeräte (Power Monitore) verwenden einen Mikroprozessor, der tausende von Spannungs- und Strommesswerten pro Sekunde ermittelt und weiterverarbeitet. Die Messgeräte werden zwischen Steckdose und Verbraucher gesteckt. Angezeigt werden neben der aktuellen Wirkleistung in W die Kosten pro Stunde, die verbrauchte Arbeit in kWh sowie die Verbraucher-Einschaltdauer und die Aufzeichnungsdauer **(Bild 2)**. Zusätzlich liefern Power Monitore auch Prognosen für einen Monat oder auch ein Jahr.

$$W = P \cdot t \qquad\qquad K = k \cdot W$$

$[W] = \text{W} \cdot \text{s} = \text{Ws} = \text{J}$ oder $[W] = \text{kW} \cdot \text{h} = \text{kWh}$

W Arbeit;
P Leistung;
t Zeit

K Arbeitskosten
k Tarifkosten

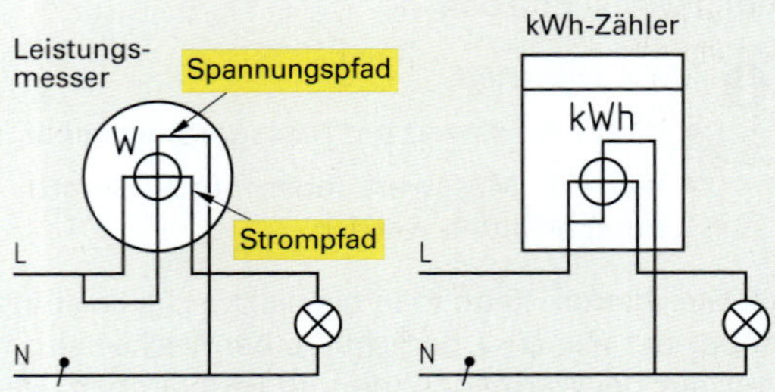

Bild 1: Anschluss von Leistungsmesser und Zähler

In der Praxis ist die Kilowattstunde als Arbeitseinheit üblich:

1 kWh = 1 000 Wh = 3 600 000 Ws
= 3 600 000 J

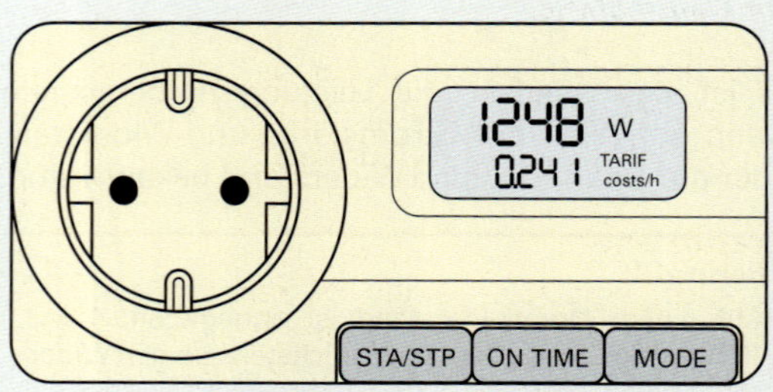

STA/STP Start/Stopptaste
ON TIME Verbraucher-Einschaltdauer
MODE Betriebsart

Bild 2: Energiekostenmessgerät (Power Monitor)

1.6.3 Mechanische Leistung

Der Quotient aus Arbeit durch Zeit ist die Leistung. Die Leistung gibt also an, welche Arbeit in einer Sekunde vollbracht wird. Die Einheit der mechanischen Leistung ist das Watt.

> Leistung ist die in einer Zeiteinheit erbrachte Arbeit.

Beispiel 1:

Mit einer Motorwinde sollen 300 kg in 5 Sekunden 10 m hoch gehoben werden. Welche Leistung ist dazu erforderlich?

Lösung:

Kraft $F = m \cdot g = 300\ \text{kg} \cdot 9{,}81\ \frac{\text{N}}{\text{kg}} = 2943\ \text{N}$

Arbeit $W = F \cdot s = 2943\ \text{N} \cdot 10\ \text{m} = 29430\ \text{Nm}$

$= 29430\ \text{Ws}$

Leistung $P = \frac{W}{t} = \frac{29430\ \text{Ws}}{5\ \text{s}}$

$= 5886\ \text{W} = \mathbf{5{,}886\ kW}$

Watt und Kilowatt sind Einheiten für die elektrische Leistung und auch für die mechanische Leistung. Bei größeren elektrischen Maschinen ist auf dem Leistungsschild als Bezugsleistung die *Abgabeleistung* in W bzw. in kW angegeben, bei Motoren also die mechanische Leistung, bei Generatoren die elektrische Leistung. Bei Geräten dagegen, z.B. bei Fernsehgeräten oder bei Handbohrmaschinen, ist die angegebene Leistung die elektrische *Leistungsaufnahme*.

Bei drehender Bewegung, z.B. bei Motoren, steigt die mechanische Leistung mit dem Kraftmoment M und der Winkelgeschwindigkeit ω.

Kraftmoment

Versucht eine Kraft einen Körper zu drehen, so wirkt auf den Körper ein Kraftmoment. Das Kraftmoment ist umso größer, je größer die Kraft und je länger der zur Kraftrichtung senkrechte Hebelarm ist **(Bild 1)**. Das Kraftmoment hat wie die Arbeit die Einheit Nm. Es stellt aber keine Arbeit dar, weil bei ihm die Kraft senkrecht zum Hebelarm wirkt und nicht entlang des Weges.

Beispiel 2:

Bei einer Gleichrichterdiode ist für das Festschrauben auf den Kühlkörper ein Kraftmoment von 60 Nm vorgeschrieben. Welche Kraft ist bei einem Hebelarm von 0,3 m erforderlich?

Lösung:

$M = F \cdot r \Rightarrow F = \frac{M}{r} = \frac{60\ \text{Nm}}{0{,}3\ \text{m}} = \mathbf{200\ N}$

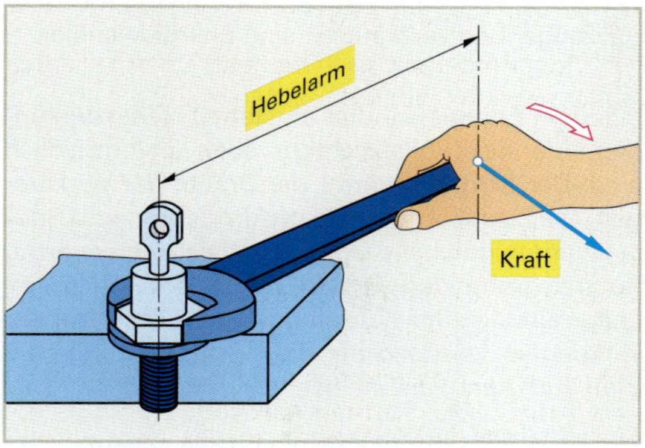

Bild 1: Kraftmoment beim Festschrauben einer Gleichrichterdiode

$$P = \frac{W}{t} \qquad P = M \cdot \omega$$

$$[P] = \text{Nm} \cdot \frac{1}{\text{s}} = \frac{\text{Nm}}{\text{s}} = \text{W}$$

$$\omega = 2\pi \cdot n \qquad M = F \cdot r$$

$$[M] = \text{N} \cdot \text{m} = \text{Nm}$$

P Leistung
W Arbeit
t Zeit
ω Winkelgeschwindigkeit (griech. Kleinbuchstabe Omega)
n Drehzahl, Umdrehungsfrequenz
M Kraftmoment, Moment
F Kraft
r Hebelarm

> Abgabeleistung
> - bei Motoren = mechanische Leistung
> - bei Generatoren = elektrische Leistung
>
> Leistungsaufnahme bei elektrischen Geräten = elektrische Leistung

1.6.4 Wirkungsgrad

Energie lässt sich weder erzeugen noch vernichten, sondern nur in andere Energieformen umwandeln.

Einrichtungen, welche andere Energiearten in elektrische Energie umwandeln, nennt man *Erzeuger*, Generatoren oder Sender. Erzeuger sind z.B. Generatoren, Akkumulatoren beim Entladen, Fotoelemente, dynamische Mikrofone. Einrichtungen, welche elektrische Energie in andere Energiearten umwandeln, nennt man *Verbraucher* oder Empfänger. Verbraucher sind z.B. Glühlampen, Akkumulatoren beim Laden und Lautsprecher.

Erzeuger und Verbraucher sind Energiewandler.

In jedem Energiewandler entstehen Nebenwirkungen, die nicht beabsichtigt, aber unvermeidlich sind. Der Strom erwärmt die Drähte der Wicklungen. Die Eisenkerne von Transformatoren und Spulen werden durch die Ummagnetisierung erwärmt. Bei sich drehenden Läufern, z.B. in Motoren, treten Lagerreibung und Luftreibung auf. Diese Nebenwirkungen verursachen die *Verlustleistung*, die man auch kurz *Verluste* nennt.

Schließt man ein Netzgerät an das Netz an und belastet es mit einem Stellwiderstand, so sieht man bei der Messung, dass die Leistungsaufnahme größer ist als die Leistungsabgabe.

Die zugeführte Energie wird nur zum Teil in die *gewünschte* Energieform umgewandelt, zum anderen Teil in *unerwünschte* Energieformen, meist in Wärme. Die zeichnerische Darstellung der auftretenden Nutzleistungen und Verlustleistungen bezeichnet man als *Leistungsfluss-Schaubild* **(Bild 1)**.

Allgemein bezeichnet man das Verhältnis von abgegebener Leistung (nutzbare Leistung) zu aufgenommener Leistung (aufgewendete Leistung) als *Wirkungsgrad* η **(Tabelle 1)**.

Je größer der Wirkungsgrad, umso kleiner ist die Verlustleistung.

Der Wirkungsgrad kann als Dezimalzahl oder als Prozentzahl angegeben werden. Weil die Aufnahme immer größer ist als die Abgabe, ist der Wirkungsgrad immer kleiner als 1 bzw. unter 100 %.

Beispiel 1:

Ein Verstärker nimmt 30 W elektrische Leistung aus dem Netz auf und strahlt eine Schallleistung von 1 W ab. Wie groß ist der Wirkungsgrad des Verstärkers?

Lösung:

$$\eta = \frac{P_{ab}}{P_{auf}} = \frac{1\,W}{30\,W} = 0{,}033 = \mathbf{3{,}3\ \%}$$

Der Wirkungsgrad wird von der Belastung beeinflusst, z.B. bei Transformatoren, Gleichrichtern, elektrischen Maschinen.

Arbeiten mehrere Energiewandler hintereinander, z.B. bei einem Netzteil mit Transformator und Gleichrichter, so ist der Gesamtwirkungsgrad η so groß wie das Produkt aus den einzelnen Wirkungsgraden η_1, η_2 ..., also ist

$\eta = \eta_1 \cdot \eta_2 \cdot \ldots \cdot \eta_n$.

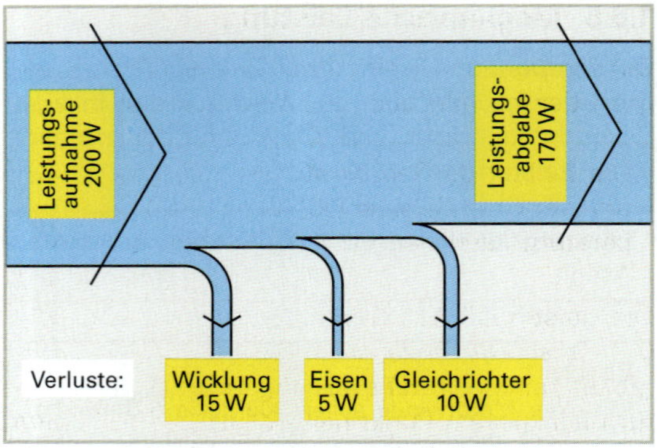

Bild 1: Leistungsfluss-Schaubild eines Netzteils

$$\eta = \frac{P_{ab}}{P_{auf}} \qquad \eta = \eta_1 \cdot \eta_2 \cdot \eta_n$$

η Wirkungsgrad (η griech. Kleinbuchstabe Eta)

P_{ab} Leistungsabgabe

P_{auf} Leistungsaufnahme

Tabelle 1: Wirkungsgrade

Energiewandler	Wirkungsgrad
Wechselstrommotoren 100 W; 1 W	0,5; 0,1
Transformatoren 1 000 VA; 10 VA	0,9; 0,7
Verstärker mit 30 W Ausgangsleistung	0,3
Glühlampe 40 W	0,016
Energiesparlampe 9 W	0,073

Man kann auch das Verhältnis anderer Größen von Nutzen zu Aufwand bilden, um den Nutzen einer Anlage zu erkennen. Setzt man die nutzbare Energie ins Verhältnis zur aufgewendeten Energie, so erhält man den *Arbeitsgrad* ζ (griech. Kleinbuchstabe Zeta, Energiewirkungsgrad). Verwendet man die Ladungen, so erhält man den *Ladungsnutzungsgrad* (Ladungswirkungsgrad, bei Akkumulatoren).

Wiederholung und Vertiefung

1. **Welche Einheiten hat die elektrische Arbeit?**
2. **Welche Einheit wird für die mechanische Leistung verwendet?**
3. **Ein Motor entwickelt bei einer Drehzahl von 1430/min ein Kraftmoment von 5 Nm. Wie groß ist seine Leistungsabgabe?**

   ***Lösung:* 749 W**
4. **Geben Sie die Einheit für das Kraftmoment an.**
5. **Was versteht man unter dem Wirkungsgrad?**

1.6.5 Temperatur und Wärme

Die Temperatur ist ein Maß für die Wärmebewegung der Teilchen, aus denen die Stoffe bestehen.

> Die Einheit der Temperatur ist das Kelvin[1] (K) und der Grad Celsius[2] (°C). Die Einheit des Temperaturunterschiedes ΔT ist nur das Kelvin.

Die tiefstmögliche Temperatur beträgt – 273 °C = 0 K *(absoluter Nullpunkt)*. Bei dieser Temperatur gibt es keine Wärmebewegung mehr. Die Temperatur über diesem Punkt heißt *absolute Temperatur*. Man misst sie in Kelvin. 0 °C = 273 K.

Die *Wärme* (Wärmemenge) ist die beim Erwärmen zugeführte oder die beim Abkühlen entzogene Wärmeenergie. Sie wird in Joule (J), Wattsekunde (Ws) oder Kilowattstunde (kWh) angegeben.

Die zur Temperaturerhöhung ΔT eines Körpers um 1 K erforderliche Wärme nennt man Wärmekapazität. Wird diese Wärmekapazität auf 1 kg eines Stoffes bezogen, so bezeichnet man sie als spezifische Wärmekapazität (siehe Tabellenbuch).

$$\Delta T = \vartheta_2 - \vartheta_1 \qquad Q = \Delta T \cdot c \cdot m$$

$$[C] = \frac{\text{Ws}}{\text{K}} = \frac{\text{J}}{\text{K}} \qquad C = \frac{Q}{\Delta T}$$

ΔT	Temperaturunterschied;	Q	Wärme
ϑ_1	Anfangstemperatur;	m	Masse
ϑ_2	Endtemperatur;	C	Wärmekapazität
c	spezifische Wärmekapazität		

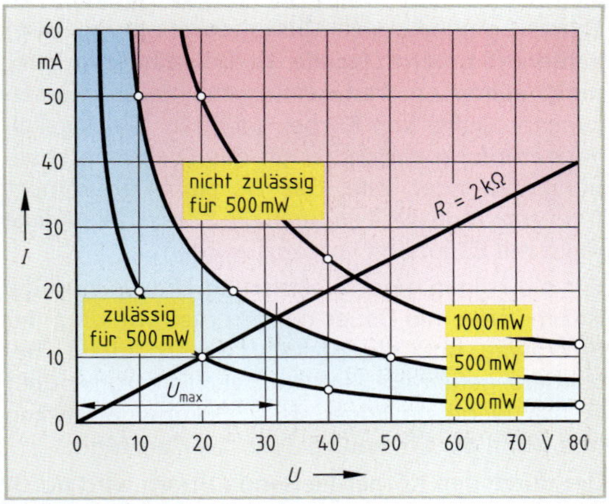

Bild 1: Leistungshyperbeln

1.6.6 Leistungshyperbel

Die von einem Bauelement, z.B. einem Drahtwiderstand oder einem Transistor, aufgenommene Leistung darf nicht zu groß sein, damit die entstehende Wärme abgeführt werden kann. Bei gleichen Bauelementen und gleicher Kühlung richtet sich deshalb die höchstzulässige Leistung nach den Abmessungen.

Bei einem einzelnen Bauelement darf das Produkt $P = U \cdot I$ einen bestimmten Höchstwert nicht übersteigen. Je höher also die Spannung U ist, desto kleiner muss die höchstzulässige Stromstärke I sein. Dieser Zusammenhang wird in der *Leistungshyperbel* sichtbar gemacht **(Bild 1)**.

> Aus der Leistungshyperbel eines Bauelements lässt sich bei gegebener Spannung die höchstzulässige Stromstärke dieses Bauelements ablesen.

$I = \frac{P}{U} \Rightarrow I_{max} = P_{max} \cdot \frac{1}{U} \Rightarrow$ der Graph der höchstzulässigen Stromstärke $I_{max} = f(U)$ ist eine Hyperbel.

Ein Bauelement darf nur mit Spannungen und zugehörigen Stromstärken unterhalb der zugehörigen Leistungshyperbel betrieben werden (Bild 1). Beim Betrieb oberhalb der Leistungshyperbel erfolgt unzulässig hohe Erwärmung.

> **Beispiel 1:**
>
> Ein Widerstand 4700 Ω, 0,5 W wird an 42 V gelegt. Dabei nimmt er 9 mA auf. Ist der Betrieb nach Bild 1 zulässig?
>
> *Lösung:*
>
> Der Betriebspunkt 42 V / 9 mA liegt unterhalb der Leistungshyperbel 500 mW. **Der Betrieb ist zulässig.**

Durch zusätzliche Kühlung von Bauelementen, z.B. durch Kühlkörper, wird die zulässige Leistungsaufnahme vergrößert und damit die Lage der Leistungshyperbel verschoben.

Konstruktion der Leistungshyperbel: Man berechnet für die gegebene Leistung einen Punkt der Leistungshyperbel, z.B. für 500 mW und 50 V zu $I = P/U = 500$ mW/50 V = 10 mA. Andere Punkte erhält man durch Verdoppeln der Stromstärke und Halbieren der Spannung oder durch Verdoppeln der Spannung und Halbieren der Stromstärke.

Wiederholung und Vertiefung

1. **Wie lautet die Einheit des Temperaturunterschieds?**
2. **Was gibt die spezifische Wärmekapazität an?**
3. **Wie groß darf die Spannung an einem Widerstand von 1 kΩ höchstens sein, damit die Leistung von 500 mW nicht überschritten wird?** ***Lösung:* 22,36 V**

---

[1] Lord Kelvin, engl. Physiker, 1824 bis 1907
[2] Celsius, schwedischer Astronom, 1701 bis 1744

1.7 Schutzmaßnahmen, Schutzbestimmungen, Sicherheitsregeln

1.7.1 Schutzmaßnahmen

1.7.1.1 Gefahren des elektrischen Stromes

Die Muskelbewegungen des Menschen werden durch schwache *elektrische Impulse* gesteuert, die meist vom Gehirn ausgehen. Die Herztätigkeit wird vom Schrittmacher an der Herzscheidewand gesteuert. Fremdspannungen stören diese Steuerspannungen. Es kommt je nach Stromstärke zu Schreckempfindungen, Muskelverkrampfung, Herzkammerflimmern **(Tabelle 1)**. Bei stärkeren Strömen entstehen Verbrennungen, deren Zersetzungsprodukte den Körper vergiften. Die Muskelverkrampfung verhindert oft das Loslassen spannungsführender Teile. Das *Herzkammerflimmern* führt zum Tode, weil dadurch die Körperzellen nicht mehr mit Sauerstoff versorgt werden.

Für die Folgen eines elektrischen Unfalls sind die Stromstärke, die Dauer der Stromeinwirkung, der Stromweg und die Stromart entscheidend. Besonders gefährlich sind Netzwechselströme über 50 mA, wenn sie länger als 1/10 Sekunde einwirken und wenn der Stromweg über das Herz führt.

Der durch den Körper fließende Strom wird durch die anliegende Spannung, den Körperinnenwiderstand und die Übergangswiderstände bestimmt. Die gefährliche Spannung beginnt bei etwa 50 V. Nach DIN VDE 0100 gelten Wechselspannungen (AC) bis 50 V und Gleichspannungen (DC) bis 120 V als ungefährlich. Bei motorisch angetriebenem Kinderspielzeug sind nur 25 V zulässig.

> Ströme über 50 mA, Wechselspannungen über 50 V oder Gleichspannungen über 120 V sind lebensgefährlich.

Gefährlich ist deshalb das zufällige Berühren eines Leiters, der Spannung gegen Erde führt oder zweier Teile, die gegeneinander Spannung führen.

> Das Arbeiten an Teilen, die unter Spannung gegen Erde stehen, ist verboten.

Auch an normalerweise spannungslosen Teilen, z.B. Gehäusen, kann durch Körperschluss das Gehäuse des Gerätes unter Spannung gesetzt werden **(Bild 1)**.

> Zur Verhütung von Unfällen sind die Unfallverhütungsvorschriften der Berufsgenossenschaften und die VDE-Bestimmungen zu beachten.

Tabelle 1: Stromwirkung auf Menschen

Stromstärke in mA	Folge
0,3	Empfindungsgrenze
1	Schreck
10	Muskelkrampf
30	Betäubung
50	Herzkammerflimmern, Tod

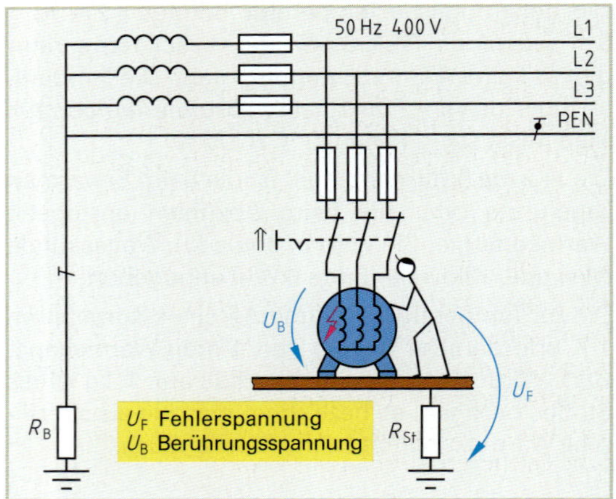

Bild 1: *Spannungen beim Körperschluss*

Vor Arbeiten in Starkstromanlagen unter 1000 V sind folgende Maßnahmen erforderlich:

> 1. Allpolig abschalten, z.B. an der Verteilung.
> 2. Gegen Wiedereinschalten sichern, z.B. Sicherung mitnehmen, Warnschild aufstellen.
> 3. Auf Spannungsfreiheit prüfen, z.B. mit Spannungsmesser oder Spannungsprüfer.
> 4. Bei Arbeiten an Freileitungen und Erdkabeln die Leiter erden und kurzschließen.
> 5. Benachbarte, unter Spannung stehende Teile spannungslos schalten, notfalls abdecken oder abschranken.

Erste Hilfe ist nur wirksam, wenn sie sofort erfolgt. Es geht dabei um Sekunden. Der Verunglückte ist schnellstens von der gefährlichen Spannung zu befreien, z.B. durch Abschalten, Herausnehmen von Sicherungen oder Verursachen eines Kurzschlusses. Der Verunglückte darf nicht unter Spannung berührt werden. Falls die Atmung aussetzt, sind sofort Wiederbelebungsversuche aufzunehmen, bis der Arzt eintrifft (Mund-zu-Mund-Beatmung). In jedem Falle ist eine ärztliche Untersuchung zu veranlassen. Innere Verbrennungen sind für den Laien nicht erkennbar und können noch nach Tagen zum Tode führen.

> Der Verunglückte ist von der Spannung zu trennen und bei Atemstillstand zu beatmen.

1.7.1.2 Sicherheitsbestimmungen

Zur Verhütung von Unfällen durch elektrischen Strom und zum Schutz der Menschen, Tiere und Sachen wurden vom *Verband der Elektrotechnik, Elektronik und Informationstechnik* (VDE) Sicherheitsbestimmungen erlassen.

> VDE-Bestimmungen dienen dem Schutz von Menschen, Tieren und Sachen und müssen eingehalten werden.

Auch die *Unfallverhütungsvorschriften* des Verbandes der gewerblichen Berufsgenossenschaften (VBG), das *Gerätesicherheitsgesetz* und die *Technischen Anschlussbedingungen* (TAB) des VNB (Verteilungsnetzbetreiber) müssen beachtet werden.

Vom VDE geprüfte und überwachte Betriebsmittel und Geräte tragen ein VDE-Prüfzeichen **(Tabelle1)**. Technische Arbeitsmittel, z.B. Leuchten und Werkzeuge, die eine amtliche Prüfung nach dem Gerätesicherheitsgesetz bestanden haben, dürfen das GS-Sicherheitszeichen (**G**eprüfte **S**icherheit) mit dem Zeichen der Prüfstelle tragen (Tabelle 1).

Die wichtigsten Sicherheitsbestimmungen für elektrische Betriebsmittel und Anlagen mit Bemessungswechselspannungen bis 1 000 V mit höchstens 500 Hz sowie Bemessungsgleichspannungen bis 1 500 V sind in DIN VDE 0100 und in DIN VDE 0105 festgelegt.

Grundbegriffe

Neutralleiter (N) sind unmittelbar geerdete Leiter, in welchen der Betriebsstrom fließt.

Außenleiter (L1, L2, L3) sind Leiter, die Erzeuger mit Verbrauchsmitteln verbinden, aber nicht vom Mittelpunkt oder Sternpunkt ausgehen **(Bild 1)**.

Schutzleiter (PE, von **P**rotection **E**arth = Schutzerde) verbinden Körper, die im Fehlerfall unter Spannung stehen können, mit dem Neutralleiter bzw. Erder, *PEN-Leiter* sind Neutralleiter mit gleichzeitiger Schutzleiterfunktion.

Handbereich ist der vom Menschen mit der Hand erreichbare Bereich **(Bild 2)**.

Erder sind Leiter, die im Erdreich liegen, z.B. Banderder, Wasserrohrnetz. *Betriebserdung* ist die Erdung des Neutralleiters.

Schutzpotenzialausgleich ist die Beseitigung von Potenzialunterschieden durch die leitende Verbindung, z.B. zwischen Schutzleitern und leitfähigen Rohren.

Aktive Teile sind alle Leiter und leitfähigen Teile, die im fehlerfreien Betrieb unter Spannung stehen können. Dazu zählt auch der Neutralleiter.

Tabelle 1: VDE-Prüfzeichen (Auswahl)

Zeichen	Benennung und Verwendung
D V E	VDE-Zeichen für Installationsmaterial und Geräte
GS (geprüfte Sicherheit)	GS-Sicherheitszeichen mit Angabe der Prüfstelle des VDE für technische Arbeitsmittel
◁VDE▷ ◁VDE▷◁HAR▷	VDE-Kabelzeichen und VDE-Harmonisierungskennzeichen für Kabel und isolierte Leitungen
Schwarz-Rot, Schwarz-Rot-Gelb	VDE-Kennfaden und VDE-Harmonisierungskennfaden für Kabel und isolierte Leitungen

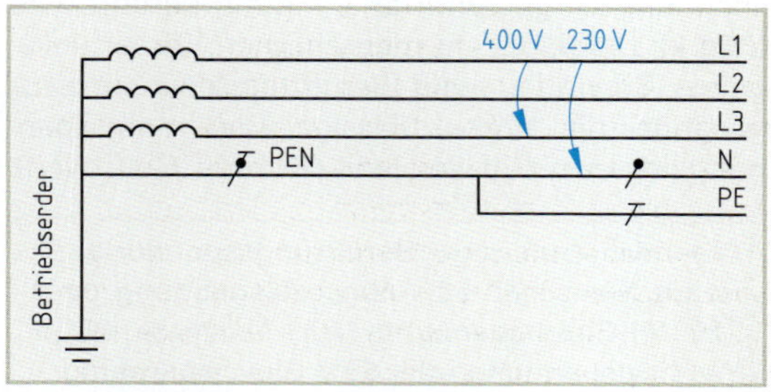

Bild 1: Leiter und Netzspannungen

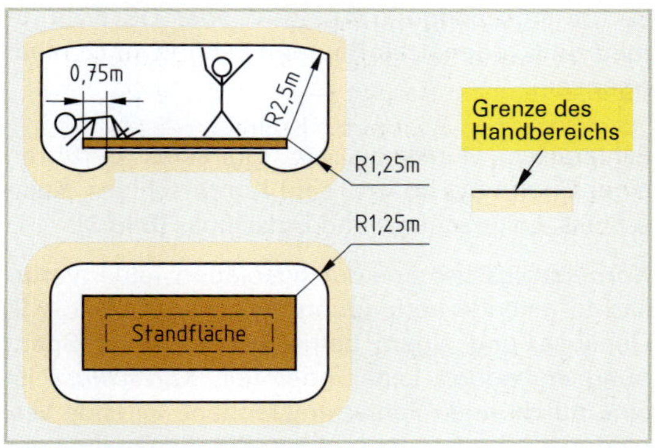

Bild 2: Handbereich

Direktes Berühren liegt vor, wenn bei ungestörtem Betrieb zwei gegeneinander Spannung führende Leiter berührt werden oder ein Leiter des Energieversorgungsnetzes mit Erde verbunden ist **(Bild 1, folgende Seite)**. Die durch den Körper fließende Stromstärke hängt von der Spannung, dem Körperwiderstand R_K, den Übergangswiderständen $R_{Ü1}$ und $R_{Ü2}$ und gegebenenfalls vom Widerstand R zwischen Standort und Erdungspunkt des Neutralleiters ab.

> Innerhalb des Handbereichs darf ein direktes Berühren spannungsführender Teile nicht möglich sein.

Bei Bemessungsspannungen über 25 V Wechselspannung (AC) oder 60 V Gleichspannung (DC) muss ein Schutz gegen direktes Berühren vorhanden sein. Bei Geräten mit Elektromotor ist auch bei Spannungen unter AC 25 V bzw. DC 60 V ein Schutz gegen direktes Berühren erforderlich.

Schutz gegen direktes Berühren ist auch durch Abdeckungen und Umhüllungen möglich.

Zum Schutz gegen direktes Berühren müssen spannungsführende Teile, z.B. Leiter, vollständig isoliert sein (Basisisolierung).

Indirektes Berühren liegt vor, wenn ein sonst spannungsfreier, leitfähiger Teil eines Betriebsmittels (Körpers), der durch Isolationsfehler eine Fehlerspannung U_F gegen Erde annimmt, berührt wird **(Bild 2)**. Die dabei am menschlichen Körper anliegende Spannung wird Berührungsspannung U_B genannt, die höchstzulässige Berührungsspannung dagegen U_L (L von limit = Grenze, Grenzwert).

> Die höchstzulässige Berührungsspannung U_L ist für Menschen 50 V Wechselspannung oder 120 V Gleichspannung, für Nutztiere 25 V Wechselspannung oder 60 V Gleichspannung.

Bei Kinderspielzeug beträgt die höchstzulässige Berührungsspannung AC 25 V oder DC 60 V. In medizinisch genutzen Räumen kann U_L noch niedriger sein.

Fehlerarten, durch die ein indirektes Berühren einer Spannung auftritt, sind Körperschluss, Kurzschluss, Leiterschluss und Erdschluss **(Bild 3)**.

Körperschluss ist eine durch Isolationsfehler verursachte leitende Verbindung zwischen Körper, z.B. Gehäuse, und einem betriebsmäßig unter Spannung stehenden Leiter oder Teil. *Kurzschluss* ist eine durch einen Fehler entstandene leitende Verbindung zwischen betriebsmäßig gegeneinander unter Spannung stehenden Leitern. Liegt im Fehlerstromkreis ein Nutzwiderstand, so besteht ein *Leiterschluss*. *Erdschluss* ist eine durch einen Fehler entstandene leitende Verbindung eines Außenleiters oder isolierten Neutralleiters mit Erde.

In elektrischen Starkstromanlagen sind stets Schutzmaßnahmen gegen *direktes Berühren*, z.B. Basisisolierung, und bei *indirektem Berühren*, z.B. Schutztrennung, anzuwenden.

1.7.1.3 Schutzarten elektrischer Betriebsmittel

Schutzklassen

Elektrische und elektronische Geräte werden den Schutzklassen I, II oder III zugeordnet **(Tabelle 1)**.

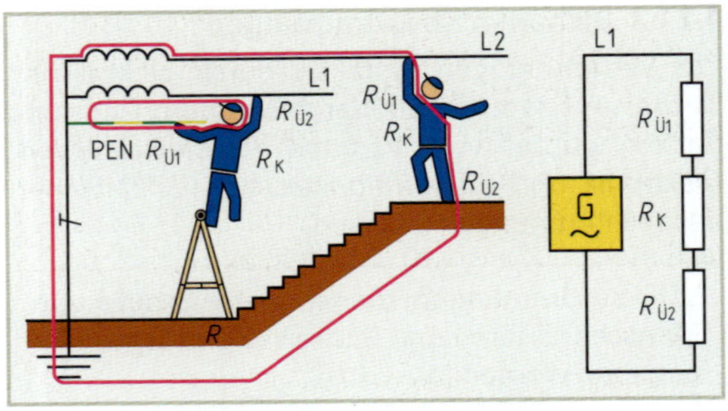

Bild 1: Direktes Berühren

Bild 2: Indirektes Berühren

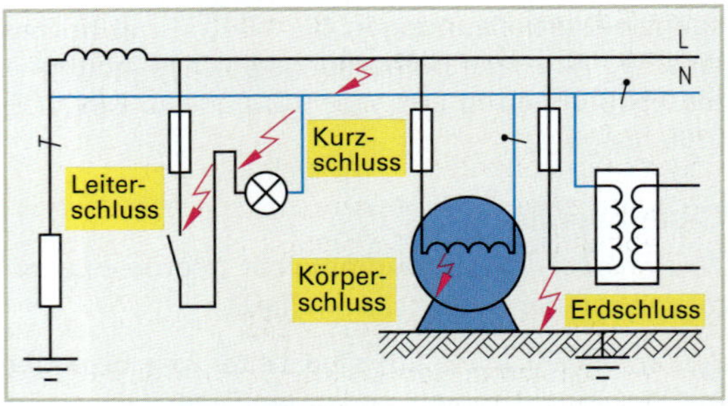

Bild 3: Fehlerarten

Tabelle 1: Geräteschutzklassen

Schutz-klasse	I	II	III
Schutz-maßnahme	mit Schutz-leiter	Schutz-isolierung	Schutzklein-spannung
Kenn-zeichen	⏚	⧈	◇III
Beispiele	Elektro-motoren, Schalt-schränke	Haushalts-geräte, Heimwerker-maschinen	Hand-leuchten, elektrisches Spielzeug

Schutzarten

Elektrische Betriebsmittel, z.B. Motoren, Transformatoren, Schalter, müssen je nach Ort der Aufstellung und je nach Verwendung unterschiedlich gegen zufälliges Berühren geschützt sein.

Schutz gegen das Eindringen von Fremdkörpern und gegen Wasser wird durch die Kennbuchstaben IP (von **I**nternational **P**rotection = internationale Schutzart) und zwei Kennziffern gekennzeichnet .

Die erste Kennziffer gibt den Berührungsschutz, die zweite Kennziffer den Wasserschutz an **(Tabelle 1)**. Auch weitere Zusatzbuchstaben sind möglich.

Beispiel 1:

Was bedeutet die Kennzeichnung IP 32?

Lösung:

IP	3	2
Internationale Schutzart	Schutz gegen Eindringen von Fremdkörpern > 2,5 mm ∅	Schutz gegen Tropfwasser bis 15° gegen die Senkrechte

Wird in Beschreibungen nur die Kennziffer eines Schutzgrades angegeben, so wird die andere Kennziffer durch X ersetzt, z.B. IP X3.

IP-Schutzarten können auch durch Bildzeichen angegeben werden **(Tabelle 2)**.

1.7.1.4 Systemunabhängige Schutzmaßnahmen

Diese Schutzmaßnahmen haben keinen Schutzleiter und verhindern das Entstehen einer zu hohen Berührungsspannung.

Systemunabhängige Schutzmaßnahmen verhindern ohne Schutzleiter das Entstehen einer zu hohen Berührungsspannung.

Sicherheitskleinspannung SELV

Bei der Schutzmaßnahme SELV (von **S**afety **E**xtra **L**ow **V**oltage = Sicherheitskleinspannung) werden die Verbraucher über einen besonderen Erzeuger mit einer Bemessungswechselspannung unter 50 V (meist 12 V oder 42 V) oder mit einer Bemessungsgleichspannung unter 120 V versorgt. Zugelassene Erzeuger sind Sicherheitstransformatoren, galvanische Elemente, Motorgeneratoren und elektronische Geräte mit Spannungsbegrenzung **(Bild 1)**.

Spartransformatoren, Spannungsteiler und Vorwiderstände sind zur Erzeugung der Sicherheitskleinspannung nicht zulässig.

Transportable Sicherheitstransformatoren für SELV müssen zur Schutzklasse II gehören. Leitungen und Installationsmaterial müssen für mindestens 250 V isoliert sein. Diese Spannung gilt nicht für Spielzeuge und Fernmeldeanlagen. Geräte für SELV (Geräteschutzklasse III) dürfen keine Anschlüsse für Schutzleiter haben und ihre Stecker dürfen nicht in Netzsteckdosen passen.

Anwendungsbeispiele sind z. B. Spielzeuge, Geräte zur Körperpflege und Sicherheitsbeleuchtung.

Kleinspannungen PELV und FELV

Können nicht alle Forderungen der Schutzmaßnahme Sicherheitskleinspannung SELV erfüllt werden, so kann durch zusätzlichen Schutz die Schutzmaßnahme Funktionskleinspannung erfüllt werden.

Tabelle 1: IP-Schutzarten (Auszug)

Kennziffer	Berührungsschutz, Fremdkörperschutz		Wasserschutz	
0	ohne		ohne	
1	gegen Fremdkörper	> 50 mm ∅	gegen	senkrechtes Tropfwasser
2		> 12 mm ∅		schräges Tropfwasser (bis 15° gegen die Senkrechte)
3		> 2,5 mm ∅		Sprühwasser
4		> 1 mm ∅		Spritzwasser
5	staubgeschützt			Strahlwasser

Tabelle 2: Bildzeichen für Schutzarten

Bildzeichen	Schutzart	entspricht
	tropfwassergeschützt	IP 31
	regengeschützt	IP 33
	spritzwassergeschützt	IP 54
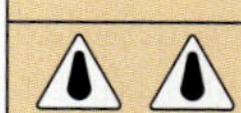	strahlwassergeschützt	IP 55
	Schutz beim Eintauchen (wasserdicht)	IP 67

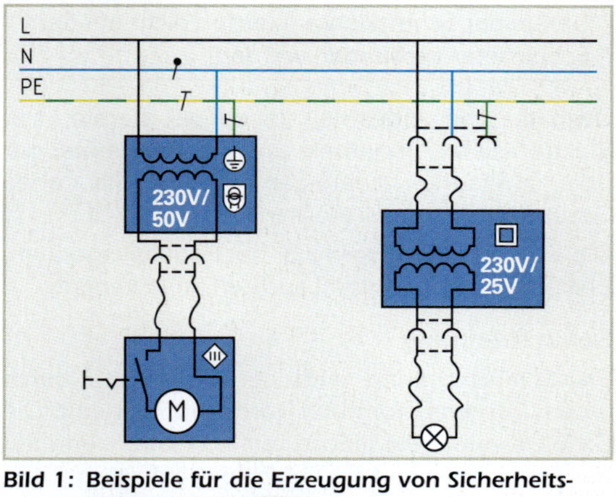

Bild 1: Beispiele für die Erzeugung von Sicherheitskleinspannung SELV

Bei PELV (von **P**rotective **E**xtra **L**ow **V**oltage = Schutzkleinspannung) dürfen der Stromkreis und Körper der Betriebsmittel mit Erde oder Schutzleiter leitend verbunden sein, wenn zusätzlich Schutz gegen direktes Berühren getroffen wird (sichere Trennung vom Versorgungsnetz).

> Bei PELV darf der Stromkreis geerdet sein, wenn auch bei Spannungen unter AC 25 V oder DC 60 V Schutz gegen direktes Berühren gewährleistet ist.

Bei FELV (von **F**unctional **E**xtra **L**ow **V**oltage = Funktionskleinspannung) besteht keine sichere Trennung gegen das Versorgungsnetz. Deshalb sind auch auf der Kleinspannungsseite die Schutzmaßnahmen des Versorgungsnetzes von z.B. 230 V anzuwenden. Die Stecker von Stromkreisen mit PELV oder FELV dürfen nicht in Netzsteckdosen passen. Außerdem dürfen die Steckvorrichtungen für PELV oder von FELV und für Sicherheitskleinspannung SELV nicht zusammenpassen.

Schutz durch Betriebmittel der Schutzklasse II (Schutzisolierung)

Geräte der Schutzklasse II werden gegen unzulässig hohe Berührungsspannung durch eine zusätzliche Isolierung geschützt **(Bild 1)**. Diese kann z.B. eine Schutzumhüllung oder Schutz-Zwischenisolierung zusätzlich zur Basisisolierung sein.

> Geräte der Schutzklasse II dürfen nicht mit dem Schutzleiter verbunden werden.

Deshalb sind industriell gefertigte Geräte, z.B. Elektrorasierer, Rundfunk- und Fernsehgeräte, nur über zweiadrige Leitungen und Stecker ohne Schutzkontakt angeschlossen.

Die Schutzklasse II wird z.B. bei Haushaltsgeräten, Elektrowerkzeugen und Leuchten angewendet.

Schutztrennung

Bei Schutztrennung wird der Stromkreis durch einen *Trenntransformator* vom Netz getrennt. Die Schutztrennung ist jedoch nur wirksam, wenn auf der Ausgangsseite kein Erdschluss auftritt.

Trenntransformatoren müssen schutzisoliert sein. Der Ausgangsstromkreis darf weder mit Erde noch mit anderen Stromkreisen verbunden werden **(Bild 2)**. Er soll von anderen Stromkreisen getrennt verlegt werden. Die Spannung eines Stromkreises mit Schutztrennung darf 500 V nicht überschreiten.

Als bewegliche Leitungen sind mindestens Gummischlauchleitungen H07RN-F zu verwenden.

Ist Schutztrennung *vorgeschrieben*, so darf an einen Trenntransformator nur *ein* Verbraucher angeschlossen werden. In den anderen Fällen müssen die Körper der Verbraucher durch einen isolierten und nicht geerdeten Potenzialausgleichsleiter verbunden werden.

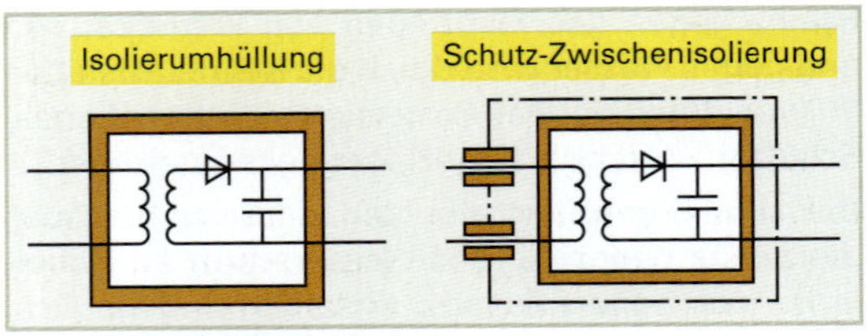

Bild 1: Beispiele für Schutzklasse II

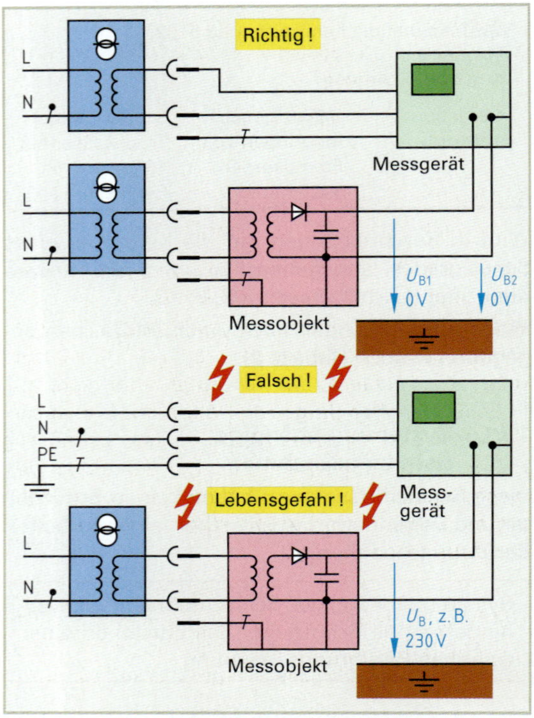

Bild 2: Richtige und falsche Anwendung von Schutztrennung

> Im Stromkreis mit Schutztrennung dürfen leitfähige Teile von Betriebsmitteln nicht mit Erde, Schutzleitern und leitfähigen Teilen anderer Stromkreise verbunden werden.

Schutztrennung wird z.B. bei der Fehlersuche in elektronischen Geräten mit Netzanschluss angewendet. Jedes Gerät muss an einen eigenen Trenntransformator angeschlossen sein und darf nicht geerdet werden (Bild 2).

> Systemunabhängige Schutzmaßnahmen:
> - Sicherheitskleinspannung SELV,
> - Kleinspannungen PELV und FELV,
> - Geräte der Schutzklasse II,
> - Schutztrennung.

Wiederholung und Vertiefung

1. **Welche Maßnahmen sind vor dem Arbeiten an Starkstromanlagen unter 1000 V erforderlich?**
2. **Welche Abmessungen hat der Handbereich?**
3. **Welche Aufgabe hat Schutz gegen direktes Berühren?**
4. **Welches sind die höchstzulässigen Berührungsspannungen für Menschen und Tiere?**
5. **Erklären Sie die verschiedenen Fehlerarten.**
6. **Welche Erzeuger sind für Sicherheitskleinspannung zugelassen?**
7. **Welches sind die Bedingungen für die Schutzmaßnahme Schutztrennung?**

1.7.1.5 Systemabhängige Schutzmaßnahmen

Diese Schutzmaßnahmen haben einen Schutzleiter und schalten nach dem Auftreten eines Fehlers selbstständig durch vorgeschaltete *Überstrom-Schutzeinrichtungen,* z.B. Schmelzsicherungen, oder *Fehlerstrom-Schutzeinrichtungen,* z.B. FI-Schutzschalter (folgende Seite), ab. Sie verhindern so das *Bestehenbleiben* einer unzulässig hohen Berührungsspannung. Bei Isolationsüberwachungseinrichtungen erfolgt dagegen beim ersten Fehler keine *Abschaltung,* sondern eine *Meldung* des Fehlers.

Alle leitfähigen Körper der Betriebsmittel, z.B. Gehäuse, müssen an einen grüngelben Schutzleiter angeschlossen werden. In jedem Gebäude muss ein Hauptpotenzialausgleich stattfinden.

> Die grüngelbe Ader von Leitungen sowie grüngelbe Leiter dürfen nur als Schutzleiter (PE), als PEN-Leiter oder als Potenzialausgleichsleiter verwendet werden.

Alle Schutzmaßnahmen mit Schutzleiter sind vom Errichter der Anlage vor Inbetriebnahme durch Besichtigen, Erproben und Messen zu prüfen. Darüber ist ein Protokoll anzufertigen.

Verteilungssysteme

Die anzuwendende Schutzmaßnahme hängt von der Erdverbindung des Niederspannungsnetzes ab **(Tabelle 1)**.

Tabelle 1: Verteilungssysteme (Netzformen)

TN-S-System	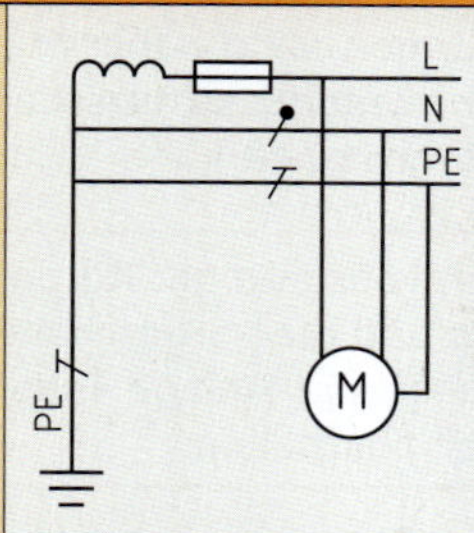	Neutralleiter und Schutzleiter sind getrennt geführt, im Erzeuger aber verbunden und geerdet. Fehlerstrom fließt durch PE. Schutz durch Überstrom-Schutzeinrichtungen, Fehlerstromschutzeinrichtungen oder beides.
TN-C-System	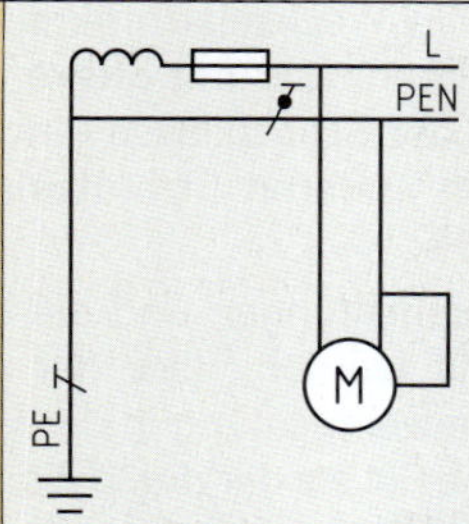	PEN-Leiter übernimmt Neutralleiterfunktion und Schutzleiterfunktion. Fehlerstrom fließt durch PEN-Leiter. Schutz durch Überstrom-Schutzeinrichtungen, auch zusammen mit Fehlerstrom-Schutzeinrichtungen.
TT-System	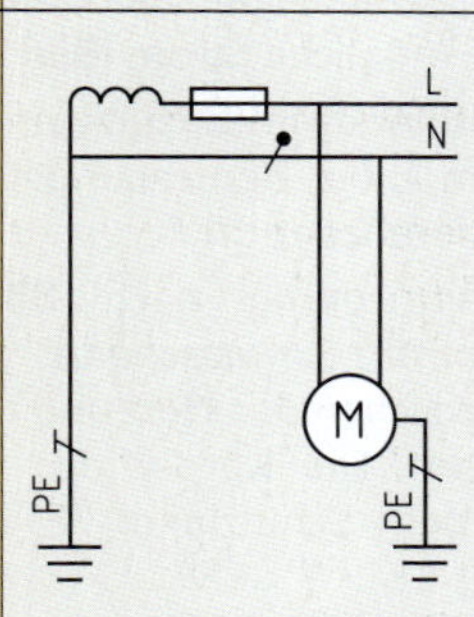	Sternpunkt des Erzeugers geerdet und mit Neutralleiter verbunden, Körper der Betriebsmittel über PE mit Erder verbunden. Fehlerstrom fließt über Erder. Schutz meist durch Überstrom-Schutzeinrichtungen und/oder Fehlerstrom-Schutzeinrichtungen.
IT-System	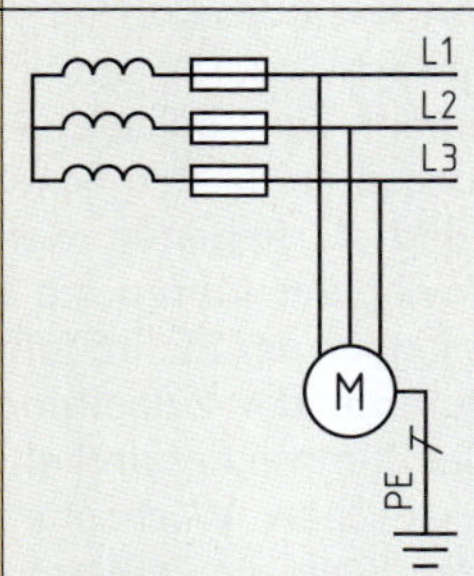	Sternpunkt des Erzeugers ist nicht geerdet. Körper der Betriebsmittel sind bei Bedarf geerdet. Erster Fehler muss nicht zur Abschaltung führen. Schutz durch Isolationsüberwachung, Überstrom-Schutzeinrichtungen, Fehlerstrom-Schutzeinrichtungen.

1. Buchstabe (Erdung des Erzeugers):
   - T Erzeuger direkt geerdet.
   - I Erzeuger gegen Erde isoliert oder über große Impedanz mit Erde verbunden.
2. Buchstabe (Erdung der Betriebsmittel):
   - T Körper direkt geerdet.
   - N Körper direkt mit Betriebserdung verbunden.
3. Buchstabe (Verbindung Neutralleiter-Schutzleiter):
   - S N und PE getrennt verlegt.
   - C N und PE als PEN vereint.

Schutzmaßnahmen im TN-System

Im TN-System müssen alle Körper von Geräten der Schutzklasse I mit dem geerdeten Punkt des speisenden Verteilungssystems durch den Schutzleiter bzw. PEN-Leiter verbunden werden.

Beim TN-C-System übernimmt der PEN-Leiter die Funktion des Schutzleiters und des Neutralleiters **(Bild 1, folgende Seite)**. Der Schutz erfolgt hier durch Überstrom-Schutzeinrichtungen oder Fehlerstrom-Schutzeinrichtungen. Der PEN-Leiter darf für sich alleine nicht schaltbar sein.

Im TN-S-System wird der Verbraucher mit Neutralleiter und Schutzleiter angeschlossen (Bild 1). Zulässige Schutzeinrichtungen sind Überstrom-Schutzeinrichtungen, z.B. Leitungsschutzschalter und Fehlerstrom-Schutzeinrichtungen.

In TN-Systemen führt ein vollständiger Körperschluss zum Kurzschluss und die vorgeschaltete Schutzeinrichtung muss die Anlage innerhalb der festgelegten Zeit abschalten.

Diese Abschaltzeit muss in Wechselstromkreisen für $U_0 = 230$ V mit Steckdosen oder mit ortsveränderlichen Betriebsmitteln der Schutzklasse I innerhalb 0,4 s liegen, in allen anderen Stromkreisen mit $U_0 = 230$ V innerhalb 5 s.

Dazu müssen die Schutzeinrichtungen und die Leiterquerschnitte so gewählt werden, dass der Abschaltstrom I_a, der die Schutzeinrichtung in der festgelegten Zeit auslöst, kleiner ist als der durch die Bemessungsspannung U_0 im Scheinwiderstand (Impedanz) Z_S der Fehlerschleife mögliche Strom **(Bild 2)**.

Bei Verwendung einer Fehlerstrom-Schutzeinrichtung ist der Abschaltstrom I_a der Bemessungsfehlerstrom (Bemessungsdifferenzstrom) $I_{\Delta n}$.

Als Fehlerstrom-Schutzeinrichtung nach **Bild 3** dient meist ein *Fehlerstrom-Schutzschalter (FI-Schutzschalter)*. Er wird zwischen das Netz und den Verbraucher angeschlossen. Die Körper der Betriebsmittel müssen mit dem Schutzleiter PE verbunden werden (Bild 3).

FI-Schutzschalter (RCD von **R**esidual **C**urrent protective **D**evice = Reststrom-Schutzgerät) enthalten einen Summenstromwandler, an dessen Ausgangswicklung eine Auslösespule für den Schalter Q1 angeschlossen ist **(Bild 1, folgende Seite)**. Durch den Summenstromwandler führen die Leiter L1, L2, L3 und N, nicht jedoch der PE. Im fehlerfreien Zustand ist die Summe der zufließenden Ströme gleich groß wie die Summe der abfließenden Ströme. Die magnetischen Wechselfelder heben sich auf. Im Fehlerfall fließt ein Fehlerstrom über den Schutzleiter, wodurch der Summenstrom nicht mehr null ist. Das resultierende Wechselfeld erzeugt eine Spannung, die beim Bemessungsfehlerstrom über den Schalter Q1 die Leitungen allpolig abschaltet. Mit der Prüftaste kann ein Fehler nachgebildet und damit die Auslösefunktion überprüft werden. RCDs gibt es für Bemessungsdifferenzströme von 10 mA bis 1 A.

RCDs müssen z.B. in Räumen mit Experimentierständen und auf Baustellen verwendet werden. Ein *zusätzlicher* Schutz für Menschen ist mit RCDs immer verbunden, wenn deren Bemessungsdifferenzstrom (Bemessungsfehlerstrom) höchstens 30 mA ist.

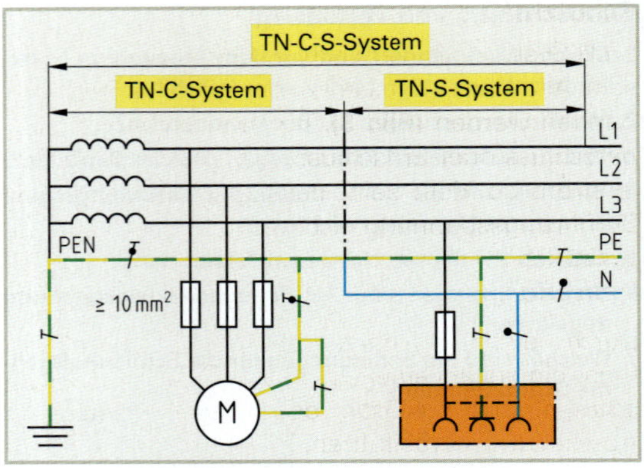

Bild 1: Schutz in TN-Systemen durch Überstrom-Schutzeinrichtungen

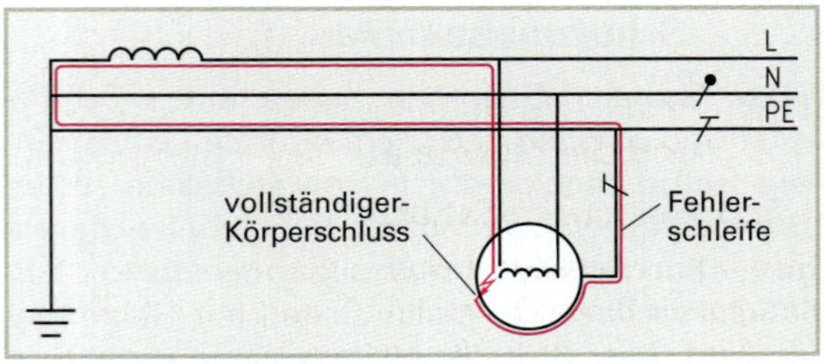

Bild 2: Fehlerschleife

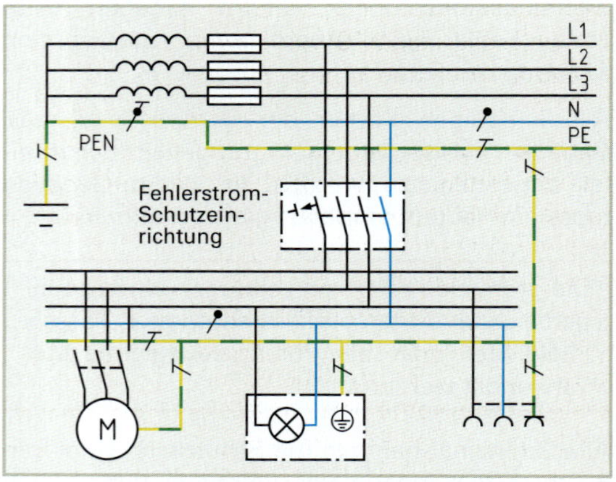

Bild 3: TN-System mit Fehlerstrom-Schutzeinrichtung

$I_a \leq \frac{U_0}{Z_S}$	I_a	Abschaltstrom
	U_0	Bemessungswechselspannung gegen Erde
	Z_S	Impedanz der Fehlerschleife

Schutzmaßnahmen im TT-System

Im TT-System werden alle Körper von Betriebsmitteln *geerdet* werden **(Bild 2, folgende Seite)**. Sind mehrere Körper durch eine gemeinsame Schutzeinrichtung geschützt oder gleichzeitig berührbar, so sind diese Körper alle durch PE an einen *gemeinsamen Erder* anzuschließen. Damit die geforderte Abschaltzeit eingehalten wird, müssen Erdungswiderstand und Abschaltstrom klein sein.

Schutzmaßnahmen im IT-System

Im IT-System darf kein aktiver Leiter direkt geerdet sein. Alle Körper müssen mit dem Schutzleiter verbunden werden **(Bild 3)**. Tritt nur ein Fehler (Körperschluss oder Erdschluss) auf, so muss der Fehlerstrom so klein sein, dass die höchstzulässige Berührungsspannung nicht überschritten wird. Ein zusätzlicher örtlicher Schutzpotenzialausgleich kann erforderlich sein.

Durch eine Isolations-Überwachungseinrichtung muss ein erster Fehler ein optisches oder ein akustisches Signal auslösen oder eine automatische Abschaltung herbeiführen. Tritt ein zweiter Fehler auf, so muss die Anlage automatisch abgeschaltet werden. IT-Systeme mit ihren Schutzmaßnahmen finden z.B. in Operationsräumen Anwendung.

1.7.2 Prüfen der elektrischen Installation und der Geräte auf Sicherheit

1.7.2.1 Überstrom-Schutzeinrichtungen

Stromdurchflossene Leiter erwärmen sich in Abhängigkeit ihres Querschnitts und der Stromstärke. Wird diese zu groß, so kann der Leiter glühen oder schmelzen.

> Unzulässig starke Ströme gefährden elektrische Anlagen und können Brände verursachen.

Deshalb müssen bereits ab sehr kleinen Stromstärken Mindestquerschnitte eingehalten werden (siehe Tabellenbuch Informations- und Systemtechnik). Außerdem müssen Überstrom-Schutzeinrichtungen **(Tabelle 1, folgende Seite)** eingebaut werden. Diese unterbrechen den Stromkreis beim Überschreiten der höchstzulässigen Bemessungsstromstärke, z.B. bei Überbelastung oder Kurzschluss, und verhindern so die Entstehung einer unzulässig hohen Erwärmung.

Der Betriebsstrom eines Stromkreises muss kleiner sein als der Bemessungsstrom der Überstrom-Schutzeinrichtung und dieser kleiner als die Strombelastbarkeit der Leitung und des Verbrauchers.

Schmelzsicherungen sind *Schmelzeinsätze mit einem Schmelzleiter. Sie müssen* nach dem Ansprechen ausgewechselt werden. Das Auswechseln von Schmelzeinsätzen gegen solche mit stärkerem Bemessungsstrom ist verboten.

> Sicherungen dürfen nicht geflickt oder überbrückt werden.

Geräteschutzsicherungen (Feinsicherungen) werden mit Bemessungsströmen von 1 mA bis 10 A

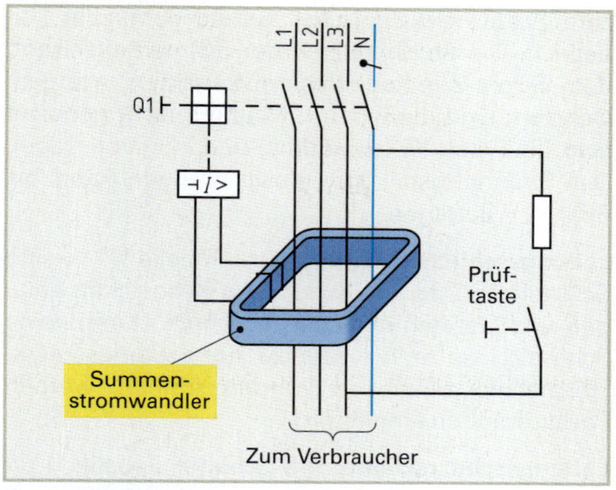

Bild 1: FI-Schutzschalter RCD

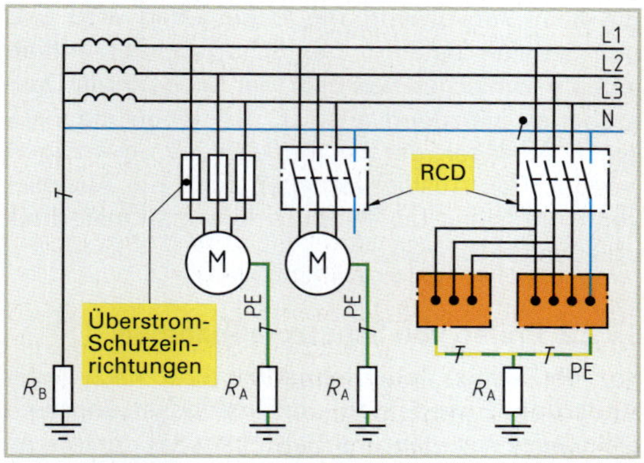

Bild 2: Schutzmaßnahmen im TT-System

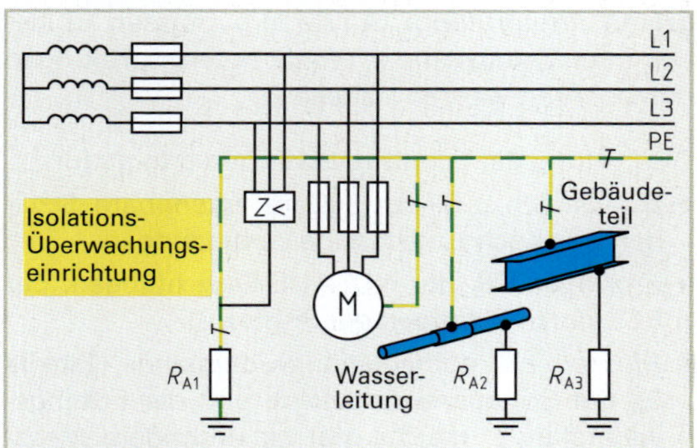

Bild 3: Schutzmaßnahme im IT-System

Beim TT-System:	Beim IT-System:
$R_A \cdot I_a \leq U_L$	$R_A \cdot I_d \leq U_L$

R_A	Körpererdungswiderstand
I_a	Abschaltstrom
U_L	höchstzulässige Berührungsspannung
I_d	Fehlerstrom beim ersten Fehler

zum Schutz elektronischer Geräte gebraucht (Tabelle 1). Die Abschmelzzeit der Schmelzleiter kann der Strom-Zeit-Kennlinie entnommen werden. Genormt sind die Typen F, M und T, nicht genormt sind die Typen FF (superflink) und TT (superträge). Der Spannungsfall an Feinsicherungen kann bis über 10 V betragen.

Leitungsschutzsicherungen (Tabelle 1) sind Schmelzeinsätze zum Schutz von elektrischen Anlagen und Geräten der Energietechnik. Damit keine Schmelzeinsätze für eine zu hohe Bemessungsstromstärke eingesetzt werden können, werden Passschrauben eingebaut.

Leitungsschutzschalter (LS-Schalter, Tabelle 1) erfüllen dieselben Aufgaben wie Schmelzsicherungen. Beim Einschalten wird eine Feder gespannt, die beim Auslösevorgang freigegeben wird und den Schalter betätigt. Der Schutzschalter enthält einen thermischen Auslöser, der bei geringer Dauerüberlast verzögert auslöst, und einen magnetischen Auslöser, der bei Kurzschluss unverzögert auslöst. Das Auslöseverhalten zeigt die Auslösekennlinie (siehe Tabellenbuch Informationstechnik und Systemtechnik).

1.7.2.2 Prüfen von Schutzmaßnahmen

Vor der ersten Inbetriebnahme und nach jeder Änderung, Erweiterung und Instandsetzung sind elektrische Anlagen und Betriebsmittel durch eine Elektrofachkraft nachweisbar auf ihren ordnungsgemäßen Zustand und ihre Wirksamkeit hin zu prüfen (Erstprüfung). Außerdem müssen in bestimmten Zeitabständen Wiederholungsprüfungen durchgeführt werden **(Tabelle 2)**.

Die Prüfung der Schutzmaßnahmen erfolgt durch

- *Besichtigen*, z.B. auf äußere erkennbare Schäden und noch zuverlässige Verbindungen,
- *Erproben*, z.B. der NOT-AUS-Einrichtungen, der RCD durch Betätigen der Prüftaste,
- *Messen*, z.B. der Isolationswiderstände **(Tabelle 3)**, der Schleifenwiderstände und der Erdungswiderstände. Hierfür gibt es besondere Mess- und Prüfgeräte. Die Isolationsmessung wird mit Gleichspannung durchgeführt.

Die regelmäßige Überwachung elektrischer Geräte und Anlagen ist eine weitere Voraussetzung zur Verhütung von Unfällen. So weit möglich, sollen nur Geräte und Bauteile mit dem GS-Zeichen (geprüfte Sicherheit) bzw. mit dem VDE-Zeichen sowie dem CE-Zeichen verwendet werden.

Tabelle 1: Überstrom-Schutzeinrichtungen

Art	Kurzzeichen	Verwendung
Geräteschutzsicherungen	F (flink)	wenn keine Einschaltstromstöße vorkommen
Geräteschutzsicherungen	M (mittelträge)	bei kleiner Betriebsspannung und kleinen Einschaltströmen
Geräteschutzsicherungen	T (träge)	bei hohen Einschaltströmen
Leitungsschutzsicherungen	gL	Kabel- und Leitungsschutz
Leitungsschutzsicherungen	gR	Halbleiterschutz
Leitungsschutzschalter	B	Leitungs- und Geräteschutz mit niedriger Ansprechschwelle
Leitungsschutzschalter	C	Leitungs- und Geräteschutz mit hoher Ansprechschwelle

Tabelle 2: Prüfung elektrischer Anlagen

Prüfzeitpunkt, Prüffrist	Zu prüfende Einrichtungen
Erstprüfung	elektrische Anlagen und Betriebsmittel allgemein auf ordnungsgemäßen Zustand
Mindestens alle 4 Jahre	Elektrische Anlagen und ortsfeste elektrische Betriebsmittel auf ordnungsgemäßen Zustand
Mindestens alle 6 Monate	nicht ortsfeste elektrische Betriebsmittel, Anschluss- und Verlängerungsleitungen mit ihren Steckvorrichtungen auf ordnungsgemäßen Zustand sowie RCD in stationären Anlagen und Isolationswächter durch Betätigung der Prüftaste
Mindestens einmal im Monat	RCD nichtstationärer Anlagen auf ihre Wirksamkeit durch Betätigung der Prüftaste
An jedem Arbeitstag	RCD nichtstationärer Anlagen durch Betätigung der Prüftaste
Vor jeder Benutzung	Spannungsprüfer, isolierte Werkzeuge und isolierende Schutzeinrichtungen auf augenfällige Mängel und einwandfreie Funktion

Tabelle 3: Isolationswiderstände

Anlage bzw. Betriebsmittel	Isolationswiderstand
Neuanlagen bis 1000 V in trockenen Räumen (Erstprüfung)	≥ 1 MΩ
Neuanlagen bis 1000 V in nassen Räumen und in Anlagen im Freien	≥ 0,5 MΩ
Betriebsmittel Schutzklasse I	≥ 1000 Ω/V
Betriebsmittel Schutzklasse II	≥ 2 MΩ
Betriebsmittel Schutzklasse III (Leiter gegen Erde gemessen)	≥ 250 kΩ

Das Prüfen von Schutzmaßnahmen erfolgt durch Besichtigen, Erproben und Messen.

1.7.2.3 Unfallverhütung und Brandbekämpfung

Zur Vermeidung von Unfällen und Bränden sind die VDE-Bestimmungen und Unfallverhütungsvorschriften der Berufsgenossenschaft (BG) einzuhalten, insbesondere die BG-Vorschriften BGV A1 (bisher VBG 1, allgemeine Unfallverhütungsvorschriften), BGV A2 (bisher VBG 4, für elektrische Anlagen und Betriebsmittel) und BGV D36 (bisher VBG 74, Standsicherheit von Leitern). Sicherheitsschilder sollen auf Gefahren hinweisen **(Tabelle 1)**.

Zum Löschen von Bränden in Starkstromanlagen sind Feuerlöscher für die entsprechende Brandklasse zu verwenden. Die Feuerlöscher müssen in vorgeschriebenen Zeitabständen geprüft werden.

Beim Löschen eines Brandes in einer Niederspannungsanlage muss der Mindestabstand bei Verwendung eines Wasser-Vollstrahls 5 m, bei Verwendung von Löschpulver 1 m sein.

1.7.2.4 Weitere Qualitätskennzeichnungen

Entsprechend dem VDE gibt es außerhalb Deutschlands ebenfalls private und staatliche Einrichtungen. Diese prüfen meist als Bauartenprüfung ein Muster des Erzeugnisses und verpflichten den Hersteller, die folgende Serie in derselben Weise zu produzieren. Nach bestandener Prüfung erhält der Hersteller die Berechtigung, das beantragte Zeichen auf dem elektrotechnischen Erzeugnis anzubringen **(Bild 1)**. Für den Verkauf in verschiedene Länder müssen deshalb mehrere Prüfinstitute beauftragt werden, um mehrere Qualitätskennzeichnungen auf den Erzeugnissen anzubringen.

Die Verwaltung der EU (Europäische Union) führte zusätzlich das *CE-Kennzeichen* ein (Bild 1). Das CE-Kennzeichen (von franz. **C**ommunauté **E**uropéenne = Europäische Gemeinschaft) wird auch als *Konformitätszeichen* bezeichnet. Dabei bedeutet Konformität die Übereinstimmung mit allen für das Erzeugnis in Frage kommenden EU-Richtlinien.

Das CE-Kennzeichen ist in Europa Pflicht und drückt aus, dass das Erzeugnis die Anforderungen der EU-Richtlinien erfüllt.

Die Konformitätserklärung kann der Hersteller selbst abgeben, indem er in alleiniger Verantwortung erklärt, dass sein Erzeugnis den EU-Richtlinien entspricht. Die Konformitätserklärung kann aber auch von einer unabhängigen Stelle durch eine Prüfbescheinigung abgegeben werden. Dieses Zertifikat (lat. certificatum = Beglaubigtes) ist nur notwendig, wenn dies in einer EU-Richtlinie zwingend vorgeschrieben ist.

Tabelle 1: Sicherheitsschilder (Auszug)

Verbotszeichen			
	Schalten verboten	Berühren verboten, Gehäuse steht unter Spannung	Feuer und Rauchen verboten
Gebotszeichen			
	Augenschutz tragen	Schutzhelm tragen	Vor Öffnen Netzstecker ziehen
Warnzeichen			
	Warnung vor gefährlicher elektrischer Spannung	Warnung vor giftigen Stoffen	Warnung vor Laserstrahl

Bild 1: Qualitätszeichen für elektrotechnische Erzeugnisse (Auswahl)

Wiederholung und Vertiefung

1. **Wofür darf eine grüngelbe Ader nur verwendet werden?**
2. **Welches Kurzzeichen muss eine Geräteschutzsicherung haben, wenn hohe Einschaltströme vorkommen?**
3. **Wodurch ist ein TN-S-Verteilungssystem gekennzeichnet?**
4. **In einem TN-System mit 230 V Nennspannung gegen Erde soll der Abschaltstrom ≤ 16 A betragen. Welche Impedanz darf die Fehlerschleife höchstens haben?** ***Lösung:*** **14,375 Ω**
5. **Erklären Sie die Wirkungsweise eines FI-Schutzschalters.**
6. **Durch welche Maßnahmen sind bei einer Erstprüfung die Ordnungsmäßigkeit und Wirksamkeit einer Schutzmaßnahme festzustellen?**

1.8 Installationsplanung

Elektrische Schaltungen erfordern zur Herstellung sowie zum Verständnis meist gezeichnete, geschriebene oder gedruckte Schaltungsunterlagen.

1.8.1 Schaltungsunterlagen

Dazu gehören *Schaltpläne, Diagramme* (von griech. diagramma = Umriss, hier im Sinne von Schaubild) und Tabellen.

Schaltpläne nennt man die zeichnerische Darstellung elektrischer Betriebsmittel durch Schaltzeichen. Die Betriebsmittel können gegebenenfalls auch durch Abbildungen oder durch vereinfachte Konstruktionszeichnungen dargestellt werden **(Tabelle 1).**

Diagramme sind die grafischen Darstellungen errechneter oder beobachteter Werte. Diagramme zeigen die Beziehungen zwischen verschiedenen Größen, z.B. die Stromstärke in Abhängigkeit von der Zeit.

Tabellen können Schaltpläne oder Diagramme ergänzen oder auch ersetzen. Weitere Schaltungsunterlagen siehe Tabellenbuch Informations- und Systemtechnik.

Tabelle 1: Wichtige Dokumente der Elektrotechnik

Art, Erklärung	Anwendung	Beispiel
Schaltskizze Darstellung einer elektrischen Einrichtung zur Erklärung der Wirkungsweise oder der Anordnung. Meist allpolige Darstellung.	Anschlussschema von Betriebsmitteln, z.B. Motoren. Wird häufig bei Bausätzen angewendet, die für Nichtfachleute bestimmt sind.	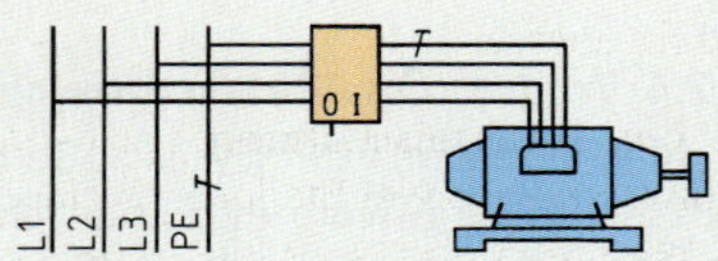
Übersichtsschaltplan Darstellung einer Schaltung ohne Hilfsleitungen. Die Aderzahl der Leitungen wird meist angegeben, jedoch nicht beim Blockschaltplan (Signalflussplan). Die räumliche Lage bleibt unberücksichtigt. Einpolige Darstellung.	Elektrische Antriebe, Steuerungen und Regelungen, elektronische Geräte (z.B. Türsprechanlagen).	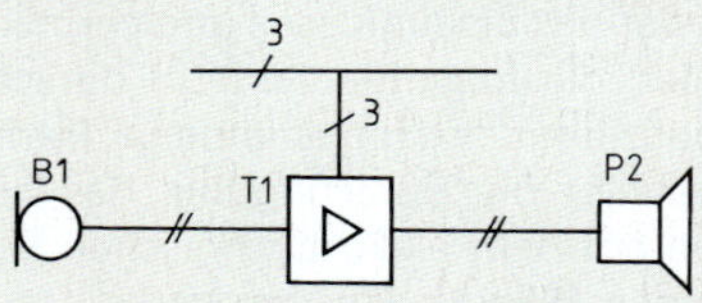
Installationsschaltplan Darstellung der Installation von energietechnischen und nachrichtentechnischen Anlagen, möglichst lagegerecht in einer Gebäudezeichnung. Ausführung ähnlich Übersichtsschaltplan. Beim *Installationsplan* werden dagegen die Leitungen nicht eingetragen.	Alle Arten von Elektroinstallationen, Beleuchtungsstromkreise, Kraftstromkreise, Rufstromkreise, Fernmeldeanlagen, Antennenanlagen.	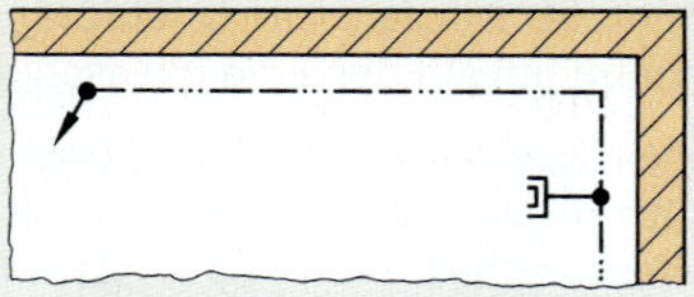
Stromlaufplan in aufgelöster Darstellung Darstellung einer Schaltung nach Stromwegen aufgelöst. Stromwege möglichst senkrecht oder waagrecht und kreuzungsarm. Die räumliche Lage bleibt unberücksichtigt. Allpolige Darstellung.	Hauptstromkreise und Hilfsstromkreise von Schützschaltungen, z.B. im Schaltschrankbau. Punkte bei Leiterabzweigungen können gesetzt werden.	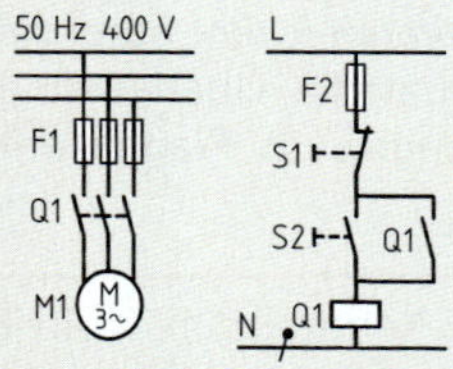
Blockschaltplan Meist einpoliger Übersichtsschaltplan, bei dem Blocksymbole vorkommen. Gibt es kein in Frage kommendes genormtes Symbol, so können Rechtecke oder Quadrate mit Text verwendet werden.	Anwendung: elektronische Schaltungen, z.B. integrierte Schaltkreise von Empfängern, Sendern, Modulatoren, Computern.	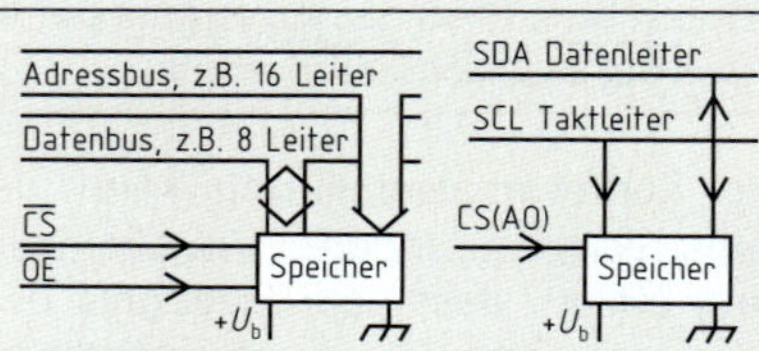
Zeitablaufdiagramm Das Zeitablaufdiagramm zeigt den Ablauf von Vorgängen im zeitgerechten Maßstab. Eine Zeitachse wird meist nicht angegeben.	Verdeutlichung des Ablaufes bei Steuerschaltungen, z.B. bei Zeitschaltern.	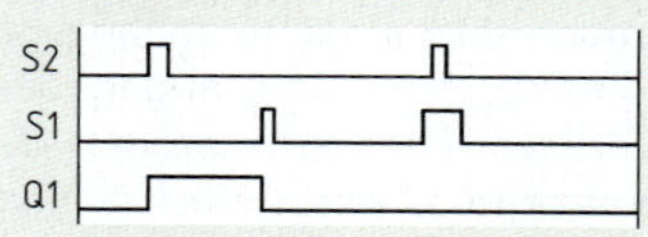

1.8.2 Schaltungen mit Installationsschaltern

Schaltungen mit nicht beleuchteten Schaltern

Zum Verständnis einer Schaltung verfolgt man den Stromweg, bei Wechselstrom meist vom *Außenleiter zum Neutralleiter*, z.B. bei Schaltungen mit Installationsschaltern **(Tabelle 1)**.

Bei allen Schaltungen mit Installationsschaltern wird der Neutralleiter *direkt* an den Verbraucher angeschlossen, also nicht geschaltet. Der Schutzleiter PE wird an das Gehäuse geführt, bei Schutzisolierung wird er nicht angeschlossen.

Bei der **Ausschaltung** wird ein Verbraucher von nur einer Stelle aus eingeschaltet oder ausgeschaltet. Der Ausschalter enthält deshalb einen Schließer (Tabelle 1). Ein Schließer ist ein Kontakt, der bei Betätigung den Stromkreis schließt. Bei geschlossenem Schalter Q1 fließt der Strom von L über Q1 und E1 nach N.

Bei der **Wechselschaltung** wird ein Verbraucher wahlweise von zwei Stellen aus eingeschaltet oder ausgeschaltet. Dazu braucht man zwei Wechselschalter (Tabelle 1). Wechselschalter enthalten einen Wechsler (Umschaltkontakt). Es handelt sich um einen Doppelkontakt, bei dessen Betätigung der eine Kontakt öffnet und der andere schließt. Wird z.B. der Wechselschalter Q2 betätigt, so fließt der Strom von L über Q2, Q3 und E2 nach N.

Bei der **Kreuzschaltung** wird ein Verbraucher von drei Stellen aus eingeschaltet oder ausgeschaltet. Dazu braucht man zwei Wechselschalter und einen Kreuzschalter. Der Kreuzschalter enthält zwei Wechsler (Tabelle 1).

Wird z.B. der Kreuzschalter Q5 betätigt, so fließt der Strom von L über Q4, Q5, Q6 und E3 nach N. Die Schaltung ist durch weitere Kreuzschalter erweiterbar.

Bei der **Serienschaltung** (nicht dargestellt) liegen zwei Ausschaltungen vor, wobei die beiden Ausschalter zu einem Serienschalter zusammengebaut sind. Dadurch können zwei Verbraucher von einer Stelle aus wahlweise geschaltet werden.

> Ausschalter, Serienschalter, Wechselschalter und Kreuzschalter kommen bei Installationsschaltungen vor.

1.8.3 Schaltfunktion

Schaltungen mit Worten zu beschreiben ist umständlich. Deshalb stellt man Schaltungen mit Schaltplänen dar. Der zeitliche Ablauf einer Schaltung geht aber aus dem Schaltplan nur indirekt hervor. Man beschreibt das Verhalten der Schaltung durch eine Gleichung, die man Schaltungsgleichung oder *Schaltfunktion* nennt.

Tabelle 1: Schaltungen mit Installationsschaltern

Stromlaufplan in aufgelöster Darstellung	Stromlaufplan in zusammenhängender Darstellung	Übersichtsschaltplan

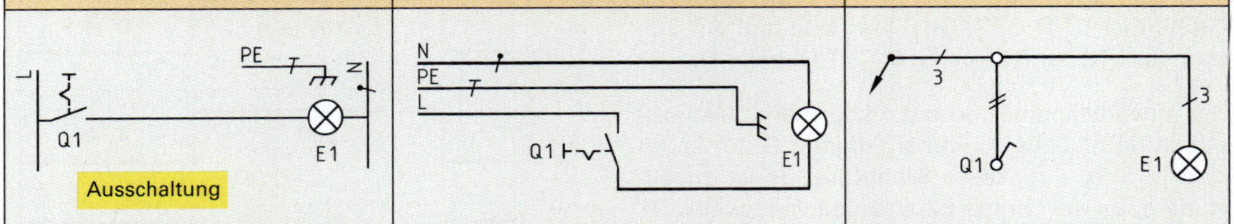

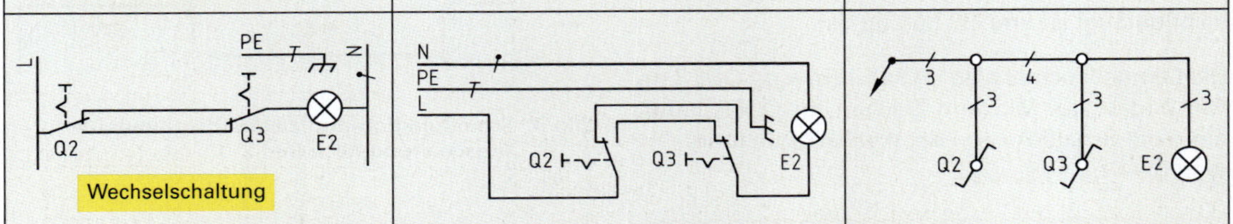

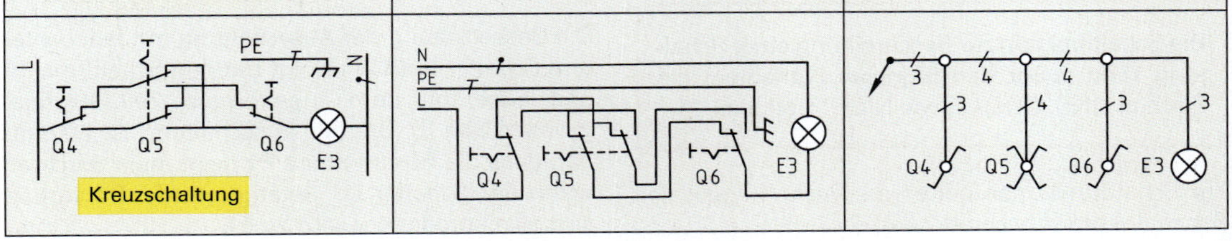

Die Schaltfunktion beschreibt das Verhalten einer Schaltung bei der Betätigung von Schaltern.

Wie bei einer mathematischen Funktion kommen bei einer Schaltfunktion *Variablen* (von lat. variare = abwechselnd machen) vor. Die bei Betätigung der Schalter entstehenden Signale sind *unabhängige Variablen*. Man stellt sie durch *kursive* (schräggedruckte) Kleinbuchstaben dar.

Bei Betätigung des Schalters Q1 entsteht das Signal q_1. Das am Lastwiderstand entstehende Signal ist die *abhängige Variable*. Man stellt sie durch einen kursiven Kleinbuchstaben dar, meist vom Ende des Alphabets, z.B. y oder x.

Bei Bedarf kann ein Index angehängt werden. Der Zustand der Lampe E1 wird z.B. durch y_{E1} ausgedrückt **(Bild 1)**.

Bei der Schaltfunktion sind die Eingangssignale die unabhängigen Variablen und die Ausgangssignale die abhängigen Variablen.

Die Schaltfunktion der Ausschaltung (Bild 1) $y_{E1} = q_1$ lässt erkennen, dass bei vorhandenem Eingangssignal q_1 ebenfalls das Ausgangssignal y_{E1} vorhanden ist. Bei Betätigung von Q1 leuchtet also die Lampe E1.

Wie bei einer mathematischen Gleichung gibt es auch für Schaltfunktionen „Rechenanweisungen", allerdings nur wenige. Die Lampe E2 in der Tabelle 1, vorhergehende Seite, leuchtet z.B., wenn Q2 betätigt ist UND Q3 NICHT. Man benötigt ein Zeichen für UND und eines für NICHT **(Tabelle 1)**.

Die unvollständige Schaltfunktion der Wechselschaltung (Tabelle 1, vorhergehende Seite) lautet also $y_{E2} = q_2 \wedge \overline{q_3}$. Diese Schaltfunktion ist unvollständig, da die Lampe E2 auch leuchtet, wenn Q2 nicht betätigt ist und Q3 betätigt ist.

Die Lampe leuchtet also im Fall 1 ($q_2 \wedge \overline{q_3}$) ODER im Fall 2 ($\overline{q_2} \wedge q_3$). Mit dem Zeichen für ODER lautet dann die Schaltfunktion der Wechselschaltung:
$y_{E2} = (\overline{q_2} \wedge q_3) \vee (q_2 \wedge \overline{q_3})$.

Die Schaltfunktion zur Beschreibung einer Schaltung kann außer den Signalen (Variablen) die Zeichen UND, ODER sowie NICHT enthalten.

Für Schaltfunktionen gelten die Rechenregeln der Schaltalgebra (Abschnitt 2.8.4.2).

Abhängige Variable (Ausgangssignal)		Unabhängige Variable (Eingangssignal)
y_{E1}	=	q_1

Bild 1: Schaltfunktion der Ausschaltung

Tabelle 1: Zeichen für Schaltfunktionen	
Zeichen	Bedeutung
$\wedge$	UND
$\vee$	ODER
$\overline{}$ (z.B. $\overline{q_1}$)	NICHT
/, # (z.B. $/q_1$ oder $\#q_2$)	NICHT (nicht genormt)

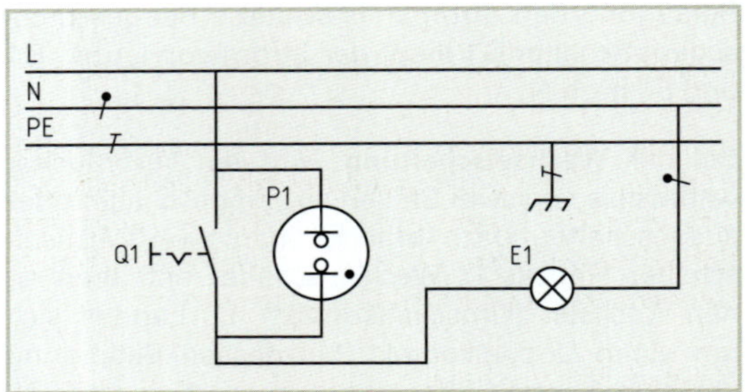

Bild 2: Ausschaltung mit beleuchtetem Schalter

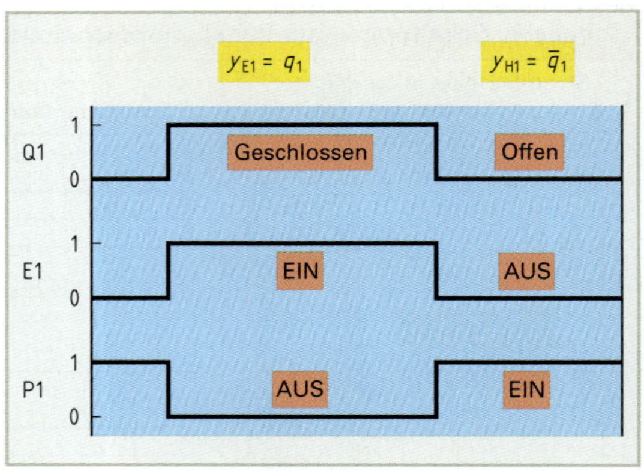

Bild 3: Schaltfunktion und Zeitlaufdiagramm für Ausschaltung nach Bild 2

Die Beschreibung der Ausschaltung mit beleuchtetem Schalter **(Bild 2)** erfolgt mit den Schaltfunktionen oder mit dem zugehörigen *Zeitablaufdiagramm* **(Bild 3)**. Bei der Ausschaltung ist erkennbar, dass die Glimmlampe P1 nicht mehr leuchtet, wenn der Schalter Q1 betätigt wurde. P1 verhält sich also entgegengesetzt zu E1.

1.8.4 Schützschaltungen

Das Schütz ist ein elektromagnetisch betätigter *Fernschalter* **(Bild 1)**. Im Prinzip entspricht das Schütz dem Relais. Fließt Strom durch die Schützspule, so wird ein beweglicher Anker angezogen und das bewegliche Schaltstück gelangt in eine andere Stellung. Dadurch werden Kontakte, die bei stromloser Schützspule offen sind, geschlossen. Diese Kontakte nennt man *Schließer*. Sie schließen einen Stromkreis, wenn sie bewegt werden. In Schützen sind meist auch Kontakte enthalten, die ohne Strom in der Schützspule geschlossen sind. Diese Kontakte können einen Stromkreis öffnen, wenn sie bewegt werden. Man nennt sie *Öffner*.

> In Schützen sind Schließer und/oder Öffner vorhanden.

Schließer und Öffner können in einem Schütz auch kombiniert sein zu einem *Wechsler*. Je nach Ausführung der Schützkontakte werden alle Schließer und alle Öffner *gleichzeitig* bewegt oder aber *zeitlich versetzt*. Meist öffnen die Öffner, bevor die Schließer schließen. Die Anschlusskennzeichnung der Schütze ist genormt (Tabellenbuch).

Bei den Schützschaltungen unterscheidet man den *Steuerstromkreis* (Hilfsstromkreis) und den *Hauptstromkreis* **(Bild 2)**. Fließt Strom durch die Schützspule, so werden in Schaltung Bild 2 die Hauptkontakte geschlossen. Dadurch gelangen von den Außenleitern des Dreiphasennetzes L1, L2 und L3 die Spannungen an den Motor. Das Dreiphasennetz (Drehstromnetz) liefert nun drei Wechselströme, die gegeneinander eine Phasenverschiebung haben. Dadurch entsteht im Motor ein Drehfeld, welches die Drehung der Motorachse bewirkt.

> Im Hauptstromkreis einer Schützschaltung liegt der eigentliche Verbraucher, der geschaltet wird.

Im Steuerstromkreis einer Schützschaltung liegen meist *Taster*. Das sind Schalter mit Öffnern oder Schließern, bei denen das Öffnen oder Schließen nur so lange erfolgt, wie die Betätigung dauert. Im Gegensatz zu Installationsschaltern rasten die Taster also nicht ein. Bei einer Schaltung mit Haltekontakt ist ein Schließer des Schützes parallel zum Schließer des EIN-Tasters geschaltet (Bild 2). Dadurch arbeitet das Schütz in *Selbsthaltung* nach dem Einschalten auch weiter, wenn der EIN-Taster nicht mehr betätigt wird.

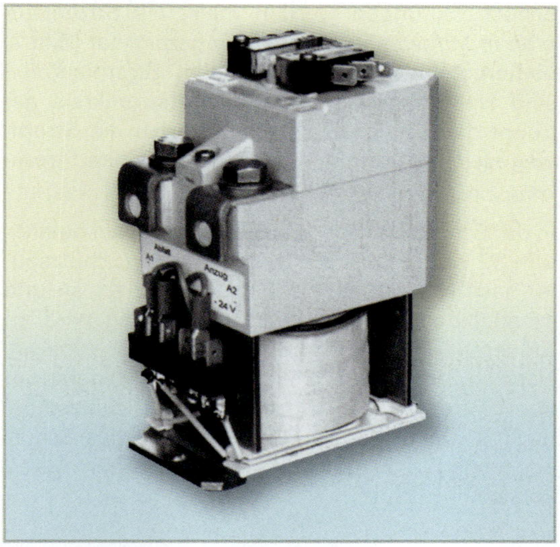

Bild 1: Elektromagnetisches Schütz

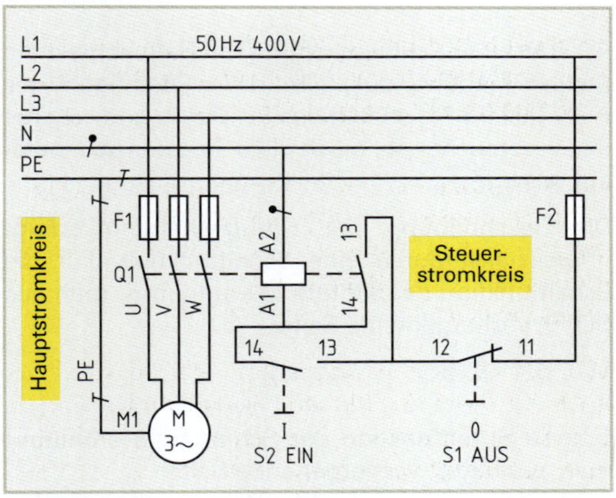

Bild 2: Schützschaltung mit Haltekontakt als Stromlaufplan in zusammenhängender Darstellung

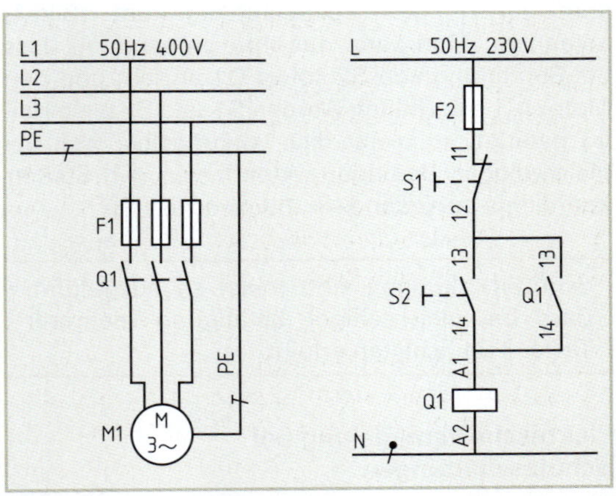

Bild 3: Schützschaltung mit Haltekontakt als Stromlaufplan in aufgelöster Darstellung

Schützschaltungen werden meist als *Stromlaufplan in aufgelöster Darstellung* gezeichnet **(Bild 3, vorhergehende Seite)**. In diesem Stromlaufplan sind Hauptstromkreis und Steuerstromkreis getrennt dargestellt. Man kann dadurch die Stromwege leichter verfolgen, insbesondere den Stromweg des Steuerstromkreises.

In der Schaltung fließt der Steuerstrom bei betätigtem S2 von L1 über F2, S1, S2 und K1 (Schützspule) nach N. Dadurch zieht das Schütz K1 an und schaltet den Motor M1 ein. Gleichzeitig wird im Steuerstromkreis der Schließer K1 geschlossen. Nach Loslassen von S2 fließt nun der Steuerstrom von L1 über S1, K1 (Schließer), K1 (Schützspule) nach N. Der Schließer K1 „hält" also das Schütz angezogen, man spricht deshalb von einem *Haltekontakt*.

Schützschaltungen sind meist mit einem Haltekontakt ausgeführt.

Fällt bei einer Schützschaltung mit Haltekontakt die Steuerspannung aus, z.B. durch Betätigen des AUS-Tasters S1, so fällt das Schütz ab und schaltet den Verbraucher ab, bis der EIN-Taster erneut betätigt wird.

Die Beschreibung der Schützschaltung erfolgt übersichtlich durch eine Schaltfunktion. Für die Schaltfunktion des Motors M1 entnimmt man aus Bild 3, vorhergehende Seite:

$$y_{M1} = q_1$$

Für die Schaltfunktion der Schützspule entnimmt man aus Bild 3, vorhergehende Seite:

$$y_{Q1} = \overline{s_1} \wedge (s_2 \vee q_1)$$

Das Verhalten einer Schützschaltung ist auch aus dem zugehörigen Zeitablaufdiagramm **(Bild 1)** erkennbar. Man kann aus ihm entnehmen, dass bei Betätigung von S2 sofort Q1 anzieht und den Motor M1 einschaltet. Werden S1 und S2 gleichzeitig betätigt, so bleibt dies wirkungslos, weil bei gleichzeitiger Betätigung der Taster der Steuerstromkreis auf jeden Fall unterbrochen ist.

Schützschaltungen sind meist so ausgeführt, dass bei gleichzeitiger Betätigung mehrerer Taster kein Schalten erfolgt.

Elektrische Verriegelung bei Schützschaltungen

Oft soll ein Schütz nur einschaltbar sein, wenn ein anderes Schütz nicht eingeschaltet ist, z.B. bei der

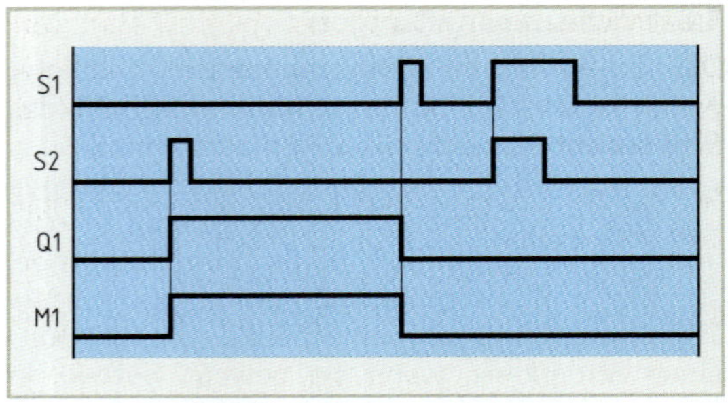

Bild 1: Zeitablaufdiagramm einer Schützschaltung mit Haltekontakt

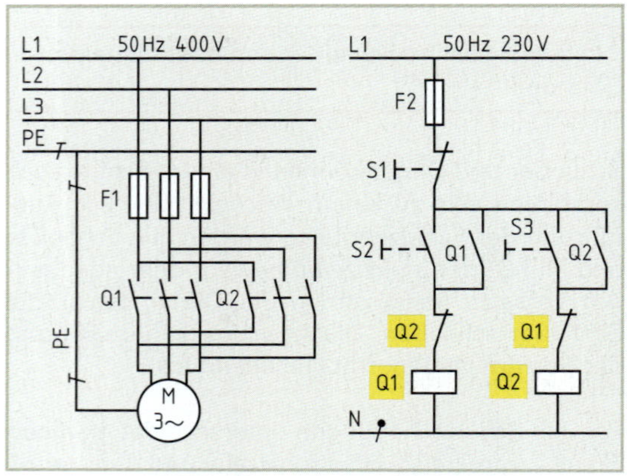

Bild 2: Verriegelung bei einer Schützschaltung zur Drehrichtungsumkehr (Wendeschütz, Umschaltung über AUS)

Drehrichtungsumkehr von Drehstrommotoren **(Bild 2)**. Man sagt dann, dass beide Schütze gegeneinander *verriegelt* sind. Die gegenseitige Verriegelung erfolgt durch wechselseitigen Einbau von Öffnern in jeden Steuerstromkreis (Bild 2). Dadurch wird erreicht, dass der Steuerstrom nur dann zu einer Schützspule gelangen kann, wenn das andere Schütz nicht angezogen hat.

Die elektrische Verriegelung von Schützschaltungen erfolgt durch einen Öffner des jeweils anderen Steuerstromkreises.

Zusätzlich kann auch über die Öffner der Taster verriegelt werden (mechanische Verriegelung). Die Stromversorgung des Steuerstromkreises (Hilfsstromkreises) muss bei Maschinen über die Anschlüsse 2.1 und 2.2 eines Steuertransformators erfolgen, wenn die Bemessungsleistung mindestens 3 kW beträgt, sowie mehr als ein Motorschalter und mehr als zwei Steuergeräte, z.B. Taster, vorhanden sind.

Elektrische Entriegelung bei Schützschaltungen

Oft soll ein Schütz nur dann einschaltbar sein, wenn ein anderes Schütz schon eingeschaltet ist. Man spricht dann von einer *Folgeschaltung*.

Bei der Schaltung in **Bild 1** kann M1 unabhängig von M2 arbeiten, da Q1 unabhängig von Q2 eingeschaltet werden kann. Dagegen kann Q2 nur eingeschaltet werden, wenn der Schließer Q1 geschlossen ist.

> Die elektrische Entriegelung von Schützschaltungen erfolgt durch einen Schließer des jeweils anderen Steuerstromkreises.

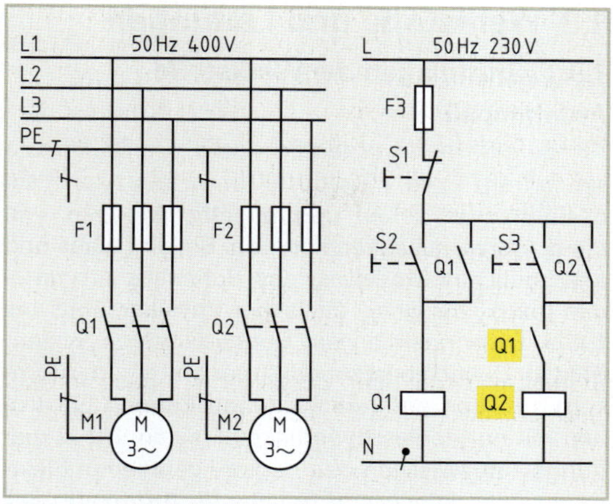

Bild 1: Entriegelung bei einer Folgeschaltung mit Stromversorgung des Steuerstromkreises aus Steuertransformator

1.8.5 Schaltungen mit Zeitschaltern und Zeitrelais

Zeitschalter wendet man an, wenn ein Schaltvorgang (Einschalten und/oder Ausschalten) erst einige Zeit nach der Signalgabe durchgeführt werden soll. Die Zeitspanne zwischen Signal und Schaltvorgang kann je nach Art des Zeitschalters einige Millisekunden bis zu mehreren Stunden betragen. Zeitschalter sind grundsätzlich Relais bzw. Schütze, die verzögert anziehen oder verzögert abfallen **(Bild 2)**. Von einem *Zeitrelais* spricht man, wenn von ihm ein Schütz gesteuert wird. *Zeitschalter* steuern dagegen unmittelbar den Verbraucher.

Die Verzögerung kann auf verschiedene Arten erreicht werden, z.B. durch das Aufladen eines Kondensators über einen Widerstand oder durch eine Uhr.

> Zeitschalter und Zeitrelais schließen oder öffnen einen Stromkreis verzögert.

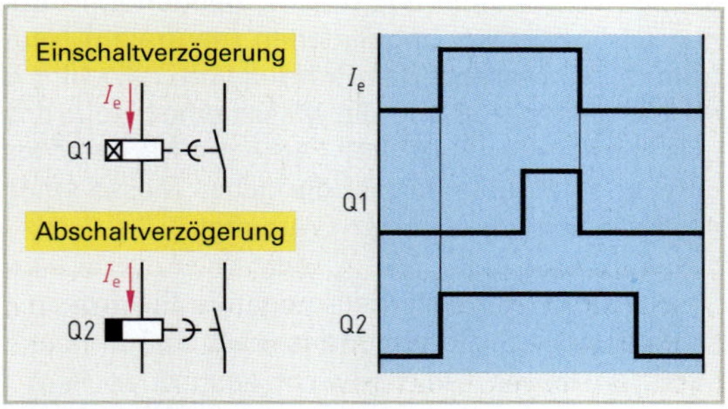

Bild 2: Verhalten von Schaltern mit Einschaltverzögerung und mit Abschaltverzögerung

Verbreitet sind Zeitschalter z.B. in Treppenhäusern als Treppenlicht-Zeitschalter **(Bild 3)**. Bei nachschaltbaren Zeitschaltern kann während des eingeschalteten Zustands nachgeschaltet werden, sodass die volle Verzögerungszeit erneut einsetzt.

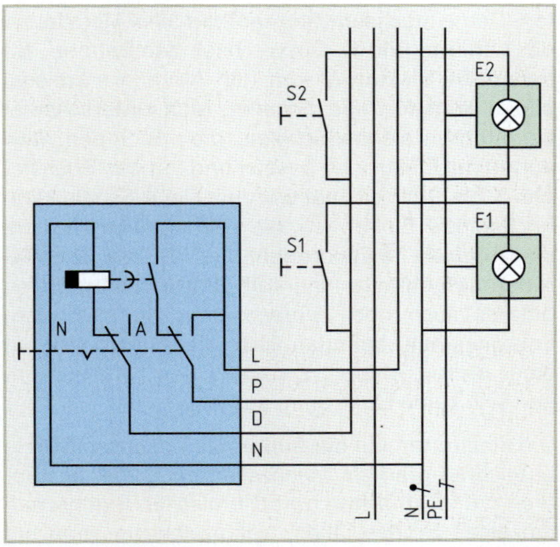

Bild 3: Treppenhausbeleuchtung mit nachschaltbarem Zeitschalter

Wiederholung und Vertiefung

1. **Nennen Sie die wichtigsten Schaltungsunterlagen.**
2. **Wie heißen die wichtigsten Installationsschalter?**
3. **Auf welche drei Arten kann man eine Schaltung beschreiben?**
4. **Welche drei Zeichen kommen in Schaltfunktionen vor?**
5. **Nennen Sie die Kontaktarten von Schützen.**
6. **Welche beiden Stromkreise unterscheidet man bei Schützschaltungen?**
7. **Welche Aufgabe hat ein Haltekontakt?**
8. **Stellen Sie die Schaltfunktion für Q2 von Bild 1 auf.**
   Lösung: $y_{Q1} = \overline{s_3}\,(s_3 \vee q_2) \wedge q_1$

1.9 Werkstoffe und Leitungen

1.9.1 Grundlagen der Werkstoffe

Atommodell

Atome sind außerordentlich klein. Ihr Durchmesser beträgt etwa 1/10 000 000 mm. Man kann sie deshalb nicht sehen und benötigt Modelle, wie diese Atome aussehen könnten. Ein einfaches und anschauliches Modell ist das *Bohr'sche Atommodell* (nach Nils Bohr, dänischer Physiker, 1885 bis 1962). Es erinnert an ein Sonne-Planeten-System **(Bild 1)**. Danach besteht ein Atom aus einem Atomkern, um den auf verschiedenen Bahnen Elektronen mit hoher Geschwindigkeit kreisen. Die Anziehungskraft zwischen den negativ geladenen Elektronen und dem positv geladenen Atomkern verhindert, dass die Elektronen aus der Bahn herausgeschleudert werden.

Der Kerndurchmesser beträgt etwa 1/10 000 vom Durchmesser des ganzen Atoms. Der Atomkern besteht vorwiegend aus positiv geladenen Protonen und elektrisch ungeladenen (neutralen) Neutronen. Die Masse eines Protons von $1{,}67 \cdot 10^{-19}$ g ist fast gleich groß wie die Masse eines Neutrons und beträgt etwa das 1 800-Fache der Masse eines Elektrons. Deshalb ist fast die ganze Masse eines Atoms in seinem Atomkern vereinigt.

> Ein Atom hat gleich viele negative Elektronen wie positive Protonen und ist nach außen neutral. Ist dieses Gleichgewicht gestört, so liegt ein elektrisch geladenes Ion vor.

Die verschiedenen Grundstoffe unterscheiden sich durch ihren Atomaufbau. Dieser ist bei Wasserstoff mit einem Proton und einem Elektron am einfachsten. Den einfachsten Atomaufbau aller Metalle hat das Lithium (Bild 1). Die wechselnden Bahnen, auf denen die Elektronen um den Atomkern kreisen, bilden kugelförmige *Schalen*. Man unterscheidet bei Atomen sieben Schalen, die von innen nach außen mit Elektronen besetzt und mit den Buchstaben K bis Q bezeichnet werden. Die K-Schale kann höchstens 2 Elektronen, die L-Schale 8 Elektronen, die M-Schale 18 Elektronen, die N-Schale 32 Elektronen aufnehmen. Innerhalb dieser Hauptschalen gibt es auch noch *Unterschalen*. Je nach dem Energiegehalt befinden sich die Elektronen auf einer dieser Schalen. Zwischen den Schalen können sich keine Elektronen aufhalten.

Die Elektronen auf der äußersten besetzten Schale bezeichnet man als *Valenzelektronen*. Sie bestimmen die elektrischen und chemischen Eigenschaften eines Stoffes. Jedes Valenzelektron kann ein Wasserstoffatom (einwertig) binden oder ersetzen. Es bildet eine *Wertigkeit*.

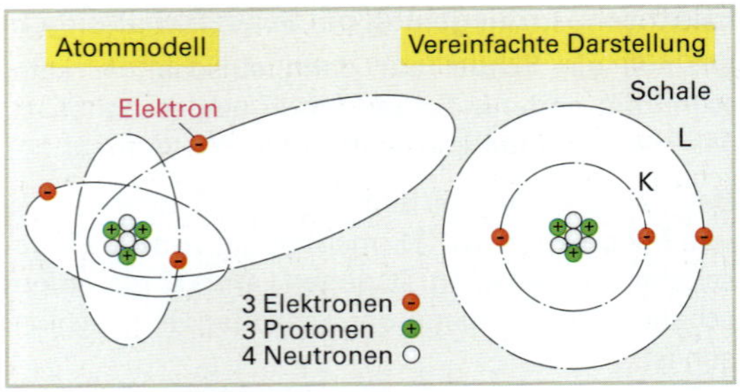

Bild 1: *Aufbau des Lithiumatoms*

> Die Wertigkeit gibt an, wie viele Wasserstoffatome gebunden oder ersetzt werden können.

Periodensystem

Alle Grundstoffe werden im Periodensystem der Elemente nach ihrer Elektronenzahl bzw. Protonenzahl geordnet (siehe Tabellenbuch Informationstechnik und Systemtechnik). Diese Zahl ist die *Ordnungszahl*. Die *Atommasse* wird in der atomaren Einheit u angegeben (u von unit = Einheit, $u = 1{,}66 \cdot 10^{-24}$ g).

> Atommassenzahl ≈ Protonenzahl + Neutronenzahl

Beispiel 1:

Ermitteln Sie für Aluminium mit der Ordnungszahl 13 und der Atommassenzahl 27 die a) Protonenzahl, b) Atommasse, c) Neutronenzahl.

Lösung:

a) Ordnungszahl 13 ⇒ Protonenzahl **13**

b) Atommasse = Atommassenzahl · u
$= 27 \cdot 1{,}66 \cdot 10^{-24}\,\text{g} = \mathbf{44{,}82 \cdot 10^{-24}\,g}$

c) Neutronenzahl ≈ Atommassenzahl – Protonenzahl
$= 27 - 13 = \mathbf{14}$

Die Gruppenzahlen I bis VII geben die Zahlen der Außenelektronen (Valenzelektronen) an. Alle Elemente in einer solchen Gruppenspalte haben ähnliche chemische Eigenschaften.

Von fast allen Grundstoffen gibt es *Isotope* (griech. iso = gleich; griech. topos = Ort; hier: im Periodensystem). Diese haben die gleiche Zahl von Elektronen und Protonen sowie gleiches chemisches Verhalten, aber eine unterschiedliche Zahl von Neutronen und damit unterschiedliche Massen. In der Natur kommen die Grundstoffe als Mischungen solcher Isotope vor, sodass ihre durchschnittliche Atommassenzahl nicht ganzzahlig ist.

Bindungen

Die Außenschale eines Atoms kann höchstens acht Elektronen aufnehmen, dann ist sie voll besetzt. Dies ist bei Edelgasen der Fall. Edelgase gehen deshalb keine chemischen Bindungen ein. Grundstoffe, deren Außenschale mit weniger als acht Elektronen besetzt ist, streben Vollbesetzung an und können so Bindungen eingehen. Sind in der Außenschale höchstens vier Elektronen, so versuchen diese Grundstoffe die Außenelektronen abzugeben und werden dadurch zu positiven Ionen. Sie haben metallische Eigenschaften. Grundstoffe mit 5, 6 oder 7 Elektronen in der Außenschale versuchen dagegen noch zusätzliche Elektronen aufzunehmen, um die Außenschale voll zu besetzen. Sie werden zu negativen Ionen und haben nichtmetallische Eigenschaften.

Chemische Verbindungen werden in abgekürzter Schreibweise als Formeln dargestellt. Bei der *Summenformel*, z.B. H_2O, werden die chemischen Symbole der Grundstoffe nebeneinandergeschrieben. Die als Indizes geschriebenen Zahlen hinter den Symbolen geben das Zahlenverhältnis der Teilchen in einer Elementargruppe, z.B. einem Molekül, an. Außerdem gibt es *Strukturformeln,* z.B. H-O-H und *Elektronenformeln,* z.B. $H\cdot + H\cdot \rightarrow H:H$. Der chemische Vorgang (Reaktion) bei der Entstehung der chemischen Verbindung wird durch die *Reaktionsgleichung* veranschaulicht. Die Zahl vor dem chemischen Symbol gibt die Zahl der Elementargruppen an, z.B. $2H_2 + O_2 \rightarrow 2H_2O$.

Bei der **Ionenbindung** zwischen Metallen und Nichtmetallen, z.B. zwischen Natrium und Chlor zu Kochsalz **(Bild 1),** gibt das Metallatom Außenelektronen an das Nichtmetallatom ab. Die so entstehenden positiven Metallionen ziehen die negativen Nichtmetallionen an und binden sie.

Bei der Ionenbindung ziehen sich unterschiedlich geladene Ionen an.

Bei der **Atombindung** gelangen zwei Atome so nahe zusammen, dass sich die Bahnen von je einem Valenzelektron der benachbarten Atome kreuzen. Dieses Elektronenpaar wird dann von beiden Atomkernen angezogen **(Bild 2).**

Bei der Atombindung entsteht durch gemeinsame Elektronenpaare benachbarter Atome eine chemische Bindung zu einem elektrisch neutralen Molekül.

Liegt der Ladungsschwerpunkt einer Atombindung in der Mitte zwischen den Atomkernen, z.B. bei Bindung gleichartiger Atome (Bild 2), so spricht man von einer *nicht polarisierten Atombindung.* Ist das Bindungselektronenpaar bei der Bindung verschiedenartiger Atome, z.B. H und Cl (Bild 2), mehr zur Seite des größeren Kerns verschoben, so wird infolge der Ladungsverschiebung das Molekül polarisiert. Durch diese *polarisierte Atombindung* entstehen Molekulardipole.

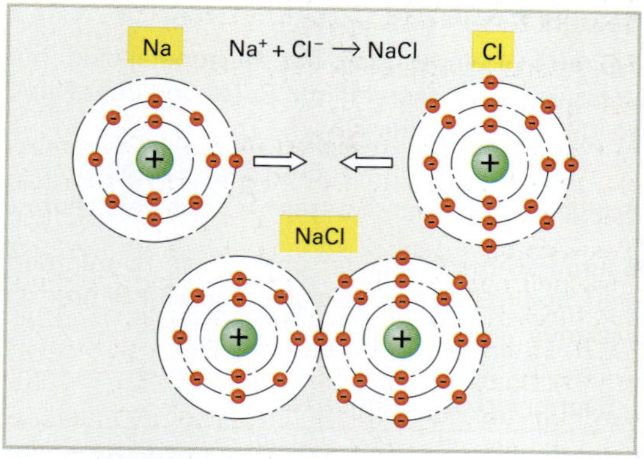

Bild 1: Ionenbindung

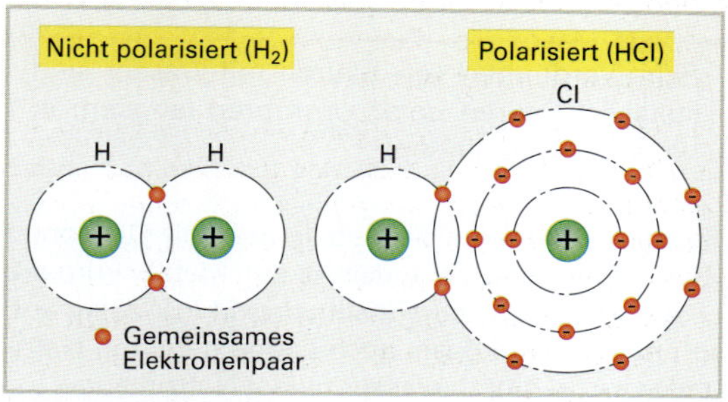

Bild 2: Atombindung

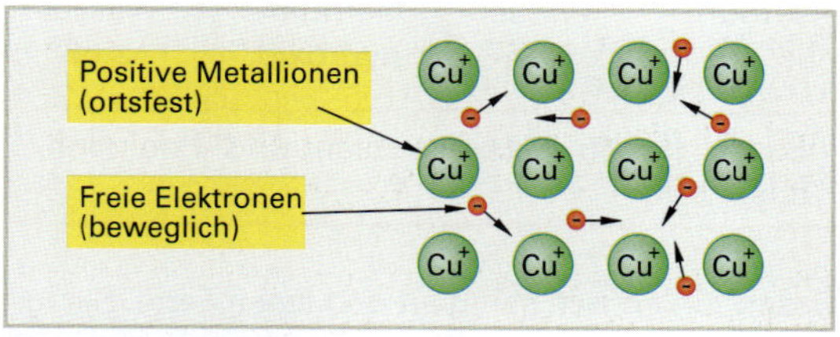

Bild 3: Metallbindung

Ordnen sich Atome, Ionen oder Moleküle regelmäßig zu räumlichen Gittern an, so bezeichnet man diese Anordnungen als *Kristalle.*

Bei der **Metallbindung** sind die Atome sehr dicht zu einem Metallgitter zusammengepackt **(Bild 3).** Infolge der dichten Anordnung können sich Außenelektronen von den Atomen lösen und innerhalb des von den unbeweglichen positiven Metallionen gebildeten Metallgitters frei bewegen. Diese Elektronen sind die Ursache für die gute elektrische Leitfähigkeit und Wärmeleitfähigkeit.

Bei der Metallbindung sind im Metallgitter frei bewegliche Elektronen vorhanden.

Säuren, Basen und Salze

Säuren. Verbindet sich ein Nichtmetalloxid mit Wasser oder Wasserstoff mit Chlor, Jod oder Fluor, so entsteht eine Säure.

SO_3	+	H_2O	→	H_2SO_4
Schwefeltrioxid		Wasser		Schwefelsäure

Säuren schmecken sauer und wirken konzentriert stark ätzend. Ein *Indikator* (Anzeiger) für Säuren ist Lackmus.

> Säuren färben Lackmus rot.

Wichtige Säuren sind Schwefelsäure, Salzsäure, Salpetersäure, Essigsäure und Kohlensäure.

> Beim Verdünnen von Säuren mit Wasser sind stets die Säuren unter Umrühren langsam in das Wasser zu gießen.

Basen. Verbinden sich Metallionen mit OH^--Ionen (Hydroxidionen), so entsteht ein Metallhydroxid. Löst sich ein solches Metallhydroxid in Wasser auf, so entsteht eine Base, auch Lauge genannt. Natriumhydroxid gibt in Wasser gelöst Natronlauge.

2 Na	+	2 H_2O	→	2 NaOH	+	$H_2\uparrow$
Natrium		Wasser		Natrium-hydroxid		Wasser-stoff

> Basen färben Lackmus blau und Phenolphtalein rot.

Basen fühlen sich seifig an und lösen Fette. Sie leiten den elektrischen Strom und wirken konzentriert stark ätzend.

> Augen und Hände sind beim Umgang mit Basen und Säuren besonders zu schützen. Schutzbrille tragen und Augenspülmittel bereithalten.

Salze sind Verbindungen aus Metallionen und Säureresten. Sie entstehen, wenn der Wasserstoff eines Säuremoleküls durch Metall ersetzt wird.

CuO	+	2 HCl	⇒	$CuCl_2$	+	H_2O
Kupferoxid		Salzsäure		Kupfer(II)chlorid		Wasser

Die Salze der Salzsäure heißen Chloride, die der Salpetersäure Nitrate, die der Schwefelsäure Sulfate, die der Phosphorsäure Phosphate und die Salze der Kohlensäure heißen Carbonate.

> Säuren, Basen und Salze sind in wässriger Lösung elektrisch leitend.

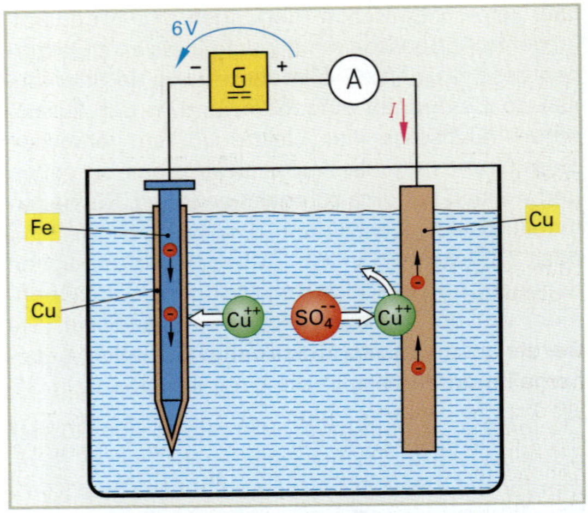

Bild 1: Stromdurchgang durch Kupfersulfatlösung

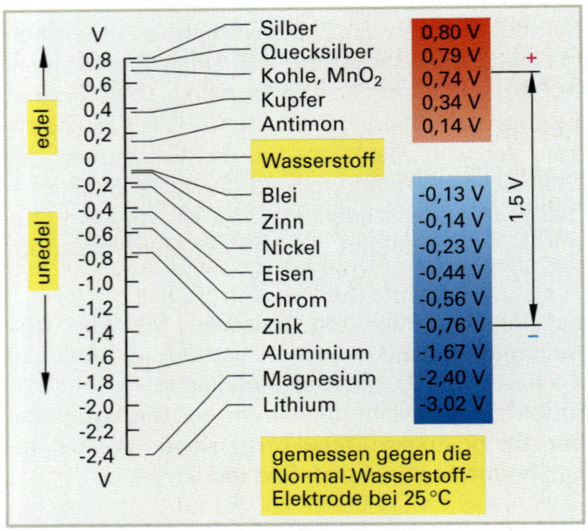

Bild 2: Elektrochemische Spannungsreihe

1.9.2 Elektrochemie

Chemisch reines Wasser ist ein Nichtleiter. Bei Auflösung des Salzes $CuSO_4$ (Kupfersulfat) in Wasser wird das Salz in positiv geladene Teilchen Cu^{++} und negativ geladene Teilchen SO_4^{--} gespalten **(Bild 1)**.

Die geladenen Teilchen (Ionen) sind in der Lösung beweglich und können den Ladungstransport übernehmen. Die Lösung wird leitfähig. Gleiche Wirkung haben andere in Wasser gelöste Salze.

> Elektrisch leitende, nicht metallische Flüssigkeiten bezeichnet man als Elektrolyte.

Primärelemente

Durch die ladungstrennende Wirkung elektrolytischer Elemente entsteht eine elektrische Spannung, die vom Werkstoff der Elektroden sowie von der Art und von der Konzentration des Elektrolyten abhängt.

Tabelle 1: Elektrochemische Systeme der Primärelemente					
Positive Elektrode	Mangandioxid (MnO_2)	Mangandioxid (MnO_2)	Quecksilberoxid	Silberoxid	Silberchromat
Negative Elektrode	Zink	Zink (Pulver)	Zink (Pulver)	Zink (Pulver)	Lithium
Elektrolyt	leicht sauer (Chloridlösung)	alkalisch (Kalilauge)	alkalisch	alkalisch	anorganisch oder organisch (z.B. Thionylchlorid)
Bemessungs-spannung je Zelle	1,5 V	1,5 V	1,35 V	1,5 V	3 V

Die elektrochemische Spannungsreihe **(Bild 2, vorhergehende Seite)** gibt die Urspannungen an, die Werkstoffe gegen eine Wasserstoff-Elektrode haben. Der Werkstoff, der in der Spannungsreihe den höheren positiven Wert hat, ist der Pluspol. Der Minuspol ist „unedel", geht bei Stromfluss in Lösung und wird verbraucht.

Primärelemente (Zellen, Batterien) sind nicht wieder aufladbar. Primärelemente können verschiedene elektrochemische Systeme haben **(Tabelle 1)**.

Akkumulatoren

Akkumulatoren (lat. accumulare = anhäufen, sammeln), auch Sekundärelemente genannt, können wieder geladen werden. Bei der Ladung werden die chemischen Vorgänge gegenüber der Entladung umgekehrt **(Bild 1)**. Die Speicherfähigkeit von Akkumulatoren, die Kapazität, wird in Ah oder mAh angegeben.

Bleiakkumulator

Der Bleiakkumulator hat im geladenen Zustand Elektroden aus Blei und Bleioxid sowie verdünnte Schwefelsäure als Elektrolyt, die auch als Gel eingedickt sein kann (Bild 1). Bleiakkumulatoren haben 2 V Zellenspannung, eine hohe Strombelastbarkeit, hohe Wirtschaftlichkeit und gute Recycelbarkeit ihrer Elektroden. Sie dienen z.B. als Starterbatterien in Kraftfahrzeugen und zur stationären Notstromversorgung.

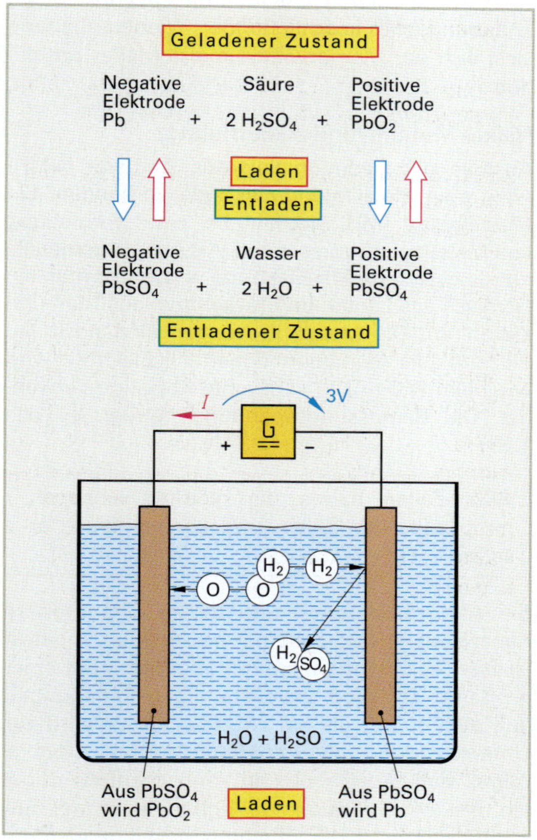

Bild 1: Laden und Entladen beim Bleiakkumulator

Nickel-Cadmium-Akkumulator

Ein NiCd-Akkumulator besteht im geladenen Zustand aus der positiven Nickelhydroxid-Elektrode, der negativen Cadmium-Elektrode und verdünnter Kalilauge als Elektrolyt. Die Zellenspannung beträgt 1,2 V **(Tabelle 1, folgende Seite)**.

NiCd-Akkumulatoren sind robust, für große Entladeströme geeignet und auch in entladenem Zustand lange lagerfähig. Nachteilig sind die Umweltschädlichkeit des Schwermetalls Cadmium und der so genannte Memoryeffekt **(Bild 2)**.

> Der Memoryeffekt bewirkt eine Verringerung der Kapazität von NiCd-Akkumulatoren infolge wiederholter unvollständiger Entladung.

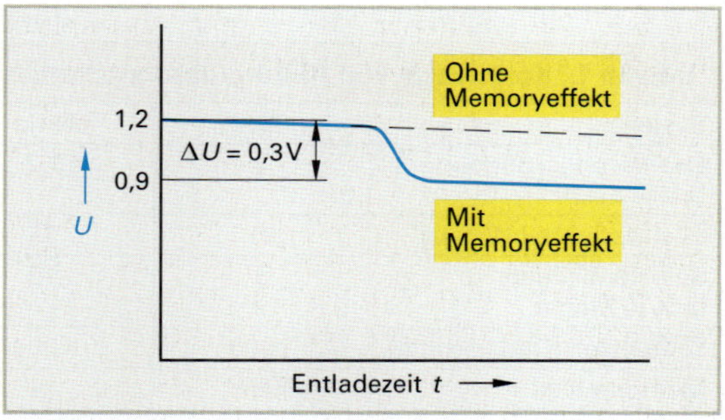

Bild 2: Entladekurve eines NiCd-Akkumulators mit Memoryeffekt

Die Zelle scheint sich an die unvollständige Entladung zu „erinnern" (memory = Erinnerung). Ursache dafür ist eine strukturelle Veränderung des längere Zeit nicht gebrauchten Cadmiums auf der negativen Elektrode. Dadurch erhöht sich ab einem bestimmten Endladezustand der Innenwiderstand.

Durch den plötzlich zunehmenden Innenwiderstand geht die Ausgangsspannung um 0,2 V bis 0,3 V zurück (Bild 2, vorhergehende Seite). Dadurch entsteht der Eindruck, als ob der Akkumulator vorzeitig leer sei. Durch eine mehrmalige vollständige Entladung mit anschließender Wiederaufladung lässt sich der Memoryeffekt meist wieder beseitigen.

Nickel-Metallhydrid-Akkumulator

Anstelle der Cadmiumelektrode ist beim NiMH-Akku eine Metallhydrid-Elektrode vorhanden. Ein Metallhydrid (MH) entsteht bei einer Verbindung von Metallen mit Wasserstoff. Als Ausgangsmetalle für die gesinterte MH-Elektrode verwendet man ein Gemisch aus Lantan und Nickel bzw. aus Titan und Zirkonium. Die Metallmischungen sind noch mit Silicium oder Aluminium dotiert. Als Elektrolyt wird wie beim NiCd-Akku verdünnte Kalilauge verwendet. Die Bemessungsspannung beträgt je Zelle 1,2 V.

NiMH-Zellen haben die gleiche Nennspannung wie NiCd-Zellen und können diese ersetzen.

Sie sind cadmiumfrei und haben eine größere Kapazität als NiCd-Zellen. Eine Art Memoryeffekt ist zwar auch vorhanden, tritt aber erst nach einer größeren Zahl von unvollständigen Entladungen auf, also später als bei NiCd-Zellen. Er wird zur Unterscheidung als Lazy-Batterie-Effekt (lazy = träge, faul) bezeichnet und kann ebenfalls durch ein bis zwei vollständige Entladungen mit anschließender Wiederaufladung beseitigt werden. Ein Nachteil ist die große Selbstentladung der NiMH-Zellen bei Nichtgebrauch.

Alkali-Mangan-Zelle

Die Alkali-Mn-Zelle ist als Primärelement bekannt. Durch eine besondere Technologie können entsprechend gekennzeichnete Zellen (RAM, von **R**echargeable **A**lkaline **M**anganese = wiederaufladbares Alkali-Mangan-System) wieder aufgeladen werden.

Im Vergleich zu NiCd-Zellen haben Alkali-Mangan-Zellen eine höhere Spannung von 1,5 V, zeigen keinen Memoryeffekt und haben eine sehr geringe Selbstentladung (Tabelle 1).

Zur Aufladung sind besondere Ladegeräte mit konstanter Ladespannung von 1,65 V erforderlich. Die Zahl der Ladezyklen ist kleiner als bei den anderen Akkumulatorsystemen.

Lithium-Ionen-Akkumulator

Beim Li-Ionen-Akku werden Lithium-Ionen in die Struktur der Elektroden eingelagert und ausgelagert. Die positive Elektrode besteht aus einem Metalloxid mit Lithiumanteilen, z.B. Mangandioxid oder Vanadiumpentoxid, die negative Elektrode aus Kohlenstoff mit Lithium. Auch der feste organische Elektrolyt enthält Lithiumsalze.

Die Bemessungsspannung beträgt 3,4 V bis 3,7 V je Zelle (Tabelle 1). Ein Memoryeffekt ist nicht vorhanden. Die Selbstentladung ist gering. Es sind Ladegeräte erforderlich, die entsprechend der Ladekennlinie aufladen.

Li-Ionen-Akkus werden z.B. in tragbaren Computern und Mobiltelefonen verwendet.

Li-Ionen-Akkumulatoren haben die größte Energiedichte aller Akkumulatorsysteme, d.h. bei gleicher Baugröße besitzen sie die größte Kapazität.

Bei unsachgemäßer Aufladung können Li-Ionen-Akkumulatoren explodieren oder zu brennen anfangen.

Tabelle 1: Kennwerte von Akkumulatorsystemen

System	Blei	NiCd	NiMH	Alkali-Mangan	Li-Ionen
Bemessungsspannung in V je Zelle	2	1,2	1,2	1,5	3,7
Energiedichte in Wh/kg	25	35	60	70	125
Selbstentladung in % je Monat	6	15	25 bis 30	0,5	5
Ladezyklen (Durchschnitt)	1000	1000	800	25	800
Memoryeffekt	nein	ja	nein, aber Lazy-Battery-Effekt	nein	nein
Umweltproblematik	ja	ja	wenig	nein	nein

1.9.3 Korrosion

Bei der *chemischen Korrosion* (lat. corrodere = zernagen) entstehen durch einwirkende Stoffe, z.B. Sauerstoff, chemische Verbindungen der Metalle. Diese bilden an der Metalloberfläche eine Schicht. Ist diese Schicht porenfrei und wasserunlöslich, so wirkt sie als schützende Haut, z.B. Aluminiumoxid auf Aluminium. Die Korrosion kommt dann zum Stillstand. Ist die Schicht aber durchlässig, wasserlöslich oder gar Wasser anziehend, wie z.B. Rost, so beschleunigt sie die Korrosion.

Bei der *elektrochemischen Korrosion* bewirkt ein elektrischer Strom die Auflösung eines Metalls. Es entstehen ähnliche Vorgänge wie im Inneren eines galvanischen Elements. Man unterscheidet elektrochemische Korrosion durch Elementbildung und durch Streuströme.

Gelangt zwischen zwei verschiedene Metalle ein Elektrolyt, z.B. Salzwasser, so entsteht ein galvanisches Element. Sind die beiden Metalle auch elektrisch miteinander verbunden, z.B. durch Berührung (Berührungskorrosion, Kontaktkorrosion), so fließt ein Korrosionsstrom **(Bild 1)**.

Bei elektrochemischer Korrosion korrodiert stets das Metall an der Austrittsstelle des Stromes zum Elektrolyten.

Bei der *Berührungskorrosion* (Bild 1) lösen sich Ionen vom unedleren Metall und wandern durch den Elektrolyten zum edleren Metall. Das unedlere Metall wird zerstört. Die Korrosion ist umso stärker, je weiter die beiden Metalle in der elektrochemischen Spannungsreihe auseinanderliegen und je wirksamer der Elektrolyt ist.

Auch innerhalb eines Metallgefüges können sich galvanische Elemente bilden, wenn das Metall keinen einheitlichen Kristallaufbau hat. So sind z.B. im Stahl Ferritkristalle (Fe) und Eisencarbidkristalle (Fe_3C) nebeneinander vorhanden **(Bild 2)**.

Die *Streustromkorrosion* tritt auf, wenn ein Gleichstrom den vorgesehenen Stromkreis verlässt oder über einen Elektrolyten einen Streustrom bildet. Sie zerstört jedes Metall an der Stromaustrittsstelle.

ℹ Korrosion zerstört Werkstoffe.

Korrosionsschutz wird dadurch erreicht, dass

- sich kein Elektrolyt ansammelt oder
- sich verschiedene Metalle nicht berühren oder
- die verschiedenen Metalle in der Spannungsreihe dicht beieinanderliegen oder
- die Metalle gegen den Elektrolyten isoliert sind.

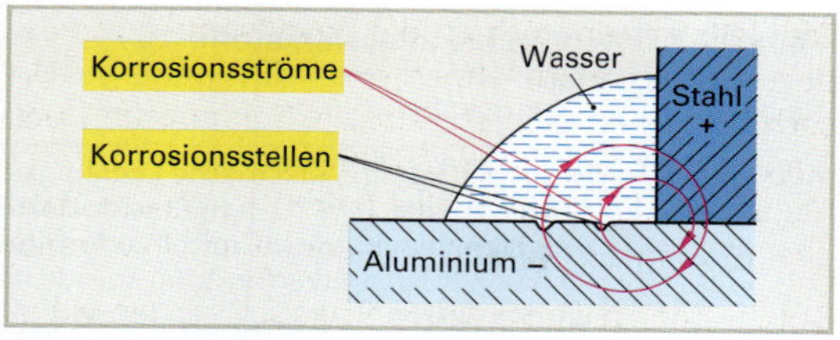

Bild 1: Berührungskorrosion

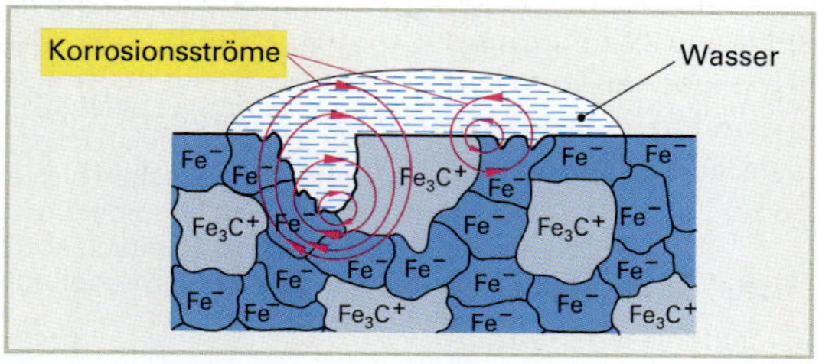

Bild 2: Korrosion im Kristallgefüge

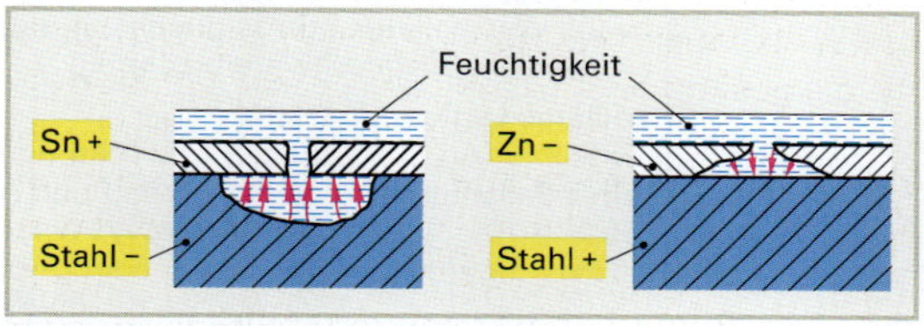

Bild 3: Metallüberzüge mit Riss

Dazu dienen säurefreie Fettschichten, Farb- und Lackaufträge, Emailleschichten und Kunststoffüberzüge, z.B. durch Aufblasen von Kunststoffpulver auf ein erhitztes Werkstück (Wirbelsintern).

Auch Metallüberzüge schützen vor Korrosion **(Bild 3)**. Ist das Überzugsmetall edler als das Grundmetall, so wirkt der Schutz nur, solange der Überzug nicht verletzt ist. Sonst wird das Grundmetall aufgelöst. Ist dagegen das Überzugsmetall unedler als das Grundmetall, so besteht auch nach Verletzung des Überzugs ein Schutz. Im Laufe der Zeit löst sich jedoch der Überzug auf.

Wiederholung und Vertiefung

1. **Was gibt die Wertigkeit eines Stoffes an?**
2. **Nennen Sie chemische Bindungsarten.**
3. **Erklären Sie die Ursache für die gute elektrische Leitfähigkeit von Metallen.**
4. **Wie heißen die Ladungsträger in Elektrolyten?**
5. **Wovon hängt die Spannung eines Primärelements ab?**
6. **Was versteht man unter dem Memoryeffekt einer NiCd-Zelle?**
7. **Wie kann man den Memoryeffekt beseitigen?**
8. **Welches Akkumulatorsystem hat die größte Energiedichte?**
9. **Vergleichen Sie die Kennwerte einer NiCd-Zelle und einer wiederaufladbaren Alkali-Mangan-Zelle.**
10. **Welche Möglichkeiten für Korrosionsschutz gibt es?**

Tabelle 1: Wichtigste Leiterwerkstoffe

Werkstoff	Eigenschaften	Anwendung
Kupfer Cu	Dichte 8,9 kg/dm³, elektrische Leitfähigkeit 56 m/(Ωmm²), Schmelzpunkt 1085 °C, zweitbester elektrischer Leiter und Wärmeleiter, weich, leicht verformbar, schlecht zerspanbar. Nach Kaltverformung spröde, nach Glühen wieder weich. In feuchter Luft bildet sich eine Patinaschicht, die vor weiterer Korrosion schützt. Bei Schwefeleinwirkung, z.B. durch Gummiisolierung, muss Kupfer durch Verzinnen geschützt sein. Kupferverbindungen sind giftig.	E-Kupfer als Leiter in Leitungen, Wicklungen, Mikroprozessoren und gedruckten Schaltungen. Als Schaltdraht und Stromschiene. Als Wärmeleiter, z.B. Kühlkörper für Halbleiter, Lötkolben, Kühlrohre. Für Kontakte, z.B. in Walzenschaltern. Zum Plattieren (Aufwalzen), z.B. auf Aluminium. In Kupferlegierungen.
Aluminium Al	Dichte 2,7 kg/dm³, elektrische Leitfähigkeit 36 m/(Ωmm²), Schmelzpunkt 658 °C, guter elektrischer Leiter und guter Wärmeleiter. Aluminium überzieht sich an der Luft mit dichter, elektrisch schlecht leitender Oxidschicht, die vor weiterer Korrosion schützt; dadurch korrosionsbeständig. Geringe Zugfestigkeit, kerbempfindlich, wird von schwachen Laugen angegriffen.	Als Leiter für Stromschienen, Freileitungen und in integrierten Schaltkreisen. Als Kabelmantel, Kondensatorfolie, Bleche für Gehäuse, Antennen und Kühlkörper. Für elektrische Abschirmung und magnetische Wirbelstromabschirmung sowie Wirbelstromdämpfung.
Silber Ag	Dichte 10,5 kg/dm³, elektrische Leitfähigkeit 60 m/(Ωmm²), Schmelzpunkt 960 °C, bester elektrischer Leiter und bester Wärmeleiter, korrosionsbeständig, weich, leitende Oxidschicht, nicht schwefelbeständig. Wichtige Legierungen sind Hartsilber (Ag, 3 % Cu): hart und lichtbogenfest. Silber-Palladium (Ag, 30 % Pd): hart und schwefelbeständig.	Als Leiter in der HF-Technik. Für Kontakte. Relaiskontakt, Schützkontakt, Kontaktbimetall.
Gold Au	Dichte 19,3 kg/dm³, elektrische Leitfähigkeit 46 m/(Ωmm²), Schmelzpunkt 1063 °C, chemisch beständig, weich.	Für Kontakte und Anschlussdrähte in integrierten Schaltungen.
Kupfer-Zink-Legierungen (Messing)	Dichte etwa 8,6 kg/dm³, elektrische Leitfähigkeit etwa 15 m/(Ωmm²), größere Zugfestigkeit als Kupfer, 56 % bis 95 % Cu, z.B. CuZn 37 (37 % Zn, Rest Cu), große Zähigkeit. Lässt sich weichlöten und hartlöten.	Für Ösen, Schrauben, Klemmen, Nieten, Fassungen, Schaltkontakte in Schaltern. Profile, Armaturen, Bleche.

1.9.4 Leiterwerkstoffe

Die Nichteisenwerkstoffe werden in Leichtmetalle (Dichte ϱ < 5 kg/dm³) und Schwermetalle ($\varrho \geq$ 5 kg/dm³) eingeteilt. Eine besondere Bedeutung haben in der Elektrotechnik und Elektronik die Leiterwerkstoffe **(Tabelle 1)**. Da geringe Verunreinigungen ihre Leitfähigkeit stark herabsetzen, müssen sie äußerst rein hergestellt werden, z.B. E-Kupfer (ursprünglich als Elektrolytkupfer hergestellt) mit 99,9 % Cu, Reinaluminium mit 99,5 % Al.

1.9.5 Leitungen der Energietechnik

Man unterscheidet Leitungen für feste Verlegung und flexible Leitungen für ortsveränderliche Geräte. Die Adern der Leitungen haben festgelegte Kennfarben.

> Die grüngelb gekennzeichnete Ader darf nur als Schutzleiter PE und als PEN-Leiter verwendet werden.

Die Leiterfarbe Hellblau ist für *Neutralleiter* N vorgesehen. Für *Außenleiter* werden meist die Leiterfarben Schwarz und Braun verwendet. Nicht harmonisierte Starkstromleitungen haben ein anderes Bezeichnungsschema (siehe Tabellenbuch).

Harmonisierte Installationsleitungen **(Tabelle 1, folgende Seite)** garantieren einheitliche Prüfbedingungen und sind durch die Prägung ◁VDE▷ ◁HAR▷ oder durch einen Kennfaden mit der Farbfolge Schwarz-Rot-Gelb gekennzeichnet. Der VDE-Kennfaden ist schwarz-rot.

Installationsleitungen werden nach Art der Verlegung, Raumart, Beanspruchung und Anwendung ausgewählt **(Tabelle 2, folgende Seite)**.

Mehrdrähtige und feindrähtige Leitungen werden mit Adernendhülsen versehen und danach erst an eine Schraubverbindung angeschlossen. Die Leiterenden dürfen nicht verlötet sein.

Elektrische Leitungen dürfen bei normalem Betrieb und im Fehlerfall kein Feuer verursachen. Sind bei besonderem Brandrisiko die Leitungen nicht vollständig in Beton oder Putz eingebettet oder anderweitig vor Feuer geschützt, so müssen sie schwer entflammbare Eigenschaften nach DIN EN 50 265-2 aufweisen.

In Anlagen mit hohem Risiko der Flammenausbreitung sind halogenfreie Leitungen mit verbessertem Verhalten im Brandfall zu verwenden, z.B. NHMH, H07Z-U.

Tabelle 1: Bezeichnungsschema für harmonisierte Installationsleitungen

H Bestimmung	07 Bemessungs-spannung U_0/U	R Isolierwerkstoff	N Mantelwerkstoff	F Aufbau	2 X 1,5 Aderzahl/Schutz-leiter/Querschnitt
H harmonisierte Bestimmung A anerkannter nationaler Typ	01 100 V/100 V 03 300 V/300 V 05 300 V/500 V 07 450 V/750 V U_0 größtmögliche Spannung gegen Erde U größtmögliche Spannung gegen anderen Leiter	V PVC S Silikon-Kautschuk R Naturkautschuk und/oder Styrol-Butadien-Kautschuk	V PVC N Polychloropren-Kautschuk R Naturkautschuk und/oder Styrol-Butadien-Kautschuk J Glasfaser-geflecht T Textilgeflecht	U eindrähtig R mehrdrähtig F feindrähtig bei flexiblen Leitungen H feinstdrähtig bei flexiblen Leitungen K feindrähtig bei Leitungen für feste Verlegung Y Lahnlitze	Zahl Aderzahl X ohne Schutzleiter G mit Schutzleiter Zahl Bemessungsquerschnitt des Leiters

H07RN-F 2 X 1,5 ist eine harmonisierte Gummischlauchleitung für 450 V Bemessungsspannung gegen Erde und 750 V Bemessungsspannung gegen andere Leiter mit Naturkautschuk-Adernisolierung und Kautschukmantel, 2 Adern ohne Schutzleiter mit je 1,5 mm² Bemessungsquerschnitt.

Tabelle 2: Wichtige Installationsleitungen

Art, Kurzzeichen	Aufbau	Anwendung
Aderleitungen (Verdrahtungsleitungen) H07V-U H07V-R H07V-K	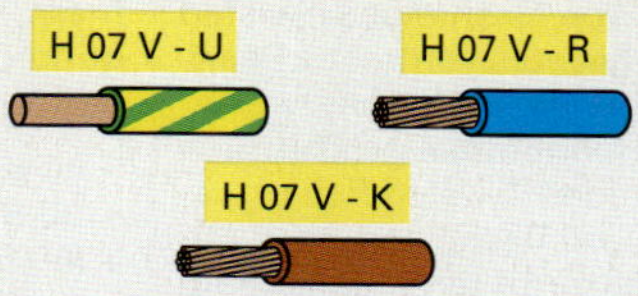	Werden in Rohren sowie in und an Leuchten verlegt. Weitere Verwendung zur inneren Verdrahtung von Geräten. Bemessungsspannungen: 450 V gegen Erde, 750 V Außenleiterspannung.
Mantelleitung NYM (PVC-Mantelleitung)	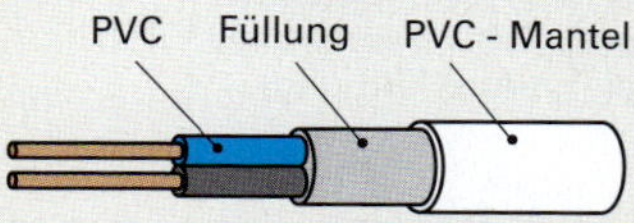	Zum Verlegen in allen Räumen über, auf, in und unter Putz sowie in Leitungskanälen und in Installationsrohren. Auch im Freien, allerdings nicht ungeschützt im Erdboden.
Stegleitung NYIF (PVC-Flachleitung)	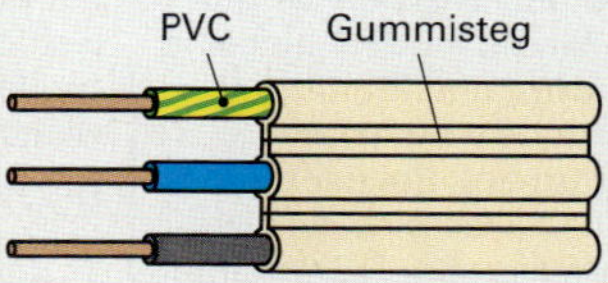	Nur für Verlegung in Putz oder unter Putz in trockenen Räumen. Darf nicht auf Metall, auf Holz, in Holzhäusern und in Hohlräumen verlegt werden.
Gummischlauchleitung H07RN-F	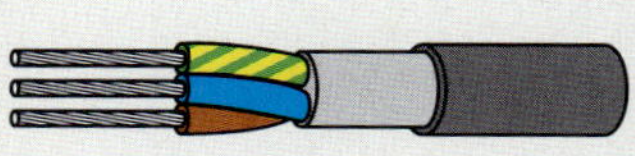	Bei geringer mechanischer Beanspruchung. Bemessungsspannungen: 450 V gegen Erde, 750 V Außenleiterspannung. Als flexible Anschlussleitung sowie zur festen Verlegung in Möbeln, Stellwänden und Hohlräumen von Fertigbauteilen.

1.9.6 Leitungen der Kommunikationstechnik

In der Kommunikationstechnik werden Leitungen mit verdrillten Kupferaderpaaren (Twisted-Pair-Leitungen) für kurze Signalwege, Lichtwellenleitungen (LWL) für lange Signalwege und in älteren Anlagen Koaxialleitungen verwendet **(Tabelle 1, folgende Seite)**.

Die Leitungen für Bus-Systeme werden je nach geforderter Übertragungsgeschwindigkeit in Klassen eingeteilt. Davon hängt auch die maximal zulässige Leitungslänge ab.

Die in der Kommunikationstechnik verwendeten Leitungen sind nach DIN EN 50173 entsprechend der übertragbaren Bandbreite in die Klassen A bis F bzw. nach DIN 44312-5 in die Kategorien 1 bis 5 eingeteilt **(Tabelle 2, folgende Seite)**.

In DIN 44312-5 sind außerdem noch die Kategorien 6 und 7 festgelegt.

Bei Übertragungsraten bis 100 Mbit/s, d.h. bei Übertragungsfrequenzen bis 100 MHz, werden Anforderungen der Klasse D (Kategorie 5) gestellt, z.B. für die Vernetzung von Endgeräten in Büro-

und Verwaltungsgebäuden. Bei Hochleistungsnetzen mit Frequenzen bis 250 MHz werden Anforderungen der Klasse E (Kategorie 6) und bis 600 MHz Anforderungen der Klasse F (Kategorie 7) gestellt.

> ℹ Leitungen der Kommunikationstechnik sind in die Kategorien 1 bis 7 eingeteilt. Je höher die Kategorie, umso größer ist die übertragbare Bandbreite.

Der Leitungsaußenmantel muss entsprechend dem Einsatz nach VDE 0472, Teil 804, flammwidrig, hoch flammwidrig bzw. selbstlöschend sein.

Lichtwellenleitungen (Tabelle 1) gibt es mit Leitern aus Acrylglas oder aus Quarzglas. Die Signalübertragung erfolgt durch Licht oder IR-Strahlung.

Tabelle 2: Einteilung von Leitungen der Kommunikationstechnik

Klasse	Kategorie	Bandbreite	Verwendung
A	1	100 kHz	für Sprachübertragung, z.B. als Telefonleitung
B	2	1 MHz	für ISDN und LAN, z.B. als moderne Telefonleitung
C	3	16 MHz	für LAN
–	4	20 MHz	für LAN
D	5	100 MHz	für LAN, z.B. zur Vernetzung von Endgeräten
E	6	300 MHz	für Hochgeschwindigkeits-LAN, z.B. als STP- oder S/STP-Leitung
F	7	600 MHz	für Hochgeschwindigkeits-LAN, z.B. S/STP-Leitung

Tabelle 1: Wichtige Leitungen der Kommunikationstechnik

Art	Aufbau	Bemerkungen, Kennzeichnungen
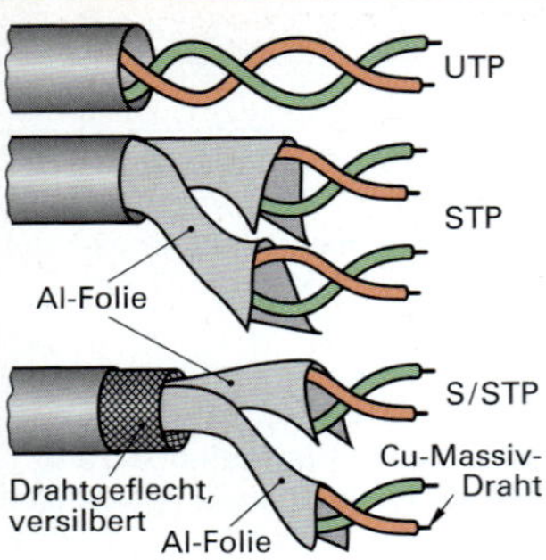 **Twisted-Pair-Leitungen**	Die Leitung besteht meist aus zwei oder mehreren verdrillten Doppeladern. Diese sind entweder ungeschirmt (UTP, von Unshielded Twisted Pair = ungeschirmtes verdrilltes Paar), wie Telefonleitungen, oder paarweise mit einer Aluminiumfolie geschirmt (STP von Shielded Twisted Pair = geschirmtes verdrilltes Paar) oder paarweise geschirmt mit zusätzlichem Gesamtschirm (S/STP von Screened Shielded Twisted Pair = geschirmtes verdrilltes Paar mit Abschirmung).	Für Punkt-zu-Punkt-Verbindungen, z.B. vom Switch (Vermittlungsstation, to switch = schalten) zu den Teilnehmern, für Halbduplex-Datenübertragung die Doppelader. Bezeichnungen (Beispiele): 10 Base-T, für 10 Mbit/s 100 Base-T, für 100 Mbit/s 1 000 Base-T, für 1 000 Mbit/s Leitungslängen: ≤ 25 m bis ≤ 100 m.
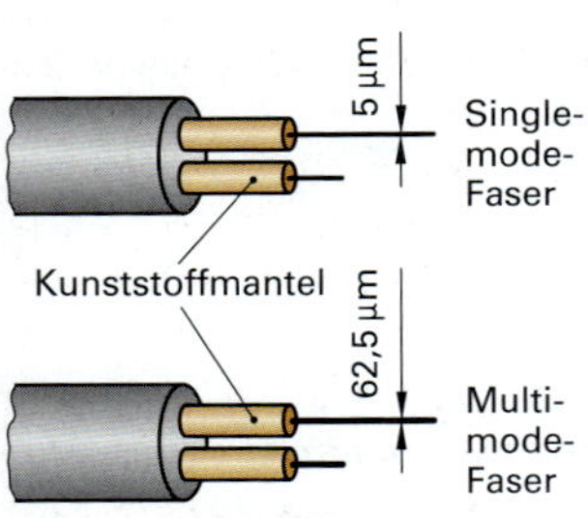 **Lichtwellenleitungen (LWL)**	Man unterscheidet zwischen Singlemode-Fasern (single mode = einfache Erscheinungsform) und Multimode-Fasern (multi mode = mehrfache Erscheinungsformen). Bei der dünneren Singlemode-Faser wird die Lichtwelle ohne Reflexion am Fasermantel übertragen. Bei der Multimode-Faser gibt es Vielfachreflexionen.	Für Punkt-zu-Punkt-Verbindungen bei Halbduplexübertragung je Faser, z.B. für Verbindungen von Switch zu Switch. Bezeichnungen (Beispiele): 100 Base-FL, für 100 Mbit/s 1 000 Base-FX, für 1 000 Mbit/s Leitungslängen: bis 3 000 m
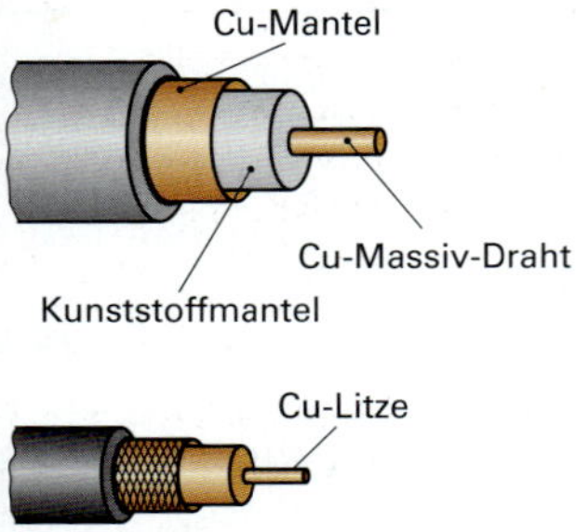 **Koaxialleitungen**	Als Koaxialleiter verwendet man entweder die dicke, gelbe Leitung (Thick-Wire-Ethernet) mit massivem Innendraht und Cu-Blechmantel oder die dünnere schwarze Leitung (Thin-Wire-Ethernet) mit Cu-Geflechtmantel und innerer Drahtlitze (cheapernet = billigeres Netz).	Für Busverbindungen mit mehreren Teilnehmern an einer Leitung. Bezeichnungen: 10-Base-5, für 10 Mbit/s und 500 m Leitungslänge (Thick Wire) 10-Base-2, für 10 Mbit/s und 185 m Leitungslänge (Thin Wire).

1.9.7 Lote und Flussmittel

Mit Loten können elektrisch gut leitende Verbindungen hergestellt werden. Lote sollen meist einen niedrigen Schmelzpunkt, einen möglichst direkten Übergang vom festen in den flüssigen Zustand, mechanische Festigkeit und eine zuverlässige elektrische Verbindung aufweisen. Lote mit einem Schmelzpunkt unter 450 °C bezeichnet man als *Weichlote*.

Zinn-Bleilegierungen haben gute mechanische und elektrische Eigenschaften, sie sind jedoch giftig **(Tabelle 1)**.

Blei und Bleilegierungen sind giftig.

Eine häufig verwendete Lotlegierung ist das Sickerlot. Es besteht aus 63 % Sn und 37 % Pb. Beim Überschreiten seines Schmelzpunktes von 183 °C geht die Legierung direkt vom festen in den flüssigen Zustand über und bei Temperaturrückgang wieder direkt in den festen Zustand. Die Lote S-Sn 63 Pb 37 E (S von Solder = Lot, E für Elektronikqualität), S-Sn 60 Pb oder auch S-Sn 60 Pb Ag werden in der Elektrotechnik und Elektronik als Lötdraht mit Kolophonium als Flussmittel verwendet.

Flussmittel lösen die Oxidschicht und schützen während des Lötvorgangs vor Oxidation der Lotpartikel und der Oberfläche.

Die wichtigsten Lötverfahren sind manuelles Löten sowie in Lötanlagen Reflow-Löten (von to reflow = zurückfließen) und Wellenlöten.

Die Temperatur der Lötstelle über dem Schmelzpunkt (Löt-Spitzentemperatur) soll bei Verwendung eines Sickerlots in Lötanlagen etwa 30 s bis 60 s anhalten **(Bild 1)**.

Der Lötvorgang besteht aus der Vorheizzeit, der Durchheizzeit, der eigentlichen Lötzeit und der Abkühlzeit.

Da Bleilegierungen giftig sind, sind diese nur noch für besondere Anwendungen zugelassen. Lote müssen den Bedingungen des RoHS entsprechen.

Die neuen bleifreien Weichlote verwenden zur Herabsetzung des Zinn-Schmelzpunktes von 232 °C ungiftige Stoffe wie Silber (Ag), Zink (Zn), Kupfer (Cu) und Wismut (Bi) als weitere Legierungsbestandteile **(Tabelle 2)**.

Lote mit einem Schmelzpunkt über 450 °C werden als *Hartlote* bezeichnet. Hartlote sind meist Kupfer-Zink-Legierungen oder Kupfer-Silber-Legierungen **(Tabelle 3)** und haben als Kurzzeichen B (von to braze = hartlöten).

Tabelle 1: Bleihaltige Weichlote (Auswahl)

Benennung	Sickerlot	Zinn-Blei-Lot
Kurzzeichen	S-Sn 63 Pb	S-Sn 60 PbAg
Zusammensetzung	63 % Sn; 37 % Pb	60 % Sn; 3 bis 4 % Ag; Rest Pb
Schmelzpunkt	183 °C	178 °C bis 180 °C
Verwendung	Verzinnen und Löten von Drähten und Bauelementen im Elektrogerätebau.	Verzinnen und Löten von Bauelementen in der Elektronik.

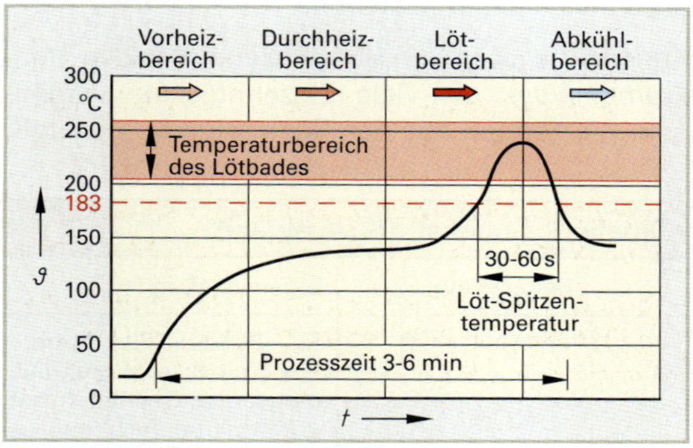

Bild 1: Temperatur beim Lötprozess

Nach EU-Richtlinien sind bleifreie Weichlote zu verwenden.

Tabelle 2: Bleifreie Weichlote (Biolote, Auswahl)

Benennung	Zinn-Silber-Lot	Zinn-Silber-Kupfer-Lot
Kurzzeichen	SnAg	SnAgCu
Zusammensetzung	96,5 % Sn; 3,5 % Ag	95,5 % Sn; 3,8 % Ag; 0,7 % Cu
Schmelzpunkt	221 °C	217 °C bis 219 °C
Verwendung	Manuelles Löten.	Löten oberflächenmontierbarer Bauelemente in Lötanlagen.

Tabelle 3: Hartlote (Auswahl)

Benennung	Silberlot	Messinglot
Kurzzeichen	B-Ag 40 Cd	B-Cu 59 Zn
Zusammensetzung	40 % Ag; 20 % Cd; 19 % Cu; Rest Zn	59 % Cu; Rest Zn
Schmelzpunkt	610 °C	880 °C
Verwendung	Löten von Kupfer, Stahl, Nickel und deren Legierungen.	Löten von Kupfer und Stahl.

1.9.8 Isolierstoffe

Der *Isolationswiderstand* wird bestimmt durch den *spezifischen Durchgangswiderstand* ϱ_D, d. h. dem Widerstand des Isolierstoffes von 1 cm² Querschnitt und 1 cm Dicke, sowie vom *Oberflächenwiderstand*. Letzterer wird von Feuchtigkeit und Verunreinigungen beeinflusst. Die Durchschlagfestigkeit E_d gibt an, bei welcher Sinusspannung je mm Isolierstoffdicke ein Durchschlag erfolgt. Der dielektrische Verlustfaktor tan δ ist ein Maß für die unerwünschten dielektrischen Energieverluste.

Man unterscheidet Naturstoffe und Kunststoffe, auch Plaste genannt **(Tabelle 1)**.

Kunststoffe bestehen aus Riesenmolekülen *(Makromoleküle)*, die viele Einzelmoleküle vereinigen. Sie können aus den Elementen Kohlenstoff, Wasserstoff, Sauerstoff, Stickstoff, Chlor, Fluor und Silicium gebildet werden. Ausgangsstoffe dafür sind Erdöl, Erdgas, Kohle, Kalk, Kochsalz, Wasser und Luft.

Kunststoffe können z. B. fadenförmig aufgebaute Makromoleküle haben. Sie werden *Plastomere* oder *Thermoplaste* genannt (Tabelle 1). *Duromere (Duroplaste)* haben engvermaschte Makromoleküle. Duromere sind hart und spröde.

Sind die Makromoleküle weitmaschig vernetzt, so sind sie elastisch. Man nennt sie *Elastomere*.

> Plastomere (Thermoplaste) lassen sich fast beliebig oft bei Erwärmung plastisch verformen. Duromere (Duroplaste) und Elastomere sind plastisch nicht verformbar.

Tabelle 1: Isolierstoffe (Auswahl)

		Benennung	Eigenschaften	Anwendung
Naturstoffe	rein	Glimmer	$E_d \approx 30\ \Omega$ bis 70 kV/mm; $\varrho_D \approx 10^{16}\ \Omega$ cm; $\varepsilon_r \approx 6$ bis 8; tan $\delta \approx 0{,}0005$; elastisch-biegsames Gestein, hitzebeständig, durchsichtig, nicht hygroskopisch.	Dielektrikum in Kondensatoren. Isolierscheiben für Leistungshalbleiter. Fenster für radioaktive Strahlung. Träger für Heizleiter.
		Quarz (SiO_2)	$\varrho_D \approx 10^{13}\ \Omega$ bis $10^{20}\ \Omega$ cm; gut wärmeleitend, kann auf Si durch Oxidation dünn aufgebracht werden.	In Schmelzsicherungen zur Funkenlöschung. Zur Isolation in integrierten Schaltungen.
	abgewandelt	Glas	$\varrho_D \approx 10^{8}\ \Omega$ bis $10^{15}\ \Omega$ cm; $\varepsilon_r \approx 5$ bis 16; tan $\delta \approx 0{,}001$; besteht aus Quarzsand, ist hart, spröde, nicht hygroskopisch (nicht Wasser anziehend).	Für Lampen, Röhren, Diodengehäuse und Isolatoren. Träger für Schichtschaltungen. Lichtwellenleitung. In Hartgewebe für gedruckte Schaltungen.
		Keramik (z.B. Porzellan, Steatit, Oxid-Keramik)	$E_d \approx 40$ kV/mm, guter Isolator, lichtbogenfest, nicht hygroskopisch, wärmebeständig, chemisch beständig, alterungsbeständig.	Als Isolator, Gehäuse für Leistungshalbleiter, Träger für Schichtschaltungen, Einsätze von Schaltern, Steckdosen. Als Dielektrikum und Widerstandsträger.
Kunststoffe	Plastomere	Polyvinylchlorid (PVC)	$E_d \approx 20$ kV/mm bis 50 kV/mm, $\varrho_D \approx 10^{16}\ \Omega$ cm; tan $\delta \approx 0{,}02$; beständig gegen Laugen, Salze, schwache Säuren, Öle und Benzin, schwer entflammbar. Ursprünglich hart; kann mit Weichmachern auch weich und elastisch gemacht werden.	Als Leitungsisolation, Isolierschläuche, Schrumpfschläuche, Rohre, Klebebänder. Entwickelt beim Verbrennen Salzsäure und giftige Dioxine.
		Polystyrol (PS)	$E_d \approx 50$ kV/mm, $\varrho_D \approx 10^{16}\ \Omega$ cm; in reinem Zustand glasklar und spröde; leicht brennbar.	In der HF-Technik als Spulenkörper, Klemmleisten, Isolierfolien und Leitungsisolierung.
		Polyethylen (PE)	$E_d \approx 60$ kV/mm bis 150 kV/mm; $\varrho_D \approx 10^{15}\ \Omega$ cm; tan $\delta \approx 0{,}0004$; elektrische Eigenschaften fast unabhängig von Frequenz und Temperatur, chemisch beständig, Wasser abweisend, leicht brennbar.	Isolation für Antennenleitungen, Isolierfolien, Verpackungsfolien, Leitungsrohre, Mantelisolation bei Kabeln.
	Duromere	Epoxidharz (EP)	Zähfest, chemisch beständig, hohe Durchschlagfestigkeit, großer spezifischer Widerstand, kleiner Verlustfaktor, wärmefest.	Als Harz: Gießharz, Klebeharz, Lackharz, Drahtisolierung. Zum Vergießen von Spulen und Transformatoren. Als Schichtpressstoff: Hartgewebe. Als Pressmasse: Schalterteile, Gehäuse.

2 Signale verarbeiten

2.1 Analoge und digitale Signale

Signale sind die Darstellung von Informationen mittels physikalischer Größen. Die Information ist in einer Kenngröße des Signals, z.B. in der Amplitude des Signals enthalten. Je nachdem, welche möglichen Werte angenommen werden können, werden verschiedene Signalarten unterschieden **(Tabelle 1)**.

Analoges Signal

Ein analoges Signal kann innerhalb bestimmter Grenzen beliebig viele Funktionswerte annehmen. Das Signal ändert sich kontinuierlich. Allen unterschiedlichen Werten sind auch verschiedene Informationen zugeordnet.

Digitales Signal

Ein digitales Signal kann nur bestimmte Werte annehmen. Es kann sich nur stufig ändern. Jedem Wert, bzw. jedem Wertebereich, wird ein Zeichen zugeordnet.

Digitale Signale haben mehrere, abzählbare Zustände. Sie sind stufig veränderbar.

Binäres Signal

Digitale Werte werden in binärer Form (von lat. bini = je zwei) durch die zwei Binärzeichen 0 und 1 dargestellt.
Anstelle von einem Binärzeichen spricht man von einem Bit (von Binary digit = binäre Stelle) oder in der Mehrzahl von Bits.

Binärzeichen haben zwei unterscheidbare Werte, z.B. 0 und 1.

Zur Unterscheidung von mehr als zwei binären Zuständen bildet man aus Binärzeichen Binärwörter. Ein Binärwort der Länge 8 bit wird als Byte (von **Binary term** = binärer Wert) bezeichnet **(Tabelle 2)**.

1 Byte ist die zusammengehörende Binärzeichenfolge von 8 Bit.

Eine Nachricht kann in analoger Form oder digitaler Form übertragen werden. Bei der Übertragung von Nachrichten kommt es vor allem darauf an, den Inhalt der Nachricht, die Information, ohne Verfälschung zu übertragen.

- Analoges Signal: nimmt beliebig viele Funktionswerte an.
- Digitales Signal: nimmt bestimmte Funktionswerte an.
- Binäres Signal: nimmt genau zwei Funktionswerte an.

Tabelle 1: Signalarten

Analogsignal, zeitkontinuierlich, wertkontinuierlich	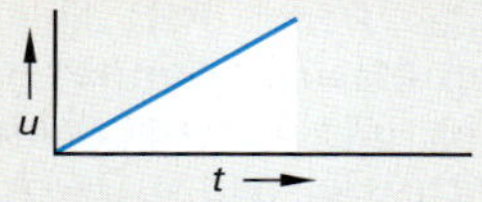
Digitalsignal, zeitdiskret, wertdiskret	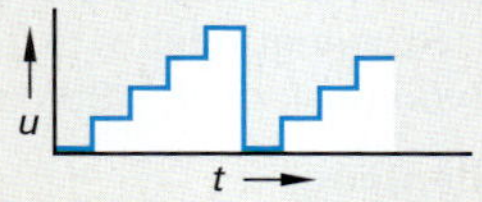
Binärsignal, zeitdiskret, wertdiskret	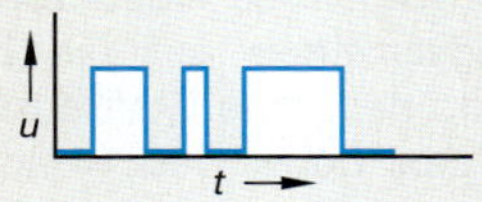

Tabelle 2: Bit und Byte

Ausgangsgröße	Ausgabe in Bytes	Ausgabe in Bits	Zweierpotenz
1 bit		1 bit	
1 Kbit		1 024 bit	2^{10} bit
1 kbit		1 000 bit	
1 Mbit		1 048 576 bit	2^{20} bit
1 Gbit		1 073 741 824 bit	2^{30} bit
1 B	1 B	8 bit	2^{3} bit
1 KB	1 024 B	8 192 bit	2^{13} bit
1 MB	1 048 576 B	8 388 608 bit	2^{23} bit
1 GB	1 073 741 824 B	8 589 934 592 bit	2^{33} bit

Energieverluste während der Übertragung können durch entsprechende Verstärkung wieder ausgeglichen werden. Wesentlich unangenehmer als Energieverluste sind Störungen, die sich während der Übertragung dem ursprünglichen Nutzsignal überlagern. Sie können bei Übertragung mit analogen Signalen nicht ohne Weiteres von der Nachricht getrennt werden.

Die digitale Signalübertragung ist ärmer an Störungen, da auftretende Verzerrungen der Binärsignale ohne Folgen bleiben, wenn die Signale regeneriert werden.

2.1.1 Wechselspannung und Wechselstrom

Periodendauer *T* und Frequenz *f*

Bei einer Wechselspannung ändern sich die Richtung und der Wert der Spannung *periodisch* (sich wiederholend). Eine vollständige Schwingung nennt man eine *Periode* (von griech. Periode = Zeit der Wiederkehr einer Erscheinung). Die Zeit dafür ist die Periodendauer T **(Bild 1)**. Die Anzahl der Perioden in einer Sekunde ist die Frequenz f (lat. frequentia = Häufigkeit). Die Einheit der *Frequenz* ist das *Hertz*[1] (Hz). Jede Wechselgröße erreicht einen *Maximalwert* (Höchstwert), z.B. $\hat{u}$ (sprich: u Dach) und einem *Minimalwert* (Tiefstwert) $\check{u}$ (sprich: u Tal, Bild 1). Den Abstand des Minimalwertes vom Maximalwert nennt man *Spitze-Tal-Wert* oder Schwingungsbreite $\hat{\underline{u}}$, im Amerikanischen mit u_{pp} (von peak-peak = Spitze-Spitze) abgekürzt.

Wellenlänge λ

Beim Schließen eines Stromkreises übt der Spannungserzeuger auf die Ladungsträger, z.B. die Elektronen, eine Kraft aus. Diese Kraft breitet sich mit sehr hoher Geschwindigkeit im Leiter aus. Bei Wechselspannung wirkt die Kraft je Periode zweimal in jeweils entgegengesetzter Richtung. Dadurch treten längs eines genügend langen Drahtes Stellen mit Elektronenverdichtung und Stellen mit Elektronenmangel auf **(Bild 2)**. Den Abstand zweier Verdichtungsstellen bezeichnet man als *Wellenlänge* λ **(Tabelle 1)**.

[1] Hertz, deutscher Physiker, 1857 bis 1894.

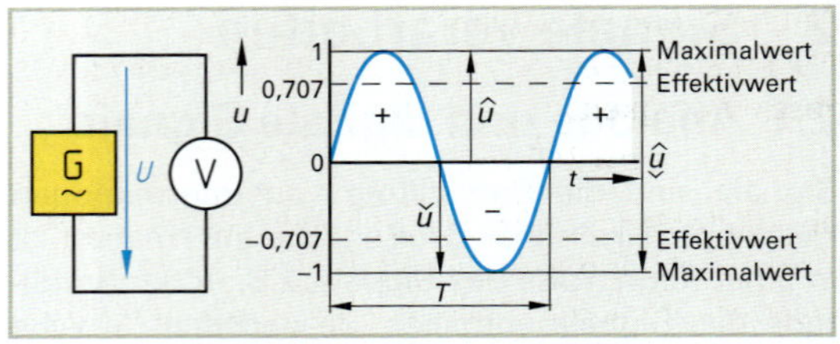

Bild 1: Bezeichnungen bei Wechselgrößen

$$f = \frac{1}{T} \qquad \lambda = \frac{c}{f}$$

$$[f] = \frac{1}{s} = \text{Hz} \qquad [\lambda] = \frac{\frac{m}{s}}{\frac{1}{s}} = m$$

f Frequenz
λ Wellenlänge (griech. Kleinbuchstabe Lambda)
T Periodendauer
c Ausbreitungsgeschwindigkeit

1 Kilohertz	= 1 kHz	= 1000 Hz
1 Megahertz	= 1 MHz	= 1000 kHz
1 Gigahertz	= 1 GHz	= 1000 MHz

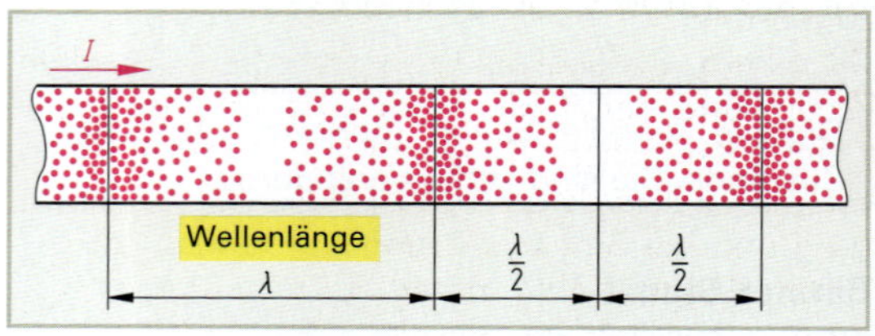

Bild 2: Elektronenverteilung in einem Leiter bei Wechselstrom

Tabelle 1: Frequenzbereiche und ihre Anwendung

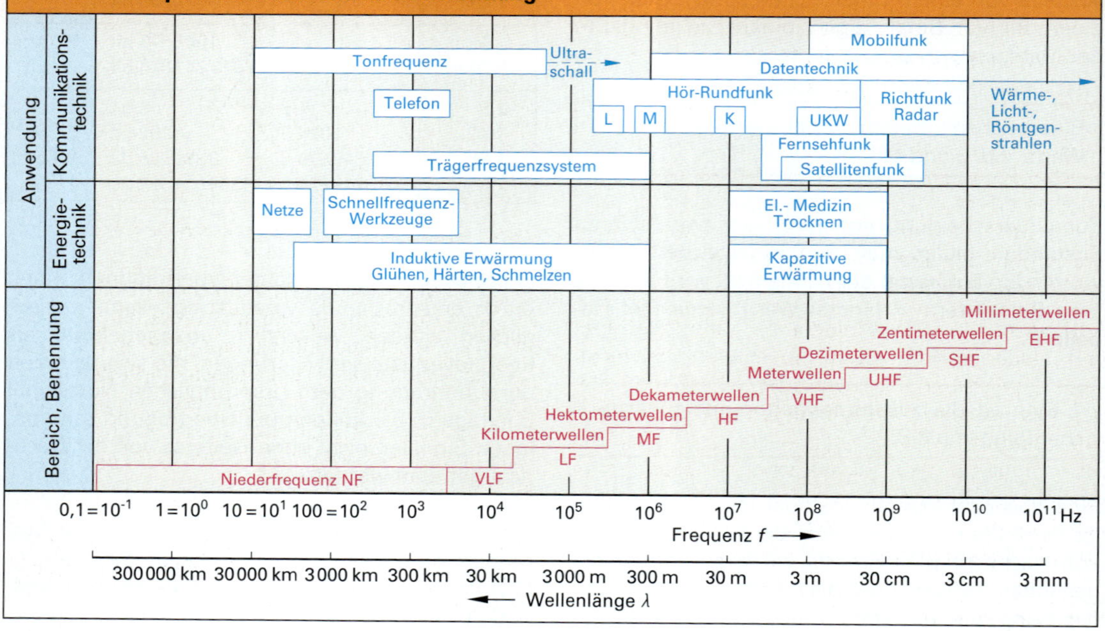

Während der Periodendauer T legt eine Welle die Wellenlänge λ zurück, dabei ist ihre Ausbreitungsgeschwindigkeit

$$c = \lambda/T \Rightarrow \lambda = c \cdot T = c/f$$

Die Wellenlänge wird mit zunehmender Ausbreitungsgeschwindigkeit größer und mit zunehmender Frequenz kleiner. Die Ausbreitungsgeschwindigkeit in einer zweiadrigen Leitung kann etwa gleich 80% der Lichtgeschwindigkeit c_0 = 300 000 km/s gesetzt werden, also etwa c = 240 000 km/s. Das Verhältnis der Ausbreitungsgeschwindigkeit zur Lichtgeschwindigkeit nennt man *Verkürzungsfaktor*.

Beispiel 1:

Wie groß ist die Wellenlänge eines Wechselstromes in einer zweiadrigen Leitung bei einer Frequenz von 12 MHz?

Lösung:

$$\lambda = \frac{c}{f} = \frac{240\,000\ \text{km/s}}{12\ \text{MHz}} = \frac{240 \cdot 10^6\ \text{m/s}}{12 \cdot 10^6\ 1/\text{s}} = \mathbf{20\ m}$$

Kurvenformen einer Wechselspannung

Mit einem Oszilloskop kann man den *zeitlichen Verlauf* und damit die Form einer Wechselspannung untersuchen. Regelmäßige Formen haben z.B. die Rechteckspannung, die Sägezahnspannung und die Sinusspannung (lat. sinus = Bucht, Busen, **Bild 1**). Häufig treten auch unregelmäßige Formen innerhalb der Periode auf.

Kraftwerksgeneratoren erzeugen durch Drehbewegung eine Sinusspannung. Der entsprechende Strom ist der Sinusstrom.

Die Wechselspannung des Versorgungsnetzes hat einen sinusförmigen Verlauf.

Addiert oder subtrahiert man zwei Sinusgrößen gleicher Frequenz, z.B. zwei Sinusspannungen, so erhält man wieder eine Sinusgröße gleicher Frequenz **(Bild 2)**. Beim Multiplizieren zweier Sinusgrößen gleicher Frequenz erhält man eine Sinusgröße doppelter Frequenz.

Addiert man die Sinuslinien von Spannungen mit verschiedenen Frequenzen, so entsteht ein nicht sinusförmiger Verlauf. Entsprechend kann man alle periodischen, nicht sinusförmigen Wechselgrößen in sinusförmige Wechselgrößen zerlegen **(Bild 3)**. So besteht z.B. eine Rechteckspannung aus zahlreichen Teilschwingungen, nämlich einer *Grundschwingung* mit der Frequenz der Rechteckspannung (1. Teilschwingung) und weiteren *Teilschwingungen* mit ganzzahligen Vielfachen der Frequenz der Grundschwingung und abnehmender Amplitude. Diese weiteren Teilschwingungen nennt man *Oberschwingungen*. Die 3. Teilschwingung hat z.B. die dreifache Frequenz der Grundschwingung. Das mathematische Verfahren, nicht sinusförmige, aber periodische Wechselgrößen in Sinusgrößen zu zerlegen, heißt Fourier-Analyse[1].

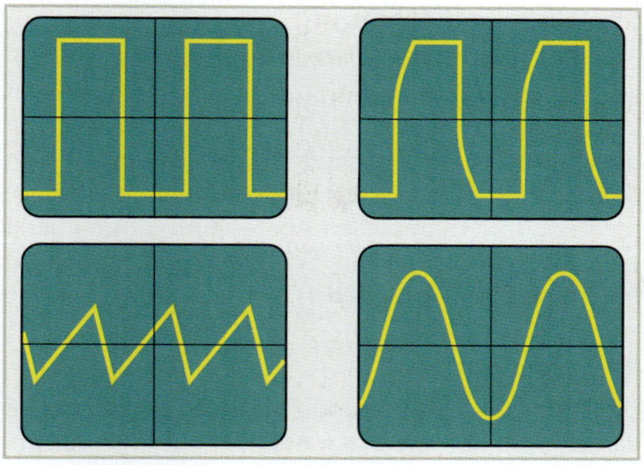

Bild 1: Kurvenformen der Wechselspannung

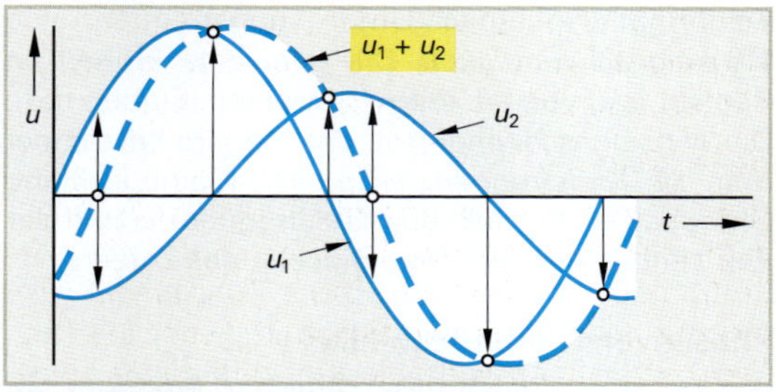

Bild 2: Addition zweier Sinusspannungen

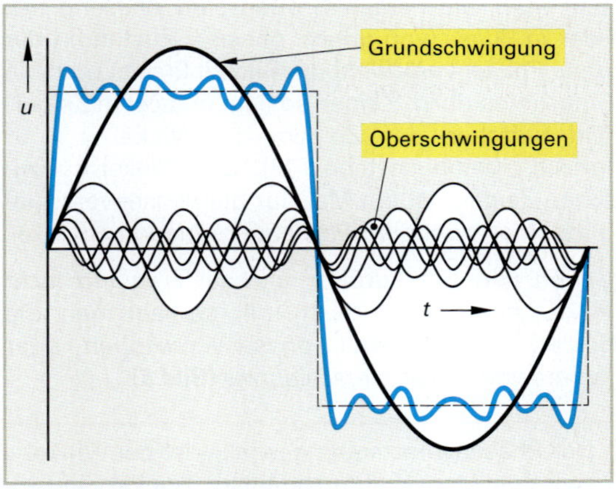

Bild 3: Entstehung einer Rechteckschwingung

Nicht sinusförmige Wechselgrößen bestehen aus einer Summe von Sinuswechselgrößen unterschiedlicher Frequenz.

[1] J. B. J. Fourier, franz. Mathematiker, 1768 bis 1830

Sinuslinie und Zeiger

Unter einem Zeiger verstehen wir eine Pfeilstrecke, die um ihren Anfangspunkt entgegen dem Uhrzeigersinn rotiert. Dreht sich der Zeiger mit gleich bleibender Geschwindigkeit, so ändert sich dauernd der Abstand der Pfeilspitze von der Waagrechten. Trägt man diesen Abstand in Abhängigkeit vom Drehwinkel in ein Schaubild ein, so erhält man eine Sinuslinie **(Bild 1)**.

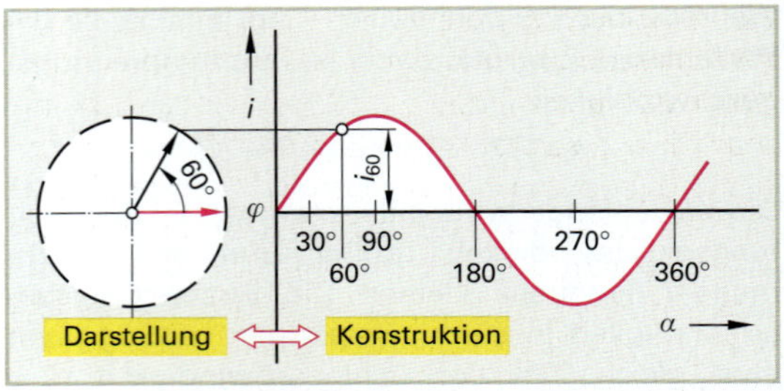

Bild 1: Konstruktion der Sinuslinie aus einem Zeiger und Darstellung einer Sinuslinie durch einen Zeiger

Kreisfrequenz ω

Die Drehzahl (Umdrehungsfrequenz) eines Zeigers ist so groß wie die Frequenz der von ihm dargestellten Sinusgröße. Bei der Drehung des Zeigers nimmt der von ihm überstrichene Winkel zu. Der Zeiger hat also je nach Umdrehungsfrequenz eine *Winkelgeschwindigkeit*. Die genormte Einheit ist Radiant (rad von lat. radire = strahlen, Einheit rad). Die Winkelgeschwindigkeit des Zeigers bezeichnet man als *Kreisfrequenz* ω (griech. Kleinbuchstabe Omega). Das Produkt aus Kreisfrequenz ω und der Zeit t entspricht dem Drehwinkel α des Zeigers.

$$[f] = \frac{1}{s} = \text{Hz} \qquad f = \frac{1}{T}$$

$$[\omega] = \frac{1}{s} \qquad \omega = 2 \cdot \pi \cdot f$$

f Frequenz
T Periodendauer
ω Kreisfrequenz (griech. Kleinbuchstabe Omega)

Phasenverschiebungswinkel φ

Gehen zwei Sinusgrößen gleicher Frequenz an derselben Stelle in gleicher Richtung durch null, so sagt man, die beiden Größen sind *phasengleich* oder *in Phase* (von griech. phasis = Zustand) oder *ohne Phasenverschiebung* **(Bild 2)**. Ersetzt man die Sinuslinien durch Zeiger, so liegt in diesem Zeigerbild zwischen den Zeigern der Winkel φ = 0° (griech. Kleinbuchstabe Phi). Der Winkel φ zwischen Zeigern ist ein Maß für die Phasenverschiebung. Man nennt ihn *Phasenverschiebungswinkel*.

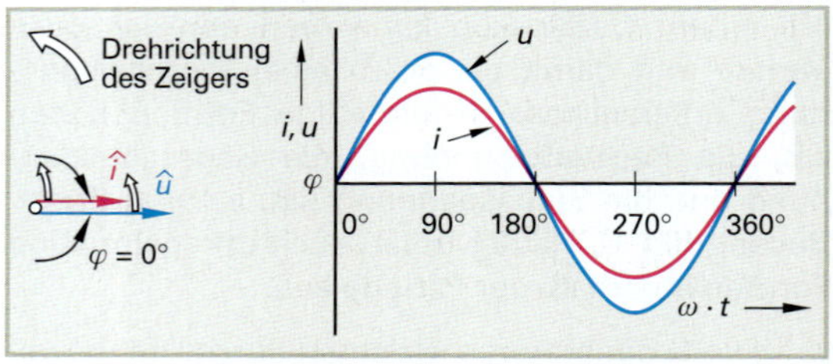

Bild 2: Sinusgrößen ohne Phasenverschiebung

Gehen zwei Sinusgrößen gleicher Frequenz nicht an derselben Stelle durch null, so sagt man, die beiden Größen sind *phasenverschoben* oder haben eine *Phasenverschiebung* **(Bild 3)**.

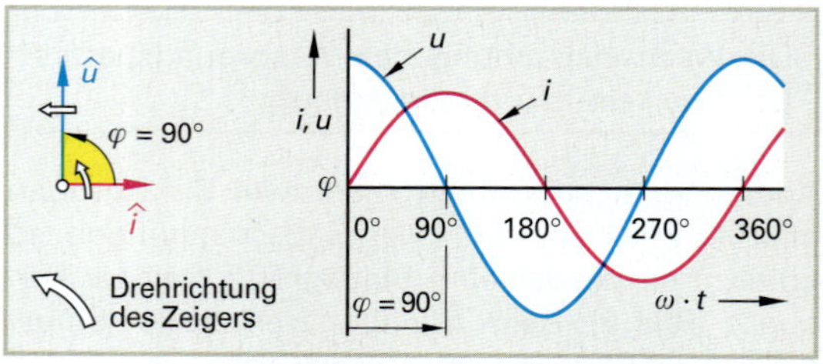

Bild 3: Sinusgrößen mit Phasenverschiebung

Der Phasenverschiebungswinkel ist der Winkel zwischen den Nulldurchgängen zweier Sinusgrößen mit gleicher Frequenz.

Meist beginnt eine Sinusgröße nicht im Nullpunkt des Koordinatensystems. Der Winkel zwischen dem Nulldurchgang der Sinusgröße und dem Nullpunkt des Koordinatensystems ist der *Nullphasenwinkel* φ_0 **(Bild 4)**.

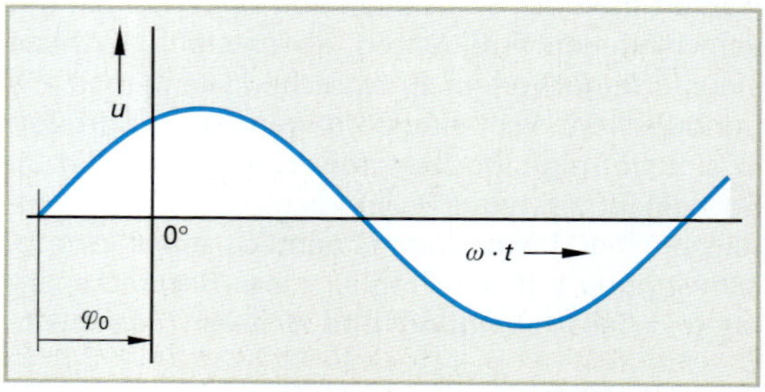

Bild 4: Sinusspannung mit Nullphasenwinkel

Effektivwert

Man drückt den wirksamen Wert des Wechselstromes durch den Wert eines Gleichstromes aus, der dieselbe Wärmewirkung hervorruft. Diesen Wert nennt man *Effektivwert* (von lat. effectivus = bewirkend).

Der Augenblickswert der Wärmeleistung eines Wechselstromes ist $p = u \cdot i = R \cdot i^2$. Zeichnet man das Quadrat i^2 eines Sinusstromes, so erkennt man, dass diese Kurve die doppelte Frequenz von i hat und ganz im positiven Bereich verläuft **(Bild 1)**. Der Mittelwert der Kurve i^2 ist $\hat{\imath}^2/2$. Ersetzt man diesen Mittelwert vom Quadrat des Wechselstromes i durch das Quadrat eines Gleichstromes I von gleicher Wärmewirkung, so ist $I^2 = \hat{\imath}^2/2$. Die Wurzel aus diesem Wert ist der Effektivwert.

> Der Effektivwert einer Wechselstromstärke gibt eine Gleichstromstärke an, die dieselbe Wärmewirkung hervorruft wie der Wechselstrom. Das Entsprechende gilt für die Spannung.

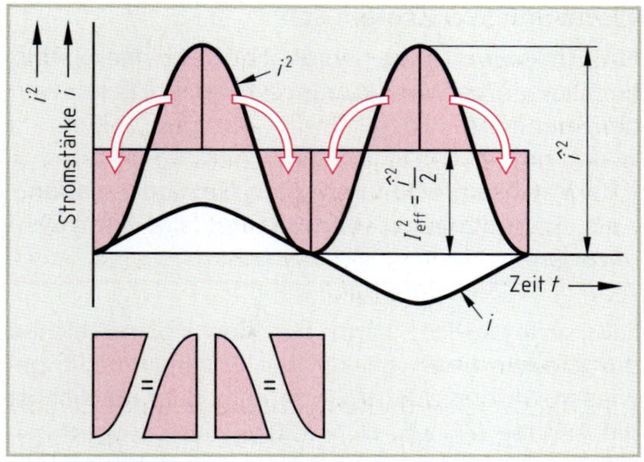

Bild 1: Effektivwert bei Sinusstrom

Bei Größen beliebiger Kurvenform kann man den Effektivwert berechnen, indem man für alle Zeitpunkte einer Periode die Quadrate der Größe bildet, diese addiert und daraus die Wurzel zieht.

Beispiel 1:

Eine Rechteckspannung besteht aus positiven Impulsen von $\hat{u} = 20\,\text{V}$ mit einer Impulsdauer von 10 ms und aus negativen Impulsen von $\check{u} = -40\,\text{V}$ mit einer Impulsdauer von 5 ms. Wie groß ist der Effektivwert?

Lösung:

$$U = \sqrt{\frac{\hat{u}_1^2 \cdot t_1 + \hat{u}_2^2 \cdot t_2}{T}}$$

$$= \sqrt{\frac{20^2\,\text{V}^2 \cdot 10\,\text{ms} + (-40)^2\,\text{V}^2 \cdot 5\,\text{ms}}{10\,\text{ms} + 5\,\text{ms}}} = \mathbf{28{,}3\,V}$$

Bei symmetrischen Wechselgrößen ist die Berechnung mit dem Crestfaktor (Scheitelfaktor, von engl. crest = Gipfel) einfacher **(Tabelle 1)**.

> Der Scheitelwert von Sinusgrößen ist um den *Crestfaktor* $\sqrt{2}$ größer als der Effektivwert.

Beispiel 2:

Bei einer Sägezahn-Wechselspannung ist der Spitze-Tal-Wert $\hat{\underline{u}} = 10\,\text{V}$. Wie groß sind a) Maximalwert und b) Effektivwert?

Lösung:

a) $\hat{u} = \frac{\hat{\underline{u}}}{2} = \frac{10\,\text{V}}{2} = \mathbf{5\,V}$

b) nach Tabelle 1 Crestfaktor $F_c = \sqrt{3} = 1{,}73$

$$F_c = \frac{\hat{u}}{U} \Rightarrow U = \frac{\hat{u}}{F_c} = \frac{5\,\text{V}}{\sqrt{3}} = \mathbf{2{,}89\,V}$$

> Der Crestfaktor ist bei periodischen Größen das Verhältnis vom Maximalwert zum Effektivwert.

Effektivwert bei Sinusform:

$$I_{eff} = I = \frac{\hat{\imath}}{\sqrt{2}} \qquad U_{eff} = U = \frac{\hat{u}}{\sqrt{2}}$$

Effektivwert bei Nichtsinusform:

$$U = \sqrt{\frac{\hat{u}_1^2 \cdot t_1 + \hat{u}_2^2 \cdot t_2 + \ldots}{T}}$$

$$F_c = \frac{\hat{\imath}}{I} \qquad F_c = \frac{\hat{u}}{U}$$

I, I_{eff}, U, U_{eff}	Effektivwert der Stromstärke bzw. Spannung
$\hat{\imath}$, $\hat{u}$, $\hat{u}_1$, $\hat{u}_2$, ...	Maximalwerte der Stromstärke bzw. Spannung
t_1, t_2, ...	Zeitabschnitte
T	Periodendauer
F_c	Crestfaktor (Scheitelfaktor)

Tabelle 1: Crestfaktoren und Effektivwerte periodischer Signalformen

Signalform	Crestfaktor	Effektivwert
Sinus 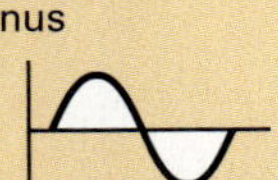	$F_c = \sqrt{2} = 1{,}41$	$U = \frac{\hat{u}}{\sqrt{2}}$
Dreieck, Sägezahn 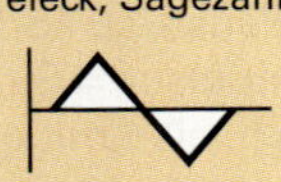	$F_c = \sqrt{3} = 1{,}73$	$U = \frac{\hat{u}}{\sqrt{3}}$
Rechteck 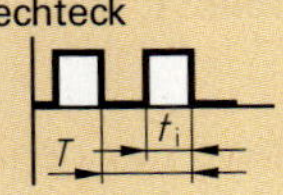	$F_c =$ 1 ... 10 (je nach Tastgrad)	$U = \hat{u} \cdot \sqrt{\frac{t_i}{T}}$

Werte von Wechselgrößen

Für Effektivwerte werden als Formelzeichen Großbuchstaben verwendet, z.B. U für den Effektivwert der Spannung.

> Bei Wechselgrößen bedeuten Großbuchstaben als Formelzeichen ohne Index die Effektivwerte.

Falls erforderlich, kann bei den Formelzeichen durch einen Index eff auf den Effektivwert hingewiesen werden, z.B. U_{eff}. Ebenfalls gebräuchlich ist die Angabe $U_{\sim}$, z.B. $U_{\sim}$ = 230 V. Diese Möglichkeiten werden aber in diesem Buch nicht verwendet.

Den momentanen Wert einer Größe nennt man *Augenblickswert*. Ist es notwendig, die Abhängigkeit einer Größe von der Zeit hervorzuheben, so verwendet man für die Augenblickswerte Kleinbuchstaben als Formelzeichen, z.B. u für die Spannung, oder auch den Zusatz (t), z.B. $u(t)$ (sprich: u als Funktion von t oder kurz: u von t).

Bei *Sinusgrößen* nennt man den Maximalwert auch *Scheitelwert* oder *Amplitude*. Soll auf die Eigenschaft der Wechselgröße besonders hingewiesen werden, wird eine Wellenlinie angehängt, z.B. bei $u_{\sim}$ für den Augenblickswert einer Wechselspannung. Davon machen wir nur selten Gebrauch.

Ist der Scheitelwert einer Sinusgröße bekannt, so kann der Augenblickswert zu jedem Zeitpunkt berechnet werden. Meist geht man dabei vom Zeitpunkt des Nulldurchganges aus ($\varphi = 0°$).

Beispiel 1:

Eine Sinusspannung von 50 Hz hat den Scheitelwert 10 V. Wie groß ist der Augenblickswert der Spannung 1 ms nach dem Nulldurchgang?

Lösung:

$u = \hat{u} \cdot \sin(360° \cdot f \cdot t) = 10\,\text{V} \cdot \sin(360° \cdot 50\,\text{Hz} \cdot 1\,\text{ms})$
$= \mathbf{3{,}09\,V}$

Impulse

Ist eine Größe, insbesondere eine Spannung oder ein Strom, nur innerhalb einer beschränkten Zeit vorhanden und folgt danach eine Pause, so spricht man von einem Impuls (von lat. impulsus = Stoß). Folgen Impulse einander periodisch, also mit gleichen Abständen, so nennt man den Vorgang einen *Pulsvorgang* oder einen *Puls* **(Tabelle 1, folgende Seite)**.

Beim *einseitigen* Impuls tritt während der ganzen Dauer kein Wechsel der Richtung auf. Man nennt ihn auch kurz Impuls. Beim *zweiseitigen* Impuls (Wechselimpuls) tritt während der Impulsdauer mindestens ein Richtungswechsel auf.

Der *Tastgrad g* ist bei einem Pulsvorgang das Verhältnis von Impulsdauer t_i zur Pulsperiodendauer T_p. Manchmal wird dafür, oder auch für den Kehrwert, der nicht genormte Begriff Tastverhältnis verwendet.

Beispiel 2:

Wie groß ist bei einem Rechteckimpuls nach Tabelle 1, folgende Seite, der Tastgrad, wenn T_p = 2 ms und t_i = 0,5 ms sind?

Lösung:

$g = \frac{t_i}{T_p} = \frac{0{,}5\,\text{ms}}{2\,\text{ms}} = \mathbf{0{,}25}$

- Augenblickswert = momentaner Wert einer Wechselgröße zum Zeitpunkt t.
- Effektivwert = Wechselstrom mit derselben Wärmewirkung wie ein Gleichstrom.
- Scheitelwert = Maximalwert einer Wechselgröße.

$$u = \hat{u} \cdot \sin(\omega t + \varphi)$$

$$u = \hat{u} \cdot \sin(360° \cdot f \cdot t + \varphi°)$$

Ohne Phasenverschiebung ($\varphi = 0°$):

$$u = \hat{u} \cdot \sin(360° \cdot f \cdot t)$$

$$g = \frac{t_i}{T_p} \qquad T_p = t_i + t_p \qquad f_p = \frac{1}{T_p}$$

u	Augenblickswert, Momentanwert der Spannung
$\hat{u}$	Maximalwert, Scheitelwert der Spannung
φ	Phasenverschiebungswinkel (in rad)
ω	Kreisfrequenz
t	Zeit
$\varphi°$	Phasenverschiebungswinkel (in Grad)
f	Frequenz
g	Tastgrad
t_i	Impulsdauer
T_p	Pulsperiodendauer
t_p	Pausendauer
f_p	Pulsfrequenz

Für Impulse gibt es kennzeichnende Merkmale **(Bild 1)**. Die Anstiegszeit t_r (r von to rise = steigen) wird nach IEC 469 auch *Erstübergangsdauer* genannt, die Abfallzeit t_f (f von to fall = fallen) auch *Letztübergangsdauer*. Eine wichtige Kenngröße des Impulses ist die *Flankensteilheit*. Diese gibt an, wie schnell der Anstieg erfolgt. Eine negative Flankensteilheit bedeutet das Abfallen der Größe.

Beispiel 1:

Bei einem Impuls ändert sich an der Vorderflanke die Spannung von 3,00 V auf 3,02 V innerhalb von 0,01 ms. Wie groß ist die Flankensteilheit?

Lösung:

$\Delta u = u_2 - u_1 = 3{,}02\,\text{V} - 3{,}00\,\text{V} = 0{,}02\,\text{V} = 20\,\text{mV}$

$$S = \frac{\Delta u}{\Delta t} = \frac{20\,\text{mV}}{0{,}01\,\text{ms}} = \mathbf{2000\,\frac{V}{s}}$$

Zweiseitige Impulse bestehen aus einer Vielzahl von Teilschwingungen mit Sinusform. Der einseitige Impuls hat einen Gleichanteil ($f = 0$ Hz). *Einseitige Impulse* bestehen also aus einem Gleichwert und überlagerten Sinusschwingungen.

Je größer die Flankensteilheit sein soll, desto schneller muss der Impuls ansteigen oder abfallen. Je rascher aber der Impuls ansteigen soll, desto mehr Teilschwingungen sind zur Bildung des Impulses erforderlich. Zur Übertragung eines Impulses, z.B. über Leitungen, ist also eine Vielzahl von Frequenzen erforderlich, ein so genanntes *Frequenzband*.

Je steiler die Flanken der zu übertragenden Impulse sein sollen, desto breiter ist das erforderliche Frequenzband.

Impulse werden z.B. zur Übertragung von Signalen in der Computertechnik verwendet oder zum Zünden von Thyristoren. Sie bilden einen wichtigen Teil des Fernsehsignals, mit dem der Gleichlauf (die Synchronisation) von Aufnahmekameras und Empfängerbild erreicht wird. Impulse können vor allem durch Kippschaltungen und Schwellwertschalter erzeugt werden.

Schwingungspakete werden auch als Burst (to burst = bersten, platzen) bezeichnet.

Tabelle 1: Pulsvorgänge

Art	Form
Einseitige Rechteckimpulse	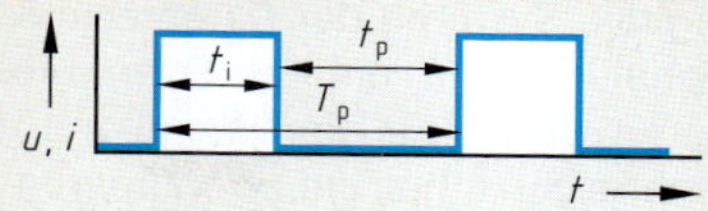
Zweiseitige Nadelimpulse	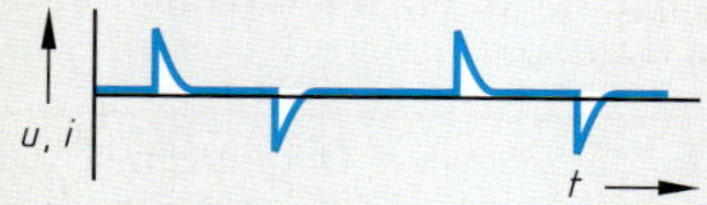
Einseitige Sinusimpulse	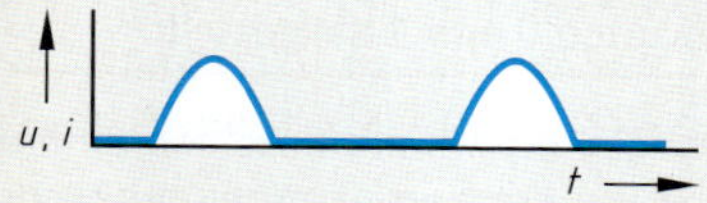
Vielperiodenimpulse, Schwingungspakete, Burst	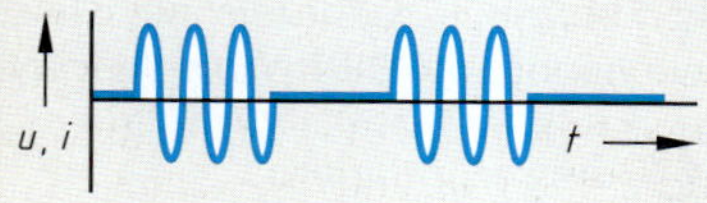

- Einseitiger Impuls:
  Impuls, der während der ganzen Periodendauer keinen Richtungswechsel hat.
- Zweiseitiger Impuls:
  Impuls, der während der ganzen Periodendauer mindestens einen Richtungswechsel hat.

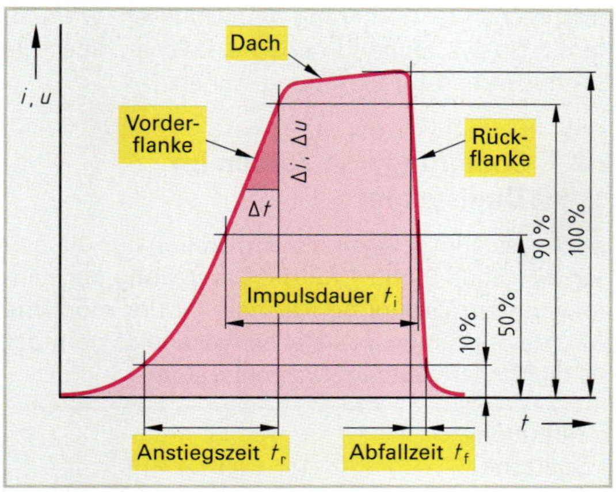

Bild 1: Benennungen beim Impuls

S	Flankensteilheit	$S = \frac{\Delta u}{\Delta t}$
Δu	Spannungsdifferenz	
Δt	Zeitdifferenz	

Wiederholung und Vertiefung

1. **Welche Einheiten werden für die Frequenz verwendet?**
2. **Welches Formelzeichen verwendet man für den Maximalwert einer Wechselspannung?**
3. **Wie groß ist die Ausbreitungsgeschwindigkeit einer elektrischen Welle in einer zweiadrigen Leitung?**
4. **Aus welchen Schwingungen sind nicht sinusförmige Wechselgrößen zusammengesetzt?**
5. **Erklären Sie den Begriff Phasenverschiebung.**
6. **Was versteht man unter dem Crestfaktor?**
7. **Wie groß ist der Crestfaktor einer symmetrischen Rechteckwechselspannung $\hat{u}$ = 1 V beim Tastgrad g = 0,5?** *Lösung:* **F_c = 0,707**

2.2 Zahlensysteme und Codes der Datentechnik

Digitale Systeme der Datentechnik können Datensignale nur in binärer Form direkt verarbeiten. Somit stehen für die Darstellung von Zeichen der Datentechnik nur die zwei binären Signalzustände 0 und 1, z.B. als Spannungen mit 0 V und 5 V, zur Verfügung.

In der digtalen Datentechnik werden Zeichen durch binäre Codierung mit den beiden Binärwerten 0 und 1 dargestellt.

Dabei werden ein einzelnes binäres Signal als Bit und mehrere zusammengehörende Binärsignale als *n* bit, z.B. 8 bit, bezeichnet. Diese 8-Bit-Binärsignale nennt man 8-Bit-Wort oder Byte (B).

i Umrechnungen:

8 bit = 1 Byte = **1 B**

1 Kilobyte = 1 KB = 2^{10} B = **1024 B**

1 Megabyte = 1 MB = 2^{10} KB = 2^{20} B = **1048576 B**

1 Gigabyte = 1 GB = 2^{10} MB = 2^{20} KB = 2^{30} B = **1073741824 B**

Zusammengehörende Binärsignale müssen für die weitere Verarbeitung und Darstellung durch entsprechende Codierung verschlüsselt werden, damit sie als alphanumerische Zeichen oder als Sonderzeichen zur Verfügung stehen.

2.2.1 Codierung von Zahlen im Dualsystem

Im Dualsystem (Zweiersystem) stehen nur die beiden Zustände 0 und 1 für die Darstellung der Zahlenwerte zur Verfügung. Deshalb ist der mögliche Wert der einzelnen Dualstellen wesentlich geringer als die Stellenwerte im Dezimalsystem.

Ziffern der Dualzahl:	1	1	0	1
Stellenwerte:	$1 \cdot 2^3$	$1 \cdot 2^2$	$0 \cdot 2^1$	$1 \cdot 2^0$
Zahlenwert:	8 +	4 +	0 +	1 = **13_{10}**

Mit einer vierstelligen Dualzahl können bis zu 2^4 = 16 Zahlen oder andere Zeichen dargestellt werden (**Tabelle 1**) und bei *n* bit lassen sich 2^n Zahlen darstellen.

Im Dualsystem erfordert die Darstellung von großen Zahlen eine große Anzahl von Dualziffern.

Tabelle 1: Dezimalzahlen und Dualzahlen

dezimal 10	1	dual 8	4	2	1	dezimal 10	1	dual 8	4	2	1
0	0	0	0	0	0	0	8	1	0	0	0
0	1	0	0	0	1	0	9	1	0	0	1
0	2	0	0	1	0	1	0	1	0	1	0
0	3	0	0	1	1	1	1	1	0	1	1
0	4	0	1	0	0	1	2	1	1	0	0
0	5	0	1	0	1	1	3	1	1	0	1
0	6	0	1	1	0	1	4	1	1	1	0
0	7	0	1	1	1	1	5	1	1	1	1

Beispiel 1:

a) Welchen Zahlenwert hat die Dualzahl 11010110?

b) Wie viele Zahlen können mit einer 8-Bit-Dualzahl dargestellt werden.

Lösung:

a) $11010110_2 = 128 + 64 + 0 + 16 + 0 + 4 + 2 + 0 = \mathbf{214_{10}}$

b) 2^8 Zahlen = **256 Zahlen**

Die Umrechnung von Dezimalzahlen in Dualzahlen erreicht man durch fortlaufende Division des Zahlenwertes durch 2. Die Umrechnung ist beendet, wenn das Ergebnis der Division 0 und der Rest 1 ist.

Beispiel 2:

Rechnen Sie die Dezimalzahl 687 in die entsprechende Dualzahl um.

Lösung:

687 : 2 = 343 Rest 1
343 : 2 = 171 Rest 1
171 : 2 = 85 Rest 1
85 : 2 = 42 Rest 1
42 : 2 = 21 Rest 0
21 : 2 = 10 Rest 1
10 : 2 = 5 Rest 0
5 : 2 = 2 Rest 1
2 : 2 = 1 Rest 0
1 : 2 = 0 Rest 1

Dualzahl $687_{10} = \mathbf{1010101111_2}$

Wiederholung und Vertiefung

1. **Wie werden Zeichen in der Digitaltechnik dargestellt?**
2. **Wie viele Zahlen können mit einem 16-Bit-Wort dargestellt werden?**
3. **Wie kann eine Dezimalzahl in eine Dualzahl umgesetzt werden?**

2.2.2 Darstellung von Daten im Hexadezimalsystem

Daten werden in der Datentechnik durch codierte Zeichen dargestellt. Sie bestehen aus Ziffern (numerische Zeichen) und Buchstaben oder Sonderzeichen (Alphazeichen). Daneben werden auch sogenannte Steuerzeichen, z.B. für eine Datenübertragung oder Druckersteuerung, verwendet. Diese Daten oder Zeichen liegen in einem Datenverarbeitungssystem in binärcodierter Form als Binärworte mit entsprechender Bitbreite von z.B. 8 bit oder 32 bit vor.

Aufgrund der meist großen Bitbreite der Daten ist deren Handhabung und Darstellung in binärer Form sehr umständlich und unübersichtlich. Deshalb werden sie mithilfe des *Hexadezimalsystems* (Sechzehner- oder Sedezimalsystem, **Tabelle 1**) vereinfacht. Dabei wird ein binär vorhandenes Datenwort in Gruppen von je 4 Bits aufgeteilt und jede dieser Gruppen durch eine der 16 Hexadezimalziffern dargestellt. Für die ersten zehn Ziffern des Hexadezimalsystems werden die Dezimalziffern von 0 bis 9 und für die weiteren sechs die Buchstaben von A bis F verwendet (Tabelle 1).

Beispiel 1:

Das binäre 16-Bit-Adresswort 1101 0011 1111 0001 einer Datenspeicherstelle liegt im Programmspeicher eines Computersystems vor. Geben Sie die binär dargestellte Adresse in der gleichwertigen hexadezimalen Schreibweise an.

Lösung: $1101\ 0011\ 1111\ 0001_2$ = $\mathbf{D\,3\,F\,1_{16}}$

Beispiel 2:

Geben Sie die Hexadezimalzahl 2 7 A C als Zahl im Dezimalsystem an.

Lösung:

Hexadezimalzahl:	2	7	A	C
Stellenwerte:	$2 \cdot 16^3$	$7 \cdot 16^2$	$10 \cdot 16^1$	$12 \cdot 16^0$
Zahlenwert:	8 192 +	1 792 +	160 +	12

= $\mathbf{10\,156_{10}}$

Die Umsetzung einer Dezimalzahl in eine Hexadezimalzahl erfolgt durch fortlaufende Division des Zahlenwertes durch 16.

Beispiel 3:

Rechnen Sie die Dezimalzahl 3750 in die entsprechende Hexadezimalzahl um.

Lösung:

3750 : 16 = 234 Rest 6
234 : 16 = 14 Rest A
14 : 16 = 0 Rest E

Hexadezimalzahl von 3750_{10} = $\mathbf{E\ A\ 6_{16}}$

Tabelle 1: Zahlensysteme der Datentechnik

dezimal	hexadezimal	oktal	dual
00	0	00	0000
01	1	01	0001
02	2	02	0010
03	3	03	0011
04	4	04	0100
05	5	05	0101
06	6	06	0110
07	7	07	0111
08	8	10	1000
09	9	11	1001
10	A	12	1010
11	B	13	1011
12	C	14	1100
13	D	15	1101
14	E	16	1110
15	F	17	1111

- Hexadezimalziffern werden durch 4 Bits dargestellt.
- Oktalziffern werden durch 3 Bits dargestellt.

Große Zahlenwerte können im Hexadezimalsystem kompakt und somit übersichtlich dargestellt werden.

Damit Hexadezimalzahlen nicht mit einer Dezimalzahl verwechselt werden, kennzeichnet man sie mit dem Index 16 oder H, z.B. 720_{16} oder 720_H.

Häufig fügt man auch den *Großbuchstaben* H an die Hexadezimalzahl an, z.B. AF37H.

Dualzahlen kennzeichnet man entsprechend durch die Zeichen 2 oder B.

Für die Decodierung von IC-Steuersignalen kommt die Zahlencodierung im **Oktalsystem** (Achtersystem) vor.

Hierbei wird je aus einer Kombination mit 3 Bits die Oktalzahl gebildet (Tabelle 1) und so das Steuersignal durch einen Binär-Oktal-Umsetzer aktiviert (Abschnitt 2.2.5.3).

Wiederholung und Vertiefung

1. **Welche Ziffern können im Hexadezimalsystem dargestellt werden?**
2. **Welcher Dezimalzahl entspricht die Zahl $FFFF_{16}$?**
   Lösung: **$65\,536_{10}$**
3. **Welcher Hexadezimalzahl entspricht die Zahl 16_8?**
   Lösung: **E_{16}**

2.2.3 Festkommazahlen mit Vorzeichen

Bei Dualziffern erhöht sich die Stellenwertigkeit von rechts nach links um den Faktor 2 und verringert sich von links nach rechts um den Faktor 0,5. Somit hat die erste Dualziffer rechts vom Komma den Stellenwert 0,5 oder 2^{-1} und die zweite Ziffer den Stellenwert 0,25 oder 2^{-2}.

Beispiel 1:

Stellen Sie die duale Festkommazahl 25,6259 durch ein 8-Bit-Wort dar, wenn für die Zahlendarstellung rechts vom Komma 3 bit verwendet werden.

Lösung:

Stellenwert: 2^4 2^3 2^2 2^1 2^0 2^{-1} 2^{-2} 2^{-3}

1 1 0 0 1, 1 0 1_2 = $\mathbf{25{,}625_{10}}$

Die vierte Dezimalziffer rechts vom Komma ist mit nur 3 Bits nicht umsetzbar. Dafür wären zusätzliche Bits bzw. eine größere Wortbreite notwendig.

Die Wortbreite und die Anzahl der Bits rechts vom Komma begrenzen den Zahlenbereich und die Genauigkeit einer Festkommazahl.

Da in digitalen Systemen nur die beiden Binärzeichen 0 und 1 möglich sind, können positive und negative Festkommazahlen auch nur durch diese Binärzeichen unterschieden werden. Dabei werden negative Zahlen durch das Zweierkomplement ihrer positiven Darstellung gebildet. Für das Vorzeichen ist dann aber ein zusätzliches Vorzeichen-Bit notwendig. Ist dieses Bit 0, so ist die Dualzahl positiv und ist es 1, so ist sie negativ.

Beispiel 2:

Bilden Sie von der vorzeichenlosen 4-Bit-Dualzahl 1010 die negative Darstellung.

Lösung:

Dualzahl 1010 mit Vorzeichen = **01010**

Einerkomplement (Negation) von 01010 = **10101**

Zweierkomplement von 01010 = 10101 + 00001 = **10110**

- Negative Dualzahlen werden durch das Zweierkomplement ihrer positiven Darstellung und einem Vorzeichenbit mit 1 gebildet.
- Bei positiven Zahlen ist dieses Bit 0.

Negative Dualzahlen können z.B. in einer Siebensegmentanzeige durch ein Minuszeichen und ihre positive Darstellung angezeigt werden.

Tabelle 1: Codierung des Exponenten einer 32-Bit-Gleitkommazahl

Exponent codiert	Faktor für Mantisse
000 0000	$16^{-64+0} = 16^{-64}$
000 0001	$16^{-64+1} = 16^{-63}$
⋮	⋮
011 1111	$16^{-64+63} = 16^{-1}$
100 0000	$16^{-64+64} = 16^{0} = 1$
100 0001	$16^{-64+65} = 16^{+1}$
⋮	⋮
111 1111	$16^{-64+127} = 16^{+63}$

Die positive Darstellung erhält man durch ihr Zweierkomplement.

Für die Anzeige einer negativen Dualzahl muss zuvor deren Zweierkomplement gebildet werden.

2.2.4 Gleitkommazahlen mit Vorzeichen

Da die Genauigkeit und der Zahlenbereich von Festkommazahlen eingeschränkt sind, werden Rechenoperationen mit 32-Bit-Gleitkommazahlen durchgeführt. Sie bestehen aus einer 24-Bit-Mantisse und einem 7-Bit-Exponenten für die Basis 16 (**Tabelle 1**) als Faktor für die Gleitkommazahl sowie einem Bit für das Vorzeichen.

Beispiel 3:

Ermitteln Sie schrittweise für die Dezimalzahl 140,875 die 32-Bit-Gleitkommazahl.

Lösung:

1. Die Zahl wird in ihren ganzzahligen und ihren gebrochenen Anteil getrennt:

   140,875 = **140 + 0,875**

2. Der ganzzahlige Anteil und der gebrochene Anteil werden jeweils in eine Dualzahl umgesetzt:

   140_{10} = $\mathbf{1000\,1100_2}$; $0{,}875_{10}$ = $\mathbf{0{,}111_2}$

3. Die beiden Dualzahlen werden addiert:

   10001100 + 0,111 = **1000 1100,111**

4. Aus der Summe wird die Gleitkommazahl gebildet:

   1000 1100, 111 = $\mathbf{0{,}1000\,1100\,111 \cdot 16^{+2}}$

5. Die Dezimalzahl 140,875 wird mit ihren Teilen als 32-Bit-Gleitkommazahl dargestellt:

Vorzeichen	**0**
Exponent	**1000 010**
Mantisse	**1000 1100 1110 0000 0000 0000**

Gleitkommazahlen haben einen großen Zahlenbereich. Sie können sehr große und auch sehr kleine Zahlenwerte darstellen.

2.2.5 Codierung und Decodierung

Daten werden digital codiert, damit sie in einem Datenverarbeitungssystem verarbeitet, gespeichert oder übertragen werden können. Für den Benutzer des Datenverarbeitungssystems werden sie danach wieder decodiert und dargestellt.

Die Umwandlung von Daten mithilfe eines Codes bezeichnet man als Codieren, deren Rückumwandlung als Decodieren.

2.2.5.1 Codierung im ASCII-Code

ASCII (von American Standard Code for Information Interchange = Amerikanischer Standardcode für den Informationsaustausch) enthält 128 Zeichen, die mit 7-Bit-Worten für die Verarbeitung und Übertragung von Daten codiert sind **(Tabelle 1)**.

ASCII ist ein 7-Bit-Code zur Codierung von 128 alphanumerischen Zeichen und Steuerzeichen. Der erweiterte ASCII-Code enthält 256 Zeichen.

Tabelle 1: 7-Bit-ASCII-Zeichen

<table>
<tr><td colspan="3" rowspan="3">Bit-Stelle</td><td>6</td><td>0</td><td>0</td><td>0</td><td>0</td><td>1</td><td>1</td><td>1</td><td>1</td></tr>
<tr><td>5</td><td>0</td><td>0</td><td>1</td><td>1</td><td>0</td><td>0</td><td>1</td><td>1</td></tr>
<tr><td>4</td><td>0</td><td>1</td><td>0</td><td>1</td><td>0</td><td>1</td><td>0</td><td>1</td></tr>
<tr><td>3</td><td>2</td><td>1</td><td>0</td><td colspan="2">Steuerzeichen</td><td colspan="6">Ziffern, Buchstaben Sonderzeichen</td></tr>
<tr><td>0</td><td>0</td><td>0</td><td>0</td><td>NUL</td><td>DLE</td><td>SP</td><td>0</td><td>@</td><td>P</td><td>`</td><td>p</td></tr>
<tr><td>0</td><td>0</td><td>0</td><td>1</td><td>SOH</td><td>DC1</td><td>!</td><td>1</td><td>A</td><td>Q</td><td>a</td><td>q</td></tr>
<tr><td>0</td><td>0</td><td>1</td><td>0</td><td>STX</td><td>DC2</td><td>"</td><td>2</td><td>B</td><td>R</td><td>b</td><td>r</td></tr>
<tr><td>0</td><td>0</td><td>1</td><td>1</td><td>ETX</td><td>DC3</td><td>#</td><td>3</td><td>C</td><td>S</td><td>c</td><td>s</td></tr>
<tr><td>0</td><td>1</td><td>0</td><td>0</td><td>EOT</td><td>DC4</td><td>$</td><td>4</td><td>D</td><td>T</td><td>d</td><td>t</td></tr>
<tr><td>0</td><td>1</td><td>0</td><td>1</td><td>ENQ</td><td>NAK</td><td>%</td><td>5</td><td>E</td><td>U</td><td>e</td><td>u</td></tr>
<tr><td>0</td><td>1</td><td>1</td><td>0</td><td>ACK</td><td>SYN</td><td>&</td><td>6</td><td>F</td><td>V</td><td>f</td><td>v</td></tr>
<tr><td>0</td><td>1</td><td>1</td><td>1</td><td>BEL</td><td>ETB</td><td>´</td><td>7</td><td>G</td><td>W</td><td>g</td><td>w</td></tr>
<tr><td>1</td><td>0</td><td>0</td><td>0</td><td>BS</td><td>CAN</td><td>(</td><td>8</td><td>H</td><td>X</td><td>h</td><td>x</td></tr>
<tr><td>1</td><td>0</td><td>0</td><td>1</td><td>HT</td><td>EM</td><td>)</td><td>9</td><td>I</td><td>Y</td><td>i</td><td>y</td></tr>
<tr><td>1</td><td>0</td><td>1</td><td>0</td><td>LF</td><td>SUB</td><td>*</td><td>:</td><td>J</td><td>Z</td><td>j</td><td>z</td></tr>
<tr><td>1</td><td>0</td><td>1</td><td>1</td><td>VT</td><td>ESC</td><td>+</td><td>;</td><td>K</td><td>[</td><td>k</td><td>{</td></tr>
<tr><td>1</td><td>1</td><td>0</td><td>0</td><td>FF</td><td>FS</td><td>,</td><td><</td><td>L</td><td>\</td><td>l</td><td>|</td></tr>
<tr><td>1</td><td>1</td><td>0</td><td>1</td><td>CR</td><td>GS</td><td>–</td><td>=</td><td>M</td><td>]</td><td>m</td><td>}</td></tr>
<tr><td>1</td><td>1</td><td>1</td><td>0</td><td>SO</td><td>RS</td><td>.</td><td>></td><td>N</td><td>^</td><td>n</td><td>~</td></tr>
<tr><td>1</td><td>1</td><td>1</td><td>1</td><td>Si</td><td>US</td><td>/</td><td>?</td><td>O</td><td>_</td><td>o</td><td>DEL</td></tr>
</table>

- Codierung = Vorschrift für die eindeutige Zuordnung zwischen zwei Mengen, z.B. Code 1 in Code 2.
- Decodierung ist die Umkehrung der Codierung.

2.2.5.2 Codierung in BCD-Codes

BCD-Codes (von Binary Coded Decimal = binärcodiertes Zehnersystem) werden für Zählvorgänge und auch für Berechnungen verwendet. Sie sind dekadisch aufgebaut. Innerhalb der Dekaden (Zehnergruppen) ist aber jede einzelne Dezimalziffer dual codiert. Dabei erfolgt je nach BCD-Code die Verschlüsselung mit 4 Bits oder auch mehr. Codes mit mehr als 4 Bits sind redundant und ermöglichen bei der Datenübertragung eine Fehlererkennung.

BCD-Codes bestehen aus Dekaden (Zehnergruppen).

Weiter unterscheidet man bewertete und unbewertete BCD-Codes. Bei bewerteten Codes haben die einzelnen Dualstellen einen entsprechenden Stellenwert und bei unbewerteten sind die 1-0-Kombinationen willkürlich zugeordnet **(Tabelle 1, folgende Seite)**.

Beim **1-aus-10-Code** wird jede Stelle einer Dezimalzahl mit einem 10-Bit-Wort verschlüsselt. Dabei enthält jedes Wort nur ein Bit mit dem Wert 1. Die Stelle dieses Bits entspricht dabei der dezimalen Wertigkeit.

Im **8-4-2-1-Code** ist jede Dezimalziffer von 0 bis 9 mit einem 4-Bit-Wort (Tetrade = Vierergruppe) verschlüsselt. Da im Dualsystem bei 4 Bits auch Werte vorkommen können, die größer als dezimal 9 sind (10 bis 15), können diese keiner Dezimalziffer zugeordnet werden. Man nennt sie deshalb Pseudotetraden oder Scheintetraden. Ihre Entstehung wird bei der Datenverarbeitung durch eine entsprechende BCD-Korrektur verhindert.

Beim **einschrittigen BCD-Code** unterscheiden sich die einzelnen 4-Bit-Worte in nur einer Bitstelle. Der **Biquinärcode** (2-5-Code) setzt sich aus einem fünfstelligen und einem zweistelligen Bitanteil zusammen. Jeder dieser Anteile enthält jeweils nur ein Bit mit dem Wert 1. Die Binärworte des **2-aus-5-Code** enthalten 2 Bits mit dem Wert 1 und 3 Bits mit dem Wert 0. Hat ein Code immer nur 2 Bits mit 1, so ermöglicht er eine einfache Fehlererkennung.

Wiederholung und Vertiefung

1. **Setzen Sie das Wort Code im ASCII-Code um.**
   Lösung: **1000011 1101111 1100100 1100101_2**
2. **Was versteht man unter einem bewerteten Code?**
3. **Nennen Sie die Pseudotetraden beim 8-4-2-1-Code.**

2.2.5.3 Codeumsetzer

Zum Codieren und Decodieren von Daten werden IC verwendet **(Bild 1)**. Sie setzen Daten aus einem vorliegenden Code in einen anderen Code um. Intern bestehen sie aus kombinatorischen Netzwerken mit binären Verknüpfungsgliedern.

> Codeumsetzer bestehen aus kombinatorischen Netzwerken mit binären Verknüpfungsgliedern. Sie setzen einen vorliegenden Code in einen anderen Code um.

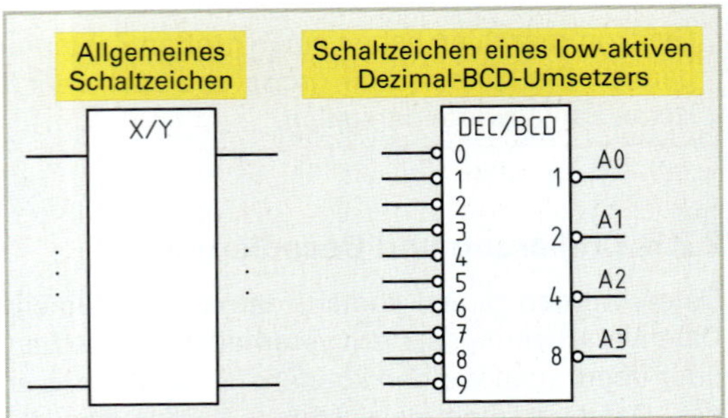

Bild 1: Codeumsetzer Dezimal-BCD

- low-aktiv ⇒ 0 ≙ Ein; 1 ≙ Aus
- high-aktiv ⇒ 1 ≙ Ein; 0 ≙ Aus

Der **Dezimal-BCD-Codeumsetzer** (Bild 1) hat low-aktive Eingänge und low-aktive Ausgänge. Je nach ausgewählter dezimaler Stellenwertigkeit wird der dazugehörige Eingang 0 bis 9 des Umsetzers mit Signalen, die Low-Pegel haben, angesteuert. An den Ausgängen A0 bis A3 stehen dann die Signale für das entsprechende Binärwort des 8-4-2-1-BCD-Codes (Tabelle 1) in invertierter Form mit Low-Pegel zur Weiterverarbeitung bereit. Werden mehrere Eingänge gleichzeitig aktiviert, so erhält man am Ausgang die invertierte Tetrade der höchsten Dezimalziffer der aktivierten Eingänge. Dafür sorgt eine interne Prioritätsschaltung (Vorrangschaltung).

Mit dem **BCD-Dezimal-Codeumsetzer** 74 LS 42 **(Bild 2)** können 8-4-2-1-BCD-Tetraden in den 1-aus-10-Code umgesetzt werden, um z.B. dezimale Ziffernanzeigen anzusteuern. Seine Ausgänge A0 bis A9 sind dabei low-aktiv. Bei Vorliegen einer Pseudotetrade an den Eingängen E0 bis E3 führen alle Ausgänge High-Pegel.

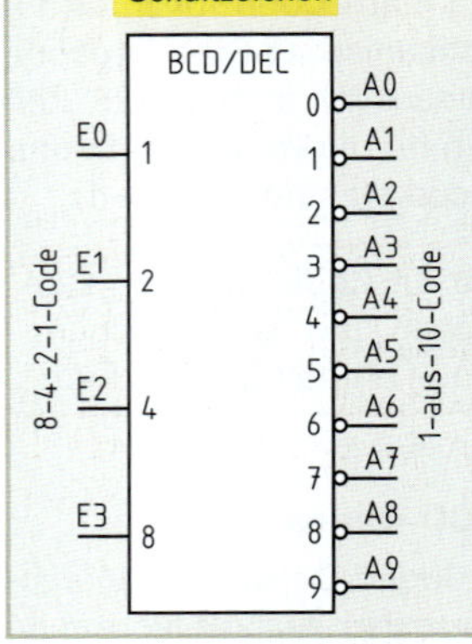

Wertetabelle

8-4-2-1-Code E3	E2	E1	E0	L-Pegel auf Ausgang
0	0	0	0	A0
0	0	0	1	A1
0	0	1	0	A2
0	0	1	1	A3
0	1	0	0	A4
0	1	0	1	A5
0	1	1	0	A6
0	1	1	1	A7
1	0	0	0	A8
1	0	0	1	A9

Bild 2: BCD-Dezimal-Umsetzer 74 LS 42

Tabelle 1: BCD-Codes (Beispiel)

Dezimal-Code	1-aus-10-Code	8-4-2-1-Code	Einschrittiger BCD-Code	Biquinär-Code	2-aus-5-Code
0	0 0 0 0 0 0 0 0 0 1	0 0 0 0	0 0 0 1	0 0 0 0 1 0 1	1 1 0 0 0
1	0 0 0 0 0 0 0 0 1 0	0 0 0 1	0 0 1 1	0 0 0 1 0 0 1	0 0 0 1 1
2	0 0 0 0 0 0 0 1 0 0	0 0 1 0	0 0 1 0	0 0 1 0 0 0 1	0 0 1 0 1
3	0 0 0 0 0 0 1 0 0 0	0 0 1 1	0 1 1 0	0 1 0 0 0 0 1	0 0 1 1 0
4	0 0 0 0 0 1 0 0 0 0	0 1 0 0	0 1 0 0	1 0 0 0 0 0 1	0 1 0 0 1
5	0 0 0 0 1 0 0 0 0 0	0 1 0 1	1 1 0 0	0 0 0 0 1 1 0	0 1 0 1 0
6	0 0 0 1 0 0 0 0 0 0	0 1 1 0	1 1 1 0	0 0 0 1 0 1 0	0 1 1 0 0
7	0 0 1 0 0 0 0 0 0 0	0 1 1 1	1 0 1 0	0 0 1 0 0 1 0	1 0 0 0 1
8	0 1 0 0 0 0 0 0 0 0	1 0 0 0	1 0 1 1	0 1 0 0 0 1 0	1 0 0 1 0
9	1 0 0 0 0 0 0 0 0 0	1 0 0 1	1 0 0 1	1 0 0 0 0 1 0	1 0 1 0 0
Stellen-wert	9 8 7 6 5 4 3 2 1 0	8 4 2 1	keine	4 3 2 1 0 5 0	7 4 2 1 0 für die Ziffern 1 bis 9

Der **BCD-Siebensegment-Umsetzer (Bild 1)** setzt binär codierte Daten zur Ansteuerung einer Siebensegmentanzeige um. Sie besteht aus sieben einzelnen Segmenten, die im Siebensegment-Code angesteuert werden **(Tabelle 1)**. Dazu werden die Steuersignale vom Umsetzer zusätzlich in einem Treiber verstärkt.

Die Eingänge E0 bis E3 des Umsetzers werden mit 8-4-2-1-BCD-Tetraden angesteuert. An den Ausgängen A0 bis A6 wird dann der jeweils entsprechende Siebensegment-Code zur Ansteuerung der Anzeige ausgegeben.

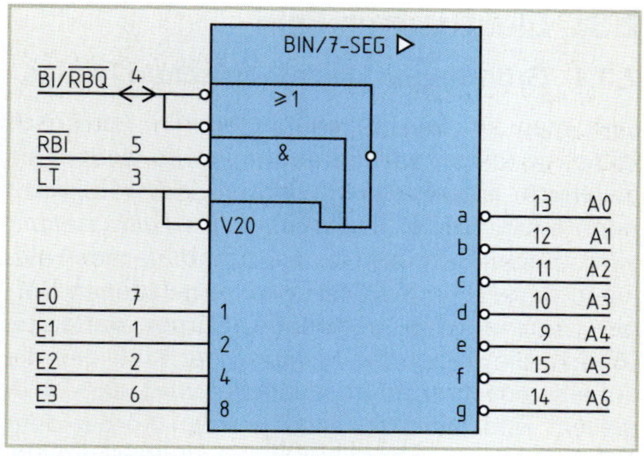

Bild 1: BCD-Siebensegment-Umsetzer

> **Beispiel 1:**
> Welche Signalpegel müssen die Ausgänge des Umsetzers führen, damit eine Siebensegmentanzeige die Ziffer 6 darstellen kann?
>
> *Lösung:*
> A0 = **1**, A1 = **0**, A2 = **1**, A3 = **1**, A4 = **1**, A5 = **1**, A6 = **1**

Tabelle 1: Siebensegment-Code

8-4-2-1-Code				Siebensegment-Code							Anordnung der Segmente
E3	E2	E1	E0	a	b	c	d	e	f	g	
0	0	0	0	1	1	1	1	1	1	0	
0	0	0	1	0	1	1	0	0	0	0	
0	0	1	0	1	1	0	1	1	0	1	
0	0	1	1	1	1	1	1	0	0	1	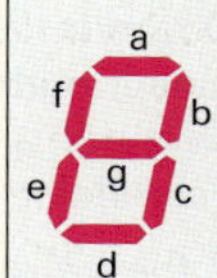
0	1	0	0	0	1	1	0	0	1	1	
0	1	0	1	1	0	1	1	0	1	1	
0	1	1	0	1	0	1	1	1	1	1	
0	1	1	1	1	1	1	0	0	0	0	
1	0	0	0	1	1	1	1	1	1	1	
1	0	0	1	1	1	1	1	0	1	1	

Low-Pegel am Anschluss 3 bewirkt den optischen Funktionstest der sieben Segmente. Für mehrstellige Anzeigen wird der Anschluss 4 mit dem Anschluss 5 des Codeumsetzers für die nächsthöhere Dezimalstelle verbunden. Low-Pegel an Anschluss 5 bewirkt dann eine Unterdrückung führender Nullen.

Der **Binär-Oktal-Umsetzer (Bild 2)** dient der Selektion von acht einzelnen Speicherbausteinen oder Schnittstellenbausteinen in einem Computersystem.

Die Anschlüsse E0, E1 und E2 werden dabei von drei Adressenleitern des Prozessors angesteuert.

Über die Enable-Eingänge EN1 bis EN3 muss der Umsetzer zusätzlich durch Anlegen von entsprechenden Pegeln oder durch Steuersignale des Prozessors freigegeben und somit aktiviert werden.

Der so ausgewählte Ausgang A0 bis A7 aktiviert dann mit Low-Pegel den angeschlossenen Baustein.

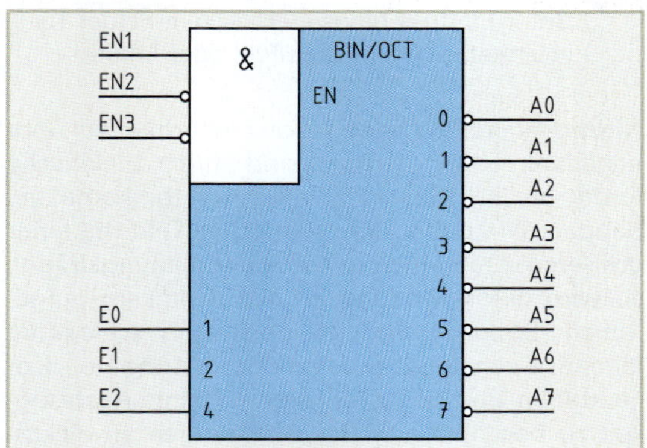

Bild 2: Binär-Oktal-Umsetzer

> **Beispiel 2:**
> Bestimmen Sie die Eingangssignalpegel für den Umsetzer, damit er mit Low-Pegel den Baustein selektiert, der an seinem Ausgang A4 angeschlossen ist.
>
> *Lösung:*
> E2 = **1**, E1 = **0**, E0 = **0**,
> EN1 = **1**, EN2 = **0**, EN3 = **0**

Wiederholung und Vertiefung

1. **Wie viele Eingänge und Ausgänge hat ein Dezimal-BCD-Umsetzer?**
2. **Welche Signalzuordnung hat ein low-aktiver Ausgang?**
3. **Was zeigt eine Siebensegment-Anzeige bei Ansteuerung mit dem BCD-Code an?**

2.3 Elektrisches Feld

2.3.1 Grundlagen des elektrischen Feldes

Legt man an zwei gegenüberliegende, elektrisch leitfähige Körper eine Spannung an, so werden sie elektrisch aufgeladen. Zwischen ihnen herrscht dann ein Kraftfeld, das *elektrisches Feld* genannt wird. Seine Richtung wird durch gedachte Feldlinien dargestellt, die vom positiv geladenen Körper zum negativ geladenen Körper verlaufen **(Bild 1)**. Sie stellen die Richtung der Kraft dar, die auf eine positive Ladung ausgeübt wird, die sich in diesem Feld befindet. Dabei werden Körper oder Teilchen mit gleicher Polarität abgestoßen und solche mit ungleicher Polarität angezogen.

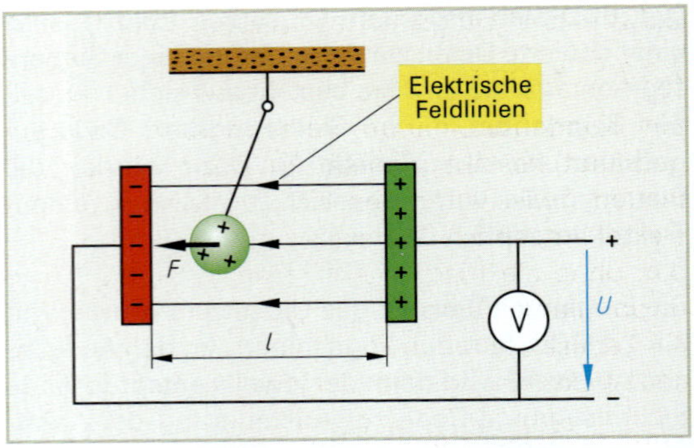

Bild 1: Kraftwirkung zwischen zwei parallelen Platten

> Jede elektrische Spannung erzeugt ein elektrisches Feld mit einer entsprechenden Kraftwirkung.

Allgemein:	Bei homogenem Feld:
$E = \frac{F}{Q}$	$E = \frac{U}{l}$

E elektrische Feldstärke
F Kraft auf eine Ladung
Q Ladung
U Spannung zwischen den Ladungen
l Abstand der Ladungen voneinander

Die Kraftwirkung auf eine Ladung im elektrischen Feld ist umso größer, je größer die elektrische Feldstärke E und die Ladung Q sind.

Deshalb kann diese Kraftwirkung z.B. bei der Ablenkung des Elektronenstrahls einer Elektronenstrahlröhre **(Bild 2)** oder bei der Steuerung eines Feldeffekttransistors angewendet werden **(Bild 3)**.

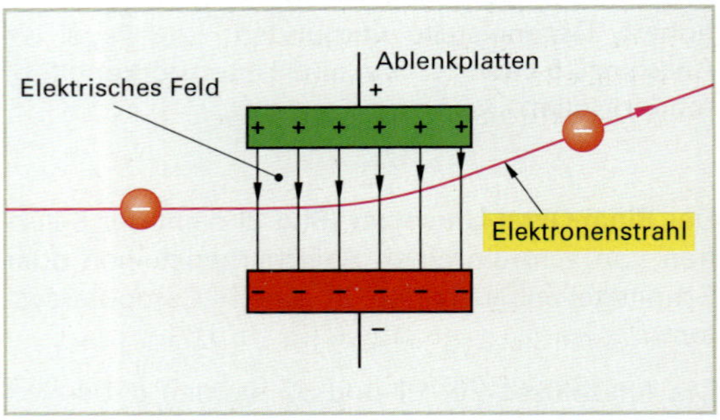

Bild 2: Prinzip der Ablenkung eines Elektronenstrahls

Dabei wird durch die Höhe der Steuerspannung U_{GS} und den *Feldeffekt* der leitfähige Kanalquerschnitt des Transistors durch Ladungsverschiebung verringert und so sein Strom I_D gesteuert.

> Die Ladungsverschiebung in einem Leiter unter Einfluss eines elektrischen Feldes bezeichnet man als Feldeffekt oder Influenz.

Nichtleiter weisen keine freien Elektronen auf. Ihre negativen Ladungsträger sind durch elektrische Kräfte an ihre positiv geladenen Atomkerne gebunden. Wirkt aber ein elektrisches Feld mit einer größeren Kraftwirkung auf diese Ladungsträger, so wird deren Bindung an den Atomkern aufgehoben. Dadurch wird der Nichtleiter schlagartig leitend. Deshalb ist bei der Verwendung von Isolierstoffen und Bauteilen deren Spannungsfestigkeit zu beachten, um Beschädigungen an elektrischen Geräten und Anlagen durch zu hohe Spannungen zu vermeiden.

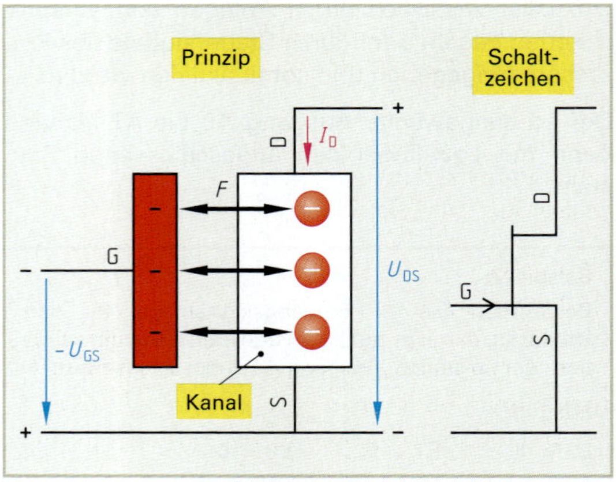

Bild 3: Prinzip eines Feldeffekttransistors

Wiederholung und Vertiefung

1. **Wodurch wird die Größe des elektrischen Feldes bestimmt?**
2. **Was versteht man unter Feldeffekt oder Influenz?**
3. **Welche Richtung haben die Feldlinien eines elektrischen Feldes?**

2.3.2 Elektrisches Feld anwenden

2.3.2.1 Kondensatoren

Ein Kondensator (von lat. condensus = dicht gedrängt) besteht grundsätzlich aus zwei leitenden Platten, zwischen denen sich ein Isolierstoff (Dielektrikum, sprich Di-elektrikum, von lat. di = weg, d.h. ohne elektrische Leitfähigkeit) befindet. Wird er an Gleichspannung gelegt, so fließt kurzzeitig ein Ladestrom. Beide Platten werden entgegengesetzt elektrisch geladen **(Bild 1)**.

Wird eine Isolierstoffplatte zwischen die Platten geschoben, so ergibt sich eine stärkere Aufladung, als wenn Luft oder Vakuum als Isolator verwendet werden. Ursache dafür sind die im Isolierstoff gebundenen Ladungen. Sie erfahren unter dem Einfluss des elektrischen Feldes eine elastische Verschiebung und bilden elektrische Dipole, die das Feld verstärken **(Bild 2)**.

Man bezeichnet dies als *elektrische Polarisation*.

Permittivität

Die Permittivität (von lat. permittere = durchdringen) ist das Produkt aus elektrischer Feldkonstante und *Permittivitätszahl*. Die Permittivitätszahl eines Isolierstoffes gibt an, wie viel Mal größer die elektrische Flussdichte wird, wenn statt Vakuum oder Luft der Isolierstoff als Dielektrikum verwendet wird **(Tabelle 1)**. Die Permittivitätszahl nennt man auch *Dielektrizitätszahl*.

$$\varepsilon_0 = 8{,}85\ \mathrm{p}\frac{\mathrm{As}}{\mathrm{Vm}}$$

$$\varepsilon = \varepsilon_0 \cdot \varepsilon_r$$

ε Permittivität des Dielektrikums

ε_0 elektrische Feldkonstante ε_r Permittivitätszahl

Ferroelektrika sind z.B. keramische Werkstoffe mit sehr großer Polarisation. Die elektrischen Dipole richten sich im elektrischen Feld aus und behalten ihre Richtung auch nach dem Entfernen des Feldes bei.

Elektrete sind Ferroelektrika, deren Polarisation besonders beständig ist. Man verwendet sie z.B. in Mikrofonen und Kopfhörern.

Kapazität

Schließt man einen Plattenkondensator mit einem Dielektrikum, z.B. aus Hartpapier oder Acrylglas, entsprechend der Versuchsanordnung in **Bild 1, folgende Seite** über einen empfindlichen Strommesser an eine Gleichspannung von etwa 500 V an, so

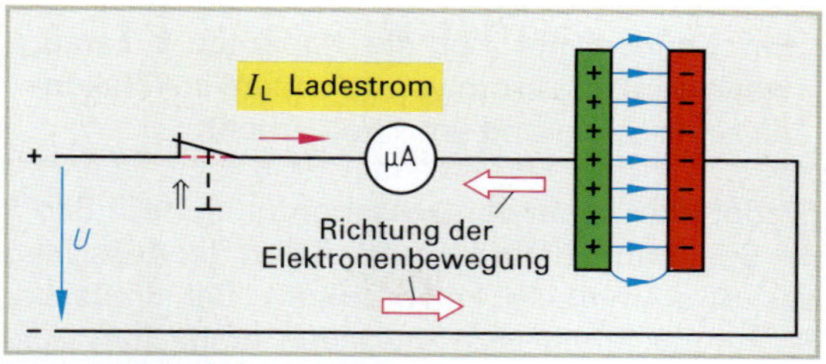

Bild 1: Laden eines Kondensators

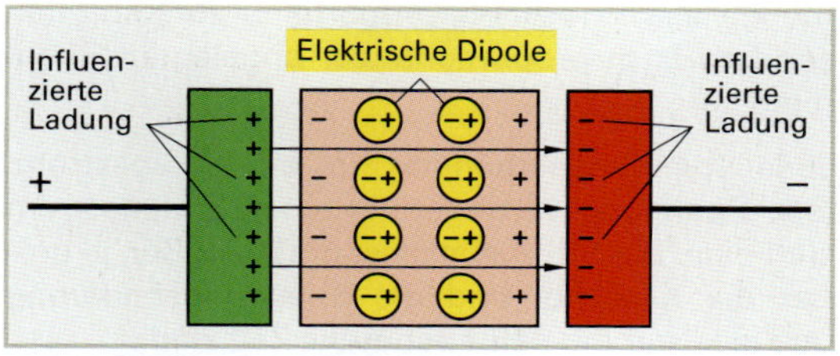

Bild 2: Polarisation im Dielektrikum

Tabelle 1: Permittivitätszahlen ε_r

Isolierstoff	ε_r
Vakuum, Luft	1
Aluminiumoxid	6 ... 9
Glimmer	6 ... 8
Hartpapier	4
Keramische Masse	10 ... 50000
Polystyrol	2,5
Quarz	2 ... 4
Tantalpentoxid	26
Transformatorenöl	2,2 ... 2,4
Zellulosepapier	4

kann man durch einen kurzzeitigen Ausschlag des Strommessers sehen, dass ein Ladestrom geflossen ist. Ein parallel zum Versuchskondensator liegender hochohmiger Spannungsmesser (Elektroskop) zeigt an, dass der Kondensator jetzt geladen ist.

Die Ladung auf den Kondensatorplatten bleibt auch nach dem Trennen des Kondensators vom Gleichspannungserzeuger erhalten.

Der Kondensator kann elektrische Ladung speichern.

Das Fassungsvermögen unterschiedlich großer Kondensatoren für elektrische Ladung ist bei gleich hoher Spannung verschieden. Man nennt die Ladung je Volt angelegter Spannung die *Kapazität* (Aufnahmevermögen) des Kondensators (Formelzeichen *C*). Die Einheit der Kapazität ist also die Amperesekunde je Volt (As/V). Diese Einheit hat den besonderen Einheitennamen Farad (Einheitenzeichen F, nach Faraday[1]).

[1] Faraday, englischer Physiker, 1791 bis 1867

Ein Kondensator hat die Kapazität 1 Farad, wenn der Ladestrom von 1 Ampere in 1 Sekunde seine Spannung um 1 Volt erhöht.

Erhöht man in der Versuchsanordnung nach Bild 1 die Spannung, dann vergrößert sich der Ausschlag des Strommessers entsprechend. Bei dreifacher Spannung erhält man etwa den dreifachen Ausschlag.

Die vom Kondensator aufgenommene Ladungsmenge ist also nicht nur proportional zur Kapazität, sondern auch proportional zur angelegten Spannung.

Jede Spannungserhöhung hat einen Ladestrom, jede Spannungsverringerung einen Entladestrom zur Folge. Die Stromstärke ist umso größer, je größer die Kapazität und die Spannungsänderung und je kürzer die dafür benötigte Zeit sind.

Kondensatoren, die an Spannungen angeschlossen waren, sind aus Sicherheitsgründen vor Arbeitsaufnahme oder nach einem Versuch über einen Widerstand zu entladen.

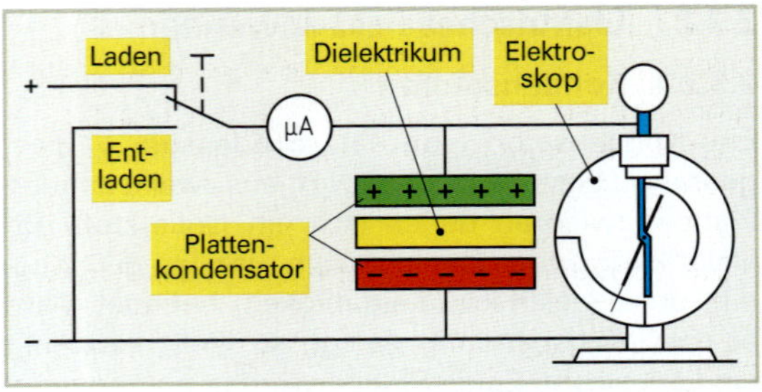

Bild 1: Speichervermögen des Kondensators

- Polarisation = Ladungsverschiebung in Isolierstoffen.
- Elektret = Ferroelektrika mit besonders beständiger Polarisation.
- Kapazität = Fähigkeit, elektrische Ladung zu speichern.

$$Q = C \cdot U \qquad [C] = \frac{As}{V} = F \qquad C = \frac{Q}{U} \qquad i_C = C \cdot \frac{\Delta u}{\Delta t}$$

Q Ladung; C Kapazität; U Spannung

i_C Ladestromstärke, Entladestromstärke

Δu Spannungsdifferenz; Δt Zeitdifferenz

2.3.2.2 Schaltungen von Kondensatoren

Reihenschaltung

Bei der Reihenschaltung von Kondensatoren ist die gespeicherte Gesamtladung kleiner als bei einem einzelnen Kondensator, der an der Gesamtspannung liegt. In der Reihenschaltung liegt nur die kleinere Teilspannung am Kondensator.

Die Ersatzkapazität ist bei der Reihenschaltung stets kleiner als die kleinste Einzelkapazität.

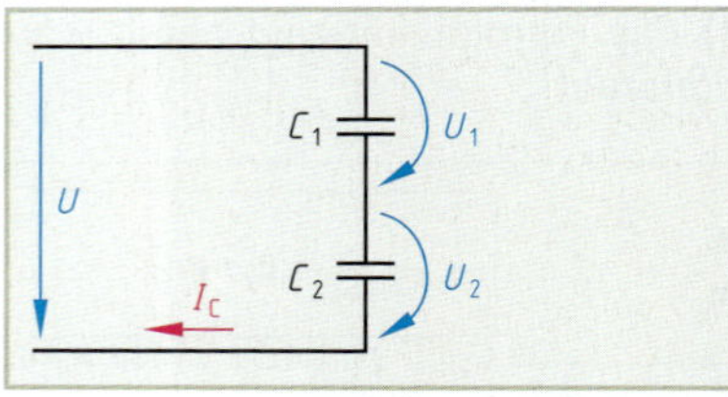

$$U = U_1 + U_2$$
$$\frac{Q}{C} = \frac{Q}{C_1} + \frac{Q}{C_2}$$
$$\frac{1}{C} = \frac{1}{C_1} + \frac{1}{C_2}$$

Bild 2: Reihenschaltung von Kondensatoren

Die Ladungen der in Reihe geschalteten Kondensatoren sind gleich groß. Die Summe der Spannungen an den Kondensatoren ist so groß wie die Gesamtspannung $U = U_1 + U_2$ **(Bild 2)**. Die Spannungen an den Kondensatoren müssen also zu den Kapazitäten umgekehrt proportional sein, damit die Kondensatoren die gleiche Ladung aufnehmen.

Der Kehrwert der Ersatzkapazität ist bei der Reihenschaltung gleich der Summe der Kehrwerte der Einzelkapazitäten.

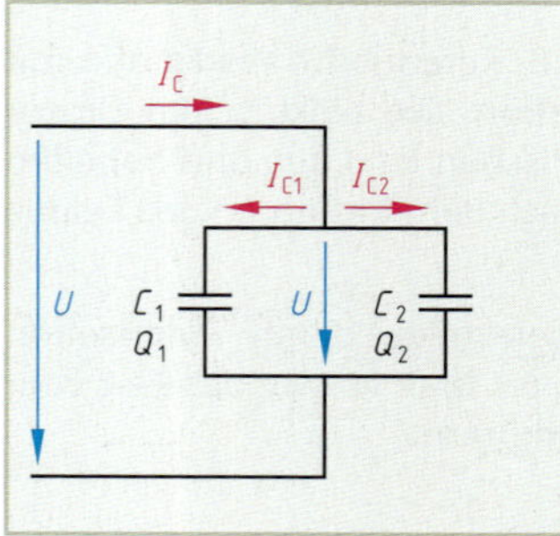

$$I_C = I_{C1} + I_{C2}$$
$$C \cdot U = C_1 \cdot U + C_2 \cdot U$$
$$C = C_1 + C_2$$

Bild 3: Parallelschaltung von Kondensatoren

Parallelschaltung

Bei der Parallelschaltung von Kondensatoren ist die Ladung und somit die Ersatzkapazität größer als bei einem einzelnen Kondensator der Schaltung.

An parallel geschalteten Kondensatoren liegt dieselbe Spannung **(Bild 3)**. Die Gesamtladung ist so groß wie die Summe der Ladungen der Kondensatoren, also $Q = Q_1 + Q_2$. Die Kapazitäten sind aber den Ladungen verhältnisgleich, also ist $C = C_1 + C_2$.

2.3.2.3 Kondensator im Gleichstromkreis

Schließt man einen Kondensator an eine Gleichspannung an, so fließt kurzzeitig ein Ladestrom. Sobald der Kondensator geladen ist, fließt kein Strom mehr.

Der geladene Kondensator sperrt Gleichstrom.

Lädt man einen Kondensator über einen Widerstand auf, so wächst die Spannung am Kondensator erst schnell, dann immer langsamer auf den Endwert an **(Bild 1)**. Beim Entladen nimmt die Spannung entsprechend zunächst schnell, dann immer langsamer auf null ab. Der Ladestrom und der Entladestrom springen zunächst auf eine Anfangsstromstärke und gehen zuerst schnell, dann immer langsamer auf null zurück.

Die Lade- und Entladekurven werden als *Exponentialkurven* bezeichnet.

Aufladezeit und Entladezeit eines Kondensators sind umso länger, je größer Vorwiderstand und Kapazität sind.

Das Produkt aus Widerstand und Kapazität nennt man *Zeitkonstante* τ.

Die Zeitkonstante gibt die Zeit an, in der die Kondensatorspannung beim Laden 63,2% der Endspannung, beim Entladen 36,8% der Anfangsspannung erreicht. Ladung oder Entladung sind nach 5 τ annähernd beendet (Bild 1).

$$I_0 = \frac{U_0}{R}$$

$$\tau = R \cdot C$$

$$[\tau] = \Omega \cdot \mathrm{F} = \frac{\mathrm{V}}{\mathrm{A}} \cdot \frac{\mathrm{As}}{\mathrm{V}} = \mathrm{s}$$

Beim Laden eines ungeladenen Kondensators:

$$u_C = U_0 \cdot (1 - e^{-\frac{t}{\tau}})$$

$$i_C = I_0 \cdot e^{-\frac{t}{\tau}}$$

Beim Entladen eines geladenen Kondensators:

$$u_C = U_0 \cdot e^{-\frac{t}{\tau}}$$

$$i_C = -I_0 \cdot e^{-\frac{t}{\tau}}$$

I_0 Anfangsstromstärke
U_0 Spannung des Spannungserzeugers, Spannung des geladenen Kondensators
R Widerstand im Stromkreis
τ Zeitkonstante (griech. Kleinbuchstabe Tau)
C Kapazität
u_C Spannung am Kondensator
t Zeit
i_C Ladestromstärke, Entladestromstärke

Die Anfangsstromstärke wird beim Laden und beim Entladen nur von den Widerständen im Stromkreis begrenzt.

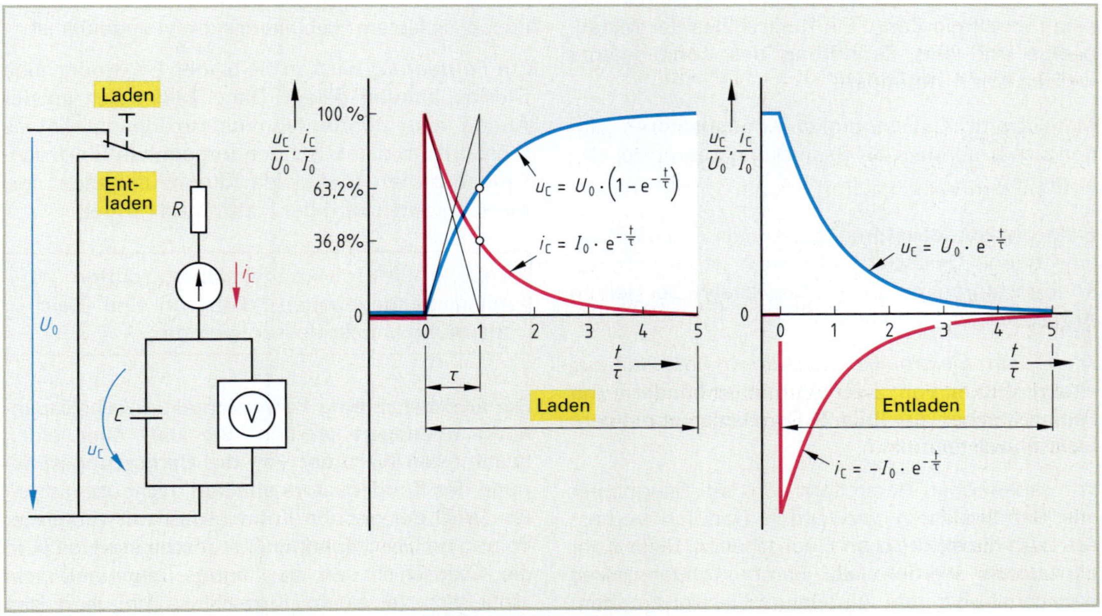

Bild 1: Ladekurven und Entladekurven beim Kondensator

2.3.2.4 Bauformen von Kondensatoren

Festkondensatoren

Wickelkondensatoren. Die Metallbeläge werden bei den Wickelkondensatoren mit dem Dielektrikum als Band zu einem Wickel fest aufgewickelt **(Bild 1)**. Meist wird der Wickel in einem metallischen Becher untergebracht und zum Schutz gegen Feuchtigkeit mit einer Vergussmasse abgedichtet.

Papierkondensatoren haben ein Dielektrikum aus zwei oder mehreren Lagen Zellulosepapier. Die Beläge werden von Aluminiumfolien gebildet. Die Anschlussdrähte sind an dünne Bleche angeschweißt, die mit eingewickelt sind.

Kunststofffolien-Kondensatoren haben ein Dielektrikum aus Kunststofffolien wie Polypropylen, Polyester oder Polykarbonat.

Bei den Film-Folien-Kondensatoren sind die Metallbeläge Aluminiumfolien. Bei den metallisierten *Kunststofffolien-Kondensatoren* (MK-Kondensatoren) werden die Metallbeläge im Vakuum auf die Kunststofffolien aufgedampft. Dadurch erreicht man bei gleichen Kapazitätswerten kleinere Abmessungen.

Kunststofffolien-Kondensatoren haben einen sehr kleinen Verlustfaktor, sehr hohe Kapazitätskonstanz und einen hohen Isolationswiderstand. Die MK-Kondensatoren sind selbstheilend. Schlägt das Dielektrikum durch, so entsteht an der Durchschlagstelle ein Lichtbogen. Dadurch verdampft an dieser Stelle die dünne Metallschicht. Es entsteht eine metallfreie Zone. Ein Kurzschluss der Metallbeläge und eine Zerstörung des Kondensators werden somit verhindert.

Metallisierte Kunststofffolien-Kondensatoren eignen sich besonders zur Bestückung gedruckter Leiterplatten.

Elektrolytkondensatoren haben als Dielektrikum eine dünne Oxidschicht. Dadurch ist es möglich, Kondensatoren mit großen Kapazitäten bei kleinen Abmessungen zu bauen.

Aluminium-Elektrolytkondensatoren bestehen aus einem Wickel von zwei Aluminiumbändern mit Papierzwischenlage **(Bild 2)**. Das Papier ist mit dem Elektrolyten getränkt.

Von japanischen Herstellern wird ein Saugpapier aus Bambusfasern verwendet. Dadurch verbessern sich die elektrischen Eigenschaften. Diese Kondensatoren werden als *Bambuskondensatoren* bezeichnet. Bei den Aluminium-Elektrolytkondensatoren mit *festem Elektrolyt* besteht der Minuspol aus einer Glasfasergewebeschicht, die mit Mangandioxid als festem Halbleiterelektrolyt angefüllt ist.

> ℹ Beim Anschluss von Elektrolytkondensatoren muss auf deren Polung geachtet werden.

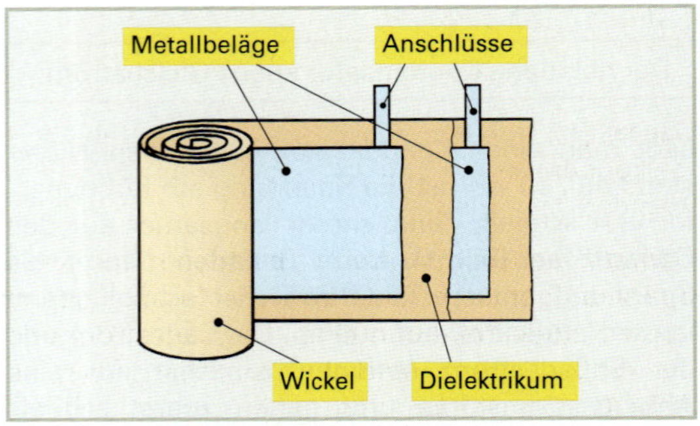

Bild 1: Aufbau eines Wickelkondensators

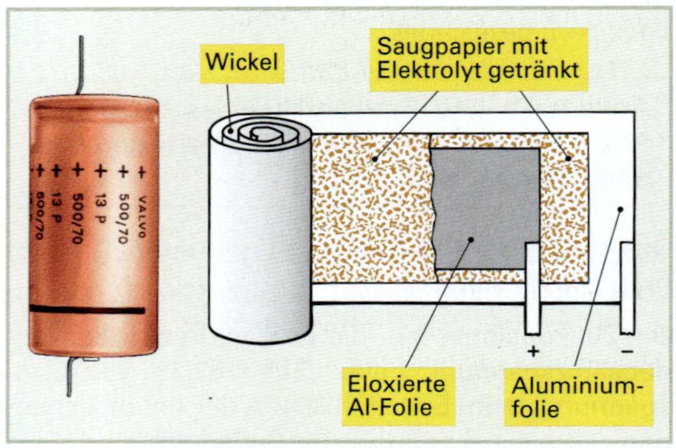

Bild 2: Aluminium-Elektrolytkondensator

Zur *Formierung* wird an die beiden Elektroden eine Gleichspannung gelegt. Dabei bildet sich an der Anode eine dünne Aluminiumoxidhaut, die als Dielektrikum dient. Bei den ungepolten Elektrolytkondensatoren sind beide Aluminiumbänder formiert. Dadurch wird der Platzbedarf größer.

> Gepolte Elektrolytkondensatoren dürfen nur mit der angegebenen Polung an eine Gleichspannung angeschlossen werden.

Der Gleichspannung kann auch eine Wechselspannung überlagert werden. Sie darf aber einen bestimmten Wert, der von der Bemessungsspannung des Kondensators abhängt, nicht überschreiten. Wird der gepolte Kondensator mit verkehrter Polung an Gleichspannung angeschlossen, so wird die Oxidschicht an der Anode abgebaut, was schließlich zu einem Kurzschluss zwischen den Belägen führt.

Dabei wird so viel Wärme entwickelt, dass der Kondensator zerstört wird. Dasselbe geschieht, wenn die überlagerte Wechselspannung zu groß ist.

Gepolte Elektrolytkondensatoren werden durch falsche Polung zerstört.

- Isolierstoffe für Kondensatoren: Papier, Kunststofffolie, Luft.
- Stoffe für Dielektrikum: Saugpapier, Saugpapier aus Bambusfaser, Tantalpentoxid, Keramik, Aktivkohle.

Tantal-Elektrolytkondensatoren werden als Koppelkondensatoren und als Siebkondensatoren verwendet.

Tantal-Folienkondensatoren bestehen aus einer meist aufgerauten Tantalfolie als Anode, die mit einer Katodenfolie und einem porösen Abstandshalter zu einem Wickel zusammengerollt ist **(Bild 1)**. Der Wickel wird mit einem Elektrolyt imprägniert. Durch Oxidation entsteht bei der Formierung an der Anode eine Tantalpentoxidschicht Ta_2O_5, die als Dielektrikum dient.

Tantal-Sinterkondensatoren haben eine Anode aus gesintertem Tantalpulver (Bild 1). Bei der Formierung entsteht durch Oxidation an der Oberfläche Tantalpentoxid Ta_2O_5, das als Dielektrikum dient.

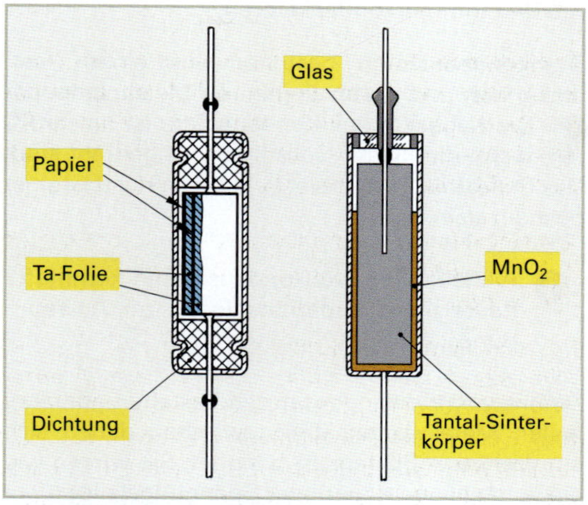

Bild 1: Tantal-Elektrolytkondensatoren

Keramik-Kondensatoren haben als Dielektrikum eine keramische Masse. Keramik-Kleinkondensatoren werden als Rohrkondensatoren und als Scheibenkondensatoren ausgeführt.

Glimmerkondensatoren haben ein Dielektrikum aus Glimmer. Die Glimmerplatten sind mit fest haftenden leitenden Belägen beschichtet. Sie werden in der Sendetechnik und Messtechnik verwendet, da sie einen sehr kleinen Verlustfaktor haben.

Kondensatoren für SMD-Technik sind Bauelemente mit sehr kleinen Abmessungen, die direkt auf die Oberfläche von Leiterplatten montiert werden. Sie sind für die Verarbeitung in Bestückungsautomaten geeignet. Die Kondensatoren eignen sich wegen der sehr kleinen Abmessungen und der fehlenden oder stummelartigen Anschlüsse sehr gut für hohe Frequenzen. Sie werden auch als Chip-Kondensatoren (chip = Kärtchen) bezeichnet.

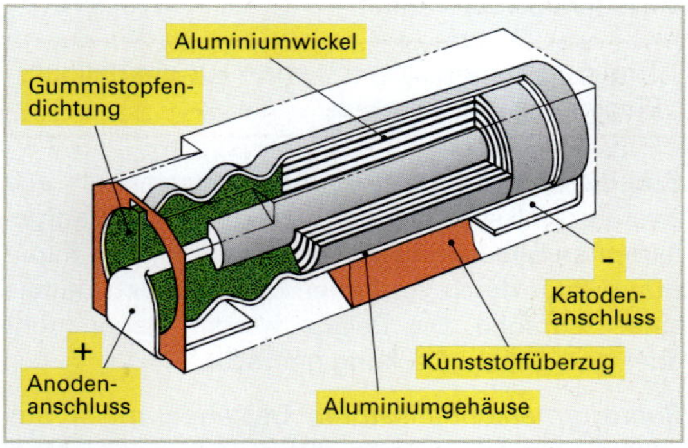

Bild 2: Aluminium-Chip-Elektrolytkondensator

Aluminium-Chip-Elektrolytkondensatoren **(Bild 2)** sind Wickelkondensatoren mit flüssigem Elektrolyt. Die Elektroden bestehen aus stark aufgerauten Aluminiumfolien.

Tantal-Chip-Kondensatoren haben einen rechteckförmigen Anodenkörper aus gesintertem Tantal, wobei die Tantalteilchen mit einer dünnen Schicht Tantalpentoxid Ta_2O_5 überzogen sind **(Bild 3)**. Die Anode ist dadurch von einer elektrisch formierten dielektrischen Schicht umhüllt.

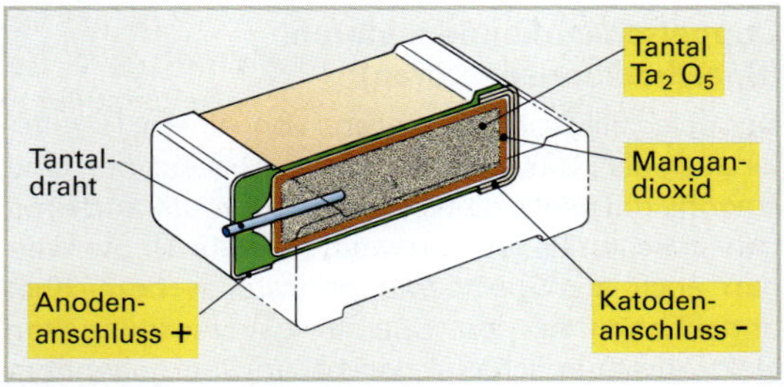

Bild 3: Tantal-Chip-Kondensator

Keramik-Vielschicht-Chip-Kondensatoren besitzen eine hohe Packungsdichte. Sie haben ein Dielektrikum aus Keramikfolie, auf der die Elektroden in Siebdrucktechnik aufgebracht sind **(Bild 1)**. Durch Sintern erhält die Keramik ihre besonderen Eigenschaften.

Verstellbare Kondensatoren

Verstellbare Kondensatoren sind Drehkondensatoren und Trimmerkondensatoren.

Drehkondensatoren bestehen aus einem feststehenden und einem drehbaren Metallplattenpaket. Die Kapazität des Kondensators ist am größten, wenn die Platten vollständig eingedreht sind. Das Dielektrikum ist meist Luft. Der Verlustfaktor ist deshalb klein.

i Anstelle von Drehkondensatoren kommen heute meist Kapazitätsdioden zur Anwendung.

Differenzialdrehkondensatoren bestehen aus zwei festen Metallplattensätzen, zwischen denen sich ein drehbarer Plattensatz befindet. Sie wirken wie ein verstellbarer kapazitiver Spannungsteiler.

Trimmerkondensatoren dienen zur einmaligen Einstellung der Kapazität und werden zum Feinabgleich in Rundfunk- und Fernsehgeräten sowie in Messgeräten verwendet.

Trimmerkondensatoren dienen zur einmaligen Einstellung der Kapazität.

Scheibentrimmerkondensatoren bestehen aus zwei Keramikscheiben als Dielektrikum mit aufgedampften Silberbelägen. Die Einstellung der Kapazität erfolgt durch Verdrehen der Scheiben mittels einer Schraube. Die Beläge werden dabei mehr oder weniger zur Deckung gebracht.

Rohrtrimmerkondensatoren bestehen meist aus einem Keramikröhrchen mit aufgezogener Messinghülse, in dem sich eine Schraube bewegt. Bei *Quetschtrimmerkondensatoren* wird der Abstand zweier runder Metallplatten verändert.

Doppelschichtkondensatoren (Speicherkondensatoren)

Doppelschichtkondensatoren, von einem Hersteller auch als „Ultrakondensatoren" bezeichnet, sind sowohl mit Elektrolytkondensatoren als auch mit galvanischen Zellen verwandt **(Tabelle 1)**. Sie werden auch als *Speicherkondensatoren* bezeichnet und können z.B. zur Spannungsversorgung von elektronischen Schaltungen bei vorübergehendem Netzausfall eingesetzt werden.

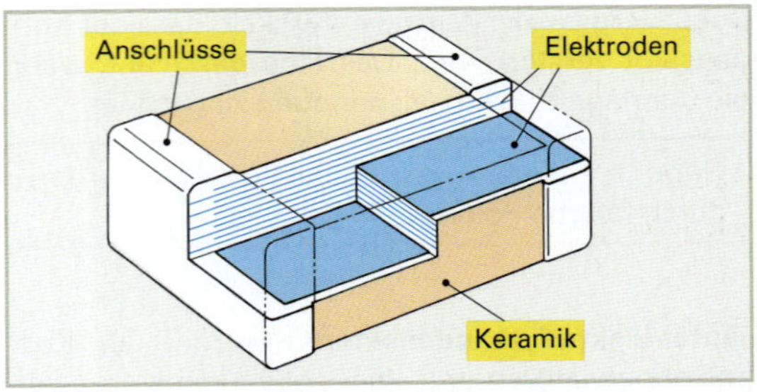

Bild 1: Keramik-Vielschicht-Chip-Kondensator

Tabelle 1: Kapazitätsbereiche

Typ	Kapazität in F
Elektrolytkondensatoren	0,47 µF ... 0,47 F
Doppelschichtkondensatoren	0,01 F ... 100 F

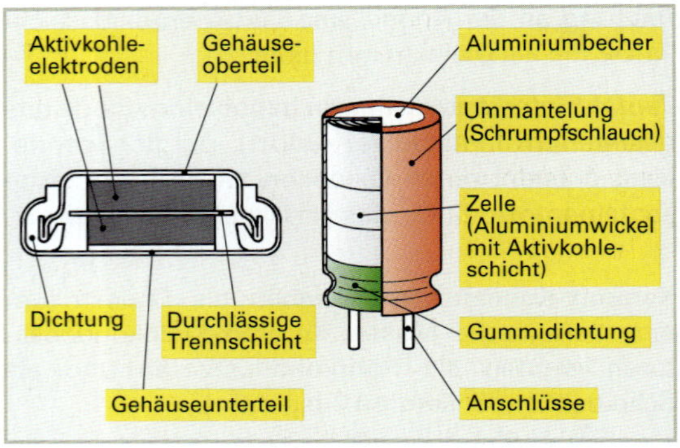

Bild 2: Bauformen von Doppelschichtkondensatoren

Die Elektroden des Doppelschichtkondensators bestehen aus Aktivkohle, die durch Verschwelung von Phenolfasern gewonnen wird. Diese Aktivkohleelektroden haben eine sehr große Oberfläche von etwa 2000 cm² je Gramm Kohlemasse.

Doppelschichtkondensatoren sind wie Elektrolytkondensatoren gepolt. Als Bauformen gibt es Massekondensatoren für kleinere Kapazitäten und Wickelkondensatoren für große Kapazitäten. Bei Letzteren werden die Aktivkohlepartikel mit einem Bindemittel gemischt auf Aluminiumblech aufgetragen, das danach aufgerollt wird **(Bild 2)**.

Wiederholung und Vertiefung

1. **Beschreiben Sie den Aufbau eines MK-Kondensators.**
2. **Warum sind MK-Kondensatoren selbstheilend?**
3. **Warum darf ein gepolter Elektrolytkondensator nicht verkehrt gepolt werden?**
4. **Was ist bei der Montage in SMD-Technik zu beachten?**
5. **Warum eignen sich SMD-Kondensatoren für hohe Frequenzen?**
6. **Wozu dienen Trimmerkondensatoren?**
7. **Mit welcher Kondensatorbauform lassen sich die größten Kapazitäten erreichen?**

2.4 Magnetisches Feld

2.4.1 Grundlagen des magnetischen Feldes

Den Raum, in dem ein Magnet mit seiner magnetischen Kraftwirkung auf einen magnetischen Werkstoff einwirkt, nennt man magnetisches Feld.

Die drehbar gelagerte Magnetnadel in einem Kompass stellt sich immer in Nord-Süd-Richtung ein. Deshalb nennt man die entsprechenden Stellen eines Magneten Nordpol (N) und Südpol (S).
Seine magnetische Wirkung ist an den Polen am größten und nimmt nach der Mitte hin ab. In der Mitte zeigt der Magnet keine magnetische Wirkung **(Bild 1)**.

> Ungleichnamige Magnetpole ziehen sich an und gleichnamige Magnetpole stoßen sich ab.

Legt man über einen Stabmagneten eine Glasplatte mit drehbaren Kompassnadeln, werden diese Nadeln durch seine magnetische Kraft ausgerichtet und zeigen die Richtung seines Magnetfeldes an **(Bild 2)**.

> Magnetische Feldlinien verlaufen außerhalb des Magneten vom Nordpol zum Südpol und innerhalb vom Südpol zum Nordpol. Sie sind in sich geschlossene Linien.

2.4.1.1 Magnetische Stoffe

Stahl, Gusseisen, Nickel und Kobalt sind *ferromagnetische* Stoffe. Jeder dieser Stoffe ist aus kleinen Molekularmagneten aufgebaut. Diese weisen im unmagnetischen Zustand alle möglichen Richtungen auf. Erst durch die Einwirkung eines Magnetfeldes werden sie in eine Richtung geordnet **(Bild 3)** und der Stoff ist dann magnetisiert.

> Ein ferromagnetischer Stoff ist magnetisiert, wenn ein Magnetfeld auf ihn einwirkt.

Sind alle Molekularmagnete eines ferromagnetischen Stoffes durch die Magnetisierung gleich ausgerichtet, so ist er magnetisch gesättigt. Eine weitere Magnetisierung ist dann nicht mehr möglich.

Ferrimagnetische Stoffe, z.B. Ferrite, verhalten sich in einem Magnetfeld ähnlich wie ferromagnetische Stoffe. Sie haben einen größeren elektrischen Widerstand und ihre magnetische Sättigung ist bereits bei kleineren magnetischen Kräften erreicht.

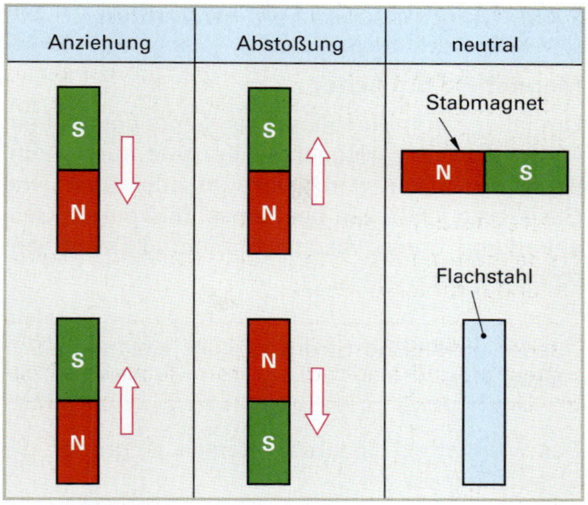

Bild 1: Kraftwirkung von Magneten

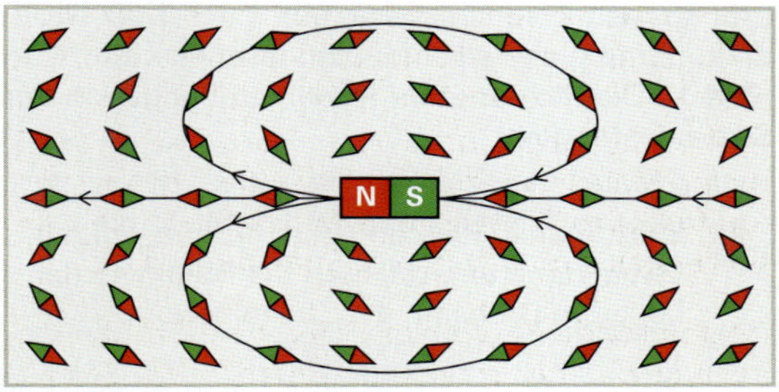

Bild 2: Nachweis des magnetischen Feldes

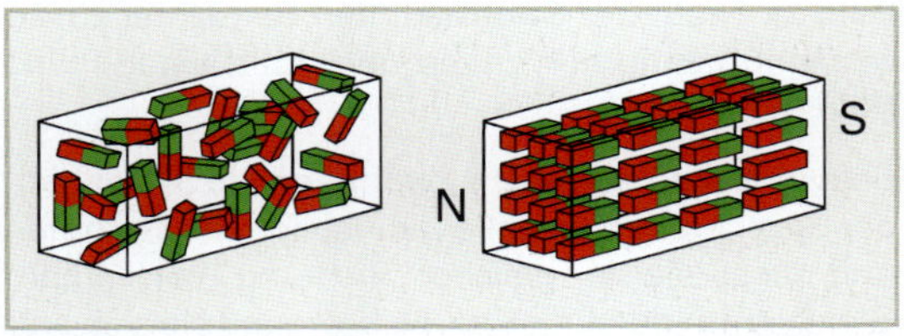

Bild 3: Molekularmagnete ungeordnet und geordnet

> Ein Magnet zieht ferromagnetische Stoffe und ferrimagnetische Stoffe an und hält sie fest.

Paramagnetische Stoffe sind z.B. Aluminium, Chrom und Platin. Sie zeigen nur geringe magnetische Wirkung. Silicium, Kupfer, Zink und Gold sind *diamagnetische* Stoffe. Ihr magnetisches Verhalten wirkt einer magnetisierenden Kraft entgegen und schwächt diese.

Wiederholung und Vertiefung

1. **Wie wirken die Pole zweier Magnete aufeinander?**
2. **Was versteht man unter einem Molekularmagneten?**
3. **Wie werden ferromagnetische Stoffe von einem Magnetfeld beeinflusst?**

2.4.2 Magnetisches Feld anwenden

Magnetfeld um Leiter

Um jeden stromdurchflossenen Leiter entsteht ein Magnetfeld. Ein Magnetfeld entsteht auch dann, wenn der Strom durch Vakuum oder über eine Gasstrecke fließt, z.B. bei Fernsehbildröhren, Gasentladungsröhren, Vakuumröhren und Elektronenstrahlröhren.

> Jeder elektrische Strom erzeugt ein magnetisches Feld.

Das Magnetfeld ist umso stärker, je größer die Stromstärke ist.

Die Feldlinien um einen stromdurchflossenen Leiter sind konzentrische Kreise. Entsprechend ordnen sich Eisenfeilspäne auf einer Kunststoffplatte nahe eines stromdurchflossenen Leiters an **(Bild 1)**. Die Richtung der Feldlinien hängt von der Stromrichtung ab.

> Blickt man in Richtung des Stromes auf den Leiter, dann umschließen die Feldlinien den Leiter im Drehsinn des Uhrzeigers.

Wenn der Strom vom Betrachter wegfließt, so zeichnet man in den Leiterquerschnitt ein Kreuz **(Bild 2)**. Fließt der Strom auf den Betrachter zu, so zeichnet man in den Leiterquerschnitt einen Punkt **(Bild 3)**.

Befestigt man senkrecht zwei parallele Metallbänder aus Aluminiumfolie an isolierten Klemmen und lässt sie in gleicher Richtung von einem Gleichstrom durchfließen, so bewegen sie sich aufeinander zu (Bild 2).

Die Feldlinien umschließen beide Leiter. Dadurch wirkt auf die beiden Leiter eine Kraft, die eine Anziehung der Leiter bewirkt.

> Werden parallele Leiter gleichsinnig vom Strom durchflossen, so ziehen sie sich an.

Ändert man in den beiden Metallbändern die Stromrichtung so, dass sie gegensinnig vom Gleichstrom durchflossen werden, bewegen sich die Bänder voneinander weg (Bild 3).

Die Feldlinien gehen alle zwischen den Leitern hindurch.

> Werden parallele Leiter gegensinnig vom Strom durchflossen, so stoßen sie sich ab.

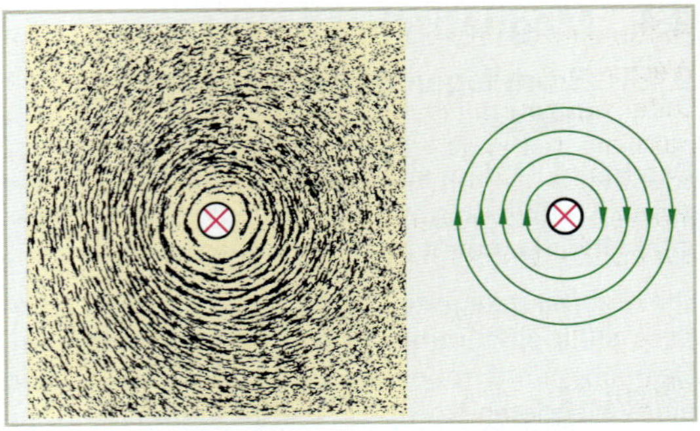

Bild 1: Magnetfeld um den stromdurchflossenen Leiter

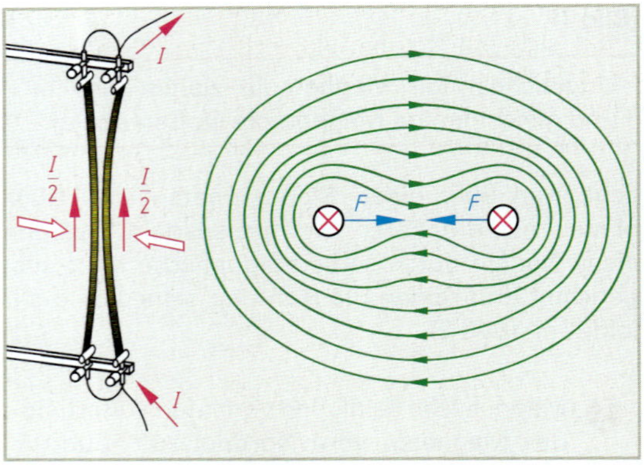

Bild 2: Kraftwirkung und Magnetfeld zweier paralleler Leiter bei gleicher Stromrichtung

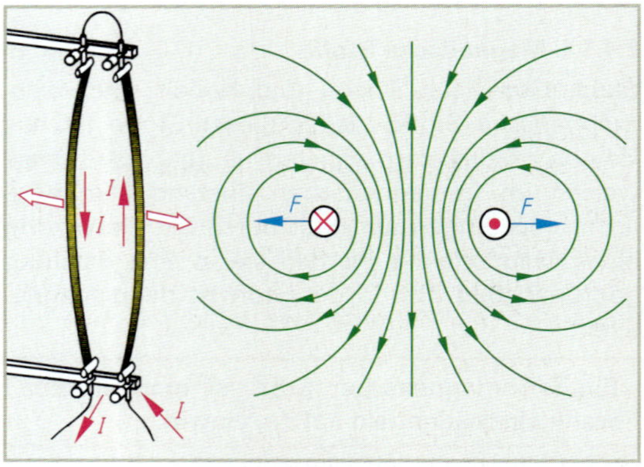

Bild 3: Kraftwirkung und Magnetfeld zweier paralleler Leiter bei entgegengesetzter Stromrichtung

Die Kräfte, die stromdurchflossene parallele Leiter aufeinander ausüben, sind umso größer, je größer die Stromstärke und je kleiner der Abstand der Leiter ist. Wicklungen von elektrischen Maschinen und Geräten sowie parallele Sammelschienen, die große Stromstärken führen, müssen gut verankert sein, um Verformungen durch diese Kräfte zu verhindern.

Fließen in parallelen Leitern phasenverschobene Wechselströme, so werden ebenfalls Kräfte auf die Leiter ausgeübt. Dadurch können durchhängende, parallel laufende Freileitungen anfangen zu schwingen. Die unter Spannung stehenden Leiter müssen deshalb zueinander einen Abstand haben, der ein Zusammentreffen vermeidet.

Magnetfeld einer stromdurchflossenen Spule

Legt man mehrere Leiterschleifen hintereinander, so erhält man eine Spule. Die Magnetfelder der stromdurchflossenen Drähte der Spule heben sich zwischen den Spulenwindungen auf. Insgesamt bildet sich ein Magnetfeld, das dem Magnetfeld eines Stabmagneten gleicht **(Bild 1)**. Die magnetischen Feldlinien verlaufen außerhalb der Spule vom Nordpol zum Südpol, innerhalb vom Südpol zum Nordpol. Im Innern der Spule ist das Magnetfeld homogen. Zur Ermittlung der Magnetfeldrichtung dient ersatzweise die Schraubenbewegung als Hilfsvorstellung. Dreht man eine rechtsgängige Schraube in Richtung des Stromes, der durch die Spulenwindungen fließt, so bewegt sie sich in Richtung auf den Nordpol der Spule fort **(Bild 2)**.

Die Polarität des Magnetfeldes der Spule hängt von der Stromrichtung ab.

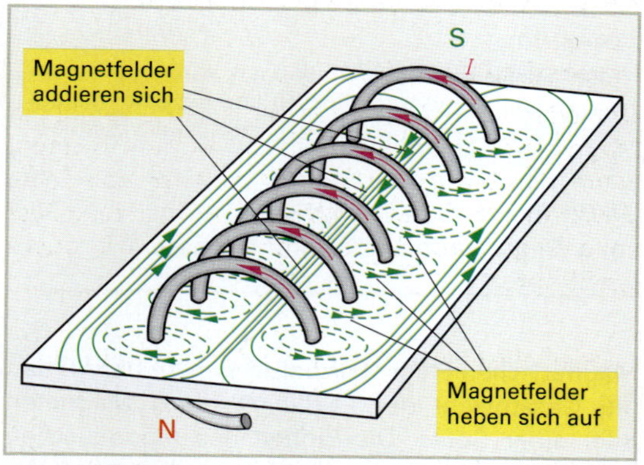

Bild 1: Entstehung des Magnetfeldes bei stromdurchflossener Spule

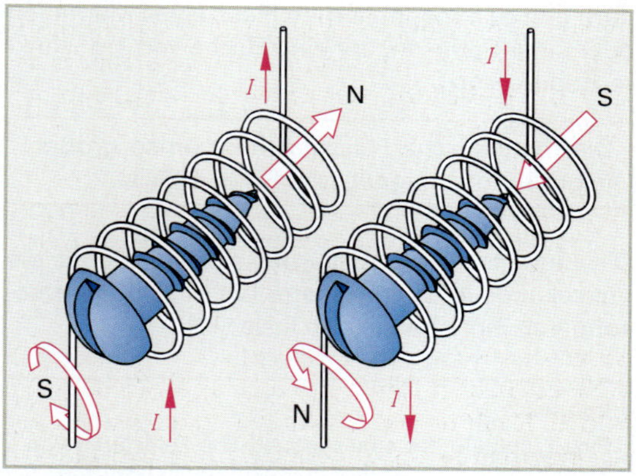

Bild 2: Polarität der stromdurchflossenen Spule

Magnetische Größen

Man bezeichnet das Produkt Stromstärke mal Windungszahl als **Durchflutung** (Formelzeichen Θ).

Dabei hat die Windungszahl keine Einheit. Deshalb hat die Durchflutung die gleiche Einheit, Ampere, wie die Stromstärke. Manchmal wird die Durchflutung auch in Aw (Amperewindungen) angegeben.

$[\Theta] = \text{A}$

$$\Theta = I \cdot N$$

Θ Durchflutung (griech. Großbuchstabe Theta)
I Stromstärke
N Windungszahl

Beispiel 1:

Eine Spule mit 5000 Windungen wird von einem Strom von 10 mA durchflossen. Wie groß ist die Durchflutung der Spule?

Lösung:

$\Theta = I \cdot N = 0{,}01\ \text{A} \cdot 5000 = \mathbf{50\ A}$

Bei einer großen Spule ist die mittlere Feldlinienlänge größer als bei einer kleinen Spule **(Bild 1, folgende Seite)**. Zum Aufbau des magnetischen Feldes einer großen Spule ist bei gleicher magnetischer Feldstärke daher mehr Energie erforderlich als zum Aufbau des magnetischen Feldes einer kleinen Spule.

Die **magnetische Feldstärke** ist bei gleicher Durchflutung umso größer, je kleiner die mittlere Feldlinienlänge ist. Sie hat die Einheit A/m.

Die Berechnung der magnetischen Feldstärke aus Durchflutung und mittlerer Feldlinienlänge wird bei Ringspulen und Spulen mit Feldlinienverlauf in Eisen und ähnlichen Werkstoffen angewendet. Bei anderen Spulen ohne Eisenweg ist die Durchflutung durch eine andere Größe zu teilen, z.B. bei einer sehr langen, gestreckten Spule durch die Spulenlänge.

> **Beispiel 1:**
> Eine Spule mit 5000 Windungen wird von einem Strom von 10 mA durchflossen und hat eine mittlere Feldlinienlänge von 20 cm. Wie groß ist die magnetische Feldstärke?
>
> *Lösung:*
> $H = \frac{\Theta}{l} = \frac{0{,}01\ \text{A} \cdot 5000}{20\ \text{cm}} = 2{,}5\ \frac{\text{A}}{\text{cm}} = \mathbf{250\ \frac{A}{m}}$

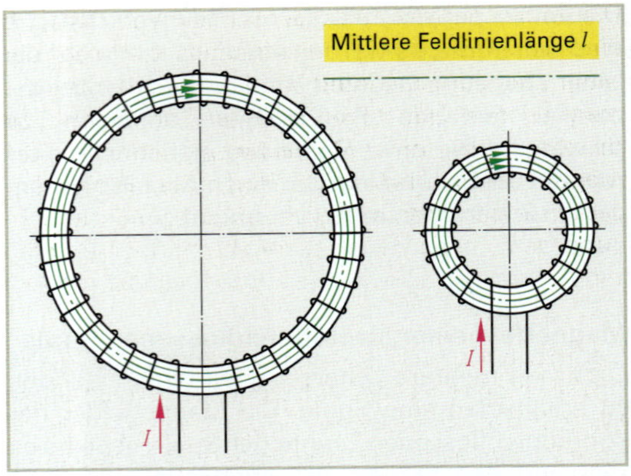

Bild 1: Magnetischer Fluss bei großen und kleinen Ringspulen

Magnetischen Fluss (Formelzeichen Φ) nennt man die Gesamtzahl der Feldlinien eines Magneten oder einer Spule. Die Einheit des magnetischen Flusses ist die Voltsekunde (Vs) mit dem besonderen Einheitennamen Weber (Wb)[1]. 1 Wb = 1 Vs.

Die **magnetische Flussdichte** (magnetische Induktion) gibt den magnetischen Fluss eines Magneten oder einer Spule an, der eine Fläche von 1 m² senkrecht durchsetzt.

> Die magnetische Flussdichte ist umso größer, je größer die magnetische Feldstärke ist.

Die Einheit der magnetischen Flussdichte ist die Voltsekunde je Quadratmeter (Vs/m²) mit dem besonderen Einheitennamen Tesla (T)[2].

> **Beispiel 2:**
> Eine Luftspule hat eine magnetische Feldstärke von 250A/m. Wie groß ist ihre magnetische Flussdichte?
>
> *Lösung:*
> $B = \mu_0 \cdot H = 1{,}257\ \mu\text{Vs/(Am)} \cdot 250\ \text{A/m}$
> $= 0{,}31425\ \text{mVs/m}^2 = \mathbf{0{,}314\ mT}$

> Der Aufbau des magnetischen Feldes erfordert elektrische Energie.

Energiedichte des magnetischen Feldes ist die im magnetischen Feld gespeicherte Energie je Volumen des magnetischen Feldes.

$[H] = \frac{\text{A}}{\text{m}}$

Bei Ringspulen und Spulen:

$H = \frac{\Theta}{l}$

Bei Spulen ohne Eisenkern (Luftspulen):

$B = \mu_0 \cdot H$ $\quad w = \frac{1}{2}\mu_0 \cdot H^2$ $\quad w = \frac{1}{2}\frac{B^2}{\mu_0}$

Bei allen Spulen:

$B = \frac{\Phi}{A}$ $\quad w = \frac{1}{2} B \cdot H$

$[B] = \frac{\text{Vs}}{\text{m}^2} = \frac{\text{Wb}}{\text{m}^2} = \text{T}$ $\quad [w] = \frac{\text{Vs}}{\text{m}^2} \cdot \frac{\text{A}}{\text{m}} = \frac{\text{Ws}}{\text{m}^3}$

H	magnetische Feldstärke
Θ	Durchflutung
l	mittlere Feldlinienlänge
B	magnetische Flussdichte
μ_0	magnetische Feldkonstante (magn. Induktionskonstante, μ griech. Kleinbuchstabe Müh) $\mu_0 = \frac{4\pi}{10}\ \mu\text{Vs/(Am)} = 1{,}257\ \mu\text{Vs/(Am)}$
w	Energiedichte des magnetischen Feldes
Φ	magnetischer Fluss (griech. Großbuchstabe Phi)
A	Fläche

Eisen im Magnetfeld einer Spule

Durch einen Eisenkern wird die magnetische Kraftwirkung einer stromdurchflossenen Spule wesentlich erhöht. Die magnetische Flussdichte einer stromdurchflossenen Spule mit Eisenkern ist viel größer als die magnetische Flussdichte einer Luftspule bei gleich großer Durchflutung.

> Ein Eisenkern erhöht die magnetische Flussdichte einer stromdurchflossenen Spule.

Mit zunehmender Durchflutung, also mit zunehmender magnetischer Feldstärke der Spule, werden die Molekularmagnete immer mehr ausgerichtet.

[1] Weber, deutscher Physiker, 1804 bis 1891
[2] Tesla, kroatisch-amerikanischer Physiker, 1856 bis 1943

Die Molekularmagnete (Spins) werden dabei in eine Vorzugsrichtung ausgerichtet, die von der Magnetisierungsrichtung abhängt. Wird nun die magnetische Feldstärke noch weiter erhöht, so drehen sich die Molekularmagnete in die Magnetisierungsrichtung. Sind alle Molekularmagnete gerichtet, so nimmt die magnetische Wirkung des Eisens auch bei zunehmender Durchflutung nicht mehr merklich zu. Das Eisen ist magnetisch gesättigt.

Der magnetische Zustand des Eisens ist bei gleich großer magnetischer Feldstärke bei den einzelnen Werkstoffen verschieden. Er wird durch *magnetische Zustandskurven* dargestellt, welche die magnetische Flussdichte des Eisenkerns der Spule in Abhängigkeit von der magnetischen Feldstärke zeigen **(Bild 1)**.

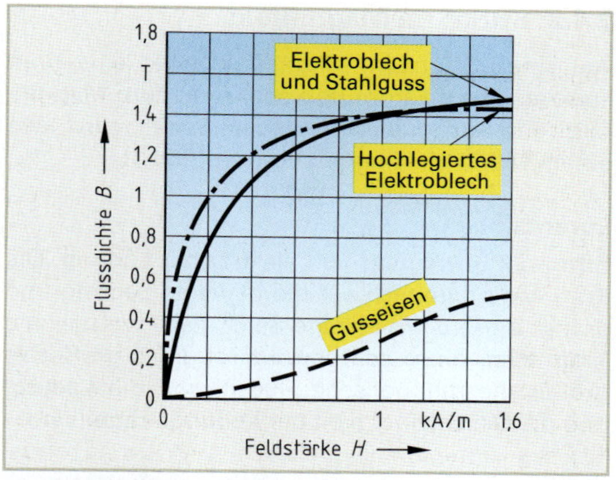

Bild 1: Magnetische Zustandskurven

Permeabilität nennt man das Verhältnis der magnetischen Flussdichte zur magnetischen Feldstärke (lat. permeare = hindurchgehen).

Die Permeabilität ist das Produkt aus der magnetischen Feldkonstanten und der Permeabilitätszahl.

$$\mu = \frac{B}{H}$$

$$\mu = \mu_0 \cdot \mu_r$$

μ Permeabilität
B magnetische Flussdichte
H magnetische Feldstärke
μ_0 magnetische Feldkonstante, $\mu_0 = 1{,}257\ \mu Vs/(Am)$
μ_r Permeabilitätszahl

Die *Permeabilitätszahl* μ_r gibt den Faktor an, mit dem die magnetische Flussdichte der Spule ohne Kern zu multiplizieren ist, um die magnetische Flussdichte der Spule mit Kern zu erhalten.

Die Permeabilitätszahl der Luft ist 1. Die maximal erreichbaren Permeabilitätszahlen der ferromagnetischen Stoffe liegen bei einigen Tausend **(Tabelle 1)**.

Tabelle 1: Permeabilitätszahlen μ_{rmax}

Stoff	μ_{rmax}
Fe-Co-Legierung	2000 ... 6000
Reineisen	6000
Fe-Si-Legierung	10000 ... 20000
Fe-Ni-Legierung	15000 ... 300000
Weichmagnetische Ferrite	10 ... 40000

Die Permeabilität eines Werkstoffes ist nicht konstant. Sie verändert sich mit der magnetischen Feldstärke **(Bild 2)**. Die Permeabilität im Anfangspunkt der magnetischen Zustandskurve ist ein Maß für die Anfangspermeabilität μ_a.

Vergrößert man die Stromstärke in einer Luftspule, so nimmt die magnetische Flussdichte linear zu. Vergrößert man die Stromstärke in einer Spule mit Eisenkern, richten sich die Molekularmagnete aus. Die magnetische Flussdichte nimmt zu.

Wird die Stromstärke wieder verkleinert, so nimmt die magnetische Flussdichte weniger ab, weil nicht alle Molekularmagnete ihre ursprünglichen Richtungen einnehmen. Bei der Feldstärke null ist im Eisenkern eine magnetische *Remanenz* (Restmagnetismus) vorhanden. Kehrt man die Stromrichtung in der Spule um, verschwindet die Remanenz schon bei kleiner Stromstärke. Die Molekularmagnete haben ihre ursprünglichen Richtungen eingenommen. Der Eisenkern erscheint nach außen unmagnetisch.

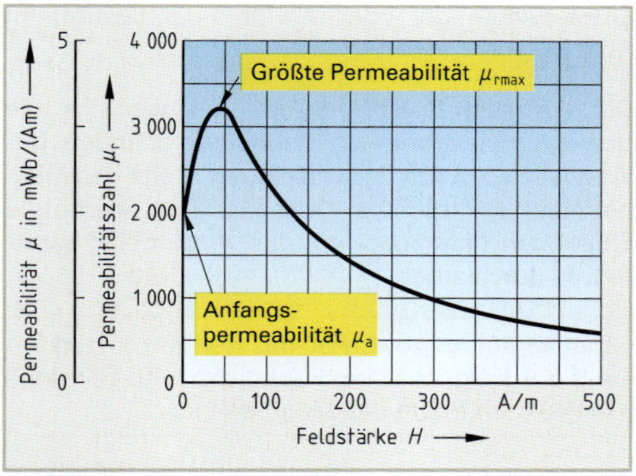

Bild 2: Magnetische Permeabilitätskurve für Ferrit

2.4.3 Strom im Magnetfeld

Auf einen Strom im Magnetfeld wirkt eine Kraft senkrecht zum Strom und senkrecht zum Magnetfeld. Ein stromdurchflossener Leiter wird aus einem Magnetfeld herausbewegt **(Bild 1)**.

Lorentzkraft

Strom ist Bewegung von elektrischer Ladung. Die Kraft wirkt demnach auf die bewegte Ladung und drängt diese auf diejenige Seite, nach welcher die Kraft wirkt. Diese *Lorentzkraft*[1] ist umso größer, je größer die magnetische Flussdichte, die Ladung und die Geschwindigkeit der Ladungsträger sind.

Auf bewegte Ladungsträger wird im magnetischen Feld dann eine Kraft ausgeübt, wenn sich die Ladungsträger quer zum magnetischen Feld bewegen.

Das aus konzentrischen Ringen bestehende Magnetfeld des geraden Leiters überlagert sich mit den geraden Feldlinien zwischen den Magnetpolen.

Das Magnetfeld des Stromes schwächt auf der einen Seite des Leiters das Feld des Magneten, während es auf der anderen Seite dieses Feld verstärkt **(Bild 2)**. Die Flussdichte des resultierenden Feldes ist also auf einer Seite des Leiters größer. Der Strom wird von der Stelle großer Flussdichte zu der Stelle kleiner Flussdichte verdrängt. Kehrt man die Stromrichtung um, so wird die Flussdichte auf der anderen Seite des Leiters vergrößert und die Kraftrichtung kehrt sich um. Lässt man die Stromrichtung bestehen und kehrt die Richtung des Feldes vom Magneten um, so ändert sich ebenfalls die Kraftrichtung. Ändert man die Stromrichtung und die Feldrichtung des Magneten gleichzeitig, so bleibt die Kraftrichtung unverändert.

Die Kraftrichtung kann man auch mithilfe der *Linke-Hand-Regel* oder *Motor-Regel* bestimmen **(Bild 3)**.

Die Lorentzkraft ist wirksam, solange sich die bewegten Elektronen im Magnetfeld befinden. Der Weg ist also gleich der wirksamen Breite des Magnetfeldes und die Zeit gleich der Zeit, welche die Elektronen benötigen, um das wirksame Magnetfeld zu durchlaufen.

Die Lorentzkraft wächst mit der Stromstärke, mit der magnetischen Flussdichte und mit der wirksamen Breite des Magnetfeldes.

[1] Lorentz, niederländischer Physiker, 1853 bis 1928

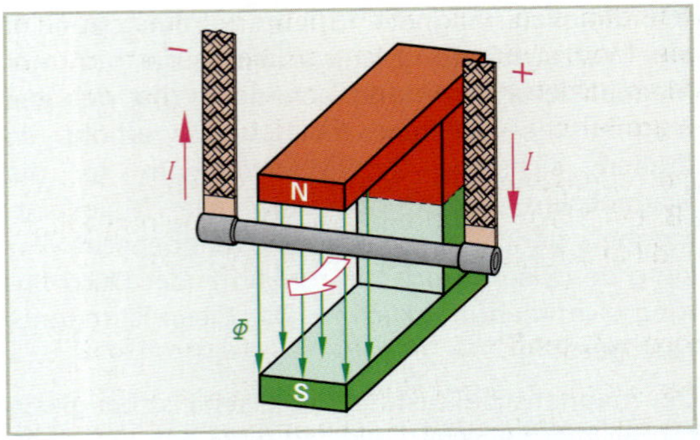

Bild 1: Ablenkung eines stromdurchflossenen Leiters im Magnetfeld

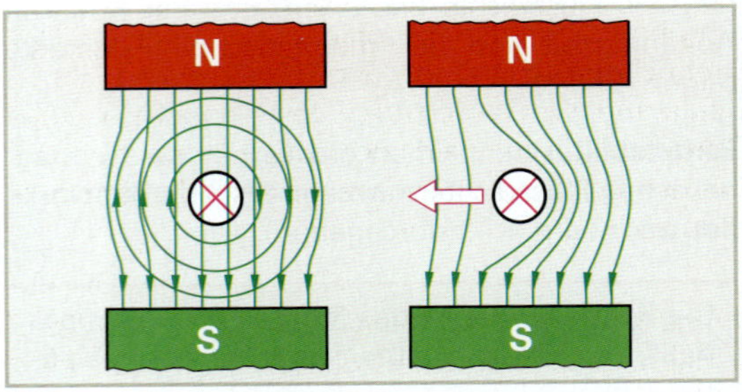

Bild 2: Feld und Krafteinwirkung auf einen stromdurchflossenen Leiter

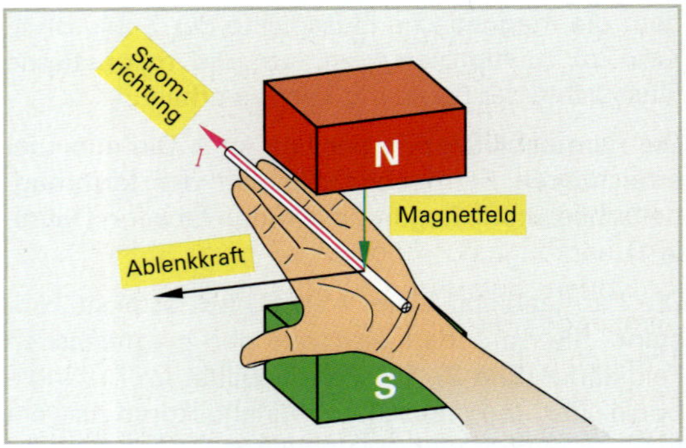

Bild 3: Bestimmung der Kraftrichtung

$Q = I \cdot t; \quad v = \frac{s}{t}$

$$F = Q \cdot v \cdot B$$

$$[F] = \text{As} \cdot \frac{\text{m}}{\text{s}} \cdot \frac{\text{Vs}}{\text{m}^2} = \frac{\text{VAs}}{\text{m}} = \frac{\text{Nm}}{\text{m}} = \text{N}$$

- Q Ladung
- I Stromstärke
- s Weg
- t Zeit
- F Lorentzkraft
- v Geschwindigkeit der Ladungsträger senkrecht zu B
- B magnetische Flussdichte

Befinden sich gleichzeitig mehrere Leiter im Feld des Magneten, die alle von demselben Strom durchflossen werden, so ist die Kraft umso größer, je größer die Anzahl der Leiter ist.

Die Ablenkung des Stromes im Magnetfeld wird z.B. bei Elektromotoren, beim Drehspulmessgerät und bei der Monitorbildröhre ausgenutzt.

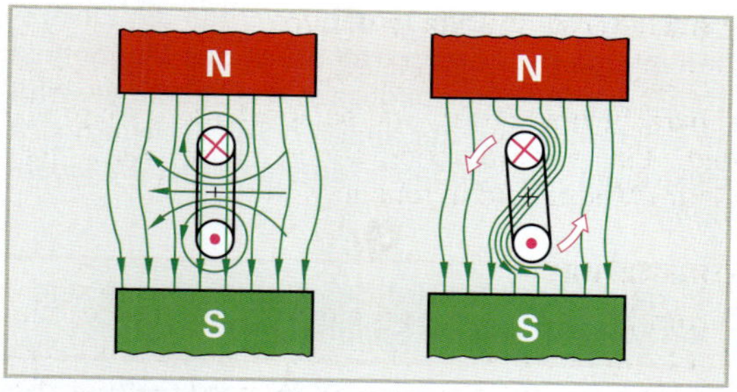

Bild 1: Entstehung des Kraftmomentes einer Spule im Magnetfeld

Stromdurchflossene Spule im Magnetfeld

Der Strom in den Leitern einer Spule verursacht ein Magnetfeld **(Bild 1)**. Zusammen mit dem Feld des Dauermagneten entsteht ein gemeinsames Feld. Die Leiter der Spule werden abgestoßen. Die Spule dreht sich, bis ihre Feldlinien dieselbe Richtung haben wie die Feldlinien des Magneten. Die Drehrichtung hängt von der Stromrichtung in der Spule und von der Richtung des Magnetfeldes ab. Durchdringt das Feld des Dauermagneten die Spule quer zur Spulenachse, so entsteht ein Kraftmoment.

> Eine stromdurchflossene Spule dreht sich im Magnetfeld. Die Drehrichtung hängt von der Stromrichtung in der Spule und von der Richtung des Magnetfeldes ab.

> ℹ Ein Stromwender (Kommutator) ändert zyklisch die Stromrichtung, sodass sich eine Motorwelle dauernd dreht.

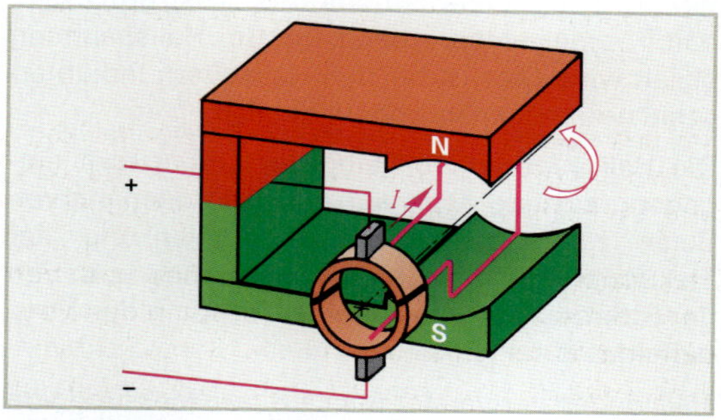

Bild 2: Motormodell mit Stromwender

Will man eine dauernde Drehung erreichen, so führt man der Spule den Strom über einen *Stromwender* (Kommutator, von lat. commutare = verändern) zu **(Bild 2)**. Der Stromwender besteht für eine Spule aus *zwei* voneinander isolierten Halbringen (Lamellen) aus Messing. Ein Halbring ist mit dem Spulenanfang, der andere mit dem Spulenende verbunden. Spule und Stromwender drehen sich miteinander. Der Spulenstrom wird über zwei fest stehende Kohlebürsten zugeführt. Wenn die Spule durch den Schwung bei der Drehung ihren größten Ausschlag (90°) gerade ein wenig überschritten hat, dann ändert der Stromwender die Stromrichtung in der Spule und sie dreht sich weiter. Durch den Stromwender wird erreicht, dass die Stromrichtung in den Leitern im Bereich jeweils eines Poles immer gleich bleibt.

Die Wirkung des Magnetfeldes auf stromdurchflossene Spulen wird z.B. bei Elektromotoren, Drehspulmesswerken, elektrodynamischen Messwerken und bei Schwingspulen elektrodynamischer Lautsprecher angewendet.

$F = Q \cdot v \cdot B \qquad Q = I \cdot t \qquad v = \frac{s}{t} = \frac{l}{t}$

$\Rightarrow \quad F = I \cdot t \cdot \frac{l}{t} \cdot B$

Bei einem Leiter:	Bei mehreren Leitern:
$F = I \cdot l \cdot B$	$F = I \cdot l \cdot B \cdot z$

Bei Spulen im Magnetfeld:

$M = 2 \cdot F_S \cdot r \qquad M = F_S \cdot d$

F	Lorentzkraft
Q	Ladung
v	Geschwindigkeit
B	magnetische Flussdichte
I	Stromstärke
t	Zeit
s	Weg
l	wirksame Breite des Magnetfeldes
z	Anzahl der Leiter
M	Kraftmoment, Moment, Drehmoment
F_S	Lorentzkraft einer Spulenseite
r	Halbmesser der Spule
d	Durchmesser der Spule

Hallsonde (Hallgenerator)

Bringt man ein rechteckiges, dünnes, leitendes Halbleiterplättchen, welches in seiner Längsrichtung vom Strom durchflossen wird, in ein Magnetfeld, dessen Feld senkrecht auf der Fläche des

Plättchens steht **(Bild 1)**, dann werden die Elektronen infolge der Lorentzkraft durch das Magnetfeld abgelenkt. Die eine Längsseite des Leiters verarmt an Elektronen, auf der anderen Seite reichern sich Elektronen an. Dadurch entsteht die *Hallspannung*[1].

In der Hallsonde wird durch einen Strom und ein Magnetfeld eine Spannung erzeugt.

Die Hallspannung ist umso größer, je größer die Stromstärke, die magnetische Flussdichte und der Hallkoeffizient sind und je kleiner die Dicke des Plättchens ist.

Der Hallkoeffizient in m^3/C ist der Kehrwert der Raumladungsdichte in C/m^3 des verwendeten Leiters. Der Hallkoeffizient soll möglichst groß sein, damit eine entsprechend große Hallspannung erzielt wird. Dies ist bei den Halbleitern Indiumarsenid und Indiumantimonid der Fall.

Die Hallspannung ruft eine der Lorentzkraft entgegengerichtete Kraft auf die Elektronen hervor. Beide Kräfte bestimmen die Ablenkung der Elektronen. Die Richtung der Hallspannung ist von der Stromrichtung und von der Richtung des Magnetfeldes abhängig.

Hallsonden verwendet man z.B. zur Messung von Magnetfeldern und als kontaktlose Signalgeber.

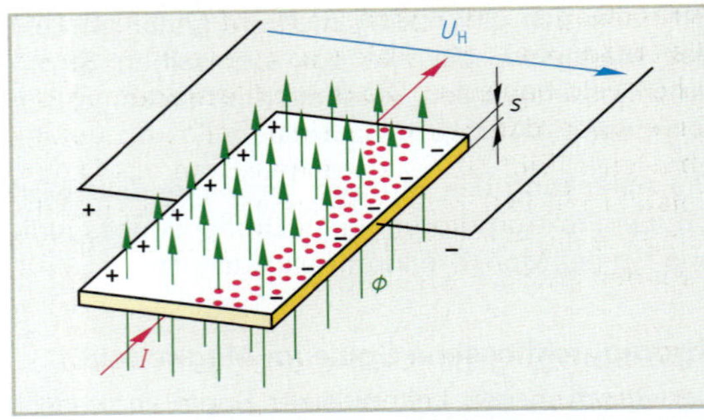

Bild 1: Entstehung des Halleffektes beim N-Leiter

$$[U] = \frac{m^3/C \cdot A \cdot T}{m} = V \qquad U_H = \frac{R_H \cdot I \cdot B}{s}$$

U_H	Hallspannung
R_H	Hallkoeffizient in m^3/C
I	Stromstärke
B	magnetische Flussdichte
s	Leiterdicke

2.4.4 Induktion

Die Spannungserzeugung mithilfe des magnetischen Feldes nennt man *Induktion* (lat. inducere = einführen). Sie erfolgt z.B. durch Einführen eines Magneten in eine Spule.

Lenz'sche Regel

Durch Induktion wird eine elektrische Spannung erzeugt. Wird der Stromkreis geschlossen, so fließt ein Strom. Dieser durch Induktion hervorgerufene Strom bewirkt zusammen mit dem Magnetfeld eine Kraft.

Diese Kraft sucht den Induktionsvorgang zu beeinflussen. Für die Richtung der Kraft sind grundsätzlich zwei Fälle denkbar. Entweder sie verstärkt die Induktion oder die Kraft sucht die Induktion zu hemmen. Im ersten Fall würde sich die Induktion ständig verstärken und ohne Energiezufuhr weiterwirken. Das ist aber nicht möglich. Also sucht die Kraft die Induktion zu hemmen.

Der durch Induktion hervorgerufene Strom ist stets so gerichtet, dass er seine Ursache zu hemmen sucht.

[1] Hall, amerikanischer Physiker, 1855 bis 1938

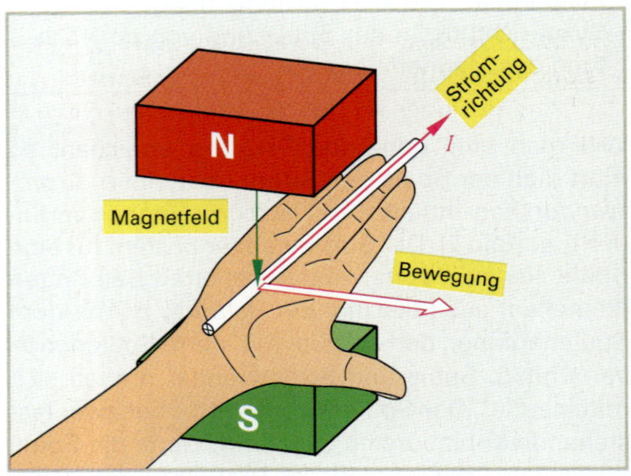

Bild 2: Rechte-Hand-Regel

Die Richtung des durch induzierte Spannung hervorgerufenen Stromes erhält man nach der *Rechte-Hand-Regel* oder der *Generator-Regel* **(Bild 2)**.

Induktion durch Bewegung

Bewegt sich ein Leiter quer zu einem magnetischen Feld, so übt dieses auf die Ladungsträger des Leiters Kräfte aus. Es muss Arbeit gegen den Widerstand des Magnetfeldes geleistet werden. Dadurch wird die Trennung der positiven Ladung von der negativen Ladung bewirkt **(Bild 1, folgende Seite)**.

Wird ein Leiter in einem Magnetfeld quer zum Magnetfeld bewegt, so wird in ihm eine elektrische Spannung induziert.

Auf bewegte Ladungsträger im Magnetfeld wirkt die Lorentzkraft, wenn sie sich quer zum magnetischen Feld bewegen. Die freien Elektronen im Leiter werden dadurch nach einer Seite des Leiters abgelenkt (Bild 1). Auf der einen Seite des Leiters entsteht ein Elektronenüberschuss, auf der anderen Seite ein Elektronenmangel. Zwischen den Leiterenden entsteht eine Spannung.

Die Spannung ist umso größer, je länger die wirksame Länge des Leiters, je größer seine Geschwindigkeit und je größer die magnetische Flussdichte sind.

Induktion durch Änderung des magnetischen Flusses

In einer Leiterschleife wird auch ohne Bewegung eine Spannung induziert, wenn sich in ihr der magnetische Fluss ändert (Transformatorprinzip). Meist werden mehrere Leiterschleifen zu einer Spule aneinandergereiht. Die induzierte Spannung ist umso höher, je mehr Windungen vorhanden sind und je stärker sich der magnetische Fluss ändert.

Das Minuszeichen in der Formel kommt dadurch zustande, dass der Wicklungssinn der Schleife wie der Drehsinn einer Rechtsschraube zu den magnetischen Feldlinien festgelegt ist.

Wichtig ist der Zusammenhang zwischen dem magnetischen Fluss Φ und der Spannung **(Bild 2)**. Wenn keine *Änderung* des Flusses vorhanden ist, ist auch die Spannung null, und zwar unabhängig von der Stärke des magnetischen Flusses. Nimmt der Fluss ab, so entsteht eine Spannung, die umso größer ist, je größer die Flussänderung je Zeit ist. Ebenso wird eine Spannung induziert, wenn der Fluss ansteigt, jedoch mit umgekehrter Polung.

Die in einer Spule induzierte Spannung ist umso größer, je mehr Windungen vorhanden sind, je größer die Flussänderung und je kürzer die Zeit ist, in der diese Flussänderung erfolgt.

Beispiel 1:

In einer Spule mit 1200 Windungen ändert sich der magnetische Fluss innerhalb von 10 ms gleichmäßig von 2,5 mVs auf 0 mVs.

Wie groß ist die in der Spule induzierte Spannung?

Lösung:

$$u_i = -N \cdot \frac{\Delta\Phi}{\Delta t} = -1200 \cdot \frac{(-2{,}5\text{ mVs})}{10\text{ ms}} = \mathbf{300\,V}$$

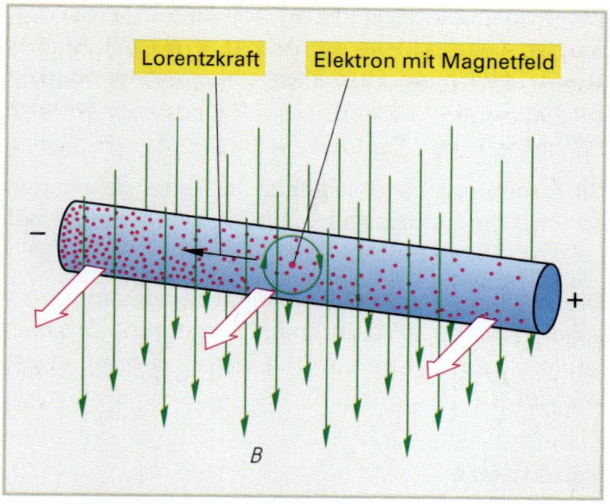

Bild 1: Ladungstrennung infolge Induktion durch Bewegung

$$u_i = l \cdot v \cdot B \qquad u_i = -N \cdot \frac{\Delta\Phi}{\Delta t}$$

u_i	induzierte Spannung
l	wirksame Leiterlänge
v	Geschwindigkeit quer zu den Feldlinien
B	magnetische Flussdichte
N	Windungszahl
$\Delta\Phi$	Flussänderung (Δ griech. Großbuchstabe Delta; mathematisches Zeichen für Differenz)
Δt	Zeit, in der die Flussänderung erfolgt

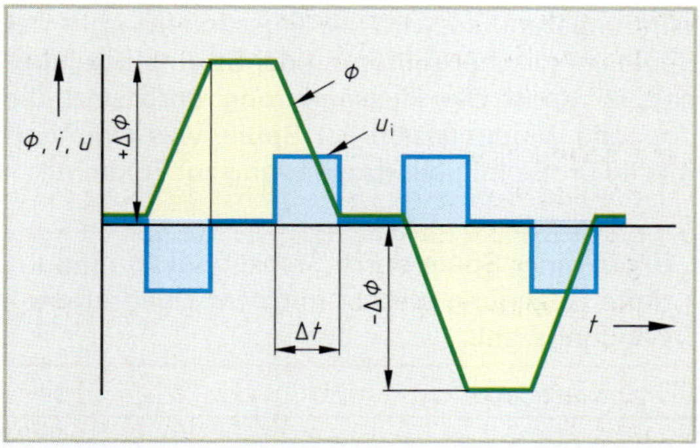

Bild 2: Induzierte Spannung durch Änderung des magnetischen Flusses

Beim Schließen und Öffnen eines Stromkreises mit einer Spule ändert sich der magnetische Fluss in der Spule. Dadurch wird in ihr eine Spannung induziert. Man nennt diesen Vorgang *Selbstinduktion.*

Meist ist die Induktion durch Bewegung auch eine Induktion durch Flussänderung **(Bild 1, folgende Seite)**.

Die Flussänderungsgeschwindigkeit in einer bewegten Leiterschleife ist $\Delta\Phi/\Delta t = B \cdot \Delta A/\Delta t$. Mit $A = l \cdot s$ wird die Flussänderungsgeschwindigkeit $\Delta\Phi/\Delta t = B \cdot l \cdot \Delta s/\Delta t$ und mit $\Delta s/\Delta t = v$ wird $\Delta\Phi/\Delta t = B \cdot l \cdot v$.

Sind mehrere Leiterschleifen in Reihe geschaltet, so wird die induzierte Spannung mit der Zahl der Leiterschleifen multipliziert.

Die Induktion infolge einer Änderung des magnetischen Flusses wird in Transformatoren, Drosselspulen, Generatoren und Elektromotoren angewendet.

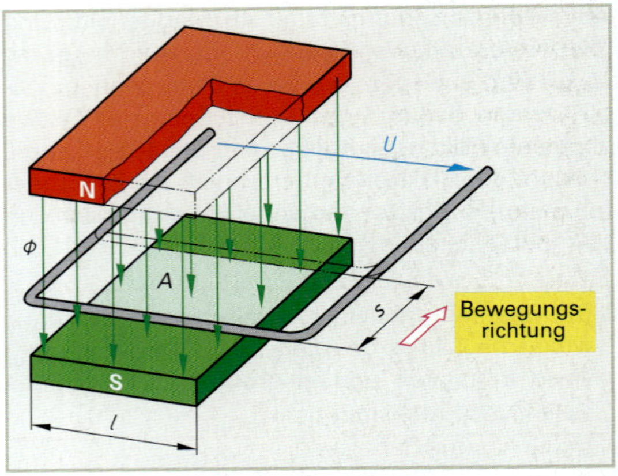

Bild 1: Induktion in einer Leiterschleife

Induktivität

Die Größe der Flussänderung, durch die in einer Spule durch Selbstinduktion eine Spannung induziert wird, hängt von den Spulendaten ab, also von der Permeabilität, dem Querschnitt A der Spule und der Spulenlänge l_S. Die Spulendaten sind in der *Spulenkonstanten* A_L zusammengefasst.

Das Produkt $N^2 \cdot A_L$ nennt man die *Induktivität* L der Spule. Ihre Einheit ist die Voltsekunde/Ampere mit dem besonderen Einheitennamen Henry[1] (H).

Eine Spule hat die Induktivität 1 Henry, wenn eine Änderung der Stromstärke um 1 Ampere in 1 Sekunde in ihr eine Spannung von 1 Volt induziert.

Die Induktivität hängt quadratisch von der Windungszahl der Spule ab. Verdoppelt man z.B. die Windungszahl, so wird die Flussänderung in der Spule bei gleicher Änderung der Stromstärke doppelt so groß. Die Flussänderung durchsetzt die doppelte Windungszahl der Spule, was eine viermal so große Induktionsspannung zur Folge hat.

Die in einer Spule durch Selbstinduktion induzierte Spannung wächst mit dem Quadrat der Windungszahl.

$$u_i = z \cdot l \cdot v \cdot B$$

$$u_i = -N \cdot \frac{\mu_0 \cdot \mu_r \cdot A}{l_S} \cdot N \cdot \frac{\Delta i}{\Delta t} = -N^2 \cdot A_L \cdot \frac{\Delta i}{\Delta t}$$

$$u_i = -L \cdot \frac{\Delta i}{\Delta t}$$

$$L = N^2 \cdot A_L$$

$$[L] = \text{Vs/A} = \text{H}$$

u_i	induzierte Spannung
z	Zahl der Leiterschleifen
l	wirksame Breite des Magnetfeldes
v	Umfangsgeschwindigkeit der Leiterschleifen
B	magnetische Flussdichte
N	Windungszahl
μ_0	magnetische Feldkonstante (μ_0 = 1,257 μH/m)
μ_r	Permeabilitätszahl
A	Spulenquerschnitt
l_S	Spulenlänge
Δi	Änderung der Stromstärke
Δt	Zeit, in der die Änderung der Stromstärke erfolgt
A_L	Spulenkonstante
L	Induktivität der Spule

Beispiel 1:

Wie groß ist die Induktivität einer Spule mit 1000 Windungen bei einer Spulenkonstanten A_L = 1250 nH?

Lösung:

$L = N^2 \cdot A_L = 1000^2 \cdot 1250$ nVs/A = 1250 mH = **1,25 H**

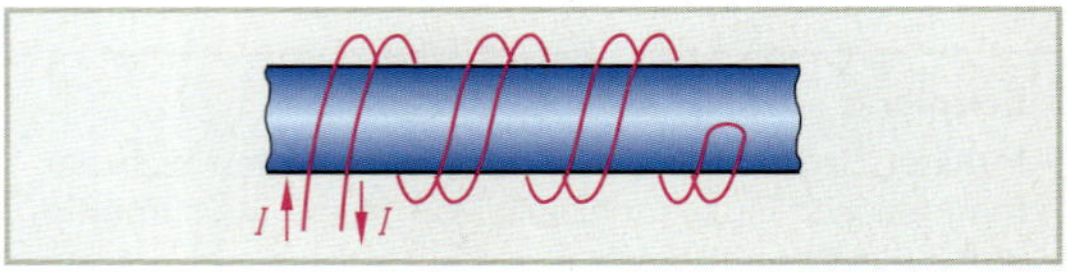

Bild 2: Bifilare Wicklung

In manchen Fällen, z.B. bei Drahtwiderständen in Messgeräten, ist die Induktivität unerwünscht. Die Wicklung wird dann so ausgeführt, dass der Strom in nebeneinanderliegenden Windungen entgegengesetzte Richtung hat **(Bild 2)**. Diese Wicklungsart nennt man *bifilar* (von lat. bi- = zwei und filum = Faden) oder zweidrähtig.

[1] Henry, amerikanischer Physiker, 1797 bis 1878

Die magnetischen Flüsse beider Windungen sind gleich groß, haben aber entgegengesetzte Richtungen. Ihre Wirkungen heben sich daher auf.

Bifilare Wicklungen haben keine Induktivität.

Energie des Magnetfeldes einer Spule

Zum Aufbau des Magnetfeldes einer Spule ist elektrische Energie notwendig. Sie wird im Magnetfeld der Spule gespeichert. Beim Abbau des Magnetfeldes wird diese Energie wieder abgegeben.

Die Energie des Magnetfeldes einer Spule ist der Induktivität und dem Quadrat der Stromstärke proportional.

Beispiel 1:

Wie groß ist die Energie des Magnetfeldes einer Spule mit einer Induktivität von 360 mH bei einer Stromstärke von 100 mA?

Lösung:

$W = \frac{1}{2} L \cdot I^2 = \frac{1}{2} \cdot 360 \frac{\text{mVs}}{\text{A}} \cdot (100\ \text{mA})^2 = \mathbf{1{,}8\ mWs}$

$$[W] = \frac{\text{Vs}}{\text{A}} \cdot \text{A}^2 = \text{Ws} = \text{J} \qquad W = \frac{1}{2} L \cdot I^2$$

W Energie
L Induktivität
I Stromstärke

2.4.5 Spule im Gleichstromkreis

Beim Schließen eines Stromkreises mit einer Spule steigt die Stromstärke in der Spule infolge der Selbstinduktion langsam auf ihren Endwert an. Der Endwert der Stromstärke ist durch den Gleichstromwiderstand des Stromkreises und die anliegende Spannung bestimmt **(Bild 1)**.

Der Anstieg der Stromstärke erfolgt nach einer Exponentialfunktion. Dasselbe gilt für das Abfallen, wenn eine Freilaufdiode vorhanden ist (Bild 1).

Die *Zeitkonstante* τ gibt die Zeit an, nach der die Endstromstärke erreicht wäre, wenn die Stromstärke nach dem Einschalten linear ansteigen würde.

Die Stromstärke hat nach der Zeit $t = \tau$ nach dem Einschalten 63,8 % der Endstromstärke, nach dem Kurzschließen der Schaltung 36,2 % der Anfangsstromstärke erreicht. Die Endstromstärke ist jeweils nach 5 τ fast erreicht.

Die Spannung an der Spule entspricht beim Einschalten der an der Schaltung anliegenden Gleichspannung (Bild 1). Entsprechend der Zunahme der Stromstärke nimmt die Spannung ab. Beim Kurzschließen entsteht an der Spule nach der lenzschen Regel kurzfristig wieder eine Spannung.

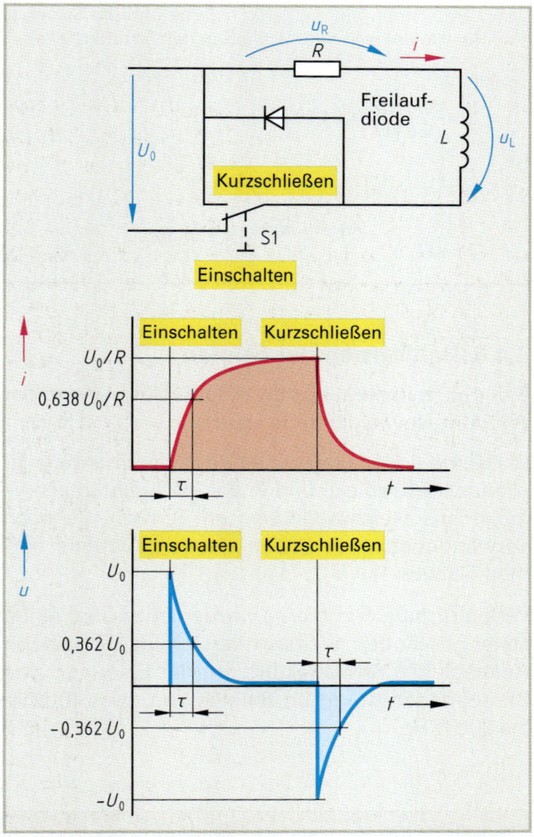

Bild 1: Stromverlauf und Spannungsverlauf bei einer Spule im Gleichstromkreis

$$[\tau] = \frac{\text{H}}{\Omega} = \frac{\text{Vs/A}}{\text{V/A}} = \text{s} \qquad \tau = \frac{L}{R}$$

Beim Einschalten:

$$i = \frac{U_0}{R}\left[1 - e^{(-t/\tau)}\right]$$

Beim Kurzschließen:

$$i = \frac{U_0}{R} \cdot e^{(-t/\tau)}$$

Die genormte Schreibweise von $e^{-t/\tau}$ ist exp $(-t/\tau)$.

τ Zeitkonstante;
L Induktivität;
R Widerstand des Stromkreises;
i Stromstärke
U_0 Gleichspannung
t Zeit

Die Zeitkonstante wächst mit der Induktivität der Spule und nimmt mit dem Widerstand des Stromkreises ab.

Beispiel 1:

Die Reihenschaltung eines Widerstandes mit 5,6 kΩ und einer Spule mit einer Induktivität von 360 mH wird an eine Gleichspannung von 24 V angeschlossen. Berechnen Sie die Zeitkonstante und die Stromstärke 100 µs nach dem Schließen des Stromkreises.

Lösung:

$$\tau = \frac{L}{R} = \frac{360\ \text{mH}}{5{,}6\ \text{k}\Omega} = \mathbf{64{,}29\ \mu s}$$

$$i = \frac{U}{R} \cdot [1 - e^{(-t/\tau)}]$$

$$= \frac{24\ \text{V}}{5{,}6\ \text{k}\Omega} \cdot [1 - e^{(-100\ \mu s/64{,}29\ \mu s)}] = \mathbf{3{,}38\ mA}$$

2.4.6 Bauformen der Spulen

Eine Spule besteht aus dem Spulenkörper und der Wicklung sowie einem Kern.

Die **Kerne** der Spulen bestehen in der Energietechnik aus Elektroblech und in der Nachrichtentechnik meist aus weichmagnetischen Ferriten. Je nach Verwendungszweck haben sie verschiedene Formen **(Tabelle 1)**.

Perlenförmige *Ferritkerne* werden auch über einen Leiter geschoben. Sie bewirken infolge des starken Anstiegs des Verlustfaktors mit der Frequenz eine Breitbanddämpfung im Bereich von etwa 10 MHz bis 300 MHz.

Die Ablenkspulen für Monitorbildröhren sitzen auf *Jochringen.*

Die **Spulenkörper** tragen die Wicklung und isolieren sie gegen den Kern. Sie bestehen meist aus Kunststoff. Die Formen der Spulenkörper sind den Kernformen angepasst. Oft sind sie in Kammern unterteilt, wodurch die Kapazität der Wicklung herabgesetzt wird.

Die **Wicklung** wird auf die Spulenkörper aufgebracht. Sie besteht z.B. aus Kupferlackdraht (CuL), Kupferlackdraht mit Seide umsponnen (CuLS) oder einer Hochfrequenzlitze.

Lagenwicklungen werden z.B. für Niederfrequenz-Drosselspulen, Spulen für Vorkreise und Oszillatorkreise bei Kurzwelle und Ultrakurzwelle, Spulen für Zwischenfrequenz-Bandfilter bei UKW, Übertrager und Kleintransformatoren verwendet.

Wiederholung und Vertiefung

1. **Bei welchem Vorgang wird eine Spannung induziert?**
2. **Wovon hängt die Richtung der in einer Leiterschleife induzierten Spannung ab?**
3. **Wie lautet die Rechte-Hand-Regel?**
4. **Wie lautet die Lenz'sche Regel?**
5. **Wovon hängt die Induktivität einer Spule ab?**
6. **Eine Spulenkonstante beträgt $A_L = 0{,}5\ \mu H$. Wie groß ist die Induktivität einer Spule mit 100 Windungen?**
   Lösung: $L = N^2 \cdot A_L = 100^2 \cdot 0{,}5\ \mu H = 5\ mH$
7. **Aus welchen Teilen besteht eine Spule?**
8. **Aus welchem Werkstoff ist meist der Spulenkern?**

Tabelle 1: Kernformen und Spulenkörper

Kernformen und Spulenkörper	Anwendung	Kernformen und Spulenkörper	Anwendung
Spulenkörper, E-Kern 	Als E-Kernsätze (Mantelkerne) z.B. für Drosselspulen und Übertrager.	Schraubkern, Abgleichkern, Rohrkern, Stiftkern, Spulenkörper mit Kern 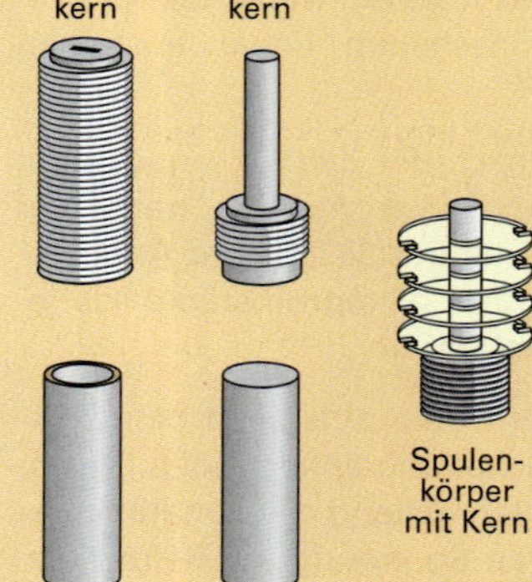	Induktivitätsabgleich von Spulen, Kerne für Variometer und HF-Spulen mit hohem Gütefaktor, kleinem Aufbau und großem Abgleichbereich.
Schalenkern, Spulenkörper 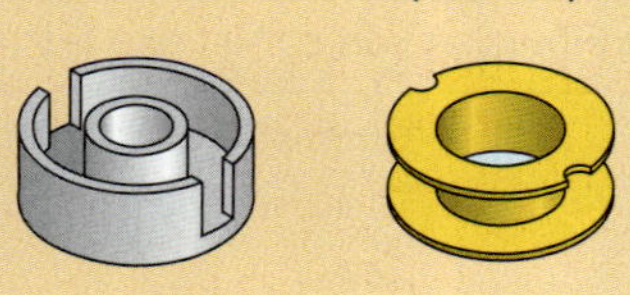	Für Spulen mit hohem Gütefaktor in Schwingkreisen bis etwa 40 MHz, klirrarme Tonfrequenzspulen bis etwa 60 kHz, Transformatoren.		

2.4.7 Spulen verwenden

Elektromagnete

Gleichstrommagnete sind leicht einzuschalten und ziehen sanft an. Beim Abschalten von Gleichstrommagneten entsteht durch Induktion eine Spannungserhöhung. Dadurch kann ein *Lichtbogen* an den Schalterkontakten auftreten.

Soll ein Gleichstrommagnet abgeschaltet werden, ohne dass Funken auftreten, so ist entweder ein RC-Glied oder ein spannungsabhängiger Widerstand parallel zum Schalter oder eine Diode parallel zum Gleichstrommagneten anzuschließen **(Bild 1)**.

Der spannungsabhängige Widerstand kann auch parallel zum Gleichstrommagneten geschaltet werden.

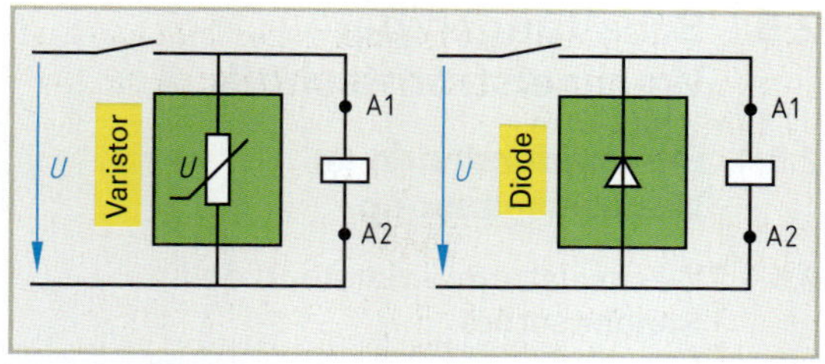

Bild 1: Funkenlöschung an Gleichstrommagneten

Relais

Elektromagnetische Relais (franz. relais = Schalteinrichtung, Zwischenstation) sind elektromagnetisch angetriebene Schalter für kleine Schaltleistung. In der Nachrichtentechnik dienen sie zum Schalten von Stromkreisen, in denen Signale übertragen werden.

Kontaktarten bei Relais

Beim elektromagnetischen Relais wirkt das Magnetfeld einer vom Erregerstrom durchflossenen Wicklung auf Kontakte ein. Alle elektromagnetischen Relais können so gebaut werden, dass sie durch den Erregerstrom als *Schließer* oder *Öffner* arbeiten. Schließer schließen einen Stromkreis bei Erregung, Öffner unterbrechen ihn. Werden Schließer und Öffner kombiniert, so entsteht ein *Wechsler* **(Tabelle 1)**.

Tabelle 1: Grundarten von Kontakten

Bezeichnung	Schaltzeichen	Kontaktbild
Schließer		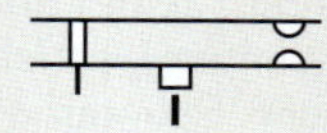
Öffner		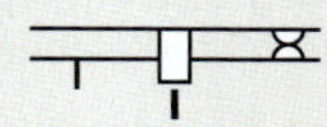
Wechsler	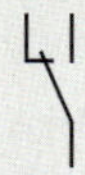	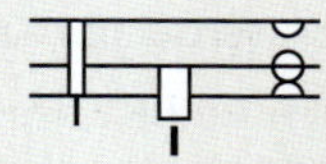
Folgewechsler	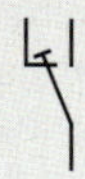	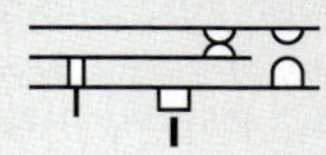

Schließer, Öffner und Wechsler sind die Grundarten der Relaiskontakte.

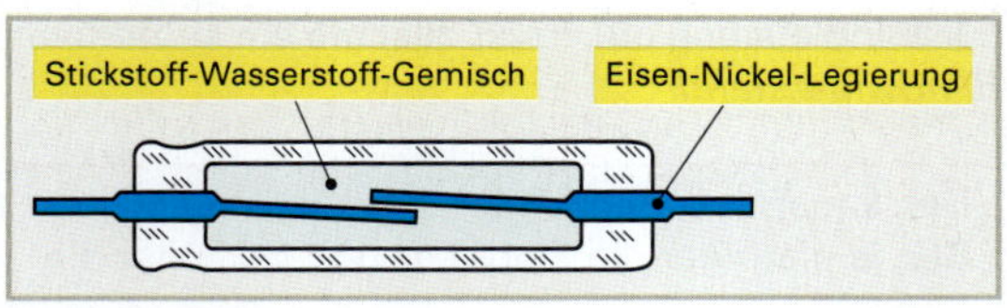

Bild 2: Zungenkontakt für ein Relais

Bauarten von Relais

Relais mit Zungenkontakten (z.B. Herkon-Relais, *Reed-Relais*) bestehen aus einem Zungenkontakt **(Bild 2),** der in einer Erregerspule liegt.

Zungenkontakte können Ströme bis etwa 2 A schalten. Die Schaltspannung kann bis 230 V Wechselspannung betragen.

Relais mit Federsätzen verwenden die Kraft eines Ankers zur Betätigung der Kontakte. Je nach mechanischer Ausführung unterscheidet man Rundrelais, Flachrelais und Kammrelais.

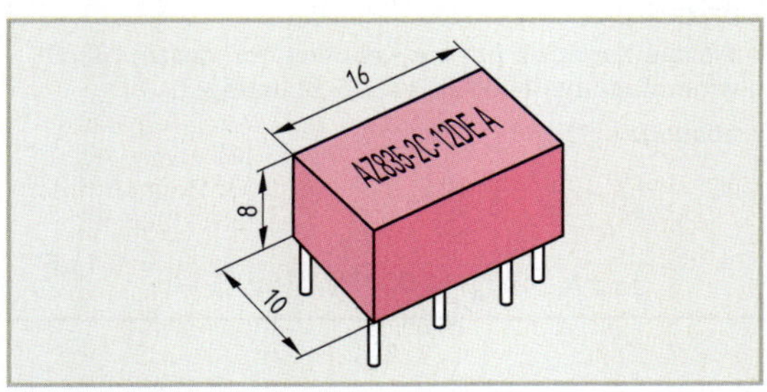

Bild 3: Dual-In-Line-Relais (DIL-Relais)

Das **Dual-In-Line-Relais (Bild 3)** hat zwei Wechsler und je eine Spule zum Ansprechen und Rückstellen. Dadurch ist zum Ansprechen und Rückstellen kein Polwechsel erforderlich. Das Relais eignet sich besonders zur Ansteuerung durch IC und für den Einbau in Leiterplatten.

2.5 Schaltungen der Wechselstromtechnik

2.5.1 Blindwiderstände an Wechselspannung

2.5.1.1 Wechselstromwiderstand des Kondensators

Kapazitiver Blindwiderstand

Wird ein Kondensator an Wechselspannung angeschlossen, so werden seine Beläge abwechselnd positiv und negativ geladen. In der Leitung fließt abwechselnd ein Ladestrom und ein Entladestrom. Findet keine Spannungsänderung statt (Gleichspannung), so ist die Stromstärke nahezu null. Je mehr Spannungswechsel erfolgen, umso mehr nimmt die Stromstärke zu. Wird ein Kondensator mit größerer Kapazität verwendet, so nimmt die Stromstärke ebenfalls zu.

Der Kondensator wirkt im Wechselstromkreis als Widerstand, der mit steigender Frequenz und größer werdender Kapazität abnimmt **(Bild 1)**.

Zum Aufbau des elektrischen Feldes benötigt der Kondensator Leistung. Beim Abbau des elektrischen Feldes wird die gleiche Leistung wieder an den Spannungserzeuger abgegeben. Im Mittel ist die Leistung null. Die zwischen Kondensator und Erzeuger hin- und herpendelnde Leistung nennt man *Blindleistung*. Der ideale Kondensator nimmt nur Blindleistung auf. Er ist deshalb ein kapazitiver *Blindwiderstand*.

Der kapazitive Blindwiderstand ist umso größer, je niedriger die Frequenz und je kleiner die Kapazität ist.

Beispiel 1:
Welche Kapazität hat ein Kondensator, dessen Blindwiderstand bei 1 000 Hz 1 591,5 Ω beträgt?

Lösung:

$$X_C = \frac{1}{\omega C} = \frac{1}{2\pi f C}$$

$$\Rightarrow C = \frac{1}{2\pi f X_c} = \frac{1}{2 \cdot \pi \cdot 1000\ \text{Hz} \cdot 1591{,}5\ \Omega} = \mathbf{0{,}1\ \mu F}$$

Phasenverschiebung

Ein Kondensator wird an Wechselspannung periodisch geladen und entladen. Dabei sind die Ladestromstärke und die Entladestromstärke zur Änderungsgeschwindigkeit der Spannung proportional. $i = C \cdot (\Delta i) \backslash (\Delta t)$

Bei Sinusspannung ist die Änderungsgeschwindigkeit der Spannung am größten, wenn die Spannung durch null geht **(Bild 2)**, und null, wenn die Spannung am größten ist. Der Ladestrom und der Entladestrom in den Zuleitungen zum Kondensator eilen der Spannung um 90° voraus.

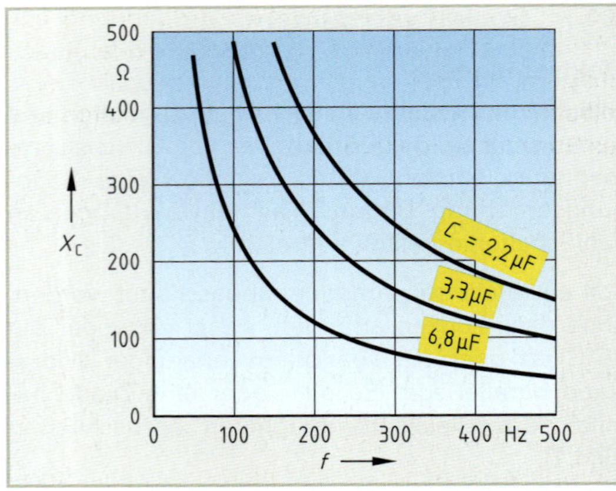

Bild 1: Abhängigkeit des kapazitiven Blindwiderstands von der Frequenz und der Kapazität

$$[X_C] = \frac{s}{F} = \frac{s \cdot V}{As} = \frac{V}{A} = \Omega \qquad X_C = \frac{1}{\omega \cdot C}$$

X_C kapazitiver Widerstand; C Kapazität
ω Kreisfrequenz

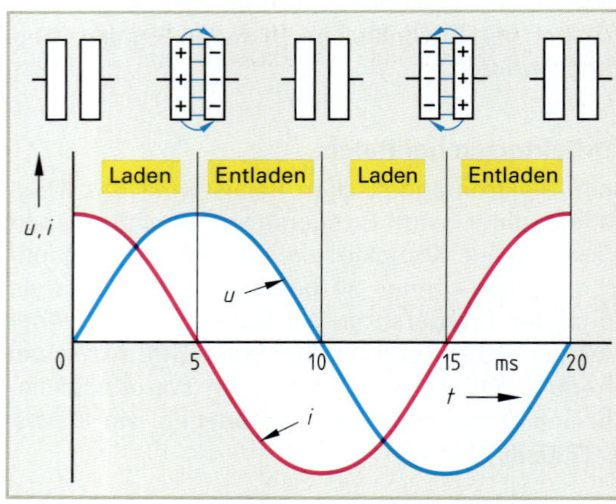

Bild 2: Phasenverschiebung beim Kondensator

Beim idealen Kondensator eilt der Strom der Spannung um 90° voraus.

2.5.1.2 Wechselstromwiderstand der Spule

Induktiver Blindwiderstand

An Gleichspannung hat eine Spule den Widerstand ihres Drahtes. Legt man sie an eine Wechselspannung mit gleichem Effektivwert, so fließt eine kleinere Stromstärke, d.h., an Wechselspannung hat eine Spule einen wesentlich größeren Widerstand. Infolge der Spannungsänderung entsteht eine Selbstinduktionsspannung, welche der Änderung des Stromes entgegenwirkt.

Dieser Widerstand im Wechselstromkreis steigt mit steigender Frequenz und größer werdender Induktivität **(Bild 1)**.

Zum Aufbau des magnetischen Feldes benötigt die Spule Leistung. Beim Abbau des Magnetfeldes wird die gleiche Leistung wieder an den Spannungserzeuger abgegeben. Im Mittel ist die Leistung null. Die zwischen Spule und Erzeuger hin- und herpendelnde Leistung nennt man Blindleistung. Die Spule hat deshalb einen *induktiven Blindwiderstand*.

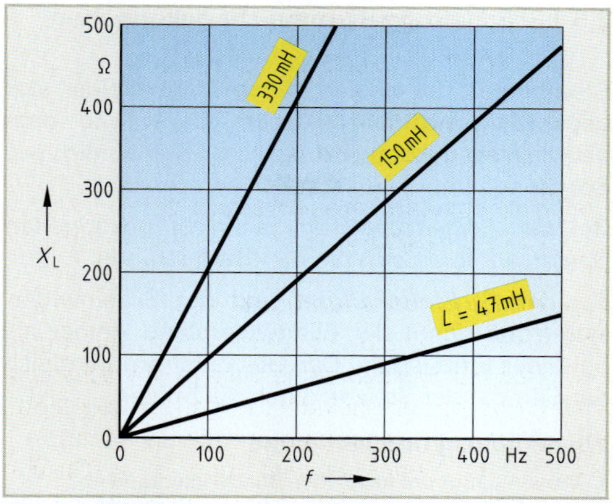

Bild 1: Abhängigkeit des induktiven Widerstands von der Frequenz und der Induktivität

Der induktive Blindwiderstand ist umso größer, je größer die Frequenz und die Induktivität sind.

$$[X_L] = \frac{1}{s} \cdot \frac{Vs}{A} = \frac{V}{A} = \Omega \qquad X_L = \omega \cdot L$$

X_L	induktiver Blindwiderstand
ω	Kreisfrequenz
L	Induktivität

Beispiel 1:

Welche Induktivität hat eine Spule, die bei 1000 Hz einen Blindwiderstand von 2,5 kΩ hat?

Lösung:

$X_L = \omega L$

$$\Rightarrow \quad L = \frac{X_L}{\omega} = \frac{X_L}{2\pi f} = \frac{2500\ \Omega}{2 \cdot \pi \cdot 1000\ \text{Hz}} = 0{,}4\ \text{H} = \mathbf{400\ mH}$$

Phasenverschiebung

Schließt man eine Spule an Wechselspannung an, so wird ein Magnetfeld aufgebaut und abgebaut. Dabei ist die Spannung an der Spule zur Änderungsgeschwindigkeit des Stromes proportional. Bei Sinusstrom ist die Änderungsgeschwindigkeit des Stromes am größten, wenn der Strom null ist, und null, wenn die Stromstärke am größten ist **(Bild 2)**.

Betrachtet man die Spule als *Spannungserzeuger*, dann ist wegen $u_i = -L \cdot (\Delta i)/(\Delta t)$ die Spannung am stärksten negativ (Talwert), wenn die Stromstärke i_E am stärksten ansteigt (Bild 2). Im Erzeugersystem besteht also eine Phasenverschiebung von 90°, wobei die Stromstärke voreilt.

Meist betrachtet man aber die Spule als *Verbraucher*. Hier ist die Stromrichtung entgegengesetzt zur Stromrichtung im Erzeugersystem. Dadurch eilt die Stromstärke nach, die Spannung also vor.

Bei der idealen Spule eilt die Spannung dem Strom um 90° voraus.

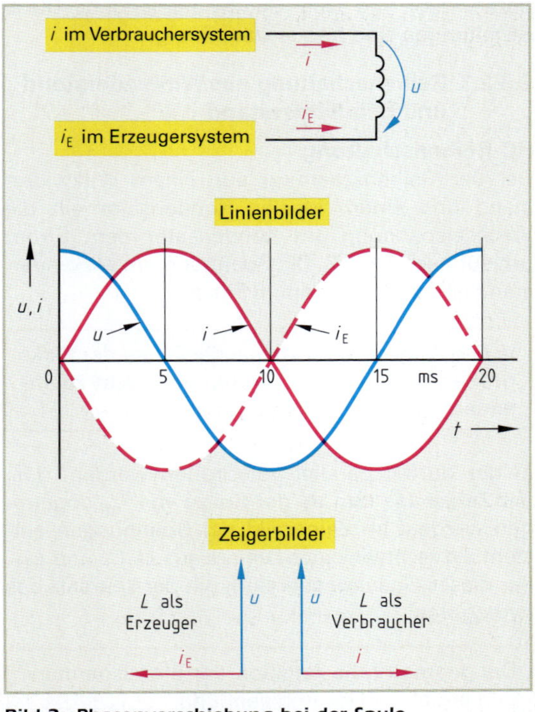

Bild 2: Phasenverschiebung bei der Spule

2.5.1.3 Schaltungen von nicht gekoppelten Spulen

Schaltungen mit Spulen, deren Magnetfelder sich gegenseitig nicht beeinflussen, d.h. welche magnetisch nicht gekoppelt sind, lassen sich ähnlich wie Schaltungen mit Widerständen berechnen.

Bei der *Reihenschaltung* der nicht gekoppelten Spulen addieren sich die Blindwiderstände.

Bei der *Parallelschaltung* sind der Scheinwiderstand und damit der Blindwiderstand kleiner als bei einer Einzelspule. Der Gesamtstrom ist gleich der Summe der Ströme durch die Spulen.

Wiederholung und Vertiefung

1. **Wovon hängt der kapazitive Blindwiderstand ab?**
2. **Wie groß ist die Phasenverschiebung zwischen Strom und Spannung beim idealen Kondensator?**
3. **Wovon hängt der induktive Blindwiderstand ab?**
4. **Eine Spule mit 280 mH hat einen Blindwiderstand von 703,7 Ω. Welche Frequenz hat die anliegende Spannung? *Lösung:* 400 Hz**
5. **Wie groß ist die Ersatzinduktivität bei der Parallelschaltung von nicht gekoppelten Spulen im Vergleich zu den Einzelinduktivitäten?**

Nicht gekoppelte Induktivitäten

bei Reihenschaltung:	bei Parallelschaltung:
$L = L_1 + L_2 + \dots$	$\frac{1}{L} = \frac{1}{L_1} + \frac{1}{L_2} + \dots$

L Ersatzinduktivität
$L_1, L_2, \dots$ Einzelinduktivitäten

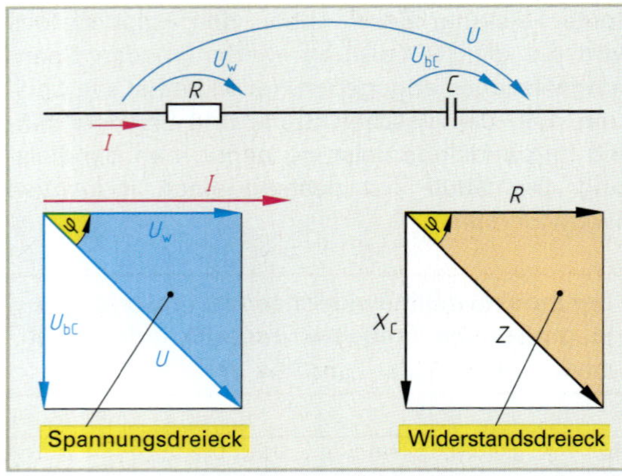

Bild 1: Reihenschaltung aus Wirkwiderstand und Kondensator mit Zeigerbildern

2.5.2 RC-Schaltungen und RL-Schaltungen

Widerstände, die nur Wirkleistung (Abschnitt 2.6.1) aufnehmen, sind Wirkwiderstände. RC-Schaltungen und RL-Schaltungen bestehen aus Wirkwiderständen (meist nur als Widerstand oder Resistanz bezeichnet) und aus Blindwiderständen. Diese Schaltungen sind frequenzabhängig.

2.5.2.1 Reihenschaltung aus Wirkwiderstand und Blindwiderstand

RC-Reihenschaltung

Bei der Reihenschaltung aus einem Wirkwiderstand und einem idealen Kondensator eilt die Wechselspannung am Kondensator dem Strom um 90° nach **(Bild 1)**. Die Spannung am Wirkwiderstand ist mit dem Strom in Phase.

> In den Zeigerbildern stehen die Zeiger der Wirkgrößen und der Blindgrößen senkrecht zueinander.

Zeiger dürfen parallel verschoben werden, d.h., der Zeiger U_{bC} darf an der Spitze von U_w angetragen werden. Im Zeigerbild der Spannungen entsteht ein rechtwinkliges Dreieck aus U, U_w und U_{bC}. Für dieses Spannungsdreieck gilt der Lehrsatz des Pythagoras[1].

> Die geometrische Addition der Einzelspannungen ergibt die Gesamtspannung.

$$I = \frac{U}{Z}$$

Bei Reihenschaltung von R mit C bzw. L:

$U = \sqrt{U_w^2 + U_b^2}$	$Z = \sqrt{R^2 + X^2}$
$\tan \varphi = \frac{U_b}{U_w}$	$\tan \varphi = \frac{X}{R}$
$R = Z \cdot \cos \varphi$	$X = Z \cdot \sin \varphi$

U Gesamtspannung; Z Scheinwiderstand
U_w Wirkspannung; R Wirkwiderstand
U_b Blindspannung, z.B. U_{bC} = kapazitive Blindspannung
X Blindwiderstand, z.B. X_C = kapazitiver Blindwiderstand
I Stromstärke
φ Phasenverschiebungswinkel

Da sich bei einer Reihenschaltung aus Widerständen die Teilspannungen wie die Teilwiderstände verhalten, lässt sich aus dem Strom-Spannungs-Zeigerbild das Widerstandsdreieck ableiten.

[1] Pythagoras, griech. Philosoph, 580 bis 500 v. Chr.

Die geometrische Addition der Einzelwiderstände ergibt den Gesamtwiderstand.

Der Gesamtwiderstand wird als Scheinwiderstand bezeichnet. Den Scheinwiderstand nennt man auch *Impedanz* (lat. impedire = hindern, hemmen).

Beispiel 1:

Eine RC-Reihenschaltung liegt an einer Sinusspannung von 25 V. Am Widerstand liegen 12 V. Wie groß ist die Spannung am Kondensator?

Lösung:

$U^2 = U_w^2 + U_{bC}^2$

$U_{bC} = \sqrt{U^2 - U_w^2} = \sqrt{(25\,V)^2 - (12\,V)^2} = \mathbf{21{,}93\,V}$

Der Phasenverschiebungswinkel φ gibt die Phasenverschiebung zwischen U und I an. Für $\varphi > 0$ zeigt der Winkelpfeil von U nach I. Der Phasenverschiebungswinkel kann aus dem Spannungsdreieck oder dem Widerstandsdreieck berechnet werden.

Bei der RC-Schaltung eilt die Gesamtspannung dem Strom um den *Phasenverschiebungswinkel* φ nach. Der Phasenverschiebungswinkel ist umso größer, je kleiner Widerstand, Kapazität und Frequenz sind.

Bei der Reihenschaltung aus einem Wirkwiderstand und einem Kondensator eilt die Gesamtspannung dem Strom um weniger als 90° nach.

Beispiel 2:

Ein Wirkwiderstand von 5,6 kΩ und ein Kondensator von 4,7 nF sind in Reihe an eine Sinusspannung von 10 V, 10 kHz angeschlossen. Wie groß sind Z, I, U_w und U_{bC}?

Lösung:

$X_C = \frac{1}{\omega \cdot C} = \frac{1}{2\pi \cdot 10\,kHz \cdot 4{,}7\,nF} = \mathbf{3{,}39\,k\Omega}$

$Z = \sqrt{R^2 + X_C^2} = \sqrt{(5{,}6\,k\Omega)^2 + (3{,}39\,k\Omega)^2} = \mathbf{6{,}55\,k\Omega}$

$I = \frac{U}{Z} = \frac{10\,V}{6{,}55\,k\Omega} = \mathbf{1{,}53\,mA}$

$U_w = I \cdot R = 1{,}53\,mA \cdot 5{,}6\,k\Omega = \mathbf{8{,}57\,V}$

$U_{bC} = I \cdot X_C = 1{,}53\,mA \cdot 3{,}39\,k\Omega = \mathbf{5{,}19\,V}$

RL-Reihenschaltung

Bei der Reihenschaltung aus einem Wirkwiderstand und einer idealen Spule eilt die Wechselspannung an der Spule dem Strom und damit der Spannung am Wirkwiderstand um 90° voraus **(Bild 1)**. Das Widerstandsdreieck entspricht dem Spannungsdreieck.

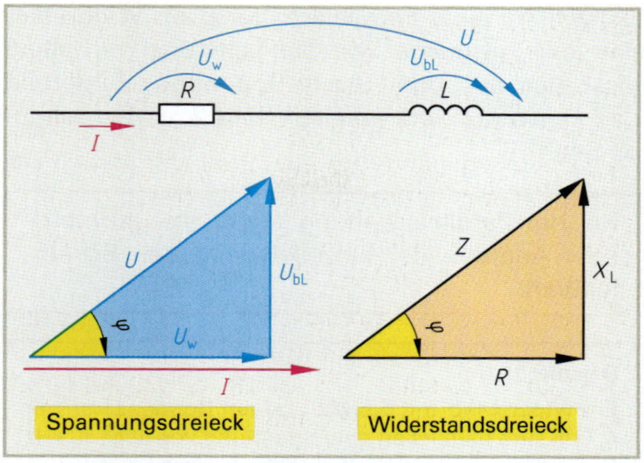

Bild 1: Reihenschaltung aus Spule und Wirkwiderstand mit Zeigerdreiecken

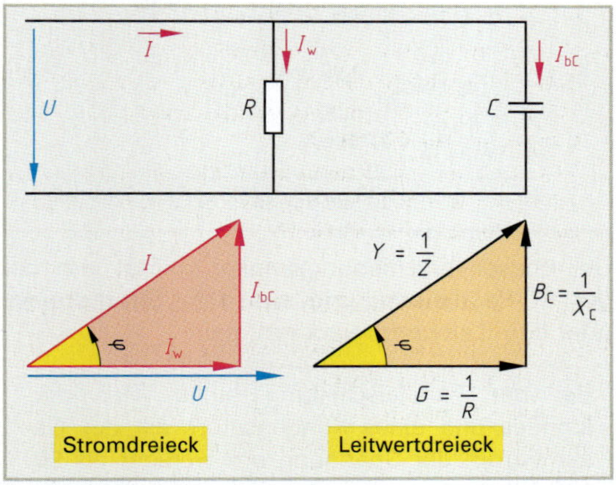

Bild 2: Parallelschaltung aus Wirkwiderstand und Kondensator mit Zeigerdreiecken

Sowohl Einzelspannungen als auch Einzelwiderstände werden geometrisch addiert. Der Phasenverschiebungswinkel kann aus Spannungsdreieck oder aus Widerstandsdreieck ermittelt werden. Er ist umso größer, je größer Frequenz und Induktivität sind und je kleiner der Wirkwiderstand ist.

Bei der Reihenschaltung aus einem Wirkwiderstand und einer Spule eilt die Gesamtspannung dem Strom um weniger als 90° voraus.

2.5.2.2 Parallelschaltung aus Wirkwiderstand und Blindwiderstand

RC-Parallelschaltung

Bei der Parallelschaltung aus einem Wirkwiderstand und einem idealen Kondensator eilt der Strom durch den Kondensator der Wechselspannung um 90° voraus **(Bild 2)**. Der Strom durch den Wirkwiderstand ist mit der Spannung in Phase. Den Gesamtstrom erhält man durch *geometrische Addition* der Einzelströme.

Da sich bei einer Parallelschaltung aus Widerständen die Teilströme wie die Leitwerte verhalten, lässt sich aus dem Strom-Spannungs-Zeigerbild das *Leitwertdreieck* ableiten (Bild 2, vorhergehende Seite).

Bei der Parallelschaltung ergibt die geometrische Addition der Einzelleitwerte den Scheinleitwert.

Beispiel 1:

Ein Widerstand mit 5,6 kΩ und ein Kondensator mit 4,7 nF sind parallel an eine Spannung von 10 V, 10 kHz angeschlossen. Wie groß sind I_w, I_{bC} und I?

Lösung:

$$X_C = \frac{1}{\omega \cdot C} = \frac{1}{2\pi \cdot 10\ \text{kHz} \cdot 4{,}7\ \text{nF}} = \mathbf{3{,}39\ k\Omega}$$

$$I_{bC} = \frac{U}{X_C} = \frac{10\ \text{V}}{3{,}39\ \text{k}\Omega} = \mathbf{2{,}95\ mA}$$

$$I_w = \frac{U}{R} = \frac{10\ \text{V}}{5{,}6\ \text{k}\Omega} = \mathbf{1{,}79\ mA}$$

$$I = \sqrt{I^2{}_w + I_{bC}^2} = \sqrt{(1{,}79\ \text{mA})^2 + (2{,}95\ \text{mA})^2} = \mathbf{3{,}45\ mA}$$

Der Phasenverschiebungswinkel φ lässt sich bei der RC-Parallelschaltung aus dem Stromdreieck oder dem Leitwertdreieck ermitteln.

Bei der Parallelschaltung eines Wirkwiderstandes und eines Kondensators eilt der Gesamtstrom der Spannung um weniger als 90° voraus.

Beispiel 2:

In einer RC-Parallelschaltung fließen durch den Kondensator 2,5 mA und durch den Wirkwiderstand 1,5 mA. Wie groß ist der Phasenverschiebungswinkel zwischen dem Gesamtstrom und der Spannung?

Lösung:

$$\tan \varphi = \frac{I_{bC}}{I_w} = \frac{2{,}5\ \text{mA}}{1{,}5\ \text{mA}} = 1{,}667 \quad \Rightarrow \quad \varphi = \mathbf{59°}$$

Der Phasenverschiebungswinkel ist bei der RC-Parallelschaltung umso größer, je größer Widerstand, Kapazität und Frequenz sind.

RL-Parallelschaltung

Bei der Parallelschaltung aus einem Wirkwiderstand und einer idealen Spule **(Bild 1)** eilt der Strom durch die Spule der Wechselspannung und damit dem Strom durch den Widerstand um 90° nach.

Bei der Parallelschaltung eines Wirkwiderstandes mit einer Spule eilt der Gesamtstrom der Spannung um weniger als 90° nach.

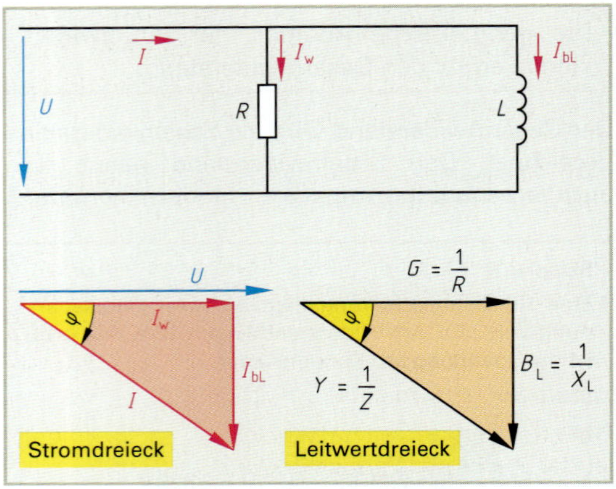

Bild 1: Parallelschaltung aus Wirkwiderstand und Spule mit Zeigerdreiecken

Bei Parallelschaltung von R mit C bzw. L:

$$I^2 = I_w^2 + I_b^2$$

$$I = \sqrt{I_w^2 + I_b^2}$$

$$U = I \cdot Z = \frac{I}{Y}$$

$$\frac{1}{Z} = Y = \sqrt{G^2 + B^2}$$

$$Z = \frac{R \cdot X}{\sqrt{R^2 + X^2}}$$

$$\tan \varphi = \frac{I_b}{I_w}$$

$$\tan \varphi = \frac{R}{X}$$

$$G = Y \cdot \cos \varphi$$

$$B = Y \cdot \sin \varphi$$

I Stromstärke; I_w Wirkstrom
U Spannung; R Wirkwiderstand
Z Scheinwiderstand; G Wirkleitwert
Y Scheinleitwert
B Blindleitwert, z.B. B_C = kapazitiver Blindleitwert
I_b Blindstrom, z.B. I_{bC} = kapazitiver Blindstrom
X Blindwiderstand, z.B. X_C = kapazitiver Blindwiderst.
φ Phasenverschiebungswinkel

Dem Stromdreieck entspricht das *Leitwertdreieck* (*Leitwertdiagramm*). Der Phasenverschiebungswinkel φ ist umso größer, je kleiner Frequenz und Induktivität sind und je größer der Widerstand ist. Der Phasenverschiebungswinkel φ kann mithilfe der Winkelfunktion $\tan \varphi = I_{bL}/I_w$ oder aus $\tan \varphi = R/X_L$ ermittelt werden.

2.5.2.3 Verluste im Kondensator

Die Platten (Beläge) des Kondensators werden an Wechselspannung periodisch umgeladen. Dadurch ändern die elektrischen Dipole dauernd ihre Richtung. Dies bewirkt eine Erwärmung des Dielektrikums. Fließen der Ladestrom und der Entladestrom durch die Beläge des Kondensators, so werden auch diese erwärmt. Im Kondensator geht dadurch Nutzenergie verloren. Außerdem fließt durch das Dielektrikum auch ein kleiner Strom, vorwiegend bei Elektrolytkondensatoren.

An Wechselspannung treten in jedem Kondensator Verluste auf.

Der Ersatzschaltplan eines Kondensators besteht aus der Parallelschaltung von idealem Kondensator und Verlustwiderstand. Der Verlustwiderstand wird als Wirkwiderstand dargestellt, der parallel zum idealen Kondensator liegt **(Bild 1)**.

Gute Kondensatoren haben kleine Verluste, folglich ist der Wert ihres Verlustwiderstandes groß.

Das Zeigerbild der Leitwerte ist zum Zeigerbild der Ströme proportional (Bild 1).

Infolge der Verluste des Kondensators ist die Phasenverschiebung zwischen Strom und Spannung kleiner als 90°. Sie nähert sich umso mehr dem Wert 90°, je kleiner die Verluste des Kondensators sind.

Der *Verlustfaktor d* ist gleich dem Tangens des Winkels δ. Der Winkel δ ist die Ergänzung des Phasenverschiebungswinkels φ auf 90° (Bild 1). Der *Gütefaktor Q* ist der Kehrwert des Verlustfaktors *d*.

Der Gütefaktor eines Kondensators ist umso größer, je kleiner die Verluste des Kondensators sind.

Bei Niederfrequenz, z.B. 50 Hz, kann der Verlustwiderstand von Kondensatoren als unendlich groß angesehen werden. In diesem Fall treten nur Blindwiderstand und Blindstrom auf.

2.5.2.4 Verluste in der Spule

Schließt man eine Spule mit Eisenkern an Wechselspannung an, so ändern die Molekularmagnete im Eisenkern im Rhythmus der Frequenz ihre Richtung. Durch den dauernden Aufbau und Abbau des Magnetfeldes werden außerdem im Kern Wirbelströme induziert. Beide Vorgänge haben eine Erwärmung des Eisenkerns zur Folge. Der Strom durch die Wicklung der Spule bewirkt ihre Erwärmung.

In jeder Spule an Wechselspannung tritt Verlustleistung auf.

Eisenverluste nennt man die Summe von Hystereseverlustleistung und Wirbelstromverlustleistung. *Wicklungsverluste* nennt man die Verlustleistung der Wicklung.

Die Verluste werden im Ersatzschaltplan durch einen *Verlustwiderstand*, der zur idealen Spule in Reihe geschaltet ist, dargestellt **(Bild 2)**. Die Verluste der Spule sind meist klein. Dann ist der Verlustwiderstand kleiner als der induktive Blindwiderstand.

Infolge der Verluste der Spule ist der Phasenverschiebungswinkel φ zwischen Strom und Spannung kleiner als 90°. Er nähert sich umso mehr dem Wert 90°, je kleiner die Verluste der Spule sind.

$$d = \tan \delta \qquad Q = \frac{1}{d}$$

Beim Kondensator:

$$\tan \delta = \frac{X_C}{R_p} \qquad Q = \omega \cdot C \cdot R_p$$

Bei der Spule:

$$\tan \delta = \frac{R_v}{X_L} \qquad Q = \frac{R_v}{\omega \cdot L}$$

d Verlustfaktor; ω Kreisfrequenz
δ Verlustwinkel; C Kapazität
Q Gütefaktor; L Induktivität
X_C kapazitiver Blindwiderstand
R_p paralleler Verlustwiderstand
R_v Reihenverlustwiderstand
X_L induktiver Blindwiderstand

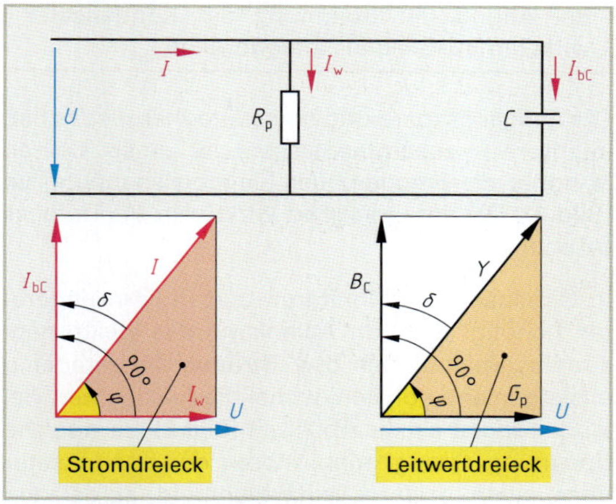

Bild 1: Ersatzschaltplan eines Kondensators mit Verlusten und Zeigerbilder

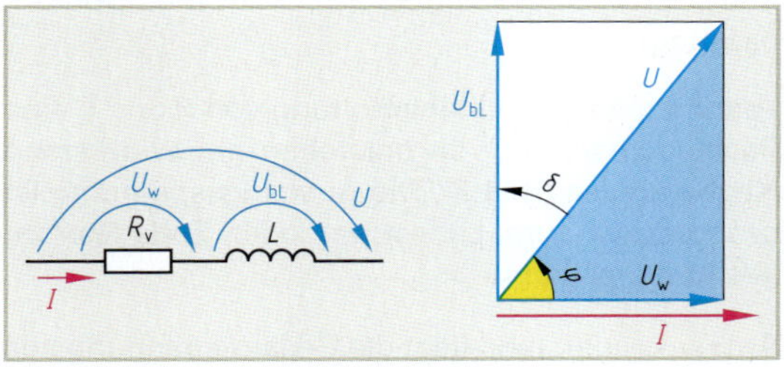

Bild 2: Ersatzschaltplan einer Spule mit Verlusten und Zeigerbild der Spannungen

2.5.2.5 Impulsverformung

RC-Glied an Rechteckspannung

Die Reihenschaltung eines Wirkwiderstandes *R* mit einem Kondensator *C* wird auch *RC-Glied* genannt.

Bei niedrigen Frequenzen ist der Ladevorgang oder Entladevorgang schon beendet, wenn sich die Spannungsrichtung ändert. Die Spannung am Kondensator hat den Verlauf einer Rechteckspannung mit gerundeten Ecken **(Bild 1)**. Bei höheren Frequenzen ist der Ladevorgang oder Entladevorgang des RC-Gliedes beim Umpolen der Eingangsspannung noch nicht abgeschlossen. Die Kondensatorspannung weist deshalb nur Abschnitte der Ladekurven oder Entladekurven auf. Diese werden umso geradliniger und flacher, je kleiner die Periodendauer *T* im Verhältnis zur Zeitkonstanten τ ist.

> Bei Abgriff der Spannung am Kondensator wirkt ein RC-Glied als Integrierglied.

Die Ausgangsspannung eines *Integriergliedes* (lat. integrare = zusammenfassen) ist umso kleiner, je höher die Frequenz der Eingangsspannung ist (Bild 1). Das Integrierglied wirkt also als Tiefpass (Abschnitt 2.5.3).

In Oszilloskopen, Monitoren und in Fernsehgeräten benötigt man zur Ablenkung des Elektronenstrahles Spannungen bzw. Ströme, die geradlinig ansteigen und abfallen, wobei die Anstiegszeit viel länger dauert als die Abfallzeit **(Bild 2)**. Eine solche Spannung erzeugt man, indem der Kondensator über einen großen Wirkwiderstand aufgeladen und über einen kleinen Wirkwiderstand entladen wird. Den linearen Anstieg der Spannung erreicht man durch einen eingeprägten Strom (Stromanpassung).

Legt man an die Reihenschaltung von *R* und *C* eine Rechteckspannung, so entstehen am Widerstand Nadelimpulse **(Bild 3)**. Die Ausgangsspannung ist proportional zum Ladestrom oder Entladestrom des Kondensators.

Am Wirkwiderstand liegt die Gesamtspannung aus Generatorspannung und Kondensatorspannung, die im Zeitpunkt der Spannungsumkehr bei niedrigen Frequenzen doppelt so groß wie die Generatorspannung ist. Je kürzer die Periodendauer der Rechteckspannung im Verhältnis zur Zeitkonstanten des RC-Gliedes ist, umso mehr nähert sich die Spannung am Wirkwiderstand der Rechteckkurve. Bei der Übertragung von Rechteckspannungen treten Verzerrungen auf, wenn RC-Glieder eine zu kleine Zeitkonstante besitzen.

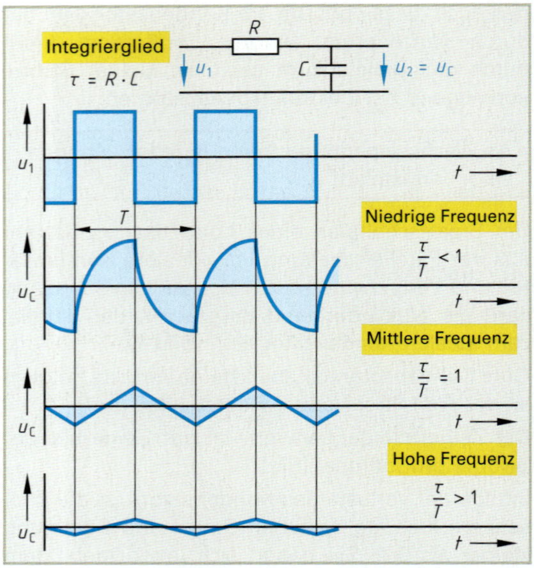

Bild 1: Spannungen am Kondensator bei Rechteck-Eingangsspannung

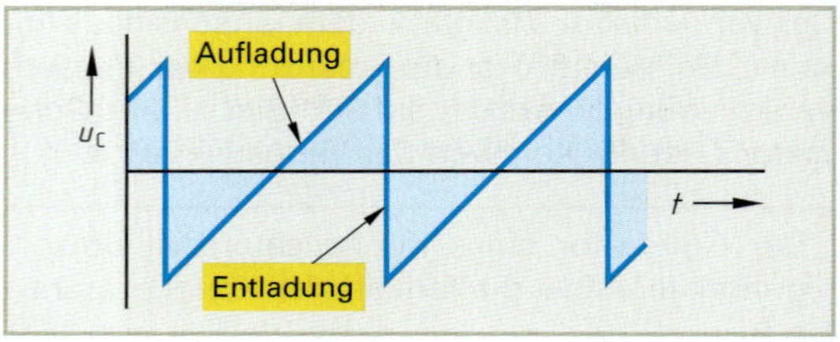

Bild 2: Sägezahnspannung

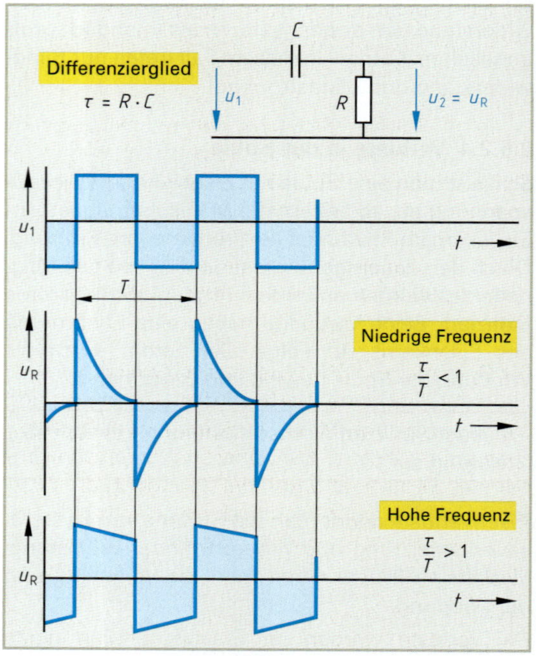

Bild 3: Spannungen am Wirkwiderstand der RC-Reihenschaltung

Bei Abgriff der Spannung am Wirkwiderstand wirkt das RC-Glied als Differenzierglied.

Beim *Differenzierglied* (lat. differre = unterscheiden) entspricht die Ausgangsspannung etwa der Änderung der Eingangsspannung in Abhängigkeit von der Zeit. Seine Ausgangsspannung ist umso höher, je größer die Frequenz der Eingangsspannung ist. Das Differenzierglied wirkt als Hochpass (Abschnitt 2.5.3).

In digitalen Messgeräten und für Zählerschaltungen werden oft durch RC-Glieder aus Rechteckimpulsen nadelförmige Steuerimpulse erzeugt. In Fernsehgeräten gewinnt man aus einem Impulsgemisch mithilfe von Differenziergliedern Nadelimpulse, die der Synchronisierung der Horizontalablenkung (Zeilen-Synchronisierung) dienen.

Impulsverformung

- Differenzieren:
  Bei niedriger Frequenz wird aus einem Rechteckimpuls ein Nadelimpuls.
- Integrieren:
  Bei niedrigen Frequenzen wird aus einem Rechteckimpuls ein Impuls mit e-Funktion.

RL-Glied an Rechteckspannung

Die Reihenschaltung eines Wirkwiderstandes R mit einer Induktivität L wird *RL-Glied* genannt.

Ist die Periodendauer der Rechteckspannung groß gegenüber der Zeitkonstanten des RL-Gliedes, so liegt an der Spule keine Spannung mehr, wenn die Eingangsspannung umgepolt wird. An der Spule entstehen Nadelimpulse. Bei hohen Frequenzen ist die Spannung an der Spule noch vorhanden, wenn die Umpolung eintritt. Die Spulenspannung U_L ist annähernd rechteckig **(Bild 1)**.

Das RL-Glied wirkt als Differenzierglied, wenn die Spannung an der Spule abgenommen wird.

Die Spannung am Wirkwiderstand erreicht bei sehr niedrigen Frequenzen schnell den Höchstwert und bleibt bis zur nächsten Umpolung der Eingangsspannung konstant. Bei höheren Frequenzen können der Strom und damit die Spannung am Wirkwiderstand der schnellen Änderung nicht mehr folgen. Die Spannung am Wirkwiderstand wird daher dreieckförmig.

Das RL-Glied wirkt als Integrierglied, wenn die Spannung am Wirkwiderstand abgenommen wird.

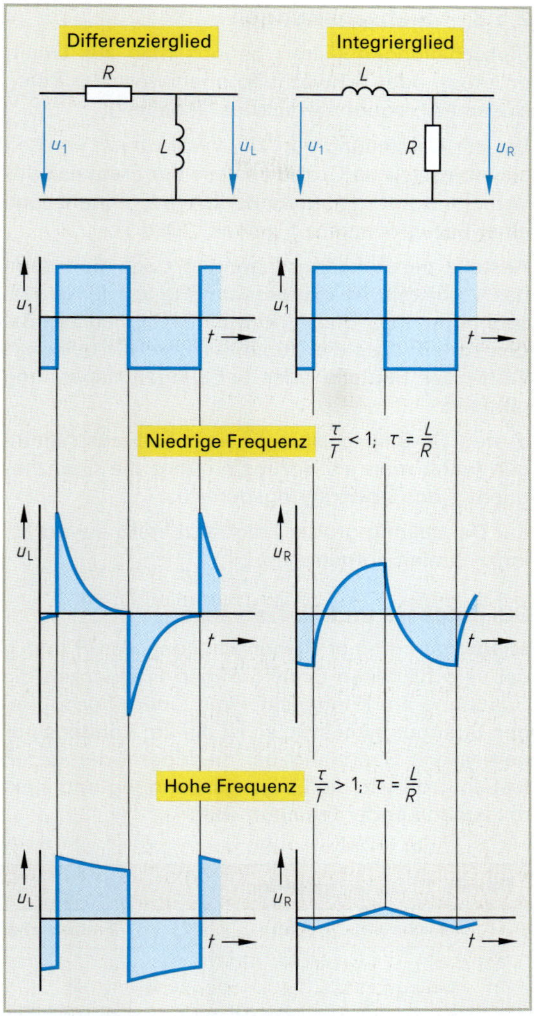

Bild 1: Spannungen bei RL-Reihenschaltung an rechteckförmiger Eingangsspannung

Wiederholung und Vertiefung

1. **Wie hängt der Phasenverschiebungswinkel einer RC-Reihenschaltung von R, C und f ab?**
2. **Wie hängt der Phasenverschiebungswinkel einer RL-Parallelschaltung von R, L und f ab?**
3. **Wodurch entstehen in einer Spule an Wechselspannung Verluste?**
4. **Was versteht man unter dem Verlustfaktor eines Kondensators?**
5. **Wie hängt der Gütefaktor von den Verlusten der Spule ab?**
6. **An welchem Bauteil nimmt man bei einem Integrierglied aus R und C die Ausgangsspannung ab?**
7. **In einer RL-Reihenschaltung mit R = 680 Ω eilt der Strom der Spannung um 75° nach. Wie groß ist der induktive Blindwiderstand X_L?**
   ***Lösung:* 2538 Ω**

2.5.3 Siebschaltungen

Siebschaltungen (Filter) benutzt man zur Unterdrückung oder Schwächung unerwünschter Bereiche eines Frequenzgemisches **(Tabelle 1)**.

Bei der Darstellung von *Durchlasskurven* wird oft als veränderliche Größe anstelle der Frequenz das Verhältnis aus der veränderlichen Frequenz und einer Bezugsfrequenz f_c gewählt **(Bild 1)**.

Anstelle der Ausgangsspannung trägt man dann das Verhältnis Ausgangsspannung zur Eingangsspannung auf. Diese *normierte Darstellung* hat den Vorteil, dass die Durchlasskurve für beliebige Werte der Bauteile oder der Eingangsspannung gültig ist.

In den RC-Siebschaltungen und RL-Siebschaltungen wählt man als Bezugsfrequenz die Grenzfrequenz f_c des Übertragungsbereichs.

Zur Darstellung großer Frequenzbereiche wird f/f_c logarithmiert aufgetragen.

RC-Tiefpässe und RL-Tiefpässe

Misst man in einer Reihenschaltung aus R und C bei verschiedenen sinusförmigen Frequenzen die Spannung am Kondensator mit einem hochohmigen Spannungsmesser, so ist die am Kondensator gemessene Spannung bei niedrigen Frequenzen fast so groß wie die Eingangsspannung und sinkt mit zunehmender Frequenz (Bild 1).

Filter haben Sperrbereiche und Durchlassbereiche.

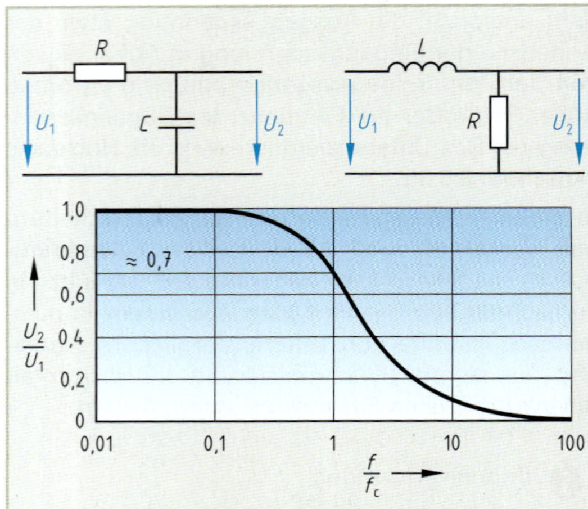

Bild 1: Durchlasskurve eines Tiefpasses

Mit steigender Frequenz sinkt der Blindwiderstand des Kondensators und schließt die Ausgangsspannung immer mehr kurz.

Tiefpässe lassen tiefe Frequenzen bevorzugt durch und unterdrücken hohe Frequenzen.

Tabelle 1: Siebschaltungen

Bezeichnung, Symbol	Frequenzbereiche	Erklärungen
 Tiefpass	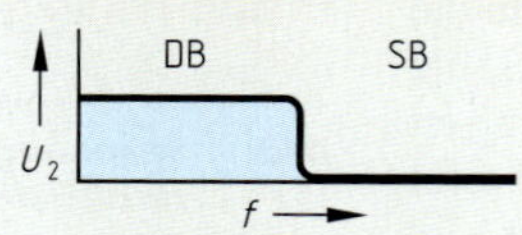	Der Tiefpass lässt tiefe Frequenzen durch. Hohe Frequenzen gelangen nicht zum Ausgang, z.B. bei Glättung gleichgerichteter Spannungen.
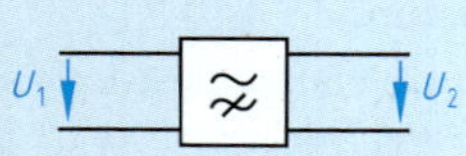 Hochpass	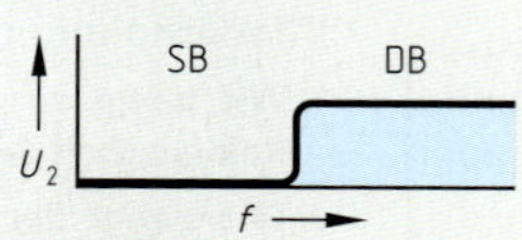	Der Hochpass unterdrückt alle tiefen Frequenzen. Hohe Frequenzen gelangen ungeschwächt zum Ausgang, z.B. an Hochtonlautsprechern über Frequenzweichen.
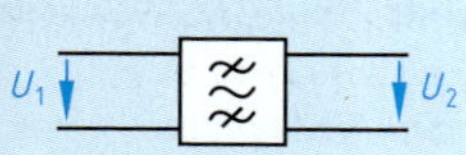 Bandpass	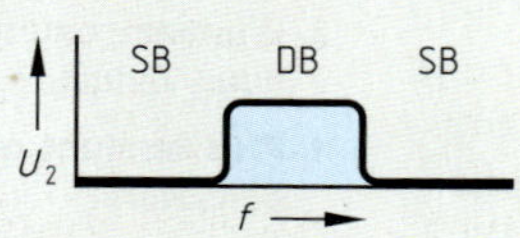	Der Bandpass lässt nur Frequenzen eines begrenzten Frequenzbereiches zum Ausgang. Alle übrigen Frequenzen werden unterdrückt, z.B. in Rundsteueranlagen für die Zählerumschaltung von Tagtarif auf Nachttarif.
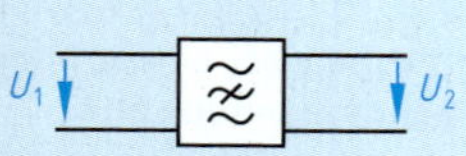 Bandsperre	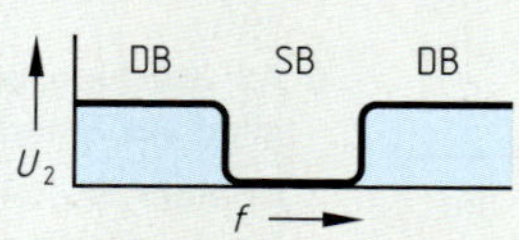	Die Bandsperre unterdrückt alle Frequenzen eines begrenzten Frequenzbereiches. Die übrigen Frequenzen gelangen zum Ausgang, z.B. 100-Hz-Sperren in Verstärkern.

SB Sperrbereich; DB Durchlassbereich; U_1 enthält alle Frequenzen mit gleicher Amplitude.

Misst man an einer RL-Reihenschaltung (Bild 1, vorhergehende Seite), die an einen Sinusgenerator angeschlossen ist, bei verschiedenen Frequenzen die Spannung am Widerstand, so hat die RL-Schaltung einen ähnlichen Spannungsverlauf wie die RC-Schaltung von Bild 1, vorhergehende Seite.

Mit steigender Frequenz nimmt der Blindwiderstand der Spule zu und sperrt den Wechselstrom immer mehr. Dadurch wird die Ausgangsspannung kleiner.

RC-Tiefpässe und RL-Tiefpässe verwendet man zur Siebung in Netzteilen oder zur Unterdrückung hoher Frequenzen in Verstärkern.

Der Übertragungsbereich von Breitbandverstärkern wird im oberen Frequenzbereich durch Tiefpässe begrenzt, die sich aus Widerständen und Schaltkapazitäten bzw. aus Widerständen und Leitungsinduktivitäten bilden.

RC-Hochpässe und RL-Hochpässe

Wird an einer RC-Reihenschaltung **(Bild 1)** die Spannung am Widerstand *R* gemessen, so ist die Ausgangsspannung U_2 bei niedrigen Frequenzen fast null und nimmt mit zunehmender Frequenz *f* bis zur Höhe der Eingangsspannung U_1 zu.

Hochpässe lassen bevorzugt die hohen Frequenzen durch und unterdrücken tiefe Frequenzen.

Der große Blindwiderstand des Kondensators bei niedrigen Frequenzen sperrt weitgehend den Strom, sodass am Wirkwiderstand fast keine Spannung auftritt.

Schließt man bei einer RL-Reihenschaltung den Spannungsmesser an der Induktivität an und misst bei verschiedenen Frequenzen die Spannung an der Induktivität, so erhält man einen ähnlichen Spannungsverlauf wie bei der RC-Reihenschaltung (Bild 1). Der kleine Wirkwiderstand der Spule schließt bei niedrigen Frequenzen die Ausgangsspannung kurz.

RC-Hochpässe treten z.B. bei der RC-Kopplung von Verstärkern auf **(Bild 2)**. RL-Hochpässe entstehen z.B. bei Übertragern aus dem Innenwiderstand des Spannungserzeugers und der Übertragerinduktivität.

Phasenverschiebungswinkel

Mit einem Oszilloskop und einem Generator mit veränderbarer Frequenz kann der Phasenverschiebungswinkel zwischen der Eingangsspannung U_1 und der Ausgangsspannung U_2 z.B. für einen Tiefpass bestimmt werden **(Bild 3)**. Bei niedrigen Frequenzen ist der Phasenverschiebungswinkel zwischen der Eingangsspannung und der Ausgangsspannung fast 0°. Er nimmt mit zunehmender Frequenz zu und beträgt bei hohen Frequenzen fast 90° **(Bild 1, folgende Seite)**.

Bei einem Hochpass ist bei tiefen Frequenzen der Phasenverschiebungswinkel zwischen Eingangsspannung und Ausgangsspannung annähernd 90°. Er nimmt mit steigender Frequenz ab und ist bei hohen Frequenzen annähernd 0° (Bild 1, folgende Seite).

Entsprechend entsteht beim RL-Hochpass der gleiche Kurvenverlauf wie beim RC-Hochpass.

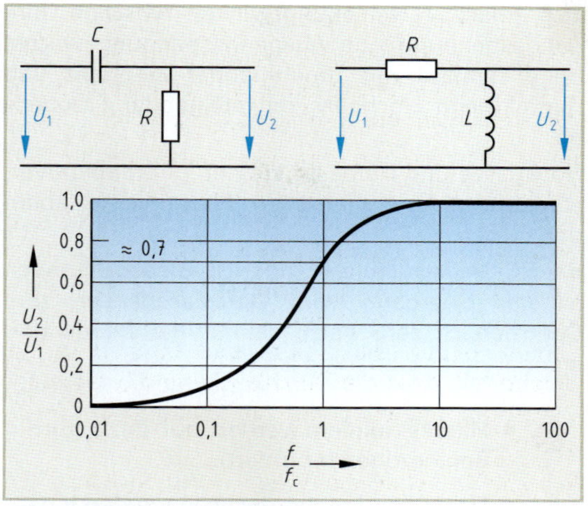

Bild 1: Durchlasskurve eines Hochpasses

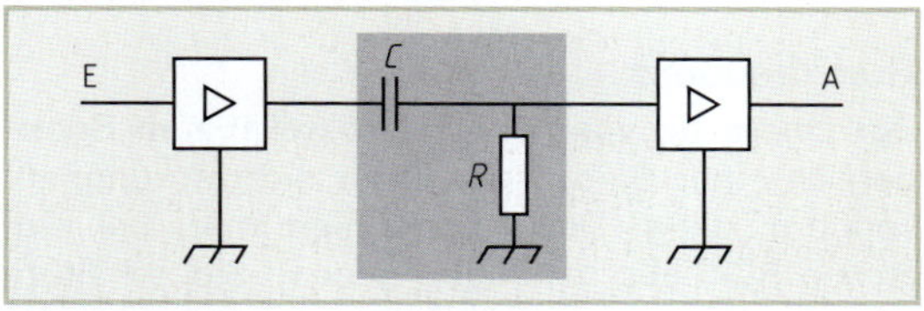

Bild 2: RC-Kopplung bei Verstärkerstufen

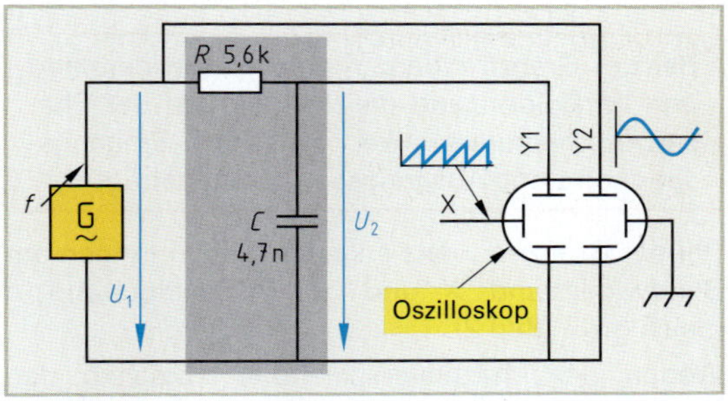

Bild 3: Messung des Phasenverschiebungswinkels

Der Phasenverschiebungswinkel zwischen Eingangsspannung und Ausgangsspannung wächst beim Tiefpass mit zunehmender Frequenz und nimmt beim Hochpass mit steigender Frequenz ab.

Hochpässe und Tiefpässe können in Breitbandverstärkern zu unerwünschten Phasenverschiebungen führen.

Bei RC-Siebschaltungen oder RL-Siebschaltungen ist der Übergang vom Durchlassbereich zum Sperrbereich sehr flach, da nur der Blindwiderstand frequenzabhängig ist.

- Filterkennlinien werden auf Bezugsgrößen bezogen (normiert).
- Normierte Frequenzachsen werden logarithmisch eingeteilt.

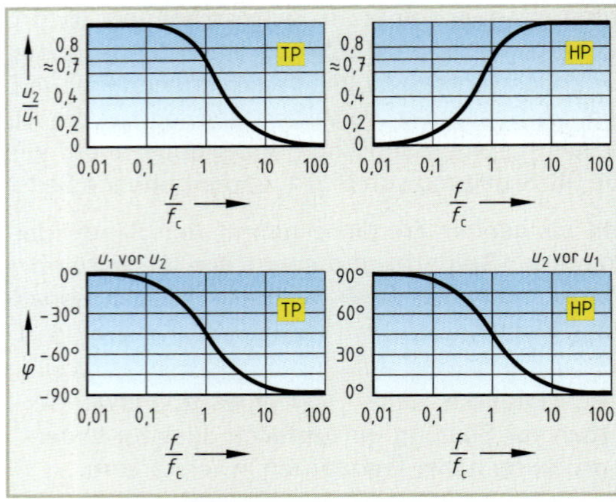

Bild 1: Durchlasskurven und Phasenverschiebungswinkel von Tiefpass (TP) und Hochpass (HP)

Grenzfrequenz

Der Übergang vom Durchlassbereich zum Sperrbereich einer Siebschaltung ist nicht sprunghaft, sondern stetig. Deshalb definiert man bei einfachen RC-Siebschaltungen oder RL-Siebschaltungen die Frequenz als Grenzfrequenz, bei der Blindwiderstand und Wirkwiderstand gleich groß sind.

Bei der Grenzfrequenz f_c sind Blindwiderstand und Wirkwiderstand gleich groß und der Phasenverschiebungswinkel zwischen Eingangsspannung und Ausgangsspannung beträgt 45°.

Bei der Grenzfrequenz f_c sind die Spannungen am Blindwiderstand X und am Wirkwiderstand R gleich groß **(Bild 2)**.

Wegen der Phasenverschiebung zwischen den Spannungen ist die Eingangsspannung das $\sqrt{2}$-Fache der Teilspannungen. Die Ausgangsspannung der Siebschaltung ist also das $1/\sqrt{2}$-Fache (etwa 0,707 ≙ 3 dB) der Eingangsspannung.

Beispiel 1:

An einem Hochpass wird eine Ausgangsspannung $U_2 = 2\,\text{V}$ gemessen. Welche Spannung U_1 liegt am Eingang an, wenn die Schaltung bei der Grenzfrequenz f_c betrieben wird?

Lösung:

$$U_2 = \frac{1}{\sqrt{2}} \cdot U_1 \quad \Rightarrow \quad U_1 = \sqrt{2} \cdot U_2 = 1{,}41 \cdot 2\,\text{V} = \mathbf{2{,}82\,V}$$

Setzt man den Blindwiderstand des Kondensators bzw. den Blindwiderstand der Spule gleich dem Wirkwiderstand, so erhält man die Grenzfrequenz der Schaltung.

Bei Grenzfrequenz:

$$X = R \qquad U_2 = \frac{1}{\sqrt{2}} \cdot U_1$$

$$\frac{1}{2 \cdot \pi \cdot f_c \cdot C} = R \quad \Rightarrow \quad f_c = \frac{1}{2 \cdot \pi \cdot R \cdot C}$$

$$2 \cdot \pi \cdot f_c \cdot L = R \quad \Rightarrow \quad f_c = \frac{R}{2 \cdot \pi \cdot L}$$

X	Blindwiderstand;	f_c	Grenzfrequenz
R	Wirkwiderstand;	C	Kapazität
U_2	Ausgangsspannung;	L	Induktivität
U_1	Eingangsspannung		

Index c von cut-off = Abschneiden

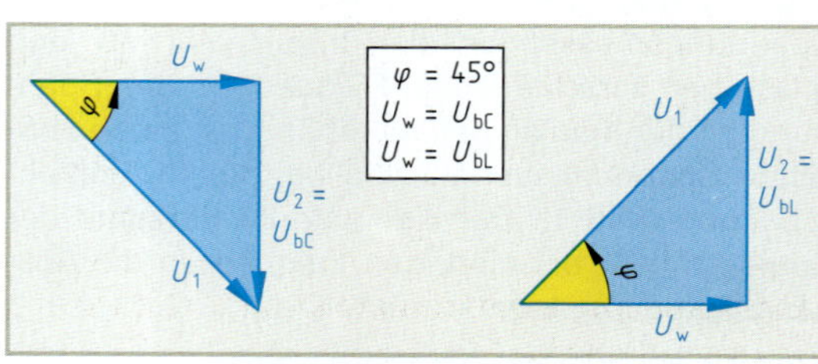

Bild 2: Zeigerbilder bei Grenzfrequenz f_c

Beispiel 2:

Wie groß ist die Grenzfrequenz eines RC-Hochpasses aus $R = 4{,}7\,\text{k}\Omega$ und $C = 27\,\text{nF}$?

Lösung:

$$f_c = \frac{1}{2 \cdot \pi \cdot RC} = \frac{1}{2 \cdot \pi \cdot 4{,}7\,\text{k}\Omega \cdot 27\,\text{nF}} = \mathbf{1254\,Hz}$$

RC-Bandpass

Wird eine RC-Siebschaltung gemäß **Bild 1** an einen Sinusgenerator angeschlossen und die Generatorfrequenz verändert, so ist die Ausgangsspannung U_2 bei niedrigen und hohen Frequenzen klein und erreicht im mittleren Frequenzbereich annähernd die Höhe der Eingangsspannung U_1.

Da der Hochpass C_1R_1 die tiefen Frequenzen und der Tiefpass R_2C_2 die hohen Frequenzen unterdrückt, entsteht ein *Bandpass*.

> Ein Bandpass lässt einen bestimmten Frequenzbereich durch.

> Bandpässe und Bandsperren bilden Frequenzweichen.

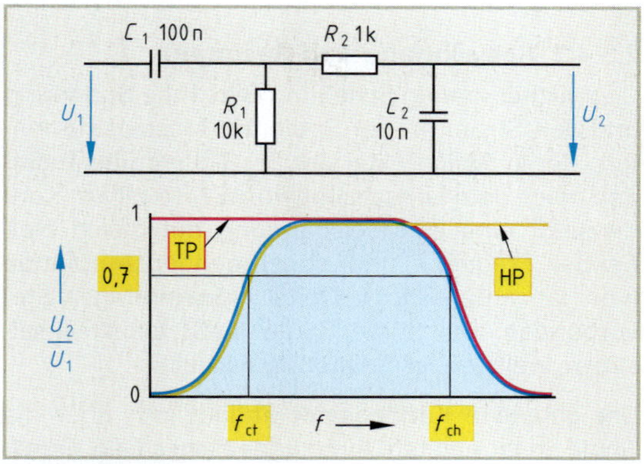

Bild 1: RC-Bandpass

RC-Bandsperre

Die Siebschaltung **Bild 2** besteht aus einer Parallelschaltung R_1C_1 und einer Reihenschaltung R_2C_2. Bei niedrigen Frequenzen ist der Widerstandswert R_2 vernachlässigbar klein gegenüber dem Blindwiderstand X_{C2} von C_2. Der Blindwiderstand von C_1 ist dann vernachlässigbar, da er bei niedrigen Frequenzen groß gegenüber dem parallel geschalteten Widerstand R_1 ist. Deshalb wirkt bei tiefen Frequenzen ein Tiefpass aus R_1 und C_2. Bei hohen Frequenzen haben R_1 und C_2 keinen Einfluss mehr auf die Spannungsteilung. Bei hohen Frequenzen wirkt ein Hochpass aus C_1 und R_2. Im mittleren Frequenzbereich wird die Ausgangsspannung hauptsächlich durch das Verhältnis von R_1 zu R_2 bestimmt.

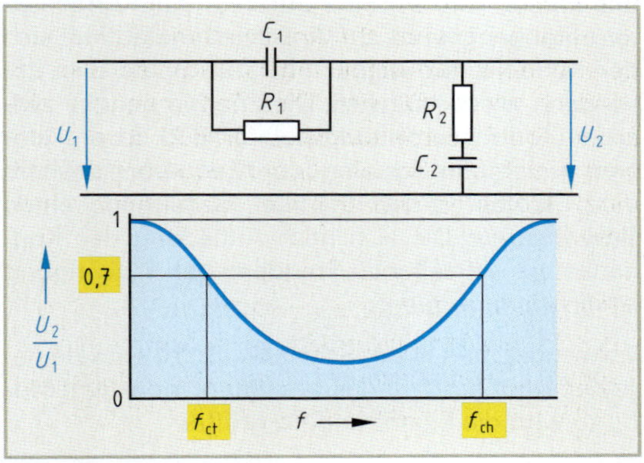

Bild 2: RC-Bandsperre

LC-Bandsperre

Die Siebschaltung gemäß **Bild 3** entsteht aus der Bandsperre Bild 2, wenn die Widerstände durch Induktivitäten ersetzt werden. Die Sperrwirkung der LC-Bandsperre ist größer als bei der RC-Bandsperre und die Flanken der Übertragungskurve sind steiler.

> Eine Bandsperre unterdrückt einen bestimmten Frequenzbereich.

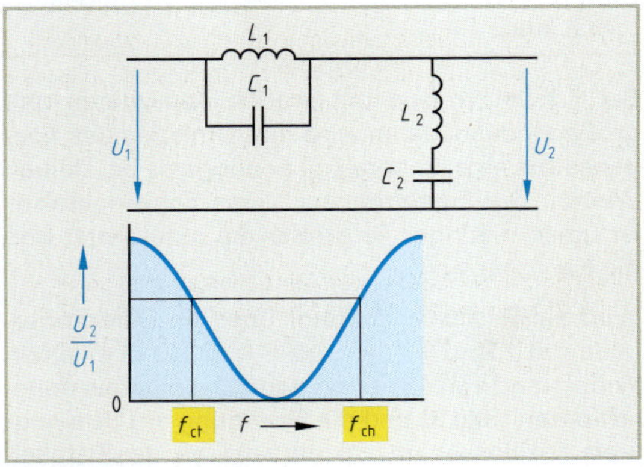

Bild 3: LC-Bandsperre

Wiederholung und Vertiefung

1. **Wozu werden Siebschaltungen benutzt?**
2. **Welche Arten von Siebschaltungen verwendet man?**
3. **Warum sinkt bei einem RC-Tiefpass die Ausgangsspannung mit steigender Frequenz?**
4. **Welche Frequenz bezeichnet man als Grenzfrequenz einer RC-Siebschaltung oder RL-Siebschaltung?**
5. **Woraus besteht ein RC-Bandpass?**
6. **Welche Spannungsverhältnisse U_2/U_1 erhält man beim RC-Bandpass für die Frequenzen f_{ct} und f_{ch}?**
7. **Woraus besteht eine RC-Bandsperre?**

2.5.4 Schwingkreise

Ein elektrischer Schwingkreis besteht aus einer Spule und einem Kondensator.

2.5.4.1 Schwingung und Resonanz

Beobachtet man in Schaltung **Bild 1** die Spannung und den Strom an der Spule mit Messinstrumenten, deren Nullpunkte sich in Skalenmitte befinden, nach dem Umschalten von S1, so ist am Kondensator eine Wechselspannung mit gleich bleibender Frequenz und abnehmender Amplitude (von lat. amplitudo = Weite, Schwingungsweite) vorhanden. Durch die Spule fließt ein Wechselstrom, welcher der Spannung nacheilt.

Der geladene Kondensator entlädt sich über die Spule. In ihr entsteht ein magnetisches Feld. Durch den Abbau des Magnetfeldes (lenzsche Regel) fließt der Strom in der Spule nach dem Entladen des Kondensators weiter und lädt den Kondensator entgegengesetzt auf. Anschließend entlädt sich der Kondensator wieder über die Spule und der Vorgang wiederholt sich. Die Energie pendelt zwischen Kondensator und Spule **(Bild 2)**. Es entsteht eine gedämpfte Schwingung. Man nennt deshalb eine solche schwingfähige Schaltung einen *Schwingkreis*. Die sich nach Aufladung des Kondensators einstellende Frequenz der Schwingung ist die *Eigenfrequenz*.

Verwendet man in der Schaltung Bild 1 eine kleinere Kapazität für C_1 und eine kleinere Induktivität für L_1, so wird die Eigenfrequenz größer.

> Die Eigenfrequenz des Schwingkreises ist umso größer, je kleiner Kapazität und Induktivität sind.

Bei Schwingkreisen mit großen Kapazitäten und großen Induktivitäten wird zum Umladen des Kondensators eine längere Zeit benötigt als bei kleinen Werten. Die Eigenfrequenz eines Schwingkreises ist umso niedriger, je größer die Induktivität und die Kapazität sind.

Wird ein Rechteckgenerator über ein Differenzierglied mit z.B. $C = 1$ nF und $R = 47$ kΩ über einen Widerstand von 18 kΩ an den Schwingkreis angeschlossen **(Bild 3)** und die Spannung am Schwingkreis oszilloskopiert, so entsteht an der Parallelschaltung aus Spule und Kondensator eine Wechselspannung mit gleich bleibender Frequenz und abnehmender Amplitude.

Da am Widerstand des Differenziergliedes Nadelimpulse vorhanden sind, wird dem Schwingkreis nur jeweils kurzzeitig Energie zugeführt. Dadurch

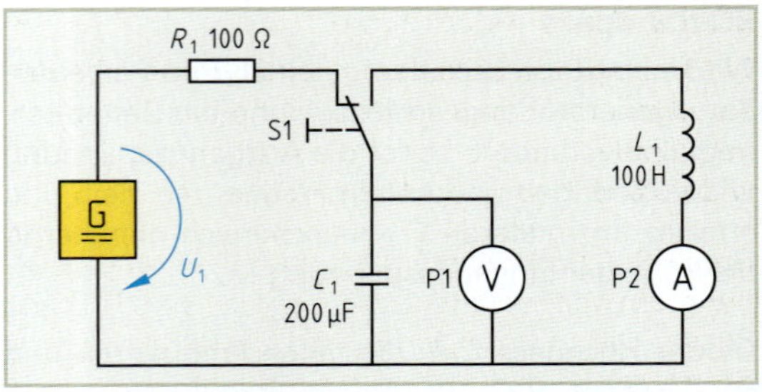

Bild 1: Parallelschaltung aus Spule und Kondensator

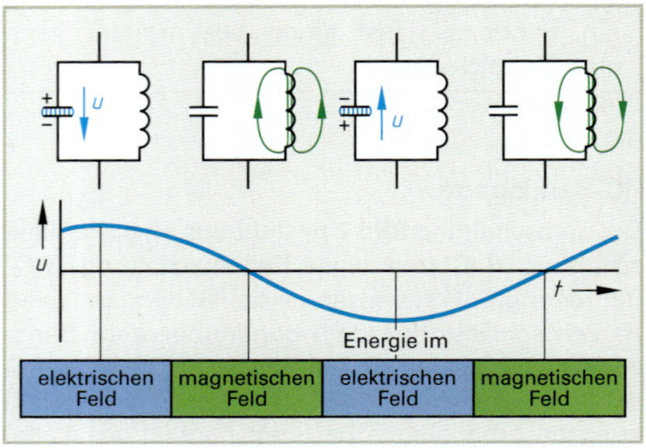

Bild 2: Energieumwandlung in einem Schwingkreis

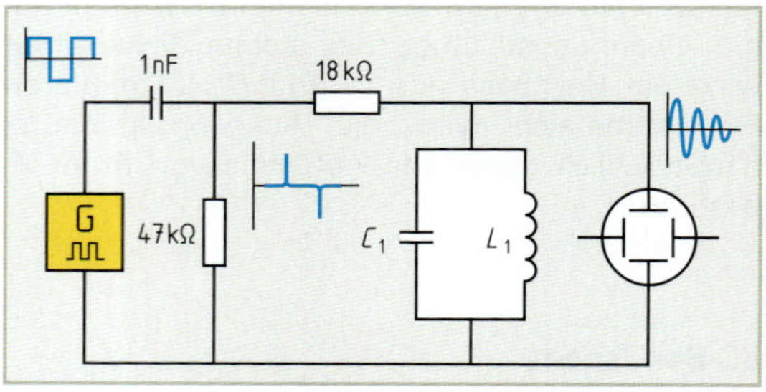

Bild 3: Schwingkreis am Rechteckgenerator

entstehen Schwingungen mit der Eigenfrequenz des Schwingkreises. Die Verluste im Schwingkreis bewirken ein Abklingen der Schwingungen.

Sind Generatorfrequenz und Eigenfrequenz des Schwingkreises gleich groß, so ist der Schwingkreis mit der Generatorfrequenz in *Resonanz* (von lat. resonare = mitschwingen). Man nennt deshalb Schwingkreise auch *Resonanzkreise*. Ihre Eigenfrequenz wird meist als Resonanzfrequenz bezeichnet (Abschnitt 2.5.4.4). Ein Schwingkreis kann auch durch Impulse, deren Pulsfrequenz ein ganzzahliger Teil seiner Resonanzfrequenz ist, in Schwingungen versetzt werden. In diesen Impulsen ist eine Teilschwingung enthalten, deren Frequenz so groß ist wie die Eigenfrequenz des Schwingkreises.

2.5.4.2 Reihenschwingkreis

Ein Reihenschwingkreis besteht aus der Reihenschaltung von Spule und Kondensator. Die Verluste von Spule und Kondensator werden als Reihenwiderstand *R* dargestellt **(Bild 1)**.

Durch *R*, *L* und *C* fließt derselbe Strom. Die Spannung am Verlustwiderstand ist mit dem Strom in Phase. Die Spannung am Kondensator eilt dem Strom um 90° nach, die Spannung an der Induktivität dem Strom um 90° vor. Beide Spannungen sind gegeneinander um 180° phasenverschoben. Man kann daher ihre Zahlenwerte voneinander abziehen.

Die geometrische Addition der Teilspannungen ergibt die Gesamtspannung. Dem Zeigerbild der Spannungen entspricht das Diagramm der Widerstände (Bild 1).

Beispiel 1:

Bei einem Reihenschwingkreis wird an der Spule die Spannung U_{bL} = 16 V, an dem Wirkwiderstand die Spannung U_w = 2 V und an dem Kondensator die Spannung U_{bC} = 12 V gemessen. Wie groß ist die Gesamtspannung?

Lösung:

$$U = \sqrt{U_w^2 + (U_{bL} - U_{bC})^2}$$
$$= \sqrt{2^2 + (16 - 12)^2}\,\text{V} = \sqrt{20}\,\text{V} = \mathbf{4{,}47\,V}$$

Die einzelnen Spannungen in der Schaltung Bild 1 sind besonders in der Nähe der Resonanzfrequenz stark frequenzabhängig **(Bild 2)**.

Die Spannungen an der Induktivität und am Kondensator sind bei der Resonanzfrequenz gleich groß. Die Stromstärke hat bei der Resonanzfrequenz ihren Höchstwert.

Die Teilspannungen an *L* und *C* im Reihenschwingkreis sind bei Resonanz erheblich größer als die Generatorspannung (Spannungsresonanz).

Bei niedrigen Frequenzen liegt die gesamte angelegte Spannung am Kondensator. Bei sehr hohen Frequenzen ist die Spannung am Kondensator null, die gesamte angelegte Spannung liegt an der Spule. Der Höchstwert der Kondensatorspannung tritt etwas unterhalb, der Höchstwert der Spulenspannung etwas oberhalb der Resonanzfrequenz auf. Die Verschiebung des Höchstwertes nach niedrigeren bzw. höheren Frequenzen ist umso größer, je kleiner die Güte (Abschnitt 2.5.4.5) des Schwingkreises ist.

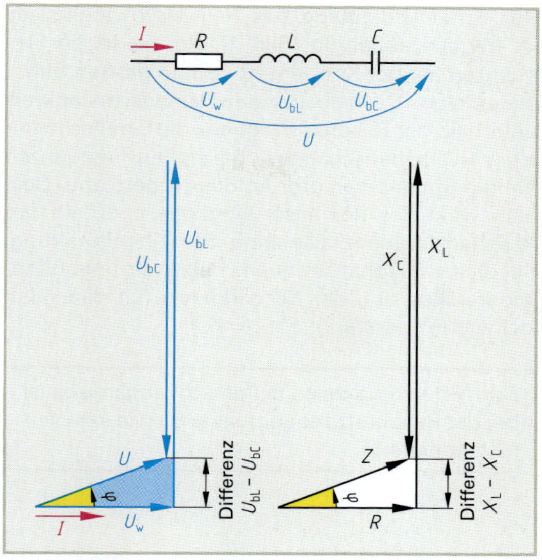

Bild 1: Reihenschwingkreis mit Zeigerbild und Widerstandsdiagramm

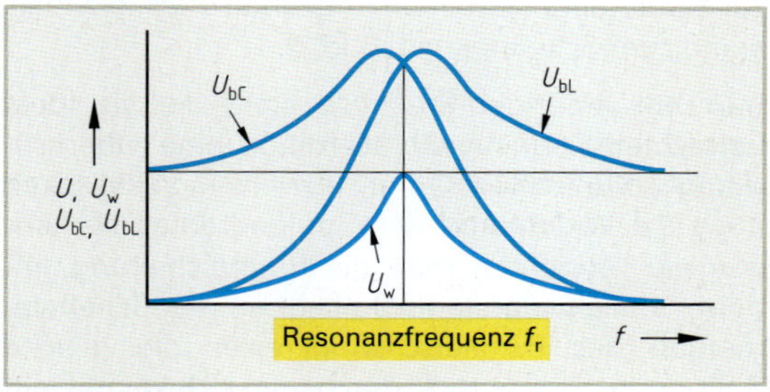

Bild 2: Spannungen am Reihenschwingkreis in Abhängigkeit von der Frequenz

$$U = \sqrt{U_w^2 + (U_{bL} - U_{bC})^2}$$

$$Z = \sqrt{R^2 + (X_L - X_C)^2}$$

$$\varphi = \arctan \frac{X_L - X_C}{R}$$

U	Gesamtspannung
U_w	Wirkspannung
U_{bL}, U_{bC}	Blindspannungen
Z	Scheinwiderstand
R	Wirkwiderstand, Verlustwiderstand
X_L, X_C	Blindwiderstände
φ	Phasenverschiebungswinkel

Der Scheinwiderstand des Reihenschwingkreises ist frequenzabhängig **(Bild 1)**. Bei niedrigen Frequenzen hat der Kondensator einen großen Blindwiderstand. Deshalb hat der Reihenschwingkreis unterhalb der Resonanzfrequenz die Eigenschaften einer RC-Reihenschaltung. Bei hohen Frequenzen hat die Spule einen großen Blindwiderstand. Deshalb wirkt der Reihenschwingkreis oberhalb der Resonanzfrequenz wie eine RL-Reihenschaltung. Bei dieser Resonanzfrequenz heben sich die Blindwiderstände auf, der Schwingkreis hat dann den kleinsten Widerstand *(Saugkreis)*.

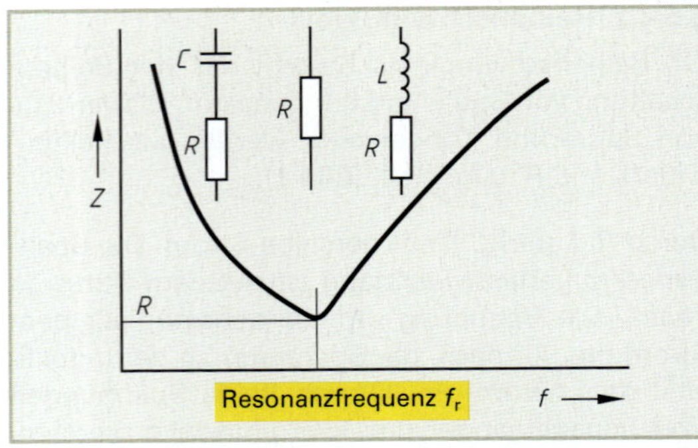

Bild 1: Scheinwiderstand *Z* des Reihenschwingkreises in Abhängigkeit von der Frequenz

Der Widerstand eines Reihenschwingkreises ist bei der Resonanzfrequenz so groß wie sein Verlustwiderstand.

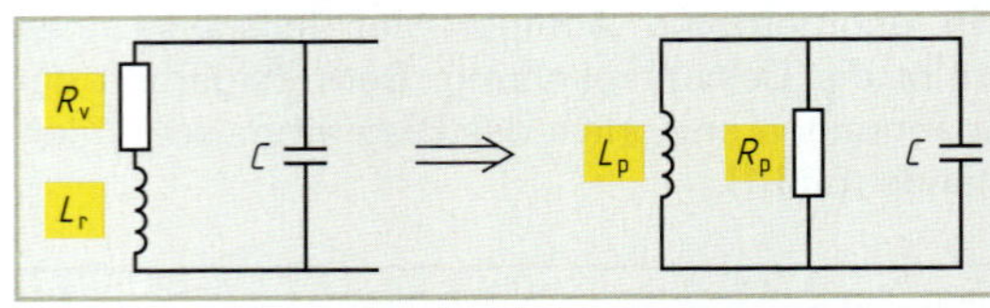

Bild 2: Ersatzschaltungen des Parallelschwingkreises

2.5.4.3 Parallelschwingkreis

Die Verluste eines Parallelschwingkreises können durch einen Wirkwiderstand dargestellt werden, und zwar durch einen kleinen Reihenwiderstand zur Spule oder durch einen großen Parallelwiderstand zum Schwingkreis **(Bild 2)**.

Bei sehr niedriger Frequenz stellt die als ideal betrachtete Induktivität allerdings eine Überbrückung („Kurzschluss") dar, obwohl in Wirklichkeit noch der Widerstand des Spulendrahtes vorhanden ist. Verwendet man die Ersatzschaltung mit dem Parallelwiderstand, so liegt an den Schaltelementen des Parallelschwingkreises die gleiche Spannung. Der Strom durch die Induktivität eilt dieser Spannung um 90° nach **(Bild 3)**, der Strom durch den Kondensator um 90° voraus. Beide Ströme sind also gegenphasig. Der Strom durch den Widerstand ist mit der angelegten Spannung in Phase.

$$I = \sqrt{I_w^2 + (I_{bC} - I_{bL})^2} \qquad Y = \sqrt{G^2 + (B_C - B_L)^2}$$

$$\varphi = \arctan \frac{B_C - B_L}{G}$$

I	Gesamtstrom
I_w	Wirkstrom
I_{bL}, I_{bC}	Blindströme
Y	Scheinleitwert
G	Wirkleitwert, Verlustleitwert
B_C, B_L	Blindleitwerte
φ	Phasenverschiebungswinkel

Ein Parallelschwingkreis aus *L* und *C* wird an einen Sinusgenerator angeschlossen. Misst man bei verschiedenen Frequenzen die einzelnen Ströme, so sind diese in der Nähe der Resonanzfrequenz stark frequenzabhängig.

Unterhalb der Resonanzfrequenz überwiegt der Strom durch die Induktivität, oberhalb der Resonanzfrequenz ist der Strom durch den Kondensator größer. Unterhalb der Resonanzfrequenz hat der Parallelschwingkreis die Eigenschaften einer Parallelschaltung aus einem Wirkwiderstand und einer Induktivität. Oberhalb der Resonanzfrequenz hat er die Eigenschaften einer Parallelschaltung aus dem Wirkwiderstand und einem Kondensator **(Bild 1, folgende Seite)**. Bei Resonanz sind die Ströme durch Spule und Kondensator gleich groß.

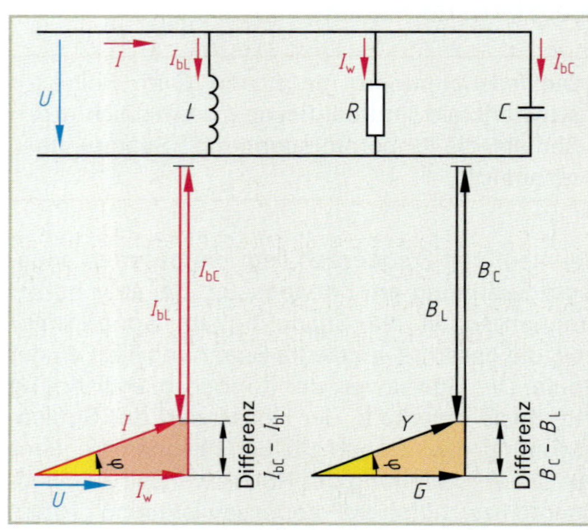

Bild 3: Zeigerbild der Ströme des Parallelschwingkreises und Leitwertdiagramm

Im Resonanzfall wird der Gesamtstrom nur durch den parallel liegenden Verlustwiderstand und die Spannung bestimmt. Der Scheinwiderstand des Parallelschwingkreises ist bei niedrigen und hohen Frequenzen klein. Bei Resonanz hat der Parallelschwingkreis den höchsten Widerstand.

Der Widerstand des Parallelschwingkreises ist bei der Resonanzfrequenz gleich dem parallelen Verlustwiderstand.

Beispiel 1:

Ein Parallelschwingkreis mit dem parallelen Wirkwiderstand R_p = 100 kΩ und den Blindwiderständen $X_L = X_C$ = 500 Ω liegt an einer Sinusspannung von 10 V. Wie groß sind der Gesamtstrom und die Teilströme bei Resonanz?

Lösung:

$$I = \frac{U}{R_p} = \frac{10\ \text{V}}{100\ \text{k}\Omega} = \mathbf{0{,}1\ mA}$$

$$I_{bC} = \frac{U}{X_C} = \frac{10\ \text{V}}{500\ \Omega} = \mathbf{20\ mA}$$

$$I_{bL} = I_{bC} = \mathbf{20\ mA}$$

Der Strom im Parallelschwingkreis ist bei Resonanz erheblich größer als der Gesamtstrom (Stromresonanz).

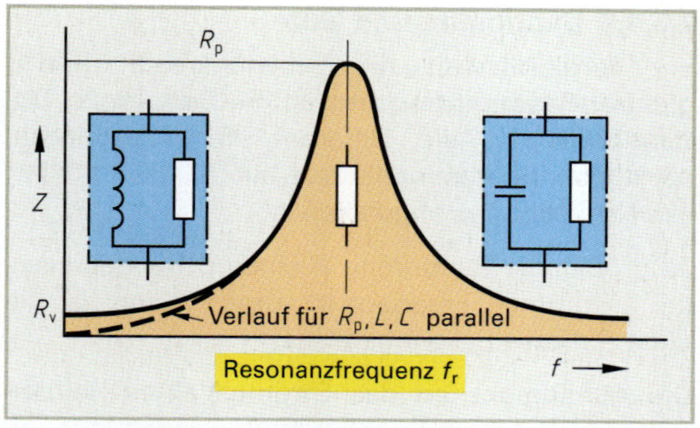

Bild 1: Scheinwiderstand Z des Parallelschwingkreises in Abhängigkeit von der Frequenz

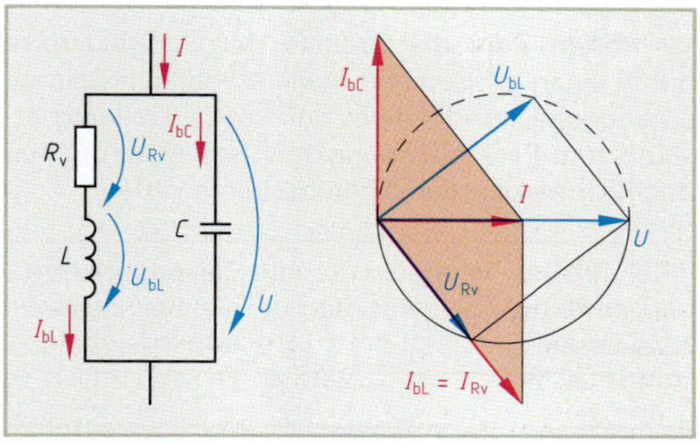

Bild 2: Parallelschwingkreis mit Verlusten bei Resonanz

2.5.4.4 Resonanzfrequenz

Beim Reihenschwingkreis und beim Parallelschwingkreis mit kleinen Verlusten ist bei Resonanz der induktive Widerstand gleich dem kapazitiven Widerstand.

Beispiel 2:

Ein Kondensator mit 15 nF und ein Spule von 10 mH werden in Reihe geschaltet. Wie groß ist die Resonanzfrequenz?

Lösung:

$$f_r = \frac{1}{2 \cdot \pi \cdot \sqrt{L \cdot C}} = \frac{1}{2 \cdot \pi \cdot \sqrt{10\ \text{mH} \cdot 15\ \text{nF}}} = \mathbf{13\ kHz}$$

Beim Parallelschwingkreis mit größeren Verlusten der Spule ist bei Resonanz der Strom durch die Spule etwas größer als der Strom durch den Kondensator **(Bild 2)**. Deshalb ist hier die Resonanzfrequenz etwas kleiner.

Die Resonanzfrequenz von Parallelschwingkreisen ist also bei Verwendung von Spulen mit größeren Verlusten etwas kleiner als die Resonanzfrequenz verlustarmer Schwingkreise.

Zwischen der Gesamtspannung und dem Gesamtstrom besteht keine Phasenverschiebung.

Bei Resonanz:

$$Z_r = R_p \qquad R_p \approx \frac{L}{R_v \cdot C}$$

Bei $X_{Lr} = X_{Cr}$ und $R_v \ll X_{Cr}$:

$$\omega_r \cdot L = \frac{1}{\omega_r C} \qquad f_r = \frac{1}{2 \cdot \pi \sqrt{L \cdot C}}$$

Beim Parallelschwingkreis mit Verlusten:

$$f_r = \frac{1}{2 \cdot \pi} \sqrt{\frac{1}{L \cdot C} - \frac{R_v^2}{L^2}}$$

Z_r	Resonanzwiderstand
R_p	paralleler Verlustwiderstand
L	Induktivität
R_v	Reihenverlustwiderstand der Spule
C	Kapazität
X_{Lr}, X_{Cr}	Blindwiderstände bei Resonanz
ω_r	Kreisfrequenz bei Resonanz
f_r	Resonanzfrequenz, Eigenfrequenz

Schwingkreise wirken bei Resonanz als Wirkwiderstände.

2.5.4.5 Bandbreite und Güte

Ein Vergleichswert für Schwingkreise **(Bild 1)** gleicher Resonanzfrequenz ist die *Bandbreite*. Die Bandbreite ist die Differenz der Frequenzen, bei denen die Resonanzkurve auf 70,7 % ($\widehat{=}\ 1/\sqrt{2}$) des Höchstwertes abgefallen ist.

Je größer die Bandbreite B eines Schwingkreises bei bestimmter Frequenz ist, umso kleiner ist die *Güte Q* dieses Schwingkreises.

Die Abhängigkeiten des Stromes eines Reihenschwingkreises und der Spannung eines Parallelschwingkreises von der Frequenz ergeben ähnliche Kurven **(Bild 2)**. Diese Kurven nennt man Resonanzkurven.

Vergrößert man die Verluste der Schwingkreise durch einen größeren Vorwiderstand zum Reihenschwingkreis und einen kleineren Parallelwiderstand zum Parallelschwingkreis, so haben die beiden Resonanzkurven einen flacheren Verlauf.

> Bei großen Verlusten ist die Resonanzkurve eines Schwingkreises flacher als bei kleinen Verlusten.

Beispiel 1:

Die Resonanzkurve eines Reihenschwingkreises hat bei der Frequenz 470 kHz ihren Höchstwert. Bei den Frequenzen 467 kHz und 473 kHz ist die Resonanzkurve auf 70,7 % des Höchstwertes abgesunken. Wie groß ist die Güte des Kreises?

Lösung:

$$Q = \frac{f_r}{B} = \frac{470\ \text{kHz}}{473\ \text{kHz} - 467\ \text{kHz}} = \mathbf{78{,}3}$$

Die Güte hängt von den Verlustwiderständen ab. Die Güte eines Reihenschwingkreises ist umso größer, je größer der Blindwiderstand der Spule oder des Kondensators bei der Resonanzfrequenz im Verhältnis zu dem Verlustwiderstand der Spule ist.

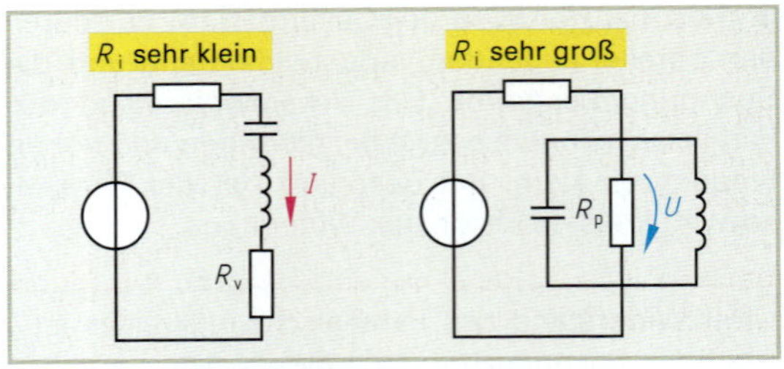

Bild 1: Schwingkreisarten

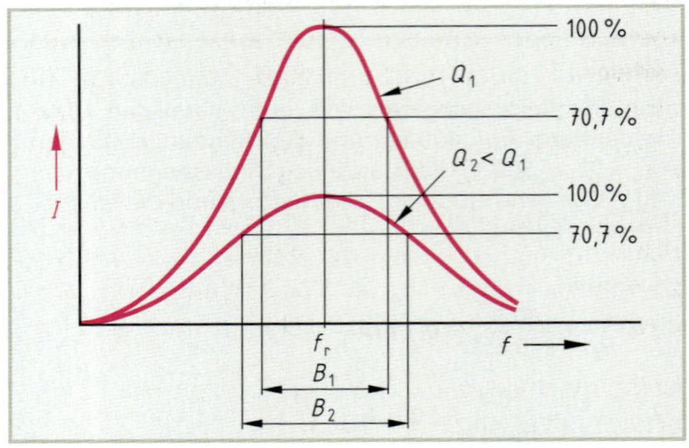

Bild 2: Resonanzkurven eines Reihenschwingkreises

$$Q^2 \approx \frac{R_p}{R_v}$$

Beim Parallelschwingkreis:

$$Q = \frac{X_r}{R_v} \approx \frac{R_p}{X_r}$$

Bei allen Schwingkreisen:

$$B = \frac{f_r}{Q}$$

Beim Reihenschwingkreis:

$$Q = \frac{X_r}{R_v}$$

Q	Güte
X_r	Blindwiderstand von L oder C bei Resonanz
R_v	Reihenverlustwiderstand der Spule
R_p	Paralleler Verlustwiderstand der Spule
B	Bandbreite
f_r	Resonanzfrequenz, Eigenfrequenz

Wiederholung und Vertiefung

1. **Beschreiben Sie den Schwingungsvorgang in einem Schwingkreis.**
2. **Welcher Zusammenhang besteht zwischen der Frequenz, der Induktivität und der Kapazität eines Schwingkreises?**
3. **Wodurch werden die Verluste eines Reihenschwingkreises dargestellt?**
4. **Warum wirkt ein Schwingkreis bei Resonanz als Wirkwiderstand?**
5. **Bestimmen Sie den Resonanzwiderstand eines Reihenschwingkreises.**
6. **Stellen Sie die Verluste eines Parallelschwingkreises dar.**
7. **Warum wirkt ein Parallelschwingkreis oberhalb der Resonanzfrequenz wie die Parallelschaltung aus Widerstand und Kondensator?**
8. **Was versteht man unter der Bandbreite eines Schwingkreises?**
9. **Welcher Zusammenhang besteht zwischen der Güte eines Schwingkreises und dem parallelen Verlustwiderstand?**
10. **Welche Bandbreite hat ein Schwingkreis mit der Güte $Q = 100$ und der Resonanzfrequenz $f_r = 1$ MHz?**
    ***Lösung:* $B = 10$ kHz**

2.5.4.6 Mechanische Bandfilter

Bei hohen Frequenzen verwendet man anstelle rein elektrischer Bandfilter oft Anordnungen, die einen mechanischen Schwingungsteil enthalten. Dabei wird das zu übertragende elektrische Signal z.B. in ein Ultraschallsignal umgesetzt, mechanisch gefiltert und wieder in ein elektrisches Signal umgesetzt **(Bild 1)**.

Für die Umsetzer werden der piezoelektrische oder der magnetostriktive Effekt ausgenützt. Beim piezoelektrischen Effekt führt ein *elektrisches* Wechselfeld zu einer mechanischen Schwingung und eine mechanische Schwingung zu einem elektrischen Wechselfeld und damit zu einer elektrischen Spannung. Beim magnetostriktiven Effekt führt ein *magnetisches* Wechselfeld zu einer mechanischen Schwingung und eine mechanische Schwingung zu einem magnetischen Wechselfeld und damit auch wieder zu einer elektrischen Spannung.

Beim mechanischen Schwingungsteil der Länge l erfolgt Resonanz bei der halben Wellenlänge $\lambda/2 = l$. Die Ausbreitungsgeschwindigkeit c der Ultraschallwelle beträgt in den für mechanische Filter geeigneten Materialien etwa 5000 m/s. Bei der Frequenz $f = 5$ MHz beträgt dann wegen $c = f \cdot \lambda$ die Länge des Schwingungsteils nur 0,5 mm.

Mechanische Bandfilter haben für hohe Frequenzen kleine Abmessungen.

Bei den *keramischen Bandfiltern* tritt die Ultraschallschwingung als Längswelle (wie in Luft) im ganzen Volumen des Schwingungsteils auf, sodass man diese als *Volumenschwinger* bezeichnet. Bei den *Oberflächenwellenfiltern* (OFW-Filter) treten Querwellen (wie Wasserwellen) nur an der Oberfläche des Schwingungsteils auf **(Bild 2)**. Die Oberflächenwellen werden bei den OFW-Filtern meist durch streifenförmige Leiter auf einem piezoelektrischen Substrat (von lat. substructio = Unterbau) hervorgerufen **(Bild 3)**.

Der Abstand benachbarter Leiterstreifen entspricht dabei der halben Wellenlänge der Ultraschallschwingung. Ein vollständiges OFW-Filter besteht aus zwei derartigen Umsetzern auf demselben Substrat. Der eingangsseitige Umsetzer eines OFW-Filters kann vom ausgangsseitigen verschieden sein.

Beim *Interdigitalwandler* (lat. inter = zwischen, lat. digitus = Finger) überlagern sich die Ultraschallschwingungen der Fingerpaare, sodass durch geeignete Abmessungen die Übertragungskurve des Bandfilters beeinflusst werden kann. OFW-Filter können auch nicht angeschlossene Streifen enthalten, die ähnlich wie die Direktoren von Antennen als Resonatoren wirken (Bild 3).

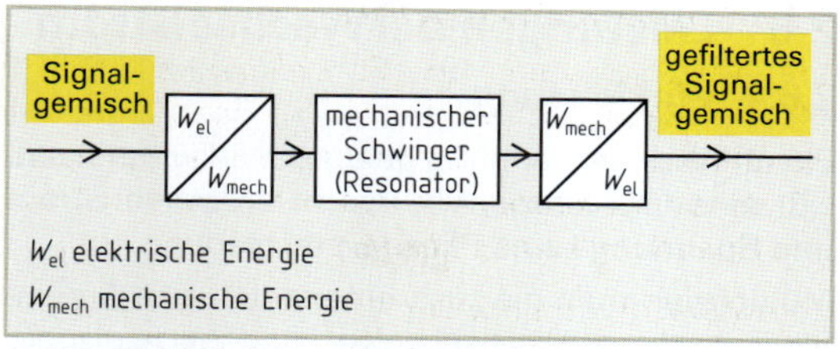

Bild 1: Prinzip der mechanischen Bandfilter

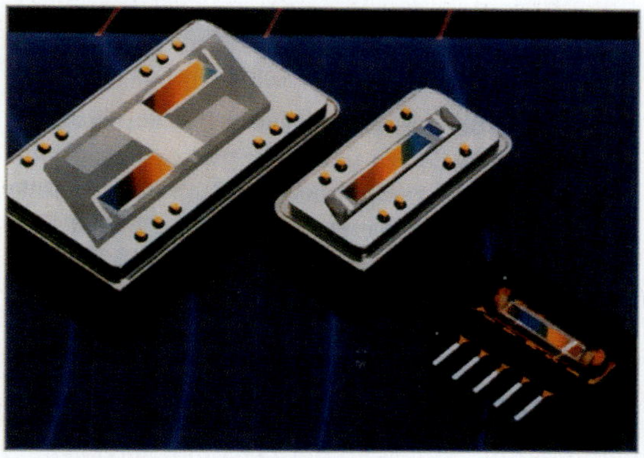

Bild 2: Taktgeneratoren mit OFW-Resonatoren

Die Filterwirkung entsteht durch
- elektrisch gekoppelte Schwingkreise,
- mechanisch gekoppelte Resonatoren.

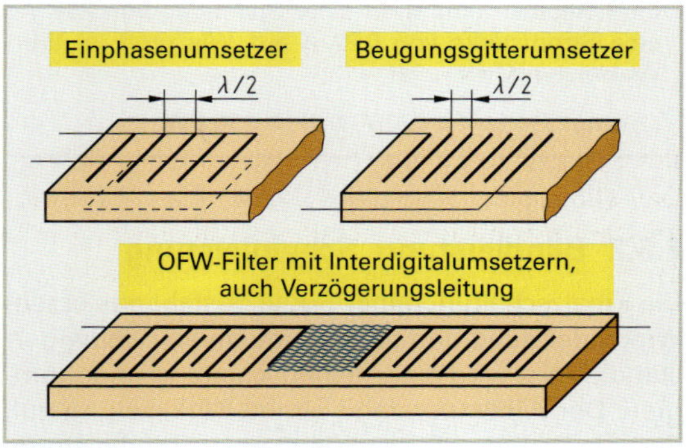

Bild 3: Arten von Umsetzern für OFW-Filter

Die Übertragungskurve von OFW-Filtern wird durch die Formgebung der Umsetzer bestimmt.

2.6 Leistungen bei Wechselstrom

2.6.1 Wirkleistung

Ein an Wechselspannung gelegter Wirkwiderstand, z.B. eine Glühlampe, verursacht zwischen Strom und Spannung keine Phasenverschiebung.

Multipliziert man die zusammengehörigen Augenblickswerte von Wechselstrom *i* und Wechselspannung *u*, so erhält man die Augenblickswerte der Leistung *p* **(Bild 1)**. Da Spannung und Stromstärke in jedem Augenblick gleichzeitig positiv oder gleichzeitig negativ sind, sind die Augenblickswerte *p* nur positiv. Der Wirkwiderstand, z.B. eine Glühlampe, nimmt Leistung vom Spannungserzeuger auf.

Die Leistung hat die zweifache Frequenz der Spannung. Ihr Maximalwert ist $\hat{p} = \hat{u} \cdot \hat{i}$. Die Fläche unter der Leistungskurve entspricht der verrichteten Arbeit. Verwandelt man diese Fläche in ein flächengleiches Rechteck, so entspricht der Höhe des Rechtecks die Leistung, die der Wirkwiderstand bei einem Gleichstrom aufnehmen würde, der dem Effektivwert des Wechselstromes entspricht. Man nennt diesen Mittelwert der Leistung *Wirkleistung* **(Bild 2)**. Sie ist gleich der Hälfte des Maximalwertes der pulsierenden Leistung. Die Einheit der Wirkleistung ist das Watt (W).

Wirkwiderstände nehmen nur Wirkleistung auf.

Beispiel 1:

Ein Lötkolben nimmt an einer Spannung von 230 V eine Stromstärke von 0,22 A auf. Wie groß ist die Wirkleistung?

Lösung: $P = U \cdot I = 230\,\text{V} \cdot 0{,}22\,\text{A} = \mathbf{50{,}6\,W}$

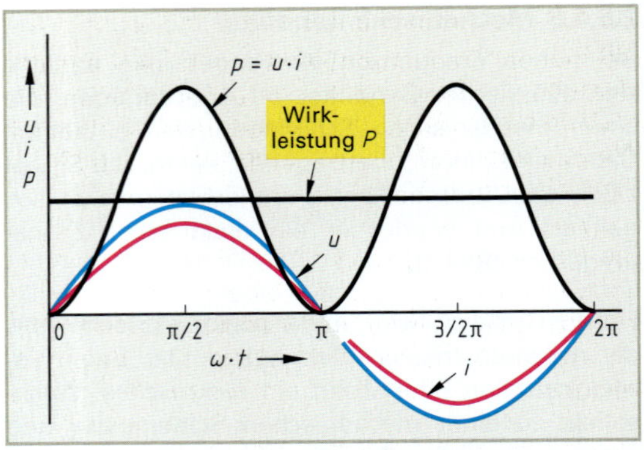

Bild 1: Leistungskurve bei Phasengleichheit von Strom und Spannung

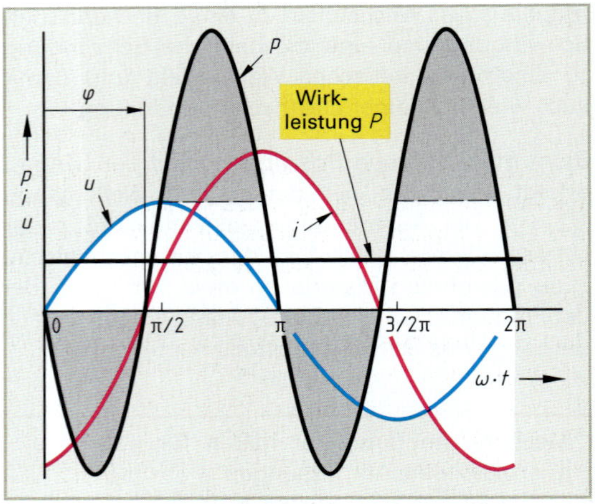

Bild 2: Wechselstromleistung bei einer Phasenverschiebung zwischen Strom und Spannung

$$P = \frac{\hat{u} \cdot \hat{i}}{2} = \frac{U \cdot \sqrt{2} \cdot I \cdot \sqrt{2}}{2} = U \cdot I$$

Für Wirkwiderstände:

$[P] = \text{V} \cdot \text{A} = \text{W}$

$P = U \cdot I$

U	Spannung;	P	Wirkleistung
I	Stromstärke		
$\hat{u}$	Maximalwert der Spannung		
$\hat{i}$	Maximalwert des Stromes		

2.6.2 Blindleistung, Scheinleistung

Die Ersatzschaltung einer Spule besteht aus einem Wirkwiderstand und einem induktiven Blindwiderstand. Meist wird eine Reihenschaltung angenommen. Der Wirkwiderstand nimmt Wirkleistung auf, der induktive Blindwiderstand Blindleistung. Durch die Wirkleistung (Verlustleistung) wird die Spule erwärmt.

Die Verlustleistung einer Spule ist eine Wirkleistung. Sie erwärmt die Spule.

Die Blindleistung wird zum Aufbau des magnetischen Feldes benötigt. Beim Abbau des magnetischen Feldes wird die gleich große Leistung wieder an den Spannungserzeuger abgegeben. Die Spule selbst wirkt dann als Spannungserzeuger. Die Blindleistung pendelt also zwischen Verbraucher und Erzeuger hin und her.

Blindwiderstände nehmen nur Blindleistung auf.

Die vom Verbraucher aufgenommene Leistung wird positiv gezählt, die abgegebene Leistung negativ.

Eine ideale Spule nimmt nur Blindleistung auf **(Bild 1)**. Hierbei sind aufgenommene Leistung und abgegebene Leistung gleich groß, folgen aber nacheinander. Eine reale Spule nimmt dagegen Wirkleistung und Blindleistung auf und gibt die Blindleistung wieder ab.

Die *Scheinleistung* ist das Produkt aus Spannung und Stromstärke. Sie ist bei einer Phasenverschiebung zwischen Strom und Spannung stets größer als die Wirkleistung und größer als die Blindleistung.

Beispiel 1:
Ein Verbraucher nimmt an einer Wechselspannung von 230 V eine Stromstärke von 16 A auf. Wie groß ist die Scheinleistung?

Lösung:
$S = U \cdot I = 230\,V \cdot 16\,A = 3680\,VA =$ **3,68 kVA**

Die Ersatzschaltung eines Kondensators besteht aus der Parallelschaltung eines Wirkwiderstandes und eines kapazitiven Blindwiderstandes. Bei Niederfrequenz ist dabei der Wirkwiderstand sehr groß.

Der kapazitive Blindwiderstand des Kondensators nimmt Blindleistung auf. Die Blindleistung wird zum Aufbau des elektrischen Feldes benötigt. Beim Abbau des elektrischen Feldes wird die gleich große Leistung wieder an den Spannungserzeuger abgegeben. Der Kondensator selbst wirkt dann als Spannungserzeuger. Ein Kondensator nimmt bei Niederfrequenz fast nur Blindleistung auf.

Wird eine Reihenschaltung, bestehend aus einer Spule und einer Glühlampe, an einen Leistungsmesser angeschlossen und werden ferner mit einem Strommesser und einem Spannungsmesser die Stromstärke und die angelegte Spannung gemessen, dann ist die Anzeige des Leistungsmessers kleiner als das Produkt aus Spannung und Stromstärke. Der Leistungsmesser zeigt nur die Wirkleistung an.

Übliche Leistungsmesser zeigen nur Wirkleistung an.

2.6.3 Leistungsdreiecke

Bei den Leistungsdreiecken wird die Reihenschaltung von Wirkwiderstand und Blindwiderstand als Ersatzschaltung zugrunde gelegt **(Bild 2)**.

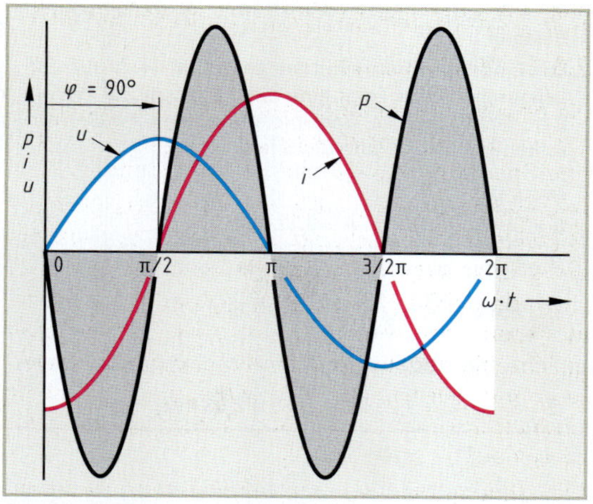

Bild 1: Wechselstromleistung bei einer idealen Spule

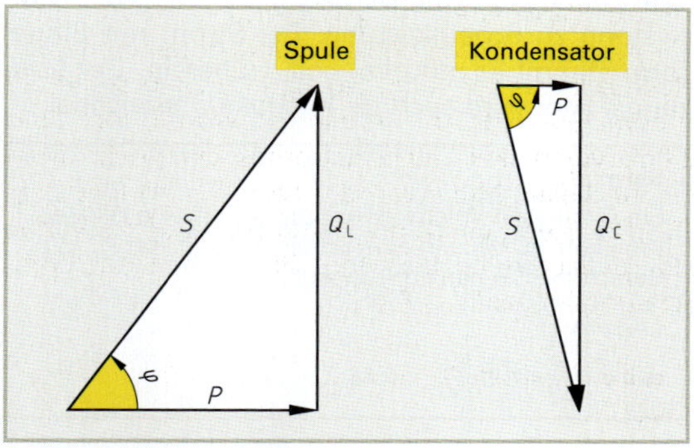

Bild 2: Leistungsdreiecke

$[S] = V \cdot A = VA$	$S = U \cdot I$
S Scheinleistung; U Spannung; I Stromstärke	

Die Leistungen sind den Quadraten der Spannungen proportional. Die Zeigerbilder der Leistungen entsprechen deshalb den Zeigerbildern der Spannungen. Die Blindleistung Q_L eilt bei der Spule der Wirkleistung P um 90° vor, beim Kondensator eilt Q_c um 90° nach. Die geometrische Addition von P und Q ergibt die Scheinleistung S.

Für die Scheinleistung wird meist die Einheit Voltampere (VA) und für die Blindleistung die Einheit Voltampere reaktiv[1] (var) benützt **(Tabelle 1, folgende Seite)**.

Die Scheinleistung ist beim Wirkwiderstand gleich der Wirkleistung, beim Blindwiderstand gleich der Blindleistung.

[1] lat. reactus = zurückgewirkt

Beispiel 1:

Ein Einphasenmotor nimmt an 230 V 14 A auf. Ein Leistungsmesser zeigt eine Leistung von 2,5 kW an. Berechnen Sie die Scheinleistung, den Phasenverschiebungswinkel und die Blindleistung.

Lösung:

$S = U \cdot I = 230\,\text{V} \cdot 14\,\text{A} = \mathbf{3{,}22\ kVA}$

$P = S \cdot \cos\varphi$

$\Rightarrow \quad \cos\varphi = \frac{P}{S} = \frac{2{,}5\,\text{kW}}{3{,}22\,\text{kVA}} = 0{,}776$

$\varphi = \mathbf{39°}$

$Q = S \cdot \sin\varphi = 3{,}22\,\text{kVA} \cdot 0{,}63 = \mathbf{2{,}03\ kvar}$

2.6.4 Leistungsfaktor

Der *Leistungsfaktor* ist das Verhältnis von Wirkleistung zu Scheinleistung. Bei Strom mit Sinusform stimmt er mit dem cos φ überein. Der Leistungsfaktor wird auch als *Wirkfaktor* bezeichnet.

Beispiel 2:

Ein Einphasen-Wechselstrommotor hat eine Wirkleistung von 1,5 kW und eine Scheinleistung von 1,7 kVA. Berechnen Sie den Leistungsfaktor.

Lösung:

$\cos\varphi = \frac{P}{S} = \frac{1{,}5\,\text{kW}}{1{,}7\,\text{kVA}} = \mathbf{0{,}88}$

Der Leistungsfaktor gibt an, wie viel von der Scheinleistung in Wirkleistung umgesetzt wird. Die Scheinleistung und damit bei gleicher Spannung auch die Stromstärke sind bei gleicher Wirkleistung umso kleiner, je größer der Leistungsfaktor ist. Generatoren, Transformatoren und Leitungen müssen für die erforderliche Stromstärke bemessen sein. Bei großen Stromstärken sind hohe Anlagekosten erforderlich. Deshalb strebt man eine möglichst kleine Stromstärke und damit einen möglichst großen Leistungsfaktor von fast cos $\varphi = 1$ an.

Als Blindfaktor bezeichnet man das Verhältnis von Blindleistung zu Scheinleistung. Bei Sinusstrom stimmt der Blindfaktor mit dem sin φ überein.

Beispiel 3:

Der Einphasen-Wechselstrommotor einer Bohrmaschine nimmt eine Scheinleistung von 1,7 kVA bei einem Leistungsfaktor von 0,88 auf. Berechnen Sie a) den Blindfaktor, b) die aufgenommene Blindleistung.

Lösung:

a) $\sin\varphi = \sqrt{1-\cos^2\varphi} = \sqrt{1-0{,}88^2} = \mathbf{0{,}475}$

b) $Q = S \cdot \sin\varphi = 1{,}7\,\text{kVA} \cdot 0{,}475 = \mathbf{0{,}808\ kvar}$

Tabelle 1: Leistungen bei Wechselstrom

Größe	Formelzeichen	Einheitenzeichen
Wirkleistung	P	W
Scheinleistung	S	VA
kapazitive Blindleistung	Q_C	var
induktive Blindleistung	Q_L	var

$$S = \sqrt{P^2 + Q^2} \qquad S = U \cdot I$$

$$P = S \cdot \cos\varphi \qquad P = U \cdot I \cdot \cos\varphi$$

$$Q = S \cdot \sin\varphi \qquad Q = U \cdot I \cdot \sin\varphi$$

$$\cos\varphi = \frac{P}{S} \qquad \sin\varphi = \frac{Q}{S}$$

$$\cos\varphi = \sqrt{1-\sin^2\varphi} \qquad \sin\varphi = \sqrt{1-\cos^2\varphi}$$

S	Scheinleistung
P	Wirkleistung
Q	Blindleistung
U	Spannung
I	Stromstärke
φ	Phasenverschiebungswinkel zwischen Strom und Spannung
cos φ	Leistungsfaktor (Wirkfaktor)
sin φ	Blindfaktor

Wiederholung und Vertiefung

1. **Wie berechnet man die Wirkleistung bei einem Wirkwiderstand?**
2. **Welche Leistung zeigen übliche Leistungsmesser an?**
3. **Wie wirken sich Verlustleistungen aus?**
4. **Wie wird die Scheinleistung berechnet?**
5. **Wie berechnet man die Wirkleistung aus der Scheinleistung?**
6. **Bei einem Einphasen-Wechselstrommotor ist der Leistungsfaktor 0,85 und die Scheinleistung 1,9 kVA. Wie groß sind Wirkleistung und Blindleistung?**
   Lösung: $P = S \cdot \cos\varphi = 1{,}9\,\text{kVA} \cdot 0{,}85 = 1{,}61\,\text{kW}$
   $Q = S \cdot \sin\varphi = 1{,}9\,\text{kVA} \cdot \sqrt{1-0{,}85^2} = 1\,\text{kvar}$
7. **Was versteht man unter dem Leistungsfaktor?**
8. **Warum strebt man einen Leistungsfaktor von cos φ = 0,9 bis cos φ = 0,95 an?**
9. **Was versteht man unter dem Blindfaktor?**

2.7 Transformatoren

Zwei Spulen auf einem gemeinsamen Kern aus magnetischem Material (Eisenkern) bilden einen Transformator **(Bild 1)**.

Transformatoren zum Übertragen von Signalen nennt man *Übertrager.* Transformatoren für Messzwecke nennt man Messwandler bzw. Stromwandler oder Spannungswandler.

2.7.1 Wirkungsweise und Begriffe

Im Transformator wird von der *Eingangswicklung (Primärwicklung)* Wechselstrom und damit elektrische Energie aufgenommen. Diese Energie wird als magnetischer Wechselfluss an den Kern weitergegeben. Der Wechselfluss induziert in der *Ausgangswicklung (Sekundärwicklung)* eine Spannung. Wenn an der Ausgangswicklung ein Lastwiderstand angeschlossen ist, so fließt ein Ausgangsstrom, sodass die Energie an den Lastwiderstand abgegeben wird (Bild 1).

Beim Transformator ist die Eingangswicklung mit der Ausgangswicklung elektromagnetisch gekoppelt.

Unabhängig von den Begriffen Eingangswicklung und Ausgangswicklung nennt man die Wicklung mit der höheren Spannung auch Oberspannungswicklung und die mit der niedrigeren Spannung Unterspannungswicklung, insbesondere in der Energietechnik.

2.7.2 Aufbau von Transformatoren

Die Bemessungsleistung von Transformatoren geht von etwa 1 mVA bei Miniaturtransformatoren zum Einbau in gedruckte Schaltungen **(Bild 2)** bis etwa 1000 MVA bei Großtransformatoren. Entsprechend verschiedenartig ist der Aufbau.

Der Kern von Transformatoren besteht aus Elektroblech oder bei höheren Frequenzen aus Ferrit. Bei den Kernen aus Elektroblech unterscheidet man *Schichtkerne, Bandkerne* und *Schnittbandkerne* **(Bild 3)**. Die Blechung des Kernes oder die Verwendung von Ferrit ist erforderlich, um die Ströme, die durch magnetische Wechselfelder entstehen (Wirbelströme), möglichst klein zu halten.

Der Kern von Transformatoren soll magnetisch möglichst gut leiten und elektrisch möglichst schlecht leiten.

Auch bei den übrigen Konstruktionsteilen des Transformators muss die Bildung von Wirbelströmen unterdrückt werden.

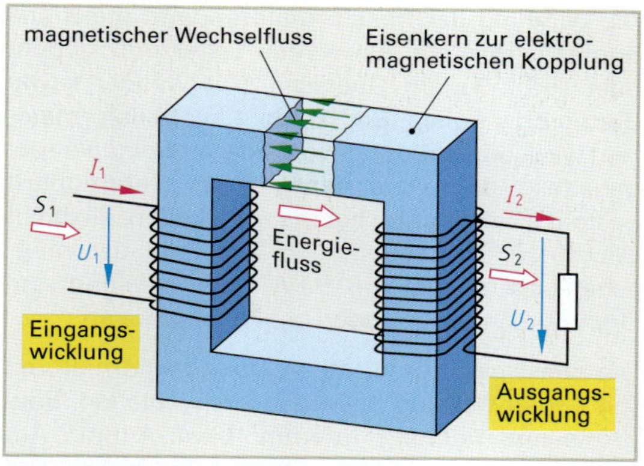

Bild 1: Energiefluss beim Transformator

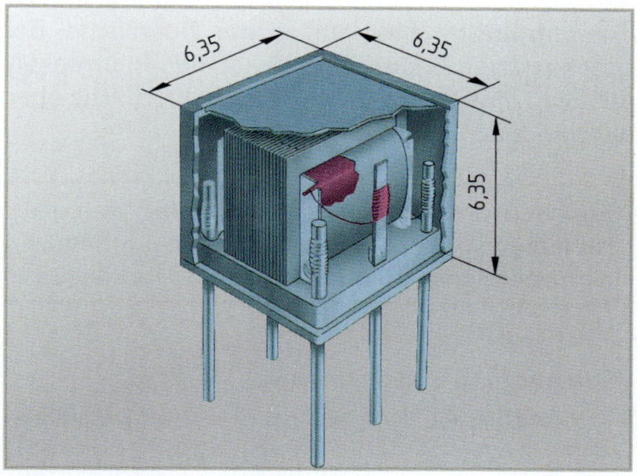

Bild 2: Mikrotransformator für gedruckte Schaltung

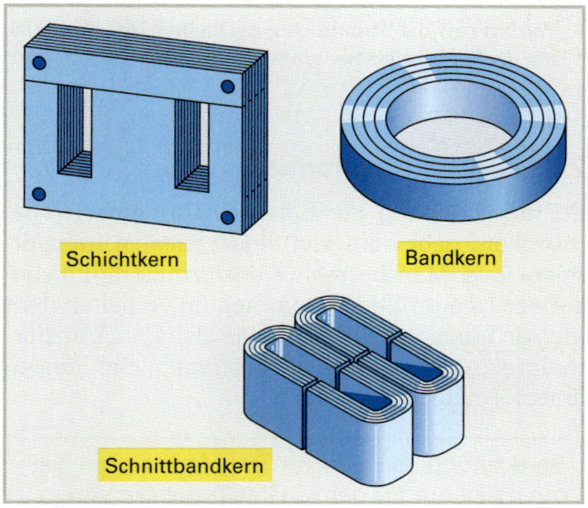

Bild 3: Transformatorkerne bis 1 kVA Bemessungsleistung

Trotz sorgfältigem Zusammenpressen der Kernbleche tritt wegen der *Magnetostriktion* (Längenverkürzung im Magnetfeld) bei Betrieb mit 50 Hz ein Brummgeräusch von 100 Hz auf, weil der Kern im Wechselfeld bei jeder Halbwelle vibriert.

Die Wicklung der Transformatoren wird meist aus Kupfer hergestellt. Es werden Leiter mit rundem oder rechteckigem Querschnitt verwendet sowie Bleche oder Folien **(Bild 1)**. Bei Kleintransformatoren wird die Wicklung von einem *Spulenkörper* gehalten, der meist aus einem Thermoplast besteht. Die Wicklung hat mehrere Lagen, die beim Wickeln übereinanderliegen. Die Zahl der möglichen Lagen hängt von der Wickelhöhe *h* und vom Drahtdurchmesser *d* bzw. der Foliendicke ab.

Die zulässige Stromdichte in Kleintransformatoren mit Kupferwicklung beträgt je nach Isolation, Baugröße und Kühlung 1 A/mm² bis 8 A/mm². Am größten ist die zulässige Stromdichte bei kleinen Baugrößen. Die Verlustwärme entsteht nämlich in der gesamten Wicklung, also im Rauminhalt. Die Kühlung erfolgt aber nur an der Oberfläche. Bei zunehmender Baugröße wächst der Rauminhalt mit der 3. Potenz der Bauhöhe, die Oberfläche aber nur mit der 2. Potenz.

Kleine Transformatoren benötigen weniger Kühlung, weil ihre Oberfläche im Verhältnis zum Volumen größer ist.

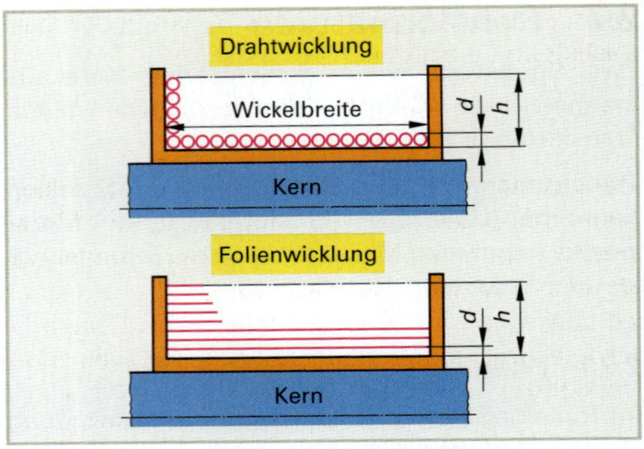

Bild 1: Wicklung von Kleintransformatoren

Bei allen Wechselspannungen:

$$\ddot{u} = \frac{U_1}{U_2} \qquad \ddot{u} = \frac{N_1}{N_2} \qquad \frac{U_1}{U_2} = \frac{N_1}{N_2}$$

Transformatorenhauptgleichung bei Sinusform:

$$U_0 = 4{,}44 \cdot f \cdot \hat{B} \cdot A \cdot N$$

$\ddot{u}$	Übersetzungsverhältnis
U_0	Leerlaufspannung
U_1	Eingangsspannung
U_2	Ausgangsspannung
N_1	Windungszahl der Eingangswicklung
N_2	Windungszahl der Ausgangswicklung
f	Frequenz
$\hat{B}$	magnetische Flussdichte (Scheitelwert)
A	Eisenquerschnitt
N	Windungszahl

Wiederholung und Vertiefung

1. **Beschreiben Sie die Wirkungsweise eines Transformators.**
2. **Warum werden Kerne von Transformatoren aus Blechen oder aus Ferrit aufgebaut?**
3. **Was versteht man unter Magnetostriktion?**
4. **Warum darf die Stromdichte bei kleinen Transformatoren größer sein als bei großen?**

2.7.3 Idealer Transformator

Zur Beschreibung der Eigenschaften eines Transformators geht man von einem idealen Transformator aus. Manche reale Transformatoren, insbesondere die größeren, kommen im Verhalten dem idealen Transformator nahe. Die kleineren Transformatoren unterscheiden sich dagegen vom idealen Transformator erheblich.

Berechnungsformeln für Transformatoren gelten meist nur für den idealen Transformator.

Definition des idealen Transformators

Beim idealen Transformator treten keinerlei Verluste auf, auch keine magnetischen. Dadurch ist der Wirkungsgrad $\eta = 1$ und die Ausgangsleistung ist so groß wie die Eingangsleistung. Alle magnetischen Feldlinien, welche die Eingangswicklung durchsetzen, gehen auch durch die Ausgangswicklung (Bild 1, vorhergehende Seite). Eingangswicklung und Ausgangswicklung sind also miteinander fest magnetisch gekoppelt. Außerhalb des Eisenkernes treten beim idealen Transformator keine magnetischen Feldlinien auf. Wegen der gleich großen Leistungen nimmt der ideale Transformator im Leerlauf keinen Strom auf.

Der ideale Transformator ist ein gedachter Transformator, bei dem keinerlei Verluste auftreten.

Leerlaufspannung

Die Leerlaufspannung u_0 der Ausgangswicklung ist so groß wie die dort induzierte Spannung u_i. Die Leerlaufspannung ist die Spannung der Ausgangswicklung mit der Windungszahl N_2, wenn dort kein Lastwiderstand angeschlossen ist.

$$u_0 = u_i = \frac{N_2 \cdot \Delta\Phi}{\Delta t} = \frac{N_2 \cdot A \cdot \Delta B}{\Delta t}$$

Der Scheitelwert der Leerlaufspannung $\hat{u}_0$ hängt also vom Scheitelwert des magnetischen Flusses $\hat{\Phi}$ bzw. vom Scheitelwert der magnetischen Flussdichte $\hat{B}$ und vom Eisenquerschnitt A des Kernes ab sowie von der Kreisfrequenz ω des Eingangsstromes und der Windungszahl N_2 der Ausgangswicklung.

$$u_0 = \omega \cdot \hat{B} \cdot A \cdot N_2 \quad \Rightarrow$$

$$U_0 = \frac{2 \cdot \pi \cdot f \cdot \hat{B} \cdot A \cdot N_2}{\sqrt{2}} = 4{,}44 \cdot f \cdot \hat{B} \cdot A \cdot N_2$$

Aus dieser *Transformatorenhauptgleichung* ist ersichtlich, dass die Leerlaufspannung linear mit der Windungszahl ansteigt.

Der wirksame Eisenquerschnitt ist wegen der Isolierung der Bleche kleiner als der gemessene Kernquerschnitt. Je nach Art der Bleche beträgt der *Füllfaktor* 0,8 bis 0,95. Für Netztransformatoren beträgt der Scheitelwert der magnetischen Flussdichte 1,2 T bis 1,8 T. Übertrager arbeiten im geradlinigen Teil der Magnetisierungskurve, bei Elektroblech z. B. bei 0,6 T (siehe Tabellenbuch Informations- und Systemtechnik).

Welche Wicklung als Ausgangswicklung gebraucht wird, ist beim idealen Transformator gleichgültig. Die Transformatorenhauptgleichung gilt deshalb auch für die Eingangswicklung.

Beispiel 1:

Ein Transformator hat einen Eisenkern von $20 \times 20\ \text{mm}^2$. Der Füllfaktor ist 0,9. Die Eingangswicklung hat 1 600 Windungen. An welche Spannung darf die Eingangswicklung bei 50 Hz gelegt werden, wenn die magnetische Flussdichte 1,8 T betragen darf?

Lösung:

$A = 20\ \text{mm} \cdot 20\ \text{mm} \cdot 0{,}9 = 360\ \text{mm}^2 = 0{,}00036\ \text{m}^2$

$U_0 = 4{,}44 \cdot f \cdot \hat{B} \cdot A \cdot N$

$= 4{,}44 \cdot 50\ \text{Hz} \cdot 1{,}8\ \text{T} \cdot 0{,}00036\ \text{m}^2 \cdot 1600 = \mathbf{230\ V}$

Übersetzungsformeln

Wegen der festen Kopplung beim idealen Transformator sind die Beträge der in der Eingangswicklung und der Ausgangswicklung wirksamen magnetischen Flüsse Φ_1 und Φ_2 gleich groß.

$$\hat{\Phi}_1 = \hat{\Phi}_2 \quad \Rightarrow \quad \Delta\Phi = \hat{B} \cdot A \quad \Rightarrow$$

$$\frac{U_{01}}{f \cdot N_1} = \frac{U_{02}}{f \cdot N_2} \quad \Rightarrow \quad \frac{U_{01}}{U_{02}} = \frac{N_1}{N_2}$$

$$\Theta_1 = \Theta_2 \qquad \frac{I_1}{I_2} = \frac{N_2}{N_1}$$

$$I_1 \cdot N_1 = I_2 \cdot N_2$$

$$\frac{Z_1}{Z_2} = ü^2 \qquad \frac{N_1}{N_2} = \sqrt{\frac{Z_1}{Z_2}}$$

$$\frac{C_2}{C_1} = ü^2 \qquad \frac{L_1}{L_2} = ü^2$$

$$\frac{N_1}{N_2} = \sqrt{\frac{C_2}{C_1}} \qquad \frac{N_1}{N_2} = \sqrt{\frac{L_1}{L_2}}$$

Θ_1, Θ_2	Durchflutungen
I_1, I_2	Stromstärken
N_1, N_2	Windungszahlen
Z_1, Z_2	Scheinwiderstände (Impedanzen)
$ü$	Übersetzungsverhältnis
C_1, C_2	Kapazitäten
L_1, L_2	Induktivitäten

Index 1 für Eingangsseite,
Index 2 für Ausgangsseite

Beim idealen Transformator verhalten sich die Spannungen wie die Windungszahlen.

Beim idealen Transformator ist die Eingangsleistung S_1 so groß wie die Ausgangsleistung S_2.

$$S_1 = S_2 \quad \Rightarrow \quad U_1 \cdot I_1 = U_2 \cdot I_2 \quad \Rightarrow$$

$$\frac{I_1}{I_2} = \frac{U_2}{U_1} \quad \Rightarrow \quad \frac{I_1}{I_2} = \frac{N_2}{N_1}$$

Beim idealen Transformator verhalten sich die Stromstärken umgekehrt wie die Windungszahlen.

Durch Formelumstellung erhält man $I_1 \cdot N_1 = I_2 \cdot N_2$. Das Produkt aus Stromstärke und Windungszahl ist die Durchflutung. Deshalb sind beim idealen Transformator die Beträge der eingangsseitigen und der ausgangsseitigen Durchflutungen gleich groß.

Durch Division der Übersetzungsformel für die Spannungen durch die Übersetzungsformel für die Stromstärken erhält man

$$\frac{U_1 \cdot I_2}{U_2 \cdot I_1} = \frac{N_1 \cdot N_1}{N_2 \cdot N_2} \quad \Rightarrow \quad \frac{Z_1}{Z_2} = \frac{N_1^2}{N_2^2}$$

Ein idealer Transformator überträgt die angeschlossenen Widerstände im Quadrat des Übersetzungsverhältnisses.

Ähnlich wie bei der Spannungsübersetzung ist der große Widerstand auf der Seite mit der hohen Windungszahl.

In gleicher Weise wie die Scheinwiderstände werden durch einen Transformator Wirkwiderstände, kapazitive Blindwiderstände und induktive Blindwiderstände übertragen.

Beispiel 1:

Ein Transformator hat die Windungszahlen 1600 und 320, die Oberspannungswicklung ist an das 230-V-Netz angeschlossen. An die Unterspannungswicklung ist ein Kondensator mit 6,8 μF angeschlossen. Berechnen Sie a) die Unterspannung, b) die auf die Oberspannungsseite übertragene Kapazität.

Lösung:

$$\frac{U_1}{U_2} = \frac{N_1}{N_2} \Rightarrow$$

$$U_2 = U_1 \cdot \frac{N_2}{N_1} = 230\,\text{V} \cdot 320/1600 = \mathbf{46\,V}$$

$$\frac{C_2}{C_1} = \ddot{u}^2$$

$$\Rightarrow \quad C_1 = \frac{C_2}{\ddot{u}^2} = \frac{6{,}8\,\mu\text{F}}{(1600/320)^2} = \mathbf{0{,}272\,\mu F}$$

Die Übersetzungsformeln wurden für den idealen Transformator entwickelt. Sie können für viele reale Transformatoren angewendet werden, wenn die Gleichheitszeichen (=) durch Ungefährzeichen (≈) ersetzt werden.

2.7.4 Realer Transformator im Leerlauf

Kopplung und Kopplungsfaktor

Durchsetzt bei einem Transformator der magnetische Fluss eine Luftstrecke, so durchsetzt er nur noch teilweise die Ausgangswicklung **(Bild 1)**. Ein Teil des magnetischen Flusses verläuft außerhalb des Eisenkerns und kann durch eine Prüfspule nachgewiesen werden, in der er eine Spannung induziert. In der Ausgangswicklung wird dann eine kleinere Spannung erzeugt, als das Übersetzungsverhältnis der Windungszahlen erwarten lässt.

Der Kopplungsfaktor ist beim realen Transformator kleiner als 1.

Bei Transformatoren der Energietechnik ist der Kopplungsfaktor fast 1 und damit der Wirkungsgrad groß. Dasselbe gilt für Übertrager ohne Luftspalt.

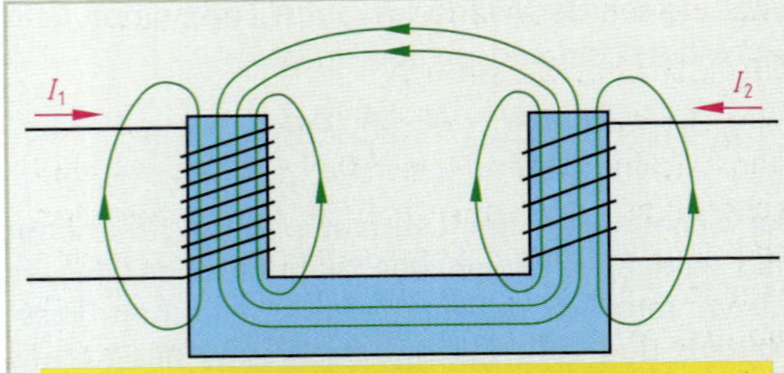

Kopplungsfaktor 0,5; nur die Hälfte der Feldlinien koppelt.

Bild 1: Lose Kopplung

$$K = \frac{U_2 \cdot N_1}{U_1 \cdot N_2} \qquad U_2 = K \cdot \frac{U_1 \cdot N_2}{N_1}$$

K	Kopplungsfaktor
U_1	Eingangsspannung
U_2	Ausgangsspannung
N_1	Windungszahl der Eingangsseite
N_2	Windungszahl der Ausgangsseite

Magnetisierungsstrom

Beim unbelasteten Transformator wirkt die Eingangswicklung wie eine Induktivität. Der das magnetische Wechselfeld erzeugende Eingangsstrom heißt *Magnetisierungsstrom* I_m.

Das Ummagnetisieren des Eisens erzeugt Wärme und stellt so die Belastung mit einem Wirkwiderstand dar. Der Leistungsfaktor im Leerlauf ist etwa 0,1.

Bei einer größeren Spannung nehmen Flussdichte und Magnetisierungsstrom zu. Ein Transformator wird zerstört, wenn er an eine zu hohe Spannung angeschlossen wird.

Einschaltstrom

Beim *Einschalten* von Transformatoren ist es besonders ungünstig, wenn die Netzspannung im Augenblick des Einschaltens gerade einen Nulldurchgang hat und wenn im Eisenkern ein Restmagnetismus vorhanden ist, der die gleiche Richtung hat wie der jetzt einsetzende magnetische Fluss. Nur sehr große Magnetisierungsströme können jetzt die erforderliche Spannung erzeugen.

Der Einschaltstromstoß von Transformatoren kann mehr als das Zehnfache des Bemessungsstromes der Eingangswicklung betragen.

2.7.5 Realer Transformator unter Last

Magnetischer Streufluss

Beim Transformator ohne Belastung der Ausgangswicklung befindet sich fast der ganze magnetische Fluss im Eisenkern **(Bild 1)**. Bei Belastung erzeugt der Strom in der Ausgangswicklung einen magnetischen Fluss entgegengesetzter Richtung. Dadurch wird das Magnetfeld der Eingangswicklung geschwächt. Die Eingangswicklung nimmt nun mehr Strom auf, sodass der magnetische Fluss seinen ursprünglichen Wert wieder aufnimmt. Das Auftreten eines entgegengesetzt gerichteten magnetischen Flusses bewirkt aber, dass ein Teil des magnetischen Flusses der Eingangswicklung das Eisen verlässt und durch die Luft geht (Bild 1). Diesen magnetischen Fluss nennt man *Streufluss* σ.

Lastspannung

Die vom Streufluss σ durchsetzte Wicklung wirkt wie eine Drossel. Der Transformator verhält sich deshalb wie ein Generator, dessen Innenwiderstand aus der Reihenschaltung vom Wirkwiderstand der Wicklung und der aus der vom Streufluss hervorgerufenen *Streuinduktivität* besteht.

Bei Belastung mit einem Wirkwiderstand sinkt mit zunehmendem Belastungsstrom die Ausgangsspannung.

> Die Ausgangsspannung eines Transformators ist vom Belastungsstrom und von der Belastungsart abhängig.

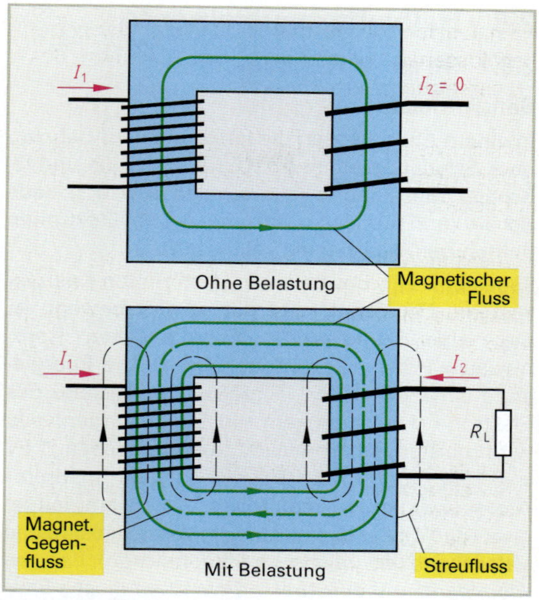

Bild 1: Magnetischer Fluss beim Transformator

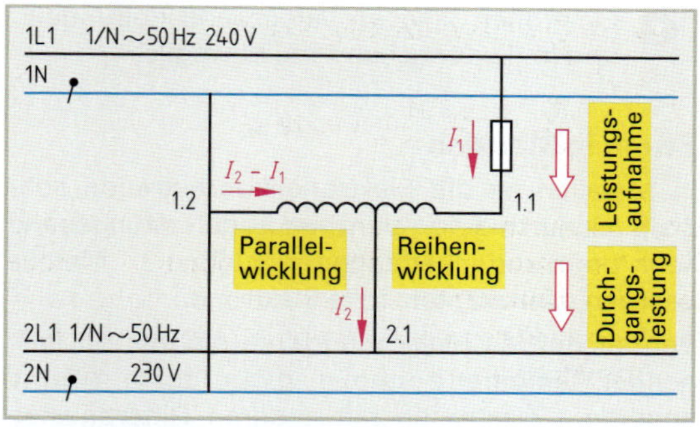

Bild 2: Schaltung eines Spartransformators

2.7.6 Besondere Transformatoren

Übertrager

Übertrager sind Transformatoren, welche Signale übertragen, z.B. von einem Verstärker zu einem Lautsprecher.

Die magnetische Flussdichte muss in Übertragern niedriger sein als in den Netztransformatoren, damit keine Verzerrungen der Ausgangsspannung auftreten. Die Flussdichte soll deshalb unter 0,4 T liegen.

Wicklungen von Übertragern müssen so ausgeführt sein, dass der Streufluss (Bild 1) besonders klein ist. Je niedriger nämlich diese Induktivität ist, desto besser werden die hohen Frequenzen übertragen.

Spartransformator

Beim Spartransformator sind zwei Wicklungsteile, die *Parallelwicklung* und die *Reihenwicklung*, hintereinandergeschaltet **(Bild 2)**. Unterspannungswicklung ist die Parallelwicklung. Oberspannungswicklung ist die Reihenschaltung von Reihenwicklung und Parallelwicklung. Bei Spartransformatoren ist die Eingangswicklung leitend mit der Ausgangswicklung verbunden.

> Aus Sicherheitsgründen dürfen Sicherheitstransformatoren, z.B. Spielzeugtransformatoren, keine Spartransformatoren sein.

Die gesamte mögliche Leistungsabgabe eines Spartransformators nennt man *Durchgangsleistung*. Sie wird zu einem Teil durch Stromleitung von der Eingangswicklung zur Ausgangswicklung übertragen und zum anderen Teil durch Induktion. Je größer die durch Leitung übertragbare Leistung ist, desto kleiner ist bei fester Durchgangsleistung die durch Induktion zu übertragende Leistung, die sogenannte *Bauleistung*, nach der sich die Baugröße des Transformators richtet.

2.8 Halbleiterbauelemente

2.8.1 Strom in Festkörpern

Bändermodell

In einem Atom kreisen die Elektronen auf Bahnen, auch Schalen genannt (K-, L-, M-, N-, O-, P- und Q-Schale). Diese haben Unterschalen (s, p, d, f). Jede Schale kann nur eine bestimmte Anzahl Elektronen aufnehmen, dann ist sie voll besetzt.

Jedes Elektron besitzt einen bestimmten Energiezustand. Der Schale, auf der es sich bewegt, ist also eine Energiestufe (Energieniveau, franz. niveau = Höhe) zugeordnet **(Bild 1)**. Die Energiestufe ist umso höher, je größer der Abstand des Elektrons vom Atomkern ist. Das Energieniveau wird meist in Elektronenvolt (eV) angegeben. 1 eV = $0{,}1602 \cdot 10^{-18}$ J. Energieniveaulinien mehrerer Atome werden zu *Energiebändern* zusammengefasst (Bild 1). Für das elektrische Verhalten sind das *Valenzband* (lat. valens = kräftig, mächtig), das *Leitungsband* und der *Abstand* zwischen diesen Bändern maßgebend **(Bild 2)**.

Elektronen sind im Valenzband gebunden und im Leitungsband frei beweglich.

Strom in Metallen

In Metallen ist die Elektronenkonzentration sehr groß. Dadurch sind Valenzband und Leitungsband sehr breit und überlappen sich (Bild 2). Metalle besitzen deshalb stets freie Elektronen.

Bei der großen Elektronendichte stoßen mit steigender Temperatur immer mehr durch Wärme angeregte Elektronen mit anderen Gitterbausteinen zusammen. Die Behinderung der Elektronen nimmt zu.

Mit steigender Temperatur nehmen die Elektronenbeweglichkeit und damit die Leitfähigkeit von Metallen ab.

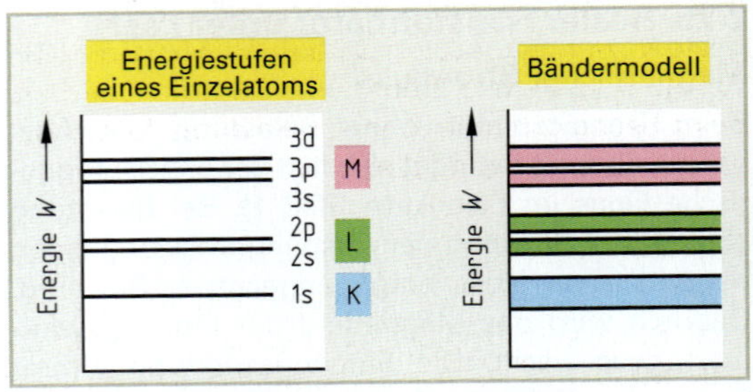

Bild 1: Entstehung eines Bändermodells

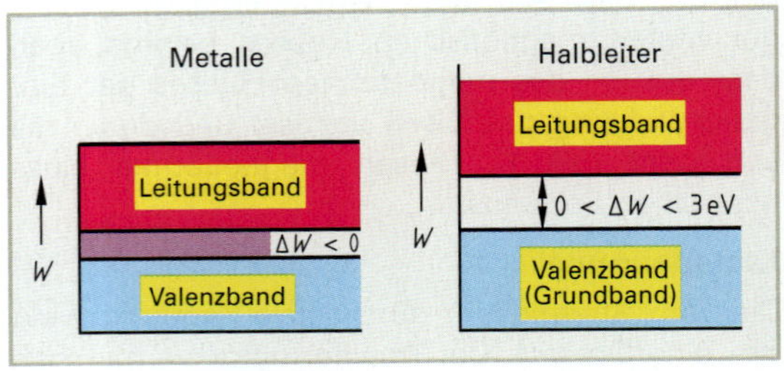

Bild 2: Bändermodelle

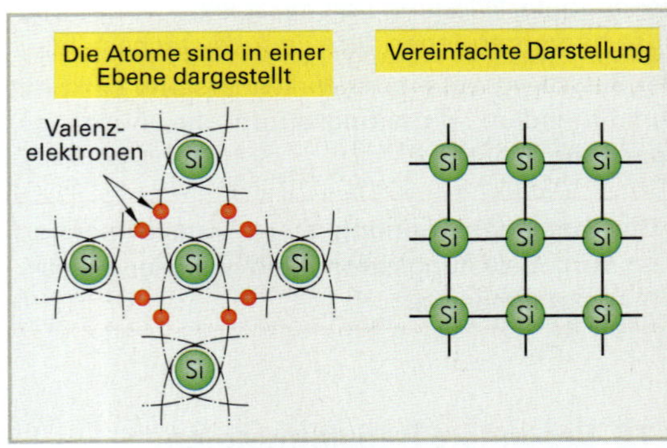

Bild 3: Chemische Bindung von Siliciumatomen

Bei Halbleitern und Isolatoren besteht zwischen dem Valenzband und dem Leitungsband ein Energiebandabstand.

2.8.2 Strom in Halbleitern

Bändermodell und Kristallaufbau

Bei reinen Halbleiterwerkstoffen ist das Valenzband voll besetzt. Im Leitungsband befinden sich bei –273 °C keine freien Elektronen. Zwischen dem Valenzband und dem Leitungsband besteht ein Bandabstand (Bild 2), dessen Energiedifferenz ΔW vom Werkstoff abhängt und bei Halbleitern weniger als 3 eV beträgt. Bei Silicium ist $\Delta W \approx 1{,}12$ eV und bei Galliumarsenid ist $\Delta W \approx 1{,}43$ eV.

Isolatoren haben einen größeren Bandabstand von $\Delta W > 3$ eV.

Reine Halbleiterwerkstoffe sind bei sehr tiefen Temperaturen Nichtleiter. Die wichtigsten Halbleiterwerkstoffe sind Silicium (Si), Germanium (Ge) und Galliumarsenid (GaAs). Silicium hat auf der äußersten Schale (M-Schale) vier Valenzelektronen und ist vierwertig. Jedes Valenzelektron umkreist den eigenen und je einen benachbarten Atomkern **(Bild 3)**. Je zwei Siliciumatome haben ein Elektronenpaar gemeinsam und werden dadurch zusammengehalten.

Ein geringer Zusatz von Fremdstoffen verändert die Eigenschaften reiner Halbleiterwerkstoffe wesentlich. Für die Herstellung von Halbleiterbauelementen müssen Halbleiterwerkstoffe so rein hergestellt werden, dass z.B. auf 10 Milliarden Si-Atome höchstens 1 Fremdatom kommt. Oberhalb einer bestimmten Temperatur wird das Kristallgitter des Halbleiters zerstört.

Eigenleitung

Durch Energiezufuhr, z.B. durch ein elektrisches Feld, durch Wärme oder Licht bzw. elektromagnetische Strahlung, können Elektronen des Valenzbandes in das Leitungsband gehoben und zu freien Leitungselektronen werden **(Bild 1)**. Im Band dazwischen können sich die Elektronen nicht aufhalten, weshalb dieses Band auch *verbotenes Band* genannt wird. Die Energie, die zur Überführung eines Elektrons vom Valenzband ins Leitungsband benötigt wird, heißt *Aktivierungsenergie*. Reicht die Energiezufuhr nicht aus, um das verbotene Band zu überspringen, so fällt das Elektron in das Valenzband zurück (Bild 1) und gibt die Energie, z.B. als elektromagnetische Strahlung bzw. Licht, wieder frei.

Bei normaler Raumtemperatur von 20 °C gelangen bei Halbleitern bereits sehr viele Elektronen vom Valenzband ins Leitungsband. Dadurch werden Atombindungen im Kristallgitter aufgerissen.

Jedes zum Leitungselektron werdende Valenzelektron hinterlässt im Valenzband eine Fehlstelle eines Elektrons, auch *Loch* oder *Defektelektron* genannt. Es bilden sich also stets *Ladungsträgerpaare* (Paarbildung, *Generation*, lat. generare = erzeugen). Durch die fehlende negative Ladung stellt ein Loch eine positive Ladung dar.

Durch die Paarbildung von Ladungsträgern entsteht die Eigenleitfähigkeit der Halbleiter. Sie ist vom Halbleiterwerkstoff und der Temperatur abhängig. Fängt ein Loch ein Leitungselektron ein, so verschwinden beide Ladungsträger. Aus dem freien Elektron wird ein gebundenes Valenzelektron. Diese Zurückbildung der Kristallbindung bezeichnet man als *Rekombination* (lat. recombinare = rückvereinigen).

Die Eigenleitfähigkeit von Halbleitern steigt mit der Temperatur.

Diese Temperaturabhängigkeit von Halbleitern wird bei Heißleitern ausgenutzt. Sonst ist diese Eigenschaft meist ein Nachteil. Halbleiterschichten, welche fast nur eigenleitend sind, werden auch als I-Halbleiter (I-Leiter von Intrinsic = eigentlich, wahr; hier: eigenleitend) bezeichnet. Solche I-Leiter sind z. B. in PIN-Dioden mit der Schichtenfolge P-I-N vorhanden.

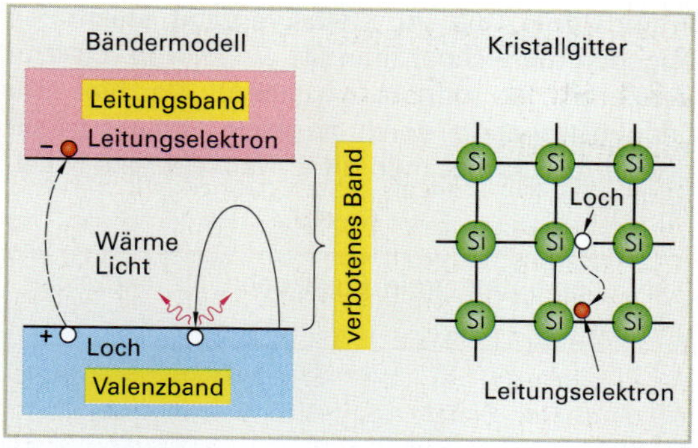

Bild 1: ***Paarbildung von Ladungsträgern***

I-Leiter = undotierter Halbleiter mit temperaturabhängiger Eigenleitung

Bei den Halbleitern tragen Elektronenleitung und Löcherleitung zum Stromfluss bei. Leitungselektronen bewegen sich zum Pluspol, Löcher zum Minuspol des angeschlossenen Erzeugers.

Die Paarbildung von Ladungsträgern in einem Halbleiterkristall tritt auch bei Lichteinwirkung ein. Die dadurch entstehende Eigenleitung bezeichnet man als *inneren fotoelektrischen Effekt*. Fotowiderstände sind I-Halbleiter, die diesen Fotoeffekt ausnutzen (Abschnitt 2.8.3.6).

Störstellenleitung

Die Zahl der beweglichen Ladungsträger im Kristall kann durch Einfügen von Fremdatomen, die ein Valenzelektron mehr oder weniger aufweisen als die Halbleiteratome, wesentlich erhöht werden. Dadurch wird der regelmäßige Kristallaufbau gestört. Es entsteht eine *Störstelle*. Das Hinzufügen von Fremdatomen nennt man Dotieren (lat. dotare = ausstatten, mitgeben).

N-Leiter

Werden in das Kristallgitter eines vierwertigen Siliciumkristalls Fremdatome mit fünf Valenzelektronen eingefügt, z. B. Antimon (Sb), so können jeweils nur vier Valenzelektronen gebunden werden **(Bild 1, folgende Seite)**. Das fünfte Valenzelektron des Antimonatoms ist nur schwach an seinen Atomkern gebunden. Deshalb genügt eine geringe Energie, z. B. durch Raumtemperatur, um dieses Elektron ins Leitungsband zu heben.

Das angeregte Elektron kann sich dann als Leitungselektron frei im Kristallgitter bewegen und lässt ein positives Ion zurück. Es entstehen ebenso viele Leitungselektronen wie positive, *unbewegliche* Ionen. Der Kristall bleibt nach außen jedoch elektrisch neutral.

Fremdatome, die im Kristallverband Elektronen abgeben, bezeichnet man als *Donatoren* (Elektronengeber, lat. donare = geben). Da hier der Ladungstransport durch negative Ladungsträger erfolgt, bezeichnet man diese Halbleiter als N-Leiter (Bild 1).

N-Leiter haben freie Elektronen als Ladungsträger.

P-Leiter

Baut man Fremdatome mit drei Valenzelektronen, z.B. Indiumatome (In), in einen Siliciumkristall ein, so werden alle drei Valenzelektronen des Indiums gebunden und es bleibt im Kristallgitter jeweils eine Bindungslücke, ein Loch (Bild 1).

Fremdatome, die im Kristallverband Elektronen aufnehmen, heißen *Akzeptoren* (Elektronenempfänger, lat. accipere = annehmen). In das im Silicium-Kristallgitter nun entstandene Loch kann wieder ein Valenzelektron eines Nachbaratoms springen, wodurch dort selbst wieder ein Loch hervorgerufen wird. Das Loch „wandert“ dabei durch das Kristallgitter. Der Kristall selbst wirkt nach außen aber neutral. Der Ladungstransport erfolgt hier vorwiegend durch positive Ladungsträger. Man bezeichnet diese Halbleiter als P-Leiter (Bild 1).

P-Leiter haben Löcher als Ladungsträger.

Stark dotierte Halbleiter werden durch N^+ bzw. P^+ gekennzeichnet, schwache Dotierung durch N^- bzw. P^-. Dotierte Halbleiter haben stets Störstellenleitung *und* Eigenleitung. Die in der Überzahl vorhandenen Ladungsträger (Elektronen im N-Leiter und Löcher im P-Leiter) nennt man *Majoritätsträger* (von lat. maior = größer), die in der Minderheit vorhandenen Ladungsträger (Löcher im N-Leiter und Elektronen im P-Leiter) dagegen *Minoritätsträger* (von lat. minor = kleiner).

Die Störstellenleitung steigt mit dem Grad der Dotierung, ist aber unabhängig von der Temperatur.

Halbleiterbauelemente bestehen aus solchen N-leitenden Schichten und P-leitenden Schichten.

Man unterscheidet *unipolare* und *bipolare Bauelemente*. Bei unipolaren Bauelementen fließt der Strom nur durch eine einzige Zone gleicher Leitungsart, bei bipolaren Bauelementen fließt der Strom durch mehrere Zonen zweier verschiedener Leitungsarten.

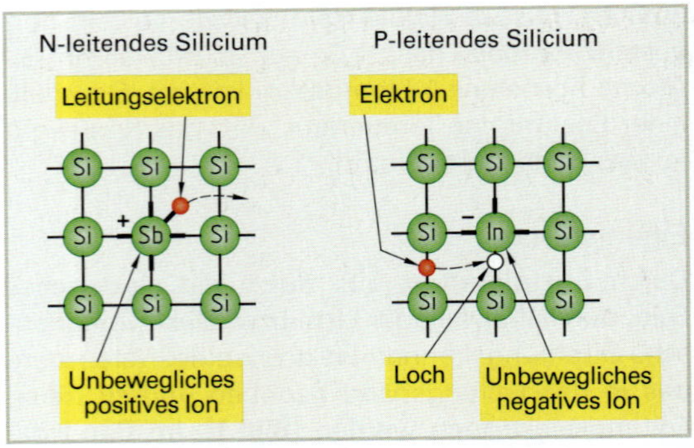

Bild 1: Silicium mit Störstellen

- N-Leiter = dotierter Halbleiter, leitet durch freie Elektronen.
- P-Leiter = dotierter Halbleiter, leitet durch positive Ladungsträger.
- I-Leiter = undotierter, eigenleitender Halbleiter

2.8.3 Eigenschaften von Halbleiterbauelementen

2.8.3.1 Sperrschicht

Grenzen zwei Halbleiterzonen verschiedener Leitungsart aneinander, so entsteht ein *PN-Übergang*.

Durch die Wärmebewegung der Teilchen treten negative Ladungsträger (Elektronen) vom N-Leiter in den P-Leiter über und positive Ladungsträger (Löcher) vom P-Leiter in den N-Leiter. Diesen Vorgang nennt man *Diffusion* (lat. diffundere = zerstreuen, eindringen). Dabei finden Rekombinationen statt. Die Leitungselektronen der Grenzschicht werden zu Valenzelektronen und die Löcher verschwinden **(Bild 1, folgende Seite)**. In der Grenzschicht zwischen P-Leiter und N-Leiter halten sich fast keine beweglichen Ladungsträger mehr auf.

Nach Abwandern der Elektronen aus der Grenzschicht des N-Leiters entsteht dort eine positive Ladung und in der Grenzschicht des P-Leiters eine negative Ladung. Diese Ladungen innerhalb der Grenzschicht bewirken eine Spannung am PN-Übergang, die *Diffusionsspannung* (Bild 1, folgende Seite). Dadurch wird ein weiteres Eindringen von Ladungsträgern in die Grenzschicht verhindert. Die Grenzschicht wird zur *Sperrschicht*.

Am PN-Übergang von Halbleitern entsteht eine Sperrschicht.

2.8.3.2 Sperrschichtkapazität

Die fast ladungsträgerfreie Sperrschicht ist ein Isolator. Sie trennt zwei gut leitende Bereiche des Halbleiterelements. Dadurch wirkt der PN-Übergang wie ein Kondensator. Seine Kapazität wird *Sperrschichtkapazität* genannt.

> Die Breite der Sperrschicht und die Kapazität des PN-Überganges hängen von der angelegten Spannung ab.

Die Sperrschichtkapazität steigt mit kleiner werdender Sperrspannung. Diese Spannungsabhängigkeit der Sperrschichtkapazität findet bei der Kapazitätsdiode Anwendung.

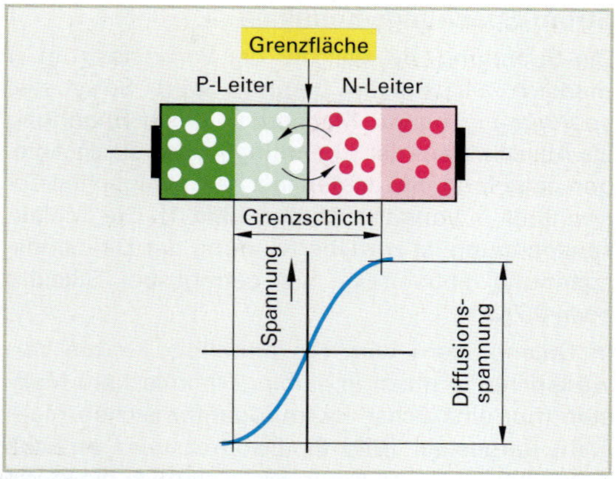

Bild 1: PN-Übergang ohne angelegte Spannung

2.8.3.3 Rückwärtsrichtung und Vorwärtsrichtung

Ein PN-Übergang wirkt als Halbleiterdiode **(Bild 2)**. Die Sperrschichtbreite nimmt beim Anlegen der Spannung zu, wenn der Pluspol der Spannung am N-Leiter und der Minuspol am P-Leiter liegt. Diese Richtung der Polung nennt man *Rückwärtsrichtung*. Die dabei anliegende Rückwärtsspannung U_R (R von reverse = rückwärts) bewirkt den Rückwärtsstrom I_R. Eine Gleichrichterdiode hat im normalen Arbeitsbereich in Rückwärtsrichtung einen großen Gleichstromwiderstand (Sperrwiderstand).

> Durch Anlegen einer Spannung in Rückwärtsrichtung erlangt der PN-Übergang einen großen Gleichstromwiderstand (Sperrzustand).

Wird an den PN-Übergang eine Spannung mit Minuspol an den N-Leiter und Pluspol an den P-Leiter angelegt, so spricht man von *Vorwärtsrichtung* (Bild 2). Die dabei anliegende Vorwärtsspannung U_F (F von forward = vorwärts) hat den Vorwärtsstrom I_F zur Folge. Die Diode befindet sich im *Durchlasszustand*.

Die Spannung treibt die Leitungselektronen von der Seite des N-Leiters und die Löcher von der Seite des P-Leiters auf die Sperrschicht zu. Die bisher fast ladungsträgerfreie Sperrschicht wird durch Auffüllen mit Ladungsträgern zunehmend abgebaut.

Der PN-Übergang einer Halbleiterdiode wirkt wie ein Ventil. Er wird z.B. zur Gleichrichtung ausgenutzt. Halbleiterdioden werden auch als elektronische Schalter eingesetzt. Deren Sperrwiderstände betragen je nach Baugröße einige Hundert kΩ bis mehrere MΩ, deren Durchlasswiderstände einige Ω bis einige Hundert Ω.

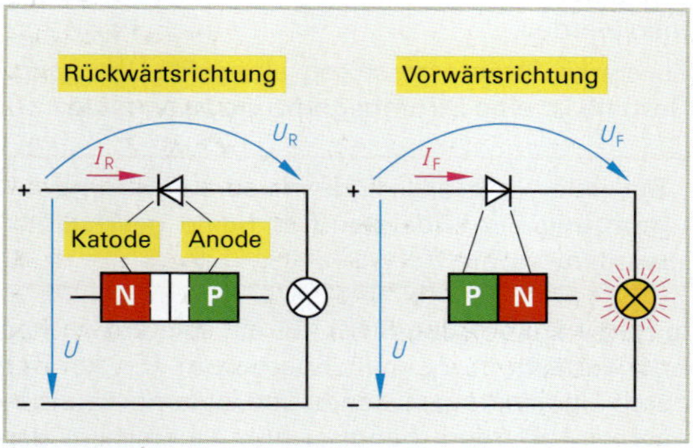

Bild 2: Spannung an PN-Übergang (Diode)

> Durch Anlegen einer Spannung in Vorwärtsrichtung erlangt der PN-Übergang einen kleinen Gleichstromwiderstand (Durchlasszustand).

Die Diodenanschlüsse werden *Anode* und *Katode* genannt (Bild 2). Die Anode ist die positive Elektrode (P-Schicht) und die Katode ist die negative Elektrode (N-Schicht) einer in Vorwärtsrichtung gepolten Diode. Die Pfeilspitze des Diodenschaltzeichens gibt die Stromrichtung in Vorwärtsrichtung an.

> Diode in Vorwärtsrichtung
> - Anode ist Pluspol.
> - Katode ist Minuspol.

Zur Beurteilung einer Diode sind vor allem deren Strom-Spannungs-Kennlinie, d.h. $I(U)$-Kennlinie, deren Grenzwerte und Kennwerte wichtig. Die Strom-Spannungs-Kennlinie zeigt die Abhängigkeit des durch die Diode fließenden Stromes von der angelegten Spannung.

Strom-Spannungs-Kennlinie

Die Spannung, bei welcher der Vorwärtsstrom I_F merklich anzusteigen beginnt, wird *Schleusenspannung* genannt. Man erhält diese Spannung als Abschnitt auf der Spannungsachse durch Anlegen einer Tangente an den fast geradlinigen Teil der Kennlinie in Vorwärtsrichtung **(Bild 1)**. Die Schleusenspannung ist zur Überwindung der Diffusionsspannung notwendig. Sie beträgt bei Silicium etwa 0,7 V.

In Datenblättern wird die Kennlinie für die Vorwärtsrichtung meist in halblogarithmischem Maßstab (nur eine Achse ist im logarithmischen Maßstab) dargestellt **(Bild 2)**. Dadurch wird erreicht, dass über einen größeren Strombereich die Werte genauer abgelesen werden können. Die Schleusenspannung kann daraus jedoch nicht entnommen werden.

Zu starke Ströme zerstören einen PN-Übergang. Deshalb ist eine Strombegrenzung notwendig.

> Bei jeder Halbleiterdiode muss zur Strombegrenzung ein Widerstand in Reihe geschaltet werden.

In Rückwärtsrichtung fließt nur ein sehr schwacher *Rückwärtsstrom* I_R, der Sperrstrom. Er kommt durch Eigenleitung zustande und ist temperaturabhängig. Außerdem hängt er vom Querschnitt der Sperrschicht ab und ist somit bei Halbleiterbauelementen mit großer Bemessungsleistung (Nennleistung) stärker.

> Dioden wirken wie Schalter, abhängig von der Polung der angelegten Spannung.

Grenzwerte

Grenzwerte sind höchstzulässige Werte, die gerade noch dauernd wirken dürfen, ohne dass das Bauelement zerstört wird. Sie gelten für eine bestimmte Gehäusetemperatur. Die wichtigsten in Datenblättern angegebenen Grenzwerte sind die höchstzulässigen Werte für Rückwärtsspannung U_R, Vorwärtsstrom I_F, Verlustleistung P_{tot} und Sperrschichttemperatur ϑ_j. Kurzzeitig sind auch höhere Werte zulässig.

Arbeitspunkte, Kennwerte

Fließt durch eine Diode ein Gleichstrom in Vorwärtsrichtung, so liegt an ihr eine bestimmte Vorwärtsspannung. Der zugehörige Strom kann der Strom-Spannungs-Kennlinie entnommen werden. Beide Werte stellen einen Punkt der Kennlinie dar, den *Arbeitspunkt*. Er hängt vom im Stromkreis liegenden Widerstand (Arbeitswiderstand) ab.

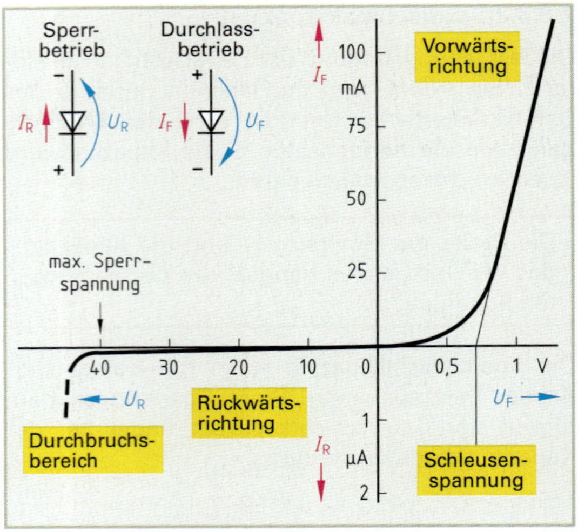

Bild 1: Kennlinie einer Diode

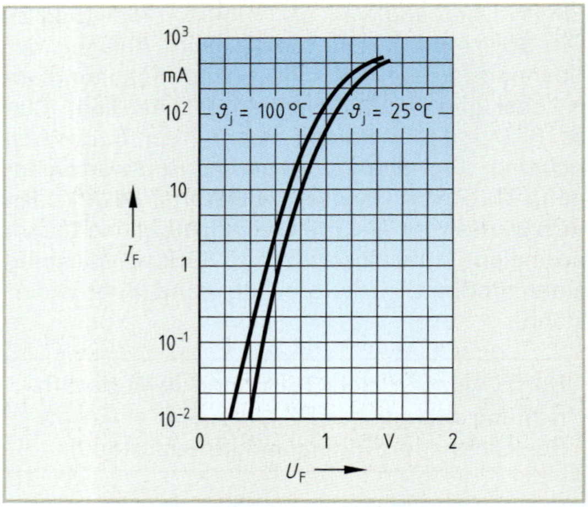

Bild 2: Durchlasskennlinien einer Diode in halblogarithmischer Darstellung

- Grenzwerte sind höchstzulässige Werte.
- Kennwerte sind typische Betriebswerte.

Kennwerte sind Mittelwerte von vielen Exemplaren. Sie werden für einen bestimmten Arbeitspunkt angegeben. *Statische Kennwerte* kennzeichnen das Gleichstromverhalten, z.B. Vorwärtsspannung U_F. *Dynamische Kennwerte* geben das Verhalten bei Wechselstrom und Impulsbetrieb an, z.B. Schaltzeiten und Sperrschichtkapazität. Die Angaben können dabei typische Kennwerte sein, z.B. bei U_R = 50 V ist I_R = 40 nA, oder Grenzwerte für Exemplarstreuungen, z.B. bei U_R = 50 V ist I_R < 200 nA.

Die Eigenschaften der Halbleiterdioden sind abhängig vom Halbleiterwerkstoff, vom Kristallaufbau und von der Art und Stärke der Dotierung.

Die Grenzwerte und Kennwerte von Dioden **(Tabelle 1)** sowie ihre Kennlinien **(Bild 1)** werden im Wesentlichen durch den Halbleiterwerkstoff bestimmt (Schottkydiode Abschnitt 2.8.3.12) sowie vom Herstellungsverfahren.

2.8.3.4 Elektrischer Durchbruch

Ab der Durchbruchspannung erfolgt im Durchbruchsbereich ein steiler Stromanstieg (Bild 1). In diesem Bereich verursacht eine kleine Spannungsänderung eine große Stromänderung. Die angelegte Rückwärtsspannung erzeugt ein elektrisches Feld, das auf die Elektronen eine Kraft ausübt. Ab einer bestimmten Spannung werden Valenzelektronen aus ihrer Bindung herausgerissen und zu frei beweglichen Ladungsträgern (*Zenereffekt*[2]).

Infolge der hohen Rückwärtsspannung werden außerdem die freien Elektronen innerhalb des Kristalls so sehr beschleunigt, dass sie beim Auftreffen auf Atome Valenzelektronen aus deren Bindung herausschlagen und somit weitere freie Ladungsträger erzeugen (*Lawinen-Effekt, Avalanche-Effekt*, franz. avalanche = Lawine).

Durch hohe Rückwärtsspannung entstehen in einer Sperrschicht freie Ladungsträger, die im Durchbruchsbereich einen starken Strom herbeiführen.

Bei normalen Dioden ist der Durchbruchsbereich zu meiden, da sonst die Sperrschicht zerstört wird. Bei Z-Dioden wird dagegen dieser *elektrische Durchbruch* technisch genutzt. Unter Berücksichtigung der höchstzulässigen Belastung kann die Diode in diesem Bereich betrieben werden.

Eine weitere Durchbruchserscheinung ist der *Wärmedurchbruch*, der bei zu kleiner Wärmeableitung erfolgt. Dieser Durchbruch muss vermieden werden. Zur guten Ableitung der Wärme werden deshalb Leistungs-Gleichrichterdioden auf ein Chassis, Kühlblech oder einen Kühlkörper geschraubt. Mit zunehmender Wärmeabgabe erhöht sich die zulässige Verlustleistung der Diode. Sie wird durch den Wärmewiderstand des Bauelements und den Unterschied zwischen Sperrschichttemperatur und Umgebungstemperatur bestimmt.

Wiederholung und Vertiefung

1. **Welche Polung weist ein PN-Übergang (Diode) in Sperrrichtung auf?**
2. **Welche Größe wird mit U_F bezeichnet?**
3. **Welche Grenzwerte sind für Halbleiterdioden wichtig?**

Tabelle 1: Si-Dioden und Schottkydioden[1]

Größe	Eigenschaften	
	Siliciumdioden	Schottkydioden
Sperrspannung	sehr hoch (bis 4000 V)	niedrig (etwa bis 70 V)
höchstzulässige Sperrschichttemperatur	hoch (etwa +190 °C)	hoch (etwa +190 °C)
höchstzulässige Verlustleistung	hoch	hoch
Empfindlichkeit gegen kurzzeitige Überlastung	sehr groß	sehr groß
Schleusenspannung	etwa 0,7 V	etwa 0,4 V
Sperrstrom	sehr klein	sehr klein

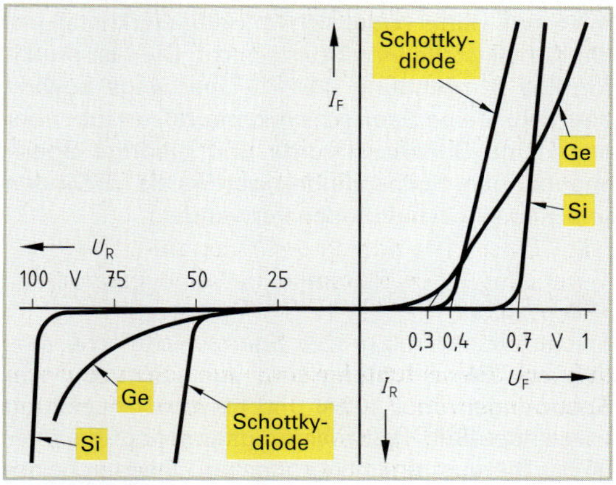

Bild 1: Kennlinien von Dioden

4. **Eine Diode hat bei I_{Fmax} = 100 mA eine Durchlassspannung von U_F = 0,72 V und soll an 5 V angeschlossen werden. Welcher Widerstand muss zur Strombegrenzung in Reihe geschaltet werden?**
   Lösung: **R_v = 42,8 Ω**

2.8.3.5 Halbleiterdioden

Universaldioden

Diese Dioden lassen mittlere Durchlassströme zu, ohne dass die Sperrschichtkapazität zu groß ist. Meist handelt es sich hier um Epitaxial-Planardioden (griech. epi = über; griech. taxis = Ordnung; planar, nach ihrer ebenen Aufbauform benannt, lat. planus = eben).

Die notwendige N-Schicht ist bei Epitaxial-Planardioden **(Tabelle 1, folgende Seite)** dünn und hochohmig (Epitaxie-Schicht). Die restliche N-Schicht ist durch hohe Dotierung (N^+) niederohmig gehalten. Die Oxidschicht SiO_2 an der Oberfläche dieser Planardioden schützt vor Verunreinigungen.

Der Epitaxialaufbau wird bei Universaldioden, Z-Dioden, Kapazitätsdioden, PIN-Dioden, Schottkydioden, HF-Dioden und Schaltdioden verwendet.

[1] Schottky, deutscher Physiker, 1886 bis 1976
[2] Zener, deutsch-amerikanischer Physiker, geb. 1905

Hochfrequenzdioden

Um HF-Ströme bis in den GHz-Bereich noch gleichrichten zu können, müssen Hochfrequenzdioden besonders kleine Sperrschichtkapazitäten, große Ladungsträgerbeweglichkeit und geringe Sperrträgheit haben. Dazu eignen sich noch Epitaxial-Planardioden mit besonders kleiner Querschnittsfläche der Sperrschicht. Besser geeignet sind jedoch Germanium-Spitzendioden, Schottkydioden und PIN-Dioden.

Bei Germanium-Spitzendioden (Tabelle 1) wird auf ein N-leitendes Germaniumplättchen federnd eine Metallspitze aufgesetzt, die durch einen starken Stromimpuls mit dem Kristall verschweißt (Formierung). Dabei bildet sich im Halbleiterkristall um die Kontaktstelle eine Sperrschicht. Die fast punktförmige Ausdehnung des PN-Übergangs bewirkt eine sehr kleine Sperrschichtkapazität, erlaubt aber nur kleine Durchlassströme und niedrige Sperrspannungen. Spitzendioden werden als HF-Dioden und schnelle Schaltdioden verwendet.

Leistungsgleichrichterdioden

Siliciumdioden mit großer Sperrschichtfläche werden zur Gleichrichtung und zum Schalten von Spannungen über 100 V und bei großer Leistung verwendet **(Bild 1)**. Ihr Wirkungsgrad liegt bei über 90 %. Die aus einem N-Leiter und P-Leiter bestehende Siliciumscheibe befindet sich zur guten Wärmeableitung meist in einem Metallgehäuse.

Der zulässige Bemessungsstrom der Diode ist umso größer, je größer der Querschnitt der Siliciumscheibe und je besser die Wärmeableitung ist. Für kleinere Durchlassströme kann man die Dioden direkt auf das Chassis eines Gerätes schrauben. Bei Leistungsgleichrichterdioden ab einem Bemessungsstrom von etwa 6 A wird die Diode in einen besonderen *Kühlkörper mit Kühlrippen* eingebaut. Bei verstärkter Luftkühlung durch einen Ventilator kann die Strombelastung bis zum dreifachen Wert des Bemessungsstromes erhöht werden. Siliciumdioden haben zulässige Betriebstemperaturen von 140 °C bis 190 °C. Siliciumleistungsdioden haben eine Schleusenspannung zwischen 0,8 V und 1 V. Sie werden mit Bemessungssperrspannungen bis etwa 4000 V Scheitelwert und Bemessungsdurchlassströmen bis etwa 4000 A hergestellt.

Die Gehäuseformen sind bei den einzelnen Diodenarten verschieden, ebenfalls die Kennzeichnung der Anschlüsse **(Tabelle 2)**.

Als Gehäusewerkstoff sind je nach Leistung und Anwendung der Diode Kunststoff, Glas und Metall üblich. Dioden gibt es auch als Diodenpaar bzw. Diodenquartett in einem Gehäuse.

Tabelle 1: Wichtige Bauformen von Dioden

Diodenart	Aufbau und Prinzip	Eigenschaften
Epitaxial-Planardiode	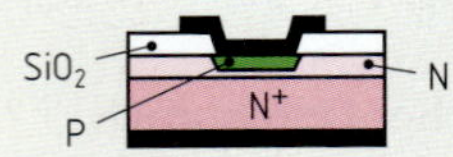	kleine Kapazitäten und Sperrströme, kleine Durchlasswiderstände, kurze Schaltzeiten
Spitzendiode	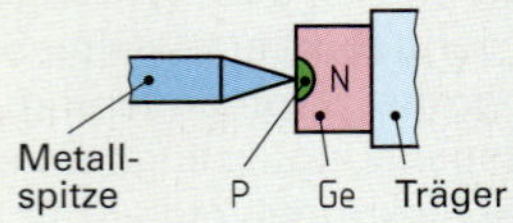	sehr kleine Kapazitäten, gute HF-Eigenschaften, nur für kleine Durchlassströme

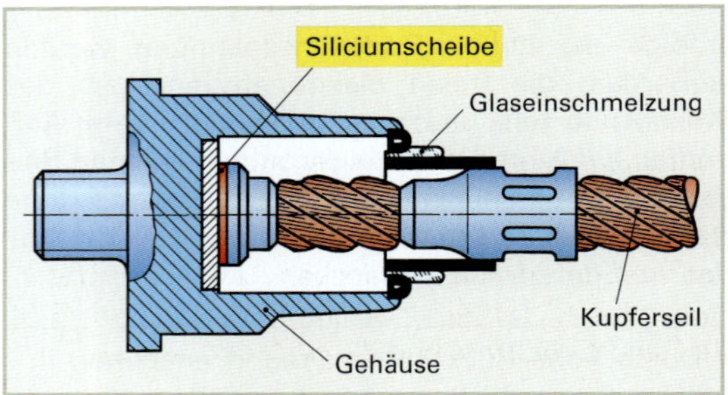

Bild 1: Siliciumleistungsdiode

Tabelle 2: Ausführungsformen und Kennzeichnung von Halbleiterdioden (Auszug)

Ausführungsform (etwa natürliche Größe)	Kennzeichnung
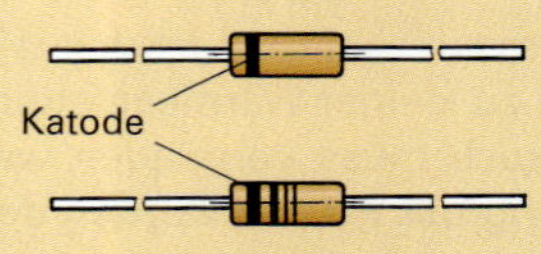	Seite mit Ring ist der Katodenanschluss. Die Farbringkennzeichnung beginnt beim Farbcode auf der Katodenseite.
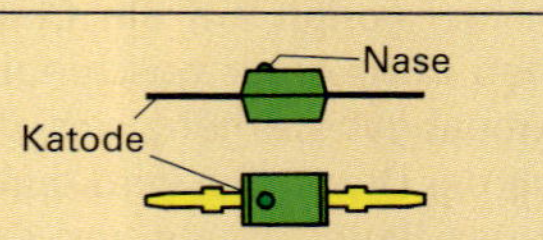	Die Nase am Gehäuse kennzeichnet den Katodenanschluss.
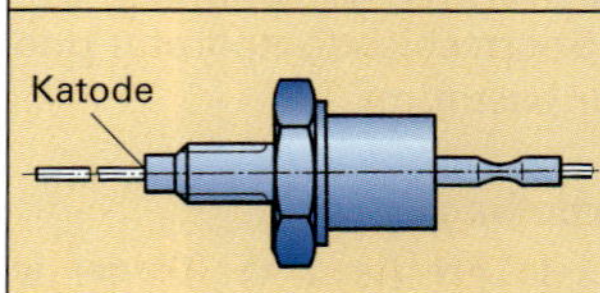	Metallgehäuse ist meist Katodenanschluss. Bei Dioden mit Anode am Gehäuse ist die Katode gekennzeichnet.
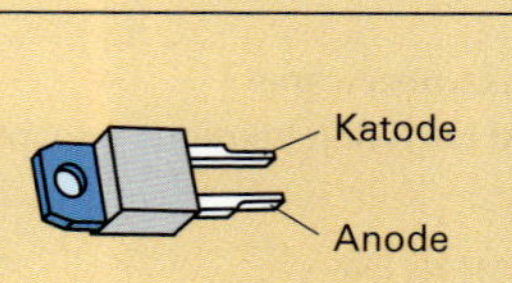	Katode und Anode sind von der Befestigungs- und Kühllasche galvanisch getrennt.

2.8.3.6 Fotodioden, Fotowiderstände und Fotoelemente

Fotodioden, Fotowiderstände und Fotoelemente sind Halbleiterbauelemente, welche elektromagnetische Strahlung, z.B. Licht, in elektrische Größen umwandeln.

Lichtelektrische Grundbegriffe

Das menschliche Auge kann elektromagnetische Strahlung mit Wellenlängen von 380 nm bis 780 nm als *Licht* wahrnehmen. Die größte Augenempfindlichkeit liegt bei Grüngelb **(Bild 1)**. Ultraviolette Strahlung ($\lambda < 380$ nm) und infrarote Strahlung ($\lambda > 780$ nm) sind für uns unsichtbar. Infrarote Strahlen sind Wärmestrahlen.

> Das menschliche Auge hat bei grüngelbem Licht seine größte Empfindlichkeit.

Die Größen der elektromagnetischen Strahlung werden in *objektiven Einheiten* angegeben, z.B. die Strahlungsleistung in Watt. Für Lichtstrahlen werden dagegen meist *subjektive Einheiten* verwendet, welche die Empfindlichkeit des menschlichen Auges berücksichtigen. Solche lichttechnische Größen sind *Lichtstrom* und *Beleuchtungsstärke*.

Lichtstrom ist die von einer Lichtquelle ausgehende Strahlungsleistung unter Berücksichtigung der relativen Augenempfindlichkeit und des *Lichtgleichwertes* als Umrechnungsfaktor. Seine Einheit ist das Lumen (lm, lat. lumen = Licht, Lichtquelle).

Beleuchtungsstärke ist das Verhältnis von Lichtstrom zur senkrecht beleuchteten Fläche. Ihre Einheit ist das Lux (lx, lat. lux = Licht, Helligkeit). Eine Arbeitsplatzbeleuchtung hat 300 lx bis 1000 lx, Tageslicht hat etwa 30000 lx bis 70000 lx.

Fotowiderstände

Fotowiderstände bestehen z. B. aus den Halbleiterwerkstoffen Cadmiumsulfid (CdS), Bleisulfid (PbS) oder Indiumantimonid (InSb). Bei Beleuchtung entstehen zusätzliche Ladungsträgerpaare, wodurch der Widerstand abnimmt. Der *Dunkelwiderstand* (ohne Lichteinfall) beträgt meist mehrere MΩ und der *Hellwiderstand* bei einer angegebenen Beleuchtungsstärke meist weniger als 1 kΩ.

Fotodioden

Fotodioden enthalten PN-Übergänge, die bestrahlt werden können. Sie bestehen meist aus Silicium und werden als Planardioden aufgebaut **(Bild 2)**. Die Sperrschicht reicht infolge einer stark dotierten P-Schicht P⁺ fast nur in die N-Schicht hinein. Das Licht besteht aus kleinsten Teilchen, den Photonen. Dringt Licht oder IR-Strahlung (Infrarotstrahlung) in den PN-Übergang, so kann es seine Energie an

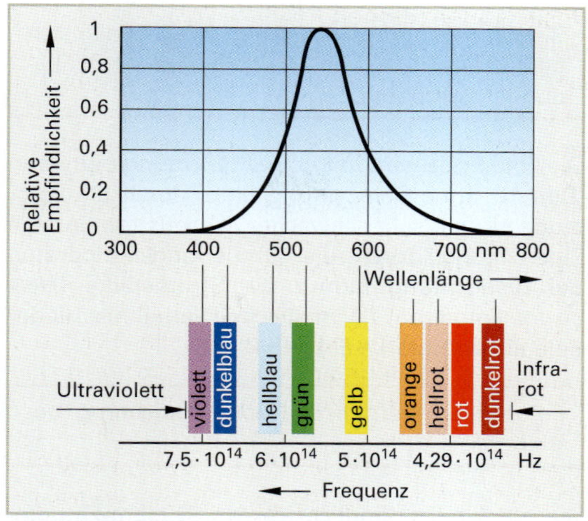

Bild 1: Empfindlichkeit des menschlichen Auges

$$\Phi_v = P \cdot K \cdot s_v \qquad E_v = \frac{\Phi_v}{A}$$

$$[\Phi_v] = \text{W} \cdot \frac{\text{lm}}{\text{W}} = \text{lm} \qquad [E_v] = \frac{\text{lm}}{\text{m}^2} = \text{lx}$$

Φ_v Lichtstrom
P Strahlungsleistung
K Lichtgleichwert ($K = 683$ lm/W)
s_v relative Empfindlichkeit
E_v Beleuchtungsstärke
A beleuchtete Fläche

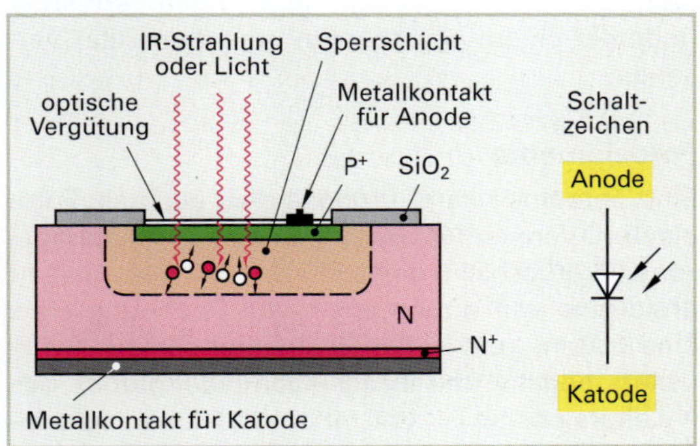

Bild 2: Aufbau einer Si-Planar-Fotodiode

Elektronen abgeben, welche sich bei genügender Energieaufnahme aus ihrem Atomverband lösen können. Dabei entstehen paarweise freie Elektronen und Löcher, die den Strom durch den PN-Übergang bilden. Diesen Vorgang nennt man *inneren fotoelektrischen Effekt*.

Er hängt vom Halbleiterwerkstoff, von der Wellenlänge der Strahlung und von der Beleuchtungsstärke ab.

Beim inneren fotoelektrischen Effekt bilden sich bei Beleuchtung im Halbleiterwerkstoff Ladungsträgerpaare.

Die Fotodiode wird in Rückwärtsrichtung betrieben **(Bild 1)**. Ohne Beleuchtung fließt durch die Fotodiode nur ein sehr schwacher *Dunkelstrom* infolge Eigenleitung durch die Umgebungstemperatur. Bei Beleuchtung nimmt die Stromstärke (*Hellstrom*, Fotostrom I_p) im gleichen Verhältnis mit der Beleuchtungsstärke E_v zu (Bild 1).

Fotodioden werden in Rückwärtsrichtung betrieben.

Die relative Empfindlichkeit von Silicium-Fotodioden erstreckt sich vom Ultraviolettbereich bis zum Infrarotbereich **(Bild 2)**. Ihre Empfindlichkeit liegt etwa bei der von IRED (Infrarot emittierende Dioden), wodurch sie für Lichtschranken, Optokoppler, Infrarot-Fernbedienungen und als Empfänger bei Übertragung in Lichtwellenleitungen (Abschnitt 1.7.4.6) geeignet sind. Wegen ihrer Linearität werden sie auch in Beleuchtungsstärkemessern und Belichtungsmessern verwendet.

Der Dunkelstrom von Si-Fotodioden beträgt nur mehrere pA und die Grenzfrequenz reicht bis etwa 1 MHz. Für höhere Frequenzen werden PIN-Fotodioden verwendet. Sie haben Grenzfrequenzen bis etwa 500 MHz. Ihre Dunkelströme sind jedoch größer und betragen einige nA. Teilweise sind Fotodioden bereits mit einem eingebauten Verstärker und/oder einem eingebauten optischen Filter versehen.

Fotoelemente

Eine Fotodiode kann grundsätzlich auch als Fotoelement verwendet werden. In der Raumladungszone (Grenzschicht) eines PN-Überganges entsteht ohne eine von außen angelegte Spannung stets eine Ladung, die in der Raumladungszone des P-Leiters negativ und in der Raumladungszone des N-Leiters positiv ist. Entstehen nun durch Lichteinfall in dieser Raumladungszone Ladungsträgerpaare, so ziehen die freien Elektronen zur N-Schicht und die Löcher zur P-Schicht (Bild 2, vorhergehende Seite). Dadurch erfolgt eine Trennung der Ladungen und damit eine Spannung, die an den Anschlüssen abgegriffen werden kann.

Kenngrößen eines Fotoelements sind die Leerlaufspannung U_0 und der Kurzschlussstrom I_k **(Bild 3)**.

Bei Si-Fotoelementen beträgt die Leerlaufspannung bei 1 000 lx etwa 0,4 V, bei Selen etwa 0,3 V.

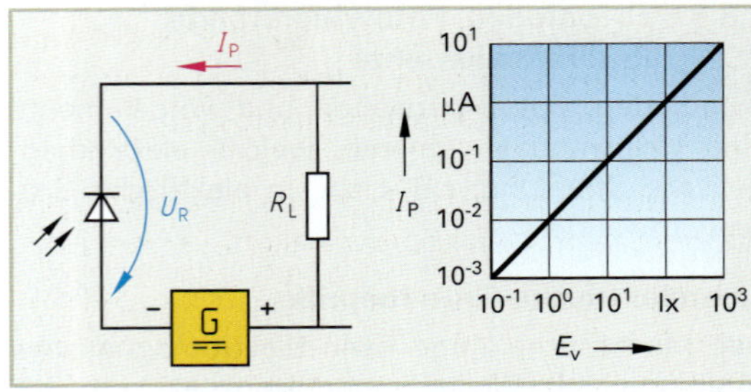

Bild 1: Grundschaltung und I_p (E_v)-Kennlinie einer Fotodiode

- Fotowiderstände sind polungsunabhängig.
- Bei der Fotodiode nimmt die Stromstärke mit der Beleuchtungsstärke zu.
- Fotoelemente erzeugen Gleichspannung.

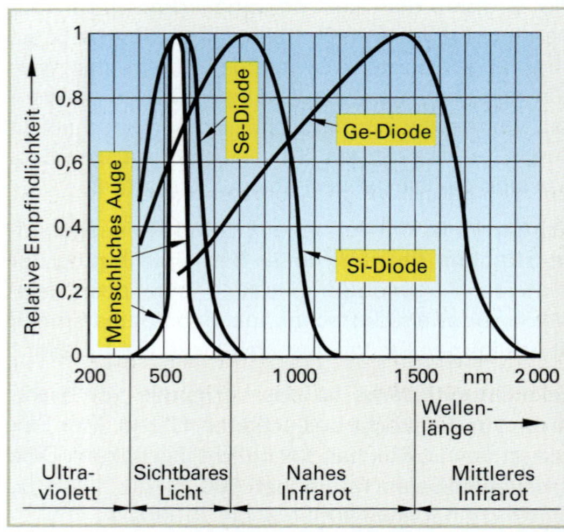

Bild 2: Empfindlichkeit von Fotodioden und Fotoelementen

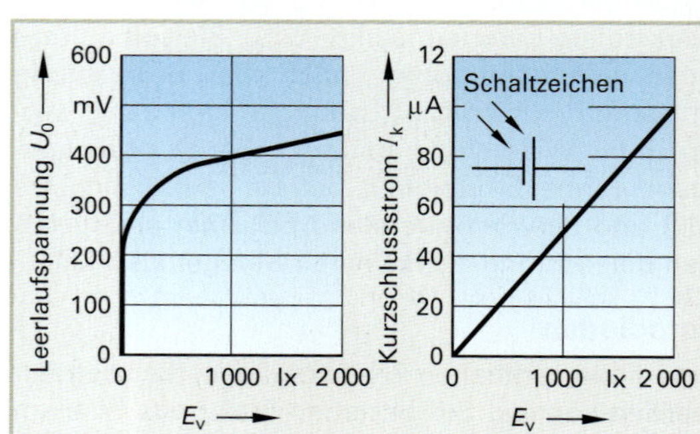

Bild 3: Kennlinien eines Fotoelements

Der Kurzschlussstrom steigt proportional zur bestrahlten Fläche. Die zulässige Sperrspannung von Fotoelementen liegt unterhalb von 1 V.

Fotoelemente geben bei Beleuchtung eine Spannung ab, die vom Halbleiterwerkstoff und von der Beleuchtungsstärke abhängt.

Fotoelemente werden z.B. in Uhren, Beleuchtungsstärkemessern und Taschenrechnern verwendet.

Großflächige Fotoelemente zur Nutzung der Sonnenenergie (*Solarzellen*, lat. solaris = Sonnen...) haben Wirkungsgrade von etwa 15%. Sie arbeiten als Spannungserzeuger in Fotovoltaik-Anlagen (Voltaik von voltage = Spannung), insbesondere zur Stromversorgung von Parkautomaten, Berghütten, Sendern, Umsetzern und Satelliten.

2.8.3.7 Leuchtdioden und Optokoppler

Die Leuchtdiode (LED von **L**ight **E**mitting **D**iode = Licht aussendende Diode, Lumineszenzdiode) ist eine Halbleiterdiode, die elektromagnetische Strahlung, z.B. Licht, abgeben kann **(Bild 1)**. Sie besteht aus Galliumarsenid (GaAs), Galliumphosphid (GaP) oder Galliumarsenidphosphid (GaAsP). Nach Anlegen der Vorwärtsspannung emittiert die Sperrschicht elektromagnetische Strahlung (lat. emittere = aussenden). Je nach verwendetem Halbleiterwerkstoff und Dotierwerkstoff, z.B. Zn, Si, N, ist die Strahlung im Infrarotbereich, z.B. bei GaAs, oder im sichtbaren Bereich, z.B. bei mit Stickstoff (N) dotiertem GaAsP, Kurzschreibweise GaAsP(N) **(Bild 2)**.

Die Strahlungsleistung dieser Dioden steigt fast im gleichen Verhältnis mit dem Durchlassstrom und sinkt mit steigender Sperrschichttemperatur. Die Ansprechzeiten zwischen dem Einschaltzeitpunkt und dem Aufleuchten der Dioden sind sehr kurz.

Leuchtdioden werden in Vorwärtsrichtung betrieben.

LEDs werden für die Farben Grün, Gelb, Orange, Rot und Blau hergestellt. Infrarot emittierende Dioden werden mit IRED (von **I**nfra **R**ed **E**mitting **D**iode = Infrarot aussendende Diode) abgekürzt.

Nach Anlegen einer Spannung in Vorwärtsrichtung dringen Elektronen in die P-Schicht und Löcher in die N-Schicht. Dort rekombinieren sie und es wird Energie frei, die zum Teil in Licht umgewandelt wird. Diese Strahlung entsteht vorwiegend am Übergang zwischen Sperrschicht und P-Schicht und dringt durch die sehr dünne P-Schicht (etwa 1,5 µm) an die Oberfläche. Der Wirkungsgrad und die Lebensdauer einer LED bzw. IRED lassen sich bei Speisung mit einer Rechteckspannung erhöhen. Zur Strombegrenzung benötigt eine Leuchtdiode einen Vorwiderstand. Die Schleusenspan-

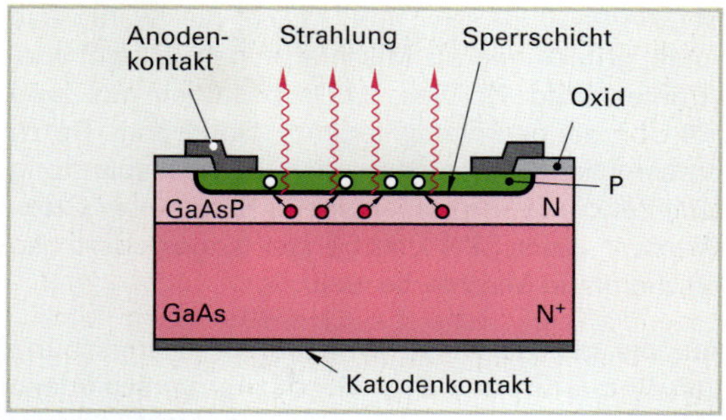

Bild 1: LED (Leuchtdiode)

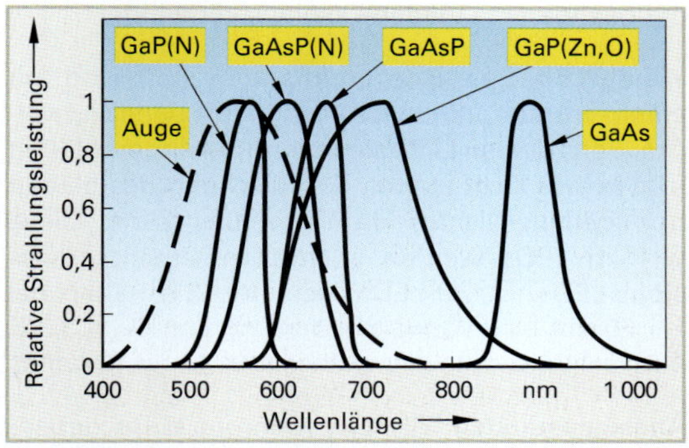

Bild 2: Abhängigkeit der Wellenlänge der Strahlung vom Werkstoff

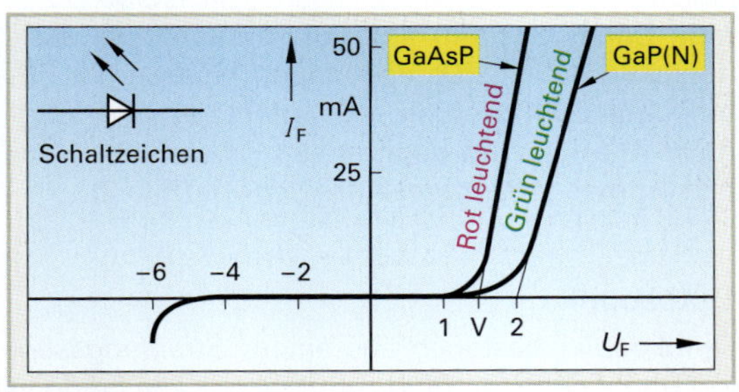

Bild 3: *I*(U)-Kennlinien von Leuchtdioden

LED und IRED sind Leuchtdioden

- LEDs erzeugen Licht.
- IREDs erzeugen Infrarotstrahlung.

nung liegt je nach Werkstoff etwa zwischen 1,35 V und 2,5 V, die höchstzulässige Sperrspannung nur zwischen 3 V und 6 V **(Bild 3)**.

Damit beim Betrieb an Wechselspannung diese höchstzulässige Spannung in Rückwärtsrichtung nicht überschritten wird, muss man meist eine Si-Diode in Reihe oder zwei LEDs antiparallel (parallel mit entgegengesetzter Polung) schalten.

IREDs dienen z. B. als Sender von Infrarotstrahlung in der Glasfaserleitertechnik, in Optokopplern und Lichtschranken. LEDs werden als Lichtquellen in Anzeigeeinheiten und Meldeleuchten verwendet.

Mehrfarben-LED. Es gibt LEDs, die wahlweise rotes, grünes und als Mischfarbe gelbes Licht ausstrahlen **(Bild 1)**. Diese LEDs bestehen aus zwei PN-Übergängen verschiedener Dotierung. Durch entsprechendes Anlegen der Betriebsspannung leuchtet die Diode wahlweise in Rot oder in Grün. Werden beide PN-Übergänge angesteuert, so erscheint die Mischfarbe Gelb.

Auf die gleiche Weise kann durch Farbmischung von Rot, Grün und Blau durch drei verschiedene LED-Chips in einer LED weißes Licht erzeugt werden. Dieses Prinzip wird hauptsächlich in hochauflösenden LED-Video-Displays verwendet.

Weiße LED. Eine Blau emittierende LED wird mit einem Tropfen Lumineszenzfarbstoff bedeckt, welcher vom blauen Licht zum Leuchten angeregt wird und gelbes Licht abgibt. Die Mischung des blauen und gelben Lichtes ergibt weißes Licht. Diese weißen LEDs werden auch Lumineszenzkonversions-LEDs (LUCO-LEDs) genannt. Sie haben bei $I_F = 20$ mA eine Vorwärtsspannung von $U_F \approx 3{,}3$ V. Ihre Lichtausbeute η liegt zwischen 4 und 10 lm/W.

Anzeigeeinheiten. Werden mehrere LEDs nebeneinander angebracht, so entsteht ein Anzeigefeld **(Bild 2)**. Je nach Ansteuerung der einzelnen LEDs leuchten verschiedene Zeichen (Buchstaben, Ziffern, Sonderzeichen) auf. Für Anzeigefelder werden z. B. 5 × 7 LEDs verwendet. Müssen nur Ziffern angezeigt werden, so verwendet man Segment-Anzeigen (lat. segmentum = Abschnitt). Häufig kommen *7-Segment-Anzeigen* vor (Bild 2).

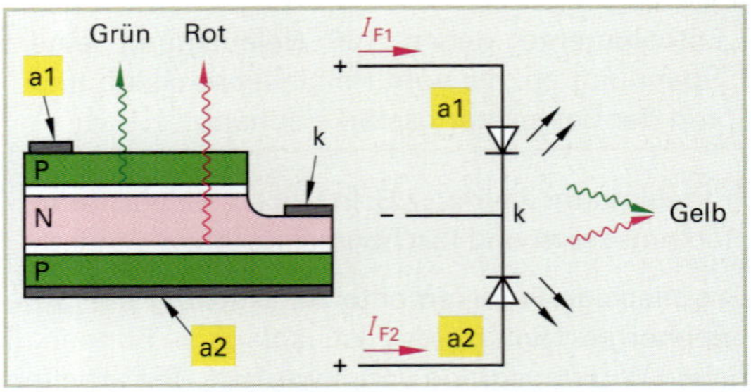

Bild 1: Mehrfarben-LED

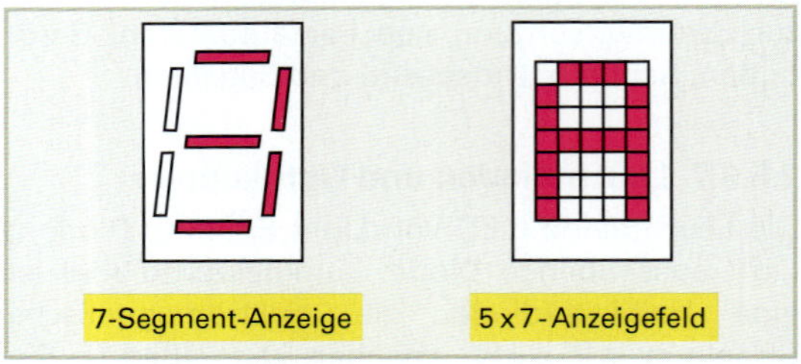

Bild 2: LED-Anzeigen

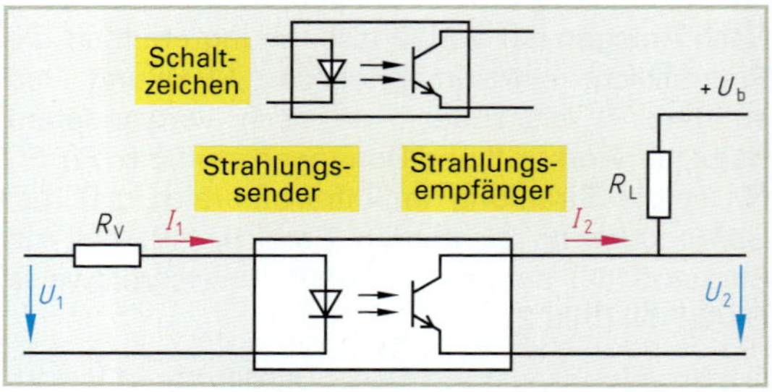

Bild 3: Optokoppler

Optokoppler

Optokoppler bestehen aus einem *Strahlungssender* und einem *Strahlungsempfänger*, die beide in ein gemeinsames, lichtdichtes Gehäuse eingebaut sind, sodass der Empfänger nur Strahlung vom Sender empfängt **(Bild 3)**. Als Strahlungssender werden bevorzugt IREDs verwendet. Als Strahlungsempfänger (*Detektoren*, lat. detector = Aufdecker, hier: Bauteil zum Auffinden) dienen je nach Anwendungsbereich Fotodioden, Fototransistoren, Fotodarlingtontransistoren oder Fotothyristoren.

Die vom Eingangsstrom I_1 in der Leuchtdiode erzeugte Strahlung wird z.B. auf den Fototransistor übertragen und erzeugt dort einen Ausgangsstrom I_2, welcher zur Beleuchtungsstärke proportional ist (Bild 3). Der große Isolationswiderstand zwischen Eingangskreis und Ausgangskreis von > 10^{11} Ω bewirkt eine galvanische Trennung zwischen beiden Stromkreisen. Es sind Isolationsprüfspannungen von mehreren kV üblich.

Ein wichtiger Kennwert eines Optokopplers ist sein *Gleichstrom-Übertragungsverhältnis* $CTR = I_2/I_1$ (CTR von **C**urrent **T**ransfer **R**atio = Stromübertragungsverhältnis). Es beträgt bei Optokopplern mit Fotodioden etwa 0,002, bei Optokopplern mit Transistoren etwa 10 bis 500. Optokoppler mit Fotodioden haben sehr kurze Schaltzeiten (etwa ns) und können Signale bis etwa 10 MHz übertragen, während bei Optokopplern mit Fototransistoren die Grenzfrequenz bis etwa 500 kHz reicht.

Optokoppler dienen zur Signalübertragung mit galvanischer Trennung.

Optokoppler werden zur potenzialfreien Übertragung von Gleichgrößen, Wechselgrößen und für Schalterbetrieb verwendet. Sie dienen zur Potenzialtrennung zwischen zwei Stromkreisen, zur Ansteuerung von Thyristoren, als Pegelumsetzer und als Ersatz für Relais. Sie wirken dämpfend auf Störimpulse. Optokoppler gibt es z.B. 8fach in einem DIL-Gehäuse (Dual In Line).

2.8.3.8 Arbeitspunkt

Widerstände mit linearer $U(I)$-Kennlinie oder $I(U)$-Kennlinie im linearen Maßstab **(Bild 1)** werden als lineare Widerstände bezeichnet. Ihr Widerstand bleibt konstant, auch wenn sich die Spannung ändert.

Bauelemente mit nicht linearer $I(U)$-Kennlinie (Bild 1) bezeichnet man als nicht lineare Widerstände, z.B. Heißleiter, Kaltleiter, Dioden.

An einer konstanten Gleichspannung hat ein nicht linearer Widerstand einen Gleichstromwiderstand R, an *Spannungsänderungen*, z.B. Gleichspannungsänderung oder überlagerter Wechselspannung dagegen einen *differenziellen* Widerstand r.

> Nicht lineare Widerstände haben keinen konstanten Widerstandswert. Ihre Kennwerte gelten nur für den angegebenen Arbeitspunkt.

Der differenzielle Widerstand gilt nur für kleine Änderungsgrößen um den Arbeitspunkt. R und r lassen sich aus der Kennlinie des Bauelements ermitteln. Dazu legt man an den Arbeitspunkt A eine Tangente an (Bild 1), entnimmt einem Steigungsdreieck ΔI und ΔU und berechnet r.

> Die Steigung der Kennlinie im $U(I)$-Diagramm ist ein Maß für den differenziellen Widerstand.

Bei linearen Widerständen sind Gleichstromwiderstand und differenzieller Widerstand gleich groß.

Trägt man die Kennlinien zweier in Reihe geschalteter Bauelemente in ein gemeinsames Kennlinienfeld ein, so ergibt der Schnittpunkt den Arbeitspunkt A der Reihenschaltung **(Bild 2)**. In ihm ist der Strom durch R_1 und R_2 gleich groß.

Graphisches Ermitteln des Arbeitspunktes:

1. Kennlinie eines Bauelements in ein $I(U)$-Kennlinienfeld mit linearem Maßstab eintragen.
2. Spiegelbildlich die $I(U)$-Kennlinie des anderen Bauelements eintragen.
3. Der Schnittpunkt der beiden Kennlinien ist der Arbeitspunkt der Reihenschaltung.

Im Arbeitspunkt können die Teilspannungen an den beiden Bauelementen und die Stromstärke abgelesen werden.

Die $I(U)$-Kennlinie eines Widerstands ist durch zwei Punkte festgelegt, z.B. $U_1 = 0\,\text{V}$ bei $I_1 = 0\,\text{A}$ und $U_2 = U$ bei $I_2 = U/R$. Eine spiegelbildlich eingetragene $I(U)$-Kennlinie eines Widerstands, z.B. für R_1 in Bild 2, wird Arbeitsgerade genannt. Sie lässt sich am einfachsten durch Verbinden der beiden Punkte $U_1 = U$ bei $I = 0\,\text{A}$ und $U_2 = 0\,\text{V}$ bei $I = U/R$ eintragen, wobei U die Gesamtspannung ist.

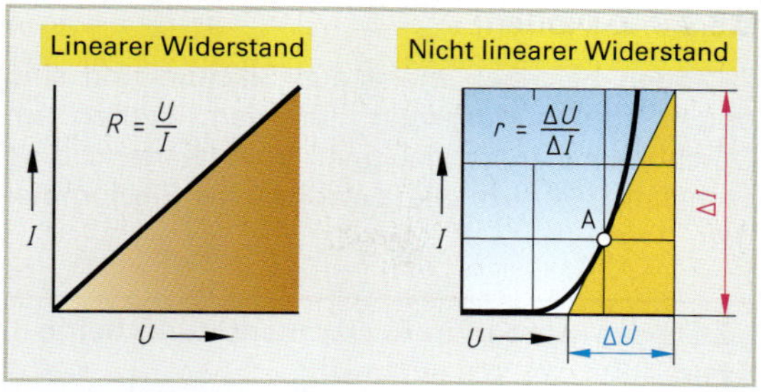

Bild 1: $I(U)$-Kennlinien

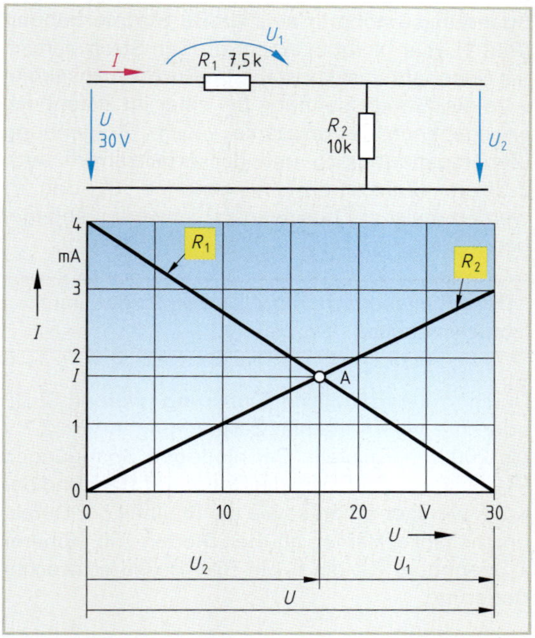

Bild 2: Reihenschaltung zweier Widerstände im $I(U)$-Kennlinienfeld

> **Beispiel 1:**
> Die Reihenschaltung der Widerstände $R_1 = 7{,}5\,\text{k}\Omega$ und $R_2 = 10\,\text{k}\Omega$ ist an eine Spannung $U = 30\,\text{V}$ angeschlossen (Bild 2). Mithilfe der $I(U)$-Kennlinien sollen der Arbeitspunkt A bestimmt, die Stromstärke I und die Teilspannungen U_1 und U_2 ermittelt werden.
>
> *Lösung:* Bild 2
>
> 1. $I(U)$-Kennlinie für R_2 eintragen,
>   Punkt 1: bei $U_2 = 0\,\text{V}$ ist $I = 0\,\text{A}$;
>   Punkt 2: bei $U_2 = 30\,\text{V}$ ist $I = U/R_2 = 30\,\text{V}/10\,\text{k}\Omega = 3\,\text{mA}$.
> 2. Arbeitsgerade für R_1 eintragen,
>   Punkt 1: bei $U_1 = 30\,\text{V}$ ist $I = 0\,\text{A}$;
>   Punkt 2: bei $U_1 = 0\,\text{V}$ ist $I = U/R_1 = 30\,\text{V}/7{,}5\,\text{k}\Omega = 4\,\text{mA}$.
> 3. Für den Arbeitspunkt A ablesen:
> $I = \mathbf{1{,}7\,mA}$; $U_1 = \mathbf{13\,V}$; $U_2 = \mathbf{17\,V}$.

2.8.3.9 Z-Dioden

Z-Dioden bestehen meist aus Silicium und sind durch starke Dotierung für den Betrieb im Durchbruchsbereich geeignet. In Vorwärtsrichtung verhalten sie sich wie gewöhnliche Siliciumdioden.

Z-Dioden werden in Rückwärtsrichtung betrieben.

Erreicht die Rückwärtsspannung den Betrag der Durchbruchsspannung, so bewirkt eine kleine Spannungserhöhung eine große Stromerhöhung **(Bild 1)**. Hier bleibt in einem großen Strombereich die Spannung fast konstant. Im Durchbruchsgebiet wird die Arbeitsspannung bei einer im Datenbuch angegebenen Stromstärke auch Z-Spannung (Zenerspannung) U_Z und der Arbeitsstrom auch Z-Strom (Zenerstrom) I_Z genannt. U_Z und I_Z werden meist mit positiven Zahlenwerten angegeben.

Der Arbeitsbereich von Z-Dioden ist der Durchbruchsbereich.

Durch unterschiedliche Dotierung werden Z-Dioden mit verschiedenen Z-Spannungen von 2,7 V bis 200 V hergestellt. Bei niedrigen Spannungen (R_{Z2} bis R_{Z4} in Bild 1) ist die Dotierung stark und der Knick weniger scharf sowie die Steilheit der Durchbruchsflanke kleiner als bei Dioden mit höherer Z-Spannung (R_{Z5} bis R_{Z8} in Bild 1) und schwacher Dotierung.

Für eine Arbeitsspannung mit etwa 0,7 V wird eine in Vorwärtsrichtung geschaltete Si-Diode mit steiler Durchlassflanke (R_{Z1} in Bild 1) benutzt. Diese Diode wird also in Vorwärtsrichtung betrieben. Für eine Arbeitsspannung von etwa 1,4 V werden zwei in Reihe geschaltete Si-Dioden in Vorwärtsrichtung betrieben.

Bei Z-Dioden mit hoher Dotierung (Z-Spannung unter etwa 5,5 V) ist der *Zenerdurchbruch* vorherrschend. Mit steigender Temperatur wird bei diesen Z-Dioden die Z-Spannung kleiner, d.h., die Kennlinie wandert in Richtung Nullpunkt. Diese Temperaturabhängigkeit der Arbeitsspannung U_Z wird durch den Temperaturkoeffizienten α_Z mit der Einheit 1/K angegeben. Es gilt $\Delta U_Z = \alpha_Z \cdot \Delta T \cdot U_Z$.

Bei Z-Dioden mit niedriger Dotierung (Z-Spannung über etwa 5,5 V) ist der *Lawinendurchbruch* (Avalancheeffekt) vorherrschend. Mit steigender Temperatur wird bei diesen Dioden die Z-Spannung größer.

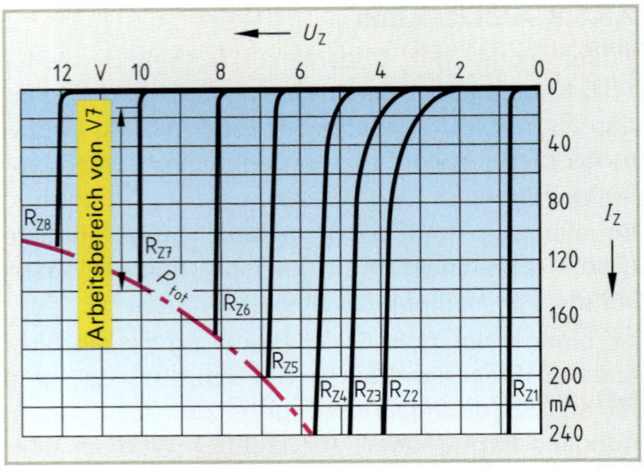

Bild 1: Arbeitskennlinien von Z-Dioden

Z-Dioden mit
- $U_Z < 5{,}5\,V$ haben negativen α_Z,
- $U_Z > 5{,}5\,V$ haben positiven α_Z,
- $U_Z \approx 5{,}5\,V$ sind temperaturunabhängig.

Beispiel 1:

Eine Z-Diode mit $U_Z = 4{,}7\,V$ hat einen Temperaturkoeffizienten $\alpha_Z = -0{,}2 \cdot 10^{-3}$ 1/K. Um welchen Betrag und in welche Richtung ändert sich die Arbeitsspannung bei einer Temperaturerhöhung ΔT um 40 K?

Lösung:

$$\Delta U_Z = \alpha_Z \cdot \Delta T \cdot U_Z = (-0{,}2 \cdot 10^{-3}\,1/K) \cdot 40\,K \cdot 4{,}7\,V$$
$$= \mathbf{-37{,}6\,mV}$$

Die Arbeitsspannung wird um 37,6 mV kleiner.

Z-Dioden sind mit Bemessungs-Z-Spannungen entsprechend der IEC-Reihen E12 und E24 erhältlich. Die wichtigsten Grenzwerte einer Z-Diode sind die zulässige Verlustleistung P_{tot} und der höchstzulässige Z-Strom I_{Zmax}. Berechnet man bei gegebenem P_{tot} für verschiedene Arbeitsspannungen den zulässigen Arbeitsstrom und trägt diese Punkte in das $I(U)$-Kennlinienfeld ein, so erhält man die Verlustleistungshyperbel für P_{tot}, die den Arbeitsbereich einschränkt und nicht überschritten werden darf (Bild 1). I_Z muss durch einen Vorwiderstand begrenzt werden.

Jede Z-Diode benötigt zur Strombegrenzung einen Vorwiderstand.

Für das Gleichstromverhalten ist der Gleichstromwiderstand R_Z der Z-Diode kennzeichnend. Für das Verhalten bei Wechselgrößen, z.B. Änderung der Arbeitsspannung, ist der differenzielle Widerstand r_Z der Z-Diode maßgebend. Er wird aus der Steigung der Tangente im Arbeitspunkt der Kennlinie ermittelt (**Bild 1**) oder dem Datenbuch entnommen. Beide Widerstände gelten nur für einen bestimmten Arbeitspunkt.

Anwendung. Z-Dioden werden meist in *Stabilisierungsschaltungen* zur Erzeugung einer konstanten Spannung verwendet. Je steiler die $I(U)$-Kennlinie der Z-Diode im Durchbruchsbereich (Arbeitsbereich) ist, umso konstanter ist die erzeugte Spannung. Z-Dioden dienen auch zur Unterdrückung von Spannungsspitzen als *Begrenzerdiode* in Begrenzungsschaltungen, als Koppelglied und als *Schutzdiode* in Messschaltungen.

Zur Erzeugung genauer Vergleichsspannungen werden temperaturkompensierte Z-Dioden verwendet, die fast temperaturunabhängig sind und einen kleinen differenziellen Widerstand haben.

2.8.3.10 Kapazitätsdioden

Kapazitätsdioden sind meist aus Silicium und nutzen die Spannungsabhängigkeit der Sperrschichtkapazität aus. Die Gesamtkapazität C_{tot} nimmt fast trägheitslos mit steigender Sperrspannung ab.

Es gibt Kapazitätsdioden mit unterschiedlichen Kapazitäts-Spannungs-Kennlinien **(Bild 2)**. Ist ihre Kapazität über einen großen Bereich einstellbar, so bezeichnet man sie als *Großhubdioden* oder *Tunerdioden*.
Sie haben z.B. bei Spannungen zwischen 3 V und 30 V ein Kapazitätsverhältnis $C_{3V}/C_{30V} = 6{,}5$.

Kapazitätsdioden dienen zur Abstimmung von Schwingkreisen. Ihr Gütefaktor liegt etwa zwischen 100 und 300. Die Temperaturabhängigkeit der Kapazität ist bei $U_R \approx 0$ V am größten und nimmt mit steigender Sperrspannung ab.

Kapazitätsdioden werden in Rückwärtsrichtung betrieben. Ihre Kapazität sinkt mit steigender Sperrspannung.

Es gibt auch Doppeldioden in einem Gehäuse, wobei diese Kapazitätsdioden mit entgegengesetzter Polarität in Reihe geschaltet sind. Sie werden eingesetzt, um HF-Verzerrungen in Abstimmkreisen wegen der gekrümmten $C(U)$-Kennlinie klein zu halten.

2.8.3.11 PIN-Dioden

PIN-Dioden besitzen zwischen jeweils einem hochdotierten, gut leitenden P-Leiter und N-Leiter einen sehr hochohmigen I-Leiter **(Bild 3)**.

Bei Frequenzen bis etwa 1 MHz verhalten sich PIN-Dioden wie gewöhnliche Dioden mit kleinen Verlusten und kleinen Sperrschichtkapazitäten. Über etwa 10 MHz haben PIN-Dioden keine Gleichrichterwirkung mehr.

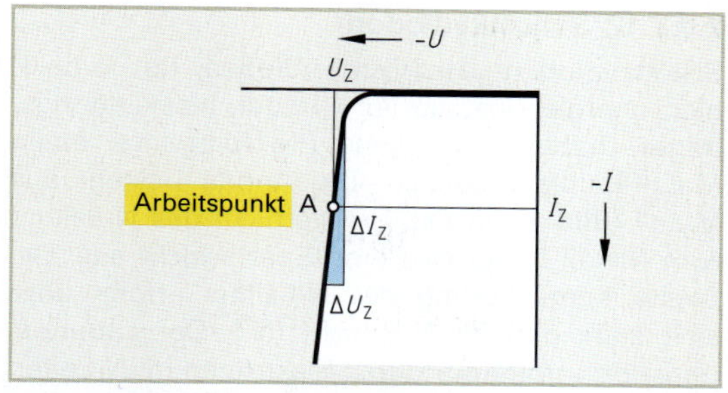

Bild 1: Ermittlung von R_Z und r_Z bei einer Z-Diode

$$R_Z = \frac{U_Z}{I_Z} \qquad r_Z = \frac{\Delta U_Z}{\Delta I_Z}$$

R_Z	Widerstand für Gleichstrom
U_Z, I_Z	Arbeitsspannung bzw. Arbeitsstrom im Durchbruchsgebiet
r_Z	differenzieller Widerstand im Durchbruchsgebiet
ΔU_Z, ΔI_Z	Spannungsänderung bzw. Stromänderung um den Arbeitspunkt

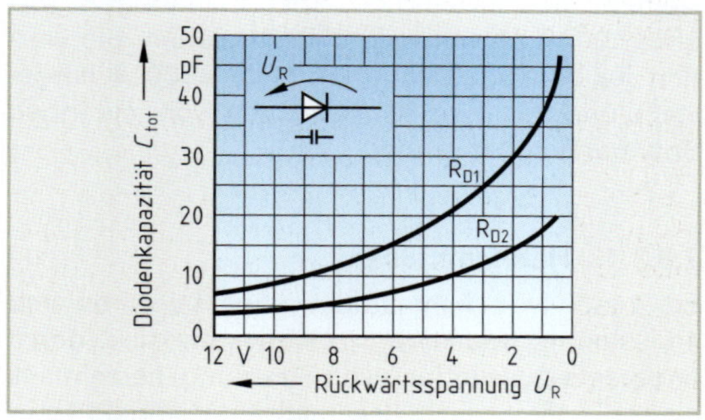

Bild 2: Kennlinien von Kapazitätsdioden

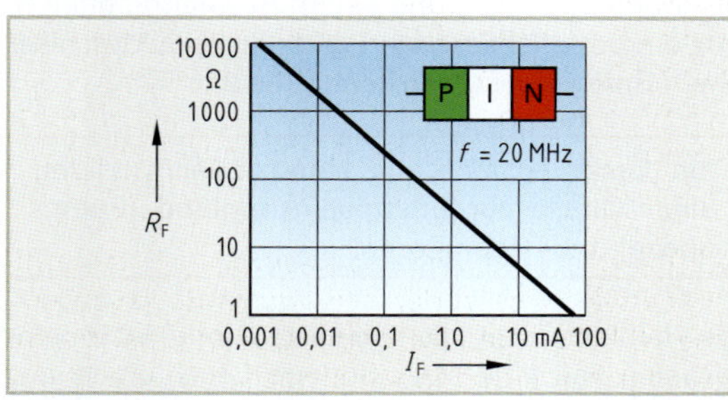

Bild 3: Aufbau und Widerstandskennlinie einer PIN-Diode

Bei hohen Frequenzen verhält sich eine PIN-Diode wie ein Wirkwiderstand, dessen Wert mit steigendem Durchlassstrom abnimmt.

PIN-Dioden werden als veränderbare Widerstände für HF-Signale (Dämpfungsglied) verwendet.

2.8.3.12 Schottkydioden

Schottkydioden[1] (Hot-Carrier-Dioden, hot = heiß, hier: energiereich, carrier = Träger, hier: Ladungsträger) haben statt eines PN-Übergangs einen Metall-Halbleiterkontakt. Die Anode besteht aus Metall **(Bild 1)**. In der Grenzschicht des N-Leiters zum Metall bildet sich eine Sperrschicht aus. Die zweite Kontaktierung des N-Leiters erfolgt über eine stark dotierte N-Schicht (N^+). Der Ladungstransport erfolgt nur durch Elektronen im N-Leiter. Deshalb speichert diese Diode keine Ladung und die Schaltzeit beim Übergang von Durchlassrichtung in Sperrrichtung (Sperrverzögerungszeit) ist sehr klein. Die Durchlasskennlinie ist sehr steil und die Schleusenspannung beträgt nur etwa 0,4 V. Dadurch ist die Verlustleistung kleiner und somit der Wirkungsgrad η größer als der von Siliciumdioden.

Schottkydioden haben eine niedrige Vorwärtsspannung und eine kurze Schaltzeit.

Schottkydioden haben größere Sperrströme und kleinere höchstzulässige Sperrspannungen (bis etwa 100 V) als normale Siliciumdioden. Sie werden für Vorwärtsströme bis etwa 3000 A hergestellt und z.B. zum Gleichrichten von niedrigen Spannungen verwendet.

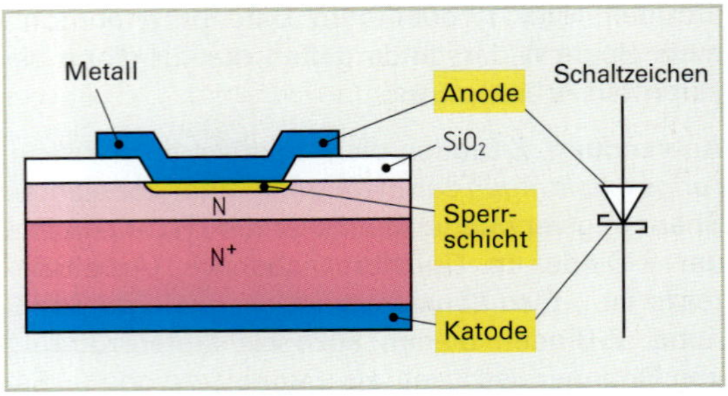

Bild 1: Schottkydiode

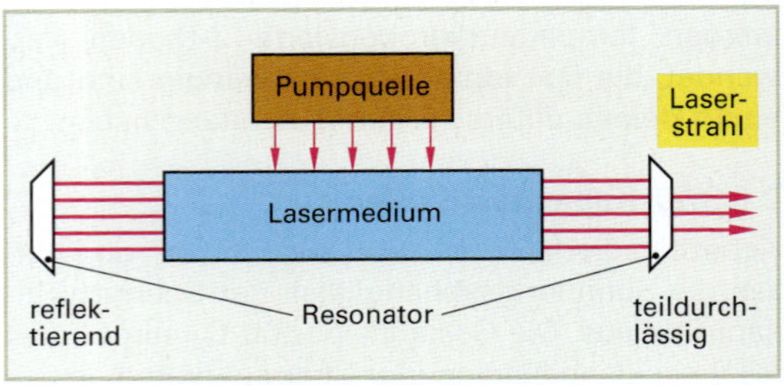

Bild 2: Prinzip eines Lasers

2.8.3.13 Halbleiterlaser

Ein Laser (von **l**ight **a**mplification by **s**timulated **e**mission of **r**adiation = Lichtverstärkung durch angeregte Aussendung von Strahlung) besteht aus einem Lasermedium (laseraktives Material), einer Pumpquelle, welche Energie in das Lasermedium einkoppelt (pumpt), und einem Resonator, der z.B. aus einem reflektierenden und einem teildurchlässigen Spiegel bestehen kann **(Bild 2)**.

Ein Laser besteht aus einem Lasermedium, einer Quelle zur Energieeinkopplung (Pumpquelle) und Resonatoren.

Ein Halbleiterlaser LD (von **L**aser **D**iode) ist im einfachsten Fall eine stark dotierte Leuchtdiode aus N-leitendem GaAs und einer z.B. mit Al dotierten P-Schicht **(Bild 3)**. Beim Anlegen einer Vorwärtsspannung (Pumpquelle) strahlt die Sperrschicht (Lasermedium) Licht oder Infrarotstrahlung aus.

Dieses Licht bzw. diese IR-Strahlung hat nur eine einzige, durch das Lasermedium festgelegte Wellenlänge, d.h., die Strahlung ist monochromatisch.

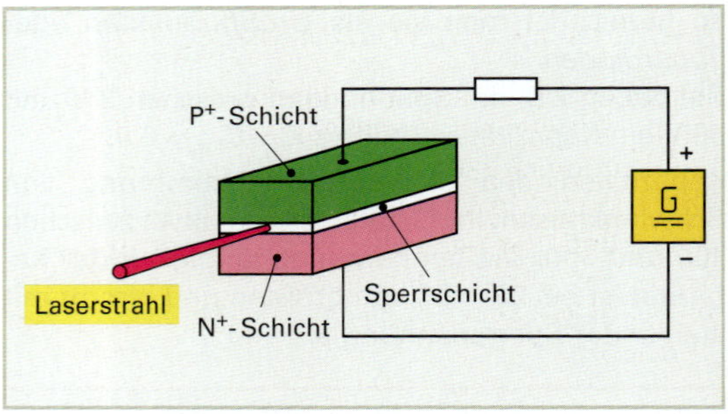

Bild 3: Halbleiterlaser

Während normales Licht völlig regellos schwingt, ist der Laserstrahl polarisiert. Dabei wird nur in einer bestimmten Richtung Strahlung mit gleicher Wellenlänge und gleicher Phasenlage abgestrahlt. Es entsteht kohärente Strahlung (lat. cohaerens = zusammenhängend).

- Monochromatische Strahlung hat nur eine einzige Wellenlänge.
- Kohärente Strahlung hat nur eine Phasenlage.

Laser strahlen monochromatisches, kohärentes Licht oder monochromatische, kohärente Infrarotstrahlung ab.

[1] Schottky, deutscher Physiker, 1886 bis 1976

Bei der Laserdiode (Bild 3, vorhergehende Seite) wird die Strahlung entlang der Sperrschicht ausgekoppelt. Die Wellenlänge der Strahlung hängt vom Halbleiterwerkstoff ab und liegt meist zwischen 600 nm und 950 nm **(Tabelle 1)**.

Diese Strahlung wird an den polierten und verspiegelten Enden der Sperrschicht teilweise reflektiert. Zwischen diesem optischen Resonator wird die Strahlung verstärkt und verlässt an der teildurchlässigen, kleinen Stirnfläche als Laserstrahl die LD. Die Leuchtdichte steigt linear mit dem Durchlassstrom.

Der **VCSEL** (von **V**ertical **C**avity **S**urface **E**mitting **L**aser = durch vertikale Lochoberfläche ausstrahlender Laser, sprich: Wixel) hat über und unter der Strahlung aussendenden Sperrschicht Stapel von Spiegelflächen **(Bild 1)**. Der VCSEL ist besonders geeignet als Sender für die Datenübertragung mit Bitraten > 3 Gbit/s in Glasfaserleitungen.

Halbleiterlaser benötigen im Vergleich zu anderen Lasern kleine Ströme und geben hohe Impulsspitzenleistungen ab. Sie erreichen Wirkungsgrade bis 20% und müssen gut gekühlt werden oder im Pulsbetrieb arbeiten. Die Strahlungsleistung erreicht im Dauerbetrieb einige Hundert mW und im Pulsbetrieb mehrere W (Tabelle 1).

Die Strahlung von LDs ist bis in den GHz-Bereich durch Amplitudenumtastung (Intensitätsumtastung) modulierbar und wird z.B. zur Nachrichtenübertragung, in CD- und DVD-Playern, in Sicherungs- und Alarmanlagen, in Entfernungsmesseinrichtungen und Nivelliergeräten, als Lichtzeiger, in Nachtsichtgeräten und in medizinischen Geräten verwendet.

Laserstrahlung kann die Augen und bei größerer Leistung auch die Haut schädigen. Es sind deshalb EU-Richtlinien und nationale Normen einzuhalten. Sie legen die höchstzulässige Bestrahlungsleistung fest.

Die Strahlungsquellen werden entsprechend den Strahlungsgrenzwerten in die Klassen 1, 2, 3A, 3B und 4 eingeteilt. Sie müssen entsprechend gekennzeichnet sein durch das dreieckige, gelbe Laserwarnzeichen und die Angabe der Strahlungsklasse **(Bild 2)**.

Die Sicherheitsinformation muss für den Anwender mitgeliefert werden. Geräte und Maschinen mit Lasereinrichtungen der Klasse 1, z.B. Laserpointer, sind ungefährlich.

Laserstrahlen können gefährlich sein. Es sind Normen und Sicherheitsrichtlinien einzuhalten.

Tabelle 1: Halbleiter-Laserdioden (Auswahl)

Laserdiode (LD)	Standard-LD	Kleinleistungs-LD	Hochleistungs-LD
Wellenlänge	630 nm bis 670 nm	770 nm bis 840 nm	790 nm bis 840 nm
Max. Leistung	< 7 mW	< 200 mW	0,5 W bis 50 W
Anwendung in	Barcode-Lesern, Scannern, Laserdruckern, DVD-Laufwerken, Messgeräten	CD-Laufwerken, Laserdruckern, Datenübertragung, Messtechnik, Medizintechnik, Materialbearbeitung	Medizintechnik, Materialbearbeitung (Schweißen, Schneiden, ...), Pumpen von Festkörperlasern

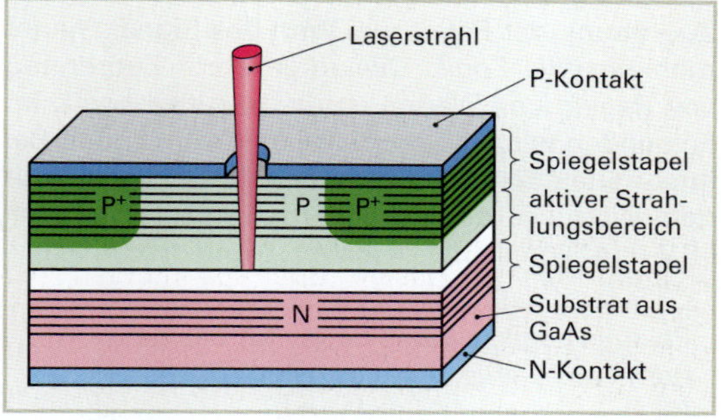

Bild 1: Aufbau eines VCSEL

Bild 2: Laserwarnzeichen

Wiederholung und Vertiefung

1. **In welchem Bereich liegt der Arbeitsbereich einer Z-Diode?**
2. **Wie ändert sich die Kapazität einer Kapazitätsdiode bei steigender Sperrspannung?**
3. **Nennen Sie Eigenschaften einer Schottkydiode.**
4. **Wodurch entsteht die große Intensität der Laserstrahlung?**
5. **Welche Eigenschaften hat die Strahlung eines Laserstrahls?**
6. **Was ist beim Umgang mit Laserstrahlen zu beachten?**
7. **Nennen Sie Anwendungsbeispiele für Kleinleistungs-Laserdioden.**
8. **Was versteht man unter einem VCSEL?**

2.8.4 Digitale Bauelemente

Digitale Bauelemente arbeiten meist mit digitalen Werten in binärer Form, den Binärzeichen 0 und 1.

2.8.4.1 Grundschaltungen binärer Elemente

Binäre Elemente sind meist integrierte Schaltungen **(Bild 1)**. Man unterscheidet UND-Elemente, ODER-Elemente und NICHT-Elemente (Inverter).

Oft wird dem Signal mit dem Wert 1 die Spannung mit dem Pegel H (High = hoch) zugeordnet. Damit ist die Spannung dieses Signals positiv gegenüber der Spannung des anderen Signals. Entsprechend wird dem Signal mit dem Wert 0 die Spannung mit dem Pegel L (Low = niedrig) zugeordnet. Die Spannung dieses Signals ist negativ gegenüber der Spannung des anderen Signals. Diese Art der Zuordnung der Pegel zum Wert des Signals nennt man *positive Logik.* Die umgekehrte Zuordnung von Pegeln und Werten ist die *negative Logik.* Im Folgenden wird die positive Logik verwendet. Bei integrierten Schaltungen haben dabei Signale mit dem Wert 1 je nach Schaltkreisfamilie +3 V bzw. +5 V und Signale mit dem Wert 0 entsprechend 0 V.

> Positive Logiksysteme haben für das Signal mit dem Wert 1 eine stärker positive Spannung als für das Signal mit dem Wert 0.

Signale werden mit schräg geschriebenen (kursiven) Kleinbuchstaben, Anschlüsse für Eingänge und Ausgänge werden mit nicht kursiven Großbuchstaben bezeichnet.

UND-Element

Bei der Transistorschaltung **Bild 2** schalten beide Transistoren K1 und K2 nur durch, wenn beide Eingänge E1 und E2 die Signale e_1 und e_2 mit dem Wert 1 (z.B. U_b = +5 V) haben. Damit liegt dann etwa die Betriebsspannung $+U_b$, d.h. ein Signal x mit dem Wert 1, am Ausgang X.

Liegt nur an einem Eingang ein Signal mit dem Wert 1, so bleibt am Ausgang X das Signal mit dem Wert 0 (z.B. 0 V), weil ein Transistor sperrt. Wenn an beiden Eingängen Signale mit dem Wert 0 anliegen, sperren beide Transistoren und am Ausgang liegt ein Signal mit dem Wert 0. Den Unterschied der Spannungen zwischen den Werten 0 und 1 bezeichnet man als *Spannungshub.*

> Am Ausgang eines UND-Elementes erscheint nur dann ein Signal mit dem Wert 1, wenn alle Eingänge Signale mit dem Wert 1 führen.

Die Abhängigkeit des Ausgangssignals eines binären Elements von den Eingangssignalen kann dargestellt werden durch die Schaltung, das Schaltzeichen und die Schaltfunktion **(Tabelle 1)** sowie durch die Wertetabelle und das Zeitablaufdiagramm **(Tabelle 2)**.

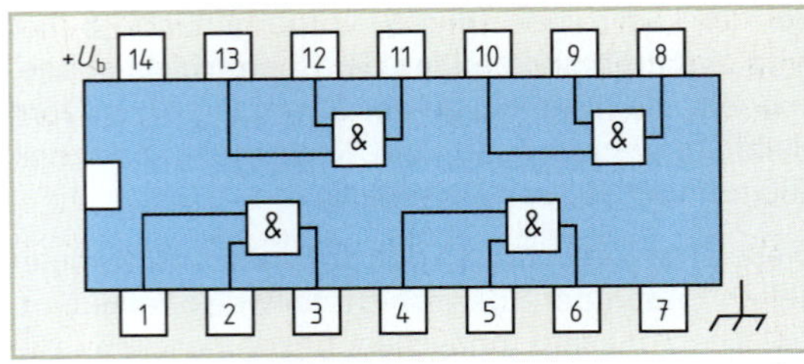

Bild 1: IC mit 4 UND-Elementen

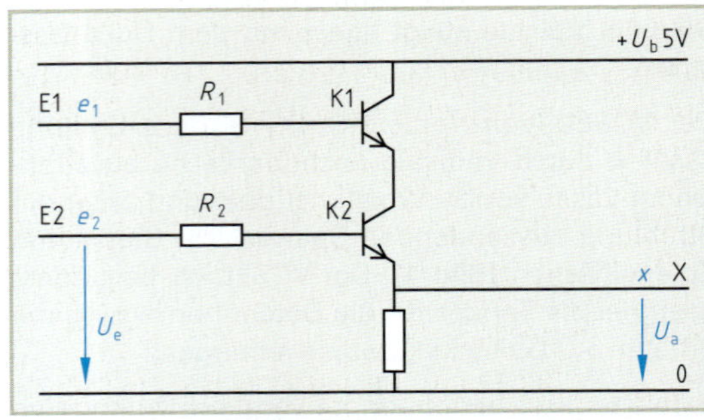

Bild 2: Prinzip eines UND-Elementes

Tabelle 1: UND-Elemente mit Schaltfunktion

Kontaktlose Schaltung (Schaltzeichen)	Relaisschaltung
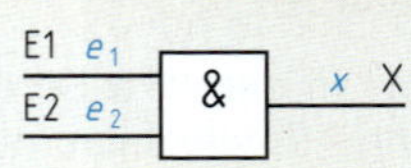 $x = e_1 \wedge e_2$ 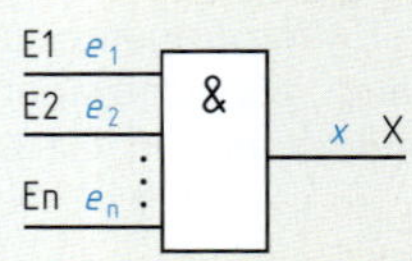 $x = e_1 \wedge e_2 \wedge \ldots \wedge e_n$	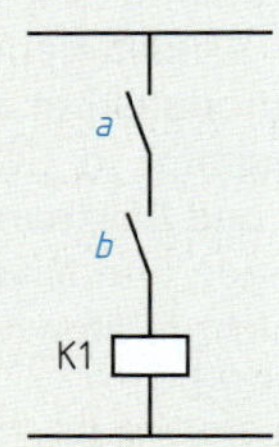 $x_{K1} = a \wedge b$

Tabelle 2: Wertetabelle und Zeitablaufdiagramm zu Tabelle 1

Wertetabelle

b	a	x_{K1}
e_2	e_1	x
0	0	0
0	1	0
1	0	0
1	1	1

Zeitablaufdiagramm

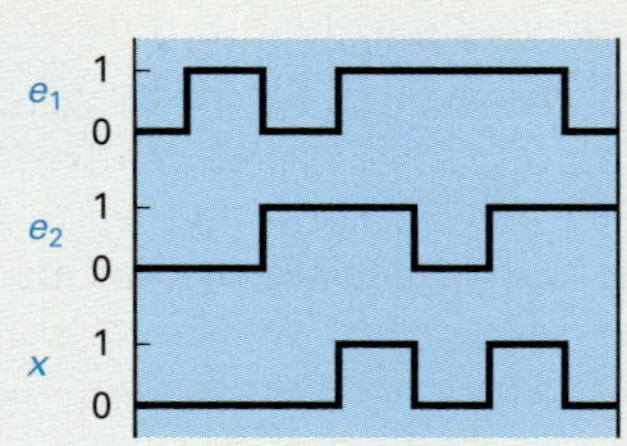

Eine UND-Verknüpfung kann auch durch die Reihenschaltung eines Relais mit z.B. zwei Kontakten *a* und *b* hergestellt werden (Tabelle 1, vorhergehende Seite). Beim Wert 1 sind die Kontakte geschlossen, beim Wert 0 dagegen offen. Der Ausgang hat den Wert 1, wenn das Relais angezogen hat. Somit hat der Ausgang nur dann den Wert 1, wenn alle Kontakte geschlossen sind, also den Wert 1 haben.

Für die Verknüpfung eines UND-Elementes mit zwei Eingängen lautet die zugehörige Schaltfunktion z.B. $x = e_1 \wedge e_2$ ($\wedge$ sprich: und). Die Werte des Ausgangssignals bei den verschiedenen Kombinationen der Werte der Eingangssignale werden in einer Wertetabelle oder in einem Zeitablaufdiagramm dargestellt (Tabelle 2, vorhergehende Seite).

ODER-Element

Legt man bei der Transistorschaltung **Bild 1** an den Eingang E1 ein Signal mit dem Wert 1, so liegt am Ausgang X ebenfalls ein Signal mit dem Wert 1 **(Tabelle 2)**. Wiederholt man dasselbe mit dem Eingang E2, so liegt am Ausgang X ebenfalls ein Signal mit dem Wert 1. Dieselbe Wirkung haben gleichzeitige Signale mit dem Wert 1 an beiden Eingängen. Es muss also mindestens ein Eingang ein Signal mit dem Wert 1 haben, damit am Ausgang X ein Signal mit dem Wert 1 anliegt.

Das im Schaltzeichen eingetragene Symbol $\geqslant 1$ kann durch 1 ersetzt werden, wenn dadurch keine Unklarheit entsteht.

> Bei einer ODER-Schaltung erscheint am Ausgang ein Signal mit dem Wert 1, wenn mindestens ein Eingang ein Signal mit dem Wert 1 führt.

Diese ODER-Verknüpfung ist ebenfalls durch die Schaltung, das Schaltzeichen und die Schaltfunktion **(Tabelle 1)** sowie durch die Wertetabelle und das Zeitablaufdiagramm (Tabelle 2) darstellbar.

Eine ODER-Verknüpfung kann auch durch die Parallelschaltung eines Relais mit z.B. zwei Kontakten *a* und *b* hergestellt werden (Tabelle 1). Der Ausgang hat nur dann den Wert 1, wenn mindestens ein Kontakt geschlossen ist, also den Wert 1 hat.

Für die Verknüpfung eines ODER-Elements mit zwei Eingängen lautet die zugehörige Schaltfunktion z.B. $x = e_1 \vee e_2$ ($\vee$ sprich: oder).

Wird ein UND-Element statt mit positiver Logik (H-AND-Schaltung, Bild 2, vorherige Seite) mit negativer Logik betrieben **(Bild 2)**, so arbeitet es als ODER-Element (L-OR-Schaltung).

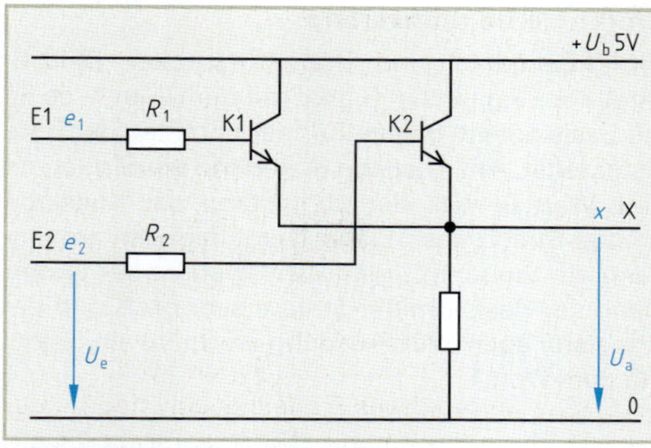

Bild 1: Prinzip eines ODER-Elementes

Tabelle 1: ODER-Elemente mit Schaltfunktion

Kontaktlose Schaltung (Schaltzeichen)	Relaisschaltung
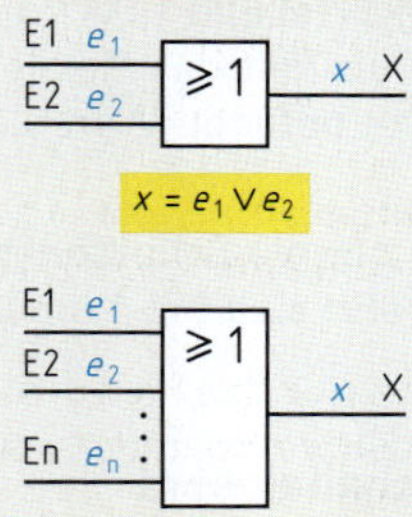 $x = e_1 \vee e_2$; $x = e_1 \vee e_2 \vee ... \vee e_n$	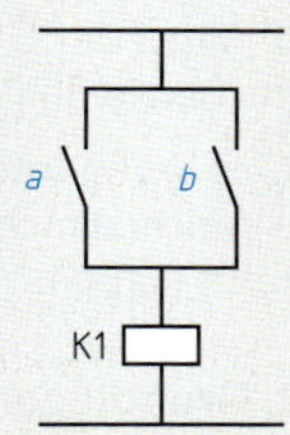 $x_{K1} = a \vee b$

Tabelle 2: Wertetabelle und Zeitablaufdiagramm zu Tabelle 1

Wertetabelle

b	a	x_{K1}
e_2	e_1	x
0	0	0
0	1	1
1	0	1
1	1	1

Zeitablaufdiagramm

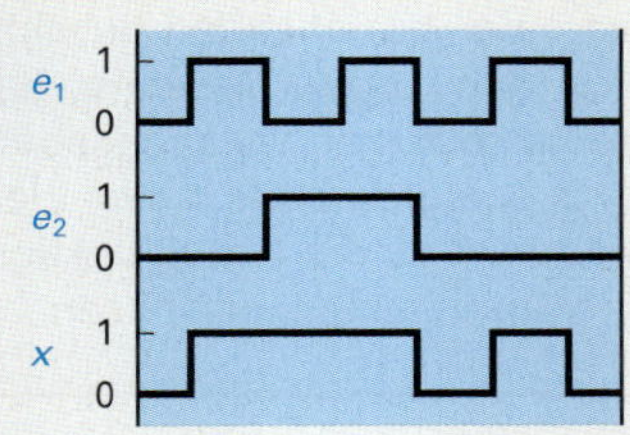

Positive Logik

e_2	e_1	x
0	0	0
0	1	0
1	0	0
1	1	1

Negative Logik

e_2	e_1	x
1	1	1
1	0	1
0	1	1
0	0	0

Bild 2: Vergleich der Logik-Arten einer UND-Verknüpfung

NICHT-Element (Inverter)

NICHT-Elemente sind Transistorschalter **(Bild 1).** Liegt am Eingang ein Signal mit dem Wert 1, so ist die Basis positiv gegenüber dem Emitter, der Transistor leitet. Am Ausgang liegt dann ein Signal mit dem Wert 0, weil der Widerstand der Kollektor-Emitter-Strecke fast null ist. Liegt dagegen am Eingang ein Signal mit dem Wert 0, so ist der Widerstand der Basis-Emitter-Strecke sehr groß und der Transistor sperrt. Am Ausgang erscheint ein Signal mit dem Wert 1.

> Bei einer NICHT-Schaltung hat das Signal am Ausgang stets den entgegengesetzten Wert wie das Eingangssignal.

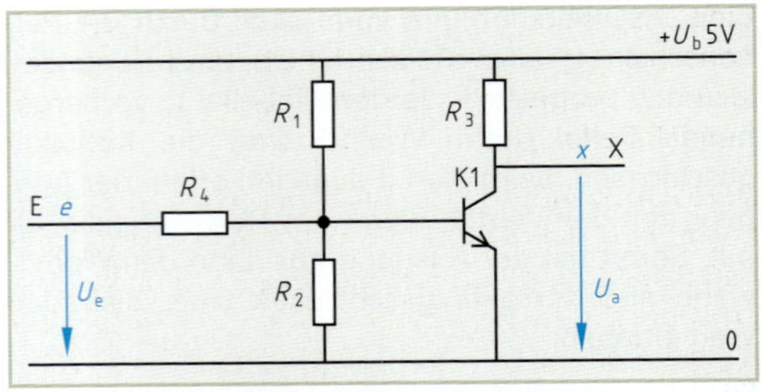

Bild 1: Prinzip eines NICHT-Elementes

Die NICHT-Verknüpfung (Invertierung, Negation) ist auch durch ein Relais K1 möglich, das durch einen Öffner angesteuert wird **(Tabelle 1).** Wird der Kontakt $\bar{a}$ betätigt (Wert 1), so fällt das Relais ab (Wert 0). Wird der Öffner nicht betätigt (Wert 0), so zieht das Relais an (Wert 1).

Die NICHT-Verknüpfung hat z.B. die Schaltfunktion $x = \bar{a}$ ($\bar{a}$ sprich: a nicht) und kehrt also 0 in 1 um und umgekehrt (Tabelle 1).

Tabelle 1: NICHT-Element mit seinen Funktionsdarstellungen

Kontaktlose Schaltung (Schaltzeichen)	Relaisschaltung
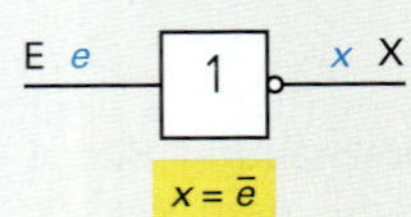 E e, 1, x X; $x = \bar{e}$	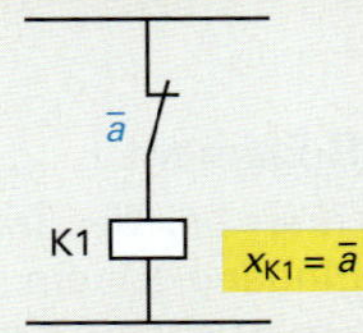 $\bar{a}$, K1; $x_{K1} = \bar{a}$
Wertetabelle	**Zeitablaufdiagramm**
siehe unten	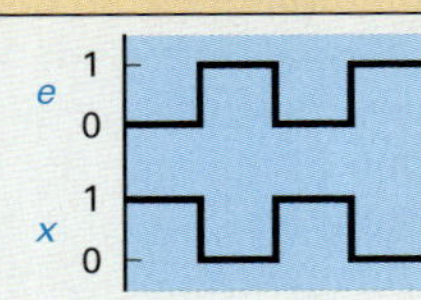 e: 1, 0; x: 1, 0

Wertetabelle:

a	x_{K1}
e	x
0	1
1	0

2.8.4.2 Grundlagen der Schaltalgebra

In der Schaltalgebra wird mit den Schaltfunktionen gerechnet. Sie ermöglicht z.B. das Umwandeln und das Vereinfachen von digitalen Schaltungen.

Die Schaltfunktionen werden bei kontaktlosen Schaltungen z.B. aus dem *Logik-Funktionsschaltplan* (lat. functio = Verrichtung) und bei Reiaisschaltungen aus dem Stromlaufplan abgelesen **(Bild 2).**

Aus einer bestehenden Schaltfunktion kann man auch den Logik-Funktionsschaltplan entwickeln. Dazu ersetzt man die angegebenen Verknüpfungen durch entsprechende binäre Elemente. Es ist dabei zweckmäßig, die Schaltfunktion schrittweise von innen nach außen aufzulösen.

> **Beispiel 1:**
> Entwickeln Sie für die Schaltfunktion $x = [(a \vee b) \wedge c] \wedge \bar{d}$ den Logik-Funktionsschaltplan.
> *Lösung:*
> $a \vee b$ entspricht einem ODER-Element mit den Eingangsvariablen *a* und *b*. $a \vee b$ ist mit *c* durch ein UND-Element verknüpft. Dieses ist durch ein UND-Element mit $\bar{d}$ verknüpft (Bild 2).

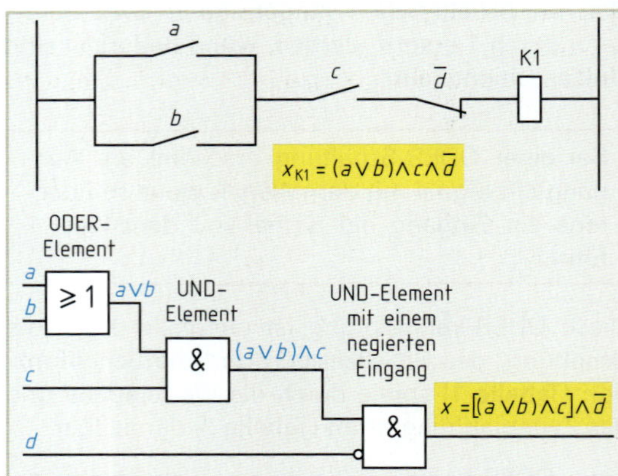

Bild 2: Relaisschaltung und Logik-Funktionsschaltplan mit Schaltfunktion

Rechenregeln für binäre Größen

Die Rechenregeln für binäre Größen **(Tabelle 1, folgende Seite)** sind besonders einfach mithilfe der Verknüpfungen mit Relaisschaltungen zu erkennen **(Bild 1, folgende Seite).** Bei den Konstanten 0 und 1 bedeutet in der Relaisschaltung 0 eine Unterbrechung und 1 einen Kurzschluss.

Binäre veränderliche Größen (Variable, von franz. variable = veränderlich) werden z.B. mit *a*, *b*, *c* bezeichnet. Sie können nur die Werte 0 und 1 annehmen. Eine solche Variable, z.B. *a*, wird in einer Relaisschaltung durch einen Schließer dargestellt und die Negation einer Variablen, z.B. $\bar{d}$, durch einen Öffner (Bild 2).

Die Rechenregeln enthalten die Verknüpfungen von Konstanten mit Konstanten, Variablen mit Konstanten und Variablen mit Variablen bzw. deren Invertierung (Tabelle 1).

Durch Anwendung der Rechenregeln erhält man Lösungen, die Vereinfachungen der entsprechenden Schaltung zulassen. So ist bei $1 \wedge a = a$ der dauernd geschlossene Kontakt mit dem Wert 1 überflüssig (redundant, von lat. redundantia = Überfluss), da nur die Variable a den Schaltzustand beeinflusst. Der Kontakt mit dem Wert 1 kann also weggelassen werden. Bei $1 \vee a = 1$ kann a entfallen, da bei einer Parallelschaltung der ständig geschlossene Kontakt mit dem Wert 1 den Einfluss der Veränderlichen a überflüssig macht.

Beispiel 1:

Eine Schaltfunktion lautet $x_{K1} = a \wedge 0$.

a) Skizzieren Sie hierfür die Relaisschaltung.

b) Welche Regel ist daraus ersichtlich?

Lösung:

a) **Bild 1**

b) $x_{K1} = a \wedge 0$ hat die gleiche Wirkung wie $x_{K1} = 0$

$\Rightarrow$ $\mathbf{0 \wedge a = 0}$

Rechengesetze der Schaltalgebra sind das Vertauschungsgesetz (Kommutativgesetz), Verbindungsgesetz (Assoziativgesetz), die Verteilungsgesetze (Distributivgesetze) und die de-Morgan'schen-Gesetze[1] (Umkehrgesetze, **Tabelle 2)**. Mithilfe dieser Gesetze ist es möglich, Vereinfachungen und Umformungen von Schaltfunktionen vorzunehmen.

Bei den de-Morgan'schen-Gesetzen wird der Negierungsstrich über einer Verknüpfung aufgebrochen, indem die Verknüpfung verändert wird, d.h., aus $\wedge$ wird $\vee$ und aus $\vee$ wird $\wedge$.

De Morgan Law:

Break the line and change the sign.

Anwendung binärer Grundschaltungen

Mithilfe verschiedener Darstellungsformen der Verknüpfungen (Wertetabelle, Schaltfunktion, Schaltung, Zeitablaufdiagramm) und der Schaltalgebra können auch schwierigere Steuerschaltungen entworfen werden.

Durch Zusammenschalten binärer Elemente lassen sich auch kompliziertere Steuerschaltungen verwirklichen.

[1] de Morgan, engl. Mathematiker, 1806 bis 1871

Tabelle 1 : Rechenregeln für binäre Größen

$0 \wedge 0 = 0$ $0 \wedge 1 = 0$ $1 \wedge 0 = 0$ $1 \wedge 1 = 1$	$0 \vee 0 = 0$ $0 \vee 1 = 1$ $1 \vee 0 = 1$ $1 \vee 1 = 1$
$0 \wedge a = 0$ $1 \wedge a = a$ $a \wedge a = a$ $a \wedge a \wedge \ldots \wedge a = a$	$0 \vee a = a$ $1 \vee a = 1$ $a \vee a = a$ $a \vee a \vee \ldots \vee a = a$
$a \wedge \overline{a} = 0$	$a \vee \overline{a} = 1$
$\overline{\overline{a}} = a$	

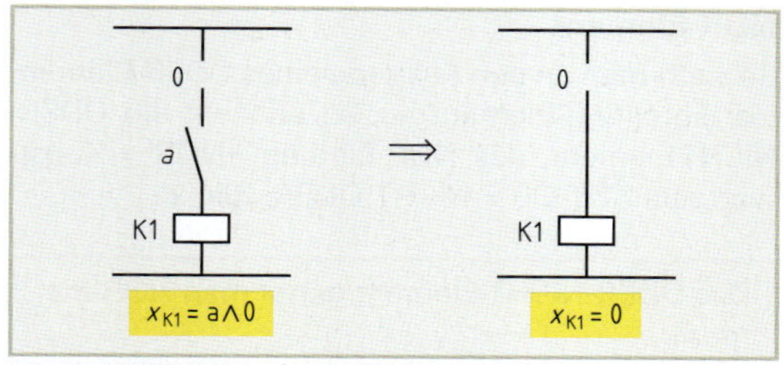

Bild 1: *Relaisschaltung und Schaltfunktion*

Tabelle 2: Rechengesetze

Name	Beispiel
Kommutativgesetz	$a \wedge b = b \wedge a$
Assoziativgesetz	$a \wedge b \wedge c = (a \wedge b) \wedge c$ $= a \wedge (b \wedge c)$ $= (a \wedge c) \wedge b$ entsprechend mit $\vee$
1. Distributivgesetz 2. Distributivgesetz	$(a \wedge b) \vee (a \wedge c) = a \wedge (b \vee c)$ $(a \vee b) \wedge (a \vee c) = a \vee (b \wedge c)$
de-Morgan'sche-Gesetze	$\overline{a \wedge b} = \overline{a} \vee \overline{b}$ $\overline{a \vee b} = \overline{a} \wedge \overline{b}$

Wiederholung und Vertiefung

1. **Bei welchen Werten der Eingangssignale hat der Ausgang eines UND-Elements den Wert 1?**
2. **Geben Sie die Schaltfunktion eines UND-Elements mit 3 Eingängen an.**
3. **Wodurch können die Verknüpfungen binärer Elemente dargestellt werden?**
4. **Welche Verknüpfung wird durch das Zeichen $\vee$ dargestellt?**
5. **Skizzieren Sie das Schaltzeichen eines ODER-Elements.**
6. **Nennen Sie die Verknüpfung zwischen Eingangs- und Ausgangssignal eines NICHT-Elements.**
7. **Welche Aufgabe hat die Schaltalgebra?**
8. **Welche Werte können die Variablen der Schaltalgebra annehmen?**
9. **Nennen Sie die de-Morgan'schen-Gesetze.**
10. **Vereinfachen Sie die Schaltfunktion $y = (a \wedge \overline{b} \wedge c) \vee \overline{a}$.**
Lösung: $\overline{a} \vee (\overline{b} \wedge c)$

2.8.4.3 Weitere binäre Elemente

NAND-Element

Schließt man am Ausgang eines UND-Elementes ein NICHT-Element an, so entsteht ein UND-NICHT-Element, das NAND-Element (NAND = Kunstwort aus NOT AND = NICHT UND, **Bild 1**).

> Das UND-NICHT-Element nennt man NAND-Element.

NOR-Element

Schließt man an den Ausgang eines ODER-Elementes ein NICHT-Element an, so entsteht ein ODER-NICHT-Element, das NOR-Element (NOR = Kunstwort aus NOT OR = NICHT ODER, **Bild 2**).

> Das ODER-NICHT-Element nennt man NOR-Element.

Antivalenz-Schaltung

Schließt man an ein ODER-Element zwei UND-Elemente mit den Eingangssignalen $\bar{e}_1$ und e_2 bzw. e_1 und $\bar{e}_2$ an, so erhält man die Antivalenz-Schaltung (von lat. antivalens = entgegengesetzt wertig, **Bild 3**).

Man nennt sie meist *Exklusiv-ODER-Schaltung* oder *XOR-Schaltung* (sprich: iks or). Das Kennzeichen = 1 im Schaltzeichen drückt aus, dass am Ausgang X nur dann ein Signal mit dem Wert 1 erscheint, wenn genau eine der Eingangsvariablen ein Signal mit dem Wert 1 hat.

> Am Ausgang einer Antivalenz-Schaltung liegt nur dann ein Signal mit dem Wert 1, wenn an den Eingängen unterschiedliche Signale liegen.

Äquivalenz-Schaltung

Die Äquivalenz-Schaltung (von lat. aequivalens = gleichwertig) geht aus der Exklusiv-ODER-Schaltung hervor, wenn man diese invertiert. Deshalb wird die Äquivalenz-Schaltung auch als *Exklusiv-NOR-Schaltung* oder *XNOR-Schaltung* bezeichnet (sprich: iks nor). Sie kann z.B. durch eine Schaltung nach **Bild 4** verwirklicht werden.

Meist werden aber IC verwendet, die z.B. vier XNOR-Schaltungen enthalten. Das Kennzeichen = im Schaltzeichen deutet an, dass nur bei Gleichheit der Eingangssignale am Ausgang ein Signal mit dem Wert 1 entsteht.

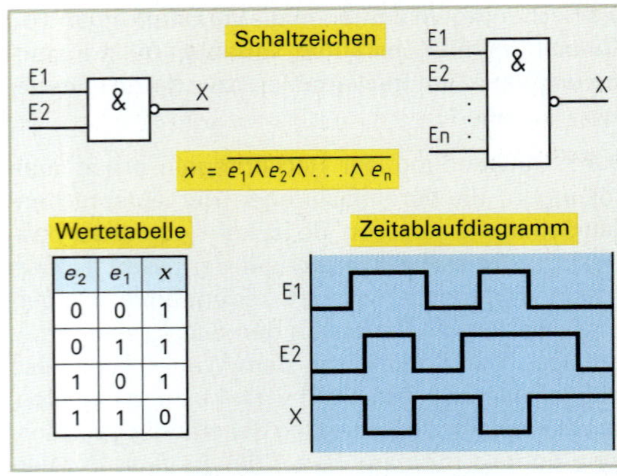

e_2	e_1	x
0	0	1
0	1	1
1	0	1
1	1	0

Bild 1: Schaltzeichen und Funktionsweise des NAND-Elementes

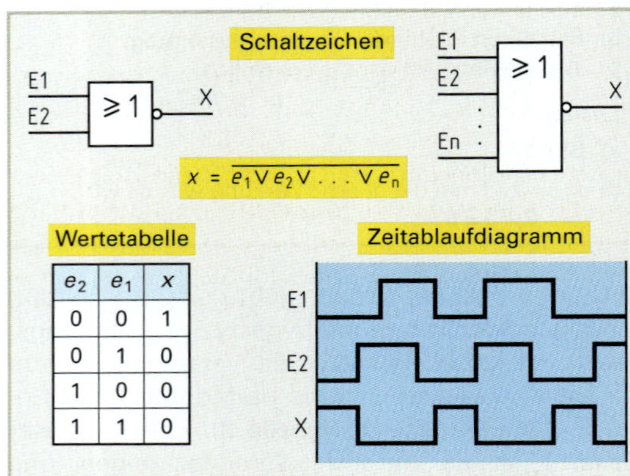

e_2	e_1	x
0	0	1
0	1	0
1	0	0
1	1	0

Bild 2: Schaltzeichen und Funktionsweise des NOR-Elementes

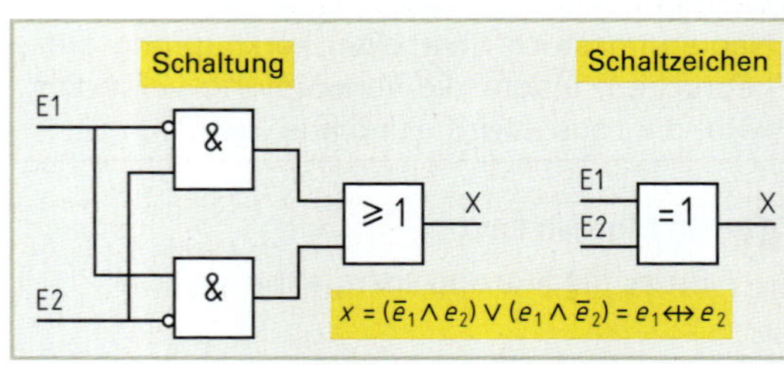

Bild 3: Exklusiv-ODER-Schaltung (XOR)

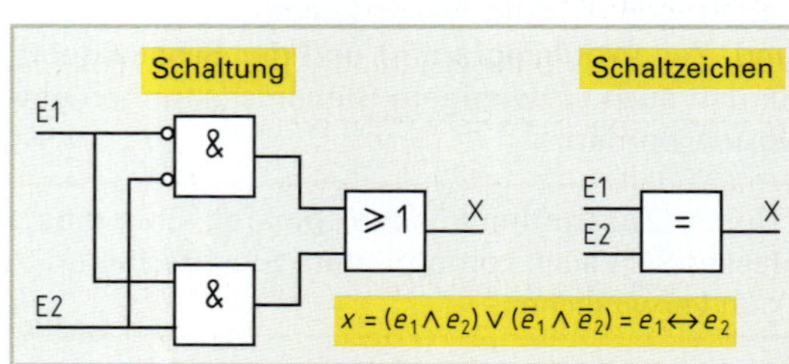

Bild 4: Exklusiv-NOR-Schaltung (XNOR)

Analyse und Synthese von Schaltungen

Bei der *Analyse* untersucht man eine bestehende Schaltung. Dabei ermittelt man die Schaltfunktion mithilfe der Schaltalgebra aus den Schaltungsunterlagen, z.B. dem Stromlaufplan.

Bei der *Synthese* wird eine Schaltung mithilfe der Bedingungen für die Schaltung ermittelt. Manchmal ist es möglich, aus diesen Bedingungen sofort die Schaltfunktion aufzustellen. Meist wird man aber zunächst die *Wertetabelle* für die Schaltung aufstellen.

Aufstellen der Wertetabelle. In der kombinatorischen Schaltungstechnik wird die binäre Verknüpfung zwischen den Eingangsvariablen und der Ausgangsvariablen in Form einer Schaltfunktion dargestellt. Sie hat den Nachteil, dass nicht sofort alle Kombinationen der Eingangsvariablen ersichtlich sind, die den Ausgangswert 1 der Ausgangsvariablen liefern. Diesen Anspruch erfüllt die *Wertetabelle*. Sie besteht aus den Spalten für die Eingangsvariablen und der Spalte für die Ausgangsvariable. Letztere wird ganz rechts angeordnet, die Eingangsvariablen in aufsteigender Reihenfolge links daneben. Bei z.B. zwei Eingangsvariablen e_1 und e_2 und der Ausgangsvariablen x besteht die Wertetabelle aus $2^2 = 4$ Zeilen, da vier Kombinationsmöglichkeiten der Werte 0 und 1 vorgegeben sind **(Bild 1)**.

In der Kopfzeile der Wertetabelle können anstelle der Eingangsvariablen und der Ausgangsvariablen auch die entsprechenden Bezeichnungen der Eingänge, E1 und E2, und der Ausgang X eingetragen sein **(Bild 2)**.

Eine Wertetabelle für drei Eingangsvariablen besteht aus $2^3 = 8$ Zeilen **(Bild 3)**. Die Zeilennummer (Dezimalzahl) entspricht der als Dualzahl betrachteten Eingangsvariablen. Dazu müssen die Werte 0 und 1 der Eingangsvariablen in der betreffenden Spalte von oben nach unten wie folgt eingetragen werden:

- Spalteneintrag für E1: 0, 1, 0, 1, 0, 1, ...
- Spalteneintrag für E2: 00, 11, 00, 11, ...
- Spalteneintrag für E3: 0000, 1111, 0000, 1111, ...

Bei vier Eingangsvariablen ist der

- Spalteneintrag für E4: 00000000, 11111111, ...

Die vollständige Wertetabelle einer Schaltfunktion mit n Eingangsvariablen besteht aus 2^n Zeilen.

- Synthese = Schaltungen aus den Schaltbedingungen entwerfen.
- Analyse = Schaltfunktion aus der Schaltung ermitteln.

e_2	e_1	x
0	0	0
0	1	1
1	0	1
1	1	0

Bild 1: Wertetabelle Form 1 (Signale)

E2	E1	X
0	0	0
0	1	1
1	0	1
1	1	0

Bild 2: Wertetabelle Form 2 (Anschlüsse)

Zeile	E3	E2	E1	X
0	0	0	0	1
1	0	0	1	0
2	0	1	0	0
3	0	1	1	1
4	1	0	0	1
5	1	0	1	0
6	1	1	0	1
7	1	1	1	0

Bild 3: Wertetabelle für drei Eingangsvariablen

Beispiel 1:

Eine Lampe H wird von vier Stellen geschaltet. Sie soll bei folgenden Schalterzuständen leuchten: Schalter S2 und S4 nicht betätigt und Schalter S1 und S3 betätigt oder Schalter S2 und S3 betätigt und S1 und S4 nicht betätigt oder Schalter S3 nicht betätigt und S1, S2 und S4 betätigt. Stellen Sie die vollständige Wertetabelle für die Lampe P auf.

Lösung: **Bild 1, folgende Seite**

Man kann auch eine *unvollständige* Wertetabelle aufstellen, wenn von der Anwendung her nicht die vollständige Tabelle erforderlich ist oder wenn die Zahl der Eingangsvariablen eine zu große Tabelle liefern würde. Es muss dann aber die vollständige Information enthalten sein, z.B. alle Zeilen, in denen die Ausgangsvariable den Wert 1 hat.

Aus der Wertetabelle kann man dann die Schaltfunktion entnehmen. Dafür gibt es die Darstellungsmöglichkeiten: *ODER-Normalform* sowie *UND-Normalform*. Meist wird die ODER-Normalform angewendet.

ODER-Normalform. Die ODER-Normalform (DNF, disjunktive Normalform, lat. disjunctus = getrennt) kann man aus der Wertetabelle entnehmen, wenn man die Zeilen der Ausgangsvariablen vom Wert 1 heraussucht und jeweils die Eingangsvariablen, bei 1 nicht invertiert und bei 0 invertiert, hinschreibt und über UND verknüpft. Alle derartigen Terme werden dann über ODER verknüpft.

Beispiel 1:

Eine Lampe X wird von drei Schaltern S1, S2 und S3 geschaltet. Sie soll bei folgenden Schalterstellungen leuchten: 1. Schalter S1 nicht betätigt und Schalter S2 und S3 betätigt. 2. Schalter S1 und S3 betätigt, S2 nicht betätigt. 3. Schalter S1, S2 und S3 betätigt.
a) Stellen Sie die vollständige Wertetabelle auf.
b) Wie lautet die ODER-Normalform für x?

Lösung:

a) **Bild 2**

b) $\boldsymbol{x = (s_1 \wedge \bar{s}_2 \wedge s_3) \vee (\bar{s}_1 \wedge s_2 \wedge s_3) \vee (s_1 \wedge s_2 \wedge s_3)}$

Nach dem Aufstellen der Schaltfunktion versucht man, mit den Regeln der Schaltalgebra sie so weit zu vereinfachen, dass die Schaltung sich mit dem geringsten Aufwand an Schaltgliedern verwirklichen lässt. Dieses Vereinfachen nennt man Reduzieren (lat. reducere = zurückführen, verkleinern) oder Minimieren.

Man kann auch ohne Wertetabelle die ODER-Normalform bilden, wenn man die Schaltfunktion so „erweitert", dass in allen Termen alle Eingangsvariablen vorkommen. Zu diesem Zweck verknüpft man über UND die unvollständigen Terme der Eingangsvariablen mit Termen vom Wert 1, z.B. mit $(d \vee \bar{d})$.

UND-Normalform. Man kann aus der Wertetabelle die Schaltfunktion auch entnehmen, wenn man die Zeilen mit der Ausgangsvariablen vom Wert 0 heraussucht. Geht man dann wie bei der ODER-Normalform vor, so erhält man die Schaltfunktion für die invertierte Ausgangsvariable. Invertiert man nun die gesamte Schaltfunktion, so entsteht die Schaltfunktion der nicht invertierten Ausgangsvariablen. Wendet man dabei auf die Eingangsvariablen die de-Morgan'schen-Gesetze an, so sind jetzt die Eingangsvariablen über ODER verknüpft und die so entstehenden Terme über UND. Diese Form der Schaltfunktion bezeichnet man als UND-Normalform (KNF, konjunktive Normalform, lat. konjunctus = verbunden).

Die UND-Normalform wendet man an, wenn in der Wertetabelle die Ausgangsvariable meist den Wert 1 hat.

Anwendung der
- DNF, wenn die Ausgangsvariable mehrheitlich den Wert 0 hat.
- KNF, wenn die Ausgangsvariable mehrheitlich den Wert 1 hat.

S4	S3	S2	S1	H
0	0	0	0	0
0	0	0	1	0
0	0	1	0	0
0	0	1	1	0
0	1	0	0	0
0	1	0	1	1
0	1	1	0	1
0	1	1	1	0
1	0	0	0	0
1	0	0	1	0
1	0	1	0	0
1	0	1	1	1
1	1	0	0	0
1	1	0	1	0
1	1	1	0	0
1	1	1	1	0

Bild 1: Wertetabelle für Beispiel vorhergehende Seite

Zeile	S3	S2	S1	X
0	0	0	0	0
1	0	0	1	0
2	0	1	0	0
3	0	1	1	0
4	1	0	0	0
5	1	0	1	1
6	1	1	0	1
7	1	1	1	1

Bild 2: Wertetabelle zu Beispiel 1

Wiederholung und Vertiefung

1. **Auf welche Weise entsteht ein NAND-Element?**
2. **Unter welchen Bedingungen erscheint am Ausgang eines NOR-Elementes ein Signal mit dem Wert 1?**
3. **Welche andere Bezeichnung gibt es für eine Äquivalenz-Schaltung?**
4. **Woraus besteht eine ODER-Normalform?**
5. **Erklären Sie das Prinzip der UND-Normalform.**

Aufbau des Karnaugh-Diagramms. Das Karnaugh-Diagramm (Karnaugh-Veitch-Diagramm, nach Karnaugh und Veitch, amerik. Mathematiker, KV-Diagramm) enthält in gedrängter Form die Informationen der Wertetabelle **(Bild 1)**. Jedes Feld enthält die Informationen der Zeile mit derselben Nummer der Wertetabelle.

> Jeder Zeile der Wertetabelle entspricht ein Feld im KV-Diagramm.

Die Minimierung (Verkleinerung) einer Schaltfunktion kann direkt dem KV-Diagramm entnommen werden. Dazu fasst man benachbarte Felder, die jeweils den Wert 1 haben, zu möglichst großen Blöcken zusammen. Die Zusammenfassung muss immer so erfolgen, dass ein Block 2, 4 oder 8 Felder enthält, die ein Rechteck oder ein Quadrat bilden **(Bild 2)**.

Benachbarte Felder sind auch Felder der letzten und ersten Zeile und der letzten und ersten Spalte. Die einzelnen Felder dürfen auch in mehreren Zusammenfassungen vorkommen (Bild 2).

> Jede Zusammenfassung im KV-Diagramm soll möglichst viele Felder enthalten. Die Zahl der Zusammenfassungen soll möglichst klein sein.

Jede Zusammenfassung (Block) bildet einen Term der gesuchten Schaltfunktion. Die Variablen, die innerhalb des Blocks ihren Zahlenwert nicht ändern, werden miteinander durch die UND-Funktion verknüpft. Die sich ergebenden Terme der Blöcke verknüpft man durch die ODER-Funktion.

Diese schaltalgebraische Gleichung ist die reduzierte Schaltfunktion. Man nennt sie auch *ODER-Normalform.*

Die Zusammenfassung der Felder mit dem Wert 1 im KV-Diagramm liefert die Terme der reduzierten Schaltfunktion der Ausgangsvariable.

Überwiegen im KV-Diagramm die Felder mit dem Wert 1, so ist es zweckmäßig, die *UND-Normalform* zu ermitteln. Dazu bildet man die Blöcke aus den Feldern mit dem Wert 0 und verfährt entsprechend wie bei der ODER-Normalform.

Man erhält dann die Schaltfunktion für die invertierte Ausgangsvariable.

> **Beispiel:**
>
> a) Erstellen Sie zur Wertetabelle **Bild 3** links das KV-Diagramm. b) Entnehmen Sie dem KV-Diagramm die minimierte Schaltfunktion.
>
> *Lösung:*
>
> a) **Bild 3 rechts;** b) $x = (\bar{a} \wedge b) \vee c$

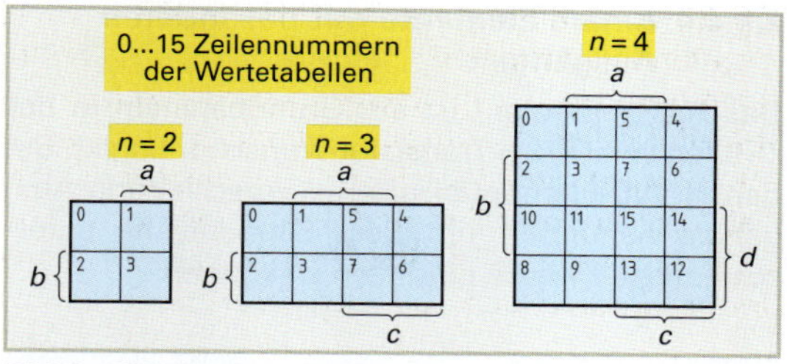

Bild 1: KV-Diagramme mit *n* Variablen

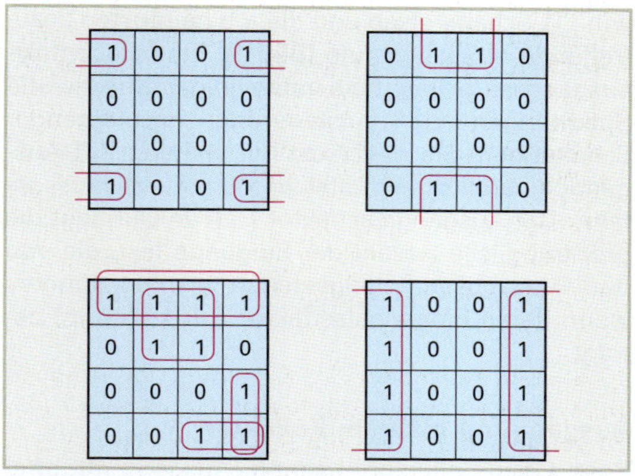

Bild 2: Benachbarte Felder bei KV-Diagrammen für 4 Variablen (Beispiele)

Zeile	*c*	*b*	*a*	*x*
0	0	0	0	0
1	0	0	1	0
2	0	1	0	1
3	0	1	1	0
4	1	0	0	1
5	1	0	1	1
6	1	1	0	1
7	1	1	1	1

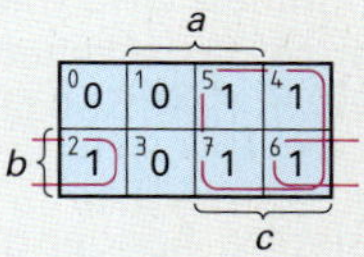

Bild 3: Wertetabelle und KV-Diagramm

> Im KV-Diagramm sind
> - Felder benachbart bei einer gemeinsamen Kante.
> - Block = Zusammenfassung von je 2^n-Feldern.
> - Term = Schaltfunktion eines Blocks.

Wiederholung und Vertiefung

1. **Welchen Vorteil hat eine Wertetabelle?**
2. **Woraus besteht eine Wertetabelle?**
3. **Welchen Inhalt hat ein KV-Diagramm?**
4. **Wie viele Felder hat ein KV-Diagramm bei *n* Eingangsvariablen?**
5. **Wie minimiert man eine Schaltfunktion mithilfe des KV-Diagramms?**
6. **In welchem Fall wendet man die UND-Normalform an?**

2.8.4.4 Binäre Elemente mit besonderen Ausgängen

Das NAND-Element ist ein Grundbaustein in der TTL-Technik (TTL = Transistor-Transistor-Logik). Bei den NAND-Elementen gibt es verschiedene Ausgangsschaltungen, um diese Elemente für unterschiedliche Zwecke einsetzen zu können.

Normalausgang

Der Totem-pole-Ausgang[1] ist der Normalausgang von TTL-Schaltkreisen und die am häufigsten anzutreffende Ausgangsstufe **(Bild 1)**. Eine Gegentaktausgangsstufe liefert die notwendigen Ströme und Spannungen zur Ansteuerung nachfolgender Schaltungen. Sie darf nicht mit weiteren TTL-Ausgängen parallel geschaltet werden (Kurzschlussgefahr). Der Ausgangslastfaktor F_Q (Fan Out) legt die größtmögliche Anzahl der Eingänge fest, die von der Ausgangsstufe angesteuert werden können, wenn deren Eingangslastfaktor $F_I = 1$ (Fan In) beträgt.

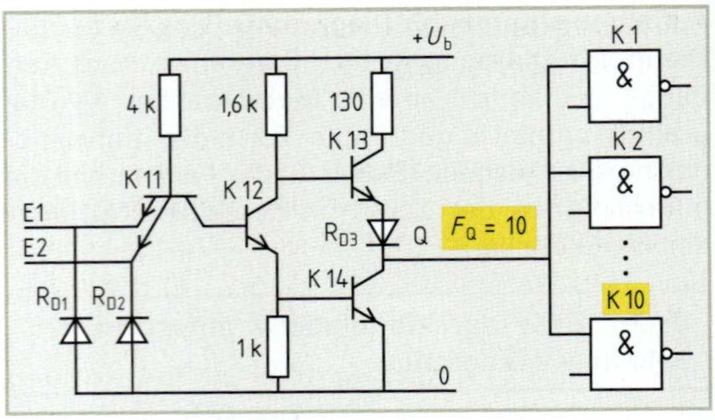

Bild 1: Normalausgang

Ausgang mit offenem Kollektor

Beim Open-Collector-Ausgang (Ausgang mit offenem Kollektor) ist kein Kollektorwiderstand integriert. Die Schaltkreisausgänge müssen mit dem externen Kollektorwiderstand R_C verbunden werden **(Bild 2)**. Dadurch entsteht eine zusätzliche logische Verknüpfung, die man Wired-AND (verdrahtetes UND) nennt. Allerdings ergeben sich hier lange Schaltzeiten gegenüber Schaltkreisen mit Totem-pole-Ausgängen.

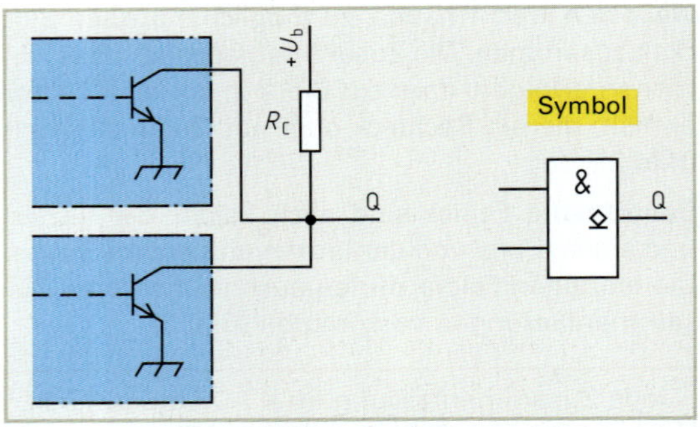

Bild 2: Ausgang mit offenem Kollektor

Tristate-Ausgang

Die Tristate-Ausgangsschaltung[2] mit dem besonderen Eingang CS (Chip-Select, chip = Plättchen, to select = auswählen) ermöglicht es, beide Ausgangstransistoren zu sperren **(Bild 3)**. Mit H-Pegel an CS ist das NAND-Element in Betrieb. Mit L-Pegel an CS wird der Ausgang hochohmig (dritter Zustand, deshalb Tristate), führt also weder H-Pegel noch L-Pegel. Beim Parallelschalten muss man darauf achten, dass alle Ausgänge bis auf einen gesperrt sind. Man nutzt das z.B. dort, wo mehrere Elemente auf einem gemeinsamen Leiter arbeiten.

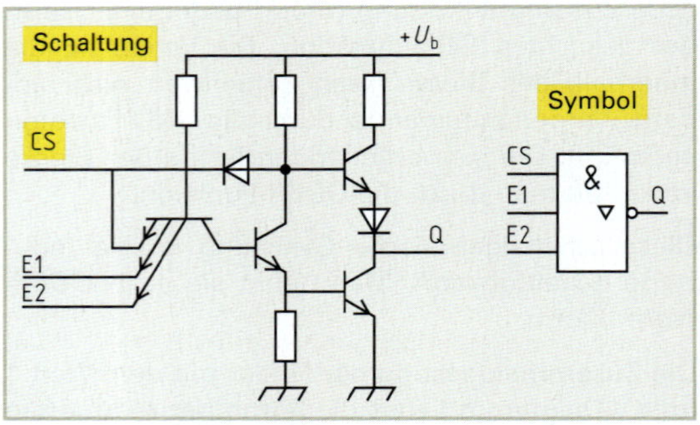

Bild 3: Tristate-Ausgang

Durch Einsatz von Schottkytransistoren bzw. Schottkydioden nach **Bild 4** werden ein kleinerer Leistungsverbrauch und kürzere Schaltzeiten erreicht. Die Schottkydioden verhindern eine Übersteuerung der Transistoren. Dadurch erreicht man kurze Signallaufzeiten.

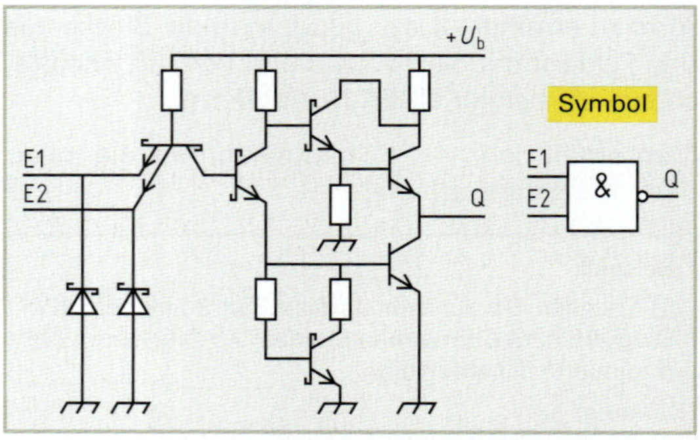

Bild 4: S-TTL-Schaltung (Schottky-TTL-Schaltung)

[1] indian. Totem = Stammeszeichen, pole = Pfahl

[2] Tristate, Kunstwort aus griech. Vorsilbe tri = drei, state = Zustand

2.8.5 Sequenzielle Grundschaltungen (Schaltwerke)

Flipflops

In der Signalverarbeitung ist es oft erforderlich, Signalzustände über die Dauer ihres Auftretens hinaus festzuhalten und wirksam werden zu lassen. Dazu werden für die binären Signale *Binärspeicher* (Signalspeicher) benötigt **(Bild 1)**.

Die Werte der Ausgangsgrößen einer Schaltung mit Binärspeichern hängen von den Werten der Eingangsgrößen und von den Zuständen der Binärspeicher zum Zeitpunkt der Ansteuerung ab.

Binärspeicher sind Flipflops (bistabile Kippschaltungen). Sie können den Informationsgehalt 1 bit speichern. Ein Flipflop besitzt z.B. einen *Setzeingang* S (von to set = setzen) und einen *Rücksetzeingang* R (von to reset = rücksetzen).

Ein Flipflop kann den Informationsgehalt 1 bit speichern.

Durch ein Signal mit dem Wert 1 am S-Eingang kann das Flipflop gesetzt werden. Am Q-Ausgang wird dadurch ein Signal mit dem Wert 1 erzeugt. Der Ausgang Q* (sprich: Q Stern) liefert dann ein Signal mit dem Wert 0. Anstelle von Q* wird auch $\overline{Q}$ (sprich: Q nicht) verwendet. Solange das Flipflop nicht durch ein Signal mit dem Wert 1 am R-Eingang zurückgesetzt wird, bleibt es gesetzt, auch wenn das Setzsignal nicht mehr vorhanden ist. Ein Flipflop mit S-Eingang und R-Eingang wird RS-Flipflop genannt.

Die beiden Ausgänge Q und Q* des Flipflops werden als *komplementär* (von lat. complementum = Ergänzung) bezeichnet. Sie liefern Spannungspegel, welche zueinander gegensätzlich sind.

Erfolgt das Setzen eines Flipflops mit Low-Pegel, wird der Setzeingang mit $\overline{S}$ (sprich: S nicht) gekennzeichnet. Entsprechendes gilt für das Rücksetzen und den Rücksetzeingang. Solch ein Flipflop nennt man $\overline{RS}$-Flipflop (sprich: R nicht, S nicht).

Flipflops können durch NOR-Elemente oder NAND-Elemente aufgebaut werden **(Bild 2)**.

Verschiedene Eingangspegel an $\overline{S}$ und $\overline{R}$

Legt man an den $\overline{S}$-Eingang der Schaltung nach Bild 2 H-Pegel und an den $\overline{R}$-Eingang L-Pegel, dann besitzt das Signal am Ausgang Q L-Pegel und das Signal am Ausgang Q* dagegen H-Pegel.

Dies erklärt sich wie folgt:

Liegt am $\overline{R}$-Eingang des NAND-Elementes K2 L-Pegel, dann besitzt der Ausgang Q* auf jeden Fall

S Setzeingang, dient zum Setzen eines Flipflops.
R Rücksetzeingang, dient zum Zurücksetzen eines Flipflops.
Q Ausgang, liefert ein Signal in Abhängigkeit des Signalzustandes der Eingänge S und R.
Q* Ausgang, Signalzustand ist entgegengesetzt zum Signalzustand des Ausgangs Q. $\overline{Q}$ hat die gleiche Bedeutung wie Q*.

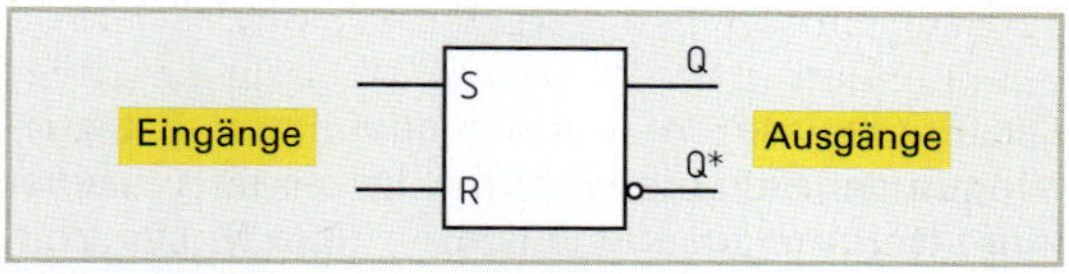

Bild 1: Schaltzeichen eines Binärspeichers

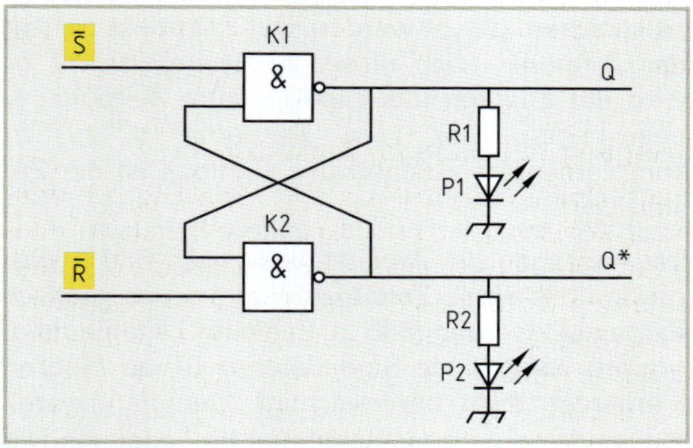

Bild 2: Realisierung des $\overline{RS}$-Flipflops mit NAND-Elementen

H-Pegel, ganz gleich, ob das zweite Eingangssignal von K2, also das Ausgangssignal von K1, L-Pegel oder H-Pegel besitzt. Somit liegen an beiden Eingängen von K1 zwei Signale mit H-Pegel. Deshalb erscheint am Ausgang Q ein Signal mit L-Pegel.

Gleiche Eingangspegel an $\overline{S}$ und $\overline{R}$

Werden an die beiden Eingänge $\overline{S}$ und $\overline{R}$ der Schaltung Bild 2 gleichzeitig H-Pegel gelegt, so besitzt das NAND-Element K1 über die Verbindung mit dem Ausgang Q* noch eine weitere Eingangsgröße, z.B. mit L-Pegel. Am Ausgang Q bleibt dann der H-Pegel erhalten. Die zwei H-Pegel am Eingang von K2 liefern an dessen Ausgang erneut den L-Pegel. Bei H-Pegeln an den Eingängen $\overline{R}$ und $\overline{S}$ ändern sich die vorhandenen Spannungspegel der Ausgänge Q und Q* nicht.

Liegen jedoch sowohl am $\overline{R}$-Eingang als auch am $\overline{S}$-Eingang der NAND-Elemente L-Pegel, dann erscheint an den Ausgängen Q und Q* je ein Signal mit H-Pegel. Die Ausgänge Q und Q* haben also keine komplementären Pegel. Man spricht deshalb von einem *irregulären Zustand*. Wird nun an die Eingänge $\overline{R}$ und $\overline{S}$ jeweils ein H-Pegel gelegt, so erhält man an den Ausgängen Q und Q* zwar komplementäre Pegel, jedoch kann an Q entweder H-Pegel oder L-Pegel erscheinen. Das hängt von den Signallaufzeiten der beiden NAND-Elemente ab. Diesen Zustand bezeichnet man als *nicht definiert*.

> Beim $\overline{RS}$-Flipflop kann bei gleichartiger Ansteuerung ein irregulärer Zustand auftreten.

Die Ergebnisse der oben ausgeführten Ansteuerungen der Eingänge $\overline{R}$ und $\overline{S}$ lassen sich in einer *Arbeitstabelle* zusammenfassen **(Bild 1)**. Der Zeitpunkt t_n ist der Zeitpunkt, zu dem die Eingangsspannungspegel an die Eingänge $\overline{R}$ und $\overline{S}$ des Signalspeichers gelegt werden. Der Zeitpunkt t_{n+1} ist der Zeitpunkt nach dieser Ansteuerung. Mit q_n wird der Zustand des Flipflops zum Zeitpunkt t_n beschrieben. Der zum Zeitpunkt t_n zu q_n komplementäre Zustand des Flipflops ist der Zustand $\overline{q_n}$.

Die Aussagen der Arbeitstabelle nach Bild 1 können mittels eines Zeitablaufdiagrammes grafisch dargestellt werden **(Bild 2)**. In einem Zeitablaufdiagramm werden die Signallaufzeiten von binären Elementen nicht berücksichtigt. Verzögerungszeiten von Verzögerungselementen hingegen sind zu berücksichtigen. Der Binärwert 0, also in der meist verwendeten positiven Logik der L-Pegel, ist die Grundlinie des Signalzuges. Der Binärwert 1, also der H-Pegel, wird von der Grundlinie aus nach oben aufgetragen.

> Die Funktionsweise eines Flipflops kann anhand einer Arbeitstabelle oder eines Zeitablaufdiagrammes dargestellt werden.

Anstelle der Arbeitstabelle mit den Pegeln L und H kann auch eine Wertetabelle mit den Werten 0 und 1 aufgestellt werden.

Asynchrone Flipflops

Asynchrone Flipflops sind Flipflops, welche *ohne* Taktsignal arbeiten. Ein solches Flipflop kann zu jeder Zeit durch Eingangssignale eingestellt werden.

> Asynchrone Flipflops besitzen keinen Takteingang.

Zeitpunkt t_n		Zeitpunkt t_{n+1}		
$\overline{R}$	$\overline{S}$	Q	Q*	
L	H	L	H	
H	L	H	L	
H	H	q_n	$\overline{q_n}$	
L	L	H	H	irregulär
L → H	L → H	H oder L	L oder H	nicht definiert

Bild 1: Arbeitstabelle des $\overline{RS}$-Flipflops

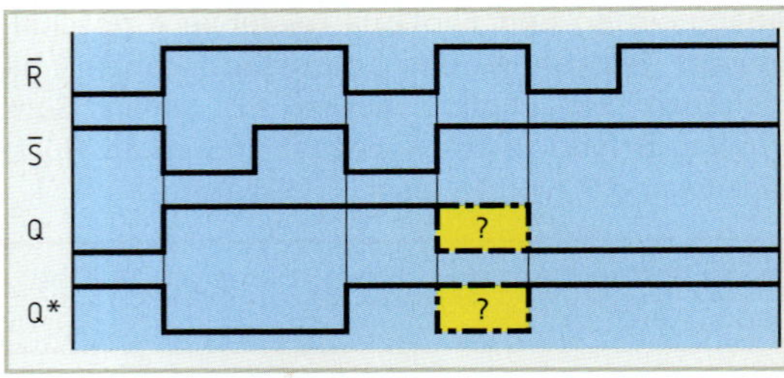

Bild 2: Zeitablaufdiagramm des $\overline{RS}$-Flipflops

Tabelle 1: Asynchrone Flipflops

Schaltzeichen, Realisierung	Wertetabelle			
	S	R	Q	Q*
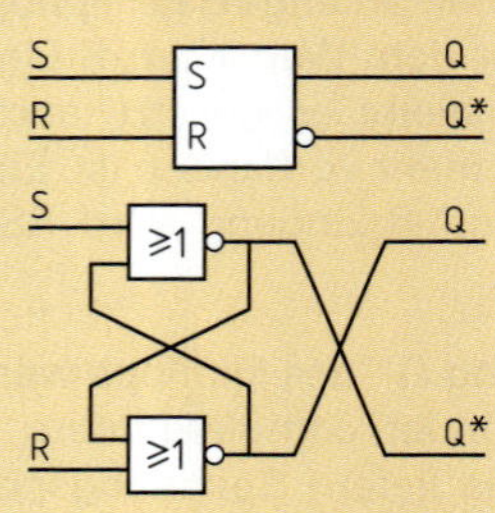 RS-Flipflop	0	0	q_n	$\overline{q_n}$
	0	1	0	1
	1	0	1	0
	1	1	0	0
	1→0	0→1	0 oder 1	1 oder 0
	S	R1	Q	
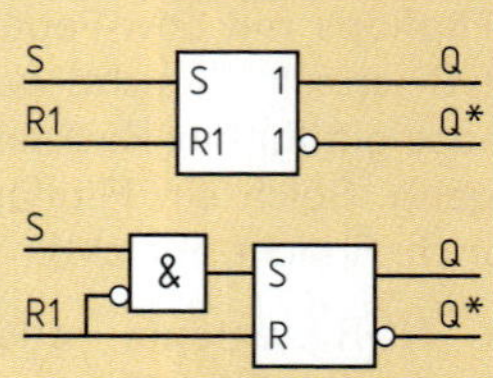 RS-Flipflop mit dominierendem Rücksetzeingang	0	0	q_n	
	0	1	0	
	1	0	1	
	1	1	0	

Das $\overline{RS}$-Flipflop ist ein asynchrones Flipflop. Man bezeichnet es auch als Grundflipflop, weil die kreuzweise rückgekoppelten Elemente in fast jeder bistabilen Kippschaltung enthalten sind. Ersetzt man die beiden NAND-Elemente durch NOR-Elemente, dann erhält man das asynchrone RS-Grundflipflop **(Tabelle 1)**.

Durch geeignete Beschaltung des RS-Flipflop erhält man das RS-Flipflop mit dominierendem Rücksetzeingang oder mit dominierendem Setzeingang. Bei diesen beiden Flipflops gibt es keine irregulären Zustände. Anwendung finden diese Flipflop-Funktionen auch beim Programmieren von Speichern in Speicherprogrammierbaren Steuerungen (SPS).

Die Zustände eines Flipflops können grafisch mittels eines *Zustandsdiagrammes* (Zustandsgraph) dargestellt werden **(Bild 1).**

Dieses enthält die Angaben der Wertetabelle des Flipflops. Die Kreise, auch Knoten genannt, bedeuten hierbei die Zustände. Die Pfeile kennzeichnen die Übergänge von einem Zustand in den anderen. An die Pfeile sind die Bedingungen für einen Zustandswechsel geschrieben. Das RS-Flipflop wechselt z.B. vom Zustand *Signal mit Wert 0 am Ausgang Q* (Q = 0) in den Zustand *Signal mit Wert 1 am Ausgang Q* (Q = 1) durch ein Signal mit Wert 1 am Eingang S und ein Signal mit Wert 0 am Eingang R (Bild 1).

In einem Zustandsdiagramm für ein Flipflop ist dessen Wertetabelle grafisch dargestellt.

Synchrone Flipflops

Flipflops, die mittels eines *Taktes* gesteuert werden, nennt man synchrone Flipflops.

Einflankengesteuerte JK-Flipflops

Die Wirkungsweise der Taktsteuerung des einflankengesteuerten JK-Flipflops kann anhand von Zeitablaufdiagrammen dargestellt werden **(Bild 2).**

Das Setzen bzw. das Rücksetzen des Flipflops erfolgt beim Eintreffen der ansteigenden oder der abfallenden Taktflanke. Von einer *ansteigenden (positiven) Flanke* spricht man, wenn das Taktsignal von L-Pegel auf H-Pegel übergeht. Bei einer *abfallenden (negativen) Flanke* wechselt das Taktsignal von H-Pegel auf L-Pegel. Taktflankengesteuerte Flipflops sind gegen Störimpulse der Eingangssignale geschützt, sofern diese nicht gleichzeitig mit der Taktflanke eintreffen.

Es gibt einflankengesteuerte JK-Flipflops, die mit negativer Flanke angesteuert werden, und solche, die mit positiver Flanke angesteuert werden.

Das JK-Flipflop besitzt keinen irregulären Zustand **(Bild 3).** Liegen an den Eingängen J und K die H-Pegel, dann kippt das Flipflop am Ausgang Q in seinen komplementären Zustand.

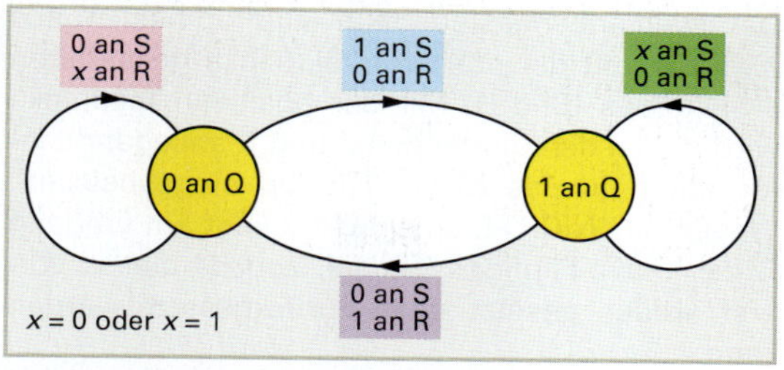

Bild 1: Zustandsdiagramm für ein RS-Flipflop

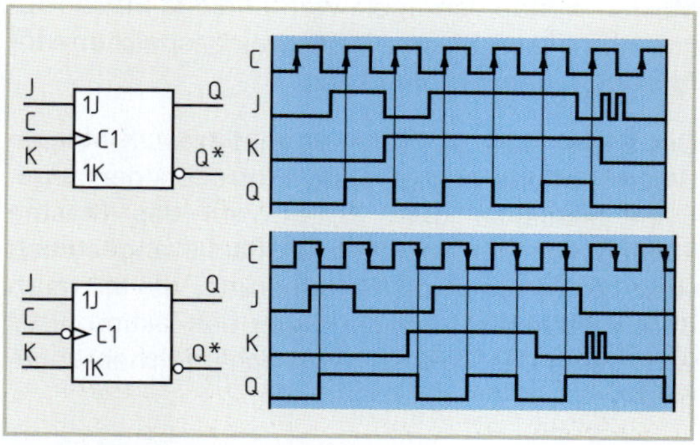

Bild 2: Schaltzeichen und Zeitablaufdiagramm des einflankengesteuerten JK-Flipflops, oben mit positiver Flanke, unten mit negativer Flanke

Zeitpunkt t_n			Zeitpunkt t_{n+1}	
C	J	K	Q	Q*
L, H	beliebig		q_n	$\overline{q_n}$
↑	L	L	q_n	$\overline{q_n}$
↑	L	H	L	H
↑	H	L	H	L
↑	H	H	$\overline{q_n}$	q_n

Bild 3: Arbeitstabelle des einflankengesteuerten JK-Flipflops

Zweiflankengesteuerte JK-Flipflops (JK-Master-Slave-Flipflops)

Es kommt häufig vor, dass Informationen von einem Speicherelement zu einem anderen zu übergeben sind, wobei das erste Speicherelement beim eintreffenden Takt die neue Information aufnehmen, beim selben Takt aber die bisher gespeicherte Information weitergeben muss. Um nun hierbei keinen Informationsverlust zu bekommen, benötigt man zweistufige Speicherelemente **(Bild 1, folgende Seite).** Das erste Speicherelement wird als *Master*-Flipflop (master = Meister), das zweite als *Slave*-Flipflop (slave = Sklave) bezeichnet. Beide Flipflops zusammen bezeichnet man als *zweiflankengesteuertes JK-Flipflop* oder als *JK-Master-Slave-Flipflop.*

Das zweiflankengesteuerte JK-Flipflop besteht aus zwei z.B. mit der positiven Taktflanke gesteuerten JK-Flipflops (Bild 1). Mit der positiven Taktflanke wird die an den Eingängen J und K anliegende Information in das Master-Flipflop eingespeichert. Wegen des NICHT-Elementes K2 liegt am Eingang C des Slave-Flipflops L-Pegel, sodass dieses vorerst weder gesetzt noch zurückgesetzt werden kann.

Mit der folgenden negativen Taktflanke wird das Master-Flipflop verriegelt, während das Slave-Flipflop nun die im Master-Flipflop eingespeicherte Information übernehmen kann.

Das Setzen bzw. das Rücksetzen dieses JK-Master-Slave-Flipflops erfolgt beim Eintreffen der negativen Taktflanke **(Bild 2)**, obwohl das Master-Flipflop von der positiven Taktflanke angesteuert wird. Die Verzögerung (Retardierung, von lat. retardare = verzögern) um die Dauer des Taktimpulses wird durch das Zeichen ⌐ im Schaltzeichen angegeben.

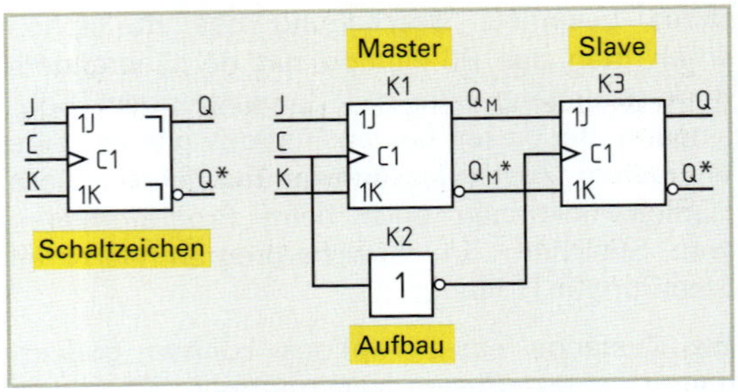

Bild 1: Zweiflankengesteuertes JK-Flipflop

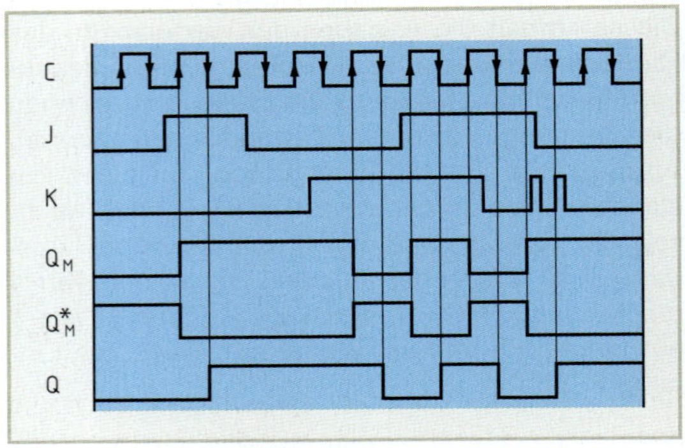

Bild 2: Zeitablaufdiagramm des zweiflankengesteuerten JK-Flipflops

Sonderformen von JK-Flipflops

Viele JK-Flipflops besitzen neben den Eingängen J, K und C noch Eingänge zum Setzen bzw. zum Rücksetzen **(Bild 3)**. Wegen der Eingänge $\overline{R}$ und $\overline{S}$ kann ein solches Flipflop auch als asynchrones $\overline{RS}$-Flipflop verwendet werden. Das Setzen oder Rücksetzen über die Eingänge $\overline{S}$ und $\overline{R}$ erfolgt unabhängig von den Spannungspegeln an den Eingängen J, K und C. Soll ein solches Flipflop als JK-Flipflop zum Einsatz kommen, dann müssen die Eingänge $\overline{R}$ und $\overline{S}$ an H-Pegel gelegt werden. Bei Flipflops mit mehreren Eingängen J und K sind die nicht verwendeten J-Eingänge und K-Eingänge ebenfalls an H-Pegel zu legen (Bild 3).

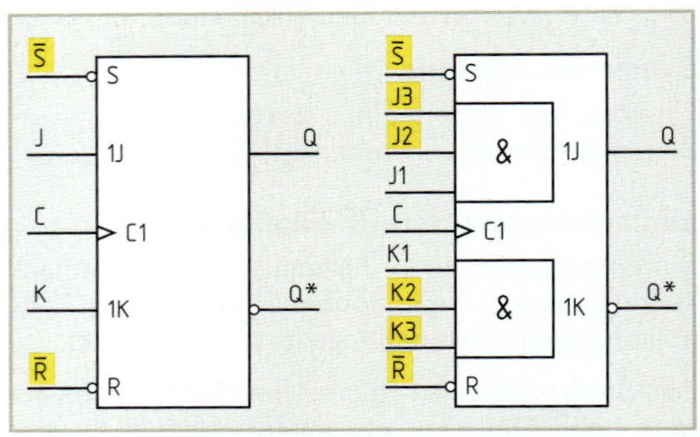

Bild 3: JK-Flipflops mit zusätzlichen Eingängen

Sonstige synchrone Flipflops

Weitere synchrone Flipflops sind z.B. das D-Flipflop (von delay = Verzögerung) und das T-Flipflop (von toggle = hin- und her pendeln, **Tabelle 1**).

Das D-Flipflop besitzt neben dem Takteingang C noch einen D-Eingang. Realisieren kann man dieses Flipflop mit einem JK-Flipflop und einem NICHT-Element. Das T-Flipflop besitzt außer dem Takteingang C noch einen T-Eingang. Aufbauen kann man dieses Flipflop mit einem JK-Flipflop, wobei die Eingänge J und K des JK-Flipflops miteinander verbunden sein müssen.

Das D-Flipflop und das T-Flipflop sind beschaltete JK-Flipflops.

Tabelle 1: Sonstige synchrone Flipflops

Schaltzeichen	Arbeitstabelle			
	c_n	d_n	q_{n+1}	$\overline{q_{n+1}}$
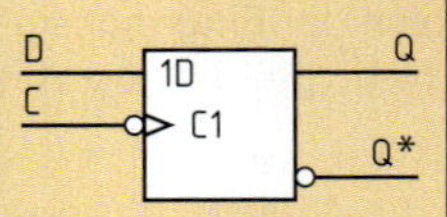 D-Flipflop	↓	L	L	H
	↓	L	L	H
	c_n	t_n	q_{n+1}	$\overline{q_{n+1}}$
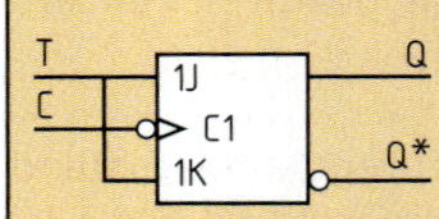 T-Flipflop	↓	L	q_n	$\overline{q_n}$
	↓	L	$\overline{q_n}$	q_n

Wiederholung und Vertiefung

1. **Zu welchem Zweck werden Flipflops verwendet?**
2. **Mit welcher Schaltung kann ein Flipflop realisiert werden?**
3. **Erklären Sie den irregulären Zustand eines $\overline{RS}$-Flipflops.**
4. **Wie kann die Funktionsweise eines Flipflops dargestellt werden?**

2.8.6 Zähler

Digitale Zählschaltungen bestehen aus der Hintereinanderschaltung mehrerer Flipflops. Man verwendet sie z.B. beim Zählen von Ereignissen, beim Messen von Zeitabschnitten, Frequenzen und Spannungen und beim Einstellen bzw. Speichern von physikalischen Größen, wie z.B. der Helligkeit des Fernsehbildes.

Synchrone Zähler

Bei einem Zähler, der im Dualcode von 0 bis 15 zählen soll, werden vier Flipflops ($2^4 = 16$) benötigt. Werden diese Flipflops gleichzeitig mit dem Taktsignal c (Zählimpuls) angesteuert, so nennt man ihren Betrieb synchron **(Bild 1)**. Das Zählergebnis steht an den Ausgängen Q1 bis Q4 zur Verfügung. Die Signallaufzeit des ganzen Netzwerkes entspricht der Schaltzeit eines einzelnen Flipflops.

Bei synchronen Zählern werden alle Flipflops gleichzeitig an den Takteingängen mit dem Zählimpuls angesteuert.

Flipflop K1 schaltet bei jeder abfallenden Flanke des Taktimpulses. Es arbeitet als T-Flipflop (J-Eingang und K-Eingang liegen auf H-Pegel). Die nachfolgenden Flipflops K2 bis K4 schalten nur dann, wenn alle Flipflops mit niedrigerem Stellenwert an den Ausgängen H-Pegel führen und diese über die UND-Elemente auf die entsprechenden JK-Eingänge geschaltet werden. Mit dem H-Pegel an den JK-Eingängen können die Flipflops den nächsten Taktimpuls übernehmen.

Die Wertetabelle eines Zählers beschreibt die Zustände der Schaltung vor den Taktimpulsen zu den Zeitpunkten t_n und nach den Taktimpulsen zu den Zeitpunkten t_{n+1} **(Tabelle 1)**. Zu diesen Zeitpunkten liegen vor den Taktimpulsen an den Ausgängen Q1 bis Q4 die Signale q_{1n} bis q_{4n} und nach den Taktimpulsen die Signale q_{1n+1} bis q_{4n+1} an. Die Signale q_{1n+1} bis q_{4n+1} entsprechen den Signalen q_{1n} bis q_{4n} vor dem nächsten Taktimpuls und sind deshalb in die jeweils nächste Zeile der Wertetabelle in den Zeitbereich t_n übertragen. Aus der Wertetabelle kann das Zeitablaufdiagramm abgeleitet werden **(Bild 2)**.

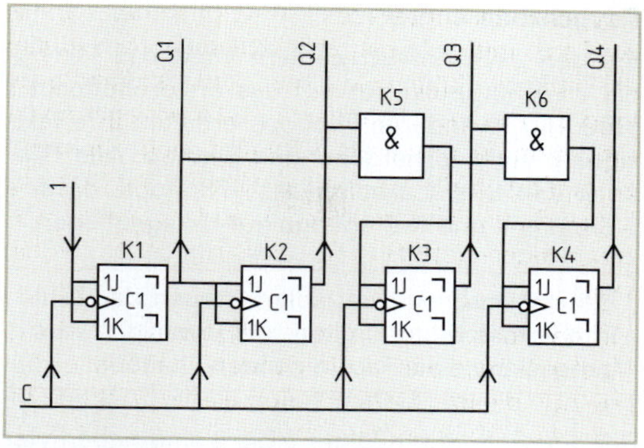

Bild 1: Synchroner Dualzähler von 0 bis 15

Tabelle 1: Wertetabelle des Dualzählers von 0 bis 15

Zeit	Zeitpunkt t_n vor dem Takt				Zeitpunkt t_{n+1} nach dem Takt			
	q_{4n}	q_{3n}	q_{2n}	q_{1n}	q_{4n+1}	q_{3n+1}	q_{2n+1}	q_{1n+1}
0	0	0	0	0	0	0	0	1
1	0	0	0	1	0	0	1	0
2	0	0	1	0	0	0	1	1
3	0	0	1	1	0	1	0	0
4	0	1	0	0	0	1	0	1
5	0	1	0	1	0	1	1	0
6	0	1	1	0	0	1	1	1
7	0	1	1	1	1	0	0	0
8	1	0	0	0	1	0	0	1
9	1	0	0	1	1	0	1	0
10	1	0	1	0	1	0	1	1
11	1	0	1	1	1	1	0	0
12	1	1	0	0	1	1	0	1
13	1	1	0	1	1	1	1	0
14	1	1	1	0	1	1	1	1
15	1	1	1	1	0	0	0	0

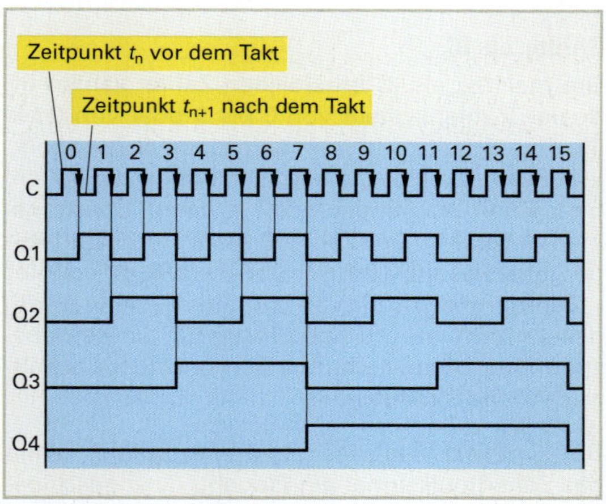

Bild 2: Zeitablaufdiagramm für Dualzähler von 0 bis 15

Asynchrone Zähler

Bei den asynchronen Zählern wirkt das Taktsignal *c* (Zählimpuls) nur auf das erste Flipflop K1 **(Bild 1)**. Die anderen Flipflops erhalten ihre Taktsignale vom vorhergehenden Flipflop. Alle Flipflops von Bild 1 arbeiten als T-Flipflops, da ihre J-Eingänge und K-Eingänge auf H-Pegel liegen.

> Bei asynchronen Dualzählern steuert der Zählimpuls das erste Flipflop, die jeweiligen Ausgangssignale die nachfolgenden Flipflops.

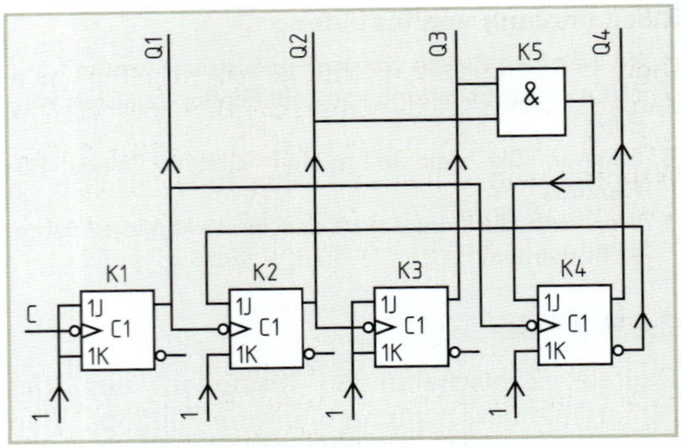

Bild 1: Asynchroner Zähler von 0 bis 9

Beim asynchronen Zähler 0 bis 9 sind neben vier Flipflops noch weitere Verknüpfungen erforderlich (Bild 1). Diese Verknüpfungen verhindern bei jedem 10. Zählimpuls den Übergang von 0 auf 1 für das Signal q_2 und setzen den Zählerstand auf 0000 **(Bild 2)**.

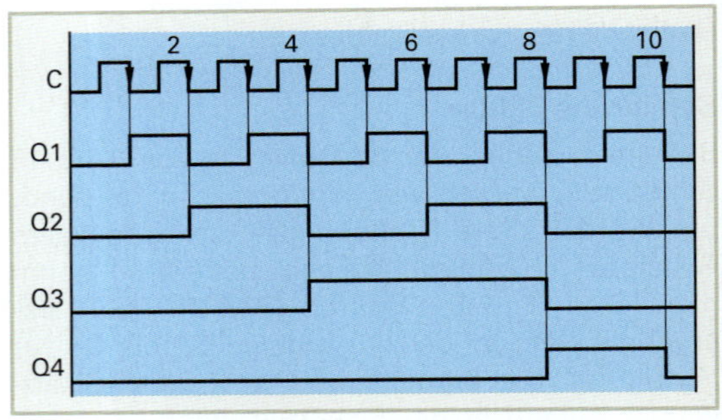

Bild 2: Zeitablaufdiagramm des asynchronen Zählers 0 bis 9

Vorwärtszähler und Rückwärtszähler

Geldwechselautomaten müssen die Anzahl der Münzen im Vorratsbehälter erfassen. Werden Münzen eingeworfen, müssen sie hinzuaddiert, bei der Ausgabe subtrahiert werden. Diese Zählaufgaben übernimmt ein Vorwärts-Rückwärts-Zähler.

Die Umschaltung zwischen Vorwärtszählen und Rückwärtszählen erfolgt über den Steuereingang S und das Exklusiv-ODER-Element K3 **(Bild 3)**. Bei $s = 0$ wird vorwärtsgezählt, bei $s = 1$ wird rückwärtsgezählt.

> Beim Vorwärts-Rückwärts-Zähler wird die Zählrichtung mit dem Signal am Steuereingang S festgelegt.

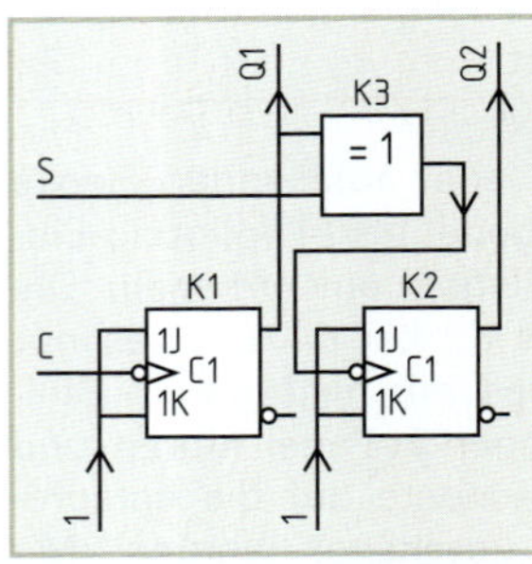

Wertetabelle

s	q_{2n}	q_{1n}	q_{2n+1}	q_{1n+1}
0	0	0	0	1
0	0	1	1	0
0	1	0	1	1
0	1	1	0	0
1	1	1	1	0
1	1	0	0	1
1	0	1	0	0
1	0	0	1	1

Bild 3: Vorwärts-Rückwärts-Zähler

Zähler als IC

Die meisten als IC erhältlichen Zähler zählen im dualen Zahlensystem von 0 bis 9 oder von 0 bis 15. Das Schaltzeichen enthält einen Steuerblock, vier Rechteckblöcke, die je ein Flipflop darstellen, und einen Ausgangsblock für einen Übertragsbildner **(Bild 4)**. Der Zähler 0 bis 9 wird Zähldekade genannt und wird mit CTR (von engl. counter = Zähler) und DIV10 (von engl. to divide = teilen) gekennzeichnet. Die Anschlüsse für die Betriebsspannung U_b sowie für die Masse sind im Schaltzeichen nicht dargestellt.

Der IC SN74192 arbeitet als Vorwärtszähler, wenn das Zählimpulssignal am Eingang C_V angeschlossen wird. Liegt das Zählimpulssignal am Eingang C_R, so wird rückwärtsgezählt.

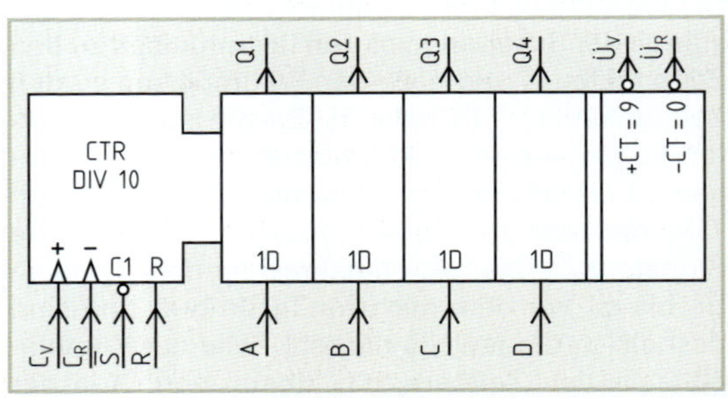

Bild 4: Schaltzeichen einer Zähldekade mit Übertragsbildner und Zählerprogrammierung

2.8.7 Frequenzteiler

Digitale Frequenzteiler sind gleich aufgebaut wie Zählschaltungen. Sie unterscheiden sich nur in der Art der Auswertung der Ausgangssignale. Während beim Zähler alle Ausgänge gleichzeitig ausgewertet werden, interessiert beim Frequenzteiler nur ein einziges Ausgangssignal.

Dualer Frequenzteiler

Ein Flipflop, z.B. das einflankengesteuerte Flipflop, ist der einfachste Frequenzteiler **(Bild 1)**. Jede abfallende Flanke des Taktsignals schaltet das Flipflop um. Es teilt dadurch die am Takteingang liegende Frequenz f durch zwei ($f_a = f/2$). Unabhängig vom Tastgrad des Taktsignals beträgt der Tastgrad g des Ausgangssignals immer $g = 0{,}5$.

> Jedes Flipflop halbiert die an seinem Takteingang liegende Frequenz.

Durch Reihenschaltung mehrerer Flipflops nimmt das Teilerverhältnis k_f (Divisor) je Stufe um den Faktor 2 zu **(Bild 2)**. Bei einem vierstufigen Frequenzteiler wird die Frequenz der Ausgangsspannung auf $f_4 = f/(2 \cdot 2 \cdot 2 \cdot 2) = f/2^4 = f/16$ heruntergeteilt.

> Das Teilerverhältnis hängt von der Anzahl der in Reihe geschalteten Flipflops ab.

Beispiel 1:

Ein Signal mit $f = 24$ kHz soll auf $f_a = 750$ Hz heruntergeteilt werden.

a) Wie groß ist das Teilerverhältnis k_f?

b) Wie viele Flipflops müssen zur Frequenzteilung in Reihe geschaltet werden?

Lösung:

a) $f_a = \frac{f}{k_f} \Rightarrow k_f = \frac{f}{f_a} = \frac{24\ \text{kHz}}{750\ \text{Hz}} = \mathbf{32}$

b) $k_f = 2^n \Rightarrow n = \text{lb}\ k_f = \text{lb}\ 32 = \mathbf{5}$

Programmierbare Frequenzteiler

Das Teilerverhältnis k_f ist bei programmierbaren Frequenzteilern von außen einstellbar. Es wird beim integrierten Dezimalfrequenzteiler 74167 über Binärsignale an den Programmiereingängen A, B, C und D festgelegt **(Bild 3)**. Die Schaltung ermöglicht dabei Teilerverhältnisse von $k_f = F{:}10$ (für $F = 0$ bis 9). Der Faktor F gibt an, wie viele Impulse auf 10 Taktimpulse zum Ausgang geschaltet werden. Man errechnet ihn, und somit die Anzahl der Binärsignale an den Eingängen A bis D, durch Decodierung vom Dualsystem in das Dezimalsystem.

$F = d \cdot 2^3 + c \cdot 2^2 + b \cdot 2^1 + a \cdot 2^0$

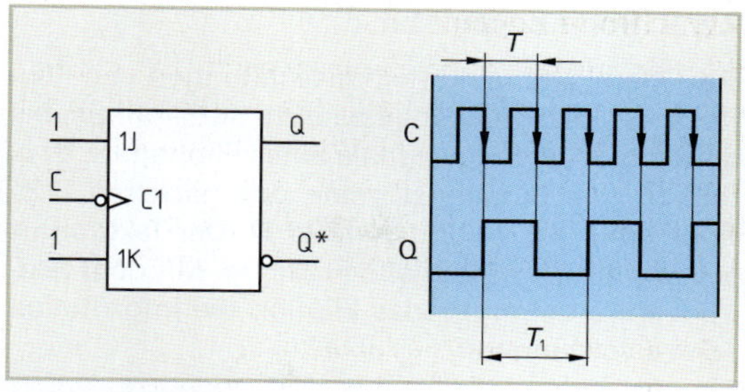

Bild 1: Frequenzteiler 2 : 1

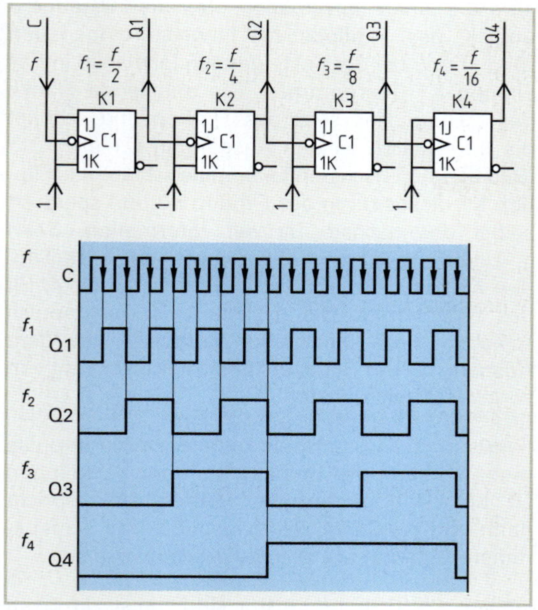

Bild 2: Frequenzteilung mit vier Flipflops

$$f_a = \frac{f}{k_f} \qquad n = \text{lb}\ k_f \qquad k_f = 2^n$$

f	Frequenz des Taktsignals
f_a	Frequenz des Ausgangssignals
k_f	Teilerverhältnis
n	Anzahl der Flipflops
lb	Logarithmus zur Basis 2

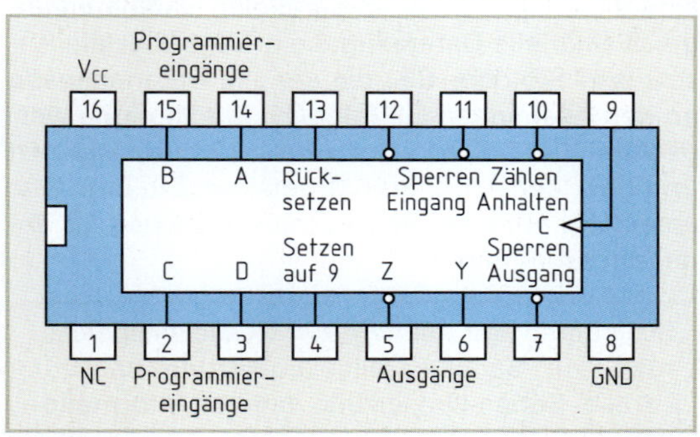

Bild 3: Programmierbarer Dezimalfrequenzteiler 74167

2.8.8 Schieberegister

Schieberegister sind Reihenschaltungen von Flipflops, z.B. zweiflankengesteuerte JK-Flipflops, bei denen die Ausgangssignale eines Flipflops, z.B. q_1 und $\overline{q}_1$, die Eingangssignale des nächsten Flipflops sind, z.B. j_2 und k_2 **(Bild 1).** Der Taktimpuls arbeitet synchron auf alle Flipflops. Mit dem Taktimpuls übernimmt jedes Flipflop die Information seines Vorgängers.

Beim Schieberegister mit *serieller Dateneingabe* wird die binäre Information über die Eingänge J und K des Flipflops K1 bitweise eingegeben (Bild 1) und bei der ansteigenden Taktflanke in das Flipflop K1 übernommen. Die abfallende Flanke des Taktimpulses setzt das Flipflop und schaltet die Information zu den Ausgängen Q1 und Q1* **(Bild 2).** Beim nächsten Taktimpuls schiebt das Flipflop K1 dieses Bit in das Flipflop K2 und speichert selbst das nächste Bit der Information. Beim 4. Taktimpuls übernimmt Flipflop K4 das 1. Bit, Flipflop K3 das 2. Bit, K2 das 3. Bit und K1 das 4. Bit des Binärwortes. Die nächsten vier Taktimpulse schieben diese Information taktweise aus dem Ausgang Q4 des Registers hinaus. Man spricht von *serieller Datenausgabe.*

Folgen dem 4. Taktimpuls keine weiteren Impulse mehr, so kann das Binärwort an den Ausgängen Q1 bis Q4 abgenommen werden. Man spricht dann von *paralleler Datenausgabe.* Das Schieberegister arbeitet als *Seriell-Parallel-Umsetzer.*

Universelle Schieberegister sind meist als IC im Einsatz, z.B. das 8-Bit-Schieberegister 74198 **(Bild 3).** Bei diesem Register kann die Schieberichtung für die Daten umgekehrt werden. Die Pegel an den Anschlüssen $\overline{S}_r$ und $\overline{S}_l$ legen die Schieberichtung rechts (r) oder links (l) fest **(Tabelle 1).**

Die Daten können wahlweise seriell oder parallel eingegeben und auch wahlweise seriell oder parallel ausgelesen werden. Die Eingänge E1 bis E8 dienen zur parallelen Dateneingabe, Q1 bis Q8 sind die entsprechenden parallelen Datenausgänge. Die serielle Dateneingabe erfolgt über die Anschlüsse SE_r oder SE_l, die serielle Datenausgabe an den Ausgängen Q8 oder Q1. Die Flipflops werden mit L-Pegel am Anschluss 13 zurückgesetzt und über den Anschluss 11 getaktet. Die Betriebsspannung wird an die Anschlüsse 24 und 12 angeschlossen (Bild 3).

Schieberegister dienen zur Zwischenspeicherung, zur Seriell-Parallel-Umsetzung und zur Parallel-Serien-Umsetzung binärer Informationen.

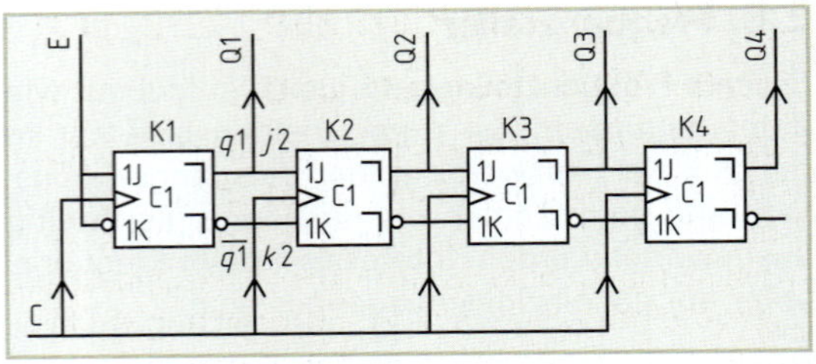

Bild 1: 4-Bit-Schieberegister

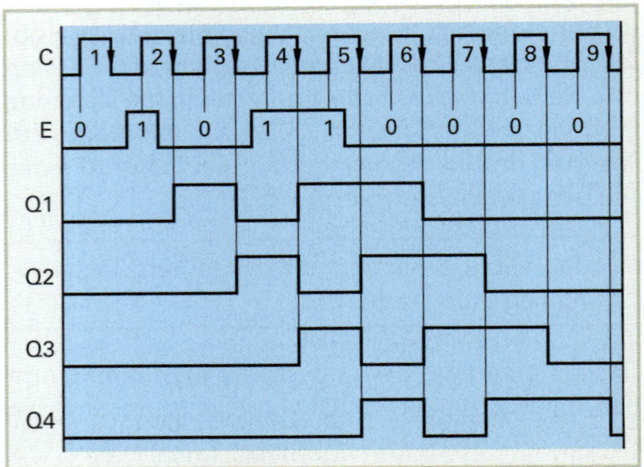

Bild 2: Zeitablaufdiagramm beim Schieberegister für das Binärwort 010110000

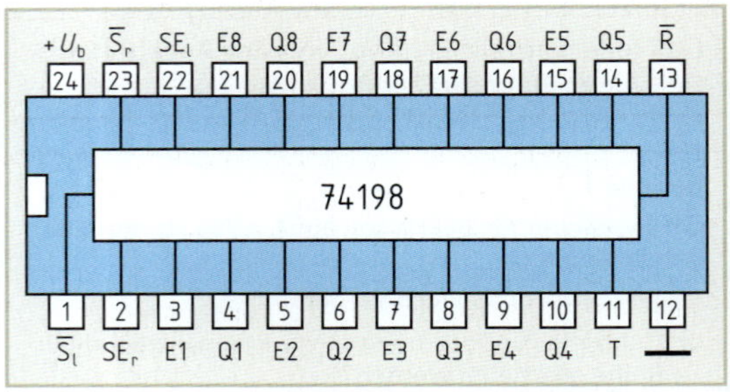

Bild 3: Universalschieberegister für Linksschieben und Rechtsschieben

Tabelle 1: Wirkung der Eingänge $\overline{S}_r$, $\overline{S}_l$

$\overline{S}_r$	$\overline{S}_l$	Betriebsweise
L	L	Takteingang T wird gesperrt
L	H	Schieben nach rechts
H	L	Schieben nach links
H	H	parallele Dateneingabe

Wiederholung und Vertiefung

1. **Wie viele Flipflops muss ein Frequenzteiler haben, wenn 1 MHz auf 50 kHz heruntergeteilt werden soll?** ***Lösung:* $n = 20$**
2. **Wie sind die Eingänge und die Ausgänge der Flipflops beim rechtsschiebenden Schieberegister verbunden?**
3. **Wie wird ein seriell vorliegendes Binärwort mit einer Breite von 8 bit in ein paralleles Binärwort gewandelt?**

2.9 Messmethoden zum Erfassen elektrischer Größen

Elektrische Messgrößen können mit den menschlichen Sinnesorganen *nicht direkt* erfasst werden. Ihre Messung erfolgt deshalb indirekt durch Umsetzung in eine andere physikalische Größe oder in eine Impulszahl. Zur Umsetzung und zur Anzeige des Messwertes dienen *Messgeräte*. Man unterscheidet Messgeräte mit *analoger Anzeige* und solche mit *digitaler Anzeige*. Zu den Messgeräten mit analoger Anzeige gehören die Zeigermessgeräte und das Oszilloskop.

Unter einem Messgerät versteht man ein Messinstrument mit allem Zubehör für die Messbereichserweiterung und die Temperaturkompensation. Die eigentliche Umsetzung der Messgröße in eine Anzeige geschieht im Messwerk.

2.9.1 Zeigermesswerke

Die Vorteile von Zeigermessgeräten sind die schnelle Ablesbarkeit der Zeigerstellung und die Erkennung der Änderungsgeschwindigkeit des Messwerts.

Zeigermesswerke arbeiten meist mit elektromagnetischer Umsetzung der Messgröße in eine Kraft. Durch den Stromfluss in einer Spule entsteht ein *Antriebsmoment* M_A, das auf einen drehbar gelagerten Zeiger wirkt **(Bild 1)**. Die Drehung des Zeigers spannt einen mechanischen Energiespeicher, z.B. eine Feder. Dadurch entsteht ein *Rückstellmoment* M_R, das mit zunehmendem Zeigerausschlag größer wird. Sind beide Momente gleich groß, so kommt die Zeigerbewegung zum Stillstand und der Messwert kann auf der Skala abgelesen werden.

Der Zeigerausschlag bei Zeigermesswerken ergibt sich aus dem von der Messgröße erzeugten Kraftmoment und dem Kraftmoment einer Feder.

Ein Nachteil dieses Messprinzips ist die *Schwingungsfähigkeit* des Systems, die durch die Feder verursacht wird. Damit der Zeiger beim plötzlichen Einschalten oder Abschalten der Messgröße nicht um seinen Ausschlag pendelt, benötigt das Zeigermesswerk eine *Dämpfung*. Die Dämpfung wird so bemessen, dass der Zeiger möglichst rasch und ohne wesentliches Überschwingen seinen Ausschlag erreicht **(Bild 2)**. Der aperiodische (griech. a = verneinender Vorsatz, hier: nicht periodische) Grenzfall der Dämpfung wird bei Zeigermesswerken vermieden, da sich hierbei der Zeiger zu langsam einstellen würde.

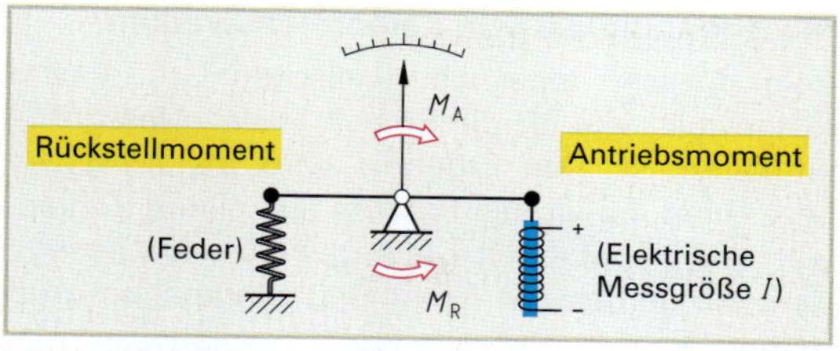

Bild 1: Prinzip eines elektromechanischen Messwerks

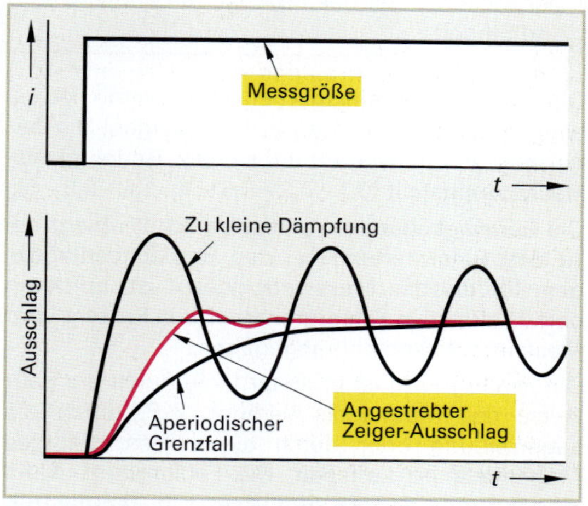

Bild 2: Dämpfung von Messwerken

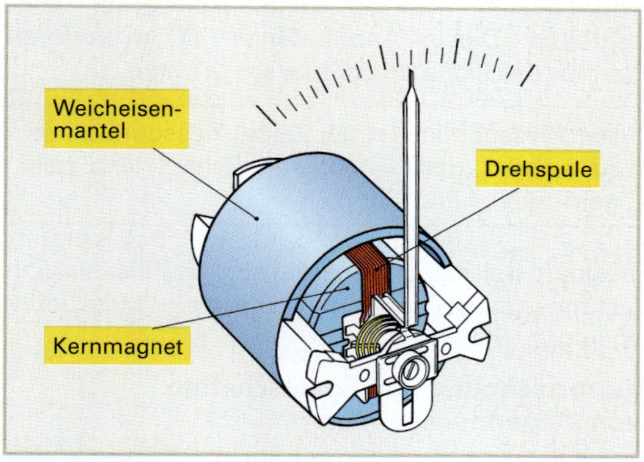

Bild 3: Drehspulmesswerk mit Kernmagnet

Beim Drehspulmesswerk liegt eine drehbar angeordnete Spule im Feld eines Dauermagneten **(Bild 3)**.

In *Betriebsmessgeräten*, z.B. Vielfachmessgeräten, werden Drehspulmesswerke mit Kernmagnet verwendet, weil damit eine besonders kompakte Bauform möglich ist.

Bei Drehspulmesswerken ist der Ausschlag proportional zur Stromstärke, die Richtung des Ausschlags ist abhängig von der Stromrichtung.

Messgenauigkeit von Zeigermesswerken

Beim Messen einer physikalischen Größe wird festgestellt, wie oft die Einheit in der *Messgröße* enthalten ist. Das Ergebnis wird als *Messwert* bezeichnet. Es ist das Produkt aus einem Zahlenwert und einer Einheit. Die Angabe $U = 10\,V$ besagt, dass die gemessene Spannung zehnmal so groß ist wie 1 V.

> Der Messwert ist das Produkt aus Zahlenwert und Einheit.

Die Aufgabe der elektrischen Messtechnik ist es, eine Messgröße als Messwert anzuzeigen. Die Zeigermessgeräte werden in sieben *Genauigkeitsklassen* eingeteilt (0,1 – 0,2 – 0,5 – 1 – 1,5 – 2,5 – 5).

Die Genauigkeitsklasse gibt an, welche *Fehlergrenze* (Messunsicherheit) bei den Betriebsbedingungen, für die das Messwerk gebaut ist, auftreten darf. Die relative Fehlergrenze wird in Prozent vom Messbereichsendwert angegeben.

Die Fehlergrenze ist in erster Linie durch die Bauweise des Messwerks bedingt, z. B. durch die Lagerreibung oder durch ein ungleichmäßiges Magnetfeld im Luftspalt. Die Fehlergrenze kann jedoch durch äußere Einflüsse, z. B. Temperatur, falsche Lage oder Einfluss eines Fremdfeldes, den angegebenen Wert der Genauigkeitsklasse überschreiten. Dieser Anzeigefehler ist im unteren Bereich der Skala prozentual am größten.

> Der Messbereich ist bei Zeigermessgeräten so zu wählen, dass im oberen Drittel der Skala gemessen wird.

Tragbare Betriebsmessgeräte sind deshalb als Vielfachmessgeräte mit umschaltbaren Messbereichen gebaut **(Bild 1)**.

Kennzeichnung und Eigenschaften von Zeigermessgeräten

Die Art des Messwerks und die wichtigsten Eigenschaften eines Messgeräts sowie besondere Hinweise werden auf der Skala durch Sinnbilder und Zahlen angegeben **(Tabelle 1)**.

Die *Empfindlichkeit* eines Messwerks geht aus der Skalenbeschriftung nicht hervor. Ein indirektes Maß für die Empfindlichkeit von analogen Vielfachmessgeräten ist die Messwerkkonstante in kΩ/V. Darunter versteht man den Innenwiderstand bezogen auf 1 V, den ein Vielfachmessgerät bei Spannungsmessung hat.

> Die Empfindlichkeit eines analogen Vielfachmessgeräts ist umso höher, je größer der Innenwiderstand je Volt ist.

Bild 1: Zeiger-Vielfachmessgerät

- Der Messwert ist das Ergebnis einer Messung.
- Jede Messung ist mit einer Messunsicherheit behaftet, da bei jeder Messung Messfehler auftreten.
- Typische Messfehler entstehen z.B. durch Reibung im Messwerk, fehlerhafte Kontakte, ungenaues Ablesen oder falsche Wahl des Messbereichs.

Tabelle 1: Sinnbilder auf der Skala

≂	Für Gleichstrom und Wechselstrom	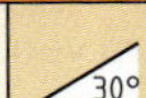	Nennlage 30° geneigt
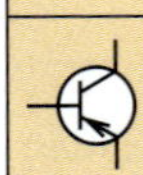	Messgerät mit Verstärker	☆	Prüfspannungszeichen: Die Ziffer im Stern bedeutet die Prüfspannung in kV (Stern ohne Ziffer 500 V Prüfspannung).
⊥	Senkrechte Nennlage		
⊓	Waagerechte Nennlage	⚠	Achtung (Gebrauchsanweisung beachten)
	Drehspulmesswerk mit Dauermagnet, allgemein	○	Abschirmung gegen magnetische Felder
	Drehspulmesswerk mit Gleichrichter	1,5	Klasse, bezogen auf Messbereichsendwert

2.9.2 Digitalmultimeter

Digitale Vielfachmessgeräte *(Digitalmultimeter)* setzen die analoge Messgröße in eine digitale Anzeige um **(Bild 1)**. Dadurch wird eine größere Auflösung und ein leichteres Ablesen bei konstanten Größen erreicht, wenn diese mit hoher Genauigkeit erfasst werden sollen. Daneben ist oft eine Speicherung des Messwerts möglich. Sofern eine entsprechende Schnittstelle vorhanden ist, können Drucker oder Computer angeschlossen werden.

Zentrale Baugruppe eines Digitalmultimeters ist ein Analog-Digital-Umsetzer **(Bild 2)**. AD-Umsetzer benötigen zur Ansteuerung grundsätzlich eine Spannung. Für die Messung von Strömen und Widerständen sind deshalb Messwertumformer erforderlich. Als Messwertumformer für die Strommessung dienen z. B. Präzisionswiderstände, die vom Messstrom durchflossen werden. Für die Widerstandsmessung ist eine Konstantstromquelle vorhanden, die an dem Messwiderstand einen Spannungsfall erzeugt. Für Kapazitätsmessungen ist ein Oszillator eingebaut.

Bei der Spannungsmessung wird die Messspannung zunächst einem umschaltbaren Spannungsteiler zugeführt **(Bild 3)**. Zwischen Spannungsteiler und AD-Umsetzer liegt ein Vorverstärker. Durch diese Eingangsschaltung wird erreicht, dass der Eingangswiderstand in allen Messbereichen gleich groß ist.

Digitalmultimeter haben bei allen Spannungsmessbereichen einen gleich bleibend hohen Eingangswiderstand.

Meistens werden zwei Messungen je Sekunde durchgeführt und der Messwert wird zwischengespeichert. Dadurch wird ein Flackern der letzten Ziffer vermieden. Andererseits sind Schwankungen oder Änderungen der Messspannung dadurch schlecht sichtbar zu machen. Da für manche Messungen der analoge Verlauf einer Spannungsänderung wichtig sein kann, gibt es digitale Multimeter mit der zusätzlichen Funktion einer analogen Anzeige. Diese erscheint im Anzeigefeld z. B. als schwarzer Strich oder Balken unter einer eingeblendeten Skala (BARGRAPH, von bar = Streifen). Für diese Anzeige werden z. B. 25 Messungen je Sekunde durchgeführt, sodass für den Betrachter eine kontinuierliche Messung vorzuliegen scheint.

Bei einer vierstelligen Anzeige reicht der Ziffernumfang oft nur bis 1999 oder 3999, d. h., die erste Ziffer geht nicht bis 9. Man bezeichnet dies als „3½-stellige" Anzeige. Bei Überschreiten des Ziffernumfangs wird der Messbereich meist automatisch umgeschaltet (= AUTORANGE).

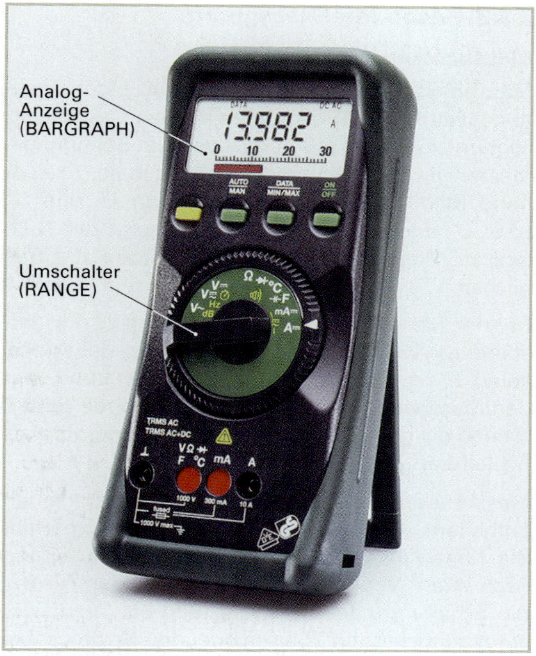

Bild 1: Digitalmultimeter mit automatischer und manueller Messbereichsumschaltung (AUTO/MAN)

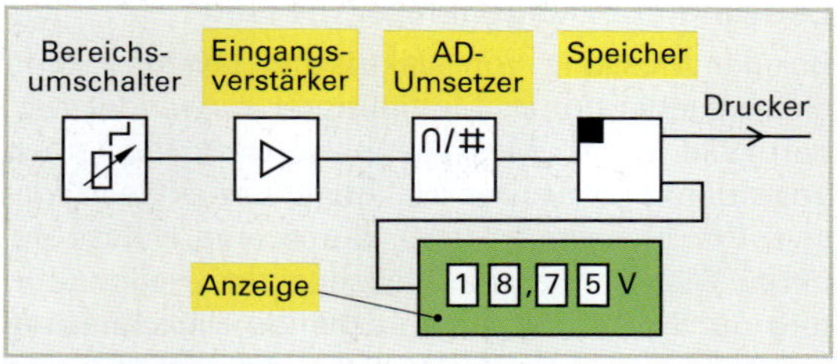

Bild 2: Prinzipschaltung eines Digitalmultimeters

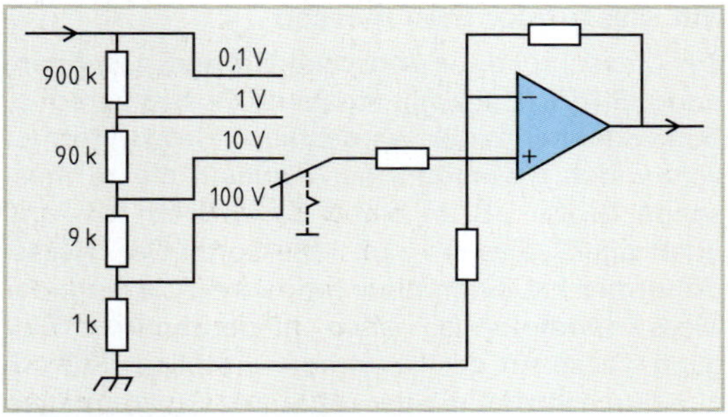

Bild 3: Eingangsschaltung bei Spannungsmessung

Die Umschaltung kann auch manuell geschehen (RANGE von range = Bereich).

Ein Messwertspeicher kann den zuletzt gemessenen Wert (HOLD von to hold = halten) oder den Maximalwert einer Messung (MAX) speichern.

2.9.3 Besondere Messgeräte

Messbrücken

Messbrücken arbeiten nach dem Prinzip des Spannungsvergleichs. Zwischen zwei Spannungsteilern liegt im eigentlichen Brückenzweig ein Spannungsmesser mit Nullstellung des Zeigers in der Skalenmitte **(Bild 1)**. Wenn die Spannungen U_1 und U_3 bzw. U_2 und U_4 gleich groß sind, zeigt der Nullindikator keinen Ausschlag. Die Brücke ist abgeglichen.

Bei der Messbrücke zur Messung von Wirkwiderständen *(Wheatstone-Messbrücke*[1]*)* ist der Widerstand R₂ ein umschaltbarer Festwiderstand, der den Messbereich festlegt. Die Widerstände R_3 und R_4 sind als gemeinsamer Drehwiderstand oder als Schleifdraht mit Schleifer ausgeführt.

Messbrücken zur Messung von Blindwiderständen enthalten als Vergleichsnormal eine Kapazität. Zur Kapazitätsmessung wird meist die Schaltung nach Wien[2] verwendet, zur Induktivitätsmessung die Schaltung nach Maxwell[3] **(Bild 2)**. Wegen der entgegengesetzten Phasenlage des Stromes bei der Kapazitätsmessung bzw. bei der Induktivitätsmessung liegen die Vergleichskapazitäten bei den beiden Messbrücken in verschiedenen Zweigen.

Leistung mit Hallgenerator messen

Bei der Messung von elektrischer Leistung kann ein Hallgenerator als Multiplizierer verwendet werden **(Bild 3)**. Die Messspannung wird über einen Vorwiderstand an den Hallgenerator angeschlossen. Der Messstrom fließt durch eine Hilfsspule, deren Magnetfeld das Plättchen des Hallgenerators durchsetzt. Die entsprechende Hallspannung ist proportional zum Produkt aus Spannung und Stromstärke.

Mit Messumformern messen

Zur Messung von elektrischen Größen, z.B. Spannung, Strom, Leistung, Frequenz, Phasenverschiebung oder Klirrfaktor, werden auch Messumformer verwendet. Messumformer wandeln die zu messende Größe z.B. in einen Gleichstrom um und übertragen diesen zum Messort. Der Messumformer hat einen niederohmigen Ausgang, der Messwertempfänger einen niederohmigen Eingang. Diese Art der Übertragung schließt Störungen durch induktive oder kapazitive Einstreuungen bei Fernmessungen weitgehend aus.

Wiederholung und Vertiefung

1. **Was versteht man unter einem Messgerät?**
2. **Wie groß ist die mögliche Fehlanzeige bei der Genauigkeitsklasse 1,5 im 30-V-Messbereich?**
   ***Lösung:* 0,45 V**
3. **Nach welchem Prinzip arbeiten Messbrücken?**

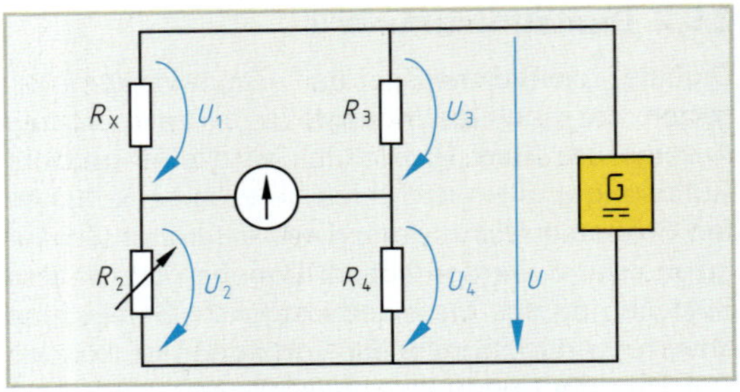

Bild 1: Prinzip einer Widerstandsmessbrücke

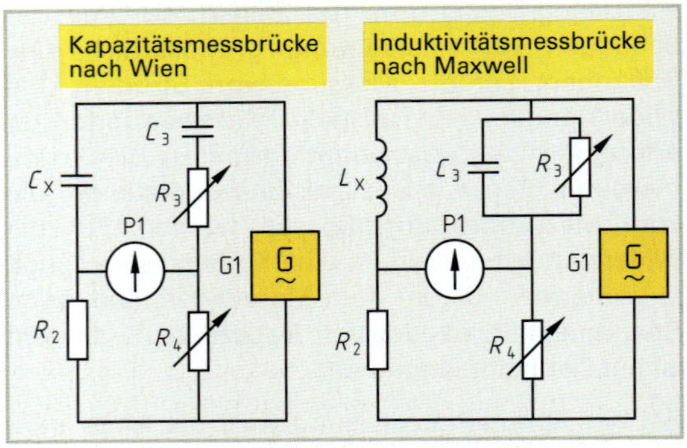

Bild 2: Messbrücken für Blindwiderstände

Bei Abgleich der Widerstandsmessbrücke:

$$\frac{U_1}{U_2} = \frac{U_3}{U_4} \Rightarrow \frac{R_x}{R_2} = \frac{R_3}{R_4}$$

$$R_x = R_2 \cdot \frac{R_3}{R_4}$$

Kapazitätsmessbrücke nach Wien:	Induktivitätsmessbrücke nach Maxwell:
$C_x = C_3 \cdot \frac{R_4}{R_2}$	$L_x = R_2 \cdot R_4 \cdot C_3$
$\tan\delta = \omega \cdot C_3 \cdot R_3$	$\tan\delta = \frac{1}{\omega \cdot R_3 \cdot C_3}$

δ Verlustwinkel; ω Kreisfrequenz

Die Bedeutung der übrigen Formelzeichen ist aus den Bildern 1 und 2 erkennbar.

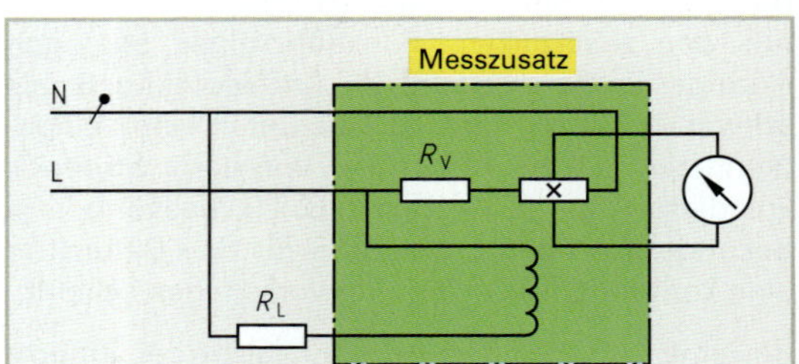

Bild 3: Leistungsmesser mit Hallgenerator

[1] Wheatstone, engl. Physiker, 1802 bis 1875
[2] Wien, dt. Physiker, 1864 bis 1928
[3] Maxwell, engl. Physiker, 1831 bis 1871

2.9.4 Analog-Oszilloskop

Oszilloskope (von lat. oscillare = schwingen, von griech. scope = Gesichtsfeld) dienen zur Darstellung und Messung von zeitabhängigen Größen.

Bei analogen Oszilloskopen wird die Signalspannung ohne vorherige Umsetzung und zeitliche Verzögerung direkt auf dem Bildschirm einer Oszilloskopröhre abgebildet **(Bild 1)**. Man bezeichnet dies auch als *Echtzeitabbildung*. Nur analoge Oszilloskope sind zu einer Echtzeitabbildung in der Lage, weil bei ihnen ein durchgehender Signalweg von der Eingangsbuchse bis zur Oszilloskopröhre vorliegt.

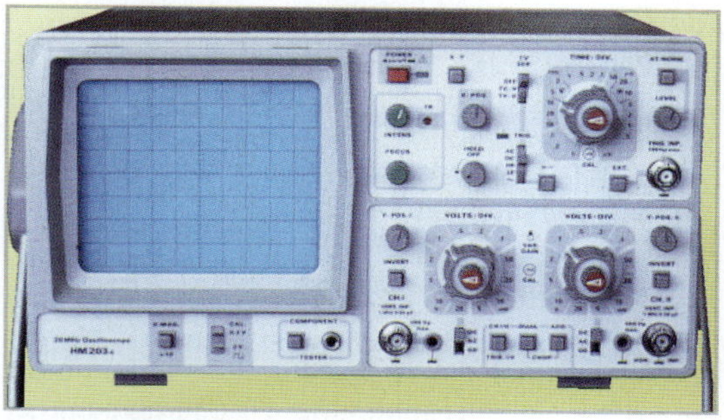

Bild 1: Analog-Oszilloskop

Analoge Oszilloskope enthalten eine Oszilloskopröhre, auf der das Linienbild des Messsignals direkt abgebildet wird.

- Oszilloskope werden zur Darstellung von schnellen, periodisch ablaufenden Vorgängen und zur Darstellung von Kennlinien eingesetzt.
- Zur Darstellung nicht periodischer Vorgänge werden Speicheroszilloskope eingesetzt.

Das Linienbild der Messspannung beim Analog-Oszilloskop entsteht durch eine periodisch wiederholte Ablenkung (Zeitablenkung) des Elektronenstrahls in waagrechter Richtung und gleichzeitige Ablenkung in senkrechter Richtung durch die Signalspannung. Eine positive Signalspannung erzeugt eine senkrechte Ablenkung des Elektronenstrahls nach oben, eine negative Signalspannung eine senkrechte Ablenkung nach unten.

Für die Zeitablenkung benötigt man eine gleichmäßig ansteigende und schnell abfallende Sägezahnspannung, um eine konstante Ablenkgeschwindigkeit des Elektronenstrahls in waagrechter Richtung zu erreichen. Während des Rücklaufs wird der Strahlstrom gesperrt, sodass der Rücklauf unsichtbar bleibt *(Rücklaufverdunklung)*.

Die Spannung für diese horizontale Zeitablenkung wird in einem *Ablenkgenerator* erzeugt und anschließend noch verstärkt **(Bild 2)**. In Sonderfällen kann eine von außen über den X-Eingang zugeführte Ablenkspannung verwendet werden.

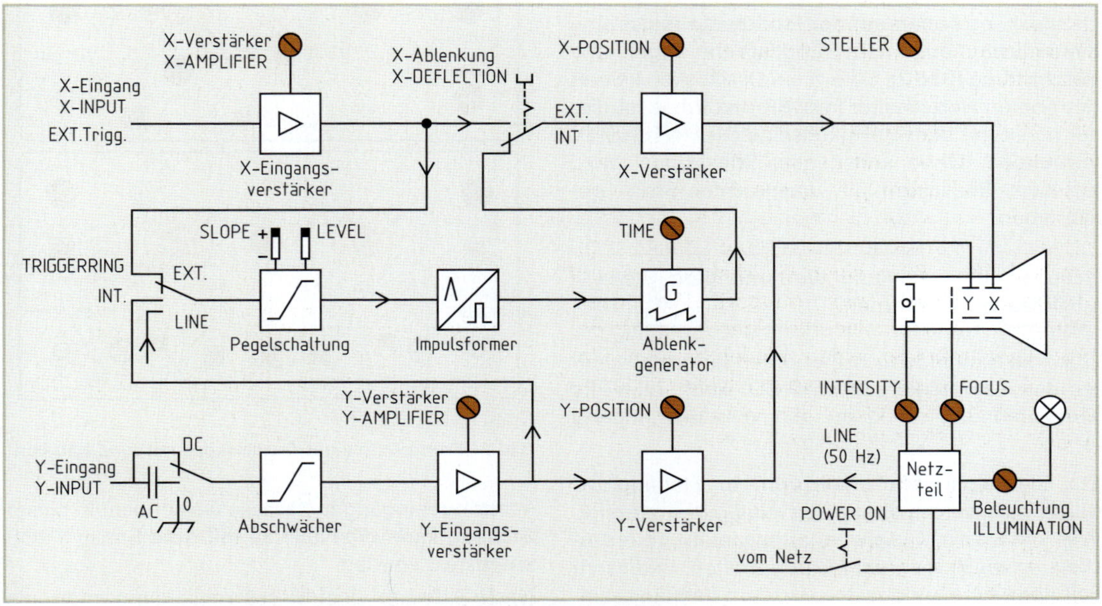

Bild 2: Übersichtsschaltplan eines triggerbaren Einkanal-Oszilloskops

Triggern

Die Zeitablenkung muss immer beim gleichen Augenblickswert des Messsignals beginnen, damit sich auf dem Bildschirm des Oszilloskops ein stehendes Bild ergibt. Dies wird durch *Triggerung* des Ablenkgenerators bewirkt **(Bild 1)**.

Darunter versteht man die Auslösung der Zeitablenkung durch einen Impuls. Dieser wird von einer monostabilen Kippschaltung erzeugt, sobald das Messsignal einen bestimmten Wert erreicht hat. Diese Auslösespannung (Triggerniveau) ist einstellbar. Der Ablenkgenerator schwingt nach Auslösung nur eine Periode lang, d. h., der Elektronenstrahl läuft einmal über den Bildschirm und wieder zurück. Anschließend bleibt er in Ruhe, bis er durch den nächsten Triggerimpuls wieder ausgelöst wird. Das Triggern kann intern (im Gerät) durch das Messsignal selbst oder extern (durch ein Bezugssignal von außen) erfolgen.

Triggern ist das Starten der Zeitablenkung durch ein Auslösesignal.

- X-Ablenkung und Y-Ablenkung des Elektronenstrahls bewirken ein Linienbild auf dem Bildschirm.
- Stehende Bilder erfordern die Synchronisation beider Ablenkrichtungen.
- Synchronisation erreicht man durch Triggern der Zeitablenkspannung u_x.

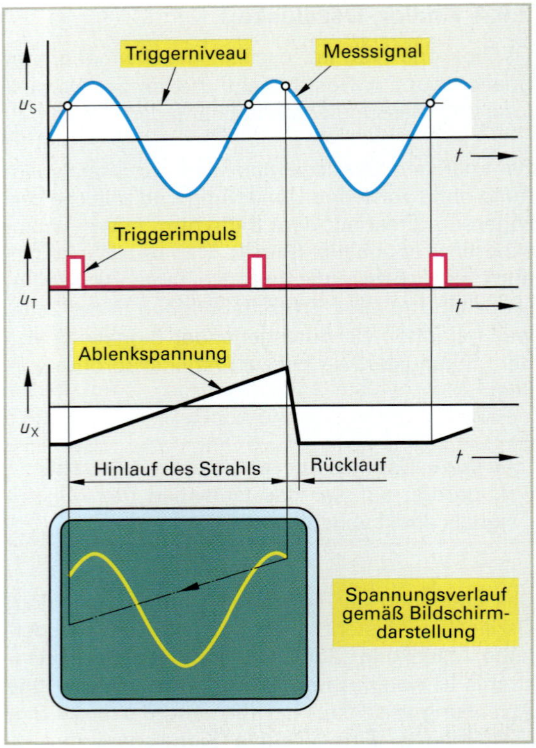

Bild 1: Getriggerte Zeitablenkung eines Oszilloskops

Arbeiten mit dem Oszilloskop

Oszilloskope haben auf der Frontplatte meist eine einheitliche, aus dem Englischen abgeleitete Beschriftung **(Bild 2)**. Sofern ein Oszilloskop keinen getrennten Netzschalter POWER on/off hat, ist dieser meist mit dem Helligkeitseinsteller INTENSITY verbunden. Ohne anliegendes Messsignal wird auf dem Bildschirm ein waagrechter Strich geschrieben.

Die Schärfeeinstellung wird mit dem Steller FOCUS vorgenommen.

Über die Eingangsbuchse und den Eingangsschalter des Y-Verstärkers (AC/DC/GD) kann man die Messspannung direkt an den Verstärkereingang legen.

Ein Gleichspannungsanteil wird in Stellung DC durch eine Verschiebung der Nulllinie angezeigt. Will man den Gleichspannungsanteil unterdrücken, so muss man auf AC umschalten. In diesem Fall liegt ein Kondensator vor dem Verstärkereingang. Bei Schalterstellung GD (GROUND) ist der

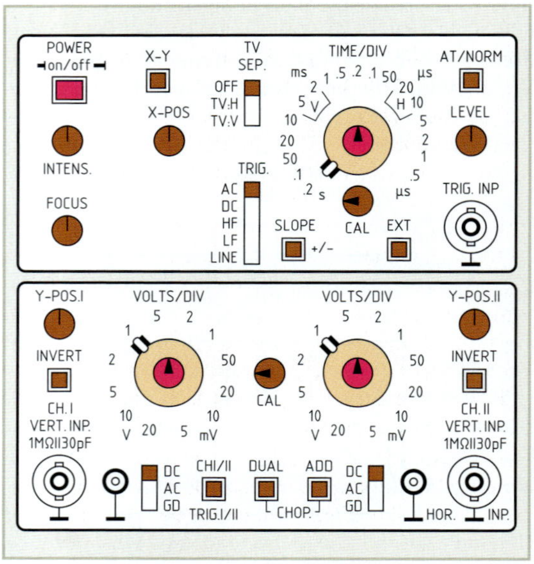

Bild 2: Frontplatte eines Oszilloskops mit zwei Kanälen

Verstärkereingang mit Masse verbunden. In dieser Stellung kann die Nulllinie mit dem Steller Y-POS eingestellt werden.

Nach Anlegen des Messsignals kann man die Schreibhöhe mit dem Steller VOLTS/DIV oder

Y-AMPLITUDE ändern. Mit X-POS lässt sich der Strahl waagrecht, mit Y-POS senkrecht verschieben.

Mit dem Triggerwahlschalter kann die Triggerung durch die angelegte Signalspannung (INTERN) oder z.B. durch die Netzspannung (LINE, ~) gewählt werden. Hat die Signalspannung eine sehr hohe Frequenz, z.B. über 10 MHz, bzw. eine niedrige Frequenz, z.B. unter 1 kHz, so kann die Triggersicherheit durch Vorschalten eines Hochpasses (Schalter HF, von High Frequency = hohe Frequenz) bzw. eines Tiefpasses (LF, von Low Frequency = tiefe Frequenz) verbessert werden.

Das Triggerniveau (LEVEL) kann stufenlos verändert und auf ansteigende oder abfallende Flanke der Signalspannung (+/– SLOPE, von engl. slope = Gefälle) eingestellt werden.

Soll die Triggerung mit einer Fremdspannung geschehen, muss diese an den Triggereingang (TRIG.INP) angeschlossen und auf EXT (EXTERN) umgeschaltet werden. Statt der internen Ablenkspannung kann auch eine Fremdspannung zur Strahlablenkung in X-Richtung verwendet werden (XY-Betrieb).

Messen mit dem Oszilloskop

Das Messen von Wechselspannungen und Impulsen ist die wichtigste Anwendung des Oszilloskops. Die Veränderungen von Rechteckimpulsen geben z.B. Auskunft über die Bandbreite eines Verstärkers oder weisen auf Resonanzerscheinungen im Verstärker hin **(Bild 1)**.

Bei der Reparatur von elektronischen Geräten wird mit Oszilloskopen die Funktion von Baugruppen untersucht. In den Schaltplänen dieser Geräte werden vom Hersteller zu diesem Zweck oft die vorgeschriebenen Oszillogramme an zahlreichen Messpunkten angegeben.

Zur **Spannungsmessung** wird meist die X-Ablenkung abgeschaltet oder die X-Verstärkung verkleinert. Nach Abschalten der X-Ablenkung wird auf dem Bildschirm ein senkrechter Strich geschrieben. Aus der Strichlänge lässt sich die Größe der Messspannung ermitteln.

Bei den meisten Oszilloskopen ist am Einstellknopf für die Y-Verstärkung der Ablenkkoeffizient angegeben. Er gilt allerdings nur, wenn der Feineinsteller in einer bestimmten Stellung steht (CAL, von engl. to calibrate = eichen), beim Oszilloskop Bild 2, vorherige Seite, am linken Anschlag. Der Ablenkkoeffizient kann auch mithilfe einer Eichspannung ermittelt werden.

Bei Messungen mit dem Oszilloskop müssen die jeweiligen Feineinsteller auf CAL stehen.

- Oszilloskope messen nur Spannungen und Zeiten.
- Frequenzen werden durch Zeitmessung und Kehrwertbildung bestimmt.

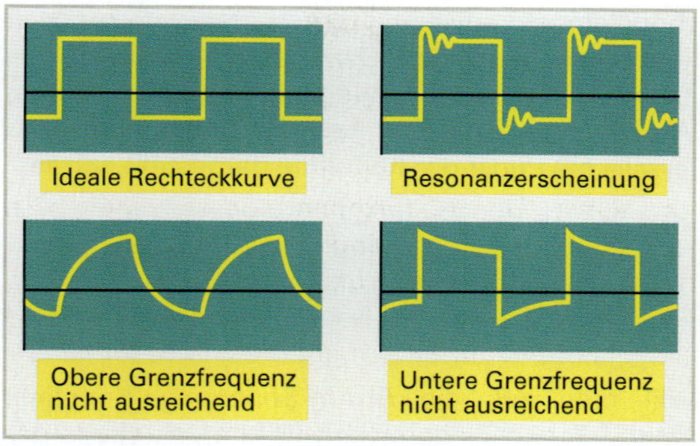

Bild 1: Oszillogramme von Rechteckspannungen nach einem Verstärker

$$\hat{u} = l \cdot A_y \qquad t = l \cdot A_x$$

$\hat{u}$, u_{pp}	Messspannung (Spitze-Tal-Spannung, pp von peak to peak = Spitze zu Spitze, in V)
l	Strichlänge in Teileinheiten
A_y	Ablenkkoeffizient in V je Teileinheit
t	Zeit
A_x	Ablenkkoeffizient in ms (oder µs) je Teileinheit

Beispiel 1:

Eine Sinusspannung erzeugt eine Strichlänge von 4 Teileinheiten. Der Ablenkkoeffizient beträgt 10 V je Teileinheit. Wie groß ist die Spitze-Tal-Spannung?

Lösung: $\hat{u} = l \cdot A_y$ = 4 Teileinheiten · 10 V/Einheit = **40 V**

Bei der **Frequenzermittlung** mit einem triggerbaren Oszilloskop muss die Feineinstellung für die Zeitablenkung am linken oder rechten Anschlag stehen (Stellung CAL). Am Wahlschalter TIME/DIV für die Zeitablenkung ist die Zeit angegeben, die der Elektronenstrahl beim Hinlauf für eine Teileinheit des Rasters benötigt. Man bezeichnet diese Angabe als *Zeitmaßstab*. Zur Frequenzbestimmung zählt man die Teileinheiten einer Periode des Spannungsverlaufs und erhält damit die Periodendauer. Ihr Kehrwert ist die Frequenz.

Wiederholung und Vertiefung

1. **Welche Größen werden mit einem Oszilloskop gemessen?**
2. **Was versteht man unter Triggerung?**
3. **Wie wird mit dem Oszilloskop eine Spannung gemessen?**
4. **Beschreiben Sie die Frequenzmessung mit dem Oszilloskop.**

Kennliniendarstellung

Die Kennlinie eines Bauelements ist die grafische Darstellung zweier voneinander abhängiger Größen, z.B. von Strom und Spannung, in einem rechtwinkligen Koordinatensystem. Die um 90° versetzten Ablenkplatten des Oszilloskops entsprechen einem solchen Koordinatensystem. Man kann deshalb mit dem Oszilloskop Kennlinien darstellen. Als Messspannung verwendet man eine Wechselspannung, da bei Gleichspannung nur jeweils ein Punkt der Kennlinie dargestellt würde.

Ströme müssen mithilfe von Widerständen in Spannungen umgesetzt werden.

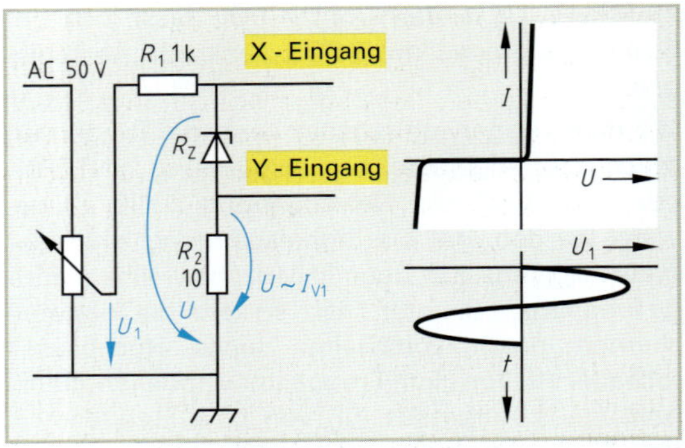

Bild 1: Messschaltung zur Darstellung der Kennlinie einer Z-Diode

Will man z.B. die Strom-Spannungs-Kennlinie einer Z-Diode R_Z darstellen **(Bild 1)**, so muss der Strom an einem Hilfswiderstand R_2 in eine Spannung umgesetzt werden. Dessen Widerstandswert soll klein sein, da die am X-Eingang liegende Spannung um den Spannungsfall an R_2 verfälscht wird. Aus diesem Grund kann der Vorwiderstand R_1 nicht zur Messung verwendet werden.

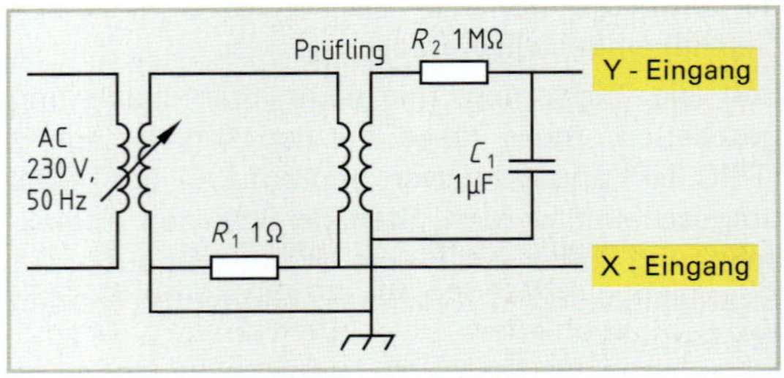

Bild 2: Messschaltung zur Darstellung einer Hysterese-Schleife

Bei der Aufnahme der Hysterese-Schleife von Elektroblechen wird die Feldstärke *H* mithilfe des Magnetisierungsstromes dargestellt **(Bild 2)**. Dieser ruft einen Spannungsfall am Hilfswiderstand R_1 hervor. Die induzierte Spannung auf der Ausgangsseite ist zur magnetischen Flussdichte *B* proportional. Das RC-Glied auf der Ausgangsseite dient zur Korrektur der auftretenden Phasenverschiebung.

Tastköpfe dienen zur Verbindung des Messobjekts mit dem Oszilloskop **(Bild 3)**. Im einfachsten Fall besteht ein Tastkopf aus einer Tastspitze mit abgeschirmter Verbindungsleitung (Tastkopf 1 : 1). Durch die Abschirmung soll verhindert werden, dass Störfelder über die Verbindungsleitung auf den Verstärkereingang des Oszilloskops einwirken können.

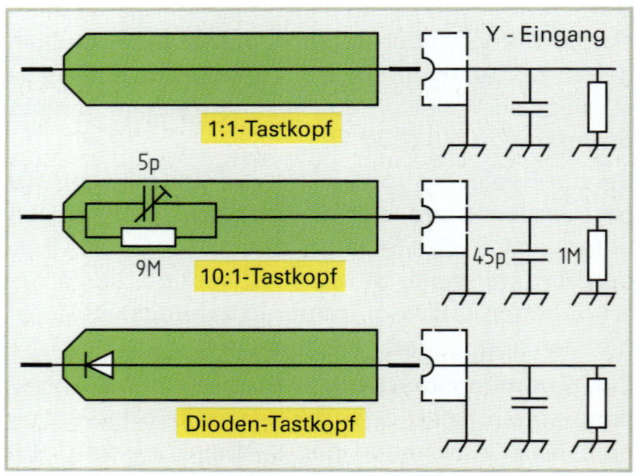

Bild 3: Tastköpfe für Oszilloskope (Übersicht)

Bei höheren Messspannungen besteht die Gefahr der Übersteuerung des Eingangsverstärkers. In diesem Fall verwendet man Teiler-Tastköpfe, die mit dem Eingangswiderstand des Verstärkers einen Spannungsteiler 10 : 1 oder 100 : 1 bilden. Da der Eingangswiderstand einen *kapazitiven Anteil* enthält, muss auch der Tastkopfwiderstand kapazitiv überbrückt werden. Sonst würde bei zunehmend hohen Frequenzen das Spannungsteilerverhältnis immer mehr anwachsen, da der Eingangsscheinwiderstand des Verstärkers immer kleiner wird. Durch die Tastkopfkapazität liegt bei hohen Frequenzen ein kapazitiver Spannungsteiler vor.

Die Tastkopfkapazität muss bei einem Teilerverhältnis von 10:1 etwa ein Neuntel der Eingangskapazität betragen.

Bei Spannungsmessungen mit dem Oszilloskop muss das Teilerverhältnis des Tastkopfes berücksichtigt werden.

Zur Gleichrichtung von Hochfrequenz verwendet man Tastköpfe mit einer Diode. Durch die Gleichrichtung wird nur die Hüllkurve der Wechselspannung abgebildet.

Oszilloskope für mehrere Vorgänge

Zur gleichzeitigen Darstellung von zwei periodischen Vorgängen benötigt man ein *Zweistrahloszilloskop* oder ein *Zweikanaloszilloskop*. Das Prinzip des Zweikanaloszilloskops kann zum Mehrkanaloszilloskop erweitert werden. Damit lassen sich z.B. vier oder acht Vorgänge auf einem Bildschirm überwachen.

Zweistrahloszilloskope enthalten eine Elektronenstrahlröhre mit zwei Strahlsystemen und zwei getrennte Y-Verstärker **(Bild 1)**. Die beiden Elektronenstrahlen werden in der Röhre meist mit einer gemeinsamen Katode erzeugt und anschließend geteilt (Split-Beam-Technik, **Bild 2**). Dieses Verfahren hat den Vorteil, dass die gemeinsame X-Ablenkung besonders genau erfolgt und damit ein guter Vergleich der beiden Messspannungen möglich ist.

Zweikanaloszilloskope enthalten eine normale Elektronenstrahlröhre mit einem Strahlsystem. Der Zweistrahleffekt wird durch einen elektronischen Schalter bewirkt, der ständig zwischen den beiden Y-Verstärkern des Oszilloskops umschaltet **(Bild 3)**. Bei entsprechend gewählter Umschaltfrequenz unterscheidet sich das Schirmbild nicht von dem eines echten Zweistrahloszilloskops.

Bei tiefen Signalfrequenzen arbeitet der elektronische Schalter mit hoher Umschaltfrequenz, z.B. mit 400 kHz. Die beiden abgebildeten Kurvenzüge sind dadurch in kleine Teilstücke zerhackt (chopped, **Bild 4**). Die Abstände zwischen den Teilstücken würden zu groß, wenn die Signalfrequenz in der gleichen Größenordnung wie die Umschaltfrequenz läge. Deshalb arbeitet der elektronische Schalter bei hohen Signalfrequenzen mit tiefer Umschaltfrequenz. Die Kurvenzüge sind jetzt nicht mehr zerhackt, sondern werden abwechselnd (alternating) geschrieben. Durch die Trägkeit des Auges ist dieser Vorgang ebenfalls nicht sichtbar. Die Umschaltung von CHOP auf ALTERNATE erfolgt im Oszilloskop oft automatisch je nach Signalfrequenz.

Haben die beiden Messsignale unterschiedliche Frequenzen, so muss die Triggerung im gleichen Takt zwischen den Signalfrequenzen umgeschaltet werden, damit ein stehendes Bild entsteht.

Für ein potenzialfreies Messen werden Trennverstärker mit 4 oder 8 Kanälen eingesetzt.

Zum potenzialfreien Messen verwendet man Trennverstärker.

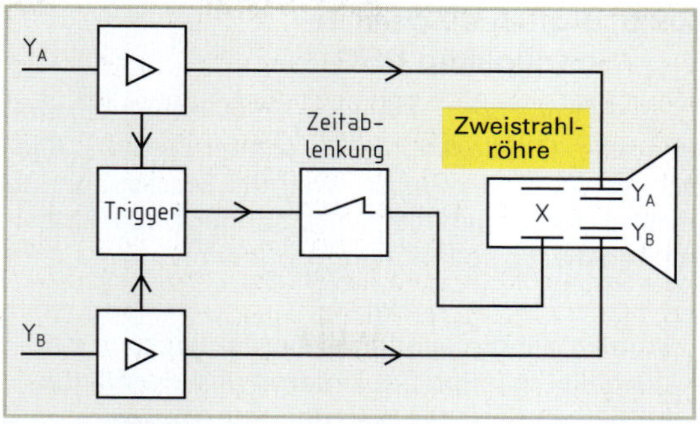

Bild 1: Übersichtsschaltplan eines Zweistrahloszilloskops

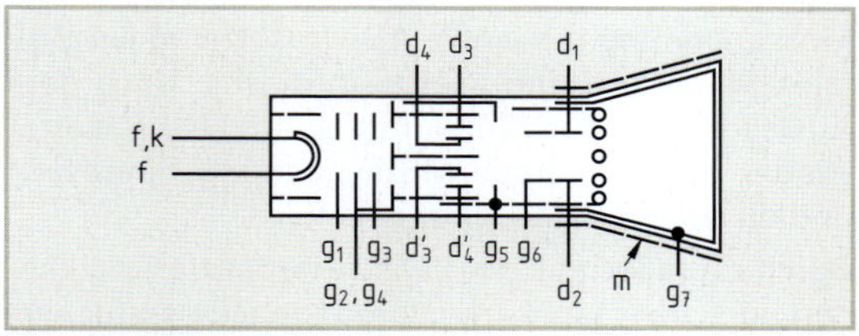

Bild 2: Split-Beam-Röhre

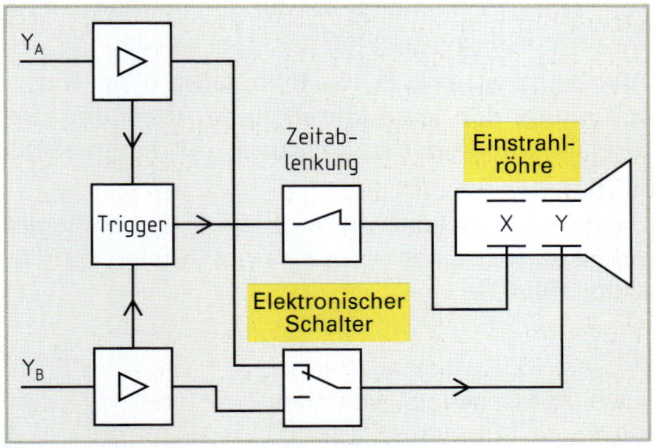

Bild 3: Übersichtsschaltplan eines Zweikanaloszilloskops

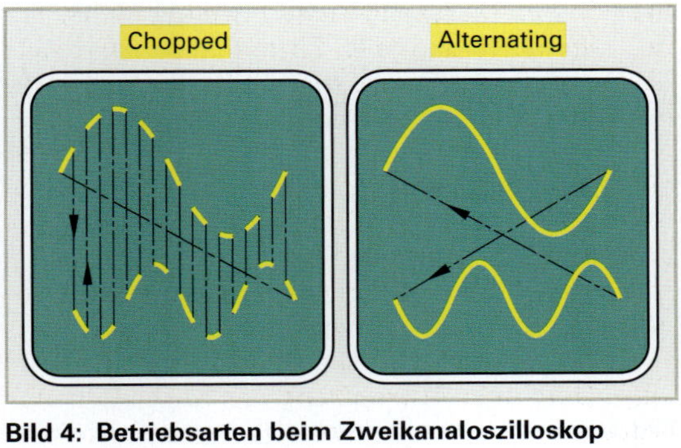

Bild 4: Betriebsarten beim Zweikanaloszilloskop

2.9.5 Digitales Speicheroszilloskop DSO

Digitale Speicheroszilloskope DSO enthalten keine spezielle Oszilloskopröhre, sondern einen Bildschirm. Dies ist möglich, weil die Messspannung nicht direkt abgebildet wird, sondern aus Abtastwerten dieser Spannung erzeugt wird.

> Vorteile der digitalen Speicheroszilloskope sind die beliebig lange Speicherzeit und die Wiederholbarkeit des gespeicherten Kurvenzugs.

Aufbau und Wirkungsweise des DSO

Digitale Speicheroszilloskope wandeln die analoge Messspannung mit einem AD-Umsetzer in ein digitales Signal um und speichern dieses. Nach dem Auslesen wird das Signal mit einem DA-Umsetzer wieder in die analoge Messspannung umgesetzt und diese dem Bildschirm zugeführt.

Durch diese Technik der Zwischenspeicherung können auch sehr langsame Vorgänge als geschlossener Kurvenzug sichtbar gemacht werden, bei denen man sonst nur einen Punkt über den Bildschirm wandern sehen würde. Ebenso könnten sehr schnelle, einmalige Vorgänge vom Auge ohne Zwischenspeicherung nicht erfasst werden.

Allerdings ist eine Echtzeitabbildung einer Messspannung, d. h. eine unmittelbare Abbildung des Signals während der Messung, mit einem DSO nicht möglich.

Die Eingangsschaltung eines DSO unterscheidet sich zunächst nicht von der eines Analog-Oszilloskops **(Bild 1)**.

> DSO können
> - Signale beliebig lange speichern,
> - Signale gedehnt darstellen,
> - Signale auf der Zeitachse verschieben,
> - Signaldaten auf einem Drucker oder PC ausgeben.

Sie besteht aus einem Eingangsteiler und dem Vertikalvorverstärker. Es folgt ein schneller AD-Umsetzer. Bei digitalen Speicheroszilloskopen mit mehreren Kanälen sind diese drei Komponenten mehrfach vorhanden.

Der Signalspeicher besteht meist aus einem Eingangs-Pufferspeicher, dem eigentlichen Hauptspeicher und einem Hintergrundspeicher für Langzeitspeicherungen. Die Speicherrate ist gleich der Abtastrate, also sehr hoch.

Eingangsspeicher und Hauptspeicher wirken als FISO-Speicher (von engl. **F**ast **I**n, **S**low **O**ut = schnell rein, langsam raus). Die Ausgabegeschwindigkeit wird dadurch herabgesetzt.

Ein DA-Umsetzer erzeugt anschließend wieder das ursprüngliche Messsignal, das über einen Endverstärker der Bildröhre oder dem Display zugeführt wird.

Wegen der zuvor reduzierten Ausgabegeschwindigkeit wird als Bildschirm ein LC-Display (LCD von Liquid Crystal Display = Flüssigkristall-Anzeige) verwendet.

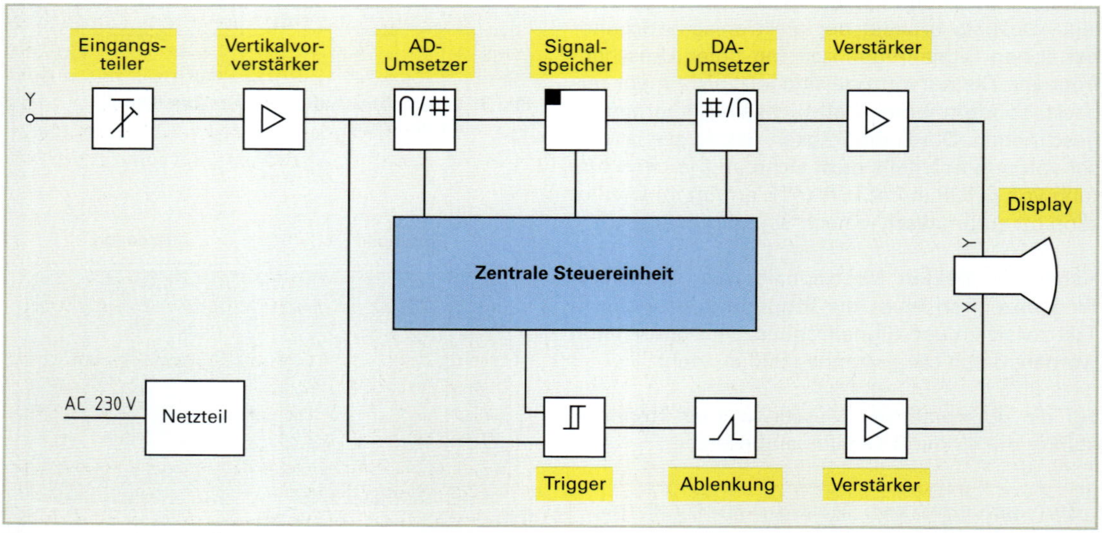

Bild 1: Vereinfachter Übersichtsschaltplan eines digitalen Speicheroszilloskops DSO

Die Steuereinheit enthält einen Quarzgenerator, einen programmierbaren Frequenzteiler für die Ablenkfrequenzen und einen Mikrocomputer für die Programmsteuerung sämtlicher Vorgänge.

Die Digitalisierung des Messsignals ermöglicht weitere nützliche Eigenschaften bei den digitalen Speicheroszilloskopen, wie z. B. Berechnung von Messwerten, Programmierbarkeit, komplexe Triggerfunktionen oder Datenausgabe an einen PC oder einen Drucker.

Eine wichtige Kenngröße für jedes Oszilloskop ist seine Bandbreite. Je höher die Frequenz der Messspannung ist, die dargestellt werden soll, umso größer muss die Bandbreite eines Oszilloskops sein.

Die Bandbreite eines digitalen Speicheroszilloskops wird von der Abtastrate des AD-Umsetzers bestimmt. Ein sinusförmiges Signal muss mindestens viermal innerhalb einer Periode abgetastet werden, damit anschließend Phase, Frequenz und Amplitude vollständig rekonstruiert werden können. Beträgt die Abtastrate eines DSO z.B. 200 MS/s (Mega-Sample je Sekunde), dann könnte eine Sinusspannung mit $f = 50$ MHz verzerrungsfrei abgebildet werden.

Würde jedoch eine Rechteck- oder Dreieckspannung mit $f = 50$ MHz mit derselben Abtastrate von 200 MS/s oszilloskopiert werden, dann würde der Bildschirm fälschlicherweise ebenfalls eine Sinusspannung zeigen, nämlich nur die Grundschwingung.

Bei zu geringer Abtastrate verhält sich ein digitales Speicheroszilloskop wie ein Analog-Oszilloskop mit vorgeschaltetem Tiefpass.

Manche DSO arbeiten mit einer Sinusinterpolation, um die Abtastrate herunterzusetzen und die Grenzfrequenz damit heraufzusetzen. In diesem Fall genügen 2,5 Abtastungen je Periode. Der genaue Sinusverlauf wird von einem Mikroprozessor berechnet.

Nicht sinusförmige Spannungen werden jedoch nur dann richtig abgebildet, wenn die Abtastrate um ein Vielfaches größer ist als die Frequenz der Messspannung. Eine hohe Abtastrate erfordert auch einen entsprechend großen Speicher. Ein Vergleich der Bandbreite eines DSO mit der Bandbreite eines Analog-Oszilloskops ist nur möglich, wenn die genauen Daten bekannt sind.

Bild 1: Scopemeter

Scopemeter

Ein Scopemeter ist die Kombination von digitalem Speicheroszilloskop und Digitalmultimeter **(Bild 1)**. Zwischen den beiden Betriebsarten kann umgeschaltet werden.

Die Kombination der beiden Geräte ist möglich, weil die Digitalisierung des Messsignals auf die gleiche Weise erfolgt und für die Anzeige jeweils ein LCD genügt.

Die Messdaten können vom Scopemeter über ein RS-232-Schnittstellenkabel an einen PC mit entsprechender Software übertragen werden. Sie werden in ein Messprotokoll importiert und ausgedruckt oder weiterverarbeitet. Das Zubehör eines Scopemeter beinhaltet z.B. Akku-Ladegerät, Netzspannungsadapter, Tastköpfe und Tastkopf-Zubehör.

Wiederholung und Vertiefung

1. **Welcher Messbereich wird bei einem Analogmultimeter eingestellt?**
2. **Was versteht man bei einem Digitalmultimeter unter einer $3^1/_2$-stelligen Anzeige?**
3. **Warum hat die Zeitablenkspannung eines Oszilloskops Sägezahnform?**
4. **Erklären Sie Aufbau und Wirkungsweise eines digitalen Speicheroszilloskops.**
5. **Nennen Sie die Vorteile und Nachteile eines digitalen Speicheroszilloskops.**

2.10 Pegel und Pegelrechnung

Die Veränderung der Signalspannung entlang einer Übertragungsstrecke wird mit dem Verhältnis von Eingangsspannung zu Ausgangsspannung beschrieben. Meist wird dieser *Dämpfungsfaktor* als logarithmisches Maß angegeben, d.h. als *Dämpfungsmaß*.

Oft ist es aber wichtig, nicht nur die Zunahme oder Abnahme der Signalspannung, sondern deren tatsächliche Größe zu kennen. Damit diese Spannungsangabe in das logarithmische System passt, bildet man das Verhältnis der Signalgröße zu einer *Bezugsgröße*. Den Logarithmus dieses Verhältnisses bezeichnet man als Pegel (Level). Die Art des Pegels wird durch Zusätze gekennzeichnet, wie z.B. Spannungspegel L_U oder Leistungspegel L_P.

Beim absoluten Pegel verwendet man einen genormten Standardwert als Bezugsgröße. Für den Spannungspegel sind als Bezugsspannungen sowohl U_0 = 0,775 V an 600 Ω als auch U_0 = 1 µV an 75 Ω, z.B. bei Antennenanlagen, gebräuchlich. Für den Leistungspegel ist als Bezugsleistung häufig 1 mW verwendet **(Bild 1)**.

Der Spannungswert 0,775 V stammt ursprünglich aus der Fernsprechübertragungstechnik. Bei einem Abschlusswiderstand von 600 Ω ergibt eine Spannung von 0,775 V eine Leistung von 1 mW an diesem Widerstand. Bei technischen Unterlagen aus den USA ist zu beachten, dass dort U_0 = 1 V gilt. Um Missverständnisse auszuschließen, wird daher bei der Angabe des absoluten Pegels die Bezugsgröße zusätzlich zur Einheit angegeben **(Tabelle 1)**.

> Der absolute Pegel gibt den Abstand einer Größe, z.B. einer Spannung, von einer Bezugsgröße, z.B. einer Bezugsspannung, an.

Bei Übertragungsstrecken gibt man den Leistungspegel mit einer Bezugsleistung P_0 = 1 mW an (absoluter Leistungspegel). Aus der Bezugsleistung kann man die Bezugsspannung für die Angabe des Spannungspegels berechnen. Sie hängt von dem Abschlusswiderstand der Übertragungsstrecke ab. Bei 600 Ω folgt für den Spannungspegel die Bezugsspannung U_0 = 0,775 V, bei 75 Ω (Koaxialleitung) U_0 = 0,274 V. Die Pegelangabe erfolgt dann in dB bzw. dBm oder dB (1 mW).

Die Veränderung des Pegels auf einer Übertragungsstrecke zeigt das Pegeldiagramm **(Bild 2)**. Der Pegel nimmt infolge der Dämpfung auf der Übertragungsstrecke (positives Dämpfungsmaß) stetig ab und wird durch Verstärker (negatives Dämpfungsmaß) wieder angehoben. Ein negativer Pegel bedeutet, dass die Spannung unter die Bezugsspannung gesunken ist.

L_U [dB]	$L_U = 20 \cdot \lg \frac{U}{U_0}$	L_P [dB]	$L_P = 10 \cdot \lg \frac{P}{P_0}$
L_U	Spannungspegel in dB;	L_P	Leistungspegel in dB
P	Signalleistung;	P_0	Bezugsleistung
U	Signalspannung;	U_0	Bezugsspannung

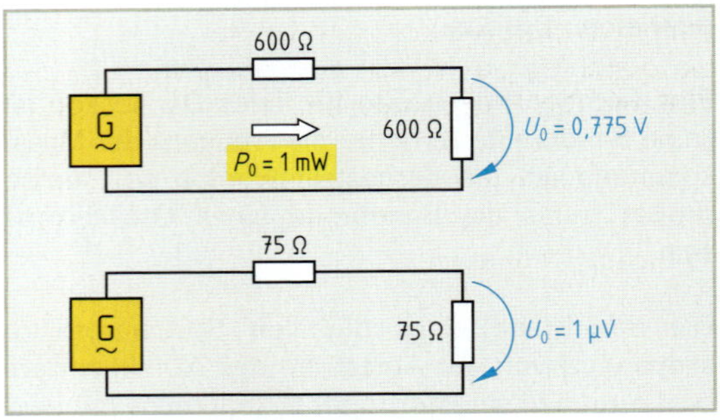

Bild 1: Bezugsgrößen bei Pegelangaben

Tabelle 1: Angaben beim absoluten Pegel	
dBu, dB (0,775 V)	Spannungspegel, bezogen auf 0,775 V
dBµV	Spannungspegel, bezogen auf 1 µV
dBV	Spannungspegel, bezogen auf 1 V
dBm	Leistungspegel, bezogen auf 1 mW
dBW	Leistungspegel, bezogen auf 1 W
dBp	Leistungspegel, bezogen auf 1 pW

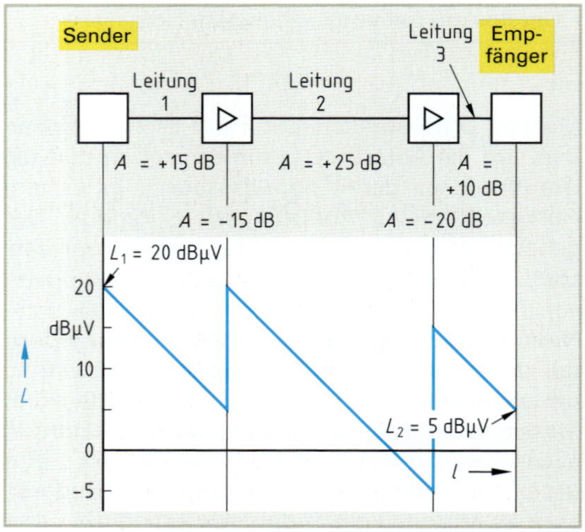

Bild 2: Übertragungsstrecke und Pegeldiagramm

2.11 Elektromagnetische Verträglichkeit EMV

Die Betriebssicherheit elektrischer Geräte und Anlagen ist im *EMV-Gesetz* festgelegt. Sie dürfen durch ihren Betrieb weder andere Geräte oder Anlagen wesentlich stören, noch von diesen wesentlich gestört werden (elektromagnetische Störfestigkeit, EMS). Zusätzlich muss eine gesundheitsschädliche Einwirkung auf Lebewesen ausgeschlossen sein. Deshalb sind bei ihrer Herstellung die einschlägigen Vorschriften zur EMV, z.B. DIN VDE und DIN EN zu beachten.

Die Beachtung der Vorschriften über die EMV vermeidet Schadensersatzansprüche und strafrechtliche Folgen.

Geräte, die den EU-Vorschriften über die EMV entsprechen, sind mit dem *CE-Zeichen* gekennzeichnet. Daneben führen funktechnische Geräte deutscher Herkunft zusätzlich das *VDE-Funkschutzzeichen* **(Bild 1)**.

Elektrische Geräte und Anlagen dürfen nur betrieben werden, wenn sie den Vorschriften zur EMV entsprechen.

Bild 1: Gerätekennzeichnung zur EMV

Tabelle 1: EMV-Störquellen

Störquelle	Ursache
Schalter, Schütze und Stromrichter Schaltnetzteile und Logikbaugruppen	Elektromagnetische Pulse durch Schaltvorgänge (SEMP, Switching Electromagnetic Puls)
Reibungselektrizität durch kunststoffbeschichtete Einrichtungen	Elektrostatische Entladung (ESD, Electrostatic Discharge)
Natürliche Umgebung	Elektromagnetische Pulse durch Blitzentladung (LEMP, Lightning Electromagnetic Puls)
Sendeanlagen, Anlagen der Flugsicherung, Geräte der Medizin	Störstrahlung (EMI, Electromagnetic Interference)

2.11.1 Störquellen und Störpfade

Unsere Umgebung enthält eine Vielzahl von möglichen Störquellen **(Tabelle 1)**. Dabei werden die erzeugten Störgrößen häufig über leitungsgebundene Störpfade oder durch Strahlung auf die Störsenke übertragen **(Bild 2)**. Ursache ist eine nicht EMV-gemäße Verdrahtung oder Anordnung von einzelnen Baugruppen. Oft fehlen auch wirksame Schutzeinrichtungen für den erforderlichen EMV-Überspannungsschutz **(Bild 3)**. Dabei sorgen ausreichend lange Leiter mit ihrer Leitungsimpedanz Z_L für den erforderlichen Spannungsfall zwischen den einzelnen Schutzelementen. Bei kurzen Leitern sind zusätzlich entsprechende Entkopplungsspulen einzufügen.

Mithilfe eines tragbaren Mittelwellen-Empfängers, der im eingeschalteten Zustand z.B. in die Nähe der Türe eines eingeschalteten Mikrowellengerätes oder in die Nähe eines eingeschalteten PC-Bildschirmes gebracht wird, kann deren Störgröße (Störstrahlung) hörbar gemacht werden. Auf diese einfache Art lassen sich auch weitere mögliche Störquellen in unserer Umgebung feststellen, die durch Störstrahlung die EMV anderer Geräte und Anlagen beeinträchtigen können.

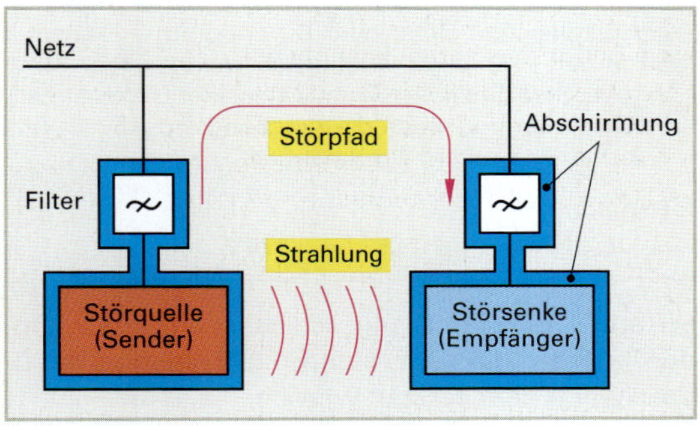

Bild 2: Übertragung von Störungen

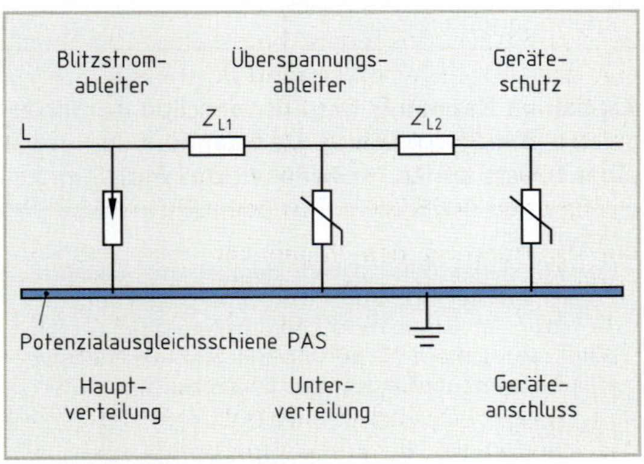

Bild 3: Überspannungsschutz für einen Netzleiter

Galvanische Kopplung tritt als Störpfad auf, wenn ein Leiter gemeinsam verschiedenen Stromkreisen dient **(Bild 1)**. Die induktive Impedanz Z_L des Leiters wird im Wesentlichen von der Leiterlänge bestimmt und ist für den Grad der Störeinkopplung maßgebend.

Beispiel 1:

Der gemeinsame Masseleiter (Bild 1) hat eine Impedanz Z_L = 150 nH. Berechnen Sie die im Masseleiter entstehenden Störpulse u_S, wenn der getaktete Strom des Schaltnetzteils i = 2,5 A und seine Anstiegszeit t_r = 0,1 µs betragen.

Lösung:

$u_S = Z_L \cdot di/dt_r$ = 150 nH · 2,5 A/0,1 µs = **3,75 V**

Die im Masseleiter entstehenden Störpulse werden in den Analog-Digital-Umsetzer (ADU) galvanisch eingekoppelt und stören durch Überlagerung seine Ausgangssignale.

Induktive Kopplung kommt zwischen zwei Leitern vor **(Bild 2)**, von denen einer von einem Strom durchflossen wird, der sich in Größe oder Richtung ändert (Transformatorprinzip).

Beispiel 2:

Durch Blitzeinschlag kommt es im Leiter N (Bild 2), der parallel zum Datenleiter D verlegt ist, zu einem Strompuls mit einer Anstiegsgeschwindigkeit von 85 kA/s. Berechnen Sie die im Datenleiter D induzierte Störspannung u_S, wenn die Kopplungsinduktivität L_K zwischen den Leitern 2 mH beträgt.

Lösung:

$u_S = L_K \cdot di/dt$ = 2 mH · 85 kA/s = **170 V**

Die am Datenleiter D angeschlossenen Geräte können durch die auftretende Störspannung u_S beschädigt oder zerstört werden.

Bei galvanischer oder bei induktiver Kopplung können schnelle Stromänderungen hohe Störspannungen erzeugen.

Kapazitive Kopplung besteht zwischen parallelen Leitern **(Bild 3)**, wenn sich das Spannungspotenzial eines Leiters ändert (Kondensatorprinzip).

Beispiel 3:

Der Messleiter (Bild 3) liegt parallel zum Taktleiter. Berechnen Sie den in den Messleiter eingekoppelten Störstrom i_S, wenn die Kopplungskapazität C_K zwischen den Leitern 10 pF und die Signalanstiegsgeschwindigkeit des Taktsignales 5 V/ns beträgt.

Lösung:

$i_S = C_K \cdot du/dt$ = 10 pF · 5 V/ns = **50 mA**

EMV-Störpfade

- Galvanische Kopplung tritt auf, wenn ein Leiter von zwei Stromkreisen gemeinsam genutzt wird.
- Induktive und kapazitive Kopplung kann zwischen isolierten Leitern auftreten.

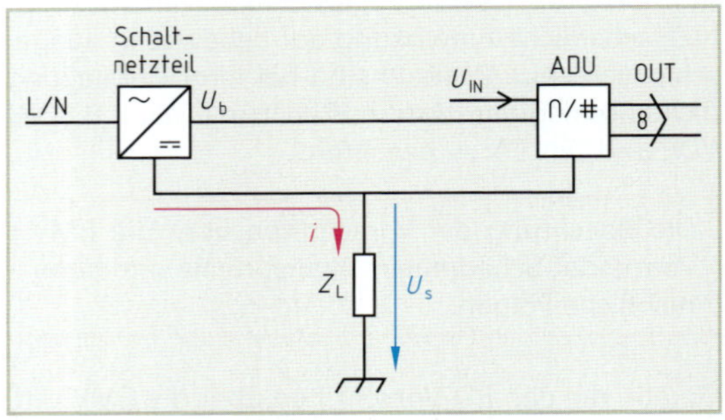

Bild 1: Galvanische Störeinkopplung

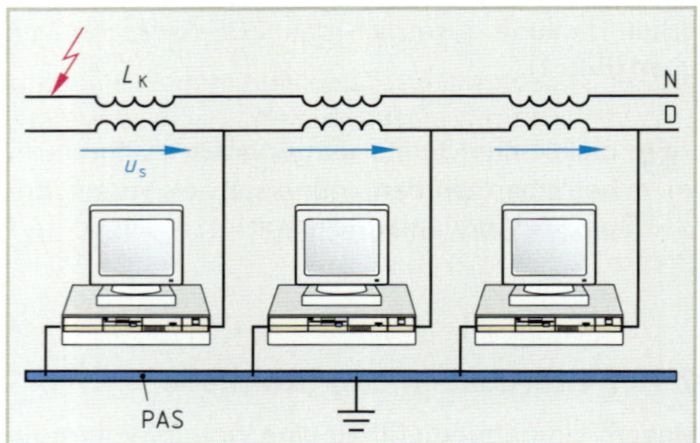

Bild 2: Induktive Störeinkopplung

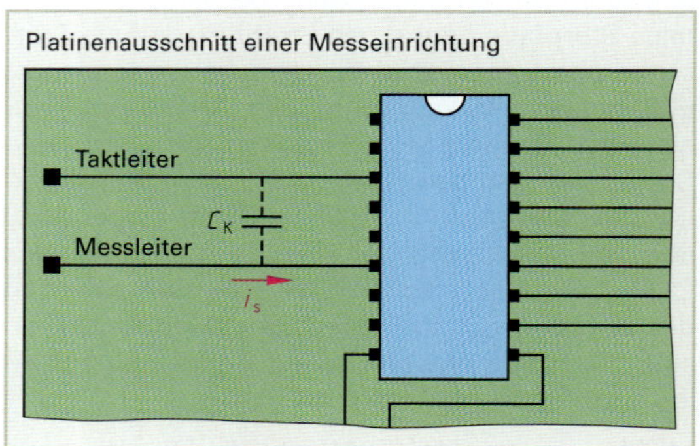

Bild 3: Kapazitive Störeinkopplung

Der in den Messleiter eingekoppelte Störstrom i_s verursacht in der Messeinrichtung einen entsprechenden Störspannungspuls, der das Messergebnis verfälscht.

Schnelle Spannungsänderungen können Störströme in benachbarten Leitern verursachen.

Störstrahlungen werden betriebsbedingt von Sendeanlagen und Geräten der Funktechnik erzeugt. Sie erzeugen hochfrequente, magnetische und elektrische Felder, die auch über große Entfernungen auf andere Anlagen und Geräte störend einwirken können. Daneben erzeugen auch Anlagen und Geräte, wie z.B. Leuchtstoffröhren, PCs, Fernsehgeräte, Mikrowellengeräte, Industrieanlagen und Radaranlagen, betriebsbedingte Störstrahlungen.

Technische und natürliche Strahlungen können für Lebewesen gesundheitsschädlich sein.

2.11.2 Entstörmaßnahmen

Geeignete Entstörmaßnahmen zur EMV **(Tabelle 1, folgende Seite)** sind das Vermeiden von Störquellen und insbesondere von Störpfaden sowie die Erhöhung der elektromagnetischen Störsicherheit (EMS) bei möglichen Störsenken. Dabei ist das Erreichen eines umfassenden Überspannungsschutzkonzeptes bei der Planung von Neuanlagen und auch bei bereits bestehenden Anlagen von großer Bedeutung. Gebäude sind in diese Planung entsprechend mit einzubeziehen. Durch auftretende Überspannungen entstehen jährlich erhebliche wirtschaftliche Schäden, z.B. durch Datenverluste und Beschädigungen an elektrischen Anlagen und Geräten.

Die wichtigste EMV-Entstörmaßnahme ist ein umfassender Überspannungsschutz.

Bei der Planung wird der zu schützende Gebäudebereich jeweils in einen Schutzkreis, die entsprechende EMV-Schutzzone (EMV SZ *n*), eingeordnet **(Tabelle 1)**. Dabei können mehrere Gebäudebereiche der gleichen EMV-Schutzzone angehören **(Bild 1)**. Beim Übergang von einer EMV-Schutzzone zur nächsten müssen die entsprechenden Überspannungsschutzschaltungen vorhanden sein. Für die Zuordnung eines Gebäudebereiches zu einer EMV-Schutzzone sind die vorhandenen Geräte oder Anlagen maßgebend.

Geräte und Anlagen der Informationstechnik und Elektronik sind der EMV-Schutzzone 3 (EMV SZ 3) zuzuordnen.

Wiederholung und Vertiefung

1. **Welche Kennzeichnung tragen elektrotechnische Geräte, die den EU-Vorschriften zur EMV entsprechen?**
2. **Nennen Sie mögliche Störpfade, die Auswirkungen auf die EMV elektrischer Geräte haben können.**
3. **Durch welche Maßnahmen können induktive und kapazitive Störeinkopplungen wirksam verhindert werden?**

Tabelle 1: EMV-Schutzzonen

Schutzzone	Beschreibung
EMV SZ 0	Außerhalb eines Gebäudes. Direkte Einwirkung durch Blitzentladungen (LEMP).
EMV SZ 1	Innerhalb eines Gebäudes. Reduzierte Einwirkung durch Blitzentladungen (LEMP) und direkte Einwirkung durch Schaltvorgänge (SEMP).
EMV SZ 2	Innerhalb eines Gebäudes. Reduzierte Einwirkung durch Schaltvorgänge (SEMP) und direkte Einwirkung durch elektrostatische Entladungen (ESD).
EMV SZ 3	Innerhalb eines Gebäudes. Keine Einwirkungen über die zulässige Störgrenze hinaus.

- LEMP = Störeinwirkung durch Blitzentladung.
- SEMP = Störeinwirkung durch Schaltvorgänge.
- ESD = Störeinwirkung durch elektrostatische Entladung.

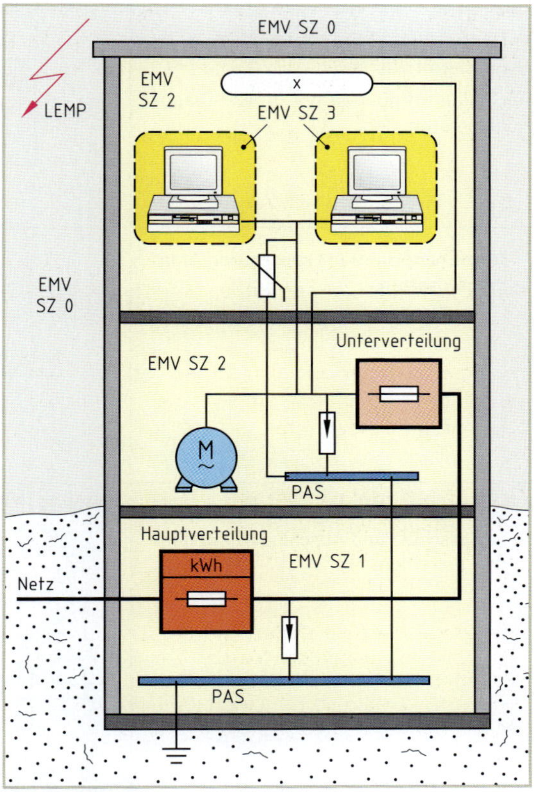

Bild 1: EMV-Schutzzonen in einem Gebäude

Tabelle 1: EMV-Entstörmaßnahmen

Maßnahme	Ausführung
Lange, gemeinsame Leiter, durch sternförmige Verbindung vermeiden. Netzleiter, Datenleiter oder Signalleiter getrennt mit ausreichendem Abstand (mind. 30 cm) verlegen. Zusammengehörende Leiter verseilen.	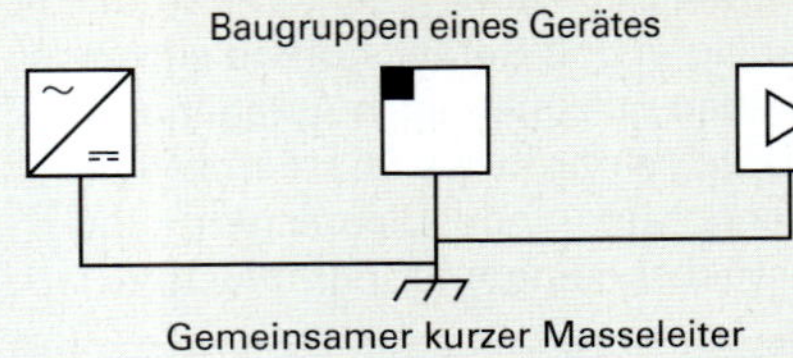
Bei gemeinsamen Kabelkanälen Trennbleche verwenden. Datenleiter und Signalleiter abgeschirmt verlegen. Lichtleiter für Daten- und Signalleiter verwenden.	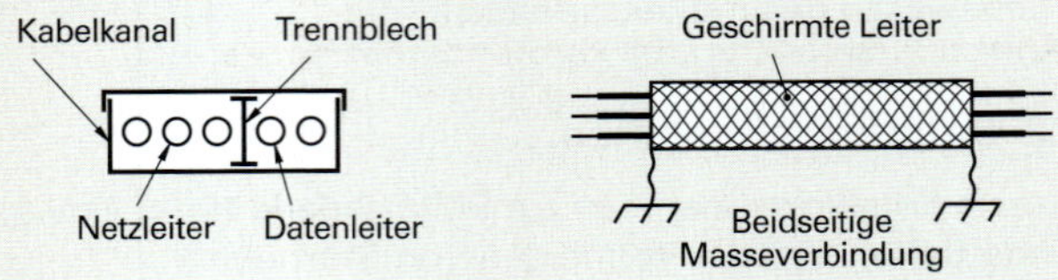
Große Induktionsflächen bei Leitungsführungen vermeiden.	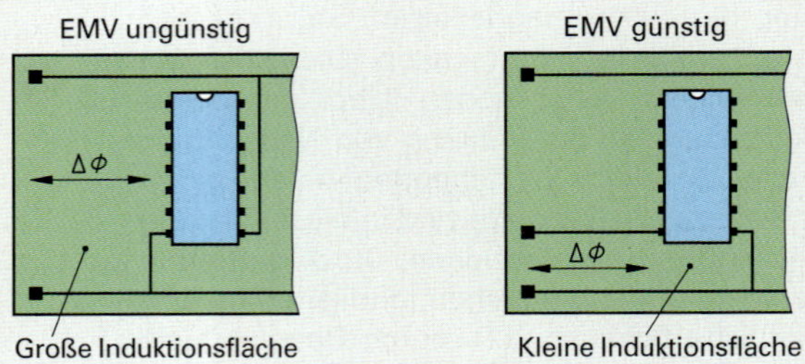
Gerätegehäuse und Anlagenschränke geschirmt ausführen. Gehäuseöffnungen mit großer Diagonale vermeiden.	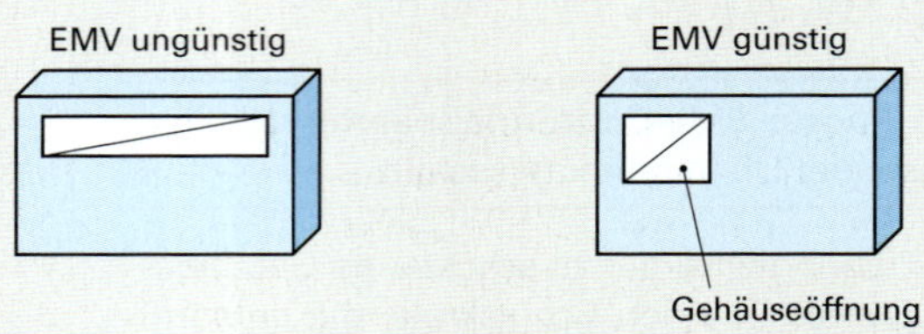
Netz-Entstörfilter in Geräten und Anlagen einsetzen.	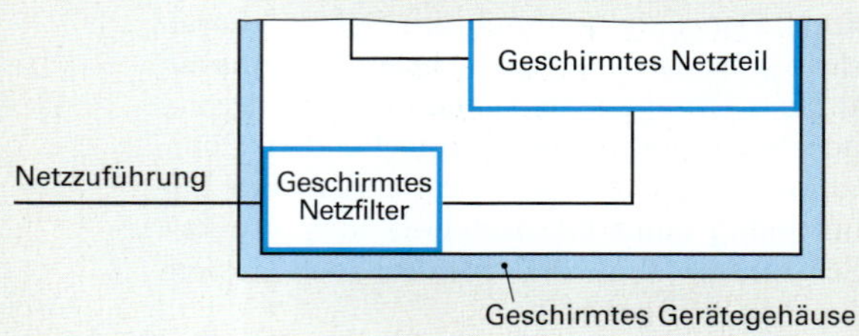
Vernetzte IT-Anlagen mit Überspannungsschutz und Abschlusswiderständen betreiben.	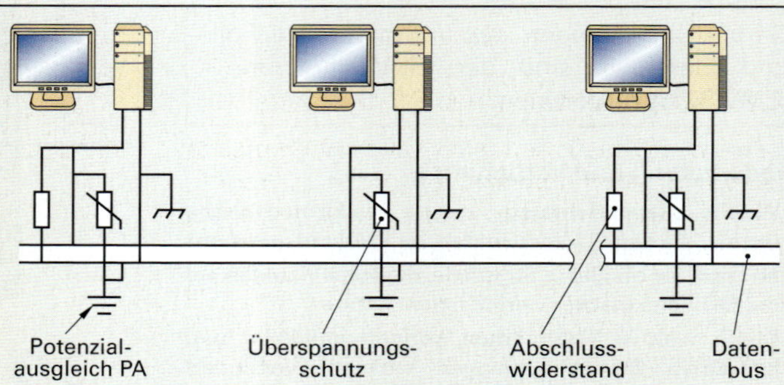

3 PC-Technik

3.1 Software (Überblick)

PCs (von Personal Computer = persönlicher Rechner) sind frei programmierbare Computer, die mit geeigneten Programmen, z.B. Anwenderprogrammen, unterschiedliche Aufgaben übernehmen können. Die einem Computer zugeführten Informationen, z.B. Programme und Texte von Festplatte, CD-ROM oder Diskette, bezeichnet man als *Software.*

Als *Anwendersoftware* gibt es Standardsoftware, die fast alle Anwender verwenden, z.B. Textverarbeitungsprogramme, sowie *Branchensoftware,* die nur in bestimmten Branchen (Berufsbereichen) verwendet wird, z. B. Steuerprogramme **(Bild 1).**

Eine *Systemsoftware* (Betriebssystem) ermöglicht die Zusammenarbeit zwischen Hardware, PC-Nutzer und Anwendungsprogrammen. Sie steuert und überwacht den Ablauf der Programme. Jeder Computer benötigt ein solches Betriebssystem. Durch diese Software wird der PC z.B. veranlasst, über die Tastatur eingegebene Zeichen auf dem Bildschirm auszugeben.

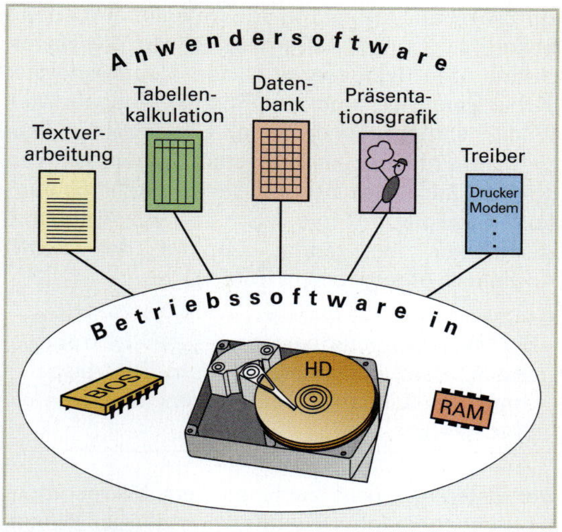

Bild 1: Software

3.2 Hardware

Ein einfaches PC-System besteht aus dem PC mit Festplattenlaufwerk, CD-ROM-Laufwerk, DVD-Laufwerk, Maus, Tastatur, Monitor und Drucker. Alle an den im PC befindlichen Mikrocomputer angeschlossenen Geräte bezeichnet man als Peripheriegeräte, kurz *Peripherie* (griech. Peripherie = Umgebung). Zur Peripherie gehören z.B. Tastatur, Maus, Monitor, Drucker und Laufwerke, auch wenn diese im Computergehäuse eingebaut sind. Peripheriegeräte dienen zur Dateneingabe, zur Datenausgabe oder als externe Speicher.

> Den PC mit all seinen Komponenten und die Peripheriegeräte bezeichnet man als *Hardware.*

3.2.1 Komponenten eines PC-Systems

In einem PC befinden sich eine Hauptplatine (Mainboard, Motherboard von main = Haupt-, mother = Mutter, board = Brett), ein Netzteil für die Stromversorgung der Baugruppen und Laufwerke.

Auf der Hauptplatine **(Bild 2)** befinden sich im Wesentlichen ein Mikroprozessor (CPU, von **C**entral **P**rocessing **U**nit = zentrale Recheneinheit) mit Rechenwerk, Steuerwerk (Controller) und Register

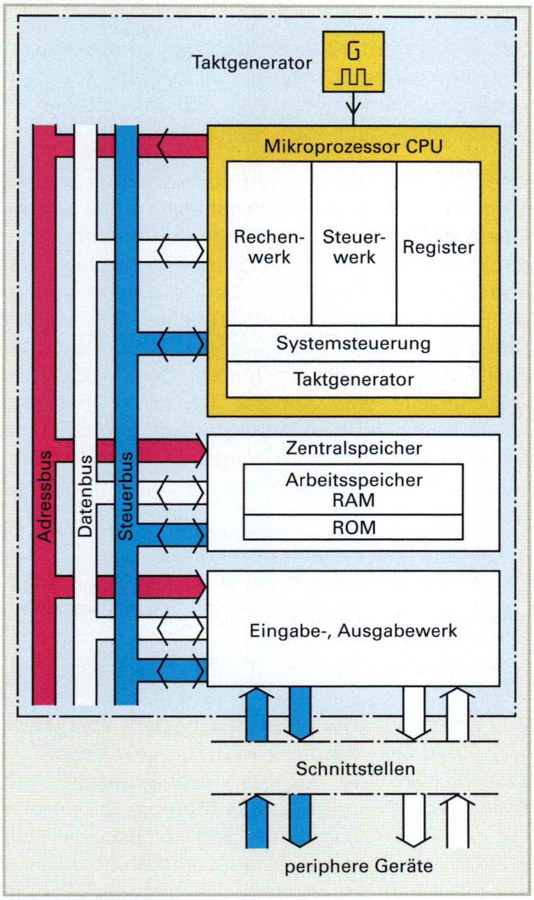

Bild 2: Aufbau einer Hauptplatine (vereinfacht)

zur Zwischenspeicherung von Daten oder mehrere Mikroprozessoren. Außerdem enthält die Hauptplatine den Taktgenerator, den Zentralspeicher (Arbeitsspeicher) und ein Eingabe-/Ausgabewerk (Bild 2, vorhergehende Seite). Die einzelnen Baugruppen sind über ein Bussystem miteinander verbunden. Zusätzlich sind auf der Hauptplatine auch noch Steckplätze (Slots = Schlitze) zur Aufnahme zusätzlicher Steckkarten, z.B. für den ISDN-Anschluss, untergebracht **(Bild 1).**

Ein Mikrocomputer besteht aus dem Mikroprozessor, dem Taktgenerator, dem Zentralspeicher, dem Eingabe-/Ausgabewerk und einem Bussystem.

Der Datenaustausch zwischen dem Mikrocomputer und den Peripheriegeräten erfolgt über *Schnittstellen* (Interfaces, von interface = Berührungspunkt).

Peripheriegeräte werden über Schnittstellen mit dem Computer verbunden.

Das Bussystem (Busse), das die verschiedenen Einheiten eines PCs verbindet, besteht aus dem Datenbus, dem Adressbus und dem Steuerbus (Bild 2, vorhergehende Seite).

Über den *Datenbus* werden nacheinander sowohl Eingabedaten als auch Ausgabedaten übertragen. Er arbeitet in beiden Richtungen und ist damit bidirektional (lat. bi... = Vorsilbe für zweifach, lat. directio = Richtung). Über den *Adressbus* werden die Speicher und Schnittstellen angewählt, welche Daten empfangen und liefern sollen. Der Zentralspeicher ist in Speicherzellen unterteilt, wobei jede Speicherzelle eine Adresse (Nummer) hat. Die Übertragung auf dem Adressbus ist unidirektional (lat. unus = eins) zur Speicherzelle. Über den *Steuerbus* wird der zeitliche Arbeitsablauf im Computer gesteuert.

Über den Datenbus werden die Daten übertragen, über den Adressbus werden Speicher und Schnittstellen angewählt und über den Steuerbus wird der Computer gesteuert.

Der *Zentralspeicher* eines PCs besteht aus ROMs (von **R**ead **O**nly **M**emory = Nur-Lese-Speicher) als Lesespeicher und aus dem Arbeitsspeicher mit RAMs (von **R**andom **A**ccess **M**emory = Speicher mit wahlfreiem Zugriff) als Schreib-Lese-Speicher. Im ROM ist ein kleiner Teil der zum Betrieb des PCs erforderlichen Betriebssoftware enthalten. In den RAM werden ein Teil der auf einem externen Speicher, z.B. der Festplatte, gestarteten Anwendersoftware und eingegebene Daten gespeichert.

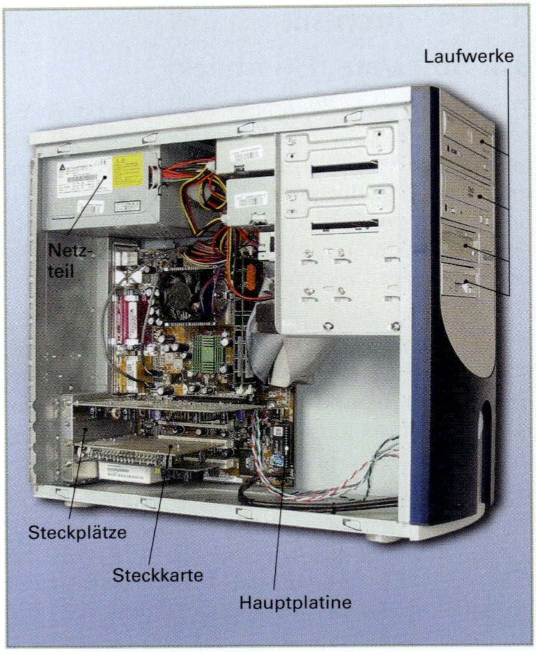

Bild 1: Geöffneter PC-Tower

Tabelle 1: ASCII-Code (Auswahl)

Dezimal	Dual	Bedeutung	
7	0000 0111	akustisches Signal	Steuer-zeichen
12	0000 1100	Bildschirm löschen	
49	0011 0001	1	Ziffern
57	0011 1001	9	
59	0011 1011	;	Sonder-zeichen
61	0011 1101	=	
65	0100 0001	A	Buch-staben
97	0110 0001	a	

Ein RAM ist ein flüchtiger Speicher. Durch einen Warmstart (Reset), Kaltstart (mit Netzschalter) oder einen Spannungsausfall geht der Informationsinhalt im RAM verloren. Die Daten und Programme im ROM und auf den externen Speichern (z.B. Festplatte, DVD) bleiben dagegen erhalten. Diese Speicher sind permanente Speicher. Daten und Programme, die längere Zeit erhalten bleiben sollen, müssen auf externe Speichereinheiten gespeichert werden.

RAMs sind flüchtige Speicher, externe Speicher und ROMs sind permanente Speicher.

Computer verwenden zur Berechnung von Daten nur die Binärzeichen 0 und 1. Um alle Buchstaben, Ziffern, Sonderzeichen (alphanumerische Zeichen) sowie verschiedene Steuerzeichen darstellen bzw. ausführen zu können, verwendet man einen Binärcode mit 8 Binärstellen. Für jedes alphanumerische Zeichen werden also 8 bit = 1 Byte benötigt. Damit lassen sich $2^8 = 256$ Zeichen darstellen.

Im ASCII-Code (von **A**merican **S**tandard **C**ode for **I**nformation **I**nterchange = amerikanischer Standardcode für Informationsaustausch) sind die ersten 128 Bitmuster festgelegt **(Tabelle 1, vorhergehende Seite)**. Die weiteren 128 Bitmuster sind von den Hardware- bzw. Software-Herstellern unterschiedlich belegt.

Für den problemlosen Zusammenbau von Computerkomponenten verschiedener Hersteller, z.B. von Gehäuse, Motherboard, Netzteil und Erweiterungskarten, wurden die ATX-Formfaktoren (von Advanced Technology eXtended = fortgeschrittene, erweiterte Technik) vereinbart. Darin sind die Standardmaße, wichtige Aussparungen, Schnittstellen, Steckerbelegungen, Farben der Anschlussleitungen, Steckplätze und Stromversorgungen festgelegt.

ATX-Formfaktoren gewährleisten einen Standard für den Zusammenbau von Computerkomponenten.

Motherboard (Hauptplatine)

Auf dem Motherboard befinden sich die wesentlichsten Baugruppen des Computers **(Bild 1)**. Entsprechend dem ATX-Formfaktor sind diese optimal angeordnet. Die CPU wird in einen Stecksockel gesteckt und ist somit austauschbar. Als Prozessor dient z.B. ein Pentium-Prozessor, dessen physikalischer Arbeitsspeicher bis 4 GB adressierbar ist. Die Taktfrequenz des Motherboards wird intern im Prozessor vervielfacht und beträgt z.B. 2,2 GHz. Zur Kühlung benötigt der Prozessor einen aufgesetzten Kühlkörper und Lüfter.

Der Prozessor muss stets gut gekühlt werden, da bei unzureichender Kühlung der Prozessor überhitzt wird, das System abstürzt oder der Prozessor gar beschädigt wird.

Da die Firmen Intel und AMD ihre Prozessoren mit unterschiedlichen Anschlüssen versehen, muss z.B. zur Verwendung eines Pentium-4-Prozessors ein Motherboard mit einem Sockel 478 gewählt werden und zur Verwendung eines Athlon XP ein Board mit einem Sockel A.

Eine schnelle Befehlsausführung wird durch interne und teilweise auch externe Zwischenspeicher (Cache = geheimes Lager) ermöglicht, in denen oft benötigte Daten und Programmteile zwischengespeichert werden.

Bild 1: ATX-Motherboard

Caches sind Zwischenspeicher für schnelle Befehlsausführungen.

Auf der Platine befinden sich auch Steckplätze für Arbeitsspeicher mit DRAM oder SDRAM, Steckverbinder für Festplattenlaufwerke und DVD-Laufwerke, Steckplätze für Erweiterungskarten mit ISA-Bus und solche mit PCI-Bus sowie Anschlüsse für die Peripheriegeräte (Bild 1).

Für preisgünstige Lösungen gibt es Motherboards, auf denen bereits ein Soundchip, ein Grafikchip und ein Modemchip integriert sind. Diese genügen für mittlere Anforderungen und ersparen die entsprechenden Steckkarten.

Wiederholung und Vertiefung

1. **Was bezeichnet man als Software?**
2. **Nennen Sie Peripheriegeräte.**
3. **Aus welchen Baugruppen besteht ein Mikrocomputer?**
4. **Aus welchen Bussen besteht das Bussystem eines PCs?**
5. **Woraus besteht der Zentralspeicher eines PCs?**
6. **Erklären Sie den Unterschied zwischen flüchtigen Speichern und permanenten Speichern.**
7. **Was ist im ASCII-Code festgelegt?**
8. **Nennen Sie die wichtigsten Baugruppen auf einem Motherboard.**
9. **Welche Steckplätze für Erweiterungskarten unterscheidet man?**
10. **Warum muss der Prozessor stets gut gekühlt sein?**
11. **Wozu dient ein Cache-Speicher?**

3.2.2 Anschlüsse am Computer (Schnittstellen)

Je nachdem, wie die peripheren Geräte die Daten bereitstellen bzw. benötigen, unterscheidet man *parallele Schnittstellen* (LPT) und *serielle Schnittstellen* (COM).

Schnittstellen sind Baugruppen, die zwischen zwei Computern oder zwischen einem Computer und den Peripheriegeräten den Austausch und die gemeinsame Nutzung von Daten ermöglichen. Dazu muss für eine sichere Datenübertragung das Peripheriegerät an das Eingabe/Ausgabewerk des Mikrocomputers angepasst werden. Die Schnittstelle muss in der Lage sein, parallele Daten in serielle Daten umzusetzen und umgekehrt.

Bei der Datenübertragung unterscheidet man zwischen seriellen und parallelen Schnittstellen.

Über serielle Schnittstellen werden Daten Bit für Bit nacheinander übertragen. Dagegen können über parallele Schnittstellen gleichzeitig mehrere Datenbits gesendet und empfangen werden.

Dafür benötigt man für die Datenübertragung über parallele Schnittstellen Leitungen mit wesentlich mehr Leitern als für die Übertragung über serielle Schnittstellen.

Computer haben die Schnittstellenanschlüsse auf der Geräterückseite **(Bild 1).** Manche Geräte besitzen außerdem auf der Gerätevorderseite nochmals die wichtigsten Schnittstellenanschlüsse für öfteren Verbindungswechsel, z.B. für Kopfhörer, für einfachere Leitungsführung oder für mehr Bedienungsfreundlichkeit **(Bild 2).**

Außerdem ist in diesem Schnittstellenfeld oft auch ein multimedialer Speicherkarten-Leser für verschiedene Arten von Speicherkarten eingebaut, z.B. für Speicherkarten von digitalen Kameras.

Wichtige Schnittstellen sind:

PS/2 (von Personal System 2), serielle Schnittstelle, an die z.B. Tastatur und Maus angeschlossen werden **(Bild 1, folgende Seite).**

USB (von **U**niversal **S**erial **B**us = universeller serieller Bus), universelle Schnittstelle für z.B. Tastatur, Maus, digitale Kamera, Scanner und USB-Hub (Sternkoppler) in Netzwerken **(Bild 1, folgende Seite).** Übertragungsraten bei USB 1.1 bis 12 Mbit/s und bei USB 2 bis 480 Mbit/s.

Serielle Schnittstelle V.24, meist 9-polig, auch RS-232C-Schnittstelle oder COM-Port genannt, Übertragungsrate bis 19,2 kbit/s.

Schnittstellen:
- parallele Schnittstellen übergeben mehrere Datenbits gleichzeitig (parallel),
- serielle Schnittstellen übergeben alle Datenbits zeitlich nacheinander (seriell).

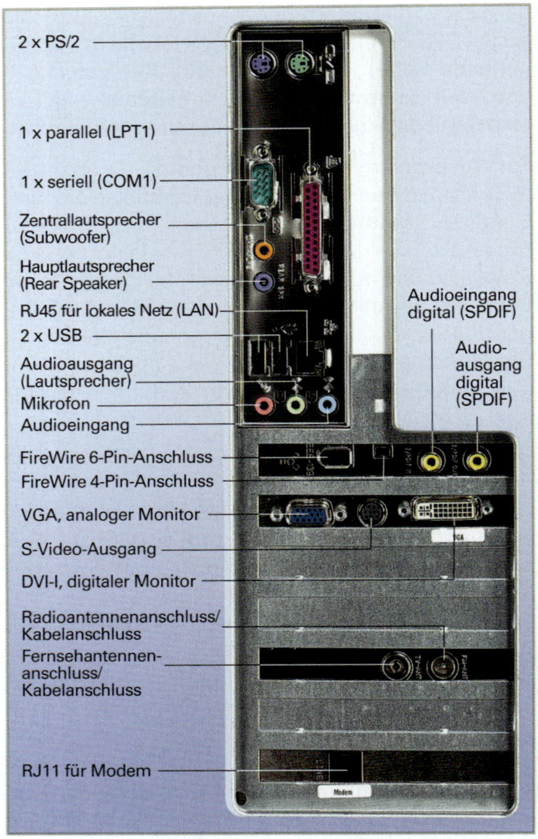

Bild 1: Schnittstellen auf der PC-Rückseite (Beispiel)

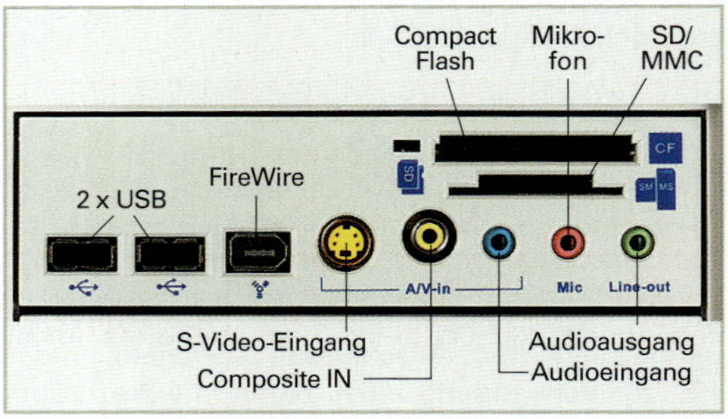

Bild 2: Schnittstellen auf der PC-Vorderseite (Beispiel)

Parallele Schnittstelle Centronics, auch LPT-Port genannt, 25-polig, zur byteweisen Übertragung, z.B. für Anschluss von Drucker oder Streamer, Übertragungsrate bis 2 MB/s.

FireWire (= Feuerdraht), auch i.LINK genannt, ist eine serielle Schnittstelle nach IEEE 1394 zum Anschluss von Computer- und Videogeräten zur Übertragung digitaler Daten mit bis zu 400 Mbit/s.

RJ45-Steckverbindung für den Anschluss eines lokalen Netzwerks (LAN), manchmal auch für ein Modem **(Bild 2)**.

RJ11-Steckverbindung für Telekommunikationsgeräte, z.B. Modemanschluss.

Cinch-Stecker zur Eingabe bzw. Ausgabe von Tonsignalen (Audioeingang, Audioausgang), z.B. für Mikrofon- und Lautsprecheranschluss.

Am *digitalen* Audioeingang werden angelegte analoge Tonsignale abgetastet und digitalisiert (quantisiert) im S/P-DIF (von **S**ony/**P**hilips **D**igital **I**nterface **F**ormat = Sony/Philips digitales Schnittstellenformat).

DVI (von **D**igital **V**isual **I**nterface = digitale Bild-Schnittstelle) dient der Übertragung des Videosignals von der Grafikkarte zum Monitor.

Es gibt die Ausführungen:

DVI-D (DVI-Digital), die nur digitale Videosignale unterstützen, und

DVI-I (DVI-Integrated), die sowohl digitale als auch analoge Videosignale unterstützen **(Bild 3)**. Entsprechend der zu übertragenden Bildauflösung gibt es die Verbindungen *Single Link* (18 pins) bis 1600 x 1200 Pixels und *Dual Link* (24 pins) bis 2048 x 1536 Pixels (Bild 3).

Composite IN (composite = Zusammensetzung, Mischung) ermöglicht die Eingabe eines Farbbild-Austast-Synchronisiersignals (FBAS-Signals) zur Synchronisation von Videobildern.

S-Video (von **S**eparated = getrennt) dient in Verbindung mit dem Composite-IN-Signal zum Digitalisieren von Videos.

VGA (von **V**ideo **G**raphics **A**rray = Bild-Grafiken-Anordnung) ist eine serielle Schnittstelle zum Anschluss eines analogen Monitors (Bild 3). Das Monitoranschlusskabel ist dick und schwer, weshalb dieser Verbinder durch Feststellschrauben zu fixieren ist.

Netzanschluss erfolgt über einen dreipoligen Steckverbinder und sollte erst vorgenommen werden, wenn alle anderen Peripheriegeräte angeschlossen sind.

3.2.3 Peripherie eines Einzelplatz-Computersystems

Die zur Eingabe, Ausgabe und Speicherung notwendigen peripheren Geräte **(Tabelle 1)** werden über die Schnittstellen angeschlossen. Nach dem Booten des Computers werden plug-and-play-fähige (to plug = einstöpseln, to play = spielen) Peripheriegeräte vom Computer erkannt und die zur Ansteuerung notwendige Treibersoftware von der CD-ROM installiert. Ansonsten muss die Treibersoftware manuell installiert werden.

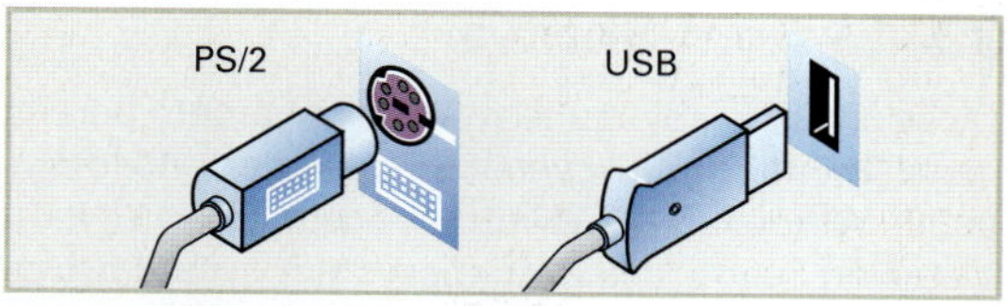

Bild 1: Serielle Schnittstellen

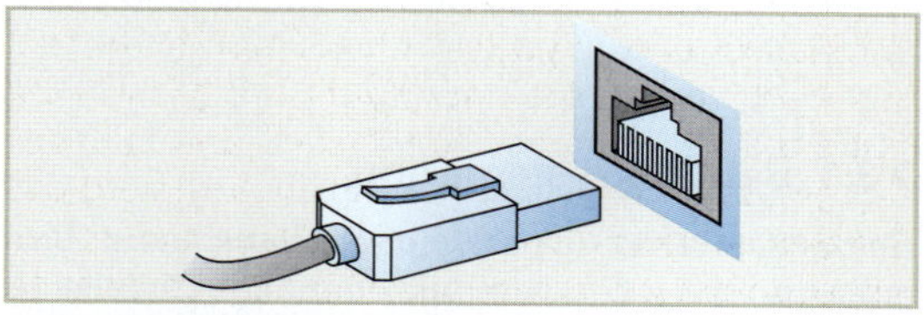

Bild 2: Netzwerkanschluss RJ45

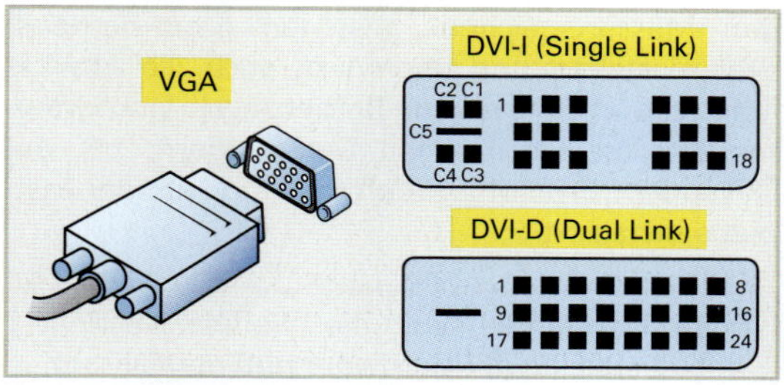

Bild 3: Monitoranschlüsse

Tabelle 1: Periphere Geräte (Auswahl)

Eingabe-geräte	 Tastatur, Maus, Grafiktablett
Ausgabe-geräte	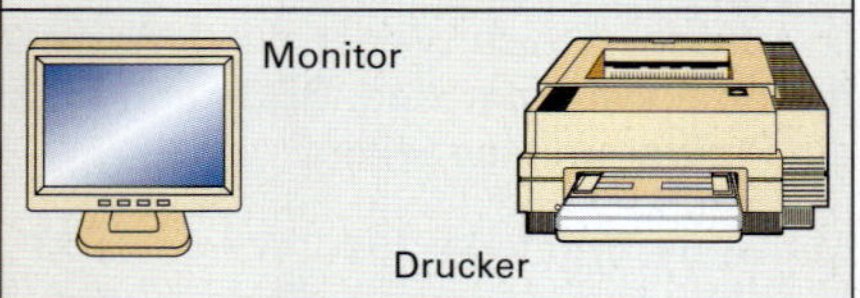 Monitor, Drucker
Externe Speicher-geräte	 DVD-Laufwerk, USB-Stick, Festplatten-laufwerk

Zur Ansteuerung angeschlossener Peripheriegeräte muss die zugehörige Treibersoftware installiert sein.

3.3 System-Software

Die meisten PC-Systeme werden mit einem bereits installierten Betriebssystem ausgeliefert, Windows 2000, Windows XP, Windows Vista oder LINUX. Installiert heißt, das Betriebssystem befindet sich bereits auf der Festplatte des PC-Systems und ist an dessen Hardware angepasst.

3.3.1 Betriebssystemarten

Betriebssysteme (Operating Systems) sind Programme, die jeder Computer benötigt **(Tabelle 1)**. Mit ihnen wird z.B. die Tastatureingabe, die Bildschirmausgabe und der Datentransport von und zu den Massenspeichern gesteuert. Das Betriebssystem steuert und überwacht auch die Abwicklung von Programmen. Betriebssystemprogramme werden auf mobilen Datenträgern, z.B. auf DVD oder CD-ROM geliefert oder sind auf der Festplatte installiert.

Betriebssysteme sind die Software-Schnittstelle zwischen der Hardware und dem Nutzer.

Einplatzbetriebssysteme

Computersysteme werden oft durch Schalenmodelle dargestellt **(Bild 1)**. Meist kann der Nutzer über die Tastatur auf Nutzerprogramme oder auf bestimmte Funktionen des Betriebssystems (BS) einwirken. Die Steuerung der Bildschirmausgabe erfolgt durch das Betriebssystem, wobei bestimmte Ausgaben auch wieder durch Anwendungsprogramme steuerbar sind. DOS kann z.B. immer nur ein Programm bearbeiten.

Mit Linux, Windows 2000, Windows XP oder Vista kann der Nutzer mehrere Tasks (= Aufgaben) vom Computer bearbeiten lassen **(Bild 2)**. Dabei teilt das Betriebssystem nacheinander jedem Task eine bestimmte, kurze Rechenzeit zu (Time-Sharing-Betrieb). Dadurch entsteht der Eindruck, als ob alle Anwendungen gleichzeitig bearbeitet würden.

Die „gleichzeitige" Bearbeitung mehrerer Programme durch den Computer wird Mehrprogrammbetrieb (Multitasking) genannt.

Mehrplatzbetriebssysteme

Bei Mehrplatzbetriebssystemen, wie z.B. UNIX, können mehrere Nutzer „gleichzeitg" mit einem Computer arbeiten **(Bild 3)**.

Tabelle 1: Betriebssysteme (Auswahl)

Name	Bedeutung, Übersetzung
DOS	Disk Operating System, Disketten-Betriebs-System
Windows CE	Betriebssystem für Geräte
Windows NT, Windows 2000, Windows XP Vista	Betriebssystem für 32-Bit-Struktur New Technology = Neue Technologie Betriebssystem für 32-Bit- und 64-Bit-Struktur
UNIX	Betriebssystem für den Bereich Mikrocomputer, Workstation
LINUX	Betriebssystem für den PC-Bereich

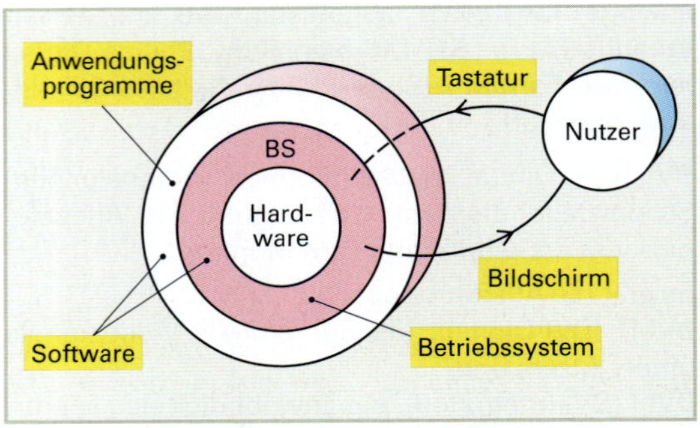

Bild 1: Computersystem (Einprogrammbetrieb)

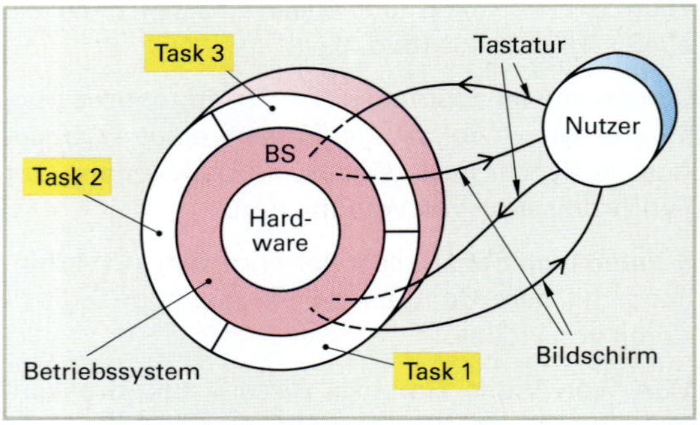

Bild 2: Mehrprogrammbetrieb (Multitasking)

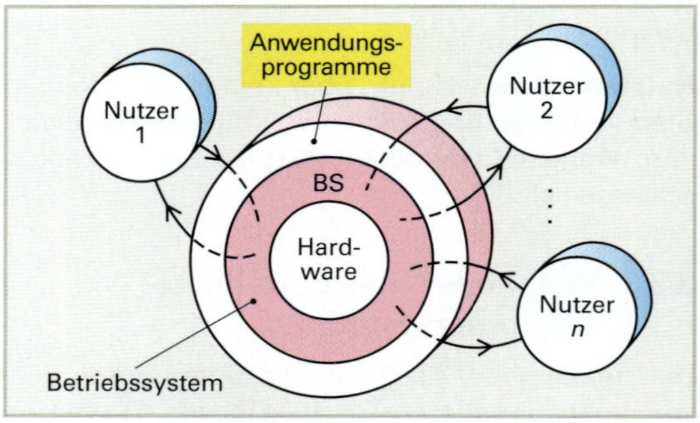

Bild 3: Mehrplatzsystem (Multiuser)

UNIX teilt dazu jedem Nutzer nacheinander eine bestimmte, kurze Rechenzeit zu. Dadurch entsteht der Eindruck, als ob jeder Nutzer den Computer allein zur Verfügung hätte.

> Mit Mehrplatzsystemen können Nutzer unabhängig voneinander verschiedene Aufgaben mit einem Computer bearbeiten.

3.3.2 Betriebssystem Windows installieren

Einschalten des PCs

Im ausgeschalteten Zustand enthält der Hauptspeicher undefinierte Inhalte und das Betriebssystem befindet sich auf der Festplatte. Ein Anwendungsprogramm kann man erst starten, wenn die Hardware-Baugruppen eingestellt (initialisiert) und getestet sind sowie das Betriebssystem geladen ist. Das Initialisieren und Testen der Hardware wird vom BIOS (von Basic Input Output System = Basis-Eingabe-Ausgabe-System) gesteuert. Das BIOS befindet sich in einem EEPROM. Zuerst führt der Computer einen Selbsttest durch. Der Selbsttest überprüft nacheinander den Hauptspeicher, die CPU, die Festplatte und andere Systemkomponenten. Meist wird der Fortgang der Tests auf dem Bildschirm angezeigt **(Bild 1)**.

> Beim Selbsttest werden die Baugruppen des PCs auf Funktion getestet.

Treten Fehler auf, werden diese auf dem Bildschirm und/oder über den Lautsprecher signalisiert. Im nächsten Schritt greift das BIOS auf die ersten Sektoren der Festplatte zu. Dort befindet sich ein kleines Programm zum Booten (to boot = jemanden treten, hier Urladeprogramm). Dieses Programm lädt nun die Startdateien des Betriebssystems in den Hauptspeicher und startet diese. Die Startdateien laden die eigentlichen Betriebssystemdateien von der Festplatte in den Hauptspeicher. Nach kurzer Zeit erscheint dann z.B. das Startbild von Windows auf dem Bildschirm. Den geschilderten Vorgang nennt man auch *Kaltstart.*

> Die mit dem Einschalten im PC ablaufenden Vorgänge nennt man Kaltstart.

Durch Anklicken der Schaltfläche `Start` kann dann über das Startmenü ein gewünschtes Anwendungsprogramm, z.B. Word, aufgerufen werden. Im Startmenü befindet sich auch der Menüpunkt `Ausschalten` zum Herunterfahren des Betriebssystems vor dem Ausschalten des PCs. Reagiert ein Programm nicht mehr auf

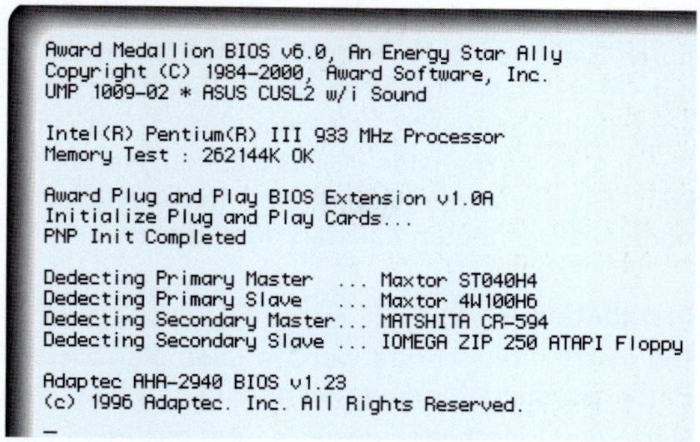

Bild 1: Bildschirmanzeige nach Ausführen der Systemtests

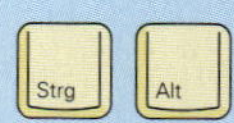	**Steuerungstaste (Ctrl-Taste) und Alt-Taste** (von to control = steuern; von alternative = andere Möglichkeit) Diese Tasten haben nur eine Funktion, wenn sie zusammen mit anderen Tasten betätigt werden.
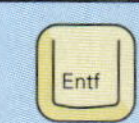	**Entferntaste (Del-Taste,** von to delete = löschen)

Bild 2: Tasten für das Durchführen eines Software-Reset

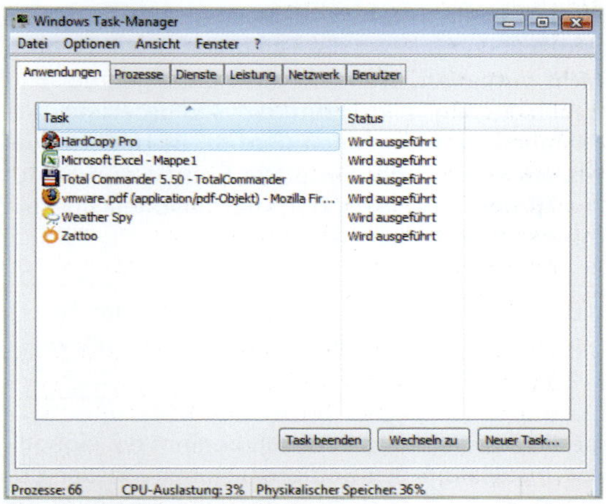

Bild 3: Windows Task-Manager

Bedienkommandos, kann man das Betriebssystem bei laufendem PC durch einen Software-Reset erneut starten. Hierbei führt das BIOS nicht mehr alle Initialisierungen erneut aus. Zum Task-Manager gelangt man nach gleichzeitigem Betätigen der Tastenkombination `Strg` + `Alt` + `Entf` **(Bild 2)** und Anklicken der Zeile ⇒ `Task-Manager starten` **(Bild 3)**. Durch Anklicken der Schaltfläche `Task beenden` oder Betätigen der Taste `T` wird z.B. die im Fenster blau hinterlegte Anwendung `Microsoft Excel-Mappe1` beendet.

Reagiert der PC nicht, kann ein Neustart des BIOS durch Betätigen einer eventuell am PC vorhandenen RESET-Taste (engl. to reset = zurücksetzen) vorgenommen werden. Ist keine RESET-Taste vorhanden, muss man den PC ausschalten, warten bis kein Festplattengeräusch mehr hörbar ist und dann einen erneuten Kaltstart durchführen.

Installation

Die Installationsschritte werden exemplarisch am Betriebssystem Windows XP gezeigt.

Nach dem Einschalten des PCs führt das BIOS den Selbsttest durch. Findet es anschließend kein Betriebssystem vor, erscheint auf dem Bildschirm die Aufforderung Insert Bootable Disk (startfähige Diskette einstecken). Nach Einstecken einer bootfähigen CD-ROM startet man den PC neu. Nach einigen Sekunden erscheint eine Bildschirmanzeige **(Bild 1).** Geladen wurde ein Gerätetreiber (Device Driver) für das CD-ROM-Laufwerk, die Steuersoftware MSCDEX für das CD-ROM und die Codepage (Codeseite) mit der länderspezifischen Anpassung des Zeichensatzes und der entsprechenden Anpassung der Tastatur an den Zeichensatz. Betätigt man die Eingabe-Taste, erscheint nach kurzer Zeit die Oberfläche des Setup-Programms von Windows **(Bild 2).** Nun kann bei einer partitionierten Festplatte eine Partition für die Installation von Windows gewählt werden. Ist die Festplatte des PCs noch nicht formatiert, erscheint nach Betätigen der Eingabetaste am Bildschirm die Aufforderung, die Festplatte zu formatieren **(Bild 3).** Beim Formatieren werden auf der Festplatte Spuren und Sektoren für das Speichern der Informationen und ein Inhaltsverzeichnis angelegt.

Durch das Formatieren werden auf einer Festplatte Spuren, Sektoren und ein Inhaltsverzeichnis angelegt.

Ist die Formatierung beendet, beginnt die eigentliche Installation des Betriebssystems von der CD-ROM. Nach Einstecken in das Laufwerk wird die CD-ROM automatisch gelesen und es erscheint das Fenster `Windows-Setup` **(Bild 4).** Klickt man auf die Schaltfläche `Weiter` führt das BIOS eine kurze Überprüfung durch. Anschließend werden noch einige Dateien geladen, die zum Kopieren von Windows benötigt werden **(Bild 1, folgende Seite).** In diesem Fenster trifft man die Auswahl zwischen Update oder Neuinstallation. Das nächste auf dem Bildschirm erscheinende Fenster zeigt den Lizenzvertrag von Microsoft. Nach dem Lesen des Vertrags klickt man die Schaltfläche `Ja` an, wenn man einverstanden ist, andernfalls wird bei Anklicken von `Nein` die Installation abgebrochen.

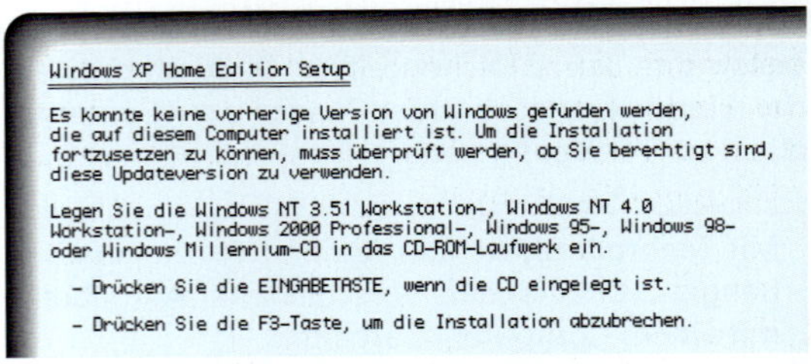

Bild 1: Bildschirmanzeige nach dem Start des Setup-Programms

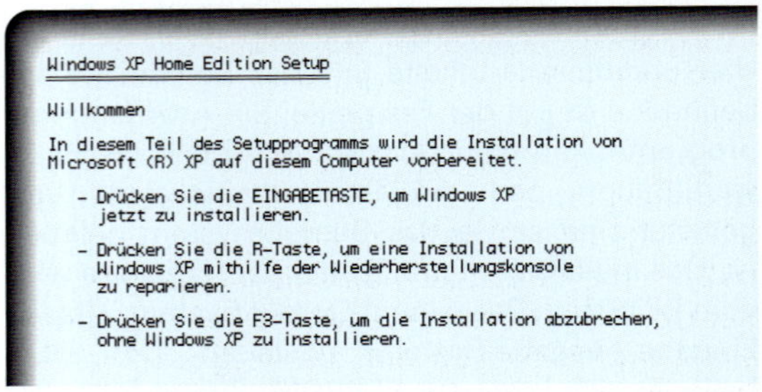

Bild 2: Setup-Bildschirmanzeige für die Installation von Windows

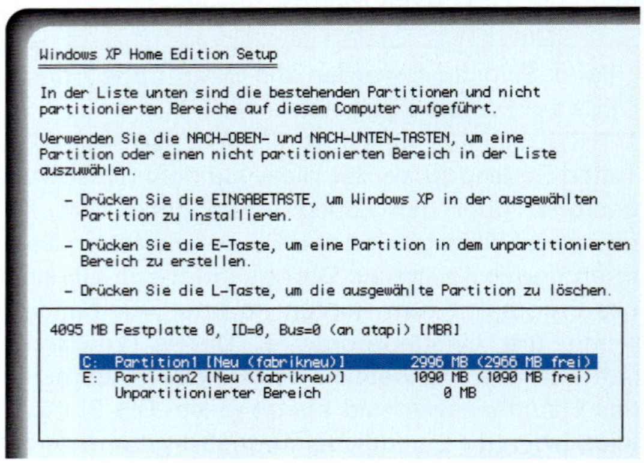

Bild 3: Bildschirmanzeige mit Formatierungsabfrage

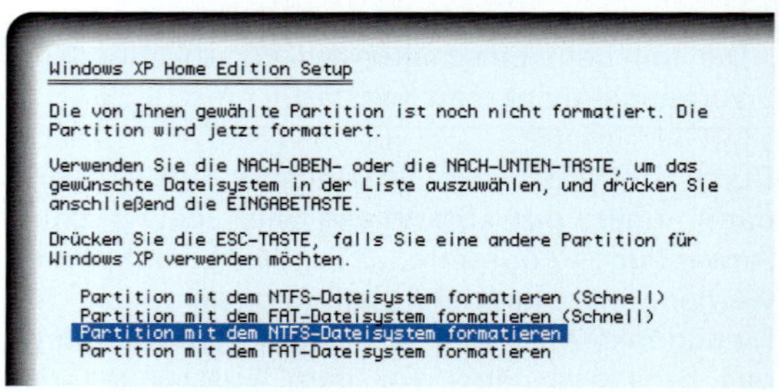

Bild 4: Windows-Setup-Fenster

Das nächste Fenster zeigt vier Menüpunkte zur Installation **(Bild 2)**. Nach Klicken auf die Schaltfläche `Windows XP Installieren` kann in einem weiteren Fenster eine Komponentenauswahl getroffen werden **(Bild 3)**.

Übung 1:

Fügen Sie die Windows-Komponente `Paint` den zu installierenden Komponenten zu.

Lösung:

Markieren Sie die Komponente `Zubehör und Dienstprogramme` mit ✓. Mit Doppelklick werden die Unterkomponenten `Spiele und Zubehör` gezeigt. Der nächste Doppelklick zeigt eine Auswahlliste, in der `Paint` markiert wird **(Bild 4)**.

Nach Eingabe der Seriennummer, die z.B. auf der Rückseite der CD-ROM-Kassette oder CD-ROM-Hülle steht, führt das Installationsprogramm die Hardware-Erkennung durch. Anschließend werden die Windows-Dateien auf die Festplatte kopiert. Das kann bis zu 50 Minuten dauern. Ist die Installation erfolgreich verlaufen, verlangt der Windows-Setup-Assistent einen Neustart des PC-Systems. Windows wird nun das erste Mal von der Festplatte geladen.

- Beim Installieren von Software sind die Lizenzbedingungen zu beachten.
- Software-Diebstahl ist eine strafbare Handlung.

Wiederholung und Vertiefung

1. **Welche Aufgaben hat ein Betriebssystem?**
2. **Was versteht man unter Einprogrammbetrieb?**
3. **Wie arbeiten Multitasking-Betriebssysteme?**
4. **Welche Folge hat die kurze Rechenzeitzuteilung beim Mehrplatzsystem?**
5. **Welche Dateien müssen vor der Installation von Windows von der Bootdiskette geladen werden?**
6. **Nennen Sie die vier Arten des Setup-Modus.**

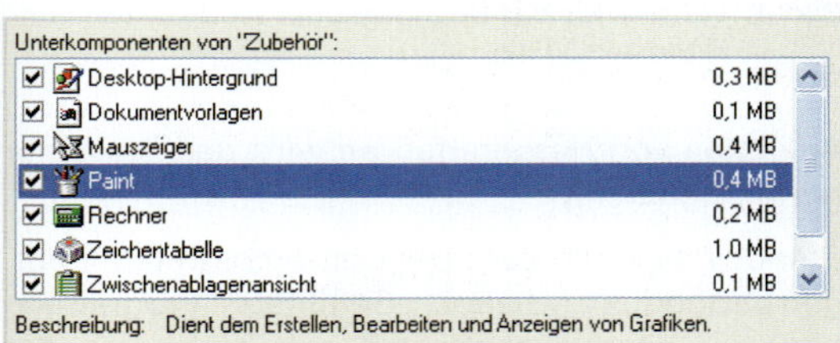

Bild 4: Grafikprogramm `Paint` wählen

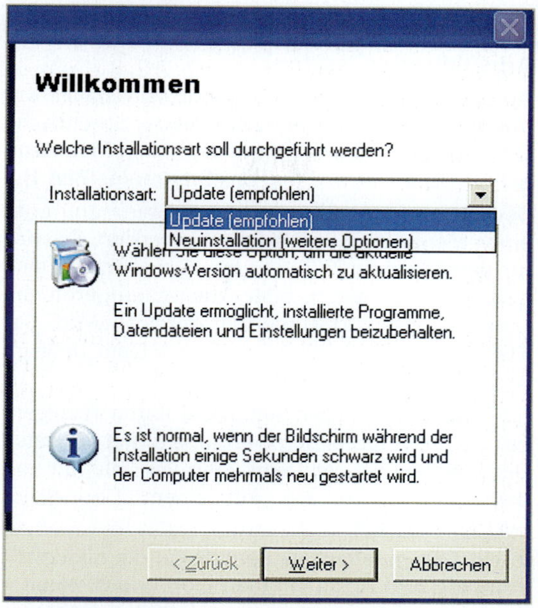

Bild 1: Auswahlfenster für Installationsart

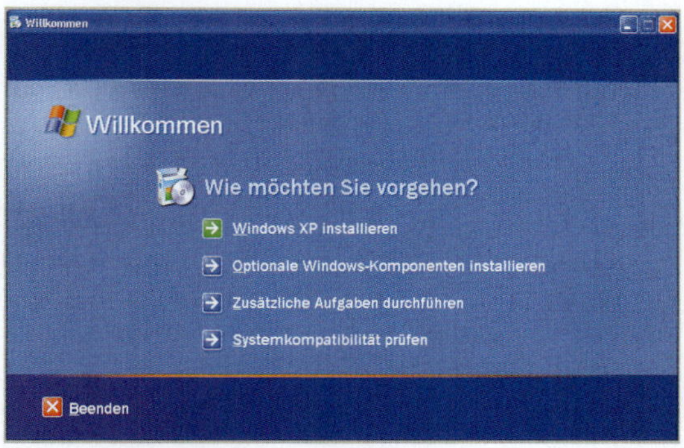

Bild 2: Installationsmöglichkeiten

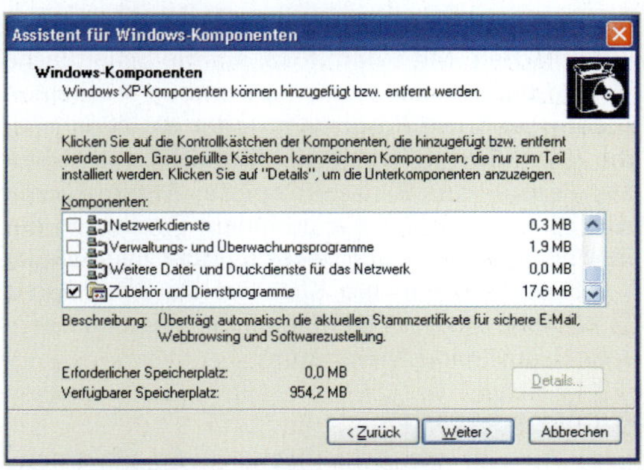

Bild 3: Assistent für Windows-Komponenten

3.3.3 Windows-Komponenten bedienen

Arbeitsfläche (Desktop)

Auf der *Arbeitsfläche* von Windows Vista ist am unteren Bildrand die Taskleiste mit der Schaltfläche Office zu sehen. Ein Klick mit der linken Maustaste auf die Schaltfläche öffnet das Startmenü **(Bild 1)**.

Bewegt man den Mauszeiger im Startmenü über einen Menüpunkt, so wird dieser markiert. So wird für den Menüpunkt `Zuletzt verwendet` eine Liste von erstellten oder zuletzt aufgerufenen Dateien (meist Dokumente) gezeigt. Wird der Mauszeiger z.B. auf eine Zeile dieser Liste bewegt, wird diese Zeile markiert.

Ein Klick mit der linken Maustaste startet in diesem Fall die Textverarbeitung Word und öffnet die Datei. Die Bearbeitung der Datei kann von jetzt an von der Arbeitsfläche aus mit einem Doppelklick gestartet werden.

In der Computertechnik nennt man die bildhaften Symbole zum Anklicken Icon (von griech. eikon = Bild, sprich: Eikon).

> Dateien und Programme können über ein Icon auf dem Desktop durch Mausklick gestartet werden.

Betätigt man nun die rechte Maustaste, erscheint das Kontextmenü (Inhaltsmenü).

Kontextmenü

Dieses Menü zeigt eine Liste der Bearbeitungsmöglichkeiten **(Bild 2)**. So kann man z.B. im Ordner Computer die Dateien z.B. Öffnen oder Umbenennen. Im Menüpunkt `Eigenschaften` ist z.B. die Dateigröße zu finden.

> Kontextmenüs erleichtern die Dateibearbeitung.

Fenstersteuerung

Die Titelleisten der meisten Fenster enthalten drei Schaltflächen. Mit einem Klick auf die Schaltfläche wird das Fenster verkleinert und es erscheinen andere geöffnete Programme oder die Arbeitsfläche. Ein Klick auf die Schaltfläche vergrößert das Fenster auf Bildschirmgröße. Mit Anklicken von wird das Fenster zu einem Symbol in der Taskleiste. Ein Klick auf dieses Symbol zeigt wieder das Fenster. Mit einem Klick auf die Schaltfläche schließt man ein geöffnetes Fenster und beendet z.B. auch eine Anwendung.

Windows beenden

Nach Anwahl der Schaltfläche ▷ im Startmenü **(Bild 3)** wird ein Auswahlfenster gezeigt. Nach Anklicken von Herunterfahren wird der Computer heruntergefahren.

Standby bewirkt, dass der Computer in den Energiesparmodus schaltet. Geöffnete Programme bleiben weiterhin geöffnet. Durch Tastenklick oder Mausbewegung wird das System wieder aktiviert.

Bild 1: Bildschirmausschnitt des Windows-Desktops

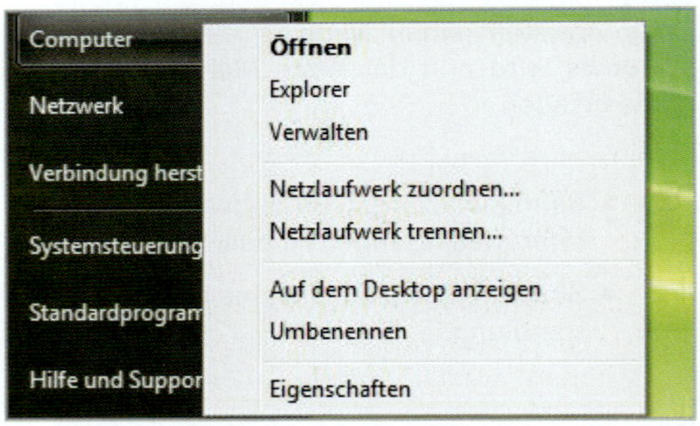

Bild 2: Kontextmenü des Ordners Eigene Dateien

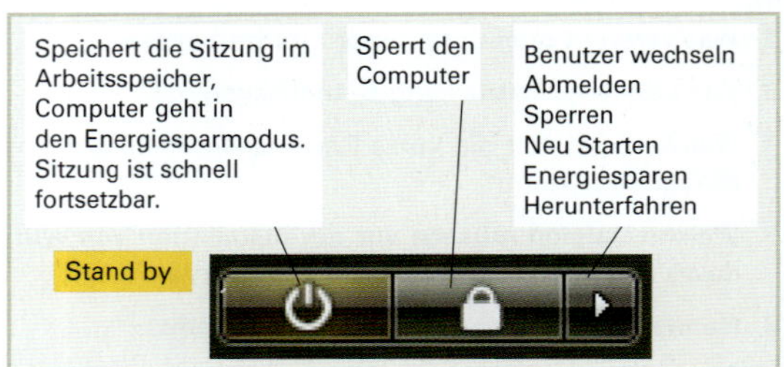

Bild 3: Fenster für das Beenden oder Neu starten von Windows Vista

3.3.4 Dateiverwaltung

Windows-Explorer

Dateien (files) werden mit dem Programm Explorer (von to explore = erforschen) verwaltet. Zum Explorer (Nicht mit dem Internet-Explorer verwechseln!) gelangt man durch Anklicken des Buttons `Start` mit der rechten Maustaste und der Anwahl der Zeile `Alle Programme` sowie Anklicken der Zeile `Windows-Explorer` im Menü `Zubehör` **(Bild 1)**. Nach Doppelklick auf die Zeile `Desktop` öffnet sich das Fenster.

In der linken Hälfte sind in einer *Baumstruktur Ordner* zu sehen. Ein Ordner wird auch *Verzeichnis* genannt. Einen Ordner wählt man durch Anklicken des entsprechenden Icons aus. In der rechten Hälfte des Fensters sieht man die *Objekte* des Ordners. Dies sind z.B. die auf dem Desktop abgelegten Programmverknüpfungen.

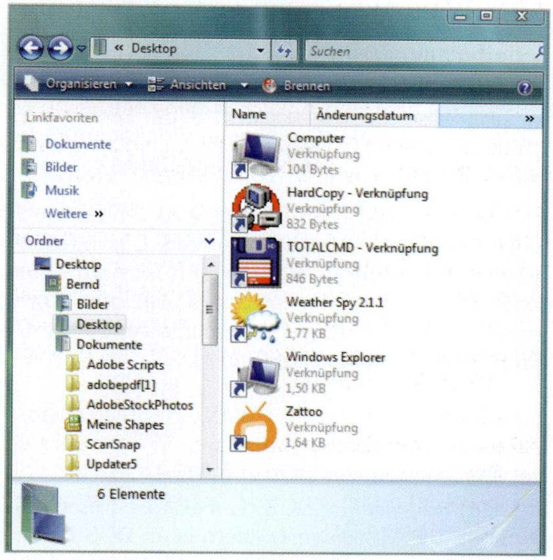

Bild 1: Arbeitsplatzfenster im Explorer

> **Übung 1:**
> Öffnen Sie im Ordner Computer das USB-Stick F.
>
> *Lösung:*
> Doppelklick auf den Ordner Trekstor im Ordner Computer, **Bild 2**

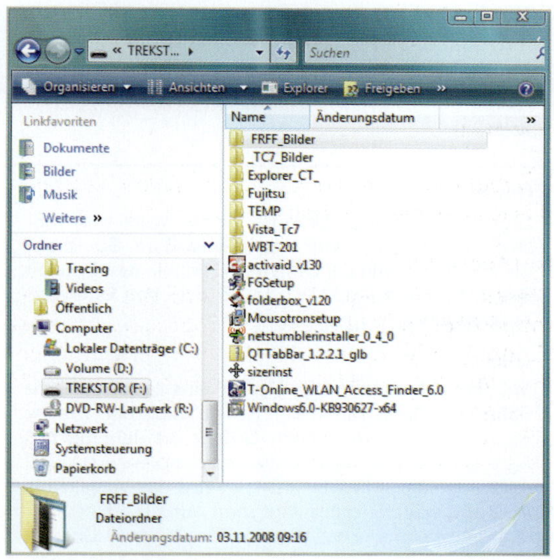

Bild 2: Fenster USB-Stick

Mit einem Doppelklick auf das Laufwerksymbol in der rechten Fensterhälfte (Bild 1) wird das Laufwerk F angewählt. Nach Öffnen des Kontextmenüs (Kontext = umgebender Text) mit der rechten Maustaste kann man im Explorer markierte Ordner oder Dateien z.B. Versenden, Kopieren, Löschen oder Umbenennen.

Dateien suchen

Auf den Festplatten von PCs sind meist Tausende von Dateien vorhanden. Oft sucht man eine ganz bestimmte Datei, von der man z.B. nur noch den Namen weiß, aber nicht mehr, in welchem Ordner man sie gespeichert hat.

> **Übung 2:**
> Suchen Sie alle Dateien, die mit Post beginnen.
>
> *Lösung:* **Bild 3**

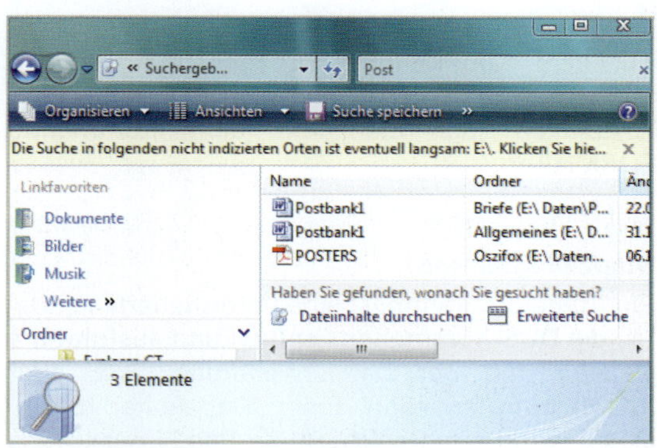

Bild 3: Suchen nach „Post"-Dateien

Für die Dateisuche schreibt man in das Suchfenster Post. Anschließend werden alle Dateien, die mit Post beginnen, mit Pfadangabe angezeigt.

> Mit dem Windows-Explorer wird die Dateiverwaltung durchgeführt.

MS-DOS-Simulation

Zum Fenster Eingabeaufforderung gelangt man durch Anklicken von `Start, Alle Programme, Zubehör` und Anklicken der Zeile `Eingabeaufforderung`. Das Fenster Eingabeaufforderung besitzt ein schwarzes Textfeld **(Bild 1)**.

Im Textfeld ist der DOS-Prompt > zu sehen. Durch Eingabe von `E:` kann zum Laufwerk E gewechselt werden. Kommandos **(Tabelle 1)** führt man durch Betätigen der Eingabe-Taste aus. Mit dem Kommando `DIR` wird z.B. das Verzeichnis der Diskette A am Bildschirm aufgelistet (Bild 1).

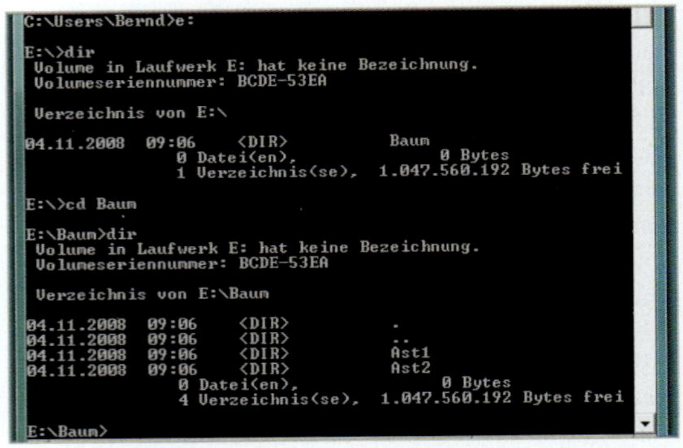

Bild 1: Ausschnitt aus dem Fenster Eingabeaufforderung

Verzeichnisse (Ordner) und Verzeichniskommandos von MS-DOS

Ein Ordner wird in DOS *Verzeichnis* (directory) genannt. Das Verzeichnissystem ist in DOS hierarchisch gegliedert. Die erste Ebene wird in DOS Wurzelverzeichnis (root) genannt. In diesem Verzeichnis sind z.B. die nicht angezeigten Systemdateien gespeichert. Meist haben die Verzeichnisse eine Baumstruktur, d.h., Verzeichnisse enthalten Verzeichnisordner, die oft wieder Verzeichnisse enthalten.

Tabelle 1: MS-DOS-Kommandos

Kommando	Bedeutung, Auswirkung
D:	Wechselt zum Laufwerk D
CD	Change Directory. Wechselt das Inhaltsverzeichnis entlang eines Pfades; nennt das aktuelle Inhaltsverzeichnis
COPY	Kopiert Dateien
DEL	Löscht die angegebenen Dateien
DIR	Listet den Inhalt eines Verzeichnisses auf
FORMAT	Formatiert, d.h. legt Spuren und Sektoren auf z.B. Disketten an
MD	Make Directory. Erzeugt ein neues Inhaltsverzeichnis
PATH	Legt einen Suchpfad an
RD	Remove Directory. Entfernt ein leeres Inhaltsverzeichnis aus der hierarchischen Inhaltsverzeichnis-Struktur
SCANDISK	Prüft ein ausgewähltes Laufwerk
SYS	Kopiert die DOS-Systemdateien

Übung 1:

Legen Sie auf einer Diskette im Laufwerk E in MS-DOS eine Baumstruktur wie in **Bild 2** an. Speichern Sie z.B. die bereits auf Laufwerk C angelegten Dateien Blatt1.DOC und Blatt2.DOC nach E in das Unterverzeichnis Zweig1.

Lösung:

Mit dem Kommando `MD Baum` wird das Verzeichnis Baum angelegt. Mit `CD Baum` wird der Ordner Baum geöffnet. In diesem Ordner werden mit `MD Ast1` und `MD Ast2` die Verzeichnisse Ast1 und Ast2 angelegt. Mit `CD Ast2` wird das Verzeichnis Ast2 aufgerufen. In ihm legt man mit `MD Zweig1` das Verzeichnis Zweig1 an. Die beiden Dateien Blatt1.DOC und Blatt2.DOC wurden mit dem Kommando COPY von der Festplatte C hierher kopiert.

Mit dem Kommando DEL kann man Dateien löschen. Spuren und Sektoren auf Disketten und Festplatten legt man mit dem Kommando FORMAT an.

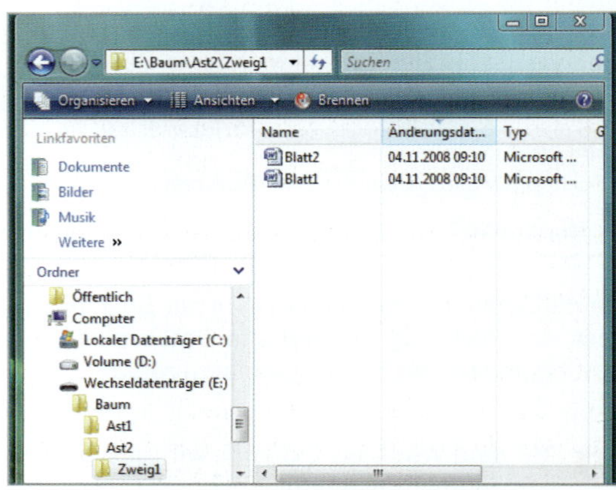

Bild 2: Fenster Explorer mit Baumstruktur

Stapelprogramme

Ein Stapelprogramm ist eine unformatierte Textdatei, die DOS-Kommandos enthält und ausführbare Dateien (mit der Dateierweiterung .EXE oder .COM) aufrufen kann. Einer Stapeldatei (Batch-Datei) wird beim Speichern die Datei-Erweiterung .BAT (von batch = Stapel) angefügt. Der Aufruf einer Stapeldatei erfolgt durch Eingabe des vereinbarten Dateinamens oder Anklicken eines zugewiesenen Icons.

Stapelprogramme ersparen das mehrfache Eingeben oft benötigter Kommandofolgen über die Tastatur.

DOS-Editor für Windows XP

Stapeldateien schreibt man z.B. mit dem im DOS-Betriebssystem enthaltenen EDITOR-Programm. Der Aufruf erfolgt von Windows aus im Fenster `Eingabeaufforderung` durch Eingabe des Kommandos `EDIT` und Betätigen der Eingabetaste **(Bild 1)**. Nach Anklicken des Menüpunktes `Neu` kann die gewünschte Kommandofolge eingegeben werden.

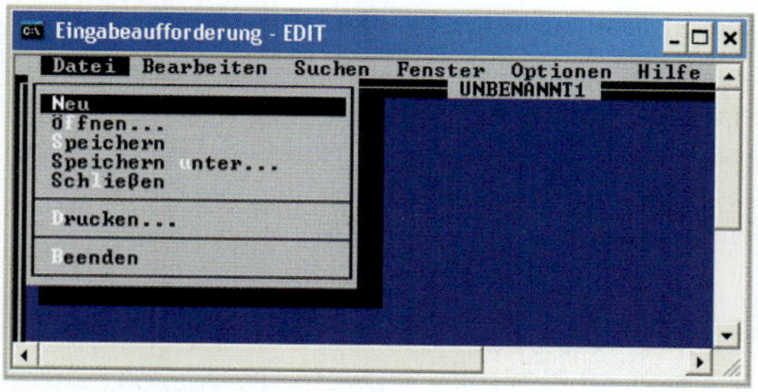

Bild 1: MS-DOS-EDIT-Fenster

Übung 1:

Erstellen Sie eine Stapeldatei mit dem Namen NEUDISK.BAT, mit der Disketten im Laufwerk A formatiert und mit dem Zubehörprogramm Scandisk auf Fehlerfreiheit geprüft werden.

Lösung: **Bild 2**

Bild 2: Text der Stapeldatei NEUDISK.BAT

Nach REM (von remark = Bemerkung) kann ein Kommentartext angefügt werden. Mit dem Kommando `PAUSE` wird der Ablauf der Stapeldatei unterbrochen. Es wird PAUSE und der angefügte Text ausgegeben. Die Pause wird durch Betätigen der Eingabetaste beendet. Dann wird mit dem Kommando `FORMAT A:` die in das Laufwerk A eingelegte Diskette formatiert. Beim Formatieren werden alle Daten auf der Diskette gelöscht. Mit dem Kommando `SCANDISK A:` wird die Diskette im Laufwerk A nach Fehlern durchsucht. Nach dem Speichern und Beenden des Editorprogramms kann die Stapeldatei durch Aufruf von NEUDISK im Fenster Eingabeaufforderung ausgeführt werden **(Bild 3)**.

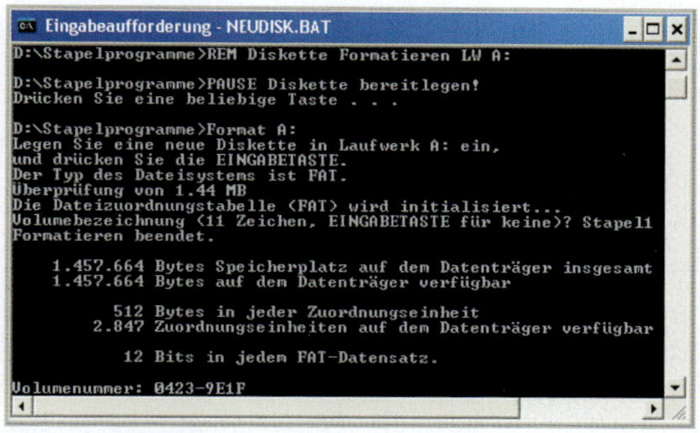

Bild 3: Ausführen der Stapeldatei NEUDISK.BAT

WordPad

Für das Schreiben von Stapeldateien kann auch das Windows-Programm WordPad (Word = Wort und pad = Schreibblock) verwendet werden.

Übung 2:

Erstellen Sie die Stapeldatei mit dem Programm WordPad.

Lösung: **Bild 4**

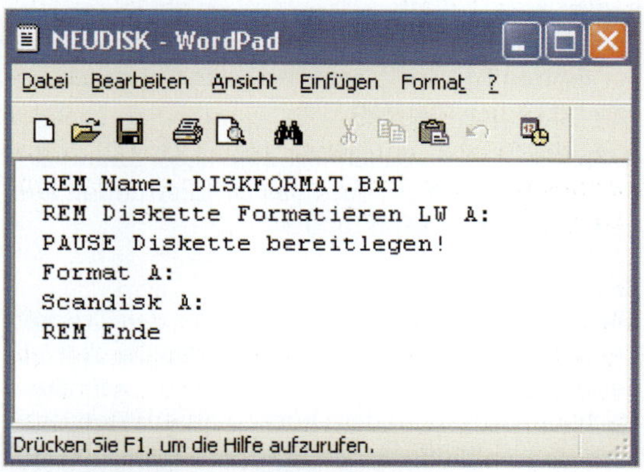

Bild 4: Stapeldatei NEUDISK.BAT im Fenster von WordPad

Wiederholung und Vertiefung

1. **Wie ruft man das Programm Windows-Explorer auf?**
2. **Nennen Sie vom Windows-Explorer angezeigte Objekte.**
3. **Welche Aufgabe hat das Kommando FORMAT?**
4. **Wie legt man in MS-DOS Unterverzeichnisse an?**

3.3.5 Windows konfigurieren

Betriebssysteme müssen an unterschiedliche Anforderungen angepasst werden. Diese Einstellungen führen Programme aus, die man Treiber nennt.

Einstellungen am Betriebssystem durch Treiber werden Konfigurationen genannt.

Drucker an einen PC anschließen

Bei einem PC mit USB-Schnittstelle wird nach dem Verbinden des PCs mit dem Drucker durch das USB-Kabel die Konfiguration selbstständig vom Betriebssystem durchgeführt. Nach kurzer Zeit zeigt eine Meldung, dass die Verbindung hergestellt ist und der Drucker verwendet werden kann.

Bei Verwendung USB-fähiger Geräte wird die Konfiguration vom Betriebssystem automatisch durchgeführt.

Drucker ohne USB-Anschluss, z.B. mit parallelem oder seriellem Anschluss, konfiguriert man mit dem Druckerinstallations-Assistenten von Windows. Für das Konfigurieren ruft man das Fenster `Systemsteuerung` auf **(Bild 1).** Für die Installation ist die Kategorie `Hardware und Sound` zuständig.

Übung 1:

Schließen Sie einen Drucker mit Parallelport an einen PC an.

Lösung: **Bild 2, Bild 3**

Im Fenster Hardware und Sound klickt man in der Menüzeile `Drucker hinzufügen` an. Im folgenden Fenster wird `Einen lokalen Drucker hinzufügen` gewählt. Anschließend kann der gewünschte Druckeranschluss gewählt werden **(Bild 2).**

Schritt 1:

Es wird aus der Liste der möglichen Anschlüsse der Eintrag `LPT1: (Empfohlener Druckeranschluss)` markiert.

Nach Klick auf die Schaltfläche `Weiter` ändert sich der Fensterinhalt so, dass das Druckermodell ausgewählt werden kann (Bild 3).

Schritt 2:

Man sucht in der Liste `Hersteller` den Druckerhersteller und wählt anschließend das Druckermodell aus der nebenstehenden Liste `Drucker` aus. Nach dem Anklicken des Druckernamens und Betätigen der Schaltfläche `Weiter` wird die Druckersoftware installiert. Sinnvoll ist es, nach der Installation eine Testseite auszudrucken.

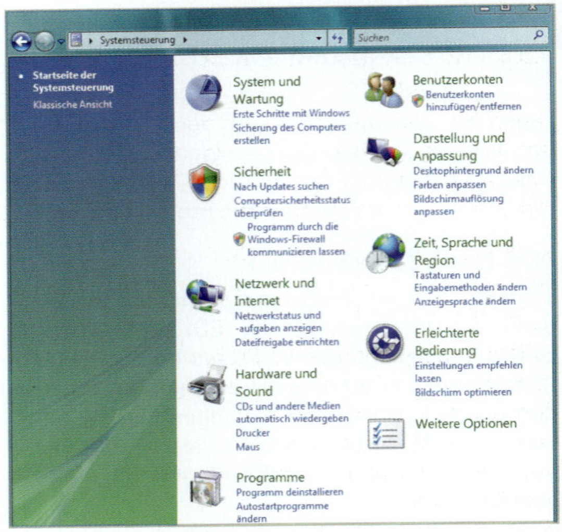

Bild 1: Fenster Systemsteuerung

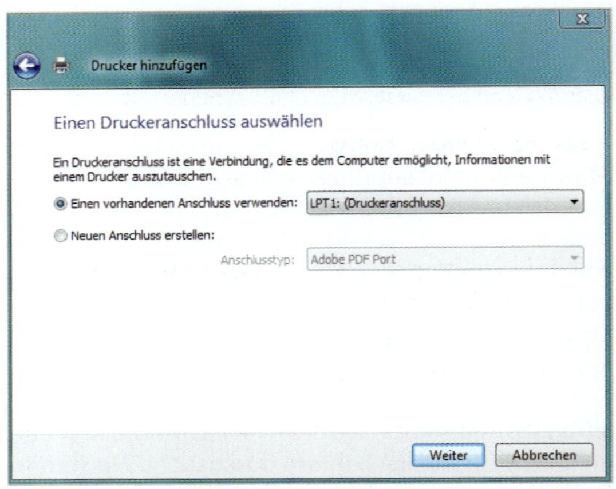

Bild 2: Druckeranschluss auswählen

Bild 3: Druckersoftware installieren

3.3.6 Anwendungssoftware

3.3.6.1 Ein Programm von CD oder DVD installieren

Legen Sie den Datenträger in den Computer ein, und folgen Sie den Anweisungen auf dem Bildschirm. Oft wird man aufgefordert, ein Administratorkennwort oder eine Bestätigung einzugeben.

Viele Programme, die von CDs oder DVDs installiert werden, starten automatisch einen Installations-Assistenten für das Programm.

Falls die Installation eines Programms nicht automatisch startet, liest man in der Begleitdokumentation des Programms nach. In dieser Dokumentation sind z.B. Anweisungen zur manuellen Installation des Programms enthalten. Man kann den Installationsdatenträger durchsuchen und die Setupdatei des Programms öffnen, die in der Regel den Dateinamen Setup.exe oder Install.exe trägt **(Bild 1).**

Übung 1:

a) Installieren Sie die Software Office 2007.

b) Wählen Sie die gewünschten Programme aus.

Lösung: a) **Bild 1,** *b)* **Bild 2.**

Bild 1: Fenster Automatische Wiedergabe

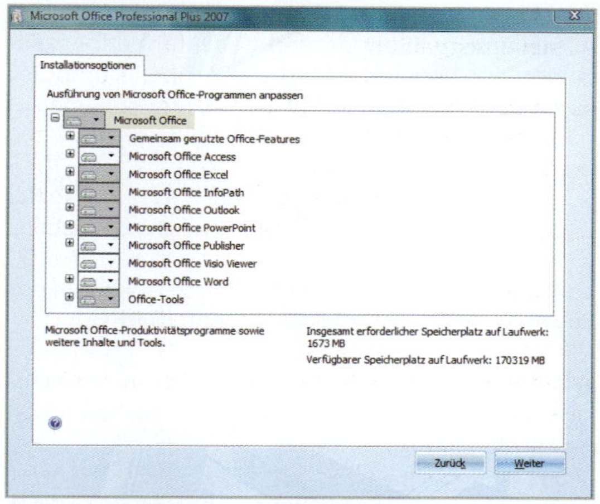

Bild 2: Komponentenauswahl für das Office-Paket

3.3.6.2 Ein Programm aus dem Internet installieren

Klicken Sie im Webbrowser auf den Link zu dem gewünschten Programm.

Um das Programm sofort zu installieren, klickt man auf Öffnen und Ausführen, und folgt den Anweisungen auf dem Bildschirm. Wenn Sie aufgefordert werden, ein Administratorkennwort oder eine Bestätigung einzugeben, geben Sie das Kennwort oder eine Bestätigung ein.

Wenn Sie das Programm zu einem späteren Zeitpunkt installieren möchten, klicken Sie auf Speichern, und laden die Installationsdatei auf den Computer herunter. Wenn Sie das Programm installieren wollen, doppelklicken Sie auf die Datei, und folgen den Anweisungen auf dem Bildschirm.

Diese Verfahrensweise ist sicherer, da Sie die Installationsdatei zunächst einer Virenprüfung unterziehen können, bevor Sie die Installation durchführen.

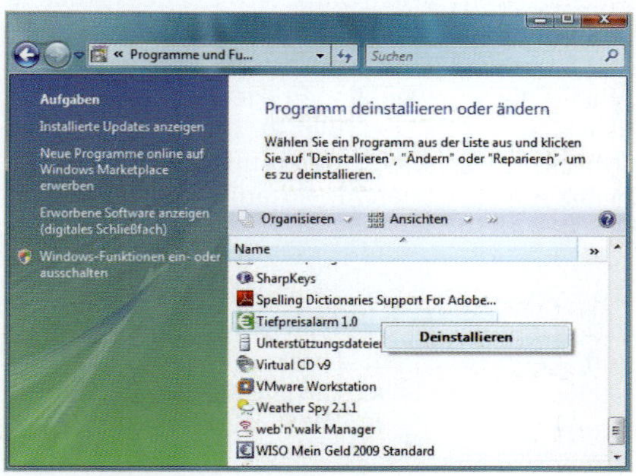

Bild 3: Software deinstallieren

3.3.6.3 Deinstallieren

Software wird mit Deinstallationsprogrammen von der Festplatte entfernt. Vom Desktop aus sind nacheinander die Icons `Arbeitsplatz` ⇒ `Systemsteuerung` ⇒ `Software` anzuklicken. Im Fenster `Eigenschaften von Software` wird das zu entfernende Programm markiert und der Button `Deinstallieren` angeklickt **(Bild 3).**

3.3.7 Office-Pakete

3.3.7.1 Bestandteile eines Office-Paketes

Ein Office-Paket (office = Büro) besteht aus den für die tägliche Büroarbeit nötigen Programmen. Alle Programme eines Office-Paketes befinden sich auf CD-ROM und müssen auf der Festplatte des eigenen Computers installiert werden.

Das Microsoft Office-Paket enthält die Programme Word für die Textverarbeitung, Access für die Datenbankerstellung, PowerPoint für die Präsentation, Excel für die Tabellenkalkulation, Outlook für die Organisation von Aufgaben mit z.B. Kalender, E-Mail und weitere Programme **(Bild 1)**.

Nach der Installation können z.B. mit dem Office-Paket Texte, Datenbanken und Präsentationen erstellt sowie Kalkulationen, Terminplanungen, Aufgabenverwaltungen und der Informationsaustausch mit anderen Mitarbeitern über Computer durchgeführt werden.

> Office-Pakete bestehen aus einer Sammlung häufig genutzter Programme.

Vom Desktop aus gelangt man durch Anklicken der Schaltfläche Start zum Startmenü **(Bild 1)**.

Wählt man die Zeile Alle Programme, erscheint eine Liste der auf dem Computer vorhandenen Anwendungsprogramme.

Über die Zeile Zuletzt verwendet ▷ gelangt man zu einer Liste mit den zuletzt bearbeiteten Dateien. Nach Anwahl öffnet sich z.B. das gewählte Dokument.

Allen Office-Anwendungen gemeinsam ist die Schaltfläche Office **(Bild 2)**. Hinter ihr verbirgt sich das „alte" Menü Datei, mit z.B. den Menüpunkten Neu, Öffnen, Speichern, Speichern unter, Drucken und Schließen.

Die Symbolleiste für den Schnellzugriff enthält die Schaltflächen für Rückgängig und Wiederholen. Zusätzlich kann man hier Menüpunkte der Schaltfläche Office ergänzen.

> Das Startmenü ist die Schaltzentrale für die Steuerung der auf dem Computer vorhandenen Anwendungsprogramme und Dateien.

Bild 1: Programme des Microsoft Office-Paketes im Startmenü

Bild 2: Oberer Teil der Anwendung Word

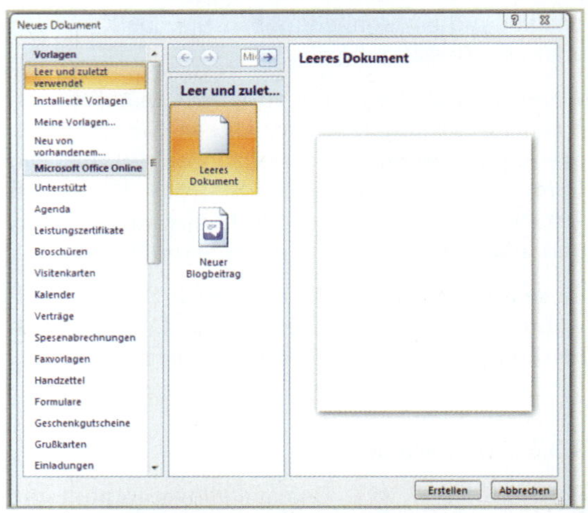

Bild 3: Ausschnitt aus dem Auswahlfenster für ein neues Office-Dokument

3.3.7.2 Textverarbeitung

Textverarbeitungssysteme werden für das Eingeben, Verarbeiten, Ausgeben und Verwalten von Schriftstücken benutzt. Schriftstücke enthalten oft auch Grafiken und Tabellen. Schriftstücke nennt man auch Dokumente.

Starten von Word

Im Startmenü **(Bild 1, vorhergehende Seite)** wählt man die Zeile `Microsoft Office Word 2007`.

Für das Anlegen eines neuen Dokumentes wählt man im Menü der Schaltfläche `Office` den Menüpunkt `Neu`. Es öffnet sich das Fenster Neues Dokument (Bild 3, vorhergehende Seite).

Nun wählt man eine entsprechende Vorlage für das gezeigte `Leere Dokument`, z.B. für eine Einladung, einen Geschäftsbrief oder für ein Formular. Anschließend kann der Text im Arbeitsbereich eingegeben werden (Bild 1). Die Texteingabe wird mit `Speichern` über die Schaltfläche `Office` beendet.

Um ein vorhandenes Dokument weiter zu bearbeiten, bieten sich zwei Möglichkeiten an:

- Im Menü der Schaltfläche Office kann aus der rechten Fensterhälfte ein Dokument zum Öffnen gewählt werden.
- Ähnlich ist die Dokumentenanwahl über die Zeile `Zuletzt verwendet` ▷.

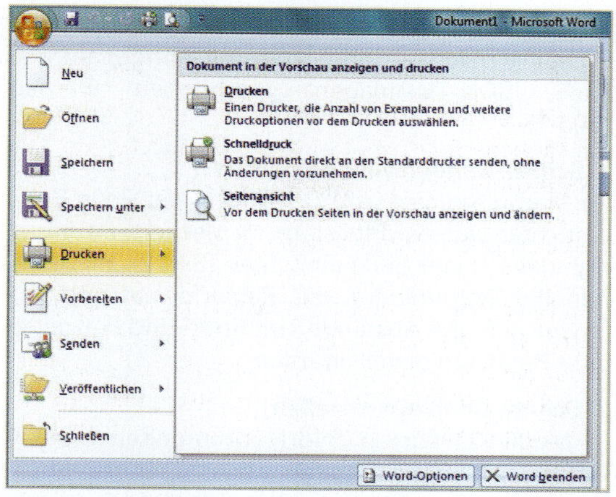

Bild 2: Menüpunkte des Menüs Datei

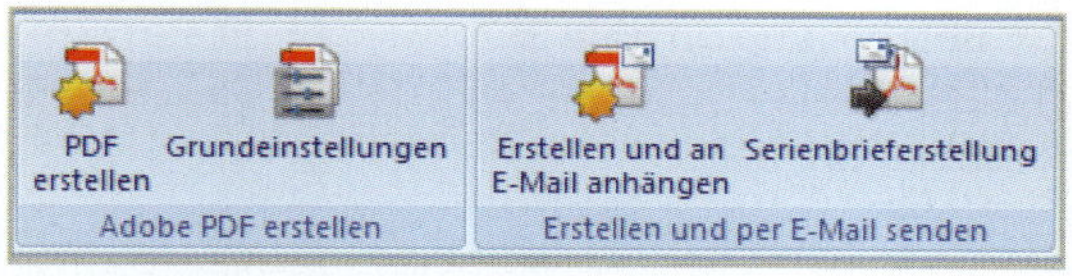

Bild 3: Auswahlfenster für Acrobat-Writer

Zum Drucken wird über die Schaltfläche `Office` Drucken oder Schnelldruck angeklickt **(Bild 2)**.

Im Druckmenü befindet sich auch die Schaltfläche für die Seitenansicht.

Über den Reiter `Acrobat` in der Menüzeile können z.B. PDF-Dokumente erstellt werden **(Bild 3)**. Vorausgesetzt, der Acrobat-Writer ist installiert.

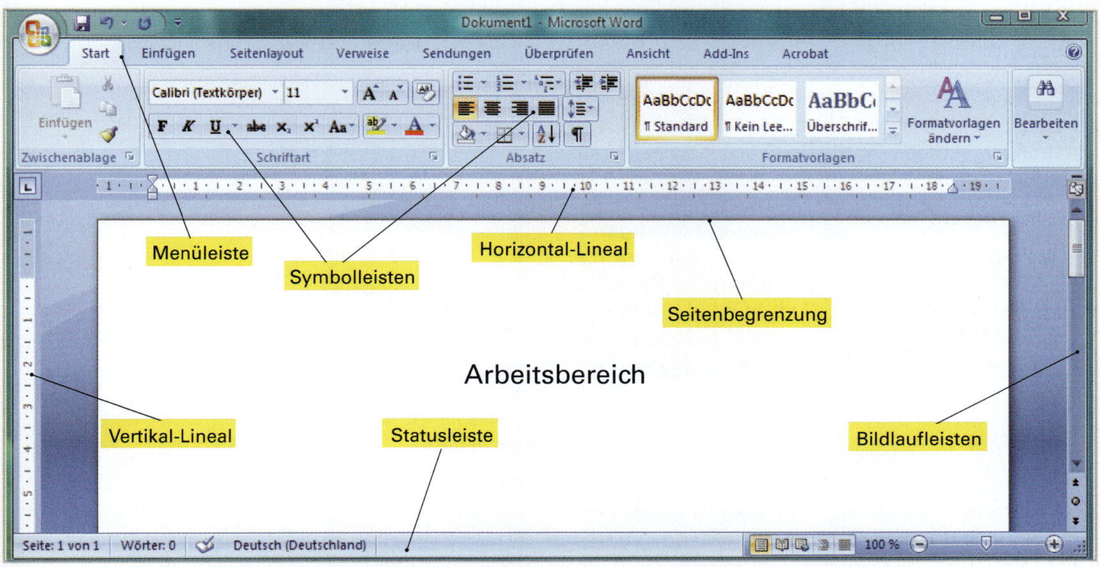

Bild 1: Startfenster mit dem Arbeitsbereich

Geschäftsbrief erstellen

Es soll ein Antwortbrief auf eine Kundenanfrage nach ISDN-Tk-Anlagen geschrieben werden **(Bild 1)**.

1. Schritt: Seitenlayout einrichten
Im Menü `Seitenlayout` wird in der Zeile Seite einrichten auf die Pfeilspitze ↘ geklickt. Es öffnet sich das Fenster Seite einrichten (Bild 2). Hier können die Seitenränder, das Papierformat und das Layout, z.B. die Abstände von Kopf- und Fußzeilen vom Rand, eingestellt werden.

2. Schritt: Briefkopf erstellen
Im Menü `Einfügen` (Bild 1, vorhergehende Seite) wählt man im Untermenü `Kopf- und Fußzeile` die Zeile `Kopfzeile bearbeiten` über die Schaltfläche `Kopfzeile`. Word wechselt in das Menü `Entwurf` und zeigt die Schaltflächen zur Bearbeitung an **(Bild 3)**.

Das Dokument zeigt die Bereiche Kopfzeile und Fußzeile (Bild 1).

In den gestrichelten Rahmen gibt man den Firmennamen von Bild 1 ein, markiert ihn und stellt Schriftart, Schriftfarbe und Schriftgröße ein. Für die Firmenangaben wird ein Textfeld ohne Rahmen verwendet. Dazu wählt man im Menü `Einfügen` die Zeile `Textfeld`. Nach einem Klick erscheint ein schraffierter Rahmen (Bild 3), in den Name, Adresse, Telefonnummer und Faxnummer eingegeben werden. Durch Klick auf den Textfeldrahmen wird das Kontextmenü geöffnet. Über das Fenster `Textfeld formatieren` wird das Textfeld mit Linien und Farben versehen.

3. Schritt: Fußzeile bearbeiten
Durch Klick auf die Schaltfläche `Fußzeile` wechselt man zum Fußzeilenrahmen. Hier werden gesellschaftsrechtliche Angaben zum Unternehmen wie der Firmensitz und die Handelsregisternummer eingegeben. Nach Doppelklick in den Textbereich erscheinen die Texte von Kopfzeile und Fußzeile hellgrau.

4. Schritt: Ortsangabe und Datumsfeld erzeugen
Nach Eingabe der Ortsangabe, z.B. Ulm, soll das aktuelle Datum eingefügt werden. Im Untermenü `Text` im Menü `Einfügen` klickt man die Schaltfläche `Datum und Uhrzeit` zur Wahl des gewünschten Formats an **(Bild 1, folgende Seite)**.

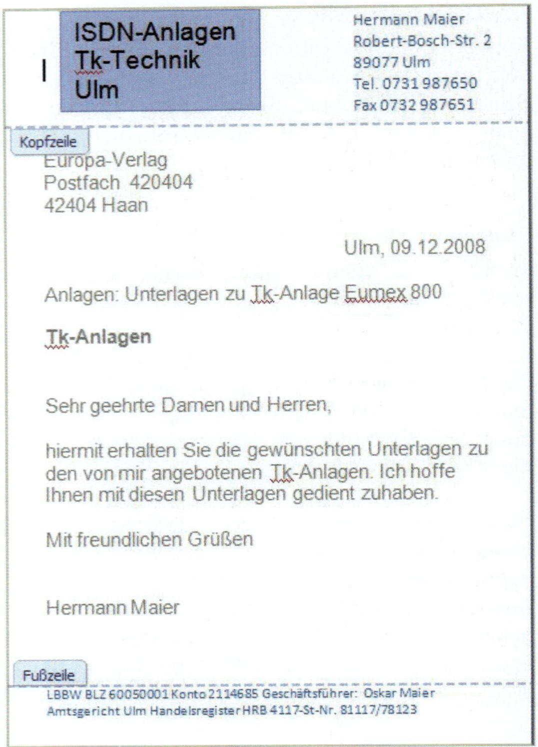
ISDN-Anlagen
Tk-Technik
Ulm

Hermann Maier
Robert-Bosch-Str. 2
89077 Ulm
Tel. 0731 987650
Fax 0732 987651

Kopfzeile

Europa-Verlag
Postfach 420404
42404 Haan

Ulm, 09.12.2008

Anlagen: Unterlagen zu Tk-Anlage Eumex 800

Tk-Anlagen

Sehr geehrte Damen und Herren,

hiermit erhalten Sie die gewünschten Unterlagen zu den von mir angebotenen Tk-Anlagen. Ich hoffe Ihnen mit diesen Unterlagen gedient zuhaben.

Mit freundlichen Grüßen

Hermann Maier

Fußzeile

LBBW BLZ 60050001 Konto 2114685 Geschäftsführer: Oskar Maier
Amtsgericht Ulm Handelsregister HRB 4117-St-Nr. 81117/78123

Bild 1: Vorlage Geschäftsbrief

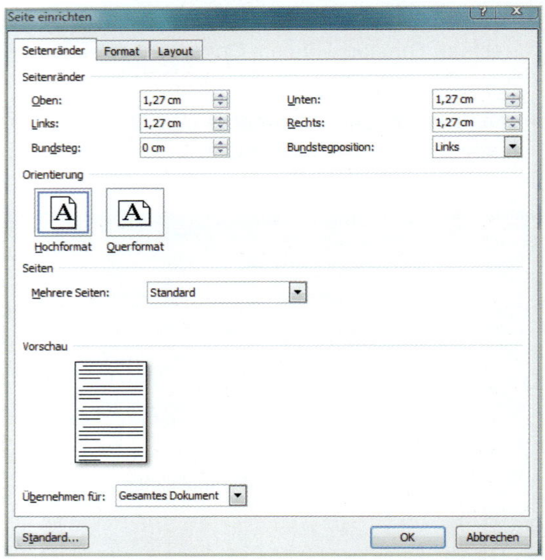

Bild 2: Menüpunkt Seite einrichten im Menü Datei

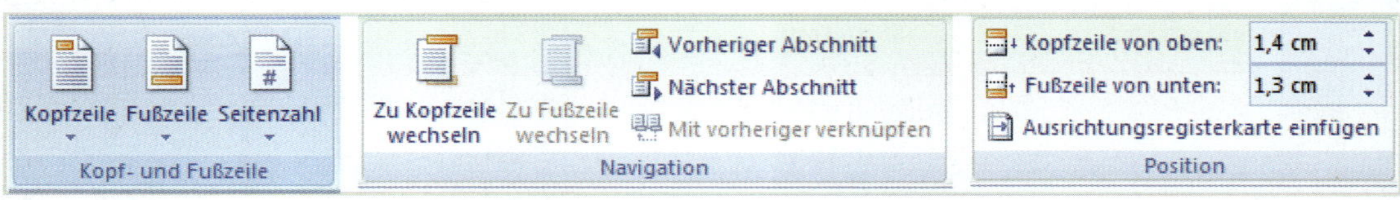

Bild 3: Kopfzeilenerstellung mit Menüleiste Kopf- und Fußzeile

5. Schritt: Anschriftenfeld bearbeiten

Für das Anschriftenfeld wird ein Textfeld mit einem Rahmen verwendet und dort die Anschrift eingetragen **(Bild 2)**. Das Textfeld wird durch Ändern und Verschieben seiner Größe so angeordnet, dass die Anschrift in einem Fensterbriefumschlag an der gewünschten Stelle zu sehen ist. In das Feld trägt man die Anschrift ein (Bild 1, vorhergehende Seite).

6. Schritt: Text eingeben

Nun wird der Text entsprechend der Vorlage eingegeben. Schreibfehler kann eine Rechtschreibkorrektur-Hilfe selbst berichtigen. Im Menü `Ansicht` kann die Seite kontrolliert werden **(Bild 3)**.

7. Schritt: Brieftext speichern

Durch Anklicken des Diskettensymbols in der Symbolleiste öffnet sich bei erstmaligem Speichern ein Fenster, in das ein Dateiname für den Brief, z.B. Angebot_1, einzugeben ist. Auch das Verzeichnis kann hier ausgewählt werden. Bei wiederholtem Speichern erscheint dieses Fenster nicht mehr. Speichern kann man auch durch Anwahl von `Speichern` oder `Speichern unter...` im Menü `Datei`.

8. Schritt: Brief drucken

Über die Schaltfläche Office wird die Zeile Drucken gewählt und im Kontextfenster Schnelldrucken oder Drucken der Drucker gewählt und z.B. die Anzahl der Druckseiten und Seitenbereiche eingestellt **(Bild 3)**.

Wiederholung und Vertiefung

1. **Nennen Sie Programme eines Office-Paketes.**
2. **Welche Elemente enthält das Fenster Word?**
3. **Nennen Sie wichtige Menüpunkte des Menüs Datei.**
4. **In welchen Schritten wird ein Geschäftsbrief erstellt?**

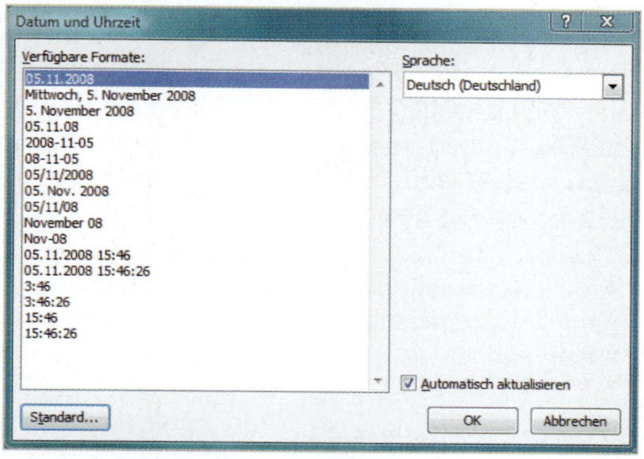

Bild 1: Fenster Datum und Uhrzeit

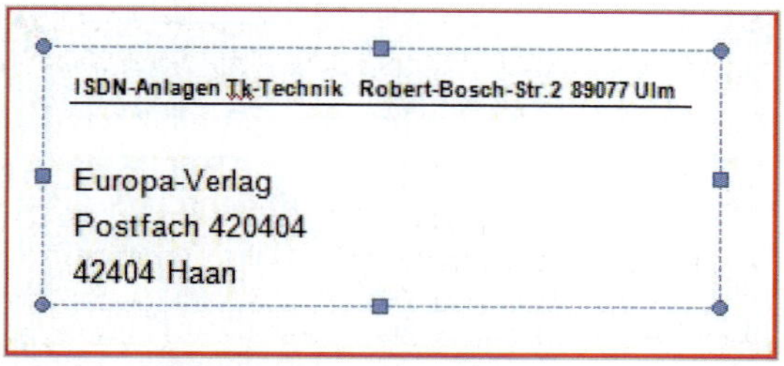

Bild 2: Textfeld für die Anschrift

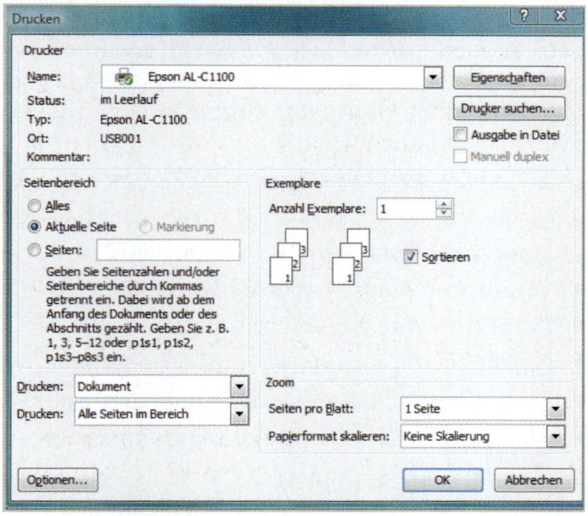

Bild 4: Textfeld für die Anschrift

Bild 3: Menü Ansicht des Dokumentes

3.3.7.3 Tabellenkalkulation

Funktionsumfang

Mit Tabellenkalkulationsprogrammen können Tabellen (Spreadsheets) mit Textdaten und Zahlendaten erstellt und nach verschiedenen Kriterien ausgewertet werden **(Bild 1)**.

Tabellenkalkulationen werden z.B. für Rechnungen, Umsatzstatistiken oder Verkaufsstatistiken angewendet.

Beim Erstellen einer Tabelle, in der zwischen den einzelnen Elementen der Spalten bzw. Zeilen mathematische Beziehungen bestehen sollen, müssen die mathematischen Beziehungen nur einmal festgelegt werden. Diese gelten dann und werden vom Programm immer berücksichtigt. Deshalb muss eine für Kalkulationen angelegte Tabelle nur teilweise manuell mit Daten ausgefüllt werden (Bild 1). Additionen, Subtraktionen, Multiplikationen oder Divisionen werden z.B. dann berechnet. Werden in einer bestehenden Tabelle Daten manuell überschrieben, so werden alle davon abhängigen Berechnungen wegen der dem Programm bekannten mathematischen Beziehungen selbstständig neu durchgeführt.

Tabellenkalkulation mit Excel

Excel arbeitet im Zusammenwirken mit dem Betriebssystem Windows und besitzt einen mausgeführten bzw. tastengeführten Dialog anhand von Menüs **(Bild 2)**. Mittels der einzelnen Untermenüs können Funktionen wie z.B.

- Anwählen, Abwählen und Drucken von Dateien,
- Verschieben, Kopieren von Daten innerhalb einer Datei (Tabellen),
- Verarbeiten mathematischer Formeln,
- Definieren von Zahlenformaten,
- Festlegen von Schriftarten und Schrifttypen,
- Festlegen von Rahmenarten einer Tabelle oder
- Anwählen unterschiedlicher Diagrammtypen

ausgeführt werden **(Bild 3)**.

Mittels Excel sind mehrere Tabellen miteinander verknüpfbar. Dadurch ist es möglich, Kalkulationen über mehrere Tabellen hinweg durchzuführen. Auch Daten verschiedener Diagramme sind in einem neuen Diagramm darstellbar. Wegen der Fenstertechnik kann zwischen tabellarischer Darstellung und einer Diagrammdarstellung **(Bild 4)** rasch hin- und hergeschaltet werden. Überlagerungen von verschiedenen Darstellungen sind ebenfalls möglich.

Bestellnr.	Vorrat	Einzelpreis	Gesamtwert
187369	40	53,90 €	2.156,00 €
187370	73	64,90 €	4.737,70 €
187371	24	15,90 €	381,60 €
187372	15	24,90 €	373,50 €
187373	97	58,90 €	5.713,30 €
Menge	249	Summe	13.362,10 €

(gelb markiert:) wird vom Programm berechnet

Bild 1: Tabellenkalkulation zur Berechnung des Gesamtwertes

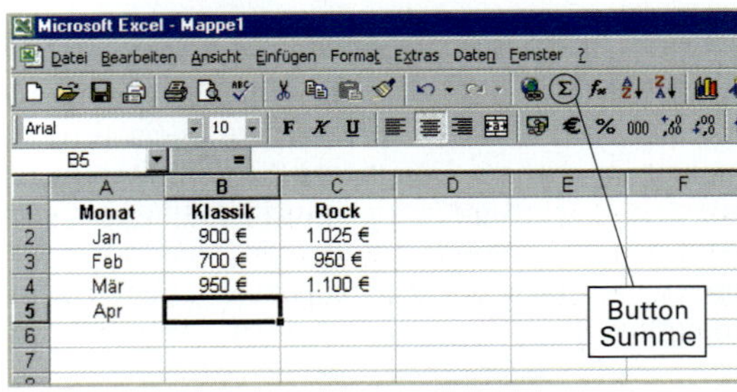

Bild 2: Ausschnitt aus Excel-Benutzeroberfläche

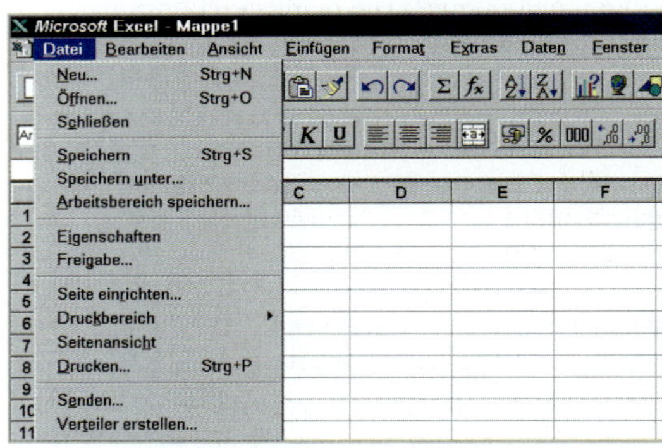

Bild 3: Menüpunkte aus Menü Datei

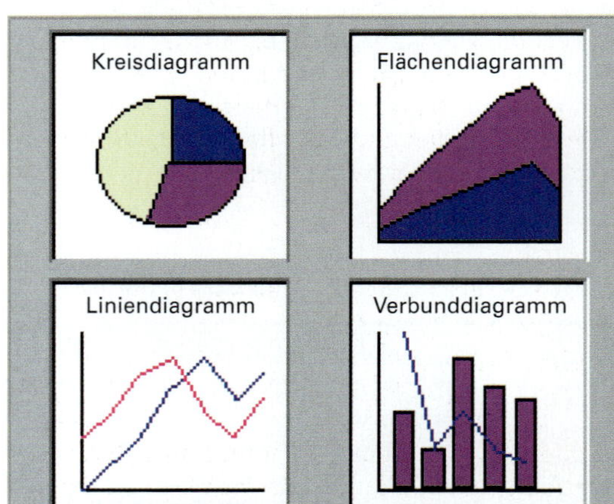

Bild 4: Diagrammtypen bei der Tabellenkalkulation

Für das mathematische Verknüpfen der Zellen in den Spalten bzw. Zeilen ist die Schreibweise von Excel einzuhalten **(Tabelle 1).** Zum Berechnen von Summen in Spalten oder Zeilen kann mit dem Summen-Button (button = Knopf) gearbeitet werden (Bild 2, vorhergehende Seite).

> **Übung 1:**
> In einem Betrieb soll ein CAD-System zur Schaltplanentwicklung eingeführt werden. Mit einer Excel-Tabelle sind die Kosten für drei Arbeitsplätze hinsichtlich PC, Software, Schulung und Arbeitsausfall zum Einarbeiten aufzuzeigen. Die Excel-Tabelle ist dabei so aufzubauen, dass in Abhängigkeit von der Anzahl der zu beschaffenden Arbeitsplätze die Gesamtkosten berechnet werden.
>
> *Lösung:* **Bild 1**

In die Zelle A1 wird der Text „Kosten von Elektro-CAD-Arbeitsplätzen" eingetippt. Schriftart, Schriftgröße und Schriftstärke, hier Arial, 10 und fett (F), können in der Excel-Menüleiste ausgewählt werden (Bild 1).

In die Zellen A3, B3, C3 werden die Spaltenbezeichnungen eingegeben. Die restlichen Begriffe sind in ihre jeweiligen Zellen einzugeben.

Zum Formatieren der Zellen B4 bis B8 und C4 bis C8 für eine Zahlenwertausgabe mit zwei Nachkommastellen müssen diese Zellen mit der linken Maustaste markiert und die Menüpunkte `Format`, `Zellen` und `Zahlen` angeklickt werden.

Anschließend ist in `Kategorie` das Zahlenformat entsprechend auszuwählen **(Bild 2).**

Mit der Eingabe `=b4*b2` in Zelle C4 werden hier die PC-Kosten für die in B2 angegebene Anzahl von Arbeitsplätzen berechnet. Entsprechende Formeln sind in den Zellen C5 bis C7 zu hinterlegen. Die Formeln zur Summenbildung in B8 und C8 werden dort hinterlegt, indem diese Elemente angeklickt werden und anschließend der Summen-Button jeweils zweimal angeklickt wird.

> **Übung 2:**
> Geben Sie in die Zelle B2 die Zahl 5 ein. Beobachten Sie die Spalte Gesamtkosten.
>
> *Lösung:* **Bild 3**

Nach der Eingabe der Zahl 5 und anschließender Betätigung der Return-Taste werden die Zahlen in der Spalte Gesamtkosten automatisch berechnet.

Tabelle 1: Mathematische Verknüpfungen in Excel

Verknüpfung	Formel (Beispiele)
Addition	=summe(a3:a10) =a3+b9
Subtraktion	=a3-c5
Multiplikation	=b5*d6
Division	=a3/b6

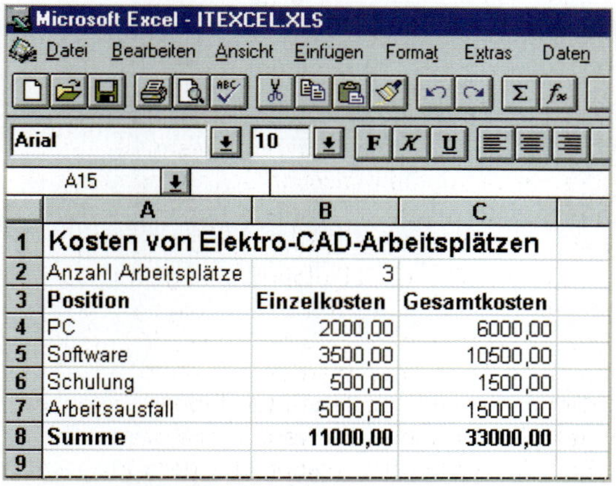

	A	B	C
1	**Kosten von Elektro-CAD-Arbeitsplätzen**		
2	Anzahl Arbeitsplätze	3	
3	**Position**	**Einzelkosten**	**Gesamtkosten**
4	PC	2000,00	6000,00
5	Software	3500,00	10500,00
6	Schulung	500,00	1500,00
7	Arbeitsausfall	5000,00	15000,00
8	**Summe**	**11000,00**	**33000,00**
9			

Bild 1: Excel-Tabelle als Lösung zu Übung 1

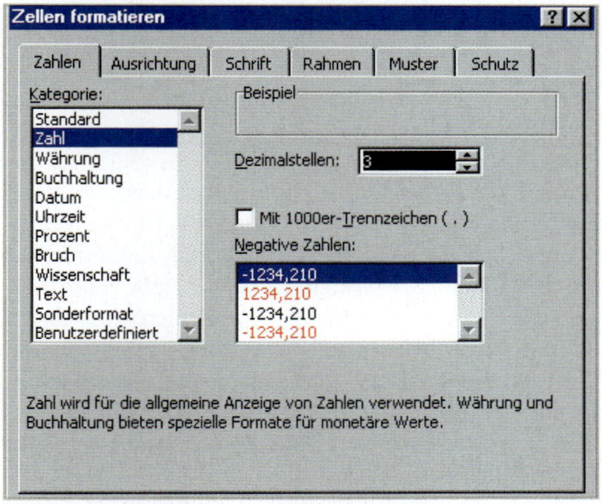

Bild 2: Formatieren von Tabellenelementen in Excel

Kosten von Elektro-CAD-Arbeitsplätzen		
Anzahl Arbeitsplätze	5	
Position	**Einzelkosten**	**Gesamtkosten**
PC	2000,00	10000,00
Software	3500,00	17500,00
Schulung	500,00	2500,00
Arbeitsausfall	5000,00	25000,00
Summe	**11000,00**	**55000,00**

Bild 3: Ergebnisse der Aufgabenstellung von Übung 2

Erstellen von Makros in Excel

Beim Erstellen von Makroprogrammen (Makros) ist zu unterscheiden zwischen dem

- Automatisieren von Arbeitsabläufen, also „Klickabläufe" in den Exceloberflächen, und dem
- Programmieren von Programmzeilen in der Programmiersprache VBA (Visual Basic for Application).

Zum Automatisieren von Arbeitsabläufen ist wie folgt vorzugehen. Diejenigen Zellen, auf die das Makro angewendet werden soll, sind zu markieren. Dann sind im Menü `Extras` die Menüpunkte `Makro` und `Aufzeichnen` anzuwählen, der Makroname ist einzugeben. Nun sind die zu automatisierenden Arbeitsabläufe auszuführen. Anschließend ist die Makroaufzeichnung z. B. über `Extras, Makro, Aufzeichnung beenden` zu beenden. Soll das Makro angewendet werden, so ist es über `Extras, Makro` und Auswahl des Makros zu starten.

Übung 1:

Die Zahlen in der Spalte Gesamtkosten in Bild 3, vorhergehende Seite, sollen durch den Ablauf eines Makros kursiv, mit Schriftgröße 12 der Schriftart Arial und mit einem Punkt an der Tausenderstelle dargestellt werden. Nehmen Sie die Makroaufzeichnung vor. Wie sieht das Ergebnis der Makroaufzeichnung am Bildschirm aus?

Lösung: **Bild 1**

Sobald die Makroaufzeichnung aktiv ist, müssen die Schaltflächen K, die Schriftgröße 12, die Menüpunkte `Format, Zellen` und das Zellenformat #.##0,00 angeklickt werden. Dann ist die Makroaufzeichnung zu beenden. Das aufgezeichnete Makro kann durch Anwahl des Menüs `Extras`, darin des Menüpunktes `Makro` und Anwahl des Makros mit seinem Namen sowie Anklicken von `Bearbeiten` angezeigt werden **(Bild 2)**. Sub steht für Subroutine = Unterprogramm.

Arbeitsabläufe sind in Excel automatisierbar.

Zum Erstellen eines Makros in der Programmiersprache VBA muss man die jeweilige Programmieranweisung kennen **(Tabelle 1)**.

Kosten von Elektro-CAD-Arbeitsplätzen		
Anzahl Arbeitsplätze	5	
Position	**Einzelkoster**	**Gesamtkosten**
PC	2000,00	*10.000,00*
Software	3500,00	*17.500,00*
Schulung	500,00	*2.500,00*
Arbeitsausfall	5000,00	*25.000,00*
Summe	**11000,00**	***55.000,00***

Bild 1: Ergebnis der Makroaufzeichnung von Übung 1

```
Sub itex1()
    Auswahl.Schriftart.Kursiv = Wahr
    Mit Auswahl.Schriftart
        .Name = "Arial"
        .Grösse = 12
        .Durchstreichen = Falsch
        .Hochgestellt = Falsch
        .Tiefgestellt = Falsch
        .Kontur = Falsch
        .Schatten = Falsch
        .Unterstreichen = xlKein
        .FarbIndex = xlAutomatisch
    Ende Mit
    Auswahl.Zahlenformat = "#.##0,00"
Ende Sub
```

Bild 2: Ausdruck des generierten Makros von Übung 1

Tabelle 1: Anweisungen in VBA

Anweisung	Bedeutung
EingabeDlg ("Eingabe:")	Dialogfenster mit Texteingabe
MeldungsDlg (Ausgabe)	Fenster für Textausgabe
Wert ("Textzahl")	Wandlung Text in Zahlenwert
Wenn kosten >100 Dann ... Sonst ... Ende Wenn	Wenn-Dann-Anweisung (if-then-Anweisung)
Für i = 1 Bis 100 ... Nächste i	Zählschleife von...bis (for-next-Schleife)
Weitere Anweisungen siehe Visual Basic	

Übung 2:

Erstellen Sie ein Makro in VBA, welches nach den Kosten eines CAD-Arbeitsplatzes und nach der Anzahl der CAD-Arbeitsplätze fragt und dann die Kosten berechnet.

Lösung: **Bild 3**

```
Sub itex2()
    kosten = Wert(EingabeDlg("Kosten eines CAD-Arbeitsplatzes "))
    Anzahl = Wert(EingabeDlg("Anzahl CAD-Arbeitsplätze"))
    MeldungsDlg (Anzahl * kosten)
Ende Sub
```

Bild 3: In VBA erstelltes Makro zu Übung 2

3.3.7.4 Präsentationsprogramm

Mit *Präsentationsprogrammen,* wie z.B. PowerPoint, werden meist Bildschirmpräsentationen für die Projektion über Beamer-Geräte (von beam = Lichtstrahl) erstellt. Jede Präsentation kann Texte, Diagramme, Bilder und grafische Elemente, wie z. B. Kreise, Linien und Pfeile, enthalten. Bildschirmpräsentationen können zusätzlich mit Ton und Videos ausgestattet werden.

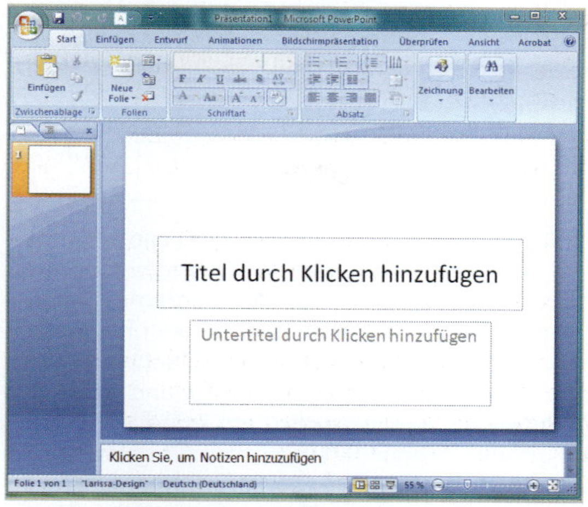

Bild 1: Starfenster von PowerPoint

1. Schritt: PowerPoint starten

Durch Anklicken des Windows-Startmenüs und Auswahl des Menüpunktes `Programme`, gefolgt vom Menüpunkt `PowerPoint`, kann PowerPoint geöffnet werden.

**2. Schritt:
Neue Präsentation und Titelfolie erstellen**

Nach dem Starten von PowerPoint erscheint das Fenster **Bild 1**. Im Arbeitsbereich ist bereits das Layout Titelfolie vorgegeben. Präsentationsvorlagen werden auch Folien genannt, da sie früher vom Drucker als Folien für Projektoren erstellt wurden. Mit einem Doppelklick im Arbeitsbereich öffnet sich das Fenster `Hintergrund formatieren`. Hier können z.B. die Hintergrundfarbe und die Art der Füllung eingestellt werden.

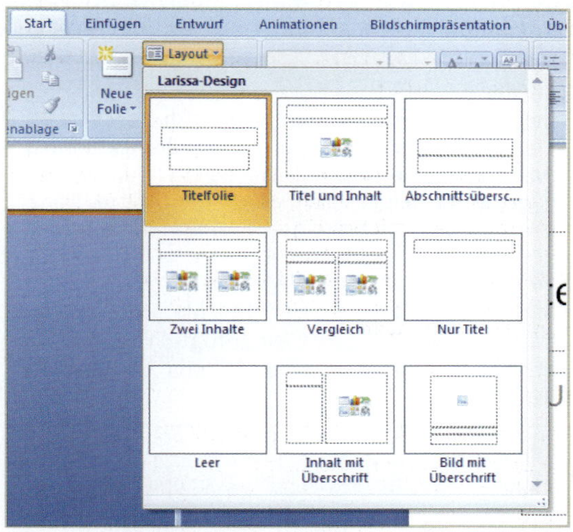

Bild 2: Design-Auswahl

> **Übung: 1**
>
> Erstellen Sie eine Titelfolie a) mit dem Titel „Internet-Präsentation" und dem Untertitel „Vorgestellt von: Maria Klug". b) Verwenden Sie einen blauen Hintergrund mit Titelschattierung.
>
> *Lösung:* a) **Bild 3,** b) `Hintergrund formatieren` → **Graduelle Füllung** und → Typ: **Schattierung des Titels wählen.**

3. Schritt: Weitere Folie bearbeiten

Das Folien-Design kann im Drop-Down-Menü `Layout` gewählt werden **(Bild 2).**

Neben reinem Text sind zusätzlich Diagramme oder Bilder in verschiedener Anordnung möglich.

Die Texte werden nach einem Klick auf die dafür vorgesehenen Textfelder eingetragen. Die Position des Textfeldes auf der Folie kann mithilfe der Maus verändert werden. Dazu wird mit dem Mauszeiger an den Rand des Textfeldes gefahren, bis sich sein Aussehen ändert. Durch Betätigen der linken Maustaste und gleichzeitiges Bewegen der Maus ändert sich die Position des Textfeldes.

Im Programm gibt es mehrere schon vorhandene Präsentationsvorlagen, die sich in der Farbwahl und Schriftgestaltung unterscheiden.

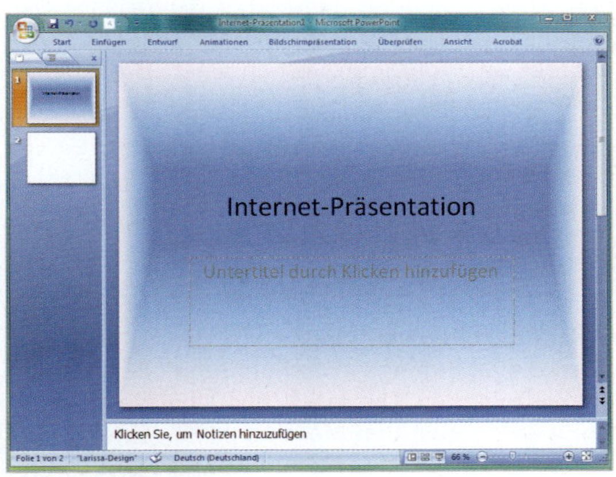

Bild 3: Titelfolie

Übung 1:
Wählen Sie für weitere Folien **Bild 1** und **Bild 2** als Vorlage.
Lösung: Menü Start → Layout → Abschnittsüberschrift, Menü Entwurf → Hintergrund → Voreingestellte Farben → Saphir.

4. Schritt: Animation innerhalb der Folie wählen

Für eine Bildschirmpräsentation können die einzelnen Textteile (sowie Bilder und Diagramme) eingeblendet und mit visuellen Effekten oder Klangeffekten als Animation (= Belebung) versehen werden. Dazu wird die Textstelle markiert und über den Menüpunkt `Benutzerdefinierte Animation` des Menüs `Animation` die gewünschte Animation ausgewählt. Die Bildschirmpräsentation wird über die Schaltfläche `Start` des Menüpunktes `Bildschirmpräsentation` getestet. Durch Betätigen der Leertaste oder der linken Maustaste wird die Präsentation schrittweise durchgeführt.

Übung 2:
Wählen Sie für den Untertitel der Folie den `Blendeneffekt`, d.h., der Text wird bei der Vorführung von oben eingeblendet.
Lösung: **Bild 3**

5. Schritt: Präsentation erweitern

Eine neue Folie wird über den Menüpunkt `Neue Folie` im Menü `Start` eingefügt. Die neue Folie übernimmt das Layout der bereits vorhandenen Folie.

Übung 3:
Fügen Sie eine neue Folie mit ClipArt und Text ein.
Lösung: **Bild 4**

Ein ClipArt (clip = Klammer und art = Kunst) ist eine kleine Grafik und wird durch einen Doppelklick auf den entsprechenden Platzhalter eingesetzt. Das Feld `ClipGallery` erscheint und das ClipArt wird aus der im Programm vorhandenen Grafikbibliothek ausgewählt.

Übung 4:
Ersetzen Sie den Platzhalter durch z.B. einen Computer-ClipArt und ergänzen Sie den Text.
Lösung: **Bild 4**

6. Schritt: Folienübergänge

Auch die Übergänge zwischen den Folien können animiert werden. Die möglichen Überblendtechniken werden über den Menüpunkt `Übergang zu dieser Folie` des Menüs `Animation` ausgewählt.

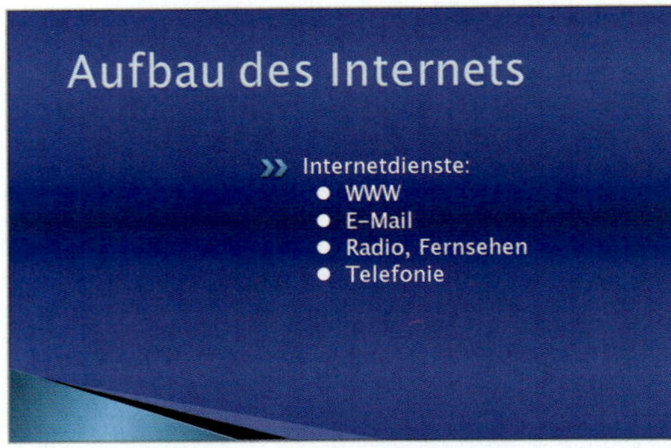

Bild 1: Folie mit Abschnittsüberschrift, Farbe Saphir

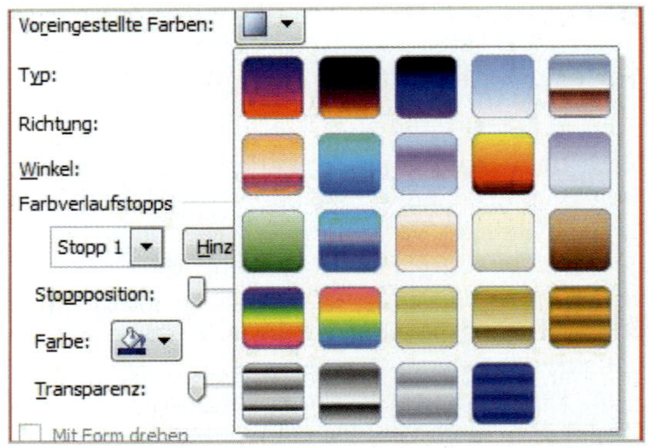

Bild 2: Farbauswahl

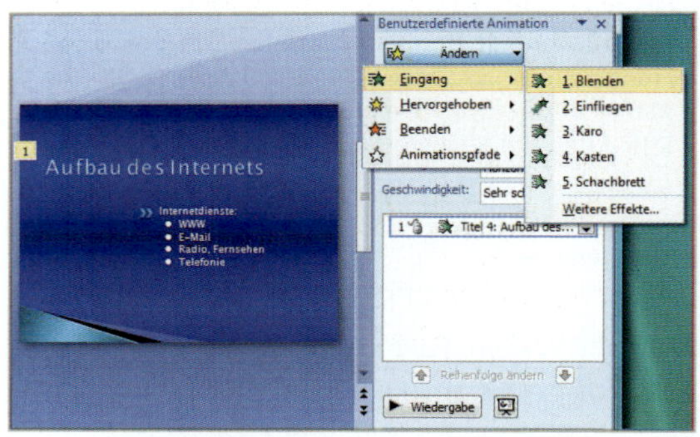

Bild 3: Animation einstellen

Bild 4: Folie mit Clipart

3.4 Office-Anwendungen automatisieren

Sind vom Anwender eines Office-Programms häufig dieselben aufwändigen Aufgaben zu erledigen, kann er diese Aufgaben mithilfe von *Makros* zusammenfassen und so automatisieren.

Makro = zu einer Einheit zusammengefasste Folge von Anweisungen.

Mit einem *Makrorekorder* kann er Makros durch Aufzeichnen einfach erstellen oder mit einem *VBA-Editor* (von Visual Basic for Application = VB für Anwendungen) selbst programmieren bzw. ändern, um sie effizienter zu gestalten. Hierfür benötigt er aber Kenntnisse über die entsprechende Office-VBA-Programmiersprache.

Mithilfe von Makros können Office-Anwendungen effizienter gehandhabt werden.

3.4.1 Makros aufzeichnen

Vor der Aufzeichnung eines Makros muss dessen Ablauf geplant und während der Aufzeichnung plangemäß vom Ersteller in der Office-Anwendung ausgeführt werden. Fehler und Korrekturen während der Aufzeichnung werden zum Programminhalt des Makros und verlängern unnötig seine Programmlaufzeit.

Die Aufzeichnung von Makros erfordert eine genaue Planung, um unnötigen Programmcode zu vermeiden.

Änderungen können nur durch Neuaufzeichnung mit dem Makrorekorder oder durch Umprogrammierung mit dem VBA-Editor erfolgen.

Übung 1:

In der Office-Anwendung Word soll die Zeichenformatierung für die Aufzeichnung eines Makros vorbereitet werden. Die Schriftart soll Arial, der Schriftgrad 12, die Schriftfarbe Blau und der Schriftschnitt Fett sein.

Lösung:

Im Hauptmenü `Format` das Menü `Zeichen` anklicken und in der Karteikarte `Schrift` die entsprechenden Einstellungen vornehmen, danach die Karteikarten über den Button `OK` schließen.

Anschließend ist die Zeichenformatierung durch eine Texteingabe zu überprüfen und die Formatierung eventuell entsprechend abzuändern. Danach kann der Makrorekorder der Office-Anwendung aktiviert und das Makro aufgezeichnet werden.

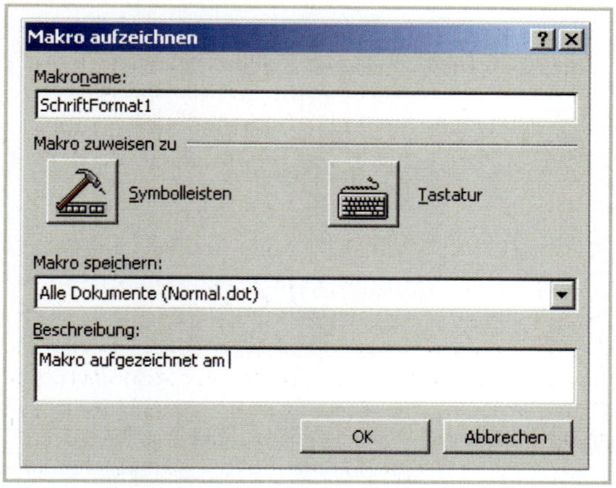

Bild 1: Eingabeformular Makro aufzeichnen

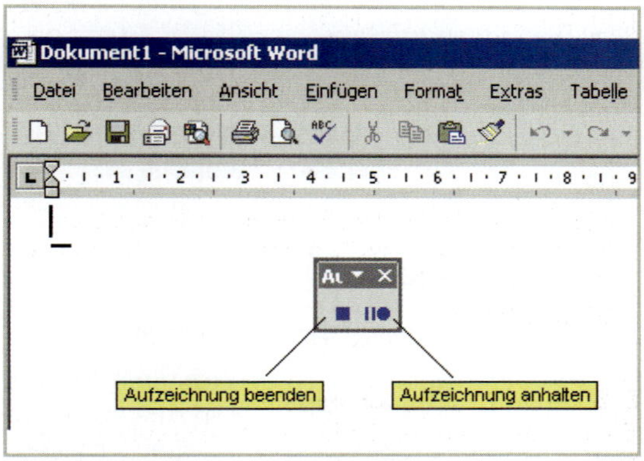

Bild 2: Bedienleiste des Makrorekorders im Word-Dokument

Übung 2:

Der Makrorekorder von Word soll für die Aufzeichnung eines Makros aktiviert werden.

Lösung:

Im Hauptmenü `Extras` das Menü `Makro` mit der Maus anwählen und den Befehl `Aufzeichnen` anklicken. Im Feld `Makroname` **(Bild 1)** den *Namen* für das Makro eingeben und den *Symbolleisten* zuordnen. Danach das geöffnete Eingabeformular `Anpassen` schließen.

Auf dem Bildschirm steht dann die Bedienleiste des Makrorekorders zur Verfügung **(Bild 2)**.

Über die Bedienleiste des Makrorekorders kann die Aufzeichnung eines Makros beendet oder bei Bedarf angehalten werden.

Nun sollte nur der geplante Ablauf für die Aufzeichnung des Makros ausgeführt bzw. eingegeben werden. Programminhalte eines Makros können mit der Maus ausgewählte Anwenderoptionen (Befehle) oder Tastatureingaben sein.

> **Übung 1:**
> Die vorbereitete Zeichenformatierung aus Übung 1, vorhergehende Seite und die folgenden Textzeilen mit der eingefügten *Leerzeile* sollen als Makro mit dem aktivierten Makrorekorder aus Übung 2, vorhergehende Seite aufgezeichnet werden.
>
> *Text:*
> Durch Makros werden Office-
> *<Leerzeile>*
> Anwendungen automatisiert!
>
> *Lösung:*
> Im Hauptmenü `Format` das Menü `Zeichen` öffnen und mit dem Button `OK` schließen. Danach den Text mit der Leerzeile eingeben und anschließend die Aufzeichnung sofort über die entsprechende Schaltfläche des Makrorekorders beenden (Bild 2, vorhergehende Seite).

Nun kann das erstellte Makro ausgeführt werden. Dazu wählt man im Hauptmenü `Extras` mit dem Mauszeiger das Menü `Makro` an und klickt danach auf die Option `Makros`. Im Formular `Makros` wird das aufgezeichnete Makro in der Liste `Makroname` ausgewählt, über die Schaltfläche `Ausführen` gestartet **(Bild 1)** und kann so getestet werden **(Bild 2)**.

3.4.2 Darstellen und Ändern von Makros

Der Programmcode des aufgezeichneten Makros kann mithilfe des VBA-Editors vom Anwender auf dem Bildschirm dargestellt, eingesehen und auch geändert werden. Dazu wird im Formular `Makros` die Schaltfläche `Bearbeiten` angeklickt und so der VBA-Editor gestartet, der dann den Programmcode des Makros anzeigt **(Bild 3)**.

> Mithilfe des VBA-Editors kann der Programmcode eines Makros dargestellt werden.

Zeilen, die mit einem Anführungsstrich (') beginnen, enthalten keinen Programmcode. Sie beinhalten nur Hinweise oder Programmkommentare.

Die zusammengehörenden Anweisungen `With` und `End With` (Bild 3) weisen den einzelnen Formatierungsbefehlen jeweils den Bezeichner `Selection.Font` zu. Ohne `With` und `End With` müsste jedem Formatierungsbefehl der Bezeichner im Programm-Mode vorangestellt werden, z.B. `Selection.Font.Size = 12`.

Soll zusammengehörender Programmcode in zwei oder mehr Programmzeilen eingegeben werden, so muss jeweils die vorhergehende Programmzeile durch einen Unterstrich (_) beendet werden (Bild 3). Bezeichner, wie z.B. `Selection.TypeText` dürfen dabei nicht getrennt werden.

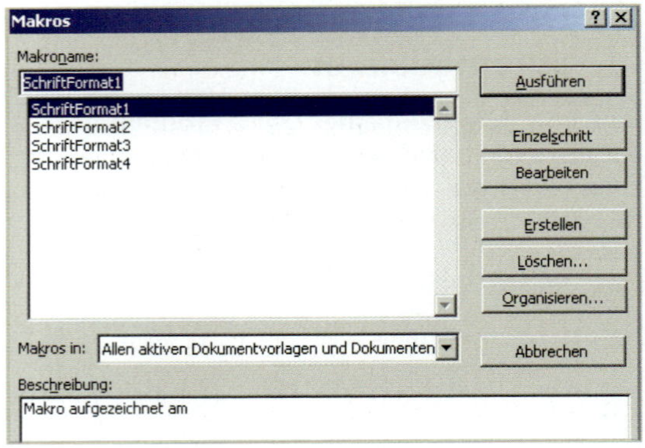

Bild 1: Auswahlformular Makros

> **Durch Makros werden Office-**
> **Anwendungen automatisiert!**

Bild 2: Ausgabe von Makro SchriftFormat1

```
Sub SchriftFormat1()
'
' SchriftFormat1 Makro
' Makro aufgezeichnet am
'
  With Selection.Font
    .Name = "Arial"
    .Size = 12
    .Bold = True
    .Italic = False
    .Underline = wdUnderlineNone
    .UnderlineColor = wdColorAutomatic
    .StrikeThrough = False
    .DoubleStrikeThrough False
    .Outline = False
    .Emboss = False
    .Shadow = False
    .Hidden = False
    .SmallCaps = False
    .AllCaps = False
    .Color = wdColorBlue
    .Engrave = False
    .Superscript = False
    .Subscript = False
    .Spacing 0
    .Scaling 100
    .Position 0
    .Kerning 0
    .Animaton = wdAnimationNone
  End With
  Selection.TypeText_
  Text:="Durch Makros werden Office-"
  Selection.TypeParagraph
  Selection.TypeParagraph
  Selection.TypeText_
  Text:="Anwendungen automatisiert!"
End Sub
```

Bild 3: Aufgezeichnetes Makro SchriftFormat1

Übung 1:

Ändern Sie den Programmcode des Makros `SchriftFormat1` so ab, dass die Schriftart `Arial` erhalten bleibt, der Schriftgrad nunmehr die `Größe 8` hat und die Schriftfarbe `Rot` sowie der Schriftschnitt `Fett` und `Kursiv` und die Schrift `doppelt unterstrichen ist`. Entfernen Sie zusätzlich den Programmcode, der für diese Zeichenformatierung nicht notwendig ist. Entfernen Sie weiter die Leerzeile im Text.

Lösung: **Bild 1** und zusätzlich die *Hilfe* zu VBA.

```
Sub SchriftFormat1()
'
'SchriftFormat1 Makro
'Makro aufgezeichnet am
'
  With Selection.Font
    .Name = "Arial"
    .Size = 8
    .Bold =True
    .Italic =True
    .Underline = wdUnderlineDouble
    .Color = wdColorRed
  End With
  Selection.TypeText_
  Text:="Durch Makros werden Office-"
  Selection.TypeParagraph
  Selection.TypeText_
  Text:="Anwendungen automatisiert!"
End Sub
```

Bild 1: Geändertes Makro SchriftFormat1

3.4.3 Makroschaltfläche erstellen

Für Makros, die häufig benutzt werden, sollte eine Schaltfläche in der Symbolleiste eingerichtet werden **(Bild 2)**.

Dazu wählt man im Menü `Extras` das Menü `Anpassen` aus. Anschließend wählt man im geöffneten Auswahlfeld `Anpassen` die Karteikarte `Symbolleisten` und aktiviert die Symbolleiste `Makros`. Danach wird in der Karteikarte `Befehle` die *Kategorie* `Makros` ausgewählt sowie im Feld `Befehle` das Makrosymbol `SchriftFormat1` mit der Maus angeklickt und in die Symbolleiste gezogen (Bild 2). Das Auswahlfeld `Anpassen` wird dann geschlossen und das Makro `SchriftFormat1` kann nun direkt über die Schaltfläche in der Symbolleiste ausgeführt werden.

> Makros können direkt über eine Schaltfläche in der Symbolleiste ausgeführt werden.

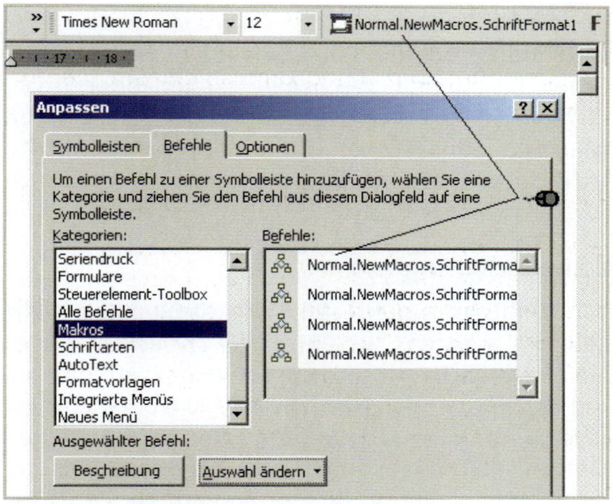

Bild 2: Makroschaltfläche in der Symbolleiste

Die Schaltfläche in der Symbolleiste kann in ihrer Breite stark verkleinert werden, indem man ihre Beschriftung entfernt. Dazu wählt man im Menü `Extras` das Menü `Anpassen` und danach die Karteikarte `Befehle` aus. Durch Mausklick auf die Schaltfläche in der Symbolleiste wird in der Karteikarte der Button `Auswahl ändern` aktiviert. Über ihn kann das Auswahlfeld für die Schaltflächenänderung geöffnet und durch die Option `Standard` die Beschriftung aus der Schaltfläche entfernt werden.

Durch die Option `Schaltflächensymbol ändern` kann ein anderes Symbol für die Schaltfläche ausgewählt werden. Die Option `Schaltflächensymbol bearbeiten` öffnet einen *Schaltflächen-Editor*, mit dem ein eigenes Schaltflächensymbol erstellt werden kann **(Bild 3)**.

Bild 3: Makroschaltflächen-Editor

Wiederholung und Vertiefung

1. **Womit können Makros für Office-Anwendungen aufgezeichnet werden?**
2. **Worauf ist bei der Aufzeichnung von Makros zu achten?**
3. **Womit kann ein aufgezeichnetes Makro geändert oder selbst programmiert werden?**
4. **Beschreiben Sie, wie für ein erstelltes Makro eine Schaltfläche in der Symbolleiste eingerichtet werden kann.**
5. **Beschreiben Sie, wie das Symbol einer Schaltfläche in der Symbolleiste geändert werden kann.**
6. **Wie werden in VBA Zeilen gekennzeichnet, die Kommentare enthalten?**

3.5 Backup-Methoden

3.5.1 Daten sichern

Der wirtschaftliche Erfolg von Unternehmen hängt in erheblichem Maße von der Verfügbarkeit der verwendeten Programme und der gespeicherten Daten ab. Aus diesem Grund werden von Programmen und Daten der Arbeitsfestplatten Sicherungskopien (*Backups*) erzeugt **(Bild 1)**.

Eine Datensicherung erfolgt als Backup von Programmen und Daten.

Sinnvollerweise verwendet man für die Speicherung von Programmen und Daten verschiedene Laufwerke, z.B. die Laufwerke C und D. Dadurch ist sichergestellt, dass beim *Update* (to update = auf den neuesten Stand bringen) von Programmen keine Daten beschädigt werden.

Datenträgerarten für die Datensicherung

Für die Sicherung von Daten werden verschiedene Datenträger verwendet. Schnelles Sichern ermöglichen Festplatten, Wechselfestplatten oder Wechselplatten. Für große Datenmengen werden oft Magnetbandlaufwerke (Streamer), sonst werden USB-Sticks mit einer Speicherkapazität von bis zu 32 GB oder CD-R verwendet.

Datensicherungsarten

Ein optimaler Schutz besteht, wenn täglich alle Dateien gesichert werden **(Bild 2)**. Dies wird als *Voll-Backup* bezeichnet. Da das zeitlich zu aufwändig ist, werden Voll-Backups z.B. zu Monatsanfang einmal erstellt. Oft werden die neu erstellten Dateien datumsabhängig nach Arbeitsschluss gesichert. Diese Art der Sicherung wird als *Zuwachssicherung* bezeichnet und ist schnell durchgeführt. Eine weitere Möglichkeit besteht darin, nur die geänderten Dateien zu speichern. Diese Art der Sicherung wird als *Differenzial-Backup* bezeichnet. Geänderte Dateien können am *Archiv-Bit* erkannt werden.

Backup-Programm

In Windows ruft man das Backup-Programm im Unterordner `Systemprogramme` im Ordner `Zubehör` auf.

Übung 1:

Erstellen Sie eine Sicherungskopie von Dateien des Ordners `Geschäft` auf einer CD-RW im Laufwerk H.

Lösung: **Führen Sie das Backup-Programm aus.**

Im Auswahlfenster wählt man die zu sichernden Dateien aus. Dazu klickt man auf das leere Rechteck □ links neben der jeweiligen Datei. Markierte Dateien sind mit ☑ gekennzeichnet **(Bild 3)**.

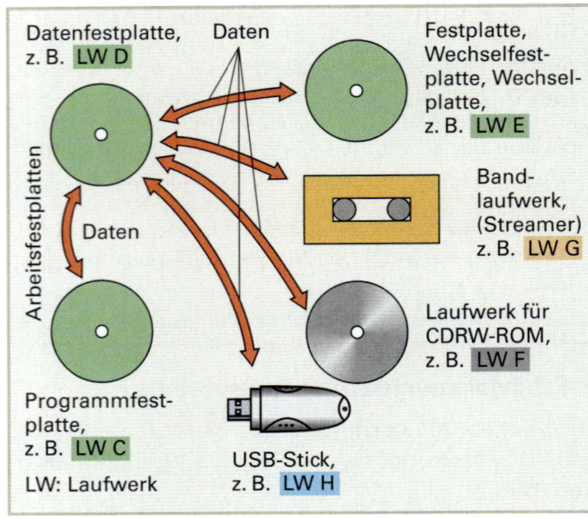

Bild 1: Prinzip und Medien der Datensicherung

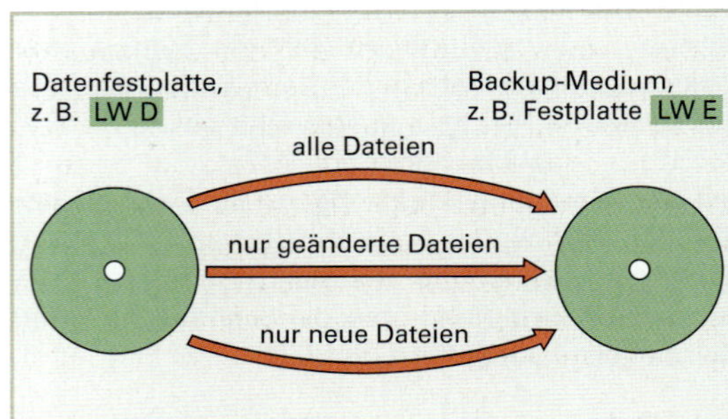

Bild 2: Arten der Datensicherung

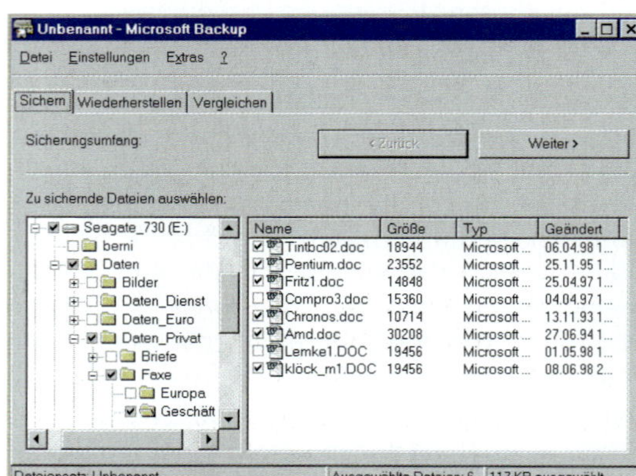

Bild 3: Backup-Fenster mit markierten Dateien

Nach dem Anklicken von `Backup starten` erscheint ein Fenster, in dem als Ziel für die Sicherungsdateien z.B. das Laufwerk E angegeben wird. Nach Anklicken von `Weiter` gibt man den Namen des Backup-Ordners, z.B. `Geschäft 1`, ein und bestätigt mit `OK`.

3.5.2 Maßnahmen zur Datensicherung

Systeminterne Maßnahmen

Daten in Computern und Netzen können verloren gehen, z.B. durch

- eine nicht einwandfrei funktionierende Spannungsversorgung,
- Umwelteinflüsse, z.B. magnetische Felder oder zu hohe Temperaturen,
- Defekte in der Computeranlage,
- Fehlbedienungen oder durch
- virenbefallene Programme.

Die Spannungsversorgung kann sichergestellt werden, indem eine USV-Anlage (Unterbrechungsfreie Stromversorgung) verwendet wird. Dieser Notbetrieb muss mindestens so lange aufrechterhalten werden, bis alle das aktuelle Computerabbild beschreibenden Daten auf einem nicht flüchtigen Datenspeicher gespeichert sind.

Zum Vermeiden von Datenverlusten aufgrund von Umwelteinflüssen müssen Computer in geeigneten Räumen aufgestellt werden. Oft sind Klimaanlagen erforderlich. Auf ausreichende Abschirmung der Leitungen ist zu achten.

Zum Vorbeugen von Datenverlusten infolge von Defekten in einem Computer muss dieser mit einer Diagnosesoftware ausgestattet sein **(Bild 1)**.

- Bei einem Neustart des Computers werden z.B. über alle Speicherbereiche hinweg die Quersummen der Datenworte berechnet und aufaddiert. Die Endsumme wird mit der beim letzten Ausschalten des Computers ermittelten Endsumme verglichen.
- Die beschreibbaren Speicher (RAM) werden zyklisch mit bestimmten Daten beschrieben und durch anschließendes Lesen geprüft (walking pattern method = wandernde Mustermethode).
- Die Schnittstellen zu den Peripheriegeräten werden zyklisch mit Testdaten versorgt, die bei den Peripheriegeräten bekannte Echodaten hervorrufen.
- Der interne Computerbus wird mittels Sendedaten und zugehörigen Empfangsdaten der Busteilnehmer geprüft.
- Mittels einer Sensorschaltung wird die Temperatur des Computers ständig überprüft.
- Die für Batteriepufferung verwendeten Batterien werden zyklisch mit Belastungswiderständen auf den Ladungszustand geprüft.

Datensicherungen sind notwendig, um

- die Betriebssicherheit eines Unternehmens zu gewährleisten,
- Computerabstürze und Netzwerksausfälle zu minimieren und um
- bei Computerabstürzen zur Begrenzung des Schadens rasch reagieren zu können.

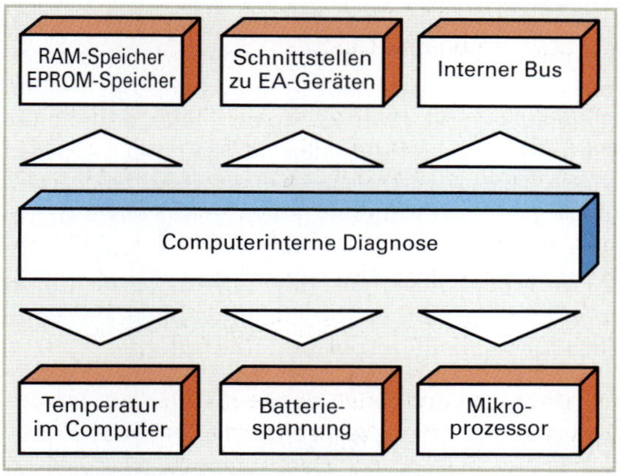

Bild 1: Online-Diagnose eines Computers

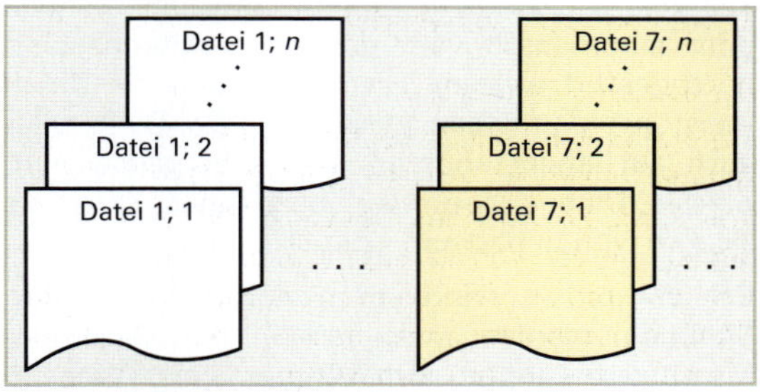

Bild 2: Dateien mit mehreren Versionen

- Die Mikroprozessoren oder Mikrocontroller eines Computers werden zusätzlich mittels Programmlaufzeitüberwachungen (Watchdog-Programme), angewendet auf Testprogramme, zyklisch geprüft.

Mittels online ablaufender Diagnoseprogramme können manche Defekte einer Computeranlage frühzeitig erkannt werden.

Schutz gegen zu großen Datenverlust infolge von Fehlbedienung erzielt man durch mehrfache Speicherung von Dateien in einem Computer **(Bild 2)**. Beim Abspeichern einer gerade veränderten Datei wird nicht die ursprüngliche Datei überschrieben, sondern es wird eine neue Datei mit gleichem Namen angelegt, jedoch mit anderer Versionsnummer.

Weitere Schutzmöglichkeiten gegen Datenverlust sind z.B., alle 10 min die gerade in Bearbeitung befindliche Datei auf der Festplatte zu sichern oder vor dem Überschreiben einer Datei eine Sicherheitsabfrage an den Bediener abzusetzen **(Bild 1).**

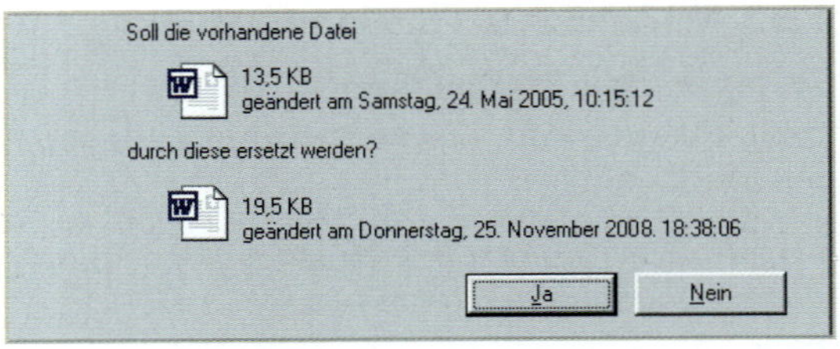

Bild 1: Sicherheitsabfrage vor dem Überschreiben

Der Einsatz von RAID-Systemen (von Redundant Array of Independent Disk = redundante Anordnung von unabhängigen Platten, statt Independent auch Inexpensive = billig) im Bereich der Festplatten von Computern erhöht die Datenverfügbarkeit wesentlich. Beim häufig angewendeten RAID-Level-5 sind die Nutzdaten und die Paritätsdaten blockbereichsweise auf mindestens 4 Platten (Drives) verteilt **(Bild 2).** Keine Platte enthält die Paritätsinformationen der Blöcke der eigenen Platte. Dadurch ist sichergestellt, dass bei Ausfall eines Laufwerks dessen Informationen rekonstruierbar sind. Die Datenredundanz beträgt etwa 20%. Mehr Sicherheit bietet RAID-Level-1. Hier werden die Daten auf doppelten Laufwerken zweifach (gespiegelt) gespeichert (Mirroring).

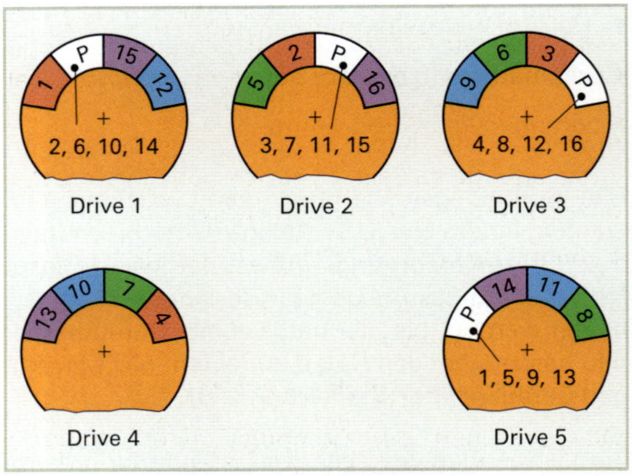

Bild 2: Verteilung der Daten bei RAID-Level-5

Durchführung von Backups

Zur Vermeidung größerer finanzieller Schäden infolge verloren gegangener Daten müssen von Zeit zu Zeit Datensicherungen entweder manuell oder automatisch vom gesamten Datenbestand durchgeführt werden. Hierbei werden die Daten meist auf Magnetbandkassetten, CDs, DVDs oder auch auf einem anderen Computer gespeichert. Solche Datensicherungen bezeichnet man als *Backup* (von to back up = zurücklegen).

Bei der oft verwendeten Großvater-Vater-Sohn-Methode werden von Januar bis Dezember Monatssicherungen, von Woche 1 bis Woche 5 eines Monats Wochensicherungen und von Montag bis Freitag Tagessicherungen durchgeführt. Beim Zuwachsbackup werden nur geänderte oder neu hinzugekommene Dateien gesichert.

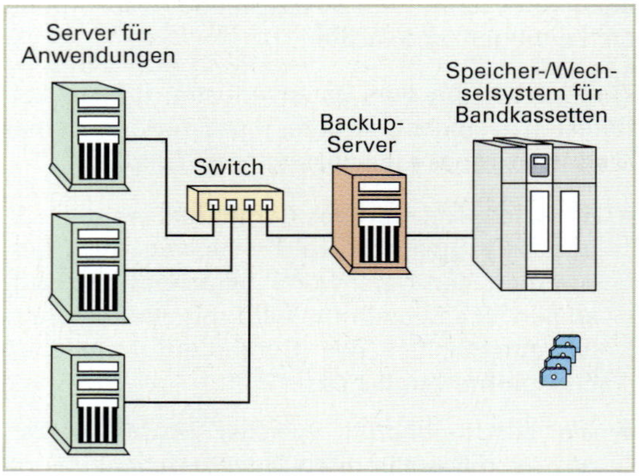

Bild 3: Automatische Datensicherung mit Speicher-/Wechselsystem für Bandkassetten

Zur automatischen Sicherung des vollständigen Datenbestandes einer Firma werden teilweise Speichersysteme mit internen Roboterarmen eingesetzt **(Bild 3).** Von allen dezentralen Servern werden nachts die Daten zu einem zentralen Backup-Server übertragen. An diesem ist z.B. ein Magnetband-Kassettenspeichersystem angeschlossen, in welchem Roboterarme Kassetten aus einem Kassettenlager einlegen und nach Beschreibung wieder in das Kassettenlager zurücklegen.

Für die Magnetbandkassetten ist sicherzustellen, dass ihre Aufbewahrung feuersicher, magnetfeldgeschützt und diebstahlsicher erfolgt.

Werden die Daten auf einem anderen Computer, einem Backup-Computer, gespeichert, dann kann diese Kombination verschieden aufwändig aufgebaut sein.

> Wichtige Daten eines Computers können durch Einsatz eines Backup-Computers rasch und aktuell gesichert werden.

Zum Schutz vor Überschreiben von Disketten und Magnetbandkassetten, auf denen gesicherte Daten gespeichert sind, können auf den Gehäusen der Speichermedien Klebestreifen angebracht oder kleine Schieber betätigt werden.

3.5.3 Maßnahmen gegen unbefugte Nutzung von Daten

Bei IT-Systemen ist es erforderlich, Daten gegen fremden Zugriff, insbesondere auch gegen Sabotage, und Programme gegen unzulässige Nutzung zu schützen.

Passwörter

Die verbreitetste Methode zum Schutz vor unerlaubtem Zugriff auf einen Computer ist die Verwendung von Passwörtern. Jeder Benutzer einer Computeranlage besitzt ein eigenes Passwort, welches er zu Beginn seiner Sitzung dem Computer mitteilen muss. Kennt der Computer dieses Passwort, erlaubt er dem Benutzer den Zugang. Aus Sicherheitsgründen müssen Passwörter

- oft mindestens 10 Zeichen lang sein,
- verschiedene, nicht aufeinander folgende Zeichen enthalten und
- in Einzelfällen täglich geändert werden.

Oft verweigert der Computer einem Benutzer sogar den Zugang, wenn drei aufeinander folgende Passworteingaben fehlerhaft waren.

Passwörter sind oft an Benutzerrollen gebunden. Dies bedeutet, dass ein Benutzer aufgrund seines Passwortes nur mit ausgewählten Anwendungen (Programmen) arbeiten darf.

Dateigebundene Zugriffsrechte

Es ist möglich, auf Dateien gezielte Zugriffe für Lesen (read), Schreiben (write), Ausführen (execute) und/oder Löschen (delete) zu erlauben **(Bild 1)**. Neben diesen Zugriffsarten kann meist auch noch der zugriffsberechtigte Personenkreis ausgewählt werden. Es wird hierbei zwischen

- dem Eigner der Datei,
- einem Gruppenmitglied des Eigners,
- den übrigen Benutzern des Computers und/oder
- dem Systemadministrator des Computers

unterschieden.

> Dateien lassen sich hinsichtlich verschiedener Zugriffsarten schützen.

Schlüsselschalter

Vom Einbau eines Schlüsselschalters in einen Computer wird sehr häufig bei numerischen Steuerungen (NC) und bei speicherprogrammierbaren Steuerungen (SPS) Gebrauch gemacht **(Bild 2)**.

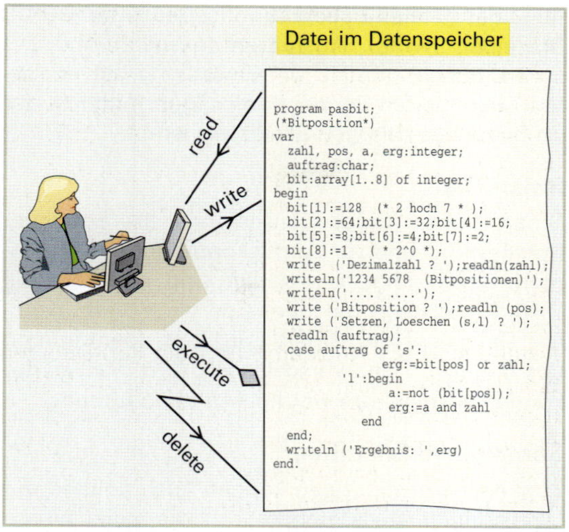

Bild 1: Zugriffsarten auf eine Datei

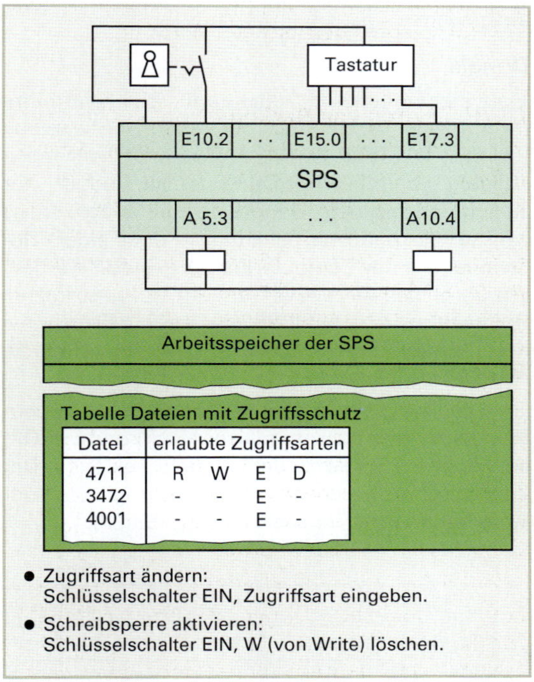

Bild 2: Zugriffsschutz auf Dateien mittels Schlüsselschalter

Es ist somit möglich, dass der Maschinenbediener nur ausgewählte Dateien ändern darf, der Meister aber z.B. alle Dateien der Steuerung. Die nur mit einem Schlüssel einzustellenden Schalterstellungen können über ein SPS-Eingangssignal erkannt werden. Ebenso sind die Betätigungen der Tasten der Bedienfeldtastatur über SPS-Eingangssignale auswertbar. Der Zugriffsschutz auf Dateien kann nun so realisiert sein, dass im Arbeitsspeicher der SPS eine Tabelle hinterlegt ist, welche die Zuordnung der Dateien zu den Zugriffsarten Lesen (read), Schreiben (write), Ausführen (execute) und Löschen (delete) enthält. Die Einstellung der erlaubten Zugriffsarten ist nur demjenigen möglich, der im Besitz des richtigen Schlüssels ist.

Smart Card

Smart Cards (Chipkarten) dienen als Software-Kopierschutz und zur Zutrittskontrolle von IT-Systemen. Notwendige Lesegeräte sind z.B. über die USB-Schnittstelle mit dem Computer verbunden. Die Daten auf der Smart Card zum Identifizieren des Benutzers sind verschlüsselt. Auch Passwörter können ausgewertet werden (Authentifizierung).

Sonstige Maßnahmen

Zugangsberechtigungen können auch anhand der Überprüfung eines Fingerabdruckes, einer Unterschrift oder einer Sprachprobe erteilt werden. Hierzu werden entsprechende Bitmuster erzeugt und ausgewertet.

Dongle

Viele Lieferanten von Software für PCs liefern ihre Produkte in Verbindung mit einer Hardwarebox (Dongle) aus **(Bild 1)**. Die Software ist zwar meist beliebig kopierbar, lauffähig ist sie jedoch nur zusammen mit dem Dongle. Dieser Dongle muss z.B. auf die parallele Schnittstelle oder eine USB-Schnittstelle der Computeranlage gesteckt werden. Während des Arbeitens mit der so geschützten Software wartet diese zeitweise auf ein Echosignal des Dongles. Erst bei dessen Eintreffen setzt sie ihren Ablauf weiter fort.

Die Schaltung eines Dongles kann z.B. aus einem Mikrocontroller mit integriertem RAM und EPROM sowie einem Schnittstellenbaustein bestehen. Der Zugriffsschutz beruht auf einer im Dongle als Software hinterlegten Verschlüsselung **(Bild 3)**.

Bild 1: Dongle (Hardwarebox)

Schlüsselbit	Schutzbyte	Bitposition
1	2	7
4	1	4
5	1	5
8	8	3
11	1	0
12	2	4
21	8	0

Bild 2: In einer Hardwarebox abgespeicherte Verschlüsselungstabelle

Die zu schützende Software schickt z. B. acht Bytes an den Dongle, die dieser entsprechend seiner Verschlüsselungstabelle im EPROM überprüft **(Bild 2)**. Wegen der bei acht Bytes möglichen $2^{8 \cdot 8} = 2^{64}$ Verschlüsselungsvarianten ist dieser Zugriffsschutz relativ sicher.

Beim Softwareschutz mittels Dongle findet zwischen Computer und Dongle eine Datenkommunikation statt.

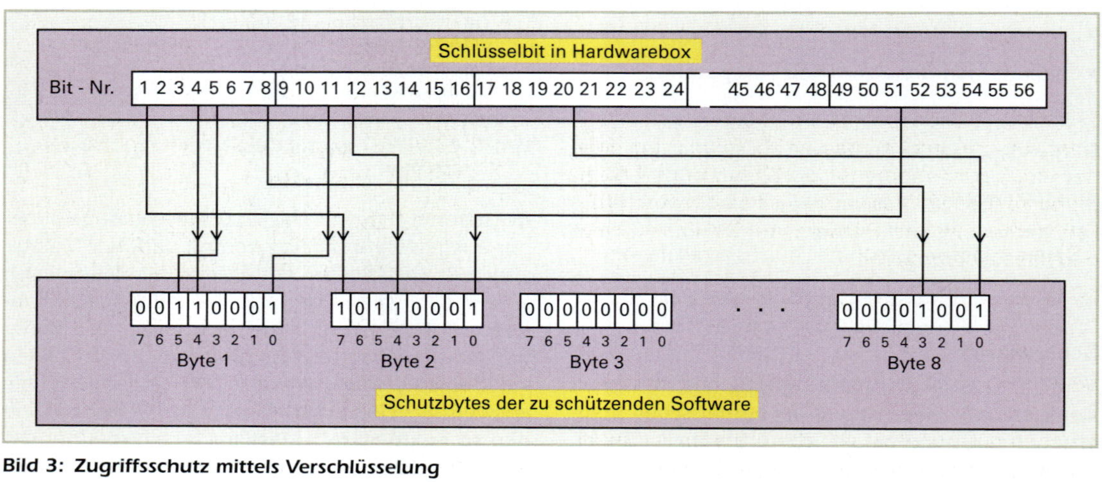

Bild 3: Zugriffsschutz mittels Verschlüsselung

4 Kundenbeziehungen

4.1 Kommunikation

4.1.1 Grundwissen zur Kommunikation

Es ist unmöglich, nicht zu kommunizieren. Selbst eine Person, die kein Wort sagt, kommuniziert z.B. durch ihr Verhalten, ihre Körpersprache, ihr Benehmen, den Zustand ihres Werkzeuges und durch ihre Kleidung. Dadurch wird eine beabsichtigte oder unbeabsichtigte Wirkung in ihrer Umgebung erzeugt **(Bild 1)**.

Ziel der Kommunikation ist es, eine gewünschte Wirkung beim Empfänger zu bewirken.

Bild 1: Wirkung der Kommunikationswege

Kommunikationsmodelle

Informationsinhalte gehen bei der Übertragung vom Sender zum Empfänger teilweise verloren oder werden beim Empfänger nicht so verstanden und interpretiert, wie es der Sender beabsichtigt.

Informationsverluste treten z.B. auf, wenn das Ausdrucksvermögen oder der Informationsstand von Sender und Empfänger nicht übereinstimmen **(Bild 2)**.

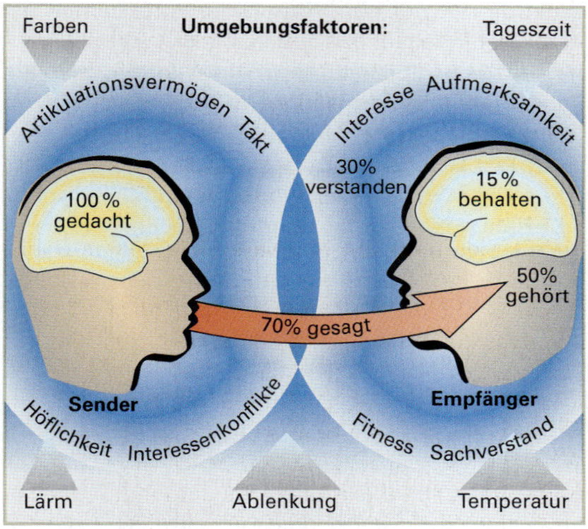

Bild 2: Informationsverluste Sender – Empfänger

Für einen erfolgreichen Informationsaustausch muss sich der Sender auf das Vorwissen und das Vokabular des Empfängers einstellen.

Verständnisprobleme und Fehlinterpretationen können auftreten, wenn z.B. aus Höflichkeit oder Taktik falsche Worte gewählt werden oder die Körpersprache unbewusst andere Signale sendet, als die Worte beinhalten (Bild 1).

Erfolgreiche Kommunikation setzt voraus, dass alle Kommunikationskanäle eindeutige Informationen senden.

Die Interpretation von Informationen hängt auch stark vom Empfänger, dessen Verhältnis zum Sender und seiner momentanen Situation und Stimmung ab **(Bild 3)**. Dies verdeutlichen die Kommunikationsmodelle von Friedemann Schulz von Thun und das Eisbergmodell.

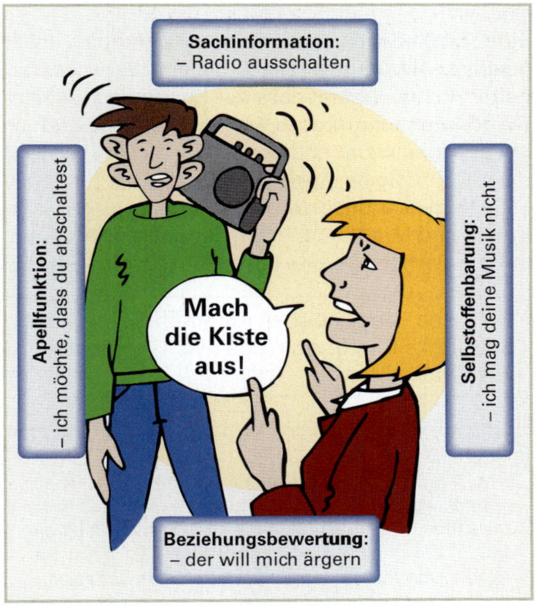

Bild 3: Vier-Seiten-Modell der Kommunikation

In seinem Kommunikationsmodell „Vier-Seiten-Modell der Kommunikation" verdeutlicht Schulz von Thun, dass jede Kommunikation in vierfacher Bedeutung an den Empfänger gesendet wird:

- als Sachinformation,
- als Selbstoffenbarung des Senders. Damit drückt er aus, wie er über die Sache denkt,

- als emotionale Beziehungsbewertung des Empfängers durch den Sender. Damit drückt der Sender aus, wie er über seine Beziehung zum Empfänger denkt, und
- als Appell. Mit dem Appell möchte der Sender eine Verhaltensänderung des Empfängers bewirken.

Im „Vier-Ohren-Modell" des Empfängers werden analog zu den Sendekanälen die Bedeutung der Empfangsfilter und Empfangsverstärker, symbolisiert durch vier Ohren, analysiert (Bild 3, vorhergehende Seite).

Das Eisbergmodell gewichtet die Bedeutung der Kommunikationskanäle **(Bild 1)**. Es zeigt, dass die Wirkung der Kommunikation nur zum kleinen Teil durch die Inhaltsebene geschieht. Der überwiegende Teil der Informationswirkung wird durch die subjektive Beziehungsebene in einer Kommunikation verursacht.

Für die Wirkung der Kommunikation ist die Beziehungsebene wichtiger als die Sachebene.

Informationsverlust und Fehlinterpretation entstehen z.B., wenn wegen Beziehungsproblemen der Verständigungswille fehlt oder ungünstige Umgebungseinflüsse eine gute Kommunikation verhindern.

Bei der Kommunikation ist nicht das entscheidend, was der Sender sendet, sondern das, was es beim Empfänger bewirkt.

Eine gute Grundeinstellung zum Aufbau einer positiven Beziehung ist z.B. für den Servicemitarbeiter: Ich akzeptiere, dass der Kunde nach seinem Standpunkt eine eigene Meinung vertritt und ich bin dankbar, wenn er diese so klar äußert, dass ich daraus erfolgswirksame Handlungen ableiten kann. In dieser positiven Beziehung ist es dann für Kunde und Mitarbeiter einfacher und angenehmer, auf der Sachebene eine Problemlösung zu finden.

Für eine erfolgreiche Kommunikation sind Sachlichkeit und eine positive Grundhaltung notwendig.

Beispiel 1:

Eine Kundin sagt zum Servicemitarbeiter: „Ich habe gestern wieder fünfmal erfolglos versucht, bei Ihnen anzurufen." Der Sachinhalt dieser Information ist eindeutig. Welche Wirkung kann dieser Satz beim Servicemitarbeiter auf der Beziehungsebene haben?

Lösung: **Bild 2**

Kommunikation ist die Verständigung von Mensch zu Mensch.

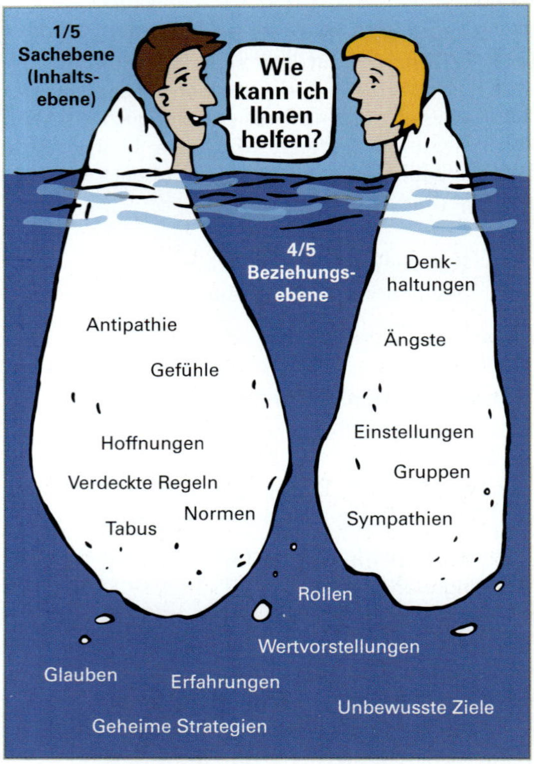

Bild 1: Eisbergmodell der Kommunikation

Sachinformation:	„Ich habe gestern wieder fünfmal erfolglos versucht, bei Ihnen anzurufen."
Selbstoffenbarung:	„Ich bin über die Erreichbarkeit von Ihnen und der Servicestelle enttäuscht."
Appellfunktion:	„Sorgen Sie dafür, dass ich Sie in Zukunft besser erreiche."
Beziehungsbewertung:	„Sie sind noch nicht einmal in der Lage, für eine ordentliche Erreichbarkeit zu sorgen."

Bild 2: Beziehungsebenen Kunde – Mitarbeiter

Welche Gesamtwirkung der Satz endgültig hat, hängt stark davon ab, welches „Ohr" beim Servicemitarbeiter gut hört und wie seine persönliche Bewertung und Einstellung ist.

Kommunikation kann auch ärgerlich oder sogar geschäftsschädigend sein. Wenn ein Stammkunde z.B. bei Anfragen und Bestellungen öfter seine gesamten Daten wiederholen muss. Wenn ein Kunde nach langer Wartezeit am Telefon ständig weiterverbunden wird und immer wieder erneut sein Problem schildern soll, so wird irgendwann aus einem gutgelaunten potenziellen Käufer mit Recht ein Kritiker. Dabei sind solche erfolgskritischen Kundenerwartungen durchaus beherrschbar **(Bild 1).**

Unterstützt durch CRM-Lösungen (von Customer Relationship Management = Kundenbeziehungsmanagement) kann eine kundenorientierte Organisation den Kunden in allen Kundenbeziehungsphasen, d.h. vom Gewinnen eines neuen Kunden bis zur Gestaltung eines kundenspezifischen Angebotes, positiv überraschen **(Bild 2).**

Dazu wird das Telefon z.B. per CTI-Schnittstelle (von Computer Telephony Integration) mit der Kundendatenbank verbunden und der angerufene Mitarbeiter erhält alle wichtigen Kundendaten angezeigt, noch bevor er den Hörer abnimmt **(Bild 3).** Wie angenehm wird der Kunde überrascht sein, wenn sich der Mitarbeiter nach der Zufriedenheit mit dem letzten Kauf erkundigt und keine langwierigen Erläuterungen über seine Anlage und seine Bedürfnisstruktur notwendig sind?

- CRM von Customer Relationship Management = Kundenbeziehungsmanagement.
- CTI von Computer Telephony Integration = Zusammenwirken von Computer- und Telefonfunktionen.

Für eine gute Kommunikationsbeziehung müssen die Kommunikationsschnittstellen optimiert werden.

Wiederholung und Vertiefung

1. **Welche Faktoren muss der Sender einer Information berücksichtigen, damit möglichst viel Information beim Empfänger verstanden wird?**
2. **Welche Umgebungsfaktoren beeinflussen den Informationsverlust zwischen Sender und Empfänger?**
3. **Erläutern Sie das Vier-Seiten-Modell der Kommunikation.**
4. **Welche Grundbedingungen sollten für eine erfolgreiche Kommunikation erfüllt sein?**
5. **Beschreiben Sie die Bestandteile eines guten Kundenbeziehungsmanagements.**

Bild 1: Erfolgskritische Kundenerwartungen

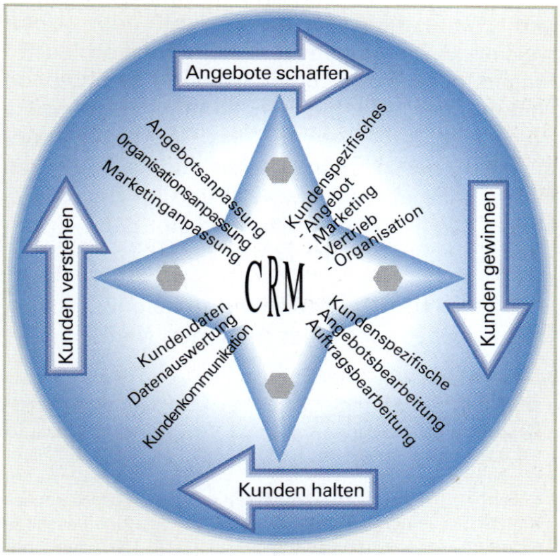

Bild 2: Customer-Relationship-Management CRM

Bild 3: Customer-Relationship-Management

4.1.2 Erfolgreiche Gesprächsführung

Für die Praxis lassen sich aus den Kommunikationsmodellen wichtige Grundregeln für eine Erfolg versprechende Gesprächsführung ableiten.

Für die Beziehungsebene ist es wesentlich, positive Worte zu wählen **(Bild 1)**. Z.B. erzeugt das Wort „müssen" den Eindruck, dass Befehle erteilt werden. In solchen Fällen ist es günstiger, mit Formulierungen wie „Es ist wichtig, darauf zu achten, dass ..." oder „An dieser Stelle wird häufig der Fehler gemacht, ..." das Gleiche zu sagen und die Befehlsform zu vermeiden.

Ebenso sollte man durch die richtige Köpersprache (z.B. Mimik, Gestik, Körperhaltung) die Wirkung der Worte unterstützen und damit ihre Glaubwürdigkeit und Bedeutung zu erhöhen.

Für das Gesprächsklima ist es auch förderlich, dem Gesprächspartner durch gezielte Fragen zu zeigen, dass man an seiner Meinung interessiert ist. Das wertet ihn auf. Günstig sind dazu z.B. offene W-Fragen. „Wann zeigt sich der Fehler?" oder „Unter welchen Bedingungen ist der Empfang schlecht?" Fragen, die mit „Ja" oder „Nein" zu beantworten sind, bringen wenig Information und zeigen keine Wertschätzung. Es wertet den Gesprächspartner auch auf, wenn man die von ihm verwendeten Fachbegriffe ebenfalls benutzt und im Gesprächsverlauf positive Zuhörquittungen gibt, z.B. „Ich verstehe ..." oder „Das ist natürlich ärgerlich ...".

Um die persönliche Beziehung zu betonen, sollten Gesprächspartner immer mit ihrem Namen angesprochen werden. Der Kunde sollte auch den Eindruck haben, dass man sich einfühlend mit seinen Gefühlen beschäftigt und diese auch akzeptiert.

Durch eine positive und ehrliche Beziehung treten viele Kommunikationsprobleme erst gar nicht auf oder lassen sich schnell wieder aus der Welt schaffen.

Es ist auch nicht Erfolg versprechend, sich immer nur formal zu zeigen. Man sollte auch mal improvisieren und andere Argumente und Bedingungen akzeptieren, um die Beziehungsebene mit dem Kunden positiv zu stärken.

Die wichtigsten Grundregeln für die Sachinformation sind in **Bild 2** zusammengefasst.

- Kurze Sätze in der „Sprache des Kunden" formulieren.
- Notwendige Fremdwörter erläutern.
- Umfangreiche Informationen logisch gliedern und sauber strukturieren.
- Bei mehreren Problemen ein Problem nach dem anderen abarbeiten.
- Zusätzliche Stimulanz und Sachinformation, z.B. durch Bilder und Grafiken, schaffen.

Bild 2: Grundregeln für die erfolgreiche Weitergabe von Sachinformationen

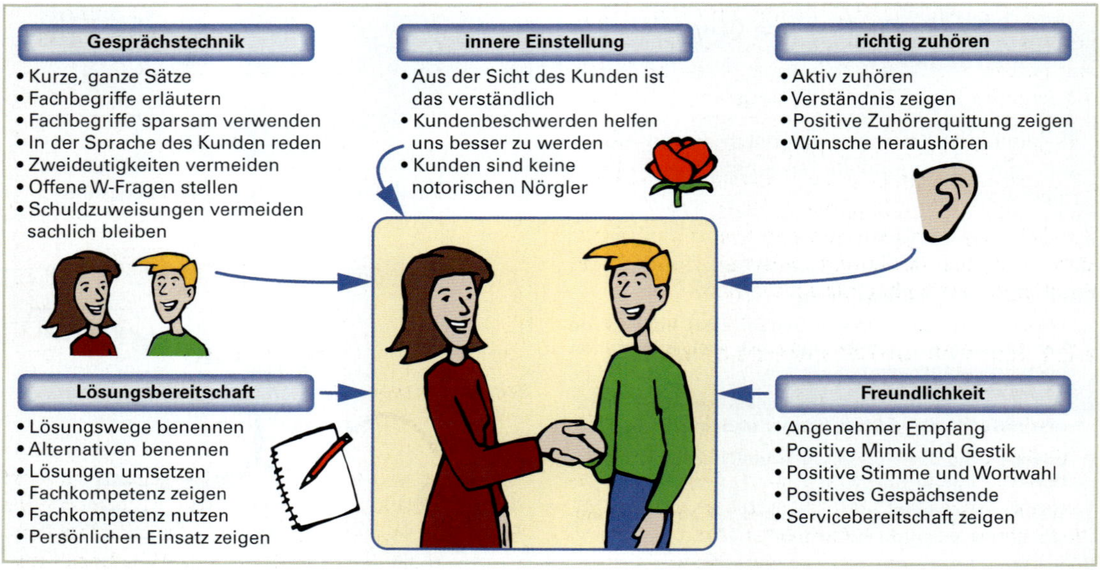

Bild 1: Grundlagen erfolgreicher Gesprächsführung

Besonders gefährlich sind Killerphrasen. Killerphrasen beenden Diskussionen und Gespräche und verhindern Problemlösungen. Sie sind damit für beide Gesprächspartner nur nachteilig **(Tabelle 1)**.

Killerphrasen müssen vermieden werden, weil sie Problemlösungen verhindern.

4.2 Schriftverkehr

Schriftverkehr per Papier, E-Mail, SMS und Internet zählt zur „kalten" Kommunikation. Von „kalter" Kommunikation spricht man, wenn wesentliche menschliche Kommunikationsträger, wie z.B. Mimik, Gestik, und Tonfall, fehlen. Bei der kalten Kommunikation können durch schlechte Formulierungen oder missverständliche Darstellungen und Erläuterungen schneller ungewollte Konflikte entstehen, weil die Beziehungsebene fehlt. Häufig kann darauf dann nicht rechtzeitig reagiert werden. Eigentlich unbedeutende Kleinigkeiten eskalieren so zu geschäftsschädigenden Missverständnissen.

Bei der „kalten" Kommunikation sind die Qualitätsanforderungen an die Sachinformation besonders hoch.

Neben der besonders sorgfältigen Formulierung sollten die Kunden deshalb auch motiviert und in die Lage versetzt werden, sich bei Problemen und Missverständnissen sofort zu melden. In Geschäftsbriefen geschieht dies durch entsprechende Formulierungen und die Angabe von Durchwahlnummern zum zuständigen Sachbearbeiter, bei Internetseiten z.B. durch Call-back-Buttons (Rückruf-Schaltflächen). Durch leistungsfähige IT-Systeme und geschickten Aufbau der Seiten kann ein gewisses Maß an Ersatz für die Beziehungsebene geschaffen werden. Durch interaktive Kommunikations- und Eingriffsmöglichkeiten, Musik- und Sprachübertragung können das Kommunikationsklima und die Beziehung zwischen Sender und Empfänger positiv beeinflusst werden.

4.2.1 Normen und Standards beim Schriftverkehr

Die Anwendung von Normen und Standards ist nicht zwingend. Erfahrungen aus der Praxis zeigen jedoch, dass es stets von Vorteil ist, wenn man vorhandene Normen und Standards berücksichtigt. Die folgenden Darstellungen orientieren sich am in der Praxis sehr häufig verwendeten Geschäftsbrief der Größe A4.

Tabelle 1: Killerphrasen im Kundengespräch

Beispiel	„Gefährliche" Formulierung	Alternative
Vorwürfe machen	Sie haben den Empfänger sicher falsch programmiert.	Bei den vielen Funktionen kommt es öfter zu Fehlprogrammierungen.
Verhören	Warum haben Sie die Abdeckung mit Gewalt geöffnet?	An den Schrauben ist der Siegellack beschädigt, offensichtlich wurde am Gerät bereits repariert.
Moralisieren	Es ist Ihre Pflicht, nur ausdrücklich zugelassene Zellen in das Gerät einzusetzen.	Leider sind nicht alle im Handel erhältlichen Zellen auslaufsicher und vielfach wird auf diese Gefahr nicht hingewiesen.
Gesprächspartner negativ bewerten	Sie verstehen die Bedienungsanleitung nicht!	Bei den vielen Funktionen heutiger Geräte kann es schon mal vorkommen, dass man den falschen Knopf erwischt.
Drohen	Wenn Sie sich nicht beruhigen, brauchen wir gar nicht weiterzureden.	Ich verstehe, dass Sie das ärgert. Gemeinsam finden wir bestimmt eine Lösung.
Endgültige Bemerkungen machen	Das geht nicht schneller.	Ich verstehe natürlich, dass Sie das Gerät morgen wiederhaben wollen. Wir können aber die Reparaturkosten nur halten, wenn wir im Interesse aller Kunden die Ersatzteillagerkosten gering halten.

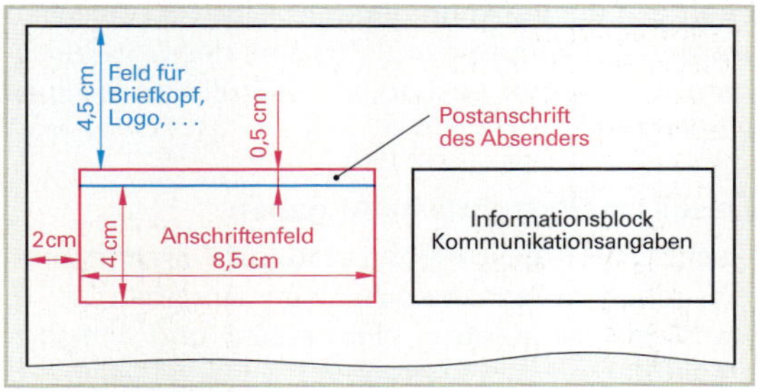

Bild 1: Briefkopf

Briefkopf

Der Briefkopf beinhaltet üblicherweise zumindest das Logo und den Namen des Unternehmens **(Bild 1)**. Es können auch zusätzliche Informationen, wie z.B. die Kernkompetenzen und Werbeslogans, enthalten sein.

Postanschrift des Absenders

Sie befindet sich über dem durchgezogenen Strich des Anschriftenfeldes und beinhaltet nur Angaben für den Postversand.

Anschriftenfeld

Für das Anschriftenfeld stehen neun Zeilen zur Verfügung. Beispiele für die Verwendung dieser Zeilen zeigt **Bild 1.**

Privatanschrift mit Titel	
1	
2	
3	
1	Herrn Professor
2	Dr. Ing. Rainer Metzger
3	Tiefenbachstr. 19
4	70323 Stuttgart
5	
6	

Geschäftsanschrift mit Zustellvermerk	
1	
2	
3	Warensendung
1	Schneider & Lehner GmbH
2	z. Hd. Frau Weimers
3	Canstatter Str. 423
4	70366 Stuttgart
5	
6	

Geschäftsanschrift mit Zustellvermerk	
1	
2	
3	Einschreiben – Rückschein
1	Firma
2	Betina Herzog
3	Boskopweg 6
4	70192 Stuttgart
5	
6	

Bild 1: Beispiele für Adressierungen

Kommunikationsangaben

Die Kommunikationsangaben geben Auskunft über Merkmale vorangegangener Schriftwechsel, beteiligte Kommunikationspartner und Kommunikationstechnik.

Betreff

Der Betreff soll bei Geschäftsbriefen den Inhalt des Schreibens stichwortartig wiedergeben, damit er schnell an die richtige Person zur Bearbeitung weitergeleitet werden kann.

Bei Werbebriefen sollte der Betreff Aufmerksamkeit und Interesse wecken.

Briefinhalt

Gute Briefe zeichnen sich durch eine deutliche und treffende Ausdrucksweise und klare Gliederung aus. Texthervorhebungen erfolgen durch g e s p e r r t e n Text, *kursiven Text*, GROSSBUCHSTABEN, **Fettdruck** oder Unterstreichungen. Zusätzliche Schriftarten zur Unternehmensschriftart sollten, wenn überhaupt, nur sehr sparsam angewendet werden **(Bild 2).**

Briefgruß und die Unterschrift

Nach der Grußformel „Freundliche Grüße" werden nach einer Leerzeile die Firma, die Behörde und eventuell die Funktion genannt. Nach 3 Leerzeilen werden der Vorname und Zuname des Unterzeichners für bessere Lesbarkeit zusätzlich maschinell wiederholt.

Gesellschaftsrechtliche Angaben

Gesetzlich vorgeschrieben sind auf Geschäftsbriefen die gesellschaftsrechtlichen Angaben, z. B. Handelsregistereintrag, Firmensitz und Umsatzsteueridentifikationsnummer.

4.2.2 Wichtige Geschäftsbriefformen

Anfrage

Mit allgemeinen Anfragen wird der Kontakt zwischen möglichen zukünftigen Geschäftspartnern hergestellt. Häufig bittet man bei allgemeinen

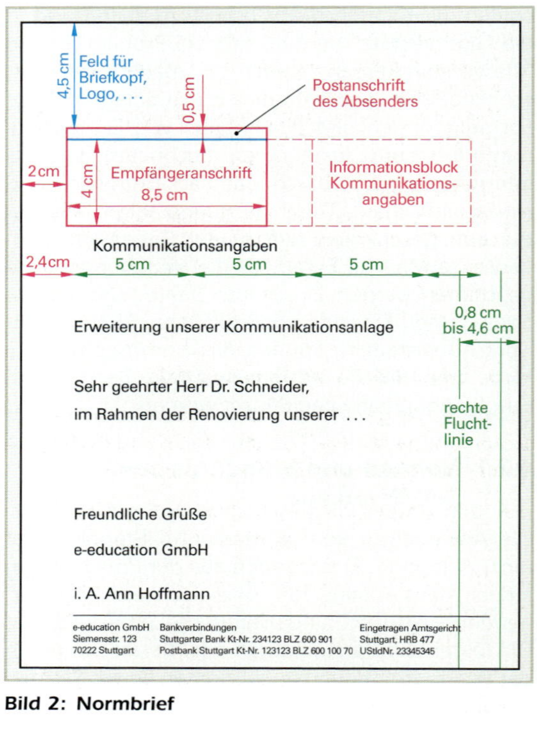

Bild 2: Normbrief

Anfragen z.B. um die Zusendung von Katalogen, Preislisten, Allgemeinen Geschäftsbedingungen (AGB), Lieferbedingungen, Referenzen oder um eine Kontaktaufnahme.

Bei speziellen Anfragen werden Informationen zu konkreten Produkten oder Leistungen erfragt und es sind oft bereits Mengenangaben und Terminangaben enthalten **(Tabelle 1)**.

Ein wichtiger rechtlicher Aspekt der Anfrage ist, dass aus Anfragen keine Pflichten und Rechte abgeleitet werden können.

Anfragen sind rechtlich unverbindlich.

Tabelle 1: Anfrage

Mindestinhalte	Formulierungsbeispiele
Grund der Anfrage	Ihre Produkte wurden von ... empfohlen. Wir haben den Testbericht über Ihr ... in der ... gelesen.
Gewünschter Artikel, gewünschte Leistung	Bitte schicken Sie uns unverbindlich ein Angebot über ... Unser Interesse gilt ...
Mengenangaben, Lieferfristen, Häufigkeit	... benötigen ... Stück je Monat ... ... benötigen in ... ... benötigen bis zum 14.05. ... ... regelmäßig ...
Qualitätsansprüche	... sind ein zertifiziertes Unternehmen ... Zu unseren Kunden zählen nur die ...
Fragen nach Preisen, Zahlungs-, Lieferbedingungen, ...	... können Sie innerhalb ... Tagen 2000 Stück auf Europaletten frei Haus liefern ...
Terminhinweise	... Vorauswahl für unsere Modellreihe ab 2008, ... innerhalb 6 Stunden ...

Angebot

Im Gegensatz zur Anfrage führen Angebote (Anträge) zu rechtlichen Pflichten und sollten entsprechend sorgfältig ausgearbeitet werden **(Tabelle 2)**.

Angebote sind rechtsverbindlich, wenn sie direkt an eine Person oder eine Firma gerichtet sind und nicht durch besondere Klauseln eingeschränkt werden.

Angebote sind rechtsverbindlich und müssen deshalb sehr sorgfältig formuliert werden.

Es ist üblich, die Gültigkeitsdauer des Angebotes einzuschränken und dies im Angebot anzugeben.

Tabelle 2: Angebot (Antrag)

Mindestinhalte	Formulierung, Zusätze
Bezug zur Anfrage	Entsprechend Ihrer Anfrage vom ... bieten wir ... an. Entsprechend ihrer bisherigen Bestellung ...
Art, Preis, Menge und Qualität der Ware	40 CD-ROM-Laufwerke Artikel-Nr. yxyxxxx zum Preis von ...
Liefertermin, Lieferbedingungen und Zahlungsbedingungen	Bis zum 22.10.20.. frei Haus ..., Einschränkungen, Vorbehalte nennen, Gerichtsstand
Freundliche Grüße und Hoffnung auf Geschäftsbeziehungen	Wir freuen uns auf Ihre Bestellung ... Gerne stehen wir für weitere Fragen zur Verfügung.

Wiederholung und Vertiefung

1. **Nennen Sie die Grundlagen einer erfolgreichen Kommunikation.**
2. **Wie kann die Beziehungsebene in einem Kundengespräch positiv beeinflusst werden?**
3. **Warum schadet man mit Killerphrasen dem Kunden und sich selbst?**
4. **Warum muss man bei der „kalten" Kommunikation besonders sorgfältig formulieren?**
5. **Wodurch unterscheidet sich ein Angebot von einer Anfrage?**

4.3 Betreuen von Kunden

In vielen Angebotsbereichen herrscht heute die Situation, dass viele Anbieter den Kunden die gleichen oder gleichwertige Geräte anbieten.

Für den unternehmerisch denkenden Mitarbeiter oder Chef stellen sich damit die wichtigen Fragen:

- „Wie kann ich potenzielle Kunden dazu bewegen, dass sie bei mir einkaufen und nicht bei den Wettbewerbern?"
- „Wie sorge ich dafür, dass Kunden zu Stammkunden werden?"

- **Über den Preis?**
  Diese Möglichkeit bietet sich hauptsächlich für Discounter und große Einkaufsgenossenschaften. Kleine Fachhändler können und sollen diesen Weg nicht wählen, da sie aufgrund ihrer Einkaufsbedingungen chancenlos sind.

- **Über das Produkt?**
  Der Markt ist in den meisten Bereichen übersättigt mit nahezu gleichwertigen Produkten. Alleinstellungen durch technische Pionierleistungen oder besondere Funktionalitäten sind oft nur von kurzer Dauer.

- **Über den Vertriebsweg (Distribution)?**
  Es gibt nur wenige Herstellerfirmen, zu deren Firmenphilosophie es gehört, ihre Produkte nur über eine ausgewählte Menge von Fachhändlern zu vertreiben. Für die große Menge der Fachhändler bleiben Produkte, die überall erhältlich sind.
- **Über die Kommunikation und den Service?**
  Kunden wollen nicht nur ein Produkt erstehen. Kunden wünschen sich Problemlösungen, d.h. ein auf sie abgestimmtes Paket aus Produkt, Funktionalität, Service und Beziehung.

Kunden erwarten auch, dass ihre Wünsche bei jedem Kontakt, vom Wecken der Bedürfnisse, über die Kundenanpassung und den Verkauf bis zum Service, individuell befriedigt werden **(Tabelle 1)**.

So zufrieden gestellte Kunden sind auch bereit, für ein Mehr an Leistung einen angemessenen Aufpreis zu zahlen.

Gute Kundenkommunikation und professioneller Service sind wichtige Wettbewerbsvorteile.

Für eine gute Kommunikation und individuelle Betreuung ist Voraussetzung, dass das „Unternehmen" viele zugängliche und anwendbare Informationen über den Kunden hat.

Hier liegen im Servicebereich viele Chancen. Nahezu alle Produkte benötigen eine Wartung. Über die Lebenszeit der Produkte gerechnet ist die Ertragschance dieser Betreuung oft höher als aus dem Verkauf des Produktes. Bei der Serviceleistung sind Mitarbeiter oft vor Ort beim Kunden und erhalten wichtige Informationen über den Kunden bzw. können Informationen zum Kunden bringen **(Bild 1)**.

Der Servicemitarbeiter des Anbieters A erkennt z.B. lange vor anderen Anbietern, dass beim Kunden ein Gerät ausgetauscht oder erweitert werden muss. Durch gezielte Informationen, Angebote und Kundenschulungen kann er dann frühzeitig eine kundenspezifische Problemlösung anbieten.

Servicemitarbeiter sind auch für die Auftragsgewinnung wichtig.

Wenn sie durch ihre Fach-, Sozial- und Kommunikationskompetenz die Kundenerwartungen erfüllen, schaffen sie die Voraussetzung für ein gutes Image und den zukünftigen Erfolg des eigenen Unternehmens **(Bild 1, folgende Seite)**.

Tabelle 1: Kundenerwartungen und Anbieteraufgaben

Kundenerwartungen	Anbieteraufgabe
Kaufanregung	
Kundenindividuelle Information über Neuigkeiten. Transparenz über Qualität und Preis. Zeit- und formgerechte Darbietung.	Kundeninformation empfängerspezifisch aufbereiten und bereitstellen. Bedürfnisse erkennen. Interesse schaffen.
Kaufentscheidungsunterstützung	
Konkrete und verständliche Produktinformationen. Kundenindividuelle Beratung und Kommunikation.	Informationen zu Produkt, Preis, Qualität, Konfiguration und Hersteller liefern. Entscheidungsunterstützung durch Produktpräsentation und Angebotserstellung.
Kauf	
Einfache Bestell- und Zahlungsabwicklung. Transparente und sichere Zahlungsmöglichkeiten. Einfacher Transport.	Gesicherte Zahlungsmöglichkeiten bereitstellen. Einfacher Zugang zu Statusinformationen über den Fortschritt der Bestellabwicklung.
After Sales Service	
Reibungslose Inbetriebnahme und sofortiger Betrieb. Intuitive und einfache Bedienung. Rasche Antworten und Lösungen bei Fragen und Problemen.	Gute Einführung, Beratung und Schulung. Hotline anbieten. Kompetenten, gut erreichbaren und reaktionsschnellen Service anbieten.

Bild 1: Individuelle Kundenberatung

4.4 Kunden in die Bedienung von Geräten einweisen

Grundsätzlich bieten viele moderne Geräte eine große Funktionsvielfalt und einen hohen Automatisierungsgrad. Der Kunde erreicht damit aber oft keinen Nutzenzuwachs, weil wenig technikbegeisterte Menschen mit der Bedienung nicht zurechtkommen. Der Käufer empfindet einen Kauf aber nur dann als gut, wenn die Bedienung des Geräts für ihn intuitiv erfassbar, einfach erlernbar und anwenderfreundlich ist (Bild 1).

Der Kunde muss die Grundfunktionen weitgehend intuitiv erfassen und aufgrund einer guten Bedienungsanleitung Spezialfunktionen effizient einsetzen können. Wenn das so ist, dürfen Hersteller und Verkäufer mit

- hoher Endkundenzufriedenheit,
- zunehmenden Wettbewerbsvorteilen,
- verbessertem Markenimage (Brand value = Markenwert einer Marke),
- geringerer Reklamationshäufigkeit,
- geringerer Fehlerquote und
- geringeren Beratungskosten

rechnen.

> Wer den Nutzer bereits beim Verkauf in den Mittelpunkt seiner Beratung stellt, hat später Beratungs-, Wettbewerbs- und Kostenvorteile.

Für die Ersteinweisung in ein Gerät gilt neben den allgemeinen Kommunikationsregeln das Augenmerk insbesondere dem Nutzer und der vorgesehenen Verwendung. Es ist für das weitere Verhalten des Nutzers sehr wichtig, dass die ersten Versuche mit dem neuen Gerät eine positive Erfahrung sind und er den Nutzen erkennt **(Bild 2)**.

Mit zunehmender Vertrautheit und bei konkreten Fragen können komplexere Funktionen erläutert und die Funktionsvielfalt demonstriert werden.

> Kundeneinweisungen in ein neues Gerät sollen für den Kunden eine positive Erfahrung sein.

Bild 1: Servicemitarbeiter als Bindeglied zwischen Kunden und Unternehmen

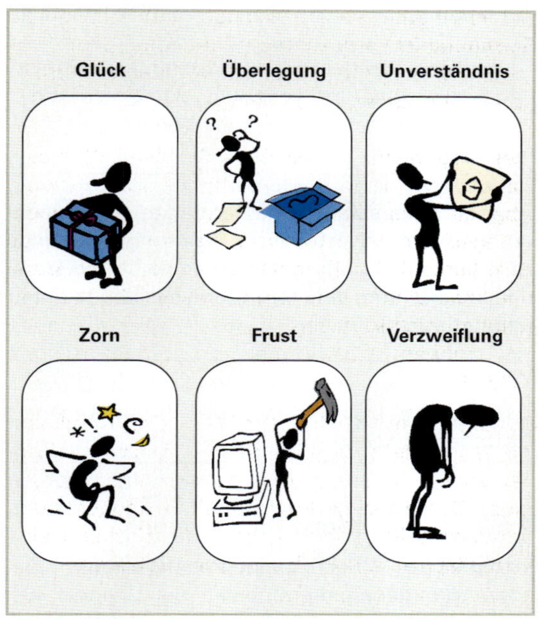

Bild 2: Folgen einer schlechten Bedienungsanleitung

Wiederholung und Vertiefung

1. **Welche Erwartungen hat der Kunde jeweils in den Phasen Kaufanregung, Kaufentscheidung, Kauf und After Sales Service an den Anbieter einer Leistung oder Ware?**
2. **Welche Vorteile bieten intuitiv bedienbare Geräte mit leicht verständlicher Bedienungsanleitung?**
3. **Warum haben Geräte mit hoher Funktionsvielfalt nicht unbedingt einen höheren Nutzen für den Kunden als Geräte mit geringerem Funktionsumfang?**
4. **Erläutern Sie an einem Gerät aus Ihrem Arbeitsumfeld, warum es bei einer Kaufberatung sehr wichtig ist, den späteren Nutzer besonders zu berücksichtigen.**

4.5 Mit Kunden umgehen

4.5.1 Kundenreklamation

Wenn zugesagte Termine nicht eingehalten werden, Bestellungen falsch ausgeführt werden, Kunden unprofessionell beraten werden oder falsche Auskünfte bekommen, beschweren sie sich manchmal.

Ist die Kundenreklamation etwas Negatives? Zuerst einmal bedeuten Reklamationen und Beschwerden Mehrarbeit. Oft führen sie zu Konflikten und persönlichem Frust, weil die eigene Arbeit oder die des Unternehmens angegriffen und in Frage gestellt wird.

Doch durch genaueres Informieren und Analysieren erkennt der Unternehmer in der Kundenkritik und im Beschwerdemanagement für sich und seine Mitarbeiter eine wertvolle Marktchance, die er nützen sollte. Es ist sinnvoll, Kunden zur Meinungabgabe aufzufordern **(Bild 1)**.

Untersuchungen zeigen, dass sich nur ca. 5% der Kunden, die aufgrund als mangelhaft empfundener Leistungen unzufrieden sind, beim Verkäufer der Ware oder Dienstleistung beschweren. 95% erzählen ihre schlechten Erfahrungen an durchschnittlich 10 Personen weiter und wechseln das Unternehmen.

Ungelöste Kundenreklamationen führen durch Kunden- und Imageverlust zu Umsatzeinbußen und schließlich zum Verlust von Arbeitsplätzen.

Angesichts gesättigter Käufermärkte und zunehmenden Wettbewerbs durch elektronische Märkte ist Kundenbindung durch erfolgreiche Reklamationsbearbeitung eine erfolgsentscheidende unternehmerische Aufgabe.

Neue Kunden zu gewinnen kostet im Durchschnitt fünf- bis zehnmal mehr, als vorhandene Kunden zu halten.

4.5.2 Reklamationsmanagement

Erfolgreiches Reklamationsmanagement (Beschwerdenmanagement) bietet die Chance, sich von den Mitwettbewerbern positiv abzuheben und damit wettbewerbsentscheidende, einmalige Verkaufsargumente (Unique Selling Positions = USP) zu besetzen.

Die wesentlichen Aufgaben eines erfolgreichen Reklamationsmanagements sind in **Bild 2** dargestellt.

Zur Überwachung der Zielerreichung setzt man z.B. ein ausgeglichenes Kennzahlensystem aus den

Reklamation = Beanstandung, Aufforderung zur Behebung eines Mangels

Bild 1: Aufforderung zur Kundenmeinungsabgabe

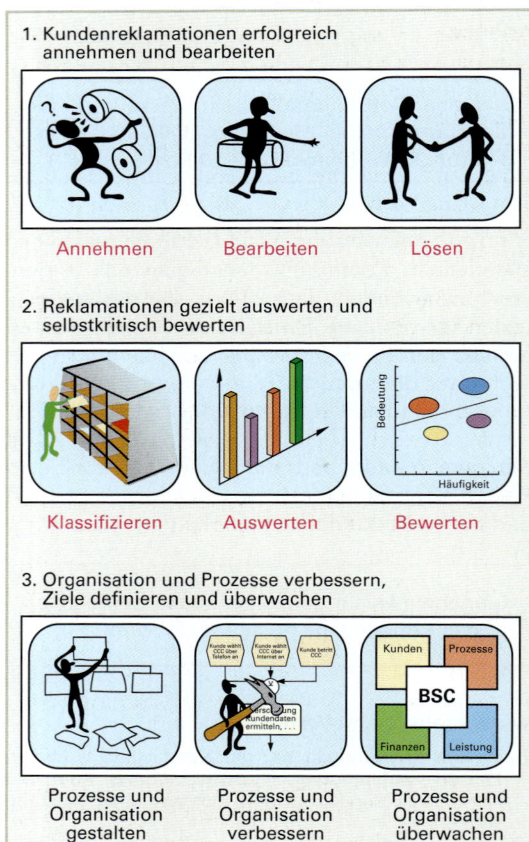

Bild 2: Reklamationsmanagement im Unternehmen

Bereichen Kundenzufriedenheit, Prozessqualität, Finanzkennzahlen und Leistungskennzahlen (BSC = Balanced Scorecard) ein.

Erfolgsschädigende Reklamationsgründe im Unternehmen müssen beseitigt werden. Geschäftsprozesse müssen so optimiert und angepasst werden, dass die Fehler auf ein betriebswirtschaftliches Optimum verringert werden.

Reklamierende Kunden sind selten notorisch böswillig oder grundsätzlich negativ gegen das Unternehmen oder einen Mitarbeiter eingestellt. Sie sind durch den Reklamationsgrund aber oft in einer Notlage oder Stresslage. Dadurch ist die Kommunikation besonders heikel. Der betroffene Mitarbeiter muss zuerst die Beziehungsebene mit dem Kunden mit viel Einfühlungsvermögen positiv gestalten und stabilisieren.

> Der erste Schritt einer erfolgreichen Kundenreklamationsbearbeitung ist die positive Beziehungsgestaltung.

Erst danach kann der Mitarbeiter in der Regel auf der Sachebene mit dem Kunden eine saubere Problemlösung erreichen **(Bild 1).**

Zur Verbesserung des Gesprächsklimas ist es oft sinnvoll, dem Kunden zuerst einen (Zeit-)Puffer zu bieten, währenddessen er seinen Ärger abladen kann. Erfährt er dann durch Worte, Gestik oder Mimik Verständnis oder Anteilnahme an seinem Anliegen, so ist meistens bereits ein wichtiger Schritt zur Problemlösung gemacht. Eventuell ist es auch sinnvoll, in dieser Phase einen Teil der „Schuld" auf sich zu nehmen.

Anschließend kann durch offene, sachliche Fragen geklärt werden, wie die Sachlage ist und welche Erwartungen der Kunde eigentlich hat. Möchte er z.B. Instandsetzung, Preisminderung oder einen Zuhörer für seine Probleme? Werden ermittelte Sachinformationen sichtbar mitnotiert, so zeigt man dem Kunden, dass man ihn ernst nimmt und man hat gleichzeitig Unterlagen für die Auswertung und z.B. für eventuelle spätere Streitigkeiten.

Im nächsten Schritt sollte eine konkrete Problemlösung vereinbart werden. Die getroffenen Zusagen müssen unbedingt eingehalten werden. Es hat keinen Sinn und würde das Problem nur verzögern oder verschärfen, etwas zu versprechen, was man sowieso nicht halten kann.

> Für erfolgreiche Kundenreklamationsbearbeitungen sind konkrete Lösungsschritte auf Sachebene zu vereinbaren und unbedingt einzuhalten.

> ℹ Kundenreklamationen helfen dem Unternehmen, Schwachstellen zu erkennen und eigene Leistungen zu verbessern.

Bild 1: Erfolgreiche Kundenreklamationsbearbeitung

Abschließend ist es sinnvoll, dem Kunden gegenüber für die Zukunft Besserung zu geloben. Für Kundenbeiträge, die das Unternehmensimage oder die Unternehmensleistungen verbessern, ist es auch angebracht, den Kunden zu belohnen.

Durch die Bewertung und Klassifizierung von Reklamationsgründen lassen sich erfolgsschädigende Verhaltensweisen, Geschäftsabläufe, Produkte und Kooperationspartner ermitteln.

In einem permanenten Verbesserungsprogramm werden die Ursachen von Reklamationen bekämpft und Qualitätssicherungen eingeführt. So können mögliche Reklamationsgründe bereits im Vorfeld erkannt und abgestellt werden.

Wiederholung und Vertiefung

1. **Welche Tätigkeiten gehören zu einem erfolgreichen Reklamationsmanagement?**
2. **Wodurch kann man das Gesprächsklima bei einem verärgerten Kunden verbessern?**

4.6 Mitwirken bei Schulungen

Schulungen und Präsentationen bei Kunden und Mitarbeitern verfolgen z.B. die Ziele,

- neue Produkte zu präsentieren,
- neue Ideen und Funktionalitäten zu präsentieren,
- den Kundenkontakt zu verbessern,
- die Kundenbindung zu stärken,
- Ergebnisse von Untersuchungen und Forschungen bekannt zu machen,
- Entscheidungen vorzubereiten und
- den Verkauf zu unterstützen.

Eine wichtige Voraussetzung für die erfolgreiche Durchführung und spätere Überprüfbarkeit ist die exakte Auswahl und Festlegung der Ziele **(Bild 1)**.

Ebenso wichtig ist die Festlegung und Analyse der Zielgruppe:

- Welche Erwartungen und Ziele haben die Zuhörer?
- Kenne ich die Zuhörer?
- Welches Vorwissen und welche Kompetenzen haben die Zuhörer?
- Welche sachlichen Einwände sind zu erwarten?
- Welche emotionalen Einwände sind zu erwarten?
- Gibt es Zielkonflikte zwischen den Zuhörern und mir oder meinem Thema?
- Sind Gruppen oder Personen mit unterschiedlichen Zielen anwesend?
- Gibt es Vorurteile gegen mich oder das Thema?
- Gibt es bereits gute und schlechte Erfahrungen mit dem Thema?

Sind alle Fragen so weit wie möglich geklärt, kann die Veranstaltung strukturiert und konzipiert werden.

Auch wenn keine festen Angaben zur Inhalts- und Zeitstruktur gemacht werden können, so kann man doch z.B. eine viergliedrige Grundstruktur für viele Fälle empfehlen **(Bild 2)**.

Erfahrungsgemäß bewährt es sich, komplexe Sachverhalte gestuft darzustellen. Also zuerst den Zusammenhang, dann das Detail, zuerst das Prinzip, dann die spezielle Ausführung, zuerst die übergeordnete Struktur, dann untergeordnete Strukturen und Details.

> Komplexe Sachverhalte müssen für Schulungen strukturiert werden.

Während des Vortrages sollen durch zusätzliche Gestaltungs- und Darstellungselemente und die aktive Beteiligung der Zuhörer möglichst viele Sinne

- Was soll mit der Schulung oder Präsentation erreicht werden?
- Welche versteckten und indirekten Ziele hat die Schulung oder Präsentation?
- Welche konkurrierenden Ziele gibt es für die Anwesenden?
- Haben die Anwesenden die gleichen Interessen wie ich bzw. mein Auftraggeber?
- Wissen die Anwesenden von den Zielen der Veranstaltung?
- Soll am Ende eine Entscheidung oder eine Maßnahme verabschiedet werden?

Bild 1: Fragen zur Auswahl und Festlegung von Schulungszielen

Eröffnung 5 % bis 10%
- Begrüßung
- Vorstellung des Vortragenden und des Unternehmens
- Ziel der Veranstaltung

Hauptteil 60 % bis 80%
- Themenvorschau
- Thema 1
  - Teilthema 1.1
  - Teilthema 1.2
- Thema 2
  - Teilthema 2.1
  - Teilthema 2.2
  - Teilthema 2.3
- . . .

Zusammenfassung 5 % bis 10 %
- Anfangszustand, Anfangsbedingungen
- wesentliche Erkenntnisse, Ergebnisse, Fakten
- Folgerungen, Ergebnisse, Entscheidungen

Abschluss 5 % bis 10 %
- Fragen
- Danke für Interesse, Diskussion
- Verabschiedung

Bild 2: Grundsätzliche Strukturen für eine Anwenderschulung

angesprochen werden **(Bild 1)**. Das erhöht die Behaltensquote und spricht die Gefühlsebene der Zuhörer an **(Bild 2)**.

Dazu ist es notwendig, sich vor der Veranstaltung mit den Räumlichkeiten, der zu erwartenden Gruppengröße und Gruppenzusammensetzung sowie den technischen und organisatorischen Möglichkeiten des Veranstaltungsortes auseinanderzusetzen und entsprechend zu planen.

Der Hörsinn kann z.B. durch bewusste Sprachmodulation, gezielte Sprechpausen, den Einsatz von Musik oder Geräuschen gezielt angesprochen werden.

Der Sehsinn kann durch Gestaltungselemente wie Textgestaltung, Text- und Hintergrundfarben, positiv und negativ belegte Symbole, Diagramme, Animationen und Einblendtechniken beeinflusst werden.

Unterschiedliche Darstellungsmittel, z.B. Tafel, Folien, Beamer, Handout (= Informationsunterlagen), Flipchart, Laserpointer und Modelle, bieten die Chance, auf Gruppengröße und Veranstaltungsziel Rücksicht zu nehmen **(Bild 3)**.

Schulungen und Vorträge, die auch gezielte praktische Übungen für die Teilnehmer anbieten, sind besonders erfolgreich, da sie auch einen Erlebniswert haben und besonders gut im Gedächtnis bleiben.

Berücksichtigt man, dass ungefähr 80 % aller Kaufentscheidungen letztlich Gefühlsentscheidungen sind, wird der Beitrag der „Erlebnis- und Gefühlskomponente" einer Schulung oder Präsentation besonders deutlich.

Sind alle diese Vorbereitungen und Vorgedanken angemessen durchgeführt und aufbereitet, hat der Vortragende alles unter seinem Einfluss Stehende für einen erfolgreichen Ablauf geleistet.

Wiederholung und Vertiefung

1. **Welche Ziele kann eine Schulung oder Präsentation haben?**
2. **Wie sollte eine Schulung grundsätzlich strukturiert sein?**
3. **Wie sollte ein Vortragender auf sachliche Einwände reagieren?**
4. **Wie kann ein Vortragender auf emotionale Einwände reagieren?**
5. **Warum ist es in einer Schulung wichtig, möglichst viele Sinne anzusprechen?**

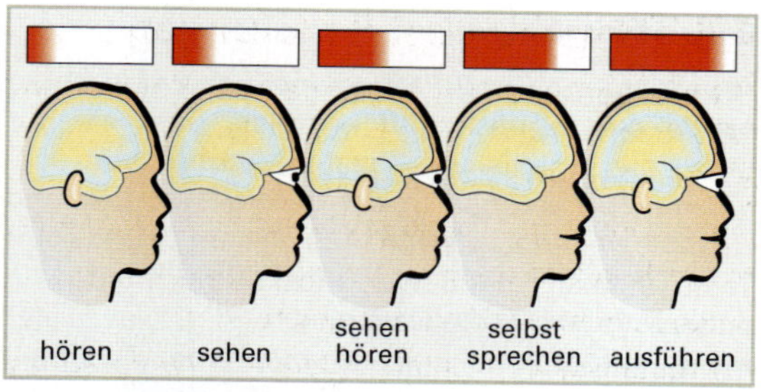

Bild 1: Behaltensquote

Bild 2: Entscheidungsfindung

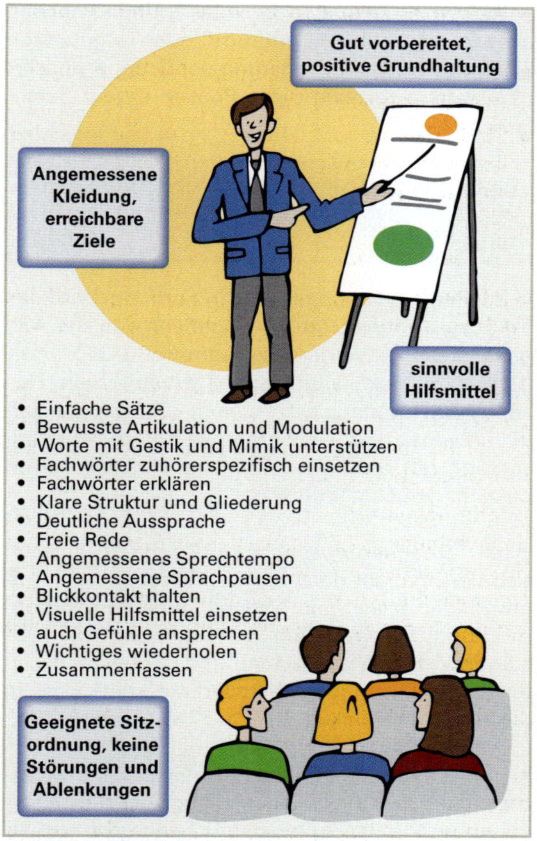

Bild 3: Grundregeln einer Anwenderschulung

4.7 Teamarbeit

Arbeitsaufträge und Problemlösungen sind heute oft so umfangreich und komplex, dass sie nur durch die organisierte Zusammenarbeit von ausgewählten Personen in der geforderten Zeit und Qualität zu erledigen sind. Aus diesem Grund steht Teamfähigkeit als Bewertungskriterium auch in nahezu jedem Arbeitszeugnis und ist eine der meist geforderten Eigenschaften von Personalchefs bei der Suche nach neuen Mitarbeitern.

Ein Team ist eine Gruppe von Personen, die eine Aufgabe gemeinsam bewältigen müssen.

Teamarbeit bedeutet nicht unbedingt und sofort höhere Leistung **(Tabelle 1).** Vielmehr ist ein Teambildungsprozess notwendig und es müssen entsprechende Rahmenbedingungen für die Teamarbeit geschaffen und aufrechterhalten werden.

4.7.1 Teambildungsprozess

Teams bringen Individuen in sozialen Gruppen zusammen. In jeder Gruppe bilden sich eigene Sozialstrukturen aus, in der jedes Gruppenmitglied bestimmte Rollen übernimmt oder zugewiesen bekommt. Bei jeder Änderung der Gruppenzusammensetzung müssen diese Phasen erneut durchlaufen werden.

Erst wenn der Teambildungsprozess erfolgreich abgeschlossen ist, erbringt ein Team volle Leistung.

In der *Teamgründungsphase* (= Forming) wird das Team zusammengestellt. Ausgehend von der Aufgabenstellung werden die Teamgröße, die erforderlichen Qualifikationen und erwünschten Persönlichkeitsmerkmale festgelegt. Die ausgewählten Personen werden in einer Start-(Kick-off)Veranstaltung mit der neuen Aufgabe und den Rollen bekannt gemacht **(Bild 1).**

In der *Orientierungsphase* (= Warming) „tasten" sich die einander noch fremden Personen ab. Aufgrund der bisherigen Lebens- und Berufserfahrung und Berufsstellung, dem eigenen Selbstverständnis, dem Wissensstand und der eigenen Kultur orientiert sich jedes Mitglied, wo seine Rolle in diesem Team sein könnte.

In der *Konfrontationsphase* (= Storming) versuchen die Teammitglieder ihre angestrebten Funktionen und Rollen zu beanspruchen und zu besetzen. Da insbesondere attraktive Rollen und

Tabelle 1: Vorteile und Nachteile von Teamarbeit

Mögliche Vorteile	Mögliche Nachteile
Konfliktlösungen werden eingeübt.	Ungelöste Konflikte nehmen zu.
Fach-, Abteilungs- und Betriebsblindheit werden überwunden.	Profilierungssucht und Dominanz Einzelner.
Kreativität steigt durch viele Ideen.	Geringe Effizienz durch viele erfolglose Absprachen.
Gute Erfahrungen, Fehlererfahrungen, Organisations- und Ausführungswissen ergänzen sich.	Leistungsfähige Teammitglieder werden gebremst.
Identifikation der Teammitglieder mit dem Team und der Teamaufgabe.	Verantwortungsübernahme anonym.

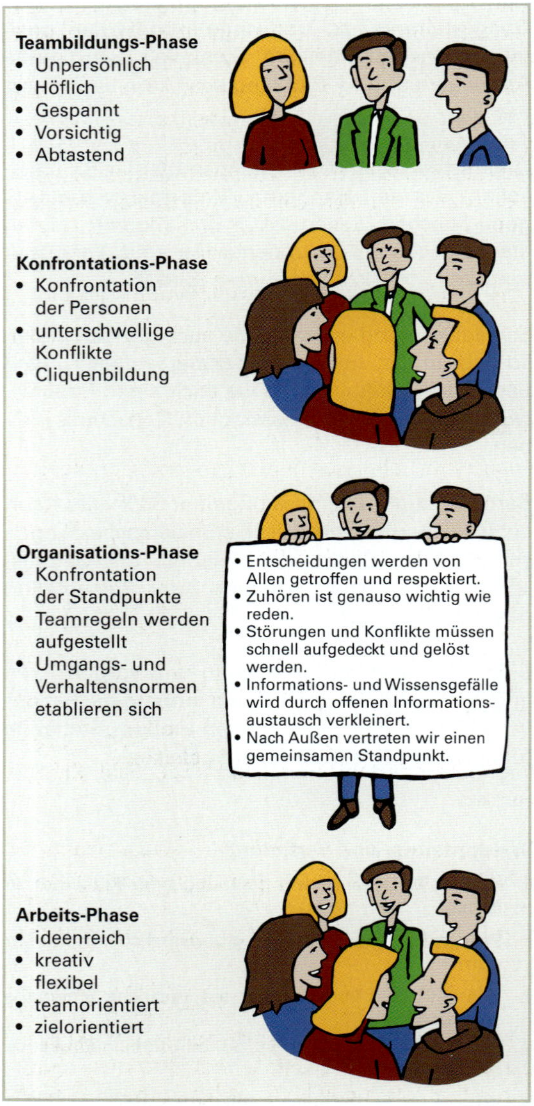

Bild 1: Teambildungsprozess

Funktionen oft von mehreren Personen gleichzeitig beansprucht werden, kommt es häufig zu Konfrontationen.

In der *Organisationsphase* (= Norming) werden gemeinsam Regeln und Verhaltensnormen für das Team aufgestellt und verabschiedet **(Bild 1).**

Wenn alle vorhergehenden Phasen erfolgreich absolviert sind, erreicht das Team in der *Arbeitsphase* (= Performing) seine volle Leistungsfähigkeit. Die Auseinandersetzung mit dem Problem steht im Vordergrund.

Bei Teams, die nach Erledigung der Aufgabe wieder aufgelöst werden, ist auch die Abschlussphase (ending) wichtig. Die Rückbesinnung und Bewertung (review) auf die geleistete Arbeit muss erfolgreiche Methoden, Verfahren und Personen herausheben und Gründe von Misserfolgen konkret benennen (lessons learned). Ebenso ist es für die Leistungsfähigkeit in der Arbeitsphase wichtig, dass Teammitglieder frühzeitig angemessene Anschlussaufgaben in Aussicht gestellt bekommen, damit sie sich voll ihrer aktuellen Aufgabe widmen.

Die Leistung von Teams verändert sich im Laufe des Teambildungsprozesses.

- Entscheidungen werden von allen getroffen und respektiert.
- Zuhören ist genauso wichtig wie reden.
- Störungen und Konflikte müssen schnell aufgedeckt und gelöst werden.
- Informations- und Wissensgefälle wird durch offenen Informationsaustausch verkleinert.
- Nach außen vertreten wir einen gemeinsamen Standpunkt.

Bild 1: Gemeinsame Teamregeln

4.7.2 Teamleistung

Auch wenn alle Teambildungsphasen erfolgreich abgelaufen sind, müssen für eine erfolgreiche Teamarbeit bestimmte Rahmenbedingungen geschaffen und erhalten werden.

Als hilfreiches Instrument in der Teamarbeit erweisen sich z.B. Kenntnisse über die Wechselwirkung zwischen Gruppen, einzelnen Gruppenmitgliedern und dem Arbeitsthema (Gruppendynamik). Die Psychoanalytikerin Ruth Cohn hat hierzu umfangreiche Forschung betrieben und das Modell der themenzentrierten Interaktion (TZI, **Bild 2)** entwickelt.

Danach ist es eine wesentliche Voraussetzung für erfolgreiche Teamarbeit, dass ein Gleichgewicht zwischen dem Ich (der eigenen Persönlichkeit), dem Wir (dem Team) und dem Thema herrscht.

Beschäftigt sich z.B. ein Team zu sehr mit sich selbst, so muss es wieder auf das Thema gelenkt werden. Beanspruchen einzelne Gruppenmitglieder durch extensive Selbstdarstellung viel Gruppenzeit, müssen das Team und das Thema wieder gestärkt werden.

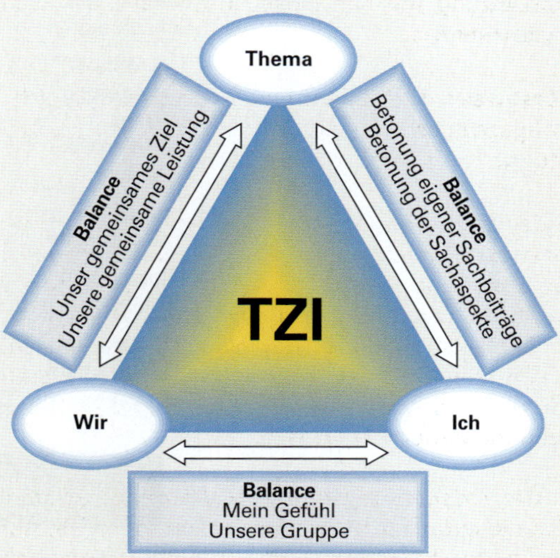

Bild 2: Themenzentrierte Interaktion TZI

Wiederholung und Vertiefung

1. **Beschreiben Sie die Phasen einer Teambildung.**
2. **Beschreiben Sie mögliche Vorteile und Nachteile der Teamarbeit.**
3. **Welche Aussagen beinhaltet das Modell der themenzentrierten Interaktion zur Teamarbeit?**

Funktionen von Bauelementen und Baugruppen analysieren

Verhalten und Kennwerte elektronischer Bauelemente

- Transistoren
- Wärmeübertragung
- Operationsverstärker

Steuern und Regeln

- Steuern eines technischen Ablaufs
- Regeln eines technischen Ablaufs
- Steuern von Schrittmotoren
- Drehfeldsteuerung eines Elektronikmotors
- Ablaufsteuerungen
- Regeln von Antrieben
- Regeln mit Fuzzy-Logik

Leiterplattenentwurf

- Vorgehen
- Erstellen eines Schaltplans
- Erstellen einer Platinendatei
- Ausgabe eines Schaltplans und des Platinenlayouts

Schaltungen der Digital- und Analogtechnik

Verstärker:
- mit bipolaren Transistoren
- mit FET

Analoge Schaltungen mit Operationsverstärkern

Generatoren:
- Sinusgenerator, VCO,
- Sägezahngenerator, PLL,
- Frequenzerzeugung mit Synthesizer

Schalten mit elektronischen Elementen:
- Elektronischer Schalter
- Schaltverstärker
- Zeitgeberbaustein NE555
- Monostabile Kippschaltung
- Astabile Kippschaltung
- Schwellwertschalter

Signalumsetzer:
- Digital-Analog-Umsetzer
- Analog-Digital-Umsetzer

Halbaddierer und Volladdierer

Numerisch gesteuerter Oszillator NCO

Elektronische Schaltungen mit Strom versorgen:
- Netzanschlussgerät
- Gleichrichter
- Gleichrichterschaltungen
- Gleichrichter mit einstellbarer Spannung
- Glätten gleichgerichteter Spannung
- Stabilisieren von Strom und Spannung
- Stabilisieren mit ICs

Stromrichter in der Kommunikationstechnik:
- Wechselrichter
- Gleichspannungswandler
- Gleichstromsteller
- Schaltnetzteile SNT
- PC-Netzteile

5 Funktionen von Bauelementen und Baugruppen analysieren

5.1 Verhalten und Kennwerte elektronischer Bauelemente

5.1.1 Transistoren

5.1.1.1 Bipolare Transistoren

Aufbau

Ein bipolarer Transistor besteht aus drei aufeinanderfolgenden Halbleiterschichten mit abwechselnder Leitungsart **(Bild 1)**. Der Betriebsstrom fließt durch N-Schichten wie auch durch P-Schichten.

Es gibt *NPN-Transistoren* und *PNP-Transistoren*. Der Transistor besitzt also zwei PN-Übergänge, an denen sich Sperrschichten bilden. Eine Schicht muss Ladungsträger aussenden (emittieren), weshalb sie als *Emitter* bezeichnet wird. Die mittlere Schicht ist die *Basis*. Sie hat die Aufgabe, die Emission der Ladungsträger zu steuern. Die letzte Schicht nennt man Kollektor (lat. collectus = gesammelt). Der *Kollektor* sammelt die Ladungsträger wieder ein.

Wirkungsweise

Schließt man einen NPN-Transistor so an zwei Gleichspannungen an, dass die Basis-Emitter-Strecke in Vorwärtsrichtung und die Kollektor-Basis-Strecke in Rückwärtsrichtung geschaltet sind, so leuchtet die Glühlampe **(Bild 2)**.

> Ein NPN-Transistor ist leitend, wenn Basis und Kollektor gegenüber dem Emitter positiv gepolt sind.

Beim PNP-Transistor müssen Basis und Kollektor gegenüber dem Emitter negativ gepolt sein.

Beim Transistor ist in die Emitterschicht und in die Kollektorschicht eine höhere Anzahl von Störstellen eingebaut als in die Basisschicht. Die Basisschicht ist sehr dünn (einige Nanometer). Sind z. B. beim NPN-Transistor die Basis-Emitter-Strecke in Durchlassrichtung und die Kollektor-Basis-Strecke in Sperrrichtung geschaltet, so fließt ein Elektronenstrom vom Emitter (N-Leiter) durch die erste Grenzschicht in die Basis. Da die Basisschicht äußerst dünn ist, durchlaufen die Elektronen die Basis und gelangen in die zweite Grenzschicht. Dort werden sie von der positiven Kollektorspannung angezogen. Die Kollektor-Basis-Grenzschicht ist also für die Elektronen der Basisschicht keine Sperrschicht.

Da die Basis sehr dünn ist und infolge kleiner Störstellendichte nur wenige Löcher besitzt, rekombinieren auch nur wenige der vom Emitter eindringenden Elektronen, während die restlichen Elektronen durch die dünne Basisschicht schnell zum Kollektor gelangen. Es fließt nur ein schwacher Basisstrom.

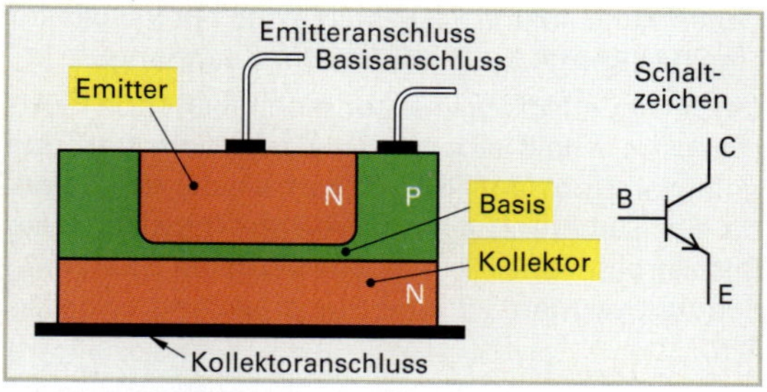

Bild 1: NPN-Transistor

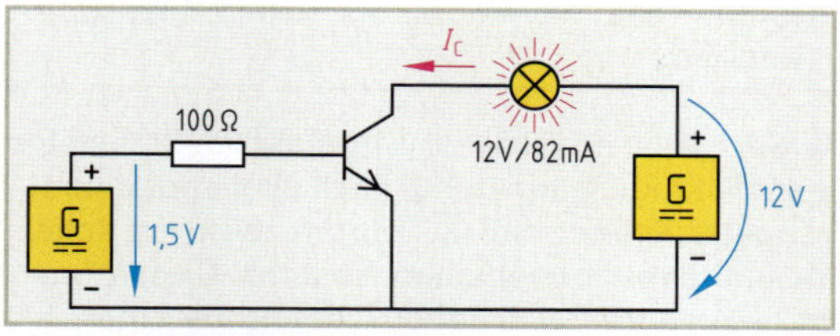

Bild 2: Polung des NPN-Transistors

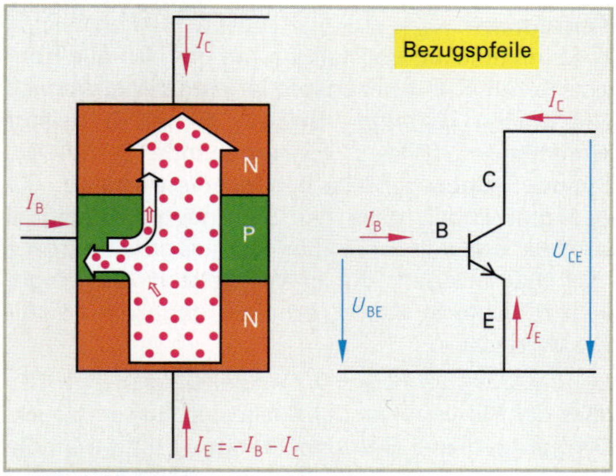

Bild 3: Ströme im NPN-Transistor

Ist die Basis nicht angeschlossen, so fließt kein Kollektorstrom, weil die Kollektor-Basis-Strecke als Sperrschicht wirkt. Lässt man aber einen Strom über die Basis fließen, so wird die in Sperrrichtung geschaltete Kollektor-Basis-Strecke durchlässig.

> Der Transistor wirkt wie ein durch den Basisstrom gesteuerter Widerstand.

Beim Transistor verursacht eine kleine Änderung des Basisstromes eine weit größere Änderung des Kollektorstromes. Es wird also eine *Stromverstärkung* erreicht. Das Verhältnis Kollektorstrom*änderung* zu Basisstrom*änderung* nennt man *Strom-*

verstärkungsfaktor B. Dieser Faktor gilt jeweils für eine bestimmte Kollektor-Emitter-Spannung.

Der in einen NPN-Transistor hineinfließende Elektronenstrom teilt sich in den Basisstrom und den Kollektorstrom auf **(Bild 3, vorhergehende Seite)**. Da zur Steuerung eines bipolaren Transistors ein Basisstrom und eine Basis-Emitter-Spannung benötigt werden, ist eine Steuerleistung erforderlich.

Der Basisstrom steuert unter Leistungsaufnahme den Kollektorstrom eines bipolaren Transistors.

Außer den erwähnten Strömen fließt infolge Eigenleitung (Paarbildung) noch ein temperaturabhängiger Sperrstrom I_{CB0} (Strom zwischen Kollektor und Basis bei offenem Emitter). Diesen unerwünschten Rückwärtsstrom bezeichnet man als *Kollektorreststrom.*

Kennlinien

Zur einheitlichen Darstellung hat man für alle Transistorarten Strombezugspfeile festgelegt, wonach alle positiv gezählten Ströme in den Transistor hineinfließen (Bild 3, vorhergehende Seite). Die Spannungsbezugspfeile liegen entsprechend. U_{BE} bedeutet dabei, dass der Spannungsbezugspfeil von der Basis zum Emitter festgelegt ist. Ströme und Spannungen, die in Wirklichkeit die umgekehrte Richtung haben, erhalten dann ein negatives Vorzeichen.

$U_{BE} = -0{,}7\,V$ oder $-U_{BE} = 0{,}7\,V$ oder $U_{EB} = 0{,}7\,V$ heißt, dass der Minuspol an der Basis liegt. Unter Berücksichtigung dieser Bezugsrichtungen erhält man die Zusammenhänge für die Ströme und Spannungen eines Transistors.

Eingangskennlinie. Bei der Emitterschaltung bildet der Basis-Emitter-Kreis den *Eingangskreis* (Steuerkreis) und der Kollektor-Emitter-Kreis den Ausgangskreis (gesteuerter Kreis). Für die Steuerung des Transistors ist der Basisstrom maßgebend, der von der Basis-Emitter-Spannung abhängt. Die gegenseitige Abhängigkeit der Eingangsgrößen I_B und U_{BE} stellt die Eingangskennlinie, auch $I_B\,(U_{BE})$-Kennlinie genannt, dar **(Bild 1)**.

Die Steilheit der Eingangskennlinie ist ein Maß für den differenziellen Eingangswiderstand.

Arbeitspunkt. Durch Festlegung der Basis-Emitter-Gleichspannung (Basisvorspannung) liegt der Arbeitspunkt AP des Transistors fest. Dieser gibt einen bestimmten Gleichstrom-Betriebszustand des Transistors an. Vom Arbeitspunkt aus wird bei Ansteuerung durch ein Signal der Transistor entlang der Kennlinie arbeiten. Legt man in der Eingangskennlinie mit linearem Maßstab an den

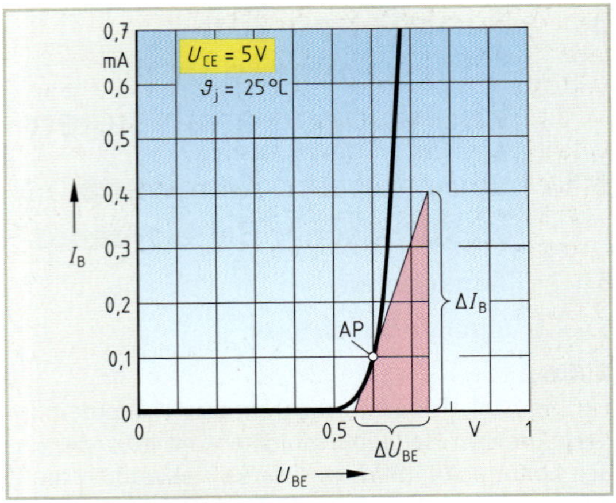

Bild 1: Eingangskennlinie eines NPN-Transistors

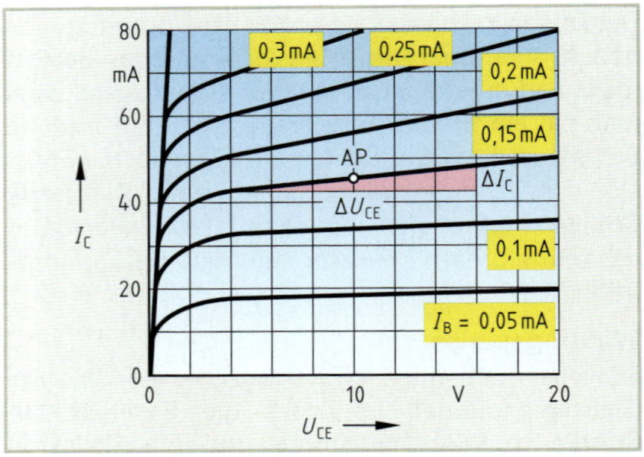

Bild 2: Ausgangskennlinien eines NPN-Transistors mit I_B als Parameter

Arbeitspunkt AP eine Tangente (Bild 1), so kann aus dem Steigungsdreieck mit $\Delta U_{BE}/\Delta I_B$ der *differenzielle Eingangswiderstand* des Transistors ermittelt werden. Er ist an allen Punkten der Kennlinie verschieden (einige Hundert Ω bis einige kΩ) und muss deshalb stets zusammen mit dem Arbeitspunkt angegeben werden.

Ausgangskennlinien. Die Ausgangskennlinien zeigen die gegenseitige Abhängigkeit der Ausgangsgrößen I_C und U_{CE}. Diese $I_C\,(U_{CE})$-Kennlinien können sowohl mit Basisströmen als Parameter (Hilfsveränderliche, **Bild 2)** als auch mit Basis-Emitter-Spannungen als Parameter dargestellt werden.

Der Arbeitsbereich eines Transistors liegt im flachen Bereich der Kennlinie. Aus dem Steigungsdreieck wird mit $\Delta U_{CE}/\Delta I_C$ bei konstantem I_B (Bild 2) der *differenzielle Ausgangswiderstand* des Transistors im Arbeitspunkt AP ermittelt.

Stromsteuerkennlinie. Die Abhängigkeit des Kollektorstroms vom Basisstrom zeigt die Stromsteuerkennlinie, auch $I_C\,(I_B)$-Kennlinie genannt. Das Verhältnis I_C/I_B wird *Gleichstromverhältnis B*

genannt und die Steigung $\Delta I_C/\Delta I_B$ der Kennlinie gibt den *Stromverstärkungsfaktor* β des Transistors (Kurzschluss-Stromverstärkungsfaktor) an.

Das Gleichstromverhältnis B wird für die Berechnung der Arbeitspunkteinstellung, der Stromverstärkungsfaktor β für die Wechselstromverstärkung benötigt.

Spannungssteuerkennlinie. Die Abhängigkeit des Kollektorstroms I_C von der Steuerspannung U_{BE} bei konstantem U_{CE} wird durch die Spannungssteuerkennlinie, $I_C(U_{BE})$-Kennlinie, dargestellt. Die Steigung der Spannungssteuerkennlinie im linearen Maßstab wird auch als *Steilheit S* bezeichnet.

Infolge Eigenleitung ändern sich die Transistorströme auch mit der Temperatur. Deshalb werden für manche Kennlinien auch noch Parameter für kleinere und größere Temperaturen angegeben.

Grenzwerte und Kennwerte

Grenzwerte sind vom Hersteller angegebene Höchstwerte, die nicht überschritten werden dürfen, weil sich sonst die Kennwerte des Bauelements verändern, dessen Lebensdauer sich verringert, oder das Bauelement zerstört wird.

Die Grenzwerte eines Transistors begrenzen seinen Arbeitsbereich **(Bild 1).** Vom Hersteller werden Grenzwerte angegeben für die gesamte (totale) Verlustleistung P_{tot}, den Kollektorstrom I_C, die Kollektor-Emitter-Spannung U_{CE}, die Basis-Emitter-Spannung in Rückwärtsrichtung U_{EB} und die Sperrschichttemperatur ϑ_j.

Die höchstzulässige Verlustleistung hängt von der Sperrschichttemperatur ab und kann durch Kühlung vergrößert werden.

Die Kennlinie für die höchstzulässige Verlustleistung ist die Verlustleistungshyperbel (P_{tot} in Bild 1). Zu ihrer Bestimmung werden in der Formel $I_C \approx P_{tot}/U_{CE}$ nacheinander verschiedene Werte für U_{CE} eingesetzt. Die erhaltenen Wertepaare I_C und U_{CE} werden in das Kennlinienfeld eingetragen und miteinander verbunden.

Bei bipolaren Transistoren müssen die Grenzwerte für P_{tot}, U_{CE}, U_{EB} und ϑ_j eingehalten werden.

Statische Kennwerte eines Transistors geben Auskunft über sein Gleichstromverhalten. Sie sind Mittelwerte. Bei einzelnen Transistoren können starke Abweichungen von den Mittelwerten auftreten (Exemplarstreuung).

Kennwerte sind Mittelwerte und gelten nur für den angegebenen Arbeitspunkt.

$$U_{CE} = U_{BE} + U_{CB}$$

$$I_B + I_C + I_E = 0$$

Bei U_{CE} = konstant:

$$r_{BE} = \frac{\Delta U_{BE}}{\Delta I_B}$$

Bei I_B = konstant:

$$r_{CE} = \frac{\Delta U_{CE}}{\Delta I_C}$$

Bei U_{CE} = konstant:

$$B = \frac{I_C}{I_B} \qquad \beta = \frac{\Delta I_C}{\Delta I_B} \qquad S = \frac{\Delta I_C}{\Delta U_{BE}}$$

U_{CE}	Kollektor-Emitter-Spannung
U_{BE}	Basis-Emitter-Spannung
U_{CB}	Kollektor-Basis-Spannung
I_C	Kollektorgleichstrom
I_B	Basisgleichstrom
I_E	Emittergleichstrom
r_{BE}	differenzieller Eingangswiderstand
ΔU_{BE}	Basis-Emitter-Spannungsänderung
ΔI_B	Basisstromänderung
r_{CE}	differenzieller Ausgangswiderstand
ΔU_{CE}	Kollektor-Emitter-Spannungsänderung
ΔI_C	Kollektorstromänderung
B	Gleichstromverhältnis
β	Kurzschluss-Stromverstärkungsfaktor
S	Steilheit

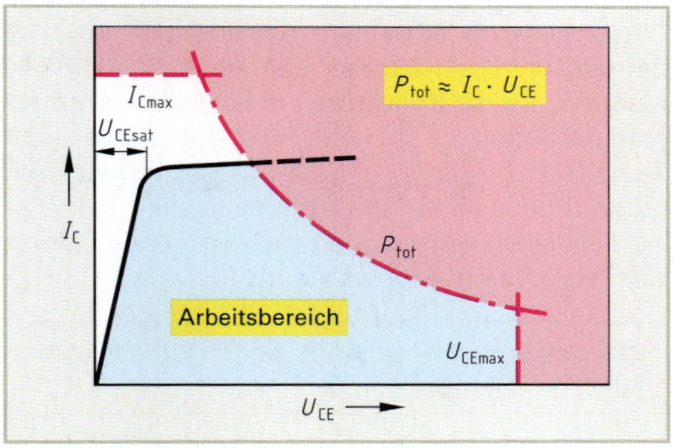

Bild 1: Arbeitsbereich eines Transistors

Restströme sind unerwünschte, temperaturabhängige Ströme infolge von Eigenleitung. Man unterscheidet Kollektorreststrom I_{CB0} und Emitterreststrom I_{EB0} (Strom zwischen Emitter und Basis bei offenem Kollektor).

Die Kollektor-Emitter-Spannung, bei welcher die Ausgangskennlinie vom ansteigenden in den flachen Verlauf übergeht, nennt man *Sättigungsspannung* (Kollektor-Emitter-Restspannung U_{CEsat}, Bild 1). Die höchstzulässige Kollektor-Emitter-Spannung bei nicht angesteuerter Basis wird als U_{CE0} angegeben.

Dynamische Kennwerte eines Transistors beschreiben sein Verhalten bei Ansteuerung mit Wechselspannung oder bei Impulsbetrieb. Dynamische

Kennwerte sind Kurzschluss-Stromverstärkungsfaktor, Sperrschichtkapazitäten, Schaltzeiten, *Transitfrequenz* (Transit von lat. transitus = Übergang) und *Vierpolparameter.* Bei der Transitfrequenz ist der Stromverstärkungsfaktor 1.

Vierpolparameter sind die h-Parameter (h von griech.-lat. hybrid = gemischt, von zweierlei Herkunft) für Niederfrequenzanwendungen und die y-Parameter für Hochfrequenzanwendungen.

Da diese Parameter nur für sehr kleine Stromänderungen und Spannungsänderungen gelten, werden sie zur Berechnung von *Kleinsignalverstärkern* verwendet. Die Parameter gelten jeweils für einen bestimmten Arbeitspunkt und eine bestimmte Frequenz. Dabei bedeutet z.B. h_{21} den Wechselstromverstärkungsfaktor jeweils bei wechselstrommäßig kurzgeschlossener Kollektor-Emitter-Strecke (Kurzschluss-Stromverstärkungsfaktor) und h_{22} den Kehrwert des Wechselstrom-Ausgangswiderstandes ohne Wechselstromaussteuerung. Zur Kennzeichnung der Emitterschaltung wird den Parametern ein e angehängt, z.B. bei h_{11e}.

Gehäuseformen

Die wichtigsten Gehäuseformen von Transistoren sind genormt, jedoch nicht die Reihenfolge der Anschlüsse für Emitter, Basis und Kollektor **(Bild 1).** Diese muss im Datenblatt nachgesehen werden. Bei Leistungstransistoren sind zur besseren Wärmeableitung die Kollektoren meist auf den Metallgehäuseboden, z.B. eines TO-3-Gehäuses (von Transistor Outline), gelötet. Diese Transistoren müssen deshalb auf ein eigenes, isoliert befestigtes Kühlblech oder isoliert auf ein gemeinsames Kühlblech geschraubt werden.

Bei Leistungstransistoren liegt der Kollektor meist am Gehäuse.

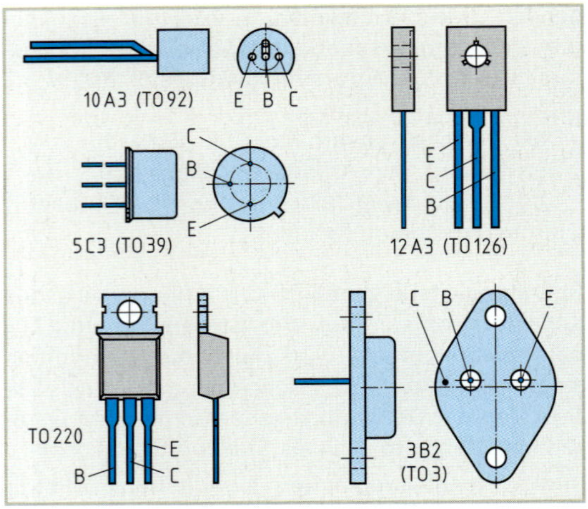

Bild 1: Gehäuseformen von Transistoren (Auswahl)

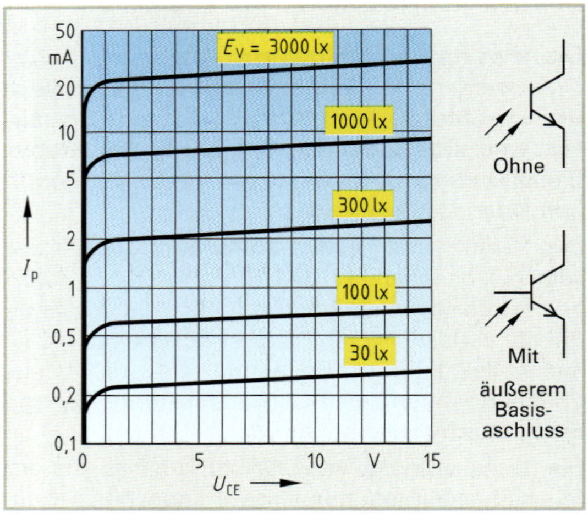

Bild 2: Kennlinien und Schaltzeichen eines Fototransistors

Fototransistoren

Beim Si-Fototransistor gelangt über ein Lichtfenster oder eine optische Linse Licht oder IR-Strahlung (Infrarotstrahlung) in die Kollektor-Basis-Sperrschicht und erzeugt dort einen Fotostrom I_p, der im gleichen Verhältnis mit der Beleuchtungsstärke E_v steigt **(Bild 2).** Er wirkt als Basisstrom.

Der Kollektorstrom eines Fototransistors steigt mit der Beleuchtungsstärke.

Infolge ihres Stromverstärkungsfaktors besitzen Fototransistoren einen größeren *Fotokoeffizienten* (Fotoempfindlichkeit) als Fotodioden.

Grundsätzlich benötigen Fototransistoren keinen Basisanschluss (Bild 2), da sie durch Licht oder IR-Strahlung gesteuert werden. Meist wird der Basisanschluss jedoch herausgeführt, damit der Arbeitspunkt getrennt eingestellt und stabilisiert werden kann. Wegen der verhältnismäßig großen Kollektor-Basiskapazität haben Fototransistoren längere Schaltzeiten als Fotodioden und sind für einen Frequenzbereich bis etwa 250 kHz geeignet. Sie werden z.B. in Lichtschranken und in Optokopplern eingesetzt.

Wiederholung und Vertiefung

1. **Wie muss ein NPN-Transistor gepolt sein, damit er leitend ist?**
2. **Welche Bezugsrichtungen gelten für die Ströme und Spannungen eines Transistors?**
3. **In einem Transistor ist bei konstantem I_B und U_{CE} = 2 V der Strom I_C = 5,91 mA, bei U_{CE} = 10 V dagegen I_C = 5,99 mA. Welchen differenziellen Ausgangswiderstand hat der Transistor?** ***Lösung:*** **100 kΩ**
4. **Wodurch unterscheidet sich das Gleichstromverhältnis vom Kurzschluss-Stromverstärkungsfaktor?**

5.1.1.2 Unipolare Transistoren FET

Wirkungsweise

Bei unipolaren Transistoren fließt der Laststrom nur durch *eine* Halbleiterstrecke *desselben* Leitungstyps. Der Widerstand der Halbleiterstrecke für den Laststrom wird durch ein elektrisches Feld gesteuert, das den Leiterquerschnitt beeinflusst **(Bild 1).** Unipolare Transistoren sind z.B. die Feldeffekttransistoren (FET). Bei den FET nennt man die Halbleiterstrecke für den Laststrom *Kanal.* Man unterscheidet FET mit N-Kanal und FET mit P-Kanal. Die Anschlüsse des Kanals heißen *Source* (= Quelle) und *Drain* (= Senke, Abfluss).

> Beim Feldeffekttransistor wird der Widerstand des Kanals zwischen Source und Drain durch ein quer zum Kanal liegendes elektrisches Feld gesteuert.

Die Wirkung des elektrischen Feldes steuert beim FET den Laststrom. Das elektrische Feld wird durch eine Spannung zwischen dem Gate (gate = Tor, Steuerelektrode) und dem Kanal hervorgerufen. Ein Steuerstrom vom Gate zum Kanal ist nicht vorhanden.

> Beim FET wird der Widerstand der Source-Drain-Strecke und damit der Drainstrom von einer Spannung zwischen Gate und Source gesteuert.

Bei der Herstellung der FET geht man von P-leitendem oder von N-leitendem Silicium aus, in welches der Kanal eindiffundiert wird **(Bild 2).** Den verbleibenden Teil des Ausgangsmaterials nennt man *Substrat* (von lat. substratum = Unterlage).

> Das Substrat des FET muss mit der Source verbunden sein, damit bei der Steuerung Ladungsträger zwischen Substrat und Kanal ausgetauscht werden können.

Das Gate muss gegenüber dem Kanal isoliert sein, damit bei angelegter Steuerspannung vom Gate nach der Source kein Strom fließt.

Beim **Isolier-Gate-FET (IG-FET)** ist zwischen Kanal und Gate eine Isolierschicht aus Siliciumdioxid (SiO_2) angeordnet und das Gate besteht aus aufgedampftem Metall (Bild 2).

Bei den IG-FET gibt es Typen, die ohne Steuerspannung einen Kanal haben. Das sind die *selbstleitenden FET* oder *Verarmungs-FET*. Feldeffekttransistoren, bei denen sich der Kanal erst durch Einwirkung der Steuerspannung bildet, nennt man *selbstsperrende FET* oder *Anreicherungs-FET*. Die Art des FET ist am Schaltzeichen zu erkennen **(Tabelle 1, folgende Seite).**

> • Feldeffekttransistoren werden leistungslos gesteuert.
> • Feldeffekttransistoren sind rauscharm.

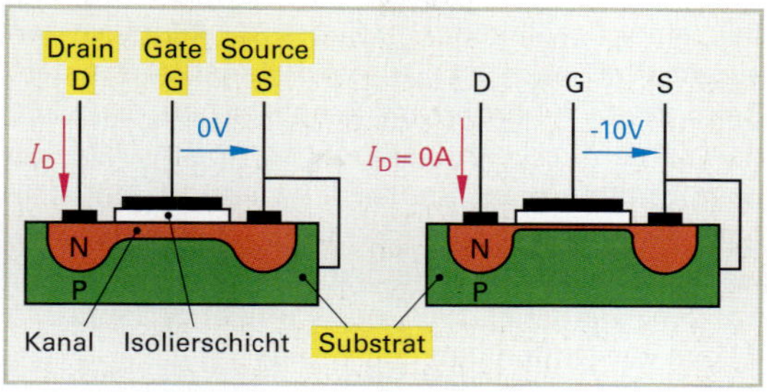

Bild 1: Steuerung der Kanalbreite und des Drainstromes I_D durch die Steuerspannung U_{GS}

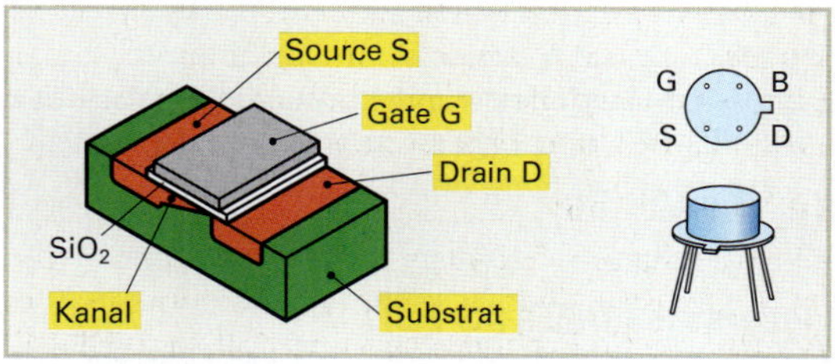

Bild 2: IG-FET mit N-Kanal

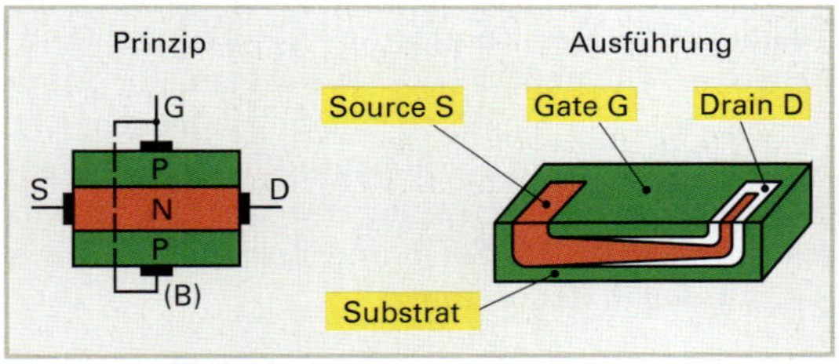

Bild 3: PN-FET mit N-Kanal

Beim Sperrschicht-FET (PN-FET, auch Junction-FET, J-FET; junction = Verbindung, Knotenpunkt) wird als Gate ein Halbleitermaterial von anderem Leitungstyp als der Kanal angeordnet **(Bild 3).** Bei einem N-Kanal nimmt man also ein P-Gate, bei einem P-Kanal ein N-Gate. Dadurch entsteht zwischen Gate und Kanal des FET eine Sperrschicht, welche bei richtiger Polung das Gate vom Kanal isoliert.

> Verarmungs-IG-FET sind selbstleitend,
> Anreicherungs-IG-FET sind selbstsperrend.

Beim IG-FET liegt im Schaltzeichen das Gate der Source gegenüber. Der Leitungstyp ist hier beim Substrat in entsprechender Weise wie beim Emitter des bipolaren Transistors eingetragen. Bei einem P-leitenden Substrat geht der Pfeil nach innen. Hier ist ein N-Kanal vorhanden. Dagegen ist bei einem N-leitenden Substrat, kenntlich an einem Pfeil nach außen, ein P-Kanal vorhanden. Beim PN-FET berührt im Schaltzeichen das Gate den Kanal. Der Leitungstyp ist dort beim Gate wie beim Emitter eines bipolaren Transistors eingetragen. Bei einem N-leitenden Gate ist also der Pfeil nach außen gerichtet. Hier ist dann ein P-Kanal vorhanden. Geht der Pfeil nach innen, so sind ein P-Gate vorhanden und ein N-Kanal.

Die Richtungen der Bezugspfeile der Spannungen und der Ströme sind entsprechend wie bei den bipolaren Transistoren festgelegt **(Bild 1).**

> Bei den Feldeffekttransistoren unterscheidet man IG-FET und PN-FET je nach Art der Isolierung zwischen Gate und Kanal.

Isolierschicht-FET (IG-FET)

Beim IG-FET befindet sich zwischen Gate und Kanal eine isolierende Schicht. Je nach Substrat und Isolierschicht unterscheidet man z.B. MOSFET (**M**etal **O**xide **S**emiconductor FET = Metall-Oxid-Halbleiter-FET) und MISFET (**M**etal **I**nsulator **S**emiconductor FET = Metall-Isolator-Halbleiter-FET). Beim MOSFET wird als Substrat Silicium verwendet, beim MISFET Galliumarsenid. Die Isolierschicht ist beim MOSFET und beim MISFET aus Siliciumdioxid (SiO_2, Quarz).

Legt man an einen Verarmungs-IG-FET mit N-Kanal eine positive Gate-Source-Spannung, so werden Elektronen aus dem Substrat in den Kanal gesaugt, der Kanal wird mit Ladungsträgern angereichert. Ist die Gate-Source-Spannung negativ, so werden vorhandene Elektronen in das Substrat gedrückt. Dadurch tritt eine Verarmung an Ladungsträgern auf. In beiden Fällen ändert sich der Widerstand des Kanals, sodass der Drainstrom durch die Gate-Source-Spannung gesteuert werden kann **(Bild 2).** Die Verhältnisse bei IG-FET mit P-Kanal liegen entsprechend mit umgekehrter Polung.

Die Steuerung des Laststroms erfolgt beim IG-FET durch das elektrische Feld zwischen Gate und Substrat. In Verstärkerschaltungen können deshalb Koppelkondensatoren entfallen. Bei selbstleitenden Verarmungs-IG-FET nimmt je nach Polung der Gate-Source-Spannung der Laststrom zu oder ab.

Tabelle 1: Feldeffekttransistoren

Typ	FET mit P-Kanal	FET mit N-Kanal
Isolierschicht-FET (IG-FET)	Drain, Gate, Source, Substrat Selbstsperrender Anreicherungs-IG-FET mit P-Kanal	Drain, Gate, Source, Substrat Selbstleitender Verarmungs-IG-FET mit N-Kanal
Sperrschicht-FET (PN-FET)	Drain, Gate, Source PN-FET mit P-Kanal	Drain, Gate, Source PN-FET mit N-Kanal

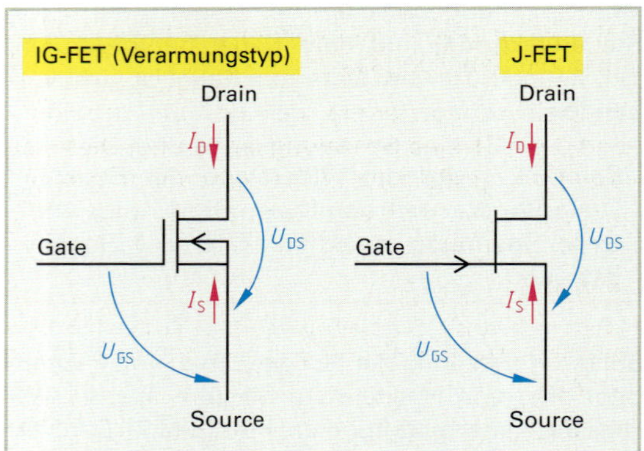

Bild 1: Bezugspfeile bei den Feldeffekttransistoren

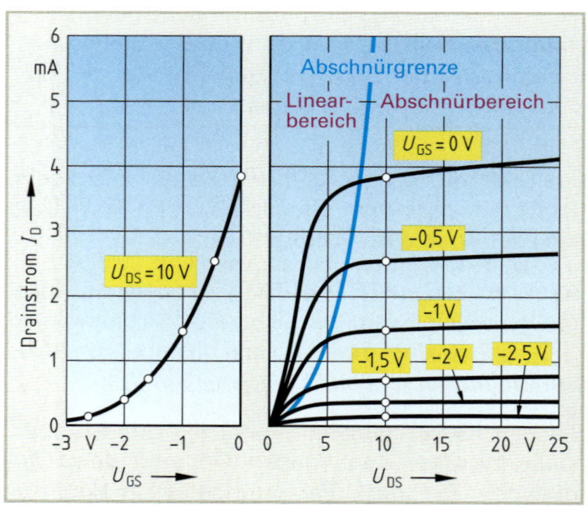

Bild 2: Kennlinien eines Verarmungs-IG-FET mit N-Kanal

Die Vorspannung wird hier mit einem Spannungsteiler erzeugt, ähnlich wie bei einem Transistor in Emitterschaltung. Der Spannungsteiler beim FET ist aber unbelastet.

Dual-Gate-IG-FET (von lat. duo = zwei) enthalten zwei voneinander isolierte Gates. Jedes Gate steuert unabhängig vom anderen Gate die Stromstärke im Kanal. Diese FET sind z. B. für Frequenzmischstufen und Modulatoren geeignet.

Komplementäre FET (von lat. complementum = Ergänzung) bestehen aus wenigstens zwei FET mit jeweils entgegengesetztem Kanaltyp. Sie kommen vor allem in ICs vor (CMOS-Technik).

Aus den Kennlinienfeldern der FET kann man die Steilheit S und den differenziellen Ausgangswiderstand r_{DS} entnehmen. Beide Größen sind für die Bemessung von Verstärkern von Bedeutung.

Die Steilheit ist ein Maß dafür, wie groß die Drainstromänderung ist, die sich mit einer gegebenen Gatespannungsänderung steuern lässt. Sie ist umso größer, je größer der Kanalquerschnitt ist und je kleiner die Kanallänge ist.

Die Drainstromänderung bewirkt im Lastwiderstand des FET eine Spannungsänderung. Diese ist wesentlich größer als die Gatespannungsänderung, d.h., es entsteht eine Spannungsverstärkung.

Beispiel 1:

Wie groß ist die Steilheit eines FET mit Kennlinien **Bild 1** für U_{DS} = 10 V im Bereich von 1,5 mA ≤ I_D ≤ 3 mA?

Lösung:

$$S = \frac{\Delta I_D}{\Delta U_{GS}} = \frac{(3\,\text{mA} - 1{,}5\,\text{mA})}{(5\,\text{V} - 4\,\text{V})} = \mathbf{1{,}5\,mA/V}$$

Leistungs-IG-FET

Für große Leistungen erhalten die IG-FET eine besonders geformte Struktur. Beim *VMOS-FET* **(Bild 2)** fließt der Strom von oben nach unten (V von vertikal = senkrecht) durch den FET, beim *TMOS-FET* **(Bild 3)** hat der Stromverlauf eine umgedrehte T-Form (siehe I_D, Bild 3). Beim VMOS-FET (Bild 2) ist der Sourceanschluss aus Metall, zwischen ihm und dem P-Leiter entsteht eine Sperrschicht. Ohne Gate-Source-Spannung U_{GS} sperrt dieser FET, weil zwischen Source und Drain ein PN-Übergang in Rückwärtsrichtung geschaltet ist.

Ist U_{GS} dagegen positiv, so werden durch das elektrische Feld Elektronen an den Rand der P-Bereiche gesaugt, sodass sich dort kurze Kanäle bilden, der FET leitet. Dadurch ist eine große Steilheit möglich.

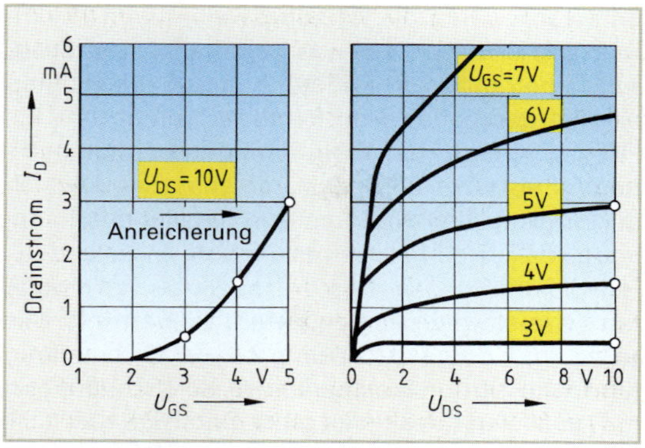

Bild 1: Kennlinien eines Anreicherungs-IG-FET mit N-Kanal

Bei U_{DS} = konstant:	Bei U_{GS} = konstant:
$S = \frac{\Delta I_D}{\Delta U_{GS}}$	$r_{DS} = \frac{\Delta U_{DS}}{\Delta I_D}$

S	Steilheit
ΔI_D	Drainstromänderung
U_{GS}	Gate-Source-Spannung
ΔU_{GS}	Änderung der Gate-Source-Spannung
$r_{DS} \approx \frac{1}{y_{22s}}$	differenzieller Widerstand der Drain-Source-Strecke
U_{DS}	Drain-Source-Spannung
ΔU_{DS}	Änderung der Drain-Source-Spannung

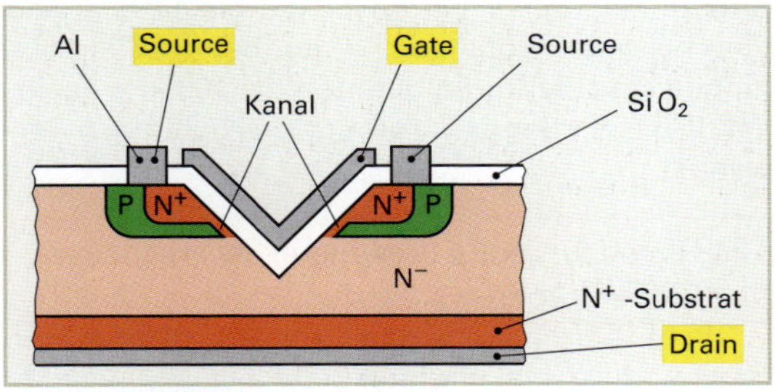

Bild 2: Aufbau eines VMOS-FET

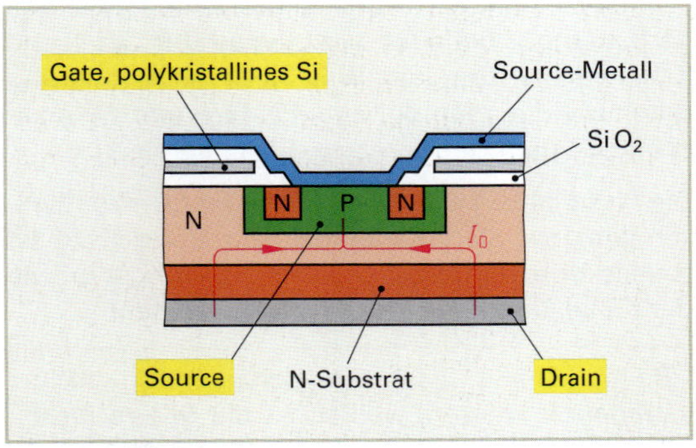

Bild 3: TMOS-FET

Entsprechend ist die Wirkungsweise beim TMOS-FET (Bild 3, vorhergehende Seite). Mehrere dieser selbstsperrenden IG-FET können auf einem Chip parallel geschaltet sein. Parallelschaltung der IG-FET ist möglich, da diese einen Temperaturkoeffizienten von fast null haben. Deshalb verteilt sich der Strom gleichmäßig auf die parallel geschalteten IG-FET, weil bei Stromzunahme in einem IG-FET die erhöhte Temperatur, anders als bei bipolaren Transistoren, nicht zu einem kleineren Widerstand und damit zu noch größerer Stromstärke führt. Die Strombelastbarkeit dieser Schaltungen mit parallelen Kanälen ist groß. Derartige MOSFET haben je nach Bauform und Gehäuse Drainströme bis 15 A und Sperrspannungen bis 1 kV **(Bild 1)**. Ihre Einschaltzeit beträgt etwa 0,1 µs. Sie sind bei großen Leistungen für Frequenzen bis 50 kHz geeignet.

IGBT

Die Schichten des IGBT (von **I**nsulated **G**ate **B**ipolar **T**ransistor = bipolarer Transistor mit isoliertem Gate) sind auf dem Chip so angeordnet, dass ein unipolarer Transistor einen bipolaren Transistor ansteuert. Das Schaltzeichen zeigt diese Kombination der Transistoren **(Bild 2)**. Aus der Ersatzschaltung von Bild 2 ist erkennbar, dass die Ansteuerung eines IGBT wie bei einem FET fast leistungslos erfolgen kann, während der Leistungsteil ein bipolarer Transistor ist. IGBT haben Sperrspannungen der Kollektor-Emitter-Strecke bis 3300 V, Stromstärken bis 1200 A und Einschaltzeiten von etwa 0,2 µs. Bei großen Leistungen sind sie für Frequenzen bis 100 kHz geeignet. IGBT werden in Stromrichterschaltungen verwendet.

IGBT sind für große Leistungen bei Frequenzen bis 100 kHz geeignet.

PN-FET

Beim Sperrschicht-FET (PN-FET), auch Junction-FET (JFET, Junction = Anschlussstelle, Gabelung, Verbindung), befindet sich zwischen Gate und Kanal ein PN-Übergang **(Bild 3)**. Je nach Dotierung unterscheidet man N-Kanal-PN-FET und P-Kanal-PN-FET.

Die N-Kanal-FET sind für höhere Frequenzen besser geeignet als P-Kanal-FET. Die Gateschicht ist jeweils vom entgegengesetzten Leitungstyp wie der Kanal, damit ein PN-Übergang entsteht.

Beim PN-FET darf die Vorspannung nicht umgepolt werden, weil sonst die Sperrschicht zwischen Gate und Kanal abgebaut wird.

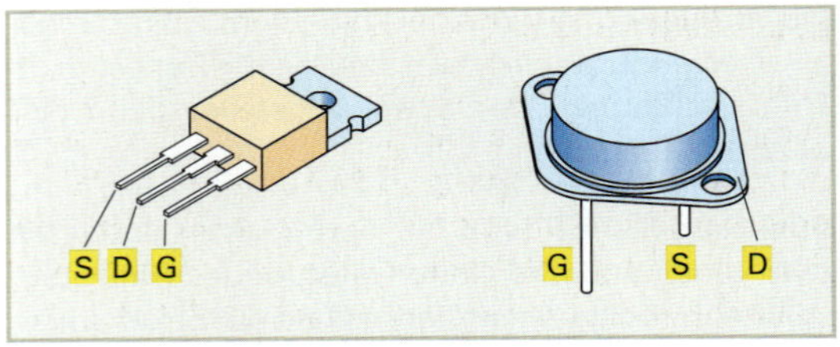

Bild 1: Gehäuse von VMOS-FET und TMOS-FET

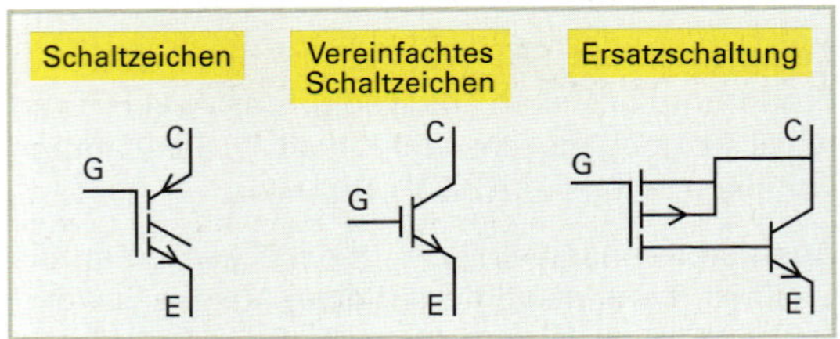

Bild 2: IGBT

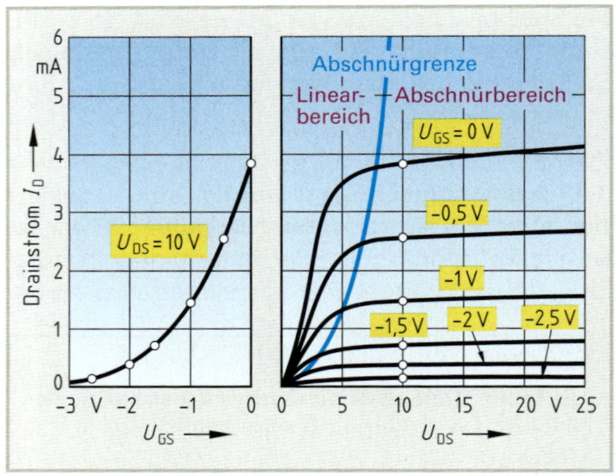

Bild 3: Kennlinienfeld eines PN-FET (N-Kanal-PN-FET)

PN-FET laden sich nicht statisch auf, weil das Gate nicht so hochohmig vom Kanal isoliert ist. Dadurch ist ihre Verarbeitung einfacher. Als einzelne Bauelemente sind sie in der Nachrichtentechnik häufiger als IG-FET anzutreffen. Sie eignen sich aber weniger für ICs, sodass dort IG-FET häufiger sind.

Wiederholung und Vertiefung

1. **Wodurch unterscheiden sich die Eigenschaften der IG-FET von denen der PN-FET?**
2. **Warum enthalten IG-FET oft Schutzdioden?**
3. **Nennen Sie Vorsichtsmaßnahmen beim Einlöten von IG-FET, welche nicht mit Begrenzerdioden beschaltet sind.**
4. **Auf welche Weise wird bei Anreichungs-IG-FET die Gate-Vorspannung erzeugt?**
5. **Bei einem FET ergab die Änderung der Gate-Source-Spannung von 0,5 mV eine Änderung des Drainstromes von 1,5 mA. Wie groß ist die Steilheit des FET?** ***Lösung:*** ***S*** **= 3**
6. **Erklären Sie die Kurzform IGBT.**
7. **Bis zu welcher Frequenz sind IGBT geeignet?**

5.1.2 Wärmeübertragung

Wärmeübertragung erfolgt von Stellen höherer Temperatur zu Stellen niederer Temperatur entweder durch *Wärmeleitung* **(Bild 1)**, z.B. in Metallen, oder durch *Wärmeströmung (Konvektion)* bei der Fortbewegung erwärmter Gase und Flüssigkeiten **(Bild 2)** oder durch *Wärmestrahlung* **(Bild 3)**.

Der *Wärmewiderstand* R_{th} (th von griech. thermos = Wärme betreffend) gibt an, um wie viel Kelvin sich ein Bauelement gegenüber der Umgebung bei einer Verlustleistung von 1 W erwärmt.

Beispiel 1:

Ein Transistor erreicht bei der Verlustleistung von 150 mW eine Temperatur von 85 °C, wenn die Kühllufttemperatur 25 °C beträgt. Wie groß ist der Wärmewiderstand des Transistors?

Lösung:

$\Delta T = \vartheta_2 - \vartheta_1 = 85\,°C - 25\,°C = 60\ K$

$R_{th} = \Delta T / P_v = 60\ K/150\ mW = 0{,}4\ K/mW = \mathbf{400\ K/W}$

Bauelemente mit großer Leistung, z.B. Leistungstransistoren, entwickeln im Betrieb viel Wärme. Deshalb werden sie auf Kühlkörpern angeordnet. An jeder Übergangsstelle der Wärmeenergie tritt bei ihnen ein Wärmewiderstand auf **(Bild 4)**. Der innere Wärmewiderstand tritt im Inneren beim Übergang der Wärmeenergie von der Sperrschicht zum Gehäuse auf, der Übergangs-Wärmewiderstand zwischen Gehäuse und Kühlkörper.

In Datenblättern wird für *Bauelemente ohne Kühlkörper* der gesamte Wärmewiderstand als R_{thU} angegeben. Für Bauelemente zur Verwendung mit Kühlkörpern wird nur der innere Wärmewiderstand R_{thG} angegeben. Der gesamte Wärmewiderstand ist dann vor allem von dem verwendeten Kühlkörper abhängig.

Beispiel 2:

Bei einem Transistor ist der innere Wärmewiderstand 0,4 K/W, der Übergangs-Wärmewiderstand 0,08 K/W, der Kühlkörper-Wärmewiderstand 0,92 K/W. Wie groß ist der gesamte Wärmewiderstand?

Lösung:

$R_{th} = R_{thG} + R_{thU} + R_{thK}$

$= 0{,}4\ K/W + 0{,}08\ K/W + 0{,}92\ K/W = \mathbf{1{,}4\ K/W}$

Der innere Wärmewiderstand kann nicht beeinflusst werden, der Übergangs-Wärmewiderstand lässt sich durch sorgfältige Montage verringern. Ein Mittel dazu ist die Verwendung von *Wärmeleitpaste*. Durch sie werden Hohlräume zwischen Bauelement und Kühlkörper ausgefüllt, die sonst zur Wärmeleitung nicht beitragen. Als elektrische Isolierung zum Kühlkörper können *Wärmeleitscheiben* aus Aluminium verwendet werden.

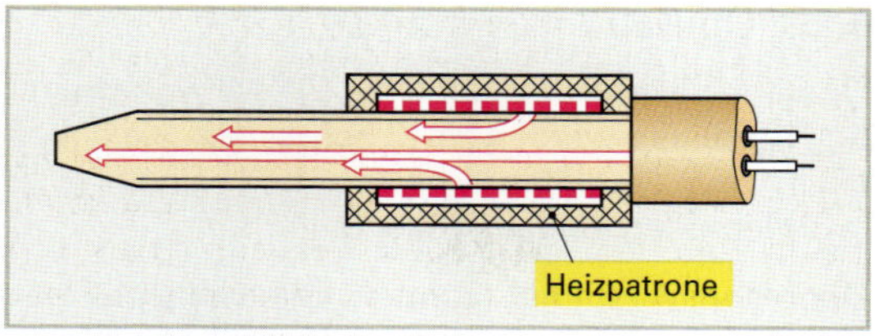

Bild 1: Wärmeleitung

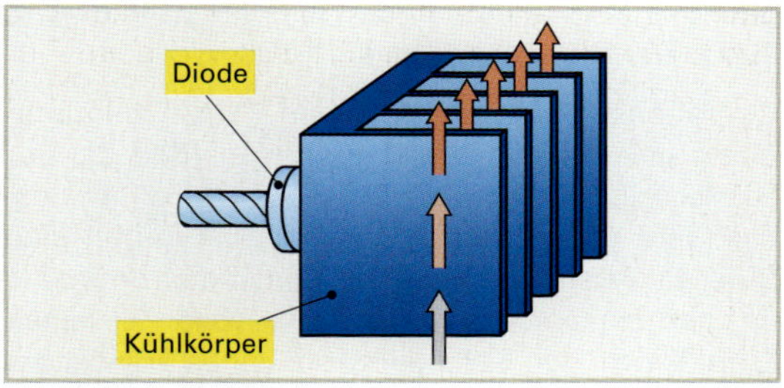

Bild 2: Wärmeströmung

Bild 3: Wärmestrahlung

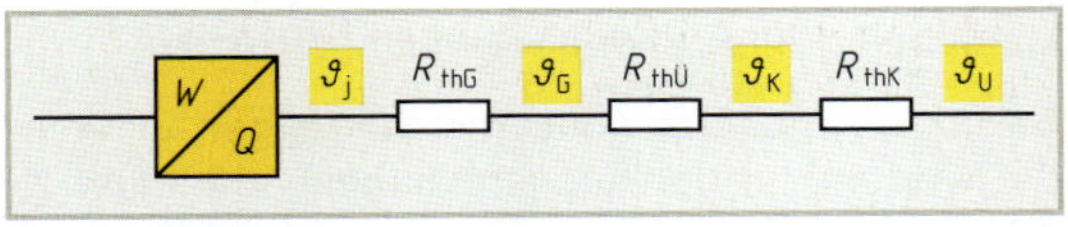

Bild 4: Ersatzschaltplan der Wärmewiderstände

$$R_{th} = \frac{\Delta T}{P_v}$$

$$R_{th} = R_{thG} + R_{thÜ} + R_{thK}$$

ϑ_j, ϑ_G, ϑ_K, ϑ_U	Temperaturen
ΔT	Temperaturdifferenz
P_v	Verlustleistung
R_{th}	Gesamtwärmewiderstand
R_{thG}	innerer Wärmewiderstand
$R_{thÜ}$	Wärmewiderstand zwischen Gehäuse und Kühlkörper (Übergangs-Wärmewiderstand)
R_{thK}	Wärmewiderstand zwischen Kühlkörper und Kühlmittel (Kühlkörper-Wärmewiderstand)

5.1.3 Operationsverstärker

Operationsverstärker (OP, OPV, OPAMP von **Oper**ation **Amp**lifier) werden als IC hergestellt. Sie haben einen invertierenden Eingang und einen nicht invertierenden Eingang **(Bild 1)**.

Operationsverstärker können Gleichspannungen und Wechselspannungen verstärken. Sie finden Anwendung in der analogen Signalverarbeitung, z.B. in der Regelungstechnik, als NF-Verstärker oder als Verstärkerelement in Filterschaltungen, und in der Digitaltechnik.

Operationsverstärker bestehen aus mehreren direkt gekoppelten Verstärkerstufen **(Bild 2)**. Der Leerlauf-Spannungsverstärkungsfaktor V_0 ist deshalb sehr groß. Die Eingangsstufe ist immer eine Differenzverstärkerstufe mit Konstantstromquelle im gemeinsamen Emitterzweig **(Bild 3, links)**. Erhöht sich der Kollektorstrom eines Transistors durch Vergrößerung seiner Basisspannung, so nimmt der Kollektorstrom des zweiten Transistors um den gleichen Betrag ab, da sich der Gesamtstrom nicht ändern kann.

Fasst man beide Transistoren als Widerstände R_{K1} und R_{K2} auf, so liegt eine Brückenschaltung vor **(Bild 3, rechts)**. Ist bei einer Differenzeingangsspannung von 0 V die Ausgangsspannung nicht 0 V, so weist dies auf Unsymmetrien im Verstärker hin und ein Nullpunktabgleich (Offset-Kompensation, offset = Ausgleich) ist erforderlich. Dazu wird dem Eingangssignal eine zusätzliche, einstellbare Gleichspannung überlagert, z.B. 5 mV.

Temperaturschwankungen können sich bei einer Differenzverstärkerstufe nicht auswirken, da sich die Arbeitspunkte beider Transistoren in gleicher Richtung verschieben. Dadurch ist der Nullpunkt stabil und driftet (to drift = treiben) nicht ab.

Da in der Endstufe Kollektorschaltungen verwendet werden, ist der Ausgangsinnenwiderstand Z_{ia} sehr klein (Bild 2). Der Eingangsinnenwiderstand Z_{ie} ist dagegen sehr groß.

Unbeschaltete Operationsverstärker haben
- einen großen Leerlauf-Spannungsverstärkungsfaktor V_0,
- einen sehr großen Eingangsinnenwiderstand Z_{ie},
- einen kleinen Ausgangsinnenwiderstand Z_{ia}.

Die Übertragungskennlinie eines Operationsverstärkers soll im Aussteuerbereich linear verlaufen zwischen den Betriebsspannungen $+U_b$ und $-U_b$ **(Bild 4)**, die als Rail (= Gleis) bezeichnet werden.

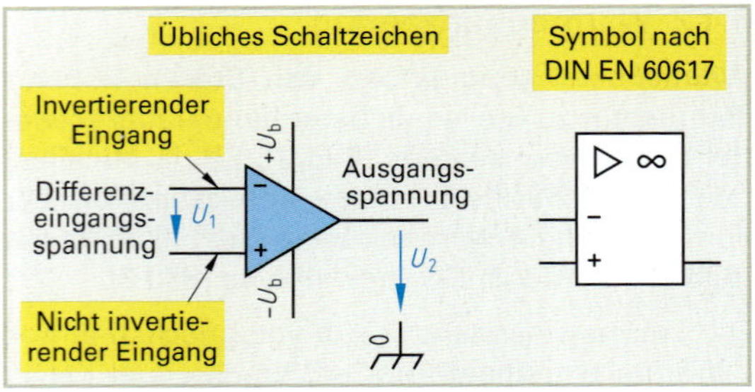

Bild 1: Schaltzeichen und Symbol für Operationsverstärker

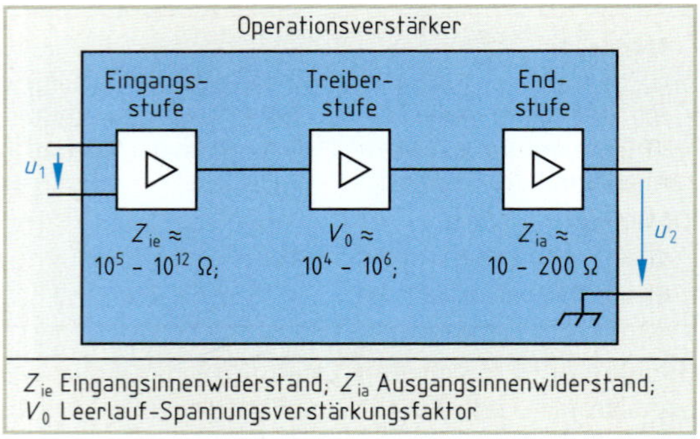

Z_{ie} Eingangsinnenwiderstand; Z_{ia} Ausgangsinnenwiderstand; V_0 Leerlauf-Spannungsverstärkungsfaktor

Bild 2: Übersichtsschaltplan eines Operationsverstärkers

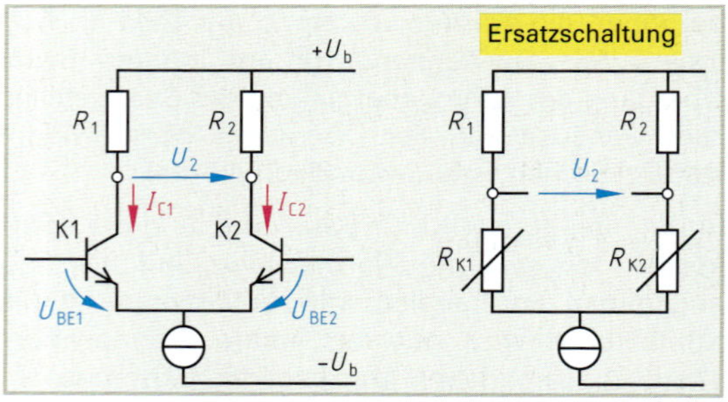

Bild 3: Differenzverstärkerstufe mit Ersatzschaltung

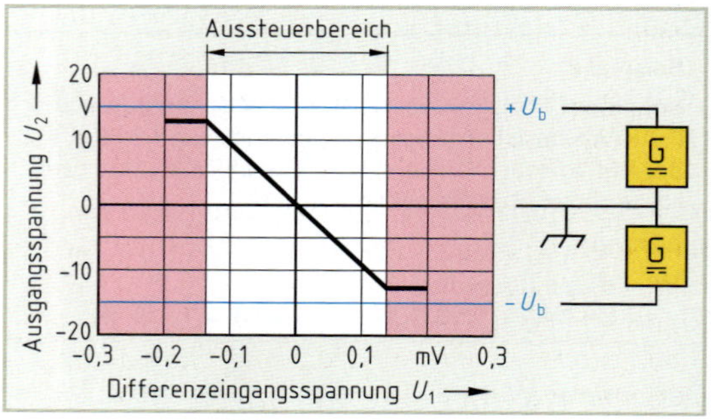

Bild 4: Übertragungskennlinie eines Operationsverstärkers

Man spricht deshalb auch von Rail-to-Rail-Operationsverstärkern. Unterhalb und oberhalb dieses linearen Aussteuerbereichs ist der Operationsverstärker übersteuert und seine Ausgangsspannung ist auf etwa $+U_b$ oder $-U_b$ begrenzt.

> Die Übertragungskennlinie eines Operationsverstärkers verläuft linear zwischen $+U_b$ und $-U_b$.

Beim Operationsverstärker unterscheidet man zwischen Differenzansteuerung und Gleichtaktansteuerung **(Bild 1)**. Wird nur einer der beiden Eingänge angesteuert, so entspricht dies der *Differenzansteuerung.*

Bei der *Gleichtaktansteuerung* müsste die Ausgangsspannung null sein, weil kein Spannungsunterschied zwischen den beiden Eingängen vorhanden ist. Tritt trotzdem eine Ausgangsspannung auf, so ist dies ein Hinweis auf Unsymmetrien im Verstärker. Wichtige Kenngrößen hierfür sind das Gleichtakt-Verstärkungsmaß G_{CM} (CM von Common Mode = Gleichtakt), das möglichst klein sein sollte, und das Gleichtakt-Unterdrückungsmaß G_{CMRR} (CMRR von Common Mode Rejection Ratio = Gleichtakt-Unterdrückungsverhältnis), welches möglichst groß sein.

Der angegebene Leerlauf-Spannungsverstärkungsfaktor V_0 gilt nur bei tiefen Frequenzen. Er nimmt infolge von Sperrschichtkapazitäten und Schaltkapazitäten im Operationsverstärker mit steigender Frequenz ab und erreicht bei der Durchtrittsfrequenz f_D (Transitfrequenz) den Wert 1 **(Bild 2)**. Bei der Grenzfrequenz f_C ist das Verstärkungsmaß G_0 um 3 dB abgefallen.

Zusätzlich erfährt die Ausgangsspannung des Operationsverstärkers mit steigender Frequenz eine Phasenverschiebung, wodurch die Schaltung zu hochfrequenten Schwingungen neigt.

Um diese Schwingneigung zu beseitigen, benötigen Operationsverstärker eine Frequenzkompensation mit einem Kondensator oder einem RC-Glied. Manche Operationsverstärker haben bereits eine interne Frequenzkompensation.

> Operationsverstärker ohne Frequenzkompensation neigen zu hochfrequenten Schwingungen.

Frequenzkompensierte Operationsverstärker haben Übertragungskennlinien mit linearem Abfall (Bild 2). Bei hohem Verstärkungsfaktor ist die Bandbreite klein. Benötigt man eine größere Bandbreite, so muss man einen kleineren Verstärkungsfaktor wählen.

> Die obere Grenzfrequenz und die Bandbreite eines Operationsverstärkers steigen mit abnehmendem Verstärkungsfaktor.

Das Produkt aus Verstärkungsfaktor V_0 und Bandbreite B eines frequenzkompensierten Operationsverstärkers ist im abfallenden Bereich der Übertragungskennlinie konstant. Es wird als Verstärkungsbandbreitenprodukt bezeichnet und entspricht der Durchtrittsfrequenz $f_D = V_0 \cdot B$. Da ein Operationsverstärker Spannungen bereits ab 0 Hz verstärkt, sind die Bandbreite B und die obere Grenzfrequenz f_c gleich groß.

$$G_0 = 20 \cdot \lg \frac{U_2}{U_1} \qquad G_{CM} = 20 \cdot \lg \frac{U_2}{U_{1CM}}$$

$$G_{CMRR} = G_0 - G_{CM} \qquad Z_{ie} = \frac{U_1}{I_1} \qquad Z_{ia} = \frac{\Delta U_1}{\Delta I_2}$$

G_0	Leerlaufverstärkungsmaß in dB
G_{CM}	Gleichtakt-Verstärkungsmaß in dB
G_{CMRR}	Gleichtakt-Unterdrückungsmaß in dB
Z_{ie}	Eingangsinnenwiderstand bei Differenzansteuerung
Z_{ia}	Ausgangsinnenwiderstand
U_1	Eingangsspannung
I_1	Eingangsstrom
U_2	Ausgangsspannung
ΔU_2, ΔI_2	Änderung von U_2, I_2
U_{1CM}	U_1 bei Gleichtaktansteuerung

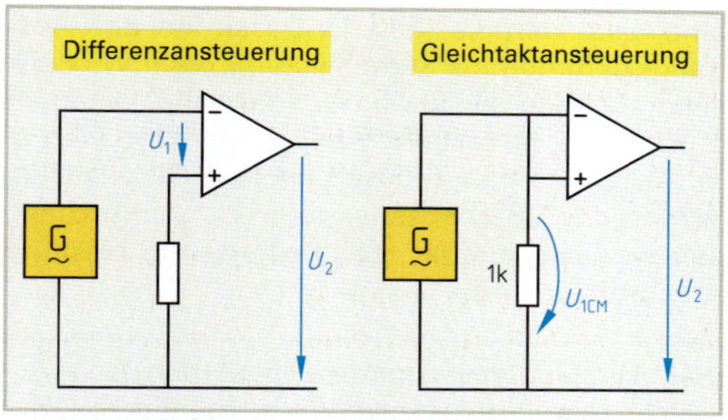

Bild 1: Ansteuerung von Operationsverstärkern

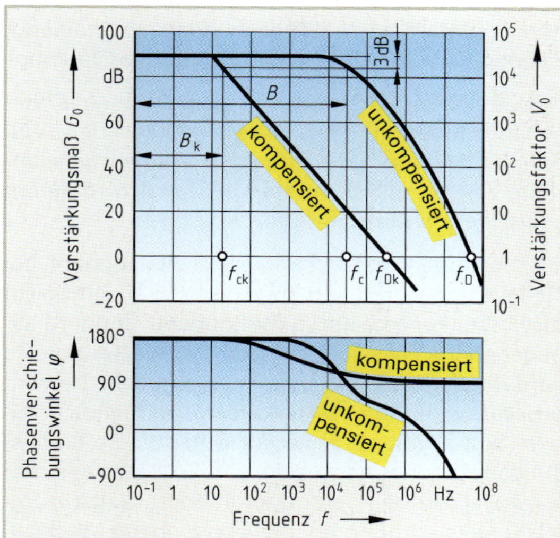

Bild 2: Frequenzkompensation

5.2 Schaltungen der Digitaltechnik und Analogtechnik

5.2.1 Verstärker

Verstärker haben die Aufgabe, schwache Signale so zu verstärken, dass diese einem elektroakustischen oder elektrooptischen Wandler zugeführt werden können. Kleine Spannungen bzw. Leistungen, z.B. von Mikrofonen oder Antennen, werden so hoch verstärkt, dass mit ihnen z.B. ein Lautsprecher betrieben werden kann **(Bild 1)**.

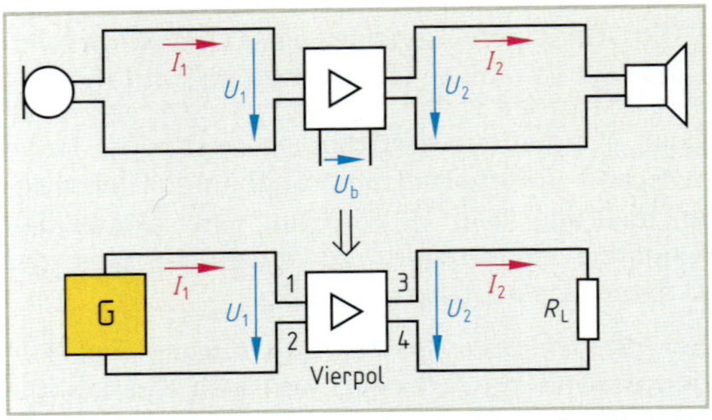

Bild 1: Verstärkerstufe und Ersatzschaltung mit Vierpol

5.2.1.1 Grundbegriffe der Verstärkertechnik

Verstärkungsarten

Verstärkerstufen haben zwei Eingangsanschlüsse und zwei Ausgangsanschlüsse für das Signal. Sie sind also *Vierpole* (Bild 1). Da sie an den Ausgangsklemmen als Signalleistung mehr Wirkleistung abgeben, als sie an den Eingangsklemmen aufnehmen, bezeichnet man sie als *aktive Vierpole.* Aktive Vierpole müssen an eine Gleichstromversorgung (Betriebsspannung U_b) angeschlossen werden, aus der die abzugebende Leistung entnommen wird.

> Als *Verstärkungsfaktor* bezeichnet man das Verhältnis einer Ausgangsgröße zu ihrer Eingangsgröße.

Man unterscheidet zwischen Stromverstärkung, Spannungsverstärkung und Leistungsverstärkung.

Neben der Verstärkung kann auch noch eine Phasenverschiebung oder Phasenumkehr der Ausgangsspannung gegenüber der Eingangsspannung auftreten. Das verstärkte Signal wird einem Lastwiderstand zugeführt.

Bei Endstufen von Verstärkern, insbesondere bei NF-Verstärkern mit Lautsprecherbetrieb, sind nicht die Verstärkungsfaktoren maßgebend, sondern die abgegebene Wechselstromleistung. Als Kenngröße wird die *Bemessungsleistung* angegeben. Sie wird erreicht, wenn die Verstärkerstufe mit sinusförmigem Signal voll ausgesteuert wird und die Bemessungsbelastung angeschlossen ist. Die aus der Stromversorgung aufgenommene Gleichstromleistung ist größer als die abgegebene Wechselstromleistung, da ein Teil der zugeführten Leistung als Verlustleistung P_v in Wärme umgesetzt wird.

Dämpfungsmaß und Verstärkungsmaß

Wird ein Signal durch einen Vierpol größer, so spricht man von *Verstärkung.* Wird ein Signal dagegen kleiner, so bezeichnet man dies als *Dämpfung.*

$$V_i = \frac{I_2}{I_1} \qquad V_u = \frac{U_2}{U_1} \qquad V_p = \frac{P_2}{P_1}$$

$$V_p = V_u \cdot V_i \qquad P_{-} = P_{\sim} + P_v$$

$$V = \frac{S_2}{S_1} \qquad D = \frac{S_1}{S_2} \qquad D = \frac{1}{V}$$

V_i	Stromverstärkungsfaktor		
V_u	Spannungsverstärkungsfaktor		
V_p	Leistungsverstärkungsfaktor		
P_{-}	aufgenommene Gleichstromleistung		
$P_{\sim}$	abgegebene Wechselstromleistung		
P_v	Verlustleistung (auch P_{tot}, tot von total = gesamt)		
I_1	Eingangsstrom;	I_2	Ausgangsstrom
U_1	Eingangsspannung;	U_2	Ausgangsspannung
P_1	Eingangsleistung;	P_2	Ausgangsleistung
D	Dämpfungsfaktor;	V	Verstärkungsfaktor
S_1	Eingangsgröße;	S_2	Ausgangsgröße

> Der Dämpfungsfaktor ist der Kehrwert des Verstärkungsfaktors.

Der Verstärkungsfaktor wird als Verhältnis von Ausgangsgröße zu Eingangsgröße angegeben, der Dämpfungsfaktor dagegen als Verhältnis von Eingangsgröße zu Ausgangsgröße.

Oft verwendet man statt des Dämpfungsfaktors das Dämpfungsmaß in Dezibel (dB, **Tabelle 1, folgende Seite**).

Wenn der Eingangswiderstand R_1 und der Ausgangswiderstand R_2 gleich groß sind, was in der Nachrichtentechnik wegen der Leistungsanpassung häufig der Fall ist, kann man das Dämpfungsmaß auch aus den Spannungen berechnen.

Die Formel zur Berechnung des Dämpfungsmaßes aus den Spannungen wird auch verwendet, wenn die Widerstände verschieden sind.

Tabelle 1: Dämpfungsmaß und Dämpfungsfaktoren

Dämpfungsmaß in dB	0	3	6	10	14	20	28	30	40
Spannungsdämpfungsfaktor	1	1,41	2	3,16	5	10	20	31,6	100
Leistungsdämpfungsfaktor	1	2	4	10	25	100	400	1000	10000

Das *Verstärkungsmaß* ist der Logarithmus aus dem Kehrwert des Dämpfungsfaktors. Man verwendet dafür das Formelzeichen G oder drückt das Verstärkungsmaß als negatives Dämpfungsmaß $-A$ aus.

Ein negatives Dämpfungsmaß gibt eine Verstärkung an.

Durch die logarithmische Angabe von Dämpfung und Verstärkung ist eine einfache Berechnung des Gesamtdämpfungsmaßes eines Übertragungssystems mittels Addition der Einzeldämpfungsmaße möglich.

$$A = 10 \cdot \lg \frac{P_1}{P_2}\,\text{dB} \qquad A = 10 \cdot \lg \frac{U_1^2 \cdot R_1}{U_2^2 \cdot R_2}\,\text{dB}$$

bei $R_1 = R_2$

$$A = A_1 + A_2 + \ldots \qquad G = -A \qquad A = 20 \cdot \lg \frac{U_1}{U_2}\,\text{dB}$$

A Dämpfungsmaß in dB
P_1 Eingangsleistung; P_2 Ausgangsleistung
U_1 Eingangsspannung; U_2 Ausgangsspannung
R Widerstand
A_1, A_2, ... Einzeldämpfungsmaße in dB
G Verstärkungsmaß in dB

Übertragungskurve

Ein idealer Verstärker sollte alle Frequenzen von 0 Hz bis ∞ Hz mit gleich großem Verstärkungsfaktor übertragen können. Wegen der in den Schaltungen wirksamen Kapazitäten ist dies jedoch nicht möglich.

Die Abhängigkeit der Ausgangsspannung bzw. des Verstärkungsfaktors von der Frequenz bezeichnet man als Übertragungskurve oder Frequenzgang des Verstärkers **(Bild 1).** Bei der grafischen Darstellung wird die Frequenz meist im logarithmischen Maßstab aufgetragen.

Die Differenz zwischen oberer und unterer Grenzfrequenz bezeichnet man als Bandbreite B des Verstärkers.

Als obere bzw. untere Grenzfrequenz sind die Frequenzen festgelegt, bei denen die Ausgangsspannung auf 70,7 % des Höchstwertes gefallen ist. Dies entspricht einem Dämpfungsmaß von 3 dB.

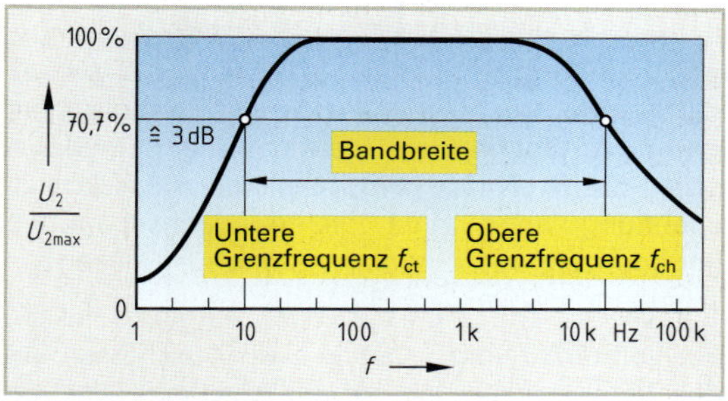

Bild 1: Übertragungskurve eines Verstärkers

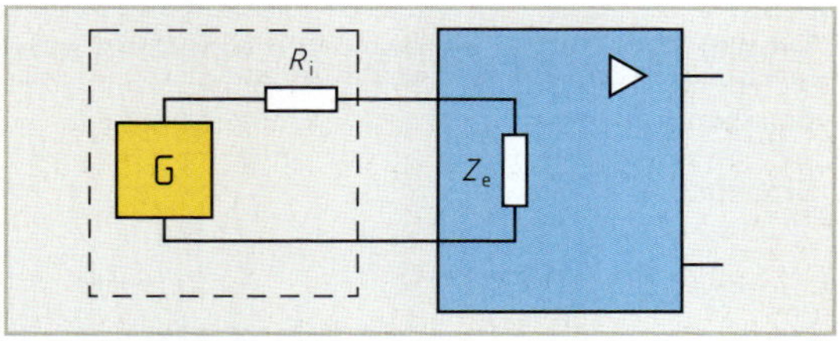

Bild 2: Ersatzschaltplan für den Eingang einer Verstärkerstufe

Eingangswiderstand und Ausgangswiderstand

Der Eingangswiderstand Z_e einer Verstärkerstufe belastet den Spannungserzeuger, der die Stufe ansteuert **(Bild 2).** Er muss vor allem bei Verstärkerstufen mit bipolaren Transistoren beachtet werden. Bei Verstärkern mit Feldeffekttransistoren und bei Operationsverstärkern kann Z_e so groß sein, dass fast kein Eingangsstrom fließt.

Verzerrungen

Bei *linearen Verzerrungen* besteht zwischen den Eingangsgrößen und den Ausgangsgrößen der einzelnen Teilschwingungen des Verstärkers ein linearer Zusammenhang. Die Sinusform einer *einzelnen* Wechselgröße wird nicht verändert, jedoch ihre Amplitude. Verzerrungen entstehen, wenn *mehrere* Teilschwingungen gleichzeitig übertragen werden.

Bei *nicht linearen Verzerrungen* besteht zwischen den Eingangsgrößen und den Ausgangsgrößen des Verstärkers ein nicht linearer Zusammenhang.

Durch die nicht lineare Kennlinie entstehen zusätzlich zur Frequenz der Grundschwingung weitere Teilschwingungen. Ihre Frequenzen sind ganzzahlige Vielfache der Frequenz der Grundschwingung. Das Maß für nicht lineare Verzerrungen ist der *Klirrfaktor* (siehe Mathematik für Elektroniker).

5.2.2 Verstärker mit bipolaren Transistoren

Verstärkergrundschaltungen

Durch eine Änderung der Basis-Emitter-Spannung kann man den Kollektor-Emitter-Widerstand des Transistors ändern **(Bild 1)**. Es tritt dadurch eine Kollektorstromänderung auf, die wesentlich größer ist als die Basisstromänderung. Schaltet man in den Kollektorstromkreis einen Widerstand R_C, so ändert sich durch den Spannungsfall an diesem Widerstand auch die Kollektor-Emitter-Spannung. Diese Spannungsänderung ist wesentlich größer als die Änderung der Basis-Emitter-Spannung. Durch den Widerstand R_C erhält man neben der *Stromverstärkung* jetzt auch eine *Spannungsverstärkung*.

> Verstärker mit Transistoren benötigen zur Spannungsverstärkung einen Widerstand im Ausgangskreis.

In der Schaltung Bild 1 verläuft bei den angegebenen Bezugspfeilen der Spannungen die Spannungsänderung auf der Ausgangsseite entgegengesetzt zur Spannungsänderung auf der Eingangsseite. Steuert man den Transistor mit Wechselspannung an, so ist die Ausgangsspannung gegenphasig zur Eingangsspannung (Phasenverschiebungswinkel $\varphi = 180°$).

Ein Verstärkervierpol hat je zwei Anschlüsse auf der Eingangsseite und auf der Ausgangsseite, ein Transistor aber nur drei Anschlüsse. Deshalb muss

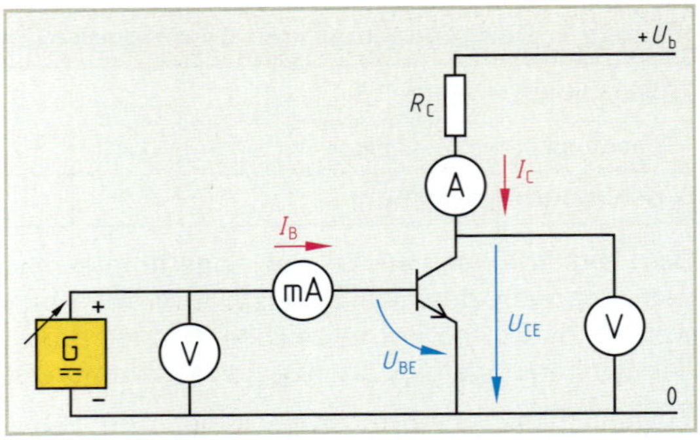

Bild 1: Transistor als Verstärker (Versuchsschaltung)

einer der Transistoranschlüsse zumindest für den Wechselstrom sowohl im Eingangskreis als auch im Ausgangskreis verwendet werden. In der Schaltung Bild 1 ist dies der Emitteranschluss. Man bezeichnet deshalb diese Schaltung als *Emitterschaltung*.

Gemäß den beiden anderen Anschlüssen unterscheidet man die *Kollektorschaltung* und die *Basisschaltung* **(Tabelle 1)**.

Arbeitspunkt

Bei NPN-Transistoren muss die Basis stets positiv, bei PNP-Transistoren stets negativ gegenüber dem Emitter sein. Transistoren werden deshalb mit einer *Basis-Emitter-Vorspannung* betrieben, der die Steuerwechselspannung überlagert wird.

Die Basis-Emitter-Vorspannung und die Kollektor-Emitter-Spannung bestimmen den *Arbeitspunkt* des Transistors. Die Basis-Emitter-Vorspannung

Tabelle 1: Grundschaltungen mit bipolaren Transistoren

Schaltungsart	Emitterschaltung	Kollektorschaltung	Basisschaltung
Schaltung	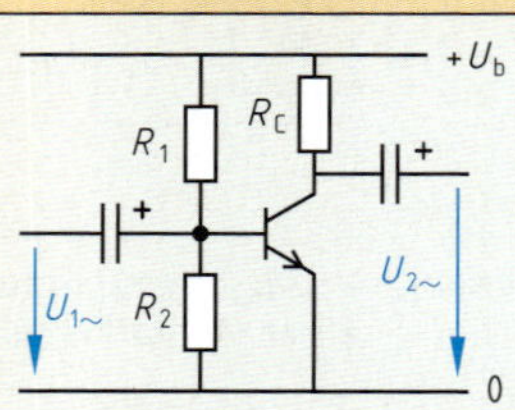	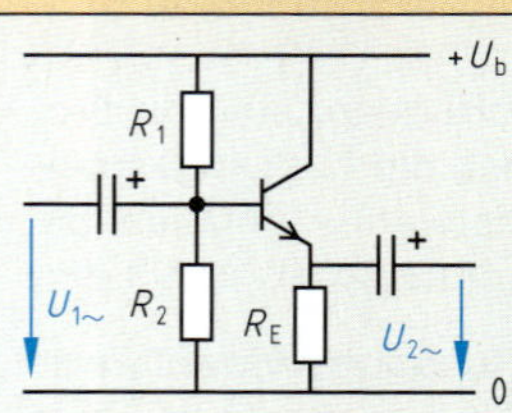	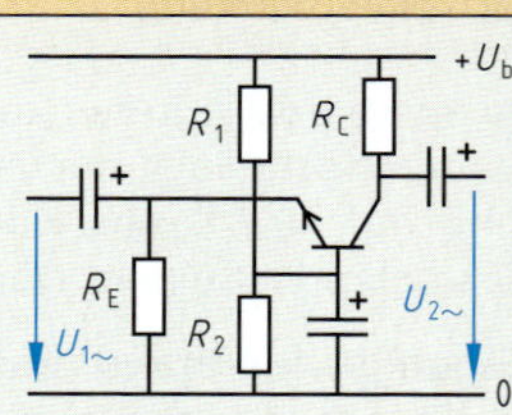
Stromverstärkungsfaktor β	groß, z. B. 300	groß, z. B. 300	< 1
Spannungsverstärkungsfaktor V_u	groß, z. B. 300	< 1	groß, z. B. 100
Leistungsverstärkungsfaktor V_p	sehr groß, z. B. 30 000	groß, z. B. 300	groß, z. B. 200
Eingangswiderstand R_{ie} Ausgangswiderstand R_{ia}	mittel, z. B. 5 kΩ groß, z. B. 10 kΩ	groß, z. B. 50 kΩ klein, z. B. 100 Ω	klein, z. B. 50 Ω groß, z. B. 10 kΩ
Lage der Eingangsspannung zur Ausgangsspannung	gegenphasig	gleichphasig	gleichphasig

Die angegebenen Werte gelten für NPN-Kleinleistungstransistoren bei niedrigen Frequenzen.

wird über einen Spannungsteiler oder einen Vorwiderstand aus der Betriebsspannung entnommen **(Bild 1)**.

Bei bipolaren Transistoren muss der Arbeitspunkt durch geeignete Maßnahmen stabilisiert werden.

Für Transistoren mit kleiner Leistung, z. B. in Vorstufen, genügt eine elektrische Stabilisierung des Arbeitspunktes **(Tabelle 1)**. Meist wird dabei das Gegenkopplungsprinzip angewendet. Die Schaltungen können miteinander kombiniert werden.

Bei Leistungstransistoren muss zusätzlich die im Inneren entstehende Wärme abgeleitet werden. Die höchstzulässige Verlustleistung P_v, die im Transistor auftreten darf, kann als Leistungshyperbel P_{tot} im Ausgangskennlinienfeld eingetragen werden **(Bild 2)**.

Emitterschaltung

Die Emitterschaltung hat den größten Leistungsverstärkungsfaktor und wird deshalb am häufigsten verwendet (Bild 1). Bei *Kleinsignalverstärkung* können die Stromverstärkung und die Spannungsverstärkung mithilfe der Transistorkenngrößen berechnet werden (Mathematik für Elektroniker).

Großsignalverstärkung bedeutet eine weite Aussteuerung im Ausgangskennlinienfeld des Transistors. Dies ist vor allem bei Endverstärkerstufen der Fall.

Die Verstärkungsfaktoren können bei Bedarf aus den Kennlinien ermittelt werden. Wichtiger ist bei Endverstärkerstufen jedoch die Bestimmung der abgegebenen Wechselstromleistung, der aufgenommenen Gleichstromleistung und der Verlustleistung. Dazu wird der wechselstrommäßig wirksame Lastwiderstand Z_L als *Arbeitsgerade* in das Kennlinienfeld eingezeichnet (Bild 2).

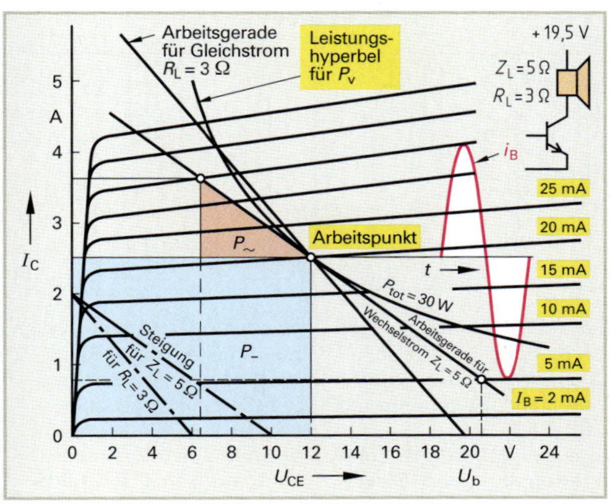

Bild 2: Ermittlung der Leistungen aus dem Ausgangskennlinienfeld

Der Arbeitspunkt eines Transistors wird bestimmt durch die
- Basis-Emitter-Vorspannung U_{BE} und die
- Kollektor-Emitter-Spannung U_{CE}.

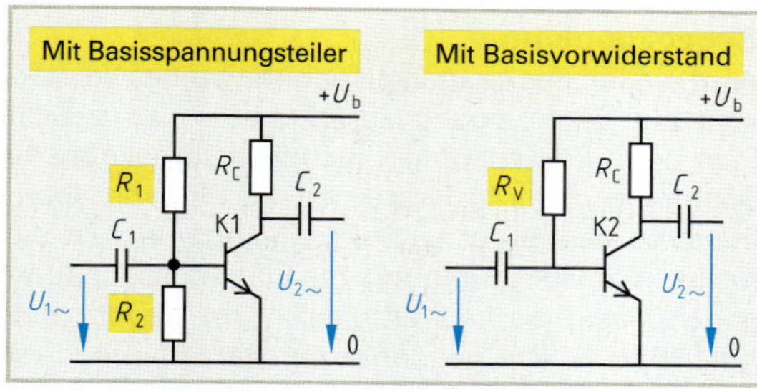

Bild 1: Erzeugung der Basis-Emitter-Vorspannung

Tabelle 1: Stabilisierung des Arbeitspunktes

Gleichstromgegenkopplung	Gleichspannungsgegenkopplung
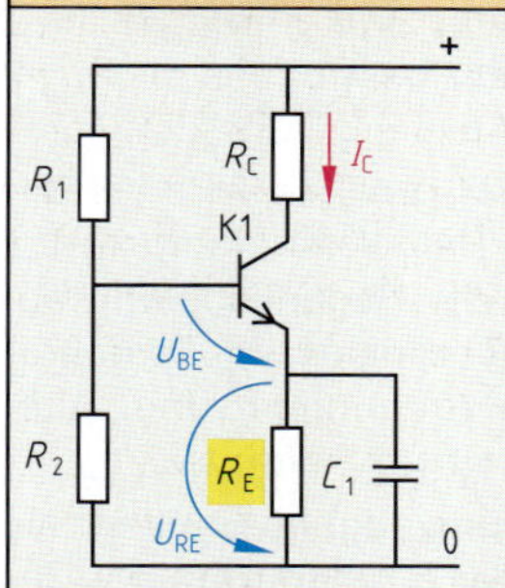	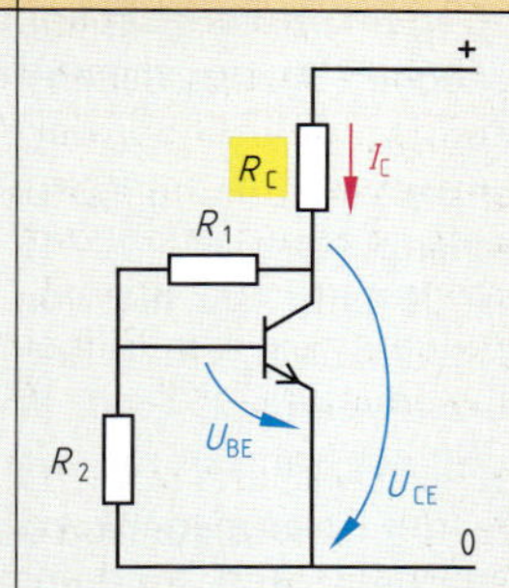
$I_C \uparrow \Rightarrow U_{RE} \uparrow \Rightarrow U_{BE} \downarrow$ Vermeidung einer Wechselstromgegenkopplung. Der Widerstand R_E wird mit einem Kondensator überbrückt.	$I_C \uparrow \Rightarrow U_{CE} \downarrow \Rightarrow U_{BE} \downarrow$ Zusätzlich tritt eine Wechselspannungsgegenkopplung auf.
Stabilisierung mit Dioden	**Stabilisierung durch Heißleiter**
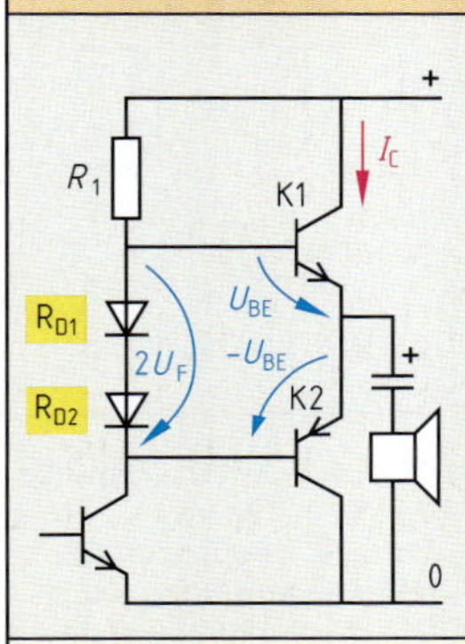	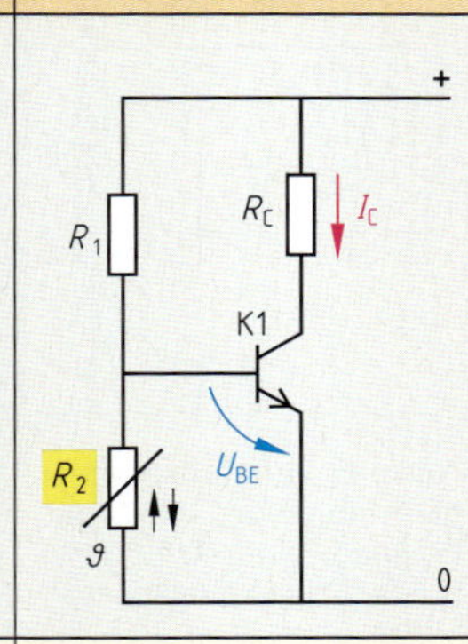
$\vartheta_{V1,V2} \uparrow \Rightarrow R_{V1,V2} \downarrow \Rightarrow U_F \downarrow \Rightarrow U_{BE} \downarrow$	$\vartheta \uparrow \Rightarrow R_2 \downarrow \Rightarrow U_{BE} \downarrow$ Der Heißleiter muss thermisch mit dem Transistor verbunden sein.

Kopplung mehrstufiger Verstärker

Reicht die Verstärkung eines Transistors nicht aus, so werden zwei oder mehr Stufen hintereinandergeschaltet. Die Verstärkungsfaktoren multiplizieren sich. Die Verbindung zweier Verstärkerstufen bezeichnet man als *Kopplung* **(Tabelle 1)**.

Gegenkopplung

Wird ein Teil der Ausgangsspannung eines Verstärkers auf den Eingang zurückgeführt, so spricht man von *Rückkopplung*. Ist die rückgekoppelte Spannung dabei in Phase mit der Eingangsspannung, so handelt es sich um *Mitkopplung*. Ist die rückgekoppelte Spannung zur Eingangsspannung gegenphasig, so handelt es sich um *Gegenkopplung* **(Bild 1)**. Die gegengekoppelte Spannung ist ein Teil der Ausgangswechselspannung. Der *Kopplungsfaktor* gibt das Verhältnis der gegengekoppelten Spannung zur Ausgangsspannung an.

> Der Verstärkungsfaktor ist bei Gegenkopplung kleiner, da die Steuerspannung $U_{St\sim}$ um die Gegenkopplungsspannung $U_{GK\sim}$ kleiner ist als die Eingangsspannung $U_{1\sim}$.

Ist der Verstärkungsfaktor V_u groß, so wird bei Gegenkopplung $V_u' \approx 1/K$. Der Verstärkungsfaktor hängt dann fast nur von der Gegenkopplung ab. Schwankungen der Betriebsspannung, Temperaturänderungen, Exemplarstreuungen und Alterung der Transistoren wirken sich kaum aus.

Bei der **Stromgegenkopplung** liegt im Emitterkreis ein Widerstand, an dem der Emitterstrom die Gegenkopplungsspannung hervorruft **(Bild 1, folgende Seite)**. Zusammen mit der Wechselstromgegenkopplung tritt auch Gleichstromgegenkopplung auf, durch die der Arbeitspunkt stabilisiert wird. Soll die Wechselstromgegenkopplung kleiner sein als die Gleichstromgegenkopplung, so wird der Emitterwiderstand ganz oder zum Teil mit einem Kondensator überbrückt. Ist $X_C \ll R_E$ tritt keine Wechselstromgegenkopplung auf.

> ℹ Der Klirrfaktor wird bei Gegenkopplung im gleichen Verhältnis wie der Verstärkungsfaktor herabgesetzt.

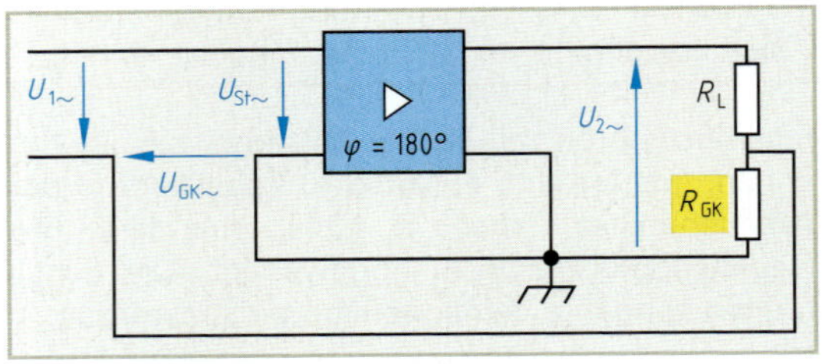

Bild 1: Prinzip der Gegenkopplung

$$V_u' = \frac{V_u}{1 + K \cdot V_u}$$

V_u' Spannungsverstärkungsfaktor bei Gegenkopplung
V_u Spannungsverstärkungsfaktor ohne Gegenkopplung
K Kopplungsfaktor

Tabelle 1: Kopplungsarten

RC-Kopplung	Direkte Kopplung (Emitterkopplung)	Direkte Kopplung (Kollektorkopplung)	Übertragerkopplung
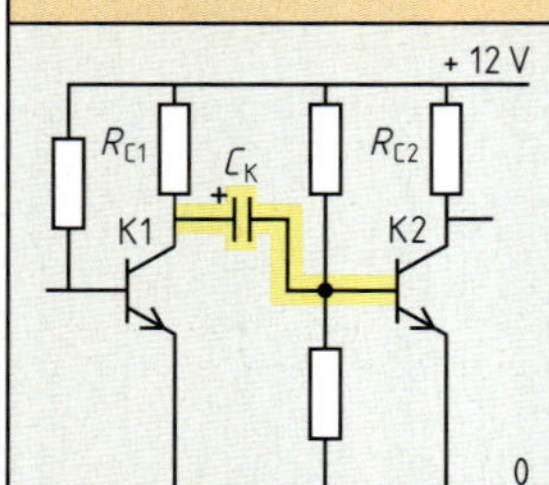	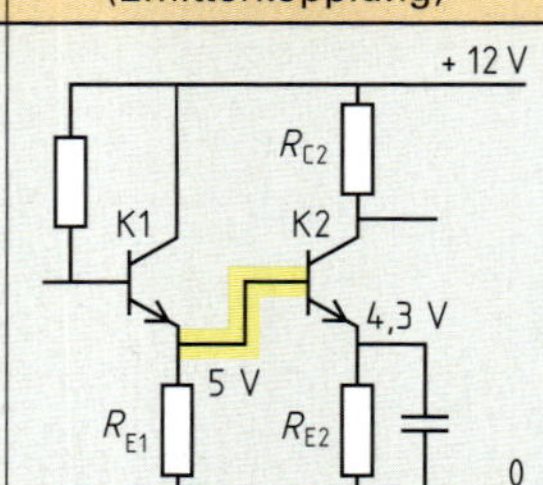	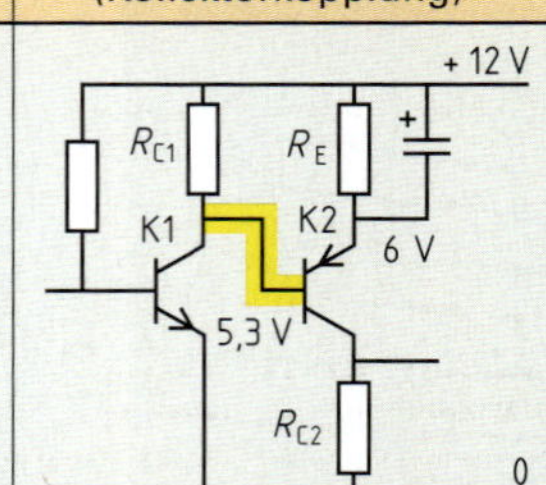	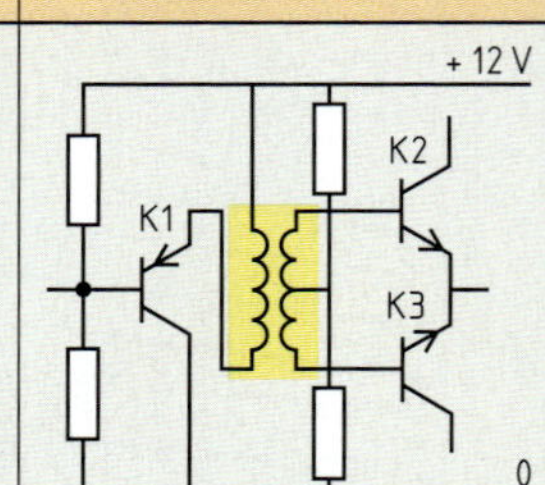
Nachteil: Verstärkung frequenzabhängig, da C_K mit Eingangswiderstand der 2. Stufe einen Hochpass bildet. *Vorteil:* Arbeitspunkte voneinander unabhängig.	*Nachteil:* Der Arbeitspunkt von K2 hängt von K1 ab. *Vorteile:* frequenzunabhängige Kopplung, auch Gleichspannungsverstärkung. K1 arbeitet in Kollektorschaltung mit kleinem Ausgangswiderstand. Gute Anpassung an K2.	*Nachteile:* Der Arbeitspunkt von K2 hängt von K1 ab. K2 benötigt großen Emitterwiderstand (Spannungsverlust). *Vorteile:* frequenzunabhängige Kopplung, auch Gleichspannungsverstärkung.	*Nachteile:* Übertrager haben nur eine begrenzte Bandbreite. Sie sind verhältnismäßig teuer, groß und schwer. *Vorteile:* Leistungsanpassung möglich. Die Arbeitspunkte sind voneinander unabhängig.

Die Stromgegenkopplung wird auch als *Reihengegenkopplung* bezeichnet, weil Eingangsspannung und Gegenkopplungsspannung in Reihe liegen. Die eigentliche Steuerspannung ist um die Gegenkopplungsspannung kleiner als die Eingangsspannung. Deshalb erscheint der Eingangswiderstand vergrößert. Ein Sonderfall der Reihengegenkopplung ist die Kollektorschaltung.

Bei der **Spannungsgegenkopplung** wird ein Teil der Ausgangsspannung zurückgeführt **(Bild 2)**. Die Spannungsgegenkopplung über eine Stufe wird auch als *Parallelgegenkopplung* bezeichnet, weil Eingangsspannung und Gegenkopplungsspannung parallel liegen.

Bei Gegenkopplung wird die Bandbreite der gegengekoppelten Stufe größer **(Bild 3)**. In der Nähe der unteren und der oberen Grenzfrequenz nimmt der Verstärkungsfaktor ab. Dadurch wird die gegengekoppelte Spannung kleiner. Infolgedessen liegen die Grenzfrequenzen weiter außen.

> Gegenkopplung verkleinert nicht lineare und lineare Verzerrungen.

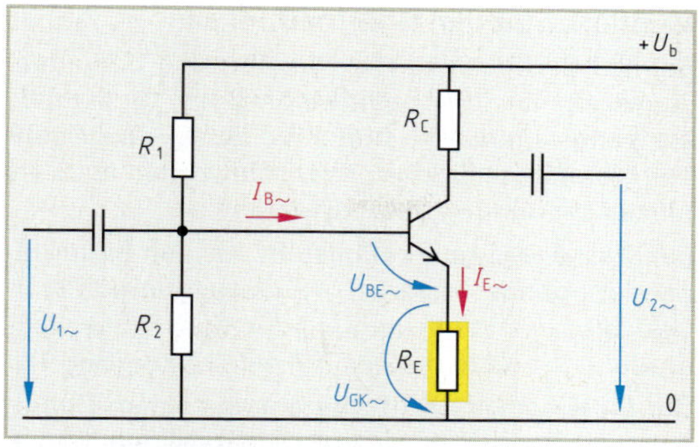

Bild 1: Stromgegenkopplung

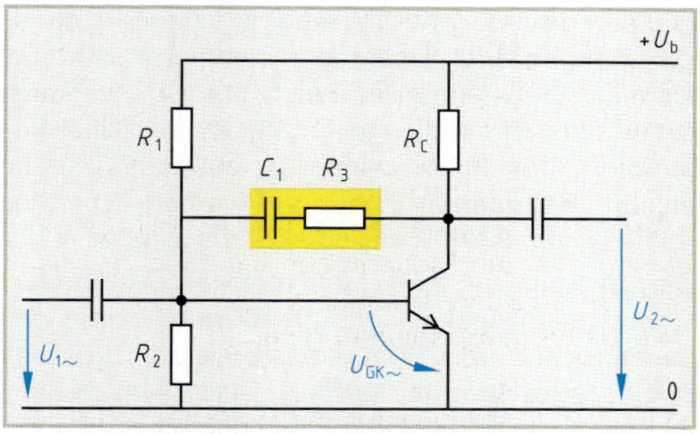

Bild 2: Spannungsgegenkopplung

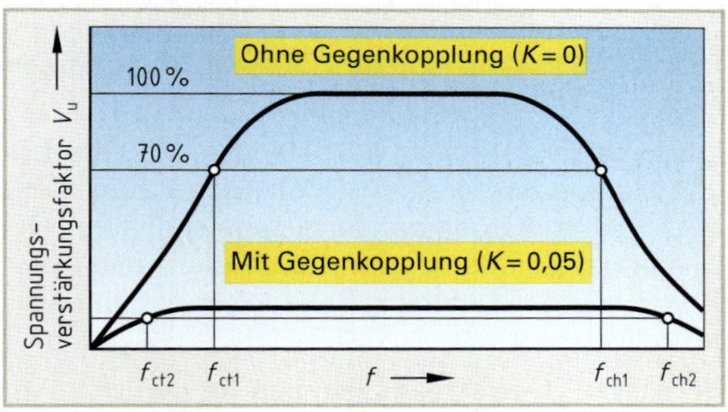

Bild 3: Übertragungskurven von Verstärkern

Gegentaktschaltungen

Gegentaktschaltungen werden bei Großsignalverstärkung verwendet, z. B. in Endstufen von NF-Verstärkern. Sie dienen zur Erhöhung der Leistung und haben einen größeren Wirkungsgrad und kleinere nicht lineare Verzerrungen als vergleichbare Eintaktschaltungen. Der *Wirkungsgrad* hängt von der Lage des Transistorarbeitspunkts auf der Arbeitsgeraden bzw. auf der Steuerkennlinie ab **(Tabelle 1)**. Man unterscheidet bei Verstärkern zwischen A-Betrieb, B-Betrieb und AB-Betrieb. Bei Sendern und Spannungswandlern kommen auch C-Betrieb und D-Betrieb vor.

Tabelle 1: Einteilung von Endstufen nach Klassen

Klasse	A	AB, B	C	D
Arbeitspunkt auf der Steuerkennlinie $i_2 = f(u_1)$	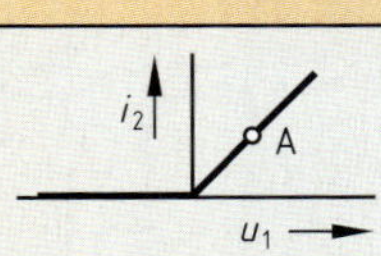	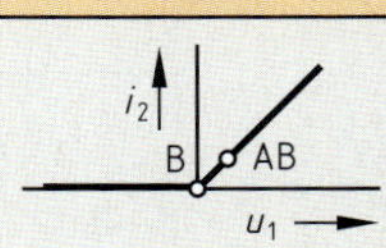	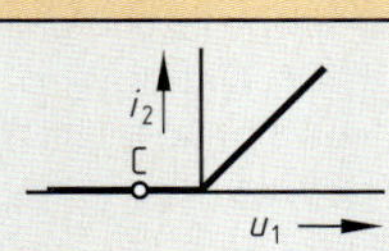	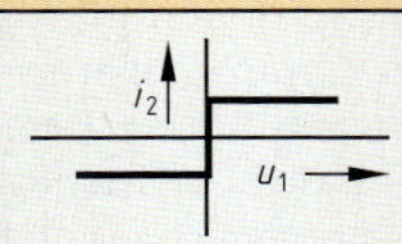
Wirkungsgrad	bis 50 %	bis 78 % (Gegentakt)	bis 100 %	100 %
Ausgangssignal i_2	bei linearer Steuerkennlinie unverzerrt	wenig verzerrt bei Gegentakt	stark verzerrt, nach Filter sinusförmig	stark verzerrt, nach Filter sinusförmig
Hinweise $i_2 = I_C$ $u_1 = U_{BE}$	Für Verstärkerendstufen nur noch selten verwendet, kleinster Klirrfaktor, großer Ruhestrom.	Erfordert zweiten Transistor im Gegentaktbetrieb, häufigste Schaltung, kein Ruhestrom (B) bzw. geringer Ruhestrom (AB).	Anwendung in Senderendstufen (Antennenschwingkreis wird impulsförmig angestoßen).	Schalterprinzip für Spannungswandler und NF-Verstärker. Anwendung in PC, MP3-Playern und Handys.

Verstärker für den D-Betrieb

Beim D-Betrieb wird die sinusförmige Eingangsspannung in ein rechteckförmiges, getaktetes Ausgangssignal mit hoher Leistung umgewandelt. Verstärker für den D-Betrieb werden auch als Klasse-D-Verstärker bezeichnet.

Ein Klasse-D-Verstärker besteht aus den Baugruppen Eingangsverstärker, Pulsweitenmodulator, Oszillator zur Takterzeugung für den Pulsweitenmodulator und dem Leistungsverstärker **(Bild 1)**.

Der Eingangsverstärker besteht aus einem Operationsverstärker, der mit den Eingangsspannungen U_{e+} und U_{e-} differenziell angesteuert wird. Der Pulsweitenmodulator PWM erzeugt aus den Eingangsspannungen zwei zueinander invertierte rechteckförmige Signale, deren Pulsweite sich entsprechend der Amplitude ändert **(Bild 2)**. Die Schaltfrequenz f_T für PWM wird mit einem Oszillator erzeugt. Bei interner Erzeugung werden Schaltfrequenzen von 200 kHz bis 600 kHz verwendet.

Der Leistungsverstärker wird meist als Brückenverstärker (H-Bridge) ausgeführt. Dadurch kann der Lautsprecher ohne Kondensatoren im Brückenzweig angeschlossen werden. Diese Ankopplung wird auch als BTL (**B**ridge **T**ied **L**oad = brückenverbundene Last) bezeichnet.

Durch den Schaltbetrieb des Leistungsverstärkers haben Klasse-D-Verstärker höhere Wirkungsgrade als Klasse-AB-Verstärker **(Bild 3)**.

In tragbaren Geräten, z. B. in Handys, MP3-Playern und Notebooks, werden sie verwendet, um möglichst lange Betriebszeiten zu erreichen. Bei NF-Leistungsverstärkern kann durch den hohen Wirkungsgrad auf Kühlbleche zur Wärmeabfuhr verzichtet werden.

Bei Klasse-D-Verstärkersystemen für den Heimbereich müssen die Ausgänge jedes Kanals mit einem Tiefpass gefiltert werden, damit die EMV-Störungen über die Lautsprecherleitungen klein gehalten werden **(Bild 4)**. Die Tiefpässe bestehen z. B. aus Ferritperlen und Kondensatoren. Eine weitere Verringerung erreicht man durch Verwendung der Spreiz-Spektrum-Technik. Dabei wird die Frequenz f_T z.B. im Bereich von 600 kHz bis 1200 kHz verändert, sodass das Störspektrum eine kleinere Leistungsdichte aufweist.

Für Klasse-D-Verstärker werden meist Schaltnetzteile verwendet, da sie die Pulsbelastungen durch die Endstufen weit über den hörbaren Bereich hinaus ausregeln können. Die Störfestigkeit sollte besser 50 dB PSRR (von **P**ower **S**upply **R**ejection **R**atio = Netzteil-Spannungsfestigkeitsverhältnis) sein.

Manche PWM-Modulatoren schalten die Signale der Kanäle zeitlich verzögert, sodass die Impulsbelastung des Netzteils verringert wird.

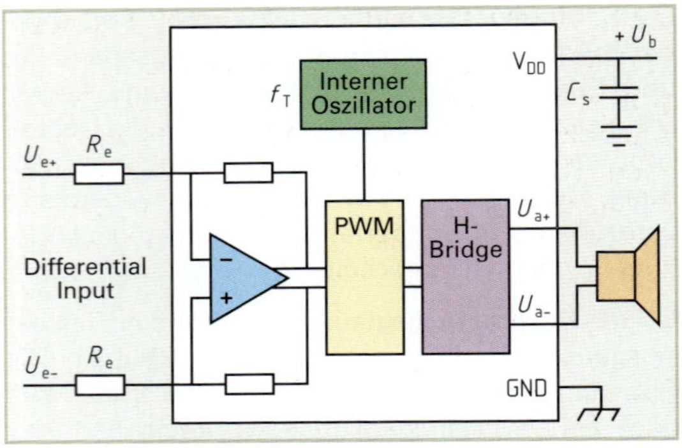

Bild 1: D-Verstärkerbaugruppen

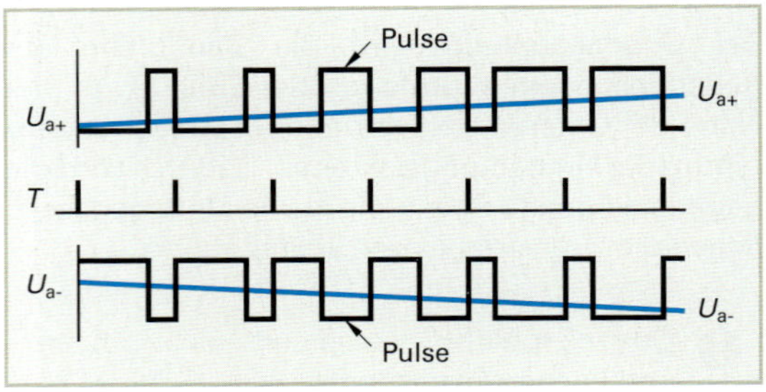

Bild 2: Ausgangsspannungen U_{a+}, U_{a-}

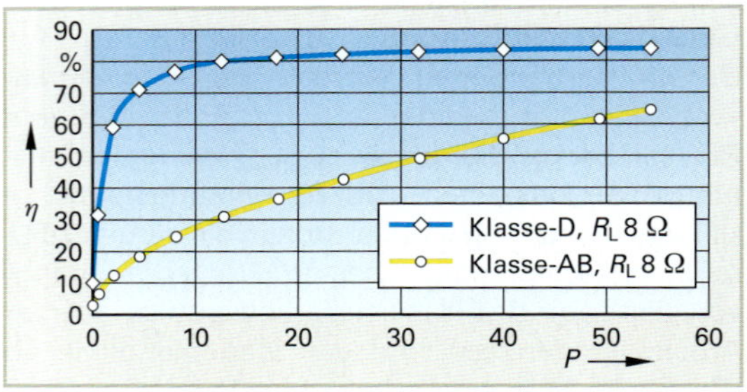

Bild 3: Wirkungsgrade von AB- und D-Verstärkern

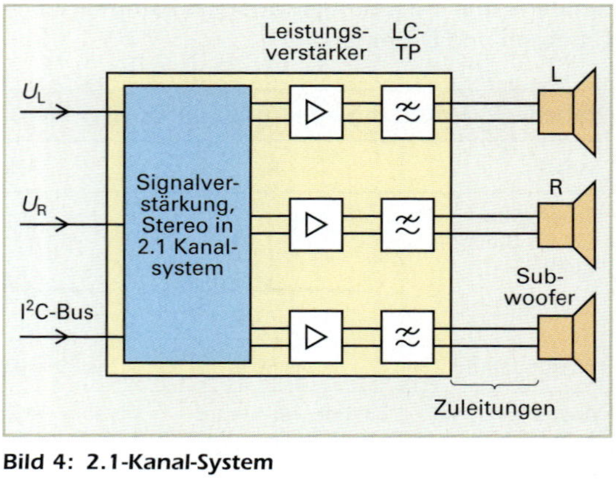

Bild 4: 2.1-Kanal-System

Anwendung von Klasse-D-Verstärkern:
- Mobiltelefone, MP3-Player
- PC-NF-Verstärker, NF-Leistungsverstärker

5.2.3 Verstärker mit Feldeffekttransistoren

Feldeffekttransistoren (FET) haben einen sehr großen Eingangswiderstand, eine kleine Temperaturabhängigkeit und eine kleine Rauschspannung. Sie sind deshalb für manche Verstärkerschaltungen besser geeignet als bipolare Transistoren. Nachteilig sind dagegen ihre gegenüber bipolaren Transistoren kleinere Steilheit sowie die größeren Kapazitäten.

Mit den drei Anschlüssen des Feldeffekttransistors lassen sich drei Verstärkergrundschaltungen verwirklichen **(Tabelle 1)**. Sie werden nach dem Anschluss benannt, der sowohl für den Eingang als auch für den Ausgang des Verstärkers verwendet wird und deshalb wechselstrommäßig mit Masse verbunden ist.

Die Eigenschaften der Grundschaltungen entsprechen weitgehend den Eigenschaften der drei Grundschaltungen mit bipolaren Transistoren. Es ist allerdings nicht sinnvoll, einen Stromverstärkungsfaktor anzugeben.

> Bei Schaltungen mit FET wird nur der Spannungsverstärkungsfaktor angegeben, weil die Steuerung allein mit Spannung erfolgt.

Einstellung und Stabilisierung des Arbeitspunktes

Die Lage des Arbeitspunktes im Kennlinienfeld wird durch zwei Spannungen bestimmt, die Drain-Source-Spannung und die Gate-Vorspannung. Die Temperaturabhängigkeit des Arbeitspunktes ist wesentlich geringer als bei bipolaren Transistoren. Außerdem ist der Temperaturkoeffizient des Drain-Source-Widerstands positiv. Bei einer Temperaturerhöhung um 150 K nimmt der Drainstrom um etwa 10 % ab. Es besteht also nicht die Gefahr der Selbstzerstörung wie bei bipolaren Transistoren. Feldeffekttransistoren sind *selbststabilisierend.* Trotzdem sind Stabilisierungsmaßnahmen sinnvoll, da mit dem Drainstrom auch der Verstärkungsfaktor abnimmt. Außerdem soll die Stabilisierung gegen Einflüsse von Exemplarstreuungen und Schwankungen der Betriebsspannung wirken.

Die Gatevorspannung wird am einfachsten mit einem Sourcewiderstand R_S erzeugt **(Tabelle 1, folgende Seite)**.

Dieser Widerstand dient gleichzeitig zur Stabilisierung des Arbeitspunktes. Will der Drainstrom z. B. abnehmen, so wird auch der Spannungsfall an R_S kleiner. Die kleinere Vorspannung wirkt der Drainstromabnahme entgegen (Gleichstromgegenkopplung), sodass der Arbeitspunkt stabilisiert wird.

Bei selbstsperrenden IG-FET muss die Vorspannung mit einem Spannungsteiler erzeugt werden. Man kann jedoch auch bei diesen Transistoren zusätzlich einen Sourcewiderstand zur Arbeitspunktstabilisierung verwenden, wenn man den Spannungsfall an R_S bei der Bemessung des Spannungsteilers berücksichtigt.

Tabelle 1: Verstärkerschaltungen mit Feldeffekttransistoren

Bezeichnung	Sourceschaltung	Drainschaltung	Gateschaltung
Schaltung	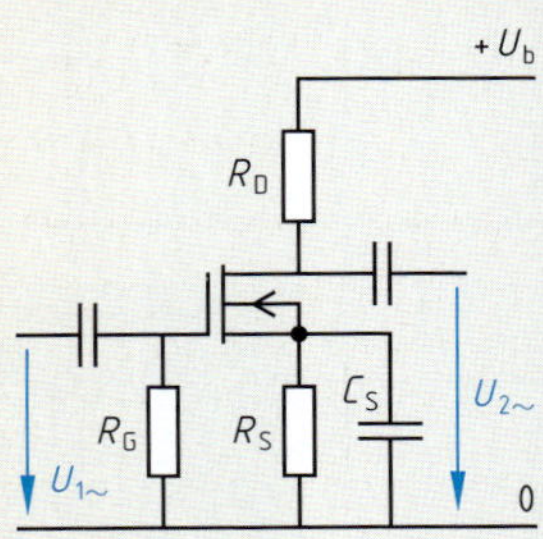	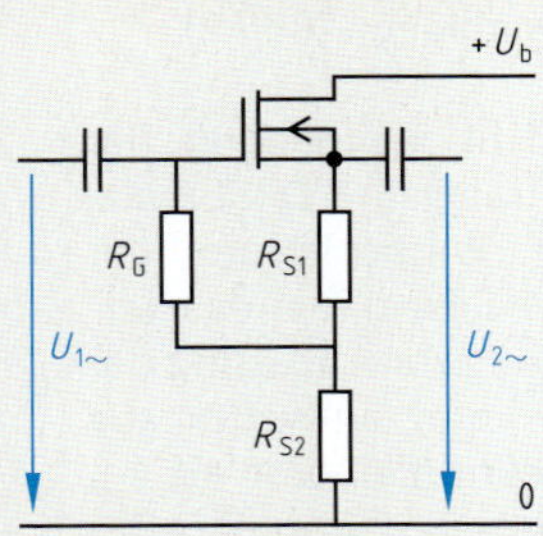	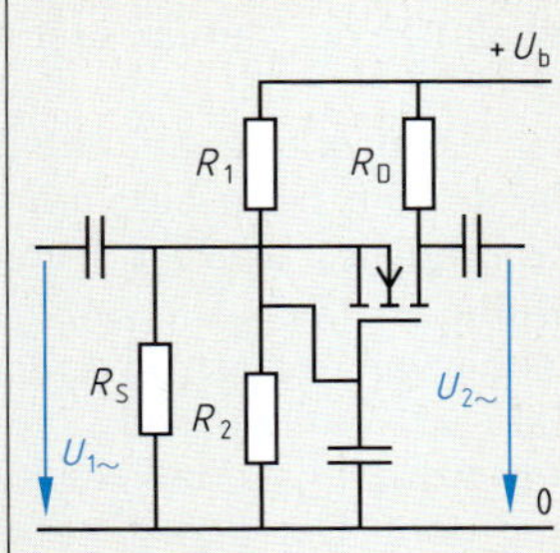
Verstärkungsfaktor V_u	mittel, z B. 20	< 1	mittel, z. B. 20
Eingangswiderstand	≈ R_G, z. B. 1 MΩ	sehr groß, z. B. 1 MΩ	klein, z. B. 500 Ω
Ausgangswiderstand	groß, z. B. 50 kΩ	klein, z. B. 500 Ω	klein, z. B. 50 kΩ
Lage von U_1 zu U_2	gegenphasig	gleichphasig	gleichphasig
Die angegebenen Werte sind Beispiele für Feldeffekttransistoren mit kleiner Leistung.			

Tabelle 1: Erzeugung der Gatevorspannung bei Feldeffekttransistoren

Selbstleitender IG-FET (N-Kanal)	PN-FET (P-Kanal)	Selbstsperrender IG-FET (N-Kanal)
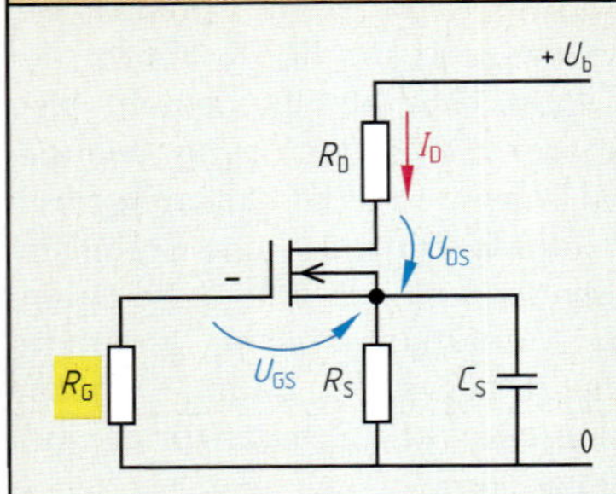	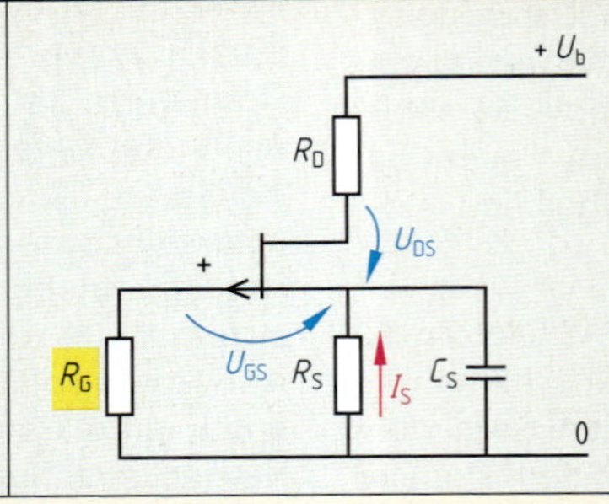	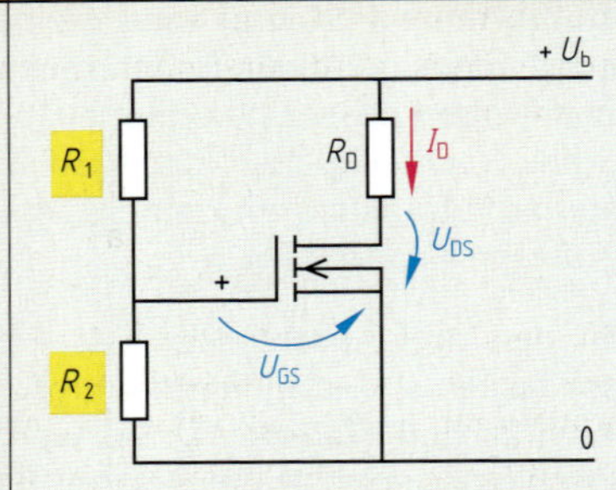
Wechselstromgegenkopplung wird durch C_S verhindert. R_G meist nicht über 5 MΩ, da sonst Ladungen nicht schnell genug abfließen können.		Vorspannungserzeugung durch Spannungsteiler.

Erzeugt man die Gatevorspannung mit einem Sourcewiderstand, so muss dieser bei der Festlegung der Arbeitsgeraden für Gleichstrom zum Lastwiderstand addiert werden, da er in der gleichen Größenordnung wie dieser liegt. Die Arbeitsgerade für Gleichstrom verläuft deshalb im Ausgangskennlinienfeld flacher als die Arbeitsgerade für Wechselstrom **(Bild 1)**. Die Größe von R_D hängt also nicht nur von der Wahl des Arbeitspunktes und von U_b ab, sondern auch von R_S.

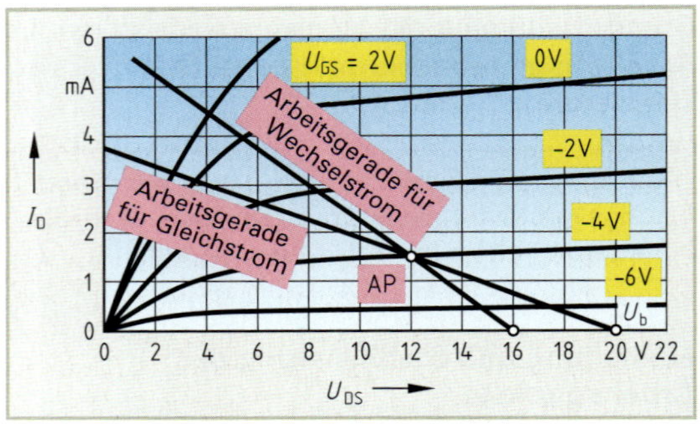

Bild 1: Arbeitsgeraden im Kennlinienfeld

Sourceschaltung

Viele Feldeffekttransistoren eignen sich wegen ihrer nicht linearen Steuerkennlinie nur für Kleinsignalverstärkung. Dabei wird für die Sourceschaltung meist nur der Spannungsverstärkungsfaktor angegeben, da fast kein Eingangsstrom fließt. Der Spannungsverstärkungsfaktor für die Sourceschaltung lässt sich aus dem Wechselstrom-Ersatzschaltplan der Verstärkerstufe ableiten **(Bild 2)**.

Der Ersatzschaltplan entspricht weitgehend der Darstellung beim bipolaren Transistor. Die Ersatzstromquelle erzeugt einen Wechselstrom der Größe S · $U_{GS\sim}$. Die *Steilheit S* ist dabei das Verhältnis von Drainstromänderung zur Änderung der Gate-Source-Spannung. Sie kann entweder aus dem Ausgangskennlinienfeld ermittelt oder als y_{21s} aus dem Datenblatt entnommen werden. Der Drainwiderstand R_D liegt parallel zum Ausgangswiderstand r_{DS} des Transistors, da der Betriebsspannungserzeuger keinen Widerstand für den Wechselstrom darstellt. Die Parallelschaltung von R_D mit dem am Verstärker angeschlossenen Lastwiderstand R_L stellt den Gesamtlastwiderstand Z_L des Transistors dar.

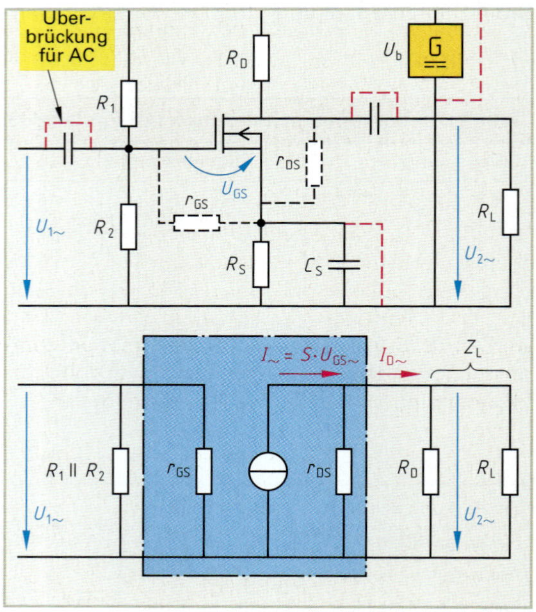

Bild 2: Verstärkerstufe in Sourceschaltung mit Ersatzschaltplan

Schaltungen mit FET

FET werden meist für Eingangsstufen von NF- und HF-Verstärkern, für geregelte HF-Verstärkerstufen und für Messverstärker verwendet. Leistungs-FET können auch in Treiberstufen und Endstufen eingesetzt werden.

Der HF-Verstärker **Bild 1** enthält zwei selbstsperrende IG-FET in Sourceschaltung. Die Vorspannungserzeugung muss deshalb über Spannungsteiler erfolgen. Die erste Stufe arbeitet als *Resonanzverstärker.* Der Schwingkreis wird aus einer Induktivität und aus den Transistorkapazitäten gebildet. Die Drain-Source-Kapazität von K1 und die Gate-Source-Kapazität von K2 liegen parallel. Die zweite Stufe dient zur Entkopplung von Schwingkreis und nachfolgender Schaltung. Sie arbeitet mit einem Lastwiderstand von 100 Ω fast im Kurzschluss mit nur kleiner Spannungsverstärkung ($V_u \approx 2$).

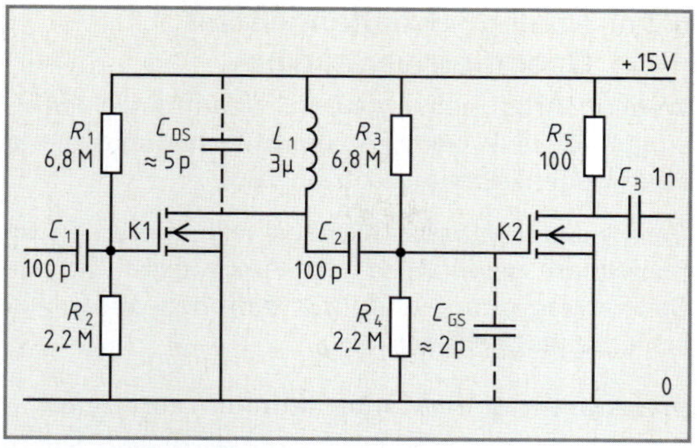

Bild 1: HF-Verstärker mit FET

Schaltungen mit FET und bipolaren Transistoren

Feldeffekttransistoren und bipolare Transistoren ergänzen sich z.T. in ihren Eigenschaften. Die kleine Spannungsverstärkung von Feldeffekttransistoren kann durch die große Spannungsverstärkung von bipolaren Transistoren ausgeglichen werden. Feldeffekttransistoren haben dafür einen sehr hohen Eingangswiderstand. Bei gemischten Eingangsschaltungen werden sie deshalb als erstes Bauelement verwendet.

Die Verbindung von Sourceschaltung und Emitterschaltung ergibt eine besonders hohe Leistungsverstärkung **(Bild 2).** Durch die Verbindung einer Drainschaltung mit einer Kollektorschaltung erhält man eine sehr hohe Stromverstärkung bei kleinem Ausgangswiderstand.

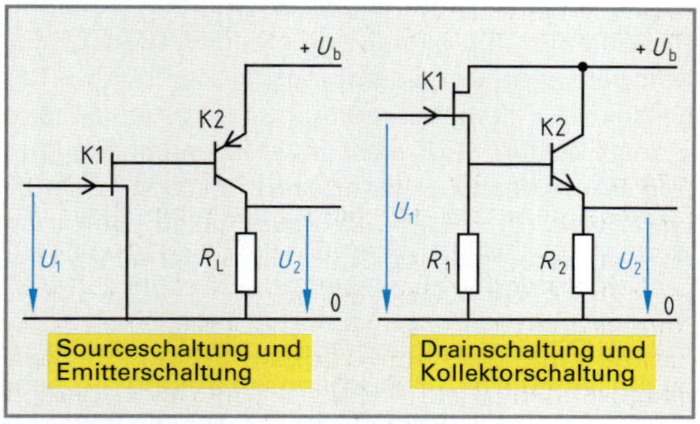

Bild 2: Schaltungen mit FET und bipolaren Transistoren

Geregelte Verstärker mit FET

Für geregelte Verstärkerstufen mit Feldeffekttransistoren verwendet man Doppelgate-FET. Mit einer Gleichspannung U_R am Gate G2 können die Steilheit und damit der Verstärkungsfaktor geändert werden **(Bild 3).** Geregelte Verstärkerstufen kommen z.B. in den Eingangsschaltungen von Hörfunkempfängern und Fernsehempfängern vor.

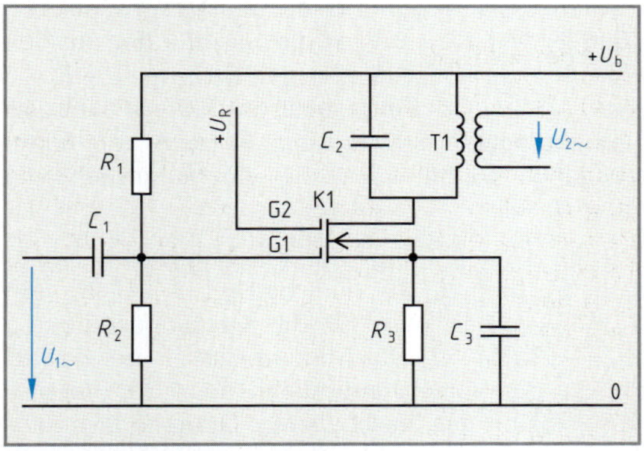

Bild 3: Geregelter HF-Verstärker mit Doppelgate-FET

Wiederholung und Vertiefung

1. **Warum wird bei Feldeffekttransistoren meist nur der Spannungsverstärkungsfaktor angegeben?**
2. **Welche zwei Schaltungsarten zur Gate-Vorspannungserzeugung werden bei FET angewendet?**
3. **Warum sind bei FET keine besonderen Maßnahmen gegen Temperatureinflüsse erforderlich?**
4. **Welche Vorteile haben Feldeffekttransistoren gegenüber bipolaren Transistoren?**
5. **Vergleichen Sie die Eigenschaften der Sourceschaltung mit den Eigenschaften der Emitterschaltung bei bipolaren Transistoren.**
6. **Welche Nachteile haben FET gegenüber bipolaren Transistoren?**
7. **Nennen Sie Anwendungsbeispiele für FET in Verstärkerschaltungen.**

5.2.4 Analoge Schaltungen mit Operationsverstärkern

Wegen ihres sehr großen Spannungsverstärkungsfaktors V_0 werden Operationsverstärker mit einer Gegenkopplung betrieben.

Der besseren Übersichtlichkeit wegen werden im Schaltplan gewöhnlich die Anschlüsse für die Stromversorgung und die Kompensations-Anschlüsse weggelassen.

Invertierender Verstärker (Umkehrverstärker)

Beim *invertierenden Verstärker* wird eine Spannung U_e im Vorzeichen umgekehrt und im Betrag vergrößert. Hierzu beschaltet man den Operationsverstärker mit einem Gegenkopplungswiderstand R_K und einem Eingangswiderstand R_e **(Bild 1)**. Zur Kompensation der Spannungsverschiebung infolge des sehr kleinen Eingangsruhestromes I_1 kann man zwischen dem nicht invertierenden Eingang und Masse den Querwiderstand R_Q schalten. Dabei wählt man $R_Q = R_K \| R_e$. In vielen Fällen kann man R_Q weglassen und den nicht invertierenden Eingang direkt mit Masse verbinden.

Die am Differenzeingang anliegende Spannung U_1 ist im Vergleich zur Ausgangsspannung U_a sehr klein, da die Verstärkung sehr groß ist. Der Eingangsruhestrom I_1 ist ebenfalls sehr klein. Der Stromsummenpunkt S liegt damit praktisch auf dem gemeinsamen Bezugspotenzial (Masse) der Eingangsspannung und der Ausgangsspannung **(Bild 2)**. Mit $I_1 \approx 0$ wird die Summe der auf den Summenpunkt S zufließenden Ströme $I_K + I_e = 0$ bzw. $I_K = -I_e$. Der Eingangsstrom I_e fließt daher als „eingeprägter" Strom über R_K zum Verstärkerausgang. Damit wird die Ausgangsspannung $U_a = -I_e \cdot R_K$.

Wegen $U_1 \approx 0$ hängt der Eingangsstrom I_e nur von U_e und R_e ab und beträgt $I_e = U_e/R_e$. Mit $I_e = -I_K$ erhält man für die Ausgangsspannung $U_a = -(R_K/R_e) \cdot U_e$. Das Minuszeichen in der Formel drückt die Vorzeichenumkehr aus. Der Verstärkungsfaktor des beschalteten Operationsverstärkers ist somit gleich dem Widerstandsverhältnis R_K/R_e.

Beim invertierenden Verstärker hat die Ausgangsspannung entgegengesetzte Polung wie die Eingangsspannung.

Nicht invertierender Verstärker

Beim nicht invertierenden Verstärker haben Eingangsspannung und Ausgangsspannung dasselbe Vorzeichen. Die Eingangsspannung U_e wird an den nicht invertierenden Eingang angeschlossen (Bild 2). Der Eingangsstrom I_e ist wegen des hochohmigen Eingangsinnenwiderstandes des Operationsverstärkers sehr klein. Der Spannungserzeuger mit der Spannung U_e wird daher kaum belastet. Die Ausgangsspannung U_a wird zum invertierenden Eingang über den Gegenkopplungswiderstand R_K zurückgeführt. Der rückgekoppelte Strom I_K fließt wegen $I_1 \approx 0$ fast unverändert über R_Q. Wegen der hohen Spannungsverstärkung des Operationsverstärkers ist $U_1 \approx 0\,V$.

Beim invertierenden Verstärker:

$$U_a = -\frac{R_K}{R_e} \cdot U_e \qquad V_u = \frac{R_K}{R_e}$$

Beim nicht invertierenden Verstärker:

$$U_a = \left(1 + \frac{R_K}{R_Q}\right) \cdot U_e \qquad V_u = 1 + \frac{R_K}{R_Q}$$

U_a	Ausgangsspannung
R_K	Gegenkopplungswiderstand
R_Q	Eingangsquerwiderstand
U_e	Eingangsspannung
V_u	Spannungsverstärkungsfaktor
R_e	Eingangswiderstand

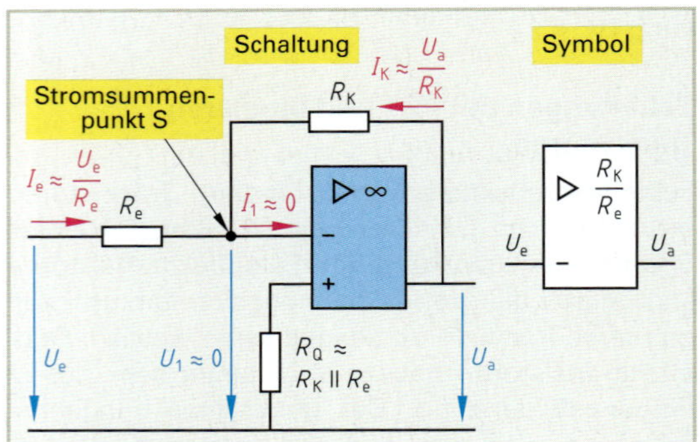

Bild 1: Invertierender Verstärker

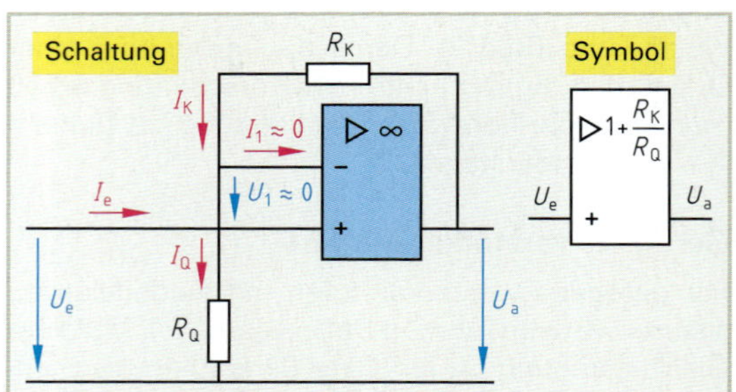

Bild 2: Nicht invertierender Verstärker

Damit wird $I_K = U_a/(R_Q + R_K)$ und $I_Q = U_e/R_Q$. Mit $I_K = I_Q$ erhält man die Bestimmungsgleichung für die Ausgangsspannung $U_a = U_e\,(1 + R_K/R_Q)$.

Impedanzwandler

Bei einem Impedanzwandler (Spannungsfolger) soll die Ausgangsspannung U_a gleich der Eingangsspannung U_e sein. Der Eingangswiderstand der Gesamtschaltung soll sehr groß sein, um die Spannung U_e nicht zu belasten, und der Ausgangsinnenwiderstand soll klein sein. Dies erreicht man mit einem Operationsverstärker in nicht invertierender Schaltung, wobei der Rückkopplungswiderstand $R_K = 0$ ist **(Bild 1)**.

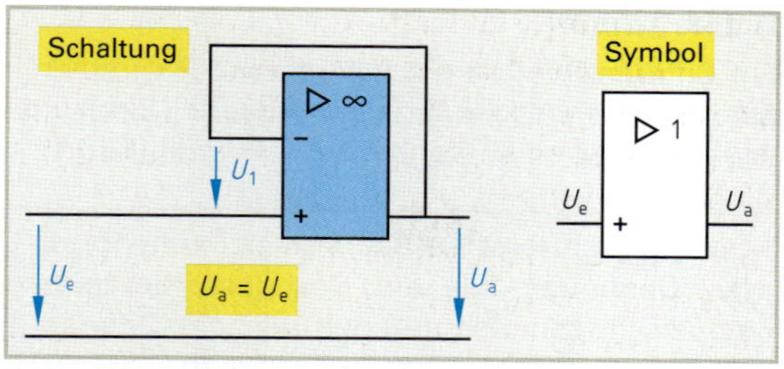

Bild 1: Impedanzwandler

Summierverstärker

Bei der Schaltung als Summierverstärker dient der Operationsverstärker zur Addition und Verstärkung mehrerer Spannungen. Er wird über die Widerstände R_{e1}, R_{e2} und R_{e3} angesteuert **(Bild 2)**.

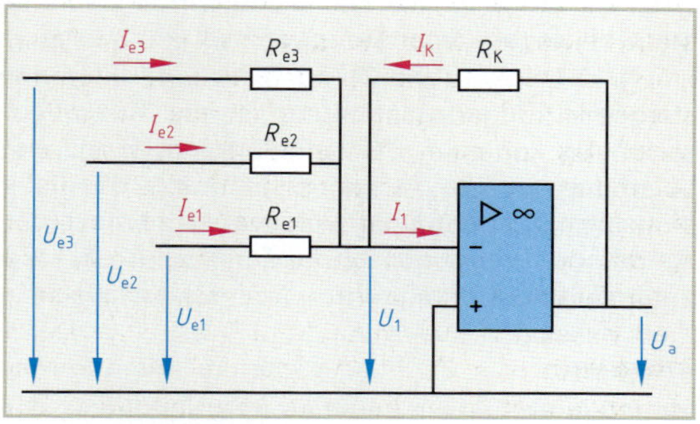

Bild 2: Summierverstärker für drei Spannungen

Mit den Näherungen $U_1 \approx 0$ und $I_1 \approx 0$ gilt:

$$I_{e1} = \frac{U_{e1}}{R_{e1}}; \quad I_{e2} = \frac{U_{e2}}{R_{e2}}; \quad I_{e3} = \frac{U_{e3}}{R_{e3}}; \quad I_K = \frac{U_a}{R_K}$$

$$-I_K = I_{e1} + I_{e2} + I_{e3} + \ldots$$

Zur Subtraktion von Spannungen wird meist nicht der Subtrahierverstärker eingesetzt, sondern der Summierverstärker. Dazu wird die zu subtrahierende Spannung umgepolt und addiert.

Subtrahierverstärker (Differenzverstärker)

Der Subtrahierverstärker ist eine Kombination aus einem invertierenden Verstärker und einem nicht invertierenden Verstärker. Es werden beide Eingänge angesteuert **(Bild 3)**. Die Ausgangsspannung ist verhältnisgleich zur Differenz der beiden Eingangsspannungen.

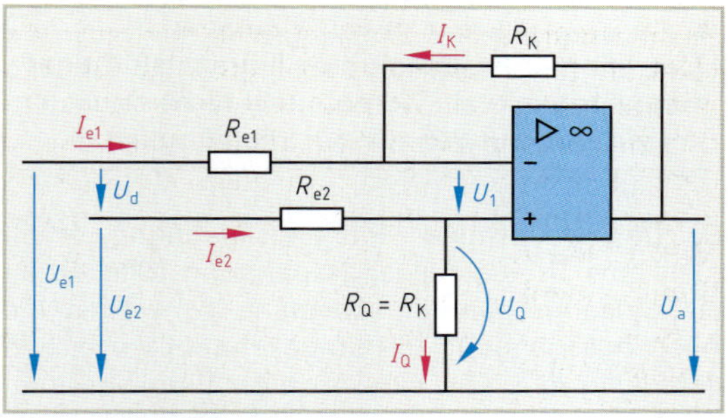

Bild 3: Subtrahierverstärker

Der Subtrahierverstärker wird z.B. zur Verstärkung einer Messsignalspannung U_d, die potenzialfrei bleiben soll, eingesetzt. In diesem Fall müssen beide Eingangswiderstände gleich groß sein. Ebenso müssen der Gegenkopplungswiderstand und der Widerstand zwischen dem nicht invertierenden Eingang und Masse gleich sein.

> Subtrahierverstärker werden vorwiegend zur potenzialfreien Verstärkung von Messsignalen eingesetzt.

Den Verstärkungsfaktor für U_1 kann man aus den Verstärkungsfaktoren der beiden Eingangsspannungen berechnen.

Beim Summierverstärker:

$$-U_a = \frac{R_K}{R_{e1}} \cdot U_{e1} + \frac{R_K}{R_{e2}} \cdot U_{e2} + \ldots$$

Beim Subtrahierverstärker für $R_{e1} = R_{e2} = R_e$ und $R_Q = R_K$:

$$U_a = \frac{R_K}{R_e} \cdot U_d$$

U_a	Ausgangsspannung
R_K	Gegenkopplungswiderstand
R_Q	Eingangsquerwiderstand
U_e	Eingangsspannung
V_u	Spannungsverstärkungsfaktor
R_e, R_{e1}, R_{e2}, ...	Eingangswiderstände
U_{e1}, U_{e2}, ...	Eingangsspannungen
U_d	Differenzeingangsspannung

Differenzierer

Ein Differenzierer ist ein invertierender Verstärker, der anstelle des sonst vorhandenen Eingangswiderstandes einen Kondensator enthält **(Bild 1)**.

> Der Differenzierer verhält sich bei sinusförmiger Spannung wie ein Hochpass, bei nicht sinusförmigen Spannungen wie ein Differenzierglied.

Liegt am Eingang eine Rechteckspannung, so entsteht bei jedem Spannungswechsel am Ausgang ein Nadelimpuls **(Bild 2)**. Für eine geradlinig ansteigende Eingangsspannung ist die Ausgangsspannung konstant. Bei sinusförmiger Eingangsspannung ist die Ausgangsspannung ebenfalls sinusförmig, aber um 90° verschoben sowie in der Amplitude für Frequenzen $f > f_c = 1/(2 \cdot \pi \cdot R_K \cdot C_e)$ verstärkt und für Frequenzen $f < f_c$ abgeschwächt.

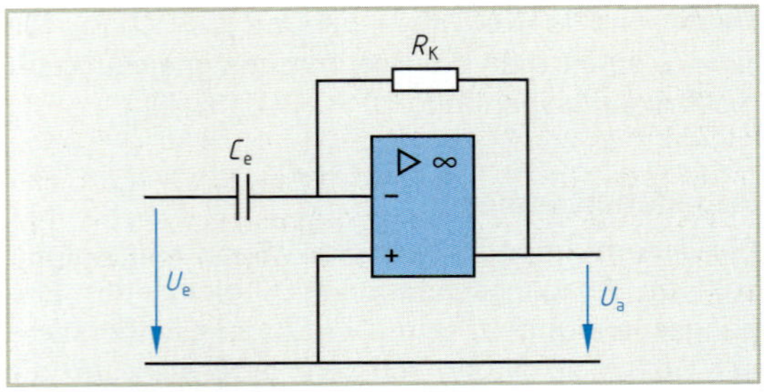

Bild 1: Differenzierer

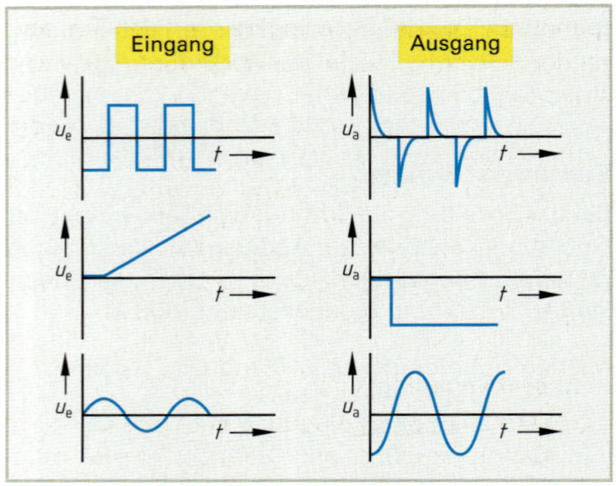

Bild 2: Übertragungsverhalten eines Differenzierers

Integrierer

Ein Integrierer ist ein invertierender Verstärker, der anstelle des Gegenkopplungswiderstandes R_K einen Kondensator enthält **(Bild 3)**.

> Der Integrierer verhält sich bei sinusförmiger Spannung wie ein Tiefpass, bei nicht sinusförmigen Spannungen wie ein Integrierglied.

Bei rechteckförmiger Eingangsspannung erhält man eine Dreieckausgangsspannung **(Bild 4)**. Ist die Eingangsspannung konstant, so wächst die Ausgangsspannung mit umgekehrtem Vorzeichen geradlinig an. Für sinusförmige Eingangsspannung ist die Ausgangsspannung ebenfalls sinusförmig, aber um 90° verschoben sowie in der Amplitude für Frequenzen $f > f_c = 1/(2 \cdot \pi \cdot R_e \cdot C_K)$ abgeschwächt und für Frequenzen $f < f_c$ verstärkt.

Beim Differenzierer:

allgemein:

$$u_a = -R_K \cdot C_e \cdot \frac{\Delta u_e}{\Delta t}$$

bei Sinusspannung:

$$V = R_K \cdot \omega \cdot C_e$$

Beim Integrierer:

allgemein:

$$\Delta u_a = -\frac{1}{R_e \cdot C_K} \cdot \frac{u_e}{\Delta t}$$

bei Sinusspannung:

$$V = \frac{1}{\omega \cdot C_K \cdot R_e}$$

u_a	Ausgangsspannung (Augenblickswert)
R_K	Gegenkopplungswiderstand
C_e	Eingangskondensator
Δu_e, Δu_a	Spannungsänderungen
C_K	Gegenkopplungskondensator
R_e	Eingangswiderstand
Δt	Zeit für Δu_a bzw. Δu_e
V	Verstärkungsfaktor bei Sinusspannung
ω	Kreisfrequenz

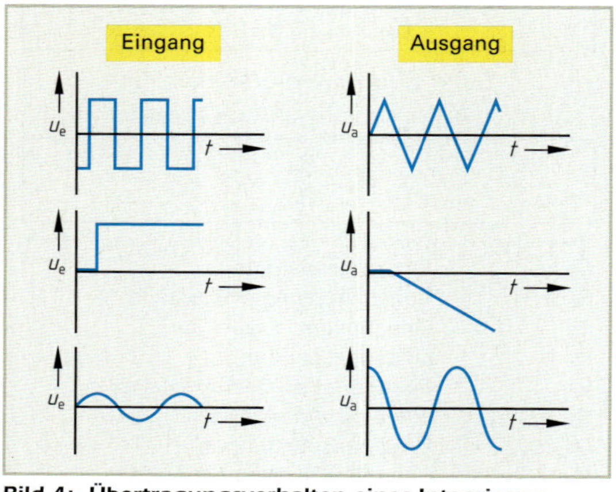

Bild 4: Übertragungsverhalten eines Integrierers

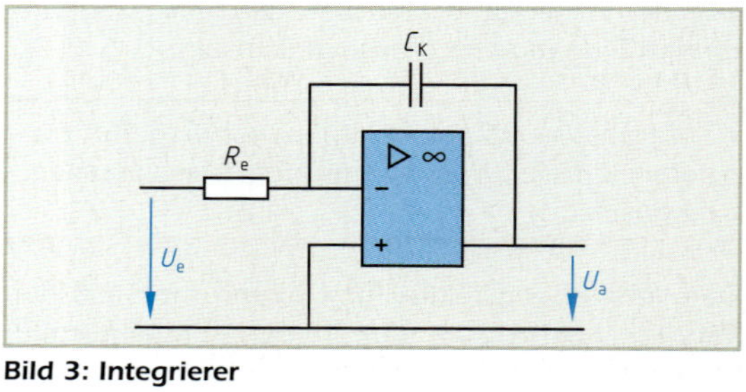

Bild 3: Integrierer

5.2.5 Generatoren

5.2.5.1 Sinusgeneratoren

Ein Sinusgenerator (Oszillator, von lat. oscillare = schwingen) besteht grundsätzlich aus einem *Verstärker*, einer *Mitkopplung*, einem *frequenzbestimmenden Glied* und einer *Amplitudenbegrenzung* **(Bild 1)**.

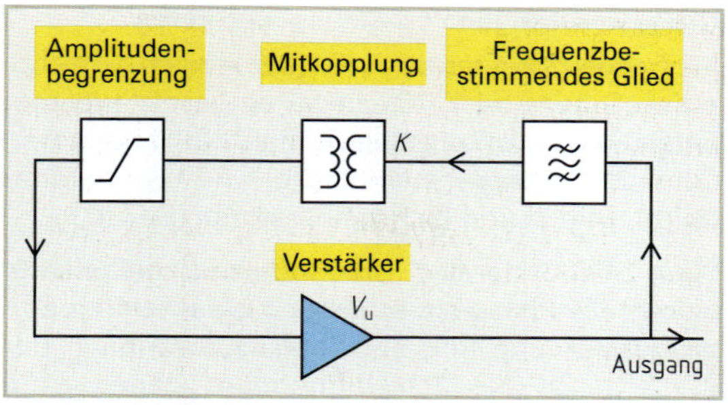

Bild 1: Übersichtsschaltplan eines Sinusgenerators

Schwingungsbedingungen

In der Schaltung **Bild 2** wird ein Teil der Ausgangsspannung über den Schwingkreis auf den Eingang zurückgekoppelt (Rückkopplung). Dadurch kann eine Schwingung entstehen, wenn die rückgekoppelte Spannung die gleiche Phasenlage hat wie die Eingangsspannung des Verstärkers (Mitkopplung). Die rückgekoppelte Spannung vergrößert so die wirksame Eingangswechselspannung, die wiederum verstärkt eine größere Ausgangswechselspannung bewirkt und somit eine größere rückgekoppelte Spannung erzeugt.

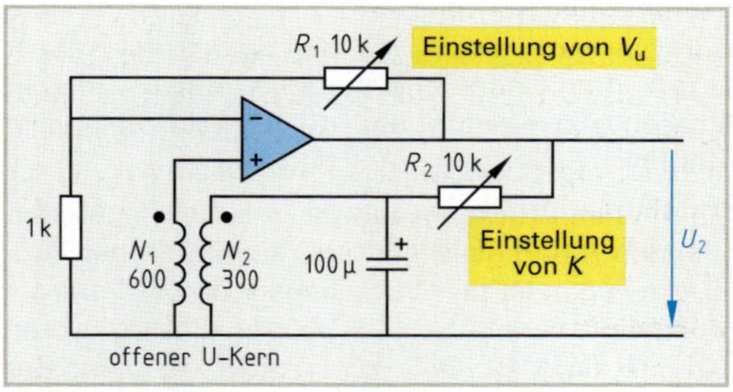

Bild 2: Versuchsschaltung für LC-Generator

> **Phasenbedingung:**
>
> Zur Schwingungserzeugung muss ein Teil der Ausgangsspannung phasenrichtig wieder auf den Eingang zurückgeführt werden.

Bei genügend starker Rückkopplung ist am Eingang keine Fremdspannung mehr nötig. Die kleinste Änderung im Betriebszustand einer solchen Schaltung, z.B. das Einschalten, leitet die Schwingung ein.

Zur Aufhebung der Eigenverluste der Schaltung muss eine genügend starke Mitkopplung vorhanden sein, damit Schwingungen einsetzen und auch aufrechterhalten bleiben. Die rückgekoppelte Spannung muss mindestens so groß sein wie die Spannung, welche diese Rückkopplungsspannung hervorgerufen hat. Der Kopplungsfaktor K gibt an, welcher Teil der Ausgangsspannung auf den Eingang rückgekoppelt wird. Je größer der Spannungsverstärkungsfaktor V_u ist, umso kleiner kann der Kopplungsfaktor sein. Das Produkt $K \cdot V_u$ nennt man *Ringverstärkung*.

> **Amplitudenbedingung:**
>
> Eine Schwingung setzt ein, wenn die Ringverstärkung größer als 1 ist. Im eingeschwungenen Zustand ist die Ringverstärkung gleich 1.

Damit ein sicherer Schwingungseinsatz erreicht wird, wählt man K stets etwas größer als $1/V_u$. Ist K kleiner als $1/V_u$, so klingt eine vorhandene Schwingung aus (gedämpfte Schwingung).

Schwingungsbedingungen:

Phasenbedingung:	Amplitudenbedingung:
$\varphi_K = 0°$	$K \cdot V_u \geq 1$

K	Kopplungsfaktor
V_u	Spannungsverstärkungsfaktor
φ_K	Phasenverschiebungswinkel zwischen rückgekoppelter Spannung und Eingangsspannung

Beim LC-Generator:

$$f_o = \frac{1}{2 \cdot \pi \cdot \sqrt{L \cdot C}}$$

Beim RC-Generator Bild 1, folgende Seite:

$$f_o \approx \frac{1}{15{,}4 \cdot R \cdot C}$$

Beim Wien-Brückengenerator Bild 2, folgende Seite:

$$f_o = \frac{1}{2 \cdot \pi \cdot R \cdot C} \qquad U_{B2} = \frac{U_B}{3} \qquad V_u \geq 3$$

f_o	Oszillatorfrequenz, Schwingfrequenz
R	Widerstand
L	Induktivität
C	Kapazität
U_{B2}	Ausgangswechselspannung der Wien-Brücke
U_B	Wechselspannung an der Wien-Brücke (= U_2)
V_u	Spannungsverstärkungsfaktor

Grundschaltungen von Sinusgeneratoren

Als frequenzbestimmende Glieder können Schwingkreise, Quarze oder RC-Glieder eingesetzt werden. Entsprechend unterscheidet man LC-Generatoren (Bild 2, vorhergehende Seite), RC-Generatoren **(Bild 1, Bild 2)** und Quarzgeneratoren **(Bild 3)**.

Beim **RC-Generator mit Phasenschieberkette** beträgt die Phasenverschiebung zwischen der Eingangsspannung und der Ausgangsspannung der RC-Kette für die Schwingfrequenz genau $\varphi_1 = -180°$. Führt man die Ausgangsspannung der RC-Kette über einen invertierenden Verstärker auf den Eingang der RC-Kette zurück, dann wird die Phasenbedingung erfüllt, da die Spannungsumkehr durch den Operationsverstärker einer weiteren Phasenverschiebung um $\varphi_2 = -180°$ entspricht (Bild 1).

Beim **Wien-Brückengenerator**[1] mit gleichen Widerständen R und gleichen Kapazitäten C in den Brückenzweigen ist die Brückenspannung U_{B2} mit der Ausgangsspannung $U_2 = U_B$ in Phase, wenn $X_C = R$ (Bild 2). Dies ist nur bei der Frequenz $f_o = 1/(2 \cdot \pi \cdot R \cdot C)$ der Fall. Dann unterstützt die vom Ausgang des Operationsverstärkers rückgekoppelte Spannung die Eingangsspannung am nicht invertierenden Eingang des Operationsverstärkers am stärksten. Der Generator schwingt, wenn der Spannungsverstärkungsfaktor des Operationsverstärkers mindestens 3 ist. Die gegeneinander geschalteten Z-Dioden im Gegenkopplungszweig (Bild 2) dienen zur Amplitudenbegrenzung.

Verwendet man statt der Widerstände R ein Doppelpotenziometer, so kann die Schwingfrequenz f_o verändert werden.

Bei **Quarzgeneratoren** wird anstelle des frequenzbestimmenden Schwingkreises oder in den Mitkopplungszweig ein Schwingquarz geschaltet. Schwingquarze haben eine sehr konstante Eigenfrequenz und eine besonders hohe Güte. Quarze können sowohl einen Reihenschwingkreis wie auch einen Parallelschwingkreis ersetzen (Bild 3, links). Sie werden deshalb im Parallelresonanzbetrieb oder im Reihenresonanzbetrieb verwendet (Bild 3, rechts).

> Quarzgeneratoren schwingen mit einer sehr konstanten Frequenz.

Für kleinere Genauigkeit werden anstelle von Quarzen auch piezoelektrische Resonatoren oder Oberflächenwellenresonatoren verwendet.

Beim Quarzgenerator Bild 3 ist die Mitkopplung am größten, wenn der Scheinwiderstand des Schwingquarzes am kleinsten ist. Dies ist bei seiner Reihenresonanz der Fall.

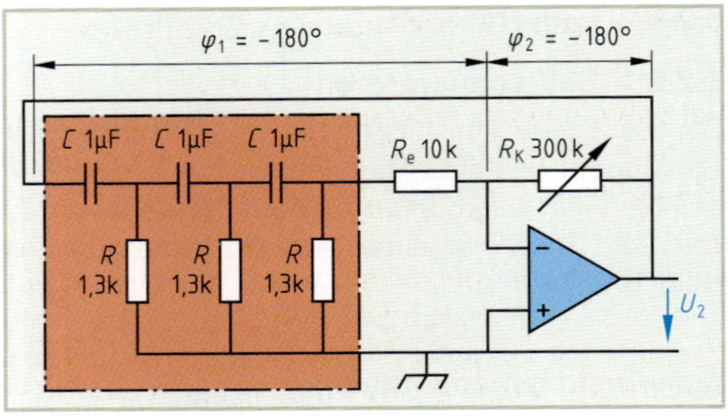

Bild 1: RC-Generator mit Phasenschieberkette

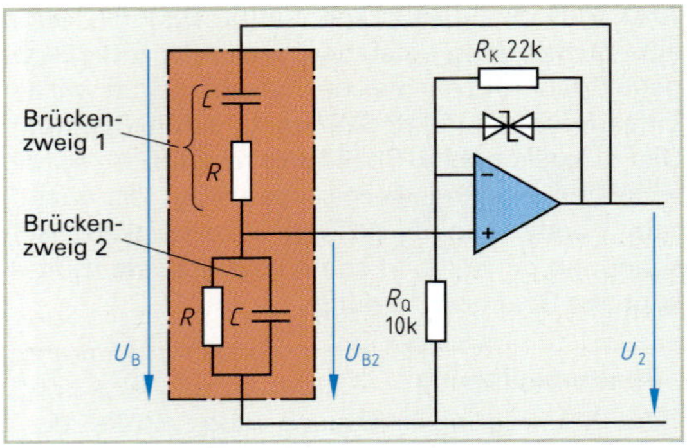

Bild 2: Wien-Brückengenerator

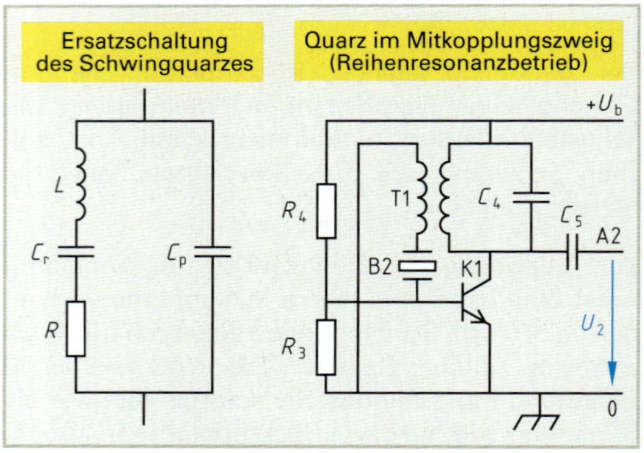

Bild 3: Quarz-Ersatzschaltung und Quarzgenerator

Quarzgeneratoren werden z. B. in Uhren, Computern, Sendern, Eichgeneratoren und als Zeitbasis in Messgeräten verwendet.

Wiederholung und Vertiefung

1. **Wie lauten die Schwingungsbedingungen eines Oszillators?**
2. **Mit welcher Frequenz schwingt ein Wien-Brückengenerator, in dessen Brückenzweig die Widerstände je 12 kΩ und die Kondensatoren je 22 µF haben?**
   Lösung: **0,603 Hz**
3. **Aus wie vielen RC-Gliedern besteht die Phasenschieberkette eines RC-Generators mindestens?**
4. **Welchen Vorteil haben Quarzgeneratoren?**

[1] Wien, Max, deutscher Physiker, 1866 – 1938

5.2.5.2 Spannungsgesteuerte Oszillatoren VCO

Bei spannungsgesteuerten Oszillatoren (VCO, von **V**oltage **C**ontrolled **O**scillator) wird die Frequenz des Oszillators durch eine veränderbare Spannung eingestellt.

Für Oszillatoren mit sinusförmiger Ausgangsspannung werden als Grundschaltung oft LC-Oszillatoren in Colpitts[1]-, Hartley[2]- oder Meißner[3]-Schaltung verwendet, deren LC-Schwingkreis mit Kapazitätsdioden abgestimmt wird **(Bild 1)**.

> Ein VCO ist ein Oszillator, dessen Frequenz durch eine Steuerspannung veränderbar ist.

Für rechteckförmige Ausgangsspannung mit niedriger Frequenz werden ICs mit astabilen Kippschaltungen als VCO ausgeführt.

Einfacher spannungsgesteuerter Oszillator

Die Schwingungserzeugung wird mit einem aktiven Bauelement, z.B. einem Transistor, und einem LC-Schwingkreis als frequenzbestimmendem Glied vorgenommen. Bild 1 zeigt einen solchen Oszillator in Meißner-Schaltung. Parallel zur Schwingkreiskapazität ist eine Kapazitätsdiode geschaltet, deren Kapazität durch eine Steuerspannung U_s von z.B. 2 V bis 10 V verändert werden kann. Dadurch ändert sich die Resonanzfrequenz des Schwingkreises und damit die Oszillatorfrequenz des VCO.

> Das Ändern der Sperrspannung einer Kapazitätsdiode im Schwingkreis eines Oszillators ändert dessen Oszillatorfrequenz.

UHF-Oszillator mit LC-Schwingkreis als VCO

Meist werden VCOs mit einem IC verwendet, z.B. dem Baustein MAX2622 **(Bild 2)**. Dieser enthält einen integrierten Oszillator mit einem ebenfalls integrierten LC-Schwingkreis als frequenzbestimmendem Schaltglied. Mit einer Steuerspannung zwischen 0,4 V und 2,4 V wird die Schwingkreiskapazität und damit die Oszillatorfrequenz verändert **(Bild 3)**.

Als Kapazität des Schwingkreises enthält der IC MAX2622 zwei gegeneinander geschaltete Kapazitätsdioden. Dadurch wird vermieden, dass bei großen Wechselspannungsamplituden infolge teilweiser Gleichrichtung Arbeitspunktverschiebungen und somit Verzerrungen entstehen.

Ist die f_o (U_s)-Kennlinie (Bild 3) etwa linear, so können die Oszillatorfrequenz bzw. die notwendige Steuerspannung mithilfe der Abstimmkonstanten

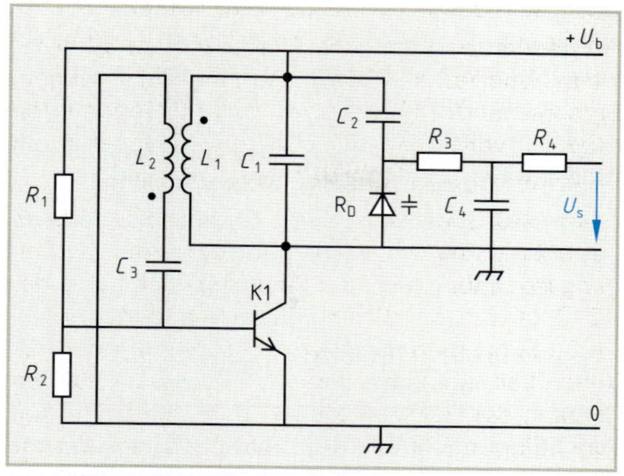

Bild 1: Meißner-Oszillator als VCO

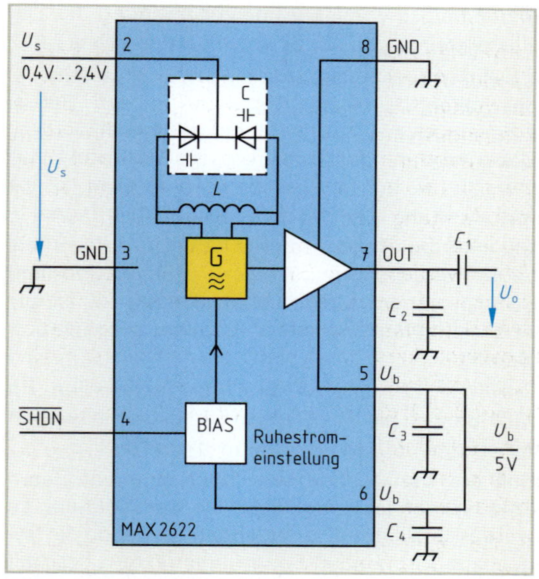

Bild 2: VCO mit MAX2622

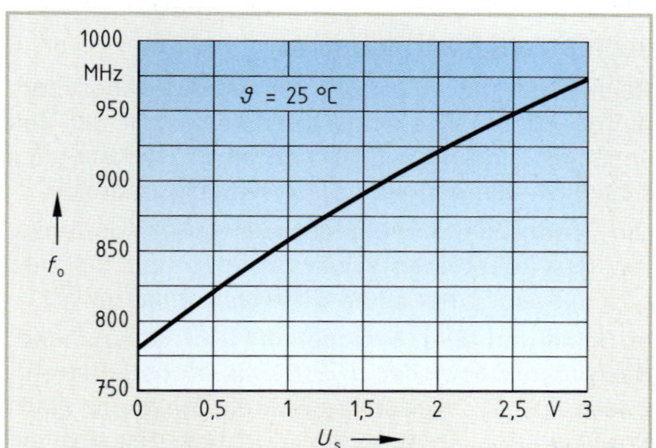

Bild 3: f_o (U_s)-Kennlinie zur Schaltung Bild 2

K, die der Steilheit der Kennlinie entspricht, berechnet werden.

[1] Colpitts, Edwin Henry, amerik. Physiker, 1872 – 1949
[2] Hartley, Ralph V.L., amerik. Physiker, 1888 – 1970
[3] Meißner, Alexander, deutscher Physiker, 1883 – 1958

Beispiel 1:

Der VCO Bild 2, vorhergehende Seite, hat die linearisierte Abstimmkonstante K = 69,5 MHz/V. Bei der Steuerspannung 0 V beträgt die Oszillatorfrequenz 785 MHz. Berechnen Sie für eine Oszillatorfrequenz von 915 MHz die notwendige Steuerspannung.

Lösung:

$f_o = K \cdot U_s + f_o' \Rightarrow$

$U_s = \frac{f_o - f_o'}{K}$

$= \frac{915\ \text{MHz} - 785\ \text{MHz}}{69{,}5\ \text{MHz/V}} = \mathbf{1{,}87\ V}$

$$f_o = K \cdot U_s + f_o'$$

f_o Oszillatorfrequenz
K linearisierte Abstimmkonstante
U_s Steuerspannung
f_o' f_o bei $U_s = 0$ V

Der Ausgangsverstärker in Bild 2, vorhergehende Seite, dient zur Erreichung der gewünschten Ausgangsleistung, des niederohmigen Ausgangswiderstandes von 50 Ω und zur Trennung des Oszillatorkreises von der angeschlossenen Last.

Über den Anschluss $\overline{\text{SHDN}}$ (von to shut down = abschalten) kann der Oszillator in den Bereitschaftsmodus (Stand-by-Mode) geschaltet werden. Dabei wird der Betriebsstrom des Oszillators von etwa 10 mA auf den Ruhestrom von etwa 0,1 μA und somit die Leistung auf etwa 3 μW verringert.

Die externen Kondensatoren C_3 und C_4 dienen als Ladekondensatoren (Buffer) für kurzzeitige Schwankungen der Betriebsspannung. C_2 ist zur Anpassung der Last an den Oszillatorausgang notwendig.

Derartige Oszillatoren sind für Frequenzen im MHz-Bereich bis GHz-Bereich geeignet. Sie werden z.B. in schnurlosen Telefonen eingesetzt.

Soll die Oszillatorfrequenz über einen größeren Frequenzbereich eingestellt werden können, so werden Oszillator-ICs verwendet, bei denen die frequenzbestimmenden Baugruppen extern beschaltet werden, z.B. beim MAX2620 **(Bild 1)**.

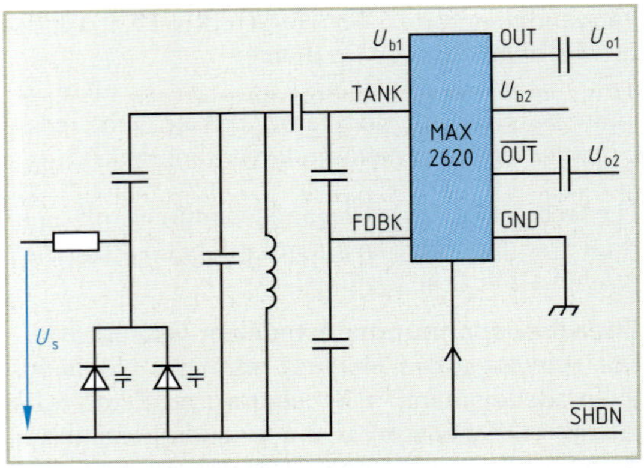

Bild 1: VCO mit dem IC MAX2620

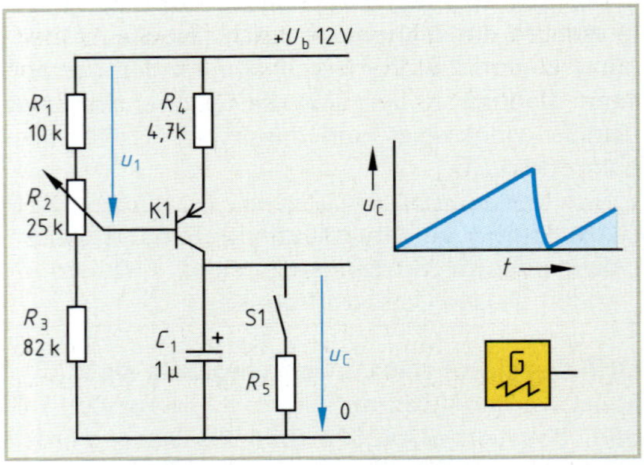

Bild 2: Generator für linearisierte Sägezahnspannung

5.2.5.3 Sägezahngenerator

Beim Sägezahngenerator sollen die Ausgangsspannung und der Ausgangsstrom linear mit der Zeit ansteigen und nach Erreichen eines Höchstwertes schnell wieder auf den Anfangswert zurückfallen.

Die Grundschaltung besteht aus einem Kondensator, der über einen Widerstand aufgeladen und anschließend über einen Schalter entladen wird.

In Schaltung **Bild 2** dienen K1 mit R_4 und dem Basisspannungsteiler $R_1R_2R_3$ als Konstantstromquelle für C_1, wodurch u_C linear ansteigt. Nach Erreichen des gewünschten Höchstwertes wird ein in Bild 2 durch S1 vereinfacht dargestellter elektronischer Schalter leitend und entlädt C_1. Ist $u_C = 0$ V, so sperrt der elektronische Schalter wieder und C_1 wird erneut aufgeladen. Mit R_2 wird die Stromstärke I_C und damit die Frequenz verändert.

Sägezahngeneratoren werden z.B. in Oszilloskopen und Fernsehgeräten zur Strahlablenkung sowie in digitalen Messgeräten verwendet.

Wiederholung und Vertiefung

1. **Was versteht man unter einem VCO?**
2. **Auf welche Weise kann mithilfe einer Kapazitätsdiode die Frequenz eines Oszillators verändert werden?**
3. **Weshalb werden statt einer Kapazitätsdiode zwei gegeneinander geschaltete Kapazitätsdioden in den Schwingkreis eines VCO geschaltet?**
4. **Wozu dient bei einem VCO der Anschluss $\overline{\text{SHDN}}$?**
5. **Wodurch steigt die Ausgangsspannung eines Sägezahngenerators linear an?**
6. **Nennen Sie Anwendungsbeispiele für Sägezahngeneratoren.**

5.2.5.4 Frequenzerzeugung mit Phasenregelkreis PLL

Phasenregelkreise (PLL, von **Ph**ase **L**ocked **L**oop = phaseneingerasteter Regelkreis) sind Schaltungen, bei denen eine Frequenz durch eine Referenzfrequenz synchronisiert wird, bis das Ausgangssignal und das Referenzsignal in Frequenz und Phase übereinstimmen. Sie bestehen aus einem spannungsgesteuerten Oszillator VCO, einem Phasenvergleicher, einem Tiefpass und einem Regelverstärker **(Bild 1)**.

Liegt keine Vergleichsspannung U_s am Eingang des Phasenvergleichers, so schwingt der VCO auf einer durch die Beschaltung festgelegten Mittenfrequenz f_m. Steht U_s an, so vergleicht der Phasenvergleicher die Frequenz und die Phase des Eingangssignals U_s mit dem VCO-Signal U_x. Der Phasenvergleicher erzeugt bei Unterschieden von Frequenz und Phase zusammen mit dem Tiefpass eine Gleichspannung U_e, die proportional zur Frequenzdifferenz und zur Phasendifferenz ist **(Bild 2)**. Die verstärkte Spannung $U_y = U_e \cdot V_u$ wird dem VCO zugeführt und regelt den Oszillator auf die Sollfrequenz nach. Die Vergleichsspannung und die Oszillatorspannung sind dann phasenstarr miteinander gekoppelt. Im Mitnahmebereich **(Tabelle 1)** bleibt die PLL-Anordnung eingerastet, im Fangbereich kann der VCO auf den Sollwert synchronisiert werden.

> Der Phasenregelkreis ist eingerastet, wenn die Oszillatorfrequenz und die Vergleichsfrequenz phasenstarr synchronisiert sind.

Als VCOs werden z.B. mit Kapazitätsdioden abstimmbare Oszillatoren oder astabile Kippschaltungen eingesetzt.

Phasenvergleicher können analog oder digital ausgeführt sein. Digitale Phasenvergleicher sind z.B. Exklusiv-ODER-Elemente. Am Ausgang entsteht eine Pulsspannung, deren Tastgrad und damit der arithmetische Mittelwert sich mit der Phasenverschiebung der beiden Eingangsspannungen U_x und U_s ändern.

Als Tiefpass wird z.B. ein RC-Tiefpass verwendet. Die Grenzfrequenz des Tiefpasses beeinflusst den Fangbereich der Schaltung. Im Phasenvergleicher, aufgebaut aus Bauelementen mit nicht linearen $I(U)$-Kennlinien, entsteht bei Zuführung von Spannungen unterschiedlicher Frequenz u.a. eine Spannung mit der Differenzfrequenz, also der Regeldifferenz *e*. Die Differenzfrequenz und der Fangbereich sind umso größer, je größer die Grenzfrequenz des Tiefpasses gewählt wird. Der Regelverstärker hält die verbleibende Phasendifferenz klein. Der Mitnahmebereich des Phasenregelkreises ist proportional zum Verstärkungsfaktor des Reglers.

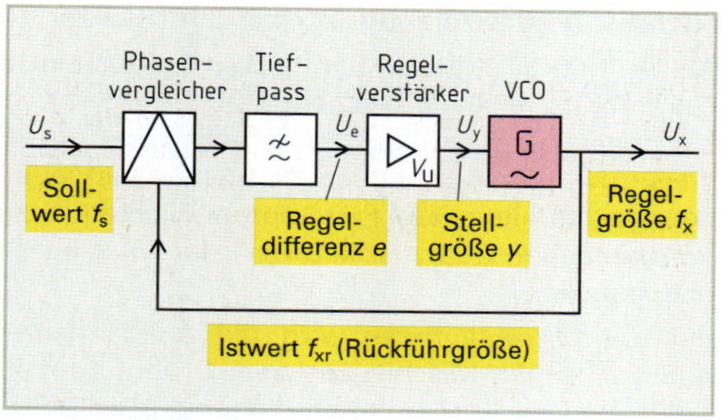

Bild 1: Phasenregelkreis PLL

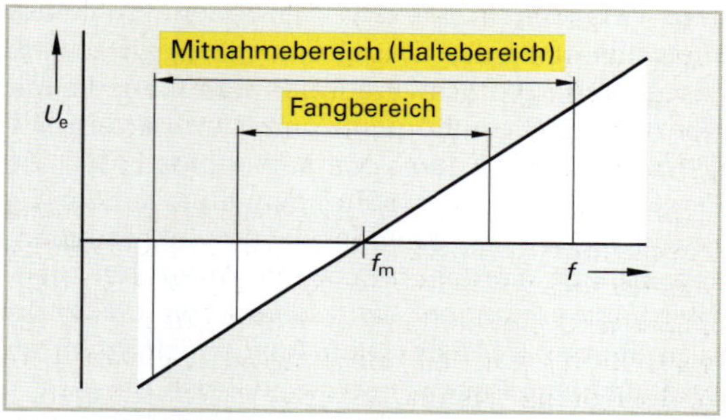

Bild 2: Regeldifferenz in Abhängigkeit von der Frequenz

Tabelle 1: Begriffe der PLL-Technik

Begriffe	Erklärung
Fangbereich (Lock in Range)	Frequenzbereich, in dem es zur Synchronisation mit der Referenzfrequenz kommt.
Mitnahmebereich, Haltebereich (Hold in Range)	Frequenzbereich, in dem die Synchronisation erhalten bleibt.
Schleifenfilter (Loopfilter), Tiefpassfilter (Lowpassfilter)	Bestimmt die Einschwingzeit und Stabilität der PLL sowie das Rauschverhalten und Einrastverhalten der linearen PLL.
Phasenregelkreis (Phase Locked Loop), kurz PLL	Regelkreis, der einen Oszillator in Frequenz und Phase mit einem Eingangssignal synchronisiert.

Anwendungen

Phasenregelkreise, die nur analoge Signale verarbeiten und den Phasenfehler auswerten, werden lineare PLLs genannt. Sie werden z.B. als Modulatoren und Demodulatoren, zur Regelung von Servomotoren, zur Synchronisation der Horizontalablenkung von Bildröhren, zur Synchronisation der Farbträger im Farbfernsehgerät sowie zur Regenerierung verrauschter Signale eingesetzt.

5.2.5.5 Frequenzerzeugung mit Synthesizer

Als Synthesizer (griech. Synthese = Aufbau eines Ganzen aus Teilen) bezeichnet man Schaltungen, bei denen die gewünschte Frequenz nicht direkt erzeugt wird, sondern durch Mischung, Vervielfachung oder Teilung von Frequenzen. Als Frequenznormal dienen Quarzoszillatoren oder Normalfrequenzquellen.

Bei der *Direktsynthese* wird die Ausgangsfrequenz in einem Mischer aus zwei Grundfrequenzen f_1 und f_2 durch Summenbildung oder Differenzbildung zusammengesetzt **(Bild 1)**. Man benötigt dazu zwei Quarzoszillatoren. Will man mehrere Ausgangsfrequenzen gewinnen, so muss man aus einer der Grundfrequenzen, z.B. durch Verzerrung, Oberschwingungen erzeugen, die mit der zweiten Grundfrequenz gemischt werden. Die Trennung erfolgt durch schmalbandige Filter. Die Direktsynthese ist schaltungsmäßig aufwändig und deshalb nicht geeignet, wenn viele Frequenzen erzeugt werden sollen. Ein Vorteil bei manchen Anwendungen kann allerdings die kurze Umschaltzeit zwischen den Ausgangsfrequenzen sein, da keine Regelung einschwingen muss.

> Die Direktsynthese wird in der Messtechnik und bei der Erzeugung von Senderfrequenzen angewandt.

Bei der *indirekten Frequenzsynthese* wird die gewünschte Frequenz mit einem spannungsgesteuerten Oszillator (VCO) erzeugt, der mit einer Referenzfrequenz (Vergleichsfrequenz) über einen Phasenregelkreis synchronisiert wird **(Bild 2)**. Benötigt wird also nur ein Quarzoszillator für die Referenzfrequenz. Mit ihr ist die Ausgangsfrequenz phasenstarr gekoppelt.

Mit der Schaltung nach Bild 2 ist allerdings die Ausgangsfrequenz so groß wie die Referenzfrequenz. Wird eine höhere Ausgangsfrequenz verlangt, so muss man eine im gleichen Verhältnis kleinere Referenzfrequenz verwenden und die Ausgangsfrequenz mit einem Frequenzteiler auf die Größe der Referenzfrequenz herunterteilen **(Bild 3)**. Dann erhält die Phasenvergleichsschaltung wieder zwei gleich große Frequenzen zugeführt und kann den VCO phasengenau synchronisieren.

Will man z.B. mit einer Referenzfrequenz von 100 kHz eine Ausgangsfrequenz von 1 MHz erzeugen, so benötigt man einen Frequenzteiler 10:1 im Rückkopplungszweig.

Eine ganze Reihe von verschiedenen Frequenzen kann man erzeugen, wenn man einen Frequenzteiler mit einstellbarem (programmierbarem) Teilerverhältnis verwendet **(Bild 1, folgende Seite)**.

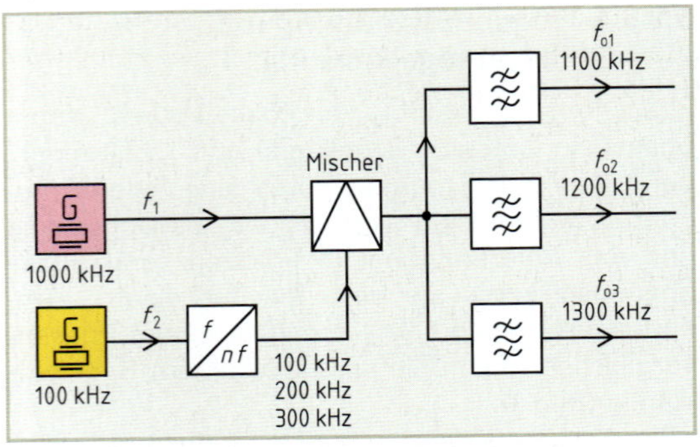

Bild 1: Prinzipschaltung eines Direkt-Synthesizers für mehrere Frequenzen

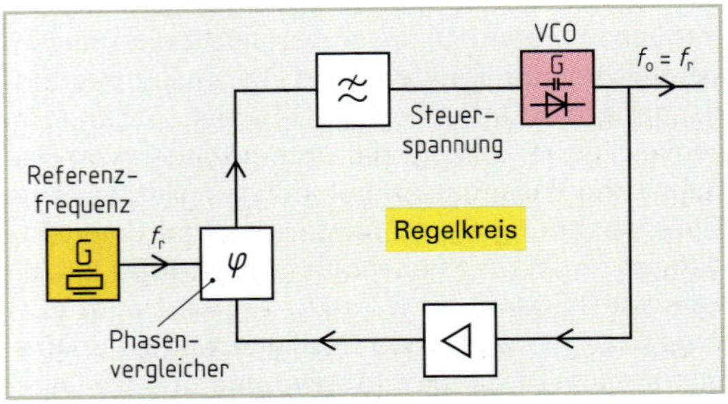

Bild 2: Prinzipschaltung für indirekte Frequenzsynthese mit einem VCO

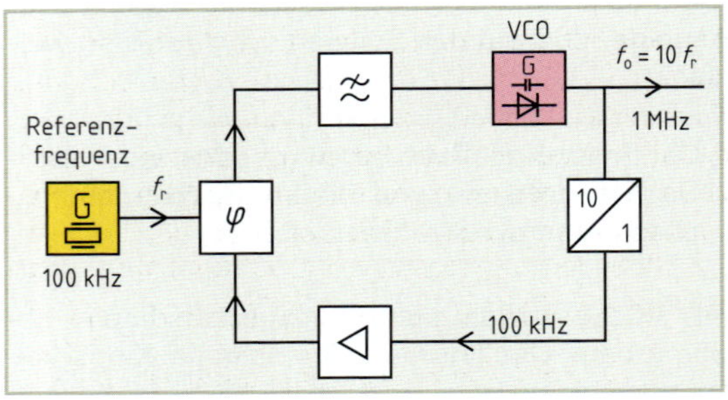

Bild 3: Prinzipschaltung eines Synthesizers mit Frequenzteiler in der Regelschleife

$$f_o = n \cdot f_r \qquad n = \frac{f_o}{f_r}$$

- f_o Oszillatorfrequenz (Ausgangsfrequenz)
- f_r Referenzfrequenz
- n Teilerverhältnis

Ändert man z.B. im vorstehend beschriebenen Fall das Teilerverhältnis von 10:1 auf 11:1, so wird der VCO auf eine Ausgangsfrequenz von 1 100 kHz eingestellt. Bei einem Teilerverhältnis von 12:1 entsteht eine Ausgangsfrequenz von 1200 kHz. Der Frequenzabstand $\Delta f = 100$ kHz entspricht der Referenzfrequenz und wird als *Rasterfrequenz* bezeichnet.

Will man eine feinere Abstufung der Rasterfrequenz erreichen, z.B. 10 kHz, so muss man eine Referenzfrequenz mit ebenfalls 10 kHz zur Verfügung haben. Dies ist jedoch mit einem Quarzgenerator nicht ohne weiteres zu verwirklichen, da Schwingquarze für 10 kHz große Abmessungen haben. Man verwendet deshalb einen Quarzgenerator mit einer höheren Frequenz und teilt diese Frequenz mit einem zweiten Teiler auf die gewünschte niedrige Referenzfrequenz (Bild 1).

Die Ausgangsfrequenz eines Synthesizers ist immer ein ganzzahliges Vielfaches der Referenzfrequenz.

Ein Nachteil dabei ist allerdings, dass der Phasendiskriminator jetzt mit dieser niedrigen Frequenz arbeitet und deshalb der Regelvorgang länger dauert. Zu dieser Verzögerung trägt auch noch der Tiefpass mit seiner dann ebenfalls niedrigeren Grenzfrequenz bei. Man kann davon ausgehen, dass die Einstellzeit der Regelschaltung bis zur „Einrastung" auf eine neue Frequenz etwa 100 Perioden der Referenzfrequenz dauert. Bei einer Frequenz von 1 kHz wären dies 0,1 Sekunden.

Als einstellbare (programmierbare) Teiler verwendet man Zähler, die als Vorwärtszähler oder als Rückwärtszähler arbeiten können. Nach Erreichen der eingestellten Zahl beim Vorwärtszähler bzw. beim Erreichen von null beim Rückwärtszähler wird ein Impuls ausgelöst. Der Phasendiskriminator erhält also von beiden Teilern Impulse, d.h., er arbeitet als digitaler Phasendiskriminator.

Ein *programmierbarer Oszillator* kann je nach Kundenwunsch auf eine gewünschte Frequenz eingestellt werden, z.B. der Oszillator SG8000 **(Bild 2)**. Er besteht aus einem Synthesizer, dessen Frequenzteilerverhältnis in einem PROM programmiert wird.

In einem programmierbaren Oszillator wird die Frequenz eines VCOs durch Programmierung des Frequenzteilerverhältnisses in einem PROM festgelegt.

Die Ausgangsspannung des VCOs wird über einen Frequenzteiler auf einen Phasenvergleicher geführt (Bild 2). Gleichzeitig wird von einem Referenzoszillator eine Referenzfrequenz f_r über einen weiteren Frequenzteiler ebenfalls auf den Phasenvergleicher geschaltet. Die Teilungsfaktoren p und q sind in einem PROM gespeichert.

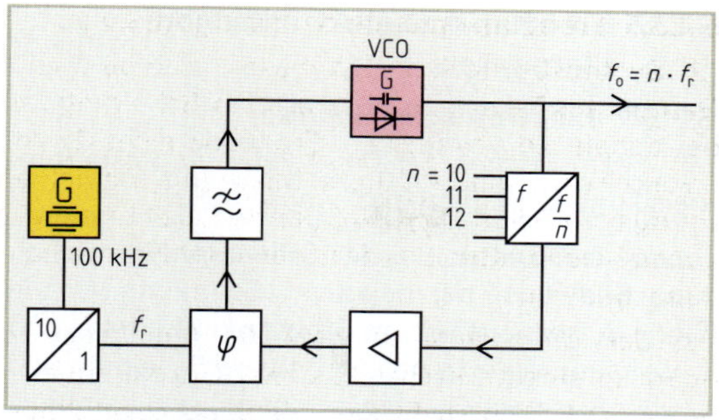

Bild 1: Synthesizer mit einstellbarem Frequenzteiler

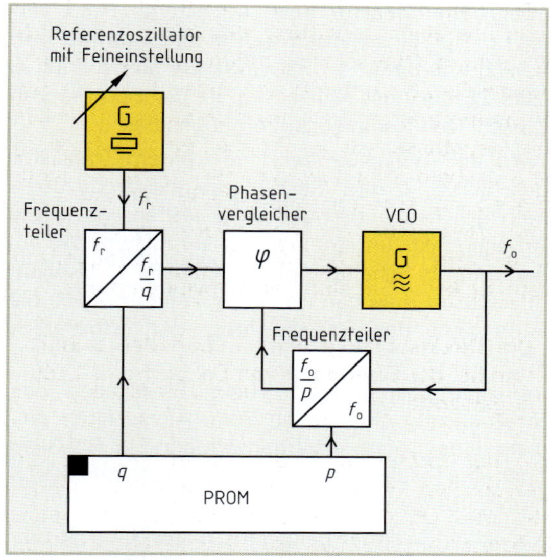

Bild 2: Programmierbarer Oszillator SG8000

$$f_o = \frac{p}{q} \cdot f_r$$

f_o Oszillatorfrequenz

f_r Referenzfrequenz

$\frac{p}{q}$ programmierbares Frequenzteilerverhältnis

Der Phasenvergleicher steuert seinerseits mit seiner Ausgangsspannung den VCO. Bei abgeglichenem Phasenvergleich ist $f_r / q = f_o / p \Rightarrow f_o = f_r \cdot p / q$. Die Oszillatorfrequenz ist somit über das im PROM gespeicherte Teilerverhältnis p/q voreinstellbar. Bei einem 16-Bit-Speicher sind damit 65536 verschiedene Frequenzen programmierbar. Außerdem hängt die Oszillatorfrequenz f_o von der Referenzfrequenz f_r ab. Mit dem Referenzoszillator wird die Oszillatorfrequenz fein eingestellt.

5.2.6 Schalten mit elektronischen Elementen

5.2.6.1 Elektronische Schalter

Mit *elektronischen Schaltern* kann ein Laststromkreis kontaktlos geschaltet werden.

Diode als Schalter. Bei der Schwingkreisumschaltung **Bild 1** ist bei negativer Spannung U_1 die Diode R_D gesperrt und im Schwingkreis sind L_1 und L_2 wirksam. Wird U_1 positiv, so wird R_D leitend und L_2 über R_D sowie C_2 kurzgeschlossen und damit die Schwingkreisfrequenz größer.

Transistor als Schalter. Der Basisstrom i_B ist gegenüber dem Kollektorstrom i_C verzögert und verformt. Die Einschaltzeit t_{ein} ist die Summe von Verzögerungszeit t_d und Erstübergangsdauer t_r **(Bild 2)**, die Ausschaltzeit t_{aus} ist die Summe von Speicherzeit t_s und Letztübergangsdauer t_f.

Wird ein *Wirkwiderstand* von einem Transistor geschaltet, so darf die Widerstandsgerade oberhalb der Leistungshyperbel verlaufen, wenn die Arbeitspunkte unterhalb der Leistungshyperbel liegen und die Schaltzeit kurz ist **(Tabelle 1)**. Deshalb übersteuert man den Transistor mit dem Zwei- bis Fünffachen des Basisstromes, der erforderlich wäre.

Induktive Last verzögert beim Einschalten den Stromanstieg (Tabelle 1). Beim Ausschalten entsteht eine Spannungsüberhöhung. Ein RC-Glied oder eine Freilaufdiode parallel zur Induktivität verhindert die Zerstörung des Transistors.

Kapazitive Last hat beim Einschalten eine Stromüberhöhung zur Folge (Tabelle 1). Beim Ausschalten sinkt der Strom dagegen sehr schnell ab. Stromüberhöhung kann z. B. durch einen in Reihe geschalteten Wirkwiderstand verringert werden.

> Beim Ausschalten induktiver Lasten und beim Einschalten kapazitiver Lasten kann der Schalttransistor zerstört werden.

5.2.6.2 Schaltverstärker (Treiber)

Als Schaltverstärker werden meist Treiberverstärker (Treiber) eingesetzt. In Verstärkerschaltungen dienen Treiber als analoge Verstärker, um die Steuerleistung für eine Endstufe aufzubringen. Als Schaltverstärker dienen sie z.B. zum Schalten einer Siebensegmentanzeige oder eines Relais. Man spricht dann von einem Siebensegmenttreiber bzw. einem Relaistreiber **(Bild 1, folgende Seite)**. Derartige Treiber sind meist als ICs ausgeführt.

> Treiber sind Verstärkerschaltungen, welche eine größere Last ansteuern bzw. schalten.

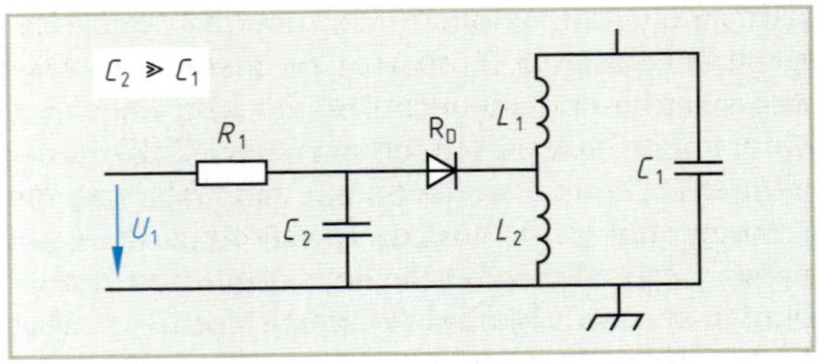

Bild 1: Schwingkreisumschaltung durch eine Diode

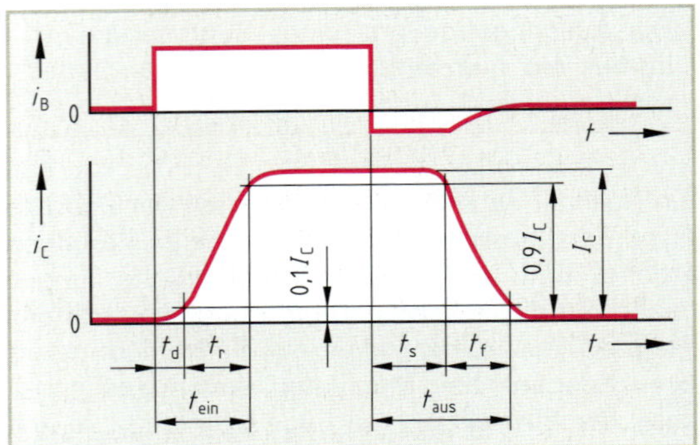

Bild 2: Schaltzeiten von Transistoren

Tabelle 1: Schaltverhalten eines Transistors

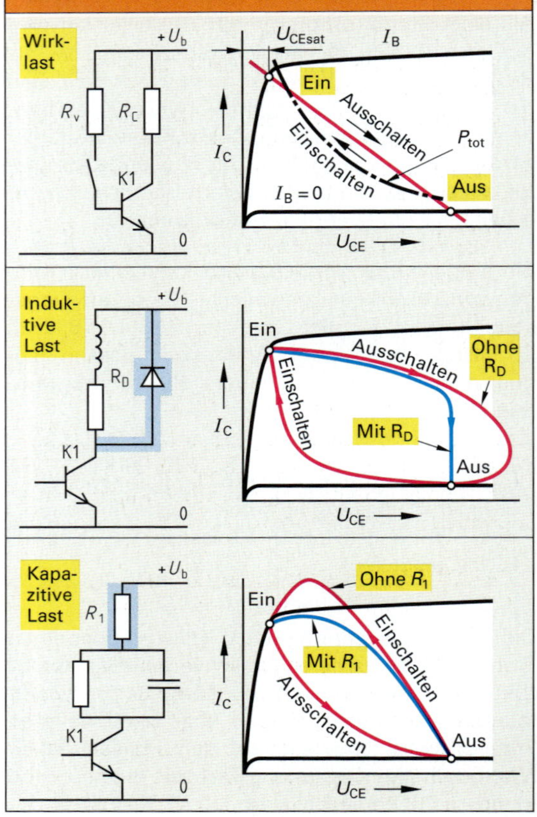

Beim Relaistreiber Bild 1 wird über ein UND-Element eine aus zwei Transistoren bestehende *Darlingtonstufe* angesteuert. Der Eingang kann von einem TTL-Bauelement oder einem CMOS-Bauelement angesteuert werden. Darlingtonstufen sind bei Treibern häufig, da die Verstärkung durch einen einzelnen Transistor bei Belastung oft nicht ausreicht. Derartige Treiber werden auch als Darlingtontreiber bezeichnet.

Treiber enthalten oft Darlingtonstufen und können von CMOS-Elementen oder TTL-Elementen angesteuert werden.

Beim LED-Treiber **Bild 2** enthält der IC außer der Darlingtonstufe Widerstände und Dioden. Der Lastwiderstand liegt im Kollektorzweig oder im Emitterzweig. Der Emitterstrom kann eine LED direkt ansteuern. Treiber-ICs können bis zu acht derartige Schaltungen enthalten, z.B. für sieben Segmente und den Dezimalpunkt **(Bild 3)**.

Treiberverstärker sind auch in Leistungsoperationsverstärkern enthalten. Beim IC-Verstärker **Bild 4** sind ein Vorverstärker, ein Treiber, eine Endstufe und mehrere Schutzschaltungen vorhanden. Der Ausgangsstrom beträgt bis 3 A und das Leerlaufverstärkungsmaß 90 dB.

Wiederholung und Vertiefung

1. **Warum ist ein Transistor beim Ausschalten einer induktiven Last gefährdet?**
2. **Bei welchem Schaltvorgang ist ein Transistor beim Schalten kapazitiver Lasten gefährdet?**
3. **Wie ist die Erstübergangsdauer eines Schalttransistors definiert?**
4. **Wodurch kann ein Transistor vor Zerstörung beim Schalten von Induktivitäten geschützt werden?**
5. **Welche Aufgabe haben Treiber?**
6. **Warum enthalten Treiber oft Darlingtonstufen?**
7. **Wo liegt bei einem LED-Treiber der Lastwiderstand?**

5.2.6.3 Zeitgeberbaustein NE555

Die integrierte Schaltung NE555 (TDB555, **Bild 1, folgende Seite**) ist ein Zeitgeberbaustein, mit dem verschiedene Zeitgeberschaltungen (Timer) aufgebaut werden können.

Der IC NE555 ist eine Grundschaltung zum Aufbau von Zeitgeberschaltungen (Timer).

Der IC NE555 besteht aus einem RS-Flipflop K1, das über zwei Komparatoren (Vergleicher) K2 und K3 angesteuert wird (Bild 1, folgende Seite). Mithilfe des Spannungsteilers aus drei gleich großen Widerständen *R* werden aus der Betriebsspannung die Referenzspannungen (Bezugsspannungen) für die beiden Komparatoren erzeugt. Ist U_b = 12 V, so liegen am Komparator K2 $U_{ref2} \approx 8$ V am invertierenden Eingang und am Komparator K3 $U_{ref3} \approx 4$ V am nicht invertierenden Eingang.

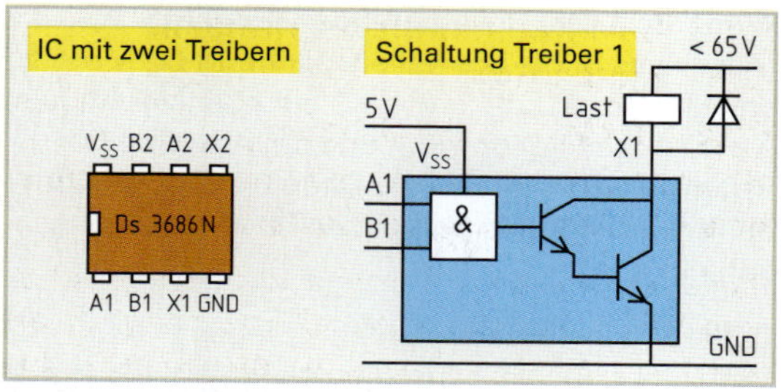

Bild 1: Relaistreiber

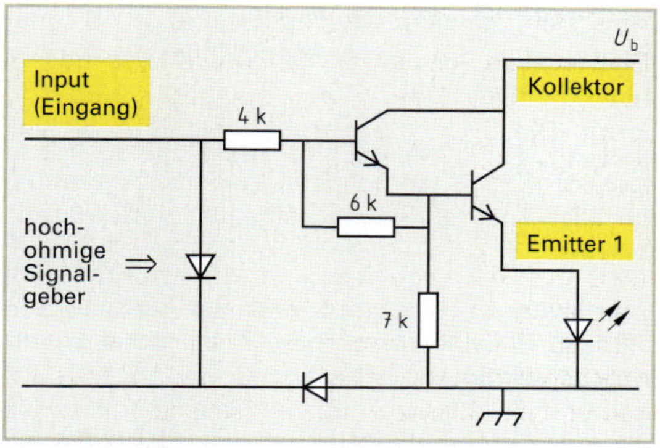

Bild 2: LED-Treiber zur Anpassung an hochohmige Signalgeber-Ausgänge

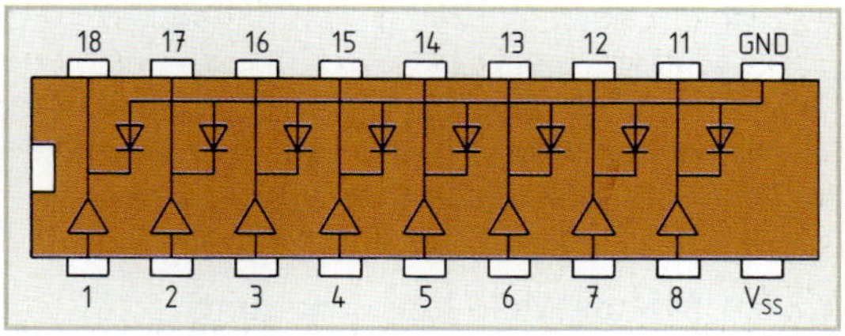

Bild 3: Darlingtontreiber-IC UDN 2981A

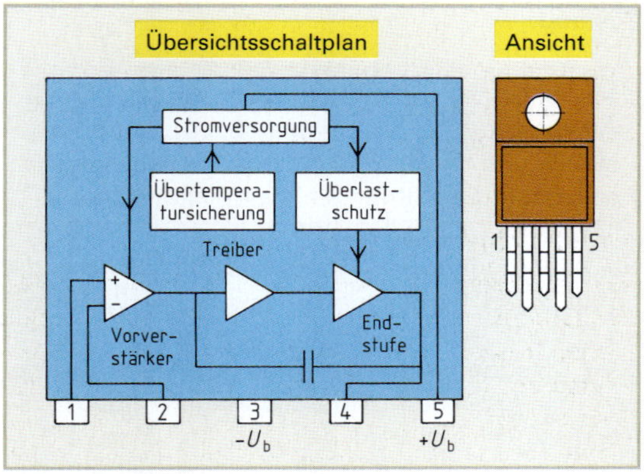

Bild 4: Leistungsoperationsverstärker

Wird am nicht invertierenden Eingang von K2 (Anschluss 6) die Schwellenspannung $U_{s2} > 8$ V, so entsteht am Ausgang von K2 ein positiver Impuls, welcher das Flipflop kippt und am Ausgang Q1* H-Pegel anliegt **(Tabelle 1).** Dadurch entsteht über den invertierenden Verstärker T1 an dessen Ausgang L-Pegel.

Sobald am invertierenden Eingang von K3 (Anschluss 2) die Schwellenspannung $U_{s3} < 4$ V wird, gibt die Ausgangsspannung des Komparators K3 H-Pegel auf den Setzeingang S des Flipflops. Dadurch kippt das Flipflop und an Q1* entsteht L-Pegel, d. h., am Ausgang Q des Verstärkers T1 ist H-Pegel.

Über den dominierenden Rücksetzeingang $\overline{\text{R}}$ (Anschluss 4) kann die Schaltung jederzeit vorrangig vor allen anderen Eingangssignalen zurückgesetzt werden.

Vom Inverter T1 gesteuert, kann der Transistor mit offenem Kollektor (Anschluss 7) als Schalter verwendet werden (Bild 1).

Die Zeitgeberschaltung NE555 ist TTL-kompatibel und kann durch Beschaltung verwendet werden als monostabile Kippschaltung, als astabile Kippschaltung, für Zeitverzögerungen, als Signalgeber und als Impulsformer. Es sind Impulsdauern von μs bis Stunden möglich.

Für kleine Ausgangsströme kann statt des NE555 die CMOS-Version LMC555 verwendet werden.

5.2.6.4 Monostabile Kippschaltung

Die monostabile Kippschaltung (Monoflop, griech. mono = einzeln, allein) hat nur einen stabilen Zustand.

> Monostabile Kippschaltungen kippen durch Ansteuerung in einen unstabilen Betriebszustand und nach einer Umschaltzeit wieder selbstständig in ihren stabilen Zustand zurück.

Bei *nachtriggerbaren* Monoflops **(Bild 2)** kann die Impulsdauer (Verweildauer) des Ausgangssignals an Q durch einen weiteren Triggerimpuls am Eingang C verlängert werden. Bei *nicht nachtriggerbaren* monostabilen Kippschaltungen hängt die Impulsdauer nur vom Zeitglied ab. Weitere Eingangsimpulse beeinflussen die Umschaltzeit nicht mehr.

Monostabile Kippschaltungen werden mit IC, z.B. 74LS121, 74LS123 oder NE555 (TDB555) oder in CMOS-Technik mit LMC555, aufgebaut. Die monostabile Kippschaltung **Bild 3,** mit NE555 wird über

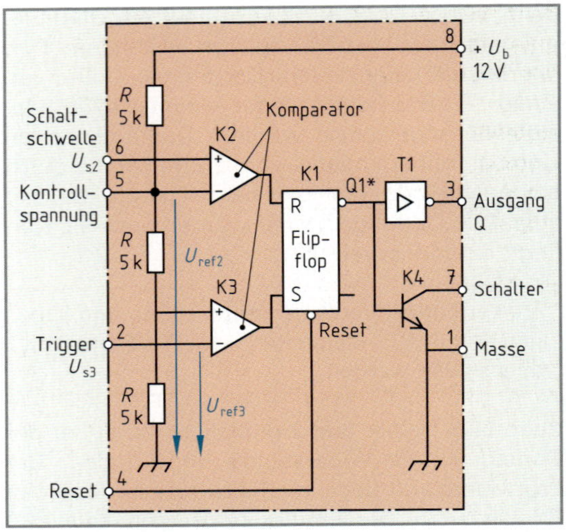

Bild 1: Übersichtsschaltplan des NE555

Tabelle 1: Arbeitstabelle des NE555

Reset	Trigger U_{s3}	Schwelle U_{s2}	S	R	Q1*	Ausgang Q	Schalter
L	beliebig				H	L	ein
H	$< U_b/3$	beliebig	H	beliebig	L	H	aus
H	$> U_b/3$	$> 2/3\ U_b$	L	H	H	L	ein
H	$> U_b/3$	$< 2/3\ U_b$	L	L	q_{1n}*	q_n	unverändert

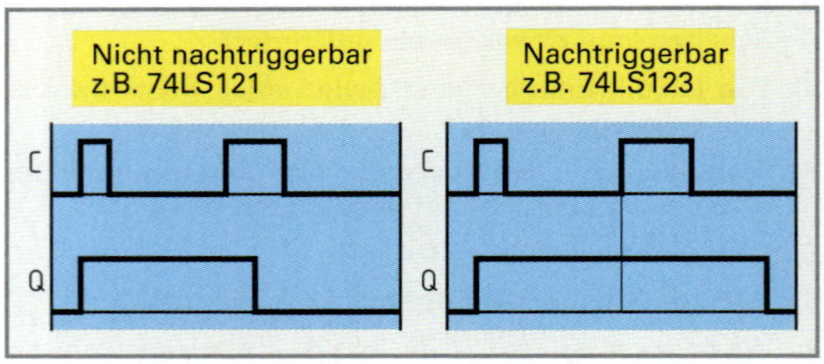

Bild 2: Triggerung monostabiler Kippschaltungen

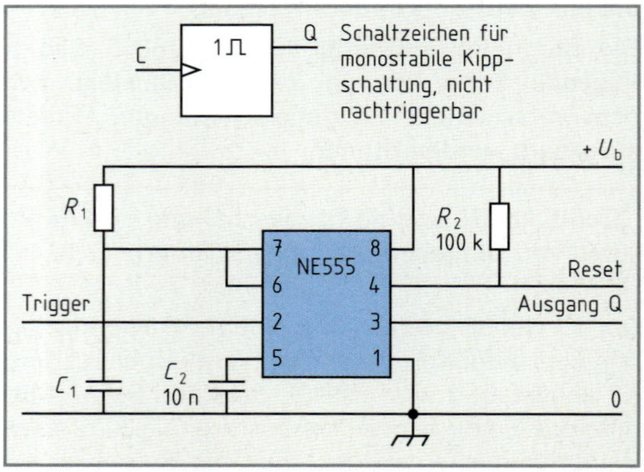

Bild 3: Monostabile Kippschaltung mit NE555

den Triggeranschluss 2 mit L-Pegel gesteuert. Im stabilen Zustand hat der Ausgang Q L-Pegel, der Schalttransistor K4 (Bild 1, vorhergehende Seite) ist leitend und somit der Kondensator C1 entladen.

Fällt die Triggerspannung U_T unter $^1/_3$ U_b **(Bild 1),** so wird das Flipflop gesetzt, an Q1* liegt L und am Ausgang Q liegt H. Der Schalttransistor K4 wird gesperrt und C_1 kann sich über R_1 aufladen bis U_{C1} = $^2/_3$ U_b. Diese Spannung liegt auch am Anschluss 6 (Schaltschwelle) und setzt über den Komparator K2 das Flipflop zurück, der Ausgang Q erhält L-Pegel, der Schalttransistor wird leitend und entlädt schnell den Kondensator C_1. In dieser Lage ver-harrt die Schaltung bis ein neuer Triggerimpuls anliegt. Die Zeitkonstante $C_1 \cdot R_1$ bestimmt die Impulsdauer t_i.

Während der instabilen Lage der monostabilen Kippschaltung kann durch einen negativen Impuls auf den Reseteingang (Anschluss 4) C_1 wieder entladen und somit der Ausgangsimpuls nachgetriggert werden.

Monostabile Kippschaltungen werden als Impulsgeber, Impulsformer und Zeitschalter verwendet.

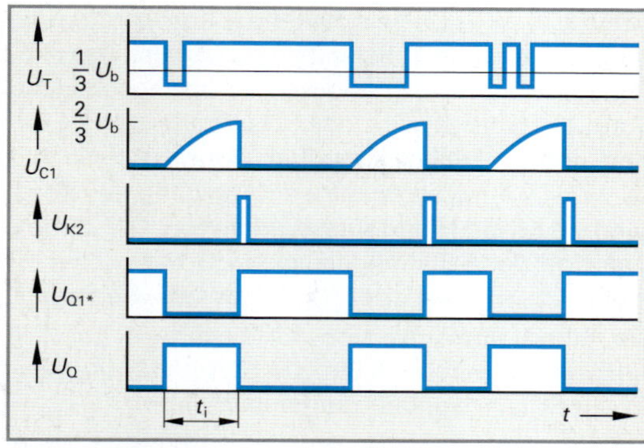

Bild 1: Impulsdiagramme der monostabilen Kippschaltung Bild 3, vorhergehende Seite

Für Schaltung Bild 3, vorhergehende Seite:

$$t_i = 1{,}1 \cdot R_1 \cdot C_1$$

t_i Impulsdauer
R_1 Widerstand
C_1 Kapazität

5.2.6.5 Astabile Kippschaltung (Rechteckgenerator)

Eine *astabile Kippschaltung* (griech. a... = nicht, un...; z.B. astabil = nicht stabil) kann Rechteckspannungen bis zu mehreren MHz erzeugen. Sie besteht z.B. aus einem IC. Die Schaltung hat keinen stabilen Zustand und kippt ohne äußere Ansteuerung von einem Betriebszustand in den anderen.

Die astabile Kippschaltung schaltet periodisch zwischen zwei Betriebszuständen um und erzeugt eine Rechteckspannung.

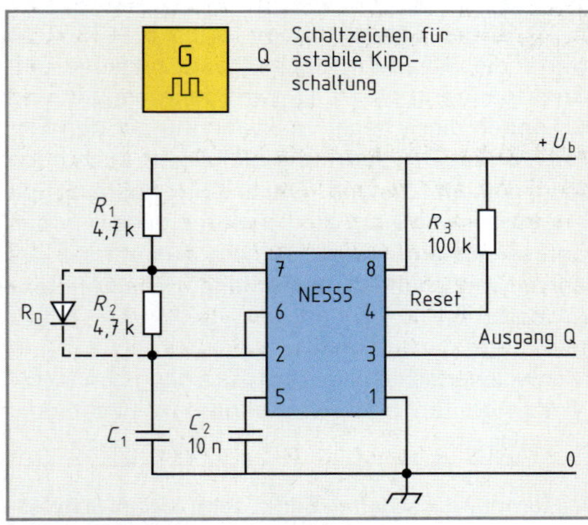

Bild 2: Astabile Kippschaltung mit NE555

Mithilfe des Zeitgeberbausteins NE555 (Bild 1, vorhergehende Seite) oder des LMC555 in CMOS-Technik kann eine astabile Kippschaltung aufgebaut werden **(Bild 2).** Durch Verbinden der beiden Komparatoreingänge Schaltschwelle (Threshold, Anschluss 6) und Trigger (Anschluss 2) entsteht eine Selbstauslösung, die von der Kondensatorspannung U_{C1} gesteuert wird.

Liegt am Ausgang Q H-Pegel, so wird der interne Schalttransistor mit offenem Kollektor (Discharge Switch, Anschluss 7) gesperrt und der Kondensator C_1 lädt sich über die Widerstände R_1 und R_2 nach einer e-Funktion auf **(Bild 3).**

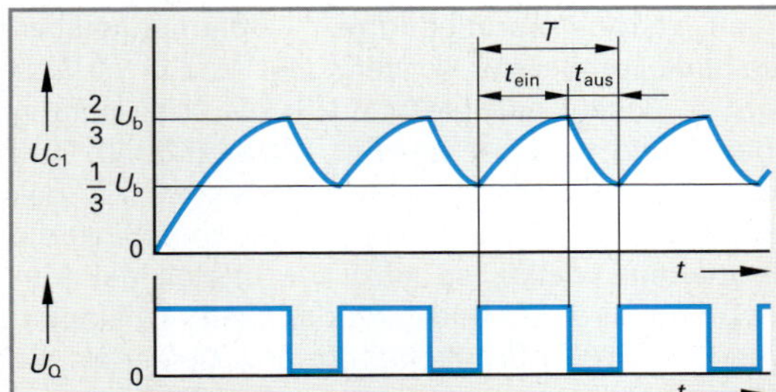

Bild 3: Impulsdiagramme der astabilen Kippschaltung Bild 2

Erreicht $U_{C1} = {}^2/_3\ U_b$, so schaltet der Komparatorausgang von K2 (Bild 1, Seite 256) auf H, setzt das Flipflop zurück (Q1* = H) und den Schaltungsausgang Q auf L. Dadurch wird der Schalttransistor K4 leitend und C_1 entlädt sich über R_2 und K4. Sobald $U_{C1} = {}^1/_3\ U_b$ erreicht, schaltet der Ausgang des Komparators K3 auf H und setzt das Flipflop. Q1* nimmt L an und der Schaltungsausgang Q hat wieder H-Pegel. K4 wird gesperrt und C_1 lädt sich wieder auf.

Die Einschaltzeit t_{ein} von K4 bestimmt die Impulsdauer $t_i = t_{ein} \approx 0{,}69 \cdot (R_1 + R_2) \cdot C_1$, die Ausschaltzeit t_{aus} dagegen die Pausendauer $t_p = t_{aus} \approx 0{,}69 \cdot R_2 \cdot C_1$.

Wird parallel zu R_2 eine Diode R_D geschaltet (Bild 2, vorhergehende Seite), so wird C_1 über R_1 und die leitende Diode geladen und über R_2 entladen. Ist $R_1 = R_2$, so ist $t_i \approx t_p$.

Für astabile Kippschaltung mit NE555:

$$f = \frac{1}{T} = \frac{1}{t_i + t_p} \qquad t_p \approx 0{,}69 \cdot R_2 \cdot C_1$$

Ohne Diode R_D:

$$t_i \approx 0{,}69 \cdot (R_1 + R_2) \cdot C_1$$

$$f \approx \frac{1{,}443}{(R_1 + 2 \cdot R_2) \cdot C_1}$$

Mit Diode R_D:

$$t_i \approx 0{,}69 \cdot R_1 \cdot C_1$$

$$f \approx \frac{1{,}443}{(R_1 + R_2) \cdot C_1}$$

t_i	Impulsdauer	t_p	Pausendauer
T	Periodendauer	R_1, R_2	Widerstände
C_1	Kondensator	f	Frequenz

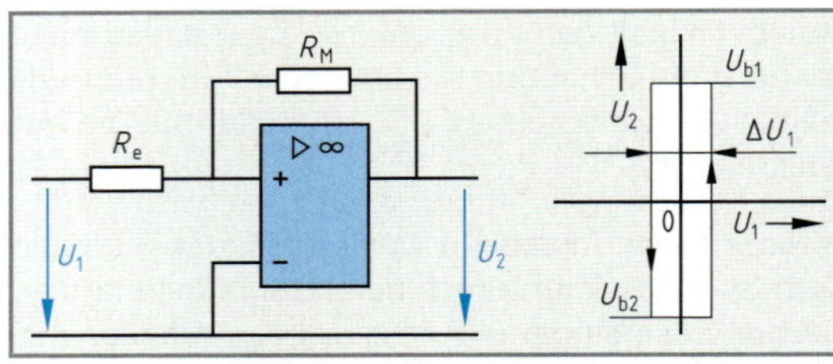

Bild 1: Nicht invertierender Schwellwertschalter

5.2.6.6 Schwellwertschalter

Schwellwertschalter (Schmitt-Trigger, benannt nach dem Erfinder der Schaltung, **Bild 1)** erzeugen Spannungsimpulse, deren Impulsdauer von der Eingangsspannung abhängig ist. Der Schwellwertschalter Bild 1 benötigt zur Ansteuerung positive und negative Eingangsspannungen.

Ist U_2 in der Sättigungslage U_{b1}, z.B. +15 V, so spricht die Schaltung nur auf eine negative Eingangsspannung U_1 an. U_2 wird dann negativ und R_M koppelt diese negative Spannung auf den Eingang zurück. Die Schaltung bleibt jetzt auch ohne U_1 in diesem Zustand. Durch eine positive Eingangsspannung kippt die Schaltung wieder in den anderen Zustand zurück. Je nach Ausführung des Schwellwertschalters bleibt eine Schaltdifferenz ΔU_1 bestehen.

Bei Schaltung Bild 1:

$$\Delta U_1 \approx \frac{R_e}{R_M} (U_{b1} - U_{b2})$$

ΔU_1	Schaltdifferenz
R_e	Eingangswiderstand
R_M	Rückkopplungswiderstand
U_{b1}	positive Betriebsspannung
U_{b2}	Betrag der negativen Betriebsspannung

Schwellwertschalter setzen auch langsam sich ändernde Eingangsspannungen in Rechteckimpulse um.

Der Temperaturschalter **Bild 2** zeigt einen Schwellwertschalter, der von einer Brückenschaltung angesteuert wird. R_1, R_2 und R_3 legen den Nullpunkt und damit die Solltemperatur fest. R_4 und B1 bilden einen temperaturabhängigen Spannungsteiler. Steigt die Temperatur, so steigt U_{B1}. Wird $u_1 > 0$ V, so wird u_2 positiv und steigt durch die Mitkopplung über R_5 und R_6 sofort bis etwa $+U_b$ an **(Bild 3)**. Dies bewirkt ein Durchsteuern des Transistors K2, das Relais K1 zieht an und sein Kontakt öffnet. Sinkt die Temperatur wieder, so sinkt u_{B1}. Infolge der Mitkopplung wird u_2 jedoch erst dann auf $-U_b$ kippen, wenn u_{B1} um die Schaltdifferenz ΔU_1 kleiner als die Einschaltspannung geworden ist (Bild 3). C_1 verhindert ein Kippen durch Störimpulse und kurzzeitige Temperaturschwankungen.

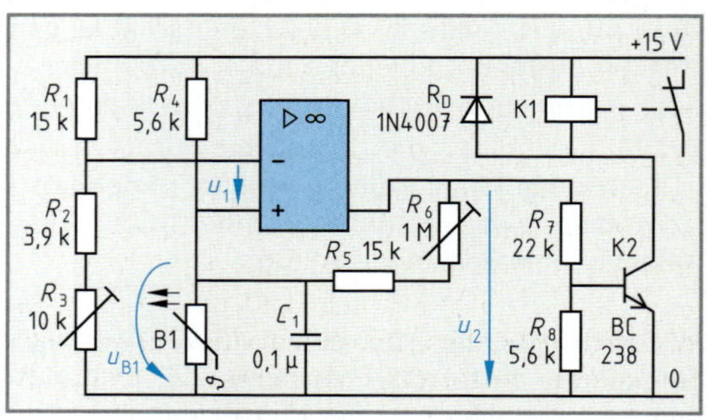

Bild 2: Temperaturschalter

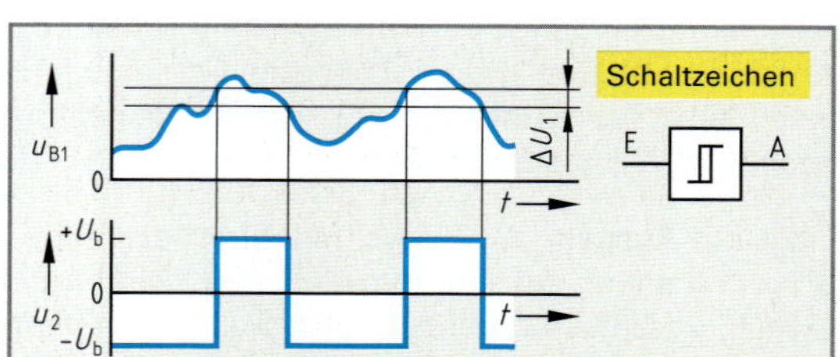

Bild 3: Schaltspannungen am Temperaturschalter Bild 2

5.2.7 Signalumsetzer

Zum Steuern von Anlagen und Geräten mit dem Computer werden oft Digitalsignale aus binären Werten in analoge Steuergrößen, meist Spannungen umgesetzt. Dies geschieht in Baugruppen, die man als DAU (**D**igital-**A**nalog-**U**msetzer) oder DAC (**D**igital-**A**nalog-**C**onverter) bezeichnet. Messgrößen, z.B. Temperatur oder Spannung, erhält man meist in analoger Form. Für die Umsetzung in digitale Signale verwendet man *Analog-Digital-Umsetzer* **(Bild 1).** Diese werden auch AD-Umsetzer, ADU oder ADC (**A**nalog **D**igital **C**onverter) genannt.

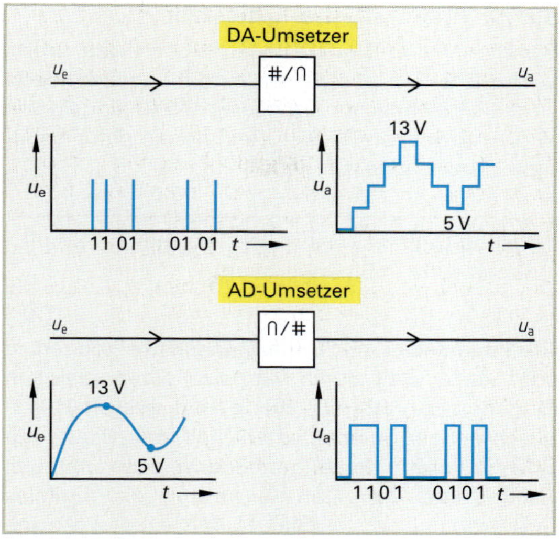

Bild 1: Prinzip der Signalumsetzung mit DA-Umsetzer und DA-Umsetzer

5.2.7.1 Digital-Analog-Umsetzer

DA-Umsetzer gewinnen in einem Schritt über Widerstandsnetzwerke mit elektronischer Steuerschaltung und einem Operationsverstärker als Summierer aus dem digitalen Codewort das analoge Ausgangssignal. Die Anzahl der Stufen folgt aus der Bitzahl und bestimmt die Auflösung der Signale. Zur Glättung der Ausgangsspannung werden z.B. Tiefpassfilter eingesetzt. Bei einer Genauigkeit von 8 bit sind Arbeitsfrequenzen bis zu 250 MHz möglich.

DA-Umsetzer mit Widerstandsnetzwerken haben einen einfachen Aufbau und eine große Umsetzgeschwindigkeit. Für jedes Bit ist ein dual gestufter Präzisionswiderstand im R-Netzwerk vorhanden **(Bild 2).** Das niederstwertige Bit bezeichnet man als LSB (**L**east **S**ignificant **B**it), das höchstwertige Bit als MSB (**M**ost **S**ignificant **B**it). Jeder Schalter (FET) wird durch ein Bit des anliegenden Datenworts gesteuert. Mit Signalwert 1 wird der jeweilige Schalter geschlossen. Mit Signalwert 0 wird der jeweilige Schalter geöffnet. Die durch die Referenzspannung U_{ref} geschalteten Ströme werden im Summierer addiert und mit dem Widerstand R_K in eine Spannung am Ausgang umgesetzt. Je größer allerdings das Datenwort ist, desto größer wird der Widerstandsbereich. Bei einem 12-Bit-DA-Umsetzer ändern sich zum Beispiel die Widerstandswerte im Verhältnis 1 : 4096, z.B. von 5 kΩ bis 20,48 MΩ.

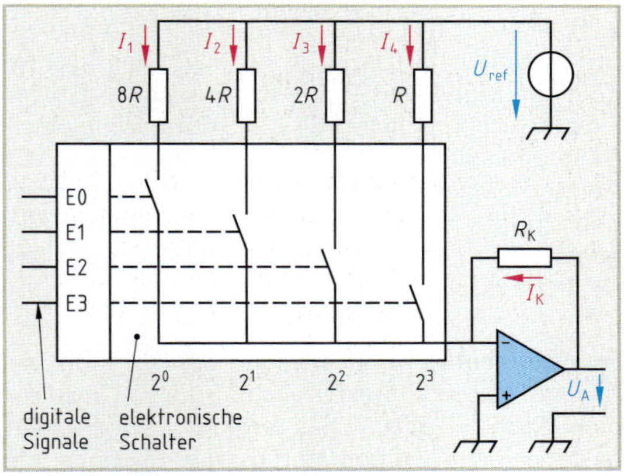

Bild 2: DA-Umsetzer mit Teilströmen

Möchte man große Widerstandsbereiche vermeiden, wendet man eine *binäre Stromteilung* über Parallelwiderstände an. Dabei sind in einem R-2R-Netzwerk nur zwei Widerstandswerte erforderlich. Sie stehen im Verhältnis 1 : 2 **(Bild 3).**

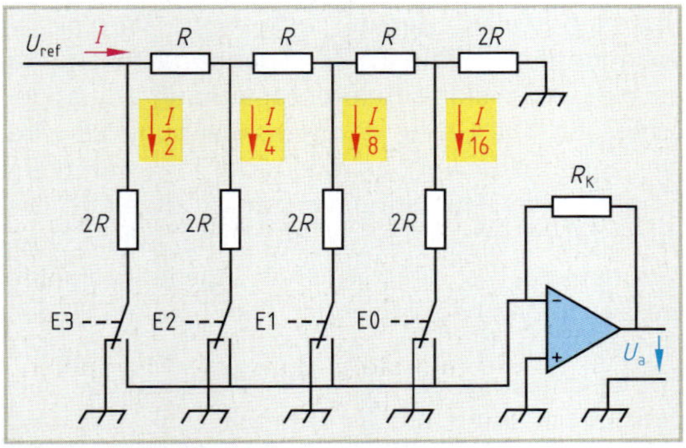

Bild 3: DA-Umsetzer mit R-2R-Netzwerk

R-2R-Netzwerke benötigen nur zwei Widerstandswerte im Verhältnis 1 : 2.

Ein DA-Umsetzer erzeugt über dual gestufte Widerstandsnetzwerke Teilströme, die addiert werden und das Analogsignal als Spannung ergeben.

5.2.7.2 Analog-Digital-Umsetzer

Für die Analog-Digital-Umsetzung werden unterschiedliche Verfahren verwendet. Entscheidend sind die gewünschte Auflösung des Analogsignals in die Anzahl von Binärstufen und die dafür benötigte Umsetzungszeit.

Analog-Digital-Umsetzer setzen analoge Spannungswerte in Binärwerte um.

Stufenumsetzer mit Widerstandskette können in sehr kurzer Zeit durch Vergleich einer analogen Eingangsspannung U_x mit genau gestuften Vergleichsspannungen U_v einer Widerstandskette mit BCD-Codierung den Augenblickswert der analogen Größe nach Zwischenspeicherung als digitales Codewort ausgeben **(Bild 1).** Mit einer elektronischen Steuerschaltung werden die Überbrückungen der Widerstände nacheinander geöffnet, beginnend mit der höchstwertigen Stufe **(Tabelle 1).** Ist $U_v > U_x$, wird der Schalter wieder geschlossen (Digitalwert 0). Ist $U_v \leq U_x$, bleibt der Schalter geöffnet (Digitalwert 1). Die Schalterstellungen der elektronischen Schalter S1 bis S4 werden gespeichert und bilden das digitale Codewort, das zur Anzeige gelangt. Je mehr Vergleichsspannungen über Präzisionswiderstände erzeugt werden, umso genauer wird das Ergebnis. Es sind Wertebereiche bis 14 bit möglich.

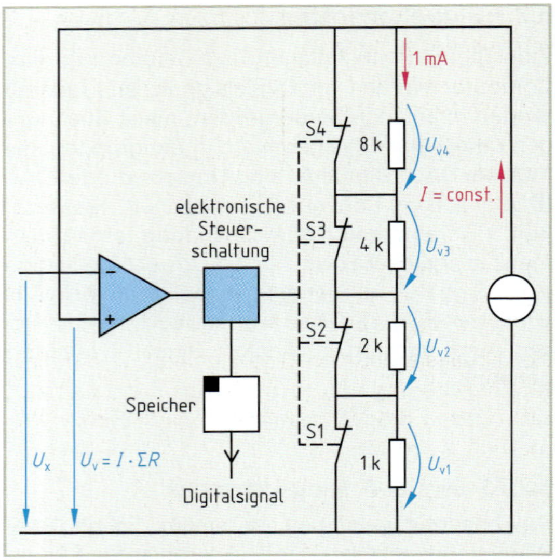

Bild 1: Prinzip eines Stufenumsetzers mit Widerstandskette zur BCD-Verschlüsselung

Tabelle 1: Stufenumsetzer bei $U_x = 5\,V$

Schalter-zustand	Vergleich U_v mit U_x	Digital-wert	Wertig-keit
S4 öffnet S4 schließt	$U_v = U_{v4} = 8\,V$ da $U_v > U_x = 5\,V$	0	2^3
S3 öffnet S3 bleibt offen	$U_v = U_{v3} = 4\,V$ da $U_v < U_x = 5\,V$	1	2^2
S2 öffnet S2 schließt	$U_v = U_{v3} + U_{v2} = 6\,V$ da $U_v > U_x = 5\,V$	0	2^1
S1 öffnet S1 bleibt offen	$U_v = U_{v3} + U_{v1} = 5\,V$ da $U_v = U_x = 5\,V$	1	2^0

Parallelumsetzer arbeiten sehr schnell. Man bezeichnet solche Umsetzer auch als Flash-Umsetzer (von flash = Blitz). Die Vergleicherschaltungen bestehen aus Komparatoren und Flipflops als Zwischenspeicher. Die invertierenden Eingänge der Operationsverstärker erhalten über einen Spannungsteiler genau festgelegte Vergleichsspannungen U_v **(Bild 2).** Der Spannungsteiler wird an eine stabilisierte Referenzspannung U_{ref} angeschlossen. Die Größe der Messspannung U_x wird als Augenblickswert an die nicht invertierenden Eingänge der Operationsverstärker angelegt. Die durch den Vergleich von U_x mit U_v bei jedem Operationsverstärker entstandenen Ausgangssignale werden in den nachfolgenden Flipflops im Takt des Umsetzers zwischengespeichert. Die nachfolgende Codierschaltung ermittelt den Zustand der Vergleicherschaltung, bei der erstmals $U_v > U_x$ ist, und bildet mit dieser Information das digitale Codewort.

Je feiner die Stufung der Vergleichsspannungen U_v über ein erweitertes Widerstandsnetzwerk mit den dazugehörigen Vergleicherschaltungen ist, umso genauer ist die Auflösung der Messspannung U_x.

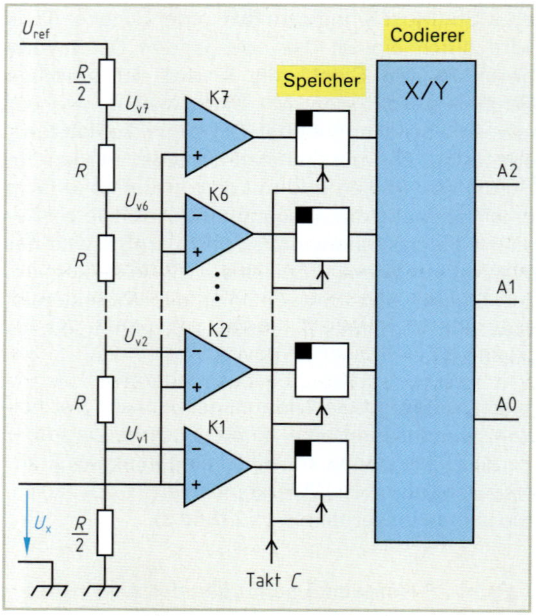

Bild 2: 3-Bit-AD-Parallelumsetzer

Für eine Auflösung mit n Bits benötigt man $2^n - 1$ Vergleicherschaltungen.

z Komparatorenzahl n Anzahl der Bits	$z = 2^n - 1$

Beispiel 1:
Berechnen Sie für einen Parallelumsetzer die Anzahl der Komparatoren für eine Auflösung von 10 bit.
Lösung: $z = 2^n - 1 = 2^{10} - 1 = \mathbf{1023}$

Die Digitalisierung von Videosignalen für die digitale Speicherung von Fernsehbildern arbeitet z.B. nach dem Komparatorverfahren mit Umsetzfrequenzen bis zu 150 MHz.

AD-Umsetzer mit sukzessiver Approximation (Successive Approximation = schrittweise Annäherung) vergleichen eine Messspannung U_x mit den Vergleichsspannungen eines DA-Umsetzers **(Bild 1)**. Wie beim Abwiegen eines unbekannten Gewichtes mit einer Balkenwaage *nähert* man sich *schrittweise* dem Wert (daher auch *Wägeverfahren).* Die Vergleichsspannungen im DA-Umsetzer werden entsprechend der Entscheidungsabfrage gestuft **(Bild 2)**. Eine Steuerlogik steuert in der Taktfolge der Entscheidungen den DA-Umsetzer mit seinen verschiedenen Vergleichsspannungen an und bestimmt nach dem Vergleich, ob das jeweilige Bit im Ausgangsregister gesetzt wird oder nicht. Diesen Schaltungsteil nennt man *Sukzessive-Approximations-Register* (SAR). Für die Datenübertragung ist die Möglichkeit der seriellen Ausgabe des Digitalwertes von großem Vorteil. Umsetzzeiten von 1 µs bei 10-Bit-AD-Umsetzern sind möglich.

Bei Messbeginn wird der Digitalwert auf null gesetzt. Für jeden Schritt vom MSB ist ein Taktimpuls erforderlich. Begonnen wird mit dem Vergleich der unbekannten Messspannung U_x mit der Referenzgröße für das MSB ($U_{ref}/2$). Im Ergebnis dieser Entscheidung wird das jeweils höchste Bit entweder gesetzt oder nicht. Wird z.B. das MSB gesetzt, ergibt sich die neue Referenzgröße im 2. Schritt aus $U_{ref}/2 + U_{ref}/4 = 3/4\ U_{ref}$. Wird das MSB nicht gesetzt, dann ist die Referenzgröße $U_{ref}/2 - U_{ref}/4 = U_{ref}/4$. Dieser Wägevorgang wird für jedes weitere Bit wiederholt, bis das niederstwertige Bit LSB feststeht. Die Genauigkeit der sukzessiven Approximation hängt von der kleinsten Referenzgröße im letzten Schritt ab. Es bleibt also stets ein nicht zu bestimmender Rest.

S Successive = schrittweise
A Approximation = Annäherung
R Register

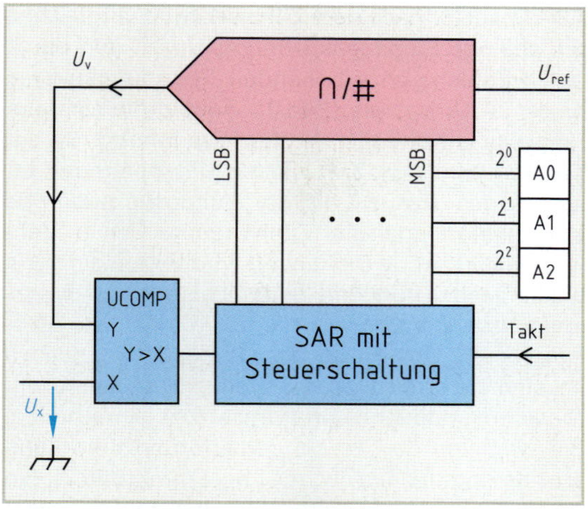

Bild 1: Prinzip eines 3-Bit-AD-Umsetzers nach dem Verfahren der sukzessiven Approximation

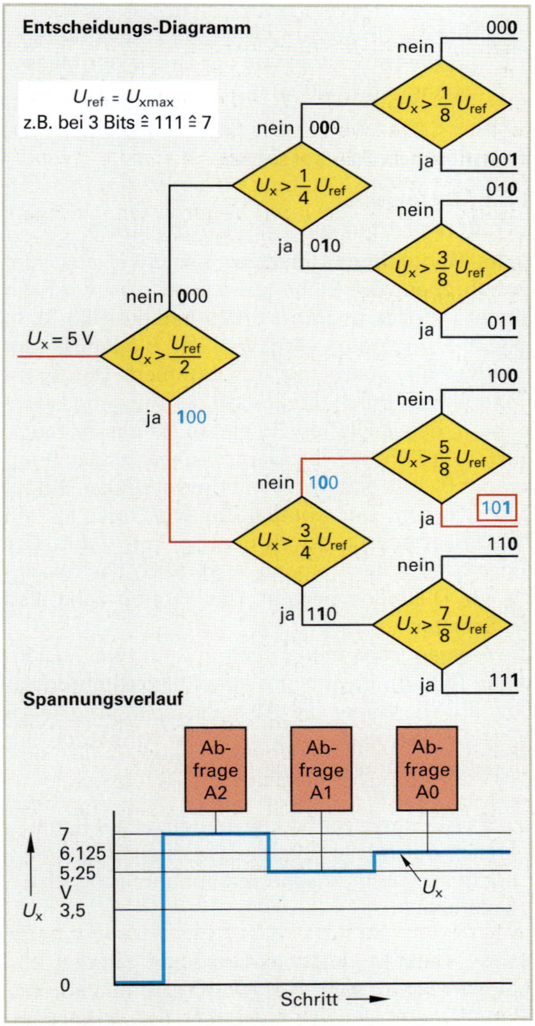

Bild 2: Approximationsvorgang

AD-Umsetzer nach dem Zählverfahren vergleichen die analoge Eingangsspannung U_x mit den durch einen Zähler sich erhöhenden Spannungswerten eines DA-Umsetzers **(Bild 1)**. Sobald die sich stufenweise erhöhende Vergleichsspannung U_v am Komparator so groß ist wie die Messspannung U_x, stoppt das sich zu diesem Zeitpunkt ändernde Komparatorsignal den Zählvorgang. Der im Zählerinhalt stehende Digitalwert wird im Ausgangsregister gespeichert und entspricht nun der Messspannung. Der Umsetzer ist für die nächste Messung bereit. Obwohl der Schaltungsaufbau einfach ist, sind die erreichbaren Genauigkeiten sehr groß. Die auflösungsabhängige Umsetzzeit ist nachteilig. Sie wird von der Anzahl der erforderlichen Zählschritte und der Taktfrequenz bestimmt **(Bild 2)**. Ein 10-Bit-AD-Umsetzer mit Zähler hat z.B. bei einer Taktfrequenz von 10 MHz mehr als 100 µs Umsetzzeit.

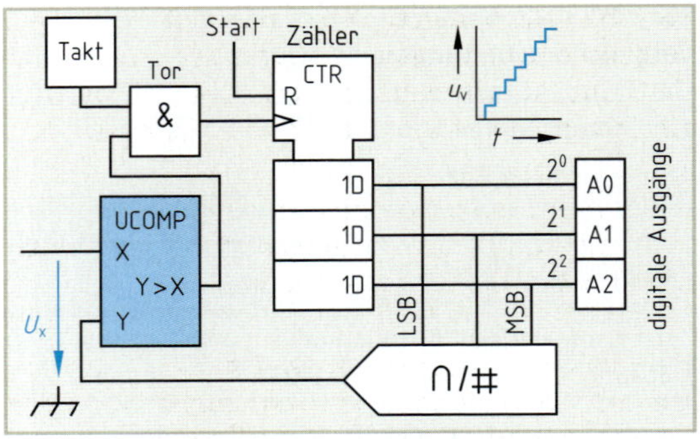

Bild 1: Prinzip eines 3-Bit-AD-Umsetzers nach dem Zählverfahren

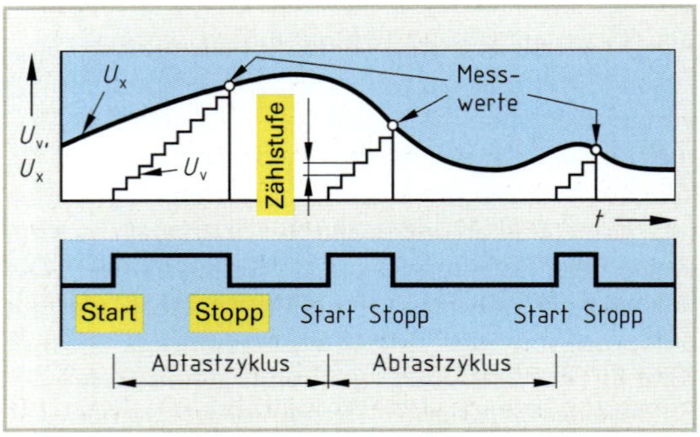

Bild 2: Spannungsverläufe beim AD-Umsetzer mit Zähler

> Bei AD-Umsetzern nach dem Zählverfahren ist die Umsetzzeit von der Größe der Messspannung U_x abhängig, also nicht konstant.

Integrierende AD-Umsetzer

1-Bit-AD-Umsetzer

Es gibt zwei Arten von 1-Bit-AD-Umsetzern.

Delta-Modulations-Umsetzer bestehen aus fünf Baugruppen. Die Eingangsspannung u_e wird mit einem Tiefpass begrenzt und verstärkt **(Bild 3)**. In einem Komparator wird von der Eingangsspannung u_e die Spannung u_r subtrahiert. Die Spannung u_r wird durch Integration der Ausgangsspannung u_a des D-Flipflops in einem Tiefpass erzeugt. Ein D-Flipflop mit bipolarer Ausgangsspannung kann z.B. mit einem Operationsverstärker aufgebaut werden. Der Komparator wirkt hier als ein AD-Umsetzer mit der Auflösung von 1 bit. Der eigentliche Abtastvorgang wird durch das Taktsignal am D-Flipflop bewirkt. Das Flipflop wirkt also als Schalter.

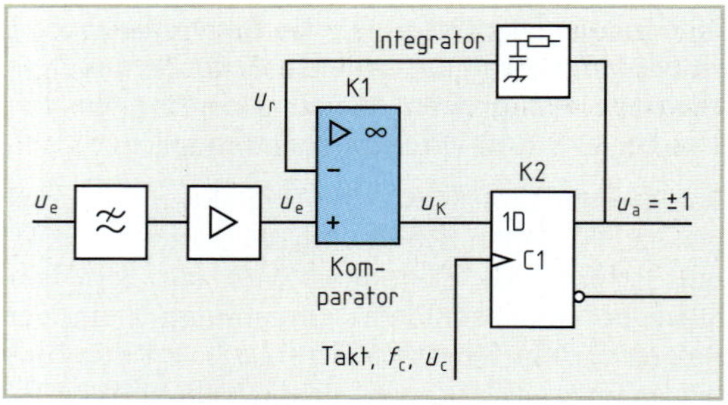

Bild 3: Delta-Modulations-Umsetzer

Die Ausgangsspannung u_a nimmt nur zwei Zustände an **(Bild 4)**. Es entsteht eine Pulsdichtemodulation (PDM), wobei die Ausgangsspannung ihren Mittelwert so ändert, dass sie der Amplitude der Eingangsspannung zu folgen versucht.

> 1-Bit-AD-Umsetzer wirken wie getastete Regelkreise, welche die Differenz zwischen Eingangsspannung und Ausgangsspannung möglichst klein halten.

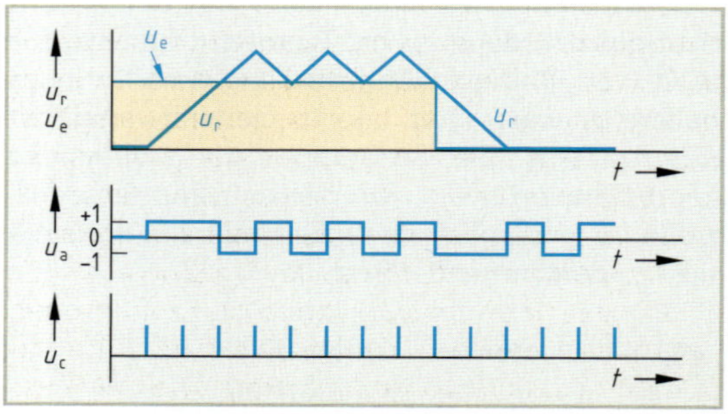

Bild 4: Spannungsverläufe beim Delta-Modulationsumsetzer für konstante Eingangsspannung

Beim Delta-Modulations-Umsetzer muss die Abtastfrequenz sehr viel größer als die höchste Signalfrequenz gewählt werden. Es werden z.B. Abtastfrequenzen von 2 MHz für Signalfrequenzen von 20 kHz benutzt. Dies entspricht z.B. einer 100fachen Überabtastung (Oversampling). Durch die hohe Abtastfrequenz ergibt sich bei der AD-Umsetzung ein kleines Quantisierungsrauschen.

Beim Delta-Modulations-Umsetzer wird zur Verringerung des Quantisierrauschens eine sehr hohe Überabtastung verwendet.

Bei schnellen Änderungen des Eingangssignals u_e kann die Spannung u_r sich nur zeitlich verzögert anpassen. Verringert sich z.B. die Spannung u_e sehr schnell, kommt es zu größeren Quantisierungsfehlern **(Bild 1)**.

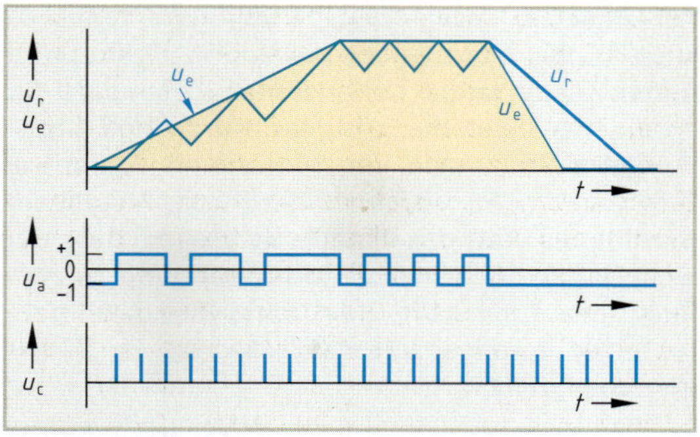

Bild 1: Spannungen beim Delta-Modulations-Umsetzer

Sigma-Delta-Umsetzer

Derartige Quantisierungsfehler kann man vermeiden, indem man die Eingangsspannung über einen vorgeschalteten Integrator integriert. Der zweite Integrator in der Schaltung wird gleich dimensioniert.

Die Schaltung des **Sigma-Delta-Umsetzers** (Summen-Differenz-Umsetzer, Σ-Δ-Umsetzer, **Bild 2)** ist der Delta-Modulations-Umsetzerschaltung ähnlich. Die Eingangsspannung u_e wird tiefpassgefiltert und einer Addierstufe zugeführt. Eine Integratorschaltung erzeugt einen Amplitudenmittelwert. Am Ausgang des Komparators erhält man das PDM-Signal. Dieses Signal steuert über einen elektronischen Schalter den invertierenden Eingang des Addierers mit der Spannung $u_r = \pm U_{ref}$ an.

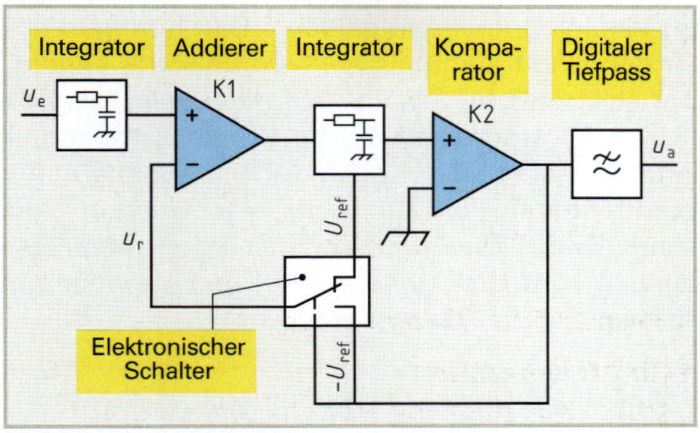

Bild 2: Baugruppen eines Sigma-Delta-Umsetzers

Die Ausgangsspannung u_a des Komparators wird mit einem digitalen Tiefpass gefiltert **(Bild 3)**. Der digitale Tiefpass wandelt gleichzeitig den seriellen Datenstrom in 20 bit lange Datenworte, die parallel ausgegeben werden. In einem Codeumsetzer, der Dezimierungsfilter genannt wird, wird die Bitrate verringert. Es werden 16-Bit-Datenworte ausgegeben (Abschitt 6.5.5.8).

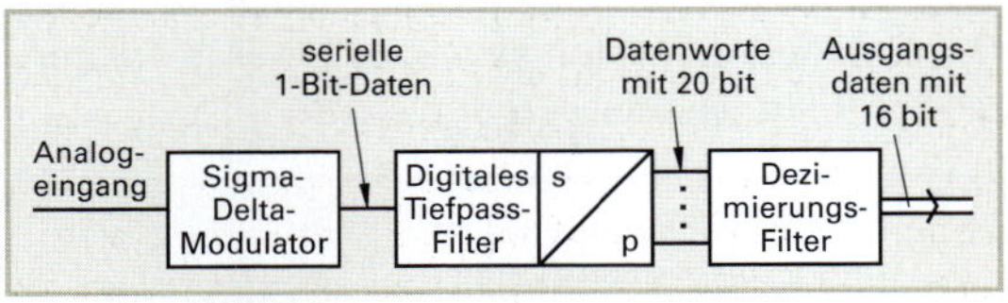

Bild 3: Datenreduktion und Filterung

1-Bit-AD-Umsetzer werden bei der Verarbeitung der NF-Signale in der CD-Technik verwendet.

Spannungs-Frequenz-Umsetzer, AD-Umsetzer mit VCO (von **V**oltage **C**ontrolled **O**scillator = spannungsgesteuerter Oszillator) setzen die Messspannung U_x in eine ihr proportionale Impulsfrequenz um **(Bild 4)**. In einer genau festgelegten Messzeit t_m *(Integrationszeit)* werden die Impulse ausgezählt. Das im Zählerinhalt stehende Digitalwort ist am Ende dieser Messzeit verhältnisgleich zur anliegenden Messspannung. Die Auflösung wird von der Anzahl der Impulse des Oszillators und der Messzeit bestimmt. Meist sind die Messzeiten einstellbar, z.B. 0,01 s, 0,1 s und 1 s.

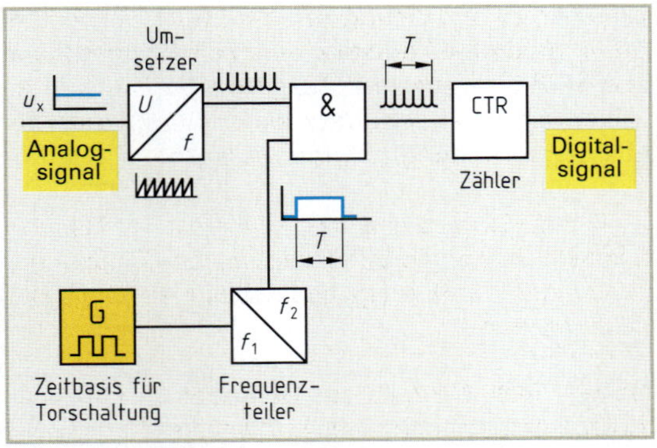

Bild 4: Übersichtsschaltplan eines AD-Umsetzers nach dem Spannungs-Frequenz-Umsetzverfahren

AD-Umsetzer nach dem Dual-Slope-Verfahren (von lat. duo = zwei, slope = Neigung, Flanke) sind durch relativ lange Umsetzzeiten besonders für anzeigende Systeme geeignet. Kurzzeitige Spannungsschwankungen im Messsignal U_x sowie Störspannungen werden unterdrückt. Mit einem Startimpuls wird das Flipflop so gesetzt, dass der elektronische Schalter die Messspannung U_x zum Integrierer durchstellt. Gleichzeitig wird das Ergebnis einer vorangegangenen Messung im Zähler angezeigt **(Bild 1)**.

Durchläuft die Ausgangsspannung u_c des Integrierers den internen Nullpunkt der Schaltung, so gibt der Komparator über das UND-Element die Taktimpulse frei. Bis der Zähler in einer konstanten Zeit t_1 einen Übertragimpuls abgibt, wird der Kondensator des Integrierers aufgeladen. Gibt nun der Zähler den Übertragimpuls ab, wird über das Flipflop der elektronische Schalter auf die Vergleichsspannung U_{ref} umgeschaltet. Die Kondensatorladung wird jetzt mit einem Konstantstrom abgebaut, bis der Komparator die Zählimpulse bei Nulldurchlauf sperrt **(Bild 2)**. Die Anzahl der sich ergebenden digitalen Zählimpulse gelangt über den Decoder zur Anzeige.

Dual-Slope-Umsetzer laden durch die Messspannung U_x den Kondensator eines Integrierers in einer konstanten Ladezeit auf und zählen die Entladezeit aus.

Da sowohl Ladestrom als auch Entladestrom durch *R* und *C* fließen, wirken sich Bauelemente-Toleranzen nicht auf das Messergebnis aus.

U_x Messspannung U_{ref} Vergleichsspannung n Zählimpulse	$U_x = \frac{n}{1000} \cdot U_{ref}$

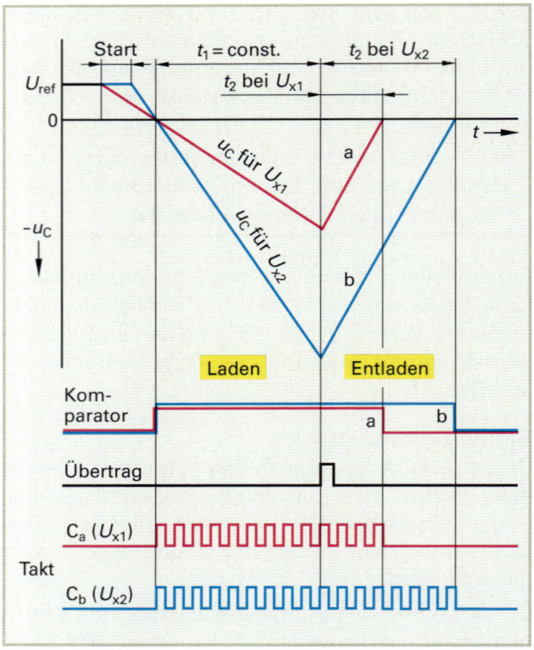

Bild 2: Spannungsverläufe der Zweiflankenintegration bei zwei Messspannungen

Die Bauelemente *R* und *C* beeinflussen das Messergebnis nicht.

Wiederholung und Vertiefung

1. **Geben Sie die Stufung der Widerstände im R-Netzwerk eines DA-Umsetzers an.**
2. **Welchen Nachteil haben DA-Umsetzer mit R-Netzwerk?**
3. **Welche Aufgabe hat das Sukzessive-Approximations-Register SAR?**
4. **Wie wird in einem Stufenumsetzer mit Widerstandskette das digitale BCD-Codewort gebildet?**
5. **Wie viele Komparatoren benötigt ein AD-Umsetzer für eine *n*-Bit-Auflösung eines analogen Signals?**

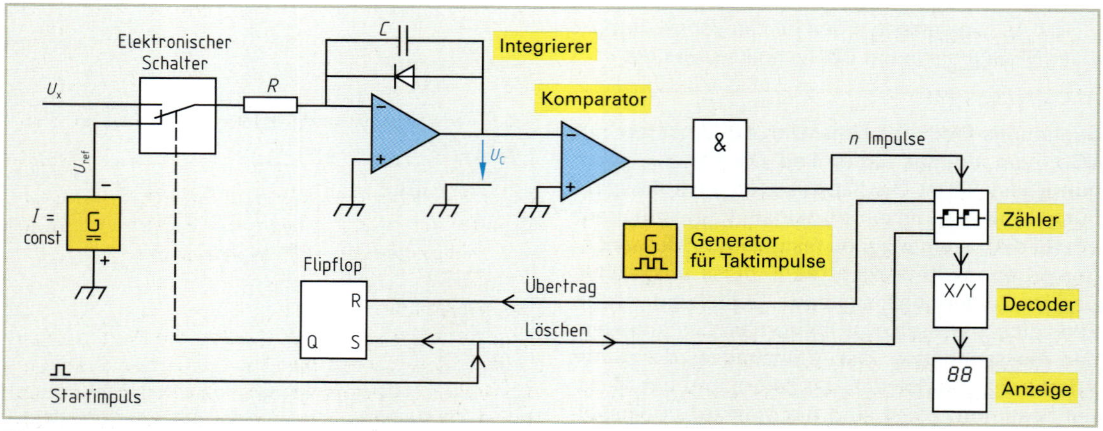

Bild 1: Prinzip eines Dual-Slope-Umsetzers

5.2.8 Halbaddierer und 1-Bit-Volladdierer

In den Rechenwerken sind 1-Bit-Volladdierer enthalten. 1-Bit-Volladdierer sind aus zwei Halbaddierern in Serienschaltung herstellbar. Halbaddierer können zwei *Dualziffern* addieren. Halbaddierer bestehen aus einem Exklusiv-ODER-Element und parallel dazu einem UND-Element **(Bild 1)**. Sie bilden die Summe *s* und gegebenenfalls einen Übertrag *ü* **(Bild 2)**.

Halbaddierer können nur zwei Dualziffern addieren.

Beispiel 1:

Wie groß sind Summe *s* und Übertrag *ü* bei der Addition mit Schaltung Bild 1 für die Dualziffern a) $a = 0$ und $b = 1$, b) $a = 1$ und $b = 1$?

Lösung:

a) $s = (a \wedge \bar{b}) \vee (\bar{a} \wedge b) = (0 \wedge 0) \vee (1 \vee 1) = \mathbf{1}$
$ü = a \wedge b = 0 \wedge 1 = \mathbf{0}$

b) $s = (1 \wedge 0) \vee (0 \wedge 1) = \mathbf{0}$
$ü = 1 \wedge 1 = \mathbf{1}$

1-Bit-Volladdierer können zwei Dualziffern *und* den Übertrag aus der vorhergehenden Stufe addieren. Sie bestehen aus zwei Halbaddierern und einem ODER-Element **(Bild 3)**. Bei der Addition bilden sie die Summe *s* und einen Übertrag $ü_2$ **(Bild 4)**.

1-Bit-Volladdierer können zwei Dualziffern und zusätzlich einen Übertrag addieren.

Beispiel 2:

Wie groß sind Summe *s* und Übertrag $ü_2$ bei einem 1-Bit-Volladdierer nach Bild 3 für a) $a = 1$, $b = 0$, $ü_1 = 0$, b) $a = 1$, $b = 1$, $ü_1 = 1$

Lösung:

nach Wertetabelle Bild 4:

a) $s = \mathbf{1}$ und $ü_2 = \mathbf{0}$

b) $s = \mathbf{1}$ und $ü_2 = \mathbf{1}$

In den Symbolen für den 1-Bit-Volladdierer (Bild 4) steht CI für den Übertragseingang (C von Carry = Übertrag, I von Input = Eingang) und CO für den Übertragsausgang (O von Output = Ausgang). In der Form 1 ist die Fähigkeit zur Addition durch das Summenzeichen Σ angegeben. Die Form 2 enthält ein *Ungerade-Element* und ein *Schwellwertelement*, weil nach der Wertetabelle von Bild 4 für eine ungerade Zahl der Werte 1 an den Eingängen $s = 1$ und für zwei und mehr Werte 1 an den Eingängen $ü_2 = 1$ ist.

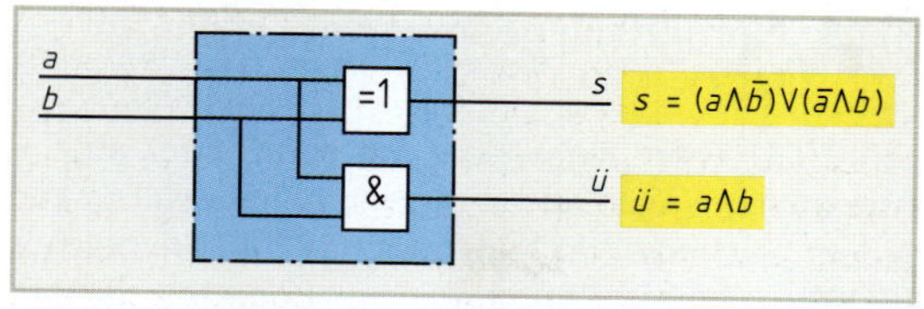

Bild 1: Halbaddierer aus Binärelementen

b	*a*	*s*	*ü*
0	0	0	0
0	1	1	0
1	0	1	0
1	1	0	1

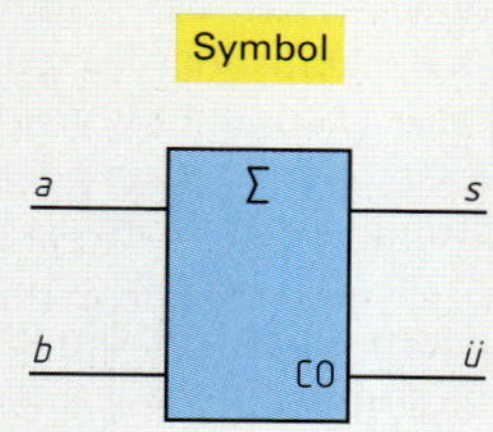

Bild 2: Wertetabelle und Symbol für Halbaddierer

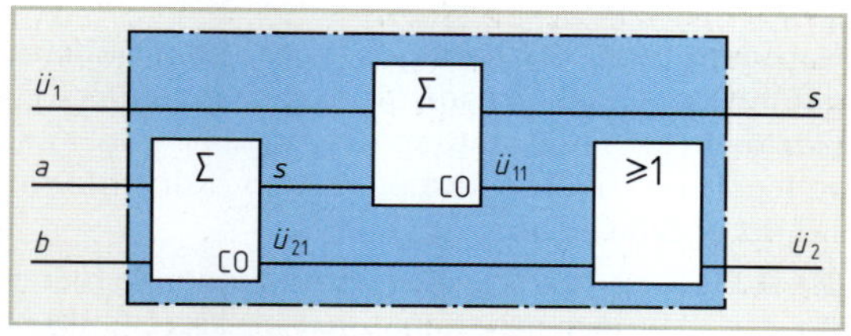

Bild 3: 1-Bit-Volladdierer aus Halbaddierer und Binärelement

$ü_1$	*b*	*a*	*s*	$ü_2$
0	0	0	0	0
0	0	1	1	0
0	1	0	1	0
0	1	1	0	1
1	0	0	1	0
1	0	1	0	1
1	1	0	0	1
1	1	1	1	1

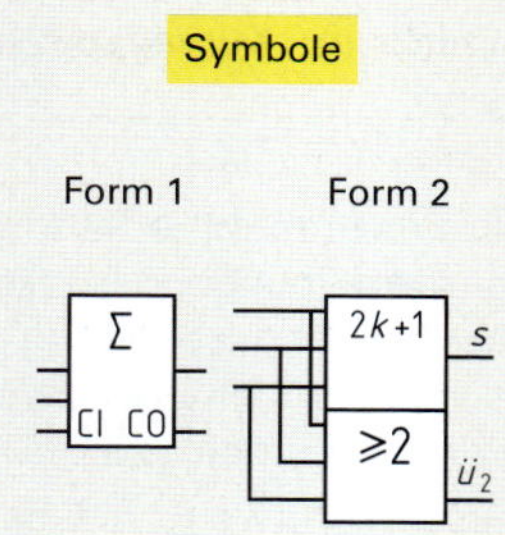

Bild 4: Wertetabelle und Symbol für 1-Bit-Volladdierer

Die Verwirklichung der Schaltung für den 1-Bit-Volladdierer kann auch durch die Programmierung eines PALs oder eines Mikroprozessors erfolgen.

Paralleler Addierer

Beim parallelen Addierer werden die Werte der zu addierenden Zahlen parallel (gleichzeitig) an die 1-Bit-Volladdierer gelegt. Man braucht deshalb so viele 1-Bit-Volladdierer, wie die längste Zahl Stellen hat.

5.2.9 Numerisch gesteuerter Oszillator NCO

Ein NCO (von **N**umeric **C**ontrolled **O**scillator = numerisch gesteuerter Oszillator) besteht aus einem Rechenwerk (ALU), einem Kurvenspeicher (ROM), einem Digital-Analog-Umsetzer (DAU), einem Tiefpass, einer Vorzeichenauswertung und einem Referenzoszillator **(Bild 1).**

Im ROM sind für viele Zeitpunkte einer Schwingungsperiode die Augenblickswerte gespeichert. Das Rechenwerk ALU wird von einem Referenzoszillator (Taktgenerator) mit der Frequenz f_C angesteuert und berechnet die Adressen zum zyklischen Abrufen der im ROM als Digitalsignale gespeicherten Augenblickswerte. Diese digitalen Signale steuern einen DA-Umsetzer an, dessen Ausgang eine treppenförmige Spannung u_1 liefert **(Bild 2).** Der Taktgenerator ist meist ein temperaturgeregelter Referenzoszillator (TCXO, von **T**emperature **C**ontrolled **X**'tal **O**scillator = temperaturgeregelter Quarzoszillator).

Nachdem diese Spannung u_1 über einen Tiefpass geführt wird, ist dessen Ausgangsspannung u_2 eine geglättete Ausgangsspannung mit der im Kurvenspeicher (ROM) vorgegebenen Kurvenform, z.B. einer Sinusspannung (Bild 2).

Die Auflösung der Kurve ist umso besser, je höher die Zahl der gespeicherten Augenblickswerte (Kurvenpunkte) im ROM sind. Entsprechend höher muss auch die Taktfrequenz sein.

> Die Kurvenauflösung ist umso besser, je mehr Werte im Kurvenspeicher des NCO abgelegt sind.

Wird nicht mehr jede Adresse ausgelesen, so wird bei gleich bleibender Taktfrequenz die Frequenz f_o der Ausgangsspannung u_2 kleiner. Sobald nur noch der Inhalt jeder zweiten Adresse ausgelesen wird, verdoppelt sich die Ausgangsfrequenz.

Diese Schrittweite n (Offsetwert) wird im Offsetregister des Rechenwerks eingestellt **(Bild 3).** Dadurch addiert sich im Rechenwerk (ALU) mit jedem Takt zur Anfangsadresse die im Offsetregister eingestellte Schrittweite, z.B. die Binärzahl 10. Die sich daraus ergebende Adresse gelangt in den Kurvenspeicher und wird gleichzeitig ins Adressregister der ALU zurückgeführt. Beim nächsten Takt wird zu dieser Adresse wieder die Schrittweite des Offsetregisters addiert und ergibt die nächste Adresse, die ausgelesen wird.

Mit jedem Takt C wird der Inhalt der Adresse des Kurvenspeichers an den DA-Umsetzer weitergegeben und ergibt an dessen Ausgang den nächsten Augenblickswert der Spannung u_2 (Bild 2).

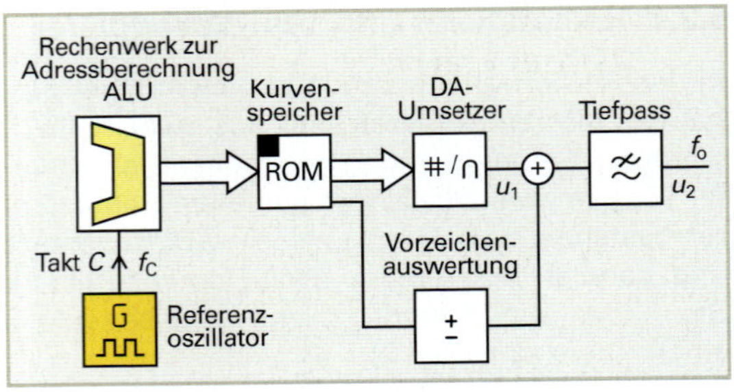

Bild 1: Übersichtsplan eines NC-Oszillators

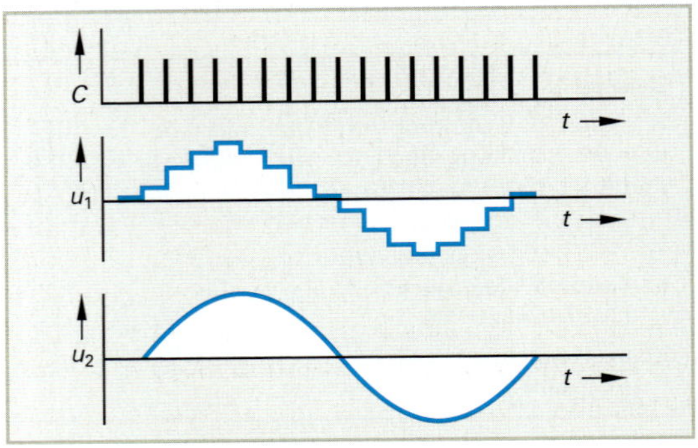

Bild 2: Spannungen im NC-Oszillator Bild 1

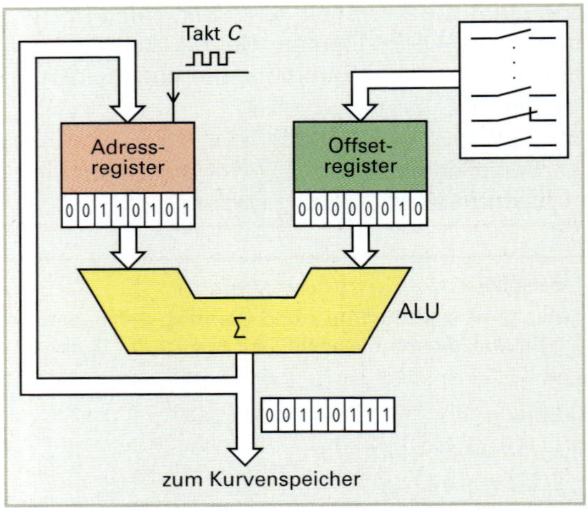

Bild 3: Übersichtsschaltplan des Rechenwerkes zur Adressberechnung

$$f_o = \frac{f_C \cdot n}{2^m} \qquad \Delta f = \frac{f_C}{2^m}$$

f_o	Oszillatorfrequenz
f_C	Taktfrequenz
n	Schrittweite für Adressänderung (Offsetwert)
Δf	Frequenzauflösung (Frequenzänderung)
m	Zahl der Adressbits
2^m	Zahl der Speicherplätze für eine Periode in bit

5.2.10 Elektronische Schaltungen mit Strom versorgen

5.2.10.1 Netzanschlussgerät

Elektronische Geräte erfordern meist Gleichspannung. Dagegen erfolgt der Netzanschluss an Wechselspannung. Für jedes elektronische Gerät ist deshalb ein *Netzanschlussgerät* (Netzteil) erforderlich. Netzanschlussgeräte enthalten zur Umwandlung der Wechselspannung in Gleichspannung *Gleichrichter* **(Bild 1)**. In den meisten Fällen ist auch noch eine Umsetzung der Spannung erforderlich, z.B. durch einen Transformator. Außerdem sind in den Netzanschlussgeräten *Überstrom-Schutzeinrichtungen* enthalten, z.B. Schmelzsicherungen oder Schutzschalter. *Glättungseinrichtungen* bewirken, dass die gleichgerichtete Spannung, die einen Wechselspannungsanteil enthält, einer idealen Gleichspannung angenähert wird. Die *Stabilisierungseinrichtungen* bewirken eine konstant bleibende Gleichspannung (Bild 1) oder einen konstant bleibenden Gleichstrom, auch wenn die Last verschieden groß ist und wenn die Netzspannung schwankt.

Netzteile setzen Netzwechselspannung in Gleichspannung zum Betrieb elektronischer Geräte um.

Die unterschiedlichen Aufgaben eines Netzanschlussgerätes werden von verschiedenen Baugruppen wahrgenommen. Diese Baugruppen können voneinander getrennt sein. Zwei oder mehr Baugruppen können aber auch zu einer gemeinsamen Baugruppe zusammengefasst sein. Die eine oder andere Baugruppe kann je nach Anforderung auch entfallen. So sind nicht bei allen elektronischen Geräten Stabilisierungseinrichtungen erforderlich. Dagegen kann die Baugruppe Spannungsumsetzer im Umfang sehr verschieden sein. Sie besteht bei einfachen Geräten möglicherweise nur aus einem Vorwiderstand oder aus einem Transformator. Sie kann aber bei einem anderen Gerät, dem Schaltnetzteil, aus einem vorgeschalteten Gleichrichter bestehen, der die Netzspannung unmittelbar gleichrichtet. Diesem ist eine komplette Oszillatorschaltung nachgeschaltet, an die wieder ein Transformator mit einer Gleichrichterschaltung angeschlossen ist.

Netzanschlussgeräte bestehen aus Überlastungsschutz, Spannungsumsetzer, Gleichrichter, Glättungseinrichtung und Stabilisierungsschaltung.

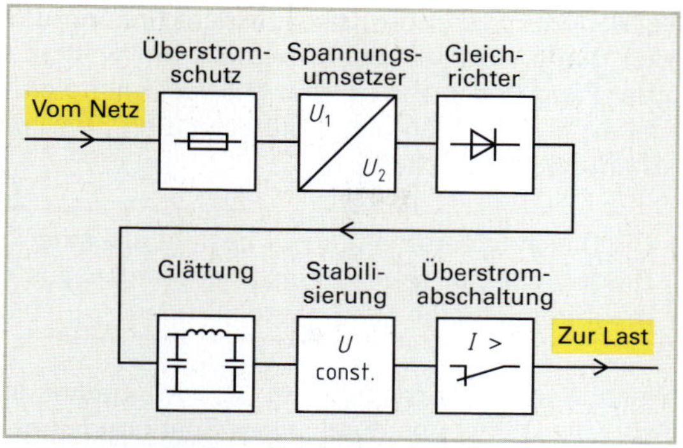

Bild 1: Übersichtsschaltplan eines Netzanschlussgerätes

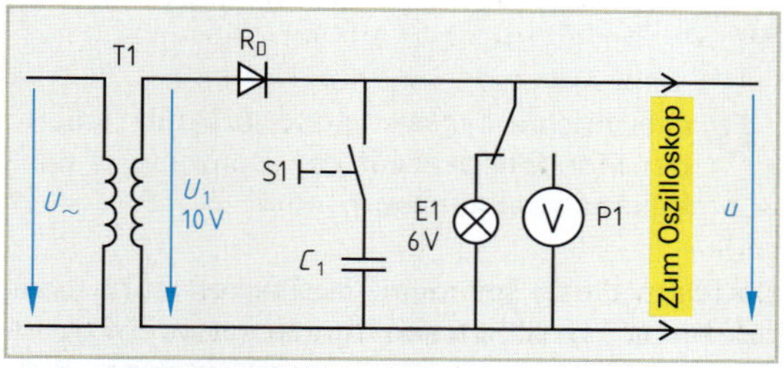

Bild 2: Einwegschaltung

5.2.10.2 Gleichrichter

Als Gleichrichter wird das komplette *Gerät* zur Umwandlung von Wechselspannung in Gleichspannung bezeichnet. Der wesentliche Bestandteil des Gleichrichters ist die *Gleichrichterschaltung*. Diese enthält die Halbleiter-Bauelemente, den oft erforderlichen Transformator und meist Kondensatoren zur Glättung.

Wenn man eine sinusförmige Wechselspannung U_1 nach Schaltung **Bild 2** bei offenem Schalter S1 anlegt und die Spannung an der Glühlampe mit dem Oszilloskop darstellt, so stellt man einen pulsförmigen Verlauf fest **(Bild 1 oben, folgende Seite)**.

Die Diode lässt den Vorwärtsstrom (Durchlassstrom) nur fließen, wenn die Wechselspannung so gepolt ist, dass die Diode in Vorwärtsrichtung geschaltet ist und die Spannung größer ist als die Schleusenspannung. Ist die Diode in Rückwärtsrichtung (Sperrrichtung) geschaltet, so fließt nur der schwache Rückwärtsstrom (Sperrstrom). Diesen lässt man bei Gleichrichterschaltungen meist unberücksichtigt. Außerdem berücksichtigt man die Schleusenspannung nicht, wenn die gleichzurichtende Wechselspannung größer ist als etwa 10 V. Man nimmt also an, dass in einer Gleichrichterdiode nur in Vorwärtsrichtung ein Strom fließt und dass dieser Strom sofort fließen kann, wenn die Diode in Vorwärtsrichtung geschaltet ist.

Verwendet man in der Gleichrichterschaltung nur eine Diode, so fließt der Vorwärtsstrom während jeder Periode der Anschlusswechselspannung einmal als Impuls. Man nennt die Schaltung *Einwegschaltung* (Kurzzeichen E1).

Die Gleichrichterschaltung E1 besteht aus einer Diode oder bei sehr hohen Spannungen aus mehreren in Reihe geschalteten Dioden.

Wenn man nach Schaltung Bild 2, vorhergehende Seite, die Glühlampe durch einen Spannungsmesser P1 ersetzt, ist ohne Kondensator die Ausgangsspannung etwa 4,5 V. Nach Schließen des Schalters S1 wird der Kondensator C_1 parallel geschaltet und die Spannung $u = \sqrt{2} \cdot 10\,V = 14\,V$.

Gleichrichter ohne Lastwiderstand laden den Kondensator auf den Spitzenwert der Wechselspannung auf.

Die Darstellung mit dem Oszilloskop zeigt, dass durch das Zuschalten des Kondensators die Spannung geglättet wird **(Bild 1, unten).** Durch die Glühlampe wird der Kondensator entladen, d.h., die Spannung verringert sich.

Ein nach dem Gleichrichter angeschlossener Spannungsmesser zeigt den Mittelwert der pulsförmigen Spannung an. Bei einem idealen Gleichrichter ohne Verluste und ohne Schleusenspannung der Dioden nennt man diesen Mittelwert *ideelle Gleichspannung* U_{di}.

Bei jeder Gleichrichterschaltung steht die ideelle Gleichspannung in einem festen Verhältnis zur Anschlusswechselspannung **(Tabelle 1, folgende Seite)**. Je nach Art der verwendeten Dioden und nach Art der Belastung weicht die Ausgangsspannung des Gleichrichters von der ideellen Gleichspannung ab. Wird ein Kondensator an die Gleichrichterschaltung angeschlossen, so wird dieser aufgeladen. Ein angeschlossener Verbraucher entlädt den Kondensator, der pulsförmig wieder aufgeladen wird.

An Gleichrichtern angeschlossene Kondensatoren erhöhen die gleichgerichtete Spannung und glätten diese.

In der Gleichrichterschaltung E1 fließt der gleichgerichtete Strom durch die Ausgangswicklung des Transformators. Dadurch wird der Eisenkern stark vormagnetisiert. Infolge der Vormagnetisierung braucht man einen Transformator mit einer größeren Leistung, als die Leistungsangabe des Gleichrichters erwarten lässt. Diese Bauleistung des Gleichrichtertransformators liegt je nach Gleichrichterschaltung über der Gleichstromleistung (Tabelle 1, folgende Seite).

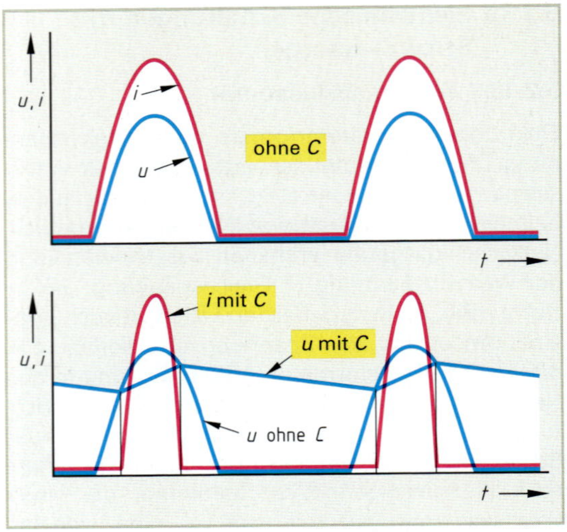

Bild 1: Spannungen und Ströme bei Schaltung E1

5.2.10.3 Gleichrichterschaltungen

Die Benennung der Gleichrichterschaltung enthält als Kennzahl die Anzahl n der Pulse je Periode der Anschlusswechselspannung. Die Pulsfrequenz der Schaltung ist umso größer, je größer die Kennzahl der Schaltung und die Frequenz der Anschlusswechselspannung sind.

$$f_p = n \cdot f$$

f_p Pulsfrequenz
n Kennzahl der Schaltung
f Frequenz der Anschlusswechselspannung

Die **Einpuls-Einwegschaltung E1** wird zur Gleichrichtung schwacher Ströme verwendet. Speist die Gleichrichterschaltung einen Kondensator oder einen Akkumulator, so liegt Belastung mit Gegenspannung vor. Die in Sperrrichtung gepolte Gleichrichterdiode muss dann die Summe der Anschlusswechselspannung und der Kondensatorspannung bzw. Akkumulatorspannung als Sperrspannung aushalten.

In der Schaltung E1 verdoppelt sich durch die Belastung mit einem Kondensator die Sperrspannung an der Diode.

Tabelle 1: Gleichrichterschaltungen

Benennung, Kurzzeichen	Schaltplan des Gleichrichtersatzes	Spannungsverlauf	U_{di}/U_1		P_T/P_d	I_Z
			ohne C	mit C		
Einpuls-Einweg-schaltung **E1**	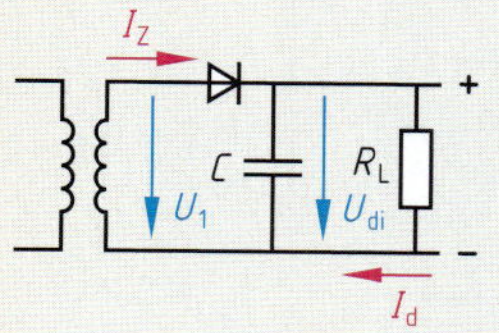	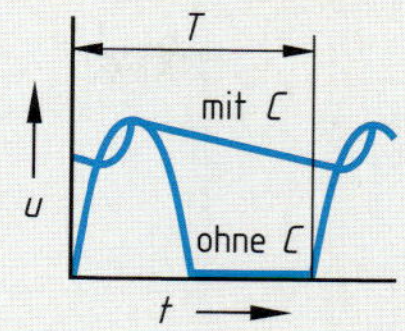	0,45	1,41	3,1	I_d
Einpuls-schaltungen für pos. und neg. Spannung **E1**	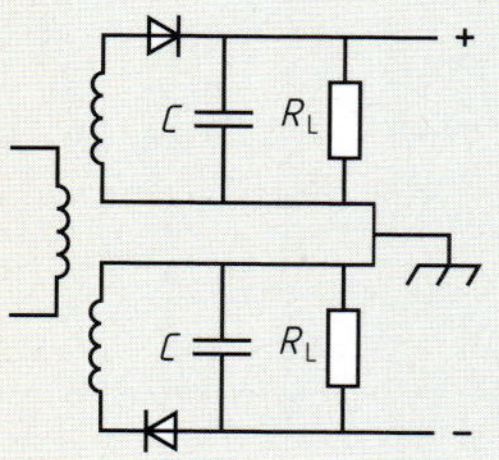	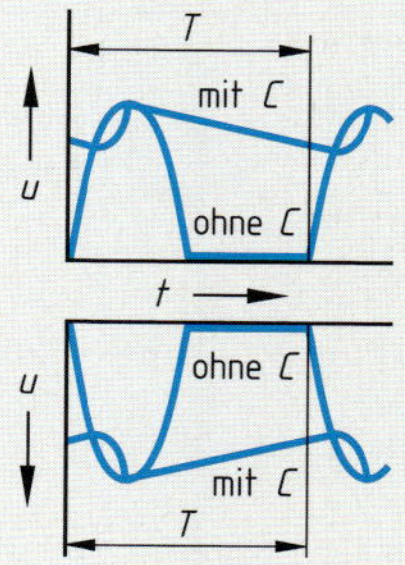				
Zweipuls-Mittelpunkt-schaltung **M2**	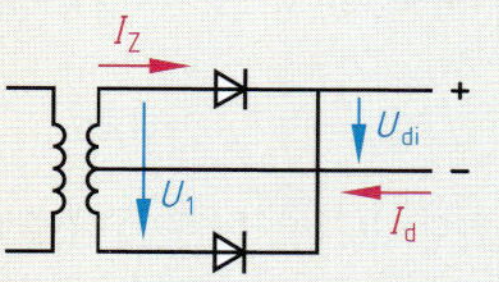	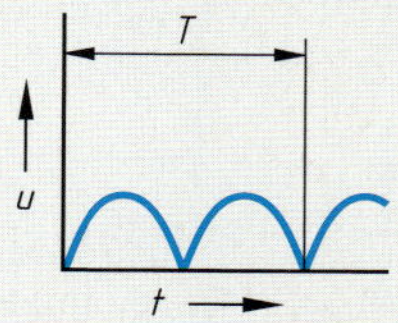	0,45	0,71	1,5	$\frac{I_d}{2}$
Zweipuls-Brücken-schaltung **B2**	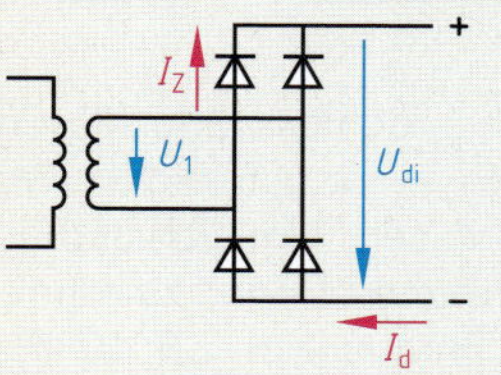	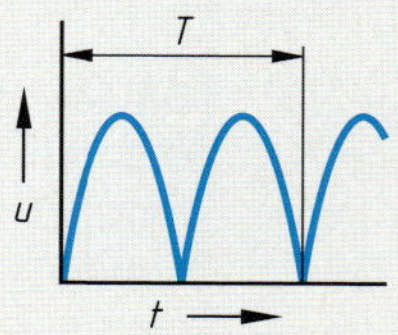	0,9	1,41	1,23	$\frac{I_d}{2}$

C Kapazität, I_d Gleichstrom, I_Z Strom im Zweig, P_d Gleichstromleistung, P_T Transformator-Bauleistung, R_L Lastwiderstand, *T* Periodendauer der Netzfrequenz, U_1 Anschlusswechselspannung, U_{di} ideelle Leerlaufgleichspannung

Für Schaltungen mit Operationsverstärkern benötigt man oft zwei gleich große Betriebsspannungen mit verschiedener Polarität. Dazu werden oft zwei Schaltungen E1 verwendet, die über Masse miteinander verbunden sind.

Die **Zweipuls-Mittelpunktschaltung M2** besteht aus zwei Schaltungen E1 an den beiden Außenanschlüssen eines Transformators mit Mittelabgriff.

Die **Zweipuls-Brückenschaltung B2** wird für Leistungen bis etwa 2 kW am häufigsten verwendet. Gegenüber der Schaltung E1 braucht man zwar mehr Gleichrichterdioden, diese benötigen aber nur die halbe Sperrspannung. Gegenüber der Schaltung M2 ist der Wickelaufwand halb so groß, es kann ein kleinerer Transformator als bei Schaltung E1 verwendet werden. Außerdem ist die Glättung leichter möglich. Auch wird das Netz weniger mit höheren Teilschwingungen belastet als bei Schaltung E1. Nachteilig ist bei den Brückenschaltungen, dass der Anschluss an Masse bzw. Erde nicht beliebig möglich ist, der Strom durch zwei Dioden fließt und der Spannungsfall $2 \cdot U_F$ (Durchlassspannung) wird.

Spannungsvervielfacherschaltungen nennt man Gleichrichter, bei denen die Ausgangsspannung größer ist als der Scheitelwert der Anschlusswechselspannung. Bei der Spannungsvervielfachung werden Kondensatoren über Gleichrichterzweige aufgeladen und in Reihe zu einer Spannung, z.B. aus einem anderen Kondensator, geschaltet. Wird die Spannung auf das Doppelte erhöht, liegt ein *Spannungsverdoppler* vor **(Tabelle 1, folgende Seite)**. Wird die Spannung auf das Dreifache oder Mehrfache erhöht, so liegt ein *Spannungsvervielfacher* vor.

Tabelle 1: Ladungspumpen

Benennung	Schaltplan	Spannungsverlauf	Ströme, Spannungen Leistungen
Einpuls-Verdoppler-schaltung D 1	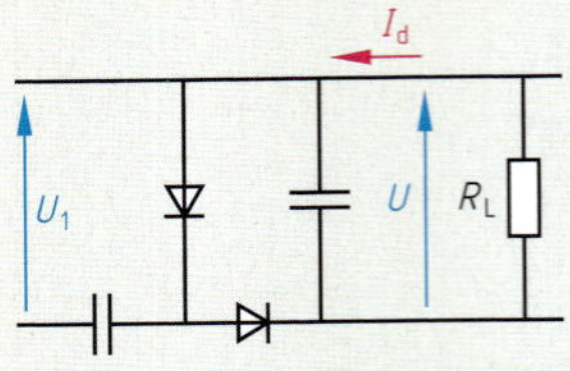	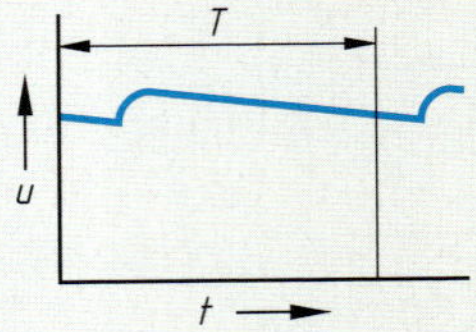	$I_Z = I_d$ $\frac{U_{di}}{U_1} = 2 \cdot \sqrt{2} = 2{,}83$ $\frac{P_T}{P_d} = 1{,}55$
Einpuls-Vervielfacher-schaltung V 1	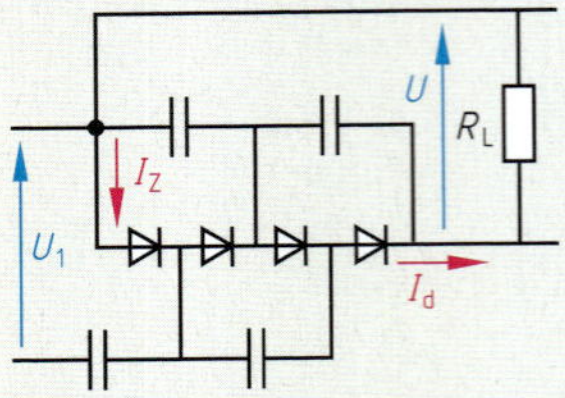	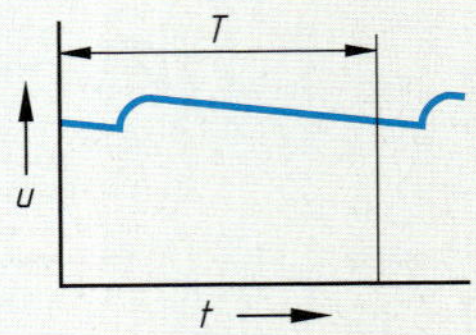	$I_Z = I_d$ $\frac{U_{di}}{U_1} = 4 \cdot \sqrt{2} = 5{,}66$ $\frac{P_T}{P_d} = 1{,}55$
Zweipuls-Verdoppler-schaltung D 2	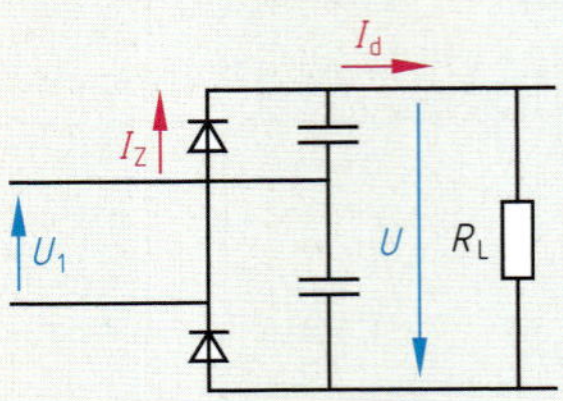	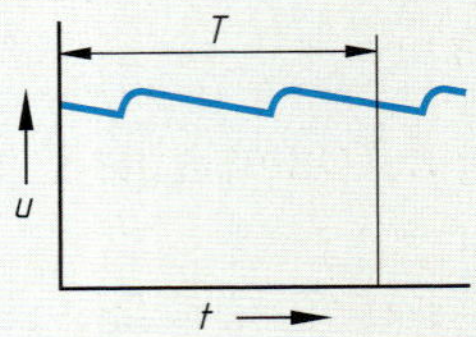	$I_Z = I_d$ $\frac{U_{di}}{U_1} = 2 \cdot \sqrt{2} = 2{,}83$ $\frac{P_T}{P_d} = 1{,}55$

I_d Gleichstrom, I_Z Zweigstrom, P_d Gleichstromleistung, P_T Transformator-Bauleistung, R_L Lastwiderstand, T Periodendauer, U_{di} ideelle Gleichspannung, U_1 Anschluss-Wechselspannung, U Lastspannung

Man unterscheidet bei den Verdopplern Einpulsverdoppler und Zweipulsverdoppler (Tabelle 1) und bei den Vervielfachern entsprechend Einpulsvervielfacher und Zweipulsvervielfacher.

Beim *Einpulsverdoppler* (Villard[1]-Verdoppler) werden während jeder Periode die Kondensatoren einmal aufgeladen. Beim *Zweipulsverdoppler* (Delon[2]-Verdoppler) werden nacheinander während je einer Halbperiode zwei in Reihe geschaltete Kondensatoren bis zum Scheitelwert der Anschlusswechselspannung aufgeladen.

Beim *Einpulsvervielfacher* wird eine Vervielfachung der Anschlusswechselspannung um dieselbe Zahl vorgenommen, wie Gleichrichterzweige vorhanden sind.

ℹ Vervielfacherschaltungen werden auch Ladungspumpen (charge pumps) genannt.

Die Schaltung D2 ist wie B2 eine Brückenschaltung, daher ist auch hier kein beliebiger Masseanschluss möglich.

[1] Villard, franz. Physiker, 1860 bis 1934

[2] Delon, franz. Ingenieur

Dioden und Kondensatoren müssen eine entsprechend hohe Spannungsfestigkeit wie z.B. in Schaltung E1 aufweisen. Um Schaltungen mit kleinen Kondensatorabmessungen zu erhalten, verwendet man höhere Frequenzen, z.B. 10 kHz. Die Kondensatoren müssen dann aber für die höheren Frequenzen geeignet sein.

Spannungsverdopplern und Spannungsvervielfachern können nur kleine Stromstärken entnommen werden. Spannungsvervielfacher werden z. B. für elektrostatische Staubfilter verwendet.

Wiederholung und Vertiefung

1. **Aus welchen Teilen besteht grundsätzlich ein Netzanschlussgerät?**
2. **Was versteht man unter einem Gleichrichter?**
3. **Worauf beruht die Wirkungsweise einer Diode zur Gleichrichtung?**
4. **Ab welcher Spannung kann bei Gleichrichtern die Schleusenspannung vernachlässigt werden?**
5. **Welche Wirkung haben Kondensatoren, die hinter Gleichrichterschaltungen angeschlossen werden?**
6. **Wozu verwendet man Spannungsvervielfacher?**
7. **Welche Arten der Spannungsvervielfacher unterscheidet man?**

5.2.10.4 Gleichrichter mit einstellbarer Spannung

Manchmal ist es erforderlich, die Höhe der gleichgerichteten Spannung einstellen zu können. Eine Spannungseinstellung ist mit wenig Verlustleistung erreichbar, wenn man an Stelle der Gleichrichterdiode rückwärtssperrende Thyristoren (Thyristortrioden) verwendet.

Legt man an eine Reihenschaltung aus einem Thyristor und einer Glühlampe eine Sinusspannung **(Bild 1)**, so kann mit dem RC-Glied die Helligkeit der Glühlampe gesteuert werden.

Der Kondensator C_1 wird in Schaltung Bild 1 während jeder positiven Halbperiode über R_1 aufgeladen. Die Kondensatorspannung liegt über R_{D2} an der Gate-Katodenstrecke von K1. Sobald die Zündspannung von R_{D2} mit $U_{R1} \approx 33$ V erreicht ist, wird R_{D2} leitend und C_1 entlädt sich über R_{D2} und K1. Dadurch wird K1 gezündet, sodass der Vorwärtsstrom fließen kann. An E1 tritt nun eine Spannung auf **(Bild 2)**. Je nach Einstellung von R_1 ist die zum Zünden erforderliche Spannung von C_1 früher oder später erreicht **(Bild 3)**.

Auf dem Oszilloskop-Bildschirm erkennt man, dass durch die gegenüber dem Nulldurchgang verzögerte Zündspannung ein *Anschnitt* der Sinuslinie hervorgerufen wird. Man spricht daher von *Anschnittsteuerung* (Phasenanschnittsteuerung). Angeschnitten werden sowohl die Spannung als auch der Strom.

Bei der Anschnittsteuerung von Thyristoren wird der Zündzeitpunkt gegenüber dem Nulldurchgang der Spannung verschoben.

Dadurch können die gleichgerichtete Spannung und der gleichgerichtete Strom eingestellt werden.

Die Zeit zwischen Nulldurchgang der Spannung und Zündzeitpunkt kann im Liniendiagramm als Winkel dargestellt werden. Dieser Winkel heißt *Zündwinkel* oder *Steuerwinkel*. Der Mittelwert $\bar{i}_d$ des Laststromes ist bei einem kleinen Zündwinkel größer als bei einem großen Zündwinkel **(Bild 4)**.

Nachteilig bei der Anschnittsteuerung ist die Abweichung des Stromes von der Sinusform. Dadurch wird die Stromkurve gegen die Spannungskurve verschoben. Außerdem treten wegen der scharfen Knicke hochfrequente Oberschwingungen und damit Funkstörungen auf. Am öffentlichen Netz ist die Anschnittsteuerung nur entsprechend den Technischen Anschlussbedingungen (TAB) der Verteilungsnetzbetreiber (VNB) anwendbar.

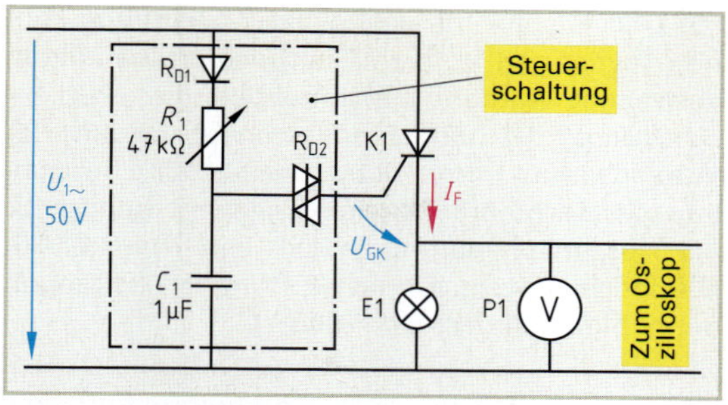

Bild 1: Einpuls-Einwegschaltung mit Thyristor

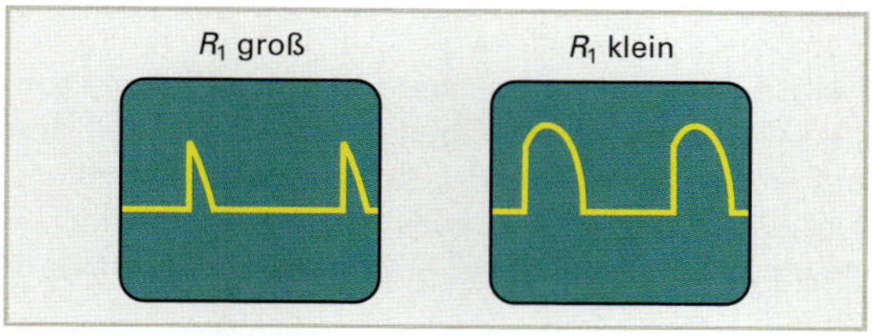

Bild 2: Schirmbilder der Spannungen an E1 von Bild 1

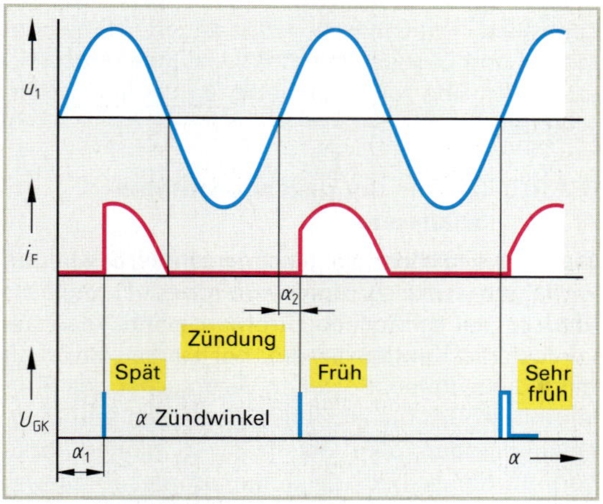

Bild 3: Anschnittsteuerung bei späterem und früherem Zündzeitpunkt

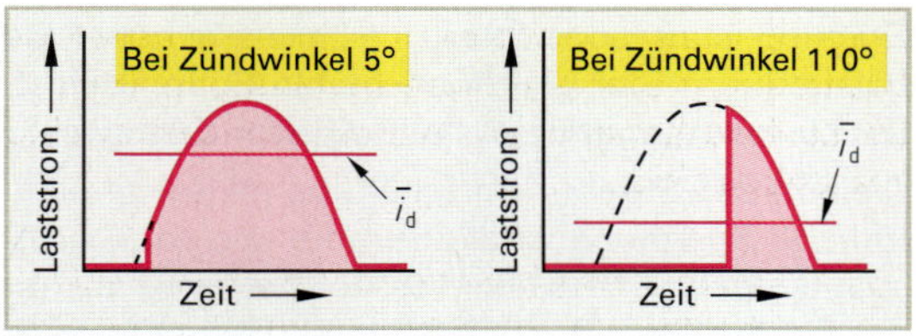

Bild 4: Laststrom bei verschiedenen Zündwinkeln

Bei Leistungen über 75 W muss eine Leistungsfaktorkorrektur (PFC) erfolgen (Abschnitt 5.2.11.5).

Für Gleichrichter mit einstellbarer Spannung können Thyristoren in allen Gleichrichterschaltungen verwendet werden. Meist werden die Brückenschaltungen B2 und B6 angewendet. Da hier der Vorwärtsstrom immer durch zwei in Reihe geschaltete gleichrichtende Bauelemente fließt, genügt für die Anschnittsteuerung jeweils ein Thyristor im Gleichrichterzweig. Derartige Brückenschaltungen nennt man *halbgesteuert* **(Bild 1)**.

Bei den halbgesteuerten Brückenschaltungen braucht man je Brückenzweig eine Diode und einen Thyristor.

Ersetzt man bei halbgesteuerten Brückenschaltungen die Dioden durch Thyristoren, so können derartige *vollgesteuerte* Brückenschaltungen bei geeigneter Ansteuerung auch als Wechselrichter arbeiten, also Gleichstrom in Wechselstrom umwandeln.

Die *Steuerungsart* kann durch einen Buchstaben angegeben werden, der an das Kurzzeichen der Schaltung angehängt wird. Dabei bedeutet C (von controlled = gesteuert) vollgesteuert, H halbgesteuert und U ungesteuert. B2U ist eine ungesteuerte, B2H eine halbgesteuerte Zweipuls-Brückenschaltung.

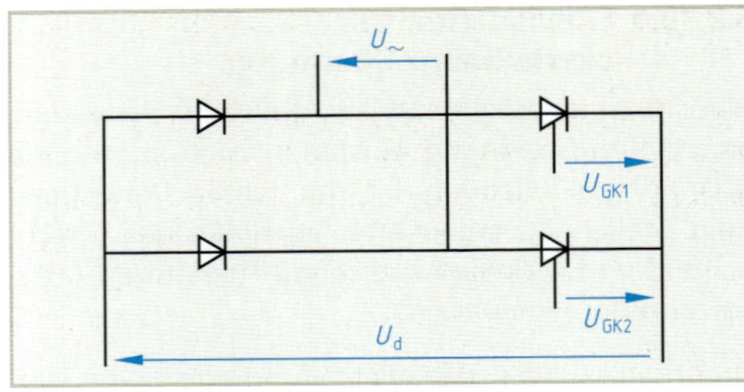

Bild 1: Halbgesteuerte Brückenschaltung B2H

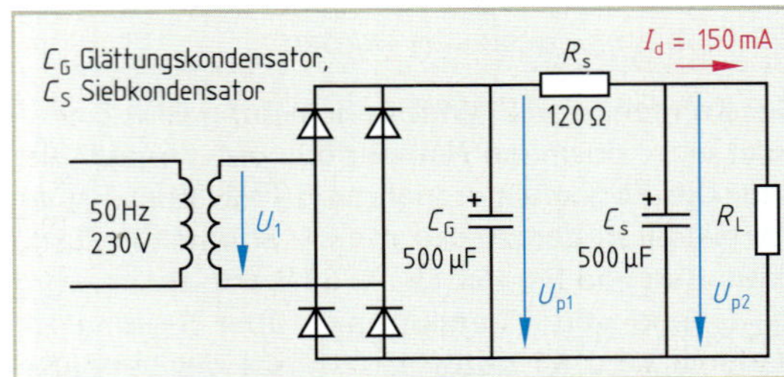

Bild 2: Gleichrichterschaltung mit RC-Siebung

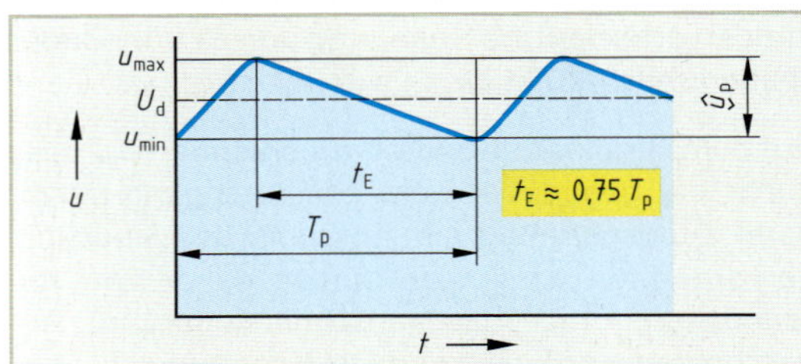

Bild 3: Glättung der gleichgerichteten Spannung

5.2.10.5 Glätten der gleichgerichteten Spannung

Die vom Gleichrichter gleichgerichtete Spannung wird grundsätzlich durch Siebglieder geglättet **(Bild 2)**. Bei schwachen Strömen glättet man bevorzugt mit Kondensatoren, bei starken Strömen mit Induktivitäten. Bestehen Verbraucher aus Spulen mit großer Induktivität, z. B. Spulen von Magnetkupplungen oder Schützen, so glätten diese Verbraucher selbst den aufgenommenen Strom. Auf zusätzliche Glättungsanordnungen kann dann verzichtet werden. Ebenfalls wird bei Ladegeräten für Akkumulatoren auf eine Glättung verzichtet, da Akkumulatoren wie große Kapazitäten wirken. Die Glättung ist umso leichter zu erzielen, je höher die Pulsfrequenz der gleichgerichteten Spannung ist. Davon macht man bei Schaltnetzteilen Gebrauch.

Die von der Gleichrichterschaltung gelieferte pulsförmige Spannung ist die Summe aus der Gleichspannung U_d und einer Wechselspannung U_p mit der Pulsfrequenz $f_p = 1/T_p$ **(Bild 3)**. Diese Wechselspannung nennt man *Brummspannung*. Durch den *Glättungskondensator* wird U_d vergrößert und U_p verkleinert. Die hinter der Glättungseinrichtung verbleibende Wechselspannung (Brummspannung) mit der Pulsfrequenz hat etwa Dreieckform und ist umso kleiner, je größer die Kapazität und die Pulsfrequenz sind.

Bei Einweggleichrichtung ist f_p = 50 Hz. Bei Brückengleichrichtung oder Zweiweggleichrichtung wird die Pulsfrequenz doppelt so groß, d.h. f_p = 100 Hz.

$$Q \approx \hat{U}_p \cdot C_G = I_d \cdot t_E \quad \Rightarrow$$

$$\hat{U}_p \approx I_d \cdot \frac{t_E}{C_G}$$

$$t_E \approx 0{,}75 \cdot T_p = \frac{0{,}75}{f_p}$$

$$U_p \approx \frac{\hat{U}_p}{2 \cdot \sqrt{3}}$$

$$\hat{U}_p \approx \frac{0{,}75 \cdot I_d}{f_p \cdot C_G}$$

$\hat{U}_p$	Brummspannung (Pulsspannung, Spitze-Tal-Wert)
I_d	Laststrom
t_E	Entladezeit
T_p	Pulsperiodendauer
f	Netzfrequenz
f_p	Pulsfrequenz (Brummfrequenz)
C_G	Kapazität des Glättungskondensators
U_p	Brummspannung (Effektivwert)
$\sqrt{3}$	Scheitelfaktor bei Dreieckform
Q	elektrische Ladung

5.2.10.6 Stabilisieren von Gleichspannung und Gleichstrom

Spannung und Strom der Netzanschlussgeräte ändern sich, wenn sich die Eingangsspannung ändert, z. B. bei Netzspannungsschwankungen, oder wenn sich die Last ändert (Lastschwankungen) oder wenn sich die Temperatur ändert. Soll die Last auch in den genannten Fällen gleich bleibende Spannung oder gleich bleibenden Strom erhalten, so muss stabilisiert (von lat. stabilis = gleich bleibend) werden.

Spannungsstabilisierung mit Z-Diode

Schaltet man eine Z-Diode in Rückwärtsrichtung mit einem Widerstand von 1 kΩ in Reihe an eine einstellbare Gleichspannung, so bleibt die Ausgangsspannung U_2 trotz Änderung der Eingangsspannung U_1 nahezu konstant **(Bild 1)**.

Bemessung des Vorwiderstandes. Der erforderliche Vorwiderstand liegt zwischen zwei Größen R_{min} und R_{max}, die ihrerseits von der größten und kleinsten Eingangsspannung, dem schwächsten und stärksten Z-Strom (aus dem Datenblatt zu entnehmen) und dem schwächsten und stärksten Laststrom abhängen. R_{max} darf nicht überschritten werden, weil sonst die Diode nicht mehr begrenzt. R_{min} darf nicht unterschritten werden, weil sonst der Z-Strom zu groß wird. Meist nimmt man einen Widerstand in der Nähe von R_{max}, weil dann die Verlustleistung in der Z-Diode klein ist.

R_1 und K1 sind in Reihe geschaltet **(Bild 2)**. Die Schaltung ist so bemessen, dass U_2 kleiner ist als U_1, sodass also an R_1 ein großer Spannungsfall U_{R1} eintritt. Steigt nun die Anschlussspannung auf $U_1 + \Delta U_1$, so liegt auch an K1 eine höhere Spannung. Dadurch wird die Stromstärke in K1 größer. Infolgedessen nimmt U_{R1} zu, und zwar im Idealfall um ΔU_1.

> Bei der Stabilisierung fließt der Strom durch einen Wirkwiderstand, sodass erhebliche Verluste auftreten.

Der Stabilisierungsfaktor gibt an, welcher Teil der relativen Eingangsspannungsänderung als relative Ausgangsspannungsänderung auftritt.

Ausgangsspannungsschwankung. Die stabilisierte Ausgangsspannung schwankt bei richtiger Bemessung der Stabilisierung nur wenig. Die Änderung der Ausgangsspannung hängt von den Schwankungen der Eingangsspannung und der Temperatur sowie dem differenziellen Widerstand der Z-Diode ab.

$$R_{min} = \frac{U_{1max} - U_Z}{I_{Zmax} + I_{Lmin}} \qquad R_{max} = \frac{U_{1min} - U_Z}{I_{Zmin} + I_{Lmax}}$$

Sofern nicht anders angegeben, ist
$I_{Zmin} \approx 0{,}1 \cdot I_{Zmax}$

R	Vorwiderstand
U_1	Eingangsspannung ($U_1 \approx 2 \cdot U_Z \ldots 5 \cdot U_Z$)
U_Z	Z-Spannung
I_Z	Z-Strom ($I_{Zmax} > I_L$)
I_L	Laststrom

Indizes max und min geben Größtwert und Kleinstwert an.

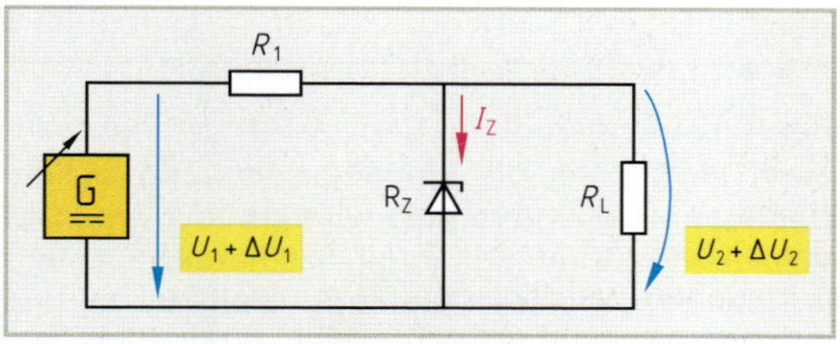

Bild 1: Stabilisierungsschaltung mit Z-Diode

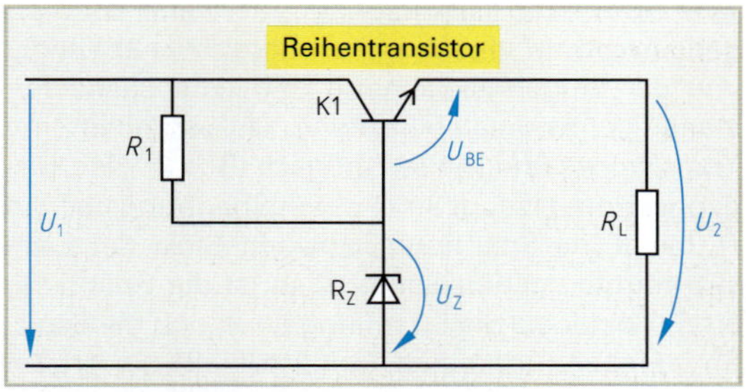

Bild 2: Spannungsstabilisierung mit Reihentransistor

Spannungsstabilisierung durch Spannungsregelung ermöglicht einen großen Stabilisierungsfaktor, große Lastströme und die Einstellbarkeit der Ausgangsspannung. Bei dieser Stabilisierung wird die Ist-Spannung am Ausgang in einer Vergleicherstufe mit der Soll-Spannung verglichen.

Spannungsstabilisierung mit Transistor. Schaltungen nach Bild 1 lassen keinen großen Laststrom zu, weil der Laststrom vom Arbeitsbereich der Z-Diode begrenzt wird. Einen großen Laststrom kann man durch Verwendung eines Reihentransistors (Längstransistor) erreichen (Bild 2). Steigt in Schaltung Bild 2 die Eingangsspannung U_1 an, so wird U_2 größer. Dadurch wird $U_{BE} = U_Z - U_2$ etwas kleiner. Der Transistor wird also weniger weit aufgesteuert, er wird hochohmiger. U_2 bleibt etwa konstant.

Die Spannungsstabilisierungsschaltung **Bild 1** hat als Regelverstärker einen Operationsverstärker. Der Operationsverstärker wirkt hier als Komparator (Spannungsvergleicher) mit hoher Proportionalverstärkung (P-Regler). Er vergleicht einen Teil der Ausgangsspannung mit der Z-Spannung und steuert den Längstransistor entsprechend an.

Beispiel 1:

In der Schaltung Bild 1 betragen $U_Z = 6{,}8\,\text{V}$, $R_1 = 82\,\text{k}\Omega$ und $R_2 = 33\,\text{k}\Omega$. Wie groß ist U_a?

Lösung:

$$U_a = U_Z \cdot \left(1 + \frac{R_1}{R_2}\right)$$

$$U_a = 6{,}8\,\text{V} \cdot \left(1 + \frac{82\,\text{k}\Omega}{33\,\text{k}\Omega}\right) = \mathbf{23{,}7\,V}$$

Beim Spannungsregler mit Operationsverstärker:

$$U_a = U_Z \cdot \left(1 + \frac{R_1}{R_2}\right)$$

U_a	Ausgangsspannung
U_Z	Z-Spannung
R_1, R_2	Widerstände des Spannungsteilers

Bei Spannungsreglern darf die Ausgangsspannung nicht unter die Eingangsspannung sinken. Der Spannungsunterschied wird als Low Drop Out Voltage = niedriger Spannungsfall bezeichnet. Regler, bei denen diese Spannung klein ist, werden deshalb auch als LDO-Spannungsregler bezeichnet.

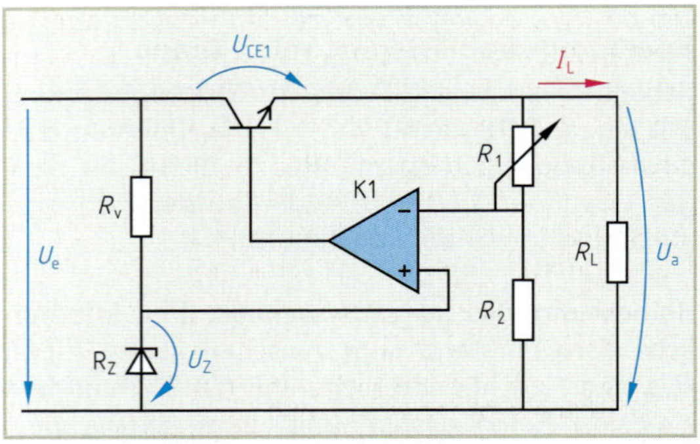

Bild 1: Linearer Spannungsregler mit Operationsverstärker

Eine **Stromstabilisierung** liegt vor, wenn der Ausgangsstrom in einem weiten Bereich unabhängig von der Eingangsspannung und vom Lastwiderstand ist. Stromstabilisierung ist vor allem mit Transistoren und Dioden möglich **(Bild 2)**. Der Ausgangsstrom erzeugt an R_1 einen Spannungsfall. An R_2 bleibt die Spannung konstant. Sinkt der Laststrom unter seinen Sollwert, so ist die Spannung an R_1 kleiner als die Spannung an R_2 und die Basis-Emitterspannung steigt. Folglich fließt ein größerer Basisstrom, der einen stärkeren Kollektorstrom (Laststrom) zur Folge hat. Umgekehrt steuert ein kleiner werdender Basisstrom bei zu starkem Laststrom den Transistor zu. Mit R_1 kann der Sollwert der Stromstärke eingestellt werden. Statt einer Z-Diode R_2 können zur Verbesserung des Temperaturverhaltens auch zwei in Durchlassrichtung geschaltete Dioden verwendet werden.

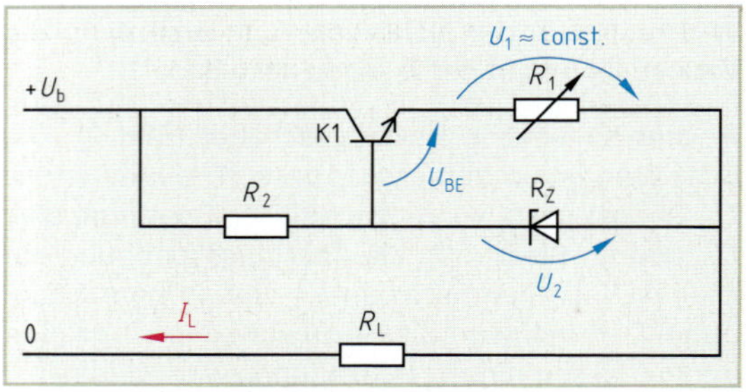

Bild 2: Stromstabilisierungsschaltung

Strombegrenzung ist ein Sonderfall der Stromstabilisierung. Bei der Strombegrenzung wird dafür gesorgt, dass der Höchstwert der Stromstärke nicht überschritten wird, z. B. auch nicht bei einem Kurzschluss. Bei der Strombegrenzung nach **Bild 3** wird U_{BE} kleiner, sobald I_L zu groß wird, weil $U_2 = 2 \cdot U_F$ der Dioden etwa konstant ist. Dadurch wird der Widerstand R_{CE} von K1 größer.

Kurzschluss-Schutz kann außer durch Strombegrenzung auch durch Abschalten des Transistors K1 durch zusätzliche Beschaltung mit einem Regler erreicht werden.

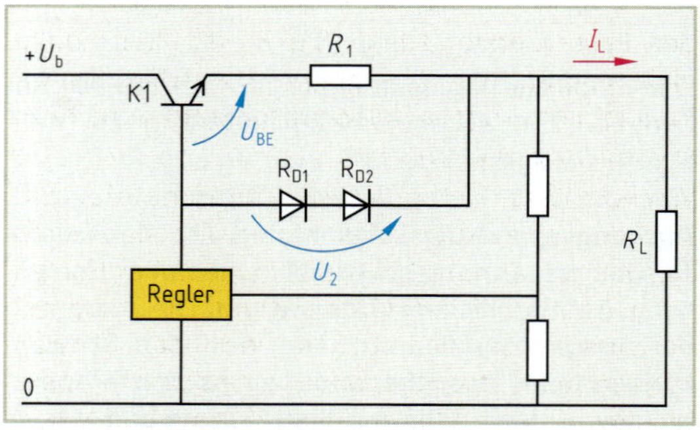

Bild 3: Strombegrenzungsschaltung

5.2.10.7 Stabilisieren mit ICs

Bei integrierten Schaltungen sind Spannungsstabilisierung und Strombegrenzung in einem Bauelement zusammengefasst. Dadurch wird der Aufbau der Stabilisierungsschaltung sehr einfach **(Bild 1)**. Der IC ist entsprechend Bild 3, vorherige Seite, aufgebaut. Ein Spannungsteiler aus R_2 und R_3 ist im IC enthalten. Deshalb werden diese ICs als lineare Spannungsregler eingesetzt.

Zur Erzeugung positiver und negativer Spannungen verwendet man z.B. die Schaltung **Bild 2**.

Für positive Spannungen werden oft ICs vom Typ 78XX verwendet, z.B. der 7805 für +5 V. Für negative Spannungen haben die ICs die Bezeichnung 79XX, z.B. 7912 für –12 V. XX steht für die stabilisierte Ausgangsspannung **(Bild 3)**.

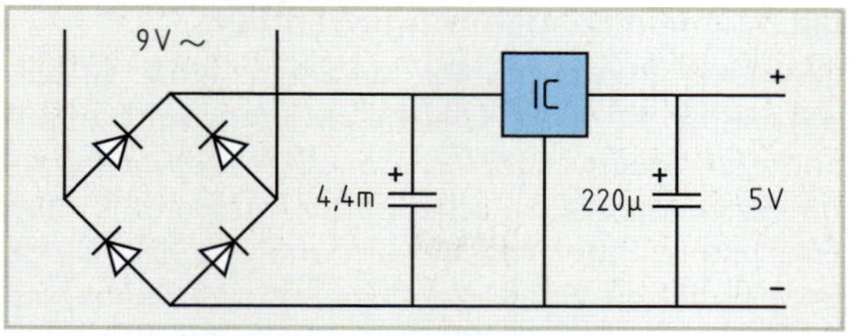

Bild 1: Gleichrichter und Stabilisierung eines Netzteils

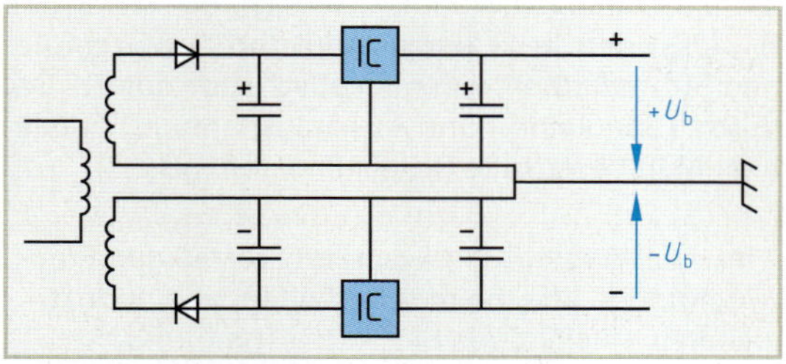

Bild 2: Erzeugung von Betriebsspannungen für Operationsverstärkerschaltungen

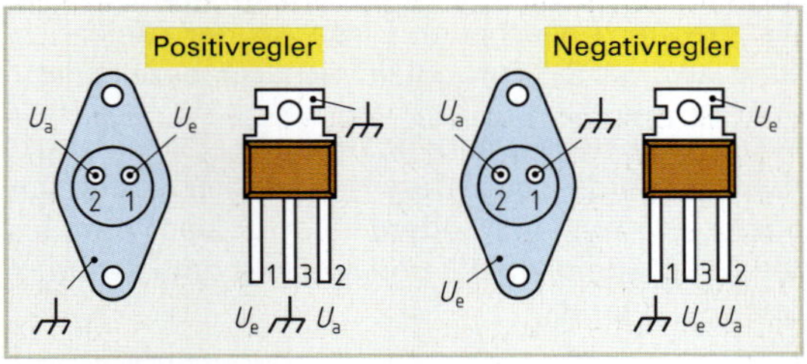

Bild 3: Gehäuseformen linearer Festspannungsregler-ICs

Wiederholung und Vertiefung

1. **Welche Aufgabe hat die Stabilisierung?**
2. **Geben Sie die beiden grundsätzlichen Möglichkeiten zur Stabilisierung an.**
3. **Warum treten bei der Stabilisierung ohne Energiespeicher erhebliche Verluste auf?**
4. **Wie arbeitet eine Strombegrenzerschaltung?**

5.2.11 Stromrichter in der Kommunikationstechnik

In der Kommunikationstechnik gibt es als Stromrichter außer ungesteuerten und gesteuerten Gleichrichtern auch Wechselrichter, Gleichspannungswandler und Gleichstromsteller.

5.2.11.1 Wechselrichter

Wechselrichter sind an Gleichspannung, z. B. einen Akkumulator, angeschlossen und geben Wechselspannung ab. Im Prinzip wird dabei die anliegende Gleichspannung durch Schalter fortlaufend umgeschaltet, sodass eine Wechselspannung entsteht, z. B. durch Induktion in einem Transformator **(Bild 4)**.

Wechselrichter können auch ohne Transformator aufgebaut werden, wenn eine Brückenschaltung von Schaltern einen Puls wechselnder Polung an den Lastwiderstand legt **(Bild 5)**. Ist eine Induktivität vorhanden, so erfolgt eine Glättung der Impulsfolge, sodass der Wechselstrom annähernd sinusförmigen Verlauf hat.

Wechselrichter können Wechselstrommotoren, z. B. zum Antrieb von CD-Spielern, speisen. Als Schalter werden in den Wechselrichtern der Nachrichtentechnik meist bipolare Transistoren, FETs (Feldeffekttransistoren) oder IGBTs (von **I**nsulated **G**ate **B**ipolar **T**ransistor = bipolarer Transistor mit isoliertem Gate) verwendet. Zur Ansteuerung dieser Bauelemente dienen ICs.

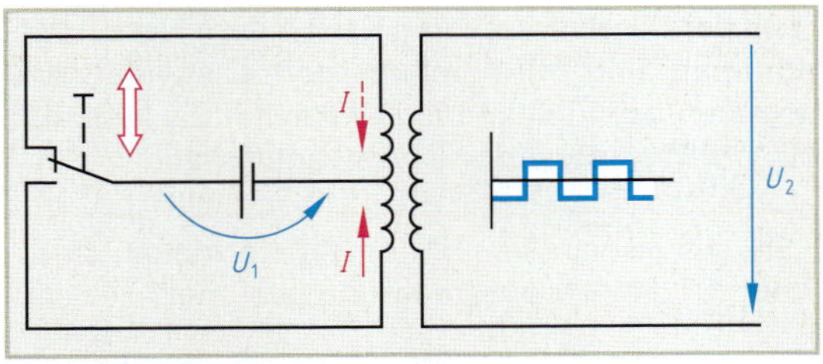

Bild 4: Prinzip eines Wechselrichters

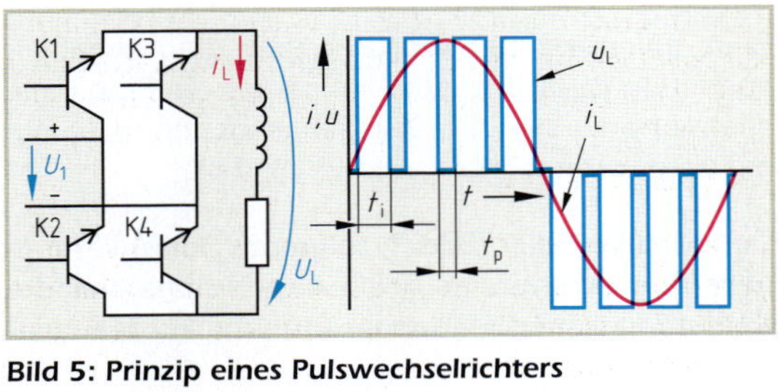

Bild 5: Prinzip eines Pulswechselrichters

5.2.11.2 Gleichspannungswandler

Gleichspannungswandler wandeln eine Gleichspannung in eine Gleichspannung mit einem anderen Spannungswert um. Beim *Eintaktspannungswandler* **Bild 1** schaltet der Transistor K1 den Gleichstrom abwechselnd ein und aus. Die Diode R_{D1} bewirkt die Entmagnetisierung des Eisenkerns bei Sperrbeginn von K1. Dadurch wird in den Lastwiderstand so lange Energie übertragen, wie K1 leitet. Deshalb wird dieser Gleichspannungswandler als *Durchflusswandler* bezeichnet. Die Diode R_{D3} lässt den in L_1 durch Induktion hervorgerufenen Strom fließen, wenn K1 abschaltet (sperrt). Dadurch kann keine hohe Abschaltspannung entstehen. Man bezeichnet R_{D3} als *Freilaufdiode.*

Bei Gleichspannungswandlern vermeiden Freilaufdioden die beim Abschalten von Induktivitäten entstehende Induktionsspannung.

Hohe Wirkungsgrade erreicht man dadurch, dass man die Gleichrichterdioden durch MOSFETs ersetzt. Die MOSFETs werden abwechselnd mit der Netzfrequenz geschaltet. Diese Art der Gleichrichtung wird als Synchrongleichrichtung bezeichnet.

Beim *Gegentaktspannungswandler* **Bild 2** muss dafür gesorgt sein, dass jeweils ein Transistor sperrt, während der andere leitet. Je nach dem leitenden Zustand von K1 und K2 fließt der Laststrom über R_{D1} oder R_{D2}.

Gleichspannungswandler können ohne Transformator aufgebaut sein. Die Schaltung **Bild 3** ist dann nur für die *Abwärtssteuerung* (Herabsetzen der Spannung) geeignet. Die Energie wird während der Durchlasszeit von K1 aus dem Netz aufgenommen und zum Teil an den Lastwiderstand gegeben, zum Teil an die Induktivität. Es liegt also ein *Durchflusswandler* (Flusswandler) vor.

Durchflusswandler ohne Transformator sind nur für die Abwärtssteuerung geeignet.

Wenn die Energie nur während des Sperrzustandes des Schalters an den Lastwiderstand gegeben wird, liegt ein Sperrwandler vor.

Beim invertierenden Wandler kann die Ausgangsspannung U_2 größer oder kleiner als die Eingangsspannung U_1 sein. Die Ausgangsspannung U_2 hat die umgekehrte Polung wie U_1 **(Bild 4)**.

Der *Sperrwandler* **(Bild 1, folgende Seite)** kann je nach Bemessung eine größere oder eine kleinere Spannung als die Eingangsspannung an den Lastwiderstand abgeben.

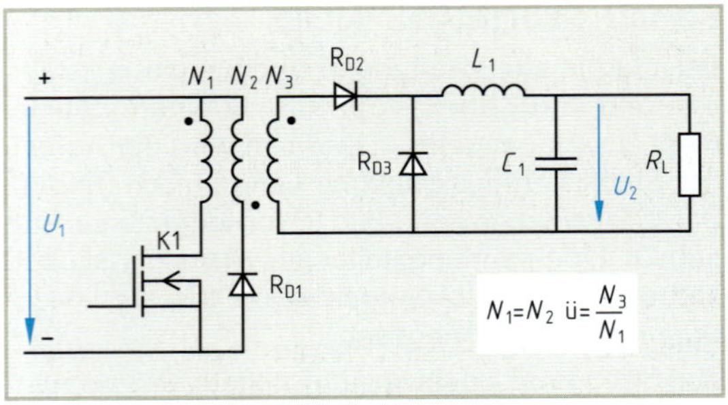

Bild 1: Durchflusswandler mit Transformator (Eintaktspannungswandler)

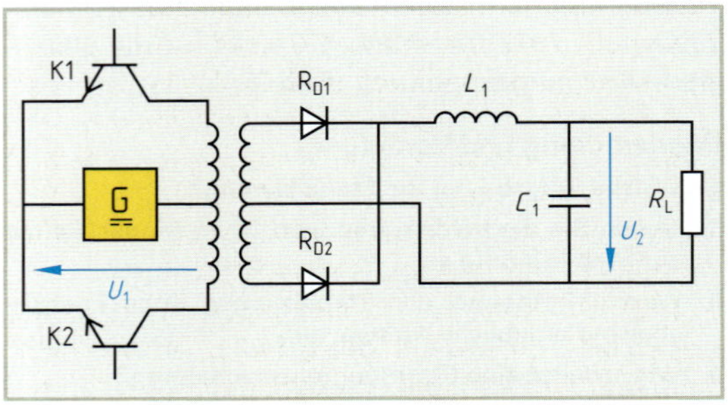

Bild 2: Gegentaktspannungswandler mit Gleichrichterschaltung M2

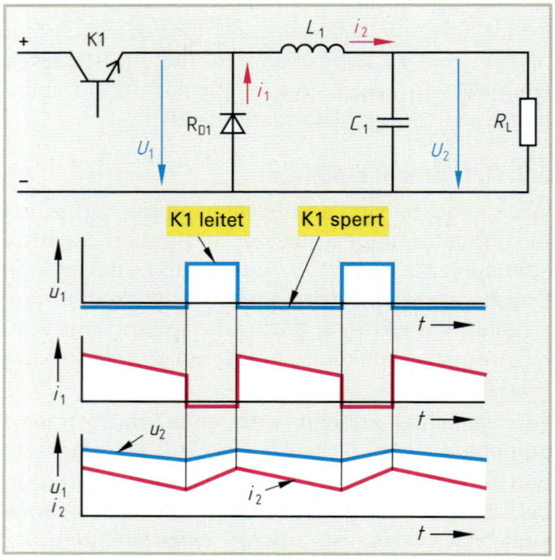

Bild 3: Durchflusswandler für Abwärtssteuerung

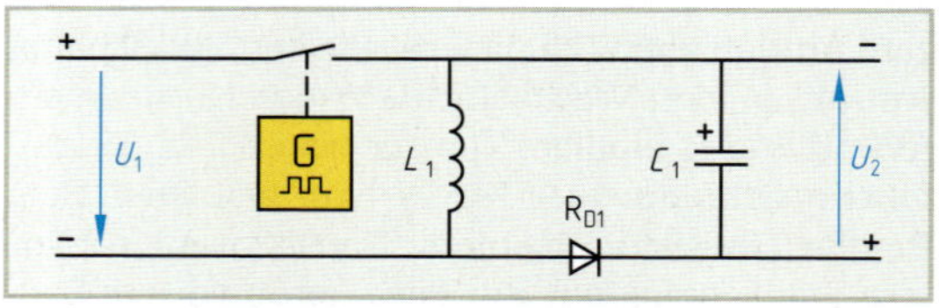

Bild 4: Invertierender Sperrwandler

Sperrwandler können ohne Transformator abwärts und aufwärts wandeln.

Durchflusswandler und Sperrwandler kommen vor allem in Schaltnetzteilen vor. Ihre Ansteuerung erfolgt durch ICs.

5.2.11.3 Gleichstromsteller

Gleichstromsteller sind ähnlich wie Durchflusswandler ohne Transformator aufgebaut (Bild 1, vorhergehende Seite). Wenn die Induktivität genügend groß ist, z.B. beim Antriebsmotor eines Plattenspielers, so ist der Laststrom auch ohne zusätzliche Maßnahme ausreichend geglättet. Die von einem IC vorgenommene Ansteuerung des Schalters kann so erfolgen, dass die Pulsfrequenz stets gleich ist, die Durchlasszeit des Schalters und damit die Pulsweite aber verschieden **(Bild 2)**. Diese Art der Steuerung bezeichnet man als *Pulsweitenmodulation* (Pulsweitensteuerung, Pulsbreitenmodulation, Pulsdauermodulation). Bei der Pulsfolgemodulation (Pulsfolgesteuerung) ist dagegen die Durchlasszeit des Schalters immer gleich und die Pulsfrequenz verschieden. Es kommen auch beide Arten der Steuerung gemischt vor.

Als Schalter kommen bei den Gleichstromstellern Transistoren oder Thyristoren vor. Als Transistoren verwendet man bipolare Transistoren, FETs oder IGBTs. Die Ansteuerung erfolgt durch ICs.

5.2.11.4 Schaltnetzteile SNT

In Schaltnetzteilen wird die Ausgangsspannung nicht linear, sondern durch Pulsbetrieb bei hoher Frequenz geregelt. Dadurch haben diese einen großen Wirkungsgrad. Schaltnetzteile benötigen wenige Siebmittel zur Spannungsglättung. Schaltnetzteile verwenden drei Arten von Gleichspannungswandlern mit Schaltern. Häufig werden Transistoren als elektronische Schalter verwendet, die von Regler-ICs gesteuert werden. Oft sind die Schalter auch im Regler-IC enthalten, z.B. beim Schaltspannungsregler. Die Regler-ICs enthalten Impulsgeneratoren zur Steuerung der elektronischen Schalter. Als Energiespeicher verwenden alle Schaltungen Induktivitäten, oft auch in Form von Transformatoren, deren Baugröße aufgrund der hohen Schaltfrequenz gering ist.

Schaltnetzteile haben einen hohen Wirkungsgrad und verwenden deshalb Siebmittel und Transformatoren kleiner Baugröße.

Pumpnetzteil

Ein Schaltnetzteil, bei dem die Betriebsspannungen aus dem Zeilentransformator gewonnen werden, wird als Pumpnetzteil bezeichnet.

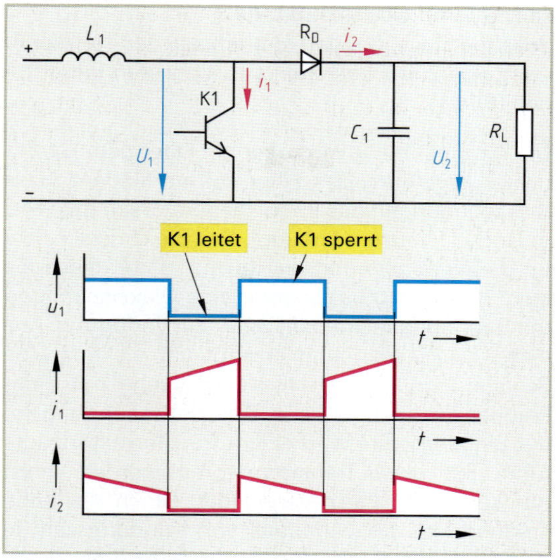

Bild 1: Sperrwandler für Aufwärtssteuerung ohne Netztrennung

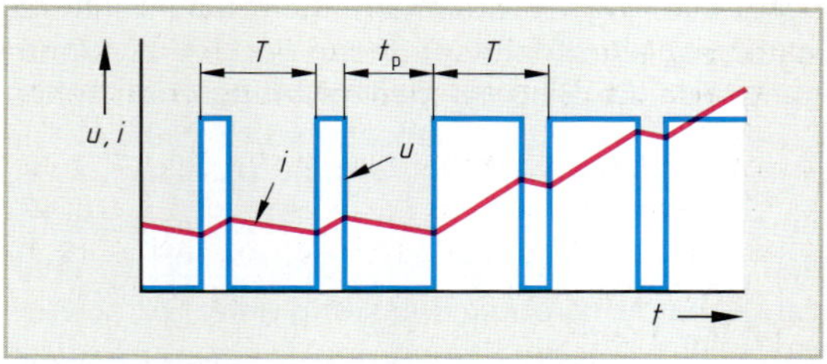

Bild 2: Pulsweitenmodulation beim Gleichstromsteller

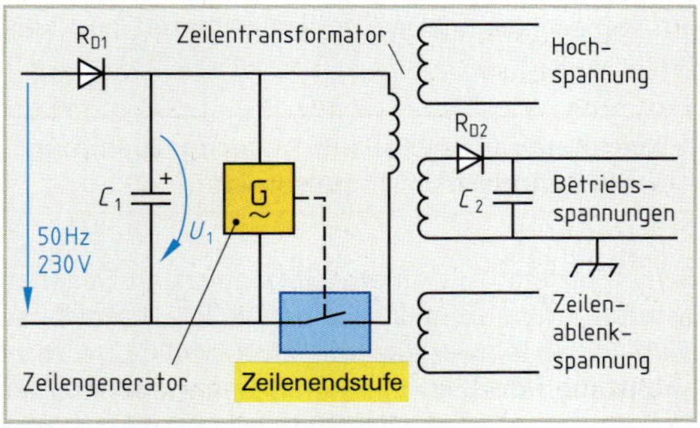

Bild 3: Pumpnetzteil (Prinzip)

Das Pumpnetzteil ist ein Schaltnetzteil mit Sperrwandler, bei dem der Zeilentransformator des Fernsehgerätes als Energiespeicher und die Zeilenendstufe als Schalter wirkt **(Bild 3)**. Die aus der Netzspannung gewonnene Gleichspannung wird mit der Zeilenfrequenz 15625 Hz geschaltet. Die erforderlichen Betriebsspannungen entnimmt man dem Zeilentransformator.

Aufbau von Schaltnetzteilen

Schaltnetzteile für den Betrieb an der Netzspannung von 230 V bestehen aus mehreren Baugruppen **(Bild 1)**.

Die Netzspannung wird über ein Filter dem Gleichrichter zugeführt. Das Filter soll verhindern, dass Störspannungen des Impulsgenerators in das Netz gelangen (Netzrückwirkung). Der Gleichrichter richtet die Netzspannung gleich und glättet diese. Es steht nach dem Gleichrichter eine Gleichspannung mit Spannungswerten bis 325 V zur Verfügung. Aus dieser Gleichspannung erzeugt der elektronische Schalter Impulse verschiedener Länge mit einer Frequenz von z. B. 100 kHz. Diese Pulsspannung auf der Eingangsseite wird einem Transformator zugeführt. Für diese Transformatoren werden meist Ringkerne aus Ferrit verwendet. Durch die hohe Frequenz ist das Verhältnis von Windungszahl je Volt klein. Dadurch sind größere Ströme durch dickere Wickeldrähte möglich. Auf der Ausgangsseite erhält man die gewünschte Spannung von z. B. 5,6 V als Wechselspannung. Nach dem Gleichrichten der Wechselspannung steht als Ausgangsspannung eine Gleichspannung von 5 V zur Verfügung. Für die Siebung genügt wegen der hohen Schaltfrequenz ein Kondensator von z. B. 0,5 µF. Die Ausgangsspannung wird einem Regler-IC zugeführt. Der Regler-IC erzeugt die Steuerimpulse für den elektronischen Schalter. Sinkt z. B. die Ausgangsspannung durch Belastung unter 5 V, so werden zeitlich längere Steuerimpulse erzeugt. Es wird dann mehr Energie übertragen. Dadurch steigt die Ausgangsspannung des Transformators entsprechend an. Steigt die Ausgangsspannung über 5 V an, werden die Steuerimpulse entsprechend kürzer.

> Schaltnetzteile regeln die Ausgangsspannung durch Verändern der Impulsbreite.

Schaltnetzteile mit einem elektronischen Schalter werden als Eintaktschaltnetzteile bezeichnet **(Bild 2)**. Schaltnetzteile mit zwei zeitlich versetzt angesteuerten elektronischen Schaltern nennt man Gegentaktschaltnetzteile **(Bild 3)**.

Schaltnetzteile können ausgangsseitig auch mehrere Ausgangsspannungen erzeugen (Bild 2). Der Regler-IC wird aber nur mit einer Ausgangsspannung verbunden. In PCs werden zur Stromversorgung nur Schaltnetzteile verwendet.

Wird eine große Anzahl von Geräten mit Schaltnetzteilen betrieben, können Resonanzen im Netz auftreten (Netzrückwirkung), die z. B. zur Überlastung des Nullleiters führen können.

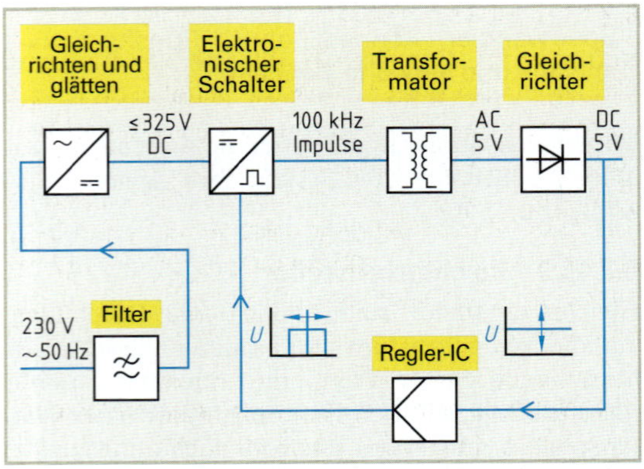

Bild 1: *Übersichtsschaltplan eines primär getakteten Schaltnetzteils*

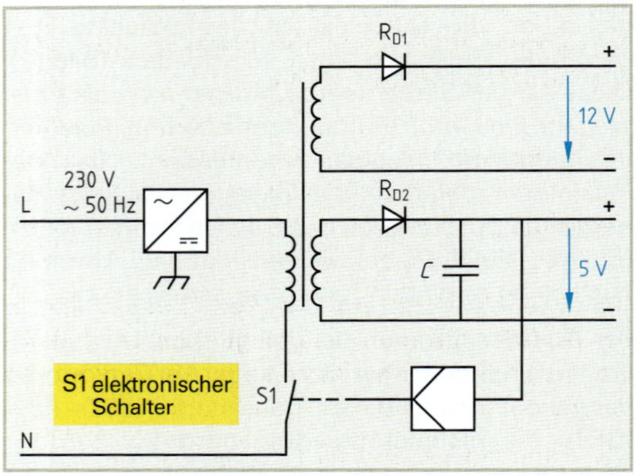

Bild 2: *Eintaktschaltnetzteil (Prinzip)*

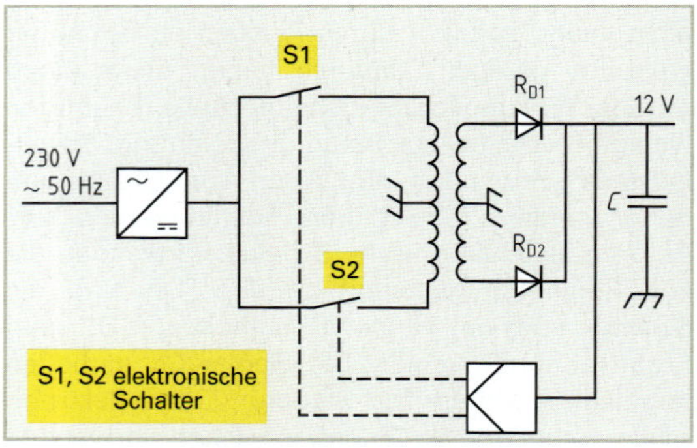

Bild 3: *Gegentaktschaltnetzteil (Prinzip)*

Wiederholung und Vertiefung

1. **Nennen Sie vier Arten von Stromrichtern.**
2. **Welche Wirkung hat eine Freilaufdiode?**
3. **Nennen Sie drei Arten von Gleichspannungswandlern.**
4. **Woran kann man einen Sperrwandler erkennen?**
5. **Welchen Vorteil haben Sperrwandler gegenüber Durchflusswandlern?**
6. **Aus welchen Baugruppen besteht ein Schaltnetzteil?**
7. **Welche Aufgabe hat der Regler-IC in einem Schaltkreis?**

5.2.11.5 PC-Netzteile

Netzteile für PCs haben allseits geschlossene Metallgehäuse **(Bild 1).** Das Metallgehäuse ist mit dem Anschluss des Schutzleiters verbunden und verhindert so ein Berühren spannungsführender Teile. Die meisten Netzteile stellen sich automatisch auf die vorhandene Netzspannung 110 V/ 60 Hz (für USA) oder 230 V/50 Hz (Europa) ein. Vorhandene Netzschalter sind oft nur einpolig ausgeführt (Bild 1).

> PC-Netzteile sind erst sicher spannungslos, wenn der Netzstecker gezogen wurde.

PC-Netzteile gibt es für Bemessungsleistungen von 230 W bis 500 W. Netzteile sollten eine Leistungsreserve von 20% für Erweiterungen, z.B. durch Zusatzkarten, besitzen.

> Zum Einschalten von ATX-Netzteilen müssen der Netzschalter und der Taster am PC betätigt werden.

Die abgebbaren Ströme und Spannungen sind in der ATX-Spezifikation festgelegt **(Tabelle 1).** ATX-Netzteile haben bis zu fünf Stecker zur Versorgung der PC-Komponenten.

Der Hauptstecker (= Main Power Connector) hat 20 Anschlüsse **(Bild 2, links).** Für die Spannungen 5 V und 3,3 V mit großer Stromstärke sind mehrere Kontakte parallel geschaltet, ebenso für die Masse. Für Prozessoren wie den Athlon oder den Pentium 4 ist ein ATX12V-Anschluss für 12 V vorgesehen **(Bild 2, rechts).** Für die Versorgung von Geräten mit der Größe 5 $^{1}/_{4}$ Zoll, wie DVD/CD-ROM-Laufwerke oder Festplatten, wird der PPC-Stecker (Peripheral Power Connector) verwendet **(Bild 3, Mitte).** Bei manchen Netzteilen ist ein zusätzlicher APC-Stecker (Auxiliary Power Connector) vorhanden, der z.B. zusätzliche Hilfsspannungen für Server-Mainboards liefert **(Bild 3, rechts).**

> ATX-Netzteile haben bis zu fünf verschiedene Stecker für den Anschluss von PC-Komponenten.

Die Steckerfarben sind dieselben wie die Farben der Leiter zwischen Netzteil und Stecker. Für Erweiterungen, z.B. den Anschluss einer weiteren Festplatte, verwendet man die Y-Leitung **(Bild 4).** Diese besteht aus einer Buchse, die auf den PPC-Stecker gesteckt wird, und zwei parallel geschalteten PPC-Steckern, die auf die entsprechende Festplatte gesteckt werden.

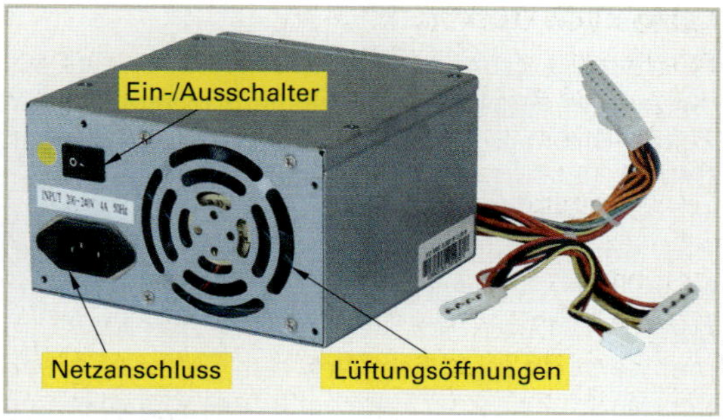

Bild 1: PC-Netzteil

Tabelle 1: Spannungen und Ströme nach ATX-Festlegung

Ausgang	U_n/V	U_{min}/V	U_{max}/V	I_{min}/A	I_{max}/A
12	+12	11,4	12,6	0,0	12,0
5	+5	4,75	5,25	1,0	30,0
3,3	+3,3	3,14	3,47	0,3	20,0
–5	–5	–4,5	–5,5	0,0	0,3
–12	–12	–10,8	–13,2	0,0	0,8
+5 SB	+5	4,75	5,25	0,0	1,5

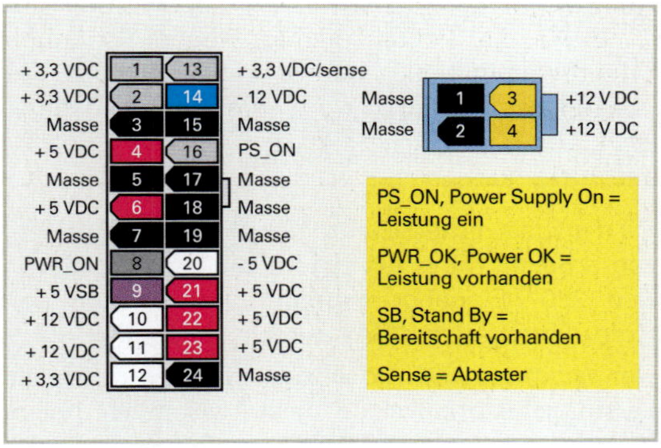

Bild 2: Hauptstecker und ATX12V-Stecker

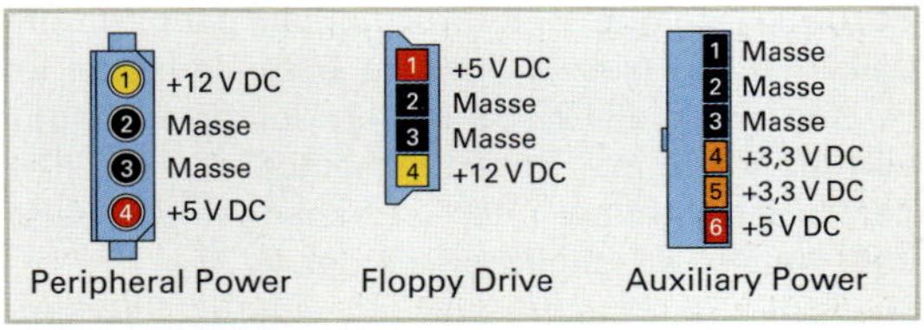

Bild 3: Komponentenstecker

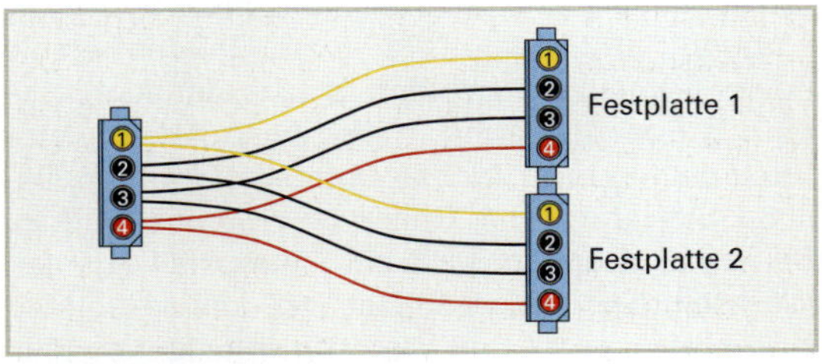

Bild 4: Y-Steckverbindung

Leistungsfaktorkorrektur

PC-Netzteile arbeiten als Schaltnetzteile. Das bedingt, dass sie dem 230-V-Netz nur zu bestimmten Zeiten Strom in Form von Impulsen entnehmen **(Bild 1)**. Solche Impulse führen zu Störspannungen mit teilweise hohen Frequenzen bis zu 100 kHz. Aus diesem Grund wird eine Leistungsfaktorkorrektur PFC (von **P**ower **F**actor **C**orrection) vorgenommen. Durch schaltungstechnische Maßnahmen versucht man, dem Netz den Strom während der ganzen Zeit einer Halbwelle zu entnehmen und ihm einen sinusförmigen Verlauf zu geben (Bild 1).

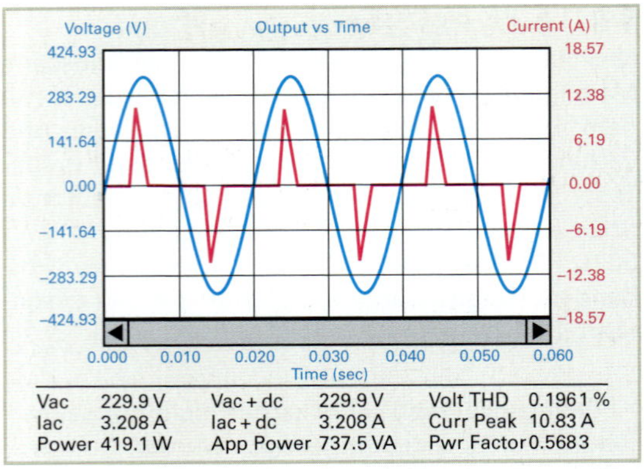

Bild 1: Spannungen und Ströme im PC-Netzteileingang

> Die Leistungsfaktorkorrektur bewirkt eine gleichmäßige Belastung des 230-V-Netzes.

Bei der *passiven Leistungsfaktorkorrektur* wird eine Spule in den Eingangskreis des Netzteiles geschaltet **(Tabelle 1)**. Nachteilig sind die großen Abmessungen der Spule und ihr großes Gewicht.

Bei der *aktiven Leistungsfaktorkorrektur* wird in den Eingangskreis des Netzteiles ein zusätzlicher Schaltregler zur Steuerung der Impulsbreite und Impulsform des Eingangsstromes geschaltet. Dadurch kann eine Korrektur von 100% erreicht werden.

> Aktive Leistungskorrekturschaltungen erreichen Korrekturfaktoren bis 100%.

Da der zusätzliche Schaltregler mit hohen Frequenzen arbeitet, muss ein zusätzliches Entstörfilter in den 230-V-Eingang eingefügt werden, um den Anforderungen der EMV gerecht zu werden.

Der Wirkungsgrad η der Netzteile wird durch die Leistungsfaktorkorrektur nicht wesentlich beeinflusst.

Tabelle 1: Leistungsfaktorkorrektur

	Art der Korrektur		
	ohne	passiv	aktiv
Baugruppe	–	Induktivität zwischen Netz- und Gleichrichterschaltung	Zusätzlicher Schaltregler mit Pulsweitenmodulation
Korrekturfaktor	0,5 bis 0,6	0,7 bis 0,8	0,8 bis 1,00
Wirkungsgrad η ist bei PC-Netzteilen: 0,3 bis 0,55			

Ausfall des Stromnetzes

Schon kurzzeitige Unterbrechungen oder Störungen im 230-V-Netz können zu Datenverlusten im PC führen **(Tabelle 2)**. So sollten Unterbrechungen von bis zu 20 ms, Spannungseinbrüche auf 70% der Netzspannung oder Störspannungsimpulse vom Netzteil ausgeglichen werden.

Tabelle 2: Netzausfallarten

Art	Erklärung
Blackout (= totale Verdunkelung)	Ausfall der Netzspannung für eine oder mehrere Schwingungen der 50-Hz-Kurve.
Brownout (= milde Verdunkelung)	Einbruch der Versorgungsspannung auf 70 %. Tritt z.B. beim Anlaufen großer Maschinen auf.
Surge (= Woge, Brandung)	Überlagerung der Netzspannung mit Spannungsimpulsen, z.B. bei Blitzschlag oder auch Ausschalten von Niedervolt-Halogen-Beleuchtungen (induktiver Verbraucher).

Unterbrechungsfreie Stromversorgung USV

Zum Schutz vor Netzausfällen verwendet man Zusatzgeräte, die eine unterbrechungsfreie Stromversorgung USV oder UPS (von Uninterruptable Power Supply) sicherstellen. Solche Geräte enthalten als Energiespeicher meist einen Akkumulator (Batterie). Je nach Aufbau unterscheidet man Offline-USV-Geräte und Online-USV-Geräte **(Bild 2)**. Bei Offline-Geräten wird bei Netzausfall auf den Wechselrichter umgeschaltet, bei Online-Geräten sind Gleichrichter und Wechselrichter dauernd in Betrieb.

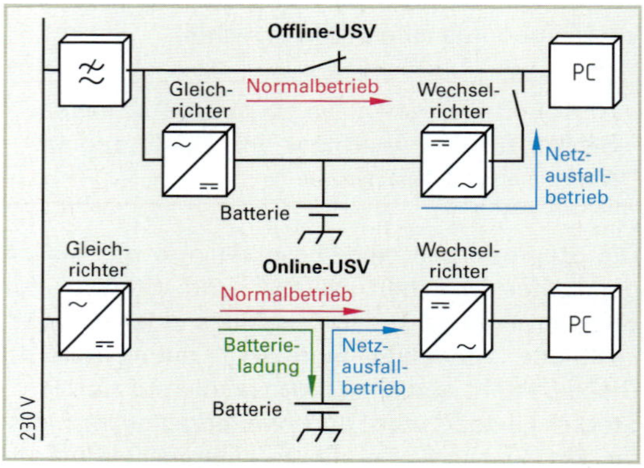

Bild 2: Arten von USV-Geräten

5.3 Leiterplattenentwurf

5.3.1 Vorgehen

Leiterplatten werden schrittweise mit einer CAE-Software (von **C**omputer **A**ided **E**ngineering = computerunterstützte Konstruktion) entworfen, z.B. mit EAGLE **(Bild 1)**.

Schritt 1: Schaltplan zeichnen
Aus verschiedenen Bibliotheksdateien werden die notwendigen Bauelemente ausgewählt und in den Schaltplan eingefügt. Jedem Bauelement einer Bibliothek sind drei Informationen zugeordnet: das Schaltzeichen (SYMBOL), die Gehäuseform mit ihren Abmessungen (PACKAGE) und die Bauelementbeschreibungen (DEVICE).

Die Anschlüsse (PIN) der platzierten Bauelemente werden im Schaltplan miteinander verbunden und als Schaltplandatei abgespeichert, z.B. FRANZI1.SCH.

Schritt 2: Platine entwerfen
Das Programm wandelt die Schaltzeichen des Schaltplanes um, indem es diese durch die ungeordneten Gehäusebauformen (PACKAGES) ersetzt (Annotation, Bild 1). Die Gehäuseanschlüsse (PAD) sind gemäß Schaltplan mit dehnbaren Luftverdrahtungen verbunden. Nachdem die Abmessungen der zu erstellenden Platine eingegeben sind, werden die luftverdrahteten Gehäuse auf der Platinenfläche platziert. Änderungen an der Schaltung, die zuvor nicht im Schaltplan gezeichnet wurden, nimmt das Programm auf Nachfrage vor. Man nennt dies *Backannotation* (Anmerkung, im Nachhinein, Bild 1).

Schritt 3: Leiterbahnen entflechten und zeichnen
Die Luftverdrahtungen werden entflochten und von einem Entflechtungsprogramm (Autorouter) oder mit dem Layouteditor in Leiterbahnen umgewandelt.

Beim Anlegen der Leiterbahnen muss auch darauf geachtet werden, dass Leiterbahnen, über die hohe Ströme fließen, eine ausreichende Bahnbreite erhalten. Die Platinendatei wird bei EAGLE mit dem Zusatz .BRD (Board = Platine) abgespeichert, z.B. FRANZI1.BRD.

Schritt 4: Unterlagen erstellen
Im letzten Arbeitsschritt werden die fertigungsbezogenen Unterlagen für die Platinenfertigung mit dem Softwaremodul CAM-Processor ausgegeben (Bild 1).

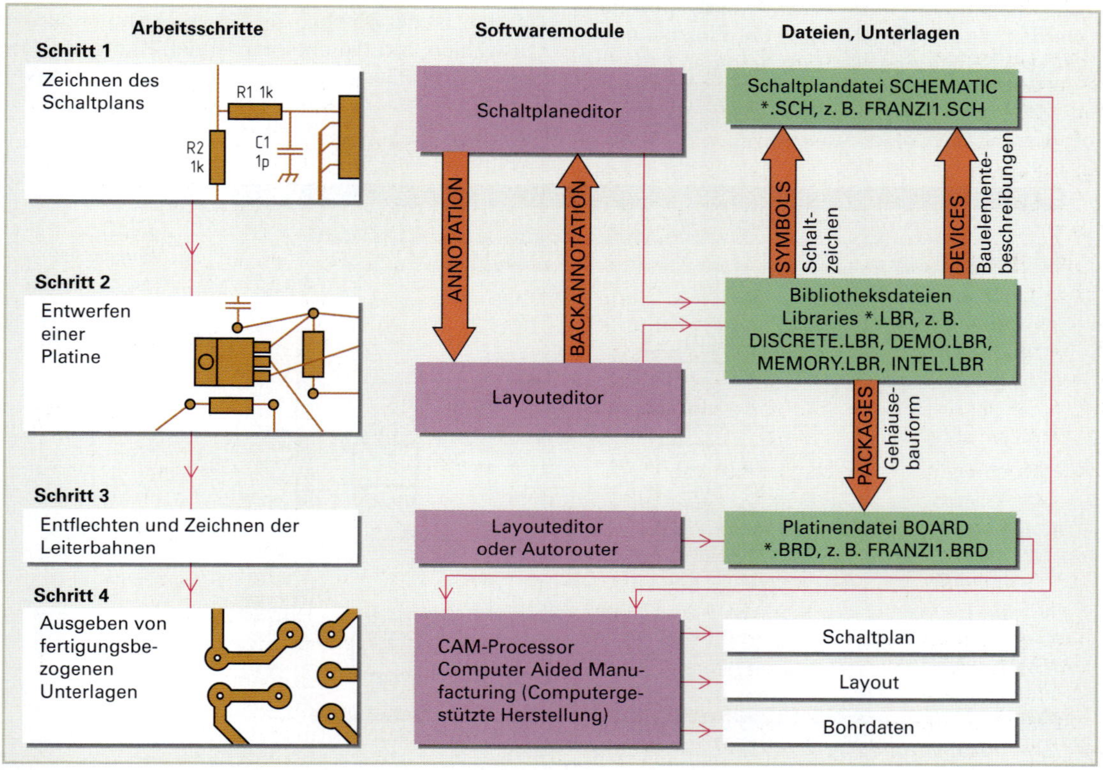

Bild 1: Bedienung und Struktur der CAE-Software EAGLE

Für eine einfache Platine, einseitig belichtet und im Ätzbad hergestellt, genügt es, das Layout mit der Lötlage, welche Leiterbahnen und Lötaugen enthält, mit einem Laserdrucker auf Spezialpapier auszugeben. Wird die Platine dagegen gefräst, benötigt die Fräsmaschine Dateien über das Layout und die Durchmesser der Bohrlöcher.

Aus der Platinendatei, z.B. `FRANZI1.BRD`, können die meisten Platinenhersteller die notwendigen Unterlagen, z.B. Gerber-Dateien zur Steuerung eines Fotoplotters, selbst erstellen.

5.3.2 Erstellen eines Schaltplanes

Mit dem Schaltplaneditor des Programms EAGLE soll der Schaltplan des spannungsgesteuerten Impulsgenerators **Bild 1** gezeichnet werden.

Die wichtigsten Befehle sind rechts neben der Zeichnungsfläche senkrecht angeordnet. Dort nicht enthaltene Befehle sind mit der Tastatur einzugeben.

Durch Klicken auf die Schaltflächen `FILE`, `NEW` und `SCHEMATIC` wird ein Blatt geöffnet. Auf dem Blatt wird mit dem Befehl `GRID` (Gitter) das Bildschirmraster eingestellt. Durch Klicken auf `DOTS` (Punkte) und `ON` erscheint ein Fangraster für die Bauelemente.

> Das Rastermaß muss in Zoll (inch) gewählt werden, da z.B. die Abstände der Pins bei integrierten Schaltungen 0,1 inch betragen.

Mit dem Befehl `USE` (= benützen) werden Bibliotheken aufgerufen. Mit `ADD` (= hinzufügen) werden Bauelemente entnommen, welche am Mauszeiger hängen, wenn man diesen über das Zeichnungsblatt bewegt. Mit der rechten Maustaste werden die Bauelemente gedreht und mit der linken Maustaste platziert. Die Widerstände findet man in der Bibliothek `DISCRETE.LBR` unter der Bezeichnung `RESEU` (von Resistor European). Um einen Schaltplanausschnitt zu vergrößern, wird der Befehl `WINDOW` gewählt, zwei diagonale Eckpunkte eines Rechtecks im Schaltplan werden markiert und in der Befehlsleiste wird auf das Semikolon geklickt.

Um Bauelemente zu verschieben, wird der Befehl `MOVE` (= bewegen) gewählt. Die Bauelemente werden kurz angeklickt, mit der Maus verschoben, falls erforderlich mit der rechten Maustaste gedreht und mit der linken Maustaste platziert. Ein zu viel platziertes Bauelement wird über `DELETE` (= löschen) durch Anklicken gelöscht.

Nun werden den Bauelementen die Bezeichnungen und die Wertangaben zugewiesen. Dies erfolgt mit den Befehlen `NAME` (= benennen) und `VALUE` (= Wert).

Um die Bauelemente zu verbinden, wird der Befehl `NET` (= vernetzen) aktiviert.

Sind sich kreuzende Leitungen miteinander zu verbinden, ist der Befehl `JUNCTION` (= Knotenpunkt) zu wählen und die entsprechenden Knotenpunkte sind durch Mausklick im Schaltplan zu erzeugen.

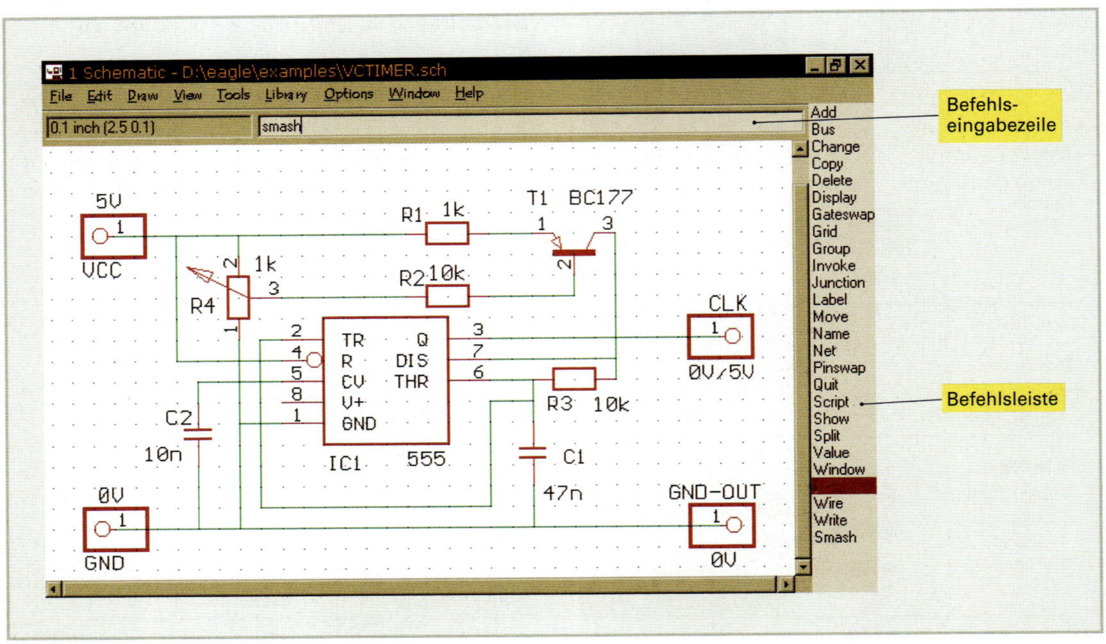

Bild 1: Schaltplan des spannungsgesteuerten Impulsgenerators

Ist der Schaltplan gezeichnet, wird er getestet. Dazu wird mit der Tastatur ERC (von Electrical Rule Check = elektrischer Regeltest) in die Befehlseingabezeile getippt. Auf etwaige Fehler wird hingewiesen. Diese werden automatisch in die Textdatei VCTIMER.ERC geschrieben.

Der Schaltplan kann mit dem Befehl WRITE (= schreiben) unter dem Dateinamen VCTIMER.SCH abgespeichert werden.

5.3.3 Erstellen einer Platinendatei

Der Befehl BOARD wird in die Befehlseingabezeile eingetippt. Durch Klicken auf OK werden die Schaltsymbole in Gehäuse umgewandelt und neben einer Platine im Europaformat mit der Größe 160 mm × 120 mm abgelegt. Ihre Anschlüsse sind entsprechend dem Schaltplan über „Gummibänder" verbunden, welche die elektrischen Verbindungen ersetzen **(Bild 1)**.

Mit dem Befehl GRID wird die Bildschirmanzeige auf Millimeter (mm) umgestellt. Mit MOVE werden dann die rechte und danach die obere Platinenkante etwa in der Mitte angeklickt und auf das gewünschte Maß, z.B. 50 mm x 35 mm, verschoben.

Nachdem die Bildschirmanzeige mit GRID wieder auf Zoll (inch) zurückgestellt worden ist, werden mit MOVE die Gehäuse auf der Platine platziert **(Bild 2)**.

Anschließend ordnet man die Bauelemente auf der Platine durch Verschieben so an, dass die Gummibänder möglichst wenige Überschneidungen aufweisen **(Bild 3)**.

Die Luftverbindungen werden durch Eingabe des Befehls RATSNEST (= Rattennest) optimiert.

Nun wird durch Eingabe des Befehls AUTO ein Fenster geöffnet und mit Klicken auf Start der Autorouter in Gang gesetzt.

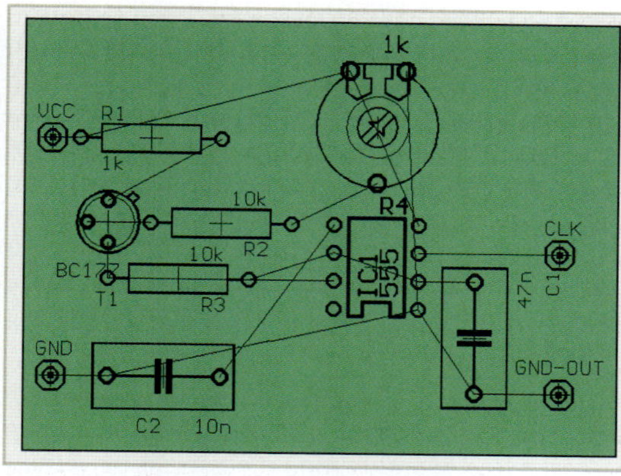

Bild 1: Platine mit eingestellten Abmessungen, platzierten Bauelementen und optimierten Luftverdrahtungen

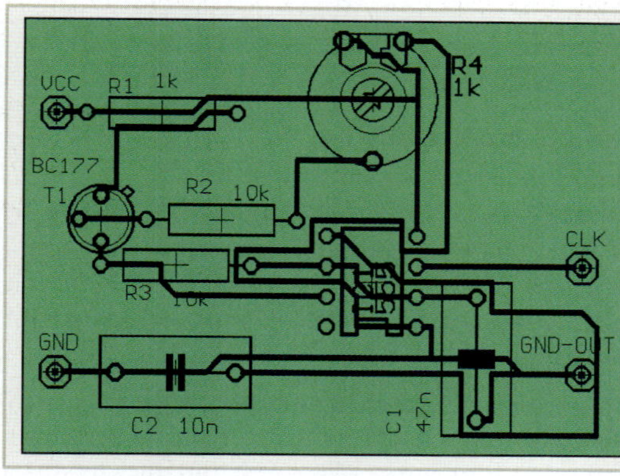

Bild 2: Platine mit entflochtenen Leiterbahnen

Der Autorouter gibt an, dass er 100 % der Leiterbahnen geroutet hat. Von Hand können jetzt Änderungen vorgenommen werden, indem mit dem Befehl RIPUP (= aufreißen) und durch Anklicken

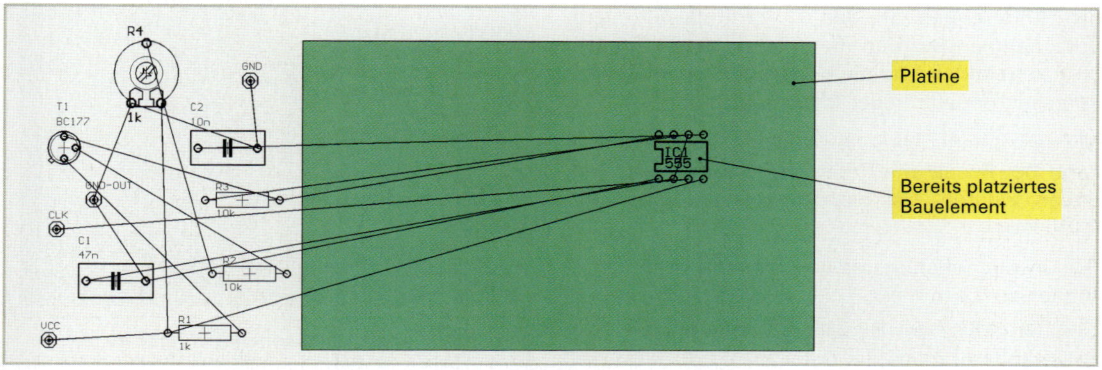

Bild 3: Erstellen einer Platinendatei aus der Schaltplandatei

einer gerouteten Leitung diese wieder in ein Gummiband zurückverwandelt wird. Mit ROUTE kann aus diesem Gummiband mit der Maus eine neue Leiterbahn mit geändertem Verlauf erzeugt werden. Dazu müssen meist geroutete Leiterbahnen oder platzierte Bauelemente mit MOVE verschoben werden, um Platz zu bekommen. Um dabei einen Knick in einer geraden Leiterbahnführung zu erzeugen, muss der Befehl SPLIT (= zerspalten) aktiviert werden und eine gewünschte Knickstelle mit der Maus durch Anklicken erzeugt werden.

Um eine weitere Verbesserung der Bauelementeanordnung zu erreichen und um Überkreuzungen zu vermeiden, wandelt man die gerouteten Leiterbahnen zwischen den Timer-Anschlüssen in Gummibänder zurück und führt sie dann um das Bauelement herum.

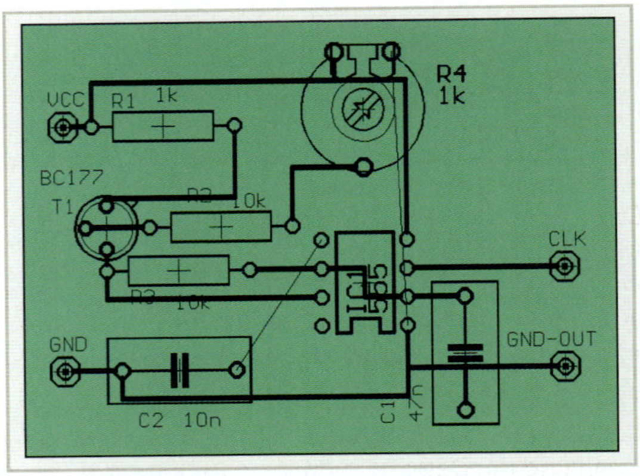

Bild 1: Platine mit veränderter Leiterbahnführung durch Ziehen mit der Maus

Übung 1:

Verändern Sie die Leiterbahnführungen und routen Sie die Gummibänder mit der Maus um das Timerbauelement herum.

Lösung: **Bild 1** und **Bild 2**

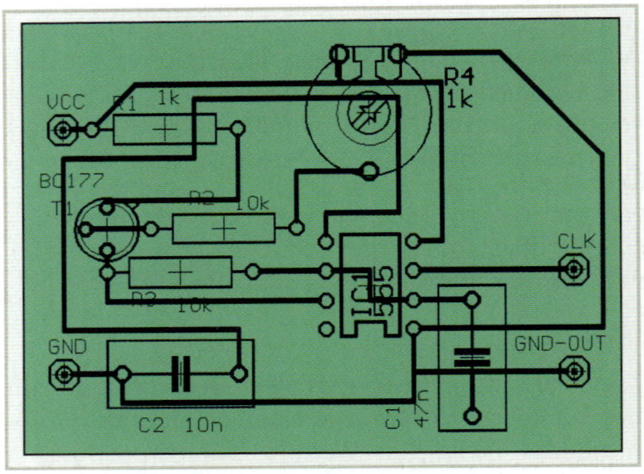

Bild 2: Platine mit neu gerouteten Gummibändern durch Ziehen mit der Maus

Um die Platine in einem Gehäuse befestigen zu können, werden Bohrungen bei den Ecken vorgenommen. Die Position der Bohrlöcher wird mit dem Setzen von Durchkontaktierungen festgelegt **(Bild 3)**.

Um die Maße der Durchkontaktierungen einzustellen, stellt man zuerst mit dem Befehl GRID das Maß auf mm um. Mit dem Befehl CHANGE SHAPE (= ändere Form) wird die Form der Durchkontaktierung gewählt, z.B. ROUND (= rund), mit CHANGE DIAMETER (= ändere Durchmesser) der Durchmesser der Durchkontaktierung und mit CHANGE DRILL (= wechsle Bohrer) der Durchmesser des Bohrloches in der Durchkontaktierung. Mit dem Befehl VIA (= über) können nun die vordefinierten Durchkontaktierungen mittels Mausklick auf der Platine platziert werden. Um nachträglich Änderungen an den Durchkontaktierungen vorzunehmen, werden die beschriebenen Einstellungen geändert und die bereits platzierten Durchkontaktierungen mit der Maus angeklickt.

Mit dem Befehl CHANGE WIDTH (= andere Breite) kann bei Bedarf die Breite der Leiterbahnen verändert werden. Die Standardeinstellung beträgt 0,016 inch.

Für unsere Schaltung stellen wir eine Leiterbahnbreite von 0,4 mm ein.

Um die Größe der Bauelementanschlüsse (PAD) zu verändern, muss die Datei XPAD.EXE ausgeführt werden.

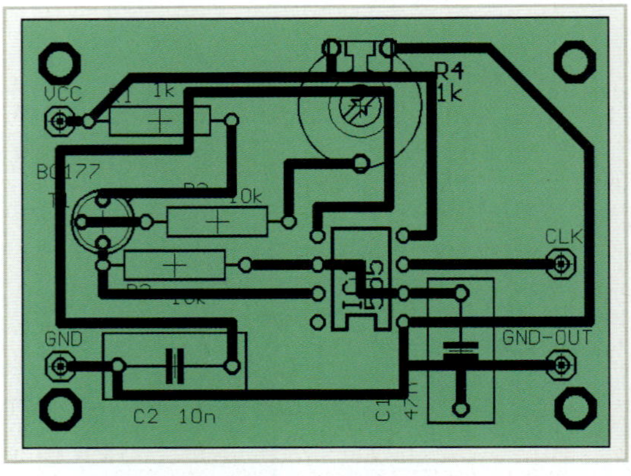

Bild 3: Platine mit Durchkontaktierungen an den Ecken für Befestigungsschrauben und mit verdickten Leiterbahnführungen

Übung 1:
Stellen Sie die Paddurchmessser in der Datei `VCTIMER.BRD` auf 2 mm ein.
Lösung: **Bild 1**

Dazu wird das `EAGLE`-Hauptmenü geschlossen. Mit der Eingabe `XPAD -ND Xmm DATEI.BRD` werden in der Datei `DATEI.BRD` die Lötaugen auf den Durchmesser `Xmm` vergrößert. Die Option `-ND` (New Diameter) bedeutet neuer Durchmesser. Für `X` wird der Paddurchmesser eingegeben.

Danach wird das Programm `EAGLE` wieder aufgerufen und die Datei `VCTIMER.BRD` geladen.

Damit nicht unnötig viel Kupfer weggeätzt werden muss, bleiben freie Flächen mit Kupfer aufgefüllt.

Übung 2:
Aktivieren Sie den Befehl `DISPLAY` und blenden Sie die entsprechenden Layer aus, sodass nur noch Leiterbahnen und Lötaugen zu sehen sind.
Lösung: **Bild 2**

Mit Eingabe von `POLYGON GND` (Polygon = Vieleck) und durch Klicken auf die Eckpunkte wird z.B. ein Rechteck auf der Platine erzeugt. Innerhalb der Rechteckfläche werden durch Eingabe von `RATSNEST` die Zwischenräume zwischen den Leiterbahnen mit Kupfer aufgefüllt **(Bild 3)**.

Übung 3:
Füllen Sie die Zwischenräume zwischen den Leiterbahnen mit Kupfer auf.
Lösung: **Bild 3**

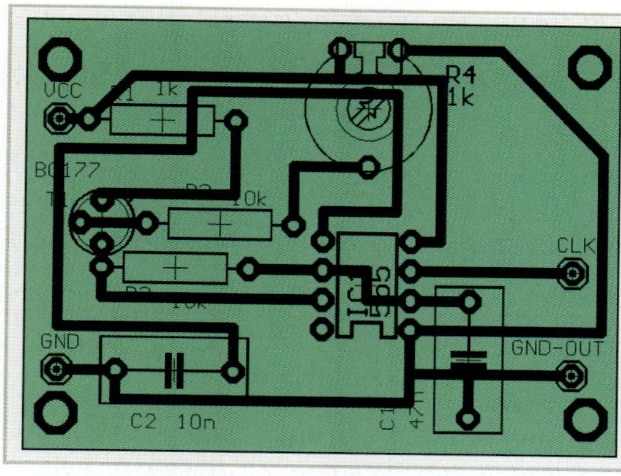

Bild 1: Platine nach dem Vergrößern der Bauelementeanschlüsse (`PAD`) mit der Datei **`XPAD.EXE`**

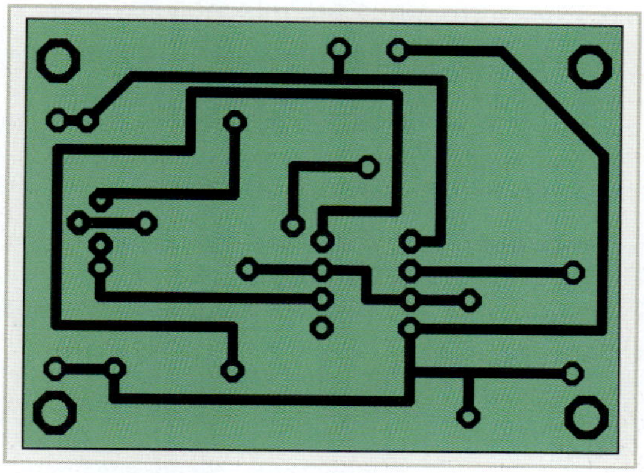

Bild 2: Platine nach dem Ausblenden der Layer der Bestückungsseite (TOP)

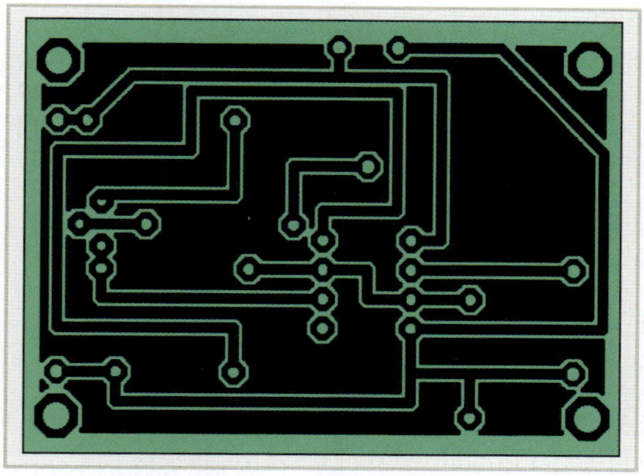

Bild 3: Platine nach dem Auffüllen der Leiterbahnzwischenräume mit Kupferflächen

Wiederholung und Vertiefung

1. **Nennen Sie die vier Schritte zum Erstellen einer Leiterplatine.**
2. **Nennen Sie fünf Befehle zum Erstellen eines Schaltplanes.**
3. **Wie verringert man die Anzahl der Leiterbahnüberkreuzungen?**
4. **Wie vermeidet man das unnötige Wegätzen von Kupfer?**

5.3.4 Ausgeben eines Schaltplanes und des Platinenlayouts

Im `EAGLE`-Hauptmenü wird mit `FILE CAM PROCESSOR` das Druckprogramm aufgerufen. Mit `FILE OPEN SCHEMATIC` und Auswählen der Datei `VCTIMER.SCH` wird zunächst der Schaltplan aufgerufen. In der dargestellten Layerliste werden die Layer mit Häkchen versehen, die ausgegeben werden sollen, z.B. Bauelemente, Leitungen, Namen, Werte. Durch Klicken auf die Schaltfläche `PROCESS` wird der Schaltplan gedruckt.

Mit `FILE OPEN BOARD` und Auswählen der Datei `VCTIMER.BRD` wird die Platinendatei geladen. Alle Layer bis auf `SOLDER` (= löten), `PADs` und `VIAs` werden ausgeblendet. Durch Klicken auf `PROCESS` wird das Layout ausgegeben.

5.4 Steuern und Regeln

In elektrischen Geräten und Anlagen werden physikalische Größen, z.B. die Betriebsspannung eines Gerätes oder die Drehzahl eines Antriebs, durch *Steuereinrichtungen* beeinflusst. Sollen die Größen unabhängig von äußeren Einflüssen auf vorgegebenen Werten gehalten werden, so geschieht dies durch Regeleinrichtungen.

Durch Steuern oder Regeln werden technische Abläufe bedarfsgerecht beeinflusst.

Steuerungen und Regelungen werden vereinfacht durch Wirkungspläne dargestellt **(Bild 1, Bild 2)**.

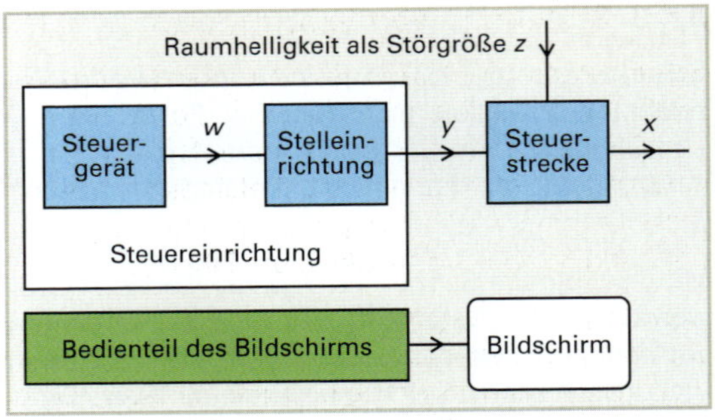

Bild 1: Wirkungsplan einer Steuerung

Begriffe der Steuerungs- und Regelungstechnik:

e	Regeldifferenz	*x*	Steuergröße, Regelgröße
r	Rückführgröße	*y*	Stellgröße
w	Führungsgröße	*z*	Störgröße

5.4.1 Steuern eines technischen Ablaufs

Das Einstellen der Helligkeit eines PC-Bildschirms durch den Nutzer stellt einen Steuerungsprozess dar. Dabei muss der Nutzer störende Änderungen der Raumhelligkeit durch entsprechendes Nachstellen der Bildschirmhelligkeit selbst ausgleichen.

Über den Taster für die Helligkeitseinstellung am Bedienteil des Bildschirms wird die gewünschte *Führungsgröße w* für die Helligkeitssteuerung (Einstellung) erzeugt (Bild 1). Der Taster stellt mit seiner elektronischen Schaltung das *Steuergerät* dar. Die in ihm erzeugte Führungsgröße *w* steuert die nachfolgende Stelleinrichtung. Sie gibt die *Stellgröße y* zur gewünschten Helligkeitseinstellung an den Bildschirm aus, der als Steuerstrecke bezeichnet wird. Die so eingestellte Helligkeit des Bildschirms entspricht dann der *Steuergröße x*. Beim Auftreten einer äußeren *Störgröße z* erfolgt keine korrigierende Beeinflussung der Führungsgröße *w*, da die *Steuerstrecke* keine ausgleichende Rückwirkung auf die Steuereinrichtung hat.

Steuerungen haben keinen geschlossenen Wirkungskreis.

5.4.2 Regeln eines technischen Ablaufs

Durch eine *Regeleinrichtung* kann ein elektrotechnisches System gegenüber störenden Einflüssen stabilisiert werden, nachdem es durch einen Steuerungsprozess in einen gewünschten Betriebszustand versetzt wurde.

Elektrotechnische Systeme können durch eine Regeleinrichtung stabilisiert werden.

Die Einstellung einer größeren Helligkeit für den PC-Bildschirm erfordert aus seinen Spannungsversorgungen größere Ströme. Damit eine Betriebsspannung dabei nicht absinken kann, wird deren Erzeugung durch eine Regeleinrichtung stabilisiert (Bild 2). Die zu stabilisierende Betriebspannung wird als *Regelgröße x* oder *Istwert* bezeichnet. Aus ihr wird die *Rückführgröße r* gebildet und mit der eingestellten *Führungsgröße w*, auch *Sollwert* genannt, durch Subtraktion verglichen. Das Ergebnis dieses Vergleichs steuert als *Regeldifferenz e* den Regler an, der dann an die *Regelstrecke* (Spannungserzeugung) die erforderliche Stellgröße *y* abgibt.

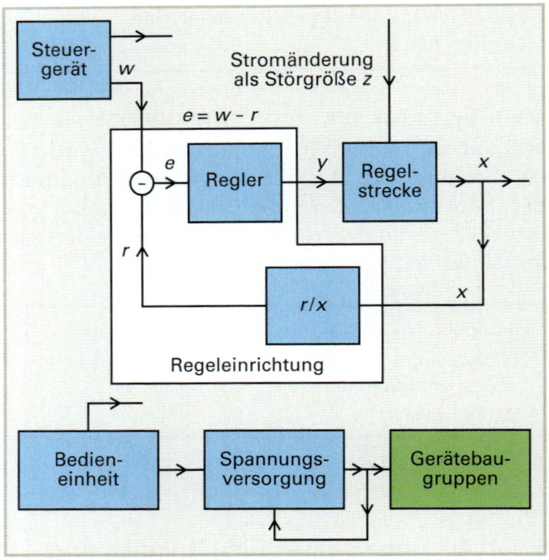

Bild 2: Wirkungsplan einer Regelung

Regelungen erfolgen in einem geschlossenen Wirkungskreis.

5.4.3 Steuerung von Schrittmotoren

Schrittmotoren werden z.B. in Druckern und Scannern zur schnellen und genauen Positionierung von Stellantrieben des Druck- oder Abtastsystems verwendet. Sie wandeln dabei elektrische Steuerpulse in eine Drehbewegung ihrer Antriebswelle mit definierten Schrittwinkeln um **(Tabelle 1)**.

Bipolar gesteuerte Schrittmotoren **(Bild 1)** haben je Statorpolpaar einen Strang. Durch die Steuerung werden die Stromrichtung und so die Magnetflussrichtung in den Strangwicklungen entsprechend geändert. Der Schrittwinkel α der Antriebswelle hängt dabei im *Vollschrittbetrieb* von der Polpaarzahl p des Läufers und der Strangzahl m des Stators ab. Halbschrittbetrieb wird erreicht, wenn zwischen zwei Vollschritten jeweils die entsprechende Strangwicklung stromlos bleibt.

Durch Halbschrittbetrieb wird der Schrittwinkel eines Schrittmotors halbiert und die Schrittanzahl je Umdrehung verdoppelt.

Vollschrittbetrieb	Halbschrittbetrieb
$\alpha = \dfrac{360°}{2 \cdot m \cdot p}$	$\alpha = \dfrac{360°}{4 \cdot m \cdot p}$

α Schrittwinkel
m Strangzahl des Stators
p Polpaarzahl des Läufers

Beispiel 1:

Wie groß ist der Schrittwinkel α bei einem Zweistrang-Schrittmotor im Halbschrittbetrieb, wenn sein Läufer 20 Polpaare hat?

Lösung:

$$\alpha = \frac{360°}{4 \cdot m \cdot p} = \frac{360°}{4 \cdot 2 \cdot 20} = \mathbf{2{,}25°}$$

Will man eine kontinuierliche Drehbewegung der Antriebswelle erreichen, so muss der Schrittmotor mit rascher Pulsfolge angesteuert werden. Durch eine andere Folge der Steuerpulse kann die Drehrichtung des Schrittmotors umgekehrt werden.

Unipolar gesteuerte Schrittmotoren haben Statorwicklungen mit einer Mittelanzapfung **(Bild 2)**. Die Schrittfolge wird erreicht, indem immer nur die entsprechenden Hälften der Wicklungen von der Steuerung in Betrieb genommen werden. Da nur die hälftigen Wicklungen bei diesen Schrittmotoren vom Steuerstrom durchflossen werden, ist ihr Kraftmoment auch geringer.

Tabelle 1: Schrittwinkel α und Schrittzahl n/360°

α	45°	30°	15°	9°	7,5°	3,6°	2°	1,8°
n	8	12	24	40	48	100	180	200

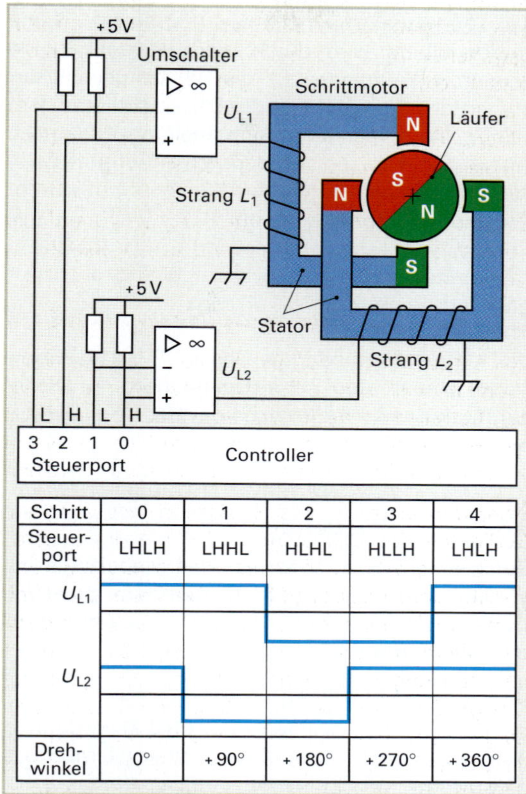

Bild 1: Bipolare Steuerung eines Zweistrang-Schrittmotors für Rechtsdrehen

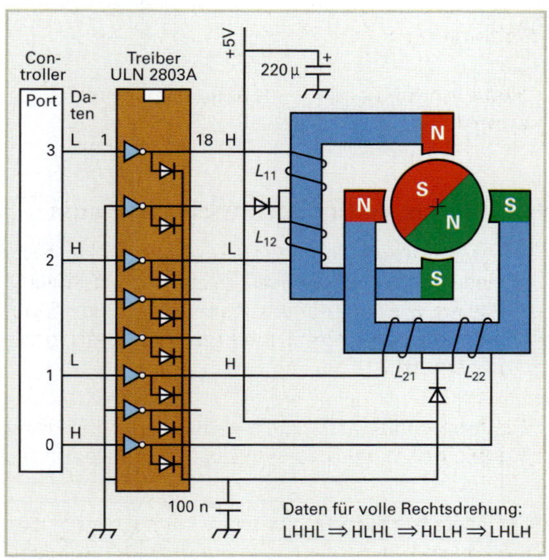

Bild 2: Unipolare Steuerung eines Schrittmotors

5.4.4 Drehfeldsteuerung eines Elektronikmotors

Beim Elektronikmotor **(Bild 1)** erzeugen die drei Statorwicklungen mithilfe ihrer elektronischen Steuerung ein magnetisches Drehfeld, welches den Permanentmagnetläufer mitnimmt. Seine Läuferstellung wird durch magnetfeldabhängige Sensoren (Feldplatten B1 bis B3) festgestellt. Ihr ohmscher Widerstand ist der Flussdichte aus dem Läufer, die seiner jeweiligen Stellung entspricht, verhältnisgleich. Die sich dadurch ändernden Ströme in den Transisoren K1 bis K3 steuern das Drehfeld in den Statorwicklungen.

Beim Elektronikmotor wird durch elektronische Steuerung ein Drehfeld erzeugt.

Der temperaturabhängige Sensor R_1 (NTC-Widerstand) steuert den Transistor K4 (Bild 1). Dieser nimmt den Lüftermotor bei einer zu hohen Gerätetemperatur in Betrieb.

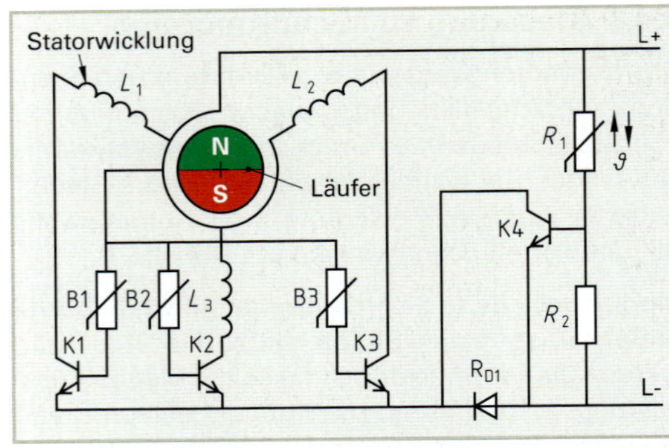

Bild 1: Elektronische Drehfeld- und Temperatursteuerung eines Elektronikmotors als Gerätelüftermotor

5.4.5 Ablaufsteuerungen

Durch Ablaufsteuerungen können Steuerungsvorgänge automatisiert werden, nachdem sie zuvor durch einen einzelnen Steuerungsvorgang (Einschalten) in Betrieb gesetzt wurden.

Digitaler Funktionsgenerator

Im digitalen Funktionsgenerator **(Bild 2)** wird durch Ablaufsteuerung des Digital-Analog-Umsetzers (DAU) eine sinusförmige Ausgangsspannung u_a erzeugt. Die dazu notwendigen Steuerbits sind im Speicher als Daten enthalten. Der getaktete Zähler adressiert den Speicher für die Ansteuerung des DAU.

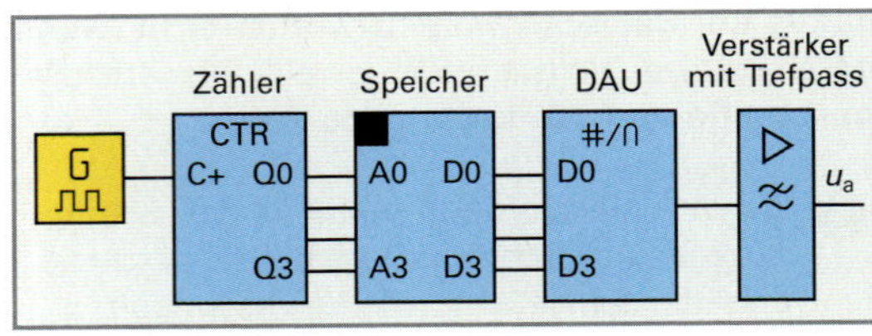

Bild 2: Digitaler Funktionsgenerator

Die Aufgaben einer Ablaufsteuerung liegen meist als Daten in einem Speicher vor.

5.4.6 Regelung von Antrieben

In Geräten der Informationstechnik kommen häufig Antriebe vor. Diese müssen oft durch Regeln in ihrer Drehzahl oder Position stabilisiert werden.

Drehzahlregelung eines Antriebs

Die Regelstrecke **(Bild 3)** besteht aus einem Gleichstrommotor mit Treiberverstärker und einem Umformer, der die Motordrehzahl in eine analoge Spannung als Istwert *x* umsetzt.

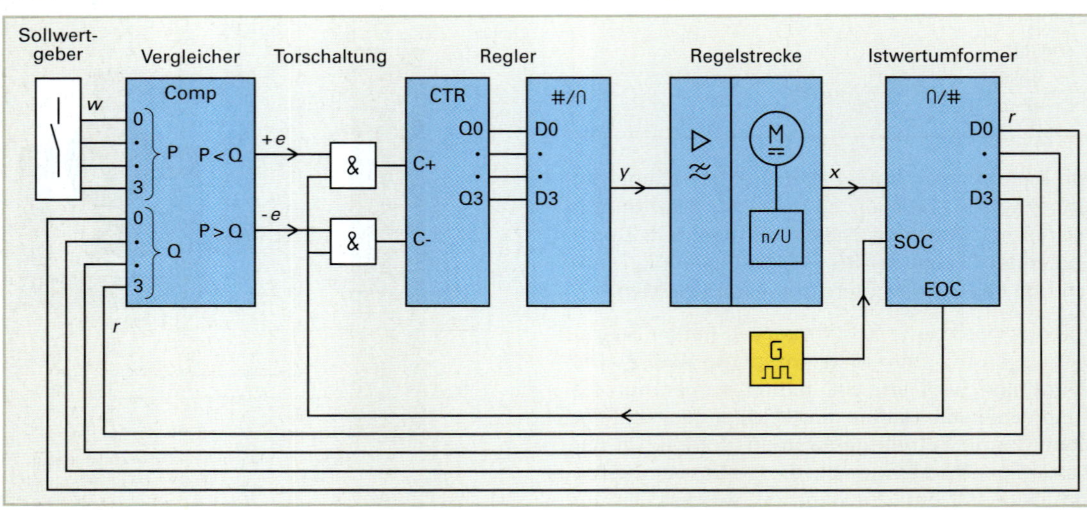

Bild 3: Digitale Drehzahlregelung eines Antriebs

Der analoge Istwert *x* wird im Istwertumformer ADU in die digitale Regelrückführgröße *r* umgesetzt. Dazu wird der ADU für jeden einzelnen Umsetzvorgang vom Taktgenerator über den Eingang SOC (von Start Of Conversion = Start der Umsetzung) gestartet. Anschließend wird im Vergleicher Comp die Rückführgröße *r* mit dem eingestellten Sollwert *w* aus dem Sollwertgeber verglichen. Bei einer Abweichung des Istwertes vom Sollwert wird je nach Ergebnis dieses Vergleichs eines der beiden nachfolgenden UND-Elemente in der Torschaltung mit H-Pegel aus dem Vergleicher angesteuert. Das Signal EOC (von End Of Conversion = Ende der Umsetzung) des ADU entriegelt die Torschaltung und der Zähler CTR wird aufwärts oder abwärts getaktet. Nun gibt er den digitalen Wert an den DAU aus, der die analoge Stellgröße *y* für die Regelstrecke erzeugt und so die Drehzahl des Antriebsmotors anpasst. Die digitale Regelung (Bild 3, vorhergehende Seite) kann auch durch ein Prozessorsystem mit entsprechender Software erfolgen.

Neben den digitalen Reglern finden auch analoge Regler **(Bild 1)** in Regelschaltungen Anwendung. Diese Regler werden dabei nach ihrem Ausgangsverhalten (Sprungantwort) bezeichnet, das sie auf eine Änderung am Eingang (Sprung) zeigen. Je nach zu regelnder Strecke wird ein proportional reagierender P-Regler oder ein integrierender I-Regler bzw. deren Kombination als PI-Regler eingesetzt. Der differenzierende D-Regler kommt dagegen nur in einem PD-Regler oder PID-Regler vor.

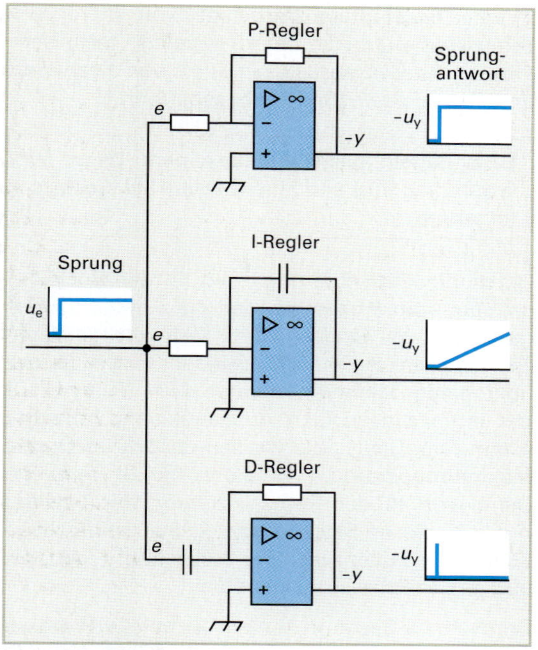

Bild 1: Analoge Regler

5.4.7 Regeln mit Fuzzy-Logik

Fuzzy-Logik ist im Gegensatz zur eindeutigen binären Logik (0 oder 1) durch unscharfe, mehrdeutige Logik von 0,0 bis 1,0 gekennzeichnet. Sie entspricht dabei der menschlichen Denkweise und Erfahrung. Ein bestimmter Temperaturwert ϑ als Größe eines technischen Prozesses kann z.B. mithilfe der binären Logik nur eindeutig und somit scharf einem Temperaturbereich zugeordnet werden **(Bild 2)**. Dagegen ermöglicht die Fuzzy-Logik auch die mehrdeutige, also unscharfe Zuordnung **(Bild 3)**. Dabei ist z.B. ein ausgewählter Bereich der Temperatur ϑ mit dem Fuzzy-Set *kalt* und sein Zugehörigkeitsgrad μ, zu einer bestimmten Temperatur ϑ, mit $\mu = 0,0$ bis $\mu = 1,0$ beschrieben. Um den Rechenaufwand im Prozessrechner gering zu halten, werden nur einfache geometrische Setformen, z.B. Dreiecke oder Trapeze, verwendet.

Fuzzy-Logik ermöglicht eine unscharfe Zuordnung von Prozessgrößen in einer Regelung.

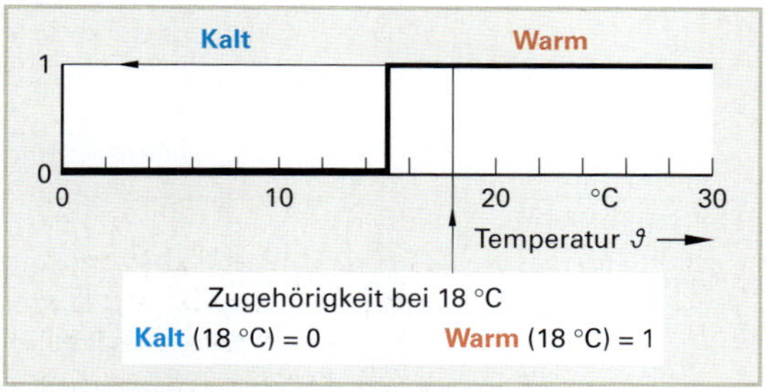

Bild 2: Scharfe Zuordnung einer Prozessgröße

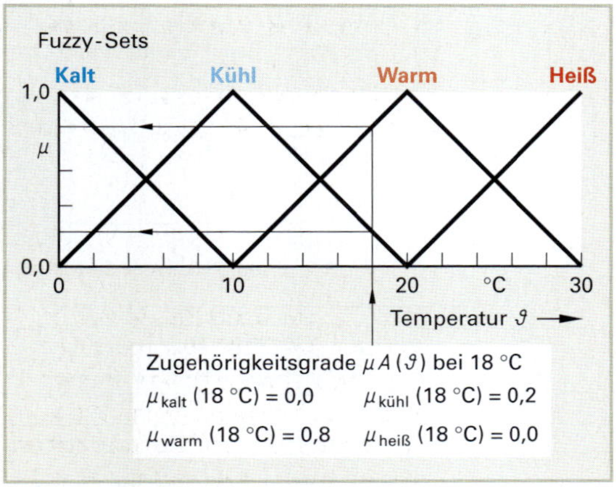

Bild 3: Unscharfe Zuordnung einer Prozessgröße

In einer Fuzzy-Inferenzmaschine (von inference = Schlussfolgerung) ist der zu regelnde technische Prozess als *Wissensbasis* in Form von *Fuzzy-Sets* und *Fuzzy-Regeln* **(Bild 1)** abgespeichert.

> Fuzzy-Regeln bestehen aus einem *Wenn-Teil* (Vorbedingung) und einem *Dann-Teil* (Schlussfolgerung).

Durch die Fuzzyfizierung (Bild 1) der Rückführgröße r_F vom Prozess werden die Zugehörigkeitsgrade für die Eingangs-Sets festgestellt (Wenn-Teil) und in der anschließenden Fuzzy-Inferenz über einen Minimumoperator *MIN* (Fuzzy-UND) mit ihren zugehörigen Ausgangs-Sets verknüpft (Dann-Teil). Diese Sets werden danach durch den Maximumoperator *MAX* (Fuzzy-ODER) vereinigt. Dann wird in der *Defuzzyfizierung* der *Schwerpunkt S* dieser Sets berechnet, aus seiner Lage über der x-Skalenachse die Stellgröße y_F gebildet und an den Prozess ausgegeben.

Durch Fuzzy-Systeme können komplexe Prozesse gesteuert und geregelt werden. Sie optimieren z.B. den Waschvorgang in Waschmaschinen, verhindern verwackelte Aufnahmen bei Videokameras, werden zur Texterkennung bei Scannern eingesetzt und kommen in Antiblockiersystemen von Kraftfahrzeugen vor.

> Durch Fuzzy-Systeme können komplexe Prozesse gesteuert und geregelt werden.

Wiederholung und Vertiefung

1. **Worin besteht der wesentliche Unterschied zwischen Steuerung und Regelung?**
2. **Beschreiben Sie den Aufbau von Schrittmotoren für unipolare Steuerung.**
3. **Durch welche Maßnahme kann bei Schrittmotoren die Drehrichtung geändert werden?**
4. **Wodurch können Steuerungsvorgänge automatisiert werden?**
5. **Aus welchen Baugruppen kann ein digitaler Regler bestehen?**
6. **Welche analogen Reglerarten gibt es?**
7. **Worin besteht der Unterschied zwischen einer scharfen und einer unscharfen Zuordnung einer Prozessgröße?**
8. **Aus welchen Teilen besteht eine Fuzzy-Regel?**

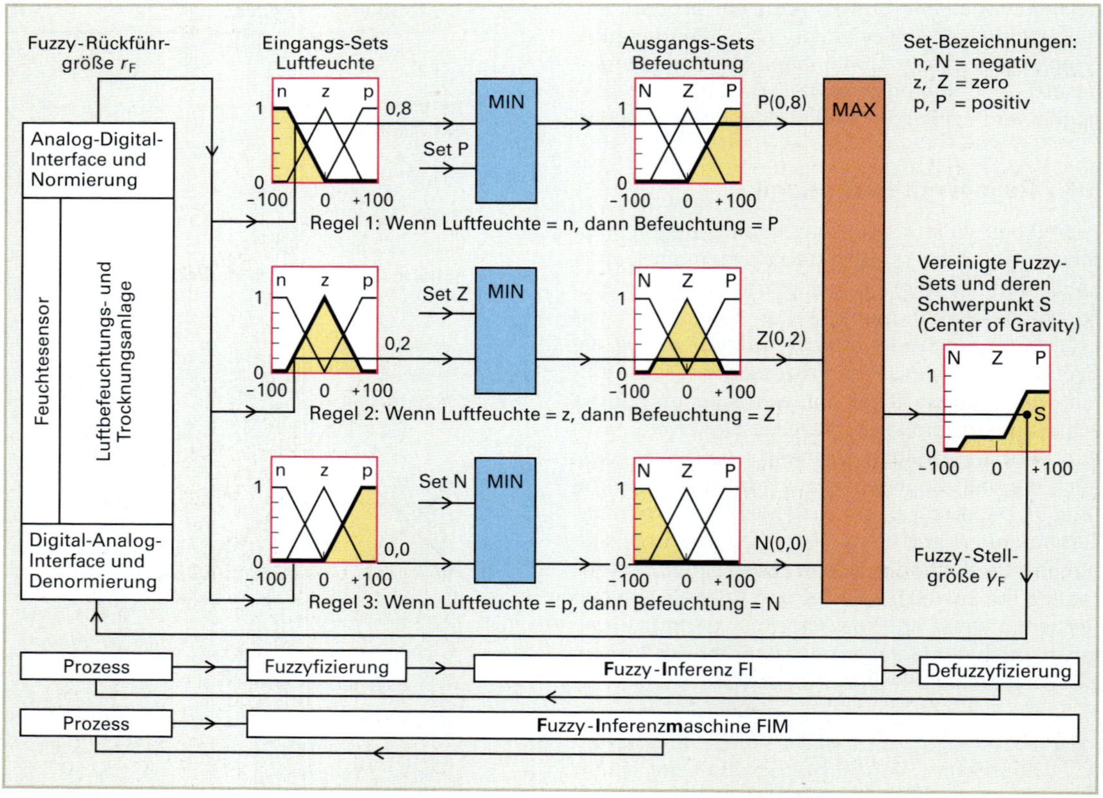

Bild 1: Regelung der Luftfeuchtigkeit mit einem Fuzzy-System im Papierlager einer Druckerei

6 Einzelplatzcomputersystem konfigurieren und optimieren

6.1 Hardwaremäßiger Aufbau eines Computers

6.1.1 Arten von PCs

An den meisten Büroarbeitsplätzen werden PCs eingesetzt **(Bild 1).** Diese Geräte werden auf oder unter dem Arbeitstisch aufgestellt. Sie besitzen einen leistungsstarken Prozessor mit einer Taktfrequenz von einigen GHz, einen großen Arbeitsspeicher mit z.B. 2 GB, eine Festplatte mit z.B. 250 GB und Laufwerke für CD-ROM und DVD-ROM. Sie werden für die meisten Anwendungen in der Wirtschaft, dem Handel, in Verwaltungen, Schulen und im privaten Bereich eingesetzt.

Server werden z.B. in großen Betrieben, Verwaltungen und im Internet-Servicebereich eingesetzt. Hierbei handelt es sich um leistungsstarke Rechner, welche in einem großen Towergehäuse oder in einem Einbaugehäuse für ein 19"-Gestell untergebracht sind. Sie stellen zentral große Datenmengen zur Verfügung, die von vielen anderen Computern abgerufen werden können. Deshalb haben Server großen Platzbedarf für Zusatzkarten, Festplatten, Wechselfestplatten und DVD-ROM-Laufwerke.

Server sind Zentralcomputer, die große Datenmengen bereitstellen und aufnehmen.

Für den mobilen Computereinsatz dienen *Laptops* (= auf dem Schoß) in der Größe einer Aktentasche, *Notebooks* (= Notizbuch) in der Größe einer DIN-A4-Seite **(Bild 2)** und *Tablet-PCs* **(Bild 3)** welche noch kleiner sind. Laptops, Notebooks und Tablet-PCs sind vollwertige Computer mit großem Speicher, Festplatte, DVD-Laufwerk, den wichtigsten Schnittstellen und Flachbildschirmen in TFT-Technik (von **T**hin **F**ilm **T**ransistor = Dünnschichttransistor) oder LCD-Technik (von **L**iquid **C**rystal **D**isplay = Flüssigkristallanzeige).

Tablet-PCs sind meist für robusten Einsatz und haben einen Touchscreen (= Berührungs-Bildschirm).

Handheld-PCs (= in der Hand halten) sind handflächengroße Computer **(Bild 1, folgende Seite).** Sie verfügen z.B. auch über Bürofunktionen wie Kalender, Adress- oder Notizbuch, ermöglichen die digitale Kommunikation, z.B. E-Mail, und das Aufzeichnen und Abspielen von Sprache. Sie besitzen meist

Bild 1: Computerarbeitsplatz

Bild 2: Notebook

Bild 3: Tablet-PC

einen Touchscreen und eine Minitastatur. Handhelds werden auch als *Palmtop* (palm = Handfläche, top = Oberfläche), *PDAs* (von **P**ersonal **D**igital **A**ssistent = persönlicher digitaler Assistent) oder *Pocket-PCs* (=Taschen-PC) bezeichnet.

Bild 1: Handheld-PC

6.1.2 Gehäusebaugruppen

Die wichtigsten Gehäuseformen sind die aufrecht stehenden Tower (Türme, Bild 1, vorhergehende Seite). Die kleinsten Abmessungen, aber auch die wenigsten Ausbaumöglichkeiten haben *Micro-Tower* und *Mini-Tower. Big-Tower* verwendet man für gewerblich genutzte Computer sowie Server. Sie bieten genügend Platz für weitere Steckkarten und Zusatzgeräte. Einen guten Kompromiss stellen *Midi-Tower* dar, welche deshalb am meisten verwendet werden. Das Desktop-Gehäuse (desk = Tisch, top = oben) ist waagrecht liegend und wurde vorwiegend bei älteren Computern verwendet.

> Gehäuse sollten so gewählt werden, dass sie noch erweiterungsfähig für zusätzliche Komponenten sind.

Gehäuse sollen gute Kühlluftzufuhr und Warmluftabfuhr, ausgezeichnete Schalldämmung und EMV-gerechte Abschirmung aufweisen sowie eine gute Zugänglichkeit zu den Computerkomponenten gewähren.

Um diese Bedingungen zu erfüllen, wurde der *BTX-Formfaktor* (von **B**alanced **T**echnology e**X**tended = ausgewogene auseinandergezogene Technik) geschaffen. In ihm sind die Abmessungen der Gehäuse, der Komponenten und des Motherboards festgelegt. Auch die Lage der einzelnen Komponenten, der Sockel, der Steckplätze und der Schnittstellen sowie das zu verwendende Netzteil sind definiert **(Bild 2)**. Der Stromversorgungsanschluss ist 24-polig und hat einen zusätzlichen 4-poligen Stecker für +12 V.

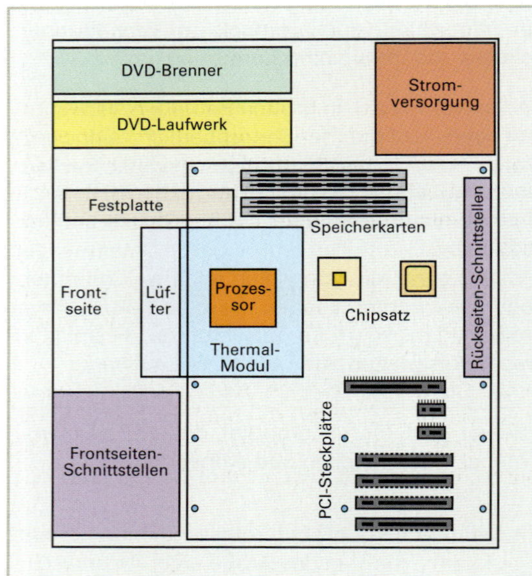

Bild 2: Komponentenverteilung in einem BTX-Tower (Seitenansicht)

Um die durch sogenannte Hotspots (= heiße Stellen) wie CPU, Chipsatz und Grafikkarte entstehende Wärme schnell aus dem Gehäuse abzuführen, ist nahe dem Prozessor ein Thermal-Modul eingebaut. Es handelt sich dabei um einen Kühlkanal mit Lüfter, welcher die Luft gezielt durch das Gehäuse führt und so eine direkte Kühlung der innen liegenden Komponenten, z.B. der Grafikkarte, ermöglicht.

Es gibt die Formfaktoren Standard-BTX, Micro-BTX und Pico-BTX.

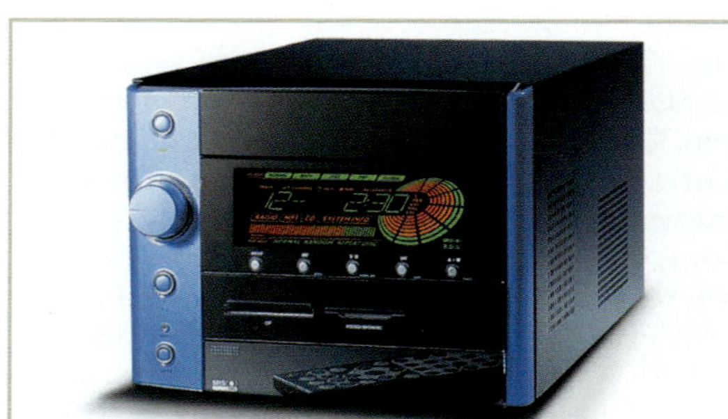

Bild 3: Barebone-Gehäuse

Für Multimedia-Anwendungen im Wohnbereich werden z.B. auch kubische Gehäuseformen verwendet. Diese werden Barebone (von bare = kahl, nackt, bone = Würfel) genannt, da sie erst noch entsprechend mit Hardware ausgestattet werden **(Bild 3)**.

6.2 Bussysteme

6.2.1 Interne PC-Busse

Damit der Mikroprozessor mit anderen Baugruppen, z.B. dem Arbeitsspeicher, der Festplatte oder der Grafikkarte, Daten austauschen kann, sind alle Baueinheiten mit Leitungen verbunden.

Für eine schnelle Übertragung von Daten, Adressen und Steuersignalen werden viele parallele Leitungen verwendet, die ein Leitungssystem bilden. Dieses wird als Bus bezeichnet **(Bild 1)**.

> Ein Systembus besteht aus dem Datenbus, dem Adressbus und dem Steuerbus.

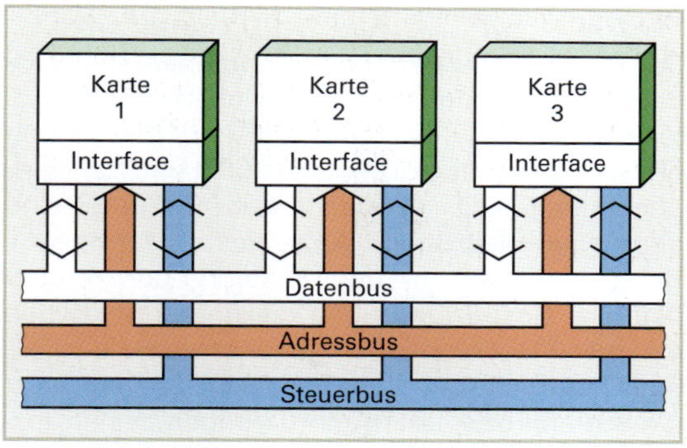

Bild 1: Systembus

Es gibt verschiedene Bussysteme **(Tabelle 1)**. Für Erweiterungskarten sind meist freie Steckplätze vorhanden, um den Anschluss an verschiedene Bussysteme zu ermöglichen **(Bild 2)**.

Die Bussysteme unterscheiden sich in der Anzahl der Adressleitungen, Datenleitungen und Steuerleitungen, in der zeitlichen Abfolge der Signalübertragung und bei den Steckerleisten in den geometrischen Abmessungen sowie der Anordnung der Pinbelegung.

In den ersten PCs wurde nur der ISA-Bus (von **I**ndustry **S**tandard **A**rchitecture = Industrie-Standard-Architektur) verwendet.

Durch die Anforderungen der modernen grafischen Benutzeroberflächen und Multimedia-Anwendungen kommen heute Bussysteme mit hohen Übertragungsraten zum Einsatz.

Tabelle 1: Kenndaten von Bussystemen

Bussystem	ISA	EISA	PCI 1.0	PCI 2.0
Adressbus-breite	24 bit	32 bit	32 bit	64 bit
Datenbus-breite	16 bit	32 bit	32 bit	64 bit
max. Bustakt-frequenz	8 MHz	8,33 MHz	33 MHz	33 MHz
max. Über-tragungsrate	8 MB/s	33 MB/s	132 MB/s	264 MB/s

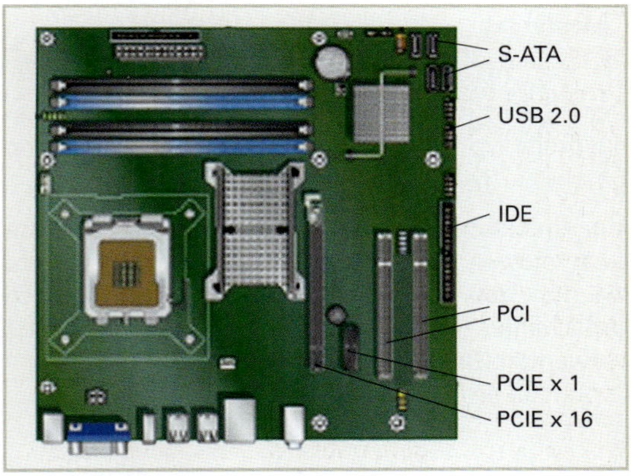

Bild 2: Bussysteme auf PC-Motherboard

Frontside-Bus FSB

Bei Computern mit Intel Pentium Prozessoren ist der FSB die Schnittstelle zwischen der CPU, der Northbridge und dem Arbeitsspeicher. AMD-Prozessoren haben die Northbridge bereits in der CPU integriert.

Die Busgeschwindigkeit wird durch die Taktfrequenz und die Busbreite bestimmt. Aufgrund der längeren Leitungsführung und den Steckkontakten kann auf dem Motherboard jedoch nicht die hohe Taktfrequenz der CPU verwendet werden. Um dennoch einen hohen Datenaustausch zwischen CPU und Arbeitsspeicher zu erzielen, wird nicht nur ein Datenpaket je Taktsignal (SDR von **S**ingle **D**ata **R**ate = einfache Datenrate) übertragen, sondern zwei (DDR von **D**ouble **D**ata **R**ate) oder vier (QDR von **Q**uadrople **D**ata **R**ate) Datenpakete pro Taktsignal.

Aus der Taktfrequenz des Busses und dem entsprechenden Vielfachen der Datenrate wird die Leistung des Frontside-Bus angegeben **(Tabelle 2)**.

Tabelle 2: Vergleich von FSBs

Taktfrequenz in MHz	133	166	200	266
1 Datenwort pro Takt (SDR)	FSB133	FSB166	FSB200	–
2 Datenworte pro Takt (DDR)	FSB266	FSB323	FSB400	–
4 Datenworte pro Takt (QDR)	FSB533	–	FSB800	FSB1065

PCI-Bus

Der PCI-Bus (von **P**eripheral **C**omponent **I**nterconnect = Verbindung zwischen Peripheriekomponenten) ist ein Datenbus zu parallelen Übertragung großer Datenmengen zwischen CPU und den Peripheriegeräten. Die Leitungen des PCI-Busses sind über eine Host-Bridge (von Host = Gastgeber, Bridge = Brücke) mit dem Prozessor-Bus verbunden. Die Host-Bridge passt die unterschiedlichen externer Prozessorentaktfrequenzen an die maximale PCI-Bustaktfrequenz von 66 MHz an und setzt die Schreib- bzw. Lese-Anforderungen des Prozessors für den PCI-Bus um. Das Bus-Mastering (von Master = Herrscher) bei dem ein an den Bus angeschlossener Controller zeitweise die Kontrolle über das Bussystem übernimmt, wird vom PCI-Bus unterstützt. Dadurch wird der Prozessor entlastet und kann andere Aufgaben übernehmen. Nach abgeschlossener Operation übergibt der Controller dann die Steuerung der Busabläufe wieder zurück an den Prozessor.

Der PCI-Bus unterstützt den Plug-and-Play-Betrieb (to plug = stöpseln, to play = laufen). Wird eine Steckkarte in den PC eingebaut, so kann über das BIOS eine automatische Konfiguration durchgeführt werden.

> Der PCI-Bus arbeitet selbstkonfigurierend, ist multiprozessorfähig und unterstützt das Bus-Mastering.

Der PCI-Bus hat eine Datenbusbreite, bzw. Adressbusbreite von 64 bit und ermöglicht somit eine Datenübertragungsrate von 528 MB/s.

Um eine kurze Baulänge der PCI-Bus-Steckerleiste zu erreichen, werden die gleichen 32/64 Kontakte die für den Adressbus bestimmt sind, durch Umschalten (Multiplexen) auch für den Datenbus verwendet (Bild 1).

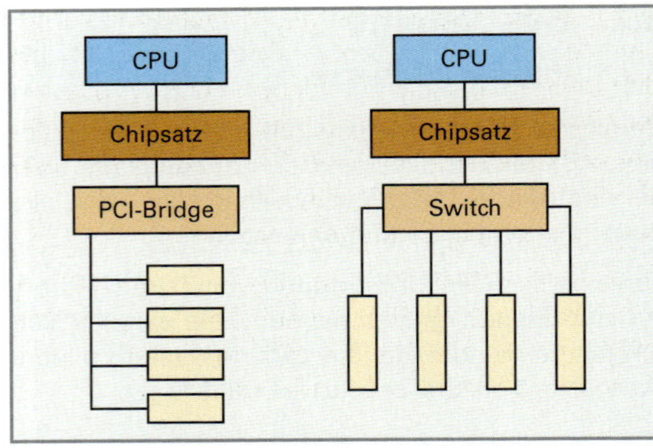

Bild 2: Vergleich PCI – PCIe Architektur

AGP-Bus

Bei älteren Motherboards wird der AGP-Bus (von **A**ccelerated **G**raphics **P**ort = beschleunigter Gragik Bus) verwendet. Dies ist ein separater Bus, an dem ausschließlich die Grafikkarte angeschlossen ist. Sie kann somit die gesamte Bandbreite des Busses nutzen und muss sie nicht mit anderen angeschlossenen Karten teilen.

Durch zusätzliche Signalleitungen kann beim AGP das pipelining angewendet werden, das bedeutet, dass neue Daten aus dem Speicher angefordert werden können, während die zuvor verlangten Daten noch im Speicher gesucht werden.

PCI-Express-Schnittstelle

PCI-Express (Abk. PCIe oder PCI-E) ist der Nachfolger von PCI und AGP und bietet eine höhere Datenübertragungsrate. Im Gegensatz zum PCI-Bus ist PCIe kein paralleler Bus, sondern eine serielle Punkt-zu-Punkt-Verbindung. Die Datenübertragung erfolgt über sogenannte Lanes (lane = Spur, Weg), die aus einem Leitungspaar für das Senden und einem zweiten Paar für das Empfangen bestehen. Einzelne Komponenten werden über Switches verbunden **(Bild 2)**.

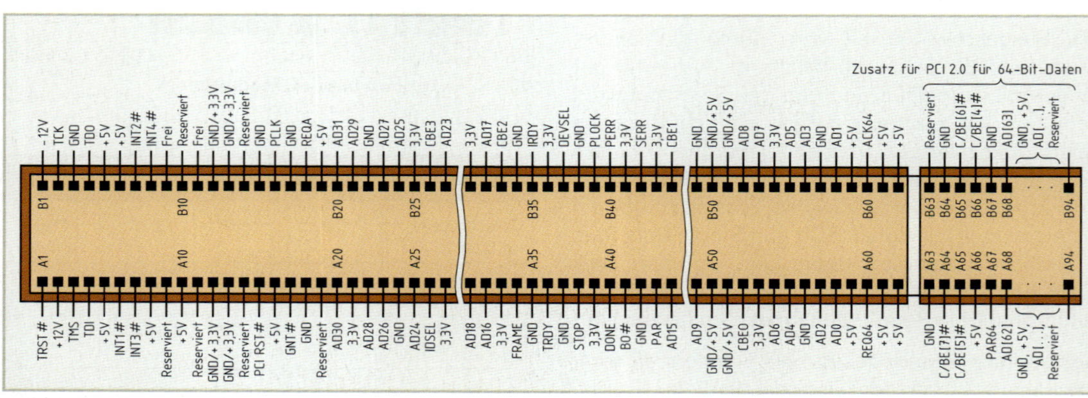

Bild 1: Pinbelegung beim PCI-2.0-Bus

Die PCIe-Schnittstelle gibt es in mehreren Versionen. Je nach erforderlicher Leistungsfähigkeit werden mehrere Lanes (= Gräben) zusammengeschaltet. Von PCIe x1 mit einer Lane, über x2 und x4 bis hin zu 16 Lanes für die Grafikschnittstelle PCIe x16 **(Tabelle 1)**. Das Maximum an Lanes liegt bei 32.

PCIe ist Hot-Plug-fähig, das heißt, das Ein- und Ausbauen von (defekten) Erweiterungskarten ist im laufenden Betrieb möglich. Dies ist vor allem im Serverbereich eine wichtige Eigenschaft.

IDE-Schnittstelle

Für die IDE-Schnittstelle (von **I**ntelligent **D**rive **E**lectronic = intelligente Laufwerkelektronik) werden auch die Namen AT-Bus (von **A**dvanced **T**echnology = fortschrittliche Technologie) und ATA-Schnittstelle (von **AT**-**A**ttachment = AT-Anschluss) verwendet. Die IDE-Schnittstelle wird bei Laufwerken verwendet, die selbst intelligent sind, d.h., sie besitzen einen eingebauten Festplatten-Controller, der die Ansteuerung des Laufwerks übernimmt. Der Hersteller der Festplatte kann somit den Controller auf seine Festplatte abstimmen und optimieren. Durch die Unterbringung des Festplattencontrollers im Laufwerk erreicht man unter anderem eine bessere Störsicherheit, da die digitalen Daten von der CPU erst auf dem Laufwerk-Controller zu analogen Signalen codiert werden. Störsignale, die über das Verbindungskabel zwischen Hauptplatine und Festplatte eingekoppelt werden, können daher die Funktion nicht beeinträchtigen.

An eine IDE-Schnittstelle können zwei Laufwerke angeschlossen werden. Da jedes Laufwerk seinen eigenen Controller besitzt, müssen die Laufwerke im Master-Slave-Verfahren verwendet werden. Ein Laufwerk arbeitet dabei als Master, das andere als Slave. Die Laufwerke werden mit einem 40-poligen Flachbandkabel mit dem AT-Bus über einen Busstecker auf der Hauptplatine verbunden **(Tabelle 2)**.

Die E-IDE-Schnittstelle (von enhanced = erweitert) bzw. ATA-2 bzw. ATAPI (**AT**-**A**ttachment-**P**acked-**I**nterface) ist eine Weiterentwicklung, die höhere Bitraten, eine vergrößerte maximale Speicherkapazität und den Anschluss von Laufwerken mit wechselbarem Datenträger, z.B. CD-ROM, ermöglicht. Die Übertragungsgeschwindigkeit ist von der ausgewählten Übertragungsart abhängig. Im PIO-Modus 4 (**P**rogrammed **I**nput/**O**utput) beträgt die maximale Bitrate 16,66 MB/s. Für eine zuverlässige Verbindung zwischen Laufwerk und Hauptplatine darf das Flachbandkabel eine Länge von 30 cm nicht überschreiten.

Tabelle 2: Übertragungsraten verschiedener Schittstellen

Schittstelle	PCI 2.2	AGP 8x	PCIe x1	PCIe x16
Anzahl der Pins	188	108	36	164
Bustaktfrequenz	66 MHz	100 MHz	1,25 GHz	1,25 GHz
max. Bitrate	528 MB/s	2,1 GB/s	250 MB/s	4 GB/s

Tabelle 2: Belegung des IDE-Schnittstellenkabels

Pin	IDE-Signal	Bezeichnung	Signalrichtung
1	RESET	Laufwerke zurücksetzen	CPU → Laufwerk
2*	GND	Masse	
3	DD7	Datenbit 7	bidirektional
4	DD8	Datenbit 8	bidirektional
5	DD6	Datenbit 6	bidirektional
6	DD9	Datenbit 9	bidirektional
7	DD5	Datenbit 5	bidirektional
8	DD10	Datenbit 10	bidirektional
9	DD4	Datenbit 4	bidirektional
10	DD11	Datenbit 11	bidirektional
11	DD3	Datenbit 3	bidirektional
12	DD12	Datenbit 12	bidirektional
13	DD2	Datenbit 2	bidirektional
14	DD13	Datenbit 13	bidirektional
15	DD1	Datenbit 1	bidirektional
16	DD14	Datenbit 14	bidirektional
17	DDO	Datenbit 0	bidirektional
18	DD15	Datenbit 15	bidirektional
20	–	Markierung für Pin 20	–
21	DMARQ	DMA Anforderung (Request)	Laufwerk → CPU
23	$\overline{\text{DIOW}}$	Daten über I/0-Kanal schreiben	CPU → Laufwerk
25	$\overline{\text{DIOR}}$	Daten über I/0-Kanal lesen	CPU → Laufwerk
27	IORDY	1/0-Zugriff ausführen (ready)	Laufwerk → CPU
28	SPSYNC	Spindel-synchronisation	Laufwerk → CPU
29	$\overline{\text{DMACK}}$	DMA Bestätigung (Acknowledge)	CPU → Laufwerk
31	INTRQ	Unterbrechung angefordert (Interrupt Request)	Laufwerk → CPU
32	$\overline{\text{IOCS16}}$	16-Bit-Transfer über I/0-Kanal	Laufwerk → CPU
33	DA1	Adressbus 1	CPU → Laufwerk
34	$\overline{\text{PDIAG}}$	Passed Diagnostic vom Slave	Laufwerk → CPU
35	DA0	Adressbus 0	CPU → Laufwerk
36	DA2	Adressbus 2	CPU → Laufwerk
37	$\overline{\text{CS1Fx}}$	Chip Select für Basisadresse 1F0h	CPU → Laufwerk
38	$\overline{\text{CS3Fx}}$	Chip Select für Basisadresse 3F0h	CPU → Laufwerk
39	DASP	Betriebsbereitschaft/ Slave Laufwerk präsent (Drive Active/ Slave Present)	Laufwerk → CPU

* weitere Masseanschlüsse 19, 22, 24, 26, 30 und 40

6.3 Struktur und Aufgabe einer CPU

Mikroprozessoren sind die CPUs (von Central Processing Unit = Zentraleinheit) in Mikrocomputern. Sie sind in diesen die intelligenten Bauteile und verarbeiten die Befehle. Der Chip eines Mikroprozessors enthält insbesondere **(Bild 1)**:

- das Rechenwerk mit ALU (von Arithmetic Logic Unit = Arithmetisch Logische Einheit),
- mehrere Register,
- eine Ablaufsteuerung zur Befehlsverarbeitung,
- eine Bussteuereinheit für den internen Datenbus,
- eine Unterbrechungssteuerung sowie oft
- einen Schreib-Lese-Speicher mit sehr schnellem Zugriff.

Die ALU verarbeitet je nach Mikroprozessor Worte mit der Breite von 8 bit, 16 bit, 32 bit, 64 bit oder 128 bit. In ihr werden die

- arithmetischen Operationen Addition, Subtraktion, Multiplikation und Division sowie die
- logischen Operationen UND, ODER und Exklusiv-ODER

ausgeführt. Die Operanden (zu verarbeitende Daten) für diese Operationen erhält die ALU aus den Arbeitsregistern und/oder aus dem Arbeitsspeicher. Je nach Mikroprozessortyp kann ein Teil des Arbeitsspeichers im Chip des Mikroprozessors enthalten sein (On-Chip-RAM, Cache-Speicher, von cache = Lager).

Die Arbeitsregister dienen zum Speichern der Operanden für arithmetische und logische Operationen sowie zum Speichern der Rücksprungadressen bei Unterprogrammaufrufen.

Im *Statusregister* (Flagregister, von flag = Flagge) des Mikroprozessors wird dessen Status (Zustand) nach der Ausführung z.B. eines arithmetischen Befehls gespeichert. Im Programm können über entsprechende Befehle diese Zustände abgefragt werden.

Die Ablaufsteuerung (Steuerwerk) im Mikroprozessor organisiert den Ablauf der Befehlsausführung. Im Befehlszeigerregister (Program Counter) wird die Adresse des nächsten nachzuladenden Befehls geführt.

Zur Sicherstellung der Datentransporte von und zu den einzelnen Elementen im Mikroprozessor existiert eine *Bussteuereinheit.*

Die *Unterbrechungssteuerung* des Mikroprozessors bearbeitet die anliegenden Interruptsignale (von interrupt = Unterbrechung). Diese spielen insbesondere bei Meldungen eine Rolle, die z.B. von peripheren Geräten an den Mikroprozessor gesendet werden. Über die Interruptsignale werden dann entspechende Interruptprogramme gestartet.

ℹ Mikroprozessoren führen arithmetische und logische Operationen aus.

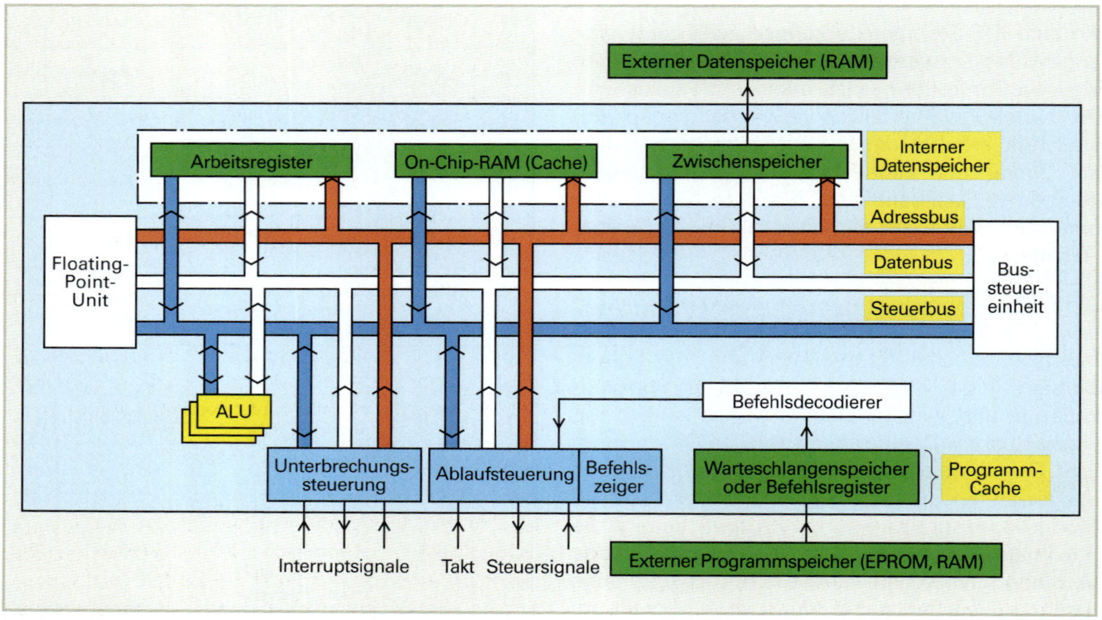

Bild 1: Prinzipielle Struktur einer CPU im PC

Die in der CPU für PCs integrierte Floating-Point-Unit FPU (Gleitkommaeinheit) besitzt eigene Register. Sie kann verschiedene Datentypen hinsichtlich Ganzzahloperationen oder Gleitkommaoperationen verarbeiten.

Zur raschen Befehlsabarbeitung besitzt eine CPU für PCs mehrere Pipelines (pipeline = Rohrleitung) und mehrere ALUs. Auf diese Weise werden mehrere Befehle gleichzeitig bearbeitet.

Anschlüsse von Mikroprozessoren

Hinsichtlich der Pinbelegung (Anschlussbelegung) unterscheiden sich die Mikroprozessortypen voneinander. Allerdings besitzen alle Mikroprozessoren eine Anzahl von gleichen Anschlüssen. Die Anschlussbezeichnungen sind nicht genormt, meist aber sehr ähnlich **(Tabelle 1)**.

Grundsätzlich kann man bei Mikroprozessoren vier Arten von Anschlüssen unterscheiden:

- Anschlüsse zur Adressierung,
- Anschlüsse zum Datenaustausch,
- Anschlüsse zur Synchronisation (in Gleichlauf bringen) mit anderen Bauelementen beim Datenaustausch und
- Anschlüsse zur Spannungsversorgung.

Die Zahl der Anschlüsse ist bei den Mikroprozessoren sehr verschieden. Sie liegt zwischen 40 und über 900.

Befehlsausführung

Die Befehle eines Mikroprozessorprogramms sind in binär codierter Form gespeichert. Sie bestehen aus mehreren Bytes, wobei das erste Byte immer den *Operationscode* enthält. Der Operationscode gibt an, welche Funktion der Befehl bewirken soll, z.B. dass ein Wert einer Speicherzelle mit dem einer anderen verglichen werden soll. Die nachfolgenden Bytes des Befehls enthalten eine Adresse und einen Operanden oder mehrere Adressen, z.B. von Speicherzelle 1 und Speicherzelle 2, auf welche die Operation ausgeführt werden soll.

Ein Befehl wird in den Schritten

- Befehl aus Speicher holen,
- Befehl decodieren (entschlüsseln),
- Befehl ausführen und
- bei Bedarf Ergebnis abspeichern

bearbeitet.

Jede Befehlsbearbeitung (Befehlszyklus) besteht aus Maschinenzyklen (Buszyklen, **Bild 1**), jeder Maschinenzyklus aus mehreren Takten (Taktzyklen). Die Taktfrequenz ist diejenige Frequenz, mit welcher der Mikroprozessor intern arbeitet, z.B. 2 GHz. Typische Maschinenzyklen sind z.B. Operationscode einlesen und decodieren, vom Speicher lesen, auf Speicher schreiben, vom Eingang lesen, nach Ausgang schreiben.

Tabelle 1: Wichtige Anschlussbezeichnungen

Anschluss	Herkunft	Bedeutung
GND	ground = Erde	Masseanschluss
CLK	clock = Takt	Takteingang
V_{CC}	voltage = Spannung	Betriebsspannung
A	address = Adresse	Adressanschlüsse
D	data = Daten	Datenanschlüsse
RESET	to reset = zurücksetzen	Mikroprozessor in Ausgangszustand zurücksetzen
HOLD	to hold = halten	Mikroprozessor wird zum Anhalten aufgefordert.
HLDA	hold acknowledge = Halt bestätigen	Empfangsbestätigung des Hold-Signals
READY	ready = bereit	Bereitmeldung externer Baugruppen
INT	interrupt = Unterbrechung	anliegendes Interruptsignal
$\overline{\text{INTA}}$	interrupt acknowledge = Unterbrechung bestätigen	Bestätigung des erhaltenen Interrupts
$\overline{\text{RD}}$	to read = lesen	Daten aus Eingabeeinheit lesen
$\overline{\text{WR}}$	to write = schreiben	Daten auf Ausgabeeinheit schreiben

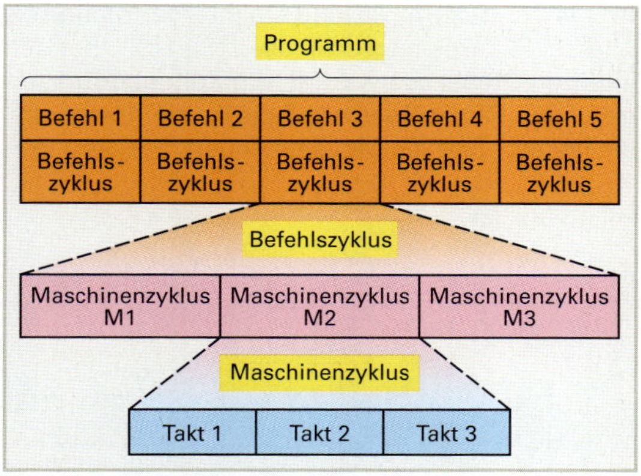

Bild 1: Befehlszyklus und Maschinenzyklus

Pentium-Prozessor

Der verbreitetste Mikroprozessor ist heute der Mikroprozessor Pentium. Er besitzt spezielle Befehle zur Erzeugung von bewegten 3-D-Bildern und zur Sprachverarbeitung. Er findet meist Anwendung im PC.

6.4 Funktionsweise von Computerbaugruppen

6.4.1 Hauptplatine

Die Hauptplatine (= motherboard) ist die zentrale Platine eines Computers.

Das größte IC auf der Hauptplatine ist meist der Mikroprozessor. Für die Abfuhr der Wärme ist meist ein kleiner Ventilator am Mikroprozessor befestigt. Der CPU-Bus der Hauptplatine verwendet Taktfrequenzen von 66 MHz bis 133 MHz **(Bild 1).** Aus dieser Taktfrequenz erzeugt der Mikroprozessor intern seine Arbeitstaktfrequenz von bis zu 3 GHz.

Hauptplatine und Mikroprozessor arbeiten mit unterschiedlichen Taktfrequenzen.

Der Mikroprozessor bearbeitet die Daten und führt zusammen mit dem Chipsatz ① **(Tabelle 1)** die Steuerung des Mikrocomputersystems durch.

Durch die Bauelemente des Chipsatzes ist der CPU-Bus mit dem PCI-Bus und der PCI-Bus mit dem ISA-Bus verbunden (Bild 1). Die verwendeten ICs nennt man CPU-Bus-PCI-Brücke, Northbridge (= Nordbrücke) und PCI-ISA-Brücke, Southbridge (= Südbrücke). Beide Bauelemente passen Busbreiten und Bitraten an.

An die PCI-ISA-Brücke sind ein interner Steuerbus und der ISA-Bus angeschlossen (Bild 1). Über den internen Steuerbus werden die Zeitgeberfunktionen, der Direkt-Speicher-Zugriff, die Interrupts, die Tastatur und die Maus gesteuert. Mit dem ISA-Bus sind die Diskettenlaufwerke, ein IO-Chip ④ und die Steckplätze für ISA-Karten verbunden (Bild 1). Der IO-Chip steuert einen Parallelanschluss, z. B. für einen Drucker, und zwei serielle Anschlüsse, z. B. für ein Modem. Für das zeitweilige Zwischenspeichern von CPU-Daten wird ein Cache-Speicher ② verwendet. Er hat eine Größe von 256 KB oder 512 KB. Im EEPROM ③ sind die Informationen enthalten, die der Mikrocomputer nach dem Einschalten benötigt (Tabelle 1).

Tabelle 1: Wichtige Integrierte Schaltungen (IC)

Nr.	Bauelementname, Name der Baugruppe	Aufgabe, Erklärung
–	Mikroprozessor (CPU), z. B. Pentium, K6 oder M1	Führt Rechenoperationen aus
①	Chipsatz aus Northbridge und Southbridge	Steuert den Datenverkehr auf der Hauptplatine
②	SRAM (von Static RAM = statischer RAM)	Arbeitsspeicher für den Cache (cache = Lager, Depot)
③	EEPROM mit BIOS (von Basic Input Output System)	Enthält Tests für die Hardware und lädt Teile des Betriebssystems
④	IO-Chip (von Input-Output = Eingabe-Ausgabe)	Verbindet externe Schnittstellen mit dem ISA-Bus

Die ICs des Chipsatzes liegen auf der Platine einander gegenüber, daher die Namen Northbridge und Southbridge.

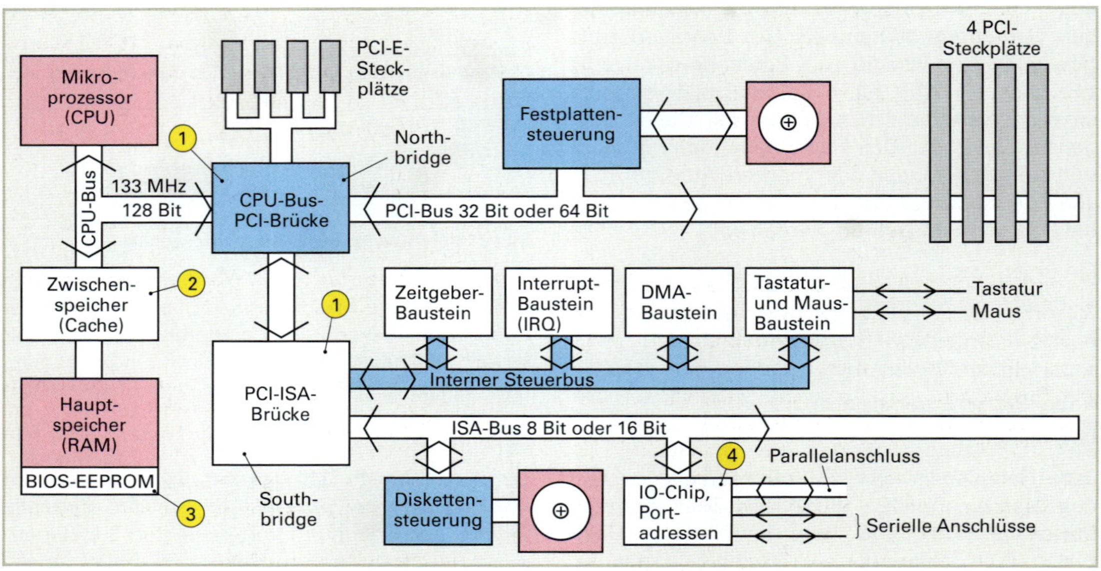

Bild 1: Übersichtsschaltplan einer Hauptplatine mit wichtigen Anschlüssen

6.4.2 Vorgänge beim Start

Einschalten

Im ausgeschalteten Zustand ist der Hauptspeicher leer und das Betriebssystem befindet sich auf der Festplatte. Ein Benutzerprogramm kann man erst starten, wenn die Hardware-Baugruppen eingestellt (initialisiert) und getestet sind und das Betriebssystem geladen ist. Das Initialisieren und das Testen der Hardware werden vom BIOS gesteuert. Das BIOS ist das Basis-Eingabe-Ausgabe-System eines Mikrocomputers. Das BIOS befindet sich in einem EEPROM, EPROM oder in einem CMOS-RAM mit Puffer-Batterie. Zuerst wird ein Selbsttest (POST von **P**ower **O**n **S**elf **T**est) durchgeführt. Der Selbsttest überprüft nacheinander den Hauptspeicher, die CPU, die Festplatte und andere Systemkomponenten. Meist wird der Fortgang des Speichertests auf dem Bildschirm gezeigt.

Beim Selbsttest werden die Baugruppen des Mikrocomputersystems auf Funktion getestet.

Tritt ein Fehler auf, wird eine POST-Meldung ausgegeben, z. B. Signaltöne aus dem Lautsprecher. Die POST-Meldungen sind je nach BIOS-Hersteller unterschiedlich. Betätigt man während des Startvorgangs z. B. die `Entf-Taste` gelangt man in das BIOS-Start-Menü. Im Menüpunkt Standard-Setup kann der Anwender z. B. die Anzahl und Art der eingebauten Festplatten nachschauen **(Bild 1)**. Als nächstes sucht das BIOS nach eingebauten Steckkarten und zusätzlichen BIOS-Funktionen, wie z.B. dem SCSI-BIOS (von Small Computer System Interface = Schnittstelle für Kleinrechnersysteme), und testet diese. Findet das BIOS keinen Fehler, werden im nächsten Schritt die Ressourcen (resource = Mittel) ermittelt und, wenn nötig, den vorhandenen Steckkarten zugeteilt.

Das BIOS steuert das Zusammenwirken der Mikrocomputer-Komponenten.

Betriebssystem starten

Im nächsten Schritt greift das BIOS auf die ersten Sektoren der Festplatte zu. Dort befindet sich ein kleines Programm, der Bootstrap-Loader (bootstrap = Schuhriemen, hier: Urladeprogramm). Dieses Programm lädt dann die Startdateien des Betriebssystems in den Hauptspeicher und startet diese. Die Startdateien laden nun die eigentlichen Betriebssystemdateien von der Festplatte in den Hauptspeicher. Die nacheinander gestarteten Dateien und Treiber kann man z. B. in der Datei `Bootlog.txt` mit einem Editorprogramm anschauen **(Bild 2)**. Treiber sind Programme zur

HARD DISKS	TYPE	SIZE	CYLS	Head
Primary Master	:User	40022	19158	16
Primary Slave	:User	1282	621	64
Secondary Master	:None	0	0	0
Secondary Slave	:None	0	0	0

Drive A	:1.44M, 3.5 in.
Drive B	:None
Video	:EGA/VGA
Halt on	:All, But Keyboard

Bild 1: Ausschnitt aus dem Standard-Setup-Programm eines BIOS

POST bedeutet Selbsttest nach einschalten.

Datei Bearbeiten Suchen ?

```
Init = KEYBOARD
InitDone = KEYBOARD
Init = Mouse
Status = Mouse driver installed
InitDone = Mouse
LoadStart = DISPLAY.drv
LoadSuccess = DISPLAY.drv
InitDone = DISPLAY
```

Bild 2: Auszug aus der Liste der vom Betriebssystem gestarteten Startdateien

Tastatursteuerung, Maussteuerung, Druckersteuerung oder Bildschirmsteuerung. Das Laden von Treibern erfolgt in mehreren Schritten. Mit Init = Keyboard (initialisiere Tastatur) wird der Tastaturtreiber geladen. InitDone = Keyboard (Initialisierung fertig) ist die Bestätigung für ein fehlerfreies Laden des Treibers.

Nach einer bestimmten Zeit erscheint dann z.B. der Startbildschirm von Windows auf dem Bildschirm. Nach Anklicken der Start-Schaltfläche kann dann über das Menü Programme ein gewünschtes Programm, z.B. Word, aufgerufen werden.

Wiederholung und Vertiefung

1. **In welche Steckplätze auf der Hauptplatine werden Soundkarten oder EA-Karten gesteckt?**
2. **In welche Steckplätze werden die Hauptspeicher-Module gesteckt?**
3. **Nennen Sie drei Busse einer Hauptplatine.**
4. **Welche Aufgabe hat der Chipsatz auf einer Hauptplatine?**
5. **Welche Aufgabe hat ein BIOS?**
6. **Was versteht man unter einem Selbsttest?**

6.4.3 BIOS

Da es PCs von vielen Herstellern in verschiedenen Varianten mit unterschiedlichen Komponenten und unterschiedlicher Leistung gibt, kann das Betriebssystem des Computers nicht direkt auf die Rechner-Hardware zugreifen. Damit aber die unterschiedlichsten Computer von einem Betriebssystem verwaltet werden können, besitzt jeder Computer eine grundlegende Software-Ebene, das BIOS (von Basic Input Output System = Basis-Eingabe-Ausgabe-System). Das BIOS wird von dem PC-Hersteller für seine Computer angepasst und ist meist in einem EEPROM auf der Hauptplatine gespeichert und auf den Chipsatz, die seriellen und parallelen Schnittstellen sowie auf die Laufwerks-Controller abgestimmt **(Bild 1)**.

Das BIOS bildet eine standardisierte Schnittstelle zwischen Betriebssystem und Hardware.

Bei jedem Anschalten des Computers wird das BIOS-Programm gestartet. Es führt zuerst einen Selbsttest des PCs durch. Dies dient dazu, die wichtigsten Baugruppen des Gerätes, z.B. die CPU, den Speicher, das Diskettenlaufwerk, die Grafikkarte und andere Systemkomponenten, auf Fehler zu überprüfen. Tritt bei diesem Test ein Fehler auf, so wird dies durch Signaltöne aus dem Lautsprecher und eine entsprechende Fehlermeldung auf dem Monitor angezeigt.

Übung 1:

Ziehen Sie an einem ausgeschalteten PC den Tastaturstecker aus dem Computergehäuse. Schalten Sie den PC ein und beobachten Sie die auftretende Fehlermeldung.

Lösung: **Bild 2**

Nach erfolgreichem Selbsttest wird anschließend das Betriebssystem in den Arbeitsspeicher geladen und gestartet.

Das Arbeiten mit dem Computer ist erst möglich, nachdem aufgetretene Fehler behoben wurden.

Zum Starten des PCs benötigt man zusätzlich zum BIOS-Programm auch die Daten der Systemkonfiguration. Diese Daten sind ebenfalls im BIOS-EEPROM abgespeichert. Wird z.B. in einen Computer eine weitere Festplatte eingebaut, so müssen die Daten der Systemkonfiguration im BIOS-SETUP geändert werden. Dazu wird der PC neu gebootet und während der Startphase die Taste `Entf` (`Del`) gedrückt. Dadurch wird der Bootvorgang abgebrochen und man gelangt ins BIOS-SETUP. Auf dem Bildschirm erscheinen verschiedene Menüpunkte, die über die Pfeiltasten ausgewählt werden können.

BIOS = Basic Input Output System

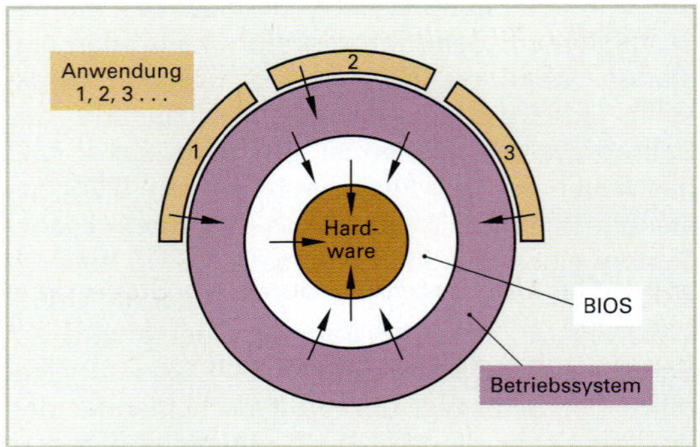

Bild 1: Zusammenwirken von BIOS und Betriebssystem

```
Initialize Plug and Play Cards ...
PNP Init Completed

Keyboard error or no keyboard present

Press F1 to continue, DEL to enter SETUP
```

Bild 2: Ausschnitt der Bildschirmanzeige nach einer aufgetretenen Fehlermeldung

```
Virus Warning                  :Disabled
CPU Internal Cache             :Enabled
External Cache                 :Enabled
Quick Power On Self Test       :Enabled
Boot Sequence                  :C,A
Swap Floppy Drive              :Disabled
Boot Up Floppy seek            :Disabled
Boot Up NumLock Status         :On
Boot Up System Speed           :High
IDE HDD Block Mode             :Enabled
IDE 32-bit Transfer Mode       :Enabled
Typematic Rate Setting         :Disabled
```

Bild 3: Ausschnitt der Bildschirmanzeige des BIOS-Menüpunktes „BIOS FEATURES SETUP“

Übung 2:

Verändern Sie die Daten im BIOS-SETUP so, dass der Computer zuerst versucht von der Festplatte zu booten und wenn dies nicht gelingt, von CD.

Lösung:

Zeile „Boot-Sequence“ wie in **Bild 3** ändern und anschließend das BIOS-Setup-Menü über „Save and Exit“ verlassen.

6.4.4 Interrupt-Controller

Peripheriegeräte oder Erweiterungskarten müssen dem Prozessor mitteilen, wenn sie seine Rechenleistung in Anspruch nehmen wollen. Wenn z.B. eine Taste der Tastatur gedrückt wird, muss dies dem Mikroprozessor mitgeteilt werden. Computer haben daher ein Interruptsystem (interrupt = Unterbrechung), das es ermöglicht, ein laufendes Programm zu unterbrechen, ein anderes Programm auszuführen und das unterbrochene Programm danach weiter auszuführen. Ausgelöst wird eine Unterbrechung durch ein Steuersignal an einen Interrupt-Eingang des Mikroprozessors. Damit der Prozessor feststellen kann, von welchem Gerät ein IRQ (von **I**nterrupt **R**equest = Unterbrechungsanforderung) ausgelöst wurde, kommt in Computern ein Interrupt-Controller zum Einsatz.

Funktion des Interrupt-Controllers

Mit einem Signal an einem der Eingänge IR0 bis IR7 des Interrupt-Controllers kann ein Gerät eine Programmunterbrechung anfordern **(Bild 1)**. Der Interrupt-Controller gibt die Anforderung an den Eingang INTR des Mikroprozessors weiter. Ist der Mikroprozessor bereit den Interrupt zu bearbeiten, sendet er nacheinander zwei LOW-Pegel-Impulse über seinen Ausgang $\overline{\text{INTA}}$ (von **I**nterrupt **A**cknowledge = Interrupt-Empfangsbestätigung) an den Interrupt-Controller. Der erste Impuls sperrt den Interrupt-Controller für das Annehmen von weiteren Interrupts. Der zweite Impuls veranlasst den Interrupt-Controller die zu dem Interrupt gehörende Interruptnummer über den Datenbus an den Mikroprozessor zu senden und gibt damit den Interrupt-Controller für die Annahme neuer Interrupts frei.

Der Interrupt-Controller 8259 verfügt über acht Interrupt-Eingänge. Um die Anzahl der Interruptleitungen zu erhöhen, können mehrere dieser Interrupt-Controller hintereinandergeschaltet werden. Im PC sind zwei Interrupt-Controller vorhanden, die als Master und Slave arbeiten, wobei der Slave über den IR2-Eingang mit dem Master verbunden ist. Damit sind 15 verschiedene Interrupts möglich, die zum Teil frei belegbar sind **(Tabelle 1)**.

Durch das Zusammenschalten von mehreren Interrupt-Controllern wird die Anzahl der Interruptleitungen in einem Computer erhöht.

Normalerweise kommt es zu Konflikten, wenn nach dem Installieren einer neuen Karte zwei Geräte den gleichen IRQ benutzen. Um dies zu vermeiden, kann bei Erweiterungskarten über Steckbrücken oder mittels Softwareeinstellung festgelegt werden, welcher IRQ von der Erweiterungskarte verwendet werden soll.

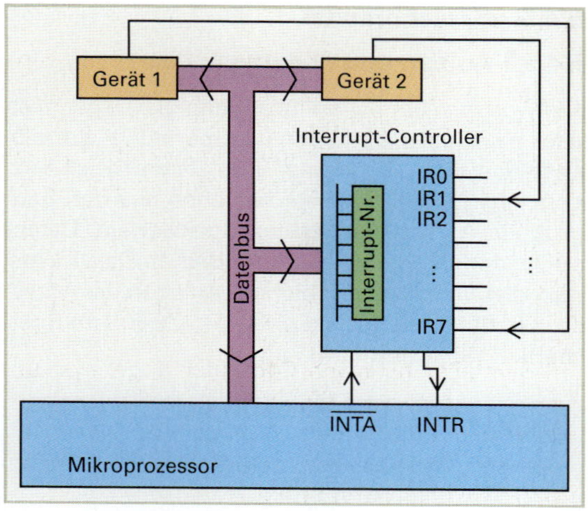

Bild 1: Bearbeitung von Interrupts

Tabelle 1: Bearbeitung von Interrupts

Interrupt	Gerät
IRQ0	System-Timer
IRQ1	Tastatur-Controller
IRQ2	zweiter IRQ-Controller (Slave)
IRQ3	COM2 (zweite serielle Schnittstelle)
IR04	COM1 (erste serielle Schnittstelle)
IRQ5	Soundkarte
IRQ6	Diskettenlaufwerk-Controller
IRQ7	LPT1 (1. parallele Schnittstelle)
IRQ8	Echtzeitsystemuhr (RTC = Realtime Clock)
IRQ9	frei
IRQ10	Netzwerkkarte
IRQ11	frei
IRQ12	frei
IRQ13	Coprozessor
IRQ14	Festplatte
IRQ15	CD-ROM-Laufwerk

Eine Interruptleitung darf nicht gleichzeitig von zwei Geräten benutzt werden.

Wird in einen PC, bei dem alle Interruptleitungen belegt sind, eine weitere Erweiterungskarte eingebaut, muss eine Interruptleitung doppelt belegt werden. PCI-Karten „sprechen sich so ab", dass sie im Wechsel den Interrupt teilen, man spricht dann von IRQ-Sharing.

Wiederholung und Vertiefung

1. **Beschreiben Sie den Ablauf einer Interruptanforderung durch ein Gerät.**
2. **Wie kann man die Anzahl der Interruptleitungen erhöhen?**

6.4.5 Speicherarten

6.4.5.1 Aufbau und Wirkungsweise

Festwertspeicher halten ihre Daten auf Dauer, also auch nach dem Abschalten der Spannung. *Schreib-Lese-Speicher* „vergessen" ihre Daten meist nach dem Abschalten. Speicher bestehen aus den Baugruppen Adressdecodierung, Speicherfeld, Datenpuffer und Bausteinsteuerung **(Bild 1)**. Die *Adressdecodiereinrichtung* wählt nach Anlegen der Adresse, z. B. 0011, die Speicherzelle von Zeile 3 im Speicherfeld (Speichermatrix) an.

Beispiel 1:

Wie viele Speicherzellen z_s können mit 14 Adressleitern n angewählt werden?

Lösung: $z_s = 2^n = 2^{14} =$ **16 384**

Das *Speicherfeld* besteht aus vielen 1-Bit-Speicherelementen, die in einer Ebene der Speichermatrix bitweise (bitorganisiert) angeordnet sind oder z.B. byteweise (byteorganisiert) als 8-Bit-Worte in mehreren parallel geschalteten Ebenen **(Bild 2)**. Die Größe von Speichern wird bei bitweiser Speicherung mit Kbit = 2^{10} bit = 1 024 bit (sprich: Ka-Bit) oder Mbit = 2^{20} bit = 1 048 576 bit oder bei wortweiser Speicherung mit KB (sprich: Ka-Byte) oder MB angegeben. Oft wird auch eine halbbyteweise Anordnung (Quadbit) der Speicherelemente verwendet.

Eine Speicherzelle speichert bei bitweiser Anordnung der Speicherelemente 1 Bit, bei byteweiser Anordnung der Speicherelemente 1 B (1 Byte).

Der *Datenpuffer* verstärkt beim Lesen die Signalspannungen der Speichermatrix und schaltet die Daten DQ0 bis DQ7 byteweise an den Datenbus. Beim Schreiben werden die Daten vom Datenbus in die angewählte Zeile geschrieben.

Durch Anlegen des Steuersignals 0 an $\overline{CS}$ (von Chip Select = Baustein auswählen) wird der Speicher angewählt **(Bild 3)**. Die Bauelementsteuerung verbindet dazu z.B. den Datenpuffer mit dem Datenbus. Mit dem Steuersignal an $\overline{WE}$ (von Write Enable = Schreiben möglich) wird zwischen Schreiben und Lesen umgeschaltet. Der Schreib-Lese-Speicher hat vier Adressleiter. Dadurch sind 2^4 = 16 Zeilen anwählbar. Die Daten werden byteweise gespeichert.

Quadbit = Satz von 4 Bit, auch Nibble oder Tetrade genannt.

z_s	Anzahl der Speicherelemente	$z_s = 2^n$
n	Adressleiterzahl	

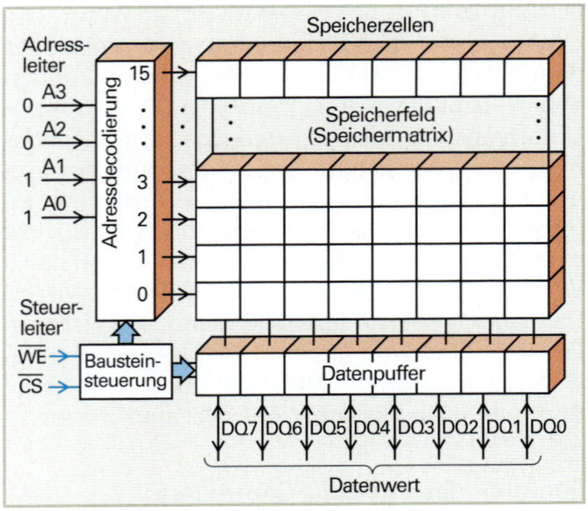

Bild 1: Prinzipieller Aufbau eines Speichers

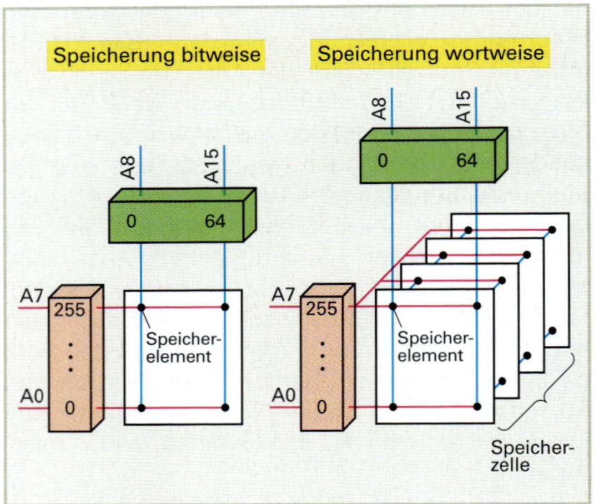

Bild 2: Arten der Speicher

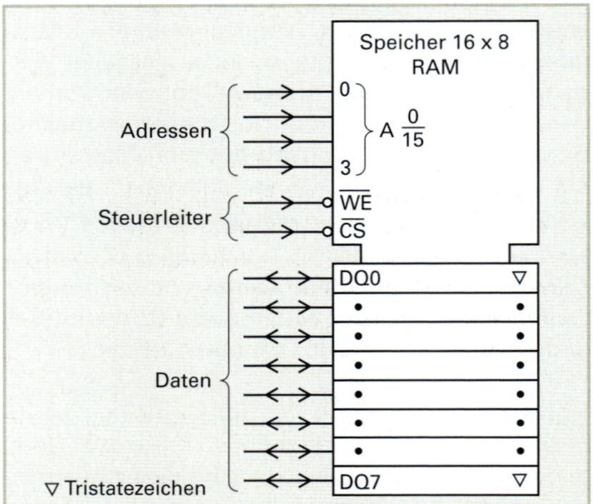

Bild 3: Schaltzeichen für Speicher von Bild 1

6.4.5.2 Schreib-Lesespeicher RAM

Schreib-Lesespeicher RAM (von **R**andom **A**ccess **M**emory = Speicher mit wahlfreiem Zugriff) werden zum wiederholten Speichern von Daten verwendet. Der Zugriff auf jeden Speicherplatz dauert gleich lang.

Statische RAM (SRAM) verwenden als Speicherelemente jeweils ein Flipflop. Je nach Aufbau des Speicherelements können mit einer Adresse die Datenmengen 1 bit, 4 bit, 8 bit, 16 bit, 32 bit oder 64 bit gleichzeitig bearbeitet werden.

Nach dem Anlegen der Adresssignale an die Adressleiter A0 bis A13 wird mit dem Steuersignal 0 an $\overline{CS}$ das Speicherbauelement angewählt **(Bild 1)**. Mit dem $\overline{CS}$-Signal wird gleichzeitig die Speichermatrix über die Tristate-Ausgangstreiber mit den Anschlüssen DQ0 bis DQ3 verbunden **(Tabelle 1)**. Es werden also Daten ausgelesen.

Liegt an $\overline{WE}$ ein Signal mit dem Wert 0, so werden die Tristate-Ausgangstreiber hochohmig geschaltet. Die Tristate-Eingangstreiber verbinden die Anschlüsse DQ0 bis DQ3 mit dem Eingangspuffer zum Schreiben von Daten in die Speichermatrix.

Liegt an $\overline{CS}$ ein Signal mit dem Wert 1, so wird die Betriebsspannung der Adressdecodierer und der Ausgangsverstärker abgesenkt. Dadurch sinkt die Verlustleistung eines Speicherbauelementes z.B. um 70 %.

Dynamische RAM (DRAM) speichern die Informationen in Form von Ladungen in Kondensatoren. Da die Kapazitäten sehr klein sind, z.B. kleiner als 1 fF, verringert sich die vorhandene Ladung durch Leckströme in wenigen Millisekunden stark. Deshalb wird der Speicherinhalt in kleinen Zeitabständen durch Nachladen aufgefrischt. Durch Anlegen der Auswahlsignale an RAS (von **R**ow **A**ddress **S**elect = Zeilenauswahl) und an CAS (von **C**olumn **A**ddress **S**elect = Spaltenauswahl) wird die jeweils angewählte Speicherzelle beim Lesen automatisch aufgefrischt **(Bild 2)**.

DRAM speichern meist bitweise und haben z.B. eine Speicherkapazität von 1 Mb. Für die Adressierung sind also 20 Adressbits nötig. Diese werden in zwei Hälften nacheinander an die Adressleiter A0 bis A9 gelegt und in den Adressdecodierern gespeichert. Umgeschaltet wird mit den Signalen am RAS-Leiter und CAS-Leiter.

Bei byteweise speichernden DRAM sind mehrere der bitweisen Speicher parallel geschaltet.

> DRAM werden aufgefrischt (Refresh).
> SRAM speichern mit Flipflops.

Tabelle 1: Lesen und Schreiben beim SRAM (Bussignale)

Aus dem Speicher lesen	In den Speicher schreiben
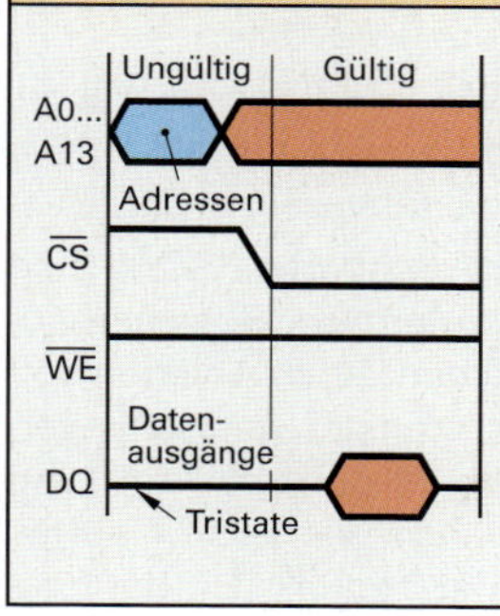	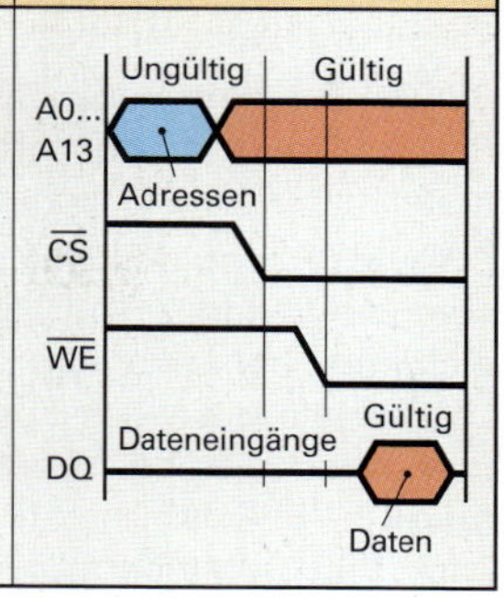

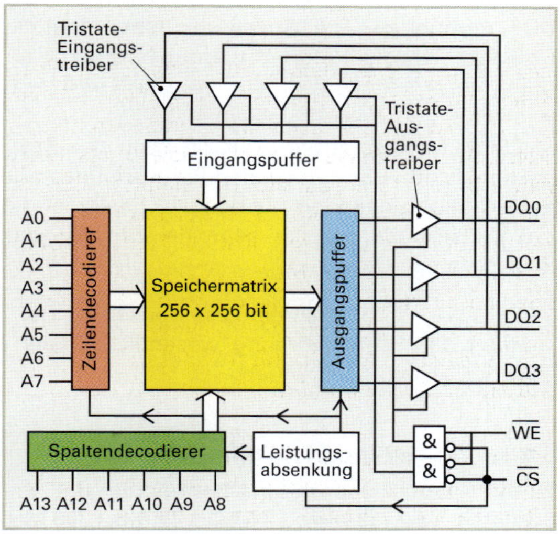

Bild 1: SRAM-Speicherbauelement für 65 536 Bit

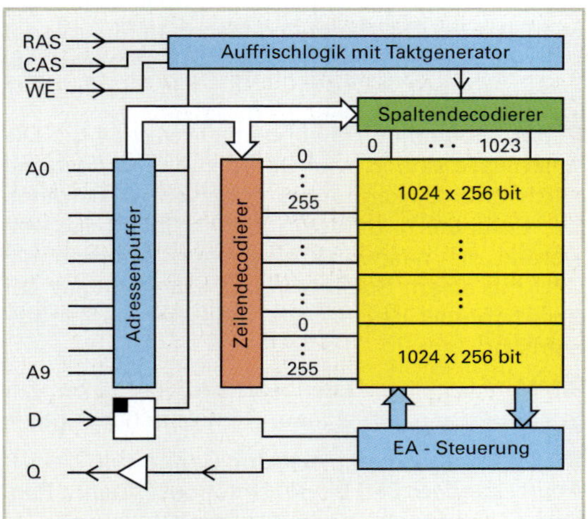

Bild 2: DRAM-Speicherbauelement für 1 Mbit

6.4.5.3 Lesespeicher ROM

ROM (von **R**ead **O**nly **M**emory = Nur-Lesespeicher) werden für einen sich nicht ändernden Dateninhalt gefertigt. Die Programmierung erfolgt vom Hersteller und kann nicht geändert werden.

PROM (**P**rogrammable ROM = programmierbares ROM) können einmal programmiert werden. Die Inhalte sind danach nicht weiter veränderbar.

EPROM (**E**rasable PROM = löschbares PROM) sind vom Anwender programmierbare Speicherbauelemente, bei denen die Daten durch Anlegen von UV-Strahlung an das Löschfenster gelöscht werden. Anschließend ist eine Neuprogrammierung möglich. EPROM sind ähnlich wie SRAM aufgebaut **(Bild 1)**. Mit dem Signal 0 an $\overline{OE}$ (Output Enable = Ausgang einschalten) wird die Speichermatrix über Datenpuffer mit den Ausgängen DQ0 bis DQ7 verbunden. Die Ausgänge haben Tristate-Struktur. Für die Programmierung werden Programmiergeräte verwendet, die meist auf verschiedene EPROM-Typen einstellbar sind.

In EEPROM (Electrically EPROM) kann der Speicherinhalt ohne Entfernen des Bauelementes aus der Schaltung geändert werden. Nachteilig ist die im Millisekundenbereich liegende Zeit für das Schreiben von Daten.

EEPROM sind Schreib-Lese-Speicher, bei denen der Schreibvorgang wesentlich länger als der Lesevorgang dauert.

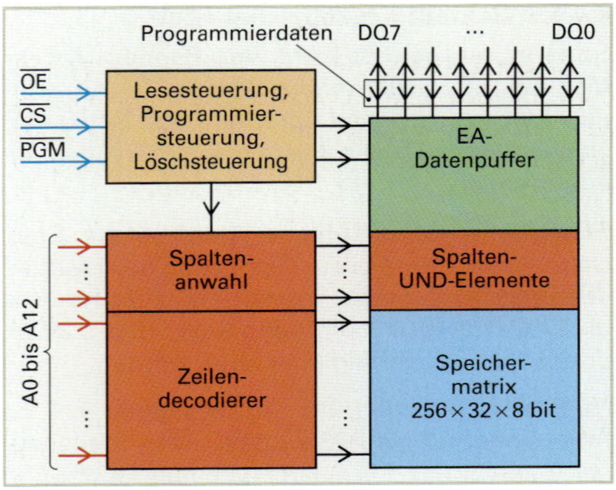

Bild 1: EPROM mit 8 KB-Speicher

Tabelle 1: Speichermodule (mit DRAM)		
Bauform	Pins	Erklärung
SIMM, PS/2-Module	72	SIMM. Single-in-line-memory-Module = Einfach-in-(einer-) Reihe-Speichermodul. Datenbusbreite von 32 bit. Veraltet.
DIMM für SDRAM	168	DIMM. Dual-in-line-memory-Module = Zwei-in-Reihe-Speichermodule. Datenbusbreite 64 bit, Bustakt bis 133 MHz.
DIMM für DDR-SDRAM	184	DDR. Double Data Rate = doppelte Datenmenge. Beide Bustaktflanken werden genutzt.
RIMM	68	RIMM. Rambus-in-line-memory-Module, Datenbusbreite 16 bit, Bustakt bis 400 MHz.
SO-DIMM	2 x 71	SO-DIMM. Small Outline = Kleine-Abmessungen-DIMM. Datenbusbreite 32 bit. Für Laptops oder Notebook-PCs.

6.4.5.4 Speichermodule mit RAM

Es gibt verschiedene Speichermodule mit Kapazitäten von 32 MB, 64 MB, 128 MB, 256 MB, 512 MB und 1 024 MB **(Tabelle 1)**.

SIMM haben eine Steckleiste mit 72 Pins, die durch eine Kerbe geteilt sind. Diese Speichermodule werden auch PS/2-Module genannt. In PCs mit der CPU Pentium müssen die Module paarweise eingebaut werden, da der Datenbus 64 bit breit ist.

DIMM haben eine Datenbusbreite von 64 bit. Die Anschlüsse sind in zwei Gruppen angeordnet und durch zwei Einkerbungen voneinander getrennt. Bei Computern mit sehr hohen Taktfrequenzen werden sie paarweise eingebaut. Während die CPU mit einem Speichermodul arbeitet, wird der Speicherinhalt des anderen Speichermoduls aufgefrischt.

RIMM haben eine Datenbusbreite von 16 bit. Zur Steuerung wird ein eigener Controller benötigt.

SO-DIMM verwendet man für Geräte mit kleinen Abmessungen **(Bild 2)**. Bei Notebook-PCs mit Pentium-CPU müssen sie wegen der Datenbusbreite von 32 bit paarweise eingesetzt werden.

Bild 2: Ansicht eines SO-DIMM-Moduls

Wiederholung und Vertiefung

1. **Aus welchen Baugruppen besteht ein Speicher?**
2. **Was bedeutet die Angabe 1 MB?**
3. **Welche Signale sind für das Schreiben nötig?**
4. **Welcher Unterschied besteht zwischen einem SRAM und einem DRAM?**
5. **Welche Arten von Speichermodulen gibt es?**

6.4.5.5 EA-Bauelemente

Periphere Geräte werden oft über Steckkarten mit dem Mikrocomputersystem verbunden. Auf diesen verbinden die ICs für die Eingabe oder Ausgabe (EA) von Daten entsprechend den verwendeten Schnittstellen die Geräte mit dem Bussystem des Mikrocomputers **(Bild 1)**.

> Viele periphere Geräte werden über Steckkarten mit dem Mikrocomputersystem verbunden.

Jede Steckkarte wird über eine Adresse oder einen Adressbereich angesprochen. Darüber und über weitere Steuerleiter steuert der Mikroprozessor den Datenverkehr.

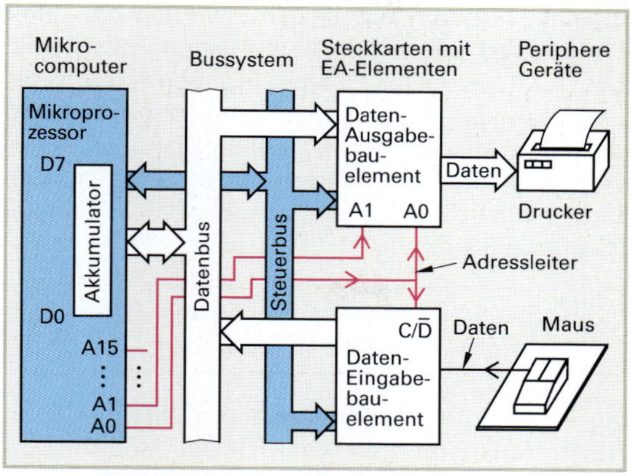

Bild 1: Mikrocomputer mit EA-Bauelementen

Parallele EA-Bauelemente

EA-Steckkarten verwenden oft programmierbare Bauelemente, die den Mikrocomputer-Datenbus mit den EA-Kanälen verbinden. Die Datenflussrichtung ist meist einstellbar. Jede Baugruppe erhält eine hardwaremäßig fest verdrahtete Adresse, mit der sie angewählt wird. Ihre Adresse ist ein Signalmuster, z. B. 1110 0000, meist auf den Leitern A0 bis A7. Adressen werden meist hexadezimal geschrieben (1110 000 ≙ E0H). Das Muster wird ganz oder zum Teil dazu verwendet, ein Signal 0 an $\overline{CS}$ zu erzeugen **(Bild 2)**. Damit ist das Bauelement aktiviert und es können Daten ausgegeben werden.

> EA-Bauelemente müssen vor der Eingabe oder Ausgabe von Daten vom Mikroprozessor angewählt werden.

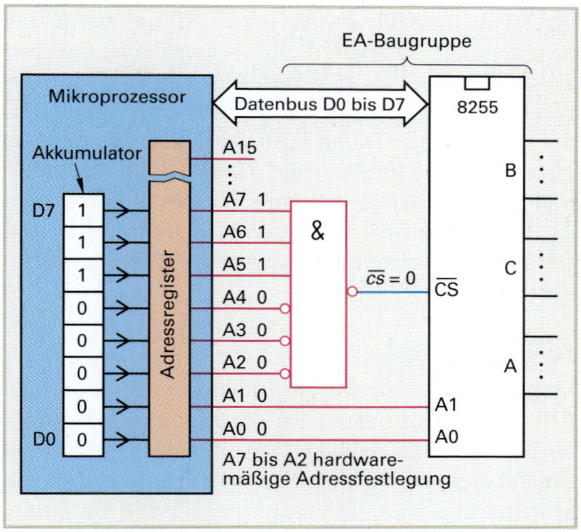

Bild 2: Adressierung eines EA-Bauelements

Das EA-Bauelement 8255 hat drei Kanäle A, B und C mit einer Breite von je 8 bit, die in verschiedenen Betriebsarten arbeiten können. Die Einstellung einer gewünschten Betriebsart, z. B. Datenausgabe oder Dateneingabe, wird durch Programmierung vorgenommen. Das EA-Bauelement enthält ein Register, in das ein Steuerwort geschrieben wird (Steuerwortregister, **Bild 3)**. Mit dem Steuerwort wird dann im Bauelement die gewünschte Betriebsart für die Kanäle eingestellt.

Mit Signalen vom Wert 1 an A0 und A1 wird das Steuerwortregister angewählt (Bild 3). Nun wird das Schreibsignal an $\overline{WR}$ auf 0 geschaltet.

> **i** Anschlussbezeichnungen werden mit Großbuchstaben aber deren Signale mit Kleinbuchstaben bezeichnet.

Anschließend sendet der Akkumulator z. B. das Steuerwort 1000 1001 bzw. 89H zum Steuerwort-

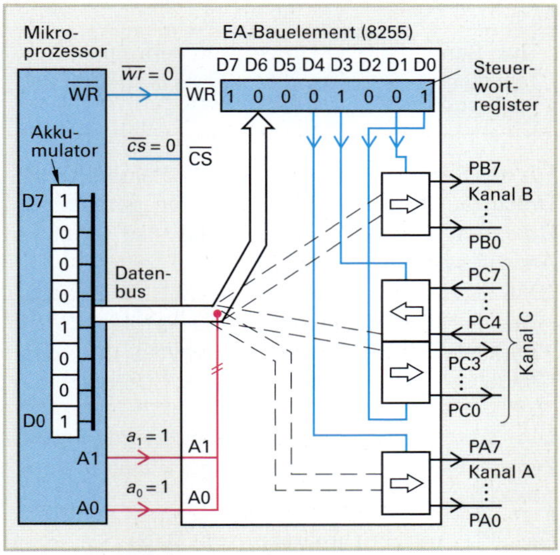

Bild 3: Einstellung einer Betriebsart

register. Mit dem Signal $d_4 = 0$ werden die Leiter PA0 bis PA7 von Kanal A als Ausgang geschaltet, mit $d_3 = 1$ die Leiter PC4 bis PC7 von Kanal C als Eingänge und die restlichen Leiter mit $d_1 = 0$ und $d_0 = 1$ als Ausgänge. Die übrigen Bits des Steuerwortes stellen die Betriebsart 0, d.h. einfache Dateneingabe und Datenausgabe, des Bauelements 8255 ein.

Das Steuerwortregister enthält die Daten für die Betriebsarteinstellung der Kanäle.

Nach erfolgter Programmierung können nun Daten transportiert werden. Für das Einlesen von Daten in den Akkumulator wird mit den Signalen $a_0 = 0$ und $a_1 = 1$ Kanal C adressiert. Mit dem Signal 1 an $\overline{WR}$ schaltet der Mikroprozessor auf Daten einlesen. Gleichzeitig erhält am EA-Bauelement das Signal an $\overline{RD}$ den Wert 0 und es werden Daten vom adressierten Kanal C in den Akkumulator eingelesen. Bei der Ausgabe werden die vom Akkumulator kommenden Datenworte in einem Ausgaberegister zwischengespeichert **(Bild 1)**. Der Dateninhalt bleibt so lange erhalten, bis ein neues Datenwort vom Akkumulator über den Datenbus in den Datenbuspuffer des EA-Bauelements 8255 gesendet wird **(Bild 2)**.

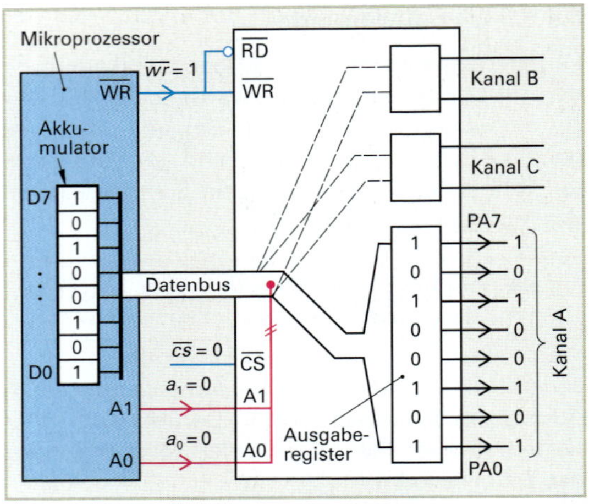

Bild 1: Datentransport mit dem EA-Bauelement 8255

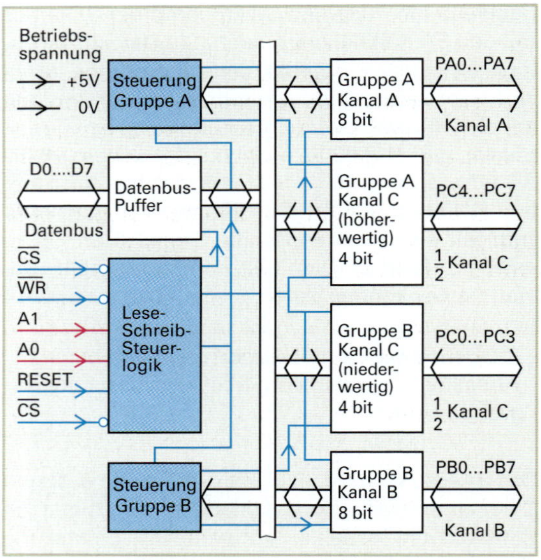

Bild 2: Signalfluss im EA-Bauelement 8255

Serielle EA-Bauelemente

Eingabeeinheiten werden meist über eine serielle Schnittstelle mit dem Datenbus des Computers verbunden. Die serielle Schnittstelle enthält ein EA-Bauelement, das in seinem Empfangsteil die am Anschluss E1 seriell ankommenden Datenbits in Datenworte mit einer Breite von 8 bit umsetzt. Die Datenumsetzung wird mit einem Seriell-Parallel-Umsetzer (SPU) vorgenommen **(Bild 3)**.

Die Seriell-Parallel-Umsetzung erfolgt durch bitweises Einlesen und bitweises Schieben der Daten im SPU.

Für das Senden von Daten wird ein Parallel-Seriell-Umsetzer (PSU) verwendet, der die parallel vom Datenbus angelieferten Daten bitweise seriell am Anschluss A1 aussendet.

Die Parallel-Seriell-Umsetzung erfolgt durch paralleles Laden eines Datenbytes und das serielle Auslesen durch bitweises Schieben.

Um Wartezeiten zu vermeiden, werden FIFO-Zwischenspeicher (**F**irst **i**n **F**irst **o**ut = Zuerst hinein, zuerst hinaus) verwendet.

Da SPU und PSU parallel am Datenbus angeschlossen sind, kann der Mikrocomputer immer

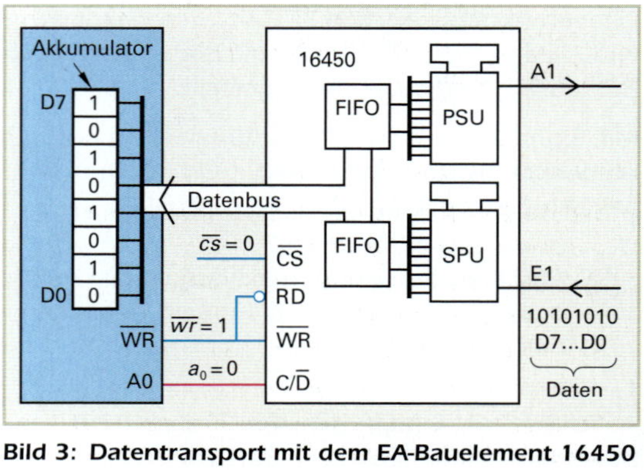

Bild 3: Datentransport mit dem EA-Bauelement 16450

nur ein Datenwort senden oder empfangen. Die Adressierung des Bauelements erfolgt durch ein Signalmuster auf den Adressleitern A7 bis A1. Dies wird auch zur Steuerung des Signales an $\overline{CS}$ verwendet. Die Schreib-Lese-Steuerung wird mit dem Signal an $\overline{WR}$ durchgeführt (Bild 3, vorhergehende Seite). Mit einem Signal 0 über den Adressleiter A0 wird das Bauelement am Anschluss C/$\overline{D}$ (von **C**ontrol/**D**ata = Steuerung/Daten) für den Datentransport eingestellt. Nun können die im SPU umgewandelten Eingangsdaten über den Datenbus in den Akkumulator eingelesen werden.

Für die Programmierung des EA-Bauelements 16450 werden die Signale $\overline{wr} = 0$ und $c/\overline{d} = 1$ gesetzt. Anschließend werden mindestens zwei Datenworte vom Akkumulator zur Einstellung des Bauelements gesendet **(Bild 1).** Das erste Wort muss die Betriebsart enthalten und wird im Betriebsartregister abgelegt. Hier werden die Übertragungsgeschwindigkeit, die Länge der Zeichen mit 7 bit oder 8 bit und die Anzahl der Stoppbits mit 1 bit bis 2 bit festgelegt. Zusätzlich kann auch ein Paritätsbit so vereinbart werden, dass die Zahl der Einsen der Datenbits eines Zeichens gerade (= even) oder ungerade (= odd) wird **(Bild 2).**

Das zweite Wort wird im Kommandoregister abgelegt. Es steuert die Freigabe von Sender und Empfänger. Zusätzlich kann z.B. veranlasst werden, dass das nächste Wort wieder in das Betriebsartregister eingeschrieben wird. Auf diese Weise kann z.B. die Betriebsart geändert werden.

Die Anschlüsse $\overline{DSR}$, $\overline{DTR}$, $\overline{CTS}$ und $\overline{RTS}$ werden bei der Verwendung als Modem für die Datenübertragung (DFÜ) mit V.24-Schnittstellen zwischen zwei Computern verwendet **(Bild 3).** Die Steuerung des Datenverkehrs auf der peripheren Seite kann zusätzlich mit den Signalen TxRDY (**T**ransmitter **R**eady = Sender bereit), RxRDY (**R**eceiver **R**eady = Empfänger bereit), $\overline{TxC}$ (**T**ransmitter **C**lock = Sendetakt), $\overline{RxC}$ (**R**eceiver **C**lock = Empfängertakt), TxE (**T**ransmitter **E**mpty = Sendepuffer leer) und SYNDET (**S**ynchronization **D**etect = Synchronisation) erfolgen.

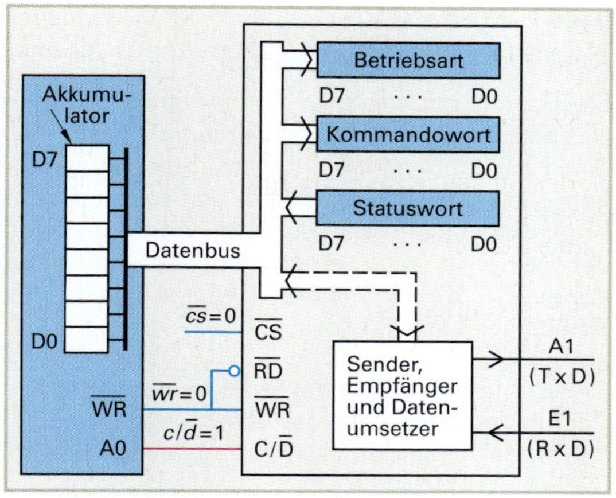

Bild 1: Einstellung des EA-Bauelements 16450

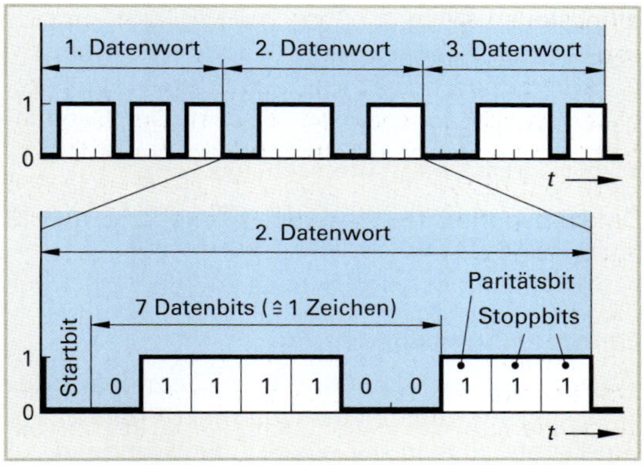

Bild 2: Datenübertragung und Wortaufbau

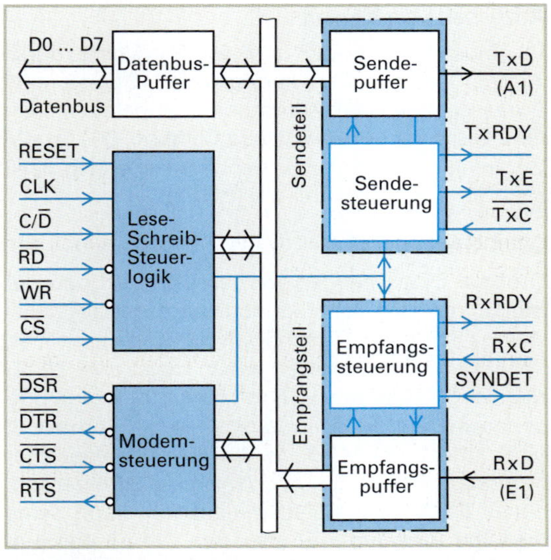

Bild 3: Wirkungsplan des EA-Bauelementes 16450

Wiederholung und Vertiefung

1. **Welche Bauelemente verbinden Mikrocomputer und periphere Geräte miteinander?**
2. **Wie wird die Adresse eines EA-Bauelements hardwaremäßig festgelegt?**
3. **Wozu werden Steuerworte benötigt?**
4. **Wie viele Datenbits enthält ein Zeichen?**
5. **Welche Steuerworte werden zum Einstellen des Bauelements 16450 benötigt?**

6.4.6 PC-Karten

6.4.6.1 Systemeigenschaften

Steckkarten müssen beim Einbau an das Mikrocomputersystem angepasst werden. Dies wird z.B. durch das Stecken von Jumpern (Steckverbindungen) auf der Steckkarte **(Bild 1)** und das Anpassen bestimmter Eigenschaften von Programmteilen des Betriebssystems erreicht. Im Betriebssystem Windows werden diese Programmteile als Ressourcen bezeichnet.

> Ressourcen sind Teile der Software eines Mikrocomputersystems, die das Betriebssystem während der Programmausführung einem Gerät zuteilt.

Die Ressourcen für eine Karte können beim Einrichten der Software automatisch oder von Hand eingestellt werden.

Zu den Ressourcen gehören

- die Unterbrechungsanforderung IRQ (von **Inter**rupt **Req**uest),
- die Adresse oder Adressen von Karten,
- die DMA-Steuerung (DMA von **D**irect **M**emory **A**ccess = direkter Speicherzugriff) und
- der zu reservierende Bereich im Arbeitsspeicher.

Unterbrechungssteuerung

Über die Tastatur benutzt man z.B. den fest zugewiesenen Interrupt mit der Nummer 01 **(Bild 2).** Für Steckkarten stehen nur einige freie Nummern zur Verfügung. Diese werden beim Einbau der Karte automatisch zugewiesen oder müssen über die Systemsteuerung zugewiesen werden.

Adressen von Karten

Die Einstellung erfolgt auf der Steckkarte durch Jumper, wobei Steckkarten oder Geräte eine Adresse oder auch Adressbereiche belegen können. Die serielle Schnittstelle COM2 (COM ist ein Gerätename) belegt z.B. den Adressbereich 02F8 bis 02FF, also acht Adressen **(Bild 3).**

DMA-Steuerung

Größere Datenmengen werden oft direkt von der Steckkarte über den Datenbus in den Hauptspeicher geschrieben. Diesen Transportweg nennt man DMA-Kanal. Soundkarten haben meist zwei DMA-Kanäle. So kann man die mit einem Mikrofon aufgenommenen Töne in digitalisierter Form z.B. direkt über den DMA-Kanal 1 in den Hauptspeicher schreiben **(Bild 4).** Ein mit der Soundkarte verbundenes DVD- oder CD-ROM-Laufwerk kann seine digitalen Tondaten z.B. über den DMA-Kanal 4 in den Arbeitsspeicher übertragen.

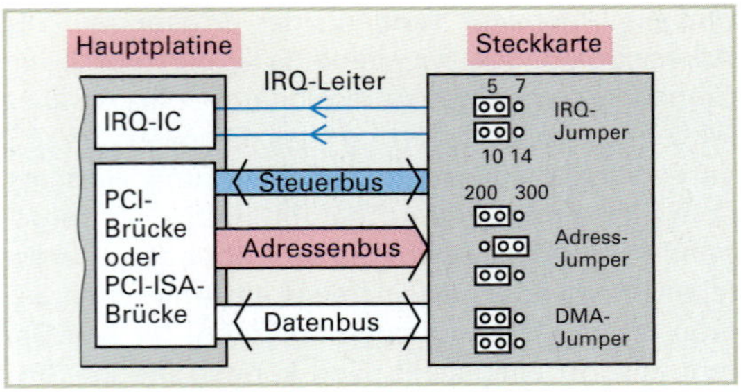

Bild 1: Zusammenwirken von Hauptplatine und Steckkarte

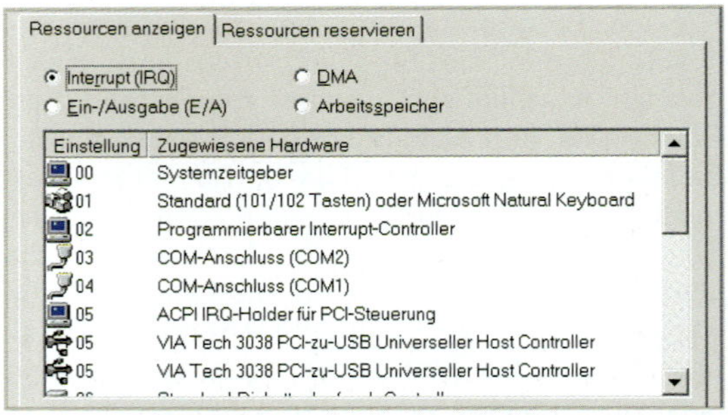

Bild 2: Auszug aus der Zuordnung von IRQ zu Geräten und Baugruppen

0278 - 027A	Druckeranschluss (LPT2)
0294 - 0297	PCI-Bus
02F8 - 02FF	COM-Anschluss (COM2)
0330 - 033F	TerraTec XLerate MPU-401 Interface
0340 - 035F	AVM ISDN-Controller FRITZ!Card

Bild 3: Auszug aus der Liste der Geräteadressen

Einstellung	Zugewiesene Hardware
01	TerraTec XLerate Sound Blaster Emulation
02	Standard-Diskettenlaufwerk-Controller
03	TerraTec XLerate Sound Blaster Emulation
04	DMA-Controller

Bild 4: DMA-Kanäle mit Gerätezuordnung

Einstellung	Zugewiesene Hardware
00000000 - 0009FFFF	Systemplatinenerweiterung für ACPI
000A0000 - 000AFFFF	NVIDIA GeForce2 MX
000B0000 - 000BFFFF	NVIDIA GeForce2 MX
000C0000 - 000CBFFF	NVIDIA GeForce2 MX
000CC000 - 000CDFFF	Systemplatinenerweiterung für ACPI

Bild 5: Auszug aus gesperrten Adressbereichen

Speicherbereich

Für Grafikkarten oder BIOS-Erweiterungen werden im Arbeitsspeicher bestimmte Adressbereiche reserviert **(Bild 5).** Diese sind dann für andere Anwendungen gesperrt.

6.4.6.2 Soundkarten

Soundkarten (sound = Ton) ersetzen die vorhandene, meist einfache Tonverarbeitung der Hauptplatine **(Bild 1)**. Für Soundkarten wird der HDA-Standard (High Definition Audio = hochaufgelöstes Audio) verwendet **(Bild 2)**.

Soundkarten können analoge Signale und digitale Signale verarbeiten **(Bild 3)**.

Ein analoger Eingang wird von einem Auswahlschalter (Mixer) mit dem ADC-IC verbunden. Je nach ADC wird das Analogsignal mit Samplingraten von 48 kHz bis 96 kHz in Datenworte mit einer Breite von 16 bit bis 24 bit umgewandelt.

Digitale Eingangssignale werden direkt mit dem digitalen Signalprozessor (DSP) verbunden. DSPs sind spezielle Mikroprozessoren für die Bearbeitung großer Datenmengen.

Im DSP wird auch die Komprimierung von Tondaten vorgenommen. Diese Tondaten können dann z.B. im MP3-Format oder WAW-Format auf die Festplatte gespeichert und wieder abgespielt werden.

Die Tondaten werden entweder digital oder nach einer DAC-Umsetzung (Digital Analog Converter) analog ausgegeben.

Oft können gleichzeitig Signale an den Eingängen verarbeitet und an den Ausgängen ausgegeben werden (recording).

Die Erzeugung eigener Klänge ist durch die Verwendung einer Wavetabelle (Wellenformtabelle) möglich. Diese Tabelle enthält Daten zur Beschreibung von Tönen, Instrumenten-Klängen und Musikeffekten, z.B. Tremoli, die aus Klängen von Originalmusik-Instrumenten erzeugt werden. Zur Verwendung werden sie dann von der Festplatte in den RAM der Soundkarte geladen. Oft ist auch noch eine Wavetable vorhanden, die Klänge von Midi-Synthesizern (von **M**usical **I**nstrument **D**igital **I**nterface = Schnittstelle für digitale Musikinstrumente, Synthesizer = Gerät zur Erzeugung elektronischer Klänge) enthält.

Die Steuerung der Soundkarte kann z.B. mit dem Media-Player **(Bild 4)** vorgenommen werden.

Aufgaben von Soundkarten sind die
- Aufzeichnung von Tonsignalen,
- Bearbeitung von Tonsignalen und die
- Wiedergabe von Tonsignalen.

Bild 1: Ansicht einer Soundkarte (Terratec 7.1)

High Definition Audio Mindest-Standards:
- Codieren und decodieren von Dolby-Digital-5 Signalen,
- Abtastraten von 192 kHz bei 32 bit für DVDs,
- Abtastraten von 44,1 kHz bei 16 bit für CDs,
- Bitraten für Eingangssignale bis 24 Mb/s,
- Bitraten für Ausgangssignale bis 48 Mb/s,
- Erkennen angeschlossener Analog-Geräte,
- gleichzeitige Verarbeitung mehrerer Signalquellen

Bild 2: Auszug aus dem HDA-Standard

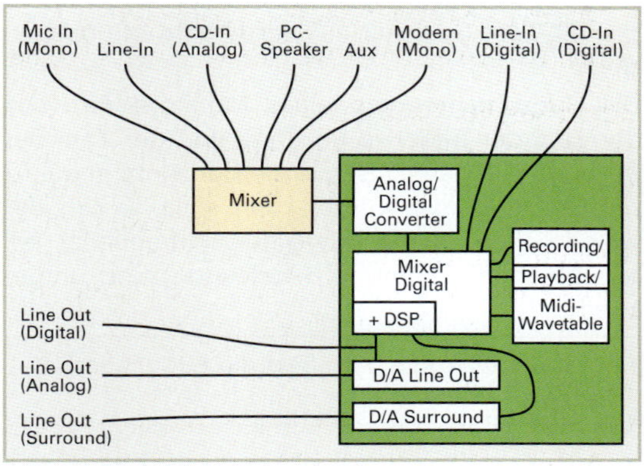

Bild 3: Blockschaltbild einer Soundkarte

Bild 4: Media-Player beim Abspielen von Musik

6.4.6.3 Grafikkarte für CRT-Monitore

Grafikkarten erzeugen die Signale zur Steuerung von Monitoren. Dies sind die Signale für den Aufbau des Bildes auf dem Bildschirm und die Steuersignale für die horizontale und vertikale Bildsynchronisation. Die Grafikkarte wird über ein Anschlusskabel mit dem Monitor verbunden **(Bild 1)**. Grafikkarten werden mit einer Treibersoftware an den verwendeten Monitor angepasst.

Ein Bild wird aus Bildpunkten (Pixeln) aufgebaut, die nacheinander in Zeilen (horizontal) auf dem Bildschirm von links nach rechts dargestellt werden **(Bild 2)**. Eine Zeile kann z.B. aus 1280 Bildpunkten bestehen. Nach Beendigung einer Zeile wird die nächste Zeile geschrieben. Sind die Zeilen von oben nach unten (vertikal) auf dem Bildschirm geschrieben, wird das nächste Bild aufgebaut. Ein Bild besteht z.B. aus 1024 Zeilen. Die Anzahl der Bilder beträgt z.B. 76 je Sekunde. Bildröhren verwenden z.B. nebeneinanderliegende Phosphorstreifen, die bei Bestrahlung mit Elektronen in den Farben Rot, Grün und Blau leuchten können. Die Zahl der möglichen Farbtöne wird mit dem Begriff Farbtiefe angegeben **(Tabelle 1)**. So kann man 65536 Farbtöne mit einer Farbtiefe von 16 Bit darstellen. Bildpunkte und Farbtiefe werden in einem Schreib-Lese-Speicher auf der Grafikkarte gespeichert.

Die Horizontalfrequenz eines Monitors wird aus der Zahl der Bilder je Sekunde und der Zahl der Zeilen je Bild berechnet. Da die Horizontalfrequenz nicht beliebig hoch werden kann, sinkt die Zahl der wiederholten Bilder (Bildwiederholfrequenz) bei zunehmender Zeilenzahl (Auflösung) und umgekehrt.

Bei höherer Auflösung sinkt die Bildwiederholfrequenz.

Die Vertikalfrequenz entspricht der Zahl der Bilder je Sekunde. Die Speicherkapazität M des Schreib-Lese-Speichers ist das Produkt von Zeilenzahl, Spaltenzahl und Farbtiefe in bit. Die Pixelfrequenz wird aus der Horizontalfrequenz und der Spaltenzahl berechnet. Die berechnete Pixelfrequenz ist die Frequenz, die auftritt, wenn alle Bildpunkte in allen Zeilen unterschiedlich sind. Da dies meist nicht der Fall ist, gibt man stattdessen oft die geringere Videobandbreite an.

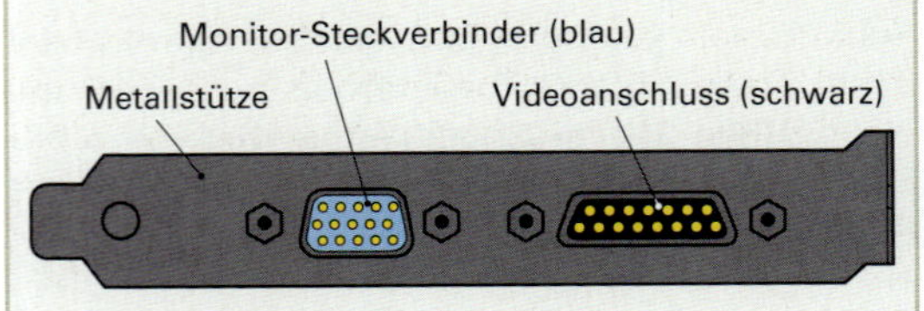

Bild 1: Anschlüsse einer einfachen Grafikkarte

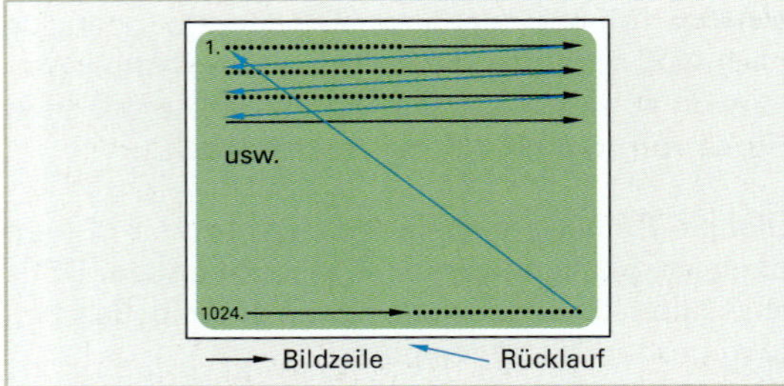

Bild 2: Zeilenverlauf durch einen Elektronenstrahl

Tabelle 1: Bildpunktezahlen und Speicherkapazität

Bildpunkte (Auflösung)	Farbtiefe	Anzahl d. Farben	Speicherkapazität notwendig	Speicherkapazität eingebaut
800 × 600	16 bit	65536	960 KB	1 MB
800 × 600	24 bit	16777216	1,44 MB	2 MB
1024 × 768	16 bit	65536	1,572864 MB	2 MB
1280 × 1024	24 bit	16777216	3,932160 MB	4 MB
1600 × 1200	32 bit	$4{,}29 \cdot 10^9$	7,68 MB	8 MB

$$f_H = n_B \cdot n_Z \qquad f_p = n_B \cdot n_Z \cdot n_S$$

$$f_V = \frac{f_H}{n_Z} \qquad f_p = f_H \cdot n_S$$

$$M = n_Z \cdot n_S \cdot k_F \qquad B_V = 0{,}707 \cdot f_p$$

B_V Videobandbreite; f_p Pixelfrequenz
f_H Horizontalfrequenz; n_B Bildzahl je Sekunde
f_V Vertikalfrequenz; n_Z Zeilenzahl
k_F Farbtiefe in bit; n_S Spaltenzahl
M Speicherkapazität

Beispiel:

Eine Grafikkarte kann maximal 1280 × 1024 Bildpunkte bei einer Farbtiefe von 24 bit darstellen. Es werden 76 Bilder je Sekunde an den Monitor geliefert.
Berechnen Sie a) die Horizontalfrequenz, b) die Vertikalfrequenz, c) die Speicherkapazität, d) die Pixelfrequenz und e) die Videobandbreite.

Lösung:

a) $f_H = n_B \cdot n_Z = 76\ 1/s \cdot 1024 =$ **77,824 kHz**
b) $f_V = f_H / n_Z = 77{,}824\ kHz / 1024 =$ **76 Hz**
c) $M = n_Z \cdot n_S \cdot k_F = 1024 \cdot 1280 \cdot 24\ bit = 31\,457\,280\ bit =$ **3,932160 MB.** Verwendete Speichergröße: **M = 4 MB.**
d) $f_p = f_H \cdot n_S = 77{,}824\ kHz \cdot 1280 =$ **99,61 MHz**
e) $B_V = 0{,}707 \cdot f_p =$ **70,4 MHz**

6.4.6.4 Netzwerkkarten

Netzwerke verwendet man z.B. zum Austausch von Daten zwischen verschiedenen PCs und zur gemeinsamen Nutzung von z.B. Druckern. Dazu besitzt jeder PC eine Netzwerkkarte. Die Netzwerkkarten werden durch steckbare Leitungen miteinander verbunden. Für die verschiedenen Leitungen gibt es verschiedene Verbindungssysteme **(Bild 1)**. Bei Verwendung von Twisted-Pair-Leitungen (= verdrillte Leitung), z.B. in sternförmigen Netzwerken, werden RJ45-Steckverbindungen verwendet.

Bild 1: Netzwerkkarte

> **Übung 1:**
>
> Bauen Sie in einen PC mit dem Betriebssystem Windows eine Ethernet-Netzwerkkarte ein und richten Sie die Netzwerkeigenschaften ein.
>
> *Lösung:* **Schritte 1 bis 4**

Schritt 1: Einbauen der Netzwerkkarte

Nach Trennen des PCs vom 230-V-Netz wird der PC geöffnet. Nun sucht man einen freien Steckplatz und entfernt das Verschlussblech auf der Rückseite des PC-Gehäuses. Vorsichtig steckt man die Karte in die entsprechende Steckfassung. Dann schraubt man die Karte an der vorgesehenen Stelle fest. Nach dem Schließen des PC-Gehäuses ist der mechanische Einbau der Karte beendet.

Schritt 2: Verkabeln der PCs

Nun werden alle vorhandenen Netzwerkkarten über Twisted-Pair-Leitungen sternförmig über einen Switch (= Schalter) mit dem Server verbunden.

Schritt 3: Einbinden der Netzwerkkarten in das Betriebssystem jedes PCs

Nach dem Neustart des PCs meldet Windows: `Neue Hardwarekomponente gefunden` und fordert dazu auf, die Windows-CD einzulegen. Anschließend werden die Treiber von der Windows-CD auf die Festplatte kopiert. Dann trägt man noch im Fenster `Netzwerkinstallation` einen Namen für den PC ein.

Schritt 4: Überprüfen der Netzwerkeinstellungen

Nach einem Neustart müssen in einer Dialogbox ein Name, ein Passwort, der Kontext und der Servername angegeben werden.

Das Fenster Netzwerk öffnet man über das Startmenü. Nach Klicken auf den Button Netzwerk- und Freigabefenster **(Bild 2)** wird das Netzwerk angezeigt. Hier kann z.B. in der Statusanzeige die Übertragungsrate abgelesen werden. Im Status-Fenster kann auch mit dem Button Diagnose die Verbindung zum Server geprüft werden.

Bild 2: Ausschnitt aus dem Fenster Netzwerk- und Freigabecenter

6.4.6.5 ISDN-Karten

ISDN-Karten verbinden den PC mit dem S_0-Bus des NTBA (Abschnitt 11) oder einer Tk-Anlage. Da ISDN-Treiber oft nicht Teil des Betriebssystems von Windows sind, müssen die Schritte beim Einbau der Karte genau wie in der Anleitung angegeben erfolgen. Beispielhaft wird eine ISDN-Karte (Typ Fritzcard) eingebaut.

Übung 1:
Installieren Sie in einen PC mit dem Betriebssystem Windows eine ISDN-Karte.

Lösung: **Schritte 1 bis 5**

Schritt 1: Treiber installieren

Die Treiber werden mithilfe des Hardware-Assistenten installiert. Dazu klickt man nacheinander die Icons Arbeitsplatz, Systemsteuerung und Hardware an. Im Fenster Hardware-Assistant klickt man auf die Schaltfläche Weiter und wählt anschließend Nein, Hardware in der Liste wählen aus **(Bild 1).** Nach einem weiteren Klick auf Weiter erscheint ein Fenster, in dem man die Zeile Andere Komponenten wählt **(Bild 2).** In einem weiteren Fenster erscheint eine Liste aller vorhandenen Gerätetreiber. Da kein ISDN-Treiber dabei ist, klickt man auf die Schaltfläche Diskette ... **(Bild 3).** Im nächsten Fenster trägt man den Buchstaben des CD-ROM-Laufwerks ein und klickt die Schaltfläche OK an **(Bild 4).** Im folgenden Fenster klickt man den Ordner fritz!32 an, in dem sich im Ordner Disk1 der zu installierende Treiber AVMISDN-ControllerFritz!Card befindet **(Bild 5).** Nach weiteren Klicks auf Weiter wird der Treiber im Betriebssystem installiert. Zum Schluss weist Windows darauf hin, dass nun noch die Hardware eingebaut werden muss.

Schritt 2: Karte einbauen

Vorgehen wie bei der Netzwerkkarte.

Schritt 3: Karte mit dem ISDN-Netz verbinden

Kabel in den PC und in die ISDN-Dose einstecken.

Schritt 4: ISDN-Betriebssoftware installieren

Nach Einlegen der CD-ROM meldet sich das Setup-Programm der Firma AVM. Im folgenden Fenster stellt man das ISDN-Protokoll DSS1 ein. Klickt man auf Weiter wird die Software der Firma AVM installiert.

Schritt 5: Dienstprogramme installieren

Das Faxprogramm oder ein BTX-Programm werden nun von der CD installiert.

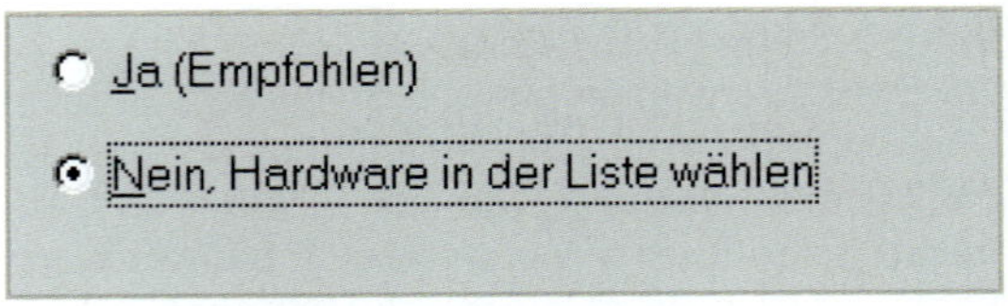

Bild 1: Ausschnitt aus dem Fenster 1, Hardware-Assistent

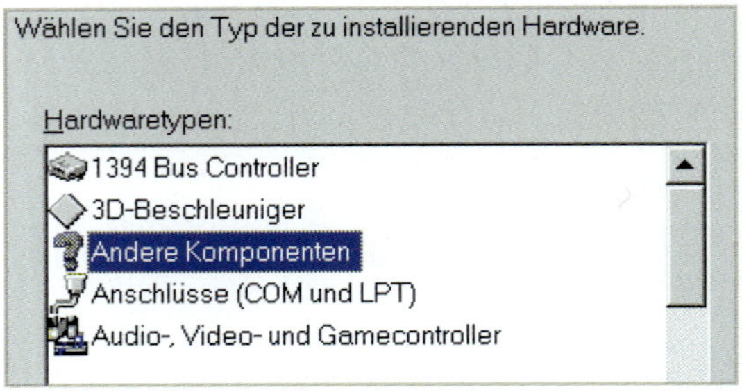

Bild 2: Ausschnitt aus dem Fenster 2, Hardware-Assistent

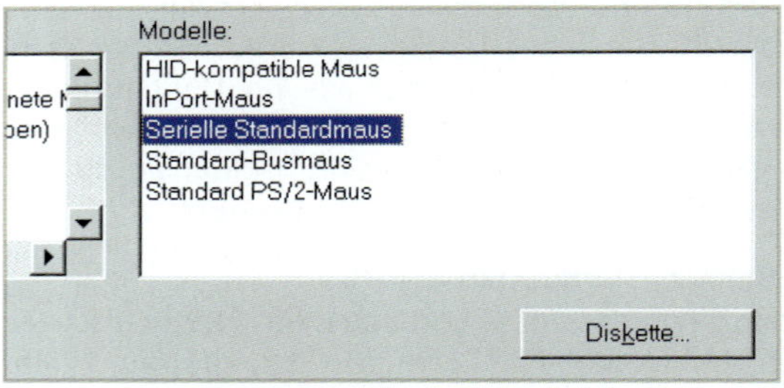

Bild 3: Ausschnitt aus dem Fenster 3, Hardware-Assistent

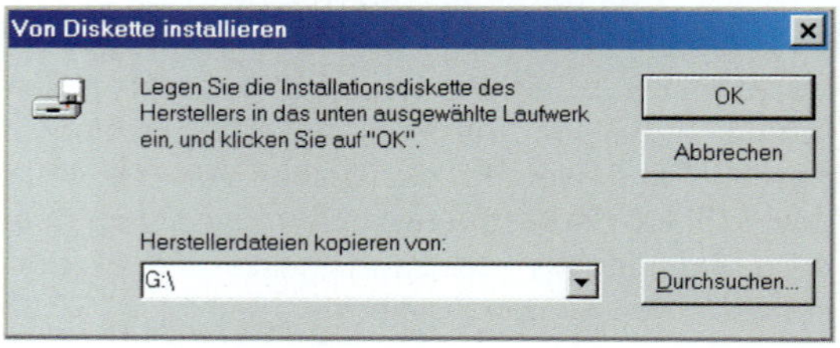

Bild 4: Auswahlbox

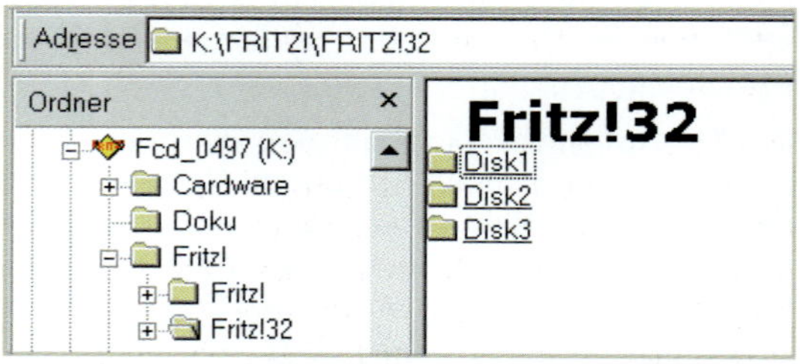

Bild 5: Ausschnitt aus dem Ordner Setup von AVM

6.5 Massenspeicher

6.5.1 Magnetische Speicher

6.5.1.1 Festplattenspeicher

Festplattenspeicher haben extrem genau gefertigte Platten aus Aluminium oder Glaskeramik als Träger der Magnetschicht **(Bild 1)**. Die Platten rotieren z.B. mit 10000/min, was am Rand einer 3,5"-Platte eine Geschwindigkeit von ≈ 108 km/h bedeutet. Die Magnetköpfe (Schreib-Lese-Köpfe) sind in Dünnschichttechnik gefertigt und „fliegen" in einem Abstand von etwa 0,2 µm über der Plattenoberfläche. Die Kapazität einer Plattenseite kann einige Millionen Bytes betragen. So kann z.B. eine 120-GB-Platte den Inhalt der Bibel (6 MB) 20000-mal speichern.

Festplattenspeicher sind schnelle Massenspeicher mit hohen Speicherkapazitäten.

PCs haben ein oder zwei Festplattenlaufwerke. Das Festplattenlaufwerk ist ein Plattenspeicher (Bild 1), bestehend aus einer oder mehreren Platten. Für Beurteilung und Vergleich von Festplattenspeichern sind entsprechende Begriffe maßgebend **(Tabelle 1)**. Die Bewegung der Schreib-Lese-Köpfe erfolgt z.B. durch einen geregelten Stellantrieb mit Schwenkmotor (Servopositioniersystem, **Bild 2)**.

Auf der Platte ist eine Servoinformation, die genaue Angaben über die Spurfindung durch den Schreib-Lese-Kopf enthält. Diese wird gelesen, von der Elektronik ausgewertet und für die Positionierung der Köpfe verwendet. Das Gesamtsystem bildet einen Regelkreis (Bild 2).

Festplattenspeicher werden über eine Schnittstelle mit dem PC verbunden. Gebräuchlich sind die SCSI-Schnittstellen und die (E)-IDE-Schnittstellen. Von beiden Schnittstellen gibt es verschiedene Ausführungsarten (Abschnitt 6.2.2).

Die *SCSI-Schnittstelle* (SCSI, sprich: skahsi) ist eigentlich ein Peripheriebus und ermöglicht eine hohe Bitrate. An dieser Schnittstelle können je nach Breite des Datenbusses 8 bis 31 Laufwerke oder andere Geräte betrieben werden. SCSI-Laufwerke benutzen meist die synchrone Datenübertragung.

Die *IDE-Schnittstelle* (von **I**ntegrated **D**rive **E**lectronic = integrierte Laufwerkelektronik) wird am PC-Bus, z.B. AT-Bus (von **A**dvanced **T**echnology), angeschlossen und im PC-Bereich verwendet. Es lassen sich je IDE-Controller zwei Festplattenlaufwerke im Master-Slave-Verfahren verwenden. Ein Laufwerk arbeitet dabei als Master, das andere als Slave.

Bild 1: Festplatte mit Schreib-Lese-Kopf

Tabelle 1: Begriffe bei Festplattenspeichern

Begriff	Erklärung, Beispiel
Bitrate (EA-Übertragungsgeschwindigkeit)	Datenübertragung von der und auf die Platte, z.B. 40 Mbit/s
Drehwartezeit	Zeitspanne zum Positionieren der Schreib-Lese-Köpfe, z.B. ≥ 18 ms
Kopfzahl	Zahl der Schreib-Lese-Köpfe, z.B. 4 bis 16
Plattengröße	Durchmesser der Platten, z.B. 2,5"; 3,5"; 5,25"
Plattenzahl	Zahl der Platten je Laufwerk, z.B. 1 bis 11
Sektoren je Spur	Spuraufteilung in Sektoren, z.B. 17, 26, 34 oder 63
Speicherkapazität	Speicherfassungsvermögen, z.B. 100 MB bis 300 GB
Suchzeit	Zeit, die im Mittel vergeht zur Positionierung der Schreib-Lese-Köpfe, z.B. 8 ms
Spurenzahl	Zahl der Spuren je Plattenseite, z.B. bis 1024
Spurendichte	Zahl der Spuren je Zoll Plattendurchmesser, z.B. bis 1250 tpi (track per inch)
Zugriffszeit	Zeit vom Ende Lesekommando bis Datenankunft, z.B. 8 ms bis 20 ms
Zylinder	Gleiche Spuren aller Platten eines Laufwerkes bilden einen Zylinder. Zylinderzahl = Spurenzahl

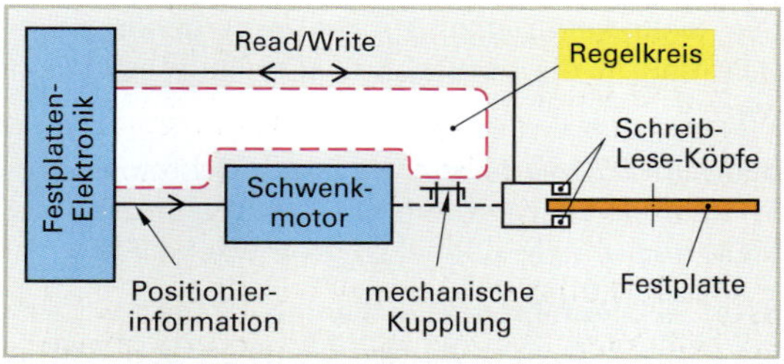

Bild 2: Prinzip der Servopositionierung

Eine Weiterentwicklung der IDE-Schnittstelle ist die ATA-Schnittstelle (AT-Attachment = AT-Anhang) mit paralleler Datenübertragung über Leitungen mit 40 Leitern oder 80 Leitern. Die Schnittstelle wird auch als P-ATA bezeichnet. Die Bitrate bei P-ATA beträgt durch die parallel geführten Leiter und die Datenpegel von bis zu 5 V maximal 133 MB/s.

Die ATA-Schnittstelle verwendet die LBA-Adressierung (von Logical Block Adress = logische Blockadressierung) zur Verwaltung von Speicherbereichen im GHz-Bereich. Bei diesem Verfahren werden alle Sektoren fortlaufend nummeriert.

Die S-ATA-Schnittstelle (Serialized-ATA = serielle ATA) ist für Bitraten von 150 MB/s (S-ATA I) bis 600 MB/s (S-ATA III) vorgesehen. Sie überträgt die Daten mit differenziellen Signalpegeln von ± 250 mV. Festplatten mit S-ATA-Schnittstellen sind hotplug-fähig. Dies gilt aber nicht für die Festplatte, auf der das Betriebssystem installiert ist.

Bei ATAPI (von ATA-Packet Interface = ATA-Paket-Schnittstelle) wurde ATA so erweitert, dass damit CD-ROM-Laufwerke, Wechselplatten und Streamer angesteuert werden können.

Wechselplattenlaufwerke sind Festplattenspeicher, die in einen Wechselrahmen eingebaut sind. Wechselplatten werden z. B. als Speicher für Backups (Datensicherung) verwendet.

Aufzeichnungsverfahren

Bei Disketten und Festplatten werden zur Datenaufzeichnung auf die Magnetschicht meist Frequenzmodulationsverfahren (FM) verwendet **(Bild 1)**. Die Aufzeichnung der binären 0 und 1 in die Bitzellen (örtliche Stellen für ein Bit) erfolgt meist durch Horizontalmagnetisierung (Magnetisierung in horizontaler Richtung). Bei Festplatten mit sehr hoher Speicherdichte wird die Magnetschicht in vertikaler Richtung magnetisiert **(Bild 2)**.

Beim *FM-Verfahren* wird an den Anfang jeder Bitzelle ein Taktbit und in der Mitte ein Datenbit (1-Bit) geschrieben. Beim *MFM-Verfahren*, das z.B. bei DD-Disketten angewendet wird, werden Datenbits in die Mitte der Bitzellen geschrieben. Taktbits werden an den Anfang der Bitzelle nur dann geschrieben, wenn kein Datenbit in die vorhergehende Bitzelle und in die vorliegende Bitzelle geschrieben wird.

Beim *MMFM-Verfahren* wird das Schreiben von Taktbits weiter reduziert. Die Taktfrequenz ist bei MFM und MMFM doppel so groß wie bei FM.

Beim **RLL-Verfahren** (**R**un **L**ength **L**imited = Lauflängenbegrenzung) werden Gruppen von Bits in einen anderen Code variabler Länge umcodiert.

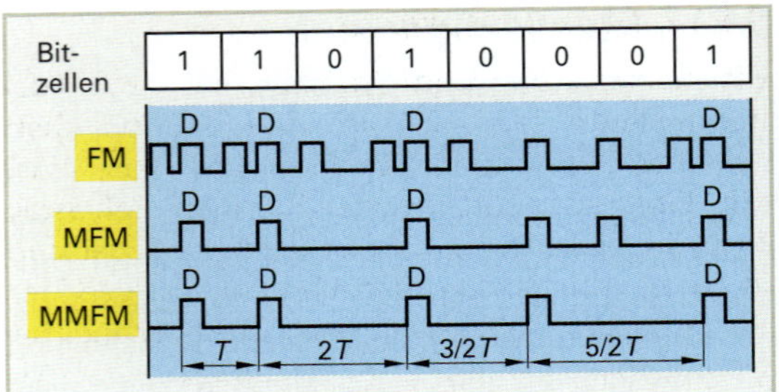

FM	Frequenzmodulation für einfache Aufzeichnungsdichte ($T = 4\ \mu s$)
MFM	Modifizierte Frequenzmodulation für doppelte Aufzeichnungsdichte ($T = 2\ \mu s$)
MMFM	Weiter modifizierte MFM ($T = 2\ \mu s$)
D	Datenbit (1-Bit)

Bild 1: Aufzeichnungsverfahren

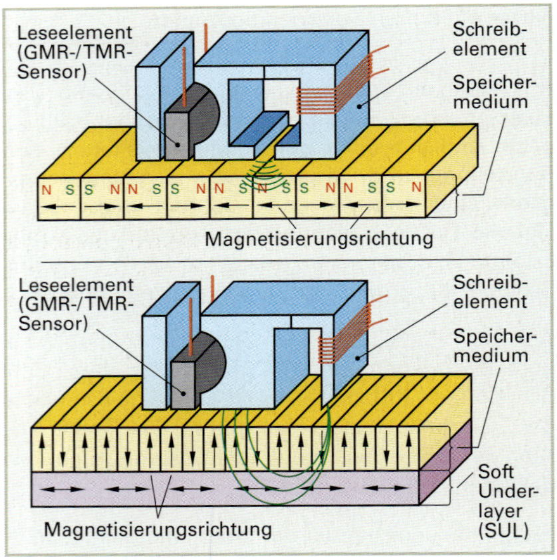

Bild 2: Aufzeichnungsarten

Man erreicht dadurch weniger Flusswechsel und eine etwa dreifach höhere Bitdichte auf der Platte. Der effektive Nutzen beträgt etwa 50 %, da die Umcodierung auch Platz auf der Platte braucht. Es werden 26 Sektoren je Spur vom Controller angelegt. Noch höhere Verdichtungen werden mit dem ARLL-Verfahren (von Advanced RLL = fortgeschrittene RLL) erreicht. Dabei werden 34 Sektoren je Spur angelegt.

Wiederholung und Vertiefung

1. **Aus welchem Material werden Festplatten gefertigt?**
2. **Nennen Sie drei Schnittstellenarten zur Verbindung von Festplatte und PC.**
3. **Welches Verfahren wird zur Datenaufzeichnung auf der Magnetschicht verwendet?**

6.5.1.2 Diskettenspeicher

Diskettenspeicher sind Speicher, bei denen der Informationsträger z.B. bei einem Floppy-Disk-Speicher (floppy disk = schlaffe Scheibe) aus einer mit Eisenoxid beschichteten dünnen Polyesterfolie, der Diskettenscheibe, besteht. Die Scheibe ist in einer mit Vlies ausgekleideten viereckigen Kunststoffhülle eingeschlossen. Diskettenspeicher werden meist durch USB-Sticks ersetzt.

Der Scheibendurchmesser beträgt 3,5″ (1″ = 1 Zoll = 25,4 mm). Die Datenspeicherung erfolgt mit hoher Dichte (HD, von High Density).

Die Einteilung (Organisation) der Disketten von **Tabelle 1** übernimmt das Disketten-Betriebssystem DOS (von Disk Operation System). Beim Formatieren (Einteilen) einer Diskette teilt DOS diese in konzentrische Spuren (= tracks) und Sektoren je Spur ein **(Bild 1)**.

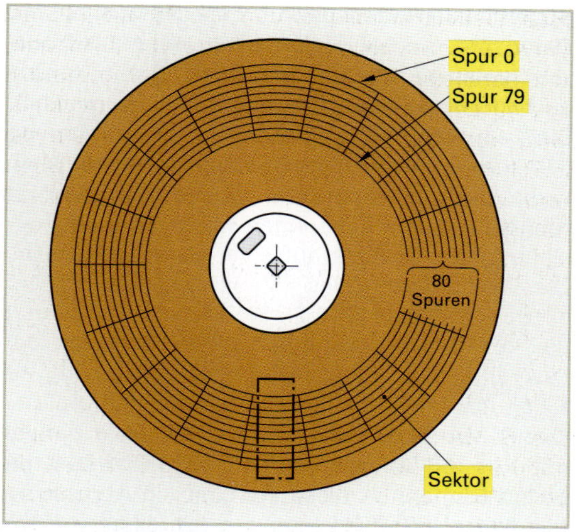

Bild 1: Organisation einer Diskette (1440 KB)

Bei der 3,5″-Diskette mit 1,44 MB Speicherkapazität ist die Seite 0 die Seite gegenüber dem Etikett, die Seite 1 die Etikettenseite. Die Spuren werden von 0 bis 79 nummeriert. Jede Spur hat 18 Sektoren (Bild 1). Intern beginnt DOS mit 0 bei der Nummerierung der Sektoren. Jeder Sektor kann 512 Bytes aufnehmen. Die kleinste belegbare Speichereinheit ist 1 Cluster (cluster = Büschel, Bündel). Es enthält bei der 1,44-MB-Diskette einen Sektor, d.h. 512 Bytes. Auf die ersten 33 Sektoren der Spur 0 greift beim Booten von Laufwerk A: der Bootstrap-Loader (Start-Programm im BIOS) zu und prüft, ob dort ein Betriebssystem enthalten ist, welches dann geladen wird (Tabelle 1).

Tabelle 1: Sektoreninhalte Spur 0

Bezeichnung	Inhalt
Bootsektor (boot sector)	PC-Art, Betriebssystem Angaben über Sektoren, Cluster, Diskettenart
Dateizuordnungstabelle FAT (File Allocation Table)	Angaben über Inhalte von Clustern: Dateifortsetzung, Dateiende, freie Cluster, defekte Cluster
Systemverzeichnis (root directory)	Name, Länge, Extension der Dateien, Clusternummer des Dateibeginns

Die 33 Sektoren enthalten

- den Bootsektor,
- die Dateizuordnungstabelle FAT und
- das Systemverzeichnis.

Die Datenaufzeichnung und das Lesen einer Diskette erfolgt über das Zugriffsfenster, das sich öffnet, wenn die Diskette in das Laufwerk gesteckt wird.

Die Drehzahl der Diskette beträgt 300/min bis 600/min. Die maximale Speicherkapazität liegt bei 2 MB, die Bitrate kann 500 kbit/s betragen.

Die 3,5″-Diskette hat ein Gehäuse mit einem Metallkern und einen Kopffensterverschluss aus Metall (Metallshutter, **Bild 2)**. Dadurch ist sie sehr robust. Der Disketteninhalt ist gegen Löschen und Überschreiben geschützt, wenn das Schreibsperrfenster offen ist (Bild 2).

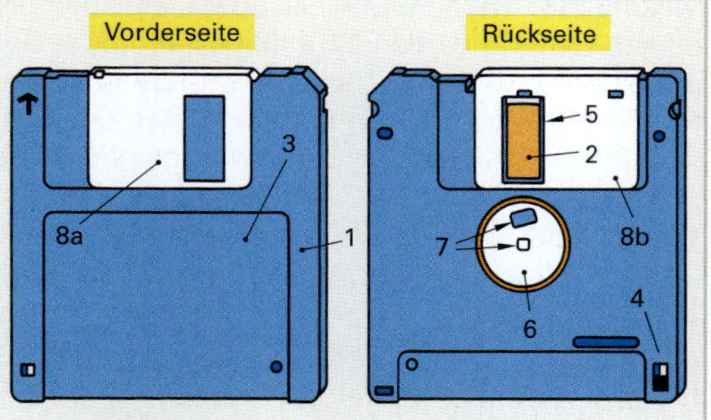

1 Halbstarre Hülle, 2 Flexible Magnetscheibe, 3 Etikettierbereich, 4 Schreibsperre/Schreibfreigabe, 5 Kopffenster, 6 Metallkern, 7 Zentrier- und Antriebsöffnungen, 8a Kopffensterverschluss, 8b Kopffensterverschluss geöffnet;

Bild 2: 3,5″-Diskette

3,5″-Disketten sind durch ein Kunststoffgehäuse mit einem Kopffensterverschluss gegen mechanische Beschädigungen geschützt.

Superdisk-Diskettenspeicher speichern z.B. 240 MB Daten auf beiden Seiten einer magnetisch beschichteten Kunststofffolie **(Tabelle 1).** Sie werden auch Flopticals (von Floppy und Optical) genannt. Die Daten werden in Spuren mit einer Breite von 0,01 mm aufgezeichnet **(Bild 1).** Auf je zwei Magnetspuren folgt eine Spur mit optischen Markierungen. Diese Markierungen werden bei der Herstellung der Diskette auf einer Seite angebracht. Die Positionierung des Schreib-Lese-Kopfes wird optisch gesteuert **(Bild 2).** Ein Fotodetektor wertet das von den Markierungen reflektierte Licht der Laserdiode aus. Eine elektronische Schaltung erzeugt dann die Signale zur Steuerung der Kopfmechanik. Von Vorteil ist, dass Superdisk-Laufwerke mit 1,44-MB-Disketten und 120-MB-Disketten arbeiten können, da diese die gleichen Abmessungen haben. Für das Lesen und Schreiben werden deshalb auch zwei Magnetköpfe benötigt. Da die Magnetköpfe auf der Kunststofffolie aufliegen, ist die Drehzahl auf 720/min beschränkt. Eine Superdisk-Diskette kann die Daten fast dreimal schneller lesen als schreiben (Tabelle 1).

Zip-Diskettenspeicher verwenden auch Disketten mit 3,5". Sie sind allerdings dicker als z.B. 1,44-MB-Disketten und benötigen ein eigenes Laufwerk. Die Datenträger sind zwei Scheiben aus Kunststofffolie im Abstand von 0,6 µm, die einseitig magnetisch beschichtet sind **(Bild 3).** Die Drehzahl von 2945/min stabilisiert die beiden Scheiben mit dem Abstand von 0,6 µm. Die Drehbewegung erzeugt eine Luftströmung. Diese drückt die Teile der beiden Scheiben, die gerade an den Kopffenstern vorbeikommen, nach außen. Dadurch entsteht ein kleiner Abstand zu den Schreib-Lese-Köpfen. Das Schreiben und Lesen erfolgt bei Zip-Disketten berührungslos. Zwischen den Nutzdaten befinden sich auf der Diskette speichenförmig angeordnete Servoinformationen zur Positionssteuerung der Magnetköpfe **(Bild 4).** Es kommt also 120-mal je Umdrehung der Diskette eine Servoinformation an den Magnetköpfen vorbei. Die Servoinformationen werden bei der Herstellung der Diskette geschrieben und danach nicht mehr verändert. Durch Beschädigung der Servoinformation wird die Diskette unbrauchbar.

Tabelle 1: Vergleich von Disketten

Begriff	Floppy	Superdisk	Zip
Kapazität	1,44 MB	120 MB, 240 MB, 1,44 MB	95,7 MB, 247 MB
Bitrate Schreiben	60 kB/s	87 kB/s	533 kB/s
Bitrate Lesen		201 kB/s	647 kB/s
Drehzahl	360/min	300/min, 720/min	2968/min
Zugriffszeit	84 ms	112 ms	39 ms
Spurzahl je Seite	160	1736	1500
Spurdichte je Zoll	135	2490	2200

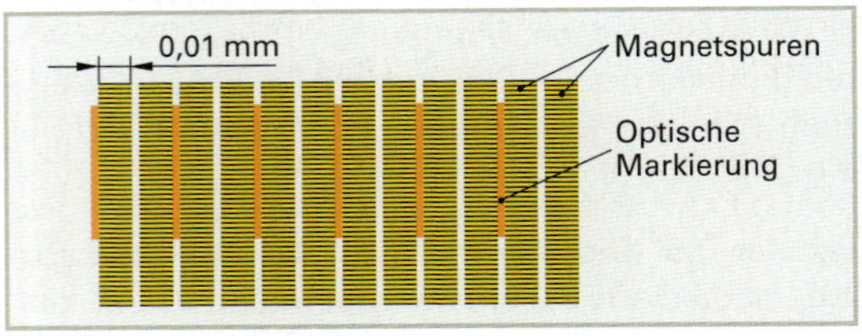

Bild 1: Magnetspuren und optische Markierungen

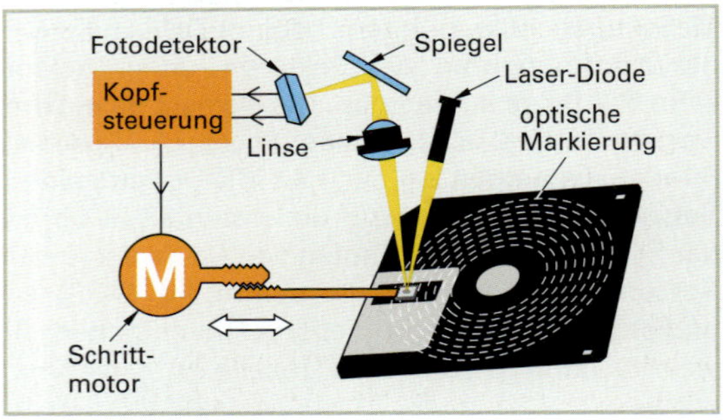

Bild 2: Prinzip der Kopfsteuerung von Superdisk-Laufwerken

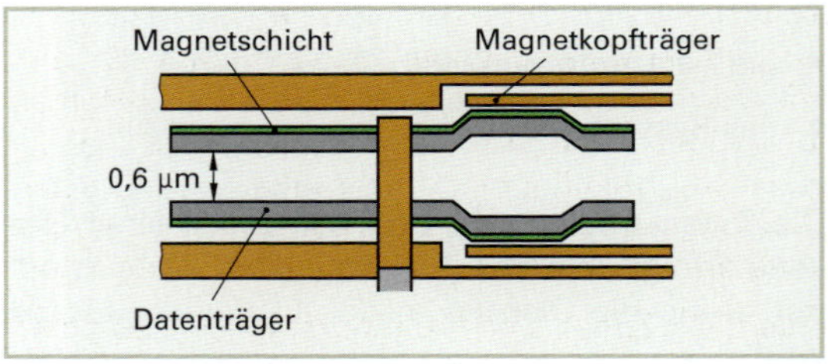

Bild 3: Prinzip der Zip-Diskette

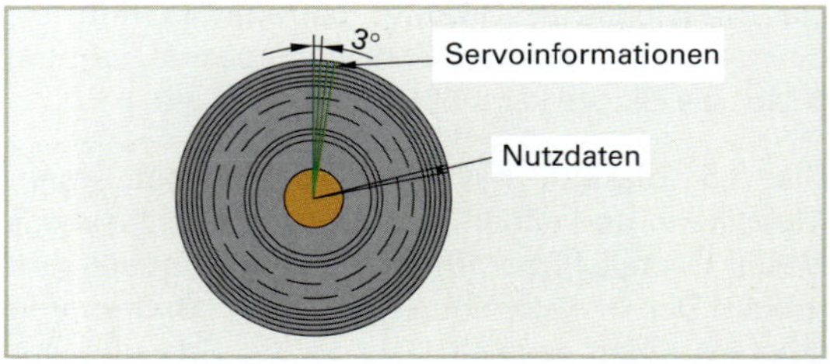

Bild 4: Anordnung der Servospeichen der Zip-Diskette

Wiederholung und Vertiefung

1. **Wie viele Spuren hat eine HD-Diskette?**
2. **Welche Angaben enthält eine Dateizuordnungstabelle (FAT)?**
3. **Beschreiben Sie den Aufbau einer 3,5"-Diskette.**
4. **Welche Aufgabe haben die Servoinformationen bei einer Zip-Diskette?**

6.5.1.3 Digitale Magnetbandaufzeichnung

Die Vorteile der digitalen Tonaufzeichnung können auch bei der Aufzeichnung auf Magnetband genutzt werden. Man bezeichnet diese Tonaufzeichnung als DAT (von Digital Audio Tape = digitales Audio-Magnetband), genauer als R-DAT (R von Rotary head = drehender Kopf).

$$v = \frac{s}{t} \qquad v = \omega \cdot r$$

v Geschwindigkeit, Umfangsgeschwindigkeit;
ω Winkelgeschwindigkeit;
s Weg
t Zeit
r Scheibenradius

R-DAT-Kassette

Die Kassette ist nur etwa halb so groß wie eine herkömmliche Kompaktkassette. Dennoch ermöglicht sie zwei Stunden Aufnahme bzw. Wiedergabe.

Laufwerk

Wie bei Videorekordern sitzen die Magnetköpfe auf einer rotierenden Kopftrommel. Im Unterschied zu den Bildaufzeichnungsgeräten beträgt die Kopfumschlingung aber nur 90° **(Bild 1).** Die geringere Umschlingung ermöglicht einen kleineren Bandzug, was die Lebensdauer der rotierenden Köpfe erhöht. Beim schnellen Suchlauf kann deshalb das Band an der Kopftrommel anliegen und mit sehr hoher Geschwindigkeit eine bestimmte Stelle auf dem Band gesucht werden. Die Relativgeschwindigkeit zwischen Band und Kopfspalt ist die Aufzeichnungsgeschwindigkeit. Sie beträgt damit 3,13 m/s.

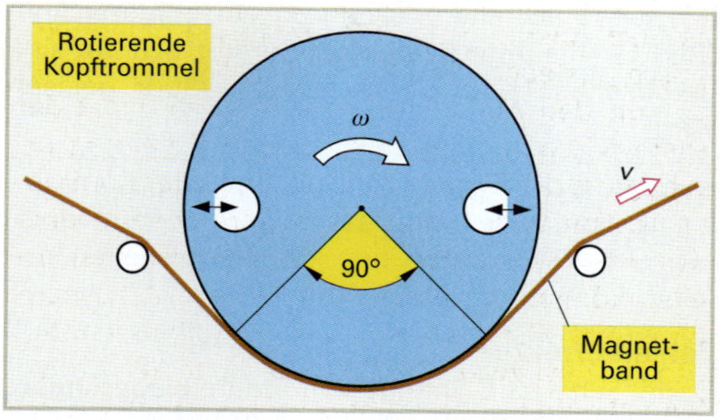

Bild 1: Kopfanordnung und Bandumschlingung

R-DAT-Geräte besitzen eine rotierende Kopftrommel zur Aufzeichnung und Wiedergabe der digitalen Signale.

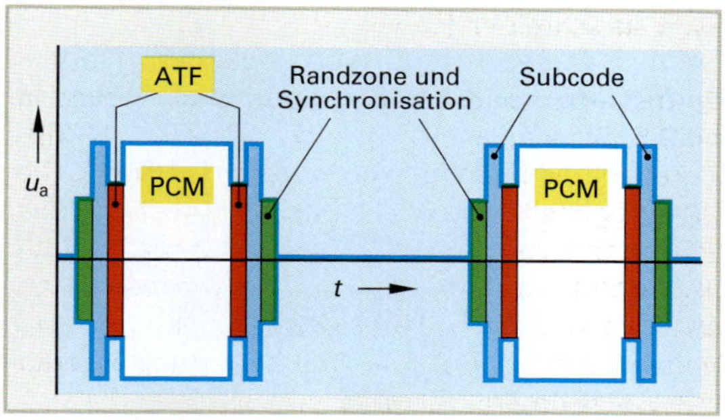

Bild 2: Kopfausgangssignal

Aufzeichnungsformat

Wegen des kleineren Umschlingungswinkels haben die Aufnahmeköpfe bzw. Wiedergabeköpfe bei einer Umdrehung der Kopftrommel nur während der halben Zeit Kontakt mit dem Band. Dies ergibt keinen kontinuierlichen Datenstrom **(Bild 2).** Die Spuren werden ohne Zwischenraum (Rasen) aufgezeichnet. Jede Spur besteht aus 196 Informationsblöcken und umfasst PCM-Daten, Subcode (Zusatzinformationen), Synchrondaten und ATF-Zonen (von Automatic Track Finding = automatisches Spurfinden, **Bild 3).**

In den ATF-Zonen sind Frequenzfelder zur automatischen Spurnachführung enthalten. Den größten Bereich umfassen die PCM-Daten mit 128 Blöcken aus je 36 Worten zu 8 bit **(Bild 4).**

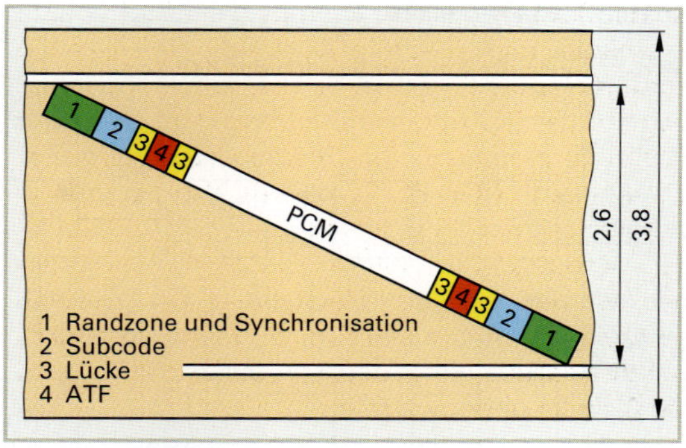

Bild 3: Blockaufteilung einer Schrägspur

Bild 4: Datenaufteilung innerhalb eines PCM-Datenblocks

Ein solcher Block enthält die Synchronisationsdaten, Identifikation, Blockadresse, Paritätbits sowie die eigentlichen PCM-Daten. Die Identifikationsbits enthalten Angaben über die Abtastfrequenz, die Kanalzahl, die Art der Quantisierung, den Kopierschutz und die Preemphasis (= Anhebung hoher Töne).

In zwei Bereichen auf der Schrägspur werden zeitlich verschachtelte Frequenzpakete aufgezeichnet **(Bild 1).** Aus ihrer Reihenfolge ergibt sich, ob eine geradzahlige oder ungeradzahlige Spur gelesen wird.

Die digitalen Signale werden in Blöcken der Länge von 288 bit aufgezeichnet.

Fehlerkorrektur

Damit Fehler, z.B. infolge von Staubablagerungen, korrigiert werden können, verschachtelt man die Daten und verteilt sie kreuzweise über zwei Spuren.

Beim R-Dat-Verfahren wird zwischen Normalbetrieb und Long-Play-Betrieb unterschieden **(Tabelle 1).**

Tabelle 1: Technische Daten von R-Dat

Merkmal	Daten
Abtastfrequenzen	48 kHz; 44,1 kHz; 32 kHz
Frequenzbereich	5 Hz bis 22 kHz bei Normalbetrieb 5 Hz bis 14,5 kHz bei Long-Play-Betrieb (Langspielbetrieb)
Systemdynamik	90 dB bei Normalbetrieb 88 dB bei Long-Play-Betrieb
Klirrfaktor	0,005 % bei Normalbetrieb 0,05 % bei Long-Play-Betrieb

Signalweg bei Aufnahme

Mit den Tiefpassfiltern am Eingang eines R-DAT-Rekorders **(Bild 2)** wird die Bandbreite des aufzunehmenden analogen Stereo-Signals an die vorgesehene Abtastfrequenz angepasst. In der nächsten Stufe werden die abgetasteten Werte in ein Digitalsignal der Breite 16 bit umgesetzt. Da die Digitalisierung des linken Kanals und des rechten Kanals getrennt erfolgt, werden die beiden Informationen mithilfe eines Multiplexers zeitlich gestaffelt.

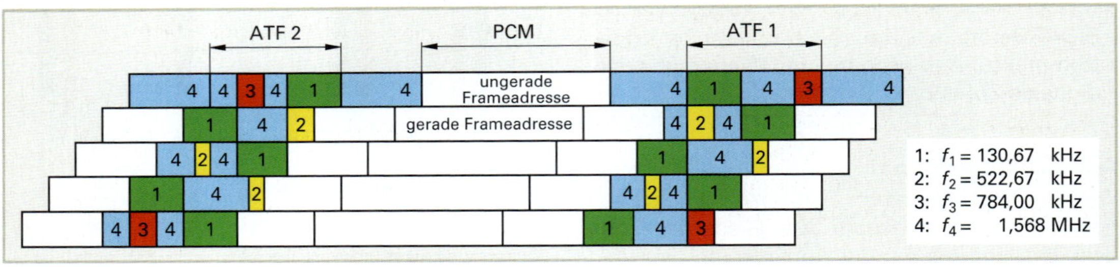

Bild 1: Spuraufteilung im Bereich der ATF-Zonen

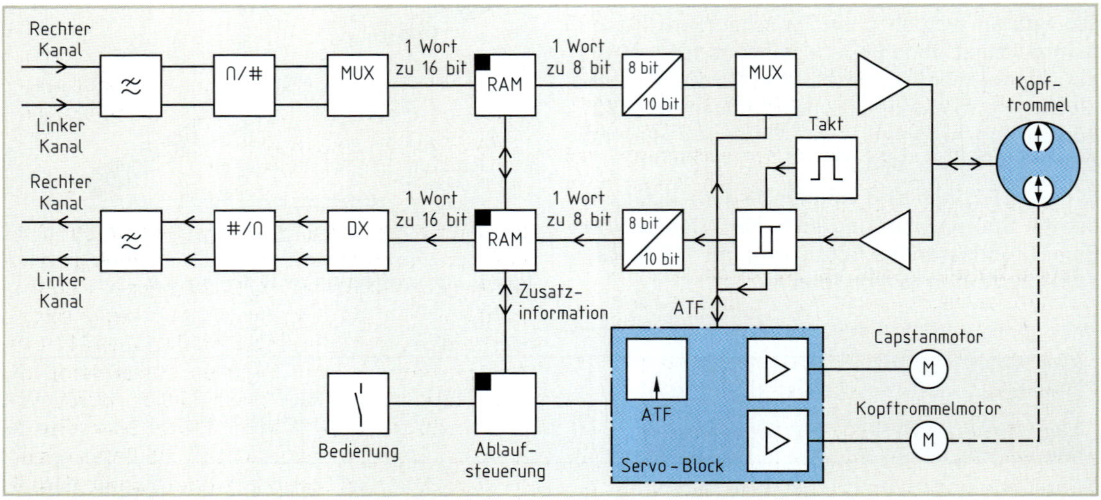

Bild 2: Übersichtsschaltbild eines R-DAT-Rekorders

Anschließend erfolgt die Blockorganisation. Die Worte der Breite 16 bit werden in zwei Worte der Breite von je 8 bit geteilt. Ebenfalls werden dort der Fehlerschutzcode sowie der Subcode eingefügt. Infolge der Kopfumschlingung von 90° muss der Datenstrom zeitlich komprimiert werden. Dazu werden die Daten vor der Aufnahme in einen Zwischenspeicher eingelesen und immer dann ausgelesen, wenn ein Kopf Kontakt mit dem Band hat. Danach erfolgt die Umsetzung in einen 10-Bit-Code. Dem Datenstrom werden nun noch die Signale für das Spurnachführungssystem hinzugefügt.

Signalweg bei Wiedergabe

Das vom Band gelesene Signal besitzt eine stark verschliffene Form. In einem Impulsformer wird die ursprüngliche Datenform zurückgewonnen und verstärkt. Anschließend wird das Signal von den ATF-Frequenzen befreit und der Takt zurückgewonnen. In einem nächsten Schritt erfolgt die Umsetzung der Worte der Breite von 10 bit auf Worte der Breite von 8 bit. Dann werden die Zusatzinformationen abgetrennt und den entsprechenden Verarbeitungsstufen zugeführt. Die so erhaltenen PCM-Daten müssen noch entschlüsselt werden. Um einen ununterbrochenen Datenstrom zu erreichen, werden die Daten in einen Speicher eingelesen, gegebenenfalls korrigiert und dann kontinuierlich ausgelesen. Anschließend erfolgt die Aufspaltung in die Linksinformation und Rechtsinformation durch einen Multiplexer sowie die DA-Umsetzung. Nach der Befreiung von unerwünschten Seitenbändern mit Tiefpassfiltern steht das Signal am Analogausgang zur Verfügung.

Servoschaltung

Der Capstanservo (von Capstan = Ankerwinde, aus der Seefahrt übernommen) hält den Bandvorschub bei der Wiedergabe konstant. Er ist verantwortlich, dass die Schrägspur richtig abgetastet wird. Der Kopftrommelservo muss die Rotationsgeschwindigkeit und die Phase der Kopftrommel konstant halten. Eine dritte Servoschaltung, der Wickelteller-Servo, sorgt für einen konstanten Bandzug bei allen Betriebsarten.

Magnetbandspeicher für das Backup

Backup-Speicher (to backup = ergänzen, sichern) werden zur Datensicherung eingesetzt. Dazu werden auf ihre Datenträger Daten kopiert und an einem sicheren Ort aufbewahrt.

Magnetbanddatenträger, z.B. Magnetbänder, bzw. Magnetbandkassetten müssen für den späteren Zugriff zuerst wieder vor der Bearbeitung umkopiert werden.

Tabelle 1: Streamer

Laufwerke	Banddaten	Erläuterung
QIC80	1/4"-Band, 3,5"- und 5,25"-Cartridges Bandlängen 300 m und 400 m 120 (250) MB bzw. 170 (240) MB	Für heutige Anforderungen zu wenig Speicherkapazität
Travan	1/4"-Spezialband 400 (850) MB	Verbesserte QIC80-Technologie
DAT	4-mm-Kassetten bis 8 GB/Kassette	Hohe Aufzeichnungsdichte durch Verwendung von Videoverfahren
DLT	1/2"-Kassetten bis 20 GB/Kassette	Höchste Kapazitätswerte; meist als Kassettenwechsler (Jukebox) ausgelegt
Kapazitätsangaben in (): Werte bei Datenkompression		

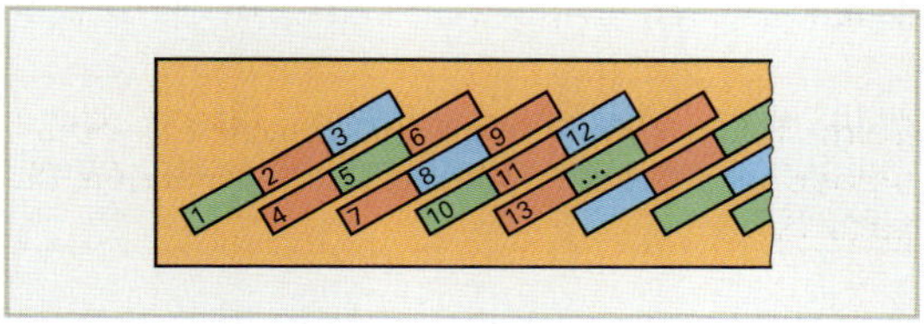

Bild 1: Schräge Aufzeichnung (z.B. DAT)

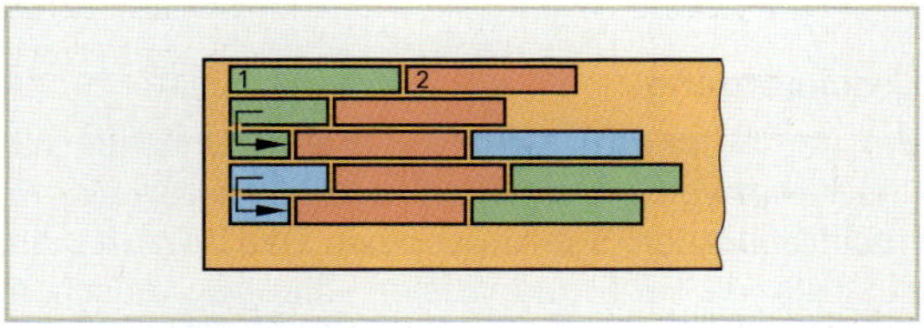

Bild 2: Serpentinenförmige Aufzeichnung (z.B. QIC, DLT)

> Magnetbänder und Magnetbandkassetten werden in entsprechenden Backup-Laufwerken beschrieben und gelesen.

Die Laufwerke nennt man Streamer (to stream = strömen). Es gibt verschiedene Technologien für die Bandlaufwerke, z.B. QIC80 (Quarter Inch Cartridge = 1/4"-Cartridge), Travan (1/4"-Magnetband mit erhöhter Speicherkapazität), DAT und DLT (von **D**igital **L**inear **T**ape = digitales Linearband). Sie unterscheiden sich im Wesentlichen durch ihre Speicherkapazität **(Tabelle 1).** Bei der Spuraufzeichnung der Magnetbänder werden die Daten entweder schräg zur Bandachse aufgezeichnet **(Bild 1)** oder serpentinenförmig **(Bild 2).**

6.5.1.4 Magnettonverfahren

Beim Magnettonverfahren ist auf einem Band oder einer Folie, z.B. aus Polyester, eine Schicht aus magnetisierbaren Teilchen aufgebracht **(Bild 1)**. Dieses Magnetband gleitet an einem Elektromagneten (Magnetkopf) vorbei. Dabei werden die Elementarmagnete durch das Magnetfeld gerichtet (magnetisiert). Legt man eine Signalspannung an den Magnetkopf, so ändert sich abwechselnd die Richtung der Elementarmagnete entsprechend. Es lassen sich also Informationen speichern.

Wird das Magnetband mit gespeicherten Signalen an einer Spule vorbeigezogen, so induziert das magnetische Wechselfeld des Bandes in ihr eine Spannung. Diese entspricht der Information. Das Magnetband wird gleichmäßig magnetisiert, wenn es an einem Dauermagneten vorbeigleitet. Dadurch wird die Information gelöscht. Eine Information wird auch gelöscht, wenn das Band an einem Magnetkopf mit hochfrequentem Magnetfeld vorbeigleitet.

Mit dem Magnettonverfahren lassen sich Informationen speichern, wiedergeben oder löschen.

Die Aufzeichnung erfolgt meist in zwei *Spuren*. Den Zwischenraum zwischen den Spuren bezeichnet man als *Rasen*.

Löschvorgang

Bei der Aufnahme wird das Band zunächst am Löschkopf vorbeigezogen. Dieser wird von einem hochfrequenten Strom gespeist. Das im Luftspalt austretende Feld magnetisiert alle magnetischen Teilchen des Bandes bis zur Sättigung. Dabei wird die Hysteresekurve mehrmals durchlaufen. Mit der zunehmenden Entfernung vom Luftspalt nimmt die Wechselfeldstärke allmählich bis auf null ab, das Band ist entmagnetisiert.

Die Information eines Magnetbandes kann mit einem hochfrequenten Wechselfeld gelöscht werden.

Aufnahme

Der durch den Aufnahmekopf fließende Strom hinterlässt eine Magnetisierung, welche proportional zur Schallinformation ist (Bild 1). Die Länge der dadurch entstehenden magnetischen Dipole richtet sich nach der Bandgeschwindigkeit und der Signalfrequenz. Die doppelte Dipollänge wird als *Bandwellenlänge* λ bezeichnet **(Bild 2)**.

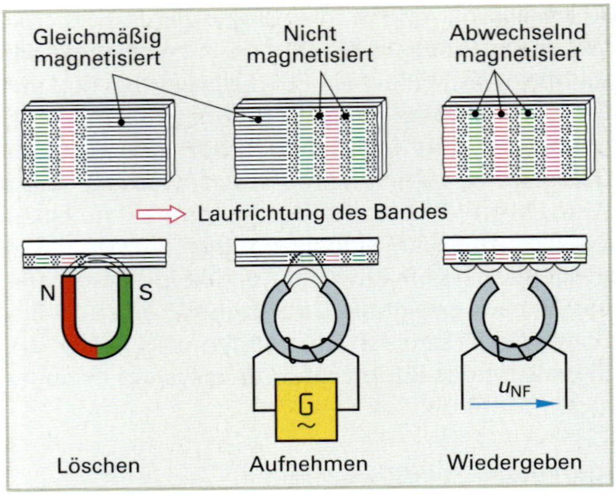

Bild 1: Magnettonverfahren

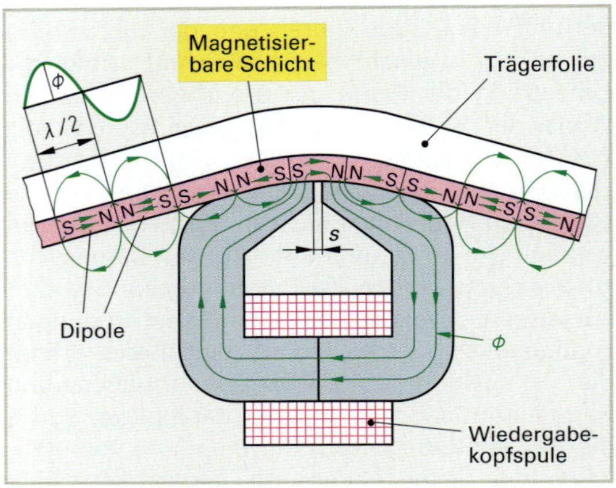

Bild 2: Aufnahmevorgang

$$v = \lambda \cdot f$$

v Bandgeschwindigkeit
λ Bandwellenlänge
f Frequenz

Beispiel 1:

Die Aufzeichnungsgeschwindigkeit beträgt 4,76 cm/s. Die Bandwellenlänge beträgt dabei 4,76 μm. Welche Frequenz wurde aufgezeichnet?

Lösung:

$$f = \frac{v}{\lambda} = \frac{4{,}76\ \frac{\text{cm}}{\text{s}}}{4{,}76\ \mu\text{m}} = \mathbf{10\ kHz}$$

Vormagnetisierung

Die Molekularmagnete brauchen eine gewisse Mindestfeldstärke, damit sie gedreht werden können. Deshalb ist der Zusammenhang zwischen Feldstärke und Remanenz nicht linear. Ohne besondere Maßnahmen wären große Verzerrungen die Folge **(Bild 1)**. Deshalb wird dem niederfrequenten Aufsprechstrom ein Hochfrequenzstrom mit konstanter Amplitude überlagert **(Bild 2)**. Dadurch verschiebt sich der Arbeitspunkt wechselweise von der oberen Kennlinie zur unteren Kennlinie. Der nicht lineare Teil wird dabei unterdrückt. Die Hochfrequenz wird infolge der kleinen Bandgeschwindigkeit und des relativ großen Luftspaltes des Aufnahmekopfes nicht mit aufgezeichnet. Neben der Verringerung der Verzerrungen bewirkt die Hochfrequenz-Vormagnetisierung auch eine Verminderung des Grundrauschens in den Modulationspausen, weil sie auf die Molekularmagnete entmagnetisierend wirkt.

Die Hochfrequenz-Vormagnetisierung verringert Verzerrungen und das Grundrauschen des Bandes.

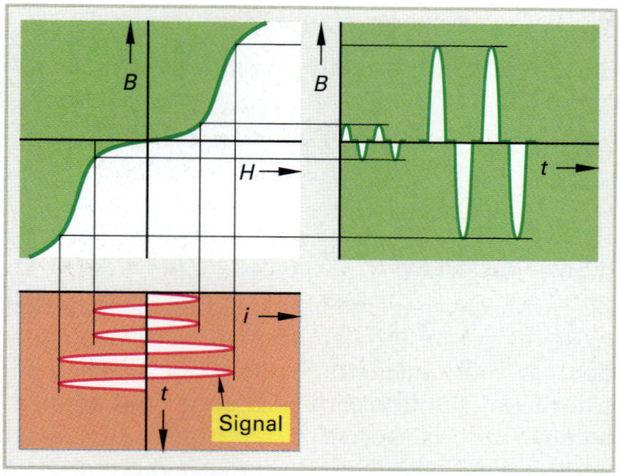

Bild 1: Aufsprechvorgang ohne Hochfrequenz

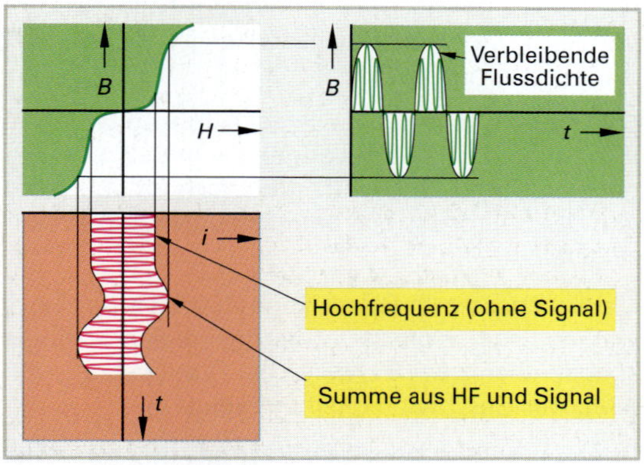

Bild 2: Aufsprechvorgang mit Hochfrequenz

Wiedergabe

Die im Wiedergabekopf induzierte Spannung nimmt mit der Frequenz bzw. Kreisfrequenz ω zu (Omega-Gang). Dabei können nur Frequenzen abgetastet werden, deren Bandwellenlänge größer ist als die Kopfspaltbreite. Sind beide Längen gleich, so heben sich die Wirkungen von zwei Magnetdipolen auf. Es wird keine Spannung mehr induziert. Man bezeichnet dies als *Spalteffekt* **(Bild 3)**. Eine weitere Erscheinung ist der Selbstentmagnetisierungseffekt. Je höher die aufgezeichnete Frequenz wird, umso näher rücken die Magnetdipole zueinander. Dadurch hebt sich ihre Wirkung teilweise auf (Bandflussdämpfung). Durch Wirbelstromverluste und Ummagnetisierungsverluste im Wiedergabekopf sowie durch mangelhaften Band-Kopf-Kontakt werden die hohen Frequenzen gedämpft **(Bild 4)**. Dies führt zu einem starken Verlust hoher Signalfrequenzen, welcher in einem nachfolgenden Verstärker ausgeglichen werden muss.

Bei der Wiedergabe müssen die hohen Frequenzen mehr verstärkt werden als die niedrigen Frequenzen.

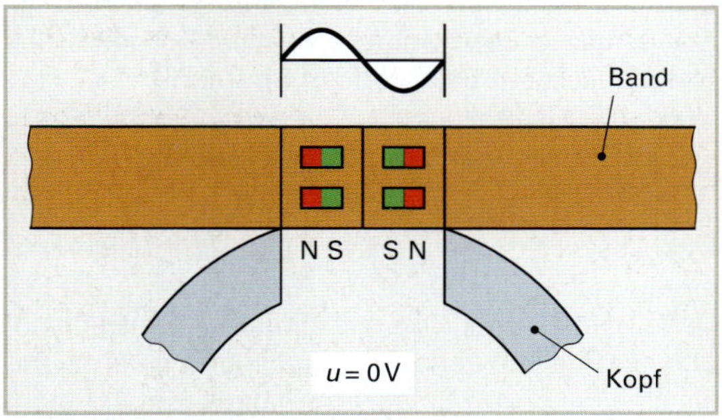

Bild 3: Spalteffekt

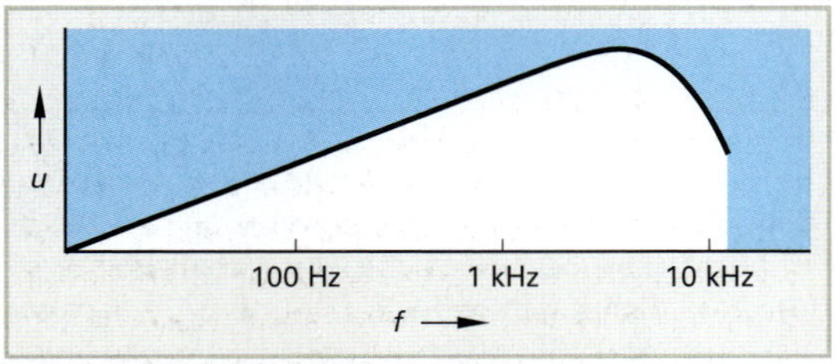

Bild 4: Übertragungskurve bei der Wiedergabe

Magnetbänder

Beim Magnettonverfahren benutzt man als Tonträger eine flexible Folie, z. B. aus Polyester, auf der eine oder mehrere magnetisierbare Schichten in Bandlängsrichtung aufgebracht sind.

6.5.2 Optische Speicher

Bei optischen Speichern unterscheidet man zwischen CD-Speichern, DVD-Speichern und magnetisch-optischen Plattenspeichern **(Tabelle 1)**.

Tabelle 1: Arten von CD-Speichern

Name	Erklärung
CD-ROM	Compact Disc Read-only memory = Kompaktdiskette-Nur-Lese-Speicher
CD-R	R von recordable = aufzeichenbar, hier: einmal beschreibbar
CD-RW CD+RW	RW von to read = lesen und to write = schreiben
DVD-R DVD+R	Digital Versatile Disc Recordable = digitaler Plattenspeicher, einmal beschreibbar
DVD-RAM oder DVD+RW	RAM von Random Access Memory = wiederholt beschreibbarer Speicher
MOD	Magnetic Optical Disc = magnetisch-optische Diskette
BD	Blu-ray Disc = Blaustrahl-Diskette, verwendet blauen Laser

6.5.2.1 CD-ROM

CD-ROM-Speicher sind Lesespeicher, die vom Hersteller einschließlich der Information geliefert werden. Als Informationsträger dient eine einseitig mit einer Aluminiumschicht überzogene Polycarbonatscheibe mit üblicherweise 120 mm Durchmesser und 1,2 mm Dicke. In dieser sind die Informationen in Form von Vertiefungen, den Pits (pit = Grube), und ebenen Flächen, den Lands (land = Land), in die 0,6 µm breite Spur eingeprägt **(Bild 1)**. Zum Vergleich: Ein menschliches Haar ist 30 µm dick, also fünfzigmal so dick.

Die Spuren bilden eine Spirale mit etwa 22000 Windungen (ca. 25 km Länge), die in Sektoren eingeteilt ist **(Bild 2)**. Die CD dreht sich im Laufwerk, von der Datenseite aus betrachtet, gegen den Uhrzeigersinn.

Die Lesegeschwindigkeit kann 150 kB/s bei Laufwerken für einfache Geschwindigkeit (single speed) bis z.B. 6 MB/s bei Laufwerken mit 48-facher Geschwindigkeit betragen.

Der Spuranfang der Spirale ist am inneren Rand der CD. In diesen Sektoren stehen die Daten zur Steuerung der CD, z.B. die Verzeichnisstruktur der CD. Die Sektoren am Spuranfang sind durch mechanische Beschädigungen nicht so gefährdet, wie die äußeren Sektoren am Spurende.

CD-ROMs können nur gelesen werden.

Das Lesen erfolgt blockweise (sektorweise) mit einem scharf gebündelten Laserstrahl (Bild 1). Dabei werden die unterschiedlichen Lichtreflexionen der Pits und Lands vom Lesegerät erkannt und als eine Folge von Binärzeichen bewertet. Auf einer CD-ROM mit 5,25" Durchmesser lassen sich bis zu 800 MB speichern.

CD-ROMs sind preiswerte Massenspeicher zur Archivierung großer Datenmengen.

Die CD besteht aus verschiedenen Schichten **(Bild 3)**. Die Datenspur befindet sich auf einer 0,6 µm dicken Metallschicht. Die Metallschicht ist mit einer Schutzschicht aus UV-unempfindlichem Lack bedeckt. Auf die Schutzschicht wird das Label (= Etikett) gedruckt.

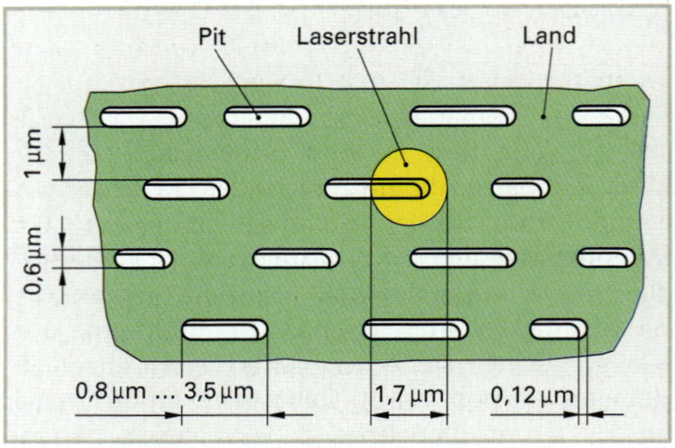

Bild 1: Oberfläche einer CD

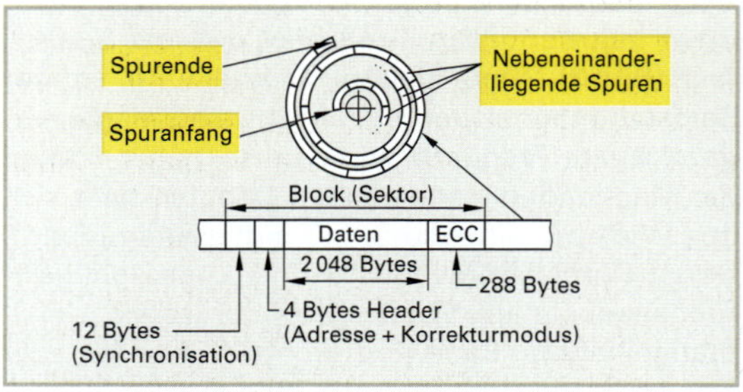

Bild 2: Sektoren und Spuren einer CD

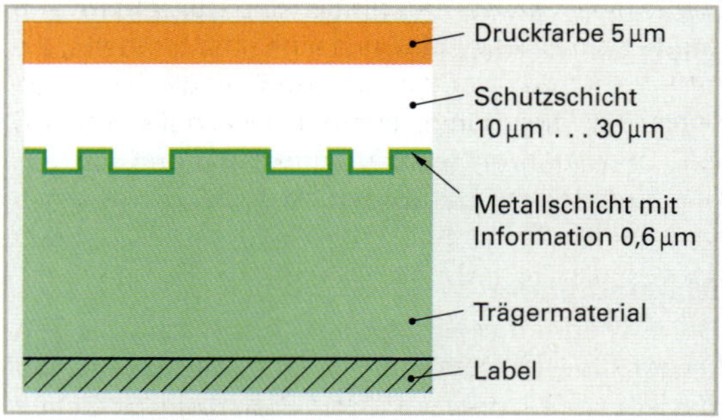

Bild 3: Schichtenaufbau einer CD

6.5.2.2 CD-R

CD-R-Speicher sind ähnlich wie CD-ROMs aufgebaut **(Bild 1)**. Sie können vom Anwender durch Einbrennen von Pits mittels eines Lasers nur einmal mit Daten beschrieben werden. Das Lesen erfolgt über die unterschiedliche Lichtreflexion der Pits gegenüber der normalen Beschichtung beim Abtasten mit einem Laserstrahl.

Jede CD-R kann nur einmal beschrieben, jedoch mehrfach gelesen werden.

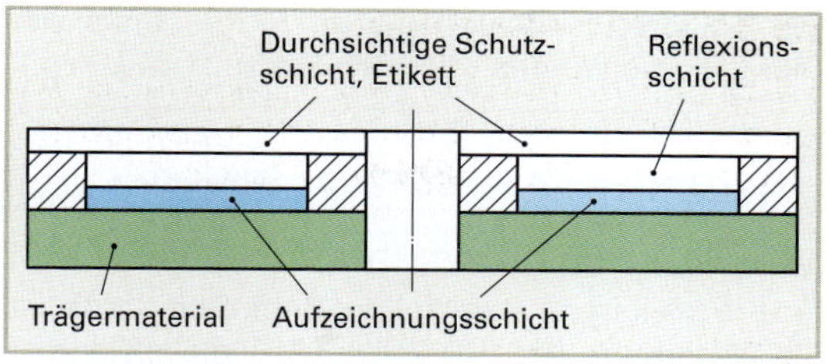

Bild 1: Schnitt durch eine CD

6.5.2.3 CD-Formate

Die verschiedenen Formate für CDs sind in Publikationen, die Books genannt werden, niedergelegt. Diese werden nach der Umschlagfarbe bezeichnet und als Standard benannt **(Bild 2)**.

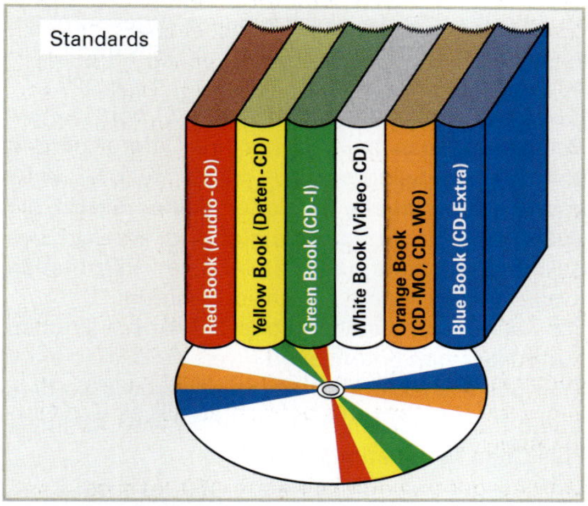

Bild 2: CD-Spezifikationen

Audio-CD (Digital-Audio-CD, CD-DA)

Dieser Standard legt die primäre Organisation von Daten auf einer CD fest (physikalische Struktur, Codierung, Fehlerkorrektur, Sektoren). Audio-CDs basieren auf dem im *Red Book* festgehaltenen ANSI-Standard. Alle nachfolgenden Festlegungen werden von diesem Standard abgeleitet, um Audiodaten digital auf CDs speichern zu können.

Die Spuren (Tracks) werden unterteilt in Sektoren, die 1/75 Sekunden entsprechen. Audio-Daten werden auf einer Audio-CD in 2352 B großen Sektoren gespeichert und grundsätzlich über Zeitangaben adressiert. Die Adressinformationen werden in Sub-Channels gespeichert, die außerdem Fehlererkennungs-Codes und Fehlerkorrektur-Codes enthalten. Eine Audio-CD enthält mindestens eine und maximal 99 direkt anwählbare Spuren. Ein Musikstück entspricht einer Spur. Die maximale Laufzeit einer CD mit 12 cm Durchmesser beträgt 74 Minuten.

Mit 16 Bit Auflösung beträgt das SNR (von Signal-to-Noise-Ratio = Signal-Rausch-Verhältnis) einer typischen CD 96 dB. Mit dem EFM-Code (von Eight-to-Fourteen-Modulation) werden aus anfänglich 192 bit binären Nutzdaten 336 bit EFM-Daten.

Eine Audio-CD hat ein „einfaches Dateisystem“. Am Anfang der CD befindet sich eine Inhaltstabelle, die Informationen über die Lage und Länge der einzelnen Tracks beinhaltet. Für den Fall, dass eine CD verschmutzt oder beschädigt wird, spezifiziert das Red Book einen ECC-Standard (von **E**rror-**C**orrection-**C**ode = Fehler-Korrektur-Code) und EDC-Standard (von **E**rror-**D**etection-**C**ode = Fehler-Erkennungs-Code).

Daten-CD (CD-ROM)

Im *Yellow Book* ist der ANSI-Standard für Daten-CDs (CD-ROM) und damit die grundsätzliche Organisation von Daten auf einer CD festgelegt. Über den Red-Book-Standard hinaus werden zwei Sektortypen (Modes) unterschieden **(Tabelle 1)**.

Tabelle 1: Sektortypen im Yellow-Book-Standard

Bezeichnung	Bemerkungen
Mode-1	für Computer-Daten, 2048 B Nutzdaten je Sektor, 650 MB je CD-ROM
Mode-2	für komprimierte Audiodaten und Video-/Bild-Daten, 2336 B Nutzdaten je Sektor, 742 MB je CD-ROM

Beide Sektortypen können nicht zusammen in einer Spur verwendet werden, die gleichzeitige Wiedergabe von Computer-Daten und Audio-Video-Daten ist also nicht möglich.

Daten-CDs nach dem Yellow-Book-Standard bestehen meistens nur aus Mode-1-Sektoren.

Für einzelne Dateien führen die Sektoren genaue Adressierungsinformationen am Anfang jedes Sektors. Mode-1-Sektoren haben zusätzliche Fehlererkennungsverfahren und Fehlerkorrekturverfahren (CIRC von Cross Interleave Reed Solomon Code, Layered EDC/ECC von Error Detection Code / Error Correction Code).

Die Sektoren sind in logische Blöcke unterteilt. Diese Blöcke werden über den Sektor adressiert.

In der ISO-9660, als High Sierra[1] bezeichnet, ist das Dateisystem der CD-ROM beschrieben.

Multimedia-CD CD-ROM-XA

Eine Erweiterung des Yellow-Book-Standards ist die Definition der CD-ROM-XA (von e**X**tended **A**rchitecture = erweiterte Architektur), Level 1 und Level 2. Multimediale Anwendungen erfordern bei Multimedia-CDs die gleichzeitige und genau abgestimmte Wiedergabe von Audio-, Video- und Computer-Daten.

Die CD-ROM-XA-Definition ist aus dem *Green Book* entstanden. In ihr wurde eine Differenzierung der Mode-2-Sektoren aus dem Yellow Book beschlossen **(Tabelle 1).** Jeder Sektor besitzt ein Submode-Byte, in dem die globalen Attribute des Sektors festgelegt und die Art der Information (Daten, Audio, Video) spezifiziert werden.

Die Daten von beiden Mode-2-Sektoren können nun zusammen (interleaved = verschränkt) in einer Spur gespeichert und synchron abgespielt werden.

Audio-Daten werden durch ADPCM (von **Ad**aptive **P**uls **C**ode **M**odulation) codiert.

Multimediale Darstellungen werden durch den CD-ROM-XA Standard ermöglicht.

Level 3 für die CD-ROM-XA-Erweiterung enthält Spezifikationen für MPEG-Video (von **M**otion **P**ictures **E**xperts **G**roup) und GEO (von **G**eneric **O**peration **E**nvironment) zur Identifizierung des Computers.

CD-Interactive CD-I

Das Green Book beschreibt den Standard CD-I (von Compact Disk Interactive), der von Philips für interaktive Multimedia-Anwendungen konzipiert ist. Eine CD-I kann nur mit einem entsprechenden Abspielgerät wiedergegeben werden.

Video-CD VCD

Der Standard für die Erstellung von Video-CDs ist im *White Book* festgeschrieben **(Tabelle 2).** Video-CDs können von CD-I-Spielern, speziellen Video-CD-Spielern oder am Computer auf CD-Laufwerken mit CD-ROM-XA-Unterstützung (Standard) und MPEG-Decoder oder eigener Video-CD-Software abgespielt werden.

CD-MO, CD-WO

Im *Orange Book* werden die Beschreibungstechniken für magneto-optische Medien (MO-Medien) und CDs für kleine Auflagen definiert. Der Standard behandelt im Teil 1 wiederbeschreibbare, im Teil 2 einmalig beschreibbare CD-WOs (von **W**rite-**O**nce) und im Teil 3 die Spezifikation der CD-RW (von **R**ead/**W**rite).

Grundlage aller CDs ist eine Scheibe aus Polycarbonat. Eine beschreibbare CD, auch CD-WORM (**W**rite **O**nce **R**ead **M**any), CD-WO oder CD-R (Recordable) genannt, unterscheidet sich jedoch im Aufbau von einer gepressten CD **(Tabelle 3).** Für ein CD-Lesegerät (Audio-CD-Spieler, CD-Laufwerk) verhält sich die CD-R optisch genauso wie eine gepresste CD.

Tabelle 1: Sektortypen im CD-ROM-XA-Standard

Bezeichnungen	Bemerkungen
Level 1 = Mode-1 / Form 1	EDC/ECC des Red Books, außerdem noch zusätzliche 276 Bytes pro Sektor zur Fehlerkorrektur, 2048 B Nutzdaten
Level 2 = Mode-2 / Form 2	Keine zusätzliche Fehlerkorrektur, Sektor für komprimierte Audio-/Video-Daten, 2324 B Nutzdaten

Tabelle 2: Sektortypen im Video-CD-Standard

Bezeichnungen	Bemerkungen
Erste Spur	Ein ISO-9660-Dateisystem mit den Verzeichnissen für CD-I, MPEG-AV und VCD
Weitere Spuren	CD-ROM-XA-Sektoren des Typs Mode-2/Form 2 mit den MPEG-codierten Audio-/Video-Sequenzen, die in MPEG-AV aufgelistet sind

Tabelle 3: Beschreibungstechniken (Orange Book)

Bezeichnungen	Bemerkungen
Gepresste CD	Dateninformation durch Vertiefungen (Pits) und ebene Flächen (Lands) codiert. Beim Auslesen der CD mit einem Laser werden Pits und Lands aufgrund unterschiedlicher Reflexion des Laserlichts unterschieden.
CD-R	Der Schreib-Laser der CD-Schreibeinheit verändert die Reflexionseigenschaften einer Schicht. Wegen des organischen Farbstoffes schimmert die CD-R auf einer Seite grünlich oder bläulich.

- CDs werden in Tracks und Sessions unterteilt. Eine Session (Sitzung) besteht aus Dateien, die in einem Vorgang auf die CD gebrannt werden.
- Eine Session umfasst einen oder mehrere Tracks. Auf einer CD können mehrere Sessions stehen **(Multisession-CD).** Eine Session darf höchstens einen Daten-Track, aber mehrere Audio-Tracks umfassen.

[1] amerik. High Sierra, Hotelname in Kalifornien

Der Standard des *Orange Books* beinhaltet weiterhin das Schreiben von mehreren Sitzungen (Write-Once-Sessions, WO-Sessions) auf eine CD. Dies ermöglicht die Erstellung von Multisession-CDs. Jede Sitzung besitzt eine Einleitung (Lead-in), welche das Inhaltsverzeichnis TOC (von Table of Contents) enthält, einen Datenbereich und einen Abspann (Lead-out), der das physikalische Ende einer Sitzung bildet und keine Daten beinhaltet. Die letzte Einleitung umfasst das gesamte Inhaltsverzeichnis der CD.

Enhanced CD, CD Plus, CD-Extra

Dieses neue Format soll verhindern, dass HiFi-Anlagen beim Versuch, eine Datenspur (Datentrack) zu lesen, beschädigt werden. Daher wird im *Blue Book* festgelegt, dass der erste Track eine dem *Red Book* entsprechende Audio-Session sein muss (nur die erste Session kann von normalen CD-Playern gelesen werden). Der im Blue Book festgelegte Standard beschreibt zwei Sessions, eine mit Daten und eine mit Audio-Information **(Tabelle 1).** Eine CD-Extra nutzt das Konzept der Multisession-CD. Ältere CD-ROM-Laufwerke können, auch wenn sie grundsätzlich Multisession-fähig sind, eine CD-Extra eventuell nicht abspielen. Wenn die CD mit einer Audio-Spur beginnt, behandeln sie diese als Audio-CD. Da jedoch eine Audio-CD prinzipiell eine Singlesession-CD ist, sucht das CD-Laufwerk gar nicht nach weiteren Sitzungen.

Bootfähige CDs

Von bootfähigen CDs kann ein Betriebssystem geladen werden. Die IDE- bzw. SCSI-Firmware des Rechners muss dazu in der Lage sein. Eine bootfähige CD besitzt eine Boot-Spur und eine optionale ISO-9660-Spur. Zum Schreiben einer bootfähigen CD ist eine Boot-Partition oder eine entsprechende Image-Datei nötig.

6.5.2.4 Dateisysteme von CDs

ISO-9660 (auch bekannt als ECMA-119) ist ein internationaler CD-Standard. Er beschreibt das für CDs wohl wichtigste Dateisystem, das von vielen Plattformen unterstützt wird (DOS, Apple Macintosh, UNIX). Der ISO-9660-Standard weist allerdings eine ganze Reihe von Einschränkungen auf:

- Dateinamen bestehen aus: Name mit 1–8 Zeichen, "." (immer), Erweiterung mit 0–3 Zeichen ("8.[3]").
- Nur folgende Zeichen sind zulässig: "A" ... "Z" (nur Großbuchstaben), "0" ... "9", "_".
- Verzeichnisnamen sind maximal 8 Zeichen lang (keine Erweiterung).
- Verzeichnis-Hierarchien dürfen maximal 8 Ebenen umfassen.

Tabelle 1: Blue-Book-Standard

Bezeichnungen	Bemerkungen
Erste Sitzung, first session	Audio-Daten. Die CD macht damit im Unterschied zu einer Mixed-Mode-CD keine Probleme bei CD-Spielern. Da diese nur eine Sitzung kennen, spielen sie diese erste Sitzung der CD.
Zweite Sitzung, second session	Computer-Daten in CD-ROM-XA-Spuren. Diese können theoretisch am Rechner geöffnet werden.

Lead-in Area = Anfangsbereich einer CD oder Session mit Inhaltsverzeichnis.

Lead-out Area = Bereich am Ende einer CD oder Session als Endemarkierung

CD-Dateisystem Joliet

Diese von der Firma Microsoft entwickelte Erweiterung des ISO-9660-Standards verwendet einen 16-Bit-Zeichensatz, den Unicode. Damit sind fast alle denkbaren Zeichen in Dateinamen erlaubt, die maximal 64 Zeichen lang sein und auch Leerzeichen enthalten dürfen. CDs im Joliet-Format enthalten zwei Dateisysteme. Ein echtes ISO-9660-konformes Dateisystem wahrt die Kompatibilität, während Joliet nur von Microsoft-Betriebssystemen gelesen werden kann.

Das Dateisystem Joliet wird nur von Windows unterstützt.

In der Praxis akzeptieren die meisten Systeme auch Dateinamen und Verzeichnisnamen (z.B. Kleinbuchstaben, Verzeichnisnamen mit Erweiterung), die nicht ganz ISO-9660 entsprechen.

Dateisystem HFS

Das Dateisystem HFS (**H**ierarchical **F**ile **S**ystem) von Apple verfügt über Eigenschaften, die über das ISO-9660-Format hinausführen. Es wird nur von Macintosh-Systemen unterstützt. Erlaubt sind z.B. lange Dateinamen. Ein Macintosh-Rechner kann auch CDs mit ISO-9660-Standard lesen.

Hybrid-CD mit ISO-9660- und HFS-Dateisystem

Eine Hybrid-CD enthält sowohl Datenbereiche mit ISO-9660-Dateisystem als auch mit HFS-Dateisystem. Damit ist sie sowohl von einem Apple-Macintosh-Computer als auch von einem Microsoft-PC lesbar.

Wiederholung und Vertiefung:

1. **Nennen Sie fünf Eigenschaften von CD-ROMs.**
2. **Welche Form hat die Datenspur auf einer CD?**
3. **Aus welchen Schichten besteht eine CD?**
4. **Nennen Sie verschiedene CD-Formate.**

6.5.3 MO-Speicher

MO-Speicher (von magneto-optisch) oder MOD (von **M**agneto-**O**ptical-**D**isc = magnetisch-optische Platte) sind wiederbeschreibbare CD-Speicher. Sie bestehen aus Magnetschichten von 0,1 μm Dicke. Beim Schreiben erhitzt ein Laserbrennfleck örtlich die Magnetschicht in einer vorgeprägten Rille auf etwa 200 °C **(Bild 1).** Durch ein von außen wirksames Magnetfeld in Gegenrichtung zur ursprünglichen Plattenmagnetisierung wird an der Stelle des Brennfleckes die molekulare Magnetschicht umgepolt (Bild 1). Es entsteht ein Bereich (Domäne) mit entgegengesetzter Magnetisierung. Das Lesen der Domänen erfolgt mit einem Laserstrahl kleiner Intensität. Das linear polarisierte Licht wird dabei an der magnetischen Schicht reflektiert und ein wenig in seiner Polarisationsebene gedreht. Diese Drehung hängt von der Magnetisierungsrichtung der Domäne ab und wird durch einen Detektor erkannt.

Das Löschen der aufgezeichneten Informationen erfolgt durch Laserbestrahlung der geschriebenen Domänen und durch ein äußeres Magnetfeld in gleicher Richtung wie die ursprüngliche Magnetisierung. Der Spurabstand beträgt 1,7 μm, die Domänen sind bis 2 μm lang. Die Bitrate liegt bei 50 Mbit/s. Die Zugriffszeit liegt zwischen 20 ms und 70 ms, die Speicherkapazität beträgt z.B. 2,6 GB.

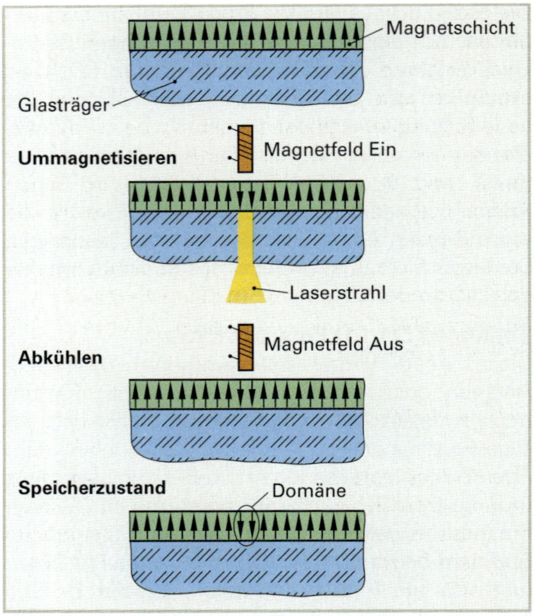

Bild 1: Schreibvorgang bei MOD-Speichern

Tabelle 1: DVD-Spezifikation	
Book	DVD-Typ
A	Read only, Nur-Lesen
B	Video
C	Audio
D	Write-Once, einfach beschreibbar
E	rewriteable, mehrfach beschreibbar

6.5.4 DVD-Speicher

Digital-Versatile-Disc-Speicher können wesentlich mehr Daten als die Compact Disc aufnehmen. Die Dokumentation der DVD-Formate ist in Büchern (books) mit fortlaufenden Buchstaben gekennzeichnet **(Tabelle 1).**

Die Erhöhung der Datenmenge gegenüber einer CD beruht auf

- Vergrößerung der beschreibbaren Fläche,
- schmälerer Datenspur,
- kürzerer Pit-Länge,
- weniger Sektorinformation und weniger Fehlerkorrekturbits,
- 16-Bit-Code-Modulation.

Der Gesamtgewinn ergibt einen Erhöhungsfaktor von 7,5. Auf einer DVD-ROM können so 7,5 · 655 MB ≈ 4,7 GB an Daten gespeichert werden. Zum Lesen dieser kleineren Strukturen werden Laserdioden mit einer Wellenlänge von 635 nm bis 650 nm in DVD-Laufwerken verwendet.

DVD-DS (von **d**ouble-**s**ided = doppelseitig) sind zwei gegeneinandergeklebte einseitige DVDs **(Bild 2).**

Eine DVD kann auch auf jeder Seite zwei Schichten, DVD-DL (von **d**ouble-**l**ayered = doppelschichtig), aufweisen. Die Daten werden mit 10% geringerer Dichte geschrieben.

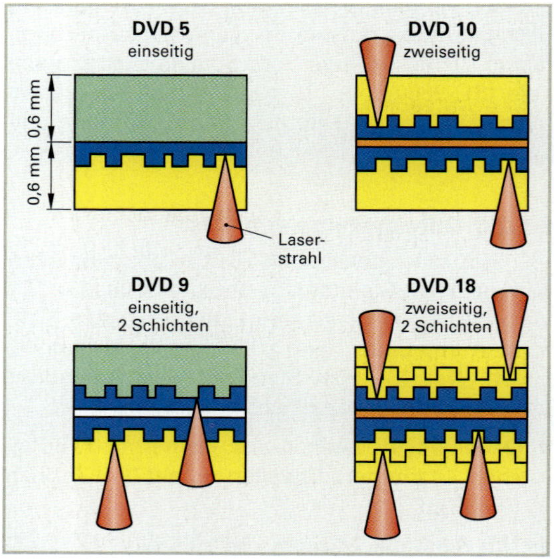

Bild 2: Ausführungsformen von DVDs

Layer 0 ist hierbei die dem Laser zugewandte Schicht, Layer 1 ist die weiter innen liegende Seite.

Die Spur des Layers 0 verläuft von innen nach außen, bei der Spur des Layer 1 wird zwischen zwei Verfahren unterschieden. Beim Parallel-Track-Mode verläuft die Spur genauso wie die des Layers 0. Beim Opposite Track Mode (= Gegenüberliegende-Spur-Modus) verläuft die Spur der des Layers 0 entgegengesetzt von außen nach innen. Dies soll ein kontinuierliches Abspielen ermöglichen. DVD-DLs erfordern zwischen den beiden Schichten eine physikalisch nicht genutzte Schicht, die Middle Area (= mittlerer Bereich).

Bei einer DVD-5 und DVD-10 dient Aluminium als Reflektor **(Tabelle 1)**.

DVDs können bis zu 50 GB Daten speichern.

Eine DVD-9 besitzt zwei Datenebenen, die ein Laserstrahl von einer Seite aus lesen kann. Dazu muss die erste halb durchlässig sein, die zweite voll reflektierend. Als voll reflektierender Layer wird Aluminium auf eine Seite aufgetragen. Die halb reflektierende Ebene besteht in der Regel aus Gold (Au) oder Silicium (Si) und wird auf die zweite Seite aufgetragen.

Das Datenformat einer DVD ist in ISO-13490 spezifiziert.

Zur Standardisierung der verschiedenen DVD-Typen und Schreibverfahren bzw. Leseverfahren haben sich verschiedene Hersteller im DVD-Forum zusammengeschlossen. Bisher spezifiziert sind die Formate DVD-Video, DVD-ROM, DVD-Audio, DVD-R (von recordable = aufnehmbar), DVD-RW (von rewriteable = wiederbeschreibbar), DVD-RAM und die Aufnahmestandards DVD-Video-Recording und DVD-Audio-Recording.

Durch Verwendung von Lasern mit blauer Strahlung vervierfacht sich das Speichervermögen auf etwa 50 GB. Die DVD werden mit BD (von Blue-Ray-Disc) bezeichnet. BD-R sind einmal beschreibbare BD, BD-RE (von Rewritable) sind mehrfach beschreibbare BD.

6.5.4.1 DVD-R

Bei den einmal beschreibbaren Rohlingen werden die Informationen durch den Laser in eine Schicht aus organischer Farbe eingebrannt **(Bild 1)**. Die vorher durchsichtigen Stellen werden hierbei lichtundurchlässig und absorbieren das Laserlicht. So entstehen beim Brennen eines Rohlings eine Reihe von unterschiedlich reflektierenden Stellen, die den Pits und Lands einer gepressten DVD entsprechen.

Tabelle 1: DVD Spezifikation (Auszug)

Bezeichnung	Nettodatenkapazität in GB netto	brutto	Kapazität für Videolaufzeit
DVD-5	4,38	4,7	> 2 h
DVD-9	7,95	8,5	4 h
DVD-10	8,75	9,5	4,5 h
DVD-18	15,9	17	> 8 h

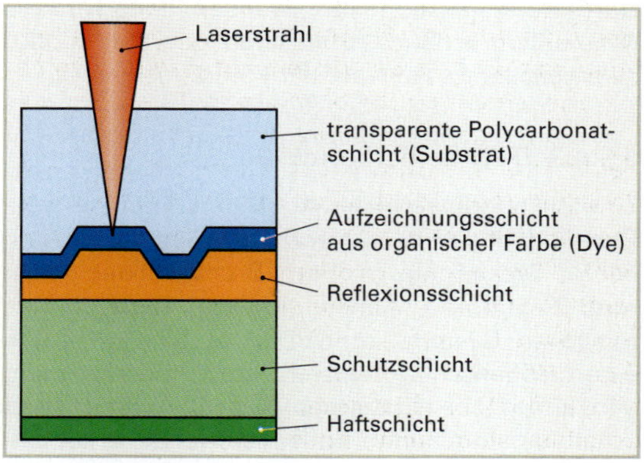

Bild 1: Aufbau einer DVD-R

Tabelle 2: DVD-Schreibverfahren

	DVD-RAM	DVD-R	DVD-RW	BD
Laserwellenlänge	650 nm	430 – ≈ 650 nm	650 nm	650 nm
Reflexionsgrad	18% bis 85%	40% bis 30%	18% bis 30%	18% bis 30%
Kompatibel zu Standard-DVD	nein	ja	ja	nein

6.5.4.2 DVD-RW

Hier wird die Informationsschicht durch die Erhitzung mit einem Laser nicht zerstört, sondern nur verändert. Das Material ist nach dem Abkühlen entweder amorph oder kristallin. Dadurch ist das Reflexionsverhalten entweder gut oder schlecht.

Eine normale DVD reflektiert 45 % bis 85 % des Laserlichts **(Tabelle 2)**. Da die Reflexion bei wiederbeschreibbaren Rohlingen nur zwischen 18 % und 30 % beträgt, kann es zu Problemen beim Abspielen von DVD-RWs kommen.

Die Form der Datenspeicherung stimmt bei allen beschreibbaren Formaten überein. Bei der Herstellung wird jedem Rohling eine Spur (Groove) eingeprägt **(Bild 1, folgende Seite)**. Diese Spur verläuft spiralförmig von innen nach außen, nimmt beim Brennen die Daten auf und hält den Laser radial in der Spur. Zwischen den Grooves verläuft ebenfalls spiralförmig das Land.

DVDs werden mit konstanter Datendichte bzw. mit konstanter Bahngeschwindigkeit bei CLV-Laufwerken (von **C**onstant **L**inear **V**elocity = gleich bleibende Geschwindigkeit) beschrieben.

Ein Laserstrahl tastet die Informationsspur einer DVD beim Lesen ab **(Bild 2)**. Dieser setzt die Informationen in elektrische Signale um. Die Metallschicht mit den Daten reflektiert den Lichtstrahl entsprechend den Pits und Lands. Beim zweiten Durchlaufen der doppelbrechenden Platte wird die Polarisation erneut um 45 Grad gedreht, sodass alles reflektierte Licht auf der Fotodiode landet.

6.5.4.3 DVD-Fehlerkorrektur

Eine Zylinderlinse bildet das Bild auf ein Vierfach-Fotodiodenfeld ab. Idealerweise fallen die Ebenen beider Brennlinien in ihren Brennpunkten kreisrund zusammen. Ändert sich der Abstand vom optischen System zur DVD zum Beispiel durch einen Höhenschlag, entsteht statt eines kreisrunden Bildes ein elliptisches Bild. Die vier Dioden erhalten dadurch unterschiedlich viel Licht. Die Differenz der Signale liefert einen Korrekturwert zum Nachstellen des Fokus.

Es werden auch Tracking-Fehler (track = Spur) erkannt. Tastet der Laserstrahl nicht exakt die Pitspur ab, sondern entfernt sich seitlich davon, erkennt dies der Fotodetektor ebenfalls. Mit einer Fehlerspannung gibt er die Anweisung zum erneuten Positionieren.

Die Informationen werden in einem Datenrahmen zusammengefasst **(Bild 3)**. Jeder Datenrahmen besteht aus 2064 B. Diese sind in 12 Zeilen zu je 172 B angeordnet. In der ersten Zeile befinden sich160 B Nutzdaten. Ihnen ist ein Header von 12 B vorangestellt. Dessen erste 4 B enthalten Informationen über die Anzahl der Layer und die Reflektionseigenschaften der DVD sowie die Art der Daten („Read-only", Lead-in, Lead-out, Mittelzone, Datenbereich). Auf dieses ID-Feld folgen 2 B Fehlererkennung und 6 B Copyright-Informationen für einen Videofilm. Jede der folgenden 10 Zeilen enthält 172 Byte mit Nutzdaten („Main Data"). Die letzte Zeile besteht aus 168 B Nutzdaten und 4 B Fehlererkennung.

Wiederholung und Vertiefung:

1. **Beschreiben Sie den Schreibvorgang bei einem MO-Speicher.**
2. **Welche Verbesserungen ermöglichen bei einer DVD eine Erhöhung der Datenmenge?**
3. **Beschreiben Sie den Aufbau einer DVD-R.**
4. **Welche verschiedenen Informationen enthält ein DVD-Datenrahmen?**

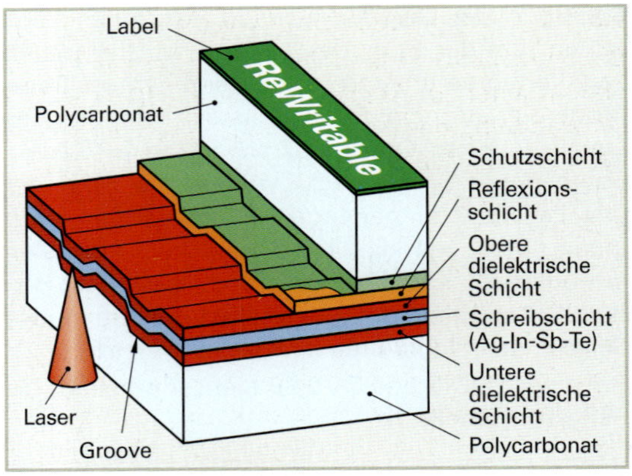

Bild 1: *Aufbau einer DVD-RW*

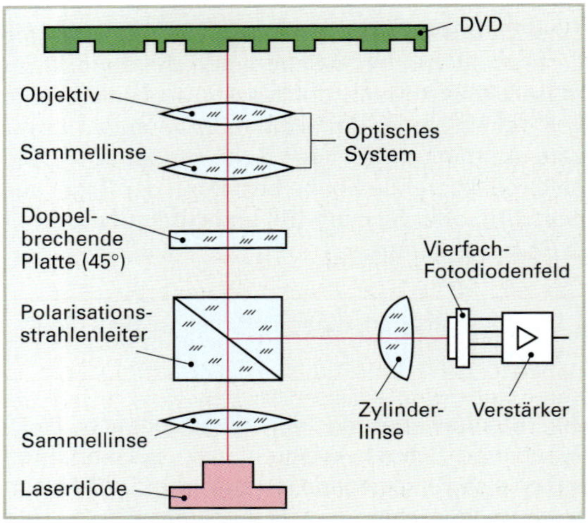

Bild 2: *Lesen einer DVD*

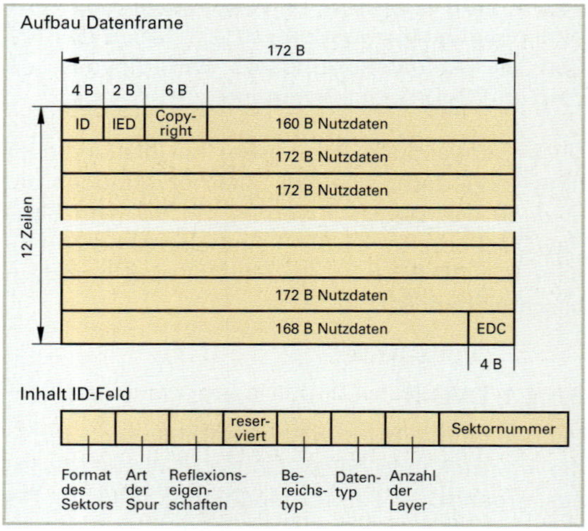

Bild 3: *DVD-Datenrahmen*

6.5.5 Digitalschallplattenverfahren

Auf einer Digitalschallplatte (Compact Disc, CD) ist die Schallinformation als Digitalsignal gespeichert.

6.5.5.1 Prinzipielle Wirkungsweise

Die aufzunehmenden NF-Signale werden über Tiefpassfilter zur Abtaststufe geführt **(Bild 1)**. Die Umwandlung des Analogsignals in ein Digitalsignal erfolgt in den Schritten

- Filterung,
- Abtastung,
- Quantisierung und Codierung.

In zeitlich kleinen Abständen werden dem Eingangssignal Momentanwerte entnommen **(Bild 2)**. Eine Quantisierungsschaltung aus AD-Umsetzer und Parallel-Serien-Umsetzer erzeugt dann aus diesem PAM-Signal Binärsignale mit einer Breite von 16 bit. Deren codierter Zahlenwert ist ein Maß für die Höhe der Pulsamplitude des PAM-Signals.

Die Bitrate jedes Kanals wird b_{rK} = 44,1 kHz · 16 bit = 705,6 kbit/s. Am Ausgang des MUX (Bild 1) beträgt die Bitrate des Stereosignals $b_r = 2 \cdot b_{rK}$ = 2 · 705,6 kbit/s = 1,378 Mbit/s.

Die Abtastfrequenz (Samplingfrequenz) muss mehr als doppelt so hoch sein wie die höchste zu übertragende Frequenz der NF-Signale, da sonst Verfälschungen entstehen. Bei der CD verwendet man z.B. 44,1 kHz als Abtastfrequenz.

Die beiden Tiefpassfilter sorgen dafür, dass keine höheren NF-Frequenzen als 20 kHz auf die Abtaststufen gelangen. In einem Multiplexer werden die beiden Kanäle des Stereotones zusammengeführt und in einer Addiermatrix werden dem Datenstrom noch zusätzliche Bits für Steuerung und Paritätsprüfung hinzugefügt.

6.5.5.2 Aufbau einer Digitalschallplatte

Die Digitalschallplatten werden aus Polycarbonat gepresst. Die Pits liegen geschützt im Innern der 1,2 mm dicken Platte **(Bild 3)**. Die obere Seite ist mit einer Spiegelschicht versehen. Darauf folgen ein Schutzlack und das Plattenetikett (Label). Diese Seite ist die eigentlich empfindliche Seite der CD, denn durch Kratzer kann die Spiegelschicht beschädigt werden, was dann einen Datenverlust zur Folge hat.

6.5.5.3 Wiedergabe

Die auf der CD gespeicherten Informationen werden durch Abtastung zurückgewonnen (Bild 3). Dazu verwendet man einen Laserstrahl, der in einem Linsensystem gebündelt wird. Der Strahl hat an der Plattenoberfläche einen Durchmesser von 0,8 mm.

Die zurückgeworfenen Laserstrahlen gelangen zu einer halbdurchlässigen Fläche eines Prismensystems und werden zu einem Fotodiodensystem umgelenkt. Auf ihm entstehen die Rechteckimpulse des Datenstromes.

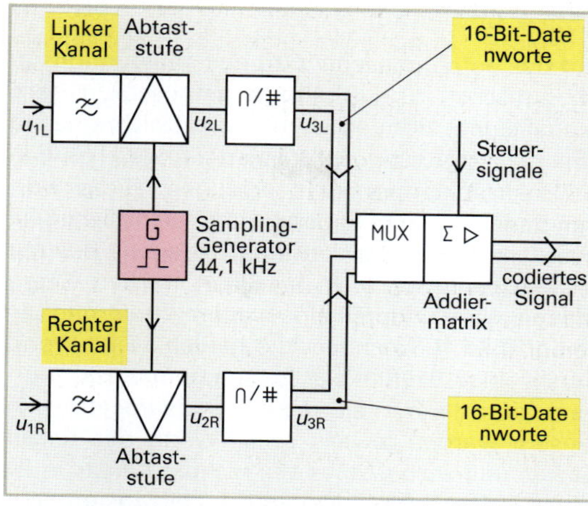

Bild 1: Übersichtsschaltplan für die AD-Umsetzung und die Codierung eines Stereo-Signals

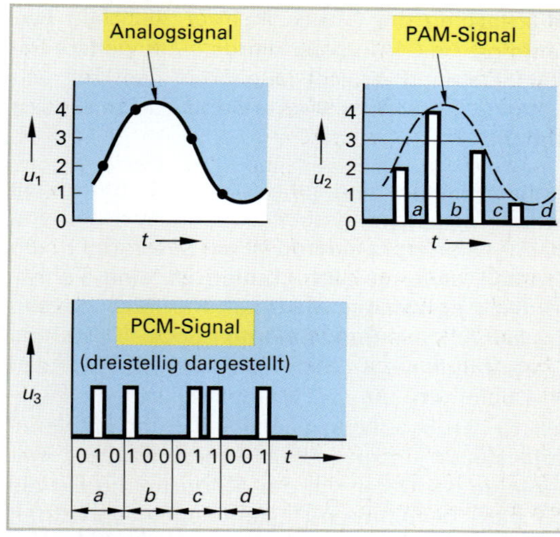

Bild 2: Signale bei der Aufnahme

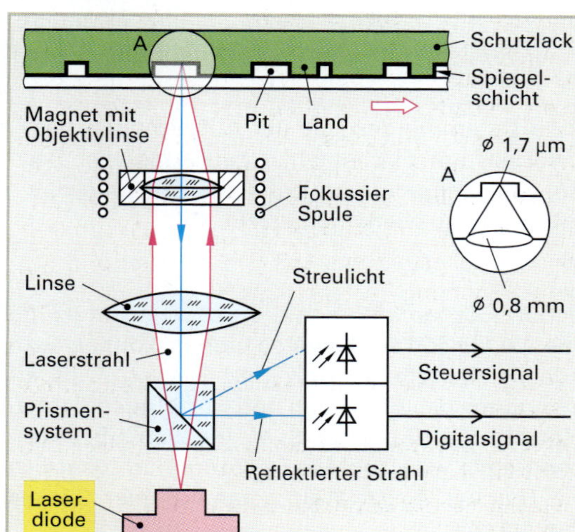

Bild 3: Abtastsystem

6.5.5.4 Codierung

Auf der Aufnahmeseite wird das analoge Tonsignal zunächst in 16-Bit-Worte umgesetzt. Dieses Signal eignet sich noch nicht zur Aufzeichnung auf eine CD. Ungünstige Impulsverteilungen könnten Gleichstromkomponenten erzeugen. Diese würden dann die Signalverarbeitung beeinträchtigen. Ebenfalls könnten fehlerhaft übertragene Bits mit diesem Verfahren nicht korrigiert werden. Diese Mängel werden durch eine weitere Codierung beseitigt **(Bild 1)**. Nachdem die beiden 16-Bit-Worte durch einen Multiplexer zusammengefasst wurden, durchlaufen sie einen Codeumsetzer. In diesem werden jeweils sechs Worte des linken Kanals und sechs Worte des rechten Kanals in 24 Oktetts (Worte der Länge von je 8 bit) zusammengefügt. Im C2-Codierer werden vier Q-Worte (Paritätsworte) hinzugefügt. Die nachfolgende Stufe verschachtelt die Oktetts in ihrer zeitlichen Reihenfolge. Im C1-Codierer werden vier weitere Paritätsoktetts (P-Worte) zugeführt, sodass am Ausgang 32 Oktetts von je 8 bit zur Verfügung stehen.

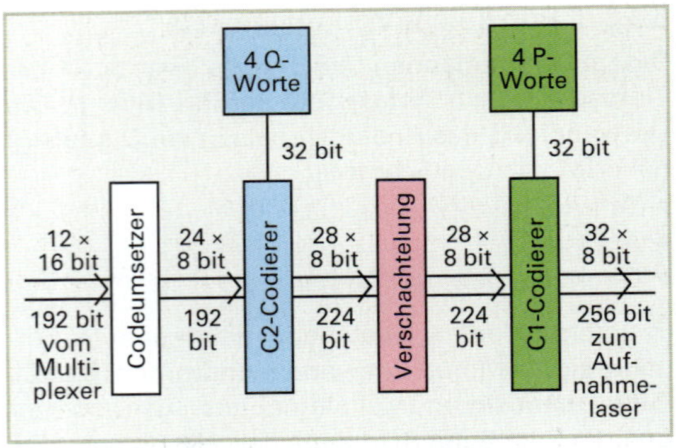

Bild 1: Codierung auf der Aufnahmeseite

CIRC ist ein Korrekturverfahren mit zusätzlichen Korrekturdaten. Bei Lesefehlern lassen sich Daten im Umfang von 500 B bis 2000 B wiederherstellen.

Digitale Signale sind sehr anfällig für Störungen auf der Übertragungsstrecke. Beim Auslesen von CD-Signalen ist in jedem Fall ein bestimmter Fehleranteil unvermeidlich. Daher ist eine Fehlerkorrektur notwendig. Die Daten werden nach dem ***C****ross-****I****nterleave-****R****eed-Solomon-****C****ode* (CIRC von Cross Interleave = übers Kreuz verwürfeln; Reed und Solomon, amerik. Mathematiker) verschlüsselt. Er beruht auf dem Gedanken, Bündelfehler in Zufallsfehler umzuwandeln. Hierzu wird die Reihenfolge der Daten vor der Aufzeichnung auf die CD nach bestimmten, festen Regeln verwürfelt **(Bild 2)**. Bei der Wiedergabe wird dann die ursprüngliche Reihenfolge wiederhergestellt. Auf diese Weise verteilen sich aufeinanderfolgende Datenverluste auf viele kleine Datenbruchstücke.

Die Daten werden vor der Aufzeichnung verwürfelt, um Flächenfehler zu vermeiden. Bei der Wiedergabe wird dann die ursprüngliche Reihenfolge wiederhergestellt.

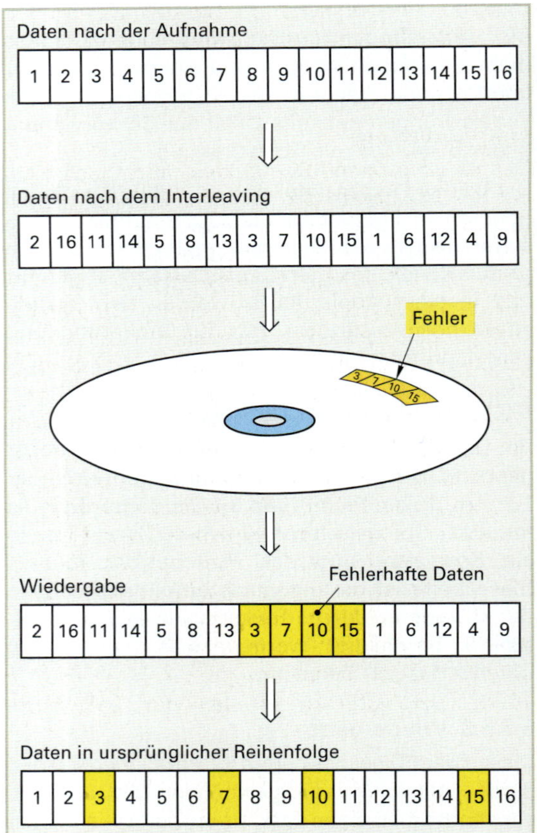

Bild 2: Prinzip des Interleaving-Verfahrens (Bitverschachtelung)

Neben *Flächenfehlern*, die durch Verschmutzung oder Verkratzen der Platte entstehen, können auch zufällige Einzelfehler korrigiert werden. Dies erfolgt durch das Errechnen und Hinzufügen der Paritätsbits. Die Daten 12, 3, 14, 9 sollen z. B. sicher übertragen werden. Man überträgt nun zusätzlich die Summe dieser Werte, nämlich hier 38, als Paritätszahl.

$12 + 3 + 14 + 9 \Rightarrow 38$ (zusätzliche Übertragung)

Geht nun die 14 auf dem Übertragungsweg verloren, so kann dieser fehlende Wert mithilfe der Summe errechnet werden.

$38 - (12 + 3 + 9) = 14$ (fehlender Wert)

Den Informationsbits werden zusätzliche Paritätsbits hinzugefügt, um Fehler erkennen zu können.

Am Ausgang der CIRC-Codierung steht nun die Datenstruktur. Die gesamte Anordnung der Informationsworte, der P-Worte und der Q-Worte bezeichnet man als *Frame* (Rahmen).

Kontrollsignal

Zu dem Frame mit der Länge von 256 bit wird nun noch ein Kontrollsignal mit der Länge von 8 bit hinzugefügt. Diese 8 Bits werden mit P, Q, R, S, T, U, V, W bezeichnet (Subcode = Untercode). Somit enthält nun ein Frame eine Länge von 264 bit und dauert 136 µs **(Bild 1)**. Die Informationen P und Q enthalten die Musikstücknummern und die Zeitimpulse für die Spielzeitangaben. Die Informationen R bis W dienen zur Darstellung von Grafiken oder Texten mithilfe eines Bildschirmgerätes.

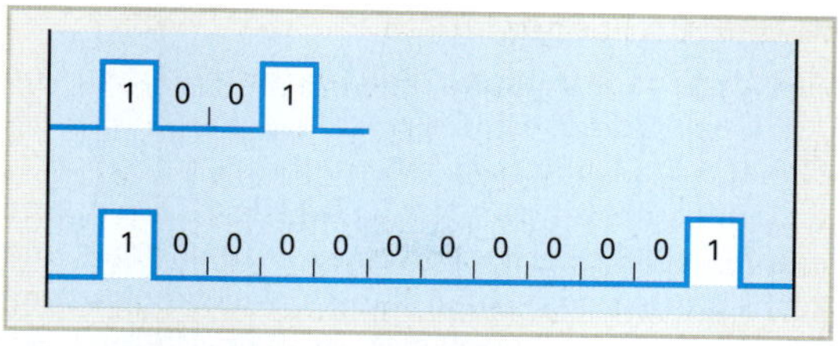

Bild 2: Minimale und maximale Pitlängen

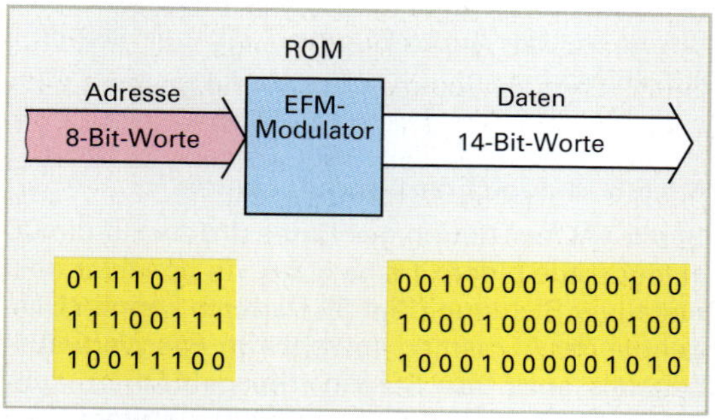

Bild 3: EFM-Codierung

EFM-Codierung

Das so gewonnene Signal kann aber noch nicht auf die CD übertragen werden. Erfolgen Pegelübergänge selten, entstehen an den Fotodioden des Abtastsystems niederfrequente Spannungen oder gar Gleichspannungskomponenten. Dadurch wird das Servosystem gestört. Erfolgen die Übergänge zu schnell, können sie nicht sauber erkannt werden. Außerdem muss sichergestellt werden, dass aus dem aufgezeichneten Signal der Systemtakt zurückgewonnen werden kann, da ein zusätzlicher Takt nicht mitübertragen wird. Deshalb wurde die 8-14-Modulation (**E**ight-to-**F**ourteen-**M**odulation, EFM) geschaffen. Damit die Pits weder zu lang noch zu kurz werden, müssen zwischen zwei binären 1-Werten mindestens zwei binäre 0-Werte auftreten. Maximal aber dürfen nur 10 binäre 0-Werte hintereinander erscheinen **(Bild 2)**. Da die 8-Bit-Worte diese Regel verletzen, setzt man diese in 14-Bit-Worte um. Von den 2^{14} = 16384 Kombinationen erfüllen nur 267 Worte diese Bedingung. Es werden davon 2^8 = 256 Kombinationen gebraucht. Mithilfe eines ROM wird diese Codierung durchgeführt **(Bild 3)**.

Bei der EFM-Modulation werden 8-Bit-Worte 14-Bit-Worte umgesetzt.

Merginbits

Um bei einem Übergang von einem Wort zum anderen die 0/1-Regel (Regel hinsichtlich der 0-Werte und 1-Werte) erfüllen zu können, werden anschließend jeweils drei Koppelbits (Merginbits to merge = verschmelzen) eingefügt.

Synchronisierbits

Damit bei der Wiedergabe die einzelnen Frames aus dem Datenstrom ausgewählt werden können und die Drehzahl geregelt werden kann, sind noch 24 Synchronisierbits an den Anfang eines jeden Frames angefügt **(Bild 1, folgende Seite)**.

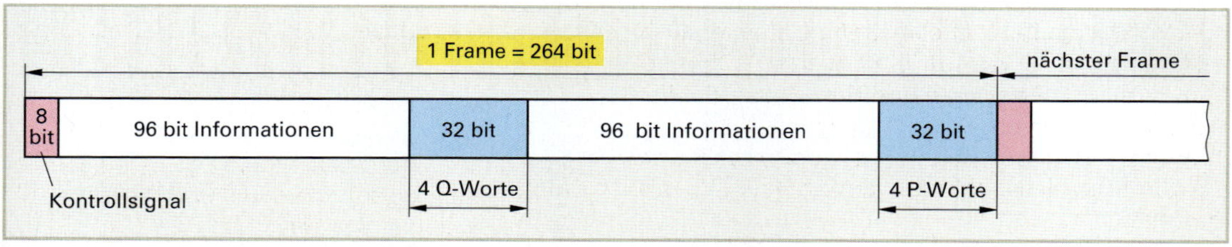

Bild 1: Struktur eines Frames mit Kontrollsignal

Komplette Framestruktur

Aus den ursprünglichen Audioinformationen von 192 bit sind durch CIRC-Verschlüsselung, Kontrollsignal, EFM-Codierung, Merginbits und Synchronisierbits 588 bit geworden **(Tabelle 1)**. Ein Frame enthält jeweils sechs Worte des linken Kanals und sechs Worte des rechten Kanals, welche gleichzeitig mit 44,1 kHz abgetastet werden. Dadurch erhält man eine Frame-Wiederholrate von 44 · 100/6 Hz = 7350 Hz. Daraus ergibt sich eine Bitrate auf der Audio-CD von 7350 1/s · 588 bit = 4,3218 Mbit/s.

Tabelle 1: Bestandteile eines Frames

Bestandteil	Vor EFM-Codierung	Nach EFM-Codierung
Synchronisierwort		24 bit
Merginbit		34·3 bit = 102 bit
Kontrollsignal	1·8 bit = 8 bit	14 bit
Audioinformation	24·8 bit = 192 bit	24·14 bit = 336 bit
Parität	8·8 bit = 64 bit	8·14 bit = 112 bit
Anzahl bit/Frame	264 bit	588 bit

6.5.5.5 Aufzeichnen und Abtasten

Bei der Aufzeichnung des Datenstroms auf die CD erzeugt jede binäre 1 eine Flanke in positiver oder negativer Richtung **(Bild 2)**. Dadurch können L-Pegel bei der Abtastung sowohl von *Pits* (Vertiefungen) als auch von Stegen (Spiegelflächen, auch *Lands*, land = Landstück, genannt) stammen.

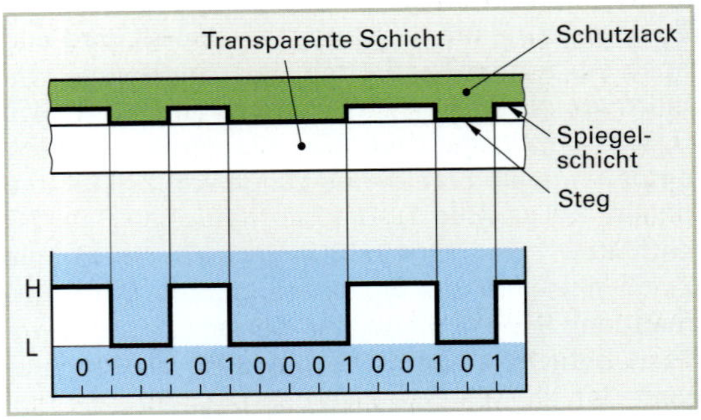

Bild 2: Aufzeichnung der Bits

Einstrahlsystem

Bei diesem Typ wird die Laserstrahlung durch einen halbdurchlässigen Spiegel zur CD-Oberfläche gelenkt. Nach ihrer Reflexion gelangt sie durch den Spiegel auf ein speziell geschliffenes Prisma, welches den Strahl teilt **(Bild 3, links)**. Die beiden Teilstrahlen beleuchten nun vier Fotodioden. Durch Addition der vier Teilspannungen erhält man den Datenstrom. Folgt der Laserstrahl nicht exakt der Spur, werden die Fotodioden unterschiedlich beleuchtet.

Dreistrahlsystem

Auch bei diesem System wird nur ein Laser gebraucht. Der Strahl wird hier allerdings in drei Strahlen aufgeteilt. Ein Hauptstrahl besorgt das Auslesen der Information, zwei Hilfsstrahlen dienen der Spurnachführung. Das von der CD reflektierte Licht gelangt auf die Fotodetektoren **(Bild 3, rechts)**. Aus der Strahlabbildung kann auf die Fokussierung geschlossen werden.

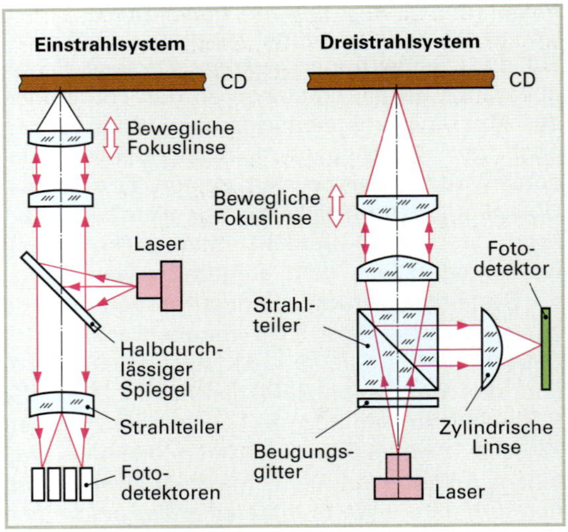

Bild 3: Strahlsysteme

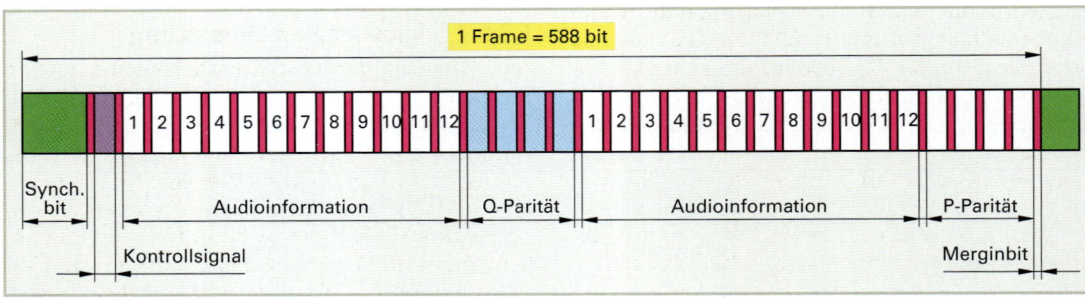

Bild 1: Komplette Framestruktur

6.5.5.6 Signalgewinnung

Die Impulse des von der CD kommenden Signals sind stark verschliffen und müssen deshalb für die weitere Verarbeitung regeneriert werden. Wegen seiner Form wird es Eye-Pattern-Signal (Eye Pattern = Augenmuster) oder Augendiagramm genannt **(Bild 1)**. Nach der Impulsformung erhält man das EFM-Signal.

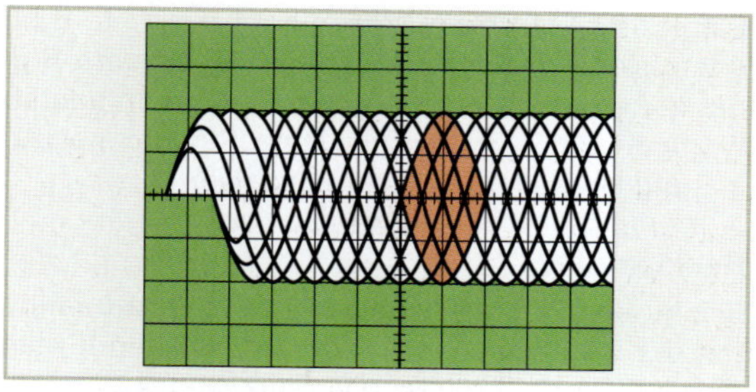

Bild 1: Eye-Pattern-Signal

Taktrückgewinnung

Im EFM-Signal steckt der Systemtakt. Die von den Pits erzeugten Flanken erscheinen in diesem Takt oder einem Vielfachen davon. Mithilfe einer PLL-Schaltung wird daraus eine kontinuierliche Taktrate gewonnen.

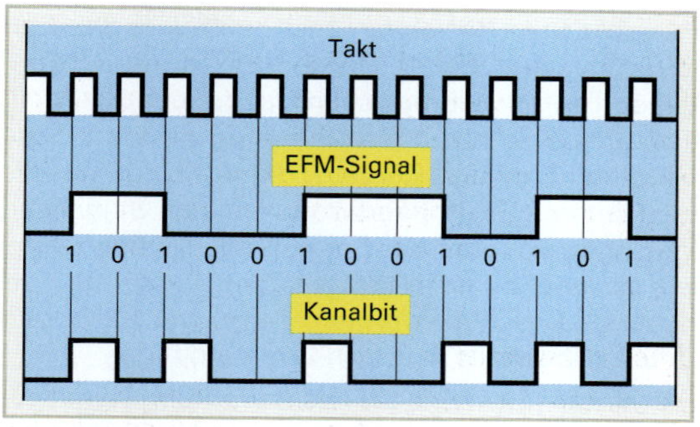

Bild 2: Erzeugung von Kanalbits

EFM-Demodulation

Bei der Aufzeichnung erzeugt jede binäre Eins eine Flanke. Das Signal muss deshalb in einer speziellen Schaltung noch so umgeformt werden, dass daraus wieder die einzelnen Kanalbits entstehen **(Bild 2)**. Aus dieser so gewonnenen Bitfolge werden nun die 24 Synchronbits abgetrennt und einer Synchronisierschaltung zugeführt, welche einen 7350-Hz-Impuls erzeugt. Ebenso werden die Merginbits ausgetastet. Die Worte der Breite von 14 bit werden an einen ROM gelegt. Am Ausgang dieser Schaltung stehen dann die entsprechenden 16-Bit-Worte **(Bild 3)**.

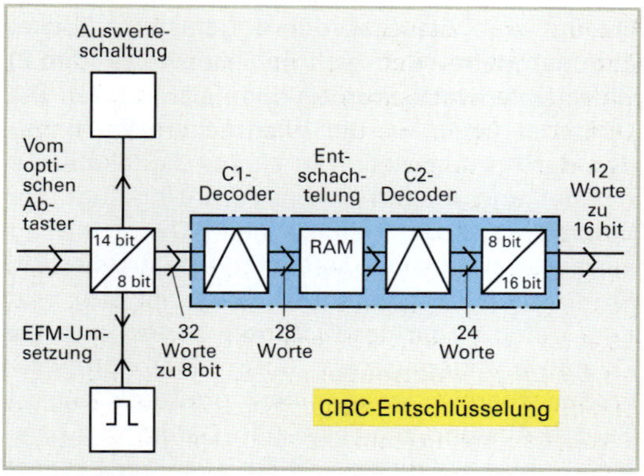

Bild 3: Übersichtsplan der Signalrückgewinnung

Fehlerkorrektur

Das so erhaltene Signal wird der Fehlerkorrekturschaltung zugefügt. Zuerst wird aber noch der Subcode ausgekoppelt. In einer Auswerteschaltung werden jeweils 98 Frames (Subcodeblock) zusammengefasst, decodiert und zurückgegeben. Die so erhaltenen Bits sind die eigentlichen Träger des NF-Signals. Sie müssen aber noch von Fehlern befreit und entschachtelt werden. Im C1-Decoder wird mithilfe der P-Paritätsworte und Q-Paritätsworte das Signal auf Fehler untersucht und gegebenenfalls korrigiert (Bild 3). Gelingt dies nicht, versucht der C2-Decoder die Fehlerkorrektur durchzuführen. Vorher aber wird noch die Verschachtelung der Datenblöcke rückgängig gemacht. Dazu wird das Signal in einen RAM eingelesen und in der entschachtelten Reihenfolge wieder ausgelesen. Ist in den Decodern keine Fehlerkorrektur möglich, müssen Maßnahmen zur Fehlerverdeckung getroffen werden. Ist der Datenausfall zu groß, bleibt als letztes Mittel noch die Stummschaltung.

6.5.5.7 Digital-Analog-Umsetzung

Am Ausgang der CIRC-Entschlüsselung stehen nun 12 Worte (Symbole) zu 16 bit. Diese enthalten die eigentliche NF-Information. Für die Umsetzung ist für die Linksinformation und die Rechtsinformation je ein DA-Umsetzer vorhanden. Einfache Geräte enthalten nur einen Umsetzer. Bei ihnen werden zuerst die 16-Bit-PCM-Daten des linken Kanals und 22,7 µs später die des rechten Kanals umgesetzt. Die daraus entstehenden Phasenfehler werden dann im NF-Signal kompensiert.

Einfachere CD-Spieler decodieren das mit 16 bit quantisierte und auf der Platte gespeicherte Signal auf eine Breite von 14 bit. Die zwei niederstwertigen Bits, welche für kleine Signalpegel zuständig sind, werden nicht ausgewertet.

Realsampling

Erfolgt die DA-Umsetzung wie bei der Aufnahme mit der Taktfrequenz von 44,1 kHz, so nennt man dies Realsampling (real = wirklich).

Oversampling

Bei der DA-Umsetzung entstehen neben dem gewünschten Basisband auch unerwünschte Frequenzbänder **(Bild 1)**. Diese müssen mit aufwändigen Filtern vom Basisband abgetrennt werden. Bei CD-Geräten mit Realsampling müssen diese Filter sehr steilflankig sein, damit Störgeräusche des unteren Seitenbandes nicht in den Signalweg gelangen können. Bei Geräten mit *Oversampling* (Oversampling = Überabtastung) wird die ursprüngliche Abtastfrequenz von 44,1 kHz auf 176,4 kHz erhöht (Vierfach-Oversampling).

Bei einem mit 16 bit quantisierten PCM-Signal gelangt alle 22,7 µs ein neues Wort an den DA-Umsetzer. Die Zeit zwischen zwei Abtastwerten stellt eine fehlende Information dar und äußert sich durch Rauschen. Beim Oversamplingverfahren erzeugt man zwischen den abgetasteten Werten ein oder mehrere zusätzliche Datenworte **(Bild 2)**. Diese Datenworte werden ebenfalls auf den DA-Umsetzer gegeben. Die zusätzlichen Worte werden durch Interpolation in einem Digitalfilter berechnet und in den Datenstrom eingefügt. Dadurch braucht der Tiefpass beim Oversamplingverfahren nicht mehr so steilflankig zu sein **(Bild 3)**. Phasenfehler, die solche Filter mit sich bringen, treten so nicht auf. Zudem verteilt sich das Quantisierungsrauschen über einen größeren Frequenzbereich, was einen größeren Signal-Rausch-Abstand zur Folge hat. Geräte mit Zweifach-Oversampling und 16-Bit-Umsetzer besitzen einen Signal-Rausch-Abstand von 102 dB.

Durch Oversampling wird beim CD-Spieler der Signal-Rausch-Abstand vergrößert.

1-Bit-AD-Umsetzer

Bei herkömmlichen Multibit-Umsetzern führen ungenügende Linearitäten der DA-Umsetzer zu Verzerrungen. Bei den neuen Systemen wird die Umsetzung meist durch einen 1-Bit-Umsetzer (ΔΣ-Wandler, sprich Delta-Sigma-Wandler) vorgenommen. Dadurch werden die Verzerrungen verringert. Das Eimer-Tassen-Modell kann für die

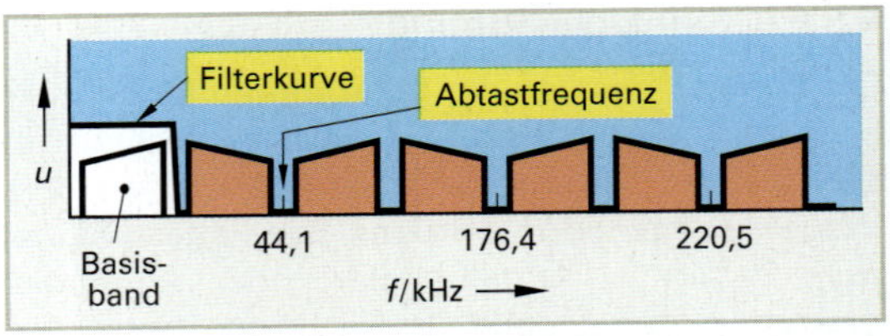

Bild 1: Basisband mit unerwünschten Frequenzbändern beim Realsamplingverfahren

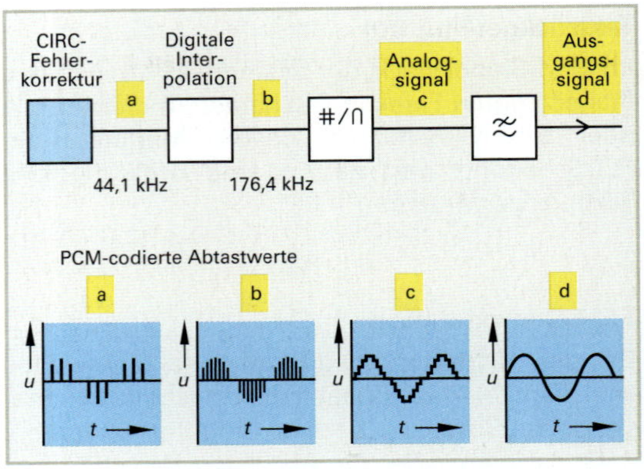

Bild 2: Einfügen von Abtastwerten beim Oversamplingverfahren

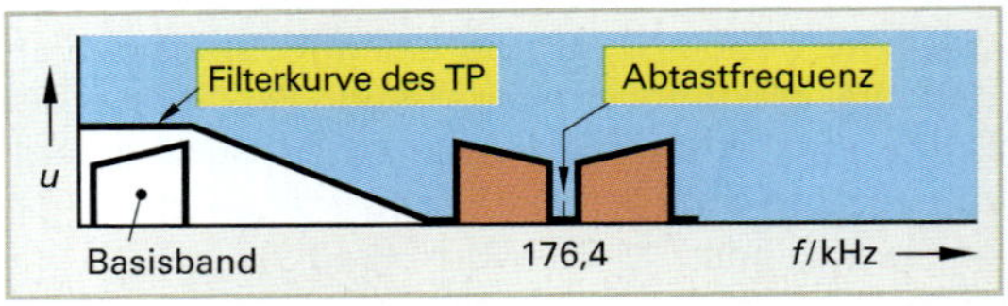

Bild 3: Basisband mit unerwünschten Frequenzbändern beim Vierfach-Oversamplingverfahren

Bild 4: Prinzip des Multibit-Umsetzers und des 1-Bit-Umsetzers

Erklärung herangezogen werden **(Bild 4)**. Bei der konventionellen Umsetzermethode werden Tassen mit unterschiedlicher Größe verwendet. Bei einem 16-Bit-Umsetzer wären z. B. 16 verschieden große Tassen notwendig. Bei der Umsetzung werden die der Wertigkeit entsprechenden Tassen gefüllt und in den Eimer geschüttet. Der Inhalt des Eimers entspricht der Größe des Ausgangssignals. Er ist abhängig von der Genauigkeit (Toleranz) der einzelnen Tassen. Entsprechen diese nicht genau den Wertigkeiten 8-4-2-1, machen sich Unlinearitäten im Ausgangssignal bemerkbar. Da beim 1-Bit-Umsetzer nur eine Tasse vorhanden ist, entfällt dieser Fehler. Eine zu kleine oder zu große Tasse ergibt nur eine Vergrößerung oder Verkleinerung der Ausgangsspannung, aber keine Unlinearität. Allerdings muss das Ausschütten der Tasse hintereinander sehr schnell erfolgen. Die Bitstrom-Umsetzung geschieht gemäß **Bild 1.** Das in der zweiten Oversamplingstufe eingefügte Dither-Signal (to dither = bibbern, zittern) von 352 kHz soll etwaige überschwingende Rechenergebnisse des Noise-Shapers (= Geräuschformer, Lauschformer) reduzieren. Um dieses Signal einfügen zu können, wird noch ein Bit hinzugefügt. Daher stehen am Ausgang der letzten Oversamplingstufe Abtastwerte der Breite 17 bit mit einem Takt von 11,2896 MHz zur Verfügung.

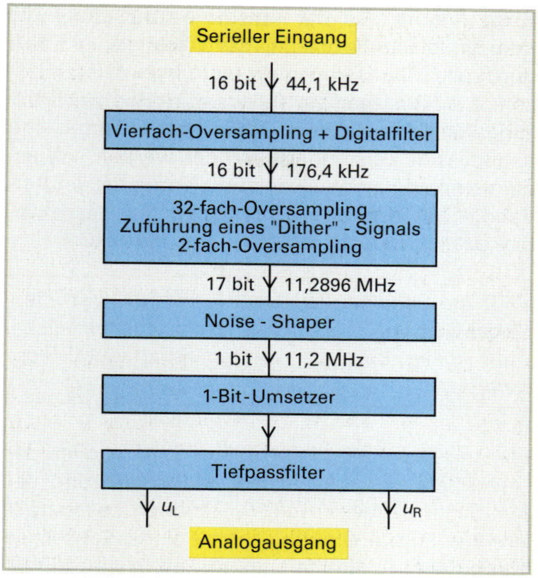

Bild 1: Prinzip der Bitstrom-Umsetzung

6.5.5.8 Mini-Disc MD

Das Mini-Disc-System ist ein digitales Aufnahme- und Wiedergabesystem mit magneto-optischer Abtastung. Es besitzt den Vorteil des schnellen Zugriffs sowie der einfachen Bedienung. Durch einen eingebauten Anti-Schock-Speicher ist es fast frei von Vibrationsstörungen.

Mini-Disc

Das Gehäuse ähnelt der Form einer 3,5-Zoll-Computerdiskette. Allerdings beträgt der Disc-Durchmesser lediglich 64 mm. Die schützende Hülle (Cartridge) besitzt die Abmessungen 72 mm x 68 mm x 5 mm. Bespielte Discs lassen nur einen Zugriff von unten zu. Unbespielte Datenträger tragen Spuren mit Informationen für Spurnachführung und Lineargeschwindigkeit. Diese Informationen werden bei der Plattenpressung eingeformt **(Bild 2).** Die Aufnahmefläche ist mit einem dünnen **T**erbium-**E**isen-**K**obalt-Film (TEK-Film) versehen, der als eigentliche Reflexionsschicht für den Laserstrahl dient.

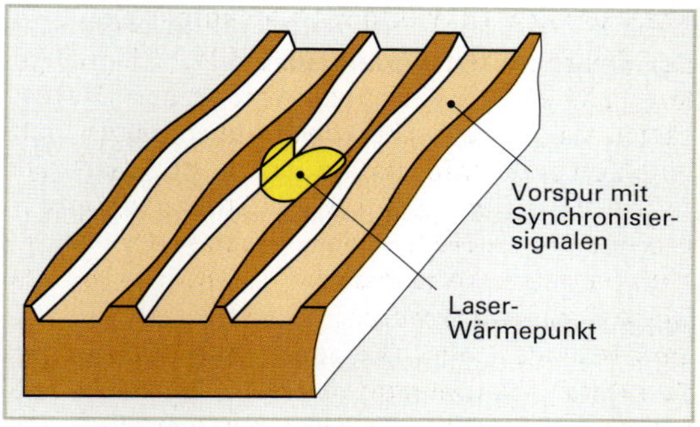

Bild 2: Vorspur zur Steuerung der Spurnachführung und Lineargeschwindigkeit

Speicherprinzip

Um Informationen zu speichern, bedient man sich eines thermomagnetischen Prozesses. Der TEK-Magnetfilm hat eine sehr große Koerzitivfeldstärke. Der Einfluss eines Magnetfeldes reicht nicht aus, um die Magnetisierung bei einer Neuaufnahme zu verändern. Durch Erwärmen des TEK-Magnetfilmes auf mehr als 200 °C wird die Koerzitivfeldstärke sprunghaft auf ein Minimum reduziert. Damit können die erwärmten Bereiche ummagnetisiert werden. Die Erhitzung geschieht

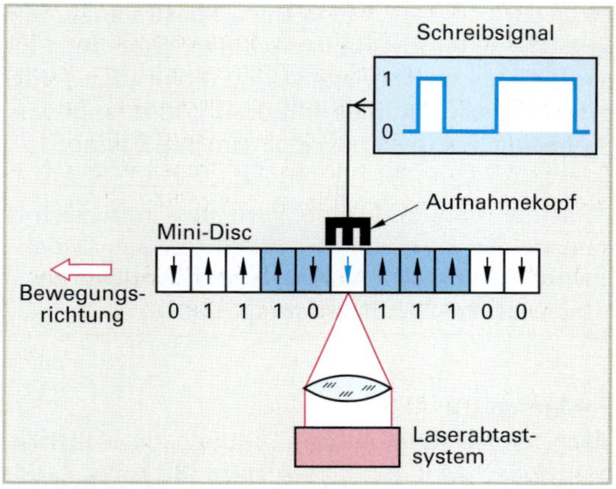

Bild 3: Thermomagnetischer Aufnahmeprozess

mittels eines Laserstrahls **(Bild 3).** Damit ist sichergestellt, dass die Magnetisierung nur im Bereich der Laserstrahlspitze wirksam ist (etwa 1,7 μm).

Beim Austritt aus der erhitzten Zone steigt die Koerzitivfeldstärke wieder auf Werte an, die sich durch den Magnetkopf nicht mehr beeinflussen lassen. Zum Auslesen der Information und zur Erhitzung kann der gleiche Laser mit entsprechend angepasster Leistung verwendet werden. Wegen der Vorspur kann die Systemsteuerung bei der Aufnahme aus der Randlichtreflexion die Geschwindigkeit und die Spurnachführung kontrollieren.

Für die Speicherung der Information wird die Mini-Disc von einem Laserstrahl örtlich erhitzt, nur diese Bereiche können ummagnetisiert werden.

Zum Auslesen der Information wird wieder der Laserstrahl benutzt. Je nach Magnetisierung der TEK-Schicht erfahren die reflektierten Laserstrahlen eine leichte Drehung ihrer Polarisationsachse (Kerr-Effekt[1]). Mithilfe eines Polarisationsfilters lässt sich diese Drehung erkennen. Der Datenstrom wird somit in IR-Impulse umgewandelt. Diese können von einer Fotodiode in elektrische Signale umgesetzt werden **(Bild 1)**.

Beim Auslesen der Information erfährt der Laserstrahl eine leichte Drehung seiner Polarisationsachse. Diese kann ausgewertet werden.

Datenreduktion

Beim Datenreduktionssystem ATRAC (von **A**daptive **Tr**ansformation **A**udio **C**oding) wird das Eingangssignal je nach Signalinhalt in kürzeren oder längeren Blöcken bis maximal 11 ms zwischengespeichert. Mittels einer Transformation wird das im Block enthaltene Signal in seine Spektrallinien zerlegt. Diese Informationen werden dann mithilfe eines Gehörmodells analysiert. Unwichtige Informationen werden unterdrückt. ATRAC erlaubt eine Reduktion des Originalsignals um den Faktor 5.

Bei der Datenreduktion wird das aufzuzeichnende Signal in sein Spektrum zerlegt. Dabei werden nur jene Anteile codiert, welche das menschliche Gehör registriert.

Fehlerschutz

Nach der Datenreduktion beträgt die Übertragungsgeschwindigkeit noch etwa 300 kbit/s. Diese Signale werden mit der gleichen Kanalcodierung und der gleichen Fehlerschutzkorrektur wie bei der CD aufgezeichnet.

[1] Kerr, schottischer Physiker, 1824 bis 1907

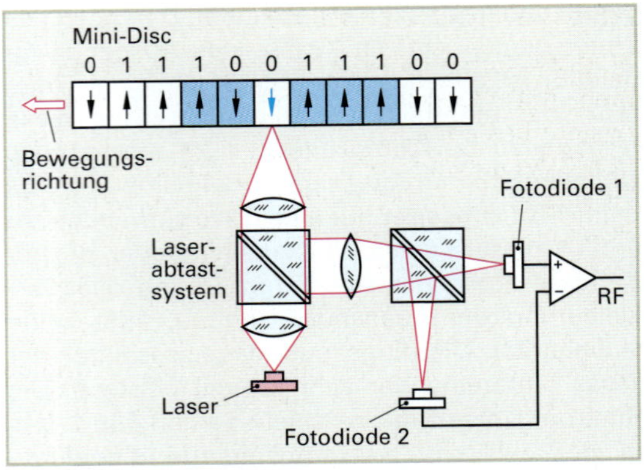

Bild 1: Magneto-optische Abtastung

Zwischenspeicher

Die Daten werden schneller als nötig in einen Zwischenspeicher ausgelesen. Der Speicher enthält immer Informationen für etwa 2 Sekunden. Verliert der Laser z.B. durch Schläge oder Vibration seine Spur, bleibt dem Servosystem genügend Zeit, die richtige Stelle wieder anzufahren. Aussetzer werden so umgangen. Der Zwischenspeicher wird auch Antischockspeicher genannt.

Gesamtschaltung

Die Gesamtschaltung eines MD-Rekorders enthält Baugruppen, wie sie in der CD-Technik auch vorkommen, wenn man einmal vom ATRAC-Coder/-Decoder und dem Aufnahmekopf absieht. Die ausgelesenen Daten werden in einem EFM-Decoder wieder zu Worten mit einer Länge von 8 bit zusammengesetzt und die CIRC-Verschlüsselung wird aufgehoben. Ein Servosystem verschiebt Laser und Aufnahmekopf. Dabei darf der Magnetmodulator einen großen Streubereich besitzen, denn magnetisch beeinflusst wird nur der erhitzte Bereich im Laserpunkt.

Wiederholung und Vertiefung

1. **Nennen Sie die drei Schritte bei der Umwandlung von Analogsignalen in Digitalsignale.**
2. **Welche Aufgabe hat das CIRC-Verfahren?**
3. **Erklären Sie die EFM-Codierung.**
4. **Erklären Sie das Prinzip des thermomagnetischen Aufnahmeprozesses.**
5. **Erklären Sie das Prinzip der magneto-optischen Abtastung der Mini-Disc.**
6. **Weshalb enthält eine leere Mini-Disc eingeprägte Vorspuren?**
7. **Welchem Zweck dient der Anti-Schock-Speicher?**
8. **Beschreiben Sie die Funktion des ATRAC-Datenreduktionssystems.**

6.5.6 PCMCIA-Systeme

PCMCIA-Karten **(Tabelle 1)** werden meist zusammen mit Notebooks verwendet. Ein PCMCIA-System besteht aus der PCMCIA-Karte und einem PCMCIA-Laufwerk **(Bild 1)**. Das PCMCIA-Laufwerk ist eine eingebaute Schnittstellenkarte, welche die PCMCIA-Karte mit dem PC-Bus verbindet und auch PCMCIA-Slot (slot = Schlitz) genannt wird. Laufwerk und Karte sind durch eine 68-polige Steckverbindung miteinander verbunden **(Bild 2)**. Verwendet wird meist der Cardbus, mit einer Breite von 32 bit und einer maximalen Bitrate von 132 MB/s. Derzeit gibt es drei Typen von PCMCIA-Karten (Tabelle 1). Diese unterscheiden sich durch ihre Bauhöhe und die Art der Verwendung. PCMCIA-Karten sind hotpluggingfähig (hot = heiß, to plug = stecken), d.h., sie können während des Betriebs gesteckt oder entfernt werden. Die Betriebsspannung beträgt 3,3 V, bei älteren Karten auch 5 V. Die Betriebsspannung und weitere Merkmale sind mit Icons auf der Karte angegeben **(Bild 3)**. Manche Karten erlauben den direkten Zugang zum Speicher (DMA = Direct Memory Access) oder schalten z.B. Multimedia-Daten direkt von der Karte auf die Grafikverarbeitung des Notebooks (Zoomed-Video-Port = herangeholter Video-Eingang).

Es gibt Speicherkarten für wahlfreien Zugriff mit RAM-Bausteinen und Batterien oder Speicherkarten, die mit Flash-Speicherchips (EEPROM) bestückt sind. Speicherkapazitäten von 16 MB bis zu 2 GB sind möglich **(Tabelle 2)**.

Für die Kommunikation mit dem Festnetz gibt es Modem-Karten für den analogen Anschluss mit z.B. einer Bitrate von 33 kbit/s sowie ISDN-Adapter, mit denen das Notebook direkt mit dem ISDN-Netz bei einer Bitrate von 64 kbit/s oder 128 kbit/s verbunden werden kann. Über eine Netzwerkkarte (LAN-Card) kann man sich z.B. über eine Tk-Anlage in das DSL-Netz einwählen.

Für industrielle Anwendungen können auch Verbindungen zu SCSI-Rechnersystemen hergestellt werden. Ebenso sind Mikrofestplatten, die z.B. in Digitalkameras verwendet werden, auslesbar.

Für drahtlose Verbindungen (Wireless LAN) werden Funk-Karten verwendet, die je nach Frequenzbereich unterschiedliche Bitraten haben. Bei Funkkarten ist die Netto-Bitrate um 1/10 bis 1/20 kleiner als die Brutto-Bitrate.

Wiederholung und Vertiefung:

1. **Aus welchen Baugruppen besteht ein PCMCIA-System?**
2. **Welche drei Kartentypen werden unterschieden?**
3. **Nennen Sie fünf Anwendungen für PCMCIA-Karten.**

Tabelle 1: PCMCIA-Kartentypen

Typ	Bauhöhe	Verwendung
I	< 3,3 mm	Speicherkarten
II	< 5 mm	Speicherkarten, eingebaute Karten
III	< 10 mm	Speicherkarten, IO-Karten, Minifestplatten

PCMCIA von PC Memory Card International Association = Internationale Vereinigung der PC-Speicherkarten-Hersteller

Bild 1: PCMCIA-Baugruppen

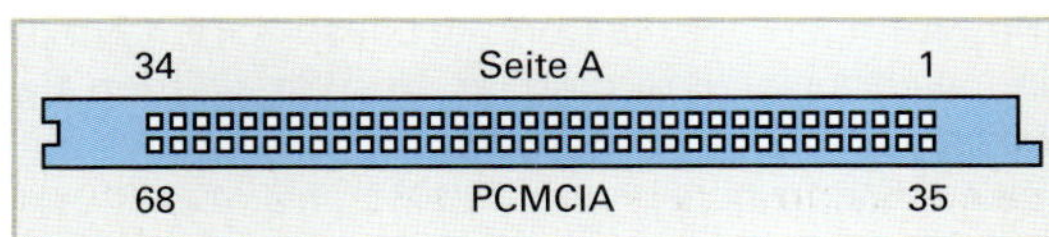

Bild 2: PCMCIA-Kartenstecker

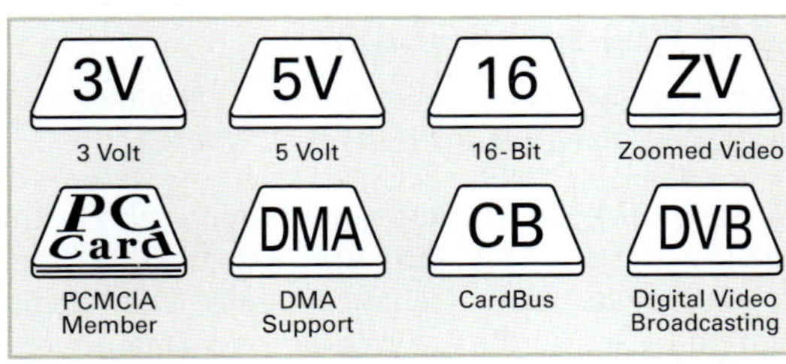

Bild 3: Kennzeichnungs-Icons

Tabelle 2: PCMCIA-Karten

Adapterart	Verwendung
Modem-Karte	Analoger Anschluss an das Telefonnetz, z.B. zum Faxen
Netzwerk-Karte (LAN)	Verbindet Netz mit Notebook, z.B. mit Ethernet
Mikrofestplatte	Speicherkapazität: bis 32 GB
Funk-Karte (WLAN)	Bitraten (brutto): 1 Mbit/s bis 11 Mbit/s bei 2,4 GHz; bis 108 Mbit/s bei 5 GHz

6.5.7 Weitere Speichermedien

6.5.7.1 Speicherkarten

MP3-Spieler, Handys, PCMCIA-Karten und digitale Kameras verwenden verschiedene Ausführungen von Speicherkarten (Memorycards, **Bild 1**).

Bild 1: Speicherkartentypen

Die Speicherkarten unterscheiden sich durch ihre Abmessungen, die Anzahl der verwendeten Anschlüsse, die Speicherkapazität *M* und die Art der Datenübertragung **(Tabelle 1)**.

Tabelle 1: Wichtige Speicherkartentypen

Kartentyp	Daten, Erklärungen
CompactFlash CF Typ I und II	*M* = 192 MB bis 1 GB; 50-polige Steckverbindung; parallele Datenübertragung
SmartMedia SM	*M* = 2 MB bis 128 MB; 50-polige Steckverbindung; parallele Datenübertragung
Memorystick	*M* = 32 MB und 64 MB; serielle Datenübertragung
MultimediaCard MMC	*M* = 16 MB bis 128 MB; 7-polige Steckverbindung; serielle Datenübertragung

CompactFlash-Karten gibt es als Typ I mit einer Dicke von 3,3 mm mit einer Speicherkapazität bis zu 192 MB und als Typ II mit einer Dicke von 5 mm mit einer Speicherkapazität bis zu 1 GB. Typ I und Typ II sind nicht kompatibel. Für CompactFlash-Karten gibt es Adapter für PCMCIA-Laufwerke **(Bild 2)**.

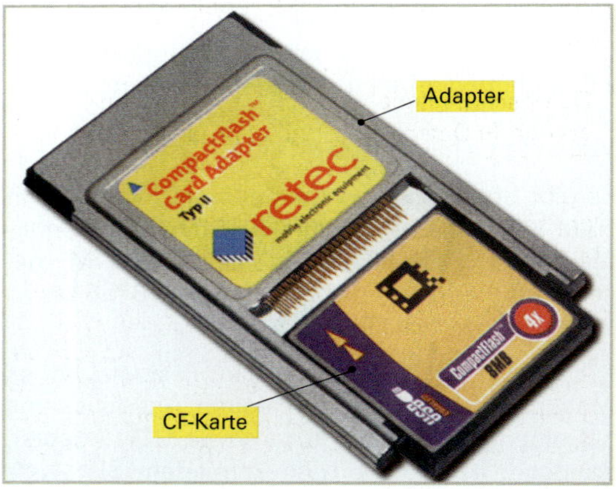

Bild 2: PCMCIA-Adapter für CompactFlash-Speicher

SmartMedia-Karten haben eine sehr kleine Bauform und werden oft für MP3-Player verwendet.

Memorysticks (Speicherstifte) haben neben einer kleinen Bauform auch einen Schreibschutzschalter. Bedingt durch die serielle Datenübertragung sind sie bei der Datenübertragung langsam.

MultimediaCards werden z.B. in Handys und Palmtops zur Adressenspeicherung verwendet.

Zu den Speicherkarten werden auch Miniaturfestplatten (Microdrives) gezählt. Sie haben die Abmessungen wie die CompactFlash-Karten Typ II, sind allerdings 0,5 mm dicker. Deshalb werden sie auch als Typ II+ bezeichnet. Microdrives gibt es mit Speicherkapazitäten von 340 MB bis 4 GB und Bitraten von 750 kbit/s.

6.5.7.2 USB-Speicher-Stick

USB-Speicher-Sticks ersetzen die Floppy-Disk-Laufwerke im Notebook und im PC **(Bild 3)**.

Bild 3: USB-Speicher-Stick

Ein USB-Stick besteht aus einer Platine mit Flash-Speicherchips (EEPROMS) und einem USB-Controller sowie dem Gehäuse. Eine LED zeigt Schreib-Lese-Zugriffe an. Während der Datenübertragung darf der Speicher nicht abgezogen werden. Ein Miniaturschalter dient als Hardware-Schreibschutz. Es ist dann nur noch das Lesen von Daten möglich. Zusätzlich gibt es oft eine Passwortschutzfunktion. PenDrives gibt es für Speicherkapazitäten von 32 MB bis 16 GB. Durch die Verwendung von EEPROMs ergeben sich z.B. Bitraten von 6,8 MB/s beim Lesen und 2,4 MB/s beim Schreiben. USB-Sticks können Daten theoretisch bis zu 10 Jahre speichern. Von einem USB-Sticks kann ein PC gebootet werden, wenn das BIOS die Option „Booten von USB-Floppy" enthält.

Wiederholung und Vertiefung:

1. **Nennen Sie vier Speicherkartentypen.**
2. **Welche Speicherkapazitäten weisen Microdrives auf?**
3. **Aus welchen Baugruppen besteht ein USB-Speicher-Stick?**
4. **Welche Aufgabe hat die LED bei einem USB-Speicher-Stick?**

6.6 Schnittstellen der Datenkommunikation

6.6.1 Aufgaben und Arten von Datenschnittstellen

Unter *Datenschnittstelle* versteht man die Gesamtheit der Regelungen für eine Verbindungseinrichtung zur Datenübertragung in Datenkommunikationssystemen **(Bild 1)**.

Die Regelungen beinhalten die elektrischen und mechanischen Eigenschaften einer Schnittstelle als Hardware sowie die Codierung und Bedeutung von Zeichen in Form von Software.

Schnittstellen bestehen meist aus Hardware und aus Software.

Datenschnittstellen dienen im Wesentlichen der Umsetzung und Übersetzung von Daten sowie ihrem fehlerfreien und möglichst schnellen Austausch.

Datenschnittstellen sollen fehlerfreie und zeitsparende Datenkommunikation ermöglichen.

Der interne Datentransfer zwischen den einzelnen Hardware-Komponenten eines PCs erfolgt z.B. über einen PCI-Bus. Das Betriebssystem stellt die Schnittstelle zwischen der Hardware des PCs und seiner Anwendersoftware dar. Als Anwenderschnittstelle werden z.B. die Tastatur oder der Bildschirm eines PCs, aber auch die Bedienoberflächen (Menüs und Dialogfelder) eines Programms bezeichnet.

Ein Multimedia-PC ist mit Schnittstellen für analoge Video- und Audiosignale und mit Schnittstellen für digitale Datensignale ausgestattet (Abschnitt 3.2.2). Die Übertragung digitaler Signale erfolgt entweder bitweise (seriell) oder byteweise (parallel).

Die serielle Busschnittstelle USB kann mehrere Geräte gleichzeitig verbinden.

Zu einer Schnittstelle gehört auch eine Übertragungsstrecke. Sie kann z.B. aus einer Leitungsverbindung, als Draht- oder Lichtwellenleiter, aus einer optischen Verbindung (Infrarot, IR) oder aus einer Funkverbindung (Bild 1) bestehen. Werden Daten mithilfe transportabler Datenträger, z.B. CDs, DVDs oder Speicherkarten **(Tabelle 1)** übertragen, so sind dafür entsprechende Laufwerke bzw. ein Kartenlesegerät **(Bild 2)** erforderlich.

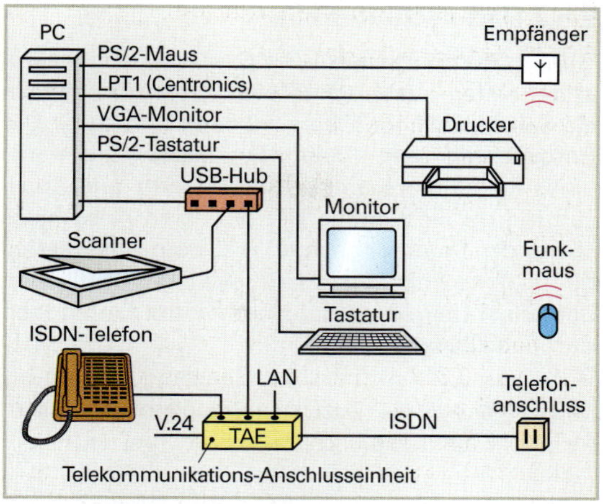

Bild 1: Datenkommunikationssystem

Tabelle 1: Speicherkarten und ihre Verwendung in einem Kartenlesegerät

Kartentyp	Lage der Verbindungskontakte
SD (Secure Digital), MMC (MultimediaCard)	Zeigen nach unten
Memory Stick	Zeigen nach unten
CF (Compact Flash), IBM® Microdrive	Zeigen nach vorne
SmartMedia	Zeigen nach oben

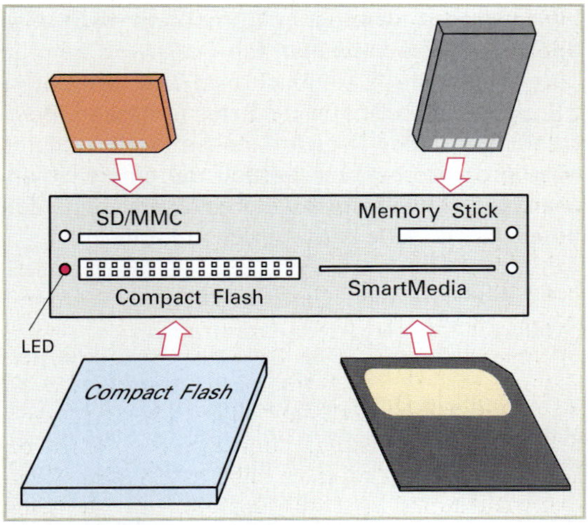

Bild 2: Kartenlesegerät mit Speicherkarten

Ist eine Karte im Kartenleser eingesteckt, wird ihr ein freies Laufwerk zugeordnet und die Inbetriebnahme durch die nebenstehende LED angezeigt.

6.6.2 Datenschnittstelle

Geräte, Komponenten oder Systeme, die miteinander Daten austauschen sollen, bezeichnet man als Teilnehmer im Daten-Austauschprozess. Der Hardwareteil der Datenschnittstelle (Interface) eines Teilnehmers umfasst die Stecker und Buchsen mit der Festlegung der einzelnen Anschlüsse sowie der Spannungspegel. Mit dem Softwareteil der Datenschnittstelle wird die Synchronisation der Teilnehmer sowie das Senden und Empfangen der Daten ausgeführt.

Nur gleichartige Datenschnittstellen erlauben einen Datenaustausch zwischen zwei Teilnehmern.

Eine Datenübertragung ohne Datenverluste erfordert zur Synchronisation von Sender und Empfänger ein Quittierungsverfahren, Handshake (= Händeschütteln) genannt. Dadurch wird sichergestellt, dass der Sender aufhört Daten zu senden, falls der Empfänger die Daten seines Eingangspuffers nicht schnell genug abarbeiten kann. Beim *Hardware-Handshake* erfolgt das Quittieren über Schnittstellenleiter, beim *Software-Handshake* hingegen über vereinbarte Codes, welche Sender und Empfänger softwaremäßig auswerten müssen.

6.6.3 Parallele Datenübertragung

Parallele Informationsdarstellung

Informationen werden in Computern byteweise oder wortweise verwaltet. Ein Datenwort kann je nach Wortbreite (Datenbusbreite) des Computers z.B. zwei, vier, acht oder 16 Bytes umfassen. Beim Übertragen eines Registerinhaltes in ein anderes Mikroprozessorregister werden mit einem Befehl alle Bits des Registers auf einmal übertragen. Man bezeichnet dies als paralleles Übertragen.

Bei der parallelen Datenübertragung werden mehrere Bits gleichzeitig übertragen.

Eine parallele Datenübertragung findet auch zwischen Mikroprozessoren und Speicherbauelementen, wie EPROM und RAM, statt. Diese Bauelemente besitzen passend zu ihrer Datenwortbreite eine Anzahl von Anschlüssen (Pins).

Die parallele Datenübertragung mittels Leitung zwischen einem Sender und einem Empfänger, z.B. einem Computer und einem Drucker, verlangt eine Vielzahl von Leitungsadern. Hierbei handelt es sich um die einzelnen Datenleiter sowie die zur Synchronisation des Datenaustausches notwendigen Steuerleiter **(Bild 1)**. Die Vielzahl der Leiter bei

Aufgrund der Vielfältigkeit der Datenschnittstellen ist bei der Datenübertragung darauf zu achten, dass nur gleichartige Datenschnittstellen miteinander gekoppelt werden können.

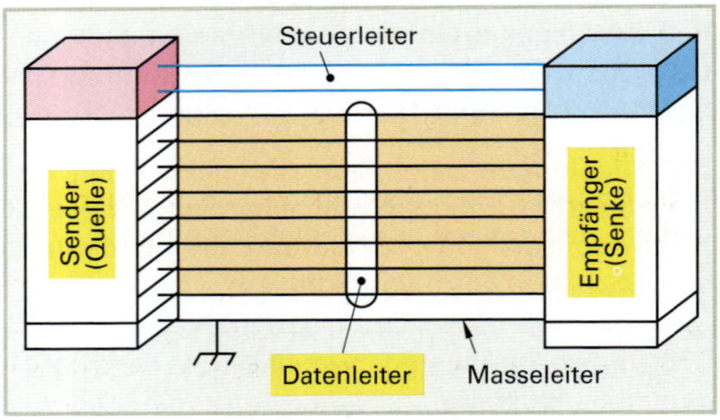

Bild 1: Prinzip der parallelen Datenübertragung

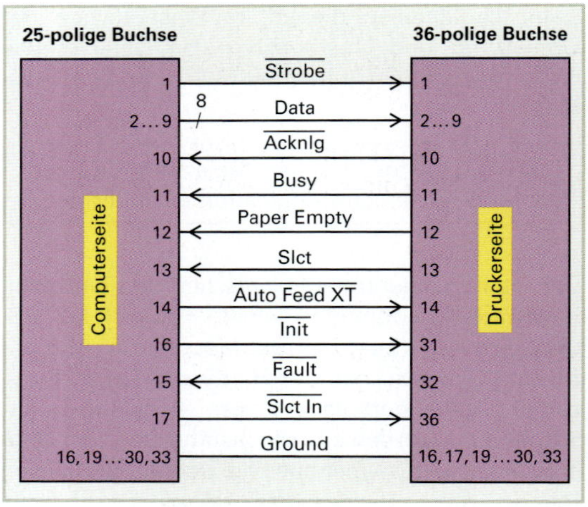

Bild 2: Centronics-Schnittstelle

der parallelen Datenübertragung ist ein Nachteil. Das rasche Übertragen der Daten ist jedoch von Vorteil.

Centronics-Schnittstelle

Eine bekannte parallele Schnittstelle zur Datenübertragung zwischen einem Computer und einem Drucker ist die nach ihrem ersten Hersteller in den USA benannte Centronics-Schnittstelle **(Bild 2)**. Über acht Datenleiter wird ein Byte auf einmal übertragen. Zur Synchronisation beider Geräte sind Steuersignale notwendig **(Tabelle 1, folgende Seite)**. Die mögliche Übertragungsgeschwindigkeit für eine byteserielle Datenübertragung beträgt bei 1 m Entfernung 1 MB/s. Verwendet werden 25-polige und 36-polige Stecker bzw. Buchsen.

Parallelbussysteme

Viele Computer sind aus mehreren Platinen mit eigenen Mikroprozessoren aufgebaut. Diese Platinen tauschen über ein Parallelbussystem (parallele

Busschnittstelle) Daten aus **(Bild 1)**. Als Bus bezeichnet man eine Verbindung bestehend aus mehreren Leitern zum Datenaustausch zwischen mehreren Teilnehmern, wobei der Datenaustausch anhand festgelegter Regeln erfolgen muss.

Ein Parallelbussystem enthält einen

- Datenbus zum Übertragen der Informationsdaten (Nutzdaten),
- Adressbus zur Anwahl des Ansprechpartners sowie einen
- Steuerbus zur Abwicklung der Buszuteilung und der Synchronisation der Busteilnehmer.

Die Buszuteilung erfolgt bei Computerbussen vielfach nach dem *Daisy-Chain-Verfahren* (daisy chain = Gänseblümchenkette). Bei diesem Verfahren ist den Busteilnehmern entsprechend der Reihenfolge der Steckkarten eine Priorität zugeordnet. Möchten nun mehrere Teilnehmer gleichzeitig über den Datenbus Daten senden, so wird demjenigen Teilnehmer der Bus zuerst zugewiesen, der eine höhere Priorität besitzt.

Über einen Bus können zu gleicher Zeit immer nur zwei Teilnehmer Daten austauschen.

Tabelle 1: Bedeutung der Signale bei der Centronics-Schnittstelle

Signal	Herkunft	Bedeutung
Strobe	Blitz	Steuersignal für „Daten gültig"
Data	Daten	Nutzdaten
Acknlg	acknowledge, bestätigen	Quittierung für erhaltenes Datenbyte
Busy	tätig	Drucker arbeitet, Stopp der Datenübertragung.
Paper Empty	Papier leer	Papier ist zu Ende.
Slct In	select, auswählen	Drucker ist angewählt.
Autofeed	automatischer Vorschub	automatischer Zeilenvorschub
Frame	Rahmen	Gehäusemasse
Ground	Masse	Masseverbindung
Init	Ersteingabe	Druckerinitialisierung
Fault	Fehler	Fehler aufgetreten.

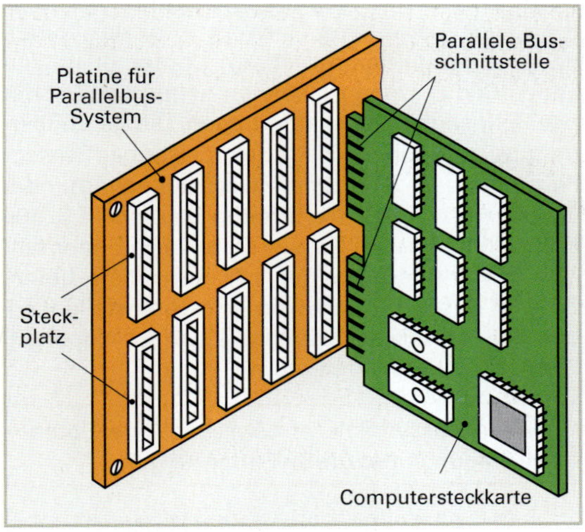

Bild 1: Systemplatine mit Parallelbussteckern

6.6.4 Serielle Datenübertragung

Serielle Informationsdarstellung

Bei der seriellen Datenübertragung werden die Nutzdaten über den Datenleiter nacheinander Bit für Bit übertragen **(Bild 2)**. Von Vorteil bei dieser Datenübertragungsart ist die kleine Anzahl an Datenleitern. Von Nachteil ist die erheblich geringere Datenübertragungsgeschwindigkeit als bei der parallelen Datenübertragung. Angewendet wird die serielle Datenübertragung insbesondere bei weiten Datenübertragungsstrecken.

Bei der seriellen Datenübertragung werden die Bits nacheinander übertragen.

Wegen der Speicherung der Daten entsprechend der Wortbreite des Computers, also byteweise oder in mehreren Bytes, müssen die zu übertragenden Daten vor ihrer Übertragung als serielle Bitfolge aufbereitet werden. Nach der Datenübertragung muss diese Bitfolge wieder an die Datenwortbreite des Empfangsgerätes angepasst werden.

Die serielle Datenübertragung benötigt am Sendeort Parallel-Seriell-Umsetzer und am Empfangsort Seriell-Parallel-Umsetzer.

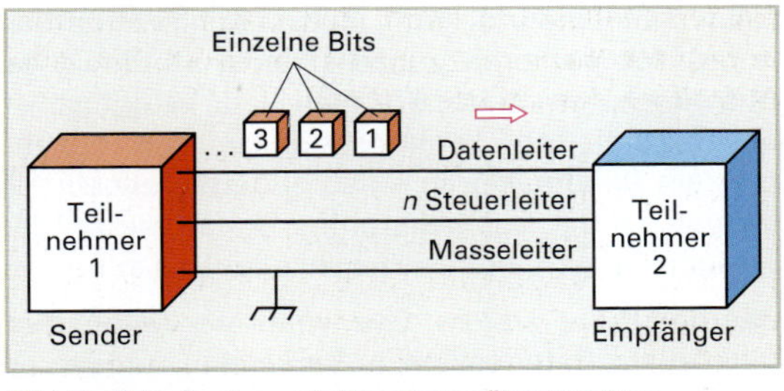

Bild 2: Prinzip der seriellen Datenübertragung

V.24-Schnittstelle

Mit der V.24-Schnittstelle kann eine gesicherte Datenübertragung bis 30 Meter erfolgen. Je nach Anschlussbelegung der Stecker bzw. Buchsen sind Kreuzungen in der Leitung notwendig (Null-Modem-Leitung, **Bild 1)** oder auch nicht. Größere Strecken können infolge der Signaldämpfung nicht gesichert betrieben werden. Meist wird mit einer Bitrate von 9600 bit/s gearbeitet. Maximal sind 19200 bit/s möglich. Die V.24-Schnittstelle wird als Spannungsschnittstelle bezeichnet, da für den H-Pegel (Wert 0) nach V.28 eine Spannung zwischen 3 V und 15 V und für den L-Pegel (Wert 1) eine Spannung zwischen –3 V und –15 V erforderlich ist.

Verwendet werden von den 25-poligen bzw. 9-poligen Steckern bzw. Buchsen z.B. sieben Anschlüsse **(Tabelle 1).** In manchen Fällen wird auch mit nur drei Anschlüssen gearbeitet.

Die V.24-Schnittstelle ermöglicht eine sichere Datenübertragung bis 30 Meter.

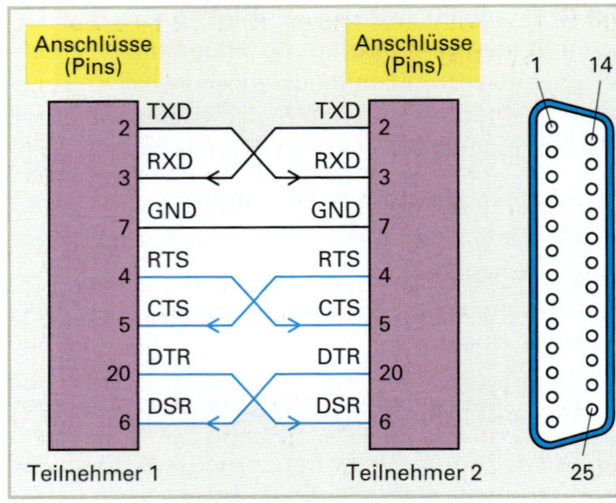

Bild 1: Verbindungsaufbau bei Computern mit der V.24-Schnittstelle

Tabelle 1: Bedeutung der Signale bei der V.24-Schnittstelle

Signal	Herkunft	Bedeutung
TXD	Transmit Data	Sendedaten
RXD	Receive Data	Empfangsdaten
GND	Ground	Masse
RTS	Request to Send	Sendeanforderung
CTS	Clear to Send	sendebereit
DTR	Data Terminal Ready	betriebsbereit
DSR	Data Set Ready	Sendedaten vorhanden

Serielle Bussysteme

Über serielle Bussysteme, meist Ethernet-LAN (LAN, von Local Area Network = lokales Datennetz), kommunizieren mehrere Computer miteinander **(Bild 2).** Dennoch können zu gleicher Zeit nur zwei Teilnehmer Daten übertragen. Die Datenübertragung erfolgt bitweise seriell meist über Twisted-Pair-Leitungen (verdrillte Zweidrahtleitung) oder Glasfaserleitungen. Die Bitraten betragen z.B. 100 Mbit/s. Mit seriellen Bussen lassen sich Entfernungen von mehreren hundert Metern überbrücken. Serielle Busse mit seriellen Busschnittstellen finden hauptsächlich Anwendung bei der Kopplung (Vernetzung) von Computern.

Serielle Bussysteme ermöglichen eine Datenübertragung über große Entfernungen.

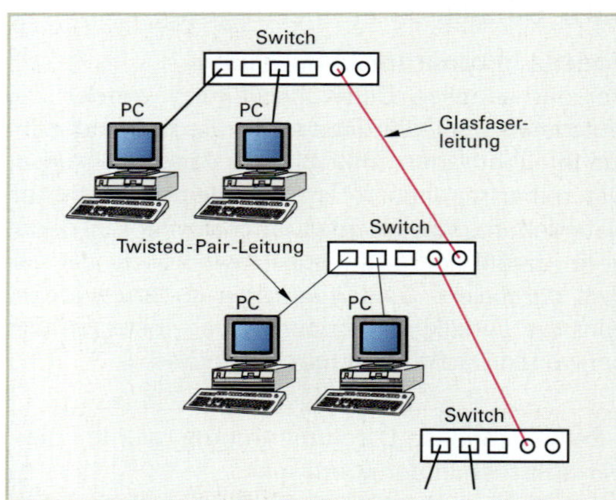

Bild 2: Serielles Bussystem zur Kopplung von PCs

Der Betrieb des Bussystems erfolgt durch Switches (= Schalter). Diese Geräte wickeln den Busverkehr ab, bei Ethernet-LAN (nicht GBit-Ethernet) über das *CSMA/CD-Verfahren* (von Carrier Sense Multiple Access/Collision Detection = Übertragungsprüfung mit mehrfachem Zugriff/Kollisionserkennung). Hierbei prüft zunächst jeder sendewillige Busteilnehmer, ob der Bus (das Netz) belegt ist. Ist der Bus frei, dann kann ein sendewilliger Teilnehmer ein Datenpaket an einen anderen Teilnehmer senden. Ist der Bus belegt, überprüfen die sendewilligen Teilnehmer den Bus so lange, bis er frei ist.

Beginnen bei freiem Bus mehrere Teilnehmer gleichzeitig Datenpakete zu versenden, kommt es zu Datenkollisionen. Daraufhin werden alle Datenübertragungen von den sendenden Teilnehmern abgebrochen. Nach vorgegebenen, unterschiedlichen Zeiten beginnen die sendewilligen Teilnehmer erneut zu senden. Diese Zeiten werden von Zufallsgeneratoren der Teilnehmer erzeugt. Tritt irgendwann keine Datenkollision auf, kann der Teilnehmer weitersenden.

Beim CSMA/CD-Verfahren sind die Buszugriffszeiten nicht vorherbestimmbar.

6.6.5 Datenübertragung mit V.24-/V.28-Schnittstelle

Die V.24-Schnittstelle **(Tabelle 1)** dient der bitseriellen bidirektionalen Datenübertragung zwischen einer Datenendeinrichtung DEE und einer Datenübertragungseinrichtung DÜE **(Bild 1)**.

> Die V.24-Schnittstelle ist eine bitserielle Datenschnittstelle für bidirektionale Übertragung.

In der V.24-Empfehlung sind die Bezeichnungen und die Funktionen der Schnittstellenleiter zwischen DEE und DÜE festgelegt (Bild 1). Die V.28-Empfehlung beschreibt die elektrischen Eigenschaften, wie z.B. die Signalpegel der Schnittstellenleiter **(Bild 2)**.

Wegen der begrenzten Übertragungsbandbreite des analogen Fernsprechnetzes ist die V.24-Schnittstelle für eine Datenfernübertragung DFÜ sehr aufwändig gestaltet (Bild 1). Ein Modem (von Modulator und Demodulator) setzt auf der Senderseite im Modulator die binären Datensignale in analoge Datensignale um. Auf der Empfängerseite werden dann durch Demodulation die binären Signale im Modem wiederhergestellt. Dabei kann als Modulationsart eine Frequenzumtastung FSK dienen (siehe Abschnitt 13.7.6).

Zusätzlich benötigt man zu den Datenleitern D mehrere Steuerleiter S und Meldeleiter M für die Steuerung des Bausteins SIO (von Serial Input Output = serielle Eingabe und Ausgabe) und dem Modem.

Tabelle 1: V.24-Schnittstelle

Bezeichnung	Erklärung
DIN-Norm	66020
ITU-T-Empfehlungen (Internationale Fernmeldeunion)	V.24: Funktion der Leitungen V.28: elektrische Eigenschaften
US-Norm	EIA RS 232C
Bitrate bei Übertragung **mit** Modem	19,2 kbit/s
Bitrate bei Übertragung **ohne** Modem	bis 30 m 19,2 kbit/s bis 150 m 110 bit/s
Verbindungselemente für Anschlüsse	25-polige oder 9-polige Sub-D-Steckverbindungen
Anschlüsse am PC	COM 1 bis COM 4 (von Communication = Kommunikation)
Betriebsart und Zeichenrahmen	asynchrone Betriebsart mit Startbit und Stoppbit als Zeichenrahmen

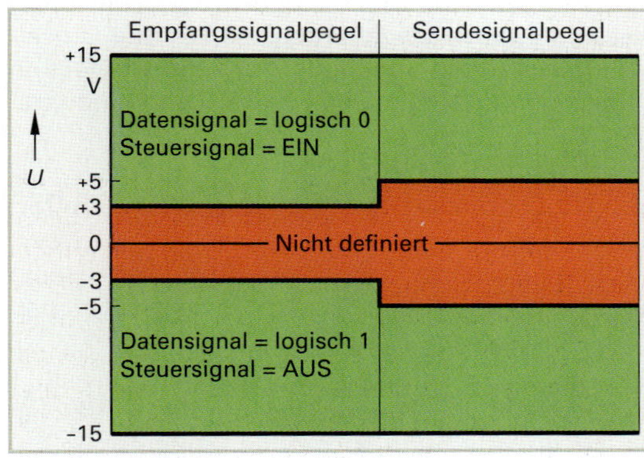

Bild 2: Signalpegel der V.24-Schnittstelle nach V.28

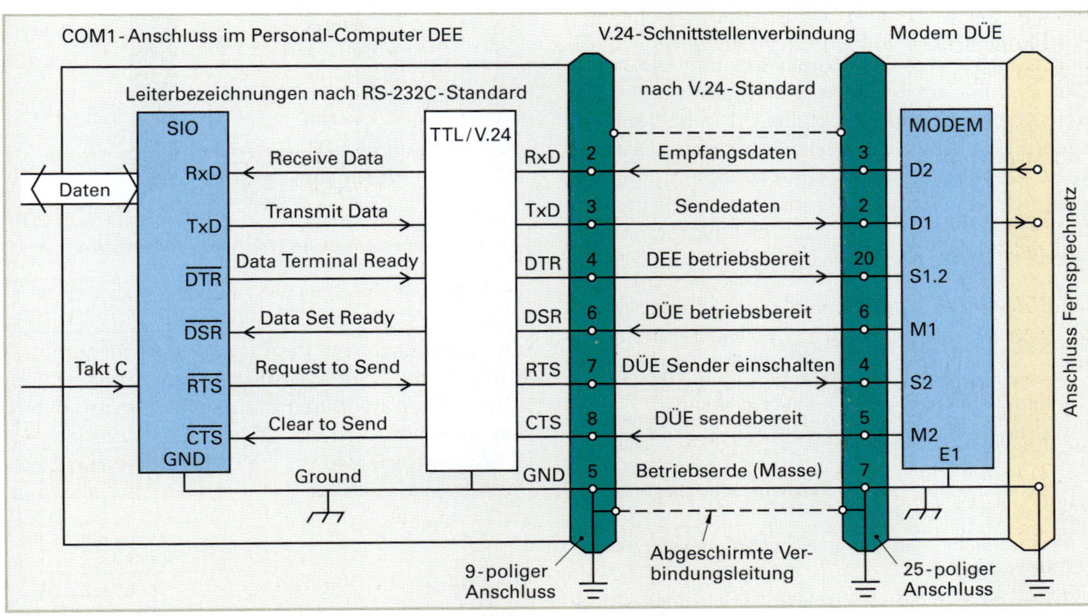

Bild 1: Verbindung einer DEE mit dem Fernsprechnetz über V.24-Schnittstelle und DÜE

Die zunächst parallelen Daten der DEE werden in der SIO in serielle Daten umgesetzt. Dabei erhält jedes Zeichen einen Zeichenrahmen **(Bild 1)**. Dieser besteht aus einem Startbit und ein oder zwei Stoppbits. Am Startbit erkennt die Datensenke das erste Bit eines Zeichens und am Stoppbit das letzte Bit. Dadurch wird die Datensenke mit der Datenquelle synchronisiert. Die Daten werden asynchron, also zeichenweise, übertragen.

> Die asynchrone V.24-Schnittstelle überträgt Daten in Form einzelner Zeichen mit Startbit und Stoppbit als Zeichenrahmen.

Ein Zeichen kann z.B. sieben oder acht Datenbits enthalten. Ein optionales Paritätsbit (Bild 1) dient der einfachen Fehlererkennung in der Datensenke. Dazu ergänzt es die Datenbits, die logisch 1 sind, auf eine gerade (even) oder ungerade (odd) Anzahl. Anschließend werden im TTL / V.24-Umsetzer (Bild 1, vorhergehende Seite) die bipolaren Datensignale gebildet und an das Modem übertragen.

Mithilfe der Steuerleiter und Meldeleiter DTR/DSR sowie RTS/CTS und deren Signalen wird die Übertragung zwischen DEE und DÜE gegenseitig gesteuert. Diese Art der Steuerung bezeichnet man auch als Hardware-Handshake.

Eine direkte Übertragung zwischen zwei DEE ist auf kurze Entfernung auch ohne Modem möglich. Die Verbindung zwischen den DEE nennt man dann Nullmodem. Es stellt eine DÜE ohne Modulator und Demodulator dar. Die Übertragungssteuerung zwischen den DEE kann dabei über Leitungen **(Bild 2)** mittels Hardware-Handshake oder ohne Steuerleitungen **(Bild 3)** erfolgen. Die beiden DEE steuern sich dann ausschließlich selbst. Deshalb ist zur Übertragungssteuerung zwischen den DEE zusätzlich ein Software-Handshake, z.B. mit dem XON/XOFF-Protokoll (Übertragungssteuerung durch EIN AUS), erforderlich **(Bild 4)**.

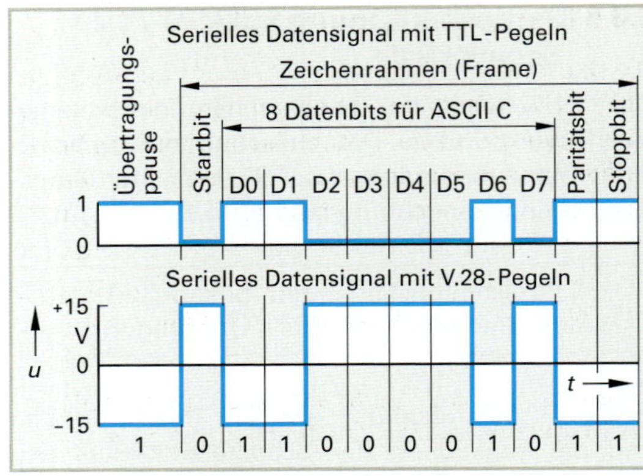

Bild 1: V.24-Datensignale mit 8 Datenbits und Paritätsbit für gerade Parität beim ASCII-Zeichen C

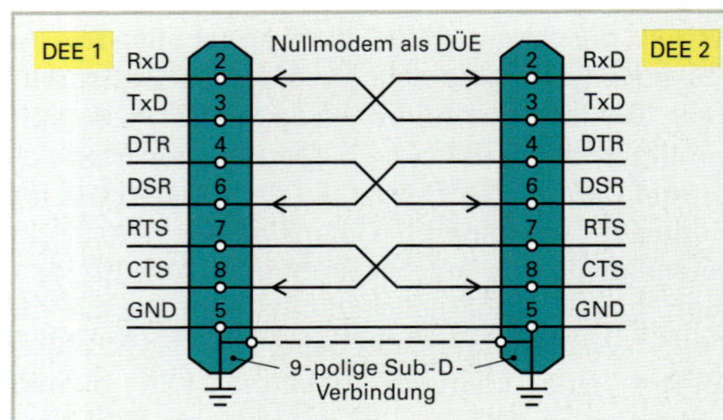

Bild 2: Nullmodem mit Hardware-Handshake

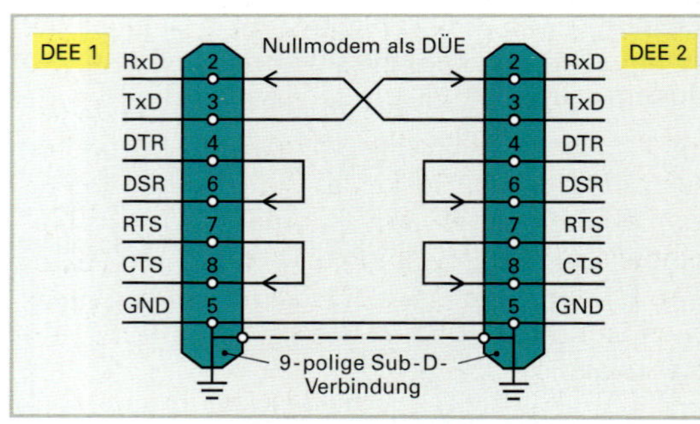

Bild 3: Nullmodem ohne Hardware-Handshake

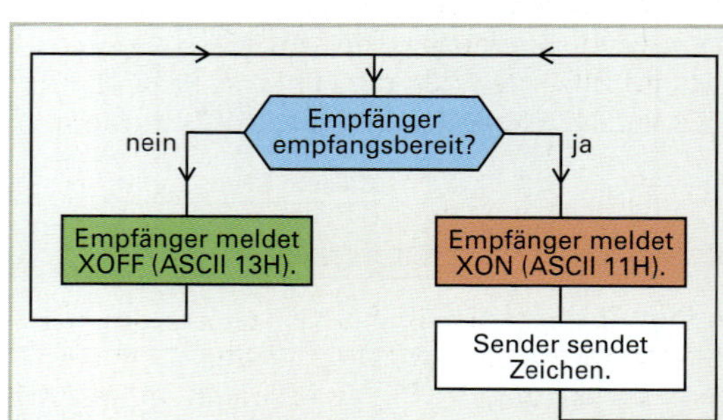

Bild 4: Software-Handshake durch XON/XOFF-Protokoll

Wiederholung und Vertiefung

1. **Weshalb ist eine V.24-Schnittstelle für die Datenübertragung über das Fernsprechnetz aufwändig?**
2. **Welche Bedeutung haben die Abkürzungen DEE und DÜE?**
3. **Welches Datenbit eines Zeichens wird bei V.24 als erstes Bit übertragen?**
4. **Was versteht man unter asynchron serieller Datenübertragung?**
5. **Worin besteht der Unterschied zwischen Hardware-Handshake und Software-Handshake?**

6.6.6 Centronics-Schnittstelle

Die Centronics-Schnittstelle ist eine Druckerschnittstelle. Sie dient der byteseriellen, bitparallelen Übertragung von Daten auch an andere Peripheriegeräte wie z.B. Streamer oder Scanner. Die Centronics-Schnittstelle nennt man auch LPT-Port (LPT von Line Printer = Zeilendrucker). Am PC wird eine 25-polige *Subminiatur-D*-Buchse, am Drucker eine Buchse mit 36 Anschlüssen verwendet.

> Die Centronics-Schnittstelle ist eine bitparallele Schnittstelle, sie wird auch LPT-Port genannt.

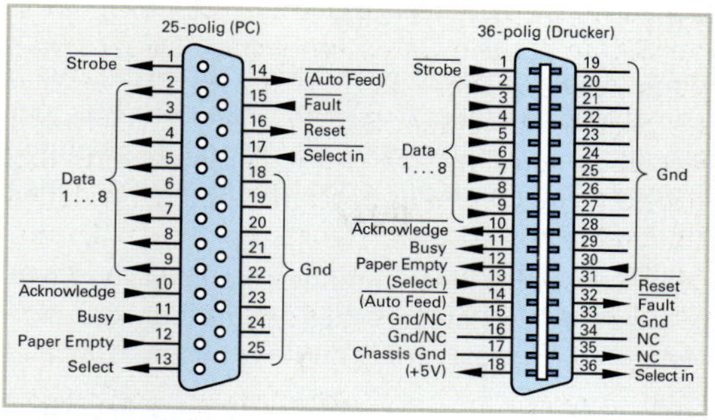

Bild 1: Centronics-Anschlüsse

Zur Signalübertragung wird für Daten- und Steuersignale TTL-Pegel verwendet, der über je zwei miteinander verdrillte Adern führt. Je eine davon ist druckerseitig auf Masse (GND von ground = Betriebserde) gelegt. Das Kabel darf nicht länger als 5 m sein, da sonst Datenübertragungsfehler auftreten können.

In der Betriebsart „NORMAL" arbeitet die Centronics-Schnittstelle unidirektional mit einer Bitrate von maximal 300 KB/s. Die Datenleiter sind bezeichnet mit DATA 1 bis DATA 8 **(Bild 1)**. Das Steuersignal $\overline{\text{STROBE}}$ (= Blitz) dient der Datenübergabe und ist (wie am Strich über der Bezeichnung erkenntlich) low-aktiv, d.h., bei 0 sind die angelegten Daten gültig. Die Datensignale müssen mindestens 5 µs vor und 0,5 µs lang nach dem Strobe-Impuls anstehen. Das Peripheriegerät gibt nach der fallenden Strobe-Flanke das Signal BUSY (= tätig) an den PC. Während der Gültigkeit dieses Signals kann der PC keine weiteren Daten senden. Nach der fallenden Flanke des Busy-Signals sendet das Peripheriegerät den Impuls $\overline{\text{ACKNLG}}$ (von **ackn**owle**dg**e = Bestätigung) und quittiert mit einer 0 den Empfang der Daten. Neben diesen beschriebenen Signalen existieren noch andere Melde- und Steuersignale **(Tabelle 1)**.

In der Betriebsart EPP (von **E**nhanced **P**arallel **P**ort = erweiterte Parallelschnittstelle) wird bidirektional mit einer Datenrate von bis zu 2 MB/s übertragen. Um diesen Betriebsmodus nutzen zu können, muss im BIOS des PCs die Funktion Parallel Port Mode von NORMAL auf EPP umgestellt werden.

Tabelle 1: Kontaktbelegungen und Anschlussbezeichnungen der Centronics-Schnittstelle PC-Drucker

Stift-Nr. 25-polig	Stift-Nr. 36-polig	Bezeichnung	Erläuterung
1	1	$\overline{\text{STROBE}}$	Daten sind gültig bei 0.
2...9	2...9	DATA 1 ... DATA 8	Datenleitungen
10	10	$\overline{\text{ACKNLG}}$	Quittierungssignal; Low-Pegel bestätigt den Empfang.
11	11	BUSY	Drucker kann Daten nicht empfangen.
12	12	PE	Papier zu Ende
13	13	SELECT	Drucker angewählt
14	14	$\overline{\text{AUTO FEED}}$	automatischer Zeilentransport
15	32	$\overline{\text{ERROR (FAULT)}}$	Fehler wird angezeigt.
16	31	$\overline{\text{RESET}}$	Drucker rücksetzen
17	36	$\overline{\text{SLCT IN}}$	Nur bei Pegel Low kann der Drucker betrieben werden.
18... 25	15, 16, 19...30, 33	GND	Masse
	17	CHASSIS-GND	Gehäuse-Masse
	18	5 V	Anschluss + 5 V
	34, 35	NC	nicht belegt

6.6.7 PCMCIA-Schnittstelle

Die PCMCIA-Schnittstelle (von Personal Computer Memory Card International Association = Internationale Vereinigung für PC- Speicherkarten) ist sehr häufig bei Notebooks und anderen tragbaren Geräten zu finden. Es werden scheckkartengroße Speicherkarten, Modemkarten oder Netzwerkkarten direkt in die Schnittstelle eingesteckt. Die Schnittstelle arbeitet auf einem 16 bit breiten Parallelbus mit TTL-Pegel (siehe Abschnitt 6.5.6).

6.6.8 USB-Schnittstelle

Die USB-Schnittstelle (von Universal Serial Bus = universeller serieller Bus) führt zu einem Bus, der bis zu 127 Geräte, wie z.B. Monitor, Scanner, Modem, Tastatur, Maus oder Digitalkamera, seriell verbinden kann.

Der USB-Controller erkennt neu eingesteckte Geräte und lädt den entsprechenden Treiber, der aktiviert wird. Dieses Verfahren nennt man Plug and Play (= einstecken und spielen, hier: arbeiten). Außerdem bietet die USB-Schnittstelle ein Hot Plugging (hot = heiß und to plug = stöpseln), d.h., Geräte können während des Betriebs ein- oder ausgesteckt werden.

Die USB-Schnittstelle arbeitet mit Plug and Play und Hot Plugging.

Geräte mit geringem Strombedarf (< 500 mA) benötigen kein eigenes Netzteil, sie werden vom Bus mit Strom versorgt.

In der Version USB 2.0 Full-Speed (früher USB 1.1) wird eine Bitrate von 12 Mbit/s erreicht. Bei USB 2.0 High-Speed beträgt die Bitrate 80 MB/s **(Tabelle 1).** Diese hohe Übertragungsgeschwindigkeit wird aber nur erreicht, wenn eine komplette High-Speed-Kette aus Controller, Kabel und entsprechendem Peripheriegerät besteht.

Der vierpolige USB-Anschluss ist durch ein Symbol gekennzeichnet **(Bild 1).** Vom USB-Controller zum Peripheriegerät führen zwei Adernpaare. Die beiden inneren Adern $-S_D$ und $+S_D$ dienen der Datenübertragung, die beiden äußeren Adern Vcc und GND der Stromversorgung (Bild 1).

6.6.9 FireWire-Schnittstelle

Die FireWire-Schnittstelle kennt man auch unter dem Namen *i-Link* und *IEEE1394.*

Die Architektur dieser Schnittstelle besitzt eine flexible Topologie, d.h., sowohl eine kettenartige Aneinanderreihung der Geräte als auch eine baumförmige Struktur sind zulässig. Durch diese Skalierbarkeit können gleichzeitig Geräte mit 100 Mbit/s, 200 Mbit/s und 400 Mbit/s Bitrate am Bus angeschlossen werden. Mit IEEE 13946 (FireWire 800) sind 800 Mbit/s möglich. Es sind maximal 63 Geräte vernetzbar. Auch hier ist, wie bei USB, Plug and Play und Hot Plugging möglich.

FireWire wird häufig im AV-Bereich benutzt und verwendet Bitraten bis 800 Mbit/s.

Tabelle 1: Bitraten bei Schnittstellen

Schnittstelle	Theoretische Bitrate in Bytes	Praktisch erreichbare Bitrate in Bytes
Seriell (V.24)	0,115 MB/s	0,1 MB/s
Parallel (Centronics)	1 MB/s (bei 1 m Länge)	1 MB/s
USB 1.0 Low-Speed	0,1875 MB/s	0,1 MB/s
USB 1.1/USB 2.0 Full-Speed	1,5 MB/s	1,2 MB/s
USB 2.0 High-Speed	80 MB/s	50 MB/s
FireWire	50 MB/s	40 MB/s
FireWire 800	100 MB/s	80 m MB/s

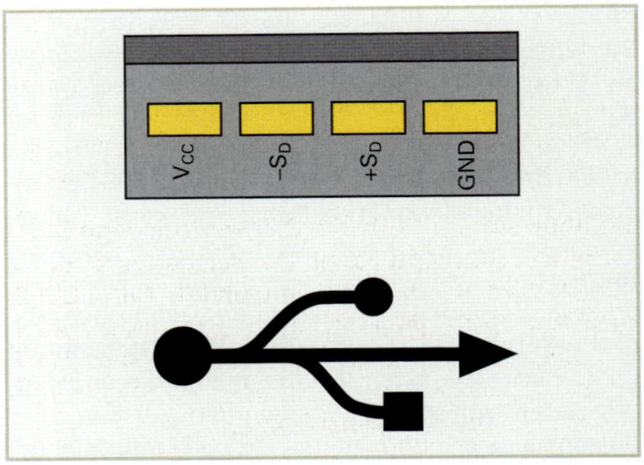

Bild 1: Pinbelegung und Symbol des USB-Anschlusses

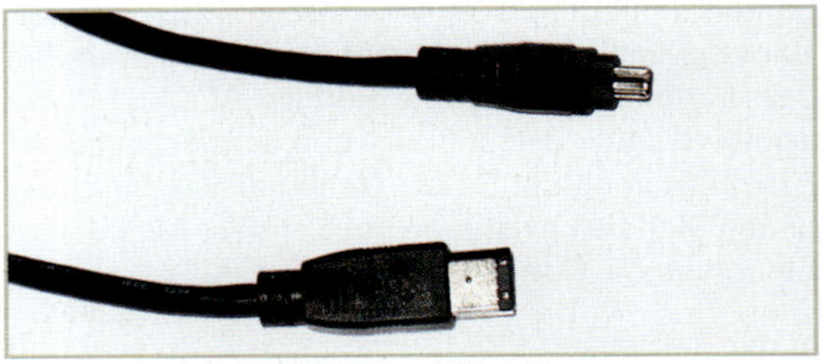

Bild 2: Stecker der Fire-Wire-Schnittstelle

USB-High-Speed und FireWire übertragen Daten mit Bitraten von 50 MB/s und 40 MB/s.

Das Bussystem verwendet 6-polige Stecker **(Bild 2)** und besteht aus zwei Twisted-Pair-Leitungen für Senden und Empfangen sowie zwei Adern für die Spannungsversorgung der Geräte.

6.6.10 SCSI-Schnittstelle

Die SCSI-Schnittstelle (SCSI, sprich: skahsi, von **S**mall **C**omputer **S**ystem **I**nterface = Schnittstelle für kleine Computersysteme) stellt einen geräteunabhängigen parallelen Peripheriebus mit einer Breite von 8 bit oder 16 bit zur Verfügung.

Die Bitrate beträgt bis 640 MB/s. Es sind bis 15 interne oder externe Geräte (SCSI-Devices) an das Bussystem anschließbar. Die Busleitungen sind z.B. bei SCSI-2 auf 6 m, bei Ultra 2-Wide SCSI-2 mit doppelten Leitungen auf 25 m Länge beschränkt **(Tabelle 1)**.

SCSI ist ein geräteunabhängiger, paralleler Bus, der intern oder extern Geräte mit maximal 640 MB/s verbindet.

Der große Vorteil von SCSI besteht darin, dass die angeschlossenen Geräte vom Host-Adapter verwaltet werden und daher die CPU nicht belasten.

Es haben sich im Laufe der Zeit verschiedene Standards von SCSI entwickelt. Der Ausgangsstandard SCSI-1 wird kaum noch verwendet. Mit SCSI-2, auch Fast SCSI genannt, ergibt sich die Möglichkeit, außer Festplatten auch DVD-, CD-ROM-Laufwerke, Scanner, Bandlaufwerke, Wechselplatten und andere Geräte anzuschließen.

Die Übertragungsleitungen sind hier entweder *single-ended,* nutzen also eine Ader pro Signal, oder sie sind *differenzial* und belegen pro Signal zwei Adern. Die Steckverbinder bei SCSI-2 sind 50-polig, ab SCSI-3 sind sie 68-polig **(Bild 1)**.

SCSI-Verbindungen müssen bei allen Versionen terminiert werden, d.h., jeder Datenleiter muss am Busende jeweils mit einem Abschlusswiderstand versehen werden.

Mit SCSI-3 wurden die Möglichkeiten des SCSI-Busses erneut erweitert. Gegenüber Ultra Wide SCSI wurde die Geschwindigkeit verdoppelt und die Datensicherheit wurde durch den Einsatz von CRC (von **C**ycling **R**edundancy **C**heck = zyklische Redundanzprüfung) verbessert. Außerdem können SCSI-3-Host-Adapter die Geschwindigkeit bei Problemen so lange senken, bis eine einwandfreie Datenübertragung möglich ist.

Alle SCSI-Geräte und der Host-Adapter (SCSI-Karte) benötigen als Adresse eine ID (Identifikationsnummer), z.B. zwischen 0 und 15, die mittels Jumpern am SCSI-Gerät eingestellt werden. Üblicherweise erhält der Host-Adapter die höchste Adresse (z.B. 15).

Tabelle 1: SCSI- Standards

Standard	Bitraten- (MB/s)	Anzahl der Datenleitungen	Kabellänge in m	Anzahl der Geräte
SCSI-1	5	8	6	7
SCSI-2	5	8	6	7
Fast SCSI-2	10	8	3	7
Ultra SCSI-2	20	8	1,5	7
Wide SCSI-2	20	16	6	15
Ultra Wide-SCSI-2	40	16	1,5	15
Ultra2 Wide-SCSI-2	80	16	25	15
Ultra3 SCSI (160)	160	16	12	15
Ultra3 SCSI (320)	320	16	12	k.A.
Ultra3 SCSI (640)	640	k.A.	k.A.	k.A.

k.A. = keine Angaben

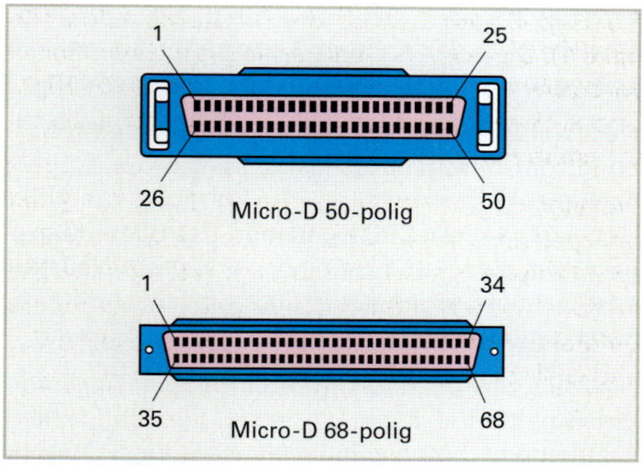

Bild 1: Externe SCSI-Buchsen

Am SCSI-Bus kann jedes Gerät auf ein anderes am SCSI-Bus zugreifen. Dazu muss aber die Kontrolle über den Bus erlangt werden. Je höher die ID, desto höher ist die Priorität beim Zugriff auf den Bus.

Wiederholung und Vertiefung

1. **Welche Bedeutung hat das Signal BUSY an der Centronics-Schnittstelle?**
2. **An welchen Geräten findet man die PCMCIA-Schnittstelle häufig?**
3. **Nennen Sie Vorteile der USB-Schnittstelle gegenüber der Centronics-Schnittstelle.**
4. **Welche maximale Bitrate ist bei SCSI möglich?**

6.7 WLAN-Karte installieren

Um Geräte oder Einbaukarten betreiben zu können, ist eine Steuersoftware, die auch „Treibersoftware“ oder kurz „Treiber“ genannt wird, notwendig.

Die Treiberinstallation für die WLAN-Karte (WLAN von **W**ireless **LAN** = Funk-LAN) beginnt automatisch, nachdem die Karte in den PCMCIA-Slot des Notebooks eingeschoben und z.B. von Windows XP erkannt wurde. Es startet der Hardware-Assistent, der durch die Installationsschritte führt. Man bestätigt die ersten beiden Fenster mit `Weiter`.

Dann wird die mit der Karte mitgelieferte CD ins CD-Laufwerk eingelegt und der Pfad zum Treiberverzeichnis angegeben. Man beachte, dass der richtige Laufwerksbuchstabe des CD-ROM-Laufwerks (z.B. E:) in der Maske für die Treiberposition eingetragen wird **(Bild 1)**.

Klickt man im nächsten Fenster die Schaltfläche `Weiter` an, erscheint das Fenster `Add/Edit Configuration Profile`. Hier ist `Edit Profile` zu wählen **(Bild 2)**.

In den vier nun verfügbaren Karteikarten gibt man unter `Basic` den `Network Name`, z.B. `RZUW`, ein **(Bild 3)**. In den anderen Karteikarten können die vorgegebenen Einstellungen beibehalten werden.

Nach der Bestätigung mit „`OK`“ erscheint eine Warnung, die besagt, dass der `Client Manager` noch nicht installiert sei. Diese Warnung kann hier ignoriert werden. Die Installation des Client-Managers ist optional und kann nach erfolgtem Neustart des Rechners, wenn nötig, auch noch nachträglich, durchgeführt werden.

Die Treiberinstallation wird nun mit dem Anklicken der Schaltfläche `Fertig stellen` und einem nachfolgend notwendigen Neustart des Computers abgeschlossen **(Bild 1, folgende Seite)**.

Die Installation von Treibersoftware erfolgt menügeführt.

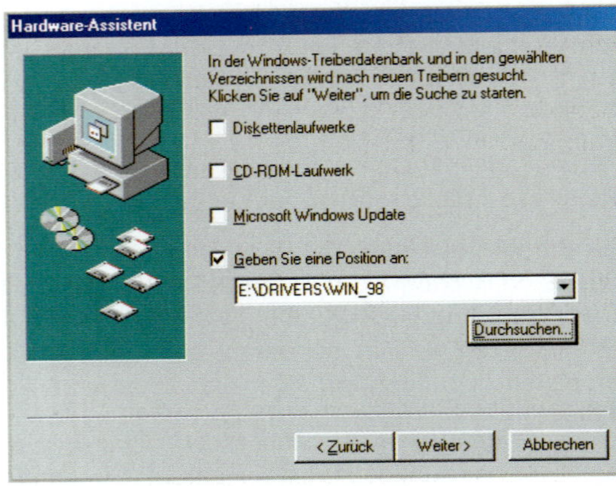

Bild 1: Fenster „Hardware Assistent“

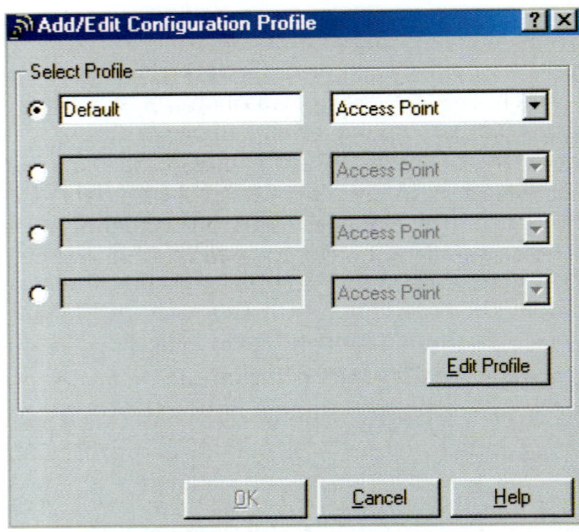

Bild 2: Fenster „Add/Edit Configuration Profile“

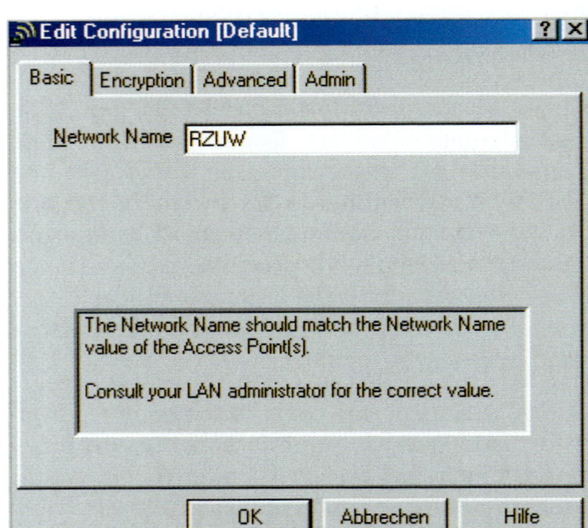

Bild 3: Fenster „Edit Configuration“

6.8 Soundkarte installieren

Nach dem Öffnen des PCs sucht man auf der Hauptplatine den Bereich, in dem sich die Steckplätze für die Einsteckkarten befinden. Es gibt ISA-Steckplätze und PCI-Steckplätze. Hier wählt man einen freien Steckplatz für die Karte. ISA-Soundkarten baut man in schwarze, etwa 140 mm lange Steckplätze ein, PCI-Soundkarten in weiße, etwa 90 mm lange Slots (= Schlitze). Meist werden PCI-Soundkarten installiert.

Nach Entfernen des Slotblechs, das zum gewählten Steckplatz gehört, steckt man die Soundkarte so in den Slot ein, dass die Kontaktreihen der Soundkarte genau in die dafür vorgesehenen Vertiefungen im Slot passen.

Die Kontaktreihen sind unterschiedlich lang, deshalb kann man die Karte nicht falsch herum einbauen. Jetzt schiebt man die Karte mit sanftem Druck in Richtung Hauptplatine, bis sie fest im Slot steckt **(Bild 2)**.

Das an der Soundkarte montierte, abgewinkelte Blech (Slotblech) muss nun auf der Metallschiene am Gehäuse aufliegen. Es ist darauf zu achten, dass sich dieses Blech nicht verkantet. Dann kann die Karte am oberen Ende des abgewinkelten Bleches am Gehäuse festgeschraubt werden.

Wenn ein CD-ROM-Laufwerk im Computer vorhanden ist, kann es mit der Soundkarte verbunden werden. Das ermöglicht das Abspielen von Musik-CDs. Die Verbindung erfolgt über ein Kabel, das gewöhnlich dem CD-ROM-Laufwerk beiliegt. Dieses steckt man an das CD-ROM-Laufwerk. Der Stecker muss einrasten. Auf der anderen Seite wird es auf die Soundkarte gesteckt. Dort sind passende Anschlüsse für verschiedene Kabel vorgesehen.

Gemäß DIN VDE 0701 müssen nach einer Änderung im Gerät eine optische Prüfung, eine elektrische Prüfung, z.B. Messung des Schutzleiterwiderstands, des Isolationswiderstands und des Ersatzableitstroms, sowie eine Funktionsprüfung durchgeführt werden. Die Durchführung der Prüfschritte ist in einem Formular zu protokollieren.

Nach dem Schließen des PCs und Anschließen aller Kabel schließt man die Lautsprecher an und startet den PC. Beim Start sieht man schon die entsprechende Meldung vom BIOS, die z.B. *Initialize Plug and Play Cards. PnP Device 01: Terratec Music Card* lauten kann.

Beim Start von Windows wird die neue Karte automatisch erkannt, selbst wenn es sich um keine Plug-and-play-fähige Karte handelt.

Jetzt werden die Treiber nach Vorgabe installiert. Dazu muss man sich an die Bedienungsanleitung für die Soundkarte halten. Jeder Hersteller verwendet sein eigenes Installations-Schema. Manche haben Setup-Programme, andere verlassen sich auf die Treibereinbindung über Windows.

Nun wird die Karte getestet. Man überprüft zunächst, ob die Lautsprecher eingeschaltet sind.

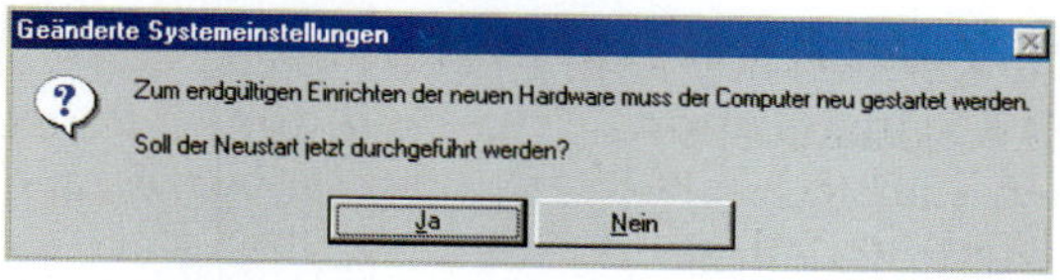

Bild 1: Fenster „Installation abgeschlossen"

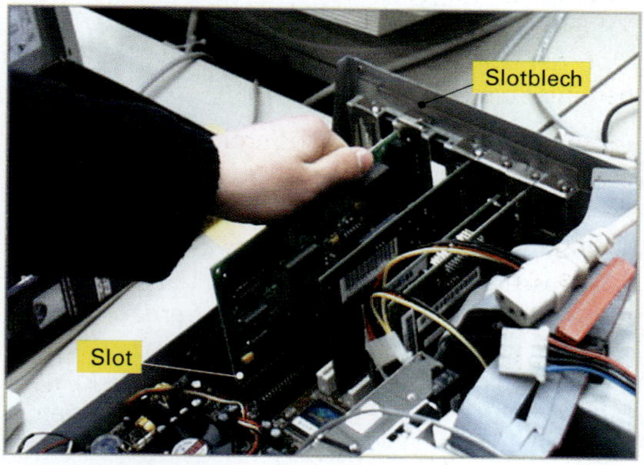

Bild 2: Einsetzen der Karte

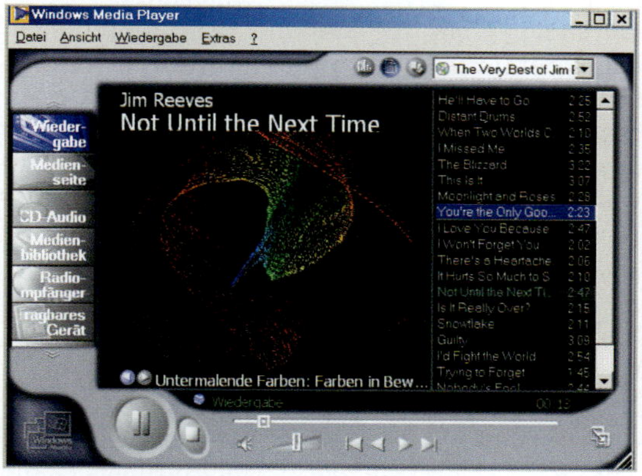

Bild 3: Wiedergabefenster des Windows Media Players

> Nach Geräteänderungen muss nach VDE 0701 eine optische, eine elektrische und eine Funktionsprüfung erfolgen.

Anschließend startet man am besten den Windows Media Player (in Windows XP über Programme – Zubehör – Unterhaltungsmedien). Dann legt man eine Musik-CD ins CD-Laufwerk und startet das Abspielen mit dem Windows Media Player **(Bild 3)**.

6.9 Druckertreiber installieren

6.9.1 Installation

Ein Druckertreiber für einen PostScript-Drucker soll installiert werden.

Nach dem Starten von winstger.exe führt man die folgenden Schritte durch:

Das Setup-Programm wird zunächst vorbereitet und öffnet danach das Fenster `Willkommen` für den Adobe PostScript Printer Driver **(Bild 1)**. Jetzt klickt man auf `Weiter`. Dann wählt man im Fenster `Endbenutzerlizenzabkommen Annahme`, sofern man mit den Bedingungen einverstanden ist.

Im Fenster `Druckerverbindungstyp` beginnt die eigentliche Installation eines Druckertreibers. Hier entscheidet man sich für `Lokaler Drucker` und wählt `Weiter` **(Bild 2)**. Dann werden im Fenster `Auswahl des lokalen Anschlusses` in der Liste `Verfügbare Anschlüsse` alle lokalen und definierten LPT-Ports (LPT von Line Printer) angezeigt. Hier wählt man den entsprechenden Port aus und klickt auf `Weiter` **(Bild 3)**.

Jetzt muss im Fenster `Druckermodell auswählen` das benötigte PPD-File (PPD von PostScript Printer Driver) ausgewählt werden. Standardmäßig wird der Generic PostScript Printer angeboten, der für Schwarz-Weiß-Drucker vorgesehen ist. Nach dem Klick auf `Weiter` entscheidet man im Fenster `Freigabe`, ob dieser Drucker auch von anderen Rechnern genutzt werden kann, wählt `Nicht freigeben` und danach `Weiter`.

Im Fenster `Druckerinformationen` kann im Feld `Druckername` ein Name eingegeben werden **(Bild 4)**. Bei Bedarf kann man nach Abschluss der Installation eineTestseite erstellen lassen, dann klickt man auf `Weiter`. Jetzt kann man im Fenster `Installationsinformationen` die bisherigen Eingaben überprüfen und wählt dann `Installieren`, um die eigentliche Installation durchzuführen.

Im Fenster `Druckerkonfiguration` kann nun die spezielle Konfiguration des Treibers durchgeführt werden. Diesen Vorgang beendet man mit `Weiter`. Im Fenster `Installation abgeschlossen` wird jetzt die Anzeige des Files *Liesmich.txt* angeboten.

Um das Programm zu beenden, wählt man dann `Fertig stellen`. Nach der Installation muss der Rechner neu gestartet werden.

6.9.2 Konfiguration

Das Konfigurieren der Druckertreiber-Attribute erfolgt unter Windows XP zunächst durch das Setzen der allgemeinen Attribute im Druckertreiber.

Bild 1: Willkommensbildschirm für das Installationsprogramm

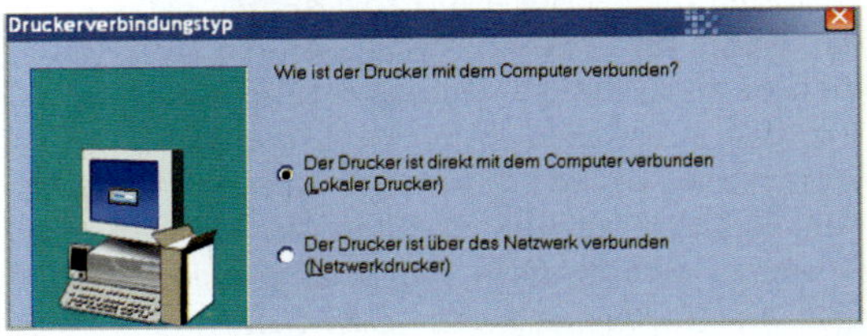

Bild 2: Ausschnitt aus Fenster „Druckerverbindungstyp"

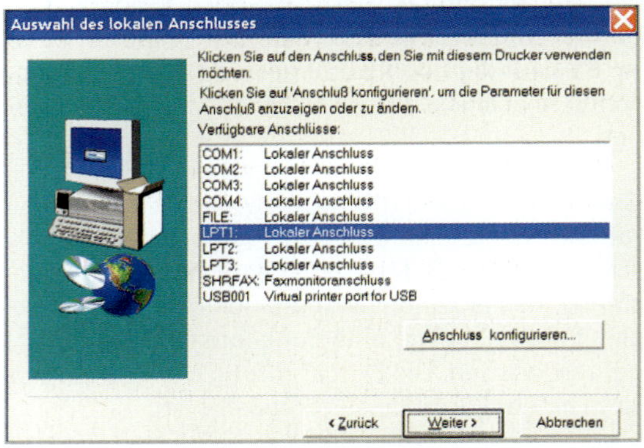

Bild 3: Fenster „Auswahl des lokalen Anschlusses"

Bild 4: Fenster „Druckerinformationen"

Man wählt Start – Einstellungen – Drucker. Im Fenster `Drucker` klickt man mit der rechten Maustaste den zu konfigurierenden Druckertreiber an und wählt die Registerkarte `Geräteeinstellungen`, um bei Bedarf Änderungen vorzunehmen **(Bild 1)**.

Für die nachstehenden Beispiele wurde der Generic PostScript Printer verwendet. Die Geräteeinstellungen können modifiziert werden (Bild 1). Das Fenster wird mit `OK` geschlossen.

> Die Konfiguration legt die Eigenschaften des Ausdrucks fest.

Setzen weiterer Attribute in der Windows-Anwendung

Man wählt im Anwendungsprogramm Datei – Drucken. Im Fenster `Drucken` sucht man auf der Registerkarte `Allgemein` im Feld `Drucker auswählen` den gewünschten Druckertreiber.

Auf der Registerkarte `Layout` entscheidet man sich in der Gruppe `Orientierung` für Hoch- oder Querformat. Auf jeden Fall sollte darauf geachtet werden, dass die Seitenausrichtung für den Druckertreiber und das Anwendungsprogramm übereinstimmt.

Weitere Parameter können unter `Erweitert` gesetzt werden. Das sich zusätzlich öffnende Fenster `Erweiterte Optionen für...` enthält Attribute in drei Gruppen **(Bild 2)**:

1. Papier/Ausgabe: Man wählt eines der Papierformate aus. Auf jeden Fall sollte darauf geachtet werden, dass das Papierformat für den Druckertreiber und das Anwendungsprogramm übereinstimmt.

2. Grafik: In dieser Gruppe können *Skalierung* und *TrueType-Schriftart* (von TrueType = wahre Zeichenart) gesetzt werden. TrueType ist eine WYSIWYG-Schrifttechnologie (von **W**hat **Y**ou **S**ee **I**s **W**hat **Y**ou **G**et), d.h., die Zeichen erscheinen ausgedruckt wie auf dem Bildschirm sichtbar.

Die Einstellung `Durch Geräteschriftart ersetzen` bewirkt, dass der Drucker anstelle der TrueType-Schriftarten die eigenen PostScript-Schriftarten verwendet. Dadurch brauchen keine Font-Definitionen in das zu erzeugende PostScript-File eingefügt zu werden. Die Zuordnung zwischen TrueType-Schriftart und PostScript-Schriftart erfolgt in der Registerkarte `Geräteeinstellungen` im Attribut `Ersetzungstabelle für Schriftarten`. Sollte jedoch die Ausgabe von Texten zu unbefriedigenden Ergebnissen führen, so ist an dieser Stelle `Als Softfont in den Drucker laden` zu wählen, sodass auch die benötigten Font-Definitionen in dem erzeugten PostScript-File gespeichert werden.

3. Optionen für Dokument: Hier stehen PostScript-Optionen folgender Attribute:

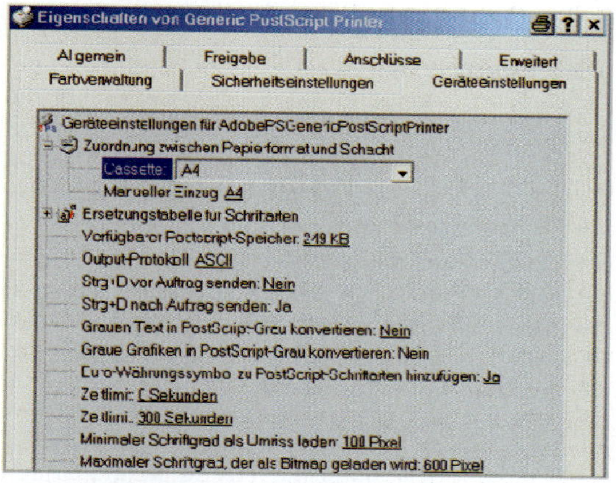

Bild 1: *Ausschnitt aus dem Fenster „Eigenschaften"*

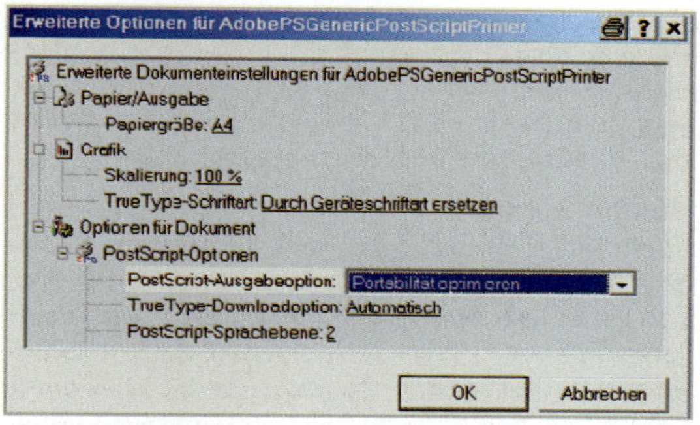

Bild 2: *Ausschnitt aus dem Fenster „Erweitere Optionen"*

PostScript-Ausgabeoption: Man wählt im Standardfall `Portabilität optimieren`. Zur Erzeugung von EPS-Files wählt man `Encapsulated PostScript (EPS)`.

Bei **TrueType-Download-Option** wird `Automatisch` gewählt. Bei `PostScript-Sprachebene` wählt man `2`.

PostScript-Fehlerbehandlung senden: Hier kann der Error-Handler beim Auftreten eines Fehlers aktiviert werden. Sofern die Druckausgabe auf einem Drucker, der über einen Server angesteuert wird, erfolgt, sollte kein eigener Error-Handler in das PostScript-File eingebunden werden, da diese Drucker mit speziellen Fehler-Routinen ausgestattet sind. In allen anderen Fällen erleichtert der eingebundene Error-Handler die Analyse von PostScript-Fehlern. Bei `Spiegelverkehrte Ausgabe` und bei `Negativausgabe` stellt man `Nein` ein.

Nach dem Schließen des Fensters mit `OK` startet man den Druckvorgang mit `Drucken`.

Wiederholung und Vertiefung:

1. **Erklären Sie, mit welchen Mausklicks man zur Registerkarte *Geräteeinstellungen* kommt.**
2. **Welcher Druckername wird für einen PostScript-Schwarz-Weiß-Drucker standardmäßig verwendet?**
3. **Erklären Sie den Begriff „TrueType-Schriftart".**

6.10 PC-Messtechnik

Mit entsprechenden Zusatzeinrichtungen kann ein PC auch als Messgerät eingesetzt werden. Für die Aufnahme und Auswertung einer Messgröße mit jeweils einem Gerät eignen sich Stand-Alone-Geräte und Bus-Geräte **(Tabelle 1)**. Das Messprinzip für die Auswertung, z. B. einer Spannung, zeigt **Bild 1**. Zur gleichzeitigen Verarbeitung vieler Messgrößen werden Datenerfassungskarten verwendet, welche die Messwerte aufbereiten und an den PC weitergeben. Der PC nimmt die Auswertung der Messwerte und grafische Darstellung (Visualisierung) auf dem Bildschirm vor.

Mit einem PC können Messwerte ausgewertet und grafisch dargestellt werden.

Für alle Messverfahren wird eine Mess-Software benötigt. Diese besteht aus Treibern (Anpassungsprogrammen) für die Hardware und Programmen zur Visualisierung der Messvorgänge.

Handmessgerät

Service-Messgeräte sind meist Handmessgeräte ohne angeschlossenen PC. Eine Mess-Spitze dient zur Aufnahme von Gleichspannungen und Wechselspannungen. Zusätzlich wird ein Signalmasseleiter benötigt **(Bild 2)**. Die Anzeige der Messwerte erfolgt auf dem kleinen Display des Messgerätes. Die Einstellung der Betriebsart AC/DC und des Spannungsbereichs 1 V / 10 V / 100 V wird am Gerät mit Schaltern vorgenommen. Die Umschaltung zwischen digitaler Spannungsanzeige oder Oszilloskopanzeige sowie die Triggerart werden menügesteuert mit Tastern vorgenommen und auf dem Geräte-Display angezeigt.

Nach Installation einer passenden Mess-Software auf dem PC kann das Messgerät über einen V.24-Steckverbinder mit dem PC verbunden werden. Startet man die Mess-Software, so erscheint z. B. das Anzeigefenster **(Bild 3)**. Nun misst man in der zu untersuchenden Schaltung mit dem Handmessgerät die gewünschte Spannung. Diese wird auf dem Handmessgerät und auf dem Bildschirm des PCs angezeigt und kann dort direkt ausgewertet werden. Das Hauptfenster zeigt das Oszillogramm einer Wechselspannung (Bild 3). Rechts daneben werden die Einstellungen Zeitablenkung 0,5 µs/div, Triggerart AUTO, Gleichspannungsmessung DC und die Spannungsablenkung 2,5 V/div sichtbar. In der unteren Hälfte sieht man die gemessene Frequenz zu 0,15873 MHz und die Spannung $\hat{u}$ = 8,6 V. Zusätzlich werden der Gleichspannungsanteil mit 1,1 V und der Wechselspannungsanteil 6,8 V angezeigt. Für die Messung dieser Spannungen wurden zuvor mit der Maus die Linien für minimalen Wert und maximalen Wert eingestellt.

Tabelle 1: Messwerterfassungssysteme

Art	Erklärung
Stand-Alone-Gerät	Eigenständiges Messgerät, kann auch ohne PC messen. Der Anschluss an den PC erfolgt oft über die V.24-Schnittstelle.
Datenerfassungskarte	PC-Steckkarte zur Auswertung von Messwerten mit dem PC. Es gibt Karten mit bis zu 16 Eingängen.
Bus-Geräte (VXI, IEC, GPIB)	Geräte mit unterschiedlicher Schnelligkeit werden über den Bus miteinander verbunden. Die Bussteuerung erfolgt meist über eine Buskarte im PC.

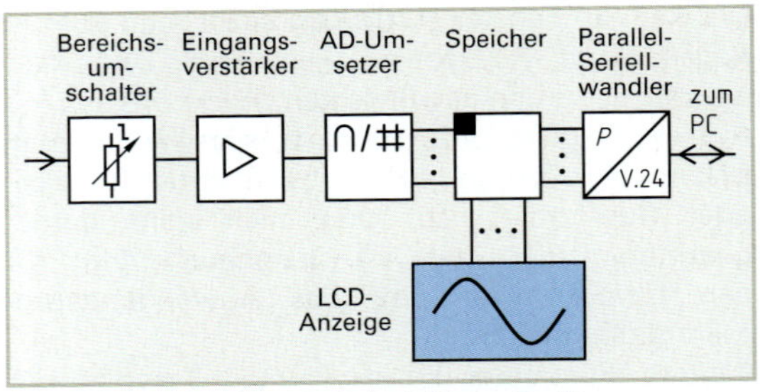

Bild 1: Messprinzip von Stand-Alone-Geräten

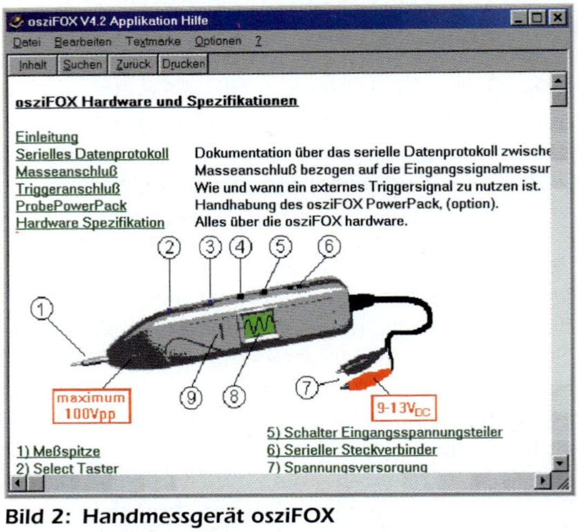

Bild 2: Handmessgerät osziFOX

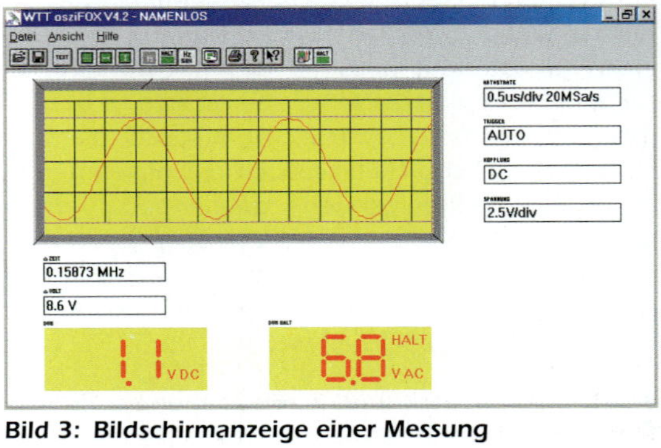

Bild 3: Bildschirmanzeige einer Messung

Mess-Software DASYLab

DASYLab (von Data Acquisition System Laboratory = Daten-Erfassungssystem-Labor) ist ein Programm zur Visualisierung von Daten in Prozessabläufen. Mit DASYLab werden Datenerfassungskarten gesteuert (Tabelle 1, vorhergehende Seite). Im Folgenden soll die Wirkungsweise der Mess-Software anhand einer einfachen Datenerfassungskarte, nämlich der PC-Soundkarte, gezeigt werden **(Bild 1)**. Diese soll z. B. ein Tonsignal mit $f = 1000$ Hz erzeugen, am Lautsprecher ausgeben und den Spannungsverlauf in einem Oszilloskopfenster zeigen.

Nach dem Start von DASYLab erscheint das Fenster `Schaltbild` **(Bild 2)**. Durch Anklicken eines Icons der Modulleiste wird das zugehörige Modul in das Schaltbildfenster übernommen. Für die Schaltung werden die Module `D/A`, `Y/t-Grafik` für das Oszilloskop und `G` für den Generator verwendet und im Schaltbildfenster platziert. Beim Generator wählt man den Typ `Ohne Modulationseingänge` aus. Nach Doppelklicken mit der linken Maustaste auf das Symbol des Generatormoduls öffnet sich ein Fenster, in dem z. B. der Name NF-Generator oder die Frequenz $f = 1000$ Hz eingestellt werden. Die Verbindung zwischen den Modulen wird durch Anklicken und Ziehen mit der Maus hergestellt. Das Programm wird durch Anklicken der Zeile `Start` im Menü `Messen` gestartet. Beendet wird die Simulation durch Anklicken von `Stop` im Menü `Messen`. Zum Modul `Y/t-Grafik` gehört das Fenster `Oszilloskop` **(Bild 3)**.

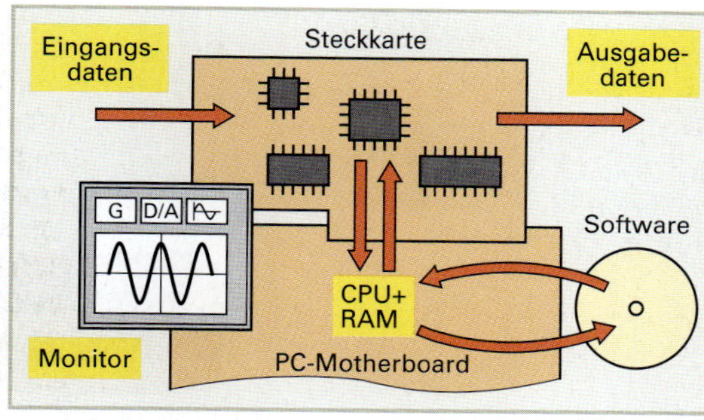

Bild 1: Prinzip der Signalverarbeitung mit Visualisierungssoftware

Durch Simulation kann das Zusammenwirken von Baugruppen visualisiert werden.

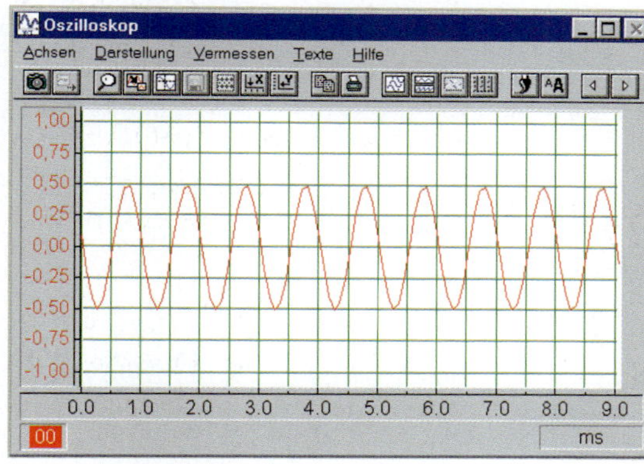

Bild 3: Oszilloskopfenster

Wiederholung und Vertiefung

1. **Nennen Sie drei Arten von Messwerterfassungssystemen.**
2. **Welche Baugruppen verwenden Stand-Alone-Geräte?**
3. **Wie erzeugt man eine Schaltungssimulation?**
4. **Wie wird eine Schaltungssimulation gestartet und gestoppt?**

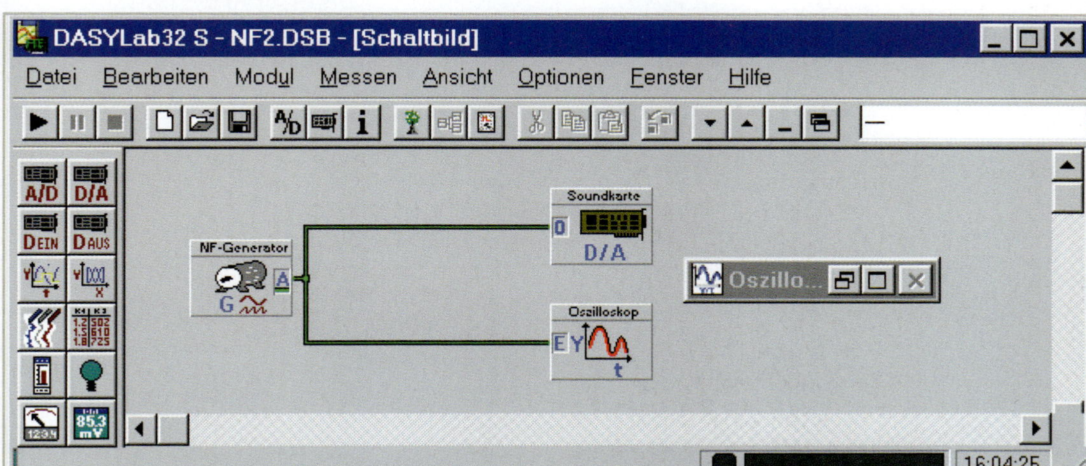

Bild 2: Schaltbildfenster mit Modulen

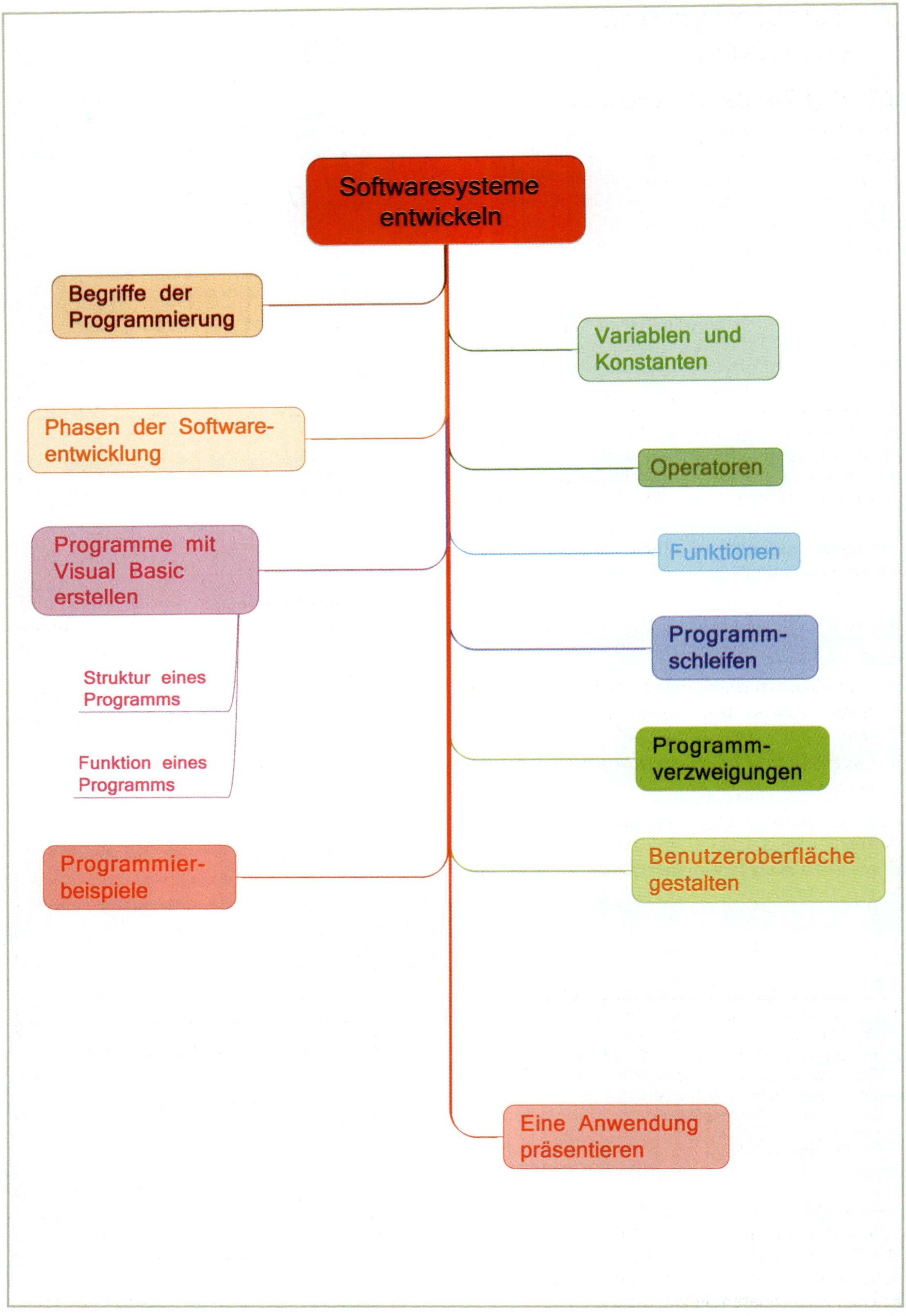
Softwaresysteme entwickeln
Begriffe der Programmierung
Variablen und Konstanten
Phasen der Software-entwicklung
Operatoren
Funktionen
Programme mit Visual Basic erstellen
Programm-schleifen
Struktur eines Programms
Funktion eines Programms
Programm-verzweigungen
Programmier-beispiele
Benutzeroberfläche gestalten
Eine Anwendung präsentieren

7 Softwaresysteme entwickeln

7.1 Begriffe der Programmierung

Unter Programmierung versteht man das Erstellen von Softwaresystemen (Programmen) mithilfe geeigneter Methoden und Denkweisen. Ein Softwaresystem wird durch Algorithmen (Rechenverfahren) und seine zugehörigen Daten in einer Programmiersprache formuliert.

Das Umsetzen von Algorithmen und Daten in eine Programmiersprache nennt man Codierung.

Wesentliche Aufgabe der Programmierung ist die Formulierung von Programmalgorithmen. Sie stellen eine Folge von Anweisungen dar, die in einzelnen Programmschritten abgearbeitet werden und so zu einer Problemlösung führen.

Programmalgorithmen führen schrittweise zu einer Problemlösung.

Der Programmalgorithmus muss folgende Eigenschaften aufweisen:

- Sein Ablauf ist fest vorgeschrieben.
- Jeder einzelne Ablaufschritt muss ausführbar sein.
- Das Problem ist nach endlich vielen Ablaufschritten gelöst.

Einer Programmierung geht zunächst ein reales Problem voraus **(Bild 1).** Dieses muss in seiner Gesamtheit exakt beschrieben sein, damit geeignete Programmalgorithmen festgelegt werden können.

Beispiel 1:

Ein Programm soll nach Eingaben über die Tastatur für eine beliebige Gleichspannung U in V und einen beliebigen Wirkwiderstand R in Ω den Strom I in A berechnen und das Ergebnis dieser Berechnung auf dem Bildschirm ausgeben. Danach sollen erneute Eingaben, Berechnungen und Ausgaben bis zum gewünschten Programmende möglich sein.

Lösung: **Bild 2**

Danach erfolgt die eigentliche Programmierung bzw. Umsetzung in eine höhere Programmiersprache. Sie wird anschließend durch einen Compiler (Übersetzungsprogramm) in die Maschinensprache des verwendeten Rechners umgesetzt (Bild 1).

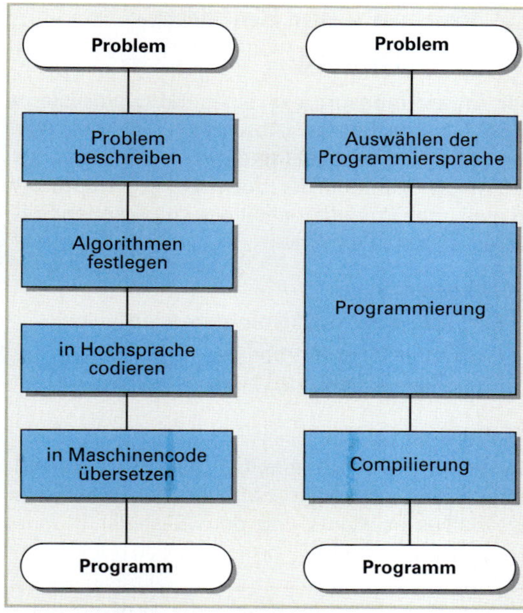

Bild 1: Vom Problem zum Programm

- Compiler erzeugen vor der ersten Programmausführung aus dem Programmcode eine Datei mit Maschinencode (EXE-Datei).
- Interpreter übersetzen während jeder Programmausführung den Programmcode zeilenweise in Maschinencode. Dadurch erhöht sich die Programmlaufzeit.

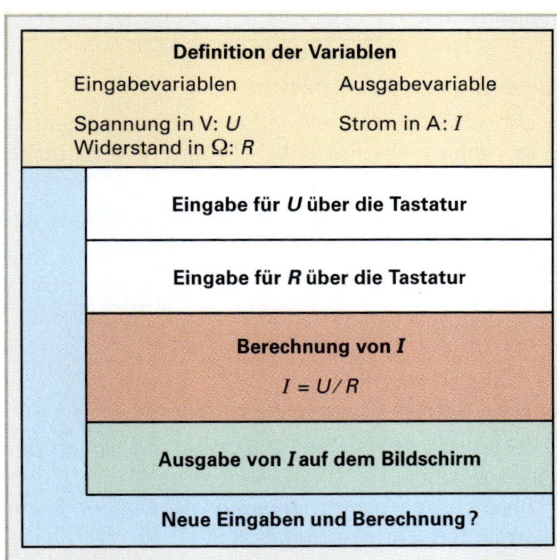

Bild 2: Vereinfachter Algorithmus für ein Programm

7.2 Phasen einer Softwareentwicklung

Der Entwicklungsprozess eines Softwaresystems kann in sechs Phasen (Abschnitte) unterteilt werden **(Bild 1)**. Sie sollen eine systematische Vorgehensweise während der Entwicklung sichern, um so eine hohe Produktqualität des entwickelten Softwaresystems zu erreichen.

Problemanalyse ①

- Ermitteln der Produktanforderungen
- Prüfen der Durchführbarkeit
- Beurteilen der Kosten- und Nutzenanalyse

Pflichtenheft ②

Der Inhalt des Pflichtenheftes **(Bild 2)** ist wesentliche Vertragsgrundlage zwischen dem Entwickler des Softwaresystems und dem Besteller (Kunde) des Softwaresystems.

> Durch das Pflichtenheft sind der Umfang und der zeitliche Ablauf einer Softwareentwicklung festgelegt.

Entwurf des Softwaresystems ③

- Festlegen der Struktur das Softwaresystems gemäß dem Pflichtenheft
- Zerlegung der Gesamtaufgabe in kleinere, überschaubare Module
- Beschreibung der einzelnen Komponenten und ihres Zusammenwirkens

> Die Qualität eines Softwaresystems wird im Wesentlichen durch die Entwurfsphase bestimmt.

Codierung des Softwaresystems ④

- Umsetzen der einzelnen Entwurfskomponenten in eine ausgewählte Programmiersprache **(Tabelle 1)**
- Erstellen einer lauffähigen Programmdatei durch Compilieren in Maschinensprache

> Ein Softwaresystem besteht aus einer Sammlung von Programmdateien.

Test des Softwaresystems ⑤

- Testen der einzelnen Komponenten = Komponententest
- Testen des Zusammenwirkens einzelner Komponenten = Integrationstest
- Testen des Zusammenwirkens aller Komponenten = Systemtest

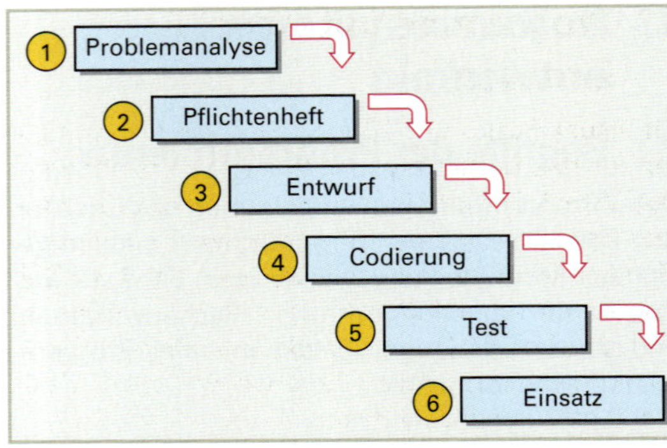

Bild 1: *Phasen einer Softwareentwicklung*

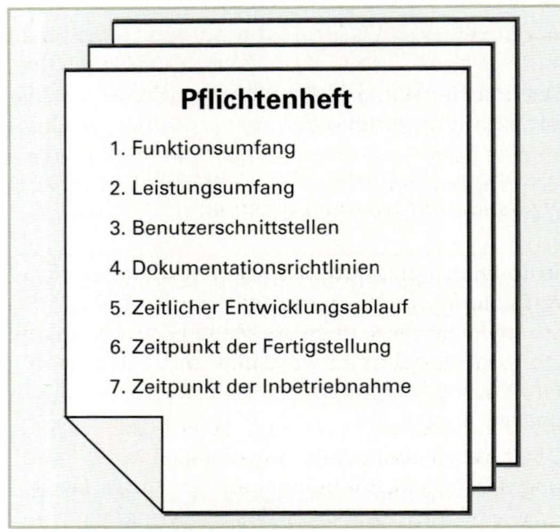

Bild 2: *Inhalt eines Pflichtenheftes*

Tabelle 1: Programmiersprachen

Programmiersprache	Plattform	Entwickler
Delphi	Windows	Borland
Visual C++	Windows	Microsoft
Visual Basic	Windows	Microsoft
Java	Internet	Sun

Einsatz des Softwaresystems ⑥

Für den Einsatz eines Softwaresystems ist seine Qualität maßgebend, z.B.:

- Benutzerfreundlichkeit und Ergonomie
- Zuverlässigkeit und Portabilität
- Wartungsfreundlichkeit und Änderbarkeit

Wiederholung und Vertiefung

1. **Was versteht man unter Programmierung?**
2. **Welche Eigenschaften muss ein Programmalgorithmus aufweisen?**
3. **Nennen Sie die Phasen einer Softwareentwicklung.**
4. **Welche Bedeutung hat das Pflichtenheft in der Softwareentwicklung?**

7.3 Programme mit Visual Basic erstellen

Mit Visual Basic (VB) können Softwareanwendungen für das Betriebssystem Windows erstellt werden. Visual Basic beinhaltet eine Werkzeugsammlung (Toolbox), mit der eine Windows-Bedienoberfläche grafisch erstellt werden kann **(Bild 1)**. Der Programmcode wird aber mithilfe der Programmiersprache VBA (von Visual Basic for Application = VB für Anwendungen) eingegeben. Sie ist ebenfalls Bestandteil von Visual Basic.

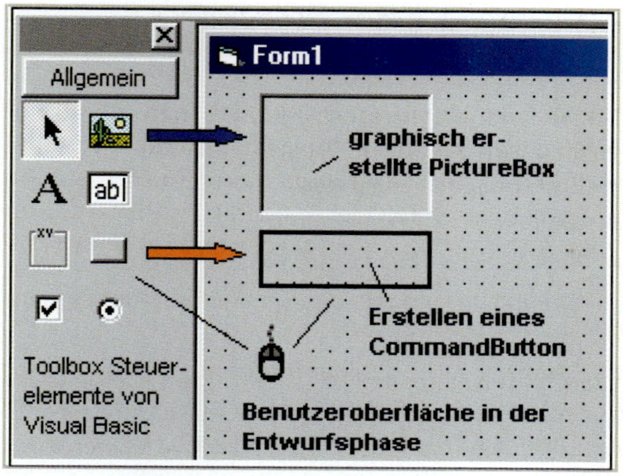

Bild 1: Grafische Gestaltung einer Windows-Oberfläche

7.3.1 Struktur eines Programms

Die Dateien einer VB-Programmentwicklung sind in einem Projekt zusammengefasst. Es besteht aus Modulen **(Tabelle 1)** und stellt den Rahmen für die Programmentwicklung dar.

Die Sammlung der Programmdateien einer Visual-Basic-Anwendung nennt man Projekt.

Tabelle 1: Visual-Basic-Module

VB-Modultypen	Eigenschaften
Formular-Modul (*.frm)	Ist Benutzeroberfläche, verfügt über Steuerelemente und Ereignisse
Standard-Modul (*.bas)	Enthält Programmcode, verfügt nicht über Steuerlemente und Ereignisse
Klassen-Modul (*.cls)	Definiert eine Objektklasse für ein VB-Objekt
Ressourcendatei (*.res)	Enthält z.B. Bilddateien, Stringdateien, Dialoge usw.

Die Dateien eines Projekts können über den Projekt-Explorer von VB dargestellt werden **(Bild 2)**. Er wird in Visual Basic über die Menüs `Ansicht` und `Projekt-Explorer` oder über die Tastenkombination `Strg+R` aktiviert.

Formulare, Formen genannt, stellen die Bedienoberfläche (Arbeitsblatt) einer Windows-Anwendung dar (Bild 1). Sie beinhalten die Steuerelemente und Ereignisprozeduren dieser Anwendung. Eine Form oder ein Steuerelement verfügt über Eigenschaften, Methoden (Funktionen) und Ereignisse. Deshalb bezeichnet man sie auch als Objekte. Ihr Objektbezeichner (Name) steht für einen bestimmten Objekttyp innerhalb eines Programms.

Formen und Steuerelemente verfügen über Eigenschaften, Methoden und Ereignisse.

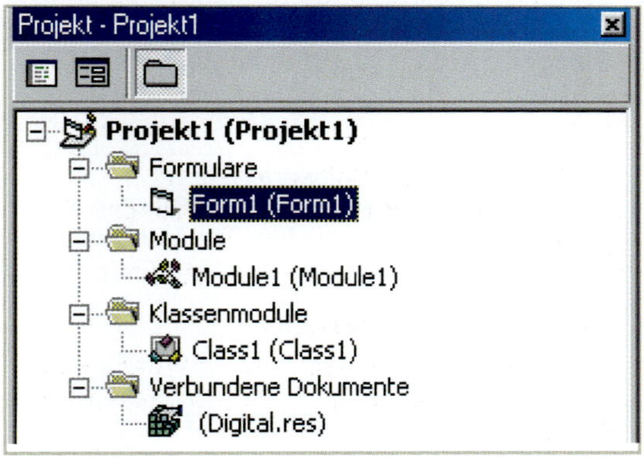

Bild 2: Darstellung der Dateien eines VB-Projekts

7.3.2 Funktion eines Programms

Durch den Programmcode ist der Ablauf einer VB-Anwendung nicht festgelegt. Welche Prozedur (Anweisung) als nächstes ausgeführt wird, ist nur vom Eintreten eines Ereignisses bestimmt. Es kann z.B. vom Benutzer der Anwendung durch Mausklick auf ein Steuerelement oder durch Betätigen einer Taste ausgelöst werden **(Bild 3)**. Das ausgelöste Ereignis wird vom Betriebssystem Windows als Nachricht empfangen und an das beteiligte Steuerelement, z.B. ein Textfeld (Textbox), übertragen.

Ein Visual-Basic-Programm wird durch Ereignisse und Nachrichten gesteuert.

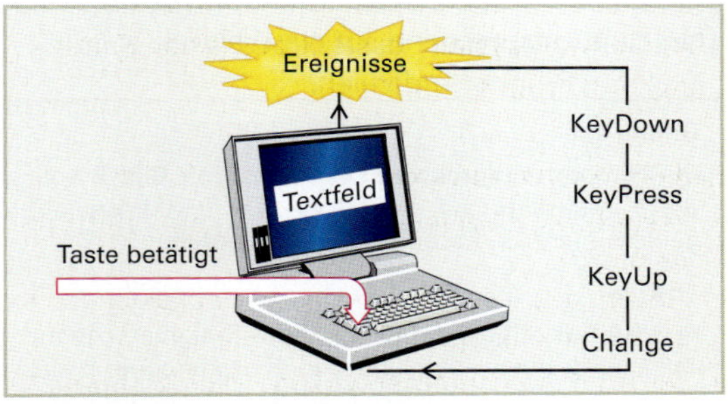

Bild 3: Programmsteuerung durch Ereignisse

Ist das Textfeld (Bild 3, vorhergehende Seite) vom Anwender ausgewählt, so hat es den Eingabefokus. Windows erkennt das Betätigen einer Taste und sendet dann hintereinander folgende Ereignisse an das ausgewählte Textfeld-Steuerelement:

- **KeyDown** – Taste wurde nach unten gedrückt.
- **KeyPress** – Taste ist betätigt.
- **KeyUp** – Taste wurde losgelassen.
- **Change** – Inhalt des Textfeldes wurde geändert.

Die Ereignisse lösen die zugehörigen Ereignisprozeduren (Private Sub) des Textfeld-Steuerelements aus. Ihr Code kann in VB mithilfe des VBA-Editors **(Bild 1)** eingesehen und geändert werden. Er wird z.B. über die Menüs `Ansicht` und `Code` oder durch doppelten Mausklick auf die Form geöffnet.

VB-Programme haben kein Hauptprogramm. Ihre Prozeduren werden von Windows gesteuert.

Zusätzlich übergibt Windows z.B. an die Ereignisprozedur *KeyPress* den ASCII-Code des eingegebenen Zeichens in Form von *KeyAscii As Integer* (Bild 1). Deshalb muss die VB-Anwendung ein eingegebenes Zeichen nicht erst von der Tastatur abfragen. Dieses wird ihr von Windows als Parameter übergeben.

Windows löst Ereignisprozeduren in einer Visual-Basic-Anwendung aus und übergibt ihnen Parameter.

Steuerelemente können mit verschiedenen Ereignisprozeduren reagieren. Ein Textfeld-Steuerelement beinhaltet z.B. 24 verschiedene Ereignisprozeduren.

7.4 Programmierbeispiele

Die in Bild 1 dargestellten Ereignisprozeduren des Textfeldes enthalten noch keinen ausführbaren Programmcode. Erst durch eingefügten VBA-Code reagieren sie entsprechend auf ein Ereignis.

Übung 1:

Die Hintergrundfarbe des Textfeldes von **Bild 2** soll, durch Mausklick auf die Fläche des Textfeldes, auf gelbe Hintergrundfarbe eingestellt werden.

Lösung:

Im VBA-Editor von Visual Basic die Ereignisprozedur Text1_Click auswählen und den Prozedurcode in die Ereignisprozedur eingeben **(Bild 3)**.

Ein Steuerelement erhält z.B. den Eingabefokus durch Betätigen der Tabulatortaste oder durch Anklicken mit der Maus. Es ist dann aktiviert und kann Ereignisse auslösen.

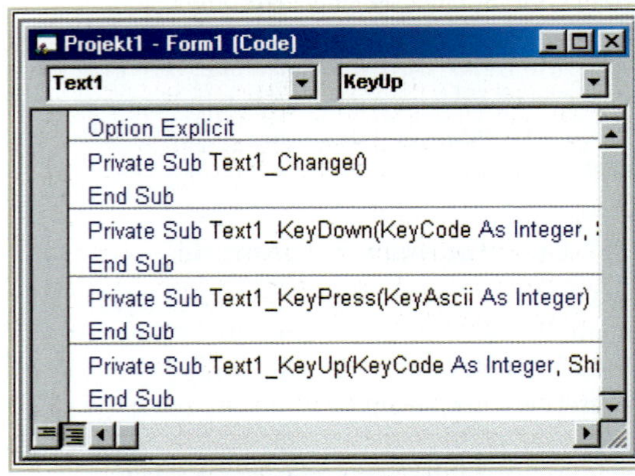

Bild 1: Fenster des VBA-Editors von Visual Basic

Bild 2: Form eines VB-Programms mit Eingabe-Textfeldern

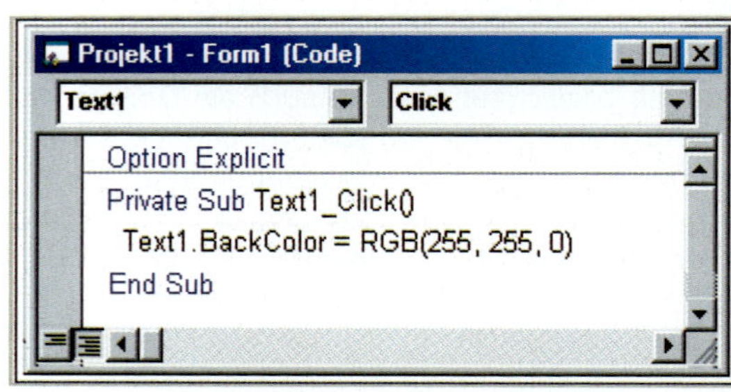

Bild 3: Fenster des VBA-Editors mit Prozedurcode

Bei der Codeeingabe für die Prozedur *Text1_Click* (Bild 3) ist ihr Objektbezeichner *Text1* durch einen Punkt von der Eigenschaft *BackColor* zu trennen. Durch das Gleichheitszeichen wird die Methode *RGB(255,255,0)* der Eigenschaft *BackColor* (Hintergrundfarbe) zugewiesen.

Der Programmcode kann dann über die Menüs `Ausführen` und `Starten` getestet werden.

Während der Programmlaufzeit werden Eigenschaften durch Programmcode geändert.

Eigenschaften können auch ohne Codeeingabe über das *Eigenschaften-Fenster* **(Bild 1)** definiert werden.

Übung 1:

Die Überschrift *Form1* einer Form soll in die Überschrift *Strom1* abgeändert werden.

Lösung:

Über die Taste `F4` das Fenster `Eigenschaften` in VB öffnen und anschließend in der Zeile `Caption` die Überschrift *Form1* in *Strom1* abändern (Bild 1).

In der Entwurfsphase können Eigenschaften über das Fenster `Eigenschaften` vereinfacht formuliert werden.

Neben den Ereignisprozeduren kann einem Projekt eine allgemeine Prozedur vom Typ Sub hinzugefügt werden. Sie kann Code und Daten enthalten. Da sie nicht auf Ereignisse reagiert, muss sie von einer anderen Prozedur aufgerufen werden.

Übung 2:

Die Hintergrundfarben der Form *Strom1* **(Bild 2)** und des Textanzeigefelds *Label1* **(Bild 3)** sollen durch Mausklick auf die Schaltfläche `Ereignis auslösen` (Command1) geändert werden. Für die Änderung der Farben wird die hinzugefügte Prozedur `BackColorÄndern` von Command1 aufgerufen, die Textausgabe von Label1 geändert und die Schaltfläche von Command1 auf der Form unsichtbar gemacht. Über eine weitere Schaltfläche `Beenden` (Command2) kann das Programm beendet werden.

Lösung:

Über die Menüs `Extras` und `Prozedur hinzufügen` eine Prozedur *Sub* mit dem Namen *BackColorÄndern* hinzufügen und den Code von Bild 3 einfügen.

Eine Prozedur ist ein Platzhalter mit Namen, der für eine Reihe von Programmanweisungen steht.

Eine Funktion **(Bild 1, folgende Seite)** ist eine allgemeine Prozedur vom Typ *Function* und unterscheidet sich von einer Sub-Prozedur, da sie stets einen Wert an die aufrufende Prozedur zurückgibt. Sie wird über die Menüs `Extras` und `Prozedur hinzufügen` in ein Projekt eingefügt.

Beim Aufruf einer Funktion (Methode) müssen ihr grundsätzlich von der aufrufenden Prozedur Werte oder Argumente übergeben werden. Sie sind bei der Definition der Funktion durch Platzhalter, z.B. durch *(I,R As Integer)*, zu bezeichnen (Bild 1, folgende Seite).

Bild 1: Eigenschaftenfenster einer Form

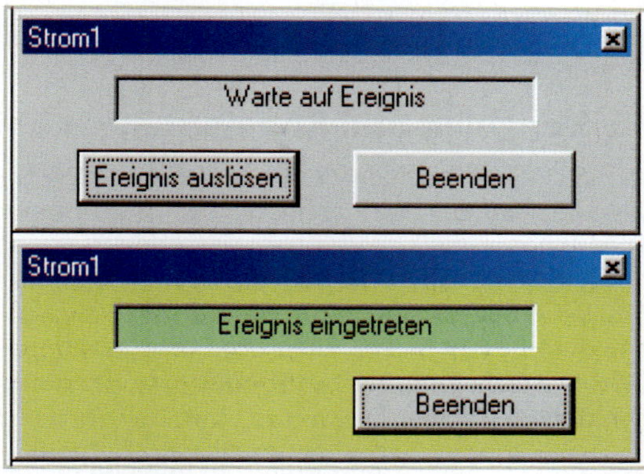

Bild 2: Änderung von Form *Strom1* durch Click-Ereignis

```
Private sub Command1_Click()
  BackColorÄndern
  Label1Caption = "Ereignis eingetreten"
  Command1.Visible = False
End Sub
Public Sub BackColorÄndern()
  Form1BackColor = RGB(200, 200, 100)
  Label1.BackColor = RGB(100, 255, 100)
End Sub
Private Sub Command2_Click()
  Unload Me
End Sub
Private Sub Form_Load()
End Sub
Private Sub Label1_Click()
End sub
```

Bild 3: Programmcode zur Übung 2

Durch Funktionen können mathematische Ausdrücke berechnet und Zeichenfolgen bearbeitet werden.

Übung 1:

a) Eine Funktion mit dem Namen *U* soll in ein Projekt eingefügt werden.

b) Die Funktion soll bei ihrem Aufruf den Wert $U = I \cdot R$ berechnen.

c) Die Ereignisprozedur *Command1* stellt die eingelesenen Werte von I und R der Funktion als Argumente zur Verfügung und ruft sie gleichzeitig auf. Die Funktion *U* übergibt dann den berechneten Wert von *U* an das Textanzeigefeld *Label1*.

Lösung:

a) Über die Menüs `Extras` und `Prozedur hinzufügen` eine Prozedur **Function mit dem Namen *U*** hinzufügen.

b), c) Bild 1

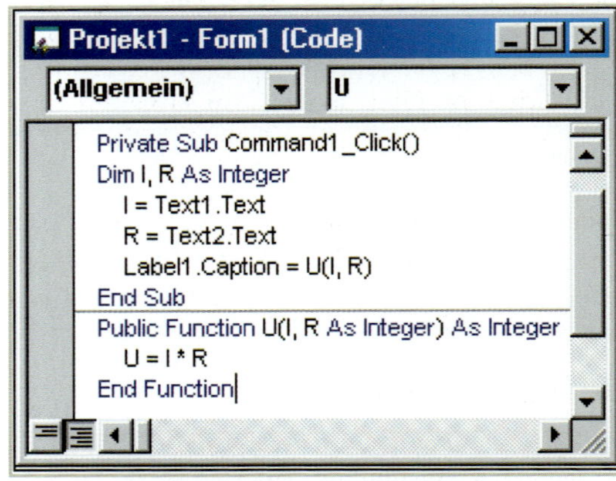

Bild 1: Code einer Funktion und deren Aufruf

Tabelle 1: Gültigkeitsbereich von Daten	
Deklarations-anweisung	Gültigkeitsbereich
Dim	Lokal im jeweiligen Modul oder einer Prozedur
Private	Lokal in einem Modul
Public	Öffentlich in einem Programm
Static	Lokal in einer Prozedur, Werte bleiben nach Beenden der Prozedur erhalten.

7.5 Variablen und Konstanten

Variablen sind Platzhalter für Daten, die im Arbeitsspeicher stehen und während der Ausführung eines Programms benötigt oder verändert werden. Ihr Gültigkeitsbereich **(Tabelle 1)** wird im Deklarationsteil eines Moduls oder einer Prozedur durch Anweisungen definiert. Zusätzlich wird ihnen ein Datentyp **(Tabelle 2)** und ein Bezeichner als Name zugewiesen **(Bild 2)**.

Eine Variable kann vom Programm ständig verändert werden. Dagegen wird einer Konstanten nur einmal ein Wert zugewiesen, den diese bis zum Programmende behält. Sie muss ebenfalls durch Deklarieren formuliert werden (Bild 2).

Eine Variable kann während der Programmlaufzeit geändert werden, eine Konstante dagegen nicht.

Mit der Anweisung PI AS Currency = 3.1416 kann z.B. für die Konstante PI der feste Wert 3,1416 festgelegt werden.

Tabelle 2: Datentypen		
Variable	Typ	Bytes
Integer	ganzzahlig	2
Long	ganzzahlig	4
Single	Gleitkommazahl	4
Double	Gleitkommazahl	8
Currency	Festkommazahl	8
String	Zeichenfolge, Text	je nach Länge
Variant	nicht deklariert	16

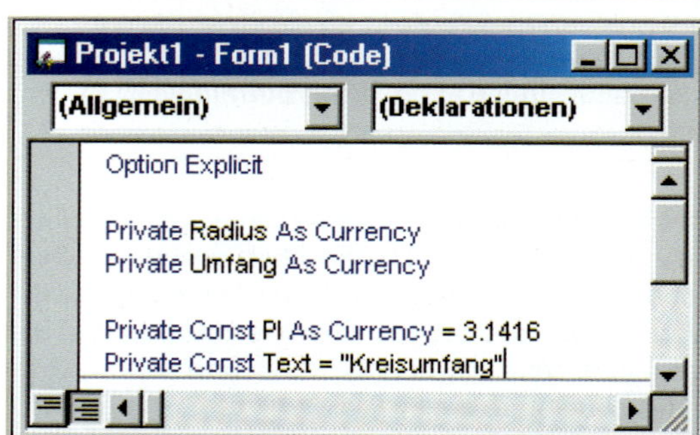

Bild 2: Deklaration von Variablen und Konstanten

7.6 Operatoren

Ein Operator ist eine Rechenanweisung, die zwei Ausdrücke (Variable oder Konstante) miteinander verknüpft **(Tabelle 1, folgende Seite)**. Das Ergebnis der Verknüpfung muss z.B. einer Variablen oder einer Eigenschaft zugewiesen werden, da VBA die *Ist-gleich-Taste* eines Taschenrechners nicht kennt.

Beispiel 1:

Der Integer-Variablen a wird zunächst der Wert 4 zugewiesen, dann wird sie mit 10^3 multipliziert. Schreiben Sie den Programmcode.

Lösung:
```
a = 4
a = a * 10 ^ 3
```

Ein Operator ist eine Rechenanweisung, die Variablen oder Konstanten verknüpft.

Der Wertebereich einer Integer-Variablen (Tabelle 2, vorhergehende Seite) liegt im Zahlenbereich von –32768 bis +32767. Wird die Variable a = 4 mit 10^4 multipliziert, so führt dies bei der Programmausführung zu einem Programmlaufzeitfehler (Überlauf).

Für Rechenoperationen sollte man die VBA-Variablen Long, Single, Double oder Variant verwenden.

7.7 Funktionen

Zum Sprachumfang von VBA gehören auch fest vorgegebene Funktionen **(Tabelle 2)**. Für die Berechnung einer Quadratwurzel dient z.B. die Funktion *Sqr(x)*.

Beispiel 1:

Die Formel zur Berechnung der Resonanzfrequenz *f* eines Schwingkreises wird in Programmcode umgesetzt.

Formel: $f = \frac{1}{2 \cdot \pi \cdot \sqrt{L \cdot C}}$

Lösung: **f = 1/(2 * 3.14 * Sqr(L * C))**

Der gesamte Ausdruck nach dem Divisionsoperator muss durch Klammerzeichen zusammengefasst werden.

Zusammengehörende Rechenoperationen (Rechenvorrang) und Berechnungen einer Funktion sind im Programmcode durch Klammern zu kennzeichnen.

7.8 Programmschleifen

Durch Programmschleifen werden Programmanweisungen wiederholt abgearbeitet. Die Anzahl der Schleifendurchläufe kann dabei festgelegt oder von einer Bedingung abhängig sein.

Programmschleifen ersparen Programmcode.

For-Next-Schleife

Die For-Next-Schleife ist eine Zählschleife. Ihr wird am Anfang ein Startwert und ein Endwert zugewiesen **(Bild 1)**. Optional kann ihr eine Zählschrittweite (Step) zugeordnet werden.

Übung 1:

Die Ereignisprozedur *Command1_Click* soll mithilfe einer For-Next-Schleife die ersten zehn Großbuchstaben des Alphabets auf der Form ausgeben. Erstellen Sie das Struktogramm und den Programmcode.

Lösung: **Bild 1**

Tabelle 1: VBA-Operatoren

Operator	Bedeutung	Beispiel
+	Addiert zwei Operanden	a + b
–	Subtrahiert zwei Operanden	a – b
*	Multipliziert zwei Operanden	a * b
/	Dividiert zwei Operanden	a / b
^	Bildet die Potenz eines Exponenten zu einer Basis	a ^ 3
And	Führt eine logische UND-Verknüpfung durch	a And b
Or	Führt eine logische ODER-Verknüpfung durch	a Or b
=	Prüft, ob der erste Ausdruck gleich dem zweiten Ausdruck ist	a = b
<>	Prüft, ob der erste Ausdruck ungleich dem zweiten Ausdruck ist	a <> b
<	Prüft, ob der erste Ausdruck kleiner als der zweite Ausdruck ist	a < b
>=	Prüft, ob der erste Ausdruck größer oder gleich dem zweiten Ausdruck ist	a >= b

Tabelle 2: VBA-Funktionen

Funktion	Bedeutung	Beispiel
Sin	Liefert von einem Winkel im Bogenmaß den Sinus	Sin(x)
Sqr	Liefert von einem positiven Wert die Quadratwurzel	Sqr(x)
Chr	Wandelt den Code (0-255) eines ASCII-Zeichens in ein Stringzeichen um	Chr(Code)
Str	Wandelt eine Zahl in einen String um	Str(Zahl)
Val	Wandelt einen String in einen numerischen Wert um	Val(String)
Hex	Wandelt eine Ganzzahl in eine Hexadezimalzahl um	Hex(Zahl)

Ereignis Command1_Click	Private Sub Command1_Click()
Deklaration: Ascii.Zähler = Integer	Dim Ascii As Integer Dim Zähler As Integer
Erstes Zeichen = ASCII 65	Ascii = 65
Start = 1, End = 10	For Zähler = 1 To 10
Zeichen ausgeben	Form1Print Chr(Ascii)
Nächstes Zeichen	Ascii = Ascii + 1
Wiederhole bis End	Next Zähler
Ende Command1_Click	End Sub

Bild 1: Struktogramm und Programmcode einer Ereignisprozedur mit For-Next-Schleife

Do-Loop-Schleife

Eine Do-Loop-Schleife wird immer dann eingesetzt, wenn die Anzahl der Schleifendurchläufe zunächst nicht feststeht und von einer Abbruchbedingung abhängt **(Bild 1)**. Ohne Abbruchbedingung ist die Do-Loop-Schleife eine Endlosschleife.

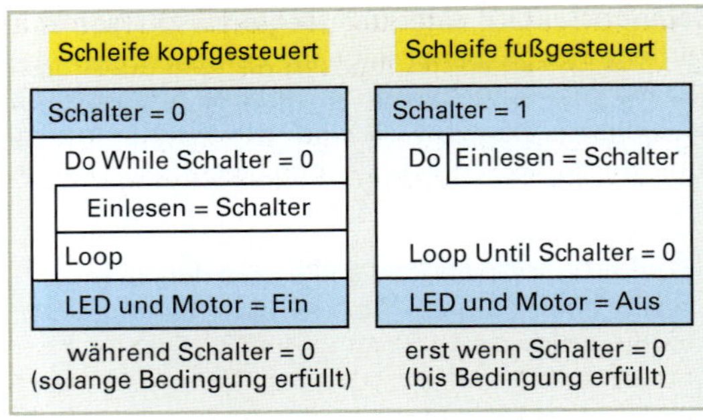

Bild 1: Struktogramme für Do-Loop-Schleifen

> ℹ Endlosschleifen sind Schleifen ohne Abbruchbedingung.

7.9 Programmverzweigungen

Durch Verzweigungen kann ein Programm zwischen zwei oder mehreren Programmabläufen entscheiden.

> Man unterscheidet Einfach- und Mehrfachverzweigungen.

Bedingte Entscheidung, If-Then-Anweisung

Die *Wenn-Anweisung* If **(Bild 2)** prüft die Bedingung für den folgenden *Ausdruck* auf True (wahr = 1) und auf False (falsch = 0). Nur bei einem Ergebnis = True wird der *Dann-Teil* nach Then bis zur *Anweisung* End If vom Programm ausgeführt. Über die Else-Anweisung (= anderenfalls) besteht die Möglichkeit, in einen Programmteil zu *verzweigen*, der nur bei einem Ergebnis = False ausgeführt wird.

> Schleifen und Verzweigungen sind strukturierte Programmanweisungen. Sie können durch Struktogramme dargestellt werden.

Programmablaufpläne (siehe Tabellenbuch) sind für die Darstellung strukturierter Anweisungen weniger geeignet. Sie verleiten meist zu einem unübersichtlichen Programmierstil.

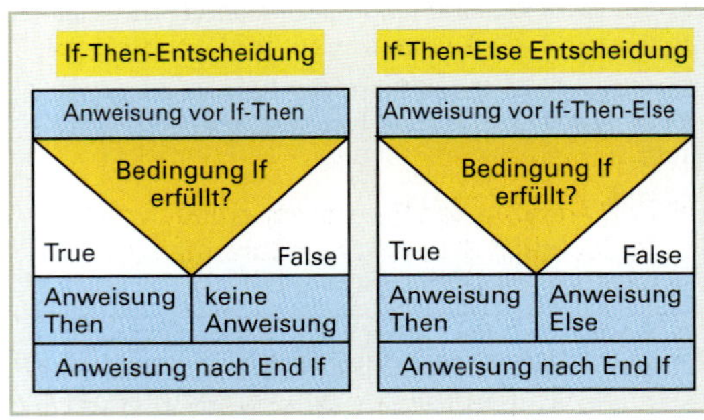

Bild 2: Struktogramme

Fallentscheidung, Select-Case-Anweisung

Mit der Select-Case-Anweisung **(Bild 3)** ist es möglich, einen Ausdruck mit einer Reihe von konstanten Werten zu vergleichen und in Abhängigkeit dieses Vergleichs in eine bestimmte Anweisung oder einen Anweisungsblock zu verzweigen.

> **Übung 1:**
>
> Der Wert einer Spannung *U* soll durch eine Select-Case-Anweisung auf *U* < 10 V, auf *U* > 10 V und auf *U* = 10 V überprüft und das Ergebnis auf der Form ausgegeben werden. Erstellen Sie die Prozedur.
>
> *Lösung:* **Bild 3**

> Die Select-Case-Anweisung eignet sich besonders für Mehrfachverzweigungen.

```
Public Sub AuswertungU()
'Die Prozedur prüft die Spannung U auf < 10 V, > 10 V,
'= 10 V und zeigt das Ergebnis in Label1 auf der Form an,
'Variable für Spannung U ist Public Spannung As Integer.
'Sie erhält ihren Wert von Sub MessenU.
  Select Case Spannung
    Case Is < 10
      Label1.Caption = "Die Spannung U ist kleiner 10 V"
    Case Is > 10
      Label1.Caption = "Die Spannung U ist größer 10 V"
    Case 10
      Label1.Caption = "Die Spannung U beträgt 10 V"
  End Select
End Sub
```

Bild 3: Prozedurcode mit Kommentierung

Programme sowie größere Programmteile werden entsprechend kommentiert (Bild 3). Kommentare beginnen mit Hochkomma ('). Dadurch ist deren Struktur leichter nachvollziehbar.

> Kommentierungen müssen in VBA durch das Zeichen (') vom Programmcode getrennt werden.

Bedingungsprüfung durch logische Operatoren

Für eine Entscheidung müssen oft zwei oder mehrere Bedingungen geprüft werden. Dies ist mithilfe logischer Operatoren, z.B. dem And-Operator oder dem Or-Operator (Tabelle 1, Seite 361) möglich.

Übung 1: Logische Verknüpfung

Eine LED leuchtet nur dann auf (= 1), wenn die Sensoren S1 und S2 oder der Sensor S3 aktiviert (= 1) sind.

a) Erstellen Sie eine Form mit den Objekten gemäß **Bild 1**.

b) Deklarieren Sie in der Option Explicit **(Bild 2)** die Boolean-Variablen S1, S2 und S3 für die Sensoren.

c) Geben Sie in der Sub Form_Load (Bild 2) den Code für die Einstellungen der Methoden der Form und der Objekte ein.

d) Geben Sie den Code für Sub Check1 **(Bild 3)** ein.

e) Kopieren Sie den Programmiercode von Sub Check1 (Bild 3) in die Prozeduren Sub Check2 und Sub Check3.

f) Ändern Sie die Bezeichner des kopierten Programmcodes für die Prozeduren Check2 und Check3 entsprechend ab. Aus Check1.Value wird z.B. Check2.Value.

g) Fügen Sie eine allgemeine Sub mit dem Bezeichner *SteuerungLED* in das Projekt ein.

h) Fügen Sie den Programmcode von **Bild 4** in die *Sub SteuerungLED* ein.

i) Testen Sie das Programm. Es sollte der Form Logische Verknüpfung von Bild 1 entsprechen.

Zusammengehörender Programmcode sollte in der Zeile entsprechend eingerückt werden, dadurch wird er übersichtlicher.

```
Option Explicit
Public S1 As Boolean, S2 As Boolean, S3 As Boolean

Private Sub Form_Load()
  Form 1.Caption = "Logische Verknüpfung"
    Check1.Caption = "Sensor1 = 0"
    Check2.Caption = "Sensor2 = 0"
    Check3.Caption = "Sensor3 = 0"
      Labell.Caption = "LED = 0"
       Shape1.Shape = 3
       Shape1.BorderWidth = 3
       Shape1.BorderColor = RGB(0, 125, 0)
       Shape1.FillStyle = 0
       Shape1.FillColor = RGB(0, 175, 0)
End Sub
```

Bild 2: Deklaration der Variablen und Code von Sub Form

```
Private Sub Check1_Click()
  If Check1.Value = 1 Then
    Check1.Caption = "Sensor1 = 1"
    S 1 = True
  Else
    Check1.Caption = "Sensor1 = 0"
    S1 = False
  End If
    SteuerungLED
End Sub

Private Sub Check2_Click()
End Sub

Private Sub Check3_Click()
End Sub
```

Bild 3: Code von Sub Check1

```
Public Sub SteuerungLED()
  If (S1 = True) And (S2 = True) Or (S3 = True) Then
    Label1.Caption = "LED = 1"
      Shape1.FillColor = RGB(75, 255, 75)
      Shape1.BorderColor RGB(0, 175, 0)
  Else
    Label1.Caption = "LED = 0"
      Shape1.FillColor = RGB(0, 175, 0)
      Shape1.BorderColor = RGB(0, 125, 0)
  End If
End Sub
```

Bild 4: Prozedurcode von Sub SteuerungLED

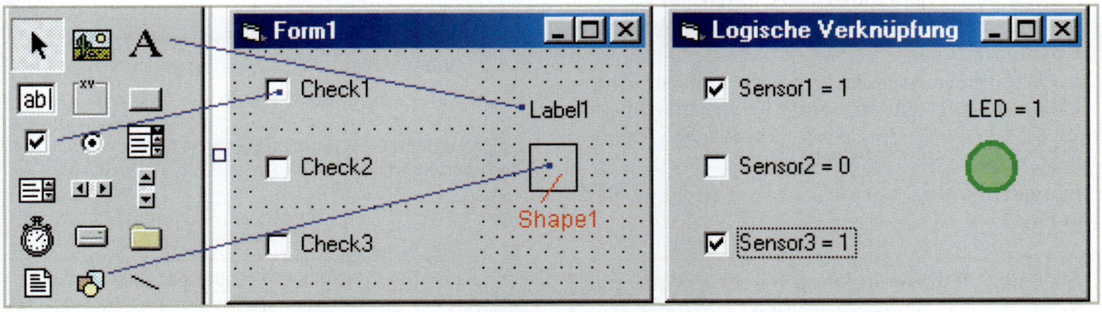

Bild 1: Form Logische Verknüpfung in der Entwurfsphase und während der Programmlaufzeit

7.10 Benutzeroberfläche gestalten

Menüleiste

Eine Menüleiste **(Bild 1)** wird über den Menü-Editor **(Bild 2)** von Visual Basic erstellt. Er wird über die Menüs `Extras` und `Menü-Editor` geöffnet. Das Zeichen & im Titel (Caption) eines Menüs weist z.B. das nachfolgende Zeichen D der Tastenkombination `Alt+D` zu. Über sie kann dann das Hauptmenü `Datei` auch ohne Maus-Klick geöffnet werden. Ein Menü ist eine Click-Prozedur, der man zusätzlich über die Auswahl `Shortcut` (Bild 2) z.B. die Tastenkombination `Strg+D` als auslösendes Ereignis zuweisen kann.

Bild 1: Menüleiste in einer Form

> **Übung 1:**
>
> a) Es soll eine Form mit den Menüs von Bild 1 erstellt werden.
>
> b) In die Prozedur des Menüs `Beenden` soll ein Programmcode eingefügt werden, der das Programm beendet.
>
> *Lösung:* a) **Bild 1, Bild 2**
> b) **Unload Me**

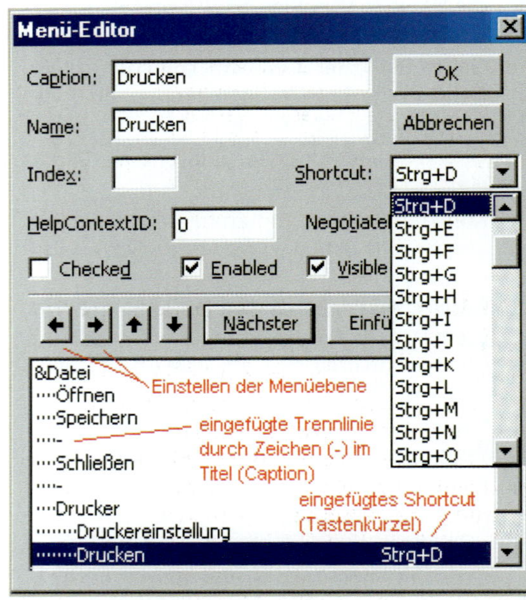

Bild 2: Menü-Editor von Visual Basic

Zusatzsteuerelemente

Zusatzsteuerelemente gehören nicht zur Werkzeugsammlung von VB. Sie können aber über die Menüs `Projekt` und `Komponenten` hinzugefügt werden. Die Datei `Common Controls` beinhaltet Windows-Steuerelemente wie z.B. die *Registerkarte* (TabStrip) oder die Symbolleiste (ToolBar). In einer *Symbolleiste* können dann häufig benötigte Anweisungen wie z.B. *Drucken* über einen Button angewählt werden.

Grafik

Besitzt ein Steuerelement die *Picture-Eigenschaft*, so kann im Eigenschaftenfenster für dieses Element ein Grafiksymbol (Bild) geladen werden. Durch Einstellen der *Style-Eigenschaft* auf `Grafisch` wird dann das Bild im Steuerelement sichtbar **(Bild 3)**.

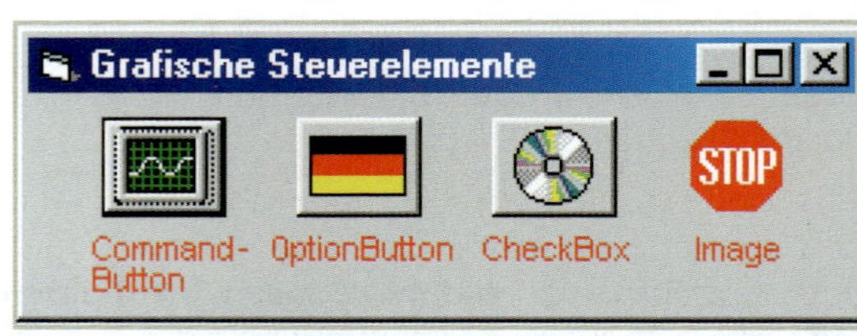

Bild 3: Steuerelemente mit eingefügten Grafiksymbolen

Programmdialog

Ein Programmdialog soll durch eine Mitteilung auf eine bestimmte Situation hinweisen oder zu einer Eingabe auffordern. Besitzt ein Steuerelement die *ToolTipText-Eigenschaft*, so kann ihm im Eigenschaftenfenster von VB oder im Programmcode eine Mitteilung für den Nutzer zugewiesen werden. Diese Mitteilung wird angezeigt, sobald das Steuerelement mit dem Mauszeiger ausgewählt ist **(Bild 4)**.

Bild 4: Dialog durch ToolTipText-Eigenschaft

> Eine Benutzeroberfläche soll übersichtlich und hilfreich sein.

Über die `InputBox` (Eingabefeld) kann der Anwender zu einer bestimmten Texteingabe aufgefordert werden **(Bild 1)**.

Bild 1: InputBox zur Eingabe eines Kennworts

> **Übung 1:**
> Bevor eine Form auf dem Bildschirm sichtbar wird, soll eine `InputBox` den Anwender auffordern sein Kennwort einzugeben. Gibt er ein falsches Kennwort ein oder wählt er die Option `Abbrechen`, so wird das Programm beendet.
> *Lösung:* **Bild 2**

```
Private Sub Form_Load()
Dim Eingabe As String
Eingabe = InputBox("Geben Sie Ihr Kennwort ein !")
"Dialogfeld InputBox")
  If Eingabe <> "Europa-Verlag" Then Unload Me
  End If
End Sub
```

Bild 2: Programmcode für die InputBox von Übung 1

Durch die `MsgBox` (Mitteilungsfeld) kann das Programm Mitteilungen ausgeben und vom Anwender eine Entscheidung verlangen **(Bild 3)**.

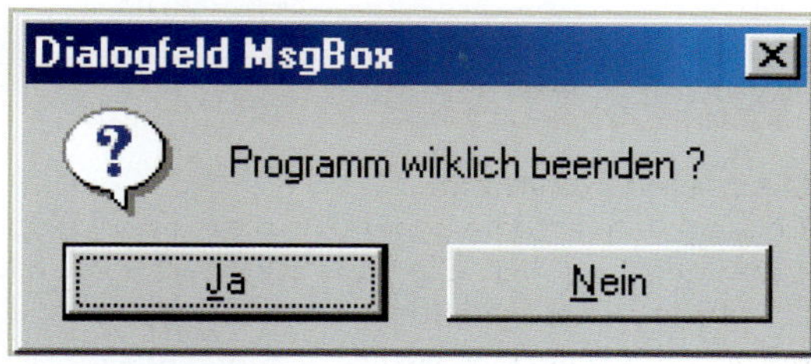

Bild 3: MsgBox zum Beenden eines Programms

> **Übung 2:**
> Nach dem Anklicken des Menüs `Beenden` soll der Anwender zunächst von einer `MsgBox` gefragt werden, ob er das Programm wirklich beenden will. Er kann dann in der `MsgBox` über einen Button `Ja` oder über einen Button `Nein` seine Entscheidung treffen.
> *Lösung:* **Bild 4**

```
Private Sub Beenden_Click()
Dim Antwort As Integer
  Antwort = MsgBox("Programm wirklich beenden ? ",–
  vbYesNo + vbQuestion, "Dialogfeld MsgBox")
    If Antwort = vbYes Then Unload Me
      End If
End Sub
```

Bild 4: Programmcode für die MsgBox von Übung 2

7.11 Eine Anwendung präsentieren

Ist eine erstellte Anwendung in VB erfolgreich getestet, so kann sie in ein vertriebsfähiges Produkt umgesetzt werden. Sie sollte zuvor über die Menüs `Projekt` und `Formular hinzufügen` einen Begrüßungsbildschirm **(Bild 5)** erhalten. Er erscheint unmittelbar nach dem Start des Programms und informiert den Anwender für eine kurze Zeit über das Produkt. Hinweise und Erklärungen, z.B. über den Lizenzvertrag (©, Copyright) und die Systemvoraussetzungen werden in einem Info-Dialogfeld dargestellt.

> ℹ Software darf nur bei vorhandenem Nutzungsrecht angewendet werden.

Nun kann über die Menüs `Datei` und `exe erstellen` die Programmdatei compiliert werden. Die so entstandene EXE-Datei benötigt aber noch eine Reihe von anderen Dateien. Sie müssen ebenfalls, z.B. auf dem Datenträger für die Installation, mitgeliefert werden. Erst dann wird die Anwendung auch auf einem Windows-PC lauffähig, auf dem kein Visual Basic installiert ist.

Eine Auslieferungs-CD wird mithilfe des *Paket-Weitergabeassistenten* (PWA) erstellt. Er verpackt die notwendigen Dateien und stellt ein Setup-Programm für die Installation der Anwendung zur Verfügung. Daneben ermöglicht er auch die Bereitstellung der Anwendung im Internet, um sie z.B. als Shareware oder Testversion zu präsentieren.

Bild 5: Begrüßungsbildschirm

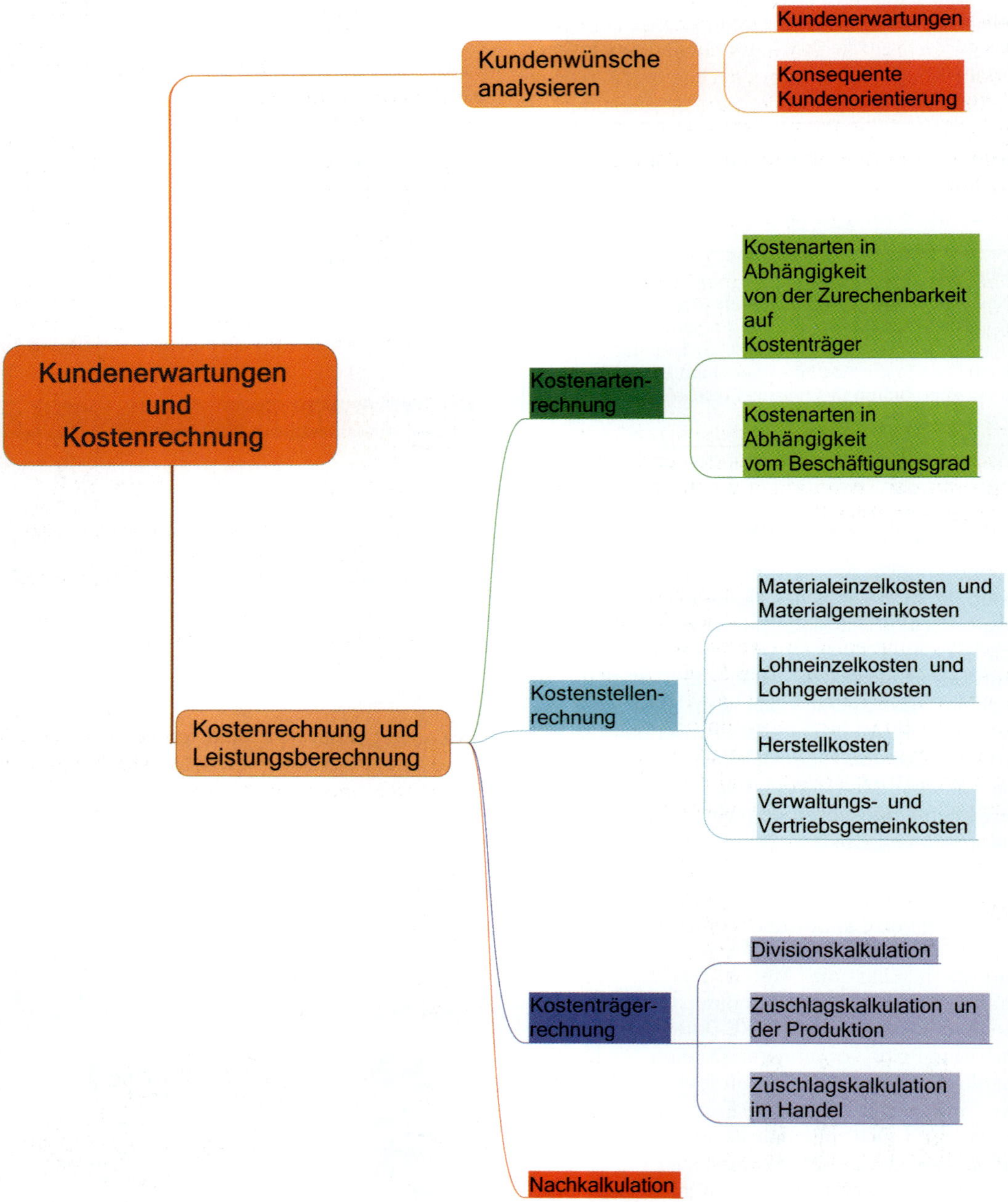
Kundenerwartungen und Kostenrechnung
Kundenwünsche analysieren
Kundenerwartungen
Konsequente Kundenorientierung
Kostenrechnung und Leistungsberechnung
Kostenarten-rechnung
Kostenarten in Abhängigkeit von der Zurechenbarkeit auf Kostenträger
Kostenarten in Abhängigkeit vom Beschäftigungsgrad
Kostenstellen-rechnung
Materialeinzelkosten und Materialgemeinkosten
Lohneinzelkosten und Lohngemeinkosten
Herstellkosten
Verwaltungs- und Vertriebsgemeinkosten
Kostenträger-rechnung
Divisionskalkulation
Zuschlagskalkulation un der Produktion
Zuschlagskalkulation im Handel
Nachkalkulation

8 Kundenerwartungen und Kostenrechnung

8.1 Kundenwünsche analysieren

8.1.1 Kundenerwartungen

Viele Unternehmen und Unternehmensverbände erkennen, dass Kundenzufriedenheit nicht nur als Rückmeldung über bisherige Leistungen wichtig ist. Kundenzufriedenheit ist auch ein bestimmender Faktor für erfolgreiche Planungen und Veränderungen im Unternehmen und in der Produktentwicklung.

Kundenzufriedenheit ist eine wichtige Planungs- und Kontrollgröße für das Unternehmen.

Die Kundenzufriedenheit wird durch das Verhältnis zwischen den Kundenerwartungen und dem Erfüllungsgrad der Erwartungen durch den Unternehmer bestimmt **(Bild 1)**.

Die Kundenerwartungen sind subjektiv und passen sich ständig neuen Gegebenheiten, z.B. neuen Angeboten, neuen Wettbewerbsverhältnissen und neuen Erfahrungen, an **(Bild 2)**. Ein Teil der Kundenerwartungen, z.B. Produktqualität und vollständige Lieferung, sind Basisanforderungen. Die Erfüllung der Basisanforderungen wird vom Kunden grundsätzlich erwartet und führt nicht zu einer besonderen Anerkennung durch den Kunden.

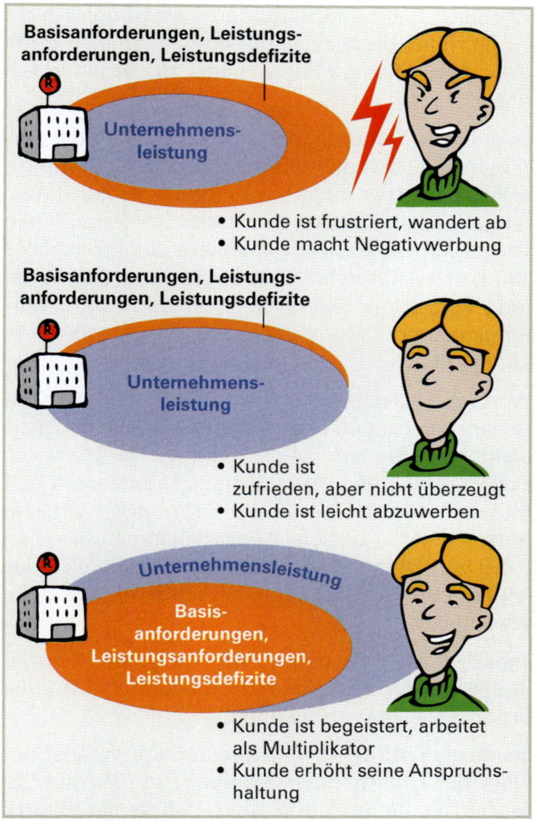

Bild 1: Bedeutung und Erfüllung von Kundenwünschen

Kundenerwartungen sind personenspezifisch und verändern sich mit den Marktbedingungen und Erfahrungen des Kunden.

Bild 2: Merkmale der Kundenzufriedenheit

Werden Basisanforderungen allerdings nicht erfüllt, führt dies meist zu einem schnellen Ende der Geschäftsbeziehung oder zu erheblichem Ärger.

Leistungsanforderungen sind Erwartungen des Kunden, die sich daraus entwickeln, dass bestimmte Wettbewerber diese Leistungen oder Zusatzleistungen ihren Kunden gewähren. Liefert z.B. ein Wettbewerber Geräte mit einem Kaufpreis über 300 € ohne Aufpreis frei Haus aus und diese Leistung wird allgemein bekannt, so wird die Erwartungshaltung der Kunden sich entsprechend anpassen.

Wenn die Leistungen des Unternehmens die Kundenanforderungen überraschend angenehm übersteigen, bilden sich Begeisterungsanforderungen. Das Unternehmen bietet dann Leistungen, die kein Mitwettbewerber in dieser Form oder Qualität anbietet. Mit diesen Alleinstellungsmerkmalen (USP von Unique Selling Positions) kann sich das Unternehmen entscheidende Wettbewerbsvorteile verschaffen.

Tabelle 1 zeigt exemplarisch mögliche Beurteilungskriterien der Kundenzufriedenheit und die Ergebnisse einer Kundenanalyse.

Durch den Vergleich mit direkten Wettbewerbern kann der Unternehmer erkennen, in welchen Bereichen ein Betrieb die größten Defizite hat **(Bild 1)**.

Die Vorteile für das Unternehmen und die Mitanbieter durch zufriedene Kunden sind:

- Höhere Planungssicherheit durch viele Stammkunden
- Stärkere Kundenbindung, höhere Loyalität und höherer Kundennutzen
- Umsatzsteigerung durch Cross-Selling mit verminderter Preissensibilität, d.h., es gibt Zusatzkäufe zu vorhandenen Produkten, z.B. eine passende Digitalkamera zum Drucker.
- Weiterempfehlung durch Stammkunden
- Stellung als A-Lieferant (bevorzugter Lieferant)
- Vertrauenskäufe, d.h., der Käufer macht keine Marktangebotsvergleiche.
- Spontankäufe, d.h., Kunden kaufen impulsiv und ohne akuten Bedarf.
- Höhere Wertschätzung durch die Kunden
- Imagegewinn durch Attribute wie kompetent, freundlich und flexibel

Für die Mitarbeiter bedeutet die positive und emotionale Rückmeldung der Kunden höhere Motivation, mehr Freude an der Arbeit, sicherere und leichtere Zielerreichung und mehr Einkommen. Die so motivierten Mitarbeiter bringen wieder mehr und bessere Leistung und der Wirkungskreis

Tabelle 1: Beispiele für die Bedeutung und Erfüllung von Kundenwünschen

Erwartungskriterium	Bewertung Wir	Bewertung Wettbewerber
Personal		
Freundlichkeit	2,2	2,3
Kompetenz	2,5	2,8
Zuverlässigkeit	2,6	2,2
Vertrauenswürdigkeit	2,7	2,8
Reaktionsgeschwindigkeit	2,8	2,1
Preise		
Preis-Leistungs-Verhältnis	3,1	3,1
Transparenz der Rechnungsstellung	3,3	3,5
Zuverlässigkeit von Angeboten	3,5	4,2
Zahlungsmöglichkeiten	3,5	2,3
Finanzierungsmöglichkeiten	3,8	2,2
Verkaufsräume		
Ambiente	4,2	1,8
Lage	2,3	2,4
Erreichbarkeit	2,2	2,7
Parkmöglichkeiten	1,5	2,0
Beschilderung	3,4	2,2

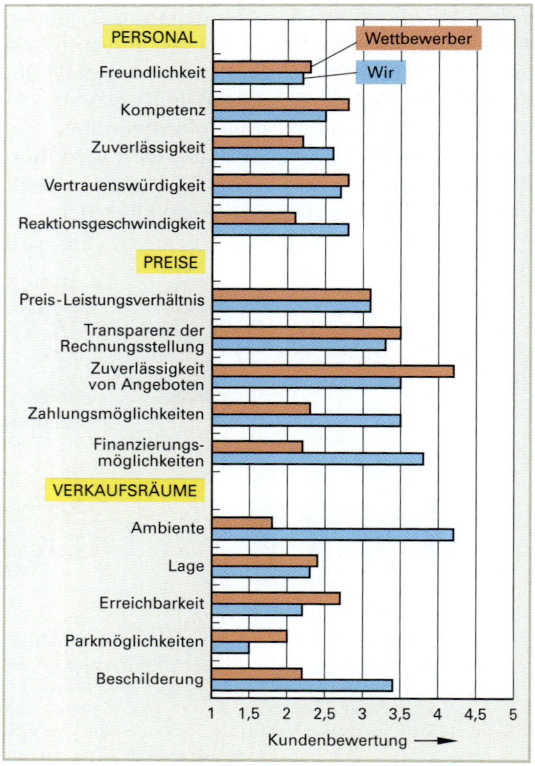

Bild 1: Wettbewerbsvergleich

wiederholt sich von vorne, Kundenzufriedenheit und Kundentreue steigen weiter **(Bild 1)**.

Zufriedene Kunden bringen Vorteile für das Unternehmen und die Mitarbeiter.

8.1.2 Konsequente Kundenorientierung

Der Kreisprozess, Kundenerwartungen zu identifizieren und in den Mittelpunkt der Geschäfts- und Produktentwicklung zu stellen (Total Costumer Care, **Tabelle 1)**, beginnt bereits bei der ersten Phase eines Kaufprozesses. Dies ist das Entstehen eines Bedürfnisses. Es sollte mit dem Kauf auf keinen Fall enden, sondern wieder in einen neuen Kaufprozess übergehen. Damit dies gelingt, müssen die betrieblichen Abteilungen möglichst viele Informationen über den Kunden sammeln und in die Beziehung zum Kunden erfolgwirksam einbringen **(Bild 2)**.

Der Kreisprozess beginnt z.B. mit dem frühzeitigen Erkennen der Kundenbedürfnisse oder der Kundenprobleme durch den Service. Dadurch wird die Informationssuche des Kunden durch gezielte Informationsleistungen des eigenen Unternehmensmarketings und durch Vertriebsmitarbeiter über geeignete Produkte und Dienstleistungen erleichtert und unterstützt. Falls bereits eine gute Kundenbeziehung vorliegt, kann die Bewertung der Lösungsalternativen beeinflusst werden oder es kommt sogar zu einem Vertrauenskauf. Eine angemessene Betreuung des Kunden nach dem Kauf kann bewirken, dass die Kundenbeziehung für einen neuen Kauf aufrechterhalten wird oder optimal ablaufende Kundenprozesse über z.B. Kundenrückmeldungen verbessert werden können.

Mit zunehmender Dauer der Kundenbindung wird der erhöhte Aufwand in der Kundenbetreuung durch höhere Gewinne belohnt **(Bild 1, folgende Seite)**. Die höheren Gewinne resultieren aus Verkäufen von Zusatzprodukten (= Cross Selling) und höherwertige Folgeprodukte (= Up Selling), geringeren Kosten für Kundenverwaltung und Neukundengewinnung sowie zusätzlichem Umsatz durch Mund-zu-Mund-Empfehlung.

Zufriedene Kunden werden Stammkunden und bringen mittelfristig höheren Gewinn.

Organisatorisch ist es wichtig, die Beziehungsgestaltung mit dem Kunden (CRM = Customer Relationship Management) nicht dem Zufall zu überlassen.

Erster Schritt der Beziehungsgestaltung ist es, das Unternehmen selbst zu positionieren, d.h. festzulegen, „wer und wie" man sein will.

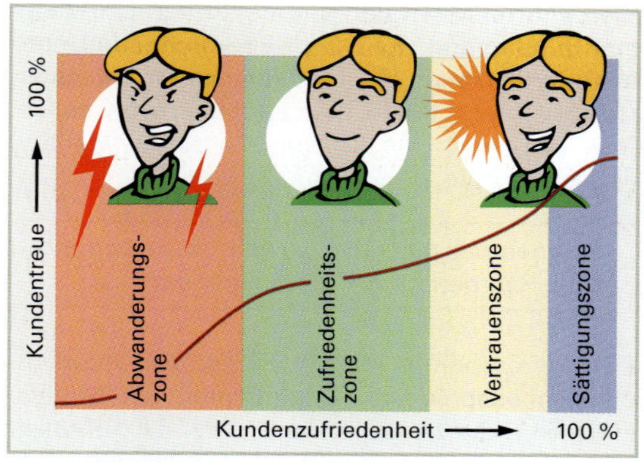

Bild 1: Zusammenhang zwischen Kundenzufriedenheit und Kundentreue

Tabelle 1: Wichtige Begriffe der Kundenorientierung

Englischer Begriff	Übersetzung
USP Unique Selling Position	Einmalige Verkaufs-argumente
Cross Selling	Zusatzkäufe zu vorhandenen Produkten
Up Selling	Kauf höherwertiger Folgeprodukte
TCC Total Customer Care	Absolute Kundenpflege
CRM Customer Relationship Management	Kundenbeziehnungs-Management
CI Corporate Identity	Gemeinsame Identität, Unternehmensimage

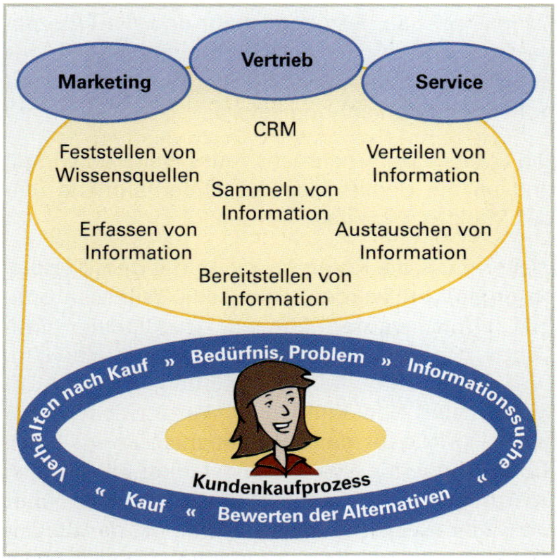

Bild 2: Kundenkaufprozess

Hierzu formulieren und veröffentlichen Unternehmen zunehmend „freiwillig“ übergreifende Unternehmensleitlinien, die ihre Identität, ihr Selbstverständnis, nach innen und außen prägen sollen. Dies wird auch als CI (von Corporate Identity) bezeichnet **(Bild 2).**

> Unternehmensleitlinien stellen einen verbindlichen Rahmen für die Mitarbeiter dar.

Ziel der Corporate Identity ist es, die Unternehmensphilosophie im Unternehmen als Motivationsfaktor durchzusetzen und in der Öffentlichkeit ein positives Unternehmensbild aufzubauen. Zu einem positiven Unternehmensbild gehört z.B., dass die Produkte in der Öffentlichkeit akzeptiert werden, dem Unternehmen vertraut wird und seine Informationen glaubwürdig sind.

Das Unternehmen sollte durch das Zusammenwirken der drei CI-Elemente Corporate Communication, Corporate Behaviour und Corporate Design einheitlich dargestellt und präsentiert werden **(Bild 3).**

Zur *Corporate Communication* (= gemeinsame Sprache, Kommunikation) gehört der Einsatz aller Kommunikationsinstrumente (Absatz- und Produktwerbung, Imagewerbung, Personalwerbung).

Die schlüssige und widerspruchsfreie Ausrichtung aller Verhaltensweisen vom Chef bis zum Außendienstmitarbeiter ist Bestandteil des *Corporate Behaviour* (= gemeinsames Benehmen, Verhalten).

Das *Corporate Design* (= gemeinsame Darstellung) beinhaltet z.B. die Unternehmensfarben, das Logo (Markenzeichen, Firmenzeichen) und die Typografie (= Schriftart). Es soll ein unverwechselbares äußeres Erscheinungsbild des Unternehmens mit hoher Wiedererkennung liefern.

Die CI eines Unternehmens muss weiterentwickelt und an die Bedürfnisse des Unternehmens und des Marktes angepasst werden.

Weiter muss die Kommunikation mit dem Kunden so organisiert werden, dass seine Wünsche optimal erfüllt werden können. Traditionelle Call-Center, die oft gleichzeitig als Telefonzentrale, Help-Desk und zum Telefonmarketing missbraucht werden und den Kunden in Warteschleifen umleiten, genügen den Kundenansprüchen nicht. Kunden erwarten eine leistungsfähige, alle Medien übergreifende Kommunikationsschnittstelle, über die sie ihre Wünsche und Probleme mit der zuständigen Person schnell, unkompliziert und kompetent klären können.

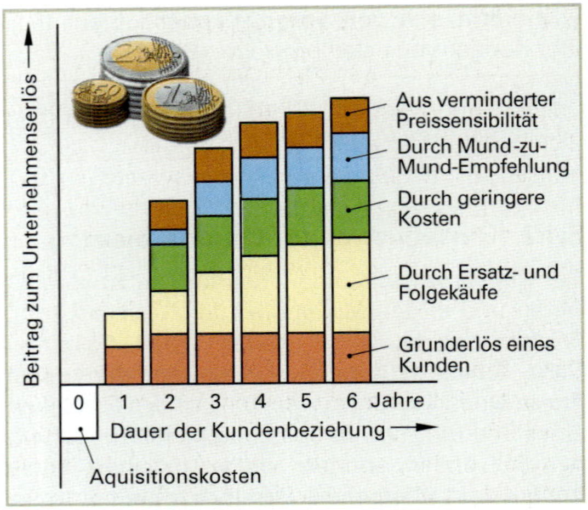

Bild 1: Wirkung der Kundenbindungsdauer auf den Gewinn

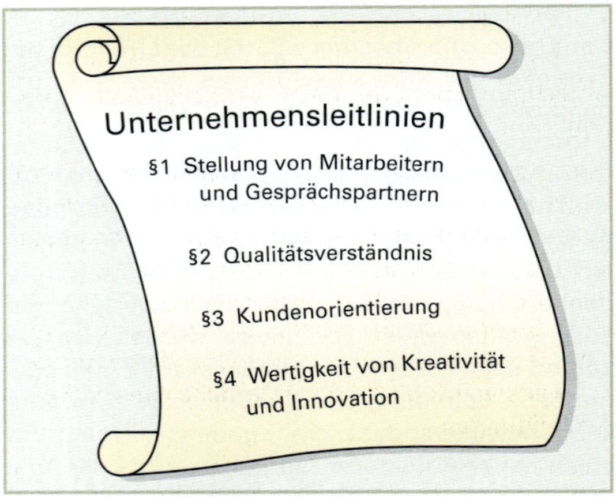

Bild 2: Unternehmensleitlinien

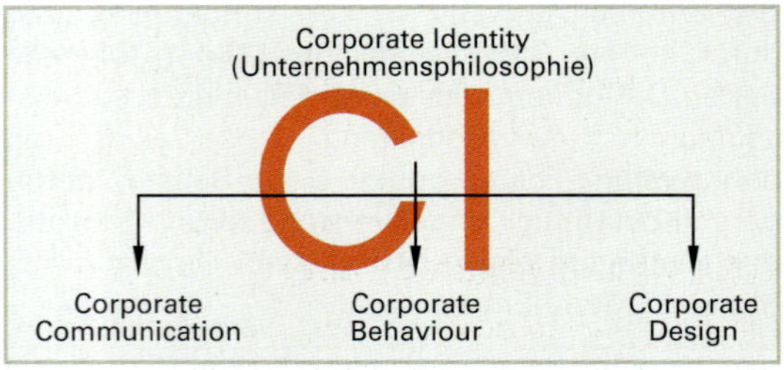

Bild 3: Bestandteile der Corporate Identity

Wiederholung und Vertiefung

1. **Warum sollte sich ein Unternehmen regelmäßig über die Kundenzufriedenheit informieren und die Ergebnisse auswerten?**
2. **Wodurch ändern sich die Kundenerwartungen?**
3. **Welche Folgen hat es, wenn Basisanforderungen des Kunden nicht erfüllt werden?**

8.2 Kostenrechnung und Leistungsrechnung

Die Kostenrechnung und die Leistungsrechnung dienen der Preisbestimmung. Die Kostenrechnung erfasst den in Geld bewerteten notwendigen Einsatz an Produktionsfaktoren zur Herstellung und Bereitstellung von Waren und Dienstleistungen. Die Leistungsrechnung vergleicht die Umsatzerlöse und sonstige Vermögensveränderungen mit den Kosten.

Dazu muss man in der Kostenrechnung den gesamten Einsatz an Produktionsfaktoren, das sind Arbeit, Boden, Kapital und Wissen zur Herstellung bzw. Bereitstellung von Gütern und Leistungen, übersichtlich erfassen und in Geldeinheiten bewerten.

Die traditionelle Kostenrechnung setzt sich aus der Kostenartenrechnung, Kostenstellenrechnung und Kostenträgerrechnung zusammen **(Bild 1)**.

Die *Kostenartenrechnung* erfasst die Kosten einer Abrechnungsperiode nach verschiedenen Kriterien.

Die *Kostenstellenrechnung* schafft Verantwortungsbereiche und ist Voraussetzung für die Verteilung verschiedener Kostenarten auf die Kostenstellen und z.B. die Budgetierung von Abteilungen.

> Die Ergebnisse der Kostenrechnung und Leistungsrechnung sind wichtige Grundlage für die Preisgestaltung und für unternehmerische Entscheidungen.

In der *Kostenträgerrechnung* werden die verursachten Kosten möglichst verursachungsgerecht auf die Kostenträger, z.B. Aufträge, Produkte und Projekte, verteilt und die Preise ermittelt.

> Kostenträger sind z.B. Produkte, Aufträge, Projekte und Dienstleistungen.

8.2.1 Kostenartenrechnung

Die Kostenartenrechnung muss die Aufwendungen einer Rechnungsperiode erfassen und für die spätere Verwendung mit bestimmten Merkmalen (Attributen) versehen. Dies geschieht z.B. bei der Buchung durch die Zuordnung der Erlöse und Aufwendungen zu einem bestimmten Konto mit einer festgelegten Kontonummer **(Tabelle 1)**.

> Die Kostenartenrechnung erfasst und sortiert die Aufwendungen und Erlöse einer Rechnungsperiode.

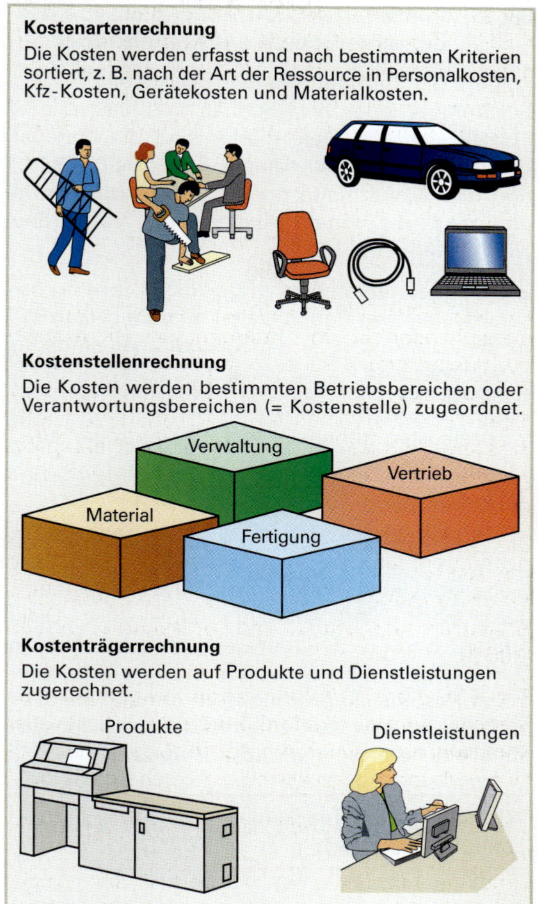

Bild 1: Kostenrechnung

Tabelle 1: Industrie-Kontenrahmen (Auszug)

Konto	Kostenart
60	Aufwendungen für Roh-, Hilfs- und Betriebsstoffe und bezogene Waren
6000	Aufwendungen für Rohstoffe, Fertigungsmaterial
6010	Aufwendungen für Vorprodukte, Fremdbauteile
6020	Aufwendungen für Hilfsstoffe
6030	Aufwendungen für Betriebsstoffe, Verbrauchswerkzeuge
6040	Aufwendungen für Verpackungsmaterial
6050	Aufwendungen für Energie
6060	Aufwendungen für Reparaturmaterial
6070	Aufwendungen für sonstiges Material

In der Praxis werden verschiedene Kontenrahmen verwendet. Welcher Kontenrahmen und wie viele Konten verwendet werden, hängt von der Art des Unternehmens und der Betriebsgröße ab.

8.2.1.1 Kostenarten in Abhängigkeit von der Zurechenbarkeit auf Kostenträger

Kosten, die für einen Kostenträger genau vorausbestimmbar oder zurechenbar sind, nennt man Einzelkosten. Beispiele hierfür sind die Materialkosten, die über Materialentnahmescheine **(Bild 1** und **Bild 2)**, Aufmaße oder Konstruktionsunterlagen eindeutig einem Kostenträger zugeordnet werden können.

Bei Löhnen entstehen Einzelkosten, wenn beispielsweise über Rapportzettel oder Zeitakkordsätze die Lohnkosten einem Kostenträger eindeutig zugeordnet sind.

> Einzelkosten können einem Kostenträger eindeutig zugeordnet werden.

Mieten, Wertminderungen bei Maschinen und Einrichtungen, Gehälter von Angestellten und Energiebereitstellungskosten werden den Kostenträgern meist nicht eindeutig zugeordnet. Diese Kosten werden periodenweise erfasst und als Gemeinkosten bezeichnet. Sie müssen über einen in der Kostenstellenrechnung zu ermittelnden Verteilungsschlüssel als Gemeinkostenzuschlagssätze auf alle Kostenträger verrechnet werden.

> Gemeinkosten sind keinem Kostenträger eindeutig zugeordnet.

Einzelkosten, die bei gleichartigen Kostenträgern nur in besonderen Fällen und unterschiedlicher Höhe auftreten, nennt man Sondereinzelkosten. Sondereinzelkosten z.B. Expresszuschläge für eilige Aufträge und Übersee-Verpackungen, werden den jeweiligen Kostenträgern direkt verrechnet.

- Die Kalkulation wird genauer, wenn mehr Kosten als Einzelkosten erfasst werden.
- Einen größeren Teil der Kosten als Einzelkosten zu erfassen, bedeutet allerdings auch einen höheren Aufwand.

Materialentnahmeschein	Kostenträger	Auftrags-Nr. / Projekt-Nr.	NW4-N564
Bezeichnung:	**Anzahl**	**Artikel-Nr.**	**empfangen:**
NIC 3C905B	22	Z 455 642 3	Mn
Ethernet-Anschlussdosen Scea-2.0	22	Z 345 869 2	Mn
Wandverteilergehäuse 600×746×615	1	Z 463 886 1	Mn
Glasfaserkabel II/AD(ZH)H G 50/125	250 m	Z 345 347 7	Mn
Anzahl:	22	**Datum:**	24.2.2008
Abteilung:	NW4	Kosten-stellen-Nr.	NW 4-45
Ausgegeben	KL	Empfänger:	Mn

Bild 1: Auszug aus einem Materialentnahmeschein

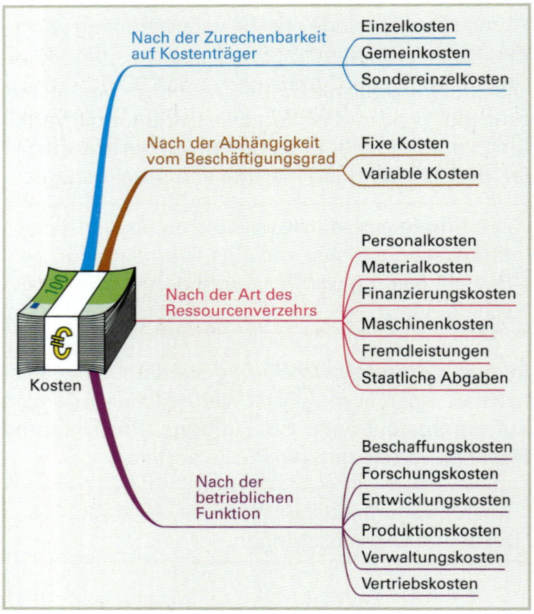

Bild 2: Kostenarten

Wiederholung und Vertiefung

1. **Welche Aufgaben hat die Kostenartenrechnung?**
2. **Welche Aufgaben und welches Ziel hat die Kostenstellenrechnung?**
3. **Was versteht man unter einem Kostenträger?**
4. **Nennen Sie Beispiele für Einzelkosten aus Ihrem Tätigkeitsbereich und begründen Sie die Zuordnung.**
5. **Nennen Sie Beispiele für Gemeinkosten aus Ihrem Tätigkeitsbereich.**
6. **Begründen Sie, warum es in jedem Betrieb sowohl Lohnkosten gibt, die den Einzelkosten zuzurechnen sind, als auch Lohnkosten, die den Gemeinkosten zuzurechnen sind.**
7. **Sind Krankheitslöhne Einzelkosten oder Gemeinkosten?**
8. **Nennen Sie Beispiele für Gemeinkosten aus den Bereichen Materialbeschaffung und Materiallagerung.**
9. **Ein Betrieb kauft 1000 m Datenkabel ein. Welchen Kostenarten aus Bild 2 kann dieser Kauf zugerechnet werden?**

8.2.1.2 Kostenarten in Abhängigkeit vom Beschäftigungsgrad

Mieten, steuerliche Abschreibungen, Bereitstellungskosten der Energie und Angestelltengehälter sind Beispiele für Fixkosten, die unabhängig von der Produktionsmenge, also vom Beschäftigungsgrad, in gleicher Höhe anfallen **(Bild 1)**.

Fixkosten sind kurzfristig nicht veränderbar und fallen durch die alleinige Sicherstellung der Produktionsfähigkeit an.

> Fixkosten sind kurzfristig unabhängig von der Produktionsmenge.

Produktionsmengenabhängige Kosten wie Rohstoffkosten, der Arbeitspreis für Energie und Fremdleistungen werden als variable Kosten bezeichnet.

> Variable Kosten sind produktionsmengenabhängig.

Für Produktionen mit hohen Fixkosten, wie z.B. die Herstellung von Prozessoren oder Speicherchips, sind sehr hohe Stückzahlen wichtig, da mit steigender Stückzahl die Fixkosten je Stück immer geringer werden (Bild 1).

Beispiel 1:

Für die Produktion eines neuen Schnittstellenchips sind Investitionen in Höhe von 2.000.000 € notwendig. Die variablen Kosten betragen 8 € je Stück.

a) Welche Gesamtkosten k entstehen je Chip bei einer pessimistischen Absatzprognose mit m_1 = 400000 Stück und für eine optimistische Absatzprognose mit m_2 = 4 Millionen Stück?

b) Welche Menge m_3 muss mindestens abgesetzt werden, damit die Gesamtkosten je Stück unter 10 € sinken?

Lösung:

a) Bei einer Absatzmenge von 400000 Stück

$$k_1 = \frac{K_f}{m_1} + k_v = \left(\frac{2000000}{400000} + 8\right) €$$

$\mathbf{k_1 = 13{,}00\ €}$

Bei einer Absatzmenge von 4 000 000 Stück

$$k_2 = \frac{K_f}{m_2} + k_v = \left(\frac{2000000}{4000000} + 8\right) €$$

$\mathbf{k_2 = 8{,}50\ €}$

b) $m_3 = \frac{K_f}{k - k_v} = \frac{2000000}{10 - 8}$

$\mathbf{m_3 = 1000000}$ **Stück**

$$k = k_f + k_v \qquad K = K_f + K_v$$

$$k_f = \frac{K_f}{m} \qquad k_v = \frac{K_v}{m}$$

K	Gesamtkosten
k	Gesamtkosten je Stück
K_f	Fixkosten gesamt
k_f	Fixkosten je Stück
K_v	variable Kosten
k_v	variable Stückkosten
m	Menge

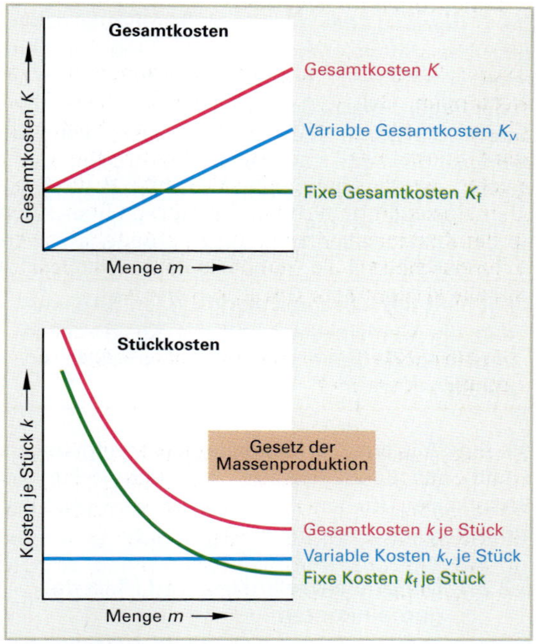

Bild 1: Kosten in Abhängigkeit von der Produktionsmenge

Wiederholung und Vertiefung

1. **Der Servicetransporter eines Betriebes verursacht folgende Fixkosten: Wertminderung 3.000 €/Jahr sowie Service- und Reparaturkosten 1.500 €/Jahr. Die variablen Kosten für Reifenabnutzung und Betriebsstoffe betragen 15 € je 100 km. Bestimmen Sie die Kosten je km bei einer jährlichen Fahrleistung von 5000 km, 10000 km, 15000 km und 20000 km.**
   Lösung: **1,05 €/km; 0,60 €/km; 0,45 €/km; 0,38 €/km**

2. **Ab welcher Jahreskilometerleistung bringt der Servicetransporter aus Aufgabe 1 für den Betrieb einen Gewinn, wenn dem Kunden je km 0,50 € Fahrzeugkosten in Rechnung gestellt werden?**
   Lösung: **12858 km**

8.2.2 Kostenstellenrechnung

Die Kostenstellenrechnung unterteilt das Unternehmen in Verantwortungsbereiche und schafft damit die Voraussetzungen für die Budgetierung, für leistungsorientierte Entlohnungssysteme und ist Grundlage für genauere Kostenträgerrechnungen.

Die Abgrenzung der Verantwortungsbereiche erfolgt nach räumlichen, kalkulatorischen oder funktionalen Merkmalen und Erfordernissen. Jeder Verantwortungsbereich erhält eine Kostenstellennummer **(Bild 1)**.

> Die Kostenstellenrechnung analysiert die Kosten in Verantwortungsbereichen.

Die Erfassung der (Kostenstellen-)Einzelkosten, z.B. über Materialentnahmescheine und Stundenzettel, sowie ihre Zurechnung zu Kostenträgern ist in der Regel einfach. Schwieriger ist es, mit vertretbarem Aufwand die Gemeinkosten verursachungsgerecht den Kostenstellen zuzurechnen.

Die Verteilung dieser Gemeinkosten einer Rechnungsperiode auf die Kostenstellen erfolgt in der Praxis mit dem Betriebsabrechnungsbogen.

> Mit dem Betriebsabrechnungsbogen BAB werden die Gemeinkosten auf die Kostenstellen verteilt und Gemeinkostenzuschlagssätze ermittelt.

Als Ergebnis aus dem Betriebsabrechnungsbogen erhält man Zuschlagssätze, mit deren Hilfe die Selbstkosten für ein Produkt oder eine Leistung berechnet werden können.

8.2.2.1 Materialeinzelkosten und Materialgemeinkosten

Im Materiallager treten neben den reinen Kosten für das Material z.B. Mietkosten für den Lagerraum, Energiekosten für Heizung und Beleuchtung, Kosten für die Eingangskontrolle und Lohnkosten für den Lageristen auf. Diese Zusatzkosten werden dem Material als Materialgemeinkosten zugeschlagen.

Beispiel 1:

Im Materiallager wurden im vergangenen Jahr insgesamt Materialien im Wert von 150.000 € eingelagert und weiterverkauft. In diesem Zeitraum entstanden Energiekosten von 10.000 €, Kosten für die Eingangskontrolle von 4.000 €, Lohnkosten für den Lageristen von 40.000 € und sonstige Lagerkosten in Höhe von 6.000 €.
Berechnen Sie den Materialgemeinkostensatz in %.

Lösung: **Bild 2**

$$MGKS = \frac{MGK \cdot 100\,\%}{MEK} \qquad MK = MEK + MGK$$

MEK Materialeinzelkosten
MGK Materialgemeinkosten
MGKS Materialgemeinkostensatz in %
MK Materialkosten

Kostenstellenplan

Kostenstelle 0100 Material	Kostenstelle 0200 Fertigung	Kostenstelle 0300 Verwaltung	Kostenstelle 0400 Vertrieb
Verantwortlich: Herr Metzger	Verantwortlich: Herr Günther	Verantwortlich: Frau Gross	Verantwortlich: Frau Kaiser
0110 Einkauf	0210 Fertigung	0310 Finanzbuchhaltung	0410 Vertriebskosten
0120 Lager	0230 Fertigungsleitung	0320 Kostenrechnung	0420 Servicekosten
0130 Eingangskontrolle	0240 Arbeitsvorbereitung	0330 Planung und Kontrolle	0430 Sonstige

Bild 1: Beispiel für einen einfachen Kostenstellenplan

Materialeinzelkosten *MEK*		150.000 €
Energiekosten	10.000 €	
Kosten Eingangskontrolle	4.000 €	
Lohnkosten Lager	40.000 €	
sonstige Lagerkosten	6.000 €	
Materialgemeinkosten *MGK*		60.000 €
Materialgemeinkostensatz *MGKS*		40 %

Bild 2: Materialkostensatzberechnung

8.2.2.2 Lohneinzelkosten und Lohngemeinkosten

Auch in der Fertigung treten Kosten auf, die nicht direkt als Einzelkosten einem Kostenträger genau zugerechnet werden können. So ist z.B. oft ein Meister oder Fertigungsleiter notwendig. Seinen Lohnanteil für Aufsichtsfunktionen, Planung, Kalkulation und Personalführung kann man dem Kunden nicht direkt als Arbeitsstunden berechnen. Auch Arbeitskleidung und Krankheitstage der produktiv tätigen Mitarbeiter müssen z.B. über die verrechneten Stundenlöhne eingenommen werden.

Also muss man auch hier auf die direkt verrechenbaren Stunden einen Aufschlag machen, den Lohngemeinkostenzuschlag, damit die Selbstkosten gedeckt werden.

Beispiel 1:
In einem Betrieb mit vier Beschäftigten in der Fertigung wurden innerhalb eines Jahres 4800 verrechenbare Arbeitsstunden (= Lohneinzelkosten) geleistet. Der durchschnittliche Stundenlohn der Beschäftigten betrug 15 €. Wie viel Prozent muss auf diesen Stundenlohn aufgeschlagen werden, damit die Lohnselbstkosten von 220.000 €/Jahr gedeckt sind, und wie hoch ist der Verrechnungslohn je Stunde?

Lösung: **Bild 1**

$$LGKS = \frac{LGK \cdot 100\,\%}{LEK}$$

$$LK = LEK + LGK \qquad HK = LK + MK$$

LK	Lohnkosten
LEK	Lohneinzelkosten
LGK	Lohngemeinkosten
LGKS	Lohngemeinkostensatz in %
HK	Herstellkosten
MK	Materialkosten

Lohnkosten Fertigung *LK*		220.000 €
verrechnete Stunden	4800	
durchschn. Stundenlohn	15 €	
– Lohneinzelkosten *LEK*		72.000 €
= Lohngemeinkosten		148.000 €
Lohngemeinkosten-zuschlag *LGKS*		**205,56 %**
Verrechnungslohn je Stunde		**45,83 €**

Bild 1: Lohngemeinkosten und Verrechnungslohn

8.2.2.3 Herstellkosten

Wenn für einen Auftrag die Materialeinzelkosten und die Lohneinzelkosten bekannt sind, kann man mithilfe der betrieblichen Gemeinkostenzuschlagssätze die Herstellkosten berechnen **(Bild 2)**.

Beispiel 2:
Bestimmen Sie die Herstellkosten für eine Verkabelung, die Lohneinzelkosten von 300 € und Materialeinzelkosten von 150 € verursacht. Der Lohngemeinkostenzuschlag beträgt 180 %, der Materialgemeinkostenzuschlag 50 %.

Lösung: **Bild 3**

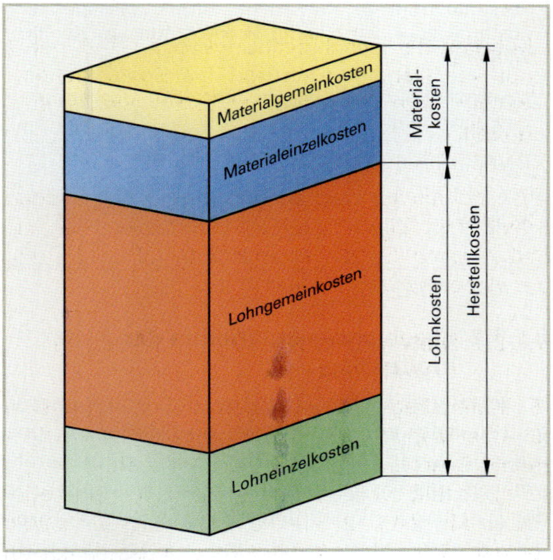

Bild 2: Herstellkosten

LEK + *LGKS*	180,00 %	300 € 540 €	
= *LK*			840 €
MEK + *MGKS*	50,00 %	150 € 75 €	
= *MK*			225 €
HK			**1.065 €**

Bild 3: Herstellkosten

Wiederholung und Vertiefung

1. **Welche Aufgaben hat die Kostenstellenrechnung?**
2. **Nennen Sie 10 Beispiele für Materialgemeinkosten.**
3. **Warum verändert sich der Lohngemeinkostensatz, wenn sich die Anzahl der Krankheitstage in einem Betrieb ändert?**

8.2.2.4 Verwaltungs- und Vertriebsgemeinkosten

Aus steuerlichen Gründen ist es z.B. zwingend vorgeschrieben, dass ein Betrieb eine Finanzbuchhaltung und eine Lohnbuchhaltung durchführen muss und entsprechende Dokumentationen zu erstellen sind. Diese und andere Verwaltungsaufgaben führen zu Kosten, die der Betrieb als Verwaltungskosten an die Kunden weitergeben muss.

Vertriebskosten entstehen z.B. durch Außendienstmitarbeiter, die Aufträge und neue Kunden für den Betrieb beschaffen sollen.

Die Höhe der Vertriebsgemeinkosten und Verwaltungsgemeinkosten wird ebenfalls in der Kostenstellenrechnung ermittelt und als prozentualer Zuschlag auf die Herstellkosten angegeben.

8.2.3 Kostenträgerrechnung

8.2.3.1 Divisionskalkulation

Bei der Kostenträgerrechnung kann man im einfachsten Fall die Divisionskalkulation anwenden. Sie ist dann möglich, wenn ein Betrieb oder ein abgegrenzter Teil eines Betriebes, z.B. ein Montageteam, nur eine Leistung oder eine Produktart bereitstellt bzw. die Kosten gesondert erfasst.

Bei der Divisionskalkulation werden die Selbstkosten je Einheit ermittelt, indem man alle Kosten der Herstellung, der Verwaltung und des Vertriebes addiert und durch die Anzahl der Leistungseinheiten teilt.

In der Divisionskalkulation werden alle Kosten einer Berechnungsperiode durch die Anzahl der Leistungseinheiten geteilt.

Beispiel 1:

Sämtliche VDE-Sicherheitsüberprüfungen von Geräten in einem Unternehmen werden durch eine „Abteilung" mit zwei Mitarbeitern (1 IT-Fachkraft, 1 Helfer) durchgeführt. In der Abteilung entstanden im vergangenen Jahr folgende Kosten:

Personal 225.000 €, Kfz-Kosten 16.200 €, Messgerätekosten 8.200 €, Fortbildung 14.600 €, sonstige Kosten 84.800 €

Durchschnittlich werden pro Jahr 4360 Überprüfungen durchgeführt.

Berechnen sie die Kosten je Messung.

Lösung: $k = \frac{SK}{n} = \frac{348.800\,€}{4360} = \mathbf{80\,€}$

$$VerwGKS = \frac{VerwGK \cdot 100\,\%}{HK}$$

$$VertrGKS = \frac{VertrGK \cdot 100\,\%}{HK}$$

$$SK = HK + VerwGK + VertrGK$$

$$k = \frac{SK}{n}$$

HK	Herstellkosten
k	Selbstkosten je Leistungseinheit
n	Anzahl der Leistungseinheiten
SK	Selbstkosten
VerwGK	Verwaltungsgemeinkosten
VerwGKS	Verwaltungsgemeinkostensatz in %
VertrGK	Vertriebsgemeinkosten
VertrGKS	Vertriebsgemeinkostensatz in %

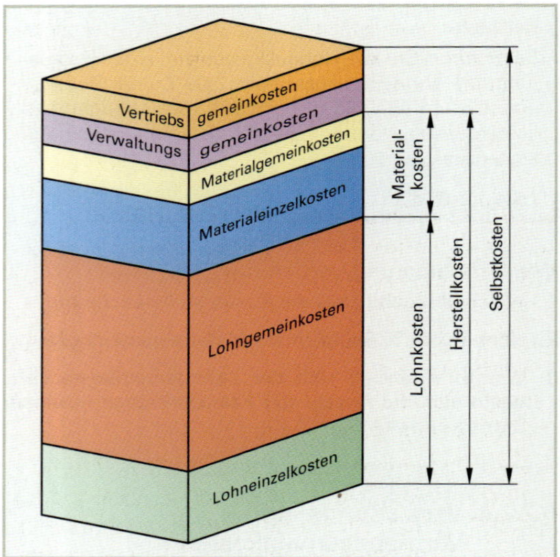

Bild 1: Kostenzusammensetzung in der Zuschlagskalkulation

8.2.3.2 Zuschlagskalkulation in der Produktion

In der Regel bieten Betriebe und Unternehmen eine Vielzahl von Leistungen und Waren an und müssen damit differenziertere Kalkulationsverfahren, z.B. die Zuschlagskalkulation, anwenden. In der Zuschlagskalkulation werden die für die einzelnen Kostenstellen ermittelten Gemeinkostenzuschlagssätze auf die Einzelkosten bzw. Herstellkosten aufgeschlagen **(Bild 1** und **Bild 2)**.

Bei der Zuschlagskalkulation ergibt sich der Gesamtpreis aus der Summe der Einzelkosten und der Gemeinkosten.

Die Gemeinkostenzuschlagssätze dienen der Kalkulation und sind ein wichtiger Ansatzpunkt für Vergleiche mit Mitwettbewerbern und für interne Verbesserungsansätze.

LEK + LGK	2.520,00 € 4.536,00 €
LK	7.056,00 €
MEK + MGK	4.870,00 € 2.435,00 €
MK	7.305,00 €
HK	**14.361,00 €**
+ VerwGK + VertrGK	2.154,15 € 2.872,20 €
SK	**19.387,35 €**

Bild 2: Zuschlagskalkulation

Zuschlagskalkulation als Vorkalkulation in der Produktion

Eine Vorkalkulation wird z.B. erstellt, wenn Kunden ein Angebot anfordern oder wenn betriebsinterne Entscheidungen getroffen werden müssen.

Beispiel 1:

Für einen Auftrag wurde kalkuliert, dass Material für 2.000 € und 20 Arbeitsstunden notwendig sind. Der durchschnittliche Stundenlohn der produktiv tätigen Mitarbeiter ist 20 €.

Betriebsintern entstehen Materialgemeinkosten von 50 %, Lohngemeinkosten von 170 %, Verwaltungsgemeinkosten von 25 % und Vertriebsgemeinkosten von 20 %. Wie hoch sind die Selbstkosten für den Betrieb?

Lösung:

Materialeinzelkosten		2.000 €
+ Materialgemeinkosten	50 %	1.000 €
= Materialkosten		3.000 €
Lohneinzelkosten		400 €
+ Lohngemeinkosten	170 %	680 €
= Lohnkosten		1.080 €
Herstellkosten		4.080 €
+ Verwaltungsgemeinkosten	25 %	1.020 €
+ Vertriebsgemeinkosten	20 %	816 €
Selbstkosten		**5.916 €**

8.2.3.3 Zuschlagskalkulation im Handel

Durch die geringe Fertigungstiefe und die Notwendigkeit, volle Sortimente anzubieten, treten heute nahezu alle Unternehmen auch als Händler auf.

Für die Warenkalkulation werden zwei Kalkulationsschemas nacheinander angewendet: die Einstandspreiskalkulation (Bezugspreiskalkulation) und die Verkaufspreiskalkulation **(Bild 1).**

In der Einstandspreiskalkulation (Bezugspreiskalkulation) werden vom Listen- oder Katalogpreis des Lieferanten alle in Anspruch genommenen Rabatte (Wiederverkäuferrabatt, Mengenrabatte, Saisonrabatte, ...) und Skonti abgezogen und alle durch die Lieferung entstandenen Bezugskosten (Verpackungskosten, Rollgeld, Transportversicherung, Marketingkosten, ...) addiert **(Bild 2).**

Der Listenverkaufspreis wird bestimmt, indem alle Handlungskosten wie z.B. Personalkosten, Abschreibungen, Mieten, Fuhrparkkosten, Energiekosten und Kommunikationskosten, der Gewinn und sonstige Verkaufszuschläge auf den Einstandspreis addiert werden. Aus Vereinfachungsgründen verwendet man im Verkauf allerdings oft den Kalkulationsfaktor KF (Bild 1).

Mit dem Kalkulationsfaktor kann der Listenverkaufspreis direkt aus dem Einstandspreis berechnet werden.

EP	Einstandspreis	$KF = \frac{LVP}{EP}$
KF	Kalkulationsfaktor	
LVP	Listenverkaufspreis	

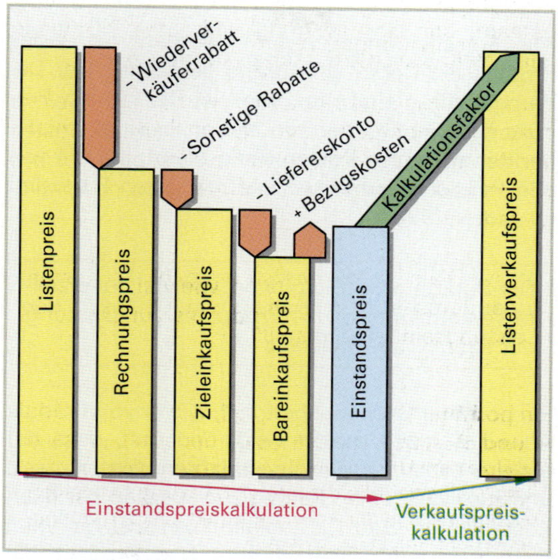

Bild 1: *Einstandspreiskalkulation und Verkaufspreiskalkulation*

Listenpreis		240,00 €
– Wiederverkäuferrabatt	24 %	– 57,60 €
= Rechnungspreis		182,40 €
– Sonderrabatt	4 %	– 7,30 €
= Zieleinkaufspreis		**175,10 €**
– Skonto	2 %	– 3,50 €
= Bareinkaufspreis		**171,60 €**
+ Bezugskosten		10,00 €
= Einstandspreis		**181,60 €**

Bild 2: *Einstandspreiskalkulation*

Wiederholung und Vertiefung

1. **Welchen Einstandspreis hat ein Handelsbetrieb beim Kauf eines Druckers mit einem Großhändlerlistenverkaufspreis von 120 €, wenn der Großhändler 18 % Wiederverkäuferrabatt und 2 % Skonto einräumt? Die Bezugskosten betragen 10,00 €.**
   Lösung: **106,43 €**
2. **Welcher Netto-Listenverkaufspreis (ohne MwSt.) ergibt sich für einen Flachbettscanner, dessen Einstandspreis (ohne MwSt.) 126,40 € beträgt, wenn mit einem Kalkulationsfaktor von 1,4 gearbeitet wird?**
   Lösung: **176,96 €**
3. **Wie hoch darf der Einstandspreis von Speicherbausteinen sein, die für 39,90 € inkl. MwSt. verkauft werden sollen, wenn der Kalkulationsfaktor 1,5 beträgt?**
   Lösung: **22,35 € netto; 26,60 € brutto**

8.2.4 Deckungsbeitragsrechnung

Die Deckungsbeitragsrechnung liefert Informationen für unternehmerische Entscheidungen, z.B. in der Produktpolitik, Absatzpolitik, Sortimentspolitik und Preispolitik.

Als Entscheidungskriterium werden für jedes Produkt die Deckungsbeiträge berechnet. Der Deckungsbeitrag I gibt an, wie viel Beitrag ein Produkt nach Abzug der produktionsbedingt entstehenden variablen Kosten übrig bleibt, um die von den Produktionsmengen unabhängigen Fixkosten zu decken **(Bild 1)**.

$$k = k_f + k_v$$

$$DB\,I = e - k_v \qquad DB\,II = DB\,I - k_f$$

e	Erlös je Stück
k	Kosten je Stück
k_f	Fixkosten je Stück
k_v	variable Kosten je Stück
$DB\,I$	Deckungsbeitrag I
$DB\,II$	Deckungsbeitrag II

Der Deckungsbeitrag gibt an, wie viel der erzielte Verkaufspreis eines Produktes zur Deckung der fixen Kosten beiträgt.

Ein positiver Deckungsbeitrag I, wie er von Produkt A und B erwirtschaftet wird, bedeutet, dass der erzielte Verkaufspreis die variablen Kosten deckt und zusätzlich einen Beitrag zum Decken der fixen Kosten liefert (Bild 1). Sind alle fixen und variablen Kosten gedeckt, überschreitet das Produkt die Gewinnschwelle (break even point). Ein Deckungsbeitrag I kleiner 0, wie bei Produkt C in Bild 1, bedeutet, dass jede produzierte Einheit zusätzlich Verluste gegenüber einer Nichtproduktion erzeugt.

Der positive Deckungsbeitrag II zeigt, dass Produkt A die Gewinnschwelle überschritten hat und einen Gewinn erwirtschaftet.

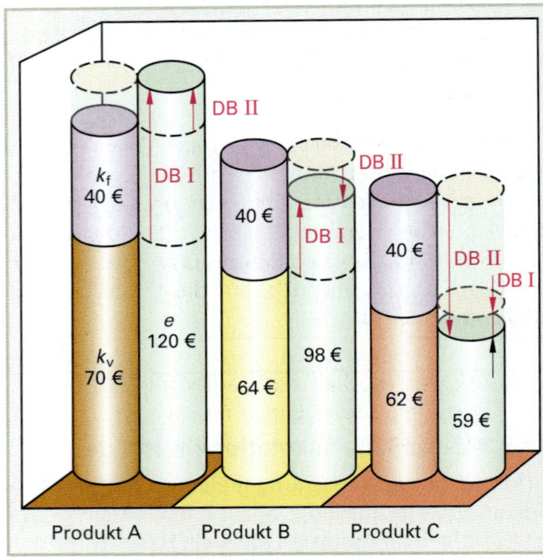

Bild 1: Deckungsbeitragsrechnung

Beispiel 1:

Ein Unternehmen stellt die Produkte A, B und C her. Aus Kapazitätsgründen und Ertragsgründen soll mithilfe der Deckungsbeitragsrechnung eine Entscheidungsvorlage für die zukünftige Produktpolitik erstellt werden **(Bild 2)**.

Lösung:

Produkt A erwirtschaftet den höchsten Deckungsbeitrag I. Als einziges Produkt erzielt es einen positiven Deckungsbeitrag II, also einen Gewinn. Es sollte also weiter gefertigt werden.

Produkt B erwirtschaftet einen positiven Deckungsbeitrag I und trägt damit zur Deckung der Fixkosten bei, es erzielt jedoch keinen Gewinn. Es sollte nur aus dem Programm genommen werden, wenn alternative Produktionen mit höherem Deckungsbeitrag möglich sind.

Produkt C erzeugt einen negativen Deckungsbeitrag I. Es sollte aus dem Programm genommen werden, da mit jeder produzierten Einheit der Verlust steigt.

Produkt	A	B	C
Verkaufserlös e in €	120	98	59
– variable Kosten k_v in €	70	64	62
= Deckungsbeitrag I DB I in €	50	34	– 3
– Fixkosten k_f in €	40	40	40
= Deckungsbeitrag II DB II in €	10	– 6	– 43

Bild 2: Deckungsbeitragsrechnung

Wiederholung und Vertiefung

1. **Erläutern Sie, welche Informationen der Deckungsbeitrag I und der Deckungsbeitrag II geben.**

2. **Das Produkt A erbringt einen Verkaufserlös von 216 €, das Produkt B einen Verkaufserlös von 270 €. Produkt A verursacht variable Kosten von 140 €, Produkt B 190 €. Die anteiligen fixen Kosten betragen jeweils 52 €.**

   Bestimmen Sie die Deckungsbeiträge I und II.

   Lösung: $DB\,I_A = 56$ €; $DB\,II_A = 4$ €; $DB\,I_B = 80$ €; $DB\,II_B = 28$ €

8.2.5 Nachkalkulation

Die Gemeinkostenzuschläge für die Kalkulation werden aus den Durchschnittswerten eines vergangenen Zeitraumes ermittelt.

In der Realität ergeben sich bei allen Aufträgen Kostenabweichungen gegenüber der Planung. Ursachen für die Abweichungen können z.B. veränderte betriebliche oder wirtschaftliche Rahmenbedingungen sein, ungenaue Zeitschätzungen oder unterschiedlich strukturierte Auftragsarten (siehe Mathematik für Elektroniker, IT und Elektroberufe, Europa-Nr. 33064).

Für die betriebsinterne Kontrolle einzelner Aufträge und zur Kontrolle der Kalkulationsdaten ist es daher unerlässlich, möglichst häufig eine Nachkalkulation durchzuführen.

Tabelle 1 zeigt ein Beispiel für eine Vorkalkulation mit den Daten der Planung und der Nachkalkulation mit den real entstandenen Daten. Die Nachkalkulation zeigt, dass der Gewinn 4,11 % der Selbstkosten beträgt. Die kalkulierten Gewinne von 8 % auf das Material und 5 % auf die Löhne wurden also nicht erreicht.

> ℹ Mit der Nachkalkulation werden die Zuschlagssätze überprüft und es wird der Ist-Gewinn einzelner Aufträge bestimmt.

Posten	Vorkalkulation	Nachkalkulation
Material Listenpreis	2.300 €	2.350 €
Liefererrabattsatz	32 %	30 %
Liefererskontosatz	2 %	2 %
Bezugskosten	0 €	24 €
Materialgemeinkostensatz	30,13 %	30,13 %
Gewinnzuschlag Material	8 %	?
Stundenlohn	17,40 €	16,80 €
Lohngemeinkostensatz	165,40 %	165,40 %
Arbeitszeit	62 h	60 h
Gewinnzuschlag Lohn	5 %	?
Kundenskonto	2 %	2 %
Kundenrabatt	5 %	5 %

Bild 1: Einstandspreiskalkulation

Bei der Berechnung des Kundenskontos ist zu beachten, dass der Kunde 2 % aus dem Zielverkaufspreis erhält. Der Barpreis entspricht also 98 %. Entsprechendes gilt auch bei der Kundenrabattberechnung.

Wiederholung und Vertiefung

1. **Wann sollte ein Betrieb Nachkalkulationen durchführen?**
2. **Wodurch entstehen Abweichungen zwischen den kalkulatorischen Planungsdaten eines Auftrages und der realen Durchführung des Auftrages?**
3. **Erstellen Sie für die Auftragsdaten in Bild 1 eine Nachkalkulation.**

Tabelle 1: Vor- und Nachkalkulation (alle Preise ohne MwSt.)

Position	Vorkalkulation (Planung)		Nachkalkulation (Realität)		Kostenüber- bzw. unterdeckung
Material Listenpreis		6.450,00 €		6.450,00 €	
– Liefererrabatt	32 %	2.064,00 €	30 %	1.935,00 €	
= Zieleinkaufspreis		4.386,00 €		4.515,00 €	– 129,00 €
– Liefererskonto	2 %	87,72 €	2 %	90,30 €	– 2,58 €
= Bareinkaufspreis		4.298,28 €		4.424,70 €	– 126,42 €
+ Bezugskosten		0,00 €		124,00 €	– 124,00 €
= Materialeinstandspreis		4.298,28 €		4.548,70 €	– 250,42 €
+ Materialgemeinkostenzuschlag	30,13 %	1.295,07 €	30,13 %	1.370,52 €	– 75,45 €
= Materialselbstkostenpreis		5.593,35 €		5.919,22 €	– 325,87 €
Gewinnzuschlag Material	8 %	447,47 €			
Materialpreis		**6.040,82 €**		**5.919,22 €**	
Stundenlohn		14,80 €		14,60 €	
+ Lohngemeinkostensatz	165,40 %		165,40 %		
= Lohneinzelpreis		39,28 €		38,75 €	0,53 €
Arbeitszeit	62,0 h		60,0 h		
Lohnselbstkosten		2.435,31 €		2.324,90 €	110,41 €
+ Gewinnzuschlag Lohn	5 %	121,77 €			
Summe Lohn		**2.557,08 €**		**2.324,90 €**	232,17 €
Barpreis		**8.597,90 €**	Selbstkosten	**8.244,13 €**	
+ Kundenskonto	2 %	175,47 €		Kunde zahlt:	8.597,90 €
= Zielverkaufspreis		8.773,36 €		abzüglich Selbstkosten	8.244,13 €
+ Kundenrabatt	5 %	461,76 €		Ist-Gewinn:	**353,77 €**
Angebotspreis		**9.235,12 €**		Ist-Gewinn in %	**4,29 %**

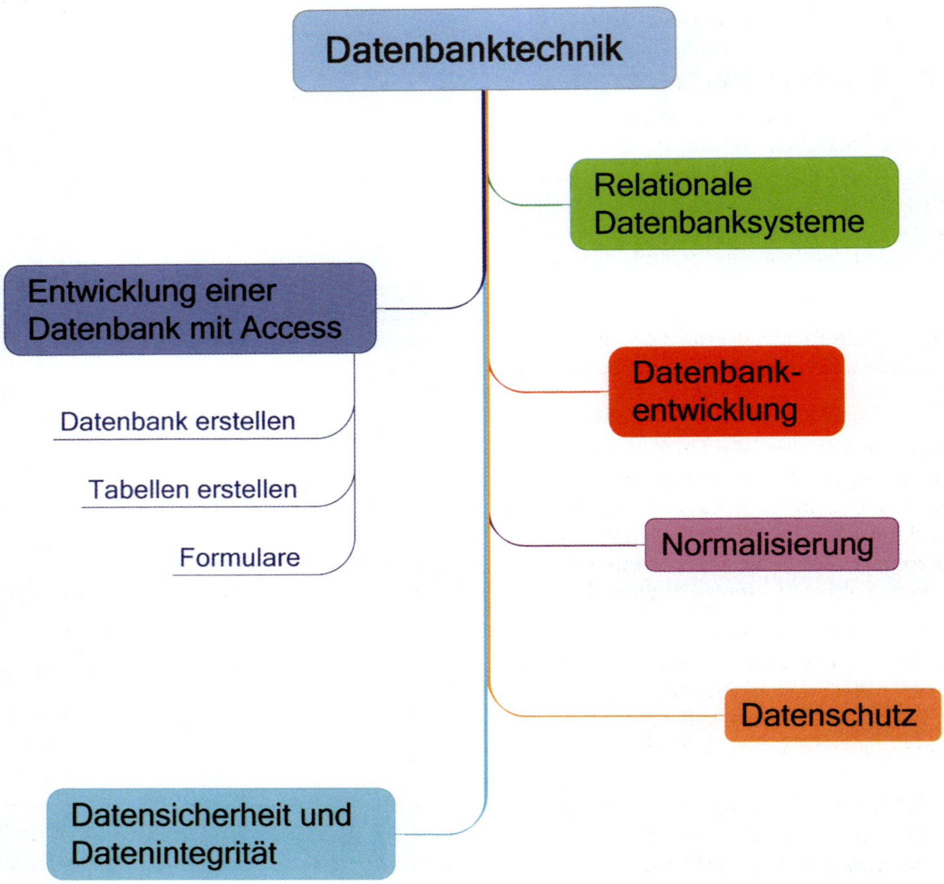
Datenbanktechnik
Relationale Datenbanksysteme
Entwicklung einer Datenbank mit Access
Datenbank erstellen
Tabellen erstellen
Formulare
Datenbank-entwicklung
Normalisierung
Datenschutz
Datensicherheit und Datenintegrität

9 Datenbanktechnik

Eine Datenbank ist eine systematisch geordnete Sammlung von Daten. Damit der Anwender diese Daten übersichtlich und einfach verwalten kann, wird ein Datenbankverwaltungssystem DBMS (**Data**base **M**anagement **S**ystem) benötigt. Ein Datenbanksystem **(Bild 1)** besteht somit aus der Datenbank und einem Datenbankverwaltungssystem.

Man unterscheidet vier Datenbankmodelle. Dies sind die relationalen Datenbanken, die objektorientierten, die hierarchischen und die netzwerkartigen Datenbanken. Die Unterschiede dieser vier Modelle liegen im logischen Aufbau der Datenbank.

Datenbanksystem

Datenbankverwaltungssystem (DBMS)

	Datenbank	
Daten-tabelle A	Daten-tabelle B	Daten-tabelle C
Datensatz 1	Datensatz 1	Datensatz 1
Datensatz 2	Datensatz 2	Datensatz 2
...	...	...
Datensatz *n*	Datensatz *n*	Datensatz *n*

Bild 1: Datenbanksystem

- Ein Primärschlüssel ist ein eindeutig identifiziertes Feld in einer Tabelle.
- Ein Primärschlüssel darf in einer Tabelle nicht doppelt vergeben werden.

9.1 Relationale Datenbanksysteme

Die Daten einer relationalen Datenbank, z.B. Kunden- oder Produktdaten, werden in Form von zueinander in Bezug stehenden Tabellen verwaltet. In Beziehung stehende Tabellen werden auch als Relationen bezeichnet. Jede Zeile einer Tabelle, die einen Datensatz enthält, beschreibt ein Objekt **(Bild 2)**.

KUNDE : Tabelle

KNr	Name	Vorname
K001	Menge KG	Firma
K002	Maier Elektro	Alfred
K003	Maurer	Dieter
K004	Schiemann	Bernd
*		

Bild 2: Tabelle KUNDE

Relationale Datenbanksysteme verwalten Daten in Tabellen, die miteinander in Beziehung stehen.

Die Spalten der Tabellen enthalten untereinander vergleichbare Eigenschaften der einzelnen Datensätze, z.B. den Anschaffungspreis. Die Felder einer Spalte sind jeweils in einem festzulegenden Felddatentyp abgespeichert. Datenbanksysteme verfügen über verschiedene Datentypen **(Tabelle 1)**.

Tabelle 1: Datentypen von DBMS

Datentyp	Beschreibung
integer	Ganzzahl
numeric (*x,y*)	Dezimalzahl mit *x* Stellen und *y* Nachkommastellen
decimal (*x,y*)	Dezimalzahl mit mindestens *x* Stellen und *y* Nachkommastellen
float	Gleitkommazahl
character	Zeichenkette
date	Datum
time	Uhrzeit

Schlüssel und Beziehungen

Die einzelnen Zeilen einer Tabelle enthalten die Daten einer individuellen Person, eines Gegenstandes oder eines Ereignisses. Diese Zeilen nennt man Objekte, Datensätze oder Entitäten (entity = Wesen).

Objekte könnten bei größeren Datenmengen mit weiteren Objekten innerhalb der Tabelle verwechselt werden. Um dies auszuschließen, ist es notwendig, für jeden Datensatz eindeutige Felder festzulegen. Diese Felder werden als Primärschlüssel (primary key) bezeichnet. Sie sind notwendig zur eindeutigen Identifikation des jeweiligen Datensatzes. Im Beispiel der Tabelle KUNDE (Bild 2) ist dies die Kundennummer.

Ein Primärschlüsselfeld dient zur eindeutigen Identifizierung eines Objektes der Tabelle.

Kauft ein Kunde einen Artikel, ist es nicht sinnvoll, sämtliche Daten des Kunden erneut in einer weiteren Tabelle AUFTRAG einzugeben. Es wird nur noch die eindeutige Kundennummer in der Tabelle AUFTRAG gespeichert. Somit stehen die Tabellen KUNDE und AUFTRAG über dieses Primärschlüsselfeld in Beziehung zueinander. Jeder Datensatz der Tabelle AUFTRAG enthält eine Kundennummer, die eindeutig genau einem Kunden („1") aus der Tabelle KUNDE zugeordnet ist. Umgekehrt kann jeder Kunde aus der Tabelle KUNDE in mehreren („m") Zeilen der Tabelle AUFTRAG angesprochen werden. Die Tabellen KUNDE und AUFTRAG besitzen somit eine 1:m-Beziehung **(Bild 1, folgende Seite)**. Die Datensätze, die in der Tabelle KUNDE durch den Primärschüssel *Kundennummer* identifiziert werden, sind auch in der Tabelle AUFTRAG durch diese Kundennummer festgelegt.

Dieses Feld *Kundennummer* verweist auf das entsprechende Feld der Tabelle KUNDE und wird deshalb als *Fremdschlüssel* (= foreign key) oder *Bezugsschlüssel* (= reference key) bezeichnet (Bild 1).

> Ein Fremdschlüssel ist ein Feld, welches auf ein Primärschlüsselfeld einer anderen Tabelle verweist.

In der Praxis sollen bestimmte Daten nicht allen Benutzern zugänglich sein. Solche Daten werden in andere Tabellen ausgelagert. Aus einer Personaltabelle kann z.B. das Gehalt ausgelagert werden. So entsteht eine neue Tabelle MITARBEITER-*diskret*. Da auch hier die Datensätze über den Primärschlüssel *Mitarbeiternummer* gefunden werden, steht einem Datensatz der ersten Tabelle genau ein Datensatz der zweiten Tabelle gegenüber. Eine solche Beziehung wird 1:1-Beziehung genannt **(Bild 2)**. Tabellen, die in einer 1:1-Beziehung zueinander stehen, können ohne Informationsverlust oder Redundanzen (Mehrfachspeicherungen) wieder in einer einzigen Tabelle zusammengeführt werden.

Betrachtet man die Tabellen AUFTRAG und ARTIKEL, so kann ein Auftrag sicher viele „m"- oder „∞"- Artikel enthalten, andererseits kann ein Artikel sicherlich auch in beliebig vielen „n"- oder „∞"-Aufträgen vorkommen. Eine solche m:n-Beziehung zwischen Tabellen kann in einem relationalen Datenbankmodell nicht eindeutig dargestellt werden. Deshalb ist eine Zwischentabelle notwendig, welche diese m:n-Beziehung in zwei 1:n-Beziehungen aufteilt **(Bild 3)**. Im einfachsten Fall enthält die Zwischentabelle lediglich die beiden Primärschlüssel der sogenannten Mastertabellen. In Bild 3 geschieht dies durch die Tabelle AUFTRAGSPOSITION. Ein Artikel, der in einem Positionsdatensatz genannt wird, kann eindeutig in der Tabelle ARTIKEL identifiziert werden. Umgekehrt kann ein Artikel in mehreren Auftragspositionen angesprochen werden. Somit liegt zwischen den Tabellen ARTIKEL und AUFTRAGSPOSITION eine 1:n-Beziehung vor.

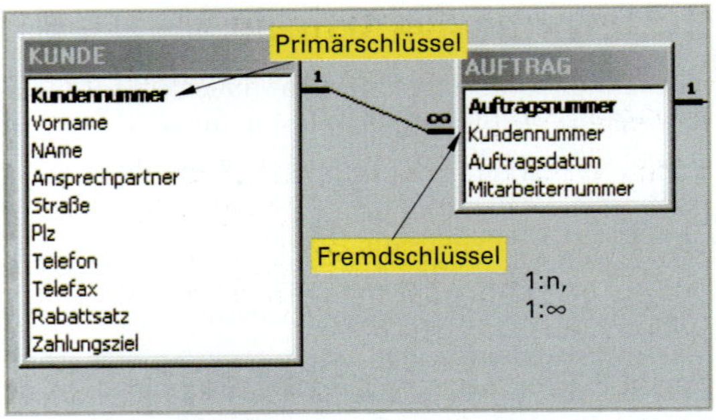

Bild 1: Tabelle KUNDE und Tabelle AUFTRAG in einer 1 : ∞-Beziehung

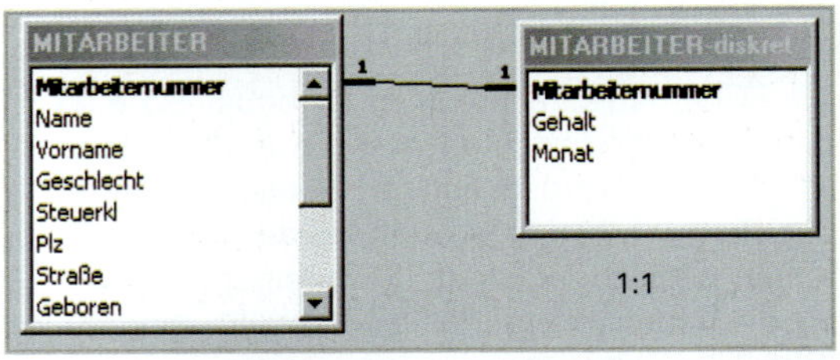

Bild 2: Tabelle MITARBEITER und MITARBEITER-diskret in einer 1:1-Beziehung

> Mögliche Beziehungen in einer relationalen Datenbank:

1:1	Eins zu eins
1:m, 1:n, m:1, n:1	Eins zu viele
m:n, n:m	Viele zu viele
1:∞	Eins zu viele
∞:∞	Viele zu viele

Auch die Tabellen AUFTRAGSPOSITION und AUFTRAG sind über eine 1:n-Beziehung verbunden, da ein Auftrag zwar beliebig viele Auftragspositionen hat, aber jede Auftragsposition genau einem Auftrag zuzuordnen ist.

Eine m:n-Beziehung muss in einer relationalen Datenbank in je eine 1:m-Beziehung und eine n:1-Beziehung über eine geeignete Zwischentabelle aufgelöst werden.

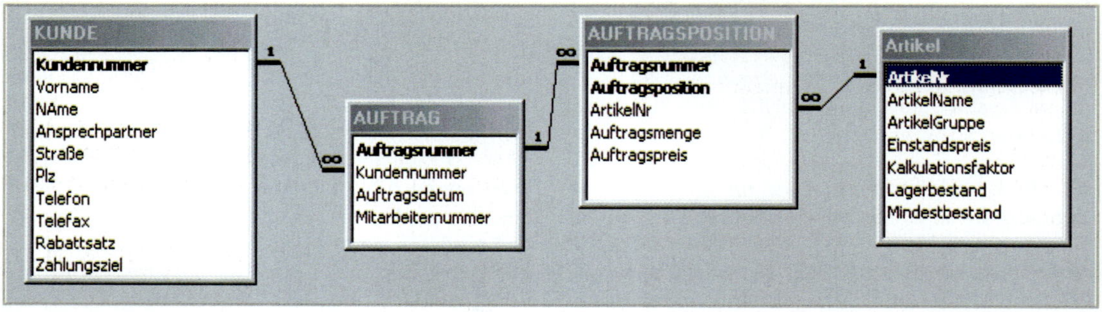

Bild 3: Aufgelöste m:n-Beziehung

9.2 Datenbankentwicklung

Die Entwicklung einer Datenbank vollzieht sich in mehreren Schritten **(Bild 1)**.

Schritt 1: Festlegen der Informationsstruktur

Hier wird untersucht, welche Informationen der Anwender vom Datenbanksystem erwartet. Zuerst erfolgt eine Analyse mit daraus resultierenden Informationsanforderungen.

Schritt 2: Festlegen der Datenstruktur

Beantwortet wird die Frage, welche Beziehungen die Daten und Tabellen untereinander haben. Der Entwurf der Objekte (Entitäten) und deren Beziehungen zueinander bezeichnet man als ERM (von **E**ntity **R**elationship **M**odel = Entitäten-Beziehungs-Modell).

Das Ergebnis von Schritt 1 und Schritt 2 ist das relationale Datenmodell.

Schritt 3: Festlegen der Aufnahmestruktur

Nun werden die Tabellen und die einzelnen Datenfelder mit ihren Datentypen festgelegt und nach der Auswahl eines geeigneten DBMS wird die zukünftige Datenbank implementiert.

Die Informationsstruktur der Datenbank gemäß Schritt 1 kann durch das Bottom-up-Verfahren oder das Top-down-Verfahren ermittelt werden.

Bottom-up-Verfahren

Beim Bottom-up-Verfahren (bottom up = von unten nach oben) müssen sämtliche im Unternehmen vorhandenen Belege, Objekte und Daten untersucht werden, um die Informationen abzuleiten, die das Datenbanksystem liefern soll. Diese Entwurfsmethode kann zu einer Vielzahl sehr unterschiedlicher Lösungen führen. Es besteht die Gefahr, dass sich die Lösungen verschiedener Aufgabenstellungen überschneiden und gleiche Daten mehrfach in verschiedenen Tabellen gespeichert werden. Das Vorhandensein gleicher Datensätze nennt man Redundanz (= überflüssige Informationen). Redundanzen müssen vermieden werden. Bei der Änderung eines Wertes, z.B. einer Adresse, muss die Bearbeitung eines einzigen Datensatzes die entsprechende Änderung in der Datenbank sicherstellen.

> Redundanzen müssen in relationalen Datenbanken vermieden werden.

Top-down-Verfahren

Beim Top-down-Verfahren (= von oben nach unten) werden die Anforderungen aller späteren Datenbankanwender festgestellt. So geben die Verkaufsabteilung ebenso wie die Serviceabteilung an, welche Informationen sie benötigen. Aus diesen Anforderungen wird abgeleitet, welche Informationen über die Kunden in der Datenbank enthalten sein müssen. Somit gibt es für alle Datenbankanwendungen nur eine einzige Tabelle KUNDEN.

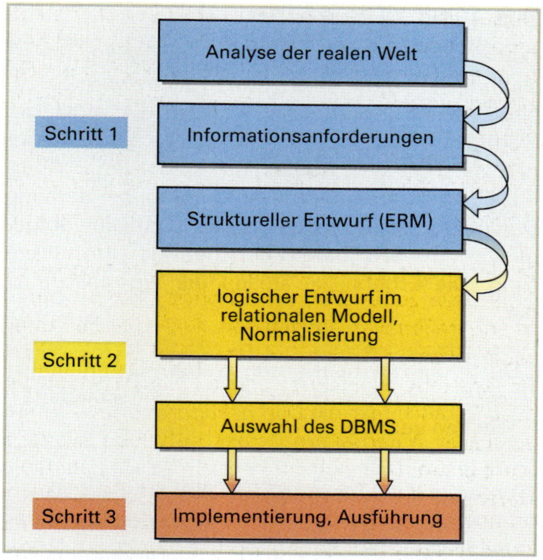

Bild 1: Arbeitsphasen zur Datenbankentwicklung

> **Bottom-up-Verfahren**
> Eine Datenbank wird aus vielen kleinen Einheiten zusammengesetzt.
> Vergleich: Baum wird von den Wurzeln aus gebaut.
>
> **Top-down-Verfahren**
> Von allgemeinen, umfassenden Strukturen geht man zu speziellen Teilprojekten über.
> Vergleich: Baum wird von den Ästen aus gebaut.

Entwicklung eines Datenmodells

Für einen PC-Händler sollen die Auftragsbearbeitung und die Lagerverwaltung durch eine einfache Datenbank realisiert werden.

Um die Lieferanten und die Mitarbeiter zu verwalten, sind verschiedene Informationen notwendig, z.B. Lieferantenname, lieferbare Waren, Bezeichnung der Waren, Besonderheiten, der Preis und der Name des Verkäufers. Diese Informationsstruktur wird aus den Angaben des Auftraggebers abgeleitet.

Kauft ein Kunde einen PC, so werden außer seinen persönlichen Daten wie Name und Adresse auch Daten des verkauften Gerätes sowie Angaben zum Verkäufer benötigt.

> Aus den Informationen über den Auftraggeber ergibt sich die Informationsstruktur der Datenbank.

9.3 Normalisierung

Die durch die Informationsstruktur festgelegten Datenfelder können nicht ohne weitere Vorarbeit in eine Tabelle übernommen werden. Es muss gewährleistet sein, dass keine Mehrfachspeicherungen durchgeführt werden (Redundanzen = überflüssige Informationen). Der Vorgang, bei dem die Daten stufenweise in verschiedene Tabellen aufgegliedert werden, bezeichnet man als Normalisierung. Die Ergebnisse stellen die *Normalformen* dar.

> Durch die Normalisierung werden Datenfelder schrittweise logisch richtig auf verschiedene Tabellen verteilt.

Werden in einer Tabelle PERSONAL im Feld Wohnort sowohl die Postleitzahl als auch der Name des Ortes gespeichert, so ergeben sich mehrere Unzulänglichkeiten. Zum einen sind größeren Orten mehrere Postleitzahlen zugeordnet, zum anderen ist es dadurch schwierig, nach den Ortsnamen zu sortieren und zu suchen **(Bild 1).**

Ebenso ist es in einer Tabelle LIEFERER nicht möglich, nach den Waren zu sortieren, wenn alle lieferbaren Waren in einem einzigen Feld aufgelistet werden **(Bild 2).** Deshalb müssen zunächst zusammengesetzte Informationen in verschiedenen Feldern als einfache, nicht mehr aufteilbare Werte gespeichert werden. Man nennt diese auch atomare Werte.

> Eine Tabelle befindet sich in der ersten Normalform, wenn alle Datenfelder nicht mehr aufteilbare Werte enthalten.

Übung 1:

Bringen Sie die Tabelle PERSONAL (Bild 1) in die erste Normalform.

Lösung: **Bild 3,** Spalten Wohnort und PLZ

Kunden, Lagerteile, Bestellungen, andere Objekte und Vorgänge sind über die Angabe des Primärschlüsselfeldes eindeutig festlegbar. Sucht man nach einer Kundennummer, kann man abgespeicherte Kundendaten, z.B. den entsprechenden Namen und die Adresse des Kunden, erhalten. Die Attribute Name, Vorname, Wohnort sind von der Kundennummer *funktional abhängig.*

Der Primärschlüssel einer Tabelle kann auch aus mehreren Feldern zusammengesetzt sein **(Bild 4).** So enthält die Tabelle AUFTRAGSPOSITION sowohl die Nummer des Auftrages als auch die Nummer des Artikels. Die Kombination dieser beiden Nummern kann hier als Primärschlüssel vereinbart werden. Weitere Angaben zum Artikel selbst sind nicht mehr nötig, da der Fremdschlüssel ArtikelNr in der Tabelle ARTIKEL als Primärschlüssel einen eindeutigen Artikeldatensatz kennzeichnet.

Abgesehen vom unnötigen Zeitaufwand für Änderungen sind Redundanzen auch gefährlich für die Datenbank. Sie führen im oberen Beispiel dazu, dass nicht mehr feststellbar ist, welche Adresse wirklich gültig ist. Auch Angaben zum Auftrag selbst gehören in eine andere Tabelle, da sie nicht vom Auftragsposten abhängen.

PERSONAL : Tabelle

PNr	Name	Vorname	Wohnort
1	Palmer	Carlo	89348 Jettingen
2	Müller	Herta	86416 Krumbach
3	Mai	Hans	89077 Ulm
4	Schulz	Anna	88471 Laupheim
5	Winter	Susanne	89312 Günzburg
0			

Bild 1: Nicht normalisierte Tabelle PERSONAL

LIEFERER_unnorm : Tabelle

LiefN	FirmBez	Straße	PLZ	Waren
L001	Neumann K(	Marienstraße :	32321	TFT Displays, Monitore
L002	SUN-Micros;	Gradestraße 6	10002	Software, Schulungen
L003	Bredehop G	Postfach 1249	23132	Speicher, Motherboards
L004	Conrad Elec	Klaus-Conrad-	84523	Elektronikbauteile
L005	Wild, GmbH	Gutenbergstra	24001	CD, CD-RW, DVD
L006	Gräbert Gmt	Nestorstr. 36a	10001	
L007	Friedhelm G	Kieler Str. 54	20003	
L008	Kontron Elel	Kuehnstr. 71	20001	

Bild 2: Nicht normalisierte Tabelle LIEFERER

PERSONAL : Tabelle

PNr	Name	Vorname	Wohnort	PLZ
1	Palmer	Carlo	Jettingen	89348
2	Müller	Herta	Krumbach	86416
3	Mai	Hans	Ulm	89077
4	Schulz	Anna	Laupheim	88471
5	Winter	Susanne	Günzburg	89312
0				0

Bild 3: Tabelle PERSONAL in der ersten Normalform

AUFTRAGSPOSITION : Tabelle

Feldname	Felddatentyp
Auftragsnummer	Text
ArtikelNr	Text
Auftragsmenge	Zahl
Auftragspreis	Zahl

Bild 4: Tabelle AUFTRAGSPOSITION mit zusammengesetztem Primärschlüssel

Diese Aufteilung in mehrere Tabellen, die besonders bei Tabellen mit zusammengesetzten Primärschlüsseln wichtig ist, wird als zweite Normalform bezeichnet.

Eine Tabelle befindet sich in der zweiten Normalform, wenn sie in der ersten Normalform ist und wenn jedes Feld nicht nur von einem Teil des Primärschlüssels, sondern vom gesamten Primärschlüssel identifiziert wird. Diese Abhängigkeit vom gesamten Schlüssel bezeichnet man als voll funktionale Abhängigkeit.

Übung 1:

Bringen Sie die Tabelle *AUFTRAGSPOSITION* **(Bild 1, links)** in die zweite Normalform, indem Sie Felder, die nicht vom gesamten Primärschlüssel abhängen, in eine weitere Tabelle auslagern.

Lösung: **Bild 1, rechts**

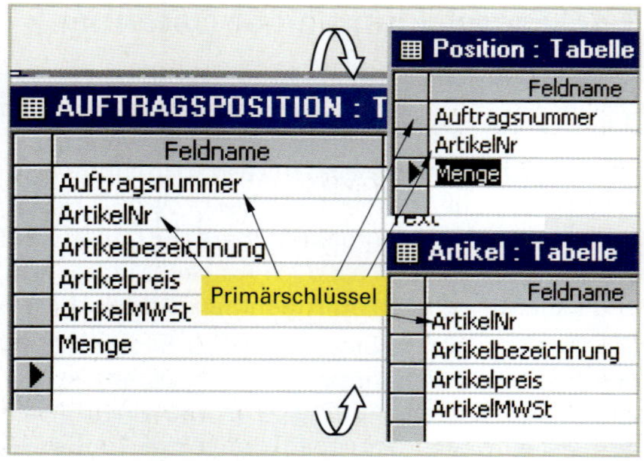

Bild 1: Lösung zur Übung 1

- Normalformen geben an, wie Tabellen aufgebaut werden.
- Bei der Normalisierung werden die Daten schrittweise auf Tabellen aufgeteilt.
- Tabellen, die in der dritten Normalform sind, enthalten keine Redundanzen.

Eine Tabelle befindet sich in der dritten Normalform, wenn sie in der zweiten Normalform ist und wenn zwischen den Feldern, die nicht den Primärschlüssel bilden, keine Abhängigkeiten bestehen.

Diese Forderung bezieht sich aber auf Tabellen mit einfachem Primärschlüssel. Datenfelder, die von anderen Nichtschlüsselfeldern abhängen, werden in eine eigene Tabelle ausgegliedert.

Dies ist bei der Tabelle KUNDE durchführbar. Dort scheint die Postleitzahl abhängig vom Ort zu sein. Für kleinere Orte ist dies richtig, bei größeren Orten gilt dies jedoch nicht. Dort hängt die Postleitzahl auch von der Straße oder dem Postfach des Kunden ab. Es gibt jedoch eine umgekehrte Abhängigkeit: Der Ort ist abhängig von der Postleitzahl, jeder Postleitzahl ist genau ein Ortsname zugeordnet. Somit kann das Feld Ort aus dieser Tabelle ausgegliedert werden und in einer eigenen Tabelle Ort gespeichert werden **(Bild 2)**.

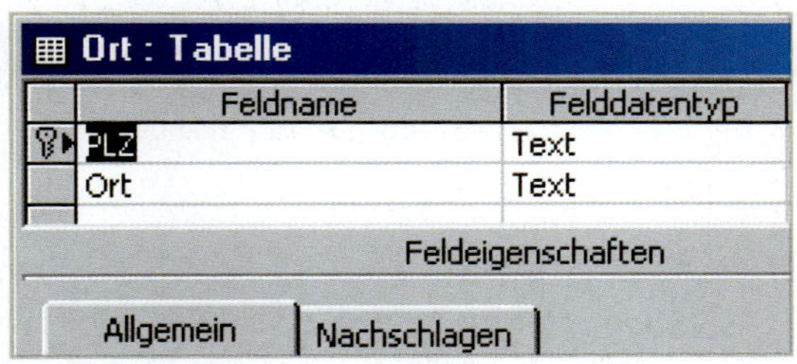

Bild 2: Tabelle ORT in der dritten Normalform

Werden alle Tabellen nach den Regeln der Normalisierung abgeleitet und bearbeitet, sind sie frei von Redundanzen **(Tabelle 1)**.

Tabelle 1: Normalformen (NF)

Art	Bedeutung	Anmerkung
1. NF	Alle Werte atomar (nicht weiter zerteilbar)	Keine Aufzählungen
2. NF	Jedes Nichtschlüsselmerkmal ist abhängig vom gesamten Primärschlüssel.	1. NF erfüllt, nur bei zusammengesetzten Primärschlüsseln zu beachten.
3. NF	Jedes Nichtschlüsselattribut ist direkt abhängig vom Primärschlüssel.	2. NF erfüllt, Tabellen sind redundanzfrei.

Die Aufgliederung der einzelnen Informationselemente in viele Tabellen hat den Nachteil, dass der Rechner bei Suchvorgängen, die sich über mehrere Tabellen erstrecken, viel Zeit benötigt. Deshalb kann es notwendig sein, bestimmte Ausgliederungen wieder zurückzunehmen, um die Leistungsfähigkeit (= Performance) des Datenbanksystems zu erhöhen. Diesen Vorgang bezeichnet man als Denormalisierung.

Wiederholung und Vertiefung

1. **Worin besteht der Unterschied zwischen einem Datenbanksystem und einer Datenbank?**
2. **Beschreiben Sie den grundsätzlichen Aufbau einer relationalen Datenbank.**
3. **Wozu sind Primärschlüssel notwendig?**
4. **Welche Arten von Beziehungen zwischen Tabellen gibt es?**

9.4 Entwicklung einer Datenbank mit Access

9.4.1 Datenbank erstellen

Mit dem Datenbanksystem Access soll schrittweise eine Datenbank für die Verwaltung des PC-Händlers Hard-and-Soft aufgebaut werden. Dabei sind sowohl Kundendaten als auch Artikel-, Mitarbeiter- und Lieferantendaten aufzunehmen **(Tabelle 1)**.

Die Analyse der Informationen nach dem oben beschriebenen Verfahren führt zur Datenstruktur wie in **Bild 1**. Jeder Auftrag ist genau einem Kunden zugeordnet, dargestellt durch die 1:n-Beziehung (in Access: 1:∞). Ebenso ist jedem Datensatz in den Tabellen AUFTRAGSPOSITION und ARTLIEF jeweils ein Artikel zugeordnet, festgelegt durch die Artikelnummer. Ein Auftrag wird genau von einem Mitarbeiter bearbeitet, ein Mitarbeiter bearbeitet aber mehrere Aufträge (1:n, 1:∞). Da ein Auftrag mehrere Artikel enthalten kann, umgekehrt aber auch ein Artikel in mehreren Aufträgen vorkommen kann (m:n), werden in der Tabelle AUFTRAGSPOSITION die Primärschlüssel der Tabellen ARTIKEL und AUFTRAG als Fremdschlüssel aufgenommen und noch die Auftragsmenge sowie der Auftragspreis.

Ein Lieferant kann mehrere Artikel liefern, umgekehrt ist auch ein Artikel bei mehreren Lieferanten vorrätig (m:n). Diese m:n-Beziehung wird durch die Tabelle ARTLIEF in zwei 1:n-Beziehungen aufgelöst.

9.4.2 Tabellen erstellen

Beim Start von Access öffnet sich ein Fenster, in dem gefragt wird, ob eine bestehende Datenbank geöffnet werden soll. Zum Neuanlegen wird die Option `Leere Datenbank` gewählt. Nach Eingabe des gewünschten Speicherortes und des Namens Hard-and-Soft **(Bild 2)**, wird durch Betätigen des Buttons `Erstellen` die neue Datenbank geöffnet **(Bild 3)**.

Übung 1:

Erzeugen Sie eine neue Tabelle ARTIKEL. Legen Sie Felder und Felddatentypen für diese Tabelle fest und geben Sie wichtige Beschreibungen an.

Lösung: **Bild 4**

Nach Auswahl der Registerkarte `Tabellen` und Anklicken des Buttons `Neu` erscheint ein Fenster `Neue Tabelle`. Hier wählt man die Zeile `Entwurfsansicht` und bestätigt dies mit dem `OK`-Button. Im folgenden Fenster `Tabelle1: Tabelle` wird nun die Struktur dieser Tabelle festgelegt.

Tabelle 1: Liste der Tabellen

Tabellenname	Beschreibung
KUNDE	Kundendaten
MITARBEITER	Mitarbeiterdaten
LIEFERER	Lieferantendaten
ARTIKEL	Artikeldaten
EINDEUT_PLZ	Verbindung PLZ mit Ort
AUFTRAG	Auftragsdaten
AUFTRAGS-POSITION	Positionsdaten in den einzelnen Aufträgen
ARTLIEF	Artikellieferungen der Lieferanten

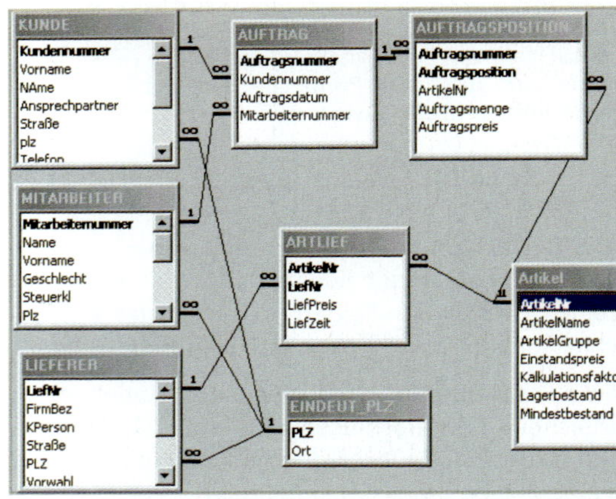

Bild 1: Beziehungsfenster für die Datenbank Hard-and-Soft

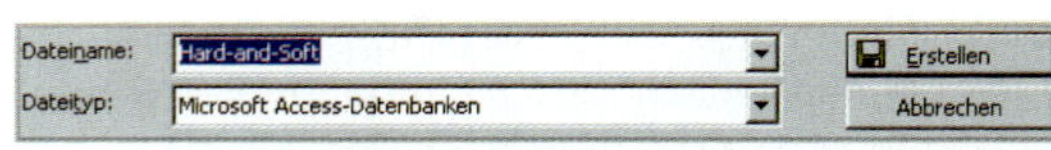

Bild 2: Screenshot zum Neuanlegen der Datenbank Hard-and-Soft

Bild 3: Geöffnete neue Datenbank Hard-and-Soft

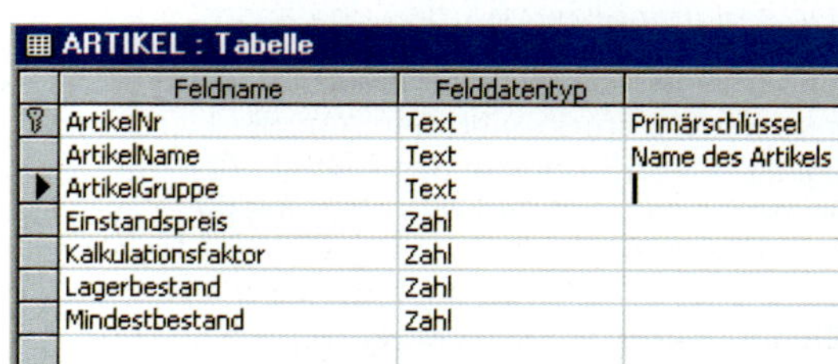
ARTIKEL : Tabelle

Feldname	Felddatentyp	
ArtikelNr	Text	Primärschlüssel
ArtikelName	Text	Name des Artikels
ArtikelGruppe	Text	
Einstandspreis	Zahl	
Kalkulationsfaktor	Zahl	
Lagerbestand	Zahl	
Mindestbestand	Zahl	

Bild 4: Tabelle ARTIKEL in der Entwurfsansicht

Dazu gibt man der Reihe nach die Feldnamen in der Spalte `Feldname` ein und legt in der Spalte `Felddatentyp` die Formate der Felder und deren Datentyp fest. Um spätere Administrationsarbeiten an der Datenbank zu erleichtern, ist es sinnvoll, in der rechten Spalte eine Beschreibung des Feldes anzugeben.

Dokumentationen und Beschreibungen erleichtern die Administration der Datenbank.

Für die Felder einer Tabelle wird ein Felddatentyp ausgewählt **(Tabelle 1)**.

Um sicherzustellen, dass bei einem Datenfeld keine Fehleingaben möglich sind, können Gültigkeitsregeln festgelegt werden. Sie werden bei jeder Neueinangabe eines Feldinhaltes überpüft. Entspricht der eingegebene Wert nicht der festgelegten Regel, so wird der in der Zeile Gültigkeitsmeldung festgelegte Text am Bildschirm ausgegeben.

Übung 1:

Legen Sie für das Feld `ArtikelGruppe` den Gültigkeitsbereich auf die Werte Kommunikation-Netzwerk = KN, Kommunikation-Printer = KP, Peripherie = PE, Personal Computer = PC fest. Eine Gültigkeitsmeldung soll auf die zulässigen Eingabewerte hinweisen.

Lösung: **Bild 1**

Der Standardwert legt fest, welcher Wert in einem neuen Datensatz standardmäßig in diesem Feld eingetragen wird. Auf diese Weise kann bei häufig benötigten Werten die Eingabe erleichtert werden.

Sind alle Felder definiert, sollte noch ein geeigneter Primärschlüssel festgelegt werden. Das Feld `ArtikelNr` erfüllt die Eigenschaften eines Primärschlüsselfeldes. Ist der Feldinhalt in jedem Datensatz unterschiedlich, dann ist es zur eindeutigen Identifizierung der einzelnen Artikel geeignet.

Nach Klicken in die Zeile `ArtikelNr` wird in der Symbolleiste der Button `Primärschlüssel` betätigt **(Bild 2)**. Vor dem Feldnamen erscheint nun ein Schlüsselsymbol.

Aus mehreren Feldern zusammengesetzte Primärschlüssel werden definiert, indem die entsprechenden Zeilen markiert werden und anschließend der Button `Primärschlüssel` betätigt wird.

Zum Speichern der Tabelle wird im Menü `Datei` die Option `Speichern` gewählt oder das Diskettensymbol auf der Symbolleiste betätigt. Als Name der Tabelle wird „ARTIKEL", z.B. in Großbuchstaben, eingegeben und nach dem Schließen ist im Datenbankfenster das Icon für die Tabelle *ARTIKEL* vorhanden. Zum Eingeben von Daten wird die Tabelle entweder durch Doppelklick auf den Tabellenrahmen oder über den Menüpunkt `Öffnen` geöffnet. Solange in einem Datensatz Daten eingegeben werden, erscheint vor der entsprechenden Zeile ein symbolischer Schreibstift. Beim Verlassen des Datensatzes verschwindet dieser Stift und der Datensatz wird automatisch gespeichert.

Tabelle 1: Felddatentypen von Access

Bezeichnung	Beschreibung	Größe
Test	Text oder eine Kombination aus Text und Zahlen	Max. 255 Zeichen
Zahl	Numerische Daten für mathematische Berechnungen	Max. 64000 Zeichen
Datum/Uhrzeit	Datums- und Zeitangaben	8 Byte
Memo	Längerer Text und Zahlen	Max. 64000 Zeichen
Währung	Währungswerte	8 Byte
AutoWert	Eindeutige sequenzielle (jeweils um 1 ansteigende) Zahlen oder Zufallszahlen, die beim Hinzufügen eines Datensatzes eingefügt werden.	4 Byte
Ja/Nein	Felder enthalten nur einen von zwei Werten, z.B. Ja/Nein, True/False, Ein/Aus.	1 Bit

Ist in einer Tabelle kein Primärschlüssel festgelegt, fügt die Datenbank-Software meist automatisch ein Primärschlüsselfeld ein.

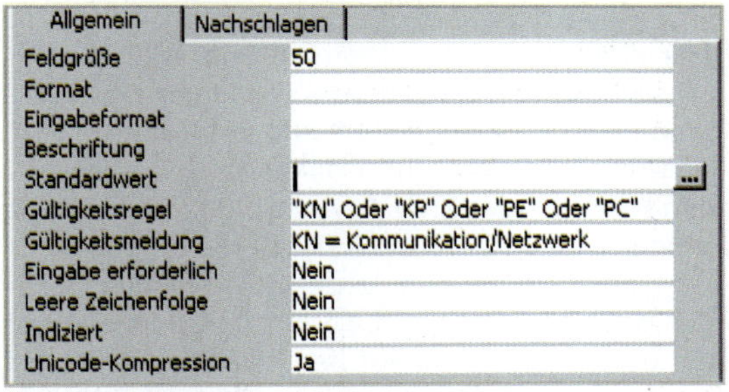

Bild 1: Lösung zur Übung 1

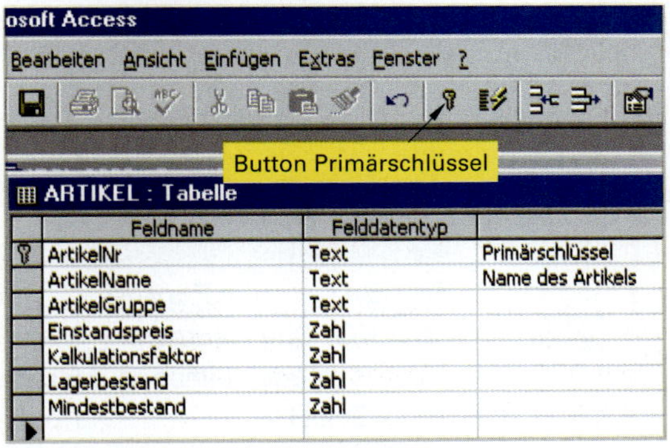

Bild 2: Festlegen des Primärschlüsselfeldes

Übung 1:

Geben Sie 6 Datensätze in die Tabelle ARTIKEL ein.

Lösung: **Bild 1**

Übung 2:

Entwerfen Sie eine Tabelle LIEFERER mit den Feldern `LiefNr`, `FirmBez`, `KPerson`, `Straße`, `PLZ`, `Vorwahl` und `TeleZent`.

Lösung: **Bild 2**

Übung 3:

Entwerfen Sie eine Tabelle ARTLIEF mit den Feldern `ArtLiefNr`, `ArtikelNr`, `LiefNr`, `LiefPreis`, `LiefZeit`. Legen Sie die Felder `ArtliefNr` als Primärschlüssel fest und geben Sie 5 Datensätze ein.

Lösung: **Bild 3**

Festlegen von Beziehungen

Um dem Datenbanksystem mitzuteilen, dass die Artikelnummern in der Tabelle ARTLIEF sich auf die Artikelnummern der Tabelle ARTIKEL beziehen, werden in Access Beziehungen auf grafische Weise festgelegt. Dazu wählt man in der Menüleiste unter dem Punkt `Extras` die Option `Beziehungen` oder klickt den entsprechenden Button an. Es öffnet sich nun ein Fenster zum Festlegen der Beziehungen. Hier werden nun alle drei angezeigten Tabellen ausgewählt und der Button `Hinzufügen` wird betätigt **(Bild 4)**. Anschließend kann das Fenster `Tabelle anzeigen` wieder geschlossen werden. In der nun dargestellten Tabelle LIEFERER wird der Eintrag `LiefNr` angeklickt und mit gedrückter Maustaste auf den Eintrag `LiefNr` in der Tabelle ARTLIEF gezogen **(Bild 1, folgende Seite)**. Es öffnet sich ein Fenster zur Bearbeitung der Beziehungseigenschaften.

Referenzielle Integrität

Die Option `Mit referenzieller Integrität` (von referenziell = verweisen, sich beziehend auf) veranlasst das Datenbanksystem die logischen Zusammenhänge zwischen den Datensätzen zu überprüfen (Bild 1, folgende Seite). Dadurch kann z.B. ein Artikel, der noch nicht in die Tabelle ARTIKEL aufgenommen ist, nicht in die Tabelle ARTLIEF eingetragen werden. Umgekehrt kann ein Artikellieferanten-Datensatz, auf den sich Dateneinträge einer anderen Tabelle beziehen, nicht gelöscht werden, ohne dass auch die zugehörigen Datensätze, z.B. in der Tabelle LIEFERER, gelöscht werden. Diese Option ist wichtig, um in Datenbeständen keine beziehungslosen („verwaisten") Datensätze entstehen zu lassen.

ARTIKEL : Tabelle

ArtikelNr	ArtikelName	ArtikelGru	Einstandspreis
30055	Gehäuse ATX Bigtower	KP	90,00
30056	Gehäuse ATX Desktop	KP	90,00
30057	Gehäuse ATX Miditower	KP	97,00
30058	Gehäuse ATX Miditower	KP	75,00
30059	Netzteil CE/AT 200/230	KP	23,00

Bild 1: Tabelle ARTIKEL in der Datenblattansicht

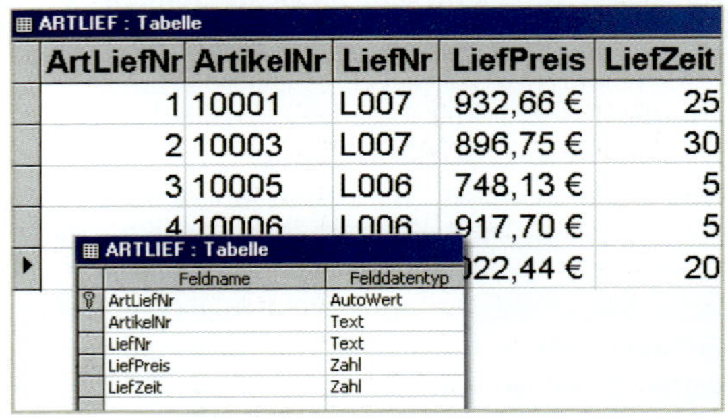

Bild 3: Tabelle ARTLIEF in der Entwurfsansicht und in der Datenblattansicht

Bild 4: `Tabelle anzeigen` im Beziehungsfenster

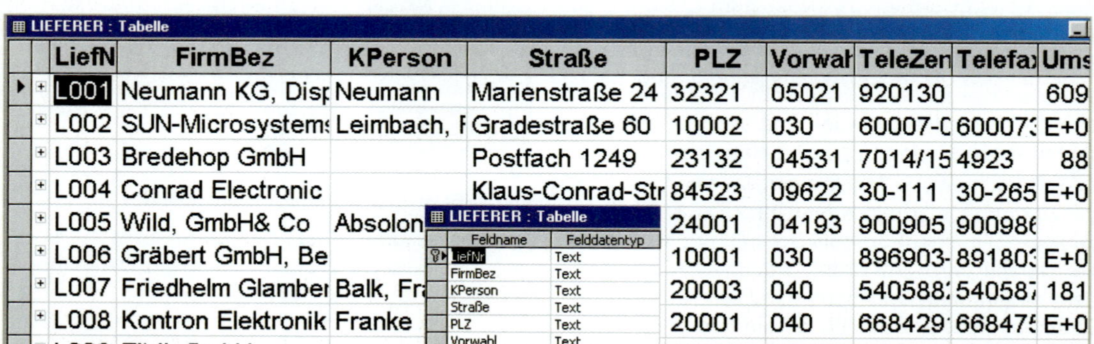

Bild 2: Tabelle LIEFERER in der Entwurfsansicht und in der Datenblattansicht

Referenzielle Integrität verhindert, dass verwaiste Datenbestände auftreten.

Um dennoch die Daten, z.B. der ausgeschiedenen Kunden, aus der Datenbank löschen zu können, wird der Schalter `Löschweitergabe an Detaildatensatz` aktiviert (Bild 1). Wird nun ein Datensatz aus einer Tabelle gelöscht, dessen Primärschüsselfeld, z.B. die Kundennummer, auf einen anderen Datensatz verweist, so werden auch alle Datensätze in anderen Tabellen gelöscht, welche die gleiche Kundennummer enthalten.

Die Option `Aktualisierungsweitergabe an Detailfeld` (Bild 1) bewirkt, dass beim Ändern des Bezugsfeldes, z.B der Kundennummer, auch die Inhalte der anderen Tabellenfelder mit Bezug zu diesem Feld geändert werden.

Die Auswahl der Schaltflächen `Löschweitergabe an Detaildatensatz` und `Aktualisierungsweitergabe an Detailfeld` muss sorgsam bedacht werden.

Wird nun die Schaltfläche `Erstellen` betätigt, so wird im Beziehungsfenster die 1:n-Beziehung zwischen den beiden Tabellen mit einer Linie und den Symbolen 1 und ∞ (= 1:n-Beziehung) dargestellt.

Übung 1:

Erzeugen Sie eine Beziehung zwischen der `Artikelnummer` in der Tabelle ARTIKEL und der `Artikelnummer` in der Tabelle ARTLIEF. Legen Sie sowohl die Prüfung auf referenzielle Integrität als auch die Möglichkeit der Löschweitergabe und der Aktualisierungweitergabe fest.

Lösung: **Bild 1**

9.4.3 Formulare

Formulare verwendet man zur Dateneingabe, zur Datenansicht, zur Bearbeitung und zur Navigation innerhalb der Datenbank.

Zur Eingabe von Daten sind Formulare besser geeignet als die Datenblattansicht einer Tabelle.

Zum Anlegen eines neuen Formulars werden im Datenbankfenster die Registerkarte `Formulare` und der Button `Neu` gewählt **(Bild 2)**. Da ein Eingabeformular für die Tabelle erstellt werden soll, wird im unteren Bereich des Fensters diese Tabelle und anschließend die Option `Formular-Assistent` ausgewählt. Im folgenden Dialog wird das Aussehen des Formulars festgelegt. Das fertige Formular zeigt **Bild 3**.

Referenzielle Integrität stellt sicher, dass
- Beziehungen zwischen Datensätzen gültig sind,
- verknüpfte Daten nicht versehentlich gelöscht werden,
- verknüpfte Daten nicht versehentlich geändert werden.

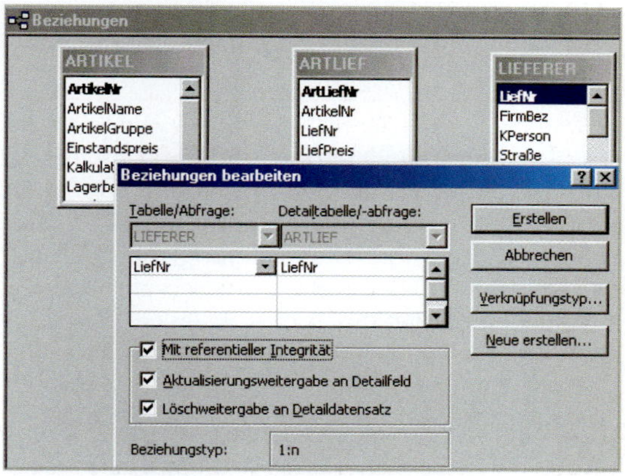

Bild 1: Fenster zum Bearbeiten von Beziehungen

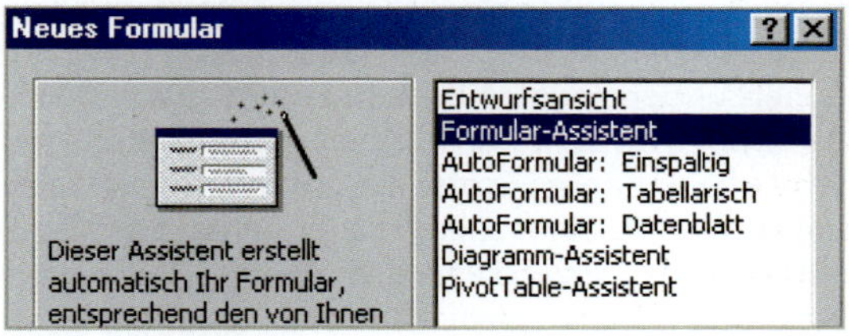

Bild 2: Fenster für Formularassistent

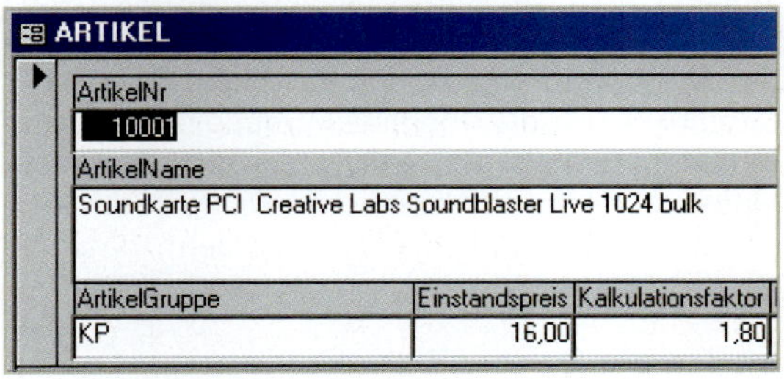

Bild 3: *Artikel Eingabeformular*

Wiederholung und Vertiefung

1. **Welche Felddatentypen gibt es?**
2. **Wie werden bei Access Beziehungen zwischen Tabellen festgelegt?**
3. **Was versteht man unter referenzieller Integrität?**
4. **Wozu werden Formulare in Datenbanken verwendet?**

9.5 Datensicherheit und Datenintegrität

Datensicherheit beginnt nicht erst beim Datenbank-Managementsystem (DBMS). Bereits beim Zugriff auf einen Rechner oder auf ein Datennetz überprüft man die Zugriffsberechtigung der Benutzer.

> Um Datensicherheit zu gewährleisten, werden bei jedem Benutzer Zugriffsberechtigungen überprüft.

Der Datenbankadministrator vergibt Datenbank-Nutzerkennungen mit Passwörtern und erteilt den Nutzern die Erlaubnis zum Zugriff auf Daten **(Tabelle 1)**. Diese Zugriffsberechtigung kann sich auf den gesamten Datenbestand erstrecken oder nur auf eine Teilmenge.

> Zugriffsberechtigungen legen fest, welcher Benutzer auf welche Daten welche Zugriffsrechte erhält.

Die einfachste Schutzmethode ist das Festlegen eines Kennworts zum Öffnen einer Access-Datenbank. Nur Benutzer, die das richtige Kennwort eingeben, können die Datenbank öffnen. Schutz gegen unberechtigtes Lesen bietet das Verschlüsseln. Beim Verschlüsseln einer Access-Datenbank wird die Datenbankdatei komprimiert und kann dann mithilfe eines Dienstprogramms oder Textverarbeitungsprogramms nicht mehr gelesen werden. Das Entschlüsseln hebt die Verschlüsselung wieder auf **(Bild 1)**.

Unter Datenintegrität (Integrität = Makellosigkeit) versteht man die Korrektheit und Widerspruchsfreiheit der in einer Datenbank gespeicherten Daten. Die Zuverlässigkeit des Datenbestandes einer Datenbank und die Übereinstimmung dieser Daten mit der realen Welt hängt davon ab, wie die Dateneingabe und deren Weiterverarbeitung kontrolliert werden. Integrität bedeutet außerdem, dass die Daten in sich schlüssig, also konsistent sind.

Beispiele für Integritätsbedingungen:

- Identifizierte Merkmale (Primärschlüssel) dürfen nicht mehrfach vorkommen.
- Ein Kontostand darf nicht unter einen bestimmten Wert absinken und darf nicht überzogen werden.
- Es können nur Waren bestellt werden, für die es auch einen Lieferanten gibt.
- Kunden dürfen nur gelöscht werden, wenn keine offenen Aufträge mehr vorhanden sind.

Tabelle 1: Zugriffsrechte auf Datenbanken

SQL-Befehl	Zugriffsrecht
Select	Lesenden Zugriff auf eine Relation
Update	Ändern von Inhalten
Delete	Löschen von Datensätzen
Insert	Einfügen neuer Datensätze

- Beim Einfügen, Löschen oder Ändern von Daten werden diese auf Datenintegrität geprüft.
- Datenintegrität garantiert fehlerfreie und nicht widersprüchliche Daten.

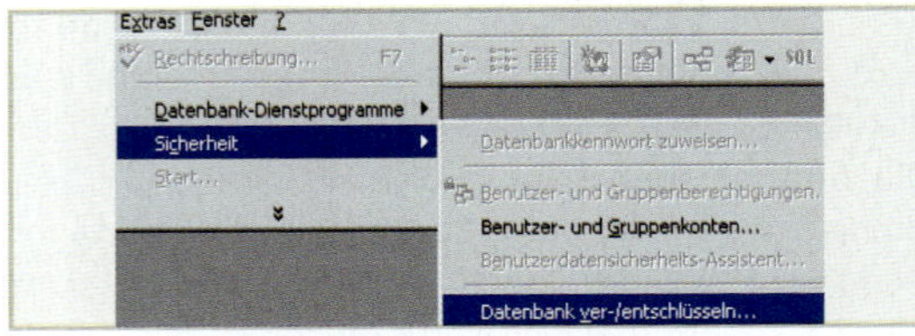

Bild 1: Datenbank verschlüsseln

Tabelle 2: Möglichkeiten zur Sicherstellung von Datenintegrität am Beispiel MS Access

Allgemeine Vorgaben	Umsetzung mit Access
Dateneingabe nur über Bildschirmmasken	Formulare einsetzen
Eingaben werden auf korrektes Format überprüft.	Im Entwurfsmodus oder im Formularentwurf Eingabeformat festlegen.
Daten wenn möglich automatisch generieren (z.B. Personalnummern).	Autowert für Primärschlüssel

Jede Eingabe und auch jede interne Änderung kann zu inkonsistenten, d.h. widersprüchlichen, Daten führen. Jedes Datenbanksystem sollte Falscheingaben abfangen **(Tabelle 2)**. Kleine Unterprogramme, sogenannte Trigger, nehmen bei bestimmten Ereignissen automatisch Eingabeüberprüfungen vor. Eingabeformulare bestehen aus der eigentlichen Oberfläche und den Triggerprogrammen zu den Eingabefeldern.

Wiederherstellen der Datenintegrität

Bei Eingabefehlern durch die Benutzer, bei einem Systemzusammenbruch mit Verlust des Hauptspeicherinhaltes auf externen Speichermedien, ist die Datenintegrität nicht mehr sicher gewährleistet. Ein Recovery (= Rekonstruktion) des Datenbestandes auf einen gültigen Stand ist dann notwendig. Dies kann durch Rückspielen von Teilsicherungen oder Gesamtsicherungen des Datenbestandes oder durch ein Rollback (= Rücknahme ausgewählter Transaktionen) erfolgen.

9.6 Rechtlicher Datenschutz

Durch die elektronische Datenverarbeitung besteht technisch die Möglichkeit, die Daten der Bürger (personenbezogene Daten) in einem so großen Umfang zu speichern und aus dem Datenspeicher bei passender Gelegenheit zu entnehmen, dass damit Missbrauch getrieben werden kann. So könnte z.B. nach einer Eheschließung ein Hochzeitspaar von aufdringlichen Verkäufern aufgesucht werden.

Deshalb wurden Gesetze und Einrichtungen geschaffen, die den Missbrauch von Daten verhindern sollen. Missbrauch liegt vor, wenn für den Gebrauch der Daten keine gesetzliche Grundlage besteht.

> Der gesetzliche Datenschutz dient nicht dem Schutz der Daten, sondern dem Schutz des Bürgers vor missbräuchlicher Verwendung der über ihn gespeicherten Daten.

Der Gebrauch der gespeicherten Daten ist erlaubt, wenn dazu eine gesetzliche Grundlage besteht. So haben die Finanzämter Zugang zu fast allen Daten, die etwas über die Einkommensverhältnisse der Bürger aussagen, weil zur Besteuerung gesetzliche Grundlagen vorhanden sind. Dagegen haben z.B. Schulbehörden keinen Zugang zu den Daten des Finanzamtes, weil die gesetzlichen Aufgaben der Schulbehörden das nicht erfordern.

Während öffentliche Institutionen vielfachen Zugang zu gespeicherten Daten haben, da meist gesetzliche Grundlagen dazu bestehen, ist der Zugang von privaten Institutionen zu gespeicherten Daten anderer Institutionen im Prinzip sehr eingeschränkt. So ist es z.B. einer Bank nicht möglich, die Einkommensverhältnisse eines Kunden aus der Datei des Finanzamtes zu erfahren.

> Der Datenschutz ist für private Institutionen besonders wirksam.

Die Überwachung der Datenschutzgesetze erfolgt vor allem durch staatliche Datenschutzbeauftragte und deren Verwaltungen. Diese geben auch Informationen über den Datenschutz heraus **(Bild 1)**. Es gibt einen Bundesdatenschutzbeauftragten und in jedem Bundesland einen Landesdatenschutzbeauftragten.

Im Bundesdatenschutzgesetz (BDSG) ist festgelegt, wie personenbezogene Daten zu verarbeiten und auszuwerten sind **(Tabelle 1)**.

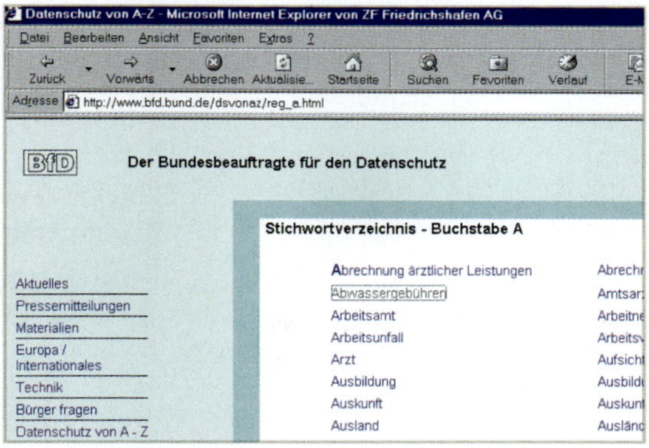

Bild 1: Auszug aus der Homepage des Bundesbeauftragten für Datenschutz (BfD)

Tabelle 1: Maßnahmen zum Datenschutz

Maßnahme	Ziel
Zugangskontrolle	Kein Zugang für Unbefugte zu einem Computer.
Abgangskontrolle	Unterbinden des Entwendens von Datenträgern.
Speicherkontrolle	Kein unbefugtes Verändern von Speicherinhalten.
Benutzerkontrolle	Protokollierung der Benutzer des Computers.
Zugriffskontrolle	Kein Zugriff von Unbefugten auf Dateien und Programme.
Übermittlungskontrolle	Protokollierung der Datenweiterleitung.
Eingabekontrolle	Protokollierung, wer welche Daten wann eingegeben oder verändert hat.
Auftragskontrolle	Überprüfungsmöglichkeit im Auftrag erfolgter Datenverarbeitung gemäß Auftrag.
Transportkontrolle	Kein unbefugtes Verändern von Daten bei der Datenübermittlung oder beim Datenträgertransport.
Organisationskontrolle	Aufbau der betrieblichen oder behördlichen Organisation entsprechend den Datenschutzbestimmungen.

Wiederholung und Vertiefung

1. **In welchem Fall liegt Missbrauch von Daten vor?**
2. **Welche Aufgabe hat der gesetzliche Datenschutz?**
3. **Wer überwacht die Einhaltung der Datenschutzgesetze?**
4. **Nennen Sie die 10 für den Datenschutz vorgesehenen Kontrollen.**
5. **Nennen Sie Beispiele für personenbezogene Daten.**

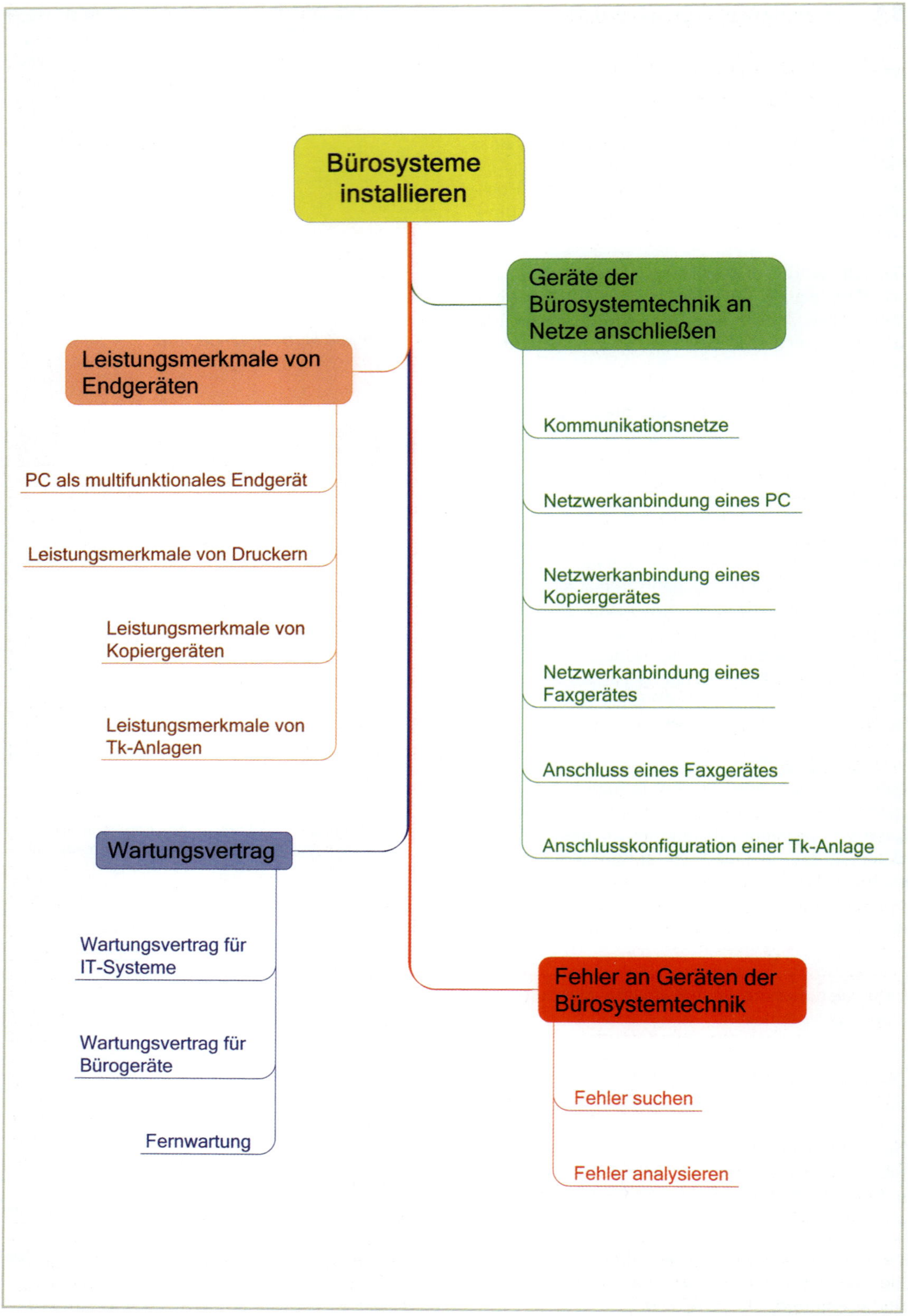
Bürosysteme installieren
Geräte der Bürosystemtechnik an Netze anschließen
Kommunikationsnetze
Netzwerkanbindung eines PC
Netzwerkanbindung eines Kopiergerätes
Netzwerkanbindung eines Faxgerätes
Anschluss eines Faxgerätes
Anschlusskonfiguration einer Tk-Anlage
Leistungsmerkmale von Endgeräten
PC als multifunktionales Endgerät
Leistungsmerkmale von Druckern
Leistungsmerkmale von Kopiergeräten
Leistungsmerkmale von Tk-Anlagen
Wartungsvertrag
Wartungsvertrag für IT-Systeme
Wartungsvertrag für Bürogeräte
Fernwartung
Fehler an Geräten der Bürosystemtechnik
Fehler suchen
Fehler analysieren

10 Bürosysteme installieren

10.1 Leistungsmerkmale von Endgeräten

Bürogeräte werden als Stand-alone-Geräte (Einzelgeräte) oder vernetzt betrieben:

- PCs, Server,
- Drucker,
- Kopiergeräte,
- Faxgeräte und
- Geräte, die der Telekommunikation oder der Datenkommunikation dienen.

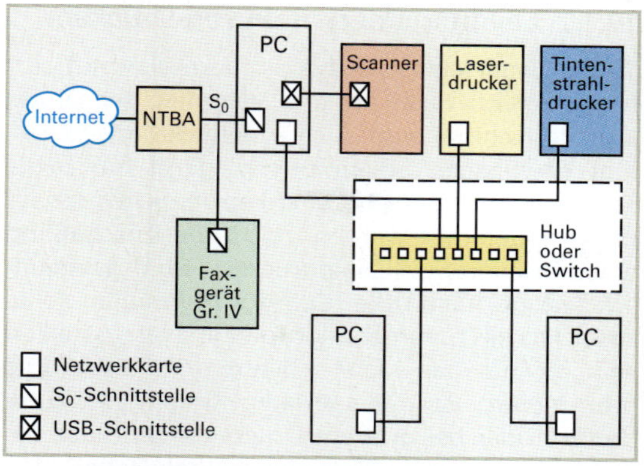

Bild 1: Beispielkonfiguration eines multifunktionalen PCs

10.1.1 PC als multifunktionales Endgerät

Die frühere Bürokommunikationslandschaft eines Unternehmens war eine Ansammlung verschiedenster Endgeräte, z.B. Telefon, Telefax-Gerät, Scanner, Drucker sowie einem oder mehreren PCs, die in der Regel nur Stand-alone-Aufgaben wahrnahmen **(Tabelle 1)**. Diese erforderten eigene Eingabeeinheiten, Ausgabeeinheiten, separate Stromversorgungen und eigene Zugänge zum Telekommunikationsnetz.

Im Bereich des Telekommunikationsnetzes ist mit dem Modem-, ISDN- oder DSL-Anschluss die Integration aller vorhandenen Dienste verwirklicht.

Über einen Anschluss können Sprache, Texte, Bilder und Daten übertragen werden.

Im Wesentlichen werden vernetzte Endgeräte eingesetzt. Aufgrund seines modularen Aufbaus bietet sich der PC an, alle diese Endgeräte in einem Gehäuse bzw. über das Netzwerk zu vereinen **(Bild 1)**. Da zudem die Möglichkeit besteht, die einzelnen Dienste über eine gemeinsame Bedienoberfläche zu steuern, werden die Dienste- und Endgeräteintegration durch die Anwendungsintegration ergänzt. Ermöglicht wird diese Aufrüstung des PCs zu einem Mehrdienste-Endgerät durch PC-Steckkarten, die im Wesentlichen aus einer Modemkarte bzw. ISDN-Karte, die auch als Faxmodem bzw. ISDN-Fax arbeiten kann, und einer Netzwerkkarte bestehen. Zur Datenkommunikation kann auch ein DSL-Modem verwendet werden. Dann wird die Sprachkommunikation mithilfe eines Splitters von der Datenkommunikation getrennt.

Tabelle 1: Geräte der Bürosystemtechnik

Aufgabe	Gerät
Computer-Verwendung	PC
	vernetzt stand-alone
	Server
	Notebook
PC-Ausgabe	Drucker
	Laserdrucker (s/w) Farb-Laserdrucker Tintenstrahldrucker Thermotransferdrucker Thermosublimationsdrucker
	Monitor
	CRT TFT
	Plotter
Telekommunikation	Faxgerät
	Gruppe 3 Gruppe 4 Normalpapierfax Thermofaxgerät
	Tk-Anlage
	Modem
Vervielfältigung	Kopiergerät
	analog digital Vollfarbkopierer
	Copyprinter (Digitaldruck)

Telefax mit dem PC

Mit dem Einsatz eines PCs am ISDN entsteht die Möglichkeit, Dokumente, die mit einem Text- oder Grafikprogramm erstellt wurden, unmittelbar auf Tastendruck per Telefax zu versenden. Gescannte Texte, Bilder und Grafiken können über Fax oder E-Mail direkt versendet werden. Umgekehrt können empfangene Telefaxe bzw. E-Mails zunächst auf dem Bildschirm angezeigt, wenn notwendig weiterverarbeitet und dann über den angeschlossenen Drucker oder einen Netzwerkdrucker ausgedruckt werden.

So wird der PC zum vollwertigen Telefaxgerät der Gruppe 3 bzw. ISDN-Faxgerät der Gruppe 4. Die Dokumente können auch in einer Konfiguration, wie sie Bild 1 zeigt, über ein Telefaxgerät versendet werden.

10.1.2 Leistungsmerkmale von Druckern

Die Auswahl eines Netzwerkdruckers richtet sich hauptsächlich nach Art und Volumen der Druckjobs. Manchmal sind auch Ausdrucke im A3-Format gewünscht. Sollen überwiegend nur Texte, Tabellen oder einfache Grafiken in Schwarzweiß (S/W) angefertigt werden, reicht die Anschaffung eines Schwarzweiß-Laserdruckers. Sind gelegentlich farbige Ausdrucke (Color) anzufertigen, sollte zusätzlich ein Tintenstrahldrucker im Netz installiert sein. Möchte man auch hochwertige Vollfarbdrucke produzieren, ist ein spezieller Tintenstrahl-Fotodrucker oder bei großem Druckvolumen auch ein Farblaserdrucker ins Netz einzubinden **(Tabelle 1)**.

Für die Druckerauswahl spielt das Druckvolumen pro Monat eine wesentliche Rolle. Man muss unterscheiden, ob der Drucker bzw. Netzwerkdrucker als Einzelplatzgerät, für kleine Arbeitsgruppen oder für Abteilungen angeschafft werden soll (Tabelle 1).

Andere Leistungsmerkmale sind:

- Duplexdruck (Vorderseite und Rückseite bedrucken),
- Finishing (= Endbehandlung), darunter versteht man das Heften, Lochen und Falzen der gedrukkten Seiten und das Zuschießen von Zwischenblättern **(Bild 1)**.

Tabelle 1: Vergleich der Leistungsmerkmale von Druckern

Druckerart	**Geschw.** Seiten/ min	**Volumen** Seiten/ Monat	**Kosten** €/ Seite
Einzelarbeitsplatz und kleine Arbeitsgruppen			
Tintenstrahldrucker, Farbe	10	1000	0,60
S/W-Laserdrucker	20	50000	0,005
Farblaserdrucker	10	5000	0,50
Große Arbeitsgruppen und Abteilungen			
Tintenstrahldrucker	20 S/W oder 15 Color	5000	0,02 0,40
S/W-Laserdrucker	60	250000	0,005
Farblaserdrucker	30	100000	0,04
Alle Angaben sind Durchschnittswerte. Die Kosten beziehen sich nur auf das Drucken.			

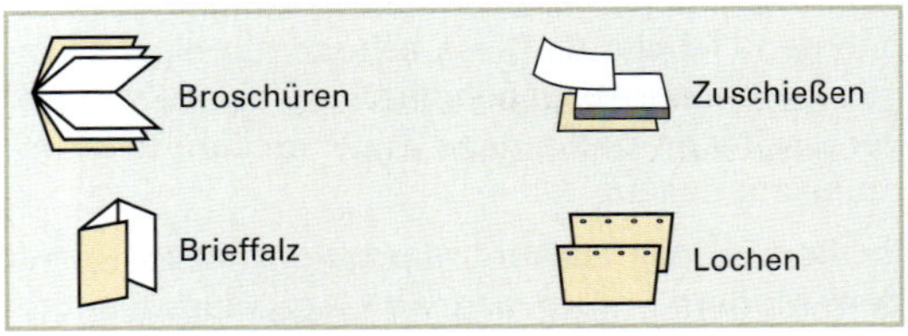

Bild 1: Finishing

10.1.3 Leistungsmerkmale von Kopiergeräten

Bei Kopiergeräten kann man die gleichen Leistungsmerkmale wie bei Laserdruckern unterscheiden **(Tabelle 2)**:

- Farbe oder Schwarzweiß,
- Kopiergeschwindigkeit,
- Kopiervolumen,
- Finishing,
- Kopierformat,
- Duplexkopieren.

Zusätzliche Leistungsmerkmale sind:

- Vergrößerung/Verkleinerung (meist zwischen 50 % und 200 %),
- Sortierung mit Sorter, einem Zusatzgerät, das Kopien in verschiedene Einschübe sortiert ablegt,
- Editieren (nur Digitalkopierer). Kopien können bearbeitet, z.B. umformatiert werden.

Tabelle 2: Vergleich der Leistungsmerkmale von Kopiergeräten

	Einzelplatzkopiergerät	**Großkopiergerät**
Typ	Tischgerät	Standgerät
Kopiergeschwindigkeit	12 A4-Kopien/min	65 A4-Kopien/min oder 38 A3-Kopien/min
Originale	Dokumente, Bücher, dreidimensionale Gegenstände	Originaleinzug vom Stapel, Originalwender, 64-MB-Bildspeicher
Papierformate	A6 bis A4	A6 bis A3
Papierzufuhr	Kassette für max. 250 Blatt Einzelblatteinzug	2 Frontladekassetten je max. 500 Blatt, 1 Großraummagazin für max. 1500 Blatt, separater Stapeleinzug für max. 100 Blatt
Vergrößerung, Verkleinerung		4 Verkleinerungsfaktoren bzw. 4 Vergrößerungsfaktoren zwischen 0,5 und 2,0
Duplexverfahren		Duplexeinheit für Formate A5 bis A3
Zubehör	Kassetteneinheit mit max. 250 Blatt	Großraum-Papiermagazin, Buchkopierfunktion, Festplattenspeicher, Netzwerkkarte, Finisher, Broschüren-Finisher, Z-Falz-Einheit
Max. Kopiervolumen	5000 Blatt/Monat	200000 Blatt/Monat

Sollen in einem Büro auch Vollfarbkopien erstellt werden, so ist ein Vollfarbkopiergerät **(Bild 1)** im Netzwerk zu installieren. Auch bei Farbkopierern ist die Kopiergeschwindigkeit eine der wichtigsten Kenngrößen für die Leistungsfähigkeit **(Tabelle 1)**.

Multifunktionsgeräte

Für kleine Büros sind Multifunktionsgeräte **(Bild 2)**, die Druck-, Kopier-, Scan- und Faxfunktion in sich vereinen, eine kostengünstige Alternative zur Anschaffung der Einzelgeräte. Es ist zu bedenken, dass z.B. beim Ausfall der Druckfunktion auch kein Kopieren und kein Faxempfang mehr möglich sind. Bei Ausfall des Netzteils ist überhaupt keine Gerätefunktion mehr vorhanden.

Digitalkopierer für größere Büros bieten häufig auch eine Faxfunktion an, sodass sie alle vier Gerätefunktionen in sich vereinigen.

> Multifunktionsgeräte können drucken, kopieren, scannen und faxen.
> Nachteilig ist, dass bei einem Geräteausfall alle Funktionen wegfallen.

Bild 1: Vollfarbkopiergerät für großes Kopiervolumen

Tabelle 1: Daten eines Vollfarbkopiergeräts

Kopiergeschwindigkeit in Seiten/min	Einfarbig A4: max. 31 Einfarbig A3: max. 20 Mehrfarbig A4: max. 20 Mehrfarbig A3: max. 10
Auflösung	Max. 600 dpi × 600 dpi
Graustufen	Bis zu 256
Vergrößerung/ Verkleinerung	25% bis 400% Feste Reprofaktoren: Verkleinerung: 50%, 71%, 82% Vergrößerung: 115%, 141%, 200%
Bilddatenspeicher	Standard: 256 MB, max. 512 MB
Papierzufuhr	250-Blatt-Kassette ($64\ g/m^2$ – $256\ g/m^2$) 500-Blatt-Kassette ($64\ g/m^2$ – $90\ g/m^2$) Einzelblatteinzug
Farbeinstellung	Dichte, Helligkeit, Schärfe, Sättigung, Kontrast, Farbbalance, Testkopie
Funktionen	Simplex, Duplex, Randlöschung, Heftrand, Overhead-Projektor-Zwischenblatt, Jobprogrammierung
Zubehör	10-GB-Festplatte, Originaleinzug, Großraumpapiermagazin (2500 Blatt), Heft- oder Broschürenfinisher

10.1.4 Leistungsmerkmale von Tk-Anlagen

Man unterscheidet analoge und digitale Tk-Anlagen. Die digitalen Geräte werden im Bürobereich bevorzugt, da meist ein ISDN-Anschluss vorhanden ist. Soll eine schnelle Internetverbindung genutzt werden können, ist ein DSL-Gerät zu installieren. Es gibt DSL-Tk-Anlagen, die neben dem DSL-Modem auch einen IP-Router integriert haben und somit mehreren PCs im Netzwerk gleichzeitig schnellen Internetzugang ermöglichen. Ein wichtiges Leistungsmerkmal einer Tk-Anlage ist die Anzahl der maximal möglichen analogen und digitalen Nebenstellen. Ausschlaggebend sind hierfür die Anschlussmöglichkeiten. Von Vorteil ist ein USB-Port zur Anlagenprogrammierung.

Andere Leistungsmerkmale sind Kurzwahlspeicher, z.B. für 100 Rufnummern, Wartemusik, die extern oder intern zuspielbar ist, Durchsagefunktion, Anrufweiterschaltung, Least Cost Routing (= kostengünstigste Verbindung suchen), Türöffner- und Sprechanlagen-Funktion.

Wiederholung und Vertiefung

1. **Welche Bürogeräte kann ein vernetzter PC steuern?**
2. **Nennen Sie Leistungsmerkmale von Druckern.**
3. **Welche Funktionen hat der Finisher eines Kopiergeräts?**
4. **Für welche Aufgaben werden Multifunktionsgeräte verwendet?**
5. **Nennen Sie die wichtigsten Leistungsmerkmale einer digitalen Tk-Anlage.**

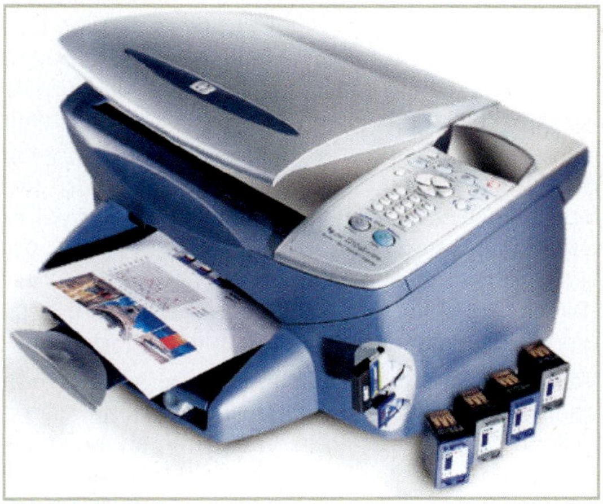

Bild 2: Multifunktionsgerät

10.2 Geräte der Bürosystemtechnik an Netze anschließen

10.2.1 Kommunikationsnetze

Die Bürosysteme sollten an bestehende Kommunikationsnetze angeschlossen werden.

Zu den Kommunikationsnetzen gehört das lokale Netz (LAN von **L**ocal **A**rea **N**etwork). Hier werden PCs, Drucker, Kopiergeräte und Multifunktionsgeräte an das Netz angeschlossen.

Zu den Kommunikationsnetzen gehören auch Weitverkehrsnetze (= WAN von Wide Area Network). Hierzu zählt vor allem das öffentliche Telekommunikationsnetz, an welches das LAN, Tk-Anlagen und Faxgeräte angeschlossen werden.

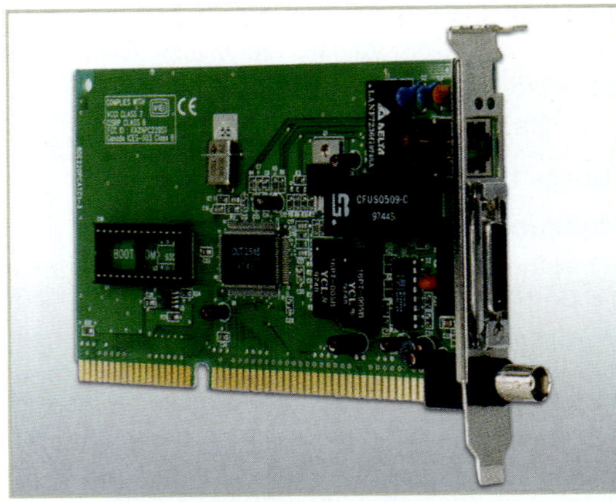

Bild 1: Ethernet-Netzwerkkarte

10.2.2 Netzwerkanbindung eines PCs

PCs erhalten ihre Netzwerkanbindung häufig mittels Ethernet-Netzwerkkarte **(Bild 1)**, die über Twisted-pair-Verkabelung mit einem Hub oder Switch eines Sternnetzes verbunden ist. Softwaremäßig muss auf dem PC, der im Netzwerk Client genannt wird, eine Netzwerk-Client-Software innerhalb des Betriebssystems aufrufbar sein. Nachdem die Netzwerkkarte eingebaut und vom Betriebssystem erkannt wurde, muss der PC konfiguriert werden. Dazu muss der Rechner in einem gewählten Protokoll, z.B. TCP/IP, eine Adresse erhalten. Dann muss der Benutzer in die Benutzerverwaltung und in einer Gruppe aufgenommen werden.

Bild 2: Printserver

10.2.3 Netzwerkanbindung eines Druckers

Um einen Drucker als Netzwerkdrucker installieren zu können, ist ein Printserver notwendig. Der Printserver hat die Aufgabe, die angeschlossenen Drucker zu verwalten und ihnen die auflaufenden Druckaufträge zuzuführen. Printserver können auf unterschiedliche Weise realisiert werden. Eine Einfachlösung ist ein PC, der als Printserver arbeitet, mit dem Nachteil, dass er nicht für diese spezielle Aufgabe eingerichtet ist. Eine andere Möglichkeit ist, dem Netzwerkserver die zusätzliche Aufgabe des Printservers zu übertragen. Dadurch wird der Server zusätzlich belastet und der Drucker muss in Servernähe aufgestellt werden. Besser sind spezielle Printserver **(Bild 2)** bzw. Pocket-Printserver **(Bild 3)**. Noch idealer sind Printserver, die im netzwerkfähigen Drucker schon eingebaut sind.

Vor der Installation des Druckertreibers muss man den Drucker auf dem Server für die gemeinsame Nutzung einrichten, d.h., er muss freigegeben werden und einen Namen erhalten. Dann wird der Druckertreiber vom Server aus auf den Client-Systemen installiert.

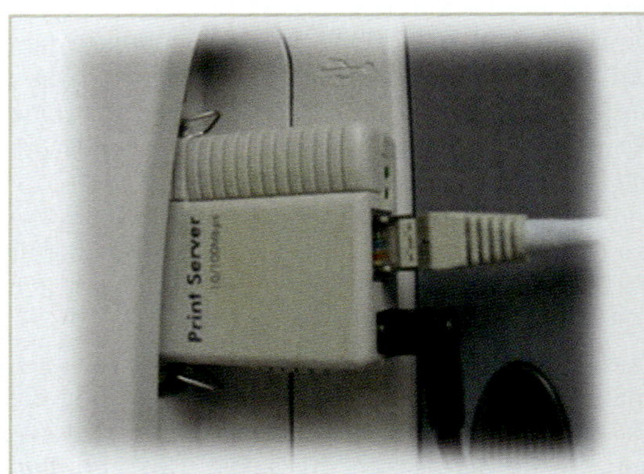

Bild 3: Pocket-Printserver

10.2.4 Netzwerkanbindung eines Kopiergerätes

Netzwerkfähige Kopiergeräte besitzen eine Netzwerkkarte, über die sie ans Netz angeschlossen werden. Leistungsfähige Großkopiergeräte besitzen eine eigene Festplatte sowie eine besondere Aufbereitungseinheit für die Druck- bzw. Kopierdaten.

10.2.5 Anschluss eines Faxgerätes

Ein Gruppe-3-Faxgerät ist mit einem TAE-Stecker an das analoge Telekommunikationsnetz anzuschließen. Möchte man es an ISDN betreiben, geht das nur über einen TA-Adapter oder eine Tk-Anlage. Ein Gruppe-4-Faxgerät kann direkt an den Mehrgeräteanschluss von ISDN angeschlossen werden.

Ein Gruppe-3-Faxgerät kann nicht direkt an den S_0-Bus angeschlossen werden.

10.2.6 Anschlusskonfiguration einer Tk-Anlage

Tk-Anlagen werden an ISDN, also an den NTBA angeschlossen.

Eine große Tk-Anlage erhält einen Anlagenanschluss **(Bild 1)**, es werden also keine anderen Geräte an den NTBA angeschlossen. Eine andere Möglichkeit für deren Anschluss ist der Anlagenanschluss an einen Primärmultiplexanschluss, an dem 30 Kanäle, also Amtsleitungen, nutzbar sind.

Kleine Tk-Anlagen können an einen Mehrgeräteanschluss anschlossen werden **(Bild 2)** oder sie werden auch über einen Anlagenanschluss betrieben, der über einen oder mehrere NTBAs erfolgt.

Sehr viele Anschlussmöglichkeiten bieten Tk-Anlagen mit integriertem DSL-Router, da hier auch der schnelle DSL-Internetanschluss für mehrere PCs möglich ist. Eine solche Anlage kann am Mehrgeräteanschluss betrieben werden **(Bild 3)**.

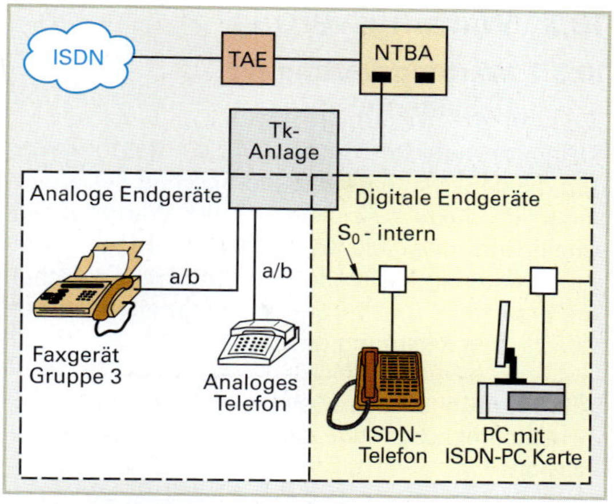

Bild 1: Tk-Anlage am Anlagenanschluss

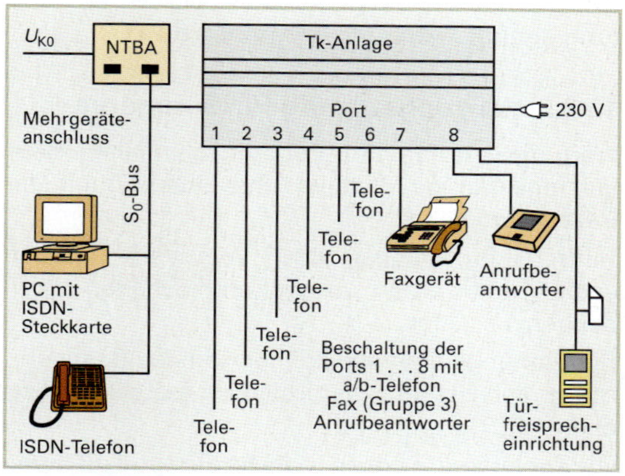

Bild 2: Tk-Anlage am Mehrgeräteanschluss

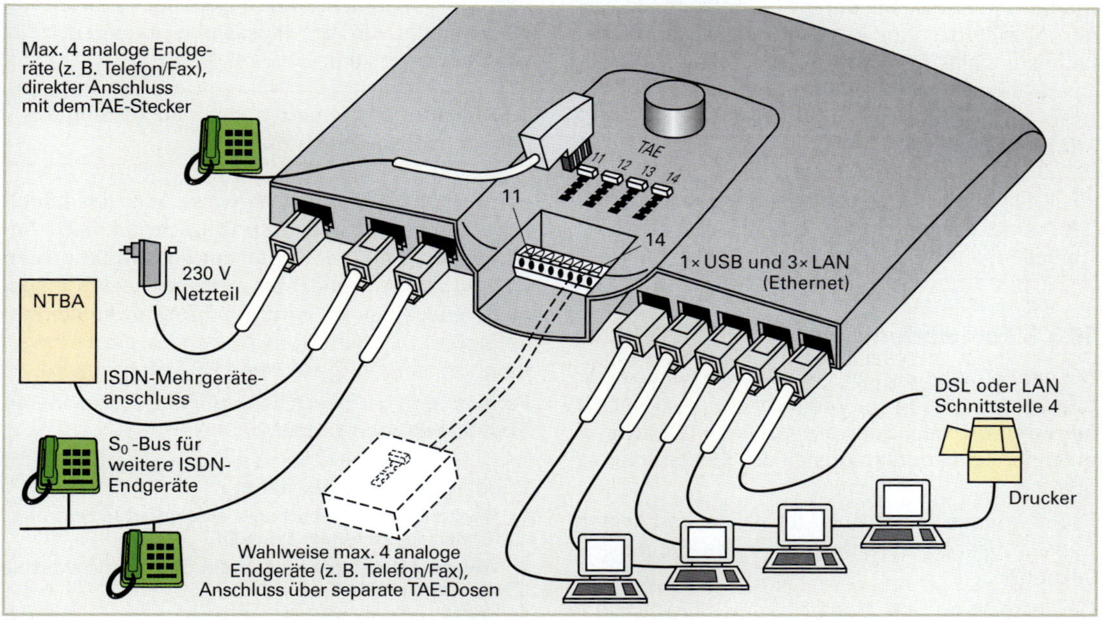

Bild 3: Anschlussmöglichkeiten einer DSL-Tk-Anlage

10.3 Wartungsvertrag

10.3.1 Wartungsvertrag für IT-Systeme

Für ein monatliches Entgelt hilft ein Wartungsvertrag die dauerhafte Betriebsbereitschaft der erworbenen Produkte zu sichern. In der Wartungspauschale sind meist alle Kosten für Arbeitszeit, Reinigungsmaterial, Kleinteile und Fahrtkosten enthalten. Ersatzteile und Verbrauchsmaterialien werden zusätzlich in Rechnung gestellt.

> Ein Wartungsvertrag hilft die dauernde Betriebsbereitschaft der Geräte und Anlagen zu sichern.

Mit einem abgeschlossenen Wartungsvertrag für die IT-Systeme hat der Kunde Anspruch auf Wartung der Hardware und Software **(Bild 1)**.

10.3.2 Wartungsvertrag für Bürogeräte

Wartungsverträge für Bürogeräte beinhalten meist die regelmäßige Wartung und Überprüfung der Geräte vor Ort.

Auftretende Mängel und Verschleiß werden erkannt und werden, um größeren Schäden vorzubeugen, beseitigt.

Die Wartungsintervalle können je nach Beanspruchung der Geräte unterschiedlich festgelegt werden.

Für **Kopiergeräte** bieten manche Firmen *Full-Service-Verträge* an. Der Kunde zahlt auch hier eine monatliche Pauschale, deren Höhe sich meist nach der Anzahl der Kopien bemisst. Dieser Vertrag beinhaltet alle Kosten für Arbeitszeiten, Anfahrt sowie Ersatzteile und Verbrauchsmaterialien, die zum störungsfreien Betrieb des Kopiergerätes erforderlich sind.

> Full-Service-Verträge beinhalten alle Kosten, die für eine störungsfreien Betrieb des Gerätes anfallen.

10.3.3 Fernwartung

Bei der Fernwartung von IT-Systemen hat das Wartungsunternehmen die Möglichkeit, ohne vor Ort fahren zu müssen, Softwareprobleme frühzeitig zu erkennen und vor dem Ausfall des Systems zu reagieren.

Fehler können hier schnell lokalisiert und kostengünstig behoben werden, da keine Fahrtkosten entstehen.

Die Installation von Updates kann pünktlich und ebenfalls kostenminimiert vorgenommen werden.

- Festplattenanalyse und Datenanalyse,
- Optimierung der Datenträger, Beseitigung temporärer Daten,
- BIOS-Einstellungen prüfen,
- Systemkonfiguration überprüfen und sichern,
- Beseitigung von Datenmüll,
- Treiberaktualisierung,
- Überprüfung der Systemregistrierung,
- Überprüfen auf eventuell vorhandene Viren oder Trojaner und Entfernen derselben,
- Überprüfung der Sicherheitseinstellungen im Netzwerk,
- Überprüfen und eventuell Korrektur von Justagen,
- Überprüfen der Gesamtfunktion einzelner Systemkomponenten, Überprüfen von Verschleißteilen, Beseitigung von unvermeidlichen Verschmutzungen,
- Ölen und Fetten an den hierfür vorgesehenen Stellen,
- Austausch von Geräteteilen, die infolge normalen Verschleißes nicht mehr den Gerätespezifikationen entsprechen,
- telefonische Beratung über Hotline in den üblichen Geschäftszeiten.

Bild 1: Leistungen aus einem IT-Wartungsvertrag

Die Systemperformance kann überwacht werden.

Auch Administrationsaufgaben, wie z.B. das Anlegen eines neuen Anwenders, können durchgeführt werden.

Alle Vorgänge innerhalb eines Zugriffs durch Fernwartung werden mitprotokolliert und sind vom Systemanwender jederzeit nachkontrollierbar.

Auf die sichere Übertragung bei der Fernwartung wird mithilfe von Verschlüsselung und Virenschutz größter Wert gelegt.

> Fernwartung ist eine schnelle und kostengünstige Servicemöglichkeit.

Fernwartung findet üblicherweise über das öffentliche Telefonnetz und grundsätzlich nur nach Ankündigung statt. Der Bedarf zur Fernwartung kann sowohl vom Anwender als auch von der Wartungsfirma ausgehen. Es wird ein Fernwartungstermin vereinbart, an dem vom Anwender die Fernwartung am dafür vorgesehenen PC gestartet wird.

Fernwartung wird auch beim Service von größeren Tk-Anlagen angewendet.

Wiederholung und Vertiefung

1. **Weshalb ist der Abschluss eines Wartungsvertrags für den Gerätenutzer sinnvoll?**
2. **Welche Leistungen bietet ein Full-Service-Vertrag dem Nutzer des Gerätes?**
3. **Welche Vorteile bietet die Fernwartung von IT-Systemen?**

10.4 Fehler an Geräten der Bürosystemtechnik

10.4.1 Fehler suchen

Wenn ein Kunde einen Defekt an einem Bürogerät meldet, sollte man zunächst durch entsprechende Kundenbefragung Bedienungsfehler ausschließen. Auch Fehler bei der Stromversorgung des Gerätes wie z.B. Netzsicherungen, Stromausfall oder leere Akkus bzw. Batterien sollten durch Befragung ausgeschlossen werden, bevor der Servicemitarbeiter vor Ort erscheint.

> Durch Kundenbefragung sollten Bedienfehler und Fehler bei der Stromversorgung erkannt werden.

Bei vielen Geräten wird der Nutzer auf einen Fehler über das Gerätedisplay hingewiesen. Oftmals kann er kleinere Fehler mithilfe der Serviceanleitung selbst beheben, oder es erscheint dort z.B. der Text: „Kundendienst rufen". Viele Geräte zeigen einen Fehlercode an, der im Handbuch erklärt wird. Dadurch wird die Fehlersuche erleichtert.

10.4.2 Fehler analysieren

Die Ursachen schlechter Kopien können sehr unterschiedlich sein. Es hilft eine systematische Suche **(Bild 1).**

Oft haben Fehler, wie z.B. schlechte Kopienqualität beim Kopieren, ihre Ursache nicht allein in einer Fehlfunktion des Gerätes. Zunächst ist eine Probekopie mithilfe eines Testblatts als Original anzufertigen **(Bild 2).** Daraus kann auf die möglichen Fehlerursachen geschlossen werden. Fehlfunktionen des Gerätes können mithilfe einer Fehleranalyse **(Tabelle 1, folgende Seite)** aufgespürt werden.

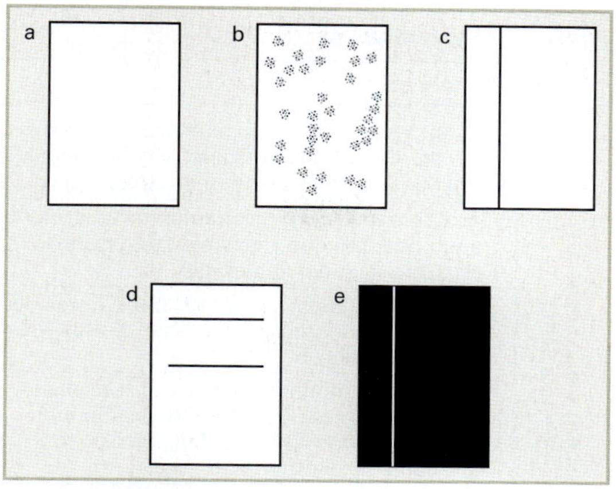

Bild 2: Kopierfehler

Wiederholung und Vertiefung

1. **Welche Fehler sollten vor dem Kundenbesuch des Servicemitarbeiters abgeklärt werden?**
2. **Zu welchen Ergebnissen kann eine verkratzte Fototrommel führen?**
3. **Welche Ursachen kann eine weiße Kopie haben?**
4. **Wie sieht die Probekopie aus, wenn sich die Entwicklerwalze nicht dreht?**
5. **Welche Ursachen können vorliegen, wenn die Kopie nicht wischfest ist, der Toner also nicht fest auf dem Papier der Kopie haftet?**

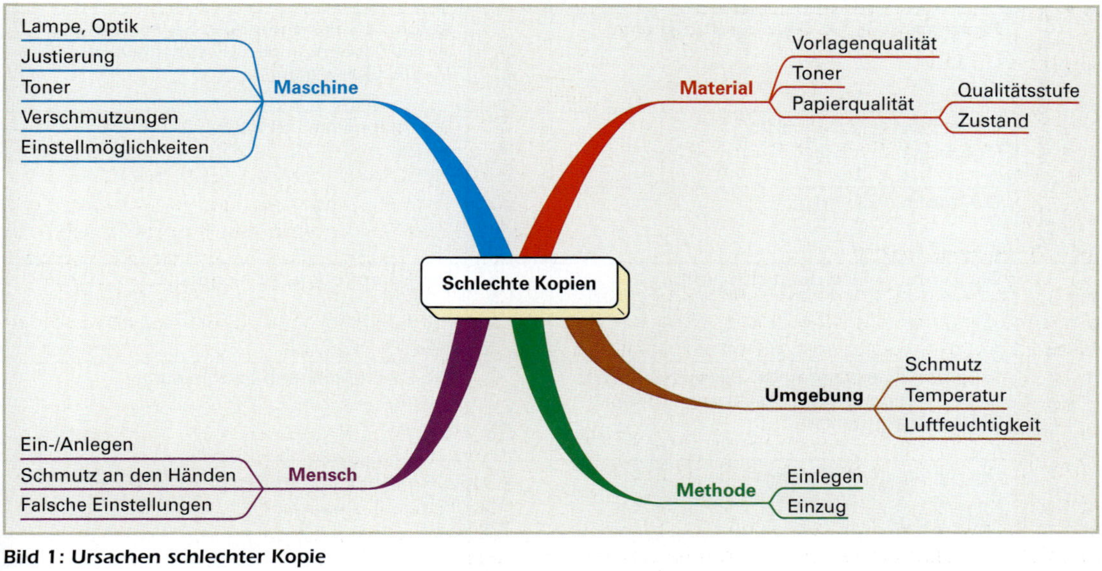

Bild 1: Ursachen schlechter Kopie

Tabelle 1: Fehleranalyse

Fehler	Fehlerursachen	Fehler	Fehlerursachen
Weiße oder nahezu weiße Kopie **(Bild 2a, vorhergehende Seite)**	Es liegt keine Ladung an, weil die Ladecorona bzw. der Drum Charge Roller (= Ladungsrolle) defekt ist oder mangelnden Kontrast besitzt.	Schmutziger Hintergrund **(Bild 2b, vorhergehende Seite)**	Die Belichtungslampe ist verschmutzt.
	Das Kopienbild wird nicht auf das Papier übertragen oder bei den Hochspannungskabel-Kontakten liegt ein Fehler vor.		Die Optik ist verschmutzt.
	Die Entwicklerwalze dreht sich nicht. Entweder eines der Antriebszahnräder oder die Antriebskupplung ist defekt.		Die Entwickler-Vorspannung ist nicht korrekt.
	Die Trommelempfindlichkeit ist unzureichend, weil die Trommel entweder direkter Sonneneinstrahlung oder längere Zeit korrosiven Dämpfen ausgesetzt war.		Zu hohe Tonerdichte durch falsche Einstellung der Trommelladespannung.
	Die Trommel dreht sich nicht, weil ihr Antrieb defekt ist.		Die Trommel ist nicht ordnungsgemäß geerdet.
			Der Drum-Charge-Roller-Thermistor (von thermal resistor = temperaturabhängiger Widerstand) ist defekt.
Vertikale schwarze Linien **(Bild 2c, vorhergehende Seite)**	Cleaning Blade ist verkratzt.	Horizontale schwarze oder weiße Linien **(Bild 2d, vorhergehende Seite)**	Anmerkung: Die nachstehend aufgeführten Maße sind beispielhaft und hängen vom jeweiligen Kopiergerät ab.
	Der Spiegel ist verschmutzt oder verkratzt.		Treten schwarze bzw. weiße Linien in Abständen von 188,4 mm auf, liegt das an einer verkratzten Trommel oder daran, dass Toner an der Trommel haftet. Aufgrund unzureichender Reinigung kann es zu einer Ansammlung von Fremdpartikeln auf dem Abstreifer kommen, wodurch Toner an der Trommeloberfläche anhaften kann, wenn die Trommel stoppt.
	Die Trommel ist verkratzt oder schmutzig.		Wenn die Linien in einem Abstand von 43,9 mm auftreten, ist der Drum Charge Roller verkratzt.
	Verkratzte Heizwalze		Wenn die Abstände der Linien 125,6 mm betragen, ist die Heizwalze verkratzt.
Vertikale weiße Linien **(Bild 2e, vorhergehende Seite)**	Der Drum Charge Roller ist verschmutzt oder abgenutzt.	Tonerdichte zu hoch	Die Tonerzufuhrkupplung dreht sich ständig.
	Papierstaub auf der Cleaning-Blade-Kante		Aufgrund eines anormalen Sensorzustands ist der Kopierer in den „Festmengenzufuhr"-Modus übergegangen.
	Die Heizwalze ist verkratzt.		Die Hauptplatine ist defekt.
	Die Trommel ist verkratzt.		
Tonerdichte zu niedrig	Die Tonerkupplung dreht sich nicht.	Kopie nicht fixiert	Der Fixierdruck ist zu niedrig.
	Aufgrund eines anormalen Sensorzustands ist der Kopierer in den „Festmengenzufuhr"-Modus übergegangen.		Die Fixiertemperatur ist zu niedrig.
	Die Hauptplatine ist defekt.		Der Thermistor weist eine Funktionsstörung auf.

11 Bürosystemtechnik

11.1 Drucker und Drucksysteme

Bürodrucker können nach der Art der Schriftaufbringung in Impact-Druckwerke (impact = Zusammenprall) und Non-Impact-Druckwerke sowie nach der Art der Schriftentstehung in serielle Drucker, Zeilendrucker und Seitendrucker eingeteilt werden.

11.1.1 Impact-Druckwerke

Bei Impact-Druckwerken entsteht der Zeichenabdruck durch einen mechanischen Anschlag einer Nadel oder einer Schrifttype auf das Papier **(Bild 1)**.

Impact-Drucker werden im Büro eigentlich nur noch als Nadel-Matrixdrucker verwendet, wenn Durchschläge verlangt werden.

Nadel-Matrixdrucker bilden das Zeichen mittels einer Punktmatrix ab. Beim Abdruck werden Nadeln mit 0,2 mm bis 0,3 mm Durchmesser gegen ein Farbband gestoßen, das seinerseits den Punkt auf dem Papier abbildet.

Bei 9-Nadel-Druckern sind die Nadeln im Druckkopf untereinander in einer Reihe angeordnet **(Bild 2)**. Bei Matrixdruckköpfen mit 18 Nadeln oder 24 Nadeln sind die Nadeln in zwei Reihen jeweils versetzt angeordnet (Bild 2), um einen besseren Überdeckungsgrad zu erreichen. Durch eine rautenförmige Anordnung der Nadeln erreicht man einen leiseren Druck, da gegenüber der vertikalen Anordnung immer nur eine Nadel oder zwei Nadeln gleichzeitig abgeschlagen werden.

Die Nadeln werden mittels eines Elektromagneten gegen das Farbband und das Papier gestoßen **(Bild 3)**. Da nur etwa 6 % der zugeführten Energie in mechanische Energie umgewandelt wird, entsteht viel Verlustwärme, die den Druckkopf erhitzt.

Impact-Drucker ermöglichen die Erstellung von Durchschlägen, aber sie verursachen ein lautes Druckgeräusch und ihr Druckkopf arbeitet nicht verschleißfrei.

Mit Nadeldruckern können dokumentenechte Drucke und Durchschläge bei geringen Verbrauchskosten angefertigt werden, dabei verursachen sie aber ein lautes Druckgeräusch und sind langsam.

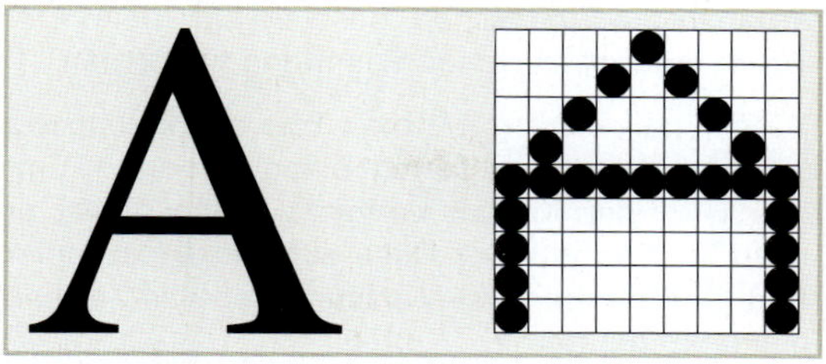

Bild 1: Schrifttype und Punktmatrix

Schrifttypen sind die Zeichen einer Schriftart. Sie werden als Punktmatrix nachgebildet.

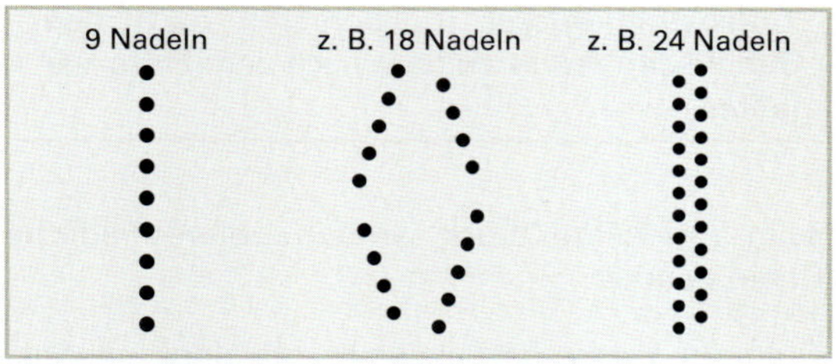

Bild 2: Anordnung der Nadeln im Druckkopf

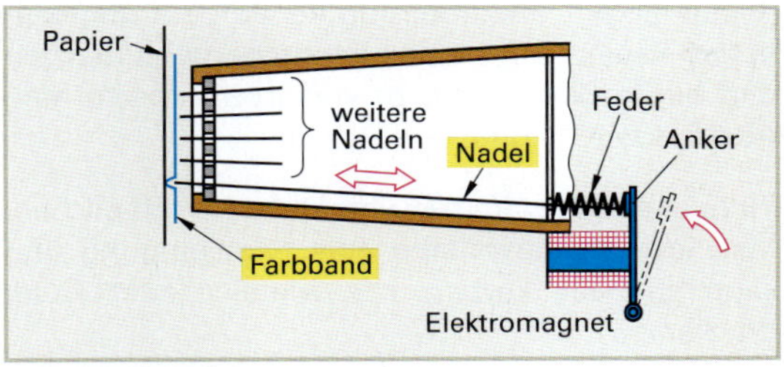

Bild 3: Prinzip des Nadeldrucks

11.1.2 Non-Impact-Druckwerke

11.1.2.1 Tintenstrahldrucker

Hier werden die Zeichen mit etwa 0,001 mm großen Tintentröpfchen, die durch kleine Düsen auf das Papier geschleudert werden, gebildet.

Beim Continous-Jet-Verfahren (Dauerstrahl-Verfahren) wird ein ständig spritzender Tintenstrahl bei Druckbedarf auf das Druckpapier abgelenkt **(Bild 1, folgende Seite)**. Drucker, die mit der Continous-Jet-Technik arbeiten, werden in der Verpackungsindustrie verwendet.

Bürodrucker arbeiten im *Drop-on-Demand-Verfahren* (=Tropfen auf Abruf).

Bei diesem Verfahren unterscheidet man zwei verschiedene Techniken der Tropfenerzeugung.

Beim *Piezo-Verfahren* werden die Tintentropfen mithilfe eines Piezo-Kristalls erzeugt. Piezo-Kristalle haben die Eigenschaft, dass sie sich beim Einwirken einer elektrischen Spannung verformen.

Diese Eigenschaft nützt man hier zur Erzeugung der Tintentröpfchen. Durch einen Spannungsimpuls wird der Kristall verformt. Dabei stößt er einen Tropfen aus der Düse auf das Druckpapier **(Bild 2)**. Mehrere Düsen erzeugen so das Zeichen in einer Punktmatrix.

Beim *Bubble-Jet-Verfahren* (bubble = Blase; jet = Strahl) wird der Tintentropfen mit einem Heizelement erzeugt. Die kurzzeitige Erhitzung der Tinte führt zur Bildung einer Gasblase, die sich ausdehnt und dabei einen Tropfen ausstößt **(Bild 3)**.

Tintenstrahldrucker funktionieren nach dem Bubble-Jet-Verfahren oder nach dem Piezo-Verfahren.

Beim Tintenstrahldruck werden unterschiedliche Tinten benutzt.

Tinte auf Wasserbasis besteht aus einem in Wasser gelösten Färbemittel. Sie ist nicht dokumentenecht, dringt gut ins Papier ein, besitzt aber eine relativ lange Trockenzeit und verläuft auf ungeeignetem Papier. Um sie dokumentenecht zu machen und die Trocknungszeit zu verkürzen, mischt man Additive wie Alkohol und Öle zu.

Tinte mit Pigmentfarben enthält feste Farbteilchen. Man erreicht damit eine gute Farbsättigung und kann spezielle Farben, z.B. Metallic oder Gold, drucken.

Festtinte auf Wachsbasis wird geschmolzen und im Piezo-Verfahren gedruckt. Die Farbe wird nicht ganz aufgesaugt und mit Druckwalzen kaltfixiert und geglättet.

Die Farbpunkte werden bei den meisten Tintenstrahldruckern mit vier verschiedenen Tinten der Grundfarben **C**yan (Blau), **M**agenta (Rosa), **Y**ellow (Gelb) und **K**ey (von keyplate = Schlüsselplatte, schwarz druckende Druckplatte) erzeugt. Abgekürzt schreibt man dafür CMYK.

Alle Farbtöne mischt der Drucker aus den Grundfarben **C**yan, **M**agenta, **Y**ellow und Black (CMYK).

Moderne Tintenstrahldrucker verwenden sechs Tinten. Die zusätzlichen Farben sind helles Cyan und helles Magenta **(Tabelle 1, folgende Seite)**.

CMYK ist die Abkürzung von:

Cyan = Kohlenstoff-Stickstoff-Verbindung
Magenta, nach einem italienischen Ort benannt
Yellow = Gelb
Key = Schlüssel

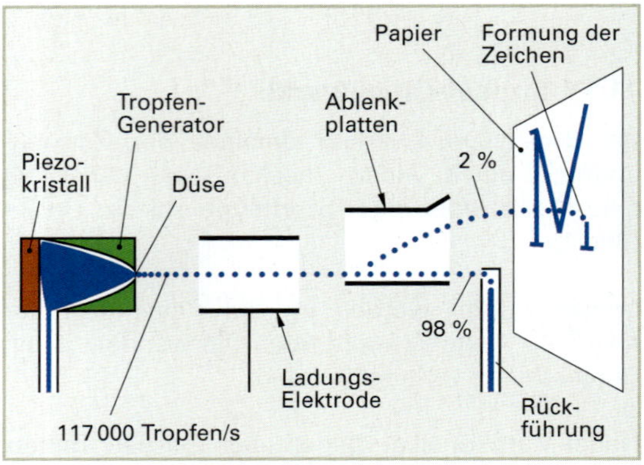

Bild 1: Continous-Jet-Verfahren

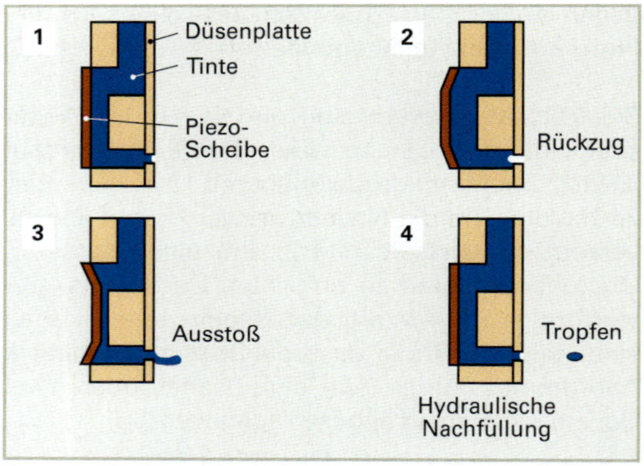

Bild 2: Prinzip Piezo-Verfahren

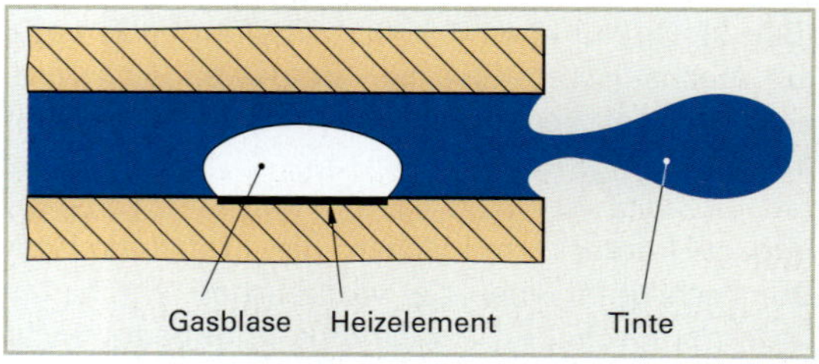

Bild 3: Bubble-Jet-Verfahren

Die Farbe Schwarz wird nicht als Mischfarbe gebildet, sondern sie wird mithilfe einer eigenen Patrone für Schwarz gedruckt. Die Mischfarbe ergäbe kein reines, kräftiges Schwarz und für die Textdarstellung würde sonst sehr viel farbige Tinte verbraucht werden.

Tintenstrahldrucker sind preisgünstige Farbdrucker für das Büro. Die Qualität der Tintenstrahldrucke ist aber auch sehr abhängig von der Papierqualität.

11.1.2.2 Thermodrucker

Bei diesen Druckern wird Wärme verwendet, um die Druckzeichen sichtbar zu machen. Der Schreibkopf eines Thermodruckers besteht aus matrixförmig angeordneten Widerständen, die sich innerhalb von Millisekunden auf etwa 200 °C bis 300 °C erhitzen und wieder abkühlen **(Bild 1).**

Beim direkten Thermodruck wird hitzeempfindliches, beschichtetes Thermopapier verwendet, das sich bei Hitzeeinwirkung der Widerstände des Druckkopfes dunkel verfärbt. Diese Verfärbung wird durch eine thermoreaktive (wärmerückwirkende) Beschichtung des Druckpapiers erreicht. In dieser Schicht sind farblose Farbbildnerteilchen und Farbentwicklerpartikel vorhanden, die durch die Hitzeeinwirkung vereinigt werden und so den dunklen Punkt erzeugen.

Dieses Druckerprinzip findet z.B. beim Schwarzweiß-Drucker in billigen Thermofax-Geräten, beim Belegdrucker von Registrierkassen und bei der Ausgabe von Protokollen portabler Messeinrichtungen Verwendung.

Beim Thermotransferdruck werden durch die Heizelemente des Druckkopfes CMYK-Farben aus Folien, die mit wachsartigen Grundfarben beschichtet sind, als Farbpunkte auf das Papier geschmolzen **(Bild 2).**

Thermotransferdrucker verwenden für den indirekten Thermodruck Folien als Farbträger.

Mit *Thermosublimationsdruckern* können Drucke in höchster fotorealistischer Qualität erzeugt werden. Sie arbeiten wie die Thermotransferdrucker, nur dass zur Übertragung der Farbe auf ein Spezialpapier die Heizelemente die farbigen Wachse nicht verflüssigen, sondern verdampfen (sublimieren). Die Heizelemente können in 256 Farbstufen die Farben unterschiedlich intensiv übertragen. Das spezielle Fotopapier nimmt dieses Farbgas auf **(Bild 3).**

Die erzeugten Farbpunkte sind bereits Farbgemische, da die Grundfarben sich im gasförmigen Zustand im einzelnen Punkt vermischen. Zum Schluss wird das bedruckte Papier mit einer Oberflächenversiegelung versehen, vergleichbar mit einer Lackschicht, die über den Druck gelegt wird.

Mit Thermosublimationsdruckern können brillante Fotodrucke hergestellt werden.

Tabelle 1: Verwendete Farben bei Tintenstrahldruckern

Farbe	Farbfeld
Cyan (Zyan)	
helles Cyan	
Magenta	
helles Magenta	
Yellow	
Black	

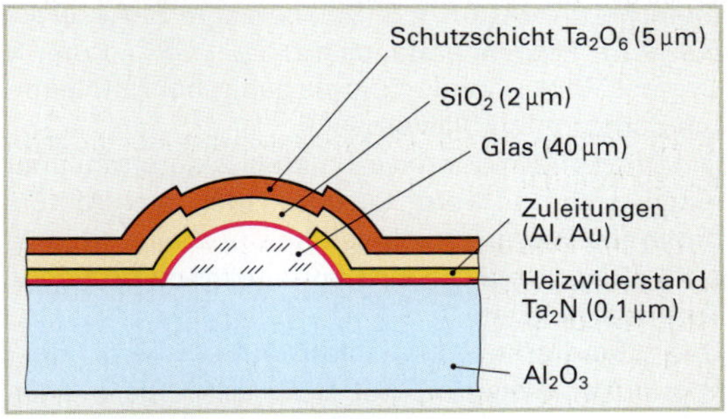

Bild 1: Thermodruckkopf in Dünnschichttechnik

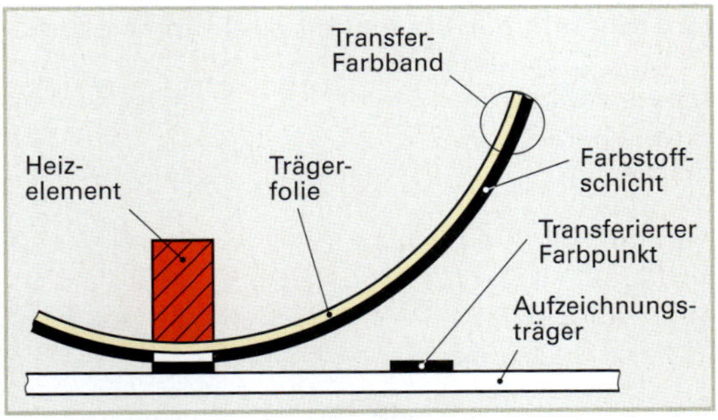

Bild 2: Prinzip des Thermotransferdrucks

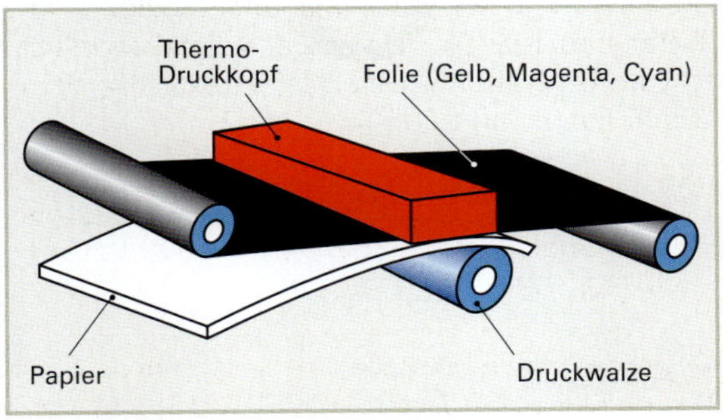

Bild 3: Prinzip des Thermosublimationsdrucks

11.1.2.3 Laserdrucker

Laserdrucker gehören zu den *Seitendruckern,* d.h., der Ausdruck erfolgt nicht Zeile für Zeile, sondern das Gerät empfängt zunächst alle Daten für eine Seite, bereitet sie auf und druckt sie erst dann aus.

Die vom PC kommenden Daten empfängt der Raster-Image-Prozessor RIP (Rasterbild-Prozessor) im Drucker. Dieser erkennt die benutzte Sprache des Druckertreibers und bereitet die Daten entsprechend auf.

Laserdrucker sind Seitendrucker, welche die Druckdaten der Seite zuerst im Speicher aufnehmen müssen, bevor sie ausgedruckt werden können.

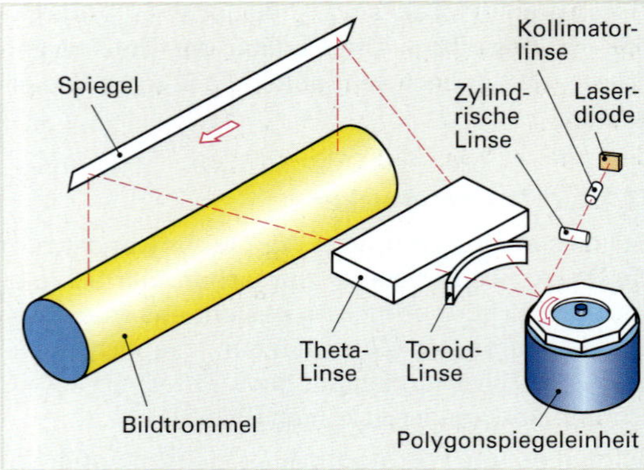

Bild 2: Belichtung mit Laser

Zentrales Element des Laserdruckers ist die Bildtrommel bzw. Belichtertrommel **(Bild 1).** Ihre Oberfläche besteht aus einem nichtleitenden, lichtempfindlichen Werkstoff, z.B. Selenarsenid SeAs, organischem Fotowiderstandsmaterial OPC (Von = Organic Photo Conductor = organischer Fotoleiter) oder amorphem Silicium A-Si.

Die Druckinformation wird mittels Laserstrahl über einen sich mehrere tausend Mal pro Minute drehende Polygonspiegeleinheit und eine Ablenkoptik **(Bild 2)** auf die sich kontinuierlich drehende Trommel geleitet.

Die Oberfläche der Bildtrommel wird über Ladungsbürsten zunächst elektrisch negativ geladen. Die Oberflächenbeschichtung der Trommel hat die Eigenschaft, die Ladung im Dunkeln zu halten. Trifft nun der Laserstrahl die Trommeloberfläche, wird die Beschichtung der Trommel an dieser Stelle leitend. Die Ladung kann abfließen und der Bildpunkt wird entsprechend positiv geladen. Zum Bedrucken von Papier wird Toner verwendet. Das ist ein feines, rußhaltiges Pulver. Der Toner befindet sich in einem Vorratsbehälter. Er wird mit einem Schaufelrad in Bewegung gehalten. Eine Transportwalze führt ihn zur Übertragungswalze. Dort sorgt ein Metallstreifen (Doctorblade, Bild 1) über der gesamten Trommelbreite für das Auftragen und elektrisch negative Aufladen einer dünnen Tonerschicht.

Die Tonerteilchen sind jetzt sehr nahe der Trommeloberfläche. Sie werden von den entladenen Stellen, die vorher der Laserstrahl „beschrieben" hat, angezogen. Es entsteht also ein Zwischenbild auf der Trommel, das zu Papier gebracht werden muss.

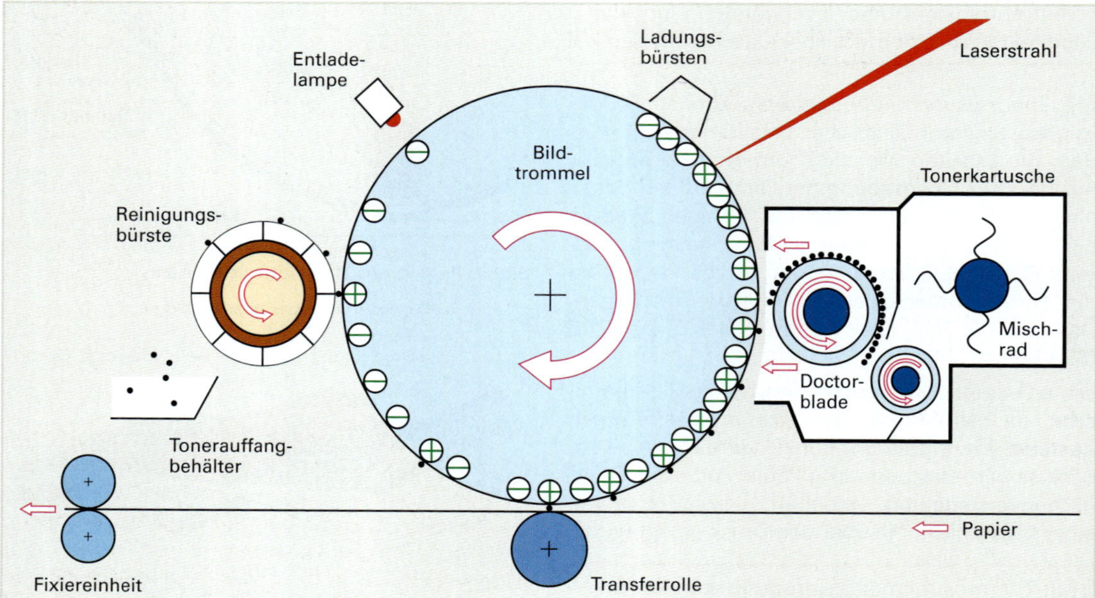

Bild 1: Laserdrucker

Das Papier wird aus dem Schacht zur Trommel geführt. Die positiv geladene Transferrolle (Bild 1, vorhergehende Seite) drückt das Papier gegen die Bildtrommel. Durch den Ladungsunterschied wird der Toner auf das Papier übertragen.

Das Papier mit dem Tonerpulver wird jetzt zur Fixiereinheit transportiert. Diese besteht meist aus zwei Walzen, von denen eine auf ca. 200 °C erhitzt wird. Dabei schmilzt das Tonerpulver und wird somit dauerhaft mit der Papieroberfläche verbunden. Nun wird das fertig bedruckte Papier in das Ausgabefach des Druckers transportiert.

Die Trommel dreht sich weiter und wird in der Reinigungseinheit vom restlichen Toner befreit. Dies geschieht elektrostatisch, indem die Trommel entladen wird, und mechanisch, indem der Resttoner abgestreift wird.

Laserdrucker arbeiten wie elektrostatische Kopierer.

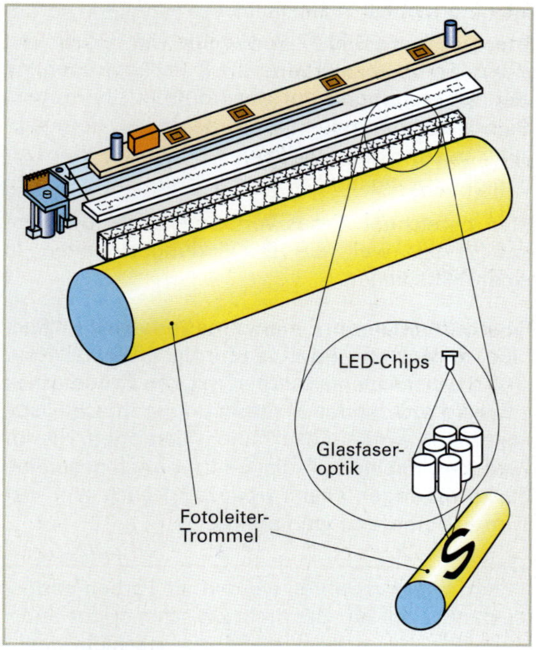

Bild 1: LED-Druckkopf

11.1.2.4 LED-Drucker

LED-Drucker arbeiten nach einem ähnlichen Prinzip wie Laserdrucker, nur wird die Bildtrommel hier nicht mit Laserlicht, sondern mit einer LED-Leiste, die 5120 LEDs aufweist, belichtet. Das Licht wird mit einer SELFOC-Glasfaseroptik (SELFOC von **s**elf **f**ocusing = selbst fokussierend) zur Trommel geleitet **(Bild 1)**.

Zu den Vorteilen des LED-Druckers gegenüber dem Laserdrucker gehören die hohe Zuverlässigkeit, hohe Präzision, weniger mechanisch betriebene Teile und der kompaktere Aufbau.

11.1.2.5 LCS-Drucker

In LCS-Druckern (LCS von Liquid Crystal Shutter = Flüssigkristall-Verschluss) wird als Lichtquelle eine Leuchtstoffröhre verwendet. Die Belichtung der Trommel geschieht mithilfe einer Flüssigkristallleiste. Diese lässt das Licht an den Punkten durch, welche die Trommel belichten, also die Bildpunkte erzeugen **(Bild 2)**.

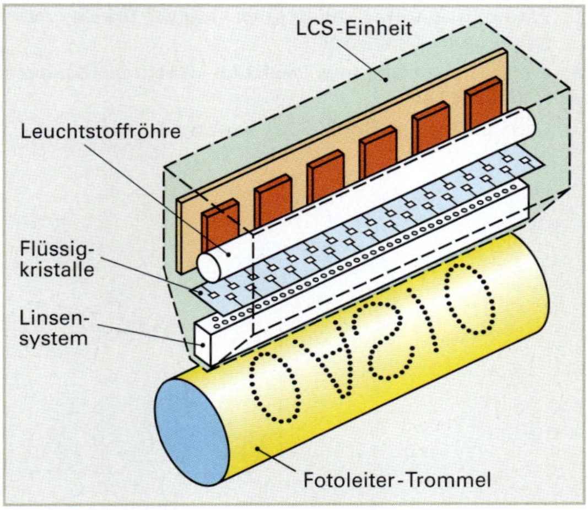

Bild 2: Prinzipaufbau eines LCS-Druckers

Bei LCS-Druckern werden der aufwändige Laser und der Polygonspiegel durch Flüssigkristalle ersetzt.

11.1.2.6 Farblaserdrucker

Farblaserdrucker haben dasselbe Belichtungsprinzip wie Schwarzweiß-Laserdrucker.

Hier wird aber farbiges Tonerpulver verwendet. Aus den Grundfarben Schwarz, Gelb, Magenta und Cyan wird eine Farbseite aufgebaut. Farben, die nicht zu diesen Grundfarben gehören, entstehen durch das Verschmelzen des farbigen Toners in der Fixiereinheit. Das menschliche Auge hat dann den Eindruck einer Mischfarbe. Für den Farbauftrag auf die Trommel gibt es verschiedene Prinzipien.

Inline-Verfahren. Beim Inline-Funktionsprinzip (inline = in Reihe, **Bild 1**) werden die vier Farben von einem Fotohalbleiterband als Zwischenträger mit vier Umdrehungen auf die Trommel übertragen. Dieses Band ist mit einem organischen Fotohalbleiter beschichtet. Erst dann werden alle vier Farben gleichzeitig auf das Papier übertragen.

Man bezeichnet dieses Verfahren deshalb als Inline-Prinzip, weil die Entwicklungseinheiten in einer Reihe liegen.

Revolver-Verfahren. Ein anderes Verfahren funktioniert nach dem „Revolver-Prinzip" **(Bild 2).** Hier sind die vier Tonerkartuschen mit den Grundfarben in einem rotierenden Magazin untergebracht. Jede Tonerfarbe wird auf das Papier übertragen. Hierfür wird das Papier auf die Bildtrommel gespannt. Zum Aufbringen aller Farben sind auch hier vier Trommelumdrehungen nötig.

Beim Inline-Verfahren werden die Farben nacheinander auf ein Band als Zwischenträger aufgebracht, beim Revolver-Prinzip geschieht dasselbe über eine Übertragungstrommel.

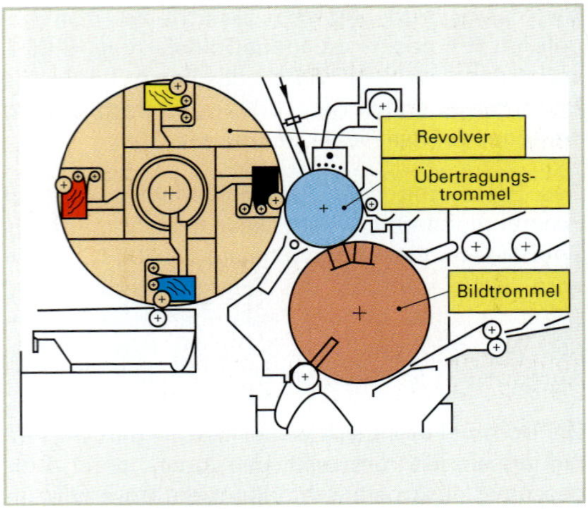

Bild 2: Geräte-Ausschnitt aus dem Revolver-Verfahren

- **Inline-Verfahren**
  Die Farbtoner sind in Reihe angeordnet. Zwischenträger ist ein Endlosband.
- **Revolver-Verfahren**
  Die Farbtoner sind kreisförmig angeordnet. Zwischenträger ist eine Übertragungstrommel.

Wiederholung und Vertiefung

1. **Wodurch unterscheiden sich Impact-Drucker von Non-Impact-Druckern?**
2. **Welchen Vorteil und welchen Nachteil besitzen Nadeldrucker?**
3. **Erklären Sie das Bubble-Jet-Verfahren.**
4. **Beschreiben Sie den Vorgang des Farbdrucks mit einem Thermotransferdrucker.**
5. **Welche Aufgabe hat die Fixiereinheit eines Laserdruckers?**
6. **Welche Vorteile haben LED-Drucker gegenüber Laserdruckern?**

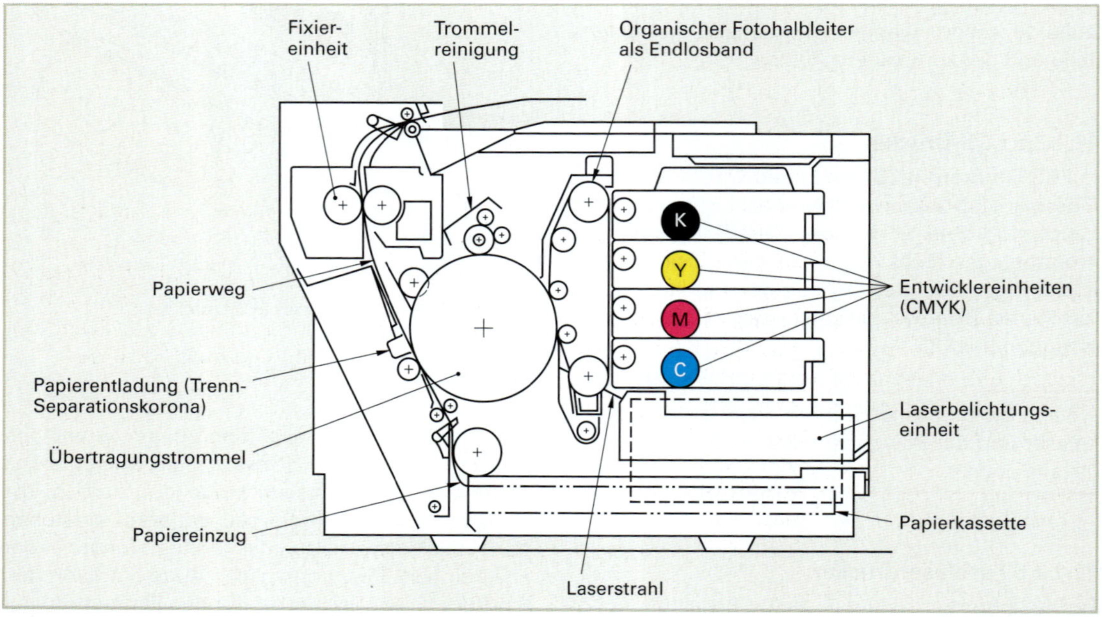

Bild 1: Farblaserdrucker nach dem Inline-Prinzip

11.2 Kopiergeräte

11.2.1 Analogkopierer

Zum Verständnis des Funktionsprinzips von Kopiergeräten sind Kenntnisse der Optik und der Elektrostatik notwendig.

11.2.1.1 Optik in Kopiersystemen

Die Aufgabe der Optik im Kopierer ist es, die Informationen hell/dunkel eines Originals auf die Fototrommel zu übertragen, um mit dem einfallenden Licht die elektrostatische Aufladung an den entsprechenden Stellen zu löschen.

Die optische Eigenschaft des Lichts wird auch bestimmt durch seine Wellenlänge. Diese wird in Nanometer (nm) angegeben. Im sichtbaren Bereich des Lichts beträgt die Wellenlänge etwa 400 nm bis 700 nm.

Neben der Welleneigenschaft weist das Licht auch Strahleneigenschaften, geradlinige Ausbreitung, Reflexion und Lichtbrechung an Grenzflächen auf.

Reflexion. Ein Spiegel reflektiert das Licht nur in eine Richtung zurück. Bei einem Lichtstrahl, der schräg auf einen Spiegel gerichtet ist, sind die Winkel des einfallenden Strahls und des reflektierten Strahls gleich **(Bild 1)**. Bei rauen Oberflächen, wie z.B. bei Papier, tritt eine Lichtstreuung auf **(Bild 2)**. Durch die Formgebung der Linse können die Lichtstrahlen gebündelt oder gestreut werden.

Lichtbrechung. Die Lichtbrechung beim Übergang in ein optisch dichteres Medium wird bei der Verwendung von Linsen genutzt. Der Lichtstrahl wird im optisch dichteren Medium immer zum Lot hin gebrochen **(Bild 3)**.

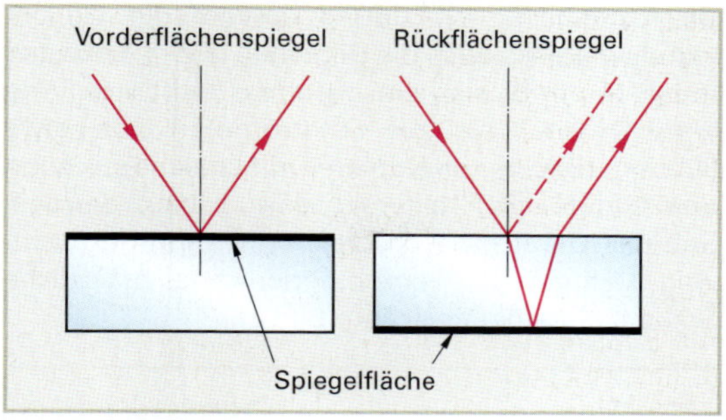

Bild 1: Spiegelarten

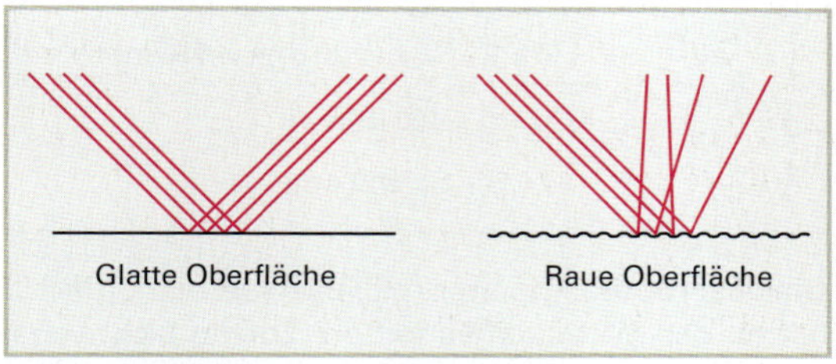

Bild 2: Reflexion auf glatter und rauer Oberfläche

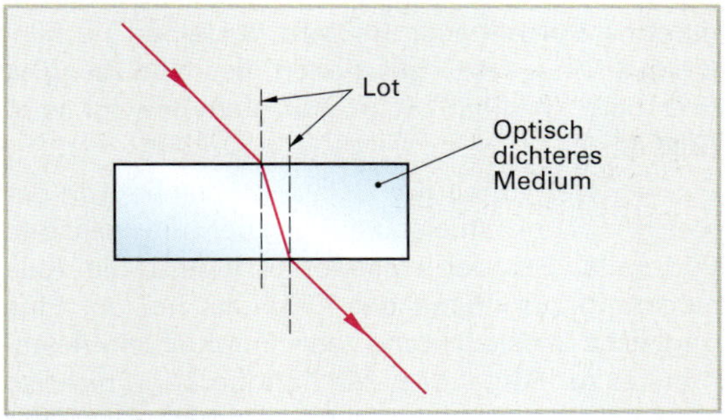

Bild 3: Lichtbrechung

11.2.1.2 Optische Bauelemente

Spiegel. In Kopierern befindet sich die spiegelnde Fläche auf der Vorderseite des Glases. Man nennt diese Spiegel deshalb Vorderflächenspiegel (Bild 1). Das Glas dient dabei nur als Trägermaterial, da es keinen Wärmeverzug aufweist. Spiegel im Kopierer müssen sehr vorsichtig gereinigt werden. Zur Reinigung dürfen keine organischen Lösemittel verwendet werden. Würden in ein Kopiergerät ein oder mehrere Rückflächenspiegel eingebaut, entstünden bei der Kopie durch die Teilreflexionen an der Glasoberfläche Schattenbilder.

In Kopiergeräten kommen nur Vorderflächenspiegel zum Einsatz.

Linsen. Im Kopierer hat die Linse, die eigentlich ein System aus verschiedenen Einzellinsen ist, die Aufgabe, die vom Original kommenden Lichtstrahlen zu bündeln und zunächst im Maßstab 1:1 auf der Fototrommel scharf abzubilden. Die Brennweite f der Kopiererlinse beträgt etwa 200 mm.

Linsengleichung

$$\frac{1}{f} = \frac{1}{g} + \frac{1}{b}$$

f	Brennweite
g	Gegenstandsweite
b	Bildweite

Da für eine 1:1-Abbildung sowohl die Gegenstandsweite als auch die Bildweite je $2 \cdot f$ betragen müssen, ergibt sich ein gesamter Lichtweg (Weg vom Original bis zur Fototrommel) von etwa 800 mm **(Bild 1)**. Ein Kopierer mit Linsenoptik kann demzufolge nicht beliebig klein gebaut werden. Soll das Gerät nicht so breit sein, kann der Lichtweg auch gefaltet werden, indem zwei zusätzliche Spiegel eingebaut werden **(Bild 2)**.

Beispiel 1:

Berechnen Sie für eine 1:1-Abbildung die Bildweite *e*, die Gegenstandsweite *b* sowie den Abstand *g* von Original zu Bild für eine Brennweite von $f = 200$ mm.

Lösung:

$\frac{1}{f} = \frac{1}{g} + \frac{1}{b}$ $b = 2 \cdot f = 2 \cdot 200\text{ mm} = \mathbf{400\text{ mm}}$

$g = b$ $g = b = \mathbf{400\text{ mm}}$

$\frac{1}{f} = \frac{2}{b}$ $l = g + b = \mathbf{800\text{ mm}}$

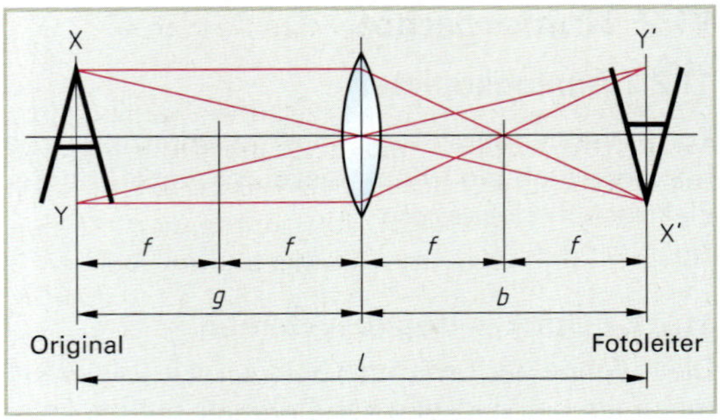

Bild 1: 1:1-Abbildung mit einer Linse

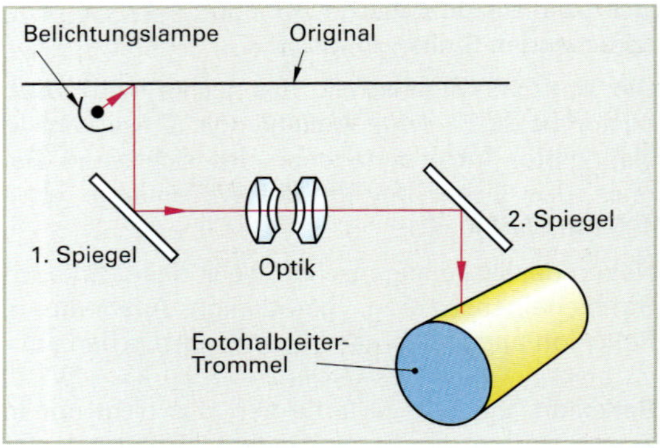

Bild 2: Belichtung mit Linsen

Glasfaseroptik. Kopierer mit Glasfaseroptik **(Bild 3)** haben den Vorteil eines extrem kurzen Lichtwegs, aber den Nachteil, dass sie nicht verkleinern oder vergrößern können. Die Brennweite liegt zwischen 40 mm und 60 mm.

Bei günstiger Anordnung kommt die Glasfaseroptik ohne Spiegel aus. Sie wird in kleinen Tischkopierern eingesetzt, bei denen das Vorlagenglas (mit dem Original) beim Abtasten bewegt wird **(Bild 4)**.

Ein weiterer Vorteil der Glasfaseroptik liegt in der gleichmäßigen Ausleuchtung über die gesamte Bildbreite. Bei der Linsenoptik nimmt die Ausleuchtung zum Rand des Originals hin ab. Eine ungleiche Ausleuchtung der Fotohalbleitertrommel hat zur Folge, dass die Randbereiche nicht so stark gelöscht werden wie die Bildmitte. Der Rand der Kopie wird dann dunkler bzw. bekommt einen grauen Hintergrund.

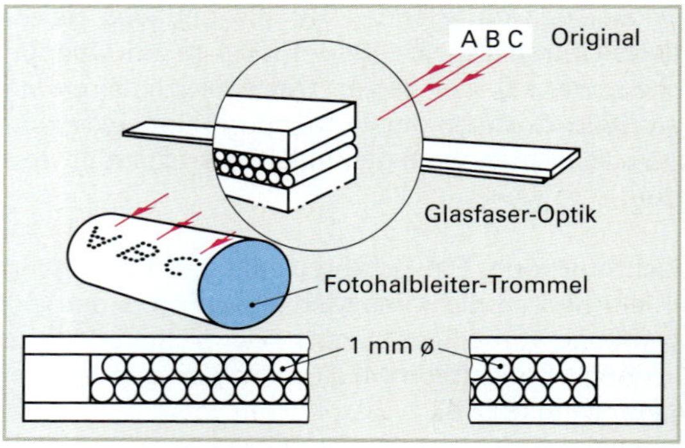

Bild 3: Glasfaseroptik

11.2.1.3 Elektrostatik in Kopiersystemen

Beim indirekten elektrostatischen Kopieren erhalten die zu beschriftenden Stellen eines Ladungsträgers, z.B. einer beschichteten Trommel, eine Ladung mit gegensätzlicher Polarität, wie sie der aufgeladene Toner hat. Dadurch wird der Toner von den unbelichteten Stellen angezogen.

Fotohalbleiter. Beim Kopieren werden als Ladungsträger Halbleitermaterialien verwendet, deren elektrischer Widerstand sich in Abhängigkeit der Beleuchtungsstärke ändert. Man nennt diese Materialien Fotohalbleiter **(Tabelle 1, folgende Seite)**. Ihr Dunkelwiderstand von bis zu $10^{14}\ \Omega$ wird durch Belichtung um etwa 5 bis 7 Zehnerpotenzen verringert.

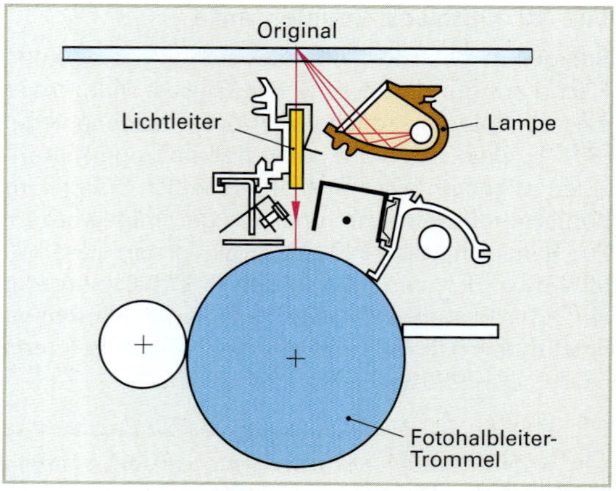

Bild 4: Belichtung mit Glasfaseroptik

11.2.1.4 Funktionsprinzip des Kopierers

Ladung

Um den Fotohalbleiter der Trommel aufzuladen, benutzt man z.B. eine Ladekorona. Diese besteht aus einem dünnen Draht. Die Korona ist in geringem Abstand zum Fotohalbleiter montiert. An den Koronadraht wird eine Gleichspannung von etwa 5 kV angelegt, deren Polarität vom verwendeten Halbleiter abhängig ist. Infolge der hohen elektrischen Feldstärke kommt es zu einer Ionisation der Luft um den Koronadraht und damit zu einer Aufladung des Fotohalbleiters. Die Spannung der geladenen Trommel beträgt etwa 1 kV. Nachteilig bei dieser Art der Aufladung ist das Entstehen von gesundheitsgefährdendem Ozon. Deshalb erfolgt heute die Ladungsübertragung auch mithilfe einer elektrostatisch aufgeladenen Schaumstoffwalze, was die Ozonbildung stark vermindert. Die Aufladung geschieht in völliger Dunkelheit, um einen Abfluss von Ladungen zu verhindern.

Die Fotohalbleiter-Trommel wird mit einem Koronadraht oder einer Koronawalze aufgeladen.

Bei Kopiergeräten, die bis A3 kopieren können, wird beim Kopieren von kleineren Formaten eine Randentladung verwendet. Der nicht benötigte Bereich der Trommel wird durch das Licht einer LED-Zeile wieder gelöscht. Dies reduziert den Tonerverbrauch und verhindert eine Verschmutzung des Kopierers.

Belichtung

Das Original (Kopiervorlage) wird mit einer Halogenstablampe beleuchtet, die bei einer großen Leistung geringe Abmessungen und hohe Lebensdauer besitzt. Das Licht dieser Lampe trifft auf die Kopiervorlage. Das reflektierte Originalbild erreicht über das Spiegel-Optik-Spiegel-System (bzw. Spiegel-Lichtleiter-Spiegel-System) die Trommeloberfläche. Durch die Reflexion der hellen (weißen) Stellen des Originals wird die Ladung der Trommel abgebaut **(Bild 1)**. Das auftreffende Licht bewirkt eine Widerstandsverringerung des Fotohalbleiters, weshalb ein Großteil der Ladung über den geerdeten Aluminiumkörper der Trommel abfließen kann. Die dunklen (schwarzen) Stellen behalten ihren Ladungszustand, da dort keine Belichtung erfolgt. So entsteht auf der Trommel ein latentes (lat. latent = versteckt, verborgen) Bild.

Eine völlige Entladung ist allerdings auch bei einem rein weißen Original nicht möglich. Es verbleibt eine Restladung von etwa 80 V bis 100 V **(Bild 2)**.

Tabelle 1: Fotohalbleiter	
CdS	Cadmiumsulfid
SeAs	Selenarsenid
OPC	Organische Fotohalbleiter (Organic Photo Conductor)
A-Si	Amorphes Silicium

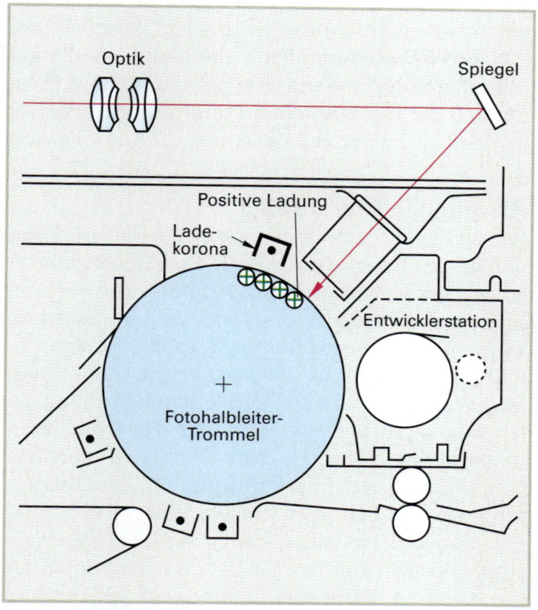

Bild 1: Ladung einer Fotoleiter-Trommel

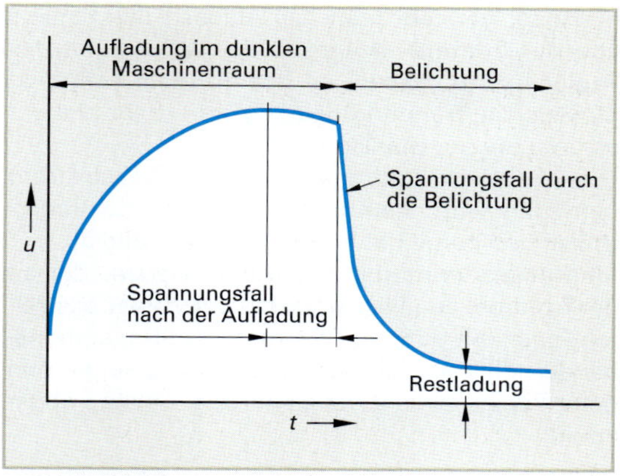

Bild 2: Spannungsverlauf beim Belichten

Belichtete Stellen der Trommeloberfläche lassen die Ladung abfließen und erzeugen so ein latentes Bild.

Entwicklung

Durch Entwicklung wird das latente Bild auf der Trommel sichtbar gemacht. Sie erfolgt mittels eines elektrostatisch aufgeladenen Toners.

Auf einer Magnetwalze wird eine gleichmäßige Tonerschicht an die Trommel herangeführt **(Bild 1)**. Infolge der gegensätzlichen Ladungen wird der Toner von den nicht belichteten Stellen des latenten Bilds angezogen **(Bild 2)**.

Um zu verhindern, dass auch geringe Restladungen Toner übernehmen, wird eine Vorspannung auf die Entwicklereinheit geschaltet, die man „Biasspannung" nennt. Sie hat die gleiche Polarität wie die Trommelladung und muss größer als die Restladung der voll belichteten Trommelstellen sein.

Übertragung bzw. Transfer

Das auf der Fototrommel entwickelte Bild wird nun mithilfe der Transferkorona auf das Papier übertragen. Diese Aufladung erfolgt hinter dem Papier. Durch die hohe Spannung wird die Luft zwischen Papier und Trommeloberfläche ionisiert, also leitend gemacht. Da die elektrostatische Ladung am Papier höher ist als die verbleibende Ladung an der Fotoleitertrommel, wird das Tonerbild zum Kopierpapier gezogen. Das Bild wird auf das Papier übertragen. Eine Verbesserung der Übertragung kann durch den Einsatz einer PTL-Lampe (PTL von **P**re-**T**ransfer-**L**amp = Vor-Übertragungslampe) erreicht werden. Sie bewirkt, dass der Toner mit geringerer Haltekraft (Ladung) auf der Trommel gehalten wird und damit der folgende Transfereffekt größer wird.

Separation

Hierunter versteht man das Ablösen des Papiers von der Trommel. Aufgrund der Ladung hat das Papier das Bestreben, an der Trommel haften zu bleiben. Die Trennung des Papiers erfolgt elektrostatisch und mechanisch.

Eine Separationskorona, die mit Wechselstrom betrieben wird, neutralisiert den Potenzialunterschied und damit die Anziehungskraft **(Bild 3)**.

Mechanisch wird mit *Separationsklauen,* die an der Trommel angelegt sind und das Papier abstreifen, oder mit dünnen Folienstreifen, Separationsbändern, die am Rand der Trommel aufliegen und dem Papier eine Zwangsführung geben, abgestreift.

Fixierung

Da das Tonerstaubbild immer noch lose auf dem Papier aufliegt, muss es in der Fixierstation wischfest gemacht werden. Dies geschieht durch Einschmelzen des Tonerpulvers in die Papieroberfläche. Hierzu benutzt man meist beheizte, gegeneinandergepresste Walzen, zwischen denen das Papier durchläuft **(Bild 4)**.

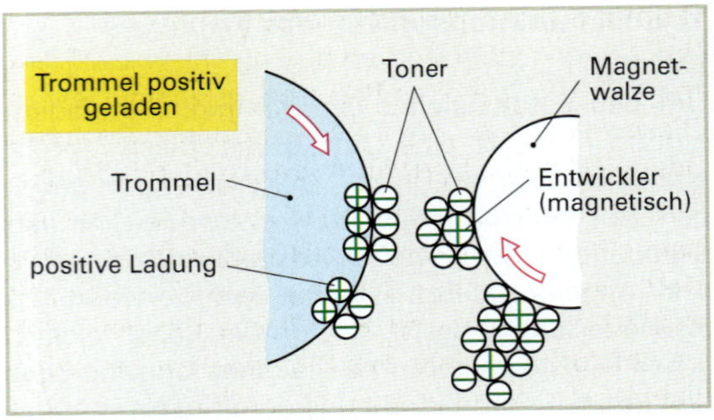

Bild 1: Prinzip der Entwicklung

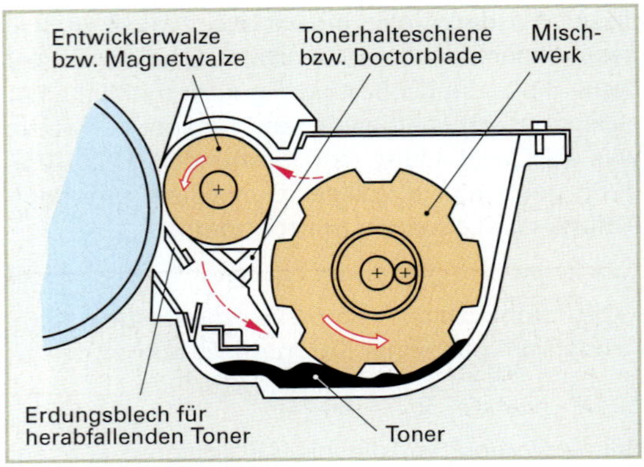

Bild 2: Entwicklerstation

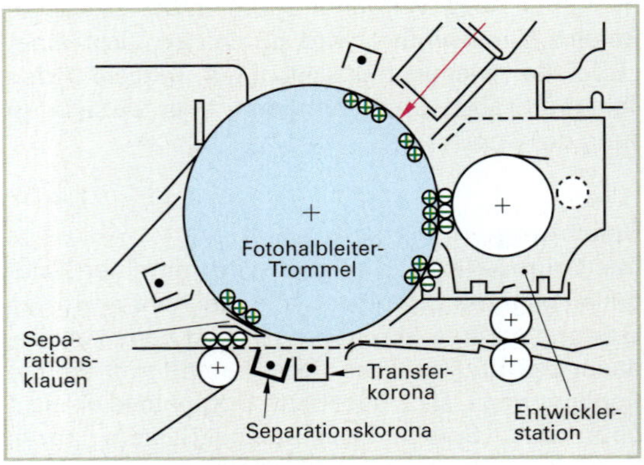

Bild 3: Elektrostatische Separation

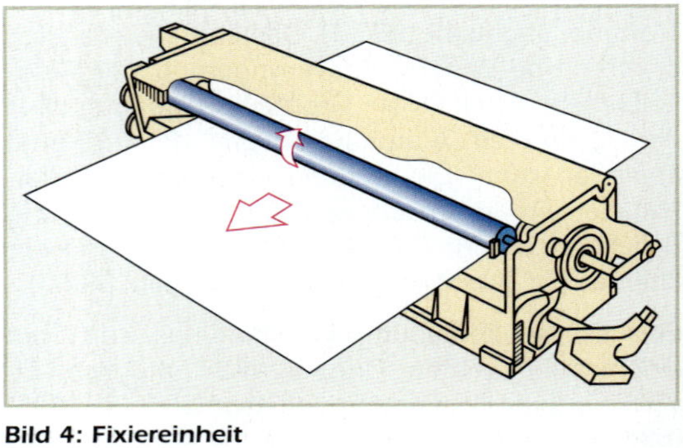

Bild 4: Fixiereinheit

Reinigung und Neutralisierung

Vor einem neuen Kopiervorgang muss die Trommel vom verbliebenen Resttoner gereinigt werden. Diese Reinigung kann durch Bürsten, Abstreifer oder elektrostatische Verfahren erfolgen **(Bild 1)**.

Vor der nächsten Ladung müssen eventuell vorhandene Restladungen abgebaut werden. Diese Neutralisierung der Ladung erfolgt durch die Belichtung der Trommeloberfläche mit einer PCL-Leuchtstoffröhre (von **P**re **C**harging **L**amp = Vorladungs-Leuchtstoffröhre).

> Der Kopiervorgang erfolgt in den Phasen Laden, Belichten, Entwickeln, Übertragen, Separieren, Fixieren, Reinigen und Neutralisieren.

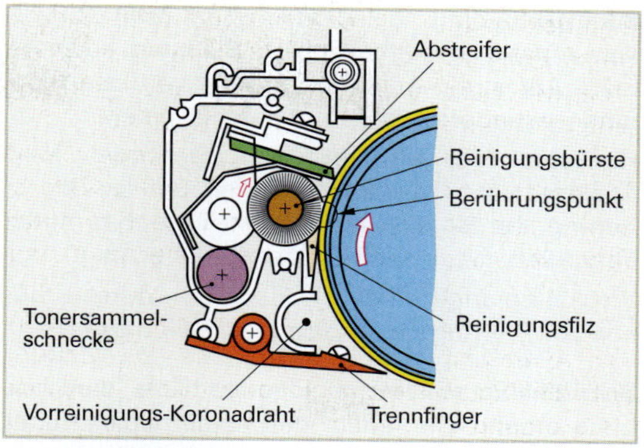

Bild 1: Reinigungseinheit

Wiederholung und Vertiefung

1. **Welchen Vor- und Nachteil besitzt eine Glasfaseroptik?**
2. **Welchen Spannungswert hat eine aufgeladene Fototrommel?**
3. **Was versteht man unter einem latenten Bild?**
4. **Auf welche Arten kann die Separation erfolgen?**
5. **Wie wird der Toner fixiert?**

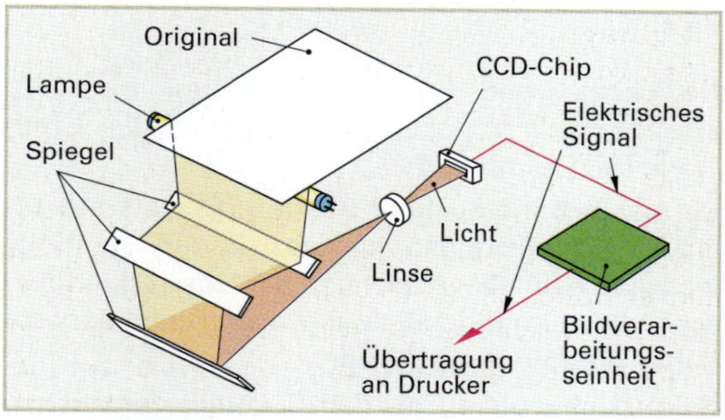

Bild 2: Scannereinheit

11.2.2 Digitalkopierer

Ein Digitalkopierer besteht aus einer Scanner-Einheit, die das Original abtastet und einer Laserdruck-Einheit, welche die von der Bildverarbeitung vorliegenden Daten ausdruckt.

Scannen

Die Scanner-Einheit besteht aus einer Halogenlampe, Umlenkspiegeln und einer Linse, welche die Bildinformation auf einen CCD-Chip (von **C**harge **C**oupled **D**evice = ladungsgekoppelter Schaltkreis) abbildet **(Bild 2)**.

Die lichtempfindlichen Zellen des CCD-Bildsensors erzeugen bei Lichteinfall elektrische Ladungen. Die Höhe der Ladung ist abhängig von der Intensität des einfallenden Lichts.

Der Bildsensor besteht aus ca. 5000 Fotoelementen, von denen jedes etwa 7 µm breit ist. Bei der Abtastung einer Zeile (A4 quer) ergibt sich, dass auf jedem Fotoelement ein Originalbereich von ungefähr 63 µm Länge abgebildet wird. Ein CCD-Signal mit dem Zustand 1 (maximale Belichtung) entspricht einer weißen Fläche; der Zustand 0 einer schwarzen.

Graustufendarstellung

Ein Digitalkopierer kann zunächst nur schwarze oder weiße Pixel darstellen. Graustufen werden aus einem Bildmuster aus schwarzen und den benachbarten weißen Pixeln erzeugt. Hierzu wird eine Matrix aus z.B. 4 x 4 Pixeln gebildet. Man erhält einen Grautoneindruck durch die flächenmäßige Verteilung von Punkten entsprechend dem Bitmuster in der Dither-Matrix (to dither = schwanken). Mit einer 4x4-Matrix erhält man also 16 Graustufen (mit Weiß 17).

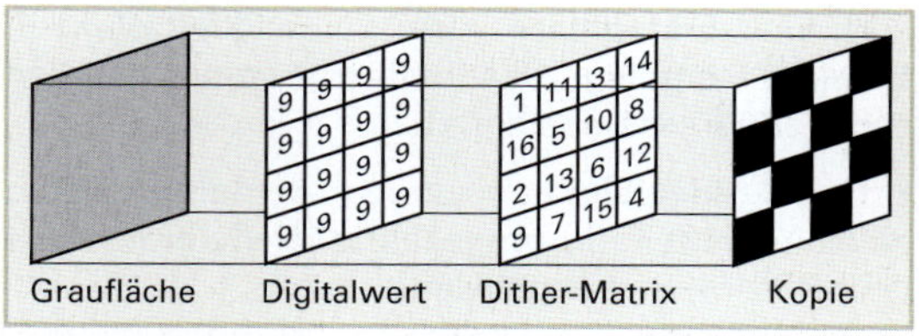

Bild 3: Darstellung von Grauwerten mit 4x4-Matrix

Mit 8 Bits können 256 verschiedene Stufen unterschieden werden. Weiß entspricht dem digitalen Wert 0 und Schwarz dem digitalen Wert 255.

Die in **Bild 3** dargestellte Graufläche besitzt z.B. einen Digitalwert von 9. Alle Werte der Dither-Matrix, die größer oder gleich 9 sind, ergeben einen schwarzen Punkt, diejenigen, die kleiner als 9 sind, einen weißen Punkt in der Kopie.

Bildverarbeitung. Beim **Vergrößern und Verkleinern** muss man die horizontale Richtung, auch primäre Abtastung genannt, und die vertikale Richtung (sekundäre Abtastung) unterscheiden.

Horizontal wird die Größe über Verdoppeln bzw. Auslassen von Datenbits verändert. Bei der Vergrößerung werden die eingefügten Datenbits durch Interpolation aus den Nachbarwerten erzeugt.

Vertikal verändert man die Bildgröße durch Erhöhen bzw. Verringern der Scangeschwindigkeit.

Schriftbildverschiebung. Eine vertikale Verschiebung erhält man, indem das Kopierpapier früher oder später transportiert wird.

Für die horizontale Verschiebung eines Bildpunktes wird der Startzeitpunkt für das Auslesen der Bilddaten verschoben.

Helligkeits- und Kontrasteinstellung. Sie wird erreicht durch Anheben bzw. Absenken der Grauwerte **(Bild 1** und **Bild 2).**

Bei der **Schärferegelung** werden die unterschiedlichen Schwärzungsgrade des Bildes verstärkt, während beim Weichzeichnen der Unterschied zwischen abweichenden Schwärzungsgraden benachbarter Pixel verringert wird.

Beim **Buchkopieren** werden Buchmitte und Buchränder erkannt und ausgeblendet. Die Kopie erfolgt z.B. auf zwei Seiten mit Größenausgleich.

Bei der **Bildwiederholung** werden die Startadresse und die Endadresse des zu wiederholenden Bereichs festgelegt. Das Einlesen beginnt dann an der Startadresse und endet an der Endadresse.

Um ein **Spiegelbild** zu erzeugen, werden die Daten einer Abtastzeile in umgekehrter Reihenfolge aus dem Zeilenspeicher gelesen.

Die **Schwarzweiß-Umkehrung,** also die Inversfunktion, geschieht durch die Umkehrung der Grauwerte.

11.2.3 Digitaler Vollfarbkopierer

Vollfarbkopierer funktionieren als Digitalkopierer. Auch bei ihnen gibt es drei Baueinheiten. Im Unterschied zum Schwarzweiß-Digitalkopierer erfasst hier die Scannereinheit das Original in den drei Grundfarben. Die Bildverarbeitungseinheit verarbeitet die einzelnen Grundfarben-Bilder digital und die Druckeinheit druckt die Farbkopie aus.

Farberfassung in der Scannereinheit

Nach der Belichtung des Originals muss das vom Original reflektierte Licht in die Grundfarben Rot, Grün und Blau getrennt werden. Dies kann durch *Prismen mit Filterbeschichtung* erfolgen.

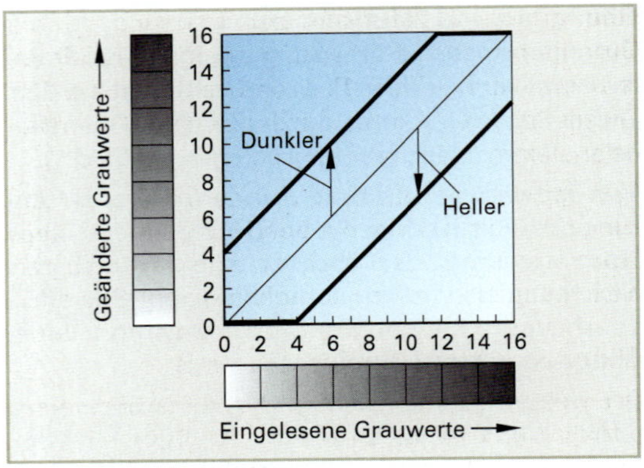

Bild 1: Helligkeitseinstellung

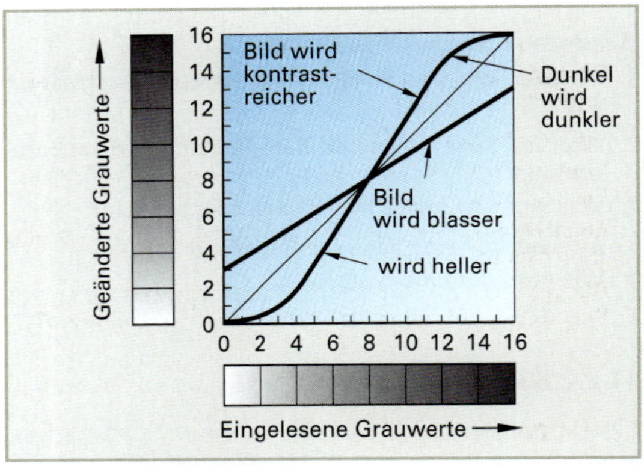

Bild 2: Kontrasteinstellung

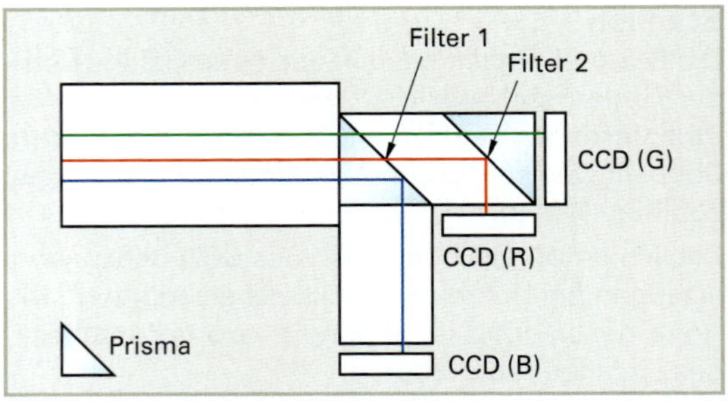

Bild 3: Baugruppe mit dichroitischen Prismen

In einer Baugruppe sind zwei dichroitische Prismen (= farbtrennende Prismen) hintereinander angeordnet **(Bild 3).**

Das erste Prisma spaltet das weiße Licht auf und leitet mithilfe seiner Filterbeschichtung das blaue Licht auf eine CCD. Das verbliebene Licht wird durch ein zweites Prisma in die Rot- und Grünanteile aufgeteilt. Diese werden dann jeweils einer eigenen CCD zugeleitet.

Eine andere Möglichkeit der Trennung in die Grundfarben ist die Erfassung durch CCDs mit Filterbeschichtung **(Bild 1).** Hier besitzen die CCDs jeweils ein Filter, das die entsprechende Grundfarbe ausfiltert.

Eine weitere Möglichkeit der Grundfarbenerfassung funktioniert über die Belichtung mit farbigem Licht. In einem Scandurchlauf blitzen 3 Farblampen nacheinander synchron zur Taktung der CCDs auf.

Bildverarbeitung, Kopieerzeugung

Der weitere Funktionsablauf des Vollfarbkopierers erfolgt wie beim Digitalkopierer beschrieben.

Die *Bildübertragung* auf das Kopierpapier erfolgt wie beim Farblaserdrucker.

Wiederholung und Vertiefung

1. **Beschreiben Sie die Abtastung des Originals beim Digitalkopierer.**
2. **Wozu dient im Digitalkopierer die Dither-Matrix?**
3. **Wodurch wird bei der Bildverarbeitung eine Vergrößerung bzw. eine Verkleinerung des Bildes erreicht?**
4. **Erklären Sie, wie beim Digitalkopieren ein Vervielfachen des Bildes erfolgt.**
5. **Auf welche drei Arten kann die Farberfassung in der Scannereinheit eines Vollfarbkopierers geschehen?**

11.3 Faxgeräte

Telefaxgeräte, auch Fernkopierer oder Faxgeräte genannt, dienen dazu, Informationen in Form von geschriebenen Worten, Zeichen, Zeichnungen, Grafiken, Tabellen o.Ä. von einem Teilnehmer (Sender) zu einem anderen Teilnehmer (Empfänger) fernzuübertragen. Das Original der über das öffentliche Telekommunikationsnetz übermittelten Information verbleibt dabei beim Sender, der Empfänger erhält eine originalgetreue Kopie.

Das Wort *Fax* stammt aus dem Amerikanischen und wird verwendet für *Faksimile,* was wiederum vom lateinischen *facere* (= machen) und *similis* (= ähnlich) abgeleitet ist. Es wird also eine dem Original ähnliche Abbildung erstellt.

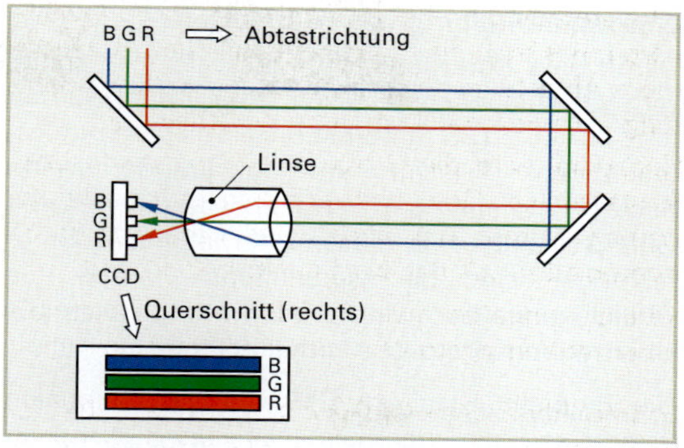

Bild 1: Abtastung mit filterbeschichteter CCD

> Bei der Faxübertragung wird ein Original von einem Sendegerät über das öffentliche Fernmeldenetz zu einem Empfangsgerät gesendet und dort als Kopie ausgedruckt.

Aufbau von Faxgeräten

Ein Faxgerät besteht im Prinzip aus drei Baugruppen, die eigentlich auch eigenständig arbeiten könnten: Scanner, Modem und Drucker. Diesen Umstand macht man sich bei *Multifunktionsgeräten* zu Nutze.

Die Bilderfassung geschieht über die *Scannereinheit.* Dabei wird das Original zeilenweise abgetastet. Dann werden die Bildsignale in Digitalsignale umgewandelt und codiert.

Da die Bildsignale über das analoge Fernsprechnetz übertragen werden, müssen sie im *Modem* moduliert werden. Im Empfängergerät werden die Signale demoduliert und decodiert.

Beim Empfänger wird mit der *Druckereinheit* die Fernkopie erstellt **(Bild 2).**

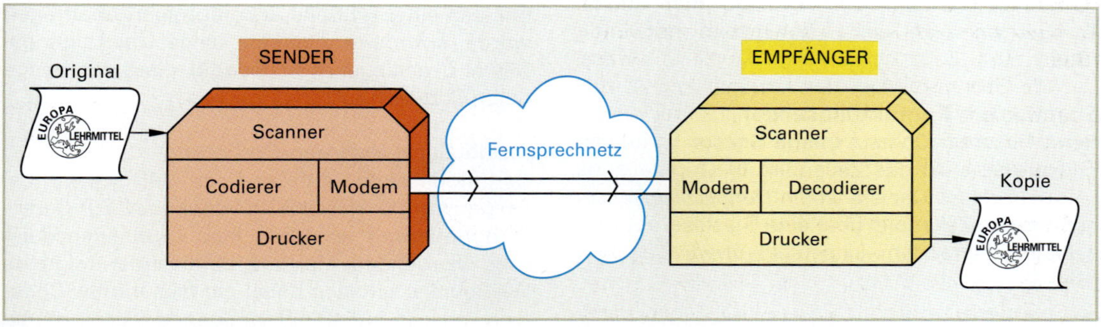

Bild 2: Prinzip der Faxübertragung

Gruppeneinteilung von Faxgeräten

Damit eine Kommunikation zwischen Fernkopierern verschiedener Hersteller möglich ist, wurden von der ITU-TSS (**I**nternational **T**elecommunication **U**nion – **T**elecommunication **S**tandardization **S**ector) Empfehlungen veröffentlicht, die weltweit Gültigkeit haben. In diesen internationalen Empfehlungen sind die Modulationsverfahren, die Übertragungsgeschwindigkeiten und vor allem die Übertragungsprotokolle enthalten.

Die Empfehlungen der ITU und die nationalen Richtlinien, die ehemals von der Deutschen Bundespost erstellt wurden, bilden die Grundlage für die Einteilung der Faxgeräte in vier Gruppen.

Von den so eingeteilten ersten drei Gruppen spielt heute nur noch die Gruppe 3 eine Rolle. Geräte der Gruppe 1 und Gruppe 2 können nicht mehr am Fax-Verkehr teilnehmen. Die Geräte der Gruppe 4 arbeiten mit Digitalübertragung, also im ISDN.

Die Geräte der Gruppe 4 haben sich keinen großen Markt erobern können, da sie relativ teuer sind und ihren Hauptvorteil, die hohe Übertragungsgeschwindigkeit von 64 kbit/s nur dann erreichen, wenn das Empfangsgerät ebenfalls ein Gerät der Gruppe 4 ist.

Die folgenden Ausführungen beziehen sich deshalb auf Faxgeräte der Gruppe 3.

Abtastung

Das Original wird zur Bilderfassung in der Scannereinheit zeilenweise abgetastet. Für ein Original im A4-Format werden pro Zeile 1728 Bildpunkte erfasst.

Es existieren zwei Arten von Scannern in Faxgeräten:

Scanner mit CCD-Element

Hier wird das Original zeilenweise mit einer HF-Leuchtstoffröhre oder einer LED-Zeile beleuchtet. Da das Zeilenbild auf ein CCD-Element mit einer Länge von etwa 30 mm projeziert wird, muss es verkleinert werden. Deshalb sind hier sowohl Spiegel als auch ein Linsensystem notwendig **(Bild 1)**.

Scanner mit Kontaktbildsensor

Beim CIS (von **C**ontact **I**mage **S**ensor = Kontaktbildsensor) wird das Zeilenbild in Originallänge, also 1:1 erfasst. Der CIS ist ein *Dünnschichtsensor,* auf den das Zeilenbild über eine Glasfaseroptik mit selbstfokusierendem Linsenfeld übertragen wird **(Bild 2)**.

Das Bild der Zeile wird nach der Erfassung mit CCD bzw. CIS digitalisiert und verstärkt.

> Faxgeräte bestehen aus den Baugruppen Scanner, Modem und Drucker.

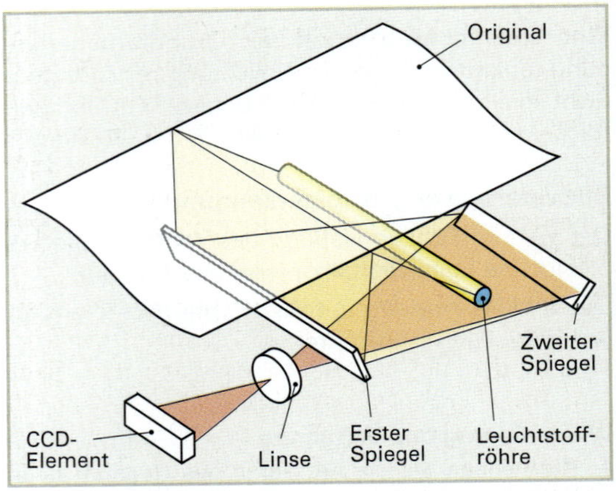

Bild 1: Scanner mit CCD-Sensor

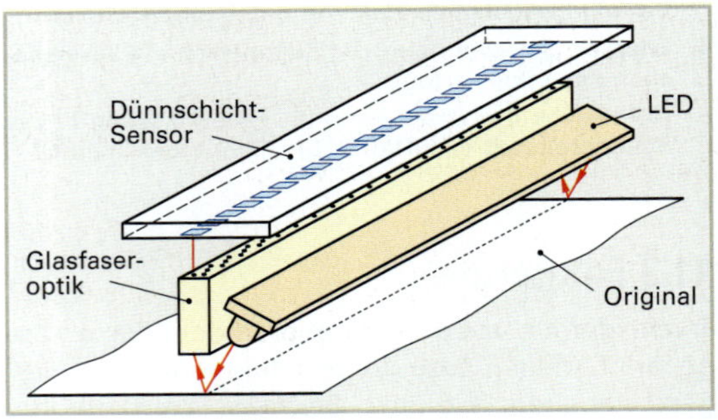

Bild 2: Kontaktbildsensor

> Scanner in Faxgeräten arbeiten mit einem CCD-Element oder mit einem Kontaktbildsensor.

Codierung der Bildzeilen

Wenn man die Menge von etwa 2 Millionen Bildpunkten einer A4-Seite unkomprimiert übertragen würde, erforderte dies sehr lange Übertragungszeiten. Deshalb ist es notwendig, die Datenmenge durch Codieren zu komprimieren.

Modifizierte Huffman-Codierung

Der modifizierte Huffman-Code (MHC) wird bei Faxgeräten standardmäßig verwendet. Zur Datenkomprimierung wird hier eine Lauflängencodierung verwendet. Mehrere aufeinander folgende Weißpunkte erhalten dabei ein bestimmtes Codewort, ebenso aufeinander folgende Schwarzpunkte. Die Codeworte sind in der Regel wesentlich kürzer als die Lauflängen. Weil dieses Verfahren nur immer eine Zeile berücksichtigt, spricht man von einem *eindimensionalen Codierverfahren* **(Bild 1)**.

Modified READ-Codierung MRC

Bei der Modified READ-Codierung (von **R**elative **E**lement **A**ddress **D**esignate = relative Elementadressierung) verwendet man ein zweidimensionales Verfahren, denn hier wird die erste Zeile MH-codiert und in der Folgezeile werden nur die Unterschiede zur vorhergehenden Zeile codiert **(Bild 2)**.

Sollte innerhalb einer Zeile ein Übertragungsfehler auftreten, könnte sich dieser Fehler fortpflanzen, obwohl die nachfolgenden Zeilen fehlerfrei sind. Um diese Fehler einzuschränken, dürfen bei einer Vertikalauflösung von 3,85 Zeilen/mm maximal eine nachfolgende Zeile und bei 7,7 Zeilen/mm maximal drei aufeinander folgende Zeilen zweidimensional codiert werden.

Modified Modified READ-Codierung MMRC

Vorherstehende Einschränkung fällt bei der MMR-Codierung weg. Sie wird allerdings nur bei gleichzeitiger Anwendung des Error Correction Modes (= Fehlerkorrektur-Modus) verwendet.

Eine Codierung der Faxdaten ist notwendig, um die Datenmenge zu verringern und somit schneller übertragen zu können.

Modulation

Da die G3-Faxdaten über das öffentliche analoge Telefonnetz übertragen werden, ist eine Modulation, d.h. eine Umformung der digitalen Signale in Analogsignale, notwendig. Diese Umformung geschieht im Faxmodem.

Die Bandbreite des analogen Telefonnetzes ist begrenzt, deshalb kann man im Faxverkehr nur mit einer maximalen Schrittgeschwindigkeit von 2400 Baud übertragen. Würde man mit jedem Schritt nur ein Bit übertragen, könnte man auch nur eine Übertragungsgeschwindigkeit von 2400 bit/s erreichen. Das ist zu langsam. Deshalb hat man Modulationsverfahren entwickelt, die mehrere Bits in einem Signal (= Schritt) zusammenfassen **(Tabelle 1)**. Dadurch kann die Übertragungsgeschwindigkeit der Bildsignale derzeit bis auf 14400 bit/s erhöht werden.

Die Frequenzumtastung dient im Faxbereich nur der Modulation der Steuersignale. Bildsignale werden nicht frequenzmoduliert, weil die Übertragungsgeschwindigkeit unzureichend wäre.

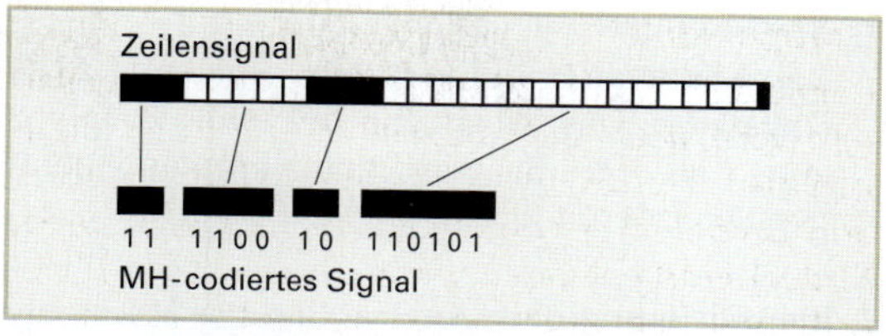

Bild 1: Beispiel eines Zeilenausschnitts mit MHC

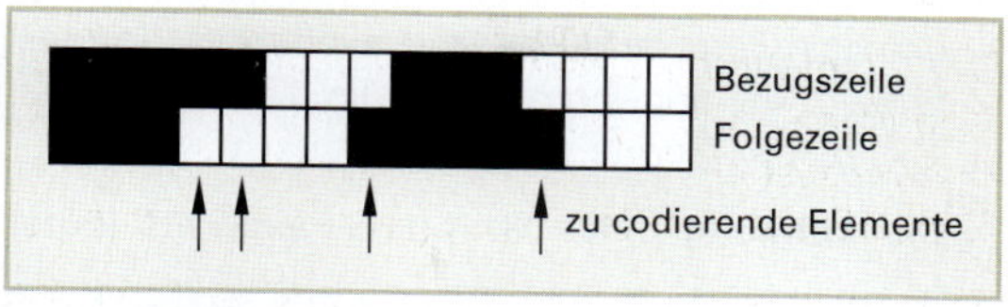

Bild 2: Modified READ-Codierung MRC

Um Faxdaten über das analoge Telefonnetz zu übertragen, ist eine Modulation im Faxmodem notwendig.

Tabelle 1: FAX-Modulationsverfahren

Modulationsart	Schrittgeschwindigkeit [Baud]	Abkürzung	Anzahl der Bits pro Schritt	Bitrate [bit/s]
Frequenzumtastung	300	FSK	1	300
Phasenumtastung	1200 1600	PSK	2 3	2400 4800
Quadraturamplitudenmodulation	2400	QAM	3 4	7200 9400
Trelliscode-Modulation	2400	TCM	5 6	12000 14400

FSK von Frequency Shift Keying = Frequenzumtastung

PSK von Phase Shift Keying = Phasenumtastung, Phasendifferenzmodulation

QAM von Quadrature Amplitude Modulation = Quadraturamplitudenmodulation

TCM von Trellis Code Modulation = Gitterwerk-Code-Modulation

Übertragungsverfahren

Die Faxübertragung läuft nach festen Kommunikationsregeln ab. Sende- und Empfangsgerät müssen sich über die Übertragungsbedingungen einigen, deshalb spricht man von einem Handshake-Verfahren (handshake = Händeschütteln, **Bild 1, folgende Seite**). Die Kommunikation erfolgt in 5 Phasen.

1. **Verbindungsaufbau (Phase 1)**
   Das Sendegerät ruft mit dem Rufsignal CNG **(Tabelle 1)**. Das ist ein Ton mit einer Frequenz von 1100 Hz. Er wird vom Empfangsgerät beantwortet mit CED, einem 2100-Hz-Ton.

2. **Identifizierung und Übertragung der Merkmale (Phase 2)**
   Das gerufene Gerät sendet eine Folge von Signalen (DIS, NSF), welche die Spezifikation, nach der das Gerät arbeitet, und eventuelle Sonderfunktionen angeben. Auch die Kennung (CSI, TSI) beider Geräte wird ausgetauscht.

   Die Kennung eines Gruppe-3-Faxgeräts lautet z.B.:

   +49 7152 12345

   +49 ist die Landeskennung, dann folgt nach einer Leerstelle die Vorwahl ohne 0 und nach einer weiteren Leerstelle die Faxnummer des Geräts.

   Die Übertragungsparameter, wie z.B. die Übertragungsgeschwindigkeit, werden mit dem Signal DCS festgelegt. Auch herstellerspezifische Funktionen, wie z.B. der Weißsprung, bei dem Zeilen ohne Schwärzung übersprungen und nicht übertragen werden, müssen gegebenenfalls mit NSS festgelegt werden.

   Dann wird ein Leitungstest durchgeführt, bei dem ermittelt wird, welche höchste Geschwindigkeit die Übertragungsleitung zur fehlerfreien Übertragung zulässt. Diese Prozedur bezeichnet man auch als „training" (to train = ausrichten auf).

3. **Dokumentenübertragung (Phase 3)**
   Nachdem das Empfangsgerät die Empfangsbereitschaft signalisiert hat, werden jetzt die Bilddaten vom sendenden Gerät zum Empfangsgerät übertragen.

Tabelle 1: FAX-Verständigungssignale

Signal	Bedeutung	Beschreibung
CNG	calling	Rufsignal
CED	called station identification	Rufbeantwortung
DIS	digital identification signal	Empfängermerkmale
CSI	called subscriber identification	Kennung der gerufenen Station
TSI	transmitting subscriber identification	Kennung der sendenden Station
NSF	non standard facilities	Sondermerkmale
DCS	digital command signal	digitaler Einstellbefehl
NSS	non standard set-up	Einstellbefehl für Sondermerkmale
CFR	confirmation to receive	Empfangsbereitschaft für Bilddaten
EOP	end of procedure	Ende der Seite, keine weitere Übertragung
MPS	multi page signal	Ende der Seite, weitere Bilddaten folgen
PPS	partial page signal	Teilseitensignal
PPR	partial page request	Anforderung einer Teilseite
MCF	message confirmation	positive Übertragungsquittung
DCN	disconnect	Verbindungstrennung

4. **Seitenende oder Fortsetzung der Übertragung (Phase 4)**
   Am Ende der übertragenen Seite wird gegebenenfalls über ein Mehrseitensignal (MPS) eine weitere Seite angekündigt oder falls es die letzte bzw. einzige Seite war, das Übertragungsende (EOP) signalisiert (Bild 1).

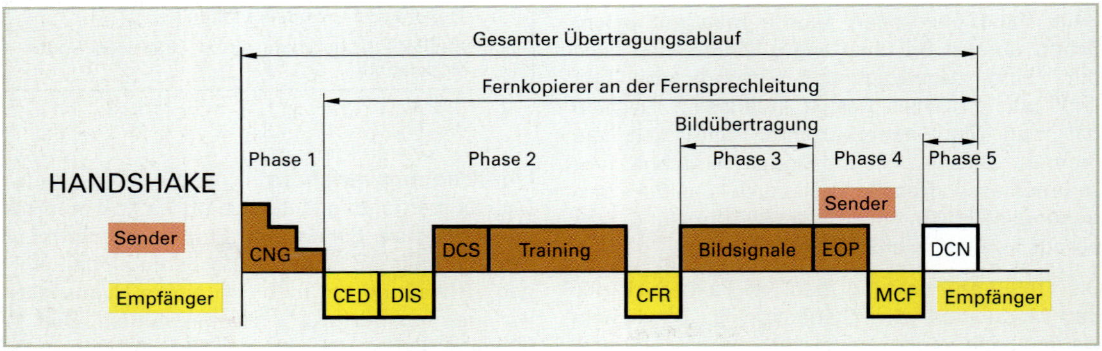

Bild 1: Einfacher Handshake-Ablauf bei der Faxübertragung

5. **Verbindungstrennung (Phase 5)**
   Das Sendegerät trennt mit dem Signal DCN die Verbindung.

> Im Handshake-Verfahren gleichen die beiden Faxgeräte ihre Übertragungsparameter ab und einigen sich auf die Übertragungsmodalitäten.

Faxabruf

Ein besonderes Faxübertragungs-Verfahren ist der auch *Polling* (= wählen) genannte Faxabruf.

Hier ruft das Sendegerät einen Empfänger, der eine oder mehrere Faxseiten zum Abruf bereithält und zum rufenden Gerät sendet.

Es gibt auch einen geschützten Polling, bei dem in einer Schutzcodeliste die Faxnummern hinterlegt sind, welche zum Abruf berechtigt sind.

Fehlerkorrektur

Übertragungsfehler, Zeilenfehler, erkennt das empfangende Faxgerät daran, dass die Bitsumme der decodierten Zeile nicht stimmt.

Kommen mehr als 10 % solcher Zeilenfehler vor oder sind 6 aufeinander folgende Zeilen fehlerhaft, wird die Empfangskopie vom Empfängergerät negativ beurteilt und die Übertragung muss noch einmal erfolgen.

Um die Verzögerungszeit, die durch eine solche Negativquittung des Empfängers entsteht, zu vermeiden, wurde in moderne Faxgeräte eine Fehlerkorrektureinrichtung eingebaut. Dieser ECM (von **E**rror **C**orrection **M**ode = Fehlerkorrektur-Verfahren) teilt die zu übermittelnden codierten Zeilen in 256 Byte große Rahmen ein **(Bild 1).** Es werden 256 dieser Rahmen zu einer Teilseite zusammengefasst und mit dem Teilseitensignal PPS (Tabelle 1, vorhergehende Seite) übertragen. Der Empfänger prüft in dieser Teilseite jeden Rahmen und fordert gegebenenfalls fehlerbehaftete Rahmen mit PPR nochmals an. So werden alle übertragenen Teilseiten überprüft und korrigiert, sodass eine fehlerfreie Übertragung gewährleistet ist.

> Der ECM garantiert eine fehlerfreie Übertragung, hat aber den Nachteil, dass die Übertragung etwas länger dauern kann.

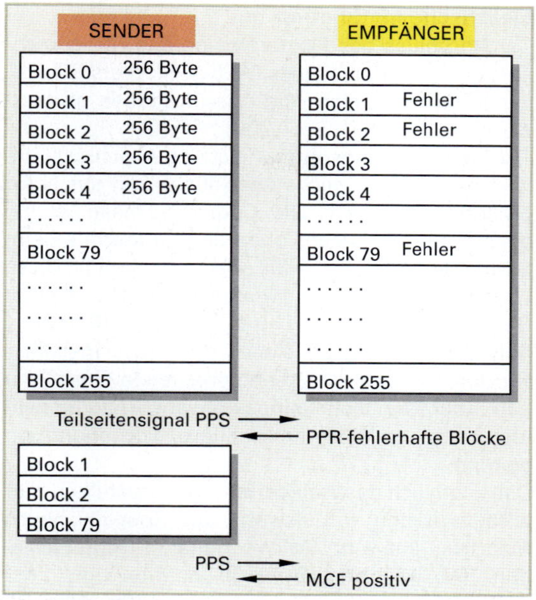

Bild 1: ECM-Verfahren

Erstinstallation

Stellplatzbedingungen

Folgende Bedingungen gelten im Prinzip für alle druckenden Bürogeräte.

Orte, an denen das Gerät nicht aufgestellt werden sollte:

- Stellen, an denen das Gerät starker Erwärmung oder z.B. der Sonneneinstrahlung ausgesetzt ist.
- Orte, an denen viel Staub entsteht.
- Orte, die hohe Luftfeuchtigkeit aufweisen.
- Orte, an denen starke Erschütterungen auftreten.
- Stellplätze mit niedriger oder stark wechselnder Temperatur.

Das Gerät ist auf eine ebene, feste Fläche zu stellen, die genügend Platz für die Ausgabe von Original und Kopien lässt.

Mechanische Installation eines Laserfax-Gerätes

Das Gerät muss ausgepackt und die Zubehörteile müssen auf Vollständigkeit kontrolliert werden. Dann sind die Klebestreifen und Transportsicherungen zu entfernen. Danach wird die Trommeleinheit eingesetzt. Zuletzt werden die Zubehörteile wie Papierkassette, Auffangkorb und Originaltisch-Verlängerung angebracht und das Netzkabel und das Fernmeldekabel angeschlossen.

Das Gerät befindet sich nun im Auslieferungszustand.

Es folgt eine Funktionsprüfung der Baugruppen. Dazu wird das Gerät eingeschaltet und das Display beobachtet. Erscheinen dort keine oder unverständliche Zeichen, ist das Gerät sofort auszuschalten und der korrekte Sitz der Baugruppen zu kontrollieren.

Dann ist eine Probekopie zu erstellen.

Elektrische Installation

Der Anschluss des Faxgerätes an das Fernsprechnetz erfolgt mithilfe eines TAE6-N-Steckers **(Bild 1)**, der in die entsprechende Anschlussdose gesteckt wird.

TAE steht für Telekommunikations-Anschluss-Einheit, die 6 für die sechs Anschlüsse und das N für „Nichtfernsprechen". Die Codierungsnase ist bei diesem Stecker weiter oben angeordnet als beim F-codierten Stecker (F für „Fernsprechen"). Diese Unterscheidung ist notwendig, da in N-codierten Geräten das Signal durchgeschleift wird **(Bild 2)**.

Soll ein Faxgerät an einem Anschluss installiert werden, müssen vor Ort entsprechende Einstellungen über die Installationssoftware, man spricht hier auch von Softwareschaltern, vorgenommen werden.

Dabei ist auch das Wahlverfahren einzustellen. Hier wird zwischen Impulswahl und Tonwahl, auch Mehrfrequenzwahl (MFW) genannt, unterschieden. Die Mehrfrequenzwahl arbeitet mit zwei unterschiedlichen Frequenzen je Ziffer **(Bild 3)**. Impulswahl findet kaum noch Anwendung. Bei ihr wird mit kurzen Stromunterbrechungen gearbeitet.

Danach ist die Anschlussart, ob Hauptanschluss oder Nebenstelle, festzulegen. Ist die Leitung an eine Tk-Anlage angeschlossen, muss der Nebenstellenanschluss eingestellt werden.

Bei einem Nebenstellenanschluss ist die Art der Amtsholung wichtig. Eine häufige Art ist die Wahl einer Ziffer 0 bis 9, wobei wiederum die Wahl der 0 am häufigsten ist. Das Amt kann aber auch durch Drücken der „Flashtaste" (flash = Blitz) geholt werden. Bei älteren Nebenstellenanlagen ist die Amtsholung auch mit der Erdtaste möglich.

> Wichtige Informationen für die Faxgeräte-Installation sind die Art des Wahlverfahrens, die Anschlussart und die Art der Amtsholung.

Vorgehensweise bei der Erstinstallation

Um Fehlfunktionen zu vermeiden, sollte vor der Installation stets eine Gesamtrücksetzung durchgeführt werden.

Dann ist der Servicemode einzuschalten und zunächst sind Datum und Uhrzeit einzugeben. Danach wird die Kennung eingegeben und anschließend werden Wahlverfahren, Wahlart und bei Nebenstelle die Amtsholung mithilfe von Softwareschaltern eingestellt.

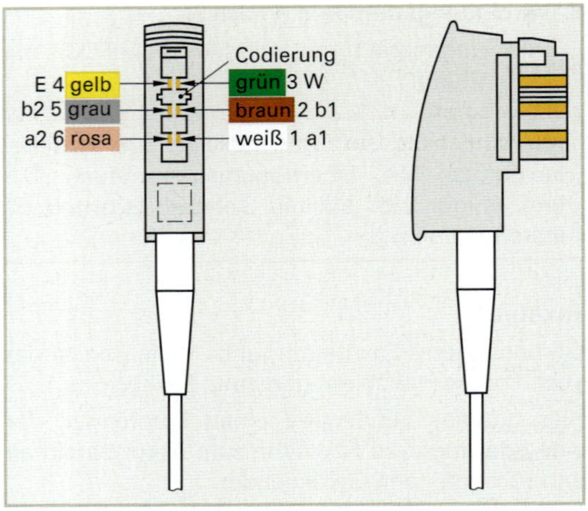

Bild 1: TAE6-Stecker

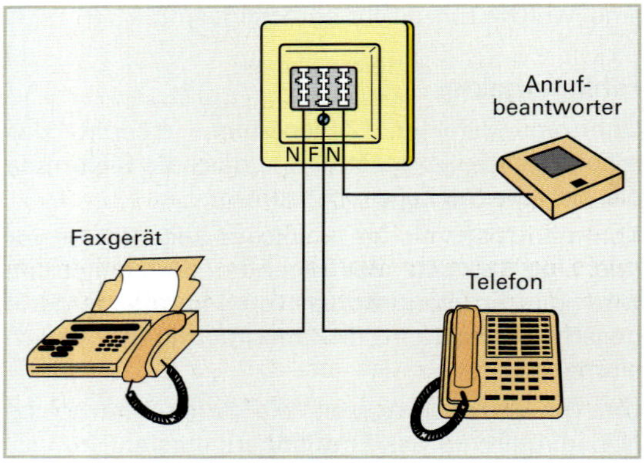

Bild 2: Fax-Gerät am NFN-Anschluss

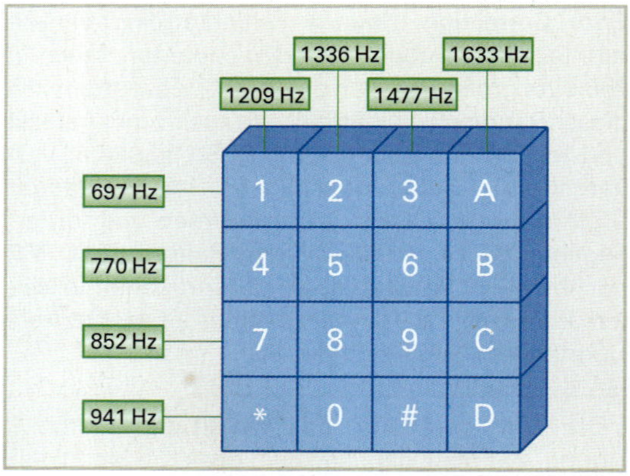

Bild 3: Frequenzzuordnung beim Mehrfrequenzwahlverfahren

Wiederholung und Vertiefung

1. **Welche Scannerarten finden beim Bau von Faxgeräten Verwendung?**
2. **Welche Standardauflösung wird beim Scannen des Originals verwendet?**
3. **Wie heißt die Codierung für TAE-Stecker?**
4. **Nennen Sie die höchste Bitrate bei einer Faxübertragung mit Quadraturamplitudenmodulation.**
5. **Welche Aufgabe hat das „Training" in Phase 2 des Handshake-Verfahrens?**
6. **Nennen Sie die verschiedenen Arten der Amtsholung.**

11.4 Druck- und Kopierpapier

11.4.1 Holzfreies Papier

Zum Drucken und Kopieren wird holzfreies Papier verwendet. Holzfreie Papiere bestehen ausschließlich aus Zellstoff ohne verholzte Fasern. Die Bezeichnung *holzfrei* ist für Laien irreführend. Es müsste eigentlich heißen: „Frei von Lignin".

Lignin ist neben der Zellulose und weiteren Bestandteilen im Holz enthalten. Im Druckpapier bzw. Kopierpapier ist es eine unerwünschte Beigabe, die dafür sorgt, dass das Papier schnell vergilbt, und im Laserdrucker oder Kopierer bei der Hitzefixierung mit in der Holzfaser vorhandenen Harzen ausdampft.

Papier mit Holzfasern wird heute nur noch für geringwertiges Papier und z.B. für Verpackungen verwendet.

Druck- bzw. Kopierpapier wird harzfrei und weitgehend ligninfrei aus Zellstoff hergestellt.

Bei der Zellstoffgewinnung werden Lignin und Harze chemisch von der Zellulose getrennt. Holzzellstoff ist braun. Um weißes Papier zu erhalten, muss es gebleicht werden. Dies geschah früher mithilfe von Chlor, während heute aus Gründen des Umweltschutzes überwiegend mit Sauerstoff gebleicht wird. Erkennbar ist gänzlich chlorfrei gebleichtes Papier am Zusatz tcf (von **t**otally **c**hlorin**f**ree = vollständig chlorfrei).

11.4.2 Papier für Kopierer und Laserdrucker

Die Zuverlässigkeit des Kopierprozesses hängt stark von der Qualität des Papiers ab. Da die Funktionsweise des Laserdrucks weitgehend mit der des elektrostatischen Kopierens übereinstimmt, gelten hier dieselben Grundanforderungen an das Papier.

Es müssen ein störungsfreier Papiereinzug und -durchlauf sowie eine gute Ablage im Kopienausgabetisch bzw. gute Stapelung im Sorter gewährleistet sein. Hierzu muss das Papier gute Wölbungseigenschaften besitzen. Diese werden wiederum durch die Papierfeuchtigkeit bestimmt. Papier ist ein hygroskopischer Stoff, d.h., es kann Feuchtigkeit gut aufnehmen und wieder abgeben. Kopierpapier sollte wenig feucht sein, da sonst diese Feuchtigkeit in der Fixierstation verdampft und es sich infolgedessen aufrollt.

Außerdem werden genaue Bildwiedergabe und gleichmäßige Druckdichte verlangt. Dazu muss das Papier gleichmäßig dick sein, wenig Porosität und keine wolkigen Formationen, das sind Stellen unterschiedlicher Faserdichte, aufweisen. Auch hier wirkt sich feuchtes Papier negativ aus, weil es die elektrische Leitfähigkeit erhöht und damit die elektrostatische Aufladung behindert wird.

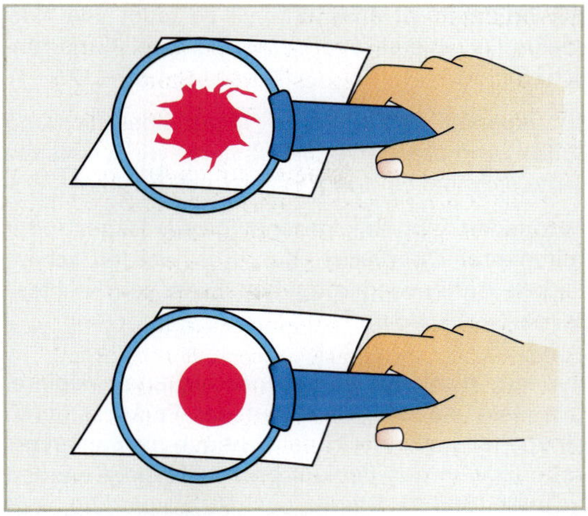

Bild 1: Vergleich eines Tintenpunktes auf Normalpapier (oben) und auf Grafikpapier (unten)

Kopierpapier bzw. Papier für Laserdrucker muss trocken und bei der Temperatur, die im Verarbeitungsraum herrscht, gelagert werden.

Man sollte deshalb das Papier möglichst lange Zeit vor seiner Verwendung im Verarbeitungsraum lagern und es so lange als möglich ungeöffnet in seiner Klimaverpackung belassen.

Das Papier sollte alterungsbeständig sein und kein schnelles Vergilben durch Restbestände von Lignin ermöglichen.

Problematisch ist auch Papierstaub, der sich auf den Walzen absetzt, die dann ihre Griffigkeit verlieren, oder der sogar in die Entwicklereinheit eindringt und den Toner verschmutzt.

11.4.3 Papier für Tintenstrahldrucker

Dieses Druckpapier muss, um Dokumentenechtheit zu erreichen, eine gute Tintenaufnahme besitzen. Dabei darf aber der Tintenfluss nicht zu stark sein, da die Tinte sonst zerläuft und keine Konturenschärfe erreicht wird. Das Papier sollte sich bei flächenmäßiger Tintenaufnahme nicht wellen bzw. muss die Welligkeit im getrockneten Zustand verschwunden sein.

Es werden verschiedene Papierarten in Tintenstrahldruckern verwendet.

Normalpapier hat eine ungleichmäßige Struktur, ist raufaserig und lässt die Tinte zerfließen **(Bild 1)**. Es ist zwar preiswert, aber nur für interne Korrespondenz bzw. privaten Schriftverkehr geeignet.

Ink-Jet-Paper ist etwa doppelt so teuer wie Normalpapier, bietet aber eine bessere Konturenschärfe.

Grafikpapier trägt eine Spezialbeschichtung (Bild 1, vorhergehende Seite), die bewirkt, dass die Tinte nicht tief eindringt und schnell trocknet.

Fotopapier gibt es glänzend (glossy paper) oder mit matter Oberfläche. Konturen werden scharf, Farben kräftig wiedergegeben. Es ist sehr viel teurer als Grafikpapier.

Für alle, nicht nur für die beschichteten Papiere, gilt, dass sie wie meist auf der Packung durch einen Pfeil gekennzeichnet richtig in die Papierkassette bzw. in den Papierschacht eingelegt werden müssen **(Bild 1)**. Das ist deshalb notwendig, weil jedes Papier eine Filzseite und eine Siebseite hat **(Bild 2)**. Mit der Siebseite lag das Papier bei der Herstellung auf dem Maschinensieb auf. Die Struktur des Siebs ist meist noch zu erkennen. Die Filzseite ist besser bedruckbar. Außerdem kann es sein, dass das Kopierpapier eine Vorwölbung besitzt, um eine eventuelle Wölbung beim Fixieren auszugleichen.

Vor dem Einlegen sollte das Papier gut gefächert werden, damit nicht mehrere Bogen durch den Schneidgrat aneinander hängen bleiben (Bild 2).

11.4.4 Recyclingpapier

Um die Umwelt und die Ressourcen zu schonen, wird heute vielfach auch im Druck- bzw. Kopierbereich Umweltschutzpapier bzw. Recyclingpapier verwendet. Beim Einsatz dieser Papiere muss man eventuell auftretende Beeinträchtigungen beachten.

Durch den Wiederaufbereitungsprozess werden die Fasern des Altpapiers kürzer, wodurch sich einzelne Partikel leichter vom Blatt lösen. Dadurch und durch einen höheren Füllstoffgehalt wird das Kopiergerät bzw. der Drucker stärker verstaubt.

Da sich die Druckfarben des Altpapiers beim *Deinking* (= Entfärben) nicht restlos entfernen lassen, wird Recyclingpapier nicht reinweiß. Durch den schlechteren Kontrast infolge der grauen Hintergrundfarbe kommt es zu einem Mehrverbrauch von Toner.

Wiederholung und Vertiefung

1. **Was versteht man unter holzfreiem Papier?**
2. **Warum ist es wichtig, dass Druck- bzw. Kopierpapier möglichst trocken gelagert wird?**
3. **Weshalb ist Papierstaub im Kopierer bzw. Drucker nachteilig?**

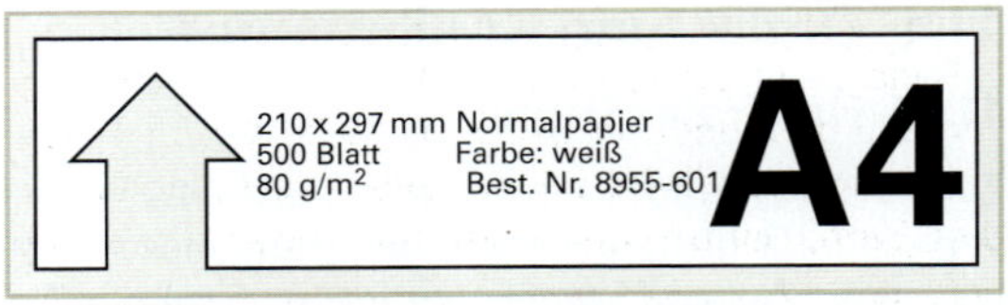

Bild 1: Kennzeichnung auf einem Normalpapier-Paket

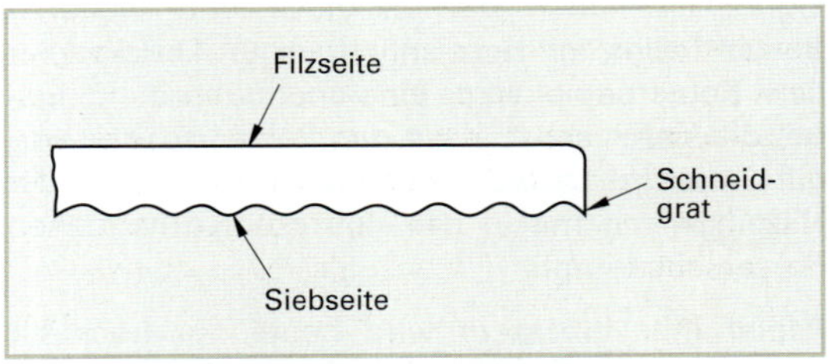

Bild 2: Filzseite und Siebseite eines Papiers

4. **Warum ist Normalpapier für den Tintenstrahldruck nur bedingt geeignet?**
5. **Weshalb sollte man Papier vor dem Einlegen in die Kassette bzw. in den Papierschacht gut fächern?**

11.5 Umweltgerechte Entsorgung

Bei der Entsorgung von Materialien der Bürotechnik muss eine Trennung zwischen Wertstoffen und Schadstoffen stattfinden. Während Schadstoffe endgültig entsorgt werden müssen, können die Wertstoffe nach dem Recycling wiederverwendet werden.

Diese Trennung kann z.B. mithilfe des *Sieben-Fraktionen-Systems* erfolgen:

1. Metallschrott wird zur Rückgewinnung aussortiert.
2. Technische Kunststoffe werden aussortiert und können, wenn sie sortenrein sind, recycelt werden.
3. Leiterplatten werden zur Rückgewinnung von Edelmetallen ausgesondert.
4. Stecker und Steckverbindungen werden aussortiert.
5. Kabel werden dem Recycling zugeführt.
6. Batterien werden wegen ihrer Schadstoffbelastung aussortiert.
7. Glas wird für das Recycling aussortiert.

Zu den schadstoffhaltigen Bauteilen, die in der Bürotechnik verwendet werden, gehören insbesondere: Bildtrommeln, Bildröhren, LCD-Anzeigeeinheiten und LCD-Bildschirme, Kondensatoren,

Leuchtstoffröhren sowie mit Flammhemmern versehene Leiterplatten und Gehäuseteile. Sie müssen alle gesondert entsorgt werden, denn sie enthalten eventuell Schwermetalle, wie Quecksilber, Blei, Zinn, Barium und Cadmium, oder schädliche polychlorierte Biphenyle (PCB) und Fluorkohlenwasserstoffe (FCKW).

Recycling von Bildtrommeln

Alte Bildtrommeln sind unter Umständen mit giftigem Selen beschichtet. Sie werden einem chemischen Entschichtungsverfahren unterzogen, das die Selenschicht rückstandslos trennt. Das Selen wird in der chemischen Industrie wiederverwertet. Selenverbindungen werden als Sonderabfall entsorgt. Der Aluminiumkern geht in die Metallindustrie zur Wiederverwertung zurück.

Recycling von Tonerkassetten

Verbrauchte Tonerkassetten müssen auch gesondert entsorgt werden, um sie dem Recycling zuzuführen. Zu diesem Zweck werden sie, wie übrigens auch verbrauchte Tintenstrahlpatronen, beim Verbraucher z.B. in einer Umweltbox gesammelt und dann zum Hersteller zurückgesandt.

Beim Recycling von Tonerkassetten werden zunächst der Toner und Entwickler ausgesaugt. Dann werden die Metallteile abgetrennt, aufbereitet und verwertet. Die Kunststoffteile werden eingeschmolzen und neugeformt **(Bild 1)**.

Verzicht auf flammhemmende Stoffe

Mehrere Hersteller von Bürogeräten haben sich verpflichtet keine schädlichen flammhemmende Kunststoffteile zu verwenden. Das ist insbesondere Voraussetzung, wenn das Gerät das Umweltprüfsiegel Blauer Engel tragen soll.

Bild 2: Umwelt-Prüfsiegel

Umwelt-Prüfsiegel

Prüfsiegel geben darüber Auskunft, dass bei der Herstellung der Geräte bestimmte Qualitätskriterien eingehalten werden. Ökologisch relevante Kriterien sind Umweltverträglichkeit und Recyclingfähigkeit.

Das wichtigste Siegel dieser Art ist der *Blaue Engel.* Strenge Umweltkriterien müssen erfüllt werden, damit ein Produkt von der RAL (= Deutsches Institut für Gütesicherung und Kennzeichnung e.V.) dieses Siegel erhält **(Bild 2)**.

Das Siegel TCO 06 (von schwed. **T**jänstemännens **C**entral**o**rganisation = schwedische Gewerkschaften) wird nur dann vergeben, wenn bei der Herstellung der Geräte (in der Mehrzahl Bildschirme) ökologische Gesichtspunkte berücksichtigt werden (Bild 2). Es dürfen z.B. bei der Herstellung kein FCKW (**F**luor-**C**hlor-**K**ohlen**w**asserstoff), keine chlorierten Lösungsmittel und kein brom- bzw. chlorhaltiger Flammschutz verwendet werden. Außerdem wird die Recyclingfähigkeit der verwendeten Kunststoffe durch Sortenreinheit und Kennzeichnung angestrebt.

Vom Hersteller wird der Abschluss eines Vertrags zwischen ihm und einer Recyclingfirma für Elektronikschrott verlangt.

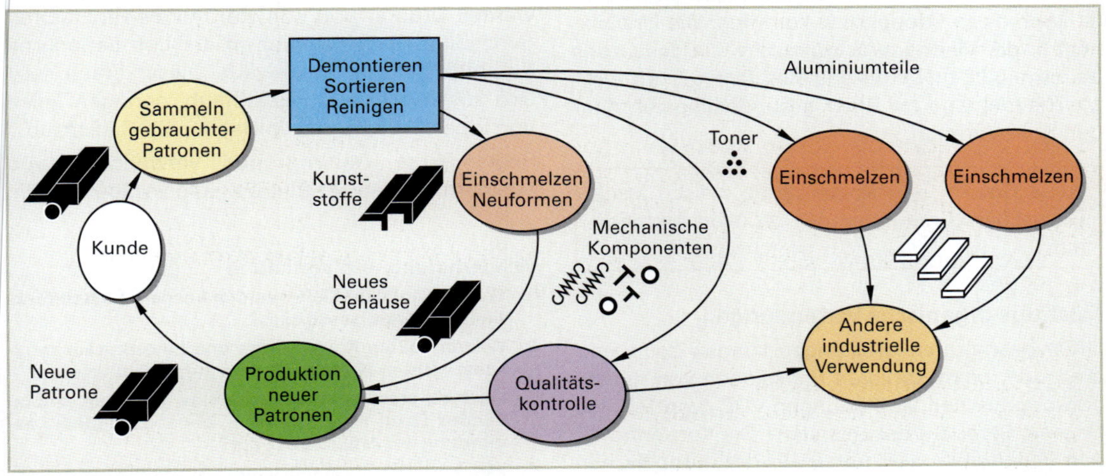

Bild 1: Recycling von Tonerkassetten

Nachdem Deutschland 1978 mit dem Blauen Engel das erste Umweltzeichen der Welt etabliert hatte, zogen weltweit Schritt um Schritt andere Länder nach. Das gemeinsame Ziel aller dieser Zeichen ist es, die Verbraucherinnen und Verbraucher über besonders umweltfreundliche Produkte zu informieren, zu nachhaltigem Konsum anzuregen und in der Wirtschaft nachhaltige Produktion zu fördern. Bedeutende Umweltzeichen auf europäischer Ebene sind neben dem Blauen Engel die „Europäische Blume" (EU-Ecolabel), das „Österreichische Umweltzeichen" und der „Nordische Schwan" (= Nordic Swan) der skandinavischen Länder **(Bild 1)**.

Bild 1: EU-Ecolabel und Nordic Swan

Bild 2: Gefahrensymbol für gesundheitsschädlich

11.6 Gesundheitsgefährdende Stoffe

Ozon

Vor allem ältere Drucker und Kopierer erzeugen im Arbeitseinsatz Ozon. Dieses Gas ist bei höherer Konzentration gesundheitsschädlich. Deshalb wurde eine am Arbeitsplatz maximal zulässige Konzentration festgesetzt. Sie beträgt 0,1 ml/m^3 und ist bemessen auf eine 8-stündige Einwirkung bei einer Wochenarbeitszeit von 40 Stunden.

Moderne Drucker und Kopiergeräte arbeiten häufig mit Transferrollen-Technologie statt der älteren Koronadraht-Technologie. Dadurch wird ein Koronaeffekt, der während des Druckens bzw. während des Kopierens zur Ozonbildung führt, weitgehend vermieden.

Eine der gebräuchlichsten Maßnahmen zur Ozonreduzierung bei älteren Geräten ist die Verwendung von Ozonfiltern, die regelmäßig zu überprüfen und gegebenenfalls auszutauschen sind. Sie wandeln das entstehende Ozon in Kohlendioxid und/oder in Sauerstoff um.

Steht der Drucker bzw. das Kopiergerät in einem kleinen Raum, was man möglichst vermeiden sollte, kann es zu Ozongeruch kommen. Die Ursache liegt in der niedrigen Geruchsschwelle des Ozons bei etwa 0,02 ml/m^3. Deshalb ist Ozongeruch nicht gleichbedeutend mit einer gesundheitsgefährdenden Konzentration.

> Neue Drucker und Kopiergeräte weisen keine Grenzüberschreitungen der Ozonkonzentration auf.

Flüchtige organische Verbindungen

Unter bestimmten Umständen können beim Drucken bzw. beim Kopieren Emissionen von flüchtigen organischen Verbindungen VOC (von **V**olatile **O**rganic **C**ompounds) entstehen. Die Konzentrationen liegen aber weit unterhalb der europäischen Grenzwerte für Arbeitsplätze.

Styrol und Benzol

Beim Fixieren mit auf Kunstharzbasis hergestelltem Toner können durch Druck und Hitze Styrol und in sehr geringer Konzentration Benzol freigesetzt werden. Diese Emissionen können aber in keinem Fall gesundheitsgefährdende Konzentrationen annehmen, sodass das Gefahrensymbol **(Bild 2)** nicht verwendet werden muss.

Aerosole

Die Aerosolbildung (vergleichbar dem Sprühstrahl aus einer Spraydose) wird bei Tintenstrahldruckern verhindert, da der Strahl mit hoher Geschwindigkeit unmittelbar vor dem Druckpapier die Düse verlässt und gleich von diesem aufgesogen wird, bevor das Aerosol sich verbreiten kann.

Bei vorschriftsmäßigem Betrieb eines Tintenstrahldruckers ist eine Gesundheits- bzw. Umweltgefährdung ausgeschlossen.

Staub

Um Wärmestaus in den Geräten zu vermeiden, werden Drucker und Kopierer mittels Ventilatoren durchlüftet. Dabei werden in der Luft befindliche Staubteilchen mit umgewälzt. Dieser Staub setzt sich zusammen aus Papierstaub, geringen Teilen von Tonerpartikeln und vorhandenem Hausstaub.

Regelmäßige Wartung und Verwendung von staubarmem Papier reduzieren die Staubemission.

Wiederholung und Vertiefung

1. **Welche Stoffe und Teile werden bei dem Sieben-Fraktionen-System aussortiert?**
2. **Warum sollten Kopiergeräte und Laserdrucker möglichst nicht in kleinen Räumen aufgestellt werden?**
3. **Weshalb stellt beim Drucken bzw. Kopieren entstehendes Ozon normalerweise keine Gesundheitsgefährdung am Arbeitsplatz dar?**
4. **Wie kann die Staubemission beim Kopieren vermindert werden?**

12 Telekommunikationsanlagen und Netze

In der Kommunikationstechnik verwendet man zum Austausch von Daten Netze **(Tabelle 1)**. Diese sind durch Leitungen oder Funkverbindungen bestehende Systeme zur Kommunikation zwischen elektronischen Einrichtungen, wie Telekommunikationsanlagen, Funkanlagen oder Computern. Zwei Teilnehmer kommunizieren hierbei nicht mehr über eine einfache Übertragungsstrecke, sondern über das Netz, das die **Übertragung** der Information und die **Vermittlung** einer Verbindung zwischen den Teilnehmern übernimmt.

12.1 Festnetz

Leitungsgebundene Netze bezeichnet man als Festnetz. Ein Netz im Fernbereich wird als WAN bezeichnet (von **W**ide **A**rea **N**etwork = Weitbereichs-Netz). Für derartige Netze gibt es unterschiedliche Betreiber. Örtlich begrenzte Netze, z.B. innerhalb eines Unternehmens, bezeichnet man als LAN (von **L**ocal **A**rea **N**etwork = lokales Netz). Für den Aufbau von Netzen gibt es unterschiedliche Strukturen, die als Netzformen oder Topologien (Topologie = Lage, Anordnung) bezeichnet werden.

12.1.1 Netzformen

Netze lassen sich durch ihre Reichweite und ihren Aufbau charakterisieren. Die Art der Topologie ist von der Anwendung abhängig und kennzeichnet die Struktur eines Netzwerkes **(Tabelle 2)**. In der Praxis sind größere Netze fast immer aus kleineren Einheiten, die sich aus geografischen oder organisatorischen Randbedingungen ergeben, zusammengesetzt. Strukturen verbessern die Überschaubarkeit und damit die Beherrschbarkeit des Gesamtsystems. Aus diesem Grunde ist häufig eine hierarchische Anordnung der Teilnetze anzutreffen.

Bei *Punkt-zu-Punkt-Verbindungen* werden zwei Endgeräte direkt miteinander verbunden. Dies ist die einfachste Verbindungsart. Ständig bestehende Punkt-zu-Punkt-Verbindungen werden als Standleitungen bezeichnet. Sie sind z.B. für Telefonkonferenzen von der Telekom mietbar.

Bei der *Linienstruktur* sind die Teilnehmer parallel geschaltet. Bei Telefongeräten wäre so das Fernmeldegeheimnis nicht mehr gewahrt, deshalb wird die Linienstruktur hier nicht verwendet.

ℹ Ein Kommunikationsnetz übernimmt die Übertragung der Information und die Vermittlung der Verbindung.

Tabelle 1: Netzbegriffe	
Netz	Verbindungssystem zur Kommunikation zwischen elektronischen Einrichtungen
Netzform	Art der Verbindung zwischen elektronischen Einrichtungen
Festnetz	Leitungsgebundenes Netz
LAN, Local Area Network	Lokales Festnetz, üblicherweise auf einzelne Gebäude beschränkt
WAN, Wide Area Network	Großflächiges Netz, das sich auf Städte und Länder erstreckt

Tabelle 2: Netzstrukturen (Topologien)

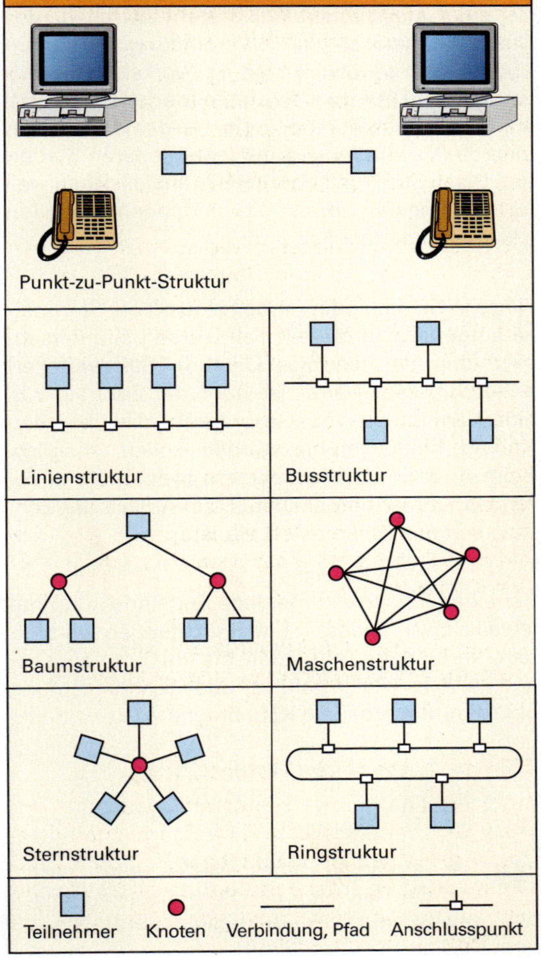

Bei der *Busstruktur* wird nur ein einziges Übertragungsmedium verwendet, an das alle Teilnehmer angeschlossen sind. Es wird als Bus bezeichnet. Durch Buszugriffsverfahren wird der Bus den einzelnen Teilnehmern zur Übertragung zeitweise zugeteilt. Es kann immer nur ein Teilnehmer enden, die Signalausbreitung erfolgt ausgehend von der sendenden Station in beide Richtungen. Anwendung findet das Bussystem z.B. bei der ISDN-Übertragung zwischen Netzabschluss und ISDN-Gerät.

Die *Baumstruktur* ist eine hierarchische Topologie. Ausgehend von einer Wurzel (Zentrale) werden die einzelnen Teilnehmer (Endstellen) über Knoten erreicht. Dies erlaubt eine gute Anpassung an bestehende geografische Gegebenheiten und damit die Minimierung von Kabellängen. Ein Ausfall des Hauptstammes bedeutet einen Ausfall des Signals bei allen Endstellen nach der Störungsstelle, davor bleiben die Signale unbeeinflusst.

Bei einer *Maschenstruktur* besteht zwischen zwei Stationen mindestens eine Verbindung. Die Verbindungswege werden kürzer, der Verkabelungsaufwand nimmt jedoch stark zu. Sonderfall ist die vollständig vermaschte Topologie, bei der jede Station eine direkte Verbindung mit jeder anderen Station hat. Diese Struktur ist besonders ausfallsicher, weil im Störungsfall immer Verbindungen zwischen den Stationen möglich sind.

Netze in Städten oder Firmen sind oft als *Sternnetze* aufgebaut. In diesem Fall werden alle Teilnehmer über ein zentrales Gerät (= Sternverteiler) angeschlossen. Damit ist über die Zentrale z.B. eine Vermittlung von Gesprächen, die über den Knoten hinausgeführt werden sollen, möglich. Beim Ausfall eines Teilnehmers bleiben die anderen Teilnehmer betriebsbereit, ein Ausfall der Zentrale legt das gesamte Teilnetz lahm.

Bei einer *Ringstruktur* ist jede Endeinrichtung mit jeweils zwei anderen Endeinrichtungen verbunden. Verbindungen werden bis zur Empfangsgegenstelle im Ring geführt. Jede Endeinrichtung übernimmt hierbei die Koppel- und Weiterleitfunktion.

Die Topologie eines Netzes wird nach Art der Anwendung, Datenübertragungsmenge und Netzverfügbarkeit gewählt.

Tabelle 1: Die wichtigsten Netze und Dienste der Deutschen Telekom AG

Datenkommunikation (Übermittlungsdienste)	
Digitale Übermittlungswege	Mietleitungen
	Datendirektverbindungen
Datex-P	Paketvermittelte Datenkommunikation
Datex-L	Leitungsvermittelte Datenkommunikation
	Datenkommunikation über Modems
	Teletext
Text- und Sprachkommunikation (Teledienste)	
ISDN/Fernsprechnetz	Telefax
	Telebox
	Fernsprechen

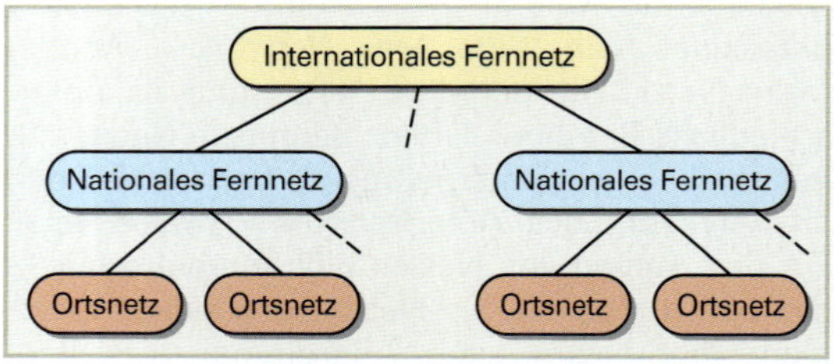

Bild 1: Struktur des internationalen Fernsprechnetzes

12.1.2 Öffentliche Netze und Dienste

Die Übertragung von Informationen, wie Sprache, Texte, Daten, Bilder und Multimedia, erfolgt meist über ein Festnetz. Das Festnetz wird von Netzbetreibern, z.B. der DTAG (Deutsche Telekom AG), gegen Entgelt zur Verfügung gestellt **(Tabelle 1)**. Für den Betrieb eines Netzes benötigt der Betreiber eine Lizenz der BNetzA (**Bundesnetzagentur**).

Wichtigstes Netz für die Übermittlungsdienste ist bis heute das Fernsprechnetz.

12.1.3 Fernsprechnetz

Das Fernmeldenetz ist weltweit das bestausgebaute und größte Netz zur Kommunikation **(Bild 1)**. Anschlüsse für die Dienste Telefonie, Fax, Datenübertragung sowie Übergänge zu weiteren Netzen, Zugang zum Internet und weitere Dienste werden in analoger und digitaler Technik angeboten.

Das Fernsprechnetz stellt digitale und analoge Anschlüsse zur Verfügung.

Das internationale Fernsprechnetz verbindet die verschiedenen nationalen Netze miteinander.

Die hierarchische Struktur des Fernsprechnetzes spiegelt sich in den Vorwahlnummern wider.

Die *Digitalisierung des Fernsprechnetzes* war eine Voraussetzung für die Einführung des dienste-integrierenden digitalen Netzes ISDN (von **I**ntegrated **S**ervices **D**igital **N**etwork). ISDN bietet technische Verbesserungen und wirkt kostensenkend. Das Fernsprechnetz ist vollständig digitalisiert.

Digitale Vermittlungsstellen (DIV) können sowohl ISDN-Anschlüsse als auch analoge Telefonanschlüsse innerhalb eines Anschlussbereiches bereitstellen.

Beim analogen Telefonanschluss findet die Analog-Digital-Umsetzung in der DIV statt. Auf der Anschlussleitung zwischen Vermittlungsstelle und Endstelle wird analog übertragen. Beim ISDN-Anschluss erfolgt die Übertragung auf der Anschlussleitung in digitaler Form. Infolge der digitalen Übertragungsform können die Anschlussleitungen mehrfach genutzt werden.

Die *Speisung,* also die Versorgung mit der notwendigen Betriebsspannung, erfolgt beim analogen Telefonanschluss bis einschließlich zum Endgerät durch den Netzknoten. Endgeräte mit höherer Leistungsaufnahme, z.B. schnurlose Telefone oder Anrufbeantworter, benötigen eine eigene Stromversorgung. Beim ISDN-Anschluss muss je nach Anschlussart ebenfalls unterschieden werden.

Die *Signalisierung* im Netz erfolgt beim analogen Anschluss im Nutzkanal, beim ISDN-Anschluss im sogenannten D-Kanal. Im Netzknoten wird auch das Signal des analogen Anschlusses digitalisiert, dazu müssen die Signalisierungszeichen umgesetzt werden.

Die Teilnehmer sollen wahlfrei miteinander kommunizieren können, d.h., jedes Endsystem soll ohne Einschränkungen mit jedem Endsystem kommunizieren können. Dazu ist es notwendig, dass die Netzknoten Datenverbindungen zwischen den betreffenden Endsystemen herstellen und aufrechterhalten. Wenn die Datenverbindungen nicht mehr benötigt werden, werden sie abgebaut, um die Übertragungswege für andere Verbindungen frei zu machen. Als *Vermittlung* bezeichnet man

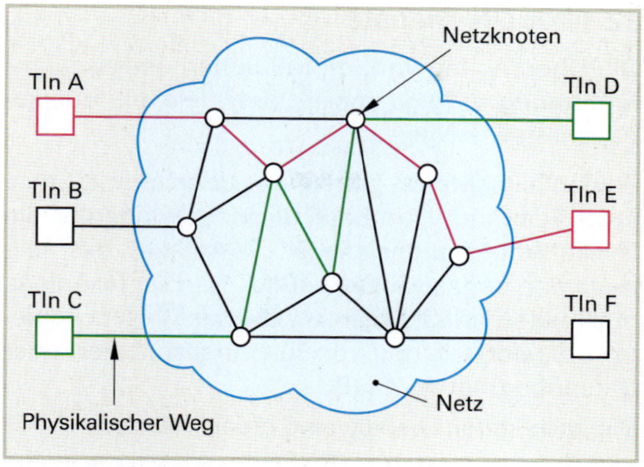

Bild 1: Leitungsvermittlung

den Gesamtvorgang der Verbindungsherstellung, des Haltens und des Abbauens einer Datenverbindung. Hauptaufgabe der Netzknoten ist das Vermitteln von Datenverbindungen, indem sie Übertragungswege von Knoten zu Knoten bereitstellen, über die der Datentransport zwischen den Endteilnehmern erfolgen kann.

Die *Leitungsvermittlung* ist das klassische Vermittlungsverfahren, besonders in analogen Netzen wie dem Fernsprechnetz **(Bild 1).** Sie ist dadurch gekennzeichnet, dass sie für die gesamte Dauer der Verbindung einen physikalischen Verbindungsweg durch das Netz schaltet. Wenn die Verbindung hergestellt ist, garantiert sie den Endgeräten, z.B. zwei Faxgeräten, eine feste Übertragungsbandbreite. Die maximale Geschwindigkeit der Datenübertragung ist dabei zwar begrenzt, aber den Teilnehmern wird garantiert, dass sie diese während der Verbindung auch jederzeit ausnutzen können.

Das öffentliche analoge Fernsprechnetz und das ISDN sind leitungsvermittelte Netze.

Leitungsvermittelte Systeme weisen Verbindungswünsche ab, wenn eine Verbindung nicht hergestellt werden kann, weil entweder kein Weg durch einen Knoten möglich ist oder in der gewünschten Richtung keine freie Raum- oder Zeitlage gefunden werden kann. Dem Teilnehmer wird dies durch ein Besetztzeichen signalisiert.

Wiederholung und Vertiefung

1. **Nennen Sie verschiedene Netzformen.**
2. **Erklären Sie den Begriff Festnetz.**
3. **Welche beiden Aufgaben übernimmt das Netz bei der Kommunikation?**
4. **Welche Dienste bietet das Fernmeldenetz?**
5. **Erklären Sie den Begriff Leitungsvermittlung.**

12.1.4 ISDN-Dienste

Die Übertragung von Informationen über größere Entfernung erfolgt meist über Telekommunikationsnetze (Tk-Netze).

Zu den Teilnehmern führen von einer Vermittlungsstelle Leitungen. Am Ende dieser Leitungen ist die Telekommunikationsanlage (Tk-Anlage) des Teilnehmers angeschlossen **(Bild 1)**. Die Tk-Anlage nutzt verschiedene Dienste, die das Tk-Netz anbietet, z.B. Übertragung von Telefongesprächen oder Datenübertragung mit PC.

Die wichtigsten Dienste sind die Teledienste

- Telefonie, Bildtelefonie,
- Telefax (Geräte der Gruppe 3 und Gruppe 4),
- Online-Verbindungen mit 64 kbit/s bis 128 kbit/s und die
- die *Daten-Übermittlungsdienste.* Sie gibt es leitungsvermittelt bis 64 kbit/s und paketvermittelt.

Alle diese Dienste können über das ISDN (von Integrated Services Digital Network = Digitales Netz für integrierte Dienste) erfüllt werden.

Das ISDN ist ein dienste-integrierendes digitales Netz.

Datenübermittlungsdienste

Bei der Datenübermittlung sind die Datenendeinrichtungen DEE an die Datenübertragungseinrichtung DÜE, z.B. Verstärker, und das Tk-Netz angeschlossen **(Bild 2)**. Als Schnittstelle werden dabei sowohl die Kopplungsstelle als auch die Baugruppe, z.B. eine Leiterplatte, bezeichnet, die den Übergang ermöglicht.

Für die unterschiedlichen Informationen gibt es standardisierte Übermittlungsdienste, für die der Benutzer meist verschiedene Datenendeinrichtungen DEE verwendet. Der Netzbetreiber stellt seinerseits die Datenübertragungseinrichtungen DÜE und die Einrichtung zur Datenübermittlung zur Verfügung.

Bei den leitungsvermittelten Diensten bleibt die Verbindung zwischen den DEE während der Übertragung bestehen. Bei den paketvermittelten Diensten nach **Bild 3** werden die von den verschiedenen DEE zu übermittelnden Daten asynchron zur DVST-P (Datenvermittlungsstelle mit Paketvermittlung) übertragen, dort gespeichert, bis eine Verbindung vorliegt, dann paketweise übertragen und beim Empfänger wieder zusammengesetzt. Die Übertragung erfolgt dabei mit Bitraten bis 64 kbit/s im *Duplexbetrieb* (Übertragung gleichzeitig in beide Richtungen), und zwar meist synchron.

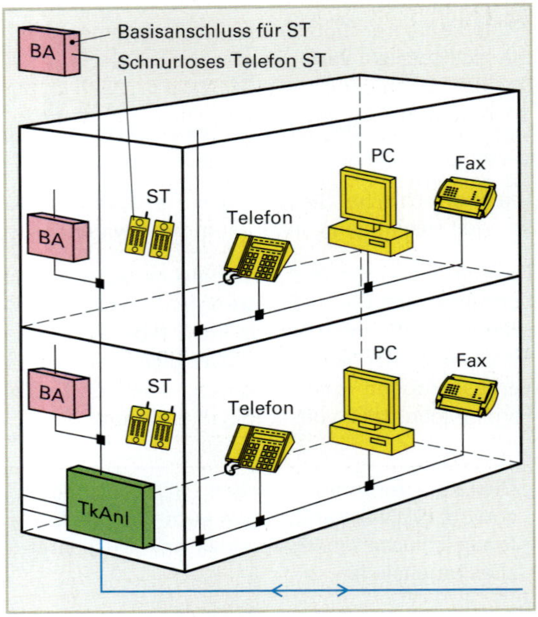

Bild 1: Telekommunikationsanlage

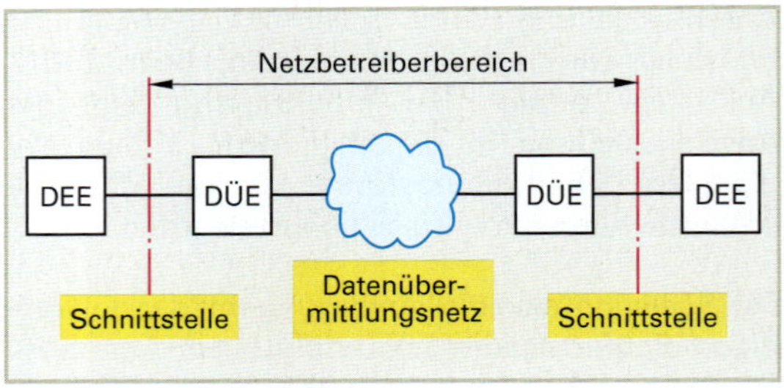

Bild 2: Prinzip der Datennetze

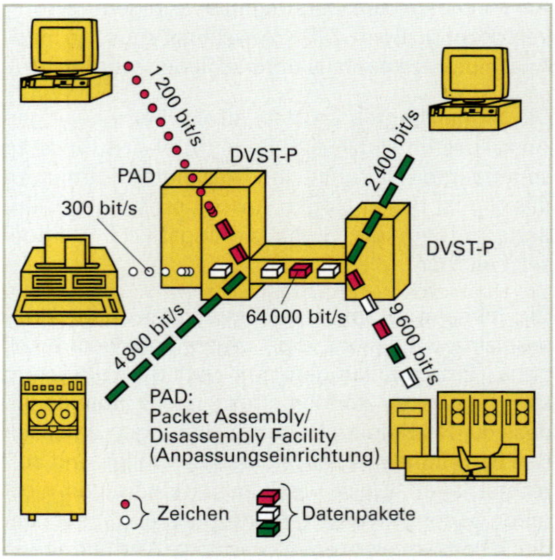

Bild 3: Paketvermittelte Datenübertragung

12.1.5 Schnittstellen

Die weltweite Zusammenarbeit verschiedener Dienste in den verschiedenen Netzen wurde durch internationale Vereinbarungen über die verschiedenen Schnittstellen **(Tabelle 1)** möglich.

Die Schnittstellen der V.-Serie gelten für analoge Netze und Anwendungen. Sie sind aber auch Grundlagenbedingungen von digitalen Netzen. Die Schnittstellen der X.-Serie gelten für digitale Netze und Anwendungen. In den Empfehlungen sind die Eigenschaften der Schnittstellen festgelegt, nicht deren Ausführung. Die Beschreibung der Art, wie die Datenübertragung erfolgt, ist in Form von Protokollen festgelegt. Die Protokolle sehen nach ISO (International Standards Organization = Weltweite Standardisierungs-Organisation) eine Einteilung in die sieben Schichten des OSI-7-Schichtenmodells (OSI von **O**pen **S**ystem **I**nterconnection = offenes System zur Verbindung) vor **(Bild 1)**. Für den Dienst Datex-P sind z.B. in X.25 die untersten Schichten des OSI-7-Schichtenmodells festgelegt.

Tabelle 1: Schnittstellenempfehlungen des ITU-T

Name	Geltungsbereich
V.20	Parallele Datenübertragung mit Modems, bis 4 Kanäle
V.21	Modems für 2 Kanäle, Duplexbetrieb
V.23	Modems für öffentliches Fernsprechnetz, 1 Kanal + Hilfskanal, FM für alle Kanäle
V.24	Universell für Geräteanschluss an Computer (ursprünglich für öffentliches Fernsprechnetz)
V.26 bis	Modems im öffentlichen Fernsprechnetz mit PSK
X.24	Für Datex, Teletext und Bildschirmtext eingesetzt
X.25	Übertragung im öffentlichen Datennetz, zwischen DEE und DÜE mit DEE im Paketmodus
X.26	Elektrische Eigenschaften der asymmetrischen Doppelstrom-Schnittstelle
ITU-T	**I**nternational **T**elecommunication **U**nion, **T**elecommunication **S**ector = Internationale Fernmeldeunion Bereich Telekommunikation

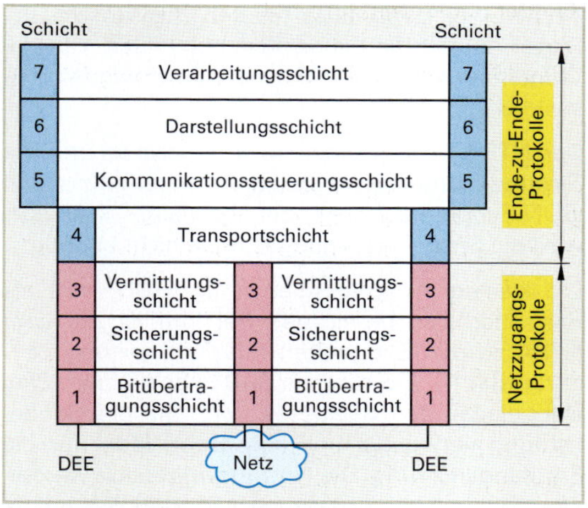

Bild 1: OSI-7-Schichtenmodell bei X.25

Schicht 1: Bitübertragungsschicht

In der *Bitübertragungsschicht* (Physical Layer) werden die Anforderungen an die Übertragungshardware beschrieben. Dazu gehören die elektrischen Verbindungen sowie die Spezifikation von Kabeln und Steckern. In dieser Schicht ist festgelegt, wie die Daten als Bitfolge übertragen werden (Leitungscodes). Dazu gehören Spannungspegel, Signalformen und Bitraten. In der Schicht sind die Aktivierung, Aufrechterhaltung und Deaktivierung einer physikalischen Verbindung zwischen Endsystemen festgelegt.

Schicht 2: Sicherungsschicht

In der *Sicherungsschicht* (Data Link Layer) wird der Verkehr zwischen zwei Teilnehmern geregelt. Die Information wird in Pakete geeigneter Länge unterteilt, die als Rahmen (Frames) bezeichnet werden. Die Rahmen werden mit einem Fehlercode versehen, der eine Fehlererkennung und eine Fehlerbehebung, z.B. durch Wiederholung der Sendung, ermöglicht.

Die Datensicherung erfolgt unter Verwendung des HDLC-Protokolls (von **H**igh **L**evel **D**ata **L**ink **C**ontrol = hochrangige Datenverbindungssteuerung). Es wird bei codeunabhängigen, bitorientierten, synchronen Datenübertragungen verwendet. Bei HDLC ist festgelegt, dass Anfang und Ende eines Übertragungsrahmens durch eine besondere Bitkombination markiert sind. Dies wird als Flag (flag = Flagge) bezeichnet und besteht aus der Bitfolge 0111 1110. Die zu übertragenden Rahmen werden der Schicht 1 übergeben, als Bitfolge übertragen und beim Empfänger anhand von vergebenen Sequenznummern wieder in HDLC-Rahmen umgesetzt. Übertragungsfehler werden in der HDLC-Schicht festgestellt und korrigiert.

In der Sicherungsschicht handelt es sich außerdem um die physikalische Adressierung, die Netzwerktopologie und den Zugriff auf das Übertragungsmedium.

Schicht 3: Vermittlungsschicht

Aufgabe der *Vermittlungsschicht* (Network Layer) ist die Organisation einer Ende-zu-Ende-Verbindung zwischen den kommunizierenden Teilnehmern.

Die HDLC-Schicht erhält beim Empfangen Datenpakete aus der Vermittlungsschicht. Die Pakete bestehen aus einem Paketkopf (Header) und den eigentlichen Daten. Der Paketkopf enthält die Information für die Steuerung der Paketvermittlung. Die Vermittlungsschicht ist für die Pfadauswahl (Routing) und die logische Adressierung verantwortlich. X.25 hat sich weltweit als der Standard für paketvermittelnde Dienste durchgesetzt.

12.1.6 ISDN-Teilnehmeranschluss

Beim ISDN werden die Doppeladern aus Kupfer des öffentlichen Tk-Netzes von der digitalen Ortsvermittlungsstelle DIVO zum Teilnehmer verwendet. Für jeden Teilnehmer ist eine Doppelader U_{K0} erforderlich **(Bild 1)**.

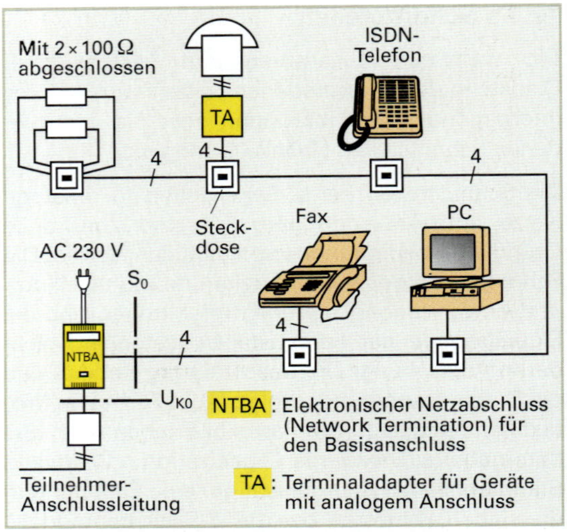

Bild 1: ISDN-Teilnehmeranschluss (Beispiel)

Der ISDN-Anschluss zum Teilnehmer erfolgt zweiadrig.

Beim Teilnehmer befindet sich als Netzabschluss ein NTBA (von Network Termination for Basic Access = Netzabschluss für den Basisanschluss). Dieser enthält die Schnittstelleneinheiten, z.B. die Teilnehmerschnittstelle S_0 und die Leitungsschnittstelle U_{K0}.

Der NTBA enthält einen Mikroprozessor und die Stromversorgungseinheit für die angeschlossenen ISDN-Endgeräte. Verwendet man eine Tk-Anlage, wird die Stromversorgungseinheit nicht benötigt.

Die kleinste Anschlusseinheit im ISDN wird als Basisanschluss bezeichnet. Bei ihm ist die vom NTBA zu den Endgeräten führende Leitung vieradrig (Bild 1). Sie wird als S_0-Bus bezeichnet. Eine Doppelader des S_0-Busses wird für die Senderichtung verwendet und eine Doppelader für die Empfangsrichtung. Die Nutzinformationen werden über diese zwei Basiskanäle B1 und B2 mit je 64 kbit/s als PCM-Signale übertragen. Die Richtungstrennung (Trennung Zweidraht zu Vierdraht) erfolgt im NTBA. Außerdem ist ein Steuerkanal (D-Kanal) mit 16 kbit/s vorhanden, über den z.B. der Verbindungsaufbau erfolgt. Im NTBA werden die ankommenden Signale von der einen Doppelader U_{K0} auf zwei Doppeladern S_0 verteilt und die abgehenden Signale von den beiden Doppeladern des S_0-Busses auf die Doppelader U_{K0} des öffentlichen Tk-Netzes.

Bei ISDN erfolgt der Verbindungsaufbau über einen getrennten Steuerkanal.

Die Schnittstelle S_0 ist international genormt, die Schnittstelle U_{K0} nur national. Für Großanlagen

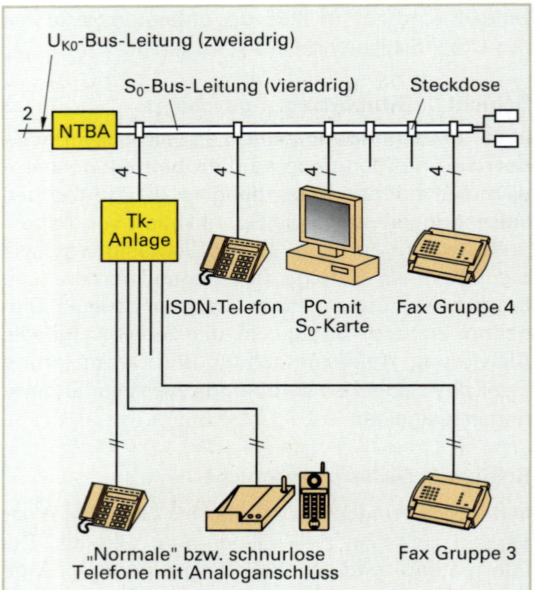

Bild 2: ISDN-Teilnehmeranschluss mit a/b-Anschluss

gibt es anstelle von U_{K0} andere Schnittstellen mit z.B. 30 B-Kanälen und einem D-Kanal (siehe Tabellenbuch Informationstechnik und Systemtechnik). An eine Schnittstelle S_0 und damit an den S_0-Bus können bis zu acht ISDN-Endgeräte angeschlossen werden, von denen aber immer nur zwei gleichzeitig betrieben werden können.

An das ISDN können nur ISDN-Endgeräte angeschlossen werden. Das sind Geräte, die Digitalsignale senden und empfangen können. Für den Anschluss analoger Geräte benötigt man einen a/b-Adapter TA (von Terminal Adapter) zwischen Endgerät und S_0-Bus **(Bild 2)**.

Durch den TA werden die zu übertragenden analogen Informationen in die Kanäle des ISDN und umgekehrt überführt. Das entspricht einer Umsetzung in die Schichten 1 bis 3 des OSI-7-Schichtenmodells.

Der NTBA wird vom Netzbetreiber oder vom Teilnehmer selbst eingerichtet. Er ist der Übergabepunkt zwischen Netzbetreiber sowie Teilnehmer und besitzt zwei Schnittstellen. Der netzseitige Anschluss ist die U_{K0}-Schnittstelle. Sie ist zweidrähtig mit 93 V~ Betriebsspannung, die Übertragung ist vollduplex. Teilnehmerseitig für den Anschluss von DEE über den S_0-Bus an den NTBA müssen die maximalen Entfernungen beachtet werden **(Bild 1)**. Der S_0-Bus ist vierdrähtig, je ein Adernpaar für Senden und Empfangen mit 40 V~ Betriebsspannung. Im NTBA erfolgt durch eine Gabelschaltung und durch Echokompensation die Richtungstrennung. Die Versorgung der S_0-Busteilnehmer benötigt 4,5 W.

Der PC kann als ISDN-Endgerät angesehen werden, wenn er eine ISDN-Steckkarte enthält. Diese passt die ISDN-Schnittstelle S_0 an den Systembus des PCs an. Die Verbindungssteuerung erfolgt über eine Software-Schnittstelle, z.B. CAPI-Treiber (von **C**ommon ISDN **A**pplication **P**rogram **I**nterface = allgemeine ISDN-Anwendungsprogramm-Schnittstelle, **Bild 2)**.

Leitungen

Bei einer Tk-Anlage werden vom NTBA zu den Endgeräten meist vieradrige Leitungen verlegt **(Bild 3)**. Die Stärke der Tk-Leitungen wird durch ihren Durchmesser gekennzeichnet. So bedeutet die Leitungsangabe J-2Y(St)2 × 2 × 0,8 eine Installationsleitung (J) mit PE-Isolierung der Adern (2Y), elektrostatischem Schirm (St) und zwei Adernpaaren (2 × 2) von 0,8 mm Durchmesser (0,8). Die vier Adern bezeichnet man als Vierer, sie sind verseilt, um induktive Einstreuungen unwirksam zu machen **(Bild 4)**.

Die Adern einer Doppelader werden mit a und b bezeichnet und beim Vierer mit a1, b1, a2 und b2. Die Adern sind mit Ringen oder Farben gekennzeichnet **(Bild 5)**.

> Bei ISDN werden zur Verbindung der Endgeräte meist Doppeladerleitungen verwendet.

Steckverbinder für ISDN

Der Anschluss an den S_0-Bus erfolgt mit vier Kontakten z.B. des IAE-Steckverbinders (von **I**SDN-**A**nschluss-**E**inheit) oder des UAE-Steckverbinders (von **U**niversal-**A**nschluss-**E**inheit, **Bild 1, folgende Seite)**. Der UAE-Steckverbinder wird auch als Western-Steckverbinder oder RJ-45 bezeichnet.

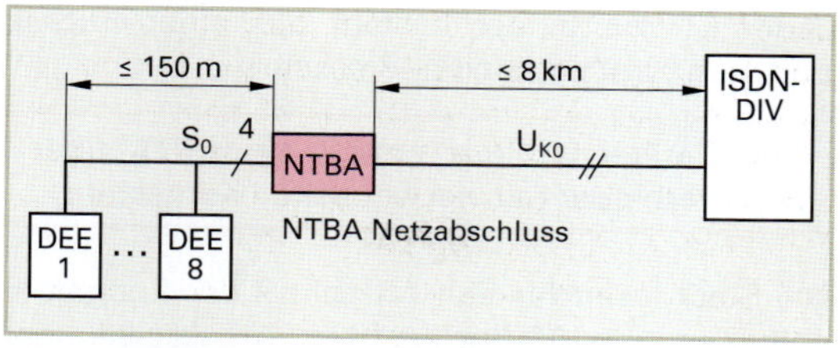

Bild 1: Anschluss von Endgeräten

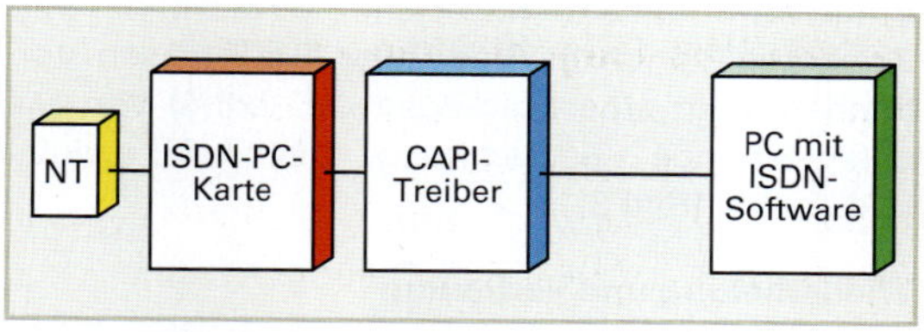

Bild 2: Betrieb eines PCs bei ISDN

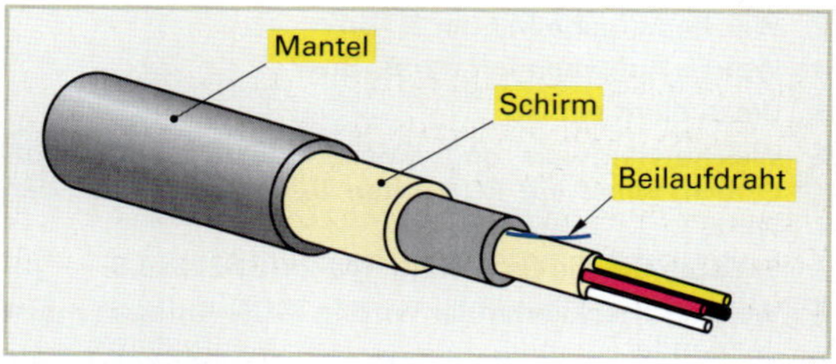

Bild 3: Leitung J-2Y(St) 2 × 2 × 0,8

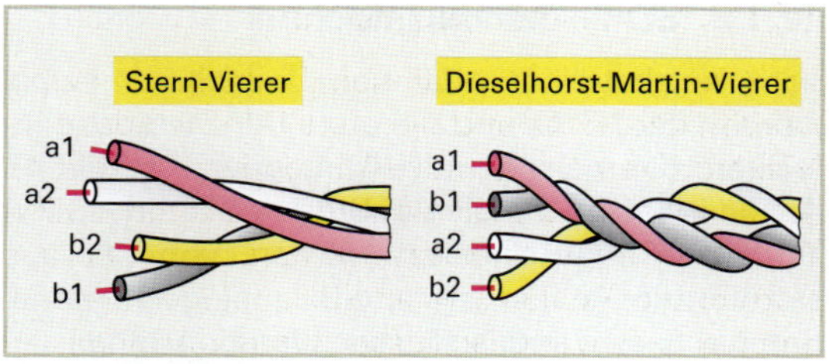

Bild 4: Verseilung von Tk-Leitungen

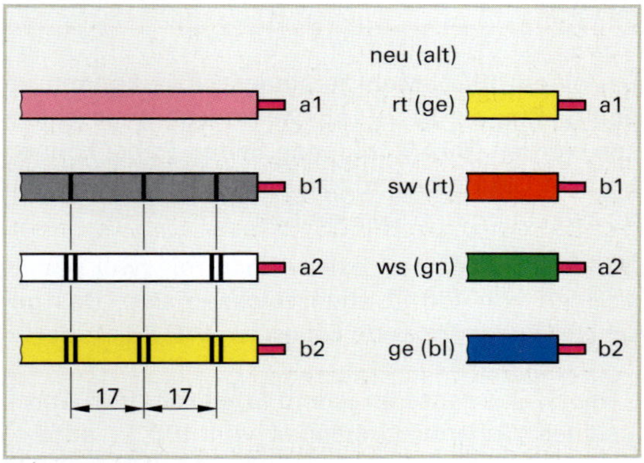

Bild 5: Kennzeichnung der Adern

Jeder Steckverbinder besteht aus einer Buchse und dem dazu passenden Stecker.

Der Geräteanschluss erfolgt bei ISDN über Steckverbinder mit vier benutzten Kontakten.

Die Steckdosen für den Anschluss der Endgeräte enthalten eine IAE-Buchse bzw. UAE-Buchse oder mehrere derartige Buchsen **(Bild 2).** Die Grundausführung heißt IAE 8(4). Dabei bedeutet die 8 die Breite für 8 Kontakte und die 4 die Anzahl der verwendeten Kontakte. Sind zwei IAE-Buchsen vorhanden, liegt eine Steckdose IAE 2x8(4) vor. Die entsprechende Bezeichnung bei UAE lautet UAE 2x8(8) **(Bild 3).**

Wiederholung und Vertiefung

1. **Erklären Sie die Abkürzung ISDN.**
2. **Nennen Sie die beiden Arten der Datenübermittlungsdienste.**
3. **Welche Aufgabe hat der NTBA?**
4. **Welche Aufgaben hat der S_0-Bus?**
5. **Wozu dient ein TA?**
6. **Welche Hardware und welche Software sind erforderlich, wenn ein PC an den S_0-Bus angeschlossen wird?**
7. **Erklären Sie die Bezeichnung J-2Y(St)2x2x0,8.**
8. **Welcher Steckverbinder wird in ISDN-Anlagen meist verwendet?**

12.1.7 ISDN-Anschlusstechnik

Vom Netzbetreiber oder vom Teilnehmer selbst werden der NTBA und die erste IAE-Steckdose installiert, die meist im NTBA integriert ist **(Bild 4).** An die IAE kann mittels IAE-Stecker z.B. eine ISDN-Tk-Anlage angeschlossen werden, von der aus sternförmig Analoggeräte, z.B. analoge Telefone, und der S_0-Bus angeschlossen werden können.

Die erste IAE-Steckdose ist meist im NTBA enthalten.

Bei einem ISDN-Mehrgeräteanschluss können an den S_0-Bus bis zu 12 IAE-Steckdosen angeschlossen werden **(Bild 1, folgende Seite).** Dabei können bis acht Geräte gesteckt sein, von denen gleichzeitig zwei in Betrieb sein können.

Der S_0-Bus muss an jedem Ende mit zwei Widerständen von 100 Ω abgeschlossen sein. Das geschieht in der am Ende liegenden IAE-Steckdose.

Der S_0-Bus muss an jedem Ende mit dem Wert seines Wellenwiderstandes von 100 Ω abgeschlossen sein.

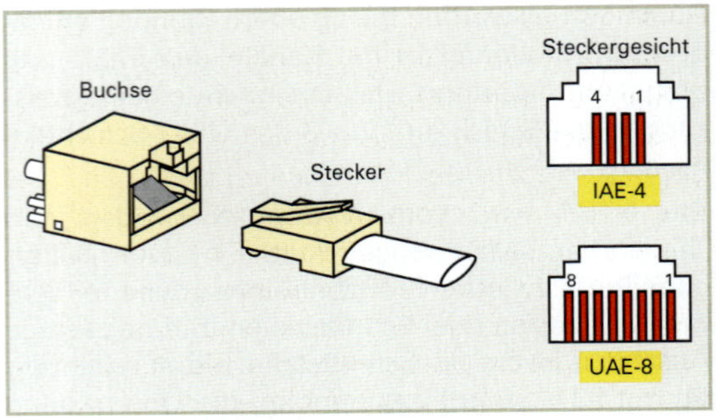

Bild 1: Steckverbinder IAE und UAE

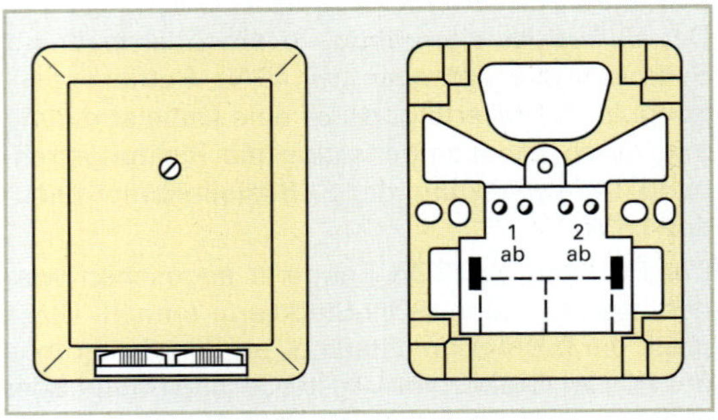

Bild 2: Steckdose IAE 2x8(4)

Bild 3: Steckdose UAE 2x8(8)

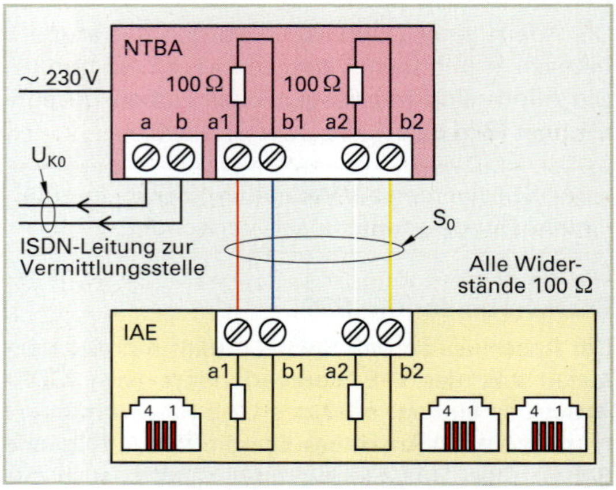

Bild 4: Anschlussschema S_0-Bus

Anschaltetechnik

Im NTBA werden die Signale der Zweidrahtleitung in Signale für die Vierdrahtleitung und umgekehrt umgesetzt **(Bild 2)**. Außerdem versorgt der NTBA die angeschlossenen Endgeräte mit Spannung. Bei Ausfall der Netzspannung am NTBA erfolgt Umschaltung der Spannungspolarität für den Notbetrieb. Dabei wird ein ISDN-Telefon, das eine Notbetriebsfunktion haben muss, über die Adern a und b der Telefonleitung von der DIVO gespeist. Im Notbetrieb sind nur Grundfunktionen verfügbar.

Der NTBA stellt zwei Steckmöglichkeiten vom Typ RJ-45 zur Verfügung.

Die ISDN-Endgeräte erfordern eine Stromversorgung wegen ihrer aktiven Baugruppen. Diese erfolgt über den S_0-Bus mit 40 V Gleichspannung.

Bei ISDN erfolgt die Stromversorgung der Endgeräte über die Adern des S_0-Busses.

Signalübertragung

Beim ISDN wird für die Übertragung das Zeitmultiplexverfahren angewendet. Dadurch ist es möglich, über nur einen NTBA gleichzeitig zwei Endgeräte zu betreiben, z.B. ein Telefon und einen PC.

Die analogen Signale des Telefonmikrofons werden je Sekunde 8000-mal abgetastet und für die Pulscodemodulation PCM in 8-Bit-Worte quantisiert. Die Datenworte werden dann mit einer Bitrate von 8 kbit/s · 8000 übertragen. Daraus folgt die Bitrate von 64 kbit/s in den B-Kanälen. Dieses gilt auch für die Digitalsignale des PCs.

Die Bitrate eines B-Kanals beträgt 64 kbit/s.

Die Nutzinformationen werden durch ein Zeitmultiplexverfahren mit Wortlängen von 8 bit verschachtelt **(Bild 3)**. Zwischen den Nutzinformationen liegen Synchronisierbits und Steuerbits im D-Kanal sowie die S-Bits (Bild 3).

Mit den B-Kanälen kann der Teilnehmer zwei unabhängige Verbindungen zu unterschiedlichen Zielen aufbauen. Diese Nutzkanäle werden durchgehend zwischen den Endpunkten der Verbindung (end-to-end) digital vermittelt.

Für die Übertragung über U_{K0}-Leitungen wird ein Leitungscode verwendet, der gleichspannungsfrei ist. Dieser 4B/3T-Code nach **Bild 4** überträgt mit drei Takt-Worten der Länge von 4 bit (siehe Tabellenbuch). Die Signalcodes beim ISDN erfüllen die Forderungen nach Gleichstromfreiheit und niedriger Schrittfrequenz. Außerdem enthalten sie viele Impulsflanken zur Synchronisierung.

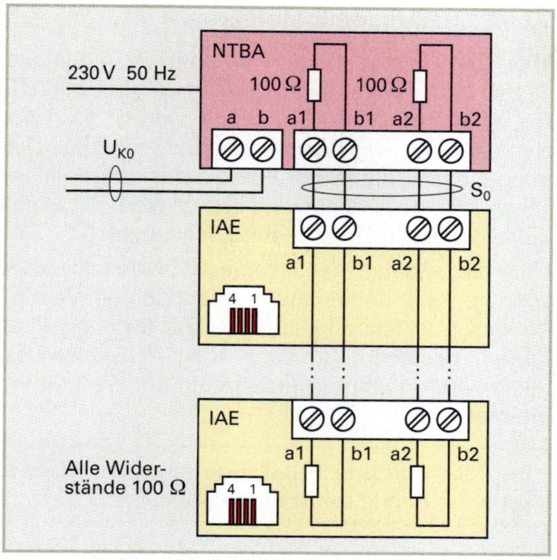

Bild 1: Anschluss der IAE an den NTBA

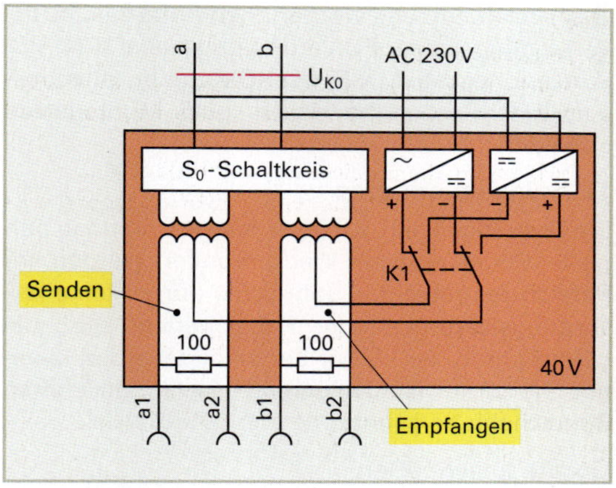

Bild 2: Stromversorgung vom NTBA

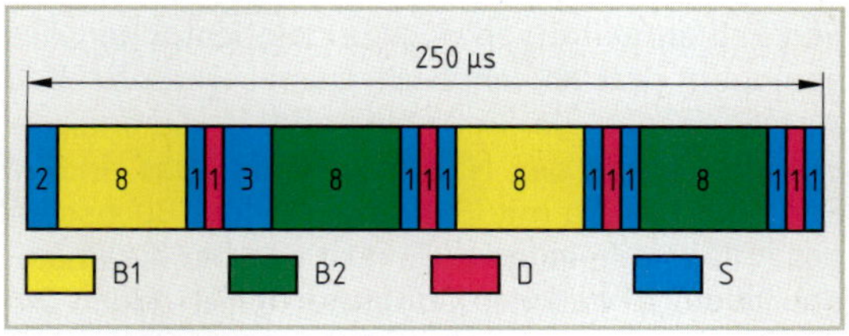

Bild 3: Multiplexsignal beim ISDN

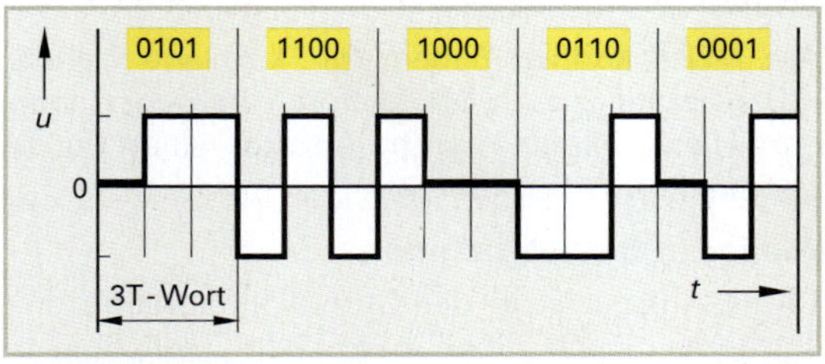

Bild 4: 4B/3T-Code (4-Bit-3-Takte-Code)

12.1.8 Tk-Anlage installieren

Eine ISDN-Telefonanlage verbindet z.B. 4 analoge Geräte mit einem ISDN-Basisanschluss **(Bild 1).** Die beigefügte Software stellt zusätzlich ein Netz zur Verfügung, das PCs miteinander verbindet. Der integrierte Router ermöglicht es allen angeschlossenen PCs, gleichzeitig eine aktive Internet-Verbindung zu haben (Time-Sharing-Verfahren).

Über die beiden B-Kanäle eines ISDN-Anschlusses können zwei voneinander unabhängige Verbindungen (z.B. Telefongespräche und Datenapplikationen) bestehen. So kann man beispielsweise telefonieren, während gleichzeitig andere PCs im Internet surfen.

Die Montage und Installation einer Tk-Anlage kann der Kunde selbst vornehmen.

Eine Tk-Anlage wird über die Anschlussart Mehrgeräteanschluss an ISDN betrieben. Als Zubehör zur ISDN-Telefonanlage werden Steckernetzteil, ISDN-Verbindungskabel, PC-Verbindungskabel V.24, PC-Verbindungskabel USB, CD-ROM mit Installationssoftware, Benutzerhandbuch und Montageteile geliefert.

Tk-Anlage montieren

Die Tk-Anlage kann auf einer festen Unterlage aufgestellt oder an einer Wand montiert werden. Im Bereich der geplanten Bohrlöcher dürfen keine Versorgungsleitungen oder Kabel verlegt sein, die beim Bohren der Löcher beschädigt werden könnten. Die Löcher werden gemäß einer mitgelieferten Bohrschablone gebohrt.

Geräte anschließen

Für die Tk-Anlage muss eine Anschalterlaubnis des Netzbetreibers bestehen. Die Anlage darf auf keinen Fall an Leitungen oder Endeinrichtungen des analogen Netzes angeschlossen werden. Das Anschlusskabel der Tk-Anlage wird in die entsprechende Buchse des NTBAs gesteckt. Das andere Ende wird in die mit ISDN beschriftete Buchse an der Anlage eingesteckt. Danach werden die analogen Telefone und der Computer (USB oder V.24) mit der Anlage verbunden. Anschließend wird die Tk-Anlage mit dem Steckernetzteil an das 230-V-Stromnetz angeschlossen.

Am NTBA können neben der Tk-Anlage weitere ISDN-Geräte (z.B. ISDN-Telefone) betrieben werden. Hierfür bieten manche Anlagen einen durchgeschleiften S_0-Bus **(Bild 2).**

Anlage in Betrieb nehmen

Die Tk-Anlage ist in der Grundkonfiguration einsatzbereit, kann aber nach den individuellen Bedürfnissen konfiguriert werden.

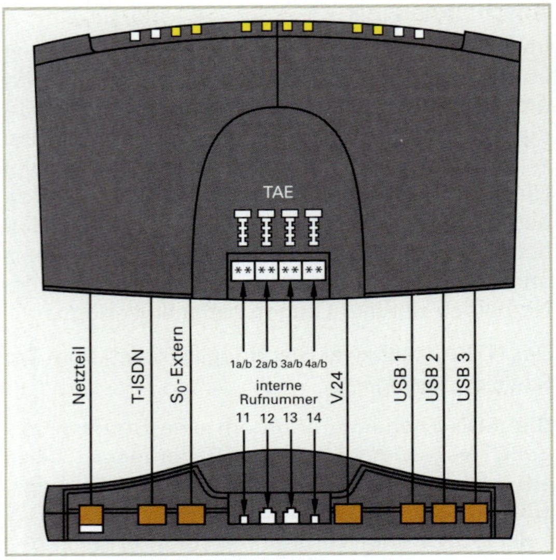

Bild 1: Anschlussschema Tk-Anlage Eumex

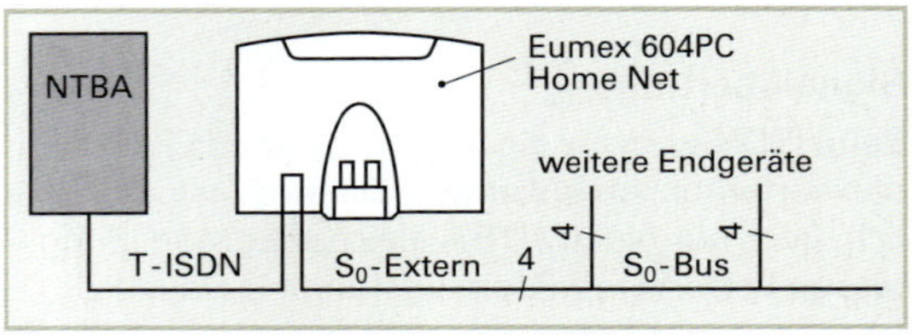

Bild 2: Durchgeschleifter S_0-Bus

- Externer S_0-Bus (= durchgeschleifter S_0-Bus): Alle Gespräche werden gebührenpflichtig über die Vermittlungsstelle im öffentlichen Netz abgewickelt.
- Interner S_0-Bus: Die Telefonanlage übernimmt die interne Vermittlung, hausinterne Gespräche sind gebührenfrei.

Das Ändern der Anlagenkonfiguration kann über einen PC, über ein angeschlossenes Telefon oder aus der Ferne durch einen Netzbetreiber erfolgen.

Das Einrichten der Tk-Anlage ist auch über Fernwartung möglich.

Neben entsprechenden Systemvoraussetzungen (Betriebssystem , Prozessor, Speicher) benötigt der PC eine freie serielle Schnittstelle (COM-Port) mit Schnittstellenbaustein UART 16550 oder eine USB-Schnittstelle.

Wiederholung und Vertiefung

1. **Was muss bei der Installation der Anschlussdose am Ende des S_0-Busses beachtet werden?**
2. **Welche Aufgaben hat der NTBA?**
3. **Wozu wird der D-Kanal benötigt?**
4. **Erklären Sie den Aufbau des 4B/3T-Codes.**
5. **Wer kann die Anlagenkonfiguration einer Tk-Anlage ändern?**

12.2 Mobile Kommunikationssysteme

12.2.1 Mobile Netze

Übersicht

Alle mobilen Kommunikationssysteme nutzen Funkverbindungen zwischen mobilen Teilnehmern und Teilnehmern an Feststationen **(Tabelle 1).** Im Anwendungsbereich I gibt es Systeme, die für alle, z.B. gegen Zahlung einer Gebühr, zugänglich sind, z.B. Mobilfunksysteme. Polizei, Rettungsdienste und Feuerwehr arbeiten mit nicht öffentlich zugänglichen Systemen.

Im Anwendungsbereich I wird zwischen öffentlich zugänglichen und nicht öffentlich zugänglichen Kommunikationssystemen unterschieden.

Der Anwendungsbereich II wird für die Kommunikation bei Schiff-Schiff-Verbindungen und Schiff-Land-Verbindungen verwendet. Im Anwendungsbereich III wird die Kommunikation zwischen den Flugzeugen und zwischen Flugzeugen und den Bodenstationen durchgeführt. Für die weltumspannende Kommunikation wird der Satellitenfunk verwendet.

Die verschiedenen Frequenzbereiche sind aufgeteilt für Flugfunk, Satellitenfunk und GPS (von **G**lobal **P**ositioning **S**ystem = weltumfassendes Standortbestimmungssystem), Seefunksysteme und Funkrufsysteme sowie Mobiltelefone **(Tabelle 2).**

Der Frequenzbereich bestimmt die Reichweite und die Anzahl möglicher Verbindungen von Mobilfunksystemen.

Netzstrukturen

Beim Bündelfunk wird in jeder Funkzelle eine eigene Frequenz verwendet, die aber alle Stationen gemeinsam nutzen **(Bild 1).** Die Teilnehmer können nur mit ihrer Funkzelle kommunizieren, auch wenn sie sich örtlich bereits in einer anderen Funkzelle befinden. Teilnehmer verschiedener Funkzellen haben keinen Funkkontakt zueinander. Da alle Teilnehmer zuhören können, ist das Fernmeldegeheimnis nicht gewahrt.

Alle anderen mobilen Kommunikationssysteme verwenden zellulare Netzstrukturen. In jeder Funkzelle eines zellularen Netzes befindet sich meist in

Tabelle 1: Arten von Kommunikationssystemen

Bereich	System	Erklärung, Anwender
I Nicht öffentlich	Betriebsfunk, Bündelfunk	Lizenzierte, kommerzielle Nutzer
	BOS	Behörden und Organisationen mit Sicherheitsaufgaben, z.B. Feuerwehr
	Funkruf	Ärzte
I Öffentlich	Mobiltelefone mit Datenfunk	D1, D2, E1, E2, UMTS
II	Flussfunk, Seenotfunk	Funkverbindungen zwischen Schiffen und Feststationen
III	Satellitenfunk	Für See-, Land-, Luftfahrzeuge
	Terrestrischer Flugfunk	Funkverbindungen zwischen Flugplatz und Pilot

Tabelle 2: Frequenzbereiche von Mobilfunksystemen

System	Frequenzbereiche
Flugfunk	1,67 GHz bis 1,8 GHz
Funkruf	170 MHz und 466 MHz
GPS	1,575 GHz und 1,227 GHz
Mobiltelefone	460 MHz; 900 MHz; 1,8 GHz; 1,9 GHz; 2,4 GHz
Satellitenfunk	1,5 GHz bis 2,6 GHz
Seefunk, Flussfunk	160 MHz

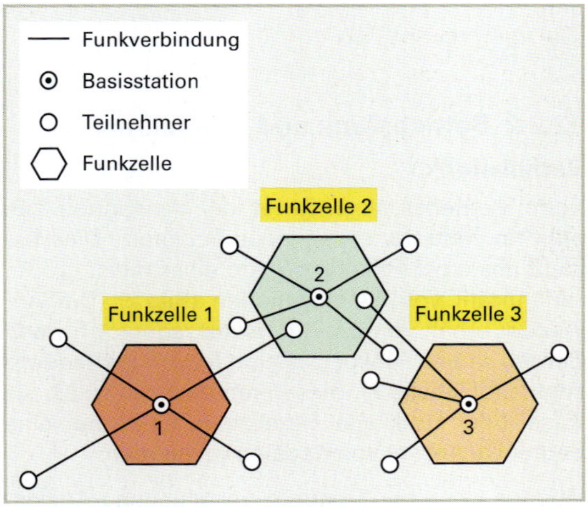

Bild 1: Netzstrukturen von Bündelfunknetzen

In nicht zellularen Netzstrukturen wird das Fernmeldegeheimnis nicht gewahrt.

der Mitte eine Basisstation BS, **Bild 1**. Der Zellradius entspricht der Reichweite der Sendeanlage der Basisstation. Für flaches Land können große Makrozellen verwendet werden **(Tabelle 1)**. In der Stadt oder in Geländeeinschnitten verwendet man Mikrozellen mit einem Radius von z.B. 2 km. In Straßenschluchten von Großstädten werden Pikozellen verwendet.

Die Zellen werden zu Organisationseinheiten, den Clustern (von Cluster = Gruppe, Haufen), zusammengefasst (Bild 1). Cluster können z.B. aus 3, 7, 12 oder 21 Zellen bestehen.

Zellulare Netze bestehen aus Clustern mit Funkvermittlungsstellen.

Jeder Cluster wird von einer Funkvermittlungsstelle gesteuert. Die Zellenzahl richtet sich nach den Anforderungen an das Funknetz. Hier sind z.B. die Modulationsart, die Sendeleistung, die räumliche Größe und geografische Beschaffenheit des Geländes und die Teilnehmerdichte zu berücksichtigen. Innerhalb eines Clusters kann jede mögliche Trägerfrequenz nur einmal verwendet werden.

Cluster bestehen aus mehreren Funkzellen.

Da alle Cluster die gleichen Trägerfrequenzen verwenden können, achtet man darauf, dass für eine gleiche Frequenz ein Clusterabstand mit dem Abstand des 5-fachen Zellradius eingehalten wird. Durch Steuerung der Sendeleistung einzelner Frequenzen kann der Abstand noch verringert werden.

12.2.2 Betriebsfunk und Bündelfunk

Betriebsfunk

Beim Betriebsfunk errichtet der Anwender, z.B. eine Taxizentrale, ein eigenes Funknetz. Dies besteht aus einer Feststation und einer meist größeren Anzahl von Mobilstationen **(Bild 2)**. Der Anwender erhält von der Bundesnetzagentur für den Betrieb seines Funknetzes eine feste Funkfrequenz zugeteilt **(Tabelle 2)**. Diese Frequenz wird auch als Kanal oder Funkkanal bezeichnet. Es ist nur eine begrenzte Anzahl von Kanälen vorhanden.

Würden auf einer Frequenz verschiedene Anwender gleichzeitig senden, würde das zu Störungen führen. Die Anwender müssen also zeitlich nacheinander den Kanal benutzen. Die Reichweite für diese Funkverbindungen beträgt deshalb nur 15 km. Nachteilig ist auch, dass alle Teilnehmer den Gesprächen zuhören können.

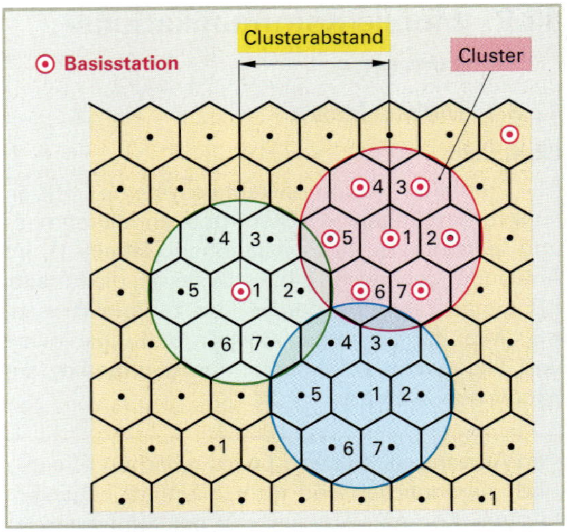

Bild 1: Struktur zellularer Netze

Tabelle 1: Zellarten beim Zellularnetz		
Art	Zellradius	Anwendung
Makrozelle	bis 30 km	Region
Mikrozelle	bis 2 km	Stadtgebiet
Pikozelle	100 m bis 500 m	Wohnbereich

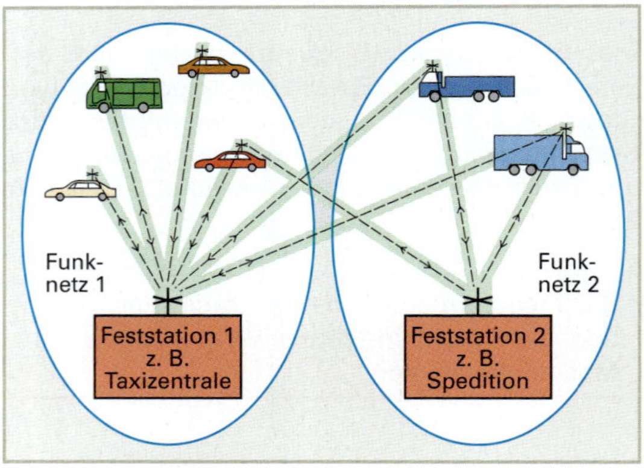

Bild 2: Betriebsfunknetze

Tabelle 2: Frequenzbereiche beim Betriebsfunk		
Bereich	Frequenzband	Betriebsart
1	34,75 MHz bis 34,95 MHz	Wechselsprechen
2	68,00 MHz bis 87,50 MHz	Wechselsprechen
3	146 MHz bis 174 MHz	Wechselsprechen
4	410 MHz bis 470 MHz	Wechselsprechen

Beim Betriebsfunk müssen verschiedene Anwender die gleichen Kanäle benutzen.

Analoger Bündelfunk

Beim analogen Bündelfunk gibt es Insellösungen und überregionale Bündelfunksysteme. Insellösungen werden in einem kleinen geografischen Bereich und mit geschlossenen Benutzergruppen betrieben. Ein überregionales Bündelfunksystem hat z.B. eine einzellige oder auch mehrzellige Netzstruktur und z.B. die Zugangsberechtigung in andere öffentliche Netze.

Beim analogen Bündelfunk teilen sich mehrere Anwendergruppen eine bestimmte Anzahl zugeteilter Kanäle, d.h. ein Kanalbündel **(Bild 1)**. Ein Organisationskanal steuert und überwacht den Funkverkehr der Verkehrskanäle. Die Gespräche der Teilnehmer finden über die Verkehrskanäle statt. Beim Aufbau eines Funkgesprächs fordert ein Teilnehmergerät über den Organisationskanal einen Kanal aus dem Kanalbündel an. Dieser Kanal wird dann einem Teilnehmer für eine bestimmte Dauer, z.B. 60 s, fest zugewiesen.

Beim Bündelfunk erhält der Anwender eine Frequenz für eine bestimmte Zeit allein zugewiesen.

Dadurch ist ein Mithören Dritter erschwert. Gesprochen wird im Duplexbetrieb. Andererseits können mit einem Gruppenruf auch alle Teilnehmer eines Anwenders erreicht werden. Beim Gruppenruf wird zwischen Gruppenruf mit Mitsprechen, d.h., alle Teilnehmer können antworten, und Gruppenruf ohne Mitsprechen unterschieden.

Bündelfunknetze bestehen aus der zentralen Netzsteuerung (MSC von **M**ain **S**ystem **C**ontroller = Hauptsystem-Steuerung), den Funkzellensteuerungen (TSC von **T**runk **S**ystem **C**ontroller = Zweigsystem-Steuerung), den Funkfeststationen und den Mobilstationen. Der Frequenzbereich für den Bündelfunk liegt zwischen 410 MHz und 430 MHz. Die Mobilstationen senden im Unterband 410 MHz bis 420 MHz, die Feststationen im Oberband 420 MHz bis 430 MHz. Der Abstand zwischen Sendefrequenz und Empfangsfrequenz in einem Kanal beträgt 10 MHz, der Kanalabstand 12,5 kHz. Die Sendeleistung ist auf jeweils 6 W begrenzt. Ein Netzbetreiber kann über bis zu 84 Kanäle verfügen. Für Bündelfunknetze gibt es verschiedene Anbieter. Ein Anbieter ist z.B. die Telekom, deren Bündelfunknetz Chekker heißt **(Tabelle 1)**.

Analoge Bündelfunkgeräte enthalten die Baugruppen Empfänger, Sender, Niederfrequenzteil und Antennenumschalter mit Bandpass **(Bild 2)**.

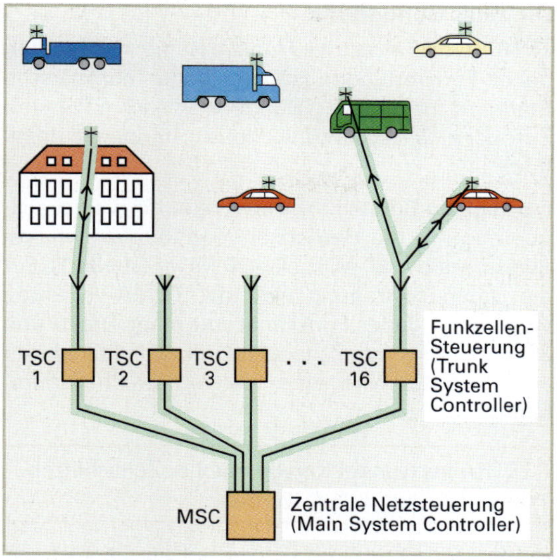

Bild 1: Bündelfunknetz

Tabelle 1: Bündelfunknetz Chekker

Eigenschaften	Daten, Erklärung
Netzstruktur	Zellradius von 2 km bis 25 km, bis zu 32 Sprechkanäle
Frequenzen	410 MHz bis 430 MHz, Duplexabstand 10 MHz, Kanalbreite 12,5 kHz
Modulationsart	Analoge Sprachübertragung mit Phasenmodulation für Sprachfrequenzen 300 Hz bis 3,55 kHz
Datenübertragung	Zeitmultiplexverfahren mit FSK, Bitrate 1 200 bit/s
Betriebsarten	Simplexverfahren – Senden und Empfangen auf der gleichen Frequenz oder Semiduplexverfahren – Senden und Empfangen auf verschiedenen Frequenzen mit Abstand 10 MHz
Leistungen	Kurzdatentelegramme, Gesprächszeit ≤ 60 s, Rufumleitung, Bildung von Benutzergruppen

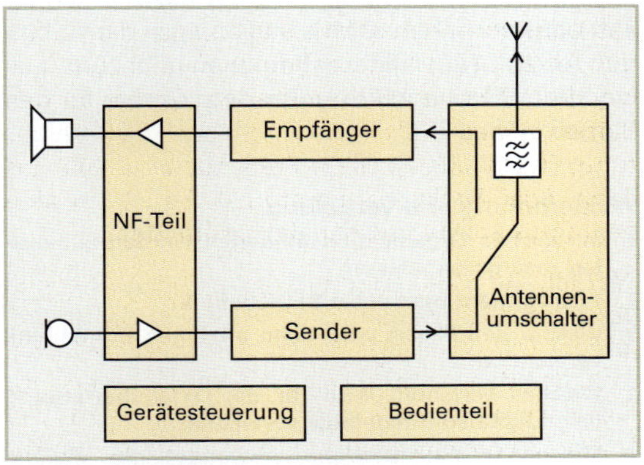

Bild 2: Prinzip eines Bündelfunkgerätes

Digitaler Bündelfunk

TETRA (von **T**errestrial **T**runked **R**adio = erdgebundener Fernverbindungsfunk) ist der europäische Standard für digitalen Bündelfunk nach ETSI (von European Telecommunications Standards Institute).

Der digitale Bündelfunk verwendet für die Sprachübertragung die Betriebsart Semiduplex im Frequenzbereich 380 MHz bis 430 MHz **(Tabelle 1)**. Für die Datenübertragung wird das TDMA-Verfahren verwendet. Jeder Funkkanal mit einer Breite von 25 kHz ist in vier Zeitschlitze für vier Teilnehmer aufgeteilt. Es wird eine vierwertige Phasenumtastung verwendet.

> TETRA verwendet Kanäle mit vier Zeitschlitzen, die phasenmoduliert werden.

Die Übertragung kann auf dem Übertragungskanal verschlüsselt werden (Air Interface Encryption) oder es findet eine Verschlüsselung z.B. des zu übertragenden Dokumentes statt (End-to-end-Encryption). TETRA-Netze können mehrzellig aufgebaut werden. Jede Funkzelle eines TETRA-Netzes besteht aus einer bestimmten Anzahl von Teilnehmern mit ihren Basisstationen BS **(Bild 1)**. Die Funkzellen werden von Sende-Empfängern, den TSC, angesteuert **(Tabelle 2)**.

> Die Steuerung des Verkehrs im TETRA-Netz erfolgt rechnergesteuert.

Die Kommunikation zwischen Funkzellensteuerung TSC und zentraler Netzsteuerung MSC erfolgt über Richtfunk oder gemietete Standleitungen, z.B. der T-Com. Ein MSC enthält die Computer für den TCC und den OMC. Der OMC regelt mit dem TCC die Organisation des Funkverkehrs innerhalb des Versorgungsgebietes des MSC. Der TCC kann z.B. auch über das Telefonnetz Bedienstellen steuern, die ihrerseits Verbindung mit einer Basisstation BS aufnehmen können. OMCs stellen auch die Verbindungen zu OMCs anderer Regionen oder zum Ausland her. BS sind z.B. Handys oder Geräte für den Einbau in Kfz.

Wiederholung und Vertiefung

1. **In welchen Organisationseinheiten werden Funkzellen zusammengefasst?**
2. **Was versteht man unter Betriebsfunk?**
3. **Welche Betriebsart wird beim analogen Bündelfunk verwendet?**
4. **Welches Verfahren wird für die Datenübertragung beim digitalen Bündelfunk verwendet?**
5. **Welche Frequenzbereiche verwendet der digitale Bündelfunk?**

Tabelle 1: Bündelfunknetz TETRA

Eigenschaften	Daten, Erklärung
Betriebsarten	Semiduplexverfahren. Senden und Empfangen auf verschiedenen Frequenzen, Frequenzabstand 10 MHz
Datenrate	7,2 kbit/s für Sprache, 36 kbit/s für Daten und Bilder
Datenübertragung	TDMA, von Time Division Multiple Access = Zeitmultiplex-Vielfachzugriffsverfahren
Frequenzbereiche	380 MHz bis 395 MHz für BOS, 410 MHz bis 430 MHz für den privaten Bereich
Kanalraster	25 kHz
Modulationsart	DQPSK von Differential Quaternary Phase Shift Keying = differenzielle Vierfach-Phasenumtastung

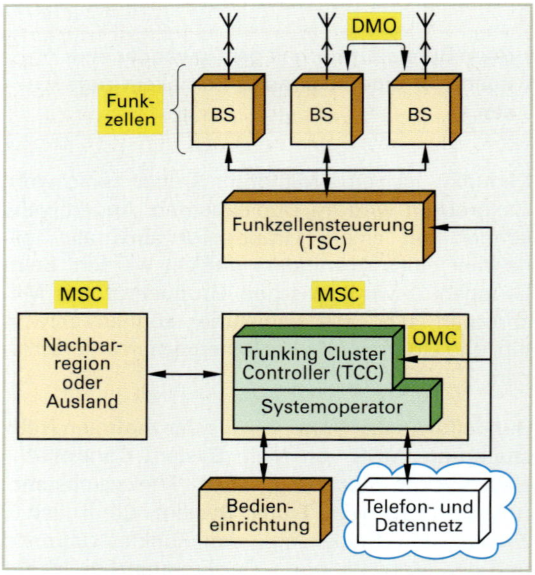

Bild 1: Struktur von TETRA-Zellen

Tabelle 2: Betriebstechnische Begriffe von TETRA

Bezeichnung	Übersetzung, Erklärung
DMO	**D**irect **M**ode **O**peration = direkte Betriebsart zwischen zwei Teilnehmern
MSC	**Ma**ster **S**ystem **C**ontroller = Hauptsystemcomputer(zentrale)
OMC	**O**peration **M**aintenance **C**enter = Operations-Instandhaltungszentrum
TCC	**T**runking **C**luster **C**ontroller = Fernverbindungs-Gruppencomputer
TSC	**T**runking **S**ystem **C**ontroller = Fernverbindungs-Systemcomputer

12.2.3 Mobilfunksystem GSM

Grundlage für digitale Mobilfunktelefone ist das GSM (von **G**lobal **S**ystem for **M**obile Communication = System für mobile weltweite Kommunikation) der CEPT[1]. In Europa gibt es die Funknetze D1 und D2 in GSM900-Systemtechnik und derzeit die Funknetze E1 und E2 in GSM1800-Systemtechnik **(Tabelle 1)**. Beide Systeme unterscheiden sich in den technischen Daten, wie Frequenzband, Bandbreite, Zahl der Trägerfrequenzen, Kanalzahlen für volle und halbe Bitraten, Zellgrößen und Sendeleistung. Der Netzaufbau beider Systeme ist gleich **(Bild 1)**.

Aufbau einer GSM-Verbindung

Den Verbindungsaufbau eines Anrufes aus dem ISDN-Festnetz bis zum Teilnehmer zeigt **Bild 2**. Zunächst wählt man die Systemvorwahlnummer, z.B. 0171 für das D1-Netz, und danach die Rufnummer des Teilnehmers. In der Vermittlungsstelle MSC werden die Dateien HLR (von **H**ome **L**ocation **R**egister = Heimatdatei), AC (von **A**uthentication **C**enter = Berechtigungszentrale) und EIR (von **E**quipment **I**dentity **R**egister = Gerätedatei) überprüft und zur Zielvermittlungsstelle MSC weitergeleitet. Diese erfragt in der Datei VLR (von **V**isitor **L**ocation **R**egister = Besucheraufenthaltsort) den Standort des Teilnehmers. Anschließend wird die Verbindung z.B. zum BSC 3 (von **B**ase **S**ystem **C**ontroller = Basis-Systemcomputer) geschaltet. Der BSC verbindet über Funk, z.B. mit der BTS 1 (von **B**ase **T**ransceiver **S**tation = Basis-Sendeempfängerstation). Die BTS 1 prüft im Organisationskanal die Gesprächsbereitschaft und verbindet dann durch Umschalten auf den Sprechkanal mit dem anrufenden Teilnehmer.

[1] CEPT in Conférence Européenne des Administrations des Postes et des Télécommunications = Europäische Konferenz der Verwaltungen für Post und Telekommunikation.

Tabelle 1: GSM-Netze

Netz	GSM900	GSM1800[1]
Unterband (uplink)	890 MHz bis 915 MHz	1710 MHz bis 1785 MHz
Oberband (downlink)	935 MHz bis 960 MHz	1805 MHz bis 1880 MHz
Duplexabstand	45 MHz	95 MHz
Bandbreite bei Senden und Empfang	je 25 MHz	je 75 MHz
Trägerfrequenzen	124	372
Kanalabstand	200 kHz	200 kHz
Kanäle (full rate)	992	2976
Kanäle (half rate)	1984	5952
Zellgröße	200 m bis 35 km	200 m bis 8 km
Sendeleistung (Handy)	1 W	0,25 W

[1] In USA/Pazifikraum als GSM1900 mit den Frequenzen 1850 MHz bis 1910 MHz und 1930 MHz bis 1990 MHz.

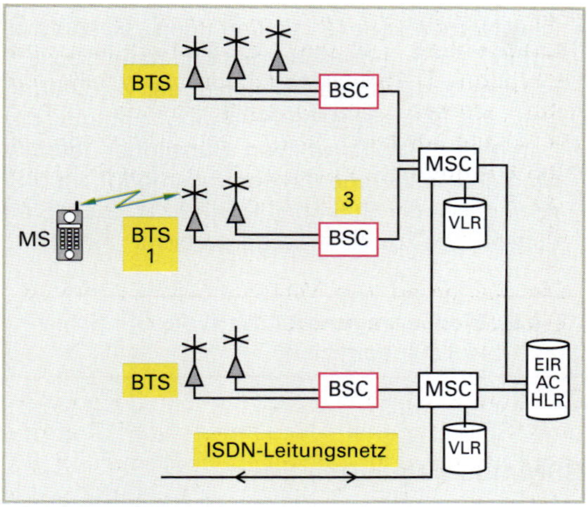

Bild 1: Prinzipieller Aufbau von GSM-Netzen

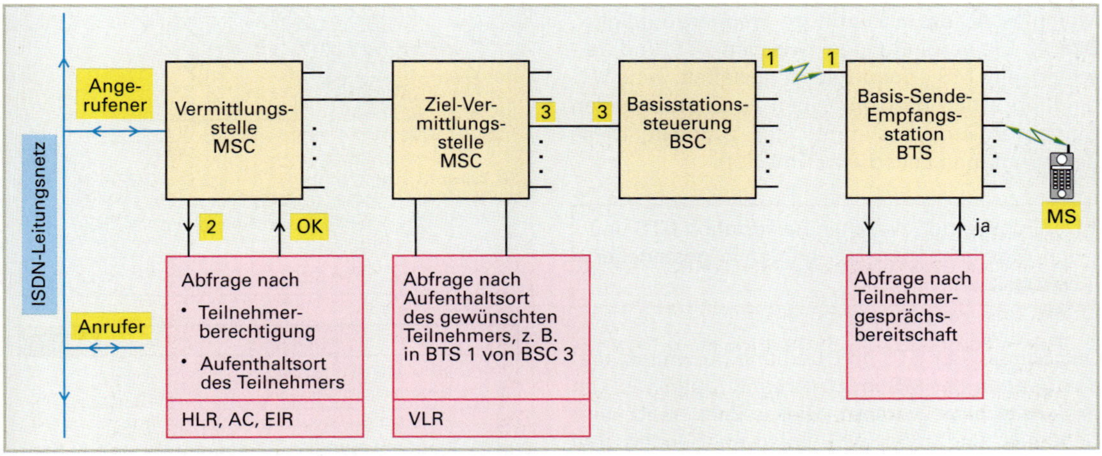

Bild 2: Gesprächsvermittlung bei GSM (angerufener Teilnehmer)

GSMs sind entsprechend dem OSI-7-Schichtenmodell (von **O**pen **S**ystem **I**nterconnection = offene Systemverbindung) der ISO (von International Standardization Organization = Internationale Standardisierungsorganisation) aufgebaut **(Tabelle 1)**.

- Die physikalische Ebene enthält z.B. den Frequenzbereich, die Anzahl der Funkfrequenzen, die Modulationsart, den Kanalzugang und die Fehlerschutzcodierung.
- Die Datenverbindungsebene ist für die Verständigung zwischen Basisstation BTS und Mobilstation MS mittels Signalisierungsdaten zuständig **(Bild 1)**. Der Funkkontrollkanal regelt z.B. die Einhaltung der Funkfrequenz und die Synchronisation zwischen BTS und MS. Der Verbindungskanal regelt die Auswahl der Funkzelle und die Zugangsfreigabe zum MS. Der Verkehrsübergabekanal schaltet z.B. auf den Verkehrskanal zur Informationsübermittlung von Sprache oder Daten mit voller oder halber Datenrate um.
- Die Netzwerkebene steuert den Gesprächsaufbau. Sie legt die Sendezeit und Kanalfrequenzen fest. Sie prüft das Bestehen der Verbindung und die Teilnehmerberechtigung anhand der Daten der SIM-Karte (von **S**ubscriber **I**dentity **M**odule = Teilnehmer-Erkennungsmodul) im MS. Ändert sich der Standort, so wird z.B. das MS an eine andere Funkzelle weitergereicht.

Die GSM-Übertragung ist durch die OSI-Schichten 1 bis 3 standardisiert.

Tabelle 1: GSM-Schichten nach dem OSI-7-Schichtenmodell

Schicht	Aufgaben, Erklärung
Physikalische Ebene (Layer 1)	Festlegung von Funkfrequenzen, Modulationsart, TDMA-Verfahren und Fehlerschutzcodierung
Datenverbindungsebene (Layer 2)	Protokolle zur Steuerung der Kommunikation. Signalisierungsdaten sind auf drei logische Kanäle aufgeteilt
Netzwerkebene (Layer 3)	Steuert den Gesprächsaufbau, z. B. Verbindungskontrolle, Authentifizierung und Standort, Frequenzänderungen und Frequenzsprungverfahren

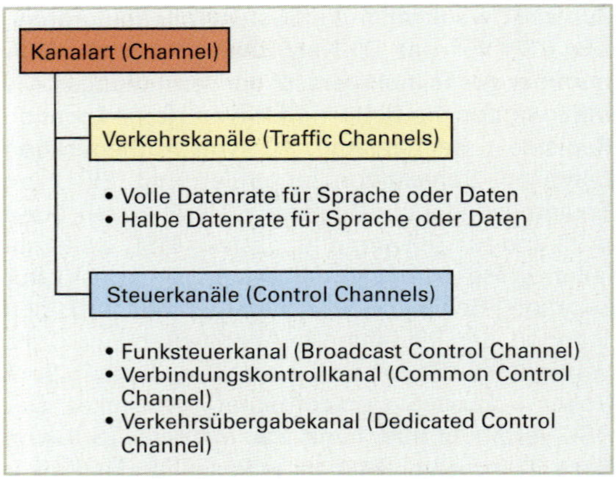

Bild 1: Aufteilung des GSM-Funkweges in Kanäle

GSM-Übertragungsverfahren

Als Übertragungsverfahren verwendet GSM eine Kombination von Zeitmultiplex TDMA und Frequenzmultiplex FDMA (von **F**requency **D**ivision **M**ultiplex **A**ccess = Zugriff im Frequenzmultiplex, **Bild 2**). Die Verbindungen zwischen BTS und verschiedenen MS erfolgt zeitlich gestaffelt. Jede Verbindung erhält dazu für einen zu übertragenden Signalwert eine bestimmte Zeit zugeteilt. Diese Zeit nennt man Zeitschlitz (Timeslot).

Der Funkbetrieb zwischen Basisstation BTS und den Mobilstationen MS erfolgt in gestaffelten Zeitschlitzen.

Das Senden der BTS im Oberband (downlink) und das Senden der MS im Unterband (uplink) ist um drei Zeitschlitze versetzt. Dieser Zeitversatz wird benötigt, um in der MS zwischen Senden und Empfang umzuschalten.

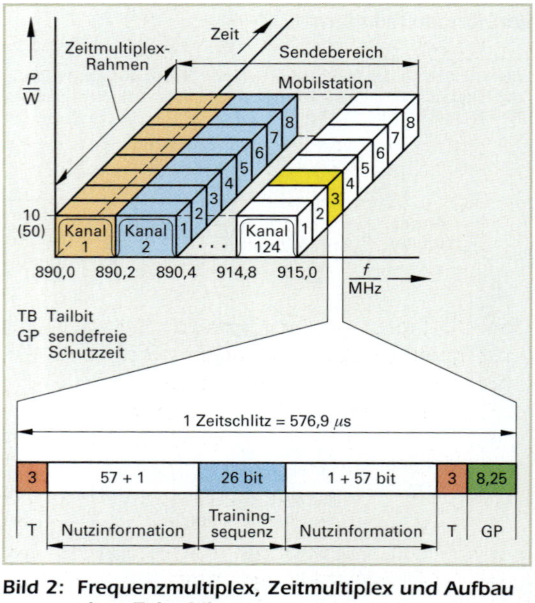

Bild 2: Frequenzmultiplex, Zeitmultiplex und Aufbau eines Zeitschlitzes

Die folgenden Signalwerte einer Verbindung werden auf jeweils anderen Sendefrequenzen übertragen (Frequenzsprungverfahren = Frequency Hopping, **Bild 1**). Die Auswahl der Kanalfrequenz steuert ein Zufallsgenerator. GSM arbeitet mit 8 Zeitschlitzen. Eine bestehende Verbindung behält den zugeteilten Zeitschlitz bei. Dadurch wird das Abhören des Gesprächs erschwert. Die Leistungsdichte ist in den GSM-Frequenzbändern gering.

Mit dem Frequenzsprungverfahren wird eine große Störungsfreiheit der Übertragung bei geringer Leistungsdichte erreicht.

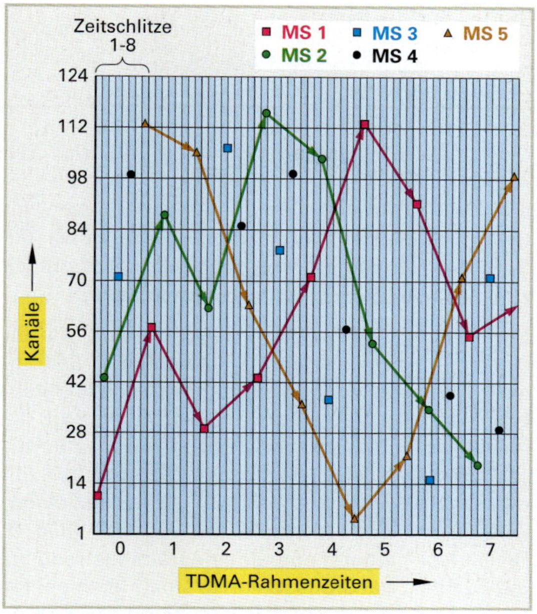

Bild 1: Frequenzsprungverfahren

Signalaufbereitung bei GSM

Bei GSM wird das analoge Sprachsignal digitalisiert, digital bearbeitet, im Modulator auf die Kanalfrequenz umgesetzt und als Analogsignal von der Antenne abgestrahlt **(Bild 2)**.

Ein Mikrofon nimmt das Sprachsignal auf. Nach Verstärkung des Signals und einer Bandbegrenzung auf die Sprachfrequenzen von 300 Hz bis 3400 Hz wird das Signal einem AD-Umsetzer zugeführt, der mit linearer Quantisierung arbeitet. Der AD-Umsetzer erzeugt mit einer Abtastfrequenz von 8 kHz Codeworte mit 13 bit. Die Datenrate des PCM-Signals am Ausgang des DA-Umsetzers ist $r_b = 8000\ \text{Hz} \cdot 13\ \text{bit} = 104\ \text{kbit/s}$.

Die weitere Signalverarbeitung erfolgt mit einem digitalen Signalprozessor DSP. Dazu werden Programme verwendet, die im PROM des DSP enthalten sind. Mit diesen Programmen werden Signalwerte z.B. codiert, mit Faktoren multipliziert oder bandpassgefiltert und die verschiedenen Zeitrahmen für die Zeitschlitze der Zeitmultiplexübertragung erzeugt.

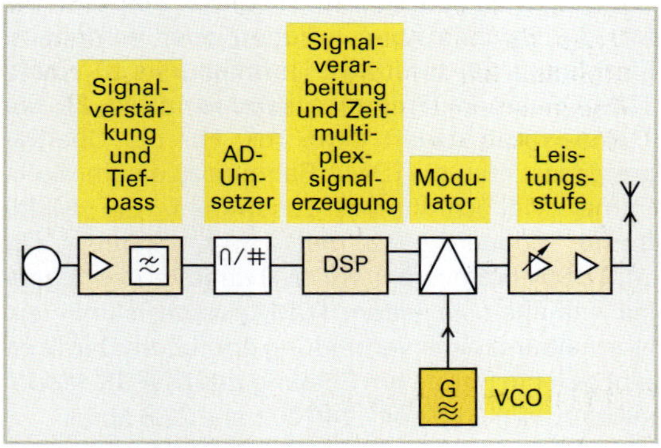

Bild 2: Prinzip des MS-Sendeteils

Digitale Signalprozessoren ersetzen Hardware-Baugruppen durch Programme zur Signalbearbeitung und zur zeitlichen Steuerung der Signale.

Das PCM-Signal mit der Bitrate von 104 kbit/s wird im Signalprozessor mit einem Programm so umcodiert, dass ein Code mit einer Bitrate von 13 kbit/s entsteht. Das Signal ist durch die Codewandlung komprimiert worden. Diese Daten werden zur weiteren Bearbeitung in Bereiche von 20 ms geteilt. Ein Datenblock hat dann $n = 13\ \text{kbit/s} \cdot 20\ \text{ms} = 260\ \text{bit}$. Diese Datenblöcke werden nun mit Fehlererkennungsbits versehen und mit einer Zufallszahlen-Bitfolge multipliziert **(Bild 3)**. Dadurch erhöht sich die Bitrate.

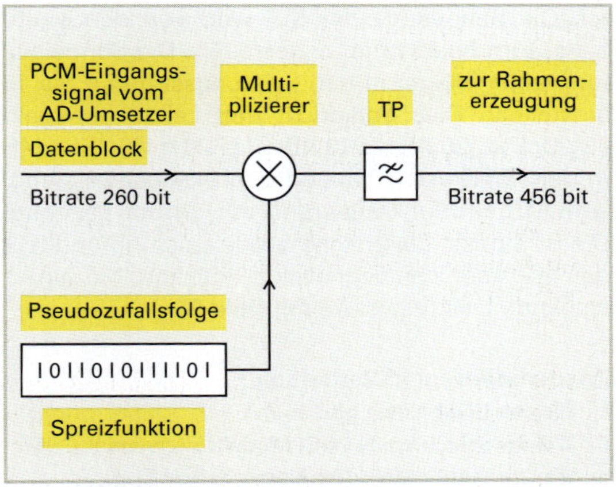

Bild 3: Ausschnitt aus der Signalverarbeitung im DSP

Die Zufallszahlenfolge nennt man deshalb auch Spreizfunktion. Eine einfache Spreizfunktion besteht z.B. aus 13 bit.

Durch die Signalspreizung vergrößert sich die Anzahl der Bits unseres Datenblocks von 260 bit auf 456 bit. Im DSP werden nun diese Daten mit tiefen Frequenzen herausgefiltert, um durch die Spreizung hervorgerufene höhere Frequenzanteile zu beseitigen (Bild 3, vorhergehende Seite).

Im nächsten Arbeitsgang erzeugt der DSP die für das Zeitmultiplexverfahren notwendigen Zeitrahmen. Als Erstes werden aus den 456 bit des Datenblocks acht kleinere Blöcke mit je 57 bit erzeugt, die mit einem Interleave-Verfahren erzeugt und verschlüsselt werden. Jeweils zwei Datenblöcke mit den Informationsdaten von je 57 bit werden einem Zeitrahmen, dem Normalburst, zugeteilt **(Bild 1)**. Dieser Normalburst enthält eine Trainingsfrequenz mit 26 Bits, zwei S-Bits (S von to steal = stehlen) für die Kanalkennung, sechs Tailbits (von tail = Ende), 8,25 Guardbits (von guard = Schutz) und an Anfang und Ende eine Schutzzeit von je 15 µs. Die Dauer der Guardbits beträgt 28 µs. In dieser Zeit kann die MS die Sendeleistung erhöhen oder verringern. Ein Multiplexer fasst acht Normalbursts zu einem TDMA-Rahmen (Frame) zusammen **(Bild 2)**. Ein TDMA-Frame dauert 4,615 ms. Für die Übertragung fasst man die TDMA-Rahmen zu einem Multiframe (Vielfachrahmen) zusammen. Ein Multiframe dauert 120 ms und kann z.B. 24 TDMA-Frames bei voller Datenrate des Signales enthalten. In jedem TDMA-Frame ist nur ein Normalburst einer Verbindung enthalten. Damit ergibt sich die Bitrate am Eingang des DQPSK-Modulators zu $r_b = 2 \cdot 57\ \text{bit} \cdot 24/120\ \text{ms} = 22{,}8\ \text{kbit/s}$.

Enthält der Datenblock keine Werte, z.B. bei einer Sprechpause, wird er nicht gesendet. Dies verringert die Energieentnahme aus dem MS-Akkumulator. Die Sendestufe der MS wird von den Multiframes im Pulsbetrieb angesteuert. Die Sendeleistung einer MS ist in den Leistungsstufen 0 bis 15 einstellbar. Dies entspricht den Leistungspegeln 43 dBm (≙ 20 W) bis 13 dBm (≙ 20 mW). Eine MS in der Nähe der BTS sendet mit kleiner Leistung, eine MS am Funkzellenrand mit großer Leistung. Die BTS misst die ankommende Leistung und teilt der MS über den Signalisierungskanal die einzustellende Leistungsstufe mit **(Bild 3)**.

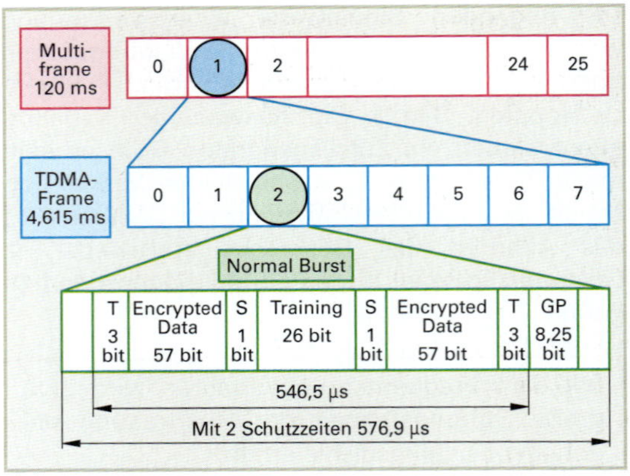

Bild 1: GSM-Rahmen

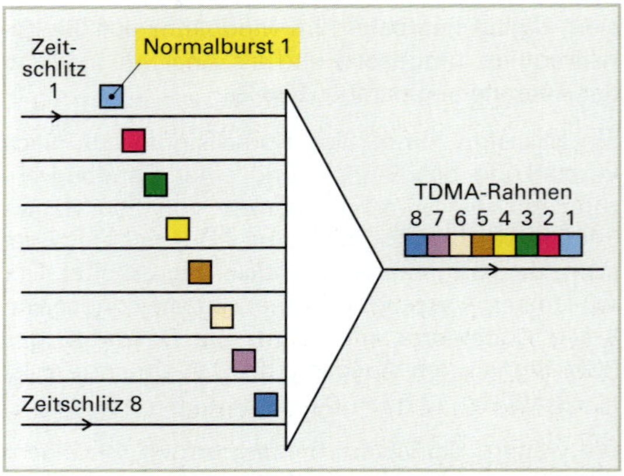

Bild 2: Multiplexer zur Bildung des TDMA-Rahmens

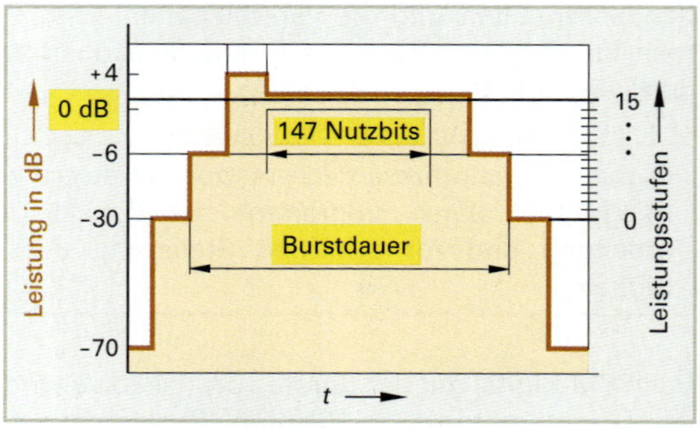

Bild 3: Leistungs-Zeit-Schablone

Wiederholung und Vertiefung

1. **Welche GSM-Netze gibt es ?**
2. **Welche Schichten des OSI-Modells verwendet GSM?**
3. **Was versteht man unter einem Zeitschlitz?**
4. **Erklären Sie das Frequenzsprungverfahren.**
5. **Aus welchen Baugruppen besteht ein MS-Sendeteil?**
6. **Wie viele Informationsbits enthält ein Normalburst?**
7. **Mit welcher Bitrate wird der DQPSK-Modulator angesteuert?**
8. **Was versteht man unter einer Spreizfunktion?**
9. **Beschreiben Sie den Aufbau der GSM-Rahmen.**

12.2.4 Datenübertragung mit GSM

Je Zeitschlitz können mit GSM Daten mit bis zu 22,8 kbit/s übertragen werden.

SMS

Mit SMS (von **S**hort **M**essage **S**ervice = Kurznachrichten-Dienst) können

- Mitteilungen von Teilnehmer zu Teilnehmer (SMS),
- Informationen von einem Provider,
- E-Mails und
- Faxe

übermittelt werden.

Am stärksten wird die Übertragung von Mitteilungen von Handy zu Handy genutzt. Die Informationslänge bei GSM beträgt 140 Oktette.

Beispiel 1:
Wie viele Zeichen können mit 140 Oktetten a) mit einem 7-Bit-Code und b) mit einem 8-Bit-Code übertragen werden?

Lösung: a) $n = 140 \cdot 8\ \text{bit}/7\ \text{bit} = \mathbf{160}$
b) $n = 140 \cdot 8\ \text{bit}/8\ \text{bit} = \mathbf{140}$

Die Steuerung der Informationsübermittlung übernimmt ein SMSC (von SMS-Center = SMS-Zentrale). Netzanbieter wie T-Com (D1), Vodafone (D2) oder E-Plus betreiben eigene Zentralen. Die SMS-Zentrale erhält die Nachrichten über Funk, Telefonleitungen, ISDN, Standleitungen oder X.25-Datennetze und speichert sie **(Bild 1).** In einem zweiten Schritt werden die SMS zum Empfänger weitergeleitet. Dies bezeichnet man auch als store and forwarding (= speichern und weiterleiten).

Die SMS-Zentrale sendet die Nachrichten auf verschiedenen Wegen weiter. Eine SMS-Nachricht leitet sie an das eingeschaltete Handy weiter. Ist das Handy ausgeschaltet, wird die Nachricht für z.B. eine Woche in der SMS-Zentrale gespeichert und dann gelöscht.

Bei der Übertragung von SMS wird keine direkte Verbindung zwischen Sender und Empfänger hergestellt.

SMS können auch zu E-Mails oder Faxdokumenten konvertiert werden. E-Mails können z.B. auch von einem PC an ein Handy gesendet werden, Faxnachrichten nicht.

SMS gehen nicht verloren, wenn das Handy nicht eingeschaltet ist oder kurzfristig keine Funkverbindung besteht.

SMS werden erzeugt in den Schritten:
- Text eingeben,
- Rufnummer des Empfängers eingeben und
- SMS an die SMS-Zentrale senden.

Die Eingabe von Text über die Handy-Tastatur ist aufgrund der Mehrfachbelegung der Tasten nicht sehr komfortabel. Eine Verbesserung bringt die T9-Technik. Dabei handelt es sich um ein Texteingabesystem mit automatischer Texterkennung. Das Handy enthält dazu ein kleines Wörterbuch. Es genügt, je Buchstabe nur einmal auf die entsprechende Taste zu drücken. Über eine Wahrscheinlichkeitsanalyse versucht das Handy aus der Tastenfolge den gewünschten Begriff zu „erraten".

Wer oft SMS verfasst und versendet, kann dies mit dem PC und einem entsprechenden Programm tun. In der Fernwirktechnik werden Computer und Maschinen mit SMS-Kommandos gesteuert.

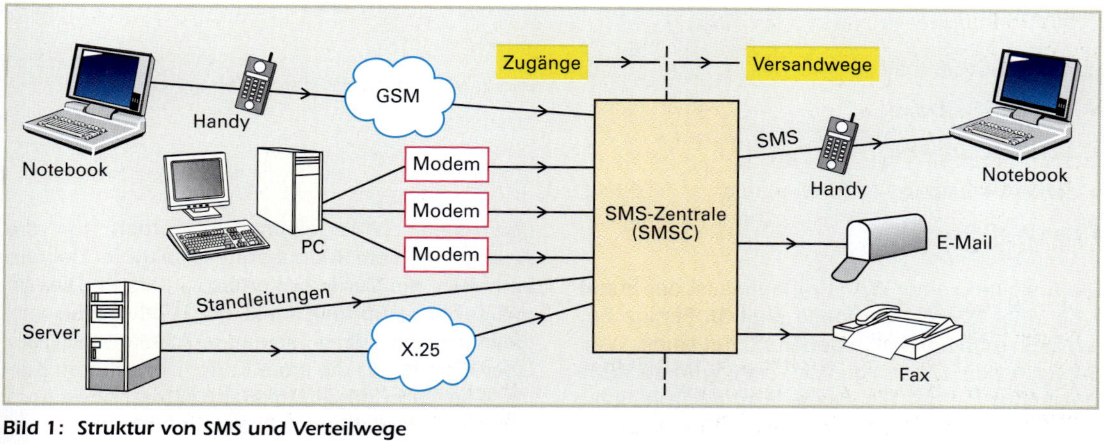

Bild 1: Struktur von SMS und Verteilwege

WAP

Mit WAP (von **W**ireless **A**pplication **P**rotocol = Funk-Anwendungsprotokoll) erhält man z.B. mit Mobiltelefonen, Funk-PDA (von **P**ersonal **D**igital **A**ssistant = persönlicher digitaler Assistent) oder Laptops mit Funkmodems über GSM einen mobilen Zugang zum Internet. Die Informationsübertragung im WAP-System wird anhand des WAP-Schichtenmodells durchgeführt **(Bild 1)**. Dieses ist vom OSI-Schichtenmodell abgeleitet. Mobilgeräte für WAP-Anwendungen werden über das Funknetz mit einem WAP-Portal (Eingangsseite) verbunden **(Bild 2)**. Das WAP-Portal befindet sich auf einem Server, dem WAP-Proxy (von Proxy = Stellvertreter). Die Steuerung der Verbindung zwischen dem Mobilgerät (Client) und dem Festnetz (Server) übernimmt im WAP-Proxy die WTA (von **W**ireless **T**elephone **A**pplication = Funktelefon-Anwendung).

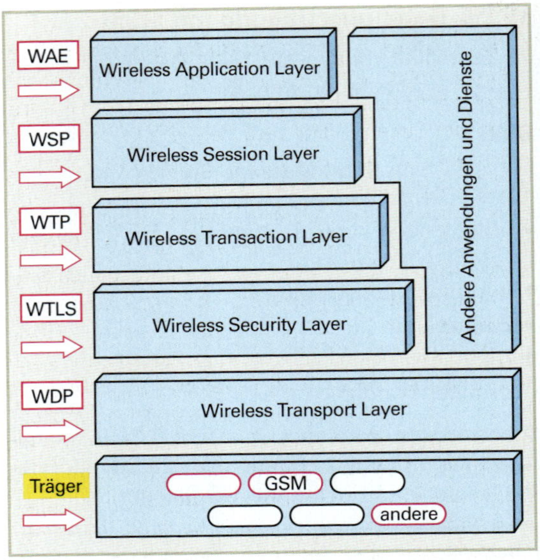

Bild 1: WAP-Schichtenmodell und Protokollbezeichnungen

> WAP-Systeme sind Client-Server-Anwendungen.

Der WAP-Proxy setzt die Anforderungen des Mobilgerätes entsprechend WSP (von **W**ireless **S**ession **P**rotocol = Funk-Sitzungsprotokoll) für HTTP oder TCP/IP um. Umgekehrt werden die WWW-Informationen zur Übertragung zum Mobilgerät in WML (von Wireless Markup Language = Funk-Auszeichnungssprache) umgesetzt. Die in WML umgesetzten Daten werden zur schnelleren Übertragung über die Funkstrecke komprimiert.

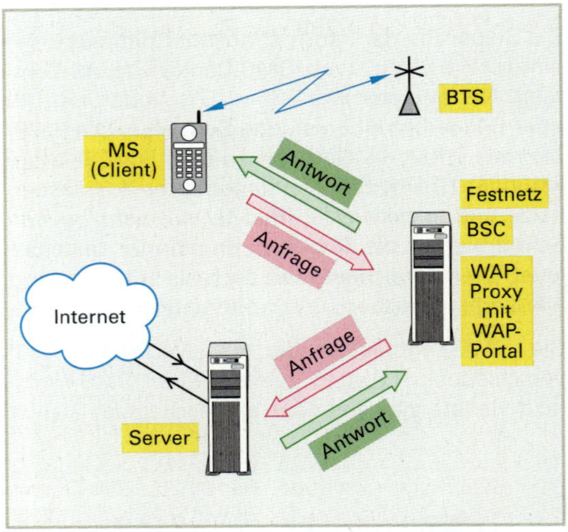

Bild 2: Wirkungsweise eines WAP-Systems

> Mit WAP können WWW-Anwendungen mit Einschränkungen auf dem Mobilfunkgerät genutzt werden.

Für die Programmierung eigener WAP-Seiten verwendet man den WAP-SDK (von **S**oftware **D**evelopment **T**oolkit = Software-Entwicklungswerkzeugkasten).

Der WAP-SDK enthält

- die WML-Software,
- den WML-Browser,
- den WAP-Gateway (= Torweg) und
- den WAP-Server.

Die Erstellung einer WAP-Homepage ist der Erstellung einer WWW-Homepage ähnlich. Fertige Seiten kann man auf dem eigenen PC mit einem WAP-Server testen. Die fertige WAP-Seite wird als WML-Dokument mit der Extension .wml z.B. mit einem FTP-Programm auf den Webserver des Providers übertragen. WML-Dokumente werden für die Ansicht auf dem Mobilgeräte-Display in kleinere Einheiten, die Cards (= Karten), unterteilt. Dies ist mit der Verknüpfung (Link) bei HTML-Seiten vergleichbar. Auf dem Display erscheint nach der Übertragung nur die erste Karte. Die anderen Karten sind dann durch Links anwählbar, ohne dass eine neue Verbindung zum Server nötig wird.

GPRS

GPRS (von **G**eneral **P**acket **R**adio **S**ervice = allgemeiner Paket-Funkdienst) ist ein Datendienst mit paketvermittelter Datenübertragung. Die Übertragung der Daten basiert auf der TCP/IP-Technik des Internets. Für die Übertragung von Datenpaketen in GPRS werden drei neue Netzwerkelemente in den GSM-Netzen benötigt **(Bild 1)**. Das PTM-SC (von **P**oint-**to**-**M**ultipoint **S**ervice **C**enter = Punkt-zu-Mehrpunkt-Dienstzentrale) schickt gleichzeitig (= multicasting) Datenpakete an mehrere Empfängeradressen. Der SGSN (von **S**erving **G**PRS **S**upport **N**ode = GPRS-Dienst-Unterstützungsknoten) und der GGSN (von **G**ateway **G**PRS **S**upport Node = GPRS-Torweg-Unterstützungsknoten) sorgen für die Datenverbindung zu den mobilen Teilnehmern. Die Support-Nodes sind über ein IP-basiertes Computernetz (Backbone) miteinander verbunden. SGSN und GGSN kapseln die Datenpakete und übertragen sie untereinander. Die GGSN ermöglichen den Kontakt zu den Datennetzen und zum Internet. Die SGSN übertragen die Datenpakete in das GSM-Funknetz und sind zusätzlich mit den Dateien VLR und HLR des GSM-Netzes verbunden.

GPRS stellt ein drahtloses Sub-Netz des Internets dar.

Die hohe Übertragungsgeschwindigkeit erreicht GPRS durch Bündelung von Zeitschlitzen **(Tabelle 1)**. Durch gleichzeitige Verwendung von vier Zeitschlitzen oder acht Zeitschlitzen kann die Bitrate erhöht werden. Allerdings muss der Benutzer auch die vierfachen oder achtfachen Gebühren bezahlen. Die Bitrate für einen Zeitschlitz kann entsprechend der gewünschten Datensicherheit bei der Übertragung zwischen 9,05 kbit/s bis 21,4 kbit/s gewählt werden. Die angegebenen Bitraten sind allerdings Brutto-Bitraten. Bei Verwendung von acht Zeitschlitzen steht eine Netto-Bitrate von nur 115,2 kbit/s zur Verfügung. Da sich die aktiven Anwender die Funkkanäle teilen müssen, wird in der Praxis etwa ein Wert von 40 kbit/s erreicht.

In der Praxis kann man GPRS-Daten mit 40 kbit/s übertragen.

Die hohe Übertragungsrate bei der Kanalcodierung CS-4 erreicht man dadurch, dass keine Bits für die Fehlerkorrektur mit übertragen werden (**F**orward **E**rror **C**orrection FEC). Der Empfänger muss die Fehler, soweit möglich, selbst korrigieren.

Der Internetzugang für GPRS bedingt einen aufwändigen Schutz vor Hackern. Als Schutz werden VPNs (**V**irtual **P**rivate **N**etworks = virtuelle private Netze) verwendet. VPNs sind Programme, die an beiden Enden der Kommunikationsstrecke angewendet werden und „VPN-Tunnel" durch das Internet bilden **(Bild 2)**. Innerhalb der Tunnel werden die Daten verschlüsselt und mit zusätzlichen Informationen versehen, die eine Datenmanipulation verhindern sollen.

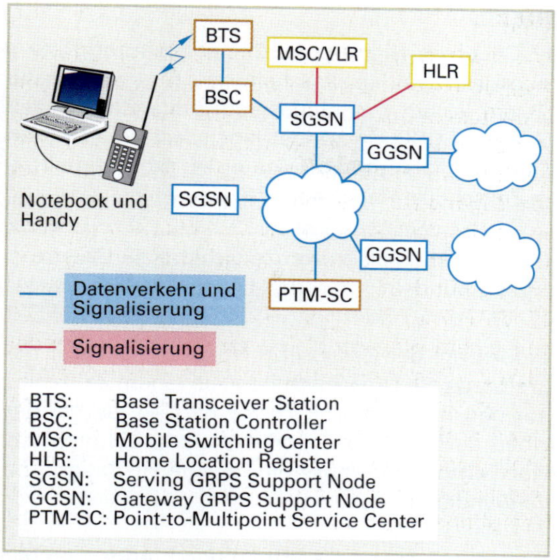

Bild 1: GSM-Netz und GPRS-Zusatz-Netzelemente

GPRS benötigt zusätzliche Maßnahmen für den Datenschutz.

Tabelle 1: Kanalcodierung bei GPRS

Codierart	Bitrate in kbit/s 1 Zeitschlitz	Bitrate in kbit/s 4 Zeitschlitze	Bitrate in kbit/s 8 Zeitschlitze	Übertragungssicherheit
CS-1	9,05	36,2	72,4	sehr hoch
CS-2	13,4	53,6	107,2	mittel
CS-3	15,6	62,4	124,8	gering
CS-4	21,4	85,6	171,2	sehr gering

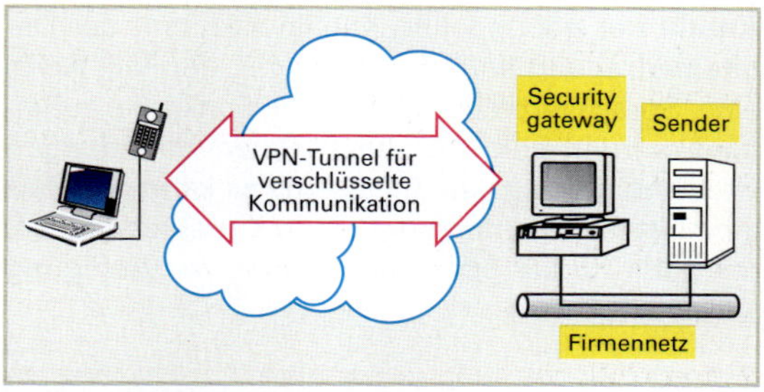

Bild 2: Prinzip des VPN-Tunnels

HSCSD

HSCSD (von **H**igh **S**peed **C**ircuit **S**witched **D**ata = Hochgeschwindigkeitsschaltung für vermittelte Daten) ist ein Datenübertragungsstandard neben GPRS. HSCSD verwendet einen fest vereinbarten Zeitschlitz (Hauptkanal) und bis zu drei zuschaltbare Zeitschlitze **(Tabelle 1)**.

HSCSD kann bis zu vier Zeitschlitze zur Übertragung bündeln.

Die Anzahl der Zeitschlitze ist derzeit auf vier begrenzt, da die Umschaltzeiten von einem Zeitschlitz auf den nächsten viel kürzer werden als bei der Übertragung eines Gesprächskanals. Bei mehr als vier Zeitschlitzen muss eine zweite HF-Baugruppe verwendet werden.

Für HSCSD wurde die Bitrate durch Änderung der DSP-Software auf 14,5 kbit/s erhöht **(Bild 1)**. Es werden nun 290 bit je Burst verarbeitet. Durch Weglassen (puncturing = durchstechen) von redundanten Bits ist die Bitrate an der Luftschnittstelle weiterhin 22,8 kbit/s.

Nach Aufteilen der Dateninformationen auf die gebündelten Kanäle werden die Daten voneinander unabhängig übertragen **(Bild 2)**. Die HSCSD-Kanäle werden logisch einer Funkverbindung zugeordnet. Die Kanäle werden nummeriert und ein Kanal wird als Hauptkanal festgelegt. Dieser Kanal überträgt die Steuerinformationen und die Kanalnummern. Das Datenendgerät setzt die Informationen der Kanäle in der richtigen Reihenfolge wieder zusammen.

Bei der Übertragung im GSM-Netz kann sich die Anzahl der gebündelten Kanäle während der Datenübertragung ändern. Das ist z.B. der Fall, wenn eine Sprachverbindung in einer Funkzelle aufgebaut werden soll, die durch Datenverbindungen vollständig belegt ist. In diesem Fall kann das Netz eine Datenverbindung um einen Kanal reduzieren, der dann für die Sprachverbindung zur Verfügung steht.

Die Datenübertragungsrate bei HSCSD ist von der Funkzellenbelegung abhängig.

Tabelle 1: Vergleich von HSCSD und GPRS

Merkmal	HSCSD	GPRS
Max. Bitrate	115 kbit/s	171,2 kbit/s
erreichbare Bitrate	28,8 kbit/s	bis 40 kbit/s
Zahl der bündelbaren Zeitschlitze	1 bis 4	1 bis 8
Art der Verbindung	unmittelbar wählbare Verbindung	virtuell mit Datenpaketen
E-Mail	ja	ja
WAP	bedingt	ja
Echtzeitvideos	ja	nein

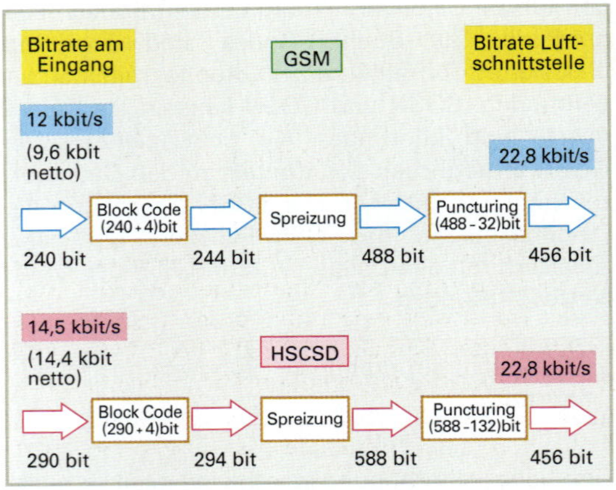

Bild 1: Erhöhung der Datenübertragungsrate für HSCSD

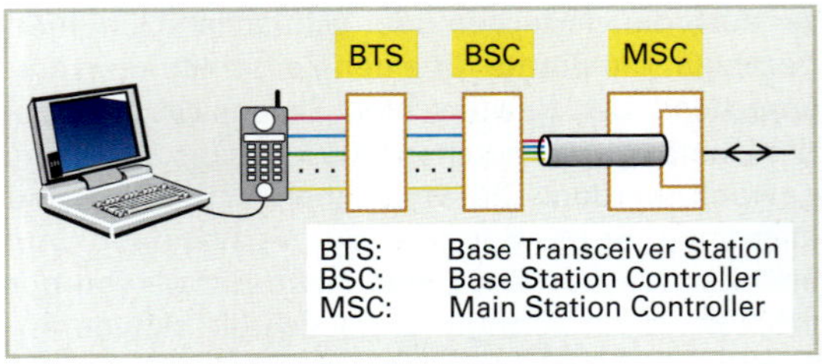

Bild 2: Prinzip der Kanalbündelung

Wiederholung und Vertiefung

1. **Was bedeutet die Abkürzung SMS?**
2. **Wie viele Zeichen können mit SMS übertragen werden?**
3. **Nennen Sie die drei Schritte zur Erzeugung einer SMS.**
4. **Was versteht man unter „store and forwarding"?**
5. **Mit welchen Geräten können WAP-Anwendungen übertragen werden?**
6. **Beschreiben Sie den Aufbau eines WAP-Systems.**
7. **Welche Programme enthält der WAP-SDK?**
8. **Welche Bedeutung hat die Abkürzung GPRS?**
9. **Welche vier Kanalcodierungen werden von GPRS verwendet?**
10. **Wozu werden VPNs benutzt?**
11. **Wie viele Zeitschlitze kann HSCDS höchstens verwenden?**

12.2.5 Digitale schnurlose Telekommunikation

Für den mobilen Telefonverkehr innerhalb von Gebäuden werden schnurlose Telefonanlagen nach dem DECT-Standard verwendet **(Tabelle 1)**. Eine solche Telefonanlage besteht aus einer Feststation und Mobilstationen **(Bild 1)**. Die Verbindung zwischen der Feststation (FS) und den Mobilstationen (MS) wird über Funk hergestellt. Je nach Geräteausführung können zwischen sechs und 120 Mobilstationen mit einer Feststation verbunden werden.

Als Zellgröße wird die Fläche bezeichnet, in der eine sichere Funkverbindung zwischen Feststation und Mobilstation hergestellt werden kann.

Die Funkverbindungen werden im Frequenzbereich 1880 MHz bis 1900 MHz durch Frequenzmultiplex auf 10 verschiedenen gleichzeitig benutzbaren Trägerfrequenzen durchgeführt **(Bild 2)**. Die Bandbreite je Kanal (Kanalraster) beträgt 1278 kHz. Moduliert werden die Trägerfrequenzen mit PSK. Zusätzlich erfolgt eine Bandbegrenzung des niederfrequenten Signals auf 0,3 kHz bis 3,4 kHz. Jede der 10 Trägerfrequenzen überträgt zeitlich nacheinander 12 Kanäle im Zeitmultiplexverfahren. Die Zeit für die Übertragung eines Kanals wird auch Zeitschlitz genannt.

Schnurlose Telefonanlagen nach dem DECT-Standard verwenden ein kombiniertes Frequenz-Zeit-Multiplexverfahren.

Es stehen also insgesamt 10 · 12 = 120 Kanäle zur Verfügung. Jede Sprechverbindung benötigt einen Kanal. Eine Feststation kann somit Verbindungen mit höchstens 120 Mobilstationen je Anlage durchführen, und zwar im Duplexbetrieb.

Im ersten Zeitabschnitt sendet die Feststation auf einer Trägerfrequenz zeitlich nacheinander an die Mobilstationen auf den Kanälen 1 bis 12 (Bild 2). Dann schaltet die Feststation auf Empfang und die Mobilstationen senden an die Feststation.

Beim Duplexbetrieb wird auf den Kanälen 1 bis 12 gesendet und auf den Kanälen 13 bis 24 empfangen.

Die Zeit für das Senden und Empfangen der 24 Kanäle wird Rahmenzeit genannt. Die Rahmenzeit beträgt 10 ms. In dieser Zeit werden in jedem Kanal 320 bit an Informationen, z.B. Sprache, und 100 bit an Steuerdaten übertragen **(Bild 3)**.

Tabelle 1: DECT-Standard

Begriff	Daten, Erklärung
DECT	**D**igital **E**uropean **C**ordless **T**elecommunication = digitale europäische, schnurlose Telekommunikation
Frequenzbereich	1880 MHz bis 1900 MHz
Kanalzahl	120 Duplexkanäle
Modulation	PSK mit Bandbegrenzung (PSK von **P**hase **S**hift **K**eying = Phasenumtastung)
Trägerfrequenzen	10
Sprachcodierung	32 kbit/s
Sendeleistung	≤ 250 mW, meist 10 mW je Station
Zellgröße (Radius)	r_{max} ≤ 300 m

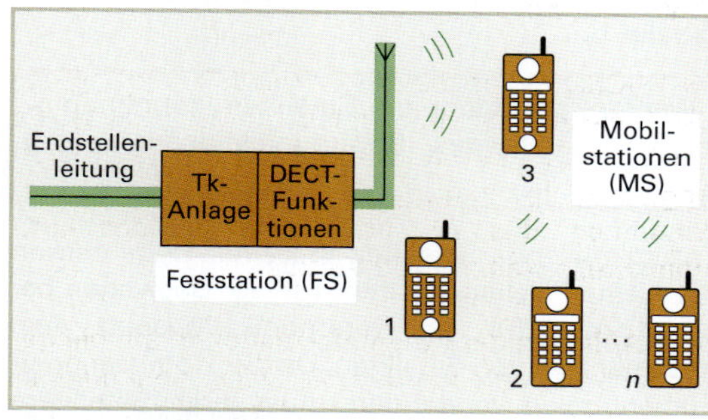

Bild 1: Telefonanlage mit Schnurlostelefonen

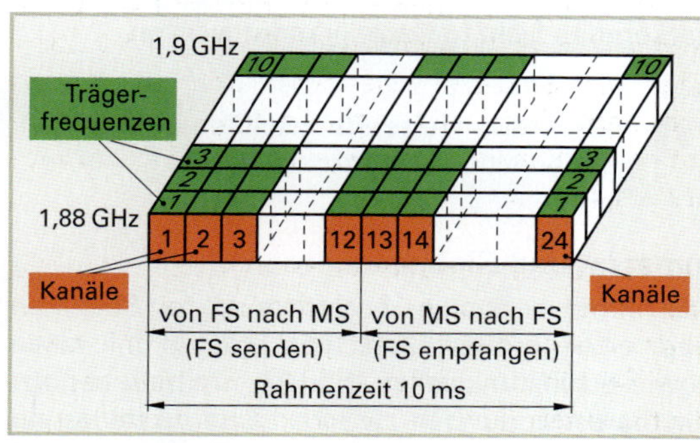

Bild 2: Frequenzmultiplex und Zeitmultiplex nach DECT

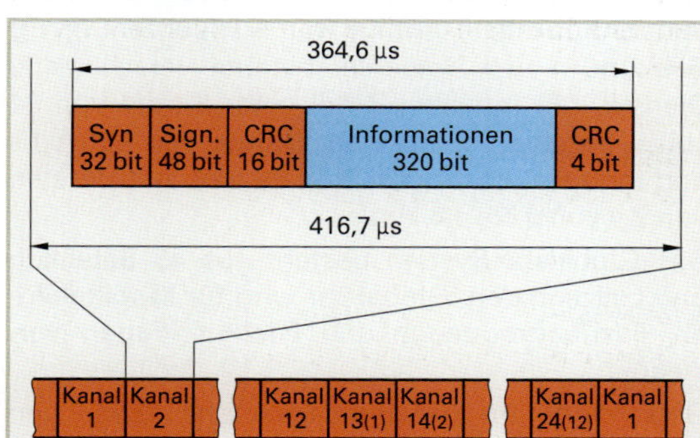

Bild 3: Aufbau des Zeitmultiplexsignals

12.2.6 Satellitenkommunikationssysteme

Für die weltweite Kommunikation mit Satelliten soll praktisch die gesamte Erdoberfläche erreichbar sein. Dies ist möglich, wenn man

- wenige Satelliten, z.B. vier, in großer Entfernung geostationär (gegenüber der Erde feststehend) in einer Höhe von 35786 km über dem Äquator positioniert oder
- viele Satelliten, z.B. 48, in einer Höhe von z.B. 1414 km die Erde über die Pole in wenigen Stunden umrunden lässt **(Bild 1)**.

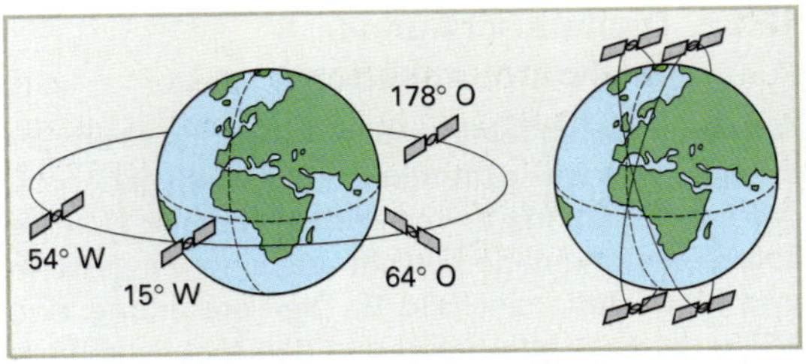

Bild 1: Geostationäre und erdumkreisende Satelliten

Geostationäre Satelliten können aufgrund der großen Entfernung mit einer Parabolspiegelantenne eine sehr große Fläche (Footprints = Fußabdrücke) auf der Erde abdecken. Bei Sprachübertragungen ergeben sich hörbare Signallaufzeiten (Nachhall, **Tabelle 1**).

Wenige geostationäre Satelliten können ein erdumspannendes Kommunikationsnetz bilden.

Erdumkreisende Satelliten in kleiner Höhe decken nur kleine Flächen auf der Erde ab. Deswegen benötigt man für ein Kommunikationsnetz eine große Anzahl von Satelliten. Da die Mobilstationen Stabantennen verwenden, muss jeder Satellitensender eine große Sendeleistung abstrahlen. Tieffliegende Satelliten können nachts an ihrem aufflackernden Licht (= Flare) erkannt werden.

Viele erdumkreisende Satelliten in Erdnähe können ein Mobilfunknetz bilden.

Tabelle 1: Satellitenkommunikationssysteme

Merkmal	Inmarsat	Globalstar
Laufbahn	geostationär	erdumkreisend
Entfernung zu Erde	35786 km	1414 km
Inklination (Neigung)	0°	52° gegen Äquator
Anzahl Satelliten	4	48
Sendeleistung	20 W	1000 W
Signallaufzeit Erde-Satellit-Erde	238 ms	9,42 ms
Frequenzbereich Satellit – Erde	6 GHz und 1,6 GHz	2483,5 MHz bis 2500 MHz
Frequenzbereich Erde – Satellit	4 GHz und 1,5 GHz	1610 MHz bis 1621,35 MHz

Inmarsat und Globalstar

Das Inmarsat-System besteht aus vier Satelliten und einer großen Zahl von Küstenfunkstellen sowie Schiffsfunkstellen **(Bild 2)**. Inmarsat benutzt für die Verbindungen zwischen Erdfunkstelle und Satellit Frequenzen im Bereich 1,5 GHz und 1,6 GHz (Tabelle 1). Die Verbindung zwischen Satellit und Erdfunkstelle erfolgt mit Frequenzen von 6 GHz und 4 GHz. Inmarsat betreibt verschiedene Dienste, z.B. Inmarsat-B mit einer Bitrate von 64 kbit/s, Inmarsat-C mit einer Bitrate von 600 bit/s und Inmarsat-M für den Mobilbetrieb mit Bitraten von 2,4 kbit/s bis 4,8 kbit/s.

Das Globalstar-System besteht aus 48 Satelliten und Leitzentralen. Globalstar wird für Mobiltelefone, Faxübertragungen und Funkruf (Pager) verwendet.

Geplant oder im Bau sind derzeit eine Vielzahl von Satelliten-Kommunikationssystemen mit z.B. Bitraten im Mbit/s-Bereich.

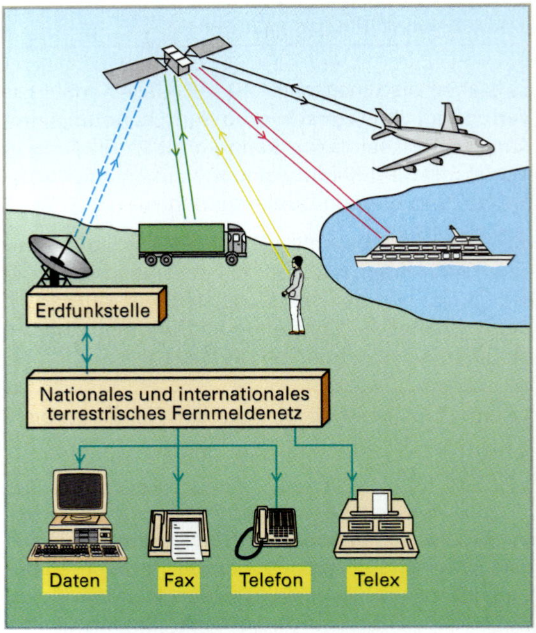

Bild 2: Inmarsat-System

GPS

Zum GPS (von **G**lobal **P**ositioning **S**ystem = weltweites Standortbestimmungs-System) gehören 24 Satelliten, fünf weltweit verteilte Monitorstationen zur Satellitenbeobachtung und Millionen von GPS-Empfängern **(Bild 1)**.

GPS ist ein satellitengestütztes elektronisches Verfahren zur Standortbestimmung und zur Entfernungsbestimmung.

Für die Standortbestimmung werden 24 Satelliten verwendet, die in einer Höhe von 20200 km die Erde in 6 verschiedenen Kreisbahnen in jeweils 12 Stunden umkreisen **(Bild 2)**. Die Kreisbahnen sind so gewählt, dass an jedem Standort auf der Erde mindestens vier Satelliten gleichzeitig zu empfangen sind.

Zur Standortbestimmung werden die Signallaufzeiten zwischen drei Satelliten und dem GPS-Empfänger ausgewertet.

Da die Satelliten zu einem bestimmten Zeitpunkt verschiedene Abstände zum Empfänger haben, kann man aus drei Laufzeitdifferenzen den Standort bestimmen. Ein vierter Satellit liefert dem Empfänger ein Zeitsignal, auf das die Laufzeitdifferenzen der drei anderen Satelliten bezogen werden. Der Positionsfehler kann dabei bis zu 150 m betragen. Deshalb verwendet man einen zweiten stationären GPS-Empfänger mit einer genau bekannten Position. Ein Korrekturrechner kann dann die Differenz zwischen dieser Position und der Position des mobilen GPS-Empfängers berechnen und den Korrekturwert ermitteln. Dieses Verfahren wird DGPS (von **d**ifferenzielles GPS) genannt **(Bild 3)**.

Für DGPS sind ein GPS-Empfänger und ein Empfänger für das Korrektursignal notwendig.

Die Korrekturwerte werden z.B. mit dem RDS-Verfahren über UKW-Sender im Bereich 87,5 MHz bis 108 MHz oder über einen Langwellensender mit 122,5 kHz übertragen. Die erreichbare Genauigkeit beträgt dann 3 m bis 5 m. Anwendungen von DGPS sind z.B. Verkehrsleitsysteme mit Displays für Kraftfahrzeuge. Die Position des Fahrzeugs wird dann z.B. auf der eingeblendeten Straßenkarte oder dem Stadtplan angezeigt.

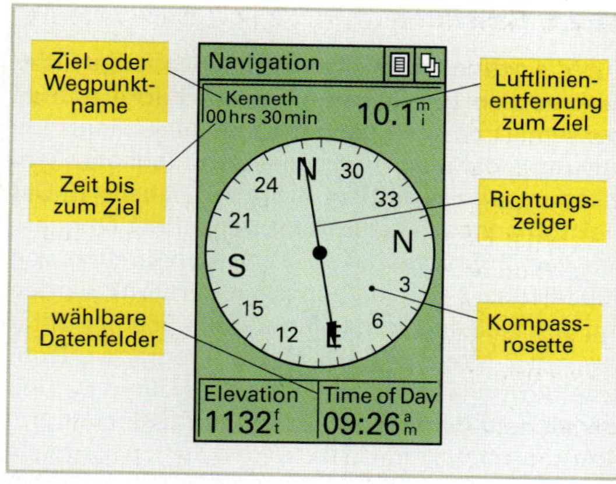

Bild 1: Anzeigefenster eines GPS-Empfängers

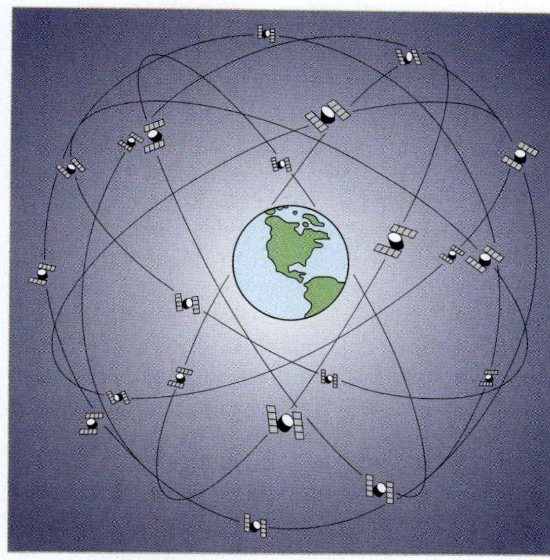

Bild 2: GPS-Satellitensystem

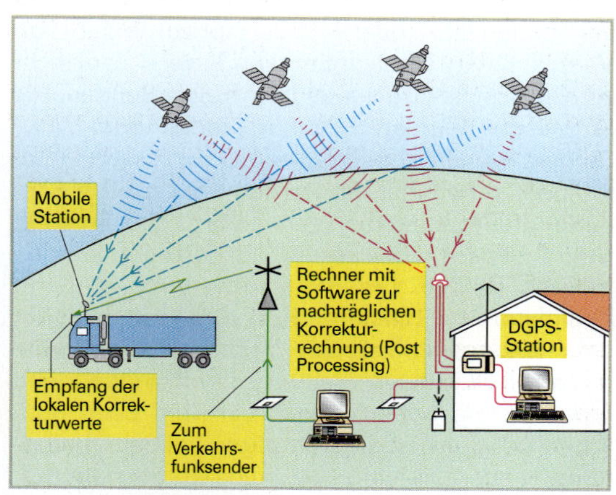

Bild 3: DGPS-System

12.2.7 Richtfunk

In der Richtfunktechnik werden duplexfähige Richtfunkstrecken zur Übertragung von Informationen verwendet. Je nach der verwendeten Wellenlänge unterscheidet man zwischen elektromagnetischem Richtfunk und optischem Richtfunk **(Tabelle 1).** Der elektromagnetische Richtfunk verwendet Frequenzen von 2 GHz bis 60 GHz mit Bandbreiten von 200 MHz bis 2 GHz. Im optischen Richtfunk werden mit den Wellenlängen 850 nm und 1 550 nm Bitraten von 2 Mbit/s bis 155 Mbit/s übertragen. Optische Richtfunkstrecken benötigen für ihren Betrieb keine Lizenz der Bundesnetzagentur (BNetzA).

Tabelle 1: Richtfunksysteme

Eigenschaften	Daten
Elektromagnetischer Richtfunk (mit BNetzA-Lizenz)	
Frequenzbereiche	2 GHz bis 60 GHz
Frequenzbänder	7 GHz, 13 GHz, 15 GHz, 18 GHz, 23 GHz, 26 GHz, 38 GHz
Bandbreiten	200 MHz bis 2 GHz
Optischer Richtfunk (lizenzfrei)	
Wellenlängen	850 nm und 1 550 nm
Bitraten	2 Mbit/s bis 155 Mbit/s

Richtfunksysteme verwenden elektromagnetische Wellen oder optische Strahlung zur Nachrichtenübertragung.

Richtfunk wird für Punkt-zu-Punkt-Verbindungen (Point-to-Point, PtP) und für Punkt-zu-Multipunkt-Verbindungen (Point-to-Multipoint, PMP) verwendet **(Bild 1).** PtP-Verbindungen verwendet man, wenn z.B. kein anderer Zugang zum Empfänger möglich ist. PMP-Verbindungen werden z.B. von Netzbetreibern im Ortsnetz als drahtloser Zugang zum Endkunden oder von Firmen verwendet. Eine PMP-Richtfunkanlage besteht aus einer Zentralstation WWBS (Wireless Wide Band Station = Funk-Breitband-Station), in der sich auch alle gemeinsamen Netzkomponenten mit Zugängen, z.B. zu LAN, Internet oder ISDN, befinden **(Bild 2).** Die WWBS bereitet die Basisbanddaten mit einem Zeitmultiplex-Verfahren auf, frequenzmoduliert sie und strahlt sie z.B. über eine Parabolantenne ab. Die WWTS (WW-Terminalstation) empfangen mit dem RT (von Receiver-Terminal = Empfänger-Endgerät) die Daten und stellen über Netzanschlüsse NT die Verbindungen zu den Endgeräten her.

Richtfunksysteme mit optischer Datenübertragung verwenden LED oder VCSEL (sprich: Wixel, von **V**ertical **C**avity **S**urface **E**mitting **L**aser = senkrecht zur Oberfläche strahlende Laser) zum Senden. Als Empfänger werden Foto-PIN-Dioden oder APD-Dioden (Avalanche-Photo-Diode = Lawinen-Fotodiode) verwendet. Es werden zwei gleiche Sende-Empfangseinheiten verwendet, die entsprechend optisch aufeinander ausgerichtet werden müssen **(Bild 3).** Die Strahlaufweitung wird mit Kollimatoren (= Hilfsfernrohre) vorgenommen. Mit dem leitungsgebundenen Netz sind die Geräte meist über Lichtwellenleitungen verbunden. Beim Richtfunk mit hohen Frequenzen und beim optischen Richtfunk ist die Dämpfung bei der Übertragung wetterabhängig, deshalb ist die Übertragungsreichweite beschränkt.

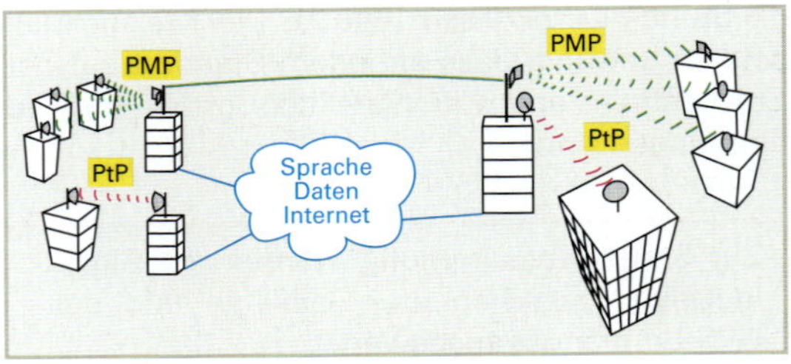

Bild 1: Verbindungsarten mit Richtfunk

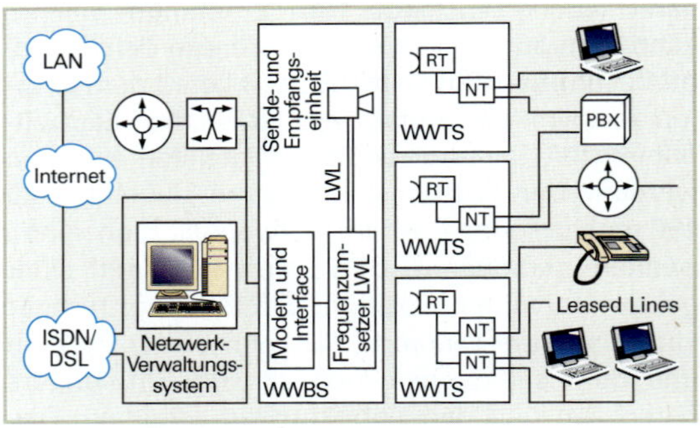

Bild 2: Aufbau einer Richtfunkanlage

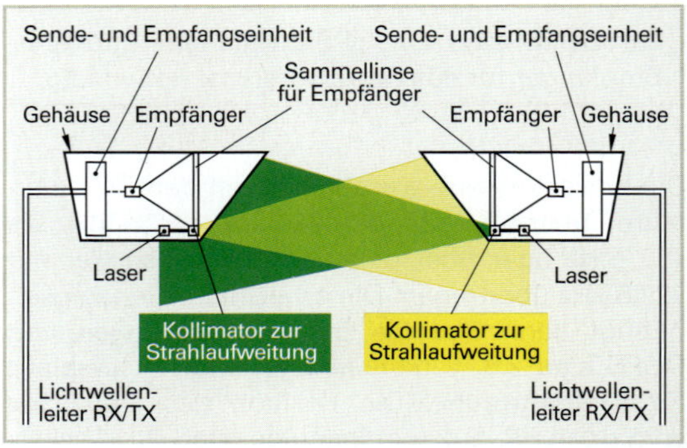

Bild 3: Optisches Richtfunksystem

12.2.8 UMTS

UMTS (von Universal Mobile Telecommunication System = universelles Mobil-Telekommunikationssystem) ist die europäische Variante des neuen digitalen Mobilfunksystems der dritten Generation **(Tabelle 1)**. Geräte der ersten und zweiten Generation wurden für die Sprachkommunikation optimiert. UMTS ist für die Übertragung von Bild-, Video-, Text-, Datenkommunikation und Sprachkommunikation geeignet.

UMTS ist für multimediale Datenübertragung mit großen Datenmengen geeignet.

Systemaufbau von UMTS

UMTS ist aus einem zellularen Funknetz und einem Festnetz aufgebaut. Das zellulare Netz besteht aus einem satellitengestützten Funknetz und einem erdgestützten Funknetz **(Bild 1)**. Das erdgestützte Funknetz besteht aus Funkvermittlungsstellen RNC (von Radio Node Controller), den BTS, welche die Funkverbindung zum UMTS-Endgerät herstellen, und den UMTS-Endgeräten, z.B. Handys oder PDAs. Die Funkvermittlungsstellen sind untereinander über ATM-Netze und zusätzlich mit den MSCs verbunden. Jede Funkvermittlungsstelle hat dadurch einen direkten Zugang zum GSM-Kernnetz. Die höheren Bitraten für UMTS erfordern eine Nachrüstung der GSM-Netze bei der Hardware und der Software. Die Schnittstellen vom GSM-Netz zu ISDN, IP-Netzen und X.25-Netzen bleiben so verfügbar.

UMTS basiert auf geänderter GSM-Software bei höheren Bitraten.

Frequenzbereiche für UMTS

Der Frequenzbereich für UMTS liegt, in 5-MHz-breite Blöcke unterteilt, zwischen 1900 MHz und 2200 MHz **(Tabelle 2)**. Die Lizenzen für jeden 5-MHz-Block erhält der Betreiber von der BNetzA. Für Funkverbindungen zwischen Endgeräten und Satellit sind für Uplink und Downlink je 30 MHz vorgesehen. Für die terrestrische Funkübertragung im Nahbereich sind fünf Kanäle in zwei Frequenzbereichen vorgesehen. Hier wird das von GSM her bekannte Zeitmultiplexverfahren angewendet. Allerdings werden für Senden und Empfangen verschiedene Zeitschlitze bei gleicher Frequenz verwendet. Für die Übertragung in den Frequenzbereichen 1920 MHz bis 1980 MHz und 2110 MHz bis 2170 MHz wird ein Frequenzmultiplexverfahren kombiniert mit Code-Multiplex durch Code-Spreizung verwendet (CDMA = **C**ode **D**ivision **F**requency **M**ultiplex **A**ccess).

Tabelle 1: Entwicklung des Mobilfunks

Entwicklungsstufen	Name und Anwendungszeit	Modulation
Generation 1	A-Netz 1958 bis 1977 B-Netz 1972 bis 1995 C-Netz 1986 bis 2000	analog analog analog
Generation 2	GSM seit 1992 bis ... HSCSD seit 1999 bis ... GPRS seit 2001 bis ...	digital digital digital
Generation 3	UMTS seit 2003 bis ...	digital

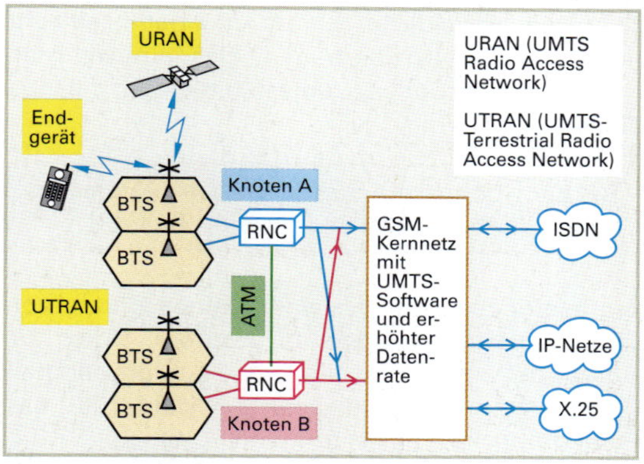

Bild 1: UMTS und GSM-Netz

Tabelle 2: UMTS-Frequenzspektrum

Frequenzbereiche	Betriebsart, Zugriffsverfahren
UTRAN-Frequenzen[1]	
1900 MHz bis 1920 MHz	TDD, Time Division Duplex
1920 MHz bis 1980 MHz uplink	CDMA, Code Division Frequency Multiplex Access
2010 MHz bis 2025 MHz	TDD, Time Division Duplex
2110 MHz bis 2170 MHz downlink	CDMA, Code Division Frequency Multiplex Access
URAN-Frequenzen[2]	
1980 MHz bis 2010 MHz uplink	MSS, Mobile Satellite Service
2170 MHz bis 2200 MHz downlink	MSS, Mobile Satellite Service

[1]UTRAN: UMTS Terrestrial Radio Access Network = erdgebundener UMTS-Netzzugang über Funk
[2]URAN: UMTS Radio Access Network = UMTS-Netzzugang über Satellit

Bei UMTS kommen das Zeitmultiplexverfahren und ein Frequenzmultiplexverfahren mit Code-Spreizung zur Anwendung.

Da nur 12 Frequenzblöcke mit einer Bandbreite von je 5 MHz zur Verfügung stehen, kommt es zum Gleichwellenbetrieb. Es überlagern sich z.B. mehrere Teilnehmersignale an einem Empfängereingang **(Bild 1)**. Das Empfangsgerät multipliziert bei Empfang dieses Signalgemisch mit dem verwendeten Spreiz-Code des Senders. Dadurch erhält man das gewünschte Signal. Die übrigen Signale und das Rauschen werden durch die Multiplikation mit dem Spreiz-Code stark geschwächt. Bei Verwendung von CDMA werden auch unterschiedlich große Bitraten im gleichen 5-MHz-Frequenzband mit einheitlicher Bitrate und damit einheitlicher Bandbreite übertragen. Das erreicht man durch Spreiz-Codes unterschiedlicher Länge **(Tabelle 1)**.

Bei der Übertragung mit CDMA wird immer die volle Bandbreite des Sendekanals benutzt.

Ein Telefongespräch mit einer kleinen Bitrate von 7,5 kbit/s wird am stärksten gespreizt. Durch die Spreizung ergibt sich eine große Störsicherheit (Spreizgewinn), da meist nur ein kleiner Teil des Frequenzspektrums gestört wird.

Um das Überdecken entfernter schwacher Signale durch starke Signale in der Nähe (Near-far-Effekt) zu verringern, besitzen UMTS-Geräte eine aufwändige Leistungsregelung.

Zellarten bei UMTS

UMTS kann theoretisch Bitraten bis 20 Mbit/s übertragen. Diese Bitrate verringert sich z.B. durch Reflexionen an Häusern, die ein wiederholtes Senden der Daten nötig machen. Man unterteilt deshalb das Empfangsgebiet in fünf Zellarten **(Tabelle 2)**. Für stationäre Anwendungen in Hauszellen und Pikozellen werden 2 Mbit/s garantiert. Bei langsamer Bewegung, z.B. eines Fußgängers, erreicht man in Mikrozellen und Makrozellen eine Bitrate von 384 kbit/s. Für sich schnell bewegende Teilnehmer, z.B. Kfz-Fahrer, oder satellitengestützte Übertragungen werden in Globalzellen nur noch 144 kbit/s erreicht.

Wiederholung und Vertiefung

1. **Welche Netzformen verwendet man bei UMTS?**
2. **Nennen Sie den Frequenzbereich für UMTS.**
3. **Welche Übertragungsverfahren verwendet UMTS?**
4. **Welche Frequenzblöcke sind für die Übertragung mit Satelliten vorgesehen?**
5. **Auf welche Weise findet ein Empfänger bei Gleichwellenempfang das richtige Signal?**
6. **Was versteht man unter dem Near-far-Effekt?**
7. **Nennen Sie die fünf Zellarten von UMTS.**

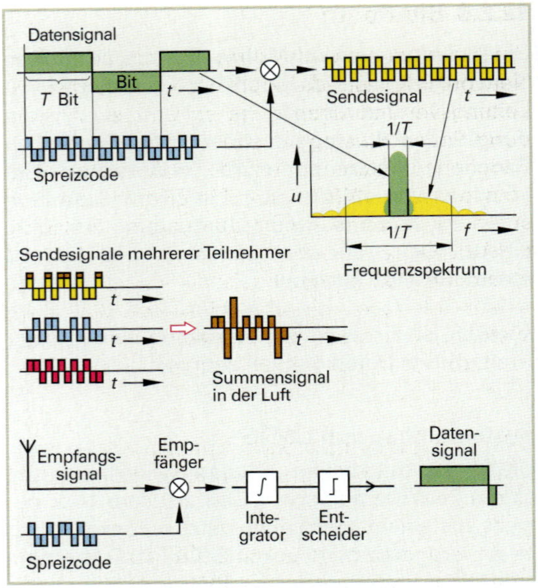

Bild 1: Prinzip Senden und Empfangen bei UMTS

Tabelle 1: Spreizfaktoren und Nutzerbitrate

Spreizfaktor	Kanalbitrate in kbit/s	Maximale Nutzerbitrate in kbit/s
256	15	7,5
128	30	15
64	60	30
32	120	60
16	240	120
8	480	240
4	960	480
4[1]	5740	2300

[1] Durch Parallelschaltung von 6 Codes

Tabelle 2: Zellarten und Eigenschaften bei UMTS

Name	Datenrate	Zellradius	Anwendung
Hauszelle	2 Mbit/s	< 50 m	im Haus
Pikozelle	2 Mbit/s	< 500 m	in der Umgebung
Mikrozelle	384 kbit/s	1 km bis 2 km	im Stadtbereich
Makrozelle	384 kbit/s	20 km bis 30 km	in der Region
Globalzelle	144 kbit/s	Satellit	weltweit

12.2.9 Bluetooth

Bluetooth[1] ist ein WLAN (von Wireless Local Area Network = Kurzstrecken-Funknetz) zum Ersatz von Leitungsverbindungen zwischen Geräten. Anwendung finden Bluetooth-Netze zur Verbindung von Peripheriegeräten mit dem PC und zwischen Peripheriegeräten **(Bild 1)**. Die Funkverbindung zwischen den Geräten erfolgt über Bluetooth-Module **(Bild 2)**. Diese bestehen aus einem HF-Teil mit einem Sender, einem Basisband-Controller und einem Interface zum Anschluss an das Hostsystem. Mit einer Sendeleistung von 1 mW (0 dBm) lassen sich Reichweiten bis zu 10 m überbrücken.

> Bluetooth-Module arbeiten mit kleinen Sendeleistungen und überbrücken Entfernungen bis 10 m.

In Planung sind Module mit Sendeleistungen von 10 mW für Entfernungen bis 100 m.

Module stehen auch als USB-Stick zur Verfügung **(Bild 3)**.

Netzstruktur

Der Frequenzbereich von Bluetooth-Netzen liegt im lizenzfreien ISM-Band (von Industrial Scientific Medical = Industrie-, Wissenschafts- und Medizinband) zwischen 2402 MHz und 2480 MHz **(Bild 4)**. Am unteren und oberen Ende des ISM-Bandes werden als Sicherheitsabstand zu den Nachbarbändern 2 MHz und 3,5 MHz nicht benutzt. Der nutzbare Frequenzbereich ist in 79 Kanäle mit je 1 MHz Bandbreite unterteilt. Die maximale Bitrate beträgt damit 1 Mbit/s.

> Bluetooth-Netze verwenden 79 Kanäle mit je 1-MHz-Bandbreite im ISM-Band.

Teilen sich zwei oder mehrere Geräte einen Funkkanal, bilden sie ein Pikonetz (Bild 1). Das Gerät, das als erstes im Pikonetz mit dem Verbindungsaufbau beginnt, hat die Masterfunktion. Die anderen Geräte arbeiten im Slave-Betrieb. Der Master regelt die Sendefolge zwischen den beteiligten Geräten und teilt den Slaves das Senderecht zu. In einem Pikonetz können bis zu sieben Geräte gleichzeitig aktiv sein. Soll ein weiteres Gerät aktiviert werden, muss dafür ein bis dahin aktives Gerät vom Master abgeschaltet werden. Verschiedene Pikonetze, die ein gemeinsames Gerät, z.B. einen Drucker benutzen, bilden ein Scatternetz (to scatter = zerstreuen). In Bild 1 entsteht das Scatternetz durch die gemeinsame Nutzung des Druckers im Pikonetz 4 durch die Laptops im Pikonetz 3.

[1] Beiname des Dänenkönigs Harald II

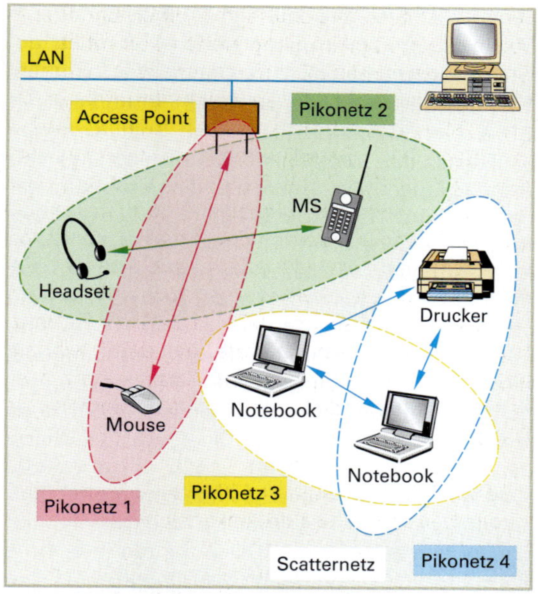

Bild 1: Aufbau von Bluetooth-Netzen

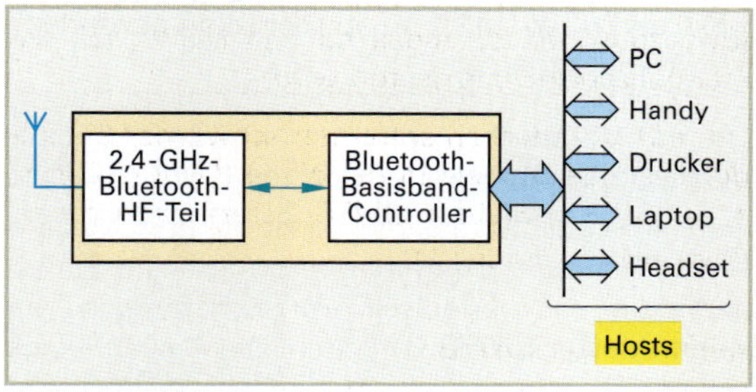

Bild 2: Bluetooth-Modul

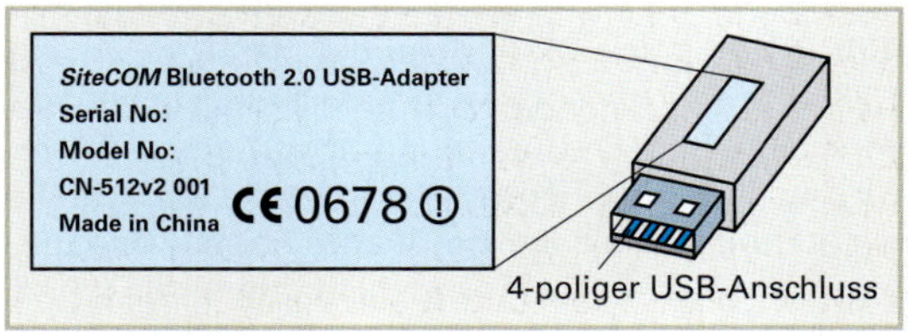

Bild 3: USB-Stick

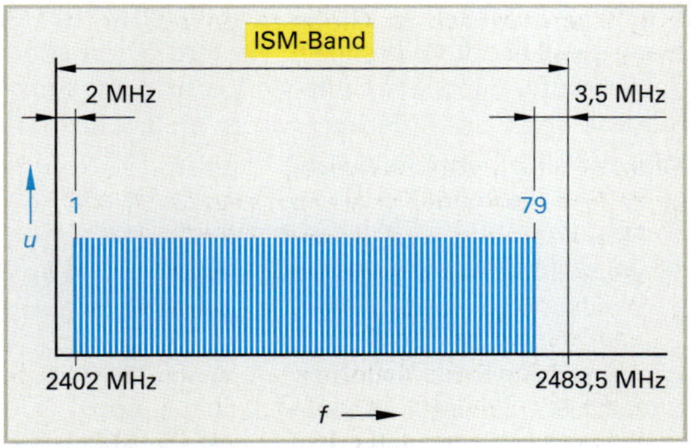

Bild 4: Bluetooth-Kanäle im ISM-Band

Jedes Pikonetz hat nur einen Master. Dieser Master kann aber in einem anderen Pikonetz auf einem anderen Kanal am Funkverkehr teilnehmen.

Zur Datenübertragung wird die Modulationsart GFSK (von **G**aussian **F**requency **S**hift **K**eying = gaußsche, d.h. weiche, Frequenzumtastung) verwendet. Eine binäre 1 bedeutet eine Erhöhung der Frequenz um 115 kHz, eine binäre 0 eine Verringerung der Frequenz um 115 kHz **(Bild 1).** Bei Bluetooth erfolgt der Wechsel zwischen den 79 Kanälen mit 1600 Sprüngen (Hops) in der Sekunde, gesteuert durch einen FH-Mustergenerator (von **F**requency **H**op Generator = Frequenzsprunggenerator). Die Sprungfolge wird vom Master vorgegeben und von den Slaves übernommen. 1600 Hops je Sekunde bedeutet, dass Bluetooth Zeitschlitze der Länge $t = 1/(1600\,{}^{1}/_{s}) = 625\ \mu s$ verwendet **(Bild 2).** Durch das abwechselnde Umschalten aufeinander folgender Zeitschlitze von Senden auf Empfangen entsteht ein TDD-Verfahren (von **T**ime **D**ivision **D**uplex = Zeitmultiplex-Duplex).

> Bluetooth-Geräte verwenden ein Zeitmultiplexverfahren, bei dem abwechselnd gesendet und empfangen wird.

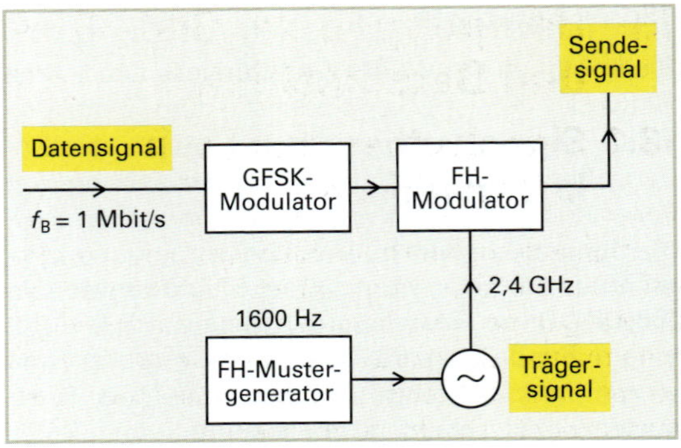

Bild 1: Erzeugung des Bluetooth-Signals

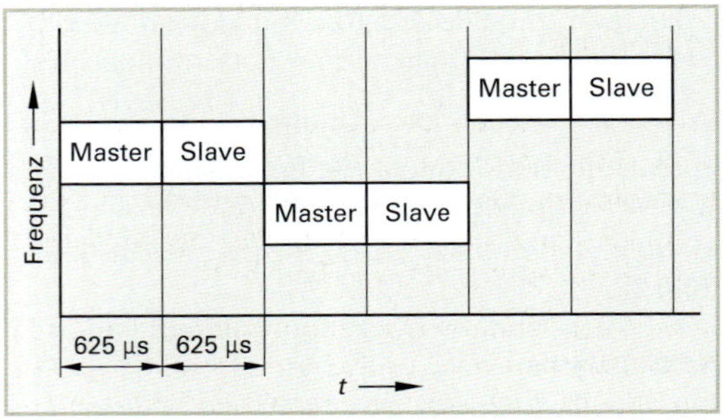

Bild 2: Frequenzsprungverfahren

Verbindungsaufbau

Eingeschaltete Geräte, die nicht zu den Nutzern eines Pikonetzes gehören, überprüfen vom Standby-Modus aus periodisch, ob Suchanfragen von einem Master für sie vorliegen. Die Anwahl eines solchen Gerätes wird durch eine Inquiry-Nachricht (von inquiry = Erkundigung) mit anschließender Page-Message (= Seitennachricht) hergestellt **(Bild 3).** Im Page-Modus sendet der Master alle 1,28 s 32 gleiche Botschaften an die Slaves auf 32 verschiedenen Frequenzen. Antwortet ein Slave, wird er mit dem Pikonetz verbunden. Andernfalls wiederholt der Master den Page-Modus. Das Einschalten eines Gerätes kann also länger als 2,56 s dauern.

Werden keine Daten übertragen, kann der Master in seinem Pikonetz die Slaves zum Stromsparen in einen Hold-Modus versetzen. Weitere Stromspar-Betriebsarten sind der Sniff-Modus und der Park-Modus. Beim Sniff-Modus (von to sniff = schnüffeln) hört ein Slave in seinem Pikonetz mit verringerter Abfragerate zu. Beim Park-Modus ist der Slave mit dem Pikonetz synchronisiert, nimmt aber an der Datenübertragung nicht mehr teil.

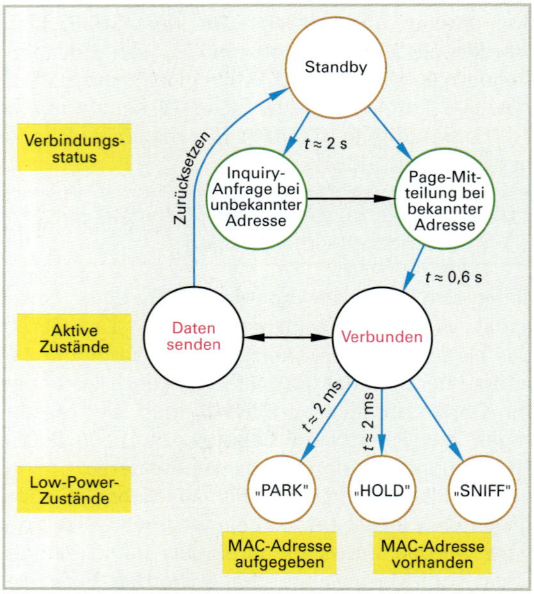

Bild 3: Betriebszustände

Wiederholung und Vertiefung

1. **Welches Frequenzband verwendet Bluetooth?**
2. **Aus welchen Baugruppen besteht ein Bluetooth-Modul?**
3. **Wie viele Kanäle verwendet Bluetooth?**
4. **Wann wird aus Pikonetzen ein Scatternetz?**
5. **Berechnen Sie die Länge eines Zeitschlitzes.**
6. **Welche Stromspar-Betriebsarten kennt Bluetooth?**

13 Baugruppen der Bild-, Ton- und Datentechnik

13.1 Signalaufbereitung von Informationen

Die Übertragung von Informationen kann in analoger oder digitaler Form erfolgen. Dabei soll der Empfänger die Informationen möglichst störungsfrei erhalten. Bei der analogen Übertragung können auftretende Störungen nicht mehr ohne weiteres von der Nachricht getrennt werden.

> Bei der Informationsübertragung in digitaler Form können Störungen technisch einfacher beseitigt werden.

Energieverluste, auf dem Übertragungsweg verursacht, werden durch geeignete Signalverstärker ausgeglichen. Die verwendeten technischen Einrichtungen auf dem Übertragungsweg sind Teile einer *Übertragungsstrecke* **(Tabelle 1)**.

Je nach verwendeter Übertragungsstrecke müssen die akustischen oder optischen Informationen für den Sender in elektrische Signale und danach auf der Empfangsseite in die ursprüngliche Form umgesetzt werden. Bei leitungsgebundener Übertragung kann die Nachricht in ihrer ursprünglichen Frequenzlage, dem *Basisband,* übertragen werden. Dagegen muss bei leitungsloser Übertragung das Basisband der Information auf der Senderseite durch Modulation in eine Frequenzlage umgesetzt werden, die von der Antenne des Senders abgestrahlt werden kann. Durch Demodulation auf der Empfängerseite wird das Basisband der Information dann wiederhergestellt.

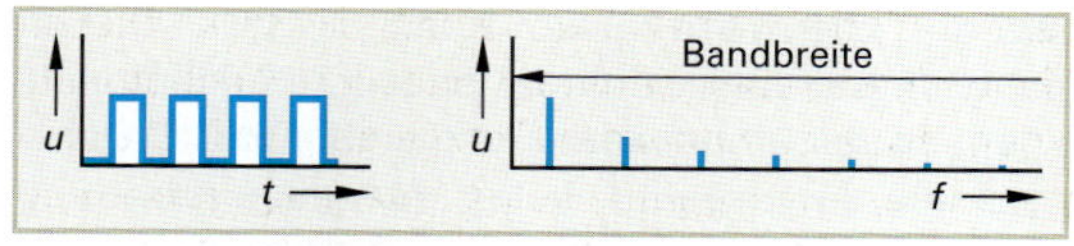

Bild 1: Binäres Signal und Frequenzspektrum

> Basisband = ursprüngliche Frequenzlage der Information

13.1.1 Übertragungsbandbreite

Entsprechend dem Frequenzspektrum der Information und der geforderten Übertragungsqualität muss die verwendete Übertragungsstrecke die notwendige Übertragungsbandbreite aufweisen. Für Fernsprechübertragungen wird eine Bandbreite von 3000 Hz als ausreichend angesehen. Bei Fernsehübertragungen ist eine Bandbreite von 7 MHz bzw. 8 MHz notwendig.

> Bei der Festlegung der notwendigen Bandbreite einer Übertragungsstrecke müssen wirtschaftliche Gründe und technische Probleme berücksichtigt werden.

Binäre Signale haben aufgrund ihrer Rechteckform ein sehr breites Frequenzspektrum **(Bild 1)**.

Tabelle 1: Übertragungsstrecken

Leitungsgebundene Übertragung	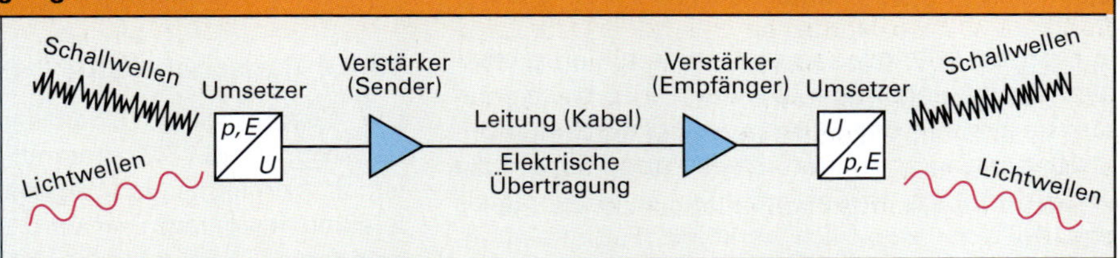
	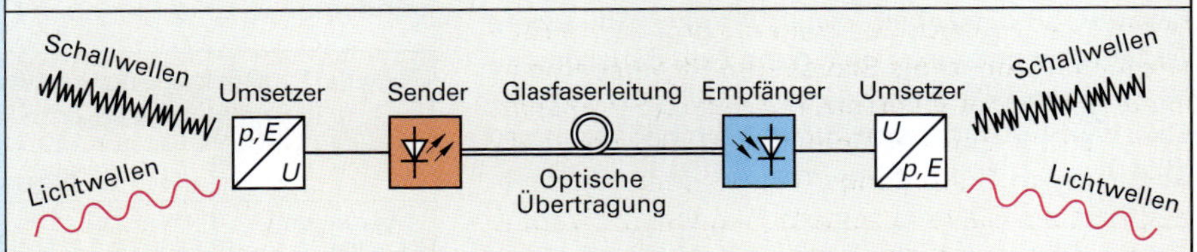
Leitungslose Übertragung	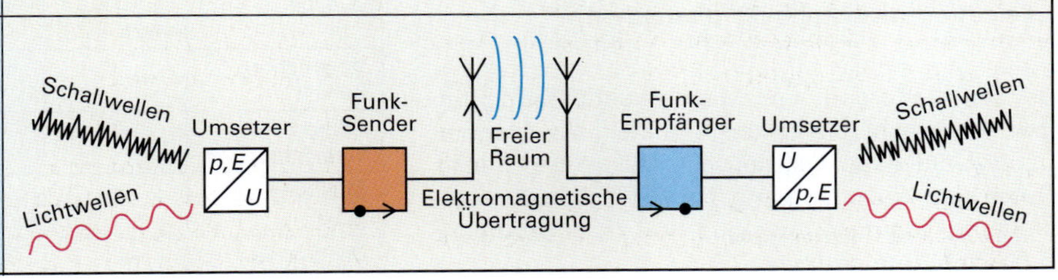

Da die Übertragungsbandbreite einer Übertragungsstrecke aber begrenzt ist, werden die Signale während der Übertragung verformt **(Bild 1)**. Dabei wird die Anstiegszeit t_r der Ausgangsspannung umso länger, je geringer die Übertragungsbandbreite der Übertragungsstrecke ist. Für die rasche Übertragung binärer Daten ist die obere Grenzfrequenz der Übertragungsstrecke wesentlich.

f_{ch} obere Grenzfrequenz t_r Anstiegszeit	$f_{ch} = \frac{1}{2 \cdot t_r}$

Beispiel 1:

Wie groß muss die obere Grenzfrequenz f_{ch} einer Übertragungsstrecke mindestens sein, wenn die Anstiegszeit der binären Signalspannung am Ausgang höchstens $t_r = 2\ \mu s$ betragen soll?

Lösung: $f_{ch} = \frac{1}{2 \cdot t_r} = \frac{1}{2 \cdot 2\ \mu s} = \frac{1}{4} \cdot 10^6 \frac{1}{s} = \mathbf{250\ kHz}$

Für die Übertragung einer Information ist eine ausreichende Übertragungsbandbreite erforderlich.

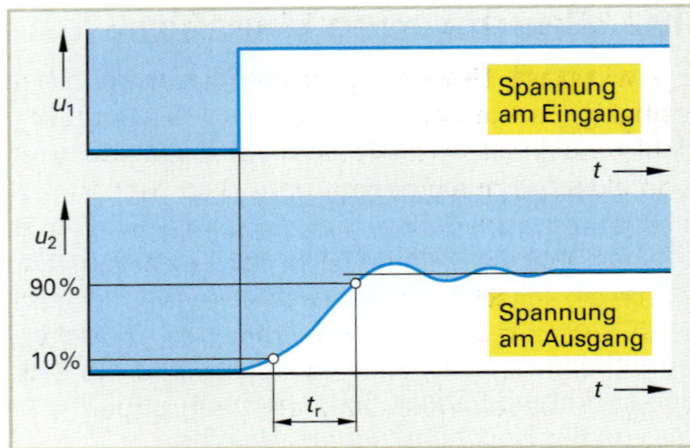

Bild 1: Anstiegszeit bei der Übertragung eines Rechtecksignals

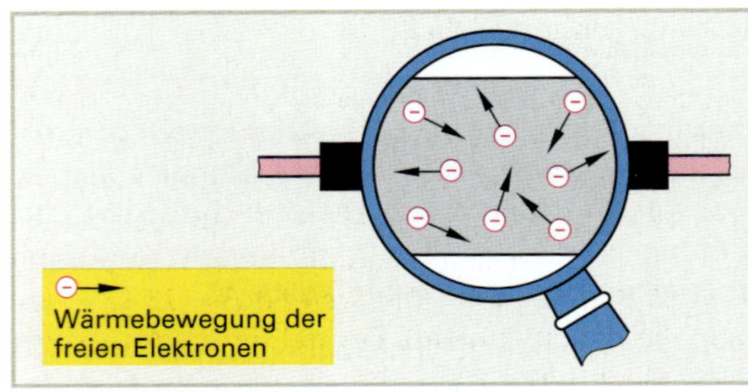

Bild 2: Thermisches Rauschen eines Widerstandes

13.2 Störungen durch Rauschen

Wichtigste Ursache des störenden Rauschens ist der elektrische Stromfluss. Da er sich aus einzelnen Ladungsträgern zusammensetzt und sich diese auch ungleichmäßig bewegen, entstehen kleine Strompulse, die als störendes Stromrauschen hörbar oder sichtbar sind.

In Halbleitern entstehen und rekombinieren ständig freie Ladungsträger. Daneben wird bei bipolaren Transistoren das Stromrauschen durch den Diffusionsvorgang in der Basis und durch die ungleichmäßige Stromverteilung zwischen Basis und Kollektor zusätzlich verstärkt. Feldeffekttransistoren sind deshalb rauschärmer. An einem Widerstand entsteht selbst dann eine Rauschspannung durch Wärmebewegung der freien Elektronen, wenn er nicht von Strom durchflossen wird **(Bild 2)**.

Feldeffekttransistoren sind rauscharm.

Bei der Wiedergabe von Magnetbandaufzeichnungen verursacht die Teilchenstruktur des Magnetbandes ein Bandrauschen als weitere Störquelle. Durch den Abtastvorgang bei AD-Umsetzern entsteht ein Quantisierungsrauschen, auch Quantisierungsgeräusch genannt.

Arten von störendem Rauschen:

- Stromrauschen
- Diffusionsrauschen
- Verteilungsrauschen
- Widerstandsrauschen
- Magnetbandrauschen
- Quantisierungsrauschen

13.2.1 Rauschabstand

Die Qualität einer Übertragung ist durch den Rauschabstand (Störabstand) gekennzeichnet. Er ist als Verhältnis von Signalleistung zu Rauschleistung festgelegt und wird meist als Rauschabstandsmaß in dB angegeben **(Tabelle 1)**.

Tabelle 1: Übertragungsqualität und Rauschabstand

Übertragungsqualität	Mindestwerte von: Rauschabstandsmaß in dB	Leistungsverhältnis	Spannungsverhältnis
Wahrnehmbarkeit	0	1 : 1	1 : 1
Sprachverständlichkeit	10	10 : 1	3,2 : 1
Musikwiedergabe	30	1000 : 1	32 : 1
Bildqualität	40	10000 : 1	100 : 1

13.2.2 Rauschfaktor und Rauschmaß

Die wichtigste Bewertungsgröße für das Rauschen selbst ist der Rauschfaktor F_n, der auch als Rauschzahl bezeichnet wird. Mit ihm wird das Rauschen von aktiven Bauelementen oder Baugruppen, z.B. Verstärker, angegeben. Der Rauschfaktor F_n gibt an, um welchen Faktor sich der Rauschabstand durch ein rauschendes Bauelement verschlechtert. Man bildet dazu das Verhältnis des Rauschabstands am Eingang zum Rauschabstand am Ausgang des Bauelements bzw. der Baugruppe.

Statt des Rauschfaktors F_n wird auch das Rauschmaß A_n in dB (Dezibel) oder der Rauschpegel L_n verwendet. Beispiele für die Rauschfaktoren von Transistoren zeigt **Tabelle 1.**

Zwischen dem Rauschfaktor F_n und der von einer Verstärkerstufe abgegebenen Rauschspannung lässt sich ein Zusammenhang herstellen. Für einen üblichen Antennenverstärker mit der Bandbreite B = 7 MHz (Fernsehkanal), einer Temperatur T = 290 K und einem Widerstand R = 75 Ω erhält man die nebenstehende Formel für die Ausgangsrauschspannung U_{na}.

In den technischen Unterlagen von Antennenverstärkern wird meist die mithilfe des Spannungsverstärkungsfaktors auf den Eingang umgerechnete Rauschspannung U_{ne} angegeben. Der Verstärker selbst wird dann als rauschfrei betrachtet **(Bild 1).**

Beispiel 1:

Ein Antennenverstärker für einen Fernsehkanal mit einem Verstärkungsfaktor V_U = 10 hat den Rauschfaktor 4.

a) Wie groß ist die Ausgangsrauschspannung?

b) Wie groß ist der auf den Eingang umgerechnete Rauschpegel in dBμV?

Lösung:

a) $U_{na} = 1{,}4\,\mu\text{V} \cdot V_u \cdot \sqrt{F_n} = 1{,}4\,\mu\text{V} \cdot 10 \cdot \sqrt{4} = \mathbf{28\,\mu V}$

b) $U_{ne} = \frac{U_{na}}{V_u} = \frac{28\,\mu\text{V}}{10} = 2{,}8\,\mu\text{V}$

$\Rightarrow L_{ne} = 20 \cdot \lg \frac{U_{ne}}{U_0} = 20 \cdot \lg \frac{2{,}8\,\mu\text{V}}{1\,\mu\text{V}}$

$= \mathbf{8{,}9\ dB\mu V}$

Gelegentlich findet man anstelle des Rauschpegels L_{ne} auch die Angabe der Rauschleistung je Hz Bandbreite als kT_0-Wert (1 $kT_0 = 4 \cdot 10^{-21}$ W/Hz für T_0 = 290 K = 17 °C).

Bei ϑ = 17 °C entspricht der Zahlenwert vom kT_0-Wert dem Rauschfaktor F_n.

$$F_n = \frac{\sigma_1}{\sigma_2}$$

$$A_n = 10 \cdot \lg F_n$$

Für Antennenverstärker:

$$U_{na} \approx 1{,}4\,\mu\text{V} \cdot \sqrt{F_n \cdot V_p}$$

Bei Anpassung:

$$U_{na} \approx 1{,}4\,\mu\text{V} \cdot V_u \cdot \sqrt{F_n}$$

$$L_{ne} = 20 \cdot \lg \frac{U_{ne}}{U_0}$$

$$U_{ne} = \frac{U_{na}}{V_u}$$

F_n	Rauschfaktor, Rauschzahl
σ_1	Rauschabstand am Eingang
σ_2	Rauschabstand am Ausgang
A_n	Rauschmaß
U_{na}	Rauschspannung am Ausgang
U_0	Bezugsspannung (1μV)
V_p	Leistungsverstärkungsfaktor
V_u	Spannungsverstärkungsfaktor
U_{ne}	Rauschspannung, auf den Eingang umgerechnet
L_{ne}	Rauschpegel, auf den Eingang umgerechnet

- Der Rauschabstand ist das Verhältnis von Signalleistung zu Rauschleistung.
- Der Rauschfaktor gibt an, um welchen Faktor sich der Rauschabstand durch ein Bauelement oder eine Baugruppe verschlechtert.

Tabelle 1: Beispiele für Rauschfaktoren

Transistor	BF 354	BF 115
Typ	MOSFET	NPN
Frequenz	100 MHz	100 MHz
Rauschmaß	1,5 dB	4 dB
Rauschfaktor	1,4	2,5

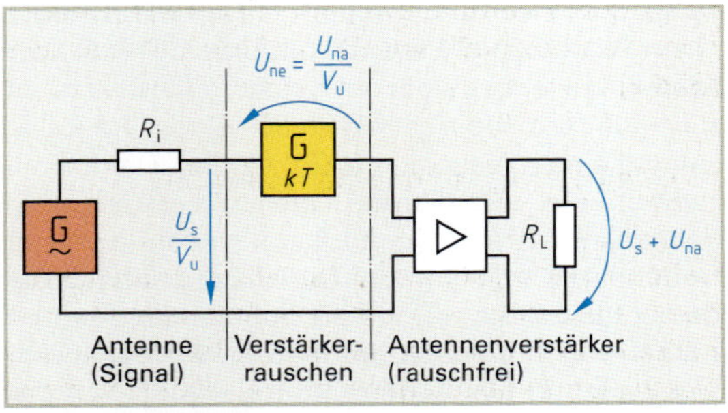

Bild 1: Ersatzschaltplan eines Antennenverstärkers mit Rauschen

13.2.3 Maßnahmen gegen Rauschen

Rauschfilter

Rauschfilter sind schaltbare Filter, die in Empfängern oder NF-Wiedergabegeräten im Eingangsteil des NF-Verstärkers eingebaut sind. Sie haben eine Grenzfrequenz von 7 kHz bis 8 kHz und unterdrücken damit etwa 50 % des hörbaren Rauschens. Allerdings wird auch das Nutzsignal oberhalb der Grenzfrequenz in gleicher Weise gedämpft **(Bild 1)**.

Eine bessere Wirkung haben *dynamische Rauschfilter* (DNL von Dynamic Noise Limiter = dynamischer Rauschbegrenzer; DNR von Dynamic Noise Reduction = dynamische Rauschverminderung). Die Grenzfrequenz dieser Filter wird durch die Lautstärke gesteuert **(Bild 2)**.

Man trennt dazu die Signale mit Frequenzen über 6 kHz ab und setzt sie gegenphasig dem Gesamtsignal wieder zu. Dies führt zu einer starken Dämpfung der Frequenzen über 6 kHz. Bei großen Lautstärken tritt diese Wirkung nicht auf, weil dann das Parallelsignal durch einen amplitudengesteuerten Abschwächer reduziert wird. Bei kleiner Lautstärke beträgt die obere Grenzfrequenz 6 kHz, bei großer Lautstärke 20 kHz.

Vorverzerrung (Preemphasis, Dolby)

Eine gute Rauschunterdrückung erhält man bei einer als Preemphasis (von lat. pre = vor und emphasis = Betonung) bezeichneten Vorverzerrung des Signals durch Anhebung der hohen Frequenzen durch einen RC-Hochpass, z. B. mit τ = 50 µs **(Bild 3)**. Bei der Entzerrung im Empfänger werden die hohen Frequenzen in der Deemphasis (von lat. de = aufheben) durch einen Tiefpass auf ihren normalen Wert zurückgeführt. Die Rauschanteile im Signal werden dabei stark gedämpft und fast oder ganz unhörbar. Dieses Verfahren ist nur anwendbar, wenn die Vorverzerrung bereits auf der Senderseite oder beim Aufnahmevorgang vorgenommen wird. Man macht davon beim UKW-Rundfunk und in der Tonbandtechnik Gebrauch.

Beim einfachen Dolby-Verfahren (Dolby = Warenzeichen der Dolby Laboratories Inc.) wird das Prinzip der Vorverzerrung mit dem Prinzip der dynamischen Signalbeeinflussung kombiniert. Das Dolby-System besteht sowohl auf der Aufnahmeseite als auch auf der Wiedergabeseite aus einem Hauptkanal und einem Nebenkanal (Bild 2). Im Hauptkanal werden alle Frequenzen gleich verstärkt. Im Nebenkanal ist die Verstärkung sowohl von der Frequenz als auch von der Dynamik abhängig. Bei kleiner Lautstärke werden die höheren Frequenzen stärker angehoben als die niedrigen Frequenzen. Dies bedeutet eine Dynamikkompression. Auf der Wiedergabeseite wird eine entsprechende Dynamikexpansion durchgeführt.

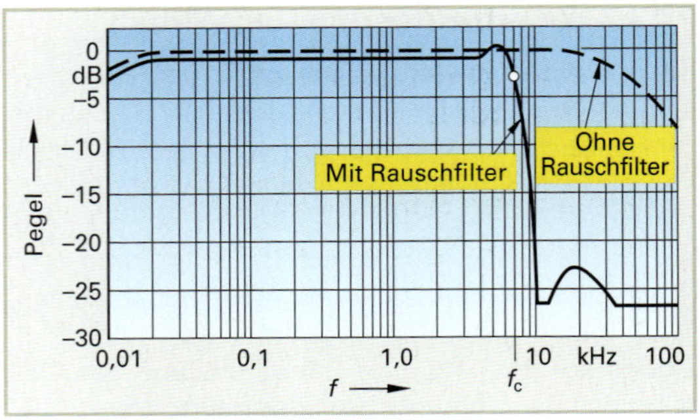

Bild 1: Frequenzgang eines NF-Verstärkers

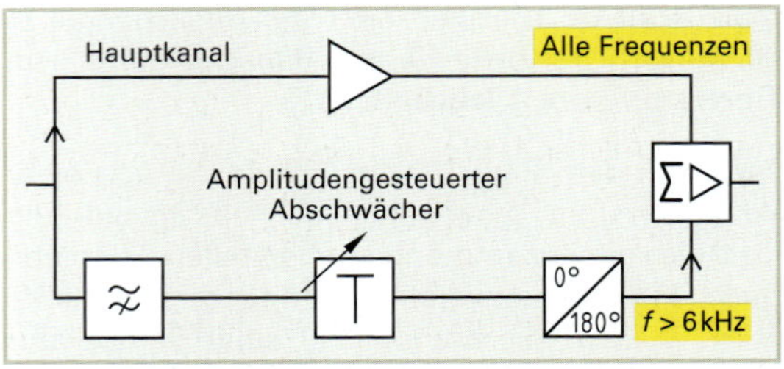

Bild 2: Prinzip eines dynamischen Rauschfilters (DNL)

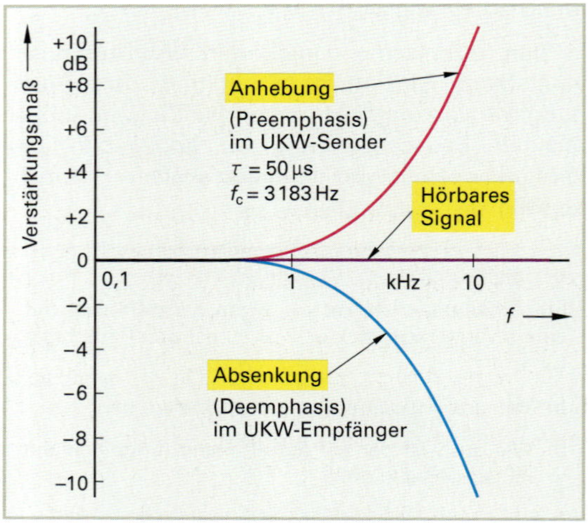

Bild 3: Preemphasis und Deemphasis beim UKW-Rundfunk

Durch Dolby wird vor der Aufnahme die Dynamik verringert und bei der Wiedergabe entsprechend erhöht.

Wiederholung und Vertiefung

1. **Erklären Sie die Ursache des Stromrauschens.**
2. **Wodurch entsteht das thermische Rauschen?**
3. **Aus welchen Größen bestimmt sich der Rauschabstand?**
4. **Was gibt der Rauschfaktor F_n = 4 an?**
5. **Welche Maßnahmen gegen das Rauschen gibt es?**
6. **Erklären Sie die Wirkungsweise beim einfachen Dolby-Verfahren.**

13.3 Modulation

13.3.1 Analoge Modulation und Demodulation

Modulation bedeutet, dass ein zu übertragendes niederfrequentes Signal die Merkmale eines hochfrequenten sinusförmigen *Trägersignals* $\hat{u}_T$ beeinflusst und sich dadurch ein moduliertes Signal für die Übertragung ergibt **(Bild 1)**. Das niederfrequente Signal wird als *Modulationssignal* oder *Signalspannung* $\hat{u}_s$ bezeichnet.

Bei der analogen Modulation ist das Modulationssignal analog, weist also einen kontinuierlichen Verlauf auf.

Bei der *Amplitudenmodulation* AM wird die Amplitude und bei der *Frequenzmodulation* FM die Frequenz des sinusförmigen Trägersignals vom Modulationssignal verändert.

Die im Modulator durchgeführte Modulation wird im Empfänger durch Demodulation im Demodulator wieder rückgängig gemacht, was die Wiedergewinnung des ursprünglichen Modulationssignals bedeutet.

Modulation auf der Sendeseite macht Demodulation auf der Empfangsseite erforderlich.

13.3.1.1 Zweiseitenband-Amplitudenmodulation mit vollem Träger

Die Zweiseitenband-Amplitudenmodulation (ZSB-AM) mit vollem Träger ist gegeben, wenn sich die Amplitude des Trägersignals im Rhythmus des analogen Modulationssignals ändert. Die gedachte Verbindung der Amplituden des amplitudenmodulierten Signals wird als *Hüllkurve* bezeichnet und weist den Verlauf des Modulationssignals auf **(Bild 2)**.

Die Stärke der Modulation wird durch den *Modulationsgrad m* als Verhältnis der Amplitude des Modulationssignals zur Amplitude des unmodulierten Trägersignals angegeben.

Der Modulationsgrad lässt sich mit dem Oszilloskop einfach bestimmen, indem die kleinste und größte Schwingungsbreite des amplitudenmodulierten Signals gemessen und daraus der Modulationsgrad berechnet wird **(Bild 3)**.

Der Modulationsgrad wird in Prozent angegeben. Die Angabe $m = 0{,}5$ bedeutet somit einen Modulationsgrad von 50 Prozent.

Der Modulationsgrad hängt vom Modulationssignal und vom Trägersignal ab.

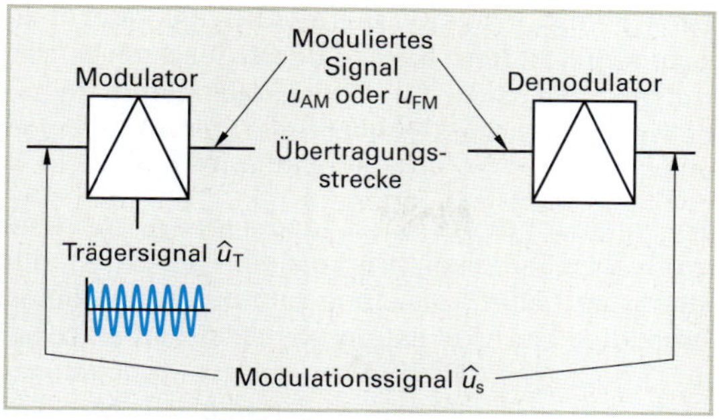

Bild 1: Modulation und Demodulation

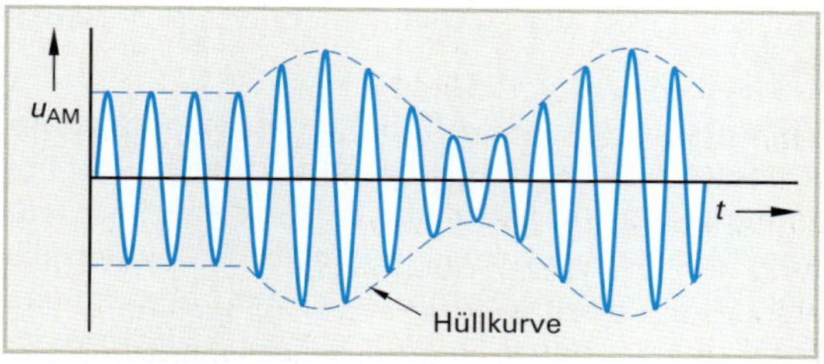

Bild 2: Hüllkurve des AM-Signals

$$m = \frac{\hat{u}_s}{\hat{u}_T}$$

m	Modulationsgrad
$\hat{u}_s$	Signalspannung
$\hat{u}_T$	Trägerspannung

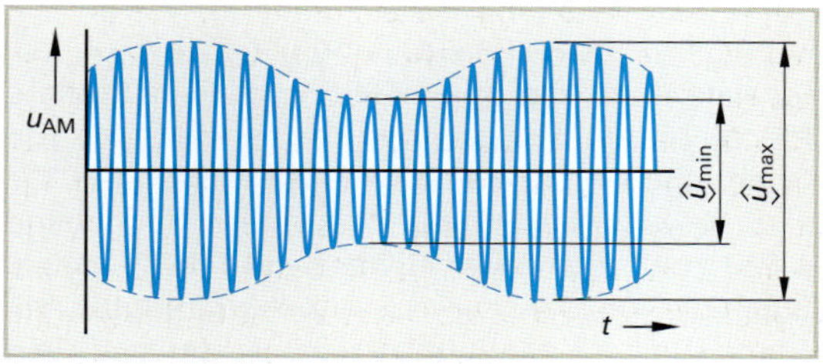

Bild 3: Spannungen zur Bestimmung des Modulationsgrades

$$m = \frac{\hat{u}_{max} - \hat{u}_{min}}{\hat{u}_{max} + \hat{u}_{min}}$$

m	Modulationsgrad
$\hat{u}_{max}$	größte Schwingungsbreite des AM-Signals
$\hat{u}_{min}$	kleinste Schwingungsbreite des AM-Signals

Beispiel 1:

In welchem Verhältnis stehen bei $m = 80\ \%$ das Modulationssignal und das Trägersignal zueinander?

Lösung: $m = \frac{\hat{u}_s}{\hat{u}_T}$ $m = 0{,}8$

$$\frac{\hat{u}_s}{\hat{u}_T} = \frac{4}{5}$$

Ein Modulationsgrad von mehr als 100 Prozent ist zwar möglich, führt aber zu unerwünschten Verzerrungen, die sich bei Tonsignalen unmittelbar bemerkbar machen. Es liegt dann *Übermodulation* vor.

Bei lauten Tönen weist das Modulationssignal eine große Amplitude auf, was zu einem großen Modulationsgrad führt. Leise Töne sind durch eine kleine Amplitude des Modulationssignals gekennzeichnet und somit auch durch einen kleinen Modulationsgrad. Während also die Lautstärke des Modulationssignals die Größe der Amplitudenänderungen bestimmt, führt deren Frequenz (also die Tonhöhe) zur Häufigkeit der Amplitudenänderungen **(Tabelle 1)**.

Zerlegt man das ZSB-AM-Signal in seine frequenzmäßigen Anteile, dann erhält man diese bei der Trägerfrequenz und jeweils im Abstand der Frequenz des Modulationssignals oberhalb und unterhalb der Trägerfrequenz. Symmetrisch zur Trägerschwingung treten also zwei gleichgroße Seitenschwingungen auf. Deren Amplituden betragen das $(m/2)$-Fache der Amplitude der Trägerschwingung.

Die Differenz zwischen Trägerfrequenz und Modulationsfrequenz ergibt die untere Seitenfrequenz f_t, die Summe beider Frequenzen ist die obere Seitenfrequenz f_h.

In der Praxis besteht das Modulationssignal, z.B. Sprache oder Musik, meistens aus einer Summe von mehreren Sinusschwingungen. Zu jeder von ihnen ergeben sich zwei Seitenschwingungen, die dann jeweils zusammen das untere Seitenband (USB) bzw. das obere Seitenband (OSB) bilden. Durch die Amplitudenmodulation wird so das Frequenzband des Modulationssignals um den Wert der Trägerfrequenz verschoben. Die tieferen Frequenzen der beiden symmetrischen Seitenbänder liegen dabei näher zur Trägerfrequenz als die höheren Frequenzen **(Bild 1)**.

Für die Zweiseitenband-Amplitudenmodulation (ZSB-AM) ist zur Übertragung die doppelte Bandbreite des Modulationssignals erforderlich.

Beispiel 1:

Ein NF-Signal mit der größten Frequenz $f_{s\,max}$ = 4,5 kHz soll durch ZSB-AM mit der Trägerfrequenz f_T = 932 kHz übertragen werden. a) Welche Bandbreite weist das ZSB-AM-Signal auf? b) Welche Seitenfrequenzen ergeben sich?

Lösung:

$B_{AM} = 2 \cdot f_{s\,max} = 2 \cdot 4{,}5\ \text{kHz} = \mathbf{9\ kHz}$

$f_t = f_T - f_{s\,max} = (932 - 4{,}5)\ \text{kHz} = \mathbf{927{,}5\ kHz}$

$f_h = f_T + f_{s\,max} = (932 + 4{,}5)\ \text{kHz} = \mathbf{936{,}5\ kHz}$

$\hat{u}_t = \hat{u}_h$	$\hat{u}_t = \frac{m}{2} \cdot \hat{u}_T$	$\hat{u}_t = \frac{\hat{u}_s}{2}$
$f_t = f_T - f_s$	$f_h = f_T + f_s$	$B_{AM} = 2 \cdot f_{s\,max}$

f_h obere Seitenfrequenz; f_s Modulationsfrequenz
f_t untere Seitenfrequenz; f_T Trägerfrequenz
m Modulationsgrad
$\hat{u}_h$ Spannungsamplitude d. oberen Seitenschwingung
$\hat{u}_s$ Spannungsamplitude des Modulationssignals
$\hat{u}_t$ Spannungsamplitude d. unteren Seitenschwingung
$\hat{u}_T$ Spannungsamplitude der Trägerschwingung
B_{AM} Bandbreite des ZSB-AM-Signals
$f_{s\,max}$ größte Modulationsfrequenz

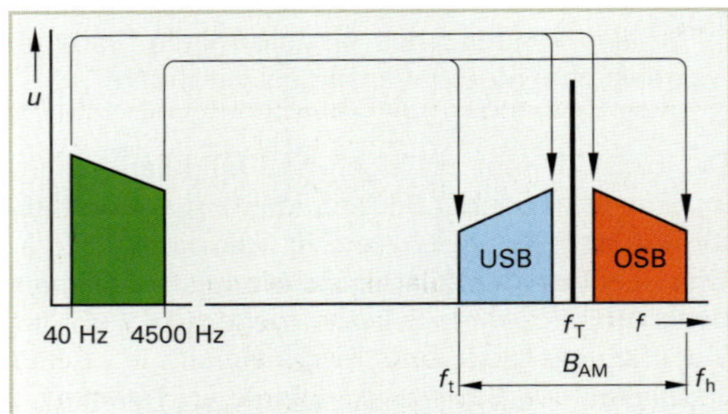

Bild 1: Seitenbänder beim ZSB-AM-Signal

Tabelle 1: Zweiseitenband-Amplitudenmodulation mit vollem Träger

Modulationssignal	AM-Signal	Frequenzspektrum
leiser Ton 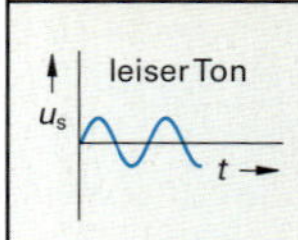	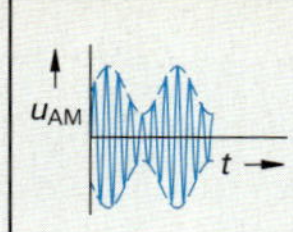	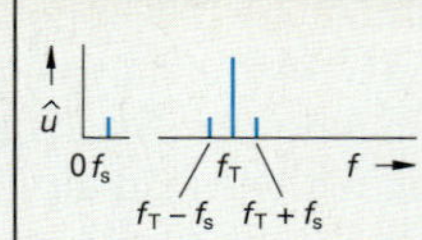
lauter Ton 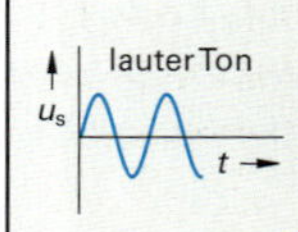	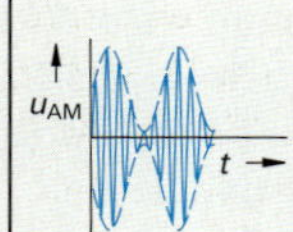	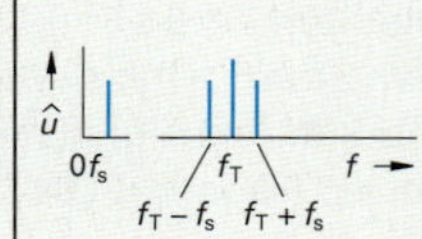
tiefer Ton 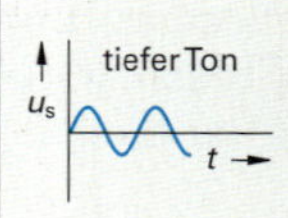	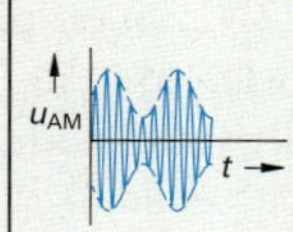	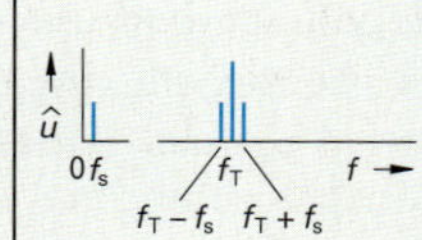
hoher Ton 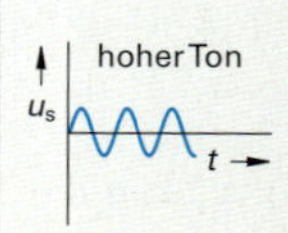	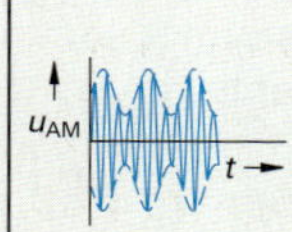	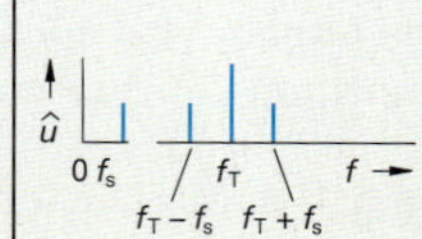

Im Lang- und Mittelwellenbereich ist für das Modulationssignal als obere Grenzfrequenz $f_{s\,max}$ = 4,5 kHz festgelegt. Es wird deshalb für die Sendefrequenzen ein 9-kHz-Raster verwendet.

Modulation. Als erster Schritt werden die Signalspannung $u_s(t)$ und das Trägersignal $u_T(t)$ durch die Reihenschaltung der beiden Signalquellen überlagert und dann an ein Bauelement mit gekrümmter Strom-Spannungs-Kennlinie, z.B. eine Diode, gelegt.

Die Kennlinie verzerrt das überlagerte Signal, sodass die Wirkung einer Multiplikation eintritt. Dadurch ergeben sich neben Summe und Differenz aus Trägerschwingung und Seitenschwingung auch noch weitere Anteile. Diese können durch ein Filter (z.B. einen Schwingkreis) unterdrückt werden **(Bild 1)**.

Zweiseitenband-Amplitudenmodulation ZSB-AM mit vollem Träger erfolgt durch Überlagerung, Verzerrung und Filterung.

Eine einfache Modulationsschaltung ist bei der *Basis-Amplitudenmodulation* gegeben, bei der Modulationssignal und Trägersignal in Reihe geschaltet der Basis eines bipolaren Transistors zugeführt werden **(Bild 2)**. Diese Art der Modulationsschaltung erfordert nur eine kleine Signalleistung.

Bei der *Drain-Amplitudenmodulation* wird das Trägersignal dem Gate eines unipolaren Transistors zugeführt, die Signalspannung dem Drain-Anschluss **(Bild 3)**. Bei dieser Modulation ist Signalleistung erforderlich. Die Drain-Amplitudenmodulation wird zum Beispiel in der Endstufenmodulation von Sendern mit kleiner Ausgangsleistung angewendet.

Demodulation. Mithilfe einer Diodenschaltung und nachfolgendem RC-Glied lässt sich die Hüllkurve des AM-Signals und damit die Signalspannung wiedergewinnen **(Bild 4)**.

Bei dieser *Hüllkurvendemodulation* wird die amplitudenmodulierte Spannung über eine Diode gleichgerichtet. Das nachfolgende RC-Glied muss so bemessen sein, dass zwar die hochfrequenten Anteile des Trägersignals möglichst gut unterdrückt werden, die Beeinflussung des niederfrequenten Modulationssignals aber klein ist.

Beispiel 1:

Welche Zeitkonstante τ ist für das RC-Glied eines Hüllkurvendemodulators erforderlich bei einem AM-Signal mit f_T = 450 kHz und f_s = 1 kHz?

Lösung:

$$\tau_{min} = \frac{1}{f_T} = \frac{1}{450\text{ kHz}} = \mathbf{2{,}2\ \mu s} \qquad \tau_{max} = \frac{1}{f_s} = \frac{1}{1\text{ kHz}} = \mathbf{1000\ \mu s}$$

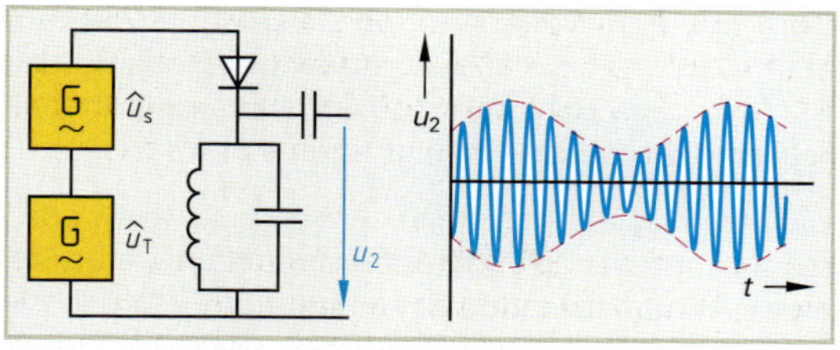

Bild 1: Schaltung zur Dioden-Amplitudenmodulation

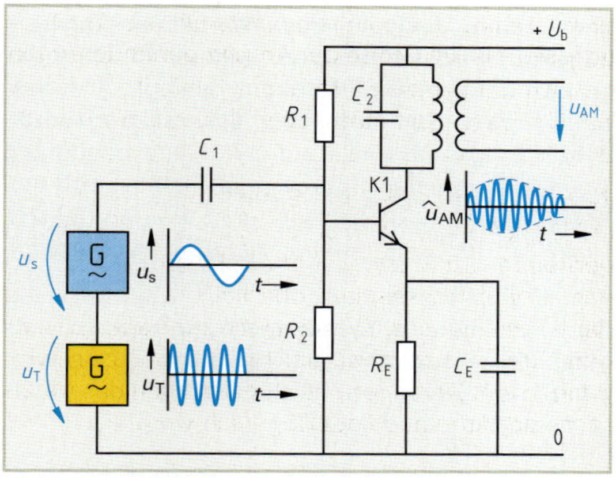

Bild 2: Schaltung zur Basis-Amplitudenmodulation

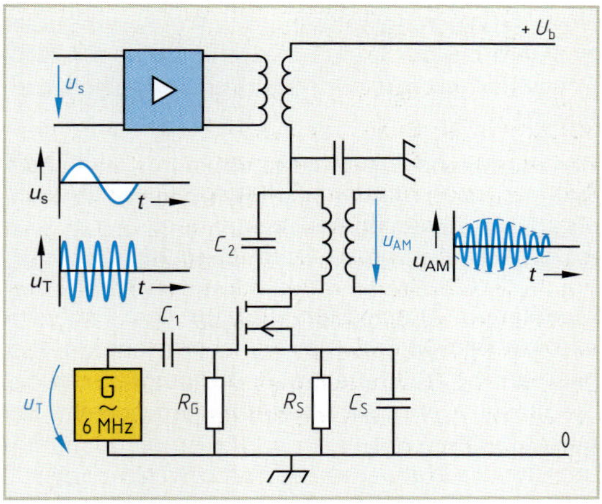

Bild 3: Schaltung zur Drain-Amplitudenmodulation

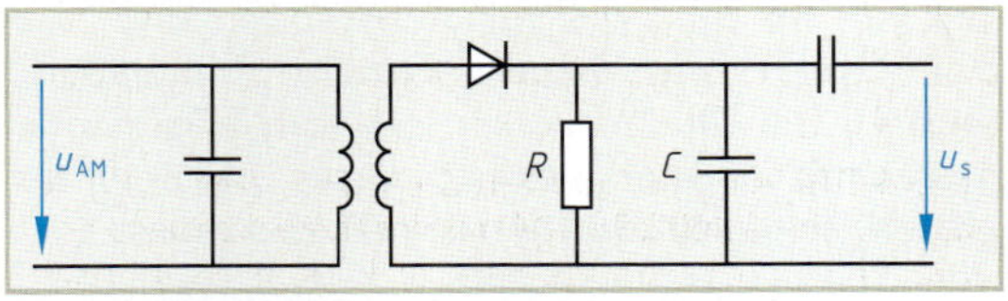

Bild 4: Schaltung zur Hüllkurvengleichrichtung

Wird aus dem vorstehenden Beispiel als Zeitkonstante der Wert $\tau = 470\ \mu s$ gewählt, dann kann das RC-Glied zum Beispiel mit $R = 47\ k\Omega$ und $C = 10$ nF realisiert werden.

Die Demodulation des ZSB-AM-Signals kann auch durch erneute Amplitudenmodulation mithilfe eines Produktdemodulators erfolgen. Diese Art nennt man Null-ZF-Demodulation. Dafür benötigt man ein unmoduliertes Trägersignal mit gleicher Frequenz und Phasenlage wie das AM-Signal, welches einem Eingang des Produktdemodulators zugeführt wird, während am anderen Eingang das zu demodulierende AM-Signal anliegt. Am Ausgang treten Summen- und Differenzfrequenzen beider Eingangssignale auf. Die niederfrequenten Anteile können dabei durch einen Tiefpass von den hochfrequenten Anteilen getrennt werden **(Bild 1).** Diese Art der Demodulation nennt man *Synchrondemodulation.*

Das unmodulierte Trägersignal kann auch mithilfe eines Phasenregelkreises (PLL-Schaltung) aus dem AM-Signal gewonnen werden **(Bild 2).**

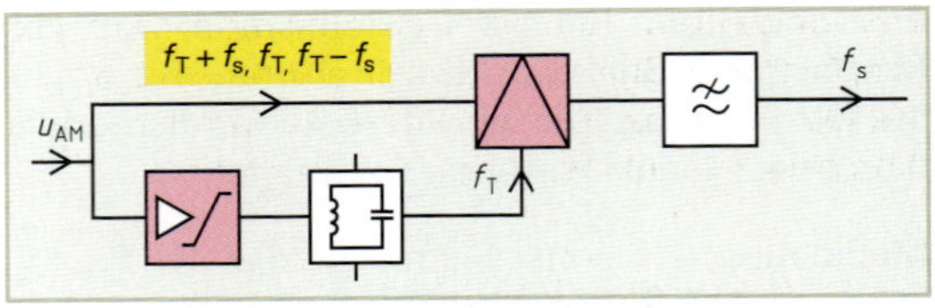

Bild 1: AM-Demodulation mit Produktdemodulator

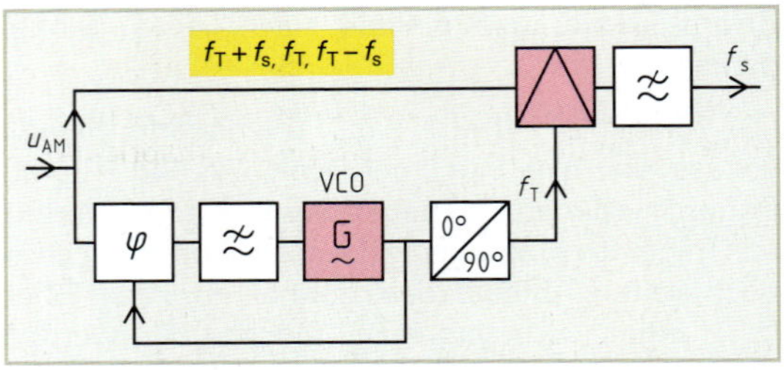

Bild 2: AM-Demodulation mit Produktdemodulator und PLL-Schaltung

13.3.1.2 Zweiseitenband-Amplitudenmodulation mit unterdrücktem Träger

Diese Art der Amplitudenmodulation kommt unter anderem bei der Rundfunk-Stereofonie, der Farbfernsehtechnik und der Trägerfrequenztechnik zum Einsatz.

Das modulierte Signal weist dabei nur die beiden Seitenbänder auf **(Bild 3).** Im Rahmen der Modulation wurde die Trägerschwingung unterdrückt, weil diese an sich keine Information enthält.

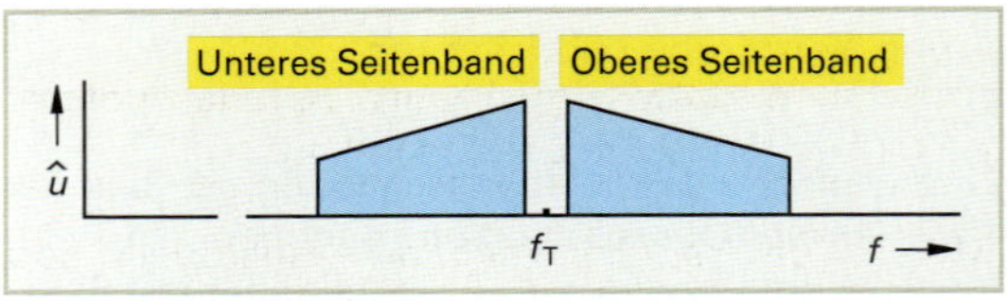

Bild 3: Frequenzspektrum eines ZSB-AM-Signals mit unterdrücktem Träger

Modulation. Durch Multiplikation des Trägersignals mit dem Modulationssignal entsteht am Ausgang des Multiplizierers eine Ausgangsspannung, die nur aus den zwei Seitenbändern besteht. Bei dieser Multiplikation werden die Amplituden multipliziert, die Frequenzen addiert bzw. subtrahiert.

Eine Modulationsschaltung für ZSB-AM mit unterdrücktem Träger ist der *Ringmodulator.* Er besteht aus vier im Ring geschalteten Dioden und zwei Übertragern mit jeweils einem Mittelabgriff **(Bild 4).** Die Dioden wirken als vom Trägersignal gesteuerte Schalter, weshalb dieses Signal immer größer als das Modulationssignal sein muss.

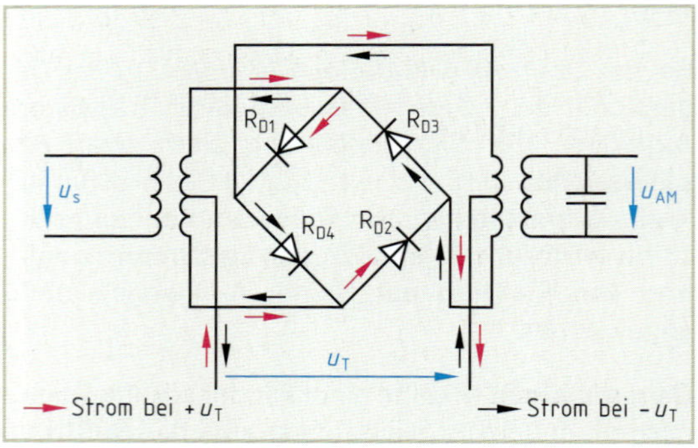

Bild 4: Ringmodulator

Über die geschalteten Diodenstrecken erfolgt die Durchleitung des Modulationssignals zum Ausgang, beim Wechsel der Polarität ergibt sich ein Phasensprung **(Bild 5).**

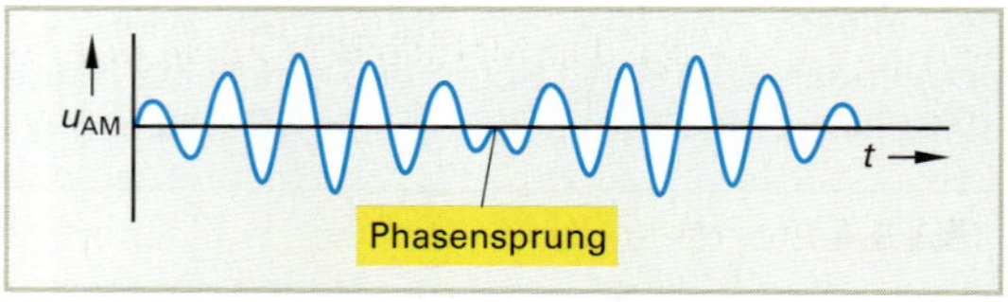

Bild 5: Ausgangsspannung beim Ringmodulator

Das Signal mit der Trägerunterdrückung lässt sich auch mithilfe eines Multiplizierers gewinnen.

> Für die Zweiseitenband-Amplitudenmodulation mit unterdrücktem Träger kommen Multiplizierer oder Ringmodulatoren zum Einsatz.

Demodulation. Für die Demodulation wird das empfangene Signal durch ein Signal mit Trägerfrequenz ergänzt. Danach ist Hüllkurvendemodulation oder Produktdemodulation möglich.

13.3.1.3 Einseitenband-AM

Jedes der Seitenbänder eines ZSB-AM-Signals enthält die gesamte Information der zu übertragenden Nachricht. Es reicht deshalb aus, nur ein Seitenband zu übertragen, wobei der Träger auch vollständig oder teilweise unterdrückt sein kann **(Bild 1).** Die Bandbreite des Signals entspricht dem des Modulationssignals. Die *Einseitenband-Amplitudenmodulation* (ESB-AM) wird meistens durch die Akürzung SSB gekennzeichnet. Diese stammt von der englischen Bezeichnung „**S**ingle **S**ide**b**and" für ESB-AM. In gleicher Weise gilt für das untere Seitenband LSB (von **L**ower **S**ide**b**and) und für das obere Seitenband USB (von **U**pper **S**ide**b**and).

Ein ESB-AM-Signal weist nur das untere oder das obere Seitenband auf.

Modulation. Bei Einseitenband-Amplitudenmodulation handelt es sich um Zweiseitenband-Amplitudenmodulation mit nachfolgender Filterung, durch die das unerwünschte obere oder untere Seitenband unterdrückt wird. Dafür sind ein Multiplizierer oder ein Ringmodulator, ein Oszillator als Trägersignalquelle und ein Seitenbandfilter erforderlich. Danach erfolgt die Umsetzung auf die Sendefrequenz **(Bild 2).**

Einseitenband-Amplitudenmodulation ist eine Zweiseitenband-Amplitudenmodulation mit nachfolgender Filterung.

Demodulation. Zur Demodulation wird im Empfänger aus dem empfangenen Seitenbandsignal mithilfe eines Trägersignals, das die richtige Frequenz und Phasenlage sowie das richtige Amplitudenverhältnis zum Seitenbandsignal aufweisen muss, wieder das Modulationssignal gewonnen.

13.3.1.4 Restseitenband-AM

Beim analogen Fernsehen müssen auch Gleichspannungswerte übertragen werden. Zwischen dem Trägersignal und dem Seitenband ist somit kein Frequenzabstand vorhanden. Bei der *Restseitenband-Amplitudenmodulation* werden deshalb auch noch Teile des zweiten Seitenbandes übertragen.

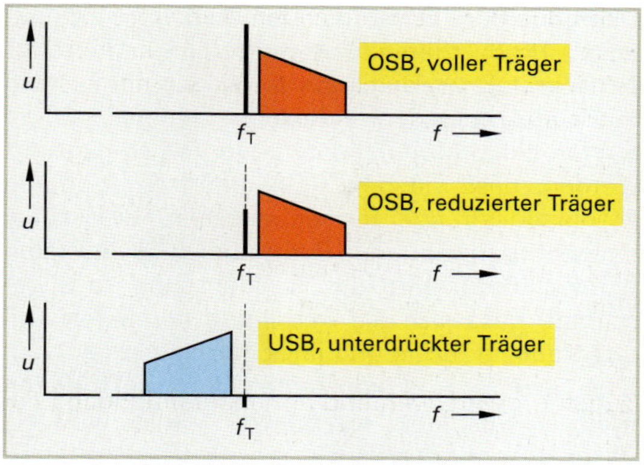

Bild 1: Frequenzspektren bei Einseitenband-Amplitudenbandmodulation

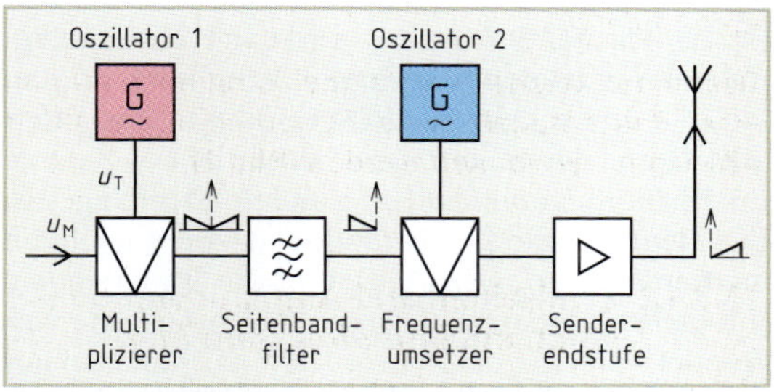

Bild 2: Übersichtsschaltplan für Einseitenband-Amplitudenmoulation mit Multiplizierer

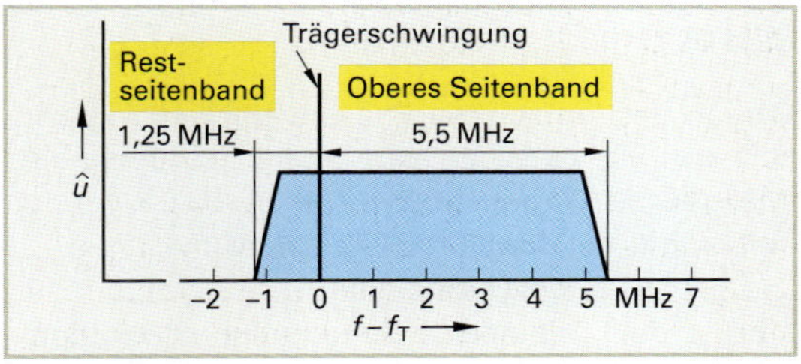

Bild 3: Restseitenband-Amplitudenmodulation beim Fernsehen

Um einerseits eine möglichst kleine Bandbreite zu benötigen und andererseits auch die Gleichspannungswerte übertragen zu können, werden deshalb das obere Seitenband mit 5,5 MHz, der volle Träger und vom unteren Seitenband nur ein Rest mit einer Bandbreite von 1,25 MHz übertragen **(Bild 3).**

Modulation. Auch bei der Restseitenband-Amplitudenmodulation wird zuerst ein Zweiseitenband-AM-Signal erzeugt und danach der vorgesehene Anteil des unteren Seitenbandes mithilfe eines Hochpass-Filters unterdrückt.

Demodulation. Bevor die Demodulation, z.B. mit einem Produktdemodulator, erfolgen kann, muss sichergestellt werden, dass die wegen der Restseitenband-Amplitudenmodulation zweimal auftretenden tiefen Modulationsfrequenzen so begrenzt werden, dass sie den Amplituden der höheren Modulationsfrequenzen entsprechen, weil sonst Verzerrungen bei der Bildwiedergabe auftreten würden. Dafür wird der Frequenzgang so abgeschrägt, dass sich die Amplitude der tiefen Frequenzanteile rechts und links der bisherigen Null-Linie jeweils zum konstanten Wert aufaddieren **(Bild 1)**. Die dabei auftretende Flanke wird als *Nyquist-Flanke* bezeichnet.

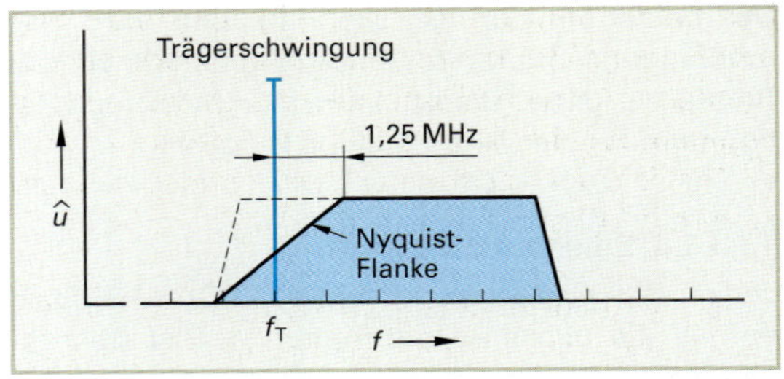

Bild 1: Frequenzspektrum der Durchlasskurve des Bild-ZF-Verstärkers bei Restseitenband-Amplitudenmodulation

13.3.1.5 Quadratur-Amplitudenmodulation QAM

Bei der Farbfernsehtechnik wird das Farbträgersignal mit den beiden reduzierten Farbdifferenzsignalen u'_{B-Y} und u'_{R-Y} amplitudenmoduliert. Dies muss allerdings derart erfolgen, dass beide Signale unabhängig voneinander bleiben, damit sie bei der Demodulation unverändert wiedergewonnen werden können. Dazu werden zwei Trägersignale mit gleicher Frequenz und gleicher Amplitude verwendet, die gegeneinander um 90° phasenverschoben sind. Für jedes reduzierte Farbdifferenzsignal ist damit ein Trägersignal verfügbar. Aus beiden Modulationsvorgängen ergibt sich je ein amplitudenmodulierter Zeiger, diese bilden wegen der Phasenverschiebung von 90° den Zeiger u_{QAM} **(Bild 2)**.

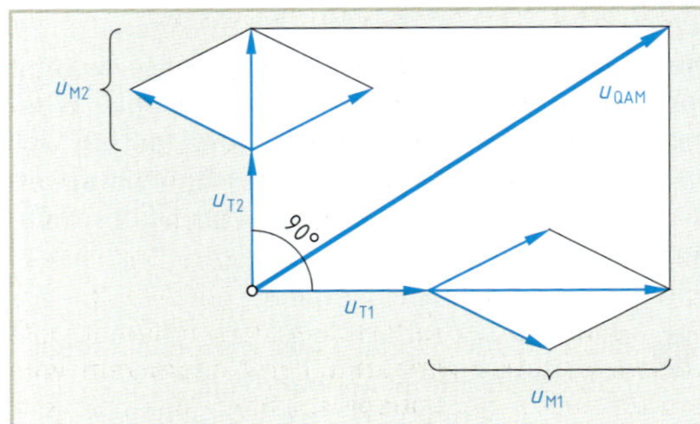

Bild 2: Zeigerdarstellung für QAM

Wegen des konstanten Phasenverschiebungswinkels von 90° zwischen den beiden Trägersignalen wird dieses Modulationsverfahren als *Quadratur-Amplitudenmodulation* QAM bezeichnet.

> Bei der Quadratur-Amplitudenmodulation (QAM) werden zwei um 90° gegeneinander phasenverschobene Trägersignale, die gleiche Frequenz und gleiche Amplitude haben, mit unterschiedlichen Modulationssignalen amplitudenmoduliert.

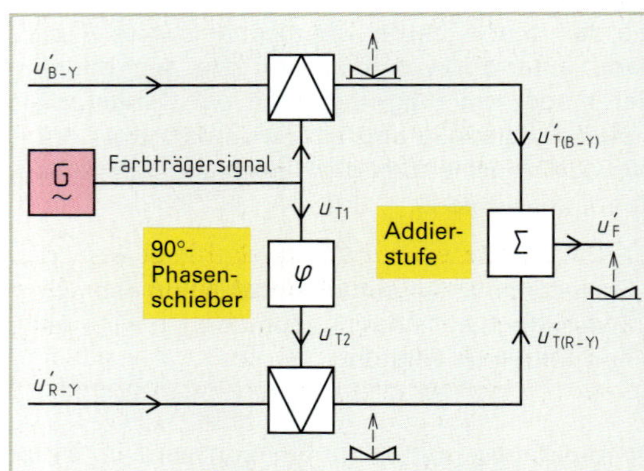

Bild 3: Übersichtsschaltplan zur Quadraturmodulation

Modulation. Bei der für das Farbfernsehen gebräuchlichen QAM wird das Farbträgersignal dem Modulator für das Signal u'_{B-Y} direkt zugeführt, während es für das Signal u'_{R-Y} über einen 90°-Phasenschieber zum Modulator gelangt. Durch Addition der Ausgangssignale beider Modulatoren ergibt sich das QAM-Signal **(Bild 3)**.

Demodulation. Die Demodulation eines QAM-Signals ist mithilfe eines Produktdemodulators möglich. Es werden zwei um 90° gegeneinander phasenverschobene Trägersignale verwendet. Dies führt zur Rückgewinnung der beiden reduzierten Farbdifferenzsignale ohne gegenseitige Beeinflussung.

13.3.1.6 Frequenzmodulation FM

Frequenzmodulation liegt dann vor, wenn sich die Frequenz eines Trägersignals im Rhythmus des Modulationssignals ändert. Das frequenzmodulierte Signal u_{FM} weist deshalb konstante Amplitude auf **(Bild 1, folgende Seite)**.

Die Abweichung von der Trägerfrequenz ist umso größer, je größer die Amplitude des Modulationssignals ist. Man bezeichnet die größte Abweichung bezogen auf die Trägerfrequenz als *Frequenzhub* $\widehat{\Delta f}$. Die Zahl der Änderungen der Frequenz ist umso größer, je höher die Modulationsfrequenz ist.

> Bei Frequenzmodulation ist die Lautstärke durch den Frequenzhub $\widehat{\Delta f}$ bestimmt und die Tonhöhe durch die Zahl der Frequenzänderungen pro Zeiteinheit.

Das Verhältnis des Frequenzhubs zur Modulationsfrequenz nennt man *Modulationsindex* δ.

Wird bei einem sinusförmigen Modulationssignal das frequenzmodulierte Signal in Teilschwingungen zerlegt, dann ergeben sich die Trägerschwingung und unendlich viele Seitenschwingungen. Der Abstand der Teilschwingungen zueinander entspricht stets der Modulationsfrequenz. Die Seitenschwingungen haben unterschiedliche Amplituden und können auch unterschiedliche Polarität aufweisen. Seitenschwingungen mit negativem Vorzeichen haben gegenüber solchen mit positivem Vorzeichen eine Phasenverschiebung von 180° und werden im Frequenzspektrum nach unten aufgetragen **(Bild 2)**. Oft werden nur die Beträge der Seitenschwingungen betrachtet, dann zeigen alle Spektralanteile in positive Richtung.

> ℹ Das Spektrum von FM-Signalen weist unendlich viele Seitenschwingungen auf.

Die Bandbreite eines FM-Signals hängt vom Frequenzhub und der Modulationsfrequenz ab. Eine ausreichende Übertragungsqualität ist gegeben, wenn die Bandbreite zweimal der Summe aus Frequenzhub und Modulationsfrequenz entspricht.

> ℹ
> - FM ist störungsfreier als AM.
> - FM benötigt eine große Bandbreite.
> - FM wird in den Frequenzbereichen UKW, VHF und UHF verwendet.

Modulation. Die Frequenzmodulation erfolgt im Regelfall im Steuersender, also im Kleinleistungsbereich. Das Prinzip besteht darin, die Frequenz eines Hochfrequenzgenerators im Rhythmus der Modulationsfrequenz zu variieren.

Bei UKW-Sendern und bei Fernsehsendern erfolgt die Frequenzmodulation häufig mit Hilfe einer Kapazitätsdiode. Die Diode ist dem Schwingkreis des Hochfrequenzgenerators wechselstrommäßig parallel geschaltet. Der Wert des Koppelkonden-

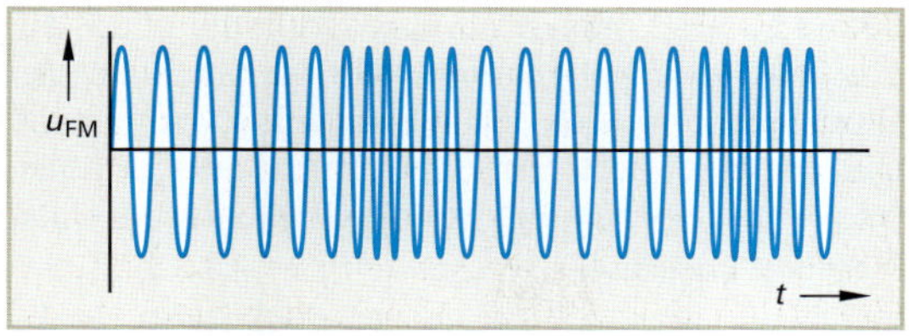

Bild 1: Frequenzmoduliertes Signal

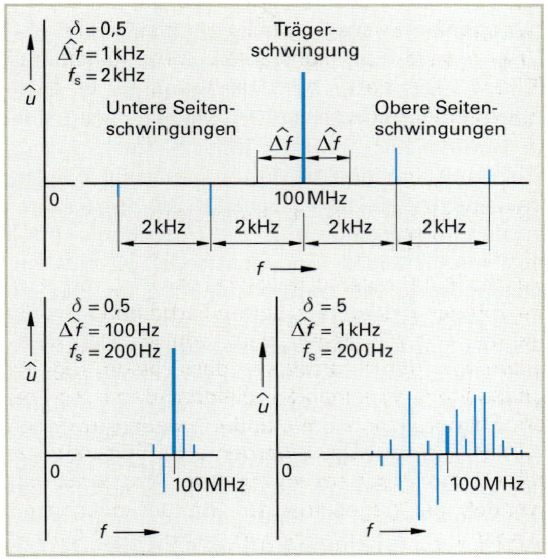

Bild 2: Spektrum von FM-Signalen

$$\delta = \frac{\widehat{\Delta f}}{f_s}$$

δ	Modulationsindex
$\widehat{\Delta f}$	Frequenzhub
f_s	Signalfrequenz

$$B_{FM} \approx 2 \cdot (\widehat{\Delta f} + f_s)$$

B_{FM}	Bandbreite des FM-Signals
$\widehat{\Delta f}$	Frequenzhub
f_s	Signalfrequenz

Beispiel 1:

Welche Bandbreite hat das FM-Signal im UKW-Bereich, wenn der maximal zulässige Frequenzhub 75 kHz und $f_{s\,max}$ = 15 kHz beträgt?

Lösung:

$B \approx 2 \cdot (\widehat{\Delta f} + f_s) = 2 \cdot (75\,kHz + 15\,kHz) =$ **180 kHz**

sators C_1 ist so gewählt, dass er keinen Einfluss auf die Oszillatorfrequenz hat. Der Arbeitspunkt der Diode wird mit dem Spannungsteiler eingestellt. Die Spule L_1 verhindert den Kurzschluss der hochfrequenten Spannung über die Quelle des Modulationssignals **(Bild 1)**.

Das FM-Signal kann mithilfe einer Kapazitätsdiode erzeugt werden.

Demodulation. Eine Form der FM-Demodulation ist die Umsetzung des FM-Signals in ein AM-Signal mit anschließender Gleichrichtung. Die Schaltung dafür ist der auch als Ratiodetektor bezeichnete *Verhältnisdiskriminator* **(Bild 2)**. Der Schwingkreis ist dabei induktiv angekoppelt und die Dioden sind gegensinnig geschaltet. Die Spannungen an den Kondensatoren C_2 und C_3 ändern sich mit der Frequenz des Eingangssignals jeweils entgegengesetzt, die Gesamtspannung an der Reihenschaltung der Kondensatoren bleibt dabei unabhängig von der Frequenz konstant. Aus diesem Grund kann parallel dazu ein Kondensator im µF-Bereich geschaltet werden. Er wirkt als dynamische Begrenzung bei Amplitudenschwankungen. Tritt zum Beispiel ein Störimpuls auf, dann wird C_4 nachgeladen und bewirkt eine Bedämpfung des Schwingkreises. Amplitudenreduzierung führt dagegen zur Sperrung durch die Dioden, sodass die Bedämpfung des Schwingkreises entfällt und der Spannungsrückgang ausgeglichen wird.

In modernen Empfängern erfolgt die FM-Demodulation mithilfe von *Phasenregelkreisen* PLL (von **P**hase **L**ocked **L**oop, **Bild 3**). Bei PLL wird die Frequenz des spannungsgesteuerten Oszillators VCO (von **V**oltage **C**ontrolled **O**scillator) durch eine vom Eingangssignal abgeleitete Regelspannung der Frequenz des Eingangssignals nachgeführt. Da sich diese bedingt durch die Frequenzmodulation ständig ändert, gilt dies auch für die Regelspannung. Sie stellt das gewünschte Ausgangssignal dar, weil die Änderungen proportional zum Modulationssignal verlaufen.

Moderne FM-Empfänger arbeiten mit PLL-Demodulatoren.

13.3.2 Rundfunk-Stereofonie

Da die Ohren räumlich angeordnet sind, ist es möglich, die Richtung akustischer Signale festzustellen. Der Schalldruck von Schallquellen, die nicht genau in der Mitte zwischen beiden Ohren angeordnet sind, erreichen die Ohren mit unterschiedlicher Stärke und wegen der unterschiedlichen Laufzeiten phasenverschoben.

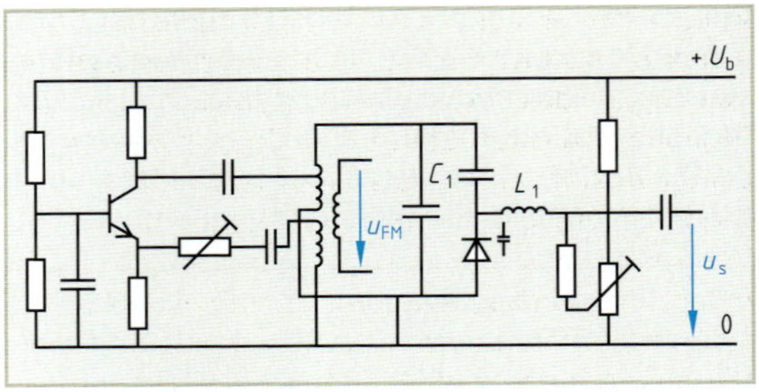

Bild 1: Frequenzmodulation mit Kapazitätsdiode

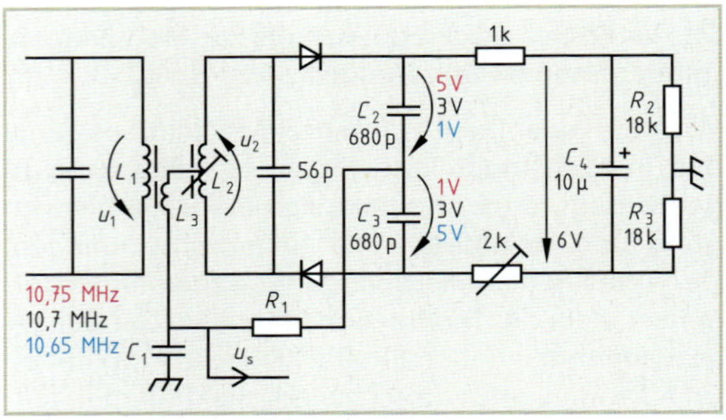

Bild 2: Verhältnisdiskriminator (Ratiodetektor)

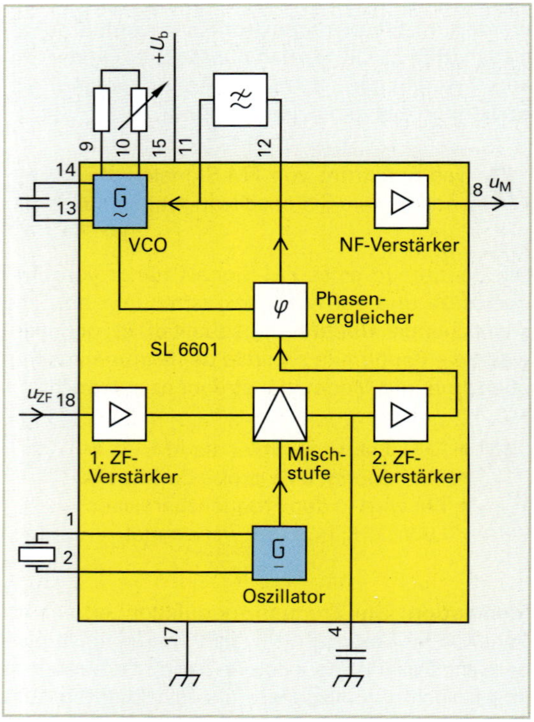

Bild 3: FM-ZF-Verstärker mit PLL-Demodulator

Sendeseite. Das bei stereofoner Rundfunkübertragung verwendete Signal ist so aufgebaut, dass auch bei monofonem Empfang der volle Klangeindruck zur Verfügung steht.

Wegen dieser Forderung der Verträglichkeit zwischen Mono und Stereo ist es nicht ausreichend, das Signal des linken Stereo-Kanals U_L und das Signal des rechten Stereo-Kanals U_R ohne gegenseitige Beeinflussung zu übertragen, weil für einen Mono-Empfänger die Summe beider Kanäle zur Verfügung stehen muss. Es werden deshalb im ersten Schritt das *Summensignal* $U_{L+R} = U_L + U_R$ und das *Differenzsignal* $U_{L-R} = U_L - U_R$ gebildet **(Bild 1)**. Beide umfassen jeweils den Tonfrequenzbereich von 30 Hz bis 15 kHz.

Mit Mono-Empfängern sind auch Stereo-Sendungen empfangbar, mit Stereo-Empfängern sind auch Mono-Sendungen empfangbar. Mono und Stereo sind also kompatibel.

Vom Sender wird ein Signal abgestrahlt, welches Summen- und Differenzsignal frequenzmäßig gestaffelt beinhaltet. Es besteht aus dem Summensignal, dem *Pilotsignal* 19 kHz und dem Differenzsignal als Zweiseitenband-Amplitudenmodulation mit unterdrücktem Träger von 38 kHz **(Bild 2)**.

Dieses Signal wird als *Stereo-Multiplexsignal* bezeichnet. Das Pilotsignal wird im Empfänger für die Rückgewinnung von U_L und U_R benötigt. Die im Stereo-Multiplexsignal oberhalb 15 kHz liegenden Anteile können nur von einem Stereo-Empfänger ausgewertet werden.

Dem Stereofonie-Sender wird das in einem Stereo-Coder erzeugte Stereo-Multiplexsignal als Modulationssignal zugeführt. Danach erfolgt die Frequenzmodulation **(Bild 3)**.

Empfangseite. Ein Stereo-Empfänger soll aus dem empfangenen und demodulierten Stereo-Multiplexsignal wieder die Signale der beiden Kanäle, also U_L und U_R, verfügbar machen. Dafür wird auch der Hilfsträger von 38 kHz für die Demodulation des Differenzsignals benötigt. Er wird auf einfache Weise durch Verdoppelung des Pilotsignals gewonnen.

Für die Rückgewinnung der beiden Kanäle benötigt der Stereo-Empfänger z.B. einen Schalterdecoder **(Bild 4)**.

13.3.3 Radio-Daten-System RDS

Das *Radio-Daten-System* stellt bei UKW-Sendern dem Teilnehmer Zusatzinformationen zur Verfügung.

Zu den wichtigsten RDS-Funktionen zählen:

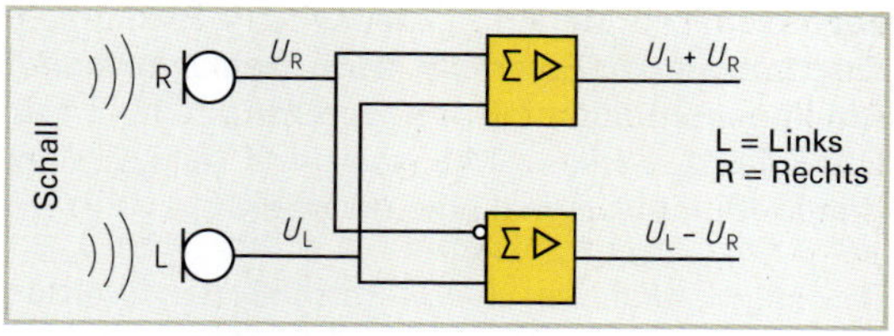

Bild 1: Gewinnung Summen- und Differenzsignal

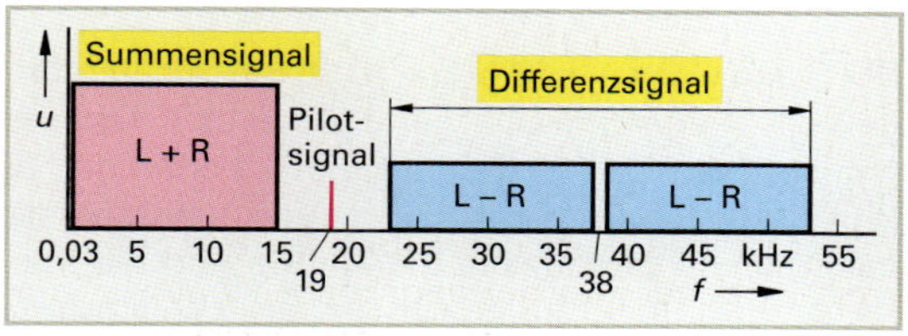

Bild 2: Stereo-Multiplexsignal

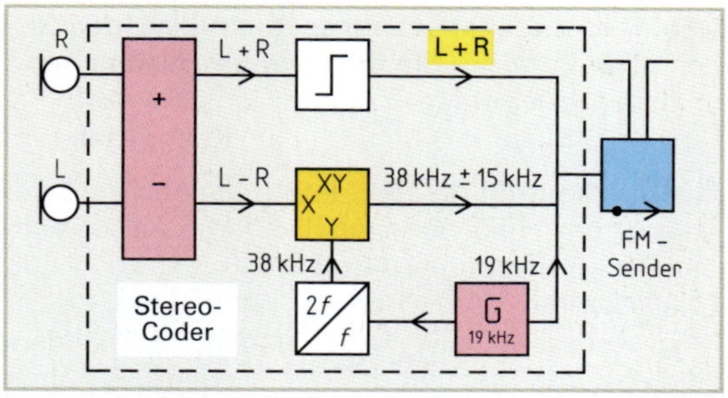

Bild 3: Übersichtsschaltplan eines Stereofonie-Senders

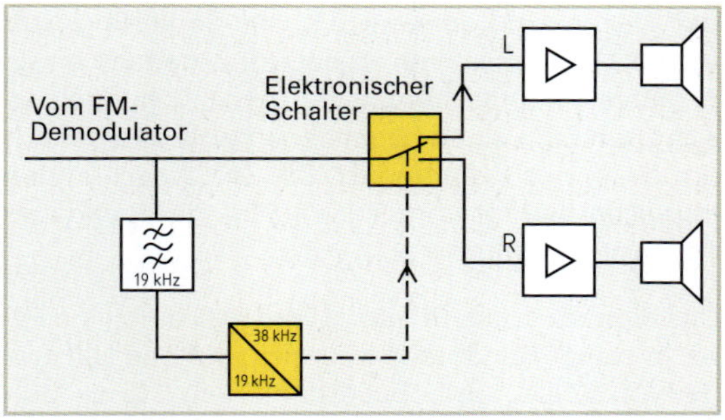

Bild 4: Übersichtsschaltplan eines Schalterdecoders

- Programmkennung PTY,
- alternative Frequenzen AF,
- Verkehrsfunkkennung TP,
- Verkehrsfunkdurchsage TA,
- Traffic Message Channel TMC und
- Enhanced other Networks EON.

Durch TMC können Navigationssysteme Verkehrsbehinderungen unmittelbar erfassen und Umleitungen aufzeigen.

Sendeseite. Für die RDS-Daten wird Phasenumtastung verwendet. Es erfolgt dann Zweiseitenband-Amplitudenmodulation mit unterdrücktem Träger von 57 kHz. Dieses AM-Signal wird danach dem Stereo-Multiplexsignal hinzugefügt.

Die standardisierten RDS-Informationen werden zyklisch in 16 Gruppen übertragen. Dies erfolgt im *Synchronbetrieb,* deshalb treten keine Startbits und Stoppbits auf.

Die Daten werden in Blöcken zu 26 Bits zusammengefasst, wobei jeweils vier Blöcke eine Gruppe ergeben. Von den 26 Bits pro Block dienen nur 16 Bits für die Informationsübertragung, während die restlichen 10 Bits für die Erkennung und die Korrektur von Übertragungsfehlern als Fehlerschutz benötigt werden **(Bild 1).**

Bei RDS steht eine Netto-Bitrate von 731 kbit/s für die Informationsübertragung zur Verfügung.

Zur Übertragung der RDS-Informationen wird der Datenstrom zunächst einmal differenziell codiert. Danach erfolgt Biphase-Codierung, Filterung und Zweiseitenband-AM. Bei der Differenzial-Codierung verursacht eine 1 am Eingang des Coders einen Wechsel von 0 nach 1 oder 1 nach 0. Bei einer 0 am Eingang bleibt am Ausgang der Zustand des vorliegenden Taktes erhalten.

Bei der nachfolgenden Biphase-Codierung ruft eine 1 einen positiven Impuls und danach einen negativen Impuls hervor. Bei einer 0 handelt es sich zuerst um einen negativen Impuls und danach um einen positiven Impuls. Die Zeit zwischen den Impulsen beträgt immer die halbe Periodendauer des Systemtaktes.

Das biphase-codierte Signal wird nun durch ein Filter in seiner Bandbreite begrenzt, auf den Hilfsträger von 57 kHz aufmoduliert und dem Stereo-Multiplexsignal hinzugefügt **(Bild 2).**

Empfangsseite. Aus dem vom FM-Demodulator gewonnenen Multiplexsignal wird der RDS-Anteil mithilfe eines schmalbandigen Bandpasses ausgefiltert und dem RDS-Decoder zugeführt. Dort erfolgen neben der Rückgewinnung des Systemtaktes von f = 1,1875 kHz die Biphase-Decodierung und die Differenzial-Decodierung. Die so gewonnenen RDS-Daten gelangen zu einem Mikrocontroller für die weitere Verarbeitung. Er übernimmt die Abstimmung des Empfängers, steuert die Anzeige an und speichert die Listen alternativer Frequenzen und weitere Informationen ab.

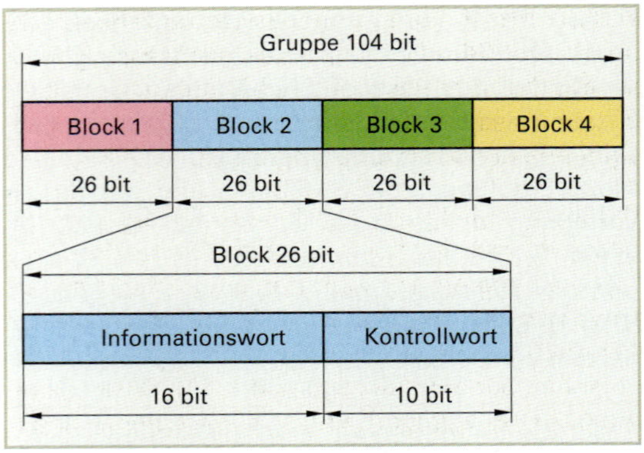

Bild 1: Datenübertragung bei RDS

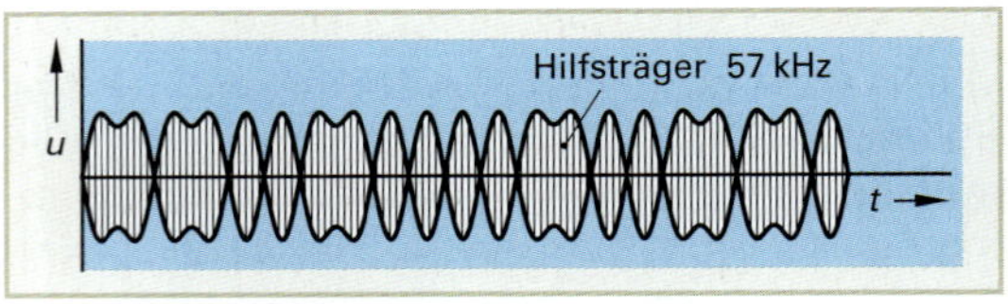

Bild 2: RDS-Signal

Wiederholung und Vertiefung

1. **Aus welchen Größen bestimmt sich der Modulationsgrad *m*?**
2. **Erklären Sie die AM-Demodulation mit Produktdemodulator.**
3. **Welchen Vorteil hat die Restseitenband-Amplitudenmodulation?**
4. **Warum ist QAM eine Doppelmodulation?**
5. **Von welchen Größen hängt die Bandbreite eines FM-Signals ab?**
6. **Beschreiben Sie die Arten für die FM-Demodulation.**
7. **Beschreiben Sie den Aufbau des Stereo-Muliplexsignals.**

13.4 Hörfunkempfänger

Die Aufgabe jedes Hörfunkempfängers (Radios) besteht darin, zuerst aus dem empfangenen Frequenzspektrum das Signal des gewünschten Senders auszuwählen. Dann soll er dieses demodulieren, um das ursprüngliche Audiosignal wiederzugewinnen. Es wird das *Überlagerungsprinzip* verwendet, weil damit in den Rundfunkfrequenzbereichen bessere Empfangsergebnisse erreichbar sind.

13.4.1 Prinzip des Überlagerungsempfängers

Beim Überlagerungsempfänger wird die Frequenz jedes modulierten Empfangssignals in eine feste andere Hochfrequenz, die *Zwischenfrequenz* ZF, umgesetzt **(Bild 1)**. Die Frequenzumsetzung wird als Mischung bezeichnet. Sie beruht auf der Mulitplikation des Empfangssignals u_e mit einem Hilfssignal u_o, das ein Oszillator erzeugt.

Durch die Mischung entstehen Signale mit der Summenfrequenz $f_o + f_e$ und der Differenzfrequenz $f_o - f_e$. Bei tieferen Frequenzen ist größere Verstärkung und bessere Trennschärfe erreichbar als bei höheren Frequenzen. Es wird deshalb aus dem entstandenen Frequenzgemisch die Differenzfrequenz herausgefiltert und als Zwischenfrequenz verwendet **(Bild 2)**.

Neben der Empfangsfrequenz werden auch die durch Modulation bewirkten Seitenbänder umgesetzt, sodass die Modulation erhalten bleibt. Die Zwischenfrequenzfilter müssen eine dafür ausreichende Bandbreite aufweisen.

Die ZF-Spannung wird anschließend im ZF-Verstärker auf eine Spannung von etwa 1 V verstärkt und dem Demodulator zugeführt. Nach dem Demodulator folgt noch der NF-Verstärker **(Bild 3)**.

Die Zwischenfrequenz für die Bereiche LMK liegt zwischen 452 kHz und 472 kHz. Die Zwischenfrequenz für den UKW-Bereich beträgt 10,7 MHz. In der Nähe dieser Zwischenfrequenz gibt es keine Sendefrequenzen.

LMK-Sender mit Frequenzen in der Nähe der doppelten ZF können auch stören. Deshalb liegen in der Nähe von $2 \cdot f_z = 920$ kHz keine stärkeren Sender.

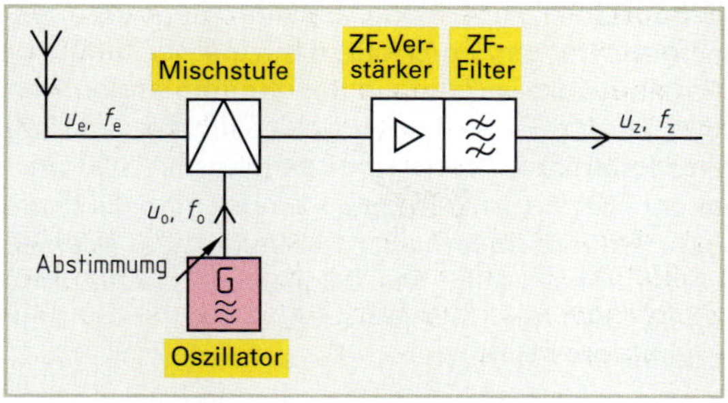

Bild 1: Übersichtsschaltplan der Frequenzumsetzung (Mischung)

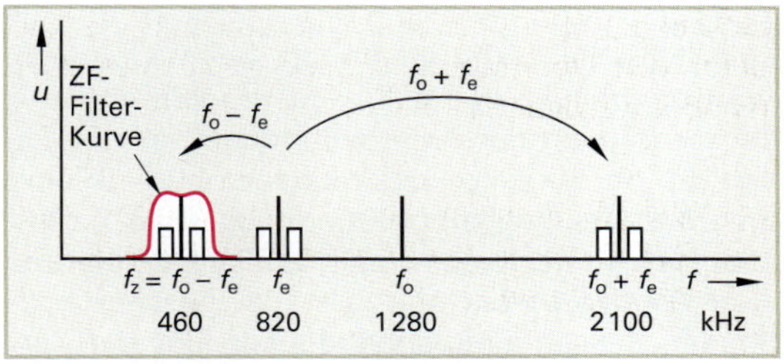

Bild 2: Frequenzumsetzung im MW-Bereich

Beispiel 1:

Wie groß ist die Oszillatorfrequenz, wenn ein MW-Empfänger auf einen Sender von 820 kHz abgestimmt ist und die Zwischenfrequenz 460 kHz beträgt?

Lösung: $f_z = f_o - f_e \Rightarrow$

$f_o = f_z + f_e = 460\text{ kHz} + 820\text{ kHz} = \mathbf{1280\text{ kHz}}$

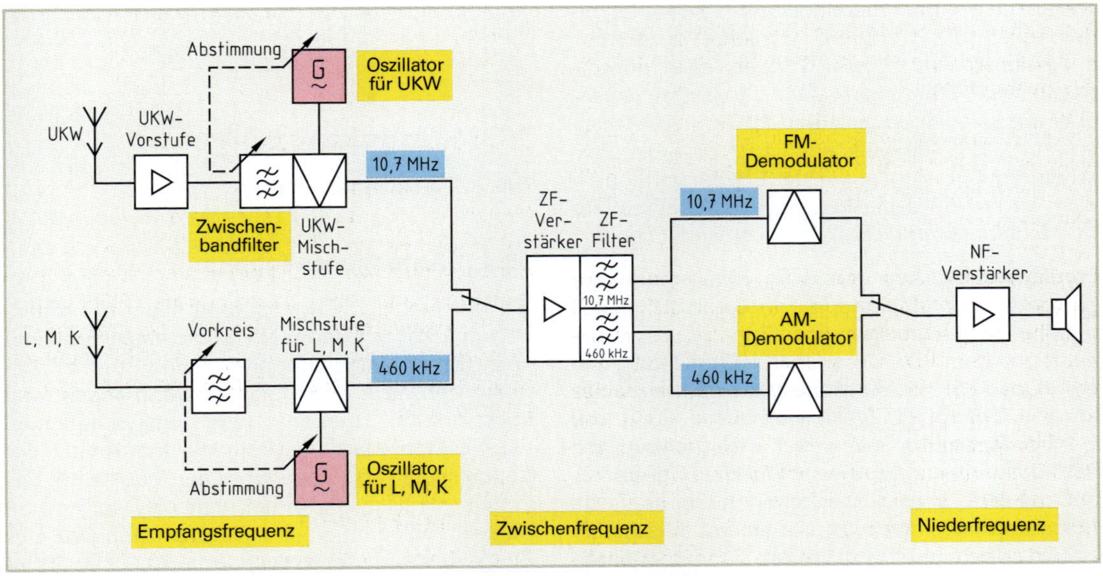

Bild 3: Übersichtsschaltplan eines Überlagerungsempfängers für alle Bereiche

Die Filter für die Zwischenfrequenz sind fest abgestimmt. Es kann deshalb mit einer bestimmten Oszillatorfrequenz nur ein Sender empfangen werden, dessen Frequenz gleich der Differenz aus Oszillatorfrequenz und Zwischenfrequenz ist. Will man andere Sender empfangen, so muss man die Oszillatorfrequenz ändern. Der Oszillator muss deshalb verstimmbar sein. Die zugehörige Skala wird direkt mit den Empfangsfrequenzen beschriftet oder es erfolgt deren Anzeige auf einem Display.

Überlagerungsempfänger werden durch Verändern der Oszillatorfrequenz abgestimmt.

Eine typische Störerscheinung beim Überlagerungsempfänger ist der *Spiegelfrequenzempfang*. Für die Bildung der Zwischenfrequenz ist es unerheblich, ob die Empfangsfrequenz oberhalb oder unterhalb der Oszillatorfrequenz liegt **(Bild 1)**. Deshalb können bei bestimmten Oszillatorfrequenzen zwei Sender hörbar sein, der gewünschte erste Sender, dessen Empfangsfrequenz um die Zwischenfrequenz tiefer liegt als die Oszillatorfrequenz, und der störende zweite Sender, dessen Empfangsfrequenz um die Zwischenfrequenz höher liegt. Seine Frequenz wird als *Spiegelfrequenz* f_{sp} bezeichnet.

Die Spiegelfrequenz liegt um die doppelte Zwischenfrequenz oberhalb der Empfangsfrequenz.

Um den Spiegelfrequenzempfang zu verhindern, wird in den Empfängereingang ein Schwingkreis geschaltet, der mit dem Oszillator zusammen abgestimmt wird. Dieser Vorkreis lässt nur die gewünschte Empfangsfrequenz passieren, sperrt aber die Spiegelfrequenz **(Bild 2)**. Damit die Trennschärfe des Vorkreises ausreicht, darf die Zwischenfrequenz gegenüber der Empfangsfrequenz nicht zu niedrig sein, weil sonst Spiegelfrequenz und Empfangsfrequenz dicht bei einander liegen.

Um auch im oberen KW-Bereich den Spiegelfrequenzempfang zu vermeiden, verwendet man das *Doppelsuperprinzip* **(Bild 3)**.

Dabei wird die Empfangsfrequenz beispielsweise in eine höhere 1. Zwischenfrequenz (ZF1) mit 2 MHz umgesetzt. Bei dieser Zwischenfrequenz beträgt der Abstand zu einer möglichen Spiegelfrequenz 4 MHz, sodass eine Trennung von der Empfangsfrequenz einfacher ist. In einer 2. Mischstufe erfolgt dann die Umsetzung in die übliche Zwischenfrequenz (ZF2) von 460 kHz.

f_z Zwischenfrequenz
f_o Oszillatorfrequenz
f_e Empfangsfrequenz

$$f_z = f_o - f_e$$

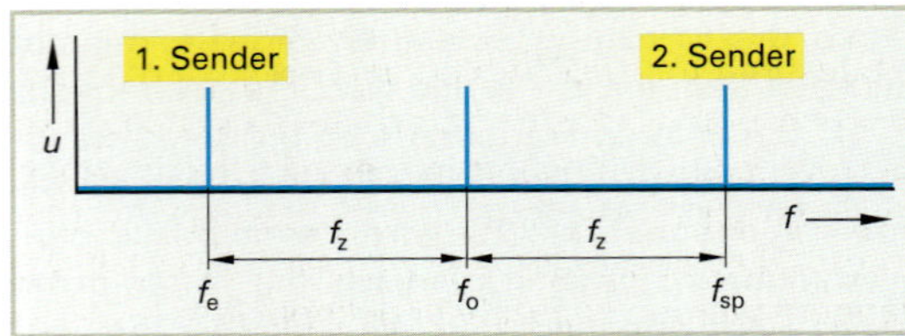

Bild 1: Empfangsfrequenz und Spiegelfrequenz

f_{sp} Spiegelfrequenz
f_e Empfangsfrequenz
f_z Zwischenfrequenz

$$f_{sp} = f_e + 2 \cdot f_z$$

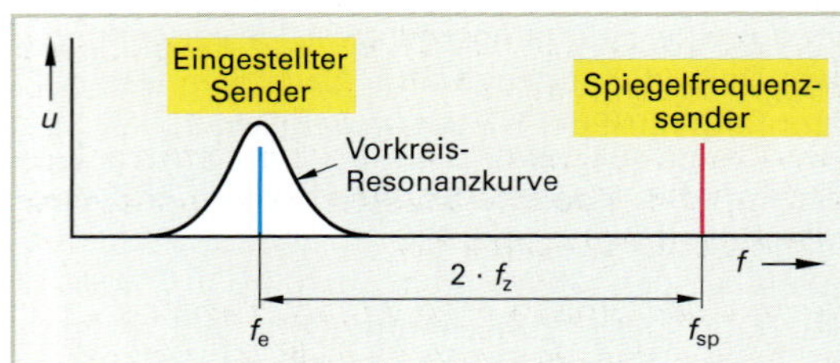

Bild 2: Spiegelfrequenzunterdrückung durch Vorkreis

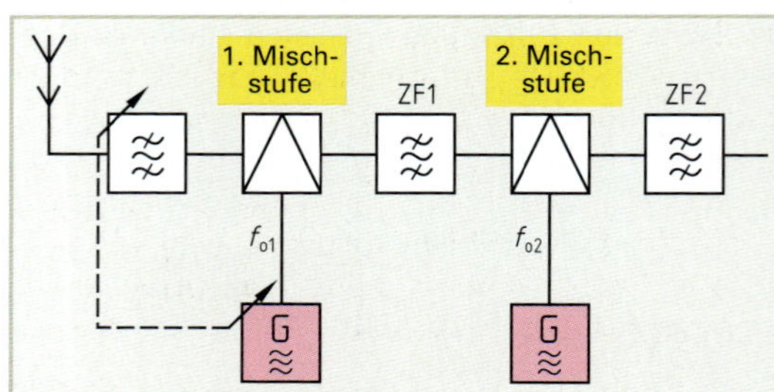

Bild 3: Doppelsuperprinzip

13.4.2 Antennenankopplung

Bei der *induktiven Ankopplung* bildet die Antennenkapazität mit der Koppelspule einen Schwingkreis **(Bild 1, folgende Seite)**. Seine Resonanzfrequenz darf nicht im Empfangsbereich liegen, weil sonst diese Frequenz bevorzugt empfangen würde. Man macht deshalb die Induktivität der Koppelspule groß gegenüber der Induktivität des Eingangskreises und bezeichnet dies als hochinduktive Ankopplung. Die Resonanzfrequenz des Eingangskreises liegt dann unterhalb des Empfangsbereichs.

Bei der *kapazitiven Ankopplung* wird meist die Stromkopplung (Fußpunktkopplung) verwendet. Dadurch liegen die Kapazitäten von Antenne und Antennenleitung parallel zum Koppelkondensator. Macht man dessen Kapazität groß, z.B. 5 nF, so können sich Parallelkapazitäten kaum auswirken.

Abgestimmte UKW-Antennen (Dipol-Antennen) werden durch transformatorische Ankopplung an den Empfängereingang angepasst. Nicht abgestimmte UKW-Antennen von tragbaren Empfängern (Teleskop-Antennen) und von Autoradioempfängern werden kapazitiv angekoppelt.

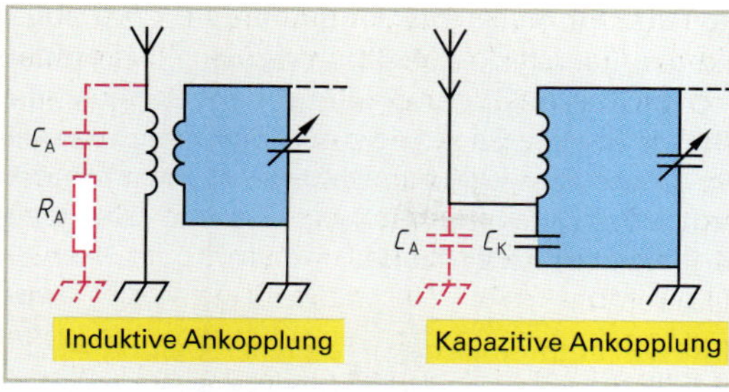

Bild 1: Antennenankopplungen

13.4.3 Abstimmung

Überlagerungsempfänger werden durch Verändern der Oszillatorfrequenz auf die gewünschte Senderfrequenz eingestellt. Dies geschieht durch Abstimmung des Oszillatorschwingkreises. Gleichzeitig wird ein Vorkreis (bei LMK) oder ein Zwischenkreis (bei UKW) auf die Empfangsfrequenz abgestimmt.

Als Abstimmelemente werden veränderbare Kapazitäten, d.h. Kapazitätsdioden, oder andere Abstimmelemente verwendet.

Wegen der großen Frequenzunterschiede ist es beim Rundfunkempfänger nicht möglich, einen Allbereichstuner (von tuner = Abstimmer) zu verwenden. Allein der LMK-Empfangsbereich reicht von 150 kHz bis 26 MHz. Für dieses Frequenzverhältnis wären Abstimmelemente mit sehr großem Kapazitätsbereich erforderlich. Kapazitätsdioden haben jedoch nur eine Kapazitätsänderung von etwa 1:10. Es wird deshalb der AM-Empfangsbereich in drei oder mehr Wellenbereiche aufgeteilt, deren Frequenzverhältnis jeweils höchstens 1:3 beträgt. Dadurch kommt man mit einem Abstimmelement aus, das im Verhältnis 1:9 veränderbar ist.

Der Schwingkreis des Oszillators und der Vorkreis bzw. Zwischenkreis müssen gleichzeitig abgestimmt werden. Der Vorkreis wird dabei direkt auf die Empfangsfrequenz, der Oszillatorkreis auf eine um die Zwischenfrequenz höhere Frequenz abgestimmt. Dieser Unterschied muss bei der Abstimmung über den ganzen Frequenzbereich hinweg gleich bleiben, um eine bestmögliche Trennschärfe zu gewährleisten. Man bezeichnet dies als *Gleichlauf* oder *Parallellauf* der Kreise **(Bild 2)**.

Frequenzänderungen von Vorkreis und Oszillatorkreis müssen parallel verlaufen.

Die Abstimmung selbst kann mit analogen oder digitalen Schaltungen durchgeführt werden.

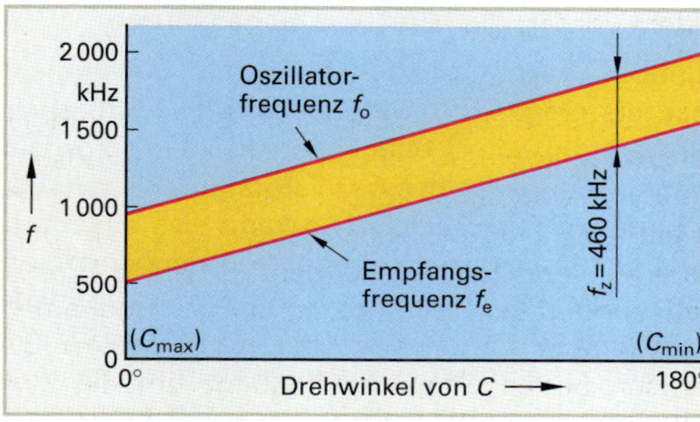

Bild 2: Gleichlauf von Vorkreis und Oszillatorkreis im MW-Bereich

Die Abstimmung des UKW-Bereichs wird mit einem eigenen Tuner durchgeführt.

Abstimmung mit analogen Schaltungen

Bei analoger Abstimmung wird die Frequenz mit der Betätigung eines Stellers stufenlos verändert.

Als Abstimmelemente werden meist Kapazitätsdioden verwendet. Die eigentliche Abstimmung wird dabei mit Potenziometern durchgeführt, mit denen die Vorspannung der Dioden verändert wird. Dadurch ist auch eine besonders einfache Schaltung der Drucktastenabstimmung möglich. Bei Betätigung einer Stationstaste wird über einen Spannungsteiler eine entsprechende Spannung an die Kapazitätsdiode gelegt, sodass der Schwingkreis auf die gewünschte Frequenz abgestimmt wird.

Die Spannungsabhängigkeit und Temperaturabhängigkeit der Kapazitätsdioden wirkt sich vor allem bei hohen Frequenzen im UKW-Bereich aus. Schon kleine Kapazitätsänderungen führen hier zu erheblichen Frequenzänderungen. Die Folge ist ein verzerrter Empfang des eingestellten Senders. Deshalb ist im UKW-Bereich bei Abstimmung mit Kapazitätadioden eine *automatische Frequenzregelung AFC* (von **A**utomatic **F**requency **C**ontrol) erforderlich **(Bild 1, folgende Seite)**. Mit ihrer Hilfe sind Frequenzkorrekturen bis ± 150 kHz möglich.

Die Regelgröße ist die Frequenz des Oszillators und damit auch die Zwischenfrequenz. Als Fühler wird die Demodulatorschaltung verwendet. In ihr wird als Stellgröße eine Spannung erzeugt, deren Betrag und Richtung von Betrag und Richtung der Frequenzabweichung abhängen. Als Stellglied dient eine Kapazitätsdiode.

Mit der automatischen Frequenzregelung AFC wird die Frequenz des Oszillators stabil gehalten.

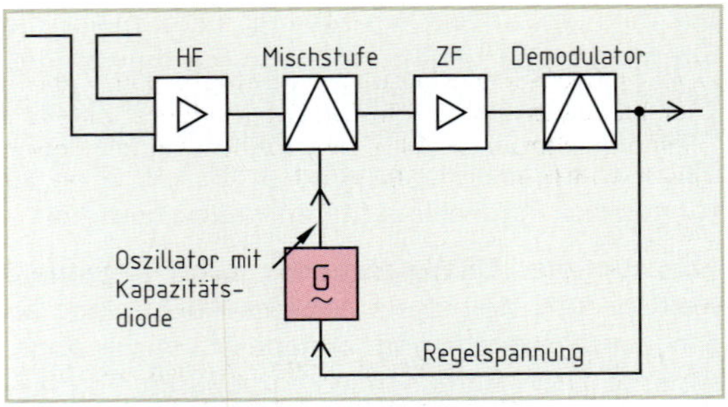

Bild 1: Automatische Frequenzregelung AFC

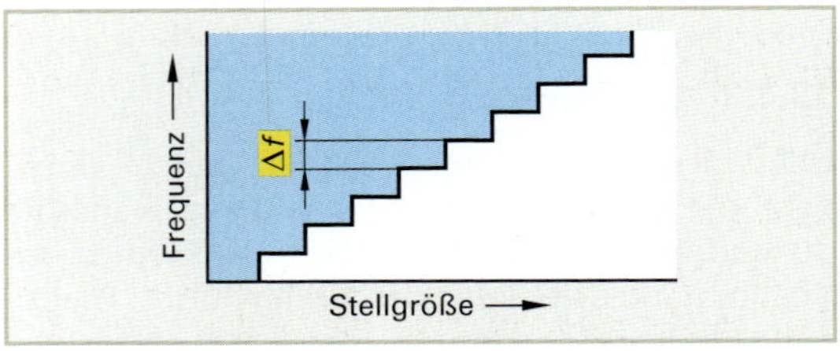

Bild 2: Digitalisierung von Abstimmspannung bzw. Oszillatorfrequenz

Abstimmung mit digitalen Schaltungen

Digitale Abstimmschaltungen haben den Vorteil, dass die eingestellten Frequenzwerte leicht speicherbar und sehr genau wiederholbar sind. Die Frequenzänderung des Oszillators geschieht dabei in Stufen. Die Digitalisierung kann sich allein auf die Abstimmspannung beziehen. Dann handelt es sich um *Spannungssynthese,* d.h. um Zusammensetzung der Abstimmspannung aus kleinen Schritten **(Bild 2).** Wird als Oszillator eine PLL-Schaltung verwendet, die über eine Vergleichsfrequenz synchronisiert wird, dann handelt es sich um *Frequenzsynthese.*

Bei der Spannungssynthese wird der Wert der analogen Abstimmspannung binär codiert. Der für Kapazitätsdioden notwendige Spannungsbereich von $\Delta U \approx 30$ V wird z.B. in $2^{12} = 4096$ Stufen zu je 7,32 mV aufgeteilt. Dies entspricht lb 4096 = 12 bit. Die Abstimmspannung für eine bestimmte Oszillatorfrequenz kann somit als 12-stelliges Binärwort abgespeichert werden. Mit einem Digital-Analog-Umsetzer wird zunächst ein pulsweitenmoduliertes Signal und über einen Tiefpass daraus dann die Abstimmspannung zurückgewonnen **(Bild 1, folgende Seite).**

Bei Spannungssynthese ist die Oszillatorfrequenz zwar über die automatische Frequenzkorrektur des Empfängers geregelt, aber nicht phasengenau und frequenzgenau synchronisiert. Dies ist jedoch bei der Frequenzsynthese der Fall. Abstimmschaltungen, die nach diesem Prinzip arbeiten, enthalten eine PLL-Schaltung. Sie werden als *PLL-Synthesizer* oder *PLL-Tuner* bezeichnet **(Bild 2, folgende Seite).**

Im UKW-Bereich verwendet man meist Frequenzschritte von $\Delta f = 25$ kHz oder 50 kHz, in den Bereichen LMK von $\Delta f = 0{,}5$ kHz.

Als Frequenznormal in der PLL-Schaltung dient ein Quarzoszillator mit $f = 4$ MHz, dessen Frequenz auf eine Referenzfrequenz f_{ref} (Bezugsfrequenz) heruntergeteilt wird **(Bild 2, folgende Seite).** Diese Referenzfrequenz ist so groß wie ein Frequenzschritt Δf der Oszillatorfrequenz. Je nach Empfangsbereich beträgt die Referenzfrequenz also z.B. 25 kHz bzw. 50 kHz (UKW) oder 0,5 kHz (LMK).

Mit der Referenzfrequenz wird der Oszillator phasengenau synchronisiert. Dazu ist allerdings erforderlich, dass auch die Oszillatorfrequenz mithilfe einer zweiten Teilerschaltung auf 25 kHz oder 50 kHz bzw. 0,5 kHz herabgeteilt wird.

Die eigentliche Abstimmung des Oszillators und damit des Empfängers geschieht durch Veränderung des Teilerverhältnisses dieses zweiten Frequenzteilers. Soll ein UKW-Sender mit 95,5 MHz empfangen werden, dann muss die Oszillatorfrequenz $f_o = 95{,}5$ MHz + 10,7 MHz = 106,2 MHz betragen. Nur dann entsteht in der Mischstufe die Zwischenfrequenz von 10,7 MHz und der Sender wird empfangen. Um nun den Oszillator bei f_o = 106,2 MHz mit z.B. 25 kHz synchronisieren zu können, muss die Oszillatorfrequenz in einem Verhältnis 106,2 MHz : 25 kHz = 4248 geteilt werden. Für jede Frequenzstufe benötigt man ein anderes Teilerverhältnis. Der dem Oszillator nachgeschaltete Frequenzteiler muss also einstellbar sein.

Die Abstimmung eines PLL-Tuners geschieht durch Einstellen eines bestimmten Teilerverhältnisses für die Oszillatorfrequenz.

Es wird also nur derjenige Sender empfangen, dessen zugehörige Oszillatorfrequenz bei dem eingestellten Teilerverhältnis auf die Referenzfrequenz heruntergeteilt wird.

Beispiel 1:

Welche UKW-Senderfrequenz wird empfangen, wenn der Frequenzteiler für die Oszillatorfrequenz auf ein Teilerverhältnis $n = 4412$ eingestellt ist und dabei $f_z = 10{,}7$ MHz und $\Delta f = 25$ kHz ist?

Lösung:

$f_e = \Delta f \cdot n - f_z = 25\ \text{kHz} \cdot 4412 - 10{,}7\ \text{MHz} = \mathbf{99{,}6\ MHz}$

Die Einstellung des Frequenzteilers erfolgt meist von einem Mikrocontroller gesteuert. Dieser kann noch weitere Funktionen übernehmen, z.B. die Signalerzeugung für eine Frequenzanzeige, den Sendersuchlauf und die Stummschaltung des NF-Verstärkers für die Dauer des Abstimmvorgangs.

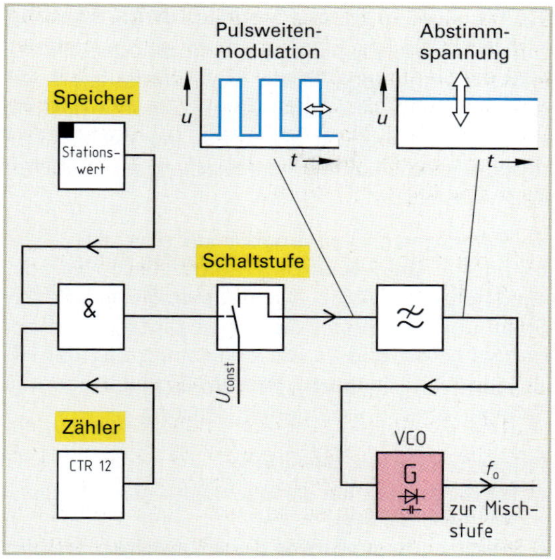

Bild 1: DA-Umsetzer für Rückgewinnung der Abstimmspannung beim Spannungssynthese-Verfahren

13.4.4 Mischung

Bei der Mischung der Empfangsfrequenz mit der Oszillatorfrequenz werden die additive und die multiplikative Mischung verwendet.

Bei der *additiven Mischung* werden die Empfangsspannung und die Oszillatorspannung zunächst überlagert und dann durch ein Bauelement mit gekrümmter Kennlinie verzerrt. Dadurch entstehen neue Frequenzen, darunter auch die Summenfrequenz und die Differenzfrequenz. Ein Schwingkreis siebt die Differenzfrequenz als Zwischenfrequenz heraus.

Für die *multiplikative Mischung* kann man z.B. einen Doppelgate-Feldeffekttransistor verwenden **(Bild 1, folgende Seite).** Die Empfangsspannung wird an die Steuerelektrode G1, die Oszillatorspannung an die Steuerelektrode G2 gelegt. Die Wirkungen von Spannungsänderungen an den Steuerelektroden auf den Strom multiplizieren sich.

Für die Mischung von Empfangsfrequenz und Oszillatorfrequenz werden die additive und die multiplikative Mischung verwendet.

Bei der multiplikativen Mischung entstehen weniger unerwünschte Mischprodukte als bei der additiven Mischung. Ein Vorteil ist auch die Entkopplung von Oszillatorkreis und Eingangskreis. Dadurch kann die Oszillatorfrequenz auch nicht über den Eingangskreis auf die Antenne gelangen und abgestrahlt werden.

In Mischstufen mit ICs werden Multiplizierer-Schaltungen verwendet. Sie enthalten im Prinzip zwei Verstärkerstufen in Reihe. Als Wirkung treten eine Multiplikation der beiden Eingangsspannungen sowie eine Summenbildung und Differenzbildung der Eingangsfrequenzen auf.

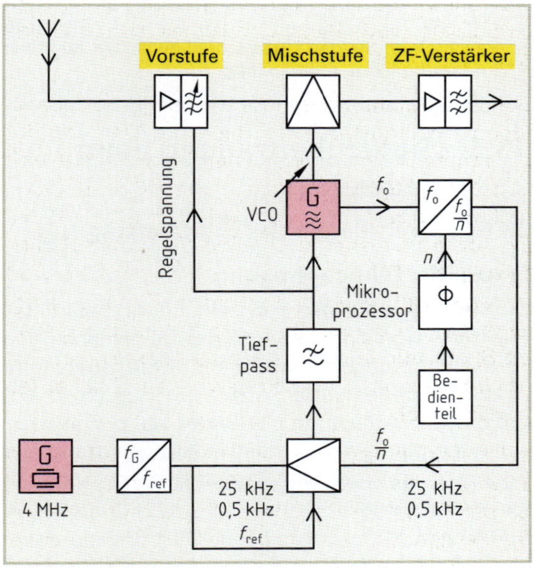

Bild 2: Übersichtsschaltplan eines PLL-Tuners

$$n = \frac{f_o}{\Delta f} \qquad f_e = \Delta f \cdot n - f_z$$

n	Teilerverhältnis
f_e	Empfangsfrequenz
f_o	Oszillatorfrequenz
f_z	Zwischenfrequenz
Δf	Frequenzschritt

13.4.5 Automatische Verstärkungsregelung

Die bei einem Empfänger ankommende HF-Feldstärke kann je nach Sender und Empfangsort verschieden sein. Jeder Empfänger benötigt deshalb einen Pegelausgleich, da sonst bei der Abstimmung auch die Lautstärkeeinstellung betätigt werden müsste.

Bei AM-Signalen verwendet man eine AGC (von **A**utomatic **G**ain **C**ontrol = automatische Verstärkungsregelung AVR). Die Regelgröße ist die ZF-Spannung. Als Fühler dient eine Diode, meist der Demodulator **(Bild 2)**. Die Regelstrecke ist der HF-Teil des Empfängers. Bei FM-Signalen genügt dagegen eine Amplitudenbegrenzung.

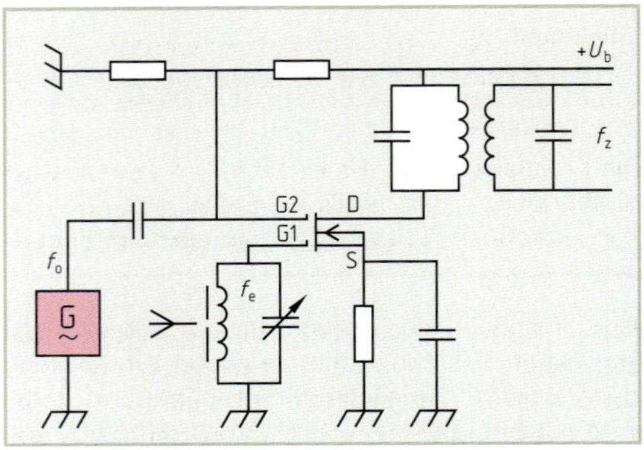

Bild 1: Multiplikative Mischung mit Doppelgate-FET

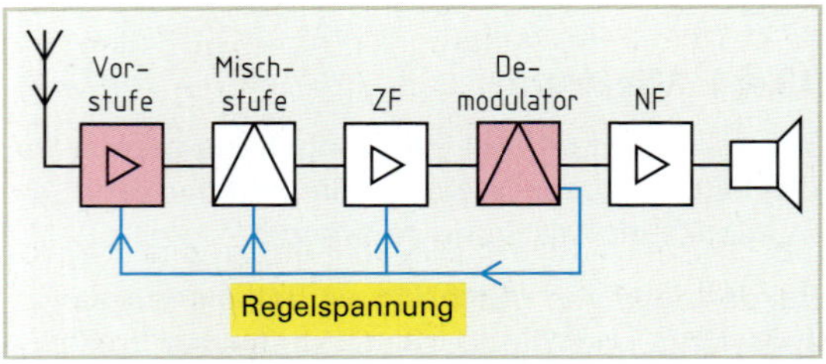

Bild 2: Automatische Verstärkungsregelung

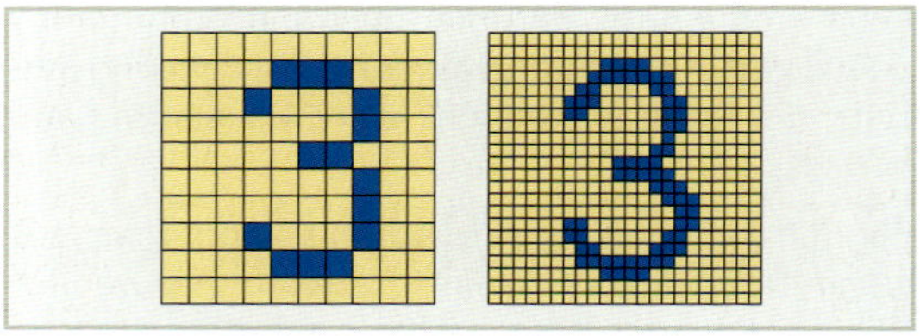
Bild 3: Auflösung eines Bildes bei verschiedener Zeilenzahl

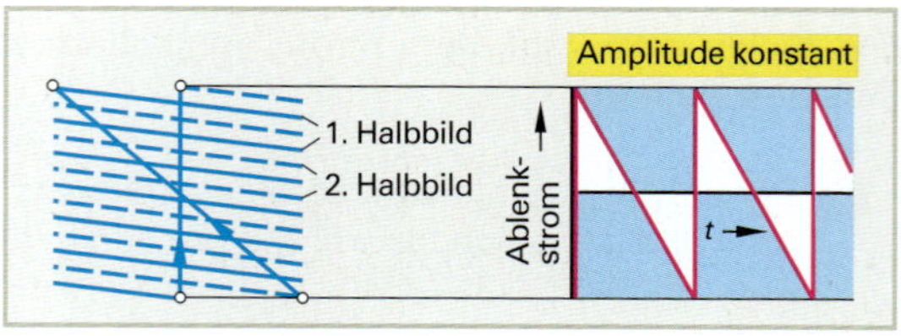

Bild 4: Vertikal-Ablenkstrom beim Zeilensprungverfahren

Wiederholung und Vertiefung

1. **Welche Aufgabe hat die Mischstufe in einem Überlagerungsempfänger?**
2. **Welcher Zusammenhang besteht zwischen der Spiegelfrequenz und der Zwischenfrequenz?**
3. **Welche Arten von Antennenankopplungen gibt es?**
4. **Welche Aufgabe hat die automatische Frequenzregelung AFC?**
5. **Welche Aufgabe hat die Referenzfrequenz in einem PLL-Tuner?**
6. **Beschreiben Sie den Unterschied zwischen additiver und multiplikativer Mischung.**

13.5 Signalübertragung beim Fernsehen

13.5.1 Grundlagen der Bildübertragung

Prinzip der Bildübertragung

Der Bildsensor einer Fernsehkamera tastet das Bild *zeilenweise* ab. In der Bildröhre des analogen Fernsehempfängers wird der Elektronenstrahl ebenfalls zeilenweise über die Leuchtschicht geführt. Die Abtastung des Bildes auf der Senderseite und die Bewegung des Elektronenstrahls der Bildröhre auf der Empfangsseite müssen mit genau der gleichen Geschwindigkeit erfolgen. Das Erzwingen von Gleichlauf zweier Bewegungen nennt man *Synchronisation* (von griech. synchron = gleichzeitig, gleichlaufend).

> Die zeilenweise Bildabtastung und die zeilenweise Bildwiedergabe müssen synchron erfolgen.

Je höher bei dieser Bildübertragung die Zeilenzahl ist, umso besser lässt sich ein Bild in Einzelheiten auflösen **(Bild 3)**. Je höher aber die Zeilenzahl ist, desto größer wird die Bandbreite der Bildübertragung. Der langsame Hinlauf und der schnelle Rücklauf bei der Horizontalablenkung (Zeilenablenkung) des Elektronenstrahls in der Bildröhre erfordern für die Horizontalablenkspulen einen sägezahnförmigen Ablenkstrom.

Zur Übertragung von bewegten Bildern muss die Bildvorlage je Sekunde mehrmals abgetastet werden. Durch Übertragung mehrerer Einzelbilder je Sekunde entsteht für den Betrachter ein Bewegungsvorgang. Das Fernsehen verwendet 25 Einzelbilder je Sekunde. Um größere Flimmerfreiheit zu erreichen, wird jedes Einzelbild in zwei *Halbbilder* zerlegt.

Beim Zeilensprungverfahren werden 50 Halbbilder je Sekunde übertragen.

Die Frequenz von 50 Halbbildern je Sekunde wird Bildfrequenz oder Vertikalfrequenz genannt. Die Vollbildfrequenz (Bildwechselfrequenz) beträgt dagegen 25 Hz.

Beim *Zeilensprungverfahren* (Interlace-Modus) liegen die Zeilen des zweiten Halbbildes zwischen den Zeilen des ersten Halbbildes. Auf dem Bildschirm des Fernsehempfängers werden die Zeilen der beiden Halbbilder gegenseitig so verschachtelt, dass dem Auge die doppelte Zeilenzahl vorgetäuscht wird. Dabei müssen die Zeilen des einen Halbbildes genau mittig zwischen den Zeilen des anderen Halbbildes liegen, da sonst durch *Paarigkeit* der Zeilen der Halbbildcharakter störend hervortritt.

Die Vertikalablenkung (Bildablenkung) des Elektronenstrahls in der Bildröhre erfolgt langsam von oben nach unten, der Rücklauf dagegen schnell von unten nach oben. Dies wird wie bei der Horizontalablenkung mit einem sägezahnförmigen Ablenkstrom in den Vertikal-Ablenkspulen erreicht. Damit ein Vertikal-Ablenkstrom mit gleich bleibender Amplitude verwendet werden kann, lässt man die letzte Zeile des ersten Halbbildes in der Mitte enden, die erste Zeile des zweiten Halbbildes in der Mitte beginnen **(Bild 4, vorhergehende Seite).**

Der Elektronenstrahl schreibt in 1/25 Sekunde 625 Zeilen, das sind in einer Sekunde 25 · 625 Zeilen = 15625 Zeilen. Die *Zeilenfrequenz* oder *Horizontalfrequenz* beträgt 15625 Hz.

Die Frequenz des sägezahnförmigen Vertikal-Ablenkstromes beträgt 50 Hz, die Frequenz des sägezahnförmigen Horizontal-Ablenkstromes 15625 Hz.

Bandbreite der Bildübertragung

Die bei der Bildübertragung höchste auftretende Videofrequenz lässt sich berechnen, wenn davon ausgegangen wird, dass auf dem gesamten Bildschirm quadratische Bildelemente (Pixel) mit Schwarzweiß-Sprüngen erscheinen.

Beim Schreiben dieses Bildes muss die dazu erforderliche Steuerspannung der Bildröhre (Videospannung) 260312,5 Perioden innerhalb 1/25 Sekunde haben **(Bild 1).** Das ergibt eine Videofrequenz von 260312,5 · 25/s = 6,5 MHz. Die kleinste mögliche Videofrequenz beträgt 0 Hz. Sie tritt auf, wenn kein Bildinhalt vorhanden ist, also der Bildschirm einfarbig erscheint.

$$f_p = f_B \cdot n_Z \cdot n_S \qquad B_{Video} = 0{,}707 \cdot f_p$$

f_p	Pixelfrequenz
f_B	Vollbildfrequenz
n_Z	Zeilenzahl
n_S	Spaltenzahl
B_{Video}	Videobandbreite

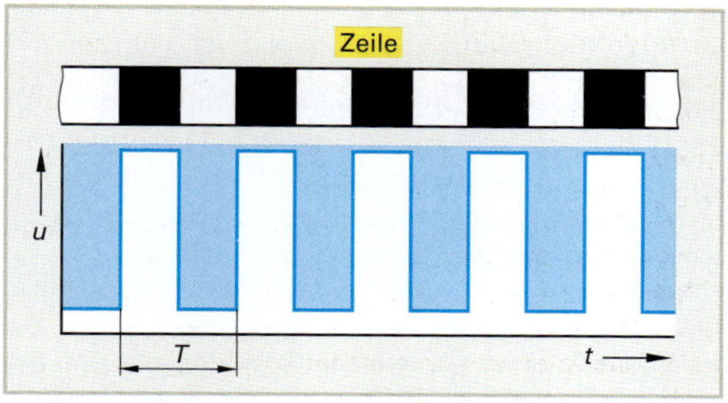

Bild 1: Steuerspannungsverlauf während einer Zeile mit schwarzen und weißen Bildelementen

Die notwendige Bandbreite der Bildübertragung würde somit 6,5 MHz betragen. Da aber ein solches Bild mit Schachbrettmuster nicht vorkommt und außerdem nicht alle 625 Zeilen sichtbar sind, reicht für eine gute Bildqualität eine Bandbreite von etwa 5 MHz aus. Die unzureichende Übertragung der hohen Videofrequenzen zeigt sich als schwächerer Kontrast oder durch das Verschwinden von Bildeinzelheiten.

Beispiel 1:
Wie viele Bildelemente enthält ein Fernsehbild bei 625 Zeilen und einem Seitenverhältnis Breite : Höhe = 4 : 3?

Lösung:

$$n_p = \left(n_Z \cdot \frac{4}{3}\right) \cdot n_Z = \left(625 \cdot \frac{4}{3}\right) \cdot 625$$

$$= 833 \cdot 625 = \mathbf{520625}$$

CCIR-Fernsehnorm

Für die Fernsehübertragung gibt es verschiedene Normen, wobei im europäischen Raum die CCIR-Norm (CCIR von franz. **C**omité **C**onsultatif **I**nternational des **R**adiocommunications = Internationaler Beratender Ausschuss für das Funkwesen) üblich ist. Diese weist ein günstiges Verhältnis zwischen Bildqualität und technischem Aufwand auf.

Die Bildträgerschwingung ist amplitudenmoduliert, die Tonträgerschwingung frequenzmoduliert. Das untere Seitenband der amplitudenmodulierten Bildträgerschwingung kann im Sender teilweise unterdrückt werden, da die Information auch im oberen Seitenband vollständig enthalten ist. Ein vollkommenes Abschneiden des unteren Seitenbandes am Träger ist jedoch nicht möglich, da die Videofrequenzen bei 0 Hz beginnen. Man arbeitet deshalb mit dem *Restseitenbandverfahren* **(Bild 1)**.

Beim Bildsignal wird Negativmodulation verwendet. Dies bedeutet, dass bei hoher Trägerspannung der Bildschirm schwarz erscheint, bei niedriger Trägerspannung dagegen weiß. Störspannungsspitzen erzeugen deshalb schwarze Punkte auf dem weißen Bildschirm, die nur wenig auffallen.

Die Kanalbandbreite eines Fernsehkanals ist im Bereich I und III, im unteren Sonderkanalbereich USB und im oberen Sonderkanalbereich OSB auf 7 MHz, im Bereich IV und V sowie im erweiterten Sonderkanalbereich ESB (Hyperband) auf 8 MHz festgelegt.

Die frequenzmodulierte Tonträgerschwingung 1 liegt um 5,5 MHz oberhalb der Bildträgerschwingung, die frequenzmodulierte Tonträgerschwingung 2 um 5,742 MHz oberhalb der Bildträgerschwingung. Der Tonsender arbeitet mit 5% der Bildsenderleistung, einem maximalen Frequenzhub von 50 kHz bei Mono und 30 kHz bei Stereo sowie einer Preemphasis mit $\tau = 50\ \mu s$.

Bei Farbübertragung enthält das Fernsehsignal zusätzlich das reduzierte Farbartsignal. Es liegt unterhalb und oberhalb des unterdrückten Farbträgers. Seine Frequenz ist 4,43 MHz höher als die Bildträgerfrequenz.

Fernsehsignal ohne Farbanteil

Das Fernsehsignal ohne Farbanteil enthält außer dem Schwarzweiß-Bildinhalt die Synchronisierimpulse für den Gleichlauf der Strahlablenkung im Sender und Empfänger. Während der Synchronisierimpulse und kurze Zeit davor und danach wird die Bildröhre dunkelgesteuert. Das Bild wird „ausgetastet". Deshalb nennt man dieses Fernsehsignal zusammenfassend auch *BAS-Signal* **(Bild 1, folgende Seite)**.

Das BAS-Signal besteht aus dem Schwarzweiß-**B**ildsignal, dem **A**ustastsignal und dem **S**ynchronisiersignal.

Das BAS-Signal wird in der Empfangstechnik oft als Bildsignal oder Videosignal bezeichnet, obwohl es mehr als den reinen Bildinhalt enthält.

Die Synchronisierimpulse werden mit voller Senderleistung, also mit größter Amplitude, abgestrahlt. 75% der größten Amplitude bezeichnet man als *Austastpegel* (Austastwert). Mit dieser Spannung wird das Bild während des Strahlrücklaufs bei Bildwechsel und Zeilenwechsel ausgetastet. Der *Schwarzpegel* (Schwarzwert), d.h. die Spannung, bei der das Bild noch schwarz erscheint, liegt bei 73% der größten Amplitude. Die kleinste zulässige Spannung nennt man *Weißpegel* (Weißwert). Sie wurde auf 10% der größten Amplitude festgelegt. Diese Spannung darf nicht unterschritten werden, da beim Differenztonverfahren zur Bildung der Ton-Zwischenfrequenz mit 5,5 MHz ständig sowohl die Bildträgerschwingung als auch die Tonträgerschwingung vorhanden sein müssen. Die Spannungen der Grauwerte liegen somit zwischen 10% und 73% der größten Amplitude.

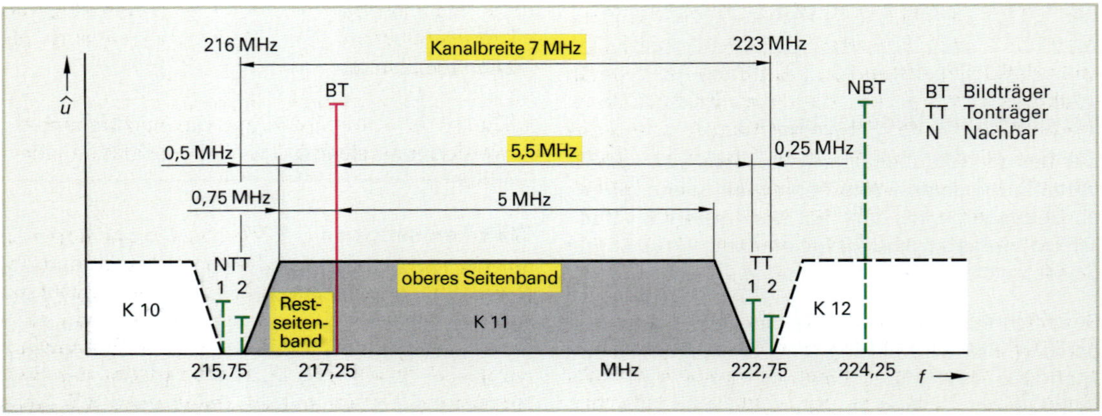

Bild 1: Frequenzspektrum des Fernsehkanals 11 (ohne Farbinformation)

Die *Zeilensynchronisierimpulse* kennzeichnen das Ende einer Zeile und lösen mit ihrer Vorderflanke den Zeilenrücklauf aus (Bild 1). Da die Zeilenfrequenz 15625 Hz beträgt, dauert eine Zeile demnach einschließlich Synchronisierimpuls 64 µs. Davon entfallen etwa 12 µs auf die Zeilenaustastlücke, sodass für die sichtbare Zeile 52 µs bleiben.

Während der Zeilenaustastlücke findet der Zeilenrücklauf statt. Das Bild wird dabei dunkelgetastet. Die Zeilensynchronisierimpulse besitzen eine vordere und eine hintere Schwarzschulter, damit eine einwandfreie Trennung von Zeileninhalt und Synchronisierimpuls ermöglicht wird.

Die *Bildsynchronisierimpulse* **(Bild 1, folgende Seite)** kennzeichnen das Ende eines Halbbildes und lösen den Strahlrücklauf vom unteren zum oberen Bildrand aus. Um die Bildsynchronisierimpulse von den Zeilensynchronisierimpulsen trennen zu können, sind zur Bildsynchronisation fünf dicht aufeinander folgende, breite Einzelimpulse vorgesehen. Jeder hat die Dauer von etwa 40% einer Zeile. Dazwischen befinden sich im Halbzeilenabstand schmale Impulspausen. Dadurch kann auch während der Bildsynchronisation die Zeilenablenkung weiter synchronisiert werden.

Während des Bildsynchronisiersignals wird die Zeilenablenkung weiter synchronisiert.

Aus den fünf Bildsynchronisierimpulsen erzeugt ein Integrierglied in der Impulstrennstufe des Fernsehempfängers einen sägezahnförmigen Bildsynchronisierimpuls. Diese sägezahnförmige Ablenkspannung löst beim Erreichen eines bestimmten Schwellwerts im Vertikalablenkteil den Bildrücklauf aus und synchronisiert dadurch die Bildablenkung.

Ohne die fünf *Ausgleichsimpulse* vor den Bildsynchronisierimpulsen träte am Ende des ersten Halbbildes zwischen dem letzten Zeilensynchronisierimpuls und dem ersten Bildsynchronisierimpuls Halbzeilenabstand auf. Am Ende des zweiten Halbbildes wäre es dagegen Zeilenabstand. Dadurch würde der Schwellwert am Ausgang des Integriergliedes beim ersten Halbbild früher erreicht als beim zweiten Halbbild, die Vertikalynchronisation deshalb zu verschiedenen Zeiten einsetzen und zu einer Paarigkeit der Zeilen führen.

Die Zeilenabstände wären dann nicht mehr gleich. Durch die Ausgleichsimpulse entsteht der Schwellwert der sägezahnförmigen Ablenkspannung am Ende jedes Halbbildes zum gleichen Zeitpunkt. Diese Ausgleichsimpulse werden *Vortrabanten*

- Synchronisierpegel = 100 %
- Austastpegel = 75 %
- Schwarzpegel = 73 %
- Weißpegel = 10 %

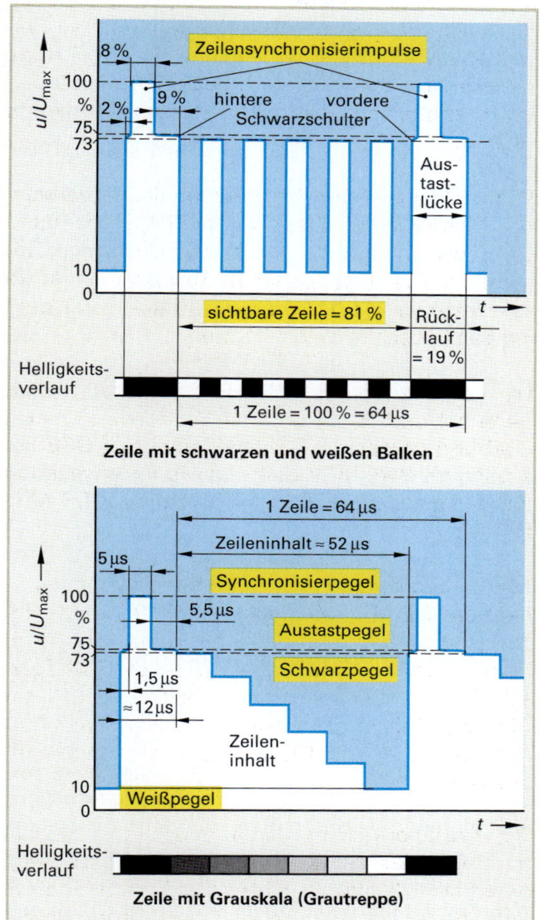

Zeile mit schwarzen und weißen Balken

Zeile mit Grauskala (Grautreppe)

Bild 1: BAS-Signal einer Zeile

und *Nachtrabanten* genannt und haben ebenfalls Halbzeilenabstand. Sie synchronisieren auch die Zeilenablenkung.

Durch die Vortrabanten und die Nachtrabanten werden ungleichmäßige Zeilenabstände verhindert.

Nach den Bildsynchronisierimpulsen und den Ausgleichsimpulsen wird das Bild noch während der Dauer von etwa 17 Zeilen ausgetastet, obwohl der eigentliche Strahlrücklauf nur die Zeit von etwa fünf Zeilen erfordert. Dadurch werden Einschwingvorgänge unsichtbar. Die Gesamtdauer der Bildaustastung beträgt mit 25 Zeilen etwa 8% eines Halbbildes.

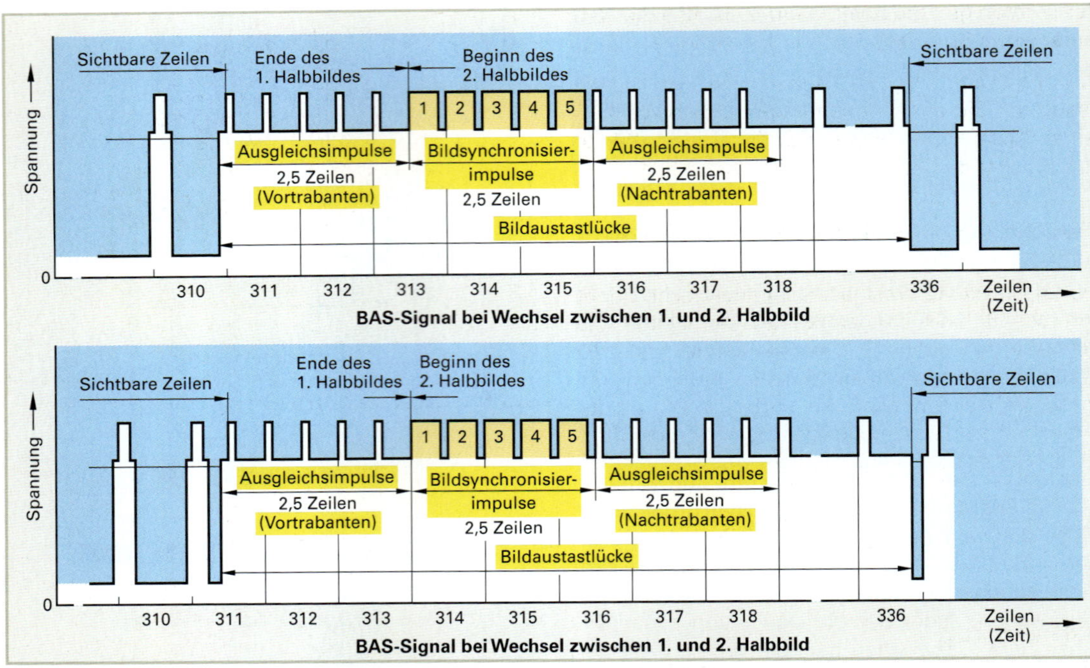

Bild 1: BAS-Signal bei Halbbildwechsel

13.5.2 Grundlagen der Farbenlehre

Lichtfarben und Körperfarben

Sichtbares Licht besteht aus elektromagnetischen Schwingungen mit den Wellenlängen 380 nm bis 780 nm. Die Spektralfarben unterscheiden sich durch ihre Wellenlänge. Dunkelrotes Licht hat die größte Wellenlänge, violettes Licht die kleinste. Die Lichtstrahlen werden durch Prismen gebrochen. Die violetten Lichtstrahlen werden dabei am stärksten gebrochen, die dunkelroten Lichtstrahlen am wenigsten. Weißes Licht wird durch ein Prisma in die Spektralfarben (von lat. spectrum = Bild) zerlegt **(Bild 2)**. Die Spektralfarben kann man auch bei einem Regenbogen beobachten. Er entsteht durch Brechung des weißen Sonnenlichtes an Regentropfen.

Sichtbares Licht weist Wellenlängen zwischen 380 nm und 780 nm auf.

Ein beleuchteter Körper *reflektiert* seine Körperfarbe. So reflektriert z.B. ein roter Körper nur rotes Licht. Alle anderen Farben werden von der Oberfläche des Körpers *absorbiert* (von lat. absorbere = aufsaugen, verschlingen). Wird ein Körper mit einer anderen Lichtfarbe als seiner Körperfarbe beleuchtet, z.B. ein roter Körper mit blauem Licht, so erscheint er grau. Ein Körper erscheint weiß, wenn er mit weißem Licht beleuchtet wird und alle Lichtstrahlen reflektiert. Absorbiert der Körper alle

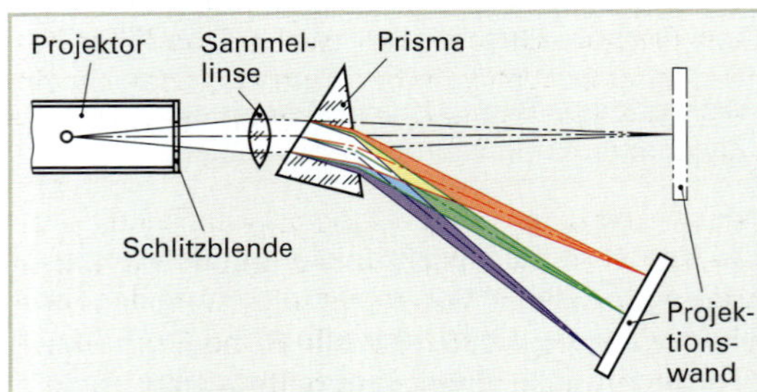

Bild 2: Farbenzerlegung des Lichtes

Bild 3: Farbsättigung der Farbe Blau

Lichtstrahlen, so erscheint er schwarz. Ein weißer Körper erscheint in der Farbe, mit der er beleuchtet wird. Wird er z.B. mit rotem Licht beleuchtet, so erscheint er rot.

Lichtfarben und Körperfarben setzen sich aus dem Farbton, der Farbsättigung und der Leuchtdichte zusammen.

Der Farbton gibt die Spektralfarbe an, also die Wellenlänge im Spektrum.

Die *Farbsättigung* ist durch den Weißanteil bestimmt. Sie nimmt mit zunehmendem Weißanteil ab. Der Farbton ändert sich dabei nicht **(Bild 3, vorhergehende Seite)**.

Farbton und Farbsättigung ergeben die Farbart.

Die **Leuchtdichte** einer beleuchteten Fläche hängt von der Beleuchtungsstärke ab. Je kleiner die Beleuchtungsstärke ist, umso kleiner ist die Leuchtdichte und umso dunkler erscheint die Farbe. Schließlich geht die Farbe in Grau oder Schwarz über. Die Leuchtdichte bestimmt die Stärke der Lichtempfindung im Auge.

Je geringer die Beleuchtungsstärke, umso dunkler die Farbe.

Farbmischung

Monochromatische (von griech. monochroma = einfarbig, zu einer einzigen Spektrallinie gehörig) *Filter* lassen nur eine Wellenlänge durch, d.h. nur einen Farbton. Ordnet man zwei solche Filter mit verschiedener Wellenlänge hintereinander an, so erscheinen die Überlappungsflächen undurchsichtig schwarz.

Werden dagegen nicht monochromatische Filter vor einer weiß strahlenden Lichtquelle hintereinander angeordnet, dann tritt eine resultierende Farbe auf. So ergibt sich z.B. die Farbe Grün, wenn ein nicht monochromatisches gelbes Filter und ein nicht monochromatisches blaues Filter sich vor der Lichtquelle befinden **(Bild 1)**.

Das nicht monochromatische gelbe Filter lässt gelbes und etwas grünes Licht, das nicht monochromatische blaue Filter blaues und etwas grünes Licht durch. Nur das grüne Licht durchdringt also beide Filter.

Da hier Spektralfarben absorbiert werden, also aus dem Spektrum subtrahiert werden, nennt man diese Farbmischung *subtraktive Farbmischung*. Sie wird z.B. beim Mischen von Malfarben, beim Mehrfarbendruck, bei der Farbfotografie und bei der Farbfernsehkamera angewendet.

Bei der subtraktiven Farbmischung werden Farben aus dem Spektrum subtrahiert.

Die Mischung von Farben kann auch durch Verwendung von Projektionslampen und einer Projektionswand erfolgen. Es soll jeweils ein Projektor

Bild 1: Subtraktive Farbmischung

Bild 2: Additive Farbmischung

mit einem grünen Filter und einem roten Filter über eine Lochblende auf diese Wand strahlen. Ist die Lochblende so eingestellt, dass sich die beiden ausgeleuchteten Flächen teilweise überschneiden, dann tritt im Überlappungsbereich die Farbe Gelb auf **(Bild 2)**. Die nur von einem Projektor beleuchten Flächen zeigen dagegen die Farben Grün bzw. Rot.

Die grüne Lichtfarbe und die rote Lichtfarbe werden auf der Projektionswand addiert. Diese Farbmischung nennt man deshalb additive Farbmischung. Die Lichtfarben gelangen gleichzeitig auf gleiche Bereiche der Netzhaut des Auges und rufen dadurch den neuen Farbeindruck hervor.

Bei der additiven Farbmischung werden zwei oder mehrere Lichtfarben addiert.

Durch additive Mischung von Lichtfarben lässt sich jeder Farbton des Spektrums herstellen. Diese Mischfarben können jedoch durch ein Prisma wieder in die Ausgangsfarben zerlegt werden. Die additive Farbmischung wird z.B. bei Farbbildröhren und bei Farb-Displays angewendet.

13.5.3 Bildausgabegeräte

13.5.3.1 Farbbildröhren

Prinzip

Farbbildröhren sind Planarröhren (von lat. planus = eben) mit fast ebener Frontfläche und einem Seitenverhältnis von 4 : 3 oder 16 : 9. Die verschiedenen Farbarten werden durch additive Mischung der drei Grundfarben Rot, Grün und Blau gewonnen. Der Bildschirm enthält die entsprechenden Leuchtstoffe.

Jeder der drei Leuchtstoffe muss mit einem eigenen Elektronenstrahl angeregt werden. Farbbildröhren besitzen deshalb drei vollständige Strahlerzeugungssysteme (Elektronenkanonen, **Bild 1**).

Damit jeder Elektronenstrahl nur die ihm zugeordneten Farbstreifen oder Farbpunkte trifft, müssen die anderen Leuchtstoffe durch eine undurchlässige Maske aus Metall abgeschattet werden (Schattenmaske).

Die Schattenmaske hat den Nachteil, dass nur etwa 20 % der Elektronen auf dem Bildschirm ankommen. Etwa 80 % der Elektronen landen auf der Schattenmaske. Der dadurch auftretende Helligkeitsverlust kann nur durch eine entsprechend größere Energie der Elektronen wieder ausgeglichen werden. Bei Farbbildröhren ist deshalb die Beschleunigungsspannung (Anodenspannung) 25 kV bis 30 kV.

Farbreinheit

Ein Farbreinheitsfehler liegt dann vor, wenn ein Elektronenstrahl die ihm zugeordneten Farbpunkte oder Farbstreifen nicht in der Mitte trifft **(Bild 2)**. Dadurch ist die Lichtausbeute geringer als an anderen Stellen des Bildschirms. Bei weißen Bildstellen tritt eine störende Farbtönung auf. Ursachen dafür können magnetische Störfelder oder eine thermische Ausdehnung der Maske sein.

Farbreinheit liegt vor, wenn für alle Ablenkwinkel der jeweilige Elektronenstrahl seine ihm zugeordneten Farbstreifen oder Farbpunkte in der Mitte trifft.

Kissenverzeichnungen

Die Ablenkung der Elektronenstrahlen erfolgt in vertikaler und in horizontaler Richtung auf Kreisausschnitten, die stärker gekrümmt sind als der fast ebene Bildschirm. Der Weg zu den Bildschirmecken ist dabei am größten. Dadurch entstehen kissenförmige Verzerrungen **(Bild 3)**. Sie werden wegen ihrer Abhängigkeit vom Ablenkwinkel auch als Tangensfehler bezeichnet. Ihre Korrektur erfolgt mithilfe der Ablenkströme (Abschnitt 16.2.9).

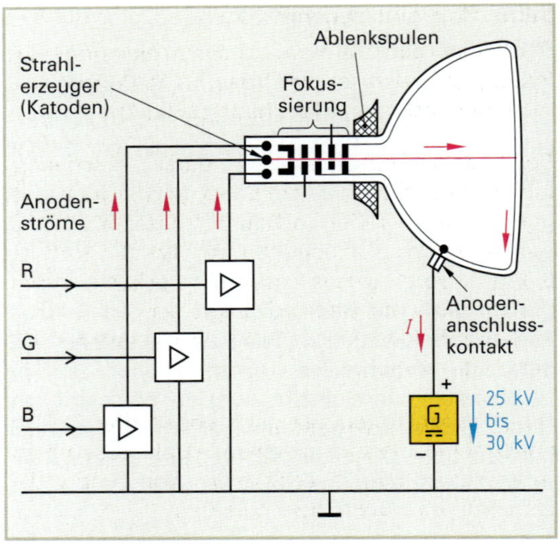

Bild 1: Farbbildröhre

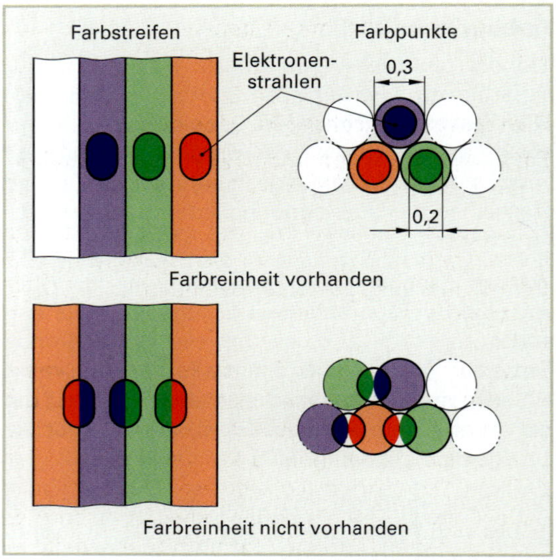

Bild 2: Farbreinheit

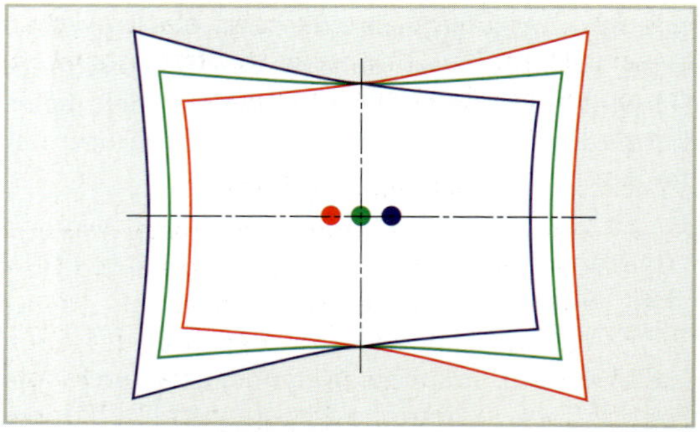

Bild 3: Kissenverzeichnungen

Inline-Röhre mit Lochmaske

Bei Monitorbildschirmen, bei denen eine hohe Auflösung gefordert ist, wird das Inline-Prinzip auch mit einer Lochmaske kombiniert **(Bild 1).**

Bei Lochmaskenröhren kann durch Verschachtelung der Leuchtpunkte die Bildschirmfläche besser genutzt werden. Der Lochdurchmesser bzw. Farbpunktdurchmesser beträgt nur etwa 0,2 mm bis 0,3 mm. Durch dieses Zusammenrücken der Bildpunkte wird die Bildschärfe größer. Ein 21-Zoll-Bildschirm mit dieser Technologie enthält z. B. 1600 x 1200 Bildpunkte.

Die zu einem Bildpunkt gehörenden drei Elektronenstrahlen müssen in einem Punkt zusammenlaufen. Dies bezeichnet man als *Konvergenz* (lat. convergere = aufeinander zulaufen).

> Konvergenz liegt vor, wenn die drei Elektronenstrahlen einer Farbbildröhre an jeder Stelle des Bildschirms gemeinsam durch dieselbe Öffnung der Schattenmaske gehen.

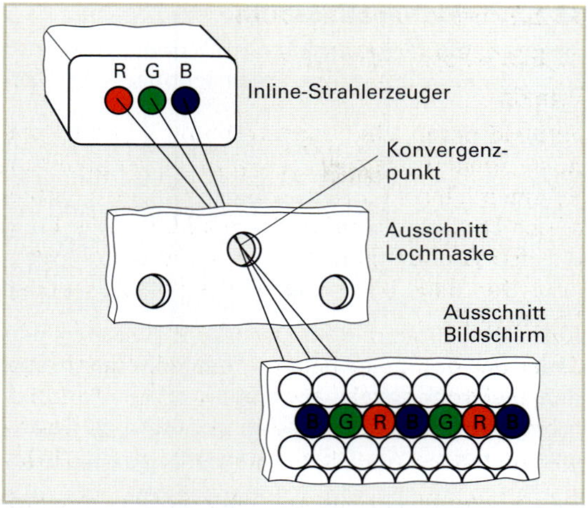

Bild 1: Inline-Röhre mit Lochmaske

Streifenmaskenröhre (Trinitron-Röhre)

Ein andere Form von Inline-Röhre ist die Streifenmaskenröhre oder *Trinitron-Röhre* **(Bild 2).**

Da die Leuchtstoffe in Form von vertikalen Streifen aufgetragen sind, genügt für die Farbauswahl eine Anordnung von gleich verlaufenden senkrechten Schlitzen.

Die Trinitron-Röhre enthält anstelle einer Maske ein Blendengitter. Das Gitter besteht entweder aus 0,1 mm dünnem Stahlblech, in das vertikale Schlitze eingeätzt sind, oder aus senkrecht gespannten Drähten. Die Durchlässigkeit dieses Blendengitters beträgt etwa 30 % gegenüber etwa 20 % bei den herkömmlichen Masken. Dies führt zu einem helleren und kontrastreicheren Bild.

Die Elektronenstrahlen werden meist von einer Elektronenkanone mit anschließender Aufspaltung erzeugt. Dies bringt Vorteile beim elektronischen Linsensystem. Es gibt aber auch Streifenmaskenröhren mit drei Elektronenkanonen.

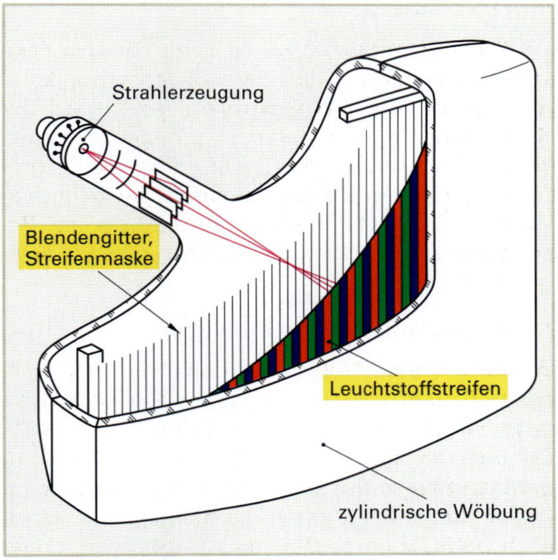

Bild 2: Trinitron-Röhre

Der Ablenkwinkel beträgt 110°. Die Leuchtstoffschicht besteht aus 650 Leuchtstoffstreifen der Grundfarben Rot, Grün und Blau in senkrechter Anordnung. Die Leuchtstoffe für Blau und Grün bestehen wie bei der Schwarzweiß-Bildröhre aus Zinksulfid bzw. Zink-Cadmium-Sulfid, der rote Leuchtstoff aus Yttriumvanadat.

Inline-Röhre (Schlitzmaskenröhre)

Beim häufigsten Farbbildröhrentyp liegen die drei Strahlerzeuger in einer Ebene im Röhrenhals. Deshalb wird diese Röhrenbauart auch als *Inline-Röhre* bezeichnet. Der Elektronenstrahl für Grün liegt grundsätzlich in der Mitte, die Strahlen für die Farben Rot und Blau können je nach Röhrentyp auch vertauscht sein.

Wiederholung und Vertiefung

1. **Wozu dient die Maske einer Farbbildröhre?**
2. **Was versteht man unter Farbreinheit bei einer Bildröhre?**
3. **Wo muss der Konvergenzpunkt der drei Elektronenstrahlen bei einer Farbbildröhre liegen?**

13.5.3.2 Plasma-Bildschirme

Plasma-Bildschirme arbeiten nach dem Prinzip der Gasentladung mit einem Plasma (ionisiertes Gas) **(Bild 1).**

Ein Plasma-Bildschirm besteht aus zwei parallelen Glasscheiben, die einen Abstand von 0,1 mm voneinander haben **(Bild 2)**. Die Glasscheiben sind mit streifenförmigen Elektroden belegt, die sich im rechten Winkel gegenüberstehen. Jeder Kreuzungspunkt entspricht einem Bildpunkt (Pixel, Dot, von dot = Punkt, Fleck). Der Raum zwischen den Glasscheiben ist mit einem Edelgasgemisch von kleinem Druck gefüllt.

Die Elektroden sind durch eine Isolierschicht von der Gasfüllung getrennt. Dadurch entstehen zwei in Reihe geschaltete Kondensatoren, die aus Elektroden und Plasma einerseits und aus der Isolierschicht als Dielektrikum andererseits bestehen. Ihre Kapazität wirkt als Ladungsspeicher zwischen zwei Wechselspannungsimpulsen.

Helligkeitsabstufungen lassen sich durch eine Veränderung der Impulsfolgefrequenz erreichen. Farbtüchtige Plasma-Bildschirme sind ähnlich aufgebaut wie Farbfernsehbildschirme. Je ein roter, ein grün und zwei blau leuchtende Punkte bilden einen Bildpunkt. Es wird ein Gas verwendet, das UV-Strahlung abgibt und damit die Leuchtstoffe anregt.

13.5.3.3 LC-Bildschirme (Liquid Crystal Displays)

Wirkungsweise

Flüssigkristalle (liquid crytals) bilden sich in bestimmten organisch-chemischen Substanzen, z. B. Metoxy-Butyl-Benzyliden-Anilin (abgekürzt MBBA). Diese Substanzen haben innerhalb eines bestimmten Temperaturbereichs einen *kristallin-flüssigen Zustand* **(Bild 3),** in dem sie zwar einerseits schon flüssig sind, andererseits aber die Kristallstruktur in der geometrischen Anordnung der Moleküle noch vorhanden ist. In dieser kristallin-flüssigen Phase können diese Substanzen durch elektrische Felder beeinflusst werden.

> Flüssigkristalle sind passive elektrooptische Umsetzer. Sie benötigen Fremdlicht.

Man unterscheidet je nach Wirkungsweise Streuzellen und Drehzellen.

Dynamische Lichtstreuung (Streuzellen)

Die Flüssigkristalle sind ohne elektrische Felder wie bei einem Festkörper angeordnet. Die Flüssigkeit ist durchsichtig. Durch Anlegen eines Wechselfeldes geraten die als Dipole wirkenden Kristalle in

Bild 1: Plasma-Bildschirmgerät mit Bautiefe 86 mm und Leuchtdichte 550 cd/m²

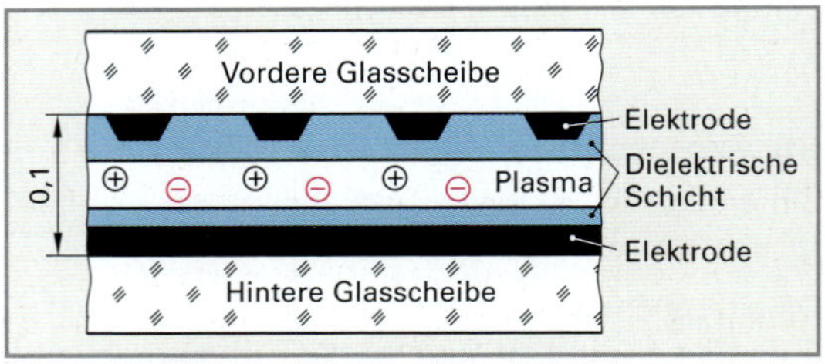

Bild 2: Schnitt durch einen Plasma-Bildschirm

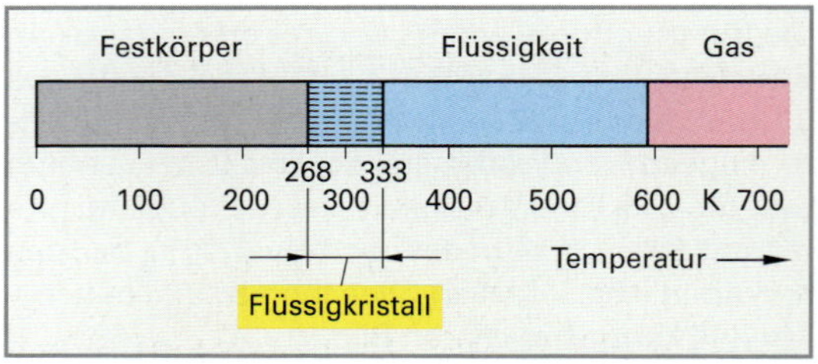

Bild 3: Aggregatzustände von Flüssigkristall-Substanzen

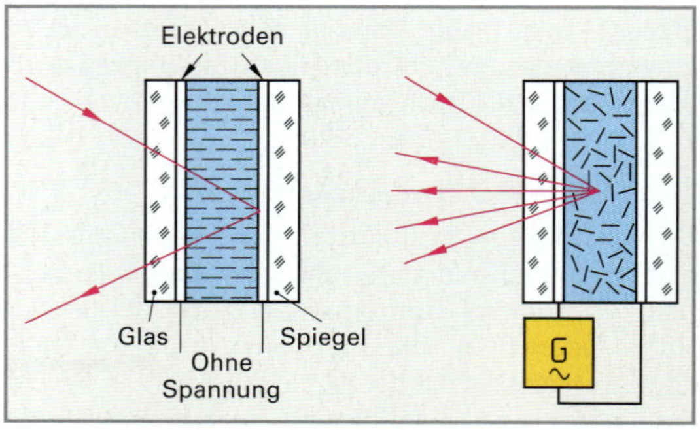

Bild 4: Prinzip der dynamischen Lichtstreuung

Bewegung. Die Flüssigkeit wird milchig trübe, weil das auftreffende Licht von den jetzt ungeordneten Kristallen zerstreut wird **(Bild 4, vorhergehende Seite)**.

Nach Abschalten des Wechselfeldes nehmen die Flüssigkristalle wieder ihre ursprüngliche Anordnung ein. Die Flüssigkeit ist wieder durchsichtig. Der erreichbare Helligkeitskontrast liegt bei etwa 1:20. Als Betriebsspannung werden 15 V benötigt.

Dielektrische Polarisation (Drehzellen)

Bei der dielektrischen Polarisation handelt es sich um eine Drehung der Polarisationsebene des durchscheinenden Lichtes durch die Flüssigkeit unter Einfluss des elektrischen Feldes. Als vordere und hintere Abdeckung der Zelle werden zwei Polarisationsfilter verwendet **(Bild 1)**. Je nach Drehung der Polarisationsebene erscheint die Flüssigkeit hell oder dunkel. Mit diesem Verfahren lassen sich größere Kontraste erreichen. Außerdem genügt bereits eine Spannung von 1,5 V bis 5 V. Um eine elektrolytische Zersetzung der Flüssigkeit zu vermeiden, wird auch hier ein Wechselfeld mit 30 Hz bis 100 Hz verwendet. Wegen ihrer Vorteile werden meist diese Dreh- oder Feldeffektzellen verwendet.

Nachteile:
- Plasmabildschirme haben Anschlusswerte von 300 W bis 500 W.
- Plasmabildschirme wiegen bis 100 kg

Vorteile:
- Schirm mit 1920 x 1080 Pixeln
- Hohe Leuchtdichte
- Bildschirmdiagonale bis 165 cm
- Flache Bauweise

Aufbau eines LC-Bildschirms

Verwendet man eine Vorderelektrode mit waagrechten Streifen und eine Gegenelektrode mit senkrechten Streifen, so entsteht eine *Punktmatrix*. Alle Matrixpunkte werden zeitlich nacheinander aktiviert, sodass man von Multiplex-Betrieb spricht. Alle LCD-Zellen innerhalb einer Zeile bzw. innerhalb einer Spalte sind miteinander verbunden. Man verwendet zeitverschobene Rechteckwechselspannungen, deren Amplitude kleiner ist als die Schwellwertspannung der LCD-Zellen. Nur diejenigen Zellen, bei denen die Spannungsdifferenz aus Zeilenspannung und Spaltenspannung größer ist als die Schwellwertspannung, werden aktiviert.

Je größer die Zeilenzahl bzw. Spaltenzahl ist, umso höher muss die Multiplexfrequenz sein, um für jede angesteuerte Zelle eine eigene Spannungskombination zu erhalten, d. h. umso kürzer liegt auch eine Zelle an Spannung. Bei einer Punktmatrix mit sehr vielen Punkten, wie dies z. B. für einen Bildschirm notwendig ist, wird an jedem Bildpunkt ein zusätzlicher Schalttransistor mit integriert.

Die Matrix wird durch die Integration der Transistoren von einer passiven zu einer aktiven Matrix erweitert. Diese Technik wird als TFT-Technik (von **T**hin-**F**ilm-**T**ransistor = Dünnschichttransistor) bezeichnet.

Bei LC-Farbbildschirmen bilden drei nebeneinanderliegende Zellen mit je einem Filter für Rot, Grün und Blau einen Bildpunkt **(Bild 2)**.

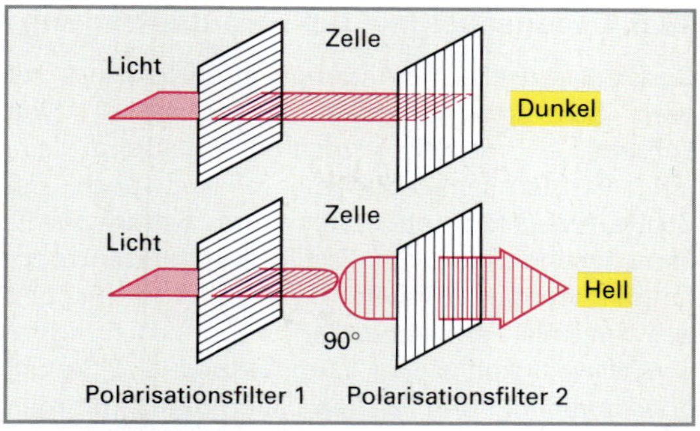

Bild 1: Prinzip der Drehzelle

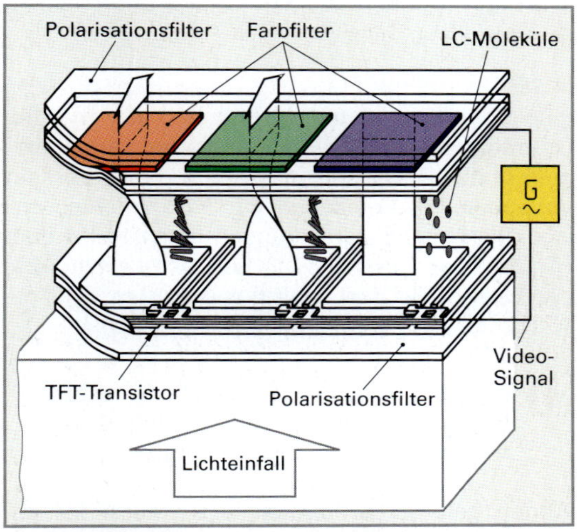

Bild 2: Prinzipieller Aufbau eines LCD-Bildschirms

Wiederholung und Vertiefung

1. **Nach welchem Prinzip arbeiten Plasma-Bildschirme?**
2. **Welche beiden Arten von LCD-Zellen unterscheidet man?**
3. **Welche der LCD-Zellen benötigt beim Betrieb Polarisationsfilter?**
4. **Was versteht man unter TFT-Technik?**

13.5.4 Fernsehsignal bei Farbübertragung

Das Farbfernseh-Übertragungsverfahren muss mit dem Schwarzweiß-Fernsehen kompatibel (von compatible = vereinbar, zusammenpassend) sein, d.h., Farbfernsehsendungen müssen auch mit Schwarzweiß-Fernsehgeräten und Schwarzweiß-Fernsehsendungen mit Farbfernsehgeräten empfangen werden können. Deshalb wird für den Schwarzweiß-Fernsehempfang das Leuchtdichtesignal (Helligkeitssignal, Luminanzsignal, Y-Signal) übertragen. Für den Farbfernsehempfang kommen noch zwei Farbsignale dazu. Das erforderliche dritte Farbsignal wird im Farbfernsehempfänger aus dem Leuchtdichtesignal und den beiden übertragenen Farbsignalen gebildet.

Leuchtdichtesignal

Eine Farbfernsehkamera enthält für die drei Grundfarben je einen Bildaufnehmer. Durch Prismen und Farbfilterspiegel werden die Farben der Vorlage in ihre Anteile für Rot, Grün und Blau zerlegt. Die Ausgangsspannungen entsprechen dem *Farbton*, der *Farbsättigung* und der *Leuchtdichte* der Farben. Bei voll gesättigten Farben sind die Ausgangsspannungen am höchsten (100 %).

> Für den Aufbau des Leuchtdichtesignals werden der Rot-, der Grün- und der Blauanteil des jeweiligen Bildes benötigt.

Wegen geforderter Kompatibilität muss das gesamte Leuchtdichtesignal (Y-Signal) einer Farbfernsehübertragung genauso groß sein wie das Videosignal bei einer Schwarzweiß-Übertragung. Deshalb muss die Summe der Leuchtdichteanteile der drei Farbsignale bei einem weißen Bild die höchste Spannung (100 %) ergeben. Die Teilspannungen für das Leuchtdichtesignal betragen entsprechend der Augenempfindlichkeit für Rot 30 %, für Grün 59 % und für Blau 11 % der Ausgangsspannungen der Bildaufnehmer **(Bild 1)**. Um das Leuchtdichtesignal zu bilden, werden die Farbsignalspannungen am Ausgang der Farbfernsehkamera gemäß ihrer Anteile zusammengefasst **(Bild 2)**.

Farbdifferenzsignale

Außer der Leuchtdichte müssen auch Farbsättigung und Farbton übertragen werden. Dazu bildet man im Sender die Farbdifferenzsignale $u_R - u_Y = u_{R-Y}$ und $u_B - u_Y = u_{B-Y}$ **(Bild 1, folgende Seite),** und zwar durch Invertierung des Leuchtdichtesignals mit nachfolgender Addition des Farbsignals u_R bzw. u_B (Bild 2). Die Farbdifferenzsignale werden anschließend mit Tiefpässen auf eine Bandbreite von 1,3 MHz begrenzt, weil das Auge für Farbunterschiede weniger empfindlich ist als für Helligkeitsunterschiede.

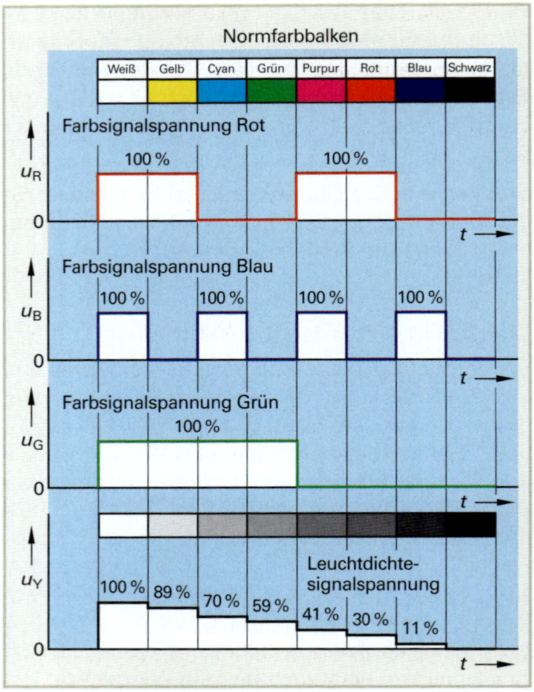

Bild 1: Leuchtdichtesignal beim Normfarbbalken

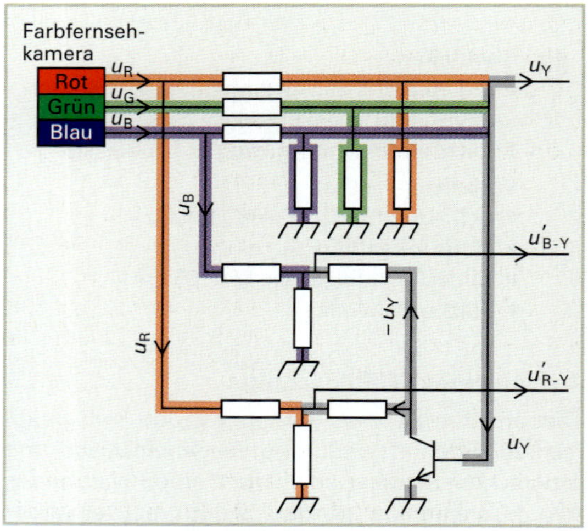

Bild 2: Bildung des Leuchtdichtesignals und der reduzierten Farbdifferenzsignale

$$u_Y = 0{,}3 \cdot u_R + 0{,}59 \cdot u_G + 0{,}11 \cdot u_B$$

u_Y Leuchtdichtesignalspannung
u_R Farbsignalspannung für Rot
u_G Farbsignalspannung für Grün
u_B Farbsignalspannung für Blau

Die Amplituden der Farbdifferenzsignale müssen im Sender noch reduziert werden, um Übermodulation zu vermeiden. Für das Farbdifferenzsignal u_{R-Y} wird ein Reduzierungsfaktor 0,88 und für das Farbdifferenzsignal u_{B-Y} ein Reduzierungsfaktor 0,49 verwendet (Bild 1).

U-Signal	$u'_{B-Y} = 0{,}49 \cdot u_{B-Y} = 0{,}49 \cdot (u_B - u_Y)$
V-Signal	$u'_{R-Y} = 0{,}88 \cdot u_{R-Y} = 0{,}88 \cdot (u_R - u_Y)$

u'_{B-Y}	reduzierte Farbdifferenzsignalspannung für Blau (U-Signal)
u_{B-Y}	Farbdifferenzsignalspannung für Blau
u_B	Farbsignalspannung für Blau
u_Y	Leuchtdichtesignalspannung
u'_{R-Y}	reduzierte Farbdifferenzsignalspannung für Rot (V-Signal)
u_{R-Y}	Farbdifferenzsignalspannung für Rot
u_R	Farbsignalspannung für Rot

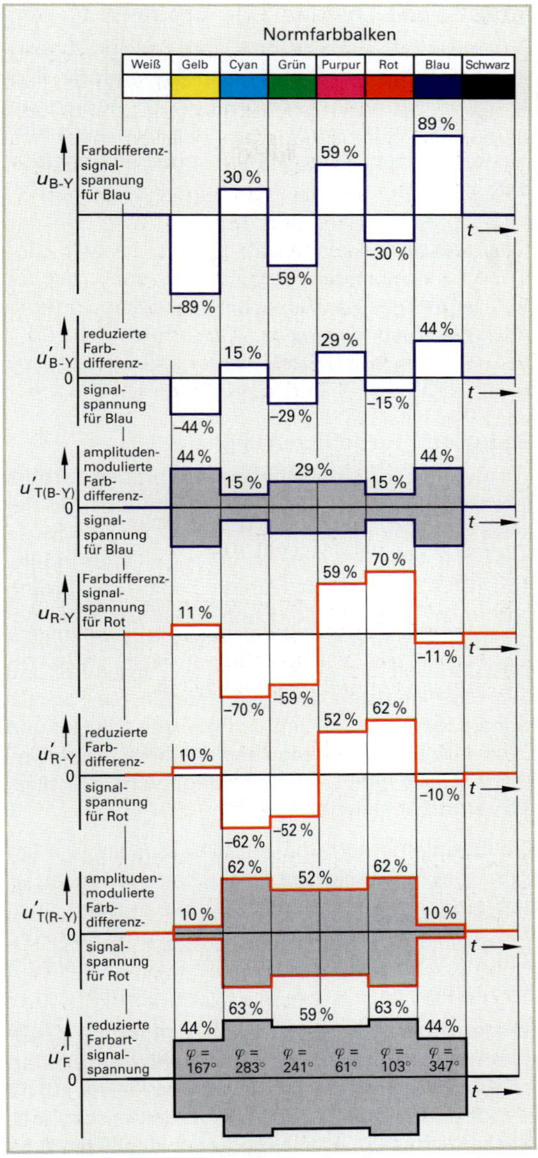

Bild 1: Reduzierte Farbdifferenzsignale

Modulation der Farbträgerschwingung

Würde man das Leuchtdichtesignal u_Y und die beiden reduzierten Farbdifferenzsignale u'_{R-Y} und u'_{B-Y} zur Übertragung direkt zusammenführen, so wären sie im Farbfernsehempfänger nicht mehr voneinander zu trennen. Deshalb werden zwei um 90° phasenverschobene Farbträgerschwingungen mit den beiden reduzierten Farbdifferenzsignalen amplitudenmoduliert.

Die beiden Farbträger werden aus derselben Farbträgerschwingung gewonnen, indem diese dem Modulator für das u'_{B-Y}-Signal direkt, dem Modulator für das u'_{R-Y}-Signal dagegen über einen 90°-Phasenschieber zugeleitet wird **(Bild 2)**. Dadurch entstehen zwei amplitudenmodulierte Schwingungen, die gegeneinander um 90° phasenverschoben sind. Wegen dieses Phasenverschiebungswinkels von 90° nennt man diese Modulation *Quadratur-Amplitudenmodulation* (QAM).

Farbartsignal

Die mit den reduzierten Farbdifferenzsignalen amplitudenmodulierten Farbträgerschwingungen $u'_{T(R-Y)}$ (F_V-Signal) und $u'_{T(B-Y)}$ (F_U-Signal) werden in einer Addierstufe zum reduzierten Farbartsignal (Chrominanzsignal, von griech. Chroma = Farbe) u'_F (F-Signal) zusammengefasst (Bild 1). Die Spannungsamplitude des reduzierten Farbartsignals u'_F hängt von der Farbsättigung, der Phasenverschiebungswinkel φ' vom Farbton ab **(Bild 1, folgende Seite)**.

F_U-Signal = Farbträger mit dem reduzierten Farbdifferenzsignal für Blau moduliert.
F_V-Signal = Farbträger mit dem Farbdifferenzsignal für Rot moduliert.

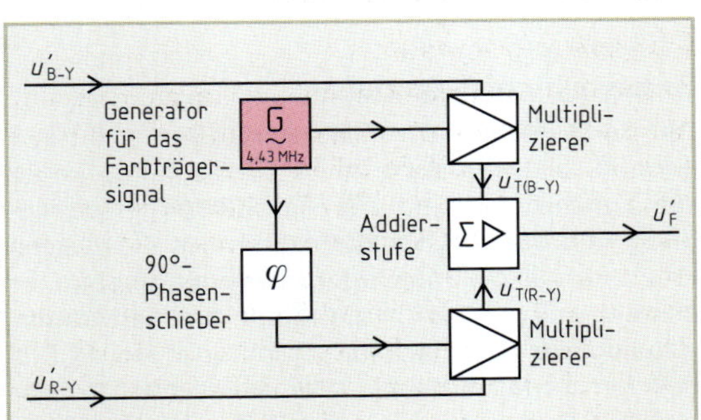

Bild 2: Übersichtsschaltplan des Quadraturmodulators

FBAS-Signal

Das reduzierte Farbartsignal, das Leuchtdichtesignal, die Zeilensynchronisierimpulse und die Bildsynchronisierimpulse werden einer Addierstufe zugeführt und zum *FBAS-Signal* (Farb-Bild-Austast-Synchronisier-Signal) zusammengefasst **(Bild 2)**.

> FBAS von
> F = Farbartsignal
> B = Bildsignal (Helligkeitssignal)
> A = Austastsignal
> S = Synchronisiersignal

Reduzierte Farbdifferenzsignale

Würde die Farbträgerschwingung mit den Farbdifferenzsignalen moduliert, so ergäbe sich bei der anschließenden Modulation mit der Trägerschwingung des Senders eine unzulässige Übermodulation **(Bild 3)**. Dadurch würden Fehler im Farbton und in der Farbsättigung entstehen. Die Übermodulation ist bei den Farbartsignalen für die Farben Blau und Gelb am größten, für die Farben Rot und Cyan am kleinsten. Deshalb müssen die Farbartsignale für Blau und Gelb am meisten, für Rot und Cyan am wenigsten reduziert werden. Durch Versuche wurde eine Übermodulation von 33 % noch als vertretbar ermittelt.

Die Komplementärfarbe von Blau ist Gelb, von Rot Cyan. Die Farbartsignale für die Komplementärfarben sind jeweils gleich groß. Sie müssen auch nach der Reduzierung jeweils gleich groß sein. Die Reduzierung wird deshalb bei den beiden Farbdifferenzsignalen u_{R-Y} und u_{B-Y} vorgenommen.

Bei der Übermodulation von 33 % muss bei gesättigten Farben die Farbartsignalspannung für Blau auf 44 %, die Farbartsignalspannung für Rot auf 63 % reduziert werden. Damit ergibt sich für das Farbdifferenzsignal u_{B-Y} ein Reduzierungsfaktor 0,49 und für das Farbdifferenzsignal u_{R-Y} ein Reduzierungsfaktor 0,88. Dies bedeutet: $u'_{B-Y} = 0{,}49 \cdot u_{B-Y}$ und $u'_{R-Y} = 0{,}88 \cdot u_{R-Y}$.

Farbsynchronisierimpulse

Der Burst (Farbsynchronisiersignal; von to burst = bersten, platzen) dient im Farbfernsehempfänger zur Synchronisierung der Farbhilfsträgerschwingung und des *PAL-Schalters*. Er muss die gleiche Frequenz wie die Farbträgerschwingung haben. Er besteht aus 12 bis 14 Perioden der Farbträgerschwingung und hat eine Amplitude von 12,5 % des Synchronisierpegels. Der Burst sitzt auf der hinteren Schwarzschulter des Zeilensynchronisierimpulses **(Bild 1, folgende Seite)**.

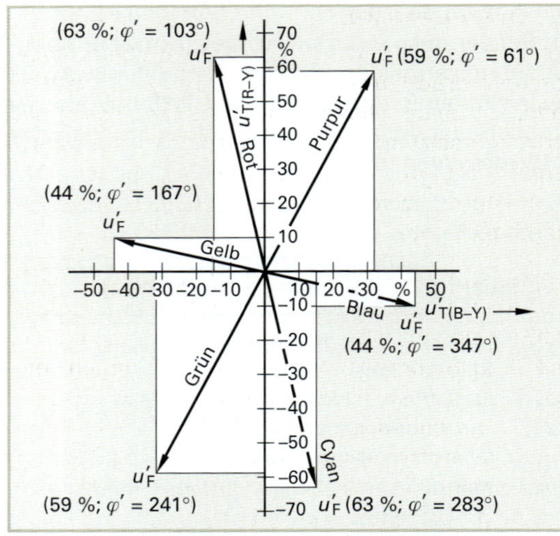

Bild 1: Farbartsignale beim Normfarbbalken

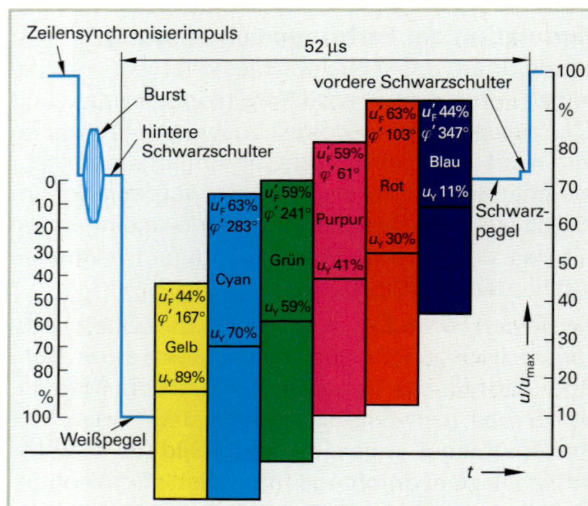

Bild 2: FBAS-Signal einer Zeile beim Normfarbbalken

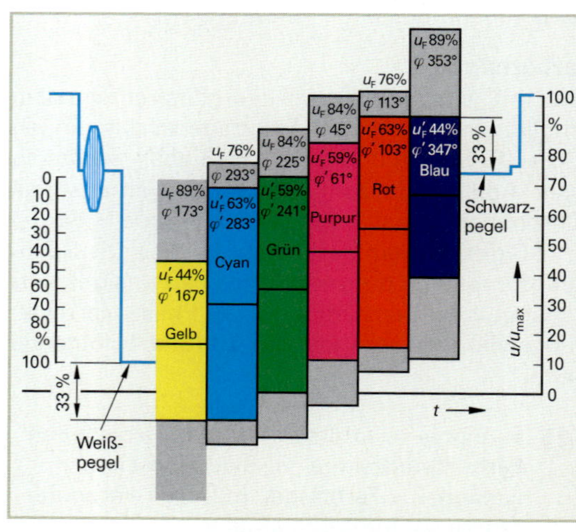

Bild 3: Reduzierung der Farbdifferenzsignale

Farbträgerfrequenz

Der Farbträger wird bei der Amplitudenmodulation unterdrückt, um die Moiréstörungen (= fehlerhafte, unruhige Musterungen im Bild) durch die Farbträgerschwingungen des Schwarzweiß-Fernsehempfang möglichst klein zu halten. Als Modulatoren werden deshalb Multiplizierer oder Ringmodulatoren verwendet.

Da die Farbträgerschwingung im Frequenzbereich des Videosignals liegt, ergeben sich zwischen dem Modulationsprodukt der Farbträgerschwingung und dem Bildträger immer noch Störungen, die sich beim Schwarzweiß-Empfang als Moiré auswirken. Es bilden sich nämlich Spannungen mit den Differenzfrequenzen, die auf dem Bildschirm abwechselnd schwarze und weiße Bildpunkte erzeugen. Die Störungen sind umso kleiner, je höher die Frequenz der Farbträgerschwingung ist, denn die Bildstörungen werden durch die Trägheit des Auges ausgeglichen, wenn helle und dunkle Bildpunkte rasch aufeinanderfolgen.

Frequenz der Farbträgerschwingung
f_{FT} = 4,43361875 MHz

Bei der Amplitudenmodulation der Bildträgerschwingung mit dem BAS-Signal entstehen aus den Oberschwingungen Seitenschwingungen, deren Frequenzabstände gleich der Zeilenfrequenz 15625 Hz sind **(Bild 2).** Um diese Seitenschwingungen sind weitere Seitenschwingungen gruppiert. Hier betragen die Frequenzabstände 25 Hz, entsprechen also der Bildwechselfrequenz. Zwischen den Schwingungsgruppen sind große Frequenzlücken. Diese Frequenzlücken werden für die Übertragung der Farbinformation ausgenützt.

Die Farbinformation wird mit derselben Zeilenfrequenz und Bildwechselfrequenz übertragen wie die Leuchtdichteinformation. Deshalb entstehen

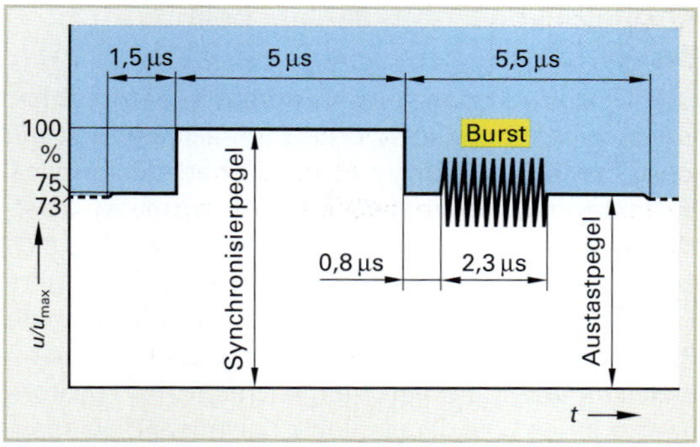

Bild 1: Burst im FBAS-Signal

bei der Amplitudenmodulation der Farbträgerschwingung mit den Farbdifferenzsignalen ebenfalls Seitenschwingungen, deren Frequenzabstände gleich der Zeilenfrequenz sind. Um diese Seitenschwingungen sind ebenfalls Seitenschwingungen mit den Frequenzabständen 25 Hz gruppiert. Die Frequenz der Farbträgerschwingung wurde nun so gewählt, dass die Seitenschwingungen in den Frequenzlücken der Schwingungsgruppen der modulierten Bildträgerschwingung liegen (Bild 2). Sie muss also ein ungeradzahliges Vielfaches von einem Viertel der Zeilenfrequenz sein. Dadurch wird eine *Frequenzverkämmung* erreicht. Man wählte das 1135-Fache von einem Viertel der Horizontalfrequenz f_H = 1135 · 15625 Hz/4 = 4433593,75 Hz. Dabei entstehen dann schräg verlaufende Moirémuster. Diese Frequenz wird noch um die Bildwechselfrequenz f_B = 25 Hz erhöht, damit sich dieses Moirémuster ständig bewegt und der störende Effekt noch weiter verringert wird. Dieses Verfahren nennt man *Viertelzeilen-Offsetverfahren* (von offset = Versatz).

Mithilfe von Viertelzeilen-Offset werden störende Effekte durch die Farbträgerschwingung beim Schwarzweiß-Empfang stark verringert.

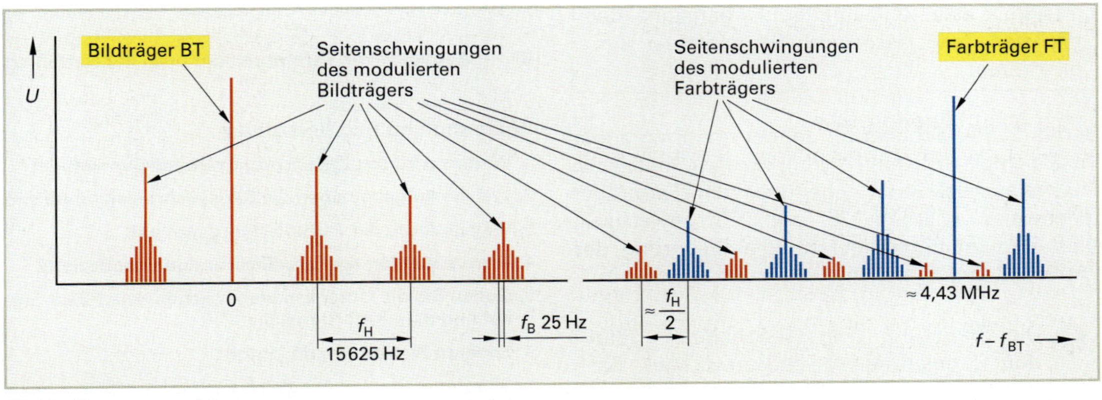

Bild 2: Frequenzverkämmung

Ausgleich von Farbtonfehlern beim PAL-Verfahren

Der Farbton, den der Farbfernsehempfänger wiedergibt, hängt vom Phasenverschiebungswinkel φ' zwischen dem reduzierten Farbartsignal u'_F und dem $u'_{T(B-Y)}$-Signal ab. Treten nun auf der Übertragungsstrecke Phasenfehler auf, so würden sich auf dem Bildschirm des Farbfernsehempfängers Farbtonfehler ergeben. Das PAL-Verfahren (von **P**hase **A**lternating **L**ine = zeilenweiser Phasenwechsel) bewirkt einen Ausgleich solcher Farbtonfehler, indem die Phasenlage der um 90° phasenverschobenen Farbträgerschwingung für die Modulation des u'_{R-Y}-Signals durch einen elektronischen Schalter (PAL-Schalter) von Zeile zu Zeile um 180° geändert wird **(Bild 1)**.

> Durch den PAL-Schalter wird die Phasenlage des u'_{R-Y}-Signals zeilenweise um 180° geändert.

Im Empfänger wird durch eine 64-µs-Verzögerungsleitung das Farbartsignal einer Zeile gespeichert und mit dem Farbartsignal der darauf folgenden Zeile verglichen und addiert. Der PAL-Schalter des Empfängers schaltet vor diesem Vergleich bei jeder zweiten Zeile die amplitudenmodulierte Farbdifferenzsignalspannung für Rot $u'_{T(R-Y)}$ wieder um 180° zurück. Phasenwinkelunterschiede der Farbartsignale von aufeinander folgenden Zeilen werden dadurch ausgeglichen. Voraussetzung für dieses PAL-Verfahren ist, dass die Farbsignale aufeinander folgender Zeilen fast gleich sind. Da bei der Addition der Farbartsignale zweier aufeinander folgender Zeilen ein Farbartsignal mit zu großer Amplitude entstehen würde, wird das resultierende Farbartsignal auf die Hälfte reduziert. Dadurch tritt dann aber eine kleine Entsättigung ein, weil das verkleinerte resultierende Farbartsignal etwas kleiner ist als das gesendete Farbartsignal.

> Durch Vergleich des um 64 µs verzögerten Farbartsignals einer Zeile mit dem Farbartsignal der nächsten Zeile lassen sich Farbtonfehler ausgleichen.

Damit die PAL-Schalter im Sender und Empfänger im Gleichtakt arbeiten können, wird im Sender die Phasenlage des Burst gegenüber dem Farbträger zeilenweise zwischen 135° und 225° gewechselt. Dies wird im Empfänger für die Steuerung des PAL-Schalters angewendet.

> **i** Die Steuerung des PAL-Schalters erfolgt durch zeilenweisen Phasenwechsel des Burstsignals auf der Sendeseite.

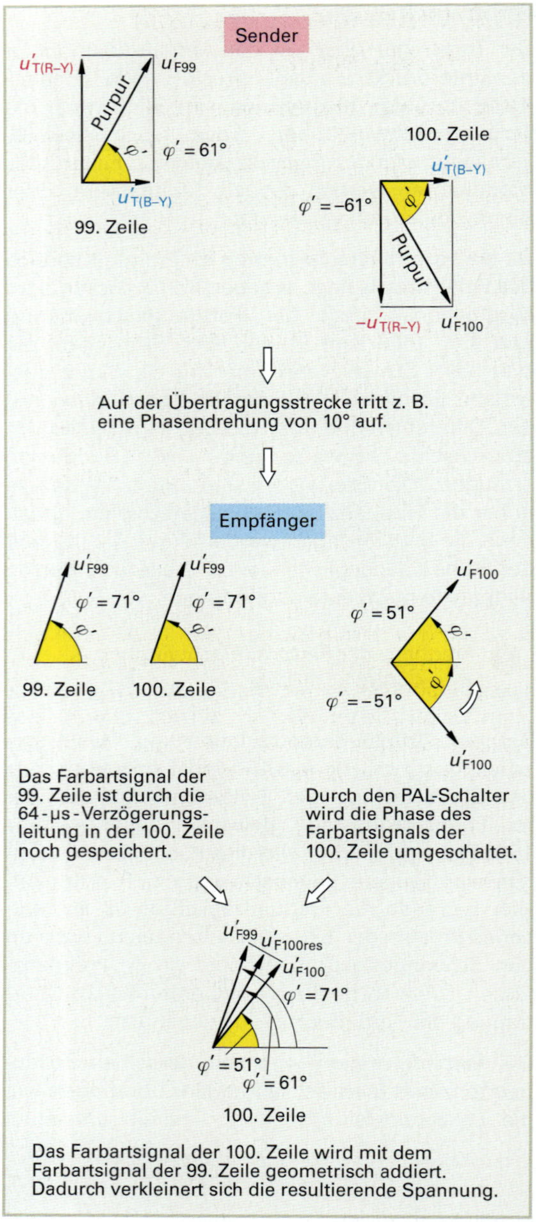

Bild 1: Ausgleich von Farbtonfehlern beim PAL-Verfahren

Wiederholung und Vertiefung

1. **Warum wird das Zeilensprungverfahren verwendet?**
2. **Welche Aufgabe haben die Bildsynchronisierimpulse?**
3. **Welche Arten der Farbmischung gibt es?**
4. **Warum werden die Farbdifferenzsignale reduziert?**
5. **Geben Sie die Unterschiede zwischen dem FBAS-Signal und dem BAS-Signal an.**
6. **Erklären Sie den Begriff „Burst".**
7. **Skizzieren Sie den Ausgleich von Farbtonfehlern beim PAL-Verfahren.**

13.6 Glasfaserleitertechnik (LWL-Technik)

Glasfaserkabel und Glasfaserleiter

Glasfaserleiter (GFL) aus Acrylglas oder aus Quarzglas leiten zur Signalübertragung Licht oder Infrarotstrahlung. Glasfaserleiter werden auch als LWL (Lichtwellenleiter) bezeichnet, obwohl Glasfaserleiter aus Quarzglas mit IR-Strahlung (Infrarotstrahlung) arbeiten.

Glasfaserkabel gibt es in verschiedenen Formen. Beim Hohladerkabel **Bild 1** liegen zwei LWL-Fasern in einem biegsamen Röhrchen, welches zum Schutz von Kunststofffasern und vom Kabelmantel aus PE (Polyethylen) oder aus PVC (Polyvinylchlorid) umgeben ist. Die LWL enthalten einen Licht bzw. IR-Strahlung leitenden Kern, der von einem ebenso leitenden Kernmantel umgeben ist, der aber eine kleinere optische Brechzahl *n* hat **(Bild 2).**

Zur Signalübertragung wird Licht bzw. IR-Strahlung auf den Kern gerichtet **(Bild 3).** Die innerhalb des Grenzwinkels bzw. *Akzeptanzwinkels* (to accept = annehmen) einfallende Strahlung wird im Kern weitergeleitet, weil am Mantel Totalreflexion (völlige Reflexion) eintritt. Der Sinus des Akzeptanzwinkels wird *numerische Apertur* (NA von lat. numerus = Zahl, apertura = Öffnung) genannt und für die LWL angegeben. Kern und Mantel bestehen entweder aus Quarzglas oder aus Acrylglas (PMMA, Handelsname Plexiglas).

Beispiel 1:

Für eine Multimodefaser wird die numerische Apertur mit 0,21 angegeben. Berechnen Sie den Akzeptanzwinkel der Einstrahlung.

Lösung:

$\sin \alpha = A_N \Rightarrow \alpha = \arcsin A_N = \arcsin 0{,}21 = \mathbf{12{,}1°}$

Ist der Einfallswinkel α der Strahlen kleiner als der Akzeptanzwinkel, werden Strahlen im Leiter weitergeleitet.

Bei den LWL entstehen wegen ihrer Zusammensetzung Bereiche mit großer Dämpfung, z.B. wegen Verunreinigung mit Metall-OH-Ionen, und Bereiche mit kleiner Dämpfung (Abschnitt 13.8). Letztere werden als Fenster bezeichnet. Bei Quarzglasfasern liegen alle drei Fenster im IR-Bereich.

Bei LWL aus Quarzglasfasern werden die Signale durch IR-Strahlen übertragen.

Bei Acrylglasfasern liegen die Fenster je nach Zusammensetzung in verschiedenen Frequenzbereichen, aber innerhalb des Lichtbereiches. Deshalb kann hier die Signalübertragung durch Licht erfolgen.

Bei LWL aus Acrylglasfasern kann die Signalübertragung mit Licht erfolgen.

LWL mit Kunststofffasern werden als POF (von **P**olymer **O**ptical **F**ibre) bezeichnet.

Die eigentlichen Fasern (Kern und Mantel) können bei gleichem Werkstoff verschieden ausgeführt sein **(Tabelle 1, folgende Seite).** Je nach Kennlinie der Brechzahlen von Kern und Mantel spricht man

α Akzeptanzwinkel A_N numerische Apertur	$\sin \alpha = A_N$

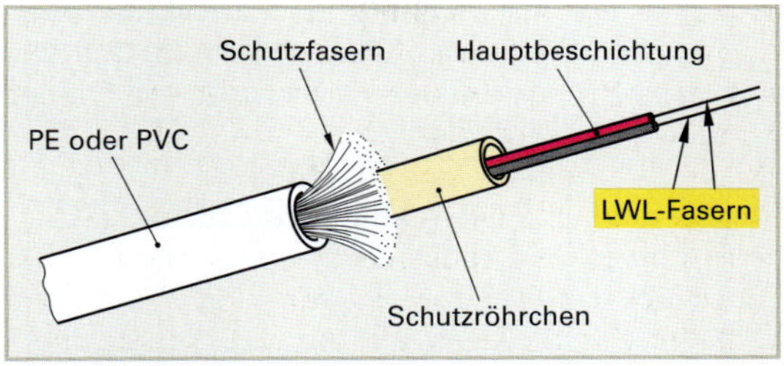

Bild 1: Aufbau eines Hohlader-LWL-Kabels

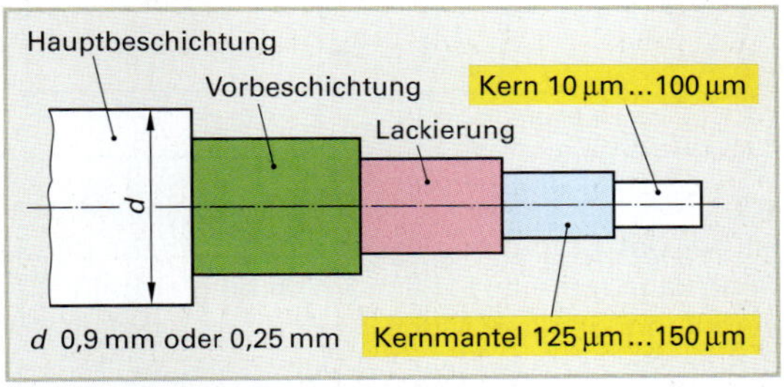

Bild 2: Aufbau einer LWL-Glasfaser

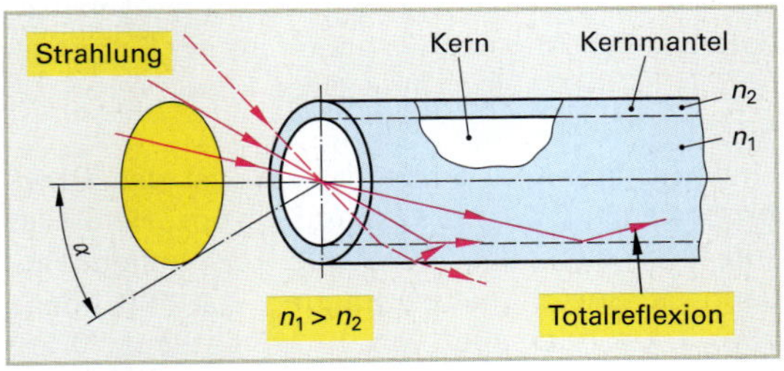

Bild 3: Akzeptanzwinkel α

Tabelle 1: Mode-Arten von Glasfaserleitungen

Faser	Wellenausbreitung, Impulsverbreiterung	Brechzahlverlauf	Bemerkungen
Stufenindex, Singlemode	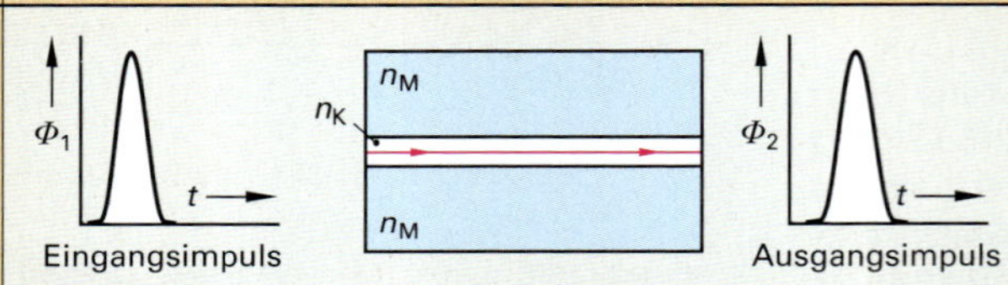	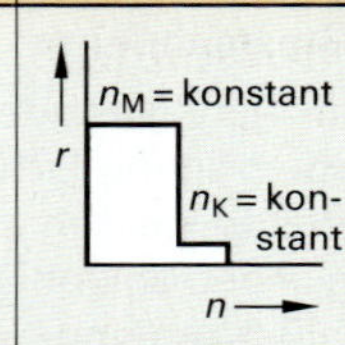	Für lange Strecken, kleine Dämpfung (< 1 dB/km), keine Impulsverbreiterung, Bandbreite-Länge-Produkt > 10 Gbit/s · km
Stufenindex, Multimode	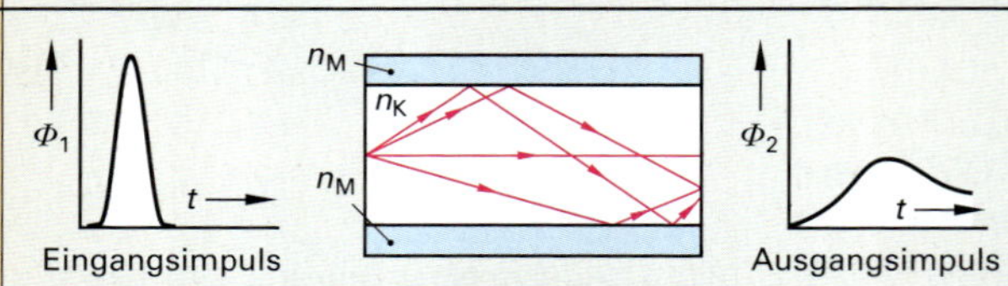	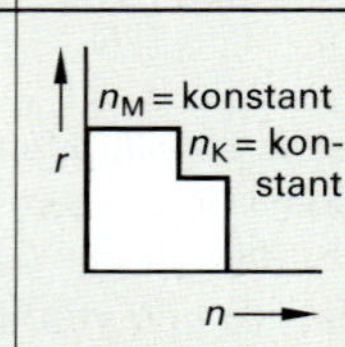	Für Strecken bis etwa 500 m, mittlere Dämpfung, große Impulsverbreiterung, Bandbreite-Länge-Produkt < 100 Mbit/s · km
Gradientenindex, Multimode	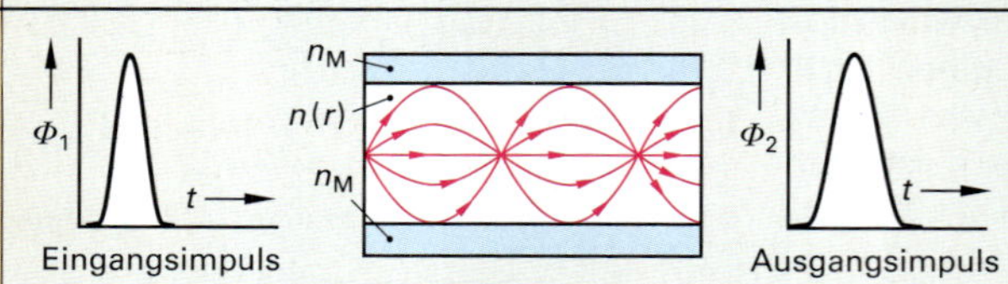	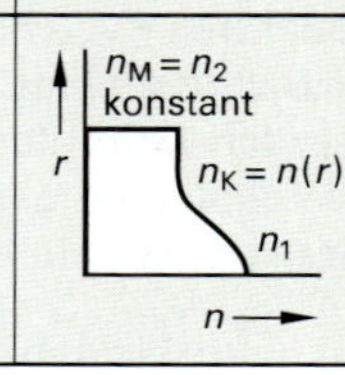	Für Strecken von 500 m bis 10 km, kleine Dämpfung, kleine Impulsverbreiterung, Bandbreite-Länge-Produkt < 1 Gbit/s · km

von Stufenindexfaser oder Gradientenindexfaser. Ist bei der Stufenindexfaser der Kern sehr dünn, dann kann nur eine Lichtstrom Φ mit gleicher Feldverteilung, genannt Mode, übertragen werden. Bei dieser Singlemodefaser (Einzelmodefaser, Monomodefaser) haben alle Moden dieselbe Laufzeit, sodass keine Impulsverbreiterung auftritt. Bei der Multimodefaser (Vielmodenfaser) haben die Moden verschieden lange Wege zurückzulegen, sodass der Ausgangsimpuls breiter als der Eingangsimpuls ist. Man bezeichnet diese Impulsverbreiterung als *Modendispersion*.

Eine wichtige Kenngröße der LWL ist das *Bandbreite-Länge-Produkt*. Wird z.B. vom Hersteller 100 MHz · km oder 100 Mbit/s · km angegeben, dann ist eine Signalübertragung von 100 Mbit/s über 1 km oder aber von 10 Mbit/s über 10 km möglich.

Die Einkopplung in die Glasfaser und die Auskopplung aus der Glasfaser können direkt oder über ein Linsensystem erfolgen **(Bild 1)**. Meist hat der EO-Umsetzer (Elektro-Optischer-Umsetzer) eine angebaute Steckerkupplung. Die Verbindung mit dem LWL erfolgt dann über Stecker. Der Anschluss eines Steckers an die steckerlose Glasfaserleitung erfordert entsprechende Hilfsmittel und saubere Arbeit. Deshalb verwendet man kurze Kabelstücke mit einem fertig montierten Stecker. An diese *Pigtails* (pig = Ferkel, tail = Schwanz) wird dann das längere Glasfaserkabel durch Spleißen angeschlossen.

Dabei werden die zu verbindenden, vorher sauber bearbeiteten Glasfaserenden zueinander genau ausgerichtet, mechanisch befestigt, geklebt oder verschweißt.

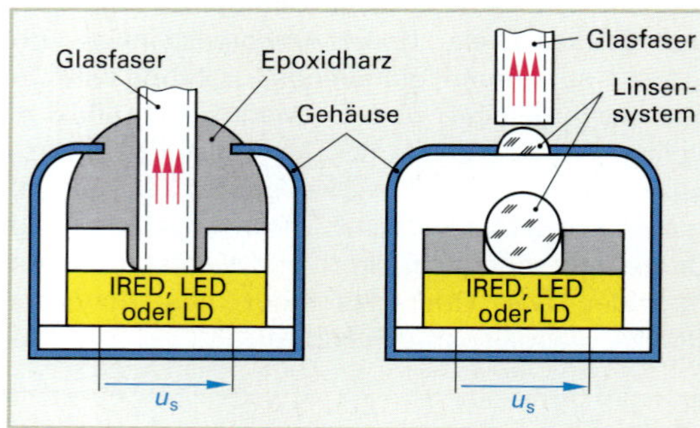

Bild 1: Auskopplung der Signale beim EO-Umsetzer

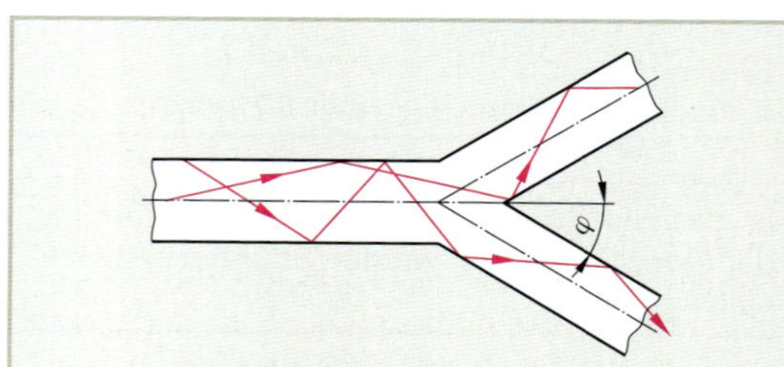

Bild 2: Gabelkoppler (Prinzip)

Der Strahlenübergang bei einer *Steckerkupplung* kann direkt erfolgen, z.B. durch Berührung kugelig geschliffener Enden der Glasfasern, oder über ein Linsensystem.

Bei den Glasfasern sind Abzweigungen möglich, z.B. über einen *Gabelkoppler* **(Bild 2)**. Mittels eines Gabelkopplers können auch zwei verschiedene Signale zu einem gemeinsamen Signal zusammengeführt werden.

13.7 Digitale Modulation und Demodulation

13.7.1 Digitale Übertragung der Signale

Zur digitalen Übertragung eines analogen Signals wird dieses durch einen Tiefpass gefiltert und einem Abtastelement zugeführt **(Bild 1)**. Die einzelnen abgetasteten Signalgrößen (*Signalproben*) gelangen von dort zu einem ADS-Modul (AD-Umsetzer mit seriellem Ausgang). Die im ADS-Modul entstehende Bitfolge wird einem Codierer zugeführt und gelangt über einen Modulator zum Übertragungskanal oder in einen Speicher, z.B. eine Festplatte. Am Ende des Übertragungskanals bzw. beim Auslesen aus dem Speicher wird das Signal demoduliert und decodiert. Die nun vorliegende Bitfolge wird über ein SDA-Modul (DA-Umsetzer mit seriellem Eingang) wieder in ein Analogsignal umgesetzt, welches nach Tiefpass-Filterung und Verstärkung einer Ausgabeeinheit, z.B. einem Lautsprecher, zugeführt wird.

Die digitale Übertragung eines Analogsignals erfolgt durch Filterung, Abtastung, AD-Umsetzung, Codierung und Modulation sowie danach durch Demodulation, Decodierung, DA-Umsetzung und Filterung.

Die Funktionseinheiten von Bild 1 können einzelne ICs oder Bestandteile von ICs sein. Je nach Art der Übertragung bzw. Speicherung können auch einzelne Einheiten von Bild 1 entfallen.

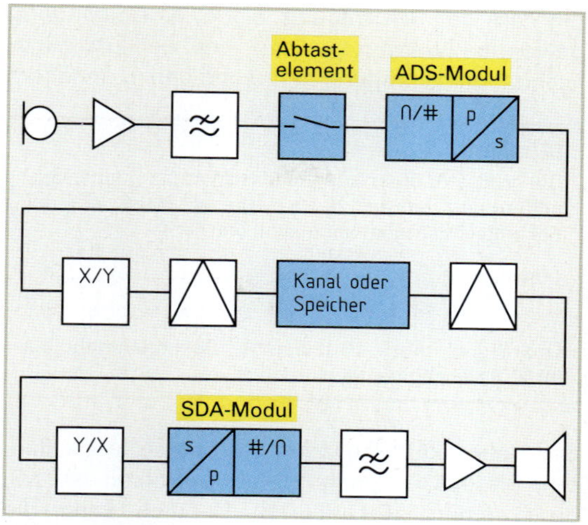

Bild 1: Funktionseinheiten einer digitalen Übertragung

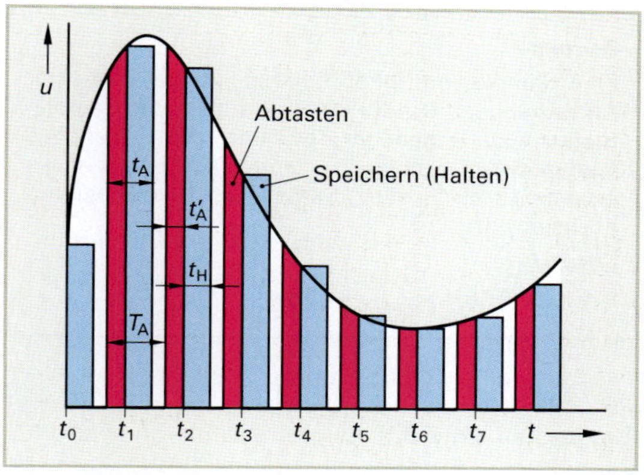

Bild 2: Abtasten und Halten eines Analogsignals

13.7.2 Abtastung der Analogsignale

Die Abtastung eines Analogsignals **(Bild 2)** kann durch einen elektronischen Schalter erfolgen, der periodisch mit einem Tastgrad $g \ll 1$ schaltet **(Bild 3)**. Im Zustand EIN des Schalters liegt der Samplemodus (to sample = Probe nehmen) vor, bei dem ein Kondensator auf den Augenblickswert der Signalspannung aufgeladen wird. Im Zustand AUS, dem Holdmodus (to hold = halten), hält der Kondensator die zuvor abgetastete Signalspannung und gibt sie an einen Verstärker mit hochohmigem Eingang ab (Bild 3). Man bezeichnet die Schaltung aus elektronischem Schalter und Kondensator mit zugeschalteten Verstärkern als *Sample-and-Hold-Schaltung*.

Mit einer Sample-and-Hold-Schaltung wird eine Signalspannung kurz abgetastet und etwas länger gespeichert gehalten.

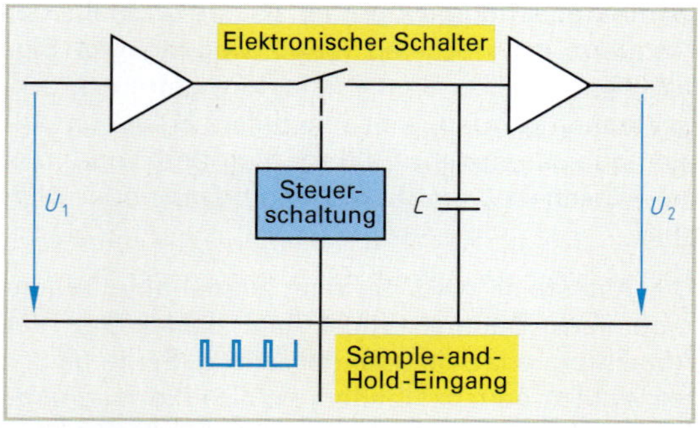

Bild 3: Prinzip der Sample-and-Hold-Schaltung

Das Abtasten wird auch als *Sampling* bezeichnet.

Die Abtastfrequenz muss größer sein als das Doppelte der Frequenz der höchsten zu übertragenden Teilschwingung des Signals (Abtasttheorem von Shannon). Damit kann aus den abgetasteten Werten nach der Übertragung wieder eine Spannung gewonnen werden, welche sich der ursprünglichen Signalspannung genügend genau annähert.

Beispiel 1:

Die größte zu übertragende Teilschwingung einer Signalfrequenz beträgt 20 kHz. Wie oft muss in jeder Sekunde das Signal abgetastet werden?

Lösung:

$f_A > 2 \cdot f_s = 2 \cdot 20\ \text{kHz} = \mathbf{40\ kHz}$

Das Signal muss also in jeder Sekunde mehr als 40000-mal abgetastet werden.

Der Holdmodus muss mindestens so lange dauern, bis das Ausgangssignal verarbeitet ist, z.B. durch einen AD-Umsetzer. Dadurch kann die Abtastung einer Signalspannung je nach nachgeschalteter Verarbeitungseinheit nicht beliebig schnell erfolgen.

Beispiel 2:

Eine Sample-and-Hold-Schaltung arbeitet mit einer Abtastfrequenz von 40 kHz. Die Dauer des Samplemodus kann gegenüber der Dauer des Holdmodus vernachlässigt werden. Wie lange darf die Signalverarbeitung nach der Sample-and-Hold-Schaltung höchstens dauern?

Lösung:

$t_s \leq t_A \leq T_A = \frac{1}{f_A} = \frac{1}{40\ \text{kHz}} = \mathbf{25\ \mu s}$

Die Sample-and-Hold-Schaltung ist ein IC oder Bestandteil eines ICs. Es gibt Sample-and-Hold-ICs mit einfacher Betriebsspannung, z.B. $+U_b$, und solche mit positiver und negativer Betriebsspannung $\pm U_b$.

Ist die Abtastfrequenz kleiner als das Doppelte der Frequenz der höchsten Teilschwingung des Signals, so kann das Signal nicht formgetreu zurückgewonnen werden, weil eine tiefere Frequenz (Aliasfrequenz) entsteht **(Bild 1)**. Man bezeichnet das als Aliaseffekt (von alias = ein anderer) oder Aliasing.

Der Abtastpuls wird mit dem Signal amplitudenmoduliert. Dadurch entstehen beiderseits der Abtastfrequenz Seitenbänder **(Bild 2)**. Bei zu niedriger Abtastfrequenz überlappen sich die Frequenzbänder des Signals und des unteren Seitenbands.

Bei Unterabtastung (Subsampling) entsteht eine nicht korrigierbare Signalverfälschung.

Die Signalverfälschung wird vermieden, wenn durch einen trennscharfen Tiefpass (Anti-Aliasfilter) das Signalband beschnitten wird oder wenn bei einem einfachen Tiefpass eine Abtastfrequenz verwendet wird, die mehr als doppelt so groß ist wie die Mindest-Abtastfrequenz. Letzteres bezeichnet man als *Oversampling* (over = über).

Die Abtastrate (Zahl der Abtastungen je Sekunde) kann je nach Schaltung bis 100 MHz betragen.

$f_A > 2 \cdot f_s$ $\quad T_A = \frac{1}{f_A}$ $\quad t_A \leq T_A$

Für $t'_A \ll t_A$:

$t_A = t'_A + t_H$ $\quad t_s \leq t_A$

f_s höchste zu übertragende Frequenz des Signals
f_A Abtastfrequenz, Abtastrate
T_A Abtastperiodendauer
t_A Abtastzeit
t_s Signalverarbeitungszeit
t_H Haltezeit
t'_A Zeit im Samplemodus

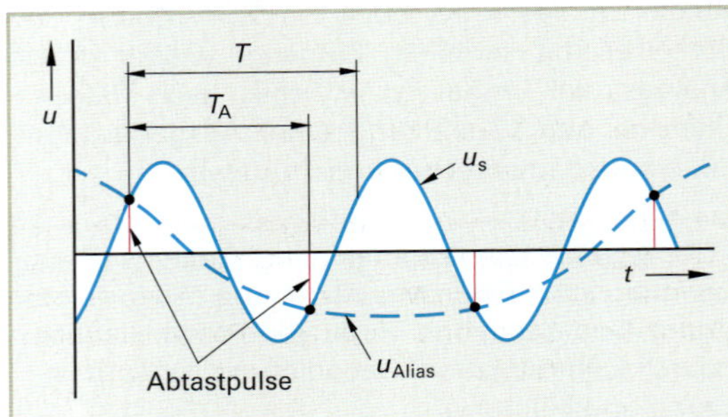

Bild 1: Entstehen einer Aliasfrequenz durch zu niedrige Abtastfrequenz

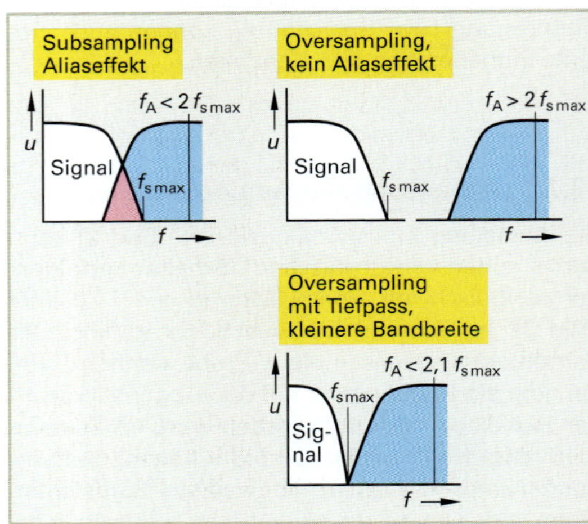

Bild 2: Lage des unteren Seitenbandes zum Signalband

Wenn die Signalverarbeitung genügend schnell erfolgt, kann die Abtastzeit (Samplemodus und Holdmodus) sehr viel kürzer sein als die Abtastperiodendauer **(Bild 1)**. Zwischen den Abtastungen liegen dann Pausen, in denen andere Signale im Zeitmultiplexverfahren übertragen werden können (Abschnitt 13.9.1).

Mit manchen AD-Umsetzern kann eine Abtastung auch ohne Sample-and-Hold-Schaltung erfolgen. Beim Parallelumsetzer (AD-Umsetzer mit Komparatoren) werden alle Bits des in Stufen aufgeteilten Analogsignals gleichzeitig in ein Schieberegister geladen **(Bild 2)**. Mit jedem Takt des Schieberegisters ist dann das Analogsignal abgetastet und gleichzeitig in einen Binärcode umgesetzt. Derartige Umsetzer (Flash-Converter = Blitzumsetzer) haben eine sehr hohe Abtastfrequenz, die z.B. beim 8-Bit-Umsetzer SDA 8010 mindestens 100 MHz beträgt.

13.7.3 Quantisierung und Codierung

Aus dem Puls (Impulsfolge) von Bild 1 lässt sich das abgetastete Signal wiedergewinnen. Der Puls ist durch das Signal moduliert worden. Die Abtastschaltung stellt einen Modulator dar. Diese Art der Modulation bezeichnet man als *Pulsamplitudenmodulation (PAM)*.

Durch Pulsamplitudenmodulation (PAM) wird der Trägerpuls durch das Signal in seinem Verlauf amplitudenmoduliert.

Meist werden die Signale der PAM durch Zahlen und damit durch Bitmuster ersetzt. Dazu müssen zunächst die wertkontinuierlichen und zeitdiskreten PAM-Signale (Signale, bei denen alle Werte bis zum Höchstwert vorkommen können) in Wertebereiche (Amplitudenstufen) eingeordnet werden. Dieser Vorgang wird als *Quantisierung* bezeichnet. Die Quantisierung ermöglicht die Bildung von *wertdiskreten* Signalen (Signale mit bestimmten Werten).

Bei der Quantisierung werden die wertkontinuierlichen PAM-Signale in Amplitudenstufen eingeteilt, sodass wertdiskrete Signale erzeugt werden können.

Die Quantisierung wird im AD-Umsetzer vorgenommen. Bei der *linearen Quantisierung* sind die Amplitudenstufen gleich hoch. Bei einem 3-Bit-Umsetzer sind dann $2^3 = 8$ gleich hohe Amplitudenstufen vorhanden **(Bild 3)**. Das wird erreicht, wenn in Schaltung Bild 2 die Widerstände R_2 bis R_7 gleich groß sind. Die lineare Quantisierung wird z.B. in der Messtechnik und bei PCM-Übertragung von

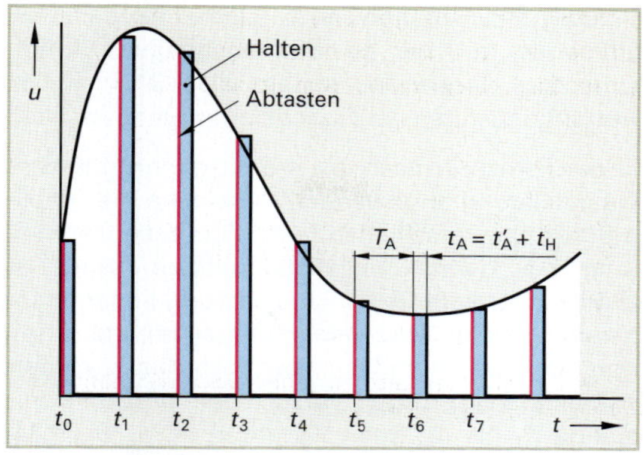

Bild 1: Abtastperiodendauer und Abtastzeit

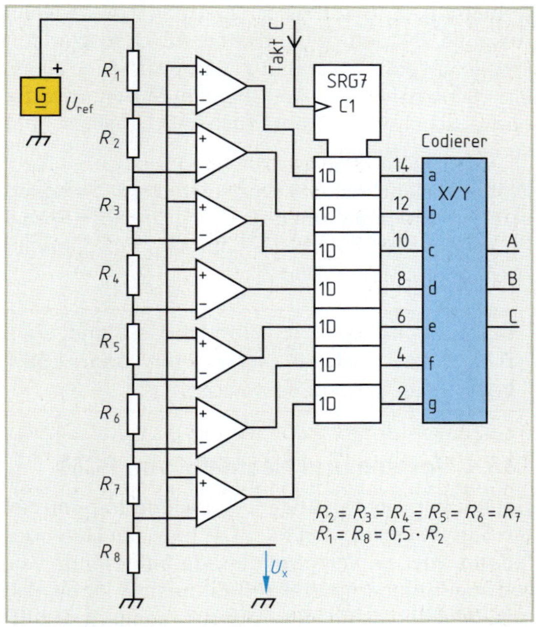

Bild 2: Abtasten mit Parallel-AD-Umsetzer für 3 Bits

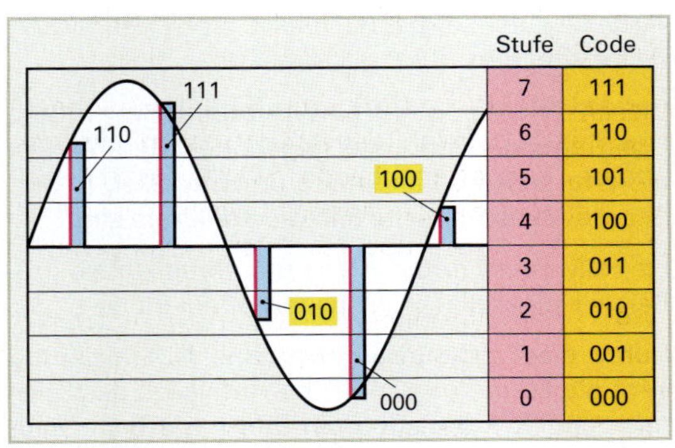

Bild 3: Lineare Quantisierung bei einer 3-Bit-Umsetzung von PAM-Signalen

Videosignalen angewendet. Dabei werden AD-Umsetzer mit bis 16 Binärausgängen (16-Bit-Umsetzer) verwendet, sodass also 2^{16} = 65536 Amplitudenstufen der Quantisierung möglich sind.

In der Fernsprechtechnik wird oft die nicht lineare Quantisierung angewendet. Dabei sind die Amplitudenstufen verschieden hoch, damit die Unterteilung bei kleinen Signalspannungen feiner ist **(Bild 1)**. Das kann durch Umrechnung linear quantisierter Signale durch einen Mikrocomputer erfolgen oder bei einem Umsetzer nach Bild 2, vorhergehende Seite, durch verschieden große Widerstände R_2 bis R_7. Beim Verfahren PCM 30 (PCM-Übertragung für 30 Fernsprechkanäle) erfolgen nicht lineare und lineare Quantisierung.

Mit der Quantisierung erfolgt im AD-Umsetzer die Codierung, z. B. zu einer Dualzahl. Zur seriellen Ausgabe ist dem eigentlichen AD-Umsetzer mit Parallelausgang nach Bild 2, vorhergehende Seite, ein Schieberegister als Parallel-Serienumsetzer nachgeschaltet. Es gibt auch AD-Umsetzer mit seriellem Ausgang.

Die im AD-Umsetzer mit seriellem Ausgang erzeugte Bitfolge enthält das ursprüngliche Signal in binär codierter Form. Es liegt eine *Pulscodemodulation (PCM)* vor **(Bild 2)**.

Bei der Pulscodemodulation ist das Signal ein Binärsignal, welches seriell, mit dem LSB beginnend, ausgegeben wird.

13.7.4 Vorteile und Nachteile von PCM

Gegenüber der analogen Signalübertragung ist die Signalübertragung mit PCM nach der Demodulation ärmer an Verzerrungen, da auftretende Verzerrungen der Impulse des Bitmusters ohne Folgen bleiben, wenn die Impulse regeneriert werden, z.B. durch Monoflops. Am Bitmuster auftretende Fehler können korrigiert werden, wenn Paritätsbits im Bitmuster eingebaut sind (Abschnitt 14.6). Dadurch ist bei PCM eine große Störsicherheit vorhanden.

Diesen Vorteilen steht eine erforderliche größere Übertragungsbandbreite gegenüber. Bei PAM ist die erforderliche Bandbreite umso größer, je größer die Abtastfrequenz und die Kanalzahl sind.

Bei PCM ist die erforderliche Bandbreite umso größer, je kleiner die Impulsdauer für ein Bit ist.

Durch eine nicht genügend feine Quantisierung wird die Form des Signals so verfälscht, dass sich nach der Demodulation ein Effekt wie beim Rauschen bemerkbar macht (Quantisierungsfehler, Quantisierungsrauschen).

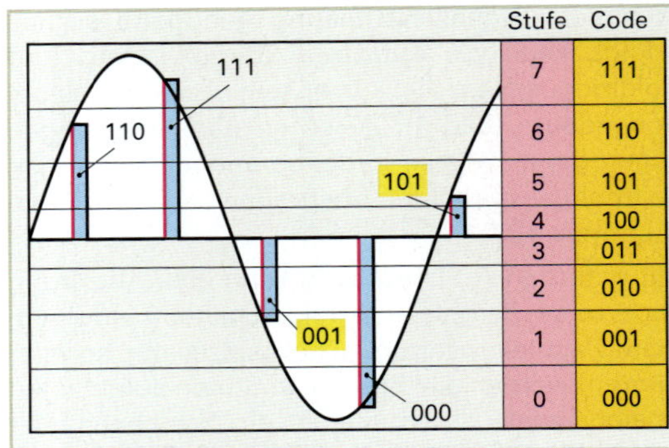

Bild 1: Nicht lineare Quantisierung bei einer 3-Bit-Umsetzung von PAM-Signalen

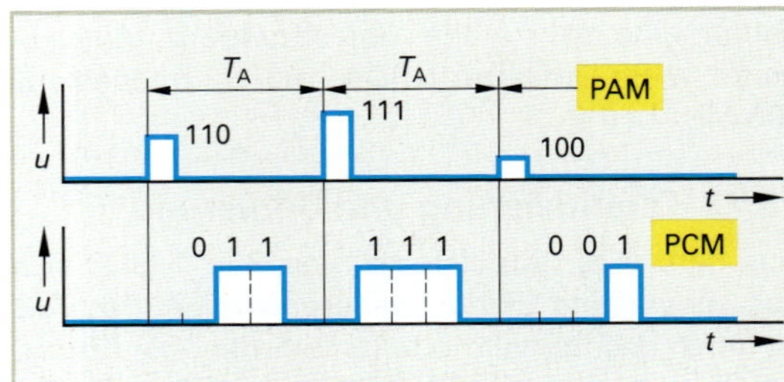

Bild 2: Zusammenhang PAM – PCM

Bei PAM:	Bei PCM:
$B \geq 2 \cdot \pi \cdot k \cdot f_A$	$B \geq \frac{\pi}{t_i}$

B Bandbreite; k Kanalzahl
f_A Abtastfrequenz; t_i Impulsdauer für ein Bit

Der Quantisierungsfehler ist umso kleiner, je mehr Amplitudenstufen vorhanden sind.

Wiederholung und Vertiefung

1. **Wodurch kann eine Sample-and-Hold-Schaltung die abgetastete Spannung halten?**
2. **Wie groß muss die Abtastfrequenz beim Sampling mindestens sein?**
3. **Warum kann der Holdmodus beim Sampling nicht beliebig klein sein?**
4. **Auf welche Weise wird eine Aliasfrequenz bei einer Abtastschaltung vermieden?**
5. **Wodurch erfolgt die Quantisierung eines PAM-Signals?**
6. **Welcher Unterschied besteht zwischen linearer und nicht linearer Quantisierung?**
7. **Beschreiben Sie das Signal bei PCM.**
8. **Nennen Sie die Vorteile der PCM.**
9. **Auf welche Weise wird der Quantisierungsfehler verringert?**

13.7.5 Leitungscodierung der Signale

Die PCM-Signale können als Gleichspannungsimpulse übertragen werden **(Bild 1)**. Diese Übertragung ist im NRZ-Format (von Non Return to Zero = nicht Rückkehr nach null) möglich. Hier entspricht das Datensignal dem Übertragungssignal. Die Schrittlänge für ein Bit ist so groß wie die Pulsperiode des Taktes. Während des Signals mit dem Wert 1 erfolgt keine Rückkehr nach 0. Beim RZ-Format (von Return to Zero = Rückkehr nach null) ist der Impuls nur halb so lang.

Derartige Gleichspannungsimpulse sind für die Übertragung über Leitungen nur wenig geeignet, da dann Übertrager und Koppelkondensatoren nicht verwendbar sind. Außerdem tritt unter dem Einfluss von Induktivitäten und Kapazitäten der Übertragungsstrecke, z.B. der Leitung sowie der Empfangseinrichtung mit zunehmender Leitungslänge, zunehmender Pulsfrequenz und damit zunehmender Bitrate (Übertragungsgeschwindigkeit) eine Verformung der Impulse auf.

Die Übertragung mit Gleichspannungsimpulsen ist nur für eine beschränkte Leitungslänge und für eine beschränkte Bitrate möglich.

Meist werden PCM-Signale so umcodiert, dass eine Wechselspannung vorliegt. Außerdem müssen während der Übertragung einer Zeichenfolge Sender und Empfänger synchron (gleichlaufend) arbeiten. Wird dieser Gleichlauf andauernd aufrechterhalten, so liegt eine *synchrone Datenübertragung* vor. Wird der Gleichlauf nur während jeweils einer Zeichenfolge aufrechterhalten, spricht man von *asynchroner Datenübertragung*. Bei beiden Übertragungsarten muss während der Übertragung der Bitmuster derselbe Takt den Sender, z.B. das Schieberegister des ADS-Moduls (Abschnitt 13.7.1) und den Empfänger, z.B. das Schieberegister des SDA-Moduls, ansteuern. Dazu ist es notwendig, dass aus den zu übertragenden Bitfolgen der Takt gewonnen werden kann.

Binärsignale werden meist so codiert, dass der Takt aus dem Signal gewonnen werden kann und das Übertragungssignal eine Wechselspannung ist.

Bei der Codierung für die Übertragung mit Wechselspannung in der NRZ-Form werden die Signale 1 des Datencodes abwechselnd als positive und negative Impulse übertragen. Dabei bleiben die Signale 0 unverändert. Dieser Code wird auch AMI-Code (von Alternate Mark Inversion Code = Wechselmarken-Umkehrcode) genannt und z.B. im

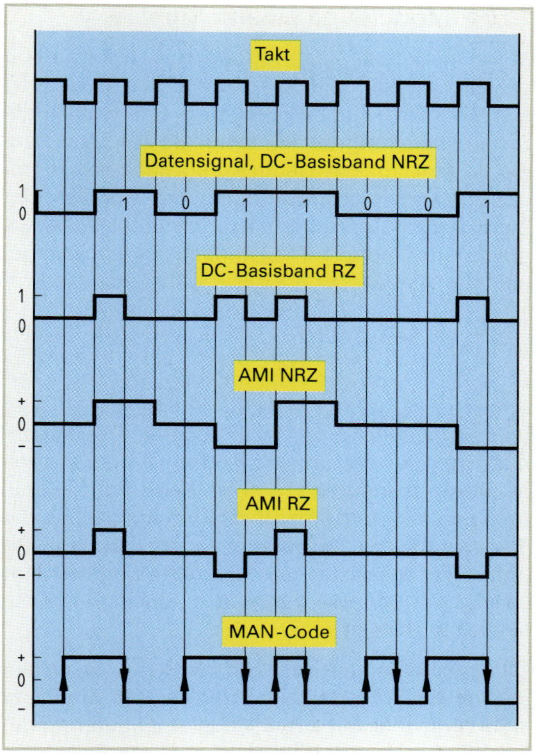

Bild 1: Codes für digitale Modulation

- Synchrone Datenübertragung = andauernder Gleichlauf von Sender und Empfänger
- Asynchrone Datenübertragung = Gleichlauf nur während der Zeichenfolge

ISDN verwendet. In der RZ-Form werden die Impulse mit der halben Schrittlänge eines Bits übertragen. Beide Arten des AMI-Codes eignen sich zur Wiedergewinnung des Taktes.

Der MAN-Code (Manchestercode) besitzt ein positives Signal, wenn das Datensignal von 0 nach 1 ansteigt, und ein negatives Signal, wenn das Datensignal von 1 nach 0 fällt. Wenn mehrere Bits des Datensignals denselben Wert haben, so wechselt der MAN-Code mit halber Schrittlänge der Datenbits von einem zum anderen Signalzustand (Bild 1). Der MAN-Code wird vor allem in lokalen Datennetzen (LAN) eingesetzt. Beim CD-Code (von **C**onditioned **D**iphase-Code = zugeschnittener Zweizustandscode) erfolgt der Signalwechsel nach jeder Schrittlänge der Datenbits und zusätzlich noch in der Mitte der Signale 0 der Datenbits. Auch dieser Code ist gleichspannungsfrei und eignet sich zur Wiedergewinnung des Taktes aus dem Übertragungssignal. Es gibt weitere Codearten (s. Tabellenbuch Informations- und Systemtechnik).

13.7.6 Modulation binärer Signale

Meist erfolgt die Übertragung bzw. Speicherung der Binärsignale mithilfe von Modems (Kunstwort aus Modulator und Demodulator). Das sind Geräte zur Umwandlung der Binärsignale des Basisbandes in eine für die Übertragung geeignete Form und zu deren Rückumwandlung. Der Modulator im Sender setzt die Basisbandsignale um. Der Demodulator im Empfänger gewinnt aus den übertragenen Signalen wieder die Basisbandsignale.

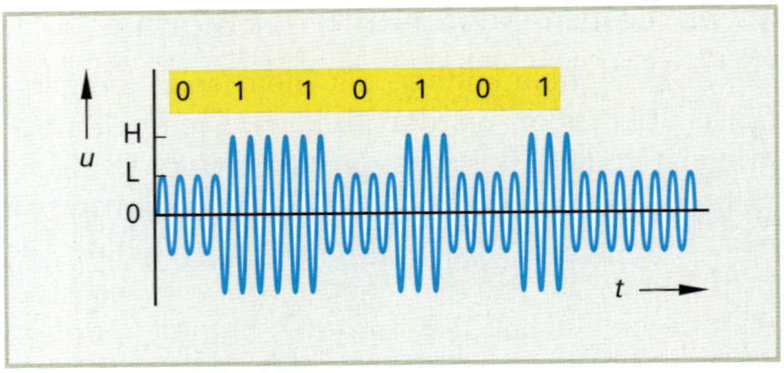

Bild 1: Amplitudenumtastung

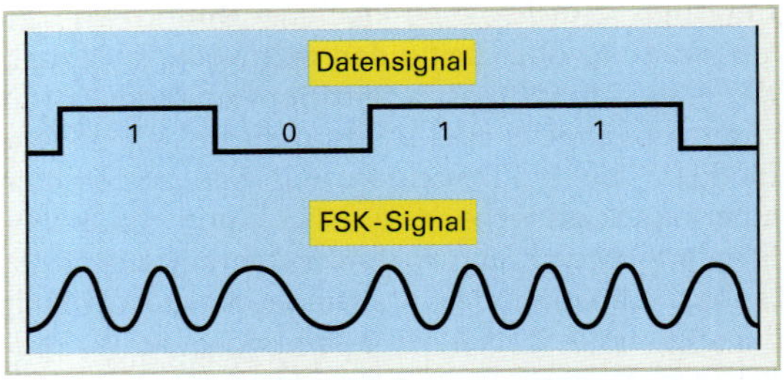

Bild 2: Spannungsverlauf bei Frequenzumtastung (FSK, Frequenz nicht maßstäblich dargestellt)

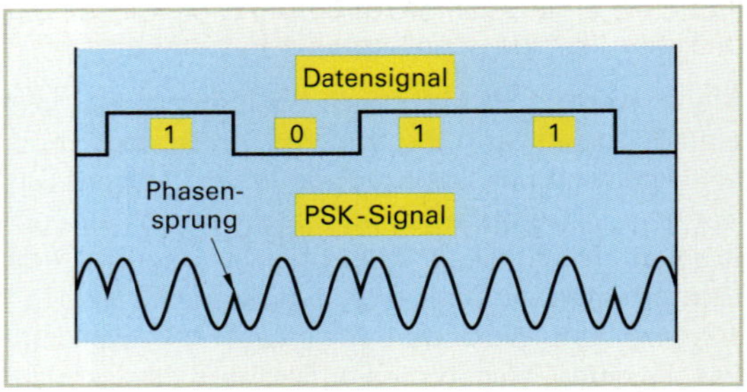

Bild 3: Spannungsverlauf beim PSK-Verfahren mit zweiwertiger Phasenumtastung

> ASK = Modulation durch Amplitudenumtastung des Trägers
>
> FSK = Modulation durch Frequenzumtastung des Trägers
>
> PSK = Modulation durch Phasenumtastung des Trägers

Anstatt von Modulation durch Modems wird meist von *Umtastung* gesprochen. Bei der *Amplitudenumtastung* (ASK von **A**mplitude **S**hift **K**eying = Verschlüsselung durch Amplitudenänderung) wird vom Modulator eine hochfrequente Trägerspannung getastet, sodass eine niedrige Amplitude den einen Wert bedeutet, z. B. 0, und eine hohe Amplitude den anderen Wert **(Bild 1)**. Ein Ausbleiben der Trägerspannung bedeutet, dass die Übertragung unterbrochen ist. Bei der Signalübertragung über Glasfasern (LWL) wird ASK auch gepulste Intensitätsmodulation genannt.

Die Amplitudenumtastung nach Bild 1 ist wegen der hohen Trägerfrequenz tonlos. Bei *tönender ASK* wird eine mit z.B. 800 Hz amplitudenmodulierte Trägerfrequenz getastet, z. B. zum Funkverkehr mit Morsetasten. *Harte ASK* liegt vor, wenn der Übergang zu hohen Amplituden schlagartig erfolgt. Dadurch treten Oberschwingungen auf, die zu Störungen in benachbarten Kanälen führen können. *Weiche ASK* liegt vor, wenn die Übergänge zwischen den beiden Amplituden mit allmählicher Amplitudenänderung erfolgen.

Bei der *Frequenzumtastung* (FSK von **F**requency **S**hift **K**eying = Verschlüsselung durch Frequenzveränderung) wird beim Binärsignal vom Wert 1 eine Wechselspannung höherer Frequenz und beim Binärsignal mit dem Wert 0 eine Wechselspannung mit niedrigerer Frequenz gesendet **(Bild 2)**.

FSK ist als V.21 und V.23 von der Internationalen Fernmeldeunion ITU genormt. Beim Modem nach V.21 werden innerhalb des Frequenzbandes durch Frequenzteilung zwei Kanäle gewonnen, sodass Duplexübertragung (Übertragung in beiden Richtungen) bei einer Übertragungsstrecke möglich ist. Dabei gilt:

Kanal 1: 1270 Hz für Wert 1, 1070 Hz für Wert 0.
Kanal 2: 1850 Hz für Wert 1, 1650 Hz für Wert 0.

Bei der *Phasenumtastung* (PSK von **P**hase **S**hift **K**eying = Verschlüsselung durch Phasenänderung) wird die zu übertragende Information in den Phasenwechsel einer hochfrequenten Trägerspannung gelegt. Beim PSK mit Bezugsphase bezieht sich der Phasenwechsel auf die nicht modulierte Trägerspannung. Beim Differenz-PSK bezieht sich der Phasenwechsel auf den dem Wechsel vorangehenden Zustand.

Bei der zweiwertigen Phasenumtastung (2-PSK) entspricht dem Binärsignal mit dem Wert 1 eine nicht phasenverschobene Spannung und dem Binärsignal mit dem Wert 0 eine um 180° phasenverschobene Spannung **(Bild 3)**.

Die Modulation kann bei der zweiwertigen Phasenumtastung mit Bezugsphase durch einen Multiplizierer-IC oder durch einen Ringmodulator erfolgen **(Bild 1)**.

In der Schaltung Bild 1 liegen die Datensignale u_D als Wechselspannungssignale im Basisband mit der Form NRZ vor. Die Trägerspannung ist die Bezugsphase. Bei einer Trägerspannung ohne Datensignalspannung wird die Trägerspannung im Übertrager nicht wirksam, weil sie wegen der Dioden R_{D1} bis R_{D2} in den geteilten Wicklungen der Übertrager entgegengesetzt gerichtete Ströme verursacht, sodass keine Spannung induziert wird. Bei einer positiven Datensignalspannung wird zusätzlich eine Diode leitend, z.B. R_{D4}. Dadurch wird die Trägerspannung zusätzlich an eine Wicklungshälfte gelegt, sodass in je einer Wicklungshälfte der Übertrager die Stromstärke größer wird als in der anderen. Am Ausgang erscheint jetzt die Trägerspannung. Wird die Datensignalspannung umgepolt, so wird jetzt eine andere Diode zusätzlich leitend, z.B. R_{D1}. Dadurch wird in den anderen Wicklungshälften der Übertrager die Stromstärke größer. Am Ausgang erscheint wieder die Trägerspannung, die aber gegenüber der vorhergehenden eine Phasenverschiebung von 180° hat.

Bei der Zweiphasenumtastung mit Bezugsphase muss die Bezugsphase beim Sender und Empfänger ständig gleichartig vorliegen, weil sonst unbeabsichtigte Phasensprünge und damit Datenfehler auftreten.

Bei der Differenzphasenumtastung DPSK wird die Phasendifferenz zwischen den aufeinander folgenden Zuständen zugrunde gelegt. Deshalb wird der Phasenzustand eines Bits mit dem Zustand des vorher empfangenen Bits verglichen. Sendeseitig tastet ein Puls, dessen Frequenz so groß ist wie die Bitrate, die Datenbits ab **(Bild 2)**. Bei einem Binärzustand, z.B. 0, erfolgt keine Umtastung, beim anderen Binärzustand, z.B. 1, erfolgt die Umtastung.

Bei der Differenzphasenumtastung erfolgt eine Abtastung der Datensignale ohne Bezugsphase.

Bei der vierwertigen Phasenumtastung (4-PSK) treten vier Phasenwinkel auf, z.B. 45°, 135°, 225° und 315° **(Bild 3)**. Jeder Winkel entspricht dann einem bestimmten Wort der Länge 2 bit, welches man Dibit nennt.

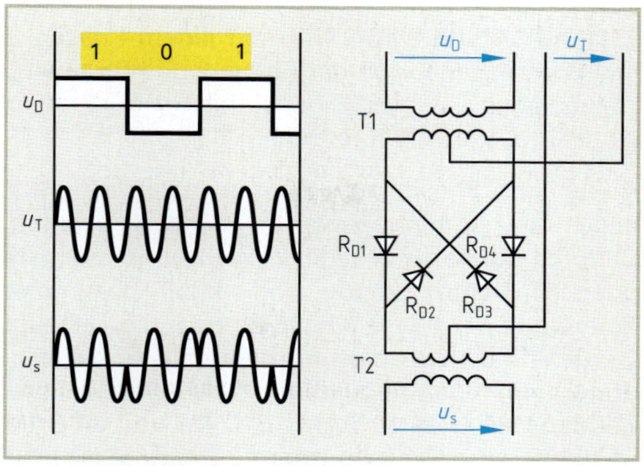

Bild 1: Zweiwertige Phasenumtastung (2-PSK) mit Bezugsphase mittels Ringmodulator

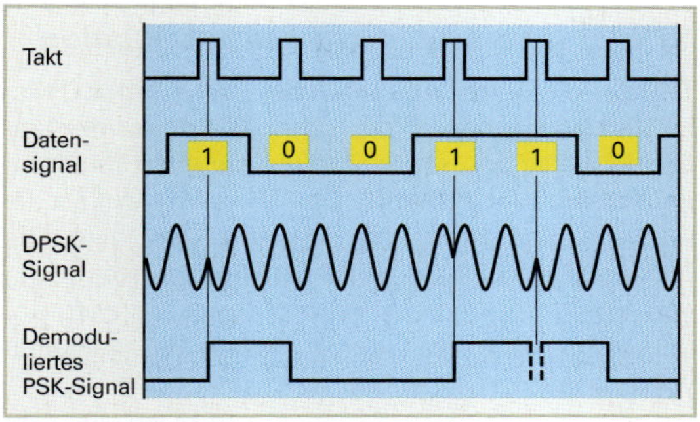

Bild 2: Differenzphasenumtastung DPSK

Dibit = Binärwort mit einer Länge von 2 bit

Tribit = Binärwort mit einer Länge von 3 bit

Quadbit = Binärwort mit einer Länge von 4 bit

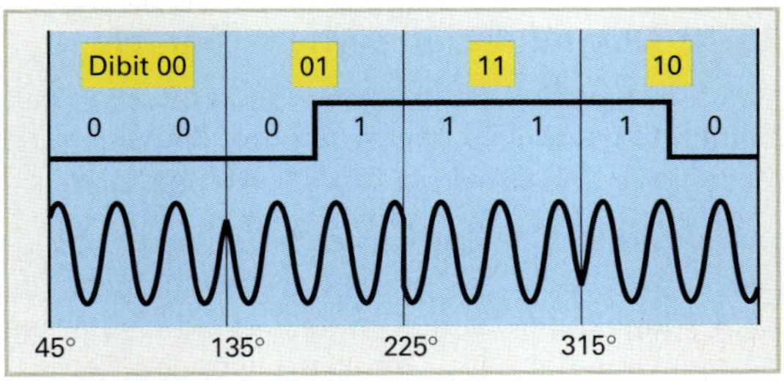

Bild 3: Vierphasenumtastung (4-PSK) mit Bezugsphase

Bei der achtwertigen Phasenumtastung (8-PSK) treten acht Phasenwinkel auf, z. B. 0°, 45°, 90°, 135°, 180°, 225°, 270° und 315°. Jedem Winkel entspricht dann ein bestimmtes Wort der Länge 3 bit, das man Tribit nennt.

Bei 4-PSK und 8-PSK wird mit jedem Phasenwinkel ein Binärwort der Länge 2 bit bzw. 3 bit übertragen.

Außer der Phasenlage können zusätzlich auch noch die Amplitudenwerte geändert werden. Dadurch können bei jedem Wechsel 16 oder 32 oder 64 Trägerzustände und damit bestimmte Binärworte der Länge 4 bit, 5 bit oder 6 bit erzeugt werden **(Bild 1).** Bei diesen Verfahren wird die Quadraturamplitudenmodulation QAM angewendet. Bei den Verfahren 16-QAM, 32-QAM und 64-QAM ist die Bandbreitenausnutzung 2,8 bit/s je Hz bzw. 3,6 bit/s je Hz bzw. 4,2 bit/s je Hz (Tabellenbuch Informations- und Systemtechnik).

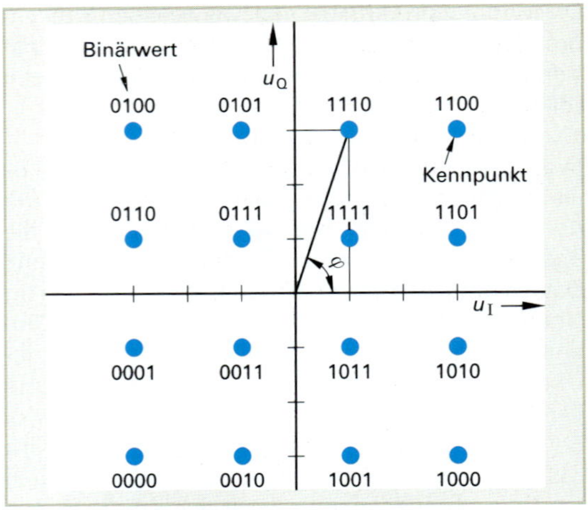

Bild 1: Signalzustandsdiagramm 16-QAM

13.7.7 Weitere Arten der Pulsmodulation

Bei der *Pulsweitenmodulation* PWM (auch Pulsbreitenmodulation PBM oder Pulsdauermodulation PDM) ist der Träger ein Puls mit gleich bleibender Pulsfrequenz **(Bild 2).** Das Signal moduliert die Weite (Dauer, Breite) der einzelnen Impulse. Die Pulsweitenmodulation wird zur Drehzahlsteuerung von Servomotoren (im Prinzip Synchronmotoren) und zur Spannungssteuerung von Schaltnetzteilen verwendet.

Bei der *Pulsfrequenzmodulation* PFM ist die Zahl der Impulse je Zeit ein Maß für die nach der Quantisierung zu übertragende Zahl (Bild 1). Die Pulsfrequenzmodulation kann durch eine analoge Frequenzmodulation mit nachgeschaltetem Impulsformer verwirklicht werden **(Bild 3).** Diese Art der Modulation wird vor allem in der Fernmesstechnik angewendet.

Bei der *Pulsphasenmodulation* wird die Phasenlage der Impulse eines Trägerpulses geändert.

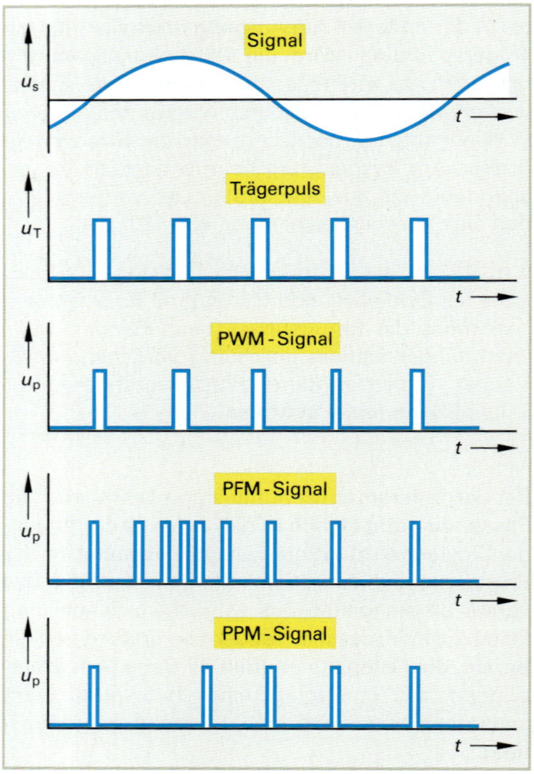

Bild 2: Modulationsarten PWM, PFM und PPM

13.7.8 Demodulation digitaler Signale

Die Demodulation digitaler Signale erfolgt mit den Mitteln der Analogtechnik, wobei oft zusätzlich Decodierer und DA-Umsetzer erforderlich sind.

Am einfachsten ist die Demodulation bei PAM-Signalen. Hier kann das ursprüngliche Analogsignal vom modulierten Signal mittels eines Tiefpasses getrennt werden. Die Grenzfrequenz des Tiefpasses muss zwischen der höchsten Signalfrequenz und der Frequenz der unteren Seitenschwingung der Grundschwingung des Abtastpulses liegen **(Bild 1, folgende Seite).**

PWM-Signale können durch einen Tiefpass (Integrierglied) demoduliert werden. Dessen Grenzfrequenz muss ebenfalls zwischen der höchsten Signalfrequenz und der Pulsfrequenz liegen.

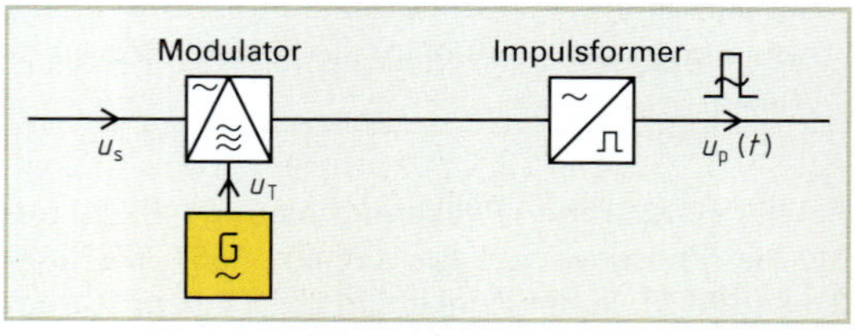

Bild 3: Übersichtsschaltplan für Pulsfrequenzmodulation

Bei der Pulsfrequenzmodulation PFM und der Pulsphasenmodulation PPM genügt zur Demodulation ein Tiefpass nur dann, wenn der Modulationsindex klein ist. Bei größerem Modulationsindex überlappen sich die Seitenschwingungen der Teilschwingungen des Trägerpulses mit den Teilschwingungen des Signals. In diesem Fall erfolgt die Demodulation durch Überführung des PFM-Signals bzw. PPM-Signals in ein PAM-Signal, das danach demoduliert wird **(Bild 2)**.

Bei PCM wird das PCM-Signal durch einen Impulsformer regeneriert und bei Bedarf in das Basisband umcodiert. Danach erfolgt die Umsetzung des seriellen Binärsignals in ein Analogsignal mittels des SDA-Moduls, einer Halteschaltung und eines Tiefpasses **(Bild 3)**.

Bei ASK liefert eine Gleichrichtung Binärsignale, die wie bei PCM weiterbearbeitet werden. Bei FSK wird das FSK-Signal einem Diskriminator zugeführt, sodass Binärsignale entstehen. Diese werden dann wie bei PCM weiter demoduliert.

Bei der zweiwertigen Phasenumtastung 2-PSK erfolgt beim Empfänger die Demodulation z.B. durch einen Multiplizierer bzw. Ringmodulator. Dieser wird mit einer Rechteck-Wechselspannung angesteuert, deren Frequenz so groß ist wie die Trägerfrequenz des Senders **(Bild 4)**. Dabei ist wesentlich, dass der Multiplizierer bzw. Ringmodulator des Empfängers synchron zum Multiplizierer bzw. Ringmodulator des Senders angesteuert wird.

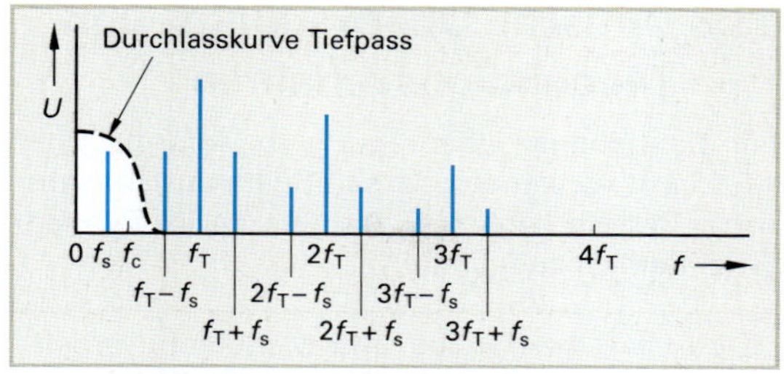

Bild 1: Frequenzspektrum bei Pulsamplitudenmodulation mit Durchlasskurve des Tiefpasses zur Demodulation

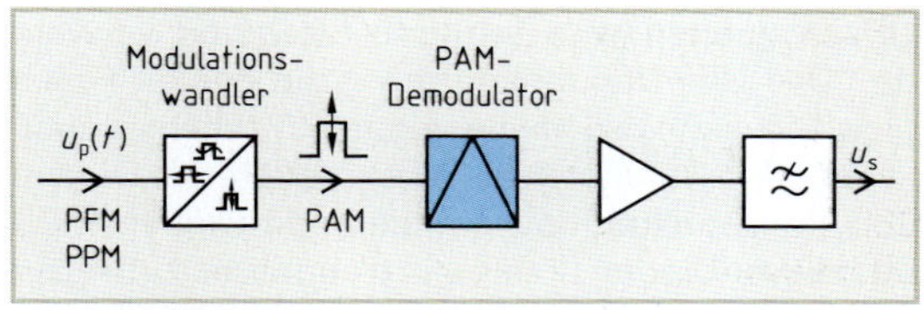

Bild 2: Übersichtsschaltplan zur Demodulation bei größerem Modulationsindex von PFM oder PPM

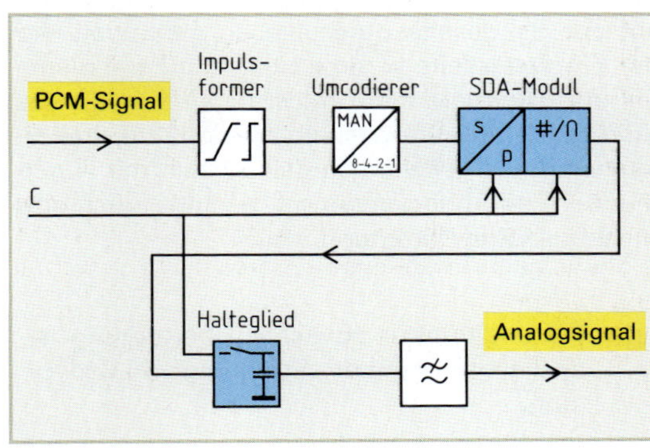

Bild 3: Demodulation bei PCM

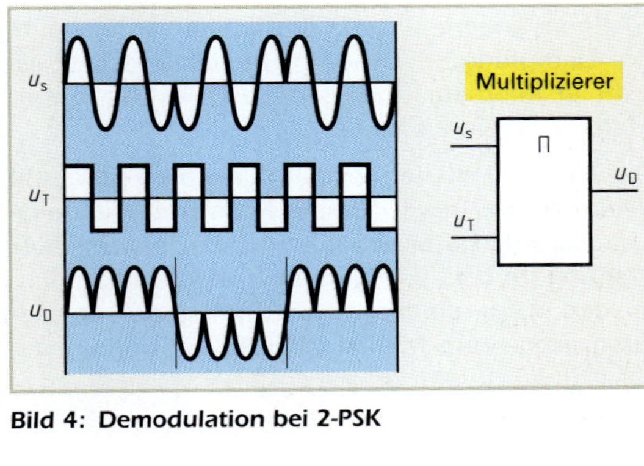

Bild 4: Demodulation bei 2-PSK

Wiederholung und Vertiefung

1. **Wie groß ist im NRZ-Format mit Gleichspannungsimpulsen die Schrittlänge von einem Bit?**
2. **Warum tritt mit zunehmender Leitungslänge und zunehmender Bitrate eine Verformung der Impulse auf?**
3. **Welche Bedingung besteht meist für die Codierung von Binärsignalen?**
4. **Geben Sie ein Anwendungsbeispiel für den AMI-Code an.**
5. **Erklären Sie das Wort Modem.**
6. **Welche vier Arten der Amplitudenumtastung gibt es?**
7. **Nennen Sie die beiden Arten von PSK.**
8. **Wie viele Bits werden bei der 64-QAM mit einem Schritt übertragen?**
9. **Welche Baugruppen ermöglichen bei der Pulscodemodulation die Demodulation?**
10. **Wie groß muss die Grenzfrequenz eines Tiefpasses zur Demodulation von PAM-Signalen sein?**
11. **Beschreiben Sie die Demodulation von 2-PSK-Signalen.**

13.8 Optische Übertragungs- und Modulationsverfahren

Für die drahtlose Übertragung von Informationen wird Licht verwendet, dessen Spektrum im Nanometer-Bereich liegt, was Frequenzen im Terahertz (THz)-Bereich bedeutet.

> Optische Übertragung und Modulation arbeiten mit Wellenlängen im Nanometer-Bereich.

Die Lichtwellenübertragung kann *ungeführt* erfolgen oder *leitungsgebunden* über Lichtwellenleiter LWL. Sie werden auch als Glasfaserleitungen GFL oder optische Leitungen bezeichnet. Für solche Übertragungen wird infrarote Strahlung verwendet. Das Übertragungsprinzip ist in beiden Fällen gleich. Zuerst wird eine geeignete Strahlungsquelle benötigt. Dafür stehen Licht emittierende Dioden LED, Infrarotstrahlung emittierende Dioden IRED oder Laser-Dioden LD als elektrooptische Umsetzer zur Verfügung. Die zur Empfangsseite übertragene Strahlung wird dort mithilfe optoelektrischer Umsetzer, wie Fotoelemente, Fotodioden oder Fototransistoren, wieder in ein elektrisches Signal umwandelt **(Bild 1)**.

Bei *ungeführter Übertragung* wird die Strahlung auf der Sendeseite durch Linsen gebündelt. Auf der Empfangsseite kommen deshalb Parabolspiegel als fokussierende Einrichtungen zum Einsatz **(Bild 2)**. Dies ist auch deshalb zweckmäßig, weil die Intensität des gesendeten Lichtstrahls mit zunehmender Entfernung abnimmt, bedingt durch streckenabhängige Dämpfung.

> Bei ungeführter optischer Übertragung ist die Fokussierung der Strahlung von Bedeutung.

Die *geführte Übertragung* von Strahlung über Lichtwellenleiter hat den Vorteil, dass in diesem Fall die Strahlung mit geringen Verlusten über große Entfernungen (km-Bereich) von einem Punkt zu einem anderen Punkt übertragen werden kann. Die Dämpfung ist dabei im Regelfall kleiner als 1 dB je Kilometer. Der genaue Wert hängt vom Material der verwendeten Glasfaser ab.

Der Lichtwellenleiter besteht aus einem *Kern* und einem *Mantel* aus Glas oder Kunststoff, die beide unterschiedliche Brechzahlen aufweisen. Die Ausbreitung im LWL erfolgt durch Reflexion von dem in den Kern eingespeisten Lichtsignal an der Grenzfläche zum Mantel **(Bild 3)**. Elektromagnetische Einflüsse von außen sind bei Lichtwellenleitern nicht möglich.

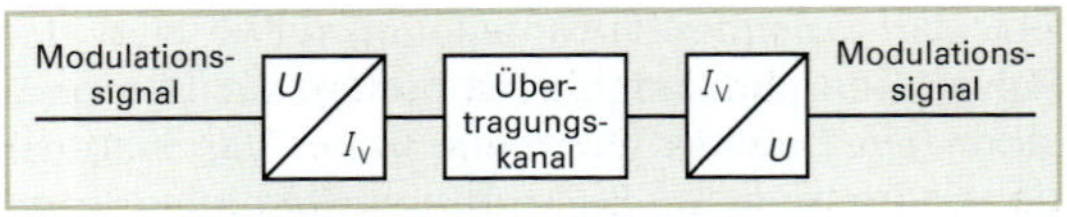

Bild 1: Optische Übertragung (Prinzip)

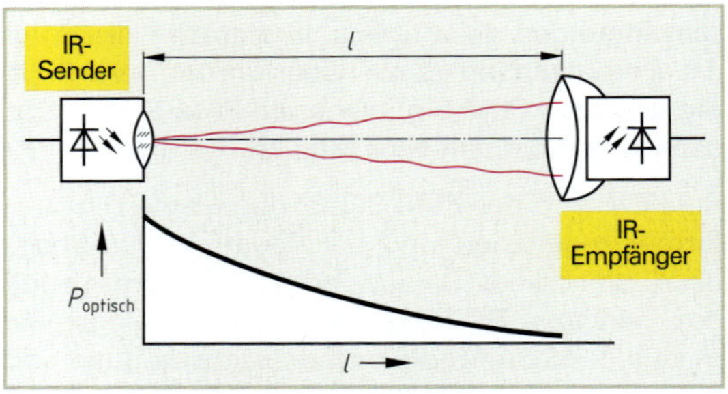

Bild 2: Ungeführte optische Übertragung

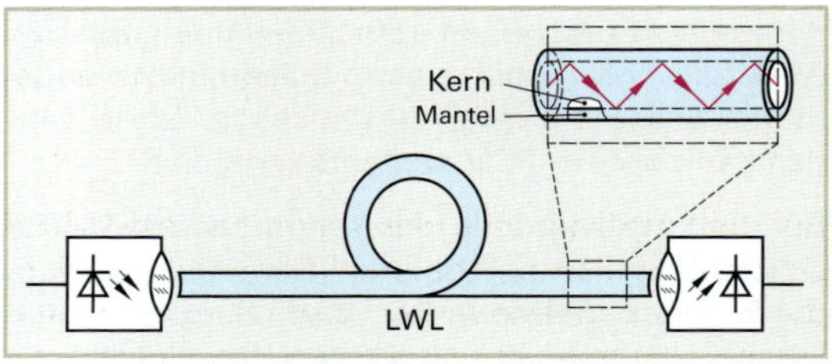

Bild 3: Geführte optische Übertragung

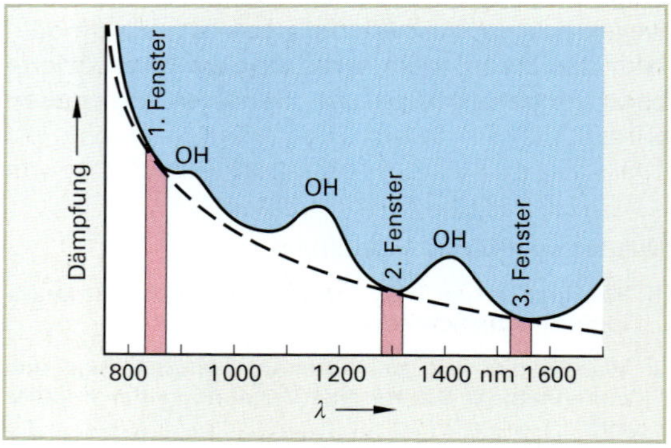

Bild 4: Prinzipieller Dämpfungsverlauf von LWL

Die Dämpfung eines Lichtwellenleiters ist frequenzabhängig. Es gibt drei als optische Fenster bezeichnete Wellenlängenbereiche, bei denen die Dämpfung besonders kleine Werte aufweist **(Bild 4)**.

Ist nach einer definierten Länge des Lichtwellenleiters das optische Signal für die weitere Übertragung zu stark gedämpft, dann kann es durch einen Verstärker für optische Signale wieder auf einen ausreichenden Wert gebracht werden.

Bei beiden aufgezeigten Übertragungsarten muss die Dispersion berücksichtigt werden. Ein ursprünglich schmaler rechteckförmiger Sendeimpuls wird dadurch zu einem breiten glockenförmigen Signal.

Auch bei der optischen Übertragung bedarf es der Modulation. Das Modulationssignal muss also einen Parameter des Lichtsignals (als Trägersignal) beeinflussen. Um die bisher bekannten Modulationsverfahren dafür verwenden zu können, müsste die Sendeseite ein einwelliges, also monochromatisches, Licht liefern, dessen Frequenz und Amplitude konstant sind. Dies lässt sich allerdings mit den derzeit in der Praxis verfügbaren Quellen nur bedingt realisieren. Da jedoch die Lichtleistung ausreichend konstant ist, kommt Intensitätsmodulation zum Einsatz. Die Lichtstärke als optische Leistung der Quelle wird bei diesem Verfahren in einem festen Zeittakt zwischen zwei Werten geändert. Dabei handelt es sich um Amplitudenumtastung (ASK), die ein digitales Modulationssignal voraussetzt.

Optische Modulation ist meistens eine Intensitätsmodulation. Dafür wird ein digitales Modulationssignal benötigt.

Auf der Empfangsseite werden als optoelektrische Umsetzer meistens PIN-Fotodioden oder Avalanche-Fotodioden (avalanche = Lawine, hier lawinenartiger Durchbruch) verwendet. Sie setzen die Wechsel der Strahlungsintensität in ein digitales Spannungssignal um, das weiterverarbeitet werden kann. Dabei spielt die Dispersion beim optischen Signal keine Rolle, solange die Unterschiede bei den Schwankungen der Lichtintensität erkennbar und damit auswertbar sind **(Bild 1)**. Mithilfe der Intensitätsmodulation können Bitraten bis in den Gbit/s-Bereich übertragen werden.

Es können auch mehrere Frequenzen gleichzeitig moduliert werden.

Die Bitrate für Lichtwellenleiter kann besser genutzt werden, wenn man unter Berücksichtigung der drei optischen Fenster im Dämpfungsverlauf (Bild 4, vorhergehende Seite) in einem, zwei oder jedem dieser drei Wellenlängenbereiche eine oder mehrere Frequenzen moduliert und dann die entstandenen Signale zusammengefasst über einen Lichtwellenleiter überträgt. Die in einem optischen Fenster genutzten Frequenzen müssen dabei bestimmte Mindestabstände aufweisen, damit sich die Signale nicht gegenseitig beeinflussen.

Für die Bildung des Gesamtsignals ist ein Multiplexer erforderlich, der auf optischem Weg aus den drei in der Wellenlänge gestaffelten Signalen ein Ausgangssignal bildet. Auf der Empfangsseite muss dieser Vorgang durch einen entsprechenden Demultiplexer wieder rückgängig gemacht werden. Für die weitere Verarbeitung stehen dann zuerst die drei modulierten optischen Signale zur Umsetzung in elektrische Signale zur Verfügung **(Bild 2)**. Es werden in diesem Fall drei optoelektrische Umsetzer benötigt.

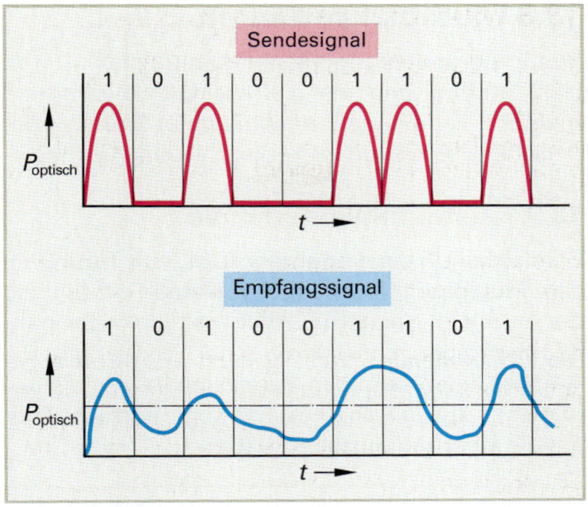

Bild 1: Sende- und Empfangssignal bei LWL

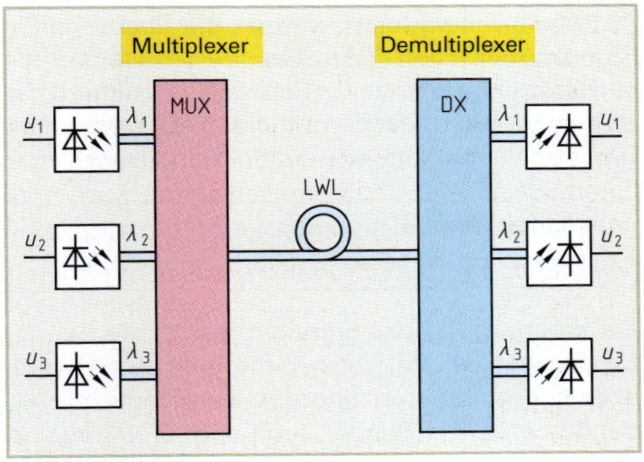

Bild 2: Wellenlängenmultiplex

Das aufgezeigte Verfahren entspricht dem von den elektrischen Signalen bekannten Frequenzmultiplex.

Da bei optischen Signalen jedoch üblicherweise mit Wellenlängen gerechnet wird, gilt hier nun die Bezeichnung Wellenlängenmultiplex WDM (von **W**avelength **D**ivision **M**ultiplex).

Wiederholung und Vertiefung

1. **Welche Gemeinsamkeiten haben die ungeführte und die geführte Lichtwellenübertragung?**
2. **Was bedeutet die Dispersion bei der Lichtwellenübertragung?**
3. **Erklären Sie das Funktionsprinzip der Intensitätsmodulation.**
4. **Welche Aufgabe hat WDM?**

13.9 Multiplexverfahren

Multiplexschaltungen (von lat. multiplex = vielfach) ermöglichen die gleichzeitige Übertragung mehrerer voneinander unabhängiger Signale über dieselbe Übertragungsstrecke, z. B. eine Leitung.

13.9.1 Zeitmultiplexverfahren

Beim Zeitmultiplexverfahren TDM (von **T**ime **D**ivision **M**ultiplex = Zeitmultiplex) werden die Signale der einzelnen Sender (Quellen) zeitlich nacheinander übertragen. Ein elektronischer Schalter gibt die Amplitudenproben der Sendesignale u_{11} bis u_{1n} immer in der gleichen Reihenfolge nacheinander auf die Übertragungsstrecke **(Bild 1).**

Die Umschalteinrichtung auf der Sendeseite wird Multiplexer genannt.

Auf der Empfangsseite werden die übertragenen Signale über einen elektronischen Schalter auf die einzelnen Empfänger (Senken) verteilt. Dies geschieht auch wieder nacheinander und in der gleichen Reihenfolge wie auf der Sendeseite.

Die Umschalteinrichtung auf der Empfangsseite wird Demultiplexer genannt.

Zur Übertragung der Signale müssen die Sender zur gleichen Zeit mit den zugehörigen Empfängern über den Multiplexer und den Demultiplexer verbunden sein, z.B. Sender 2 mit dem Empfänger 2. Man bezeichnet das als synchrones Arbeiten.

Beim Zeitmultiplexverfahren müssen Multiplexer und Demultiplexer synchron arbeiten.

Das Umschalten (Multiplexen) erfolgt durch eine Steuerschaltung. Diese muss sowohl auf der Sendeseite wie auf der Empfangsseite vorhanden sein. Die Synchronisation kann entweder über eine eigene Leitung erfolgen (Bild 1) oder man sendet Synchronisationsdaten über den Übertragungskanal mit.

Zeitmultiplex bei analogen Signalen

Multiplexer und Demultiplexer für analoge Signale enthalten für jeden Sender und Empfänger einen Halbleiterschalter (Analogschalter, **Bild 2).** Die Steuerung von Multiplexer und Demultiplexer erfolgt nach **Bild 3** so, dass jeweils ein Analogschalter leitend ist und die übrigen gesperrt sind. Liegen an einem Multiplexer zyklisch (fortlaufend nacheinander) die Spannungen u_{11}, u_{12} und u_{13} an, so entsteht das Multiplexsignal u_{MUX} der Übertragungsstrecke.

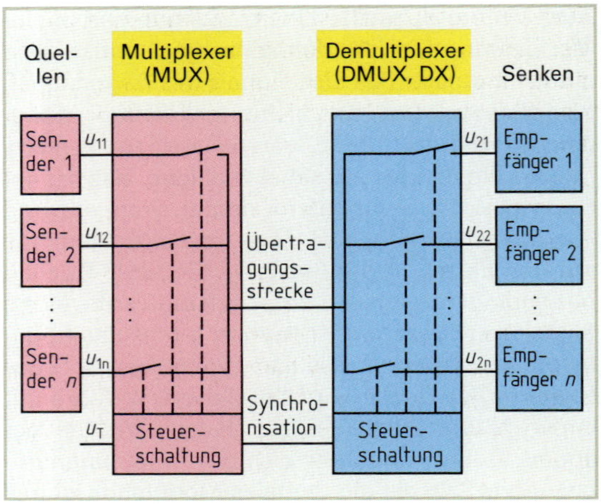

Bild 1: Prinzip der Datenübertragung mit Zeitmultiplextechnik

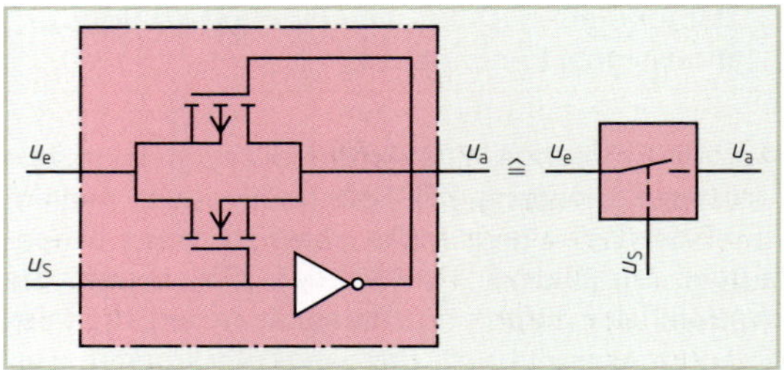

Bild 2: Analogschalter mit FET

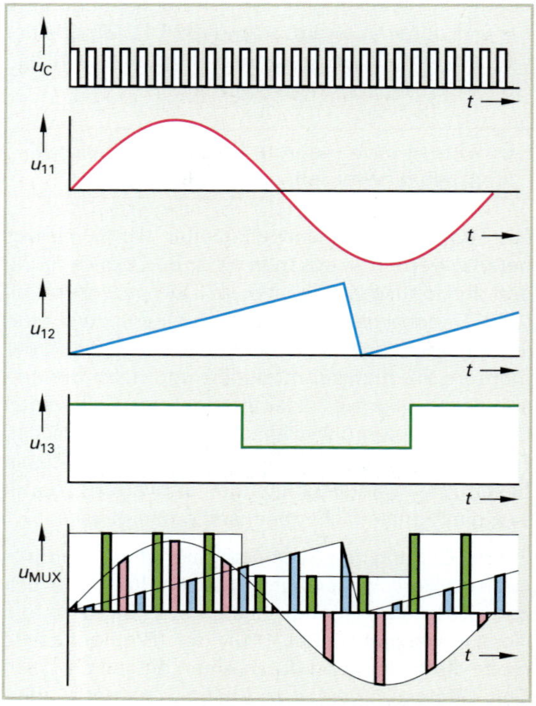

Bild 3: Zeitmultiplex mit analogen Signalen (Prinzip)

Das Multiplexsignal u_{MUX} enthält nur Ausschnitte der ursprünglichen Signalformen, also Spannungsimpulse. Die Steuerung bestimmt mithilfe des Taktsignals an C die Schaltzeiten für die Schalter.

Aus den einzelnen übertragenen Spannungspulsen kann durch Nachschalten eines Tiefpasses die ursprüngliche Kurvenform wiederhergestellt werden, wenn die Abtastfrequenz mehr als doppelt so groß wie die höchste zu übertragende Signalfrequenz ist. Eine solche Übertragung analoger Signale ist störanfällig, da Leitungsdämpfung, Laufzeitverzerrungen und Störimpulse die Form und die zeitliche Lage der Spannungspulse verändern können.

Zeitmultiplex bei binären Signalen

Hier verwendet man eine kurze Abtastzeit für den Takt. Es können entsprechend viele verschiedene Signale, z.B. 16, abgetastet und übertragen werden. Auf der Empfangsseite wird das ankommende Signalgemisch mit einem Demultiplexer in die einzelnen Signale zerlegt **(Bild 1)**.

Multiplexschaltungen für binäre Signale bestehen ebenfalls aus einem Multiplexer und einer Steuerschaltung **(Bild 2)**. Als Schalter werden UND-Elemente verwendet. Die Ausgänge der UND-Elemente werden mit einem ODER-Element zusammengefasst. Der Ausgang des ODER-Elementes liefert das Multiplexsignal u_{MUX}.

> Multiplexer für digitale Signale bestehen aus UND-Elementen, die als Schalter arbeiten, und einem zusammenfassenden ODER-Element.

Eine Steuerschaltung erzeugt aus einem Takt C die Schalttakte c_0 bis c_3, mit denen die Bits der Signale d_0 bis d_3 nacheinander auf den Ausgang des Multiplexers geschaltet werden. Da alle vier Datensignale gleichzeitig am Multiplexer anliegen, die Datenübertragung aber seriell erfolgt, muss die Übertragungsrate der Leitung so groß sein, dass keine Daten verloren gehen.

Beispiel 1:

Wie groß ist die Abtastzeit t_A der Datenbits der Sender bei einem Multiplexer mit vier Eingängen und einer Periodendauer der Abtastung T_A höchstens zu wählen?

Lösung: $t_A \leq \frac{T_A}{n} \leq \frac{T_A}{4}$

Die Steuerschaltung besteht z. B. aus einem Zähler und einem Codeumsetzer **(Bild 1, folgende Seite)**. Der Zähler muss so viele Schaltzustände erzeugen, wie der Multiplexer Eingänge hat. Aus den Schalt-

T_A Periodendauer der Abtastung t_A Abtastzeit n Anzahl der Eingänge	$t_A \leq T_A / n$

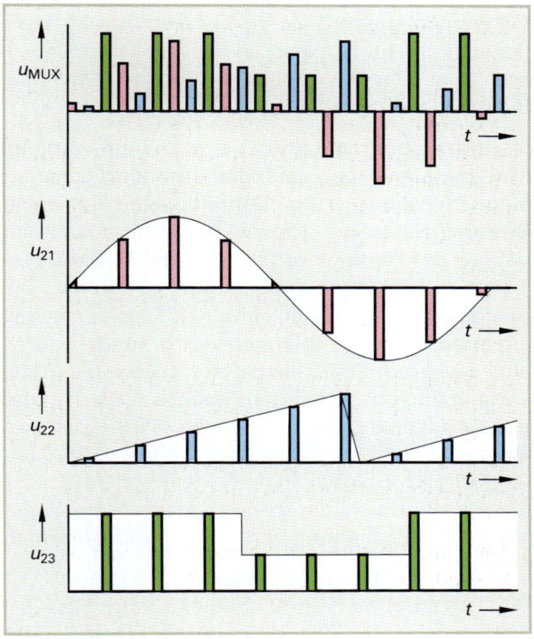

Bild 1: Zeitmultiplexsignal

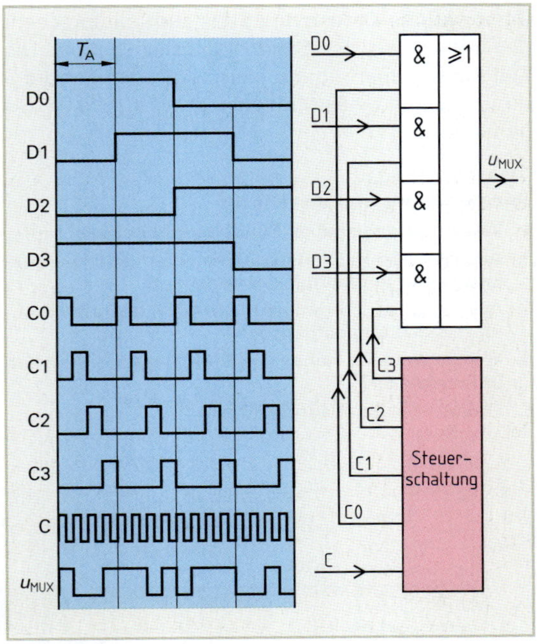

Bild 2: Erzeugung des Multiplexsignals bei binären Signalen

zuständen des Zählers werden die zeitlich versetzten Schaltsignale c_0 bis c_3 durch den Codeumsetzer erzeugt. Da der Zähler zyklisch zählt, erscheinen die Schaltzustände an den Anschlüssen C0 bis C3 zyklisch jeweils um die Zeit T_A versetzt an den Ausgängen.

Oft werden auch ICs als Multiplexer verwendet, in denen sich die Schalter und ein Teil der Steuerschaltung befinden, sodass nur noch ein Zähler für die Ansteuerung benötigt wird **(Bild 2)**.

Nach der Übertragung über eine Leitung wird das Multiplexsignal u_{MUX} auf der Empfangsseite mit einer Schaltung zum Demultiplexen in seine Bestandteile zerlegt. Dazu wird es mit den D-Eingängen der Flipflops verbunden **(Bild 3)**. Die D-Eingänge der Flipflops sind parallel geschaltet. Die richtige Zuordnung der einzelnen Signale zu den entsprechenden Empfängern wird wieder durch eine Steuerschaltung ausgeführt. Diese steuert die Takteingänge der einzelnen Flipflops zyklisch in der gleichen Reihenfolge und für die gleiche Zeit wie auf der Sendeseite an. Durch die Flipflops wird die ursprüngliche Signallänge T_A der Signale wieder hergestellt. Durch die serielle Übertragung ergibt sich eine Verschiebung der Daten in den einzelnen Kanälen (Bild 3).

Die Übertragung von Datenbytes wird bitseriell durchgeführt. Die Zeit, die dem einzelnen Sender zum zusammenhängenden Übertragen von Daten zur Verfügung steht, wird *Zeitlage* genannt **(Bild 4)**. So arbeitet z.B. der Sender 1 in der Zeitlage 1. Er überträgt das Datenbyte 2, das zum entsprechenden Abtastwert des Sendesignals u_{s1} gehört. Die Zeit für die Übertragung aller zusammengehörenden Zeitlagen eines Multiplexers wird *Rahmenzeit* genannt.

Wiederholung und Vertiefung

1. **Welche Aufgabe haben Multiplexschaltungen?**
2. **Aus welchen Halbleiterbauelementen sind die Analogschalter im Multiplexer aufgebaut?**
3. **Aus welchen Baugruppen ist eine digitale Multiplexerschaltung aufgebaut?**
4. **Welche Aufgabe haben die D-Flipflops im digitalen Demultiplexer?**
5. **Erklären Sie den Begriff Zeitlage.**

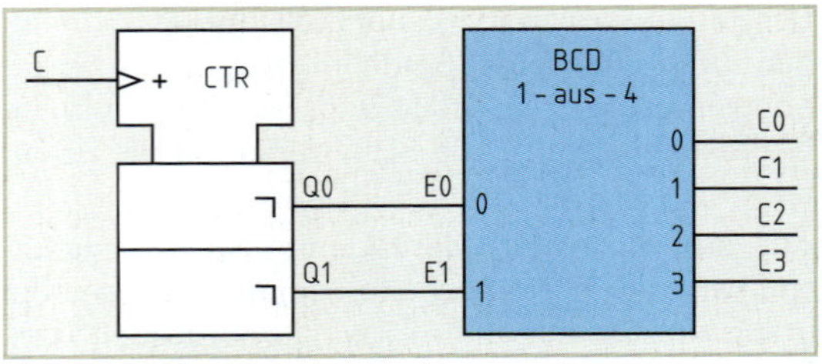

Bild 1: Erzeugung der Taktsignale

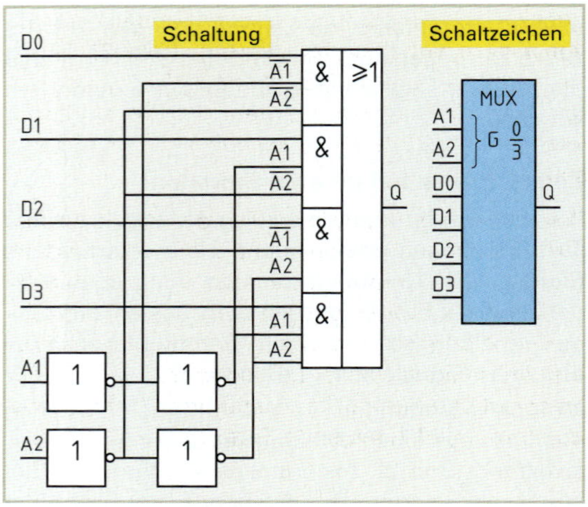

Bild 2: Multiplexer 4-Bit-zu-1-Bit

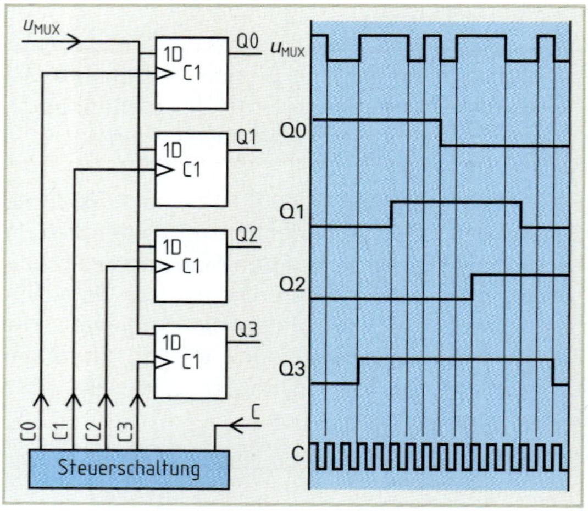

Bild 3: Zerlegung des Multiplexsignals

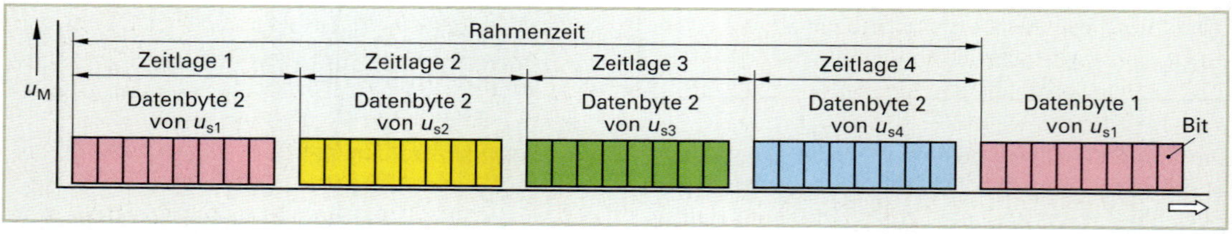

Bild 4: Rahmenzeit und Zeitlagen

13.9.2 Frequenzmultiplexverfahren

Beim Frequenzmultiplexverfahren (FDM von **Fre**quency **D**ivision **M**ultiplex = Frequenzmultiplex) werden die verschiedenen Signale aus ihrer natürlichen Frequenzlage durch Mischung in verschiedene höhere Frequenzbereiche umgesetzt. Dabei werden die einzelnen Trägerfrequenzen so gewählt, dass sich die entstehenden Seitenbänder nicht überlappen **(Bild 1).**

Am Empfangsort werden im *Demultiplexer* die frequenzmäßig gestaffelten Seitenbänder mithilfe von Filtern voneinander getrennt **(Bild 2)**. Durch Demodulation mit den zur Modulation verwendeten Trägerfrequenzen werden die Seitenbänder wieder in ihre natürliche Frequenzlage zurückversetzt.

Beim Frequenzmultiplexverfahren arbeitet man mit Einseitenbandübertragung. Dazu verwendet man Amplitudenmodulationsschaltungen, bei denen die Trägerschwingung bereits bei der Modulation unterdrückt wird. Diese Schaltungen zur Amplitudenmodulation mit unterdrücktem Träger entsprechen Multiplizierschaltungen (*Produktmodulatoren,* **Bild 1, folgende Seite).**

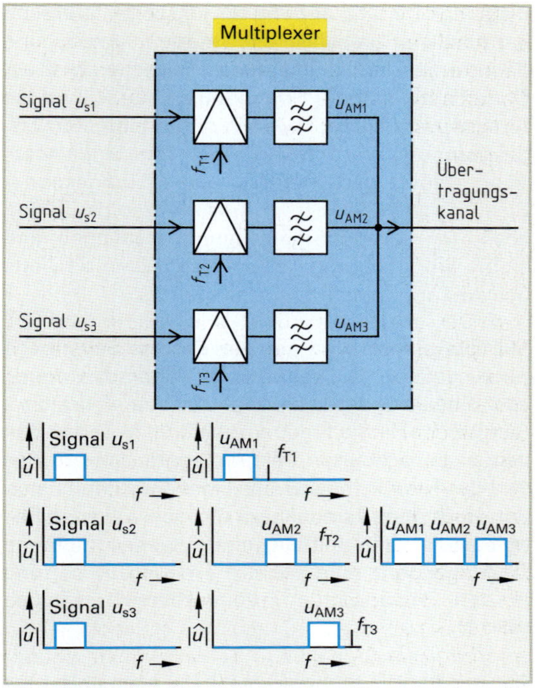

Bild 1: Frequenzmultiplexverfahren, senderseitig

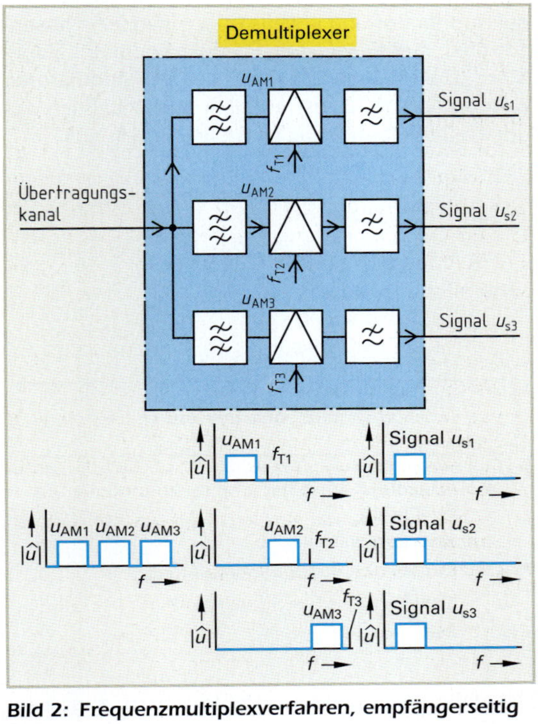

Bild 2: Frequenzmultiplexverfahren, empfängerseitig

$$u_{AM} = k \cdot u_T \cdot u_s = k \cdot \hat{u}_T \cdot \cos(\omega_T \cdot t) \cdot \hat{u}_s \cdot \cos(\omega_s \cdot t)$$

$$\cos(\omega_T \cdot t) \cdot \cos(\omega_s \cdot t) = \frac{1}{2} \cdot [\cos(\omega_T + \omega_s)t + \cos(\omega_T - \omega_s)t]$$

$$u_{AM} = +\frac{1}{2} \cdot k \cdot \hat{u}_T \cdot \hat{u}_s \cdot \cos(\omega_T + \omega_s)t + \frac{1}{2} \cdot k \cdot \hat{u}_T \cdot \hat{u}_s \cdot \cos(\omega_T - \omega_s)t$$

$$u_{AM} = \hat{u}_h \cdot \cos(\omega_T + \omega_s)t + \hat{u}_t \cdot \cos(\omega_T - \omega_s)t$$

$$\hat{u}_h = \hat{u}_t = \frac{1}{2} \cdot k \cdot \hat{u}_T \cdot \hat{u}_s$$

u_{AM}	Augenblickswert der amplitudenmodulierten Spannung
k	schaltungsabhängige Modulationskonstante
u_T	Augenblickswert der Trägerspannung
$\hat{u}_T$	Amplitude der Trägerspannung
ω_T	Kreisfrequenz der Trägerspannung
t	Zeit
u_s	Augenblickswert der Signalspannung
$\hat{u}_s$	Amplitude der Signalspannung
$\hat{u}_h$	Spannungsamplitude der oberen Seitenschwingung
$\hat{u}_t$	Spannungsamplitude der unteren Seitenschwingung
ω_M	Kreisfrequenz des Modulationssignals
ω_s	Kreisfrequenz der Signalspannung

Der *Produktmodulator* (Bild 1, folgende Seite) enthält drei gleiche Differenzverstärker. Wenn keine Signalspannung anliegt, dann ist der Strom i_3 so groß wie der Strom i_6.

Liegt eine Trägerspannung an, so steigen während der positiven Halbwelle die Ströme i_1 sowie i_5 und die Ströme i_2 sowie i_4 nehmen im gleichen Maß ab. Dadurch bleiben der Spannungsfall an R_L und die Ausgangsspannung u_{AM} unverändert, d.h., die Trägerspannung wird unterdrückt. Die Signalspannung steuert den Strom i_3 und in umgekehrter Richtung auch den Strom i_6. Wenn also die Trägerspannung und die Signalspannung anliegen, entsteht am Ausgang die amplitudenmodulierte Schwingung ohne Trägerschwingung.

Mit einem Filter wird das gewünschte Seitenband herausgefiltert. Die verwendete Trägerschwingung soll eine möglichst niedrige Frequenz besitzen, damit der relative Frequenzabstand zwischen den beiden benachbarten Seitenbandgrenzen groß ist und das Filter keine so hohe Flankensteilheit benötigt. Nach dem Herausfiltern des gewünschten Seitenbandes kann mithilfe einer zweiten, höheren Trägerfrequenz eine weitere Frequenzumsetzung in den gewünschten Frequenzbereich erfolgen **(Bild 2)**.

Außer dieser *Filtermethode* gibt es auch noch eine *Phasenmethode* **(Bild 3)**. Die Trägerschwingung und das Signal werden dabei einem ersten Produktmodulator und jeweils über einen 90°-Phasenschieber einem zweiten Produktmodulator zugeführt. Die Ausgangssignale beider Modulatoren werden addiert. Dabei entsteht ausschließlich das untere Seitenband, das obere löscht sich aus.

$$u_{AM1} = \hat{u} \cdot \cos(\omega_T \cdot t) \cdot \cos(\omega_s \cdot t)$$

$$u_{AM2} = \hat{u} \cdot \sin(\omega_T \cdot t) \cdot \sin(\omega_s \cdot t)$$

$$u_{AM} = u_{AM1} + u_{AM2} = \hat{u} \cdot (\cos[\omega_T \cdot t] \cdot \cos[\omega_s \cdot t] + \sin[\omega_T \cdot t] \cdot \sin[\omega_s \cdot t])$$

$$u_{AM} = \hat{u} \cdot \cos(\omega_T - \omega_s)\,t$$

u_{AM}	Augenblickswert der amplitudenmodulierten Spannung
$\hat{u}$	Spannungsamplitude
ω_T	Kreisfrequenz der Trägerspannung
ω_s	Kreisfrequenz der Signalspannung
t	Zeit

Das Frequenzmultiplexverfahren wird angewendet bei der Trägerfrequenztechnik, bei der Zusammensetzung des Stereo-Multiplexsignals in der Rundfunktechnik und bei der Bildung des Farbartsignals nach dem PAL-Verfahren in der Fernsehtechnik.

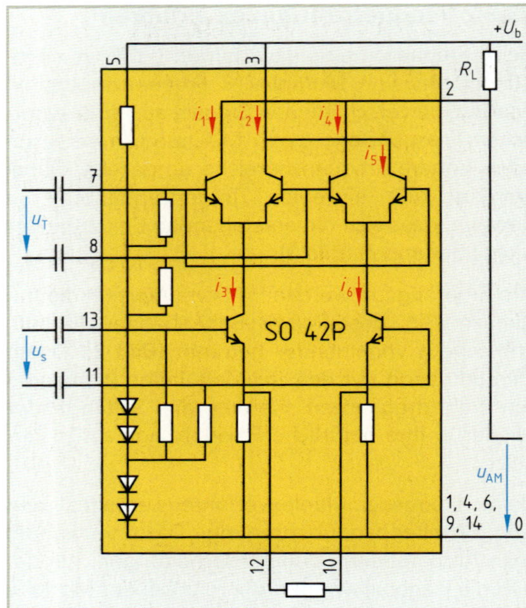

Bild 1: Produktmodulator mit Trägerunterdrückung

Bei der Filtermethode wird das gewünschte Seitenband herausgefiltert.
Bei der Phasenmethode wird das untere Seitenband durch phasenverschobene Addition erzeugt.

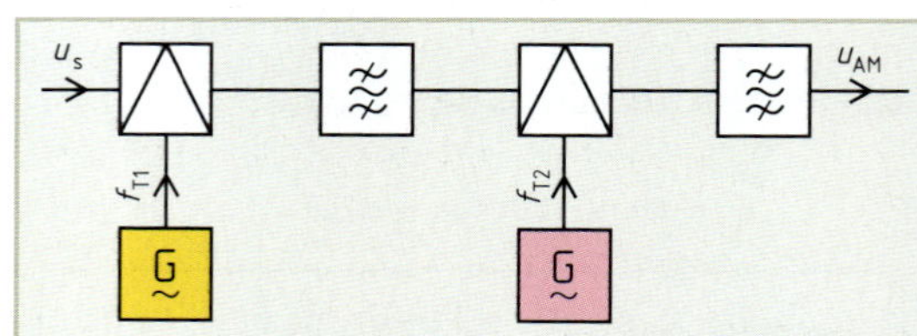

Bild 2: Schaltung zur stufenweisen Frequenzumsetzung

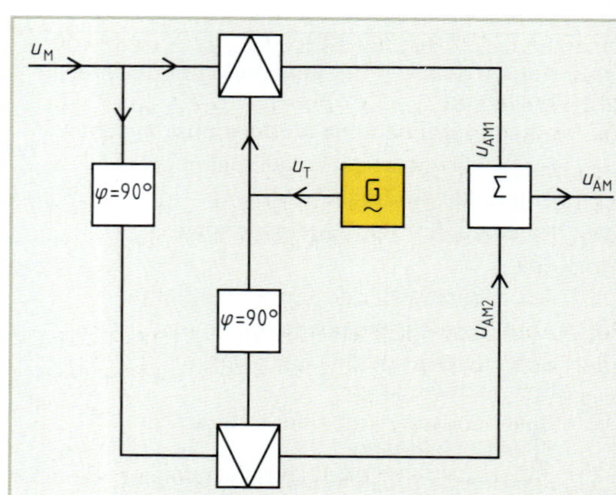

Bild 3: Schaltung zur Phasenmethode

14 Systeme vernetzen

14.1 Übertragungstechnik

Die Übertragungstechnik ermöglicht durch Signale den Informationsaustausch zwischen räumlich entfernten Stellen. Der Entstehungsort des Signals heißt *Nachrichtenquelle,* der Empfangsort *Nachrichtensenke* **(Bild 1).** Die Verbindung zwischen Quelle und Senke übernimmt das Nachrichtenübertragungssystem. Dies besteht aus einem Sender, der *Übertragungsstrecke* und dem Empfänger. Übertragungen können geführt über Leitungen mit elektrischen oder optischen Signalen oder ungeführt über Funksignale im freien Raum erfolgen.

Leiter und freier Raum werden zur Nachrichtenübertragung verwendet.

Übertragungen stellen eine gerichtete Verbindung zwischen den Teilnehmern dar. Sind mehr als zwei Teilnehmer vorhanden, spricht man von einem Netz. Je nach Richtung des Informationsflusses unterscheidet man verschiedene Betriebsarten **(Tabelle 1).** Die Betriebsart *Simplex* wird z.B. bei der Übertragung vom Rundfunksender zum Empfänger verwendet. Die Betriebsart *Halbduplex* wird angewendet, wenn nur ein Übertragungskanal, z.B. eine Frequenz, zur Verfügung steht. Dies ist z.B. beim Bündelfunk der Fall. Beim *Duplex-Verfahren* können beide Teilnehmer gleichzeitig senden und empfangen, z.B. beim Telefonieren.

Wichtige Kenngrößen eines Übertragungskanals sind die Bandbreite B und die Nachrichtenmenge N.

Beispiel 1:

Welche Nachrichtenmenge N ist übertragbar, wenn die Bandbreite B = 100 MHz, die Zahl der Amplitudenstufen m = 2 und die Übertragungszeit t = 10 ms ist?

Lösung:

$N = 2 \cdot B \cdot t \cdot \text{lb}\, m = 2 \cdot 100\ \text{MHz} \cdot 10\ \text{ms} \cdot \text{lb}\,(2) =$ **2 Mbit**

Steht eine große Bandbreite zur Verfügung, kann eine Mehrfachnutzung des Übertragungskanals durch Multiplexverfahren erfolgen. Wird ein Signal in seiner ursprünglichen Frequenzlage, d.h. unmoduliert, übertragen, spricht man von Basisbandübertragung.

Bei der Basisbandübertragung werden die Signale in der ursprünglichen Frequenzlage übertragen.

Bei der Übertragung von Datensignalen im Basisband können die Binärsignale Gleichspannungsimpulse sein. Sie können dabei eine unterschiedliche Lage zum Taktimpuls haben **(Bild 2).** Beim NRZ-Verfahren (von Non Return to Zero = Nichtrückkehr zu Null) ist der Impuls so lang wie die Pulsperiode des Taktes. Beim RZ-Format (von Return to Zero = Rückkehr zu Null) ist der Impuls halb so lang. Dadurch kann man aus einer Folge mehrerer Bits mit dem Wert 1 den Takt zum Synchronisieren des Empfängers zurückgewinnen. Zur Synchronisation ist auch der Manchester-Code geeignet (siehe Tabellenbuch Informations- und Systemtechnik).

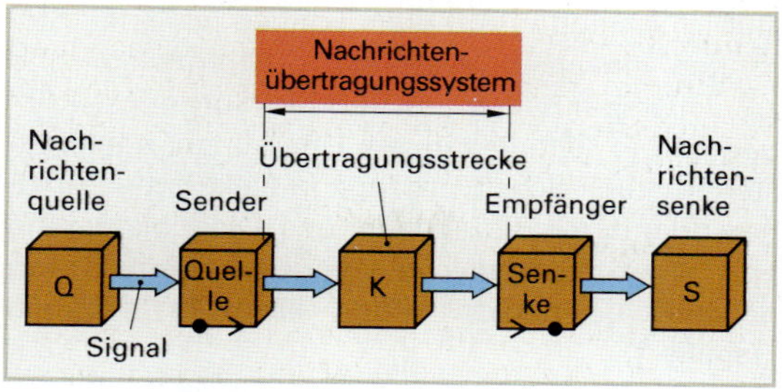

Bild 1: Prinzip der Nachrichtenübertragung

Tabelle 1: Betriebsarten der Übertragung	
Betriebsart	Erklärung
Simplex	Einrichtungsbetrieb. Der Signalweg geht vom Sender zum Empfänger in eine Richtung.
Halbduplex	Wechselbetrieb. Wechselseitige Signalübertragung. Ein Teilnehmer kann immer nur senden oder empfangen.
Duplex	Zweirichtungsbetrieb. Durch Verwendung von zwei Übertragungsstrecken kann gleichzeitig gesendet und empfangen werden.

$[N]$ = bit

$$N = 2 \cdot B \cdot t \cdot \text{lb}\, m$$

N	Nachrichtenmenge (Kanalkapazität) in bit
B	Bandbreite des Kanals
t	Zeit in s
m	Zahl der Amplitudenstufen des Signals
lb m	Informationsgehalt (lb Zweierlogarithmus)

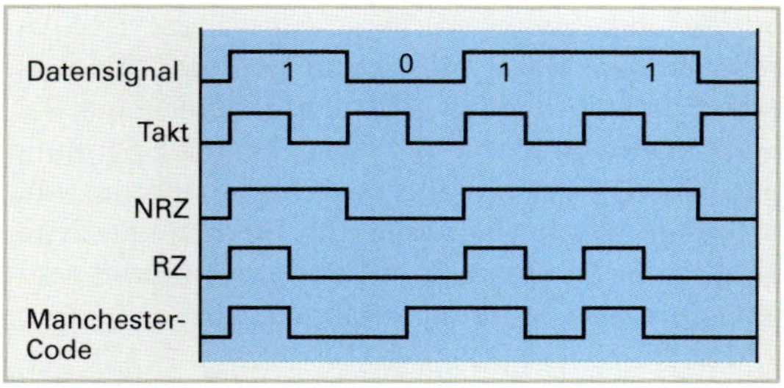

Bild 2: Codes zur Übertragung von Gleichspannungsimpulsen

Auf Übertragungsstrecken können vielerlei Störungen einwirken. Wesentliche Störquellen sind z.B. Überspannungen in Stromversorgungsleitungen und in Datenleitungen. Überspannungen entstehen durch Schaltvorgänge in elektrischen Anlagen oder durch Blitzentladungen. Die Einkopplung von einem System in ein anderes System kann galvanisch, induktiv oder kapazitiv erfolgen **(Tabelle 1)**.

Überspannungen können durch galvanische, induktive oder kapazitive Einkopplung bedingt sein.

Das Einkoppeln von Überspannungen aus dem Netz in die elektronische Anlage wird durch Überspannungsschutzableiter (Tabellenbuch Informationstechnik und Systemtechnik) zwischen den Netzleitern und einem geerdeten Leiter vermieden **(Bild 1)**. Bei einem Blitzschlag in das elektrische Versorgungsnetz entsteht ein energiereicher Impuls, die Stoßspannungswelle. Diese breitet sich im Netz aus. Da die Energie der Stoßspannungswelle sehr groß sein kann, wird sie Gasableitern zugeführt. Diese zünden verzögert, sodass einige hundert Volt als Überspannung übrig bleiben.

Die Stoßspannungswelle lässt sich mit Gasableitern abfangen.

Ist kein Hausüberspannungsschutz vorhanden, verwendet man steckbare Überspannungsschutzgeräte, die zwischen Versorgungsnetz und zu schützendes Gerät geschaltet werden **(Bild 2)**. Meist enthalten diese auch Gasableiter. Eine Reiheninduktivität glättet die verbleibende Spannung und ein VDR-Widerstand setzt die Spannung weiter herab. Nach einer weiteren Reiheninduktivität wird die Spannung z.B. mit Suppressordioden auf eine geringe Spannung herabgesetzt.

Für den Schutz von Tk-Anlagen oder Endgeräten werden z.B. steckbare Schutzgeräte (NT-Protector) verwendet **(Bild 3)**.

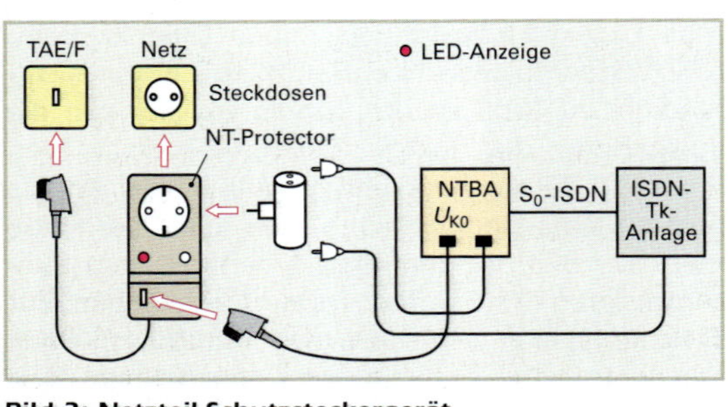

Bild 3: Netzteil-Schutzsteckergerät

Tabelle 1: Kopplungsarten bei Überspannungen

Art	Beispiel
Galvanische Einkopplung	Über gemeinsame Stromzweige werden Überspannungen in den Übertragungskanal eingekoppelt.
Induktive Einkopplung	Das Magnetfeld eines Leiters induziert in einem danebenliegenden Leiter eine Überspannung.
Kapazitive Einkopplung	Zwischen zwei Leitern mit hohem Potenzialunterschied erfolgt eine Einkopplung über das elektrische Feld.

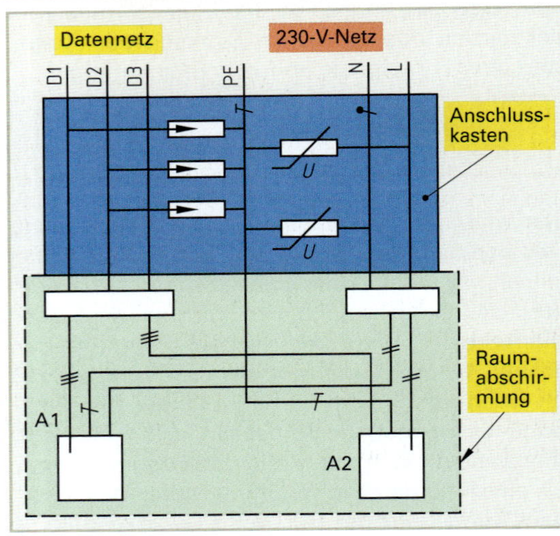

Bild 1: Überspannungsschutz einer Datenverarbeitungsanlage

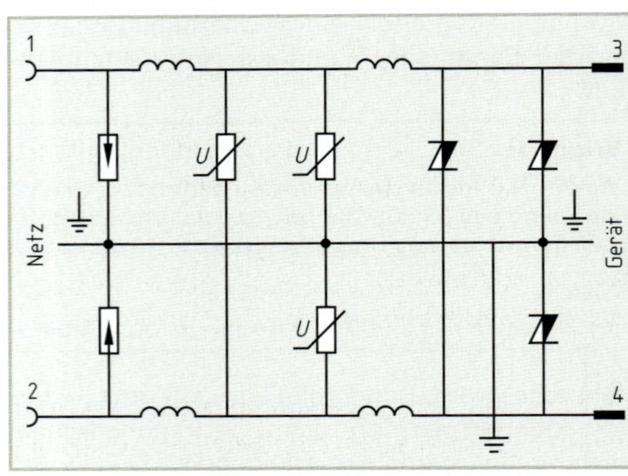

Bild 2: Überspannungsschutz-Kaskade in einem steckbaren Überspannungsschutzgerät

Wiederholung und Vertiefung

1. **Welche Medien werden zur Nachrichtenübertragung verwendet ?**
2. **Welche Betriebsarten der Übertragung gibt es?**
3. **Wie erfolgt die Basisbandübertragung?**
4. **Nennen Sie drei wichtige Codes für die Übertragung von Gleichspannungsimpulsen.**
5. **Wie werden Überspannungen in ein System eingekoppelt?**

14.2 Netzwerkgrundlagen

14.2.1 Vorteile von Netzwerken

Der Einsatz von Computernetzwerken bietet viele Vorteile **(Bild 1)**. Ein Nutzer (User) muss meistens einen Benutzernamen und ein Passwort (Nutzeridentität, User Identity) eingeben, um Zugang zu einem Netzwerk zu erhalten. Bei Ausfall eines PCs ist der Datenzugriff anderer PCs weiterhin möglich.

Netzwerk = System aus mehreren mittels Kommunikationseinrichtungen miteinander verbundenen Computern.

Anwendungsprogramme werden auf dem Server installiert und sind von allen Nutzern anwendbar (Software-Sharing = Software-Zuteilung). Auf diese Weise ist es nicht mehr notwendig, jeden einzelnen Arbeitsplatz aufzusuchen, um dort Installationen, Wartung und Aktualisierung der Programme und Daten durchzuführen.

Durch die zentrale Speicherung von Daten stehen Änderungen und Aktualisierungen der Daten sofort für alle Nutzer zur Verfügung. Der Administrator kann auf einfache Weise regelmäßig Datensicherungen durchführen. Diese wird auch als Backup (to back up = sichern) bezeichnet.

Durch Ressourcen-Sharing können Kosten vermieden werden.

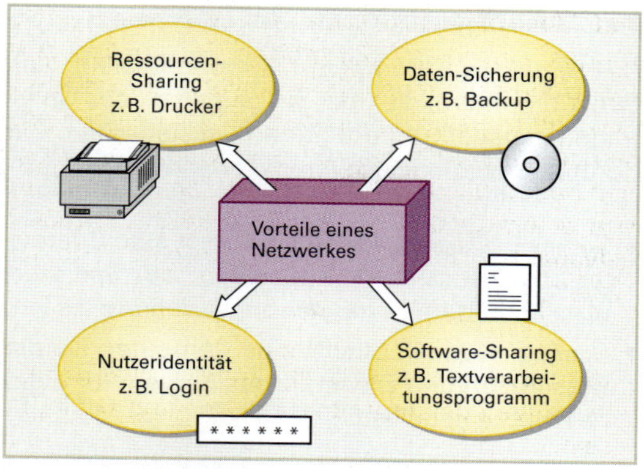

Bild 1: Vorteile eines Computernetzwerkes

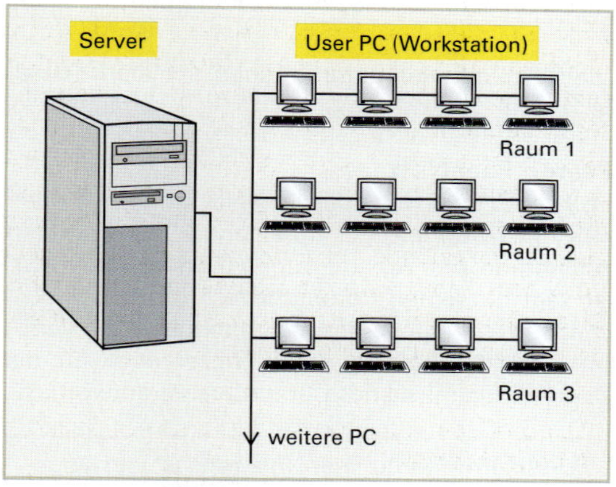

Bild 2: Kommunikation mit LAN

Bild 3: Weltweite Kommunikation mit GAN

14.2.2 Räumliche Ausdehnung

LAN

Kommunikationssysteme, die sich in ihrer geografischen Ausdehnung auf ein Firmengelände oder einen Privathaushalt begrenzen, werden als LAN (von Local Area Network = lokales Netz) bezeichnet **(Bild 2)**. Im Normalfall werden keine Leitungen öffentlicher Anbieter genutzt.

MAN

Ein MAN (von Metropolitan Area Network = großstädtisches Netz) stellt die Datenkommunikation innerhalb eines Stadtgebietes sicher. MANs werden in Deutschland für computergestützte Verkehrsleitsysteme oder bei Stadtverwaltungen verwendet. Ein Merkmal ist dabei die Mehrdienstefähigkeit, d.h. gleichzeitige Übertragung von Daten und Sprache.

WAN

Das WAN (von Wide Area Network = weitflächiges Netzwerk) erstreckt sich über größere Entfernungen. Der Datenverkehr dieser Netze erfolgt häufig über Fernmeldenetze. Für die Datenübertragung wird die Breitbandtechnologie verwendet. Dadurch können zu einem Zeitpunkt mehrere unterschiedliche Übertragungen über ein und dieselbe Leitung erfolgen.

GAN

Das GAN (von Global Area Network = globales Netzwerk) ist ein Kontinente übergreifendes Netz, wie z.B. das Internet **(Bild 3)**.

14.2.3 Konfigurationen von LAN

Das einfachste Computernetzwerk besteht aus zwei Computern, die über ein gemeinsames Übertragungsmedium Informationen austauschen. Die Computer werden nach ihrer Verwendung bezeichnet.

- **Server** (= Dienste-Anbieter): Server sind Computer, die Dienste und Ressourcen, z.B. Speicherplatz für andere Computer, zur Verfügung stellen.
- **Client** (= Kunde): Clients sind Computer, die die Ressourcen und Dienste eines Servers für eigene Zwecke benutzen.

Man unterscheidet die Netzwerkarten Peer-to-Peer-Netzwerk und serverbasiertes Netzwerk.

Die Netzwerkarten unterscheiden sich stark **(Tabelle 1)**.

Tabelle 1: Netzeigenschaften

Netzart	Eigenschaften
Peer to Peer	Billig, einfach aufzubauen, großer Administrationsaufwand
Server	Teuere Server-Software, einfache Administration

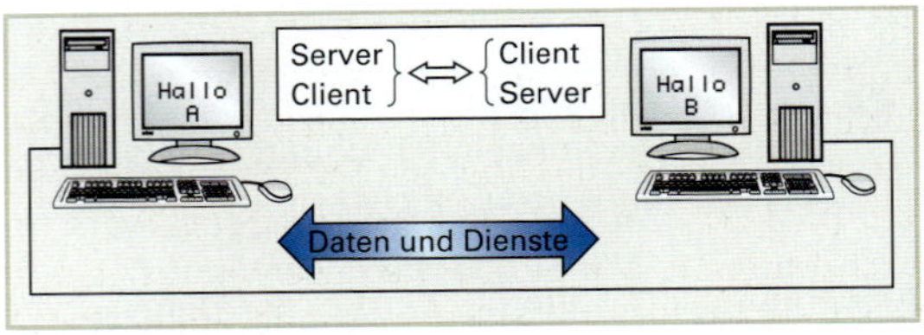

Bild 1: Peer-to-Peer-Netzwerk mit zwei PCs

Peer-to-Peer-Netz

Im Peer-to-Peer-Netz (peer = gleichrangig) arbeiten PCs gleichberechtigt miteinander und bilden zusammen eine Arbeitsgruppe **(Bild 1)**. Jeder Nutzer legt für seinen Computer fest, ob und in welcher Form er eigene Ressourcen im Netz zur Verfügung stellt. Somit ist jeder Nutzer auch für die Zugriffsfreigabe seines Computers verantwortlich.

Bei einem Peer-to-Peer-Netzwerk ist ein angeschlossener Computer sowohl Client als auch Server.

Serverbasiertes Netz

In einem serverbasierten Netzwerk **(Bild 2)** befinden sich die Ressourcen auf einem Server oder einer Gruppe von Servern. Diese Server werden von berechtigten Personen, den Administratoren (von administration = Verwaltung), gewartet. Serverbasierte Netze werden verwendet, wenn viele PCs verbunden werden sollen, die zum Teil noch räumlich weit entfernt stehen.

Ein Merkmal der Client-Server-Konzeption ist, dass von einem oder mehreren Computern (Servern) verschiedene Dienste abrufbar sind.

Dateiserver

Ein Dateiserver (Fileserver) verwaltet meist mehrere große, schnelle Festplatten. Auf diesen werden alle Programme und Daten, die von den Nutzern erstellt worden sind, gespeichert.

Druckserver

Ein Druckserver (Printserver) verwaltet den Zugriff auf die Netzwerk-Drucker und stellt somit mehreren Client-Computern dieselben Drucker zur Verfügung **(Bild 3)**.

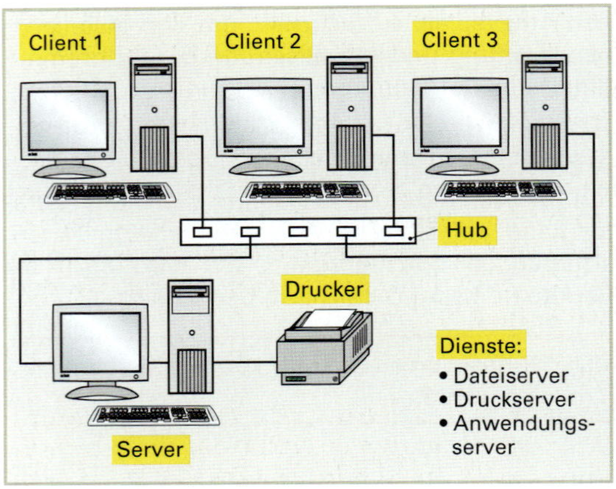

Bild 2: Client-Server-Netzwerk

Anwendungsserver

Der Anwendungsserver (Applicationserver) stellt Programme und Rechenleistung bereit, die von den Clients verwendet werden (Bild 3). Sucht ein Nutzer eines Clients z.B. einen bestimmten Datensatz einer Datenbank, so durchsucht der Server die entsprechende Datenbank und übermittelt dem Client nur den gefundenen Datensatz. Anwendungsserver belasten das Netzwerk weniger, da nur benötigte Datensätze übermittelt werden.

Proxyserver

Der Proxyserver (proxy = Stellvertreter) ist ein Computer, der allen angeschlossenen Computern einen Zugang zum Internet anbietet.

Der Begriff Server wird für Dienste und für Dienste anbietende Computer verwendet.

Auf einem Server können mehrere Dienste, z.B. Fileserver, Printserver und Proxyserver gleichzeitig installiert sein.

14.2.4 Netztopologien

Die räumliche Anordnung und Platzierung der an einem Netzwerk angeschlossenen Computer und ihre Verkabelung wird als Topologie (von griech. Topos = Ort) bezeichnet. Wichtigste Netztopologien sind Bus, Ring und Stern.

Bus

Die Bus-Topologie verwendet eine gemeinsame, zentrale Leitung, die als Bus bezeichnet wird. An diesen Bus werden alle Stationen mit einer eigenen Anschlussleitung über ein T-Stück angeschlossen **(Bild 1)**. Bei der Datenübertragung werden Nachrichten an alle Endgeräte gesendet. Es treten daher Kollisionen auf, wenn zwei oder mehr Rechner gleichzeitig senden.

Die Enden der Busleitung NT (Net Termination = Netzende) müssen mit Widerständen abgeschlossen werden, um Signalreflexionen zu verhindern.

Eine Erweiterung des Netzwerks durch zusätzliche Computer ist relativ einfach. Dabei darf die zulässige Buslänge nicht überschritten werden. Der Ausfall einer Station führt zu keiner Störung des übrigen Netzes. Wenn aber die Busleitung unterbrochen wird, fällt das gesamte Netzwerk aus, da an der Unterbrechungsstelle kein Abschlusswiderstand vorhanden ist.

Ring

Bei der Ring-Topologie besitzt jede Station einen linken und einen rechten Nachbarn. Der Datenverkehr ist gerichtet. Er durchläuft den Ring in einem vorbestimmten Umlaufsinn. Die Daten werden von einer Station aufgenommen und diese prüft, ob die Daten für sie bestimmt sind. Wenn nicht, gibt die Station die Daten an ihren Nachbarn weiter, bis die Zielstation erreicht ist. Jede Station regeneriert und verstärkt die Datensignale und ermöglicht so eine große Netzausdehnung.

Beim Ausfall einer Station oder eines Leitungsteils wird dies vom Ringmonitor erkannt und z.B. ein Überbrückungsrelais eingeschaltet oder auf eine Ersatzleitung umgeschaltet (Backup-Ring). Die Ring-Topologie wird fast immer als physikalische Stern-Topologie mit einem Ringverteiler realisiert **(Bild 2)**.

Stern

Bei der Stern-Topologie ist jede angeschlossene Station über eine eigene Leitung mit einem zentralen Verteiler (Hub, Switch) verbunden **(Bild 3)**.

Bei Stationsausfall oder bei Leitungsdefekt bleibt im Sternnetz die Funktion des restlichen Netzwerks erhalten.

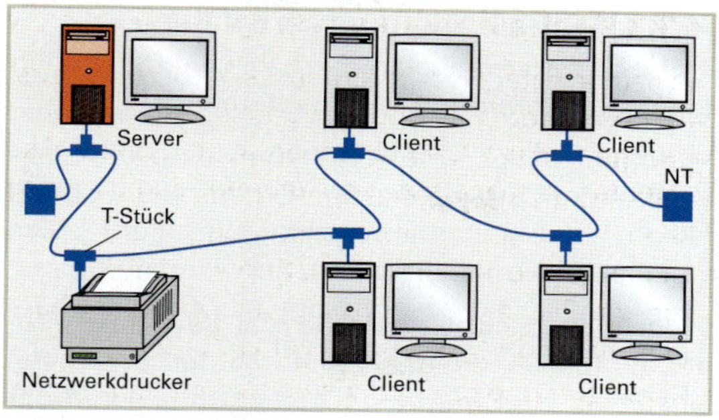

Bild 1: Bus-Topologie

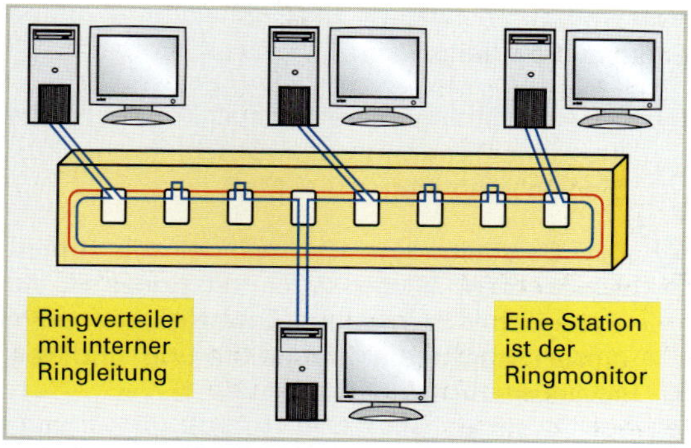

Bild 2: Logischer Ring in Stern-Topologie

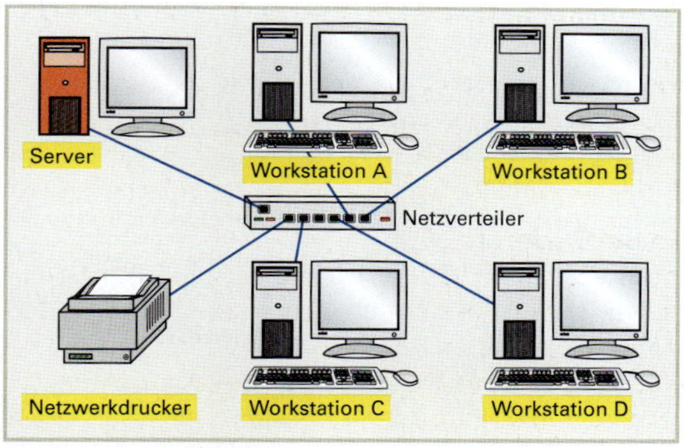

Bild 3: Stern-Topologie

Tabelle 1: Topologien

Eigenschaften	Bus	Ring	Stern
Erweiterbarkeit	gut	sehr gut	sehr gut
Verkabelungs-aufwand	sehr gering	gering	groß
Verhalten bei Ausfall einer Station	Netzwerk funktioniert weiter.	Station fällt aus.	Netzwerk funktioniert weiter.

In einem LAN können auch Mischformen aus diesen drei Grundformen verwendet werden. So können z.B. bei einem größeren Firmennetz die besonderen Eigenschaften und Vorteile der jeweiligen Grundform ausgenutzt werden **(Tabelle 1)**.

14.2.5 OSI-7-Schichtenmodell nach ISO

Protokolle beschreiben die Art, wie die Datenübertragung in Kommunikationssystemen erfolgt.

Kommunikationsprotokolle haben nach ISO (von International Standardization Organization = Internationale Standardisierungsorganisation) eine Einteilung in 7 Teilbereiche.

Jeder Teilbereich wird als Schicht (layer) bezeichnet. Protokolle, die offen sind, d.h. für jedermann einsehbar, und die somit gemeinsam benutzbar sind für eigene Entwicklungen, werden in Form des OSI-7-Schichtenmodells **(Bild 1)** beschrieben (OSI von Open System Interconnection = offene Systemverbindung).

⑦ Die Anwendungsschicht enthält Protokolle, die Anwender-Programme zur Durchführung ihrer Dienste benötigen, z.B. E-Mail.

⑥ Die Darstellungsschicht wandelt die unterschiedlichen Zeichensätze und Codes in ein einheitliches Format um. Zusätzlich können in dieser Schicht die Komprimierung und Verschlüsselung erfolgen.

⑤ In der Sitzungsschicht werden die Synchronisation, der Dialogablauf und der Verbindungsaufbau, z.B. die Passwortkontrolle, geregelt.

④ In der Transportschicht wird der Datenstrom in Segmente geteilt und der Verbindungsweg vom Quellcomputer zum Zielcomputer gewählt.

③ In der Netzwerkschicht werden Datenpakete gebildet und adressiert mit den IP-Adressen. Diese werden beim Routing benutzt.

② In der Sicherungsschicht werden die zu übertragenden Daten in logische Einheiten (Frames) gruppiert. Bei einer Datenübertragung über ein Netzwerk ist die Sicherungsschicht in den Logical Link Control (LLC) und den Media Access Control (MAC) unterteilt (Bild 1).

① In der Bitübertragungsschicht sind die elektrischen, mechanischen und funktionalen Parameter, z.B. Spannungspegel und Art der Steckverbindung, für die Übertragung definiert.

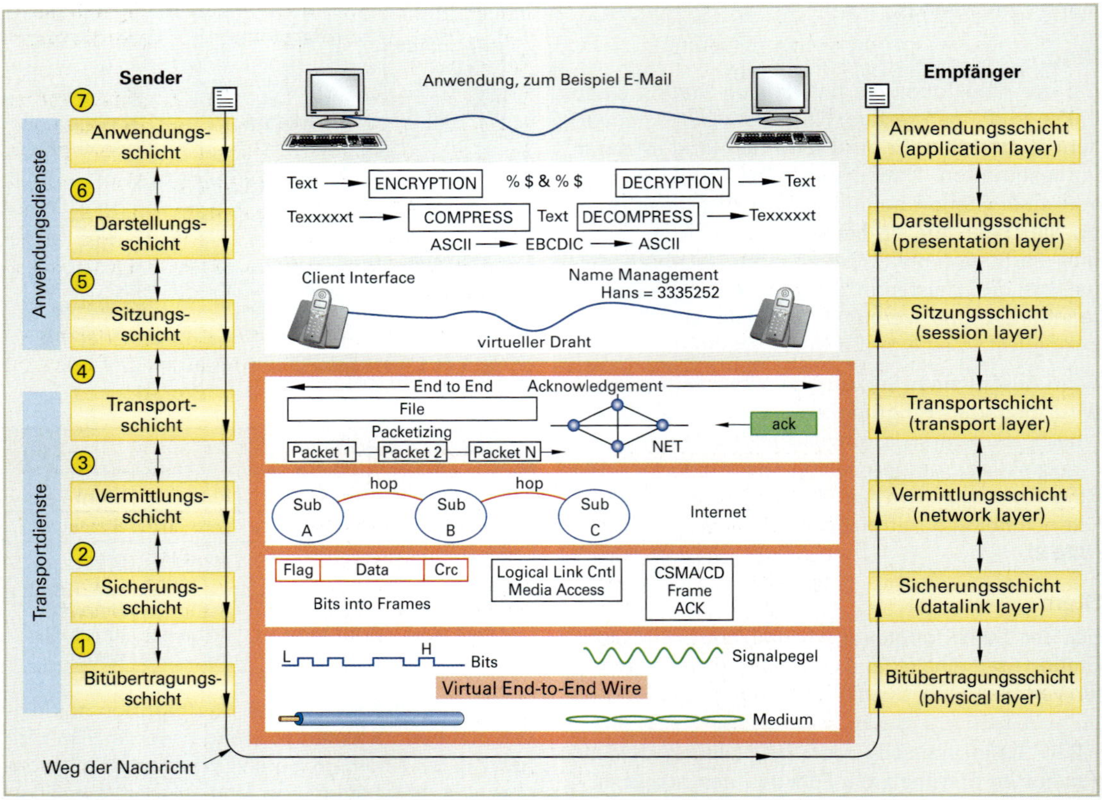

Bild 1: Kommunikationsablauf über das OSI-7-Schichtenmodell nach ISO

14.2.6 Netzzugriffsverfahren

Netzzugriffsverfahren regeln den Datenaustausch zwischen den Nutzern im Computernetz. Durch Protokolle ist festgelegt, wann und wie lange ein Nutzer den Datenkanal benutzen darf.

> Netzwerkprotokolle der Schicht 2 legen Zeit und Länge der Datenkanalverfügbarkeit fest.

CSMA/CD-Verfahren

Das CSMA/CD-Verfahren arbeitet wie folgt:

- Ein sendewilliger Nutzer hört in das Datennetz hinein, ob gerade ein anderer Teilnehmer sendet, also das Netz belegt ist (**C**arrier **S**ense = Abfrage des Trägers).
- Ist das Netz frei, so sendet der Nutzer. Anschließend hört er die Datenleitung ab, ob nicht eine andere Station gleichzeitig gesendet hat. Alle Nutzer empfangen die Nachricht. Jedoch nur der adressierte Nutzer verarbeitet die Nachricht.
- Ist das Netz belegt, so wird abgewartet und ständig mitgehört, bis das Netz frei wird, und dann gesendet. Da dies auch andere Nutzer tun, ist die Wahrscheinlichkeit groß, dass mehrere Teilnehmer geichzeitig mit Senden beginnen, also Mehrfachzugriff (= **M**ultiple **A**ccess).
- Greifen mehrere Teilnehmer gleichzeitig auf das Netz zu, dann führt dies zu einer Kollision. Der Nutzer, der die Kollision zuerst erkannt hat (**C**ollision **D**etection = Kollisionserkennung), sendet ein 32-Bit-JAM-Signal (jam = Verklemmung). Jede Station stoppt das Senden und beginnt mit einem erneuten Sendeversuch nach Ablauf einer von einem Zufallsgenerator bestimmten Zeit (= backoff). Jeder Nutzer hat einen eigenen Zufallsgenerator und deshalb im Durchschnitt die gleichen Sendechancen.

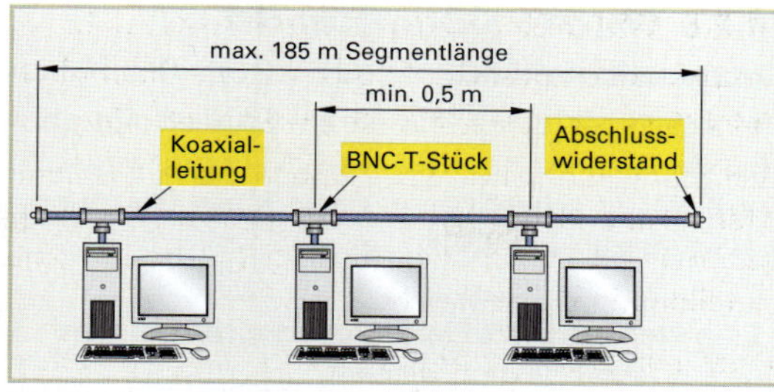

Bild 1: Konfiguration für 10 Base-2

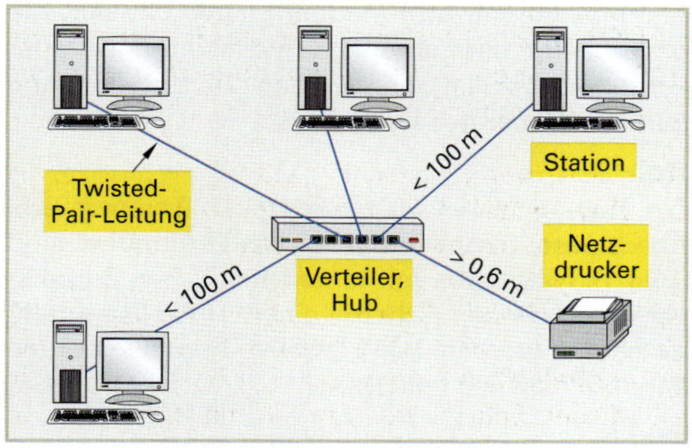

Bild 2: Konfiguration für 10 Base-T

Der Nachteil dieses Verfahrens ist, dass je mehr Stationen senden wollen, desto häufiger Kollisionen auftreten und desto geringer wird die Netto-Bitrate wird.

Ethernet verwendet z.B. das Zugriffsverfahren CSMA/CD. Ethernet ist eine Firmenbezeichnung. Es gibt verschiedene Ethernet-Varianten **(Tabelle 1).** In Bus-Topologie arbeitet die Konfiguration 10 Base-2 **(Bild 1).** Die Konfiguration 10 Base-T und 100 Base-TX verwenden die Topologie Stern **(Bild 2).** Die Bitrate ist beim 100 Base-TX 10-mal so groß wie bei 10 Base-T.

Gigabit-Ethernet eignet sich aufgrund der hohen Bitrate und großen Übertragungsweite auch als Backbone-Netz (backbone = Rückgrat).

Tabelle 1: Merkmale der verschiedenen 10 Base-Ethernet-Varianten

Eigenschaft	10 Base-2	10 Base-T	100 Base-TX	1000 Base LX
Leitungstyp	Koaxialleitung	Twisted-Pair-Leitung	Twisted-Pair-Leitung	Lichtwellenleiter
Topologie	Bus	Stern	Stern	Stern
größte Segmentlänge	185 m	100 m zwischen Station und Hub	100 m zwischen Station und Hub	3000 m zwischen Station und Hub
größte Stationenzahl	30	1024	1024	1024
Mindestabstand zwischen den Stationen	0,5 m	0,6 m	0,6 m	beliebig
max. Anzahl an Koppelelementen	5 Segmente über 4 Repeater	5 Segmente über 4 Hubs	beliebig	beliebig
Steckerverbindung	BNC	8-poliger RJ45	8-poliger RJ45	ST/SC
max. Bitrate	10 Mbit/s	10 Mbit/s	100 Mbit/s	1000 Mbit/s

14.2.7 Netzwerkkomponenten

Netzwerkkarte (NIC)

Der Anschluss eines PCs an ein LAN erfolgt über eine Netzwerkkarte (NIC von Network Interface Card). Meist schließt man diese Karte über einen RJ45-Stecker an das Netz an.

> Eine Netzwerkkarte ist durch ihre MAC-Adresse eindeutig gekennzeichnet.

Die MAC-Adresse (von Media Access Control = Zugriffskontrolle zum Medium) ist 48 bit lang. Die ersten 24 bit sind an die Netzwerkkartenhersteller vergeben worden, die zweiten 24 bit sind eine Seriennummer des Herstellers.

Hub

Ein Hub (= Nabe) ist ein Verteiler, bei dem alle Anschlüsse intern miteinander verbunden sind **(Bild 1)**. Netzwerke mit unterschiedlichen Zugriffsverfahren können nicht mit einem Hub zusammengeschaltet werden, die Bitrate verteilt sich auf die angeschlossenen Teilnehmer.

Bridge

Eine Bridge (= Brücke) leitet die Datenpakete nicht an alle anderen Netzsegmente weiter, sondern filtert den Datenverkehr. In den Adresstabellen einer Bridge sind die MAC-Adressen der angeschlossenen Stationen eingetragen. Dadurch ist es der Bridge möglich, die Daten nur in das Netzsegment weiterzuleiten, in dem sich der Zielcomputer befindet (Bild 2). Dadurch wird das Netzwerk von unnötigem Datenverkehr entlastet.

Switch

Ein Switch (= Schalter) ist eine Weiterentwicklung einer Bridge mit mehreren Ports (Anschlussstellen, **Bild 2)**. Der Switch liest aus dem Datenpaket die MAC-Adresse des Empfängers aus und verbindet über die Schaltmatrix direkt den Sender mit dem Empfänger **(Bild 3)**. Dies ermöglicht den Aufbau mehrerer unabhängiger Verbindungen zwischen den einzelnen Switch-Ports mit jeweils der vollen Bitrate. Diese voll-„geswitchten Netzwerke werden angestrebt.

Router

Um unterschiedliche Netztypen und Netzprotokolle, wie Firmennetze und das Internet, miteinander zu verbinden, müssen Router (= Wegfinder) verwendet werden **(Bild 4)**. Router lesen die IP-Adresse aus dem Datenpaket und ermitteln, anhand ihrer Routing-Tabelle mit IP-Adressen den kürzesten Weg. Router können zu Firewalls (= Brandmauer) konfiguriert werden, indem nur Datenpakete von bestimmten IP-Adressen weitergeroutet werden. Das bedeutet, dass nur berechtigte Nutzer von außen auf das Netz zugreifen können.

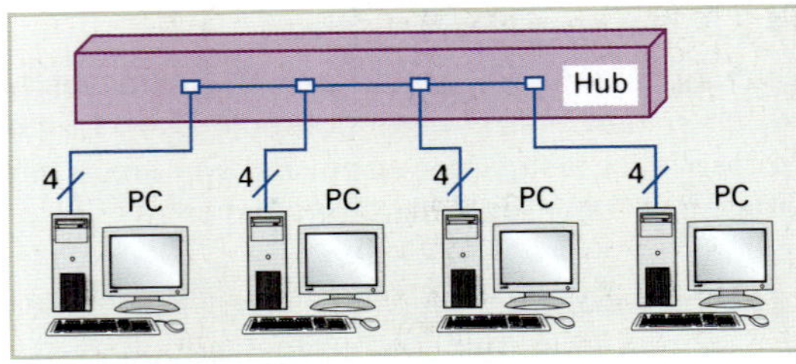

Bild 1: Interne Verbindungen in einem Hub

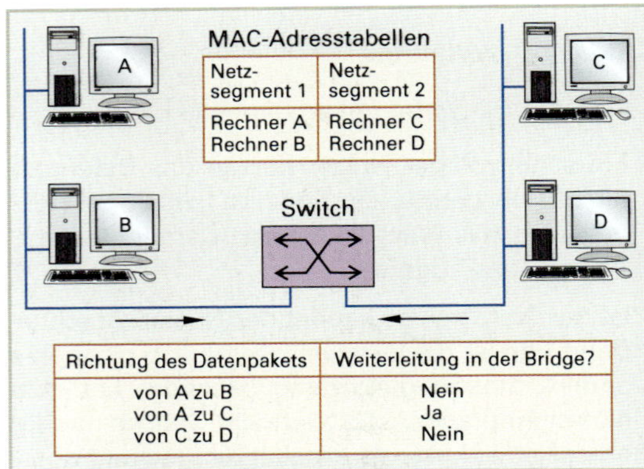

Bild 2: Einfache Switchkonfiguration

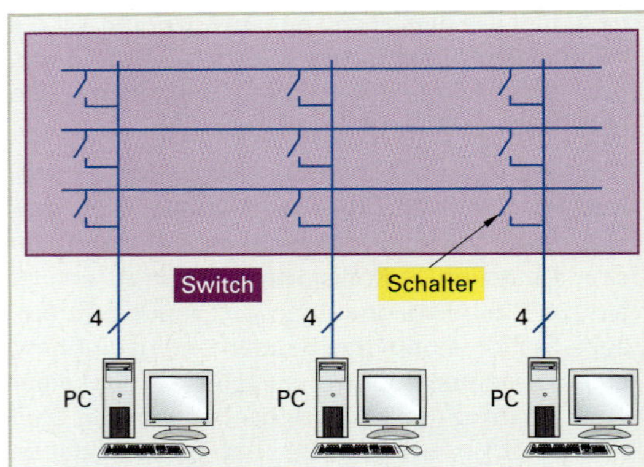

Bild 3: Schaltmatrix bei einem Switch

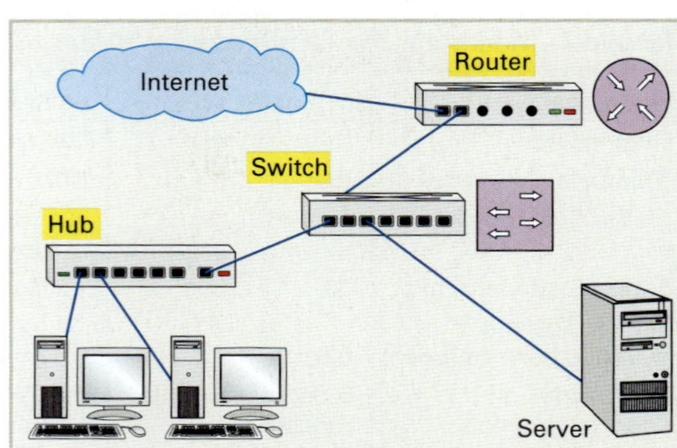

Bild 4: Anbindung eines Firmennetzes an das Internet über einen Router

14.2.8 IP-Adressen und Subnetze

Um Computer im Internet oder einem Intranet unterscheiden zu können, werden ihnen IP-Adressen (IP von Internet Protokoll) zugeteilt. Die IP-Adresse besteht aus 32 Bit und wird anhand der Subnetzmaske (Subnet Mask) in zwei Teile unterteilt **(Bild 1).** Um bei einer IP-Adresse festzulegen, wie groß der Net-ID-Anteil bzw. der Host-ID-Anteil ist, muss als zusätzliche Information die Subnet-Mask (= Subnetz-Maske) bekannt sein **(Bild 2).**

Die Subnet-Mask legt fest, welche Bits der IP-Adresse für die Net-ID und welche für die Host-ID gültig sind.

Der erste Teil adressiert, z.B. in Klasse C, das Netz, in dem sich der Computer befindet, der zweite Teil adressiert den Computer selbst. Den ersten Teil bezeichnet man als Netz-ID oder als Netzadresse. Der zweite Teil heißt Host-ID, Hostadresse oder Computeradresse. Dies ist vergleichbar mit einer Telefonnummer bestehend aus der Vorwahl für das Ortsnetz und der eigentlichen Rufnummer für den Teilnehmer.

Für Computer, die direkt und dauernd ans Internet angeschlossen sind, wird die IP-Adresse von einer zentralen Stelle, der InterNIC (Internet Network Information Center), vergeben. Die zuständige Stelle in Deutschland ist das DENIC (Deutsches NIC).

Da die Anzahl der IP-Adressen begrenzt ist und sehr große Computernetze schwierig zu verwalten sind, werden diese Netze in kleinere Netze, so genannte Subnetze unterteilt.

Für jedes Bit, das zur Net-ID gehört, ist die Subnet-Mask mit 1 maskiert. Für die Bits, die zur Host-ID gehören, sind die Bits in der Subnetzmaske auf 0 gesetzt **(Bild 3).** IP-Adressen und Subnet-Masken werden, z.B. in Eingabefeldern von Betriebssystemen, nicht in der Binärschreibweise angegeben, sondern in Dezimalschreibweise (DDN von Dotted Decimal Notation). Dabei werden immer 8 Binärstellen in eine maximal 3-stellige Dezimalziffer umgewandelt. Es entstehen immer 4 Dezimalzahlen, die durch Punkte getrennt sind. Eine übersichtliche Schreibweise für die IP-Adresse mit Subnet-Mask ist die CIDR-Maske (sprich caidar; von Classless Internet Domain Routing) oder Slash-Maske. Diese Schreibweise wird bei der Konfiguration von Routern verwendet.

Bestimmung der Netzadresse

Ein Router muss erkennen, ob sich die Zielstation einer Nachricht im gleichen Netz wie die Quelle befindet. Dazu berechnet er die Netzadresse, indem er die IP-Adresse des Zielrechners mit Subnetz-Maske logisch UND (∧) verknüpft (Bild 3).

Das Klassenbit weist in der Subnet-Maske auf die Adresse des Subnetzes hin. In Bild 2 lautet sie 110 00000. Der erste Host dieses Subnetzes hat dann die Adresse 110 00001, der letzte 110 11110.

Muss eine Nachricht an alle im Netz gesendet werden, erfolgt dies mithilfe der Broadcast-Adresse (broadcast = Sendung, Übertragung), die alle Stationen im Netz anspricht.

Die Broadcast-Adresse erhält man, wenn die IP-Adressse mit der invertierten Subnetz-Maske logisch ODER (∨) verknüpft wird. Die Broadcast-Adresse lautet dann 110 11111.

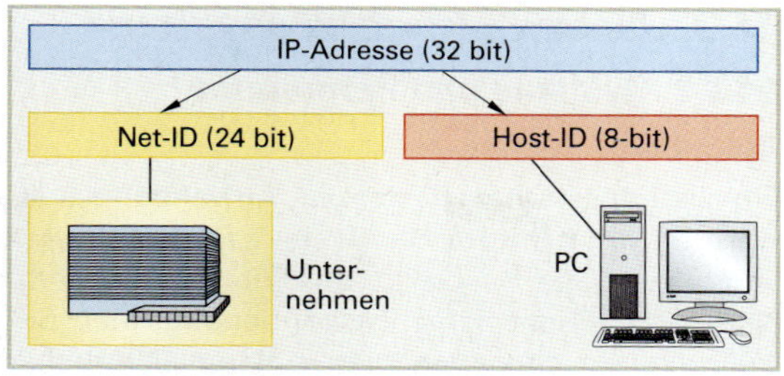

Bild 1: Aufteilung der IP-Adresse in Klasse C

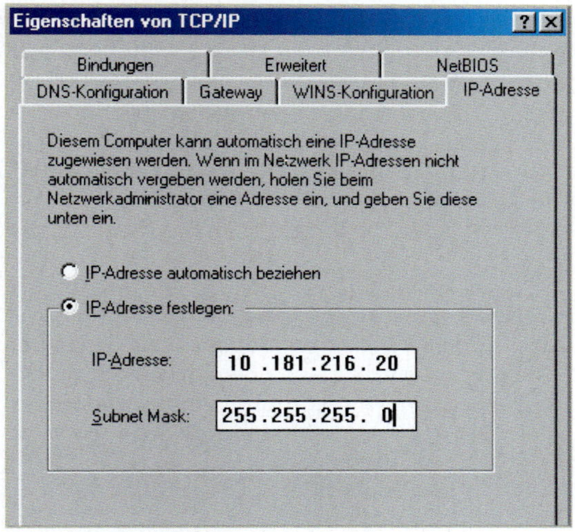

Bild 2: Dialogfeld zur Eingabe von IP-Adresse und Subnet-Mask von Windows

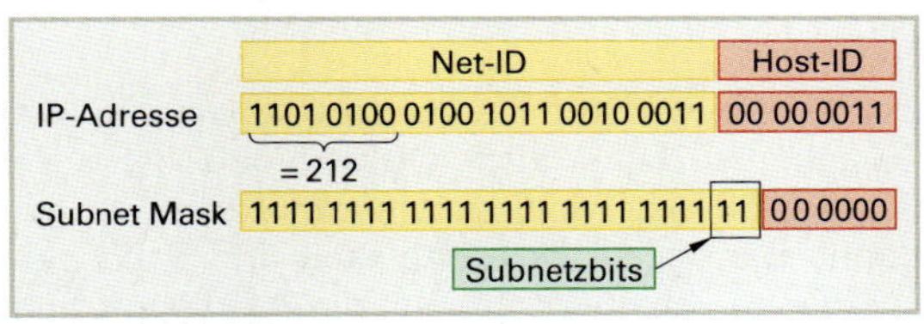

Bild 3: Subnet-Mask teilt die IP-Adresse

14.3 Netzwerkbetriebssysteme

14.3.1 Systeme und Programme

Aufgaben

Ein Betriebssystem passt die Anwendungssoftware an die benutzte Hardware, z.B. den Prozessortyp oder die Busbreite, an. Für serverbasierte Netzwerke (Client-Server-Netze) benötigt man Betriebsysteme, die neben ihrer Funktion als Arbeitsplatzbetriebssystem zusätzliche Aufgaben erfüllen können **(Bild 1)**. Diese zusätzlichen Aufgaben können teils von Dienstprogrammen automatisch ausgeführt werden, z.B. die Passwortabfrage, teils muss der Netzverwalter (Administrator) selbst eingreifen, z.B. bei der Vergabe von Rechten.

> Ein Netzbetriebssystem muss viele Verwaltungsaufgaben erfüllen.

Arten

Für Netze gibt es eine Vielzahl von Betriebssystemen **(Tabelle 1)**. Je nach Aufgabe und Größe des Netzes sind verschiedene Lösungen möglich. Die Netzbetriebssysteme erfordern einen unterschiedlich hohen Aufwand bei ihrer Installation und Wartung.

Dienstprogramme

Dienste (Dienstprogramme) bezeichnet man auch als Server oder Serverprogramme. Meist wird für jeden Dienst ein eigener Server verwendet **(Tabelle 2)**.

Der Fileserver führt die zentrale Verwaltung der Dateien und Daten durch. Oft wird dafür auch ein eigener PC reserviert, vereinfacht Fileserver genannt. Die Anzahl der Festplatten und Bandspeichergeräte, ihre Kapazität und die Zugriffszeit sind wichtige Kenngrößen für Netze.

Ein Printserver verwaltet die angeschlossenen Drucker und führt ihnen die auszuführenden Druckaufträge zu. Diese werden vom Druckerspooler (spool = Rolle, Spule) in eine Warteschlange eingereiht und nacheinander ausgegeben. In kleineren Systemen erledigt der Fileserver diese Aufgabe mit.

Für die Verbindungen mit öffentlichen Netzen werden Kommunikationsserver verwendet. Sie stellen z.B. die Verbindungen zu ISDN oder DSL her.

Webserver stellen Internetdienste zur Verfügung. Dies sind z.B. das World Wide Web, E-Mail, FTP (File Transfer Protocol = Datei-Übertragungs-Protokoll) oder Webserver für Datenbankanbindungen mit z.B. der Programmiersprache PHP.

Datensicherungsdienste (Backup Services) sichern den Datenbestand eines Netzes. Meist sind eigenständige Backupserver vorhanden, die ihre Arbeit im Hintergrund ausführen (Tabelle 2).

Für Netzbetriebssysteme gelten die Lizenzbedingungen des Herstellers. In Lizenzvereinbarungen kann z.B. die Benutzerzahl, die Anzahl der Installationen, der Ort, z.B. Schule, oder der Zeitraum für die Nutzung der Software festgelegt sein.

Eine Netzlizenz kann auch mit dem Server-PC als OEM-Lizenz (von Original Equipment Manufacturer = Original-Ausrüstungs-Hersteller) erworben werden. Sie gilt dann nur in Verbindung mit der erworbenen Hardware. OEM-Versionen bestehen aus der Lizenz, den Datenträgern sowie Kurzhandbüchern und sind oft nicht updatefähig.

Aufgaben eines Netzwerkbetriebssystems
- Verwaltung von Nutzern (Usern)
- Verwaltung mehrerer Aufgaben (Multitasking)
- Verwaltung von Daten und Dateien
- Vergabe von Zugriffsrechten auf
  - Dateien (File Access)
  - Systemressourcen (Resources)
- Verwaltung der Kommunikationsverbindungen (Internet, FTP, Messages)

Bild 1: *Aufgaben eines Netzwerkbetriebssystems*

Tabelle 1: Netzbetriebssysteme

Name	Hersteller, Anwender
Windows NT, Windows 2000, Windows XP	Serverbetriebssysteme der Firma Microsoft
Novell Netware	Serverbetriebssystem der Firma Novell
UNIX	Serverbetriebssystem z.B. der Firmen Sun, HP, SCO
LINUX	Offener UNIX-Standard, z.B. von den Distributoren SuSE, Red Hat und Debian

Tabelle 2: Dienstprogramme (Dienste)

Name	Aufgabe
Datei-Server (Fileserver)	Verzeichnisse anlegen, löschen Dateien speichern, löschen Zugriffsrechte vergeben Datenzugriff bei Multitasking regeln
Druckserver (Printserver)	Verwaltung angeschlossener Netzdrucker
Kommunikationsserver	Digitale Schnittstellen zu ISDN, DSL
Webdienste (Webserver)	Apache-Webserver für Linux, Xitami-Webserver für Internet-Datenbanken
Datensicherungsserver (Backupserver)	Zeitplanung der Datensicherung, Fehlerprotokolle erstellen, Datensicherung auf externen Medien, Funktion bei Ausfall des Hauptsystems sicherstellen

14.3.2 Betriebssysteme installieren und Netzwerke in Betrieb nehmen

Installieren

Die Installation eines Netzbetriebssystems ist ähnlich der eines Einzelplatzsystems. Vor der Installation notiert man alle wichtigen Informationen über die Hardware und Software. Zusätzlich besorgt man sich die Treiber für Hardwarekomponenten, z.B. für Netzwerkkarten.

Vor der Installation notiert man alle wichtigen Informationen für die Installation.

Nun kann man mithilfe der Betriebssystem-DVD oder -CD mit der Installation beginnen. Zuerst führt das Installationsprogramm einen Hardwaretest durch. Dabei wird z.B. geprüft, ob das Netzwerkbetriebssystem auf der Hardware lauffähig ist. Zudem wird eine automatische Hardware-Erkennung der PC-Komponenten durchgeführt. Ein Netzbetriebssystem installiert man schrittweise **(Bild 1)**.

Die Festplatten werden so partitioniert, dass Betriebssysteme und Programme in verschiedenen Partitionen installiert werden können **(Bild 2)**. Für Anwenderdaten wird ebenfalls eine eigene Partition angelegt, üblicherweise mit dem Laufwerksbuchstaben H für Home.

Die Auswahl des Dateisystems bestimmt die Ausnutzung des Plattenspeichers, die Geschwindigkeit des Datenzugriffs und den Zugriffschutz mit. Nach dem Partitionieren sind die Partitionen zu formatieren.

Als Nächstes wird das eigentliche Betriebssystem installiert. Dabei werden die notwendigen Einstellungen, z.B. Lizenzabfragen oder die Hardwareeinbindung, meist menügeführt vorgenommen. Sind keine Fehler aufgetreten, können nun die Netzwerkdienste und Serverdienste installiert werden.

Im nächsten Schritt werden die Systemeinstellungen vorgenommen. Dieser Vorgang wird auch als *Konfiguration* bezeichnet. Der Server muss einen Namen erhalten, bei Subnetzen ist der Domänenname festzulegen. Es sind die IP-Adressen und Port-Adressen einzutragen und wenn nötig die Routing-Tabellen festzulegen.

In Betrieb nehmen

Bei der Inbetriebnahme des Netzwerkes geht man schrittweise vor **(Bild 3)**. Nach dem Aufstellen und Anschließen der PCs und der Peripheriegeräte nimmt man die einzelnen Geräte in Betrieb.

Für die Prüfung der Verbindungen zwischen Server und Clients gibt es geeignete Netzwerk-Testgeräte.

Schritte beim Installieren
- Partitionieren der Festplatte(n)
- Dateisystem festlegen
- Lizenzabfragen eintragen
- Hardwareeinbindung (automatisch oder manuell)
- Netzwerkdienste und Serverdienste auswählen
- Konfiguration durchführen
- Testen aller Funktionen

Bild 1: Installation eines Netzwerkbetriebssystems

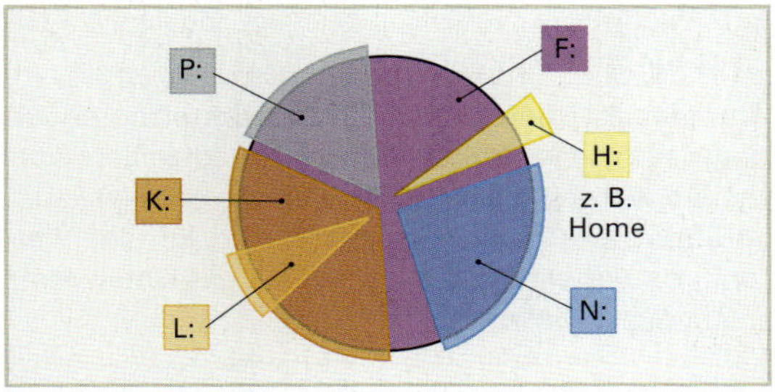

Bild 2: Zuordnung der Netzlaufwerke

Schritte bei der Inbetriebnahme
- Leitungsverbindungen zwischen Server und Clients prüfen.
- Druckerserver von allen Clients aus testen.
- Zugriff auf alle Datenträger prüfen.
- Die Routing-Tabellen für einzelne Subnetze anhand der IP-Adressen und Port-Adressen überprüfen.
- Kommunikationsverbindungen (ISDN, DSL) testen.

Bild 3: Inbetriebnahme eines Netzwerks

Anlegen und Vergeben von
- Nutzernamen
- Gruppennamen
- Gruppenzugehörigkeiten
- Kennwörtern
- Nutzerprofilen
- Zugangszeiten
- Anmeldeskripten
- Basisverzeichnissen

Bild 4: Benutzerverwaltung

Jeder Client muss über den Druckerserver drucken können. Auch der Zugriff auf alle Datenträger, z.B. Home-Laufwerk H oder CD-/DVD-Brenner ist zu prüfen.

Mit weiteren Netz-Werkzeugen (Network Tools) überprüft man die Routing-Tabellen anhand der vergebenen IP-Adressen. Schließlich testet man die Kommunikationsverbindungen, z.B. ISDN, DSL und Modem.

14.3.3 Netzwerk-Administration

Nach der erfolgreichen Inbetriebnahme des Netzes werden vom Systemadministrator die Nutzernamen, die Gruppennamen und die Gruppenzugehörigkeit festgelegt **(Bild 4, vorhergehende Seite)**. Entsprechend werden Kennwörter vergeben und Zugangszeiten festgelegt. Die persönlichen Einstellungen von Nutzern werden in der Datei „Benutzerprofil" eingetragen.

Da der einzelne Nutzer nicht alle Programme und Daten eines Netzes nutzt oder nutzen darf, werden nur bestimmte Verzeichnisse als Basisverzeichnisse für ihn freigegeben.

Anmeldeskripte enthalten in der Benutzerverwaltung festgelegte Einstellungen der einzelnen Nutzer. Sie werden nach der Anmeldung am Netz ausgeführt. Systemadministratoren sind für eine Vielzahl von Verwaltungsaufgaben im gesamten Netz zuständig **(Tabelle 1)**.

Der Systemadministrator ist die einzige Person, die ein Netz oder Teile eines Netzes einrichten, konfigurieren oder ändern darf.

Der Zugriff auf Dateien ist abhängig von der Art des verwendeten Dateisystems des Netzwerkbetriebsystems **(Tabelle 2)**. Bei allen Netzbetriebssystemen gibt es aber folgende Freigabeberechtigungen:

- Kein Zugriff: Daten sind nicht zugänglich.
- Lesen: Daten und Verzeichnisse nur lesbar.
- Schreiben: Daten und Verzeichnisse können geändert oder neu angelegt werden.

14.3.4 Netzwerk-Management

Die Aufrechterhaltung des Netzbetriebs ist Aufgabe des Netzwerk-Managements **(Tabelle 3)**. Die Überwachung und Steuerung wird dabei z.B. von einer zentralen Station NMS (von Network Management Station = Netzverwaltungs-Computer) durchgeführt. Die Netzkomponenten (Agents) liefern die benötigten Daten, die in einer Datenbank, der MIB (von Management Information Base = Verwaltungs-Informationssystem), gespeichert werden. Die Netzanalyse wird z.B. durch das Programm RMON (von Remote Monitoring = Fernüberwachung) erstellt. Oft wird als Protokoll das SNMP (von Simple Network Management Protocol = einfaches Netz-Verwaltungs-Protokoll) verwendet.

Das Netzwerk-Management wird von einem Netzwerk-Verwaltungsrechner, einem Management-Informationssystem und einer Netz-Verwaltungs-Software unterstützt.

Tabelle 1: Administratoraufgaben

Aufgabe	Erklärung
Ressourcen-Verwaltung	Konfigurieren und Warten der Serverhardware
Konfigurations-Verwaltung	Planen, Durchführen und Warten der Konfiguration und deren Dokumentation
Nutzer-Verwaltung	Einrichten und Verwalten von Benutzern, Benutzergruppen; Zugriffsrechte zuweisen
System-monitoring	Überwachen und Aufzeichnen von Systemvorgängen und der Systemauslastung
Wartung	Warten der Systemkomponenten

Tabelle 2: Dateirechte

Dateirechte	Bedeutung
R Read	Lesen (Datei lesen)
W Write	Schreiben (vorhandene Datei verändern)
C Create	Erstellen (gelöschte Datei wieder erstellen)
E Erase	Löschen (Datei löschen)
M Modify	Modifizieren (Datei umbenennen)
F File Scan	Dateiabfrage (Suchen und Auflisten der Datei, z.B. mit dem Explorer möglich)
A Access Control	Zugriffssteuerung kann Rechte an dieser Datei an andere weitergeben
S Supervisor	Alle Rechte vorhanden

Tabelle 3: Aufgaben des Netzwerk-Managements

Aufgabe	Erklärung
Abrechnungsverwaltung (Account Management)	Erfasst die Betriebszeiten aller Netzwerkkomponenten zur möglichen Kostenabrechnung
Fehlerbehebung (Fault Management)	Stellt Fehler fest, alarmiert im Fehlerfall oder Störungsfall
Leistungssteuerung (Performance Management)	Protokolliert Systemdaten in einer Logdatei zur Auswertung der Betriebsdaten
Gewährleistung der Netzsicherheit (Security Management)	Festlegen von Sicherheitskriterien, z.B. Installation von Firewalls, Führung von Logdateien, Verwaltung der Benutzerrechte, Verwaltung der Schlüssel für Verschlüsselungssoftware
Netzsteuerung (Operational Management)	Zeichnet die Netzwerksauslastung auf, erkennt Kapazitätsengpässe

Die Datenbank der MIB liefert z.B. die Daten für die Zuordnung der IT-Kosten zu den einzelnen Kostenstellen und ermöglicht damit eine genaue Kostenrechnung.

14.3.5 Netzwerk-Dokumentation

Die Dokumentation eines Netzes umfasst den gesamten Funktionsumfang der Anlage und der verwendeten Software. Während des Netzbetriebs soll sie Auskünfte für Bedienung, Wartung und Fehlerbehebung geben. Deshalb sollte sie auch leicht verständlich geschrieben sein.

Angaben zu Anlage und Software müssen übersichtlich, vollständig und aktuell sein.

Eine Netzdokumentation besteht aus einer Vielzahl von Punkten **(Tabelle 1)**.

Übersichtspläne erleichtern dem Netzwerk-Management das schnelle Zurechtfinden im Netz, wenn z.B. schadhafte Komponenten gesucht werden müssen.

Bei der Verkabelung findet man Informationen über den Medientyp, z.B. Kabelnetz oder Funknetz, den Kabeltyp, seine Beschaltung, z.B. welche Leiter wie angeschlossen sind, Prüfprotokolle der Abnahmemessung und die Anzahl und Art der angeschlossenen Geräte.

Von den Arbeitsplätzen und vom Server sind der Typ der Netzwerkkarte(n), die MAC-Adressen, die IP-Adressen, die Subnetz-Masken und die Art der Anmeldung am Netz (DNS, Domäne) zu vermerken.

Die Server-Dokumentation enthält Angaben zu Gateways und Routern, z.B. die Routingtabellen. Sie enthält z.B. auch Einwahlkennungen in öffentliche Netze, wie ISDN oder DSL. Weiterhin sind die Bezeichnung, Version und die eingespielten Patches (= Fehlerkorrekturen des Herstellers) zu vermerken.

Alle im Netz verfügbaren Geräte, z.B. Drucker und Scanner, sind aufzuführen.

Netzkomponenten sind z.B. Bridges, Switches oder Router. Hier sollten die verwendete Firmware-Version (= herstellerspezifische Betriebssoftware), der Gerätetyp, die Zahl der vorhandenen Ports, die benutzten Protokolle und die Sicherheitseinstellungen, z.B. Firewall-Funktionen, aufgelistet werden. Auch Angaben zur Wirkung der Agents für das SNMP sollten aufgeführt sein.

Eine Liste der verwendeten Software-Pakete mit den zugehörigen Produktangaben vervollständigt die Netzwerkdokumentation. Falls möglich, sind alle Arbeitsplätze mit den gleichen Software-Paketen auszustatten. Dadurch verringern sich der Verwaltungsaufwand und der Wartungsaufwand.

Die Netzwerkdokumentation sollte so aufbewahrt werden, dass sie im Fehlerfall sofort zugänglich ist, andererseits muss sie vor unberechtigtem Zugang geschützt sein.

Netzwerke werden dokumentiert, um den jeweiligen Stand und Änderungen festzuhalten.

Tabelle 1: Netzwerk-Dokumentation

Art	Inhalt
Übersichtspläne	Darstellung des Gesamtnetzwerkes, Netzplan logischer Verbindungen, Netzwerkdiagramme, Lageplan der Anlage
Verkabelung	Medientyp, Kabeltyp, Kabelbezeichnungen, Beschaltungsinformation, Leitungslängen und Prüfprotokolle je Abschnitt, angeschlossene Geräte
Arbeitsplätze	Netzwerkkartentyp, MAC-Adresse, IP-Adressierung, Subnetz-Maske, Netzwerkanmeldungsart
Server	Netzwerkkarten, Adressierung, Bridges, Switches und Router, Netzwerkanmeldung, Kommunikationsnetzanbindung, Netzwerkbetriebssystem
Peripheriegeräte	Verfügbare Geräte und Komponenten
Netzkomponenten	Firmware-Version der Software, Typen und Anzahl von Ports, aktivierte Protokolle, Angaben zu Agentfunktion, Sicherheitseinstellungen
Software	Hersteller, Produktname, Versionsnummer, ID-Nummer, spezifische Einstellungen für Benutzer und Benutzergruppen

Bei Änderungen an einem Netzwerk sind alle betroffenen Punkte in der Netzwerk-Dokumentation entsprechend zu ändern.

Wiederholung und Vertiefung

1. **Nennen Sie fünf Aufgaben eines Netzbetriebssystems.**
2. **Welche Dienstprogramme verwenden Server?**
3. **Welche Angaben enthält eine Lizenzvereinbarung?**
4. **Welche Schritte sind bei der Installation eines Netzbetriebssystems erforderlich?**
5. **Welche Maßnahmen umfasst die Inbetriebnahme eines Netzwerkes?**
6. **Welche Aufgaben hat der Netzwerkadministrator?**
7. **Wozu verwendet man eine NMS?**
8. **Nennen Sie sieben Punkte, die eine Netzwerk-Dokumentation enthalten muss.**

14.4 Planung von IT-Systemen

Projektmanagement

Für das Umsetzen von Informationstechnologie-Projekten (IT-Projekte) ist sicherzustellen, dass

- die Aufgabenstellung genau beschrieben und mit dem Auftraggeber abgestimmt ist,
- die IT-relevanten Randbedingungen vor der Umsetzung bekannt sind,
- der Aufwand und der Terminplan der Realisierung bekannt sind,
- die entwickelte Software der Aufgabenstellung entspricht und
- bei Projektende eine aktuelle Dokumentation vorliegt.

Deshalb erfordern IT-Projekte, deren Entwicklungsaufwände mehrere Wochen betragen, zu Projektbeginn eine Projektplanung **(Bild 1)**. Eine Projektorganisation mit den am Projekt beteiligten Personen ist festzulegen. Die Aufgaben und Zuständigkeiten der am Projekt Beteiligten sind zu definieren. Der Projektleiter muss die Projektarbeit planen, koordinieren und steuern. Bei großen Projekten sollte der Projektleiter einem Entscheidergremium berichten, welches auch aus Mitgliedern der Unternehmensleitung bestehen kann.

Als wesentliche Aufgabe zum Realisieren von IT-Projekten ist die Projektstrukturierung in Form von Arbeitspaketen (Projektstrukturplan) zu nennen **(Bild 2)**. Diese muss sehr sorgfältig erfolgen. Anhand der Arbeitspakete ist der Projektumfang erkennbar, d.h.,

- Zeitaufwände für Untersuchungen und Entwicklungen,
- Kosten für Investitionen hinsichtlich Hardware und Software sowie
- Zeitaufwände für die Einführung und Schulung des zu installierenden IT-Systems

sind abzuschätzen.

Als Grobstruktur kann hierbei oft zunächst eine Untergliederung nach Systemkonzeption, Realisierung, Beschaffung, Inbetriebnahme, Schulung, Einführung und Projektmanagement angenommen werden (Bild 2). Eine Kosten-Nutzen-Betrachtung des umzusetzenden Projektes sollte nach Erarbeitung der Arbeitspakete durchgeführt werden, um die Wirtschaftlichkeit beurteilen zu können.

> Umfangreiche IT-Projekte erfordern eine gründliche Strukturierung in Arbeitspakete, um frühzeitig Kosten und Aufwände zu erkennen.

Die Definition der Arbeitspakete umfasst neben dem Festlegen des verantwortlichen Bearbeiters auch das Abschätzen der bei der Abarbeitung entstehenden Kosten. Ein Arbeitspaket kann z.B. die Aufgabe umfassen, eine Analyse, eine Spezifikation, eine Beschaffung, eine Planung, eine Installation oder eine Programmierung durchzuführen.

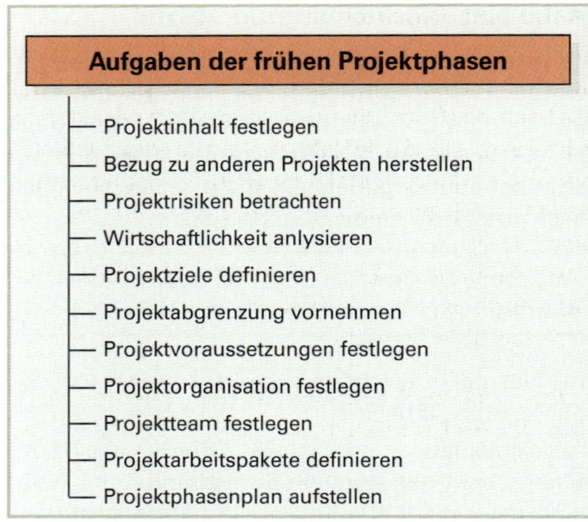

Bild 1: Inhalt der Projektplanung

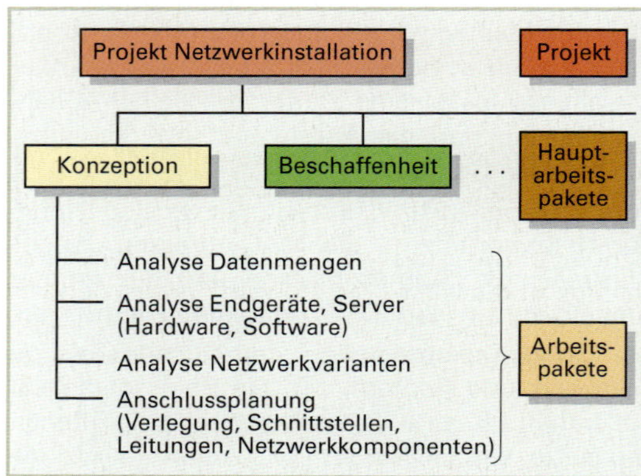

Bild 2: Auszug aus dem Projektstrukturplan mit Arbeitspaketen des Projektes Netzwerkinstallation

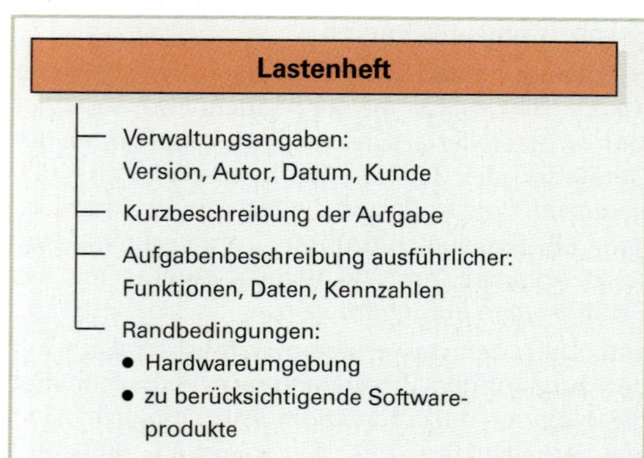

Bild 3: Bestandteile des Lastenheftes (Beispiel)

Lastenheft, Pflichtenheft

Zunächst muss mit dem Auftraggeber ein Lastenheft erstellt werden **(Bild 3, vorhergehende Seite)**. Im Lastenheft ist die zu lösende Aufgabe zu beschreiben, z.B. die Anzahl zu vernetzender Arbeitsplätze und die zu installierende IT-Systemsoftware. Ferner sind wesentliche Randbedingungen wie einzusetzende Computerhardware, Betriebssysteme und Bibliotheksprogramme zu nennen. Das Lastenheft muss zur Festlegung der genannten Arbeitspakete vorliegen.

> Das Lastenheft enthält die Beschreibung der Aufgabenstellung aus der Sicht des Auftraggebers.

Nach dem Erstellen des Lastenheftes sollte die Aufgabenstellung nach dem Top-Down-Verfahren (von oben nach unten) verfeinert werden. Es ist das Pflichtenheft, oft auch Spezifikation genannt, zu erstellen **(Bild 1)**. Es ist nachzuprüfen, inwieweit die Aufgabenstellung durch am IT-Markt erhältliche Softwareprodukte und Hardwareprodukte abgedeckt werden kann. Zu bearbeitende Datenmengen sind zu untersuchen **(Tabelle 1)**, ebenso der benötigte Speicherplatz. Das Antwort-Zeitverhalten des zu realisierenden IT-Systems wird dadurch wesentlich beeinflusst. Die erforderlichen Netzwerkstrukturen sind darauf auszulegen. Bei Bedarf sind Benutzerdialoge zu entwerfen.

Das Pflichtenheft ist die Fortschreibung des Lastenheftes aus Sicht des Auftragnehmers. Nach Vorliegen des Pflichtenheftes müssen die in der Projektplanung vorgenommenen Schätzungen hinsichtlich Aufwänden und Terminen überrollt werden.

Projektende

Sobald die IT-Systeminstallationen durchgeführt sind, müssen sie über mindestens drei Freigabephasen produktiv gestellt werden. Hierzu ist ein Inbetriebnahmeplan erforderlich **(Bild 2)**. Damit soll erreicht werden, dass die installierten IT-Systeme produktiv erst dann zum Einsatz kommen, wenn sie möglichst fehlerfrei arbeiten.

In der Freigabephase 1 wird ausschließlich vom Entwickler in dessen Testumgebung getestet. In der Freigabephase 2 wird in einer möglichst erweiterten Testumgebung vom Entwickler und von ausgewählten Anwendern anhand von Testplänen getestet. In der Freigabephase 3 werden die durchgeführten IT-Systeminstallationen in der produktiven IT-Systemumgebung vom Auftraggeber abgenommen. Das heißt, er bestätigt schriftlich die im Pflichtenheft festgeschriebene Funktionalität anhand eines Abnahmeprotokolls. Die vollständige Dokumentation muss dann vorliegen.

Pflichtenheft

- Verwaltungsangaben: Version, Autor, Datum, Kunde
- Betriebsbedingungen, IT-Infrastruktur
- Eingabe-Ausgabe-Dialoge, Ausgabelisten
- Einzelfunktionen
- Struktur des Datenflusses
- Aufgaben der Datenfelder
- Schnittstellen
- IT-Voraussetzungen: Systeme für Produktionsbetrieb, Entwicklung, Test, Schulung
- Termine

Bild 1: Bestandteile des Pflichtenheftes (Beispiel)

Tabelle 1: Datenmengenbetrachtung

Datenart	Größe MB	Anzahl Übertragungen/Tag	Summe MB/Tag
Textdokumente	0,1	500	50
CAD-Modelle	200	20	4000
Bildpunktgrafiken	0,5	40	20
Gesamt			4070

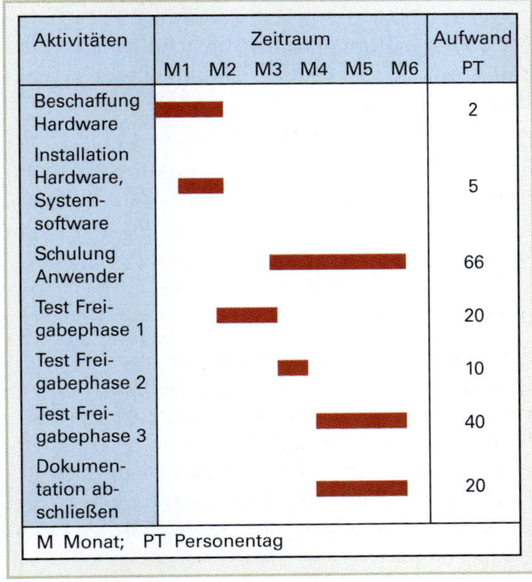

Bild 2: Inbetriebnahmeplan

Das vom Auftraggeber und Auftragnehmer unterzeichnete Abnahmeprotokoll enthält Angaben zu den Versionen der installierten Hardware- und Softwaresysteme sowie zu den getesteten Funktionen des Testplanes (Abnahmeplan).

14.5 Systemsteuerung

14.5.1 I²C-Bus

Busaufbau

Der I²C-Bus (von Inter Integrated Circuits = zwischen integrierten Schaltkreisen, sprich: I-Quadrat C) besteht aus einem Taktleiter und einem Leiter für die Übertragung serieller Daten **(Bild 1)**. Außerdem ist ein Masseleiter vorhanden.

> Der I²C-Bus ist ein serieller Zweidrahtbus.

An die beiden Busleiter SCL (Serial Clock = serieller Takt) und SDA (Serial Data = serielle Daten) werden alle Baugruppen parallel angeschlossen. Baugruppen, die ein Taktsignal auf dem SCL-Leiter erzeugen können, werden als Master (Herr) bezeichnet. Master werden meist mit Mikrocontrollern aufgebaut und können Daten empfangen und Daten senden. Baugruppen, die ihr Taktsignal von einem Master erhalten, werden als Slave (Sklave) bezeichnet. Derartige Baugruppen können Empfänger, Sender oder beides sein.

> Baugruppen für den I²C-Bus werden als Sender, Empfänger oder als Sende-Empfänger ausgeführt.

Jede an den Bus anschließbare Baugruppe enthält intern ein Interface (= Schnittstelle) zum Empfangen oder Senden der Bussignale.

Die beiden Busleiter sind über Widerstände mit der Betriebsspannung U_b verbunden (Bild 1). Im Ruhezustand liegt an beiden die Betriebsspannung an. Dies bedeutet beim I²C-Bus einen Pegel H mit dem Wert 1.

> Im Ruhezustand haben die Busleiter SDA und SCL einen Pegel mit dem Wert 1.

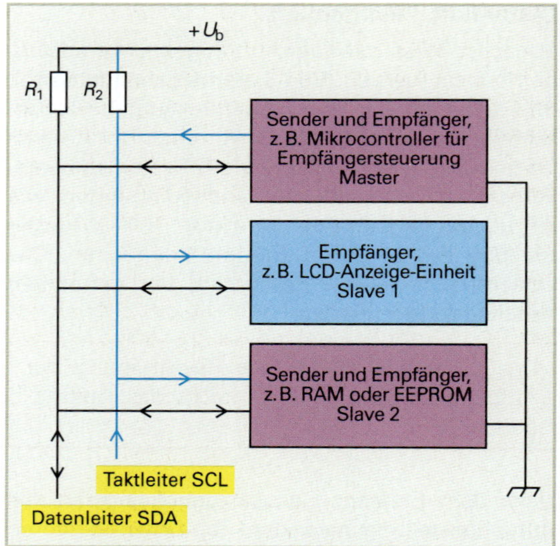

Bild 1: Sender- und Empfängeranschluss am I²C-Bus

Eine Datenübertragung beginnt damit, dass zuerst auf dem Datenleiter der Pegel von H nach L wechselt **(Bild 2)**. Anschließend erfolgt der gleiche Wechsel auf dem Taktleiter.

> Die Pegeländerungen auf dem Datenleiter von H nach L und auf dem Taktleiter von H nach L werden Startbedingung (STA) genannt.

Nun können die Daten taktweise seriell übertragen werden. Den Takt liefert dabei der Master. Er bestimmt so die Geschwindigkeit der Datenübertragung. Für eine fehlerfreie Übertragung darf sich der Pegel auf dem Datenleiter nicht ändern, solange auf dem Taktleiter der Pegel H anliegt.

Die höchste Taktfrequenz des Busses beträgt 400 kHz. Die Datenübertragung wird beendet, wenn der Taktleiter den Pegel H hat und der Datenleiter seinen Pegel von L nach H ändert (Bild 2). Letzteres wird Stoppbedingung (STO) genannt.

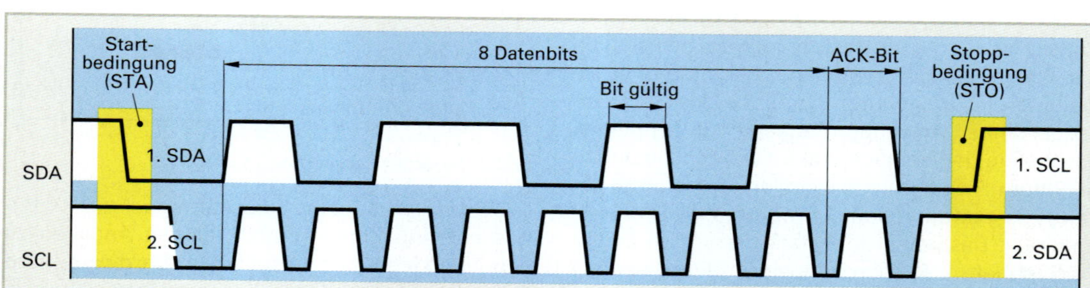

Bild 2: Datenübertragung beim I²C-Bus

Signalquellenumschalter TDA 8440

Die Baugruppe enthält eine Schnittstelle für den I^2C-Bus, eine Steuerschaltung zum Einstellen der Betriebsarten und drei elektronische Umschalter für analoge Signale **(Bild 1)**. Zwei Umschalter sind für das Umschalten von Stereo-NF-Signalen vorgesehen. Die Eingänge und Ausgänge werden mit RC-Gliedern beschaltet. Der dritte Umschalter ist für das Schalten von Videosignalen vorgesehen. Bei jedem Schalter ist eine zusätzliche Mittelstellung vorgesehen, die durch ein Signal mit dem Wert 1 am Eingang OFF eingestellt wird.

Die Anwahl der Baugruppe erfolgt mit Signalen über die beiden Busleiter SDA und SCL. Dazu werden über den SDA-Leiter die sieben Bits der Adresse der Baugruppe, z. B. 1001010, vom Master gesendet **(Bild 2)**. Die Adresse besteht aus vier Adressbits, z. B. 1001, die für alle TDA 8440 gleich sind, und drei wählbaren Adressbits, z. B. 010, die der Anwender durch entsprechendes Beschalten der drei Eingänge S0 bis S2 wählen kann (Bild 2). Es lassen sich also bis zu $2^3 = 8$ Signalquellenumschalter an einem I^2C-Bus anschließen.

Im 1. Wort folgt ein Umschaltbit $R/\overline{W}$ (Read = lesen, Write = schreiben) als achtes Bit **(Bild 3)**. Will der Master senden, teilt er dies mit dem Wert 0 des $R/\overline{W}$-Bits allen Busteilnehmern mit. Nach diesen acht Bits bestätigt der angewählte TDA 8440 mit dem Wert 1 im ACK-Bit (ACK von Acknowledge = Bestätigung) seine Anwahl dem Master. Damit ist die Adressierung beendet. Nun wird das 2. Wort zum Einstellen der Schalterstellungen und des Verstärkungsfaktors für den Videoumschalter gesendet. Mit den Signalen $d_7 = 1$ und $d_6 = 0$ wird z. B. u_{s11} auf den Ausgang von Schalter 1 geschaltet (Bild 3).

Das Signal $d_1 = 1$ stellt den Verstärkungsfaktor 2 statt 1 im Videoumschalter ein. Mit $d_0 = 1$ wird die am OFF-Eingang gewählte Schaltermittelstellung eingestellt und alle Ausgänge werden hochohmig geschaltet. Als Empfangsbestätigung folgt wieder ein ACK-Bit.

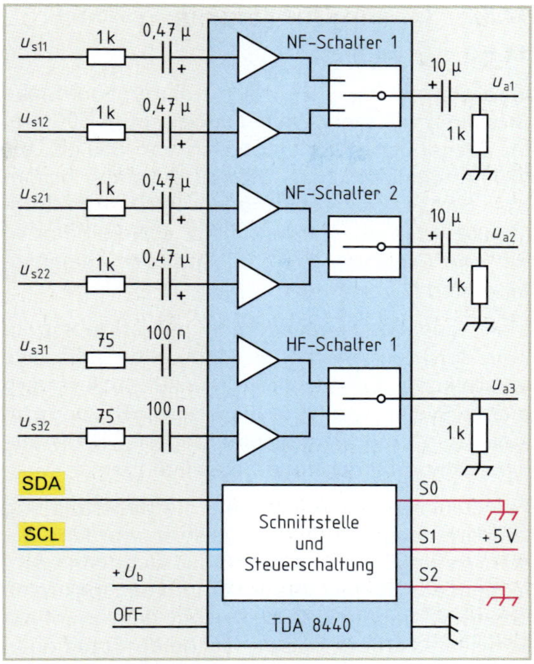

Bild 1: Signalquellen-Umschalter

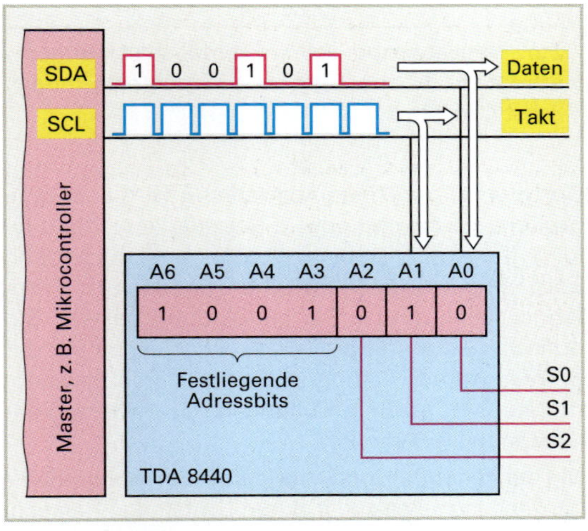

Bild 2: Adressierung für den TDA 8440

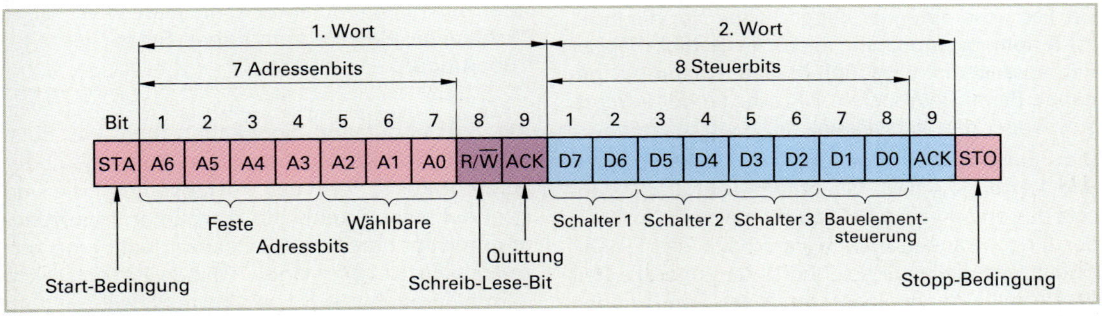

Bild 3: Steuerung der Baugruppe TDA 8440

14.5.2 Infrarot-Übertragungssysteme

14.5.2.1 Grundlagen

Infrarotstrahlung (IR) ist elektromagnetische Strahlung mit einer Wellenlänge größer 800 nm. Im ausgenützten Wellenbereich von 850 nm bis 950 nm eignen sich als Strahlungssender besonders GaAs-Lumineszenzdioden (IRED). Als Strahlungsempfänger werden meist PIN-Fotodioden mit den Schichten P, I (von Intrinsic = eigenleitend) und N verwendet.

Man kann bei Fernsteuerung mit Infrarotstrahlung durch entsprechende Modulation sehr viele verschiedene Befehle übertragen. Damit lässt sich dieses System vielfältig einsetzen, z.B. zur Fernsteuerung von Fernsehempfängern, HiFi-Anlagen, Videorekordern und Beleuchtungen.

Fernsteuerungssysteme mit Infrarotstrahlung können durch Fremdlicht gestört werden. Besonders ungünstig wirkt sich das Licht von Glühlampen aus, da hier das Maximum der spektralen Energieverteilung fast genau mit dem Empfindlichkeitsmaximum der verwendeten Fotodioden übereinstimmt. Das Licht von Leuchtstofflampen und das Tageslicht stören wesentlich weniger.

Zur Verringerung von Fremdlichtstörungen erfolgt die Abstrahlung des Nutzsignals möglichst gerichtet.

Durch diese gerichtete Abstrahlung wird auch eine größere Reichweite erzielt. Bei diffuserer Abstrahlung hingegen ist eine Übertragung auch dann noch möglich, wenn zwischen Sender und Empfänger keine direkte Sichtverbindung besteht. Ein optisches Filter mit großer Flankensteilheit vor der Empfangsdiode verringert ebenfalls Fremdlichtstörungen, weil es die Strahlungen mit kleineren Wellenlängen stark dämpft.

Mit der Fernsteuerung können der Fernsehempfänger eingeschaltet und z.B. die Lautstärke, Balance, Helligkeit, Farbsättigung und ein bestimmter Kanal eingestellt werden. Beim Steuerbefehl AUS wird der Fernsehempfänger abgeschaltet. Nur die Infrarot-Empfangseinrichtung bleibt in Betrieb. Dieser Betriebszustand wird Bereitschaft (*Stand-by*) genannt. Beim Steuerbefehl EIN schaltet der Infrarotempfänger das Netzteil ein.

Die Eingabesteuerschaltung im *Infrarotsender* **Bild 1** erzeugt je nach betätigtem Taster am Tastensatz das entsprechende Digitalsignal. Am Ausgang der Eingabesteuerschaltung erscheint das Digitalsignal als serielles Signal und steuert über die Treiberstufe die Sendedioden an. Diese Sendedioden geben das Signal als Infrarotstrahlung ab.

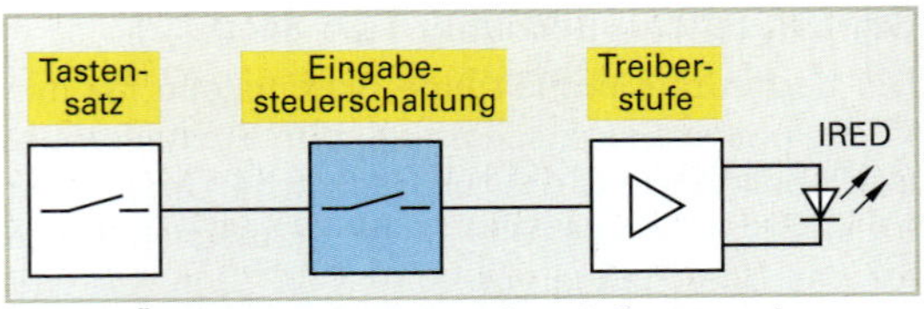

Bild 1: Übersichtsschaltplan eines Infrarotsenders

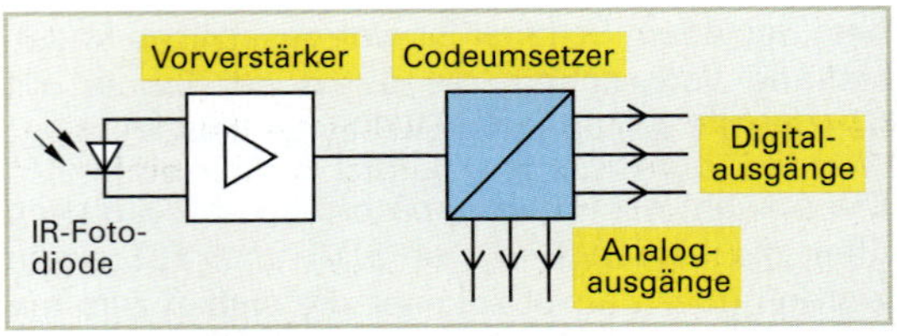

Bild 2: Übersichtsschaltplan eines Infrarotempfängers

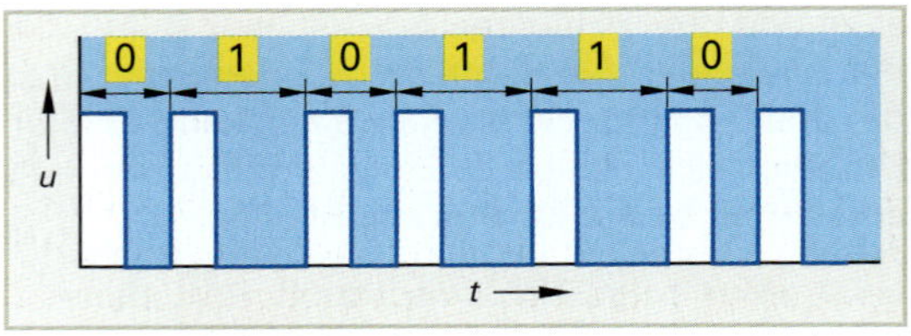

Bild 3: Pulsabstandscodierung

Die IR-Fotodiode im *Infrarotempfänger* **Bild 2** nimmt die Infrarotstrahlung auf und wandelt sie in elektrische Signale um. Über einen Vorverstärker gelangen die Signale an den Codeumsetzer. Dieser Codeumsetzer hat Digitalausgänge für die Ansteuerung des digitalen Kanalspeichers zur Kanalwahl und Analogausgänge für die Bedienungsfunktionen (Lautstärke, Balance, Helligkeit, Farbsättigung und EIN-AUS).

Bei der Übertragung setzt man eine Pulsmodulation ein. Bei dieser Modulation ist trotz hoher Pulsspitzenleistung der zeitliche Mittelwert der Sendeleistung gering, da die Sendezeit gegenüber der Pausenzeit sehr kurz ist.

Bei der Pulsmodulation kann man viele verschiedene Befehle mit hoher Störsicherheit übertragen.

Als Pulsmodulation verwendet man die Pulsabstandsmodulation oder die Pulscodemodulation (**Bild 3**). Bei der Pulsabstandscodierung folgt auf einen Impuls mit konstanter Impulsdauer entweder eine lange Pausenzeit oder eine kurze Pausenzeit. Die lange Pausenzeit entspricht dem binären Zustand 1, die kurze Pausenzeit dem Zustand 0.

Bei der Pulscodemodulation im *NRZ-Code* (Non Return to Zero Code = keine Rückkehr zu Null) ist im Empfänger die Taktrückgewinnung mit einigen Schwierigkeiten verbunden. Bei diesem Code kehrt das Signal nicht periodisch auf 0 zurück **(Bild 1).** Man wandelt deshalb die Signale in den *Biphase-Code* (Zweizustands-Code) um. Dabei liegt die Information über den Wert des Bits in der Mitte der Übertragungszeit für jeweils ein Bit (Bild 1). Die Richtung der Flanke bestimmt den Wert des Bits. Eine abfallende Flanke entspricht z. B. dem Wert 0, eine steigende Flanke dann dem Wert 1. Die Taktrückgewinnung ist hier einfacher, da innerhalb der Übertragungszeit für jeweils ein Bit eine Flanke auftritt. Der Fernsteuerempfänger muss nur während eines kurzen Zeitabschnitts aktiv sein, da der Wert eines jeden Bits nur in der Richtung der Flanke enthalten ist. Dadurch können Störungen weitgehend ausgeblendet werden.

Bei der Ansteuerung der Sendedioden unterscheidet man den *geblitzten* Betrieb und den *modulierten* Betrieb **(Bild 2).** Bei der geblitzten Betriebsart werden die Sendedioden beim Wert 1 eingeschaltet und beim Wert 0 abgeschaltet. Bei der modulierten Betriebsart werden die Sendedioden während des Wertes 1 mit einer Trägerfrequenz getastet, während des Wertes 0 bleiben die Sendedioden ausgeschaltet (Bild 2). Bei der modulierten Betriebsart erfolgt durch einen Parallelschwingkreis im Eingang des Empfängers eine Rauschminderung und eine Störunterdrückung gegenüber Gleichlicht und Lichtblitzen, z. B. beim Einschalten von Leuchtstofflampen.

Man wählt als Frequenzbereich für diesen Träger meist den Bereich zwischen der 2. und 3. Teilschwingung der Zeilenfrequenz, also etwa zwischen 32 kHz und 45 kHz. Dadurch werden Störungen durch Oberschwingungen der Zeilenfrequenz vermieden. In neueren Systemen werden auch Trägerfrequenzen um 460 kHz verwendet, weil Leuchtstofflampen mit elektronischen Vorschaltgeräten, z. B. Energiesparlampen, mit Frequenzen im Bereich von 20 kHz bis 40 kHz betrieben werden.

14.5.2.2 Infrarot-Übertragungssystem mit Pulsabstandscodierung

Beim Infrarot-Übertragungssystem mit Pulsabstandscodierung werden Impulse mit einer Impulsdauer von 10 µs verwendet. Wenn der Abstand zwischen den Vorderflanken zweier aufeinanderfolgender Impulse 100 µs beträgt, dann entspricht dies einem Signal mit dem Wert 0. Beträgt dieser Abstand 200 µs, so entspricht dies einem Signal mit dem Wert 1. Jeder Steuerbefehl besteht aus einem Adressenteil und einem Befehlsteil. Der Adressenteil ist als 4-Bit-Wort aufgebaut, sodass 2^4 = 16 Adressen codiert werden können. Der Befehlsteil ist ein 6-Bit-Wort, es gibt also 2^6 = 64 Codiermöglichkeiten. Durch diese Codiermethode können 16 · 64 = 1 024 Befehle in Form von 10-Bit-Worten übertragen werden.

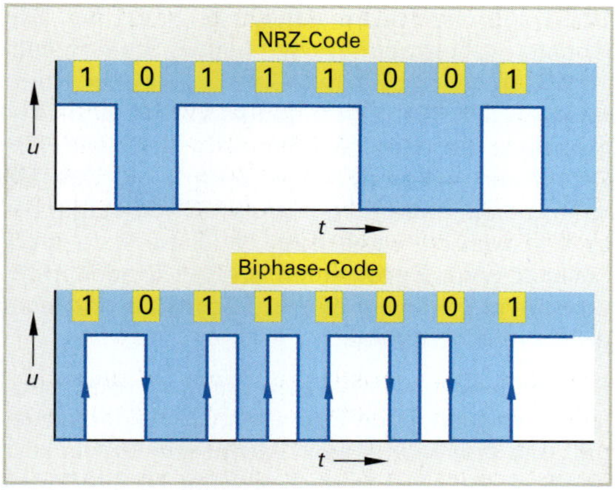

Bild 1: Pulscodemodulation

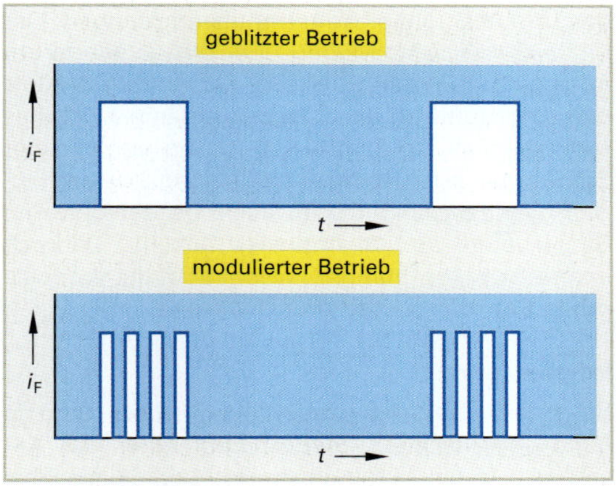

Bild 2: Betriebsarten für die Sendedioden

> Bei der Pulsabstandscodierung bestimmt der zeitliche Abstand zwischen den Vorderflanken zweier aufeinanderfolgender Impulse den binären Zustand des Signals.

Für die Übertragung eines Steuerbefehls in Form eines 10-Bit-Wortes werden 14 Impulse benötigt **(Bild 1, folgende Seite).** Der gesamte Steuerbefehl mit dem 10-Bit-Wort 0011010001 benötigt eine

Übertragungszeit von 21 · 100 µs = 2,1 ms. Die längste Übertragungszeit beim Steuerbefehl 1111111111 beträgt 2,7 ms. Da während der Übertragungszeit 14 Infrarotimpulse von je 10 µs Impulsdauer gesendet werden, gibt der Sender je Befehl nur während 140 µs Energie ab. Deshalb kann die Sendediode mit großer Stromstärke betrieben werden, ohne dass die Batterie zu stark belastet wird. Durch einen großen Diodenstrom erreicht man eine größere Reichweite und eine größere Störsicherheit.

Der Eingang des Infrarotempfängers wird nach jedem empfangenen Steuerimpuls wieder verriegelt und erst wieder nach Ablauf von 100 µs kurz geöffnet. Hat die nächste Stelle des 10-Bit-Wortes den Wert 0, so gelangt der nächste Impuls auf den Eingang, wenn dieser gerade wieder geöffnet wird. Hat aber die nächste Stelle des 10-Bit-Wortes den Wert 1, so wird während der Öffnungszeit des Impulseingangs kein Impuls empfangen. Der Eingang schließt wieder und öffnet wiederum nach 100 µs. Während dieser Öffnungszeit muss nun ein Impuls an den Eingang gelangen. Ist dies nicht der Fall, so liegt eine Störung vor und der Empfänger schaltet in den Ausgangszustand zurück. Der Empfänger prüft auch, ob der gesamte Steuerbefehl aus 14 Impulsen besteht. Dadurch erkennt der Empfänger, wenn einzelne Impulse durch Störungen unterdrückt werden.

Infrarotsender

Bei der Bedienung des Infrarotsenders wird je nach gewünschtem Steuerbefehl einer der Anschlüsse 16 bis 23 mit einem der Anschlüsse 8 bis 15 über einen mechanischen Taster verbunden **(Bild 2)**. Damit sind bei einer Adresse 64 verschiedene Steuerbefehle möglich. Je nach gewünschter Adresse müssen von außen über die Anschlüsse 6 und 7 bestimmte Adresseninformationen über den *Adressendecodierer* in den *Adressenspeicher* eingegeben werden. Zur Programmierung einer festen Adresse werden die

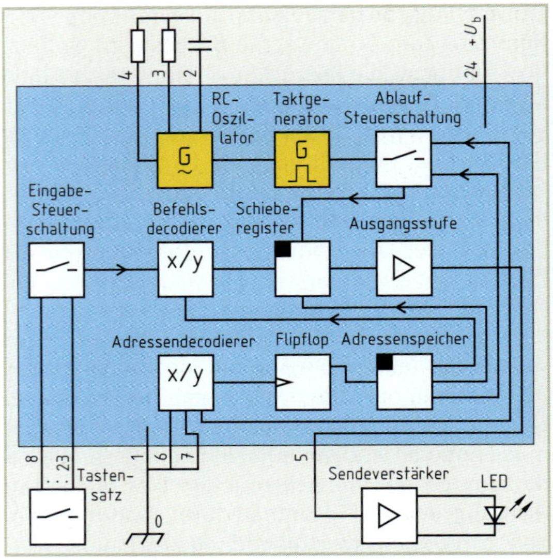

Bild 2: Infrarotsender für Pulsabstandsmodulation

Anschlüsse 6 und 7 mit Masse verbunden. Der Adressenspeicher speichert die entsprechende Adresseninformation und sorgt dafür, dass bei einem Steuerbefehl der Adressenteil aus dem richtigen 4-Bit-Wort besteht. Der *Befehlsdecodierer* wandelt den Befehlsteil des Steuerbefehls in ein entsprechendes 6-Bit-Signal um. Das Schieberegister setzt die *parallele Eingangsinformation* vom Befehlsdecodierer in eine *serielle Ausgangsinformation* um und gibt sie an die Ausgangsstufe. Die Ausgangsstufe steuert den am Anschluss 5 angeschlossenen Sendeverstärker an. Da die Sendedioden einen großen Impulsstrom benötigen, muss der Ausgangsstrom des Infrarotsenders noch verstärkt werden. Die *Ablauf-Steuerschaltung* sorgt für den richtigen zeitlichen Ablauf der einzelnen Funktionen. Der dazu erforderliche Taktgenerator wird von einem RC-Oszillator angesteuert. Die Frequenz des RC-Oszillators wird vom RC-Glied an den Anschlüssen 2 und 3 bestimmt.

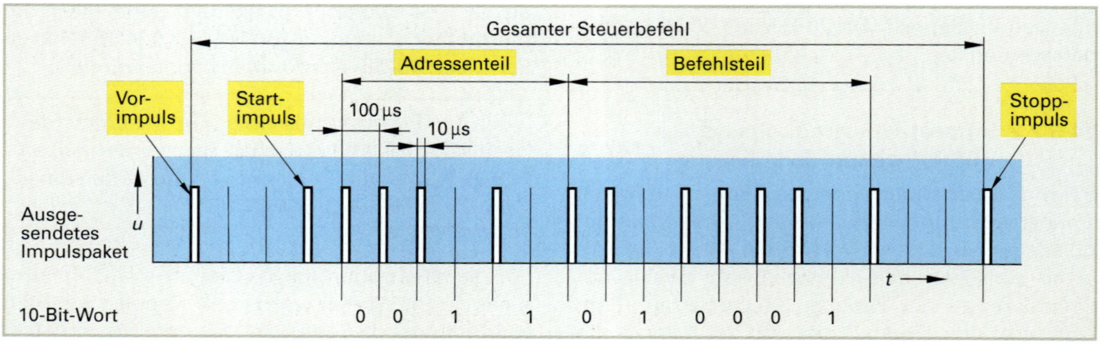

Bild 1: Infrarot-Steuerbefehl mit Pulsabstandscodierung

Infrarotempfänger

Die empfangenen Steuerbefehle gelangen über den Empfängerverstärker an den Anschluss 16 des Empfänger-ICs **(Bild 1)**. Im IC werden die Steuerbefehle über einen Verstärker dem *Codeumsetzer* zugeführt. Hier wird die Information mit Pulsabstandsmodulation in eine Information mit Pulsamplitudenmodulation umgewandelt und der Datenausgabe-Schaltung zugeführt. Die Ablauf-Steuerschaltung bestimmt den zeitlichen Ablauf der Signalverarbeitung.

Alle empfangenen Infrarot-Steuerbefehle werden am Datenausgang Anschluss 17 als 12-Bit-Worte abgegeben. Über die Anschlüsse 7 und 12 bis 15 empfängt der Infrarotempfänger die Steuerbefehle bei direkter Steuerung über einen Tastensatz am Fernsehgerät. Die vier *DA-Umsetzer* geben Rechteckspannungen mit der Frequenz 17,3 kHz und veränderlichem Puls-Pausen-Verhältnis (Pulsweitenmodulation) in 64 Stufen ab.

Diese Rechteckspannungen werden mit RC-Gliedern integriert. Das Puls-Pausen-Verhältnis bestimmt also die Größe der integrierten Steuerspannungen und kann in 63 Stufen geändert werden. Bei andauerndem Steuerbefehl für Bedienungsfunktionen wird das Puls-Pausenverhältnis alle 130 ms um eine Stufe verändert. Um den ganzen Änderungsbereich zu überstreichen, benötigt man also etwa 9 s.

Wiederholung und Vertiefung

1. **Was versteht man unter Infrarotstrahlung?**
2. **Wodurch können Fernsteuerungssysteme mit Infrarotstrahlung gestört werden?**
3. **Aus welchen zwei Bestandteilen ist der Infrarot-Steuerbefehl mit Pulsabstandscodierung aufgebaut?**
4. **Durch welche Maßnahmen erkennt das Infrarot-Übertragungssystem mit Pulsabstandscodierung Störungen?**

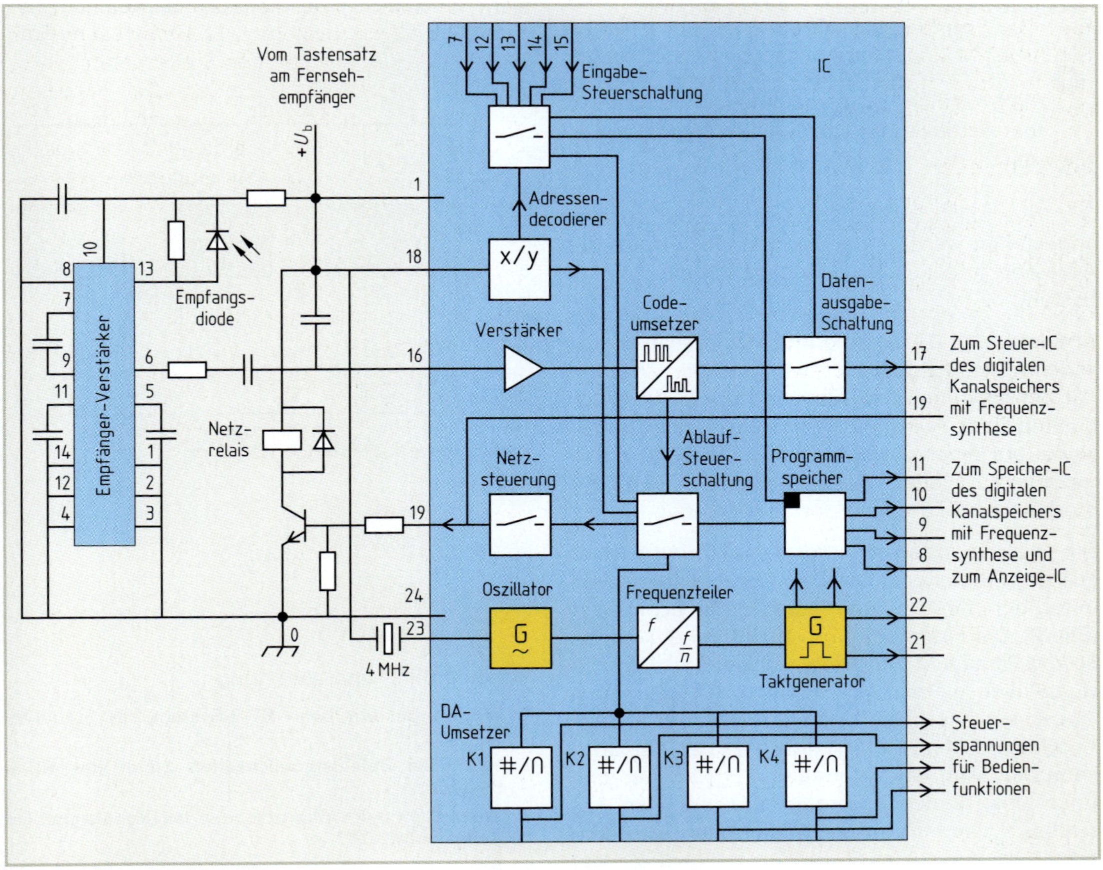

Bild 1: Infrarotempfänger

14.5.2.3 Infrarot-Übertragungssystem mit Pulscodemodulation

Beim Infrarot-Übertragungssystem mit Pulscodemodulation wird mit dem Biphase-Code gearbeitet. Beim *RC-5-System* (RC von Remote Control = Fernsteuerung) besteht jeder Steuerbefehl aus einem Adressteil und einem Befehlsteil. Der Adressteil ist als 5-Bit-Wort aufgebaut, sodass $2^5 = 32$ Adressen codiert werden können. Der Befehlsteil ist ein 6-Bit-Wort mit $2^6 = 64$ Codiermöglichkeiten.

Das RC-5-System bietet 2048 Befehlsmöglichkeiten in Form von 11-Bit-Worten.

Durch das zeitliche Voranstellen von zwei Startbits und einem Kontrollbit hat das gesamte Datenwort eine Breite von 14 bit. Die Übertragungszeit für ein Bit beträgt 1,778 ms, sodass das gesamte Datenwort eine Übertragungszeit von 24,892 ms benötigt. Die Belegung eines Teils der Adressen und Befehle ist beim RC-5-System festgelegt. Dadurch ist es möglich, dass mit einem Infrarotsender Videorekorder oder Empfänger verschiedener Herstellerfirmen gesteuert werden können.

IR-PCM verwendet das RC-5-System, deshalb können Fernbedienungen verschiedener Hersteller für ein Gerät verwendet werden.

Der *Infrarotsender* **Bild 1** kann von einer Tastatur angesteuert werden, die aus 8 × 4 Tastern für die Adressen und aus 8 × 8 Tastern für die Befehle besteht.

Am Ausgang DATA (Anschluss 8) erscheint das serielle Digitalsignal für den geblitzten Betrieb der Sendedioden. Am Ausgang MDATA (von Modulated Data, Anschluss 7) ist das serielle Digitalsignal auf einen Zwischenträger mit 36 kHz aufmoduliert. Dieses Ausgangssignal dient zur modulierten Betriebsart der Sendedioden.

Die gesamte *Infrarot-Empfängerschaltung* besteht aus der Empfangsdiode, dem Vorverstärker, dem Infrarotempfänger und dem Mikrocontroller **(Bild 2)**. Die Fotodiode und der in Reihe liegende 36-kHz-Parallelschwingkreis setzen das Infrarotsignal in ein elektrisches Signal um. Dieses Signal steuert am Anschluss 1 den Vorverstärker an. Am Anschluss 9 des Vorverstärkers ist das demodulierte Digitalsignal vorhanden und gelangt an den Anschluss 12 des Infrarotempfängers. Am Anschluss 9 des Infrarotempfängers steht das Taktsignal, am Anschluss 10 das Datensignal für den Mikrocontroller zur Verfügung.

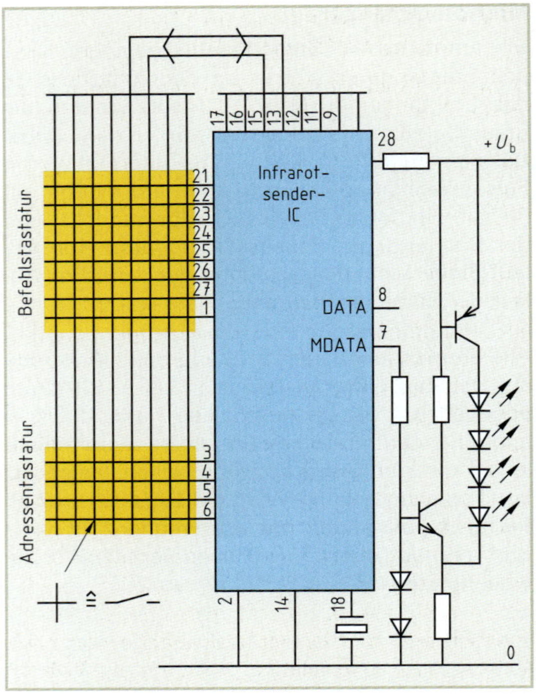

Bild 1: Infrarotsender für Pulscodemodulation

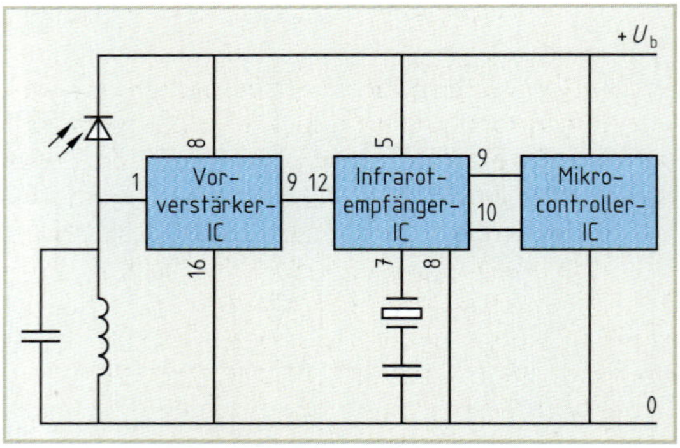

Bild 2: Infrarot-Empfängerschaltung

Wiederholung und Vertiefung

1. **Woraus besteht beim RC-5-System der Steuerbefehl?**
2. **Wie viele Befehlsmöglichkeiten bietet das RC-5-System?**
3. **Wozu dient beim Infrarotsender das Digitalsignal am Ausgang MDATA?**
4. **Aus welchen drei Baugruppen besteht die Infrarotempfängerschaltung?**

14.5.3 Tonübertragung durch Infrarotstrahlung

Drahtlose Tonübertragung kann auch mit Infrarotstrahlung (IR) erfolgen.

Reflexionen im Raum wirken sich bei der Tonübertragung mit Infrarotstrahlung kaum aus.

Für die Tonübertragung durch Infrarotstrahlung werden im Fernsehempfänger ein *Infrarotsender* und im Kopfhörer ein *Infrarotempfänger* benötigt. Als Infrarotsender setzt man GaAs-Lumineszenzdioden (IRED) ein, die bei der Wellenlänge von etwa 950 nm ihre größte relative Empfindlichkeit haben. Diese IRED haben einen Wirkungsgrad von etwa 10 % und geben eine maximale Strahlungsleistung von 10 mW bis 20 mW ab. In einem normalen Wohnraum ist eine mittlere Strahlungsleistung von mindestens 50 mW erforderlich. Daher schaltet man mehrere IREDs in Reihe. Als Infrarotempfänger verwendet man PIN-Fotodioden aus Silicium, die bei der Wellenlänge von etwa 950 nm noch eine relative große Empfindlichkeit haben.

Als Infrarotsender setzt man IREDs ein, als Infrarotempfänger PIN-Fotodioden.

Bei der Tonübertragung mit Infrarotstrahlung stören Infrarotanteile fremder Strahlungsquellen, insbesondere solche von Glühlampen **(Bild 1).** Bei einer Beleuchtungsstärke des Fremdlichtes von 1 000 Lux benötigt man etwa eine Mindest-Nutzbestrahlungsstärke von 1 nW/mm^2 an der Empfangsdiode des Infrarotempfängers. Das bedeutet, dass man in einem Raum mit 100 m^2 Oberfläche und einem Reflexionsfaktor von 50 % eine Sendeleistung der IREDs von etwa 50 mW benötigt.

Nur wenn diese Bedingung erfüllt ist, erhält man einen Störabstand von mindestens 20 dB und

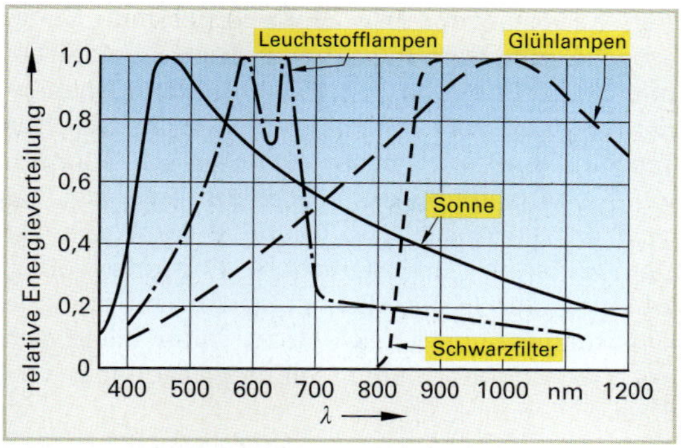

Bild 1: Spektrale Energieverteilungskurven

damit eine brauchbare Übertragungsqualität. Dieser Störabstand kann vergrößert werden, wenn man vor die Fotodiode im Infrarotempfänger ein Filter mit der Grenzwellenlänge von 900 nm baut. Da dieses Filter Licht vollständig absorbiert und deshalb schwarz aussieht, wird es auch als *Schwarzfilter* bezeichnet (Bild 1).

Bei IRED ist nur *Intensitätsmodulation* möglich. Am einfachsten wäre es deshalb, den Vorwärtsstrom mit der Niederfrequenzspannung in der Amplitude zu modulieren. Diese direkte Amplitudenmodulation hat für diese Anwendung mehrere Nachteile. Die Tonübertragung im niederfrequenten Bereich würde durch mit 50 Hz betriebene Leuchtstofflampen stark gestört, da diese ein starkes 100-Hz-Signal mit vielen Oberschwingungen abstrahlen. Außerdem würde sich eine Änderung des Abstandes zwischen Infrarotsender und Infrarotempfänger unmittelbar auf die Lautstärke auswirken. Gleichlicht mit IR-Anteilen, z.B. Sonnenstrahlung (Bild 1), würde in der IR-Empfangsdiode zusätzliche Rauschsignale erzeugen. Daher wird ein 95-kHz-Träger mit der Niederfrequenzspannung zuerst frequenzmoduliert. Der maximale Frequenzhub beträgt dabei 40 kHz. Anschließend erfolgt mit dem frequenzmodulierten Signal die Intensitätsmodulation der IRED.

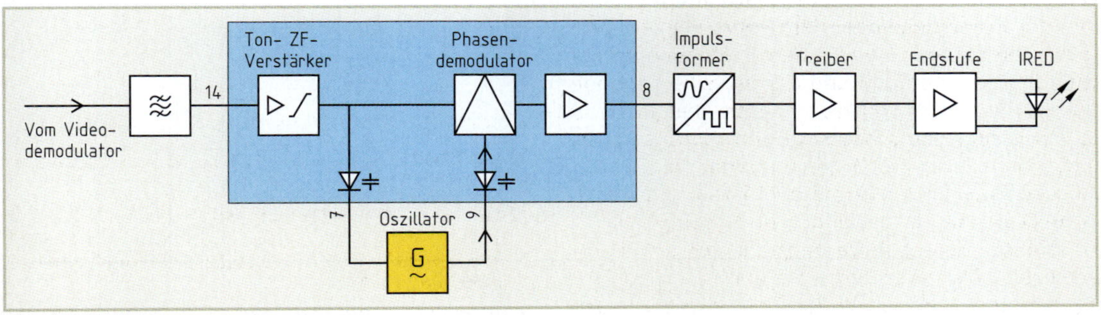

Bild 2: Infrarotsender mit Frequenzumsetzung

Der Infrarotsender **Bild 2, vorhergehende Seite,** arbeitet mit dem integrierten Ton-ZF-Verstärker mit Ton-ZF-Demodulator. Der integrierte Phasendemodulator wirkt hier aber als Mischstufe. Das Ton-ZF-Signal wird nicht demoduliert, sondern von 5,5 MHz auf 95 kHz umgesetzt. Dazu schaltet man an die Anschlüsse 7 und 9 nicht den zur Demodulation erforderlichen Phasenschieberkreis, sondern führt über diese Anschlüsse eine Hilfsfrequenz von 5,595 MHz zu. Dabei bildet sich im Demodulator eine Differenzfrequenz von 95 kHz.

Am Anschluss 8 wird hier also eine 95-kHz-Spannung abgegriffen, die bereits mit dem Tonsignal frequenzmoduliert ist. In der nachfolgenden Impulsformerstufe wird die Sinusspannung in eine Rechteckspannung umgewandelt. Diese Rechteckspannung gelangt über den Treiber und die Endstufe an die IRED.

Bei diesem Sender hat die 95-kHz-Spannung den gleichen Frequenzhub wie die Ton-ZF-Spannung im Fernsehempfänger.

Der Infrarotempfänger **Bild 1** besteht aus zwei Fotodioden und einem Schwingkreis, einem Impedanzwandler mit Sperrschicht-FET, einem integrierten Verstärker mit Demodulator, einer Endstufe und dem Kopfhörer. Der Schwingkreis ist auf die Mittenfrequenz abgestimmt. Das frequenzmodulierte Signal gelangt vom Schwingkreis über den Impedanzwandler an den Anschluss 14 des ICs. Am Anschluss 8 wird die Niederfrequenzspannung abgegriffen und über den Lautstärkeeinsteller der Endstufe zugeführt.

Für die drahtlose NF-Übertragungstechnik wird die Infrarot-Übertragung oder Bluetooth verwendet.

Für Zweikanalton-Übertragungen in der Fernsehtechnik gibt es auch entsprechende IR-Tonübertragungssysteme. Dabei wird für Tonsignal 1 ein 95-kHz-Träger und für Tonsignal 2 ein 250-kHz-Träger verwendet. Andere Systeme arbeiten mit 2,3 MHz und 2,8 MHz. Da beide Kanäle getrennt geführt werden, ist dieses IR-Tonübertragungssystem für die Betriebsarten Mono, Stereo und Zweikanalton geeignet.

Bei IR-Tonübertragungssystemen für Zweikanalton-Übertragungen werden für jeden der beiden Kanäle eigene Tonträger verwendet.

Wiederholung und Vertiefung

1. **Welche Bauelemente verwendet man zur Erzeugung von Infrarotstrahlung und zum Empfang von Infrarotstrahlung?**
2. **Beschreiben Sie die Tonübertragung mit Infrarotstrahlung.**
3. **Warum führt man dem Infrarotsender oft das Ton-ZF-Signal anstatt des niederfrequenten Tonsignals zu?**
4. **Welche beiden Trägerfrequenzen werden zur Zweikanalton-Übertragung mit Infrarotstrahlung verwendet?**
5. **Durch welche Maßnahmen kann bei der Übertragung der Störabstand verbessert werden?**

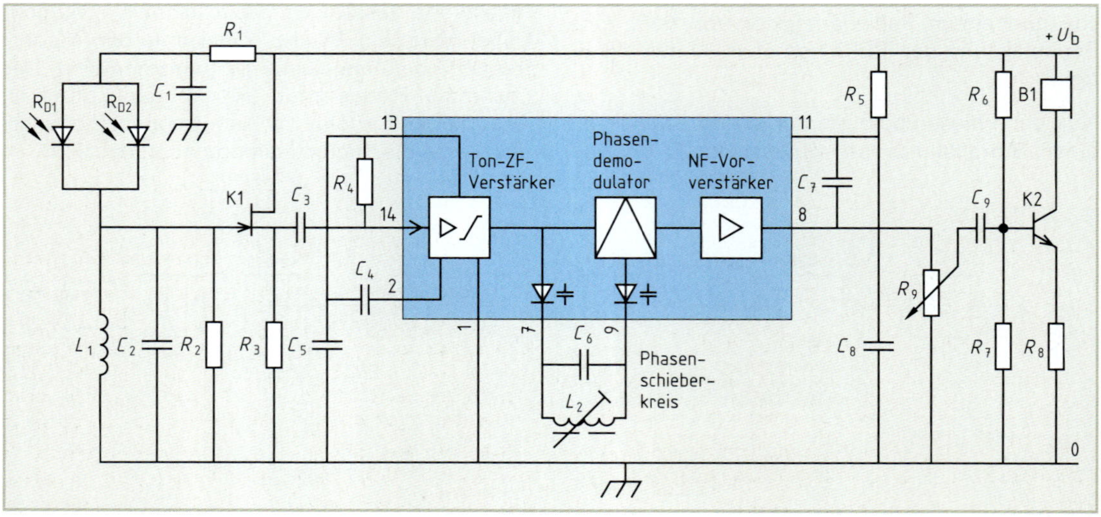

Bild 1: Infrarotempfänger

14.6 Datensicherung

14.6.1 Fehler und Fehlerhäufigkeit

Bei der Übertragung von binären Signalen können auch fehlerhafte Werte entstehen. Diese entstehen meist auf der Übertragungsstrecke (Datenübertragungseinrichtung, DÜE) zwischen Datenquelle (Datenendeinrichtung, DEE) und Datensenke (DEE) **(Bild 1).** Eine DÜE kann aus einer Vielzahl von Kanälen für die Übertragung von Daten verschiedener Benutzer bestehen. Wird z. B. in einem Kanal durch statische Entladung aus einem Signalwert 0 ein Signalwert 1, so ist dies ein Fehler.

> Fehler sind Abweichungen des Signalzustandes vom ursprünglichen Signalzustand.

Eine Fehlererkennung erhält man dadurch, dass man zusätzlich zu den Informationsbits Prüfbits mitüberträgt. Da nun mehr Bits übertragen werden, als eigentlich für eine fehlerfreie Datenübertragung nötig sind, spricht man von Redundanz (= Überfluss) bei der Datenübertragung.

> Eine Datenübertragung mit Redundanz ermöglicht es, Fehler zu erkennen und dann zu korrigieren.

Fehler können korrigiert werden, wenn sie erkannt werden. Die Anzahl der Fehler und die Häufigkeit der Fehler, mit der sie in einer bestimmten Zeit auftreten, werden mit Bitfehlermessgeräten als Bitfehlerhäufigkeit (Bit Error Rate, BER) oder Blockfehlerhäufigkeit gemessen.

> **Beispiel 1:**
> Bei der Übertragung von $n_b = 10^7$ bit werden 100 fehlerhafte Bits gemessen.
> Wie groß ist die Bitfehlerhäufigkeit P_b?
> *Lösung:* $P_b = n_f / n_b = 10^2/10^7 = \mathbf{10^{-5}}$

Meist werden die Daten in Blockfeldern übertragen **(Bild 2).**

> **Beispiel 2:**
> Auf einer Übertragungsstrecke mit der Bitfehlerhäufigkeit $6{,}2 \cdot 10^{-6}$ ist die Bitzahl eines Blockes n_{bB} = 8 bit. Wie groß ist die Blockfehlerhäufigkeit?
> *Lösung:* $P_B = n_{bB} \cdot P_b = 8 \cdot 6{,}2 \cdot 10^{-6} = \mathbf{49{,}6 \cdot 10^{-6}}$

14.6.2 Paritätsprüfung

Zur Fehlererkennung wird z. B. an jede Zeile eines BCD-Codes ein weiteres Bit angefügt **(Bild 3).** Dabei wird der Wert dieses *Paritätsbit,* z. B. so gewählt, dass die Anzahl der Einsen (Z.d.1) ungerade ist (ungerade Parität). Das Paritätsbit P für eine ungerade Zahl der Einsen erhält man durch eine Schaltung mit Exklusiv-NOR-Elementen (Äquivalenz-Elementen). Nach der Übertragung wird erneut die Parität gebildet. Ist die Zahl der Einsen nach der Übertragung gerade, liegt ein Fehler vor.

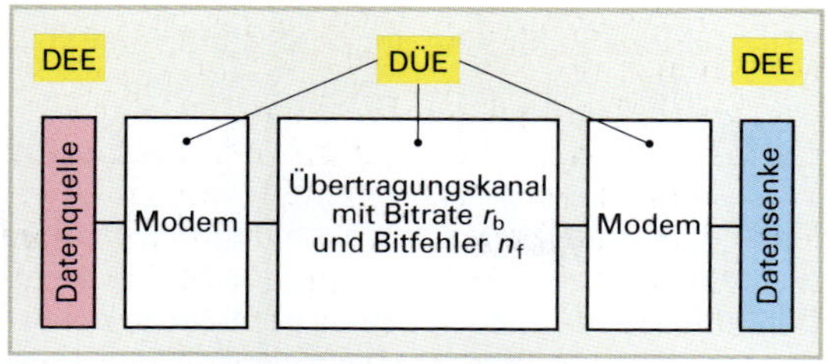

Bild 1: Übertragungssystem für Daten

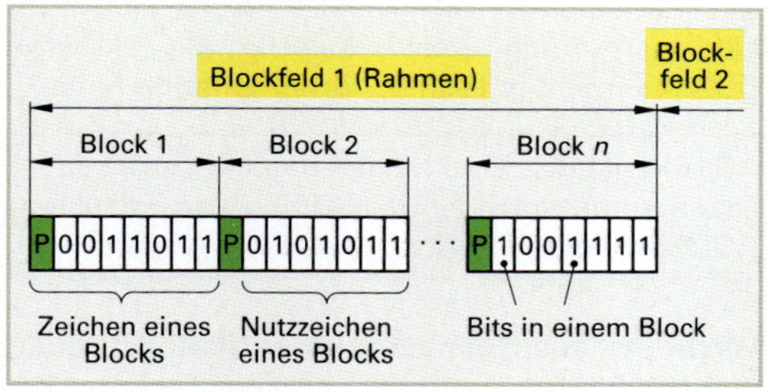

Bild 2: Aufbau von Datenworten

$$P_b = \frac{n_f}{n_b} \qquad P_B = \frac{n_F}{n_B}$$

$$P_b = \frac{n_f}{r_b \cdot t_m} \qquad P_B = n_{bB} \cdot P_b$$

P_b Bitfehlerhäufigkeit;
P_B Blockfehlerhäufigkeit;
n_b Zahl der Bits, Bitzahl;
n_{bB} Zahl der Bits eines Blocks;
n_B Zahl der Blöcke
n_f Zahl der Bitfehler
n_F Zahl der Blockfelder
r_b Bitrate
t_m Messzeit

Dezimalzahl	D	C	B	A	Paritätsbit P	Z.d.1
0	0	0	0	0	1	1
1	0	0	0	1	0	1
2	0	0	1	0	0	1
3	0	0	1	1	1	3
4	0	1	0	0	0	1
5	0	1	0	1	1	3
6	0	1	1	0	1	3
7	0	1	1	1	0	3
8	1	0	0	0	0	1
9	1	0	0	1	1	3

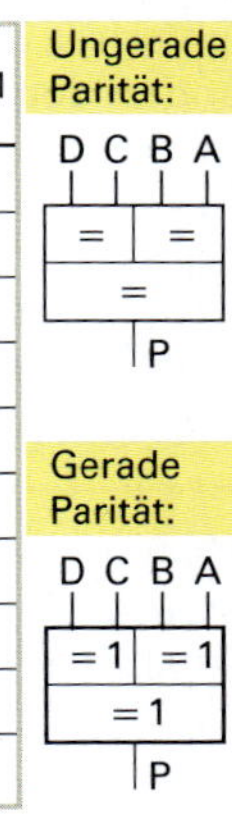

Bild 3: BCD-Code mit Paritätsbit und Digitalschaltung

Das Paritätsbit für eine ungerade Zahl von Einsen erhält man durch eine Schaltung von Exklusiv-NOR-Elementen.

Eine Fehlererkennung kann auch dadurch erreicht werden, dass ein Paritätsbit für jede Spalte eines Datenblocks aus z.B. 4 Zeilen gebildet und mitübertragen wird **(Bild 1)**. Die Zeile mit den Paritätsbits wird als Blockprüfzeichen BPZ bezeichnet. Das Paritätsbit für eine gerade Anzahl Einsen erhält man durch eine Schaltung mit Exklusiv-ODER-Elementen (Bild 3, vorhergehende Seite).

Das Paritätsbit für eine gerade Zahl von Einsen erhält man durch eine Schaltung von Exklusiv-ODER-Elementen.

Verwendet man die zeilenweise Paritätsbildung und das Blockprüfzeichen, kann der Fehlerort bestimmt werden (*Blocksicherung* oder *Kreuzsicherung*).

Beispiel 1:

Die Zahl 1989 soll mit einer ungeraden Parität übertragen werden. Welche Paritätsbits und welches Blockprüfzeichen sind erforderlich?

Lösung: **Bild 2**

Zuerst wird für jede Zeile das Paritätsbit gebildet. Anschließend wird für jede Spalte das Bit für das Blockprüfzeichen gebildet. Nach Übertragung der fünf Datenwörter wird im Empfänger eine Paritätsprüfung durchgeführt. Ist die Übertragung fehlerfrei, so ist die Zahl der Einsen in den Zeilen und in den Spalten überall ungerade.

Beispiel 2:

Bei einer fehlerhaften Datenübertragung der Zahl 1989 wurde statt 1000 die Dualzahl 1010 übertragen. Wie kann das fehlerhafte Bit erkannt werden?

Lösung: **Bild 3**

Markiert man nun die entsprechende Zeile und Spalte, erhält man im Schnittpunkt der beiden das fehlerhaft übertragene Bit.

14.6.3 Fehlererkennung mit CRC

Beim CRC-Verfahren (von Cyclic Redundancy Check = zyklische Redundanzüberprüfung) wird aus dem zu übertragenden Datenblock eine Blockprüfzahl berechnet.

Die Berechnung der Blockprüfzahl FCS (von Frame Check Sequence = Rahmenprüffolge) beruht auf der *Polynomdivision*. Die zu übertragende Datenbitfolge wird entsprechend **Bild 4** als Polynom dargestellt und im Sender durch ein z.B. nach **Bild 1, folgende Seite,** festgelegtes Generatorpolynom dividiert (Mathematik für Elektroniker, Ausgabe IT- und Elektronikberufe).

Dezimalzahl	D	C	B	A
1	0	0	0	1
9	1	0	0	1
9	1	0	0	1
8	1	0	0	0
BPZ	1	0	0	1
Z.d.1	4	0	0	4

Fehlerfrei

Dezimalzahl	D	C	B	A
1	0	1	0	1
9	1	0	0	1
9	1	0	0	1
8	1	0	0	0
BPZ	1	1	0	1
Z.d.1	4	1	0	4

Fehler ↑

Bild 1: Datenblöcke mit Blockprüfzeichen BPZ

Dezimalzahl	D	C	B	A	Paritätsbit P	Zahl d. 1
1	0	0	0	1	0	1
9	1	0	0	1	1	3
9	1	0	0	1	1	3
8	1	0	0	0	0	1
BPZ	0	1	1	0	1	
Z.d.1	3	1	1	3	3	

Bild 2: Blocksicherung mit fehlerfreier Datenübertragung

Dezimalzahl	D	C	B	A	Paritätsbit P	Zahl d. 1
1	0	0	0	1	0	1
9	1	0	0	1	1	3
?	1	0	1	0	0	2
9	1	0	0	1	1	3
BPZ	0	1	1	0	1	
Z.d.1	3	1	2	3	3	

Bild 3: Blocksicherung mit fehlerhafter Datenübertragung

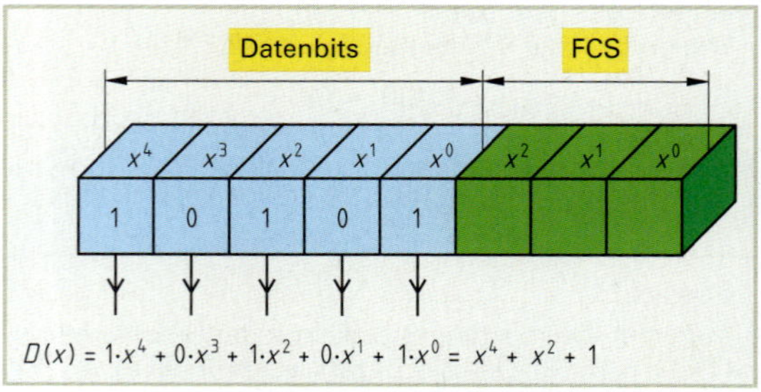

Bild 4: Polynom-Darstellung einer Bitfolge

Vor der Division wird das Datenpolynom $D(x)$ mit dem höchstwertigen Term des Generatorpolynoms multipliziert. Aus dem Restpolynom $R(x)$ wird die FCS gewonnen, die mit der Datenbitfolge übertragen wird **(Bild 2)**. Im Empfänger wird die Datenbitfolge durch das gleiche Generatorpolynom dividiert. Übertragungsfehler werden durch Vergleich der FCS erkannt. Die Polynomdivision verläuft ähnlich wie eine Zahlendivision. In der Dualzahlenrechnung wird die Polynomdivision durch die *Modulo-2-Addition* verwirklicht. Das Ergebnis einer Modulo-2-Addition ist bei einer geraden Summe null, z.B. bei 1 + 1, und bei einer ungeraden Summe eins, z.B. bei 1 + 0 **(Bild 3)**.

Vor der Addition wird die Datenbitfolge um Nullbits erweitert, deren Zahl gleich der FCS ist. Die Länge der FCS ist gleich der größten Hochzahl im Generatorpolynom. Der Linksverschiebung der Datenbitzahl durch das Anhängen der Nullbits entspricht bei der Polynomdivision die Multiplikation des Datenpolynoms mit dem höchstwertigen Term des Generatorpolynoms.

Verwirklicht wird die Berechnung durch eine Registerschaltung **(Bild 4)**. Die verwendete Registerschaltung verwirklicht ohne Rechenaufwand das vom CCITT verwendete Generatorpolynom $G(x) = x^{16} + x^{12} + x^5 + 1$.

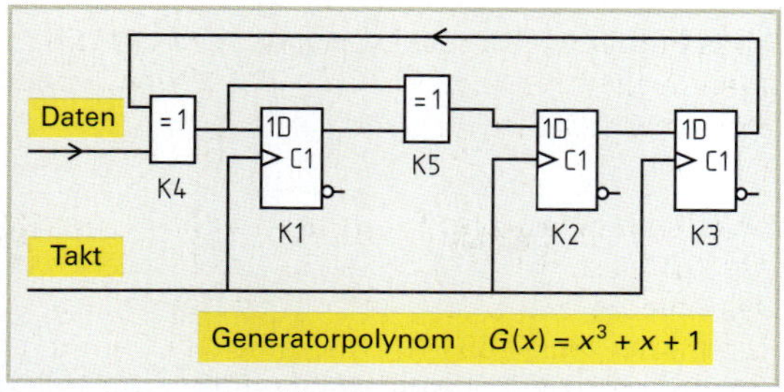

Bild 1: Register eines Generatorpolynoms zur Erzeugung einer Blockprüfzahl

$D(x) = x^4 + x^2 + 1$
$G(x) = x^3 + x + 1$ $\Rightarrow D(x) \cdot x^3 = x^7 + x^5 + x^3$

$(x^7 + x^5 + x^3) : (x^3 + x + 1)$ $\quad x^7 : x^3 = x^4$

$\ominus\ (x^7 + x^5 + x^4)$ $\quad (x^3 + x + 1) \cdot x^4$

$x^4 + x^3$ $\quad x^4 : x^3 = x$

$\ominus\ (x^4 + x^2 + x)$ $\quad (x^3 + x + 1) \cdot x$

$x^3 + x^2 + x$ $\quad x^3 : x^3 = 1$

$\ominus\ (x^3 + x + 1)$ $\quad (x^3 + x + 1) \cdot 1$

$x^2 + 1$

$R(x) = 1 \cdot x^2 + 0 \cdot x + 1 \Rightarrow$ FCS **1 0 1**

Bild 2: Ablauf der Polynomdivision

10101000	Datenbitfolge	10101
⊕ 1011	Generatorpolynom	$G(x) = x^3 + x + 1$
00011000	Generatorbits	1011
⊕ 1011	Länge der FCS	3 bit
01110	Nullbits	3
⊕ 1011	erweiterte Daten-	
Rest 0101	bitfolge	10101000

$\Rightarrow$ FCS **1 0 1**

Bild 3: Ablauf der Modulo-2-Addition

Wiederholung und Vertiefung

1. **Woran erkennt man bei der Datensicherung Fehler?**
2. **Was versteht man unter Redundanz?**
3. **Wie groß ist die Bitrate, wenn 100 Bitfehler in der Messzeit 60 s bei einer Bitfehlerhäufigkeit von 10^{-5} auftreten?**
   ***Lösung:* r_b = 166,67 kbit/s**
4. **Welche Aufgabe haben Paritätsbits?**
5. **Mit welchen Bauelementen kann das Paritätsbit für eine ungerade Zahl von Einsen erzeugt werden?**
6. **Wie wird die Blockprüfzahl FCS aus dem Datenpolynom hergestellt?**
7. **Was versteht man unter einer Modulo-2-Addition?**

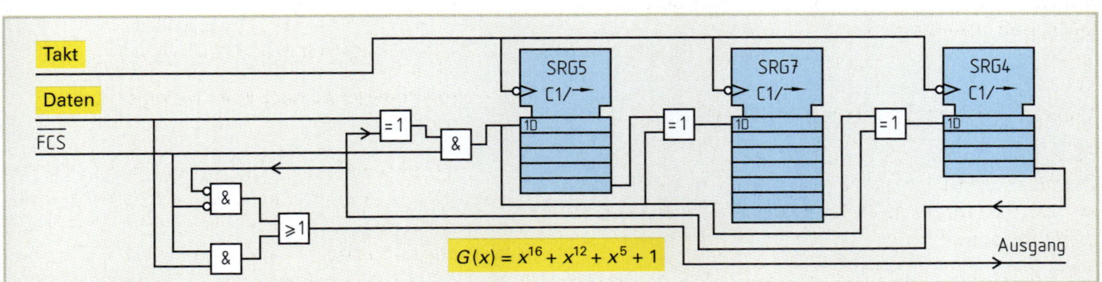

Bild 4: Registerschaltung für das CCITT-Generatorpolynom

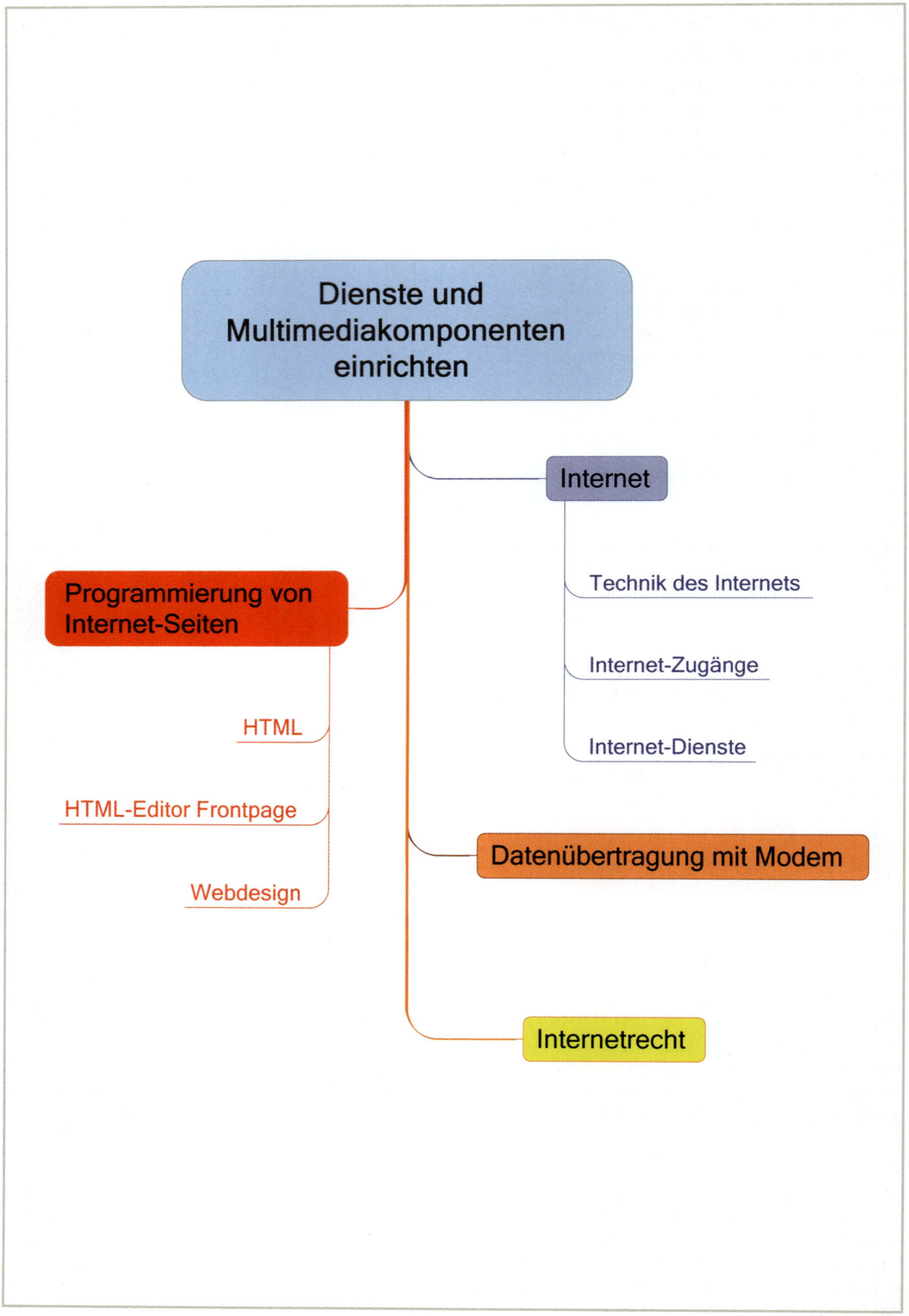
Dienste und Multimediakomponenten einrichten
Internet
Technik des Internets
Internet-Zugänge
Internet-Dienste
Programmierung von Internet-Seiten
HTML
HTML-Editor Frontpage
Webdesign
Datenübertragung mit Modem
Internetrecht

15 Software-Lösungen für Bürosysteme

Der Einsatz von Software und Hardware soll dafür sorgen, dass der Nutzer seine Aufgaben effektiv und effizient erledigen kann und die unternehmerischen Prozesse optimal unterstützt werden. Zusätzlich zur Bereitstellung der notwendigen Daten müssen die drei erfolgsentscheidenden Faktoren Mensch, Vorgehen und Werkzeug aufeinander abgestimmt werden **(Bild 1).**

Beim Produktionsfaktor Mensch sind aufgaben- und arbeitsplatzabhängig bestimmte Kompetenzen notwendig, z. B. im Bürobereich der routinierte Umgang mit den vorhandenen Bürosystemen.

Die Unterstützung durch IT-Systeme kann nur gut funktionieren, wenn die unternehmerischen Prozesse standardisiert sind, d. h. immer nach demselben Ablauf stattfinden, und die Software darauf abgestimmt ist.

Für den effektiven und effizienten Einsatz von IT-Systemen sind dokumentierte und standardisierte Prozessabläufe notwendig.

An die Menschen und Aufgaben angepasste Werkzeuge können dafür sorgen, dass das Bürosystem gleichzeitig wirtschaftlich ist und hohe Mitarbeiterzufriedenheit fördert.

Dieses Ziel ist nur erreichbar, wenn in allen Phasen des Software-Lebenszyklus' (Software Life Cycle, SLC) konsequent die Bedürfnisse der Anwender und die spezifischen Vorgehensweisen des Unternehmens in den Mittelpunkt der Überlegungen und Planungen gestellt werden **(Bild 2).**

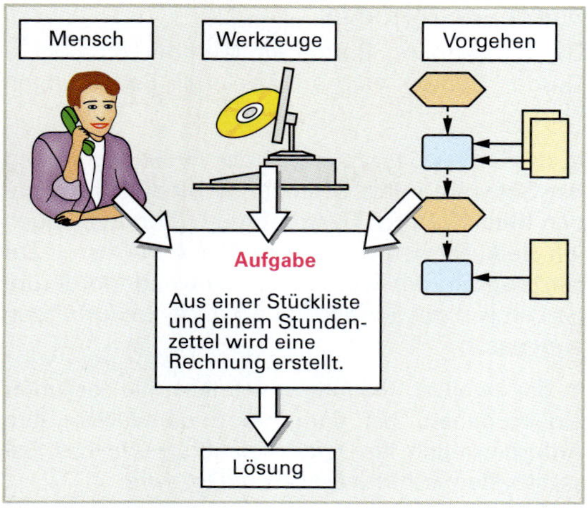

Bild 1: Aufgabenlösung

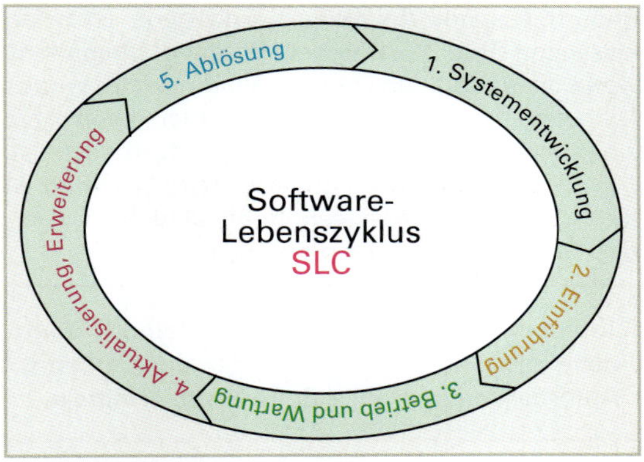

Bild 2: Software-Lebenszyklus

15.1 Software-Entwicklung

Für die Erarbeitung der Anforderungen an eine Software werden drei verschiedene Prinzipien verwendet: die *Top-down-Methode*, die *Bottom-up-Methode* und die *evolutionäre Methode*.

Top-down-Methode

Mit der Bezeichnung Top-down-Methode (top-down = von oben nach unten) wird ausgedrückt, dass die Aufgaben der Software vom Groben und Übergeordneten zum Feinen und Untergeordneten hierarchisch definiert, gegliedert und erarbeitet werden **(Bild 3).**

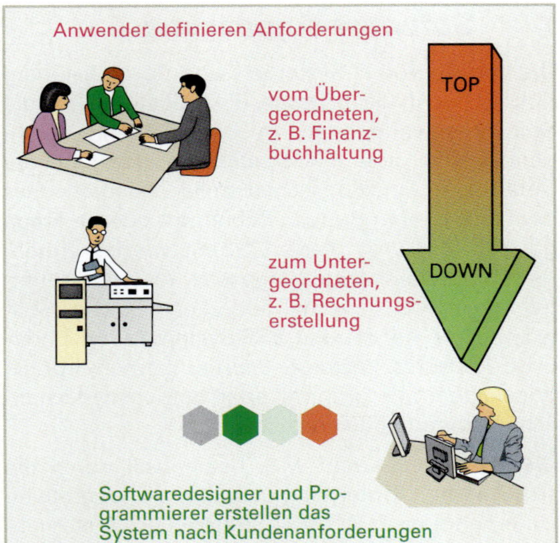

Bild 3: Top-down-Methode

Bottom-up-Methode

Die Bezeichnung Bottom-up-Methode (bottom = Grund, Boden) wird in zweierlei Bedeutungen benutzt.

In der ersten Bedeutung ist der Funktionsumfang der Software durch bestehende Module vorgegeben (**Bild 1**). Durch Customizing (= den individuellen Bedürfnissen anpassen) und Add-Ons (= Zusatzprogramme) werden die Anwenderforderungen soweit wie möglich den Kundenbedürfnissen angepasst.

In der zweiten Bedeutung versteht man darunter ein Vorgehen, bei dem die Endanwender ihre Anforderungen im Detail definieren und das Gesamtsystem schrittweise erarbeitet wird.

Evolutionäre Methode

Beim evolutionären Ansatz findet in einem zyklischen Prozess eine wiederholte Anpassung an die Bedürfnisse des Anwenders und neue Erfordernisse statt **(Bild 2)**. Er eignet sich daher besonders, wenn die endgültige Funktionalität nicht im Voraus festgelegt ist oder festgelegt werden kann bzw. eine permanente Aktualisierung erforderlich ist. Für die im Bürobereich angewendete Software ist z.B. häufig eine Anpassung an aktuelle steuerrechtliche Bestimmungen notwendig.

Top-down-Methode, Bottom-up-Methode und der evolutionäre Ansatz sind Methoden, um die Anforderungen an eine Software zu ermitteln.

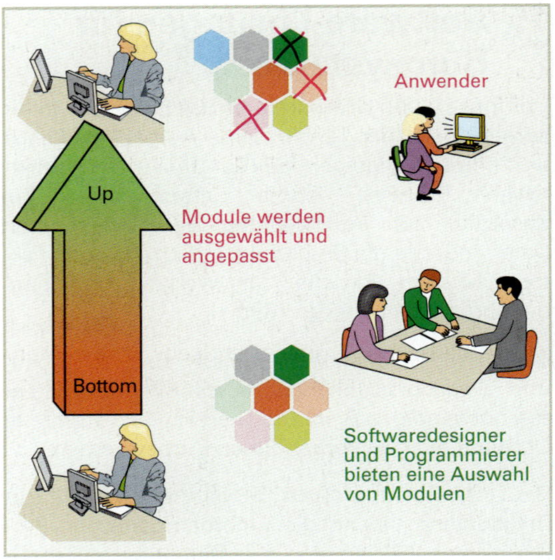

Bild 1: Bottom-up-Methode

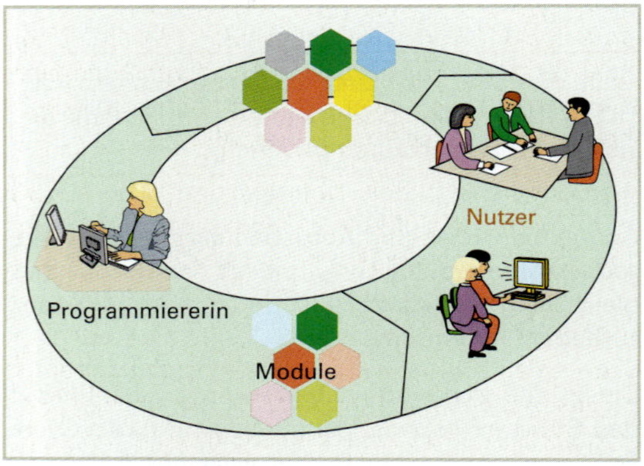

Bild 2: Evolutionäre Methode

15.2 Software-Auswahl und Software-Anpassung

Die Vorteile von IT-Systemen sind nur vollständig nutzbar, wenn die Prozesse, die IT-Systeme und die Softwareanwendungen im Unternehmen durchgängig sind. Jede Inkompatibilität, jede fehlende Daten- und Funktionsschnittstelle bedeutet, dass der Nutzen einer Software abnimmt oder in Frage gestellt wird. Aus diesem Grund werden zunehmend Softwarepakete eingesetzt, die viele unternehmerischen Bereiche abdecken. Solche Softwarepakete nennt man ERP-Systeme (von Enterprise Resource Program = Unternehmen-Produktionsfaktoren-Programm) oder betriebswirtschaftliche Standardsoftware.

Die Softwareauswahl wird beeinflusst durch die strategischen Unternehmensziele, die operativen Unternehmensziele, die IT-Strategie des Unternehmens und übergreifende sonstige Anforderungen **(Bild 3)**.

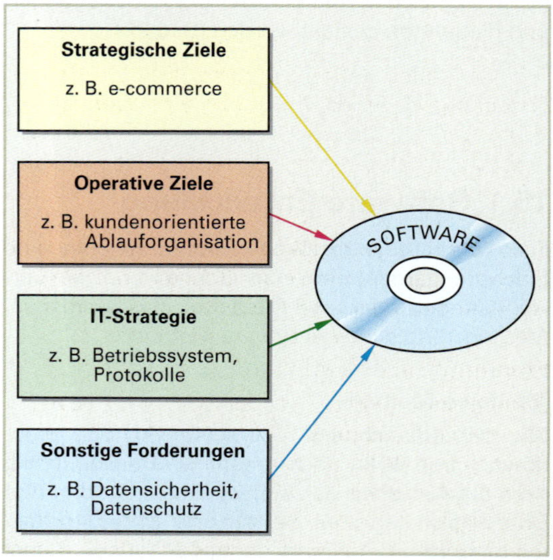

Bild 3: Softwareauswahl

Strategische Unternehmensziele sind langfristig angelegt und betreffen z.B. Entscheidungen darüber, welche Leistungen man mittel- und langfristig auf bestimmten Vertriebswegen ausgewählten Zielgruppen anbieten möchte. Beabsichtigt ein Unternehmen z.B. zukünftig E-Business-Aktivitäten, so hat dies sehr starken Einfluss auf die Anforderungen an die IT- Systemausstattung.

Im operativen Bereich eines Unternehmens werden die Prozesse abgewickelt. Bei der Auswahl einer Software sollte darauf geachtet werden, dass alle Arbeitsschritte bei wichtigen vorkommenden Prozessen entsprechend unterstützt werden **(Tabelle 1).**

Laufend durchgeführte Wartungsarbeiten sichern den Systemnutzen. Weiterentwicklungen und Anpassungen an individuelle Bedürfnüsse erhöhen den Systemnutzen.

Der Kostenaufwand und Zeitaufwand für eine Individualsoftware, d.h. ein komplett kundenspezifisch erstelltes Softwarepaket, ist für viele Unternehmen nicht rentabel. Für sie ist es effektiver, Standardsoftwarepakete einzukaufen und an die Unternehmenserfordernisse anzupassen **(Bild 1).**

Die Anpassung der Software an individuelle Bedürfnisse erfolgt durch Customizing, Add-Ons und Programmmodifikationen **(Bild 2).**

Customizing

Beim Customizing werden im Programm bereits vorgesehene Varianten und Umprogrammiermöglichkeiten für z.B. Funktionalitäten, Verarbeitungsabläufe, Arbeitsoberflächen, Datenformate usw. nach Kundenwunsch eingestellt (konfiguriert).

Add-ons

Add-ons sind Zusatzprogramme (Bild 2). Sie sind notwendig, wenn die Programmeinstellungsmöglichkeiten, Funktionalitäten oder Schnittstellen den Ansprüchen eines Unternehmens nicht genügen. Beim Programmieren und Einsetzen solcher Zusatzprogramme ist es wichtig, darauf zu achten, dass die Updatefähigkeit und Releasefähigkeit (release = neue Version einer Software mit wesentlichen Änderungen) nicht beeinträchtigt werden.

Programmmodifikationen

Der massivste Eingriff bei der Softwareanpassung ist eine Modifikation. Bei der Modifikation wird der Programmcode verändert. Updatefähigkeit, Releasefähigkeit und Wartbarkeit werden dadurch unter Umständen stark beeinflusst. Eine entsprechende Dokumentation der Veränderungen ist besonders wichtig.

Tabelle 1: Beispiele für operative Prozesse aus verschiedenen Unternehmensbereichen

Vertrieb	Beschaffung	Finanzbuchhaltung
Auftragsabwicklung Angebotserstellung Rechnungsstellung Kundenbeziehungsmanagement	Lagerverwaltung Terminüberwachung Beschaffungsaufträge Angebotsvergleiche Wareneingangsbearbeitung	Zahlungs- und Mahnwesen Steuermeldungen und Bilanzen landes- und branchentypische Buchhaltung

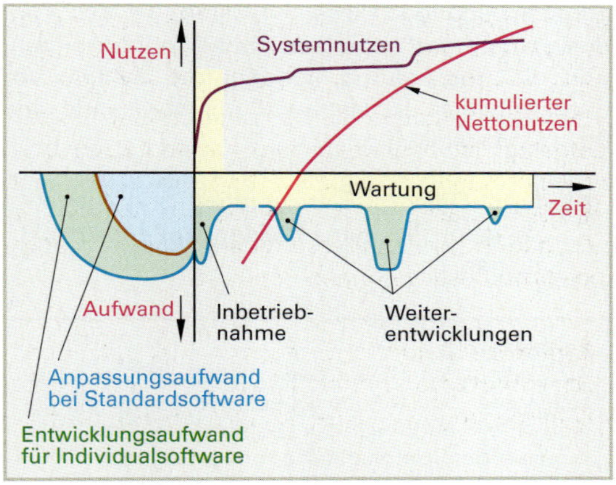

Bild 1: Aufwand und Nutzen von IT-Systemen

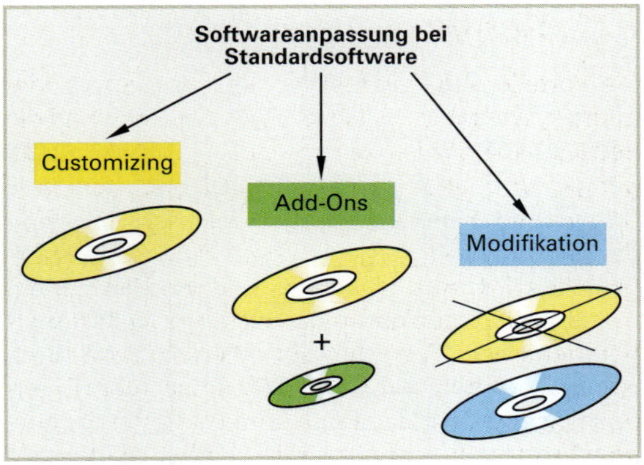

Bild 2: Softwareanpassung

Die Anpassung von Software an individuelle Erfordernisse erfolgt durch Customizing, Add-ons und Programmmodifikationen.

15.3 Anwendersoftware konfigurieren

Standardsoftware ist grundsätzlich nicht auf eine bestimmte Branche, eine Unternehmensform oder einen bestimmten Benutzer beschränkt. Sie muss deshalb bei der Einführung in einem Unternehmen individuell an die Erfordernisse angepasst werden **(Bild 1)**.

15.3.1 Zugriffssysteme und Front-Office-Anwendungen konfigurieren

Die Daten in einem Unternehmen werden in verschiedensten Unternehmensbereichen benötigt **(Bild 2)**. Vertriebsmitarbeiter benötigen z.B. die Bestellnummer und den Verkaufspreis eines Produktes, um ein Angebot zu erstellen. Servicemitarbeiter benötigen dieselben Daten, um den Kunden über einen Reparaturaufwand zu informieren, und die Buchhaltung benötigt die Zahlen, um Rechnungen zu erstellen und am Jahresende eine Bilanz aufzustellen.

> Front-Office = Einrichtungen und Anwendungen, die dem direkten Kundenkontakt dienen.

Beispiel 1:
Außendienstmitarbeiter ohne vertiefte IT-Kenntnisse sollen über ihre Notebooks jederzeit schnell die gewünschten Informationen abfragen können. Wie muss die Benutzeroberfläche konfiguriert sein?
Lösung:
Menügeführte Eingabe- und Ausgabemasken

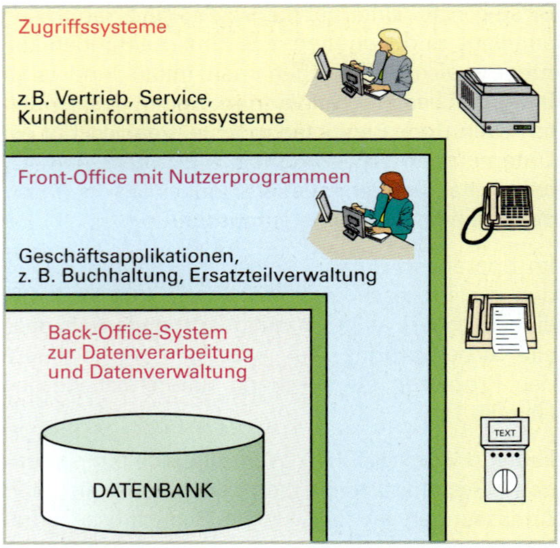

Bild 2: Unternehmensbereiche und Datenanwendungen

Bei all diesen Zugriffen muss gewährleistet sein, dass die Daten widerspruchsfrei, nutzerspezifisch und zweckspezifisch dargeboten werden. Sie dürfen nur von entsprechend berechtigten Personen eingesehen, kopiert oder verändert werden können. Außerdem ist es wichtig, dass die Präsentation und Form dieser Informationen der Corporate Identity (CI) des Unternehmens gerecht werden und die beabsichtigte Verwendung optimal unterstützen.

> Konfigurationen im Front-Office-Bereich und bei Zugriffssystemen dienen vorwiegend der Bedienbarkeit der Systeme und der CI des Unternehmens.

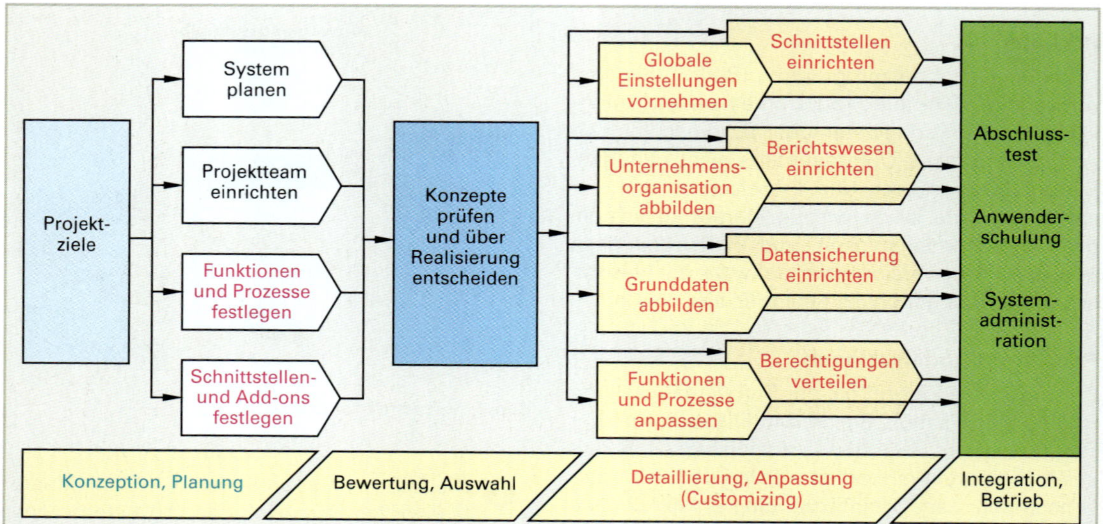

Bild 1: Einführen und Anpassen einer Standardsoftware an individuelle und unternehmerische Erfordernisse

15.3.2 Programme im Back-Office-Bereich konfigurieren

Die Vorteile von IT-Systemen sind nur optimal nutzbar, wenn die Prozesse und die Softwareanwendungen im Unternehmen und auch bei Zulieferern und Kunden angewendet werden. In den Programmen sind für die Anpassung vorhandener Standardprozesse bzw. zur Einrichtung neuer Prozesse meistens bereits entsprechende Funktionalitäten vorhanden. Aufgrund der Komplexität der Programme, umfangreicher betriebswirtschaftlicher Erfordernisse und steuerfachlicher Vorschriften erfordert ein solches Customizing, auch wenn es z.B. nur durch Einstellungen erfolgt, viel Spezialwissen **(Bild 1)**.

Weitere wichtige Aspekte der Back-Office-Konfiguration sind Datensicherungskonzepte und Datensicherheitskonzepte.

Bei der Konfiguration im Back-Office-Bereich werden Geschäftsprozesse und Datenstrukturen an das Unternehmen angepasst.

Back-Office = Anwendungen, die nicht vom Kunden einsehbar sind, z.B. die Datenbankstruktur.

Wiederholung und Vertiefung

1. **Wodurch unterscheidet sich die Top-down-Methode von der Bottom-up-Methode?**
2. **In welchen Fällen wird bei der Softwareentwicklung die evolutionäre Methode angewendet?**
3. **Welche Ziele verfolgt man mit der Konfiguration von Programmen und Systemen?**

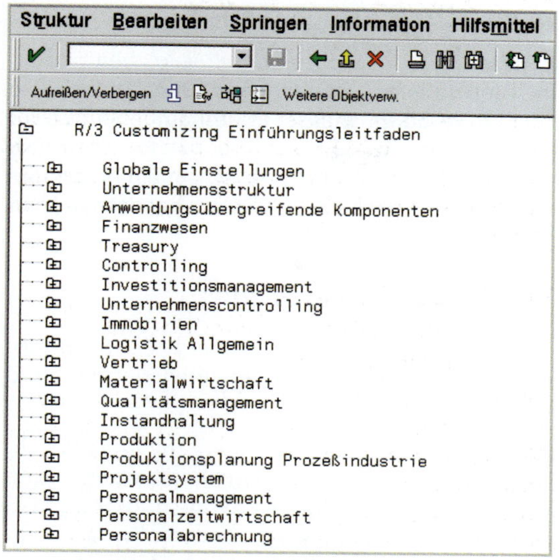

Bild 1: Konfigurationsmenü SAP-Software

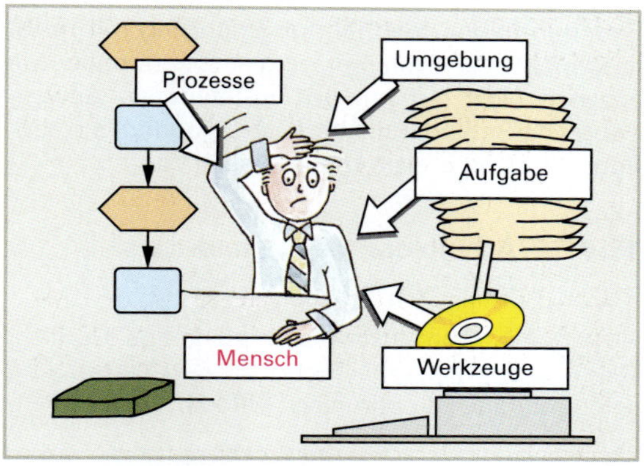

Bild 2: Arbeitsplatzbelastungen

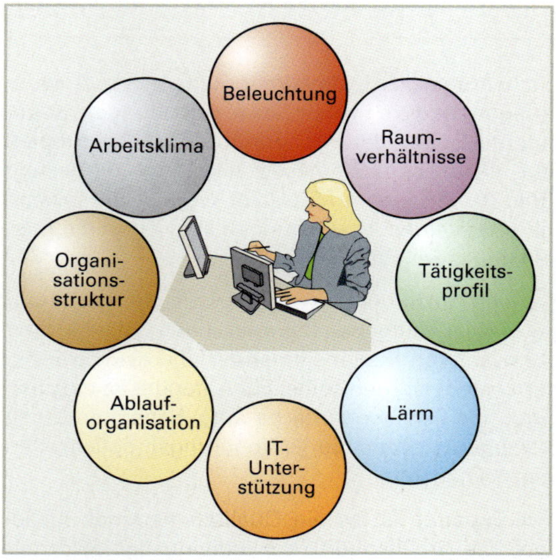

Bild 3: Einflussfaktoren auf die Arbeitsplatzergonomie

15.4 Ergonomie

15.4.1 Arbeitsplatzergonomie

Ziel der Ergonomie ist es, die körperlichen, visuellen und psychischen Belastungen an Arbeitsplätzen zu minimieren **(Bild 2)**.

Körperliche Belastungen treten vor allem durch gleich bleibende und ungünstige Körperhaltungen auf. Ergonomisch gestaltete Einrichtungen und häufiger Belastungswechsel verringern diese körperliche Beanspruchung. Das IT-System, also die Soft- und Hardwareausstattung, hat starken Einfluss auf die visuelle und psychische Belastung an einem Arbeitsplatz **(Bild 3)**.

Ergonomisch gestaltete Arbeitsplätze minimieren die körperliche, visuelle und psychische Belastung der Mitarbeiter.

15.4.2 Softwareergonomie

Software kann nur ergonomisch sein, wenn sie an die individuellen Erwartungen und Bedürfnisse eines Anwenders anpassbar und aufgabengerecht ist. Das Ausmaß, wie ein Produkt für einen bestimmten Benutzer geeignet ist, um ein Arbeitsziel effektiv und effizient zu erreichen, nennt man Usability (= Nutzbarkeit, **Bild 1**).

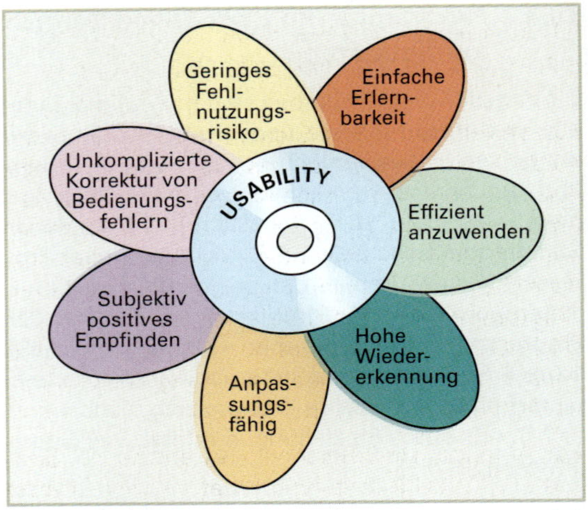

Bild 1: Usability

15.4.2.1 Benutzermodell

Üblicherweise unterscheidet man bei den Nutzern zwischen Anfängern, Gelegenheitsnutzern und Experten.

Anfänger haben keine oder nur minimale Erfahrung mit IT-Systemen. Gelegenheitsnutzer nutzen IT-Systeme regelmäßig, allerdings in unterschiedlicher Intensität und wechselndem Umfang. Oft sind sie für bestimmte Funktionalitäten Anwendungsexperten.

Experten haben mehrjährige Erfahrung mit meistens mehreren Systemen und Anwendungen. Sie arbeiten nicht nur mit der vorhandenen Anwendung und Bedienungsoberfläche, sondern sie konfigurieren und erweitern diese auch.

15.4.2.2 Arbeitsoberfläche und GUI-System

Gute Softwareprodukte bieten vielfältige Möglichkeiten, die Arbeitsoberfläche für den Nutzer und seine Aufgabe zu optimieren **(Bild 2)**.

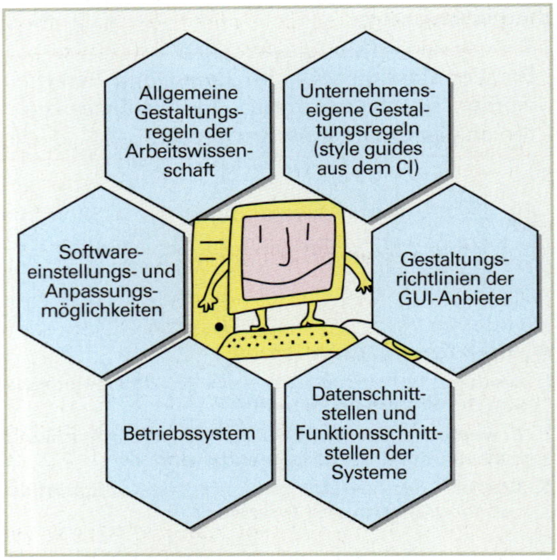

Bild 2: Äußere Faktoren für die Gestaltung der individuellen Arbeitsoberfläche

Für einen Anfänger erleichtern vertraute Bedienungsumgebungen die Arbeit sehr wesentlich.

So werden Hardwarekomponenten und Anwendungen oft durch vereinfachte Abbildungen, sogenannte Icons oder Piktogramme (= Bildsymbole), auf der Arbeitsoberfläche (Desktop) dargestellt **(Bild 3)**. Mit einem Mausklick werden die jeweiligen Geräte und Anwendungen aktiviert und öffnen ein neues Fenster.

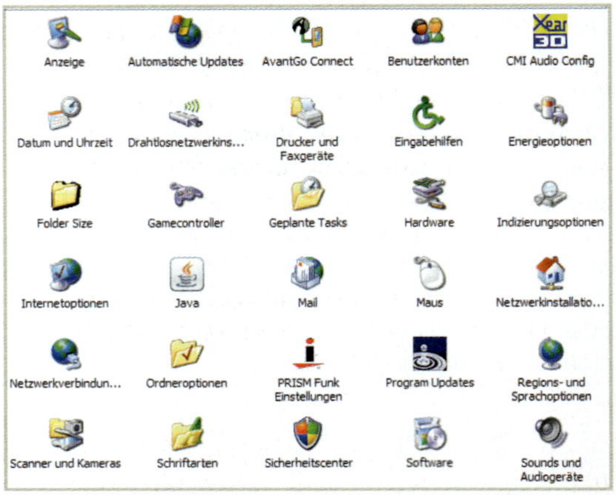

Bild 3: Piktogramme

Für alle Nutzer gilt, dass die Arbeitsoberfläche nur mit einer aufgabenangemessenen Anzahl und Auswahl von Bedienelementen und aktiven Fenstern belegt werden sollte. Für Anfänger ist es günstiger, die Arbeitsoberfläche aufgabenangemessen vorzugeben oder die Veränderungsmöglichkeiten einzuschränken.

Für Experten ist es ein Qualitätsmerkmal, inwieweit die Arbeitsoberfläche individuellen Erfordernissen angepasst werden kann.

Die Arbeitsoberfläche sollte aufgabenangepasst und nutzerangepasst konfiguriert sein.

Für die Verwaltung und Steuerung der Arbeitsoberflächen und Fenster ist das GUI (von Graphical User Interface = grafische Nutzerschnittstelle) verantwortlich **(Bild 1)**. Es verbindet die verschiedenen Arbeitsoberflächen über eine Schnittstelle, die als API (von Application Programming Interface = Programmierschnittstelle für Anwendungen) bezeichnet wird. Sie erlaubt immer nur ein aktives Fenster. Zur einheitlichen Gestaltung des GUI gibt es Richtlinien (= Style Guides).

Für Anfänger und Gelegenheitsbenutzer ist auch das WYSIWYG-Prinzip (von **W**hat **Y**ou **S**ee **I**s **W**hat **Y**ou **G**et = was du siehst, ist was du bekommst) wichtig. Damit wird gewährleistet, dass die Erwartungen des Nutzers hinsichtlich der Darstellung erfüllt werden, d.h., die Ausgabe auf Papier entspricht genau der Bildschirmdarstellung.

Programme mit WYSIWYG-Arbeitsoberflächen erleichtern die PC-Nutzung.

15.4.2.3 Programmbedienung

Auch bei der Bedienung gibt es bezüglich der Ergonomie große Qualitätsunterschiede bei den Softwareprodukten **(Bild 2)**.

Hochwertige Softwareprodukte lassen bei der Programmbedienung unterschiedliche Eingabemittel, z.B. Maus, Tastatur und Sprache, und verschiedene Dialogabläufe zu.

Unter einem Dialog versteht man die schrittweise Ausführung von Arbeitsaufträgen. Der Nutzer gibt Daten und Befehle ein und erhält vom Programm eine Rückmeldung über die Verarbeitung oder den nächsten Arbeitsschritt.

Dialoge, die der direkten Aufgabenerfüllung dienen, z.B. die Eingabe eines Textes in ein Textverarbeitungsprogramm, nennt man Primärdialoge. Sekundärdialoge sind meistens optional und werden oft durch zusätzliche Fenster oder Menüs ausgewählt.

Beispiel 1:

Beschreiben Sie drei Möglichkeiten in einem Textdokument, die Formatierung eines Wortes in „fett" zu ändern.

Lösung: **Bild 3**

Hilfen, also Rückmeldungen und Erläuterungen des Anwendungssystems sollten abhängig von den Nutzerkenntnissen einstellbar sein.

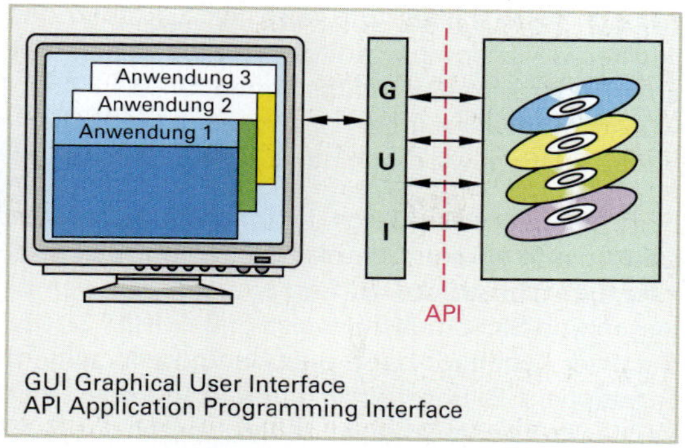

Bild 1: Grafische Benutzerschnittstelle

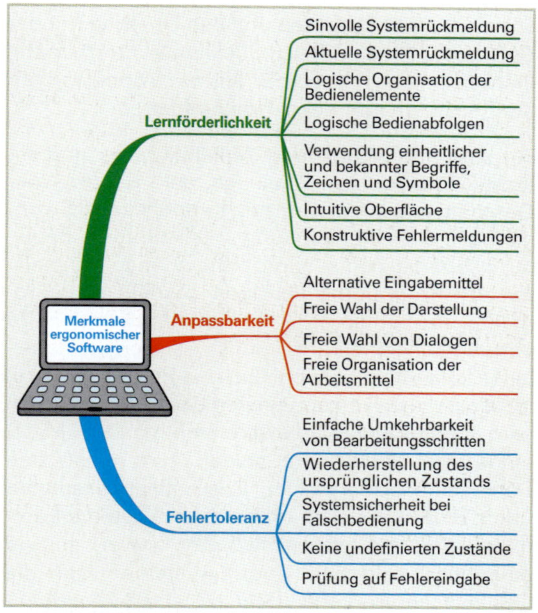

Bild 2: Softwareergonomie

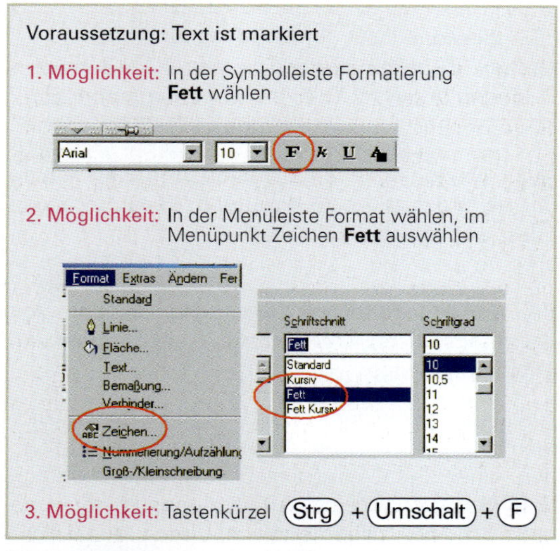

Bild 3: Möglichkeiten der Textformatierung

Für den Arbeitsalltag und auch aus Gründen des leichteren Erlernens sollten Dialoge jederzeit abbrechbar sein. Bei Fehlbedienungen oder unerwünschten Bedienungsergebnissen sollte der vorherige Zustand wiederherstellbar sein **(Bild 1)**.

Bei nicht umkehrbaren Bearbeitungsschritten sollte das Programm deutliche Warnhinweise und eventuell zusätzliche Sicherheitsabfragen veranlassen und Sicherheitshinweise geben **(Bild 2)**. Der Benutzer kann sich dann unabhängig von seinem Lerntypus, z.B. über Versuch und Irrtum oder über Verständnislernen, mit den Möglichkeiten der Software vertraut machen.

Für die Einarbeitungszeit und den Umgang mit der Software ist es hilfreich, bekannte Programme, Zeichen und Symbole, z.B. aus der Windows-Welt oder aus dem Internet, zu verwenden.

Für Zugriffssysteme und Meldesysteme und im Front-Office-Bereich, das ist der Bereich der Geschäftsanwendungen mit Kundenkontakt, wird häufig die Verwendung bekannter Bedienungsoberflächen ausdrücklich verlangt. Die meisten ERP-Programme verfügen deshalb standardmäßig über entsprechende Schnittstellen, z.B. zu verbreiteten Textverarbeitungssystemen und Tabellenkalkulationen, obwohl auch die Programmpakete selbst diese Funktionalitäten besitzen. Zusätzlich wird sogenannte Middleware (von middle = Mitte) eingesetzt. Middleware steuert zum einen den Datenaustausch zwischen Geschäftsapplikationen und z.B. Datenbanken und zum anderen die Kommunikation von unterschiedlichen anwender- und aufgabenspezifischen Zugriffssystemen auf die Geschäftsapplikationen **(Bild 3)**.

Middleware stellt Funktionsschnittstellen zwischen Zugriffssystemen, Front-Office-Anwendungen und Back-Office-Anwendungen bereit.

Auch die logische Organisation und Darstellung der bereitgestellten Werkzeuge in Fenstern beeinflusst wesentlich die Einarbeitungszeit und die Einarbeitungskosten.

Bei der Fenstertechnik unterscheidet man Anwendungsfenster, Unterfenster, Dialogfenster und Mitteilungsfenster.

Anwendungsfenster öffnen sich grundsätzlich beim Start einer neuen Anwendung und beim Öffnen einer Datei, die dieses Programm benötigt **(Bild 4)**. Innerhalb eines Anwendungsfensters können sich bei bestimmten Aktionen zusätzliche Unterfenster öffnen.

Bild 1: Menü zum Wiederherstellen ursprünglicher Zustände

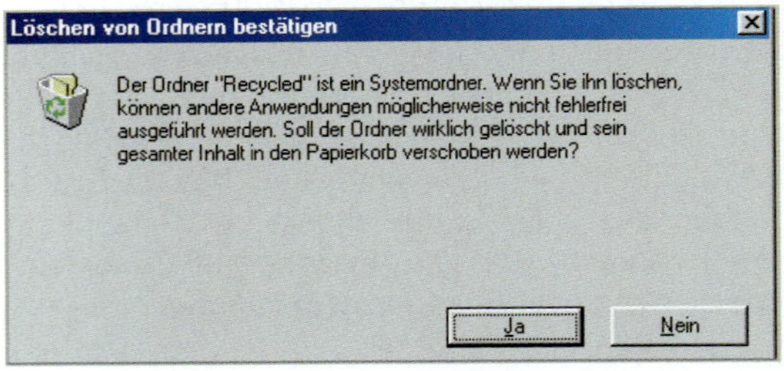

Bild 2: Warnhinweis bei kritischem Bearbeitungsschritt

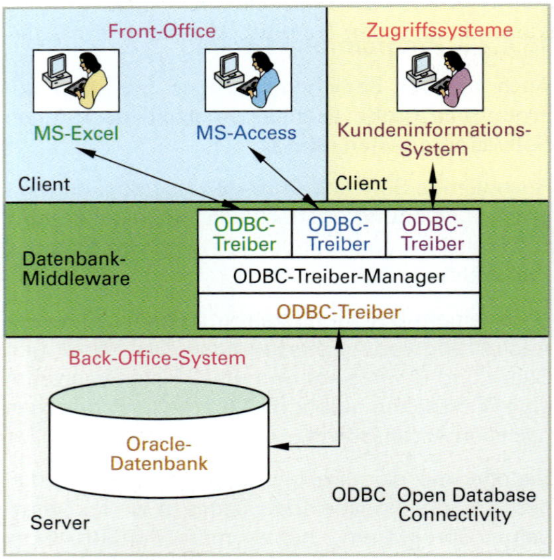

Bild 3: Middleware

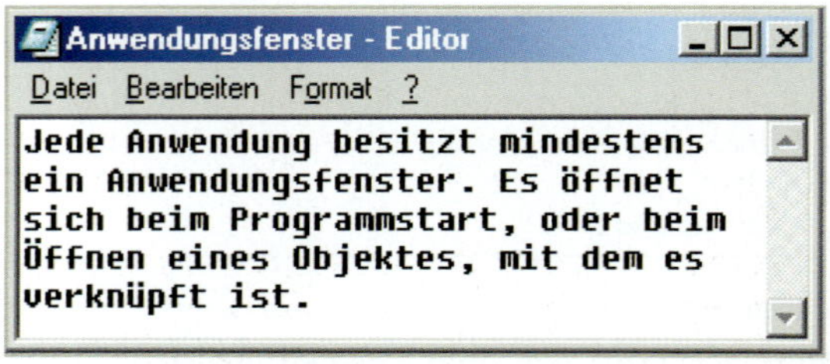

Bild 4: Anwendungsfenster

Unterfenster bieten z.B. weitergehende Menüleisten für bestimmte Funktionen des Programms **(Bild 1)**.

Unterfenster dienen dem Primärdialog und lassen sich beliebig auf der Arbeitsoberfläche verschieben und in der Größe verändern. Dadurch ist es möglich, gleichzeitig mehrere Programme anzuzeigen und schnell zwischen den Anwendungen zu wechseln. Es ist allerdings immer nur ein Fenster aktiv, d.h., nur ein Programm nimmt Daten und Befehle an.

Dialogfenster werden eingeblendet, wenn für weitere Bearbeitungsschritte zusätzliche Informationen oder Entscheidungen des Nutzers notwendig oder möglich sind **(Bild 2)**. Man spricht bei diesen optionalen Eingabemasken auch von Sekundärdialogen, während primäre Dialoge direkt der Aufgabenerfüllung dienen.

Vergleichbar mit Dialogfenstern sind Eingabemasken, die z.B. bei Datenbankanwendungen die Dateneingabe vereinfachen und dadurch die Fehlerhäufigkeit senken **(Bild 3)**.

Mitteilungsfenster benutzen Anwendungen, um dem Nutzer etwas mitzuteilen. Teilweise wird der Nutzer aufgefordert auf diese Mitteilung zu reagieren **(Bild 4)**.

Fensterarten zur Programmbedienung:
- Anwendungsfenster,
- Unterfenster,
- Dialogfenster und
- Mitteilungsfenster.

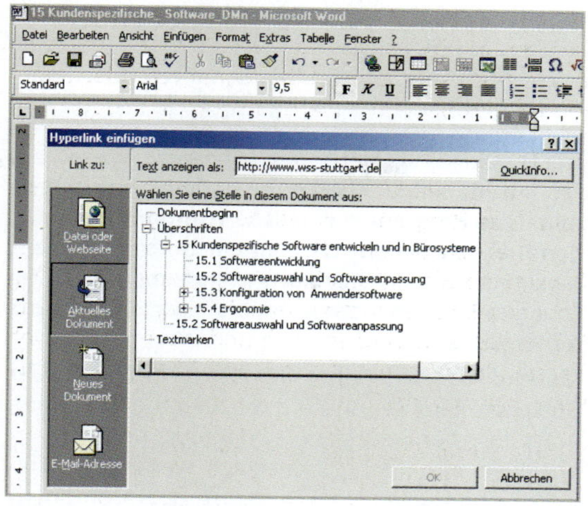

Bild 1: Hyperlink-Unterfenster

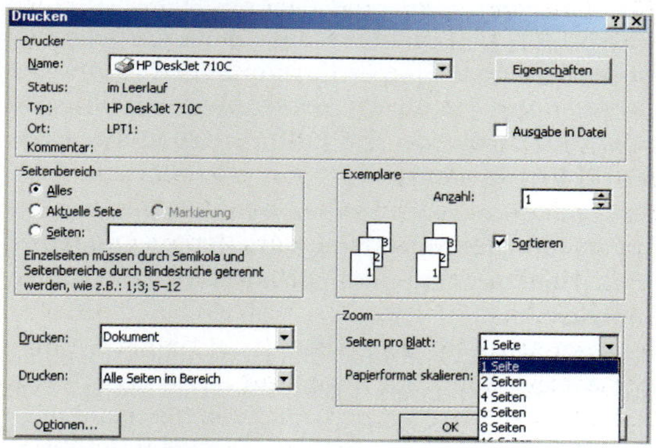

Bild 2: Drucker-Dialogfenster

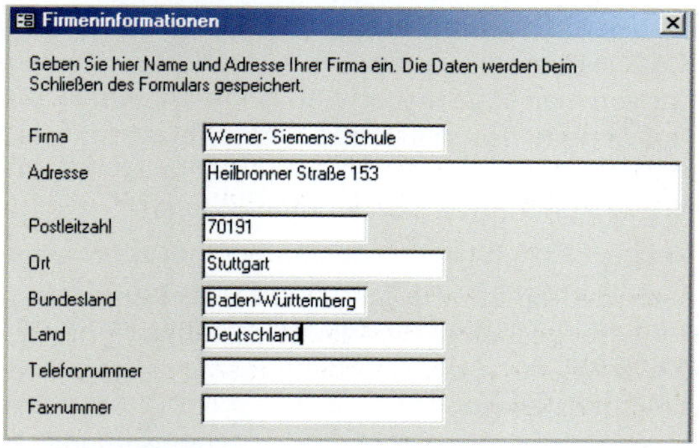

Bild 3: Eingabemaske

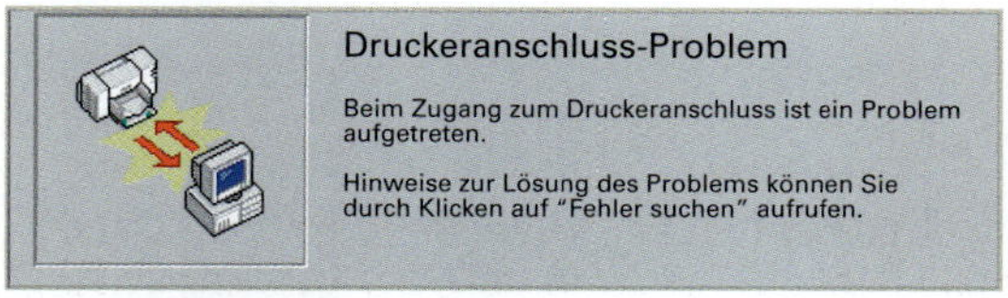

Bild 4: Drucker-Mitteilungsfenster

Wiederholung und Vertiefung

1. **Welche Faktoren müssen bei einem ergonomisch gestalteten Arbeitsplatz berücksichtigt werden?**
2. **Worauf sollte man bei der Gestaltung der Arbeitsoberfläche achten?**
3. **Welche Faktoren bestimmen die Usability einer Software?**
4. **Worauf sollte man bei der Programmierung der GUI achten?**
5. **Wodurch sollte die Anzahl und Auswahl der Bedienelemente auf dem Desktop bestimmt werden?**
6. **Welche Faktoren beeinflussen die Softwareergonomie?**
7. **Warum ist im Front- Office- Bereich die Verwendung von gängigen Symbolen und Arbeitsoberflächen besonders wichtig?**
8. **Welche Funktionsschnittstellen stellt Middleware zur Verfügung?**
9. **Welche Fensterarten zur Programmbedienung werden unterschieden?**

15.5 Schutz vor Computerviren

Ein Computervirus (das Virus = Krankheitserreger) ist ein Programm mit zerstörerischer Wirkung und ist in einem Programm, dem Wirtsprogramm, versteckt. Dieses infizierte (lat. inficere = anstecken) Programm steckt wiederum andere Programme bzw. Dateien an, indem das Virusprogramm schadensverursachende Datensätze dorthin kopiert. Meist merkt man erst nach mehrfacher Vervielfachung des Schadensprogramms, dass der Computer fehlerhaft arbeitet.

Manche Computerviren bewirken, dass z.B. der Speicher eines Computers mit Daten gefüllt wird, ohne dass der Benutzer dies bemerkt, oder sie verursachen ein immer schlechter werdendes Antwort-Zeitverhalten. Vom Betreiber einer Computeranlage sind deshalb von Zeit zu Zeit der noch freie Speicherplatz sowie die Performance (Antwort-Zeitverhalten) unter diesen Gesichtspunkten zu überprüfen. Verbreitet werden Computerviren insbesondere über Spielesoftware und Billigsoftware unbekannter Hersteller sowie über E-Mails und Internet-Downloads. Es gibt verschiedene Arten von Viren **(Tabelle 1)**.

Das Aufspüren von Computerviren ist manchmal bereits durch Prüfung der gespeicherten Quersummen (Prüfsummen) der Speicherplätze der Dateien möglich.

Allerdings reicht eine Prüfsummenbildung allein zur Erkennung eines Computervirus meist noch nicht aus. Das Virus kann nämlich bei Kenntnis des Prüfsummenalgorithmus die durch ihn veränderte Prüfsumme entsprechend korrigieren **(Bild 1)**.

Mit käuflichen *Antivirenprogrammen* kann man die diesen Programmen bekannten Computerviren (Codesequenzen) aufspüren und die befallenen Dateien meist auch reparieren (säubern, **Bild 2**). Da täglich neue Computerviren verbreitet werden, ist immer das Verwenden der jeweils aktuellsten Antiviren-Programmversion empfehlenswert.

Neben dem Einsatz von Antivirenprogrammen sind in Betrieben auch organisatorische Maßnahmen zur Verhinderung der Ausbreitung von Viren zwingend:

- Verbot der Verwendung von privat beschaffter Software auf unternehmenseigenen Computeranlagen.
- Verriegeln von Diskettenlaufwerken, DVD/CD-Laufwerken bzw. Beschaffen von PCs ohne Diskettenlaufwerk und ohne DVD/CD-Laufwerk.
- Einrichten von Zugangskontrollen und Zugriffskontrollen auf Computer und Dateien.
- Wiederkehrende Kontrollen der Softwarebestände auf den Computern, z. B. durch zentrale Administrationsserver.

Tabelle 1: Arten von Viren

Art	Erklärung
Bootsektorvirus	Nistet sich in den Bootsektor einer Diskette oder der Festplatte ein.
Dateivirus	Sitzt oft am Anfang einer Datei, z.B. COMMAND.COM oder WIN.COM.
Trojanisches Pferd	Bei der Installation eines Programmes wird auch ein Virusprogramm installiert, z.B. bei der Installation eines Bildschirmschoners. Im Pferd von Troja waren bekanntlich Soldaten drin, daher der Name.
Wurm	Ein Wurm ist ein zerstörerisches Programm, welches sich über das Netzwerk oder das Internet weiterkopiert.
Makrovirus	Ist in einem Makro eines Office-Dokumentes, z.B. eines Formulars, enthalten.
E-Mail-Virus	Sucht nach Adressen in Adresslisten und in Posteingangsfächern des E-Mail-Programmes und versendet an diese Adressen vireninfizierte Daten.

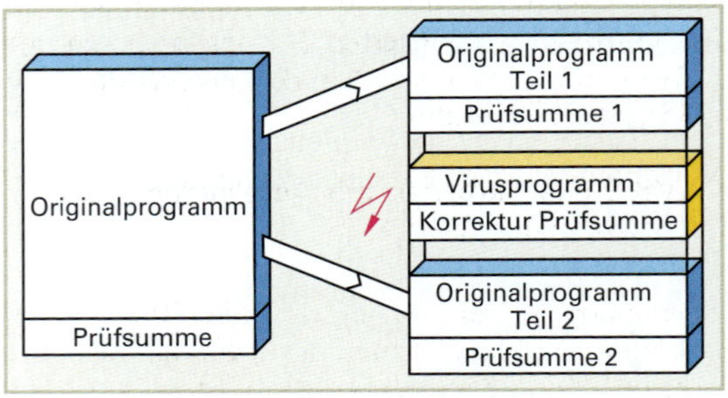

Bild 1: Virusprogramm eingepflanzt ins Originalprogramm

```
Protokolldatei                                9
Virusprüfung beendet
Geprüfte Elemente
Master-Boot-Sektoren:
     Geprüft:        1
     Infiziert:      0
     Repariert:      0
Boot-Sektoren:
     Geprüft:        1
     Infiziert:      0
     Repariert:      0
Dateien:
     Geprüft:        52726
```

Bild 2: Protokollausschnitt eines Antivirenprogrammes

- Testen neu zu installierender Software auf einem Testcomputer.
- Neu zu installierende Programme und empfangene E-Mails inkl. deren angehängter Dateien mittels Antivirenprogrammen überprüfen.

> Der Schutz vor Computerviren erfordert sowohl organisatorische Maßnahmen als auch den Einsatz aktuellster Antivirenprogramme.

16 Multimedia

16.1 Rundfunk, Audio, Video

Rundfunk und die damit verbundene Audiotechnik und Videotechnik sind wesentliche Teile der multimedialen Welt. Bezogen auf die Verarbeitung und Übertragung der Signale wird zwischen analogen und digitalen Verfahren unterschieden.

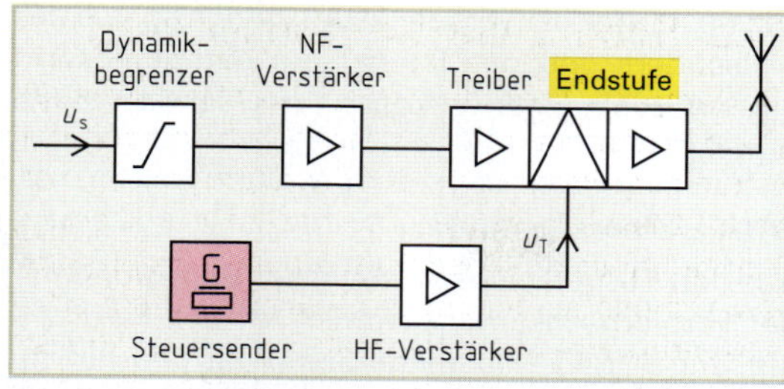

Bild 1: Übersichtsschaltplan eines LMK-Hörfunksenders

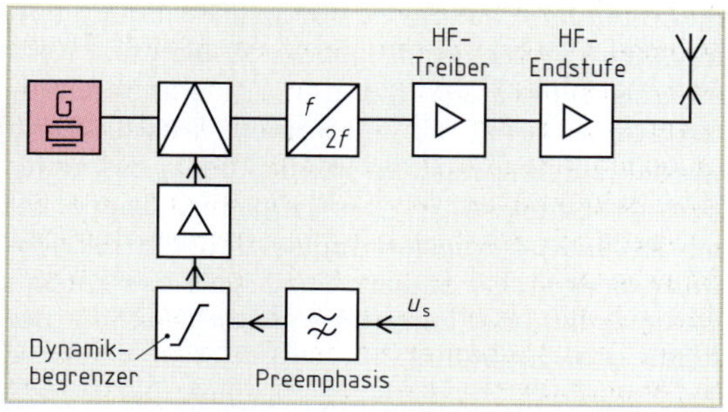

Bild 2: Übersichtsschaltplan eines UKW-Hörfunksenders

16.1.1 Analoge Rundfunktechnik

16.1.1.1 Anloge Hörfunksender

Hörfunksender für Langwelle, Mittelwelle und Kurzwelle (LMK) arbeiten mit Amplitudenmodulation. Die Modulation erfolgt meist in der Endstufe **(Bild 1),** was man als Endstufenmodulation bezeichnet. Das Modulationssignal wird in einem Dynamikbegrenzer begrenzt, damit auch bei größter Lautstärke der Modulationsgrad nicht größer als 0,8 (also 80%) wird. Das schließt Verzerrungen infolge Übermodulation aus. Das Trägersignal wird in einem quarzstabilisierten Steuersender erzeugt, in HF-Verstärkerstufen verstärkt und ebenfalls der HF-Endstufe zugeführt.

LMK-Sender arbeiten mit Amplitudenmodulation AM in der Endstufe.

Hörfunksender für Ultrakurzwelle (UKW) arbeiten mit Frequenzmodulation in der Vorstufe. Auch hier wird das Modulationssignal zunächst in der Amplitude begrenzt (Dynamikbegrenzung), damit bei größter Lautstärke der Frequenzhub des Senders 75 kHz nicht überschreitet **(Bild 2).**

Wegen der Preemphasis, bei der die hohen Modulationsfrequenzen im UKW-Sender stark angehoben werden, tritt der maximale Frequenzhub von 75 kHz nur bei diesen Frequenzen auf. Bei einer mittleren Modulationsfrequenz von 1000 Hz beträgt der maximale Hub dagegen nur etwa 45 kHz. Der mittlere Frequenzhub beträgt bei einer Musikübertragung etwa 15 kHz.

UKW-Sender arbeiten mit Frequenzmodulation FM in der Vorstufe.

16.1.1.2 Analoge Fernsehsender

Analoge Fernsehsender bestehen aus einem Bildsender und einem Tonsender **(Bild 1, folgende Seite).**

Im Bildsender wird ein Trägersignal von 38,4 MHz mit dem FBAS-Signal amplitudenmoduliert. Das Restseitenbandfilter lässt vom oberen Seitenband nur einen Rest von 1,25 MHz Bandbreite durch.

Nach diesem Filter folgen Entzerrerschaltungen für Laufzeit und Linearität. Durch Aufwärtsmischung mithilfe einer Hochfrequenzschwingung wird das Sendesignal mit der gewünschten Sendefrequenz gewonnen. Nach dieser Mischung erfolgt eine Leistungsverstärkung bis z.B. 15 W. Sie wird zur Aussteuerung der Endstufe benötigt. Die nachfolgende Senderendstufe erzeugt die Senderausgangsleistung von z.B. 20 kW. In diesem Leistungsbereich arbeitet die Senderendstufe mit Senderöhren.

Der Tonsender ist für die Betriebsarten Mono, Stereo und Zweikanalton ausgerüstet.

Tonkanal 1 ist der Hauptkanal, der je nach Betriebsart verschiedene Tonsignale überträgt. Der Tonträger 1 mit der Frequenz 33,4 MHz wird mit dem jeweiligen Signal von Kanal 1 frequenzmoduliert. Tonkanal 2 ist der Zusatzkanal mit den entsprechenden Tonsignalen und Kennsignalen. Der Tonträger 2 mit der Frequenz 33,158 MHz wird mit den jeweiligen Signalen von Kanal 2 frequenzmoduliert.

Als Bezugsfrequenz für diese beiden Modulatoren der Tonkanäle dient der quarzstabilisierte Bild-ZF-Träger. Die beiden Ton-ZF-Signale werden addiert und über eine Entzerrerschaltung einer Mischstufe zugeführt. Dort erfolgt die Umsetzung der Ton-ZF-Signale auf die gewünschte Sendefrequenz. Ein Breitbandverstärker und die Senderendstufe erzeugen die Senderausgangsleistung für Tonträger 1 mit z.B. 1 kW und für Tonträger 2 mit z.B. 0,2 kW.

Über eine Weiche werden die Ausgangssignale des Bildsenders und des Tonsenders dämpfungsarm und gegeneinander entkoppelt der Sendeantenne zugeführt.

PAL-Farbfernsehsender

Aus den Ausgangsspannungen der Bildaufnehmer der Farbfernsehkamera werden im PAL-Farbfernsehsender **(Bild 1, folgende Seite)** das Leuchtdichtesignal u_Y und die beiden Farbdifferenzsignale u_{R-Y} und u_{B-Y} gebildet, danach reduziert und im Ringmodulator auf die Farbträgerschwingung aufmoduliert. In der nachfolgenden Addierstufe führt man die Signale $u'_{T(B-Y)}$ und $u'_{T(R-Y)}$ zum reduzierten Farbartsignal u'_F zusammen. Anschließend werden zur Bildung des FBAS-Signals das reduzierte Farbartsignal u'_F, das Leuchtdichtesignal u_Y, die Zeilensynchronisierimpulse und die Bildsynchronisierimpulse addiert. Dazu wird das Leuchtdichtesignal über eine Verzögerungsleitung der Addierstufe zugeführt.

Die Verzögerungsleitung gleicht die unterschiedlichen Laufzeiten der Signale für Leuchtdichte und Farbdifferenz aus.

Im Farbfernsehsender werden aus der Farbträgerschwingung durch Frequenzteilung eine Spannung mit der Zeilenfrequenz und eine Spannung mit der Bildfrequenz zur Synchronisation der Impulsgeneratoren für die Zeilensynchronisierimpulse und für die Bildsynchronisierimpulse gewonnen.

Der PAL-Schalter sorgt dafür, dass die Phase der um 90° phasenverschobenen Farbträgerschwingung von Zeile zu Zeile um 180° geändert wird. Die Impulse einer monostabilen Kippschaltung, deren Impulsbreite 12 bis 14 Periodendauern der Farbträgerschwingung beträgt, öffnen eine Torschaltung, die während der Öffnungszeit die Farbträgerschwingung durchlässt. Die Kippschaltung wird von der hinteren Flanke des Zeilensynchronisierimpulses gesteuert.

Der Bildträger wird im HF-Sender mit dem FBAS-Signal amplitudenmoduliert und gemeinsam mit den frequenzmodulierten Tonträgern abgestrahlt.

Zur Übertragung des Frequenzspektrums eines Fernsehkanals beim PAL-Verfahren **(Bild 2, folgende Seite)** beträgt die Kanalbreite 7 MHz bei VHF und 8 MHz bei UHF.

Im Fernsehempfänger addiert man zum Farbdifferenzsignal u_{R-Y} das Leuchtdichtesignal u_Y und erhält so das Farbsignal u_R. Ebenso addiert man zum Farbdifferenzsignal u_{B-Y} das Leuchtdichtesignal u_Y, um das Farbsignal u_B zu gewinnen. Anschließend subtrahiert man vom Leuchtdichtesignal $u_Y = u_R + u_G + u_B$ die Farbsignale u_R sowie u_B und erhält so das nicht übertragene Farbsignal u_G.

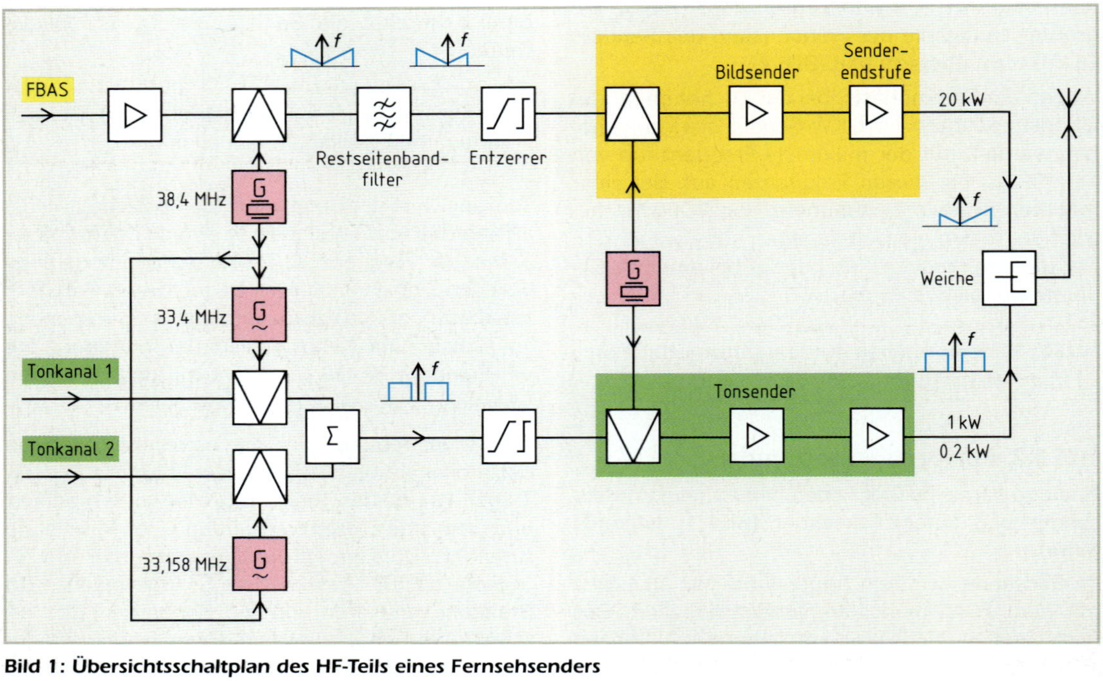

Bild 1: Übersichtsschaltplan des HF-Teils eines Fernsehsenders

PALplus-Verfahren

Das PALplus-Verfahren ist ein verbessertes PAL-Verfahren für das Bildformat 16:9. Damit die Bildvorlage mit diesem Seitenverhältnis auch mit PAL-Farbfernsehempfängern, die für das Bildformat 4:3 ausgelegt sind, wiedergegeben werden kann, arbeitet man mit dem Letterbox-Verfahren (von letterbox = Briefkasten).

Das PALplus-Verfahren mit dem Bildformat 16:9 ist kompatibel zum PAL-Verfahren mit dem Bildformat 4:3.

Beim Letterbox-Verfahren wird senderseitig die Bildhöhe verringert, indem man jede 4. Zeile aus den 576 sichtbaren Zeilen herausnimmt. Die verbleibenden 432 Zeilen werden zusammengeschoben, dabei verringert sich die Bildhöhe auf 3/4 der ursprünglichen Bildhöhe **(Bild 1, folgende Seite)**. Die herausgenommenen 144 Zeilen werden je zur Hälfte am oberen Bildrand und am unteren Bildrand übertragen. Diese beiden Pakete mit je 72 Zeilen nennt man *Helper-Signale* (von to help = helfen). Beim PAL-Farbfernsehempfänger mit dem Bildformat 4:3 bleiben diese 144 Zeilen unsichtbar, d. h., das wiedergegebene Bild hat oben und unten

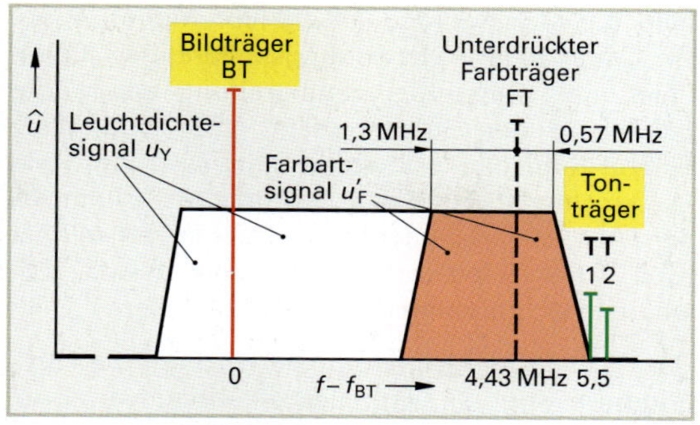

Bild 2: Frequenzspektrum eines Fernsehkanals beim PAL-Verfahren

schwarze Streifen. Das Bild sieht deshalb wie ein Briefkastenschlitz aus. Daher der Begriff Letterbox-Format. Der PALplus-Farbfernsehempfänger mit dem Bildformat 16:9 rekonstruiert mit den Helper-Signalen das ursprüngliche Farbbild mit 576 sichtbaren Zeilen im Bildformat 16:9.

ℹ Letterbox-Verfahren bedeutet 3/4 der Bildhöhe plus 2 x 72 Zeilen als Helper-Signale.

Die PALplus-Farbcodierung besteht aus der Gewinnung des 432-Zeilen-Bildes und der Helper-Sig-

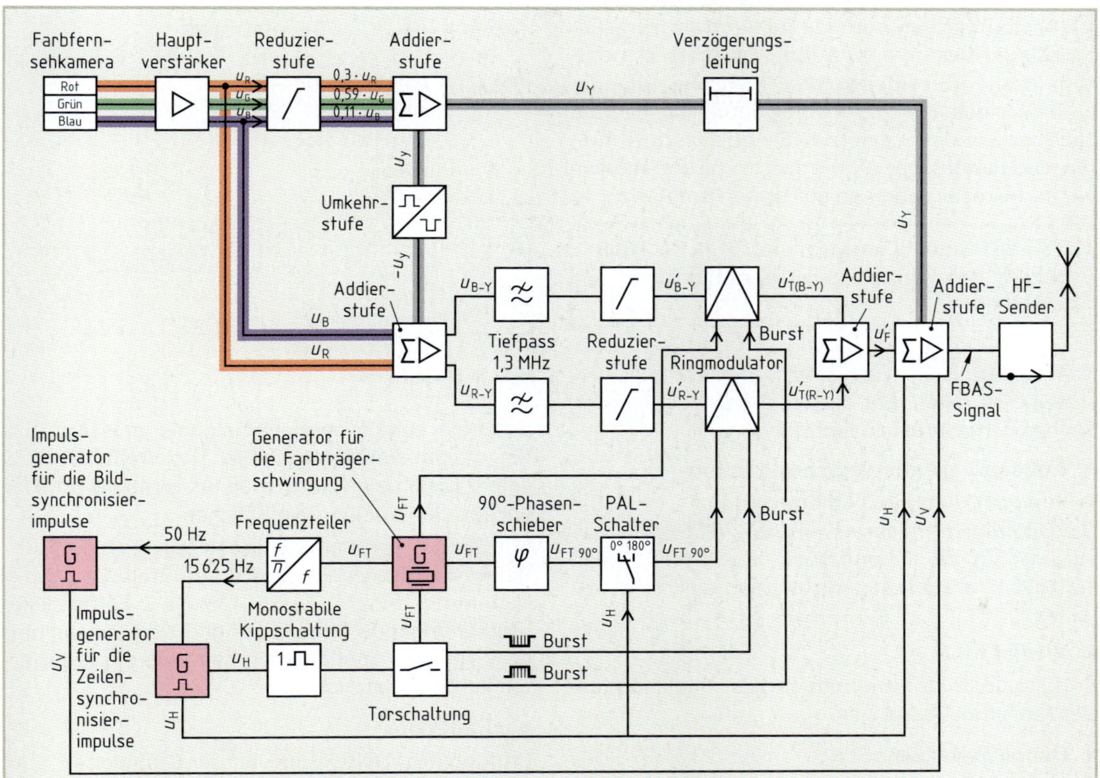

Bild 1: Übersichtsschaltplan eines PAL-Fernsehsenders

nale, der *MACP-Farbcodierung* (von **M**otion **A**daptiv **C**olor **P**lus = bewegungsabhängiges ColorPlus), der Helper-Signalaufbereitung sowie der Zuführung der Steuersignale WSS (von **W**ide **S**creen **S**ignaling = Breitbild-Signalisierung) **(Bild 2).** Die Umwandlung des Zeilenrasters erfolgt bei der PALplus-Farbcodierung mit einem Vertikalfilter (Bild 2). Der Tiefpassanteil besteht aus den 432 Zeilen, der Hochpassanteil aus den 144 Zeilen.

Der Y-Anteil der Helper-Signale wird auf die Farbträgerschwingung im Restseitenbandverfahren amplitudenmoduliert und dann mit reduzierter Amplitude dem Schwarzwert der entsprechenden Zeilen überlagert **(Bild 3).** Dadurch werden die Helper-Signale am oberen und unteren Bildrand übertragen und sind im PAL-Empfänger unsichtbar.

Die Leuchtdichte der Helper-Signale wird durch Modulation der Farbträgerschwingung übertragen.

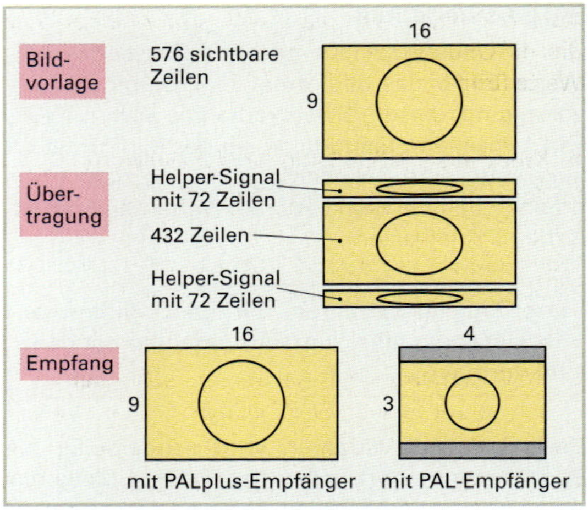

Bild 1: Kompatibilität zwischen PALplus und PAL

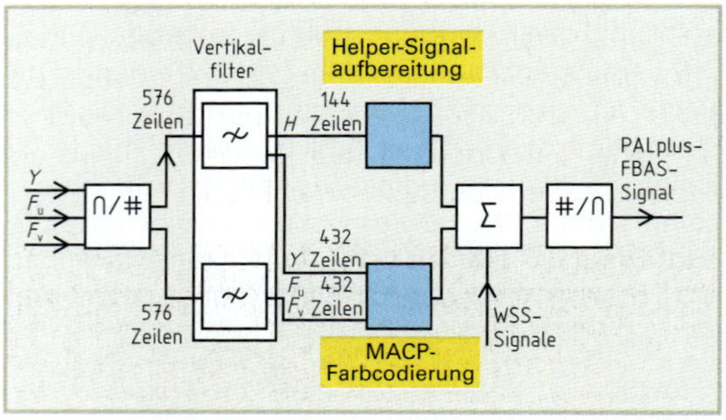

Bild 2: PALplus-Farbcodierung

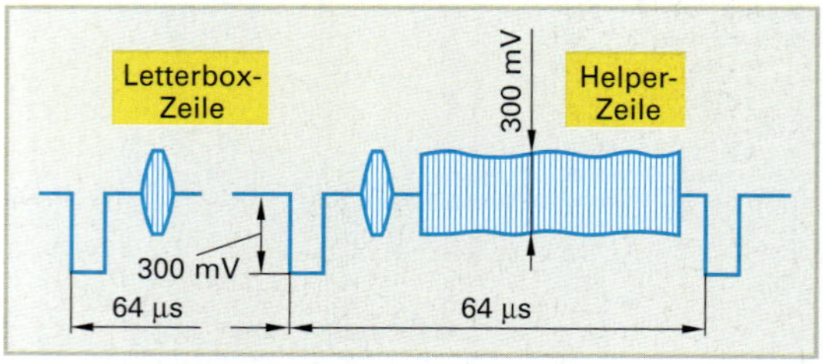

Bild 3: Helper-Zeile

Elektronisches Farbtestbild

Das elektronische Farbtestbild dient zur Überprüfung von Sendeeinrichtungen, Frequenzumsetzern, Übertragungswegen und Fernsehempfängern **(Bild 1, folgende Seite).** Oft lassen sich aus Bildstörungen und Veränderungen im Farbtestbild die Fehlerursachen und der Fehlerort im Fernsehempfänger bestimmen. Außerdem lässt sich mithilfe des Farbtestbildes den Fernsehempfänger optimal einstellen und insbesondere der Farbabgleich sowie der Schwarzweiß-Abgleich durchführen. Das Farbtestbild eignet sich auch zum Ausrichten der Fernsehantennen auf besten Empfang.

Das elektronische Farbtestbild dient zur Überprüfung des gesamten Fernsehübertragungssystems.

Das elektronische Farbtestbild besteht aus verschiedenen Teilen. Mit diesen können Eigenschaften des Fernsehbildes geprüft werden.

- **Äußeres Feld mit weißem Gitternetz**

Prüfung der dynamischen Konvergenz:
Die Gitterlinien müssen weiß sein, also ohne Aufspaltung in die Grundfarben. Die Linien sollen außerdem exakt waagerecht bzw. senkrecht verlaufen.

- **Weißer Kreis**

Prüfung der Bildzentrierung und der Bildlinearität:
Der Kreis muss rund sein.

- **Oberer Farbbalken**

Prüfung der Farbsättigung:
Die Farben Gelb bis Blau müssen fast gesättigt sein, die zugehörigen Farbsignale müssen 75% der maximalen Werte haben. Das Weiß hat 75% seiner maximalen Amplitude, es ist etwas dunkler als bei allen anderen Weißflächen.

Mithilfe des Farbbalkens lassen sich auch die Farbstufen des Fernsehgerätes überprüfen. Das Oszillogramm einer Zeile dieses Farbbalkens **(Bild 2, folgende Seite)** ermöglicht die Einstellung der richtigen Amplitudenverhältnisse der reduzierten Farbdifferenzsignale.

- **Grautreppe**

Prüfung des Weißwertes und der Grauwerte:
Die Grautreppe besteht aus drei Grauflächen zwischen einer Schwarzfläche und einer Weißfläche.

Auch hier eignet sich das Oszillogramm einer Zeile dieser Grautreppe zur genauen Einstellung der Werte **(Bild 3)**.

- **Kreuz aus weißen Linien in der Bildmitte**

Prüfung der Bildlage, der Bildgröße und der statischen Konvergenz:

Wenn die statische Konvergenz richtig eingestellt ist, erscheint das Mittenkreuz reinweiß.

- **Weiß-schwarz-weiß-Balken und schmaler schwarzer Pfeil im Weißbalken**

Prüfung des Kontrastes:

An den Schwarzweiß-Übergängen sieht man, ob die einzelnen Flächen ineinander übergreifen (Fahnenziehen) und ob die Übertragungskonturen besonders betont und plastisch sind (Überschwingungen). Solche Überschwingungen erkennt man auch am Zeilenoszillogramm, jeweils zum Zeitpunkt des Sprunges von Weiß nach Schwarz. Vorhandene Reflexionen bilden im Testbild dunklere Streifen neben den Kanten des Pfeiles.

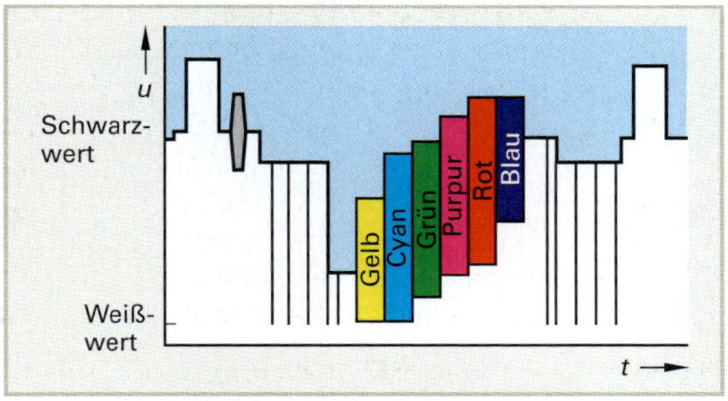

Bild 2: Zeilenoszillogramm des Farbbalkens

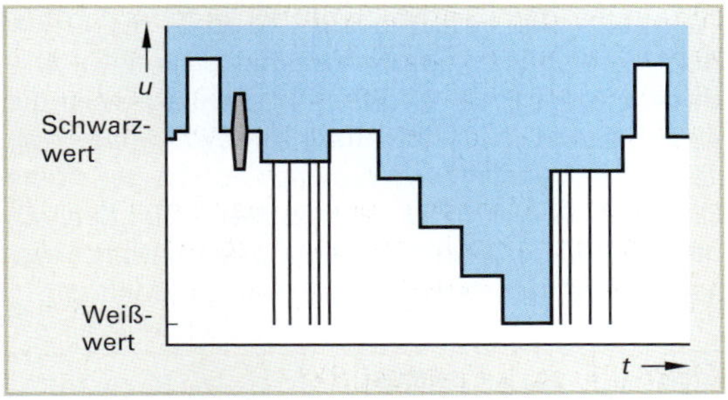

Bild 3: Zeilenoszillogramm der Grautreppe

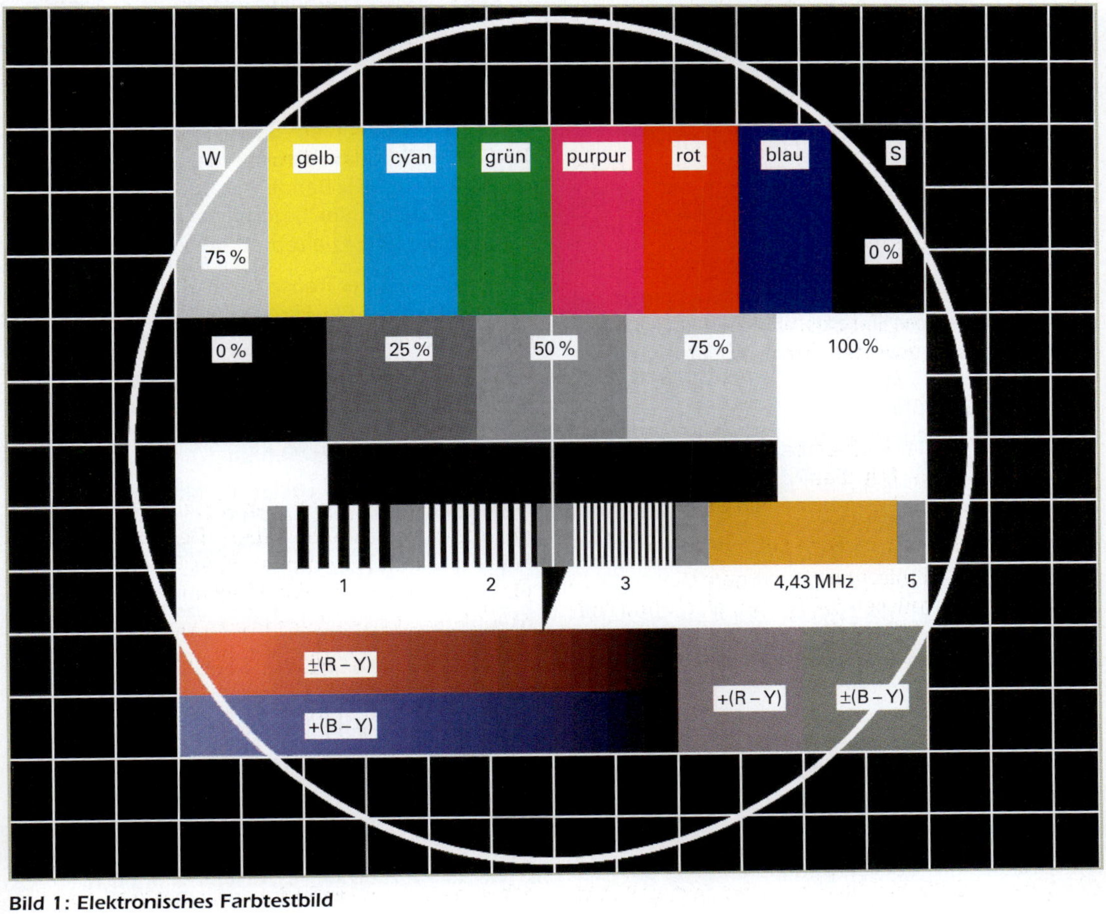

Bild 1: Elektronisches Farbtestbild

- **Frequenzgruppen und Orangefeld**

Prüfung der Auflösung und der (G-Y)-Matrix:

Von links nach rechts sieht man ein Weißfeld (100%), 1-MHz-Schwingungen, 2-MHz-Schwingungen, 3-MHz-Schwingungen und ein Orangefeld. An den Schwarzweiß-Sprüngen der Frequenzgruppe kann man die Auflösung beurteilen. Das Orangefeld soll die richtige Farbe aufweisen.

16.1.1.3 Analoge Satelliten

Satelliten sind eigenständige Relaisstationen im Weltraum. Sie befinden sich in etwa 36000 km Höhe über dem Äquator und bewegen sich synchron mit der Erde. In dieser Entfernung weist die in Richtung Erde gerichtete Erdanziehungskraft denselben Wert auf wie die nach außen gerichtete Fliehkraft. Von der Erde aus betrachtet ist deshalb beim Satelliten keine Bewegung erkennbar, weshalb die Bezeichnung geostationärer Satellit gilt.

Geostationäre Satelliten weisen eine konstante Orbitposition auf.

Satelliten besitzen stets stark bündelnde Empfangs- und Sendeantennen. Die von einer Erdefunkstelle auf Frequenzen im GHz-Bereich empfangenen Signale werden ohne Änderung des Inhaltes auf eine andere Frequenz im GHz-Bereich umgesetzt und wieder zur Erde abgestrahlt **(Bild 1)**. Dort erfolgt dann die Versorgung großer Flächen (z.B. Europa), die man auch als Ausleuchtzonen (= Footprint) bezeichnet.

Die Funkstrecke von der Erde zum Satelliten ist die Aufwärtsstrecke (= Uplink), während es sich bei der Funkstrecke vom Satelliten zur Erde um die Abwärtsstrecke (= Downlink) handelt **(Bild 2)**. Für den Satellitenempfang wird für Rundfunkprogramme der Frequenzbereich 10,7 GHz bis 12,75 GHz genutzt.

Uplink	=	Funkstrecke von der Erde zum Satelliten
Downlink	=	Funkstrecke vom Satelliten zur Erde
Footprint	=	Ausleuchtzone auf der Erdoberfläche

Die Stromversorgung von Satelliten erfolgt durch entsprechend dimensionierte Solarzellen-Panele. Typische Bemessungsleistungen liegen im Bereich von 5 kW bis 10 kW.

Die Umsetzung der Empfangsfrequenz auf die Sendefrequenz mit der gesamt verfügbaren Bandbreite ist nicht in einem Schritt möglich. Es werden deshalb in Frequenzbereiche gestaffelte Umsetzer mit typisch 36 MHz Bandbreite verwendet. Sie werden als Transponder bezeichnet, deren Leistungsverstärker mit Spezialröhren bestückt sind.

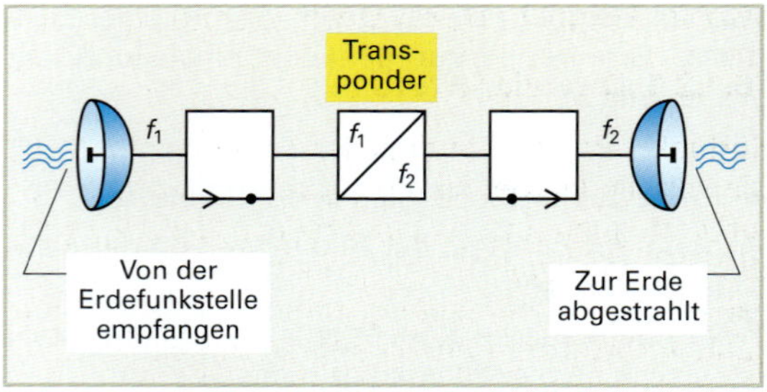

Bild 1: Satellit (Funktionsprinzip)

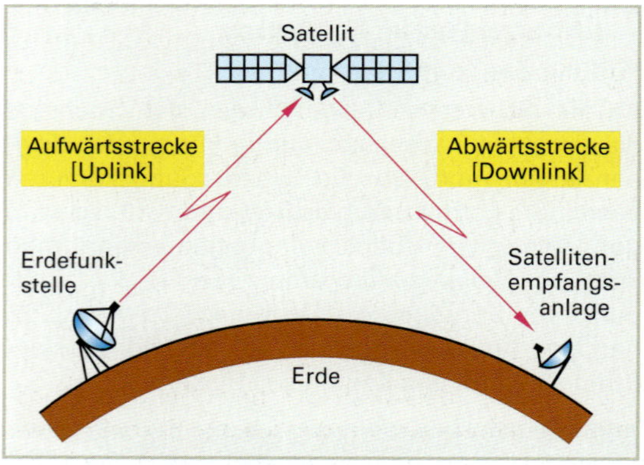

Bild 2: Satellitenübertragung

Die Bandbreite der Transponder wurde so gewählt, damit genau ein PAL-Fernsehsignal mit guter Qualität übertragbar ist. Aus Gründen der Störsicherheit wird für die Übertragung Frequenzmodulation verwendet.

Wiederholung und Vertiefung

1. **In welchen Stufen erfolgt die Modulation bei AM-Sendern und bei FM-Sendern?**
2. **Welche Aufgaben haben Bildsender und Tonsender bei einem Fernsehsender?**
3. **Erläutern Sie die Arbeitsweise des PAL-Schalters im PAL-Farbfernsehsender.**
4. **Welche Kanalbandbreiten werden beim PAL-Verfahren verwendet?**
5. **Beschreiben Sie das Letterbox-Format PALplus.**
6. **Welche Bestandteile weist das elektronische Farbtestbild auf?**
7. **Welche Funkstrecken kann man bei einer Satellitenübertragung unterscheiden?**
8. **Welche Funktion haben Transponder in einem Satelliten?**

16.1.2. Digitale Rundfunktechnik

16.1.2.1 Digitaler Hörfunk

Hörfunk wird auch in digitaler Form ausgestrahlt. Die Vorteile hierbei sind die gute Ausnutzung der zur Verfügung stehenden Frequenzbänder, gute Übertragungsqualität, geringere Betriebskosten als bei analoger Übertragung, multimediale Anwendungen sowie adressierbare Verschlüsselungen.

ASTRA Digital Radio (ADR)

ADR ist ein Satellitenübertragungsverfahren der Satellitenfamilie ASTRA, bei dem die oberhalb des Videosignals jedes Fernsehprogramms verfügbare Kapazität von zwölf digitalen Tonträgern für jeweils ein Hörfunkprogramm genutzt wird **(Bild 1)**.

Die zu übertragenden Hörfunkprogramme werden zuerst digitalisiert und dann dem *Datenreduktionsverfahren* MUSICAM (von **M**asking **P**attern **A**dapted **U**niversal **S**ubband **I**ntegrated **C**oded **A**nd **M**ultiplexing = Teilband-Codierverfahren mit Berücksichtigung der psychoakustischen Gegebenheiten) unterzogen. Bei diesem Verfahren nutzt man die Eigenschaften des menschlichen Gehörs. Ohne Datenreduktion werden nämlich alle Signale eines Klangerlebnisses verarbeitet, also auch diejenigen, die unterhalb der Hörschwelle des menschlichen Ohres liegen. Diese Signale beeinflussen aber den Klang nicht und sind deshalb unnötig.

Eine weitere Möglichkeit zur Datenreduktion bietet der *Verdeckungseffekt.* Er entsteht dadurch, dass leise Signale von lauten Signalen überdeckt und somit unhörbar bleiben. Werden diese nicht übertragen, tritt keine hörbare Qualitätsminderung ein.

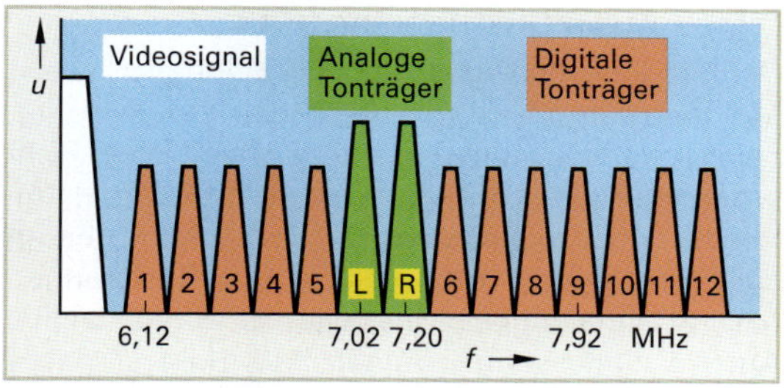

Bild 1: Digitale Tonunterträger bei ADR

So erreicht man, dass die Bitrate von ursprünglich 1411 kbit/s bis auf 128 kbit/s für ein Stereoprogramm reduziert werden kann. Nach dieser *Quellencodierung* werden die Datenströme mit DQPSK (von **D**ifferential **Q**uadratur **P**hase **S**hift **K**eying = Differenz-Quadratur-Phasenumtastung) auf die einzelnen Unterträger moduliert. Die Information ist hierbei in einem von vier möglichen, jeweils um 90° versetzten Phasenwinkeln enthalten. Im Signalgemisch sind das analoge Fernsehsignalspektrum und die beiden analogen Fernsehtöne enthalten. Nach der Umsetzung auf die endgültige Sendefrequenz wird das Signalgemisch zum Satelliten gestrahlt **(Bild 2)**.

Auf der Empfangsseite wird das von der Parabolantenne empfangene Signal in die erste Satelliten-ZF zwischen 950 MHz und 2150 MHz umgesetzt. Der Empfänger trennt zunächst das analoge Bildsignal und den Stereoton von den digitalen Unterträgern. Der zu empfangene Unterträger wird nun ausgewählt, dann das Signal demoduliert, MUSICAM-decodiert und in ein analoges Signal umgesetzt.

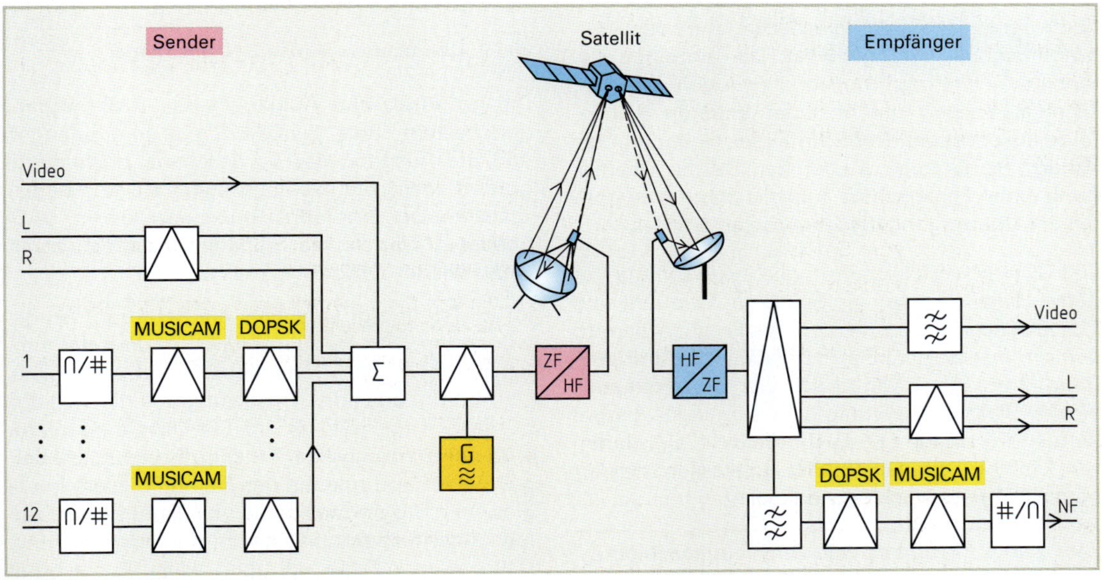

Bild 2: ADR-Übertragungssystem

Digital-Audio-Broadcasting (DAB)

Die Hörfunkversorgung im UKW-Bereich weist Mehrwegeempfang auf, wenn das Empfangssignal wegen Reflexionen aus unterschiedlichen Richtungen auf die Empfangsantenne trifft. Diese führen zu unbefriedigendem Empfang. Auch genügt die Übertragung den heutigen Anforderungen nach CD-Qualität nicht mehr. Mit DAB (von Digital Audio Broadcasting = digitaler Hörfunk) ist dieses Problem lösbar.

Das Stereosignal wird zunächst digitalisiert und seine Bitrate durch das MUSICAM-Verfahren datenreduziert. Durchschnittlich acht Hörfunkprogramme werden auf einen Multiplexer geführt und bilden einen *DAB-Frequenzblock.* Ebenfalls können Daten (Texte, Grafiken, Bilder, Software) dem Datenstrom beigefügt werden. Das Multiplexsignal besitzt eine Brutto-Bitrate von 1,5 Mbit/s und wird *Transportmultiplex* genannt. Es muss für die Übertragung noch moduliert werden.

In jedem DAB-Frequenzblock werden im Durchschnitt acht Programme übertragen.

Als Übertragungsverfahren für DAB wurde COFDM (von **C**oded **O**rthogonal **F**requenz **D**ivision **M**ultiplex = codierter orthogonaler Frequenzmultiplex) gewählt. Hierfür werden die Daten auf 1536 Träger verteilt, die insgesamt eine Bandbreite von 1,5 MHz benötigen. Jeder Träger ist mit DQPSK (von **D**ifferential **Q**uadratur **P**hase **S**hift **K**eying = Differenz-Quadratur-Phasenumtastung) moduliert **(Bild 1).**

Dem selektiven *Fading* (fading = Schwund) wird durch eine zeitliche Verschachtelung des Programmsignals entgegenwirkt. Die einzelnen Datenblöcke des Programmsignals werden dazu zwischengespeichert und in einer anderen Reihenfolge ausgesendet. Der Empfänger stellt dann die richtige Reihenfolge wieder her. Da die Übertragung einen Fehlerschutz aufweist, kann ein Großteil der Übertragungsfehler korrigiert werden.

Das COFDM-Verfahren ermöglicht *Gleichfrequenznetze.* Hierzu müssen die Sender in Frequenz und Phase synchronisiert werden. Als Frequenzbereich kommt bisher hauptsächlich Kanal 12 im VHF-Band III infrage. Darin finden vier DAB-Frequenzblöcke Platz. Als weitere Übertragungskapazität wurden im L-Band (1,5-GHz-Bereich) die Frequenzen 1452 MHz bis 1467,5 MHz zugelassen, was für neun DAB-Frequenzblöcke ausreicht.

Im Kanal 12 finden vier DAB-Frequenzblöcke Platz.

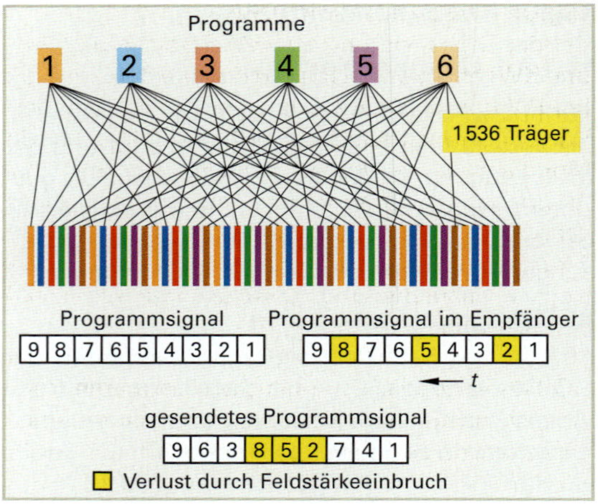

Bild 1: DAB-Übertragungsverfahren

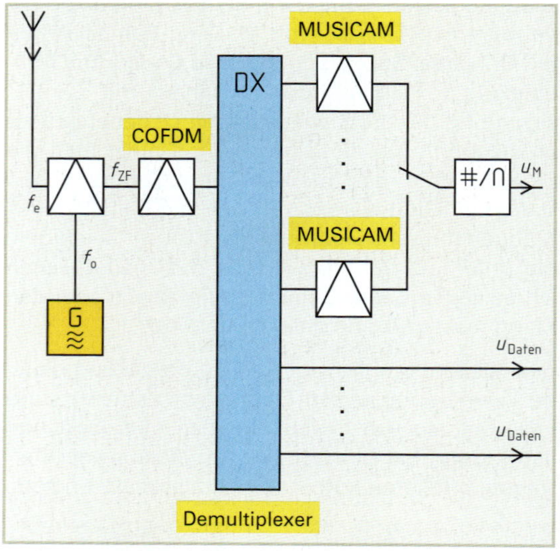

Bild 2: Übersichtsschaltplan DAB-Empfänger

Die grundsätzliche Aufgabe jedes DAB-Empfängers besteht darin, das DAB-Signal zu empfangen und am Ausgang das vorgesehene Hörfunkprogramm sowie die mit übertragenen Daten bereitzustellen. Der Empfänger muss dazu die im DAB-Sender durchgeführte Signalaufbereitung schrittweise wieder rückgängig machen.

Im HF-Teil erfolgt einerseits die Selektion des gewünschten DAB-Frequenzblocks, in dem das Programm bzw. der Datendienst übertragen wird. Dort erfolgt auch die Umsetzung aus der HF-Lage in die ZF-Lage **(Bild 2).** Im COFDM-Demodulator wird der ursprüngliche Transportmultiplex wiedergewonnen und mithilfe des Demultiplexers in die einzelnen Programmsignale und Datensignale zerlegt. Anschließend erfolgt die Kanaldecodierung. Dabei werden fehlerhaft übertragene Bits erkannt und korrigiert.

Digital-Radio-Mondiale (DRM)

Bei der Digitalisierung der AM-Bereiche (LW, MW und KW) bleibt das bisherige Kanalraster von 9 kHz bei LW und MW bzw. 5 kHz bei KW unverändert. Wie bei DAB wird auch für DRM (von **D**igital **R**adio **M**ondiale = weltweiter digitaler Hörfunk) das *Mehrträgerverfahren* verwendet, weil dies einerseits der Mehrwegeausbreitung beim mobilen Empfang Rechnung trägt, aber auch dem bei der Kurzwellenausbreitung typischen frequenzselektiven Schwund (Fading).

DRM verwendet das Mehrträgerverfahren und berücksichtigt die Mehrwegeausbreitung und den selektiven Schwund.

Im Gegensatz zu DAB wird bei DRM nicht mit einem Multiplexsignal gearbeitet. Jedem Kanal ist bei DRM stets nur das Modulationssignal eines Programms zugeordnet, sodass auf der Sendeseite kein Multiplexer benötigt wird, sondern lediglich ein DRM-Coder. Auf der Empfangsseite kommt deshalb auch kein Demultiplexer zum Einsatz, sondern nur ein DRM-Decoder **(Bild 1).** Im Prinzip können bisherige AM-Sender und AM-Empfänger durch Nachrüstung mit einem DRM-Coder bzw. DRM-Decoder auf die digitale Übertragung umgestellt werden.

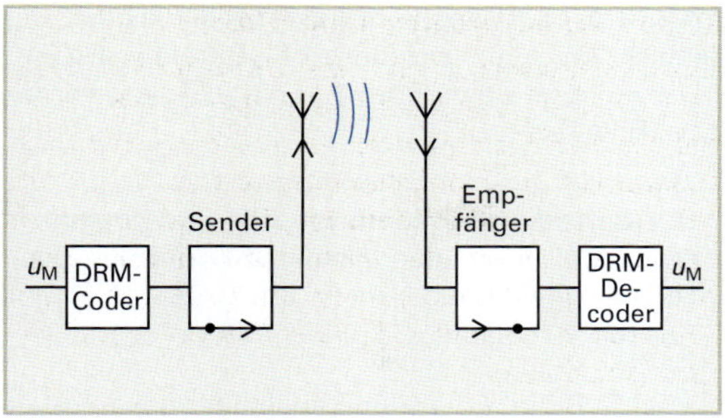

Bild 1: DRM-System (Prinzip)

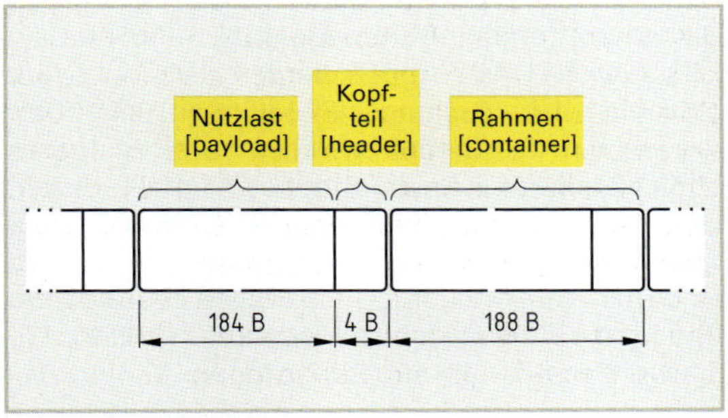

Bild 2: MPEG-Transportstrom

16.1.2.2 Digitales Fernsehen

Bei der digitalen Fernsehübertragung muss das ursprünglich analoge Signal zuerst in ein digitales Signal umgesetzt werden. Bezogen auf ein normales PAL-Signal ergibt sich bei dem Bildformat 4:3 sowie 256 Wertestufen für das Luminanzsignal und 256 Wertestufen für das Chrominanzsignal eine Bitrate von 216 Mbit/s. Dieser Wert ist wirtschaftlich nicht übertragbar. Es besteht deshalb die Notwendigkeit der Datenreduktion.

Während bei DAB das Datenreduktionsverfahren MUSICAM zum Einsatz kommt, handelt es sich bei dem als DVB (von **D**igital **V**ideo **B**roadcasting = digitaler Fernsehrundfunk) bezeichneten digitalen Fernsehen um MPEG-2. Die Bezeichnung stammt von der internationalen Arbeitsgruppe „Moving Picture Experts Group", die verschiedene Varianten für Datenreduktion erarbeitet hat. Bei MPEG-2 erfolgt eine Reduzierung der ursprünglichen Bitrate von 216 Mbit/s auf 4 Mbit/s bis 6 Mbit/s ohne subjektiv erkennbare Änderung der Bild- und Tonqualität.

Mit Datenreduktionsverfahren wird die Übertragungsrate so weit verringert, dass subjektiv keine Änderung der Signalqualität erkennbar ist.

Das MPEG-2-System basiert auf dem *Container-Konzept.* Dies bedeutet, dass aus den zu übertragenden Video- und Audiosignalen eine kontinuierliche Folge gleich großer Datenpakete gebildet wird. Das Ergebnis ist der MPEG-Transportstrom (Transport Stream), bei dem die Rahmen eine Länge von 188 B aufweisen. Davon bilden 4 B jeweils den Kopf (Header) des Rahmens, während in den verbleibenden 184 B die Nutzdaten enthalten sind **(Bild 2).** Sie werden auch als Payload (= bezahlte Ladung) bezeichnet.

Der MPEG-Transportstrom weist Rahmen mit 184 B Nutzdaten (Payload) auf.

Die im Kopf enthaltenen Daten sind Steuer- und Adressinformationen, damit auf der Empfangsseite die Nutzdaten der einzelnen Rahmen (Container) wieder zum jeweils ursprünglichen Signal zusammengefasst werden können.

Die Funktion der Datenreduktion beruht auf *Redundanzreduktion* und *Irrelevanzreduktion* bei dem digitalisierten Signal der Quelle. Redundant sind alle Anteile im Signal, die mehrfach vorhanden sind oder sich aus anderen Anteilen ergeben bzw. sich von diesen ableiten lassen. Irrelevant sind dagegen solche Anteile, die für den Empfang mit Auge und Ohr nicht von Bedeutung sind. Die Durchführung der Redundanzreduktion und der

Irrelevanzreduktion wird als Quellencodierung bezeichnet, bei der sich die große Bitrate v_e am Eingang auf eine kleine Bitrate v_a am Ausgang verringert **(Bild 1)**.

Quellencodierung umfasst die Redundanzreduktion und die Irrelevanzreduktion des Quellensignals.

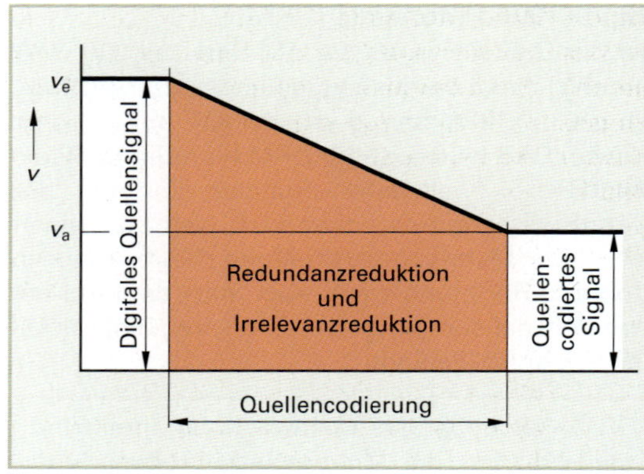

Bild 1: Quellencodierung

Da bei DVB die bisherigen Kanalraster unverändert bleiben sollen, werden pro Kanal mehrere Programme zu einem Multiplexsignal zusammengefasst, um die Übertragungsrate optimal zu nutzen. Das so auftretende Multiplexsignal muss nun zur Empfangsseite übertragen werden. Abhängig vom gewählten Übertragungskanal können dabei Störungen auf das Signal einwirken, welches durch MPEG-2 auf das reine Informationssignal reduziert wurde. Damit das quellencodierte Signal möglichst unverändert die Empfangsseite erreicht, wird es durch ein gesteuertes Hinzufügen redundanter Bitfolgen als *Fehlerschutz* „verpackt" **(Bild 2)**. Für dieses Konzept gilt die Bezeichnung *Kanalcodierung*.

Durch die Kanalcodierung wird dem quellencodierten Signal der Fehlerschutz hinzugefügt.

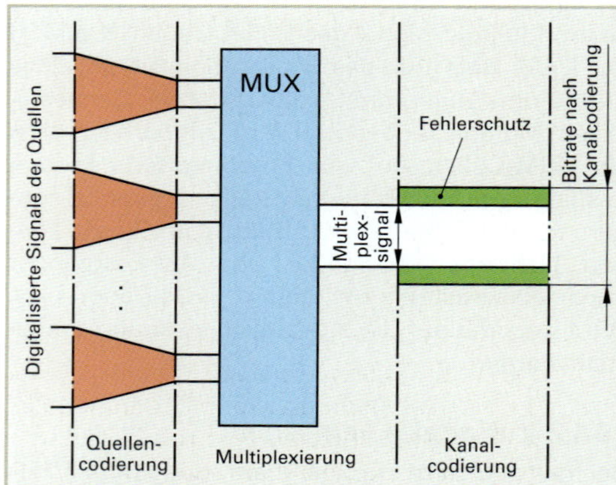

Bild 2: Multiplexsignal und Fehlerschutz

Der Fehlerschutz verringert zwar die Bitrate für die Nutzsignale, bewirkt dafür jedoch deren möglichst sichere Übertragung. Im Gegensatz zur reinen Datenübertragung, bei der fehlerhaft übertragene Bitfolgen meist wiederholt werden können, ist dies beim Fernsehen und Hörfunk nicht möglich, weil es sich um einen Echtzeit-Verteildienst handelt.

Fernsehen und Hörfunk sind Echtzeit-Verteildienste, deshalb ist keine Wiederholung fehlerhaft übertragener Bitfolgen möglich.

$$\text{Coderate } R = \frac{\text{Netto-Bitrate}}{\text{Brutto-Bitrate}}$$

Tabelle 1: Coderate und Fehlerschutz

Coderate R	klein	mittel	groß
Beispiel	$\frac{1}{2}$	$\frac{3}{4}$	$\frac{7}{8}$
Fehlerschutz	stark	mäßig	schwach

Der Aufwand für die Kanalcodierung ist unmittelbar vom Übertragungskanal abhängig. Bei DVB sind dabei drei Möglichkeiten zu berücksichtigen, nämlich Satellit, Kabelnetze und terrestrische Sender. Da diese Übertragungswege unterschiedliche physikalische Bedingungen aufweisen, wurden unterschiedliche Übertragungsverfahren standardisiert, wobei der Fehlerschutz in Stufen wählbar ist. Bei vielen Fehlerschutzbits ergibt sich ein starker Fehlerschutz, bei wenigen ist er entsprechend schwach. Das Maß ist die *Coderate R* als Verhältnis der Netto-Bitrate (Multiplexsignal ohne Fehlerschutz) zur Brutto-Bitrate (Multiplexsignal mit Fehlerschutz, **Tabelle 1**).

Tabelle 2: DVB-Arten

Bezeichnung	Übertragung von DVB
DVB-S	über Satelliten
DVB-C	über Kabelnetze
DVB-T	über terrestrische Sender

DVB über Satellit wird als DVB-S bezeichnet, DVB über Kabelnetze DVB-C (C von cable = Kabel) und DVB über terrestrische Sender DVB-T **(Tabelle 2)**.

Für die DVB-Übertragung ist auf der Sendeseite stets die Reihenfolge Quellencodierung, Kanalcodierung, Modulation erforderlich. Auf der Empfangsseite gilt die umgekehrte Reihenfolge Demodulation, Kanaldecodierung, Quellendecodierung **(Bild 1).**

Bei DVB-S kommt 4-PSK (von 4 **S**tate **P**hase **S**hift **K**eying = vierwertige Phasenumtastung) zum Einsatz. Mit diesem gegen Störeinwirkungen recht robusten Verfahren wird der Länge der Übertragungsstrecke von ca. 40000 km Rechnung getragen. Bezogen auf die typische Transponder-Bandbreite von 36 MHz ergibt sich damit eine Netto-Bitrate von etwa 39 Mbit/s.

Im **Bild 2** sind die bei 4-PSK möglichen Phasenzustände dargestellt. Ohne Störbeeinflussung wären es vier feste Punkte, während sich durch Störungen deren Lage verändert. Bei zu starken Störungen sind die Phasenlagen nicht mehr eindeutig unterscheidbar.

Da sich in Kabelnetzen Störeinwirkungen von außen kaum auswirken können, wird hier ein leistungsfähigeres Modulationsverfahren verwendet. Es handelt sich um Quadratur-Amplitudenmodulation (QAM), die eine Kombination aus Amplitudenumtastung und Phasenumtastung darstellt. Mithilfe 64-wertiger Quadratur-Amplitudenmodulation (64-QAM) ist deshalb in einem 8-MHz-Kanal die vergleichbare Netto-Bitrate wie bei DVB-S gegeben.

> Das bei DVB-S in einen Transponder gegebene Multiplexsignal passt bei DVB-C genau in einen 8-MHz-Kanal. Es ist allerdings die Wandlung von QPSK in 64-QAM erforderlich.

Bei der Übertragung terrestrischer Sender muss von *Mehrwegeausbreitung* **(Bild 3)** ausgegangen werden. Außdem ist auch die Möglichkeit des portablen und mobilen Empfangs zu berücksichtigen. Es kommt deshalb bei DVB-T das bereits von DAB bekannte Modulationsverfahren COFDM (von Coded Orthogonal Frequency Division Multiplex = codierter orthogonaler Frequenzmultiplex) zum Einsatz. Es handelt sich dabei für einen 8-MHz-Kanal um 6817 Träger in konstanten Abständen. Die Modulation der Träger erfolgt mit QPSK oder 16-QAM. Pro Kanal wird damit eine Netto-Bitrate von etwa 14 Mbit/s erreicht.

> Bei DVB-T wird COFDM mit 6817 Einzelträgern im Abstand von etwa 1,1 kHz verwendet.

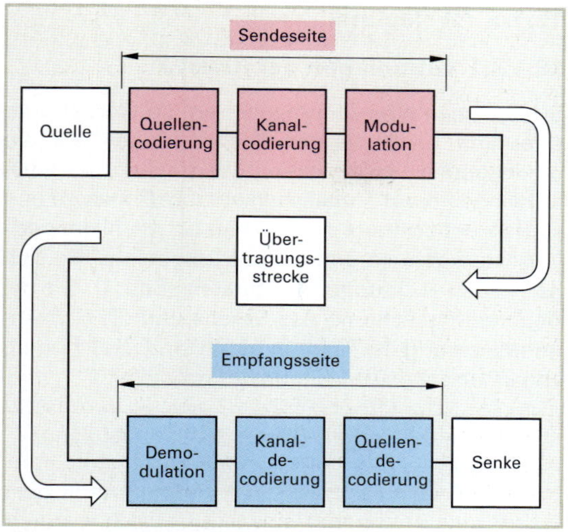

Bild 1: System der DVB-Übertragung

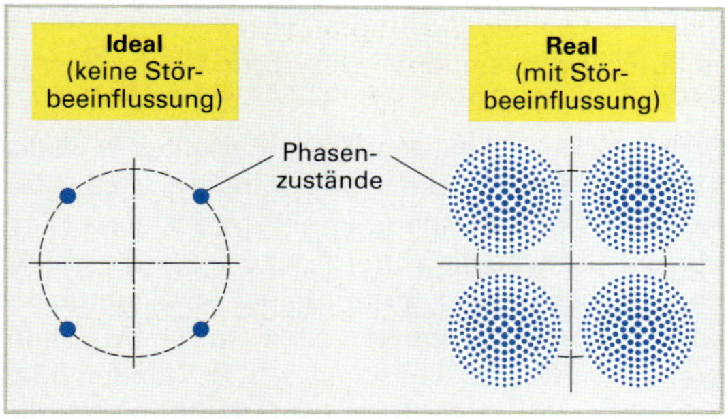

Bild 2: Vierwertige Phasenumtastung

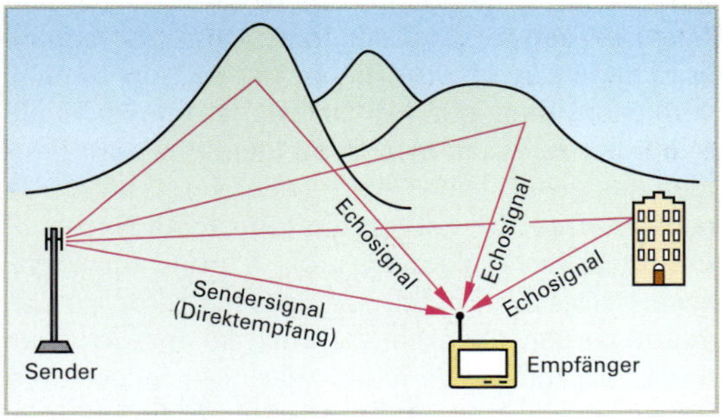

Bild 3: Mehrwegeausbreitung bei DVB-T

Wiederholung und Vertiefung

1. **Wie viele Audiokanäle sind bei ADR je Satellitentransponder verfügbar?**
2. **Welche Aufgabe hat der Multiplexer bei DAB?**
3. **Erklären Sie den Begriff „Mehrträgerverfahren".**
4. **Welche Unterschiede bestehen zwischen DAB und DRM?**
5. **Beschreiben Sie den Aufbau des MPEG-Transportstroms.**
6. **Welcher Zusammenhang besteht bei der Datenreduktion zwischen Redundanz und Irrelevanz?**
7. **Welche Übertragungsarten sind für DVB möglich?**

16.1.3 NF-Technik

16.1.3.1 Grundlagen der Akustik

Schlägt man eine Stimmgabel an, so werden ihre erzeugten mechanischen Schwingungen auf die umliegenden Luftteilchen übertragen. Dadurch schwingen diese Luftteilchen um ihre Ruhelage und stoßen benachbarte Luftteilchen an. Es bilden sich Überdruckgebiete und Unterdruckgebiete, die sich nach allen Richtungen ausbreiten **(Bild 1)**. Da die Ausbreitungsrichtung des Schalls und die Schwingungsrichtung der Teilchen gleich sind, spricht man von einer *Längswelle* (Longitudinalwelle).

Schallwellen breiten sich in der Luft als Längswelle aus.

Die *Schallgeschwindigkeit c* ist die Geschwindigkeit, mit der sich der Schall ausbreitet. Sie hängt von der Art und der Temperatur des Stoffes ab, in dem sich die Schallwellen ausbreiten. In Luft beträgt die Schallgeschwindigkeit etwa 340 m/s.

Schallwellen werden an Hindernissen, z. B. Hauswänden, Felsen oder Waldrändern, teilweise reflektiert. Ist das Hindernis wenigstens etwa 17 m von der Schallquelle entfernt, so werden die reflektierten Schallwellen als einzelne Schalleindrücke wahrgenommen, man hört ein *Echo.* Ist die Entfernung zum Hindernis geringer, z. B. zu Wänden oder zur Decke eines Raumes, so verschmelzen die reflektierten Schallwellen mit den direkten Schallwellen zu einem einzigen Schalleindruck, den man *Nachhall* nennt. Die Zeit, in welcher der Schalldruckpegel in einem Raum um 60 dB abfällt, bezeichnet man als *Nachhallzeit.* Große Nachhallzeiten machen z. B. in großen leerstehenden Räumen das gesprochene Wort fast unverständlich. Je nach Raumgröße beträgt die günstigste Nachhallzeit für Sprache etwa 0,5 s bis 1 s und für Musik etwa 1 s bis 2 s. Ein Teil des Schalles wird von den Raumwänden absorbiert. Dabei ist der *Schallabsorbtionsgrad* das Verhältnis der nicht reflektierten Schallenergie zur auftreffenden Schallenergie. Durch entsprechende Bauform und Ausstattung der Räume kann die günstigste Nachhallzeit erreicht werden. Gelangt ein zu großer Teil der Schallwellen vom Lautsprecher der Beschallungsanlage zum Mikrofon zurück, so hört man einen lauten Pfeifton. Diese Störung nennt man *akustische Rückkopplung.*

Akustische Rückkopplung macht sich bemerkbar, wenn ein zu großer Anteil des Schalldrucks vom Lautsprecher zum Mikrofon gelangt.

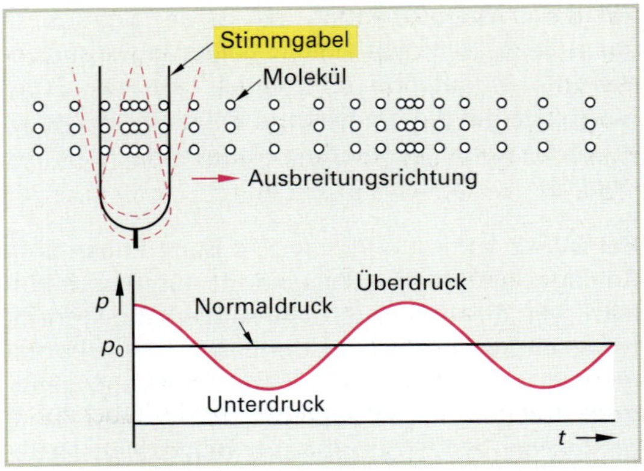

Bild 1: Schallwelle

Als *Schalldruck p* bezeichnet man den Effektivwert des Wechseldrucks, der durch die Schallschwingung hervorgerufen wird. Seine Einheit ist das Newton je Quadratmeter (N/m²) mit dem Einheitsnamen Pascal (Pa).

$$L_p = 20 \cdot \lg \frac{p}{p_0}$$

L_p	Schalldruckpegel
p	Schalldruck
p_0	Bezugsschalldruck ($p_0 = 20\ \mu\text{Pa}$)

Der Bereich des menschliche Gehörs reicht von etwa 16 Hz bis 20 kHz. Die höchste wahrnehmbare Tonfrequenz ist individuell sehr verschieden und sinkt mit steigendem Lebensalter. Frequenzen unter 16 Hz werden als Erschütterungen oder gar nicht mehr wahrgenommen.

Hoher Schalldruck, insbesondere mit tiefen Frequenzen, kann gesundheitliche Schäden verursachen.

Da Menschen unmittelbar die Lautstärke und nicht den Schalldruck wahrnehmen, verwendet man häufig anstelle des objektiven *Schalldruckpegels* L_p den subjektiven *Lautstärkepegel* L_N in Phon.

Eine Zunahme des Schalldruckpegels von 10 dB verursacht etwa eine Verdoppelung des Lautstärkeeindrucks.

16.1.3.2 Mikrofone

Mikrofone setzen Schallenergie in elektrische Energie um. Die Umsetzung erfolgt z. B. elektrodynamisch, elektrostatisch oder durch den piezoelektrischen Effekt.

Dynamische Mikrofone

Die dynamischen Mikrofone arbeiten nach dem Induktionsgesetz. Ein Leiter oder eine Spule bewegt sich unter dem Einfluss der Schallwellen in einem Magnetfeld. Die induzierte Spannung ist proportional zur Geschwindigkeit des Leiters im Magnetfeld.

Tauchspulenmikrofon. Eine kleine Spule ist an einer leichten Kunststoffmembran befestigt **(Bild 1).** Gelangen Schallwellen auf die Membran, so schwingt die Spule im ringförmigen Luftspalt eines kräftigen Dauermagneten. In der Tauchspule wird eine Spannung induziert. Gegen elektrische Störfelder sind das Tauchspulenmikrofon und seine Anschlussleitungen unempfindlich, weil elektrische Störspannungen durch den geringen Widerstand der Tauchspule kurzgeschlossen werden. Tauchspulenmikrofone sind mechanisch unempfindlich. Sie sind die häufigsten dynamischen Mikrofone und werden in Telefonen, in Tonaufnahmegeräten, aber auch für hochwertige Musikaufnahmen mit Studioqualität verwendet.

Bändchenmikrofon. Beim Bändchenmikrofon ist ein schmales, nur wenige µm dickes, gewelltes Aluminiumbändchen zwischen die Polschuhe eines Dauermagneten gespannt. Seine induzierte Spannung ist jedoch niedriger als beim Tauchspulenmikrofon, da das Bändchen nur eine Windung darstellt. Sein Widerstand ist somit sehr gering und wird deshalb durch einen Übertrager auf etwa 200 Ω hochtransformiert. Bändchenmikrofone sind wie Tauchspulenmikrofone unempfindlich gegen Temperaturschwankungen, jedoch sehr stoßempfindlich. Sie werden für hochwertige Tonaufnahmen verwendet.

Elektrostatische Mikrofone

Kondensatormikrofon. Beim Kondensatormikrofon ist eine 1 µm bis 10 µm starke Membran aus Metall oder metallisiertem Kunststoff in geringem Abstand von einer durchlöcherten *Gegenelektrode* angeordnet **(Bild 2).** Die auftretenden Schallwellen bewegen die Membran und verändern so die Kapazität des Luftkondensators, der die Resonanzfrequenz eines Schwingkreises beeinflusst **(Bild 3).** Dadurch wird die hochfrequente Wechselspannung eines Oszillators frequenzmoduliert bzw. phasenmoduliert. Nach Demodulation des HF-Signals und anschließender NF-Verstärkung steht die niederfrequente Signalspannung am Mikrofonausgang zur Verfügung. Die Anschlüsse sind zur Sicherheit gegen Störungen mit HF-Siebgliedern versehen.

Infolge der guten Eigenschaften werden Kondensatormikrofone für hochwertige Studioaufnahmen und für Präzisionsmessungen als Schallfühler, z.B. in Schallmessgeräten, bevorzugt. Für Amateuraufnahmen finden sie wenig Verwendung, da sie sehr teuer sind.

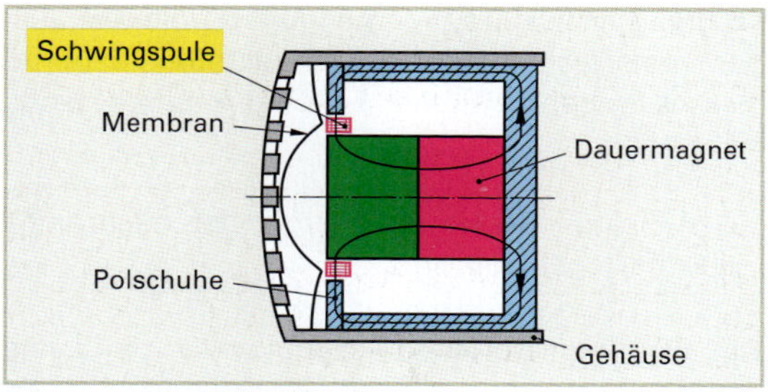

Bild 1: Tauchspulenmikrofon

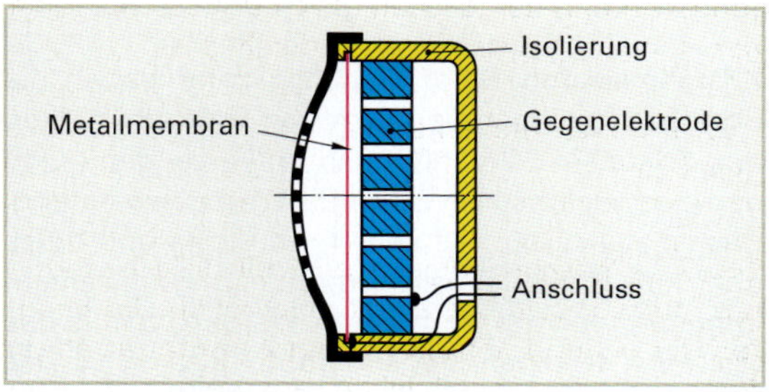

Bild 2: Kondensatormikrofon

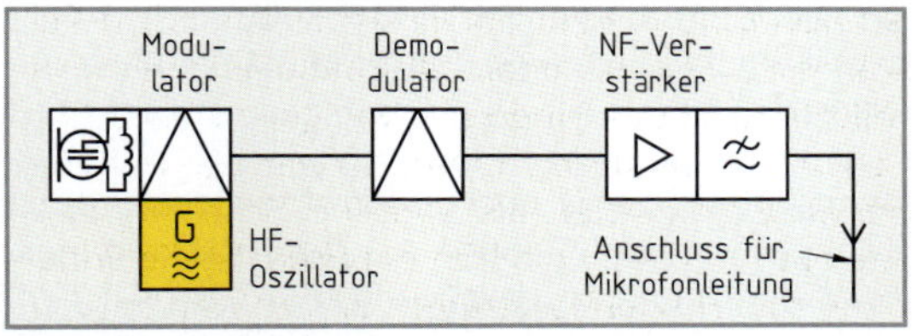

Bild 3: Kondensatormikrofon mit Hochfrequenzschaltung

> ℹ Kondensatormikrofone sind passive Schallwandler. Deshalb benötigen sie Hilfsenergie, z.B. in Form einer hochfrequenten Spannung.

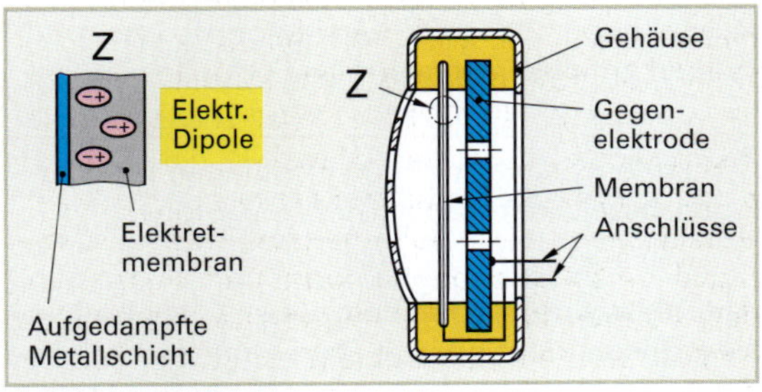

Bild 4: Elektretmikrofon

Elektretmikrofon. Das Elektretmikrofon ist wie das Kondensatormikrofon aufgebaut **(Bild 4).** In seinem Dielektrikum sind, ähnlich wie die Elementarmagnete bei Dauermagneten, die Dipole fest ausgerichtet. Deshalb sind Elektretmikrofone dauernd elektrisch geladen und benötigen somit keine Hilfsspannung.

Der Elektret ist ein Isolierstoff, der dauerhaft elektrisch geladen ist.

Das Elektretmikrofon ist kostengünstig, hat kleine Abmessungen und wird als Ansteckmikrofon, als Einbaumikrofon in Geräten und als Richtmikrofon verwendet.

Kristallmikrofon. Beim Kristallmikrofon setzen die Schallwellen über die Membran und einen Steg den Kristall in Schwingungen und erzeugen durch den piezoelektrischen Effekt die Wechselspannung. Das Kristallsystem ist sehr hochohmig und muss über eine kurze, abgeschirmte Leitung mit einem Impedanzwandler verbunden werden, damit das Mikrofon störspannungsunempfindlich wird. Das Mikrofon ist sehr empfindlich gegen Wärme und Feuchtigkeit. Für Qualitätsaufnahmen ist es weniger geeignet. Da es aber leicht, klein und verhältnismäßig billig ist, wird es als Kleinstmikrofon verwendet.

Kenngrößen. Man sucht Mikrofone nach ihren Kenngrößen aus **(Tabelle 1)**. Der *Übertragungskoeffizient T* gibt an, welche effektive Wechselspannung ein Mikrofon abgibt, wenn es einem Schalldruck von 1 Pa, z.B. bei einer Frequenz von 1000 Hz, ausgesetzt ist. Liegt z.B. eine Störschallquelle ausschließlich hinter dem Mikrofon, so wird man ein Mikrofon mit Nierencharakteristik **(Bild 1)** einsetzen, das bei 180° einen Richtungsfaktor von fast null aufweist. Bei Störschallquellen aus anderen Richtungen wird man Mikrofone mit z.B. größter Auslöschung bei 90° (Achterform) bzw. 120° (Superkardioide = herzförmige Form) anwenden.

Mikrofone, die bestimmte Richtungen bevorzugen, bezeichnet man als Richtmikrofone.

Anschluss von Mikrofonen. Beim Anschluss von Mikrofonen muss geringe Störempfindlichkeit und richtige Anpassung, z.B. durch Widerstandstransformation mithilfe eines Spartransformators, erreicht werden **(Bild 2)**. Die Anschlüsse sind genormt. Bei der symmetrischen Schaltung sind die beiden Adern gegenüber der Gehäuseabschirmung und gegenüber der Leitungsabschirmung elektrisch gleichwertig und dürfen deshalb vertauscht werden. Einwirkende Störfelder bleiben unwirksam, da sie in den Leitern nur Gleichtaktstörungen verursachen.

Tabelle 1: Mikrofoneigenschaften

Mikrofonart	Übertragungskoeffizient	Übertragungsbereich	Klirrfaktor
Tauchspulmikrofon	2 mV/Pa	30 Hz bis 20 kHz	1 %
Bändchen-Mikrofon	1 mV/Pa	20 Hz bis 20 kHz	0,5 %
Kondensatormikrofon	20 mV/Pa	20 Hz bis 20 kHz	0,1 %
Elektretmikrofon	20 mV/Pa	50 Hz bis 15 kHz	0,1 %
Kristallmikrofon	10 mV/Pa	30 Hz bis 10 kHz	2 %

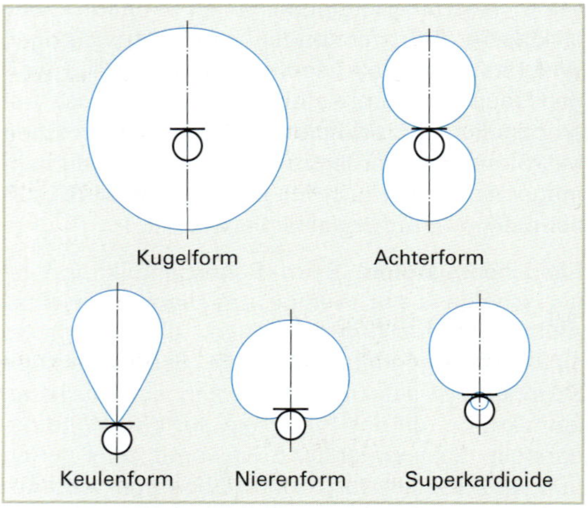

Bild 1: Richtcharakteristiken von Mikrofonen

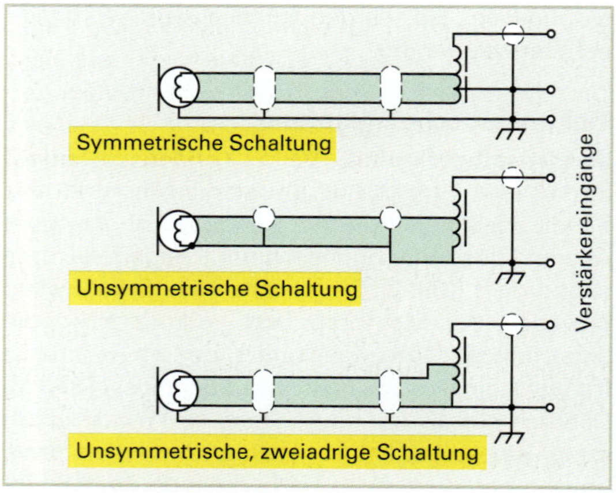

Bild 2: Mikrofonanschlüsse

Gleichtaktstörungen sind gleich stark und wirken entgegengesetzt. Deshalb sind bei symmetrisch angeschlossenen Mikrofonen Störfelder unwirksam.

Hochohmige Mikrofone werden *unsymmetrisch* angeschlossen. Kurze Leitungslängen sind dabei noch ausreichend störungsfrei. Diese Mikrofone können an symmetrische oder unsymmetrische Eingänge von Verstärkern angeschlossen werden.

Bei der Anpassung eines Mikrofons an Verstärker müssen die Kapazität und der Wirkwiderstand der Leitung berücksichtigt werden. Die Leitungskapazität bildet mit der Impedanz des Mikrofons einen Tiefpass und der Leitungswiderstand mit der Eingangsimpedanz des Verstärkers einen Spannungsteiler. Beide dämpfen so das Nutzsignal des Mikrofons. Deshalb wird die Impedanz des Mikrofons auf etwa 200 Ω bis 1 kΩ transformiert.

Wiederholung und Vertiefung

1. **Wie entsteht Schall und wie breitet er sich aus?**
2. **Nach welchem Prinzip arbeitet ein dynamisches Mikrofon?**
3. **Bei welcher Gegebenheit werden Mikrofone mit Nierencharakteristik verwendet?**
4. **Bei welcher Anschlussart von Mikrofonen sind Störfelder unwirksam?**

16.1.3.3 Lautsprecher

Lautsprecher setzen elektrische Energie in Schallenergie um.

Dynamische Lautsprecher

Die Wirkungsweise der dynamischen Lautsprecher beruht auf der Kraftausübung auf stromdurchflossene Spulen in einem Magnetfeld.

Konuslautsprecher. Die Membran **(Bild 1)** ist konisch geformt und besteht aus Papier, Aluminium, Styropor oder Polypropylen. Je nach Membrandurchmesser können hohe, mittlere oder tiefe Frequenzen hörbar gemacht werden. Bei hochwertigen Lautsprechern besteht der Korb aus Aluminium oder Titan. Er ist dann verwindungssteif und resonanzarm.

Kalottenlautsprecher haben eine halbkugelförmige Membran (Kalotte) aus z.B. Papier, Kunststoff, Titan oder Aluminium. Lautsprecherkorb und Konusmembran fehlen. Ihr Übertragungsbereich wird durch ihren Membrandurchmesser bestimmt.

Elektrostatische Lautsprecher

Beim elektrostatischen Lautsprecher (Kondensatorlautsprecher) ist eine sehr dünne, metallische Membran durch ein geeignetes Dielektrikum von einer feststehenden, durchlöcherten Gegenelektrode getrennt **(Bild 2)**. Die Membran ist durch eine Gleichspannung vorgespannt, der die Signalspannung überlagert wird. Die Membran schwingt dann im Rhythmus der Tonsignalfrequenz.

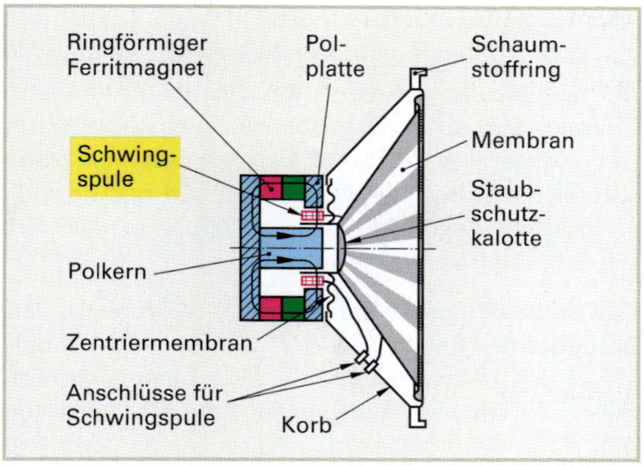

Bild 1: Konuslautsprecher

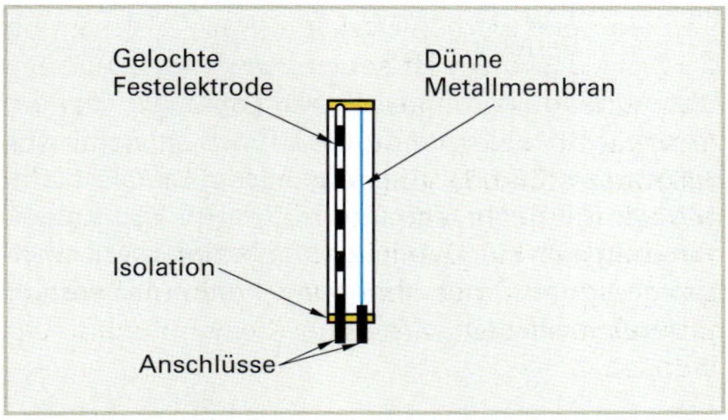

Bild 2: Elektrostatischer Lautsprecher

Tabelle 1: Lautsprechereigenschaften

Lautsprecherart	Bemessungsscheinwiderstand, Kapazität	Übertragungsbereich
Konuslautsprecher	2 bis 16 Ω	30 Hz bis 20 kHz
Kalottenlautsprecher	4 bis 8 Ω	400 Hz bis 20 kHz
elektrostatischer Lautsprecher	100 pF bis 500 pF	1 000 Hz bis 20 kHz
piezoelektrischer Lautsprecher	1 nF bis 5 nF	1 000 Hz bis 40 kHz

Piezoelektrischer Lautsprecher. Beim piezoelektrischen Lautsprecher (Kristall-Lautsprecher) sind zwei entgegengesetzt polarisierte Piezo-Oxid-Streifen zu einem Biegeelement zusammengeklebt. Beim Anlegen von Wechselspannung schwingt das freie Ende des Biegeelements mit kleiner Amplitude. Der Schall strahlt direkt von der Oberfläche ab oder wird von einer konischen Membran und auch von einem vorgebauten Horn verstärkt.

Elektrostatische Lautsprecher werden nur als Hochtonlautsprecher, z.B. als Kopfhörer oder im PC verwendet.

Kenngrößen

Die Bemessungsbelastung von Lautsprechern ist die höchstzulässige Leistung, die bei konstantem Eingangssignal im Dauerbetrieb nicht überschritten werden darf. Die *Musikbelastbarkeit* kann wegen der schwankenden Lautstärke fast doppelt so groß wie die Bemessungsbelastbarkeit sein. Sie gilt für eine Belastungszeit von 2 s.

Der *Bemessungs-Scheinwiderstand* **(Tabelle 1, vorhergehende Seite)** ist der Wechselstromwiderstand des Lautsprechers für eine bestimmte Frequenz. Er wird für Tieftöner für eine Frequenz von 400 Hz und für andere Lautsprecher für eine Frequenz von 1000 Hz angegeben. Für den Anschluss des Lautsprechers an den Verstärker ist er wegen der Leistungsanpassung an den Verstärkerausgang von Bedeutung.

Die Abhängigkeit des *Richtungsmaßes D* vom *Abstrahlwinkel* α wird durch die Richtcharakteristik dargestellt **(Bild 1).** Sie zeigt, dass Schallschwingungen mit tiefer Frequenz nach allen Richtungen nahezu gleich stark abgestrahlt werden und Schallschwingungen mit höherer Frequenz stärker gebündelt werden.

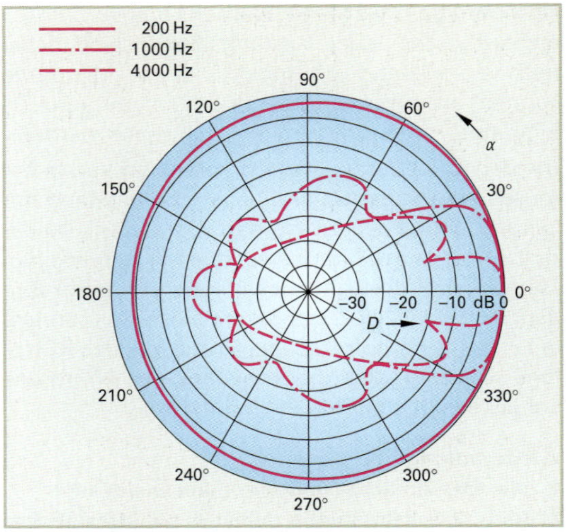

Bild 1: Richtcharakteristik eines Lautsprechers

> Die Ausbreitung höherfrequenterer Schallwellen hat eine größere Richtcharakteristik als die Ausbreitung niederfrequenterer Schallwellen.

Werden Lautsprecher ohne Schallwand betrieben, so gleichen sich bei tiefen Frequenzen Überdruck vor der Membran und Unterdruck hinter der Membran über den Lautsprecherrand hinweg aus **(Bild 2).** Dadurch wird der Ton nicht abgestrahlt. Diesen Effekt bezeichnet man als akustischen Kurzschluss.

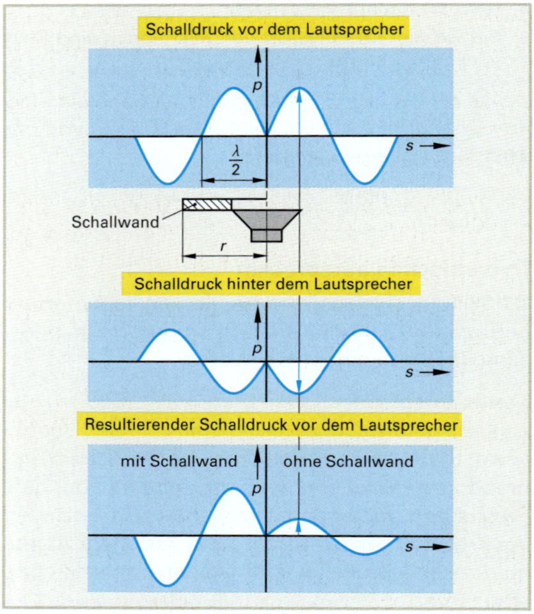

Bild 2: Akustischer Kurzschluss

Beim *Bassreflexgehäuse* **(Bild 3)** wird die Wiedergabe tiefer Töne durch die Bassreflexöffnung verbessert. Die Federwirkung des Luftpolsters und des Dämm-Materials bewirken eine Verzögerung des Schallaustritts an der Bassreflexöffnung. Entspricht die Verzögerung der halben Periodendauer, so verstärkt sich die Schallleistung vor der Box. Der Wirkungsgrad ist höher als beim geschlossenen Gehäuse.

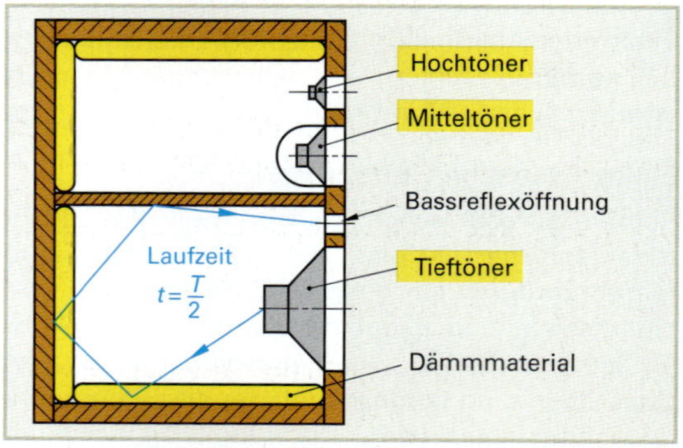

Bild 3: Bassreflexgehäuse

Wiederholung und Vertiefung

1. **Auf welchen physikalischen Vorgängen beruhen die verschiedenen Lautsprechersysteme?**
2. **Wie verändert sich die Richtcharakteristik eines dynamischen Lautsprechers mit steigender Frequenz?**
3. **Wie erreicht man, dass Lautsprecher auch tiefe Töne abstrahlen können?**

Lautsprecherkombinationen

Die Wiedergabe aller Schwingungen des Hörbereichs kann mit einem Breitbandlautsprecher (90 Hz bis 11,2 kHz) nicht erreicht werden. Man baut deshalb zwei oder mehrere Lautsprecher mit verschiedenen Übertragungskurven zusammen in ein Gehäuse **(Bild 1).** Mit diesen Kombinationen erreicht man über einen breiten Übertragungsbereich eine fast lineare Übertragungskurve. Oft wird zusätzlich eine besondere Richtcharakteristik erzielt.

> Lautsprecherkombinationen bestehen aus mehreren Lautsprechern mit verschiedenen, sich überlappenden Übertragungskurven.

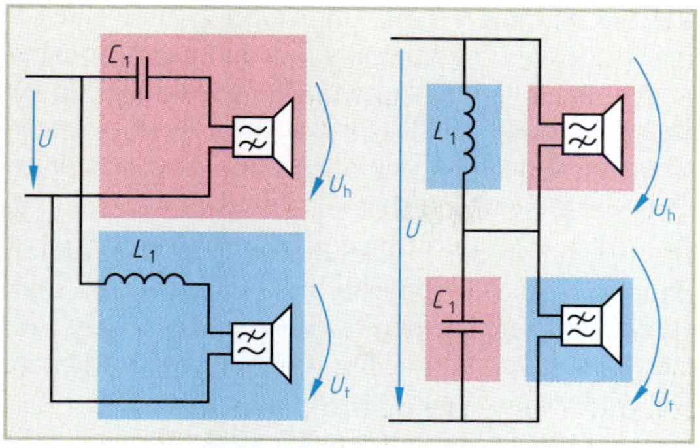

Bild 1: Lautsprecherkombination mit 6-dB-Lautsprecherweichen

Frequenzweichen, die vor die Lautsprecher geschaltet werden, teilen das zu übertragende Frequenzspektrum auf die Lautsprecher auf. In einer Zweiwegekombination werden dem Tieftonlautsprecher z. B. der Frequenzbereich von 40 Hz bis 2 kHz, dem Hochtonlautsprecher der Bereich von 2 kHz bis 16 kHz zugeführt. Dreiwegeboxen und Vierwegeboxen teilen den Hörbereich in entsprechend mehr Teilbereiche auf.

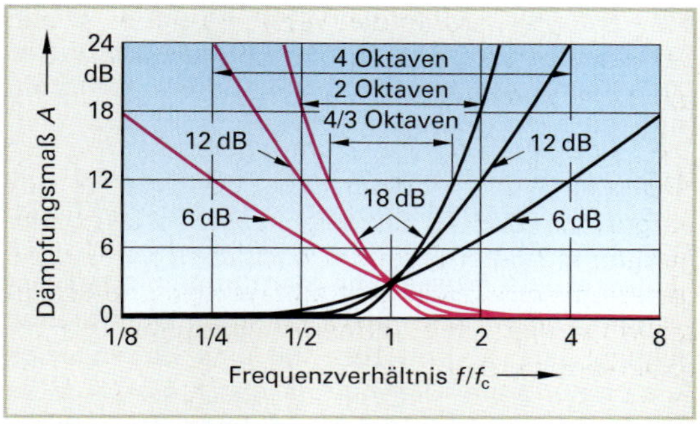

Bild 2: Dämpfungsverlauf für 6-dB-Weiche, 12-dB-Weiche und 18-dB-Weiche

Die Frequenzweichen werden entsprechend ihrer Steilheit im Überlappungsgebiet in 6-dB-Weichen, 12-dB-Weichen und 18-dB-Weichen unterteilt.

Ein Dämpfungsmaß von 6 dB je Oktave (Filter 1. Ordnung) erzielt man mit einfachen Tiefpässen und Hochpässen (Bild 1).

> Eine Oktave entspricht einem Frequenzverhältnis von 1 : 2.

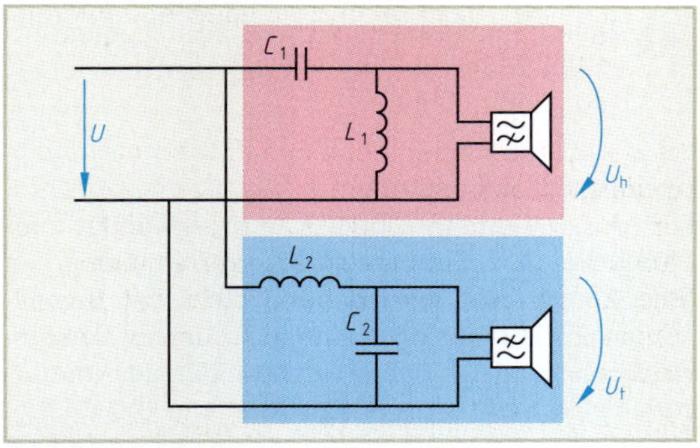

Bild 3: Lautsprecherkombination mit 12-dB-Lautsprecherweichen

Wird die Grenze für den Arbeitsbereich bei A = 12 dB angesetzt, so überdecken sich die Arbeitsbereiche der beiden Lautsprecher um vier Oktaven **(Bild 2).** Die Lautsprecher müssen deshalb bis zu zwei Oktaven über die Übernahmefrequenz f_c hinaus ihre Wiedergabeeigenschaften (z. B. Wirkungsgrad, Überlagerungsfaktor, Richtcharakteristik) behalten.

Ein Dämpfungsmaß von 12 dB je Oktave erzielt man mit einem Filter 2. Ordnung **(Bild 3).** Bei Filtern 2. Ordnung überlappen sich die Arbeitsbereiche der beiden Lautsprecher um zwei Oktaven, wenn die Grenze für den Arbeitsbereich wieder bei A = 12 dB angesetzt wird.

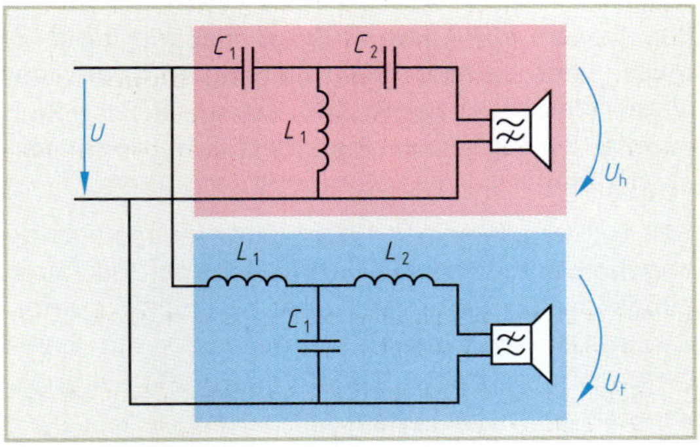

Bild 4: Lautsprecherkombination mit 18-dB-Lautsprecherweichen

Werden Filter mit noch höherer Ordnung verwendet, so ist der Überlappungsbereich und damit der Arbeitsbereich der Lautsprecher noch kleiner **(Bild 4).**

Bei der Aufteilung des Übertragungsbereichs auf drei oder vier Lautsprecher werden die Arbeitsbereiche eines jeden Lautsprechers kleiner **(Bild 1)**. Damit werden die nicht linearen und linearen Übertragungsfehler kleingehalten und mögliche Leistungsschwankungen verringert.

Die Werte für die Induktivitäten und Kapazitäten hängen von der Übernahmefrequenz und dem Wechselstromwiderstand des Lautsprechers ab. Die Kapazitäten können Werte bis 100 µF erreichen. Da Wechselstrombetrieb vorliegt, müssen ungepolte Elektrolytkondensatoren oder vorzugsweise MK-Kondensatoren verwendet werden. Für die Induktivitäten sind Werte bis 10 mH notwendig. Man bevorzugt Luftspulen, um mögliche Verzerrungen durch einen Eisenkern zu vermeiden. Die Luftspulen sind so anzuordnen oder abzuschirmen, dass ein Übersprechen verhindert wird.

Beim Zusammenschalten der Lautsprecher zu einer Lautsprecherkombination ist auf gleichphasige Schallabstrahlung zu achten, d.h., bei allen Lautsprechern müssen die Membranen in gleicher Richtung schwingen. Schwingen die Membranen gegenphasig, so tritt zum Teil eine gegenseitige Auslöschung ein. Gleichartige Anschlüsse sind an den Lautsprechern gekennzeichnet, z.B. durch Punkte (Bild 1).

Beim Zusammenschalten von Lautsprechern muss auf die Polung geachtet werden.

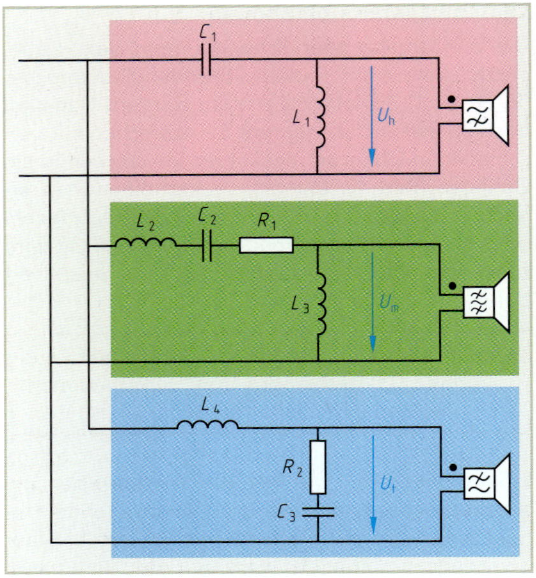

Bild 1: Dreiwege-Lautsprecherkombination

Spannungsanpassung

Für größere Lautsprecheranlagen verwendet man Verstärker mit Spannungsanpassung. Dabei ist eine Ausgangsspannung von 100 V bei Bemessungsleistung genormt. Infolge eines kleinen Wechselstrom-Ausgangswiderstandes des Verstärkers bleibt die Ausgangsspannung von 100 V nahezu belastungsunabhängig. Sie darf beim Wechsel von Volllast auf Leerlauf höchstens auf das 1,3-Fache ansteigen.

Bei dieser *100-V-Spannungsanpassung* **(Bild 2)** muss jeder Lautsprecher über einen Übertrager angeschlossen werden. Alle Lautsprecher liegen parallel. Ihre Gesamtleistung darf nicht größer sein als die Bemessungsleistung des Verstärkers.

Soll der Verstärker z.B. 100 W Bemessungsleistung abgeben, so beträgt die Stromstärke bei 100 V Ausgangsspannung nur 1 A. Diese Stromstärke erfordert selbst bei großen Leitungslängen nur kleine Leitungsquerschnitte. Damit werden die Leitungsverluste gering gehalten.

Infolge der Induktivitäten ist der übertragbare Frequenzbereich auf den Sprachbereich begrenzt.

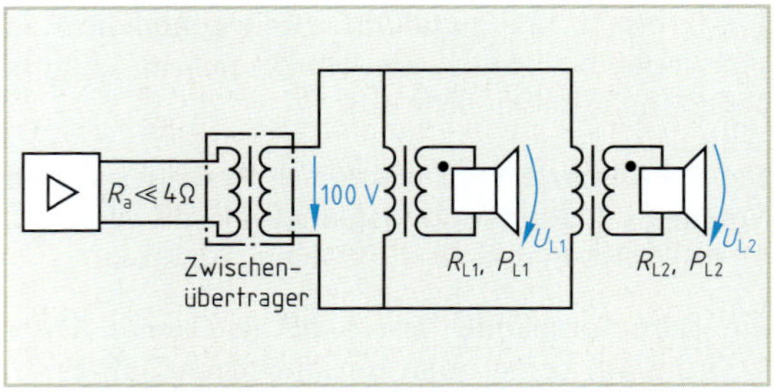

Bild 2: Spannungsanpassung von Lautsprechern an einem Verstärker bei 100-V-Anlagen

Beim Aufbau und Betrieb von 100-V-Lautsprecheranlagen sind die Sicherheitsbestimmungen für Wechselspannungen über 50 V zu beachten.

Wiederholung und Vertiefung

1. **Warum werden Lautsprecher mit verschiedenen Übertragungskurven zusammen in einem Gehäuse betrieben?**
2. **Welche Aufgabe haben Frequenzweichen in einer Lautsprecherkombination?**
3. **Was versteht man unter einer Dreiwegebox?**
4. **Welches Dämpfungsmaß je Oktave kann mit Filtern 2. Ordnung in Lautsprecherkombinationen erzielt werden?**
5. **Warum muss beim Zusammenschalten von Lautsprechern auf deren Polung geachtet werden?**
6. **Was versteht man unter akustischem Kurzschluss?**
7. **Was versteht man in einer Lautsprecheranlage unter 100-V-Spannungsanpassung?**
8. **Welche Sicherheitsbestimmungen sind beim Aufbau und beim Betrieb einer 100-V-Lautsprecheranlage zu beachten?**

16.1.3.4 Lautstärkeeinstellung im NF-Verstärker

Das Lautstärkeempfinden des menschlichen Gehörs nimmt mit steigendem Schalldruck immer weniger zu. Die Lautstärkeeinstellung muss deshalb mit entgegengesetzter Charakteristik geschehen **(Bild 1)**.

Lautstärken als Schalldruckpegel:	
Hörschwelle	0 db(A)
Flüstern	30 db(A)
Zimmerlautstärke	50 dB(A)
Schmerzgrenze	130 dB(A)

Bei einfachen Empfängern verwendet man logarithmische Potenziometer. Sie liegen vor der ersten NF-Verstärkerstufe, um diese vor Übersteuerung zu schützen. Teilweise haben diese Potenziometer eine Anzapfung im unteren Teil. Eine dort angeschlossene RC-Schaltung bewirkt eine Anhebung der hohen und eine Dämpfung der mittleren Frequenzen bei kleiner Lautstärke. Bei hochohmigen Signalwegen ist eine Abschirmung notwendig.

Bei Verstärkern mit integrierten Schaltungen liegt das Lautstärkepotenziometer außerhalb des Signalwegs **(Bild 2)**. Es dient nur zur Einstellung einer Gleichspannung. Diese steuert die Verstärkung einer Differenzverstärkerstufe.

Will man eine angenähert logarithmische Zunahme der Verstärkung erreichen, müssen mit der gleichen Spannung zwei hintereinandergeschaltete Verstärkerstufen gesteuert werden. Die Verstärkungsfaktoren multiplizieren sich und man erhält einen quadratischen Verlauf der Verstärkungszunahme **(Bild 3)**.

Lautstärkepotenziometer weisen wegen der bei zunehmendem Schalldruck abnehmenden Ohrempfindlichkeit grundsätzlich eine logarithmische Widerstandszunahme auf.

Digitale Potenziometer bestehen aus einer Reihe von Teilwiderständen, die z. B. in 100 Stufen digital abgegriffen werden können **(Bild 4)**.

Dazu ist ein 7-Bit-Vorwärts-Rückwärts-Zähler vorhanden, der die 100 Zählzustände für einen 1-aus-100-Demultiplexer liefert. Der jeweils vom Demultiplexer angewählte Schalter wird geschlossen und so der Potenziometerabgriff eingestellt. Das Bauelement enthält einen nicht flüchtigen Speicher, sodass die Stellung des Abgriffs erhalten bleibt.

Digitale Potenziometer finden bei der Lautstärkeeinstellung und bei der Klangeinstellung Anwendung.

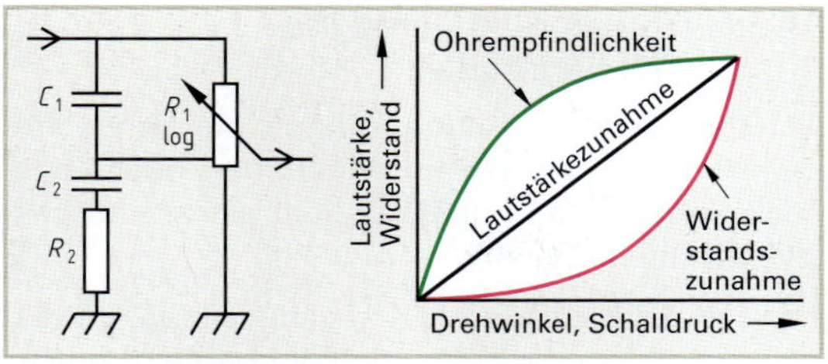

Bild 1: Gehörrichtige Lautstärkeeinstellung mit logarithmischem Potenziometer

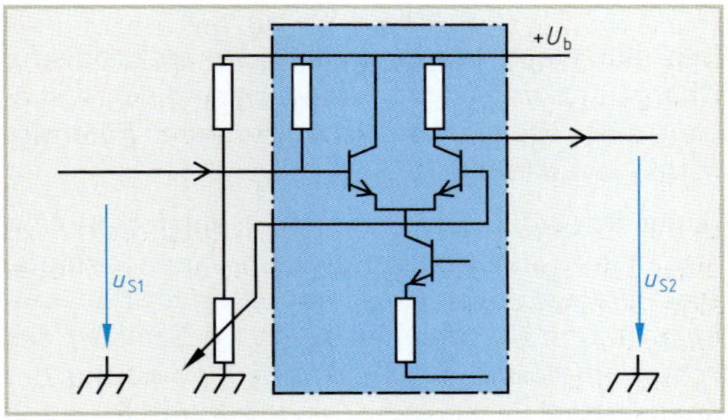

Bild 2: Gleichspannungsgesteuerte Lautstärkeeinstellung mit IC (Stromverteilungssteuerung)

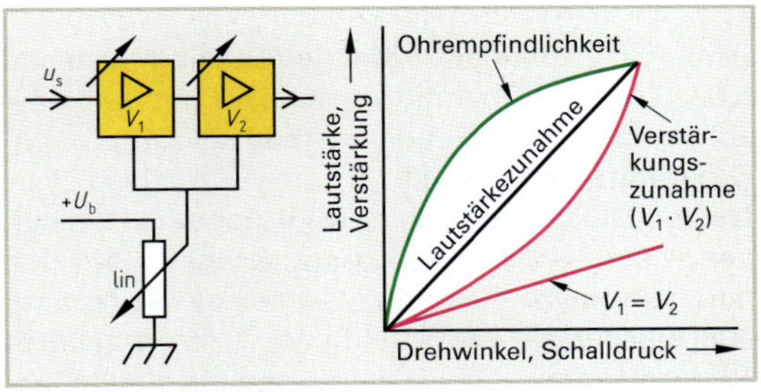

Bild 3: Quadratische Verstärkungszunahme durch Steuerung von zwei Verstärkerstufen in Reihe

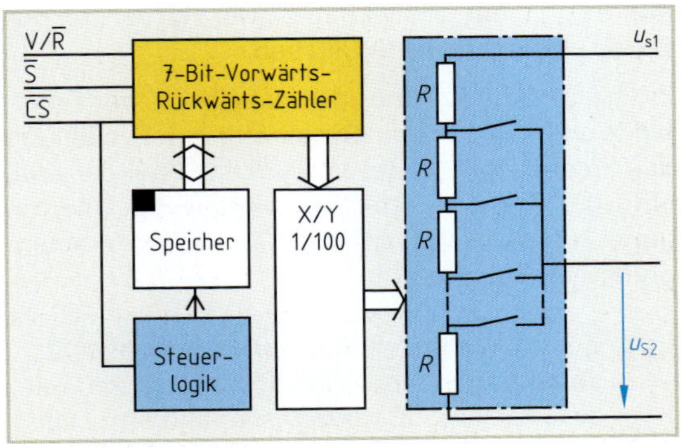

Bild 4: Blockschaltplan eines digitalen Potenziometers

16.1.3.5 Klangeinstellung im NF-Verstärker

Mit der Klangeinstellung können die tiefen Frequenzen bzw. die Höhen angehoben oder abgesenkt werden. Man unterscheidet aktive und passive Schaltungen.

Passive Schaltungen zur Klangeinstellung werden meist zwischen der ersten und der zweiten Verstärkerstufe angeordnet. Die zweite Stufe dient hierbei vor allem zum Ausgleich der Grunddämpfung. Grunddämpfung ist die gleichmäßige Absenkung aller Frequenzen, die für bestimmte Frequenzbereiche wieder aufgehoben werden kann.

Der stufenlose mechanische oder elektronische Übergang zwischen der Anhebung und der Absenkung eines Frequenzbereichs wird durch Potenziometer bewirkt **(Bild 1)**.

In der Schaltung Bild 1 liegt das Lautstärkepotenziometer R_5 erst vor der zweiten Verstärkerstufe. Der Tiefeneinsteller R_2 ist mit einer Grunddämpfung (R_1 und R_3) versehen. Steht der Schleifer des Potenziometers R_2 z. B. ganz oben, so ist nur der Kondensator C_2 wirksam. Zusammen mit R_1 und R_3 ergibt sich die Grundschaltung für dieTiefenanhebung. Die Schaltung zur Höheneinstellung verwendet dagegen eine kapazitive Grunddämpfung. C_5, C_6 und R_6 dienen zur gehörrichtigen Lautstärkeeinstellung.

Aktive Schaltungen zur Klangeinstellung bestehen z. B. aus einem Operationsverstärker mit frequenzabhängiger Gegenkopplung **(Bild 2)**. Der Operationsverstärker arbeitet mit einem mittleren Verstärkungsfaktor von etwa 3 bis 4, der durch die beiden Widerstände R_4 und R_5 festgelegt ist. Mit den Potenziometern R_1 und R_2 kann eine Anhebung oder Absenkung der Höhen und Tiefen eingestellt werden.

Equalizer (von to equalize = ausgleichen) arbeiten auch mit aktiven Schaltungen zur Klangeinstellung **(Bild 3)**. Anstelle von Hochpässen oder Tiefpässen werden Bandpässe verwendet, die z. B. eine Bandbreite von einer Oktave haben. Der Hörbereich des Ohres umfasst etwa 10 Oktaven.

Ein Oktav-Equalizer besitzt deshalb auf der Frontplatte zehn Schiebepotenziometer zur Einstellung des Frequenzgangs des Verstärkers. Weil die Stellung der Potenziometer den Verlauf der Übertragungskurve anzeigt, spricht man auch von einem grafischen Equalizer.

> Zur Klangeinstellung werden passive RC-Schaltungen und aktive Schaltungen mit zusätzlichen Operationsverstärkern verwendet.

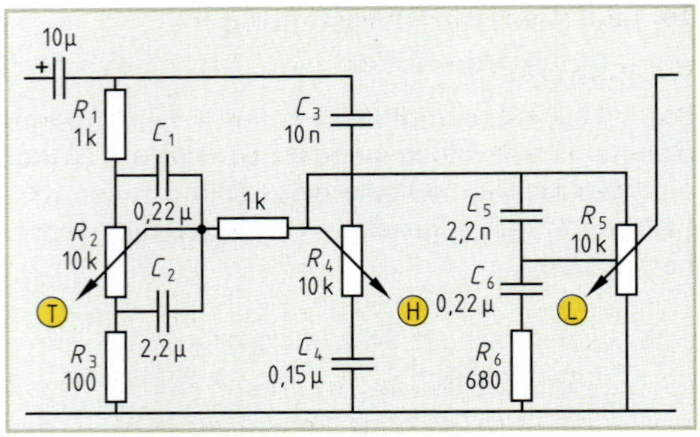

Bild 1: Passive Klangeinstellung

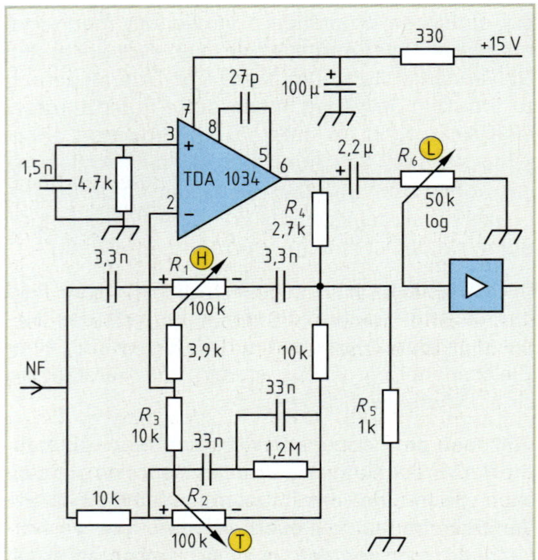

Bild 2: Aktive Klangeinstellung

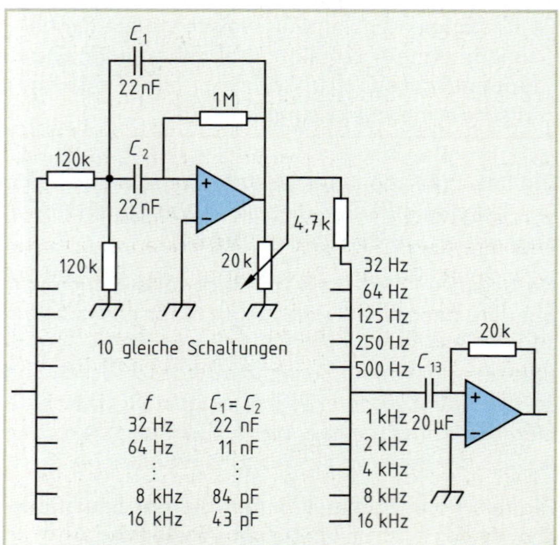

Bild 3: Equalizer mit 10 Oktavfiltern

16.1.3.6 Surround-Sound

Wirkungsweise

Der Surround-Sound (to surround = umgeben, sound =Ton) verbindet optische Ereignisse mit den zugehörigen akustischen Ereignissen.

Die Toninformationen werden in die Komponenten

- Stereo-Signal,
- Dialog-Signale, mit der Information von vorn (Center),
- Hintergrundgeräusche, kommen von hinten, und
- Nebengeräusche, kommen von der Seite,

aufgeteilt und entsprechend übertragen.

Surround-Systeme werden im Kino und zuhause, z. B. zum Abspielen von Video-Filmen, verwendet. Zu einer Surround-Anlage gehören z. B. fünf Lautsprecher, die entsprechend ihrer Anordnung im Raum mit L (links), R (rechts), C (Mitte), SL (Surround links) und SR (Surround rechts) bezeichnet werden **(Bild 1).** Diese Lautsprecher werden auch Satelliten genannt. Da für tiefe Frequenzen keine Richtwirkung nötig ist, kann der Subwoofer (Tieftonlautsprecher SW) im Raum z. B. auf einer Seite angeordnet werden. Ein Surround-Verstärker, ein DVD-Abspielgerät oder ein PC mit z. B. einer Surround-Karte sowie ein Beamer und eine Projektionsfläche vervollständigen das System.

Analoger Surround-Sound

Einfache Systeme verwenden das System Dolby Surround Prologic. Es besteht aus den Lautsprechern L, R für die Stereo-Information, dem Center-Lautsprecher, der das Mono-Signal abstrahlt, und den Surround-Lautsprechern SL und SR. Die Surround-Signale werden zeitlich verzögert, in der Frequenz auf 7 kHz begrenzt und damit rauschvermindert abgestrahlt.

Digitaler Surround-Sound

Bei den digitalen Systemen werden bis zu sieben Kanäle verwendet, bei denen die Signale digitalisiert und komprimiert werden. Bezeichnet werden die verschiedenen Systeme nach der Boxenanordnung **(Bild 2).** Bei einer Boxenanordnung 5.1 werden die fünf Lautsprecher (5) L, R, C, SL und SR verwendet. Mit (.1) wird ein LFE-Kanal (LFE von Low Frequency Effects = Tieffrequenzen-Effekte) bezeichnet. Bei der Boxenanordnung 6.1 kommt ein SB-Lautsprecher (SB von Surround back = Umgebung hinten) hinzu. Bei der Boxenanordnung 7.1 werden zusätzlich zwei Lautsprecher SBL und SBR verwendet.

> Eine Boxenanordnung 7.1 besteht aus sieben Satellitenlautsprechern und einem Subwoofer.

Der ideale Frequenzgang eines Satelliten-Subwoofer-Systems ist in **Bild 3** dargestellt.

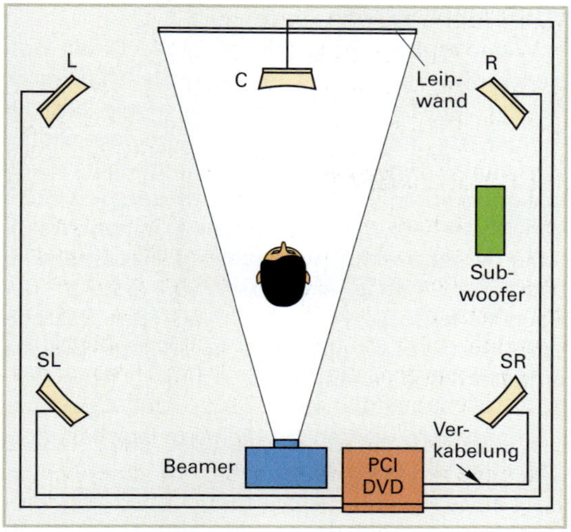

Bild 1: Surround-Sound

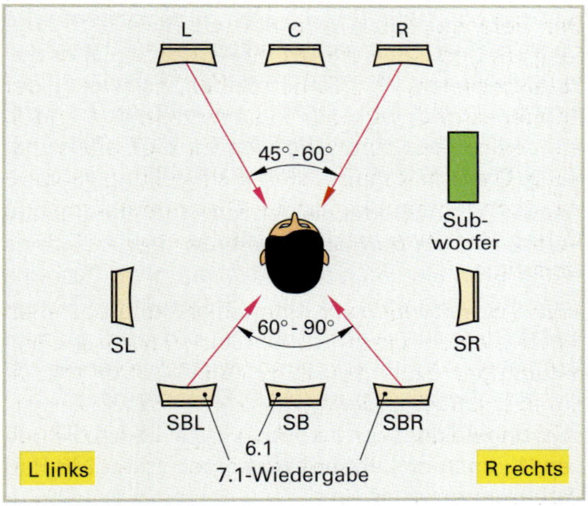

Bild 2: Boxenanordnung bei 5.1, 6.1 und 7.1 nach Dolby

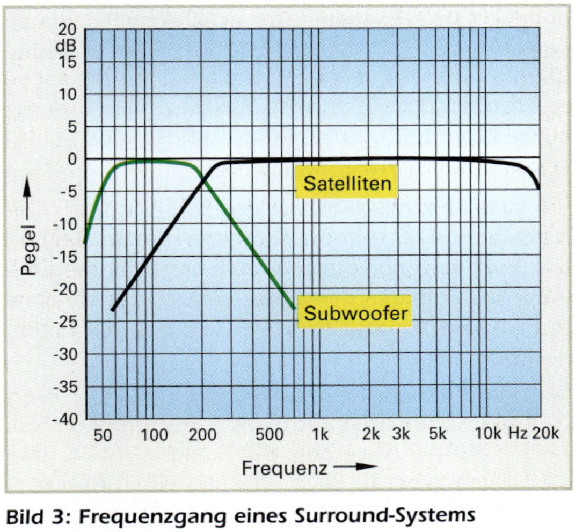

Bild 3: Frequenzgang eines Surround-Systems

PC-Soundsysteme

In Windows-Betriebssystemen sorgt z. B. die Herstellersoftware oder der Programmzusatz DirectX für die Verarbeitung des Mehrkanaltons auf der Soundkarte. Soundkarten wandeln analoge Signale in digitale Signale um. Die Bearbeitung des Digitalsignals erfolgt in einem Signalprozessor. Klänge von Musikinstrumenten werden in einem Wavetable-Synthesizer-IC (wavetable = Wellentabelle) bearbeitet. Klänge sind auch von Dateien der Soundkartensoftware ladbar. Nach der Bearbeitung wird das Digitalsignal in analoge Signale umgesetzt und verstärkt.

Soundkarten werden zur digitalen Bearbeitung analoger Signale verwendet.

Bei Verwendung von Soundkarten kann das Signal über eine Leitung zur Übertragung digitaler Signale, z. B. mit Koax oder LWL, zum Boxenset übertragen werden **(Bild 1).** Als Verbindungssystem wird dann S/PDIF (von Sony/Philips Digital Interface) verwendet. Der Boxenset muss die Umsetzung mit einem eingebauten Decoder vornehmen. Es kann z. B. auch ein HiFi-Surround-Verstärker mit integriertem Verstärker verwendet werden.

Andere Soundkarten liefern den Mehrkanalton bereits analog aufbereitet über je drei Ausgänge mit je 2 Kanälen an einen Boxenset ohne Decoder. Die Adapterkabel setzen Stereo-Mini-Klinkenstecker auf sechs Cinch-Stecker um (Bild 1). Hier kann auch ein HiFi-Surround-Verstärker verwendet werden, der wiederum keinen Decoder benötigt.

PCs ohne Soundkarte können auch über USB mit einem entsprechenden Verstärker mit USB-Port verbunden werden.

Sound-Systeme für Spiele

Bei PC-Spielen wird der Ton von der gerade stattfindenden Aktion gesteuert. Die akustische Richtungsbestimmung des Spielers, z. B. zu einem Monster, ergibt sich aus Laufzeitunterschieden des Schalls zu den beiden Ohren. Die Entfernung wird aus der Lautstärke und dem Verhältnis von Direktschall zu reflektiertem Schall ermittelt. Die Steuerung erfolgt mit einer Sound-Engine (Tonmaschine).

DirectSound 3D. Mit der Software DirectSound 3D (= direkter Ton, 3-dimensional) ist eine einfache Raumbeschallung ohne Raumakustik, also ohne Hall und Echo, möglich. Es werden nur drei Entfernungsbereiche unterschieden.

EAX-Sound. Mit EAX (Extended Audio X = erweiterte Audiosteuerung) können acht bis 32 Tonkanäle gesteuert werden. Ein System EAX 4.1 hat die Lautsprecher L_V, R_V, L_H, R_H und einen Subwoofer **(Bild 2).**

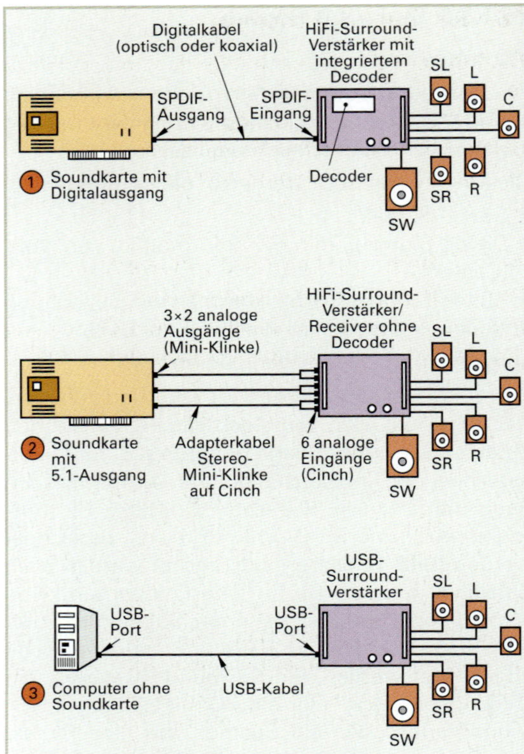

Bild 1: Verkabelung von Surround-Systemen

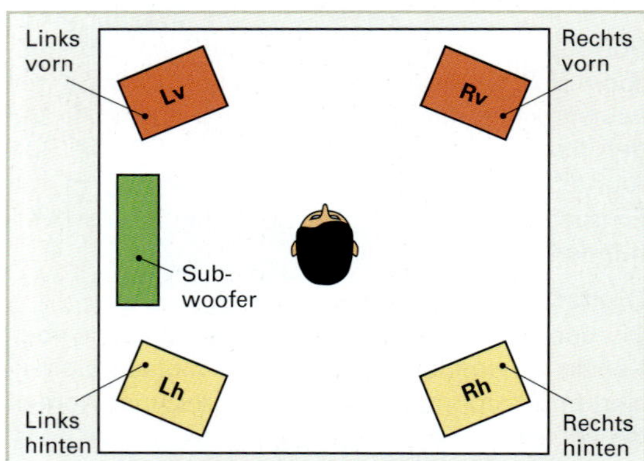

Bild 2: Boxen-Anordnung bei EAX 4.1 für Spiele

Wiederholung und Vertiefung

1. **Welche vier Toninformationen unterscheidet man bei der Surround-Technik?**
2. **Beschreiben Sie die Anordnung der Lautsprecher beim Surround-Verfahren.**
3. **Warum kann der Subwoofer an beliebiger Stelle angeordnet werden?**
4. **Erklären Sie die Boxenanordnung 6.1.**
5. **Welche Aufgabe hat eine Soundkarte?**
6. **Nennen Sie drei Möglichkeiten, Surround-Systeme zusammenzustellen.**

16.1.3.7 Tonaufzeichnung

Die Tonaufzeichnung kann mithilfe von Laserstrahlen auf Digitalschallplatten (Compact-Disc und DVD), magnetisch mit analogen oder digitalen Signalen auf Tonbändern (Magnettonverfahren oder auf Analogschallplatten, Nadeltonverfahren) erfolgen.

Aufnahmeprinzip beim Nadeltonverfahren

Beim Nadeltonverfahren werden die Schallschwingungen mechanisch in der Rille einer Schallplatte gespeichert. Ein Mikrofon wandelt den Schall in elektrische Schwingungen um. Die verstärkten elektrischen Schwingungen steuern die Bewegungen eines Stichels. Ohne Steuerspannung schneidet der Stichel eine gleichmäßige, spiralförmige Rille von außen nach innen in eine sich drehende Platte **(Bild 1)**. Bei einem leisen Ton wird der Schneidstichel nur wenig um seine Ruhelage hin- und herbewegt. Es entsteht eine wellenförmige Rille mit kleiner Schwingungsweite. Ein lauter Ton dagegen erzeugt eine Rille mit großer Schwingungsweite. Bei einem hohen Ton wird der Schneidstichel mit hoher Frequenz hin- und herbewegt, bei einem tiefen Ton mit niedriger Frequenz.

Bei einer Stereoaufnahme wandeln die zwei verschieden gerichteten Mikrofone die Schallschwingungen in Wechselspannungen um **(Bild 2)**. Die verstärkte Wechselspannung des linken Mikrofons (linker Kanal) wird in eine Kraft umgewandelt, deren Richtung 45° gegenüber der Achsrichtung des Schneidstichels zu einer Seite geneigt ist. Gelangt zum linken Mikrofon ein Ton, so dringt der Schneidstichel tiefer in die Schallplatte ein und verschiebt sich gleichzeitig nach links. Die linke Flanke der Rille wird durch diesen Ton verändert **(Bild 3)**. Eine Wechselspannung des rechten Kanals schneidet die rechte Flanke der Rille. Erzeugen beide Mikrofone Wechselspannungen, so werden beide Flanken gleichzeitig geschnitten.

Bei der Tonaufnahme lenkt man bei den hohen Frequenzen den Schneidstichel absichtlich mehr ab als bei den niederen Frequenzen. Deshalb müssen bei der Wiedergabe im Entzerrer-Vorverstärker die hohen Frequenzen geschwächt werden. Dadurch werden die Rauschspannungen ebenfalls vermindert. Diese Entzerrung wird über ein RC-Netzwerk durchgeführt.

Das Nadeltonverfahren wird heute nur noch von Liebhabern verwendet.

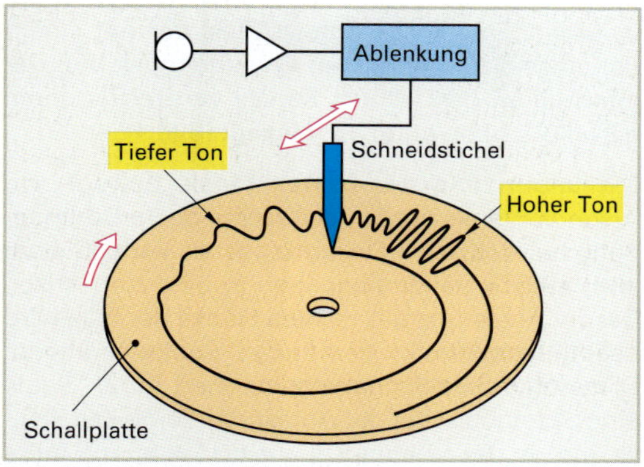

Bild 1: Schneiden einer Schallplatte in Seitenschrift

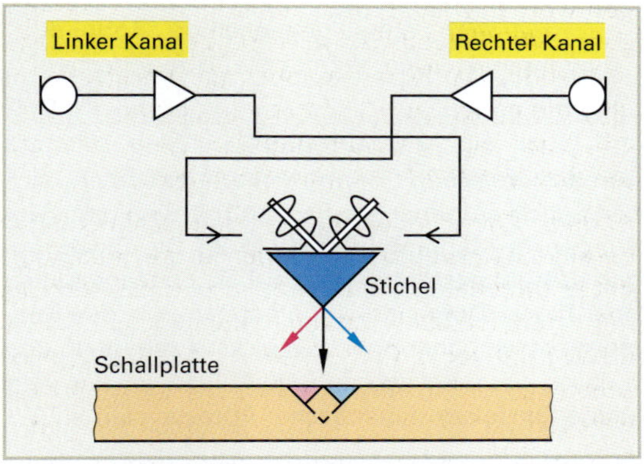

Bild 2: Schneidvorgang bei Stereoschallplatten

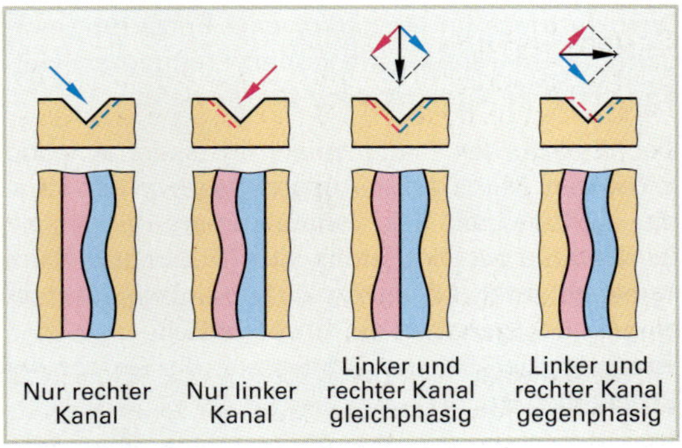

Bild 3: Rillen einer Stereoschallplatte

Wiedergabe beim Nadeltonverfahren

Ein Plattenspieler besteht hauptsächlich aus einem Plattenteller, der von einem Motor gedreht wird, einem Tonarm und einem Tonabnehmer. Setzt man den Abtaststift eines Tonabnehmers in die Rille einer Schallplatte, so folgt der Stift bei sich drehender Platte dieser Rille. Der Abtaststift wird abgelenkt. Die Bewegung des Stiftes wird in elektrische Spannung umgewandelt. Diese wird verstärkt und im Lautsprecher hörbar gemacht.

Ein Tonabnehmer besteht aus einem Abtaststift mit Spannungserzeuger.

Beim *magnetischen* Tonabnehmer wird ein beweglicher Träger des Abtaststiftes, der mit einem Pol eines Dauermagneten verbunden ist, von der Information des rechten Kanals von rechts unten nach links oben unter 45° bewegt **(Bild 1)**.

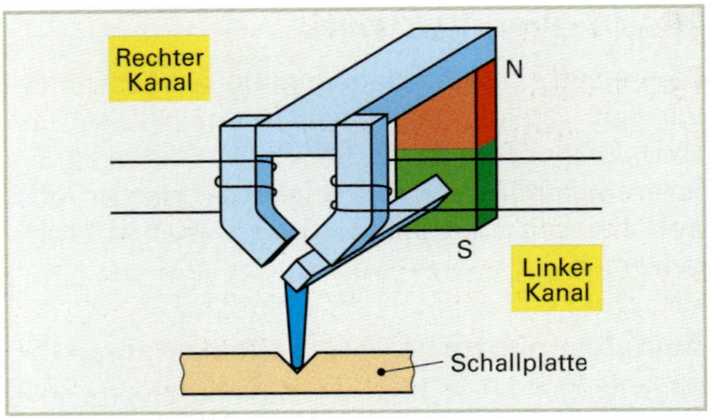

Bild 1: Magnetischer Stereo-Tonabnehmer (Prinzip)

Die Information des linken Kanals bewegt den Anker von links unten nach rechts oben. Der magnetische Fluss des Dauermagneten verläuft über zwei nebeneinanderliegenden Spulen zum Anker. Bei der Abtastung der rechten Flanke der Rille wird das Magnetfeld in der linken Spule verändert. Diese Magnetfeldänderung induziert in der Spule eine Spannung. Bei der Abtastung der linken Flanke wird in der rechten Spule eine Spannung induziert.

Bei Stereo-Abtastsystemen müssen die beiden Informationen ohne gegenseitige Kopplung gewonnen werden, damit kein „Übersprechen“ auftritt.

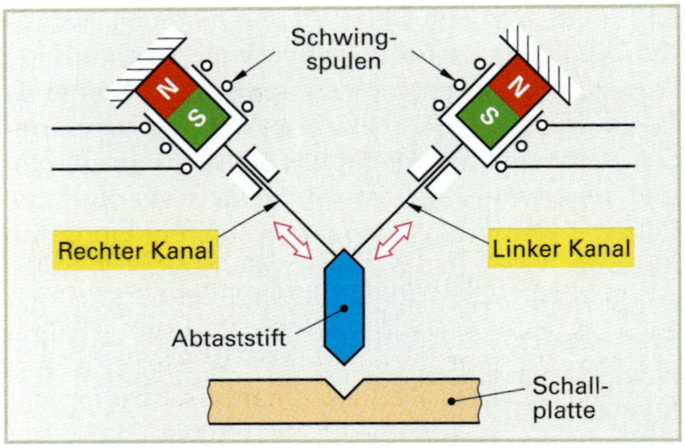

Bild 2: Dynamischer Stereo-Tonabnehmer (Prinzip)

Bei *dynamischen* Tonabnehmern befinden sich beweglich aufgehängte Spulen mit wenigen Windungen in Magnetfeldern **(Bild 2)**. Die Bewegungen des Abtaststifts werden auf die Schwingspulen übertragen. Durch Induktion entstehen in den Spulen Wechselspannungen. Diese sind sehr klein und müssen verstärkt werden. Vorteilhaft ist der sehr kleine Klirrfaktor dynamischer Abtastsysteme.

Die Höhe der induzierten Spannung wächst bei magnetischen und dynamischen Tonabnehmern mit der Schallschnelle und damit mit der Frequenz. Deshalb muss im Verstärker eine Entzerrung vorgenommen werden. Die hohen Frequenzen werden dabei weniger verstärkt als die tiefen.

Der *Tonarm* des Plattenspielers muss stabil und leicht sein. Mithilfe von Ausgleichsgewichten kann die Auflagekraft des Tonabnehmers eingestellt werden. Sie darf höchstens 30 mN betragen. Beim Anheben oder Absenken des Tonarmes besteht wegen der geringen Berührungsfläche zwischen Tonabnehmerstift und Schallplatte die Gefahr der Beschädigung.

Infolge der Reibung zwischen der sich drehenden Schallplatte und dem Abtaststift wirkt auf den Abtaststift in der Richtung der Tonrille eine Kraft. Eine Komponente dieser Kraft ist auf den Mittelpunkt der Platte gerichtet. Diese Kraft heißt Skatingkraft (von to scate = gleiten, rutschen). Sie ist von der Auflagekraft und der Oberflächenbeschaffenheit der Schallplatte und des Abtaststifts abhängig. Da durch die Skatingkraft die Flanken der Tonrille ungleichmäßig belastet werden, sind die Ausgangsspannungen und Klirrfaktoren der beiden Kanäle unterschiedlich.

Mithilfe der Antiskating-Einrichtung kann eine einstellbare Kraft erzeugt werden, die die Skatingkraft aufhebt.

Plattenspieler mit USB-Anschluss eignen sich für das Archivieren von Audio-Schallplatten auf digitale Datenträger.

Nach der Installation z. B. des Programms Audacity der Firma Lenco kann man die Musik speichern und z. B. in das MP3-Format codieren. Es können z. B. auch Rauschen und Knackgeräusche entfernt werden.

Wiederholung und Vertiefung

1. **Erklären Sie das Prinzip des Nadeltonverfahrens.**
2. **Aus welchen Gründen wird eine Entzerrung des wiedergegebenen Signals durchgeführt?**
3. **Erklären Sie das Füllschriftverfahren.**
4. **Beschreiben Sie die Wirkungsweisen des magnetischen Tonabnehmersystems und des dynamischen Tonabnehmersystems.**

16.2 Fernsehtechnik

16.2.1 Signalverarbeitung im Fernsehempfänger

Fernsehempfänger müssen Signale aus Schwarzweiß-Fernsehübertragungen und Signale aus Farbfernsehübertragungen verarbeiten und wiedergeben können. Deshalb enthält ein PAL-Farbfernsehempfänger neben den Baugruppen für den Schwarzweiß-Fernsehempfang auch Baugruppen für die Verarbeitung der Farbinformation **(Bild 1)**.

> Fernsehempfänger können Schwarzweiß-Übertragungen sowie Farbübertragungen verarbeiten und wiedergeben.

Zusätzlich werden Informationen als *Videotext* (Teletext) übertragen. Sie können durch einen entsprechenden Decoder im Fernsehempfänger lesbar gemacht werden.

Im **Tuner** des Hochfrequenzteils erfolgt die Abstimmung des Fernsehempfängers auf den gewünschten Empfangskanal. Das selektierte Empfangssignal wird in einer geregelten HF-Vorstufe **(Bild 2)** verstärkt und anschließend einer Mischstufe zugeführt. In der Mischstufe entstehen aus dem Empfangssignal und der Oszillatorspannung die ZF-Signale **(Bild 3)** für den Bildträger (BT), den Farbträger (FT), den Tonträger 1 (TT1) sowie den Tonträger 2 (TT2).

> Fernsehempfänger sind Überlagerungsempfänger.

Da die Frequenz der Oszillatorspannung bei jedem Empfangskanal um die Bildträgerzwischenfrequenz von 38,9 MHz höher ist, erhalten die einzelnen ZF-Trägerspannungen konstante Frequenzen **(Tabelle 1)**. Zusätzlich kehren sich bei der Umsetzung die Frequenzlagen der Trägerspannungen um (Bild 3).

> Nach der Umsetzung der Empfangssignale in die ZF-Signale sind deren Frequenzlagen gespiegelt.

Tabelle 1: Frequenzen bei Empfangskanal 9

Träger	Empfangsfrequenz in MHz	Oszillatorfrequenz in MHz	Zwischenfrequenz in MHz
Bildträger	203,25	242,15	38,9
Farbträger	207,68	242,15	34,47
Tonträger 1	208,75	242,15	33,4
Tonträger 2	208,99	242,15	33,16

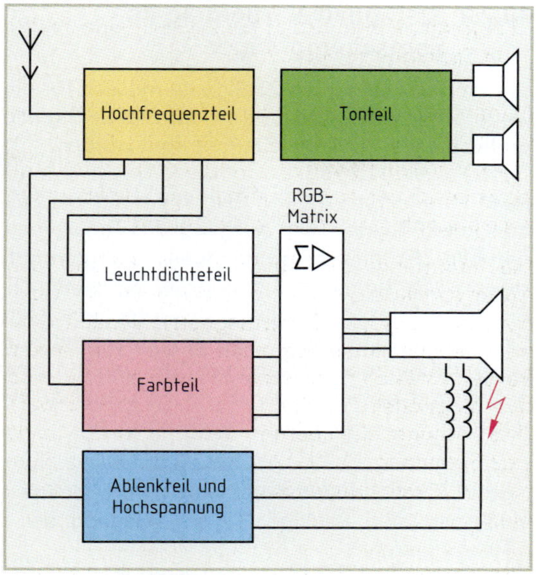

Bild 1: Prinzipschaltung eines PAL-Farbfernsehempfängers

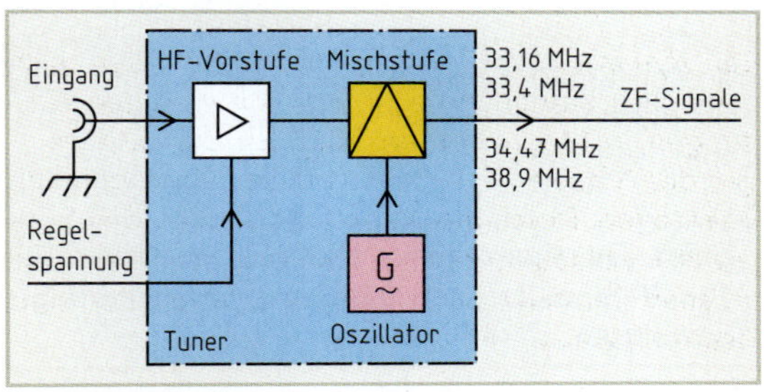

Bild 2: Übersichtsschaltplan des Tuners

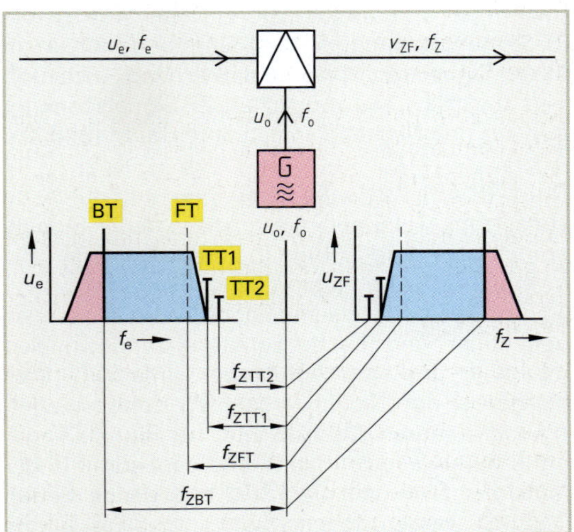

Bild 3: Umsetzung des Eingangssignals in den Zwischenfrequenzbereich

16.2.2 ZF-Signalverarbeitung im Fernsehempfänger

Die im Tuner erzeugten ZF-Signale müssen für die weitere Signalverarbeitung in die Bild-ZF-Signale und in die Ton-ZF-Signale aufgetrennt werden.

Beim *Paralleltonverfahren* (Bild 1) werden die beiden Ton-ZF-Signale am Ausgang des Tuners von den Bild-ZF-Signalen mit Bandpässen abgetrennt. Die weitere Signalverarbeitung der einzelnen ZF-Signale erfolgt dann getrennt in drei parallelen Signalwegen. Deshalb ist bei der Wiedergabe eine gegenseitige Beeinflussung von Bild und Ton sehr gering und es wird eine Ton in HiFi-Qualität erreicht.

Beim Paralleltonverfahren werden die Tonsignale von den Bildsignalen am Ausgang des Tuners getrennt.

Beim *Quasiparalleltonverfahren* **(Bild 2)** werden die ZF-Spannungen zunächst im Bild-ZF-Vorverstärker gemeinsam verstärkt und einer Mischstufe zugeführt. Nach den Bandpässen stehen die getrennten Ton-ZF-Spannungen zur Verfügung. Eine wesentliche Beeinflussung von Bild und Ton tritt dabei nicht auf.

Beim Quasiparalleltonverfahren werden die Ton-ZF-Signale durch Mischung und Filterung gewonnen.

Der *Bild-ZF-Verstärker* **(Bild 3, folgende Seite)** verstärkt die Bild-ZF-Signale nach seiner vom CCIR genormten Übertragungkurve. Dabei werden die ZF-Signalspannungen des Empfangskanals in ihren Signalamplituden entsprechend bedämpft und zusätzlich alle möglichen ZF-Signalspannungen aus den Nachbarkanälen unterdrückt **(Bild 3)**.

Durch das *Restseitenbandverfahren* und durch die Umsetzung des Empfangssignals in die ZF-Signale enthält das Bild-ZF-Signal Frequenzanteile von 0 Hz bis 1 MHz im unteren Seitenband und zusätzlich im oberen Restseitenband. Dadurch sind sie gegenüber den höherfrequenten Videosignalen mit einer größeren Amplitude vorhanden. Dies würde bei der Bildwiedergabe zu Kontrastverfälschungen führen. Deshalb wird der Bild-ZF-Träger um 6 dB abgesenkt (Bild 3) und liegt somit in der Mitte der Nyquistflanke **(Bild 1, folgende Seite)**. Dadurch werden Seitenschwingungen bis 1 MHz entsprechend gedämpft und so an die Amplituden der höherfrequenten Videosignale angepasst.

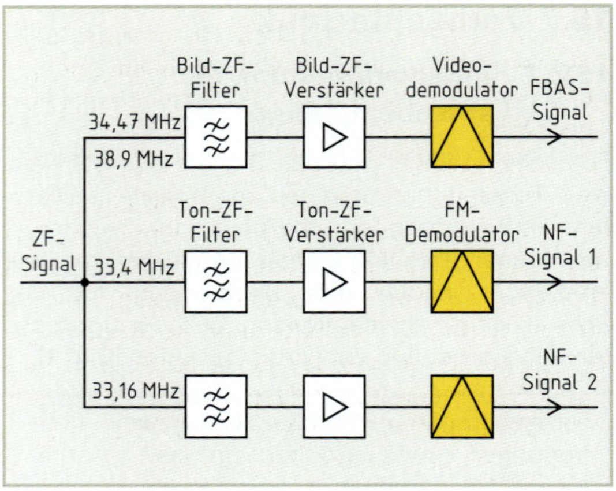

Bild 1: Übersichtsschaltplan zum Paralleltonverfahren

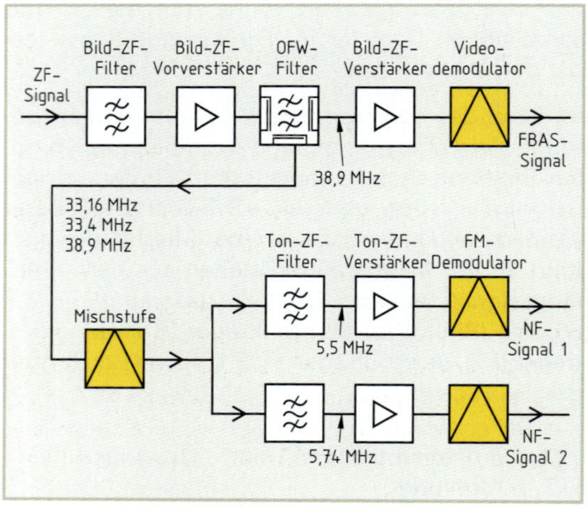

Bild 2: Übersichtsschaltplan zum Quasiparalleltonverfahren

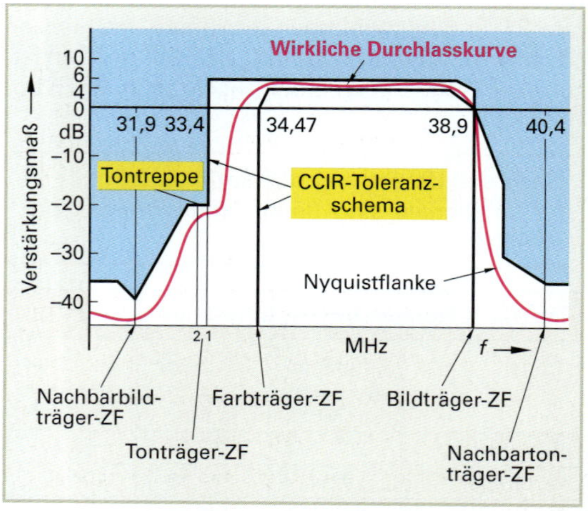

Bild 3: Übertragungskurve und Toleranzschema eines ZF-Verstärkers

Um Kontrastverfälschungen zu vermeiden, werden bildträgernahe Seitenschwingungen des Bildsignals durch die Nyquistflanke gedämpft.

Die Übertragungungskurve des Bild-ZF-Verstärkers wird mit einem Oberflächenwellenfilter (OFW) verwirklicht. Dessen Übertragungsverhalten **(Bild 2)** ist nur von seinen mechanischen Abmessungen abhängig. Deshalb muss es nicht abgeglichen werden und ändert auch nicht durch Alterung seine Eigenschaften. Nachteilig ist aber seine sehr hohe Einfügedämpfung von z.B. 12 dB.

Mit einem Oberflächenwellenfilter kann jede beliebige Übertragungskurve verwirklicht werden.

Im **Videodemodulator** (Bild 3) wird aus den amplitudenmodulierten Bild-ZF-Signalen durch Hüllkurvendemodulation das FBAS-Signal gewonnen. Mithilfe des Zeilenrücklaufimpulses aus der Horizontalablenkung wird zusätzlich im Tastregelverstärker die Regelspannung für den ZF-Verstärker und im Schwellwertregelverstärker die Regelspannung für die verzögerte Regelung (Schwellwertregelung) des Tuners erzeugt. Die von der Empfangsfeldstärke abhängige Amplitudenhöhe der Synchronisierimpulse des FBAS-Signals dient dabei als Istwert. Dazu werden sie aus dem FBAS-Signal vom Zeilenrücklaufimpuls ausgetastet. So entsteht eine vom Bildinhalt des FBAS-Signals unabhängige Regelspannung.

Die getastete Regelung erzeugt eine vom Bildinhalt unabhängige Regelspannung.

Die verzögerte Regelspannung für den Tuner setzt dessen Verstärkung erst herab, wenn aufgrund der Empfangsfeldstärke die Gefahr einer Übersteuerung besteht. Deshalb bleibt das volle Verstärkungsmaß des Tuners bei kleinen Empfangsfeldstärken erhalten.

Wiederholung und Vertiefung

1. **Welche Aufgabe hat der Tuner im Empfänger?**
2. **Beschreiben Sie das Paralleltonverfahren.**
3. **Welche Aufgabe hat die Nyquistflanke?**
4. **Welchen Vorteil hat ein Oberflächenwellenfilter?**
5. **Welchen Vorteil hat die getastete Regelung?**
6. **Weshalb wird der Tuner verzögert geregelt?**

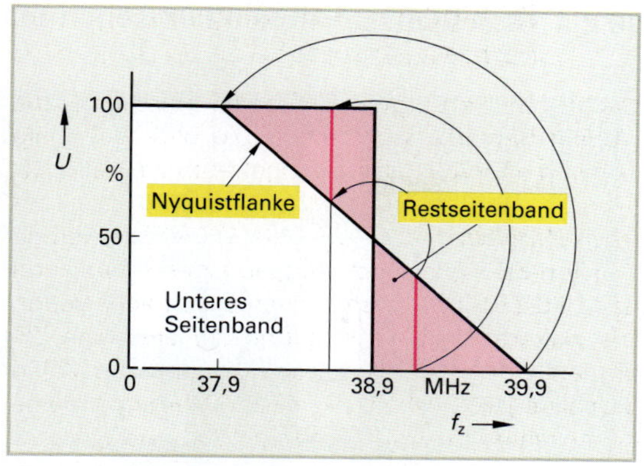

Bild 1: Dämpfung der Seitenschwingungen durch die Nyquistflanke

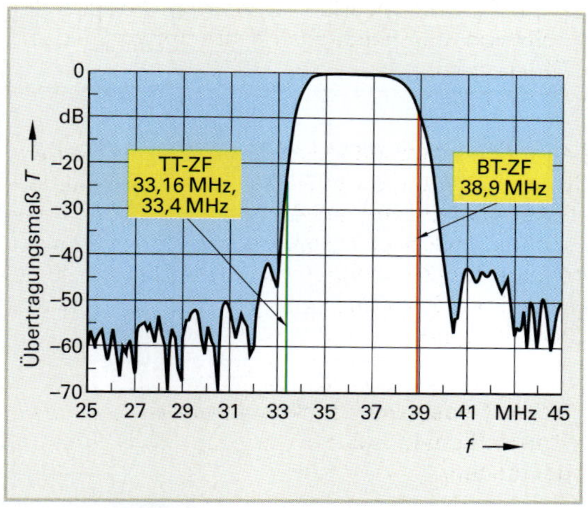

Bild 2: Übertragungskurve eines Oberflächenwellenfilters

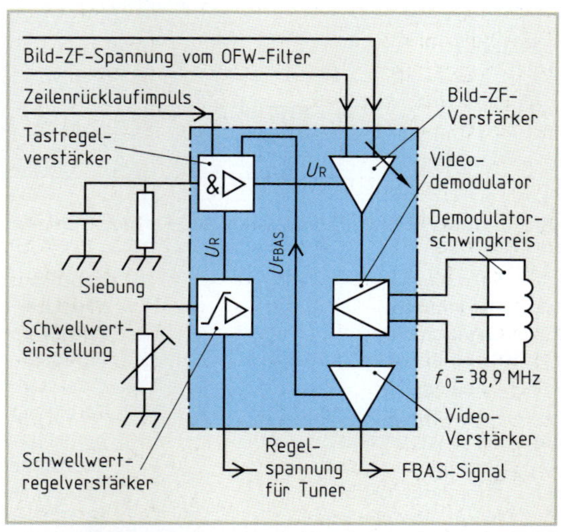

Bild 3: IC mit Bild-ZF-Verstärker, Videodemodulator und Regelverstärker

16.2.3 Übersichtsschaltplan Fernsehempfänger

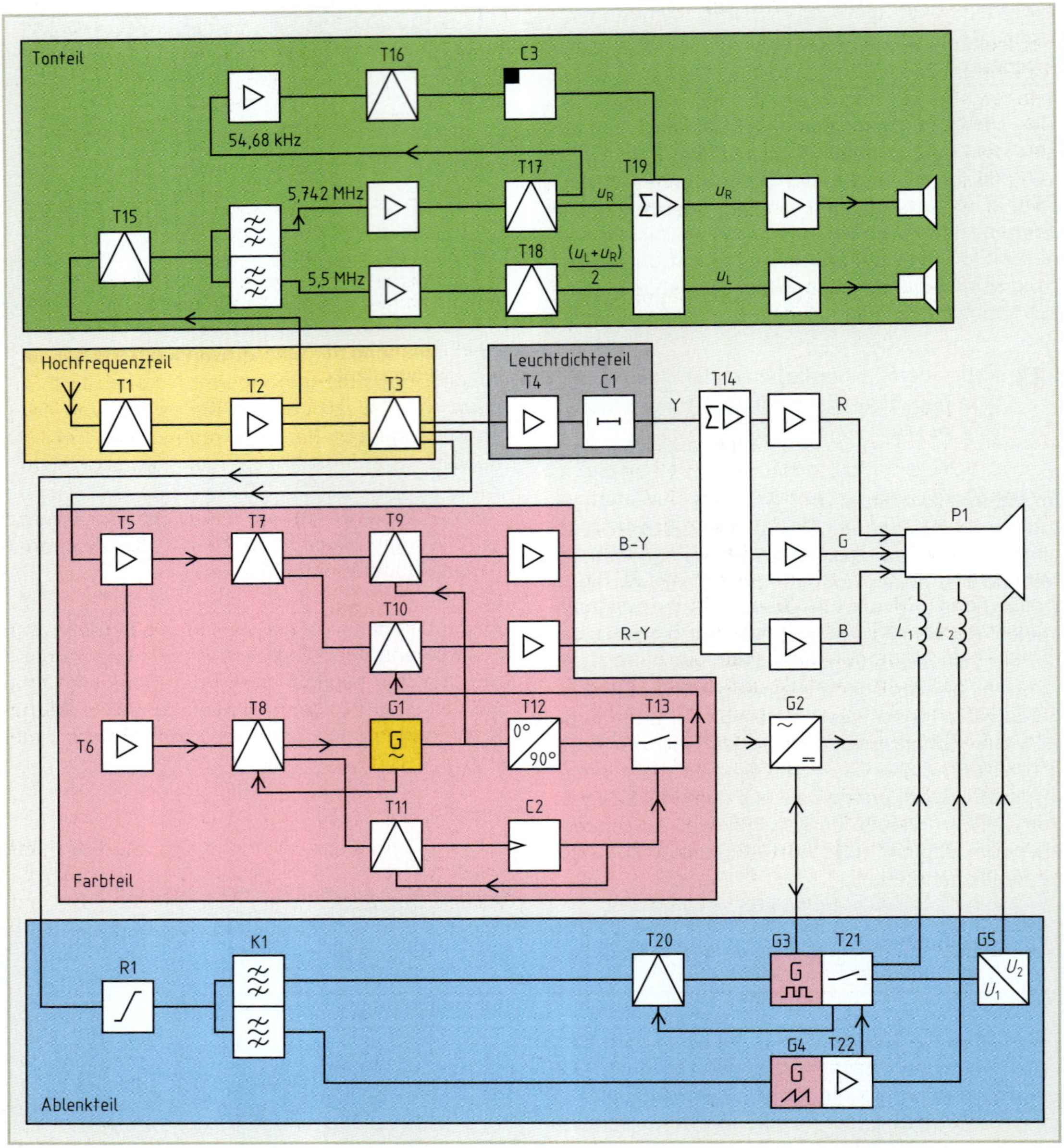

Bild 1: Übersichtsschaltplan eines PAL-Farbfernsehempfängers

C1 Y-Verzögerung
C2 PAL-Flipflop
C3 Logikschaltung
G1 Farbhilfsträger-Oszillator
G2 Schaltnetzteil
G3 Horizontalgenerator
G4 Vertikalgenerator
G5 Hochspannungserzeugung
K1 Impulstrennstufe
L_1 Horizontalablenkspule
L_2 Vertikalablenkspule
P1 Farbbildröhre
R1 Impulsaustaststufe
T1 VHF/UHF-Tuner
T2 Bild-ZF-Verstärker
T3 Videodemodulator
T4 Y-Verstärker
T5 Farbartsignalverstärker
T6 getasteter Burstverstärker
T7 Laufzeitdecoder
T8 Phasendiskriminator
T9 (B–Y)-Synchrondemodulator
T10 (R–Y)-Synchrondemodulator
T11 PAL-Identifikationsstufe
T12 Phasenschieber
T13 PAL-Schalter
T14 RGB-Matrix
T15 Mischstufe
T16 AM-Demodulator
T17 Diskriminator
T18 Diskriminator
T19 Matrix
T20 Phasenvergleicher
T21 Horizontalendstufe
T22 Vertikalendstufe

16.2.4 Tonsignalverarbeitung im Fernsehempfänger

Fernsehempfangsgeräte sind meist für Zweikanal-Tonübertragungen ausgerüstet. So ist die Tonwiedergabe im Monobetrieb, im Stereobetrieb oder im Zweitonbetrieb möglich. Dabei können bei der Zweitonübertragung gleichzeitig zwei unterschiedliche Informationen, z. B. Filmvertonungen in zwei verschiedenen Sprachen, übertragen werden.

Bei Zweitonbetrieb können gleichzeitig zwei unterschiedliche Toninformationen übertragen werden.

Im Tonteil **(Bild 1)** werden die beiden Ton-ZF-Spannungen nach dem Quasiparalleltonverfahren gewonnen. Die Übertragungskurve des Oberflächenwellenfilters ist so ausgebildet, dass die Bildträger-ZF-Spannung und die beiden Tonträger-ZF-Spannungen übertragen werden **(Bild 2).** Über den Ausgang 2 des OFW-Filters gelangt das ZF-Signal an die Ton-ZF-Mischstufe (Bild 1). In ihr entstehen dann die beiden Ton-ZF-Signale mit 5,5 MHz und 5,742 MHz. Sie werden durch Filter getrennt, in den Ton-ZF-Verstärkern verstärkt und anschließend demoduliert. Bei Stereoübertragung steht nach dem Demodulator im Kanal 1 das Signal $(u_L + u_R)/2$ und nach dem Demodulator im Kanal 2 das Signal u_R für die Weiterverarbeitung zur Verfügung. Im Zweitonbetrieb entstehen die Signale NF1 und NF2. Zusätzlich wird je nach Betriebsart das mitübertragene Pilotträgersignal aus dem demodulierten Signal vom Kanal 2 herausgefiltert. Anschließend werden im AM-Demodulator die enthaltenen Kennsignale für die entsprechende Betriebsart der Tonsignalübertragungen gewonnen. Das Kennsignal für Stereoübertragungen hat dabei eine Frequenz von 117,5 Hz und das Kennsignal von Zweitonübertragungen hat eine Frequenz von 274,1 Hz. Monoübertragungen weisen kein Kennsignal auf.

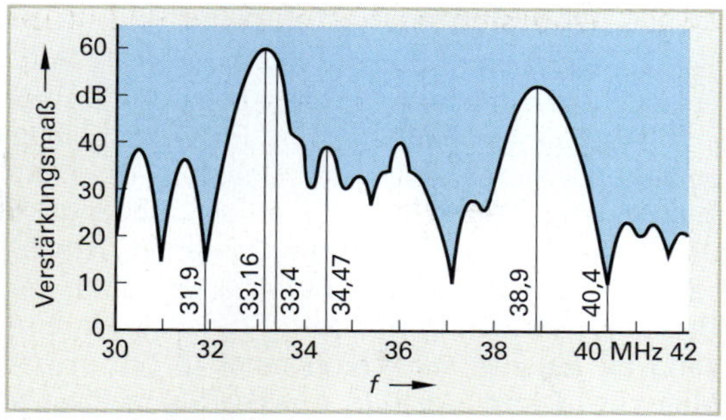

Bild 2: Übertragungskurve des ZF-Verstärkers mit Oberflächenwellenfilter (Ausgang 2)

Kennsignale für Stereoübertragungen haben eine Frequenz von 117,5 Hz und für Zweitonübertragungen von 274,1 Hz.

Die gewonnenen Kennsignale für die Betriebsarten steuern dann über die Schaltspannungserzeugung und über die Logikschaltung die Matrixschaltung und die LED-Anzeige entsprechend an. Bei Monoübertragungen gelangen auf beide NF-Kanäle dieselben NF-Signale.

Decoder für Zweikanalbetrieb

Über die Betriebsartschalter S1 und S2 **(Bild 1, folgende Seite)** kann man sich bei Stereoempfang für Stereowiedergabe oder Monowiedergabe entscheiden und bei Zweikanaltonübertragung für die Informationen NF1 oder NF2.

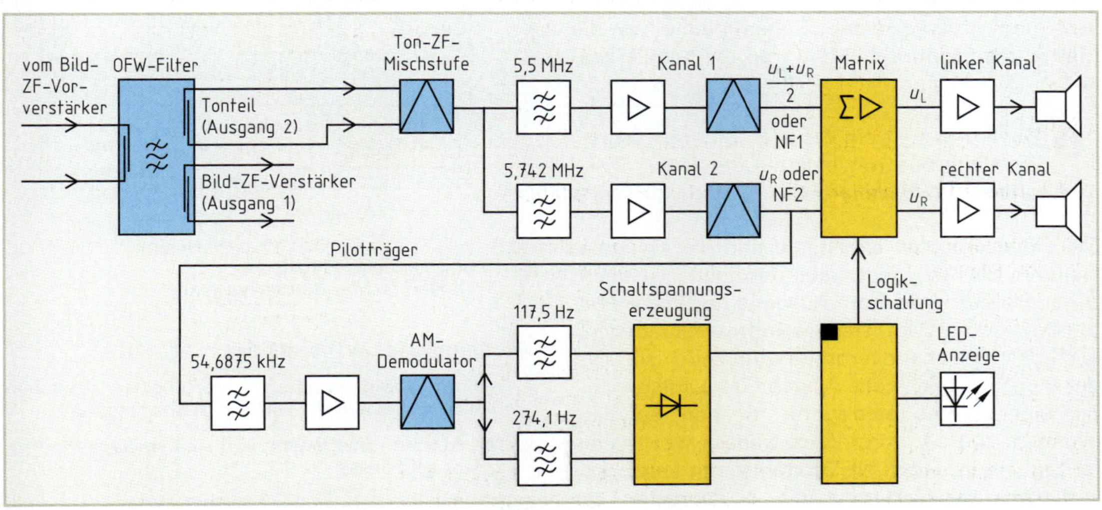

Bild 1: Übersichtsschaltplan eines Tonteils im Fernsehempfänger

Zweikanalton-Prozessor

Der *Zweikanalton-Prozessor* mit serieller I²C-Bus-Schnittstelle eignet sich für mikrocomputergesteuerte Empfänger **(Bild 2)**. Vom FM-Demodulator gelangt bei Stereobetrieb das Signal $(u_L + u_R)/2$ an den Eingang E1, das Signal u_R an den Eingang E2. Das Signal $(u_L + u_R)/2$ wird vom Operationsverstärker um 6 dB, also um den Faktor 2, verstärkt. Der Operationsverstärker mit dem Signal u_R am Eingang E2 hat das Verstärkungsmaß 0 dB. In der Matrix wird vom Signal $u_L + u_R$ das Signal u_R subtrahiert und dabei entsteht das Signal u_L. Über den Ausgangsschalter gelangt dann das Signal u_L an den Ausgang A1 und das Signal u_R an den Ausgang A2. Bei Zweitonbetrieb gelangt das Signal NF1 an den Eingang E1 und das Signal NF2 an den Eingang E2. Der Ausgangsschalter kann so programmiert werden, dass an beiden Ausgängen das Signal NF1, an beiden Ausgängen das Signal NF2 oder an Ausgang A1 das Signal NF1 und an Ausgang A2 das Signal NF2 liegt.

Die Betriebsartenkennung erfolgt dadurch, dass der Pilotträger vom Eingang E2 ausgesiebt, verstärkt und demoduliert wird. Das Ausgangssignal des AM-Demodulators wird mithilfe von zwei aktiven Filtern je nach Frequenz des Kennsignals an einen der beiden Eingänge der Auswerteschaltung geführt. Diese Auswerteschaltung sendet ein entsprechendes Statussignal je nach Betriebsart über die Steuerschaltung an die Matrix und den Ausgangsschalter.

Der Zweikanalton-Prozessor wird über einen I²C-Bus angesteuert.

Die Kennsignale für Stereobetrieb oder Zweitonbetrieb werden über den I²C-Bus (Abschnitt 14.5.1) an den Mikrocomputer gegeben, der diese Signale liest und entsprechende Steuerbefehle an die Matrix, die Stummschaltung und die Kanäle sendet.

Der I²C-Bus ist ein serieller, bidirektionaler Zweileiterbus mit einem Datenleiter *SDA* und einem Taktleiter *SCL*.

Die Einstellung der Lautstärke und die Klangeinstellung der Tonwiedergabe erfolgen in einem Audioprozessor, der dem Ausgang des Zweikanalton-Prozessors folgt. Der Audioprozessor bewirkt auch eine Basisbandverbreiterung. Durch sie wird der meist räumlich nahe Abstand der Lautsprecher bei einer Stereoübertragung für den Benutzer akustisch spürbar vergrößert. Danach werden die NF-Signale in einem NF-Verstärker mit Leistungsendstufen verstärkt und die Lautsprecher zur Schallwiedergabe angesteuert.

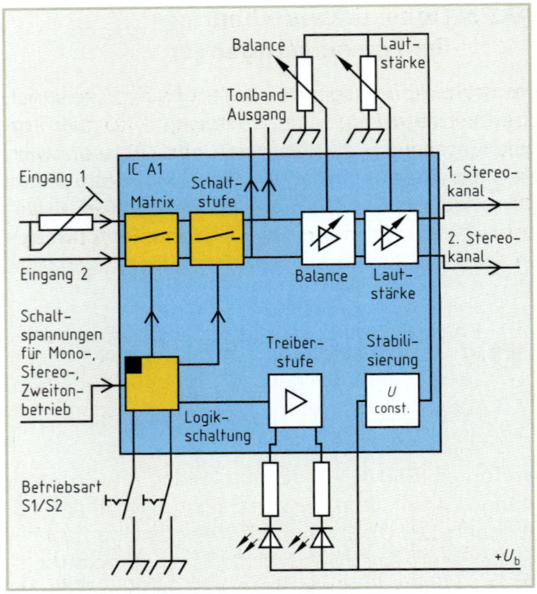

Bild 1: Decoder für Zweikanalbetrieb

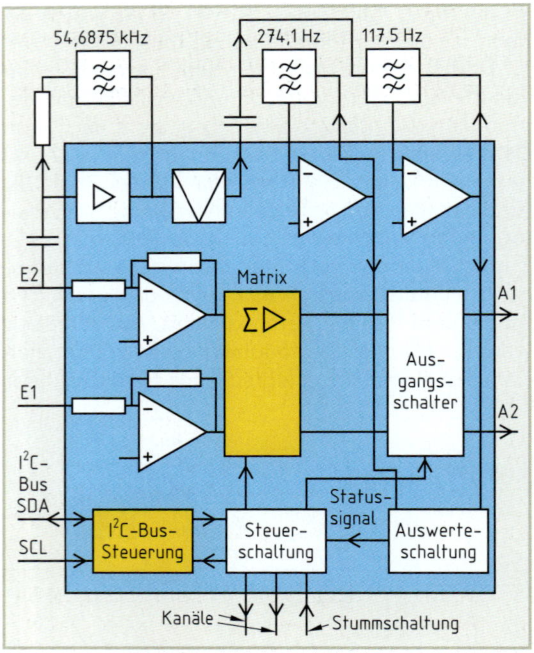

Bild 2: Zweikanalton-Prozessor (vereinfachter Blockschaltplan)

Wiederholung und Vertiefung

1. **Welche Kennfrequenzen unterscheiden zwischen den Betriebsarten der Fernsehtonübertragung?**
2. **Mit welchem Bussystem wird ein Zweikanalton-Prozessor gesteuert?**
3. **Weshalb verwendet man bei der Fernsehtonverarbeitung Schaltungen für die Basisbandverbreiterung?**

16.2.5 Dolby-Surround im Fernsehempfänger

Bei der Stereofonie mit je einem Lautsprecher für das Linkssignal und das Rechtssignal gibt es vor dem Fernsehempfänger nur eine Stelle, an welcher der Stereoeffekt voll hörbar ist. Das Dolby-Surround-System (to surround = umgeben) verbessert auch für andere Hörpositionen den Stereoeindruck.

Bei Dolby-Surround gibt es vier Tonkanäle, den linken Stereokanal L, den rechten Stereokanal R, den monofonen Surroundkanal S (Umgebungskanal) und den monofonen Centerkanal C (Mittenkanal).

Senderseitig werden diese Kanäle von einem Codierer so verschlüsselt, dass sie wie normale Stereosignale übertragen werden können **(Bild 1).** Vier entsprechend angeordnete Mikrofone erzeugen die Signale für die vier Tonkanäle. Der Pegel des Surroundsignals u_S und des Centersignals u_C wird um 3 dB abgesenkt. Anschließend wird das Surroundsignal durch einen Bandpass auf den Frequenzbereich von 100 Hz bis 7 kHz begrenzt. Nach einem Dolby-B-Rauschunterdrückungssystem wird das Signal mit einer Phasenverschiebung von +90° auf den linken Stereokanal und mit einer Phasenverschiebung von −90° auf den rechten Stereokanal geführt.

Im Fernsehempfänger benötigt man einen Dolby-Pro-Logic-Decoder, damit nach dem Stereodecoder das gesamte linke Stereosignal und das gesamte rechte Stereosignal wieder in die vier Tonsignale zerlegt wird **(Bild 2).**

Im Dolby-Pro-Logic-Decoder werden das Centersignal und das Surroundsignal zurückgewonnen.

Das gesamte linke Stereosignal dient als Signal für den linken Lautsprecher, das gesamte rechte Stereosignal als Signal für den rechten Lautsprecher. Das Centersignal entsteht durch Addition der beiden Gesamtsignale. Ein besonders großes Centersignal entsteht immer dann, wenn die beiden Gesamtsignale bei gleicher Phasenlage große Amplituden besitzen. Das Centersignal ist deshalb monofon. Das Surroundsignal wird durch Subtraktion der beiden Gesamtsignale gebildet. In jedem Tonkanal befindet sich ein spannungsgesteuerter Verstärker VCA (von Voltage Controlled Amplifier).

Das Dolby-Surround-System verbessert den räumlichen Höreindruck von Stereoübertragungen.

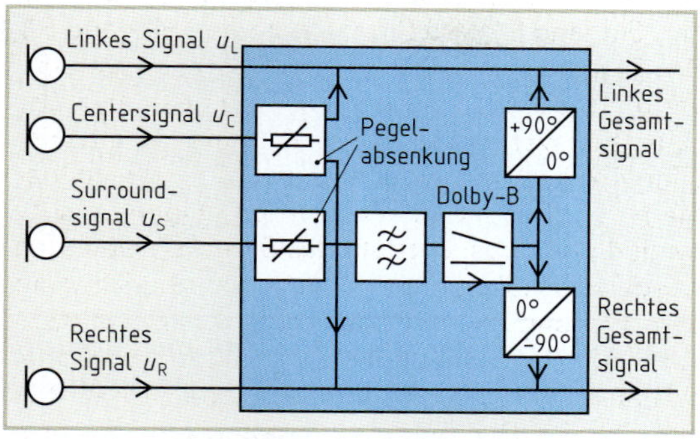

Bild 1: Übersichtsschaltplan Dolby-Surround-Codierer

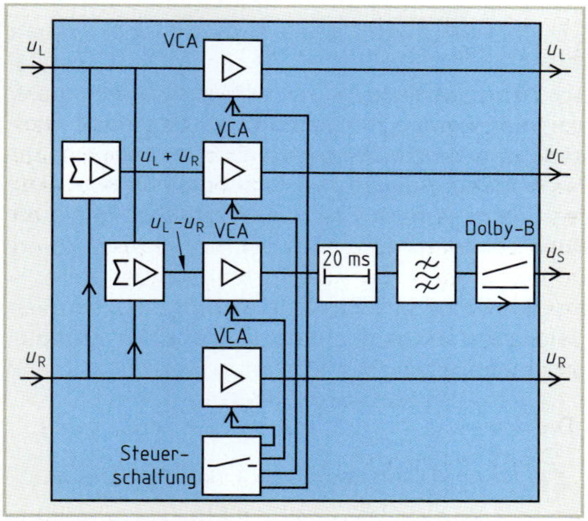

Bild 2: Übersichtsschaltplan Dolby-Pro-Logic-Decoder

Der Dolby-Pro-Logic-Decoder erzielt eine große Übersprechdämpfung zwischen den einzelnen Tonkanälen und eine gute Ortungsmöglichkeit für einzelne Tonereignisse.

Erhält der Dolby-Pro-Logic-Decoder als Eingangssignal zwei normale Stereosignale, so entsteht am Ausgang neben den zwei Stereosignalen das monofone Centersignal. Das fehlende Surroundsignal kann im Decoder durch ein künstlich gebildetes Surroundsignal ersetzt werden.

Wiederholung und Vertiefung

1. **Welchen Vorteil hat das Dolby-Surround-System?**
2. **Welche vier Tonkanäle besitzt das Dolby-Surround-System?**
3. **Wozu dient der Dolby-Pro-Logic-Decoder im Fernsehempfänger?**
4. **Wie wird das Surroundsignal im Dolby-Pro-Logic-Decoder gebildet?**

16.2.6 Analoge Bildsignalverarbeitung

Das *FBAS-Signal* muss zunächst vom Tonträger abgetrennt und in das Chrominanzsignal (Farbartsignal) und in das Luminanzsignal (Y-Signal) aufgetrennt werden. Bei Signaltrennung mithilfe einer Kammfilterschaltung **(Bild 1)** werden Cross-Color-Störungen und Cross-Luminanz-Störungen bei der Bildwiedergabe weitestgehend vermieden. Das gewonnene Farbartsignal wird dann im Farbteil und das Y-Signal im Leuchtdichteteil des Fernsehempfängers weiterverarbeitet (Bild 1, Seite 570).

> Durch Kammfilter werden Cross-Color-Störungen und Cross-Luminanz-Störungen weitestgehend vermieden.

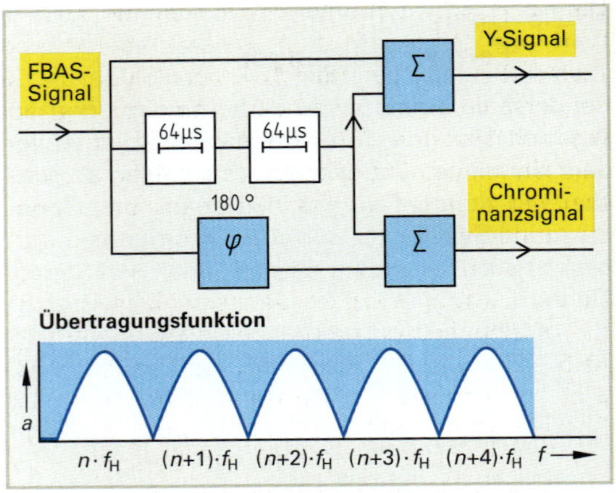

Bild 1: Trennung des FBAS-Signals mittels eines Kammfilters (Übersichtsschaltplan und Übertragungsfunktion)

Im *Farbartsignalverstärker* **(Bild 2)** wird das Farbartsignal verstärkt. Da die Farbsättigung von der Amplitude dieses Signals abhängig ist, muss der Verstärkungsfaktor für den Farbartsignalverstärker geregelt werden, um eine gleich bleibende Farbsättigung für die Bildwiedergabe zu erhalten. Die Regelspannung wird aus dem Burstsignal gewonnen, da es vom Sender mit konstanter Amplitude ausgestrahlt wird.

Im *PAL-Decoder* (PAL-Auftrennstufe) werden aus dem verstärkten Farbartsignal u'_F die amplitudenmodulierten Farbdifferenzsignale $u'_{T(R-Y)}$ und $u'_{T(B-Y)}$ zurückgewonnen **(Bild 3)**.

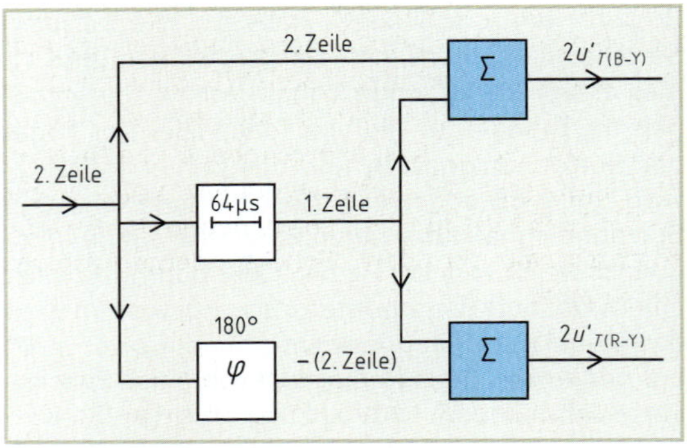

Bild 3: Übersichtsschaltplan eines PAL-Decoders

> Der PAL-Decoder zerlegt das Farbartsignal in seine beiden Komponenten $u'_{T(R-Y)}$ und $u'_{T(B-Y)}$.

Der PAL-Decoder besteht aus einer Verzögerungsstufe mit 64 µs Verzögerungszeit für die Dauer einer Zeile, einem Phasendrehglied und zwei Addierern.

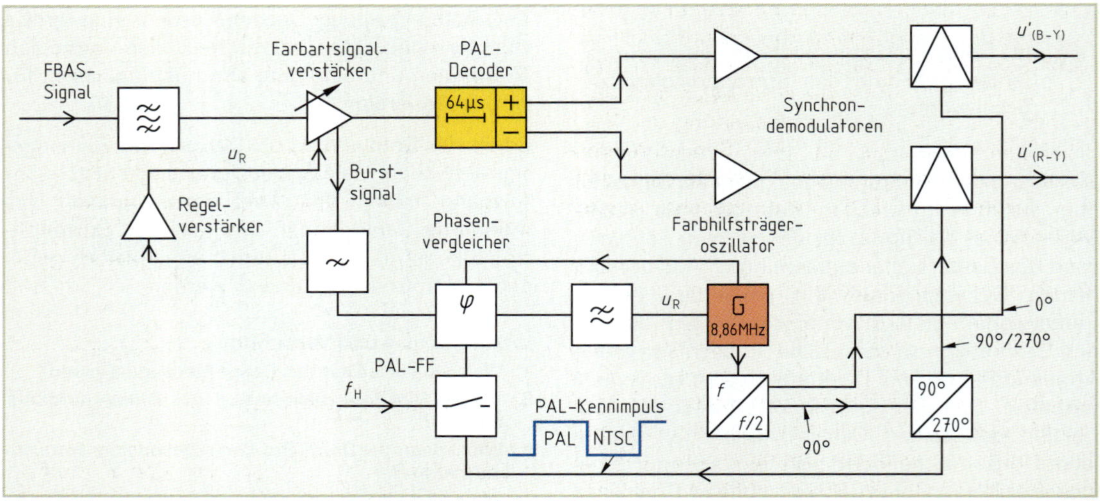

Bild 2: Übersichtsschaltplan Farbsignalverarbeitung

Die am Eingang momentan anliegende Zeile 2 wird mit der verzögerten Zeile 1 addiert und zusätzlich subtrahiert **(Bild 1)**. Da das Signal $u'_{T(R-Y)}$ senderseitig von Zeile zu Zeile in seiner Phasenlage um 180° geändert wird, entstehen so an den Ausgängen des PAL-Decoders die beiden amplitudenmodulierten Farbdifferenzsignale mit doppelter Amplitude.

Da der Farbträger bei der senderseitigen Quadratur-Amplitudenmodulation der Farbdifferenzsignale unterdrückt wurde, muss er frequenzgleich und phasengleich im Fernsehempfänger für die Demodulation der Farbdifferenzsignale zurückgewonnen werden. Dazu wird das Burstsignal im Farbartsignalverstärker aus dem FBAS-Signal herausgetastet und einem Phasenvergleicher zugeführt (Bild 2, vorhergehende Seite). Der Phasenvergleicher erzeugt aus dem Burstsignal und aus der Spannung des Farbhilfsträger-Oszillators eine Regelspannung, die den Farbhilfsträgeroszillator auf eine Frequenz von 8,8672375 MHz einstellt. Durch den nachfolgenden Frequenzteiler werden zwei um 90° phasenverschobene Farbträgerschwingungen mit einer Frequenz von jeweils 4,43361875 MHz für die Demodulation der Farbdifferenzsignale in den Synchrondemodulatoren gewonnen.

Das Burstsignal synchronisiert den Farbhilfsträger-Oszillator im Fernsehempfänger.

Die beiden *Synchrondemodulatoren* (Bild 2, vorhergende Seite) demodulieren mithilfe des synchronisierten Farbhilfsträger-Oszillators die modulierten Farbdifferenzsignale. Durch den Phasenvergleicher und durch den PAL-Schalter (PAL-FF) wird aus dem alternierenden Burstsignal der PAL-Kennimpuls erzeugt. Durch ihn erkennt die Farbsignalverarbeitung, ob momentan eine PAL-Zeile oder eine NTSC-Zeile vorliegt. Der PAL-Kennimpuls bewirkt anschließend die Umschaltung der Farbhilfsträger-Phasenlage für den Synchrondemodulator des modulierten Farbdifferenzsignals $u'_{T(R-Y)}$ von 90° auf 270° und umgekehrt, je nach vorliegender Zeile.

Damit sich die Helligkeitsinformationen und die Farbinformationen auf dem Bildschirm decken, wird das breitbandige Y-Signal gegenüber den schmalbandigeren Farbdifferenzsignalen in einer Schaltung zur Signallaufzeitanpassung entsprechend verzögert. Zusätzlich werden die Anstiegsflanken der Farbdifferenzsignale an die Anstiegsflanken des Y-Signals zeitlich genau angepasst **(Bild 2)**.

1. Zeile $u'_{T(B-Y)} + u'_{T(R-Y)}$
2. Zeile $u'_{T(B-Y)} - u'_{T(R-Y)}$
3. Zeile $u'_{T(B-Y)} + u'_{T(R-Y)}$

Die Addition der Zeilen 1 und 2 ergibt:

1. Zeile	$u'_{T(B-Y)} + u'_{T(R-Y)}$
+ 2. Zeile	$u'_{T(B-Y)} - u'_{T(R-Y)}$
	$2 \cdot u'_{T(B-Y)}$

Die Subtraktion der Zeile 2 von 1 ergibt

1. Zeile	$u'_{T(B-Y)} + u'_{T(R-Y)}$
– 2. Zeile	$-u'_{T(B-Y)} + u'_{T(R-Y)}$
	$2 \cdot u'_{T(R-Y)}$

Die Addition der Zeilen 2 und 3 ergibt:

2. Zeile	$u'_{T(B-Y)} - u'_{T(R-Y)}$
+ 3. Zeile	$u'_{T(B-Y)} + u'_{T(R-Y)}$
	$2 \cdot u'_{T(B-Y)}$

Die Subtraktion der Zeile 3 von 2 ergibt:

2. Zeile	$u'_{T(B-Y)} - u'_{T(R-Y)}$
– 3. Zeile	$-u'_{T(B-Y)} - u'_{T(R-Y)}$
	$-2 \cdot u'_{T(R-Y)}$

Bild 1: Gewinnung der Farbdifferenzsignale im PAL-Decoder

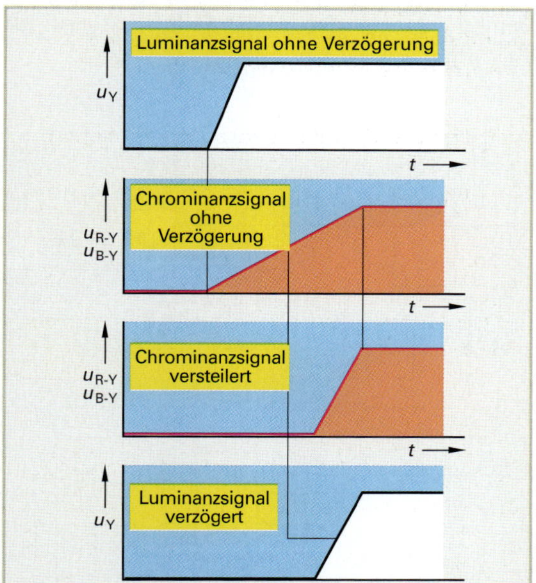

Bild 2: Farbflankenversteilerung

Das Y-Signal muss gegenüber den Farbdifferenzsignalen verzögert werden.

16.2.7 Schaltungstechnik der analogen Bildsignalverarbeitung

Signalverarbeitung im Chromaprozessor

Der *Chromaprozessor* **(Bild 1)** enthält eine Farbnormerkennung für PAL/NTSC und SECAM sowie eine Farbsignalverarbeitung. Die externe Beschaltung besteht im Wesentlichen aus der PAL-Laufzeitleitung, den SECAM-Referenzkreisen, dem Quarz für den internen Farbhilfsträger-Oszillator, den Chromafiltern für PAL und für SECAM sowie dem SECAM-Identifikationskreis.

Das FBAS-Signal wird zunächst im FBAS-Verstärker des Videoprozessors **(Bild 1, folgende Seite)** verstärkt. Danach gelangt es an die Chromafilter des Chromaprozessors (Bild 1). Durch diese Filter und mithilfe der Farbnormerkennung wird das Farbartsignal vom FBAS-Signal getrennt und in seiner Farbnorm erkannt. Das so gewonnene Farbartsignal wird im geregelten Farbartverstärker verstärkt. Bezugsgröße für die Farbregelspannung ist bei PAL die Burstamplitude und bei SECAM die Amplitude des frequenzmodulierten SECAM-Signals. Nach der Burstaustastung erfolgt durch den PAL-Decoder die Auftrennung des Farbartsignals in die amplitudenmodulierten, reduzierten Farbdifferenzsignale $u'_{T(R-Y)}$ und $u'_{T(B-Y)}$. Der PAL-Decoder besteht aus der integrierten PAL-Matrix und der externen 64-µs-Laufzeitschaltung. Anschließend folgt der PAL-Demodulator bzw. der SECAM-Demodulator mit den beiden Referenzkreisen für $u'_{T(R-Y)}$ und $u'_{T(B-Y)}$.

Der Chromaprozessor erkennt die Farbnormen und erzeugt die Farbdifferenzsignale $u_{(R-Y)}$ und $u_{(B-Y)}$.

Der Farbabschalter im Chromaprozessor erkennt Schwarzweiß-Sendungen und verhindert durch Abschalten des Farbartverstärkers ein sichtbares Farbrauschen auf dem Bildschirm. Die demodulierten Farbdifferenzsignale werden dann nach dem Farbabschalter an den Anschlüssen 1 und 3 des Chromaprozessors an den Laufzeitprozessor zur zeitlichen Anpassung an das Y-Signal ausgekoppelt.

Signalverarbeitung im Laufzeitprozessor

Die unterschiedlichen Signallaufzeiten im Leuchtdichtekanal und im Farbkanal führen zunächst dazu, dass die Helligkeitsinformation und die dazugehörigen Farbinformationen nicht gleichzeitig auf dem Bildschirm wirken. Dabei ist die Farbinformation gegenüber der Helligkeitsinformation um ca. 600 ns verzögert. Im Laufzeitprozessor **(Bild 2, folgende Seite)** werden diese unterschiedlichen Laufzeiten durch eine entsprechende Verzögerung des Leuchtdichtesignals und durch eine Versteilerung der Farbdifferenzsignalflanken zeitlich angepasst. Diese angepassten Signale werden dann über die Anschlüsse 8, 7 und 12 an den Videoprozessor zur Weiterverarbeitung übertragen (Bild 1, folgende Seite).

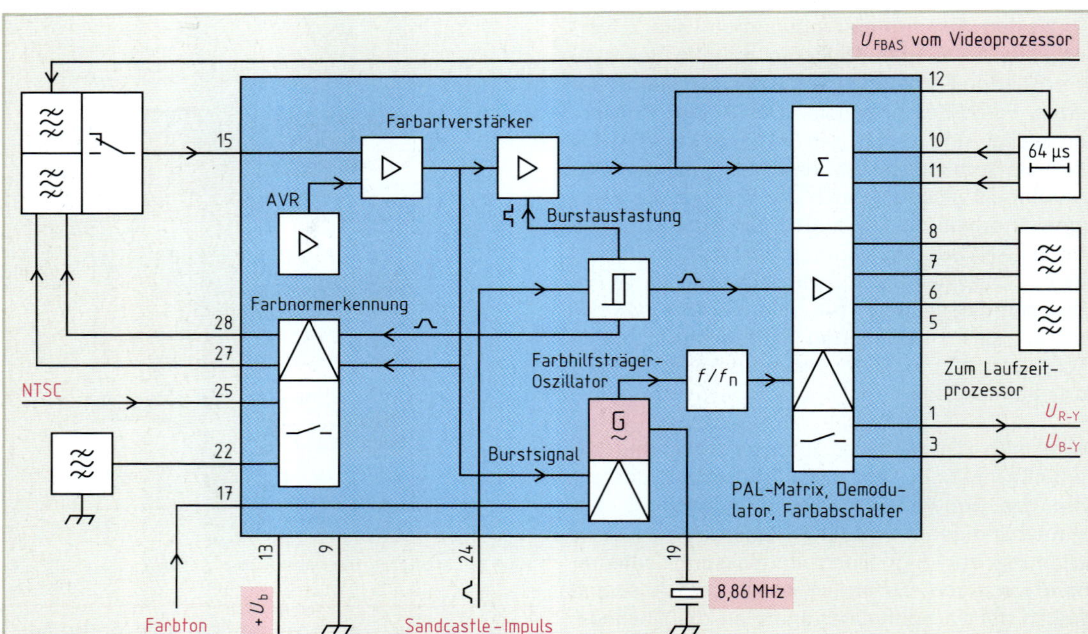

Bild 1: Übersichtsschaltplan eines Chromaprozessors

Durch den Laufzeitprozessor werden die Signalflanken der Farbdifferenzsignale an die Flankensteilheit des Leuchtdichtesignals angepasst.

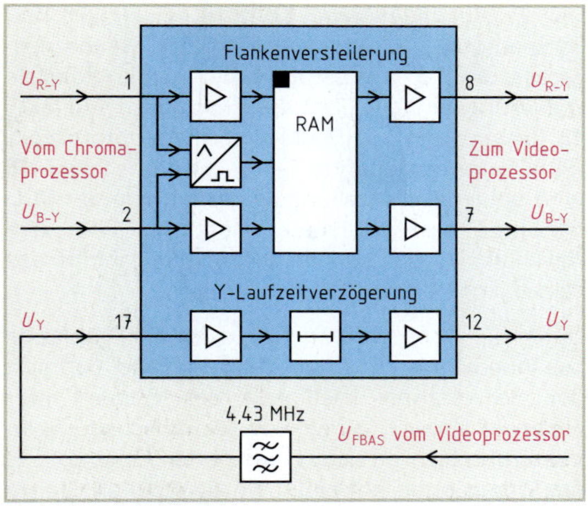

Bild 2: Übersichtsschaltplan eines Laufzeitprozessors

Signalverarbeitung im Videoprozessor

Im Videoprozessor (Bild 1) erfolgen im Wesentlichen die Gewinnung der RGB-Signale, die Einstellungen von Kontrast, Helligkeit und Farbsättigung sowie die Strahlstrombegrenzung für die Farbbildröhre.

Vom Laufzeitprozessor gelangen die Farbdifferenzsignale sowie das Leuchtdichtesignal zunächst an die Umschaltmatrix des Videoprozessors. Sie ermöglicht die Einkopplung von externen RGB-Signalen, z.B. von einem Videorekorder. Um im Videoprozessor für diese RGB-Signale ebenfalls die Einstellung der Helligkeit, des Kontrastes und der Farbsättigung zu ermöglichen, werden sie zunächst in der Matrix in die entsprechenden Farbdifferenzsignale und in das Leuchtdichtesignal umgesetzt. Nach den Einstellern für die Helligkeit, den Kontrast und die Farbsättigung werden die RGB-Signale in der RGB-Matrix gebildet, vorverstärkt und nach dem automatischen Weißabgleich und dem Grauabgleich (Cut-off-Regelung) über die Anschlüsse 24, 27 und 30 den RGB-Endstufen zur Ansteuerung der Farbbildröhre zugeführt.

Im Videoprozessor werden Helligkeit, Kontrast und Farbsättigung eingestellt und danach die RGB-Signale gebildet.

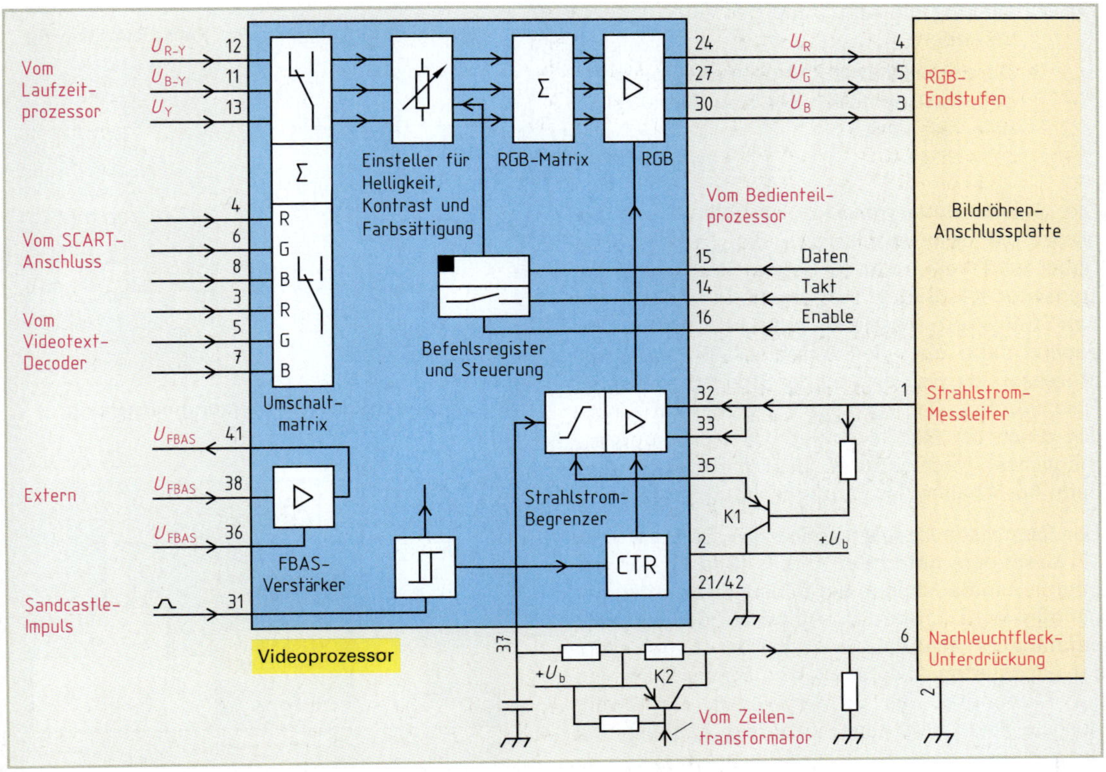

Bild 1: Übersichtsschaltplan eines Videoprozessors

Die Einstellungen von Kontrast, Helligkeit und Farbsättigung erfolgen durch einen Steuerungsprozessor CCU (von Central Control Unit = zentrale Steuerungseinheit) über die Anschlüsse 14 (Takt), 15 (Daten) und 16 (Enable) des Videoprozessors (Bild 1, vorhergehende Seite). Der Anschluss 16 wird bei jeder Einstellungsänderung von der CCU so lange auf Low-Pegel gelegt, bis über den Anschluss 15 das serielle Steuerwort mithilfe des Taktes eingelesen ist.

Durch die *Kontrasteinstellung* wird die Amplitude des Videosignals geändert **(Bild 1)**. Dabei darf sich der Schwarzwert (Helligkeit des Bildes) nicht ändern. Dies wird durch eine Klemmschaltung im Videoprozessor erreicht. Sie hält den Schwarzwert des Videosignals auf einem vorgegebenen Gleichspannungspegel.

Bei der *Helligkeitseinstellung* wird der Schwarzwert des Videosignals entsprechend der gewünschten Bildhelligkeit verändert **(Bild 2)**.

Die *Farbsättigungseinstellung* erfolgt im Videoprozessor durch Amplitudenveränderung der Farbdifferenzsignale **(Bild 3)**.

- Durch die Helligkeitseinstellung wird der Schwarzwert und durch die Kontrasteinstellung die Amplitude des Videosignals verändert.
- Durch die Farbsättigungseinstellung werden die Amplituden der Farbdifferenzsignale verändert.

Die *Strahlstrombegrenzung* kontrolliert und begrenzt die drei Strahlströme der Farbbildröhre. Dabei wird bei einem zu hohen Strahlstrom der Transistor K1 (Bild 1, vorhergehende Seite) über den Strahlstrom-Messleiter leitend geschaltet. Dies bewirkt dann über den Anschluss 35 des Videoprozessors die Begrenzung der Strahlströme in der Farbbildröhre. Der Transistor K2 verhindert zusätzlich durch die Nachleuchtfleck-Unterdrückung ein mögliches Nachleuchten des Farbbildschirmes beim Ausschalten des Farbfernsehempfängers.

Der *Sandcastle-Impuls* (sandcastle = Sandburg) ist ein besonders geformter Impuls **(Bild 4)**, der von integrierten Bausteinen der Bildsignalverarbeitung benötigt wird. Er wird im Ablenkteil des Fernsehempfängers erzeugt. Sein größter Pegel dient zur verzögerten Austastung des Burstsignals und zur Klemmung des Schwarzwertes. Der zweithöchste Pegel wird zur Horizontalaustastung und der geringste Pegel zur Vertikalaustastung verwendet.

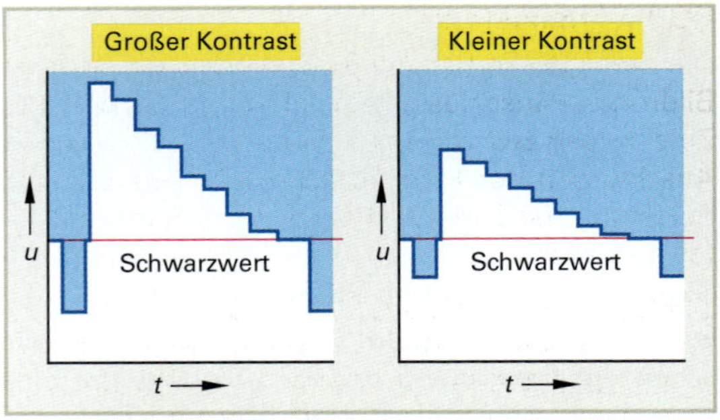

Bild 1: Signale bei der Kontrasteinstellung

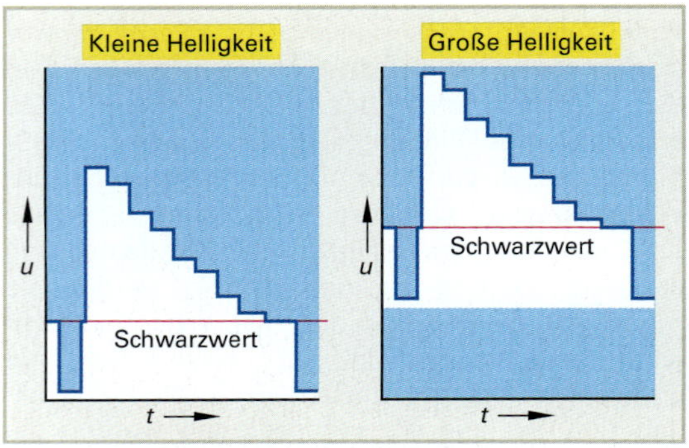

Bild 2: Signale bei der Helligkeitseinstellung

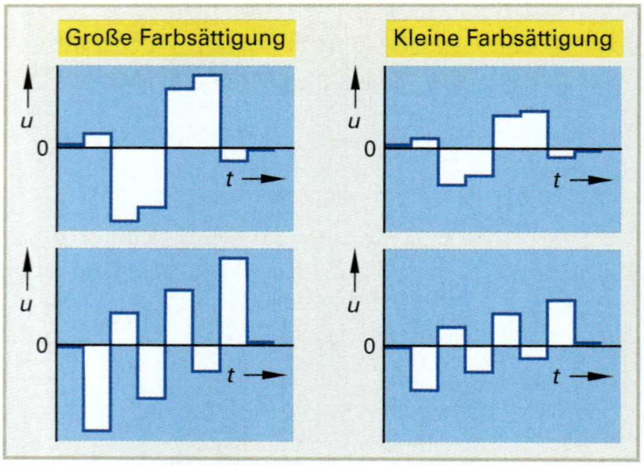

Bild 3: Signale bei der Farbsättigungseinstellung

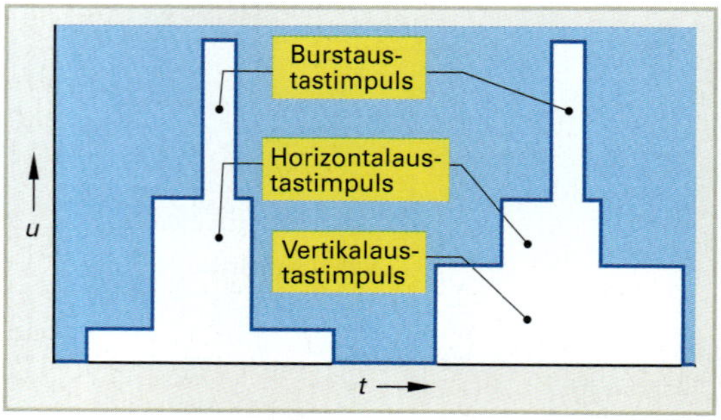

Bild 4: Sandcastle-Impuls

RGB-Farbendstufen

Die drei RGB-Farbendstufen befinden sich auf der Bildröhren-Anschlussplatte. Dadurch sind die Zuleitungen zwischen den Farbendstufen und den Anschlüssen der Farbbildröhre sehr kurz und die Belastung der Endstufen durch die Schaltkapazitäten C_S gering.

Die Farbendstufe für z. B. Rot **(Bild 1)** verstärkt das Rot-Signal bei mittlerem Kontrast und mittlerer Helligkeit mit V_u = 25. Weiter sorgt sie für eine schnelle Umladung der Schaltkapazität C_S und erzielt so scharfe Konturen bei der Bildwiedergabe. Der Transistor K4 dient allen drei Farbendstufen als gemeinsamer Emitterwiderstand und stabilisiert so deren Arbeitspunkte. Außerdem unterbricht er beim Ansprechen der Nachleuchtfleck-Unterdrückung die drei Strahlströme der Farbbildröhre.

Cut-off-Regelung

Damit die Farbbildröhre ein farbstichfreies Schwarzweißbild liefert, müssen die Steuerspannungen der drei Strahlsysteme durch die Cut-off-Regelung (to cut off = abschneiden) gegeneinander abgeglichen werden. Während des vertikalen Austastimpulses erzeugt der Videoprozessor (Bild 1, Seite 577) entsprechende Messimpulse, die er über die Anschlüsse 24, 27 und 30 an die RGB-Endstufen ausgibt. Danach werden die drei Strahlströme der Farbbildröhre von den Cut-off-Messtransistoren gemessen, als Istwert an die Cut-off-Regelung im Videoprozessor ausgegeben und zum automatischen Weißabgleich und Grauabgleich verwendet. Der Strahlstrom für das Rotsystem der Bildröhre wird vom Cut-off-Transistor K3 gemessen (Bild 1).

> Die Cut-off-Regelung regelt Verschleißerscheinungen der Farbbildröhre aus.

Ein Bildröhrenverschleiß macht sich erst bemerkbar, wenn ein Nachregeln der Arbeitspunkte keinen Erfolg mehr bringt.

Wiederholung und Vertiefung

1. **Weshalb werden das Farbartsignal und das Y-Signal durch Kammfilter getrennt?**
2. **Aus welchem Signal wird die Regelspannung für den Farbartsignalverstärker gewonnen?**
3. **Welche Aufgabe hat der PAL-Decoder?**
4. **Welches Signal synchronisiert den Farbhilfsträgeroszillator?**
5. **Was bewirkt der Laufzeitprozessor?**
6. **Welche Aufgaben hat der Chromaprozessor?**
7. **Weshalb muss das Y-Signal verzögert werden?**
8. **In welcher Baugruppe werden Helligkeit und Kontrast eingestellt?**
9. **Was bewirkt die Cut-off-Regelung?**

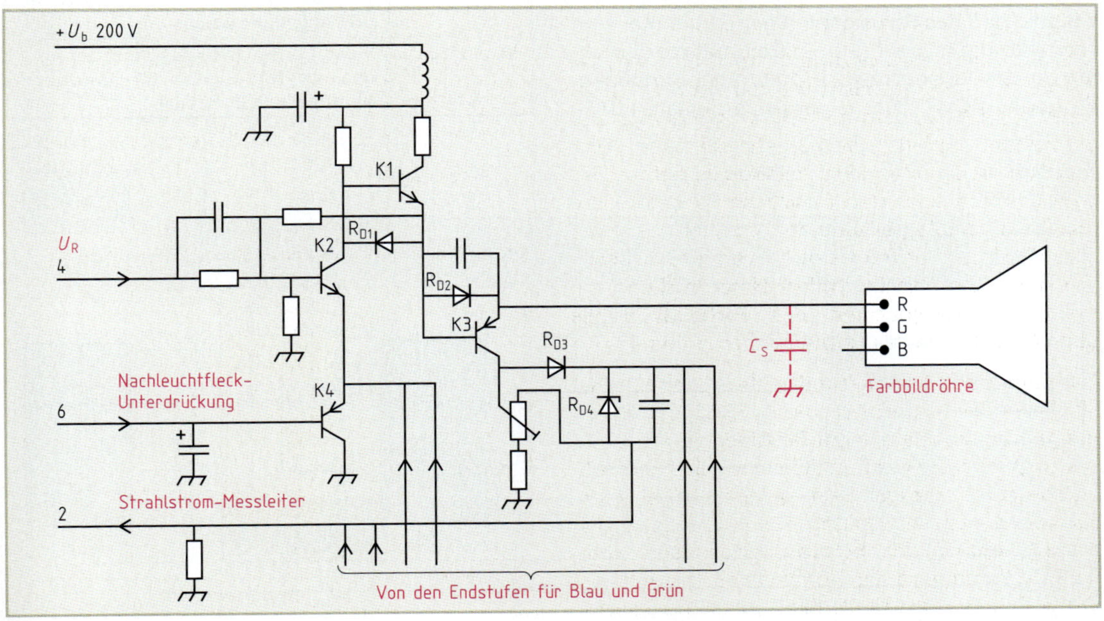

Bild 1: Farbendstufe für Rot

16.2.8 Schaltungstechnik der digitalen Bildsignalverarbeitung

Fernsehempfängersteuerung

Die Signalverarbeitung in modernen Fernsehempfängern erfolgt durch Prozessoren (= processors, **Tabelle 1**).

In modernen Fernsehgeräten erfolgt die Signalverarbeitung durch Prozessoren.

Ihre Zusammenarbeit wird von einem Mikrocontroller mithilfe entsprechender Software über Bussysteme verwaltet und gesteuert. Dadurch hat der Hersteller von Fernsehgeräten die Möglichkeit, sein Produkt durch intelligentere Software zu verbessern. Die Serviceeinstellungen sowie die Einstellungen durch den Benutzer (OSD von On Screen Display = Bildschirmanzeige) erfolgen menügesteuert über den Bildschirm mithilfe der Fernbedienung.

OSD von On Screen Display = Menüanzeige auf dem Bildschirm für Benutzer- und Service-Einstellungen.

Digitalisieren der analogen Bildsignale

Das analoge FBAS-Signal gelangt vom Videodemodulator an die Video-Codec-Unit *VCU* (**Bild 1**). Dort wird es verstärkt, seine Schwarzschulter geklemmt und anschließend in 7-Bit-Worte im Gray-Code umgesetzt. Danach wird es an den digitalen Videoprozessor *ACVP* übertragen. Bei S-VHS-Signalen von einem Videorekorder werden das Y-Signal und das Farbsignal in getrennten Kanälen verstärkt, digitalisiert und im Zeitmultiplexverfahren an den Videoprozessor übertragen. Im Videoprozessor *ACVP* (Bild 1) wird das digitale FBAS-

Tabelle 1: Fernsehempfänger-ICs

IC-Baustein	Funktion
ACVP 2205	Adaptive Combfilter and Video-Processor = digitaler Videoprozessor mit Kammfilter
APU 2471T	Audio-Processor-Unit = digitaler Ton-Prozessor
CCU 3000	Central-Control-Unit = zentraler Steuerungsprozessor
DDP 3315C	Display- and Deflection-Processor = Anzeige- und Ablenkprozessor
DPU 2553	Deflection-Processor-Unit = digitaler Ablenkprozessor
DTI 2250	Digital-Transient-Improvement-Processor = Prozessor zur Flankenversteilerung digitaler Farbsignale und zur Signalkompression für 16:9-Farbbildröhren
MCU 2600	Multi-Clock-Unit = Taktgenerator für PAL/NTSC/SECAM/D2-MAC
MSP34x5G	Multistandard Sound-Processors = Ton-Prozessoren für alle Standards
SDA 9389	Digital Picture-in-Picture-Processor (PIP) = digitaler Bild-im-Bild-Prozessor
SDA6000	Teletext-Decoder with 16-Bit-Controller = Bildschirmtext-Decoder mit 16-Bit-Microcontroller
TPU 2735	Teletext-Processor-Unit = Prozessor zur Verarbeitung und Anzeige
VCT 49771	Single-Chip-Multistandard-TV-Processor = Prozessor zur Verarbeitung aller 50/60-Hz-Bildsignal- und Tonsignalstandards. Mit Steuerungsprozessor, ZF-Prozessor, Videoprozessor, Audioprozessor, Bildschirmtextprozessor und Ablenkprozessor
VCU 2136	Video-Codec-Unit = AD-Umsetzer für analoge FBAS-Signale, DA-Umsetzer für digitale RGB-Signale

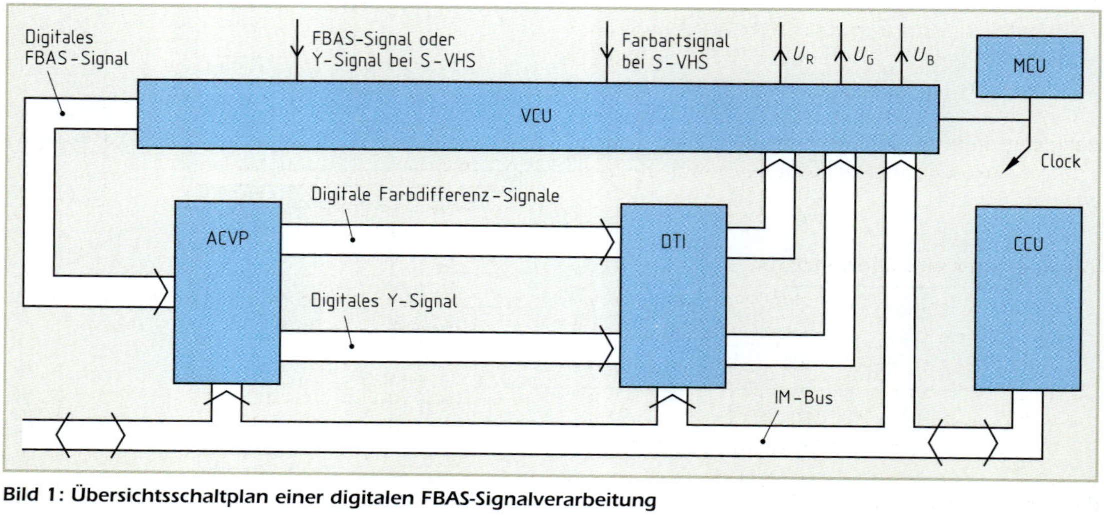

Bild 1: Übersichtsschaltplan einer digitalen FBAS-Signalverarbeitung

Signal in den Dual-Code umgewandelt und mit einem Kammfilter in das digitale Y-Signal und in das digitale Farbartsignal getrennt. Durch das Kammfilter werden zusätzlich Cross-Color- und Cross-Luminanz-Störungen bei PAL-Signalen vermieden.

Durch digitale Bildsignalverarbeitung wird eine qualitativ hohe Bildwiedergabe erreicht.

Danach wird das digitale Y-Signal an die Signallaufzeit des digitalen Farbartsignals angepasst. Nach dem Kontrasteinsteller steht es dann als 8-Bit-Datenwort (Dual-Code) am Y-Ausgabeport des ACVP zur Verfügung.

Das digitale Farbartsignal durchläuft im ACVP einen Chroma-Bandpass, eine Automatic-Color-Control-Schaltung *ACC* (Farbregelung) und den Color-Killer (Farbabschalter). Danach erfolgen die Gewinnung der digitalen Farbdifferenzsignale R–Y und B–Y sowie die Farbkontrasteinstellung. Aufgrund ihrer geringen Bandbreite können die 8-Bit breiten Farbdifferenzsignale in jeweils 4 Bits aufgeteilt und im Multiplexverfahren **(Bild 1)** über den Chroma-Ausgabeport des ACVP zur Weiterverarbeitung ausgegeben werden.

Nach dem ACVP werden im Digital-Transient-Improvement-Prozessor *DTI* (Bild 1, vorhergehende Seite) das breitbandige Y-Signal gegenüber den schmalbandigeren Farbdifferenzsignalen entsprechend verzögert und zusätzlich die Anstiegsflanken der Farbdifferenzsignale an die Anstiegsflanke des Y-Signals zeitlich genau angepasst (Bild 2, Seite 575).

Gewinnung der analogen RGB-Bildsignale

Vom DTI gelangen nun das digitale Y-Signal und die digitalen Farbdifferenzsignale zur VCU **(Bild 2)**. In ihr werden sie in die analogen RGB-Signale U_R, U_G und U_B umgesetzt und nach der Einstellung der Helligkeit an analoge Farbendstufen (Bild 1, Seite 579) zur Ansteuerung der Farbbildröhre ausgekoppelt.

Verarbeitung von Teletextdaten

Die Teletext-Prozessor-Unit *TPU* **(Bild 3)** selektiert und verarbeitet die im digitalen FBAS-Signal der VCU enthaltenen Teletextdaten und legt sie im DRAM-Seitenspeicher ab. Aus diesen Daten erzeugt die TPU anschließend die analogen RGB-Signale zur Darstellung der Teletextdaten auf dem Bildschirm. Zusätzlich erzeugt sie die Zeichen für die Benutzerführung OSD auf dem Bildschirm.

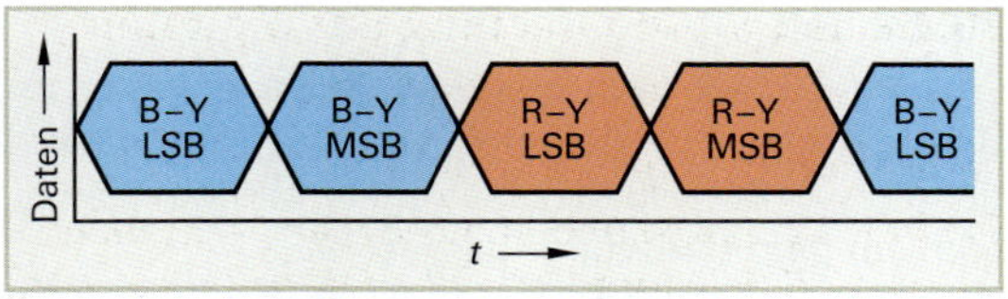

Bild 1: Farbdifferenz-Muliplexdaten

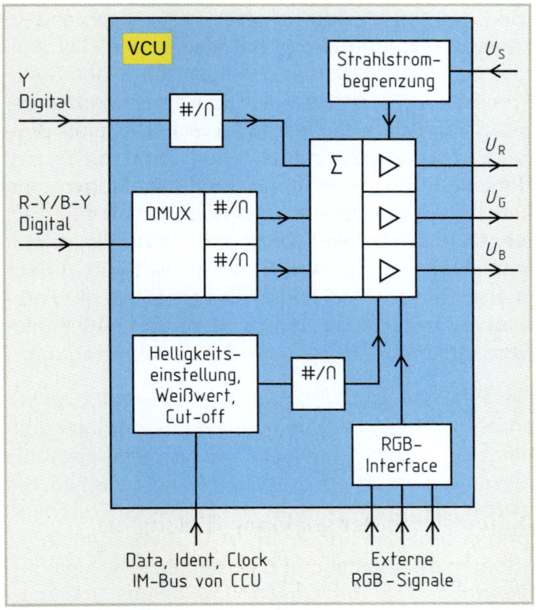

Bild 2: Gewinnung der analogen RGB-Signale in der Video-Codec-Unit VCU

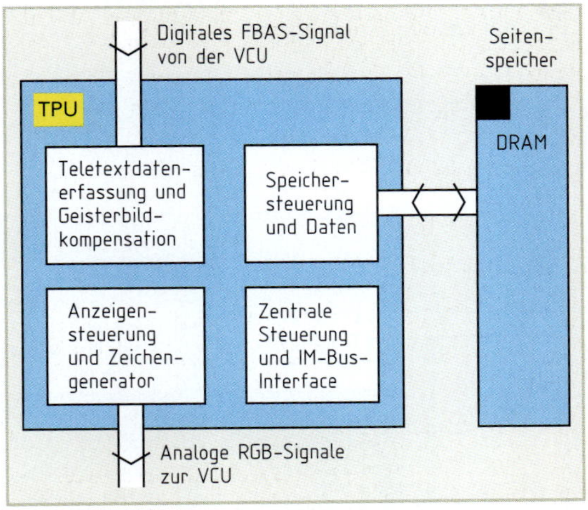

Bild 3: Übersichtsschaltplan einer Teletext-Prozessor-Unit mit Seitenspeicher

Teletextdaten werden auch Videotextdaten genannt. Sie dienen der Darstellung von elektronischen Informationen auf dem Fernsehbildschirm.

PIP-Einheit

Eine PIP-Einheit (von picture in picture = Bild im Bild) erzeugt ein kleineres Vollbild. Dieses wird dann als Einblendbild, zusammen mit dem Hauptbild, auf dem Bildschirm dargestellt.

Das analoge Signal U_{FBAS} für das Einblendbild kann z.B. von einem zusätzlichen PIP-Tuner mit ZF-Teil **(Bild 1)**, einem Videorekorder oder einer Videokamera geliefert werden. Es wird in der VCU digitalisiert und an den nachfolgenden Video-Sync-Processor *VSP* übertragen. Er trennt das digitale FBAS-Signal in das digitale Y-Signal und in die digitalen Farbdifferenzsignale R–Y und B–Y auf. Danach erfolgen in ihm die Einstellungen von Farbsättigung, Farbton und Kontrast für das Einblendbild sowie die Erzeugung von Austastimpulsen für die Synchronisierung der weiteren IC-Bausteine. Der nachfolgende DTI versteilert die Farbflanken und komprimiert für Geräte mit 16:9-Bildformat die Signale bei einer 4:3-Bildübertragung.

Der PIP-Prozessor *PIP* (Bild 1) reduziert die Zeilenanzahl und die Bildpunkteanzahl des Einblendbildes auf 1/9 des Bildschirmformats. Das Ergebnis dieser Reduktion legt er im DRAM als Daten ab. Sie werden dann vom PIP für die Einblendbilddarstellung ausgelesen und an die VCU übertragen. In ihr erfolgen die Einstellung der Helligkeit für das Einblendbild und die Gewinnung seiner analogen RGB-Signale.

PIP (picture in picture) erzeugt im Hauptbild ein kleines Einblendbild.

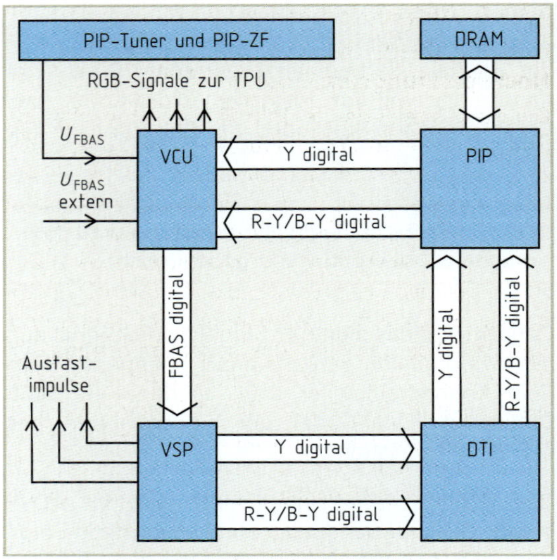

Bild 1: Übersichtsschaltplan einer PIP-Einheit

Deflection-Processor-Unit

Die Deflection-Processor-Unit **(Bild 2)** ist ein digitaler Ablenkprozessor. Er erzeugt die synchronisierten Steuerspannungen für die Endstufen zur Strahlablenkung in der Bildröhre. Von der CCU erhält er die Daten für alle Amplitudeneinstellungen in den Ablenkschaltungen sowie Geometrieeinstellungen für die Bildröhre und nimmt diese auch selbst vor. Zusätzlich steuert er die Bildröhre bei Ausfall der Strahlablenkung dunkel. Dadurch wird verhindert, dass die Elektronenstrahlen die Leuchtschicht der Bildröhre durch Einbrennen beschädigen können.

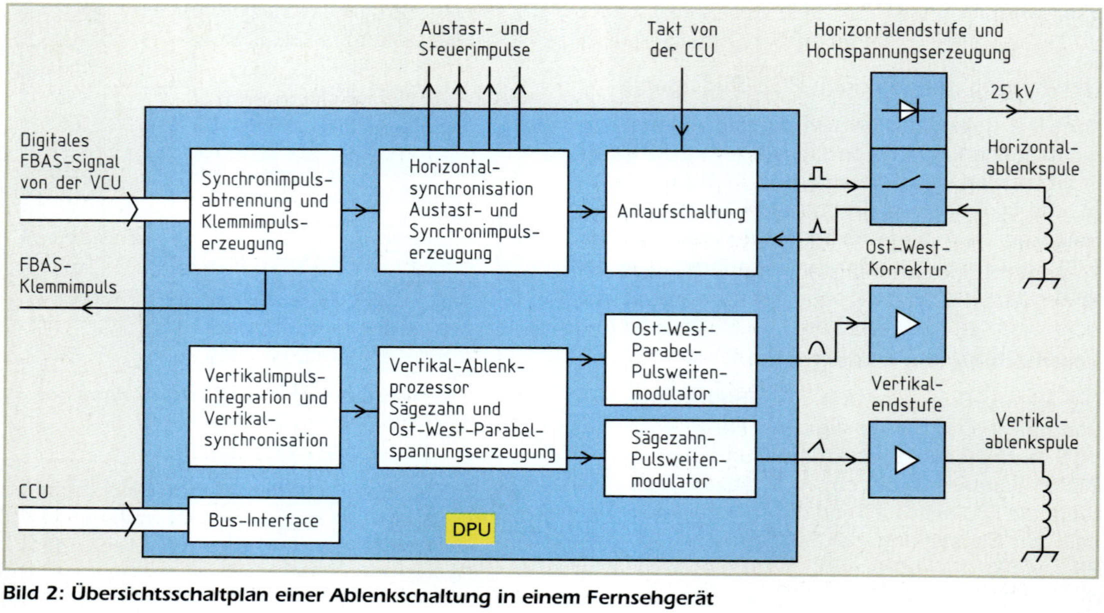

Bild 2: Übersichtsschaltplan einer Ablenkschaltung in einem Fernsehgerät

16.2.9 Ablenkendstufen

Horizontalendstufe und Hochspannungserzeugung

Die Horizontalendstufe **(Bild 1)** besteht im Wesentlichen aus einem umschaltbaren Schwingkreis. Die zeilenfrequenten H-Steuerimpulse aus dem Ablenkprozessor steuern über einen Treibertransistor den horizontalen Endstufentransistor an. Dieser arbeitet als elektronischer Schalter und verändert zu festgelegten Zeitpunkten die Resonanzfrequenz des Schwingkreises. Dadurch entsteht in den horizontalen Ablenkspulen der sägezahnförmige Ablenkstrom. Um die parabelförmigen Kissenverzeichnungen **(Bild 2)** der Bildschirmgeometrie zu kompensieren, wird der Ablenkstrom mithilfe der Ost-West-Parabelkorrekturspannung aus dem Ablenkprozessor entsprechend amplitudenmoduliert.

> Die Frequenz der Ost-West-Parabelkorrekturspannung muss der Bildablenkfrequenz entsprechen (z. B. 50 Hz).

Die Hochspannung für die Bildröhre wird während des schnellen Zeilenrücklaufs erzeugt. Die Zeilenrücklaufimpulse erzeugen in jeder Teilwicklung der Dioden-Splitschaltung (Bild 1) eine Spannung mit einem Spitzenwert von etwa 8,5 kV. Diese Teilspannungen werden durch Hochspannungsdioden gleichgerichtet und durch Reihenschaltung zur 25-kV-Hochspannung addiert. Als Sieb- und Glättungsmittel dienen dabei die Schaltkapazitäten in der Dioden-Splitschaltung.

Vertikalendstufe

Zur Ansteuerung der vertikalen Ablenkspulen **(Bild 3)** dient der IC TDA 8175. Er enthält im Wesentlichen einen geregelten Vorverstärker, einen Operationsverstärker als Stromverstärker für den vertikalen Ablenkstrom und einen Rücklaufgenerator.

Während des langsamen Bildhinlaufs verbindet der Rücklaufgenerator (Bild 3) den Kondensator C mit Masse. Dieser kann sich auf $+U_b$ aufladen. Zum Zeitpunkt des Bildrücklaufs verbindet aber der Generator den Kondensator mit $+U_b$. Dadurch sperrt jetzt die Diode R_D und der Stromverstärker liegt nun an der doppelten Betriebsspannung. Dadurch wird der erhöhte Energiebedarf für die Ablenkung während des vertikalen Bildrücklaufs erreicht.

> Während des vertikalen Bildrücklaufs werden die Elektronenstrahlen schnell vom rechten unteren Bildschirmrand nach links oben geführt. Dafür besteht ein erhöhter Energiebedarf aus der Vertikalendstufe.

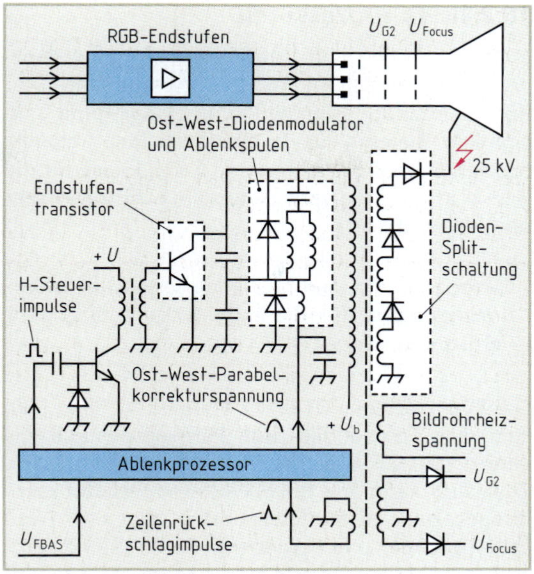

Bild 1: Stromlaufplan einer Horizontalendstufe

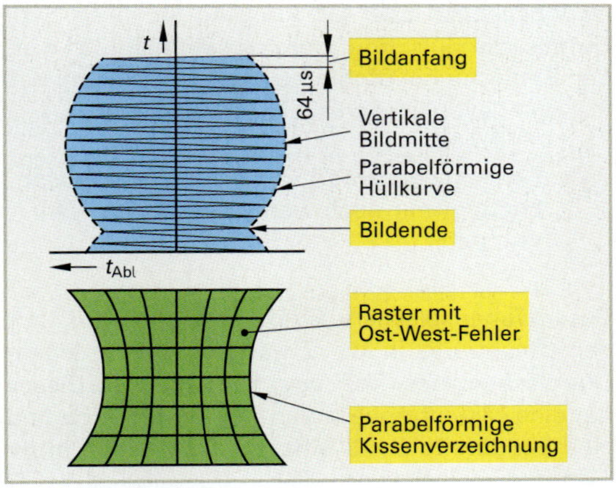

Bild 2: Ost-West-Korrektur

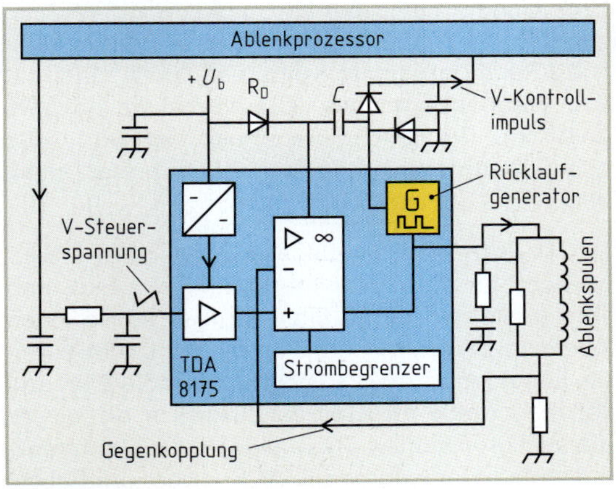

Bild 3: Stromlaufplan einer Vertikalendstufe

16.2.10 TV-Prozessoren

TV-Prozessoren sind hochintegrierte Multifunktionsbausteine (ICs) für die Verarbeitung von Fernsehempfangssignalen und UKW-Rundfunksignalen. Sie enthalten in einem einzigen Chip alle notwendigen Prozessoren und Schaltkreise für die Bild- und Tonsignalverarbeitung in einem Fernsehempfänger **(Bild 1)**.

> TV-Prozessoren sind hochintegrierte Multifunktionsbausteine für die Signalverarbeitung im Fernsehempfänger.

Der TV-Prozessor VCT49771 (Tabelle 1, Seite 580) kann alle Fernsehbild- und Fernsehtonstandards verarbeiten. Er ist ein Multistandard-TV-Prozessor. Zusätzlich kann er z.B. UKW-Stereo-Rundfunksendungen oder RDS-Informationen über den Fernsehempfänger wiedergeben. Durch seine Programmierbarkeit kann man jedem seiner Anschlüsse eine bestimmte Funktion zuweisen. So kann z.B. ein Anschluss als Eingang für ein digitales Videosignal oder als Ausgang für einen Synchronisierimpuls programmiert sein. Dadurch werden den Entflechtungsprobleme bei der Erstellung des Platinen-Layouts weitestgehend vermieden.

> Ein Fernsehgerät mit einem TV-Prozessor benötigt nur noch wenige zusätzliche Baugruppen.

Das im Tuner selektierte Empfangssignal wird nach der Umsetzung in die Zwischenfrequenz einem Oberflächenwellenfilter zugeführt **(Bild 2)**. Dieses hat eine Mittenfrequenz von f_M = 36,125 MHz und eine Bandbreite B = 8 MHz. Es dient lediglich der Nachbarkanalselektion. Die Anpassung der ZF-Übertragungskurve für die Absenkungen des Bildträgers, des Farbträgers und der Tonträger erfogt je nach Übertragungsstandard digital im ZF-Prozessor (Bild 1) mithilfe von Software. Empfangene UKW-Rundfunksignale werden im UKW-Tuner auf die Frequenzlage des Oberflächenwellenfilters gemischt. Die ZF-Übertragungskurve wird aber ebenfalls im anschließenden ZF-Prozessor gebildet.

Der TV-Prozessor enthält alle notwendigen Baugruppen für die Weiterverarbeitung der Bild- und Tonsignale und deren Einstellungen sowie einen Teletextprozessor mit OSD für die Bildschirmanzeige. Er steuert direkt die Endstufen für die Bild- und Tonwiedergabe an (Bild 2). Zusätzlich erzeugt er die synchronisierten Steuersignale für die Ablenkendstufen. Der externe SRAM-Speicher ermöglicht die Abspeicherung von bis zu 1000 Teletextseiten.

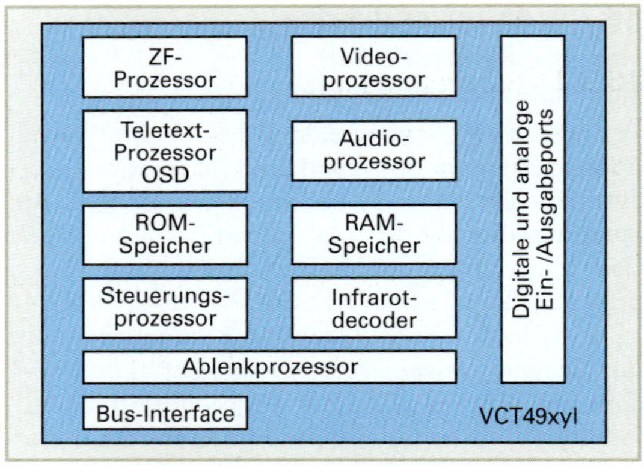

Bild 1: Funktionseinheiten eines TV-Prozessors der Bausteinfamilie VCT 49xyl

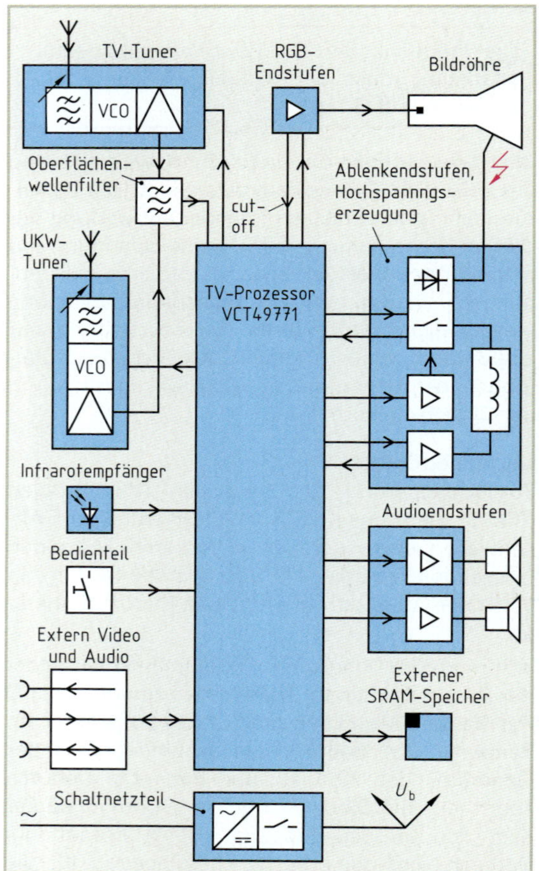

Bild 2: Übersichtsschaltplan eines Fernsehempfängers mit TV-Prozessor

Soll anstatt einer Farbbildröhre ein Flachbildschirm für die Bildwiedergabe angesteuert werden, so ist lediglich ein zusätzlicher Display-and-Scaler-Prozessor, z.B. der DSP 9455B, für die Ansteuerung der Matrix des Flachbildschirms erforderlich.

16.3 Bildaufzeichnung

16.3.1 Videorekorder

Videorekorder dienen zur analogen Aufzeichnung und Wiedergabe der Bild- und Tonsignale von Fernsehprogrammen mithilfe von Magnetbandkassetten **(Tabelle 1)**.

Für die Aufnahme der Bild- und Tonsignale von Fernsehprogrammen besitzt jeder VHS-Videorekorder (von **V**ideo **H**ome **S**ystem = Videosystem für den Heimgebrauch) ein eigenes Empfangsteil. Die Wiedergabe erfolgt über das Fernsehgerät, welches dabei als Monitor arbeitet. Ursprünglich wurde dafür das Signal im Videorekorder mithilfe eines Modulators auf einen Fernsehkanal (z.B. K 36) umgesetzt und dem Fernsehgerät als hochfrequentes Signal zugeführt. Inzwischen hat sich jedoch die Verbindung über die SCART-Buchse durchgesetzt. Sie wird auch als Euro-AV-Buchse (AV von Audiovision) bezeichnet.

Bei VHS erfolgt die Übertragung des Bild- und Tonsignals im Basisband, bei S-VHS findet dagegen beim Bildsignal eine getrennte Übertragung von Luminanz- und Chrominanzsignal statt.

Schrägspurverfahren

Um einen magnetischen Kurzschluss beim Videokopf zu vermeiden, muss die Wellenlänge des aufgezeichneten Signals auf dem Band *(Bandwellenlänge)* mindestens doppelt so groß sein wie die Kopfspaltbreite.

Die kleinste aufzeichenbare Bandwellenlänge ist doppelt so groß wie die Kopfspaltbreite.

Die erforderliche *Bandgeschwindigkeit* nimmt mit der Frequenz und der zugehörigen Bandwellenlänge zu.

Soll die Aufzeichnung eines Videosignals mit einer größten Frequenz von 5 MHz erfolgen, so ist für eine Mindestbandwellenlänge von 0,6 µm bei fest stehendem Videokopf eine Aufzeichnungsgeschwindigkeit von 0,6 µm · 5 MHz = 3m/s erforderlich.

Die Verwendung des Schrägspurverfahrens mit *rotierendem Videokopf* verringert die absolute Bandgeschwindigkeit v_B und somit die benötigte Bandlänge **(Bild 1)**. Die Aufzeichnung erfolgt fast über die gesamte Breite des Videobandes. Die Spurlänge der Schrägspur ist im Wesentlichen von der *Kopftrommelneigung* (Spurwinkel) und dem *Kopftrommeldurchmesser* abhängig.

Die Kopftrommel besteht aus einer fest stehenden Untertrommel und einer rotierenden Obertrommel, in welcher die verschiedenen Video- und Audioköpfe für Aufnahme und Wiedergabe eingebaut sind (Bild 1), und dem rotierenden Übertrager. Dieser sorgt für eine kontaktlose Verbindung zwischen den beiden Trommelteilen.

Tabelle 1: Begriffe aus der Videorekordertechnik

Begiffe	Erklärung
AW	A = Aufnahme, W = Wiedergabe
VHS	Video Home System = Videosystem für den Heimgebrauch
S-VHS	Super-VHS = VHS mit höherer Bildqualität
YC	Y Luminanzsignal, C Chrominanzsignal
NP	Normalplay = einfache Spieldauer
LP	Longplay = doppelte Spieldauer
Assemble-schnitt	Anfügeschnitt (von to assemble = zusammensetzen)
Insert-schnitt	Einfügeschnitt (von to insert = einfügen)

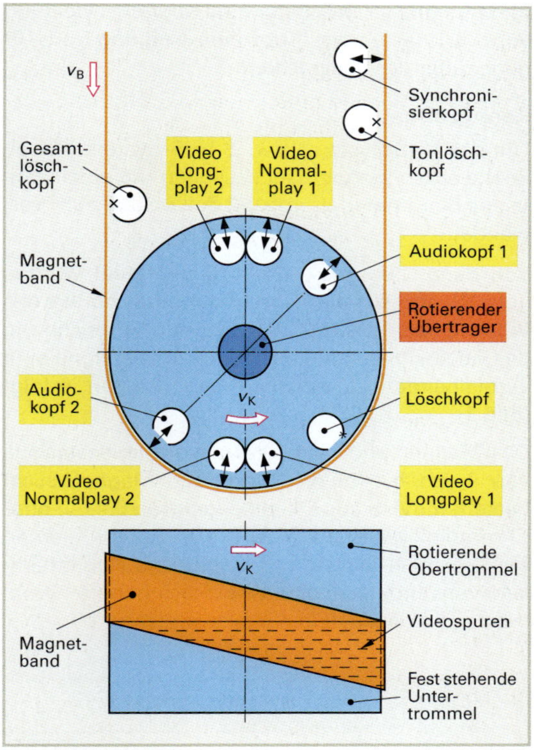

Bild 1: Schrägspurverfahren und Kopftrommel

v Bandgeschwindigkeit f Frequenz λ Bandwellenlänge	$v = \lambda \cdot f$

Die Kopftrommel enthält Videoköpfe (Normalplay und Longplay), Audioköpfe und den Löschkopf.

Kopftrommeldurchmesser und -drehzahl sind so bemessen, dass bei jeder Umdrehung der Kopftrommel auf der Videospur ein Vollbild aufgezeichnet wird. Bei zwei gegenüberliegenden Videoköpfen zeichnet der Videokopf VK 1 das erste Halbbild und der Videokopf VK 2 das zweite Halbbild auf. Bei der Vollbildfrequenz von 25 Hz ist deshalb eine Kopfdrehzahl von 1500/min erforderlich.

Die Videospuren für die Bilder liegen ohne Zwischenräume nebeneinander, was als rasenfreie Aufzeichnung bezeichnet wird. Zur Verringerung des Übersprechens des frequenzmodulierten Luminanzsignals Y erhält der eine Kopf eine Neigung von +6°, der andere Kopf eine Neigung von –6° gegenüber der Senkrechten.

Kenngrößen

Für das VHS-System bzw. S-VHS-System **(Tabelle 1)** werden Magnetbandkassetten mit einer Breite des Bandmaterials von 1/2 Zoll (= 12,7 mm) verwendet.

Von dem 12,7 mm breiten Magnetband werden etwa 11 mm für die Schrägspuraufzeichnung des Videosignals benötigt, während die Aufzeichnung des Audiosignals und der Synchronisiersignale im verbleibenden Bereich auf Längsspuren erfolgt **(Bild 1)**.

Das Magnetband besteht aus einer Polyesterfolie von 9 µm bis 15 µm Dicke. Die Magnetschicht besteht für VHS aus Eisenoxidteilchen (Fe_2O_3) oder Chromdioxidteilchen (CrO_2). Für S-VHS werden Metallpartikel-Bänder mit Eisen- und Kobaltpartikeln verwendet, die eine wesentlich höhere Remanenz und Koerzitivfeldstärke aufweisen.

Tabelle 1: Kenngrößen von VHS-Systemen

Kenngrößen	VHS	S-VHS
Kopfspaltbreite	0,3 µm	0,25 µm
Videohub	3,8 MHz bis 4,8 MHz	5,4 MHz bis 7 MHz
FM-Hub	1 MHz	1,6 MHz
Kassettenkennung	keine	Identifikationsloch
Kopftrommel-durchmesser	62,0 mm	
Band-geschwindigkeit	2,34 cm/s	
Kopfneigungs-winkel	6°	
Aufzeichnungs-geschwindigkeit	4,85 m/s	
Videoaufzeich-nungsbreite	10,1 mm	
Spurlänge	96,7 mm	
Spurwinkel β	5,964°	
Spurabstand	49,0 µm	

Beim Einlegen der Magnetbandkassette bewirkt ein Fädelmechanismus, dass das Magnetband aus der Kassette herausgezogen und um die Kopftrommel herumgeschlungen wird. Für die Kopfumschlingung gibt es unterschiedliche Verfahren, die meistens als Loading bezeichnet werden.

S-VHS-Kassetten haben auf der Kassettenunterseite ein Kennloch, wodurch sich der Rekorder nach Einlegen der Kassette automatisch auf S-VHS-Betrieb umschaltet.

Aufzeichnung

Eine direkte Aufzeichnung des FBAS-Signals auf Magnetband ist nicht möglich, da Gleichspannungswerte, die bei weißem oder schwarzem Bildinhalt entstehen, durch den rotierenden Übertra-

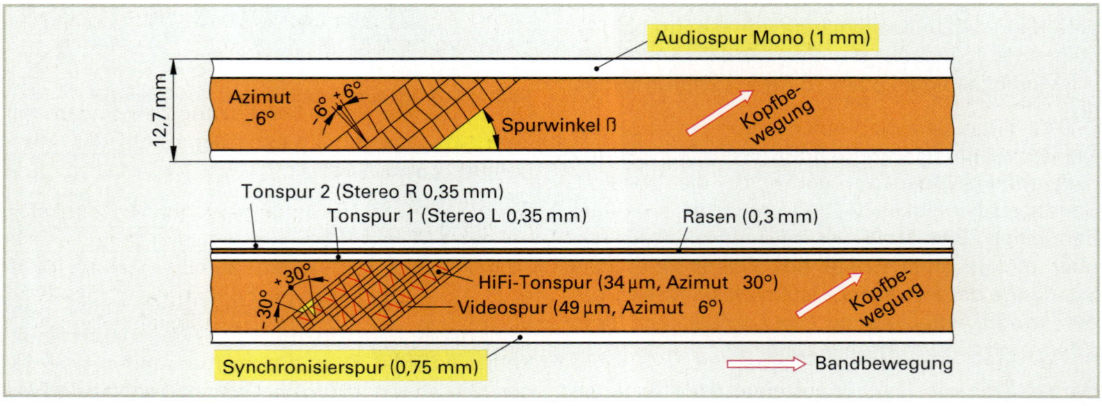

Bild 1: Spurschema bei VHS

ger der Kopftrommel nicht übertragen werden können. Zusätzlich würden durch unzureichenden mechanischen Kontakt zwischen Band und Kopf hervorgerufene Spannungsschwankungen den Bildinhalt verfälschen. Außerdem entsteht bei Bildinhalten mit hohem Weißanteil eine sehr kleine Signalspannung, wodurch der erforderliche Rauschabstand unterschritten würde. Deshalb trennt man vor der Aufzeichnung das FBAS-Signal in das Leuchtdichtesignal und das Farbartsignal und setzt das Leuchtdichtesignal vor der Aufnahme in ein frequenzmoduliertes Signal um. Für das Farbartsignal wird eine Trägerfrequenz von 627 kHz verwendet.

Das Leuchtdichtesignal wird vor der Aufzeichnung in ein frequenzmoduliertes Y-Signal gewandelt. Die Trägerfrequenz für das Farbartsignal beträgt 627 kHz.

Bei der Aufzeichnung von Fernsehprogrammen gelangt das Empfangssignal vom Antenneneingang zum Tuner-Modul, von dort zum Bild-ZF-Modul, das den Vorverstärker enthält **(Bild 1, folgende Seite)**.

Im Bild-ZF-Modul werden durch Mischung das Ton-ZF-Signal mit 5,5 MHz und das Farb-ZF-Signal mit 4,43 MHz erzeugt. Ein Tiefpass begrenzt das BAS-Signal bei VHS bei etwa 3 MHz, bei S-VHS sind es etwa 5 MHz.

Im nachfolgenden Frequenzmodulator wird jedem Leuchtdichtewert eine bestimmte Frequenz zugeordnet. Der FM-Hub beträgt bei VHS 3,8 MHz bis 4,8 MHz, bei S-VHS 5,4 MHz bis 7 MHz. Der Synchronisierpegel besitzt nach der Modulation die tiefste, der Weißpegel die höchste Frequenz. Durch eine Klemmung des Schwarzwertes wird der Synchronisierpegel auf eine definierte Gleichspannung gelegt. Der Weißpegel wird durch eine Weißwerteregelung so eingestellt, dass die vorgeschriebene Modulationsfrequenz bei VHS von 4,8 MHz bzw. bei S-VHS von 7 MHz entsteht. Bei einem Frequenzhub von 1 MHz bei VHS entstehen Seitenbandfrequenzen von etwa 1 MHz bis 7 MHz. Bei S-VHS entstehen bei einem Frequenzhub von 1,6 MHz Seitenbandfrequenzen von etwa 1,5 MHz bis 11 MHz **(Bild 1)**.

FM-Hub bei VHS: 3,8 MHz bis 4,8 MHz

FM-Hub bei S-VHS: 5,4 MHz bis 7 MHz

Dieses frequenzmodulierte Signal wird nach Verstärkung mithilfe der rotierenden Videoköpfe auf dem Magnetband aufgezeichnet.

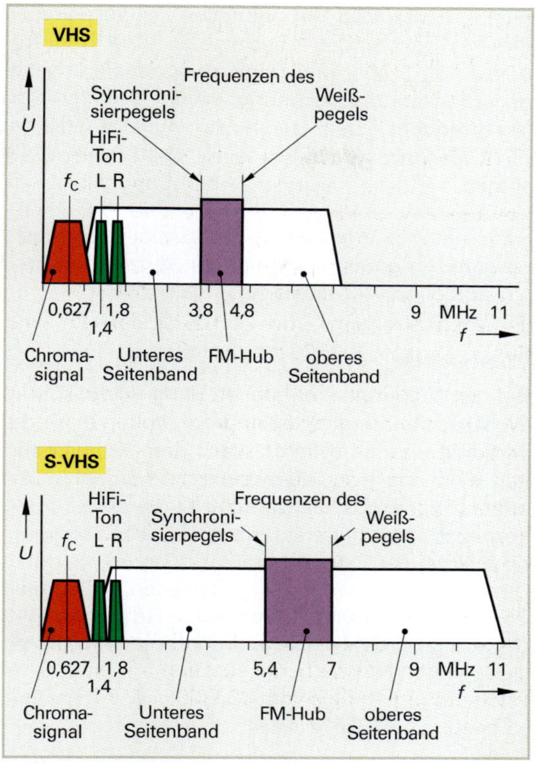

Bild 1: Frequenzspektren bei VHS und S-VHS

f_C Farbträgerfrequenz
f_Z Zeilenfrequenz

$$f_C = 40 \cdot f_Z + \frac{f_Z}{8}$$

Die Farbinformation wird aus dem FBAS-Signal durch einen Bandpass mit der Mittenfrequenz 4,43 MHz herausgefiltert. Durch Mischung mit einer Oszillatorfrequenz von 5,06 MHz ergibt sich die Farbträger-ZF 627 kHz.

Die frequenzmäßige Trennung von Helligkeitssignal und Farbartsignal bei der Aufzeichnung schließt Moiré-Störungen aus.

Das Signal wird nach Verstärkung gemeinsam mit dem frequenzmodulierten Y-Signal auf das Magnetband aufzeichnet.

Die aus dem FBAS-Signal gewonnenen vertikalen Synchronisierimpulse werden als Impulse alle 40 ms auf der Steuerspur des Magnetbandes aufgezeichnet. Sie dienen bei Wiedergabe der exakten Einstellung der Bandgeschwindigkeit (Steuerung des Bandservo).

Die Spannung für den Gesamtlöschkopf sowie für den Tonlöschkopf der Tonlängsspur weist eine

Frequenz von 62,5 kHz (vierfache Zeilenfrequenz), die des rotierenden Löschkopfes eine Trennfrequenz von 6 MHz auf. Die Vormagnetisierung bei der Längsspuraufzeichnung erfolgt mit der Tonlöschfrequenz. Das frequenzmodulierte Y-Signal dient als Vormagnetisierung für das Chrominanzsignal.

Für das niederfrequente Farbsignal dient das frequenzmodulierte Signal zur Vormagnetisierung bei der Aufzeichnung.

Wiedergabe

Bei der Wiedergabe entstehen in den Videoköpfen Wechselspannungen, die im Kopfverstärker-Modul verstärkt werden (Bild 1). Nach dem Kopfverstärker wird das frequenzmodulierte Y-Signal durch einen Bandpass ausgefiltert, verstärkt und begrenzt. Durch die Begrenzung werden Störspannungsimpulse abgeschnitten und Störungen durch Spannungsschwankungen vermieden. Störungen durch Aufzeichnungslücken oder Schwankungen des Kontakts zwischen Band und Kopf werden mit einer Drop-Out-Kompensation (von drop out = Ausfall) durchgeführt. Das BAS-Signal kann an der SCART-Buchse abgenommen werden, außerdem gelangt es zum UHF-Modulator.

Am Ausgang des Kopfverstärkers wird das Farbträger-ZF-Signal von 627 kHz ausgefiltert und verstärkt. Anschließend erfolgt durch Mischung mit einer Oszillatorfrequenz von 5,06 MHz die Umsetzung auf die Farbträgerfrequenz 4,43 MHz. Bei dieser Mischung erfolgt auch die Übersprechkompensation.

Im Regelmodul gewinnt man Regelspannungen, die jeweils den aktiven Videokopf so führen, dass er in der Mitte der aufgezeichneten Spur verläuft. Dies wird als Tracking (von tracking = gleichlaufend) bezeichnet. Außerdem gewinnt man zur Drehzahlregelung des Antriebes eine Drehzahlregelspannung eine Phasenregelspannung.

Antrieb, Bandservo, Kopfradservo

Je nach Gerätetyp treiben ein Motor oder mehrere Motoren das Laufwerk des Videorekorders an. Beim Fünf-Motoren-Typ werden das Kopfrad, die

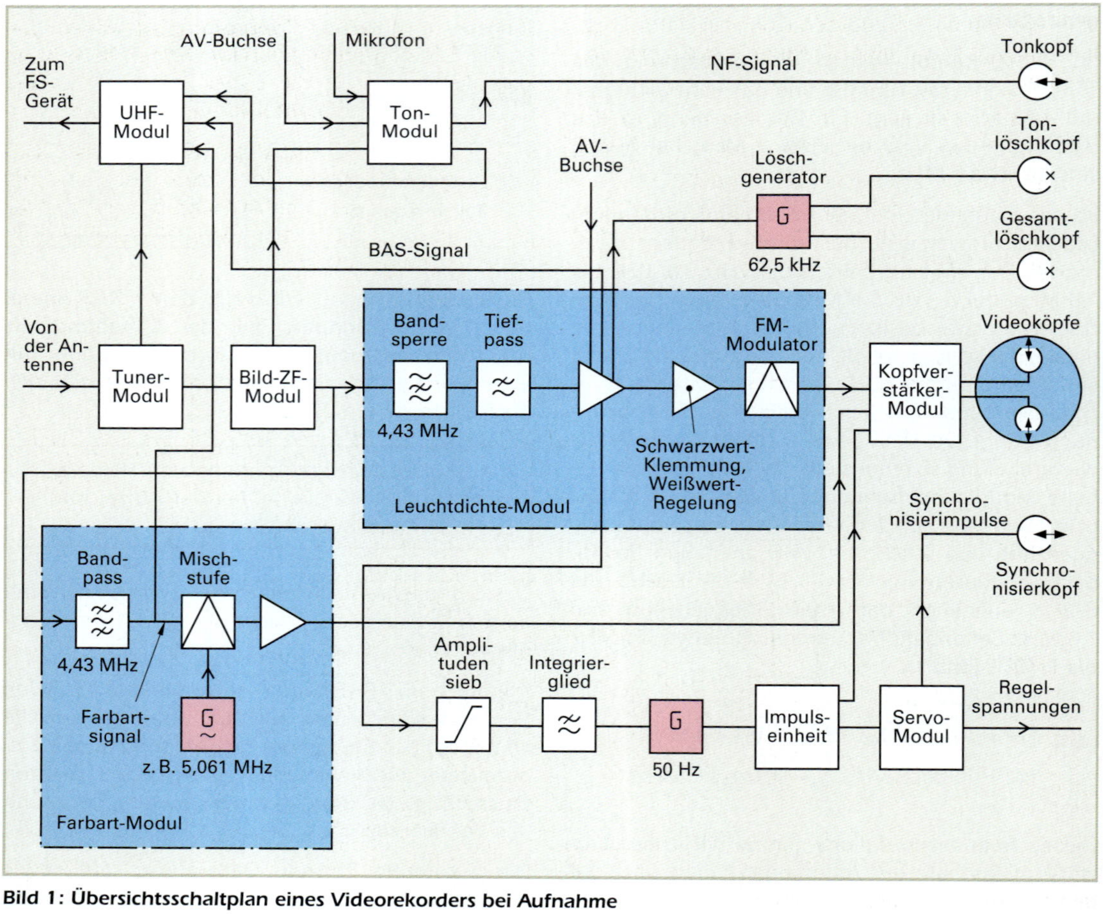

Bild 1: Übersichtsschaltplan eines Videorekorders bei Aufnahme

Capstanwelle, der linke Bandwickel, der rechte Bandwickel und der Fädelmechanismus von je einem Motor angetrieben. Beim Drei-Motoren-Typ verwendet man einen Motor zum Antrieb der Capstanwelle und der beiden Bandwickelantriebe.

Der Bandvorschub, d.h. die Drehzahl der Capstanwelle, und die Drehzahl des Kopfrades bestimmen den Spurverlauf bei der Aufnahme bzw. die spurgenaue Abtastung bei der Wiedergabe. Bandservo und Kopfradservo werden üblicherweise durch Mikrocontroller gesteuert. Das Ausgangssignal ist meist ein pulsbreitenmoduliertes Rechtecksignal, welches durch einen Digital-Analog-Umsetzer in eine Regelspannung gewandelt wird. Diese steuert die Leistungsendstufen, die den Strom für die Antriebsmotoren zur Verfügung stellen.

Bandservo und Kopfradservo werden durch einen Mikrocontroller gesteuert.

Der Ist-Wert wird häufig von Tachogeneratoren erzeugt, welche direkt mit dem Antriebsmotor gekoppelt sind. Für den Soll-Wert wird der vom Sender gelieferte vertikale Synchronisierimpuls bzw. ein von einem internen Quarzoszillator abgeleiteter Impuls mit einer Frequenz von 50 Hz verwendet.

Der Bandservo erzeugt eine konstante Drehzahl der Capstanwelle und dadurch eine konstante Bandgeschwindigkeit von 2,34 cm/s. Bei der Aufnahme wird von einem magnetisch oder optisch arbeitenden Tachogenerator die Tachofrequenz erzeugt, die dem Mikrocontroller zugeführt wird.

Dieser vergleicht die Tachofrequenz als Ist-Wert mit dem vertikalen Synchronisiersignal des Aufnahmesignals und erzeugt die erforderliche Regelspannung.

Die Phasensynchronisation erfolgt durch die Quarzfrequenz des Mikrocontrollers. Auf der Synchronisierspur wird alle 40 ms ein Impuls aufgezeichnet.

Die Capstanwelle bewirkt eine konstante Bandgeschwindigkeit von 2,34 cm/s.

Bei Wiedergabe dient die Tachofrequenz als Soll-Wert, die vertikale Synchronisierimpulsfrequenz vom Band als Ist-Wert. Der von der Synchronisierspur gelesene Synchronisierimpuls dient zur Phasenregelung und somit zur exakten Spurregelung (Tracking). Bei *Bildsuchlauf* rückwärts wird die Drehrichtung des Capstanmotors umgedreht.

Der Kopfradservo passt Drehzahl und Phasenlage des Kopfrades dem Soll-Wert an. Das heißt, er stellt eine exakte Drehzahl von 1500/min ein.

Da eine Bildzeile auf der Videospur etwa 0,3 mm lang ist, verursachen Kopftrommelschwankungen starke Bildstörungen. Deshalb werden sowohl an die Mechanik, z.B. die Lager, als auch an die Elektronik sehr hohe Anforderungen gestellt.

Der Ist-Wert der Drehzahl der Kopftrommel wird von Frequenz- und Pulsgeneratoren abgeleitet. Als Soll-Wert dient bei der Aufnahme der vertikale Synchronisierimpuls, bei der Wiedergabe ein intern erzeugter Impuls.

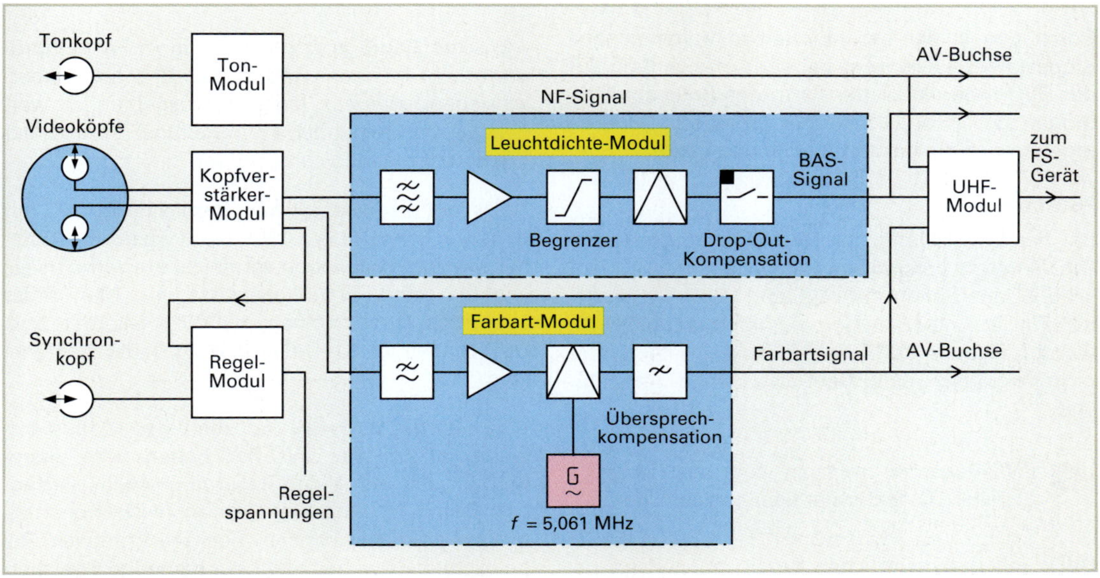

Bild 1: Übersichtsschaltplan eines Videorekorders bei Wiedergabe

16.3.2 DVD-Rekorder

Mit DVD-Rekordern kann man Bild- und Tonsignale aufzeichnen. Dabei kann es sich um analoge oder digitale Signale handeln. Die Aufzeichnung erfolgt mithilfe optischer Plattenspeicher. Diese werden als DVDs (von **D**igital **V**ersatile **D**isc = digitaler Plattenspeicher für vielfältige Anwendungen) bezeichnet. Für unbespielte DVDs hat sich der Begriff *DVD-Rohlinge* durchgesetzt.

Der DVD-Rekorder ist mit dem DVD-Spieler (DVD-Player) verwandt. Beide weisen im Prinzip dieselbe Antriebstechnik und Steuerung der Laser-Einheit auf. Auch die Anschlüsse mit den unterschiedlichen Buchsen sind vergleichbar ausgeführt.

Bei der DVD werden die Signale digital aufgezeichnet, und zwar vergleichbar der CD (von **C**ompact **D**isc) mit Vertiefungen (Pits) und Erhebungen (Lands) auf einer für Laserlicht verspiegelten Fläche. Allerdings hat die DVD gegenüber der CD eine erheblich größere Speicherkapazität **(Tabelle 1)**.

Tabelle 1: Kenngrößen für DVD-Aufzeichnung

Bezeichnungen	Eigenschaften
Speicherkapazität	4,7 GB/9,4 GB
Bildauflösung	720 BE x 576 BE
Datenreduktionsverfahren	MPEG-2 (Video und Audio)
Netto-Bitrate	1,1 Mbit/s bis 9,8 Mbit/s

BE Bildelement (Picture Element = Pixel)

Funktionsprinzip des DVD-Rekorders

Analoge Eingangssignale für Video und Audio werden zuerst in digitale Signale umgesetzt. Es folgt dann, auch für digitale Eingangssignale, die MPEG-2-Codierung. Das Kernstück bildet die Echtzeit-Signalsteuerung RTSC (von **R**eal **t**ime **S**treaming **C**ontrol). Hier wird das Echtzeitsignal für die Aufzeichnung sichergestellt und dann der Laser-Einheit zugeführt. Deren Steuerung und die des Antriebs erfolgen über eine entsprechende Schaltung, die ihre Signale ebenfalls von der Baugruppe RTSC erhält **(Bild 1, folgende Seite)**.

Durch den in der Laser-Einheit enthaltenen leistungsstarken Laser wird bei der Aufzeichnung auf der DVD in strukturierter Form das Reflexionsvermögen der ihrer Oberfläche verändert. Dadurch ergeben sich die bekannten Pits und Lands.

Formate

Bei der Entwicklung der DVD sind verschiedene DVD-Formate entstanden. Sie weisen unterschiedliche Eigenschaften auf und sind von verschiedenen Firmen entwickelt und auf den Markt gebracht worden **(Tabelle 2)**. Diese DVDs sind miteinander nicht verträglich, es besteht also keine Kompatibilität.

Tabelle 2: DVD-Formate

Formate	Sprechweisen	Eigenschaften
DVD-R	DVD minus R	Nur Aufnahme und Wiedergabe, jedoch kein Löschen möglich
DVD-R (DL)	DVD minus R, zweischichtig	Wie bei DVD-R, jedoch 9,4 GB Speicherkapazität
DVD+R	DVD plus R	Wie bei DVD-R, jedoch nicht kompatibel dazu
DVD+R (DL)	DVD plus R, zweischichtig	Wie bei DVD+R, jedoch 9,4 GB Speicherkapazität
DVD-RW	DVD minus RW	Aufnahme, Wiedergabe und Löschen möglich. Es gibt den Video-Modus und den Video-Recording-Modus.
DVD+RW	DVD plus RW	Wie bei DVD-RW, jedoch nicht kompatibel dazu. Es gibt nur den Video-Modus.
DVD-RAM	DVD Rämm	Aufnahme, Wiedergabe, Löschen und Bearbeitung möglich, Time-Shifting (= Zeitversatz) realisierbar

R Recordable (= beschreibbar)
RW Rewritable (= wieder beschreibbar)
RAM Random Access Memory (= Schreib-/Lese-Speicher)
DL Double Layer (= zwei beschreibbare Schichten)

ℹ DVD-Rekorder müssen für das jeweils gewählte DVD-Format geeignet sein.

DVDs mit der zusätzlichen Bezeichnung R (recordable) sind nur einmal beschreibbar. Nicht erwünschte Beiträge (z. B. Werbung in Fernsehprogrammen) können weder gelöscht noch überschrieben, sondern lediglich ausgeblendet werden. Die verbleibenden Beiträge fügen sich bei der Wiedergabe nahtlos aneinander.

DVDs mit der zusätzlichen Bezeichnung RW (rewritable) können bis zu 1 000-mal wieder beschrieben werden. Hier liegen vergleichbare Verhältnisse wie bei der VHS-Videokassette vor. Man muss allerdings darauf achten, ob DVD-Rekorder bzw. DVD-Spieler für DVD-RW und DVD+RW geeignet sind.

Während die DVD+RW nur den Video-Modus aufweist, ist bei der DVD-RW neben dem Video-Modus auch der Video-Recording-Modus verfügbar. Damit ist eine eingeschränkte Nachbearbeitung von aufgezeichneten Beiträgen möglich. Bei gelöschten Passagen steht der bisherige Speicherplatz für neue Aufzeichnungen zur Verfügung.

Bei allen bisher betrachteten DVDs wird die Information auf einer spiralförmigen Spur (Track) aufgezeichnet. Bei der DVD-RAM erfolgt dies allerdings in Sektoren, vergleichbar der Festplatte im PC. Die DVD-RAM ist etwa 100000-mal wiederbeschreibbar.

Die Besonderheit der DVD-RAM besteht darin, dass gleichzeitig Aufzeichnung und Wiedergabe möglich sind, soweit der DVD-Rekorder dafür ausgelegt ist. Während der laufenden Aufzeichnung kann der aufgezeichnete Inhalt bereits wiedergegeben werden. Dabei handelt es sich zur aktuellen Auf-zeichnung um einen Zeitversatz *(Timeshift)*. Die Timeshift-Wiedergabe ermöglicht alle bei der Wiedergabe üblichen Merkmale, wie einfachen/schnellen Vorlauf/Rücklauf, Standbild, Zeitlupe und Zeitraffer.

Modi

Neben der Wahl der DVD spielt auch der Aufzeichnungs-Modus eine wichtige Rolle, weil davon unmittelbar die Bildqualität abhängt. Die beste Qualität ist beim 1-Stunden-Modus (1-h-Modus) gegeben, während beim 8-Stunden-Modus (8-h-Modus) die gerade noch vertretbare Bildqualität vorliegt **(Tabelle 1)**.

Die Abhängigkeit der Bildqualität vom Aufzeichnungs-Modus ist auch unmittelbar an der Bitrate erkennbar. Es muss deshalb für jeden Einzelfall entschieden werden, welcher Aufzeichnungs-Modus sinnvoll erscheint. Dabei ist auch die Dauer des aufzuzeichnenden Beitrags zu berücksichtigen. Es bieten jedoch nicht alle DVD-Rekorder immer alle Modi. Die jeweils verfügbaren Modi lassen sich aus den technischen Unterlagen der Geräte ersehen.

Tabelle 1: Aufnahmemodi

Modi	Bitrate [Mbit/s]	Qualität
1-Stunden-Modus	9,8	Hervorragende Bildqualität
1,5-Stunden-Modus	7,5	Besser als Kauf-DVD
2-Stunden-Modus	5,1	Kauf-DVD
2,5-Stunden-Modus	4,0	Etwas besser als S-VHS
3-Stunden-Modus	3,4	S-VHS
4-Stunden-Modus	2,5	Etwas besser als VHS
5-Stunden-Modus	2,1	VHS
6-Stunden-Modus	1,7	Schlechter als VHS
8-Stunden-Modus	1,3	VHS Longplay

Aufzeichnung

Während bei der VHS-Videokassette Aufzeichnung und Wiedergabe unmittelbar erfolgt, tritt beim DVD-Rekorder wegen der digitalen Signalverarbeitung stets ein merklicher Zeitverzug auf, bevor die Aufzeichnung oder Wiedergabe beginnt.

Vor der Wiedergabe einer DVD ist allerdings deren *Finalisierung* erforderlich. Dieser Bedienvorgang benötigt eine bestimmte Zeit und führt dazu, dass eine Spur auf der DVD angelegt wird, sodass der DVD-Spieler über die Bedienoberfläche auf jeden Beitrag zugreifen kann.

Ohne Finalisierung kann der DVD-Spieler die DVD nicht erkennen.

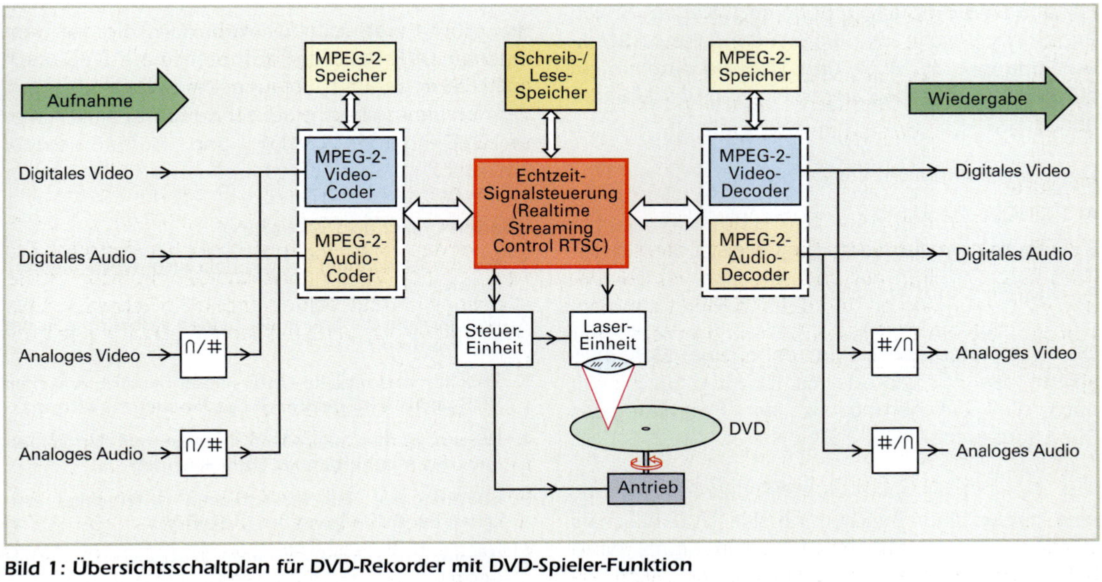

Bild 1: Übersichtsschaltplan für DVD-Rekorder mit DVD-Spieler-Funktion

Soll ein DVB-Signal aufgezeichnet werden, bei dem die Auflösung der DVD von 720 BE x 576 BE (BE = Bildelement) gegeben und eine weitere Bearbeitung nicht vorgesehen ist, dann kann der DVB-Empfänger unmittelbar an den DVD-Rekorder angeschlossen werden.

Wenn allerdings andere Bildauflösungen vorliegen und/oder eine weitere Bearbeitung der Inhalte erfolgen soll (z.B. Löschen oder Verändern von spezifischen Teilen der Aufzeichnungen), dann bietet sich der Umweg über eine Festplatte an. Auf dieser ist umfangreiche Signalbearbeitung möglich, wie Beiträge löschen, Beiträge überschreiben, Reihenfolge der Beiträge ändern, Signalfehler im begrenzten Rahmen korrigieren, Videoschnitt durchführen, Bildauflösung anpassen und anderes. Dafür sind entsprechende Software und teilweise aufwändige Bedienung erforderlich, die jedoch zu optimaler DVD-Aufzeichnung führen.

Im **Bild 1** ist am Beispiel von DVB aufgezeigt, welche Geräte für die Aufzeichnung erforderlich sind. Die Basisversion liegt vor, wenn DVB-Empfänger, Festplatte und DVD-Rekorder getrennte Geräte sind.

Es können aber auch Kombinationsgeräte eingesetzt werden, entweder als DVB-Empfänger mit integrierter Festplatte oder DVD-Rekorder mit integrierter Festplatte.

Um hinsichtlich der DVD-Aufzeichnung von der Art des Eingangssignals möglichst unabhängig zu sein, bietet es sich an, DVD-Rekorder mit integrierter Festplatte einzusetzen.

Für den DVB-Empfang gibt es auch Karten, Boxen und Sticks, welche über die standardisierten Steckverbindungen PCMCIA und USB unmittelbar an einen PC oder Laptop angeschlossen werden können.

Dazu gehören derzeit die Varianten

- PCMCIA-Steckkarte,
- USB-Box (meistens für DVB-T) und
- USB-Stick (nur für DVB-T).

Die Bildwiedergabe erfolgt dabei über den Bildschirm des PCs/Laptops. Es ist aber gleichzeitig auch die Speicherung auf der Festplatte des PCs/Laptops möglich.

Auf diese Weise kann mithilfe des PCs/Laptops eine gewünschte Bearbeitung des DVB-T-Signals erfolgen. Anschließend wird das Signal vom DVD-Rekorder aufgezeichnet **(Bild 2)**.

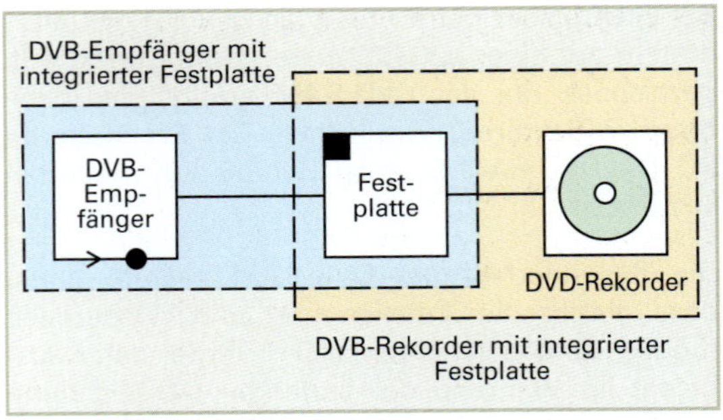

Bild 1: Gerätevarianten bei DVB-Aufzeichnung

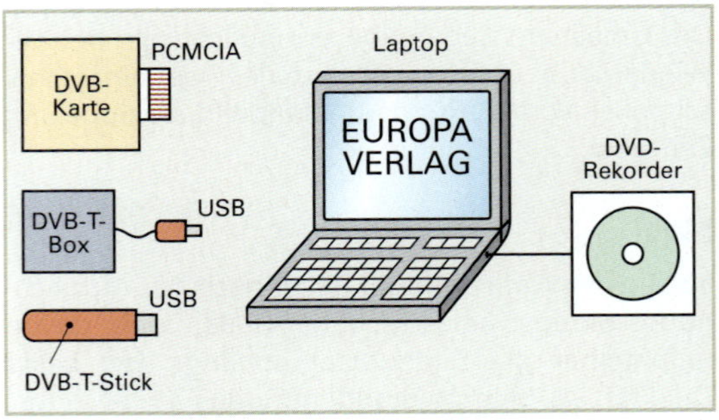

Bild 2: DVB-Aufzeichnung über PC/Laptop

Für die DVD-Aufzeichnung gilt, dass sich unabhängig von Format und Modi alle DVDs, die mit dem eigenen DVD-Rekorder aufgezeichnet worden sind, auch über dasselbe Gerät wiedergeben lassen.

Grundsätzlich ist auch die Wiedergabe über andere Geräte möglich, wenn diese das jeweils gegebene Format verarbeiten können und über den jeweils gewählten Modus verfügen.

Die größte Wahrscheinlichkeit, dass die auf dem eigenen DVD-Rekorder aufgezeichnete DVD auch auf Fremdgeräten störungsfrei wiedergegeben werden kann, besteht bei Verwendung der Formate DVD-R oder DVD+R und Aufnahmemodi 1 h oder 2 h.

Wiederholung und Vertiefung

1. **Welche Auswirkung hat das Schrägspurverfahren hinsichtlich der Bandlänge?**
2. **Welche Aufgabe haben die beiden Videoköpfe in der Kopftrommel?**
3. **Welcher wesentliche Unterschied besteht zwischen VHS und S-VHS bezüglich des Frequenzspektrums?**
4. **Warum werden alle 40 ms Impulse auf der Steuerspur des Magnetbandes aufgezeichnet?**
5. **Erläutern Sie den wesentlichen Unterschied zwischen der DVD+R und der DVD+RW.**
6. **Warum muss eine DVD vor der Wiedergabe finalisiert werden?**

16.4 Multimediale Geräte und Systeme

16.4.1 Camcorder

Analoge Camcorder

Camcorder (von camera recorder) sind eine Kombination von Videokamera und Videorekorder. Ähnlich einer Filmkamera enthalten sie ein *Objektiv* (Anordnung von Glaslinsen) mit verstellbarer Blende *(Iris)* und verstellbarer Brennweite (Zoomobjektiv, kurz *Zoom)*. Dieses optische Zoom ermöglicht die Brennweite zu ändern, z. B. um auch entfernte Gegenstände groß abzubilden.

Je nach Größe unterscheidet man bei der Aufnahme auf der Schulter zu tragende *Schulter-Camcorder* und von Hand zu tragende *Hand-Camcorder*. Besonders klein sind *Mini-Camcorder*. Für die verschiedenen Camcorder gibt es mehrere Videosysteme.

Systeme

Stark verbreitet im professionellen Bereich ist *VHS* (von Video Home System = Video-System für den Heimgebrauch). Zur Aufzeichnung werden Kassetten mit Magnetbändern von $^1/_2''$ = 12,7 mm Breite verwendet.

Eine kompaktere Form von VHS, insbesondere für den privaten Bereich, ist *VHS-C* (C von compact). Zur Verringerung der Baugröße wurde hier die Kopfradtrommel verkleinert. Das Band umschlingt diese mit 270° **(Bild 1)**. Von den vier Videoköpfen schreibt jeweils nur einer das Videosignal. Dadurch besteht volle *Kompatibiiität* zu VHS, bei dem der Umschlingungswinkel 180° ist. Allerdings führt das abwechselnde Schreiben des Videosignals zu mechanischen Abweichungen auf dem Magnetband, sodass es bei der Wiedergabe zu wellenförmigen Verzeichnungen an senkrechten Kanten kommen kann. Das wird als Jitter (= Zittern) bezeichnet.

Die kleinere Kassette von VHS-C kann in eine *Adapterkassette* eingesetzt und dann in jedem VHS-Rekorder abgespielt werden.

Bei Video-8 wird ein 8 mm breites Magnetband mit besonders reinen Metallteilchen und besonders glatter Oberfläche verwendet. Bei Geräten, die nur für Mono-Ton geeignet sind, beträgt die Kopfumschlingung etwa 185°. Bei Geräten, die zusätzlich Stereoton ermöglichen, beträgt die Kopfumschlingung 221° **(Bild 2)**. Dadurch wird die Schrägspur länger. 180° stehen für das Videosignal und das frequenzmodulierte Tonsignal für Mono-Ton bzw. für den 1. Kanal des Stereotones zur Verfügung, 41° für das PCM-modulierte Tonsignal des 2. Kanals **(Bild 3)**. All diese Signale werden anders als bei VHS von nur zwei Köpfen geschrieben.

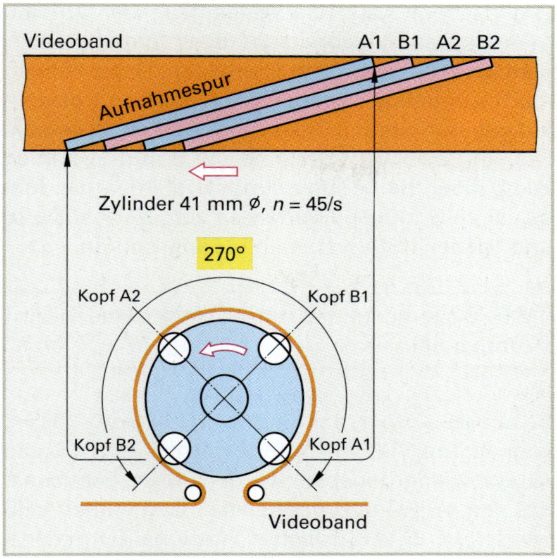

Bild 1: Aufzeichnung und Kopftrommel bei VHS-C

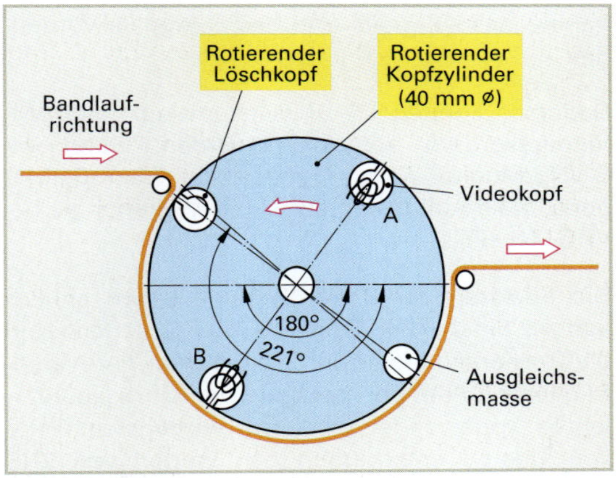

Bild 2: Kopftrommel bei Video-8

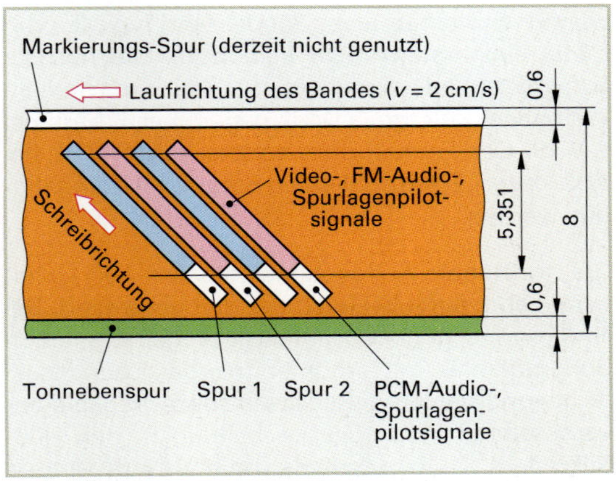

Bild 3: Aufzeichnung bei Video-8 mit Stereoton

Grundsätzlich kann die Wiedergabe der Aufnahmen nur auf Videogeräten desselben Systems, nämlich VHS oder Video-8, erfolgen. Dabei können meist Aufnahmen von älteren Systemen trotzdem auf neueren Geräten abgespielt werden. In keinem Fall sind aber VHS-Systeme mit 8-mm-Systemen kompatibel, da bei den 8-mm-Systemen das Tonsignal im Schrägspurverfahren aufgezeichnet wird und bei den VHS-Systemen in Längsspuren.

VHS-Systeme und 8-mm-Systeme sind nicht kompatibel.

Camcorderaufnahmen nach VHS bzw. VHS-C können mit Videorekordern nach S-VHS (S von super) wiedergegeben werden. Man bezeichnet das als *Abwärtskompatibilität.* Gegenüber VHS werden bei S-VHS Leuchtdichtesignal (Luminanzsignal, Y-Signal) und Farbartsignal (Chrominanzsignal, C-Signal) durchgehend *getrennt* behandelt. Dadurch wird die Bildqualität verbessert. Am Camcorder ist eine besondere YC-Buchse zur Abnahme des Y-Signals und des C-Signals vorhanden.

Dadurch können PAL-Kassetten auf SECAM-Videorekordern abgespielt werden, wenn ein S-VHS-Monitor zur Verfügung steht. Die mögliche horizontale Auflösung ist bei S-VHS höher als bei VHS **(Tabelle 1)**.

Die Spektren der 8-mm-Systeme sehen ähnlich aus wie die der VHS-Systeme **(Bild 1)**. Jedoch sind die Tonsignalfrequenzen getrennt von den Videofrequenzen, da bei beiden das Schrägspurverfahren angewendet wird. Die wichtigsten Werte von Video-8 entsprechen den Werten von VHS (Tabelle 1).

Hi-8 ist gegenüber Video-8 verbessert durch eine höhere Informationsdichte. Diese ist nur möglich wegen der verbesserten Bänder vom Typ ME (von metal evaporated = metallbedampft). Die höchste aufzuzeichnende Frequenz für den maximalen Weißpegel beträgt 7,7 MHz gegenüber 7 MHz bei S-VHS. Der Frequenzhub konnte von 1 MHz bei VHS bzw. 1,2 MHz bei Video-8 auf 2 MHz angehoben werden.

Die horizontale Auflösung wurde von 260 Linien bei Video-8 auf 430 Linien bei Hi-8 verbessert. Bei Hi-8 konnten gegenüber Video-8 wegen des neuen Bandmaterials mit erhöhter magnetischer Flussdichte und kleinerem Rauschen sowie wegen einer verbesserten Preemphasisschaltung in den Hi-8-Rekordern die Rauschmaße um etwa 6 dB auf die Hälfte verringert werden. Die Bandbreite des Farbartsignals ist bei Hi-8 gegenüber Video-8 unverändert, sodass Video-8-Aufnahmen auf Hi-8-Rekordern abgespielt werden können.

Hi-8 hat gegenüber Video-8 eine bessere Tonqualität und eine bessere Bildqualität infolge größerer Bandbreite des Leuchtdichtesignals.

Tabelle 1: Systemkennwerte für Camcorder

Art	VHS	S-VHS	Video-8	Hi-8
Horizontale Auflösung in Linien bis	250	400	260	260
in MHz bis	3,2	5,0	3,4	5,4
Luminanzträger MHz	4,05	6,0	5,0	7,0
Frequenzhub MHz	1,0	1,6	1,2	2,0
Farbsignal-Bandbreite kHz	627	627	732	732
Videoschnittstelle	FBAS	YC	FBAS	YC
Ton-Frequenzbereich (Hz...kHz) Mono	70...10	70...10		
Mono HiFi (FM)			25...15	25...15
Stereo HiFi (bei FM und PCM)			20...20	20...20

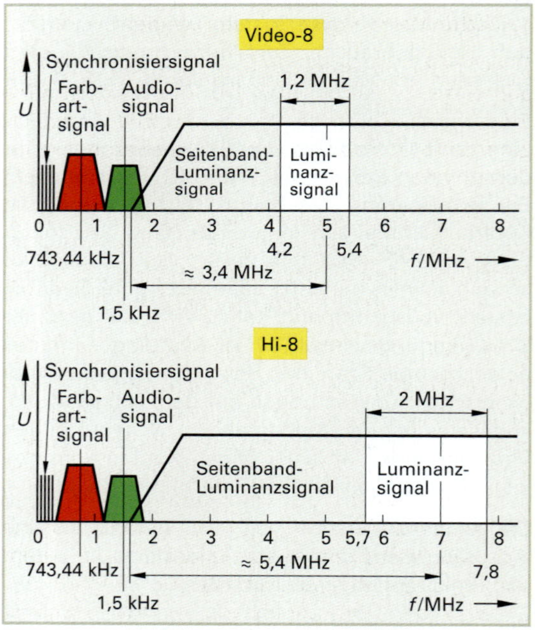

Bild 1: Frequenzen bei Video-8 und Hi-8

Wirkungsweise

Die im Camcorder eingebaute Videokamera arbeitet mit CCD-Bildwandlern. Bei diesen wird die Information über eine Sample-and-Hold-Schaltung bis zum nächsten Wert abgespeichert **(Bild 1)**. Der nachfolgende Tiefpass befreit das Nutzsignal von den Störungen des Schiebetaktes des CCD-Bildaufnehmers. Das Ausgangssignal nach dem Tiefpass wird als *Pre-Videosignal* (Vorvideosignal) bezeichnet. Dieses Signal, aus dem das Leuchtdichtesignal und das Farbdifferenzsignal abgeleitet werden, wird bei den meisten Kamerarekordern für die automatische Entfernungseinstellung (Autofocus) gebraucht.

Die Bandgeschwindigkeit ist in zwei Stufen einstellbar, nämlich für *Standard-Play* (SP) und *Long-Play* (LP, lange Spielzeit), Letzteres bei herabgesetzter Bildqualität. Die Abtastzeit (Verschlusszeit) für ein Bild ist in Stufen einstellbar. Damit werden *Hochgeschwindigkeitsaufnahmen* ermöglicht. Ein schneller Bildablauf (Zeitraffung) wird dadurch erreicht, dass abwechselnd gespeicherte Bilder gelöscht oder weiterverarbeitet werden.

Gleichzeitig mit der Bildaufnahme erfolgt eine Tonaufnahme. Es ist bei manchen Camcordern auch möglich, den Ton nachträglich zum Bild einzuspielen *(Audio-Dubbing,* von to dub = titulieren, hier im Sinne von Ton geben).

Der Videorekorderteil enthält alle Bestandteile eines Videorekorders und zusätzlich einen kleinen Bildschirm, meist einen LCD-Bildschirm, zur Kontrolle der vorgenommenen Aufnahmen.

Autofokus

Wenn die Einstellung des *Fokus* (lat. focus = Pfanne, Brennpunkt, hier Entfernung des Objektivs zum CCD-Sensor) nicht stimmt (Defokussierung), weist auch ein kontrastreiches Bild wenig Kontraste auf, sodass der Übergang von hell nach dunkel allmählich erfolgt. Die Amplitude des Pre-Videosignals besteht dann nur aus niederfrequenten Signalkomponenten **(Bild 2)**. Ehe ein Motor das Objektiv in die richtige Position bringt, muss erst ermittelt werden, ob das Objektiv zu dicht an den CCD-Elementen ist oder zu weit entfernt. Dazu ist der CCD-Bildsensor auf einem *Piezoelement* montiert, welches an einer Sinusspannung mit niedriger Frequenz (etwa 12 Hz) liegt und entsprechend schwingt **(Bild 3)**. Ein Mikroprozessor verknüpft die Pegeländerung des Pre-Videosignals mit der Auslenkung des Piezoelements und legt so die Drehrichtung des Fokusmotors fest.

Solange sich die niedrigen Frequenzen bei der Schwingung des Piezoelements ändern, fährt der Fokusmotor mit hoher Drehzahl. Ändern sich nur

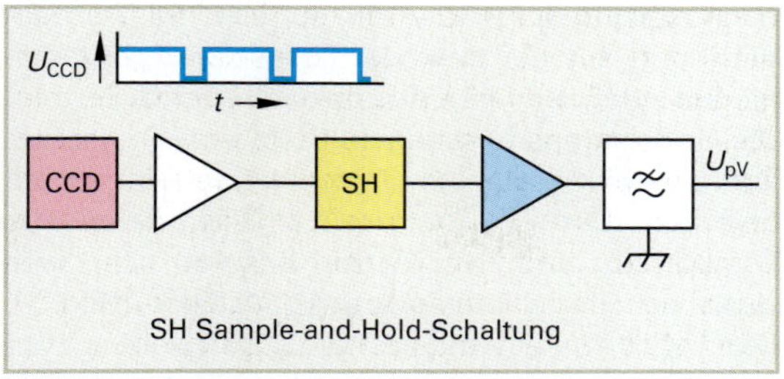

Bild 1: Erzeugung des Pre-Videosignals

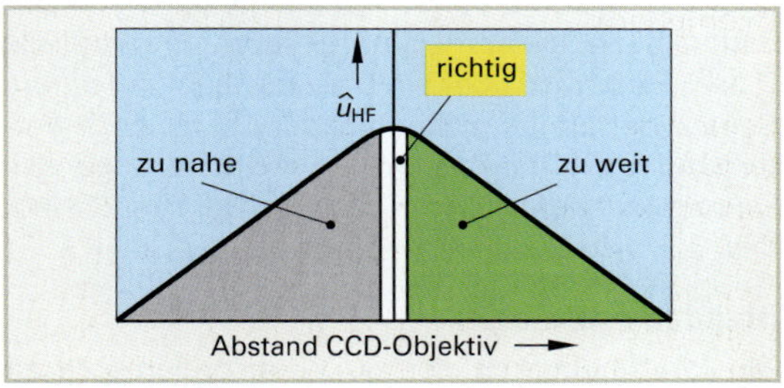

Bild 2: Videosignal bei wechselndem Abstand vom CCD-Bildsensor zum Objektiv

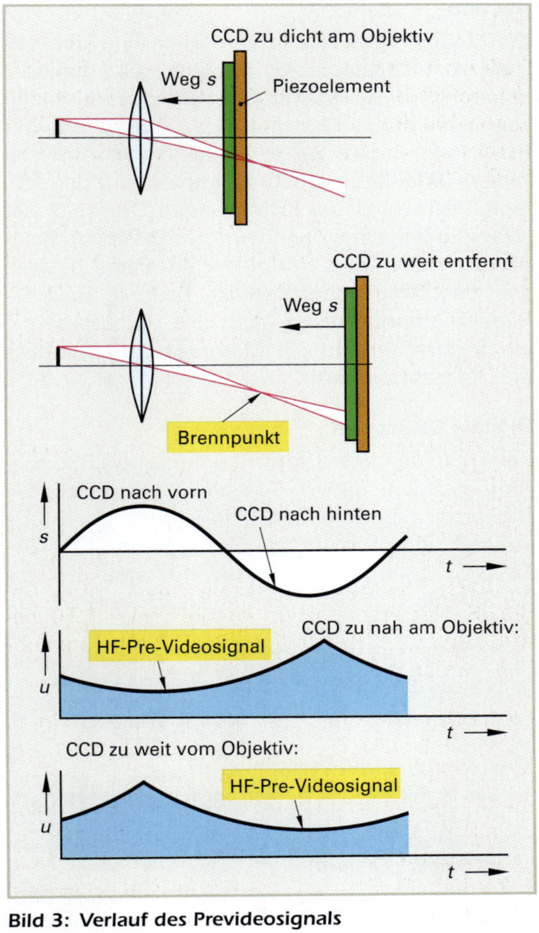

Bild 3: Verlauf des Previdesignals

noch die hohen Frequenzen, so wird die Drehzahl verringert, bis der optimale Fokuspunkt gefunden ist. Bei einem anderen Autofokus-Verfahren erfolgt die Entfernungsmessung mithilfe von Dreiecken. Das bezeichnet man als *Triangulation* (von lat. triangulus = Dreieck). Im Prinzip müssen dabei eine Dreieckseite und zwei Winkel bekannt sein, weil dann der dritte Dreieckspunkt festliegt **(Bild 1)**. Dann wird von einem Laser ein scharf gebündelter Lichtstrahl oder Infrarotstrahl auf das Objekt gesendet, dessen Entfernung von der Strahlungsquelle zu bestimmen ist. Auf dem Objekt entsteht dadurch ein kleiner Lichtfleck bzw. Infrarotfleck. Dieser Fleck wird über ein Linsensystem auf einem Sensor mit breiter Fläche abgebildet. Je nach Entfernung des Objektes ändert sich die Lage des Fleckes auf dem Sensor. Damit liegt das Dreieck fest.

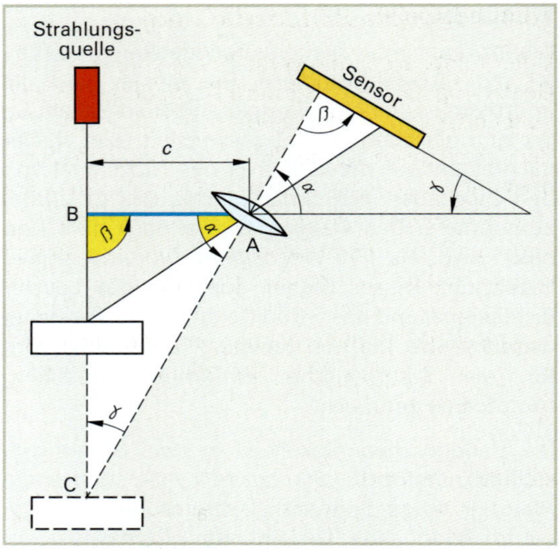

Bild 1: Optische Entfernung nach dem Triangulationsverfahren

Blendenautomatik

Die Empfindlichkeit der CCD-Sensorelemente ist nicht veränderbar. Deshalb wird die Lichtzufuhr geregelt.

Antrieb

Die Magnetbandkassette wird über eine Übersetzung vom *Capstanmotor* (capstan = Ankerwinde) angetrieben. Die Ist-Werte der Bandgeschwindigkeit liegen durch die Impulse des Motors fest. Das ROM liegt an den Setzeingängen eines Abwärtszählers **(Bild 2)**. Bei jedem Ist-Impuls wird der Zähler mit dem Inhalt des ROM geladen. Dreht sich der Motor zu langsam, dann wird das D-Flipflop beim nächsten Ist-Impuls mit niedrigem Pegel gesetzt, weil der Zähler schon leer ist. Dadurch sinkt die Regelspannung am Ausgang des Tiefpasses und ein Regel-IC erhöht die Motorspannung, sodass die Drehzahl zunimmt.

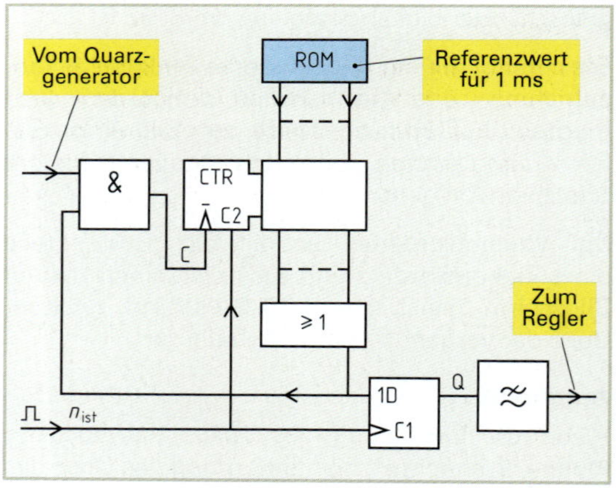

Bild 2: Prinzip des Digitalservo beim Camcorder

Digitale Camcorder

Bei einem digitalen Camcorder erfolgt die Speicherung der von einem Bildaufnehmer gelieferten Digitalsignale auf einem Magnetband der Breite von 6,35 mm. Die Aufnahmezeit für eine Mini-DV-Kassette beträgt eine Stunde, für eine größere 4,5 Stunden. Die kleine Version speichert 11 GB, die größere 50 GB. Die Bitrate beträgt 25 Mbit/s (25 MBPS). Die Daten digitaler Camcorder sind besser als die analoger Camcorder **(Tabelle 1)**.

Tabelle 1: Daten eines digitalen Camcorders

Merkmal	Daten
Bildsensor	1/4″ CCD x 3 (RGB) 3 x 640 000 Pixel
Mindestbeleuchtung	5 Lux
Monitor	2,5″-Farb-LCD
Sucher	1/2″-Farb-LCD
Abtastfrequenz	13,5 MHz, 8 bit
Bitrate nach Kompression 1:5	25 Mbit/s, 25 MBPS
horizontale Auflösung	480 Linien
Farbsignalbandbreite	1,4 MHz

im engl. Sprachraum: MBPS (Megabit per Second)

Wiederholung und Vertiefung

1. **Welche Bildwandler werden bei den Camcordern verwendet?**
2. **Wie ist die Zusammensetzung des Pre-Videosignals bei Defokussierung?**
3. **Welche Aufgaben hat das Piezoelement des CCD-Bildsensors?**

16.4.2 Digitale Bildbearbeitung

Unter Bildbearbeitung versteht man den kreativen Gestaltungsprozess, bei dem Aufnahmen überarbeitet oder verfremdet werden.

Bei der digitalen Bildbearbeitung sind die Aufnahmen entweder schon digital erzeugt oder sie müssen mithilfe von Scannern digitalisiert werden.

Man unterscheidet zwischen der Optimierung von Bildern und der Verfremdung von Bildern.

> Bei der Bildbearbeitung können Bildoptimierung und Bildverfremdung angewandt werden.

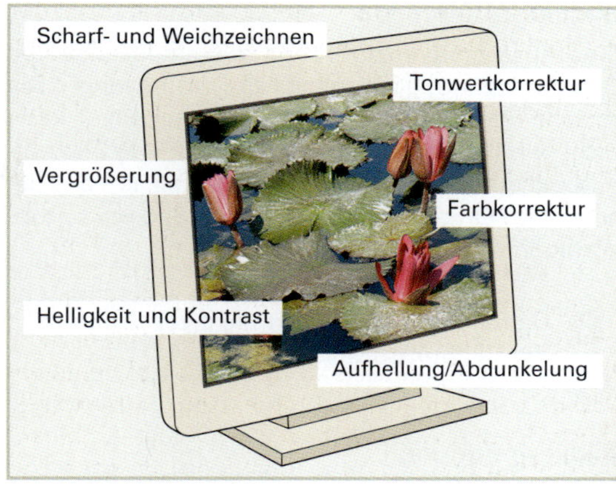

Bild 1: Aspekte der Bildoptimierung

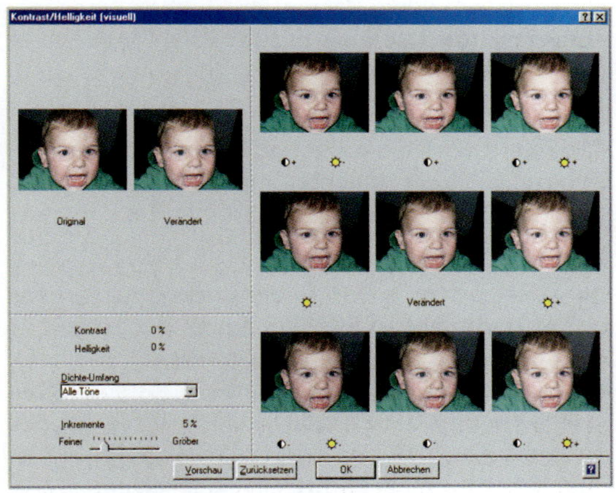

Bild 2: Visuelle Korrekturmethode

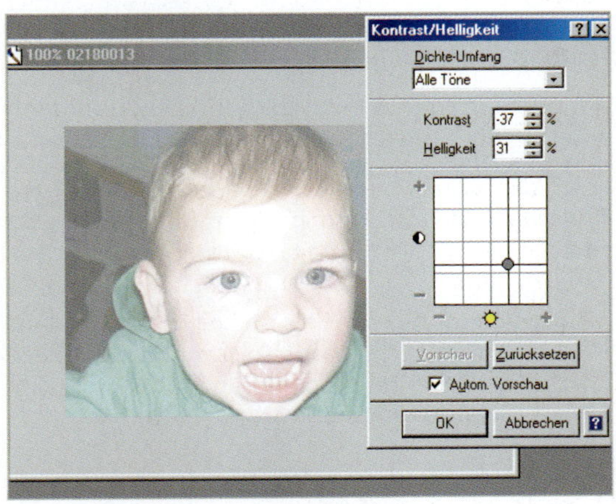

Bild 3: Kontrastkorrektur mit Joystick

Bildoptimierung

Ein digitales Bild, das Mängel aufweist, kann mit verschiedenen Methoden optimiert und verbessert werden **(Bild 1)**.

Ein Bildbearbeitungsprogramm bietet eine Reihe von Filterwerkzeugen. Mit diesen können z.B. die Farben eines Bildes wie mit einem Farbfilter gefiltert werden.

Ein unscharfes Bild kann über die Funktion *Scharfzeichnen* verbessert werden. Beim Scharfzeichnen erscheint das Bild insgesamt kontrastreicher. Die Ränder der dunklen Bildbereiche werden abgedunkelt und die Ränder der danebenliegenden hellen Bildbereiche aufgehellt. Mit diesem Filter kann auch die Lesbarkeit von Text in einem Bild verbessert werden.

Beim *Weichzeichnen* werden die Konturen dunkler Bildbereiche aufgehellt und die Konturen der hellen Bildbereiche abgedunkelt. Die Bildkonturen erscheinen dadurch insgesamt weicher und leicht verschwommen.

Mit dem Filterwerkzeug *Helligkeit* können Bildbereiche insgesamt aufgehellt werden. Dies dient zum Hervorheben von Bilddetails in unterbelichteten Bildbereichen. Um überbelichtete Bildbereiche zu korrigieren, kann das Bild abgedunkelt werden.

Bei der Korrektur des *Kontrastes* gibt es verschiedene Einstellungsverfahren. Bei der visuellen Methode werden anhand von kleinformatigen Kontrollbild-Schaltflächen verschiedene Variationen des Bildes zur Auswahl angeboten. Jedes dieser Kontrollbilder steht für die Reduzierung bzw. Erhöhung des Kontrastes, der Helligkeit oder beider Komponenten. Die Kontrast- und Helligkeitseinstellungen werden entsprechend abgeändert **(Bild 2)**.

Die Farbtonwertbereiche, auf die sich die Einstellungen auswirken sollen, können frei gewählt werden. Bei der Joystick-Methode können Kontrast und Helligkeit durch Verschieben eines im Dialogfeld simulierten Joysticks geändert werden **(Bild 3)**. Die numerischen Werte in den Eingabefeldern für Kontrast und Helligkeit werden automatisch angepasst oder können manuell eingegeben werden.

Bildvergrößerungen

Eine Ausschnittvergrößerung aus einem digitalen Bild reduziert gleichzeitig die Auflösung. Die Anzahl der zur Verfügung stehenden Pixel kann nicht vergrößert werden. Das vergrößerte Bild enthält genau die Anzahl von Pixeln, welche der Ausschnitt im Original hat **(Bild 1)**. Das Bild wird grobkörniger.

> Digitales Zoomen führt nicht zur Erhöhung der Bildpunktezahl.

Bild 1: Bildausschnitt-Vergrößerung

Bildverfremdung

Durch eine Vielzahl von Filtern kann mit Bildbearbeitungs-Software ein digitales Bild verfremdet werden. Übliche Verfremdungs-Filter sind Malfilter, Strukturfilter oder Verzerrungs- und Vergröberungsfilter **(Bild 2)**. Eine große Anzahl von Filtern können als Plug-in direkt in die Software zur Bildbearbeitung geladen werden.

Das Filtern von Bildern hat auch in der klassischen Fotografie seine Anwendung, doch gehen die Möglichkeiten der digitalen Bildbearbeitung wesentlich weiter.

Unter Retuschieren von Bildern versteht man das Einfügen von neuen Bildelementen. Hierzu gibt es Retuschewerkzeuge. Mit dem Werkzeug Zeichnen wird direkt in das zu bearbeitende Bild gemalt. Die Aktivfarbe und die Strichstärke sowie die Art des Farbauftrages können gewählt werden. Beim Duplizieren wird ein Bildbereich, der mit einer Markierung versehen ist, in einen anderen Bildbereich dupliziert. Diese Funktion wird auch als Klonen bezeichnet. Sie ist besonders zum Entfernen von Kratzern oder Staubpartikeln in Bildern geeignet.

Bei der Verfremdung von Bildern können mit entsprechender Software auch Texte oder andere grafische Elemente in Bilder eingefügt werden.

Typische Arbeitsschritte bei der Bildbearbeitung sind

- Digitalisierung,
- Formatwandlung,
- geometrische Transformation,
- Farbtransformation und
- Filterung.

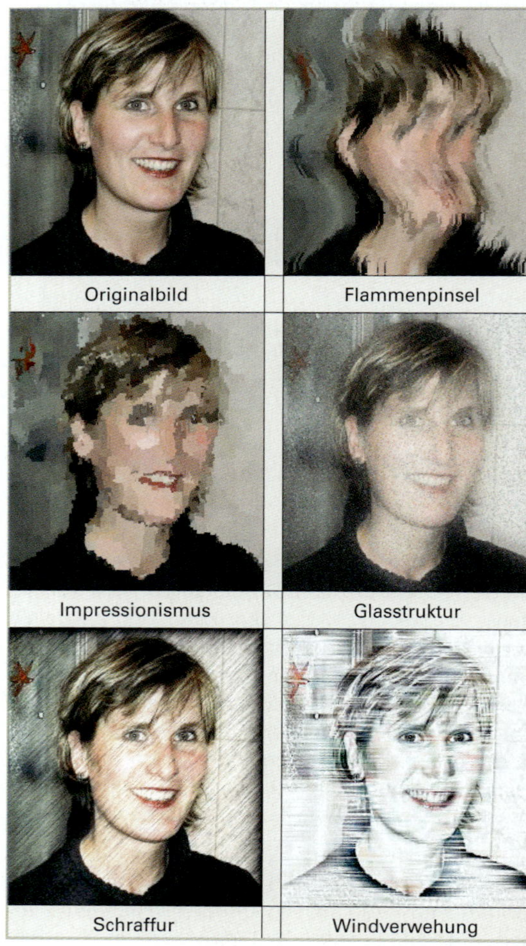

Bild 2: Verfremdungsfilter

Wiederholung und Vertiefung:

1. **Welche Aufgabe hat die Bildoptimierung?**
2. **Was versteht man unter Bildverfremdung?**
3. **Nennen Sie zwei Beispiele für Filterwerkzeuge.**
4. **Was versteht man unter Bildretusche?**

16.4.3 Videokonferenzen

Videokonferenzen (Video-Conferencing) werden eingesetzt, wenn die persönliche Anwesenheit der Konferenzteilnehmer schwierig oder nicht möglich ist. Reisekosten und Reisezeiten können eingespart werden. Besprechungen (Meetings) können kurzfristig zwischen geografisch weit voneinander entfernten Teilnehmern stattfinden.

Videokonferenzen sparen Zeit und Kosten.

Videokonferenzen ermöglichen zwischen den beteiligten Personen Augenkontakt, Körpersprache und Wahrnehmung des Körperausdrucks.

Anwendungen

Es gibt drei Arten von Videokonferenzen. Bei der Eins-zu-eins-Konferenz kommunizieren zwei Teilnehmer miteinander **(Bild 1)**. Bei der Eins-zu-viele-Konferenz kommuniziert eine Person mit zahlreichen Teilnehmern auf der anderen Seite **(Bild 2)**. Bei einer Viele-zu-viele-Konferenz können zahlreiche Teilnehmer miteinander kommunizieren **(Bild 3)**. Die Lösungen mit mehreren Teilnehmern auf einer Seite sind deutlich komplexer, da hier entweder mit Multicast-Verfahren (= Sendung an mehrere Teilnehmer) jeder Teilnehmer alle Signale empfängt, oder eine MCU (von Multipoint-Control-Unit = Mehrpunkt-Steuereinheit) die Vermittlung der Signale vornehmen muss.

Technische Lösungen

Videokonferenz-Systeme stehen als Softwarelösungen oder Hardwarelösungen zur Verfügung. Bei einer Softwarelösung wird ein Multimedia-PC benötigt. Tonsignale können mithilfe der Soundkarte eingegeben und ausgegeben werden. Das Videobild der Gegenstelle wird über die Grafikkarte auf dem Monitor dargestellt. Zur Aufnahme von Videobildern gibt es analoge Kameras, die über eine Videokarte an den PC angeschlossen sind. Über den USB-Port oder die FireWire-Schnittstelle werden Digitalkameras angeschlossen. Reine Hardwarelösungen kommen in der Regel ohne PC aus, die Signalverarbeitung übernimmt die Hardware. Bei Mischlösungen erfolgt die rechenaufwändige Bildcodierung in der Hardware. Für die Darstellung des Bildes wird ein PC oder ein Notebook verwendet.

Die Bitrate kann bei ISDN-Netzen oder ATM-Netzen garantiert werden, während IP-basierte Systeme mit dynamischen Netzparametern auskommen müssen **(Tabelle 1)**. Die Qualität eines Konferenzsystems wird anhand der Bildqualität und Tonqualität festgelegt, hierbei wird besonders auf Verzögerungszeiten und Lippen-Synchronität geachtet.

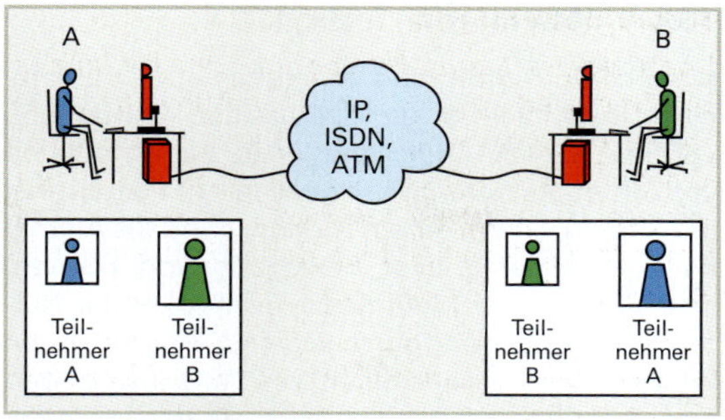

Bild 1: Eins-zu-eins-Konferenz

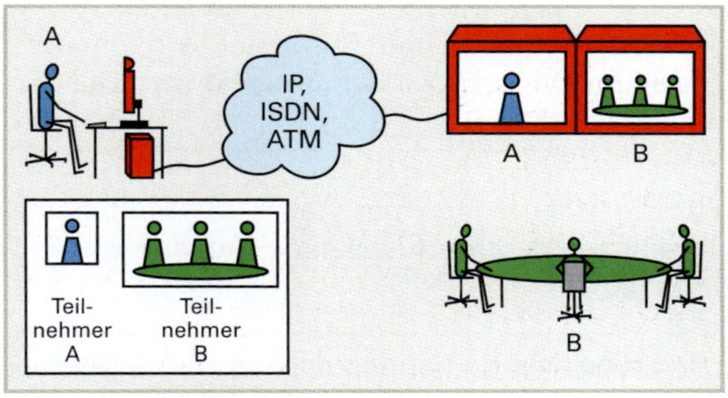

Bild 2: Eins-zu-viele-Konferenz

Bild 3: Viele-zu-viele-Konferenz

Tabelle 1: Videokonferenz-Systeme

System	Desktop/ Raum	Implementierung	Netz	Qualität
H.323	beides	SW/HW/ MIX	IP	mittel bis gut
H.320	beides	SW/HW/ MIX	ISDN	mittel bis gut
MBone	Desktop	SW	IP	mittel bis gut
FORE Streamrunner	Raum	HW	ATM	gut bis sehr gut

SW = Software; HW = Hardware

Wiederholung und Vertiefung

1. **Nennen Sie Vorteile von Videokonferenzen.**
2. **Welche drei grundsätzlichen Anwendungen werden bei Konferenzsystemen unterschieden?**
3. **Welche Aufgaben hat bei einer Software-Lösung der Multimedia-PC?**

16.4.4 Multimedia-Technik

Multimedia-Technik (von lat. multus = viel und media = die Mittel) ist die gleichzeitige Anwendung von Text, Grafik, Audio und Video zur Vermittlung von Informationen. Die Videotechnik mit gezeichneten Bildern, z. B. in einem Trickfilm, wird als Animation (= Belebung, hier Bewegung von Figuren) bezeichnet. In der Multimedia-Technik hat der Nutzer die Möglichkeit, durch eigenes Eingreifen die Informationen zu beeinflussen, d. h. aktiv zu werden. Der Nutzer führt also einen Dialog mit dem Multimedia-Gerät, z. B. dem Computer.

Zwischen Nutzer und Computer wird in der Multimedia-Technik ein interaktiver Dialog geführt.

Für die Übertragung der Daten der Multimedia-Technik werden leistungsfähige Datennetze benötigt **(Bild 1).**

Multimediale Komponenten lassen sich miteinander verbinden.

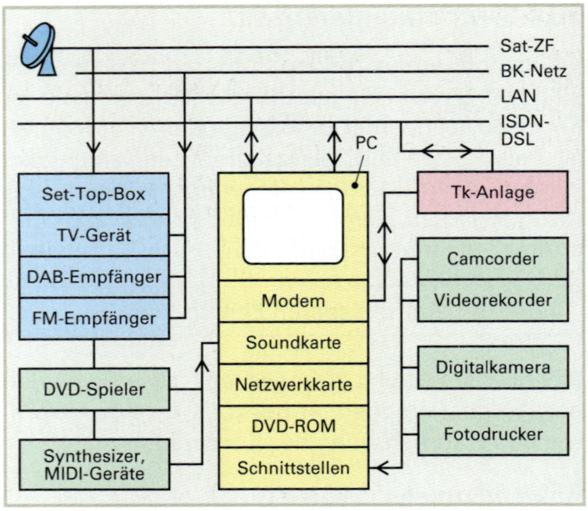

Bild 1: Komponenten der Multimedia-Technik

16.4.4.1 Multimedia-PC

Mit einem Multimedia-PC kann man Musik hören oder selbst komponieren, Bilder und Videos ansehen und bearbeiten, Lernprogramme von DVD durcharbeiten oder auch einfach nur spielen. Ein Multimedia-PC hat deshalb mindestens eine Soundkarte, zwei Lautsprecher, ein DVD-/CD-ROM-Laufwerk und eine Festplatte mit sehr großer Speicherkapazität. Da meist große Datenmengen bewegt werden, müssen die CPU des PCs und die Grafikkarte sehr leistungsfähig sein.

Für die Tonverarbeitung (Soundbearbeitung) benötigt man Lautsprecherboxen **(Bild 2).** Meist werden zwei Aktivboxen mit eingebautem Netzteil verwendet. Die Tonbearbeitung wird mittels Soundkarte vorgenommen. Die Soundkarte wird mit einer Datenleitung, z. B. Flachbandleitung mit 32 Leitern, und einer abgeschirmten dreiadrigen NF-Leitung mit dem DVD-ROM-Laufwerk verbunden. Bei eingebauter Karte sind die Anschlüsse für Mikrofon und eine weitere Tonquelle sowie die Anschlüsse für die Lautsprecher meist auf der Vorderseite oder auf der Rückseite des PCs zugänglich. Zusätzlich sind Geräte mit Midi-Schnittstelle oder ein Joystick anschließbar (Tabellenbuch Informations- und Systemtechnik). Die Video-Verarbeitung wird mittels Videokarte vorgenommen. Die Videokarte setzt das digitalisierte Videosignal in das RGB-Format um. Das so gewandelte Videosignal kann dann von der Grafikkarte weiterbearbeitet werden.

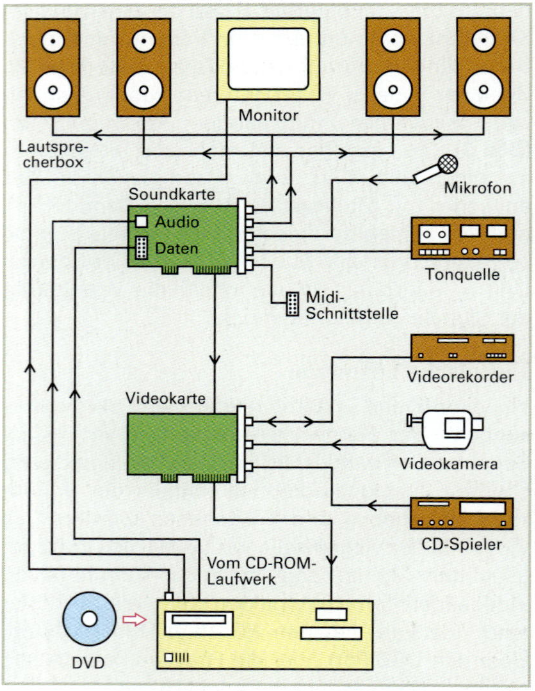

Bild 2: Baugruppen und Geräte eines Multimedia-PCs

Tabelle 1: Software für Multimedia-Anwendungen

Art	Anwendung, Erklärung
Mischpult	Einstellen der NF-Quellen
Audiorekorder	Aufnehmen/Abspielen von Musik und Sprache
CD-Rekorder	Abspielen/Aufnehmen von Audio-CDs
Medienwiedergabe	Abspielen digitaler Videos sowie von NF und CD
Synthesizer	Erzeugen von Tönen und Geräuschen

Midi-Synthesizer

Soundkarten enthalten meist Programme, die Midi-Synthesizer (Midi von Musical Instrument Digital Interface = Musikinstrument-Digitalschnittstelle, Synthesizer = Gerät zur Erzeugung elektronischer Klänge) nachbilden. Abgespielt werden kann die Datei z. B. mit dem Programm *Medienwiedergabe* **(Bild 1)**. Ist der PC mit einem Synthesizer über ein Midi-Kabel verbunden, kann dieses Gerät die am PC erzeugte Musik abspielen.

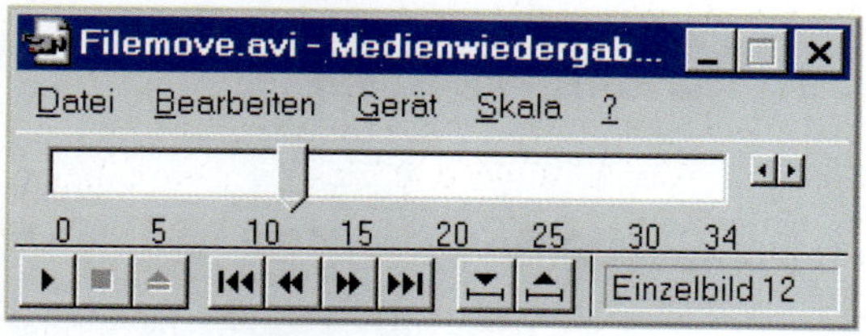

Bild 1: Fenster Medienwiedergabe

16.4.4.2 Multimedia-Endgeräte

Ein Multimedia-Endgerät **(Bild 2)** besteht aus den Baugruppen:

- Fernsehgerät mit 100-Hz-Vertikalablenkung,
- DVB-Empfänger (von **D**igital **V**ideo **B**roadcasting) mit MPEG-2-Decoder (von **M**otion **P**icture **E**xperts **G**roup = Bewegtbild-Expertengruppe) und
- einem PC mit verschiedenen Schnittstellen.

Das Fernsehgerät arbeitet mit digitaler Signalverarbeitung **(Bild 3)**. Das Empfangssignal von Satellit, Kabel oder Terrestrik wird im DVB-Empfänger ausgewertet und als Videosignal und Audiosignal zur Verfügung gestellt. Die zweite Euro-AV-Buchse verbindet den PC mit dem Fernsehgerät. Über sie kann das Fernsehbild mit dem Video-Signal des PCs überlagert werden. Gesteuert wird das Fernsehgerät von der CCU (von **C**entral **C**ontrol **U**nit= zentrale Steuerungseinheit).

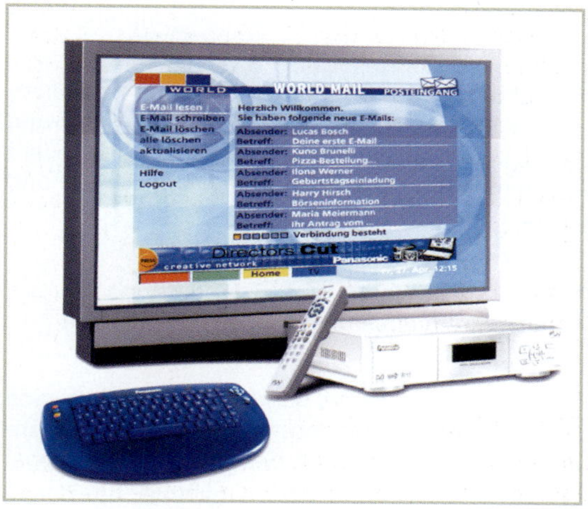
Bild 2: Multimedia-Endgerät

Das Multimedia-Endgerät muss zwei voneinander unabhängige Tonquellen, nämlich Fernsehton und PC-Ton, steuern. Diese Aufgabe übernimmt die Soundkarte im PC. Die Verbindung erfolgt über die Euro-AV-Buchse. Für die Ansteuerung des Bildschirms wird eine eigene Grafikkarte verwendet. Die Grafikkarte wird vom Fernsehgerät mit Impulsen für die horizontale und vertikale Synchronisation versorgt. Dadurch ist es möglich, dem Fernsehbild das PC-Bild zu überlagern. Die Steuerung des PCs erfolgt z. B. über eine Tastatur mit Trackball. Die Verbindung zwischen Multimedia-Endgerät und Tastatur erfolgt mit Infrarot. Der Anschluss an Online-Dienste wird über eine ISDN-Karte vorgenommen. Der Zugang erfolgt auch über DSL-Modem oder BK-Kabel.

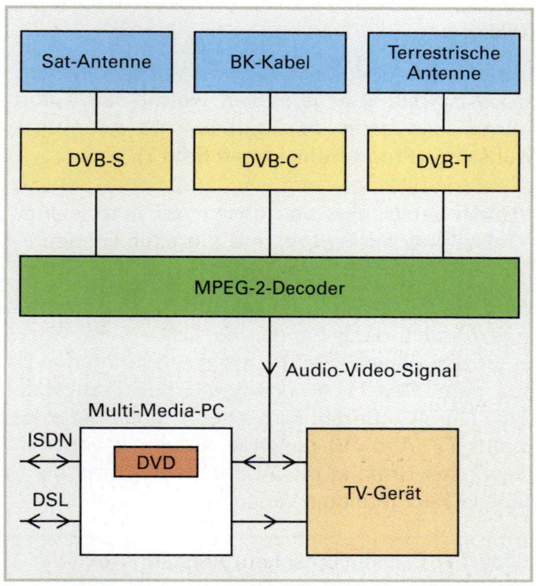

Bild 3: Baugruppen eines Multimedia-Endgerätes

Wiederholung und Vertiefung

1. **Was versteht man unter Multimedia-Technik?**
2. **Welche Komponenten gehören zu einem Multimedia-PC?**
3. **Nennen Sie drei Steuerungsprogramme für Multimedia-Anwendungen.**
4. **Aus welchen Baugruppen besteht ein Multimedia-Endgerät?**

16.5 Verschlüsselung von digitalen Rundfunksignalen

Jedes digitale Rundfunksignal besteht aus einem Datenstrom, der nach einem Standard aufgebaut ist. Dieser Datenstrom wird auf der Sendeseite aus dem ursprünglichen analogen Signal erzeugt, dann über Satellit, Kabel oder terrestrische Sender übertragen und auf der Empfangsseite wieder in das ursprüngliche analoge Signal gewandelt. Der Empfang ist für jeden Nutzer möglich, wenn er für Hörfunk einen DAB-Empfänger bzw. für Fernsehen einen DVB-Empfänger einsetzt. Es handelt sich dann um den freien Zugriff auf die empfangbaren Programme.

Sollen dagegen Programme nur gegen Bezahlung verfügbar sein, dann bedarf es einer Erweiterung des Übertragungssystems. Diese wird mit dem Sammelbegriff *Verschlüsselung* bezeichnet und besteht aus den Teilsystemen

- Verwürfelung (Scrambling),
- Verschlüsselung (Encryption) und
- Teilnehmerverwaltung (Subscriber Management).

Bei der *Verwürfelung* handelt es sich um eine systematische Veränderung der Bitfolgen im Datenstrom. Damit wird das übertragene Signal für den nicht autorisierten Teilnehmer „unlesbar". Die *Verschlüsselung* stellt elektronische Schlüssel bereit. Mit diesen kann der autorisierte Teilnehmer die Verwürfelung wieder rückgängig machen. Dies wird als *Entwürfelung* (Descrambling) bezeichnet. Es erfolgt auf der Empfangsseite in einer als Entwürfeler (Descrambler) bezeichneten Baugruppe **(Bild 1)**.

Unter *Teilnehmerverwaltung* ist die organisatorische Abwicklung zu verstehen, welche dem autorisierten Teilnehmer die Zugriffsrechte auf die gewünschten Programme sichert **(Bild 2)**.

Durch Verschlüsselung sollen nur autorisierte Teilnehmer auf Programme zugreifen können.

Wird die Verschlüsselung bei Hörfunkprogrammen angewendet, dann handelt es sich um *Pay-Radio* (= Bezahl-Radio). Bei Fernsehprogrammen wird aus dem *Free-TV* (= unentgeltliches Fernsehen) das *Pay-TV* (Bezahl-Fernsehen), auch *Abonnements-TV* (Abo-TV) genannt. Abhängig von dem gewählten Umfang des Abonnements sind die in **Tabelle 1** aufgezeigten Varianten unterscheidbar.

Pay-TV (Bezahl-Fernsehen) entsteht durch Verschlüsselung von Free-TV.

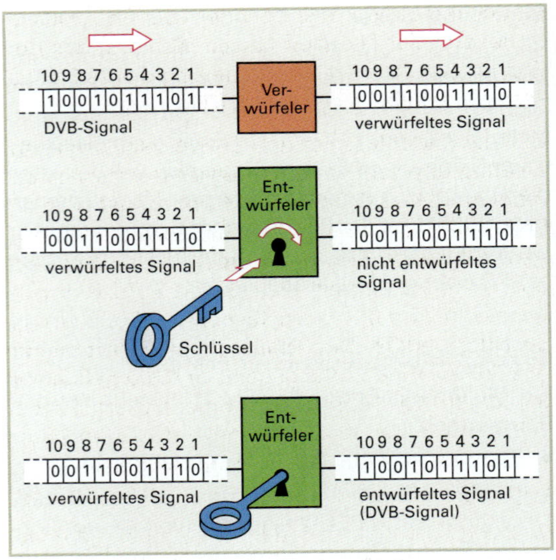

Bild 1: Verwürfelung und Entwürfelung

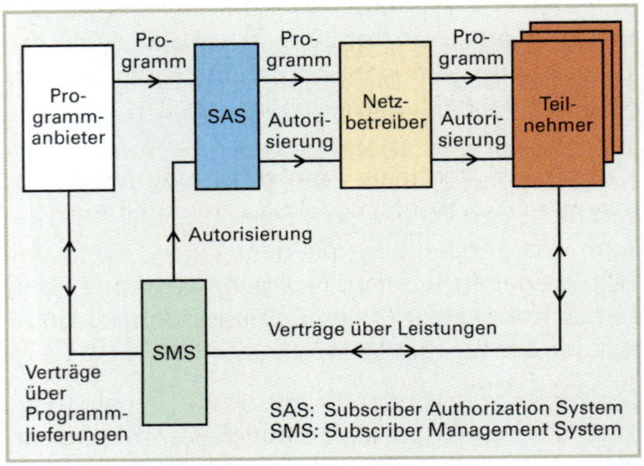

Bild 2: Teilnehmerverwaltung

Tabelle 1: Varianten für Pay-TV

Bezeichnung	Erklärung
Pay-per-View (PPV)	Bezahlung für einen Programmbeitrag
Pay-per-Channel (PPC)	Bezahlung für einen Programmkanal
Pay-per-Package (PPP)	Bezahlung für ein Programmpaket

Verschlüsselung kommt hauptsächlich beim Fernsehen zum Einsatz. Es ist dafür die Bezeichnung *Conditional Access* CA (= bedingter Zugriff) oder *Conditional Access System* CAS (= System mit bedingtem Zugriff) üblich. Bei den Systemen müssen also bestimmte Bedingungen erfüllt sein, um den Zugriff zu erhalten. Jedes CAS besteht auf der Sendeseite aus dem Verwürfeler und dem Generator für die *elektronischen Schlüsselwörter,* während sich auf der Empfangsseite der Entschlüsseler und der Entwürfeler befinden. Der Entschlüsseler ist von der Funktion her ein Schloss, das den Entwürfeler aktiviert. Die Steuerung dieses Schlosses erfolgt dabei elektronisch **(Bild 1)**.

Die aus Entschlüsseler und Entwürfeler bestehende Baugruppe auf der Empfangsseite wird als *Conditional Access Module* CAM bezeichnet. Für die Entschlüsselung sind dabei einerseits die übertragenen Schlüsselwörter erforderlich, andererseits aber auch Daten von einer Smart Card (= intelligente Chipkarte), die der Teilnehmer bei Vertragsabschluss erhält. Die Schlüsselwörter adressieren das Teilnehmer-Empfangsgerät und die gebuchten Inhalte. Durch die Smart Card identifiziert sich der Teilnehmer. Nur wenn die Daten von beiden Seiten zusammenpassen, wird der Entwürfeler freigeschaltet.

Aus vorstehenden Gründen muss jedes CAM mit einem Lesegerät für Smart Cards (Smart-Card-Reader) ausgestattet sein. Dabei ist zu berücksichtigen, dass Conditional-Access-Module entweder im Empfangsteil integriert sind, was zur typischen Bezeichnung „embedded CA" führt, oder sich das CAM auf einer Steckkarte befindet.

Das CAM kann im Empfangsgerät integriert sein oder sich auf einer Steckkarte befinden.

Bezogen auf das Empfangsgerät handelt es sich bei „embedded CA" um eine interne Baugruppe, bei der Steckkartenlösung für das CAM ist es eine externe Baugruppe.

Für den Anschluss des Steckkarten-CAMs gibt es eine europäisch genormte Schnittstelle. Sie wird als *Common Interface* CI (= gemeinsame Schnittstelle) bezeichnet **(Bild 2)**. Durch die CI wird die Verwendung verschiedener Conditional-Access-Systeme CAS mit einem Empfangsgerät möglich. Es muss lediglich das Steckkarten-CAM ausgetauscht werden. Da dies beim Wechseln zwischen dem Zugriff auf Programme mit unterschiedlicher CAS aufwändig in der Bedienung ist, gibt es auf dem Markt auch Empfangsgeräte mit zwei oder drei Schnittstellen CI. Dabei können dann zwei oder drei Steckkarten-CAMs ständig eingesteckt bleiben.

Mithilfe der Schnittstelle CI können unterschiedliche Verschlüsselungen mit einem Empfangsgerät genutzt werden.

Da die Zahl der unterschiedlichen Schlüsselwörter sehr groß ist und auch beliebige Kombinationen möglich sind, lassen sich vielfältige Verschlüsselungssysteme entwickeln. In der Praxis verfügbare

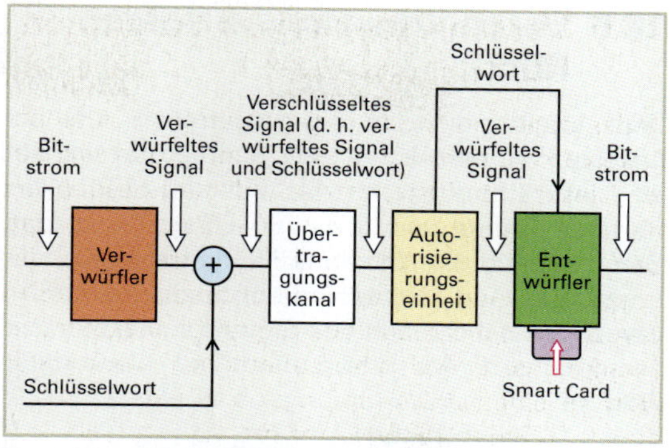

Bild 1: Funktionsprinzip der Verschlüsselung

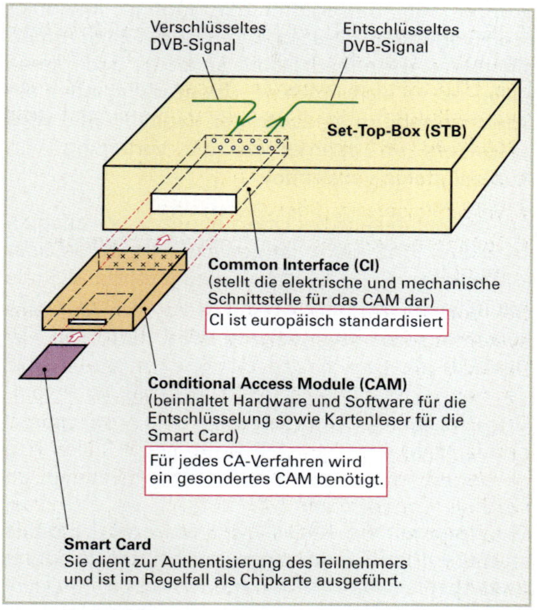

Bild 2: CI und CAM

Verschlüsselungssysteme für Pay-TV sind durch Namen wie Betacrypt, Cryptoworks, Irdeto, Nagravision, Viaccess und Videoguard unterscheidbar.

Conditional Access kann bei der Übertragung über Satellit, Kabel und terrestrische Sender eingesetzt werden.

Wiederholung und Vertiefung

1. **Was wird durch Verwürfelung bewirkt?**
2. **Beschreiben Sie die Funktion eines elektronischen Schlüssels.**
3. **Warum lassen sich beim Pay-TV Varianten unterscheiden?**
4. **Skizzieren Sie den Aufbau eines CAM.**
5. **Warum benötigt jedes CAM einen Smart-Card-Reader?**
6. **Erklären Sie den Begriff „embedded CA".**

16.6 Datenreduktionsverfahren MP3

Wird ein analoges Audiosignal mit 15 kHz als höchste Frequenz digitalisiert, dann ergibt sich bei einer Abtastfrequenz von 44,1 kHz und 16-Bit-Worten eine Bitrate von über 700 kbit/s. Durch das Datenreduktionsverfahren MP3 ist es möglich, die Bitrate des Audiosignals erheblich zu reduzieren, wobei sich die Qualität des Signals subjektiv nicht verschlechtert. Als Bezug dient die CD-Qualität **(Bild 1)**.

MP3 ist die Abkürzung für MPEG Audio Layer 3 (von **M**oving **P**icture **E**xperts **G**roup = Expertengruppe für Bewegtbildübertragung, Toncodierungsvariante 3). Das Verfahren ist bei allen Audiosignalen anwendbar. Dabei spielt es auch keine Rolle, ob es sich um eine Übertragung oder ein Speichermedium als Tonträger handelt. MP3 wird besonders im Internet für die Verteilung von Audiosignalen verwendet.

Auf der Sendeseite bei Übertragung bzw. Aufspielseite bei Tonträgern ist jeweils ein *MP3-Coder* erforderlich. Er reduziert das zugeführte digitale Audiosignal auf eine Bitrate von z.B. 128 kbit/s, und zwar unter Beibehaltung der subjektiven CD-Qualität.

Durch MP3 wird CD-Qualität mit 128 kbit/s ermöglicht.

Die Verarbeitung eines MP3-codierten Signals macht auf der Empfangsseite bei Übertragung bzw. Abspielseite bei Tonträgern einen *MP3-Decoder* erforderlich. Diese Decoder werden meist als reine Softwarelösung ausgeführt. MP3-Player (= MP3-Abspielgeräte) können deshalb mit kleinen Abmessungen gebaut werden. Sie sind im Regelfall auch mit großer Speicherkapazität für MP3-Audiosignale ausgestattet. Nach dem MP3-Decoder wandelt ein Digital-Analog-Umsetzer sein Audiosignal wieder in ein analoges Audiosignal für die Wiedergabe über Lautsprecher oder Kopfhörer um **(Bild 2)**.

Das MP3-Verfahren nutzt die Prinzipien der Redundanzreduktion und der Irrelevanzreduktion. Durch die *Redundanzreduktion* werden möglichst alle überflüssigen Informationen unterdrückt. Dazu zählen besonders solche, die sich aus anderen ergeben oder mehrfach vorhanden sind. Die *Irrelevanzreduktion* soll dagegen möglichst alle Informationen unterdrücken, die für das menschliche Gehör nicht von Bedeutung sind, also keine Relevanz haben.

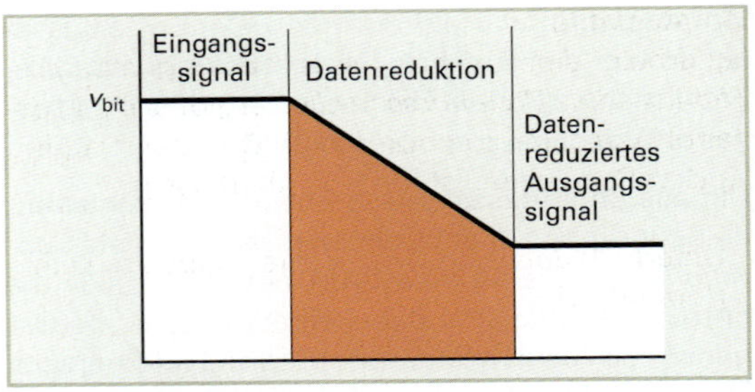

Bild 1: Datenreduktion (Konzept)

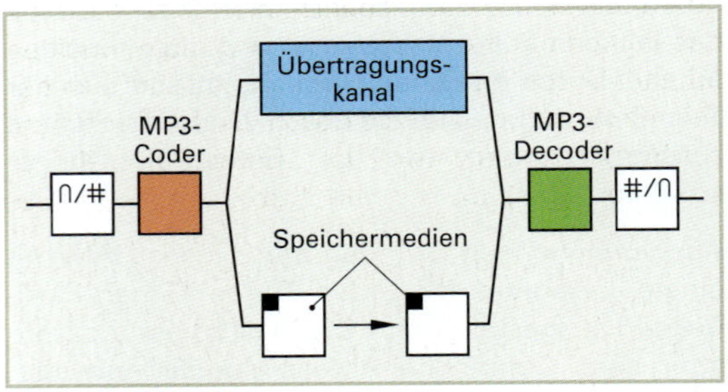

Bild 2: MP3-System

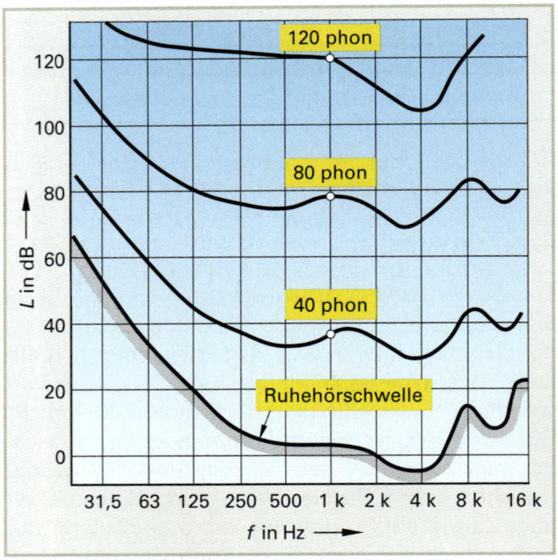

Bild 3: Ohrempfindlichkeitskurve

Während die Redundanzreduktion durch Vergleichsschaltungen möglich ist, erfolgt die Irrelevanzreduktion nach Erkenntnissen aus der *Psychoakustik*. Es gibt vier wichtige Kriterien.

Frequenzabhängigkeit

Die Empfindlichkeit des menschlichen Gehörs ist stark frequenzabhängig. Signale mit gleichem Schalldruck werden für jede Frequenz mit einer anderen Lautstärke empfunden. Dieser Zusammenhang wird in der Ohrempfindlichkeitskurve dargestellt **(Bild 3)**.

Hörschwelle

Unterhalb eines Grenzwertes des Signalpegels, nämlich der *Ruhehörschwelle,* ergibt sich überhaupt kein Höreindruck mehr. Die Übertragung solcher Pegelwerte ist deshalb überflüssig.

> Unterhalb der Ruhehörschwelle ergibt sich kein Höreindruck.

Tonverdeckung

Das menschliche Gehör kann bei lauten Einzeltönen frequenzmäßig benachbarte Töne mit kleineren Pegeln nicht wahrnehmen. Sie werden durch den dominanten Ton überlagert. Dafür ist der Begriff *Verdeckungseffekt* üblich. Dieser hängt von der Frequenz und vom Pegel des Einzeltons ab. Für jede Kombination ist eine Kurve im Pegel-Frequenz-Diagramm darstellbar. Sie heißen *Mithörschwellen* **(Bild 1)** und zeigen den Pegel-Frequenz-Bereich auf, für den die Verdeckung wirksam ist und die entsprechenden Töne unberücksichtigt bleiben können.

> Der Verdeckungseffekt beschreibt, wie ein dominanter Ton frequenzmäßig benachbarte Töne überlagert.

Frequenzunterscheidung

Das menschliche Gehör kann nicht jede Einzelfrequenz unterscheiden. Es hat, wie das menschliche Auge, ein begrenztes Auflösungsvermögen. Aus diesem Grund kann der gesamte Frequenzbereich in schmale Teilbänder aufgeteilt und durch Mittelwerte der Signalpegel repräsentiert werden.

> Irrelevanzreduktion nutzt Erkenntnisse aus der Psychoakustik zur Datenreduktion.

Das Kernstück der MP3-Codierung ist ein *psychoakustisches Modell,* welches die Wahrnehmungseigenschaften des menschlichen Gehörs mathematisch beschreibt und für die Codierung als Bezug dient. Das digitalisierte Audiosignal durchläuft zuerst eine Filterbank, in der es in 32 Teilbänder aufgeteilt wird. Dann erfolgen die Quantisierung und Codierung für jedes Teilband nach folgendem Prinzip: Es wird zuerst jeweils nur mit so viel Bits codiert, wie das zusätzliche Rauschen noch unter der Mithörschwelle liegt. Danach erfolgen die Bildung von Rahmen und die Ergänzung eines Fehlerschutzes **(Bild 2)**.

> Die MP3-Codierung ist ein Teilbandverfahren.

Mit MP3 lässt sich das Audiosignal auch im *Joint-Stereo-Mode* (= gemeinsamer Stereo-Modus) codieren. Dabei wird die Tatsache genutzt, dass in beiden Stereokanälen viele gleiche Anteile enthalten sind. Es genügt deshalb, diese Anteile nur einmal zu codieren. Diese Redundanzreduzierung führt verständlicherweise zu einer weiteren Verringerung der Bitrate, und zwar ohne Qualitätsverluste.

Der MP3-Decoder macht die Codierung wieder rückgängig und stellt an seinem Ausgang das ursprüngliche Audiosignal in digitaler Form zur Verfügung.

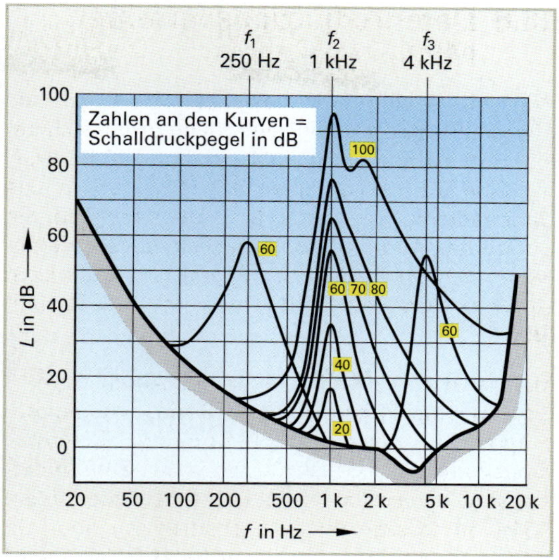

Bild 1: Mithörschwellen

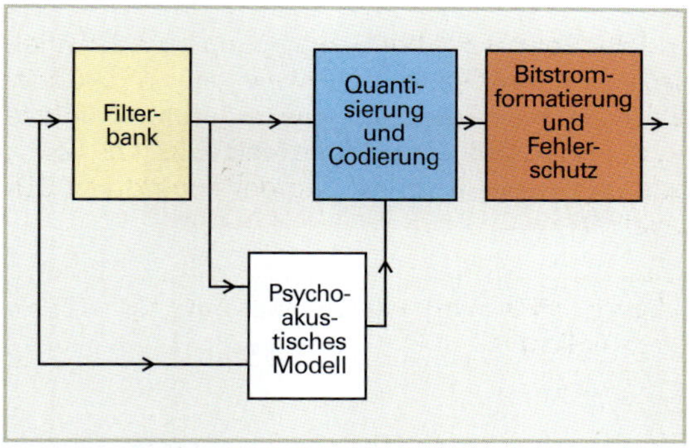

Bild 2: MP3-Codierung

Wiederholung und Vertiefung

1. **Erklären Sie die Besonderheit von MP3 mit der Bitrate 128 kbit/s.**
2. **Nach welchen Prinzipien arbeitet das MP3-Verfahren?**
3. **Welche Erkenntnisse lassen sich aus der Ohrempfindlichkeitskurve ableiten?**
4. **Beschreiben Sie den Verdeckungseffekt.**
5. **Welche Aufgabe hat das psychoakustische Modell?**

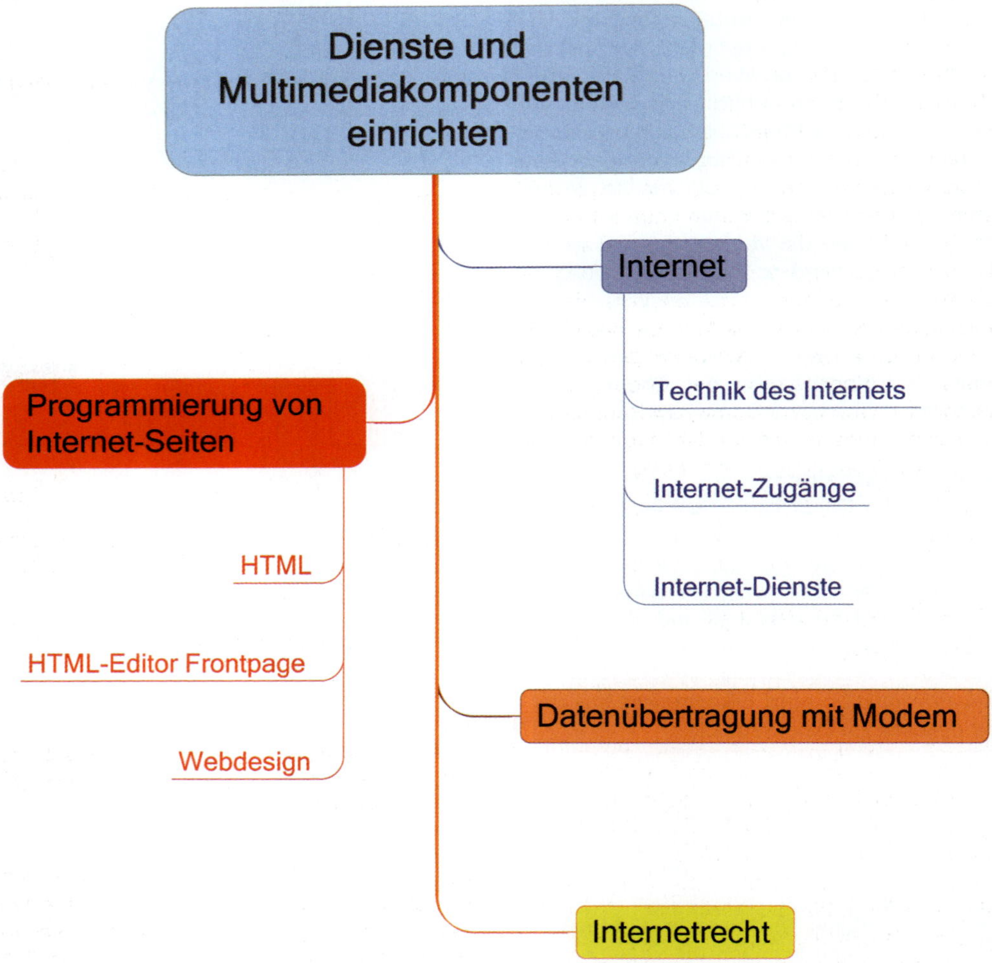
Dienste und Multimediakomponenten einrichten
Internet
Technik des Internets
Internet-Zugänge
Internet-Dienste
Programmierung von Internet-Seiten
HTML
HTML-Editor Frontpage
Webdesign
Datenübertragung mit Modem
Internetrecht

17 Dienste und Multimediakomponenten einrichten und nutzen

17.1 Internet

Das Internet ist ein weltweiter Zusammenschluss von Computernetzwerken **(Bild 1)**.

Das Internet ist ein weltumspannender Verbund von Computernetzen.

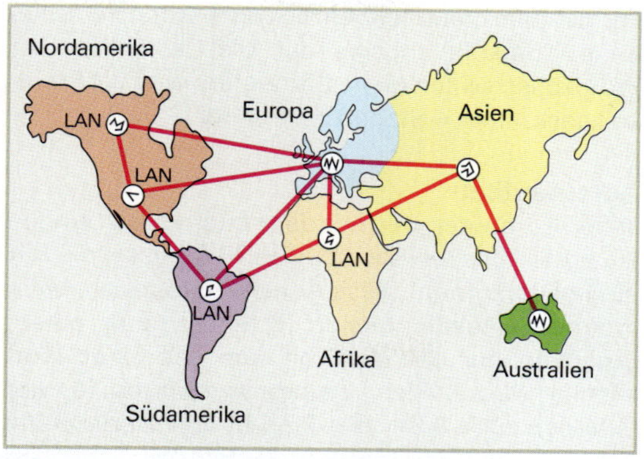

Bild 1: Das Internet als Verbund von Netzwerken (LAN)

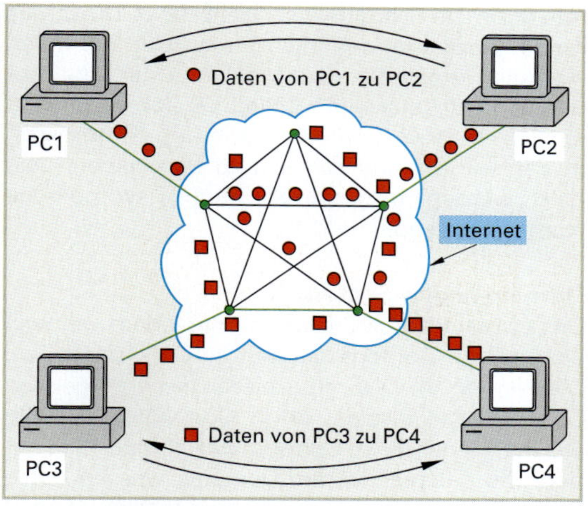

Bild 2: Datentransport im Internet

Verwaltung des Internets

Das höchste Gremium im Internet ist das IAB (Internet Architecture Board), das unter anderem über Standards und Adressvergaben entscheidet. Diese Standards werden in RFCs (von **R**equest **f**or **C**omments = Anfrage nach Kommentaren) niedergelegt. Die RFCs sind Textdokumente und werden durch vierstellige Nummern gekennzeichnet. Als ausführende Institutionen arbeiten verschiedene Organisationen. So ist z.B. die Aufgabe des ICANN (**I**nternet **C**orporation for **A**ssigned **N**ames and **N**umbers) die Koordination der Endungen der Domainnamen (Top-Level-Domains = Hauptgebiet, z.B. de) von Internetadressen. NIC (von **N**etwork **I**nformation **C**enter) vergibt eindeutige Adressen und Namen im Internet.

17.1.1 Technik des Internets

Paketvermittlung

In einem Computernetz kann jeder angeschlossene Computer mit einem anderen am Netz angeschlossenen Computer Verbindung aufnehmen und Daten austauschen. Die Daten werden dabei in kleinere Einheiten, die Pakete genannt werden, zerlegt und übertragen **(Bild 2)**. Man spricht daher von einem paketvermittelten Netz, im Gegensatz zum Telefonnetz, das ein leitungsvermitteltes Netz ist. Hier wird für jedes Gespräch eine Leitung zwischen zwei Gesprächspartnern benötigt, die auch während den Gesprächspausen belegt ist. Pakete verschiedener Absender können zeitlich hintereinander über eine Leitung verschickt werden. Wenn bei der Datenübertragung ein Fehler auftritt, muss nicht die gesamte Datenmenge wiederholt gesendet werden, sondern nur das fehlerhafte Paket.

Protokolle im Internet

Damit die verschiedenen Computerarten, z. B. PCs, Apple-Macintosh oder UNIX-Rechner, in einem Netz miteinander kommunizieren können, müssen sie gemeinsame Protokolle verwenden.

Ein Protokoll ist eine technische Vorschrift, die Computer beim Informationsaustausch einhalten müssen.

So sind z.B. die Datenformate und Codes der Steuernachrichten festgelegt oder die Reaktion auf bestimmte Ereignisse, wie z.B. die Reaktion auf fehlerhafte Informationsübertragung. Das TCP (von **T**ransmission **C**ontrol **P**rotocol = Übertragungs-Steuerungsprotokoll) zerlegt die zu übertragenden Daten in handliche Pakete und nummeriert sie. Zusätzlich berechnet TCP eine Prüfsumme, die ebenfalls in das TCP-Paket geschrieben wird. Das IP (von **I**nternet **P**rotocol) hängt an jedes Paket die Absenderadresse und die Empfängeradresse.

Die Protokolle TCP und IP ermöglichen eine paketvermittelte Datenübertragung.

Für die Informationsübertragung werden verschiedene Protokolle angewendet. Die Gesamtheit der Protokollschichten eines Computers wird als Protokollstack (stack = Stapel) bezeichnet.

Adressaufbau

Jeder Computer, der mit dem Internet verbunden ist, erhält eine weltweit gültige IP-Adresse, die nur einmal vorkommt. Diese Adressen bestehen, beim Internet-Protokoll Version 4 (IPv4), aus einem Binärwort der Länge 32 bit. Um das 32-Bit-Wort leichter darzustellen, unterteilt man es in vier Gruppen zu je 8 Bit, die dann in eine Dezimalzahl umgewandelt werden **(Bild 1).** Bei der dezimalen Schreibweise werden die vier Gruppen durch Punkte (dots) voneinander getrennt und als DDN-Adressen (von **D**otted **D**ecimal **N**otation = gepunktete dezimale Schreibweise) bezeichnet. Durch das rasche Wachstum des Internets werden die freien Adressen knapp. Die neue Version des Internetprotokolls IPv6 (Internet-Protokoll Version 6) benutzt ein 128-Bit-Wort für die Adressierung. IP-Adressen in Zahlenform sind schlecht zu handhaben, deshalb werden im Internet häufig symbolische Namen verwendet (Bild 1).

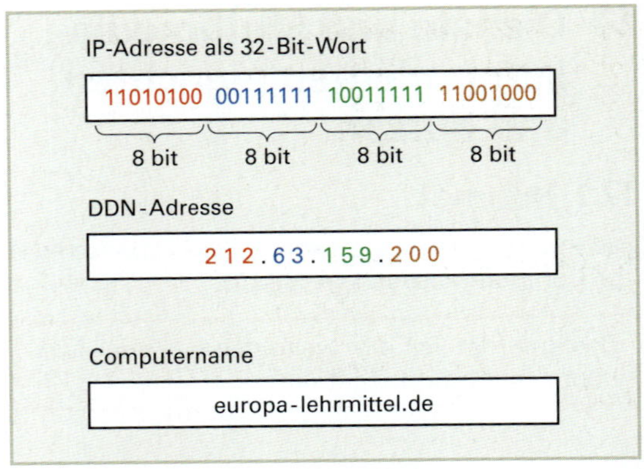

Bild 1: Schreibweisen für IP-Adressen

Domain-Name-System

Das Domain-Name-System ordnet jedem weltweit eindeutigen Computernamen eine IP-Adresse zu. Die Namen im DNS sind hierarchisch aufgebaut. Das gesamte Internet ist in Domains aufgeteilt, welche wieder durch Subdomains strukturiert werden. Die entsprechenden Domains werden durch Punkt getrennt **(Bild 2).** Die Top-Level-Domain steht ganz rechts und gibt das Land bzw. den Bereich an **(Tabelle 1).**

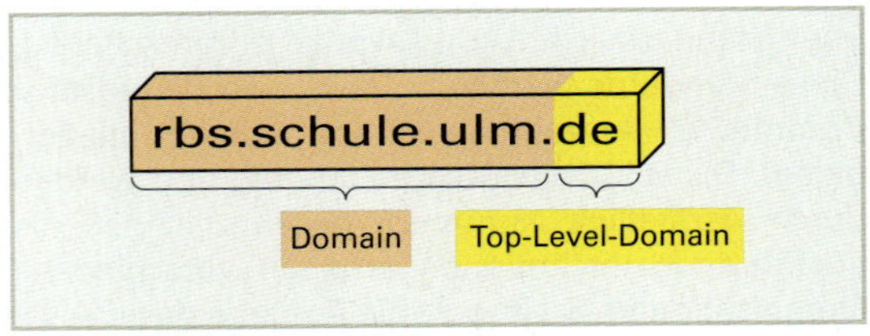

Bild 2: Aufbau eines Computernamens

Tabelle 1: Beispiele für Top-Level-Domains

Abkürzung	Organisation oder Land
com	kommerzielle Organisationen
edu	(education) Schulen und Hochschulen
gov	(government) Regierungsinstitutionen
net	Netzwerk betreffende Organisationen
org	nicht kommerzielle Organisationen
at	Austria, Österreich
de	Deutschland
eu	Europa

Für die Verbindung zwischen zwei Computern muss der Computername in eine zugehörige IP-Adresse umgewandelt werden.

Ein Vorteil der Computernamen ist, dass die IP-Adresse in Binär- bzw. DDN-Schreibweise geändert werden kann, der symbolische Name aber für den Anwender erhalten bleibt.

Auf speziellen Computern, den Name-Servern oder DNS-Servern, laufen Programme, die Namen in IP-Adressen und IP-Adressen in Namen umwandeln (auflösen) können.

Client-Server-Prinzip

Die meisten der Internet-Anwendungen funktionieren nach dem Client-Server-Prinzip (Client = Kunde, Server = Diener). Auf einem Computer läuft ein Clientprozess und auf dem anderen ein Serverprozess **(Bild 3).** Der Clientprozess ist meistens ein Anwendungsprogramm, das es ermöglicht, Eingaben zu machen und Ausgaben zu lesen. Die sich daraus ergebenden Anweisungen werden vom Client entweder selbst ausgeführt oder als Auftrag an den Server geschickt. Von diesem erhält der Client dann die Ergebnisse des Auftrags zurück.

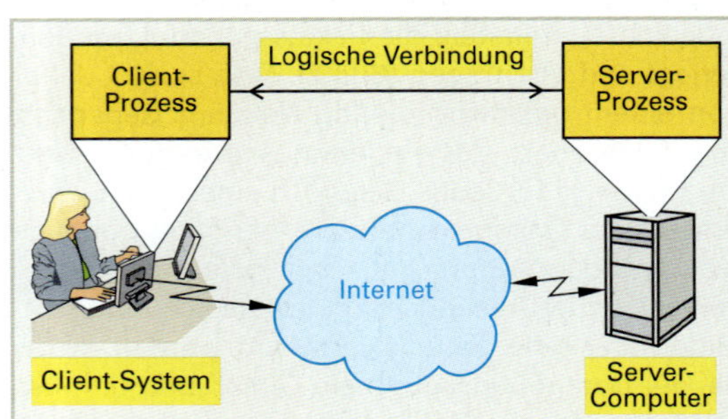

Bild 3: Client-Server-Prinzip

17.1.2 Internet-Zugänge

Internet-Service-Provider

Ein Internet-Service-Provider ISP (to provide = versorgen) ist ein Dienstleister, der Privatanwendern oder Firmen einen Zugang zum Internet anbietet. Die Provider unterscheiden sich zum Teil erheblich in Bezug auf die Dienstleistungen und die Tarifstruktur **(Tabelle 1)**. Damit ein Provider seinen Kunden eine sichere und stabile Internetverbindung garantieren kann, benötigt er eine eigene, ständig verfügbare und schnelle Datenanbindung an das Internet. Weiterhin benötigt der Provider mehrere IP-Adressen, die er seinen Kunden für die Dauer der Internetverbindung zuweist. Diese Zuweisung erfolgt automatisch bei der Anmeldung am Zugangsrechner des Providers. Dies wird als dynamische Adressvergabe bezeichnet.

Die automatische Zuweisung einer IP-Adresse wird dynamische Adressvergabe genannt.

Tabelle 1: Auswahlkriterien für Provider

Kriterien	Merkmale
Qualitäten	Zuverlässigkeit, Übertragungsgeschwindigkeit, Stabilität, Lastverteilung, Verfügbarkeit.
Preise	Grundgebühr für die Bereitstellung des Zugangs, Gebühr für die Dauer einer Verbindung, Gebühr für übertragenes Volumen, Pauschale, ggf. sogar inklusive der Telefongebühren.
Dienstleistungen	Bereitstellung von Software, Erstellen von Web-Seiten, Datenbankanbindung, Softwareerstellung, Hilfe bei Problemen, Hotline, Support.
Zusatzleistungen	Bereitstellung einer Mailadresse mit Postfach, Bereitstellung eines Domain-Namens, Bereitstellung von Webspace, FTP-Zugriff.

Internet-Zugang über Modem

Um eine Verbindung ins Internet aufzubauen, nutzen viele Internetnutzer ein Modem (von Modulator-Demodulator). Interne Modems sind Steckkarten, die in den Computer eingebaut werden. Externe Modems sind eigenständige Geräte, die über eine Leitung mit der seriellen Schnittstelle oder USB-Schnittstelle am Computer verbunden werden. Für Notebook-Computer gibt es Modems in Form von PCMCIA-Steckkarten. Alle Modems müssen mit einem Telefonanschluss verbunden werden. Mit einer Wählverbindung erfolgt dann über den Computer eines Providers der Zugang zum Internet **(Bild 1)**.

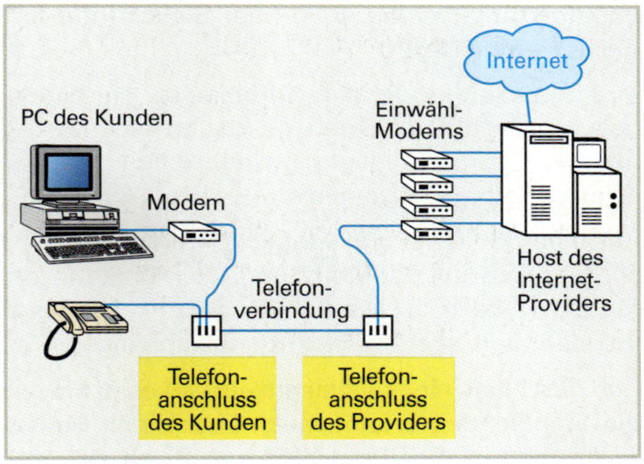

Bild 1: Verbindung zum Internet über einen Provider

Internet-Zugang über ISDN

Das digitale Telefonnetz ISDN erlaubt eine schnelle Anbindung an das Internet. Dazu wird eine ISDN-Steckkarte benötigt, die entweder mit der Telefonanlage oder direkt mit einem der beiden ISDN-Anschlüsse verbunden wird **(Bild 2)**. ISDN bietet neben einem schnelleren Verbindungsaufbau auch höhere Bitraten mit 64 kbit/s je Kanal. Bei Kanalbündelung, d.h., zwei Leitungen werden parallel eingesetzt, verdoppelt sich die Bitrate auf 128 kbit/s. In diesem Fall werden aber auch für beide Verbindungen die Nutzungsentgelte berechnet.

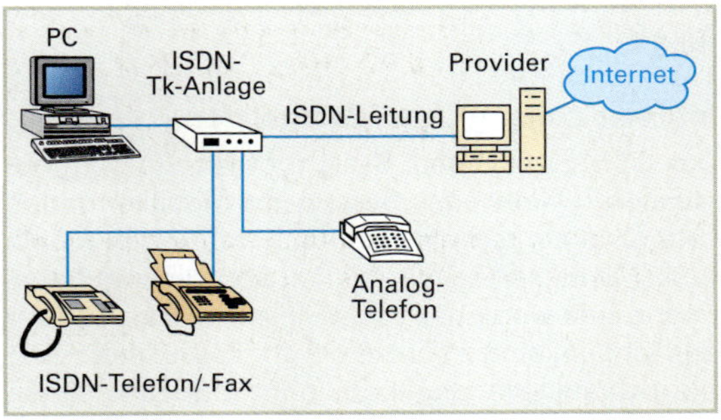

Bild 2: Verbindung zum Internet über eine ISDN-Leitung

Internet-Zugang über DSL

Zur Übertragung von Daten über Fernsprech-Kupferleitungen für kurze Entfernungen bis etwa 5 km ermöglicht DSL (von Digital Subscriber Line = digitale Teilnehmer-Anschlussleitung) eine hohe Bitrate. Bei dieser Technologie nimmt die Übertragungsleistung mit der Länge des Kabels stark ab. Daher kann DSL bei Kupferleitungen nur über kurze Entfernungen, z.B. bis 4 km, zur Vermittlungsstelle verwendet werden.

Internet-Zugang über Satellit

Für große Datenvolumen bietet sich ein Internetzugang über Satellit an. Die Übertragungsgeschwindigkeit ist mit 8 Mbit/s bis zu 120-mal schneller als ein ISDN-Zugang bzw. 140-mal schneller als ein 56-kbit-Modem. Der Anwender wählt sich über eine normale Modem- oder ISDN-Verbindung ins Internet ein und fordert die Daten beim Rechner des Satelliten-Providers an (Uplink).

Die Daten werden dann zusammen mit denen anderer Nutzer an einen Kommunikations-Satelliten gesendet und von dort auf das Zielgebiet abgestrahlt **(Bild 1)**. Über eine geeignete Satellitenempfangsanlage und eine passende PC-Karte mit Software können die Daten empfangen werden (Downlink).

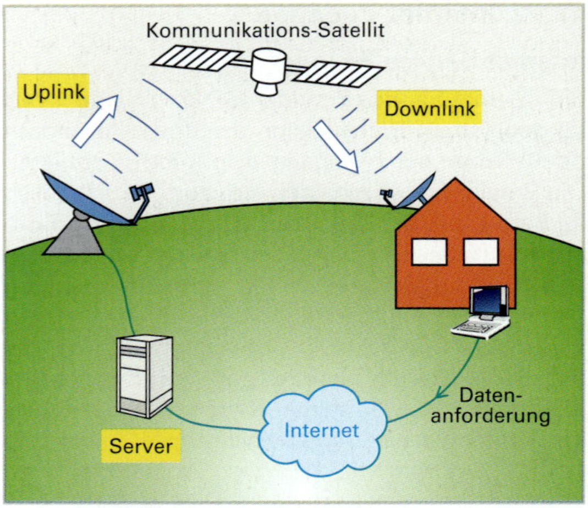

Bild 1: Internet-Zugang über Satellit

Internet-Zugang über Standleitung

Größere PC-Netze werden meist über Standleitungen mit dem Internet verbunden. Dies ist vor allem für Firmen, die einen eigenen Internet-Server betreiben, notwendig, damit der Server rund um die Uhr erreichbar ist.

Eine Standleitung ist eine Verbindung, die dauerhaft zwischen zwei Orten geschaltet ist und die höhere Übertragungsgeschwindigkeiten als bei Telefonleitungen ermöglicht.

Bei einer Standleitung stehen Bitraten von z. B. 64 kbit/s, 128 kbit/s, 2 Mbit/s und 155 Mbit/s zur Verfügung **(Tabelle 1)**. Die Kosten sind in der Regel von der übertragenen Datenmenge abhängig.

Der Anschluss eines lokalen Netzwerkes (LAN) an die Standleitung erfolgt meist über einen Router (= Wegfinder). Der Router überprüft, ob sich der Empfänger eines Datenpaketes im lokalen Netzwerk befindet. Wenn der Empfänger kein PC des LAN ist, wird das Datenpaket nicht angenommen **(Bild 2)**.

Tabelle 1: Internetzugänge

Übertragungsmedium	Bitrate Empfangen	Bitrate Senden
Analoger Telefonkanal	56 kbit/s	33 kbit/s
ISDN (je Kanal)	64 kbit/s	64 kbit/s
T-DSL	768 kbit/s	128 kbit/s
Satellit	8 Mbit/s	150 kbit/s (geplant)
Standleitung	64 kbit/s bis 155 Mbit/s	64 kbit/s bis 155 Mbit/s
Kabelmodem	43 Mbit/s	10,24 Mbit/s meist kein Rückkanal
GSM	9,6 kbit/s	9,6 kbit/s
GPRS $b_{r\,max}$	115 kbit/s	115 kbit/s
GPRS b_r	40 kbit/s	40 kbit/s

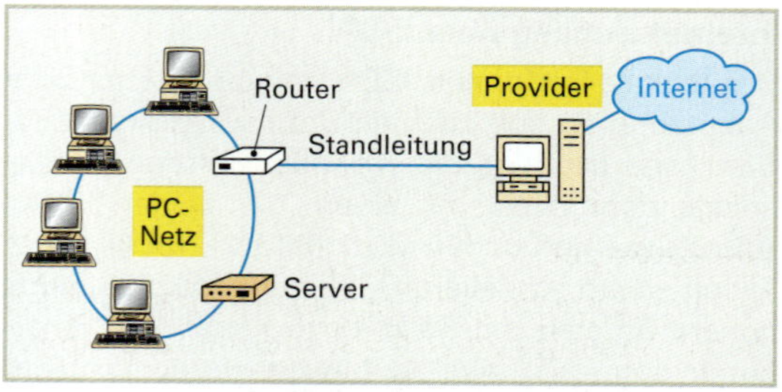

Bild 2: Internet-Zugang über Standleitung

Internet-Zugang über Mobiltelefon

Das GSM (von **G**lobal **S**ystem of **M**obile Communication = weltweites System für Mobilkommunikation) ist ein technischer Standard für den Mobilfunk. Mit dieser Technik können Sprache und Daten übertragen werden. Um den Internet-Zugang über das Mobiltelefon zu nutzen, wird dieses meist über die Schnittstelle Bluetooth oder USB mit einem Notebook oder PC verbunden. Um mit dem Mobiltelefon direkt auf Internet-Inhalte zugreifen zu können, muss es das WAP (von **W**ireless **A**pplication **P**rotocol = Funkanwendungsprotokoll) beherrschen. Das Mobiltelefon kommuniziert dann mit einem WAP-Server, der die Inhalte liefert. Bilder werden hierbei ausgefiltert.

GPRS (von **G**eneral **P**acket **R**adio **S**ervices = allgemeine paketvermittelte Funkdienste) ermöglicht eine schnellere Datenübertragung. Für den Internetzugang sind Übertragungsgeschwindigkeiten von bis zu 115 kbit/s möglich. Da GPRS auf der GSM-Technologie basiert, können zur Geschwindigkeitssteigerung bis zu acht GSM-Kanäle für die Datenübertragung gebündelt werden. Die

Sprachübertragung hat beim Mobilfunk jedoch Vorrang. Das bedeutet, dass bei einem ausgelasteten Netz auch weniger als acht Kanäle verfügbar sind. Im praktischen Einsatz werden Übertragungsraten von 40 kbit/s erreicht.

Bei Datenübertragung mit GPRS kann sich die Datenrate auch während des Sendevorgangs ändern.

GPRS-Dienste werden nicht nach Nutzungsdauer, sondern nach übertragener Datenmenge abgerechnet.

Sonstige Internet-Zugänge

Ein schneller Internetanschluss ist auch über das TV-Kabelnetz möglich. Mit einem Kabelmodem können Daten sehr schnell übertragen werden (Tabelle 1, vorhergehende Seite). Ist das TV-Kabelnetz noch nicht rückkanalfähig, können von zu Hause keine Daten in das Kabelnetz gespeist werden. Das Anfordern von Daten erfolgt dann über eine Modem- oder ISDN-Verbindung.

Der Datenzugang ins Internet kann ebenso erfolgen über die Stromleitung. Dieses Verfahren wird als Powerline-Technologie oder PLC (von **P**ower **L**ine **C**ommunication = Kommunikation über das Stromnetz) bezeichnet und hat den Vorteil der großen Verfügbarkeit in jedem Gebäuderaum.

Wiederholung und Vertiefung

1. **Nennen Sie verschiedene Möglichkeiten des Internet-Zuganges.**
2. **Nennen Sie Auswahlkriterien, die ein Internet-Provider erfüllen sollte.**
3. **Welche Hardware wird für einen Internet-Zugang über DSL benötigt?**

17.1.3 Internet-Dienste

Web-Browser

Für eine einfache Nutzung des Internets werden Web-Browser (to browse = schmökern, sich umsehen) verwendet. Ein Web-Browser ist ein Programm, das zum Navigieren im Internet und zur grafischen Darstellung von Webseiten benötigt wird. Häufig verwendete Browser sind der Microsoft Internet Explorer, Firefox und Opera.

World Wide Web WWW

Das World Wide Web (= weltweites Netz) wird häufig mit dem Internet gleichgesetzt, ist aber trotz der Bezeichnung „Web" kein Netz. Das WWW ist ein Dienst, der auf den vernetzten Computern des Internets angeboten wird. Auf einer Vielzahl von WWW-Servern sind viele WWW-Dokumente gespeichert, die miteinander verknüpft werden können **(Bild 1)**. Der WWW-Standard basiert auf dem Hypertext-System (von hyper = über).

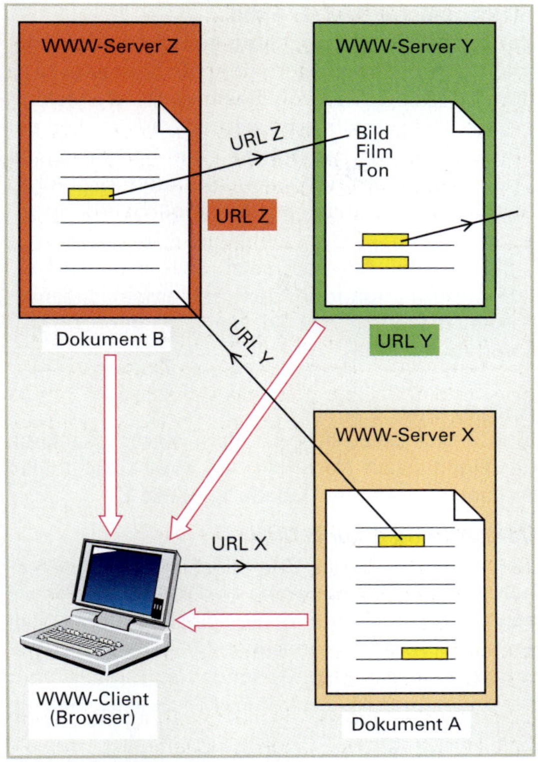

Bild 1: Das Hypermedia-Prinzip

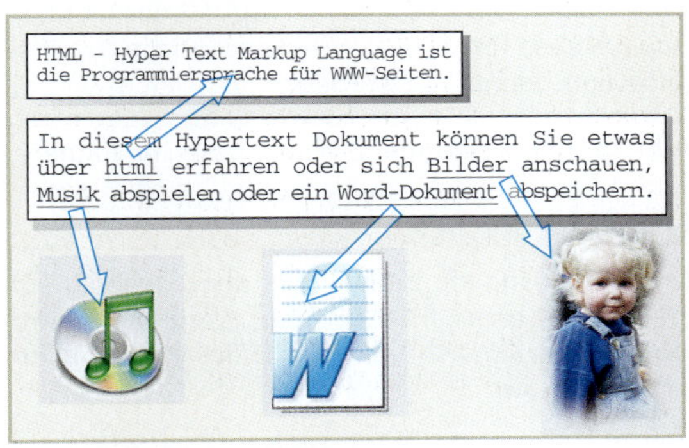

Bild 2: Multimediafähigkeit eines Hypertextdokuments

Hypertext bedeutet, dass der Text Querverweise (Links) enthält, die mit einem Betrachtungsprogramm per Tastendruck oder Mausklick abgerufen werden.

Durch das Verlinken von Bildern, Sounds oder Animationen wird ein multimediales Informationsangebot ermöglicht **(Bild 2)**.

Elektronische Post (E-Mail)

Die Nachrichtenübermittlung zwischen zwei oder mehr Computerbenutzern über ein Netzwerk kann durch E-Mail (E-Mail von **E**lectronic Mail = elektronische Post) verwirklicht werden. Gegenüber der herkömmlichen Papier-Post sind elektronische Briefe billiger und schneller, außerdem können zu dem Text auch Dateien mitübertragen werden.

Eine E-Mail-Adresse setzt sich aus einem Benutzernamen und der Zieldomain zusammen, die durch das Zeichen „@“ (sprich: ät) verbunden sind.

Aufbau einer E-Mail

Eine E-Mail setzt sich aus dem Nachrichtenkopf, der eigentlichen Nachricht und einem optionalen Anhang zusammen **(Tabelle 1, Tabelle 2)**.

Versandweg einer E-Mail

Nachdem eine Mail geschrieben ist, wird sie mithilfe eines Mail-Programms an den Mail-Server gesendet **(Bild 1)**. Das Protokoll SMTP (**S**imple **M**ail **T**ransfer **P**rotocol = einfaches Mail-Übertragungsprotokoll) regelt den Versand von E-Mails vom Absender zum Mailserver (SMTP-Server). Hat die E-Mail den Ziel-Mailserver erreicht, wird sie im Postfach des Empfängers abgelegt und bleibt dort so lange liegen, bis sie vom Empfänger abgerufen wird. Neben SMTP kann auch IMAP (Internet Message Access Protocol = Internetnachricht Zugriffsprotokoll) verwendet werden.

Beim Versenden einer E-Mail müssen Absender und Empfänger nicht gleichzeitig im Netz aktiv sein.

Um eingegangene E-Mails aus dem Postfach auf dem Mail-Server (POP3-Server) abzuholen, wird das Protokoll POP3 (von **P**ost **O**ffice **P**rotocol Version 3) benutzt.

Dateiübertragung (Filetransfer)

Wenn große Dateien oder Datensätze über das Internet übertragen werden, wird der Dienst Filetransfer (= Dateiübertragung) eingesetzt. Er arbeitet mit dem Protokoll FTP (**F**ile **T**ransfer **P**rotocol = Datei-Übertragungsprotokoll), das festlegt, wie Dateien von einem Computer auf einen anderen zu übertragen sind. Auf speziellen FTP-Computern liegen Dateien zum meist kostenlosen Download bereit. Über das WWW zum Download bestimmte Programme sind meist per Link mit einem FTP-Server verbunden.

Um vom eigenen Computer auf einen FTP-Server zuzugreifen, wird eine FTP-Client-Software benötigt.

Tabelle 1: Kopffelder einer E-Mail

Feld	Funktion
From	E-Mail-Adresse des Verfassers
To	E-Mail-Adresse des Empfängers
Date	Absendedatum und -uhrzeit
Subject	Text der Betreffzeile
Received	Adressen der Mail-Router, die die Mail während des Transports weitergeleitet haben

Tabelle 2: Optionale Kopffelder einer E-Mail

Feld	Funktion
Reply-to	E-Mail-Adresse, an die der Empfänger im Bedarfsfall antworten soll.
Cc	E-Mail-Adresse von weiteren Empfängern, die einen „Durchschlag“ der Nachricht erhalten (Cc von Carbon copy = Durchschlag)
Bcc	E-Mail-Adresse von weiteren Empfängern. Für alle Empfänger bleiben die anderen Mitempfänger aber unsichtbar (Bcc von Blind carbon copy = unsichtbarer Durchschlag)
Message-ID	Eindeutige Identifikation einer E-Mail, die von der Mailsoftware willkürlich vergeben wird.

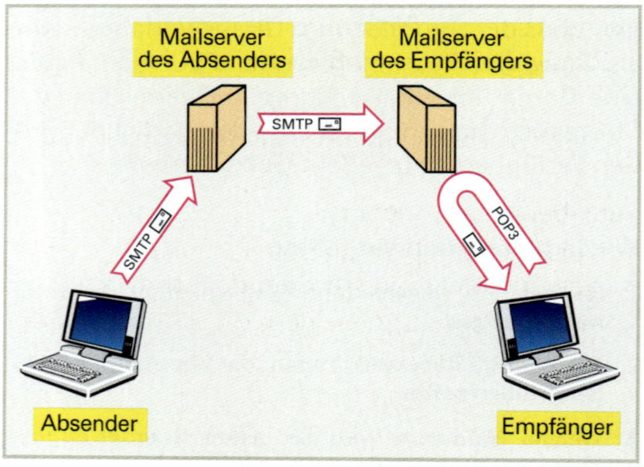

Bild 1: Versandweg einer E-Mail

Öffentliche Diskussionsforen (Newsgroups)

Newsgroups sind ein weltweites elektronisches „schwarzes Brett“ zur Diskussion von Themen, zum Austausch und zur Beschaffung von Informationen. Der Name einer Newsgroup gibt in der Regel Aufschluss über ihre Inhalte. Er setzt sich aus Kürzeln oder kurzen Wörtern zusammen, die durch Punkte getrennt werden, z.B. software.operating-systems.unix.

Chat (IRC)

Der **I**nternet **R**elay **C**hat (relay = Übertragung, to chat = plaudern, schwatzen) ist ein Internetdienst, bei dem mehrere Internet-Teilnehmer zeitgleich über die Tastatur diskutieren können. Normalerweise meldet sich jeder mit einem Nickname (Spitzname) bei einem IRC-Server an.

17.2 Datenübertragung mit Modem

Ein Modem (Kunstwort aus **M**odulator und **Dem**odulator) ist ein Gerät, das analoge Signale vom Telefonnetz in digitale Signale zur Computerschnittstelle oder digitale Signale von der Computerschnittstelle in analoge Signale zum Telefonnetz umwandelt.

Über das analoge Telekommunikationsnetz können Daten mit Modems im Frequenzbereich zwischen 300 Hz und 3400 Hz übertragen werden. Das Modem arbeitet wahlweise als Modulator oder als Demodulator **(Bild 1)**.

Ein Modem baut eine Verbindung zu einer Gegenstelle, z. B. einem anderen Modem auf, um Daten zu übertragen. Die technische Mindestleistung von Modems wird gemäß ITU-T-Empfehlungen in den V-Vorschriften für das analoge Telefonnetz und in den X-Vorschriften für das digitale Telefonnetz zusammengefasst.

Modems haben je nach Bauart verschieden große Bitraten **(Tabelle 1)**. Hohe Bitraten werden durch PSK-Modulation bzw. QAM-Modulation und Datenreduktion (= Datenverdichtung durch Unterdrückung überflüssiger Bits) erreicht.

Modems erlauben Bitraten bis 56 kbit/s.

Aufgaben eines Modems:

- Umsetzen der binären Datensignale, Steuersignale und Meldesignale über die Schnittstelle
- Signalumsetzung für den Verbindungsaufbau und Verbindungsabbau
- Datenpakete bilden
- Taktrückgewinnung in synchronen Netzen
- Anpassung der binären Datensignale an den Übertragungsweg
- Automatische Leitungsanpassung (fall back)

Wenn ein Modem während der Übertragung feststellt, dass sich die Qualität der empfangenen Signale verschlechtert, geht es automatisch auf eine niedrigere Bitrate über. In regelmäßigen Abständen überprüft das Modem, ob die Übertragung nun wieder bei der höheren Geschwindigkeit mit akzeptabler Qualität möglich ist.

Vor der Übertragung handeln Modems ab dem Standard V.90 mit der Gegenstelle die maximal mögliche Bitrate aus.

MNP-Modem-Klassifikation

MNP (von **M**icrocom **N**etworking **P**rotocol) ist ein Standard, der von Modemherstellern angewandt wird. MNP teilt Modems nach ihren Leistungen in Klassen ein **(Tabelle 2)**.

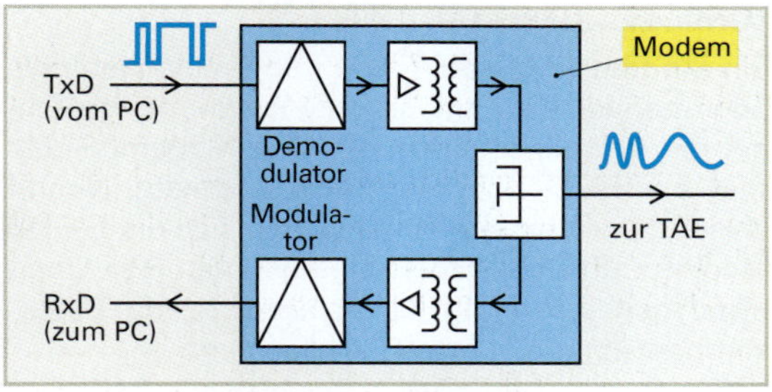

Bild 1: Blockschaltplan eines Modems

Tabelle 1: Modems für Datenübertragung

Standard	Maximale Bitrate in bit/s Empfangen	Senden
V.21	300	300
V.22	600	1200
V.22 bis	2400	2400
V.23	75	1200
V.32	4800, 7200	9600
V.32 bis	4800, 7200	9600, 14400
V.34	28800	
V.90	33600	56000
V.92	48000	56000

Tabelle 2: Modem-Klassen

Klasse	Beschreibung
1	halbduplex, BSC-Verfahren (**b**inary **s**ynchronous **c**ommunications), asynchron
2	vollduplex, BSC-Verfahren, synchron
3	vollduplex, HDLC (**H**igh **L**evel **D**ata **L**ink **Con**trol), asynchron
4	wie Klasse 3, aber Optimierung der Paketgröße und des Formats
5	wie Klasse 4, Datenkompression (2:1)
6	halbduplex, Datenkompression (2:1), synchron
7	wie Klasse 4, Datenkompression (3:1)
8	wie Klasse 6, Datenkompression (3:1)
9	wie Klasse 7, alle Fähigkeiten nach V.32
10	Für besonders schlechte Leitungsverbindungen. Beginn mit niedriger Bitrate und dann allmähliches Hochschalten. Paketgröße variiert je nach Übertragungsqualität.

Ein Modem einer höheren Klasse muss mit jedem Modem einer niedereren Klasse kommunizieren können.

Verbindungsaufbau

Ein Modem wird automatisch über eine Wahlhilfe oder manuell über ein Terminal-Programm gesteuert. Die Anwahl zu einem anderen Modemteilnehmer geschieht über ein Fernsprechnetz. Nimmt dieser den Anruf an, so versuchen sich die beiden Modems über die Übertragungsparameter Übertragungsgeschwindigkeit, Fehlerkorrektur, Datenkompression und Protokolle abzustimmen.

Beim Verbindungsaufbau werden Übertragungsgeschwindigkeit, Fehlerkorrektur, Datenkompression und Protokolle abgestimmt.

Wenn alle Übertragungsparameter ausgetauscht sind und ein gemeinsamer Nenner der verwendeten Modulation gefunden ist, beginnt die eigentliche Datenübertragung.

V.90 und V.92 sind die Standards für die asynchrone Datenübertragung mit 56 kbit/s über die Telefonleitung. V.92 **(Tabelle 1)** entstand aus den nicht kompatiblen Verfahren X2 und K56flex der Modemhersteller 3Com und U.S.Robotics.

Eine gute Leitungsqualität zur Ortsvermittlungsstelle ist notwendig.

Fast alle V.90-Modems haben einen Flash-Speicher, der sich per Firmware-Update auf V.92 aufrüsten lässt.

Die Technik der 56-kbit-Modems stammt aus den USA. Dort verwenden die Vermittlungsstellen eines der acht Datenbits für die Signalisierung (Steuersignale), sodass maximal eine Bitrate von 56 kbit/s genutzt werden kann.

Bitrate = Datenbits · Abtastrate
56 kbit/s = 7 bit · 8 kHz

Diese Modems haben oftmals mit schlechter Leitungsqualität zu kämpfen. Sie müssen sich auf die in der Vermittlungsstelle verwendete Abtastrate von 8 kHz synchronisieren. Tatsächlich erreichbare Bitraten beim Download betragen daher nur 40 kbit/s bis 46 kbit/s. Übertrager, Leitungskapazitäten und Leitungsinduktivitäten können die unterschiedlichen Spannungspegel während einer Übertragung so dämpfen, dass sie nicht mehr korrekt erkannt werden können. Da die dadurch notwendige, gleichzeitige sende- und empfangsseitige Leitungsanpassung einen sehr hohen Aufwand erfordert, haben sich die Hersteller auf eine Richtung beschränkt. Deshalb sind diese Modems auf eine möglichst hohe Empfangs-Bitrate optimiert.

Modems handeln vor der Datenübertragung miteinander die Übertragungsparameter aus.

Tabelle 1: V.92-Standard

Merkmal	Erläuterung
Quick Connect	Der Verbindungsaufbau bei der Einwahl zum Internet-Provider soll weniger als 10 Sekunden betragen.
PCM Upstream	Bitrate in UP-Stream-Richtung (zum Provider) 48 kbit/s In Downstream-Richtung (vom Provider) 56 kbit/s
On-Hold	Verfügt ein analoger Telefonanschluss über die Anklopffunktion, so kann ein eingehender Anruf (Anklopfen) trotz bestehender Modemverbindung angenommen werden. Dazu wird die Modemverbindung geparkt. Diese kann nach ein paar Minuten, ohne erneute Anwahl, wieder aufgenommen werden.
Datenkompression	Der bis dahin aktuelle Kompressionsstandard V.42bis wird durch V.44 abgelöst. V.44 kann die Daten um rund 25% besser komprimieren.

Modems stehen als Beistellgeräte oder als PC-Steckkarten zur Verfügung (PCMCIA-Karten). Modems werden an das 230-V-Netz und an den N-codierten Steckplatz (N von Nicht-Telefon) einer Telekommunikations-Anschluss-Einheit TAE sowie an den V.24-Anschluss (RS-232-Anschluss) oder den USB-Anschluss des PCs angeschlossen.

Mittels spezieller Modems (GSM-Modem Card) kann die Datenübertragung auch über das GSM-Mobilnetz erfolgen, wenn ein Handy mit Modem-Schnittstelle mit dem Modem verbunden wird.

Modems ermöglichen die Datenübertragung über das Fernsprechnetz und über das Mobiltelefonnetz GSM.

Wiederholung und Vertiefung

1. **Welche Aufgabe hat ein Modem?**
2. **Welche Parameter werden beim Verbindungsaufbau zwischen zwei Modems abgestimmt?**
3. **Welche Merkmale kennzeichnen den V.92-Standard?**
4. **Warum ist die theoretische Übertragungsrate mit Modems auf 56 kbit/s begrenzt?**
5. **Woran liegt es, dass die tatsächlich erreichbaren Bitraten geringer sind als der theoretische Maximalwert?**
6. **Wann beginnt bei Modems die eigentliche Datenübertragung?**

17.3 Programmierung von Internetseiten

17.3.1 HTML

Hypertext **M**arkup **L**anguage HTML (= **H**ypertext Auszeichnungssprache) beschreibt logische Strukturen eines Dokumentes. Sie ist die Standardprogrammiersprache für das Beschreiben der Inhalte und des Layouts von Seiten im World Wide Web. Es können z. B. Überschriften, Absätze, Listen und Querverweise (Links) zu anderen Dokumenten erzeugt werden. Das Programm, welches normalerweise die HTML-Seite mit den Formatierungen anzeigt, ist ein Web-Browser.

> Web-Browser zeigen HTML-Seiten formatiert an.

HTML-Dateien selbst bestehen aus ASCII-Text und können mit jedem Text-Editor gelesen und bearbeitet werden **(Bild 1)**. Dies sichert Unabhängigkeit vom Betriebssystem.

HTML-Dateien bestehen aus folgenden Teilen:

- Angabe des Dokumententyp (doctype),
- Kopfdaten, z.B. Angaben zu Titel (header),
- anzuzeigender Inhalt, Textkörper (body).

```
<!doctype html public "-//w3c//dtd html 4.0 transitional//en">

<html>

<head>

   <title>
   Hier steht der Dokumenttitel
   </title>

</head>

   <body>
   Hier steht der Seitentext, z.B.
   Willkommen auf meiner Homepage
   </body>

</html>
```

Bild 1: Einfache HTML-Seite im Quelltext

Tabelle 1: Umlaute und Sonderzeichen

Zeichen	HTML-Code	Z	Zeichen	HTML-Code	Z
ä	ä	ä	ü	ü	ü
Ä	Ä	Ä	Ü	Ü	à
ö	ö	ö	ß	ß	
Ö	Ö	Ö	€	€	€

> HTML-Tags werden vom Browser interpretiert, um das Dokument korrekt anzuzeigen.

HTML-Tags

Eine HTML-Datei enthält neben Text in spitze Klammern eingebettete Markierungen. Diese Tags (tag = Etikett, Aufhänger) werden von Web-Browsern interpretiert, um ein korrektes Abbild der Dokumentenstruktur zu erzeugen. Es gibt meist ein öffnendes Tag (<xxxxx>) und ein schließendes Tag (</xxxxx>). Durch den Schrägstrich (Slash) wird das Ende einer HTML-Anweisung angezeigt.

> Zwischen <body> und </body> wird der Inhalt der darzustellenden Seite eingebettet.

Die Tags weisen den Web-Browser an

- Texte zu formatieren, z.B. Schriftart, Schriftschnitt, Schriftgröße,
- Texte in eine Tabelle einzufügen,
- bei grafischen Bedienoberflächen bestimmte Bereiche der Webseite für Mausklicks zu aktivieren,
- weitere multimediale Objekte (Grafiken, Sound, Video) als Link einzubinden.

An beliebigen Stellen innerhalb einer Datei können Kommentare eingefügt werden. Diese werden von Web-Browsern ignoriert und somit nicht angezeigt. Kommentare werden durch die Zeichenfolge „< ! --" eingeleitet und mit „- - >" abgeschlossen.

Deutsche Umlaute und Sonderzeichen werden durch besondere HTML-Sequenzen ersetzt **(Tabelle 1)**. Damit HTML-Dateien zwischen unterschiedlichen Computerystemen ausgetauscht werden können, wird der international genormte Zeichensatz ISO 8859-1 (ISO-Latin-1) verwendet. Die enthaltenen 256 Zeichen bestehen aus den 128 Zeichen des ASCII-Zeichensatzes und 128 weiteren speziellen Zeichen. Diese werden am einfachsten durch ein kaufmännisches Und (&), ein Numeruszeichen (#) und den betreffenden Zahlenwert im Zeichensatz kodiert.

Überschriften

Überschriften können standardmäßig aus 6 verschiedenen Schriftgraden gewählt werden. Der Befehl <h1> (h von heading = Überschrift) leitet die größtmögliche Überschrift ein. Mit den zur Verfügung stehenden Schriftgraden können Texte strukturiert werden. Mit dem Tag <h2> lässt sich z.B. ein Unterkapitel erzeugen, das mit einer kleineren Schriftgröße überschrieben ist.

Der kleinste Schriftgrad wird mit dem Tag <h6> eingeleitet. Der Web-Browser stellt den Seitenquelltext aus **Bild 1** dann in verschiedenen Schriftgraden dar **(Bild 2)**.

Ein weiteres Stilelement beim Formatieren von Texten ist das Hervorheben von einzelnen Zeichen, Wörtern oder Textabschnitten. Man unterscheidet in HTML zwischen logischen und physischen Hervorhebungen. Die logischen Stile können vom Anwender in den Browsereinstellungen beeinflusst werden. Die physischen Stile werden vom Anwendungsentwickler festgelegt und entsprechend vom Browser gezeigt. Hierzu stehen in HTML eine Vielzahl von Tags zur Verfügung **(Tabelle 1)**.

> Die Mischung von logischen und physischen Stilelementen in einem HTML-Dokument sollte vermieden werden.

Vor Beginn der Entwicklung einer HTML-Seite wird die Stilart festlegt. Bei vorwiegend anwenderorientierten Webseiten sollten logische Hervorhebungen verwendet werden. Bei Seiten, die einheitlich erscheinen sollen, werden physische Hervorhebungen verwendet.

Hyperlinks

Mit Hyperlinks (= Verweise) kann auf andere Textstellen, andere HTML-Dokumente oder auch andere Dateien, lokal oder im World Wide Web, zugegriffen werden **(Tabelle 2)**. Damit ein lokaler Link funktionieren kann, muss ein Verweisziel festgelegt werden und dieses muss auch existieren.

Die Definition eines Verweisziels erfolgt durch den Tag <a name=...> (a von anchor = Anker). Nach dem Gleichheitszeichen folgt ein dateiweit eindeutiger Name. Der Name muss ohne Umlaute und ohne Leerzeichen geschrieben sein. Nach dem Tag folgen der sichtbare Text, zu dem der Verweis führen soll sowie der abschließende Tag </a>.

Der Link zu einem lokalen Verweisziel beginnt mit dem einführenden Tag <a href=...> (href von hypertext reference). Nach dem Gleichheitszeichen folgen in Anführungszeichen ein # und der Verweiszielname. Nach dem einführenden Tag folgen der Text, welcher dem Anwender als Verweis angeboten wird, sowie der abschließende Tag </a>. Anstelle von Text kann auch eine Grafik angegeben werden.

Wiederholung und Vertiefung

1. **Wie ist eine HTML-Datei aufgebaut?**
2. **Was versteht man unter HTML-Tags?**
3. **Wie werden Überschriften in HTML formatiert?**
4. **Was versteht man unter einem Hyperlink?**
5. **Wie werden lokale Hyperlinks mit HTML kodiert?**

```
<!doctype html public "-//w3c//dtd html 4.0 transitional//en">
<html>
<head>
<title> Überprüfung von Schriftgraden </title>
</head>
<body>
<h1> Willkommen auf meiner Homepage </h1>
<h2> Kapitel 1</h2>
<h3> Kapitel 1.1</h3>
<h4> Kapitel 1.1.1</h4>
<h5> Kapitel 1.1.1.1</h5>
<h6> Kapitel 1.1.1.1.1</h6>
Normaler Seitentext
</body>
```

Bild 1: HTML-Seite mit verschiedenen Schriftgraden im Seitenquelltext

Willkommen auf meiner Homepage

Kapitel 1

Kapitel 1.1

Kapitel 1.1.1

Kapitel 1.1.1.1

Kapitel 1.1.1.1.1

Normaler Seitentext

Bild 2: Webseite zur HTML-Seite Bild 1

Tabelle 1: Tags zur Hervorheben von Texten

	Tags	Anzeige
Logische Hervorhebungen	<strong>... </strong>	Hervorheben von Texten (strong = stark), Text erscheint z.B. fett.
	<em>... </em>	Emotional stark betonte Darstellung (von emphatic = eindringlich), Text erscheint z.B. kursiv.
	<cite>... </cite>	Darstellung von Zitaten (to cite = zitieren), Text erscheint z.B. kursiv
Physische Hervorhebungen	<u>...</u>	Unterstreichung (von underlined = unterstrichen)
	<b>...</b>	Fette Darstellung (von bold = fett)
	<i>...</i>	Kursive Darstellung (von italic = kursiv)
	<s>...</s>	Durchgestrichene Darstellung (von strike through = durchgestrichen)

Tabelle 2: HTML-Links

HTML-Code	Erklärung
<a href = "#seitenanfang"> Nach oben</a>	Lokaler Link zum Verweisziel Seitenanfang durch Anklicken der Schrift „Nach oben"
<a href = "http://www.epost.de" >EPOST</a>	Externer Link zu epost.de durch Anklicken der Schrift „EPOST"
<a href = "c:/temp/start.htm> Startseite</a>	Lokaler Link zur Seite start.htm durch Anklicken der Schrift „Startseite"

17.3.2 HTML-Editor FrontPage

FrontPage ist der HTML-Editor von Microsoft. FrontPage wird mit dem Office-Paket installiert **(Bild 1)**. HTML-Seiten sind Basisdokumente des World Wide Web. Seiten können entweder Teil einer Sammlung von zusammengehörenden Webseiten (= Website, Web) oder eigenständige Seiten sein.

> Ein Web (Website) besteht aus mehreren zusammengehörenden Webseiten.

Eine neue Webseite erstellen

FrontPage kann über die Menüpunkte `Start - Programme - Microsoft FrontPage` gestartet werden (Bild 1). Beim Starten erzeugt Frontpage eine neue Webseite mit Namen Seite1.htm **(Bild 2)**. Diese kann als Ausgangspunkt für weitere Seiten verwendet werden. Als Standard hat jede Webseite einen weißen Hintergrund mit schwarzer Schrift.

> **Übung 1:**
> Starten Sie FrontPage und tragen Sie in der Seite1.htm den Text „Willkommen auf meiner Homepage“ ein.
> *Lösung:* Bild 2

Um FrontPage einsetzen zu können, braucht man keine HTML-Kenntnisse. Seiten werden in der Registerkarte `Normal` wie in einer Textverarbeitung bearbeitet (Eingeben und Formatieren von Text und Tabellen, Hinzufügen von Grafiken). FrontPage fügt im Hintergrund die erforderlichen Steuerzeichen, die HTML-Tags (tag = Etikett), hinzu. Unter der Registerkarte `Vorschau` wird die Seite wie in einem Web-Browser angezeigt. Die HTML-Tags auf der Seite können ebenfalls angezeigt werden. Unter `HTML` kann man die Tags direkt schreiben oder sie bearbeiten **(Bild 3)**.

> FrontPage unterscheidet in der Seitenansicht zwischen den Registerkarten Normal, HTML und Vorschau.

Vorlagen und Designs

Mit Vorlagen werden Seiten mit einer Vielzahl unterschiedlicher Layouts, Designs und Funktionen erstellt **(Bild 4)**. Designs werden verwendet, um Seiten mit einem einheitlichen Erscheinungsbild zu erstellen. Ein Design enthält Designelemente und ein Farbschema, einschließlich Schriften, Grafiken und Navigationsleisten.

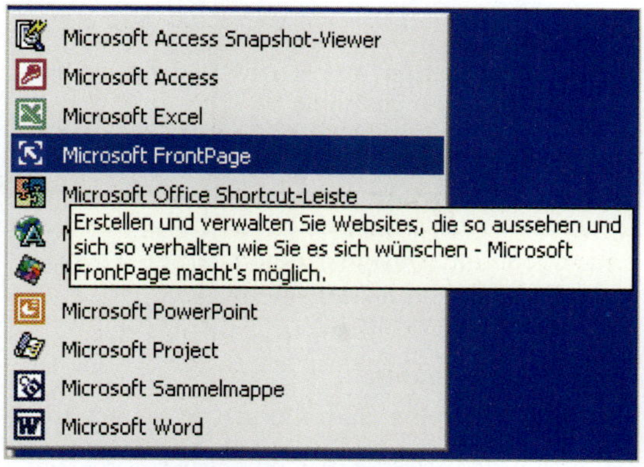

Bild 1: Programme des Office-Pakets

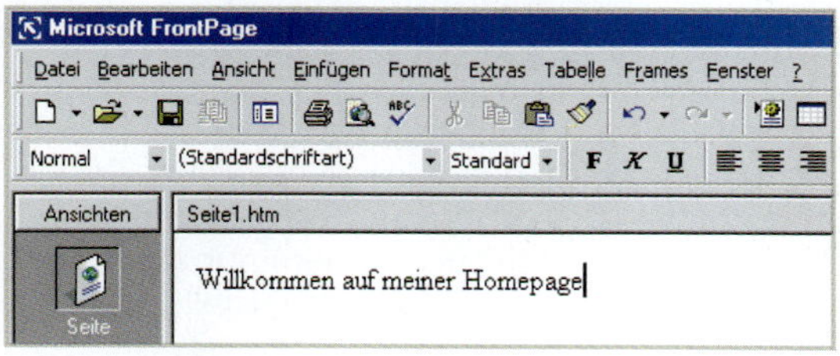

Bild 2: FrontPage, Arbeitsplatzfenster

Seite1.htm

```
<html>

<head>
<meta http-equiv="Content-Language" content="de">
<meta http-equiv="Content-Type" content="text/html; charset=windows-1252">
<meta name="GENERATOR" content="Microsoft FrontPage">
<meta name="ProgId" content="FrontPage.Editor.Document">
<title>Neue Seite 1</title>
</head>

<body>

<p>Willkommen auf meiner Homepage</p>

</body>

</html>
```

Bild 3: FrontPage, HTML-Ansicht

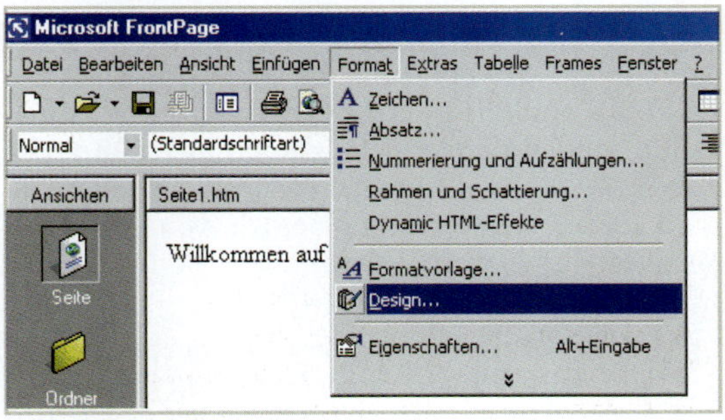

Bild 4: Menü Format

Übung 1:

Weisen Sie der Seite1.htm aus der Übung 1, vorhergehende Seite, ein Design zu.

Lösung: Bild 4, vorhergehende Seite, und **Bild 1**

Vorlagen und Designs bieten fertige Layouts und Funktionen für Webseiten.

Designs verwenden

Ein Design ist eine Sammlung von einheitlichen Designelementen und Farbschemata. Ein Design kann auf die aktuelle Seite angewandt werden, sodass diese ein attraktives Erscheinungsbild hat. Die Formatvorlagen, Farben und Grafiken des Designs ersetzen dann die derzeit verwendeten Einstellungen **(Bild 1)**.

Nach Anwendung eines Designs auf die aktuelle Seite anstatt auf das ganze Web benutzt die Seite nicht mehr das Standarddesign des Webs. Designänderungen (Option `Alle Seiten`) wirken sich nicht auf diese Seite aus, sondern nur auf diejenigen Seiten, welche die Standardeinstellungen verwenden.

Unter `Design zuweisen an` ist die Option `Ausgewählte Seiten` aktiviert. Das gewünschte Design wird angeklickt. Um die Einstellungen des Standarddesigns für das Web anzuwenden, ist `Standard` anzuklicken. Ein Vorschau des Designs wird unter `Beispiel für Design` angezeigt. Das Erscheinungsbild der Seite wird mit einem der Kontrollkästchen aktiviert **(Tabelle 1)**.

Web anlegen

Übung 2:

Erstellen Sie mit Microsoft FrontPage über eine fertige Vorlage ein Web für eine Firma.

Lösung: **Bild 2, Bild 3**

Im Menü `Datei` wird der Menüpunkt `Neu` und die Option `Web` gewählt (Bild 2). Unter den Vorlagen wird die Option `Firmenpräsenzweb` ausgewählt, der Arbeitsordner eingetragen und der Name des Webs eingegeben (Bild 3). Durch Anklicken von `OK` wird der Assistent zur Web-Erstellung gestartet.

Gute Webseiten weisen ein einheitliches, übersichtliches Erscheinungsbild und eine einheitliche Struktur auf.

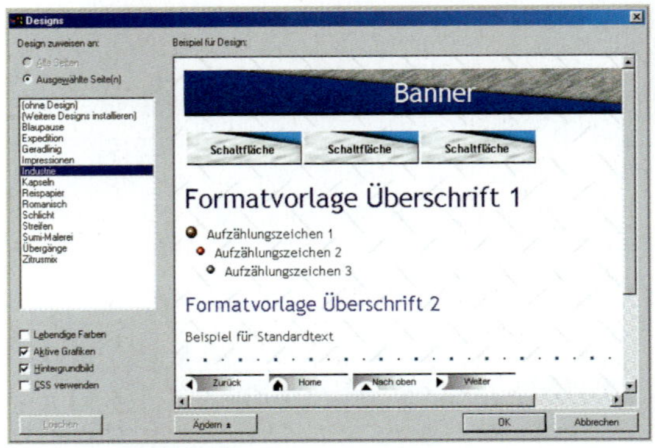

Bild 1: FrontPage, Designs

Tabelle 1: Design Erscheinungsbild	
Kontrollkästchen	Auswirkung
Lebendige Farben	Erzeugt ein leuchtendes Farbschema. Alternative: Normale Farbeinstellungen
Hintergrundbild	Verwendet ein Hintergrundbild.
Aktive Grafiken	Erzeugt eine lebendige Sammlung von Bannern, Schaltflächen, Aufzählungszeichen und anderen grafischen Elementen. Alternative: Normale Grafikeinstellungen
CSS (Cascading Style Sheet = gestaffelte Stilblätter) verwenden	Verwendet eine externe Dokumentvorlage zusammen mit dem Design (anstatt den HTML-Code der Seite neu zu formatieren, um das Design anzuwenden).

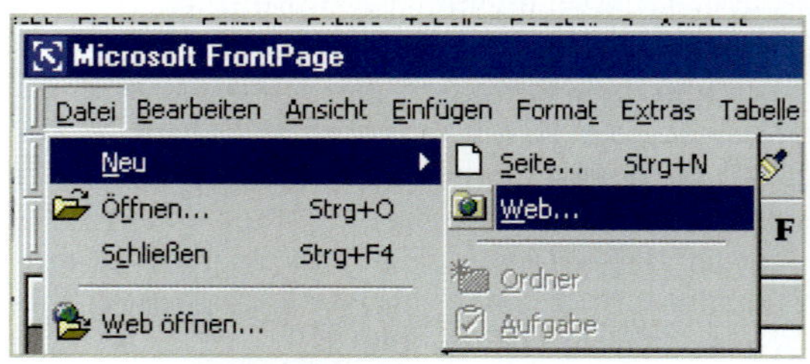

Bild 2: Menüpunkt Datei

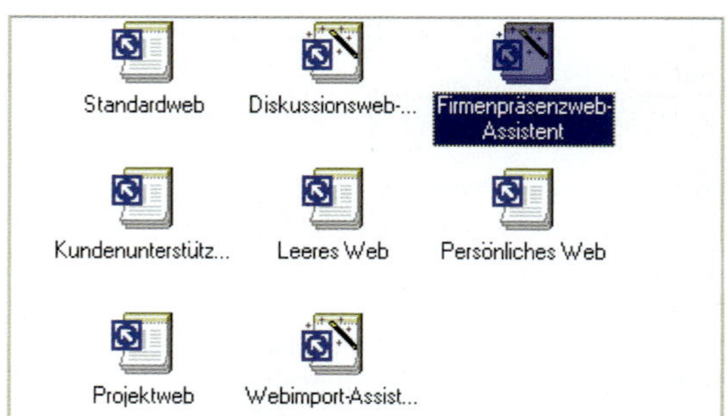

Bild 3: Menüpunkt Neu – Websites

Der Assistent hilft dem Benutzer durch Fragen bei der Erstellung der Webseiten **(Bild 1)**. Durch Anklicken des Buttons `Weiter` werden verschiedene Fenster durchlaufen, welche zur Erstellung des Webs bearbeitet werden müssen. Nach dem Durchlaufen dieser Seiten wird man in einem Abschlussbild zum Fertigstellen aufgefordert.

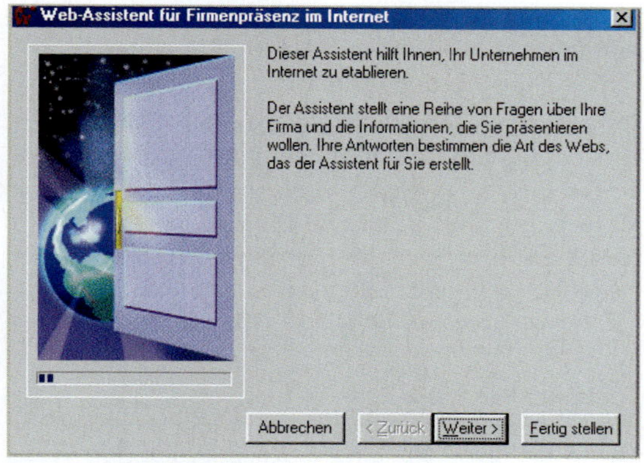

Bild 1: Webassistent für Firmen-Web-Präsenz

Struktur des erstellten Webs

Durch Klicken des Befehles `Navigation` in der linken Menüleiste `Ansichten` wird die Struktur der erstellten Seiten sichtbar **(Bild 2)**. Eine Hauptseite mit dem Namen Home und verschiedene untergeordnete Seiten sind vom Assistenten angelegt worden. Die bereits vorhandenen Verlinkungen der Seiten untereinander erkennen Sie an den blauen Linien.

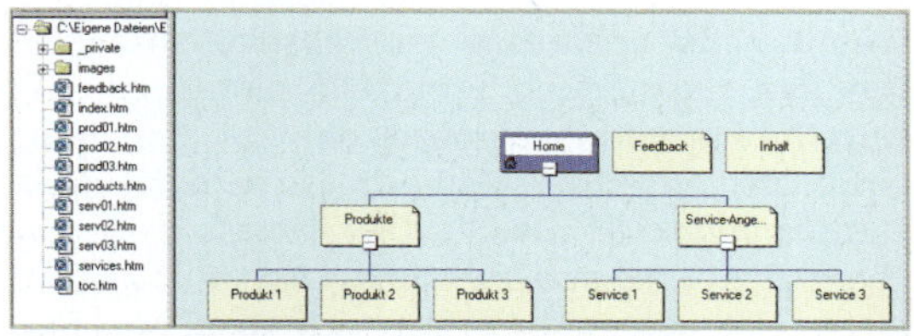

Bild 2: Navigationsansicht der Firmen-Web-Präsenz

Einzelne Seiten bearbeiten

Die einzelnen Seiten können nun bearbeitet werden. In der linken Menüleiste unter `Ansichten Seite` werden die verschiedenen Seiten aufgerufen. Entweder im Registerblatt `Normal` oder im Registerblatt `HTML` werden diese nun bearbeitet. Bereits in die Seiten eingefügte Kommentare können hier durch firmeneigene Texte ersetzt werden **(Bild 3)**. Die Vorgehensweise in der Ansicht `Normal` entspricht der Bearbeitung in einem Textverarbeitungsprogramm.

Erstellen von Hyperlinks

Neben der bereits durch den Assistenten vorgegebenen Navigation des Webs können noch weitere Seiten verlinkt werden. Das Objekt oder der Textblock, von dem aus ein Hyperlink angelegt werden soll, ist zu markieren. Unter dem Menüpunkt `Einfügen` ist der Befehl `Hyperlink` zu wählen.

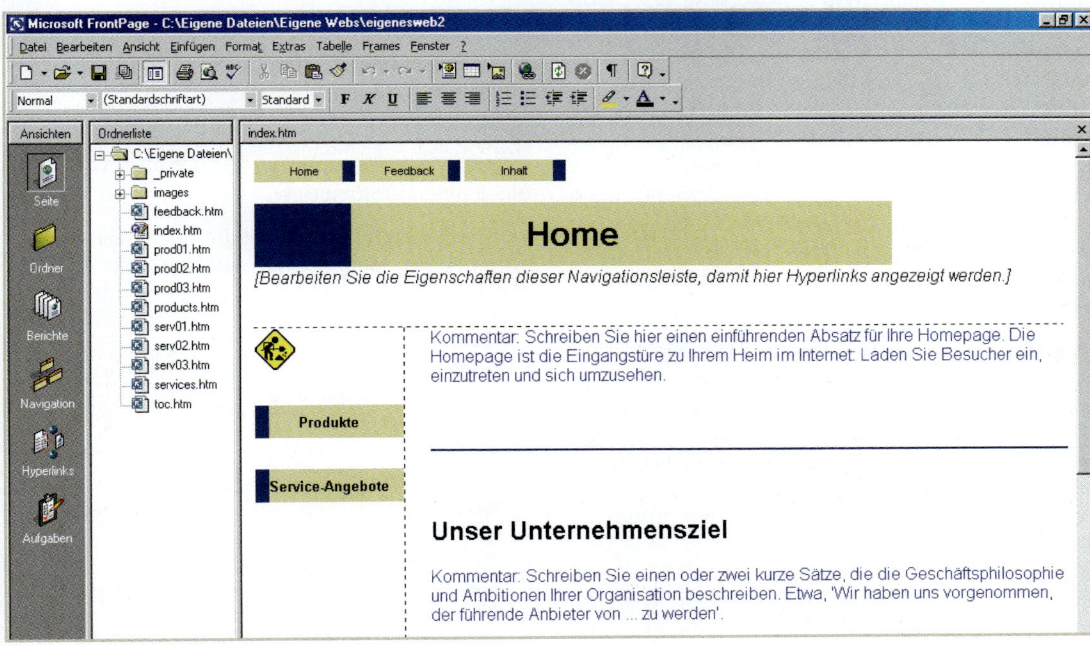

Bild 3: Startseite Home mit Standardtexten

Im geöffneten Fenster `Hyperlink erstellen` können nun die verschiedenen Einstellungen vorgenommen werden **(Bild 1)**.

Es gibt drei Arten von Hyperlinks (Links):

- Der Link führt auf eine Seite des eigenen Webs.
- Der Link führt auf ein Seite im Internet.
- Der Link führt zu einer E-Mail-Adresse.

Übung 1:

Erstellen Sie einen Link zur E-Mail-Adresse info@europa-lehrmittel.de.

Lösung: Bild 1, **Bild 2**

Wenn ein Link auf eine Seite des eigenen Webs erstellt werden soll, so wird die Seite unter `Namen/Titel` ausgewählt (Bild 1). Die gewählte Seite erscheint im Textfeld `URL:` (von **U**niform **R**esource **L**ocator). Für einen Hyperlink ins Internet wird die Internetadresse der Webseite einschließlich des zugehörigen Protokolls eingetippt, z.B. **http://www.europa-lehrmittel.de**. Zur Erstellung eines Links zu einer E-Mail-Adresse wird das Briefsymbol angeklickt (Bild 1). Das Fenster `E-Mail-Hyperlink erstellen` öffnet sich (Bild 2). Wird dieser Link aufgerufen, öffnet sich das E-Mail-Programm mit bereits eingetragener E-Mail-Adresse.

Veröffentlichen eines Webs

Bevor ein Web veröffentlicht wird, sollten alle Seiten und deren Hyperlinks auf Aussehen und Funktion geprüft werden. Dies kann in der Vorschau mit gängigen Webbrowsern und im Navigieren durch das Web geschehen.

Wenn alle Seiten eines Webs bearbeitet sind, kann das Web veröffentlicht werden. Hierzu werden die Webseiten auf einen Webserver kopiert. Dort können Internetnutzer das Web dann durchsuchen.

Wenn ein Web im World Wide Web veröffentlicht werden soll, wird ein Internet-Dienstanbieter (ISP von **I**nternet **S**ervice **P**rovider), der einen Webserver hat, auf dem die FrontPage-Server-Erweiterungen installiert sind, benötigt. Außerdem müssen zur Veröffentlichung eines Webs die ISP-Webserver-Adresse, der Benutzername und das Kennwort bekannt sein.

Auswahl der zu veröffentlichenden Seiten

Die Seiten, die veröffentlicht werden sollen, können ausgewählt werden. Wenn z.B. eine Seite unvollständig ist oder kein direkter Bestandteil eines Webs ist, kann diese als **Nicht veröffentlichen** gekennzeichnet werden. Später, z.B. nachdem die Seite vervollständigt wurde, kann der Status in **Veröffentlichen** geändert werden.

Es können auch nur diejenigen Seiten veröffentlicht werden, die sich geändert haben **(Bild 3)**. FrontPage vergleicht dann die Seiten im Arbeitsweb auf dem lokalen Computer mit den bereits

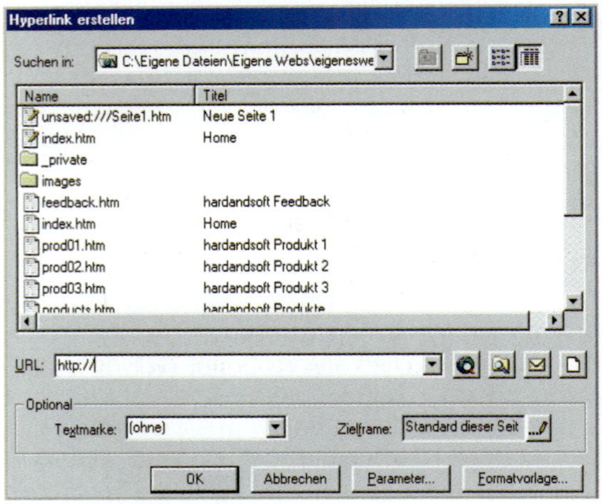

Bild 1: Hyperlink erstellen

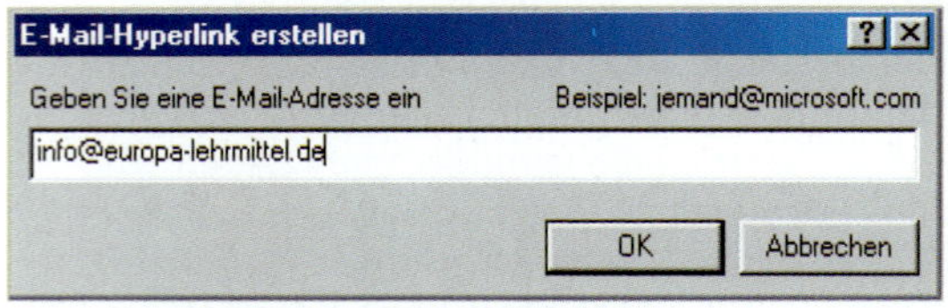

Bild 2: E-Mail-Hyperlink erstellen

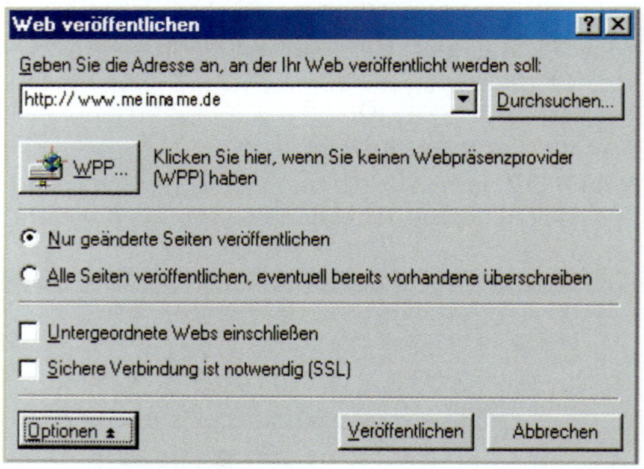

Bild 3: Web veröffentlichen

veröffentlichten Seiten auf dem Webserver. Nur eine neuere Seitenversion auf dem lokalen Computer wird auf dem Webserver neu veröffentlicht.

Übung 2:

Veröffentlichen Sie das erstellte Web unter der URL **http://www.meinname.de**

Lösung: Bild 3

Wiederholung und Vertiefung

1. **Welche Registerkarten unterscheidet FrontPage zur Seitenbearbeitung?**
2. **Was versteht man unter einem Design?**
3. **Wie wird mit FrontPage einem Textblock ein Hyperlink zugewiesen?**
4. **Erläutern Sie die einzelnen Schritte beim Veröffentlichen eines erstellten Webs.**

17.3.3 Webdesign

Webdesign umfasst die Gestaltung, den Aufbau und die Nutzerführung von Webseiten für das WWW. Es umfasst einen weiten Bereich an Tätigkeiten bei der Erstellung von Webseiten **(Bild 1)**. Der Webdesigner hat dabei die Aufgabe, einen Kompromiss zwischen den Wünschen des Auftraggebers, den Ansprüchen der Besucher und den technischen Möglichkeiten zu finden.

Zur Erstellung einer guten Seite gehört mehr, als nur einen HTML-WYSIWYG-Editor (von **w**hat **y**ou **s**ee **i**s **w**hat **y**ou **g**et) zu bedienen.

> Der Inhalt einer Webseite ist kein Bestandteil des Webdesigns.

Neben der reinen Optik geht es bei der Gestaltung von Webseiten vor allem um Nutzerfreundlichkeit (Usability). Navigation und Aufbau der Webseiten sollen möglichst vielen Menschen entgegenkommen.

Zur Nutzerfreundlichkeit kommt die Zugänglichkeit (Accessibility). Techniken, durch die Informationen nur mit einem bestimmten Browser erreichbar sind, sollten vermieden werden. Text-Alternativen zu multimedialen Inhalten, z.B. Animationen, sollten vorhanden sein. Der Inhalt einer Webseite sollte auch ohne Flash-Plug-in und Browsererweiterungen abrufbar sein.

> Ohne Accessibility keine Usability.

Optisches Design

Das optische Design (Layout) einer Webseite sticht den Besuchern als Erstes ins Auge. Es kann als der wichtigste Aspekt des Webdesigns betrachtet werden.

Entgegen dem klassischen Layout von Druckerzeugnissen, soll eine Webseite auf unterschiedlichen Ausgabemedien unter unterschiedlichen Randbedingungen gut aussehen. Gutes grafisches Design zeichnet sich im Web dadurch aus, dass es auf einem Bildschirm mit 640 × 480 Pixeln (fast) genauso gut aussieht wie auf einem Bildschirm mit 1600 × 1200 Pixeln.

Die Seite muss lesbar bleiben, wenn der Besucher die Schriftart oder die Schriftgröße wechselt. Sie sollte auch ohne Farben oder mit den Standardfarben des Browsers benutzbar sein.

Ansprechendes Layout ist im Web schwieriger oder zumindest anders als bei Printmedien herzustellen.

> Webdesign beinhaltet die
> - optische Gestaltung von Webseiten,
> - Gestaltung der Seitenstruktur,
> - Gestaltung der Navigationselemente.

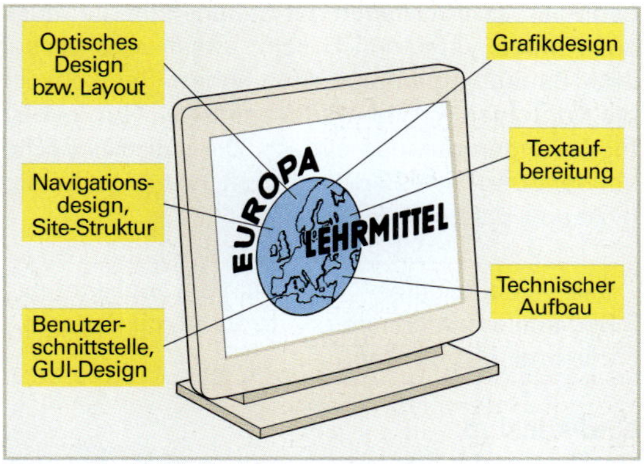

Bild 1: Aspekte der Webseitenerstellung

Navigations-bereich, z.B. Naviga-tions-buttons, Links (Eingabe)	Identifikationsbereich (z.B. Firmenlogo, Name)
	Informationsbereich (Ausgabe)

Bild 2: Struktur einer Website

Navigationsdesign und Seitenstruktur

Komplexe Informationen müssen strukturiert werden und sind so abzulegen, dass jeder das, was er sucht, schnell findet. Dazu kommt, dass viele Internet-Nutzer die einschlägigen, englischen Begriffe nicht verstehen.

Schlechte und schwierige Navigation auf Webseiten gilt als das größte aktuelle Problem im Internet und ist das größte Hindernis für den Erfolg von Webauftritten.

> Die Navigation auf Webseiten ist für den Erfolg von Webauftritten entscheidend.

Als Grundregeln für die Seitenstruktur gelten, dass die

- Nagivationselemente sich links und/oder oben befinden **(Bild 2)**.
- Verweise (Links) blau und unterstrichen sind.

Benutzerschnittstelle GUI

Sobald es um mehr als das Darstellen von Texten und Bildern geht, muss man sich mit der Benutzerschnittstelle (GUI = **G**raphical **U**ser **I**nterface) befassen.

Der Benutzer muss Formulare und Suchmasken bedienen. Das Verhalten der Seitenelemente muss auf Anhieb verständlich sein, sonst wird er bei ihrer Bedienung wenig Erfolg haben. Bei Ikons ist die Kombination Bild mit Text sinnvoll. Nur Text ist für Anfänger genauso einfach. Die ausschließliche Verwendung von Bildern macht das Icon häufig nicht ausreichend verständlich.

> Das Neugestalten von bereits bekannten Bedienelementen einer Seite sollte mit Bedacht durchgeführt werden.

Grafikdesign

Grafiken und Bilder für Webseiten müssen zu dem Stil und Design des Unternehmens passen, die Aussage der jeweiligen Seite unterstützen und das verständlich machen, was sie darstellen sollen. Hier gilt: Ein Bild sagt mehr als tausend Worte.

Sie müssen mit wenig Platz auskommen, weil der Monitor des Besuchers klein sein kann. Die Datenmenge soll klein sein, damit die Bilder schnell geladen werden können.

Bei großen Bildern kann ein kleines Vorschau-Bild direkt in die Seite eingebunden werden, welches einen Link auf das große Bild darstellt. Da es nicht immer leicht zu erkennen ist, welches Bild sich als Link anklicken lässt und welches nicht, sollte es auch immer einen Text-Verweis zu dem großen Bild geben. Mit Interlaced-Darstellungen (Halbbildverfahren) erhält man nach der Hälfte der Ladezeit ein vollständiges, aber unscharfes Bild **(Bild 1)**. Dargestellt wird zunächst nur jede zweite Zeile. Dieses kann ebenfalls als Link auf das große Bild verwendet werden, oder die niedrigauflösende Grafik wird automatisch von einer hochauflösenden Grafik überschrieben.

Textaufbereitung

Das Lesen am Monitor ist deutlich anstrengender als von Papier. Daher werden Texte auf Webseiten weniger gelesen als überflogen. Auch die verfügbare Bildschirmfläche zeigt meist deutlich weniger Text als ein Blatt Papier. Neben den üblichen Regeln für Textgestaltung **(Bild 2)** ist zu beachten, dass die Einstellungen des Webbrowsers die Darstellung beeinflussen.

Technischer Aufbau

In erster Linie muss gültiger und fehlerfreier HTML-Code verwendet werden. Durch HTML-Editoren automatisch erzeugter HTML-Code sollte, ebenso wie handgeschriebener Code, mit dem vom W3C (von **W3 C**onsortium = Normierungsgremium im World Wide Web) herausgegebenen Programm-Werkzeug Validator geprüft werden.

> ℹ Bedienelemente einer Webseite:
> - Formulare zur Eingabe von Werten in vorgegebene Felder,
> - Suchmasken zur Suche von Begriffen in Datenbanken.

Bild 1: Interlaced-Bild einer Blüte

- Kurze, prägnante Sätze,
- Überflüssiges weglassen,
- augenfreundliche Farbkombinationen verwenden,
- lesefreundliche Schrift verwenden,
- lange Wörter vermeiden und
- Begriffe verwenden, die von der Zielgruppe verstanden werden.

Bild 2: Regeln für das Erstellen von Texten für Webseiten

Der Einsatz von unsichtbaren Tabellen ist zur Positionierung von Inhalten ein verbreitetes Mittel. Allerdings werden die Inhalte erst angezeigt, wenn alle Elemente geladen worden sind. Eine ganze Webseite sollte daher nicht in eine Tabelle einbaut werden. Besser ist es, man verteilt über die Seite hinweg mehrere Tabellen, damit wenigstens schon ein Teil während des Ladevorgangs angezeigt wird.

Die absolute Positionierung von Elementen einer Seite ist mit CSS (von **C**ascading **S**tyle **S**heets = überlappende Formatvorlagen) möglich. Die Bildung von Textklassen durch den Einsatz von CSS ist empfehlenswert. Um auch älteren Browsern den Zugang zum eigenen Web nicht zu verwehren, kann auf der Einstiegsseite eine Download-Option für aktuelle Browser angeboten werden.

Wiederholung und Vertiefung

1. **Nennen Sie die wesentlichen Aspekte bei der Erstellung von Webseiten.**
2. **Was versteht man unter der Usability einer Webseite?**
3. **Welche Regeln sind beim Erstellen von Web-Texten zu beachten?**

17.3.4. Internetrecht

Das Internetrecht (Multimediarecht, Recht der Neuen Medien) ist ein unbestimmter Begriff, der umfassend die rechtlichen Probleme abdeckt, die mit der Verwendung des Internets einhergehen.

Das „Online-Recht" (Netlaw, Cyberlaw) umfasst alle rechtlichen Aspekte und Probleme, die sich aus dem Betrieb und der Nutzung von Computernetzen wie dem Internet ergeben.

Das Internetrecht bezieht sich nicht auf ein bestimmtes Rechtsgebiet oder gar ein bestimmtes Gesetz **(Bild 1).** Als Internetrecht wird die interdisziplinäre Schnittstelle sämtlicher Rechtsgebiete im Bereich des Internets bezeichnet **(Tabelle 1).**

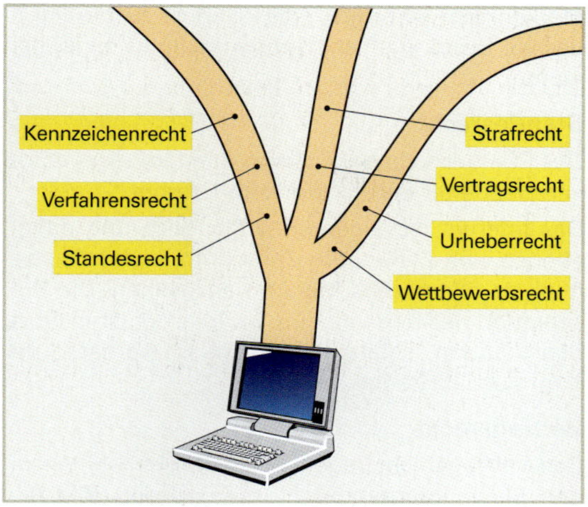

Bild 1: Rechtsbereiche des Internetrechts

> Das Internetrecht bezieht sich auf verschiedene Rechtsgebiete.

Tabelle 1: Wichtige Gesetze zum Internetrecht

Gesetz	Inhalt
SigG, SignaturG	Gesetz über Rahmenbedingungen für elektronische Signaturen und zur Änderung weiterer Vorschriften
MDStV, Mediendienst-StaatsV	Staatsvertrag über das Erbringen von Medienleistungen
IuKDGI, Informations- und KommunikationsdiensteG	Gesetz zur Regelung der Rahmenbedingungen für Informationsdienste und Kommunikationsdienste
TDDSG, TeledienstedatenschutzG	Gesetz über den Datenschutz bei Telediensten
TDG, TelediensteG	Gesetz über die Nutzung von Telediensten
TKG, Telekommunikationsgesetz	Gesetz über die Nutzung der Telekommunikation
UrhG, UrheberG	Gesetz über Urheberrecht und verwandte Schutzrechte
TDSV, Telekommunikations-Dienstunternehmen, Datenschutz-Verordnung	Verordnung über den Datenschutz für Unternehmen, die Telekommunikationsdienstleistungen erbringen
GewO	Gewerbeordnung
MarkenG	Gesetz über den Schutz von Marken und sonstigen Kennzeichen

Kennzeichenrecht

Das Kennzeichenrecht regelt Domainstreitigkeiten im Inland und im Ausland. Die Nutzung einer Internet-Domain-Adresse stellt eine kennzeichenmäßige Verwendung dar. Die Domain hat nicht nur die technische Zuordnungsfunktion zu einem Computer, sondern bezeichnet auch zumindest mittelbar den dahinterstehenden Anbieter.

Über die Einrichtung einer deutschen Domain unterhalb der Top-Level-Domain .de und ihre Anbindung an das Internet wacht die DENIC eG (von Deutsches Network Information Center). Diesem Verband gehören die meisten IP-Provider in Deutschland und die DIGI (von Deutsche Interessengemeinschaft Internet) an.

Aufgaben der DENIC sind der Betrieb des Primary-Nameservers für die Top-Level-Domain .de, die bundesweit zentrale Vergabe von Domains unterhalb der Top-Level-Domain .de und die Administration des Internets in Zusammenarbeit mit internationalen Gremien.

> Domain-Namen haben neben der technischen Zuordnungsfunktion auch eine Namensfunktion.

Das Namensrecht aus § 12 Satz 1 BGB umfasst auch einen Anspruch auf Nutzung dieses Namens als Domain-Name. Hat ein Dritter diesen Domain-Namen inne, so besteht ein Anspruch auf Freigabe und Unterlassung der Nutzung. Die Verwendung einer eingetragenen Marke als Teil einer Domain verstößt gegen § 15 MarkenG.

Der Top-Level-Domain .de kommt keine eigenständige, unterscheidbare Bedeutung zu. Sie ist lediglich regionales Zuordnungskriterium und findet bei der Bewertung einer Markenverletzung oder Namensverletzung keine Beachtung.

Verfahrensrecht

Das Verfahrensrecht regelt die Dringlichkeit bei Streitigkeiten um die Kennzeichnung von Domains und die örtliche Zuständigkeit. Für Klagen aus dem

Markenrecht ist örtlich jedes Gericht zuständig, in dessen Bezirk die Verletzungshandlung begangen wurde.

Standesrecht

Das Standesrecht befasst sich mit der Präsentation verschiedener Berufsstände im Internet.

Das Internet ist allgemein zugänglich und daher, ebenso wie Zeitungen, Zeitschriften und Fernsehen, als öffentliches Medium anzusehen. Die Präsentation der Berufsstände im Internet ist nicht zu beanstanden, solange sie nicht im Verdacht der Kommerzialisierung steht.

Vertragsrecht

Das Vertragsrecht regelt Rechtsfragen bei Verträgen, die im Internet geschlossen wurden **(Bild 1)**.

Bild 1: Kaufverträge im Internet

Wettbewerbsrecht

Hier ist zu prüfen, wann das deutsche Wettbewerbsrecht und Kartellrecht zur Anwendung kommt. Grundsätzlich wird dies nach dem Tatort ermittelt. Im Wettbewerbsrecht ist dies der Ort der wettbewerbsrechtlichen Interessenkollision, der als Marktort bezeichnet wird.

Der Marktort ist zugleich Handlungs- und Erfolgsort. Im Internet tritt Werbung in Form von individuell oder massenhaft versandten E-Mails oder durch die Präsentation auf einer Website auf.

Typische Streitfälle sind wettbewerbswidrige Suchergebnisse, unlauterer Wettbewerb und unerlaubte Werbung. So ist z.B. unverlangte E-Mail-Werbung (Spamming) an ein Unternehmen als Eingriff in den eingerichteten und ausgeübten Gewerbebetrieb unzulässig.

Die Zusendung unverlangter Werbung mittels E-Mail ist verboten.

Zu den großen Gewinnern des elektronischen Handels zählen Online-Auktionen. Hier gibt es zahlreiche Anbieter, die von Last-Minute-Reisen über Mietwagen bis hin zu Elektrogeräten Produkte über das Internet meistbietend verkaufen. Zweifelhaft ist allerdings die Zulässigkeit solcher Geschäfte.

Eine Klausel vom Marktführer eBay, wonach ein Vertrag automatisch mit dem Höchstbieter zustande kommt, ist vom LG Berlin wegen Verstoßes gegen das BGB für nichtig angesehen worden. Das OLG Hamburg hat entschieden, dass die Eingabe eines Mindestangebotes von 1,00 Euro für ein Markengerät, das nach der unverbindlichen Preisempfehlung des Herstellers 2.500,00 Euro kosten soll, wegen übertriebenen Anlockens wettbewerbswidrig ist. Der Auktionator habe auf Kosten des Markenproduktes das „spielerisch spekulative Moment" einer solchen Online-Auktion eingesetzt, um mit dem kaum noch zu unterbietenden Mindestangebot besondere Aufmerksamkeit zu erregen.

Strafrecht

Das Strafrecht tritt immer dann in Kraft, wenn durch den Betrieb einer Online-Präsenz ein Straftatbestand entsteht. Ein typischer Straftatbestand ist die Verbreitung pornografischer Erzeugnisse über das Internet. Andere Straftaten sind die Downloadmöglichkeiten von unerlaubter Software oder beleidigende Äußerungen über das Web.

Urheberrecht

Das Urheberrecht schützt künstlerische oder wissenschaftlich-technische Leistungen, die eine gewisse Originalität und Kreativität repräsentieren, als geistiges Eigentum des Urhebers. Der Schutz besteht unabhängig von einer Registrierung, eines Copyright-Vermerks oder anderer Formalitäten.

Die Erstellung von Websites greift sehr weit in das Urheberrecht ein. Musik, Texte, Fotografien werden digitalisiert und in ein Online-System integriert. Jedem Hersteller drohen zurzeit zivil- und strafrechtliche Sanktionen, sofern er in seinem Werk auf fremdes Material zurückgreift.

Wiederholung und Vertiefung

1. **Nennen Sie Rechtsgebiete, auf die sich das Internetrecht erstreckt.**
2. **Wer verwaltet in Deutschland die Domains?**
3. **Was versteht man rechtlich unter der Namensfunktion einer Domain?**
4. **In welchen Fällen wird das deutsche Recht auf eine Streitigkeit angewandt?**

18 Empfangs- und Verteilanlagen

18.1 Antennen

Antennen wandeln elektrische Feldstärke E in Spannung U und umgekehrt.

18.1.1 Terrestrische Antennen

Eine senkrecht angeordnete Sendeantenne strahlt ein elektromagnetisches Feld ab, dessen elektrische Feldstärke senkrecht zur Ausbreitungsrichtung der Funkwellen und dessen magnetische Feldrichtung waagrecht dazu verläuft **(Bild 1)**. Diese Abstrahlung nennt man *vertikal polarisiert.* Entsprechend gibt es bei einer waagerecht angeordneten Sendeantenne eine *horizontale Polarisation.* Vertikale Polarisation und horizontale Polarisation nennt man *lineare Polarisationen.*

Als Polarisationsrichtung bezeichnet man die Richtung des elektrischen Feldes einer Sendeantenne zur Ausbreitungsrichtung.

Für den LW-, MW- und KW-Empfang stellt die *Stabantenne* die einfachste Antennenform dar. Die Empfangsspannung ist proportional zur vorhandenen Feldstärke, der wirksamen Antennenlänge und der Wellenlänge bzw. der Frequenz **(Bild 2)**.

Bei senkrechter Sendeantenne breiten sich die magnetischen Feldlinien der elektromagnetischen Welle ringförmig aus und verlaufen parallel zur Erdoberfläche. Durchdringen die magnetischen Feldlinien einen Ferritstab, dessen Achse in ihrer Richtung verläuft, so entsteht in einer Spule auf dem Ferritstab eine Wechselspannung **(Bild 3)**.

Stabantennen mit zwei gleichen Stäben nennt man *Dipole.* Abgestimmte Dipole sind solche Antennen, deren Länge an die empfangene Wellenlänge abgepasst ist. Sie liefern eine größere Empfangsspannung als unabgestimmte Antennen. Im UKW-Bereich und im Fernseh-Bereich verwendet man solche Antennen, weil die Verluste bei der Wellenausbreitung groß und die Wellenlängen für den Bau solcher Antennen klein genug sind.

Bei einem *λ/2-Dipol* entsteht eine Strom- und Spannungsverteilung längs der beiden Stäbe, die symmetrisch zur Mitte ist **(Bild 4)**.

Ein *Faltdipol* ergibt sich, wenn man zwei λ/2-Dipole parallel schaltet, wobei der eine Dipol kurzgeschlossen ist.

Wird vor einem Dipol oder einem Faltdipol mindestens ein Direktor und hinter dem Dipol oder Faltdipol mindestens ein Reflektor angeordnet, dann liegt eine Mehrelemente-Antenne vor **(Bild 1, folgende Seite)**. Sie wird nach ihrem Entwickler als Yagi-Antenne bezeichnet. Direktoren und Reflektoren sind kurzgeschlossene Dipole, welche die Richtwirkung der Antenne verstärken und eine größere Empfangsspannung bewirken.

Mehrelemente-Antennen weisen in Richtung der Direktoren eine ausgeprägte keulenförmige Richtcharakteristik auf **(Bild 2, folgende Seite)**. Eine wichtige Kenngröße ist der Öffnungswinkel. Er ergibt sich zwischen den Stellen, bei denen die Empfangsspannung gegenüber der Spannung in der Hauptrichtung auf 70 % (0,7 · U_2) reduziert ist.

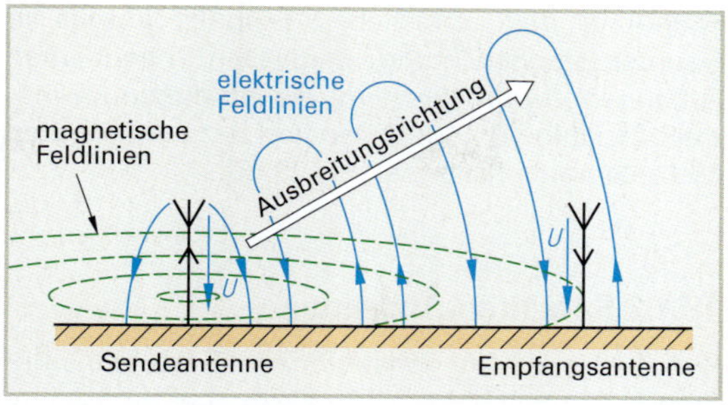

Bild 1: Sende- und Empfangsvorgang mit Stabantenne

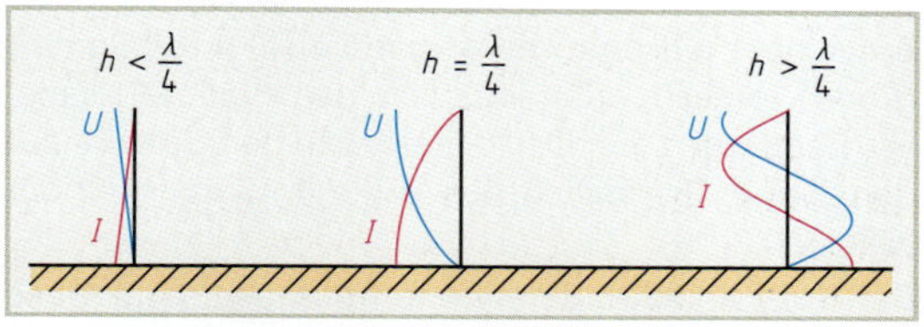

Bild 2: Stromverteilung und Spannungsverteilung bei Stabantenne

$$U \approx E \cdot h$$

U	Empfangsspannung
E	Empfangsfeldstärke
h	wirksame Antennenlänge

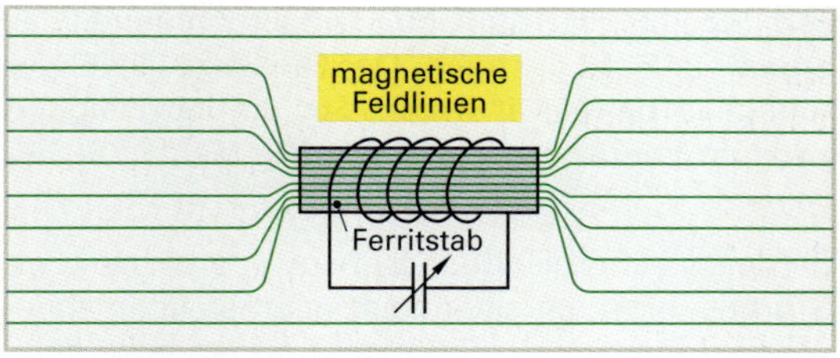

Bild 3: Magnetisches Feld bei Ferritantenne

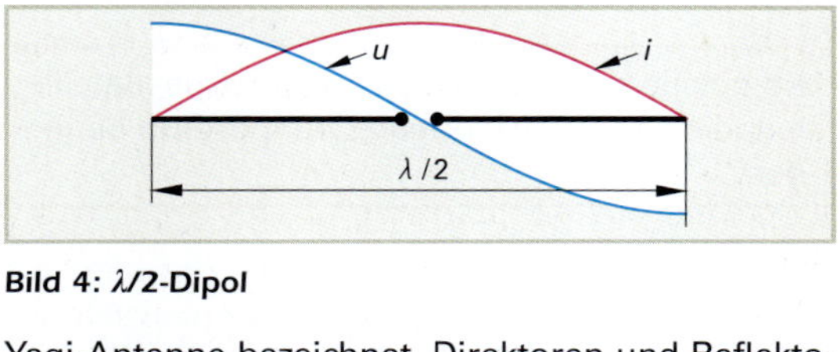

Bild 4: λ/2-Dipol

Das Verhältnis der Empfangsspannung einer Mehrelemente-Antenne gegenüber der Empfangsspannung des einfachen $\lambda/2$-Dipols, jeweils in Hauptempfangsrichtung gemessen, nennt man *Antennengewinn.* Er wird als Antennengewinnmaß meist in dB angegeben und beträgt bei guten Mehrelemente-Antennen bis 20 dB.

18.1.2 Satelliten-Antennen

Rundfunk wird von geostationären Satelliten empfangen, die sich in etwa 36 000 km über dem Äquator befinden. Dabei sind verschiedene Satellitenpositionen möglich, die als *Orbitpositionen* bezeichnet werden. Die Angabe erfolgt in Längengraden östlich oder westlich des Nullmeridians. So bedeutet „15° Ost", dass sich der Satellit auf der Länge 15° östlich des Nullmeridians befindet **(Bild 3).**

Die Antenne einer Satellitenempfangsanlage muss auf den gewünschten Satelliten ausgerichtet werden. Dabei sind zwei Winkel zu berücksichtigen. In der Waagerechten ist es der Azimutwinkel (Richtungswinkel, **Bild 4)** und in der Senkrechten der Elevationswinkel (Erhebungswinkel, **Bild 5).**

Da die Entfernung zwischen Satellit und Satellitenempfangsanlage etwa 40 000 km beträgt, wird vom Satelliten mit stark bündelnden Antennen das Signal zur Erde gestrahlt. Der Öffnungswinkel der Antennen beträgt 1° bis 2°. Für die Übertragung werden Frequenzen von 10,7 GHz bis 12,75 GHz genutzt.

Da der gesamte Frequenzbereich aus technischen Gründen nicht mit einem einzigen Satelliten abgedeckt werden kann, erfolgt der frequenzgestaffelte Einsatz auf derselben Orbitposition. Dafür gilt die Bezeichnung *Ko-Positionierung.*

Ko-positionierte Satelliten sind solche Satelliten, die sich auf derselben Orbitposition befinden.

Durch Ko-Positionierung kann der gesamte für Satellitenübertragung verfügbare Frequenzbereich optimal genutzt werden.

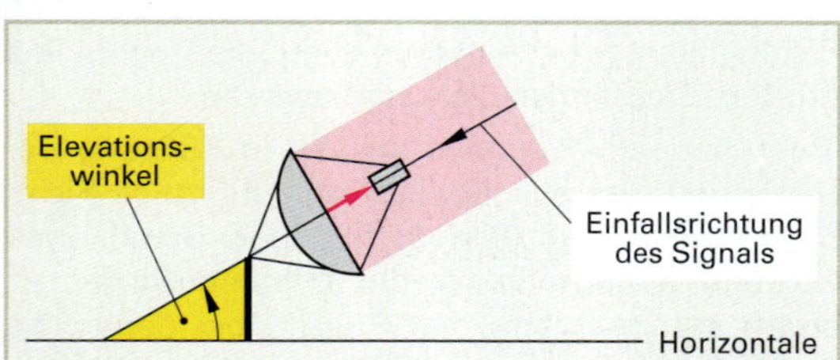

Bild 5: Elevationswinkel

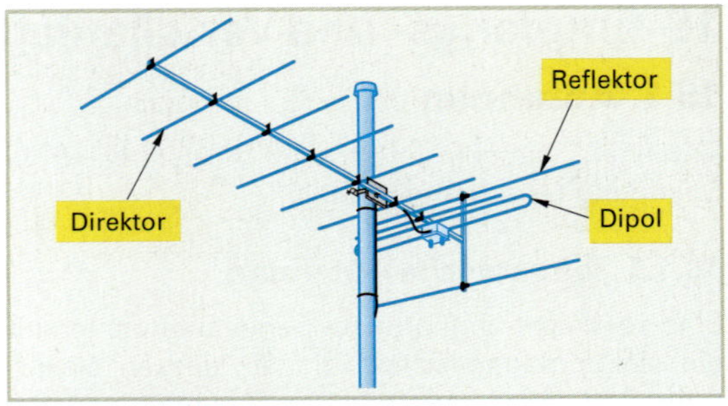

Bild 1: Mehrelemente-Antenne

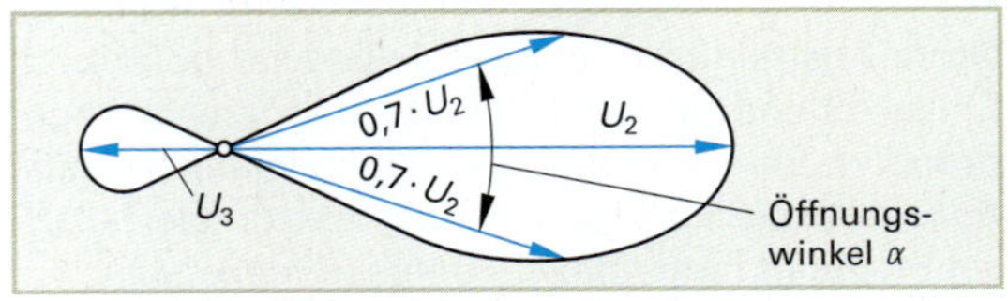

Bild 2: Richtcharakteristik

$$G = 20 \cdot \lg \frac{U_2}{U_1} \, \text{dB}$$

G Antennengewinnmaß

U_1 Antennenspannung der Bezugsantenne (üblicherweise $\lambda/2$-Dipol)

U_2 Antennenspannung in Vorzugsempfangsrichtung

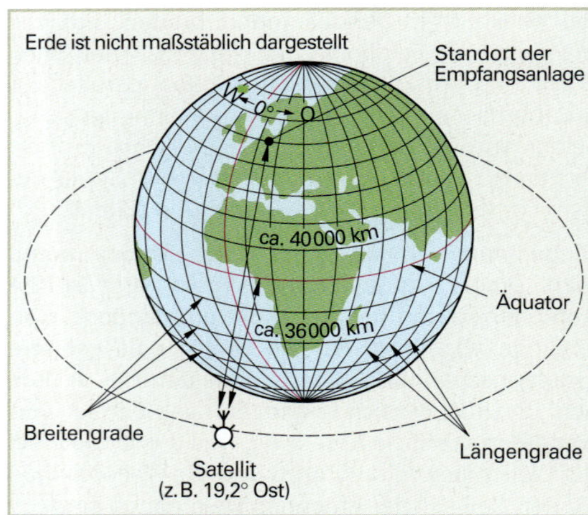

Bild 3: Entfernung zwischen Satellit und Empfangsanlage

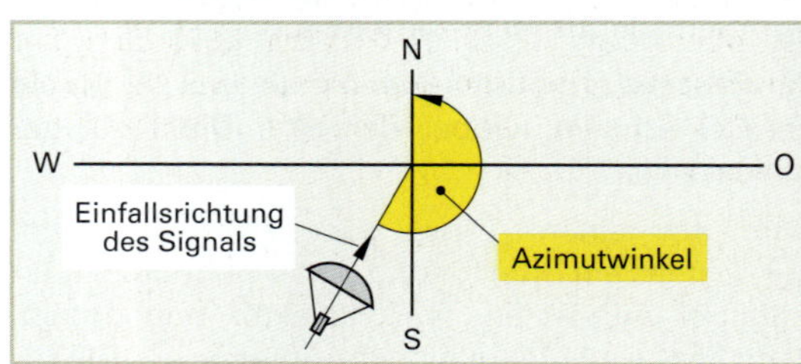

Bild 4: Azimutwinkel

Satellitenempfangsantennen verwenden meist Parabolspiegel als Reflektor. Die parallel ankommenden elektromagnetischen Wellen gelangen auf den Parabolspiegel und werden von dort alle zum Brennpunkt (= Fokus) des Reflektors umgelenkt. In diesem weist die elektromagnetische Energie den größten Wert auf, weil es sich um Fokussierung handelt **(Bild 1)**.

Deshalb befindet sich im Brennpunkt eine Baugruppe als Empfangssystem, welche die empfangenen Signale mit den hohen Frequenzen 10,7 GHz bis 12,75 GHz in die tiefe Satelliten-Zwischenfrequenz (Sat-ZF) 950 MHz bis 2150 MHz umsetzt. Die Baugruppe wird als LNB (von **L**ow **N**oise **B**lockconverter = rauscharmer Frequenzblock-Umsetzer) bezeichnet. Am Eingang eines LNB liegt das SHF-Signal (von **S**uper **H**igh **F**requencies = superhohe Frequenzen) vom Satelliten, während am Ausgang das Sat-ZF-Signal als Eingangssignal für den Satellitenempfänger zur Verfügung steht. LNB enthält die Baugruppen Mischstufe und lokaler Oszillator **(Bild 2)**.

Der LNB erhält seine Betriebsspannung durch Fernspeisung über das zum Satellitenempfänger führende Koaxialkabel. Die Trennung zwischen dem Hochfrequenzsignal und der Gleichspannung erfolgt durch eine Kombination aus Spule und Kondensator **(Bild 3)**.

Der LNB befindet sich bei einem vollständigen Parabolspiegel genau vor dem Reflektor. Es handelt sich dann um eine zentral gespeiste Parabolantenne **(Bild 4)**. Wegen der erforderlichen Befestigungen für den LNB wird allerdings die Bündelung störend beeinflusst. Deshalb werden meist nicht zentral gespeiste Parabolantennen (Offset-Parabolantennen) verwendet. Bei diesen ist der LNB an einem Haltearm unterhalb des Reflektors montiert **(Bild 5)**.

Da die Sat-ZF aus technologischen Gründen nur eine Bandbreite von 1,2 GHz (= 2150 MHz – 950 MHz) aufweist, während der Empfangsbereich vom Satelliten 2,05 GHz (= 12,75 GHz – 10,7 GHz) umfasst, werden beim Satellitenempfang zwei Frequenzbereiche unterschieden. Es handelt sich um das untere Band von 10,7 GHz bis 11,7 GHz und um das obere Band von 11,7 GHz bis 12,75 GHz. Für den Empfang des unteren Bandes muss der lokale Oszillator die Frequenz 9,75 GHz aufweisen, beim oberen Band dagegen 10,6 GHz.

Die Abstrahlung von Satelliten erfolgt mit horizontaler und vertikaler Polarisation. Dadurch ist es möglich, auf einer Frequenz unabhängig voneinander zwei Programme zu übertragen.

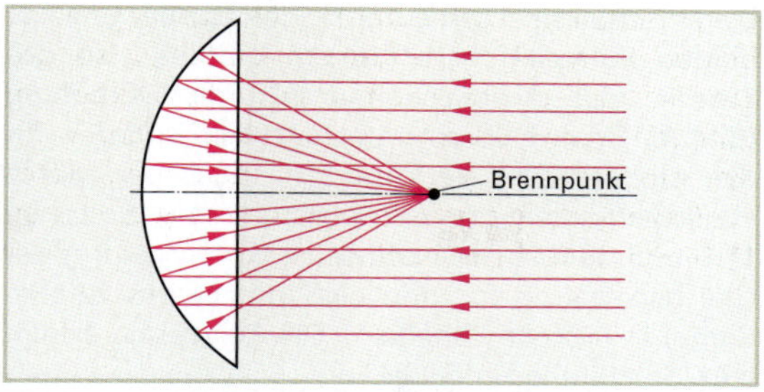

Bild 1: Fokussierung durch Parabolspiegel

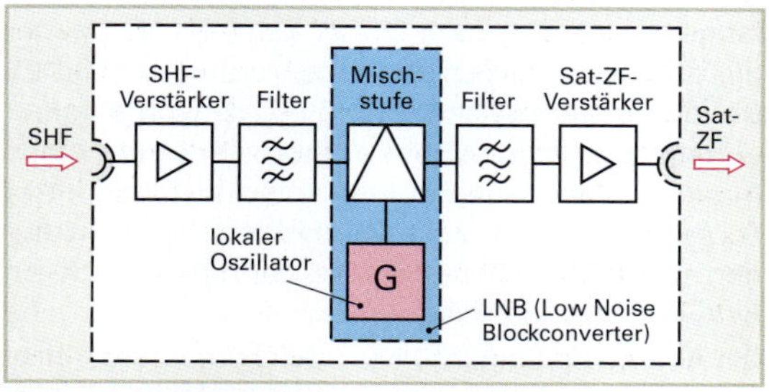

Bild 2: Low Noise Blockconverter (LNB)

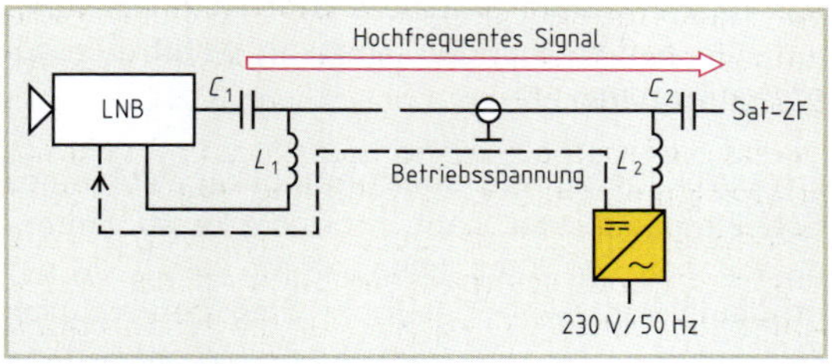

Bild 3: Fernspeisung des LNB

Bild 4: Zentral gespeiste Parabolantenne

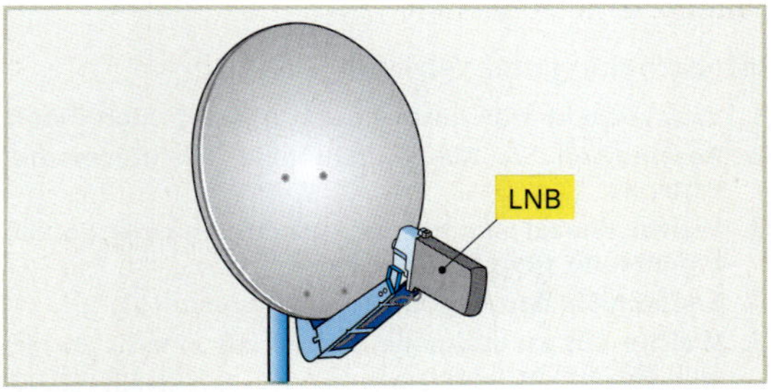

Bild 5: Offset-Parabolantenne

Unter Berücksichtigung der beiden Bänder und der beiden Polarisationsrichtungen gibt es also pro Satellit vier Möglichkeiten für den Empfang **(Bild 1)**. Beim LNB sind deshalb vier Kriterien für die Umschaltung erforderlich. Dies ist durch Umschaltbarkeit der Betriebsspannung zwischen 14 V und 18 V sowie wahlweise Überlagerung der Gleichspannung für den LNB mit einem 22-kHz-Signal erreichbar **(Tabelle 1)**. Die Auslösung erfolgt vom Satellitenempfänger.

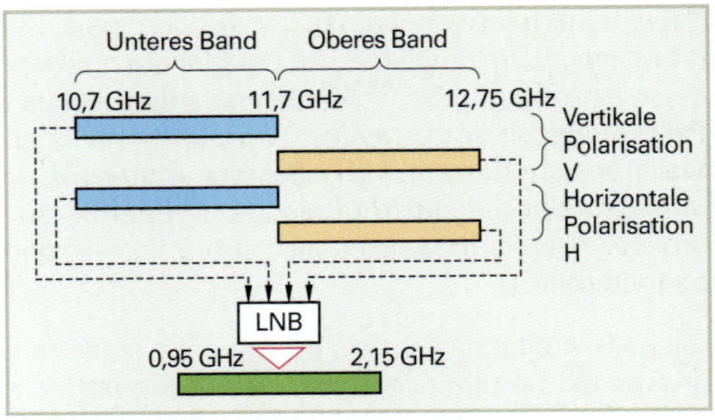

Bild 1: Empfangsmöglichkeit je Satellit

Tabelle 1: Schaltkriterien für LNB

Frequenzbereich	Polarisation	Betriebsspannung	Überlagerte Wechselspannung
10,7 GHz bis 11,7 GHz	V	14 V	22 kHz
10,7 GHz bis 11,7 GHz	H	18 V	22 kHz
11,7 GHz bis 12,75 GHz	V	14 V	0 kHz
11,7 GHz bis 12,75 GHz	H	18 V	0 kHz

Soll eine Parabolantenne nur einen Fernsehempfänger versorgen, dann bietet sich ein LNB an, der die aufgezeigten Schaltkriterien aufweist **(Bild 2)**. Bei dieser als *Universal-Single-LNB* (von single = einzeln) bezeichneten Baugruppe gibt es nur einen Ausgang. Ist dagegen der Anschluss mehrerer Fernsehgeräte an eine Parabolantenne vorgesehen, wie z. B. bei Verteilnetzen, dann bietet sich ein *Universal-Quattro-LNB* an. Dieser enthält für jede der vier Empfangsmöglichkeiten Mischstufen. Dadurch ergeben sich vier Ausgänge **(Bild 3)**. Hier kann von jedem Teilnehmer auf jedes Programm des ausgewählten Satelliten durch Umschaltung auf den entsprechenden Ausgang wahlfrei zugegriffen werden.

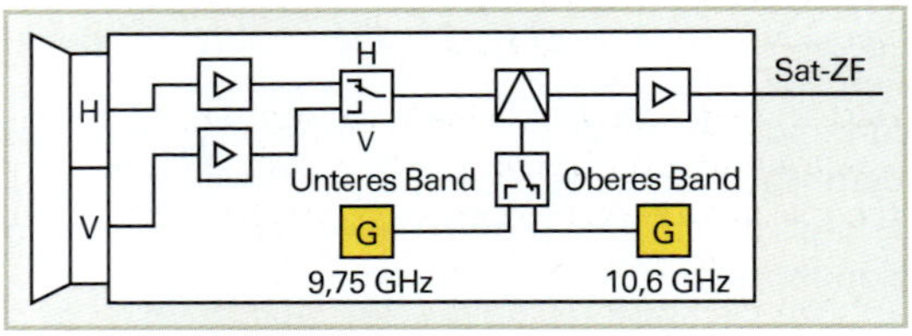

Bild 2: Universal-Single-LNB

Ein LNB kann nur die Übertragungskapazität eines Satelliten abdecken. Dabei muss die Parabolantenne auf den Satelliten ausgerichtet sein. Soll der Empfang von zwei oder mehr Satelliten möglich sein, dann ist für jeden Satelliten eine gesonderte Parabolantenne erforderlich oder eine Antenne mit Positionierantrieb.

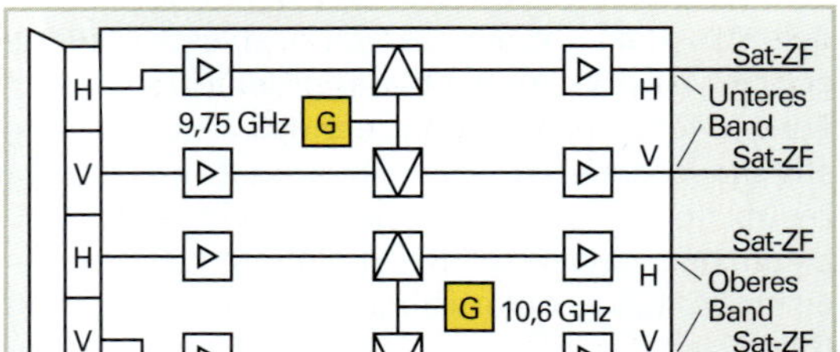

Bild 3: Universal-Quattro-LNB

Liegen die Orbitpositionen der gewünschten Satelliten nicht mehr als 25° auseinander, dann ist auch mit einer fest stehenden Parabolantenne der Empfang dieser Satelliten möglich. Bei diesem *Multifeed* (von multifeed = Mehrfachspeisung) werden zwei oder mehr LNBs etwa im Brennpunkt des Parabolspiegels montiert **(Bild 4)**. Da die LNBs nicht mehr exakt im Brennpunkt liegen, wird der Bündelungseffekt schlechter als bei nur einem LNB. Deshalb muss der Durchmesser des Parabolspiegels größer sein als bei nur einem LNB.

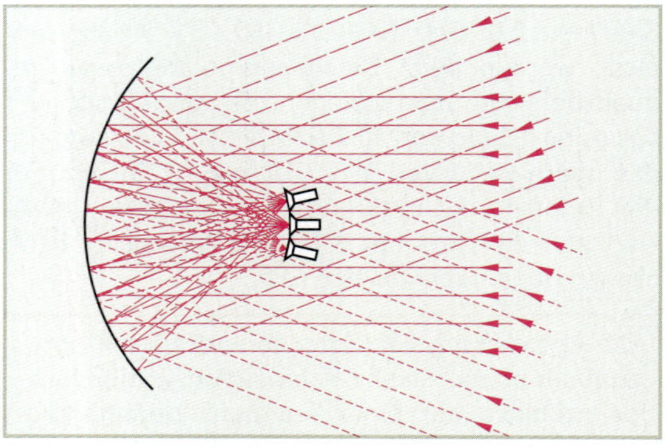

Bild 4: Multifeedprinzip

Wiederholung und Vertiefung

1. **Was versteht man unter einem abgestimmten Dipol?**
2. **Beschreiben Sie den Aufbau einer Mehrelemente-Antenne.**
3. **Welche Winkel sind bei der Ausrichtung einer Satellitenantenne zu berücksichtigen?**
4. **Erklären Sie den Begriff „Ko-Positionierung".**
5. **Welche Ausgangssignale stehen bei einem Universal-LNB zur Verfügung?**
6. **Welchen Nutzen hat die Verwendung von Multifeed?**

18.2 Gemeinschafts-Antennenanlagen

Bei Gemeinschafts-Antennenanlagen werden jeweils von einer Antennenanlage eine große Zahl von Teilnehmern mit Programmen versorgt. Auf die Programme können die Teilnehmer wahlfrei zugreifen.

18.2.1 Kanalselektive Anlagen

Wird aus den über terrestrische Antennen und Satellitenantennen empfangbaren Programmen eine Auswahl getroffen und diese in einem Paket zusammengefasst, dann handelt es sich um kanalselektive Aufbereitung. Das Ausgangssignal umfasst die Bereiche VHF, Sonderkanäle und UHF.

Bei der Umsetzung von VHF- oder UHF-Kanälen sind neben Bandfiltern und Verstärkern lediglich Frequenzumsetzer (Frequenzkonverter) erforderlich **(Bild 1, links).** Werden Satellitenprogramme empfangen, dann muss das Satellitensignal zuerst demoduliert und auf die beim analogen Fernsehen verwendete Restseiten-Amplitudenmodulation umgesetzt werden **(Bild 1, rechts).**

Bild 2 zeigt die *kanalselektive Aufbereitung.* Die ankommenden Signale werden durch Verteiler auf die einzelnen Wege der Verarbeitung aufgeteilt. Das Sammelfeld vor dem Ausgang führt die umgesetzten Programme wieder zusammen, wobei die Signale frequenzmäßig gestaffelt im Bereich 47 MHz bis 862 MHz liegen. Bedingt durch die festgelegten Kanalraster in den einzelnen Frequenzbändern können damit bis zu 97 unterschiedliche Programme bei kanalselektiven Anlagen berücksichtigt werden.

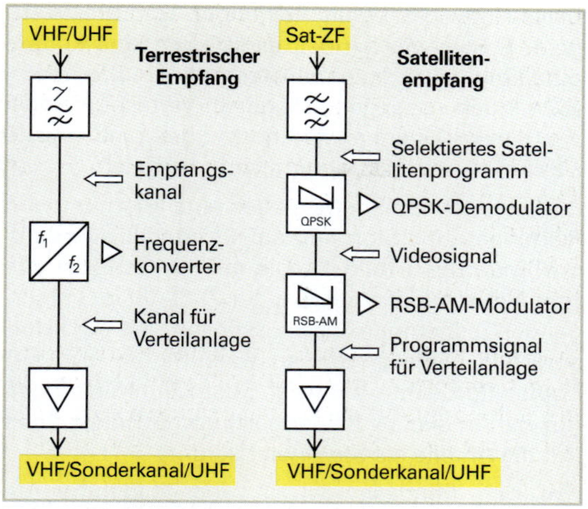

Bild 1: Umsetzverfahren

Meist erfolgt die Kanalselektion in der Baugruppe *Kopfstation.* Für jedes Programm wird eine als *Kanalzug* bezeichnete Umsetzereinheit benötigt. Bei dem im Bild 2 dargestellten Beispiel wird von den Antennen einmal der UHF-Bereich und zweimal die Sat-ZF zugeführt. Auf welchen Kanal die Umsetzung jeweils erfolgt, ist grundsätzlich beliebig. Das Sammelfeld bildet aus den Signalen der einzelnen Kanäle das Gesamtsignal. Dieses benötigt nur ein Koaxialkabel mit 75 Ω Wellenwiderstand für alle Programme.

Das Verteilnetz stellt das Ausgangssignal der Kopfstation mit einem Pegel von 60 dBμV bis 70 dBμV an den Teilnehmer-Anschlussdosen (TAD) zur Verfügung.

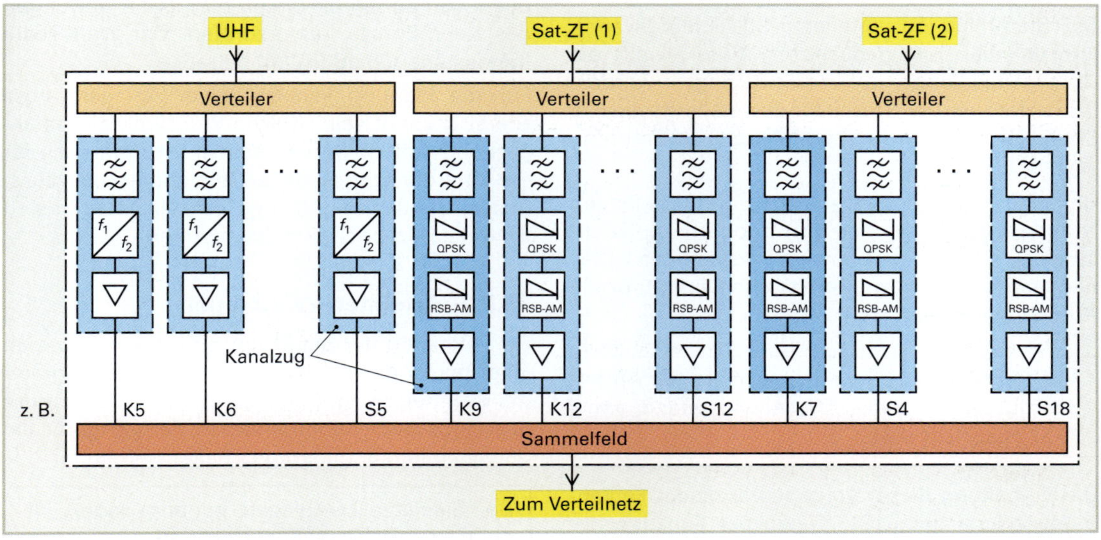

Bild 2: Kanalselektive Aufbereitung (Beispiel)

Diese Netze gibt es als Reihennetz und Sternnetz. Beim *Reihennetz* handelt es sich um eine Kettenschaltung der Antennensteckdosen. *Sternnetze* verwenden dagegen Mehrfach-Verteiler, wobei dann jede Antennensteckdose über eine eigene Leitung mit der Kopfstation verbunden ist.

Die meisten Verteilnetze stellen eine Mischung von Reihennetz und Sternnetz auf. Es handelt sich dann um *Baumnetze* **(Bild 1).** Die genaue Struktur solcher Netze hängt stets von der Zahl der zu versorgenden Teilnehmer-Anschlussdosen und der erforderlichen Kabellängen ab. Das Signal von der Kopfstation wird wahlweise über Stammleitungen (für die Anteile als Reihennetz) und Stichleitungen (für die Anteile als Sternnetz) geführt.

Um den Mindestpegel an den Teilnehmer-Anschlussdosen sicherstellen zu können, werden auch Verstärker eingesetzt, um die Dämpfung der Koaxialkabel und der anderen passiven Komponenten auszugleichen. Die wichtigsten Kenngrößen von Verstärkern sind der Frequenzbereich, das Verstärkungsmaß und das Rauschmaß. Das *Verstärkungsmaß* gibt an, um wie viel Dezibel (dB) der Ausgangspegel des Verstärkers größer ist als sein Eingangspegel. Das *Rauschmaß* in Dezibel gibt an, wie viel Rauschen der Verstärker selbst erzeugt.

Je größer das Rauschmaß eines Verstärkers, desto größer ist das vom Verstärker selbst erzeugte Rauschen.

Das zusätzliche Rauschen eines Verstärkers verringert den Abstand zwischen Nutzsignal und Störsignal. Dieser darf vorgegebene Werte nicht unterschreiten, weil sonst die Bildqualität unzureichend wird.

Bei Stammleitungsverteilern, Stichleitungsverteilern und bei Durchgangsdosen muss jeweils die Durchgangsdämpfung berücksichtigt werden. Außerdem ist bei Stichleitungsverteilern und bei Enddosen auch noch eine Anschlussdämpfung wirksam.

Bei allen Komponenten mit mehreren Eingängen bzw. Ausgängen ist eine größtmögliche Entkopplung zwischen den Signalen anzustreben. Dies bedeutet möglichst große Werte in Dezibel für die *Kopplungsdämpfung.*

Alle Komponenten einer kanalselektiven Anlage müssen für einen Wellenwiderstand von 75 Ω ausgelegt sein.

Die Einhaltung dieser Vorgabe vermeidet Fehlanpassung und damit Störungen der Funktion der Anlage.

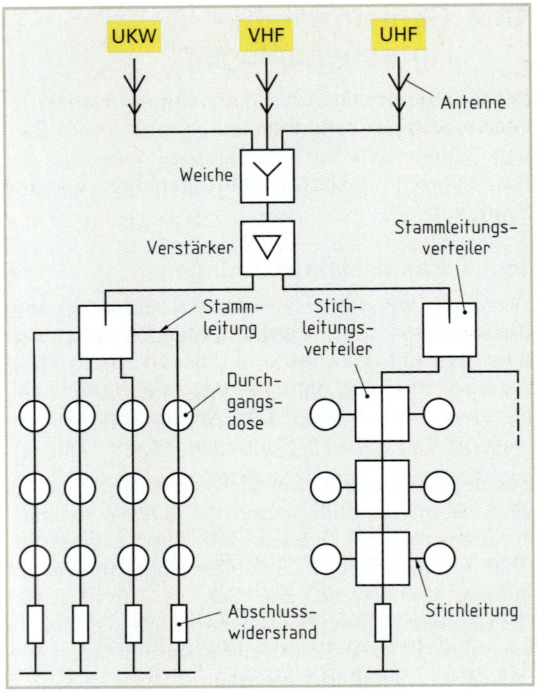

Bild 1: Baumnetz (Beispiel)

Bei kanalselektiven Anlagen muss auch das Schirmdämpfungsmaß beachtet werden.

Das Schirmdämpfungsmaß muss für alle Komponenten eines Verteilnetzes mindestens 75 dB betragen.

Das Schirmdämpfungsmaß beschreibt, wie viel vom Signal in der Kabelanlage abgestrahlt wird. Es ist aber auch ein Maßstab dafür, welcher Signalpegel von außen einwirken darf, ohne Störungen des Kabelsignals hervorzurufen. Der Wert sollte mindestens 106 dB (μV/m) betragen.

Für die Planung kanalselektiver Anlagen muss zuerst bekannt sein, welche Programme empfangen und verteilt werden sollen. Dies gilt auch für die Zahl der vorgesehenen Teilnehmer-Anschlussdosen. Bei der Neuplanung solcher Anlagen sind Sternnetze unbedingt zu bevorzugen.

18.2.2 Satelliten-ZF-Anlagen

Die Verteilung der Sat-ZF soll so erfolgen, dass an jeder Teilnehmer-Anschlussdose auf alle Programme wahlfrei zugegriffen werden kann. Dafür muss allerdings dem herkömmlichen Fernsehgerät ein Satellitenempfänger vorgeschaltet werden.

Bei Satelliten-ZF-Anlagen benötigt jeder Teilnehmer einen Satellitenempfänger.

Wegen der hohen Frequenzen in Sat-ZF-Anlagen von 950 MHz bis 2150 MHz müssen für den Sat-ZF-Bereich dämpfungsarme Koaxialkabel verwendet werden. Die Angabe der Kabeldämpfung erfolgt in Dezibel (dB) je 100 m **(Bild 1)**.

> Bei der Auswahl von Koaxialkabeln für Sat-ZF-Anlagen ist die Frequenzabhängigkeit der Dämpfung zu berücksichtigen.

Der *wahlfreie Zugriff* auf alle Programme ist bei Verwendung von Universal-Single-LNB nicht möglich. Die optimale Lösung bietet der Einsatz von Universal-Quattro-LNB. Diese liefern viermal die Sat-ZF, was vier Leitungsverbindungen zu den Teilnehmern bedeutet. Der wahlfreie Zugriff auf die angebotenen Programme erfolgt mithilfe von *Multischaltern.* Es handelt sich um eine Anordnung elektronischer Schalter, die das breitbandige, hochfrequente Signal der Sat-ZF nahezu verlustfrei schalten können und den Zugriff jedes Teilnehmers (Tln) auf jede Sat-ZF ermöglichen **(Bild 2)**. Die Zahl der erforderlichen Schalter bestimmt sich aus der Zahl der Eingänge für die Sat-ZF und der Zahl der Ausgänge zu den Teilnehmern.

Beispiel 1:

Eine Parabolantenne mit Mehrfachspeisung empfängt das gesamte Spektrum der Satelliten-Familien Astra und Eutelsat. Die Programme sollen von 10 Teilnehmern wahlfrei empfangen werden können.

Wie viele Schalter sind erforderlich?

Lösung:

Es müssen 2 Satelliten · 4 Sat-ZF = 8 Sat-ZF-Eingänge auf 10 Teilnehmer-Ausgänge geschaltet werden. Es ist deshalb folgende Zahl von Schaltern erforderlich:

8 Sat-ZF · 10 Teilnehmer = **80 Schalter**

Die Leistungsfähigkeit eines Multischalters lässt sich an seiner Typbezeichnung erkennen. Grundsätzlich gilt dafür die Struktur MS *n/m.* Dabei steht *n* für die Zahl der Sat-ZF-Eingänge und *m* für die Zahl der Teilnehmer-Ausgänge.

> Jeder Multischalter ist durch *n* Sat-ZF-Eingänge und *m* Teilnehmer-Ausgänge gekennzeichnet.

Aus technologischen Gründen werden Multischalter bisher nur für bis zu 20 Teilnehmer-Ausgänge gebaut. Ist der Anschluss von mehr Teilnehmern erforderlich, dann bedarf es der Kettenschaltung (Kaskadierung) von Multischaltern **(Bild 3)**. Da jeder Multischalter eine Durchgangsdämpfung hat, ist die Kaskadierfähigkeit begrenzt.

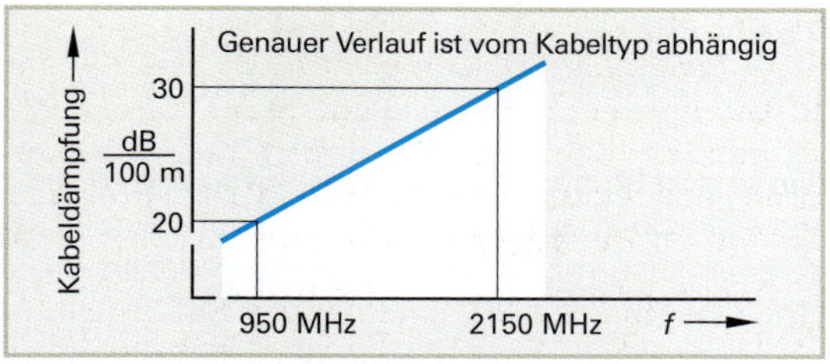

Bild 1: Frequenzabhängigkeit der Kabeldämpfung

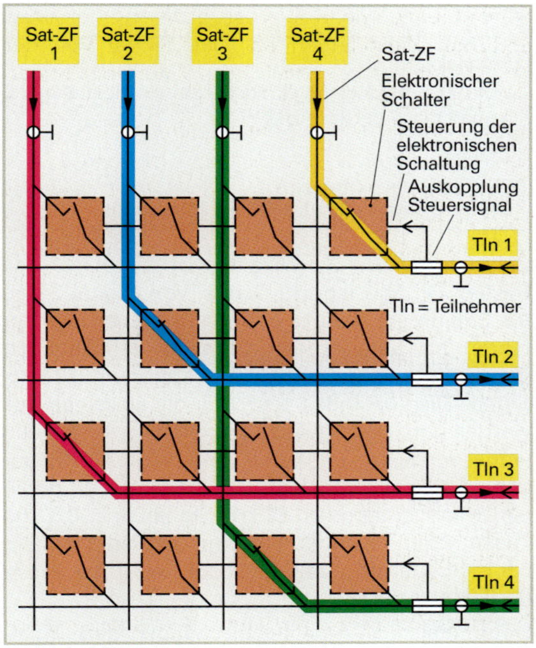

Bild 2: Multischalter (Funktionsprinzip)

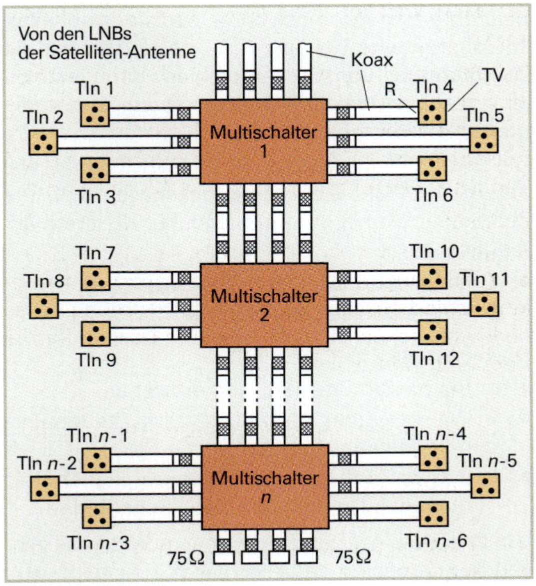

Bild 3: Kaskadierung von Multischaltern

Bei allen Anschlüssen in Sat-ZF-Anlagen werden Steckverbindungen vom Typ F verwendet.

Die in den Multischaltern rasterförmig angeordneten elektronischen Schalter werden vom Satellitenempfänger fernbedient, vergleichbar denen beim Universal-Single-LNB. Sind nur vier Sat-ZF-Leitungen vorhanden, dann können die Schaltspannung 14 V/18 V und die Schaltfrequenz 0 Hz/22 kHz genutzt werden **(Bild 1)**.

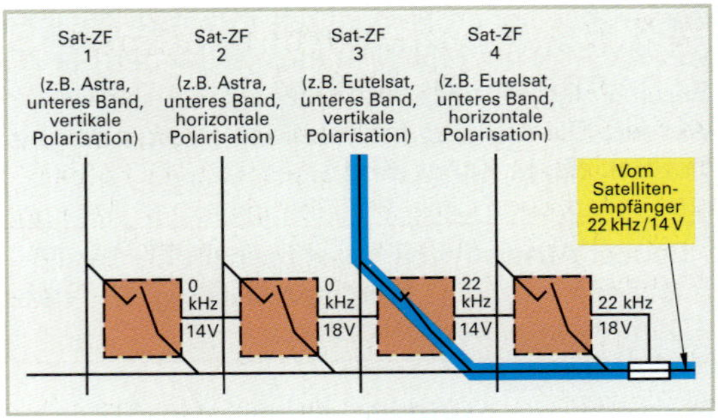

Bild 1: Ansteuerung für Multischalter

Beispiel 1:
Welche Empfangsmöglichkeit hat ein Teilnehmer gemäß Bild 1 bei 22 kHz/14 V?

Lösung:
Aus Bild 1 entnommen:
Eutelsat, unteres Band, vertikale Polarisation

Bei mehr als vier Sat-ZF-Leitungen bietet sich das System DiSEqC (sprich: Disäck, von **D**igital **S**atellite **E**quipment **C**ontrol = digitales Steuerungsverfahren für Satelliteneinrichtungen) an. Es nutzt die Betriebsspannung mit überlagertem 22-kHz-Signal. Die Zustände 0 und 1 für die einzelnen Bits werden durch getastete 22-kHz-Signale dargestellt, wobei der Spitze-Tal-Wert 0,5 V beträgt. Als Bitdauer sind 1,5 ms festgelegt. Der Zustand 0 ist durch ein 1 ms dauerndes 22-kHz-Signal und 0,5 ms Pause gekennzeichnet. Für den Zustand 1 gilt ein 0,5 ms dauerndes 22-kHz-Signal und 1 ms Pause **(Bild 2)**.

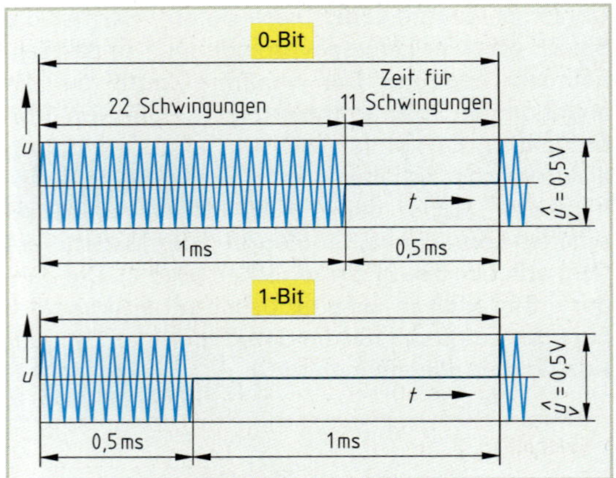

Bild 2: Bitstruktur bei DiSEqC

Übermittelt der Satellitenempfänger den Multischaltern lediglich Steuerbefehle, handelt es sich um einseitig gerichteten Betrieb, also *unidirektionale Übertragung.* Antworten Funktionseinheiten auf übermittelte Befehle, d.h., bestätigen sie die Durchführung von Steuerbefehlen, dann handelt es sich um *bidirektionale Übertragung* (zweiseitig gerichteter Betrieb).

Die Leistungsfähigkeit von DiSEqC wird durch zwei Ziffern nach der Abkürzung gekennzeichnet, die durch einen Punkt getrennt sind. Für die erste Ziffer gilt:

- **1** Unidirektionale Übertragung
- **2** Bidirektionale Übertragung

Für die zweite Ziffer gilt:

- **0** Bis zu vier Satelliten sind erfassbar.
- **1** Wie bei Ziffer 0 und zusätzlich Steuerinformationen für Verteilnetze
- **2** Wie bei Ziffer 1 und zusätzlich Steuerinformationen für drehbare Satellitenantenne

Um DiSEqC einsetzen zu können, müssen alle aktiven Komponenten dafür technisch ausgelegt sein. Dies lässt sich am DiSEqC-Logo erkennen **(Bild 3)**.

DiSEqC 2.0

Bild 3: DiSEqC-Logo

Beispiel 2:
Welche Bedeutung hat die Angabe, dass eine Sat-ZF-Anlage für DiSEqC 2.0 ausgelegt ist?

Lösung:
Eine für DiSEqC 2.0 ausgelegte Sat-ZF-Anlage kann alle Signale von **bis zur vier Satelliten** verarbeiten. Außerdem arbeiten sie **zweiseitig gerichtet,** also mit **Quittierung der Schaltbefehle.**

Wiederholung und Vertiefung

1. **Erklären Sie den Begriff kanalselektive Aufbereitung.**
2. **Warum ist in einem Umsetzer für Satellitenprogramme ein RSB-AM-Modulator erforderlich?**
3. **Welche Kenngrößen sind für Verstärker in Gemeinschafts-Antennenanlagen von Bedeutung?**
4. **Welches Schirmdämpfungsmaß müssen die Komponenten eines Verteilnetzes mindestens aufweisen?**
5. **Welche Aufgabe haben Multischalter?**

18.3 Breitbandkommunikationsnetze (BK-Netze)

BK-Netze bieten den Teilnehmern „Rundfunk aus der Steckdose", wobei mit kanalselektiver Aufbereitung gearbeitet wird. Im Gegensatz zu Gemeinschafts-Antennenanlagen (GA) sind hier jedoch zehntausend und mehr Teilnehmer angeschlossen.

18.3.1 Konzept von BK-Netzen

BK-Netze wurden ursprünglich als bundesweites Netzwerk mit fünf Netzebenen entworfen **(Tabelle 1)**. Für den Empfang der Programme kommen Empfangsstellen für Satellit und Terrestrik zum Einsatz, deren Signale dann über BK-Verteilstellen (BKVSt), übergeordneten BK-Verstärkerstellen (üBKVrSt) und benutzerseitige BK-Verstärkerstellen (bBKVrSt) dem Ortsabschnitt zugeführt werden. Die weitere Aufteilung erfolgt durch Kabellinien (A, B, C und D). Dabei weisen die A-, B- und C-Kabellinien auch Verstärkerpunkte (VrP) auf, während es bei D-Kabellinien lediglich passive Abzweiger gibt. Die nächsten Schnittstellen bilden die Hausübergabepunkte (HÜP, **Bild 1)**. An diesen stellt der Netzbetreiber das Signal mit einem Pegel von 60 dBμV bis 80 dBμV zur Verfügung. Nach dem HÜP folgt die Hausverteilanlage (HVtA), die in der Zuständigkeit des jeweiligen Hauseigentümers liegt.

Der Hausübergabepunkt (HÜP) ist die Schnittstelle zur Hausverteilanlage (HVtA).

Um die BK-Netze auch für interaktive Anwendungen nutzen zu können, muss die bisherige Vorwärtsrichtung zum Teilnehmer durch Rückkanäle ergänzt werden. Dafür ist der Frequenzbereich 5 MHz bis 65 MHz vorgesehen. Dadurch entfällt das bisher genutzte VHF-Band I mit den Kanälen K 2, K 3 und K 4.

Interaktivität erfordert Rückkanäle.

Für die Erweiterung auf die Rückkanäle müssen Verstärker eingesetzt werden, die in beiden Richtungen arbeiten, und zwar in den entsprechenden Frequenzbereichen **(Bild 2)**. Bei passiven Komponenten reichen Frequenzweichen aus.

Da bei interaktiven Netzen digitale Übertragung vorgesehen ist, bietet sich auch die Optimierung der Netzstruktur an. Dazu gehört neben einer Erweiterung des Frequenzbereichs auf 862 MHz auch der verstärkte Übergang auf Glasfaserleitungen.

Die Auskopplung für die als Cluster (sprich: Klaster = Zuordnungseinheiten) bezeichneten Netzanteile mit Koaxialkabel erfolgt über Schnittstellen, die als Hub (sprich: Hap) bezeichnet werden. Die Cluster umfassen zwischen 500 und 1 500 Teilnehmeranschlüsse.

Für die Verkopplung der Glasfaserringe werden ebenfalls Hubs verwendet. Im regionalen Glasfaserring erfolgt die Einspeisung der Programme und Dienste, empfangen und aufbereitet von einer Empfangsstation für Satellitenprogramme und terrestrische Programme **(Bild 1, folgende Seite)**.

Tabelle 1: Netzebenen der BK-Netze

Netzebene	Funktion
NE 1	Überregionaler Abschnitt
NE 2	Regionaler Abschnitt
NE 3	Ortsabschnitt (BK-Verteilnetz)
NE 4	Lokalabschnitt (Hausverteilanlage)
NE 5	Teilnehmerabschnitt (Anschlusskabel)

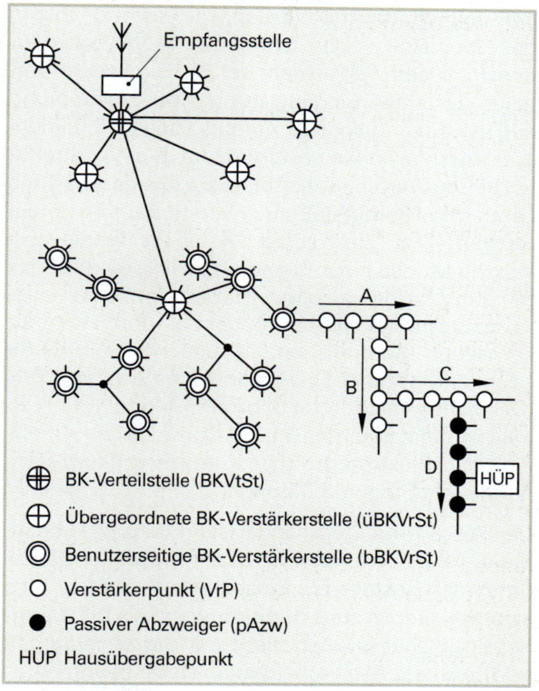

Bild 1: BK-Netze (Struktur)

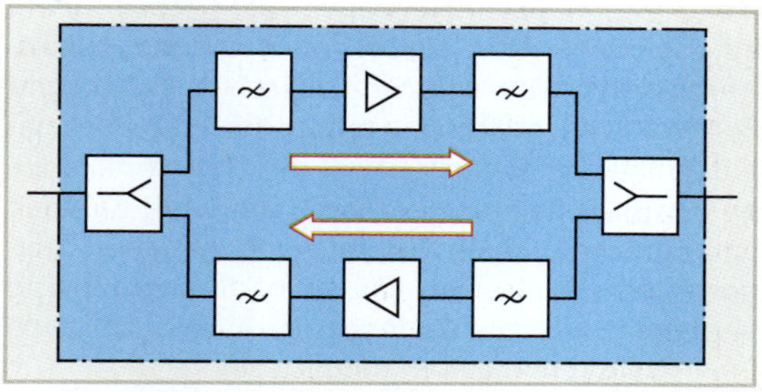

Bild 2: Rückkanalfähiger Verstärker

18.3.2 Hausverteilanlagen

Hausverteilanlagen (HvtA) verteilen das am *Hausübergabepunkt* (HÜP) anstehende Signal zu den Teilnehmer-Anschlussdosen in den Wohnungen. Die bisher typische Lösung dafür ist das *Baumnetz.* Deren Struktur hängt dann von Zahl und Lage der zu versorgenden Wohnungen ab.

Da bei Baumnetzen eine Abhängigkeit zwischen den Teilnehmer-Anschlussdosen besteht, sollten bei Neuinstallationen Sternnetze bevorzugt werden. In diesem Fall besteht der HÜP aus einem Verteiler, der einen Eingang mit großer Entkopplung auf mehrere Ausgänge verteilt. Zu jeder Teilnehmer-Anschlussdose besteht dadurch eine getrennte Leitungsverbindung. Abhängig von deren Länge können im Bedarfsfall auch Verstärker verwendet werden. Das Ziel ist es, an jeder Teilnehmer-Anschlussdose einen Signalpegel von 60 dBμV bis 80 dBμV sicherzustellen. Dabei sind stets zwei Anschlussmöglichkeiten gegeben, und zwar für Fernsehen (Kennzeichen: TV) und Hörfunk (Kennzeichen: R) **(Bild 2)**. Dabei handelt es sich nach DIN (Deutsches Institut für Normung) und IEC (von **I**nternational **E**lectrotechnical **C**ommission = Internationale Elektrotechnische Kommission) um standardisierte Steckverbindungen.

Der Aufbau von Sternnetzen ist im Prinzip für beliebig viele *Teilnehmeranschlüsse* möglich, und zwar durch den gestaffelten Einsatz von Verteilern. Dies erfordert jedoch stets mehr Aufwand als bei Baumnetzen. Bisher wurden diese mit *Stammleitungen* und *Stichleitungen* arbeitenden Netze bevorzugt.

Unabhängig von den gewählten Netzstrukturen spielt bei Hausverteilanlagen die *Abschirmung* eine wichtige Rolle. Dabei muss auf die *elektromagnetische Verträglichkeit* zwischen Kabel- und Funkdiensten geachtet werden, da im Kabel genutzte Frequenzen außerhalb der Hausverteilanlage Funkdiensten zugewiesen sind. Im Rahmen einer durchgängigen Abschirmung bei allen Komponenten soll deshalb einerseits die Abstrahlung verhindert werden, andererseits aber auch keine Einstrahlung von außen möglich sein.

Die aufgezeigte Abschirmung gilt auch für das Anschlusskabel von der Teilnehmer-Anschlussdose zum Empfangsgerät (Radio und Fernsehen). Maßstab für die Abschirmung ist ein *Schirmdämpfungsmaß* von mindestens 75 dB.

> Je größer das Schirmdämpfungsmaß, desto besser ist die Abschirmung.

In Wohnungen sind oft nicht nur ein Radio und Fernsehgerät an die Hausverteilanlage angeschlossen. Deshalb ist an der Stelle der Teilnehmer-Anschlussdose ein *Wohnungsübergabepunkt* (WÜP) zweckmäßiger **(Bild 3)**.

Dieser ermöglicht in Sternform den Anschluss mehrerer Empfänger, aber auch den Anschluss von Telefon und PC über verdrillte Zweidrahtleitungen für die Nutzung entsprechender Dienste, z.B. den Internet-Zugang.

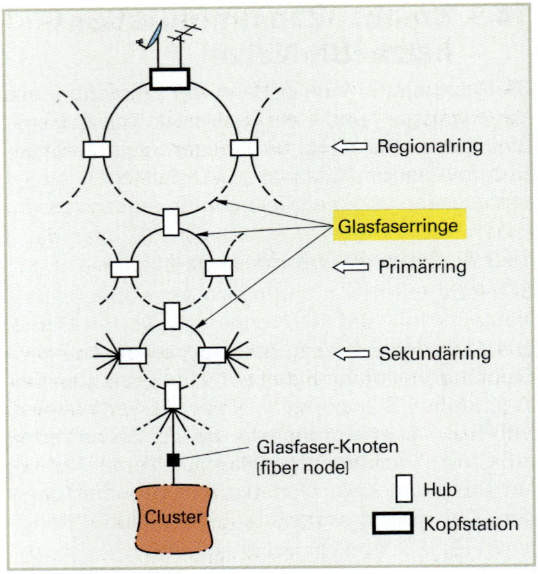

Bild 1: BK-Netze mit Glasfaserringen

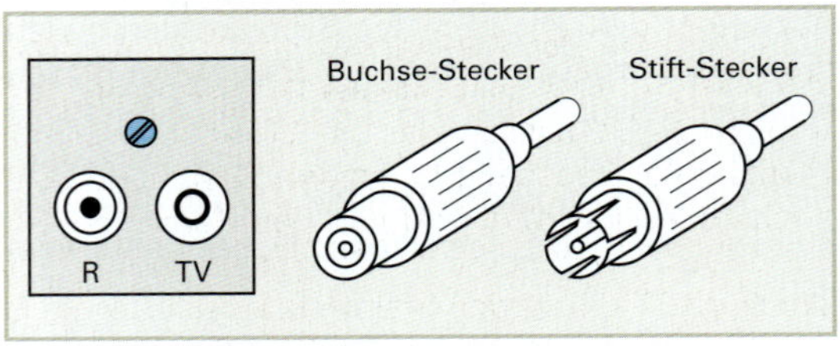

Bild 2: Teilnehmer-Anschlussdose und Stecker

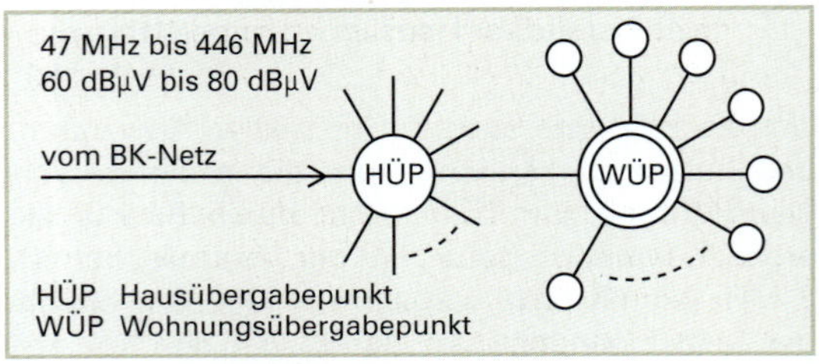

Bild 3: Wohnungsübergabepunkt

Wiederholung und Vertiefung

1. **Welche Schnittstelle liegt bei BK-Netzen zwischen der NE 3 und der NE 4?**
2. **Welche Funktion kann durch einen Rückkanal erreicht werden?**
3. **Erklären Sie die Aufgabenstellung einer Hausverteilanlage.**
4. **Welche Netzstruktur ist bei Hausverteilanlagen zu bevorzugen?**

18.4 Vorschriften für Montage und Installation

Bei Montage und Installation von Empfangs- und Verteilanlagen sind stets bestimmte mechanische und elektrische Werte einzuhalten, um Sicherheit und Funktionsfähigkeit zu gewährleisten.

Der Errichter einer Anlage haftet bei fehlerhafter Ausführung für auftretende Personen- und Sachschäden.

Die *Standrohre* für die Befestigung von Antennen bestehen aus Stahl und haben eine gewährleistete Festigkeit. Im Einspannbereich ist eine Wanddicke von mindestens 2 mm erforderlich. Durch Verzinkung oder gleichwertige Maßnahmen erfolgt der Schutz gegen Korrosion. Die Montage der Standrohre muss verdrehsicher erfolgen **(Bild 1)**.

Jede Antenne stellt für Wind einen Widerstand dar, weil ein Stau der bewegten Luft an Teilen der Antenne erfolgt. Dieser Widerstand ist deshalb abhängig von der Antennenbauform. Er wird als Windlast F_W bezeichnet **(Tabelle 1)**. Die Antenne ruft infolge der Windlast auf das Standrohr ein Kraftmoment hervor, das man *Biegemoment* M_A nennt. Der höchstzulässige Wert wird von den Herstellern als zulässiges Biegemoment angegeben, wobei das durch die Windlast des Standrohres selbst entstehende Biegemoment schon berücksichtigt ist.

Je größer die Windlast der Antenne ist, desto größer muss auch das Biegemoment des Standrohres sein.

Bei Standrohren darf die vom Hersteller angegebene Einspannlänge nicht unterschritten werden. Als Vorgabe für die Einspannlänge gilt etwa 1/6 der gesamten Rohrlänge, mindestens aber 1 m. Alle Teile, die zur Befestigung von Antennenträgern dienen, müssen ausreichende mechanische Festigkeit gewährleisten. Für jede Halterung des Standrohrs sind mindestens zwei Schrauben zu verwenden. Bei Holzschrauben ist ein Mindestdurchmesser von 8 mm erforderlich, für Mauerwerk, Beton oder Stahlkonstruktionen mindestens Schrauben M 8.

Das Antennenstandrohr muss sicher befestigt werden.

Werden mehrere Antennen an demselben Standrohr befestigt, so sind die von den Antennen hervorgerufenen Windlasten zu addieren. Die oberste Antenne am Standrohr sollte die Antenne mit der kleinsten Windlast sein, damit das Kraftmoment klein bleibt. Eine Parabolantenne wird also als unterste Antenne montiert.

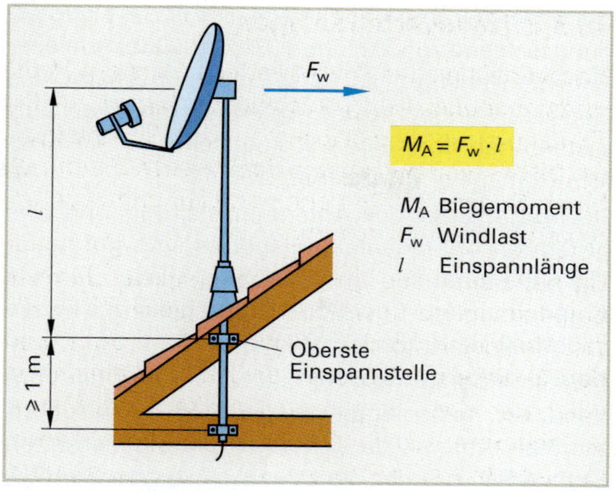

Bild 1: Antennenstandrohr mit einer Antenne

Tabelle 1: Windlast

Antennenart	Windlastbereich
Dipolantenne	10 N ... 30 N
Mehrelemente-Antenne	50 N ... 200 N
Parabolantenne	300 N ... 450 N

Antennenanlagen müssen durch Erdung gegen Überspannungen und gegen Entstehen von Potenzialunterschieden geschützt werden. Erder sind leitfähige Einrichtungen, die den niederohmigen Übergang zum Erdboden gewährleisten. Wenn möglich werden Fundamenterder verwendet. Steht ein solcher nicht zur Verfügung, so kann ein verzinkter Stahlstab von mindestens 2,5 m Länge gesetzt werden. Es ist auch möglich, verschiedene Staberder über ein Stahlnetz miteinander zu verbinden.

Alle leitfähigen Teile von Antennenanlagen außerhalb von Gebäuden müssen über einen Erdungsleiter mit einem Erder verbunden werden.

Erdungsleiter sind metallische Leiter, die auf kürzestem Weg und möglichst senkrecht an den Erder führen. Sie müssen abhängig vom verwendeten Werkstoff Mindestquerschnitte aufweisen **(Tabelle 1, folgende Seite)**. Verlegung von Erdungsleitern auf Holz ist ohne Abstandsschellen unzulässig.

Schutzleiter PE, Neutralleiter N, PEN-Leiter und Außenleiter von Koaxialleitungen dürfen **nicht** als Erdungsleiter für Antennenanlagen verwendet werden.

Der Erder der Antennenanlage ist mit der Haupterdungsschiene zu verbinden. Hat das Gebäude eine Blitzschutzanlage, so sind die außerhalb des Gebäudes angebrachten Antennenträger auf kürzestem Weg über einen Erdungsleiter an die Blitzschutzanlage anzuschließen (Tabelle 1).

Die Außenleiter der Antennenzuleitung und des gesamten Antennenleitungsnetzes sind gut leitfähig untereinander und mit dem Erder für die Antennenanlage über Potenzialausgleichsschienen dauerhaft zu verbinden **(Bild 1)**.

Bei der Montage von Koaxialkabeln darf ein vom Hersteller festgelegter *Biegeradius* nicht unterschritten werden, da sich sonst die Eigenschaften des Kabels, z.B. der Wert des Wellenwiderstandes, verändern. Eine Beschädigung des Außenleiters verringert die Einstrahlungsfestigkeit und erhöht die Störstrahlung.

Außerdem ist für die störungsfreie Funktion einer Empfangs- und Verteilanlage die fachgerechte Montage der Außenleiter der Koaxialkabel an den Steckverbindern und festen Kabelanschlüssen erforderlich.

Am Eingang der Empfänger dürfen festgelegte Mindestpegel nicht unterschritten und bestimmte Höchstwerte nicht überschritten werden **(Tabelle 2)**.

Bei Bedarf können diese Pegel durch Verstärker bzw. Dämpfungsglieder erreicht werden.

Zwischen Teilnehmer-Anschlussdosen einer Empfangs- und Verteilanlage ist eine Anschlussdämpfung von mindestens 22 dB erforderlich, während zwischen UKW und Fernsehen ein Wert von 50 dB benötigt wird.

Tabelle 1: Erdungsleiter

Werkstoff	Abmessungen oder Art
Kupfer	16 mm², blank oder isoliert, z. B. NYM
Aluminium	25 mm², isoliert, z. B. NAYY, in Innenräumen auch blank
Stahl	50 mm², verzinkt, z. B. Rundstahl 8 mm ∅ oder Bandstahl 2,5 mm × 20 mm
Volldraht oder mehrdrähtig, jedoch nicht feindrähtig	

Tabelle 2: Eingangspegel bei Antennenanlagen

Bereich		Pegel bezogen auf 1 µV an 75 Ω	
		Mindestwerte	Höchstwerte
UKW	Mono	40 dBµV	80 dBµV
	Stereo	50 dBµV	80 dBµV
VHF I		52 dBµV	84 dBµV
VHF III		54 dBµV	84 dBµV
UHF IV/V		57 dBµV	84 dBµV
Sat-ZF		47 dBµV	75 dBµV

Wiederholung und Vertiefung

1. **Was wird durch die Windlast einer Antenne gekennzeichnet?**
2. **Welche Aufgabe hat die Erdung von Antennenanlagen?**
3. **Welche Vorgaben sind bei Montage mehrerer Antennen an einem Standrohr zu berücksichtigen?**

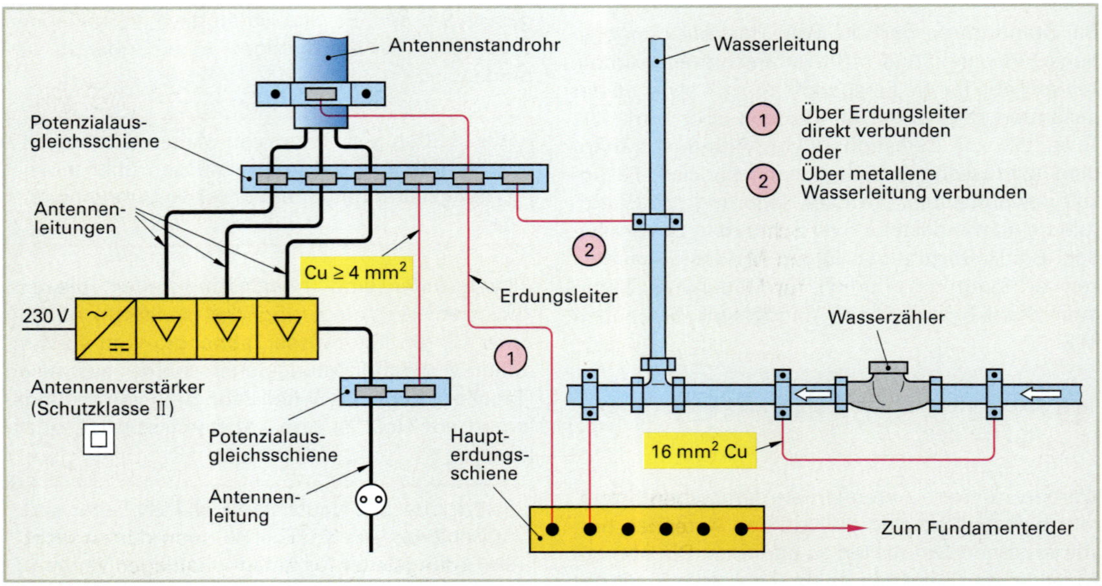

Bild 1: Erdung einer Antennenanlage

19 Lernsituationen, Prüfungsaufgaben

Zu Prüfungsaufgabe 19.2.1 3 Englische Bezeichnungen der Farblaserdrucker-Baugruppen

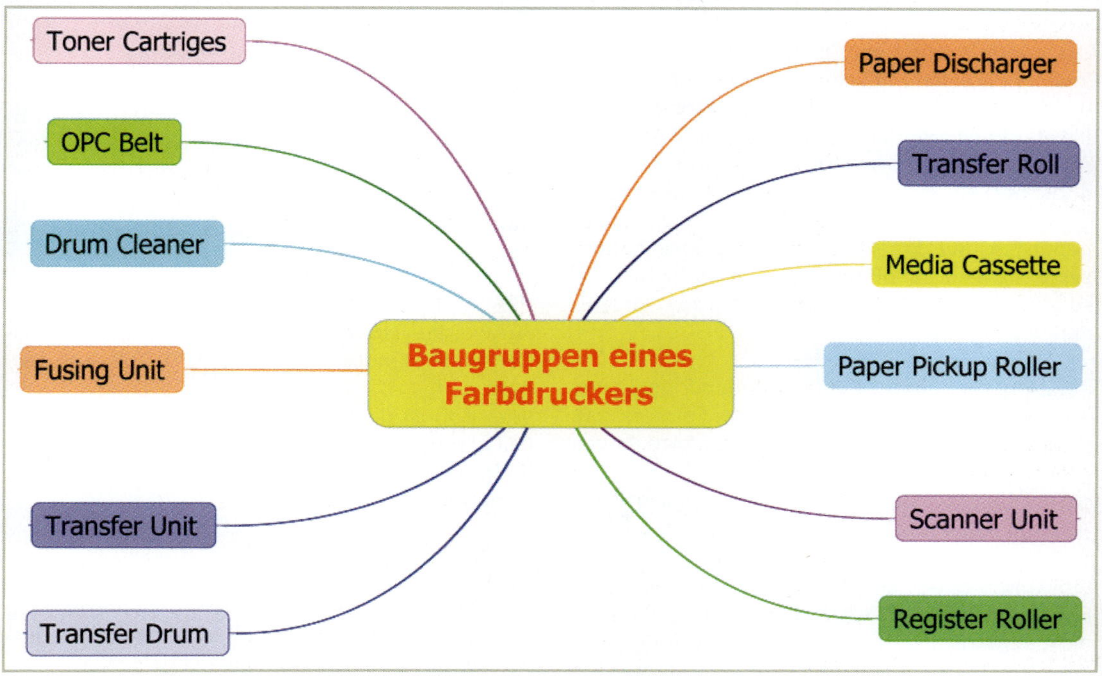

Lernsituationen – Prüfungsaufgaben

Prüfungsvorbereitung

19.1 Lernsituationen

19.1.1 Monitor ersetzen

Bei einem Kunden fällt der fünf Jahre alte VGA-Monitor aus. Er soll durch einen neuen Monitor in zeitgemäßer Technik ersetzt werden. Der Monitor wird für Office-Anwendungen eingesetzt. Nennen Sie drei Gesichtspunkte, die für den Kauf eines TFT-Monitors sprechen.

Beschreiben Sie kurz die Funktionsweise und drei wesentlichste Unterschiede.

Nennen Sie je zwei Vorteile von CRT- bzw. TFT-Monitoren.

Beraten Sie den Kunden, ob er für die Arbeitsplatze der Sekretärinnen CRT- oder TFT- Monitore anschaffen soll.

Sie arbeiten am Servicetelefon Ihrer Firma und erhalten einen Anruf, bei dem ein Kunde wissen möchte, auf welche Bildwiederholrate er seinen Monitor bei einer Auflösung von 1024 x 768 Pixeln und einer Horizontalfrequenz von 82 kHz einstellen sollte.

Geben Sie ihm die gewünschte Auskunft mit entsprechender Berechnung der Frequenz und nennen Sie ihm zwei Gründe für eine optimale Bildeinstellung.

19.1.2 Kundenbetreuung/ Gesprächsführung

Ein Kunde kommt mit folgendem Problem zu Ihnen: Er arbeitet mit Textdokumenten und eingebundenen Grafiken mittels des Microsoft-Office-Pakets. Er versendet diese auch per E-Mail an seine Kundschaft, oft zu Werbungs- und Informationszwecken. Einige seiner Kunden meldeten zurück, dass sie die MS-Office-Software nicht benützten und daher oft Schwierigkeiten hätten seine Dateien zu öffnen bzw. anzuschauen. Er solle doch seine Dateien im PDF-Format versenden.

Erläutern Sie Ihrem Kunden anhand von zwei Punkten die Vorteile des PDF-Datei-Formats z.B. gegenüber der Verwendung des Dateiformats des MS-Office-Paketes.

Welche Vorteile bringt ein guter Service für das Unternehmen? Nennen Sie zwei Vorteile.

Ein Kunde bringt ein älteres defektes Gerat zur Reparatur. Im Gespräch stellen Sie fest, dass er nicht abgeneigt wäre, ein neues Gerät zu kaufen.

Nennen Sie drei Argumente, die den Kunden von den Vorteilen eines Neukaufs überzeugen.

Nennen Sie vier Faktoren, die dazu beitragen einen zufriedenen Kunden zu haben.

In einem Verkaufsgespräch antwortet der Kunde auf die Präsentation der Ware durch den Verkäufer mit dem Einwand, dass der Verkaufspreis der Ware sehr hoch sei.

Beschreiben Sie wie der Verkäufer in diesem Fall angemessen dem Einwand des Kunden begegnen kann.

19.1.3 Unterbrechungsfreie Spannungsversorgung

Ein Handwerksbetrieb arbeitet mit drei vernetzten PCs und litt bereits öfters unter empfindlichen Datenverlusten durch plötzlichen Stromausfall.

Der Chef hat gehört, dass dies durch Einsatz einer „USV“ vermieden werden kann und bittet Sie, ihm diesen Begriff und die dahinter stehende Konzeption zu erläutern.

19.1.4 Schutzmaßnahmen erläutern

Herr Meier hat nach einem Gewitter mit anschließendem Netzausfall Schäden an seinen PCs und an seiner Telefonanlage erfahren und möchte sich nun über die Möglichkeiten eines Schutzes vor solchen Gefahren erkundigen.

Beraten Sie den Kunden über zwei mögliche Schutzmaßnahmen.

Sicherheitsprüfung nach VDE 0701/702
Nach Service- und Reparaturarbeiten müssen elektrische Geräte gemäß den Regeln der VDE 0701 überprüft werden, damit von diesen Geräten bei normalem Gebrauch keine Gefahr für den Benutzer ausgeht. Zu diesen Messungen gehört auch die Ermittlung des Isolationswiderstandes.

Beantworten Sie dazu die folgenden Fragen:

Für welche Gerätearten ist die Messung des Isolationswiderstandes nach VDE 0701/702 vorgesehen?

Wie groß ist die Prüfspannung, mit der in diesem Fall gemessen wird?
Welchen Grenzwert darf der Isolationswiderstand nicht unterschreiten?

Servicevertrag

Nach dem Kauf eines neuen PCs haben Sie sich Gedanken über einen möglichen Servicevertrag gemacht. Nennen Sie vier Inhalte, die ein Servicevertrag für Hardwareprodukte haben sollte.

19.2 Prüfungsaufgaben

19.2.1 Farblaserdrucker beschaffen

Im Rahmen einer Serviceleistung für ein Architekturbüro werden Sie zur Anschaffung eines Druckers befragt. Hierbei sollten Sie unbedingt Fragen zur Ermittlung des Kundenwunsches stellen.

1 Stellen Sie drei Fragen, die Ihnen helfen, den Kundenwunsch zu ermitteln.

Bei der Kundenbefragung stellt sich heraus, dass der Kunde einen Farbdrucker mit guter Farbwiedergabe für Dokumentationen benötigt. Der Kunde schätzt den täglichen durchschnittlichen Geräteeinsatz auf 10 Vollfarbbilder im Format A4 und etwa 200 A4-Seiten mit eingebundenen Farbbildern.

2 Stellen Sie dem Kunden drei verschiedene Druckerarten vor und beschreiben Sie stichwortartig für jedes Farbdruckprinzip die besonderen Eigenschaften.

Der Kunde entscheidet sich für einen Farblaserdrucker, der in **Bild 1** als Schnittbild dargestellt ist.

Bearbeiten Sie folgende Aufgaben um dem Kunden die Technik dieses Farblaserdruckers darzustellen:

3 Übersetzen Sie die folgenden englischen Bezeichnungen in deutsche Fachbegriffe:

1. Toner Cartridge	6. Transfer Drum
2. OPC Belt	7. Paper Discharger
3. Drum Cleaner	8. Transfer Roller
4. Fusing Unit	9. Media Cassette
5. Transfer Unit	10. Paper Pickup Roller

4 Welche Aufgabe hat die Transfer Drum (6)?

5 Erläutern Sie die Kennbuchstaben CMYK in Baugruppe 1.

6 Warum werden zur Farberzeugung nicht die Grundfarben Rot, Grün und Blau verwendet?

Schwarz ist eine Mischfarbe aus den verwendeten Farbtonern.

7 Nennen Sie zwei Gründe, weshalb trotzdem eine Entwicklereinheit für Schwarz sinnvoll ist.

In der Baugruppe 2 wird der Werkstoff OPC verwendet.

8 Welche besondere Eigenschaft besitzt dieser Werkstoff?

9 Nennen Sie zwei weitere Fotohalbleiter-Werkstoffe.

Die Belichtung des latenten Bildes erfolgt mithilfe eines Lasers. Diese Lasereinheit hat folgende technische Daten:

Anzahl der Spiegel der Polygonspiegeleinheit: 6

Drehzahl der Polygonspiegeleinheit: 12000/min

Auflösung: 400 dpi x 400 dpi, 1 Inch = 25,4 mm

10 a) Welche Zeit t_{FaZ} wird für die Belichtung bei jedem Farbauszug benötigt?

b) Welche Zeit t_{FB} wird für die Entwicklung eines Farbbildes benötigt, wenn zwischen der Belichtung für die vier Grundfarben eine Pausenzeit von $t_P = 0{,}3$ s erforderlich ist?

c) Mit welcher Geschwindigkeit v_B in m/s läuft ein zu bedruckendes A4-Blatt durch den Drucker?

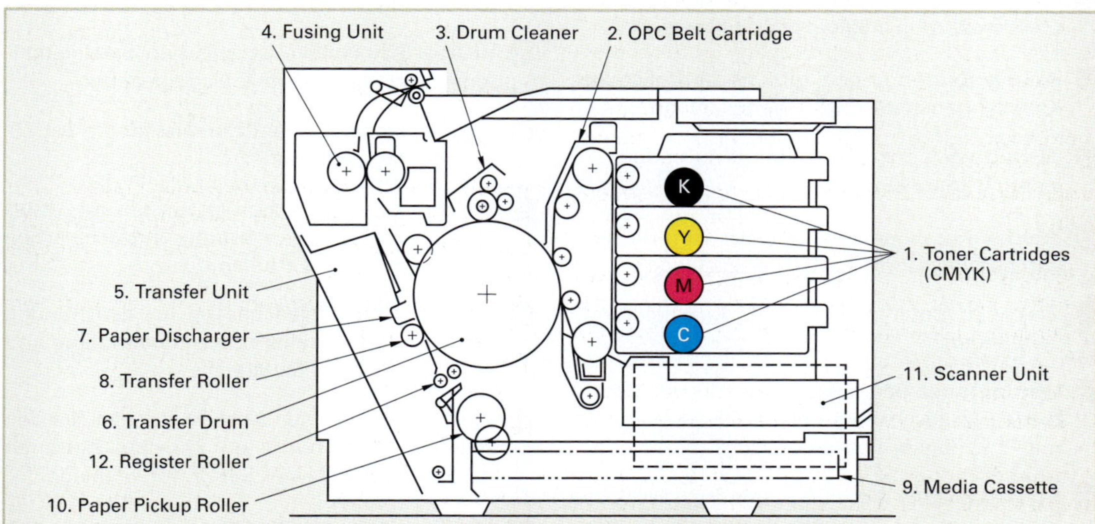

Bild 1: Schnittbild Farblaserdrucker

19.2.2 Sat-ZF-Verteilanlage planen

Als Mitarbeiter eines Ingenieurbüros haben Sie eine Sat-ZF-Verteilanlage für die Versorgung von 16 Wohneinheiten (WE) **(Bild 1)** geplant und einen Kostenvoranschlag erstellt. Der potenzielle Auftraggeber stellt nun verschiedene Fragen, um das Angebot besser zu verstehen.

1. Ist die Sat-ZF-Verteilanlage unabhängig von dem bzw. den gewünschten Satelliten?
2. Kann eine vorhandene Satelliten-Empfangsanlage weiter verwendet werden?
3. Spielt es für die Sat-ZF-Verteilanlage eine Rolle, ob analoger und/oder digitaler Satellitenempfang erfolgt?
4. Kann von jedem Teilnehmeranschluss wahlfrei auf jedes Programm zugegriffen werden?
5. Können die für ein BK-Netz verwendeten Teilnehmer-Anschlussdosen auch bei der Sat-ZF-Verteilanlage genutzt werden?
6. Warum kann der Kunde das Fernsehgerät nicht unmittelbar an die Sat-ZF-Verteilanlage anschließen?
7. Wann wird der Einsatz von Verstärkern in der Sat-ZF-Verteilanlage erforderlich?
8. Welche Funktionen haben Multischalter?
9. Welche Anforderungen sind an die Kabel in der Sat-ZF-Verteilanlage zu stellen?
10. Kann die Sat-ZF-Verteilanlage für den Empfang eines weiteren Satelliten erweitert werden?
11. Welche Begrenzungen gibt es bezüglich der Kabellängen in der Sat-ZF-Verteilanlage?
12. Warum wird nur eine Leitungsverbindung zu jedem Teilnehmer benötigt?
13. Welche Komponenten gehören zum Kostenvoranschlag für die Sat-ZF-Verteilanlage?
14. Was wird unter dem Begriff „Kaskadierung" verstanden?
15. Warum muss der Ausgang des letzten kaskadierten Multischalters der Sat-ZF-Verteilanlage mit 75 Ω abgeschlossen werden?
16. Können in einer Wohnung mehrere Anschlüsse für die Sat-ZF-Verteilanlage eingerichtet werden?

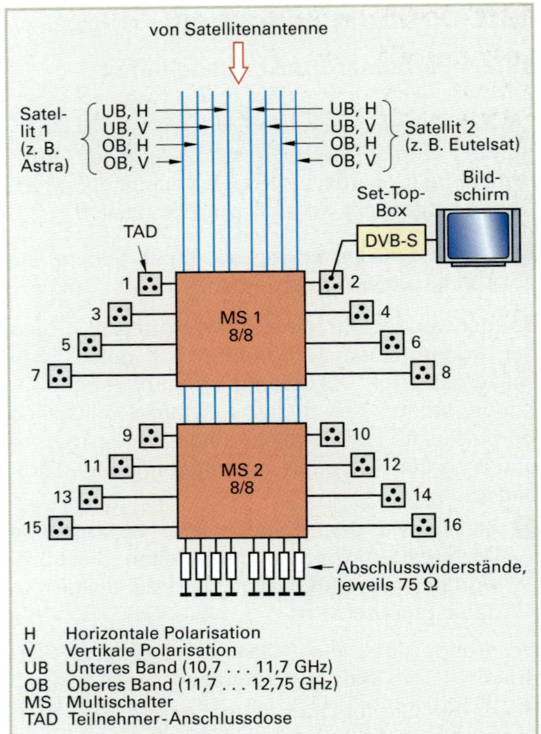

Bild 1: Sat-FZ-Verteilanlage für 16 Teilnehmer

17. Durch welche Spezifikationen ist ein Multischalter primär gekennzeichnet?
18. Welchen Frequenzbereich umfasst die Sat-ZF?
19. Besteht ein Unterschied für die Sat-ZF-Verteilanlage, ob der Satellitenempfang mit Multifeed (Mehrfachspeisung) oder durch separate Satellitenantennen erfolgt?
20. Welche Schnittstelle ist zwischen Satellitenantenne und Sat-ZF-Verteilanlage gegeben?
21. Welcher Installationsaufwand ist für die Sat-ZF-Verteilanlage erforderlich?
22. Welche grundsätzliche Voraussetzung muss eine an die Sat-ZF-Verteilung angeschlossene Set-Top-Box (STB) erfüllen?
23. Welcher Unterschied besteht für den Kunden zwischen individuellem Satellitenempfang und einer Sat-ZF-Verteilanlage?
24. Welcher Unterschied besteht für den Kunden zwischen dem normalen Kabelanschluss an das BK-Netz und einer Sat-ZF-Verteilanlage?
25. Welche Besonderheit ergibt sich bei einer Sat-ZF-Verteilanlage für Pay-TV-Programme?

19.2.3 Kabelanschluss auf Triple Play erweitern

Sie sind als Informationselektroniker bei einem großen Kabelnetzbetreiber (z.B. Kabel BW in Baden-Württemberg) beschäftigt und sollen einen Kunden beraten, damit er seinen Kabelanschluss auf Triple Play **(Bild 1)** erweitern lässt. Dabei sind nachfolgende Fragestellungen und Aufgaben von Bedeutung.

1 Was bedeutet eigentlich Triple Play?

2 Welche Aufgabe hat das Kabelmodem?

3 Kann die bisherige Teilnehmer-Anschlussdose für das Kabelnetz weiter verwendet werden?

4 Was ist unter einer Multimedia-Teilnehmer-Anschlussdose zu verstehen?

5 Welche Beeinträchtigungen ergeben sich bei gleichzeitigem Betrieb von Internet und Telefonie?

6 Welchen Einfluss hat die Länge des Kabels von der Multimedia-Teilnehmer-Anschlussdose zum Kabelmodem?

7 Ändert sich durch Internet und Telefonie das Angebot an Fernseh- und Hörfunkprogrammen?

8 Können an das Kabelmodem auch mehrere Computer angeschlossen werden?

9 Welche Bitrate steht dem Kunden für Downlink und Uplink beim Internetanschluss zur Verfügung?

10 Kann der Kunde beim Umstieg auf Kabel-Telefonie seine bisherige Telefonnummer weiter nutzen?

11 Welche Installationsmaßnahmen sind für Triple Play am Kabelanschluss erforderlich?

12 Welche Mailbox-Kapazität steht dem Kunden zur Verfügung?

13 Welche Möglichkeiten bestehen für den Anschluss des Kabelmodems an den Computer?

14 Warum soll das Koaxialkabel von der Multimedia-Teilnehmer-Anschlussdose zum Kabelmodem ein Schirmdämpfungsmaß größer 85 dB aufweisen?

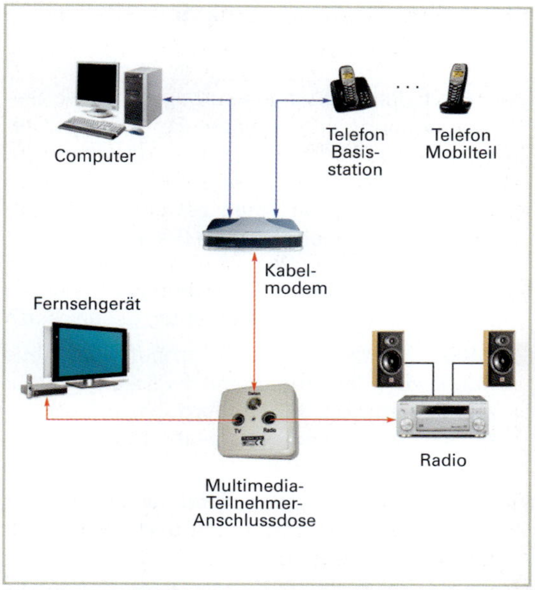

Bild 1: Triple Play am Kabelanschluss

15 Welcher Unterschied besteht bei der Multimedia-Teilnehmer-Anschlussdose zwischen den Anschlüssen für das Fernsehgerät, das Radio und das Kabelmodem?

16 Welche Anschlüsse müssen beim Kabelmodem berücksichtigt werden?

17 Welche LEDs leuchten beim Kabelmodem im Falle des Normalbetriebs ständig?

18 Welches Betriebssystem wird beim Computer für den Internetzugang benötigt?

19 Durch welche Maßnahmen kann der Kunde seine E-Mails verwalten?

20 Besteht für den jeweiligen Internet-Anschluss eine feste IP-Adresse?

21 Kann an das Kabelmodem auch eine Telefonanlage (z.B. Basisstation und mehrere Mobilteile) angeschlossen werden?

22 Warum müssen in Hausverteilanlagen vorhandene Verstärker bei Triple Play rückkanalfähig sein?

23 Kann bei einem Triple-Play-Anschluss am Kabelanschluss extern auf die E-Mails zugegriffen werden?

19.2.4 Computernetzwerk dem Kunden erklären

Als Mitarbeiter eines Ingenieurbüros müssen Sie Computer und zugehörende Peripheriegeräte installieren. Oft ist dabei auch ein Computernetzwerk aufzubauen. Einer Ihrer Kunden ist nun wissensdurstig und stellt Ihnen bei der Durchsicht Ihres erstellten Angebotes viele Fragen.

1 In welcher binären Darstellungsart werden Daten in Computerbauelementen gespeichert?

2 Welche Breite muss ein Computer-Datenbus mindestens besitzen, damit zwischen Computerbauelementen (Computerchips) mit 16 Datenanschlüssen eine parallele Datenübertragung stattfinden kann?

3 Worin liegt der Unterschied zwischen einer parallelen Datenübertragung und einer seriellen Datenübertragung?

4 Warum erfolgt die Datenübertragung zwischen Computern in großer Entfernung ausschließlich seriell?

5 Welche Arten von Datenschnittstellen unterscheidet man hinsichtlich der Art der Datenübertragung?

6 Auf welche Arten kann die Synchronisierung der Datenübertragung zwischen Sender und Empfänger erfolgen?

7 Nennen Sie die technischen Eigenschaften der Schnittstelle V.24.

8 Nennen Sie die technischen Eigenschaften der Schnittstelle USB.

9 Nennen Sie Anwendungsfälle der Schnittstelle USB.

10 Auf welche Voraussetzung ist beim Einstecken von Steckkarten in einem Computer zu achten?

11 Welche Problematik bringen lange Datenleitungen an Schnittstellen mit sich?

12 Ordnen Sie den Steckern bzw. Buchsen nach **Bild 1** die Art der Datenschnittstelle zu.

13 Nennen Sie das typische Einsatzgebiet von Twisted-Pair-Leitungen in der Vernetzung von Computern.

14 Nennen Sie das typische Einsatzgebiet von Glasfaser-Leitungen in der Vernetzung von Computern.

15 Wo setzt man sinnvollerweise bei einer vernetzten Computeranlage nach **Bild 2** Twisted-Pair-Leitungen bzw. Glasfaser-Leitungen (LWL) ein?

16 Welche Geräte sind notwendig, um einen Übergang von Kupferleitungen auf Glasfaserleitungen herzustellen?

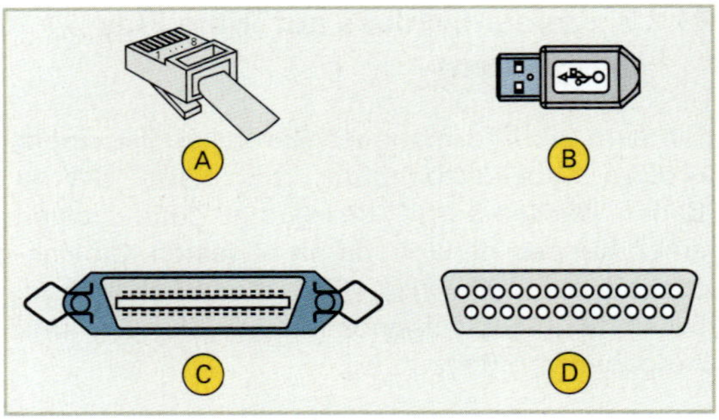

Bild 1: Stecker und Buchsen am PC

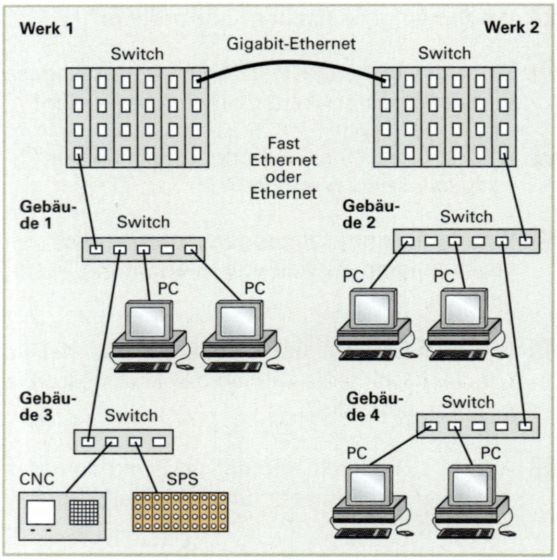

Bild 2: Vernetzung von Computeranlagen über Switches

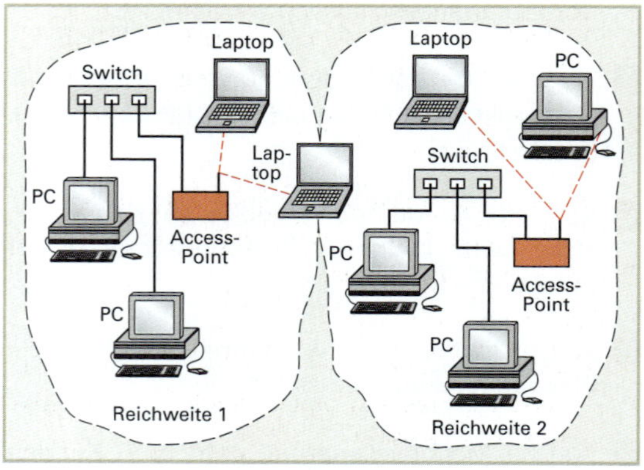

Bild 3: Roaming mit zwei Access-Point-Geräten

17 Erklären Sie die Bedeutung der Bezeichnungen 100 Base-T, 100 Base-F, 1000 Base FX.

18 Erklären Sie die Aufgabe des Zugangspunktes im Computernetz nach **Bild 3**.

19 Was versteht man unter dem Begriff Roaming im Zusammenhang mit der Vernetzung von Computern?

20 Welche Problematiken bringen Funknetzwerke (Wireless LAN) mit sich?

21 Welche Maßnahme ist zu ergreifen, um die Performance (Leistungsfähigkeit) eines Computer-Netzwerkes mit vielen Teilnehmern zu erhöhen?

19.2.5 ISDN-Tk-Anlage installieren und in Betrieb nehmen

Ein mittelständisches Unternehmen mietet in einem Gebäude Räume **(Bild 1).** Jeder der drei Büroräume und der Sozialraum werden mit einem ISDN-Telefon mit Display und einem Faxgerät der Gruppe 3 ausgestattet. Die ISDN-Tk-Anlage ist im Technikraum untergebracht und verfügt über zwei ISDN-S_0-Anschlüsse intern und acht analoge Anschlüsse.

1 Beschreiben Sie die fachgerechte Verlegung von Stromleitungen und Datenleitungen.

2 Tragen Sie den Verlauf der Leitungen in den Gebäudegrundriss in Bild 1 ein.

3 Kennzeichnen Sie in Bild 1 die Stellen, an denen geeignete Anschlussdosen zu installieren sind.

4 Welche Aufgaben hat der Netzabschluss (NTBA) der ISDN-Tk-Anlage?

5 Welche Art der Verkabelung ist zwischen Tk-Anlage und ISDN-Telefonen zu wählen ?

6 In welchen Räumen sind Abschlusswiderstände erforderlich?

7 Wie werden die Faxgeräte an die Tk-Anlage angeschlossen?

8 Welche Anschlussdosen-Typen werden für die ISDN-Telefone verwendet?

9 Welche Anschlussdosen-Typen werden für die Faxgeräte verwendet?

10 Wie kann erreicht werden, dass bei Stromausfall von mindestens einem Telefon aus telefoniert werden kann?

11 Berechnen Sie den Strom I und den Innenwiderstand R, wenn die Speisespannung 40 V und die aufgenommene Leistung 400 mW beträgt.

12 Wie viele Basisanschlüsse würden Sie für dieses Unternehmen bereitstellen?

13 Ab welcher Teilnehmerzahl ist die Verwendung eines Primärmultiplexanschlusses anstelle von ISDN-Basisanschlüssen sinnvoller?

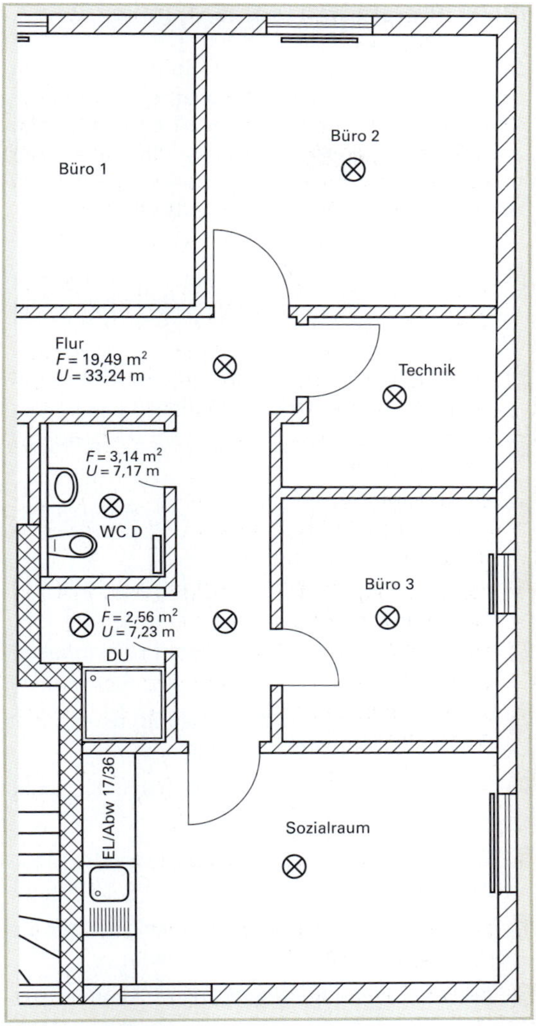

Bild 1: Gebäudeteil

14 Ergänzen Sie in Excel die Materialliste für die Installation **(Tabelle 1).**

Über die Preise für die Materialliste informieren Sie sich im Internet, z.B. www.business.Conrad.de

Tabelle 1: Materialliste für die ISDN-Tk-Anlage

Material	Typ	Länge, Anzahl	Preise
Leitungen		100 m	
Dosen, Typ 1		4	
Dosen, Typ 2		3	
Widerstände		4	
Telefone		3	
Faxgeräte		3	
Tk-Anlage		1	
Kosten			

19.2.6 Projektmanagement anwenden

Bei der Installation größerer Computeranlagen müssen Sie mit mehreren Kollegen zusammenarbeiten. Jeder ist für eine bestimmte Aufgabe zuständig. In einem gemeinsamen Qualifizierungsworkshop werden Sie und Ihre Kollegen mit nachfolgenderThematik konfrontiert.

1 Erklären Sie die Notwendigkeit einer Projektorganisation bei umfangreichen IT-Projekten **(Bild 1)**.

2 Wieso müssen die Zeitanteile der Projektmitwirkenden ausgewiesen werden?

3 Nennen Sie wesentliche Aufgaben des Projektleiters.

4 Aus welchem Grund ist zu tangierenden Projekten Bezug zu nehmen?

5 Welche wesentlichen Punkte fehlen in der Projektplanung **Bild 2?**

6 Was versteht man unter einem Projektphasenplan?

7 Welcher Zweck wird durch das Erstellen eines Projektphasenplanes verfolgt?

8 Nennen Sie Merkmale zur Wirtschaftlichkeitsbetrachtung eines IT-Projektes.

9 Wessen Aufgabe ist es, einen Projektstrukturplan **(Bild 3)** zu erstellen?

10 Begründen Sie die Notwendigkeit für das Erstellen eines Projektstrukturplanes.

11 Zeigen Sie eine typische Struktur eines Projektstrukturplanes auf.

12 Erklären Sie den Begriff Arbeitspaket.

13 Nennen Sie fünf Merkmale, die ein Arbeitspaket beschreiben.

14 Welche Personen müssen über den Projektstrukturplan informiert sein?

15 Was kann aus einem Projektstrukturplan abgeleitet werden?

16 Wieso sind bei der Durchführung großer Projekte die zeitlichen Abhängigkeiten der abzuarbeitenden Arbeitspakete mit den zugeordneten Mitarbeitern aufzuzeigen?

17 Welchen Vorteil bringt die grafische Darstellung der zeitlichen Abfolge der einzelnen Aufgaben zur Abwicklung eines Projektes?

18 Nennen Sie die Aufgabe eines Lastenheftes.

19 Nennen Sie die Aufgabe eines Pflichtenheftes.

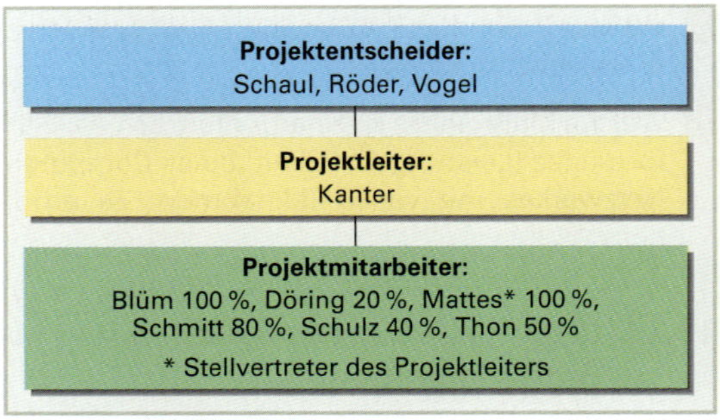

Bild 1: Projektorganisation

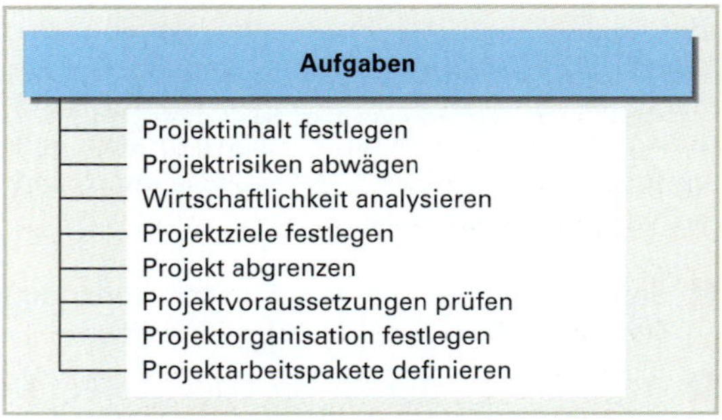

Bild 2: Projektplanung (Auszug)

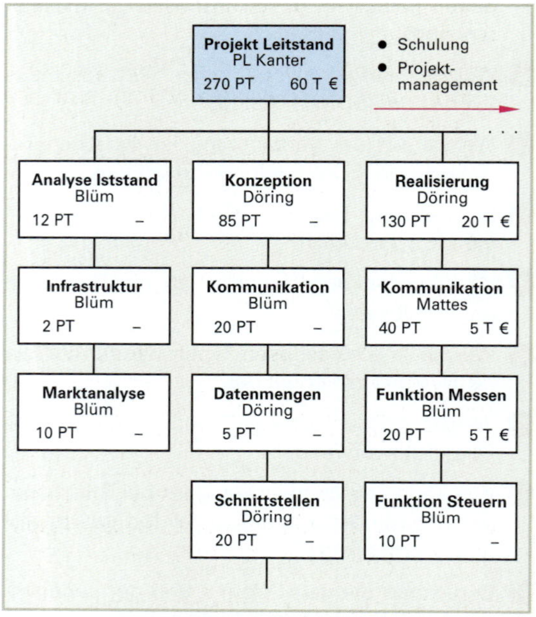

Bild 3: Auszug aus Projektstrukturplan (PT Personentag, T€ tausend Euro, PL Projektleiter)

20 Wozu wird ein Pflichtenheft verwendet?

21 Nennen Sie fünf typische Inhaltspunkte eines Pflichtenheftes zur Umsetzung eines IT-Projektes.

22 Erklären Sie die Notwendigkeit einer Datenmengenbetrachtung.

23 Welche Arten von Daten erzeugen je Datenfile das größte Datenvolumen in einem Unternehmen?

24 Nennen Sie bei IT-Projekten zu analysierende Einflussfaktoren hinsichtlich dem späteren Antwort-Zeitverhalten (Performance).

19.2.7 Kostenrechnungen durchführen und kontrollieren

Der Chef der Firma Kammerlander GmbH ist mit dem wirtschaftlichen Erfolg seiner Firma unzufrieden und sucht nach Verbesserungsmöglichkeiten. Er beauftragt Sie, einige bestehende Kalkulationsdaten nachzuprüfen und die Preise für bestimmte Leistungen und Kundenleistungen neu zu berechnen.

1 Der alte Messempfänger verursacht zunehmend Reparaturkosten und hat nicht alle notwendigen Messbereiche. Für die Anschaffung eines neuen Messempfangers wird mit jährlichen Fixkosten von 1200 € kalkuliert. Je Messung entstehen durchschnittlich variable Kosten in Höhe von 30 €.

a) Wie viele Messungen zum Preis von 60 € sind jährlich notwendig, damit sich die Investition rentiert?

b) Wie hoch ist der Gewinn, wenn 80 Messungen je Jahr durchgeführt werden?

2 Die Kalkulationsgrundlagen der Service-Hotline sind zu überprüfen.

Die zwei Halbtagsmitarbeiterinnen der Service-Hotline verursachen jährliche Gesamtkosten von 56.000 €. Die Servicedienstleistung wird an 240 Tagen pro Jahr täglich durchschnittlich von 80 Anrufern genutzt. Die durchschnittliche Gesprächsdauer beträgt 4 Minuten.

Welcher Minutenpreis muss verlangt werden, damit der Service kostendeckend arbeitet, wenn 25 % der Anrufe aus Garantiegründen nicht abgerechnet werden können?

3 Zum Firmenjubiläum sollen verschiedene Artikel zu einem Sonderpreis angeboten werden.

Der Großhändler unterstützt auf Nachfrage die Aktion und bietet auf Druckerpatronen eine begrenzte Zeit zusätzlich zu den vereinbarten Konditionen einen Sonderrabatt von 10 %.

Vereinbarte Konditionen: Wiederverkäuferrabatt 28 % und 2 % Skonto bei Zahlung innerhalb 10 Tagen, Lieferung frei Haus.

Hausintern wird Druckerzubehör mit dem Kalkulationsfaktor 1,6 kalkuliert.

Bestimmen Sie den Preis, zu dem eine Druckerpatrone angeboten werden kann, die einen Großhändlerlistenpreis von 24,96 € hat.

4 Überprüfung des Stundenverrechnungssatzes

Eine Umfrage ergibt, dass Wettbewerber im Tätigkeitsbereich des Unternehmens durchschnittlich 45,80 € je Arbeitsstunde verrechnen.

Das Unternehmen kalkuliert hausintern (ohne Gewinn) mit einem Lohngemeinkostensatz von 190 %.

Der durchschnittliche Stundenlohn der Arbeitsplätze beträgt 15,20 €.

Wie hoch ist der Gewinn je verrechneter Arbeitsstunde, wenn der ortsübliche Stundensatz von 45,80 € verlangt wird?

5 Kunde Kaiser möchte seine Empfangsanlage erneuern und wünscht dazu einen Vergleich über die zu erwartenden Kosten für Kabel- und Satelliten-Empfang.

Die örtliche Kabelgesellschaft verlangt eine monatliche Anschlussgebühr von 25,00 €. Für die neue Satelliten-Empfangsanlage werden Einrichtungskosten von 1.200,00 € gerechnet. Monatlich werden kalkulatorisch 10,00 € für Wartung und Reparatur zurück gelegt.

a) Erstellen Sie mit einem Tabellenkalkulationsprogramm eine übersichtliche Tabelle zur Bestimmung der Gesamtkosten in den ersten 84 Monaten.

Sat-Anlage	
monatliche Fixkosten	EUR
monatliche variable Kosten	EUR
Gesamtkosten	EUR

Kabelempfang	
variable Kosten	EUR
Gesamtkosten	EUR

b) Stellen Sie das Ergebnis für den Kunden zur besseren Veranschaulichung grafisch dar.

c) Da immer wieder diskutiert wird, auch für Satellitenempfang Gebühren zu erheben, möchten Sie auch diese Möglichkeit erfassen.

Nach wie vielen Monaten sind die Kosten der Sat-Empfangsanlage gleich hoch wie die des Kabelempfängers?

Für die Rechnung gehen Sie von monatlichen Sat-Gebühren von 5,00 € aus.

19.2.8 Kundenbeziehungen pflegen

Durch eine Kundenumfrage und vermehrte Kundenbeschwerden hat der Chef erfahren, dass das Personal seiner Firma die Kundenerwartungen schlechter erfüllt als der Durchschnitt der Branche.

Durch verschiedene Maßnahmen möchte er diesen Mangel beseitigen.

1 a) Der Chef hat ein erfolgloses Verkaufsgespräch mitverfolgt. Nachdem der Kunde das Geschäft verlassen hat, analysiert er mit seinem Mitarbeiter einzelne Aussagen des Gesprächs und sucht nach Verbesserungsmöglichkeiten für künftige Kundengespräche. Eräutern Sie jeweils kurz, welche Empfindungen/Gefühle beim Kunden durch die Mitarbeiteraussagen womöglich erzeugt wurden und formulieren Sie den Satz so, dass eine erfolgreiche Kommunikation entstehen kann.

b) Ein Stammkunde beschwert sich, dass immer wieder Mitarbeiter bei ihm auftauchen, die ihre Aufgaben unzureichend ausführen und z. B. Geräte ungünstig auswählen und aufstellen.
Nennen Sie fünf Kriterien, die Sie bei der Auswahl, dem Aufstellen und Konfigurieren von Geräten und Systemen beachten sollten.

c) Warum sind Stammkunden für ein Unternehmen wichtig?

2 Im Auftrag des Chefs haben Sie bei einem Lieferanten ein Angebot für einen Dokumentenscanner einzuholen und dem Kunden Schnitzler anzubieten.
Sie verfassen ein E-Mail an den Anbieter. Ihr Chef sieht das Schreiben und besteht darauf, dass Sie die das Wort „Anfrage" durch „Angebot" ersetzen.

a) Welche rechtlichen Unterschiede gibt es zwischen Angebot und Anfrage?

b) Was sollten Sie bei Ihrer Anfrage mindestens angeben bzw. abfragen?

3 Im Rahmen der Vertriebstätigkeit müssen Mitarbeiter auch oft Schulungen und Präsentationen durchführen. Zur Vorbereitung dieser Aufgaben sollen für die Mitarbeiter verschiedene Checklisten bereitgestellt werden. Jede Checkliste soll mindestens sechs Kriterien zur Auswahl haben.

a) Erstellen Sie die Checkliste: Welche Ziele verfolgt meine Präsentation/Schulung?

b) Erstellen Sie die Checkliste: Wer sind meine Zuhörer und was erwarten Sie von mir und vom Thema?

4 Ihr Chef beobachtet seit längerem, dass für bestimmte Produktgruppen der Umsatz zunehmend über das Intemet erzielt wird. Er entschließt sich, dafür einen Geschäftsbereich einzurichten.

a) Für den Geschäftsbereich wird ein eigenes Team eingerichtet. Welche Teambildungsphasen wird das neue Team durchlaufen, bis es die volle Leistungsfähigkeit erreicht hat? Woran erkennt man, in welcher Phase sich das Team befindet?

b) Die neuen Mitarbeiter sollen von Ihnen in die Bearbeitung von Kundenreklamationen eingewiesen werden.
Welche Empfehlungen geben Sie für den Umgang mit einem aufgebrachten Kunden?

5 Für den geplanten Geschäftbereich hat Ihr Chef den Kalkulationsfaktor 1,5 festgelegt.
Am Ende des ersten Geschäftsjahres ermittelt er folgende Zahlen.

Materialeinzelkosten		88.500 €
Bestellkosten	4.620 €	
Eingangskontrolle	6.200 €	
Energie, Versicherungen	3.800 €	
Instandhaltung	4.000 €	
Sonstige Kosten	6.600 €	

Die Gewinnerwartung des Chefs lag bei 10 % vom Umsatz.
Bestimmen Sie, ob der Kalkulationsfaktor für das Folgejahr verändert werden muss.

6 Für den Geschäftsbereich soll eine geeignete Software angeschafft werden. In einem der Angebote wird die hohe Usability hervorgehoben, die für besonders hohe Effektivität und Effizienz der Mitarbeiter sorgen soll. Erläutern Sie den Begriff Usability.

7 Für den Front-Office-Bereich sollen mit der Top-Down-Methode eigene Add-ons für verschiedene operative Porzesse des Geschäftsbereichs bereitgestellt werden.

a) Was versteht man unter Front-Office?

b) Was versteht man unter Add-on?

c) Nennen Sie Beispiele für operative Prozesse aus den Geschaftbereichen Beschaffung und Vertrieb.

d) Wie geht man bei der Erarbeitungen der Anforderungen an eine Software in der Top-down-Methode im Gegensatz zur Bottom-up-Methode und zur evolutionären Methode vor?

19.2.9 IT-Schulungsraum einrichten

Die Firma Soft-Training ist seit einigen Jahren im Bereich Softwareschulungen tätig und möchte nun in zusätzlich angemieteten Räumen einen weiteren Schulungsraum einrichten.

1 Im Schulungsraum sollen 12 Schulungscomputer und drei Computer für Betreuer vernetzt werden.
Die Firma Data Point ist mit der Projektplanung und Projektdurchführung beauftragt.

a) Dimensionieren Sie die Leitungen im Fensterbrüstungskanal und Leitungsschutzschalter nach VDE für die Computer-Arbeitsplätze im Schulungsraum **(Bild 1, Tabelle 1)**.

b) Bestimmen Sie die Anzahl der Steckdosen und Leitungsschutzschalter.

c) Zeichnen Sie einen Übersichtsschaltplan für die geplante Installation.

d) Welche zusätzlichen Maßnahmen sind dem Kunden zu empfehlen?

2 Für die Schulungsräume sind zwei Daten- und Videoprojektoren (Beamer) zu beschaffen, Anforderungen nach **Bild 2**.
Drei Angebote werden untersucht **(Bild 3)**.

a) Führen Sie einen Preisvergleich mit einer Tabellenkalkulations-Software durch.

b) Erweitern Sie den Angebotsvergleich. Legen Sie die Gewichtung der Kriterien (Summe der Punkte = 8) fest.
Bewerten Sie die Alternativen, 0 Punkte = nicht ausreichend; 10 Punkte = sehr gut.

Tabelle 1: Elektrische Daten

Geräte	Werte
PC	230 V, 0,8 A
Monitor	230 V, 150 W
Server	230 V, 350 W
Netzwerkdrucker	230 V, 1,2 A

```
Anforderungen an Beamer
Auflösung: 1024 x 768 (XGA),
Nutzlichtstrom: 1000 ANSI Lumen,
Lebensdauer Lampe: ca. 2.000 Stunden,
Mindestgarantiezeit: 2 Jahre,
Zubehör: Ersatzlampe,
VGA-Verlängerungskabel, 10 m,
Deckenhalterung,
Service und Ersatzgerät-Bereitstellung:
innerhalb von 48 Stunden
```

Bild 2: Auszug aus Lastenheft

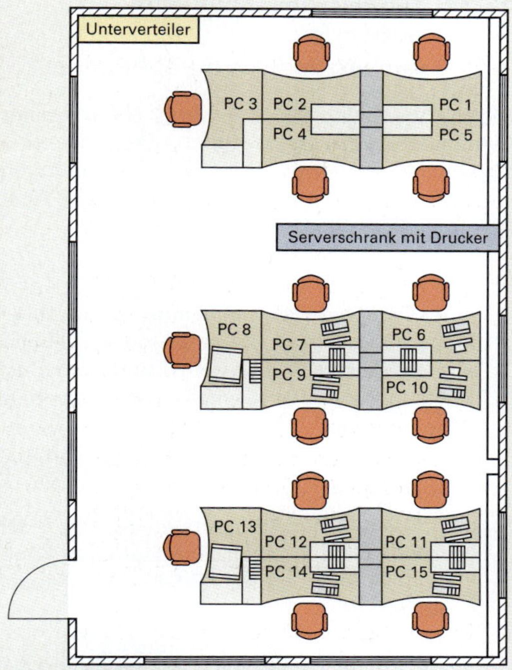

Raummaß: Länge = 12 m, Breite = 6m

Bild 1: Lageplan geplanter Schulungsraum

PCMEDIEN in Bregenz	
Sony LX-5	5.090,00 €
Rabatt:	9 %
Skonto bei Bezahlung innerhalb von Tagen:	3 %
Transport:	10,00 € je Gerät
Verpackung:	8,00 € je Gerät
Garantie:	2 Jahre
Ersatzgeräte-Service:	45,00 € für Hol-/Bringservice
MEDIOSYST in Freiburg	
Hitachi CP-X	5.890,00 €
Rabatt:	8 %
Skonto bei Bezahlung innerhalb von Tagen:	2 %
Transport:	15,00 € je Gerät
Verpackung:	10,00 € je Gerät
Garantie:	4 Jahre
Ersatzgeräte-Service:	45,00 € für Hol-/Bringservice
EDUSOLUTIONS inKent	
Mitsubishi LVP-3000	4.590,00 €
Quantity Discount:	no quantity discount
Cash discount by paying within 10 days:	2 %
Transport charges:	10,00 € for each
Packing charges:	8,00 € for each
Guarantee:	Guarantee for 3 years
Appliance replacement-Service:	40,00 €
Payment:	Credit card or company cheque

Bild 3: Beamerangebote

19.2.10 Datenbank planen und entwerfen, Umsatzanalyse durchführen

Die Buchhandlung „Bücherwurm" soll mit einer IT-Anlage ausgestattet werden. Dazu ist eine Datenbank zu entwerfen, Datenbankabfragen sind zu erstellen und eine umsatzbezogene Analyse ist zu bewerten.

1 Entwurf einer relationalen Datenbank

In der Datenbank sind neben den gehandelten Büchern auch die Lieferanten der Buchhandlung zu führen. Möchte ein Kunde ein Buch bestellen, so wird er ebenfalls in die Datenbank aufgenommen.

Für die Datenbank existieren bereits vier Tabellen **(Bild 1)**.

a) Stellen Sie die Beziehungen zwischen den vier Tabellen in einem Entitäten-Beziehung-Modell (ERM = Entity-Relationship-Model) grafisch dar.
Hinweis:
Der Kunde ist Besteller bzw. Auftraggeber für eine Bestellung. Für jedes bestellte Buch ist eine eigene Bestellung zu schreiben. Lieferanten sind Großhändler, die mehrere verschiedene Bücher anbieten.
Hinweis:
Es können auch grafische Lösungen mit einem DBMS erstellt werden.

b) Entwickeln Sie das Relationenmodell der Datenbank in der 3. Normalform; kennzeichnen Sie Primär- und Fremdschlüssel.

2 Datenbankabfragen erstellen

Für das Sortiment der Buchhandlung werden die vorrätigen Bücher über das Auftragswesen bestellt. Dieser Abschnitt der Datenbank wird durch ein Entity-Relationship-Model (ERM) beschrieben **(Bild 2)**.
Erstellen Sie mit einem DBMS (Database-Management System = Datenbank-Management System) folgende Abfragen.

a) Ausgabe einer Liste aller Lieferanten mit ID, Name und Ort, die ihren Sitz im Postleitzahlenbereich haben.

b) Ausgabe einer Liste der Lieferanten und deren Umsatzvolumen.
Auszugeben sind: Lieferer-Nr. und Umsatz. Der Lieferant, bei dem der größte Umsatz getätigt wurde, soll oben stehen.

c) Mit der Auftragsnummer 15 werden beim Lieferant Hummel KG die Bücher „Anwendungsentwicklung" (15 Stück zu je 17,00 €) und „IT-Ausbildung" (20 Stück zu je 10,00 €) bestellt. Erstellen Sie den entsprechenden SQL- Befehl.

Lieferanten : Tabelle

LieferantID	LieferantName	PLZ
1	Hanser Bücher	70010
2	Hummel KG	42781
3	Dehlerbooks	88471
4	QbE Press	89077
5	Media Service	89000
(AutoWert)		0

Bücher : Tabelle

BuchID	ISBN	Autor	Titel	Preis	Menge
1	3-8085-323-1	Schiemann	Elektronik-Fachrechnen	21,00 €	22
2	3-8237-445-2	Weber	IT-Ausbildung	19,00 €	20
3	1-7878-551-5	Rutherford	IT-Professional	55,00 €	10
4	3-8580-998-1	Kleiner	Anwendungsentwicklung	20,00 €	40
(AutoWert)				0,00 €	

Kunden : Tabelle

KundenID	KundenName	KundenVorname	PLZ
1	Kugler	Harald	89077
2	Hummeler	Dietmar	89000
3	Hackbarth	Andrea	42781
4	Bäuerle	Luidi	88471
(AutoWert)			

Orte : Tabelle

PLZ	OrtName
42781	Neustadt
70010	Stuttgart
88471	Laupheim
89000	Neu-Ulm
89077	Ulm
0	

Bild 1: Tabellen zur Datenbank

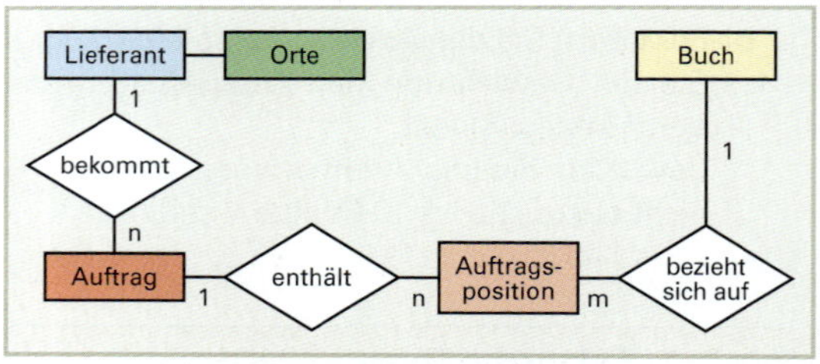

Bild 2: Entity-Relationship-Model (ERM)

3 ABC-Analyse

Der Inhaber von Bücherwurm gibt eine ABC-Analyse des bücherbezogenen Umsatzes in Auftrag.

a) Beschreiben Sie, wie eine solche Analyse durchzuführen ist.

b) Welche Schlüsse können aus der Analyse gewonnen werden?

c) Welche Maßnahmen von Seiten der Geschäftsleitung könnten durch die Ergebnisse der ABC- Analyse ausgelöst werden? (zwei Maßnahmen)

19.2.11 Eine Hausmesse vorbereiten und Pkw-Verbrauchsdaten berechnen

Die Firma COMSOFT ist im Bereich der Informationstechnik und der Telekommunikation tätig.

Ein Team von vier Personen soll eine Hausmesse vorbereiten und die Durchführung überwachen.

1 Zur Vorbereitung müssen die folgenden Aufgaben durchgeführt werden:

a) Erstellen Sie eine Datei Kunden.xls mit einer Tabelle mit 8 Spalten und den Spaltenüberschriften Vorname, Name, Bezeichnung, Adresse, PLZ, Ort, Jahresumsatz, Branche, mit den Datensätzen in **Bild 1.**

Sortieren Sie die Datensätze in der Rangfolge: Branche, Umsatz, Name und fügen Sie vor den Vornamen eine Spalte für die Anrede des Ansprechpartners ein. Speichern Sie die Datenquelle unter Kunden2.xls ab.

b) Erstellen Sie nun zur Einladung der Kunden einen Brief **(Bild 2, Bild 3)** und speichern Sie diesen unter Kunden.doc ab.

c) Erstellen Sie einen Serienbrief (Hauptdokument = Kunden.doc) und integrieren Sie die Adressdaten aus der Datenquelle von Aufgabe 1 a).

Speichern Sie das Hauptdokument unter Kunden2.doc ab.

2 Der Kraftstoffverbrauch der Firmenfahrzeuge wird mit einem Tabellenkalkulationsprogramm überwacht.

Ausgehend von der gefahrenen Strecke und dem Durchschnittsverbrauch des Fahrzeugs werden die Kraftstoffkosten abgeschätzt.

a) Erstellen sie ein Tabellenblatt gemäß **Bild 4.**

b) Berechnen Sie für den Monat März: die Fahrstrecken für jedes Fahrzeug, die Gesamtfahrstrecken aller Fahrzeuge für jede Woche, die Gesamtfahrstrecke aller Fahrzeuge in allen Wochen.

c) Berechnen Sie die Werte für den Kraftstoffverbrauch je Fahrzeug und Woche.
Wie viel Liter Kraftstoff werden im Monat März benötigt? Die Kraftstoffrechnung wird monatlich erstellt.
Ein Liter Normalbenzin kostet an der Vertragstankstelle zur Zeit 1,75 €.

d) Berechnen Sie die Kraftstoffkosten für den Monat März.

Franz, Dinkel, Dinkel Elektro, Egginger Weg 30, 89077 Ulm 100000, Elektro

Hubert, Weber, E-Weber, Hauptstrasse 5, 810 Neustadt, 150000. Elektro

Susanne, Walter, Elkos, Benzstrasse 10, 70455 Stuttgart, 45000. Elektro

Bild 1: Datensätze zu Aufgabe 1

```
Firma COMSOFT,
Hauptstrasse 10, 89077 Ulm/Donau,
Geschäftsführer: Dr. Josef Isser
Handelsregister: ULM Nr. 24526
Bankverbindung: Sparkasse Lernstadt
Konto 64556, BLZ 654500000
```

Bild 2: Geschäftsdaten der Firma COMSOFT

COMSOFT

Hauptstrasse 10, 89077 Ulm/Donau
Geschäftsführer: Dr. Josef Isser
Handelsregister: ULM Nr. 24526

[**Hier** klicken und Empfängeradresse eingeben]

Ihre Zeichen, Ihre Nachricht vom | Unser Zeichen, unsere Nachricht vom | Telefon, Name | Datum

Mit freundlichen Grüßen

Bild 3: Briefvorlage nach DIN mit COMSOFT-Daten

Datei: Verbrauch.xls **Tabellenblatt: März 2009**

Kommusoft Kraftstoffverbrauch im März 2009

Fahrstrecke der Fahrzeuge in km

		PKW_A	PKW_B	PKW_C	PKW_D	Summe
März	Woche 10	230	640	440	340	
März	Woche 11	180	210	970	460	
März	Woche 12	600	490	560	510	
März	Woche 13	340	660	760	690	
März	Summe					

Benzinverbrauch der Fahrzeuge je Woche in Liter

		PKW_A	PKW_B	PKW_C	PKW_D	Summe
Durchschnittsverbrauch je 100 km in Liter		12	11	8	9	
März	Woche 10					
März	Woche 11					
März	Woche 12					
März	Woche 13					
März	Summe					

Preis je Liter: 1,75 € **Gesamtpreis:** €

zu zahlen: €

Bild 4: Vorlage Tabellenblatt

19.2.12 Gemeinschaftspraxis neu einrichten

Zwei Ärzte betreiben eine Gemeinschaftspraxis. Im Zuge einer Renovierung sollen Sie neue PCs liefern und diese vernetzen. Alle fünf Behandlungsräume, der Empfangsbereich, mit zwei PCs, zwei Chefzimmer, ein digitales Röntgengerät und zwei Laborräume sollen untereinander vernetzt sein **(Bild 1)**.

Jeder PC-Arbeitsplatz soll mit Einzelplatz-PCs ausgestattet werden, eine Vernetzung besteht bisher nicht.

Die Verwaltung der Patientendaten, die Abrechnung mit den Krankenkassen und der Austausch digitaler Röntgenbilder sollen von jedem PC-Arbeitsplatz aus möglich sein. Allen PCs soll nach der Vernetzung der Zugang zum Internet zur Verfügung stehen.

1 Beschreiben Sie vier Merkmale eines Ethernet-Netzwerks.

2 Weshalb ist ein WLAN für eine Arztpraxis weniger empfehlenswert als eine übliche Verkabelung?

3 Machen Sie einen Vorschlag für die Hardwarelösung zu obigem Projekt. Beachten Sie hierbei, dass sowohl Internet-Zugang bestehen soll, als auch die Patientendaten im Intranet zur Verfügung stehen sollen.

4 Skizzieren Sie mit Blockschaltbildern ihren Lösungsvorschlag als Übersichtsplan – beginnen Sie bei der TAE des Netzbetreibers.

5 Beschreiben Sie, warum in der Praxis EMV-Probleme im Netzwerk auftreten können und welche Abhilfemaßnahmen empfehlen Sie?

6 Die Behandlungsräume, die Sprechzimmer, beide Anmeldestellen und die Labore sollen zur internen Kommunikation mit Telefonen ausgestattet werden. Vorhandene analoge Telefone und analoge Faxgeräte sollen beibehalten werden.

a) Welche Geräte, Dosen und Einrichtungen sind für die Installation einer Tk-Anlage erforderlich?

b) Erläutern Sie den Vorteil einer Tk-Anlage mit internem S_0-Bus.

Sie sollen ihren Lösungsvorschlag den beiden Ärzten präsentieren.

7 a) Wie bereiten Sie sich auf die Präsentation/das Verkaufsgespräch vor?

b) Wie sollten Sie sich während der Präsentation/des Gespräches ihren Kunden gegenüber verhalten?

8 Die beiden Ärzte reagieren nach der Präsentation Ihres Lösungsvorschlages für die PC-Vernetzung mit dem Einwand, dass der Preis der Anlage sehr hoch sei.

a) Beschreiben Sie die „Ja-aber-Methode", die Sie als Verkäufer in diesem Fall anwenden können, um dem Einwand des Kunden angemessen begegnen zu können.

b) Welchen Vorteil bietet die „Ja-aber-Methode"?

9 Die Ärzte wollen bei den Arbeitsplätzen der Arzthelferinnen günstigere Monitore als die von Ihnen vorgeschlagenen, hochwertigen TFT-Monitore verwenden.

a) Beschreiben Sie die jeweilige Funktionsweise von CRT- und TFT-Monitoren und nennen Sie drei der wesentlichen Unterschiede.

b) Beraten Sie die Kunden bezüglich der Monitorauswahl.

10 Beraten Sie die beiden Kunden bezüglich wichtiger Ergonomieanforderungen bei der Ausstattung der PC-Arbeitsplätze mit Tischen und Stühlen, damit diese den gesetzlichen Mindestanforderungen entsprechen.

Welche wichtigen Ergonomieanforderungen bei der PC-Ausstattung und den Peripheriegeräten empfehlen Sie?

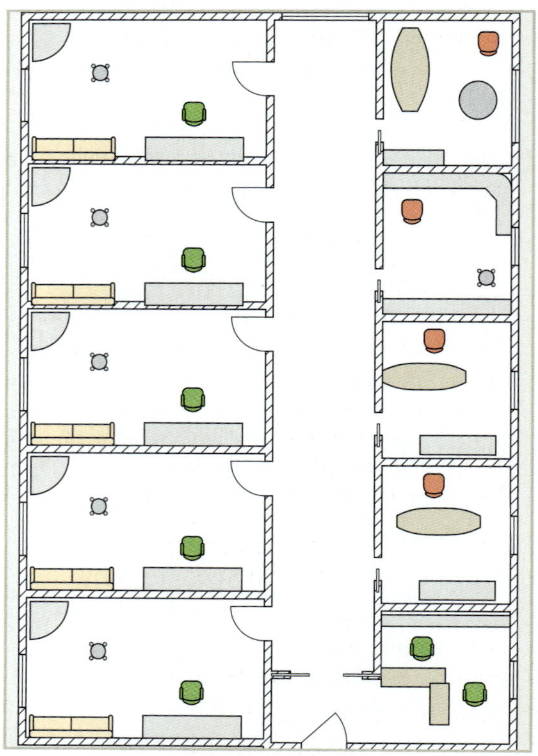

Bild 1: Raumplan der Gemeinschaftspraxis

19.3 Lernsituationen, Prüfungsaufgaben – Lösungen

Lösungen zu: 19.1 Lernsituationen

19.1.1: Monitor ersetzen, siehe Kapitel 13.5

VGA-Monitor:
Bilderzeugung durch Elektronenstrahlröhren. Jeder der drei Strahlen bringt durch eine Maske jeweils eine der drei davor liegenden Phosphorschichten zum Leuchten. Die Phosphorschichten haben die drei Grundfarben (Rot, Grün, Blau). Die drei Punkte zusammen bilden ein Pixel. Drei verschiedene Masken werden verwendet, die Lochmaske, die Schlitzmaske und die Streifenmaske.

Über Ablenkspulen wird der Elektronenstrahl von der linken zur rechten Bildschirmecke bewegt. Die horizontale Abtastfrequenz gibt an, wie oft der Elektronenstrahl innerhalb einer Sekunde über die Zeile geführt wird. Eine weitere Einheit aus zwei Ablenkspulen ist für die vertikale Verschiebung des Elektronenstrahls verantwortlich. Die Vertikalfrequenz – oder Bildwiederholfrequenz – gibt an, wie oft das Bild in einer Sekunde neu aufgebaut wird.

TFT-Monitor:
Zwischen zwei Polarisationsfolien die um 90° zueinander gedreht sind, befinden sich die Flüssigkristalle (LC von **L**iquid **C**rystal). Auf der Rückseite befindet sich die Hintergrundbeleuchtung, deren Licht durch die Polarisationsfilter vollständig absorbiert wird. Die stabförmigen LCs, die polarisiertes Licht führen können, sind so ausgerichtet, dass sie das durch die erste Schicht hindurchkommende Licht drehen, damit es auch durch die zweite Polarisationsfolie durchdringen kann. Vor dem oberen Polarisationsfilter liegen drei Farbfilter (Rot oder Grün oder Blau). Diese drei Farbzellen (Tripel) ergeben ein Farbpixel. Der Bildschirm hat für den Betrachter nun eine weiße Farbfläche. Jede Farbzelle besitzt einen dünnen durchscheinbaren Transistor (TFT von **t**hin **f**ilm **t**ransistor). Durch das Anlegen einer Spannung wird das stabförmige Molekül gedreht und es passiert weniger Licht die entsprechende Farbzelle. Hierdurch lassen sich verschiedene Farben mischen. Liegt an allen drei Farbzellen eines Pixels die volle Spannung an, so ist der Pixel schwarz. Als oberste Schicht ist eine Glas- oder Kunststoffschicht vorhanden, die das Display vor Beschädigungen schützt.

Vorteile von CRT-Monitoren:
exakte Farbwidergabe, hoher Kontrast.

Vorteile von TFT-Monitoren:
geringe Abmessungen, kein Bildflimmern, hohe Bildschärfe.

1.2: Aufgrund der geringeren Abmessungen und durch die scharfe Darstellung der Zeichen sind Flachbildschirme zu empfehlen. Dies gilt insbesondere für kleinere Büros.

2.1: Siehe Kapitel 13.5 Signalübertragung beim Fernsehen – Grundlagen der Bildübertragung.

3.1: Vorteile PDF-Format:
Unabhängigkeit von einem bestimmten Betriebssystem, Unabhängigkeit von einem bestimmten Textverarbeitungsformat, keine Änderungen von Schriftarten, Seitenumbrüchen oder anderen Formatierungen beim Austausch mit anderen Rechnern.

4.1 bis 4.3: Siehe Kapitel 4.3 Kundenbeziehungen – Kommunikation – Betreuung von Kunden.

4.4: Siehe Kapitel Kundenbeziehungen – Kommunikation – Umgang mit Kundenreklamationen.

5.1: Siehe Kapitel 5.2 PC-Netzteile – Unterbrechungsfreie Stromversorgung USV.

6.1: Siehe Kapitel 18.3 Empfangs- und Verteilanlagen Vorschriften für Montage und Installation, außerdem Einsatz von Steckdosenleisten mit Netzfilter, Blitz- und Überspannungsschutz.

7.1: Siehe Kapitel 1.7 Schutzmaßnahmen, Schutzbestimmungen, Sicherheitsregeln.

Isolationswiderstand für Schutzklasse I 1 MΩ, für Geräte mit Heizelemente 0,3 MΩ.

Der Grenzwert für den Ersatz-Ableitstrom wurde an den Grenzwert für den Schutzleiterstrom angepasst. Die Prüfung ist notwendig bei allen Prüflingen der Schutzklasse I, bei denen der Isolationswiderstand nicht gemessen werden kann und alle berührbaren leitfähigen Teile mit dem Schutzleiter verbunden sind. Werden ungepolte Netzstecker verwendet, muss die Prüfung in beiden Positionen des Netzsteckers erfolgen.

8.1: Siehe Kapitel 4.3 Kundenbeziehungen – Kommunikation – Betreuung von Kunden – Tabelle Kundenerwartungen, Anbieteraufgaben.

Außerdem können folgende Inhalte Vertragsbestandteil sein: Garantierte Reaktionszeiten, Kostenlose Instandsetzung, monatliche Kontrolle und Überprüfung, Ersatzteilvorhaltung, Bei Ausfall Stellung von Leihgeräten.

Lösungen zu:

19.2.1 Technik eines Farblaserdruckers vorstellen

1
- Welche Druckqualität wird bezüglich Hochglanzdruck, Farbqualität und Auflösung gewünscht?
- Welche Auslastung hat der Drucker? (Anzahl der Drucke pro Tag oder Monat)
- Wie ist das Verhältnis der Nutzung bezüglich S/W- und Farbdruck?
- Soll der Drucker über ein Netzwerk betrieben werden?
- Wie sind die Raumverhältnisse? (Raumgröße? Belüftung? Anzahl der im Raum Beschäftigten?)
- Wo wird das Gerät aufgestellt? (Platzbedarf? Zugänglichkeit? Einzelblatteinzug?)

2 **Farblaserdrucker**
- kostengünstiger Druck
- hohe Anschaffungskosten
- wartungsfreundlich

Farbtintenstrahldrucker
- kostengünstiges Gerät
- Farbqualität variabel, je nach Papierart

- **Thermosublimationsdrucker**
- hohe Druckkosten
- beste Farbqualität, Hochglanzdruck, fotoähnlich, evtl. mangelnde Konturenschärfe

3
1. Entwicklereinheit (Tonerkassetten)
2. organischer Fotohalbleiter auf Endlosband
3. Trommelreinigung (für die Übertragungstrommel)
4. Fixiereinheit
5. Übertragungseinheit
6. Übertragungstrommel (Trommel zur Farbanhäufung)
7. Papierentladung (Trennkorona, Separationskorona)
8. Übertragungswalze (Transferwalze)
9. Papiermagazin (Papierkassette)
10. Papiereinzug

4 Auf die Übertragungstrommel werden die drei Farben und die Farbe schwarz nach jeder Entwicklung vom Fotohalbleiterband übertragen. Sie haftet dort schichtweise. Anschließend werden alle vier Farben gemeinsam von der Trommel auf das Papier übertragen.

5 C steht für Cyan
M steht für Magenta
Y steht für Yellow (gelb)
K steht für Keyplate (Druckplatte für Schwarz)

6 Rot, Grün und Blau (RGB) sind leuchtende (additive) Grundfarben. Zur Mischung von reflektierenden Farben werden die subtraktiven Grundfarben benötigt. Nur aus diesen können alle anderen Farbtöne durch Mischen erzeugt worden.

7
- Die Mischfarbe Schwarz ist kein schönes sattes Schwarz und meist auch farbstichig.
- Tonereinsparung von Farbtoner vor allem beim Schwarz/Weiß-Druck
- Farbtoner ist teurer als schwarzer Toner.

8 OPC ist ein organischer Fotohalbleiter-Werkstoff. Diese Bandbeschichtung ist sehr hochohmig, der elektrische Widerstand wird bei Lichteinfall bedeutend geringer. Dies ermöglicht sowohl eine elektrostatische Aufladung der Oberfläche, welche den gegensätzlich geladenen Toner anzieht, als auch eine Ladungslöschung durch Belichtung von Weiß- oder Grauflächen.

9
- Silizium (amorph silicon)
- Selen (-arsenid)
- Cadmium (-sulfid)

10 a) Eine Umdrehung der Polygonspiegeleinheit entspricht sechs Zeilen.

Zeit für sechs Zeilen:
t_{6Z}: 60 s/12000 = 0,005 s

Anzahl der Zeilen einer A4-Seite:
400 dpi · 297 mm/25,4 mm = 4667,17

Gesamtzeit:
t_{FAZ} = (4677,16/7) · 0,005 s = **3,9 s**

b) $t_B = 4 \cdot t_{FAZ} + 3 \cdot t_P$
$= 4 \cdot 3{,}9\ \text{s} + 3 \cdot 0{,}3\ \text{s} = \mathbf{16{,}5\ s}$

c) OPC-Band, Übertragungstrommel und Papier laufen synchron, also mit gleicher Geschwindigkeit.

Somit gilt für eine Blattlänge von 297 mm:

$$v_B = \frac{L_B}{t_{FAZ}} = \frac{297\,\text{mm}}{3{,}9\ \text{s}} = 0{,}076\ \text{m/s}$$

Lösungen zu:

19.2.2 Sat-ZF-Verteilanlage planen

1 Für eine Sat-ZF-Verteilanlage spielen der bzw. die gewünschten Satelliten eine Rolle, weil die Multischalter eine entsprechende Zahl von Eingängen aufweisen müssen. Für jeden Satelliten sind vier Eingärige erforderlich, wenn im unteren und oberen Band jeweils horizontale und vertikale Polarisation empfangen werden soll.

2 Sie kann weiter verwendet werden. Die Zahl der Eingänge der Multischalter muss allerdings der Zahl der LNB-Ausgänge entsprechen.

3 Es spielt keine Rolle, ob analoger oder digitaler Satellitenempfang erfolgt, da die Signale für beide Empfangsarten im Bereich der Sat-ZF liegen.

4 Von jedem Teilnehmeranschluss kann wahlfrei auf jedes empfangene Programm zugegriffen werden.

5 Die Teilnehmer-Anschlussdosen können nicht genutzt werden, weil sie nicht für die Sat-ZF ausgelegt sind.

6 Das Fernsehgerät kann nicht unmittelbar angeschlossen werden, weil es nicht für den Sat-ZF-Bereich ausgelegt ist.

7 Verstärker sind dann erforderlich, wenn das Sat-ZF-Signal einen bestimmten Grenzwert unterschreitet.

8 Jeder Multischalter arbeitet als fernsteuerbare elektronische Schaltermatrix für die Verbindung der Sat-ZF-Signale zu den Teilnehmer-Anschlussdosen.

9 Die Kabel sollen geringe Dämpfung und großes Schirmdämpfungsmaß aufweisen und müssen für 950 MHz bis 2150 MHz ausgelegt sein.

10 Die Erweiterung ist grundsätzlich möglich. Es müssen dafür allerdings entsprechende Eingänge bei den Multischaltern zur Verfügung stehen.

11 Eine Begrenzung der Kabellänge ist gegeben, wenn durch den Einsatz von Verstärkern der Signal-Rausch-Abstand beim Sat-ZF-Signal zu klein wird.

12 Weil die Programmauswahl ferngesteuert beim Multischalter erfolgt.

13 Es müssen folgende Komponenten berücksichtigt werden: Verteiler, Multischalter, Verstärker, Kabel, Anschlusswiderstände, Teilnehmer-Anschlussdosen und ggf. Endgeräte.

14 Kaskadierung bedeutet die Kettenschaltung aktiver Baugruppen, typischerweise Verstärker.

15 Die Ausgänge des letzten kaskadierten Multischalters müssen mit 75 Ω abgeschlossen werden, um Störungen des Nutzsignals zu verhindern.

16 In einer Wohnung können auch mehrere Anschlüsse für die Sat-ZF-Verteilanlage installiert werden. Für jeden Anschluss ist dabei eine Leitungsverbindung zum Multischalter erforderlich.

17 Multischalter sind durch die Zahl der Eingänge für die Sat-ZF und die Zahl der Ausgänge zu den Teilnehmer-Anschlussdosen spezifiziert. Dies wird in der Form „MS x/y" angegeben, mit x als Zahl der Eingänge und y als Zahl der Ausgänge.

18 950 MHz bis 2150 MHz.

19 Es stellt keinen Unterschied dar, ob der Empfang mit Multifeed oder über separate Satellitenantennen erfolgt.

20 Die Schnittstelle zwischen Satellitenantenne und Sat-ZF-Verteilanlage liegt bei dem Ausgang bzw. den Ausgängen des LNB oder der LNBs der Satellitenantenne.

21 Zum Installationsaufwand gehören:

- Verteiler, Multischalter und Verstärker installieren,
- Kabelverbindungen vom LNB zum 1. Multischalter, zwischen den Multischaltern und Verstärkern sowie von den Multischaltern zu den Teilnehmer-Anschlussdosen erstellen,
- Teilnehmer-Anschlussdosen installieren,
- Einpegeln der Anlage, damit an jeder Teilnehmer-Anschlussdose ein Pegel im Bereich von 47 dBμV bis 74 dBμV anliegt.

22 Die Set-Top-Box muss für Satellitenempfang geeignet sein.

23 Für den Kunden gibt es bei gleichem Aufwand für die Satellitenantenne zwischen Individualempfang und Sat-ZF-Verteilanlage keine Unterschiede.

24 Beim BK-Netz hat der Kunde nur Zugriff auf die eingespeisten Programme, bei einer Sat-ZF-Verteilanlage kann er auf alle empfangenen Satellitenprogramme wahlfrei zugreifen.

25 Pay-TV-Programme werden bei einer Sat-ZF-Verteilanlage in gleicher Weise verteilt wie Free-TV-Programme.

Lösungen zu:

19.2.3 Kabelanschluss auf Triple Play erweitern

1 Triple Play bedeutet die gleichzeitige Nutzung des Kabelanschlusses für Rundfunkempfang, schnellen Internetzugang und Telefonie.

2 Das Kabelmodem hat die Aufgabe, den Anschluss des Computers und des Telefons zu ermöglichen.

3 Die bisherige Teilnehmer-Anschlussdose kann nicht weiterverwendet werden, sondern muss gegen eine Multimedia-Teilnehmer-Anschlussdose getauscht werden.

4 Bei einer Multimedia-Teilnehmer-Anschlussdose sind alle Anschlüsse für Triple Play vorhanden.

5 Der gleichzeitige Betrieb von Internet und Telefonie ist ohne gegenseitige Beeinflussung möglich.

6 Das Kabel zwischen dem Kabelmodem und der Multimedia-Teilnehmer-Anschlussdose darf nur so lang sein, dass am Eingang des Kabelmodems noch ein vom Typ des Kabelmodems abhängiger Mindestpegel nicht unterschritten wird.

7 Es ergeben sich keine Änderungen beim Angebot an Fernseh- und Radioprogrammen.

8 Der Anschluss mehrerer Computer ist nur über einen Router möglich.

9 Die für Downlink und Uplink verfügbare Bitrate hängt vom Angebot des Kabelnetzbetreibers und den vom Kunden akzeptierten Kosten ab.

10 Er kann seine bisherige Telefonnummer weiter nutzen.

11 Es sind folgende Installationsmaßnahmen erforderlich:

- Teilnehmer-Anschlussdose gegen Multimedia Teilnehmer-Anschlussdose tauschen,
- Kabelmodem aufstellen und an die Netzversorgung anschließen,
- Kabelverbindungen zwischen Multimedia-Teilnehmer-Anschlussdose und Kabelmodem, Kabelmodem und Rechner sowie Kabelmodem und Telefon installieren,
- Kabelverbindungen vom Fernsehgerät und Radio nun zur Multimedia-Teilnehmer-Anschlussdose herstellen.

12 Die Kapazität ist vom Angebot des Kabelnetzbetreibers und den vom Kunden akzeptierten Kosten abhängig.

13 Das Kabelmodem kann entweder über einen Ethernet-Anschluss (RJ45-Stecker) oder einen USB-Anschluss (USB-Stecker) an den Computer angeschlossen werden.

14 Es soll dadurch unzulässige Abstrahlung und störende Einstrahlung verhindert werden.

15 Die drei Anschlüsse unterscheiden sich in der Art der Steckverbindungen.

16 Es sind folgende Anschlüsse zu berücksichtigen:

- Stromversorgung (meistens 12 V Gleichspannung)
- Signal von Multimedia-Anschlussdose (F-Stecker)
- Telefon (Western-Stecker)

17 Beim Normalbetrieb leuchten folgende LEDs:

- **Power** = Spannungsversorgung vorhanden
- **DS** (für Downstream) oder **Receive** = Empfangsstatus: Verbindung zum Empfangskanal besteht
- **US** (für Upstream) oder **Send** = Sendestatus: Verbindung zum Sendekanal besteht
- **Online** = Verbindung zum Netz hergestellt
- **Link** = Verbindung zum Computer besteht
- **Tel1** = Erstes Telefon ist angeschlossen
- **Tel2** = Zweites Telefon ist angeschlossen

18 Der Internetzugang lässt sich mit allen gängigen Betriebssystem realisieren.

19 Der Kunde benötigt ein besonderes E-Mail-Programm, z.B. Microsoft Outlook.

20 Üblicherweise gibt es keine feste IP-Adresse, sondern eine bei Internetnutzung dynamisch zugewiesene IP-Adresse.

21 Der Anschluss einer Telefonanlage ist möglich.

22 Rückkanalfähigkeit ist erforderlich, weil Internetzugang und Telefonie interaktive Dienste sind.

23 Der Kunde kann von überall auf seine E-Mails zugreifen, wenn der Kabelnetzbetreiber diese Webmail-Option anbietet.

Lösungen zu:

19.2.4 Computernetzwerk dem Kunden erklären

1 In Computerbauelementen werden die Daten in aufeinander folgenden Bits gespeichert. Je nach Adressierungsart der Computerbauelemente wird auf die Bits in Blöcken von 8, 16, 32 oder 64 Bits zugegriffen.

2 Für Computerbauelemente mit 16 Datenanschlüssen muss der Computer-Datenbus bei einer parallelen Datenübertragung mindestens 16 bit breit sein.

3 Bei einer parallelen Datenübertragung werden die Bits blockweise übertragen. Bei einer seriellen Datenübertragung werden die Bits aufeinander folgend übertragen, also sequenziell.

4 Die Datenübertragung zwischen Computern in großer Entfernung erfolgt seriell, da gegenüber der parallelen Datenübertragung deutlich weniger Leitungsaufwand entsteht.

5 Man unterscheidet serielle und parallele Datenschnittstellen.

6 Die Synchronisierung der Datenübertragung zwischen Sender und Empfänger kann mittels Hardwareschaltung oder mittels Softwareprogramm erfolgen.

7 Technische Eigenschaften der seriellen V.24-Schnittstelle: 30 m gesicherte Datenübertragung, Signal mit Wert 1 liegt zwischen –3 V und –15 V, Signal mit Wert 0 liegt zwischen 3 V und 15 V, mindestens drei Leiter werden benötigt, Datenübertragungsraten meist 9,6 kbit/s oder 19,2 kbit/s.

8 Technische Eigenschaften der USB-Schnittstelle: gesicherte Datenübertragung bis 5 m, Bitrate bis 12 Mbit/s bzw. 480 Mbit/s, Anschluss ist hot-plug-fähig, Kaskadierung über USB-Hubs möglich.

9 Die Schnittstelle USB findet Anwendung z.B. beim Anschluss von Speicherelementen, Kameras, Scannern, Mäusen.

10 Beim Einstecken von Steckkarten in einen Computer ist zu beachten, dass die Karten-Anschlussschnittstelle mit dem Computer-Systembus verträglich ist.

11 Lange Datenleitungen bringen die Problematik der Signaldämpfung und Signalverformung mit sich.

12 Zuordnungen von Steckern/Buchsen zu den Datenschnittstellen:

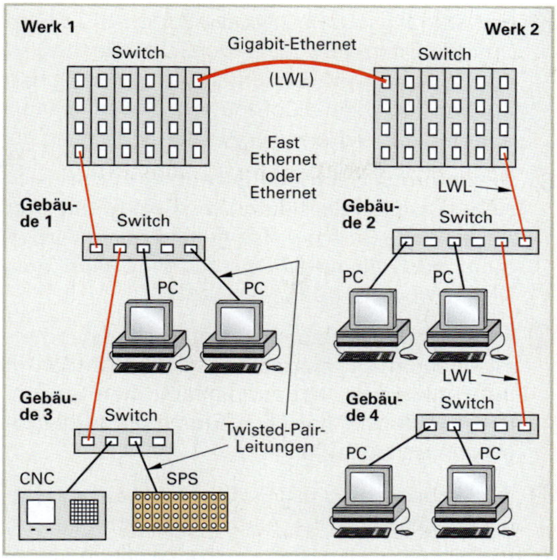

Bild 1: Vernetzung von Computeranlagen über Switches

A: RJ45 wird zum seriellen Anschluss von Computern an Computernetze (LAN) verwendet.

B: USB zum seriellen Anschluss von Peripheriegeräten an Computer.

C: Centronics zum bit-parallelen (byte-seriellen) Anschluss von Druckern an Computer.

D: V.24 (RS 232) zum seriellen Anschluss von meist Peripheriegeräten an Computer.

13 Twisted-Pair-Leitungen werden insbesondere zum Anschluss eines PCs an einen Hub oder einen Switch verwendet. Die Reichweite liegt bei 90 m.

14 Glasfaserleitungen (LWL) werden installiert, wenn ein Datennetzwerk zwischen Gebäuden aufgebaut werden soll. Meist werden Glasfaserleitungen auch zur Verbindung zwischen Hubs oder Switches verwendet.

15 Twisted-Pair-Leitungen setzt man im Nahbereich ein, z.B zwischen PC und Netzwerksteckdose oder nahe gelegenem Switch. Glasfaser-Leitungen setzt man bei größeren Übertragungsstrecken ein **(Bild 1)**.

16 Der Übergang von einer Kupferleitung auf eine Glasfaserleitung in einem Datennetzwerk erfolgt durch einen Switch, Hub oder Medienconverter.

17 Die Bezeichnung 100 Base-T bedeutet Kupferleitung Twisted Pair/Datenübertragung 100 Mbit/s, 100 Base-F bedeutet Glasfaserleitung/Datenübertragung 100 Mbit/s, 1000 Base FX bedeutet Glasfaserleitung extended/Datenübertragung 1 Gbit/s.

18 Ein Zugangspunkt (Access-Point) in einem Computernetzwerk ist mittels Datenleitung in das Computernetzwerk integriert und stellt den Zugang für andere Computer mittels Funkverbindung her (Wireless LAN, WLAN).

19 Die kommunizierenden Computer suchen sich selbst – wegen der begrenzten Reichweiten der Acces-Point-Geräte – das für die beste Verbindung nächstliegende Access-Point-Gerät aus. Dies wird als Roaming bezeichnet.

20 Funknetzwerke sind störanfällig bei unvorhergesehenem Einbringen von Gegenständen in die Funkstrecke, bei atmosphärischen Störungen, z.B. Blitzen, sowie bei Einstreuung elektromagnetischer Felder.

21 Zur Verbesserung der Performance eines Computernetzwerkes ist eine Netzsegmentierung (Aufteilung in kleine Netzwerkeinheiten) mittels Bridge, Router oder Switch vorzunehmen.

Lösungen zu:

19.2.5 ISDN-Tk-Anlage installieren und in Betrieb nehmen

1 Zweizügiger Brüstungskanal. Getrennte Verlegung von Netzspannung (230 V) und Kleinspannung nach VDE erforderlich.

2 Siehe Bild

3 Siehe Bild

4 Spannungsversorgung (DC/DC-Wandler), Umpolung der Gleichspannung bei Netzausfall, Signalwandlung von U_{K0}-Anschluss auf S_0-Bus (Zweidraht- auf Vierdrahtleitung).

5 Von der Tk-Anlage ausgehend ein S_0-Bus in die Büroräume 1 und 2 und ein zweiter S_0-Bus in den Büroraum 3 und in den Sozialraum.

6 Abschlusswiderstände sind im Büroraum 1 und im Sozialraum erforderlich.

7 Jedes Faxgerät wird über eine eigene Leitung an einen analogen Anschluss der Tk-Anlage angeschlossen (Sternstruktur).

8 Für die ISDN-Telefone Typ IAE 2x8(4) oder UAE 2x8(4) oder UAE 2x8(8).

9 Für die Faxgeräte Typ TAE NFN (Erlaubt das Anschließen weiterer analoger Endgeräte).

10 Notspeiseberechtigung an einem Telefon einstellen. Gerät wird über den NTBA vom Netzbetreiber versorgt.

11 $I = P/U = 400\ \text{mW}/40\ \text{V} = \mathbf{10\ mA}$
$R = U/I = 40\ \text{V}/10\ \text{mA} = \mathbf{4\ k\Omega}$

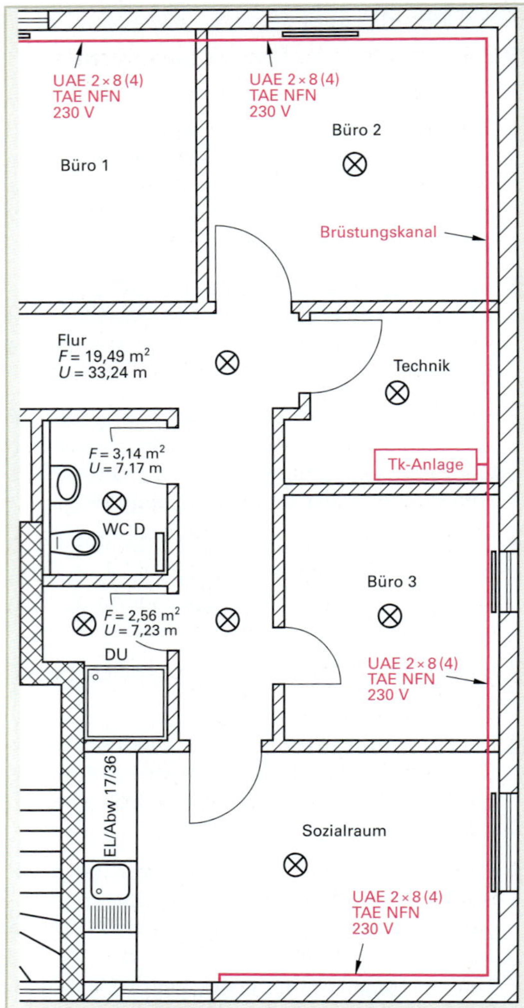

12 Mindestens zwei Basisanschlüsse, da je Basisanschluss zwei kostenpflichtige Verbindungen aufgebaut werden können.

13 Ein Primärmultiplexanschluss hat 30 B-Kanäle. Dies ist für dieses Projekt zu viel. Ein Primärmultiplexanschluss wird z.B. ab 100 Endgeräten eingesetzt.

14 Materialliste

Tabelle 1: Materialliste für die ISDN-Tk-Anlage

Material	Typ	Länge, Anzahl	Preise
Leitungen	J-Y(ST)Y	100 m	34,44 €
Dosen, Typ 1	UAE 2x8(4)	4	55,60 €
Dosen, Typ 2	TAE3x6NFN	3	22,08 €
Widerstände	1/4 Watt	4	0,36 €
Telefone	Swisscom	3	255,00 €
Faxgeräte	Laserfax	3	213,00 €
Tk-Anlage	Auerswald	1	162,93 €
Kosten			743,41 €

Lösungen zu:

19.2.6 Projektmanagement anwenden

1 Jedes Projekt benötigt als Projektleiter einen Verantwortlichen, der sich insbesondere um die organisatorischen Belange kümmert. Benötigte Projektmitarbeiter müssen benannt werden. Die Zuständigkeiten des Projektleiters sowie der Projektmitarbeiter müssen definiert sein. Bei Großprojekten müssen auch Mitglieder der Unternehmensleitung als Projektentscheider entsprechend Bescheid wissen.

2 Die von den Projektmitwirkenden erforderlichen Zeitanteile müssen diesen selbst sowie auch deren Vorgesetzten bekannt sein.

3 Der Projektleiter muss zu Projektsitzungen einladen. Er muss die Terminplanung, Projektplanung und Budgetplanung sowie die Projektsteuerung und das Projektcontrolling durchführen. Er muss die Projektentscheider über den Projektstand informieren.

4 Der Bezug zu tangierenden Projekten ist notwendig, um notwendige Programmschnittstellen und Datenschnittstellen zu berücksichtigen.

5 Es fehlen die Punkte Terminplanung, Planung von Meilenstein-Terminen,Teambildung.

6 Der Projektphasenplan enthält die Zieltermine der einzelnen Projektphasen. Zu diesen Terminen sind vom Projektleiter Projekt-Meilensteinsitzungen mit den Projektentscheidern zu organisieren. Ferner sind im Projektphasenplan die Kosten, Investitionen sowie die Arbeitspakete (Arbeitsaufgaben) der einzelnen Projektphasen enthalten.

7 Durch das Erstellen eines Projektphasenplanes erhält das Projekt einen Projektumsetzungsplan bzgl. Terminen, Kosten, Investitionen und Aufgaben für eine grobe Projektsteuerung.

8 Merkmale für eine Wirtschaftlichkeitsbetrachtung eines IT-Projektes sind Aufwände für Entwicklungsarbeiten, Beschaffungsarbeiten, Schulungen, Investitionen sowie für spätere Betreuungsarbeiten und Softwarepflegegebühren. Diesen Merkmalen stehen z.B. Effekte aus reduzierten manuellen Tätigkeiten, Ablösung von IT-Altsystemen oder Investionsvermeidungen gegenüber.

9 Der Projektstrukturplan ist unter Federführung des Projektleiters gemeinsam mit den Projektmitarbeitern (Projektteam, Projektmitwirkende) zu erarbeiten.

10 Im Projektstrukturplan sind die Zuständigkeiten und alle notwendigen Arbeiten, die zur Durchführung des Projektes anfallen, aufgelistet und mit Aufwänden und Investitionen versehen.

11 Eine typische Struktur eines Projektstrukturplanes enthält die Bestandteile Analyse, Konzeption, Beschaffung, Realisierung, Schulung, Projektmanagement.

12 Ein Arbeitspaket ist die Beschreibung einer abgegrenzten Unteraufgabe im Rahmen der zu lösenden Gesamtaufgabe.

13 Ein Arbeitspaket ist mit fünf Merkmalen beschrieben: Arbeitspaketname, Arbeitspaketverantwortlicher, Aufwände in Personentagen, erforderliche Investitionen, Arbeitspaketinhalt.

14 Über den Projektstrukturplan müssen Bescheid wissen, der Projektleiter, die Projektmitarbeiter und die Projektentscheider.

15 Aus einem Projektstrukturplan können der Gesamtaufwand und die Gesamtinvestition des Projektes abgeleitet werden.

16 Die zeitlichen Abhängigkeiten der abzuarbeitenden Arbeitspakete mit den zugeordneten Mitarbeitern sind aufzuzeigen, um zu erkennen, ob die einzelnen Mitarbeiter die geplanten Aufgaben unter dem zeitlichem Gesichtspunkt erledigen können.

17 Die grafische Darstellung der zeitlichen Abfolge der einzelnen Aufgaben zur Abwicklung eines Projektes zeigt, ob die Abhängigkeit der Aufgaben zeitlich zueinander passt und ob den Aufgaben genügend Zeit zugeordnet ist.

18 Das Lastenheft enthält die Aufgabenbeschreibung aus Sicht des Auftraggebers.

19 Das Pflichtenheft enthält die Aufgabenbeschreibung aus Sicht des Auftragnehmers.

20 Ein Pflichtenheft ist die Basis zum Erstellen eines Angebotes.

21 Ein Pflichtenheft enthält z.B. Angaben zu Betriebsbedingungen, Beschreibungen der Eingabe-Ausgabe-Dialoge, Schnittstellenbeschreibungen, Beschreibungen wesentlicher Funktionen, Beschreibung der Datenstruktur.

22 Auf Grund von Datenmengenbetrachtungen können die notwendigen Leistungsfähigkeiten der Server und Datennetze festgelegt werden.

23 Das größte Datenvolumen je Datenfile erzeugen in Unternehmen die CAD-Daten.

24 Zu analysierende Einflussfaktoren hinsichtlich dem späteren Antwort-Zeitverhalten sind die Anzahl der Benutzer (User), technische Daten der Server und des Datennetzwerks, zu übertragende MB/Stunde.

Lösungen zu:

19.2.7 Kostenrechnungen durchführen und kontrollieren

1 a) Deckungsbeitragsrechnung

Gewinnschwelle

Summe Kosten = Summe Erlöse

$K_f + m \cdot kv = m \cdot e$

$$m = \frac{K_f}{e - k_v} = \frac{1.200\ €}{60\ € - 30\ €}$$

$\mathbf{m = 40}$

b) Gewinn = Erlöse – Kosten

Erlöse

$E = e \cdot m = 60\ € \cdot 80 = 4.800\ €$

Kosten

$K = K_f + m \cdot k_v = 1.200\ € + 80 \cdot 30\ € = 3.600\ €$

Gewinn

$G = E - K = 4.800\ € - 3.600\ € = \mathbf{1.200\ €}$

2 Aufgabe zur Divisionskalkulation

Tage	Dauer/min	Menge	Servicedauer in min pro Jahr
240	4	80	76.800
	Garantie	25%	–19.200
	abzurechnen		57.600
	Gesamtkosten		56.000 €
	Kosten je min		**0,97 €**

3 Einstandspreiskalkulation

Listenpreis Großh.			24,96 €
Wiederverkäuferrabatt	28 %	–	6,99 €
Rechnungspreis			17,97 €
Sonderrabatt	10%	–	1,80 €
Zieleinkaufspreis			16,17 €
Skonto	2%	–	0,32 €
Bareinkaufspreis			15,85 €
Bezugskosten			– €
Einstandspreis			15,85 €
Kalkulkationsfaktor	1,6		
Netto-Verkaufspreis			25,36 €
Verkaufspreis Inkl. MwSt	**19 %**		**30,18 €**

4 Stundensatzberechnung mit Zuschlagskalkulation

Lohneinzelkosten		14,60 €
Lohngemeinkostensatz	170 %	24,82 €
Verrechnungssatz		39,42 €
Stundenverrechnungssatz	(netto)	42,80 €
Gewinn je verrechn. Stunde		**3,38 €**

5 Kostenvergleich Satelliten-Kabelempfang

a) Kostenvergleich

Sat-Anlage	fixe Kosten	1.200 €
	Kosten je Monat	5 €
Kabelempfang	Kosten je Monat	25 €

	Sat-Anlage			Kabel	
Mon.	Fix-kosten	var. Kosten	Ges.-kosten	var. Kosten	Ges.-kosten
0	1.200	–	1.200	25	–
6	1.200	30	1.230	25	150
12	1.200	60	1.260	25	300
18	1.200	90	1.290	25	450
24	1.200	120	1.320	25	600
30	1.200	150	1.350	25	750
36	1.200	180	1.380	25	900
42	1.200	210	1.410	25	1.050
48	1.200	240	1.440	25	1.200
54	1.200	270	1.470	25	1.350
60	1.200	300	1.500	25	1.500
66	1.200	330	1.530	25	1.650
72	1.200	360	1.560	25	1.800
78	1.200	390	1.590	25	1.950
84	1.200	420	1.620	25	2.100

*alle Kosten in EUR

b)

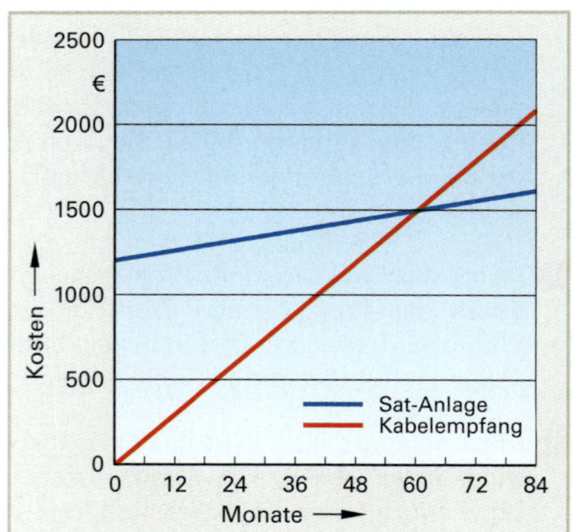

c) Kostenvergleich Satelliten-/Kabelempfang mit Gebühr für Satellitenempfang

Sat-Empfang $K_S = m \cdot k_{vS} + K_{fS}$

Kabel-Empfang $K_K = m \cdot k_{vk}$

gleiche Kosten $m \cdot k_{vS} + K_{fS} = m \cdot k_{vk}$

$$\mathbf{m} = \frac{K_{fS}}{kvK - kvS}$$

$$= \frac{1.200\ €}{25\ €/Mon - 10\ €/Mon} = \mathbf{80\ Mon}$$

Lösungen zu:

19.2.8 Kundenbeziehungen pflegen

1 a) ***Situation 1:***

Wenn Sie nicht auf meinen Rat als Fachmann hören, brauchen wir gar nicht weiter zu reden.

Mögliche negative Kundenempfindung:

Drohen, Besserwisser, „Endgültige" Bemerkung

Alternative Formulierung:

Unsere mehrjährigen Erfahrungen mit Geräten dieser zwei Marken sprechen eindeutig für das Produkt der Marke A.

Situation 2:

Viele Leute sind mit der Fernbedienung überfordert.

Mögliche negative Kundenempfindung:

Gesprächspartner negativ bewerten, Fähigkeiten des Kunden bezweifeln.

Alternative Formulierung:

Viele Kunden fragen heute nach Geräten mit übersichtlicher Bedienerführung und die Marke B hat darauf z.B. mit ... reagiert.

Situation 3:

Schneller geht die Lieferung nicht.

Mögliche negative Kundenempfindung:

Endgültige Bemerkung.

Alternative Formulierung:

Ich verstehe natürlich, dass Sie das Gerät morgen wieder haben wollen. Wir können aber die Reparaturkosten nur halten, wenn wir im Interesse aller Kunden die Ersatzteillagerkosten gering halten.

b) Arbeitsplatzergonomie:

- Bei der Platzierung des Monitors auf Beleuchtung achten, z.B, keine Spiegelungen,
- Eingabegeräte entsprechend der Arbeitsaufgaben auswählen, z.B. Tastatur, Scanner, Grafik-Tablett,
- Berücksichtigung unternehmensspezifischer Vorgaben des Kunden, z.B. Corporate Design, Farben und Schriftarten.
- Erfahrungen und Kenntnisse des Nutzers beim Einrichten des Systems berücksichtigen.
- Berücksichtigen persönlicher Eigenschaften der Bediener, z.B. Linkshänder oder Rechtshänder und
- auf Lärmbelästigung, z. B. durch Lüfter achten.

c) Vorteile durch Stammkunden

- Verminderte Preissensibilität führt zu vermehrtem Verkauf von Zusatzprodukten (Cross-Selling) und Verkauf von höherwertigen Produkten (Up-Selling).
- Geringere Kosten für Kundenverwaltung. Kundendaten müssen nicht mehr gewonnen und erfässt werden, sondem nur noch gepflegt.
- Neue Kunden durch Mund-zu-Mund-Empfehlung.

2 a) Unterschied Anfrage, Angebot

Anfrage führt zu keinen rechtlichen Pflichten. Angebote sind rechtsverbindlich, wenn Sie an eine bestimmte Person oder eine Firma gerichtet sind und nicht durch besondere Klauseln eingeschränkt sind.

b) Mindestinhalte, Angebot

Art der Ware, Leistung, Preis, Menge, Qualität, Liefertermin und Zahlungsbedingungen

3 a) Checkliste Ziele der Schulung und Präsentation:

- Neue Produkte zu präsentieren,
- neue Ideen und Funktionalitäten zu präsentieren, bekannt zu machen,
- den Kundenkontakt zu verbessern,
- die Kundenbindung zu stärken,
- Ergebnisse von Untersuchungen und Forschungen bekannt zu machen,
- Das Image eines Produktes oder einer Leistung zu verbessern
- Entscheidungen vorbereiten und
- den Verkauf unterstützen.

b) Checkliste: Wer sind meine Zuhörer und was erwarten Sie von mir und vom Thema?

- Kenne ich die Zuhörer? Kennen die Zuhörer mich?
- Welches Vorwissen und welche Kompetenzen haben die Zuhörer?
- Welche sachlichen Einwände sind zu erwarten?
- Welche emotionalen Einwände sind zu erwarten?
- Gibt es Zielkonflikte zwischen den Zuhörern und mir oder meinem Thema?
- Sind Gruppen oder Personen mit unterschiedlichen Zielen anwesend?
- Gibt es Vorurteile gegen mich oder das Thema?
- Gibt es bereits gute und schlechte Erfahrungen mit dem Thema?

4 a) Ein Team ist erst voll leistungsfähig, wenn es die Arbeitsphase erreicht hat.

Sobald das Team verändert wird, werden die Phasen wieder durchlaufen.

Phase	Merkmale
Teamgründungsphase (Orientierungsphase, Teambildungsphase) forming	Gespannt auf andere Mitglieder, höflich, vorsichtig, abtastend, ...
Konfrontationsphase (Kampfphase) storming	Konfrontation der Mitglieder und Interessen, unterschwellige Konflikte, Cliquenbildung, Diskussionen
Organisationsphase (Orientierungsphase) warming	Konfrontation der Standpunkte, Aufstellen von Teamregeln und Verhaltensnormen, Rollen und Pflichten werden definiert und verteift
Arbeitsphase (Integrationsphase) storming, performing	Gemeinsame Zielorientierung, teamorientiert mit gegenseitige Unterstützung.

b) Für eine erfolgreicher Kundenreklamationsbearbeitung sollte

- dem Kunden ein Puffer geschaffen werden, damit er seinen Ärger abladen kann, z.B. zuhören und Kunden ernst nehmen,
- das Beziehungsklima zum Kunden verbessert werden, z.B. den Kunden mit offenen Fragen an der Fehlereingrenzung beteiligen, Problem auf Sachebene analysieren und Interesse an einer gemeinsamen Lösung zeigen,
- mit dem Kunden eine konkrete Problemlösung vereinbart werden, die sowohl Termine wie auch Kosten berücksichtigt.

5

Materialeinzelkosten		88.500 €
Bestellkosten	4.620 €	
Eingangskontrolle	6.200 €	
Energie, Versicherungen	3.800 €	
Instandhaltung	4.000 €	
Sonstige Kosten	6.600 €	
Handlungskosten	25.220 €	

Erlöse aus Verkauf:

$LVP = EP \cdot KF$ = 88.500 € · 1,5 = 132.750 €

Kosten:

25.220 € + 88.500 € = 113.720 €

Gewinn = Erlöse – Kosten
= 132.750 € – 113.720 € = 19.030 €

Gewinn entspricht 14,3 % des Umsatzes

6 Usability

Zu einer hohen Usability gehören z.B.

- Anpassung an Aufgabenstellung,
- Anpassung an Nutzer,
- einfache Erlernbarkeit,
- hohe Wiedererkennung, z.B. durch allgemein übliche Icons, typische Menüstrukturen,
- unkomplizierte Korrektur von Bedienungsfehlern und Eingabefehlern,
- geringes Fehlnutzungsrisiko.

7 a) Unter Front-Office versteht man alle Einrichtungen und Anwendungen, die dem direkten Kontakt mit dem Kunden dienen.

b) Add-ons sind Zusatzprogramme. Sie dienen z.B. dazu, die Funktionen und Schnittstellen eines Programms an besondere Bedingungen eines Unternehmens oder Nutzers anzupassen.

Das ursprüngliche Programm wird dadurch nicht verändert sondern nur ergänzt.

c) Beispiel für operative Prozesse

Vertrieb	**Beschaffung**
Auftragsabwicklung	Lagerverwaltung
Angebotserstellung	Terminüberwachung
Rechnungsstellung	Beschaffungsaufträge
Mahnungserstellung	Angebotsvergleiche
Kundenbeziehungsmanagement	Wareneingangsbearbeitung

d) Bei der **Top-down-Methode** geht die Entwicklung in der Unternehmenshierarchie von „Oben" nach „Unten".

Die Anforderungen werden von übergeordneten Stellen, z.B. Unternehmens- oder Abteilungsleitung definiert und dann für untergeordnete Stellen verfeinert.

Bei der **Bottom-up-Methode** definieren die Anwender selbst ihre Anforderungen.

Alle Anforderungen werden dann zu einem Gesamtsystem zusammengeführt.

Bei der **evolutionären Methode** findet ein zyklischer Prozess zur Aktualisierung oder Erweiterung der Anforderungen statt.

Lösungen zu:

19.2.9 IT-Schulungsraum einrichten

1 a) $P_1 = 350\,W + 230\,V \cdot 1{,}2\,A = 626\,W \Rightarrow I = 2{,}7\,A$

Auswahl aus Tabellenbuch
z.B. LS B 13 NYM 3 x 1,5

$P_2 = 5 \cdot (159\,W + 230\,V \cdot 0{,}8\,A) = 1670\,W \Rightarrow I = 7{,}2\,A$

Auswahl aus Tabellenbuch
z.B. LS B13 NYM 3x1,55

Jede Arbeitsgruppe wird getrennt abgesichert, damit für weitere Anschlussleistungen, z.B. Scanner oder Schreibtischlampe, noch Reserve bleibt.

Der Server wird zusammen mit dem Netzwerkdrucker getrennt abgesichert, damit eine Störung an einem Arbeitsplatz nicht zum gesamten Ausfall des Netzes führt.

Eine Verteilung der einzelnen Lasten auf alle drei Phasen ist vorzusehen.

b) Je PC-Arbeitsplatz 4 Steckdosen (1 PC, 1 Monitor, 2 Reserve):
4 x 15 = 20 Steckdosen.

Drucker und Serverplatz 4 Steckdosen (1 Server, 1 Monitor, 1 Drucker, 1 Reserve).

4 Leitungsschutzschalter, 3 x 1 je Arbeitsgruppe und 1 für Server/Drucker.

c)

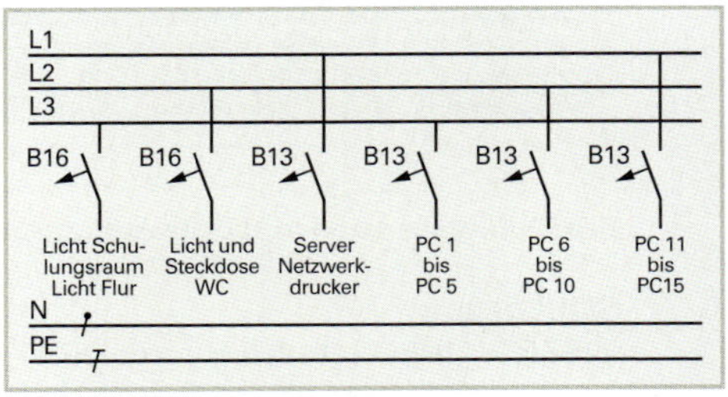

Bild 1: Übersichtsschaltplan

d) Unterbrechungsfreie Stromversorgung (USV) und Überspannungsschutz zur Erhöhung der Betriebssicherheit des Netzes.

2 a)

	A	B	C	D
1	**Preisvergleich**			
2				
3			**Anbieter**	
4		**PCMEDIEN**	**MEDIOSYST**	**EDUSOLUTIONS**
5	Listeneinkaufspreis kompett	5.090,00 €	5.890,00 €	4.590,00 €
6	Rabatt	458,10 €	471,20 €	0,00 €
7	Zieleinkaufspreis	4.631,90 €	5.418,80 €	4.590,00 €
8	Skonto	138,96 €	108,38 €	91,80 €
9	Bareinkaufspreis	4.492,94 €	5.310,42 €	4.498,20 €
10	Transport	10,00 €	15,00 €	10,00 €
11	Verpackung	8,00 €	10,00 €	8,00 €
12	Einkaufspreis (1 Gerät)	4.510,94 €	5.335,42 €	4.516,20 €
13	Angebotssumme (2 Geräte)	9.021,89 €	10.670,85 €	9.032,40 €
14				
15				

Bild 2: Lösung Preisvergleich

b)

	A	B	C	D
1	**Preisvergleich**			
2				
3			**Anbieter**	
4		**PCMEDIEN**	**MEDIOSYST**	**EDUSOLUTIONS**
5	Listeneinkaufspreis kompett	5090	5890	4590
6	Rabatt	=B5*9%	=C5*8%	=D5*0%
7	Zieleinkaufspreis	=B5-B6	=C5-C6	=D5-D6
8	Skonto	=B7*3%	=C7*2%	=D7*2%
9	Bareinkaufspreis	=B7-B8	=C7-C8	=D7-D8
10	Transport	10	15	10
11	Verpackung	8	10	8
12	Einkaufspreis (1 Gerät)	=B9+B10+B11	=C9+C10+C11	=D9+D10+D11
13	Angebotssumme (2 Geräte)	=B12*2	=C12*2	=D12*2
14				
15				
16				

Bild 3: Lösung Preisvergleich mit Formeln

c)

	A	B	C	D	E	F	G	H
1	**Erweiterter Angebotsvergleich**							
2								
3					**Anbieter**			
4			**PCMEDIEN**		**MEDIOSYST**		**EDUSOLUTIONS**	
5	**Kriterien**	Gewichtung (G)	Punkte (P)	P x G	Punkte (P)	P x G	Punkte (P)	P x G
6	Preis	5	7	35	4	20	10	50
7	Garantie	2	6	12	10	20	2	4
8	Ers.Ger.Ser.	1	5	5	10	10	3	3
9	Summe	8		52		50		57
10	Rangfolge			2		3		1
11								
12	Bewertungspunkte:		0-10 Punkte					
13			0 Punkte	nicht ausreichend				
14			10 Punkte	sehr gut				

Bild 4: Lösung erweiterter Angebotsvergleich

	A	B	C	D	E	F	G	H
1	**Erweiterter Angeb**							
2								
3					**Anbieter**			
4			**PCMEDIEN**		**MEDIOSYST**		**EDUSOLUTIONS**	
5	**Kriterien**	Gewichtung (G)	Punkte (P)	P x G	Punkte (P)	P x G	Punkte (P)	P x G
6	Preis	5	7	=B6*C6	4	=$B6*E6	10	=$B6*G6
7	Garantie	2	6	=B7*C7	10	=$B7*E7	2	=$B7*G7
8	Ers.Ger.Ser.	1	5	=B8*C8	10	=$B8*E8	3	=$B8*G8
9	Summe	=SUMME(B6:B8)		=SUMME(D6:D8)		=SUMME(F6:F8)		=SUMME(H6:H8)
10	Rangfolge			2		3		1
11								
12	Bewertungspunkte:		0-10 Punkte					
13			0 Punkte	nicht ausreichend				
14			10 Punkte	sehr gut				
15								
16								
17								
18								

Bild 5: Lösung erweiterter Angebotsvergleich mit Formeln

Lösungen zu:

19.2.10 Datenbank planen und entwerfen, Umsatzanalyse durchführen

1 a)

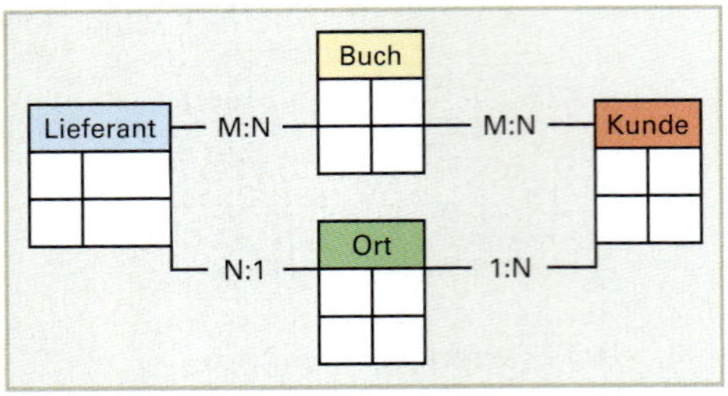

Bild 1: ERM als Lösung zu 1 a)

b)

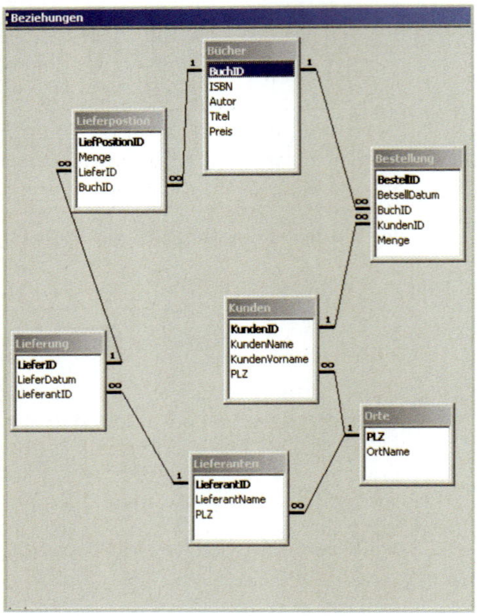

Bild 2: Relationenmodell zur Datenbank

2 a)

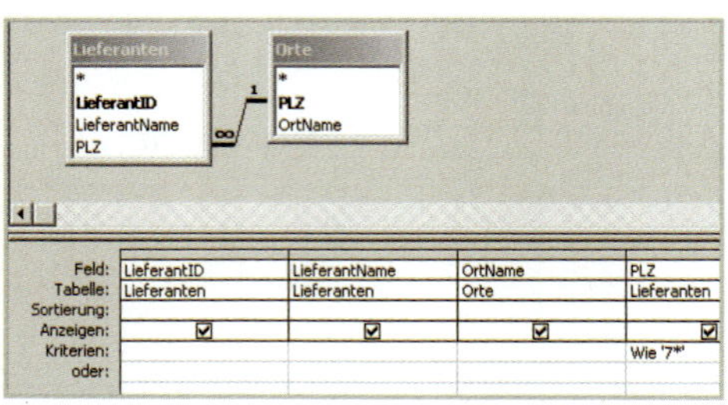

Bild 3: Abfrage 21 mit Access gelöst

SQL-Lösung:
SELECT Lieferanten.LieferantID, Lieferanten.LieferantName, Orte.OrtName, Lieferanten.PLZ FROM Orte INNER JOIN Lieferanten ON Orte.PLZ = Lieferanten.PLZ
WHERE (((Lieferanten.PLZ) Like'7*'));

b)

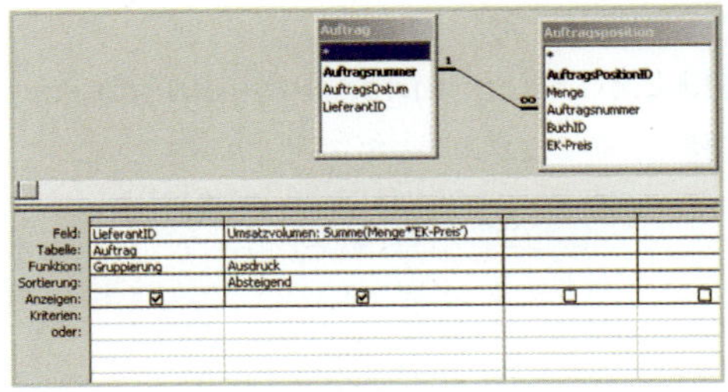

Bild 4: Abfrage 22 mit Access gelöst

SQL-Lösung:
SELECT Auftrag.LieferantID, Sum(Menge*'EK-Preis') AS Umsatzvolumen FROM Auftrag INNER JOIN Auftragsposition ON Auftrag.Auftragsnummer = Auftragsposition.Auftragnummer GROUP BY Auftrag.Lieferant[D ORDER BY Sum(Menge*'EK-Preis') DESC;

c)

Microsoft Access - [Auftrag : Tabelle]

Datei Bearbeiten Ansicht Einfügen Format Datensätze

	Auftragsnummer	AuftragsDatum	LieferantID
+	15	15.11.2006	1
▶			0

Bild 5: Eingabedaten in Tabelle Auftrag

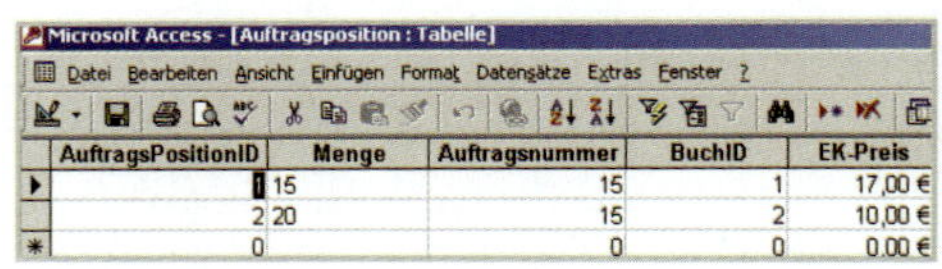
Microsoft Access - [Auftragsposition : Tabelle]

Datei Bearbeiten Ansicht Einfügen Format Datensätze Extras Fenster ?

	AuftragsPositionID	Menge	Auftragsnummer	BuchID	EK-Preis
▶	1	15	15	1	17,00 €
	2	20	15	2	10,00 €
*	0		0	0	0,00 €

Bild 6: Eingabedaten in Tabelle Auftragsposition

SQL-Lösung
INSERT INTO Auftrag VALUES (,15',1 5.11.2006','I'); INSERT INTO Auftragsposition VALUES
(,1','15','1' '7,00'); INSERT INTO Auftragsposition VALUES (,2','20','15','2','10,00');

3 a) Das Ergebnis der ABC Analyse ist eine Tabelle mit z.B. den Spalten BuchID, Titel, Umsatz, Anteil am Gesamtumsatz, kumulierter Prozentsatz. Die Bücher werden in die Klassen A, B und C aufgeteilt, die nach absteigender Bedeutung geordnet sind.

b) Es können z.B. der umsatzstärkste Titel (A) und der umsatzschwächste Titel (C) ermittelt werden, oder Schwachstellen im Vertrieb oder der Werbung werden ermittelt.

c) Bereinigung der Produktpalette, Marketingmaßnahmen, Konzentration auf bestimmte Geschäftsbereiche.

Lösungen zu:

19.2.11 Eine Hausmesse vorbereiten und Pkw-Verbrauchsdaten berechnen

1 a)

Vorname	Name	Bezeichnung	Adresse	PLZ-Ort	Jahresumsatz	Branche
Franz	Dinkel	Dinkel Elektro	Egginger Weg 30	89077 Ulm	100000	Elektro
Hubert	Weber	E-Weber	Hauptstrasse 5	81065 Nestadt	150000	Elektro
Susanne	Walter	Elkos	Benzstrasse 10	70455 Stuttgart	45000	Elektronik

Bild 1: Kunden.XLS

b)

Anrede	Vorname	Name	Bezeichnung	Adresse	PLZ-Ort	Jahresumsatz	Branche
Herr	Franz	Dinkel	Dinkel Elektro	Egginger Weg 30	89077 Ulm	100000	Elektro
Herr	Hubert	Weber	E-Weber	Hauptstrasse 5	81065 Nestadt	150000	Elektro
Frau	Susanne	Walter	Elkos	Benzstrasse 10	70455 Stuttgart	45000	Elektronik

Bild 2: Kunden2.XLS

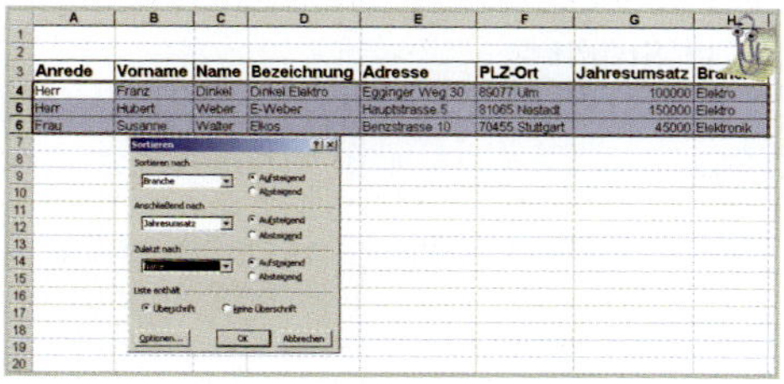

Bild 3: Sortieren von Datensätzen

c)

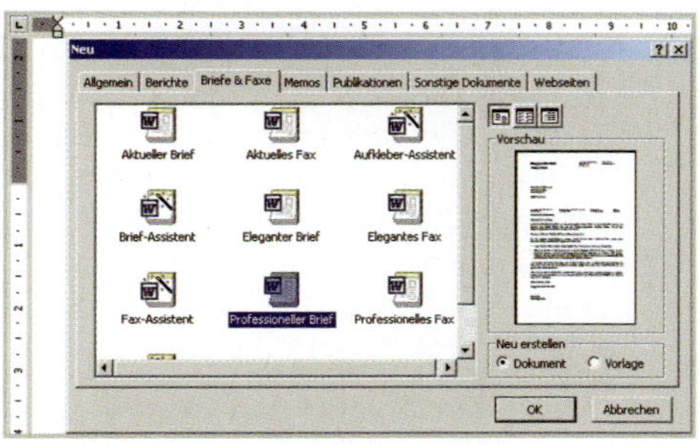

Bild 4: Professionellen Brief erstellen

d) Serienbrief erstellen mit Microsoft Word.

Schritt 1: Öffnen des Hauptdokuments
Öffnen Sie den erstellten Geschäftsbrief. Klicken Sie im Menü Extras auf Seriendruck. Klicken Sie unter Hauptdokument auf Erstellen und anschließend auf Serienbriefe. Klicken Sie auf Aktives Fenster. Das aktive Dokument wird zum Hauptdokument.

Schritt 2: Öffnen der Datenquelle
Klicken Sie unter Datenquelle auf Daten importieren und anschließend auf Datenquelle öffnen. Markieren Sie die erstellte Excel Kundendatei und klicken Sie anschließend auf Öffnen. Klicken Sie auf Hauptdokument bearbeiten.

Schritt 3: Bearbeiten des Hauptdokuments und Einfügen von Seriendruckfeldern.
Fügen Sie Seriendruckfelder ein, die Sie mit Namen, Adressen und anderen Daten aus der Excel-Kundendatei verbinden möchten. Um ein Seriendruckfeld einzufügen, klicken Sie auf das Hauptdokument, dann auf der Symbolleiste Seriendruck auf Seriendruckfeld einfügen und anschließend auf den gewünschten Feldnamen.
Nachdem Sie alle Seriendruckfelder eingefügt haben, das Dokument abspeichern.

Schritt 4: Verbinden der Daten mit dem Hauptdokument
Klicken Sie im Menü Extras auf Seriendruck. Wenn Sie die Reihenfolge der Daten festlegen oder nur einen Teil der Daten verbinden möchten, können Sie Datensätze für den Seriendruck auswählen und sortieren. Klicken Sie im Dialogfeld Seriendruck Manager unter Daten mit dem Dokument zusammenführen auf Seriendruck.

2 a) bis d)

	A	B	C	D	E	F	G	H	I
1									
2	Datei:			Kraftstoffverbrauch März 2007					
3									
4									
5									
6	Fahrtst								
7			Pkw 1	Pkw 2	Pkw 3	Pkw 4	Summe		
8									
9	März	Woche 1	230	500	640	350	=SUMME(C9:F9)		
10	März	Woche 2	180	550	210	700	=SUMME(C10:F10)		
11	März	Woche 3	190	450	200	300	=SUMME(C11:F11)		
12	März	Woche 4	200	480	350	180	=SUMME(C12:F12)		
13	April	Summe	=SUMME(C9:C12)	=SUMME(D9:D12)	=SUMME(E9:E12)	=SUMME(F9:F12)			
14									
15	Benzin								
16									
17	Verbra								
18			Pkw 1	Pkw 2	Pkw 3	Pkw 4	Summe Benzin	Kosten	
19			12	11	8	9			
20	März	Woche 1	=(C9/100)*C$19	=(D9/100)*D$19	=(E9/100)*E$19	=(F9/100)*F$19	=SUMME(C20:F20)	=G20*D27	€
21	März	Woche 2	=(C10/100)*C$19	=(D10/100)*D$19	=(E10/100)*E$19	=(F10/100)*F$19	=SUMME(C21:F21)	=G21*D27	€

Bild 5: Sortieren von Datensätzen

Lösungen zu:

19.2.12 Gemeinschaftspraxis einrichten

1 Merkmale eines Ethernet-Netzwerkes:

Zuverlässige Funktion bei Netzwerken der hier erforderlichen Größenordnung und Anforderung an das Netz.

Marktübliche, relativ preiswerte Lösung.

Switch im Sternpunkt und Verlegung der Anschlüsse sternförmig.

Bitrate bis 100 Mbit/s.

Erweiterbar auf 1 Gbit/s ohne zusätzlichen Verkabelungsaufwand.

2 WLAN für eine Arztpraxis

Im Vergleich zu Ethernet erhöhter Konfigurations- und Wartungsaufwand.

Medizinische Geräte können das Netz stören und umgekehrt.

Sensible Patientendaten können leichter ausspioniert werden als bei Ethernet.

3 Verwendung eines Hardware-Routers mit integrierter Firewall als Zugang zum Internet. Eigener Kommunikationsserver als Proxy-Server mit integrierter Firewall. Patientendaten könnten verschlüsselt werden.

4

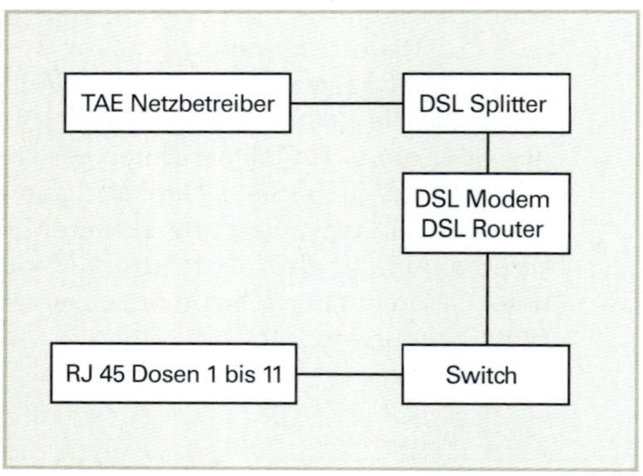

Bild 1: Übersichtsplan TK

5 EMV-Probleme

Störstrahlung durch medizinische Geräte z.B. Röntgenapparat. EMV-Abstrahlung durch sonstige elektrische und elektronische Einrichtungen, z.B. Elektromotoren.

Abhilfe kann durch eine Verkabelung mit Lichtwellenleitern geschaffen werden und durch bessere Abschirmung der EMV-Quellen.

6 a) NTBA, Splitter, Tk-Anlage mit analogen Anschlüssen, TAE-Dosen für analoge Endgeräte, IAE-Dosen für ISDN-Endgeräte, Installationskabel.

b) Anlagen mit internem SO-Bus stellen Verbindungen innerhalb der Praxis kostenfrei zur Verfügung.

7 a) Informationen über den Gesprächspartner sammeln, Ziele festlegen z.B. Oberzeugen vom Lösungsvorschlag, geeignete Räume auswählen, Medien auswählen, genügend Zeit einplanen.

b) Aktiv Zuhören, lächeln, freundliche Grundhaltung, Sprachebene des Gesprächpartners einnehmen, Atmosphäre schaffen z.B. Raumklima, Getränke.

8 Diese Methode verläuft in zwei Schritten

a) **Schritt 1:**

Ja sagen zu den Einwänden des Kunden, der Einwand wird aufgegriffen, die Argumente des Kunden werden verständnisvoll angehört und zunächst akzeptiert. Wichtig ist es in dieser Phase keine Gegenrede zu führen. Ein Abmildern der Einwände (hier hoher Preis) ist anzustreben.

Schritt 2:

Aber sagen mit deutlichem Herausarbeiten der Vorteile, die den Nachteil des höheren Preises rechtfertigen. Der Kunde soll von dem besonderen Nutzen der angebotenen Lösung überzeugt werden. Hinweise auf z.B. höhere Qualität, besondere Leistungsmerkmale oder besseren Service können erfolgen.

b) Durch die Hinweise auf z.B. höhere Qualität, besoridere Leistungsmerkmale oder besseren Service im Schritt 2 lässt sich der Kunde im Allgemeinen von der für ihn besseren Lösung überzeugen.

9 Abstand zwischen Monitor und Augen mindestens 50 cm.

Der Stuhl sollte in der Höhe verstellbar sein. Außerdem sollte die Rückenlehne des Stuhles verstellbar sein.

Der Tisch sollte höhenverstellbar sein und er sollte genügend Platz für die benötigten Arbeitsmittel haben.

10 Strahlungsarme und flimmerfreie Monitore, sowie Grafikkarten mit genügend hoher Auflösung verwenden.

Ergonomisch geformte Tastatur und Maus. Laserdrucker die Ozon absorbieren sollten in einem gesonderten Raum untergebracht sein.

Anhang

Größen und Einheiten

Größe	SI-Einheit (sonstige Einh.)	Einheitenzeichen, Einheitengleichung
Länge, Fläche, Volumen, Winkel		
Länge	Meter (Seemeile) (Zoll, Inch)	m 1 sm = 1 852 m 1″ = 25,4 mm
Fläche	Quadratmeter	m^2
Volumen	Kubikmeter (Liter)	m^3 $1\,l = 1\,dm^3 = 1/1000\,m^3$
Winkel (ebener)	Radiant, RAD (Grad, DEG)	rad $1° = \frac{\pi}{180}$ rad
Raumwinkel	Steradiant	sr
Zeit, Frequenz, Geschwindigkeit, Beschleunigung		
Zeit	Sekunde (Minute) (Stunde) (Tag) (Jahr)	s 1 min = 60 s 1 h = 60 min = 3 600 s 1 d = 24 h a
Frequenz	Hertz	1 Hz = 1/s
Drehzahl, Umdrehungsfrequenz	je Sekunde (je Minute)	1/s = 60/min
Kreisfrequenz	je Sekunde	1/s
Abtastfrequenz	Samples p. sec.	1 Sps
Abtastrate	(Proben je Sek.)	
Geschwindigkeit	Meter je Sek. (Knoten)	m/s 1 kn = 1 sm/h = 0,514 4 m/s $1\,km/h = \frac{1}{3{,}6}\,m/s$
Winkelgeschwindigkeit	Radiant je Sekunde	rad/s
Beschleunigung	–	m/s^2
Mechanik		
Masse	Kilogramm (Karat) (Tonne)	kg 1 Kt = 0,000 2 kg 1 t = 1 000 kg
Dichte	–	kg/m^3, kg/dm^3
Trägheitsmoment	–	$kg \cdot m^2$
Kraft	Newton	$1\,N = 1\,kg \cdot m/s^2$
Impuls	Newtonsek.	$1\,Ns = 1\,kg \cdot m/s$
Druck	Pascal (Bar)	$1\,Pa = 1\,N/m^2$ 1 bar = 0,1 MPa
Arbeit, Energie	Joule (Elektronvolt)	1 J = 1 Nm = 1 Ws 1 eV = 0,160 2 aJ
Leistung	Watt	1 W = 1 J/s = 1 Nm/s
Elektrizität		
elektr. Ladung, elektr. Fluss	Coulomb	$1\,C = 1\,A \cdot 1\,s$ = 1 As
Flächenladungsdichte, elektr. Flussdichte	Coulomb je Quadratmeter	C/m^2
Raumladungsdichte	Coulomb je Kubikmeter	C/m^3
elektr. Spannung, elektr. Potenzial	Volt	1 V = 1 J/C
elektr. Feldstärke	Volt je Meter	1 V/m = 1 N/C
elektr. Kapazität	Farad	1 F = 1 As/V = 1 C/V
elektr. Strombelag	Ampere je Meter	A/m
Permittivität, Dielelektrizitätskonstante	Farad je Meter	1 F/m = 1 C/(Vm)
elektr. Stromstärke	Ampere	1 A = 1 C/s
elektr. Stromdichte	–	A/m^2
elektr. Widerstand, Wirkwiderstand, Blindwiderstand, Scheinwiderstand	Ohm	$1\,\Omega = 1\,V/A$
elektr. Wirkleitwert, Blindleitwert, Scheinleitwert	Siemens	$1\,S = 1/\Omega$
spezifischer elektr. Widerstand	Ohmmeter	Ωm $1\,\Omega\,mm^2/m = 1\,\mu\Omega m$
elektrische Leitfähigkeit	Siemens je Meter	S/m $1\,Sm/mm^2 = 1\,MS/m$
Leistung	Watt	$1\,W = 1\,V \cdot 1\,A$
Blindleistung	(Var)	$1\,var = 1\,V \cdot 1\,A$
Scheinleistung	Voltampere	$1\,VA = 1\,V \cdot 1\,A$
Induktivität	Henry	1 H = 1 Vs/A
Arbeit, Energie	Joule (Wattstunde) (Elektronvolt)	1 J = 1 Ws 1 Wh = 3,6 kNm 1 eV = 0,160 2 aJ
Magnetismus		
elektrische Durchflutung, magn. Spannung	Ampere	A
magn. Feldstärke, Magnetisierung	Ampere je Meter	A/m
magn. Fluss	Weber	$1\,Wb = 1\,T \cdot 1\,m^2$
magn. Flussdichte, magn. Polarisation	Tesla	$1\,T = 1\,Wb/m^2$ $= 1\,Vs/m^2$
Induktivität	Henry	1 H = 1 Vs/A
Permeabilität	Henry je Meter	1 H/m = 1 Vs/(Am)
magn. Widerstand	–	1/H = A/Vs
magn. Leitwert	Henry	H
elektromagnetisches Moment	–	$A \cdot m^2$
Elektromagnetische Strahlung (außer Licht)		
Strahlungsenergie	Joule	1 J = 1 Nm = 1 Ws
Strahlungsleistung	Watt	1 W = 1 J/s
Strahlstärke	Watt/Sterad.	W/sr
Strahldichte	–	$W/(sr \cdot m^2)$
spezifische Ausstrahlung, Bestrahlungsstärke	–	W/m^2

Größe	SI-Einheit (sonstige Einh.)	Einheitenzeichen, Einheitengleichung
Licht, Optik		
Lichtstärke	Candela	cd
Leuchtdichte	Candela je m^2	cd/m^2
Lichtstrom	Lumen	lm
Lichtausbeute	Lumen je Watt	lm/W
Lichtmenge	Lumensekunde (Lumenstunde)	lm s 1 lm h = 3 600 lm s
spezifische Lichtausstrahlung	Lumen je Quadratmeter	lm/m^2
Beleuchtungsstärke	Lux	lx = lm/m^2
Belichtung	Luxsekunde	lx s
Brechwert von Linsen	– (Dioptrie)	1/m dpt = 1/m
Wärme		
Celsius-Temperatur	Grad Celsius	°C
thermodynamische Temperatur	Kelvin	K
Temperatur-differenz	Kelvin	K
Wärme, innere Energie	Joule	1 J = 1 Ws
Wärmestrom	Watt	1 W = 1 J/s
Wärmewiderstand (von Bauelementen)	Kelvin je Watt	K/W
Wärmeleitfähigkeit	–	W/(K · m)
Wärmeübergangs-koeffizient	–	W/(K · m^2)
Wärmekapazität, Entropie	Joule je Kelvin	J/K
spezifische Wärmekapazität	–	J/(kg · K)
Chemie, Molekularphysik		
Stoffmenge	Mol	mol
Stoffmengen-konzentration	–	mol/m^3
stoffmengenbe-zogenes Volumen (molares Volumen)	–	m^3/mol
Molalität	–	mol/kg
molare Masse	–	kg/mol
molare Wärme-kapazität	–	J/(mol · K)
Diffusions-koeffizient	–	m^2/s

Größe	SI-Einheit (sonstige Einh.)	Einheitenzeichen, Einheitengleichung
Kernreaktionen, ionisierende Strahlung		
Aktivität einer radioaktiven Substanz	Becquerel	1 Bq = 1/s
Energiedosis	Gray	1 Gy = 1 J/kg
Energiedosisrate	Gray je Sekunde	Gy/s
Äquivalentdosis	Sievert	1 Sv = 1 J/kg
Äquivalentdosis-rate	Sievert je Stunde	Sv/h
Ionendosis	Coulomb je Kilogramm	C/kg
Ionendosisrate	Ampere je Kilogramm	1 A/kg = 1 C/(kg · s)
Akustik		
Schalldruck	Pascal	1 Pa = 1 N/m^2
Schallschnelle	Meter je Sekunde	m/s
Schallgeschwindig-keit (Ausbreitungs-geschwindigkeit)	Meter je Sekunde	m/s
Schallfluss	–	1 m^3/s = 1 m^2 · 1 m/s
Schallintensität	–	W/m^2
spezifische Schallimpedanz	–	Pa · s/m
akustische Impedanz	–	Pa · s/m^3
mechanische Impedanz	–	N · s/m
äquivalente Absorptionsfläche	Quadratmeter	m^2
Sonstige Bereiche		
Entfernung in der Astronomie	(astronomische Einheit) Parsec	1 AE = 149,6 Gm 1 pc = 30,857 Pm
Masse in der Atomphysik	(atomare Masseneinheit)	1 u = $1{,}66 \cdot 10^{-27}$ kg
längenbezogene Masse von textilen Fasern und Garnen	Tex	1 tex = 1 g/km
Fläche von Grundstücken	Ar Hektar	1 a = 100 m^2 1 ha = 100 a

Kennbuchstaben der Objekte (Betriebsmittel) in Schaltplänen vgl. DIN EN 61346-2:2000

Hinweis: Viele Schaltpläne, auch in diesem Buch, verwenden die Kennzeichnung nach DIN 40719-2 von 1978.

Kenn-buchstabe	Zweck des Objekts	Beispiele
A	Zwei oder mehr Zwecke. Nur für Objekte verwenden, wenn kein Hauptzweck erkennbar ist.	Sensorbildschirm, Touch-Bildschirm
B	Umwandlung einer Eingangsvariablen in ein zur Weiterverarbeitung bestimmtes Signal.	Sensor, Mikrofon, Messwandler, Messwiderstand, Videokamera, Näherungsschalter, thermisches Überlast-relais, Motorschutzrelais, Bewegungsmelder, Rauchfühler, Brandwächter, Gaswächter, Tachogenerator
C	Speichern von Energie, Information, Material.	Kondensator, Festplatte, Pufferbatterie, RAM, ROM, Puffer, Magnetband-Aufzeichnungsgerät, Chipkarte, Diskette, Diskettenlaufwerk, CD-ROM-Laufwerk
E	Bereitstellung von Strahlung oder Wärmeenergie.	Glühlampe, Leuchtstofflampe, Heizkörper, Glühofen, Warmwasserspeicher, Laser, Leuchte, Kühlschrank
F	Direkter (selbsttätiger) Schutz eines Energieflusses oder Signalflusses vor unerwünschten Zuständen, einschließlich der Ausrüstung für Schutzzwecke.	Schmelzsicherung, Leitungsschutzschalter, RCD, thermischer Überlastauslöser, Überspannungsableiter, faradayscher Käfig, Abschirmung, Schutzvorrichtung
G	Erzeugen eines Energieflusses oder Materialflusses oder von Signalen, die als Informationsträger verwendet werden.	Generator, Batterie, Pumpe, Ventilator, Lüfter, Stromversorgungseinheit, Solarzelle, Brennstoffzelle, Ventilator, Hebezeuge, Fördereinrichtung
K	Verarbeitung (Empfang, Verarbeitung und Bereitstellung) von Signalen oder Informationen (aber nicht Objekte für Schutzzwecke, Kennbuchstabe F).	Hilfsschütz, Transistor, Zeitrelais, Verzögerungsglied, Binärelement, Regler, Filter, Operationsverstärker, Mikroprozessor, Mikrocontroller, Zähler, Multiplexer, Computer
M	Bereitstellung von mechanischer Energie für Antriebszwecke.	Elektromotor, Linearmotor, Verbrennungsmotor, Turbine, Hubmagnet, Stellantrieb
P	Darstellung von Informationen.	Messinstrumente, Messgeräte, Klingel, Lautsprecher, Signallampe, LED, LCD, Drucker, Manometer, Uhr, elektromechanische Anzeige, Bildschirmgerät
Q	Kontrolliertes Schalten eines Energieflusses, Signalflusses oder Materialflusses.	Leistungsschalter, Leistungsschütz, Motoranlasser, Thyristor, Leistungstransistor, IGBT, Motorstarter, Bremse, Stellventil, Kupplung, Trennschalter
R	Begrenzung oder Stabilisierung von Energiefluss, Signalfluss oder Materialfluss.	Widerstand, Drosselspule, Diode, Z-Diode, DIAC, Rückschlagventil, Schaltung zur Spannungsstabilisierung oder zur Stromstabilisierung, Konstanthalter
S	Umwandeln einer manuellen Betätigung in ein Signal zur Weiterverarbeitung.	Steuerschalter, Tastatur, Maus, Taster, Wahlschalter, Quittierschalter, Lichtgriffel
T	Umwandlung von Energie oder eines Signals unter Beibehaltung der Energieart oder der Information. Verändern der Form eines Materials.	Leistungstransformator, Gleichrichter, Modulator, Demodulator, AC-Umsetzer, DC-Umsetzer, Frequenzumformer, Verstärker, Antenne, Telefonapparat
U	Halten von Objekten in definierter Lage.	Isolator, Kabelwanne, Mast, Spannvorrichtung, Fundament, Montagegestell
V	Verarbeitung von Materialien oder Produkten.	Rauchgasfilter, Staubsauger, Waschmaschine, Zentrifuge, Drehmaschine
W	Leiten von Energie oder Signalen.	Leiter, Leitung, Kabel, Lichtwellenleiter, Busleitung, Systembus, Sammelschiene
X	Verbinden von Objekten.	Steckdose, Klemme, Kupplung, Steckverbinder, Klemmenleiste
D, J, L	Für spätere Normung vorgesehen.	Reserve, falls die oben angeführte Einteilung nicht ausreichend ist.
I, O	Nicht für Kennzeichnung anwendbar.	Es besteht Verwechslungsgefahr mit I für Input = Eingang und O für Output = Ausgang.

Im Schaltplan werden die Objekte (Betriebsmittel) mit demselben Kennbuchstaben durchnummeriert, z. B. C1, C2 usw. Maßgebend für den Kennbuchstaben ist der *Verwendungszweck*. So wird ein Transistor zur Signalverarbeitung mit z. B. K1 bezeichnet, ein Transistor zum Steuern oder Schalten einer Last mit Q1.

Formelschreibweise und Formelsatz im Buch erfolgen nach DIN 1338, Darstellung allgemeiner mathematischer Zeichen und Begriffe nach DIN 1313.

Beispiele: Widerstände R, R_1, ..., R_n; für Induktivitäten L, L_1, ..., L_n; für Kapazitäten C, C_1, ..., C_n verwendet. Bei Z-Dioden verwenden wir zur Kennzeichnung R_Z.

Literaturverzeichnis

U. Freyer	DAB Digitaler Hörfunk Verlag Technik, Berlin
P. Gerdsen	Digitale Übertragungstechnik B. G. Teubner, Stuttgart
U. Freyer	DVB Digitales Fernsehen Verlag Technik, Berlin
Piller	Einführung in die elektrische Messtechnik AT-Verlag, Aarau, Stuttgart
J. Goerth	Einführung in die Nachrichtentechnik B. G. Teubner, Stuttgart
B. Huder	Einführung in die Radartechnik, B. G. Teubner, Stuttgart
Jahn u.a.	Elektrische Messgeräte und Messverfahren Springer-Verlag, Berlin
B. Grimm u.a.	Fachkunde Industrieelektronik und Informationstechnik Verlag Europa-Lehrmittel, Haan-Gruiten
Moczala u.a.	Elektrische Kleinstmotoren und ihr Einsatz expert-Verlag, Renningen
W. Richter	Elektrische Messtechnik Verlag Technik, Berlin
E. Habiger u.a.	Handbuch Elektromagnetische Verträglichkeit VDE-Verlag, Berlin
B. Grimm u.a.	Informationstechnik und Kommunikationstechnik Verlag Europa-Lehrmittel, Haan-Gruiten
W. von Pattay u.a.	Informationstechnische Verkabelung von Gebäudekomplexen expert-Verlag, Renningen
H.-J. Schneiser	Lexikon der Informatik und Datenverarbeitung Oldenbourg Verlag, München
U. Freyer	Messtechnik in der Nachrichtenelektronik Carl Hanser Verlag, München – Wien
K. Jungk	Moderne Satellitenempfangsanlagen Verlag Technik, Berllin
H. Häberle u.a.	Nachrichtentechnik Verlag Europa-Lehrmittel, Haan-Gruiten
Ch. Wrobel (Hrsg.)	Optische Übertragungstechnik Hüthig Buch Verlag, Heidelberg
U. Freyer	Professionelle Stromversorgung Franzis-Verlag GmbH, München
W. Brinkmann	Schaltungstechnik für den Satellitenempfang Verlag Technik GmbH, Berlin
H. Häberle u.a.	Schutz durch DIN VDE 0100 Verlag Europa-Lehrmittel, Haan-Gruiten
K. W. Bonfig u.a.	Sensoren, Messaufnehmer expert-Verlag, Renningen
K. D. Bach u.a.	Tabellenbuch Computertechnik für IT-Berufe Verlag Europa-Lehrmittel, Haan-Gruiten
E. Philippow u.a.	Taschenbuch Elektrotechnik Carl Hanser Verlag, München
K. D. Bach u.a.	Tabellenbuch Informationstechnik Verlag Europa-Lehrmittel, Haan-Gruiten
W.H. Bähr u.a.	Computer selbst zusammenbauen IFA-Verlag GmbH, Berlin – Bonn

Verzeichnis der Firmen und Dienststellen

Die nachfolgend aufgeführten Firmen und Dienststellen haben die Bearbeiter durch Beratung, durch Zurverfügungstellung von Druckschriften, Fotos und Retuschen sowohl bei der Textbearbeitung als auch bei der bildlichen Ausgestaltung des Buches unterstützt. Es wird ihnen hierfür herzlich gedankt.

Amphenol-Tuchel Electronics GmbH
740 64 Heilbronn

ANT Nachrichtentechnik GmbH
71522 Backnang

AUDAX Audio Projekt
40219 Düsseldorf

Axicon Mobilfunkdienste GmbH
85579 Neubiberg

BASF AG
67069 Ludwigshafen

Berker, Gebrüder
58579 Schalksmühle

Black Box Deutschland GmbH
85716 Unterschleißheim

Blaupunkt-Werke GmbH
31139 Hildesheim

Busch-Jaeger Elektro GmbH
58513 Lüdenscheid

Cherry Mikroschalter GmbH
91275 Auerbach

Daimler-Chrysler Aerospace
81663 München

Dehn + Söhne
92306 Neumarkt

Deutsche Philips GmbH
20095 Hamburg

Deutsche Telekom Medien GmbH
60329 Frankfurt

EADS
88039 Freidrichshafen

EnBW Energie
Baden-Württemberg
70194 Stuttgart

Felten & Guilleaume AG
51058 Köln

Forschungs- und Technologie-Zentrum FTZ
64295 Darmstadt

Fraunhofer-Institut
91058 Erlangen

Gossen-Metrawatt
90471 Nürnberg

Grundig
90766 Fürth

Hauptberatungsstelle für Elektrizitätsanwendung (HEA)
60329 Frankfurt

Hewlett-Packard GmbH
71034 Böblingen

Hirschmann, Richard GmbH & Co.
73728 Esslingen

IBM Deutschland Informationssysteme
70511 Stuttgart

iR3 Video International GmbH
A-1232 Wien

ITT Lautsprecherwerk
94315 Straubing

JENOPTIK GmbH
07739 Jena

Jung, Albrecht
58579 Schalksmühle

Kathrein-Werke AG
83022 Rosenheim

Kistler Instrumente GmbH
73760 Ostfildern

Lidl Dienstleistung GmbH & Co Kg
74166 Neckarsulm

Loewe Opta GmbH
78089 Kirnach

Micronas
79108 Freiburg

Microsoft GmbH
85716 Unterschleißheim

Mitsubishi Electric Europe GmbH
40880 Ratingen

Mitsui Electronics Europe GmbH
41460 Neuss

National Instruments Germany GmbH
81369 München

NEC Electronics (Europe) GmbH
40472 Düsseldorf

Panasonic Deutschland GmbH
22525 Hamburg

Phoenix Contact GmbH
32819 Blomberg

Roederstein GmbH
84034 Landshut

RS Components GmbH
645 Mörfelden-Walldorf

Sennheiser Electronic
30900 Wedemark

Siedle & Söhne
78113 Furtwangen

Siemens AG
91050 Erlangen

Spectra Computersysteme GmbH
70771 Leinfelden-Echterdingen

Stabo Elektronik GmbH
31137 Hildesheim

TerraTec Electronic GmbH
41334 Nettetal

Texas Instruments Deutschland GmbH
85350 Freising

Toshiba Electronics Europe GmbH
40549 Düsseldorf

Umweltbundesamt
14191 Berlin

Vacuumschmelze
63412 Hanau

VDE, Verband Elektrotechnik Elektronik Informationstechnik e.V.
60596 Frankfurt

VDI, Verband Deutscher Ingenieure
40002 Düsseldorf

Vicor Europe
85748 Garching

Volkswagen AG
38446 Wolfsburg

WAGO Kontakttechnik GmbH
32423 Minden

ZF Friedrichhafen AG
88038 Friedrichshafen

ZVEH Zentralverband der
Deutschen Elektrohandwerke
53113 Bonn

ZVEI Zentralverband der Elektrotechnik- und Elektroindustrie Deutschlands
60696 Frankfurt

Wichtige VDE-Vorschriften

DIN VDE 0100	Einrichten von Starkstromanlagen mit Bemessungsspannungen bis 1000 V
DIN VDE 0101	Einrichten von Starkstromanlagen mit Bemessungsspannungen bis 1 kV
DIN VDE 0103	Bemessung von Starkstromanlagen auf Kurzschlussfestigkeit
DIN VDE 0104	Prüfanlagen mit Spannungen über 1 kV
DIN VDE 0105	VDE-Bestimmungen für den Betrieb von Starkstromanlagen
DIN VDE 0106	Schutz gegen elektrischen Schlag
DIN VDE 0107	Errichten und Prüfen von elektrischen Anlagen in medizinisch genutzten Räumen
DIN VDE 0108	Errichten und Betreiben von Starkstromanlage in baulichen Anlagen für Menschenansammlungen sowie von Sicherheitsbeleuchtungen in Arbeitsstätten
DIN VDE 0110	Luft- und Kriechstrecken für Betriebsmittel
DIN VDE 0113	Elektrische Ausrüstung vo Industriemaschinen
DIN VDE 0116	Elektrische Ausrüstung von Feuerungsanlagen
DIN VDE 0128	Errichten von Leuchtröhrenanlagen mit Nennspannungen über 1 kV
DIN VDE 0160	Ausrüstung von Starkstromanlagen mit elektronischen Betriebsmitteln
DIN VDE 0165	Errichten elektrischer Anlagen in explosionsgefährdeten Bereichen
DIN VDE 0168	Errichten von Anlagen im Freien, die erschwerten Bedingungen unterworfen sind
DIN VDE 0185	Errichten von Blitzschutzanlagen
DIN VDE 0190	Bestimmungen für das Einbeziehen von Rohrleitungen in Schutzmaßnahmen von Starkstromanlagen mit Nennspannungen bis 1 kV
DIN VDE 0211	Bau von Starkstrom-Freileitungen mit Nennspannugen bis 1kV
DIN VDE 0228	Maßnahmen für Beeinflussung von Fernmeldeanlagen durch Starkstromanlagen
DIN VDE 0293	Aderkennzeichnung von Starkstromkabeln und Starkstromleitungen bis 1 kV
DIN VDE 0298	Verwendung von Kabeln und isolierten Leitungen für Starkstromanlagen
DIN VDE 0410	Bestimmungen für elektrische Messgeräte
DIN VDE 0411	Bestimmungen für elektronische Messgeräte und Regler
DIN VDE 0413	Geräte zum Prüfen der Schutzmaßnahmen in elektrischen Anlagen
DIN VDE 0414	Bestimmungen für Messwandler
DIN VDE 0435	Elektrische Relais
DIN VDE 0510	Bestimmungen für Akkumulatoren und Batterie-Anlagen
DIN VDE 0530	Bestimmungen für umlaufende elektrische Maschinen
DIN VDE 0532	Bestimmungen für Transformatoren und Drosselspulen
DIN VDE 0543	Lichtbogen-Kleinschweißtransformatoren für Kurzschweißbetrieb
DIN VDE 0550	Bestimmungen für Kleintransformatoren
DIN VDE 0551	Sicherheitstransformatoren
DIN VDE 0636	Niederspannungssicherungen
DIN VDE 0641	Leitungsschutzschalter
DIN VDE 0660	Bestimmungen für Niederspannungsschaltgeräte
DIN VDE 0675	Schutz elektrischer Anlagen gegen Überspannungen
DIN VDE 0680	Schutzkleidung, Schutzvorrichtungen und Werkzeuge zum Arbeiten an unter Spannung stehenden Betriebsmitteln
DIN VDE 0681	Geräte zum Betätigen, Prüfen und Abschranken unter Spannung stehender Betriebsmittel mit Spannungen über 1 kV
DIN VDE 0700	Sicherheit elektrischer Geräte für den Hausgebrauch und ähnliche Zwecke
DIN VDE 0701 – 0702	Prüfung nach Instandsetzung, Änderung elektrischer Geräte – Wiederholungsprüfung elektrischer Geräte – Allgemeine Anforderungen für die elektrische Sicherheit
DIN VDE 0710	Leuchten für Betriebsspannungen unter 1 kV
DIN VDE 0800	Errichten und Betrieb von Fernmeldeanlagen einschließlich Informationsverarbeitungsanlagen
DIN VDE 0815	Leitugen für Informationsverarbeitungsanlagen
DIN VDE 0829	Elektrische Systemtechnik für Heim und Gebäude
DIN VDE 0833	Gefahren- und Meldeanlagen
DIN VDE 0855	Kabelverteilsysteme für Rundfunkgeräte
DIN VDE 0860	Bestimmungen für netzbetriebene elektronische Geräte für den Heimgebrauch
DIN VDE 0870	Elektromagnetische Beeinflussung
DIN VDE 0871	Funkentstörung von Hochfrequenzgeräten
DIN VDE 0875	Bestimmungen für die Funkentstörung von Betriebsmitteln und Anlagen
DIN VDE 0880	Errichten und Betrieb von Fernmeldeanlagen

Sachwortverzeichnis

#

A

E

F

I

L

M

N

O

P

Q

R

S

T

W